后基因组时代植物生物学丛书

植物蛋白质组学

王旭初　阮松林　徐　平等　著

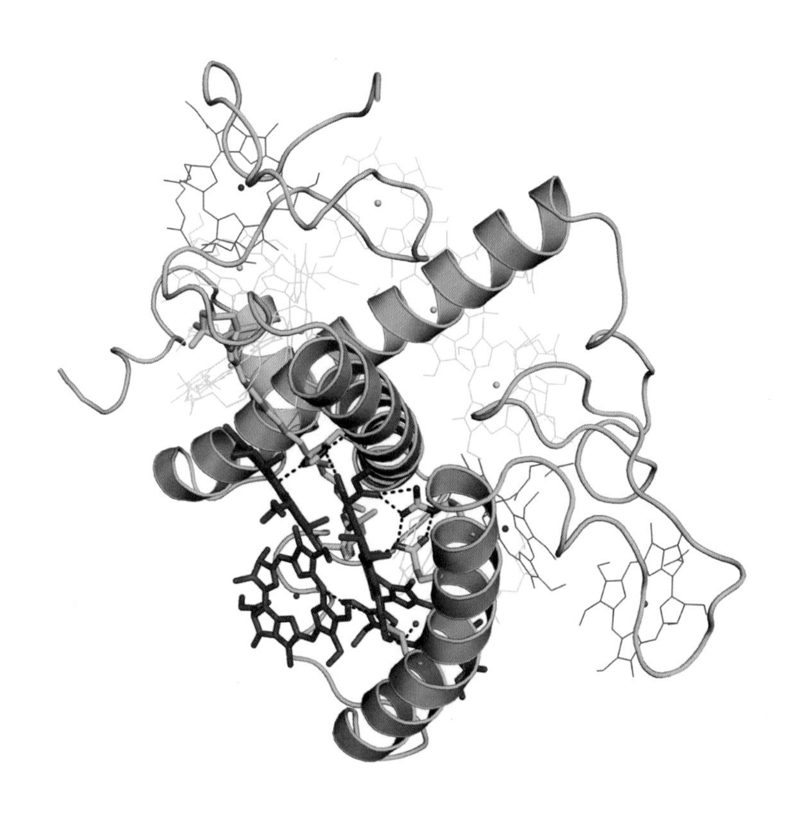

科学出版社

北京

内 容 简 介

本书共23章，对植物蛋白质组研究进行了概述；介绍了该领域主要技术方法及定量蛋白质组学研究进展，进而阐述了植物线粒体、叶绿体和过氧化物酶体等亚细胞器蛋白质组研究情况；重点介绍了磷酸化、泛素化、糖基化和乙酰化等修饰蛋白质组学技术原理及其在植物中的应用，以及蛋白质组学相关技术在热带作物、中草药和其他植物根系等中应用进展；特别介绍了生物钟、植物蛋白结构和功能研究；讨论了植物蛋白质组研究热点问题，对整合生物学及生物信息技术的应用进行了小结，展望了相关研究的前景。

本书内容全面、图文并茂，适于蛋白质组学、植物分子生物学、生物化学、生物技术等领域的高年级本科生、研究生、青年教师和科研人员阅读参考。

图书在版编目（CIP）数据

植物蛋白质组学 / 王旭初等著. —北京：科学出版社，2022.1

（后基因组时代植物生物学丛书）

ISBN 978-7-03-069498-0

Ⅰ. ①植⋯ Ⅱ. ①王⋯ Ⅲ. ①植物蛋白 – 基因组 – 研究 Ⅳ. ① Q946.1

中国版本图书馆 CIP 数据核字（2021）第154244号

责任编辑：陈 新 闫小敏 / 责任校对：严 娜

责任印制：肖 兴 / 封面设计：无极书装

科学出版社出版

北京东黄城根北街16号

邮政编码：100717

http://www.sciencep.com

北京汇瑞嘉合文化发展有限公司 印刷

科学出版社发行 各地新华书店经销

*

2022年1月第 一 版 开本：787×1092 1/16

2022年1月第一次印刷 印张：60

字数：1 536 000

定价：568.00元

（如有印装质量问题，我社负责调换）

《植物蛋白质组学》著者名单

主要著者

王旭初（海南师范大学）

阮松林（杭州市农业科学研究院）

徐　平（国家蛋白质科学中心）

其他著者（按姓名汉语拼音排序）

董士尚（济南大学）

兰　平（中国科学院南京土壤研究所）

李　磊（南开大学）

李衍常（国家蛋白质科学中心）

李　溱（中国农业大学）

柳亦松（湖南农业大学）

聂小军（西北农林科技大学）

秦晓春（济南大学）

汪迎春（中国科学院遗传与发育生物学研究所）

王丽娟（宁夏医科大学）

谢启光（河南大学）

徐　锋（国家蛋白质科学中心）

徐小冬（河南大学）

应万涛（国家蛋白质科学中心）

张雪妍（海南师范大学）

序言一

人类对自然界的好奇从未停止，求索真理是一个永无止境的过程。1953年，Watson和Crick创建了著名的DNA双螺旋结构模型，人类对自然的认知由此进入了分子生物学时代，自此“中心法则”的圣光照亮了生命科学整个领域。随着生命科学60余年的快速发展，在物理、化学、数学、电子信息科学等学科高新知识和技术的助力之下，科学家正在从细胞、亚细胞和生物大分子层面更加精细地解析生命的奥秘，在生命科学领域已经可以更精确地编辑生物体基因组特定目标基因。科学工作者必将怀着对自然的敬畏之心去造福人类、保护自然。

然而“吾生也有涯，而知也无涯”，随着生命科学知识疆域的不断扩大，自然和生命奥秘的未知边界也在不断扩大。生物体能够有序地生长、发育和繁殖是基因表达调控的结果，依赖于基因与基因、基因与基因产物、基因产物与基因产物之间形成的复杂精细相互作用网络，而一般认为基因产物——蛋白质是生理功能的首要执行者，是生命现象的直接体现者。以20种氨基酸为基石的蛋白质从二维到三维有无数的可能性，存在复杂的构型和构象变化，以及翻译后修饰、亚细胞定位、转运等现象，蛋白质复杂多样的特性影响着整个生命过程，这也导致蛋白质研究技术越来越复杂。

20世纪90年代中期，蛋白质组学概念的提出是科学发展到一定阶段的必然，只有在大规模水平上研究蛋白质的特征，如蛋白质表达、翻译后修饰、蛋白质结构，以及蛋白质与蛋白质的相互作用等，才能告别盲人摸象般的蛋白质个体研究，从而系统性地阐明生命现象在一定生理环境下的发生机制，进而为生命科学的发展奠定坚实的基础。

我国的蛋白质组学经过20余年的发展，相关科研队伍日益壮大，伴随着仪器与技术上的跨越式进步，在科研人员的不懈努力下，在医学等领域取得了一系列重大突破，展现了蛋白质组学研究的蓬勃生机和巨大潜力。但是，蛋白质组学的发展相对依赖于较昂贵的质谱仪器，使其应用在一定程度上受到限制。如果能够更好更快地将蛋白质组学与其他学科相互融合，将有利于推动我国生命科学诸多领域的发展。

近几年，我国植物科学研究呈现快速发展的态势，在有关领域已从“追赶”国外的状态跨越到“领跑”国际的地位。在植物学与蛋白质组学的交叉融合方面，不少研究者做出了重要贡献，但是近10年来，我国生命科学研究领域一直缺乏比较全面系统地介绍植物蛋白质组学最新知识和技术的论著。该书著者结合自己擅长的研究领域和对相关学科发展的把握，认真总结了涵盖植物蛋白质组学研究诸多方向的最新知识和技术，汇集成册，必将助力我国蛋白质组学与植物学研究，希望相关科研工作者惠存雅赏。我期待着该论著在我国植物学教学与科研过程中，在基础理论研究与生产实践中都能发挥积极的促进作用，将我国植物科学的更多领域带入“领跑”地位。

匡廷云

匡廷云
中国科学院院士
2021年2月18日

序 言 二

21世纪对于生命科学注定是一个不平凡的时代。2000年6月，人类基因组草图宣告绘制完成，标志着人类破译“生命天书”已成为可能。随着基因序列的神秘面纱被逐层揭开，破解中心法则天平的另一端——蛋白质，成为新的更重要的挑战。2002年，人类蛋白质组计划（HPP）宣布启动，首先瞄准人类的肝脏、血浆、脑、肾脏、尿液、心血管等组织器官开展全方位的探索，人类由此步入了尝试从蛋白质组层面认识生命本质及其表征变化的新阶段。

根据中心法则，基因为因、蛋白质为果。但基因对于一个生命个体而言是稳定的、静态的、孤立的，调控作用有限；而蛋白质变化多样、结构复杂、联系广泛，调控作用几乎是无限的。我们皆知果由因生，却奈何一因万果，更何况蛋白质才是生命活动功能的直接执行者，是细胞功能的主要承担者。若只从基因之因出发，难料其果，很多生命现象便无从解释。故而在最初定位之时，我们便将蛋白质作为首要的研究对象，力求从果出发，溯源其因，探究其理。

蛋白质不仅有一级序列，还有多级结构，生理生化功能众多，其调控作用既无法简单用“存在与否”这样的一元命题决定，也无法用“存在＋表达”这样的二元命题简单概括；其活性还受到化学修饰、细胞定位及蛋白质互作等影响。因此，蛋白质组学研究势在必行。作为第一批加入HPP并承担重要研发项目的团队，我们在组织、领导和实施国际人类肝脏蛋白质组计划（HLPP）时提出了“两谱、两图、三库、两出口”的顶层设计，分别从蛋白质表达谱、修饰谱，连锁图、定位图，样本库、抗体库、数据库（知识库），生理和病理出口4个方面，全方位开展研究工作。按照这一理论研究框架建立技术体系，我们顺利完成了第一代HLPP，成为首批启动的HPP项目中最先实现、鉴定蛋白质数目最多、理论体系最为完善、理念最为先进的项目。进一步结合细胞分选技术，构建了4类主要肝脏细胞的蛋白质组图谱，完成了第二代HLPP。在此基础上，我们在国家的大力支持下全面启动了中国人类蛋白质组计划（CNHPP），并在肝癌蛋白质组研究领域取得重大突破，在国际上率先提出“蛋白质组学驱动精准医学”（PDPM）概念，得到了国际国内同行的广泛认可。

人类自诞生以来，便与植物密不可分、命运交织、相互影响。作为自然生态中最重要的一环，植物为我们提供了赖以生存的氧气、食物、衣料、建材等宝贵资源，人类也通过不断对植物进行改造利用，发展出农业、林业、环保等多个行业。植物研究，是人类历史进程的重要驱动力之一。仅在人类基因组草图宣告绘制完成的半年后，科学家便绘制出拟南芥基因组的完整图谱，其后，水稻、烟草等多种植物的基因组测序工作陆续完成。植物蛋白质组学研究在第一个植物基因组公布前就已经开展，并取得了不少进展。但从现状来看，整体水平与人类和动物蛋白质组研究相比尚有不少差距，专门介绍植物蛋白质组学的书籍在全球范围内也不多见。

道阻且长，行则将至。植物蛋白质组学研究对人类命运的影响必将积极而深远。该书是我国蛋白质组学领域一批专家学者多年研究成果的结晶，内容涵盖从基础理论到应用研究再到领域前沿的方方面面。该书的出版将为植物蛋白质组学研究专家、生命科学领域的青年学者和研究生系统了解植物蛋白质组学的研究历史、发展现状及未来方向提供不可多得的参考教材与学习资料，为进一步推动我国植物蛋白质组学发展、服务农林生产技术进步，进而为推动人与自然和谐生态建设进程提供重要学术和技术支撑。

贺福初
中国科学院院士
2021年1月22日

序 言 三

21 世纪初完成的人类基因组计划、模式植物拟南芥基因组计划，以及此后陆续完成的大量动物、植物、微生物基因组计划，吸引并汇聚了全球科学界的大批精英，使得生命科学研究迅速进入后基因组时代。随着各种基因组测序完成，人们期待各种动植物生长发育的调控机制都将迅速得到解析和阐述。然而，基因组学虽然为人类提供了大量重要的基础性数据，但遗传信息从 DNA 到蛋白质，基因组只是起到了遗传密码存取的功能，蛋白质才是生物体结构与功能的基本单位，是所有生命活动的物质基础和生理功能的最终执行者。因此，蛋白质组学作为研究生命体内蛋白质结构功能和相互作用的科学，应运而生。

蛋白质组学是蛋白质（protein）和基因组（genome）在研究形式与内容两方面的完美结合，其致力于研究某一个物种、个体、器官、组织或细胞在特定生理或营养条件、特定时间或特定发育阶段所表达的全部蛋白质图谱。蛋白质组与基因组既相互对应又存在显著不同，因为某个生物或个体的基因组是确定的，该生物个体的所有细胞共享一个基因组，但各个基因的表达调控及表达程度（蛋白质图谱正是其最终表现形式）会根据时间、空间和环境条件而发生显著的改变。所以，不同器官、组织或细胞内拥有不同的蛋白质组。

目前，人们已将蛋白质组学的地位提升到前所未有的战略高度，大量研究论文相继在国际著名学术刊物发表，相关专门的蛋白质组学期刊也纷纷登场。以双向电泳和飞行时间质谱相结合为标志，诞生了第一代植物蛋白质组学技术体系，成为蛋白质组研究的第一个春天，可谓百花齐放，精彩纷呈，也造就了 21 世纪初蛋白质组 10 多年的飞速发展。后来，随着蛋白质组研究的深入，越来越多的蛋白质组研究人员发现第一代蛋白质组研究技术本身存在致命弱点，鉴定到更多蛋白质本身并不能说明多少科学问题。蛋白质功能鉴定和生化分子及生理机制解析其实更重要，否则，蛋白质组学研究就会一直处于基因组学巨大成功的阴影之中。与巨大的资金投入和人们高涨的热情所带来的过高期望相比，这些研究成果显得相对微小，极大地消费了人们对蛋白质组学的殷切期盼。在第一代蛋白质组研究的十几年时间里，蛋白质组相关研究基本上处于一边飞速发展、一边完善技术，一边自我否定、一边推陈出新，不断修正以前的技术方法，不断推翻过去研究结论的发展阶段。

随着高精密质谱仪器的完善和成功应用，蛋白质组研究也慢慢进入第二个春天。在第二个春天里，以精准定量蛋白质组和修饰蛋白质组为基础，开展了各种植物蛋白质功能研究。我们有理由相信，植物蛋白质组相关研究，包括蛋白质组图谱构建、蛋白质修饰及其功能鉴定、蛋白质互作分析、蛋白质结构解析及蛋白质功能研究等内容，必将成为 21 世纪生命科学研究中的重点、难点和热点。修饰蛋白质组研究将在植物具体生物学功能调控研究中发挥越来越重要的作用，通过研究植物蛋白质互作关系及互作蛋白质调控机制，人们有可能获得更多在基因组层面无法得到的新知识。

《植物蛋白质组学》涉及范围较广泛，通过系统总结植物蛋白质组学发展历程、存在问题及主要研究成果，介绍了植物蛋白质组学在基础研究和应用研究中的主要进展。该书著者充分展望了植物蛋白质组研究的前景，对将来植物蛋白质组研究发展方向提出了初步看法。该书的 18 位著者都是国内蛋白质组学研究领域的一线科学家，很多也是伴随着蛋白质组学科发展成长起来的资深蛋白质组研究专家。该书是著者基于自己的研究领域，呕心沥血认真归纳总结的产物，也是他们智慧的结晶，无论你是处在科研一线的植物蛋白质组研究人员，还是集中在基因功能研究领域的植物分子生物学家，该书都将是一本有价值的参考书，它将会带给你新的知识、新的体验和一个新的世界。

朱玉贤

中国科学院院士

2020 年 11 月 28 日

前　言

——希望与挑战并存的植物蛋白质组学

亲爱的读者，欢迎你阅读本书！1994年9月，当年仅27岁的澳大利亚麦考瑞大学（Macquarie University）博士研究生马克·威尔金斯（Marc Wilkins）代表他导师在意大利中部高低起伏坡坡相连的三座大山之间、总人口不足8万的小城锡耶纳（Siena）举行的一次双向电泳学术研讨会上，战战兢兢地代表不愿上台的导师作大会报告，为避开在一个物种中表达的所有基因产物这种拗口的说法，尝试把protein（蛋白质）和genome（基因组）拼成一个新的英语单词——proteome（蛋白质组），用于描述基因组编码的所有蛋白质的时候，他很可能根本没有想到，与会专家代表会极力赞成他这个年轻博士生脑洞大开拼凑出的这个新概念，他甚至可能做梦都没有想到，1994年，就是因为他这个毛头小子在这个小会上的小小举动，会被国际蛋白质组研究同行公认为蛋白质组元年，而威尔金斯博士则被认为是提出蛋白质组概念的历史第一人。1999年7月，当深圳华大基因股份有限公司（后简称华大基因）总裁汪建博士毅然代表中国政府在国际人类基因组计划中注册，得到完成人类基因组计划1%工作任务的时候，他可能也不会想到自己的这个豪迈举动，将来会使中国因此成为参加这项国际合作研究庞大计划的唯一发展中国家，并引导华大基因在各种生物基因组测序时代独占鳌头，引领时代潮流。

因此，大家不得不感慨，历史大事情往往会被一些小事故引爆，英雄造时势，还是时势造英雄？公公婆婆，各有各的道，各有各的理！但是，值得我们永远敬畏的，是年轻人那一颗躁动不安、奋发前行、敢为天下先的心！

当然，2020年10月20日下午，当我独坐在北京大学未名湖湖心小岛凉爽的石凳上，遥望博雅塔，抓耳挠腮开始构思《植物蛋白质组学》前言的时候，我期望由18位打拼甚至挣扎在蛋白质组研究领域的一线科学家，经过5年策划、2年多的联合攻关，呕心沥血编撰而成的这本植物蛋白质组学著作，有朝一日，能够成为一本行业内精品，甚至经典之作！著者期待通过系统总结蛋白质组和植物蛋白质研究这二十几年来的成果，承上启下，继往开来，为未来植物蛋白质相关学科发展提供科学借鉴，为青年学子提供一本值得一读的参考书，为青年科研人员提供一份有价值的研究参考资料，甚至期待引导和激发部分青年朋友加盟到朝气蓬勃、充满希望与挑战的植物蛋白质组研究大事业中来，以便在这个日新月异的新时代，与诸位同仁一道团结奋斗，不负好年华，共同推动行业更快更好更健康地发展，取得更多重大科研成果，引领并占领世界植物蛋白质组研究制高点，为中华民族伟大复兴贡献一份科研原动力！

本书共23章，由18位著者撰写并统稿。其中，王旭初负责前言、第1章、第6章、第8章、第23章和后记的撰写与统稿工作，吉福桑、丁国华、马骏骏、何丽霞、袁博轩和阮雪玉协助进行格式修改与文字校对工作。第 2 章和第 5 章由阮松林撰写并统稿，其中，裘劼人参与了第 2 章部分撰写和修改工作，裘劼人和应万涛参与了第 5 章大部分初稿撰写和修改润色工作。第 3 章由李溱撰写，赵晓云绘制了其中大部分插图并仔细修改了全文，齐佳钰参与了语言修改和文字校对工作。第 4 章由聂小军和马骏骏共同撰写初稿，童维做了仔细修改，潘燕、杨光和潘文秋负责语言修改与文字校对工作，马骏骏协助进行图片制作和美化工作，最后由聂小军统稿。第 7 章和第 9 章由李磊撰写并统稿，其中，宋策和陈志蕊参与了第 7 章部分内容编写与图片绘制，张玉清、李圆圆和杨蒙蒙参与了第 9 章部分内容编写与图片绘制，所有撰稿人均参与了语言修改和文字校对工作。修饰蛋白质组学章节由徐平统一策划。其中，第 10 章由徐平和汪迎春共同撰写。第 11 章由徐锋撰写。第 12 章由李衍常和兰秋艳共同撰写。第 13 章由应万涛撰写，李晓宇和赵新元参与撰写并进行了语言修改与文字校对工作。第 14 章由汪迎春撰写，张媛雅参与撰写并进行了语言修改和文字校对工作。第 15 章由张雪妍撰写部分初稿，谢全亮、吉福桑、姚琦和袁博轩参与了文字修改工作，最后由王旭初补充完善并定稿。第 16 章和第 21 章由柳亦松组织撰写，唐其参与了第 16 章撰写并提供了大量中药材方面的材料，彭琼参与了语言修改和文字校对工作，程辟参与了第 21 章植物化学部分内容的修改，刘兆颖参与了代谢组学和药物功能方面部分内容的撰写和修改。第 17 章和第 18 章由兰平组织撰写，其中，熊艺参与了第 18 章的初稿撰写和文字修改工作。第 19 章由谢启光和徐小冬共同撰写。第 20 章由秦晓春和董士尚共同撰写，匡廷云院士对撰写工作提出了宝贵意见与建议。第 22 章由王丽娟撰写，王婷婷负责图表绘制，徐惠娟通读并修改了文字。所有章节都经过吉福桑和姚琦进行了格式与文字修改，全书经过王旭初统一修改后定稿。

特别感谢匡廷云院士、贺福初院士和朱玉贤院士为本书作序，三位院士分别从植物蛋白结构功能、植物分子生物学和蛋白质组三个层面对本书进行了介绍，三位先生对中国植物蛋白质组学发展一直非常关心，也为我国植物蛋白质组学更好发展提供了多方面的鼓励和大力支持。在本书组织撰写和修改过程中，中国植物蛋白质组研究同仁提供了很多具体的帮助，提出了宝贵的修改建议和意见。国家重点研发计划项目课题“重要经济农作物蛋白质组精细图谱构建”（2021YFA1300401）和“热带作物重要性状形成与调控”（2018YFD1000502）为本书提供了出版资助。海南师范大学学术著作出版基金为本书出版提供了特别资助，植物蛋白质组研究领域的 8 家技术服务公司，包括赛默飞世尔科技（中国）有限公司、上海爱博才思分析仪器贸易有限公司、杭州景杰生物科技有限公司、上海中科新生命生物科技有限公司、武汉贝纳科技服务有限公司、上海天能生命科学有限公司、上海鹿明生物科技有限公司和北京毅新博创生物技术有限公司，对本书的出版给予了赞助。在此，一并致谢！

当然，由于时间匆忙、编写工作量巨大，加上蛋白质组研究领域的发展日新月异，很多前沿工作不一定都能涉及，加上著者自身水平有限，不足之处在所难免，恳请广大读者批评指正，以便本书将来再版时修改完善。

王旭初

2020 年 8 月 1 日

目　录

第1章 绪 论

1.1 概 述

伴随着人类基因组计划（Human Genome Project，HGP）的完成，各种生物基因组测序计划，特别是各种植物基因组（plant genome）测序计划相继开展并陆续公布基因组信息，生命科学研究进入了后基因组时代（post-genome era）。人类基因组计划在研究人类基因过程中建立起来的策略、思想与技术，构成了生命科学研究领域的一门新学科——基因组学（genomics）。基因组学是在各种生物基因组静态碱基序列解析之后，对基因组动态的生物学功能进行研究，其内容包括基因组发现、基因表达分析、突变检测及基因互助功能研究等各个方面。人类基因组学积累起来的一整套理论和技术体系同样适用于研究各种微生物、植物及动物基因组。随着各种生物海量基因组数据的公布，如何解析这些基因的功能并将其成功应用在生命科学研究中，已经成为最近20年并必将成为随后几十年的研究热点和难点。后基因组时代主要利用结构基因组所提供的信息和产物，通过发展和利用新的实验手段，在植物基因组和系统水平上全面分析基因的功能，从而使植物生物学研究从对单一基因或蛋白质研究转向对多个基因或蛋白质同时进行系统性研究的新时代。

为了在基因表达整体水平上研究基因组中各个基因的转录情况及转录调控规律，转录组学（transcriptomics）应运而生。但是，随着基因组和转录组研究的深入，人们发现基因组中很多基因并不能表达成完整的mRNA，甚至很多预测的基因根本不表达，而成功表达的很多基因并不能最终翻译成蛋白质。众所周知，蛋白质，特别是各种酶，才是生物学功能的具体执行者。因此，为了研究一个物种的细胞、组织或生物体的基因组所表达的全套蛋白质及其变化规律，一门崭新的研究各种生物蛋白质组（proteome）的学科——蛋白质组学（proteomics）诞生了。同时，为了对生物体内所有分子质量在1kDa以内的小分子代谢物进行定量分析，并寻找代谢物与生理病理变化的相对关系，代谢组学（metabolomics）顺势产生，并越来越引起人们的重视。为了研究某一生物或细胞在各种环境条件下表达的基因、积累的蛋白质和产生的小分子代谢物对生物表型的影响，表型组学（phenomics）也激发了人们巨大的研究热情。

最近研究显示，单一组学研究存在不同程度的局限性，更多有条件的研究人员，在基因组测序的基础上，整合转录组、蛋白质组、代谢组和表型组学研究成果，开展了各种生物特别是植物的多层组学整合（integrated multi-omics）研究。多层组学整合分析是根据系统生物学的功能层级逻辑，分析目标分子的功能，对相关基因和蛋白质数据进行整合分析，进而开展相互验证补充，实现对生物变化的综合了解，提出分子生物学变化机制模型。随着生命科学发展进步，多层组学研究思路必将越来越受到科学家的重视，将在解析生命科学奥秘中发挥越来越重要的作用。

1.2 人类基因组计划

1.2.1 人类基因组计划简介

基因组研究是生物科学近 20 多年的研究热点，人类基因组计划被评选为 20 世纪三大科学工程之一。

人类基因组计划最初是由美国科学家于 1985 年率先提出、1990 年正式启动的，是一项规模宏大，跨国、跨学科的科学探索工程。全世界包括美国、英国、法国、德国、日本和中国共 6 个国家的科学家共同参与了这一预算高达 30 亿美元的庞大计划，其宗旨在于测定人类 46 条染色体及其 DNA 双螺旋结构（图 1-1）中所包含的由约 30 亿个碱基对（3Gb）组成的核苷酸序列，从而绘制出人类基因组图谱，并辨识其载有的基因及序列，达到破译人类遗传信息的最终目的。按照此计划的最初设想，在 2005 年之前，要把人体内约 2.5 万个基因的密码全部解开，同时绘制出人类基因组图谱。换句话说，就是要揭开组成人体 2.5 万个基因的 3Gb 核苷酸序列的秘密。人类基因组计划是人类科学史上的一项伟大工程，被誉为生命科学的阿波罗登月计划。

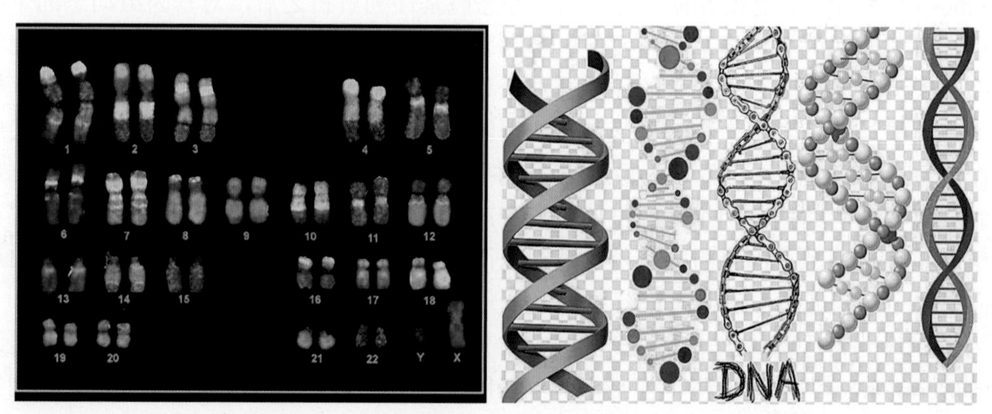

图 1-1 人类 46 条染色体（左）及 DNA 双螺旋（右）结构示意图

1.2.2 人类基因组计划的产生及发展过程

早在 20 世纪 70 年代，以 1975 年桑格（Sanger）的双脱氧链终止法（Sanger 法）和 1976 年马克西姆（Maxam）的化学链降解法为基础的第一代 DNA 测序技术的发明及推广应用，就促使科学家萌生了测定人类基因组完整序列的大胆设想。随后，桑格于 1977 年测定了第一个基因组序列，是噬菌体 X174 的基因组，发现其全长共含有 5375 个碱基（Sanger and Nicklen，1977）。自此，人类获得了窥探生命遗传差异本质的能力，并以此为开端步入基因组学时代。研究人员在 Sanger 法的多年实践之中不断对其进行改进。从 1977 年第一代 DNA 测序技术（Sanger 法）发展至今，经过 40 多年积累，测序技术已取得了相当大的发展，从第一代到第三代乃至第四代 Nanopore，测序读长从长到短，再从短到长，进步神速。测序技术的每一次变革，都对基因组研究、疾病医疗研究、药物研发和生物育种等领域产生巨大推动作用。

20 世纪 80 年代，人类基因组研究已具有一定雏形，许多国家已经开展前期探索性研究，并形成一定规模。这方面的研究进展引起了美国政府的高度关注，1984 年，R. White 和 M. Mendelsonhn 受美国能源部的委托，在犹他州的 Alta 召集全世界人类基因组研究专家召开了一个小型专业学术会议，专门讨论测定整个人类基因组DNA序列的可能性、意义和前景。随后，1985年5月在加利福尼亚州的Santa Cruz，由美国能源部R. L. Sinsheimer主持专门会议，正式提出测定人类基因组全序列的设想，并形成了由美国能源部牵头组织的“人类基因组计划”草案。1986年3月，在新墨西哥州的Santa Fe，全世界人类基因组研究专家讨论了这一计划的可行性，随后美国能源部正式宣布实施人类基因组研究计划。

1986年，诺贝尔奖得主杜尔贝科（R. Dulbecco）在*Science*上撰文回顾了肿瘤研究的进展，指出要么依旧采用零敲碎打的策略，要么从整体上研究和分析人类基因组，明确指出如果人们想要理解人类肿瘤发生机制，就应从人类基因组测序工作开始。1986年，遗传学家V. McKusick提出“基因组学”概念，即从整个基因组的层次研究遗传规律的一门学科。1987年初，美国能源部和美国国立卫生研究院共同为人类基因组计划下拨约550万美元启动经费，且当年拨款金额达到1.66亿美元。1988年，美国成立了“国家人类基因组研究中心”，由诺贝尔奖得主、DNA双螺旋结构的发现者J. Watson博士出任第一任研究中心主任，组织实施人类基因组计划。1990年10月1日，经美国国会批准美国人类基因组计划正式启动，总体计划在15年内投入至少30亿美元进行人类全基因组的分析。

私营公司也积极启动了人类基因组测序计划。1998年5月11日，世界上最大的测序仪生产商美国PE Biosystems公司，以其刚研制成功的300台最新毛细管自动测序仪（ABI 3700）和2亿美元资金，联合克雷格·文特尔博士（Dr. Craig Venter）创立了塞莱拉基因组技术公司（Celera Genomics Corporation），总部设在美国马里兰州的罗克维尔，其主要目标是开发基因信息并使之商品化。成立之初，公司就宣称要在3年内，以所谓的人类全基因组鸟枪法（又称霰弹法，shotgun sequencing）策略完成人类基因组测序，并声称要对200～400个重要基因申请专利，并将所有序列信息保密3个月。塞莱拉基因组技术公司成立之初就有雇员300多人，购买了当时号称“全球第三”的超大型计算机，号称拥有了超过全球所有序列组装解读力量总和的实力。就在6国共同宣布工作框架图构建完成的同一天，塞莱拉基因组技术公司宣称已组装出完整的人类遗传密码。塞莱拉基因组技术公司此举，是对公益性HGP的竞争与挑战，同时巨大地推进了人类基因组测序的进程。至此，两个不同的组织使用不同的方法实现了它们共同的目标：完成对整个人类基因组测序的工作，并且两者的结果惊人的相似。

人类基因组计划的研究目标是，通过测出人类基因组DNA的3Gb序列，获得人类基因组的遗传图谱、物理图谱、序列图谱和转录图谱这4张精细图谱，发现所有人类基因，找出它们在染色体上的具体位置，破译人类全部遗传信息，进而解码生命、了解生命起源、了解生命体生长发育规律、认识种属之间和个体之间存在差异的原因、认识疾病发生机制及长寿与衰老等生命现象，并为疾病的诊治提供科学依据。

在美国的主导和引领下，世界上其他几个国家也积极配合开展人类基因组测序的工作。意大利国家研究委员会从1987年开始实施HGP，其特点是技术多样、主要集中在人类基因组Xq24-qter区域。英国于1989年2月开始启动HGP，由英国癌症研究基金会与英国医学研究委员会共同负责全国协调和资金调控，在剑桥大学附近Sanger测序中心建立了“英国人类基因组资源中心”，具体负责该项目。法国的HGP启动于1990年6月，由法国科学研究部委托国家医学科学院制定HGP研究框架，主要特点是注重整体基因组、cDNA和自动化研究，并建立了人类多态性研究中心，对全基因组重叠群、微卫星标记（遗传图）构建及驰名世界的基因组经典研究材料CEPH家系方面产生了巨大影响。德国随后于1995年开始实施HGP，虽然加入 HGP 较晚，但进展迅速，来势迅猛，先后成立了人类基因组资源中心和基因扫描定位中心，并集中精力对人类 21 号染色体开展大规模测序。

几乎同时，欧盟于 1990 年 6 月通过了“欧洲人类基因组计划”，主要资助 23 个实验室，重点用于“人类基因资源中心”的建立和运转。另外，丹麦、俄罗斯、日本、韩国、澳大利亚等国家也开展了部分人类基因组测序工作，提交了大量宝贵的基因信息。

1.2.3 中国在人类基因组计划中的作用

中国也积极参与并大力推进了人类基因组计划。早在 1994 年，中国 HGP 就在吴旻、强伯勤、陈竺、杨焕明等科学家的倡导下启动，最初由国家自然科学基金委员会和 863 计划分别资助，先后启动了“中华民族基因组中若干位点基因结构的研究”和“重大疾病相关基因的定位、克隆、结构和功能研究”两个重大研究专项。随后，1998 年在科技部的领导和牵线下，在上海成立了南方基因中心。中国科学院通过整合遗传与发育生物学研究所的部分资源，于 1998 年在北京成立了国家人类基因组北方研究中心，并于 1999 年 7 月在国际人类基因组研究中心注册，承担人类 3 号染色体短臂上一个约 30Mb 的测序任务，该区域约占人类整个基因组的 1%。由于承担该项目，中国成为参加这项国际合作研究庞大计划的唯一发展中国家。

与此同时，我国人类基因组研究计划队伍中以汪建博士为代表的部分科学家，从中国科学院遗传与发育生物学研究所分离，于 1999 年 9 月 9 日成立了北京华大基因研究中心［The Beijing Genomics Institute（BGI），以下简称华大基因］，以公司化形式进一步推进中国人类基因组计划。华大基因坚持“以任务带学科、带队伍、带产业”，先后高效率、高质量地参与、合作或独立完成了国际人类基因组计划“中国部分”（1%）、国际人类单体型图计划（10%）、水稻基因组计划、家蚕基因组计划、家鸡基因组计划、抗 SARS 研究、“炎黄一号”等多项具有国际先进水平的科研工作，为中国和世界基因组科学的发展做出了突出贡献，奠定了中国基因组学科的国际领先地位，在 *Nature*、*Science* 等国际一流的期刊上发表了多篇论文；同时，建立了大规模基因组测序、高性能生物信息处理、基因健康新技术等技术平台，成为基因组测序能力及生物信息分析能力居亚洲第一、世界第三的基因组研究中心，为国际人类基因组计划，特别是中国人类基因组计划，做出了突出的贡献，取得了举世瞩目的成绩。

1.2.4 人类基因组草图的完成

2000 年 6 月初，科学家公布人类基因组草图绘制工作初步完成（Macilwain，2000），标志着人类在解读自身生命天书、识别生命密码之路上通过联合攻关，迈出了坚实的一步。随后，2000 年 6 月 26 日，在美国首都华盛顿白宫，时任美国总统的比尔·克林顿（Bill Clinton）联合克雷格·文特尔（Craig Venter）博士，代表参加人类基因组计划的美国、英国、法国、德国、日本和中国 6 国的 16 个人类基因组测序中心的 1000 多位科学家共同宣布，人类基因组草图的绘制工作已经完成（Aldhous，2000）。最终完成图要求测序所用的克隆能如实地代表常染色体的基因组结构，序列错误率低于万分之一，95% 常染色质区域被测序，每个缺口（gap）小于 150kb。2001 年 2 月，美国、英国、法国、德国、日本、中国 6 国科学家和美国塞莱拉基因组技术公司联合公布人类基因组图谱及其初步分析结果（Lander et al.，2001），各国测定人类基因组所占份额分别为美国 54%、英国 33%、日本 7%、法国 3%、德国 2%、中国 1%。此外，加拿大、丹麦、以色列、瑞典、芬兰、挪威、澳大利亚、新加坡等国也都开始了不同规模、各有特色的人类基因组研究。

人类基因组计划的草图测序工作于2003年4月14日宣告最终完成，经过多国科学家11年的合作研究，比预计提前2年完成。这是一项以排列人类基因组DNA全序列的“结构基因组”为目标的国际大科学合作项目。整个人类基因组测序工作的基本完成，为人类生命科学开辟了一个新纪元。人类基因组计划完成后，科学家研究人类基因组数据，发现人类基因组由23对46条染色体（$2n=46$）组成，包括22对常染色体、1条X染色体和1条Y染色体。人类基因组含有约31.6亿个DNA碱基对，基因组大小约为3000Mb（3Gb），碱基对是以氢键相结合的两个含氮碱基，以胸腺嘧啶（T）、腺嘌呤（A）、胞嘧啶（C）和鸟嘌呤（G）4种碱基排列成碱基序列，其中A与T之间由2个氢键连接，G与C之间由3个氢键连接，碱基对的排列在DNA中只能是A对T、G对C。全世界的生物学与医学界研究人员在人类基因组计划中，调查了人类基因组的真染色质基因序列，发现人类的基因数量比原先预期的少得多，其中外显子，也就是能够产生蛋白质的编码基因序列，只占总长度的约1.5%，一部分碱基对组成了大约3.9万个基因，其中功能基因约为2.6万个，尚有42%的基因不知道功能，这比科学家以前预测的人类基因有14万个要少得多。在已知功能基因中，蛋白酶占10.28%，核酸酶占7.5%，信号转导因子占12.2%，转录因子占6.0%，信号分子占1.2%，受体分子占5.3%，选择性调节分子占3.2%。发现并了解这些功能基因的作用，对基因功能解析和新药筛选都具有重要意义。

1.2.5 人类基因组计划对后续研究的巨大影响

人类和许多低等生物如果蝇、线虫、酵母等共享许多基因。人类基因的大小平均约为27kb；其中G+C含量偏低，仅为38%，而2号染色体中G+C的含量最高；目前仍有少量碱基对序列未被确定，19号染色体是基因最丰富的染色体，而13号染色体所包含的基因最少。一些研究人员曾经预测人类约有14万个基因，但塞莱拉基因组技术公司将人类基因总数定在2.6万～3.9万个，不超过4万个，只是线虫或果蝇基因数量的两倍，人类拥有但鼠类没有的基因只有300个。如此少的基因数目，却能产生复杂的功能，说明基因组的大小和基因的数量在生命进化上可能不具有特别重大的意义，也说明人类较其他生物体的基因表达调控可能更有效，人类某些基因的功能和控制蛋白质产生的能力与其他生物的不同。这将对我们目前的许多观念产生重大的挑战，有可能为后基因组时代中生物医学的发展提供新的、非凡的机遇。

在人类进化的某一阶段，人体内数百种基因曾经与细菌的遗传物质交换过，表明了生命起源的一致性和人类在进化中与其他物种的密切关系。而人类之所以不同于其他生物，是因为人类基因组中增加了不少“控制基因”，用于对其他基因进行控制。地球上人与人之间99.99%的基因密码是相同的，在整个基因组序列中，不同个体的基因变异率仅为万分之一左右，说明人类不同群体之间并没有本质上的区别，这些变异基因的调控规律必将是今后的研究热点和难点。人类基因组中存在“热点”和大片“荒漠”，即染色体上存在基因成簇密集分布的区域，也有大片的只有“无用DNA”的区域。基因组大约有1/4的区域没有基因的片段。在所有的DNA中，只有1%～1.5%能编码蛋白质，在人类基因组中98%以上序列都是所谓的“无用DNA”，分布着300多万个长片段重复序列。这些重复的“无用”序列也许不是无用的，很可能蕴含着人类基因的新功能和新奥秘，包含着人类演化和差异的信息。经典分子生物学认为一个基因只能表达一种蛋白质，而人体中存在非常复杂繁多的蛋白质，提示一个基因可以编码多种蛋白质，蛋白质比基因具有更为重要的意义。另外，值得注意的是，男性的基因突变率是女性的两倍，而且大部分人类遗传疾病是由 Y 染色体上的基因控制的。所以，可能男性在人类的遗传中起着更重要的作用。人类基因组编码的全套蛋白质（蛋白质组）比无脊椎动物的蛋白质组更复杂。人类和其他脊椎动物重排了已有蛋白质的结构域，形成了新的结构。也就是说人类的进化和特征不仅仅靠产生全新的蛋白质，更重要的是靠重排和扩展已有的蛋白质，以实现蛋白质种类和功能的多样性。有人推测一个基因平均可以编码 2 ～ 10 种蛋白质，以满足人类复杂的生物学功能需求。因此，人类基因组计划的提前完成，对生命本质、人类进化、生物遗传、个体差异、发病机制、疾病防治、新药开发、健康长寿等领域，甚至对整个生物学都具有深远影响和重大意义，标志着生命科学一个新时代的正式到来。

1.3 各种植物基因组研究进展

1.3.1 各种生物基因组计划概况

在进行人类基因组计划的同时，各种生物，包括动物、植物和微生物的基因组测序工作也在全世界如火如荼地开展。在这些测序工作中，模式生物基因组计划（model organism genome project）备受人们关注。随着人类基因组草图的公布，很多模式生物，包括大肠杆菌（*Escherichia coli*）、啤酒酵母（*Saccharomyces cerevisiae*）、流感嗜血杆菌（*Haemophilus influenzae*）、秀丽隐杆线虫（*Caenorhabditis elegans*）、果蝇（*Drosophila melanogaster*）、小鼠（*Mus musculs*）、拟南芥（*Arabidopsis thaliana*）、水稻（*Oryza sativa*）等基因组全序列得到测定并陆续发表。在获得这些生物体的全部 DNA 序列信息后，生物科学领域的专家开始大规模研究这些序列的表达、调控、功能及其产物，揭示生命活动的规律，一些新方法、新技术等相继出现，蛋白质组学、生物信息学等新学科兴起，标志着基因组学研究已由静态碱基测序的结构基因组学（structural genomics）研究转入动态生物学功能注释的功能基因组学（functional genomics）研究，生命科学进入了后基因组时代（Collins et al.，2003）。

在结构基因组学研究的早期阶段，以建立生物体高分辨率遗传、物理和转录图谱为主；而在后基因组时代，主要利用结构基因组学提供的信息，系统研究基因的功能，以高通量、大规模实验方法及统计与计算机分析为特征。后基因组时代的分子生物学主要包括功能基因表达概况、功能蛋白积累变化规律、比较基因组学和生物信息学等研究内容。

1.3.2 各种植物基因组计划

在人类基因组计划开展的同时，各种植物基因组计划也相继开展。伴随着人类基因组信息的公布，各种植物基因组测序结果也公开发表在各个著名期刊上，相关基因组信息可以免费共享给世界各国科学家。

截至 2021 年 1 月，据不完全统计，全世界共有 388 种植物基因组测序工作完成并正式发表于包括 *Science*、*Nature* 和 *Cell* 等在内的顶级期刊及其子刊，以及植物领域 *Plant Cell*、*Mol. Plant*、*Proc. Natl. Acad. Sci. USA*、*Plant Journal*、*Plant Physiology* 等著名期刊上。我们选取了其中 130 种发表在 *Science*、*Cell*、*Nature* 及 *Nature* 系列子刊上具有代表性的植物基因组信息供大家参考（表 1-1）。

表 1-1 发表在 *Science*、*Cell*、*Nature* 及 *Nature* 系列子刊上的植物基因组信息汇总（截至 2021 年 1 月）

植物名称	拉丁名	发表时间	发表刊物	分类地位	染色体	基因组大小
拟南芥	*Arabidopsis thaliana*	2000.12	*Nature*	十字花科鼠耳芥属	2*n*=10	125Mb
粳稻	*Oryza sativa* ssp. *japonica*	2002.04	*Science*	禾本科稻属	2*n*=24	466Mb
毛果杨	*Populus trichocarpa*	2006.09	*Science*	杨柳科杨属	2*n*=38	480Mb
葡萄	*Vitis vinifera*	2007.09	*Nature*	葡萄科葡萄属	2*n*=38	490Mb
小立碗藓	*Physcomitrella pattens*	2008.01	*Science*	葫芦藓科小立碗藓属	—	480Mb
番木瓜	*Carica papaya*	2008.04	*Nature*	番木瓜科番木瓜属	2*n*=18	370Mb
高粱	*Sorghum bicolor*	2009.01	*Nature*	禾本科高粱属	2*n*=20	730Mb
黄瓜	*Cucumis sativus*	2009.11	*Nature Genetics*	葫芦科黄瓜属	2*n*=14	350Mb
玉米	*Zea mays*	2009.11	*Science*	禾本科玉蜀黍属	2*n*=20	2.3Gb
二穗短柄草	*Brachypodium distachyon*	2010.02	*Nature*	禾本科短柄草属	2*n*=10	260Mb
蓖麻	*Ricinus communis*	2010.08	*Nature Biotechnol.*	大戟科蓖麻属	2*n*=20	350Mb
苹果	*Malus domestica*	2010.09	*Nature Genetics*	蔷薇科苹果属	2*n*=34	742Mb
野草莓	*Fragaria vesca*	2010.12	*Nature Genetics*	蔷薇科草莓属	2*n*=14	240Mb
可可树	*Theobroma cacao*	2010.12	*Nature Genetics*	梧桐科可可属	2*n*=20	430Mb
江南卷柏	*Selaginella moellendorffii*	2011.05	*Science*	卷柏科卷柏属	—	212Mb
琴叶拟南芥	*Arabidopsis lyrata*	2011.05	*Nature Genetics*	十字花科鼠耳芥属	2*n*=16	207Mb
椰枣	*Phoenix dactylifera*	2011.05	*Nature Biotechnol.*	棕榈科刺葵属	2*n*=36	685Mb
马铃薯	*Solanum tuberosum*	2011.07	*Nature*	茄科茄属	2*n*=4*x*=48	844Mb
白菜	*Brassica rapa*	2011.08	*Nature Genetics*	十字花科芸薹属	2*n*=20	485Mb
小盐芥	*Thellugiella parvula*	2011.08	*Nature Genetics*	十字花科盐芥属	2*n*=14	140Mb
木豆	*Cajanus cajan*	2011.11	*Nature Biotechnol.*	豆科木豆属	2*n*=22	833Mb
苜蓿	*Medicago truncatula*	2011.11	*Nature*	豆科苜蓿属	2*n*=16	500Mb
番茄	*Solanum lycopersicum*	2012.05	*Nature*	茄科茄属	2*n*=24	900Mb
谷子	*Setaria italica*	2012.05	*Nature Biotechnol.*	禾本科狗尾草属	2*n*=18	490Mb
香蕉	*Musa acuminata*	2012.07	*Nature*	芭蕉科芭蕉属	2*n* =22	523Mb
雷蒙德棉	*Gossypium raimondii*	2012.08	*Nature Genetics*	锦葵科棉属	2*n*=26	775Mb
甜橙	*Citrus sinensis*	2012.11	*Nature Genetics*	芸香科柑橘属	2*n*=18	367Mb
西瓜	*Citrullus lanatus*	2012.11	*Nature Genetics*	葫芦科西瓜属	2*n*=22	425Mb
六倍体小麦	*Triticum aestivum*	2012.11	*Nature*	禾本科小麦属	2*n*=6*x*=42	17Gb
梅花	*Prunus mume*	2012.12	*Nature Commun.*	蔷薇科杏属	2*n*=16	280Mb
雷蒙德棉	*Gossypium raimondii*	2012.12	*Nature*	锦葵科棉属	2*n*=26	761Mb
鹰嘴豆	*Cicer arietinum*	2013.01	*Nature Biotechnol.*	豆科鹰嘴豆属	2*n*=2*x*=16	738Mb
毛竹	*Phyllostachys heterocycla*	2013.02	*Nature Genetics*	竹科刚竹属	2*n*=48	2.1Gb
野生稻	*Oryza brachyantha*	2013.03	*Nature Commun.*	禾本科稻属	—	362Mb
桃树	*Prunus persica*	2013.03	*Nature Genetics*	蔷薇科梨属	2*n*=2*x*=16	265Mb
乌拉尔图小麦（小麦 A 基因组）	*Triticum urartu*	2013.03	*Nature*	禾本科小麦属	2*n*=14	4.9Gb
节节麦（小麦 D 基因组）	*Aegilops tauschii*	2013.03	*Nature*	禾本科小麦属	2*n*=14	4.4Gb

续表

植物名称	拉丁名	发表时间	发表刊物	分类地位	染色体	基因组大小
挪威云杉	*Picea abies*	2013.05	*Nature*	松科云杉属	$2n$=24	19.6Gb
荠菜	*Capsella rubella*	2013.06	*Nature Genetics*	十字花科荠菜属	—	137Mb
油棕榈	*Elaeis guineensis*	2013.07	*Nature*	棕榈科油棕榈属	$2n$=32	1.8Gb
枣椰树	*Phoenix dactylifera*	2013.08	*Nature Commun.*	棕榈科刺葵属	—	671Mb
桑树	*Morus notabilis*	2013.09	*Nature Commun.*	桑科桑属	$2n$=14	357Mb
胡杨	*Populus euphratica*	2013.11	*Nature Commun.*	杨柳科杨属	—	593Mb
甜菜	*Beta vulgaris*	2013.12	*Nature*	藜科甜菜属	$2n$=18	731Mb
无油樟	*Amborella trichopoda*	2013.12	*Science*	无油樟科无油樟属	$2n$=26	748Mb
辣椒	*Capsicum chinense*	2014.01	*Nature Genetics*	茄科辣椒属	$2n$=24	3.1Gb
浮萍	*Spirodela polyrhiza*	2014.02	*Nature Commun.*	浮萍科浮萍属	$2n$ =20	158Mb
甘蓝	*Brassica oleracea*	2014.05	*Nature Commun.*	十字花科芸薹属	$2n$=18	630Mb
亚洲棉	*Gossypium arboretum*	2014.05	*Nature Genetics*	锦葵科棉属	$2n$=26	1.75Gb
烟草	*Nicotiana tabacum*	2014.05	*Nature Commun.*	茄科烟草属	$2n$=4x=48	4.6Gb
桉树	*Eucalyptus grandis*	2014.06	*Nature*	桃金娘科桉属	—	640Mb
栽培柑橘	*Cultivated citrus*	2014.06	*Nature Biotechnol.*	芸香科柑橘属	—	301Mb
非洲稻	*Oryza glaberrima*	2014.07	*Nature Genetics*	禾本科稻属	$2n$=24	316Mb
普通小麦（B 基因组）	*Triticum aestivum*	2014.07	*Science*	禾本科小麦属	—	6.3Gb
大豆	*Glycine max*	2014.07	*Nature Commun.*	豆科大豆属	$2n$=40	1.2Gb
野生番茄	*Solanum pennellii*	2014.07	*Nature Commun.*	茄科茄属	$2n$=24	1.2Gb
甘蓝型油菜	*Brassica napus*	2014.08	*Science*	十字花科芸薹属	$2n$=38	1.1Gb
中粒咖啡	*Coffea canephora*	2014.09	*Science*	茜草科咖啡属	$2n$=2x=22	710Mb
兰花	*Phalaenopsis equestris*	2014.11	*Nature Genetics*	兰科蝴蝶兰属	$2n$=2x=38	1.16Gb
绿豆	*Vigna radiata*	2014.11	*Nature Commun.*	豆科豇豆属	—	543Mb
海带	*Saccharina japonica*	2015.04	*Nature Commun.*	海带科海带属	—	545Mb
菠萝	*Ananas comosus*	2015.11	*Nature Genetics*	凤梨科凤梨属	—	526Mb
复活草	*Oropetium thomaeum*	2015.11	*Nature*	禾本科确山草属	$2n$=18	245Mb
落花生	*Arachis ipaensis*	2016.02	*Nature Genetics*	豆科落花生属	$2n$=20	1.5Gb
蔓花生	*Arachis duranensis*	2016.02	*Nature Genetics*	豆科落花生属	$2n$= 20	1.2Gb
非洲木薯	*Manihot esculenta*	2016.04	*Nature Biotechnol.*	大戟科木薯属	—	582Mb
矮牵牛	*Petunia inflata*	2016.05	*Nature Plants*	茄科矮牵牛属	$2n$=14	1.4Gb
胡萝卜	*Daucus carota*	2016.05	*Nature Genetics*	伞形科胡萝卜属	$2n$=2x=18	422Mb
橡胶树	*Hevea brasiliensis*	2016.05	*Nature Plants*	大戟科橡胶树属	—	1.37Gb
油芥菜	*Brassica juncea*	2016.09	*Nature Genetics*	十字花科芸薹属	—	992Mb
圆锥小麦	*Triticum turgidum*	2017.07	*Science*	禾本科小麦属	—	10.1Gb
大麦	*Hordeum vulgare*	2012.10	*Nature*	禾本科大麦属	$2n$=14	5.1Gb
二倍体雷蒙德棉	*Gossypium raimondii*	2012.08	*Nature Genetics*	锦葵科棉属	—	775Mb
猕猴桃	*Actinidia chinensis*	2013.10	*Nature Commun.*	猕猴桃科猕猴桃属	$2n$=58	758Mb
亚洲木薯	*Manihot esculenta*	2014.10	*Nature Commun.*	大戟科木薯属	$2n$=36	742Mb

续表

植物名称	拉丁名	发表时间	发表刊物	分类地位	染色体	基因组大小
野生大豆	*Glycine soja*	2014.10	*Nature Biotechnol.*	豆科大豆属	$2n$=40	1.1Gb
大枣	*Ziziphus jujuba*	2014.10	*Nature Commun.*	鼠李科枣属	$2n$=$2x$=24	444Mb
牵牛花	*Ipomoea nil*	2016.11	*Nature Commun.*	旋花科牵牛属	—	750Mb
碎米荠	*Cardamine hirsuta*	2016.11	*Nature Plants*	十字花科碎米荠属	—	225Mb
黄麻	*Corchorus olitoriu*	2017.01	*Nature Plants*	椴树科黄麻属	—	404Mb
藜麦	*Chenopodium quinoa*	2017.02	*Nature*	藜科藜属	$2n$=$4x$=36	1.4Gb
生菜	*Lactuca sativa*	2017.04	*Nature Commun.*	菊科莴苣属	$2n$=$2x$=18	2.5Gb
野生大麦	*Hordeum vulgare*	2017.04	*Nature*	禾本科大麦属	—	5.04Gb
柚子	*Citrus grandi*	2017.04	*Nature Genetics*	芸香科柑橘属	—	380Mb
菠菜	*Spinacia oleracea*	2017.05	*Nature Commun.*	藜科菠菜属	$2n$=$2x$=12	870Mb
垂枝桦	*Betula pendula*	2017.05	*Nature Genetics*	桦木科桦木属	$2n$=28	435Mb
籼稻	*Oryza sativa* subsp. *indica*	2017.05	*Nature Commun.*	禾本科稻属	$2n$=$2x$=24	390Mb
向日葵	*Helianthus annuus*	2017.05	*Nature*	菊科向日葵属	—	3.6Gb
野生玉米	*Zea mays*	2017.06	*Nature*	禾本科玉蜀黍属	—	2.1Gb
深圳拟兰	*Apostasia shenzhenica*	2017.09	*Nature*	兰科拟兰属	$2n$=$2x$=68	349Mb
珍珠粟	*Cenchrus americanus*	2017.09	*Nature Biotechnol.*	禾本科蒺藜草属	$2n$=$2x$=14	1.79Gb
白蜡树	*Fraxinus excelsior*	2017.01	*Nature*	木犀科白蜡树属	—	877Mb
地钱	*Marchantia polymorpha*	2017.10	*Cell*	地钱科地钱属	—	226Mb
榴莲	*Durio zibethinus*	2017.10	*Nature Genetics*	木棉科榴莲属	$2n$=56	712Mb
六倍体稗草	*Echinochloa crusgalli*	2017.10	*Nature Commun.*	禾本科稗属	$2n$=$6x$=54	1.3Gb
石刁柏	*Asparagus officinalis*	2017.11	*Nature Commun.*	百合科天冬门属	—	13Gb
长寿花	*Kalanchoe blossfeldian*	2017.12	*Nature Commun.*	景天科伽蓝菜属	$2n$=$2x$=34	260Mb
维柯萨	*Xerophyta viscosa*	2017.03	*Nature Plants*	翡若翠科黑炭木属	—	296Mb
甘薯	*Ipomoea batatas*	2017.08	*Nature Plants*	旋花科番薯属	$2n$=$6x$=90	4.4Gb
复活卷柏	*Selaginella lepidophylla*	2018.01	*Nature Commun.*	卷柏属卷柏科	—	109Mb
买麻藤	*Gnetum montanum*	2018.01	*Nature Plants*	买麻藤科买麻藤属	$2n$=44	4.1Gb
甜根子草	*Saccharum spontaneum*	2018.10	*Nature Genetics*	禾本科甘蔗属	$2n$=$8x$=64	3.1Gb
芭蕉	*Musa schizocarpa*	2018.11	*Nature plant*	芭蕉科芭蕉属	—	587Mb
蒺藜苜蓿 A17	*Medicago truncatula* A17	2018.11	*Nature Plant*	豆科苜蓿属	n=8	430Mb
芜菁 Z1	*Brassica rapa* Z1	2018.11	*Nature plant*	十字花科芸薹属	—	529Mb
野生高粱 Tx430	*Sorghum bicolor* Tx430	2018.11	*Nature Commun.*	禾本科高粱属	—	661Mb
鹅掌楸	*Liriodendron chinense*	2018.12	*Nature Plants*	木兰科鹅掌楸属	$2n$=38	1.74Gb
陆地棉	*Gossypium hirsutum*	2018.12	*Nature Genetics*	锦葵科棉属	—	2.4Gb
铁木	*Ostrya chinensis*	2018.12	*Nature Commun.*	桦木科铁木属	—	372Mb
玫瑰	*Rosa chinensis*	2018.04	*Nature Genetics*	蔷薇科蔷薇属	—	560Mb
天麻	*Gastrodia elata*	2018.04	*Nature Commun.*	兰科天麻属	—	1.1Gb
乌拉尔图小麦	*Triticum urartu*	2018.05	*Nature*	禾本科小麦属	$2n$=14	4.9Gb
亚洲棉	*Gossypium arboreum*	2018.05	*Nature Genetics*	锦葵科棉属	$2n$=26	1.7Gb

续表

植物名称	拉丁名	发表时间	发表刊物	分类地位	染色体	基因组大小
菟丝子	*Cuscuta campestris*	2018.06	*Nature Commun.*	旋花科菟丝子属	2*n*=56	581Mb
橡树	*Quercus robur*	2018.06	*Nature Plant*	壳斗科栎属	2*n*=2*x*=24	814Mb
甘蔗	*Saccharum officinarum*	2018.07	*Nature Commun.*	禾本科甘蔗属	—	382Mb
槐叶苹	*Salvinia cucullata*	2018.07	*Nature Plant*	槐叶苹科槐叶苹属	—	250Mb
布氏轮藻	*Chara braunii*	2018.07	*Cell*	轮藻科轮藻属	—	1.75Gb
细叶满江红	*Azolla filiculoides*	2018.07	*Nature Plant*	满江红科满江红属	—	750Mb
玉米 Mo17	*Zea mays*	2018.07	*Nature Genetics*	禾本科玉蜀黍属	—	2.2Gb
普通小麦	*Triticum aestivum*	2018.08	*Science*	禾本科小麦属	—	14.5Gb
罂粟	*Papaver somniferum*	2018.08	*Science*	罂粟科罂粟属	—	2.7Gb
金鱼草	*Antirrhinum majus*	2019.01	*Nature Plants*	车前科金鱼草属	2*n*=2*x*=16	510Mb
糜子	*Panicum miliaceum*	2019.01	*Nature Commun.*	禾本科黍属	2*n*=4*x*=36	855Mb
牛樟	*Cinnamomum kanehirae*	2019.01	*Nature Genetics*	樟科樟属	2*n*=24	730Mb
八倍体草莓	*Fragaria ananassa*	2019.02	*Nature Genetics*	蔷薇科草莓属	2*n*=8*x*=56	805Mb
海岛棉	*Gossypium barbadense*	2019.03	*Nature Genetics*	锦葵科棉属	—	2.2Gb
单倍体大豆	*Glycine max*	2019.03	*Nature Commun.*	豆科大豆属	*n*=20	1.0Gb
硬粒小麦	*Triticum turgidum* ssp. *durum*	2019.04	*Nature Genetics*	禾本科小麦属	2*n*=28	9.9Gb

注：“—”表示未获得相关信息

随着2000年在*Nature*上公布了人类基因组测序结果，各种植物，特别是模式植物基因组相继完成测序工作，并在*Nature*、*Science*和*Cell*等顶级期刊上公布（表1-1）。其中，植物中最早公布基因组测序结果的是模式植物拟南芥（*Arabidopsis thaliana*），基因组大小为125Mb。拟南芥又名鼠耳芥、阿拉伯芥或者阿拉伯草，属被子植物门双子叶植物纲十字花科一年生草本植物。植株小、结籽多，容易进行遗传转化，是自花授粉植物，基因高度纯合，用理化因素处理突变率很高，容易获得各种代谢功能缺陷型突变体。在全世界分布面积广，在我国内蒙古、新疆、陕西、甘肃、西藏、山东、江苏、安徽、湖北、四川、云南等地均有发现。因此，拟南芥是进行遗传学研究的绝好材料，可以作为模式植物开展分子生物学研究，被科学家誉为植物中的“果蝇”（黄娟和李家洋，2001）。拟南芥基因组计划由国际拟南芥基因组合作联盟完成，相关研究结果于2000年12月以Analysis of the genome sequence of the flowering plant *Arabidopsis thaliana*为题发表在*Nature*上，是第一种完成全基因组测序和分析的植物（The Arabidopsis Genome Initiative，2000）。

基因组测序结果显示，拟南芥基因组大小为125Mb，有5对共10条（2*n*=10）染色体，包含25 498个编码基因，编码约11 000种蛋白质（图1-2）。随后在2017年，拟南芥全基因组注释得到了更新，研究结果以论文Araport11: a complete reannotation of the *Arabidopsis thaliana* reference genome发表在国际植物领域知名期刊*The Plant Journal*上。结合RNA转录组测序结果，科学家从拟南芥不同组织部位鉴定了48 000多个转录本（transcript），还获得了很多以前从未发现的非编码RNA（non-coding RNA）序列信息，同时鉴定了635个新的编码蛋白基因（protein-coding gene），这些信息大大丰富了拟南芥基因组数据库信息，为今后进一步验证基因功能奠定了良好的基础（Cheng et al.，2017）。

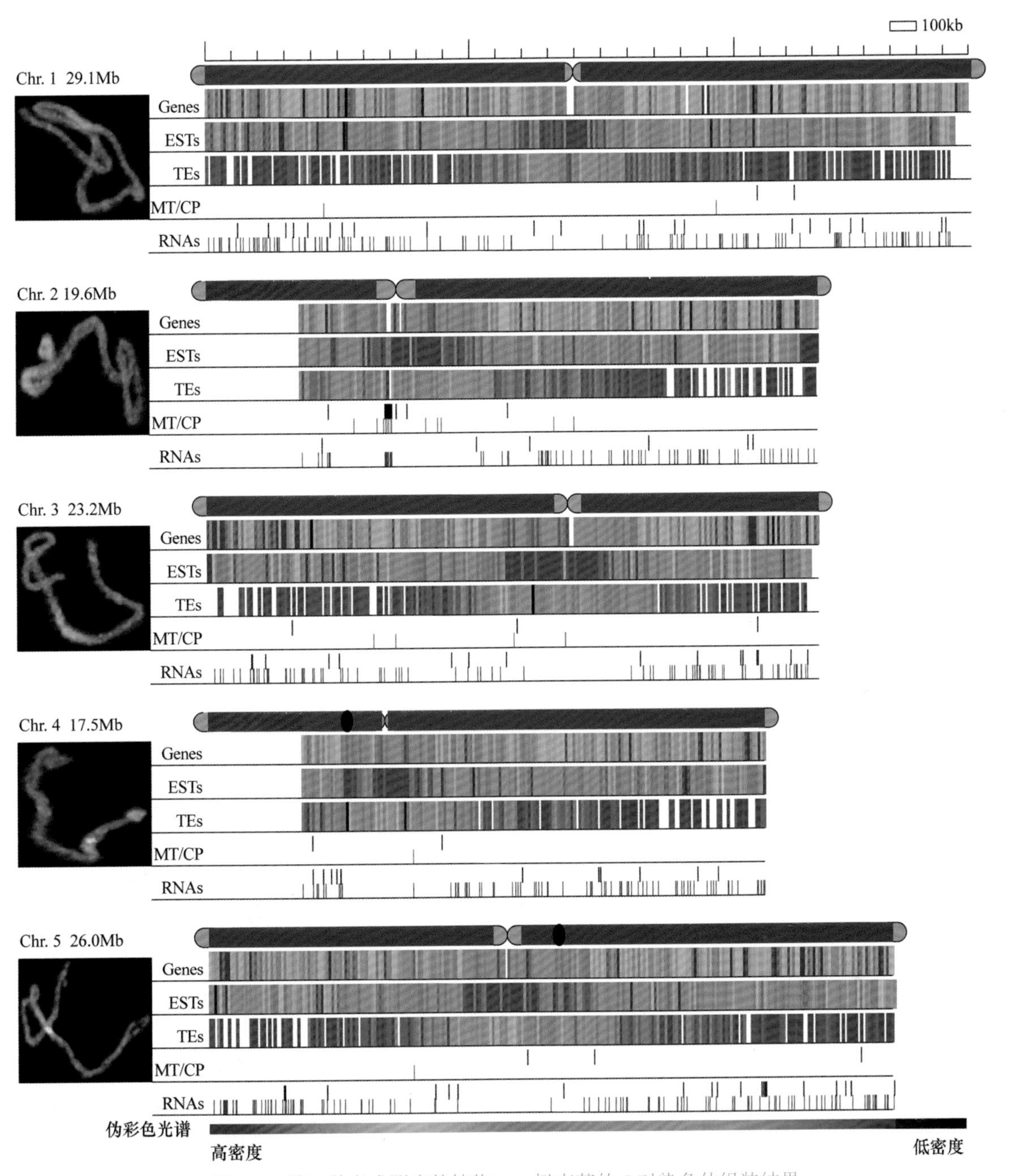

图 1-2 第一种完成测序的植物——拟南芥的 5 对染色体组装结果

第二个完成基因组测序的植物是水稻（*Oryza sativa*）。早在 1997 年，国际水稻研究科学家就在新加坡举行的植物分子生物学会议发起了“国际水稻基因组测序计划”（IRGSP）。1998 年，由中国、日本、美国和韩国的科学家代表共同草拟了资源共享等组织议程。2000 年，在美国的克莱姆森（Clemson）召开了国际水稻基因组计划协调会，对 12 条染色体测序任务进行了分工。主要工作分为测序、填补缺口和最后完成 3 个阶段。对于最后测序结果的标准，IRGSP 规定为误差率低于万分之一（精度 99.99%）。通过各研究机构和私营公司的共同努力，利用克隆连克隆（逐步克隆）测定法，已于 2002 年 12 月提前 3 年完成了水稻 12 条染色体的碱基测序工作。日本在其中发挥着主导作用，并最先以 99.99% 的精度完成了最长的 1 号染色体的测序工作。此前，孟山都公司同意将已构建的水稻基因组序列草图转让给 IRGSP。IRGSP 对原有的物理图进行延伸并弥补了物理图上的空缺，大大加速了水稻基因组测序工作进程。中国科学家完成了 4 号染色体全长序列的精确测定。中国科学院基因组信息中心暨北京华大基因研究中心等 12 家单位，于 1998 ～ 2001 年利用全基因组霰弹法，构建了籼稻‘93-11’基因组工作框架图和低覆盖度的‘培矮 64S’基因组草图，并最先向全世界公布了籼稻‘93-11’全基因组工作框架图。随后，美国先正达（Syngenta）公司完成了‘日本晴’基因组工作框架图的构建。国际著名期刊 *Science* 在 2002 年 4 月 5 日同时发表了由 12 家中国科研单位完成的籼稻（*Oryza sativa* ssp. *indica*）和 6 家美国科研机构完成的粳稻（*Oryza sativa* ssp. *japonica*）亚型的基因组序列。基因组测序结果表明，籼稻基因组全长 466Mb，含有 46 022 ～ 55 615 个基因，功能基因占基因组总基因数的 92%（Yu et al.，2002）。而粳稻的基因组全长 420Mb，含有 32 000 ～ 50 000 个基因（Goff et al.，2002）。水稻基因组全长约为人类基因组（3000Mb）的 1/7，约 430Mb，共 12 对 24 条染色体（$2n$=24）。

水稻是全世界最重要的粮食作物之一，通过对水稻全基因组序列分析，可以获得大量的水稻遗传信息，对培育高产、优质、多抗的水稻新品种具有重要的意义。水稻功能基因组研究已经取得了巨大进展，然而要将相关研究成果转化成能为育种家所利用的分子设计育种信息，则必须对水稻种质资源的基因组信息进行充分了解。在前期水稻基因组测序工作的基础上，2011 年 9 月，中国农业科学院、国际水稻研究所和华大基因在深圳共同启动“全球 3000 份水稻核心种质资源重测序计划”（3K rice genomes project），拉开了水稻核心种质资源全基因组测序和基因组分析的序幕。该项目对水稻种质资源进行大规模的基因组重测序和大数据分析，规模化发掘优良基因，突破了水稻复杂性状分子改良的技术瓶颈，加快了高产、优质、广适性新品种培育的进程，对基于全基因组信息的水稻分子设计育种具有重大的理论和实践意义。2018 年 4 月 25 日，由中国农业科学院作物科学研究所牵头，联合国际水稻研究所、上海交通大学、华大基因、中国农业科学院深圳农业基因组研究所、安徽农业大学、美国亚利桑那大学等 16 家单位共同在 *Nature* 上以长文形式发表了题为 Genomic variation in 3,010 diverse accessions of Asian cultivated rice 的研究论文（Wang et al.，2018）。该研究针对水稻起源、分类和驯化规律进行了深入探讨，揭示了亚洲栽培稻的起源和群体基因组变异结构，剖析了水稻核心种质资源的基因组遗传多样性，有助于从传统“经验育种”向现代“精准育种”跃升。该研究中的 3010 份水稻（来自全球 89 个国家和地区）代表了全球 78 万份水稻种质资源约 95% 的遗传多样性。研究发现了 1.2 万个全长新基因，核心基因比较古老，大多数的新基因表现更年轻和长度偏短。进一步对 3010 份水稻基因组分析将产生更多数据，可为开展水稻全基因组分子设计育种提供足够的基因来源和育种亲本精确选择的遗传信息，为培育高产、优质、多抗水稻新品种奠定基础。中国科学家通过分析这些水稻基因组信息，提出亚洲栽培水稻起源的新观点并恢复其正确命名，90 年前日本学者将“籼”和“粳”稻分别命名为“indica”（*Oryza sativa* L. subsp. *indica* Kato）和“japonica”（*Oryza sativa* L. subsp. *japonica* Kato），现在终于恢复为“籼”（*Oryza sativa* subsp. *xian*）、“粳”（*Oryza sativa* subsp. *geng*）亚种的正确命名，使中国源远流长的稻作文化得到正确认识和传承。同时，该论文的正文中首次出现了“籼”和“粳”的汉字，这在以往的国际学术论文中是不可能的事情，体现了国际同行对我国科学家相关科研工作的充分认可。

毛果杨（*Populus trichocarpa*）是第三个完成基因组测序的植物，也是第一个完成基因组测序的木本双子叶植物。树木覆盖了地球陆地表面的 30%，它们能制造木质材料，在长距离上协调信号和营养，经历季节变化和其他气候周期而存活。杨树的基因组信息将为探究它们如何完成这些高招提供线索，而且杨树在一个地点生活几十年甚至上百年，周围的环境不断变化，它们一定有非凡的生存战略。与草本植物拟南芥相比，杨树有抵抗疾病、分生组织（根和幼芽）发育、代谢输运及合成植物细胞壁纤维素和木质素的扩展基因库，因此具有重要研究价值。Tuskan 等（2006）利用鸟枪法，将基因组分成片段，测序这些片段，然后靠端部序列比较将它们组装起来。通过这个方法与遗传图谱结合，研究人员组装出杨树的基因组草图。杨树为杨柳科（Salicaceae）杨属植物，基因组测序发现，杨树共有 19 对 38 条染色体（$2n$=38），基因组大小为 480Mb，系中等大小基因组物种（表 1-1）。杨树生长迅速，易于进行常规育种和遗传转化等实验操作，表型遗传多样性丰富，遗传转化体系稳定，已通过种间杂交建立了其遗传作图群体，构建了标记有与生长速率、树高生长和木材质量等重要性状相关的遗传图谱。因此，杨树被作为木本植物基因组研究的模式物种。遗传图谱（genetic map）和物理图谱（physical map）的比较研究，更利于阐明基因组信息，两种图谱的遗传标记相结合有助于测序结果的拼接和分析。所以，在进行杨树全基因组测序研究之前，美国能源部橡树岭国家实验室联合田纳西州立大学等组成的杨树全基因组课题组开展了大量的遗传图谱和物理图谱构建等前期基础性工作。所谓遗传图谱，就是通过遗传重组率计算得到的基因线性排列图，该图谱的绘制依赖于 DNA 多态性标记的开发。它不仅是研究遗传结构的有力工具，而且在重要经济和生物性状的数量性状基因座（quantitative trait locus，QTL）定位、分子标记辅助选择、后基因组时代编码基因的功能发掘等方面具有重要作用，对进一步开展基因组保守序列和基因组测序提供基础信息等研究有重要参考价值。通过物理图谱可确定被克隆的基因或 DNA 标记在染色体上的精细位置。高密度的物理图谱为调控重要性状的基因定位、克隆和植物功能基因组研究提供了重要的信息，并且有利于多位点、多个重叠群（contig）的共定位。杨树基因组课题组采用大范围指纹图谱 BAC 文库法构建了包括 2802 个重叠群的杨树物理图谱，覆盖了全基因组的近 10 倍。该研究共鉴定出 45 555 条蛋白编码基因，基因均长约 2300bp。其中，包括来自全长 cDNA 文库的 4664 条基因全长序列，有利于对杨树全基因组测序结果进行基因注释，发现 93 个杨树纤维素合成相关基因家族成员，34 个杨树木质素合成酶基因。通过进化分析研究发现，代表性的肉桂醇脱氢酶在毛果杨中是由单基因编码的，而在以往拟南芥的研究中发现是由 2 个基因编码的，这一发现有助于开展杨树木质素的遗传操作。杨树基因组测序的完成，使科学家能够开始在木本植物中寻找遗传密码，而不是像拟南芥那样的开花草本植物。基因组测序结果表明，杨树经历了两个整体基因组复制事件，其中一个与拟南芥同时发生，除此之外，研究人员发现这个杨树的基因组看起来比拟南芥的基因组进化慢。这些研究结果有助于人们尽快开展杨树分子育种工作（Tuskan et al.，2006）。

随后，各种植物的基因组计划相继完成，包括葡萄（*Vitis vinifera*），2007 年 9 月发表于 *Nature*；小立碗藓（*Physcomitrella pattens*），2008 年 1 月发表于 *Science*；番木瓜（*Carica papaya*），2008 年 4 月发表于 *Nature*；高粱（*Sorghum bicolor*），2009 年 1 月发表于 *Nature*；黄瓜（*Cucumis sativus*），2009 年 11 月发表于 *Nature Genetics*；玉米（*Zea mays*），2009 年 11 月发表于 *Science*；大豆（*Glycine max*），2014 年 7 月发表于 *Nature*；二穗短柄草（*Brachypodium distachyon*），2010 年 2 月发表于 *Nature*；蓖麻（*Ricinus communis*），2010 年 8 月发表于 *Nature Biotechnology*；苹果（*Malus domestica*），2010 年 9 月发表于 *Nature Genetics*；卷柏（*Selaginella moellendorffii*），2011 年 5 月发表于 *Science*；马铃薯（*Solanum tuberosum*），2011 年 7 月发表于 *Nature*；香蕉（*Musa acuminata*），2012 年 7 月发表于 *Nature*；雷蒙德棉（*Gossypium raimondii*），2012 年 8 月由中国科学家牵头发表于 *Nature Genetics*，2012 年 12 月由美国科学家牵头发表于 *Nature*；地钱（*Marchantia polymorpha*），2017 年 10 月发表于 *Cell*；乌拉尔图小麦（*Triticum urartu*），2018 年 5 月发表于 *Nature*；布氏轮藻（*Chara braunii*），2018 年 7 月发表于 *Cell*；罂粟（*Papaver somniferum*），2018 年 8 月发表于 *Science*；海岛棉（*Gossypium barbadense*），2019 年 3 月发表于 *Nature Genetics*。从上述不完全统计我们可以看出，自 2000 年人类基因组测序结果公布以来，成百上千个物种的基因组测序工作相继开展并发表在各大顶级期刊上。这既是科研实力的竞争，也是综合国力的竞赛。经过改革开放后 40 多年来经济的快速发展，中国综合国力大大增强，科研投入显著增加，科研实力和国际竞争力大大提升，在国际基因组测序竞赛中取得了优异的成绩。

1.3.3 在顶级期刊上发表的各种植物基因组信息分析

我们进一步分析了近 20 年来发表在 *Science*、*Cell*、*Nature* 及 *Nature* 系列子刊上的 130 种植物基因组论文，比较了这些植物基因组的详细信息，发现植物基因组大小分布范围很广，从最小的复活卷柏（*Selaginella lepidophylla*）基因组（109Mb），到最大的挪威云杉（*Picea abies*）基因组（19.6Gb），两者基因组大小相差高达 180 倍（图 1-3）。

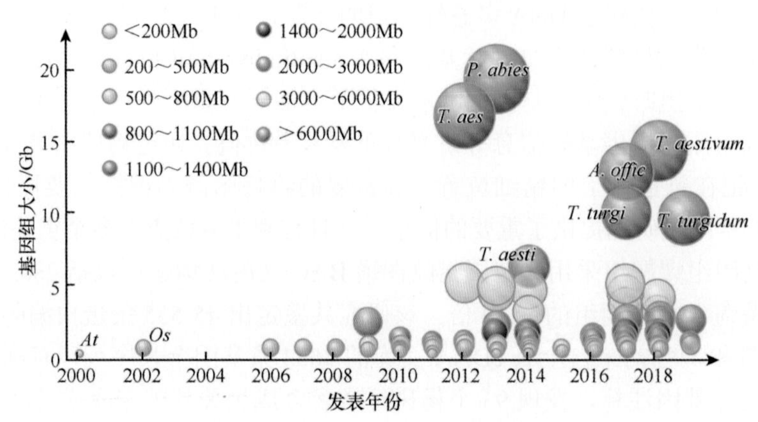

图 1-3 完成基因组测序的 130 种主要植物基因组信息比较

At：拟南芥（*Arabidopsis thaliana*）；*Os*：水稻（*Oryza sativa*）；*P. abies*：挪威云杉（*Picea abies*）；*T. aes*：六倍体小麦（*Triticum aestivum*）；*T. aestivum*：普通小麦（*Triticum aestivum*）；*A. offic*：石刁柏（*Asparagus officinalis*）；*T. turgi*：圆锥小麦（*Triticum turgidum*）；*T. turgidum*：硬粒小麦（*Triticum turgidum* spp. *durum*）；*T. aesti*：普通小麦（*Triticum aestivum*）B 基因组

大多数（68 种，52.3%）植物基因组大小为 500 ～ 2500Mb，基因组小于 500Mb 的植物有 44 种，基因组大于 2.5Gb 的植物有 18 种，仅占 13.8%。其中，基因组比人类基因组（3.0Gb）还要大的植物有 18 种，分别为辣椒（*Capsicum chinense*），基因组大小为 3.1Gb；甜根子草（*Saccharum spontaneum*），基因组大小为 3.1Gb；向日葵（*Helianthus annuus*），基因组大小为 3.6Gb；买麻藤（*Gnetum montanum*），基因组大小为 4.1Gb；节节麦（*Aegilops tauschii*）（小麦 D 基因组），基因组大小为 4.4Gb；甘薯（*Ipomoea batatas*），基因组大小为 4.4Gb；烟草（*Nicotiana tabacum*），基因组大小为 4.6Gb；乌拉尔图小麦（*Triticum urartu*）（小麦 A 基因组），基因组大小为 4.9Gb；乌拉尔图小麦（*Triticum urartu*），基因组大小为 4.9Gb；野生大麦（*Hordeum vulgare*），基因组大小为 5.04Gb；大麦（*Hordeum vulgare*），基因组大小为 5.1Gb；普通小麦（*Triticum aestivum*）B 基因组大小为 6.3Gb；硬粒小麦（*Triticum turgidum* ssp. *durum*），基因组大小为 9.9Gb；圆锥小麦（*Triticum turgidum*），基因组大小为 10.1Gb；

石刁柏（*Asparagus officinalis*），基因组大小为 13Gb；普通小麦（*Triticum aestivum*），基因组大小为 14.5Gb；六倍体小麦（*Triticum aestivum*），基因组大小为 17Gb；挪威云杉（*Picea abies*），基因组大小为 19.6Gb。这些基因组测序结果显示，绝大多数植物基因组要比人类基因组（3Gb）小得多，但是一些禾本科植物，特别是小麦基因组（4.4 ～ 17Gb）要远远大于人类基因组（图 1-3）。

在这些植物中，基因组最小的是复活卷柏，仅仅 109Mb（VanBuren et al.，2018）。复活卷柏属于蕨类植物卷柏科卷柏属，常呈垫状生于土中或石中，全世界广布，主产热带地区，我国有 60 ～ 70 种。该属植物中有些是复苏植物，如其中的代表性植物复活卷柏，民间常称其为九死还魂草，是古老的复苏植物，在干旱时叶片会枯黄卷成球状，呈现死亡的模样，能存活数十年，而当遇到湿润的环境时，叶片又会重新吸水变绿恢复生机。一般，这样一种极其耐旱的复苏植物，人们认为其基因组应该很大，抗旱机制应该很复杂，但基因组测序结果证实，其基因组很小，只有一百多兆，确实出乎预料。

挪威云杉基因组高达 19.6Gb，于 2013 年 3 月发表在 *Nature* 上，是这 130 种植物中基因组最大的（Nystedt et al.，2013）。当然，在已经发表的 378 种植物基因组中，火炬松（*Pinus taeda*）基因组高达 22.18Gb，2014 年 3 月发表于 *Genetics*（Zimin et al.，2014），是截至 2019 年底发表的最大的植物基因组。挪威云杉是松科云杉属高大乔木，常被人们用作圣诞树，其基因组非常复杂，比人类基因组（3.0Gb）大近 7 倍，比模式植物拟南芥的基因组（125Mb）大 150 多倍。虽然挪威云杉基因组巨大，但其包含的基因数量和拟南芥差不多，共鉴定了 28 354 个基因，其余成分为重复序列和转座子序列。测定挪威云杉基因组的最大挑战是将约 200 亿个遗传密码以正确顺序组装起来。为此，研究人员开发了许多新软件，采用了最先进的测序技术。研究显示，挪威云杉的基因组中存在多种长末端重复的转座元件，在漫长的进化史中，挪威云杉的基因组逐渐累积了大量重复 DNA 序列，这些重复序列造成了基因组的膨胀。其他植物和动物具有去除这些重复 DNA 的机制，但显然这种机制在松柏类植物中并没有起到应有的作用（Nystedt et al.，2013）。研究人员对另外几种松柏类植物进行了比较测序，发现上述转座元件多样性是松柏类植物共有的特性。这将帮助人们开发新工具来进行林木育种，改良松柏类植物的一些重要特性。

在发表这 130 种植物基因组研究成果的 *Science*、*Cell*、*Nature* 及 *Nature* 系列子刊中，发表植物基因组论文最多的是 *Nature Genetics*，发表了 35 种植物的基因组，占总发文量的 27%，其次为 *Nature Commun.*，发表了 30 篇植物基因组测序论文，再次为 *Nature* 正刊，发表了 27 种植物基因组测序结果，*Nature Plants* 和 *Nature Biotechnol.* 分别发表了 15 篇和 9 篇植物基因组测序论文，算是 *Nature* 系列子刊中发表植物基因组测序论文较少的期刊（图 1-4）。

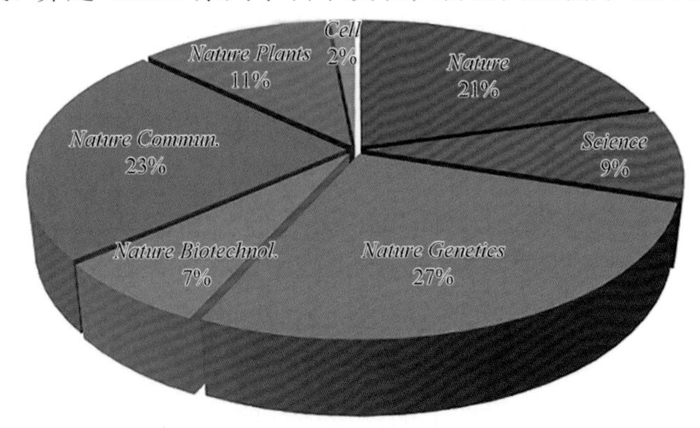

图 1-4 发表 130 种植物基因组测序结果的顶级期刊信息（截至 2021 年 1 月）

其中，*Nature Plants* 仅仅发表了 15 篇植物基因组测序论文，很可能与该期刊创刊较晚，2015 年才发行第一期有关。在三大顶级期刊正刊中，*Science* 发表基因组测序论文 12 篇，相对较少；而 *Cell* 仅发表 2 篇植物基因组测序论文，是这些国际著名期刊中发表植物基因组测序论文最少的期刊，很可能与 *Cell* 关注的重点在细胞和医学相关研究领域，而对植物基因组研究关注较少有关。

1.4 各种组学技术在植物研究中的应用

现代植物生物学研究在过去一百来年，大体经历了 3 个主要的发展阶段，即生物化学和生物物理的渗入、分子生物学的渗入、遗传分析的渗入。以前的研究目标基本上是从表型到基因型，现在发展到从基因型到表型。随着各种植物基因组测序计划的完成，植物生物学研究进入了后基因组时代，即功能基因组时代，在这个新时代，各种植物组学研究，包括植物转录组、植物代谢组、植物蛋白质组和植物表型组等，将会与分子生物学和遗传学相结合，通过从生物组学到生物功能的研究，为植物遗传改良及各种农作物新品种的分子育种提供新的研究思路和发展原动力，必将极大地促进植物生物学研究实现从单个研究到整合组学研究的实质性飞跃。

1.4.1 植物转录组

转录组（transcriptome）分为广义和狭义两个范围。从广义上讲，转录组指某一生理条件下，某个细胞、组织及生物体里面所有转录产物的集合，包括信使核糖核酸（mRNA）、核糖体 RNA（rRNA）、转运 RNA（tRNA）、miRNA 及其他非编码 RNA（non-coding RNA）。从狭义上讲，转录组是指所有编码蛋白质的全部 mRNA 的集合。转录组学（transcriptomics）就是研究所有 mRNA 表达变化的一门学科。随着高通量测序技术的出现与发展，转录组研究技术从基因芯片技术发展到 RNA 全长测序技术（RNA-Seq，也称为转录组全长测序技术）。该技术可用于分析任意物种的全转录组，具有成本低、重复性好、数字化信号可靠、灵敏度高、检测范围广等优点。近年来，转录组测序技术发展快、应用广，已成为分子生物学领域中一种常用的测序形式。该技术最早应用于模式植物和重要农作物，如拟南芥、水稻和玉米。但很多非模式植物，特别是大多数珍稀植物的遗传背景尚不清楚，基因组测序计划尚未完成甚至未启动，基因信息更是缺乏，功能基因的分子研究尤为薄弱，因此，转录组测序技术在非模式植物中的应用相对滞后。

目前，所用到的转录组分析技术主要分四大类，分别为基因芯片技术、基因表达系列分析技术、大规模平行测序技术和转录组 RNA 测序技术。其中，基因芯片（gene chip）又称 DNA 芯片、生物芯片、DNA 微阵列（microarray），是一种具备高通量、高效率、高自动化优点的方法。基本工作原型在 20 世纪 80 年代中期提出，其测序原理是杂交测序方法，即通过与一组已知序列的核酸探针杂交进行核酸序列测定，是将一定数量的 DNA 片段作为探针按照一定的规则有序地排列并固化于固相介质表面，生成二维 DNA 探针阵列，即在一块基片表面固定序列已知的靶核苷酸的探针。当溶液中带有荧光标记的核酸序列，与基因芯片上对应位置的核酸探针发生互补匹配时，通过确定荧光强度最强的探针位置，获得一组完全互补的探针序列。根据制作原理，基因芯片可分为 3 种主要类型，第一种类型是固定在聚合物基片（尼龙膜、硝酸纤维膜等）表面上的核酸探针或 cDNA 片段，通常用同位素标记的靶基因与其杂交，通过放射显影技术进行检测。这种方法的优点是所需检测设备与目前分子生物学所用的放射显影技术相一致，相对比较成熟。但芯片上探针密度不高，样品和试剂的需求量大，定量检测存在较多问题。第二种类型是用点样法固定在玻璃板上的 DNA 探针阵列，通过与荧光标记的靶基因杂交进行检测。这种方法点阵密度较第一种类型有较大提高，各个探针在表面上的结合量也比较一致，但在标准化和批量化生产方面仍有不易克服的困难。第三种类型是在玻璃等硬质表面上直接合成的寡核苷酸探针阵列，通过与荧光标记的靶基因杂交进行检测。该方法把微电子光刻技术与 DNA 化学合成技术相结合，可以使基因芯片的探针密度大大提高，减少试剂的用量，实现标准化和批量化大规模生产，有着十分广阔的发展前景。根据特定的科研应用内容，基因芯片也可以细分为寡核苷酸微阵列、微阵列比较基因组杂交基因芯片、microRNA 基因芯片、SNP 基因芯片、表达谱基因芯片、DNA 甲基化基因芯片和染色质免疫共沉淀芯片等（徐晓丽等，2018）。基因芯片检测具有高通量、多因素、微型化和快速灵敏等优点，但也有不少缺点，主要是只适用于检测已知基因序列的物种，没有探索新基因的功能，另外基因芯片杂交灵敏度不高，准确度也有一定欠缺（王媛媛和杨美青，2019）。

另外，基于 Sanger 法发展的转录组研究技术包括基因表达系列分析（serial analysis of gene expression，SAGE）和大规模平行测序（massively parallel signature sequencing，MPSS）技术。基因表达系列分析技术是一种快速分析基因表达信息的技术，它通过快速和详细分析成千上万个表达序列标签（expressed sequence tag，EST）来寻找表达丰度不同的 SAGE 标签序列，可接近完整地获得基因组表达信息。在此方法中，通过限制性酶切可以产生非常短的 cDNA（10 ～ 14bp）标签，并通过 PCR 扩增和拼接对连接体进行测序。SAGE 技术大大简化和加快了 3′ 端表达序列标签的收集和测序。SAGE 技术是一个相对开放的系统，可以发现新的未知序列。在进行标本的比较之前，SAGE 技术在 cDNA 的产生和处理上需要较多步骤。由于 SAGE 技术是一个依赖 DNA 测序的基因计量方法，它对基因表达的测定量化性高。随着第三代测序技术的发展，通过构建 cDNA 文库，然后利用第二代测序技术的高通量优势对 mRNA 文库进行测序，进而进行基因表达谱分析的方法在基因表达谱研究中占有越来越重要的地位。SAGE 技术的优点：数据是定量的、积累的；数据具有可比性；数据可以全面描述基因组；操作简便、成本低、规模高等。但是，由于需要进行大量的测序反应，该技术也有诸如实验起始需要的样本量大、标签确认困难、技术流程庞杂、工作量大和耗资大等缺点。

大规模平行测序技术是以 DNA 测序为基础的大规模高通量基因分析新技术。其方法学基础是一个标签序列（10 ～ 20bp）含有能够特异识别转录子的信息，标签序列与长的连续分子连接在一起，便于克隆和分析。通过定量测定可以提供相应转录子的表达水平，也就是在 mRNA 的一端测得一个包含 10 ～ 20 个碱基的标签序列，通过标签库的建立、微珠与标签的连接、酶切连接反应和生物信息分析等步骤，获得基因表达序列。MPSS 技术能测定表达水平较低、差异较小的基因，不必预先知道基因的序列、自动化和高通量等特点，可以保证基因的高度特异性及高分辨率，可以应用于任何生物体的基因表达检测，并且实验效率很高。但是，需要价格较高的硬件和配套的软件协同运作，对实验硬件和软件要求都比较高（王媛媛和杨美青，2019）。

转录组测序技术又称 RNA 测序技术（RNA-Seq），是基于新一代测序技术所发展起来的转录组分析技术。转录组测序技术一般是对用多聚胸腺嘧啶（oligo-dT）进行亲和纯化的由 RNA 聚合酶Ⅱ转录生成的成熟 mRNA 和 ncRNA 进行高通量测序。转录组测序是把 mRNA、 small RNA 和 non-coding RNA 等用高通量测序技术测出来，能够全面快速地获取某一物种特定器官或组织在某一状态下的几乎所有转录本，并反映出它们的表达水平和不同条件下的变化规律。相对于传统的芯片杂交平台，转录组测序技术无须预先针对已知序列设计探针，即可对任意物种的整体转录活动进行检测，提供更精确的数字化信号，重复性好，灵敏度高，检测范围广，成本相对较低，具有更高的检测通量、更广泛的检测范围，是目前深入研究转录组复杂性的强大工具。通过转录组测序，可以获得某些物种或者组织的量化转录本信息，并明确转录本上基因结构和预测功能相关信息，还可以发现新基因，进行基因结构优化，同时能发现可变剪切和融合基因，并开展基因表达差异分析。当然，RNA-Seq 也有不少缺点，包括序列读长通常较短，存在一定错误率和较高的假阳性，加上数据量大难以保存，获得高质量的转录图谱难度较大等。随着第二代测序技术的发展，RNA-Seq 的上述缺点也正在被克服。这一代技术主要包括 Roche 公司的 454 测序技术、Illumina 公司的 Solexa/Hiseq 技术和 ABI 公司的 SOLID 技术。其中，Roche 公司的 454 测序技术是第二代测序技术中第一个商业化运营的测序平台。而 Illumina 公司市场规模占到 75% 以上，主要包括 Miseq、Hiseq 技术。最近，以 Pacific Bio Sciences（PacBio）公司的单分子实时测序（single molecule real time sequencing，SMRT）和 Oxford Nanopore Technologies 公司的纳米孔单分子测序技术为标志，第三代基因测序技术已经开始推广应用，这是一个新的里程碑。其中，纳米孔单分子测序技术的关键在于所设计的一种特殊纳米孔，孔内共价结合分子接头，当 DNA 分子通过纳米孔时，使电荷发生变化，从而短暂地影响流过纳米孔的电流强度（每种碱基通过所导致的电流变化幅度是不同的），最后用高灵敏度的电子设备检测这些变化，从而鉴定出所通过的碱基。与前两代相比，第三代基因测序技术最大的特点就是单分子测序，且测序过程无须进行 PCR 扩增，仪器体积小，测序结果读长很长，平均达到 10 ～ 15kb，是第二代测序技术的 100 倍以上，数据可实时读取，并且起始 DNA 在测序过程中不被破坏，能够直接读取出甲基化的胞嘧啶，而不必像第二代测序方法那样需要事先对基因组进行酸性亚硫酸盐（bisulfite）处理。值得注意的是，在测序过程中序列的读长也不再是相等的。另外，虽然存在较高的错误率（5% ～ 15%），但这类错误是随机发生，并不会像第二代测序技术那样存在一定的碱基偏向（PCR biasing），可以通过多次测序提高测序深度来进行有效纠错。因此，以 SMRT 和 Nanopore 单分子测序技术为标志的第三代基因测序技术，必将大大推进转录组测序和基因组测序工作进程。

植物不同组织、器官在不同发育阶段，以及处于不同生长环境及不同生理状态，其转录本的表达都存在一定的差异。在自然界中，开放的体系环境为生物体的生长和发育提供了必要条件。由于生物与非生物胁迫，生物与非生物应激反应对动植物适应环境有重要作用，生物体只有通过自身应激反应来适应环境才能存活。一般而言，虫害、病害或杂草都会影响生物的生长环境，导致生物逆境现象的出现。对于植物，逆境会引起很多细胞内物质，包括核酸、蛋白质、碳水化合物和氨基酸等的积累，进一步说明植物应答逆境胁迫的机制除了传统的线性机制，还有由基因、信号途径及多基因产物和生物化学分子融合在一起而形成的相对复杂的反应机制，可产生很多差异基因。这些差异基因对于挖掘功能基因、探究植物有效成分生物合成的分子机制、开发新的药用植物资源及分子辅助育种技术等都具有重要的意义。随着测序技术的不断进步，转录组测序质量越来越高，成本越来越低，近年来发展迅速、应用普及更加广泛，深度测序和高通量测序技术在各种植物物种基因表达调控分析中发挥的作用越来越重要，具有重要的实践意义（王媛媛和杨美青，2019）。

1.4.2 植物代谢组

代谢组（metabolome）是指生物体内源性代谢物的整体动态。传统的代谢概念，既包括生物合成，也包括生物分解，因此，理论上代谢物应包括核酸、蛋白质、脂类生物大分子及其他小分子代谢物。但是，为了有别于基因组、转录组和蛋白质组，代谢组目前只涉及分子质量小于 1kDa 的小分子代谢物（Fang et al.，2019）。代谢组学（metabonomics 或 metabolomics）的概念来源于代谢组，实质上是效仿基因组学和蛋白质组学的研究思想，对生物体内所有代谢物进行定量分析，并寻找代谢物与生理病理变化相对关系的研究方式，是系统生物学的组成部分，是对某一生物或细胞在一特定生理时期内所有低分子量代谢物同时进行定性和定量分析的一门新学科，是以组群指标分析为基础，以高通量检测和数据处理为手段，以信息建模与系统整合为目标的系统生物学的一个分支（Zhu et al.，2018）。因此，代谢组学是继基因组学和蛋白质组学之后新近发展起来的一门组学学科，是系统生物学的重要组成部分。自 1999 年以来，每年发表的代谢组学研究文章数量在不断增加（王晶等，2013）。从表面上看，代谢组学的发展很迅速，但是目前仍然落后于基因组学和蛋白质组学。

最近几年，代谢组学研究得到迅速发展并渗透到多个领域，如疾病诊断、医药研制开发、营养食品科学、毒理学、环境学、植物学等与人类健康护理密切相关的领域。基因组学和蛋白质组学分别从基因和蛋白质层面探寻生命活动，而实际上细胞内许多生命活动是发生在代谢物层面的，如细胞信号释放、能量传递、细胞间通信等都是受代谢物反馈调控的（王晶等，2013）。代谢物是基因表达的最终产物，在代谢酶的作用下生成。虽然与基因或蛋白质相比，代谢物较小，但是不能形成代谢物的细胞是死细胞，因此不能小看代谢物的重要性。基因与蛋白质的表达紧密相连，而代谢物则更多地反映了细胞所处的环境，与细胞的营养状态，药物和环境污染物的作用，以及其他外界因素的影响密切相关。与以往各种组学相比，代谢组学有其特有的优势。首先，代谢组学能够对各类代谢物实现高通量分析测定；其次，上游基因、蛋白质层面的变化能在下游诸多代谢物中得到放大，从而使得这些变化更容易被观察到；再者，代谢物的整体变化可以直接反映机体的状态（王晶等，2013）。因此，基因组学可能告诉你什么会发生，蛋白质组学可以告诉你什么确实发生了，代谢组学则告诉你发生了这些变化的后果是什么（Jump et al.，2009）。

先进的分析检测技术结合模式识别和专家系统等计算分析方法是所有代谢组学研究的基本方法。针对代谢组学技术，2010 年之前的主要瓶颈在于能够鉴定出来的代谢物种类较少，通常在 100 种代谢物以内，从而丧失了从代谢组学层面开展大规模研究的价值。最近几年来，随着检测技术的发展，代谢组学技术可以检测到 300 种以上代谢物，相关研究数量一直呈上升趋势，研究热度慢慢升温（Fang et al.，2019）。目前的代谢组学检测技术路线，通常是首先在一定压力下进行液相色谱（气相色谱）分析，由于分子量和电荷不同，代谢物在塔板柱中流动的速度不同，从而可将不同分子量的代谢物分离，然后经过串联质谱仪，根据分子的质荷比不同在质谱仪中的飞行偏转角度不同，导致落点不同，最后依据不同落点信息，与数据库进行比对，从而确定代谢物种类。因此，在代谢组学研究领域，数据库是否完备就成为鉴定代谢物种类的关键因素。通常做法是使用标准代谢物进行液质联用分析，记录其信息形成数据库，而待测样本在进行液质联用分析过程中会产生自己特有的峰形，与数据库比对后就可以确定其种类及相对含量。

完整代谢组学分析流程包括样品的采集和预处理、数据的采集、数据的分析及解释。生物样品（如尿液、血液、组织、细胞和培养液等）采集后需进行灭活、预处理，然后运用核磁共振、质谱或色谱等技术检测其中代谢物的种类、含量，得到代谢谱或代谢指纹，而后使用多变量数据分析方法对获得的多维数据进行降维和信息挖掘，找寻关键代谢物，并研究相关的代谢途径和变化规律，以阐述生物体对相应刺激的响应机制、发现生物标志物。代谢组学力求分析生物体系（如体液和细胞）中的所有代谢物，整个分析过程应尽可能地保留和反映总的代谢物信息（王晶等，2013）。代谢组学的数据分析主要思路和技术流程如下：首先描述检测代谢物种类，尽可能鉴定到更多代谢物，然后开展主成分分析（principal component analysis，PCA），通过正交变换将一组可能存在相关性的变量转换为一组线性不相关的变量，转换后的这组变量称为主成分，从而确定代谢物在相同分组中的稳定性（即组内重复性和组间差异性），进而筛选差异代谢物，确定差异代谢物所属的信号转导通路，开展差异代谢物随时间或发育阶段的变化规律分析，最终确定分子筛选标志物，并对该标志物进行进一步的生物学功能研究（Fang et al.，2019）。当然，根据不同实验目的，还有特殊的分析模式。在实际课题中，为了全面分析问题，往往提出很多与此有关的变量（或因素），因为每个变量都能不同程度地反映这个课题的某些信息（Zhu et al.，2018）。研究人员通过对机体代谢物的深入研究，可以判断机体是否处于正常状态，而对基因和蛋白质研究都无法得出这样的结论。

代谢组学是系统生物学不可或缺的部分，在疾病分型、药物毒性评价、植物基因功能和表型研究等方面应用已取得了极大的成功。事实上，代谢组学研究已经能诊断出一些代谢类疾病，如糖尿病、肥胖症等代谢综合征。目前，已经研究清楚的普通代谢途径包括三羧酸循环（TCA）、糖酵解、花生四烯酸 / 炎症途径等。但从总体来看，代谢组学仍然处于发展阶段，在方法学和应用两方面均面临着极大挑战，需要与其他学科配合和交叉。在平台技术和方法学研究方面，生命体系的复杂性使得代谢组学研究对分析技术的灵敏度、分辨率、动态范围和通量提出了更高的要求。代谢物的结构鉴定也是目前代谢组学研究中的重点和难点问题，标准的通用质谱数据库的缺乏一定程度上制约了色谱 - 质谱联用技术在代谢组学研究中的应用。功能完善的代谢物数据库的构建及代谢组学研究的标准化等问题越来越受到关注。代谢组学数据与其他组学数据的整合、代谢组学与计算生物学的整合及构建代谢网络等在代谢组学研究领域内有着广阔的发展前景，也是下一步研究的重点。在应用方面，代谢组学要生存和发展，必然要有特色，从表型着手回答其他组学不能回答的生物问题。与其他组学一样，能否突破瓶颈，从大量的代谢物中找出特异性的生物标志物（特别是低丰度的标志物）是决定代谢组学能否在药物和临床领域广泛应用的一个重要因素。在公共卫生领域，国内外代谢组学研究多集中在生物标志物的寻找及疾病的早期诊断方面，探索致病机制方面的研究较少，与选取的研究样本情况有直接关系。当只选取对照组与阳性组研究，很容易寻找到典型的生物标志物，并最终将其确定为早期诊断指标，但是那些出现在潜伏期、早期、后期的代谢物就容易被忽略，而正是由于缺少这些能够反映整个疾病过程中生理或病理动态变化的生物标志物，同时缺少相应的回顾性病例或新发病例进行验证，因此人们不能认识疾病发生发展过程的全貌，影响从系统生物学的角度阐明致病机制，所以缺乏疾病发生全过程的样本及资料成为利用代谢组学探索致病机制的一个瓶颈。

顾名思义，植物代谢组学就是研究植物体内小分子物质动态变化的一门学科。植物代谢组学的很多研究集中在细胞代谢组学这个相对独立的分支上。其中，科学家利用气相色谱 - 质谱（gas chromatography-mass spectrometry，GC-MS）联用技术，对不同表型拟南芥的 433

种代谢物进行代谢组学分析，并结合化学计量学方法对这些植物的表型进行了分类，找到了4种在分类中起着重要作用的代谢物，分别为苹果酸、柠檬酸、葡萄糖和果糖，与线粒体和叶绿体中的基因型研究结果一致（许国旺和杨军，2003）。随着植物细胞代谢组学的迅速发展，人们已经开始利用其成果。植物代谢组学研究的目标之一是寻找植物代谢过程中的关键基因，其思想就是遵循代谢组学的研究方法，在改变植物的基因后，进行植物的代谢组分析或记录代谢物，从而更迅速地掌握有关植物代谢途径的信息。植物代谢组研究的一项标志性成果是2018年1月发表在*Cell*上的题为Rewiring of the fruit metabolome in tomato breeding的番茄代谢组研究论文。该研究利用多层组学的大数据，揭示了在驯化和育种过程中番茄果实营养与风味物质发生的变化，并发现了调控这些物质的重要遗传位点，为植物代谢物调控生物学过程的分子机制研究提供了源头大数据和方法创新。为了了解红色番茄种群中代谢组的自然变化，选择442份番茄材料进行代谢物定性定量分析，利用广泛靶向的液相色谱-串联质谱（LC-MS/MS）代谢物分析方法来量化果实代谢物。在成熟果实的果皮组织中，共发现了980个不同的代谢物，包括362个已注释的代谢物。进一步选取2 678 533个SNP做代谢组的全基因组关联分析（mGWAS），检测到与3465个基因相关的434 809个显著的SNP，最终发现与果实重量有关的基因。同时，该研究结果为番茄果实风味和营养物质的遗传调控研究与全基因组设计育种提供了路线图（Zhu et al.，2018）。

近年来，随着基因组学、转录组学和蛋白质组学的发展，将其联合代谢物进行分析已经成为流行趋势，不仅仅能从不同表型植物中检测出差异代谢物，更能从基因层面给出代谢物变化的原因，反之基因层面变化导致代谢物的变化。

1.4.3 植物表型组

表型（phenotype）一般指生物个体或群体在特定条件下，包括各类环境和生长阶段等，所表现出的可观察的形态特征，如植物株高、花色、产量、酶活力、抗逆性等综合性状。植物表型反映了植物结构及组成、植物生长发育过程及结果的全部物理、生理、生化特征和性状，受到基因和环境因素共同影响。其中，基因型是表型得以出现的内因，而环境是各类形态特征得以显现的外部条件。在植物育种特别是农作物育种过程中，植物表型的综合变化特征称为表型组（phenome），是在遗传和环境因素的影响下，生物体组成、行为、生长所有表型的集合。而表型组学（phenomics）则是借助高通量、高分辨率的表型分析技术和平台研究某一生物全部性状特征的学科。表型组学研究不应仅局限于农艺性状，应更加关注植株所表现出来的综合生理状态。随着多数代表性植物全基因组测序的结束，科研人员越来越认识到植物表型组学（plant phenomics）研究的重要性，并将其提到植物组学的高度。植物表型组学是研究植物生长、表现和组成的科学，研究内容包括从核苷酸序列到细胞，再到组织、器官种属群体的表型，并且可以进一步整合到基因组学和蛋白质组学研究中；而从系统生物学角度来看，从基因组到转录组、蛋白质组、代谢组再到表型组，表型组是各种组的表现形式。因此，植物表型组学研究涉及植物各个方面的研究领域。随着遥感、机器人、计算机视觉和人工智能技术的发展，植物表型组学研究已经步入更快速成长阶段（周济等，2018）。

植物表型研究始于20世纪末，其核心是获取高质量、可重复的性状数据，进而量化分析基因型和环境互作效应及其对产量、质量、抗逆性等相关主要性状的影响。植物表型参数的分析与育种息息相关。传统的表型数据获取方法主要有手工测量和照相后利用软件分析。手工测量可以获取植物茎秆直径、叶片长度、叶片数目等指标，照相后利用软件分析或通过叶面积仪可以获取植物的叶长、叶宽、叶面积、叶倾角等指标。这些测量都需要花费大量时间，且测量结果准确性较低、步骤烦琐、工作量大，大大限制了大规模遗传育种筛选的效率。此外，国内目前采用的这些传统方法都只能获得植物表型的部分指标，优良株型的选择等只能依靠科研人员的经验，而每个人的选择标准不同，甚至差异很大，造成没有办法统计。

相对于单一性状，植物表型组能为植物研究提供全面的科学证据。特别是伴随基因组学的快速发展，表型组学的理论基础和研究方法在过去10年间得到了极大的完善。鉴于表型信息联用对功能基因组学研究的意义巨大，必须依托准确科学的高通量植物表型平台去获取大量的植物表型组学数据。表型组学的发展与20世纪90年代的基因分型技术不断发展优化密切相关。表型组学研究是跨学科的研究，其理论核心、研究方法和标准规范的建立与完善需由生物学家、计算机科学家、统计学家及软硬件工程师等共同推进。随着自动化技术、机器视觉技术和机器人技术在表型领域的应用，高通量、精准高效的植物表型测定技术已得到日新月异的发展。高通量植物表型平台是一种未来化“精准农业”技术，是遗传学、传感器及机器人的结合体，其被用于研发新的作物品种，或提高作物营养含量、耐（抗）旱性及抗病虫害能力。高通量植物表型平台可以采用多个传感器测量植物的重要物理数据，如结构、株高、颜色、体积、枯萎程度、鲜重、花/果实数目等（图1-5）。这些都属于表型特征，也是植物遗传密码的物理表达。科学家可以将这些数据与特定植物的已知遗传数据对比，将基因型与表型进行关联分析，从而实现高级遗传育种之目的。

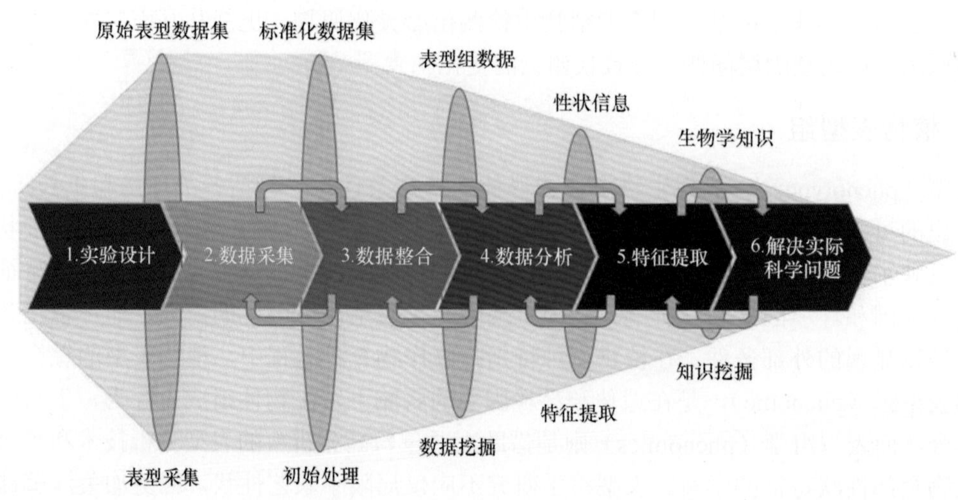

图1-5 植物表型组学研究策略（周济等，2018）

但是，植物表型组学研究可能是所有植物组学研究中最难的部分，存在不少技术瓶颈，包括在多种环境中对产量相关性状的多次重复测量、遥感技术在田间监测中应用的误差和关键表型的高通量分析等。由于植物表型易受外界环境影响，相同细胞、相同组织和相同植株在不同时间与环境下，以及不同细胞、不同组织和不同植株在相同时间与环境下均存在差异，若要充分挖掘植物基因组对表型的影响，需要实时地对植物表型进行监控。植物表型组学研究和传统表型研究相比具有以下特点：检测的性状数据量大，可以动态检测植物的性状，可以将一个性状划分成很多小的性状进行检测，数据采集客观、严格，便于形成统一的采集标准，有利于高通量、自动化分析，数据采集更加准确和快速，必将进一步提高育种效率和有利于作物的栽培管理。依据表型组学的特点，研究者可以实现在多点、多环境下对多群体、多样本、多组织、多性状进行实时采集。因此，近年来世界上很多顶尖科研团队和商业机构开发了一系列高通量、高精度表型研究工具，涵盖了环境传感、非侵入式成像、反射光谱、机器人、机器视觉和高通量细胞表型筛选等技术领域。这些新技术和新方法投入使用，必将促进下一代表型研究，将来表型组学研究应与高分辨率连锁图谱（high-resolution linkage mapping）、全基因组关联分析（genome-wide association study）和基因组选择模型（genomic selection model）等技术紧密结合（图 1-5），通过建立强大的表型分型系统，精确表征不同物种的细胞、器官和组织在不同发育阶段、不同年份、不同环境中存在表型差异的遗传学基础，开展系统化表型组学研究，即不单要从细胞到群体层面获取各类相关联的表型性状，更为重要的是表型组研究要为揭示性状调控的分子机制并阐明基因和蛋白质功能提供大数据与决策支持，进而萃取可靠的性状特征信息，挖掘出有意义的生物学知识，最终提高植物组学研究的精度和深度。

表型组学研究是未来作物学研究和应用取得突破的关键领域，通过表型分析来描述关键性状可以为育种、栽培和农业实践提供基于大数据的决策支持。表型组学的巨大潜力还体现在其可与其他组学包括基因组学、转录组学、蛋白质组学和代谢组学等进行综合分析，通过量化分析特定表型的遗传规律，对作物细胞、器官、群体进行不同层次的监控，获取作物在不同发育阶段的动态性状，并与其他组学分析结果融合，可更好地认识和利用基因组、转录组、蛋白质组等生物信息。它与基因组、转录组、蛋白质组等各种组学及生物信息学、统计学一起构建成系统生物学研究体系（Collins et al.，2003），可对重要生命过程进行多方位的解释，对不同生态环境中的作物表型组和其他组学数据进行整合与交叉验证，揭示农业植物生物学规律，切实支撑各类作物的生理学、发育学、遗传学、育种、栽培及农业大田生产等研究，提升作物遗传育种、栽培管理和农业生产服务能力，最终促进植物遗传育种和品种改良发展。

1.5 蛋白质组学发展概述

1.5.1 蛋白质研究概述

蛋白质是由氨基酸以脱水缩合方式组成的多肽链经过盘曲折叠形成的具有一定空间结构的有活性的物质。蛋白质的基本结构是由 20 种天然氨基酸按一定顺序结合形成的一条多肽链，各种氨基酸都是由一个氨基、一个羧基、一个氢原子和一个侧链基团（R）连接在同一个碳原子上构成的，这个碳原子称 α-碳原子。每一条多肽链有 20 至数百个氨基酸残基，各种氨基酸残基按一定的顺序排列。在此基础上，再由一条或一条以上多肽链按照特定方式结合成高分子化合物。蛋白质主要由碳、氢、氧、氮等化学元素组成，是由 20 种不同氨基酸连接形成的多聚体，在形成蛋白质后，这些氨基酸称为残基。蛋白质和多肽之间的界限并不是很清晰，有人基于发挥功能性作用的结构域所需的残基数认为，若残基数少于 40，就称为多肽或肽段。一定数量的氨基酸残基对于蛋白质发挥某一生物化学功能是必要的；40 ～ 50 个残基通常是一个功能性结构域的下限。蛋白质大小的范围可以从这样一个下限一直到数千个残基。目前估计的蛋白质平均长度在不同物种中有所差异，一般为 200 ～ 800 个残基，分子质量主要在 20 ～ 80kDa，通常真核生物的蛋白质平均长度比原核生物长约 55%。更大的蛋白聚合体可以由许多蛋白质亚基形成，如由数千个肌动蛋白分子聚合形成的蛋白纤维。

蛋白质的氨基酸序列由对应基因所编码。由遗传密码所编码的 20 种基本氨基酸中，在蛋白质中，某些还可以经翻译后修饰而发生化学结构的变化，从而对蛋白质进行激活或调控。

多个蛋白质可以一起，往往是结合在一起形成稳定的蛋白复合体，经折叠或螺旋构成一定的空间结构，从而发挥某一特定功能。蛋白质种类不同在于其氨基酸种类、数目、排列顺序和肽链空间结构不同。蛋白质是与生命及各种形式的生命活动紧密联系在一起的物质。机体的每一个细胞和其重要组成部分都有蛋白质参与。蛋白质占人体重量的16%～20%，即一个60kg重的成年人其体内有9.6～12kg蛋白质。人体内蛋白质的种类很多，且性质、功能各异，但都是由20多种氨基酸按不同比例组合而成的，并在体内不断进行代谢与更新。因此，蛋白质就是构成生物体组织器官的支架和主要物质，在生物体生命活动中，蛋白质是细胞中的主要功能分子，绝大多数生物分子都需要蛋白质特别是蛋白酶来调控，可以说没有蛋白质就没有生命活动的存在。蛋白质能够特异性地并且以不同的亲和力与其他各类分子，包括蛋白质分子结合，从而在细胞中发挥多种多样的功能，涵盖细胞生命活动的各个方面，主要包括：发挥酶促催化作用，作为生物体内新陈代谢的调节物质，如胰岛素；一些蛋白质具有运输代谢物的作用，如离子泵和血红蛋白；发挥储存作用，如植物种子中的大量蛋白质就是种子为萌发做储备的；许多结构蛋白用于形成细胞骨架等，如肌球蛋白；另外，免疫、细胞分化、细胞凋亡等过程中都有大量蛋白质参与。其中，蛋白酶的酶促催化作用具有高度的专一性和极高的催化效率。酶在大多数与代谢、异化作用及DNA复制、修复和RNA合成等相关反应中发挥作用。结合于酶上，并在酶的作用下发生反应的分子称为底物。虽然酶分子通常含有数百个氨基酸残基，但参与底物结合的残基只占其中的一小部分，而直接参与底物催化反应的残基则更少（平均为3～4个残基）。这部分参与底物结合和催化反应的区域称为活性位点。有一些酶需要结合一些小分子（辅酶或辅因子）才能够有效发挥催化作用。酶的活性可以被酶抑制剂所抑制，或被酶激活剂所提高。在翻译后修饰作用中，一些酶（如激酶和磷酸酶）可以在其底物蛋白上增加或去除特定化学基团（如磷酸基团）。目前，已知的酶催化的反应有约4000种。与没有酶催化的情况相比，乳清酸核苷-5′-单磷酸脱羧酶的加速作用最高可达7800万倍。

氨基酸（amino acid）是组成蛋白质的基本单位，氨基酸通过脱水缩合连成肽链，是既含氨基又含酸性基团的有机化合物，生物体中绝大多数是带羧基的α-氨基酸。最简单的氨基酸是甘氨酸，它的侧链基团是氢原子；含有侧链脂肪族基团的氨基酸有丙氨酸、缬氨酸、亮氨酸、异亮氨酸和脯氨酸；含有侧链芳香族基团的有苯丙氨酸、酪氨酸和色氨酸；含有侧链脂肪族羟基的有丝氨酸和苏氨酸；在中性环境带有正电荷的两种碱性氨基酸为赖氨酸和精氨酸；组氨酸虽有呈弱碱性的侧链咪唑基团，但是否带正电荷取决于它周围的环境；谷氨酸和天冬氨酸是两种酸性氨基酸，通常以谷氨酸盐和天冬氨酸盐的形式存在。此外，还有带有硫原子的半胱氨酸和甲硫氨酸。半胱氨酸有巯基，在蛋白质中能与另一个半胱氨酸的巯基氧化成二硫键；而甲硫氨酸在生物体中含量甚少。植物能自己合成它所需的全部氨基酸，但有些氨基酸人和动物自身不能合成，因而必须从食物中获得，缺乏这些氨基酸会导致营养不良。在构成蛋白质的20种氨基酸中，有8种氨基酸是人体自身不能合成的，这类氨基酸称必需氨基酸，具体包括缬氨酸、亮氨酸、异亮氨酸、苏氨酸、苯丙氨酸、色氨酸、赖氨酸和甲硫氨酸。因此，人类常常通过食用蔬菜水果等来获取植物性蛋白质，从而获取某些人体不能合成的氨基酸。

由于蛋白质是生物体结构与功能的基本单位，是构成细胞的基本有机物，是所有生命活动的物质基础和生理功能的重要执行者，可以毫不夸张地说，没有蛋白质就没有生命。因此，蛋白质的研究历史悠久，并且在研究水平上一直远远领先于其他生物大分子。

蛋白质研究历史悠久，早在18世纪，安东尼奥·弗朗索瓦（Antoine Fourcroy）等就发现蛋白质是一类独特的生物分子，用酸处理能够使其凝结或絮凝。当时他们注意到蛋清、血液、血清和小麦面筋里的蛋白质。荷兰化学家格利特·马尔德（Gerhardus J. Mulder）对一般的蛋白质进行元素分析，发现几乎所有的蛋白质都有相同的分子式。在此基础上，Mulder的合作者琼斯·雅克比·贝采尼乌斯（Jons Jakob Berzelius）在1838年提出了“protein”（蛋白质）这一名词，用来描述这类生物大分子。Mulder随后鉴定出蛋白质的降解产物，发现其中含有亮氨酸，并且得到它（非常接近正确值）的分子质量为131Da。对于早期的生物化学家，研究蛋白质的困难在于难以纯化大量的蛋白质。因此，早期的研究工作集中于能够容易纯化的蛋白质，如血液、蛋清、各种毒素中的蛋白质及消化酶和代谢酶。

美国化学家詹姆斯·巴彻勒·萨姆纳（James B. Sumner）从1917年开始用刀豆粉为原料，分离提纯其中的脲酶。1926年他成功地分离出一种脲酶活性很强的蛋白质，这是生物化学史上首次得到的结晶酶，也是首次直接证明酶是蛋白质，推动了酶学的发展。1937年他又得到了过氧化氢酶的结晶，还提纯了几种其他的酶。由于对脲酶和其他酶的研究工作，詹姆斯·巴彻勒·萨姆纳于1946年获得诺贝尔化学奖。第一个被测序的蛋白质是胰岛素，由英国生物化学家弗雷德里克·桑格（Frederick Sanger）完成。桑格利用自己新发现的桑格试剂（Sanger's reagent），也就是2,4-二硝基氟苯（2,4-dinitrofluorobenzene）将胰岛素降解成小片段，并与专门水解蛋白质的胰蛋白酶混合在一起。再将一部分混合物样本置于滤纸的一面，并利用一种色层分析法来做进一步的实验，首先他将一种溶剂从单一方向通过滤纸，同时让电流从相反方向通过。由于不同的蛋白质片段有不同的溶解度与电荷数，因此在电泳后，这些片段最后会各自停留在不同的位置，产生特定的图案，桑格将此图案称为“指纹”（finger print）。不同的蛋白质拥有不同的图案，成为可供辨识且可重现的特征。之后桑格又将小片段重新组合成氨基酸长链，测定出胰岛素完整的氨基酸序列，进而推导出完整的胰岛素结构。因此，桑格得出结论，认为胰岛素具有特定的氨基酸序列，同时证明蛋白质具有明确构造。这项研究使桑格独自获得了1958年的诺贝尔化学奖。同时，桑格还在核酸研究领域做出了杰出的贡献。1975年，桑格发展出一种称为双脱氧链终止法（dideoxy chain-termination method）的技术来测定DNA序列，这种方法也称“桑格法”（Sanger method），他用此技术成功测定出Φ-X174噬菌体的基因组序列，这是首次完整的基因组测序工作。这项研究成为人类基因组计划等研究得以开展的关键基础之一，并使桑格于1980年再度获得诺贝尔化学奖。第二次获得诺贝尔奖使他成为继玛莉·居里、莱纳斯·鲍林、约翰·巴丁之后的第4位两度诺贝尔奖获得者。到了1979年，桑格又与吉尔伯特和伯格一同获得哥伦比亚大学的路易莎·格罗斯·霍维茨奖（Louisa Gross Horwitz prize）。桑格于1982年退休，并在英国的维康信托基金会和医学研究理事会资助下，于1993年在英国剑桥成立了桑格中心（Sanger Centre），也称为桑格研究院（Sanger Institute），是世界上进行基因组研究的主要机构之一。因此，弗雷德里克·桑格（1918.8.13—2013.11.19）是一位世界著名的生物化学家，唯一获得两次诺贝尔化学奖的科学家，为生物化学特别是蛋白质和DNA研究做出了杰出贡献，推动了蛋白酶学和分子生物学的发展，永远值得后人学习和敬仰。

1.5.2 蛋白质结构解析

蛋白质结构解析工作正在如火如荼地开展。蛋白质具有一级、二级、三级、四级结构，通常在形成高级结构之后才能执行具体生物学功能。氨基酸序列和由其形成的立体结构，构成了蛋白质结构的多样性，决定了蛋白质分子的功能多样性。通常，氨基酸残基在蛋白质多肽链中的排列顺序称为蛋白质的一级结构（primary structure），每种蛋白质都有唯一且确切的氨基酸序列，是由基因上遗传密码的排列顺序所决定的。各种氨基酸按遗传密码的顺序，通过肽键连接起来，构成多肽链，故肽键是蛋白质结构中的主键。蛋白质的一级结构决定了其二级、三级等高级结构，成百亿的天然蛋白质各有其特殊的生物学活性。决定每一种蛋白质生物学活性的结构特点，首先在于其肽链的氨基酸序列，组成蛋白质的 20 种基本氨基酸各具特殊的侧链，而侧链基团的理化性质和空间排布各不相同，当它们按照不同的序列关系组合时，就可形成多种多样的空间结构和具不同生物学活性的蛋白质分子。

蛋白质的空间结构就是指蛋白质的二级、三级和四级结构。蛋白质分子的多肽链并非呈线形伸展，而是经折叠和盘曲形成特有的稳定空间结构。蛋白质的生物学活性和理化性质主要取决于空间结构的完整性，因此仅仅测定蛋白质分子的氨基酸组成和它们的排列顺序并不能完全了解蛋白质分子的生物学活性与理化性质。例如，球状蛋白质（如血浆中的白蛋白、球蛋白、血红蛋白和酶等）溶于水而纤维状蛋白质（角蛋白、胶原蛋白、肌凝蛋白、纤维蛋白等）不溶于水，显而易见，此种现象不能仅用蛋白质一级结构氨基酸的排列顺序来解释。

蛋白质二级结构（secondary structure）是指蛋白质分子中多肽链主链原子的局部空间排布，不涉及侧链部分的构象。研究证实，蛋白质分子中肽链并非呈直链状，而是按一定的规律卷曲（如 α 螺旋结构）或折叠（如 β 折叠和 β 转角结构），或者无规则卷曲，形成特定的空间结构，这些二级结构主要是依靠肽链中氨基酸残基亚氨基（—NH—）上的氢原子和羰基上的氧原子之间形成氢键来实现的。另外，超二级结构（super secondary structure）和结构域（domain）是蛋白质构象中二级结构与三级结构之间的一个层次，从严格意义上讲，也属于二级结构范畴。超二级结构是指多肽链内相互邻近的二级结构常常在空间折叠中靠近，彼此相互作用，形成规则的二级结构聚集体。目前发现的超二级结构有 3 种基本形式：α 螺旋组合（αα）、β 折叠组合（ββ）和 α 螺旋 -β 折叠组合（βαβ），其中以 α 螺旋 -β 折叠组合最为常见。它们可直接作为三级结构的“建筑模块”或结构域的组成单位，是蛋白质构象中二级结构与三级结构之间的一个层次，故称超二级结构。结构域也是蛋白质构象中二级结构与三级结构之间的一个层次。在较大的蛋白质分子中，由于多肽链上相邻的超二级结构紧密联系，形成 2 个或多个在空间上可以明显区别它与蛋白质亚基的结构，这种结构称为结构域。一般每个结构域由 100 ～ 200 个氨基酸残基组成，各有独特的空间构象，并承担不同的生物学功能。例如，免疫球蛋白（IgG）由 12 个结构域组成，其中两个轻链上各有 2 个，两个重链上各有 4 个；补体结合部位与抗原结合部位处于不同的结构域。一个蛋白质分子中的几个结构域有的相同，有的不同；但不同蛋白质分子之间肽链上各结构域也可能相同，具有一定保守性。

在二级结构的基础上，蛋白质的多肽链进一步盘曲或折叠形成具有一定规律的三维空间结构，即按照一定的空间结构进一步形成更复杂的三级结构（tertiary structure）。蛋白质三级结构保持稳定主要靠次级键，包括氢键、疏水键、盐键及范德瓦耳斯力等。这些次级键可存在于一级结构序号相隔很远的氨基酸残基的 R 基团之间，因此，蛋白质的三级结构主要指氨基酸残基侧链间的结合。次级键都是非共价键，易受环境中 pH、温度、离子强度等的影响，有变动的可能性。二硫键不属于次级键，但在某些肽链中能使远隔的 2 个肽段联系在一起，对蛋白质三级结构的稳定起着重要作用。现也有人认为蛋白质的三级结构是指蛋白质分子在主链折叠、盘曲形成的构象基础上，分子中的各个侧链所形成的一定构象。对球状蛋白质来说，形成疏水区和亲水区。亲水区多在蛋白质分子表面，由很多亲水侧链组成。疏水区多在分子内部，由疏水侧链集中构成，疏水区常形成一些“洞穴”或“口袋”，某些辅基就镶嵌其中，成为活性部位。具备三级结构的蛋白质从外形上看，有的细长，属于纤维状蛋白质（fibrous protein），如丝心蛋白；有的长短轴相差不多，基本上呈球形，属于球状蛋白质（globular protein），如血浆清蛋白、球蛋白、肌红蛋白，球状蛋白质的疏水基多聚集在分子的内部，而亲水基则多分布在分子表面，因而球状蛋白质是亲水的。更重要的是，多肽链经过盘曲后，可形成某些发挥生物学功能的特定区域，如酶的活性中心等。例如，人体中的肌红蛋白、血红蛋白等正是通过这种方式使其表面的空穴恰好容纳一个血红素分子，从而执行运输氧的功能。

蛋白质四级结构（quaternary structure）是指两条及以上具有独立三级结构的多肽链按一定空间排列方式通过次级键相互组合而形成的空间结构。其中，每个具有独立三级结构的多肽链单位称为亚基（subunit）。四级结构实际上是指亚基的立体排布、相互作用及接触部位的布局。亚基之间不含共价键，亚基间的结合比二级、三级结构疏松，因此在一定的条件下，四级结构的蛋白质可分离为组成其的亚基，而亚基本身构象仍可不变。一种蛋白质中，亚基结构可以相同，也可不同。例如，烟草斑纹病毒的外壳蛋白是由2200个相同亚基形成的多聚体；正常人血红蛋白A是由两个α亚基与两个β亚基形成的四聚体；天冬氨酸氨甲酰基转移酶由6个调节亚基与6个催化亚基组成。有人将具有全套不同亚基的最小单位称为原聚体（protomer），如一个催化亚基与一个调节亚基结合成天冬氨酸氨甲酰基转移酶的原聚体。某些蛋白质分子可进一步聚合成聚合体（polymer）。聚合体中的重复单位称为单体（monomer），聚合体可按其所含单体的数量分为二聚体、三聚体、寡聚体（oligomer）和多聚体（polymer），如胰岛素（insulin）在体内可形成二聚体及六聚体，而血红蛋白由4个具有三级结构的多肽链构成，其中两个是α-链，另两个是β-链，其四级结构近似椭球形，是由多个蛋白质构成的蛋白复合体。

蛋白质各级结构解析工作，从开展蛋白质研究到现在，一直是生物学研究的重点、难点和热点。但是，蛋白质结构测定难度非常大，远比基因组序列测定困难，按照常规的实验步骤，从基因序列到相应的蛋白质结构测定之间还要经过基因表达、蛋白质提取和纯化、结晶、X射线衍射分析等步骤。由于蛋白质结构和性质的多样性，这些步骤大多没有固定的规律可循，因此，这种作坊式科研工作需要昂贵的仪器设备、高超的实验技巧和丰富的研究经验。加上这些研究方法均为一对一实验技术，难以适应生物多种蛋白质的测定要求。所以，需要建立理论分析方法来解决这些问题。以目前的预测技术水平，预测结果的精确度不如X射线衍射晶体学成像分析和核磁共振（nuclear magnetic resonance，NMR）等实验手段。但蛋白质结构预测是大规模、低成本和快速获得其三维结构的有效途径，如当目标蛋白和模板蛋白的序列相似性超过30%时，以结构预测方法建立的蛋白质三维结构模型就可以用于一般性的功能分析。因而，蛋白质预测技术在结构基因组学中同样得到了广泛的应用。作为最早用于结构解析的实验方法之一，X射线衍射成像技术运用了几十年。X射线是一种高能短波长电磁波（本质上属于光子束），由德国科学家伦琴发现，故又称为伦琴射线。理论和实验都证明，当X射线打击在分子晶体颗粒上时，会发生衍射效应，通过探测器收集这些衍射信号，可以了解晶体中电子密度的分布，再据此获得粒子的位置信息。由于X射线对晶体样本有很大的损伤，因此常用低温液氮环境来保护生物大分子晶体，但是这种情况下晶体周围的环境非常恶劣，可能会对晶体产生不良影响，而且X射线衍射成像技术不能用来解析较大的蛋白质。核磁共振（NMR）的基本理论是，带有孤对电子的原子核在外界磁场影响下会发生能级的塞曼分裂，吸收并释放电磁辐射，即产生共振频谱。这种共振电磁辐射的频率与所处磁场强度呈一定比例。利用这种特性，通过分析特定原子释放的电磁辐射结合外加磁场，可用于生物大分子的成像或者其他领域的成像。核磁共振多是解析溶液状态下的蛋白质结构，一般认为比晶体更能够描述生物大分子在细胞内的真实结构，而且能够获得氢原子的结构位置。然而，核磁共振并非万能的，有时候也会因为蛋白质在溶液中结构不稳定而难以获取稳定的信号，因此，往往需要借助计算机建模或者其他方法来完善结构解析流程。

最先被解析的蛋白质包括血红蛋白和肌红蛋白，所用方法为 X 射线晶体学；该工作由英国分子生物学家马克斯·费迪南·佩鲁茨（Max F. Perutz）和约翰·考德里·肯德鲁（John C. Kendrew）于 1958 年分别完成，并很快因该划时代的工作而获得 1962 年诺贝尔化学奖。著名的美国化学家莱纳斯·鲍林（Linus Pauling）基于氢键成功地预测了规则蛋白质的二级结构，揭示出 α 螺旋为蛋白质二级结构的一种重要形式，该研究荣获 1954 年诺贝尔化学奖。随后，Walter Kauzman 在总结自己的蛋白质变性研究成果和之前 Kaj Linderstrom-Lang 研究工作的基础上，提出了蛋白质折叠由疏水相互作用所介导。原子分辨率的蛋白质结构首先在 20 世纪 60 年代通过 X 射线晶体学获得解析；到了 20 世纪 80 年代，NMR 也被应用于蛋白质结构的解析。

但上述两种常用的传统手段都不能让研究者获得高分辨率的大型蛋白复合体的结构，致使生物结构学领域的发展受困于成像技术。近年来，超低温电子显微镜成像（冷冻电镜，Cryo-EM）技术被用来解析很多结构非常大（无法用 X 射线解析）的蛋白质（或者蛋白复合体），并取得了非常好的研究结果。同时，用单电子捕捉技术取代之前光电转换成像的 CCD 摄像设备，减少了图像中的噪声，不仅阻止了信号衰减，还增强了信号。伴随着计算机成像技术的成熟和进步，计算机建模技术也越来越多地被用于蛋白质结构解析中，也赋予 Cryo-EM 更多的发展空间。

冷冻电镜技术指的是在低温下使用透射电子显微镜观察经冷冻固定术处理的样品的显微技术，能将生物分子“速冻起来”，让人们观察分析其运动过程，对人们理解生命化学和药物学发展都有决定性影响。具体操作时，先将样品冷冻起来，然后在低温状态下放进显微镜，高度相干的电子作为光源从上面照下来，透过样品和附近的冰层，发生散射，再利用探测器和投射系统把散射信号成像记录下来，最后进行信号处理，得到样品结构。这项适用于扫描电镜的超低温冷冻制样及传输技术可实现直接观察液体、半液体及对电子束敏感的样品，如生物、高分子材料等。样品经过超低温冷冻、断裂、镀膜制样（喷金 / 喷碳）等处理后，通过冷冻传输系统放入电镜内的冷台（温度可至 –185℃）即可进行观察。其中，快速冷冻技术可使水在低温状态下呈玻璃态，以减少冰晶的产生，但不影响样品本身结构，冷冻传输系统保证研究人员在低温状态下对样品进行电镜观察。将电子显微镜和计算机建模成像结合在一起的大量实践，是在 21 世纪之后开始流行的。冷冻电镜时代的真正来临，还得益于样品制备技术、新一代电子探测器、软件算法优化等多方面的进步，更多的信息和更低的噪声保证了图像的高分辨率。

2013 年，冷冻电镜技术突破瓶颈，实现了不需要蛋白质结晶而只需要极少量样品即可迅速解析大型蛋白复合体原子分辨率的三维结构。电子直接探测相机和三维重构软件两项关键技术在结构生物学领域产生重大影响，传统 X 射线衍射晶体学成像分析长期无法解析的许多重要大型蛋白复合体及膜蛋白的原子分辨率结构，一个个迅速得到解析，并纷纷强势占领顶级期刊和各大媒体版面。研究人员通过对运动中的生物分子进行冷冻，即可在原子层面上进行高分辨率成像，无须将大分子样品制成晶体。随后冷冻电镜技术正式迎来井喷式发展阶段。

2015年，国际著名期刊*Nature*子刊*Nature Method*将冷冻电镜技术评为年度最受关注的技术。2017年10月4日，诺贝尔化学奖授予英国分子生物学家及生物物理学家理查德·亨德森、美国哥伦比亚大学德裔生物物理学家约阿基姆·弗兰克及瑞士洛桑大学生物物理学家雅克·迪波什。获奖理由是“开发出冷冻电子显微镜技术（也称低温电子显微镜技术）用于确定溶液中生物分子的高分辨率结构”，简化了生物细胞的成像过程，提高了成像质量，三人的贡献使生物分子的成像变得更简单和清晰，让生物化学进入了一个新时代，致使人们可能很快就能在原子分辨率水平获得复杂的生命装置的精细图像。因此，冷冻电镜甚至被称为可与测序技术和质谱技术相提并论的第三大技术。在现今基因组、蛋白质组、代谢组、脂类组等飞速发展的大数据时代，蛋白质结构理应得到更加广泛的重视，针对蛋白质的药物筛选和计算机辅助的药物研究不应被低估。发展高精度、高效的结构解析技术有着重要意义，可以预见未来在蛋白质结构领域将有更多的惊喜。

1.5.3 蛋白质组研究发展历史

“proteome”（蛋白质组）一词是由英文单词**prote**in（蛋白质）的前半部分加上gen**ome**（基因组）的后半部分组合而成，意指一种基因组所表达的全套蛋白质，即一种细胞乃至一种生物各个组织和器官所表达的全部蛋白质的统称。蛋白质组的概念最早由澳大利亚学者马克·威尔金斯（Marc Wilkins）和凯斯·威廉姆斯（Keith Williams）于1994年在意大利召开的一次小型学术研讨会上首次提出（Jorrin-Novo et al.，2015）。当时，27岁的威尔金斯还是澳大利亚麦考瑞大学（Macquarie University）的一名博士研究生，参加了一个在意大利锡耶纳市举行的关于双向电泳（two-dimensional electrophoresis，2-DE）的学术研讨会（2D Electrophoresis: From Protein Maps to Genomes, Siena, Italy, September 5-7, 1994），并作了大会报告，在大会报告中，为了避开在一个物种中表达的所有蛋白质这种拗口的说法，提出了“proteome”一词，得到了与会代表的认可。随后，Wasinger等于1995年在一个分析化学类期刊*Electrophoresis*上公开发表论文，首次完成了对支原体中50个蛋白质的鉴定，并提出了“蛋白质组”这个基本学术概念。因此，1994年被认为是蛋白质组元年，威尔金斯博士被认为是提出蛋白质组概念的第一人。当时，马克·威尔金斯博士可能不会想到，他在这次小型会议上尝试把“protein”（蛋白质）和“genome”（基因组）拼成一个新的英语单词“proteome”（蛋白质组）用于描述基因组编码的所有蛋白质时，与会代表会极力赞成他这个年轻博士生绞尽脑汁拼凑出的这个新概念。随后，他将这一单词放在他的博士毕业论文中时可能做梦都不会想到，3年后的1997年，瑞士苏黎世联邦理工大学的皮特·詹姆斯（Peter James）在他发表于剑桥大学季刊*Quarterly Reviews of Biophysics*的一篇53页的长文中借用了这个概念，并首次提出“proteomics”（蛋白质组学）一词，系统总结了当时已发表的关于生物体内所有蛋白质种类的研究及该类研究的进展，并正式提出了建立“蛋白质组学”这门新学科（James，1997）。后来，威尔金斯博士毕业后组建了自己的科研团队，一直在从事蛋白质组相关研究。1997年，威尔金斯博士联合几位研究者（包括Marc Wilkins、Keith Williams、Ron D. Appel和Denis F. Hochstrasser）编写了蛋白质组领域的第一本专著*Proteome Research: New Frontiers in Functional Genomics*，由Springer正式出版。这些前期开创性工作的完成，标志着蛋白质组学正式诞生。

因此，蛋白质组是指一个有机体的全部蛋白质组成及其活动方式，指一个生物体、细胞或组织所表达的全部蛋白质成分。与基因组不同的是，蛋白质组作为一个整体，在不同的时空条件下，在一个生物体的不同组织中是不同的，是动态变化的；而一个生物体仅有一个特定的基因组。一个生物体的蛋白质组未必与基因组存在一一对应关系，主要是由于基因转录后存在不同的剪接方式和翻译后修饰。从基因表达的角度来看，蛋白质组的蛋白质种类总是多于基因组的基因种类。从蛋白质修饰的角度来看，蛋白质组的蛋白质种类多于其相应的可读框（open reading frame，ORF）种类，因为 mRNA 的剪切和编辑可使一个 ORF 产生数种蛋白质，蛋白质的翻译后修饰，如糖基化、磷酸化同样可增加蛋白质的种类，氨基酸序列一致的一级结构在一定条件下可以形成功能完全不一样的具有不同空间结构的蛋白质（阮松林和马华升，2009）。因此，研究蛋白质组是为了识别、鉴定一个细胞或组织所表达的全部蛋白质及其表达模式（钱小红，1998）。蛋白质组学是从整体蛋白质水平上去探索和发现生命活动的规律与重要的生理、病理现象，能够在更高层次上揭示生命的本质（图 1-6）。

图 1-6　基因组测序完成后各种生物组学研究设想（Collins et al.，2003）

Resources：资源；Technology development：技术发展；Computational biology：计算生物学；Training：培训；ELSI（ethical, legal and social issues）：对科技发展产生的各种伦理、法律和社会问题研究的概称；Education：教育；Genomics to society：基因组学对社会的影响；Genomics to health：基因组学对人类健康的影响；Genomics to biology：基因组学对生物学的影响

虽然第一次提出蛋白质组概念是在 1994 年，但相关研究可以追溯到 20 世纪 80 年代初，在人类基因组计划提出之前，就有人提出过类似的蛋白质组计划，当时称为人类蛋白质索引（Human Protein Index）计划，旨在分析细胞内的所有蛋白质（Taylor et al.，1982）。但由于种种原因，这一计划被搁浅。在 20 世纪 90 年代初期，各种技术已比较成熟，经过各国科学家的讨论，才提出蛋白质组这一概念（丁士健和夏其昌，2001）。国际上蛋白质组研究进展十分迅速，不论基础理论还是技术方法，都在不断进步和完善，各个顶级期刊均发表了不少评述性文章，号召大家尽快开展蛋白质组研究，认为蛋白质组研究前景非常美好。因此，蛋白质组学的诞生和发展，离不开多学科和技术的逐渐交叉融合，这些学科和技术包括基因组学、

生物化学、分析化学、自动化、基于电磁场的精密质谱仪、信号处理、数理统计和计算机科学等。

1.5.4 人类蛋白质组研究计划

目前，多种细胞的蛋白质组数据库已经建立，相应的国际互联网站也层出不穷。1996年，澳大利亚建立了世界上第一个蛋白质组研究中心（Australia Proteome Analysis Facility，APAF）。随后，丹麦、加拿大、日本先后成立了蛋白质组研究中心。在美国，各大药厂和公司在巨大财力的支持下，也纷纷加入蛋白质组的研究阵容。1982年提出Human Protein Index计划的美国科学家Norman G. Anderson（Taylor et al.，1982），也成立了类似的蛋白质组学公司，继续其多年未实现的梦想。2001年2月初，22位国际知名科学家在美国弗吉尼亚州召开了一个学术研讨会，倡议成立国际人类蛋白质组组织（Human Proteome Organization，HUPO），并在美国成立了区域性蛋白质组组织，随后欧洲、亚太地区都成立了区域性蛋白质组组织，这些组织试图通过合作的方式，融合各方面的力量，促进国际蛋白质组研究学术交流与教育，完成“人类蛋白质组计划”（Human Proteome Project，HPP），协调蛋白质组合作研究。Anderson等也于2009年系统提出了人类蛋白质组检测与定量计划（A Human Proteome Detection and Quantitation Project），该计划旨在解析蛋白质积累变化与生物学问题之间的关系，寻找更多的疾病相关蛋白标志物（protein biomarker），从而为研究蛋白质生物学具体功能提供帮助。

随着人类等大量生物体全基因组序列的破译和功能基因组研究的开展，生命科学家越来越关注如何用基因组研究的模式开展后基因组时代即蛋白质组学的研究（图1-6）。蛋白质组研究之所以如此重要，主要是因为：第一，随着人类基因组计划和各种生物基因组测序工作的完成，研究人的约4万个基因和各种生物包括各种植物的成千上万个基因的具体功能将成为必然，而蛋白质是基因功能的直接执行者；第二，蛋白质和mRNA没有很好的直接相关性，使得mRNA水平的研究不能代替蛋白质水平的研究；第三，基因组是静态固定的，同一生物中不同细胞的基因组基本相同，而蛋白质组是动态变化的，同一生物中不同细胞表达的蛋白质组不同，同一细胞在不同发育时期表达的蛋白质组也不同，另外正常、疾病和给药后细胞所表达的蛋白质组也会有所差异，即蛋白质组有它的时空性和可调节性；第四，蛋白质有着复杂的翻译后修饰，如磷酸化、糖基化、乙酰化等，这些都是在基因组水平无法看到的，使各种生物最终产生的蛋白质种类大大超过基因的种类；第五，蛋白质的作用发挥依赖于其高级结构，特别是三级和四级结构构象变化，作用效率依赖于蛋白复合体和互作蛋白质的协同作用（图1-7），使得蛋白质具体功能研究变得非常困难。

2001年2月，*Nature*和*Science*在公布人类基因组草图的同时，分别刊载了述评文章And now for the proteome（Abbott，2001）和Proteomics in genome land（Fields，2001），认为蛋白质组学将成为21世纪人类基因争夺战的战略制高点之一，将蛋白质组学的研究地位提到了前所未有的高度。在*Nature*上发表的论文Proteomics to study genes and genomes正式提出后基因组时代的主要研究内容是蛋白质组（Pandey and Mann，2001）。

蛋白质组学虽然问世时间很短，但已经在细胞的增殖、分化、异常转化、肿瘤形成等方面进行了有力的探索，涉及白血病、乳腺癌、结肠癌、膀胱癌、前列腺癌、肺癌、肾癌和神经母细胞瘤等重大疾病研究，鉴定了一批肿瘤相关蛋白，为肿瘤的早期诊断、药靶的发现、疗效的判断和预后提供了重要依据。鉴于蛋白质组学发展的重要性和技术的先进性，西方各主

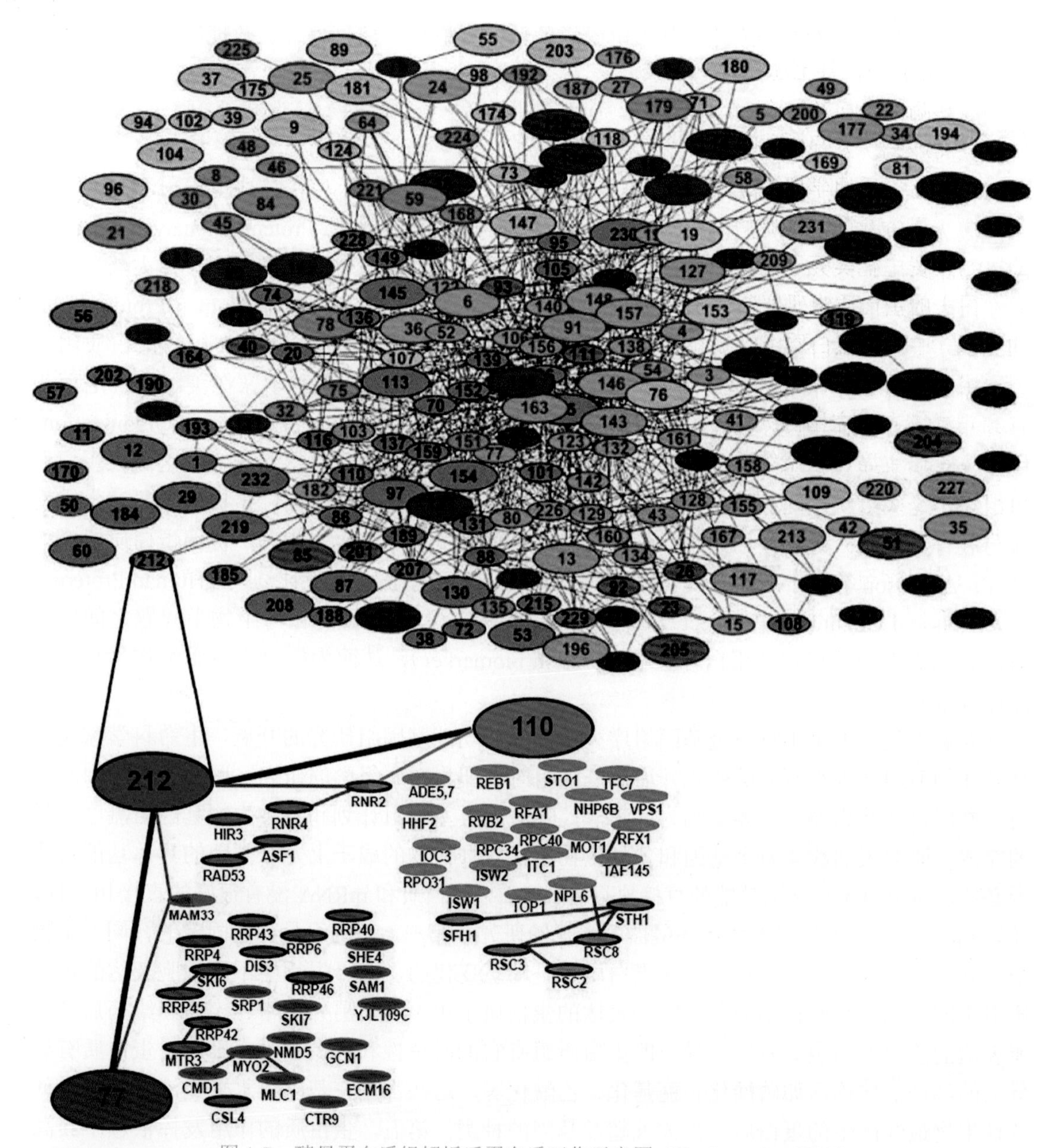

图 1-7　酵母蛋白质组解析后蛋白质互作示意图（Gavin et al.，2002）

要发达国家纷纷投巨资全面启动蛋白质组研究。例如，美国国立卫生研究院、能源部和欧洲共同体等都启动了不同生物的蛋白质组研究并取得明显进展，一批高质量的研究论文相继在国际著名学术刊物上发表，相关专门的蛋白质组期刊也纷纷创刊，包括 2001 年 1 月在德国创刊的 *Proteomics*，2002 年 1 月由美国生物化学与分子生物学会主办的在美国创刊的 *Molecular and Cellular Proteomics*，2002 年由美国化学学会主办的 *Journal of Proteome Research*，以及 2008 年 4 月由欧洲蛋白质组学协会（European Proteomics Association）主办的在荷兰创刊的 *Journal of Proteomics*，这 4 个期刊被称为蛋白质组研究领域的四大顶级期刊。当然，还有创刊于 2003 年的 *Proteome Science*，创刊于 2004 年的 *Expert Review of Proteomics*，创刊于 2007 年的 *Proteomics Clinical Application*，创刊于 1967 年、后改名的 *BBA: Proteins and Proteomics*，以及近年来由中国科学院主管、中国科学院北京基因组研究所和中国遗传学会主

办的英文期刊 *Genomics, Proteomics & Bioinformatics*，该期刊2018年的影响因子就高达6.6，2021年达到7.7，甚至超过了蛋白质组领域的老牌顶级期刊 *Molecular and Cellular Proteomics* 当年的影响因子（2021年仅为5.9），表现非常突出。这也从侧面表明：中国蛋白质组研究近年来发展迅速，大有赶超国际先进水平的发展势头。

由于蛋白质组学研究比基因组学研究更实用，因此有着巨大的市场前景，企业与制药公司纷纷斥巨资开展蛋白质组学研究。独立完成人类基因组测序的Celera基因组技术公司很早就宣布投资上亿美元于此领域；日内瓦蛋白质组公司与布鲁克质谱仪制造公司联合成立了国际上最大的蛋白质组研究中心。其实，早在1995年澳大利亚科学家就提出了人类蛋白质组学的概念。中国的蛋白质组计划，在1998年就酝酿和启动执行了。为了促进各个国家与地区蛋白质组研究的发展、合作交流，国际人类蛋白质组研究同行于2001年2月底在法国的蒙特利尔市正式宣布成立国际人类蛋白质组组织（HUPO），由萨米尔·哈那什（Samir Hanash）博士担任首届主席，该组织是一个协调各个国家蛋白质组研究的国际性组织。HUPO的研究目标对于很多致力于开发新药品的公司十分重要。国际人类蛋白质组组织的主要任务有以下3个：加强各国和各地区蛋白质组组织之间的合作，成为一个国际性的组织，能够代表每一个成员的倡议并组织国际性的活动；参与科学和教育活动，促进蛋白质组科技的传播、有关人类蛋白质组和组织模型知识的广泛传播；帮助协调公共蛋白质组组织发起活动（钱小红等，2017）。蛋白质组研究已成为西方各主要发达国家、各跨国制药集团竞相投入的热点和焦点。

HUPO成立后，即于2002年在法国凡尔赛召开了首届国际人类蛋白质组大会，并迅速在北美、欧洲、韩国、日本和中国成立了相应的分支机构。2002年10月国际人类蛋白质组组织和中国军事医学科学院联合主办了“肝脏蛋白质组国际研讨会”，中国科学家贺福初院士、钱小红研究员和夏其昌研究员当选为国际人类蛋白质组组织委员。2002年11月，在法国凡尔赛召开的首届人类蛋白质组组织大会上，HUPO宣布启动首批人类蛋白质组计划，包括由美国科学家牵头的“人类血浆蛋白质组计划”（Human Plasma Proteome Project，HPPP）和由中国科学家牵头的“人类肝脏蛋白质组计划”（Human Liver Proteome Project，HLPP）。2003年12月15日，国际人类蛋白质组组织主席Hanash博士在北京蛋白质组研究中心成立仪式上宣布国际“人类蛋白质组计划”正式启动，其中的人类肝脏蛋白质组计划（HLPP）由以贺福初院士为首的中国科学家具体领导执行，这是中国科学家首次成为大型国际科研计划的领导者。由此拉开了人类蛋白质组计划执行的帷幕。

其中，由美国科学家吉尔伯特·欧曼（Gilbert Omenn）牵头的人类血浆蛋白质组计划是第一个人体体液蛋白质组计划，共有13个国家的47个实验室参加。其科学目标是全面分析人类血浆和血清蛋白质成分，确定不同人种血浆蛋白质的差异程度；通过生物标志物方法，确定不同时期和不同条件下的个体差异，包括生理和病理状态改变条件下的蛋白质组变化。随后，HUPO分别于2003年启动由英国科学家牵头的蛋白质组标准化计划和由德国科学家牵头的人类脑蛋白质组计划，2005年启动由日本科学家牵头的糖蛋白质组计划、由瑞典科学家牵头的人类抗体组计划和由加拿大科学家牵头的人类疾病小鼠模型蛋白质组计划，随后又启动了人类肾脏蛋白质组计划、人类心血管蛋白质组计划、干细胞生物蛋白质组计划、疾病蛋白标志物计划、人类染色体蛋白质组计划和模式生物蛋白质组计划等。截至2011年初，人类蛋白质组计划一共启动了12项分计划，都取得了相当大的研究进展。国际人类蛋白质组计划作为一项国际合作大科学工程，具有突出的战略性、广泛的基础性、强大的带动性和巨大的潜在应用性，其实施的规模、复杂性和艰巨性均将超过人类基因组计划，对科技、经济和社会发展的推动作用巨大，其潜在的综合作用更是难以估量（钱小红等，2017）。我们相信，随着人类蛋白质组计划的深入推进和全面实施，新的国际科技竞争局面将逐步形成，基于人类蛋白质组计划成果的国际科技综合实力新格局将展现在人们面前。

1.5.5 中国人类蛋白质组研究计划

中国最初参加人类基因组计划的时候，只争取到了人类基因组 1% 的测序任务，在 HPP 中，我国科学家经过持续的努力，终于获得了人类蛋白质组计划的主要项目——国际人类肝脏蛋白质组计划的领导权。中国将承担整个人类蛋白质组计划 30% 以上的工作任务（李衍常等，2014）。

与 HPPP 类似，人类肝脏蛋白质组计划（HLPP）旨在系统性地注释肝脏蛋白质表达谱和修饰谱（简称“两谱”），并以最大维度绘制肝脏蛋白质的亚细胞定位与相互作用网络图（简称“两图”），建设完成大规模的肝脏蛋白质组学研究材料和数据库（肝脏蛋白质组组织样本库、抗体库和开源质谱数据库，简称“三库”）。早在 1997 年，中国科学家就已经着手开展蛋白质组研究。1998 年，中国国家自然科学基金委员会通过重大专项形式立项支持了蛋白质组及其动态变化研究课题，成为由中国政府资助的第一个蛋白质组研究项目，对中国蛋白质组研究的发展和走向世界起到了关键的引导作用。早在 1998 年，中国科学家就开始了肝脏蛋白质组的研究，并于 2002 年在国际蛋白质组第一次研讨会上倡导并提出了开展人类肝脏蛋白质组计划的建议（钱小红等，2017）。

2002 年 10 月，在中国北京香山成功举办人类肝脏蛋白质组国际研讨会，共有 12 个国家的 102 位代表出席，贺福初院士代表中国科学家提出了人类肝脏蛋白质组计划的主体框架和具体实施方案，受到与会代表的热烈支持和积极响应，会上成立了由中国、加拿大和法国组成的人类肝脏蛋白质组计划主席国。2003 年 10 月 24 日，中国人类蛋白质组组织（CNHUPO）和中国蛋白质组学专业学术委员会在北京成立，协调并领导中国蛋白质组研究人员开展相关研究。2003 年 10 月，*Nature* 上专门发表了题为 China takes centre stage for live proteome 的专题报道，介绍了由贺福初院士领导的人类肝脏蛋白质组计划的情况（Cyranoski，2003）。此后，中国蛋白质组研究进入快速发展阶段，蛋白质组相关研究项目列入“973”和“863”计划，形成了稳定的科研团队。2004 年 10 月 26 日，第三届国际人类蛋白质组大会在北京开幕。2007 年 8 月 22 日，我国科学家系统构建的国际上第一张人类器官蛋白质组“蓝图”宣布完成，并于 2010 年全面完成了人类肝脏蛋白质组“两谱二图三库”的研究工作。2014 年 6 月，经过多年论证的“中国人类蛋白质组计划”（China Human Proteome Project，CNHPP）在北京启动，将分 3 个阶段开展：第一阶段，全面揭示肝癌、肺癌、白血病、肾病等十大疾病所涉及的主要组织器官的蛋白质组，了解疾病发生过程中蛋白质组的主要异常改变，进而研制诊断试剂、筛选药物；第二阶段，争取覆盖中国人的其他常见疾病，提升中国人群疾病的防治水平；第三阶段，实现人类更多疾病的覆盖。中国人类蛋白质组计划的启动标志着中国科学家开始在全面、精确阐释人体全部器官蛋白质组组成和功能研究方面深入（李衍常等，2014）。

在中国蛋白质组学科学家的不懈努力和各种科学基金的鼎力支持下，中国的蛋白质组学研究将一如既往地保持欣欣向荣、蓬勃发展的态势。中国蛋白质组学研究团队承担的人类肝脏蛋白质组计划取得了阶段性重大成果，引领了国际器官蛋白质组学的发展，并影响后续的国际人类蛋白质组学研究。中国科学家在人类肝脏蛋白质组计划实施过程中形成的思路、策略、技术体系和人才队伍，将为刚刚启动的中国人类蛋白质组计划（CNHPP）的开展奠定坚实的基础。人类蛋白质组学的研究成果将在阐释生理与病理过程的分子机制研究中发挥更加积极的作用，并为人类的健康事业和生命科学的发展奠定基础。

1.6 植物蛋白质组研究

1.6.1 植物蛋白质组研究概述

植物蛋白（plant protein）是蛋白质的一种，是从植物里提取的，营养与动物蛋白相仿，但是更易于消化。日常生活中，植物蛋白最丰富的是大豆。在饮食中，植物蛋白和动物蛋白要搭配食用才有益于人体健康。植物蛋白质组（plant proteomics）是指特定植物物种的组织和细胞中蛋白质的总和。植物蛋白质组学是在植物基因组学研究成果的基础上和高通量蛋白质分析技术得到突破的背景下产生的一门新兴学科。但是，植物蛋白质组研究落后于单细胞原核生物和真核生物蛋白质组研究，更是远远落后于人类蛋白质组研究，主要是由于单细胞有机体的全基因组测序完成较早，且它们的蛋白质组比较简单，同时人类和动物基因组测序与功能基因注释工作均远远领先于植物基因组，国际上人类和动物蛋白质组研究投入的人力物力远远超过植物蛋白质组研究。由于植物具有细胞壁、叶绿体、液泡、各种质体和色素等干扰物质，植物蛋白的分离纯化难度加大，加上植物基因组数据缺乏，功能基因注释不全面，因此植物蛋白质组研究相对滞后（罗小敏等，2004）。目前，植物蛋白质组研究大部分集中在亚细胞结构的蛋白质组和蛋白复合体相关的蛋白质组方面，针对叶绿体、线粒体、细胞壁、液泡等植物细胞器的蛋白质组学研究已发现了许多种新的蛋白质，并将进一步研究这些蛋白质的具体生物学功能。

蛋白质功能模式的研究是蛋白质组学研究的重要目标。无论基因组研究还是蛋白质组研究，最终目标是揭示所有基因或蛋白质的功能及其调控规律。蛋白质与蛋白质、蛋白质与DNA之间的相互作用、相互协调是细胞进行信号转导及代谢活动的基础。蛋白质的结构是其发挥功能的前提，对蛋白质结构的认识也成为了解大量涌现的新基因功能的一个重要途径。而蛋白质的作用发挥，通常不是由一个孤立蛋白质来完成的，蛋白质间的相互作用显然更为重要。蛋白质互作，归纳起来包括蛋白质分子和亚基的聚合、蛋白质分子杂交、蛋白质分子识别、蛋白质分子自组装及蛋白复合体的形成等形式。通过分析一个蛋白质是否能与功能已知的蛋白质相互作用，可得到揭示其功能的线索。

1.6.2 前基因组时代的植物蛋白质组研究

在2000年前发表的绝大部分植物蛋白质组研究论文，由于缺乏植物基因组数据基础，甚至很多研究并没有利用质谱对蛋白质进行鉴定，因此，这些研究成果并不能算作严格意义上的植物蛋白质组研究成果（罗小敏等，2004）。这些关于植物蛋白质组的研究工作中，绝大多数工作仅限于蛋白质积累水平的变化规律分析对比，而没有对蛋白质进行质谱鉴定。在一些研究工作中，仅是通过Edman降解测序法对少部分蛋白质的N端20～30个氨基酸进行了测序鉴定（Thiellement et al.，1999）。这些研究重点主要放在利用双向凝胶电泳分析不同基因型、表型和系统发育关系中可能的蛋白标志物的变化规律。不同植物组织的双向电泳图谱重点放在特定亚细胞蛋白质组或蛋白复合体，如质膜、根部、线粒体和叶绿体。此外，还有一些关于豆科植物根部和固氮菌共生的前期性研究（Wijk，2001）。

最早的植物蛋白质组研究工作是在欧盟经费支持下于烟草和拟南芥中开展的，集中研究细胞质膜的蛋白质组，主要摸索了相关技术方法，建立了分辨率高、重复性好的2-DE图谱，鉴定了一些质膜特异性蛋白（Rouquie et al.，1997）。这项工作被认为是第一篇纯粹意义上的植物蛋白质组学领域研究论文。由于植物细胞含有细胞壁、多酚、多糖、淀粉、色素和各种干扰物质，提取并纯化植物蛋白对后续双向电泳和质谱鉴定工作都显得至关重要。好的样品制备即从选定的细胞、组织、器官和生物体中提取大量蛋白质。在制备过程中，应考虑所选目标体系是否便于研究，所含组分不宜过于复杂，这对后续蛋白质的分离、鉴定非常重要，尤其是对获得好的双向凝胶电泳结果至关重要。在此之前，人们一直很难利用双向凝胶电泳获得重复性好的植物细胞膜蛋白双向图谱，这些方法有助于这种状况的改善。通过蛋白质组比较来检测遗传多样性的变化已有许多成功的尝试，蛋白质组学标记是联系基因多样性和表型多样性的纽带，具有独特意义。

其实，早在1994年科学家就对模式植物拟南芥总蛋白质进行了分析，结果显示发育突变体具有与野生型植物不同的双向电泳表达图谱，并且得到了与下胚轴长度有关的一个肌动蛋白的同源异构体（Santoni et al.，1994）。同时，人们对水稻根、茎、叶、种子、芽、种皮及愈伤组织等部位的蛋白质进行双向电泳分离，总共得到4892个蛋白点，并鉴定了其中大约3%的蛋白质（Tsugita et al.，1994）。另外一项前期性探索工作在1996年开展，通过分析比较6个欧洲国家的23种橡树幼苗的总蛋白质，共得到530种蛋白质，其中101个蛋白质具有多态性。实验证实，无梗花栎（*Quercus robur*）和夏栎（*Quercus petraea*）这两个遗传关系很近的物种种内和种间距离均非常接近，在蛋白质表达积累水平的遗传变异很低（Barreneche et al.，1996）。科学家分析了野生型和缺铁型突变番茄的蛋白质双向电泳图谱，鉴定了参与无氧代谢和胁迫防御的甘油醛磷酸脱氢酶、甲酸脱氢酶、抗坏血酸过氧化物酶（ascorbate peroxidase，APX）、超氧化物歧化酶（superoxide dismutase，SOD）等蛋白酶，并分析了这些酶在植物吸收铁的过程中的调控功能（Herbik et al.，1996）。通过比较野生型和缺铁型突变玉米的蛋白质双向电泳图谱，人们确定了4个与铁离子跨膜运输有关的多肽（von Wiren et al.，1997）。

科学家利用双向聚丙烯酰胺凝胶电泳（two-dimensional polyacrylamide gel electrophoresis，2D-PAGE）分析了硬粒小麦不同株系的遗传多样性，发现品系间的蛋白质多态性很低，其中7个蛋白质可用于基因型的鉴定。另外，利用2D-PAGE技术，科学家比较了栽培于不同环境下的小麦，发现所有的种群都与原种群有差别（梁宇等，2004）。在一项玉米根部细胞蛋白质组的早期研究中，低氧或缺氧时，玉米根部的蛋白质合成方式可以利用35S-Met标记结合双向凝胶电泳、质谱分析来研究（Wijk，2001）。这项工作说明在低氧适应过程中，蛋白质合成是必需的，而在随后的缺氧过程中则不是这样，同时说明了在研究蛋白质表达的正负调节过程中应用蛋白质组学具有的潜力和困难。

早期的蛋白质组研究也在叶绿体水平开展了。据预测，叶绿体可以积累2500～3000种蛋白质，占叶绿体重量的10%～25%，充分证明了叶绿体蛋白质在植物细胞中的重要性（van Wijk，2000）。瑞典科学家用双向凝胶电泳、质谱分析和Edman降解测序法，结合数据库检索，对豌豆类囊体可溶囊腔（lumenal）和外周（perpheral）蛋白质进行系统分析、比较，发现200～230种蛋白质。在鉴定的61种蛋白质中，有33种确定了功能或功能域；发现9种蛋白质携带囊腔转运肽，其中7种具有双精氨酸图谱特征。对利用双向凝胶电泳所得的核编码蛋白，用ChloroP、PSORT和SignalP软件分析，发现了推测的叶绿体定位位点和转运肽替换位点或二者双位点（Peltier et al.，2000）。科学家结合蛋白质组分析法与基因组预测筛选法，研究了拟南芥叶绿体类囊体基质蛋白质组，鉴定了81个蛋白质，用

Edman 降解测序对蛋白质的定位进行预测，发现基质蛋白质组的主要功能包括帮助折叠、催化类囊体蛋白水解和抗氧化（Peltier et al.，2002）。叶绿体类囊体基质同样有其特异的蛋白质组，科学家系统地描述了模式植物拟南芥类囊体基质蛋白质的特性，鉴定了其中 36 个蛋白质，发现除了大量的肽基脯氨酸顺反异构酶和蛋白酶，还有不少新的光合系统结合（photosystem binding，Psb）蛋白。进一步比较模式植物拟南芥与另一典型的高等植物菠菜的类囊体基质蛋白质组，发现二者相似性很高。之后由拟南芥整个基因组数据库推测基质蛋白质组，估计叶绿体类囊体基质约有 80 个蛋白质（Schubert et al.，2002）。研究人员还通过双向聚丙烯酰胺凝胶电泳、质谱分析和 Edman 降解测序法相结合鉴定了菠菜叶绿体中 30S、50S 核糖体亚基蛋白质，认为叶绿体中的非核糖体质体特异性蛋白可以通过不断进化执行质体翻译及调控等特定功能，包括蛋白质通过质体 50S 亚基定位 / 易位到类囊体膜上。在拟南芥叶绿体中鉴定了一个具有 10 个不同亚基、大小为 350kDa 的 ClpP 蛋白酶复合物，在该复合物中发现一种新的 Clp 蛋白，它不属于任何已知的 Clp 基因家族。豌豆类囊体中的可溶性球蛋白也已经通过双向凝胶电泳、质谱分析、Edman 降解测序法和生物信息学进行了系统分析。据预测，叶绿体类囊体含有 200 ～ 230 种定位于类囊体腔的球蛋白（罗小敏等，2004）。

利用蛋白质组技术研究植物突变体蛋白质积累变化的探索性工作在 20 世纪 90 年代开始进行。通常的技术流程是首先对在相同条件下栽培的突变体及野生型植物的双向电泳图谱进行比较，找到差异积累蛋白点（differentially accumulated protein spot，DAP），然后将这些蛋白点通过质谱法或 Edman 降解测序法进行鉴定，分析这些差异蛋白点的可能功能，为研究表型突变背后的生化过程提供有价值的信息。1996 年，科学家分析了野生型和缺铁型突变番茄的蛋白质双向电泳图谱，鉴定了参与无氧代谢和胁迫防御的几种酶。随后，通过比较野生型和铁摄取缺陷型突变玉米的蛋白质双向电泳图谱，确定了 4 个与铁离子跨膜运输有关的多肽（梁宇等，2004）。通过比较野生型玉米与 *Opaque2* 基因突变体在胚乳发育过程中的蛋白质双向电泳图谱，寻找差异蛋白点，最终鉴定出属于各种代谢途径的一些酶，说明 *Opaque2* 基因是玉米中多种代谢途径的调节基因（Damerval and Guilloux，1998）。

另外，植物的蛋白质翻译后修饰组学也在早期的研究中有所涉及。众所周知，植物和其他生物体中的蛋白质都要经历许多翻译后修饰过程才能发挥正常的生物学功能。这些蛋白质翻译后修饰可以改变蛋白质的定位，有助于调节蛋白质的功能。在植物类囊体中，几种蛋白质应对环境变化会发生可逆磷酸化修饰，其中，表面具有暴露的亲水环（hydrophylic loop）的蛋白质就可发生可逆磷酸化过程。光系统Ⅱ中一些蛋白质的可逆磷酸化过程已经得到了证实，将双向凝胶电泳与基于 Triton X-100 的双相分离技术结合，可以证明糖基磷脂酰肌醇锚定的蛋白质在植物质膜上和胞外基质中是一种含量相对较丰富的蛋白质，其中一种蛋白质被证实是阿拉伯半乳聚糖蛋白，是一类已知与细胞分化有关的蛋白质。

第一代植物蛋白质组学技术最先应用在植物抗逆境环境的比较蛋白质组学研究中。Ramani 和 Apte（1997）用放射性同位素自显影双向电泳法研究水稻幼苗在盐胁迫下多基因的瞬时表达表明，至少有 35 个蛋白质被盐胁迫诱导。该发现对寻找渗透应答新蛋白，尤其是那些在水稻耐盐性获得中起瞬时调节作用的蛋白质，可能具有十分重要的参考价值。对玉米进行缺氧和低氧胁迫研究，发现低氧处理的效应不仅仅是缺氧胁迫诱导的糖酵解酶增加，通过质谱法共鉴定了 46 个差异应答蛋白，均为在植物中首次得到鉴定（Chang et al.，2000）。

日本的小松节子（Setsuko Komatsu）等曾分别从水稻绿苗和黄化苗中提取蛋白质，用双向凝胶电泳分离蛋白质，测定其分子量和等电点，比较两者的蛋白质双向电泳图谱，找到一些差异表达蛋白。随后，将这些差异蛋白点转印到聚偏二氟乙烯膜上，用气相蛋白质测序仪分析出85种蛋白质，其中21种蛋白质测出N端氨基酸序列。如预期所料，绿苗中存在光合蛋白，而黄化苗只有光合蛋白前体，说明用上述方法可以鉴定出绿苗和黄化苗中参与调控光合过程的主要蛋白质，包括在白化苗中起细胞保护功能的抗坏血酸过氧化物酶（Komatsu et al.，1999）。Vener等（2001）首次使用转录后修饰分析工具，结合质谱技术研究了拟南芥叶绿体中类囊体膜蛋白的磷酸化现象，成功地鉴定了许多磷酸化蛋白，并且在活体内估测复合体的蛋白质磷酸化的化学计量，说明质谱法可以为研究复杂样品中蛋白质磷酸化的化学计量提供新的途径。

对非测序植物物种开展蛋白质组学研究存在数据库欠缺的局限性，但也可以通过自建EST序列和转录组数据库，或者通过搜索同源绿色植物库来进行质谱搜库鉴定，现有的质谱分析数据搜索引擎可以搜索蛋白质序列、EST序列和具备功能注释的基因组序列，从而可鉴定同源蛋白质，同样可以开展蛋白质组研究。

1.6.3 后基因组时代的植物蛋白质组研究

植物蛋白质组研究真正发展，得益于模式植物拟南芥和水稻、各种植物基因组测序工作的完成，截至2020年初，全世界共有将近400种植物基因组完成测序工作并公开发表，为植物蛋白质组研究的开展积累了大量的数据基础。最早公布基因组测序结果的植物是模式植物拟南芥（The Arabidopsis Genome Initiative，2000），这是人类首次破译高等植物的全部基因序列。2002年4月5日在*Science*上同时发表了由中国完成的籼稻（*Oryza sativa* L. subsp. *indica* Kato）和由美国完成的粳稻（*Oryza sativa* L. subsp. *japonica* Kato）亚型的基因组序列（Goff et al.，2002; Yu et al.，2002）。第三个完成基因组测序的植物是毛果杨，毛果杨也是第一个完成基因组测序的木本双子叶植物（Tuskan et al.，2006）。随后，各种植物的基因组测序工作相继完成，包括葡萄、小立碗藓、番木瓜、高粱、黄瓜、玉米、大豆、苹果、马铃薯和棉花等主要植物，特别是农作物的基因组测序工作完成（表1-1），为进一步开展植物蛋白质组工作提供了前提条件。

因此，在大规模植物基因组测序数据公布的基础上，通过双向电泳和质谱技术的完美结合，最终在2000年左右产生了第一代植物蛋白质组学技术体系，相关植物特别是模式植物蛋白质组研究迅速开展起来。蛋白质表达模式的研究是蛋白质组学研究的基础内容，主要是研究特定条件下某一植物细胞或组织的所有蛋白质的表征问题。第一代蛋白质组学技术体系基本上是先提取蛋白质，经双向电泳技术进行分离后形成一个蛋白质组二维图谱，再通过计算机图像分析得到各蛋白质的等电点、分子量、表达量等信息，然后结合以质谱特别是基质辅助激光解吸电离飞行时间质谱（matrix-assisted laser desorption/ionization time-of-flight mass spectrometry，MALDI-TOF-MS）分析为主要手段的蛋白质鉴定技术，建立细胞、组织、机体在所谓“正常生理条件下”的蛋白质组图谱和数据库。在此基础上，可以比较分析变化条件下蛋白质组所发生的变化，如蛋白质表达量的变化、翻译后的加工修饰、蛋白质在亚细胞水平上定位的改变等，应用生物信息学数据库对鉴定结果进行存储、处理、对比和分析，从而发现和鉴定出具特定功能的蛋白质及其基因，这就是比较蛋白质组学或者说功能蛋白质组学研究的基本内容（梁宇等，2004）。蛋白质组学的主要研究方法可按结构蛋白质组学和功能蛋白质组学分为两大类。结构蛋白质组学是利用双向电泳、质谱分析、Edman降解测序法等技术测得完整蛋白质数据，通过搜寻相应的数据库来鉴定蛋白质。所谓功能蛋白质组学

（functional proteomics），就是研究细胞内与某个功能有关或某种条件下的一群蛋白质在变化的条件下所发生的变化，如蛋白质表达量的变化，翻译后的加工修饰，或者是蛋白质在亚细胞水平上定位的改变等，从而发现和鉴定出具特定功能的蛋白质，着重研究那些可能涉及特定功能机制的全体蛋白质（Humphery-Smith and Blackstock，1997）。因此，从一个生物体具有特定功能的器官、组织、细胞着手，在不同生理条件下研究表达蛋白质的功能，就是功能蛋白质组的主要研究内容。在功能蛋白质组学方面，比较常用的研究方法有酵母双杂交系统和反向杂交系统、免疫共沉淀技术、表面等离子技术和荧光能量转移技术等。生物信息学在基因组和蛋白质组研究中均发挥了巨大作用，已形成独立的蛋白质组信息学。对一种细胞或组织的蛋白质组进行 2-DE 后可分离到几千甚至上万个蛋白质图谱，运用计算机图像技术系统分析比较，可确定分离蛋白质在图谱的定位、数量及图谱间分离蛋白质的差异。

通过比较两个水稻品种干旱胁迫、恢复灌溉后的叶提取物蛋白质组，发现有 42 个蛋白点的丰度在干旱胁迫状态下变化明显，其中 27 个点在两个品种中显示了不同的反应方式，恢复正常灌溉 10d 以后，所有蛋白质的丰度完全或接近完全恢复成与对照一样（Salekdeh et al.，2002）。Agrawal 等（2002）首次检测了臭氧对水稻幼苗蛋白质的影响并鉴定出 56 个蛋白质，其中 52 个为差异蛋白，36 个蛋白质的 N 端序列和 1 个蛋白质的内部序列被测定；研究发现臭氧可以造成叶片光合蛋白的剧烈减少，并诱导各种防御、胁迫相关蛋白酶的表达。

中国科学院植物研究所沈世华等应用蛋白质组学方法研究水稻叶鞘伤害信号应答过程中蛋白质的积累变化（Shen et al.，2003），发现伤害后至少有 10 个蛋白质被诱导。通过 N 端或内部氨基酸测序，分析了其中的 14 个蛋白质，鉴定了 9 个蛋白质的功能，其他蛋白质由于 N 端阻断而无法得到氨基酸序列信息。此外，还通过 MALDI-TOF-MS 鉴定了 11 种蛋白质，其中 4 种蛋白质已被证实与伤害反应直接相关。

植物生长发育不仅与非生物因子密切相关，还受到生物因子如动物、植物、微生物等的极大影响。通过蛋白质研究有助于人们更好地了解生物之间的相互作用机制（梁宇等，2004）。早期开展的生物环境因子应答蛋白质组研究中，也有不少有意思的新发现。通过双向凝胶电泳和银染技术，科学家分析了模式植物苜蓿根接种灌木菌根真菌（*Glomus mosseae*）或根瘤菌（*Sinorhizobium meliloti*）后不同时期的根蛋白质组变化情况。通过飞行时间质谱在结瘤的根中鉴定到苜蓿的一个豆血红蛋白，同时，通过内部测序、四极质谱分析和数据搜寻发现了先前预测的由菌共生体诱导表达的多个蛋白质（Bestel-Corre et al.，2002）。利用蛋白质组分析方法，科学家研究了根瘤菌与植物相互识别后的蛋白质积累变化，鉴定了类菌体周膜（peribacteroid membrane）与类菌体周隙（peribacteroid space）中的差异蛋白，发现了大量类菌体蛋白及许多内膜蛋白，包括液泡质子 ATP 酶（vacuolar H^+- ATPase，V-ATPase）、BIP 和一个完整的结合膜蛋白，证明了类菌体周膜是由宿主细胞的内膜系统产生的（Saalbach et al.，2002）。选取豆科模式植物日本百脉根（*Lotus japonicus*）为材料，科学家通过蛋白质组学手段研究了其根瘤中类菌体周膜蛋白质的变化情况，利用纳米液相色谱分离多肽，然后用串联质谱（MS/MS）进行分析，检索非丰度蛋白数据库和通过 MS/MS 得到的绿色植物表达序列标签数据库，最终鉴定了 94 个蛋白质，其中一些膜蛋白得到检测，如糖和硫酸盐转运子、内膜联合蛋白、囊泡受体蛋白和信号相关蛋白（如受体激酶、钙调蛋白、14-3-3 蛋白和病原体应答蛋白包括 HIR 蛋白）。进一步通过非变性聚丙烯酰胺凝胶电泳（native PAGE）分析了两个特征蛋白复合体，明确了类菌体周膜中参与特定生理过程的蛋白质和结瘤特异表达序列标签（EST）数据库中的蛋白质组变化规律（Wienkoop and Saalbach，2003）。

激素在植物一生中起着重要的调控作用，一般认为，用外源植物激素处理可以调节植物生长发育，外源激素作为胞外信号分子与膜上受体结合将胞外信号转导到胞内，并在胞内经过一连串的信号转导传递至下游因子，最终引起下游基因表达改变。因此，植物激素的信号转导和作用机制研究是蛋白质组学的重要组成部分之一，用蛋白质组技术分析鉴定受激素诱导的相关蛋白质，得到一系列有意思的新发现。用外源茉莉酸（jasmonic acid）处理水稻的幼苗组织，人们发现水稻的茎和叶中被诱导并积累了新蛋白质，包括茎中的蛋白酶抑制剂和一个与病理有关的17kDa蛋白质。免疫杂交分析结果表明，茉莉酸处理后这些蛋白质的表达具有组织特异性和发育阶段特异性（Rakwal and Komatsu，2000）。科学家将水稻叶鞘用一定浓度赤霉素处理不同时间后，发现21个蛋白点表达增强、12个蛋白点表达减弱。对其中的钙网蛋白（calreticulin）进行深入分析，发现它有2个不同等电点，随赤霉素处理时间增加，一个蛋白点逐渐消失，而另外一个蛋白点浓度则逐渐增加，意味着钙网蛋白在赤霉素信号传递调节叶鞘伸长中可能有重要作用（Shen and Komatsu，2003）。

另外，在植物组织器官和亚细胞水平也开展了不少前期的蛋白质组研究。在植物的发育过程中，不同组织和器官的蛋白质组成与数量均有差异，蛋白质组学研究有助于人们对植物发育过程深入理解。通过比较转基因烟草（*Nicotiana tabacum*）和对照烟草悬浮培养细胞株系的细胞壁蛋白质组，人们发现二者的初生壁蛋白质组有很大差异，通过质谱分析鉴定出分子质量为32kDa的几丁质酶、34kDa的过氧化物酶、65kDa的多酚氧化酶和68kDa的木聚糖酶，以及一些结构蛋白，甚至还鉴定出了许多其他植物初生壁中不存在的新蛋白质（Blee et al.，2001）。在植物线粒体蛋白质组早期研究中，人们也获得了许多新发现。人们发现拟南芥组培细胞的线粒体共有约100个高丰度蛋白和250个低丰度蛋白。用飞行时间质谱分析其中170个蛋白点，查找数据库中拟南芥基因组的编码序列，鉴定了其中的91个蛋白质。又通过序列比较鉴定了这91个蛋白质中81个的可能功能，发现这些蛋白质可能参与的过程很多，包括呼吸电子传递链、三羧酸循环、氨基酸代谢、蛋白质的输入、加工与组装、转录、膜转运和抗氧化防御（Millar et al.，2001）。通过等电聚焦聚丙烯酰胺凝胶电泳和反相高效液相质谱方法，对纯化的水稻线粒体蛋白质进行分离，再用胰蛋白酶消化，然后进行MS/MS分析，查找水稻基因组的可读框译码和6个表达序列标签译码，通过与质谱分析所得数据进行比对，科学家在早期就鉴定了其中149个蛋白质，包括亲水 / 疏水性蛋白、强酸 / 碱性蛋白和小分子蛋白的序列，并预测了85个蛋白质的可能功能（Heazlewood et al.，2003）。Werhahn和Braun（2002）联合应用3种不同的凝胶电泳方法，即研究者所宣称的三维电泳技术，鉴定了线粒体蛋白质组的部分蛋白质。首先用蓝色非变性聚丙烯酰胺凝胶电泳分离线粒体蛋白复合体，再用电洗脱法完全洗去蛋白质中的考马斯亮蓝，最后用等电聚焦结合SDS-PAGE分离蛋白复合体的亚基。该方法的可行性已通过分离ATP合酶、细胞色素c还原酶和线粒体外膜移位酶前体蛋白而得到验证，利用这一方法还可以分离高等真核生物中蛋白质亚基的异构物。

植物蛋白的积累具有组织或器官特异性，植物的根、茎、叶、花粉、种子等是重要的器官，以这些材料以及各种组织和亚细胞器，包括细胞核、叶绿体、线粒体、液泡、细胞壁和过氧化物酶体等，来进行蛋白质组研究也有很多报道，并取得了很多有价值的研究成果。

1.6.4 植物蛋白质组研究最新进展及发展趋势

植物蛋白质组学提供了一系列能够在蛋白质水平上大规模地直接研究植物基因功能的强有力工具，特别是利用多种质谱技术对凝胶电泳分离的蛋白质进行研究，是通过生化途径研究蛋白质功能的重大突破。蛋白质组研究将继续在规模、灵敏度和完整性等方面进行改进。在前期植物蛋白质组研究中，翻译后修饰研究难度比较大，现在亦然，植物蛋白质组学研究起源于双向电泳与生物质谱技术的完美结合，但随着质谱技术的迅速发展，植物蛋白质组研究必将越来越不依赖双向电泳，在不久的将来，植物蛋白质组学将提供大量的蛋白质间相互作用数据，并向植物蛋白具体功能研究深入，这可能是植物蛋白质组学对植物科学最重要也是最直接的影响。

在基础研究方面，近年来蛋白质组研究技术已被应用到各种生命科学领域，如细胞生物学、神经生物学等。在研究对象上，覆盖了原核微生物、真核微生物、植物和动物等范围，涉及各种重要的生物学现象，如信号转导、细胞分化、蛋白质折叠等。在未来发展中，蛋白质组学的研究领域将更加广泛。在应用研究方面，蛋白质组学将成为寻找疾病分子标记和药物靶标最有效的方法之一。在癌症、早老性痴呆等人类重大疾病的临床诊断和治疗方面蛋白质组技术也有十分诱人的应用前景，目前国际上许多大型药物公司正投入大量的人力和物力进行蛋白质组学方面的应用性研究。

在技术发展方面，蛋白质组学研究方法将出现多种技术并存、各有优势和局限的特点，而难以像基因组研究一样形成比较一致的方法。蛋白质组学研究最初是通过双向凝胶电泳和Edman降解法测序，或者联合飞行时间质谱进行蛋白点鉴定来实现的，但上述技术因通量和敏感度低、重复性差的缺点，在植物蛋白质组研究中已很少使用。随着高分辨率生物质谱问世及大规模推广应用，目前大多数植物蛋白质组学研究都依靠高分辨率生物质谱完成，质谱分析也成为植物系统生物学研究不可缺少的重要手段（秦爱等，2018）。除了发展新质谱方法，还要强调各种方法间的整合和互补，以适应不同蛋白质的不同特征。

另外，蛋白质组学与其他学科的交叉也日益显著和重要，这种交叉是新技术新方法产生的动力之源，特别是蛋白质组学与其他大规模科学如基因组学、生物信息学等领域交叉所呈现出的系统生物学（system biology）研究模式，将成为未来生命科学最令人激动的新前沿。传统的蛋白质组鉴定过程中所使用的数据库一般只包含基因组组装注释方面的蛋白质信息，这样便限制了从谱图中挖掘新的信息。研究者开始尝试将各个组学进行有机整合，以期得到更全面完整的分析结果。在所有的整合组学分析方法当中，将蛋白质组学与基因组学、转录组学、翻译后修饰组学进行整合分析所占比例较大。蛋白质组学与基因组学结合可以帮助鉴定新的基因编码区和对已有的基因编码区进行修正；蛋白质组学与转录组学结合不仅可以鉴定样本间的差异蛋白和构建植物的表达网络，还可以借助转录本的多样性和蛋白质证据的直接性挖掘更多的蛋白质异构体、mRNA可变剪切和上游可读框（upstream open reading frame，uORF）等；蛋白质组学和翻译后修饰组学结合则可以更充分地解释信号通路上蛋白质的精准调控。近年来，植物多组学研究越来越多，多组学数据分析也有了专业分析平台的支撑，从多个组学的角度对植物特征进行解析，可以帮助我们更系统地理解植物生物学（秦爱等，2018）。

目前，关于不同条件下植物中蛋白质表达谱的研究逐渐增加，使大量与逆境、发育、突变、植物和微生物互作相关的新蛋白质被发现，但关于这些蛋白质的功能研究目前比较少。在今后较长一段时间内，植物蛋白质组学的发展方向仍然是精准定量蛋白质组学技术的广泛应用和对蛋白质翻译后修饰深入研究，以及运用生物化学、功能基因组学、生物信息学、转基因等方法对靶标蛋白的具体生物学功能开展一对一的深入研究。

参 考 文 献

丁士健, 夏其昌. 2001. 蛋白质组学的发展与科学仪器现代化. 现代科学仪器, (3): 13-17.
黄娟, 李家洋. 2001. 拟南芥基因组研究进展. 微生物学通报, 28(3): 99-101.
李衍常, 李宁, 徐忠伟, 等. 2014. 中国蛋白质组学研究进展：以人类肝脏蛋白质组计划和蛋白质组学技术发展为主题. 中国科学：生命科学, 44(11): 1099-1112.
梁宇, 荆玉祥, 沈世华. 2004. 植物蛋白质组学研究进展. 植物生态学报, 28(1): 114-125.
罗小敏, 崔妍, 陈彤, 等. 2004. 植物蛋白质组学面临的挑战和前景. 生物技术通报, 4(4): 14-18.
钱小红. 1998. 蛋白质组与生物质谱技术. 质谱学报, 19(4): 48-54.
钱小红, 姜颖, 陈香美, 等. 2017. 蛋白质组学与精准医学. 上海: 上海交通大学出版社: 3-10.
秦爱, 郑晓敏, 王坤. 2018. 基于质谱的植物蛋白质组学研究方法. 植物科学学报, 36(3): 470-478.
阮松林, 马华升. 2009. 植物蛋白质组学. 北京: 中国农业出版社.
王晶, 汤柳英, 杨杏芬, 等. 2013. 代谢组学技术及其研究进展. 中国卫生检验杂志, 23(4): 1046-1050.
王媛媛, 杨美青. 2019. 药用植物转录组的研究进展. 安徽农学通报, 25(8): 13-15.
徐晓丽, 林娟, 鄢仁祥. 2018. 基因芯片与高通量测序技术的原理与应用的比较. 中国生物化学与分子生物学报, 34(11): 1166-1174.
许国旺, 杨军. 2003. 代谢组学及其研究进展. 色谱, 21(4): 316-320.
周济, Francois T, Tony P, 等. 2018. 植物表型组学：发展、现状与挑战. 南京农业大学学报, 41(4): 580-588.
Abbott A. 2001. And now for the proteome. Nature, 409(6822): 747.
Agrawal G K, Rakwal R, Yonekura M, et al. 2002. Proteome analysis of differentially displayed proteins as a tool for investigating ozone stress in rice (*Oryza sativa* L.) seedlings. Proteomics, 2(8): 947-959.
Barreneche T, Bahrman N, Kremer A. 1996. Two dimensional gel electrophoresis confirms the low level of genetic differentiation between *Quercus robur* and *Quercus petraea*. Forest Genetics, 3(2): 89-92.
Bestel-Corre G, Dumas-Gaudot E, Poinsot V, et al. 2002. Proteome analysis and identification of symbiosis related proteins from *Medicago truncatula* Gaertn by two dimensional electrophoresis and mass spectrometry. Electrophoresis, 23(1): 122-137.
Blee K A, Wheatley E R, Bonham V A, et al. 2001. Proteomic analysis reveals a novel set of cell wall proteins in a transformed tobacco cell culture that synthesizes secondary walls as determined by biochemical and morphological parameters. Planta, 212(3): 404-415.
Chang W W, Huang L, Shen C, et al. 2000. Patterns of protein synthesis and tolerance of anoxia in root tips of maize seedlings acclimated to a low-oxygen environment, and identification of proteins by mass spectrometry. Plant Physiology, 122(2): 295-318.
Cyranoski D. 2003. China takes centre stage for liver proteome. Nature, 425(6957): 441.
Damerval C, Guilloux M L. 1998. Characterization of novel proteins affected by the O_2 mutation and expressed during maize endosperm development. Molecular and General Genetics, 257(3): 354-361.
Fang C, Fernie A R, Luo J. 2019. Exploring the diversity of plant metabolism. Trends in Plant Science, 24(1): 83-98.
Fields F. 2001. Proteomics in genome land. Science, 291(5507): 1221-1224.
Gavin A C, BoEsche M, Krause R, et al. 2002. Functional organization of the yeast proteome by systematic analysis of protein complexes. Nature, 415(6868): 141-147.
Goff S A, Ricke D, Lan T H, et al. 2002. A draft sequence of the rice genome (*Oryza sativa* L. ssp. *japonica*). Science, 296(5565): 92-100.
Heazlewood J L, Whelan J, Millar A H. 2003. The products of the mitochondrial *orf25* and *orfB* genes are F0 components in the plant F1FO ATP synthase. FEBS Letter, 540(1-3): 201-205.
Herbik A, Giritch A, Horstmann C, et al. 1996. Iron and copper nutrition dependent changes in protein expression in a tomato wild type and the nicotianamine free mutant chloronerva. Plant Physiology, 111(2): 533-540.
Humphery-Smith I, Blackstock W. 1997. Proteome analysis: genomics via the output rather than the input code. Journal of Protein Chemistry, 16(5): 537-544.
James P. 1997. Protein identification in the post-genome era: the rapid rise of proteomics. Quarterly Review of

Biophysics, 33(4): 279-331.

Jorrin-Novo J V, Pascual J, Sanchez-Lucas R, et al. 2015. Rewiring of the fruit metabolome in tomato breeding. Fourteen years of plant proteomics reflected in proteomics: moving from model species and 2DE-based approaches to orphan species and gel-free platforms. Proteomics, 15(5-6): 1089-1112.

Jump U, Griffiths W J, Wang Y. 2009. Mass spectrometry: from proteomics to metabolomics and lipidomics. Chemical Society Reviews, 38(7): 1882-1896.

Komatsu S, Muhammad A, Rakwal R. 1999. Separation and characterization of proteins from green and etiolated shoots of rice (*Oryza sativa* L.): towards a rice proteome. Electrophoresis, 20(3): 630-636.

Lander E S, Linton L M, Birren B, et al. 2001. International human genome sequencing consortium. Initial sequencing and analysis of the human genome. Nature, 409(6822): 860-921.

Macilwain C. 2000. World leaders heap praise on human genome landmark. Nature, 405(6790): 983-984.

Millar A H, Sweetlove L J, Giege P, et al. 2001. Analysis of the *Arabidopsis* mitochondrial proteome. Plant Physiology, 127(4): 1711-1727.

Nystedt B, Street N R, Wetterbom A, et al. 2013. The Norway spruce genome sequence and conifer genome evolution. Nature, 497(7451): 579-584.

Pandey A, Mann M. 2001. Proteomics to study genes and genomes. Nature, 405(6788): 837-846.

Peltier J B, Emanuelsson O, Kalume D E, et al. 2002. Central functions of the lumenal and peripheral thylakoid proteome of *Arabidopsis* determined by experimentation and genome wide prediction. Plant Cell, 14(1): 211-236.

Peltier J B, Friso G, Kalume D E, et al. 2000. Proteomics of the chloroplast: systematic identification and targeting analysis of lumenal and peripheral thylakoid proteins. Plant Cell, 12(3): 319-341.

Rakwal R, Komatsu S. 2000. Role of jasmonate in the rice (*Oryza sativa* L.), self-defense mechanism using proteome analysis. Electrophoresis, 21(12): 2492-2500.

Ramani S, Apte S K. 1997. Transient expression of multiple genes in salinity stressed young seedlings of rice (*Oryza sativa* L.). Biochemical and Biophysical Research Communications, 233(3): 663-667.

Rouquie D, Peltier J B, Marquis-Mansion M, et al. 1997. Construction of a directly of tobacco plasma membrane proteins by 2-DE and protein sequencing. Electrophoresis, 18(3-4): 654-660.

Saalbach G, Erik P, Wienkoop S. 2002. Characterisation by proteomics of peribacteroid space and peribacteroid membrane preparations from pea (*Pisum sativum*) symbiosomes. Proteomics, 2(3): 325-337.

Salekdeh G H, Siopongco J, Wade L J, et al. 2002. Proteomic analysis of rice leaves during drought stress and recovery. Proteomics, 2(9): 1131-1145.

Sanger F, Nicklen S. 1977. DNA sequencing with chain-terminating. Proc. Natl. Acad. Sci. USA, 74(12): 5463-5467.

Santoni V, Bellini C, Caboche M. 1994. Use of two dimensional protein pattern analysis for the characterization of *Arabidopsis thaliana* mutants. Planta, 192(4): 557-566.

Schubert M, Petersson U A, Hass B J, et al. 2002. Proteome map of the chloroplast lumen of *Arabidopsis thaliana*. Journal of Biological Chemistry, 277(10): 8354-8365.

Shen S H, Jing Y X, Kuang T Y. 2003. Proteomics approach to identify wound response related proteins from rice leaf sheath. Proteomics, 3(4): 527-535.

Shen S H, Komatsu S. 2003. Characterization of proteins responsive to gibberellin in the leaf sheath of rice (*Oryza sativa* L.) seedling using proteome analysis. Biological and Pharmaceutical Bulletin, 26(2): 129-136.

Taylor J, Anderson N L, Scandora A E, et al. 1982. Design and implementation of a prototype Human Protein Index. Clinical Chemistry, 28: 861-866.

The Arabidopsis Genome Initiative. 2000. Analysis of the genome sequence of the flowering plant *Arabidopsis thaliana*. Nature, 408(6814): 894-896.

Thiellement H, Bahrman N, Damerval C, et al. 1999. Proteomics for genetic and physiological studies in plants. Electrophoresis, 20(10): 2013-2026.

Tsugita A, Kawakami T, Uchiyama Y, et al. 1994. Separation and characterization of rice proteins. Electrophoresis, 15(5): 708-720.

Tuskan G A, DiFazio S, Jansson S, et al. 2006. The genome of black cottonwood, *Populus trichocarpa* (Torr. & Gray). Science, 313(5793): 1596-1604.

Van Buren R, Wai C M, Ou S J, et al. 2018. Extreme haplotype variation in the desiccation-tolerant clubmoss *Selaginella lepidophylla*. Nature Communications, 9(1): 13.

van Wijk K J. 2000. Proteomics of the chloroplast: experimentation and prediction. Trends in Plant Science, 5(10): 420-425.

Vener A V, Harms A, Sussman M R, et al. 2001. Mass spectrometric resolution of reversible protein phosphorylation in photosynthetic membranes of *Arabidopsis thaliana*. Journal of Biological Chemistry, 276(10): 6959-6966.

von Wiren N, Peltier J B, Rouquie D, et al. 1997. Four root plasmalemma polypeptides under represented in the maize mutant *ys1* accumulate in a Fe efficient genotype in response to iron deficiency. Plant Physiology and Biochemistry, 35(12): 945-950.

Wang W S, Mauleon R, Hu Z Q, et al. 2018. Genomic variation in 3,010 diverse accessions of Asian cultivated rice. Nature, 557(7703): 43-49.

Wasinger V C, Cordwell S J, Cerpa-Poljak A, et al. 1995. Progress with gene-product mapping of the mollicutes: *Mycoplsma genitalium*. Electrophoresis, 16(7): 1090-1094.

Werhahn W, Braun H P. 2002. Biochemical dissection of the mitochondrial proteome from *Arabidopsis thaliana* by three dimensional gel electrophoresis. Electrophoresis, 23(4): 640-646.

Wienkoop S, Saalbach G. 2003. Proteome analysis. Novel proteins identified at the peribacteroid membrane from *Lotus japonicus* root nodules. Plant Physiology, 131(3): 1080-1090.

Wijk K J. 2001. Challenges and prospects of plant proteomics. Plant physiology, 126(2): 501-508.

Yu J, Hu S N, Wang J, et al. 2002. A draft sequence of the rice genome (*Oryza sativa* L. ssp. *indica*). Science, 296(5565): 79-92.

Zhu G, Wang S, Huang A, et al. 2018. Rewiring of the fruit metabolome in tomato breeding. Cell, 172(1-2): 249-261.

Zimin A, Stevens K A, Crepeau M W, et al. 2014. Sequencing and assembly of the 22-Gb loblolly pine genome. Genetics, 196(3): 875-890.

第 2 章
植物蛋白质组研究技术体系

2.1 概　　述

蛋白质组研究技术主要包括实验技术体系和生物信息学两方面的内容。蛋白质组研究的核心实验技术是 2-DE 和质谱技术，另有与其配套的微量制备和分析技术。生物信息学常由数据库、计算机网络和应用软件三大部分组成，已在基因组、蛋白质组等组学研究中发挥巨大作用。一种细胞或组织的蛋白质组经过传统 2-DE 技术分离和计算机图像技术系统分析比较得到差异蛋白，然后通过质谱技术及搜库分析鉴定蛋白质，再结合多种方法和数据分析，可鉴定蛋白质翻译后修饰的类型和程度。

2.2 植物蛋白样品制备技术

2.2.1 适合双向电泳的植物蛋白样品制备技术

样品制备成功与否是决定双向电泳成败的关键因素。由于双向电泳所分析样品的多样性，没有任何一种通用的制备方法能够适用于各种植物蛋白样品。不像 DNA 样品，其制备方法相对固定，仅采用几种通用的方法就可以提取各种植物组织的 DNA。适宜的样品制备方法始于原材料的收集。取材时应尽可能快速地将材料投入液氮中保存，避免因细胞死亡而引起蛋白质降解。研磨时，组织样品需在液氮中冷冻，充分研磨成细粉，然后快速加入含蛋白酶抑制剂的裂解液，充分混匀。对于大多数植物蛋白样品制备，在液氮中磨碎样品时应快速加入蛋白酶抑制剂，并在低温下沉淀（–20℃）和离心（4℃）。一些蛋白样品制备方法可在 Expasy（https://www.expasy.org/）和 Bio-rad（https://www.bio-rad.com/applications-technologies/protein-sample-preparation-for-2-d-electrophoresis/LUSQH6HYP）网站上搜索到。

在蛋白样品裂解时，应以溶解尽可能多的蛋白质及在整个双向电泳过程中保持蛋白质的溶解性为主要目标。根据目前的实践经验，蛋白质变性成为多肽链，便于与其相应基因序列匹配。二次样品制备的目的是去除干扰双向电泳的非蛋白物质（如盐、酚类物质、脂类、多糖和核酸等）和在双向电泳图谱中导致假点的多肽或蛋白质修饰。此外，用于样品制备的药剂必须与等电聚焦（isoelectric focusing，IEF）兼容。

利用细胞破碎法从原材料中提取粗蛋白质，然后用含变性剂（或离液剂）、去污剂和还原剂的裂解液溶解蛋白质并使其变性。提取的蛋白质可用裂解液稀释。裂解液也可结合固相化 pH 梯度（IPG）胶条上的基质以维持 IEF 期间蛋白质的稳定性。变性剂尿素和硫脲与 IEF 兼容。用高浓度的变性剂破坏蛋白样品中的氢键结构。使用非离子型或两性去污剂破坏疏水交互作用，CHAPS（3-[(3-cholamidopropy1) dimethylammonio]-1-propanesulphonate）、Triton X-100 和新的去污剂线性磺基三甲胺乙内酯如 SB3-10（sulphobetaine-10）及 ASB-14 （amidosulfobetaine-14）都是与 IEF 兼容的常用去污剂。还原剂二硫苏糖醇（dithiothreitol，DTT）和三正丁基膦（tributyl phosphine，TBP）可将二硫键还原成巯基。以上还原剂在裂解液中只使用其中之一。DTT 试剂带有电荷，因此在 IEF 过程中会迁移到胶外，引起样品中蛋白质氧化还原，使得电泳过程中蛋白质的溶解性丧失。用不带电荷的还原剂，如三正丁基膦取代 DTT 可以大大增强 IEF 过程中蛋白质的溶解能力，从而提高蛋白质从一维到二维的迁移效率。

最早应用的裂解液配方：9.5mol/L 尿素、4%（*m/v*）NP-40、1%（*m/v*）DTT、2%（*m/v*）合成载体两性电解质（synthetic carrier ampholyte，SCA）。该配方适用于许多类型的蛋白样品，但并不是一种万能的方法，其对膜蛋白溶解性较差。两性去污剂可以有效溶解膜蛋白，特别是在浓度 4%（*m/v*）CHAPS、2mol/L 硫脲和 8mol/L 尿素混合共用时溶解性最佳（图 2-1）。硫脲是一种强变性剂，变性能力强于尿素，但其水溶性差，不能单独使用，但在高浓度尿素溶液中有较好的溶解性，因此，尿素与硫脲混合物有较高的溶解样品的能力。目前较好的裂解液常包含 8mol/L 尿素、2mol/L 硫脲、4%（*m/v*）CHAPS、2mmol/L TBP 和 0.2%（*m/v*）两性电解质。SB3-10 和 ASB-14 也是有效的膜蛋白溶解剂，但其与高浓度的尿素不兼容，用 1%（*m/v*）SB3-10、1%（*m/v*）ASB-14 与 5mol/L 尿素、2mol/L 硫脲、2mmol/L TBP、0.2%（*m/v*）两性电解质混合时可以有效克服上述困难，提高溶解性，这可能是目前最好的裂解液。阴离子去污剂十二烷基硫酸钠（sodium dodecyl sulfate，SDS）能破坏大多数非共价蛋白质的相互作用，溶解膜蛋白非常有效，但与 IEF 不兼容。SDS 可用于初始样品制备的溶解过程中，首先将样品用 1%（*m/v*）SDS 溶解，然后用常用的裂解液稀释，目的是用非离子型或两性去污剂将 SDS 从蛋白质中置换出来，从而使蛋白质保持在溶解状态。为了有效地溶解样品，并减少 SDS 在 IEF 中的副作用，必须控制蛋白质与非离子型或两性去污剂的比例（1∶3）及 SDS 与非离子型或两性去污剂的比例（1∶8）。

核酸不仅能增加样品溶液的黏度，干扰 IEF 时蛋白质的有效分离，在某种情况下还可以与样品中蛋白质形成复合物，进而引起假象迁移和条纹出现。处理核酸常用的方法是在 IEF 前向蛋白样品溶解液中加入不含蛋白酶的内切核酸酶。一般将非专一性核酸酶或 RNase 和 DNase 混合物加入提取液中高效降解核酸，以取得更好的 IEF 效果。或者利用 SCA 和核酸

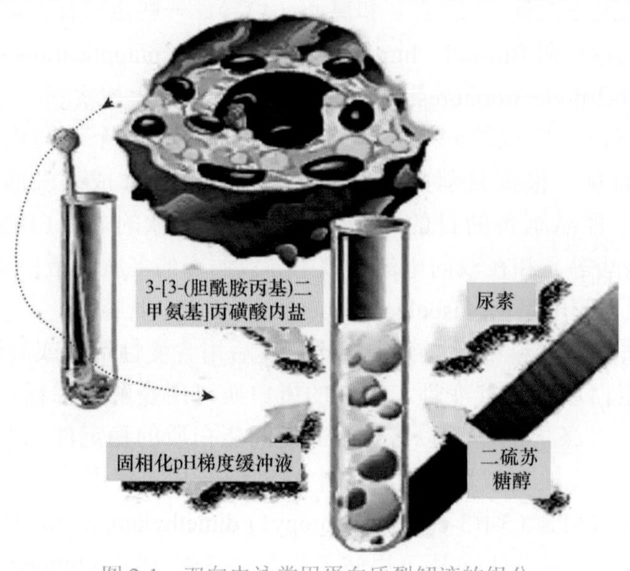

图 2-1　双向电泳常用蛋白质裂解液的组分

可结合成复合物的特性通过超速离心去除复合物来去除核酸（Rabilloud et al.，1986）。此外，利用超声波处理样品溶液可以将核酸分子打成小片段，从而降低蛋白样品的黏度。

高盐会干扰 IEF 时蛋白质的分离，因为盐能提高样品溶液的电导率，并产生高电流，从而需要花更长的时间到达高压，延长聚焦时间。因此，最好在 IEF 前除盐。目前一般用透析或液相色谱法脱盐，样品可以通过冻干、聚乙二醇透析或三氯乙酸（trichloroacteic acid，TCA）-丙酮沉淀的方法进行浓缩。TCA-丙酮沉淀法（以下简称 TCA 法）可以引起蛋白酶的失活，进而减少蛋白质的降解，同时可以去除干扰化合物，富集碱性蛋白，如从全细胞裂解液中富集核糖体蛋白（Gorg et al.，1997）。样品溶液中的多糖通常不对 IEF 造成严重的干扰，目前也没有简单的处理方法，因此通常不特别考虑。分离脂类的最佳方法是用有机溶剂沉淀样品中蛋白质，而脂类物质溶解在有机溶剂中，通过离心、弃上清、收集沉淀达到分离的目的，沉淀后难溶的蛋白样品不适用此方法。对于大多数植物样品，采用有机溶剂丙酮沉淀粗蛋白质。

在蛋白样品裂解时，蛋白质除了降解，还会发生氨甲酰化修饰，是由样品溶液中尿素降解所致。尿素在溶液中降解成的氰酸盐可与蛋白质的氨基反应，减少蛋白质的正电荷而使蛋白质呈酸性。因此，在双向电泳中应使用新鲜的尿素溶液。在 IEF 期间，要控制温度在 20 ～ 30℃，以减少尿素的降解。一些聚焦仪制造商为确保 IEF 期间恒定的运行温度，将每根 IPG 胶条的默认限制电流设置为 50μA，以减少蛋白质的氨甲酰化。

2.2.2　适合双向荧光差异凝胶电泳的植物蛋白样品制备技术

基于双向荧光差异凝胶电泳（two-dimensional fluorescence difference in gel electrophoresis，2D-DIGE）的蛋白样品制备技术的最大特点是用荧光染料共价标记蛋白质。在蛋白质标记时，有两种方法，即最小标记和饱和标记。在最小标记中，由羟基琥珀酰亚胺衍生的荧光染料 CyDyes 与蛋白质中的氨基酸残基反应，可以特异性标记赖氨酸侧链的氨基基团。常用的 CyDyes 染料有 3 种，即 Cy2、Cy3 和 Cy5，用它们标记两个蛋白样品和内标。优化质谱参数后分析标记反应表明，每个染料分子仅标记一个蛋白质分子，即使多个赖氨酸被标记，但双标记的比例很低以至于不能检测到。结果显示标记的蛋白质只占整体蛋白质的 3% ～ 5%，使得荧光标记有较宽的动态定量范围，即可避免溶解性降低引起的问题并使蛋白质得到较精确的定量。CyDyes 染料的单个正电荷在中性或酸性条件下可以取代赖氨酸的单个正电荷，可防止等电点的偏离和假蛋白点的出现。另外，几种 CyDyes 染料的大小是相等的，均使每个标记的蛋白质增加了 500Da，这样同一蛋白质标记了这几种染料的任何一种后，其在 2D 胶上迁移位置是相同的。CyDyes 染料最小标记非常敏感，可分析 50μg 的蛋白样品。这个标记系统与下游的蛋白质质谱鉴定和数据库查询是兼容的，解决了蛋白质的定量问题。饱和标记法是相对较新的一种标记技术，已有一些成功运用该项技术的报道。饱和标记法是标记蛋白质的半胱氨酸（Cys）残基，并尽量饱和所有 Cys 反应位点，因此饱和标记法需要的染料较多。饱和标记法可分析 5μg 的蛋白样品，其敏感性更高，且蛋白质不共同迁移，无须固定步骤，还可精确监测巯基的反应过程。但是在技术上有更大的挑战，因为饱和标记技术需要预先根据蛋白质中 Cys 的含量对蛋白质与染料的比例进行优化才能获得较好的实验图谱，此过程比较耗时。此外，这种技术只能检测含 Cys 残基的蛋白质，因此，仅在样品丰度成为一个限制因子时才被采用。蛋白样品荧光标记过程中需要注意的是不要在样品裂解液中引入带有伯胺的组分，其将与蛋白质竞争性地结合荧光染料，两性电解质和巯基（如 DTT）也会引起标记效率的降低。除了电泳前的蛋白样品荧光标记，双向荧光差异凝胶电泳样品制备过程中的注意事项和优化条件与传统的双向电泳基本一致。

2.2.3 激光捕获显微切割技术

激光捕获显微切割（laser capture microdissection，LCM）技术是在不破坏组织结构和其周围组织形态完整性的前提下，直接从冰冻或石蜡包埋的组织切片中获取目标细胞，通常用于从组织中精确分离单一细胞。

机体组织包含上百种不同的细胞，这些细胞各自与周围的细胞、基质、血管、腺体、炎症细胞或免疫细胞相互黏附。在正常或发育中的组织器官内，细胞内信号、相邻细胞的信号及体液作用于特定的细胞，使这些细胞不同基因表达并发生复杂的分子变化。在病理状态下，如果同一类型的细胞发生了相同的分子改变，则这种分子改变对疾病的发生可能起着关键性的作用。然而，发生相同分子改变的细胞可能只占组织总体积的很小一部分。同时，目标细胞往往被周围组织成分所环绕。为了对疾病发生过程中的组织损害进行分子水平的分析，分离出纯净的目标细胞就显得非常必要。

LCM 技术的基本原理是在显微镜直视下选择性地将目标细胞或组织碎片黏到一种低能红外激光脉冲激活热塑膜——乙烯乙酸乙烯酯（ethylene vinylacetate，EVA）膜（其最大吸收峰接近红外激光波长）上。LCM 系统包括倒置显微镜、固态红外激光二极管、激光控制装置、控制显微镜载物台（固定载玻片）的操纵杆、电耦合相机及彩色显示器（图 2-2）。用于捕获目标细胞的热塑膜直径通常为 6mm，覆在透明的塑料帽上，后者恰好能与后续实验所用的标准 0.5mL 离心管相匹配。

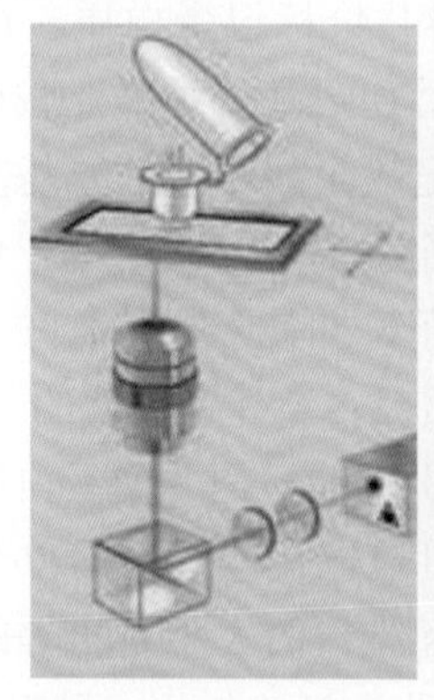
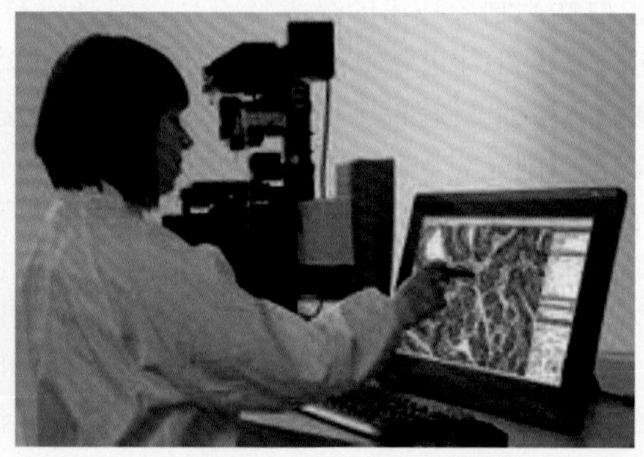

图 2-2　激光显微切割光路图（左）和利用触控屏直接选择切割区域（右）

机械臂悬挂控制覆有热塑膜的塑料帽，将其放到脱水组织切片上的目标部位。显微镜直视下选择目标细胞，发射激光脉冲，瞬间升温使 EVA 膜局部熔化。熔化的 EVA 膜渗透到切片上极微小的组织间隙中，并在几毫秒内迅速凝固。因组织与膜的黏合力超过了其与载玻片间的黏合力，从而可以选择性地转移目标细胞。激光脉冲通常持续 0.5 ～ 5.0ms，并且可在整个塑料帽表面多次重复，从而可以迅速分离大量的目标细胞。将塑料帽盖在装有缓冲液的离心管上，将所选择的细胞转移至离心管中，分离出需要的分子进行实验。

EVA 膜厚 100 ～ 200μm，能够吸收激光产生的绝大部分能量，瞬间将激光束照射区域的温度提高到 90℃，保持数毫秒后又迅速冷却，保证了生物大分子不受损害。采用低能红外激光可避免损伤性光化学反应的发生。

LCM 技术最显著的优点在于迅速、准确和用途广泛。结合组织结构特点、所需的切割精确度，通过选择激光束的直径大小，可以迅速获取大量的目标细胞。与基于显微操作仪的显微切割技术相比，LCM 技术具有以下优点：①分离细胞速度快，无须精巧的操作技能。②捕获细胞和剩余组织的形态学特征均保持完好，可以较好地控制捕获细胞的特异性。Korabecna 等（2019）应用数学方法优化 LCM 技术中正、负结合的激光轨迹来选择对象，用户定义的可调整设置允许在多种细胞分布中寻找最佳激光轨迹，并开发了在透明叠加中使用的 CutPlanner 拍摄现场照片。CutPlanner 可以独立于 LCM 设备的制造商使用，前提是 LCM 操作软件提供了一个徒手轨迹绘制选项。一旦优化、量化并通过用户，所得到的感兴趣区域的轮廓被复制并成为激光束切割的轨迹。该软件供科学界免费使用，并可有效地最小化激光轨迹长度，通过不破坏周围细胞和组织获得选定细胞结构。③捕获细胞与塑料帽结合紧密，减少组织损失的风险。在使用 LCM 时偶尔会出现无法将选择的细胞从切片上移走的情况，其主要原因：①细胞与热塑膜之间的黏合力不足，通常是由组织未完全脱水或激光的能量设置过低造成的；②组织切片与载玻片间的黏合力过强，通常发生在显微切割干燥时间过长的冰冻切片上。

LCM 与生物芯片的结合在肺癌、甲状腺癌、食管癌、胃癌、肝癌、胆管癌、结肠癌、乳腺癌、胶质瘤、恶性胸膜间皮瘤、淋巴瘤、卵巢癌等肿瘤疾病，以及 Crohn 病、肌萎缩性侧索硬化症、子宫内膜异位症、获得性免疫缺陷综合征、结核病、丙型肝炎等其他疾病研究中广泛应用，而且在植物学研究中成功应用。LCM 技术用于寻找植物组织特异性表达的基因。Nakazono 等（2003）应用激光捕获显微切割方法从冰冻切片中分离玉米表皮细胞和维管束组织，从这些细胞中分离的 RNA 经过线性 PCR 扩增后与玉米的 cDNA 基因芯片杂交，经过比较，约有 1.5%（130/8791）的 cDNA 在表皮细胞中偏爱表达，大约有 1.6%（137/8791）的 cDNA 在维管束组织中偏爱表达。研究发现，表皮或维管束细胞中偏爱表达的一些基因与以前报道的在表皮细胞或维管束细胞中主要表达的基因一致，验证了这一技术的可靠性。Asano 等（2002）将改进的激光捕获显微切割方法成功地应用于分离水稻叶片中与周围细胞在形态上有明显区别的韧皮部细胞，从韧皮部细胞（约 150 个）中提取总 RNA，以这些 RNA 为模板经过 T7 RNA 聚合酶扩增，建立 cDNA 文库，从中随机挑选 413 个克隆进行序列测定。结果表明，大约有 37% 的克隆含有新基因，约有 63% 的克隆所含有的基因与已经报道的多种植物韧皮部中已知基因同源。原位杂交结果表明，假定的氨基酸通透酶在韧皮部特异性表达。Vermal 等（2019）利用改进的激光捕获显微切割方法进行木本植物苹果芽分生组织含有 miRNA 的 RNA 分离和表达分析，通过优化的组织固定、加工、灌注和切片步骤后，进行基于 LCM 的切除和随后的 RNA 分离，最后获得数量和质量均佳的含有 miRNA 的 RNA，能满足后续表达分析。此外，Liang 等（2018）利用激光捕获显微切割结合纳米液滴制备从番茄果皮分离小于 200 个细胞，并对其进行空间分辨蛋白质组分析，番茄果实在 LCM 之前进行冷冻切片，然后将组织解剖并直接捕获到纳米芯片中进行处理，接着进行纳升液相色谱-串联质谱（nanoLC-MS/MS）分析，鉴定出约 1900 个独特的肽和 422 个蛋白质，平均面积 0.04mm^2 的组织由 8 ～ 15 个薄壁细胞组成。对外表皮、厚角组织和薄壁组织的细胞进行空间分辨蛋白质组分析，使用的细胞数≤200，共鉴定出 1870 个蛋白质，且各种组织都很容易分解。研究结果为番茄果实碳水化合物转运及源库关系的关键酶和途径研究提供了空间和组织专一性认识。值得注意的是，在果实成熟时，鉴定了整个果皮中与叶绿素生物发生、光合作用特别是运输有关的差异蛋白。

LCM 技术在植物胚胎发育研究中得到应用。为了鉴别受精后玉米二细胞胚顶细胞和基细胞上调或下调的基因，Okamoto 等（2005）应用激光捕获显微切割技术，从二细胞胚中分离顶细胞和基细胞，然后在顶细胞、基细胞、卵细胞、二细胞胚和多细胞胚中合成 cDNA。以这些 cDNA 为模板，运用随机扩增多态 DNA（RAPD）引物进行 PCR。特异的基因表达模式得到鉴定，随后将这些表达模式分成以下 6 组：①配子融合后只在顶细胞上调表达的基因；②配子融合后只在基细胞上调表达的基因；③配子融合后在顶细胞和基细胞中上调表达的基因；④配子融合后只在顶细胞下调表达的基因；⑤配子融合后只在基细胞下调表达的基因；⑥在卵细胞和胚胎中持续表达的基因。其后的实验表明，在顶细胞或基细胞上调表达的基因在早期的合子中已经表达，那么可以推定这些基因的转录产物定位于合子顶部或基部区域，或者在合子细胞分裂后的一个子细胞中迅速降解。

LCM 技术可用于研究植物与病原体的相互作用。根结线虫是一类在农作物上危害极大的植物病原线虫，它能够在寄主根部诱导特定的称为巨细胞的饲喂细胞。由于以往很难获得纯的巨细胞，因此分析巨细胞形成和分化的分子机制受到很多限制。Ramsay 等（2004）应用激光捕获显微切割技术，从诱导 4d 的番茄根部石蜡切片中收集巨细胞，并从这些样本中分离总 RNA，然后用 RT-PCR 研究巨细胞中细胞周期基因的表达。在巨细胞中，2 种 D-型细胞周期基因 *LeCycD3;2* 和 *LeCycD3;3* 可以高水平表达，表明细胞周期的 G1 期被诱导可能是细胞对线虫感染刺激的反应。

2.2.4　高丰度蛋白去除技术

无论是人体血浆、血清、脑脊液等体液，还是植物根、茎、叶，均含有种类丰富的蛋白质，但是研究这些材料中的低丰度蛋白时，常常受到高丰度和中等丰度蛋白的干扰。理想的蛋白质去除技术应该具有选择性，并且可以完全去除高丰度和中等丰度蛋白，同时对低丰度蛋白的含量不产生影响或者能够将影响降到最低，不影响后续的研究工作。

常用的高丰度蛋白去除方法：①基于亲和层析技术的去除方法；②沉淀法和超滤离心法；③金磁微粒去除法；④等电捕获法；⑤液相色谱法。

2.2.4.1　基于亲和层析技术的去除方法

它是利用固定化的配基可与目标蛋白特异性相互作用的特性，达到将目标蛋白从样品中分离或去除的目的。根据所用配基的不同，基于亲和层析技术的去除方法可分为染料亲和层析法、免疫亲和层析法、多肽亲和层析法等。

1. 染料亲和层析法

去除血浆清蛋白最常用的方法是以辛巴蓝（Cibacron blue）或各种修饰形式的染料作为配基的染料亲和层析法。这种方法将辛巴蓝染料固定到树脂基质（或琼脂糖凝胶）上，在一定条件下辛巴蓝将与清蛋白发生紧密结合，从而将其去除。这类方法操作较简单且成本不高，但也存在许多不足。一般这类方法一次只能去除 1 ～ 2 种蛋白质，而且亲和性不确定，稳定性较差。辛巴蓝与清蛋白结合时，还会与血浆中烟酰胺腺嘌呤二核苷酸（nicotinamide adenine dinucleotide，NAD）、黄素腺嘌呤二核苷酸（flavin adenine dinucleotide，FAD）等发生作用。血浆中多种蛋白质也可通过其 ATP 结合位点与辛巴蓝发生作用。Zolotarjova 等（2005）的研究显示，辛巴蓝在去除效率和专一性上与免疫亲和层析法相比存在较大差距，血浆中多种物质会随清蛋白一起被去除，如低分子量蛋白、蛋白质片段及肽段等随之丢失。

2. 免疫亲和层析法

免疫亲和层析法是在高丰度蛋白（high-abundant protein，HAP）去除中应用广泛的一种方法，通过配基与目标蛋白的免疫结合作用而将目标蛋白提取出来或将其去除。免疫亲和层析法中配基可以是免疫球蛋白（抗体），也可以是普通蛋白质（如蛋白质 A、G 或者 L 等）。以抗体作为配基时，可以是来自人体的抗体如 IgG，也可以是来自禽类的抗体如 IgY。可以使用同一种性质的配基去除一种或一类 HAP，也可以将不同的配基联合使用去除多种 HAP。与染料亲和层析法相比，免疫亲和层析法在去除效率、去除专一性或一次性去除的蛋白质种类等方面都具有绝对优势。基于免疫亲和原理的 HAP 去除试剂盒，由于配基的性质各异、配基结合到载体上的方法不同及使用条件和辅助缓冲液等不同而各具特色，因此在配基结合能力、去除效率、去除专一性等方面产生差异。

以下介绍 3 种具有代表性的商品化产品。

1）ProteoExtract Albumin/IgG Removal Kit

由德国默克（Merck）公司生产，它去除的对象为清蛋白和 IgG，这两种蛋白质占血浆蛋白质总量的 60% ～ 80% 甚至更高。该试剂盒通过一种新型的清蛋白特异性亲和树脂和结合有蛋白质 A 的聚合树脂，高特异性地与清蛋白和 IgG 结合并将它们去除。该产品包括 12 个纯化柱，每柱可吸附约 0.7mg IgG 和 2mg 清蛋白。Björhall 等（2005）研究发现，ProteoExtract Albumin/IgG Removal Kit 采用了重力自流式纯化柱，可以并行加样，处理样品的能力提高，具有最佳的去除效率。由于该产品是一次性使用，能将不同批次样品间的交叉污染降到最低。其不足之处为仅能去除两种蛋白质且成本较高。

2）多重亲和去除系统（multiple affinity removal system，MARS）

由美国安捷伦（Agilent Technologies）公司生产的一种多重亲和去除系统，由单独的液相色谱柱和优化的缓冲液组成，可用以去除人血清中高达 98% ～ 99% 的 6 种 HAP（清蛋白、IgG、IgA、转铁蛋白、触珠蛋白和抗胰蛋白酶）或鼠血清中的 3 种蛋白质（清蛋白、IgG 和转铁蛋白）。实验显示，MARS 能有效去除脑脊液和血清中的 HAP。MARS 有高效液相色谱柱填料和离心层析柱填料两种产品。安捷伦公司后来又加装了 Human-7 柱，使其在去除 6 种蛋白质的基础上拥有去除人血浆纤维蛋白原的能力。经酶联免疫吸附测定（ELISA），MARS 去除目的蛋白的效率高于 99%（Brand et al.，2006）。

3）Seppro 基于 IgY 的免疫产品（Seppro IgY-based immune depletion product）

根威生物技术公司（Genway Biotech. Inc.）开发了一系列通过免疫法基于禽卵黄（immunoglobulin of yolk）抗体（IgY）去除蛋白质的产品。主要通过向母鸡体内注入纯化的人血浆 HAP 作为抗原而从卵黄中得到抗体组合，这种抗人血浆 HAP 的抗体组合就是免疫亲和去除试剂。根据不同的组合，能分别去除占蛋白质含量 95% 以上的 6 种、12 种、14 种 HAP，与 IgG 产品相比，使用 IgY 产品的优势在于：首先 IgY 与血浆 HAP 有更好的亲和力；其次，IgY 具有更低的交叉反应，它的 Fc 段不像 IgG 一样与多种不应去除的人体蛋白质结合；再次，与 IgY 结合的蛋白质能够从相应的结合位点上洗脱下来，使该产品能多次回收使用。使用免疫亲和层析法去除 HAP 时可能存在以下缺点：由于轻链的丢失而污染样品，载样量过低，非一次性产品，反复使用时可能会导致结合能力下降，去除 HAP 的专一性不够高（某些蛋白质可能会与抗体的 Fc 段结合而发生意料之外的去除），成本较高等。

3. 多肽亲和层析法

与以抗体作为配基相比，用多肽链作为配基的优点：成本较低、重现性更好、易于消毒、配基性质明确，以及非生物来源等。Baussant 等（2005）使用一段链球菌 G 蛋白的多肽序列进行清蛋白去除研究。链球菌 G 蛋白除可作为配体与 IgG 的 Fc 段结合外，还有较弱的与人清蛋白结合的能力，该能力定位在一个含有 45 个氨基酸残基的区域。利用蛋白质工程技术对这段序列进行修饰，增强序列的稳定性以及与清蛋白结合的能力，并使之具有很好的再生能力以便反复使用。固定优化后的多肽制成凝胶，用于进行清蛋白的去除实验。因与清蛋白的结合能力主要取决于清蛋白结合结构域（albumin binding domain，ABD），故称为 ABD 凝胶。实验中发现，每毫升 ABD 凝胶能够结合 14mg 清蛋白。经 ABD 凝胶处理后，样品中清蛋白浓度低于可测定浓度范围。若在吸附步骤使用浓度更高的盐溶液，则每毫升凝胶可结合 20mg 清蛋白，连续处理 300 批样品，结合能力未显著降低。因此，多肽亲和层析法被认为是目前去除清蛋白技术中专一性最好的方法。通过重组技术，此法还可用于多种 HAP 的去除。

此外，亲和层析技术还包括可去除糖蛋白的多凝集素亲和层析、与磷酸化蛋白相互作用的金属螯合层析法等。

2.2.4.2 沉淀法

沉淀法通过加入沉淀剂去除样品中 HAP，沉淀剂可以是有机溶剂也可以是铵盐等物质。Chen 等（2005）利用三氯乙酸（TCA）作为沉淀剂与清蛋白形成复合体，然后利用 TCA-清蛋白复合体能溶于有机溶剂的性质将清蛋白从血清中去除。经此法处理后的血清在双向凝胶电泳上的分离斑点由处理前的 382 个增加到了 445 个，与处理前相比，处理后蛋白点更清晰，分辨率更高。此法的去除效率介于两种商品试剂盒 Swell Gel Blue Albumin Removal Kit 和 Montage Albumin Deplete Kit 之间，但专一性比这两种产品都强。去除的清蛋白中一部分生物活性和物理性质（如免疫性和溶解性）保持较好。在植物叶片蛋白样品提取中，聚乙二醇（PEG）作为沉淀剂可以简单、快速而有效地去除样品中核酮糖-1,5-二磷酸羧化 / 加氧酶（Rubisco）。Rubisco 是光合作用中固定 CO_2 的关键酶，在植物叶片中的含量可以达到 50%。超高丰度的 Rubisco 一方面限制了中低丰度蛋白在蛋白样品中的含量，另一方面在双向凝胶电泳分离中 Rubisco 会掩盖周围的蛋白质，甚至影响其他蛋白质的电泳迁移，最终影响凝胶图像质量，限制低丰度蛋白的检测。王小曼（2014）采用 PEG 沉淀法来减少构树叶片蛋白样品中 Rubisco 的含量，从而富集低丰度蛋白。接着采用 Mg/NP-40 法提取构树叶片可溶性全蛋白，并对得到的全蛋白组分和经 PEG 处理后得到的上清和沉淀蛋白组分进行十二烷基硫酸钠-聚丙烯酰胺凝胶电泳（SDS-PAGE）与 2-DE 实验。结果显示，上清 2-DE 图谱中的 Rubisco 大亚基相对丰度下降了 90.5%。进行 PEG 沉淀分离有助于检测更多的蛋白质，上清、沉淀和全蛋白组分在 2-DE 图谱上的蛋白点分别为 420 个、351 个和 450 个，除去重叠的蛋白点，上清和沉淀蛋白组分共检测到的蛋白点要比全蛋白组分多出 173 个，近 40%。在 PEG 沉淀 Rubisco 后，上清蛋白组分 2-DE 图谱中显现出更多的低丰度蛋白，其特异蛋白点在 3 种组分图谱中最多，有 176 个。同样，陈晶等（2015）利用 Mg/NP-40 和 PEG 沉淀法有效去除紫花苜蓿叶片高丰度蛋白 Rubisco，然后将该方法应用于紫花苜蓿叶片响应低温胁迫的蛋白质组学研究中以检验其应用效果，与 TCA 法提取的全蛋白相比，去除高丰度蛋白后鉴定出 8 个新的差异蛋白点。

2.2.4.3　超滤离心法

超滤离心法是通过分离膜表面的微孔结构，借助离心力作用，依据蛋白质分子量大小进行选择性分离的技术，是一种更为简便的 HAP 物理去除法。当液体混合物在离心力作用下流经膜表面时，小分子溶质可以透过分离膜，而大分子物质则被膜所截留，使原液中大分子物质浓度逐渐提高（称为浓缩液），从而实现大、小分子物质的分离、浓缩和净化。Tirumalai 等（2003）先用乙腈-NH_4HCO_3 溶液［20%（*v/v*），pH 8.2］溶解血清蛋白质，破坏蛋白质之间的相互作用，使一些附着在高丰度大分子蛋白质上的低分子量蛋白质能自由通过滤膜，离心超滤去除高分子量 HAP。经分离后鉴定出血清中低分子量蛋白质 341 种，包括许多与疾病相关的丰度较低的低分子量蛋白质及肽类成分。

2.2.4.4　金磁微粒去除法

金磁微粒是指以磁性纳米粒子或其聚集体为核，在核表面包覆单质金、银等贵金属壳层所形成的磁性复合微粒；也指以磁性纳米粒子或其聚集体为核，在核表面组装纳米金、银等粒子形成的磁性复合微粒。金磁微粒去除法是通过亲和层析法将 HAP 的亲和配基固定到金磁微粒表面，再利用清蛋白或 / 和抗体与其相应亲和配基的亲和作用、金磁微粒的超顺磁性，在磁场中将清蛋白或 / 和抗体等 HAP 从血清 / 血浆等生物样品中分离去除。该方法具有去除效率高、特异性强、去除过程便捷的优点。

2.2.4.5　等电捕获法

等电捕获法是将多槽电解仪和等电膜结合，利用蛋白质等电点不同达到去除 HAP 目的的一种方法。该方法去除结果具有良好的分辨率，使其在后续的蛋白质分析中更具优势。利用等电捕获法将血浆成分按等电点不同分成酸性组分、基本组分和清蛋白组分。经过处理后，样品中低丰度蛋白（LAP）的相对含量明显上升，消除了蛋白质在 IEF 胶条上发生沉淀的现象，并增加了酸性蛋白在双向电泳胶条上的显示数量（Herbert and Righetti，2000）。该法较明显的缺点是除清蛋白等 HAP 外，所有等电点接近等电膜的蛋白质都可能因沉积于膜上而被去除。电泳技术利用蛋白质等电点和分子尺寸两个性质上的差异达到去除 HAP 的目的。根据电泳技术原理发明的 Gradiflow 仪是一种将电泳分离技术和膜过滤分离技术相结合的分离仪器，能够高效、快速且低成本地进行蛋白质去除。Rothemund 等（2003）利用 Gradiflow 仪对清蛋白的去除效率约为 80%，去除的清蛋白中还包含有 α1-β-糖蛋白、残余的血清转铁蛋白和触珠蛋白 β 链等。

2.2.4.6　液相色谱法

液相色谱法更多是用于分离蛋白质，其中二维乃至多维液相色谱法最常用。常用的离子交换色谱法和尺寸排阻色谱法利用蛋白质分子尺寸大小和所带电荷的不同进行蛋白质去除。李焕敏等（2007）使用 Oasis HLB（hydrophilic-lipophilic balance）过滤柱，采用反相固相法，根据蛋白质不同的疏水性将人脑脊液分步过滤，去除了其中绝大部分的清蛋白，使处理后样品在双向电泳图谱中所显示的蛋白点由 264 个增加到 441 个。但此法仍会有一些 LAP 在洗脱过程中丢失，必要时可将洗脱液再进行双向电泳，以弥补这一不足。

2.2.5 自由流动电泳技术

自由流动电泳（free-flow electrophoresis，FFE）技术是最灵活的从半制备型到制备型的组分分离技术之一。这种独特而功能强大的方法可以分离各种带电样品，包括蛋白质、肽、细胞器和全细胞。FFE 技术的广泛应用是通过不同的分离技术实现的，如等电聚焦（IEF）、区带电泳（ZE）和等速电泳（ITP）。

1. FFE 技术的特点

由于 FFE 技术分离组分不需要介质，因此比传统的色谱和凝胶基础上的分析更具优势：样品回收率高，快速分离组分，高通量。这些特点使 FFE 技术成为一种独特的、能够减少任何蛋白质组复杂性的方法，常可作为一维或二维凝胶电泳技术的补充。同时，连续流动的原理实际上可使样本无限量地分离制备。这种具有很高上样容量及有效分离组分能力的技术为富集低丰度蛋白、去除生物样本的高丰度蛋白提供了方法学平台。此外，FFE 技术具有高度的兼容性，既可以作为独立的分离蛋白质的技术，也可以与其他蛋白质组分析方法联用。

2. FFE 技术的原理

FFE 装置的主要功能部分是一个精确制造的由两块平板（长 500mm、宽 100mm）和隔膜构成的间距很窄（0.4 ～ 0.5mm）的分离腔。在分离腔的两边有两个电极，可以在分离时提供高电压。样品连续注入分离腔，并随着由一种或多种分离缓冲液形成的薄层液流经整个腔体。电压方向与流动方向垂直。在分离缓冲液和样品流动的过程中，各组分因电荷不同而在电场的作用下发生偏移。样品混合物经过分离腔后分离为各种组分并被收集。13 种分离缓冲液在正压下同时进入分离腔。缓冲液组成的变化和多个上样入口允许多种应用及 pH 梯度的形成。样品可以通过位于分离腔一侧的 4 个入口之一进入，通常是由样品的特点和分离条件（原始或变性）决定的。在分离腔的另一侧，有 96 个出口用于将流出的液体分为 96 个组分并收集到标准的微量板中。在出口附近有 7 个额外的入口，用于输入所谓的与主流方向相反的逆流介质。现代 FFE 装置的一个引人注目的特征是稳定性溶液的存在，它沿电极流动，可以有效保护分离介质不受电极的有害影响。稳定性溶液的导电性是由强电解质提供的，因此没有蛋白质或肽会通过稳定性溶液流区到达电极。所以，不会有因与电极接触而产生的物质损失，有助于提高样本的回收率。通过 IEF-FFE，在电压条件下，多种分离缓冲液在稳定性溶液流区间形成一个 pH 梯度。与其他模式的 FFE 相比，IEF-FFE 对两性组分如蛋白质和肽具有较高的分辨率。根据它们的等电点，蛋白质和肽会向阳极或阴极迁移，到达与它们等电点相同的 pH 位置。这时样品组分因不再携带净电荷而停止在电场中迁移，并且只会随着流动缓冲液的流动形成极细的窄带。IEF 作为一种聚焦模式会得到非常尖锐的线条或边缘清晰的窄带，导致高分辨率的分离，因为任何扩散都会使混合物偏离各自等电点的 pH 区域而再次负载电荷，从而再次被迫迁移至其等电点处。

3. FFE 在植物线粒体分离纯化中应用

细胞器样品纯度是亚细胞蛋白质组深入分析能否成功的关键。Eubel 等（2007）采用功能测定、蛋白质印迹法（Western blotting）、电镜和差异凝胶电泳等方法评价在绿色组织和非绿色组织中利用自由流电泳辅助常规离心技术分离植物线粒体的适宜性。结果显示，线粒体样本的纯度有显著提高，去除了先前报道为线粒体的特定污染物，同时提出了利用表面电荷差异从植物细胞器提取物中分离线粒体、质体和过氧化物酶体的新方法。除了依赖于样品大小和密度进行常规离心纯化，这种方法还可通过基于表面电荷的二维分离对拟南芥细胞器蛋白质组进行更深入和更全面的研究。

2.3　蛋白质组分离技术

2.3.1　基于凝胶的分离技术

2.3.1.1　双向电泳技术

1975 年，意大利生化学家 O'Farrell 等发明了 2-DE 技术，该技术因大大提高了蛋白质分离的分辨率而得以广泛应用，经历了 40 多年的发展，2-DE 技术已较为成熟，但基本技术仍未改变。双向电泳技术包括蛋白样品制备、等电聚焦、SDS-PAGE 等，主要技术路线：蛋白样品制备→干胶条水合→等电聚焦→胶条平衡→SDS-PAGE→凝胶染色→图像扫描。目前，在蛋白质组研究中双向电泳仍是蛋白质分离的主要技术之一（图 2-3）。

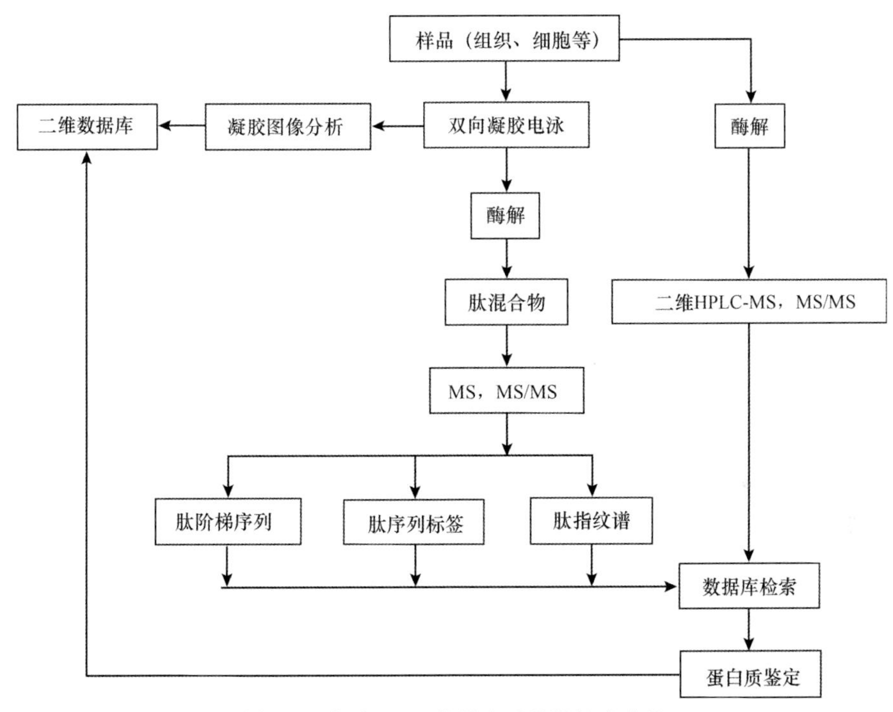

图 2-3　基于 2-DE 的蛋白质组学技术路线

1. 双向电泳基本原理

双向电泳是指利用蛋白质带电性和分子量大小的差异，通过两次凝胶电泳达到分离蛋白质目的的技术。双向电泳技术依据两个不同的物理化学原理分离蛋白质。第一向电泳依据蛋白质的等电点不同，通过等电聚焦将带不同净电荷的蛋白质进行分离。在此基础上进行第二向的 SDS-PAGE，它依据蛋白质分子量的不同将其分离。最早采用的等电聚焦凝胶是用载体两性电解质与聚丙烯酰胺凝胶配制成的具 pH 梯度的管状胶，在每次电泳前需现制。由于实验条件和操作上的误差，往往不同批次之间凝胶内部 pH 梯度不稳定和重复性差，而且在等电聚焦过程中聚焦时间过长也会引起凝胶内部 pH 梯度的变化。目前使用的固相化 pH 梯度（immobilized pH gradient，IPG）干胶条弥补了管状胶的上述不足，IPG 干胶条的 pH 梯度是通过缓冲复合物与聚丙烯酰胺凝胶共价结合形成的，随着凝胶聚合而将 pH 梯度固定，即使胶条在高电压下进行较长时间的等电聚焦，仍保持稳定的 pH 梯度。这是高分辨率分离所必需的。将 IPG 胶灌注在塑料片上，然后盖上大小相同的塑料片，进行机械切割切成大小固定且易操作的干胶条。目前伯乐（Bio-Rad）公司和 GE 公司均销售 pH 梯度和长度不同的 IPG 干胶条。第二向电泳的重现性有明显提高，主要是因为使用了预制的 SDS-PAGE 凝胶和灌制多板胶的设备，实现了实验系统的标准化，便于实验室内部及实验室之间数据比较和合作。

2. 蛋白样品制备

详见 2.2 节样品制备技术。

3. 干胶条水合

胶条水合按 Bio-Rad 公司的操作说明进行。首先，要选好 IPG 干胶条的 pH 梯度。对一个新样品，最先使用宽范围、线性的 pH 3.5 ～ 10 梯度。但对大多数样品，这样做可能会降低 pH 4 ～ 7 区域的分辨率，因为许多蛋白质的 pI 分布在该区域。利用非线性的 pH 3.5 ～ 10 的 IPG 干胶条在一定程度上可缓解这个问题。非线性的 pH 3.5 ～ 10 的干胶条在 pH 4 ～ 7 区域的梯度比 pH 7 ～ 10 区域更为平坦，在大部分碱性蛋白能得到分辨的前提下，保证了 pH 4 ～ 7 区域能得到更好的分离效果，但用 pH 4 ～ 7 的 IPG 干胶条则能在该范围得到更好的分离效果。因等电聚焦在样品裂解液中运行，IPG 干胶条使用前必须在样品溶液中水合。水合期间，蛋白样品进入 IPG 胶条，并分布于整个聚焦介质中，该技术实用且易操作。IPG 干胶条具有较高的蛋白质运载能力，对于一根长度 17cm 的干胶条，其最大运载量可以达到 3mg。干胶条水合可以采用被动水合或主动水合两种方式，在主动水合时，在胶条两端加上 50V 的低电压，使高分子量蛋白质能充分进入 IPG 胶条。在某些情况下，杯上样（是指用特殊设计的杯运载样品进入水合后的 IPG 胶条）的聚焦效果要优于胶条水合运载方法，特别是在极端 pH 范围如 pH 3 ～ 6 或 pH 7 ～ 10 下，杯上样的效果更好。为取得最佳效果，杯上样应置于碱性范围 IPG 胶条的阳极或在酸性范围 IPG 胶条的阴极。此外，要注意胶条水合开始时在胶背上覆盖矿物油，以防胶条水合或随后的 IEF 过程中水分散失。

4. 等电聚焦

干胶条水合完成后，将开始运行等电聚焦。首先在胶条两端接触电极处垫上水饱和的纸芯，以防在高电压下胶条与电极直接接触而损坏胶条，同时可以吸附聚焦过程中迁移至两端的盐离子。等电聚焦最好在高电压下运行，在 IPG 胶条的限制电流范围内迅速将电压升至最后的目标电压。电压（V）与时间（h）的整合称为伏特小时（Vh），可以作为比较相同样品在运行不同时间因子重现性的参数，也可以作为衡量聚焦是否充分的指标。胶条长度不同，等电聚焦运行所需的伏特小时数不同，一般随着胶条加长而增加。伏特小时数范围从 7cm 胶条的 10kV 到 24cm 胶条的 60kV 以上。确定最佳聚焦时间即 IEF 分离达到稳态所需时间，是获得最好图谱质量和重复性的基础。若聚焦时间太短，会出现水平和垂直条纹，但是过度聚焦导致活性水转运，使过多水在 IPG 胶表面渗出（电渗），引起蛋白质图谱变形，以及在胶条碱性端产生水平条纹和出现蛋白质丢失。因此，最佳聚焦时间必须根据不同蛋白样品、蛋白质上样量和所用特定 pH 范围及胶条长度来确定。聚焦完成后，胶条既可以在中间电压 500 ～ 1000V 下短时间保持稳定，便于随时进行第二向的平衡，也可以置于 –80℃冰箱中进行长期保存。

5. 胶条平衡

在进行第二向 SDS-PAGE 前，必须平衡 IEF 胶。用含有 SDS 的第二向介质置换含有尿素的第一向介质，使分离蛋白质与 SDS 完全结合，保持蛋白质的巯基呈还原状态，避免发生氧化还原，确保其在 SDS-PAGE 过程中正常迁移。聚焦后的蛋白质在 IEF 胶内处于其等电点处，净电荷为零，若未进行平衡过程而直接进行第二向 SDS-PAGE，蛋白质仍滞留在 IEF 胶中，不能在第二向凝胶中正常迁移。胶条平衡包括两个简短的步骤，每步 10 ～ 15min。第一步将 IEF 胶在 375mmol/L Tris-HCl 缓冲液［含 2% SDS、1%（*m*/*v*）DTT 或 TBP、6mol/L 尿素和 30% 甘油］中浸泡 10 ～ 15min，尿素和甘油用于减缓电渗效应，提高蛋白质从第一向到第二向的转移率。第二步用 5%（*m*/*v*）碘乙酰胺替代还原剂 DTT 制备 375mmol/L Tris-HCl 缓冲液（pH 8.8），其他组分及相应浓度不变。碘乙酰胺用来烷基化巯基变成羟乙酰半胱氨酸残基，以便巯基不能重组形成二硫键。此外，碘乙酰胺还可以烷基化 IEF 胶内的自由 DTT，否则自由 DTT 在第二向 SDS-PAGE 迁移会产生点条纹的假象。为减少酰胺基的烷基化，最好在 pH 8 ～ 9 条件下进行还原和烷基化。

胶条两步平衡略微放慢了双向电泳进程，因此试图用一步 SDS 法完成平衡，在平衡液中用 TBP 和丙烯酰胺取代 DTT，TBP 不带电，在 SDS-PAGE 过程中不迁移；或者在 IEF 前进行蛋白质的还原和烷基化。但是，用 TBP 与丙烯酰胺烷基化巯基不及两步法 DTT 和碘乙酰胺处理充分。同时，IEF 前烷基化改变了蛋白质的等电点，因此改变了电泳图谱。此外，在硫脲存在的体系中用碘乙酰胺不能实现有效的蛋白质烷基化。

若胶条内的蛋白质被还原、烷基化并被 SDS 饱和，将它们转移至第二向是相对简单的事情。平衡后的 IPG 胶可以水平或垂直放在 SDS-PAGE 凝胶上，用 0.8% 低熔点琼脂糖封胶，固定 IPG 胶，以防电泳时滑动或漂移。电泳系统采用 Laemmli 非连续缓冲体系，SDS-PAGE 凝胶是单一浓度或含线性或非线性梯度的凝胶，其覆盖范围可以使不同分子量蛋白质得到有效分离。根据 IPG 胶的长度，可以制备不同长宽的 SDS-PAGE 凝胶，从微型胶（约为 7cm×8cm 或 13cm×9cm）直到大胶（25cm×20cm）。各种大小的预制胶可以从一些公司买到。一般来说，胶愈大，分辨率愈好，能够运载的蛋白质量也愈多。练习跑微型胶是为了摸索最佳样品制备的条件，而跑大胶则用于详细分析。

6. 蛋白胶显色

胶内蛋白质显示灵敏度决定于蛋白质染色技术。尽管有许多专一的染色方法，但是大多数 SDS-PAGE 凝胶用考马斯亮蓝（coomassie brilliant blue，CBB）、SYPRO™ Ruby 或一些银染法染色。对蛋白质组学研究工作而言，蛋白质染色方法必须与质谱兼容，因而限制了包括戊二醛处理或氧化步骤的银染方法的应用。考马斯亮蓝和 SYPRO™ Ruby 染色法均与质谱兼容。当配成胶体溶液时，胶体 CBB 易用且对环境无害。胶体 CBB 实际上是一种终点染色法，SDS-PAGE 凝胶可以染色过夜，过染后可用水清洗。水清洗可以去除胶面上胶体染料颗粒，并且驱使染料分子达到胶内蛋白质处。因此，水清洗增加了染色胶的信噪比。胶体 CBB 染色法是上述 3 种染色法中灵敏度最低的，检测限度约为每点 10ng 蛋白质。胶体 CBB 可对多种蛋白质染色，并能与蛋白质量呈两个最高数量级的线性关系。用胶体 CBB 染色的蛋白点呈蓝色，且可用可见光扫描仪捕获胶图。SYPRO™ Ruby 是一种荧光染色法，也是一种终点染色方法，可以检测到大约 1ng 的蛋白点。SYPRO™ Ruby 与蛋白质量呈 3 个最高数量级的线性关系，需用荧光扫描仪显示用 SYPRO™ Ruby 染色的蛋白点。银染是一种高灵敏度、非放射性的蛋白质染色方法，可以检测到小于 1ng 的蛋白点。但线性范围小于 2 个数量级，而且银离子和甲醛或戊二醛会对蛋白质的 α-氨基与 ε-氨基进行烷基化，妨碍胶内蛋白质的 Edman 降解测序分析。所有银染方法都是温度依赖的，而且需要精确控时操作，决定何时终止染色全凭个人经验，因此，银染法是上述 3 种染色法中重现性最差的。

没有一种染色法可以与胶内的所有蛋白质发生反应，因此，在实验的某个阶段用 2 种及以上染色法是有效的。双染色是可行的，可以显示胶内不同蛋白质染色特性的差异，如常常先用 SYPRO™ Ruby 或银染染色，然后用胶体 CBB 染色。

7. 胶图获取

获取数字化图像是进行蛋白胶图匹配分析的第一步。2-DE 图像获取仪包括一般的文件扫描仪、电荷偶联元件（charge-coupled device，CCD）照相系统和基于激光的检测器等。对 CBB 或银染染色胶，在可见光下用文件扫描仪采集图像，以 TIFF 格式保存图像文件。CCD 照相系统在可见光或荧光条件下采集图像，高灵敏度的 CCD 照相系统带有冷却系统，可以增加信噪比。基于激光的检测器是最灵敏的图像获取仪，专用于荧光染色凝胶，常采用多光管检测。对于任何大小的 2-DE 凝胶，需要 600 ～ 900dpi 的图像分辨率。为了获得最好的定量结果，成像仪应与分析软件匹配，最方便的配置是用分析软件控制成像仪。

8. 胶图匹配分析

图像分析软件是高通量蛋白质组学研究的核心。目前常用的图像分析软件有 PDQUEST（Bio-Rad）、MELANIEⅡ（SIB，GenBio）、Imagemaster（APB）、Advanced 2-D Software（Phoretix）和 HT Investigator（GSI）。图像分析软件能提供综合管理各种分离和分析过程所必需的控制与分析功能。尽管胶图能直观检测，但是大多数蛋白点的客观定量和比较需要利用计算机进行辅助分析。2-DE 分析软件能确定并定量 2-DE 凝胶上蛋白点，去除背景，匹配相关胶图，比较胶图上相应蛋白点强度，准备显示报告的凝胶数据，输出胶图信息到数据库。图像分析软件能通过手动或利用机械手自动切割胶上蛋白点，以做进一步的分析。例如，通过相关蛋白样品如对照和处理细胞的胶图比较分析，能够明确差异表达的蛋白质，并在合适凝胶上选择切割。另外，对于特定源的蛋白质作图，仅切割和分析样品中的高丰度蛋白（以颜色深的蛋白点为代表）。根据凝胶数据利用计算机切点工具进行蛋白点切取，自动产生切点目录，大大简化了许多蛋白点切割时的收集、管理和记录工作。

2.3.1.2 双向荧光差异凝胶电泳技术

双向荧光差异凝胶电泳（2D-DIGE）技术利用电荷和分子量的差异分离蛋白质混合物，并通过多通道激光扫描分析不同蛋白质的第二向 SDS-PAGE 图像。DIGE 结合了新型荧光技术、样品多路（sample multiplexing）技术、图像分析等特有技术，是一套优于经典 2-DE 的完整系统。

1. 样品制备

样品制备详见 2.2.2 节。

2. DIGE 实验设计

DIGE 是一个在研究多个样品丰度变化方面强有力的工具。在最小标记法中，用 Cy3 和 Cy5 标记不同的样品，同时将所有的生物学样品等量混合，用 Cy2 标记作为内标，这意味着所有样品的每一个蛋白质均被 Cy2 标记并呈现在一块胶上。然后把 3 种染料标记的蛋白样品混合物进行电泳分析，在胶内，样品中的每一个蛋白点可与相应的内标点对应起来，保证胶内和不同胶间的匹配。由一些实验误差导致的蛋白质量的变异，对胶上每个样品的影响均一致，因此比较一块胶上不同样品中蛋白质的量，将不会受到影响。标记的蛋白点与内标比较将给出标准的丰度，进而可比较样品间蛋白点丰度的变化。另外，通过激发波长的交替可以显示凝胶上的蛋白点。可通过专门设计的差异分析软件（DeCyder 2D）进行蛋白点的差异分析。在饱和标记法中，不采用 Cy2 作为内标，而是用 Cy3 和 Cy5 中的一种标记作为内标，另一种标记样品。在差异分析实验中采用这种方法减少了多重性分析，但增加了胶的数量。正确的 DIGE 实验设计对于产生显著性统计分析数据和减少错误检出率是极为重要的。通常情况下，为了排除实验技术的干扰因素，胶的重复数量要足够，以灵敏地检测蛋白质水平的真实变化。另外，为了研究生物学变异，每次重复实验必须利用新的样品。同时运行多块胶，相同的样品用所有的染料标记后，加在同一块胶上进行电泳分离，这样既能指示出系统的内在误差，又可以得到显著性或倍数变化域值。在最小标记法中，由于 Cy2、Cy3 和 Cy5 在不同激发波长下有着不同的荧光特性，因此，低丰度蛋白会存在系统偏差。染色交换平衡效应可以有效降低低丰度蛋白的系统偏差，如胶 1 中样品 A 用 Cy3 标记，样品 B 用 Cy5 标记，Cy2 标记等量的两种样品作为内标；胶 2 中样品 A 用 Cy5 标记，样品 B 用 Cy3 标记，Cy2 标记等量的两种样品作为内标。另外，整合可选择性的归一化方法，可以消除低丰度蛋白的系统偏差，增加胶内差异分析（differential in-gel analysis，DIA）和生物学差异分析（biological variation analysis，BVA）的灵敏性（Karp et al.，2004）。DIGE 蛋白质组过程的具体步骤：等电聚焦、胶条平衡和 SDS-PAGE，与传统的双向电泳操作过程一致。

3. 凝胶成像

荧光标记的蛋白样品可用激光扫描成像。目前，常用的激光扫描成像系统是 GE Healthcare 公司的 Typhoon 系列，分别用 488nm、532nm 和 633nm 波长的激光对 Cy2、Cy3 与 Cy5 染料标记的蛋白质图谱进行成像，相应的发射过滤波长为 520nm、580nm 和 670nm。CyDye DIGE 过滤器和激发器的使用结合荧光通道间最小的交叉将得到最佳的实验结果。在 Typhoon 扫描过程中，弱荧光玻璃板的使用可确保胶图扫描易操作和减少胶的污染。Typhoon 扫描产生的图像在质量上优于 2D-Master 成像系统，同时 Typhoon 有较宽的线性检测范围，并且提高了 Cy3 和 Cy5 的灵敏性。

4. 双向电泳图谱的统计分析

电泳图谱的分析是一个耗时且不易操控的过程，一直以来是蛋白质组学的瓶颈之一。DIGE 蛋白质组通过比较实验组和对照组的荧光信号获得蛋白质表达框架。目前，有几个可对荧光胶进行归一化、定量化和统计分析的软件。

DeCyder™（GE Healthcare）是基于 DIGE 的蛋白质组学中常用的软件。差异分析是基于 DIGE 的蛋白质组学的重要特点，该软件能全自动地对一块胶内的多个样品进行共找点，并全自动对多块胶进行匹配，得到蛋白质丰度的准确变化。常规可检测到小于 10% 的蛋白质水平差异，统计学可信度达到 95%。DeCyder 2D 软件平台由 4 部分组成，胶内差异分析（DIA）模块、生物学差异分析（BVA）模块、批处理工具（batch processor）、XML 工具箱（XML tool box）。DIA 可全自动对单块胶进行背景扣除和定量化、归一化等高通量分析，其利用专门的算法对重叠的三幅图进行共找点，从而得到一致的、精确的计算比值。BVA 可以处理多块凝胶间的匹配问题，其利用实验设计内标的特点进行多块凝胶间的比较，计算出差异蛋白点的可信度水平。BVA 除了进行常规的实验分析，也可以进行多因素的实验分析。然而，用 DeCyder 2D 软件进行统计分析也存在一些漏洞。Fodor 等（2005）对其进行了分析，并试图利用微阵列分析的统计分析方法来克服这些缺陷，虽降低了潜在的差异表达蛋白数量，但增加了检测可信度。文献中重点讨论了 3 个漏洞和其潜在的解决方法：其一是 DeCyder 2D 软件中传统的 t 检验可能不是平行分析许多差异表达蛋白的最佳方法。Moderated t-statistics 方法值得推荐，该方法依据的是分层次的、混合经典贝叶斯模型，且在特定的假设条件下遵循 t 分布。其二是分析 t 检验结果时，通常将概率值 $P<0.05$ 时定义为具有显著差异，然而蛋白质组 DIGE 分析的蛋白质数量大约为 2000 个，这就意味着用 $P\leqslant 0.05$ 的概率值时，每分析 1000 个蛋白点可能产生 50 个假阳性数据。因此，需要更加严谨的标准进行差异显著性分析，以减少错误判别率。目前常用的、严谨的校正方法是 Bonferroni 校正法，该方法通过对所有的检测样品分析、增加未校正 P 值进行多重显著性检验。另一个严谨性略差但较为实用的方法是计算假阳性率和构建连续性 P 值的程序，用于控制假阳性率的期望值。其三是 DeCyder 2D 软件倍数变化分析的评价显示在凝胶内和多块凝胶间的标准对数丰度分布具有系统偏差（Hoorn et al.，2006）。Karp 等（2004）给出了提高 DIGE 分析精确性和灵敏性的一些建议。其中对 DIA 有两种选择，其一是表达比率法，包括以下几个方面：DeCyder 2D 软件编码蛋白点；用过滤器排除 Volume 值小于 40 000 的蛋白点；在 DeCyder 2D 软件中再设置一次数据归一化；用 ±2 作为显著性表达比率域值，可增加可信度，但会减少灵敏度。其二是 Z 得分法，利用 DeCyder 2D 的 DIA 编码蛋白点并给出蛋白点的 Volume 信息；计算附加补偿和缩放归一化转换参数比例；用特定的方程计算每一个蛋白点的 Z 分数值；利用 Z 分数值 –2.32 和 +1.52 作为域值来计算具有 90% 可信度的显著性变化。Kreil 等（2004）的研究表明，特定染料偏差尤其存在低丰度蛋白点中，建议用补偿或是比例矫正。用标准化的方法处理 GE 的统计分析结果，将会获得一系列令研究人员感兴趣的蛋白质，这些蛋白质在实验组和对照组之间均应表现出有显著的变化。

荧光染料标记的蛋白质比未标记的蛋白质在胶上有明显的迁移（CyDye 染料的分子量和疏水性影响了双向电泳过程中蛋白质的迁移），大部分未标记的蛋白质在标记蛋白质的偏下方，可能导致目标蛋白点的污染。因此，在切取目标蛋白点进行质谱鉴定前，需要跑一块凝胶，并切取斑点，大量未标记的蛋白质上样量达 1mg，并用考马斯亮蓝或 SYPRO™ Ruby 荧光染料染色（Lilley and Friedman，2004；Hoorn et al.，2006）。

与传统基于染色分析的 2-DE 方法相比，DIGE 在胶图匹配重复性、定量分析等方面有非常明显的优势，但也存在一些问题。尽管不同染料标记的蛋白样品分子质量和等电点没有明显的改变，在 2-DE 中不会发生偏移，但是标记的蛋白质与未标记的蛋白质相比，在 2-DE 胶图上的位置发生了偏移，这会对下一步切取差异点进行质谱鉴定产生影响，可能存在蛋白点被未标记蛋白点污染的问题。因此在切点前，用传统染料对 2-DE 进行染色，以找到需要切取的差异蛋白点位置，再取点进行后续的质谱分析；或者在进行 DIGE 分析时，同时跑一块 2-DE 凝胶，用传统考马斯亮蓝或蛋白质染料进行染色，依据 DIGE 分析差异蛋白点信息，在传统染色 2-DE 凝胶上切取对应的差异蛋白点。

DIGE 技术在植物亚细胞结构研究方面有广泛应用。Bohler 等（2007）用 2D-DIGE 和 LC-MS/MS 相结合的差异蛋白质组学技术，研究了植物膜中抗去污剂的富含鞘脂和甾醇的膜结构域（detergent-resistant sphingolipid and sterol-rich membrance domain，DRM）蛋白。DRM 不易与质膜组分分离，因此较难纯化，但由于不同 DRM 在 Triton X-100 中的溶解性不同，因此可被分离、纯化。通过 DIGE 的平行比较分析发现，DRM 大量富集特异性蛋白质，包括糖基化磷脂酰肌醇锚定蛋白（glycosyl-phosphatidylinositol-anchored protein）和 stomafin/prohibitin 超敏反应蛋白家族蛋白，表明 DRM 来源于质膜结构域，但实验中没有发现完整的膜蛋白，表明 DRM 样品的制备过程中产生了特定系列的膜蛋白。质膜中包含植物甾醇类和富含鞘脂类的膜结构域，对这些结构域相关蛋白进行深入研究，将为了解植物细胞极性和细胞表面过程提供重要的、新的实验方法（Lilley and Dupree，2006）。

内质网是储存蛋白质和脂质生物合成的主要场所（细胞器），这些储存复合物达到最大合成速率的时期出现在种子发育期，而在种子萌发期则降解。Maltman 等（2007）用 2D-DIGE 结合肽质量指纹图（peptide mapping fingerprinting，PMF）和 MS/MS 定量与鉴定了蓖麻种子发育及萌发过程中内质网蛋白质的差异。其中，90 个蛋白点在种子发育时期呈上调趋势，所鉴定的 19 个蛋白质大部分是种子储存物合成的中间产物和蛋白质折叠相关蛋白。在萌发种子内质网中 15 个蛋白点上调，所鉴定的 5 个蛋白质中有一个为苹果酸合成酶，其被认为可能是内质网乙醛酸循环途径中的一个组分。在尿素溶解的内质网蛋白质中没有检测到参与复合脂合成的蛋白质，表明它们可能是完整的膜蛋白。

DIGE 蛋白质组学在研究植物发育生物学如果实成熟、籽粒发育、生物钟等方面有一定应用。木瓜采后果肉会快速软化并且对物理伤害和霉菌生长敏感，因此果实的绿色期很短，而且与成熟相关的变化非常快，引起人们对其采后减损持续关注。蛋白质在此过程中起着核心作用，利用差异蛋白质组学能够鉴定番木瓜成熟相关蛋白。Nogueira 等（2012）利用 2D-DIGE 比较分析了呼吸跃变期木瓜和呼吸跃变期前木瓜的蛋白质组。通过 MS 分析，鉴定出 27 种与成熟过程中代谢变化有关的蛋白质，分为六大类：细胞壁蛋白质（*α*-半乳糖苷酶和转化酶）、乙烯生物合成蛋白质（甲硫氨酸合成酶）、呼吸跃变期蛋白质、应激反应蛋白质、类胡萝卜素前体物质（羟甲基丁烯酰-4-二磷酸合成酶，GCPE）和色质体分化蛋白质（纤维蛋白）。鉴定出的蛋白质与以前木瓜果实成熟过程的转录组数据有一定的对应关系，并且鉴定出新的蛋白质，为深入研究保持果实质量和减少采后损失技术提供了潜在的有用线索。值得一提的是，通过 2D-DIGE 和 LC-MS/MS 技术鉴定了与芒果颜色发育和果肉软化有关的蛋白质种类（Andrade et al.，2012）。

对玉米果皮色素 1（*p1*）研究有助于揭示玉米果实发育的机制。*p1* 编码一种 Myb 转录因子，调节 3-脱氧黄酮类色素的积累。橙色 1（*Ufo1*）的不稳定因子是 *p1* 的显性表观遗传修饰因子，导致果皮异位色素沉积。*Ufo1-1* 的存在与多效性生长和发育缺陷有关。为了研究 *Ufo1-1* 诱导的蛋白质组变化，Robbins 等（2013）采用 2D-DIGE、相对和绝对定量同位素标记（isobaric tags for relative and absolute quantification，iTRAQ）技术对 *P1-wr;Ufo1-1* 果皮进行了比较蛋白质组学分析，结果显示大多数已鉴定的蛋白质参与糖酵解、蛋白质合成和修饰、黄酮和木质素生物合成与防御反应。此外，节间蛋白质提取物的蛋白质印迹分析表明，咖啡酰辅酶 A-*O*-甲基转移酶（caffeoyl-CoA *O*-methyltransferase，CCoAOMT）在 *P1-wr;Ufo1-1* 植株中转录后下调。与 CCoAOMT 的下调一致，*p*-香豆酸、丁香醛和木质素的浓度在 *P1-wr;Ufo1-1* 节间降低。这些苯丙酸类化合物的减少与 *P1-wr;Ufo1-1* 植物的茎弯曲和生长迟缓有关。另外，*p1* 在转基因植株中的过度表达与倒伏表型和 CCoAOMT 表达降低有关。因此，*p1* 的异位表达可导致发育缺陷，这些缺陷与包括木质素在内的苯丙酸类化合物的调节和合成减少有关。

小麦籽粒发育对其品质形成起关键作用。Cao 等（2016）利用 2D-DIGE 蛋白质组学方法，研究了粒重和面团品质不同的中国面包小麦品种‘京华9号’及‘中麦175’籽粒发育过程中胚与胚乳蛋白质组的变化。在胚和胚乳中分别鉴定出116个和113个差异表达蛋白（DEP）点，代表138个和127个差异表达蛋白，其中54个（31%）差异表达蛋白常见于胚和胚乳，62个（35%）差异表达蛋白仅见于胚，59个（34%）差异表达蛋白仅见于胚乳。胚脱落主要与应激相关蛋白以及碳水化合物和脂质代谢有关，而胚乳脱落主要与糖代谢和贮藏有关。主成分分析表明，不同品种胚乳蛋白质组差异大于发育阶段的差异，而胚乳蛋白质组差异则表现为相反的模式。蛋白质互作分析揭示了一个主要以碳水化合物和蛋白质代谢酶为中心的复杂网络。14个重要的DEP编码基因的转录水平在器官和品种间表现出高度相似性，特别是胚乳中的一些关键酶，如磷酸葡萄糖变位酶、ADP-葡萄糖焦磷酸化酶和蔗糖合成酶的表达显著上调，显示了它们在淀粉合成和谷物产量形成中的关键作用。此外，某些贮藏蛋白在胚乳中的表达上调可以提高小麦面包的品质。众所周知，氮是植物生长发育所必需的大量营养元素，对小麦籽粒贮藏蛋白、淀粉的生物合成以及最终产量及品质都有重要影响。Zhen等（2018）利用2D-DIGE和MS/MS技术对高氮条件下小麦籽粒发育过程初步进行了蛋白质组学比较分析。利用2D-DIGE在中国优良面包小麦品种‘中麦175’中鉴定出142个差异累积蛋白（DAP）点，其中利用MALDI-TOF-MS鉴定出132个差异累积蛋白（93%）点，代表92个差异累积蛋白。这些蛋白质主要参与能量、氮和蛋白质代谢、碳代谢和淀粉合成。亚细胞定位预测和荧光共聚焦显微镜分析结果表明，这些蛋白质主要定位于细胞质和叶绿体。研究结果表明，高氮组和对照组籽粒发育期间的主成分分析蛋白质组差异较大。蛋白质互作分析突出了一个复杂的酶网络中心参与能量氮和蛋白质代谢，以及淀粉生物合成。6个关键DAP的基因表达模式与它们在籽粒发育过程中的积累趋势一致。基于谷物贮藏蛋白和淀粉生物合成的响应高氮协同调节网络，Zhen等（2018）提出了一个假定的代谢途径。

生物钟形成的生物节律为生物体提供了一种适应性优势，从而提高了生物体的适应性和生存能力。为了更好地阐明植物对昼夜节律系统的反应，Choudhary等（2016）使用大规模2D-DIGE研究了拟南芥幼苗在恒定光照下的蛋白质节律变化。共有1000多个蛋白点的丰度被重复性地定量并描述了一个昼夜时间序列。在苯酚萃取样本和去除Rubisco提取物之间的比较中，分别鉴定出71个、40个节律性表达的蛋白质，30%～40%来自非节律性转录本，其中包括影响转录调控、翻译、新陈代谢、光合作用、蛋白伴侣及应激反应的蛋白质。在两个数据集中，周期蛋白达最大表达水平的阶段相似，峰值在时间序列中的分布接近均匀。利用串聚类分析确定了两个振荡蛋白的相互作用网络：基于质体和胞质的分子伴侣和10个参与光合作用的蛋白质。ABA受体PYR1/RCAR11在黄昏时表达高峰的振荡为ABA信号与昼夜节律系统密切相关提供了证据。该项研究为植物生理和新陈代谢的转录后昼夜节律控制的重要性提供了新的见解。

2D-DIGE在非生物胁迫下的生理和生化研究方面有着独特的优势。Ndimba等（2005）采用2D-DIGE和MALDI-TOF-MS相结合技术分离与鉴定了拟南芥悬浮培养细胞的盐胁迫和高渗胁迫反应蛋白。通过CyDye荧光染料标记共检测到2949个蛋白点，并且这些蛋白点与8张凝胶上CyDye标记的蛋白质完全匹配。利用DeCyder 2D软件对处理和对照样品的蛋白点丰度进行统计分析，有266个蛋白点在丰度方面表现出显著的变化。盐生植物已经进化出独特的分子策略来适应高盐度的土壤，但是人们对盐胁迫下这些植物完成其生命周期的主要机制知之甚少，需要进一步研究，一个有用的方法是直接比较两个近缘物种对盐度的反应，两个物种表现出不同的耐盐性。Vera-Estrella等（2014）利用2D-DIGE差异蛋白质组学技术来鉴定拟南芥（甜土植物）和盐芥（盐土植物）中对盐响应的膜相关蛋白。在盐胁迫下，两种植物的蛋白质丰度都发生了一些明显的变化，且两者之间的差异明显，特别是在未经处理的植物中，总共有36种蛋白质发生了显著的丰度变化。GO富集分析表明，这些蛋白质大部分分布在两个功能类别——转运（31%）和糖代谢（17%）。在这个系统中鉴定出几个新的盐响应蛋白的结果支持盐芥因胞内已启动应对逆境的分子机制而表现出高的耐盐性的理论，它具有抵抗盐胁迫的内在能力，可区别于甜土植物。

2D-DIGE和DeCyder 2D软件相结合在分析蛋白质组变化方面有很大的优势。Amme等（2006）利用引入内标的2D-DIGE监测两种冷胁迫条件下蛋白质的渐进变化，通过MALDI-TOF和MS/MS鉴定了许多新的蛋白点，表明DIGE蛋白质组学方法在进一步深入研究冷胁迫蛋白质组方面是有效的。

2.3.2 毛细管电泳技术

毛细管电泳（capillary electrophoresis，CE）又称高效毛细管电泳（high performance capillary electrophoresis，HPCE），是一类以毛细管为分离通道、以高压直流电场为驱动力的新型液相分离技术。毛细管电泳实际上包含电泳、色谱及其交叉内容，它使分析化学得以从微升水平进入纳升水平，并使单细胞分析乃至单分子分析成为可能，具有操作简单、试剂用量少、分离效率高、成本低等优点。

2.3.2.1 基本原理

1. 双电层

双电层是指两相之间的由相对固定和游离的两部分离子组成的与表面电荷异号的离子层，凡是浸没在液体中的界面都会产生双电层。在毛细管电泳中，无论是带电粒子的表面还是毛细管管壁的表面都有双电层。

2. Zeta 电势

电解质溶液中，任何带电粒子都可被看成是双电层系统的一部分，离子自身的电荷被异种的带电离子中和，这些异种离子中有一些被不可逆地吸附到离子上，而另一些则游离在附近，并扩散到电解质中进行离子交换。“固定”离子有一个切平面，它和离得最近的离子之间的电势称为离子的Zeta电势。石英材质的毛细管是毛细管电泳中最常使用的毛细管，其内表面在pH＞3情况下带负电，当其与溶液接触时，会形成紧贴内表面的和游离的两部分离子，这两部分离子组成的与表面电荷异号的离子层即双电层，其中第一层称为Stern层，第二层为扩散层。扩散层中离子的电荷密度随着和表面距离的增大而急剧减小。Stern层和双电层的游离部分的起点的边界层之间的电势称为管壁的Zeta电势，典型值大体在0～100mV，Zeta电势的值随距离增大按指数衰减，使其衰减一个指数单位所需的距离称为一个双电层厚度（δ）。熔硅表面的Zeta电势与它表面的电荷数及双电层厚度有关，而这些性质又受到离子性质、缓冲溶液pH、缓冲溶液中阳离子和熔硅表面间的平衡等因素影响。

3. 淌度

带电粒子在直流电场作用下于一定介质（溶剂）中所发生的定向运动称为电泳。单位电场下的电泳速度称为淌度。在无限稀释溶液（稀溶液数据外推）中测得的淌度称为绝对淌度。电场中带电离子运动除了受到电场力的作用，还会受到溶剂阻力的作用。一定时间后，两种力的作用就会达到平衡，此时离子做匀速运动，电泳进入稳态。实际上溶液的活度不同，特别是酸碱度不同，所以样品分子的离解度不同，电荷也将发生变化，这时的淌度可称为有效电泳淌度。一般，离子所带电荷越多、离解度越大、体积越小，电泳速度就越快。

4. 电渗、电渗流和表观淌度

电渗是指毛细管中的溶剂因轴向直流电场作用而发生的定向流动。电渗由定域电荷引起。定域电荷是指牢固结合在管壁上、在电场作用下不能迁移的离子或带电基团。定域电荷对溶液中异号离子吸引形成了所谓的双电层，致使溶剂在电场作用（及碰撞作用）下整体定向移动而形成电渗流（毛细管中的电渗流为平头塞状）。毛细管区带电泳条件下，电渗流从阳极流向阴极。电渗流大小受到Zeta电势、双电层厚度和介质黏度的影响，一般来说，Zeta电势越大、双电层越薄、介质黏度越小，电渗流值越大。在毛细管电泳中，样品分子的迁移是有效电泳淌度和电渗流淌度的综合表现，这时的淌度称为表观淌度。在多数的水溶液中，石英（或玻璃）毛细管表面因硅羟基解离会产生负的定域电荷，产生指向负极的电渗流。在毛细管中电渗速度可比电泳速度大一个数量级，所以能实现样品组分同向泳动。正离子的运动方向和电渗一致，因此它最先流出。中性分子与电渗流同速，随电渗而行。负离子因运动方向和电渗相反，在中性分子之后流出。电渗流与pH的关系十分密切。电渗受到Zeta电势的影响，Zeta电势由毛细管壁表面的电荷决定，而表面电荷又受到缓冲溶液pH影响，所以电渗流值是缓冲溶液pH的函数，一般随pH的增大而增大，到中性或碱性时，其值会变得很大。此外，任何影响管壁上硅羟基解离的因素，如毛细管洗涤过程、电泳缓冲液组成、介质黏度、温度等都会影响或改变电渗流。此外，电磁场及许多能与毛细管表面作用的物质，如表面活性剂、蛋白质等，都可以对电渗流产生很大影响。

电渗在电泳分离中扮演着重要角色，是伴随电泳产生的一种电动现象。多数情况下，电渗速度是电泳速度的5～7倍。因此，在毛细管电泳（CE）中利用电渗流可使正、负离子和中性分子一起朝一个方向产生差速迁移，在一次CE操作中同时完成正、负离子的分离测定。由于电渗流的大小和方向可以影响CE分离的效率、选择性和分离度，因此成为优化分离条件的重要参数。电渗流的细小变化将严重影响CE分离的重现性（迁移时间和峰面积）。所以，电渗流的控制是CE中的一项重要任务。用来控制电渗流的方法主要有改变缓冲溶液的成分和浓度、改变缓冲溶液的pH、加入添加剂、毛细管壁改性、外加径向电场、改变温度等。中性物质可以用作测定电渗的标志物，如二甲基甲酰胺（DMF）、二甲基亚砜（DMSO）、β-萘酚、丙酮、甲醇和乙醇等，均可作为电渗标志物。

2.3.2.2 毛细管电泳分类

（1）按分离模式分类

毛细管电泳根据分离模式不同，可以归结为不同类型，见表2-1。毛细管电泳的多种分离模式为样品分离提供了选择机会，对复杂样品的分离分析是非常重要的。

表2-1 毛细管电泳类型

类型	缩写	说明
毛细管区带电泳	CZE	毛细管和电极槽灌有相同的缓冲液
毛细管等速电泳	CITP	使用两种不同的CZE缓冲液
毛细管等电聚焦	CIEF	管内装pH梯度介质，相当于pH梯度CZE

续表

类型	缩写	说明
胶束电动毛细管色谱	MECC	在 CZE 缓冲液中加入一种或多种胶束
微乳液毛细管电动色谱	MEEKC	在 CZE 缓冲液中加入水包油乳液高分子进行离子交换
毛细管电动色谱	PICEC	在 CZE 缓冲液中加入可微观分相的高分子离子
开管毛细管电色谱	OTCEC	使用固定相涂层毛细管，分正、反相离子交换
亲和毛细管电泳	ACE	在 CZE 缓冲液或管内加入亲和试剂
非凝胶毛细管电泳	NGCE	在 CZE 缓冲液中加入高分子构成筛分网络
毛细管凝胶电泳	CGE	管内填充凝胶介质，用 CZE 缓冲液
聚丙烯酰胺毛细管凝胶电泳	PA-CGE	管内填充聚丙烯酰胺凝胶
琼脂糖毛细管凝胶电泳	Agar-CGE	管内填充琼脂糖凝胶
填充毛细管电色谱	PCCEC	毛细管内填充色谱填料，分正、反相离子交换等
阵列毛细管电泳	CAE	利用一根以上毛细管进行 CE 操作
芯片式毛细管电泳	CCE	利用刻制在载玻片上的毛细通道进行电泳
毛细管电泳 / 质谱	CE/MS	常用电喷雾接口，需挥发性缓冲液
毛细管电泳 / 核磁共振	CE/NMR	需采用停顿式扫描样品峰的测定方法
毛细管电泳 / 激光诱导荧光	CE/LIF	具有开展单细胞、单分子分析的潜力

（2）按操作方式分类

按照操作方式，可将毛细管电泳分为手动型毛细管电泳、半自动型毛细管电泳、全自动型毛细管电泳。

（3）按分离通道形状分类

按照分离通道形状，可将毛细管电泳分为圆形毛细管电泳、扁形毛细管电泳、方形毛细管电泳等。

（4）按缓冲液的介质分类

根据配制缓冲液的介质的不同，可以把 CE 分为水相毛细管电泳和非水毛细管电泳（NACE）。NACE 以有机溶剂作介质的电泳缓冲液代替以水为介质的缓冲液，增加了疏水性物质的溶解性，特别适用于在水溶液中难溶而不能用 CE 分离的物质或在水溶液中性质相似难以分离的同系物，拓宽了 CE 的分析领域。

2.3.2.3　主要特点

毛细管电泳通常使用内径为 25 ～ 100μm 的弹性（聚酰亚胺）涂层熔融石英管。标准毛细管的外径为 375μm，有些管的外径为 160μm。毛细管的特点：容积小（一根 100cm×75μm 管子的容积仅为 4.4μL）；侧面与截面面积的比值大，因而散热快、可承受高电场（100 ～ 1000V/cm）；可使用自由溶液、凝胶等作为支持介质；在溶液介质中能产生平面形状的电渗流。

由此可见，毛细管电泳具备如下优点：①高效，一般塔板数目在 10^5 ～ 10^6 片 /m，当采用 CGE 时，塔板数目可达 10^7 片 /m；②快速，一般在十几分钟内完成分离；③进样微量，进样所需的样品体积为 10^{-9}L 级；④多模式可选，可根据需要选用不同的分离模式且仅需一台仪器；⑤成本低，实验消耗仅几毫升缓冲液，维持费用很低；⑥自动化程度较高。

与高效液相色谱法相比，毛细管电泳存在如下缺点：①进样准确性较低，由于进样量少，因而制备能力差，进样准确性较低；②灵敏度较低，因毛细管直径小，光路太短，用一些检测方法（如紫外吸收光谱法）检测时，灵敏度较低；③重现性较差，电渗会因样品组成变化而变化，进而影响分离重现性。

2.3.2.4 仪器系统结构

毛细管电泳系统的基本结构包括进样系统、两个缓冲液槽、高压电源、检测器（光源和光电倍增管）、控制系统和数据处理系统，如图 2-4 所示。

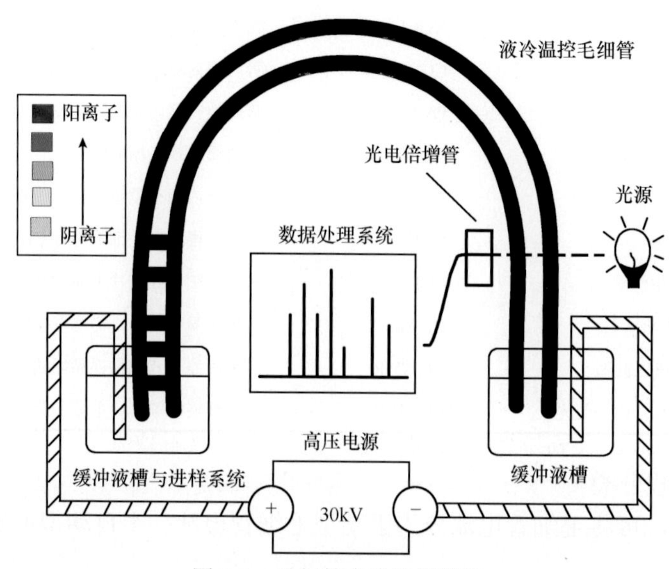

图 2-4 毛细管电泳仪器简图

受毛细管内径的限制，信号检测是 CE 系统最突出的问题。紫外可见光度法（UV）是常用的检测方法，但是受到仪器、单波长等因素的限制。目前应用最广泛的是二极管阵列（PDA）检测器，常规的检测器有灵敏度很高的激光光热（LIP）和荧光（FL）检测器。近些年，在实际应用中还产生了激光诱导荧光（LIF）、有良好选择性的安培（EC）、通用性很好的电导（CD），以及可以获得结构信息的质谱（MS）等多种检测器。迄今为止，除了电感耦合等离子体（ICP）和红外（IR）技术没有和 CE 联用，其余的检测方法均和 CE 联用并且大部分实现商品化。使用 CE 时应该根据所分析物质的特点，选择相应分离模式和检测器，以扬长避短，得到最佳分析效果。

毛细管电泳仪的主要部件及其性能列述如下。

1）毛细管用弹性石英毛细管，内径 50μm 和 75μm 两种使用较多。细内径分离效果好，且焦耳热小，允许施加较高电压，但若采用柱上检测因光程较短检测限比粗内径管要差。毛细管长度称为总长度，根据分离度的要求，可选用 20 ～ 100cm 长度，进样端至检测器间的长度称为有效长度。毛细管常盘放在管架上并控制在一定温度下操作，以控制焦耳热，操作缓冲液的黏度和电导度，对测定的重复性很重要。

2）直流高压电源采用 0 ～ 30kV（或相近）的可调节直流电源，可供应约 300μA 电流，有稳压和稳流两种方式可供选择。

3）电极和电极槽　两个电极槽里放入操作缓冲液，分别插入毛细管的进口端、出口端及铂电极，铂电极接至直流高压电源，正负极可切换。多种型号的仪器将样品瓶同时用作电极槽。

4）冲洗进样系统　每次进样之前毛细管要用不同溶液冲洗，选用自动冲洗进样仪器较为方便。进样方法有压力（加压）进样、负压（减压）进样、虹吸进样和电动（电迁移）进样等，通过控制压力或电压及时间来控制进样量。

5）检测系统　紫外-可见光分光检测器、激光诱导荧光检测器、电化学检测器和质谱检测器均可用作毛细管电泳的检测器。其中以紫外-可见光分光光度检测器应用最广，包括单波长、程序波长和二极管阵列检测器。将毛细管接近出口端的外层聚合物剥去约 2mm 一段，使石英管壁裸露，毛细管两侧各放置一个石英聚光球，使光源聚焦在毛细管上，透过毛细管到达光电池。对无光吸收（或荧光）溶质的检测，还可采用间接测定法，即在操作缓冲液中加入对光有吸收（或荧光）的添加剂，在溶质到达检测窗口时出现反方向的峰。

6）数据处理系统　与一般色谱数据处理系统基本相同。

2.3.2.5　电泳效率的影响因素

（1）缓冲液

缓冲液的选择主要由所需的 pH 决定，在相同的 pH 下，不同缓冲液的分离效果不尽相同，有的可能相差甚远。CE 中常用的缓冲液有磷酸盐、硼砂或硼酸、乙酸盐等。缓冲液的浓度直接影响电泳介质的离子强度，从而影响 Zeta 电势，而 Zeta 电势的变化又会影响电渗流。缓冲液浓度升高，介质离子强度增加，双电层厚度减小，Zeta 电势降低，电渗流减小，样品在毛细管中停留时间变长，有利于迁移时间短组分的分离，分析效率提高。同时，随着电解液浓度的提高，电解液的电导将大大高于样品溶液的电导而使样品在毛细管柱上产生堆积的效果，增强样品的富集现象，增加样品的容量，从而提高分析灵敏度。但是，电解液浓度太高，电流增大，热效应使样品组分峰形扩展，分离效果反而变差。此外，离子可以通过与管壁作用及影响溶液的黏度、介电常数等来影响电渗流。总之，离子强度过高或过低都对分离效率不利。

（2）缓冲体系 pH

缓冲体系 pH 的选择依样品的性质和分离效率而定，是决定分离成败的关键。不同样品需要不同的 pH 分离条件，控制缓冲体系的 pH，一般只能通过改变电渗流的大小。pH 能影响样品的解离能力，样品在极性强的介质中离解度增大，电泳速度也随之增大，从而影响分离选择性和分离灵敏度。pH 还会影响毛细管内壁硅羟基的质子化程度和溶质的化学稳定性，pH 在 4 ～ 10，硅羟基的解离度随 pH 的升高而升高，电渗流也随之升高。因此，pH 为分离条件优化时不可忽视的因素。

（3）分离电压

在 CE 中，分离电压也是控制电渗流的一个重要参数。高电压是实现 CE 快速、高效的前提，电压升高，样品的迁移加快，分析时间缩短，但毛细管中焦耳热增大，基线稳定性降低，灵敏度降低；分离电压越低，分离效果越好，分析时间延长，峰形变宽，但分离效率降低。因此，相对较高的分离电压会提高分离效率和缩短分析时间，但电压过高会使谱带变宽而降低分离效率。电解质浓度相同时，非水介质中的电流值和焦耳热均比水相介质中小得多，因而在非水介质中允许使用更高的分离电压。

（4）温度

温度影响分离重现性和分离效率，控制温度可以调控电渗流的大小。温度升高，缓冲液黏度降低，管壁硅羟基解离能力增强，电渗速度变大，分析时间减短，分离效率提高。但温度过高，会引起毛细管柱内径向温差增大，焦耳热效应增强，柱效降低，分离效率也会降低。

（5）添加剂类型

在电解质溶液中加入添加剂，如中性盐、两性离子、表面活性剂、有机溶剂等，会引起电渗流的显著变化。表面活性剂常用作电渗流的改性剂，通过改变浓度来控制电渗流的大小和方向，但当表面活性剂的浓度高于临界胶束浓度时，将形成胶束。加入有机溶剂会降低离子强度，Zeta 电势增大，溶液黏度降低，改变管壁内表面电荷分布，使电渗流降低。在电泳分析中，缓冲液一般用水配制，但有机混合溶剂常常能有效改善分离效率或分离选择性。

（6）进样方式

CE 的常规进样方式有两种：电动进样和压力进样。电动进样是在电场作用下，依靠样品离子的电迁移和 / 或电渗流将样品注入，故会产生电歧视现象，降低分析的准确性和可靠性，但此法尤其适用于黏度大的缓冲液和 CGE。压力进样是普适方法，可以通过虹吸、在进样端加压或检测器端抽空等方法实现，但选择性差，样品及其背景同时被引入毛细管，对后续分离可能产生影响。通过控制进样时间也可以改善分离效果，进样时间过短，峰面积太小，分析误差大。进样时间过长，样品超载，进样区带扩散，会引起峰之间的重叠，与提高分离电压一样，分离效果变差。

（7）样品前处理

毛细管电泳技术的高分离性能、试剂消耗少等特点，使其在分析领域得到了广泛的应用，但是其常规分析的灵敏度不能适应痕量分析的要求，限制了它的应用和推广。样品前处理技术可以提高样品通量或将痕量分析物进行预富集，去除样品基质，将其与毛细管电泳技术联用不仅可以提高分析灵敏度，还可以消除了大部分可能的基质干扰，是一种比较理想的富集分离检测技术。常用的有 CE-流动注射联用技术、固相萃取-CE 联用技术、固相微萃取-CE 联用技术、液相微萃取-CE 联用技术、微透析-CE 联用技术和膜萃取-CE 联用技术。

2.3.2.6 结合常数

生物体内，蛋白质是必不可少的生命物质，是药物的重要靶点之一。研究药物与蛋白质之间的相互作用，有助于了解药物在体内的运输和分布情况，对于阐明药物的作用机制、药代动力学及药物的毒性都有非常重要的意义。药物分子与蛋白质分子相互结合的主要部位是蛋白质上的碱性氨基酸残基，相互作用力主要有静电作用、氢键、疏水作用、范德瓦耳斯力和电荷转移作用。通常药物与蛋白质之间的相互作用并不是一种作用力单独作用，而是多种作用力协同作用，这种相互作用的量化参数就是药物与蛋白质的结合常数 K_a。结合常数 K_a 的测定方法现主要有荧光光谱法、红外光谱法、毛细管电泳法、核磁共振法、电化学法等。其中，毛细管电泳法以其效率高、速度快等优点被较多采用。Scatchard 模型是目前公认的测定药物与蛋白质结合常数的理论模型。

2.3.2.7 质谱联用

毛细管电泳-质谱（CE-MS）联用技术于 20 世纪 80 年代提出并建立（Olivares et al.，1987; Smith et al.，1988）。在 CE 中，紫外检测器由于通过样品的光程较短而灵敏度较低，特别是对一些紫外吸收较弱的化合物检测。近年，随着大气压电离（API）、电喷雾电离（ESI）及新型质谱仪的快速扫描等新技术的出现，足以克服 CE 峰形窄的缺点，CE-MS、CE-MS/MS 均得到快速发展，并正在成为实验室的重要常规分析方法之一。

质谱检测器具有如下特点：①与紫外、激光诱导荧光和电化学检测器相比，是一种通用型检测器；②由于选择性和专一性，弥补了样品迁移时间变化的不足；③检测灵敏度优于紫外分光光度法；④在检出峰的同时能给出分子量和结构信息；⑤某些质谱技术可以给出多电荷离子，与CE联用对分析大分子如糖、蛋白质等更有利。

CE的许多模式，如CZE、MEKC、CITP、CGE、ACE、CEC等都能与质谱检测器成功地连接，其中应用较多的仍是CZE-MS。MEKC由于添加表面活性剂形成的胶束会抑制样品离子的信号，因此MEKC-MS使用较少。与CE相连的MS最常用的电离方式是ESI，可以直接把样品分子从液相转移到气相，而且可以测定分子量较大的样品。与CE相连的质谱仪主要有三元四极杆（QQQ）质谱仪、离子阱（TTT）质谱仪、傅里叶变换离子回旋共振（FT-ICQ）质谱仪和飞行时间（TOF）质谱仪等，前两者较为常用。CE-MS常用的接口有无套管接口、液体接合接口和同轴套管流体接口3种，后两种接口均在毛细管流出部分引入补充流体，用于维持一个稳定的电喷雾流。CE-MS所使用的缓冲液最好易挥发、浓度低，以获得较好的离子流响应。与质谱相连的CE常使用含有高浓度有机溶剂（如甲醇、乙腈）的缓冲液或者使用非水毛细管电泳，有利于离子喷雾过程，可以增加检测灵敏度。天然植物药物各组分间、药物与其代谢物之间，往往结构比较相似，无论是分离还是鉴定用CE-MS都显示了优势。Cai和Henion（1995）用同轴套管流体接口、全扫描质谱方式分离了8种合成的异喹啉类生物碱，并对威氏黄柏（*Phenllodendron wilsonii*）树皮中的8种组分进行了分离并鉴定了其中的6种。此外，离子喷雾（ionspray，ISP）和大气压化学电离（atmospheric pressure chemical ionization，APCI）等也被应用在CE-MS中。

2.3.2.8 微全分析

1990年，瑞士Ciba-Geigy制药公司的Manz等首次提出微全分析系统（miniaturized total chemical analysis system，μ-TAS）的概念和设计，把微全分析系统的主要构型定位为一般厚度不超过5mm、面积为几至十几平方厘米的平板芯片（包括微阵列生物芯片和微流控分析芯片）。美国橡树岭国家实验室Ramsey等（1995）在Manz的工作基础上发展了微流控分析芯片并取得了重要进展。微流控分析系统将常规CE的原理和技术与流动注射进样技术相结合，借助微机械加工技术的手段，在平方厘米级大小的芯片上刻蚀出矩形或梯形管道和具有其他功能的单元，通过不同的管道网路、反应器、检测单元等的设计和布局，实现样品的采集、预处理、反应、分离和检测，是一种多功能化的快速、高效、高灵敏度和低消耗的微型装置。这是一个跨学科的新领域，其核心是将所有化学分析过程中的各种功能及步骤微型化，包括泵、阀、流动通道、混合反应器、相分离和试样分离、检测器、电子控制及转换点等。微流控分析系统可大大提高分析速度并降低分析费用。微流控分析系统通常也称为集成毛细管电泳（integrated capillary electrophoresis，ICE）。微流控分析系统开创了分析科学历史的新篇章，使分析科学进入了一个微型化、集成化和自动化的崭新世界。

2.3.2.9 应用领域

CE具有多种分离模式（多种分离介质和原理），故具有多种功能，因此其应用十分广泛，通常能配成溶液或悬浮溶液的样品（除了挥发性和不溶物）均能用CE进行分离和分析，小到无机离子，大到生物大分子和超分子，甚至整个细胞都可进行分离检测。它广泛应用于生命科学、医药科学、临床医学、分子生物学、法庭与侦破鉴定、化学、环境、海关、农学、生产过程监控、产品质检，以及单细胞和单分子分析等领域。

目前，CE被药物分析工作者在药品检验领域迅速推广应用。药物分析大致可以分为以下两部分：其一，原药的定量、原药中杂质的测定、药剂分析及对原药及其配伍成分稳定性的评价等以药品质量管理为目的的测定。要求有良好的选择性、适当的分析灵敏度和可靠的准确度等；其二，对进入人体内的药物或代谢物的吸收、分布、代谢、排泄等体内动态研究，即临床药物分析。这两部分的测定一般需要分离和检测手段相结合。

（1）CE在药物制剂分析中的应用

药物制剂成分复杂，除有效成分外，往往还含有一些有效成分的稳定剂或保护剂，一般几毫克的有效成分需要几十毫克的基体。CE具有排除高含量复杂基体干扰、检测痕量成分的能力，且只需简单预处理样品即可分析其有效成分含量，现已广泛应用于片剂、注射剂、糖浆、滴耳液、乳膏剂及复方制剂等各种剂型主药成分的定量测定。

（2）CE在药物杂质检查中的应用

药物合成时带入的杂质和药物的降解物通常与药物有相似的结构，而且一般含量很低。CE具有同时分离分析多组分、低含量物质的能力，故可以用作为检测药物杂质的手段。CE也可以用于药物生产过程中进行全方位控制与检测，以保证药物质量，提高工艺水平。已有用NACE测定己烯雌酚片及其降解物，用CE定量分析盐酸罗匹尼罗及其潜在杂质，用CZE分析伊班磷酸盐及其相关杂质，用CZE和CITP检测高舍瑞林中缩氨酸与反离子物质，用CZE定量检测半胱胺*S*-钠磷酸盐中杂质的报道。

（3）CE在中药分析中的应用

中药品种繁多、成分复杂且药材产地各异，无论是药材还是成药的分析，都是一项非常艰巨的任务。中药分析工作用现代化仪器设备和科技手段（如薄层色谱、高效液相色谱等）虽取得巨大进展与成就，但往往只是对药材和成药成百上千个成分中的一个或几个成分分析，实际只是一种象征性的代表式分析，与起化学和药理效应的实际组合成分（起码是有效成分）相比，仍有相当大的距离。随着利用CE对中药材及其有效成分鉴别与分析的快速发展，建立在此基础上的中成药和中药复方制剂中有效成分的定性、定量分析已有进展，且有希望解决长期困扰中药质量控制的重大难题。近年，已报道利用CE分析中药材18种、成药70种和有效成分120个以上。毛细管电泳法已广泛应用于中药有效成分分离和含量测定中，分离测定的成分包括生物碱、黄酮类、有机酸类、酚类、苷类、蒽醌类和香豆素类等。

（4）CE在手性药物分析中的应用

手性药物的每个对映异构体在生物环境中表现出不同的药效作用，在吸收、分布、代谢、排泄等方面存在立体选择性差异。为了能准确地了解药效和安全用药，发展和建立简单、快速的手性药物对映体分离分析方法，并用于临床研究和医药质量控制，显得日益迫切。CE因高效、快速、选择性强的特点而成为目前最有效的手性拆分方法。各种CE分离模式皆可用于对映异构体分离，因此手性拆分成为CE应用最活跃、最独特的领域。其中，添加剂法只需向电泳缓冲液中加入合适的手性试剂，在一定的分离条件优化即能实现手性分离。目前，主要的手性添加剂有环糊精类（CD）、冠醚类、大环抗生素、蛋白质等。

（5）CE在生物样本中药物及其代谢物分析中的应用

生物体内药物及其代谢物随时间与位置变化的研究，即药物动力学分析，在临床医学中有重要意义。利用非水溶剂可降低分析物与管壁的作用，降低由吸附所引起的峰拓宽并改善拖尾，同时可显著提高分析物的回收率，降低用管壁面积较大的毛细管进行分析时造成的分析物损失。近年来，用毛细管电泳进行生物样本中药物及其代谢物分析已成为研究热点。已有文献报道，可以用CE检测腺苷及其代谢物含量变化；用CE测定人血浆中的优降糖、甲福明二甲双胍、苯乙双胍含量；用CE-化学发光法检测人尿中儿茶酚胺的含量；用CZE-安培法测定尿中L-酪氨酸及其代谢物的浓度；用CZE测定人尿中两种巴比妥盐的浓度；用HPCE测定头孢克洛的血浆浓度；用CE测定血浆中甲硫氨酸的含量；用CE-电导法检测血清中丙戊酸的含量。

2.3.3　基于多维色谱的非胶分离技术

一般认为，由于从实际生物学样本中提取的蛋白质组样品复杂性很高，仅通过一维色谱分离无法达到满意的效果，多维液相色谱分离技术由此应运而生。多维液相色谱（multi-dimensional liquid chromatography，MDLC）是指通过具有不同分离原理的液相色谱的串联使用，提高分离系统的峰容量和分辨率，从而实现复杂样品充分分离的一种技术。多维液相色谱是一种新型分离技术，不存在分子量和等电点的限制，通过不同模式的组合，消除了二维凝胶电泳的歧视效应，具有峰容量高、便于自动化等特点。

为了使样品得到充分的分离，多种具不同分离原理的高效液相色谱（high performance liquid chromatography，HPLC）被灵活地结合运用。充分利用样品分子的各种理化特性，在每一个分离维度上都尽量达到较好的分离效果，在整体上有效降低了样品的复杂程度。在不断追求深入而全面地鉴定蛋白质的同时，多维液相色谱分离系统的维数也有所提高，出现了二维、三维甚至更高分离维度的系统。

2.3.3.1　二维液相色谱分离系统

为了有效分离利用鸟枪法产生的复杂肽段混合物，采用二维液相色谱分离系统（two dimensional liquid chromatography，2D-LC）结合两种具不同原理的HPLC，先后对肽段混合物进行两次分离。最常用的2D-LC是离子交换色谱-反相色谱。1999年，Yates实验室首次提出了将强阳离子交换（strong cation exchange，SCX）色谱-反相色谱（二维分离系统）和质谱连接，后来称为多维蛋白质鉴定技术（multi-dimensional protein identification technology，MudPIT）。通过一根前后两段分别装有SCX和PR填料的双相毛细管柱构建了在线SCX-RP分离系统。在这一方法中两维分离有着良好的正交性，在第一维SCX中通过增加盐浓度梯度台阶，使肽段混合物按照其带电状态分离，在第二维RP中则按照疏水性质分离，利用两种不同的色谱分离机制，将第一维色谱中分离程度较低的肽段继续在第二维色谱中进一步分离。另外，该系统中双相柱的使用，避免了阀切换系统和管路系统的死体积影响，在一定程度上提高了2D-LC的分离效率。该系统在2001年被应用于酵母细胞裂解液的蛋白质组检测中，一次实验能鉴定到1484个蛋白质，蛋白质性质分析发现，这些鉴定到的蛋白质涵盖较大的丰度范围和各种理化性质。为了进一步优化此系统，Wolters等（2001）使用挥发性盐进行SCX洗脱，以减少离子化阶段盐离子对肽段的抑制；另一些研究组为了实现在线除盐，发展了含有富集柱的柱切换系统，增加了二维色谱的兼容性。许多针对蛋白质组学研究而设计的商业化二维液相色谱分离系统，大多都采用了自动化技术比较成熟的强阳离子交换色谱-反相色谱串联系统。

在二维液相色谱分离系统中，除了由阳离子交换色谱进行第一维分离，其他几种具不同原理的色谱类型也能依据待研究样品的特性进行第一维分离。例如，肽段在发生磷酸化或糖基化修饰之后，电性发生了变化，亲水性增强，可以使用阴离子交换色谱（anion exchange chromatography，AXC）或亲水作用色谱（hydrophilic interaction chromatography，HILIC）分离。另外，还有诸如RP1-RP2（RP1和RP2分别在不同pH条件下运行）、SEC-RPLC。Gilar等（2005a）对多种二维液相色谱串联系统的正交性和分离能力进行了对比，包括SCX-RP、RP1-RP2、SEC-RP和HILIC-RP。其中，由于单维色谱类型本身有着较高的分离能力，以及肽段样品在两维色谱中洗脱情况差异较大，RP1-RP2、HILIC-RP和SCX-RPLC都有良好的正交性和峰容量。在二维液相色谱分离系统中，两种不同的色谱分离方法叠加，已经显示出了多维分离方法的高分离能力（Gilar et al.，2005b）。为了进一步提高复杂蛋白质组样品的鉴定深度和广度，研究者已经在此基础上发展了三维液相色谱分离系统，进一步提高了样品的分离程度。

2.3.3.2 基于肽段水平一维分离的三维液相色谱分离系统

为了进一步增加复杂蛋白质组样品的分离程度，直接的方法是在经典的二维液相色谱分离系统基础上，在前端加上一维肽段水平的预分离，建立肽段水平上的三维液相色谱分离系统。Wolters等（2001）在MudPIT法之前加入了基于肽段分离的一维离线反相色谱，将酵母细胞裂解液的酶解产物先按照极性差异分离为5个组分，鉴定到的蛋白质数目为不通过预分离直接进行MudPIT分析的2.1倍，体现了三维液相色谱系统潜在的分离能力。McDonald等（2002）将MudPIT法中所用的SCX-RP双相柱扩展为RP1-SCX-RP2三相柱，添加在最前端的RP的主要作用是在线除盐。以牛微管相关蛋白的肽段混合物为样品，与经典的MudPIT法相比，三相柱的蛋白质鉴定数目有所升高，表明有效的除盐步骤有助于样品的后续分离并可增加蛋白质的鉴定数目。不过，这里使用第一维RP1并没有真的将肽段分离为多个组分，因此不是完全的三维液相色谱分离系统，只是MudPIT法的初步延伸。Wei等（2005）用类似的三相柱（RP1-SCX-RP2）分离酵母细胞的全酶解产物。在这一系统中，通过对结合于第一维反相色谱柱（RP1）上的肽段进行分步洗脱，使RP1的功能由单纯的除盐扩展为真正意义上的肽段水平的色谱分离。酵母细胞可溶性蛋白的酶解产物通过96h的三维循环嵌套洗脱程序得到分离，一次实验能鉴定出1495个蛋白质，是经典MudPIT法的4.5倍；而且平均每个蛋白质对应5条独特肽段（unique peptide）。在同一系统下，如果RP1单纯用于除盐，仅能从相同的样品中鉴定到632个蛋白质，平均每个蛋白质只对应3.5条独特肽段，证明有效地利用RP1进行肽段分离，不仅能大大提高三维液相色谱分离系统鉴定蛋白质的能力，而且蛋白质鉴定的可信度更高。另外，在上样后该系统的分析过程完全实现了自动化，适合复杂样品的分析。

SEC也因为与二维液相分离系统中的SCX、RP具有不同的选择性而应用于三维液相分离系统中的第一维。Zhang等（2007）在SCX-RPLC-MS/MS的基础上，在前端加入了SEC进行预分离，将一次实验的蛋白质鉴定数目提高至二维分离方法的2.8倍，证实了肽段水平的三维液相色谱分离系统鉴定蛋白质的能力大大提高。以上的三维液相色谱分离系统在对组织、细胞裂解液或体液分析时一次检测到的蛋白质数与二维分离方法相比都有大幅提高，说明三维液相色谱分离系统能有效提高样品的分离程度，从而提升蛋白质鉴定的数量和可信度。但是，由于复杂样品的高丰度蛋白含量很大，酶解后产生的肽段通过肽段水平的HPLC分离后，常常会弥散在多个分离后的肽段组分中，影响这些组分中低丰度蛋白肽段的检测。这些来自低丰度蛋白的肽段在含量较少的情况下，又被来自高丰度蛋白的肽段所掩盖，在质谱检测时不占优势，很有可能被屏蔽，导致蛋白质鉴定效率难以进一步提高。

基于蛋白质水平一维分离的三维液相色谱分离系统　一些研究者提出蛋白质水平的一维预分离能有效克服肽段三维分离方法的缺点。从原理上看，蛋白水平的预分离与肽段水平的预分离相比具有更大的优势：①从分离对象来看，直接在蛋白质水平上分离，能够更有效地富集蛋白质；②从分子结构来看，蛋白质比肽段更加复杂，在各种物理化学性质方面（如分子大小、等电点、亲疏水性、电荷分布）差异更大，能产生更优的色谱选择性。一些分离实验表明，在蛋白质水平进行的预分离与之后酶解产物肽段水平的分离之间，即使使用相同的色谱分离模式，由于蛋白质和肽段的保留行为差异，也能充分利用每一维色谱分离的效果产生“假正交性”。因此，在多维液相色谱分离的第一步中，将分析物保持在蛋白质状态是更好的选择。事实上，在大多数将肽段水平二维液相色谱分离系统扩展为三维液相色谱分离系统的研究中，蛋白质水平的预分离较为常见。研究结果表明，当复杂的蛋白质组样品经过蛋白质水平预分离后，其酶解产物经二维液相色谱-质谱分析，会比复杂样品直接酶解进入肽段水平的三维液相色谱分离-质谱系统鉴定到更多的蛋白质。近年来，蛋白质水平第一维分离的多维液相色谱分离方法被应用于复杂性较高的蛋白质组学样品如血浆、组织裂解液等的分析中。目前在此类研究中，常见的用于蛋白质水平预分离的液相色谱模式有离子交换色谱、尺寸排阻色谱、反相色谱等。

基于离子交换色谱的蛋白质一维分离。离子交换色谱是蛋白质化学中广泛使用的样品分离方法，绝大多数蛋白质表面带有电荷，与离子交换色谱的原理吻合。同时离子交换色谱分离程度较高，能有效地在第一维就得到较好的分离效果。离子交换色谱是蛋白质组样品预分离采用的常规方法之一，早在 20 世纪 90 年代就有将其运用于二维凝胶电泳之前进行样品预分离的经验。阴离子交换色谱和阳离子交换色谱都可以用于蛋白质水平上的分离。Barnea 等（2005）用 SCX 对人血清样品进行蛋白质水平预分离，收集 5 个组分后在 MudPIT 系统下分析，鉴定到的蛋白质数量是直接进行 MudPIT 分析的 1.8 倍。Prieto 等（2008）将蛋白样品在 WAX 上通过盐浓度梯度洗脱，分离得到的 4 个组分酶解后在 SCX-RPLC-MS/MS 系统上继续分离鉴定。疟原虫的蛋白质组样品经检测后，鉴定到的 1253 个蛋白质中，有 384 个是采用直接 MudPIT 法或凝胶分离方法未曾鉴定到的。离子交换色谱还常与反相色谱联用，对复杂样品进行蛋白质水平上的分离。Jin 等（2005）利用 SCX-RP 二维色谱在蛋白质水平上分离人血浆蛋白质组。其中，蛋白样品在 SCX 上通过盐浓度梯度洗脱，二维分离后收集到 30 份蛋白质组分，其酶解产物经传统 RPLC-MS/MS 系统鉴定到 1292 个蛋白质。这一系统适用于复杂样品的分离和检测。Gao 等（2006）使用 SCX-RP 二维色谱，分离出高丰度蛋白组分和低丰度蛋白组分，并在酶解后用 RPLC-MS/MS 分析，与不去除高丰度蛋白直接鉴定相比，鉴定到的蛋白质数目是后者的 3 倍，说明经过蛋白质水平的预分离，不同丰度的蛋白质能够被有效地富集。除了可以单独使用 AX 或 CX，二者还能结合使用，并起到互补的效果。Hood 等（2005）在三维液相色谱分离系统的第一维同时用到了 WAX 和 WCX 两根色谱柱分离血清样品。上样时两柱相连，均有蛋白质吸附；洗脱时两柱断开，分别在增加的盐浓度梯度下分离蛋白质。酶解后的肽段用 SCX-RPLC-MS/MS 进一步分离和检测。这一方法利用阴、阳离子交换色谱对电性不同蛋白质的吸附偏好，成功分离了原先在单一柱中保留较弱的蛋白质。Ahamed 等（2007）在 SAX 柱上构建了 pH 由 10.5 变化至 3.7 的梯度，用含有 17 种蛋白质的标准混合样品和大肠杆菌裂解液测试后，均得到了较好的分离效果，而且其低盐浓度使得后续步骤更加兼容。Pepaj 等（2006）用 pH 9.0 ～ 3.5 的梯度分离了人唾液蛋白质组。Ning 等

（2008）在使用 SCX 柱分离血清样品时，将盐浓度梯度洗脱和 pH 梯度洗脱结合起来，蛋白样品在 SCX 柱上按照两种规律分离，充分开发了 SCX 的分离特性。由于增加了原理不同的分离维度，该方法不仅在蛋白质鉴定数目上有所提高，在蛋白质的理化性质检测上也有拓宽。离子交换色谱，从固定相材料来讲，有阴阳、强弱等不同的种类；从洗脱方式来讲，有盐浓度梯度洗脱和 pH 梯度洗脱等不同方法，能够灵活运用于蛋白质组样品的分离之中。离子交换色谱含水流动相和绝大多数蛋白样品都能够兼容，适用对象广泛。离子交换色谱较高的分离能力为多维液相色谱分离系统提供了很好的单维峰容量，有利于整体分离效果的提高。

基于尺寸排阻色谱的蛋白质一维分离。尺寸排阻色谱根据分子量大小来分离混合物，因此应用于蛋白质水平分离时，能够充分利用蛋白质组样品分子量范围广的特点，将不同大小的蛋白质分离至各组分。另外，由于样品的保留情况与流动相间无关，允许不同 pH、极性的流动相使用，还可以在流动相中加入尿素或其他变性剂来增加蛋白质溶解性，因此具有宽泛的样品适应能力。但是，尺寸排阻色谱在分离能力上明显逊于其他色谱类型如 IEX、HILIC、RP 等，限制了三维液相分离系统峰容量的提高。Jacobs 等（2004）以 SEC 进行蛋白质水平上的第一维分离，得到 6 个组分。将分离后的蛋白质组分酶解后，在 SCX 上分为 114 个肽段亚组分，继续用 RPLC-MS/MS 进一步分离和检测。从人类乳腺上皮细胞提取出的蛋白质在这一系统下检测后，鉴定到 1574 个蛋白质。Zhang 等（2007）在这一基本流程的基础上，用人类肝脏组织裂解液样品，比较了三维液相色谱分离系统中，第一维 SEC 分离发生在完整蛋白质水平、肽段水平上的不同鉴定效果。发现当样品在完整蛋白质水平上进行第一维 SEC 分离时，比肽段水平第一维分离多鉴定到 20% 的蛋白质。经计算，蛋白质水平预分离比肽段水平预分离有更小的蛋白质重叠率，表明前者能将不同蛋白质更有效地归于个数有限的组分中，达到了更好降低样品复杂性的效果。Garbis 等（2011）在分析良性前列腺增生患者的血清时，用 SEC 将血清样品在蛋白质水平上预分离，并且和免疫清除法预分离进行了对比。选用 SEC 预分离工作路线鉴定到的蛋白质数目是免疫清除法预分离的 3.5 倍，说明利用 SEC 预分离具有更高的分离效率。应用尺寸排阻色谱分离蛋白质混合物，能有效利用蛋白质混合物分子量差异大的特点，将不同蛋白质有效分离。但是，由于尺寸排阻色谱的样品保留时间只和固定相有关，无法通过改变流动相成分或洗脱参数来调整保留时间，只能靠增加流动相体积来洗脱蛋白质。这样，一方面造成了分离能力较低，无法进行更精细的分离；另一方面造成了样品稀释程度高，影响后续蛋白质回收。

基于反相色谱的蛋白质一维分离。反相色谱根据蛋白质的极性差异将其分离，通过在流动相中加入有机溶剂来调节保留情况。因此，用反相色谱分离通常会使蛋白质变性。另外，这一过程所引起的色谱出峰情况和温度有关，常在高温下进行，必要时还需加入尿素等变性剂辅助变性。Martosella 等（2005）建立了采用 mRP-C_{18} 柱的反相色谱蛋白质水平第一维分离的三维液相色谱分离方法。摸索反相色谱条件发现，在 80℃下有最好的出峰情况，而且优化流动相梯度后，第一维分离的蛋白质回收率达 98%。酶解后用 SCX-RPLC-MS/MS 继续分析，鉴定到了一些可能成为恶性淋巴癌分子标记的低丰度蛋白。由于反相色谱对极性较大的分子保留较好，该方法可应用于一些疏水性较强的蛋白质组样品分析中。Martosella 等（2006）将此方法应用于疏水性很强的人脑组织脂筏蛋白质组的研究中，鉴定到的蛋白质中有半数是膜蛋白。Zgoda 等（2009）按照类似的三维液相色谱分离方法，研究了小鼠肝脏细胞微体的蛋白质组。蛋白样品在 80℃下经过 mRP-C_{18} 柱分离为 4 份，相应的酶解产物再用二维液相色谱-串联质谱（2D-LC-MS/MS）分析，与不经过反相色谱预分离而直接采用 2D-LC-MS/MS

分析相比，鉴定到的蛋白质数量是后者的 2.2 倍，显示了反相色谱蛋白质水平预分离的有效性。作为具有较高的峰容量的色谱类型之一，用反相色谱分离蛋白质混合物能得到较高的峰容量。但有机溶剂流动相的使用，可能造成蛋白质变性，需要较为复杂的色谱条件和流动相成分。同时，变性后的蛋白质无法在后续步骤中保持原构象，因此分离的蛋白质组分一般会直接酶解，再进入肽段水平的分离和检测系统。

2.3.4　蛋白质芯片技术

蛋白质芯片技术是一种高通量的蛋白质功能分析技术，可用于蛋白质表达谱分析，研究蛋白质与蛋白质的相互作用，甚至 DNA-蛋白质、RNA-蛋白质的相互作用，筛选药物作用的蛋白质靶点等。

2.3.4.1　蛋白质芯片技术原理

蛋白质芯片技术的研究对象是蛋白质，其过程是对固相载体进行特殊的化学处理，再将已知的蛋白质分子产物固定其上（如酶、抗原、抗体、受体、配体、细胞因子等），根据这些生物分子的特性，捕获能与之特异性结合的待测蛋白质（存在于血清、血浆、淋巴、间质液、尿液、渗出液、细胞溶解液、分泌液等），经洗涤、纯化，再进行确认和生化分析。它为重要生命信息（如未知蛋白质组分、序列、体内表达水平、生物学功能、与其他分子的相互调控关系、药物筛选、药物靶位选择等）的获得提供了有力的技术支持。

（1）固体芯片的构建

常用的载体有玻片、硅、云母及各种材质膜片等。理想的载体表面是渗透滤膜（如硝酸纤维素膜）或包被了不同试剂（如多聚赖氨酸）的载玻片，可制成各种不同的形状。

（2）探针的制备

低密度蛋白质芯片的探针包括特定的抗原、抗体、酶、吸水或疏水物质、结合某些阳离子或阴离子的化学基团、受体和免疫复合物等具有生物活性的蛋白质。制备时常采用直接点样法，以避免蛋白质的空间结构改变，保持它和样品的特异性结合能力。高密度蛋白质芯片的探针一般为基因表达产物，如一个 cDNA 文库所产生的几乎所有蛋白质排列在一个载体表面，其芯池数目高达 1600 个 /cm^2，呈微矩阵排列，点样时需用机械手进行，可同时检测数千个样品。

（3）生物分子反应

使用时将待检的含有蛋白质的标本如尿液、血清、精液、组织提取物等，按一定程序做好层析、电泳、色谱等前处理，然后在每个芯池里点入需要的种类。一般，样品量只需 2 ～ 10μL。

根据测定目的不同，可选用不同探针结合或与其中含有的生物制剂相互作用一段时间，洗去未结合的或多余的物质，将样品固定一下等待检测即可。

（4）信号检测分析

直接检测模式是将待测蛋白质用荧光素或同位素标记，这样结合到芯片的蛋白质就会发出特定的信号，检测时用特殊的芯片扫描仪及相应的计算机软件进行数据分析，或将芯片放射显影后，再选用相应的软件进行数据分析。间接检测模式类似于 ELISA，标记第二抗体分子。以上两种检测模式均基于以阵列为基础的芯片检测技术。该技术操作简单、成本低廉，可以在单一测量时间内完成多次重复性测量。国外多采用质谱（mass spectrometry，MS）基础上的新技术，如表面增强激光解吸电离飞行时间质谱（SELDI-TOF-MS），可使吸附在蛋白质芯片上的靶蛋白离子化，在电场力的作用下计算出其质荷比，与蛋白质数据库配合使用，确定蛋白质片段的分子量和相对含量，可用来检测蛋白质谱的变化。光学蛋白质芯片技术是基于 1995 年提出的光学椭圆生物传感器的概念建立的，利用具有生物活性芯片的靶蛋白感应表面及生物分子的特异结合性，在光学椭偏成像下直接测定多种生物分子。

2.3.4.2 蛋白质芯片类型

蛋白质芯片主要有三类：蛋白质微阵列、微孔板蛋白质芯片、三维凝胶块芯片等。

（1）蛋白质微阵列

通过点样机械装置制作蛋白质芯片，将针尖浸入装有纯化蛋白质溶液的微孔中，然后移至载玻片上，在载玻片表面点上 1nL 的溶液，然后机械手重复操作，点不同的蛋白质。利用此装置大约可固定 10 000 种蛋白质，以研究蛋白质与蛋白质间、蛋白质与小分子间的特异性相互作用。首先用一层小牛血清白蛋白（BSA）修饰玻片，可以防止固定在表面上的蛋白质变性。由于赖氨酸广泛存在于蛋白质的肽链中，BSA 中的赖氨酸通过活性剂与蛋白样品所含的赖氨酸发生反应，使其结合在基片表面，并使一些蛋白质的活性区域露出。这样，利用点样装置将蛋白质固定在 BSA 表面上，制作成蛋白质微阵列。

（2）微孔板蛋白质芯片

Mendoza 等（1999）在传统微滴定板的基础上，利用机械手在 96 孔每一个孔的平底上点样 4 组同样的蛋白质，每组 36 个点（4×36 阵列），含有 8 种不同抗原和标记蛋白。可直接使用与之配套的全自动免疫分析仪测定结果。适合蛋白质的大规模、多种类筛选。

（3）三维凝胶块芯片

三维凝胶块芯片是美国阿贡国家实验室和俄罗斯科学院恩格尔哈得分子生物学研究所开发的一种芯片技术。三维凝胶块芯片实质上是在基片上点布 10 000 个微小聚丙烯酰胺凝胶块，每个凝胶块可用于靶 DNA、RNA 和蛋白质的分析。这种芯片可用于抗原抗体筛选和酶动力学反应研究。该系统的优点：凝胶条的三维化能加入更多的已知样品，提高检测灵敏度；蛋白质能够以天然状态分析，可以进行免疫测定，受体、配体研究和蛋白质组分分析。

2.3.4.3 蛋白质芯片技术应用

（1）基因筛选

Angelika 等（1999）从人胎儿脑 cDNA 文库中选出 92 个克隆的粗提物制成蛋白质芯片，用特异性的抗体对其进行检测，结果准确率在 87% 以上，而用传统的原位滤膜技术准确率只达到 63%。与原位滤膜技术相比，蛋白质芯片技术在同样面积上可容纳更多的克隆，灵敏度可达到皮克级。

（2）抗原抗体检测

MacBeath 和 Schreiber（2000）指出蛋白质芯片上的抗原抗体反应体现出很好的特异性，在一块蛋白质芯片上的 10 800 个点中，根据抗原抗体的特异性结合检测到了唯一的 1 个阳性位点。当这种特异性的抗原抗体反应一旦确立，就可以利用这项技术来度量整个细胞或组织中的蛋白质丰富程度和修饰程度。同时，利用蛋白质芯片技术，根据某一蛋白质与多种组分的亲和特征，筛选某一抗原的未知抗体，将常规的免疫分析微缩到芯片上进行，使免疫检测更加方便快捷。

（3）蛋白质筛选

常规的蛋白质筛选主要是在基因水平上进行，基因水平的筛选虽已被运用到任意的cDNA文库构建，但这种文库构建多以噬菌体为载体，通过噬菌斑转印技术（plaque life procedure）在一张膜上表达蛋白质。由于许多蛋白质不是全长基因编码，而且真核基因在细菌中往往不能产生正确折叠的蛋白质，况且噬菌斑转移不能缩小到毫米范围进行，因此这种方法具有局限性，需要通过蛋白质芯片来弥补。酶为一种特殊的蛋白质，可以用蛋白质芯片来研究酶的底物、激活剂、抑制剂等。

（4）蛋白质功能研究

蛋白质芯片为蛋白质功能研究提供了新的方法，合成的多肽及来源于细胞的蛋白质都可以用作制备蛋白质芯片的材料。Cagney等（2000）将蛋白质芯片引入酵母双杂交研究中，大大提高了筛选率。建立了含6000个酵母蛋白的转化子，每个具有可读框（ORF）的融合蛋白作为酵母双杂交反应中的激活区，用蛋白质芯片检测到192个酵母蛋白与其发生阳性反应。

（5）生化反应检测

酶活性的测定一直是临床生化检验中不可缺少的部分。利用常规的光蚀刻技术制备芯片，酶及底物加到芯片上的小室，在电渗作用中使酶及底物经通道接触，发生酶促反应。通过电泳分离，可得到荧光标记的多肽底物及产物的变化，以此来定量酶促反应结果。动力学常数的测定表明该方法是可行的，而且荧光物质稳定。Arenkov等（2000）进行了类似的实验，他们制备的蛋白质芯片的一大优点是可以反复使用多次，大大降低了实验成本。

（6）药物筛选

疾病的发生发展与某些蛋白质的变化有关，如果以这些蛋白质构筑芯片，对众多候选化学药物进行筛选，直接筛选出与靶蛋白作用的化学药物，将大大推进药物的开发。蛋白质芯片有助于了解药物与其效应蛋白的相互作用，并可以在对化学药物作用机制不甚了解的情况下直接研究蛋白质谱。还可以将化学药物作用与疾病联系起来，如判定药物是否具有毒副作用和判定药物的治疗效果，为指导临床用药提供实验依据。另外，利用蛋白芯片技术还可对中药的真伪和有效成分进行快速鉴定与分析。

（7）疾病诊断

蛋白质芯片技术在医学领域中有着广阔的应用前景。蛋白质芯片能够同时检测生物样品中与某种疾病或者环境因素损伤可能相关的全部蛋白质的含量情况，即表型指纹（phenomic fingerprint）。表型指纹对监测疾病的过程或预测、判断治疗的效果也具有重要意义。Ciphelxen Biosystems公司利用蛋白质芯片检测来自健康人和前列腺癌患者的血清样品，在短短的3d之内发现了6种潜在的前列腺癌生物学标记。Englert将抗体点在基片上，用它检测正常组织和肿瘤之间蛋白质表达的差异，发现有些蛋白质，如前列腺组织特异性抗原、明胶酶蛋白的表达在肿瘤的发生发展中起着重要的作用，给肿瘤的诊断和治疗带来了新途径。应用蛋白质芯片于临床上还发现仅存在于乳腺癌患者中的28.3kDa蛋白质；仅存在于结肠癌及其癌前病变患者血清中的13.8kDa特异相关蛋白。

2.3.4.4　蛋白质芯片优点

蛋白质芯片具有以下优点：①直接使用初级生物样品（血清、尿、体液）进行分析；②同时快速发现多个生物标志物；③样品量小；④具高通量的验证能力；⑤能发现低丰度蛋白；⑥可测定疏水性蛋白，与双向电泳结合飞行时间质谱相比，增加了测定疏水性蛋白的功能；⑦在同一系统中集发现和检测为一体，特异性高，利用单克隆抗体芯片可鉴定未知抗原/蛋白质，以减少测定蛋白质序列的工作量；⑧可以定量，由于结合至单克隆抗体芯片上的抗体是定量的，故可以测定抗原量，但一般飞行时间质谱不用于定量分析；⑨功能广，利用单克隆抗体芯片不仅可替代蛋白质印迹法，还可与流式细胞仪互补，如将细胞溶解，测定细胞内的抗原，而且灵敏度远高于流式细胞仪。

2.4 蛋白质组鉴定技术

质谱技术是蛋白质组鉴定的核心技术。质谱（MS）是带电原子、分子或分子碎片按质荷比（或质量）的大小顺序排列成的图谱。质谱仪是一类能使物质粒子转化成离子并通过适当的电场、磁场将它们按空间位置、时间先后或者轨道稳定与否实现质荷比分离，并检测强度后进行物质分析的仪器。质谱仪主要由分析系统、电学系统和真空系统组成。

质谱分析的基本原理是，样品分子（或原子）在离子源中离子化成具有不同质量的单电荷分子离子和碎片离子，这些单电荷离子在加速电场中获得相同的动能后形成一束离子，进入由电场和磁场组成的分析器，离子束中速度较慢的离子通过电场后偏转大，速度快的偏转小；在磁场中离子发生与角速度矢量相反的偏转，即速度慢的离子偏转大，速度快的偏转小；当两个场的偏转作用彼此补偿时，它们的轨道便相交于一点。与此同时，在磁场中还能发生质量的分离，这样就使具有同一质荷比而速度不同的离子聚焦在同一点上，不同质荷比的离子聚焦在不同的点上，其聚焦面接近于平面，在此处用检测系统进行检测即可得到不同质荷比离子的谱线，即质谱。通过质谱分析，我们可以获得分析样品的分子量、分子式、分子中同位素构成和分子结构等多方面的信息。

质谱的研发历史要追溯到19世纪。1886年Goldstein发明了早期质谱仪器常用的离子源，20世纪初Thomson创制了抛物线质谱装置，1919年Aston制成了第一台速度聚焦型质谱仪，成为质谱发展史上的里程碑。1942年第一台单聚焦质谱仪实现商品化。最初的质谱仪主要用来测定元素或同位素的原子量，随着离子光学理论的发展，质谱仪不断改进，其应用范围也在不断扩大，到20世纪50年代后期已广泛地应用于无机化合物和有机化合物的测定。

现今，质谱分析的足迹已遍布各个学科的技术领域，在固体物理、冶金、电子、航天、原子能、地球和宇宙化学、生物化学及生命科学等领域均有着广泛的应用。质谱技术在生命科学领域的应用，为质谱的发展注入了新的活力，形成了独特的生物质谱技术。

2.4.1 生物质谱技术

20世纪80年代末期，两项软电离质谱技术——基质辅助激光解吸电离（matrix assisted laser desorption/ionization，MALDI）和电喷雾电离质谱（electrospray ionization mass spectrometry，ESI-MS）的发明，使得传统的主要用于小分子物质的有机质谱技术取得了突破性进展。基质辅助激光解吸电离技术和电喷雾电离质谱技术具有灵敏度高、通量高、质量高和检测范围广等特点，使得在pmol/L（10^{-12}mol/L）甚至fmol/L（10^{-15}mol/L）水平上准确地分析分子量高达几万到几十万的生物大分子成为可能，从而使质谱技术真正走入了生命科学的研究领域，并得到迅速发展。

2.4.1.1 基质辅助激光解吸电离飞行时间质谱

基质辅助激光解吸电离飞行时间质谱（MALDI-TOF-MS）是近年来发展起来的一种新型

的软电离生物质谱，主要由主机、计算机控制系统、打印机、仪器控制系统和应用软件组成（图 2-5）。主机由基质辅助激光解吸电离（MALDI）离子源、“V”形飞行管（time of flight，TOF）、线性和反射离子检测器、激光器、真空系统、电子控制系统和数据处理系统等几部分组成。MALDI 离子源主要由样品靶、脉冲离子引出或延迟引出单元、离子透镜、样品靶机械手、高倍数靶位视频监视器、高压电源和控制系统等部分组成（图 2-5）。

图 2-5 德国布鲁克（Bruker）公司的 MALDI-TOF-MS（autoflex 型号）

MALDI-TOF-MS 的基本原理是将微量蛋白质与过量小分子基质分子（烟酸及其同系物）的混合液体点到样品靶上，经加热或风干形成共结晶，然后放入离子源内，当用激光（337nm 的氮激光）照射靶点上的晶体时，基质分子经辐照后吸收能量蓄积而迅速产热，从而使基质晶体升华，导致蛋白质电离和气化并进入气相。电离的结果通常是基质分子转移到蛋白质上，气化离子在电场的作用下进入飞行管进行质量分离，再经离子检测器和数据处理得到质谱图。MALDI 的最大优点是能耐受较高浓度的缓冲液、盐和去垢剂的存在。但是，高质量质谱图的获得需要尽可能去除盐和去垢剂等，一个快速的方法是采用冷水对已形成的晶体进行简单的清洗以去除盐及杂质。MALDI 所产生的质谱图多为单电荷离子，因而质谱图中离子与多肽的峰面积和蛋白质的质量一一对应。MALDI 所产生的离子常用飞行时间（TOF）质量检测器来检测，两者连用称为基质辅助激光解吸电离飞行时间质谱（MALDI-TOF-MS）。TOF 质量检测器的原理是离子在电场作用下加速飞过飞行管道，根据离子到达检测器的飞行时间不同，即离子的质荷比（m/z）与飞行时间成正比检测。理论上，只要飞行管有足够的长度，TOF 质量检测器可检测分子的质量数是没有上限的。MALDI-TOF-MS 具有灵敏度高、准确度高及分辨率高等特点，适用于混合物和蛋白质、多肽、核酸、多糖等生物大分子的测定。

1993 年，5 个研究小组分别提出了肽质量指纹（peptide mass fingerprint，PMF）图谱的概念，即蛋白质或多肽被特异性的酶如胰酶 Trypsin、Lys-C 等酶切后，再用质谱进行肽混合物质量测定，会得到一套特征性肽质量指纹图谱，这种特征性像指纹一样，每种蛋白质均具有特定的肽质量指纹图谱，然后通过与数据库中所有蛋白质的理论酶解肽质量相匹配来鉴定蛋白质。得到酶解肽质量指纹图最快的方法是通常与飞行时间（TOF）和质谱结合的 MALDI-TOF-MS。这种方法仅需要少量体积的酶解肽段溶液点在 MALDI 板上，余下的可以进行 ESI-MS/MS 分析。商业化的 MALDI-TOF-MS 最多装有 1024 个样品靶位，软件可以自动进行数据采集。样品制备是获得较好肽质量指纹图谱的关键。如果样品同源，使用最佳的肽、底物比例，几次激光发射就可以不搜寻样品位置而获得较好的谱图（图 2-6）。

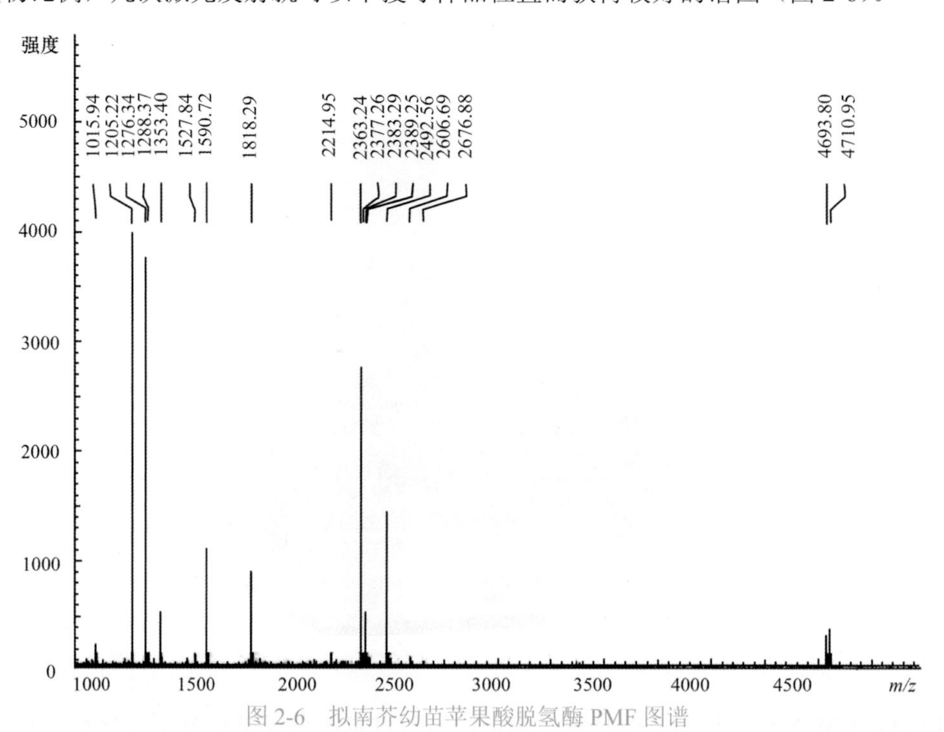

图 2-6　拟南芥幼苗苹果酸脱氢酶 PMF 图谱

近年来，采用基质晶体沉淀的母型结晶层的样品制备技术，使得每个样品在 15s 内使用 16 次激光发射，就可获得谱图。一般来说，所有峰强度 1000 以上的峰都是带单个电荷的肽，易得到数据，也能获得较高的信噪比。目前，使用质荷比范围在 800 ～ 3000*m/z* 的自然内标，如胰酶自切峰做内标能将误差保持在 5×10^{-6} 以下。如果数据库能提供肽质量指纹图谱，就能很快鉴定出蛋白质，但在检索基因组或 EST 数据库时，该技术不易成功。使用两种以上数据库交叉检索可以减少随机的噪声因素。对于 PMF 质谱仪、MALDI-TOF-质谱仪，质量误差范围是非常重要的参数。现在 MALDI-TOF-质谱仪引用了离子反射器和延迟提取技术，通过内标校正，质量误差可以达到 10×10^{-6} ～ 30×10^{-6}，鉴定一个蛋白质通常需要匹配 4 ～ 5 个肽段的质量，达到 20% 的序列覆盖度。

2.4.1.2　纳升电喷雾离子化质谱

Fenn 等（1989）首次用电喷雾离子化质谱（ESI-MS/MS）技术，在 pmol/L 甚至 fmol/L 水平成功检测了核酸和蛋白质等生物大分子的质量及片段序列。由此将电喷雾离子化质谱技术引入生命科学领域，他因此于 2003 年获得诺贝尔化学奖。

纳升电喷雾离子化质谱工作原理：在 ESI 源中，含有多肽或蛋白质的溶液流经一个细小的进样针，在针的出口处施加高电压（1000 ～ 5000V）用于产生正离子，高电压使样品液流分散为雾状的带高电荷的微小液滴。在质谱仪入口端的带孔平板上加 100 ～ 1000V 的低电压，引导离子通过入口，这一入口是离子源和质谱仪的连接处，离子源处于大气压环境，而质谱仪处于真空状态中。当液滴从针尖通往入口时，在定向惰性气体流的作用下溶剂蒸发，液滴表面缩小，液滴电荷密度增加，最终导致液滴爆裂，离子从液相中释放出来进入气相。离子通过入口后，在一个带有射频场的四极杆控制下进入质量分析器。质量分析器可以是四极杆、四极杆-飞行时间或离子阱。ESI 产生的多肽离子的特征是带多电荷，电荷数与肽分子中可电离的基团数目有关。如果用 ESI-MS 正离子模式分析胰酶酶切肽段，大多数肽段至少会带两个电荷，一个在 N 端的 NH_2 基团上，另一个在 C 端碱性氨基酸的侧链上（图 2-7）。

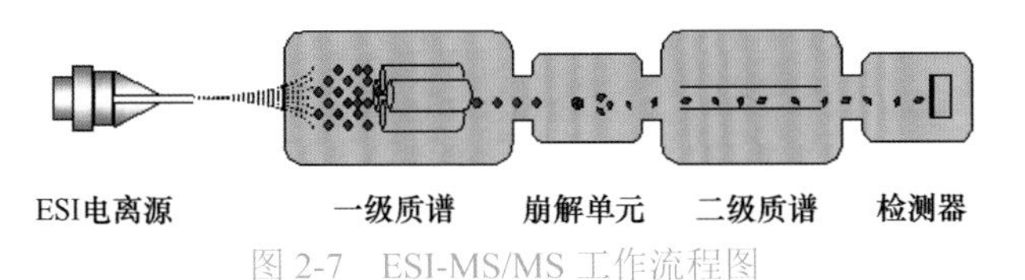

图 2-7　ESI-MS/MS 工作流程图

纳升电喷雾离子化质谱的离子源结构特殊，经其产生的液滴比普通电喷雾质谱产生的液滴细小，因而可有效利用样品，减少损失，提高灵敏度。该方法特别适用于微量样品的分析，如用纳升电喷雾离子化质谱成功鉴定经 SDS-PAGE 分离的蛋白质。

串联质谱的肽序列标签：用 PMF 方法只有在 MALDI-TOF-MS 分析中匹配到 4 个以上肽段质量，并且数据库中存在这种蛋白质，才能得到阳性鉴定。实际上，有一部分蛋白质用 PMF 方法不能得到可靠的鉴定结果。因此，需要进一步获得肽段的序列信息，即肽序列标签（peptide sequence tag，PST），一般用 ESI-MS/MS 测得。

Eng 等（1994）提出了用串联质谱碎裂方式进行单个多肽鉴定的概念，类似于肽质量指纹图谱鉴定方法。20 世纪 80 年代 Hunt 小组提出低能量的三级、四极杆质谱仪与 Biemann（1990）提出高能量的扇形磁场质谱开创了串联质谱的历史。第一质量扫描阶段用于分离离子通过含有碰撞气体（如氩气）的高压区加速前产生的单个多肽离子；第二质量扫描阶段用来测定碰撞诱导解离（collision-induced dissociation，CID）产生的多肽碎片质量。利用装有离子闸门和反射镜的 TOF 仪器，通过增加激光能量，即可获得源后衰变（postsource decay，PSD）谱。在羽流膨胀（plume expansion）和离子加速阶段，多肽离子与基质多次碰撞，导致大部分 MALDI 产生的离子在到达质量检测器前延迟碎裂。肽段离子断裂的方式具有序列特异性，主要是沿肽骨架的肽键断裂。如果肽离子的正电荷保留在碎片离子的 N 端，从 N 端起氨基酸残基数目为 1，这些离子统称为 b 离子。因此，b 离子代表 C 端缺失、N 端完整的碎片离子。如果正电荷保留在碎片离子的 C 端，从 C 端起氨基酸残基数目为 1，这些离子称为 y 离子。利用多肽的碎片质量可以在序列数据库中搜索类似的多肽（图 2-8）。

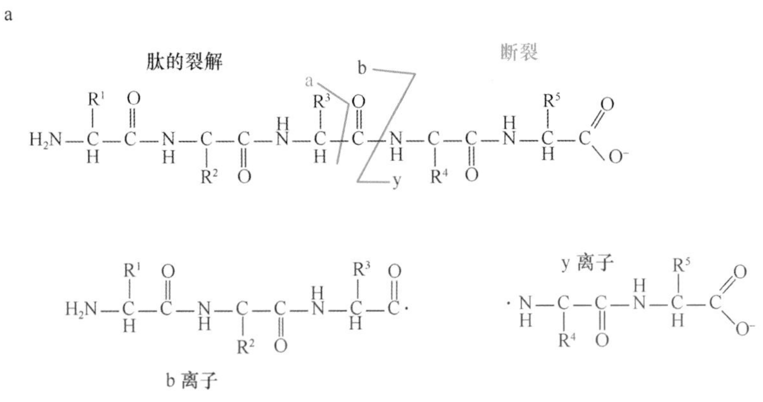

a

肽的裂解　　断裂

b 离子　　y 离子

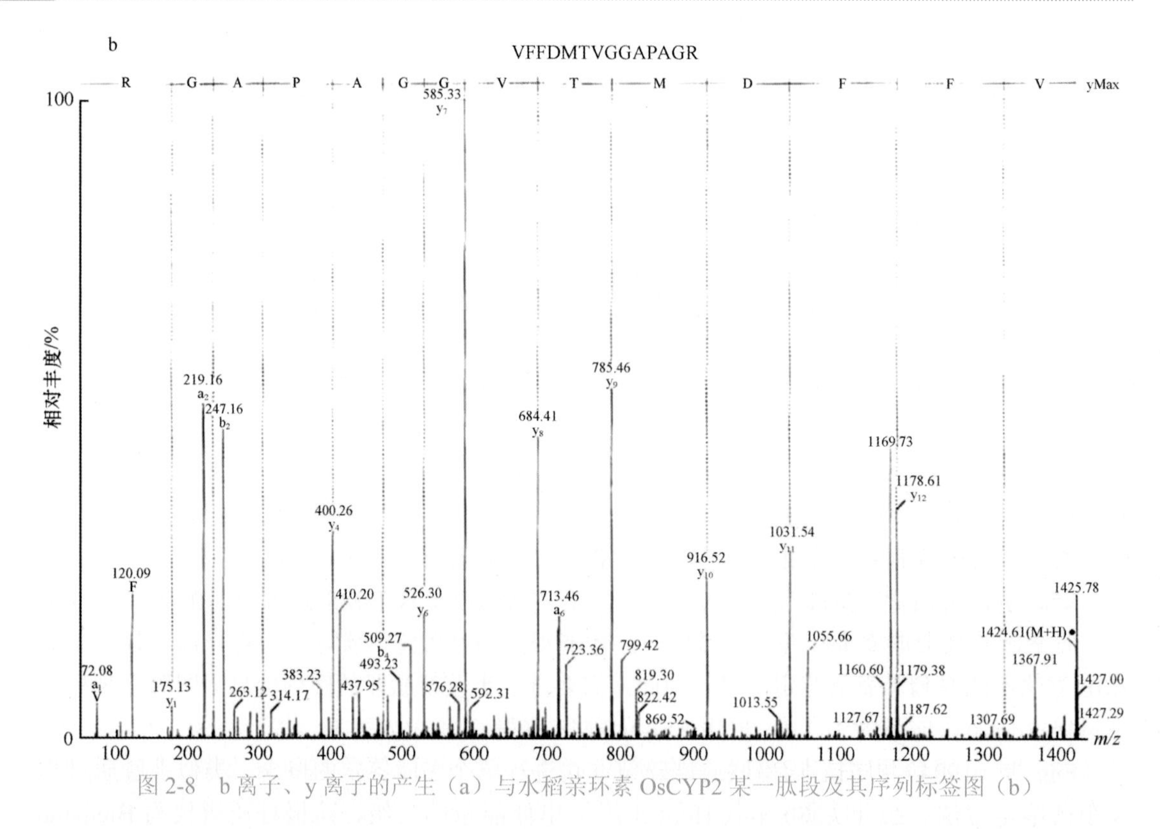

图 2-8 b 离子、y 离子的产生（a）与水稻亲环素 OsCYP2 某一肽段及其序列标签图（b）

2.4.1.3 生物质谱技术应用

生物质谱技术可用于蛋白质和多肽分析的以下几个方面。

（1）分子量测定

分子量是蛋白质、多肽最基本的物理参数之一，是蛋白质、多肽识别与鉴定中首先需要测定的参数，也是基因工程产品报批的重要数据之一。分子量正确与否往往代表着所测定的蛋白质结构正确与否，或者意味着一个新蛋白质的发现。生物质谱可测定的生物大分子分子质量高达 40 万 Da，准确度高达 0.001% ～ 0.1%，远远高于目前常规应用的 SDS-PAGE 与高效凝胶色谱技术。

（2）肽谱测定

肽谱是确认基因工程重组蛋白结构的重要指标，也是蛋白质组研究中识别大规模蛋白质和发现新蛋白质的重要手段。通过与特异性蛋白酶解相结合，生物质谱可测定肽质量指纹图谱（peptide mass fingerprint，PMF），并给出全部肽段的准确分子量，结合蛋白质数据库检索，可实现对蛋白质的快速鉴别和高通量筛选。PMF 常和胶上原位酶解相结合，成为蛋白质组研究中必不可少的一种手段。此外，根据肽段质量数变化，可对基因产品的插入、缺失、突变进行对比分析。

（3）肽序列测定

构成蛋白质的常见氨基酸有 20 种，一段含 3 个氨基酸的肽段碎片将有 8000 种可能的排列方式，含 4 个氨基酸将有 160 000 种排列方式，即一个特定的含 4 个氨基酸序列的出现概率为 1/160 000。因此，即使对于一个相当大的蛋白质组，含 5 ～ 6 个氨基酸残基的序列片段已具有很高的特异性。串联质谱技术可直接测定肽段的氨基酸序列，从一级质谱产生的肽段

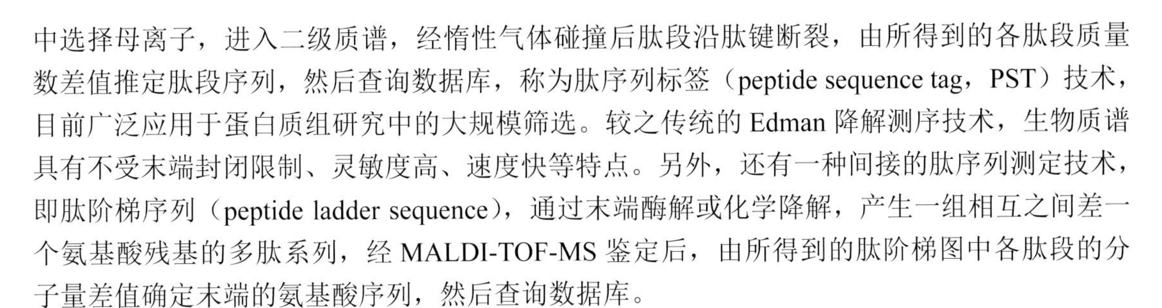

中选择母离子，进入二级质谱，经惰性气体碰撞后肽段沿肽键断裂，由所得到的各肽段质量数差值推定肽段序列，然后查询数据库，称为肽序列标签（peptide sequence tag，PST）技术，目前广泛应用于蛋白质组研究中的大规模筛选。较之传统的 Edman 降解测序技术，生物质谱具有不受末端封闭限制、灵敏度高、速度快等特点。另外，还有一种间接的肽序列测定技术，即肽阶梯序列（peptide ladder sequence），通过末端酶解或化学降解，产生一组相互之间差一个氨基酸残基的多肽系列，经 MALDI-TOF-MS 鉴定后，由所得到的肽阶梯图中各肽段的分子量差值确定末端的氨基酸序列，然后查询数据库。

（4）巯基和二硫键定位

二硫键在维持蛋白质和多肽三级结构与正确折叠中具有重要作用，同时是研究翻译后修饰经常面临的问题，自由巯基在亚基之间及蛋白质与其他物质相互作用研究中具有重要意义。利用碘乙酰胺、4-乙烯吡啶、2-巯基苏糖醇等试剂对蛋白质进行烷基化和还原烷基化，结合蛋白质酶切、肽谱技术，利用生物质谱准确测定分子量，可实现对二硫键和自由巯基的快速定位与确定。这在含有多二硫键结构的活性多肽与蛋白质研究中有重要用途。

（5）蛋白质翻译后修饰研究

蛋白质在翻译中或翻译后为满足不同功能会发生 20 多类修饰，其中最常见的是磷酸化和糖基化，这些修饰将影响蛋白质的电荷数、疏水性、构象和稳定性，进而影响其生物活性，因此，在评估基因工程重组蛋白时，翻译后修饰被认为是影响其活性的一个重要因素。传统的 Edman 降解测序技术会破坏蛋白质修饰，肼解方法虽能得到糖链并鉴定，但不能进行糖链的准确定位。结合肽质量指纹图谱和脱磷酸酶作用，目前已可以用 MALDI-TOF-MS 对双向电泳分离的蛋白质磷酸化位点进行定位。凝集素可对糖链进行特异性吸附，利用这一性质，可用凝集素对糖蛋白酶解后的肽混合物进行选择性吸附，用 MALDI-TOF-MS 测定质量，再用糖苷酶降解含糖肽，质谱测定后即可确定糖链的大小，结合不同的酶解方式可确定糖基化位点，选择不同的凝集素，还可确定糖链的连接方式。串联质谱技术中离子扫描模式可以快速选择被修饰片段，然后可根据特征丢失确定修饰类型，是目前对蛋白质翻译后修饰进行识别与鉴定最有效的分析手段。这方面的研究已有大量文献报道。鉴于修饰的多样性，目前已有人结合生物质谱技术，通过分析数千例蛋白质翻译后修饰，建立了蛋白质修饰数据库 FindMod，其完善和发展必将推动蛋白质大规模鉴定的进程。

（6）生物分子相互作用研究

非共价蛋白复合体与其他生物分子相互作用在信号转导、免疫反应等生命过程中起重要作用。软电离技术的发展，促进了生物质谱在蛋白复合体研究中的应用，目前已涉及分子伴侣的蛋白质折叠作用、蛋白质-DNA 复合物、RNA-多肽复合物、蛋白质-过渡金属复合物及蛋白质-SDS 加合物等多种类型复合物的结构及结合位点研究。

（7）多糖结构测定

多糖的免疫功能是近年来研究的热点领域，其结构的测定是功能研究的基础。多糖不像蛋白质和核酸，其少数分子由于连接位点的不同而形成复杂多变的结构，因而难以用传统的化学方法研究。生物质谱具备了测定多糖结构的功能，配以适当的化学标记或酶降解，可对多糖结构进行研究。采用 MALDI-TOF-MS 已对糖蛋白中的寡糖侧链进行了分析，包括糖基化位点、糖苷键类型、糖基连接方式、寡糖序列等。与传统的化学方法相比，质谱技术具有操作简便、省时、结果直观等特点。

（8）寡核苷酸和核酸分析

目前，生物质谱已经实现对含数十个碱基的寡核苷酸的分子量和序列测定，此技术可用于天然或人工合成寡核苷酸的质量控制。人类基因组有 3.0Gb，但目前与疾病相关的只是少数可变的基因。基因库中有一个很丰富的资源，即 300 万个单核苷酸多态性（SNP）片段，SNP 是一类由单碱基变异引起的 DNA 多态性，由于其位点丰富（约 1000 个碱基有一个 SNP 片段），在鉴定和表征与生物学功能和人类疾病相关的基因时，可作为关联分析的基因标记。SNP 不一定要准确定位，关键是测定其在种群中出现的频率及其遗传和表型的关系，这便需要高通量的测定技术。生物质谱可以通过准确测定分子量，确定 SNP 与突变前多态性片段分子量的差异，如碱基由 A 突变为 C 后 SNP 分子量增加 24.025，突变为 G 时 SNP 分子量增加 15.999，由分子量的变化可推定突变方式。一种快速而经济的方法是利用目前不断成熟的 DNA 芯片技术和质谱检测相结合，将杂交至固定化 DNA 阵列上的引物进行 PCR 扩增，直接用质谱对芯片上 SNP 进行检测，该法将所需样品的体积由微升减至纳升，且有利于自动化和高通量的测定。Griffin 等（1999）用浸入剪切分析（一种不经 PCR 可以直接进行 SNP 分析的信号放大方法）结合 MALDI-TOF-MS 分析人类基因组 SNP，该法既节省时间，又可进行高通量分析，有利于特异性基因的定位、鉴定和功能表征。

（9）DNA 损伤分析

DNA 在内环境中温度、pH、机体代谢过程产生的超氧化物自由基，外环境中各种化学物质（如烷化剂）、物理因素（紫外线等）各种条件的作用下都可能发生损伤，若损伤不能及时修复，就会产生严重的生物学后果。DNA 损伤不仅包括 DNA 分子中的碱基损伤，还包括脱氧核糖和磷酸损伤，其中碱基损伤最厉害，造成的后果也最严重。关于碱基错配、电离辐射导致的串联损伤、活性氧损伤、过渡金属 Cr(Ⅲ) 复合物与 DNA 作用引发的损伤、致癌剂导致的 DNA 损伤等的生物质谱研究有较多报道。

（10）药物代谢研究

近年来质谱在药物代谢研究方面的应用进展迅速。主要用其研究药物在体内发生的变化，阐明药物作用的部位、效果的强弱、时效及毒副作用，从而为药物设计、合理用药提供实验和理论基础。特别是采用生物技术获得的大分子药物的体内代谢研究，利用传统的研究手段难以取得进展。体内药物或其代谢物浓度一般很低，而且很多情况下需要实时检测，而质谱的高灵敏度、高分辨率、快速检测为代谢物鉴定提供了保证。LC-ESI-MS/MS 在这方面有独特的优势，由于对液态样品和混合样品的分离能力高，可通过二级离子碎片寻找原型药物并推导其结构，LC-ESI-MS/MS 已广泛地应用于药物代谢研究中一期生物转化反应产生和二期结合反应产物的鉴定、复杂生物样品的自动化分析、代谢物的结构阐述等。

（11）微生物鉴定

微生物的检验在环境监测、农产品分析、食品加工、工业应用、卫生机构维护及军事医学中都很重要，其重点主要在于微生物的分类鉴定。由于微生物成分一般不是特别复杂，目前的 ESI 和 MALDI 技术已可以在其全细胞水平开展。

在对微生物全细胞蛋白质成分鉴定时，可用 MALDI-TOF-MS 或 ESI-MS 对裂解细胞直接检测，测定其全细胞指纹谱，找出种间和株间特异保守峰作为生物标志（biomarker），以此来进行识别。美国军方已经开展这方面的研究，其目的是通过大量指纹谱的测定，构建数据库，以实现对细菌等微生物的快速鉴定。细菌鉴定的另一个主要方法是测定细菌的脂肪酸图，即将细菌脂类水解后释放出脂肪酸，将这些脂肪酸甲基化后分离检测所得到的图谱。传统上用气相色谱（GC）分离，火焰离子检测器检测，速度慢且麻烦，而软电离质谱技术的出现大大提高了其鉴定速度。有报道用热裂解甲基化法结合离子阱质谱来区分 20 多种细菌。除了生物标志和脂肪酸图，也有人用细菌糖类化合物作图作为细菌鉴定的依据，同时用它来描述细胞所处的生理状况。

2.4.2 酵母双杂交系统

酵母双杂交系统（yeast two-hybrid system）技术是在真核模式生物酵母中研究活细胞内蛋白质互作，对蛋白质之间微弱的、瞬间的作用也能够通过报告基因的表达产物敏感地检测到，它是一种具有很高灵敏度的研究蛋白质之间关系的技术。大量的研究文献表明，酵母双杂交技术既可以用来研究哺乳动物基因组编码的蛋白质之间的互作，也可以用来研究高等植物基因组编码的蛋白质之间的互作。因此，它在许多研究领域中有着广泛的应用。

酵母双杂交系统是基于真核生物转录因子的结构而建的。由于转录因子的结构是组件式的，往往由两个或两个以上相互独立的结构域构成，其中包括 DNA 结合结构域（binding domain，BD）和转录激活结构域（activation domain，AD），它们是转录激活因子发挥功能所必需的（图 2-9）。单独的 BD 虽能与启动子结合，但是不能激活转录。而由不同的转录激活因子的 BD 和 AD 形成的杂合蛋白仍然具有正常的激活转录功能。例如，酵母细胞 Gal4 蛋白的 BD 与大肠杆菌的一个酸性激活结构域 B42 融合得到的杂合蛋白仍然可结合到 Gal4 结合位点并激活转录（图 2-10）。

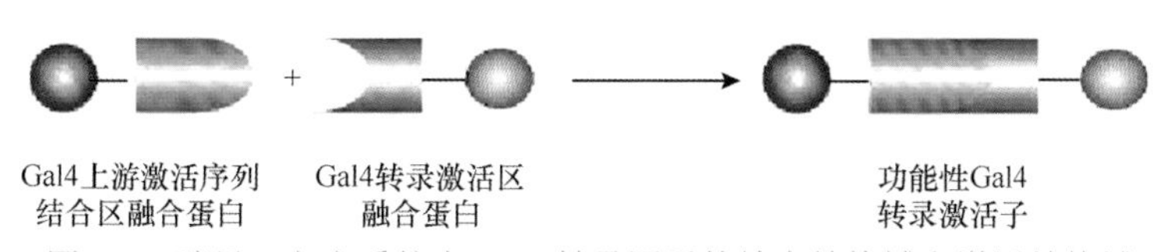

图 2-9　酵母双杂交系统中 Gal4 转录因子的结合结构域和激活结构域

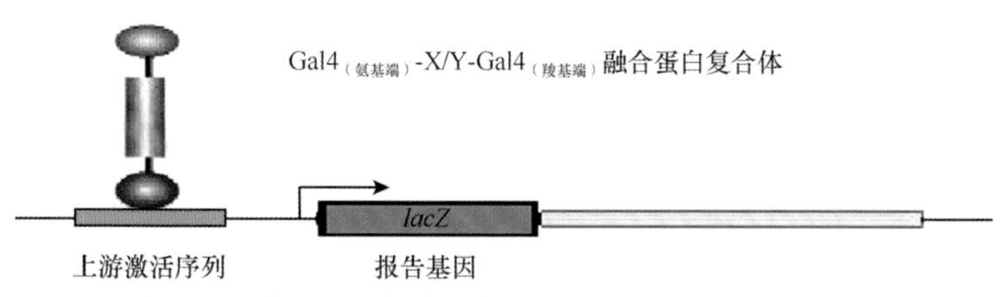

图 2-10　酵母双杂交系统中 Gal4 转录激活报告基因 *lacZ*

根据这个特性，将编码 DNA-BD 的基因与已知蛋白 Bait protein 的基因构建在同一个表达载体上，在酵母中表达两者的融合蛋白 BD-Bait protein，将编码 AD 的基因和 cDNA 文库的基因构建在 AD-LIBRARY 表达载体上，同时用上述两种载体转化改造后的酵母。这种转化后的酵母细胞基因组既不能产生 Gal4，又不能合成 Leu、Trp、His、Ade，因此在缺乏这些营养的培养基上无法正常生长。当上述两种载体所表达的融合蛋白能够相互作用时，功能重建的反式作用因子能够激活酵母基因组中的报告基因 *lacZ*、*HIS3*、*ADE2*、*MEL1*，从而通过功能互补和显色反应筛选到阳性菌落。将呈阳性反应的酵母菌株中 AD-LIBRARY 载体提取分离出来，对载体中插入的文库基因进行测序和分析工作。

1989 年，Fields 等正式建立了酵母双杂交系统。他们以调控 SUC2 基因的两个蛋白质 Snf1、Snf2 为模型，将 Snf1 与 Gal4 的 BD 融合、Snf2 与 Gal4 的 AD 的酸性区域融合。

由 BD 和 AD 形成的融合蛋白分别称为“诱饵”（bait）和“猎物”或靶蛋白（prey or target protein）。如果在 Snf1 和 Snf2 之间存在相互作用，那么分别位于两个融合蛋白上的 BD 和 AD 就能重新形成有活性的转录激活因子，并激活相应基因的转录与表达。这个被激活的、能显示“诱饵”和“猎物”相互作用的基因称为报告基因（reporter gene）。通过对报告基因表达产物的检测，可以反过来判别作为“诱饵”和“猎物”的两个蛋白质之间是否存在相互作用。Fields 和 Song（1989）采用编码 *β*-半乳糖苷酶的 *lacZ* 作为报告基因，并且在该基因的上游调控区引入受 Gal4 蛋白调控的 *GAL1* 序列，这个改造过的 *lac*Z 基因被整合到酵母染色体 URA3 位上，而酵母的 *Gal4* 基因和 *Gal80* 基因（*Gal80* 是 *Gal4* 的负调控因子）缺失，从而排除了细胞内源调控因子的影响。因为 Snf1 和 Snf2 之间存在相互作用，结果发现只有同时转化了 Snf1 和 Snf2 融合表达载体的酵母细胞才有 *β*-半乳糖苷酶活性，单独转化其中任何一个载体都不能检测出 *β*-半乳糖苷酶活性。

这一经典的蛋白质互作研究方法接近于体内环境，那些瞬时、不稳定的两两相互作用也可以被检测到，并且与内源蛋白的表达无关。鉴于这些优点，其结合简便高效的 Gateway 表达载体构建方法，在大规模的蛋白质互作研究中得到了最为广泛的应用。Rain 等（2001）用该法绘制了人类胃肠道病原菌 *Helicobacter pylori* 的大规模蛋白质互作图谱。在 261 种蛋白质中，确立了 1200 种相互作用关系，涵盖了整个蛋白质组的 46.6%。随后，Giot 等（2003）和 Li 等（2004）分别在果蝇和线虫中也成功地研究了大规模的蛋白质互作。除了模式生物，Stelzl 等（2005）先后分析了人脑组织、人已知 ORF 编码蛋白质互作网络。

目前酵母双杂交系统在植物信号转导研究中有广泛应用。Kang 等（2015）利用酵母双杂交系统和体外结合实验证实水稻细胞亲环素 OsCYP2 与 OsSGT1（SKP1 的 G2 等位基因的共伴侣抑制基因）相互作用参与生长素信号转导。接着，Cui 等（2016）利用相同方法鉴定到与 OsCYP2 互作的蛋白 OsPEX11（Os03g0302000），功能实验证实 *OsPEX11* 是一个调控 Na^+ 和 K^+ 的重要基因，其通过调节阳离子转运蛋白的表达和抗氧化防御机制，在水稻耐盐性中发挥重要作用。Cui 等（2017）鉴定到与 OsCYP2 互作的另一蛋白 OsZNF（C2HC 型锌指蛋白），两者通过参与 IAA 信号通路调控侧根发育。

酵母双杂交方法存在以下不足之处：①不能研究具有自激活特性的蛋白质；②只能检测两个蛋白质间的相互作用；③检测的相互作用需发生在细胞核内，对不能定位到细胞核的蛋白质无法研究；④大部分实验中有将近 50% 的假阳性率，且推测的相互作用仅有 3% 在两种以上的实验中得到验证。为了弥补方法本身的缺点及局限性，研究者不断地对其进行完善和改进。Stelzl 等（2005）在研究中采用了以下策略：①选择不同功能、不同大小的蛋白质作为诱饵，以确保所选靶蛋白在整个蛋白质组中的代表性；②筛选过程采用两轮杂交的方法，第一轮以混合诱饵（8 个）对文库进行筛选，结果呈阳性的克隆再进行一对一的第二轮杂交，这样既降低了工作量，又提高了结果的准确性；③利用 pull-down（也称蛋白质体外结合实验）和免疫共沉淀对酵母双杂交实验结果进行体内的相互作用验证；④利用生物信息学的方法对结果进行系统分析，包括基因的染色体定位、蛋白质作用网络的拓扑结构分析等，从多方面分析结果的可信度。据此，最终确认了参与 911 对高可信度的相互作用的 401 种蛋白质，数据分析中设立了 6 个标准来判定得到的结果，大大提高了酵母双杂交实验结果的可信度。

2.4.3 生物传感芯片质谱

生物分子相互作用分析（biomolecular interaction analysis，BIA）是进行蛋白质互作分析的技术，将 BIA 和基质辅助激光解吸电离飞行时间质谱有机地结合而形成的生物传感芯片质谱（biosensor chip-based mass spectrometry）分析技术，在蛋白质组研究中有其独特的作用。

生物传感芯片质谱的基本原理及方法：BIA 是以表面等离子共振（surface plasmon resonance，SPR）现象为基础的新型生物传感器分析技术。SPR 生物传感器的光学路径是三棱镜底面用匹配介质油贴着传感片，传感片的另一面镀有一层金膜，金膜表面组装了生物样品，而生物样品浸没在样品池的缓冲液中。传感片为 BIA 的关键，是实时监测 BIA 信号转导的载体。金膜表面布满了经共价键结合而固定的亲水性基团，以形成可与生物分子发生专一性结合的表面。常用传感片为 CM5（表面吸附有羧甲基葡聚糖）。BIA 系统利用微射流卡盘作为液体传送系统，将极少量样品及试剂输入流通池。SPR 生物传感器通过检测金属与电解质界面电荷密度波的变化，间接反映结合在金属表面的生物大分子的质量，该变化用反应单位（response unit，RU）相对时间来表示，对于蛋白质，1000RU 代表 1ng/mm^2。因此，BIA 系统可以通过对反应全过程中各种分子的反射光吸收测定来获得初始数据，并经相关处理获得动力学参数，从而完成分子间相互作用的研究。

MALDI-TOF-MS 是一种根据离子间质荷比（m/z）的差异分离且高灵敏度、高特异性地快速鉴定生物分子的技术。近年来新发展起来的离子化技术如 MALDI-TOF-MS 和 ESI-MS 使质谱从仅能分析小分子物质跨越到可以研究生物大分子，如蛋白质、肽等。MALDI-TOF-MS 采用固相进样，蛋白样品在检测前通过还原、烷基化、酶解、脱盐后以一定比例与基质混合，点样于点样板上，在空气中自然干燥后置于质谱仪上，用一定波长的激光打在样品上，使样品离子化，然后在电场作用下飞行，通过检测离子的飞行时间计算出其质荷比，从而得到一系列酶解肽段的分子量或部分肽序列等数据，最后通过搜索相应的数据库，鉴定蛋白质。该技术的特点：①是一种“软电离”方法，即样品分子离子化时，不会形成碎片离子，保留了分子的完整性；②可检测的分子量范围广（上限可达几十万），分辨率为 600（$m/\Delta m$），灵敏度高（纳克级），精确度高（内标法可达 0.01%）；③对诸如盐、去污剂、缓冲液成分等的污染有相对强的耐受能力。

生物传感芯片质谱：SPR-BIA 和 MALDI-TOF-MS 在生物化学中有其各自不同的应用。SPR-BIA 是一种光学的、非破坏性的以传感片为基础的技术，它能监测固定在传感片上的受体与可溶性配体的相互作用，被广泛地应用于生物分子相互作用的动力学和亲和性参数研究。MALDI-TOF-MS 是一种气相化离子技术，通过肽质量指纹图谱结合数据库搜寻来分析蛋白质序列并进行蛋白质鉴定，主要用于蛋白质结构特性方面的研究。可见，两者相辅相成，可用于蛋白质结构与功能特性的测定。生物传感芯片质谱是两者的有机结合，它的核心是一块小（1cm×1cm）的生物传感芯片，此芯片在 BIA 和 MALDI-TOF-MS 中均可发挥其作用。它由金黄色的玻璃底物构成，通过化学修饰可将一系列的分子同时固定在其表面，在 SPR-BIA 中所需分析的可溶性物质各自与结合在芯片表面的固定生物分子相互作用，并被实时监测。因 SPR 是非破坏性的，且在芯片上结合的各种生物分子的分子质量一般在 0.2 ～ 50kDa，此范围正好与质谱的分析范围相匹配，故生物传感芯片质谱技术流程图如下：SPR-BIA 中滞留在芯片上的分析物通过与基质结合而从与受体的相互作用中解离出来后，便可直接进行 MALDI-TOF-MS 分析（图 2-11）。

生物传感芯片质谱在蛋白质组研究中的作用：目前用于蛋白质互作研究的酵母双杂交系统和噬菌体展示等技术均存在假阳性与假阴性问题，且在通量分析和相互作用蛋白质鉴定上存在局限性。生物传感芯片质谱可较好地克服上述缺点，已在蛋白质组中蛋白质相互作用研

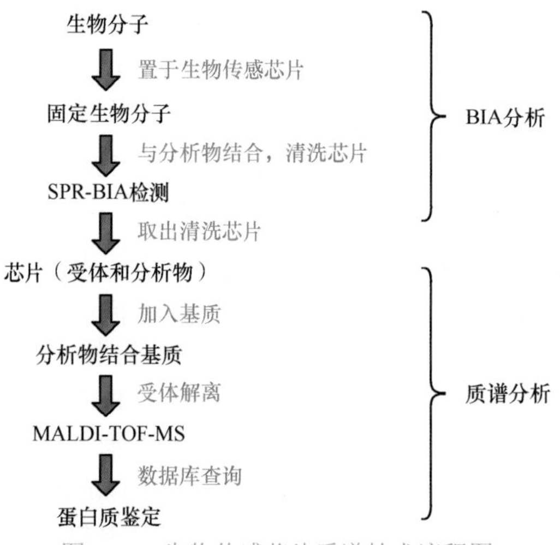

图 2-11 生物传感芯片质谱技术流程图

究及鉴定上做了有益尝试，显示出巨大潜力。该方面的文献报道还较少，现以两家实验室的工作为例介绍。Nelson 等（1997）首次将 SPR-BIA 和 MALDI-TOF-MS 结合在一起组成生物传感芯片质谱，研究兔的多克隆抗人肌红蛋白 IgG、人肌红蛋白、单克隆抗人肌红蛋白之间的亲和性相互作用系统，该系统可对芯片上化合物间的相互作用进行实时监测，其检测水平可达飞摩尔（20fmol/L）数量级。随后，他们又对该技术进行了创造性延伸，形成了以下两种技术。

1）抗原表位标签技术与生物传感芯片质谱结合的技术。

将一个由 91bp 寡核苷酸编码的包含 3 个重复抗原表位 HTTPHH 的多聚肽结合到 PGE-5X-3 克隆载体的 GST 编码区域，再将此载体转入大肠杆菌进行基因表达，然后用胰蛋白酶进行消化，产生含有抗原表位标记的肽段，应用芯片表面固定的特异性 HTTPHH 的单克隆抗体（MAGB7G8）对消化后的产物进行 BIA 检测，随后直接在芯片表面用 MALDI-TOF-MS 进行分析，抗原表位标记的肽段被选择性地从产物中回收，通过与对照实验比较，可确定滞留肽的数量，准确特异地鉴定滞留肽，传感芯片上肽的总数量估计为 800amol ～ 5.5fmol。该法可用于筛选功能性蛋白，并可在蛋白质水平筛选基因的多态性，从而能有效地将基因与蛋白质结合在一起。

2）捕获后芯片上蛋白质酶解与生物传感芯片质谱相结合的技术。

先用固定受体选择性回收分析物，然后洗去非特异性化合物，由于 SPR-BIA 捕获的配体量很少，为了避免丢失，分析物被传递到传感芯片本身正在进行酶式激活的固定有受体的流式细胞，这样便可检测出固有蛋白质和蛋白质酶解片段的准确分子量，结合数据库搜寻可进行蛋白质特性的精确鉴定，更进一步提高了蛋白质组研究检测的精确度和灵敏度。另外，Nedelkov 和 Nelson（2000）不断地对该技术的各个环节加以改进：①芯片上固定的受体密度建议为 50 ～ 150fmol/mm^2，若低于该密度，进行动力学分析时较困难，且易引起分析物再结合；②通过流式细胞的流动速率宜采纳低流动速率，这样可使结合效率提高且较少有非特异性结合，而传统的高流动速率可使分析物的捕获效率下降，总结出当流动速率为 1 ～ 5μL/min 时，分析物的捕获效率为 25% ～ 50%；③运用生物传感控制软件（OS9）将已进行了 BIA 的生物传感片在 10s 内移出生物传感器，而后进行 MALDI-TOF-MS 分析；④ SPR-BIA 分析前后对芯片予以清洗，分析前清洗旨在洗去芯片表面存在的污染物，分析后清洗可清除残留的

BIA 缓冲液成分及清洗剂或其他化合物，这些物质均可对质谱分析中样品的信号有较大的影响；⑤选择 *α*-氰基-4-羟基肉桂酸（ACCA）作为基质取得了较好的离子信号，尤其是对于分子质量小于 25kDa 的蛋白质更为适宜，且基质的量不能过多，否则容易在流式细胞上块状堆积而影响质谱结果，最佳选择为 1μL 基质对应 1pmol/L 蛋白质。基质由一种新型的装置递送到传感片上，这样可使基质与分析物充分结合，并可防止邻近流式细胞捕获的不同分析物受到干扰。通过上述的实践摸索，生物传感芯片质谱逐渐趋于成熟。

SPR-BIA 和 MALDI-TOF-MS 是两种独立的但又能高度相容的检测方法，形成了一种以芯片为基础的理想研究蛋白质功能和结构的分析平台。其优点可总结如下：①高灵敏度和精确度，如前所述，检测结果可达飞摩尔（10^{-15}mol/L）甚至阿摩尔（10^{-18}mol/L）水平，精确度可达 0.01%，且特异性强；②实时监测，样品无须标记，快速自动化，且应用十分方便，在进行 BIA 后可直接进行质谱分析，也弥补了因蛋白质量少难以测定的不足；③高通量，可同时对多种分析物进行测定，在传感片上可以设置 4 种流式细胞，各自固定不同的生物分子，故而可结合相应的分析物；④传感片可重复利用，节省开支。但是该法也存在不足之处，表现在分析物的分子质量对其影响方面，如果提高分子质量，BIA 的灵敏度也可随之增高，但 MALDI-TOF-MS 和 ESI-MS 的灵敏度随之下降，所以在某种程度上限制了此法的使用。但是，BIA 及 MALDI-TOF-MS 在检测分子量为 200 ～ 50 000 的分子时具有极大的相容性，有广泛的用途。

2.4.4 噬菌体展示技术

1985 年，Smith 第一次将外源基因插入丝状噬菌体 f1 的基因Ⅲ，使目的基因编码的多肽以融合蛋白的形式展示在噬菌体表面，从而创建了噬菌体展示技术。

噬菌体展示技术（phage display technology）是将外源蛋白或多肽的 DNA 序列插入噬菌体外壳蛋白质结构基因的适当位置，使外源基因随外壳蛋白质的表达而表达，同时，外源蛋白随噬菌体的重新组装而展示到噬菌体表面的生物技术。到 2019 年为止，已开发出单链丝状噬菌体、λ 噬菌体、T4 噬菌体等多种噬菌体展示系统。

噬菌体展示技术的原理是将多肽或蛋白质的编码基因或目的基因片段克隆到噬菌体外壳蛋白质结构基因的适当位置，在可读框正确且不影响其他外壳蛋白质正常功能的情况下，使外源蛋白或多肽与外壳蛋白质融合表达，融合蛋白随子代噬菌体的重新组装而展示在噬菌体表面。被展示的多肽或蛋白质可以保持相对独立的空间结构和生物活性，以利于靶分子的识别和结合。肽库与固相上的靶蛋白分子经过一定时间孵育后，洗去未结合的游离噬菌体，然后以竞争受体或酸洗脱与靶分子吸附结合的噬菌体，洗脱的噬菌体感染宿主细胞后经繁殖扩增进行下一轮洗脱，经过 3 ～ 5 轮的“吸附—洗脱—扩增”后，与靶分子特异性结合的噬菌体得到高度富集。所得的噬菌体制剂可用来进一步富集有期望结合特性的目标噬菌体。

1. 噬菌体展示系统

（1）M13 噬菌体展示系统

M13 噬菌体属于单链环状 DNA 病毒，其基因组为 6.4kb，编码 10 种蛋白质，其中 5 种为结构蛋白，包括主要衣壳蛋白 pⅧ和次要衣壳蛋白 pⅢ、pⅥ、pⅦ、pⅨ。其中 pⅢ和 pⅧ是噬菌体展示技术最常用的两种蛋白质，构建了 pⅢ和 pⅧ展示系统（图 2-12）。pⅢ蛋白分子质量为 42kDa，分布在噬菌体颗粒的一端。一般一个噬菌体有 3 ～ 5 个 pⅢ蛋白拷贝，可在 N 端的柔性连接区插入外源蛋白质或者多肽（图 2-12）。pⅢ展示系统的主要优点是对展示的外源蛋白大小无严格的要求，该系统可以用来展示分子量较大的蛋白质。pⅧ蛋白的分子质量为5.2kDa，主要分布在噬菌体颗粒的两侧。由于该蛋白质的分子质量很小，只适合用来展示外源短肽。外源肽段太大会影响病毒包装，不能形成有功能的噬菌体。但由于pⅢ蛋白拷贝数较多，该系统比较适合用来筛选低亲和力的配体。

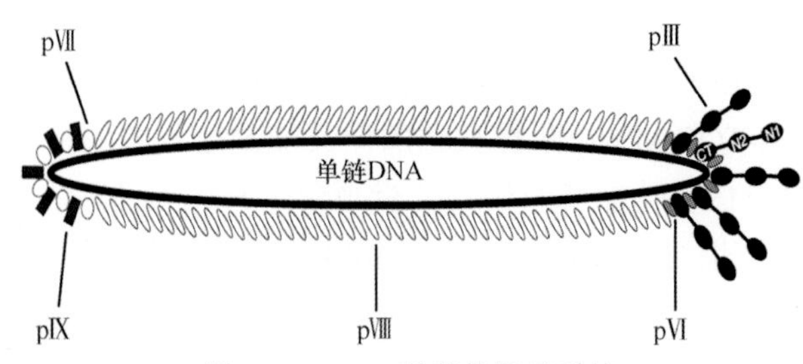

图2-12 M13噬菌体展示系统

（2）λ噬菌体展示系统

1）V展示系统。λ噬菌体的pV蛋白构成了它的尾部管状部分，该管状结构由32个盘状结构组成，每个盘状结构又由6个pV亚基组成。pV有两个折叠区域，C端的折叠结构域（非功能区）可供外源序列插入或替换。用pV展示系统已成功展示了有活性的大分子蛋白β-半乳糖苷酶和植物外源凝血素BPA等。λ噬菌体的装配在细胞内进行，故可以展示难以分泌的肽或蛋白质。该系统展示的外源蛋白的拷贝数为平均1个分子/噬菌体，表明外源蛋白或多肽可能干扰了λ噬菌体的尾部装配。

2）D蛋白展示系统。D蛋白的分子质量为11kDa，参与野生型λ噬菌体头部的装配。低温电镜分析表明，D蛋白以三聚体的形式突出在壳粒表面。当突变型噬菌体基因组小于野生型基因组的82%时，可以在缺少D蛋白的情况下完成组装，故D蛋白可作为外源序列的载体，而且展示的外源多肽在空间上是可以接近的。病毒颗粒的组装可以在体内也可以在体外完成，体外组装即将D融合蛋白结合到λD-噬菌体表面，而体内组装为将含D融合基因的质粒转化λD-溶源大肠杆菌菌种，从而补偿溶源菌所缺的D蛋白，通过热诱导而组装。该系统有一个很好的特点，噬菌体上融合蛋白和D蛋白的比例可以由宿主抑制tRNA活性加以控制，对于展示那些可以对噬菌体装配造成损害的蛋白质特别有用。

（3）T4噬菌体展示系统

T4噬菌体展示系统是20世纪90年代中期建立起来的一种新的展示系统。它的显著特点是能够将两种性质完全不同的外源蛋白或多肽，分别与T4噬菌体衣壳表面上的外壳蛋白SOC（small outer capsid protein）和HOC（highly antigenic outer capsid protein）融合，并直接将其展示于T4噬菌体的表面，因此它表达的蛋白质并不需要进行复杂的纯化，避免了因纯化而引起的蛋白质变性和丢失。T4噬菌体在宿主细胞内装配，不需分泌途径，因而可展示各种大小的多肽或蛋白质，很少受到限制。令人值得关注的是，SOC与HOC蛋白的存在与否并不影响T4的生存和繁殖。SOC和HOC在噬菌体组装时可优先DNA的包装而装配于衣壳的表面，事实上，在DNA包装被抑制时，T4噬菌体是双链DNA噬菌体中能够在体内产生空衣壳的噬菌体（SOC和HOC同时组装）。因此，在用重组T4噬菌体作疫苗时，它能在空衣壳表面展示目的抗原，这种缺乏DNA的空衣壳苗，在生物安全性方面具有十分光明的前景。

（4）T7 噬菌体展示系统

T7 噬菌体基因组为线性双链 DNA，其衣壳蛋白质通常有两种形式，即 10A（344 个氨基酸残基）和 10B（397 个氨基酸残基），10B 衣壳蛋白存在于噬菌体表面，所以被用来构建噬菌体展示系统。T7 噬菌体展示系统可以高拷贝展示含 50 个氨基酸残基的多肽，以低拷贝量（0.1 ～ 1 个分子 / 噬菌体）或以中拷贝量（5 ～ 15 个分子 / 噬菌体）展示含 1200 个氨基酸残基的多肽或蛋白质（图 2-13），因此广泛应用于筛选不同分子量、不同亲和力的蛋白质。

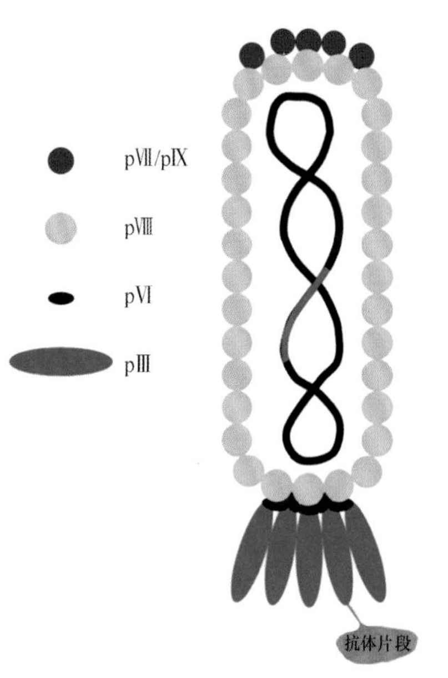

图 2-13　T7 噬菌体展示系统

2. 噬菌体展示技术的优缺点

噬菌体展示技术作为一种新兴的研究方法和工具，在研究蛋白质结构方面已被广泛应用。它具有很多显著的优点：①高通量地淘，选将靶标分子（抗体）固定在固相载体上，加入噬菌体展示肽库（噬菌体的数量可达 10^{11}PFU），利用抗原-抗体的特异性亲和力将与抗体结合的噬菌体吸附在固相载体上，不能结合的噬菌体仍在溶液中，可以通过洗涤去除，再将特异性结合的噬菌体洗脱下来，如此反复数轮扩增、淘选，即可将有用的基因从多达百万个以上的噬菌体克隆中分离出来。②利用单抗 9E10 筛选噬菌体随机肽库，结果获得了两个阳性克隆，其中一个与抗原天然序列同源，而另一个则完全不同（即为模拟表位）。模拟表位同样可诱发与天然表位相似的特异性免疫反应。③易于纯化，重组噬菌体的纯化步骤简单，不需要昂贵的试剂与设备，在一般的实验室条件下就可以完成。用于鉴定表位和受体所用的噬菌体载体为 M13 单链噬菌体。M13 噬菌体是温和型噬菌体，不裂解宿主菌，成熟的噬菌体可分泌到培养基中，通过离心收集上清培养，再向其中加入沉淀剂，即可将上清中大量噬菌体粒子沉淀下来，从而富集得到含外源基因产物的重组噬菌体。

尽管如此，噬菌体展示技术仍然存在一些不足之处：①所建的肽库容量只能达到 10^9，要想构建大片段的肽库很困难；②需要解决肽库多样性问题；③少数多肽由于疏水性过强，或由于影响外膜蛋白的折叠而不能展示在噬菌体表面。

3. 噬菌体展示技术的应用

（1）抗体筛选

将抗体可变区的基因插入噬菌体基因组中，表达的抗体展示到噬菌体的表面，构建成噬菌体展示抗体库，可以在体外模拟抗体生成的过程，筛选针对任何抗原的抗体。相对于杂交瘤技术，通过噬菌体展示抗体库技术筛选抗体，可以不经过免疫，缩短了抗体生产的周期。可用于筛选在体内免疫原性弱，或者有毒性的抗原的抗体，适用范围广。噬菌体展示抗体库技术不受种属的限制，可以构建各种物种的抗体库。从人类天然库中筛选到的抗体，可以不经过人源化过程直接用于抗体药物研究。

（2）新受体和配体发现

将随机多肽序列展示到噬菌体的表面，获得噬菌体展示多肽库。用细胞作为筛选靶标，经过差异筛选，获得可识别特定细胞的多肽。通过研究该多肽序列，可以进一步得到细胞表面特异性表达的受体蛋白。用 HCT116 细胞筛选 12 肽库，筛选出了可以特异性识别结肠癌细胞的多肽。进一步分析发现，该多肽可以特异性识别 *α*-烯醇酶。该蛋白质有望作为结肠癌治疗的靶标，筛选结肠癌治疗药物。获得的多肽序列，也可以作为抗癌药物的运送载体。

（3）蛋白质相互作用研究

蛋白质的相互作用是生命过程中不可缺少的，噬菌体展示的多肽文库是由特定长度的随机短肽序列组成的。用靶蛋白（如受体）对该随机文库进行亲和淘选，就可以获得与之结合的短肽序列。对所得序列测序分析，并合成相应的短肽，可用来研究两个蛋白质之间的相互作用。利用这种方法已经成功鉴定出多个重要大分子，如生长激素受体、胰岛素受体、胰岛素样生长因子受体、TNF-α 受体的激动剂和拮抗剂等。

（4）抗原表位分析

用抗体作为筛选蛋白，从噬菌体展示的随机多肽库中筛选出可以与抗体特异性结合的噬菌体，经测序分析，获得该抗体识别的抗原表位。该技术为抗原抗体反应机制研究、诊断试剂开发、疫苗制备等提供依据。目前的表位鉴定技术能够实现单抗药物及诊断用单抗的制备；研制包括“通用”目标在内的治疗性和预防性重组多价肽疫苗；研制单表位或重组多表位肽检测抗原；筛选基于表位基序的疾病、肿瘤等新的特异性诊断标志物；高通量发现同源蛋白中全部保守性和特异性表位；筛选功能性抗体表位或者抗体中和性及可及性表位；为在表位水平分析病毒遗传进化和变异提供抗原漂移与转移的直接证据。

（5）抗体人源化改造

随着单抗人源化比例不断升高，单抗的药物靶位逐渐多样化，除了传统的细胞表面抗原，还包括常见的细胞因子，部分研制中的单抗药物甚至可以识别多个抗原表位，而且单抗药物的结构也不限于完整的单抗分子。联合小分子等的治疗方案逐渐增加，日益受到医疗工作者的重视。因此，单抗药物为一种高科技含量的药物，单抗药物企业的科技水平决定了其竞争力，也决定了药物的治疗效果和市场价值。

（6）双特异性抗体（bispecific antibody，BsAb）制备

通过基因工程手段将两个分别靶向不同抗原的抗体片段组合在一起，具有两种抗原结合位点，可以发挥协同作用，进而提高治疗效果。但是双特异性抗体的种类较多，选择时根据最终的应用来判断。

（7）酶抑制剂筛选

β-酮脂酰-ACP 还原酶是原核生物脂肪酸生物合成代谢中高度保守和广泛存在的酶，用此蛋白质作为筛选蛋白，从噬菌体肽库中筛选出了其抑制剂，可以作为新型的抗菌剂。已针对乙酰胆碱酯酶、海藻糖酶、乙酰乳酸合成酶、乙酰辅酶 A 羧化酶和谷氨酰胺合成酶等靶标酶开发和研制了一系列高效的杀虫剂与除草剂。

（8）蛋白质定向改造

蛋白质定向改造是指用盒式突变、错误倾向 PCR 等方法来突变蛋白质或者其结构域的某一特定编码序列，并将产生的蛋白质或结构域突变文库呈现在噬菌体表面，通过亲和筛选获得所需的已定向改变的噬菌体克隆，它们的一级结构可以从 DNA 序列推导出来，可用来筛选具有更强受体结合能力的细胞因子、新的酶抑制剂、转录因子的 DNA 新结合位点、新的细胞因子拮抗剂、新型酶和生物学活性增强的蛋白质等。

2.4.5 定点突变技术

定点突变是指通过聚合酶链反应（PCR）等方法向目的 DNA 片段（可以是基因组，也

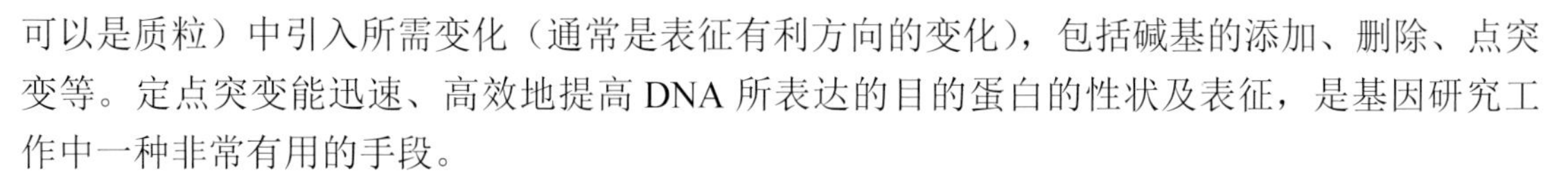

可以是质粒）中引入所需变化（通常是表征有利方向的变化），包括碱基的添加、删除、点突变等。定点突变能迅速、高效地提高 DNA 所表达的目的蛋白的性状及表征，是基因研究工作中一种非常有用的手段。

目前，成熟的定点突变方法有寡核苷酸引物突变、PCR 突变、盒式突变。

1. 寡核苷酸引物突变

（1）原理

寡核苷酸引物突变的原理是利用合成的含有突变碱基的寡核苷酸片段作为引物，启动单链 DNA 分子进行复制，该寡核苷酸引物作为新合成 DNA 子链的一部分，产生的新链具有突变的碱基序列。为了使目的基因的特定位点发生突变，所设计的寡核苷酸引物序列除了所需的突变碱基，其余的与目的基因编码链的特定区段完全互补。定点突变的寡核苷酸引物通常采用化学法合成，长度范围一般为 10 ～ 30 个核苷酸，错配碱基应设计在突变寡核苷酸分子的中央部位。为消除大肠杆菌 DNA 聚合酶 I 的 5′ 端和 3′ 端外切核酸酶活性，使用大肠杆菌 DNA 聚合酶 I 的 Klenow 大片段酶消除 5′ 端外切核酸酶的活性。另外，错配碱基的 3′ 端外存在一个以上其他碱基，就可以抵制大肠杆菌 DNA 聚合酶 I 的 3′ 端外切核酸酶活性。寡核苷酸引物诱发的定点突变最早使用噬菌体 X174 作为待突变目的基因的载体，之后又发展出了一种更加简单高效的程序。将目的基因插入 M13 噬菌体派生载体上，应用噬菌体单链 DNA 作为目的基因的载体。它的优越性在于可简单快速地分离单链模板 DNA，并且用放射性同位素标记的突变寡核苷酸作探针，可以容易地筛选出突变体克隆。

Laird（1999）和 Dai 等（1999）应用该技术进行了信号转导机制及细胞凋亡的研究。Fletcher 等（1998）利用该技术将组氨酸残基突变引入 Jel103 抗体中，使之变成具有催化作用的抗体酶，开辟了不同于以往的用免疫方法获得抗体酶的新途径。Kono 等（1998）为了观察 β66 赖氨酸在血红蛋白四聚体携氧功能、亚基间协同性中的作用，用定点突变技术制备了 3 个突变体，发现其中之一的赖氨酸被甲硫氨酸取代的突变体，其生物功能保持最好，符合血液代用品的要求。Wane 和 Pakl（1998）用该技术突变了抗体轻、重链的某些氨基酸残基，得到的抗体突变体的稳定性有明显的提高。Chakravorty 等（2012）利用该技术对拟南芥异三聚体 G 蛋白亚基进行定点突变，揭示了植物和动物 G 蛋白激活的不同机制。Liu 等（2019）用该技术研究了拟南芥超氧化物歧化酶 1（AtSOD1）的结构与功能。AtSOD1 是一种典型的金属酶，能够保护细胞免受有毒活性氧类过度积累的伤害，因此被认为是一种重要的蛋白质。利用电子自旋共振（ESR）技术重构了其催化中心的配位几何结构，发现催化中心由铜和 4 个组氨酸（H）残基组成，对其中 4 个组氨酸（H）残基进行定点突变分析表明，H45 和 H62 在催化反应中起重要作用，H119 在促进底物或质子转移中起辅助作用。结果表明，H45-Cu-H62 核心结构维持了铜离子的氧化还原变化和蛋白质的总体酶活性。相反，残留 H47 对 SOD 催化活性几乎没有影响。这些数据有助于加深人们对该酶催化机制的认识，为研究铜 / 锌分子的有效分子修饰提供新的途径。

（2）主要过程

1）用 DNA 重组技术，将待突变的目的基因插入 M13 噬菌体上，然后制备含有该目的基因的 M13 噬菌体单链 DNA。

2）用化学法合成含错配碱基的突变寡核苷酸引物，并将突变引物 5′ 端磷酸化。

3）将引物与含目的基因的 M13 噬菌体单链 DNA 混合退火，在拟突变的核苷酸部位及其附近形成一小段碱基错配的异源双链 DNA。在大肠杆菌 Klenow 大片段酶的催化下，引物链便以 M13 噬菌体单链 DNA 为模板继续延长，直至合成出全长的互补链，而后由 T4 DNA 连接酶封闭缺口，最终在体外合成出闭环的异源双链 M13 噬菌体 DNA 分子。

4）用这些体外合成的闭环异源双链 DNA 分子转化大肠杆菌后，产生同源双链 DNA 分子，转化子会产生出两种类型的噬菌体，一种是野生型的，另一种是突变型的。

5）根据具体情况，可以用如下 4 种方法之一，即链终止序列分析法、限制位点筛选法、杂交筛选法和生物学筛选法来筛选突变体克隆。其中，杂交筛选法最简单也最常用，它是用 T4 多核苷酸激酶使突变寡核苷酸引物带上 ^{32}P 同位素作为探针，在不同的温度下进行噬菌斑杂交，由于探针同野生型 DNA 之间存在碱基错配，而同突变型则完全互补，于是便可以依据两者杂交稳定性的差异筛选出突变型噬菌斑。

6）对突变体 DNA 做序列分析。

（3）改进

应用寡核苷酸引物突变法常产生突变效率低的现象。其原因是大肠杆菌中存在由甲基介导的碱基错配修复体系，可将细胞中那些尚未被甲基化的新合成的 DNA 链中错配的碱基优先修复，从而阻止了突变的产生，造成突变效率低。针对寡核苷酸引物突变法存在的问题，Kunkel 早在 1985 年就对其进行了改进，以降低野生型本底。近几年来，几家生物公司进行了进一步的完善，并相继推出了本公司的产品。据不完全统计，普洛麦格（Promega）公司开发了 Alter sites Ⅱ *in vitro* Mutagenesis System，STRATAGENE 公司开发了 QuikChange Site-Directed Mutagenesis Kit（单点突变）和 QuikChange Multi Site-Directed Mutagenesis Kit（多点突变），伯乐（Bio-Rad）公司开发了 Muta-Gene *in vitro* Mutagenesis Kit。Promega 公司试剂盒的主要改进之处为采用甲基修复酶缺乏的菌株作为受菌体，大大降低了突变修复频率；拟突变基因克隆至噬菌体后，常要经过制备单链噬菌体的过程，而该公司推出的 pAlter-Ex2 质粒，经热变性后直接进行突变反应，省去了制备单链噬菌体的烦琐步骤，节省了时间；增加了抗生素筛选标记和对应的一对敲除 / 修复引物，使得在该质粒上可以交替进行不止一次的突变反应。

2. PCR 突变

聚合酶链反应为基因修饰、改造提供了另一条途径，如在所设计的引物 5′ 端加入合适的限制性内切酶酶切位点，为 PCR 扩增产物的后续克隆提供方便。同时可通过改变引物中某些碱基来改变基因序列，为有目的地改造、研究蛋白质结构和功能之间的关系奠定基础。

（1）重组 PCR 定点突变法

该法可以在 DNA 区段的任何部位产生定点突变。需要 4 种扩增引物，共进行三轮 PCR 反应。其中头两轮分别扩增出两条彼此重叠的 DNA 片段，第三轮使这两条片段融合在一起。在头两轮 PCR 反应中，应用两个互补的并在相同部位具有相同突变碱基的内侧引物，扩增形成两条有一端可彼此重叠的双链 DNA 片段，两者在其重叠区段具有同样的突变。由于具有重叠的序列，因此在去除了未掺入的多余引物之后，这两条双链 DNA 片段经变性和退火处理便可能形成两种不同形式的异源双链分子。其中一种具 5′ 端的双链分子不能作为 Taq DNA 聚合酶的底物；另一种具 3′ 凹端的双链分子，通过 Taq DNA 聚合酶的延伸作用，产生具两段重叠序列的双链 DNA 分子。这种 DNA 分子再用两个外侧寡核苷酸引物进行第三轮 PCR 扩增，便可产生一种突变位点远离片段末端的突变体 DNA。Mukhopadhyay 和 Roy（1998）

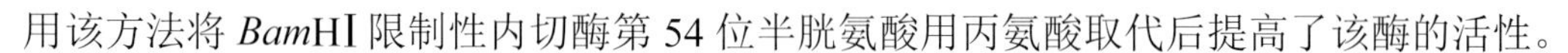

用该方法将 *Bam*HⅠ限制性内切酶第 54 位半胱氨酸用丙氨酸取代后提高了该酶的活性。

（2）大引物突变法

该方法的核心是以第一轮 PCR 扩增产物作为第二轮 PCR 扩增的大引物，只需利用 3 种扩增引物进行两轮 PCR 反应。第一轮 PCR 反应在引物 2 和引物 3 之间扩增，引物 2 中含有突变的碱基，为突变引物。将第一轮 PCR 扩增产物纯化，作为第二轮 PCR 反应的引物，可获得突变体 DNA。

3. 盒式突变

限制性核酸内切酶的酶切位点可以用来克隆外源的 DNA 片段。只要两个酶切位点比较靠近，那么两者之间的 DNA 序列就可以被移去，并由一段新合成的双链 DNA 片段取代。盒式突变就是利用一段人工合成的具有突变序列的寡核苷酸片段取代野生型基因中的相应片段。这种突变寡核苷酸盒是由两条合成的寡核苷酸组成的，当它们退火时，会按设计要求产生克隆需要的黏性末端，由于不存在异源双链中间体，因此重组质粒全部是突变体。彭贵洪和马忠（1997）用限制性核酸内切酶 *Eco*RⅠ和 *Msc*Ⅰ消化质粒 DNA，这两种酶的切割位点是拟突变序列的两侧。将这一小段切割产生的含有部分野生型序列的 DNA 片段移走，并用一段具有期望突变序列的 DNA 片段取代，连接到质粒载体上。这段突变体 DNA 片段由两条互补的合成的寡核苷酸组成，当它们退火时会产生匹配的两个黏性末端，用该方法进行了尿激酶突变体的性质研究。

2.5　展　　望

2.5.1　激光捕获显微切割技术

激光捕获显微切割（LCM）成功解决了组织异质性的问题，且具有迅速、准确等诸多优点，已被广泛应用于肿瘤等疾病基因水平的研究中，并显示出了良好的应用前景。但今后可能还需要在以下几个主要方面发展和完善。理论上，除肺癌、甲状腺癌等组织及细胞以外，LCM 还可应用于其他所有组织及细胞（如脾巨噬细胞、肝脏星状巨噬细胞、Kupffer 细胞等）的分离，但其各自的切片制备、染色等技术方法尚需要进行探索；开发相应的应用程序，仅需输入目标细胞或组织的特异性参数即可实现计算机自动控制 LCM，从而大大缩减所需的人力和时间；提高捕获单个细胞的精确度，以减少非目标组织的沾染；进一步优化快速免疫组织化学染色的步骤，改进 DNA 和 RNA 抽提技术，实现从少量捕获细胞或组织中获得高质量的核酸。

激光捕获显微切割技术已成为研究复杂异质组织中不连续细胞所发生的分子和生化过程的一个强有力的工具，具有操作简单、重复性好、精确、快速及可同时采集大量细胞特异性材料等优点，已被广泛应用于人、动物、植物等生理、病理过程基因水平的研究中，并显示出了良好的应用前景。许多动物组织的实验结果表明，由激光捕获显微切割技术得到的样品可以应用于基因组、转录组和蛋白质组分析中。随着协助识别某些特定细胞的方法，如免疫组织化学（Fend et al.，1999；Murakami et al.，2000）、荧光原位杂交（Klitgaard et al.，2005）技术应用，靶细胞在形态上更容易辨认。随着激光捕获显微切割技术在医学和动物研究中被越来越广泛应用，植物领域的研究也可以得到更多的借鉴，而且该技术将会更深入地应用于植物组织或细胞水平。

2.5.2 双向电泳技术

双向电泳技术是蛋白质组学研究中最常用的蛋白质分离技术，具有相对简便、快速、分辨率和重复性高等优点。因此，在蛋白质组研究最初 20 年发表的相关论文中，有 80% 左右的论文涉及双向电泳技术。虽然双向电泳技术具有其他蛋白质分离技术无可比拟的分离能力，但目前仍然存在一些技术细节上的挑战和缺陷，主要有以下几个方面。

（1）蛋白样品制备效率偏低

样品制备成功与否是决定双向电泳分离能力高低的关键因子。在蛋白样品提取过程中，一些低丰度蛋白往往会相对过早丢失。此外，一些难溶的蛋白质，尤其是膜蛋白的提取效率较低。目前一些公司如 Bio-Rad 研制出一种顺序提取试剂盒（sequential extraction kit），专用于提取一些难溶的膜蛋白。

（2）疏水性膜蛋白难以分离与检测

一般来说，疏水性膜蛋白比亲水性蛋白更难操作。膜蛋白更易于聚集在管壁上，由于蛋白质组研究常在 nmol/L 甚至 fmol/L 水平上进行，这种特性将会导致很大的损失，甚至完全丢失。另外，α 螺旋跨膜蛋白在变性的 2-DE 胶上不能被有效分离，需要结合有机溶剂分馏法或者反相 HPLC 等技术才能分离这些蛋白质。

（3）极端酸性或碱性蛋白难以分离

极性蛋白质尤其是碱性蛋白在细胞中常与 DNA 结合，在信号转导中起着调控作用，因此分离这类蛋白质有着很重要的意义。在胶条水合时，选用窄 pH 范围 IPG 胶条如 pH 3 ～ 6 或 pH 7 ～ 10 水合上样会出现明显的横纹，影响蛋白点的分离。目前用杯上样（cup loading）可以提高分离效果。在杯上样时，一般将蛋白样品放在酸性窄范围 IPG 胶条的阴极端或在碱性窄范围 IPG 胶条的阳极端。

（4）蛋白质动态分辨率有待提高

对于一根长度和 pH 范围固定的 IPG 胶条，它最多能分离几千个蛋白质。因此，要将某一种组织的所有蛋白质在仅一个 pH 范围的 IPG 胶条上分离是不可能的。一般采用多个 pH 范围的 IPG 胶条进行分离。在样品水合上样前，需将蛋白样品按不同 pH 范围进行预分级（prefraction），可以提高低丰度蛋白的分辨率。

（5）自动化程度需进一步提高

在双向电泳进行过程中，有不少步骤需要手工操作，不仅比较费时，而且易产生误差，造成重复性低，也不利于实现高通量分离蛋白质。目前，双向电泳后半部分操作如蛋白胶图的软件分析和蛋白点的切割和处理已实现半自动化，大大加快了双向电泳进程。蛋白质组学理想的高通量系统应包括以下部分：样品收集技术、高分辨电泳装置、自动化凝胶染色仪、半自动化图像分析软件、机器人模拟的斑点处理过程、MALDI-TOF 和串联质谱仪，以及整合的生物信息学软件，可以链接到单个模块并进行畅通的样品处理、追踪、数据分析和数据归档。

（6）蛋白质（组）定量问题

在蛋白样品水合前，一般需要测定样品中蛋白质含量。最常用方法为 Bradford 法。由于蛋白样品含有去污剂如 SDS 和还原剂 DTT 等物质，因此，用此法测定蛋白质浓度线性关系差，测定结果出现偏差，给不同样品或处理条件下蛋白质表达差异比较带来误差。目前，一些公司已经开发了蛋白质定量测定试剂盒，提高了样品中蛋白质定量的准确性。

2.5.3　双向荧光差异凝胶电泳技术

双向荧光差异凝胶电泳（2D-DIGE）技术的引入和创新是蛋白质差异表达研究技术真正意义上的变革，其可以通过统计可信度检测到蛋白质表达的微小差异，并且通过饱和标记进一步增加检测的灵敏度和减少样品的用量。蛋白质组学和其他组学技术（基因组学、转录组学和代谢组学）的发展、整合及与生物信息学结合使得在系统水平上研究生物学成为可能，其中全面、定量分析蛋白质变化和蛋白质翻译后修饰是至关重要的。同位素编码亲和标签（ICAT）可用于精确地分析不同样品中蛋白质表达量的差异，但是不适用于破译鸟枪法蛋白质组产生的复杂质谱。不含半胱氨酸的蛋白质和发生转录后修饰的蛋白质用 ICAT 方法均检测不到，而 2D-DIGE 技术以其特有的能力提供了蛋白质修饰信息。因此，在蛋白质组研究中 2D-DIGE 技术具有巨大的优势，并且随着定量分析技术的发展及自动化过程的提高，其应用范围和前景将越来越广泛。随着定量蛋白质组学基于 DIGE 和 LC 平台的发展，其结合基因组学、强有力的生物信息学等领域将成为植物系统生物学研究下一个重要的焦点。2D-DIGE 技术通过研究植物组织、器官、亚细胞在生物与非生物胁迫下的蛋白质变化来揭示生理或病理的变化，并且可定性和功能性分析标志性蛋白质及其代谢框架。2D-DIGE 技术的发展和应用有力地促进了蛋白质组研究，与其他蛋白质组学技术相互整合和互补，为生命科学研究提供了一个有效的工具。

2.5.4　毛细管电泳技术

毛细管电泳（CE）技术的发展和应用，给药物分析领域和药品检验工作带来了生机与活力，反过来会对该专业技术的发展及提高起到重要的推动和促进作用。尤其以对基因工程药物、中成药复方制剂的分析和对中药材种属的鉴定最为瞩目。今后 CE 技术的发展趋势：首先，扩展分析对象，由简单模拟生命体系逐步扩展到包括细胞、组织等在内的复杂生命样品体系。其次，分析生物样品必然要求进一步发展复杂的样品前处理和富集技术、更灵敏的检测技术及解决与质谱联用出现的一些问题，如接口技术、样品利用率、浓度灵敏度、检测波动性等，都需要不断研究解决。可喜的是，这方面的工作已开始启动，CE-HPLC、CE-MS 联用已取得高效率、高质量的分析成果。此外，CEC 和微芯片毛细管电泳以其经济、微型、高效的优势将在今后的发展中占据一席之地，成为推动毛细管电泳技术迈向常规检测技术的重要力量。

2.5.5　蛋白质芯片技术

蛋白质芯片技术还面临着诸多挑战，未来的发展重点集中在以下几个方面。

1）建立快速、廉价、高通量的蛋白质表达和纯化方法，高通量制备抗体并定义每种抗体的亲和特异性；第一代蛋白质芯片主要依赖抗体和其他大分子，显然，用这些材料制备复杂的芯片，尤其是规模生产会存在很多实际问题，理想的解决办法是采用化学合成法大规模制备抗体。

2）改进基质材料的表面处理技术，以减少蛋白质的非特异性结合。

3）提高芯片制作的点阵速度；提供合适的温度和湿度以保持芯片表面蛋白质的稳定性及生物活性。

4）研究通用的高灵敏度、高分辨率检测方法，实现成像与数据分析一体化。另外，微流路芯片、芯片实验室与微阵列芯片技术并驾齐驱，是推动生物芯片技术发展的“三驾马车”，并逐步实现产业化。已经商品化的生物芯片多为微阵列芯片，而微流路芯片和芯片实验室正处于研究阶段。

2.5.6 生物质谱技术

生物质谱技术是主要的蛋白质鉴定技术，也是蛋白质组研究的三大核心技术之一。它具有简便、快速、可靠和灵敏度高等优点，但在高通量方面生物质谱还无法与基因测序技术相比。蛋白质鉴定与基因测序相比，最主要的困难是蛋白质的结构及组成远比基因复杂，所以蛋白质质谱鉴定技术实现高通量的限制因素之一是蛋白质的分离。因此，随着蛋白质分离纯化技术的发展，生物质谱技术在蛋白质组研究领域将发挥越来越重要的作用。许多物种基因组完成测序、生物信息学的发展，也为以质谱为主的蛋白质鉴定技术提供了便利。质谱对蛋白质灵敏而快速的鉴定，以及它在蛋白质定量、蛋白质翻译后修饰及蛋白质互作研究中的应用极大地促进了蛋白质组学的发展。研究动态的生命过程需要通过系统的分析方法来研究蛋白质的功能和动态变化，而这些系统的分析方法均依赖质谱的进一步发展。

为了在一些高度复杂的蛋白质组样品中寻找含量很低的目标蛋白，如在血清 / 血浆蛋白质组中筛查疾病的分子标记，一些研究小组已经将多维液相色谱分离技术发展到更高维度以获得更强的分离能力。有的方法中，蛋白质混合物会经过两次或两次以上的分离，酶解为肽段后，用液质联用技术检测。这类系统大多基于离子交换色谱与反相色谱的联用。Jin 等（2005）使用的多维液相色谱系统，即蛋白质水平的二维分离与 RPLC-MS/MS 的结合，蛋白质 / 肽段的总分离维度达到了三维。Ning 等（2008）在此基础上加入在 SCX 上用 pH 梯度洗脱蛋白质的单维分离，又将分离维度升高至四维。多维液相色谱分离也可与其他分离技术结合使用，增加分离能力。Faca 等（2007）使用蛋白质水平的三维分析系统（three-dimensional intact-protein analysis system，3D-IPAS）分析人血浆样品。先后经过阴离子交换色谱、反相色谱的二维色谱，将样品分为 48 个蛋白质亚组分；第三维分离中，这些蛋白质亚组分通过 SDS-PAGE 进一步根据分子量分离，胶内酶解后，用 RPLC-MS/MS 检测生成的肽段混合物，检测深度能达到 ng/mL 级别。

在前文中，介绍了在肽段水平 / 蛋白质水平上进行样品分离的数种多维液相色谱分离方法。通过构建多维液相色谱系统，极大地提高了分离能力；随着分离系统的维度增多，样品能进一步得到简化，提高了质谱的检测效率。但是，多维液相色谱分离技术的分离维度不会无止境增加。因为随着维度增多，待测样品的份数急速提高，将需要更多的质谱运行时间；对系统设计的要求更高，实验操作也更加烦琐。另外，在建立基于蛋白质水平预分离的多维液相色谱分离方法时，还需要注意将各步骤简洁有效地衔接起来。蛋白质水平预分离之后产生的各组分还需要进行酶解，过于复杂的衔接方式可能会造成角蛋白污染、样品损失等负面影响，应该尽量避免。蛋白质组学研究需要深入地鉴定成千上万个丰度各异的蛋白质，对样品的充分分离提出了很高要求。与质谱技术联用的多维液相色谱分离技术已经成为蛋白质组学研究的重要部分。多维液相色谱分离方法通过运用数种单维色谱分离，将原本复杂的蛋白质组样品分隔成多个较为简单的样品组分，具有很高的分辨率，提高了后续质谱检测的效率，增加了蛋白质鉴定的深度，能够发现更多的低丰度蛋白。多维液相色谱系统正快速发展，自成一个有生命力的研究领域。蛋白质组学研究将依赖强大的多维液相色谱分离技术取得更大的进展。

2.5.7　定点突变技术

寡核苷酸引物突变法是应用范围最广的突变方法，其保真度比 PCR 突变法高，经过改进后突变成功率大大提高，缺点是操作过程复杂。PCR 定点突变法获得目的突变体的效率可达100%，但它亦有两个缺点。其一，PCR 扩增产物通常需要先连接到载体分子上，然后才能对突变基因进行转录、转译等方面的研究；其二，Taq DNA 聚合酶拷贝 DNA 的保真性偏低。因此，PCR 突变法产生的 DNA 片段必须经过核苷酸序列测定，方可确证有无发生其他突变。盒式突变法相比前两者具有简单易行、突变效率高等优点，可在一对限制性内切酶酶切位点内一次突变多个位点。缺点是在靶 DNA 区段的两侧需存在一对限制性内切酶单酶切点，限制了该方法的广泛应用。一般情况下，靶 DNA 的序列结构往往难以满足此要求，若一旦具备这样的条件，那么使用由简并寡核苷酸组成的突变体盒子进行盒式突变，将合成的突变寡核苷酸插入质粒载体分子上，结果是形成一个含有序列不同突变体的质粒文库，一次实验便可以获得数量众多的突变体，大大减少了突变的次数，对于研究蛋白质中不同位点氨基酸残基的重要性是非常有用的方法。三者间并不是绝对对立的，合理选择符合研究需要的方法。例如，PCR 突变法可以与盒式突变法相结合，用 PCR 突变法合成一段用常规化学方法不能合成的较长片段用于盒式突变中。史瑾和魏家绵（1998）用该方法进行了玉米叶绿体 ATP 合酶 ε 亚基的活性研究。

定点突变技术是当前生物、医学研究领域中的一种重要实验手段，是改造、优化基因的便捷方案，是探索启动子调节位点的有效手段，不仅广泛应用于基因工程技术领域，而且可用于农业培育抗虫、抗病的良种，以及医学矫正遗传病、治疗癌症等。此外，定点突变技术也是研究蛋白质结构和功能之间复杂关系的有力工具。蛋白质的结构决定其功能，二者之间的关系是蛋白质组研究的重点之一。对某个已知基因的特定碱基进行定点改变、缺失或插入，可以改变对应的氨基酸序列和蛋白质结构，对突变基因的表达产物进行研究有助于人类了解蛋白质结构和功能的关系，探讨蛋白质的结构 / 结构域。可利用定点突变技术改造基因，如野生型的绿色荧光蛋白（wild type green fluorescent protein，wtGFP）在紫外光激发下能够发出微弱的绿色荧光，对其发光结构域的特定氨基酸定点改造，绿色荧光蛋白 GFP 能在可见光的波长范围被激发（吸收区红移），而且发光强度比原来强上百倍，甚至出现了黄色荧光蛋白、蓝色荧光蛋白等。定点突变技术的潜在应用领域很广，如研究蛋白质互作位点的结构、改造酶的活性或动力学特性、改造启动子或者 DNA 作用元件、引入新的酶切位点、提高蛋白质的抗原性或者稳定性和活性、研究蛋白质的晶体结构，以及应用于药物研发、基因治疗等方面。

参考文献

蔡梅. 1999. 毛细管电泳的柱上浓缩技术. 国际药学研究杂志, (1): 44-46.
陈建, 朱化雨, 陈常兴. 1998. 分光光度法测定血清中的葡萄糖. 分析仪器, (2): 53-54.
陈晶, 韩贵清, 尚晨, 等. 2015. 去除紫花苜蓿叶片高丰度蛋白的方法及其应用. 草业学报, 24(7): 131-138.
丁永生, 林炳承. 1999. 人血清白蛋白与手性药物相互作用的毛细管电泳研究 Ⅰ. 液相预柱毛细管电泳技术定量可靠性的考察. 色谱, 17(2): 134-137.
付志锋, 章竹君, 王周平, 等. 2004. 流动注射能量转移化学发光法测定 2-氨基丁酸. 分析化学, (4): 516-518.
郭岳. 2006. 黄连及复方中药生物碱有效性的毛细管电泳分析. 长春: 吉林农业大学博士学位论文.
何大澄, 肖雪媛. 2002. SELDI 蛋白质芯片技术在蛋白质组学中的应用. 现代仪器, 4(1): 1-4.

李焕敏, 邵明, 谭红愉, 等. 2007. 脑脊液蛋白质组学高丰度蛋白去除方法的建立与评价. 现代临床医学生物工程学杂志, 13(2): 9-69.
李慧琴. 2000. 微透析技术及其在生化分析中的应用. 解放军预防医学杂志, 18(3): 229-231.
李美林. 2006. 稀土离子与微过氧化物酶-11 相互作用机理的研究. 南京: 南京师范大学博士学位论文.
李权胜. 1999. BIA 技术及其应用. 生命的化学, 19(2): 89-91.
李玉珍, 尹洧. 2005. 毛细管电泳在生命科学研究中的应用. 生命科学仪器, (3): 9-12.
刘志松, 方肇伦. 1996. 高效毛细管电泳在药物分析中的应用. 色谱, 5(2): 364-368.
吕亚萍, 周永列. 2006. 高效毛细管区带电泳法快速测定尿液中的肌酐. 分析试验室, 25(2): 26-28.
聂玉哲, 张晓磊, 李玉花. 2006. 激光捕获显微切割技术及其在植物研究中的应用. 植物生理学通讯, 42(4): 695-699.
潘文. 2007. 毛细管电泳电化学发光在药物检测方面的应用研究. 长沙: 湖南大学博士学位论文.
彭贵洪, 马忠. 1997. 尿激酶变体 Glu154-mtcu-PA 的构建及其性质研究. 生物化学与生物物理学报, 29(6): 547-552.
钱小红. 1998. 蛋白质组与生物质谱技术. 质谱学报, 19(4): 48-54.
阮松林, 马华升, 王世恒, 等. 2006. 植物蛋白质组学研究进展Ⅰ. 蛋白质组关键技术. 遗传, 28(11): 1472-1486.
史瑾, 魏家绵. 1998. 玉米叶绿体 ATP 合成酶 ε 亚基的定点突变. 生物化学与生物物理学报, (5): 483-487.
舒友琴, 袁道强. 2000. 饮料中六种金属阳离子的毛细管电泳分析. 食品工业科技, (2): 69-70.
王小曼. 2014. PEG 沉淀方法在去除构树叶片高丰度蛋白 RuBisCO 中的应用. 北京: 中国科学院大学硕士学位论文.
王铮, 张惠新. 2002. 聚砜中空纤维超滤膜的制备及应用. 工程塑料应用, 30(8): 32-36.
王志珍, 邹承鲁. 1998. 后基因组：蛋白质组研究. 生物化学与生物物理学报, 30(6): 533-699.
杨冰仪, 莫金垣, 赖瑢. 2003. 肉类中己烯雌酚的高速毛细管电泳安培法测定. 分析测试学报, 22(3): 15-18.
杨齐衡, 李林. 1999. 酵母双杂交技术及其在蛋白质组研究中的应用. 生物化学与生物物理学报, (3): 221-225.
杨荣武. 2017. 分子生物学. 2 版. 南京: 南京大学出版社.
应万涛, 钱小红. 2000. 生物质谱技术应用及进展. 军事医学科学院院刊, (2): 67-71.
张国华, 王延琮, 张永友, 等. 1995. 高效毛细管电泳测定黄连及成药中小檗碱型生物碱的含量. 色谱, 13(4): 247-249.
张罗敷, 胡晓芳, 徐学敏. 2013. 多维液相色谱分离技术在复杂蛋白质组学样品鉴定中的应用. 现代生物医学进展, 13(1): 161-166.
张养军, 蔡耘, 王京兰, 等. 2003. 蛋白质组学研究中的色谱分离技术. 色谱, 21(1): 20-26.
赵立魁. 2002. 毛细管电泳法测定奶粉中的镉、铅和铜. 食品科技, 23(2): 111-114.
赵燕燕, 杨更亮, 李海鹰, 等. 2003. 高效前沿分析的发展及在药物-蛋白结合研究中的应用. 化学通报, 12(3): 171-174.
甄艳, 许淑萍, 赵振洲, 等. 2008. 2D-DIGE 蛋白质组技术体系及其在植物研究中的应用. 分子植物育种, 6(2): 405-412.
周大炜, 李乐道, 李发美. 2004. 药物-蛋白结合作用的分析方法研究. 色谱, 22(2): 116-120.
周维. 2005. 毛细管电泳技术在生物医药方面的应用研究. 汕头: 汕头大学博士学位论文.
周伟红, 吴明嘉, 汪尔康. 1995. 高效毛细管电泳安培检测的进展. 分析化学, 23(3): 343-348.
朱建中, 周衍. 1997. 电化学生物传感器的进展. 传感器世界, (4): 1-8.
Ahamed T, Nofor B K, Verhaert P D, et al. 2007. pH-gradient ion-exchange chromatography: an analytical tool for design and optimization of protein separations. J. Chromatogr. A, 1164(1-2): 181-188.
Amme S, Matros A, Schlesier B, et al. 2006. Proteome analysis of cold stress response in *Arabidopsis thaliana* using DIGE-technology. J. Exp. Bot., 57(7): 1537-1546.
Andrade J M, Toledo T T, Silvia Nogueira B, et al. 2012. 2D-DIGE analysis of mango (*Mangifera indica* L.) fruit reveals major proteomic changes associated with ripening. J. Proteomics, 75(11): 3331-3334.
Angelika L, Martin H, Holger E, et al. 1999. Protein microarrays gene expression antibody screening. Anal. Biochem., 270(1): 103-111.
Arenkov P, Kukhtin A, Gemmell A, et al. 2000. Protein microchips: use for immunoassay and enzymatic reactions. Anal. Biochem., 278(2): 123-131.

Arnott D, O'Connell K L, King K L, et al. 1998. An integrated approach to proteome analysis: identification of proteins associated with cardiac hypertrophy. Anal. Biochem., 258(1): 1-18.

Asano T, Masumura T, Kusano H, et al. 2002. Construction of a specialized cDNA library from plant cells isolated by laser capturemicrodissection: toward comprehensive analysis of the genes expressed in the rice phloem. Plant J., 32(3): 401-408.

Barnea E, Sorkin R, Ziv T, et al. 2005. Evaluation of prefractionation methods as a preparatory step for multidimensional based chromatography of serum proteins. Proteomics, 5(13): 3367-3375.

Bartolinin W P, Bentzley C M, Johnston M V, et al. 1999. Identification of single stranded regions of DNA by enzymatic digestion with matrix-assisted laser desorption/ionization analysis. J. Am. Soc. Mass Spectrom., 10(6): 521-528.

Basile F, Beverly M, Abbase-Hawks C. 1998. Direct mass spectrometric analysis of *in situ* thermally hydrolyzed and methylated lipids from whole bacterial cells. Anal. Chem., 70(8): 1555-1562.

Baussant T, Bougueleret L, Johnson A, et al. 2005. Effective depletion of albumin using a new peptide-based affinity medium. Proteomics, 5(4): 973-977.

Biemann K. 1990. Nomenclature for peptide fragment ions. Meth. Enzymol., 193: 886-887.

Bjellqvist B, Sanchez J C, Pasquaili C, et al. 1993. A nonlinear wide-range immobilized pH gradient for two-dimensional electrophoresis and its definition in a relevant pH scale. Electrophoresis, 14(12): 1357-1365.

Björhall K, Miliotis T T, Davidsson P. 2005. Comparison of different depletion strategies for improved resolution in proteomic analysis of human serum samples. Proteomics, 5(1): 307-317.

Boersema P J, Divecha N, Heck A J, et al. 2007. Evaluation and optimization of ZIC-HILIC-RP as an alternative MudPIT strategy. J. Proteome Res., 6(3): 937-946.

Bohler S, Bagard M, Oufir M, et al. 2007. A DIGE analysis of developing poplar leaves subjected to ozone reveals major changes in carbon metabolism. Proteomics, 7(10): 1584-1599.

Bourdat A G, Gasparutto D, Cadet J. 1999. Synthesis and enzymatic processing of oligodeoxynucleotides containing tandem base damage. Nucleic Acids Res., 27(4): 1015-1024.

Brand J, Haslberger T, Zolg W, et al. 2006. Depletion efficiency and recovery of trace markers from a mutiparameter immunodepletion column. Proteomics, 6(11): 3236-3242.

Bruce J E, Smith W F, Liu C, et al. 1998. The observation of chaperone-ligand noncovalent complexes with electrospray ionization mass spectrometry. Protein Sci., 7(5): 1180-1185.

Cagney G, Uetz P, Fields S. 2000. High-throughput screening for protein-protein interactions using two-hybrid assay. Methods Enzymol., 328: 3-14.

Cai J Y, Henion J. 1995. Capillary electrophoresis-mass spectrometry. J. Chromatogr. A, 703(1-2): 667-692.

Cao H, He M, Zhu C, et al. 2016. Distinct metabolic changes between wheat embryo and endosperm during grain development revealed by 2D-DIGE-based integrative proteome analysis. Proteomics, 16(10): 1515-1536.

Carr S A, Annan R S. 1998. Overview of peptide and protein analysis by mass spectrometry // Ausubel F M, Brent R, Kingston R E, et al. Current Protocols in Molecular Biology. New York: John Wiley & Sons Inc.: 10.21.1-10.21.27.

Chakravorty D, Trusov Y, Botella J R, et al. 2012. Site-directed mutagenesis of the *Arabidopsis* heterotrimeric G protein subunit suggests divergent mechanisms of effector activation between plant and animal G proteins. Planta, 235(3): 615-627.

Charlwood J, Langridge J, Camilleri P. 1999. Structural characterization of N-linked glycan mixtures by precursor ion scanning and tandem mass spectrometric analysis. Rapid Commun. Mass Spectrom., 13(14): 1522-1530.

Chen Y, Lin S, Ye H Y, et al. 2005. A modified protein precipitation procedure for efficient removal of albumin from serum. Electrophoresis, 26(11): 2117-2127.

Chester T L, Pinkston J D, Raynie D E. 1998. Super critical fluid chromatography and extraction. Anal. Chem., 70(12): 301-319.

Choudhary M K, Yuko N, Hua S, et al. 2016. Circadian profiling of the *Arabidopsis* proteome using 2D-DIGE. Front. Plant Sci., 7: 1007.

Cui P, Liu H, Islam F, et al. 2016. OsPEX11, a peroxisomal biogenesis factor 11, contributes to salt stress tolerance in *Oryza sativa*. Front. Plant Sci., 7: 1357.

Cui P, Liu H, Ruan S, et al. 2017. A zinc finger protein, interacted with cyclophilin, affects root development via IAA pathway in rice. J. Integr. Plant Biol., 59(7): 496-505.

Dai J, Jin W H, Sheng Q H, et al. 2007. Protein phosphorylation and expression profiling by multidimensional liquid chromatography mass spectrometry. J. Proteome Res., 6(1): 250-262.

Dai J, Wang L S, Wu Y B, et al. 2009. Fully automatic separation and identification of phosphopeptides by continuous pH-gradient anion exchange online coupled with reversed-phase liquid chromatography mass spectrometry. J. Proteome Res., 8(1): 133-141.

Dai L J, Bansal R K, Kern S E. 1999. G1 cell cycle arrest and apoptosis induction by nuclear Smad4/Dpc4: phenotypes reversed by a tumorigenic mutation. Proc. Natl. Acad. Sci. USA, 96(4): 1427-1432.

Dainese P, Staudenmann W, Quadroni M, et al. 1997. Probing protein function using a combination of gene knockout and proteome analysis by mass spectrometry. Electrophoresis, 18(3-4): 432-442.

Debets A J, Mazereeuw M, Voogt W H, et al. 1992. Electrophoretic sample pre-treatment techniques coupled on-line with column liquid chromatography. J. Chromatogr. A., 608: 151-158.

Denzinger T, Diekmann H, Bruns K, et al. 1999. Isolation, primary structure characterization and identification of the glycosylation pattern of recombinant goldfish neurolin, a neuronal cell adhesion protein. J. Mass Spectrum., 34(4): 435-446.

Donald W H, Ohi R, Miyamoto D T, et al. 2002. Comparison of three directly coupled HPLC MS/MS strategies for identification of proteins from complex mixtures: single-dimension LC-MS/MS, 2-phase MudPIT, and 3-phase MudPIT. Int. J. Mass Spectrom., 219(1): 245-251.

Dukan S, Turlin E, Biville F. 1998. Coupling 2D SDS-PAGE with CNBr cleavage and MALDI-TOF-MS: a strategy applied to the identification of proteins induced by a hypochlorous acid stress in *Escherichia coli*. Anal. Chem., 70(20): 4433-4440.

Dunn M J. 1987. Two-dimensional polyacrylamide gel electrophoresis // Chrambach A, Dunn M J, Radola B J. Advances in Electrophoresis. Weinheim: VCH: 1-109.

Eng J K, McCormack A L, Yates J R. 1994. An approach to correlate tandem mass spectral data of peptides with amino acid sequences in a protein database. J. Am. Soc. Mass Spectrom., 5(11): 976-989.

Eubel H, Lee C P, Kuo J, et al. 2007. Free-flow electrophoresis for purification of plant mitochondria by surface charge. Plant J., 52(3): 583-594.

Faca V, Pitteri S J, Newcomb L, et al. 2007. Contribution of protein fractionation to depth of analysis of the serum and plasma proteomes. J. Proteome Res., 6(9): 3558-3565.

Fend F, Emmert-Buck M R, Chuaqui R, et al. 1999. Immuno-LCM: laser capture microdissection of immunostained frozen sections for mRNA analysis. American J. of Pathol., 154(1): 61-66.

Fenn J B, Mann M, Meng C K, et al. 1989. Electrospray ionization for mass spectrometry of large biomolecules. Science, 246(4926): 64-71.

Fields S, Song O. 1989. A novel genetic system to detect protein-protein interactions. Nature, 340(6230): 245-246.

Fletcher M C, Kuderova A, Cygler M, et al. 1998. Creation of a ribonuclease abzyme through site-directed mutagenesis. Nature Biotechnol., 16(11): 1065-1067.

Fodor I K, Nelson D O, Alegria-Hartman M, et al. 2005. Statistical challenges in the analysis of two dimensional difference gel electrophoresis experiments using DeCyde™. Bioinformatics, 21(19): 3733-3740.

Fountoulakis M, Langen H, Gray C, et al. 1998. Enrichment and purification of proteins of *Haemophilus* influenzae by chromatofocusing. J. Chromatogr. A, 806(2): 279-291.

Fox K F, Wunschel D S, Fox A, et al. 1998. Complementarity of GC-MS and LC-MS analyses for determination of carbohydrate profiles of vegetative cells and spores of Bacilli. J. Microbiol. Methods, 33(1): 1-11.

Fridriksson E K, Baird B, McLafferty F W. 1999. Electrospray mass spectra from protein electroeluted from sodium dodecylsulfate polyacrylamide gel electrophoresis gels. J. Am. Soc. Mass Spectrom., 10(5): 453-455.

Gaillard Y, Pepin G. 1998. Gas chromatographic-mass spectrometric quantitation of dextro-propoxyphene and norpropoxyphene in hair and whole blood after automated on-line solid phase extraction. Application in twelve fatalities. J. Chromatogr. B, 709(1): 69-78.

Gao M, Zhang J, Deng C, et al. 2006. Novel strategy of high-abundance protein depletion using multidimensional

liquid chromatography. J. Proteome Res., 5(10): 2853-2860.

Garbis S D, Roumeliotis T I, Tyritzis S I, et al. 2011. A novel multidimensional protein identification technology approach combining protein size exclusion prefractionation, peptide zwitterion-ion hydrophilic interaction chromatography, and nano-ultraperformance RP chromatography/nESI-MS^2 for the in-depth analysis of the serum proteome and phosphoproteome: application to clinical sera derived from humans with benign prostate hyperplasia. Anal. Chem., 83(3): 708-718.

Garfin D E. 2003. Two-dimensional gel electrophoresis: an overview. Trends Anal. Chem., 22(5): 263-272.

Gilar M, Olivova P, Daly A E, et al. 2005a. Orthogonality of separation in two-dimensional liquid chromatography. Anal. Chem., 77(19): 6426-6434.

Gilar M, Olivova P, Daly A E, et al. 2005b. Two-dimensional separation of peptides using RP-RP-HPLC system with different pH in first and second separation dimensions. J. Sep. Sci., 28(14): 1694-1703.

Giot L, Bader J S, Brouwer C, et al. 2003. A protein interaction map of *Drosophila melanogaster*. Science, 302(5651): 1727-1736.

Godovac Z J, Soskic V, Poznanovic S, et al. 1999. Functional proteomics of signal transduction by membrane receptors. Electrophoresis, 20(4-5): 952-961.

Gorg A, Obermaier C, Boguth G, et al. 1997. Very alkaline immobilized pH gradients for two-dimensional electrophoresis of ribosomal and nuclear proteins. Electrophoresis, 18(3-4): 328-337.

Gorg A, Postel W, Gunther S. 1988. The current state of two-dimensional electrophoresis with immobilized pH gradients. Electrophoresis, 9(9): 531-546.

Griffin T J, Hall J G, Prudent J R, et al. 1999. Direct genetic analysis by matrix-assisted laser desorption/ionization mass spectrometry. Proc. Natl. Acad. Sci. USA, 96(11): 6301-6306.

Hagglund P, Bunkenborg J, Elortza F, et al. 2004. A new strategy for identification of *N*-glycosylated proteins and unambiguous assignment of their glycosylation sites using HILIC enrichment and partial deglycosylation. J. Proteome Res., 3(3): 556-566.

Harrington M G, Coffman J A, Calzone F J, et al. 1992. Complexity of sea urchin embryo nuclear proteins that contain basic domains. Proc. Natl. Acad. Sci. USA, 89(14): 6252-6256.

Henzel W J, Billeci T M, Stults J T, et al. 1993. Identifying proteins from two-dimensional gels by molecular mass searching of peptide fragments in protein sequence database. Proc. Natl. Acad. Sci. USA, 90(11): 5011-5015.

Herbert B. 1999. Advances in protein solubilization for two-dimensional electrophoresis. Electrophoresis, 20: 660-663.

Herbert B, Molloy M P, Gooley A A, et al. 1998. Improved protein solubility in two-dimensional electrophoresis using tributyl phosphine as a reducing agent. Electrophoresis, 19(5): 845-851.

Herbert B, Righetti P G. 2000. A turning point in proteome analysis: sample prefractionation via multi compartment electrolyzers with isoelectric membranes. Electrophoresis, 21(17): 3639-3648.

Hoffman S A, Joo W A, Echan L A, et al. 2007. Higher dimensional separation strategies dramatically improve the potential for cancer biomarker detection in serum and plasma. Journal of Chromatography B, 849(1-2): 43-52.

Hood B L, Zhou M, Chan K C, et al. 2005. Investigation of the mouse serum proteome. J. Proteome Res., 4(5): 1561-1568.

Hoorn E J, Hofert J D, Knepper M A. 2006. The application of DIGE-based proteomics to renal physiology. Nephron. Physiol., 104(1): 61-72.

Hunt D F, Yates J R, Shabanowitz J, et al. 1986. Protein sequencing by tandem mass spectrometry. Proc. Natl. Acad. Sci. USA, 83(17): 6233-6237.

Hurst G B, Weaver K, Doktycz M J, et al. 1998. MALDI-TOF analysis of polymerase chain reaction products from methanotrophic bacteria. Anal. Chem., 70(13): 2693-2698.

Jacobs J M, Mottaz H M, Yu L R, et al. 2004. Multidimensional proteome analysis of human mammary epithelial cells. J. Proteome Res., 3(1): 68-75.

James P, Quadroni M, Carafoli E, et al. 1993. Protein identification by mass profile fingerprinting. Biochem. Biophys. Res. Commun., 195(1): 58-64.

James P, Quadroni M, Carafoli E, et al. 1994. Protein identification in DNA database by peptide mass fingerprinting. Protein Sci., 3(8): 1347-1350.

Jin W H, Dai J, Li S J, et al. 2005. Human plasma proteome analysis by multidimensional chromatography prefractionation and linear ion trap mass spectrometry identification. J. Proteome Res., 4(2): 613-619.

Kai T, Fu D J, Julien D, et al. 1999. Chip-based genotyping by mass spectrometry. Proc. Natl. Acad. Sci. USA, 96(18): 10016-10020.

Kang B, Zhang Z, Wang L, et al. 2013. OsCYP2, a chaperone involved in degradation of auxin-responsive proteins, plays crucial roles in rice lateral root initiation. Plant J., 74(1): 86-97.

Karp N A, Kreil D P, Lilley K S. 2004. Determining a significant change in protein expression with DeCyder™ during a pair-wise comparison using two-dimensional difference gel electrophoresis. Proteomics, 4(5): 1421-1432.

Kato K, Jingu S, Ogawa N, et al. 1999. Rapid characterization of urinary metabolites of pibutidine hydrochloride in humans by liquid chromatography/electrospray ionization tandem mass spectrometry. Rapid Commun. Mass Spectrom., 13(15): 1626-1632.

Klitgaard K, Mølbak L, Jensen T K, et al. 2005. Laser capture microdissection of bacterial cells targeted by fluorescence *in situ* hybridization. BioTechniques, 39(6): 864-868.

Kono M, Miyazaki G, Nakamura H, et al. 1998. Site-directed mutagenesis in hemoglobin: attempts to controll the oxygen affinity with cooperativity preserved. Protein Eng., 11(3): 199-204.

Korabecna M, Tonar Z, Tomori Z, et al. 2019. Optimized cutting laser trajectory for laser capture microdissection. Biologia, 74(6): 717-724.

Kovacs J M, Mant C T, Hodges R S. 2006. Determination of intrinsic hydrophilicity/hydrophobicity of amino acid side chains in peptides in the absence of nearest-neighbor or conformational effects. Biopolymers, 84(3): 283-297.

Kreil D P, Karp N A, Lilley K S. 2004. DNA microarray normalization methods can remove bias from differential protein expression ana lysis of 2D difference gel electrophoresis results. Bioinformatics, 20(13): 2026-2034.

Kuster B, Wheeler S F, Hunter A P, et al. 1997. Sequencing of n-linked oligosaccharides directly from protein gels in gel deglycosylation followed by matrix-assisted laser desorption/ionization mass spectrometry and normal-phase high-performance liquid chromatography. Anal. Biochem., 250(1): 82-101.

Laemmli U K. 1970. Cleavage of structural proteins during the assembly of the head of bacteriophage T4. Nature, 227(5259): 680-685.

Laird A D, Morrison D K, Shalloway D. 1999. Characterization of Raf-1 activation in mitosis. J. Biol. Chem., 274(7): 4430-4439.

Li S M, Armstrong C M, Bertin N, et al. 2004. A map of the interactome network of the metazoan *C. elegans*. Science, 303(5657): 540-543.

Liang Y, Zhu Y, Dou M, et al. 2018. Spatially resolved proteome profiling of ＜200 cells from tomato fruit pericarp by integrating laser-capture microdissection with nanodroplet sample preparation. Anal. Chem., 90: 11106-11114.

Lilley K S, Dupree P. 2006. Methods of quantitative proteomics and their application to plant organelle characterization. J. Exp. Bot., 57(7): 1493-1499.

Lilley K S, Friedman D B. 2004. All about DIGE: quantification technology for differential-display 2D-gel proteomics. Expert. Rev. Proteomics, 1(4): 401-409.

Link A J, Eng J, Schieltz D M, et al. 1999. Direct analysis of protein complexes using mass spectrometry. Nature Biotechnol., 17(7): 676-682.

Little D P, Thannhauser T W, McLafferty F W. 1995. Verification of 50- to 100-mer DNA and RNA sequences with high-resolution mass spectrometry. Proc. Natl. Acad. Sci. USA, 92(6): 2318-2322.

Liu Z, Chen M, Huang S, et al. 2019. Electronic and functional structure of copper in plant Cu/Zn superoxide dismutase with combined site-directed mutagenesis and electron paramagnetic resonance. Chinese J. Anal. Chem., 47: e19021-e19026.

Ma J, Ptashne M. 1987. A new class of transcriptional activators. Cell, 51(1): 113-119.

MacBeath G, Schreiber S L. 2000. Printing proteins as microarrays for high-throughput function determination. Science, 289(5485): 1760-1763.

Madhusudanan K P, Katti S B, Vijayalakshmi R, et al. 1999. Chromium (Ⅲ) interactions with nucleosides and nucleotides: a mass spectrometric study. J. Mass Spectrom., 34(8): 880-884.

Maltman D J, Gadd S M, Simon W J, et al. 2007. Differential proteomic analysis of the endoplasmic reticulum from developing and germinating seeds of castor (*Ricinus communis*) identifies seed protein precursors as significant components of the endoplasmic reticulum. Proteomics, 7(9): 1513-1528.

Mann M, Hojrup P, Roepstorff P. 1993. Use of mass spectrometric molecular weight information to identify proteins in sequence databases. Biol. Mass Spectrom., 22(6): 338-345.

Mann M, Wilm M. 1994. Error tolerant identification of peptides in sequence databases by peptide sequence tags. Anal. Chem., 66(24): 4390-4399.

Manz A, Graber N, Widmer H M. 1990. Miniaturized total chemical analysis systems: a novel concept for chemical sensing. Sensors and Actuators B (Chemical), 1(1-6): 244-248.

Martosella J, Zolotarjova N, Liu H, et al. 2005. Reversed-phase high-performance liquid chromatographic prefractionation of immunodepleted human serum proteins to enhance mass spectrometry identification of lower-abundant proteins. J. Proteome Res., 4(5): 1522-1537.

Martosella J, Zolotarjova N, Liu H, et al. 2006. High recovery HPLC separation of lipid rafts for membrane proteome analysis. J. Proteome Res., 5(6): 1301-1312.

Marzilli L A, Wang D, Kobertz W R, et al. 1998. Mass spectral identification and positional mapping of aflatoxin B1-guanine adducts in oligonucleotides. J. Am. Soc. Mass Spectrom., 9(7): 676-682.

Mastro R, Hall M. 1999. Protein delipidation and precipitation by tri-n-butylphosphate, acetone, and methanol treatment for isoelectric focusing and two-dimensional gel electrophoresis. Anal. Biochem., 273(2): 313-315.

McDonald W H, Ohi R, Miyamoto D T, et al. 2002. Comparison of three directly coupled HPLC MS/MS strategies for identification of proteins from complex mixtures: single-dimension LC-MS/MS, 2-phase MudPIT, and 3-phase MudPIT. Int. J. Mass. Spectrom., 219(1): 245-251.

Melchior K, Tholey A, Heisel S, et al. 2010. Protein-versus peptide fractionation in the first dimension of two-dimensional high-performance liquid chromatography-matrix-assisted laser desorption/ionization tandem mass spectrometry for qualitative proteome analysis of tissue samples. J. Chromatogr A, 1217(40): 6159-6168.

Mendoza L G, McQuary P, Mongan A, et al. 1999. High-throughput microarray-based enzyme-linked immunosorbent assay (ELISA). Biotechniques, 27(4): 778-788.

Mitulovic G, Stingl C, Smoluch M, et al. 2004. Automated, on-line two-dimensional nano liquid chromatography tandem mass spectrometry for rapid analysis of complex protein digests. Proteomics, 4(9): 2545-2557.

Molloy M P, Herbert B, Walsh B J, et al. 1998. Extraction of membrane proteins by differential solubilization for separation using two-dimensional electrophoresis. Electrophoresis, 19(5): 837-844.

Mukhopadhyay P, Roy K B. 1998. Protein engineering of *Bam*HⅠ restriction endonuclease: replacement of Cys54 by Ala enhances catalytic activity. Protein Eng., 11(10): 931-935.

Murakami I, Hiyama K, Ishioka S, et al. 2000. *p53* gene mutations are associated with shortened survival in patients with advanced non-small cell lung cancer: an analysis of medically managed patients. Clin. Cancer Res., 6(2): 526-530.

Nagele E, Vollmer M, Horth P. 2004. Improved 2D nano-LC/MS for proteomics applications: a comparative analysis using yeast proteome. J. Biomol. Tech., 15(2): 134-143.

Nakazono M, Qiu F, Borsuk L A, et al. 2003. Laser capture microdissection, a tool for the global analysis of gene expression in specific plant cell types: identification of genes expressed differentially in epidermal cells or vascular tissues of maize. Plant Cell, 15: 583-596.

Ndimba B, Rafudeen S, Meyer Z, et al. 2005. Proteomic identification of an Hsp70.1 protein induced in *Arabidopsis* cells following hyperosmotic stress treatments: NRF/Royal Society programme. South African J. of Sci., 101: 449-453.

Nedelkov D, Nelson R W. 2000. Practical considerations in BIA/MS: optimizing the biosensor-mass spectrometry interface. J. Mol. Recognit., 13: 140-145.

Nelson R W, Jarvik J W, Taillon B E, et al. 1999. Biamass of epitope-tagged peptides directly from ecolilysate: multiplex detection and protein identification at low-femtomole to subfemtomole levels. Anal. Chem., 71: 2858-2865.

Nelson R W, Krone J R, Jansson O. 1997. Surface plasmon resonance biomolecular interaction analysis mass spectrometry. Anal. Chem., 69: 4369-4374.

Nelson R W, Nedelkov D, Tubbs K A, et al. 2000. Biosensor chip mass spectrometry: a chip-based proteomics approach. Electrophoresis, 21: 1155-1163.

Ning Z B, Li Q R, Dai J, et al. 2008. Fractionation of complex protein mixture by virtual three-dimensional liquid chromatography based on combined pH and salt steps. J. Proteome Res., 7: 4525-4537.

Nogueira S B, Labate C A, Gozzo F C, et al. 2012. Proteomic analysis of papaya fruit ripening using 2DE-DIGE. J. Proteomics, 75: 1428-1439.

O'Farrell P H. 1975. High resolution two-dimensional gel electrophoresis of proteins. J. Biol. Chem., 250: 4007-4021.

Okamoto T, Scholten S, Lorz H, et al. 2005. Identification of genes that are up- or down-regulated in the apical or basal cell of maize two-celled embryos and monitoring their expression during zygote development by a cell manipulation- and PCR-based approach. Plant Cell Physiol., 46: 332-338.

Olivares J A, Nguyen N T, Yonker C R, et al. 1987. On-line mass spectrometric detection for capillary zone electrophoresis. Anal. Chem., 59: 1230-1232.

Onnerfjord P, Ekstrom S, Bergquist J, et al. 1999. Homogenous sample preparation for automated high throughput analysis with matrix-assisted laser desorption/ionization time-of-flight mass spectrometry. Rapid Commun. Mass Spectrom., 13: 315-322.

Opiteck G J, Jorgenson J W. 1997. Two-dimensional SEC/RPLC coupled to mass spectrometry for the analysis of peptides. Anal. Chem., 69: 2283-2291.

Opiteck G J, Ramirez S M, Jorgenson J W, et al. 1998. Comprehensive two-dimensional high-performance liquid chromatography for the isolation of overexpressed proteins and proteome mapping. Anal. Biochem., 258: 349-361.

Pappin D C, Hojrup P, Bleasby A J. 1993. Rapid identification of proteins by peptide mass fingerprinting. Curr. Biol., 3: 327-332.

Patterson D H, Tarr G E, Regnier F E, et al. 1995. C-terminal ladder sequencing via matrix-assisted laser desorption mass spectrometry coupled with carboxypeptidase time-dependent and concentration-dependent digestions. Anal. Chem., 67: 3971-3978.

Pennington S R, Dunn M J. 2001. Proteomics: From Protein Squence to Function. Oxford: BIOS Scientific Publishers Limited.

Pepaj M, Holm A, Fleckenstein B, et al. 2006. Fractionation and separation of human salivary proteins by pH-gradient ion exchange and reversed phase chromatography coupled to mass spectrometry. J. Sep. Sci., 29: 519-528.

Perdew G H, Schaup H W, Selivonchick D P. 1983. The use of a zwitterionic detergent in two-dimensional gel electrophoresis of trout liver microsomes. Anal. Biochem., 135: 453-455.

Prieto J H, Koncarevic S, Park S K, et al. 2008. Large-scale differential proteome analysis in *Plasmodium falciparum* under drug treatment. PLoS ONE, 3: e4098.

Quirino J P, Terabe S. 1997. On-line concentration of neutral analytes for micellar electrokinetic chromatography Ⅰ. normal stacking mode. J. Chromatogr. A, 781: 119-128.

Rabilloud T, Adessi C, Giraudel A, et al. 1997. Improvement of the solubilization of proteins in two-dimensional electrophoresis with immobilized pH gradients. Electrophoresis, 18: 307-316.

Rabilloud T, Hubert M, Tarroux P. 1986. Procedures for two-dimensional electrophoresis analysis of nuclear proteins. J. Chromatogr. A, 351: 77-89.

Rain J C, Selig L, De Reuse H, et al. 2001. The protein-protein interaction map of *Helicobacter pylori*. Nature, 409: 211-215.

Ramsay K, Wang Z H, Jones M K. 2004. Using laser capture microdissection to study gene expression in early stages of giant cells induced by root-knot nematodes. Mol. Plant Pathol., 5: 587-592.

Ramsey J M, Jacobson S C, Knapp M R. 1995. Microfabricated chemical measurement systems. Nature Medi., 1: 1093-1095.

Robbins M L, Roy A, Wang P H, et al. 2013. Comparative proteomics analysis by DIGE and iTRAQ provides insight into the regulation of phenylpropanoids in maize. J. Proteomics, 93: 254-275.

Rothemund D L, Locke V L, Liew A, et al. 2003. Depletion of the highly abundant protein albumin from human plasma using the gradiflow. Proteomics, 3: 279-287.

Sagi D, Kienz P, Denecke J, et al. 2005. Glycoproteomics of *N*-glycosylation by in-gel deglycosylation and matrix-assisted laser desorption/ionisation-time of flight mass spectrometry mapping: application to congenital disorders of glycosylation. Proteomics, 5: 2689-2701.

Salih B, Masselon C, Zenobi R. 1998. Matrix-assisted laser desorption/ionization mass spectrometry of noncovalent protein-transition metal ion complexes. J. Mass Spectrom., 33: 994-1002.

Santoni V, Molloy M, Rabilloud T. 2000. Membrane protein and proteomics: un amour impossible? Electrophoresis, 21(6): 1054-1070.

Shen X, Perrealt H. 1998. Characterization of carbohydrates using a combination of derivatization, high-performance liquid chromatography and mass spectrometry. J. Mass Spectrom., 811: 47-59.

Shevchenko A, Jensen D N, Podtelejnikov A V, et al. 1996. Linking genome and proteome by mass spectrometry: large-scale identification of yeast proteins from two dimensional gels. Proc. Natl. Acad. Sci. USA, 93: 14440-14445.

Smith G P. 1985. Filamentous fusion phage: novel expression vectors that display cloned antigens on the virion surface. Science, 28: 1315-1317.

Smith R D, Olivares J A, Nguyen N T, et al. 1988. Capillary zone electrophoresis-mass spectrometry using an electrospray ionization interface. Anal. Chem., 60: 436-441.

Sonksen C P, Nordhoff E, Jansson M M, et al. 1998. Combining MALDI mass spectrometry and biomolecular interaction analysis using a biomolecular interaction analysis instrument. Anal. Chem., 70: 2731-2736.

Stelzl U, Worm U, Lalowski M, et al. 2005. A human protein protein interaction network: are source for annotating the proteome. Cell, 122: 957-968.

Stults J T. 1995. Matrix-assisted laser desorption/ionization mass spectrometry. Curr. Opin. Struct. Biol., 5: 691-698.

Thiede B, Von-Janta L, Noncovalent M. 1998. RNA-peptide complexes detected by matrix-assisted laser desorption/ionization mass spectrometry. Rapid Commun. Mass Spectrom., 12: 1889-1894.

Thiede B, Wittmann-Liebold B, Bienert M, et al. 1995. MALDI-MS for C-terminal sequence determination of peptides and proteins degraded by carboxypeptidase. FEBS Lett., 357: 65-69.

Thierry B, Lydie B, Andrew J, et al. 2005. Effective depletion of albumin using a new peptide-based affinity medium. Proteomics, 5: 973-977.

Tirumalai R S, Chan K C, Prieto D A, et al. 2003. Characterization of the low molecular weight human serum proteome. Mol. Cell Proteomics, 2: 1096-1103.

Tretyakova N Y, Niles J C, Burney S, et al. 1999. Peroxynitrite-induced reactions of synthetic oligonucleotides containing 8-oxoguanine. Chem. Res. Toxicol., 12: 459-466.

Veenstra T D. 1999. Electrospray ionization mass spectrometry: a promising new technique in the study of protein/DNA noncovalent complexes. Biochem. Biophys. Res. Commun., 257: 1-5.

Vera-Estrella R, Barkla B J, Pantoja O. 2014. Comparative 2D-DIGE analysis of salinity responsive microsomal proteins from leaves of salt-sensitive *Arabidopsis thaliana* and salt-tolerant *Thellungiella salsuginea*. J. Proteomics, 111: 113-127.

Vermal S, Gautam V, Sarkar A K. 2019. Improved laser capture microdissection (LCM)-based method for isolation of RNA, including miRNA and expression analysis in woody apple bud meristem. Planta, 249(6): 2015-2020.

von Mering C, Krause R, Sne B, et al. 2002. Comparative assessment of large-scale data sets of protein-protein interactions. Nature, 417: 399-403.

Walhout A J, Temple G F, Brasch M A, et al. 2000. Gateway™ recombinational cloning: application to the cloning of large numbers of open reading frames or ORF eomes. Methods Enzymol., 328: 575-592.

Wane A, Pakl K A .1998. Mutual stabilization of VL and VH in single-chain antibody fragments, investigated with mutants engineered for stability. Biochem., 37: 13120-13127.

Washburn M P, Wolters D, Yates J R. 2001. Large-scale analysis of the yeast proteome by multidimensional protein identification technology. Nature Biotechnol., 19: 242-247.

Wei J, Sun J, Yu W, et al. 2005. Global proteome discovery using an online three-dimensional LC-MS/MS. J. Proteome Res., 4: 801-808.

Wei K H, Yang S C, Cai Y, et al. 1999. Preliminary investigation on the free thiols and disulfide bonds in human hematopoietin // China Association for Instrumental Analysis. Proceeding of International Eighth Beijing Conference and Exhibition on Instrumental Analysis: Mass Spectrometry. Beijng: Peking University Press.

Welham K J, Domin M A, Scannell D E, et al. 1998. The characterization of microorganisms by matrix-assisted laser desorption/ionization time-of-flight mass spectrometry. Rapid Commun. Mass Spectrom., 12: 176-180.

Wilkins M R, Gasteiger E, Gooley A A, et al. 1999. High-throughput mass spectrometric discovery of protein post-translational modifications. J. Mol. Biol., 289: 645-657.

Wolters D A, Washburn M P, Yates J R. 2001. An automated multidimensional protein identification technology for shotgun proteomics. Anal. Chem., 73: 5683-5690.

Yamaguchi K, Fuse E, Takashima M, et al. 1998. Development of a sensitive liquid chromatography-electrospray ionization tandem mass spectrometry method for the measurement of 7-cyanoquinocarcinol in human plasma. J. Chromatogr. Biomed. Sci. Appl., 713: 447-451.

Yan J X, Kett W C, Herbert B R, et al. 1998. Identification and quantitation of cysteine in proteins separated by gel electrophoresis. J. Chromatogr. A, 813: 187-200.

Yan J X, Wait R, Berkelman, et al. 2000. A modified silver staining protocol for visualization of proteins compatible with matrix-assisted laser desorption/ionization and electrospray ionization-mass spectrometry. Electrophoresis, 21: 3666-3672.

Yates J R, Speicher S, Griffin P R, et al. 1993. Peptide mass maps: a highly informative approach to protein identification. Anal. Biochem., 214(2): 397-408.

Zgoda V G, Moshkovskii S A, Ponomarenko E A, et al. 2009. Proteomics of mouse liver microsomes: performance of different protein separation workflows for LC-MS/MS. Proteomics, 9: 4102-4105.

Zhang J, Xu X, Gao M, et al. 2007. Comparison of 2-D LC and 3-D LC with post- and pre-tryptic-digestion SEC fractionation for proteome analysis of normal human liver tissue. Proteomics, 7(4): 500-512.

Zhen S, Deng X, Li M, et al. 2018. 2D-DIGE comparative proteomic analysis of developing wheat grains under high-nitrogen fertilization revealed key differentially accumulated proteins that promote storage protein and starch biosyntheses. Anal. Bioanal. Chem., 410: 6219-6235 .

Zhu H, Bilgin M, Bangham R, et al. 2001. Global analysis of protein activities using proteome chips. Science, 293(5537): 2101-2105.

Zolotarjova N, Martosella J, Nicol G, et al. 2005. Differences among techniques for high-abundant protein depletion. Proteomics, 5(13): 3304-3313.

第3章
质谱技术在植物蛋白质组学研究中的应用

质谱技术用于测定气态离子的质量与其所带电荷数量的比值（质荷比，*m/z*），是一种对已知和未知物质进行高精度定性与定量分析的实验方法。质谱技术通过测定未知物的质荷比/分子量，以及离子碎裂后产生的碎片离子（fragment ion）的质荷比，解析未知物的化学结构；通过检测离子的质谱信号强度对物质进行高灵敏度的定量检测，检测灵敏度可以达到甚至超过飞克（fg，即10^{-15}g）级。质谱技术在生命科学、医疗健康、材料科学、环境科学、食品和公共安全等领域应用广泛。质谱技术与生命科学研究，尤其是与蛋白质组学技术互相支持并携手发展壮大。一方面，蛋白质组学研究的不断深入发展，对质谱检测的灵敏度、分辨率、蛋白质覆盖深度、分析通量和定量准确性提出了更高要求；另一方面，质谱技术的发展为蛋白质组学研究的深度测序和广谱定量提供了更强有力的检测工具。两者相辅相成，互相促进，实现了蛋白质组学技术的蓬勃发展。

3.1 概　　述

质谱仪是检测气态离子质荷比的仪器。当离子带有一个正电荷或一个负电荷时，离子的质荷比就是其分子量。待测物质（固态、气态或者液态）通过质谱仪的电离源变为气态的带电离子。这些离子在质谱仪质量分析器的磁场或者电场作用下，在时间或空间上实现分离，然后被检测器检测，得到横轴为离子质荷比、纵轴为离子信号强度的质谱图（图3-1）。通过准确测定离子的质荷比获得待测物质的分子量，进而可以确定其分子式。离子在质谱仪中还可以发生碰撞诱导解离，产生碎片离子，通过检测碎片离子的质荷比，可以获得碎片离子的化学结构信息，整合碎片离子的结构信息可以得到完整离子的化学结构，从而实现化合物的定性分析。待测离子的质谱峰强度通常与其含量有关，检测已知浓度标准物质的质谱峰强度，并绘制定量标准曲线，将待测物质的质谱峰强度代入工作曲线，即可进行定量分析。质谱检测的绝对灵敏度可以达到飞克级以上，相对灵敏度达到万亿分之一（10^{-12}）以上。

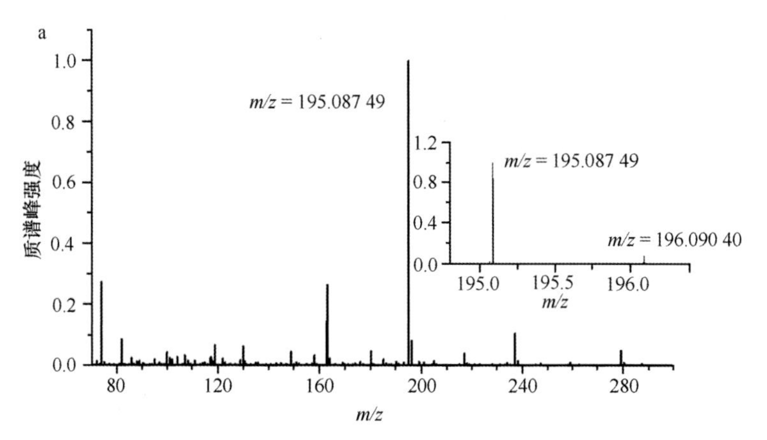

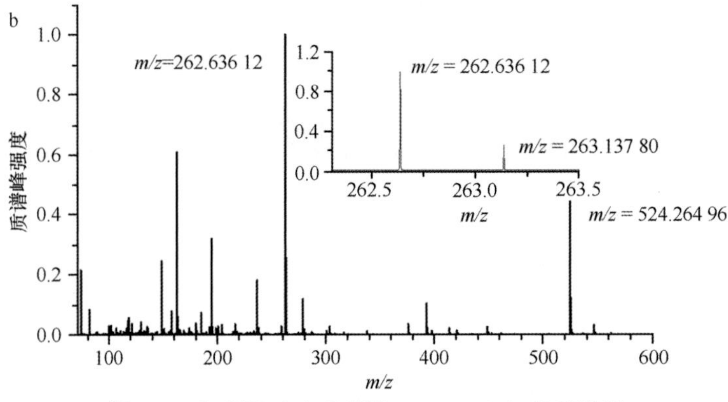

图 3-1 咖啡因（a）和四肽 MFRA（b）的质谱图

基于质谱的蛋白质组学技术最常采用鸟枪法［shotgun，又称自下而上法（bottom-up）］的技术路线。该技术路线，首先使用特异性蛋白内切酶（endoproteinase）将蛋白质酶解成多肽片段，然后使用液相色谱对蛋白质酶解产物进行分离，分离得到的多肽经过电喷雾电离源电离后进入质谱仪检测其质荷比 / 分子量。通过精确测定多肽离子的分子量，可以确定多肽的氨基酸组成。在质谱仪中还可以将这些多肽离子碎裂成碎片离子，通过分析这些碎片离子的质荷比，可以获得多肽离子的氨基酸排列顺序信息，由此实现多肽的测序。将多肽的序列信息与数据库中已知的蛋白质氨基酸序列信息进行比对分析，就可以检索到包含这些多肽序列的蛋白质，实现蛋白质鉴定。比较不同样品中同一多肽的质谱峰强度，可以实现蛋白质的相对定量分析。

3.1.1 质谱技术发展简史

利用质谱测定气态离子的质荷比时，气态离子在磁场或电场中的飞行轨迹遵循电磁学规律，这是质谱技术的理论基础。质谱技术起源于 20 世纪初，1897 年，物理学家 J. Thomson 使用阴极射线管测量了电子的质荷比，并在此基础上设计了原始的质谱仪，用于氖同位素的测定。1920 年，F. W. Aston 发明了速度聚焦质谱仪，发现了多种元素的同位素，并因此获得了诺贝尔化学奖。1934 年，J. Mattauch 和 R. Herzog 发明了双聚焦磁质谱仪，使用叠加的电场和磁场对离子进行高分辨率与高灵敏度检测（Johnson and Nier，1953）。1946 年，W. Stephens 发明了飞行时间（time-of-flight，TOF）质谱仪，摆脱了质谱对磁场的依赖（Wolff and Stephens，1953；Katzenstein and Friedland，1955；Wiley and McLaren，1955）。J. A. Hipple 等（1949）发明了离子回旋共振质谱仪，为质谱向高质量精度和高分辨率方向发展奠定了基础。1953 年，W. Paul 提出了四极杆（quadrupole）和离子阱（ion trap）理论，通过在 4 根互相平行的电极上施加叠加的直流和交流电场实现离子的捕获、分离和检测，他凭该技术于 1989 年获得诺贝尔物理学奖。M. B. Comisarow 和 A. G. Marshall（1974）将离子回旋共振技术进一步发展，发明了具有极高分辨率的傅里叶变换离子回旋共振（fourier transform ion cyclotron resonance，FT-ICR）质谱仪，将质谱技术的分辨率提高到一个新台阶。1977 年，R. A. Yost 和 C. G. Enke 提出了串联三重四极杆（triple quadrupole）理论，将 3 个四极杆质量分析器串联使用，实现离子的选择、分离、碎裂和检测。基于串联四极杆质谱仪的多反应监测（multiple reaction monitoring，MRM）和选择反应监测（selected reaction monitoring，SRM）方法已经成为质谱定量检测的金标准。2000 年，A. Makarov 发明了基于静电场轨道阱

（orbitrap）技术的 Orbitrap 高分辨质谱仪，摆脱了傅里叶变换离子回旋共振质谱仪对超导磁场的依赖，极大地提升了高分辨质谱仪的扫描速度，进一步推动了基于高分辨质谱的蛋白质组学技术的发展。在电离源方面，日本的田中耕一和美国的 John Fenn 分别发明了适用于生物大分子电离的基质辅助激光解吸电离（matrix-assisted laser desorption ionization，MALDI）和电喷雾电离（electrospray ionization，ESI），这两种软电离技术的发明，尤其是 ESI 技术与高分辨质谱仪的组合，极大地推进了蛋白质组学技术的发展，两位科学家也因此获得了 2002 年诺贝尔化学奖。

3.1.2　质谱技术在生命科学研究中的应用

质谱技术在生命科学的各个研究领域都有广泛的应用。根据分析对象的不同，可以将质谱技术的应用分为靶向分析和非靶向分析。靶向分析主要用于分析样品中已知物质的含量，如分析生物体内代谢物的含量，食品、饲料中营养成分的含量，人和动物体内药物及其代谢物的组成与含量。非靶向分析则是利用现代质谱仪高分辨率、高质量精度和高通量的性能，对样品中的物质进行大规模的分析、鉴定和定量，最常见的非靶向分析技术的应用领域就是蛋白质组学和代谢组学。

在进行靶向分析时，通常使用固相萃取和液液萃取等技术对目标物质进行选择性提取与富集，然后使用液相色谱在复杂基质（matrix）中分离待测物质，最后使用质谱对其进行检测。在进行质谱分析时，通常使用串联四极杆质谱仪或者高分辨质谱仪（Q-TOF、Q-Orbitrap）对待测物质离子进行选择性检测，或者对待测物质离子的特征性碎片离子进行检测，以提高检测的灵敏度和特异性，通过检测离子的质谱信号强度可以对样品中待测物质的含量进行定量分析。通过上述样品提取、净化、分离和检测流程，可以对食品中的营养成分（氨基酸、糖和维生素等），兽药 / 农药残留，人 / 动物组织、血浆和尿液中的代谢物，以及药物残留等进行高灵敏度的检测，检测灵敏度可以达到 pg/g 的水平，一次分析可以定量检测超过 100 种化合物，样品通量可以达到每小时 5 ～ 10 个样品，可以满足绝大多数生命科学研究定量检测的需要。

非靶向分析旨在检测生物样本中全部的代谢物或蛋白质，由于代谢物和蛋白质的物理与化学性质各异，在样品前处理时通常采用通用性较强的提取方法，以便尽可能多地提取蛋白质和代谢物。由于样品成分复杂，在进行质谱分析前，待测样品通常要经过液相色谱或气相色谱分离，以降低进入质谱仪样品的复杂程度。在进行质谱分析时，通常使用高分辨率的 Q-TOF 或 Q-Orbitrap 质谱仪检测进入质谱仪的全部离子的质谱信号，用于后续数据分析和蛋白质 / 代谢物鉴定。使用非靶向蛋白质组学和代谢组学技术可以全面地比较不同生理状态下生物体内蛋白质与代谢物的变化情况，研究疾病的发病机制，药物的治疗机制，以及植物和作物响应不同逆境胁迫的分子机制等。蛋白质组学和代谢组学技术在食品品质鉴定、产地溯源、疾病治疗和预防机制研究、作物抗逆和驯化机制研究等方面都有广泛应用。除了用于检测样本中蛋白质的种类和丰度，质谱还可以用于检测蛋白质翻译后修饰状态，发现和确定蛋白质翻译后修饰位点。

3.2　质谱仪的构造原理和使用维护

现代质谱仪通常包括以下几个模块：离子源（ionization source），质量分析器（mass

analyzer），真空系统（vacuum system），数据采集（data collection）系统，控制系统（control system），以及辅助系统（auxiliary system）。

电离源将固态或液态样品转化成气态，并将其电离后导入质量分析器进行分析。蛋白质组学研究中最常用的电离源是ESI电离源和MALDI电离源，这两种电离源都是“软”电离源，可以让完整的蛋白质或多肽分子气化和电离。ESI电离源可以直接分析液态样品，更容易与液相色谱等分离技术联机使用，是近年来蛋白质组学研究中最常用的电离技术。

质量分析器的作用是分析和检测离子的质荷比及相对丰度。气态离子在电场或磁场中的飞行轨迹遵循物理学和电磁学规律，其轨迹除了受到电场和磁场的约束，还与离子自身的质量和所带的电荷数量（质荷比）有密切关系。质量分析器是质谱仪的核心部件，通过改变质量分析器电场或磁场的参数设置，可以在时间或者空间上分离和检测质荷比不同的离子。利用质量分析器检测离子的飞行轨迹，将其进行理论计算和数学处理，获得离子的质荷比，进而得到质谱图。常用的质量分析器包括磁质谱、四极杆质谱、离子阱质谱、飞行时间质谱、傅里叶变换离子回旋共振质谱和轨道阱质谱，以及由不同质量分析器组合而成的串联式或组合式质谱。

真空系统用于维持质量分析器的真空状态。离子在质量分析器中进行分离和检测时会与环境中的其他分子或离子发生碰撞，导致电荷丢失，无法继续被分析和检测。因此，质谱仪在工作时通常需要维持一定的真空度，以减少离子与环境分子的碰撞和损失。质谱仪正常运行所需要的真空度在10^{-11}～10^{-5}mbar（1bar=10^{5}Pa），为了维持这样的真空度，质谱仪通常使用旋片式真空泵提供初级真空，使用分子涡轮泵提供高真空。

数据采集系统和控制系统包括质谱仪内置与外置的计算机及其他控制系统与电子设备，用于控制质谱仪的不同功能模块，采集和存储质谱数据。辅助系统为质谱仪的正常运行提供电力、气体（氮气、氦气）和冷却水等。

3.2.1 电离源

质谱仪只能分析和检测气态离子，而大量待测物质都以固态或液态形式存在，并且不带电荷，所以电离源的作用有两个：一是将固态或液态样品气化，二是将气化的样品电离。最早使用的离子化方法是电子电离（electron ionization，EI）法，又称电子轰击电离（electron impact，EI）法。该技术通过加热钨灯丝产生热电子，热电子经过电场加速后与气态样品发生碰撞使分子电离。当高速飞行的电子与分子碰撞时，会发生能量转移，将电子的动能转移给气态分子，导致分子外层电子在碰撞中丢失，使其变成带有正电荷的气态离子（Bleakney，1929）。电子的加速电压通常为70V，也就是用来轰击气态分子的热电子具有70eV的动能。一般有机化合物C—C键或者C—N键的键能仅为10eV左右。所以，高能电子和分子的碰撞会导致化合物中部分C—C或C—N化学键的断裂，产生大量碎片离子。因此，EI技术较难获得完整分子离子（molecular ion）的质荷比信息，是一种较“硬”的电离技术。为了克服EI产生大量碎片离子的缺点，出现了化学电离（chemical ionization，CI）技术。CI技术使用甲烷或者氨气作为反应气，添加到EI的电离源区域。高能的热电子首先以EI的方式将反应气电离，这些反应气离子再与样品分子反应使其离子化（Munson and Field，1966）。CI技术比EI技术更柔和，可以得到完整的分子离子，是一种“软”电离技术。EI和CI是目前气相色谱-质谱联用技术中最常用的电离源。

EI和CI都是针对气态样品的电离技术。对于固态或者液态样品，则需要先将其气化才能进行电离。对于低挥发性或者热不稳定样品，EI 和 CI 都无法进行电离。因此，需要开发针对固态样品的直接解吸和电离（desorption and ionization）方法。最早出现的固态样品解吸和电离技术是次级离子质谱（secondary ion mass spectrometry，SIMS）技术，该技术使用高能量的离子束轰击样品表面，并检测溅射（sputtering）出的次级离子。这些次级离子与样品表面的化学组成有关（Herzog and Viehbock，1949）。因此，SIMS 是一种高灵敏度的表面分析技术，在半导体、地质和材料科学研究中发挥重要作用。SIMS 技术通常使用动能在 10kV 以上的离子束，高能离子束的溅射会造成样品分子化学键的断裂，所以 SIMS 也是一种“硬”电离技术，不适用于生物大分子的分析。SIMS 之后，又出现了激光解吸电离（laser desorption ionization，LDI）（Honig and Woolston，1963）、场解吸（field desorption）（Beckey，1969）、等离子体解吸（plasma desorption）（Torgerson et al.，1974）和快速原子轰击（fast atom bombardment，FAB）（Morris et al.，1981）等电离技术。这些技术都适用于凝聚态物质的直接解吸和电离，主要区别在于溅射的能量来源不同。它们分别使用高能量的离子束、原子束、激光或裂变产物粒子等轰击并解吸样品分子，在分析蛋白质、多肽等有机分子时，会导致有机分子 / 生物分子的分解和化学键的断裂，很难获得完整蛋白质和多肽的质荷比信息。这种局限直到 MALDI 技术发明后才得到解决（Karas and Hillenkamp，1988；Tanaka et al.，1988）。

SIMS 和 MALDI 等技术解决了凝聚态样品的解吸与电离问题，而液态 / 溶液样品的气化和电离问题则是在 ESI 技术发明后才得到有效的解决（Dole et al.，1968；Fenn et al.，1989）。

3.2.1.1　电喷雾电离源

ESI 技术与 MALDI 技术起步年代接近，两者平行发展，各有特色。ESI 技术更容易与液相色谱分离技术结合，更适于复杂蛋白质和多肽样品的分析，定量准确性高，分析通量大，检测灵敏度高。随着质谱仪性能的逐步提升，液相色谱-电喷雾质谱（LC-ESI-MS）联用技术已经成为蛋白质组学研究的主流技术。

电喷雾现象最早由物理学家发现，在内径几微米到几百微米的金属毛细管喷针中装入溶液，由于表面张力的作用，溶液会在毛细管尖端形成一个半球形的液滴，溶液中带正电荷和负电荷的离子在液滴中均匀分布。如果在毛细管喷针上施加高电压（+2 ～ +3kV），并在距喷针前方 1 ～ 2cm 的位置放置接地的对电极，在喷针与对电极形成的强电场作用下，正离子会聚集到圆弧形液滴的表面，而负离子则会向反方向迁移退回到毛细管内部。随着毛细管喷针上电压的不断增加，电场对液滴表面正离子的排斥力越来越大，在排斥力的作用下，正离子携带着液面向外扩张。当排斥力大于表面张力的时候，带有正离子的液滴就会从圆弧形液滴表面逃逸，形成自发电喷雾。这时，喷针尖端的液面从圆弧形变成圆锥形，即泰勒锥（Taylor cone）。在电场的作用下，泰勒锥尖端会源源不断地喷出液滴，这就是自发电喷雾现象（图 3-2）。自发电喷雾的流速通常很低，一般范围在 nL/min ～ μL/min。在喷雾过程中，液滴中的溶剂不断挥发、体积不断减小，而液滴中的电荷不能挥发，所以液滴的电荷密度不断增加。当液滴中的电荷密度增加到一定程度时，液滴的体积不足以容纳所有电荷，于是，液滴在电荷之间排斥力的作用下发生分裂，形成更细小的液滴。这些小液滴继续挥发、缩小体积、分裂，产生更小体积的液滴，这个过程称为库伦爆炸（Coulomb explosion）。库伦爆炸使液滴的体积不断缩小，直到最后溶剂分子完全去除，得到带正电荷的待测物的气态离子。这些气态离子可以在高电场（high voltage，HV）的作用下穿过对电极上的小孔，通过质谱仪的采样锥孔进入质量分析器（图 3-2）。如果将毛细管喷针上的电压改为负值，就可以得到负离子的电喷雾。某些型号的质谱仪将对电极和质谱采样锥孔合并成中空的金属毛细管，用于离子的引导和传输。还有部分质谱仪将毛细管喷针接地，同时在对电极或采样锥孔上施加与毛细管喷针极性相反的电压，实现电喷雾，这样做的优势是毛细管喷针上没有电压，降低操作者在仪器使用中发生触电的风险。

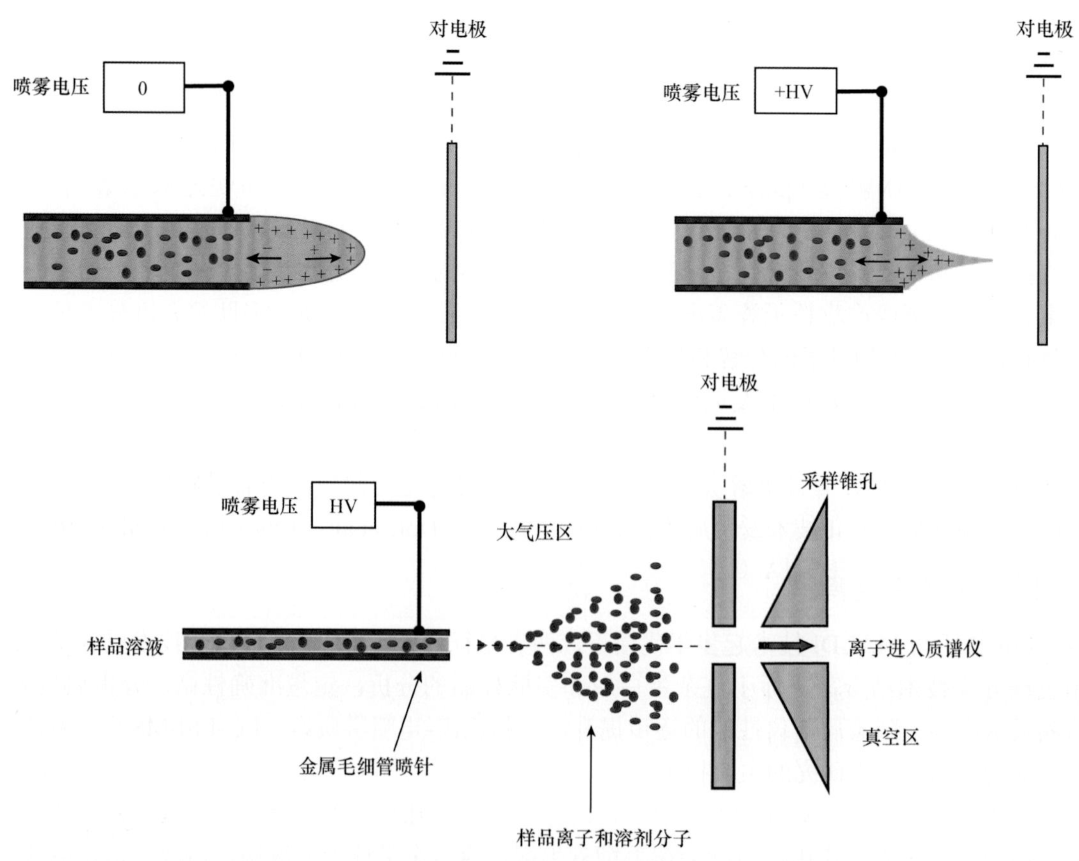

图 3-2　电喷雾原理示意图

自发电喷雾的流速较低，远低于常规液相色谱每分钟数百微升的溶液流速。为了与液相色谱的流动相流速兼容，在自发电喷雾的基础上，ESI 技术在毛细管喷针外增加一根雾化毛细管，在雾化毛细管中通入加热的雾化气（nebulizing gas），也称鞘气（sheath gas）。加热的雾化气可以促进溶液中水和其他挥发性有机溶剂（甲醇、乙腈等）的挥发。雾化气也能帮助样品溶液更好地形成液滴。为了减少溶剂分子进入质谱仪，还可以在质谱仪采样锥孔或者采样毛细管的外侧增加一个锥孔，并在锥孔中通入反吹气（sweep gas），也称气帘气（curtain gas）。未电离的溶剂分子和其他杂质分子在反吹气的作用下远离质谱仪入口，而样品离子则在电喷雾电场的作用下穿过反吹气，通过离子传输管进入质谱仪（图 3-3）。为进一步减少溶剂和其他未电离杂质分子对质谱信号的干扰，ESI 使用的喷针与质谱仪采样锥孔之间通常成一定角度，在某些仪器上，喷针甚至与质谱仪采样锥孔垂直。电喷雾技术的适用范围非常广，中等极性和强极性的化合物都可以使用 ESI 电离，从分子质量小于 100Da 的小分子至分子质量为几万道尔顿的完整蛋白质都可以使用 ESI 电离。配备 ESI 电离源的质谱仪在质谱仪市场占主导地位。

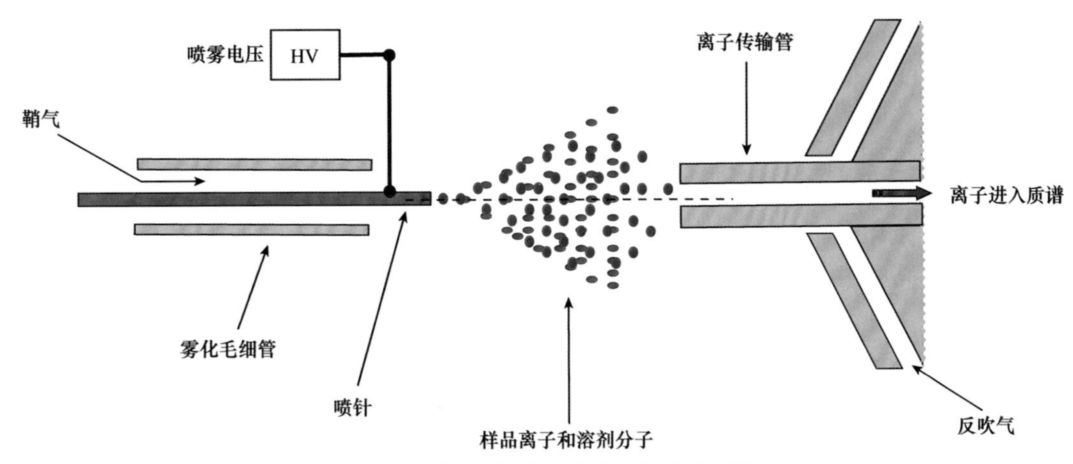

图 3-3　雾化气辅助电喷雾电离源示意图

电喷雾电离源产生的正离子通常是待测物质结合溶液中的一个或多个质子得到的，有时待测物质还会与溶液中的 Na^+ 或 K^+ 形成加合离子。在负离子模式下，待测物质通过结合溶液中的甲酸根离子（$HCOO^-$）等阴离子带上负电荷。蛋白质分子通常会结合 10 个以上的质子，带上大量正电荷。多肽则通常会结合 2 ～ 4 个质子，带上多个正电荷。这是由于蛋白质和多肽的 N 端与序列中的碱性氨基酸残基（赖氨酸、精氨酸）都可以与酸性溶液中的质子结合，形成带有多个正电荷的蛋白质或多肽离子。这些离子经过电喷雾电离就变成带有多个正电荷的气态离子。以四肽 MFRA（甲硫氨酸-苯丙氨酸-精氨酸-丙氨酸）为例，在质谱图中可以看到这个多肽结合一个质子、质荷比为 524.264 96，以及结合两个质子、质荷比为 262.636 12 的两种不同带电形态的离子（图 3-1b）。结合多个质子、带有多个正电荷是蛋白质和多肽质谱图的特征之一。电喷雾电离源产生的其他小分子物质的离子通常都只带有一个正电荷或一个负电荷，这种带电性质的差异是区分蛋白质或多肽和其他小分子质谱信号的重要方法。

研究发现，电喷雾电离源产生的离子信号强度与样品的浓度成正比，而与电喷雾溶液的总量无关。也就是当样品含量很低时，使用更小体积的溶剂溶解样品，保证较高的样品浓度，可以获得更好的质谱响应。样品体积减小，电喷雾溶液的流速也随之降低。为了与液相色谱的分离速度相匹配，早期的电喷雾技术喷雾流速在 100 ～ 500μL/min，为维持稳定的喷雾，通常使用内径 50 ～ 100μm 的毛细管喷针，还需要雾化气、反吹气等辅助喷雾和去除溶剂，在这样的设置下，质谱的检测灵敏度可以优于 10^{-9} 水平。研究发现，将毛细管喷针的开口直径减小到 10μm，喷雾流速降低到 50 ～ 500nL/min，可以在不需要雾化气辅助的情况下实现稳定的电喷雾，这就是纳喷雾（nanospray）。与常规电喷雾相比，纳喷雾的流速更低，使用的流动相更少，样品被溶剂稀释的倍数更小，在分析过程中可以保持较高的样品浓度，质谱检测灵敏度更高。所以，纳喷雾尤其适用于低丰度蛋白和多肽的检测。随着纳升液相色谱技术的发展，纳喷雾电离源成为蛋白质组学研究必备的电离源。

电喷雾电离是一种常压敞开式离子化（ambient pressure ionization，API）技术，也就是说，样品是在大气压环境下完成气化和电离的过程，然后通过离子传输系统进入质谱仪的真空系统完成检测。在电喷雾电离源基础上又发展出其他的常压电离技术，包括大气压化学电离（atmospheric pressure chemical ionization，APCI）（Carroll et al.，1975）、大气压光电离（atmospheric pressure photo ionization，APPI）（Robb et al.，2000）、解吸电喷雾电离（desorption electrospray ionization，DESI）（Takats et al.，2004）和实时直接分析（direct analysis in real time，DART）（Cody et al.，2005）等。这些电离技术都或多或少地利用了电喷雾电离的喷雾原理，并结合化学反应气和高能激光等实现样品的解吸和离子化。

3.2.1.2 基质辅助激光解吸电离源

MALDI 技术是在激光解吸电离（LDI）技术的基础上发展而来的，两者的基本原理类似，都是使用聚焦的高能紫外脉冲激光束（波长 337nm 或 355nm）轰击固体样品表面，高能激光轰击使样品表面的分子气化、解吸和电离（图 3-4）。MALDI 技术是在 LDI 的基础上向样品中添加易于吸收紫外光且容易电离的基质，以促进样品的气化和电离。常用的基质包括 2,5-二羟基苯甲酸（DHB）、*α*-氰基-4-羟基肉桂酸（CHCA）和芥子酸（SA）等（图 3-4）。这些基质的共同特点是都含有苯环和双键等共轭结构，使得其在紫外光区域都有很高的摩尔消光系数，可以强烈地吸收紫外光。同时，这些基质含有羧酸基团，且易于形成结晶。在进行 MALDI 质谱分析时，首先将基质溶解在易挥发的有机溶剂中（如甲醇或乙腈的水溶液），然后将过量的 MALDI 基质与待测定的蛋白质或者多肽混合，通常基质和蛋白质或多肽的混合比例为 100∶1～1000∶1，最后将混合溶液滴到不锈钢样品靶板上。溶剂挥发后，基质包裹着蛋白质或多肽形成结晶。当高能紫外脉冲激光照射这些结晶的时候，基质分子会迅速吸收激光的能量并升华气化，基质分子升华的同时，也会携带所包裹的蛋白质或多肽分子进入气相，由此实现样品分子的气化。基质分子中羧酸基团上的质子可以在气相中转移给蛋白质或多肽分子，使其带上一个正电荷，实现样品的电离。DHB 和 CHCA 适用于多肽的分析，SA 则适用于完整蛋白质的分析。无论蛋白质还是多肽，经过 MALDI 电离后通常都只带

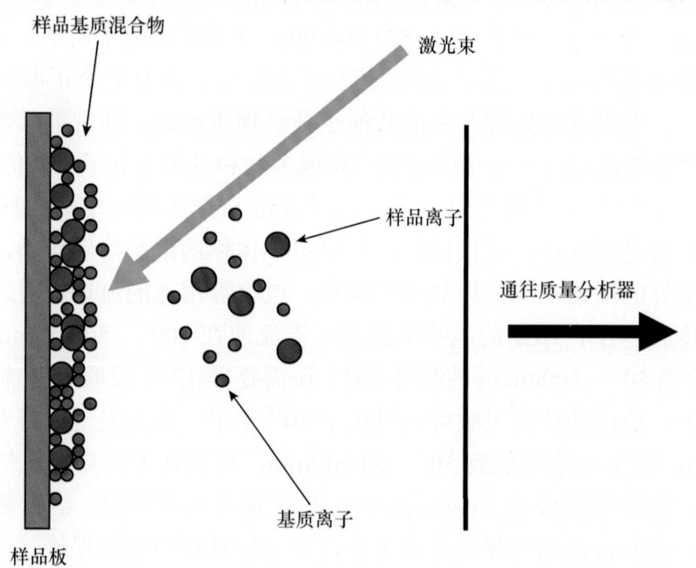

a NC O HO OH　b OH O HO OH　c H_3CO O OH HO OCH_3

图 3-4 MALDI 电离源示意图和常用的 MALDI 基质

a 为 *α*-氰基-4-羟基肉桂酸（*α*-cyano-4-hydroxycinnamic acid，CHCA）；
b 为 2,5-二羟基苯甲酸（dihydroxybenzoic acid，DHB）；c 为芥子酸（sinapinic acid，SA）

有一个正电荷，与 ESI 电离后蛋白质和多肽带有若干正电荷相比有显著不同。进行 MALDI 分析的样品要预先放置到质谱仪的真空腔体中，然后通过激光辐照进行气化和电离，也有部分厂商提供大气压下的 MALDI 电离源。MALDI 技术通常使用脉冲激光，激光脉冲频率在 10 ～ 2000Hz，这种脉冲式的离子生成方式与 TOF 质谱仪的数据采集机制高度匹配，因此，MALDI-TOF 是基质辅助激光解吸电离技术最常见的质谱组合形式。

MALDI-TOF 技术为使用质谱研究完整蛋白质和多肽提供了一种有效的电离与检测方法，是 20 世纪和 21 世纪前 10 年蛋白质组学研究的重要技术手段之一。MALDI-TOF 技术的优势是样品需要量小（仅需要若干微升）、检测灵敏度较高，但是该技术更适用于分析组成较简单的蛋白质或蛋白质酶解液。在分析复杂的蛋白质组样品时，则需要与双向电泳、离线液相色谱等分离技术联用，分析通量会显著下降。MALDI-TOF 技术使用高能激光照射样品，由于基质结晶的不均匀性，会产生所谓的“热点”（hot spot），也就是样品特定区域的质谱信号显著优于其他区域。不同样品的热点不同，所以很难用 MALDI 质谱信号强度作为比较蛋白质丰度差异的标准。因此，MALDI-TOF 技术不适用于蛋白质定量分析。与 MALDI 技术平行发展的 ESI 技术与液相色谱分离技术结合，更适于分析复杂蛋白样品，并有多种蛋白质定量技术路线，随着纳升液相色谱和高分辨质谱性能的逐步提升，nanoLC-ESI-MS 已经成为蛋白质组学研究的主流技术。

MALDI 技术使用聚焦的高能紫外脉冲激光，激光的光斑直径可以聚焦到 10μm 以下。使用激光束扫描样品表面可以得到不同像素（pixel）点的质谱图，由此可以重构不同质荷比离子在样品中的分布情况，这就是所谓的质谱成像技术。MALDI-TOF 质谱成像是近年来 MALDI 技术发展的重要方向。

3.2.2　质量分析器

质量分析器是质谱仪的核心组件，通过改变质量分析器内的电场或者磁场，可以控制不同质荷比离子的飞行轨迹，从而在时间或者空间上对离子进行分离和检测，获得横轴为质荷比、纵轴为离子相对强度的质谱图。质量分析器的种类繁多，分离和检测离子的原理也各不相同，不同种类的质量分析器在分辨率、灵敏度、扫描速度和需要的真空度等性能指标上都有显著的差异。在进行质谱实验时，需要根据实验目的和要求，结合不同质谱仪的性能选择适当的质量分析器。表 3-1 列举了常用质量分析器的性能参数。

表 3-1　不同质量分析器性能比较

质量分析器	扫描范围 /（*m*/*z*）	分辨率	扫描速度	价格
四极杆	50 ～ 4 000	2 000 ～ 10 000	较慢	低
离子阱	50 ～ 4 000	2 000 ～ 10 000	较快	低
飞行时间	0 ～∞	5 000 ～ 60 000	快	中等
FT-ICR	50 ～ 2 000	100 000 ～ 2 000 000	慢，较慢	极高
轨道阱	50 ～ 6 000	100 000 ～ 1 000 000	慢，较慢	高

注：FT-ICR 和轨道阱的扫描速度与分辨率设置有关，分辨率设置越高，扫描速度越慢

3.2.2.1　磁质谱仪

磁质谱仪（magnetic sector）的核心是一个扇形的永磁铁或电磁铁（图 3-5）。在电离源生成的离子经过电场加速后，通过狭缝聚焦进入磁质谱仪，带有相同电荷数的离子在加速电

场中获得相同的初始动能。离子在磁场中受到洛伦兹力而发生偏转，其偏转轨迹的半径与离子质荷比的平方根成正比。在磁场出口的不同位置放置检测器，就可以检测到质荷比不同的离子，这些离子的质谱信号强度与其在样品中的含量有关，记录这些离子的信号强度就可以实现定量检测。由于磁场出口处空间有限，可以放置的检测器数量有限，磁质谱仪可以同时检测的质荷比非常有限。为了提高磁质谱仪的质荷比检测范围，可以使用位置固定的检测器，通过改变离子的加速电压或者磁场的强度实现离子质荷比的扫描。通过连续扫描加速电压来获得质谱图，操作简单，扫描速度快。但是改变加速电压会影响离子聚焦和传输效率，影响质谱图的分辨率。扫描磁场可以通过电磁铁实现，可以在最优的加速电压下通过连续扫描磁场获得覆盖较宽质荷比范围的质谱图。扫描磁场的速度通常比较慢，所以磁质谱在大多数情况下都不使用扫描模式采集全质量范围的质谱图，而是使用选择离子监测（selected ion monitoring，SIM）模式检测一个或若干个特定质荷比离子的信号强度。

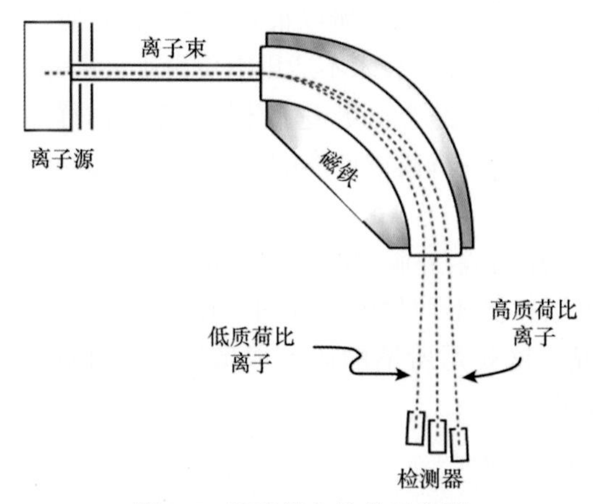

图 3-5　磁质谱仪结构示意图

在磁场中，带有 q 个电荷的质量为 m 的离子在加速电压 V_s 的作用下获得初始动能 $K_s=qV_s$，离子的初始动能与其飞行速度的关系如下：

$$K_s = \frac{mv^2}{2} = qV_s \tag{3-1}$$

当离子以速度 v 在磁场强度为 B 的磁场中沿与磁场向量垂直的方向飞行时，受到磁场的洛伦兹力为 F_B，F_B 同时是导致离子飞行轨迹发生偏转的向心力：

$$F_B = qvB = \frac{mv^2}{r} \tag{3-2}$$

将上述公式简并，可以得到离子质荷比与加速电压、磁场强度和离子飞行轨迹半径之间的关系：

$$\frac{m}{q} = \frac{r^2B^2}{2V_s} \tag{3-3}$$

在固定检测器位置（r 值固定）和固定加速电压（V_s 固定）的条件下，通过连续改变磁场强度 B，就可以让不同质荷比的离子依次穿过狭缝到达检测器，获得质谱图。

从上面的公式可以看出，增加磁场强度或者降低加速电压都可以扩大磁质谱仪的质荷比检测范围。但是在实际运行中，降低加速电压会影响离子聚焦，降低质谱仪的分辨率和灵敏度。提高磁场强度则需要更加笨重的电磁铁和更强的电流，会显著增加仪器的尺寸和能耗。因此，磁质谱仪不适于检测质荷比较大的离子（$m/z > 200$），磁质谱在无机元素分析中应用较多，多应用于地质和半导体材料分析领域，而在生物样品分析中的应用则较有限。

3.2.2.2 四极杆质谱仪和离子阱质谱仪

四极杆质谱仪（quadrupole mass analyzer），顾名思义，由 4 根平行放置的、横截面为双曲面、圆形或方形的金属电极杆组成（图 3-6）。对角放置的电极杆上施加相同的电压，相邻电极杆上的电压则极性相反。电极杆上施加的电压由直流电压和射频电压叠加而成。不同质荷比离子在 4 根电极杆包围形成的飞行区域内表现出不同的飞行轨迹，并遵循马蒂厄方程（Mathieu equation）。射频电场使离子的飞行轨迹变得不稳定，导致离子撞击四极杆或者从四极杆之间的空隙偏转离开质量分析器，这些离子称为不稳定离子。不稳定离子无法到达位于四极杆末端的检测器，因此无法被检测。在一定的射频和直流电场下，特定质荷比的离子可以保持稳定的飞行轨迹，以类似于简谐振动的进动方式，稳定地飞过四极杆区域并到达检测器，这些离子称为稳定离子。四极杆质量分析器通过连续扫描直流和射频电压，让不同质荷比离子依次到达稳定区，穿过四极杆，进入检测器，从而实现不同质荷比离子的扫描和检测。在特定的直流和射频电压组合下，四极杆可以让特定质荷比的离子选择性通过，实现离子的选择性过滤，这是使用质谱对离子进行选择和碎裂的技术基础。四极杆质谱仪还可以将直流电压关闭，仅保留射频电压（RF only mode）。在这种工作模式下，四极杆变成了离子传输管（ion guide），质荷比高于设定值的离子都可以通过四极杆。这个质荷比下限由射频电场的电压和频率决定。在这种状态下，四极杆变成一个高通滤波器，用于离子的高效传输和聚焦。

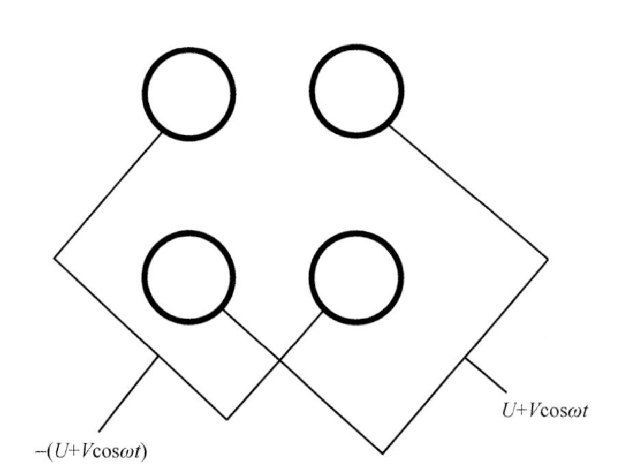

图 3-6 四极杆质谱仪结构简图（左）和双曲面四极杆横截面图（右）

$U+V\cos\omega t$ 为叠加的直流和射频电压

离子阱（ion trap）质谱仪与四极杆质谱仪的工作原理类似，都遵循马蒂厄方程，但是离子阱质谱仪的几何结构与四极杆质谱仪有所不同。离子阱使用一个环形电极替换四极杆中的一组对电极，使用两个帽形端盖电极（end cap electrode）代替另外一组对电极，离子在两组电极围成的空腔中回旋飞行，这种结构的离子阱称为三维离子阱（图 3-7）。四极杆质谱仪通过改变直流和射频电压的方式，让不同质荷比的离子依次达到稳定区，穿过四极杆，到达检测器，得到质谱图。而在三维离子阱质谱仪中，离子阱同时捕获不同质荷比的离子，然后通过扫描离子阱的直流和射频电压，可以让不同质荷比的离子依次经过不稳定区，从离子阱端电极的小孔弹出，到达检测器，得到质谱图。在四极杆质谱仪选择性过滤离子的基础上，离子阱质谱仪增加了离子捕获的功能，可以选择性地富集和存储特定质荷比的离子用于后续分析。除了使用具有端电极和环形电极的三维离子阱，在四极杆的两端分别增加一个端电极也可以实现离子阱捕获离子的功能，这种结构的离子阱称为线性离子阱。

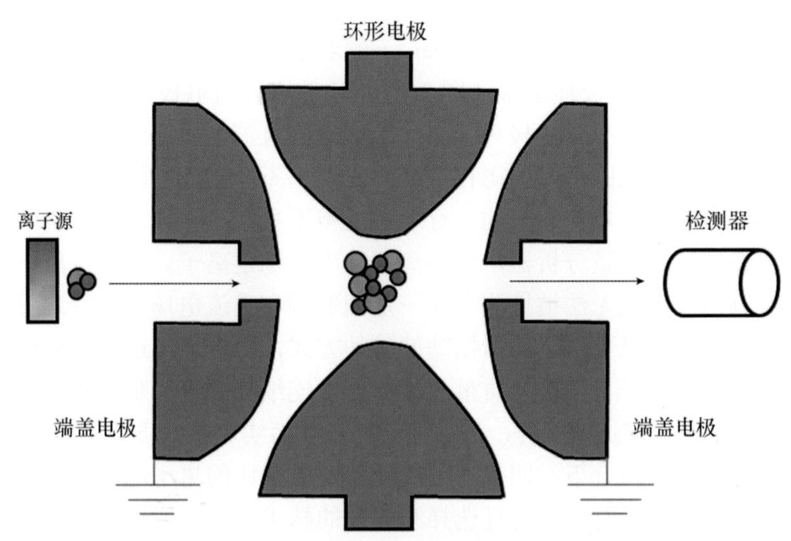

图 3-7 离子阱质谱仪结构图

四极杆与离子阱质谱仪通过扫描直流和射频电压让不同质荷比的离子依次通过质量分析器，到达检测器。为获得覆盖一定质荷比范围的质谱图，这两种质量分析器需要连续扫描电压。在这种扫描方式下，在四极杆上施加特定的扫描电压时，只有特定质荷比的离子可以通过质量分析器，而其他质荷比的离子被电场偏转，离开质量分析器。也就是说，在进行质谱扫描时，只有很小一部分离子（＜1%）可以被质谱仪检测到，其他大部分离子都没有被质谱仪检测到，所以四极杆 / 离子阱质量分析器在进行全谱扫描时占空比（duty cycle）和灵敏度均较低。占空比可以理解为质谱仪检测特定质荷比离子的时间占总扫描时间的比例。例如，当使用四极杆质谱仪扫描质荷比范围在 100 ～ 1000amu 的离子时，四极杆质谱仪在每个质荷比的驻留时间（dwell time）仅占全部扫描时间的 1/900，即在使用四极杆质谱仪进行全谱扫描时特定质荷比离子的占空比远小于 1%，这会极大地降低离子的利用效率，降低质谱仪的检测灵敏度。因此，四极杆 / 离子阱质谱仪更适合在选择离子监测（SIM）模式下运行。在这种工作模式下，质谱仪只检测特定质荷比的离子，通过在不同扫描电压下驻留一定的时间（20 ～ 100ms）来提高对特定质荷比离子的检测灵敏度。如果质谱仪只检测一个特定质荷比离子的质谱信号，则质谱仪的占空比理论上可以达到 100%。

受到射频电场频率和直流电场电压的限制，四极杆 / 离子阱质谱仪可以选择性通过离子的质荷比上限一般在 2000amu 左右。关闭直流电场，仅使用射频电场时，可以让质荷比高于 4000amu 的离子通过，但是，此时质量分析器没有质量选择能力，无法对通过离子的质荷比进行选择，仅能使不同质荷比的离子同时通过。四极杆和离子阱质谱仪由于灵敏度较高，造价相对低廉，在目前质谱仪市场上占据主要的份额，主要用于已知物质的高灵敏度定量检测分析。四极杆和离子阱质谱仪的分辨率与扫描速度相对较低，无法满足蛋白质组学大规模蛋白质鉴定和定量研究的需要。因此，四极杆质谱仪多用于蛋白质的绝对定量分析，离子阱质谱仪则多用于蛋白质翻译后修饰分析。

3.2.2.3　飞行时间质谱仪

飞行时间（time-of-flight，TOF）质谱仪通过记录离子在质量分析器中的飞行时间测定离子的质荷比。其基本工作原理如下：电离源产生的离子首先经过 10 ～ 30kV 的高压电场（U）加速，使得带有相同电荷数（q）但是质量（m）不同的离子获得相同的初始动能（E）。离子离开加速电场后，进入自由飞行区（free drift region，flight path），这个区域没有电场，离子依靠惯性继续飞行，直至到达检测器。离子的飞行时间（t）与其初始速度（v）、飞行区域的长度（d）有关。在固定的加速电压下，离子的飞行时间与飞行区域的长度、离子质荷比的平方根成正比（图 3-8）。

$$E = \frac{1}{2}mv^2 = Uq \tag{3-4}$$

$$t = \frac{d}{v} = \frac{d}{\sqrt{2U}}\sqrt{\frac{m}{q}} \tag{3-5}$$

图 3-8　飞行时间质谱仪示意图

离子离开加速区时的速度可达每秒数千米，飞过 1m 长的飞行时间管的时间小于 1ms。为了提高离子飞行时间测量的准确性，TOF 质谱仪通常使用长度超过 1m 的飞行时间管，以延长离子的飞行时间，某些 TOF 质谱仪的飞行时间管长度甚至超过 3m。为了节省空间，TOF 质谱仪常被做成反射式（图 3-9）。反射式飞行时间质谱仪在反射区设有一组离子反射器（ion mirror），反射器由若干片环形电极组成，这些环形电极上依次施加与加速电场相近的电压。离子进入反射区后，在反射器电压的作用下先减速，然后掉转飞行方向，加速离开反射器。离子反射器还能消除离子初始动能差异对离子飞行轨迹的影响，让初始动能稍有差异但质荷比相同的离子同时到达检测器，提高 TOF 质谱仪的分辨率。

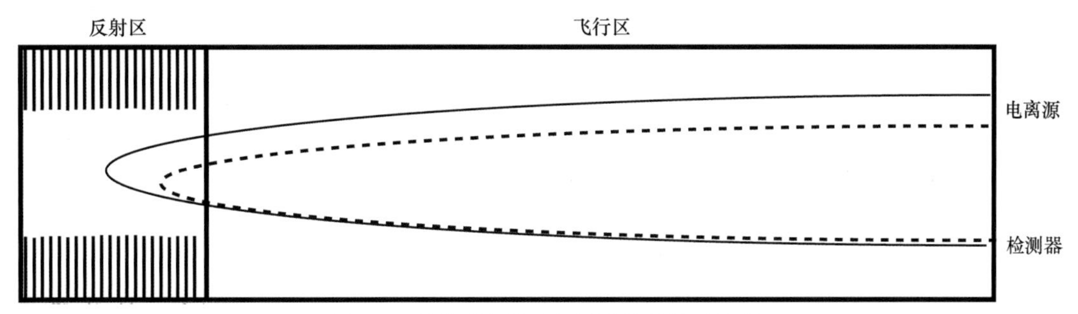

图 3-9　反射式飞行时间质谱仪结构示意图

TOF 质谱仪需要一个时间起始点来计算离子的飞行时间，最适合与脉冲型离子源配合使用。脉冲型离子源一次产生一批离子，这些离子同时进入 TOF 质谱仪的飞行区域，具有相同的飞行起始时间。对于连续进样型的离子源，由于很难精确追踪每个离子进入 TOF 质谱仪的时间，因此不宜使用 TOF 质谱仪进行检测。为解决这个问题，TOF 质谱仪常采用正交加速模式，在与离子流入射方向垂直的方向施加加速电场，同时使用离子集束器（ion buncher）将离子流切割成脉冲形式，然后使用脉冲式的加速电场，将被切割的离子流分批推入飞行时间管进行检测，这种质谱仪称正交飞行时间（orthogonal time-of-flight，O-TOF）质谱仪。经过正交加速，每批进入 TOF 质谱仪的离子具有相同的飞行起始时间，质谱仪只要记录每个离子到达检测器的时间就可以计算其质荷比。在 TOF 质谱仪中，只要有足够长的飞行时间，理论上可以检测质荷比无限大的离子。在实际使用中，TOF 质谱仪可以检测质荷比超过 100 000amu 的完整蛋白质离子，是目前检测完整蛋白质分子质量最有效的方法之一。TOF 质谱仪通常使用高精度的时间数字转换器（time-to-digital converter，TDC）作为计时工具，TDC 的时间分辨率可达 25 ～ 200ps，配合反射式飞行时间管，TOF 质谱仪的分辨率可达 40 000 ～ 60 000，扫描速度可达每秒 10 ～ 100 张质谱图，可以满足蛋白质组学和代谢组学等高通量质谱分析的检测需要。

3.2.2.4 傅里叶变换离子回旋共振质谱仪和轨道阱质谱仪

傅里叶变换离子回旋共振（FT-ICR）质谱仪是目前分辨率最高的质谱仪，分辨率超过 1 000 000。FT-ICR 质谱仪的基本工作原理与磁质谱仪有类似之处，离子都是在磁场作用下发生飞行轨迹的偏转。但是 FT-ICR 质谱仪使用磁场强度极高的超导磁铁，磁场强度可达 7 ～ 21T，与核磁共振波谱仪使用的超导磁铁相同。在 FT-ICR 质谱仪中，电离源生成的离子在经过电场加速后，穿过捕获电极的小孔，进入立方体形质量分析器（图 3-10）。该质量分析器位于超导磁场的核心部位。离子在强磁场中受到洛伦兹力，做回旋运动。在与磁场垂直的方向，有两片相对的激发电极，可以施加射频电压。当离子回旋的频率与激发电极发出的射频电压频率相同时，会产生共振，离子的回旋半径会逐渐变大，并在两片平行的检测电极

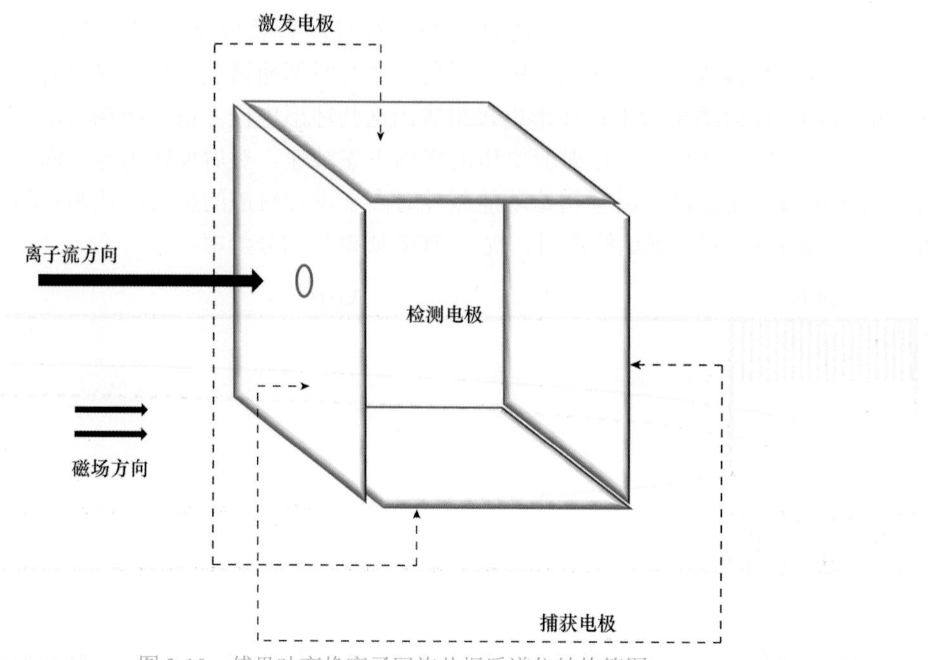

图 3-10　傅里叶变换离子回旋共振质谱仪结构简图

上产生镜像电流（image current）。质谱仪记录共振产生的镜像电流的时域信号，经过傅里叶变换得到频域谱图，离子回旋的频率与其质荷比有关，经过计算即可得到离子的质荷比。

FT-ICR 质谱仪使用超导磁铁将离子捕获于质量分析器中，仪器的制造成本高，体积较大。超导磁铁在运行时需要使用液氮和液氦来维持低温超导状态，运行和维护成本较高。为了准确测定离子回旋共振的时域信号，质谱仪需要将离子捕获数百毫秒，甚至若干秒。因此，FT-ICR 质谱仪的谱图采集速度较慢。由于上述原因，FT-ICR 质谱仪在蛋白质组学研究中的应用逐步被其他的高分辨质谱仪所取代。

轨道阱（Orbitrap）质谱仪使用直流电场取代超导磁场来捕获离子，极大地降低了仪器的体积及生产、运行和维护成本。Orbitrap 质谱仪的分辨率和质量准确性都接近 FT-ICR 质谱仪，因此商业化的 Orbitrap 质谱仪问世后，凭借优异的性能，迅速成为蛋白质组学研究的主流质谱仪。轨道阱质量分析器由纺锤形的中心电极和中空的外围电极组成，外围电极又分为左右两个半电极（图 3-11）。离子从右侧半电极上的小孔注入轨道阱后，在电场的作用下沿着中心电极自转回旋。离子在自转回旋的同时，还沿着纺锤形中心电极做左右简谐振动。这一简谐振动的频率与离子质荷比平方根的倒数成正比。离子在沿着纺锤形中心电极做简谐振动时，会在左右两个半电极上产生镜像电流，使用检测器检测镜像电流，就可以得到离子的振动频率。与 FT-ICR 质谱仪一样，Orbitrap 质谱仪也是测定镜像电流的时域信号，通过傅里叶变换得到频域谱图，再经过计算得到离子的质荷比。理论上，Orbitrap 和 FT-ICR 质谱仪检测离子镜像电流的时间越长，对离子回旋频率的测定就越准确，所以，在进行高分辨率质谱分析时，这两种质量分析器对离子的检测时间经常会达到 500ms，甚至超过 1s。在这段检测时间里，离子在质量分析器内的飞行轨迹将会达到数万米，为保证离子不与环境分子发生碰撞湮灭，质谱仪的真空度需要保持在 10^{-10}mbar 以下。

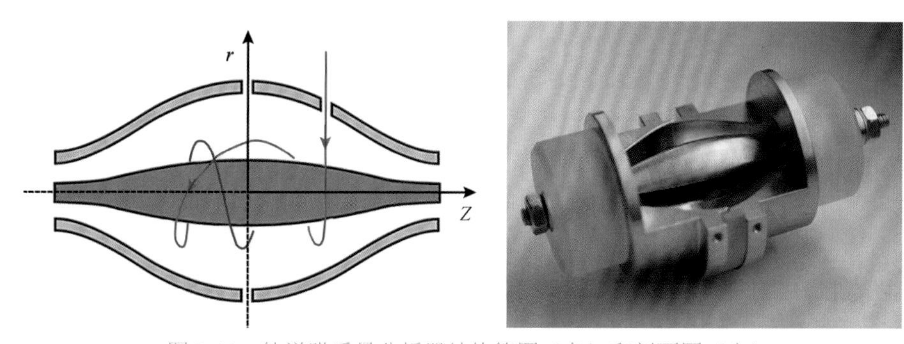

图 3-11　轨道阱质量分析器结构简图（左）和剖面图（右）

FT-ICR 和 Orbitrap 质谱仪都是脉冲型检测器，也就是当一批离子在质量分析器中进行分析时，质谱仪不能再接纳新的离子进行分析。为实现样品连续分析，在 FT-ICR 和 Orbitrap 质谱仪的前端通常配有离子阱或者 C-型离子阱等离子存储装置，用于暂存和累积进入质谱仪的离子，待 FT-ICR 和 Orbitrap 完成一轮扫描后，再将暂存的离子以脉冲离子簇的形式注入高分辨质量分析器中进行分析。Orbitrap 和 FT-ICR 质量分析器的狭小空间内可以容纳的离子数量有限，进入质量分析器的离子数量过多，离子之间发生互相排斥，导致质谱图分辨率下降，这就是空间电荷效应（space charge effect）。进入质谱仪的离子过少，则会导致质谱仪检测灵敏度下降。为了抑制空间电荷效应，保持质谱仪的检测灵敏度，FT-ICR 和 Orbitrap 质谱仪都会使用自动增益控制（automatic gain control，AGC）程序，控制进入质量分析器的离子数量。

当离子源产生的离子数量较多时，AGC 会缩短离子注入时间，抑制空间电荷效应。当离子数量较少时，AGC 则会适当延长离子注入时间，增加离子注入量，提高检测灵敏度。

3.2.2.5 质量分析器与质量过滤器

磁质谱、四极杆和离子阱质谱都具有质量选择的功能，是质量过滤器。在固定的磁场或电场条件下，这几种质谱仪可以让特定质荷比的离子通过质谱仪，截留其他离子。四极杆质谱仪还可以作为高通滤波器，让质荷比高于设定值的所有离子通过质谱仪。而 TOF、FT-ICR 和 Orbitrap 质谱仪不具备这种选择和过滤能力，它们仅能对进入质谱仪的全部离子的质荷比进行检测，而不能选择和输出特定质荷比的离子。质量过滤器技术对质谱技术的发展具有重大意义，使用质量过滤器选择出特定质荷比的母离子（parent ion，precursor ion），使其继续在碰撞池（collision cell）中发生碎裂，得到与母离子结构相关的碎片离子（fragment ion，又称为子离子，product ion），分析和检测这些碎片离子可以得到二级质谱图（MS/MS spectrum），这是使用质谱解析化合物结构的理论基础，有关内容将在第 3.3 节详细介绍。

3.2.3 质谱仪的使用和维护

3.2.3.1 真空系统

离子在质谱仪中飞行时会与质谱仪中残存的空气分子或其他污染物分子发生碰撞，导致其带有的电荷丢失，使离子湮灭。所以，质谱仪在运行中需要保持质量分析器区域处于真空状态，以减少离子与环境分子的碰撞，确保离子能被正常检测。质谱仪需要维持的真空度与离子在质谱仪中的飞行轨迹和停留时间有关。

纯粹意义上的真空是一个没有任何物体存在的空间，这种真空在实际环境中是不存在的。质谱中的真空是指质量分析器或者放置质量分析器的腔体中的空气被抽出，使其压力低于大气压（表 3-2）。真空度越高，代表腔体内的气体压力越低。真空度使用的单位与大气压强的单位相同，常用单位有帕斯卡（Pa）、巴（bar）、毫巴（mbar）和托（Torr）等。其中帕斯卡是国际单位，1Pa 表示 $1m^2$ 面积上受到的气体压力是 1N。巴、毫巴和托是常用的单位。1bar =100 000Pa ≈ 1 个大气压（101 325Pa），1mbar=0.001bar=100Pa。托是原产自美国的仪器常用的压力单位，其物理学意义是 1mm 汞柱所产生的压力，所以 1Torr=133Pa=1.33mbar。在日常使用中，为便于计算，通常忽略 mbar 与 Torr 的差异，将两者等同对待。

表 3-2 真空度与压力对应关系表

真空度	压力
常压（ambient）	1013mbar（761.65Torr）
低真空（low vacuum）	30 ～ 1013mbar（22.56 ～ 761.65Torr）
中真空（medium vacuum）	10^{-3} ～ 30mbar（10^{-3} ～ 22.56Torr）
高真空（high vacuum）	10^{-9} ～ 10^{-3}mbar（10^{-9} ～ 10^{-3}Torr）
超高真空（ultra-high vacuum）	10^{-12} ～ 10^{-9}mbar（10^{-12} ～ 10^{-9}Torr）
极高真空（extreme-high vacuum）	＜10^{-12}mbar（＜10^{-12}Torr）

在标准状态下（25℃，一个大气压），1mol 气体分子的体积是 24.4L。这时，每升体积内有 2.5×10^{22} 个气体分子。离子在这样高密度的气体环境中飞行时，与气体分子发生碰撞而湮

灭的概率很大。在真空研究中常用分子平均自由程（mean free path，λ）来衡量气态分子与其他分子发生碰撞的概率：

$$\lambda = \frac{kT}{\sqrt{2}p\pi d^2} \tag{3-6}$$

式中，k 是玻尔兹曼常数，T 是温度，p 是压强，πd^2 是气体分子的横截面积。平均自由程表示气态分子与环境分子发生两次碰撞之间所通过的平均距离。为了保证离子在通过质量分析器到达检测器的过程中不与环境分子发生碰撞，需要通过降低压强的方法来提高平均自由程。以氮气分子（分子半径 3.0×10^{-10}m）飞过长度为 1m 的飞行时间质谱仪为例，要保证氮气分子在 1m 的飞行距离内不与环境分子发生碰撞，就需要其平均自由程（λ）至少达到 1m，这时质量分析器的真空度需要低于 1.1×10^{-4}mbar。即质谱仪至少需要在高真空环境下运行，才能保证氮气分子在到达检测器之前不与质谱仪中的其他气体分子发生碰撞而湮灭。离子在常用质谱仪中需要的真空度和平均自由程见表 3-3。

表 3-3　常用质谱仪的平均自由程和真空度要求

质谱仪	真空度 /mbar	平均自由程 /m
四极杆 / 离子阱	10^{-6} ～ 10^{-5}	5 ～ 10
飞行时间	10^{-7} ～ 10^{-6}	50
FT-ICR	10^{-11} ～ 10^{-9}	5000
Orbitrap	10^{-11} ～ 10^{-9}	5000

从表 3-3 可以看出，大部分质谱仪都需要在高真空甚至超高真空环境下运行，为达到此条件，质谱仪通常配有涡轮分子泵。涡轮分子泵通过高速旋转的涡轮叶片组（＞50 000r/min）将气体分子带至泵底部的废气口，实现质量分析器腔体的高真空和超高真空。涡轮分子泵的排气口不能直接连通大气压，仍然需要维持中低真空状态。此外，质谱仪的离子源区域也需要维持中低真空状态。因此，质谱仪通常需要一到两台旋片式真空泵提供初级（粗）真空（rough vacuum）。涡轮分子泵可以免维护地运行 3 ～ 5 年，如果在运行期间泵体发出异常的尖锐噪声，同时伴随供电电流的显著增加，则预示涡轮分子泵的电机和轴承出现故障，此时应密切关注泵体的噪声和供电电流，并及时停机检修和更换涡轮分子泵。旋片式真空泵使用泵油密封泵体和旋片之间的空隙以提供真空，运行时有较大噪声，泵体外壳温度会达到 70℃，长期的高温运行会导致泵油变质，进入质谱仪的污染物也会溶解在泵油中。因此，泵油的颜色会随运行时间的增长而发黄，甚至变成黑褐色。根据泵油的品质等级不同，每半年到一年需要更换一次泵油，以确保机械泵的正常运转。泵油会对环境产生污染，更换的废泵油需要妥善处理。机械泵的传动轴密封圈会随着使用时间的增长而老化，导致漏油。在仪器运行期间，每天都应通过泵体油壳上的观察窗检查泵油的油位和颜色，并检查泵体外侧是否存在泵油渗漏的现象，长时间缺油运行和使用陈旧的泵油会加速机械泵的老化。一台保养维护得当的机械泵可以稳定地运行 5 ～ 6 年。

3.2.3.2　电离源的维护

MALDI 的基质分子在吸收激光辐射的能量后升华解吸，大部分基质分子并没有进入质量分析器，而是冷却、凝固、沉积在离子加速电场的筛网上。随着污染的累积，筛网的导电性变差，导致加速电场分布不均匀、质谱仪灵敏度和分辨率下降。因此，需要定期清洗加速电场筛网，校正激光器能量，以确保质谱仪的正常运行。新型 MALDI-TOF 质谱仪配有离子源自动清洗系统，可以定期使用红外激光辐照筛网，将沉积的基质分子清除，维持筛网的清洁。

电喷雾电离源的离子传输管和反吹气锥孔在分析样品时长期与样品溶液接触，反吹气锥孔附近会残留喷针喷出的不挥发物质，连续使用 24h 就能在锥孔表面观察到明显的喷雾痕迹，污染物累积会导致喷针与锥孔之间的电场分布发生变化，使仪器灵敏度下降，严重时会导致锥孔堵塞，使质谱信号完全丢失。离子传输管是大气压环境与质谱仪内部真空环境的隔离屏障，很多质谱仪会将离子传输管加热到 200 ～ 300℃，以降低污染物的沉积。但是连续分析样品时，污染物仍然会在离子传输管内部沉积，导致离子传输效率变差。因此，应定期清洗离子传输管和反吹气锥孔。溶解样品时尽量避免使用缓冲盐，如果必须使用缓冲盐，则应选择易挥发的乙酸铵等。过量的不挥发性缓冲盐会在离子传输管入口处沉积，导致质谱信号下降。

3.2.3.3 其他维护

质谱仪的离子传输和聚焦系统位于质量分析器前端，由多级离子透镜、四极杆和其他多极杆等组成。随着样品分析数量的增加，离子传输系统也会沉积污染物，导致质谱仪灵敏度和分辨率下降。在质谱仪运行时，应严格按照仪器制造商建议的保养周期，对质谱仪的离子传输组件进行清洗，以保持仪器的最佳状态。TOF、四极杆等质谱仪使用微孔板或打拿极检测器，这类检测器的工作原理是离子撞击检测器表面产生次级电子，将离子撞击信号转化成电流信号，以便检测器检测。次级电子在检测器内经过多级放大，将离子撞击信号放大 10^3 ～ 10^6 倍。这类检测器长期受到离子的轰击，性能会随使用年限的增长而下降。因此，应定期检查和评估检测器的响应与增益水平，调整增益电压，以保证质谱仪的检测灵敏度，必要时应更换检测器。FT-ICR 和 Orbitrap 质谱仪都是通过检测离子的镜像电流来测定离子的质荷比与丰度，离子与检测器没有物理接触，所以没有检测器老化的问题，仪器可以连续数年保持稳定的灵敏度。

3.3 串联质谱技术

串联质谱技术是将两个或多个质量分析器在空间或者时间上组合在一起进行分析。串联质谱可以实现不同质量分析器的性能互补，提高质谱仪的扫描速度和占空比。串联质谱技术一个重要的优势是能获得离子的二级质谱图和解析化合物的结构。在串联质谱仪中，第一个质量分析器必须具备质量过滤器的功能，用来选择特定质荷比的离子（母离子），并让这些母离子通过第一级质量分析器。母离子随后进入碰撞池，在碰撞池中发生碰撞诱导解离（collision-induced dissociation，CID），产生碎片离子（子离子）。第二级质量分析器检测这些碎片离子的质荷比，得到二级质谱图。离子的碎裂是由化学键的断裂引起的，化学键的断裂遵循一定的规律。因此，通过分析碎片离子的质荷比，解析碎片离子的化学结构，再结合化学键的断裂规律，就可以解析母离子的化学结构。以常见的兽药莱克多巴胺为例，其分子式为 $C_{18}H_{23}NO_3$，在 ESI 电离源电离后，得到加合一个质子的分子离子峰（m/z=302.1744）。该离子碎裂后得到质荷比为 107.0493、121.0645、136.0753 和 164.1063 的碎片离子，这些碎片离子对应的结构如图 3-12 所示。通过分析这些碎片离子的结构，可以发现莱克多巴胺的分子离子经过碰撞诱导解离后，在 C—N 键位置发生断裂，碎裂成质荷比为 164.1063 和 136.0753 的两个碎片离子。这两个碎片离子进一步解离，得到质荷比为 121.0645 和 107.0493 的碎片离子。

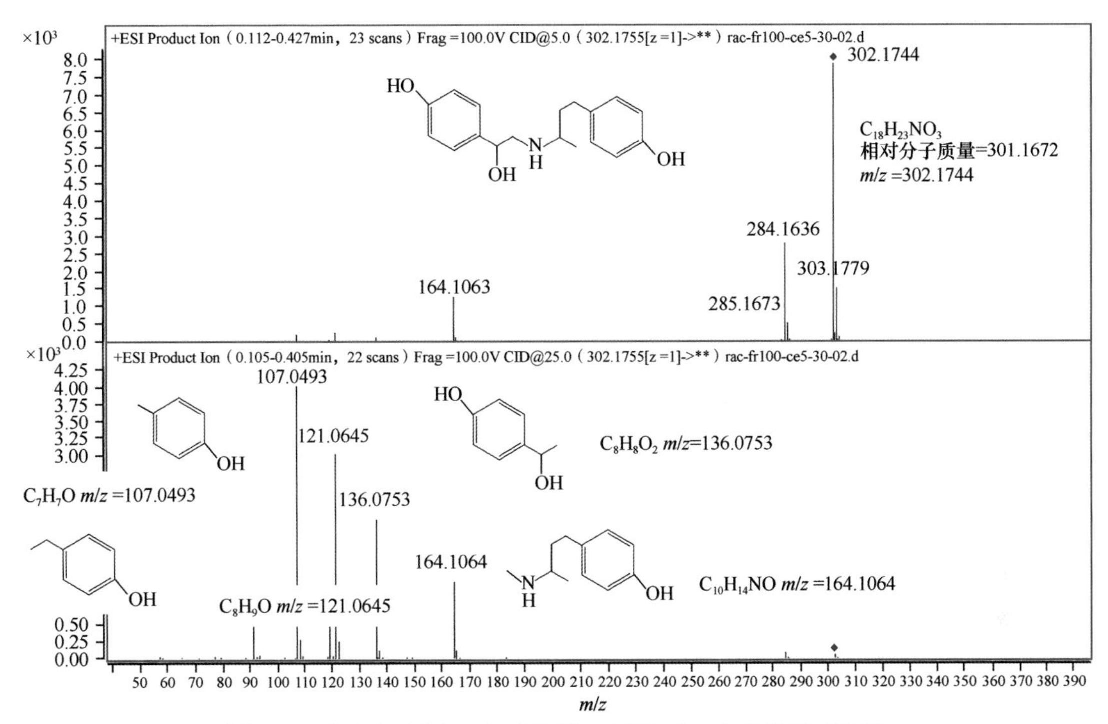

图 3-12　莱克多巴胺的一级质谱图（上图）和二级质谱图（下图）

一套离子阱质谱系统也可以实现串联质谱的功能。在此模式下，离子阱首先选择性捕获特定质荷比的母离子，然后通过施加碎裂电压，让母离子在阱中与反应气发生碰撞，使母离子碎裂。然后离子阱改变扫描电压，将不同质荷比的子离子弹出离子阱，得到二级质谱图。这个过程可以反复进行，将特定质荷比的碎片离子捕获后继续碎裂，得到三级质谱图（MS^3），理论上这个过程可以无限地进行下去。离子阱质谱仪具备分析十级质谱的能力，但是在实际操作中，每一级碎裂都会导致离子数量显著下降，很难获得四级或者更高级别碎片离子的质谱图。离子阱质谱仪使用一个质量分析器，按时间顺序依次进行离子捕获、碎裂和子离子扫描的操作，获得多级质谱图，是典型的时间串联质谱。空间上串联多个质量分析器的组合形式包括串联四极杆（三重四极杆，triple quadrupole）、四极杆-飞行时间（Q-TOF）、四极杆-轨道阱（Q-Orbitrap）、离子阱-FT-ICR 和组合式质谱仪（hybrid MS）等。

3.3.1　串联四极杆质谱仪

串联四极杆是使用最广泛的串联质谱形式，由 3 个四极杆质量分析器 / 过滤器串联而成，所以又称三重四极杆，简称 QQQ（图 3-13）。其中第一个和第三个四极杆具有质量分析器的功能，而位于中间的第二个四极杆仅能施加射频电压，只具有传输和聚焦离子的功能，不具备质量分析功能，所以有时候将串联四极杆简写成 QqQ。四极杆 Q1 通过设定一定的射频和直流电压，使特定质荷比的母离子通过。Q2 通有 10^{-3}mbar 的碰撞气（N_2 或 Ar），在 Q2 的入口和出口之间可以施加 10 ～ 100V 的加速电压，使母离子加速通过 Q2，并与其中的碰撞气发生碰撞，由于 Q2 的真空度较低，母离子与残留的碰撞气发生多次碰撞，导致母离子的化学键断裂，产生碎片离子，所以 Q2 又称为碰撞池（collision cell）。在 Q2 上施加的加速电压又称为碎裂电压或碰撞能（collision energy，CE）。母离子化学结构不同，其碎裂所需的碰撞能量也不同，通过调整 Q2 两端的电压差，可以调节碰撞能，以满足不同性质离子碎裂的需要。母离子在 Q2 碎裂产生的碎片离子进入 Q3 进行质谱扫描。串联四极杆质谱仪仅 Q3 配有检测器，具备检测功能，Q1 虽然具备质量选择和过滤功能，但是没有配备检测器，所以不具备检测功能。当使用串联四极杆质谱仪进行一级质谱扫描时，Q1 和 Q2 均在射频模式下运行，作为离子传输管，聚焦进入质谱仪的所有离子，只有 Q3 开启扫描模式，扫描质荷比不同的离子得到一级质谱图。在扫描二级质谱时，Q1 开启质量选择模式，选择特定质荷比的母离子在 Q2 进行碎裂，然后在 Q3 检测碎片离子的二级质谱图。

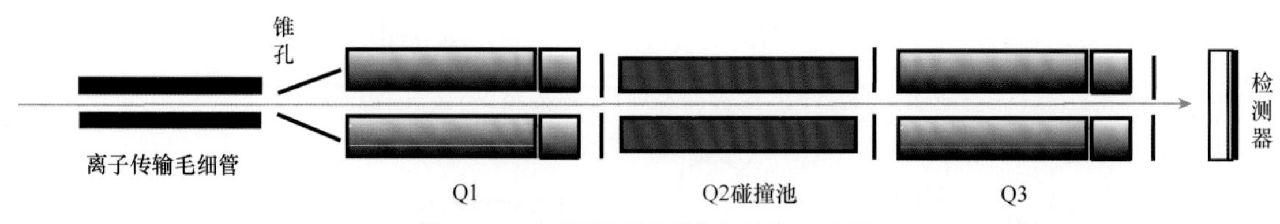

图 3-13　串联四极杆质谱仪结构示意图

四极杆质谱仪在采集质谱图时，需要扫描较宽的射频和直流电压范围，以覆盖一定的质荷比范围。这种扫描方式比较费时，且会降低质谱仪的占空比和检测灵敏度。为了提高串联四极杆质谱仪的数据采集速度和检测灵敏度，在使用串联四极杆质谱仪进行质谱检测时，四极杆 Q3 往往只检测一个或若干个特定质荷比离子的信号，而不是扫描全部离子的质荷比获得全谱。如果分析的离子是完整的母离子，则这种数据采集模式称为选择离子监测（SIM）模式。如果这些离子是经过碎裂产生的子离子，则这种数据采集方式称为多反应监测（multiple reaction monitoring，MRM）或者选择反应监测（selected reaction monitoring，SRM）模式。在这几种数据采集模式下，串联四极杆质谱仪具有极高的检测灵敏度和特异性，是定量检测痕量物质的最佳选择。使用 MRM 方法对痕量物质进行定量分析也是串联四极杆质谱仪和质谱技术最重要的应用之一。

3.3.2　四极杆-高分辨串联质谱仪

四极杆-高分辨串联质谱仪使用 TOF 或 Orbitrap 等高分辨质量检测器取代串联四极杆质谱仪中的 Q3。这种串联方式的优势如下，解决了四极杆质谱仪分辨率低的问题；解决了四极杆质谱仪扫描全谱时占空比低、灵敏度差的问题；使用离子集束器、C-型离子阱等离子蓄积装置暂存离子源产生的离子，解决了 TOF、Orbitrap 等高分辨质谱仪作为脉冲型质量分析器不能连续分析样品的问题；解决了 TOF、Orbitrap 质谱仪无法选择母离子进行二级质谱分析的问题。Q-TOF 质谱仪在碰撞池之前的部分与串联四极杆质谱仪完全相同，在碰撞池之后增加了离子传输四极杆或八极杆，用于离子聚焦（图 3-14）。经过聚焦的离子进入离子集束器，在垂直脉冲加速电压的作用下，集束器内的离子同时进入飞行时间质谱仪。由于 TOF 的加速方向与离子在四极杆中的飞行方向垂直，因此 Q-TOF 也称作 orthogonal-Q-TOF（O-Q-TOF）。在 Q-TOF 中，当 Q1 和 Q2 都设为射频模式时，进入质谱仪的所有离子都可以通过两个四极杆进行聚焦，然后进入 TOF 检测器检测，这时 Q-TOF 质谱仪采集的是高分辨率的一级质谱图。当 Q1 设为选择模式时，Q1 选择性通过特定质荷比的母离子，并将其在 Q2 中碎裂，碎裂得到的所有碎片离子再经过垂直加速后进入 TOF 获得高分辨率的二级谱图。TOF 质谱仪可以同步检测进入飞行时间管的所有碎片离子，所以 TOF 质谱仪的占空比受质荷比扫描范围的影响较小。因此，使用 Q-TOF 分析二级质谱图时通常都会采集二级全谱图。

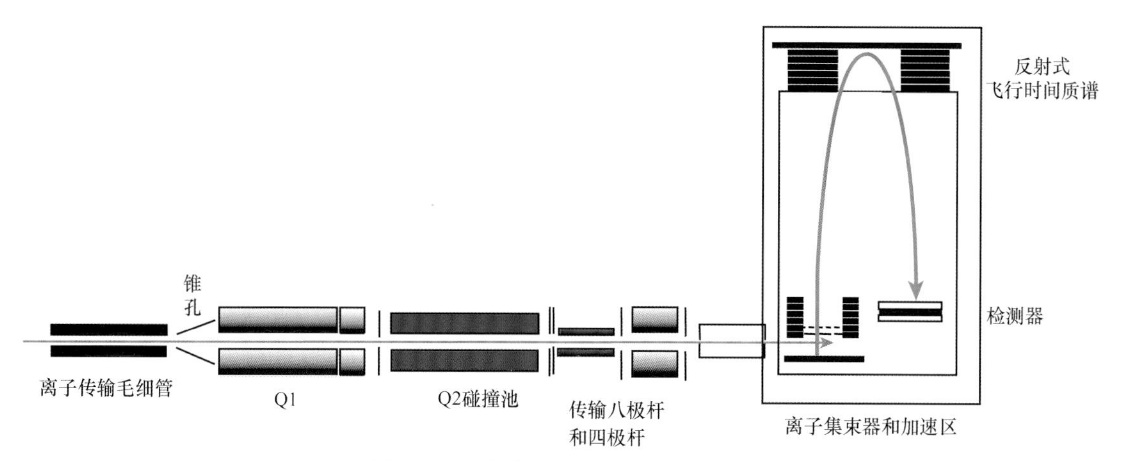

图 3-14　四极杆-飞行时间质谱仪简图

四极杆与 Orbitrap 质谱仪的组合是赛默飞世尔科技公司的专利。该仪器的组合方式与串联四极杆或者 Q-TOF 质谱仪有所不同，Q-Orbitrap 质谱仪在四极杆 Q1 和碰撞池 Q2 之间增加了离子传输八极杆与 C-型离子阱，Orbitrap 质量分析器位于 C-型离子阱的侧面（图 3-15）。在四极杆 Q1 的前端则使用了 S-lens 和弯曲四极杆用于离子传输与聚焦。弯曲四极杆通过电场将离子的飞行轨迹偏转 90°，而不带电的干扰分子则不会被电场偏转，因此使用弯曲四极杆可以显著降低中性分子对质谱检测的干扰，提高检测灵敏度。类似的弯曲电场结构也广泛应用于其他品牌的串联四极杆或 Q-TOF 质谱仪中。Q-Orbitrap 质谱仪在进行一级质谱扫描时，四极杆 Q1 在射频模式下工作，所有离子都穿过四极杆 Q1 进入 C-型离子阱中暂存。当 Orbitrap 质量分析器完成一个扫描循环并空闲后，C-型离子阱将累积的离子注入 Orbitrap 质量分析器进行质谱扫描。同时，C-型离子阱开始为 Orbitrap 质量分析器累积下一批待分析离子。在进行二级质谱扫描时，C-型离子阱首先累积 Q1 选择的特定质荷比的母离子，并将其送入 Q2 碰

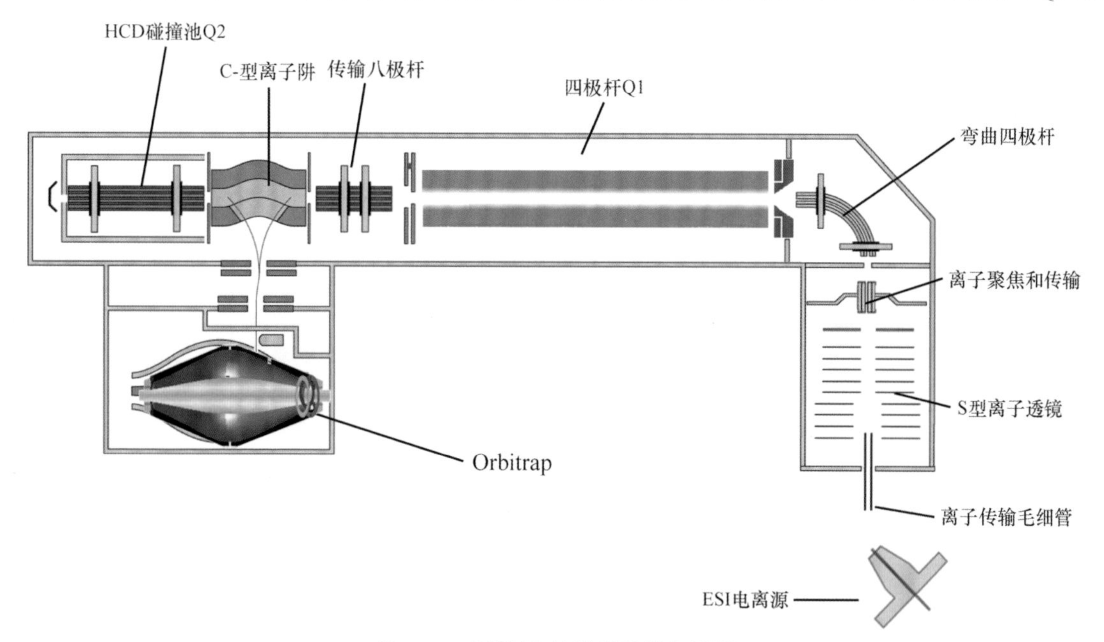

图 3-15　四极杆-轨道阱质谱仪简图

撞池进行碎裂。然后C-型离子阱收集在Q2中碎裂得到的碎片离子，并将其注入Orbitrap质量分析器进行二级质谱扫描。所以，在Q-Orbitrap质谱仪中离子的飞行轨迹与在Q-TOF质谱仪和QQQ质谱仪中稍有不同，在进行一级质谱扫描时，在Q-TOF质谱仪和QQQ质谱仪中，离子要经过射频模式的Q1和Q2，然后进入TOF或Q3完成扫描；而在Q-Orbitrap质谱仪中，离子仅经过射频模式的Q1，然后在C-型离子阱中累积后进入Orbitrap质量分析器进行扫描，离子并不通过碰撞池Q2。在扫描二级质谱时，在QQQ质谱仪或Q-TOF质谱仪中，经过Q1选择的母离子进入Q2发生碰撞诱导解离，碎裂得到的碎片离子进入TOF或Q3进行扫描；而在Q-Orbitrap质谱仪中，母离子经过Q1选择后，首先进入C-型离子阱累积，然后进入Q2发生高能碰撞诱导解离（higher energy collision-induced dissociation，HCD），碎裂得到的碎片离子又沿原路返回C-型离子阱，最后进入Orbitrap质量分析器进行扫描。这种仪器设计和运行方式与Orbitrap质量分析器脉冲式的工作原理有一定关系。Orbitrap质谱仪进行离子检测时，离子需要在轨道阱中回旋一定时间，以便有足够时间测定其振荡频率。在进行高分辨率质谱分析时，Orbitrap质量分析器的扫描耗时较长，仪器的占空比显著下降。使用离子集束器无法满足离子累积和暂存的需要，所以Q-Orbitrap质谱仪采用了C-型离子阱的设计，以便将更多的离子累积和暂存更长的时间。C-型离子阱还可以准确地控制注入Orbitrap质量分析器的离子数量，抑制空间电荷效应。

在Orbitrap质量分析器的前端还可以使用离子阱取代四极杆Q1，这里的离子阱是带有检测器的完整质量分析器，在不使用Orbitrap的时候，这类仪器可以作为一台离子阱质谱仪独立使用（图3-16）。离子阱的引入为Orbitrap质谱仪的使用提供了更大的灵活性，在需要获得高分辨率质谱图时，可以将离子通过C-型离子阱导入Orbitrap进行分析；而在进行蛋白质组学实验时，通常需要较快的二级谱图采集速度，这时可以将在Q2碰撞池中经过高能碰撞诱导解离（HCD）产生的碎片离子经过C-型离子阱累积后送回到扫描速度较快的离子阱中进行质谱分析。这种工作模式的另外一个优势是在Orbitrap扫描高分辨率的一级质谱图期间（通常需要500ms），离子阱和HCD碰撞池可以选择若干个母离子，将其碎裂，然后在离子阱中采集碎片离子的二级质谱图。这相当于两台质谱仪平行工作，可以极大地提高仪器的占空比和数据采集效率，但使用离子阱采集的二级质谱图分辨率较低。在Orbitrap质谱仪推出的初期，受Orbitrap扫描速度的限制，大部分Orbitrap质谱仪都与离子阱组合使用，使用离子阱采集二级质谱图。近年来，随着Orbitrap质量分析器性能的提高，质谱扫描速度和分辨率不断提高，蛋白质组学研究对二级质谱图的质量要求也逐渐提高，Q-Orbitrap质谱仪逐步取代离子阱-Orbitrap质谱仪成为蛋白质组学研究的主力机型。

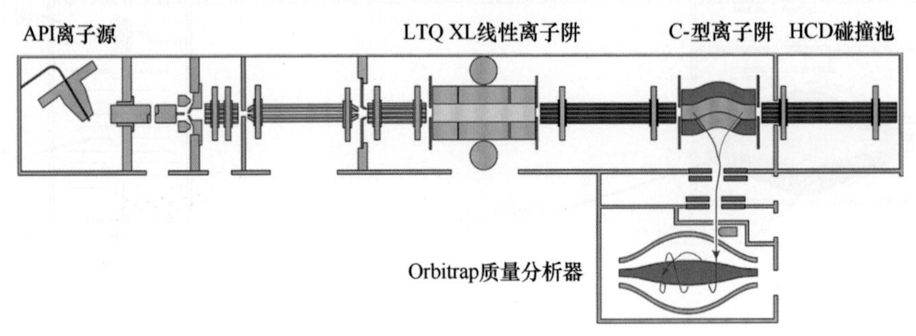

图3-16 离子阱-Orbitrap质谱仪简图

FT-ICR 质谱仪可以通过 SORI-CID（sustained off resonance irradiation collision-induced dissociation）模式激发和碎裂离子，但是 FT-ICR 不具备选择母离子的能力。所以 FT-ICR 仍需要与四极杆或者离子阱组合使用，利用四极杆或者离子阱选择母离子再进行碎裂。离子阱还可以与 TOF 组合成 IT-TOF 质谱仪，IT-TOF 质谱仪结合了离子阱能进行多级质谱分析的能力和 TOF 的高分辨率，在糖蛋白研究中发挥了重要作用。

四极杆 / 离子阱与高分辨质量分析器（TOF 和 Orbitrap）串联使用可以获得高质量的一级和二级质谱图，这类仪器已经成为蛋白质组学和代谢组学研究的主力机型。近年来，新型质谱仪在四极杆的前端又增加了离子淌度（ion mobility）系统，离子淌度技术根据离子在气相中的迁移率的差异对离子进行分离。离子在气相中的迁移率与其碰撞横截面积有关，而碰撞横截面积与离子的形状有关。多肽和蛋白质离子的形状与其氨基酸序列及折叠构象有关，因此在质谱分析前增加离子淌度分离可以利用蛋白质和多肽构象的差异对其进行初步分离，然后再进行质谱检测，由此进一步提高质谱检测的灵敏度、特异性和蛋白质覆盖度。

3.3.3　组合式质谱仪

组合式质谱仪（hybrid MS）是 2010 年后发展起来的新型质谱仪，是由 3 种或 3 种以上不同类型的质量分析器组合成的高性能质谱仪。典型的代表是赛默飞世尔科技公司的 Orbitrap Fusion/Eclipse 系列质谱仪，该质谱仪拥有四极杆、离子阱和 Orbitrap 三个质量分析器，其中离子阱和 Orbitrap 具有质荷比检测能力，四极杆仅具备质量过滤能力，不具备检测能力（图 3-17）。组合式质谱仪将多个性能各异的质量分析器 / 检测器组合到一起，使不同质谱仪的性能扬长避短，实现分辨率、灵敏度和扫描速度的最优化。尤其是使用了扫描分辨率可达 1 000 000 的新型高场轨道阱，极大地提高了 Orbitrap Fusion/Eclipse 系列质谱仪对未知物质的鉴定能力。在组合式质谱仪中，离子既可以在 Orbitrap 中扫描得到高分辨率的质谱图，也可以在离子阱中进行快速的扫描和检测。离子既可以在 Q2 中发生高能碰撞诱导解离（HCD），也可以在离子阱中发生碰撞诱导解离（CID）。离子阱和轨道阱两个质量检测器还可以平行工作，同时采集数据，提高仪器的占空比和检测效率。

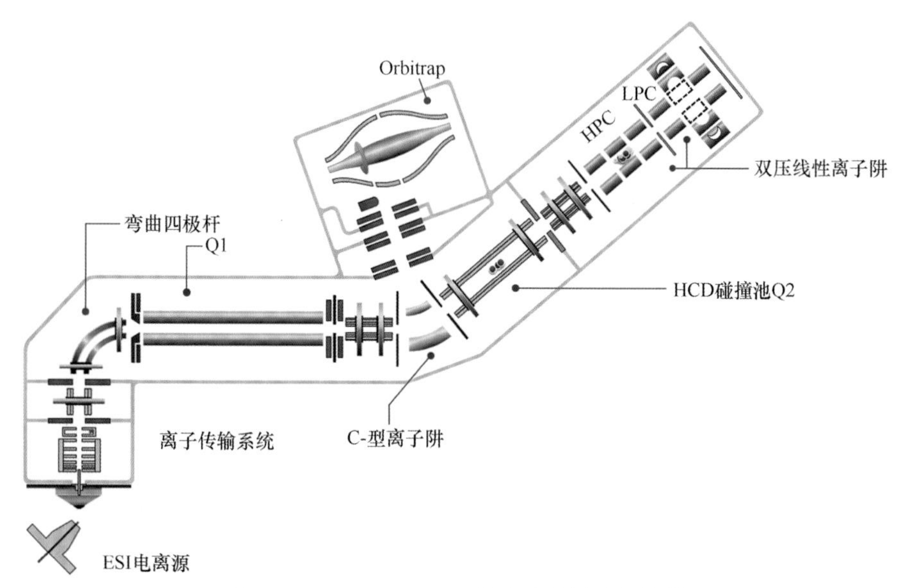

图 3-17　Orbitrap Fusion 组合式质谱仪结构图

3.4 色谱技术

质谱具有极高的检测灵敏度和强大的化合物结构解析能力，但是在分析复杂样品时，质荷比不同、含量差异巨大的离子同时进入质量分析器，会对质谱检测造成极大的影响。高丰度物质会抑制低丰度物质的电离和质谱信号，容易电离物质的离子信号强度会远高于难电离物质。离子阱和 Orbitrap 等质谱仪受空间电荷效应的限制，单位时间内可以分析的离子数量有限，必然会造成高丰度离子被重复分析，而低丰度离子的质谱信号被掩盖和遗漏。目前的蛋白质组学实验，一次实验可以鉴定超过 4000 个蛋白质，对应超过 20 000 个特征性肽段，如果这些肽段同时涌入质谱仪，质谱检测的压力是巨大的。为了分析高度复杂的蛋白质酶解液样本，提高对低丰度物质的检测灵敏度，需要在质谱仪前端增加一个样品富集、分离和排队装置，让不同质荷比的离子按照一定顺序依次进入质谱仪，由此减少单位时间内进入质谱仪的离子数量，降低样品的复杂程度，提高低丰度离子的检测效率。

色谱技术就是这样一种分离和排队装置，其利用待分离物质在不相混溶的固定相和流动相之间保留性质的差异，实现样品的分离。在色谱分离过程中，样品在固定相和流动相之间被反复吸附与解吸，不同样品与固定相和流动相相互作用的差异通过反复的吸附及解吸而逐步被放大，由此实现不同保留性质样品的分离。

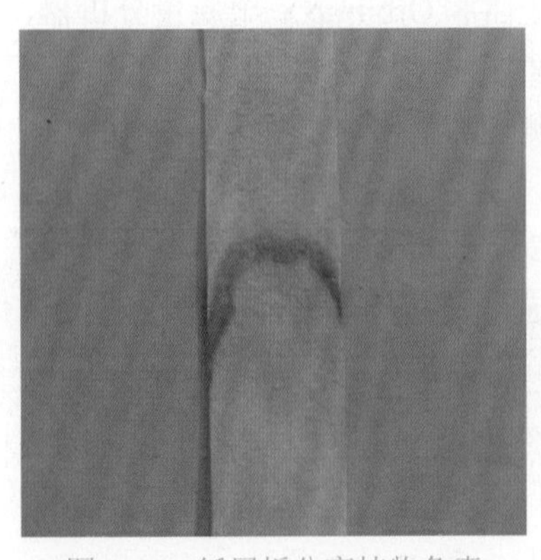

图 3-18 纸层析分离植物色素

最简单的色谱技术是纸层析，在一张尖端剪成楔形的滤纸条的底部滴上植物叶片的乙醇提取液，然后将滤纸条的尖端浸入丙酮中，待丙酮扩散后，滤纸上会呈现不同颜色的色带（图 3-18）。在这里，植物色素是待分离物质，丙酮是流动相，滤纸是固定相。将植物提取液滴到滤纸上，提取液中的植物色素通过范德瓦耳斯力吸附到滤纸纤维上。将滤纸尖端浸入丙酮中，丙酮在滤纸纤维的毛细作用下向滤纸的上部扩散，同时将吸附在滤纸纤维上的植物色素溶解洗脱，并携带色素继续向滤纸上部扩散。极性较强的色素与滤纸相互作用强，较难被丙酮洗脱，于是停留在色带底部；极性较弱的色素与滤纸相互作用弱，容易被丙酮洗脱并被携带到色带上部，由此实现不同极性色素的分离，得到若干条色带。

色谱的流动相可以是液体，也可以是气体，流动相用于溶解和携带待分离物质在固定相中移动。固定相则既可以是固体，也可以是液体。使用液体作为流动相时，待分离物质需要在流动相中有一定的溶解度，以便被流动相洗脱。使用液体作为固定相时，流动相与固定相不能相混溶，以免固定相被流动相溶解而流失。

根据流动相的性质不同，可以将色谱分为气相色谱（gas chromatography，GC）和液相色谱（liquid chromatography，LC）。根据固定相的状态又可以将色谱分为纸色谱（paper chromatography）、薄层色谱（thin layer chromatography，TLC）和柱色谱（column chromatography）。柱色谱是将色谱固定相装填到石英毛细管（如气相色谱和纳升液相色谱）或者不锈钢管（如常规液相色谱）中进行样品分离的方法。柱色谱的分离是在封闭空间中进行的，分离的环境和条件可控性更高，实验重现性更好。不锈钢和石英都具有很高的机械强度，能够耐受较高的压力，可以使用加压的流动相以提高分离效率。

根据样品与固定相的相互作用情况可以将色谱分为吸附（adsorption）色谱、分配（partition）色谱、离子交换（ion exchange）色谱、尺寸排阻（size exclusion）色谱和亲和（affinity）色谱。吸附色谱利用固定相与样品之间的范德瓦耳斯力、氢键等非特异性相互作用实现样品的分离。分配色谱利用样品在固定相和流动相中溶解度的差异进行分离。离子交换色谱利用阴阳离子与带有相反电荷的固定相之间的电荷相互作用进行分离。尺寸排阻色谱利用不同分子量物质体积不同，穿过聚合物凝胶形成的微孔所需的时间不同来进行分离。尺寸排阻色谱也是蛋白质分离和纯化的重要方法。亲和色谱利用抗体和抗原特异性相互作用来对混合物进行分离。

色谱分离技术将保留性质不同的化合物按照保留能力由弱到强的顺序依次从色谱柱上洗脱分离。在色谱柱的出口连接适当的检测器，就可以得到横轴是保留时间、纵轴是检测器响应值的色谱图（图 3-19）。保留时间定义为样品从进入色谱柱到离开色谱柱所需要的时间。保留时间是衡量一个化合物与色谱固定相相互作用强弱的重要参数。保留时间长的化合物与色谱固定相的相互作用较强，保留时间短的化合物与色谱固定相的相互作用较弱，这也是使用色谱技术进行定性分析的理论基础。尤其是在气相色谱中，由保留时间衍生的保留指数（retention index）是使用气相色谱进行定性分析的重要参数。色谱检测器检测到的信号强度与化合物的含量有关，这是使用色谱进行定量分析的理论基础。气相色谱常用的检测器包括热导检测器、电子捕获检测器和火焰光度检测器等。液相色谱常用的检测器包括紫外检测器、荧光检测器、蒸发光散射检测器和电导检测器等。两种色谱技术均可配备质谱检测器，实现色谱-质谱联用。

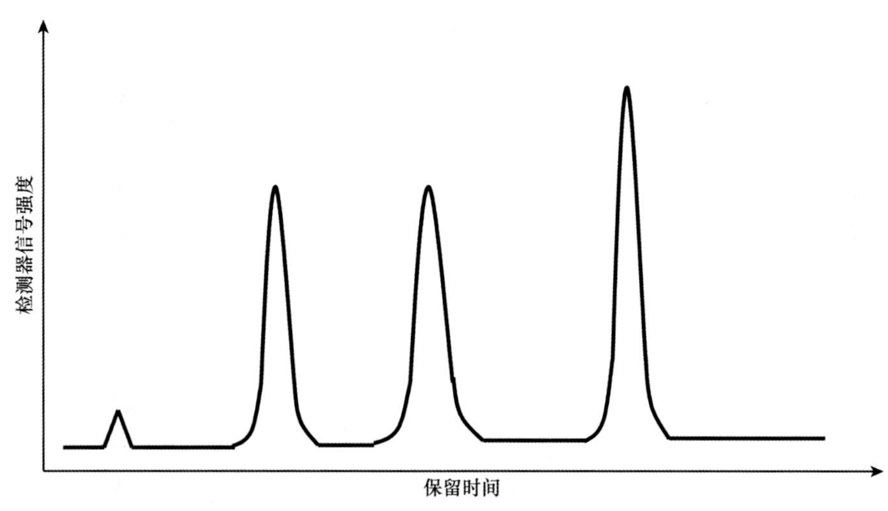

图 3-19　色谱图示意图

色谱技术是一种功能强大的分离技术，基于分配原理的液相色谱分离技术是分离蛋白质和多肽最有效的方法之一。色谱与质谱联机使用，解决了复杂样品的分离和检测问题，尤其在 ESI 电离技术发明之后，液相色谱-质谱联用技术得到迅猛发展，成为蛋白质组学和生命科学研究中不可或缺的技术手段。

3.4.1　气相色谱

气相色谱主要用于挥发性物质的分离。固定相是涂布在石英毛细管内壁上的聚硅氧烷类物质，流动相通常是 He（载气）。石英毛细管色谱柱的外径为 250 ～ 320μm，长度为 15 ～ 60m，毛细管的壁厚为 10 ～ 20μm，固定相涂层厚度仅为 0.2 ～ 0.3μm。溶解在挥发性有机溶剂中的样品在气相色谱仪的进样室（气化室）中气化（气化室温度通常为 250 ～ 280℃），随后被载气携带进入色谱柱，色谱柱置于精确控温的柱温箱中。样品首先溶解在固定相中，随着柱温箱温度逐渐升高，样品气化，离开固定相，并被载气携带离开色谱柱进入检测器。气相色谱的固定相通常是聚硅氧烷的衍生物，其中部分硅烷的甲基被苯基或氰基等取代。待分离物质分子量、碳链长度、极性等的差异，导致其与固定相的相互作用不同，使得其在固定相中的溶解度和沸点不同，因此通过控制色谱柱的温度将不同性质的挥发性物质分离。

聚硅氧烷固定相在温度高于 300℃时会发生气化和降解，造成色谱柱固定相的流失。因此，气相色谱适于分离沸点低于 300℃的挥发性物质，如杀虫剂、除草剂、石油化工产品、植物激素、挥发性药物及药物代谢物等。对于极性较强、挥发性较差的物质，可以使用衍生化方法引入低极性的酯基、硅烷基等，降低化合物的极性和沸点。例如，在分析长链脂肪酸时，常用乙酰氯将脂肪酸酯化成脂肪酸乙酯，再使用气相色谱进行分析。气相色谱通常通过电子电离源与质谱仪联机使用。GC 与 MS 的联机使用进一步提高了气相色谱检测的灵敏度和特异性。气相色谱通常与单四极杆质谱仪或者串联四极杆质谱仪联机使用，这样的仪器组合具有较低的采购和运行成本。

3.4.2 液相色谱

液相色谱发展的初期使用硅胶颗粒（SiO_2）、碳酸钙粉末等极性物质作为固定相，使用正己烷、四氯化碳和氯仿等非极性或弱极性溶剂作为流动相，这种组合方式称为正相液相色谱。正相色谱适于分离弱极性和中等极性的物质，对于极性较强的化合物，由于样品与固定相相互作用较强，使用极性较弱的有机溶剂无法将样品从色谱柱上洗脱，因此正相色谱对强极性物质的分离度较差。

随着色谱技术的发展，键合硅胶固定相逐步取代硅胶成为色谱固定相的主要材料。水、甲醇和乙腈等极性溶剂逐步取代正己烷、石油醚等非极性溶剂成为主要的流动相，这样的色谱组合称为反相液相色谱（reversed phase liquid chromatography，RPLC）。目前，反相液相色谱的应用占液相色谱应用的 90% 以上，反相液相色谱广泛适用于极性和化学性质各异的样品的分离。键合硅胶是通过化学反应将长链烷烃或者含有其他官能团的长链烷烃修饰到硅胶颗粒的表面（图 3-20）。其反应原理是硅胶颗粒表面的 SiO_2 在催化剂的作用下与十八烷基二甲基氯硅烷反应，将十八烷基二甲基硅烷偶联到硅胶颗粒表面，由此在硅胶颗粒表面修饰上一层含有 18 个碳的长链烷烃，形成一层薄油膜。最常使用的键合固定相是含有 18 个碳的长链烷烃的键合硅胶，使用这种固定相的色谱柱也称为 C_{18} 色谱柱。其他常用的键合固定相包括含 4 个碳、8 个碳的长链烷烃，以及在碳链末端修饰有羟基、氰基或氨基等极性基团的改性固定相。根据相似相溶原理，中等极性或弱极性物质可以溶解在硅胶表面 C_{18} 固定相形成的油膜中，对于极性较强的物质，只要其化学结构中含有疏水基团，也可以在固定相中有一定的溶解性。所以键合硅胶固定相对不同极性的化合物都有较好的保留，样品适用范围较广。使用 C_{18} 色谱柱的反相液相色谱是蛋白质组学研究中分离蛋白质酶解产物最常用的色谱方法。长链烷烃修饰基团是通过硅烷键偶联到硅胶表面的，硅烷键在强酸（pH＜3.0）或强碱（pH＞10.0）环境下会发生水解，所以使用键合硅胶固定相色谱柱时要严格注意流动相的 pH，

以避免固定相的流失。只有少数经过特殊处理的色谱柱可以在极端 pH 下使用。硅胶微球填料颗粒并不是实心结构，而是带有内径为 8 ～ 12nm 的微孔，以增加固定相的比表面积，提高分离效率。用于分析完整蛋白质的色谱柱的填料孔径则高达 100nm，以防止蛋白质堵塞填料的微孔。固定相颗粒通常被装填在内径为 2.1 ～ 4.6mm、长度为 50 ～ 250mm 的不锈钢色谱柱中，流动相通常以 0.1 ～ 1.5mL/min 的速度进行洗脱。

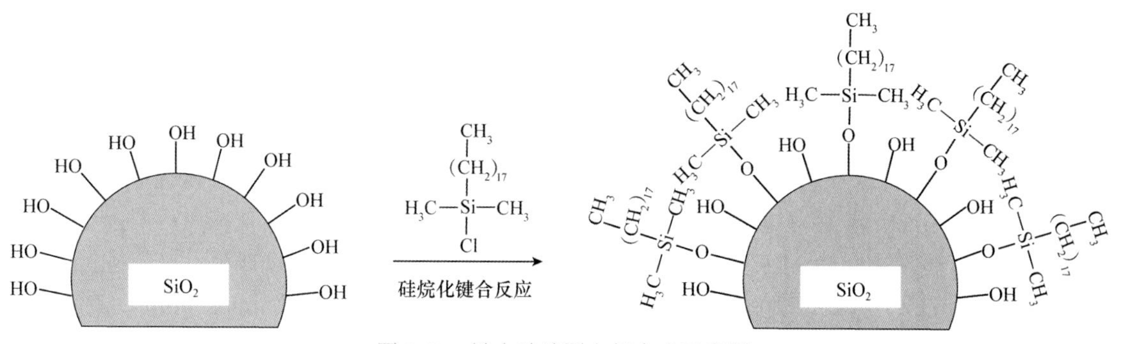

图 3-20　键合硅胶固定相合成示意图

在进行液相色谱分离时，样品被流动相携带进入色谱柱，样品要在流动相和固定相中均有一定的溶解度，否则样品会在色谱柱上沉淀析出，导致色谱柱损坏和样品损失。样品进入色谱柱后，与色谱固定相发生相互作用，溶解在色谱固定相颗粒表面的油膜中。随着流动相不断流入色谱柱，在固定相中溶解度较低的物质首先被流动相洗脱，离开色谱柱。而与固定相相互作用较强、溶解度较高的物质则需要更多的流动相才能从色谱柱上洗脱，因此保留时间较长。在对复杂样品，如复杂蛋白质酶解产物进行色谱分离时，由于样品的极性各异，在色谱柱上的保留性质差异也很大，使用含水比例较高的流动相进行洗脱时，极性较强的肽段较容易被洗脱，而极性较弱的肽段由于在色谱柱上保留较强而无法被洗脱。如果使用含有机溶剂（甲醇、乙腈）比例较高的流动相进行洗脱，由于流动相洗脱能力较强，极性较强的肽段会与极性较弱的肽段一同被流动相洗脱，从而削弱分离效果。为了解决这个问题，在液相色谱分离时，经常使用梯度洗脱（gradient elution）程序，也就是在分离过程中通过逐步提高流动相中有机溶剂的比例，以逐渐提高流动相的洗脱能力，将极性不同的物质依次从色谱柱上洗脱。以分离蛋白质酶解得到的多肽混合物为例，通常使用反相 C_{18} 色谱柱，以含有 0.1% 甲酸的水溶液和含 0.1% 甲酸的乙腈溶液作为流动相。在分离过程中，首先使用含水比例较高的流动相进行洗脱，多肽混合物中亲水性较强的肽段，与固定相相互作用较弱，首先被流动相洗脱，较早从色谱柱上流出。随着洗脱梯度程序的进行，乙腈溶液在流动相中的比例逐步提高，流动相的总体洗脱能力逐步提高，含有疏水基团较多、与色谱固定相相互作用较强的肽段也逐步被流动相洗脱，从色谱柱上流出，由此实现不同极性肽段的分离。在梯度洗脱程序后期，需使用浓度较高的乙腈溶液（乙腈含量在 80% 以上）冲洗色谱柱，将色谱柱上强保留物质彻底洗脱，实现色谱柱的再生。

根据色谱塔板理论和范第姆特方程（van Deemter equation），色谱柱的分离效率与使用的固定相填料的粒径成反比，使用粒径更小的硅胶颗粒可以显著提高分离效率。目前高效液相色谱（high performance liquid chromatography，HPLC）通常使用粒径为 3 ～ 5μm 的硅胶微球颗粒。新一代超高效液相色谱（ultra performance liquid chromatography，UPLC）使用的填料粒径普遍小于 2μm，UPLC 相对 HPLC 有更高的分离效率和更短的分析时间。在使用高效液相色谱分析样品时，由于固定相颗粒粒径较小，为维持稳定的流动相流速，需要使用约 100bar 的压力将流动相压过色谱柱。UPLC 由于使用粒径更小的固定相，需要使用超过 300bar 甚至更高的压力才能将流动相送入色谱柱。在使用 UPLC 时，由于分离效率的提高，色谱峰的宽度显著变窄，色谱峰宽甚至会低于 5s，也就是一个化合物在 UPLC 色谱柱上出峰的持续时间小于 5s。这对质谱仪的扫描速度提出了更高的要求，在设置质谱仪的数据采集方法时，要确保质谱仪的扫描循环速度与色谱峰宽相匹配，以免质谱扫描速度过慢，错过色谱洗脱出的样品峰。

液相色谱通常通过电喷雾电离源与质谱联机使用，这就是所谓的液质联用技术（LC-ESI-MS）。质谱是浓度型检测器，即质谱检测的信号强度与进入质谱的样品浓度成正比，而与进入质谱的样品总量无关。所以在样品总量不变的情况下，提高样品浓度可以显著提高质谱检测的灵敏度。在不改变样品总量的前提下，提高样品浓度最有效的方法就是减少样品被流动相稀释的倍数，即使用更少的流动相溶解 / 稀释样品。使用内径 75μm 的石英毛细管色谱柱代替内径 2.1mm 的不锈钢色谱柱，可以将色谱流速从 0.3mL/min 降低到 300nL/min，即在不改变进样量的情况下，通过使用毛细管色谱柱可以将流动相的流速降低 1000 倍，从而将样品浓缩 1000 倍。所以，使用毛细管色谱柱可以极大地提高质谱检测的灵敏度。色谱柱内径低于 500μm、流速低于 1μL/min 的液相色谱系统称为纳升液相色谱（nanoLC）。纳升液相色谱具有分析灵敏度高、流动相消耗少的优势，是蛋白质组学研究中最常用的色谱分离方法。

使用纳升液相色谱进行分离时，流动相流速很小，以 300nL/min 的典型流速为例，每小时流过色谱柱的流动相体积仅为 18μL。在进行蛋白质组学分析时，样品的进样量通常在 1 ～ 10μL，也就是纳升液相色谱需要运行 3.3 ～ 33.3min 才能将样品完全带入色谱柱，将极大地降低纳升液相色谱的使用效率。为了克服流速低、进样慢的缺点，纳升液相色谱通常配有捕集柱（trap column）和捕集阀（trap valve）（图 3-21）。捕集柱是一根内径为 75 ～ 300μm、长度为 1 ～ 2cm 的短色谱柱。捕集柱的长度低于正常的纳升色谱柱，内径略大于正常的纳升色谱柱。相对于分离色谱柱，捕集柱可以承受更高的流动相流速，并且有更小的死体积。进样时，捕集阀切换到进样模式，色谱泵以较高的流速（1 ～ 10μL/min）将样

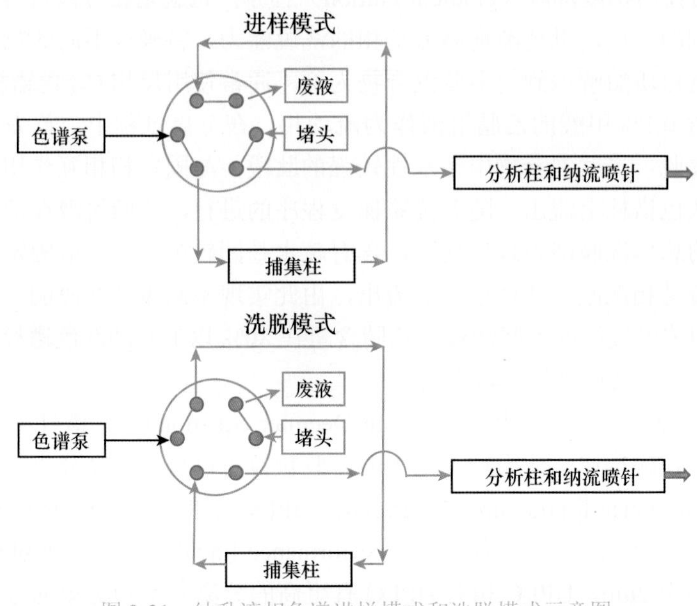

图 3-21　纳升液相色谱进样模式和洗脱模式示意图

品注入捕集柱，然后使用含水比例较高的流动相（99% 的水）冲洗捕集柱。样品中的多肽与捕集柱上的 C_{18} 固定相发生疏水相互作用而保留在捕集柱上。样品中的盐分和其他小分子杂质不被捕集柱保留，而被流动相洗脱，通过废液口排出色谱仪。进样结束后，捕集阀切换到洗脱模式，色谱泵以纳升级流速将捕集柱上的肽段洗脱到分析柱上进行进一步的分离。捕集柱的死体积仅为 100 ～ 400nL，不会造成肽段洗脱的延迟。纳升液相色谱可以直接接入纳喷 ESI 电离源，喷雾时无须雾化气，使用非常简便。石英毛细管色谱柱的前端还可以使用红外激光加热拉制成喷针，制成色谱喷针一体柱，消除色谱柱与喷针之间的死体积，进一步提高检测灵敏度。

3.4.3　多维液相色谱

在使用液相色谱对复杂蛋白样品的酶解液进行分离时，由于多肽组成复杂，纳升液相色谱提供的分离度有限，会出现肽段共流出的现象。以拟南芥蛋白质组为例，其蛋白质组数据库包含超过 35 000 个蛋白质，这些蛋白质经过胰蛋白酶酶解后，理论上会得到超过 200 万种多肽。在进行蛋白质组学质谱分析时，纳升液相色谱的有效分离时间为 1 ～ 2h，假设这些肽段均匀地从色谱柱上洗脱，则理论上每秒钟会有 200 ～ 500 种肽段从色谱柱上洗脱进入质谱仪。纳升液相色谱分离多肽时的色谱峰宽度为 15 ～ 60s，则每个色谱峰中将可能包含超过 1 万种肽段。这些肽段会同时从色谱柱上洗脱，同时进入质谱仪，这就是共流出现象。目前，质谱仪每秒钟仅可以对 10 ～ 80 个多肽离子进行二级碎裂和测序，也就是质谱仪仅能对共流出肽段中很少的一部分进行测序，大部分肽段尤其是低丰度肽段无法被检测。延长色谱的梯度洗脱时间可以缓解共流出现象，但是延长梯度洗脱时间，不仅会降低样品分析通量，还会对纳升液相色谱流速和梯度的重现性与稳定性提出更高要求。

为了克服色谱峰容量有限、肽段共流出和低丰度肽段检测效率偏低的问题，研究者提出了多维蛋白质鉴定技术（multi-dimensional protein identification technology，MudPIT）（Washburn et al.，2001）。多维蛋白质鉴定技术使用两种或者多种互为正交的色谱分离技术对肽段进行深度分离，再使用质谱对肽段进行检测。为了与质谱检测兼容，MudPIT 的最后一维通常使用以含有 0.1% 甲酸的水和乙腈溶液作为流动相的 C_{18} 反相色谱系统，在这一维度上，根据肽段疏水性的差异在反相液相色谱柱上对其进行分离。肽段的疏水性与肽段的长度和肽链含有的疏水氨基酸残基（酪氨酸、苯丙氨酸、亮氨酸、异亮氨酸和缬氨酸等）数量有关。肽段等电点与其含有的酸性和碱性氨基酸残基数量有关，而与其长度关系不大。因此，肽段的带电特性（等电点）与肽段的疏水性具有正交性，可以将肽段的带电性质作为第一维的分离机制。在酸性条件下，不同等电点的肽段带有不同数量的正电荷。这些肽段在强阳离子交换柱（SCX 柱）上具有不同的保留性质，肽段带有的正电荷数量越多，则在强阳离子交换柱上的保留越强。使用含有氯化钾或者乙酸铵的流动相可以将带正电荷数量不同（等电点不同）的肽段从强阳离子交换柱上依次洗脱，由此实现肽段的第一维分离。使用强阳离子交换柱对多肽进行预分离的优点是肽段的疏水性与其等电点的关联性较弱，两种分离方式正交性较强，可以实现肽段的深度分离。使用强阳离子交换色谱和反相色谱结合的二维色谱分离技术可以在一次实验中鉴定到超过 1 万种蛋白质。

二维液相色谱有两种工作模式，分别为在线模式和离线模式。在线模式下，强阳离子交换柱和反相色谱柱通过六通阀与捕集柱连接在一起。两套液相色谱系统分别为强阳离子交换柱和反相色谱柱提供各自的流动相。肽段首先被加载到强阳离子交换柱上，在含盐流动相的作用下，带正电荷较少的肽段首先从强阳离子交换柱上洗脱，进入捕集柱。在捕集柱中，肽段与反相 C_{18} 色谱柱填料发生疏水作用，保留在捕集柱上。此时，第一维强阳离子交换色谱暂停分离，第二维反相液相色谱启动，向捕集柱中注入 0.1% 的甲酸水溶液，除去样品中过量的盐分。然后开始梯度洗脱程序，将肽段从捕集柱洗脱到分析柱上进行进一步的反相液相色谱分离和质谱检测。在反相液相色谱完成一轮分析后，第一维的强阳离子交换色谱再次启动，使用更高浓度的盐溶液将带有更多带正电荷的肽段洗脱到捕集柱上，进行下一轮反相液相色谱分离。如此往复，直到强阳离子交换柱上的所有肽段都被洗脱。通常循环 10 ～ 20 次，一次实验的总分析时间可达 15 ～ 30h。在线模式的优势是仪器按照预设程序自动运行，分离高度自动化，对色谱仪性能的要求较高，需要两套液相色谱系统和若干个切换阀协同运行。在进行第二维反相液相色谱分离期间，第一维的强阳离子交换色谱处于暂停状态，样品在色谱柱中可能会发生扩散和降解，造成分离效率下降。

磷酸化肽段由于修饰的磷酸根基团带有负电荷，肽段整体上带有的正电荷数量减少，在使用强阳离子交换色谱分离磷酸化肽段时，磷酸化肽段会较早从强阳离子交换柱上洗脱。如图 3-22 所示，使用强阳离子交换色谱分离从拟南芥叶片蛋白质酶解液中富集的磷酸化肽段时，在前面的 10 个馏分中，检测到的磷酸化肽段占全部肽段的比例很高，而在后面的馏分中，磷酸化肽段所占比例逐步下降。所以，强阳离子交换色谱还可以用于分离和富集磷酸化肽段。

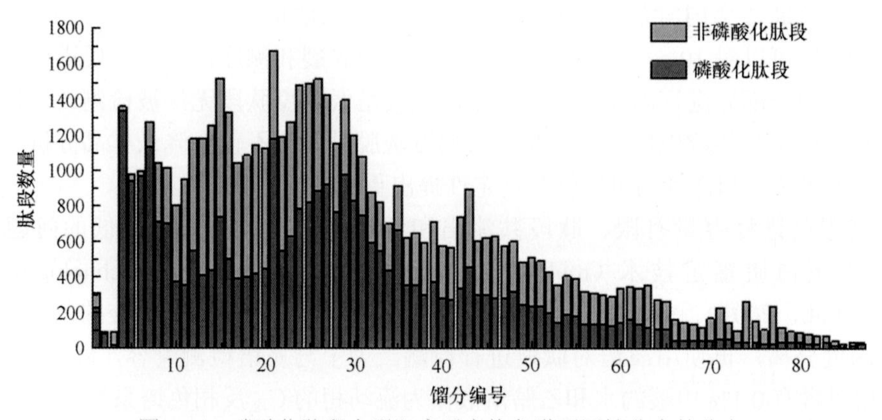

图 3-22　磷酸化肽段在强阳离子交换色谱不同馏分中的分布

离线二维色谱分离是将第一维液相色谱分离后所得的组分收集，再依次加载到第二维色谱上进行分离和检测。离线二维色谱分离理论上可以使用一台液相色谱仪，按时间顺序依次完成。离线二维色谱技术克服了在线二维色谱分离时，第一维分离期间由梯度洗脱程序反复开始和暂停引起的样品扩散与降解问题，对色谱仪性能的要求也相对较低。离线二维色谱分离还可以对第一维分离收集的组分（馏分）进行选择性富集和净化，进一步提高反相色谱分离和质谱检测的灵敏度与特异性。

除了强阳离子交换色谱，反相液相色谱也可以用于肽段的第一维分离，为了提高两个维度反相液相色谱分离的正交性，第一维的反相液相色谱通常在碱性条件下（pH=10.0）进行分离，所以又称为高 pH 反相（high pH reversed phase，HpH-RP）液相色谱。在碱性条件下，肽段的疏水性与酸性条件下有所不同，但是这种差异并不具有绝对的正交性。反相-反相二维分离通常使用离线模式，将第一维分离收集到的馏分合并成 10 ～ 20 个组分，再依次加载到第二维的反相液相色谱中进行分离。为了提高分离的正交性，在合并馏分时，会将第一维分离得到的保留时间不同的馏分进行合并，而不是将保留时间相邻的馏分合并。例如，将第一维分离得到的 40 个馏分合并成 10 个组分进行质谱分析，可以采取两种方式进行合并，第一种方式是将馏分 1、2、39、40 合并成组分 A，将馏分 3、4、37、38 合并成组分 B，以此类推得到 10 个组分；第二种方式是将馏分 1、11、21、31 合并成组分 A，将馏分 2、12、22、32 合并成组分 B，以此类推得到 10 个组分。这种交叉跳跃式的馏分合并方式可以将极性 / 疏水性不同的肽段均匀分散到不同组分中，防止第二维分离时极性相近的肽段在某个组分中集中洗脱，有效缓解第二维分离时肽段的共流出现象，提高肽段在第二维低 pH 反相液相色谱中的分离效率和在质谱中的检测效率。图 3-23 是植物叶片蛋白质酶解液在碱性反相液相色谱中分离得到的 40 个馏分按照第二种方法合并成 10 个组分后，使用低 pH 反相纳升液相色谱-高分辨质谱分析得到的总离子流色谱图（total ion chromatogram，TIC），从中可以看出肽

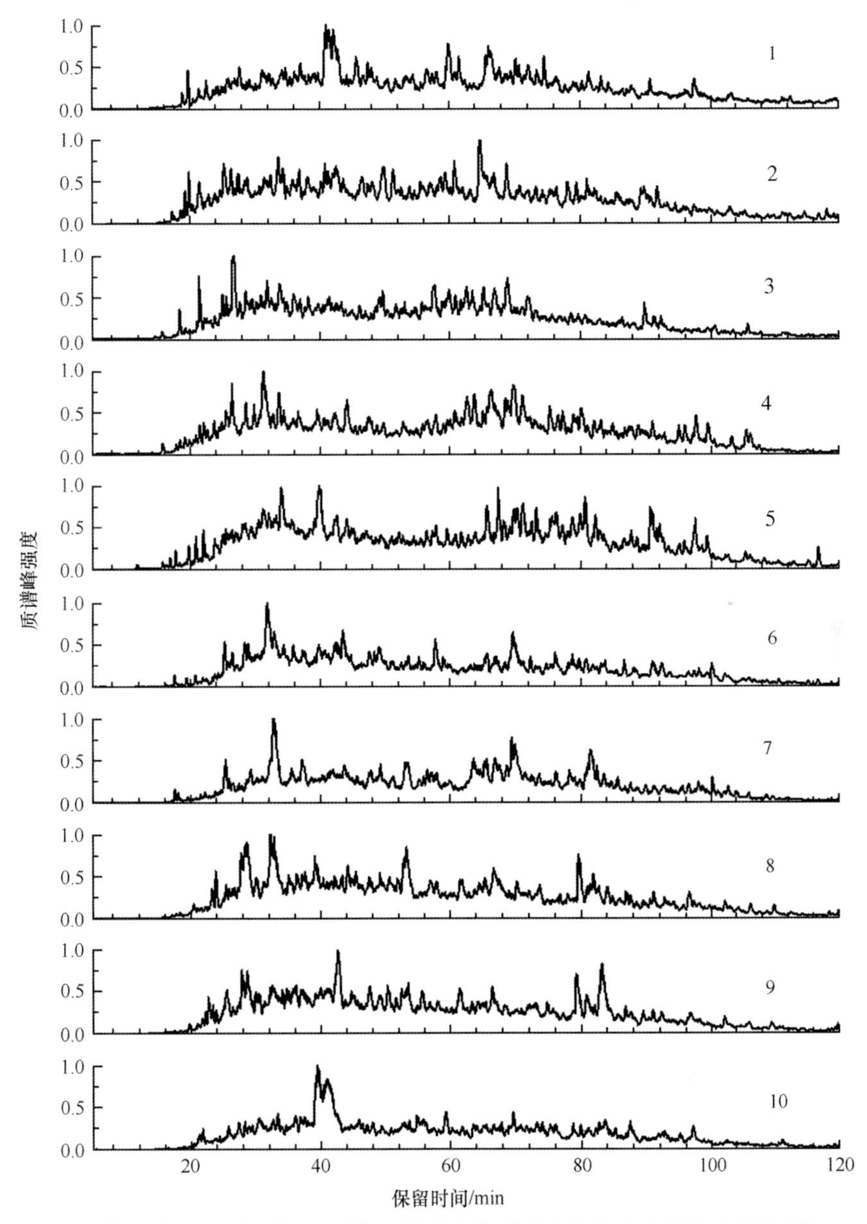

图 3-23　使用高 pH 反相-低 pH 反相二维液相色谱分离植物叶片蛋白质酶解液的 TIC

样品采用第二种合并方式将第一维高 pH 反相液相色谱分离得到的 40 个馏分合并成 10 个组分后，使用低 pH 纳升反相液相色谱-高分辨质谱进行分析

段在10个组分中的分布比较均匀，没有某个组分过早或过晚集中出峰的现象，表明使用跳跃式的馏分合并方法可以在二维液相色谱分离机制类似的情况下将肽段正交分离。

SDS-PAGE也可以作为MudPIT的第一维分离方法，蛋白质混合物经过凝胶电泳分离后得到分子量不同的条带，将这些蛋白条带分别进行酶解，然后使用反相液相色谱和高分辨质谱进行分离与检测。蛋白质的分子量与其酶解后得到的多肽的疏水性之间没有显著的关联，两者呈正交关系，因此凝胶电泳分离是一种有效的蛋白质预分离手段。多维蛋白质鉴定技术可以极大地提高蛋白质的鉴定数量，每次实验鉴定的蛋白质数量可以从1500～3000个提高到4000～9000个，相应的检测时间从1～3h增加到15～30h。

3.5 质谱数据的采集与分析

样品经过质谱分析后，会获得横坐标是离子质荷比、纵坐标是离子信号强度的质谱图。其中强度最高的质谱峰称为基峰（base peak），其相对强度被定为100%，其他离子峰的强度以相对于基峰强度的百分比来表示。完整分析物形成的离子称为分子离子（molecular ion），在ESI正离子模式下，最常见的分子离子是分子加合质子形成的$(M+H)^+$形式。通过测定分子离子的质荷比，可以得到分析物的分子量。分子的分子量是构成该分子的不同原子的质量加和。通过精确测定分子的分子量，可以计算分子的原子组成。在此基础上，结合二级质谱获得的目标分子的碎片离子信息，就可以解析待测分子的化学结构。

质谱图通常以轮廓图（profile）或者棒状图（centroid）的形式呈现，轮廓图是质谱仪采集的原始谱图，质谱信号呈连续分布（图3-24a）。棒状图则是以质谱峰的重心代表离子的质荷比，将呈高斯分布的质谱峰简化成棒状（图3-24b）。棒状图的数据量比轮廓图小很多，节省数据存储空间和传输资源，在高分辨质谱仪计算资源受到限制的时候，常使用棒状图保存质谱数据。

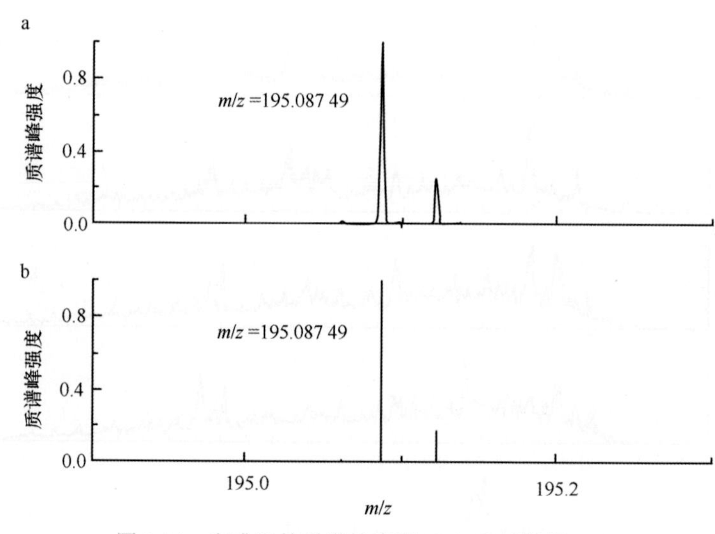

图3-24 咖啡因的质谱轮廓图（a）和棒状图（b）

3.5.1 质谱仪的性能指标

原子的质量使用原子质量单位（atomic mass unit，amu；Dalton，Da）表示，1Da被定义为^{12}C同位素原子质量的1/12。因此，^{12}C同位素的质量数是12.000 00amu，而其他原子的质量数都不是整数。例如，^{1}H 的质量数是 1.007 28Da，^{14}N 的质量数是 14.002 53Da，^{16}O 的质量数是 15.994 37Da。以咖啡因为例，经过正离子模式的电喷雾电离源电离后，咖啡因会结合一个质子形成 $(M+H)^+$ 的质谱峰，咖啡因的分子式为 $C_8H_{10}N_4O_2$，结合一个质子后得到分子式为 $(C_8H_{10}N_4O_2+H)^+$ 的分子离子，其质荷比理论值为 195.087 65（图 3-1，图 3-24）。使用 TOF、FT-ICR 或 Orbitrap 等高分辨质谱仪分析咖啡因，可以获得精确质量（accurate mass）的质谱图，提供小数点后 4 位的质荷比信息。而使用四极杆、离子阱等低分辨质谱仪，则仅能得到整数质量（unit mass）的质谱图。也就是说，在使用低分辨质谱仪时，质谱仪提供的质量精度仅能保证个位数的准确性，而高分辨质谱仪可以提供离子精确的质荷比，极大地提高了鉴定离子元素组成的准确性。通常以质量偏差（Δ，10^{-6}）来表示质谱仪测定离子质荷比的准确性。以咖啡因离子为例，其质荷比的理论值为 195.087 65，使用 Orbitrap Q-Exactive Focus 型质谱仪测定的咖啡因离子的质荷比为 195.087 49（图 3-1，图 3-24），则质谱仪测定该离子的质量偏差（Δ）为

$$\Delta = \frac{195.087\,65 - 195.087\,49}{195.087\,65} = 0.82 \times 10^{-6}$$

TOF、FT-ICR 和 Orbitrap 等高分辨质谱仪的质量偏差可以优于 1×10^{-6}，在使用内标校正的情况下，甚至可以优于 0.5×10^{-6}。质谱仪的另外一个重要性能指标是分辨率（resolution，R）。分辨率的定义是离子质荷比与其质谱峰高一半处的质谱峰宽（又称为半峰宽，full width at half maximum，FWHM）的比值，即 $R=M/(\Delta m50\%)$。分辨率是衡量质谱峰宽度的指标，谱图的分辨率越高，则质谱峰的宽度越窄，在质谱图上区分两个质荷比接近的离子的能力越强。四极杆、离子阱等“低分辨”质谱仪的分辨率在 2000 ～ 10 000，而 TOF、FT-ICR 和 Orbitrap 等“高分辨”质谱仪的分辨率在 20 000 以上，“超高分辨”质谱仪的分辨率甚至超过 1 000 000。图 3-25 是同一台质谱仪在不同扫描分辨率下对质荷比为 186.118 的离子进行检测得到的质谱图，从中可以看到，随着谱图分辨率的提高，质谱峰从一个峰，逐渐被解析成 3 个独立的质谱峰。使用高分辨质谱仪可以更好地排除干扰信号，准确测定离子的质荷比（图 3-25）。

除了质量偏差和分辨率，常用的衡量质谱仪性能的指标还有检出限、定量限和线性范围。这 3 个指标都与质谱仪的定量检测能力有关。检出限（limit of detection，LOD）是指目标离子的质谱信号强度达到背景噪声信号强度 3 倍（信噪比 S/N=3）时所对应的样品浓度，通常被认为是质谱可以检测的样品最低浓度。当 S/N＞10 时，质谱可以准确地定量检测目标离子的浓度，这是质谱的定量限（limit of quantitation，LOQ）。线性范围是指质谱信号强度随样品浓度线性变化的范围。在一定浓度范围内，样品的质谱信号强度随浓度呈线性变化。当样品浓度过高时，受离子传输效率和检测器饱和等影响，质谱信号强度不再随样品浓度线性增加。大部分质谱仪的线性范围可以达到 3 ～ 4 个数量级，部分专门用于定量分析的串联四极杆质谱仪的线性范围则可以达到 5 个数量级。

3.5.2　单同位素峰和同位素分布

化合物的分子量（离子质荷比）是构成该化合物的所有原子的原子量的加和。在自然界中，大部分元素都有若干种稳定同位素（具有相同质子数、不同中子数的原子），如碳元素有 ^{12}C、^{13}C、^{14}C 三种同位素，其中 ^{12}C 所占的比例最高（98.9%），^{13}C 占 1.1%，而 ^{14}C 的占比几乎可以忽略不计。常见元素的稳定同位素及其丰度见表 3-4。

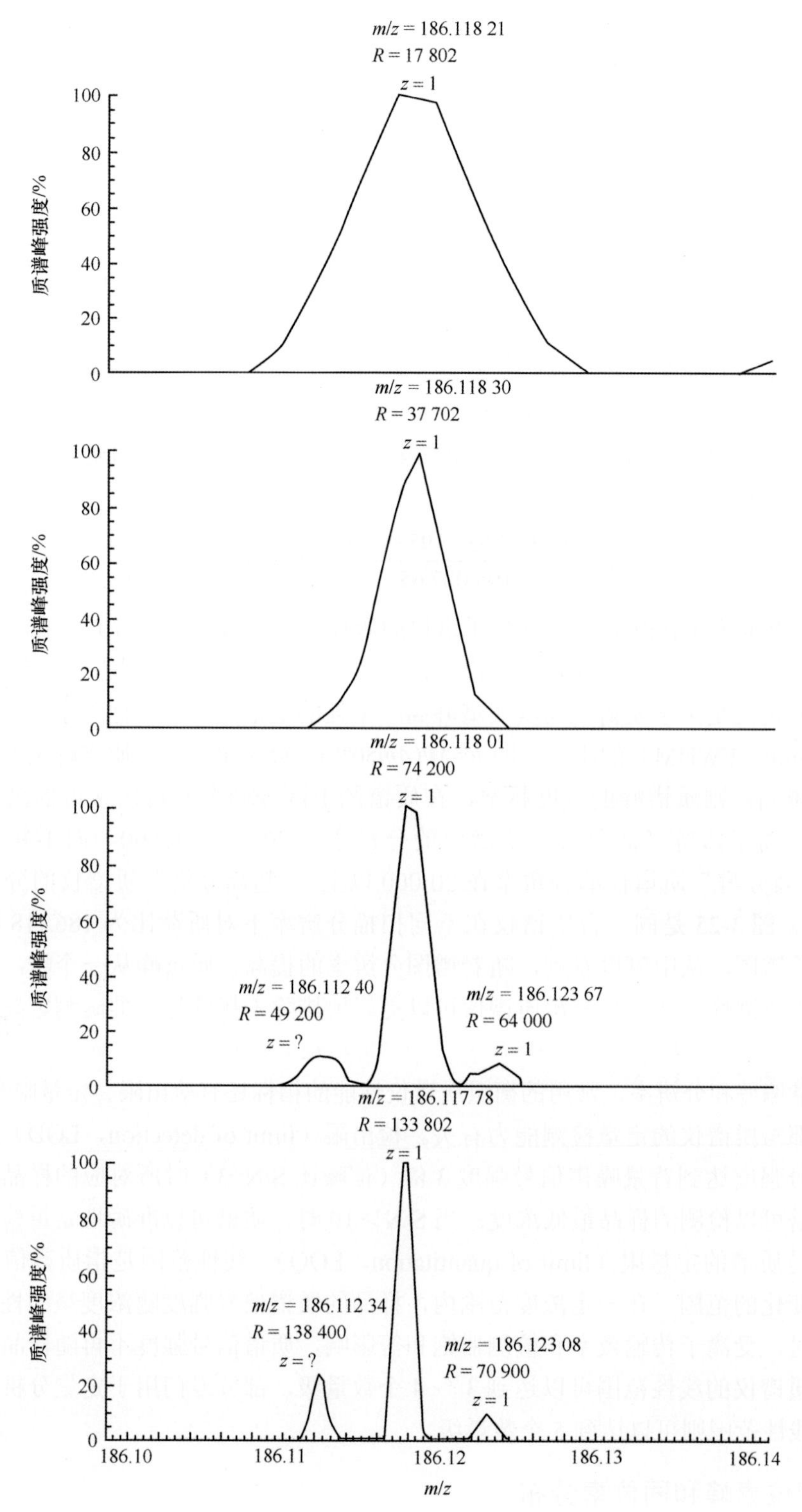

图 3-25　不同分辨率对离子质荷比测定的影响

质谱分辨率从 R=17 802 提高到 R=133 802，质谱峰由 1 个峰被解析成 3 个独立的峰

表 3-4　常见稳定同位素的原子量和相对丰度表

同位素	原子量	相对丰度 /%
^{12}C	12.000 00	98.93
^{13}C	13.003 35	1.07
^{14}N	14.003 07	99.636
^{15}N	15.000 11	0.364
^{16}O	15.994 91	99.757
^{17}O	16.999 13	0.038 1
^{18}O	17.999 16	0.205
^{35}Cl	34.968 85	75.76
^{37}Cl	36.965 90	24.24

咖啡因的质谱图中 *m/z*=195.087 49 处为咖啡因分子离子 $(C_8H_{10}N_4O_2+H)^+$ 的峰，这个质谱峰所对应的咖啡因分子离子中的 8 个碳原子都是 ^{12}C，11 个氢原子都是 ^{1}H，4 个氮原子都是 ^{14}N，2 个氧原子都是 ^{16}O，这个质谱峰称为单一同位素质量（monoisotopic mass）峰，也称第一同位素峰，即这个质谱峰包含的所有原子都是其在自然界存在丰度最高的同位素（图 3-1）。在质谱图 *m/z*=196.090 40 处还有一个强度约为第一同位素峰强度 9% 的质谱峰（也称为第二同位素峰），出现这个峰是咖啡因分子离子中一个 ^{12}C 原子被 ^{13}C 同位素取代的结果。咖啡因的这两个质荷比相差 1 的质谱峰构成同位素离子簇（isotopic clusters）。碳元素中，^{13}C 同位素的丰度约为 1%，对于含有 8 个碳原子的咖啡因分子，其中一个碳原子是 ^{13}C 同位素的概率约为 8%，是在质谱图上观察到第二同位素峰的峰高是第一同位素峰高 9% 的原因。

在使用质谱分析蛋白质组样品时，蛋白质酶解得到的多肽片段通常含有 8 ～ 25 个氨基酸残基，含有碳原子的数量可能会超过 100 个，多肽离子中有一个碳原子是 ^{13}C 同位素的概率就会接近甚至超过 100%，因此，在多肽的质谱图中，基峰往往不是单同位素峰，而是第二同位素峰（图 3-26a）。含有卤族元素离子的质谱峰有特征性的同位素离子簇。以氯元素为例，Cl 的两种稳定同位素 ^{35}Cl 和 ^{37}Cl 的质量数相差 2amu，而不是通常的 1amu，两种同位素相对

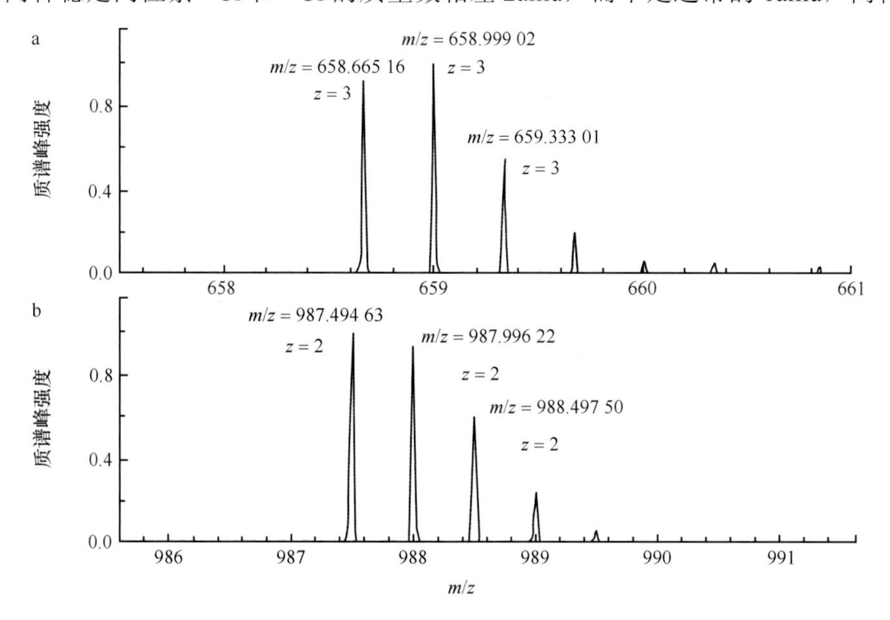

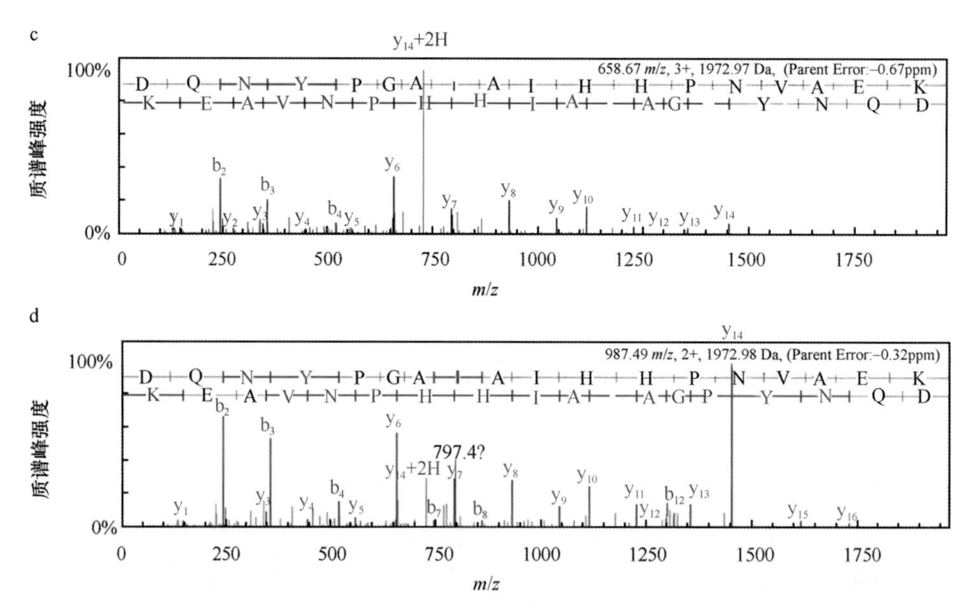

图3-26 带有3个（a）和2个（b）正电荷肽段的一级质谱图及不同电荷状态下该肽段的二级质谱图（c和d）

丰度的比例约为3∶1。在质谱图中可以看到在与第一同位素峰相差2amu处，有一个强度为第一同位素峰强度30%的^{37}Cl同位素峰。如果离子中含有Br原子，因为^{79}Br和^{81}Br同位素相对丰度比约为1∶1，所以在质谱图上可以看到两个强度几乎相同，但是质量数相差2amu的质谱峰。含有卤族元素离子的同位素分布特征为使用质谱鉴定含卤族元素物质提供了便利。

在ESI正离子模式下，大部分有机分子的分子离子都是$(M+H)^+$形式，即分子通过从溶液中获得一个质子带上一个正电荷而变成分子离子。这时质谱仪测得的分子离子质荷比比待测分子分子量多一个质子的质量。对于多肽和蛋白质分子，其N端的游离氨基和序列中的碱性氨基酸残基（赖氨酸和精氨酸）在酸性溶液中会结合多个质子，经过ESI电离后，蛋白质和多肽会带上多个正电荷，得到带有多个正电荷的分子离子$(M+nH)^{n+}$，这时，质谱仪测得的质荷比与蛋白质/多肽分子量之间的关系如下：

$$\frac{m}{z}=\frac{M+n\times H}{n} \tag{3-7}$$

$$M=\frac{m}{z}\times n-n\times H \tag{3-8}$$

式中，M是待测多肽的分子量，n是多肽结合的质子数量也是多肽所带的正电荷数量，H是质子的分子量。已知多肽的同位素簇离子中相邻的两个同位素峰的质量数相差1amu，当离子带有n个电荷时，相邻同位素峰的质荷比相差（$1/n$）amu，所以通过观察同位素簇离子中相邻同位素峰质荷比的差值就可以计算离子所带电荷的数量。如图3-26a所示，在质荷比为658的同位素簇离子中，相邻两个同位素峰质荷比的差值为658.999 02–658.665 16=0.333 86，取0.333 86的倒数，就可以计算出该离子带有3个正电荷，该肽段的分子量是658.665 16×3–1.007 28×3=1972.973 64。

同理，可以计算质荷比为987的同位素簇离子（图3-26b）中相邻同位素峰质荷比的差值：987.996 22–987.494 63=0.501 59，取0.501 59的倒数，可以计算出该离子带有2个正电荷，该肽段的分子量是1972.974 70。对这两个离子的二级质谱图进行分析，结果显示它们是同一个肽段结合不同数量质子的形式（图3-26c，图3-26d）。已知该肽段的序列为

DQNYPGAIAIHHPNVAEK，其理论分子量是 1972.975 50，所以，使用高分辨质谱仪检测该肽段的质量偏差是 (1972.975 50–1972.973 64)/1972.975 50=0.94×10^{-6}。

使用高分辨质谱仪可以更准确地解析离子的同位素分布（isotopic distribution），提高离子分子量和所带电荷数计算的准确性。使用四极杆等低分辨质谱仪时，受仪器分辨率的限制，同位素簇离子可能会聚集到一起，变成一个峰，这时就很难判断离子真正的质荷比和所带的电荷数量。

3.5.3　质谱数据采集方式

质谱仪的数据采集模式多种多样，不同的数据采集模式可满足不同的实验需求。了解质谱仪采集数据的原理和方式对正确使用质谱仪、发挥质谱仪的最大效能都有重要意义。

3.5.3.1　全扫描和选择离子监测模式

全扫描（full scan）和选择离子监测（SIM）是质谱仪最基本的两种数据采集方式。在全扫描模式下，质谱仪检测离子源产生的所有离子的质谱信号。在串联质谱仪中，在该模式下，Q1 开启射频传输模式，Q2（碰撞池）也开启传输模式，Q3 或 TOF、FT-ICR 和 Orbitrap 则在扫描模式下工作。全扫描模式下，质谱仪的质荷比扫描范围通常在 50 ～ 2000amu，质谱仪质荷比扫描范围的上限和下限可以根据实验需要进行设置。在使用四极杆和离子阱进行全扫描时，由于质谱仪需要通过扫描射频电压的方式覆盖质荷比扫描范围，仪器的占空比和灵敏度都会受到较大的影响。而 TOF、FT-ICR 和 Orbitrap 等质谱仪，受空间电荷效应和质量分析器扫描速度的限制，每次可以扫描分析的离子数量有限，扫描较宽的质荷比范围时质谱仪的检测灵敏度会受到影响。因此，在进行全扫描时，需要根据实验目的设定适当的质量扫描范围，以提高质谱仪的检测效率和灵敏度。

SIM 模式将全扫描的质荷比扫描范围缩小到 20amu 以内。在 SIM 模式下，质谱仪仅对特定质荷比范围内的离子进行检测。在串联质谱中，在该模式下，Q1 开启隔离模式，仅让质荷比在设定范围内的离子通过，这个范围称为质量隔离窗口（isolation window），四极杆质谱仪的隔离窗口最低可达 0.6amu，通常设为 2 ～ 4amu。Q2 在传输模式下运行，将 Q1 隔离的所有离子传输通过。质谱仪使用 Q3 或者 TOF、FT-ICR 和 Orbitrap 扫描 Q1 隔离的所有离子。在四极杆、离子阱等扫描型质量分析器上，使用 SIM 模式可以显著地提高待检测离子的利用率和灵敏度。在 TOF、Orbitrap 等高分辨质量分析器上，缩小质量隔离窗口可以降低离子干扰，缓解空间电荷效应，提高检测灵敏度。

3.5.3.2　子离子扫描、母离子扫描和中性丢失扫描

子离子扫描，又称为产物离子扫描（product ion scan）或二级质谱扫描（MS/MS scan 或 MS^2 scan），是串联质谱的重要功能之一。在该模式下，质谱仪的 Q1 开启选择模式，通过设定质量隔离窗口让特定质荷比的离子（母离子，parent ion）通过。母离子在 Q2 中发生碰撞诱导解离，产生的碎片离子在 Q3 或者 TOF 等高分辨质量分析器中扫描得到二级质谱图（MS/MS spectrum）。离子在碰撞池中的碎裂是由化学键断裂引起的，对于多肽离子，其碎裂位置通常是氨基和羧基之间的酰胺键。因此通过检测多肽碎片离子的质荷比，可以计算碎片离子的化学组成，进而推断多肽离子的氨基酸序列，这也是使用质谱进行多肽测序的理论基础。

四极杆质谱仪由于扫描速度较慢，不适于采集二级全谱。所以在使用串联四极杆质谱仪

时，往往只检测母离子的几个特定碎片离子的质谱信号，这种数据采集模式称为多反应监测（MRM）或选择反应监测（SRM）。MRM 模式由于仅检测特定母离子的特定碎片离子，四极杆质谱仪可以在特定质荷比上停留较长时间进行检测，提高质谱仪的占空比，因此 MRM 模式具有很高的特异性和灵敏度，是对已知物质进行高灵敏度检测的最主要方法。

TOF、Orbitrap 等高分辨质谱仪具有较快的扫描速度和较高的分辨率，在采集全谱时的占空比受质荷比扫描范围影响较小，因此使用这类质谱仪时，通常会采集高分辨率的二级质谱图用于后续分析，这种采集模式称为平行反应监测（parallel reaction monitoring，PRM）。相对于 MRM，PRM 模式可以获得母离子完整的高分辨率的二级质谱图，而不是若干个特定质荷比碎片离子的质谱信号强度，因此谱图信息更全面，可以用于后期的数据再分析。

串联四极杆质谱仪和离子阱质谱仪还可以进行母离子扫描（parent ion scan）。这时 Q1 在扫描模式下工作，通过扫描射频电压让离子按照质荷比由小到大依次通过四极杆。Q2 在碎裂模式下工作，将 Q1 选择的母离子碎裂。离子在 Q2 发生碎裂生成的碎片离子进入 Q3，Q3 仅让特定质荷比的碎片离子通过。若碎片离子质荷比在 Q3 质量隔离窗口内，则 Q3 就会检测到质谱信号，并将其与 Q1 扫描的母离子的质荷比相关联。母离子扫描模式可以获得产生特定质荷比碎片离子的全部母离子的质谱图。这种扫描方式主要用于化合物的结构解析，如药物代谢物分析。药物分子在体内代谢后，会发生葡萄糖糖苷化、脱水和酯化等多种代谢修饰反应，但是药物的核心分子结构通常不会发生改变。当药物代谢物离子在串联四极杆质谱仪的 Q2 发生碎裂时，也会产生和完整药物离子相同的碎片离子，通过检测能够产生这些碎片离子的母离子，就可以得到药物代谢物母离子的质荷比信息，从而对药物的代谢过程进行分析。

中性丢失模式是将串联四极杆质谱仪的 Q1 和 Q3 两个质量分析器保持固定的质荷比差值进行同步扫描。Q1 首先选择母离子，将其在 Q2 中碎裂后，进入 Q3 进行检测。Q3 的质量隔离窗口始终与 Q1 的质量隔离窗口保持一定的差值。例如，将 Q1 的质量隔离窗口设为 m/z=100amu，将 Q3 的质量隔离窗口设为 m/z=82amu。随后，Q1 的质量隔离窗口移到 101amu，Q3 的质量隔离窗口同步移到 83amu，两个质量分析器始终保持 18amu 的质量差。这种扫描模式可以检测能够丢失特定基团（在本例子中丢失了 18amu 的基团，即丢失了 H_2O 分子）的母离子。中性丢失扫描也是分析化合物结构的重要扫描方式。在蛋白质组学研究中，利用磷酸化肽段在质谱仪中经常会发生 80amu 质量丢失的特征，在质谱仪上设定 80amu 的中性丢失来特异性地发现和检测磷酸化肽段。

3.5.3.3 数据依赖采集

PRM 模式可以获得母离子高分辨率的二级质谱图，用于解析母离子的化学结构。但是 PRM 模式需要在质谱仪上预先设置母离子的质荷比，以便质谱仪在采集数据时进行选择和碎裂。在进行大规模蛋白质组学分析时，由于样品极其复杂，无法预先获得和设定母离子的质荷比，因此，在蛋白质组学研究中常采用数据依赖采集的策略，在数据采集过程中实时分析一级质谱图并从中选择母离子进行二级碎裂。在该模式下，质谱仪首先采集一张高分辨率的一级质谱图，并实时分析这张谱图，从中选择若干个符合一定筛选条件的母离子，随后对选定的母离子进行碎裂，并采集这些母离子的二级质谱图。在采集数据期间，质谱仪需要实时分析采集的质谱图并决定下一步将要分析的离子，因此称为数据依赖采集。

数据依赖采集（data-dependent acquisition，DDA）模式的基本原理如下，在酸性溶液中，多肽分子会结合若干个质子，经过电喷雾电离后得到带有若干个正电荷的多肽离子，而电喷雾电离源生成的其他小分子物质的离子，通常仅带有一个正电荷，这种带电性质的差异是区分多肽离子和其他小分子离子的重要基础。DDA 模式利用多肽离子与其他干扰离子带电性质的差异，对质谱采集的高分辨率的一级质谱图中离子的同位素分布进行分析，挑选带有多电荷的离子作为候选的多肽离子。随后对带有多电荷离子的质谱峰强度进行排序，从中挑选信号强度最高的若干个离子作为二级碎裂的候选母离子，所以这种数据采集模式又称为 Top *N* 模式，*N* 为挑选的信号强度最高的母离子的数量。母离子的数量与质谱仪的扫描速度、实验设定的循环时间有关，通常选择 10 ～ 40 个母离子进行二级碎裂。为确保获得的谱图有足够高的分辨率和离子信号强度，质谱仪完成一次高分辨率的一级扫描需要 200 ～ 500ms。在进行数据依赖二级质谱扫描时，实验目的是获得尽可能多的离子的二级质谱图，以便对尽可能多的肽段进行测序。因此，在保证一定分辨率和灵敏度的情况下应尽量缩短每张二级谱图的采集时间。每张二级谱图的采集时间通常为 50 ～ 100ms，采集时间过短，则累积的母离子数量过少，二级谱图的信号强度变弱，谱图质量变差，蛋白质鉴定的质量也会随之下降；采集时间过长，在一个采集循环内获得的二级谱图太少，会造成检测效率下降。通常情况下，采集一张高分辨率的一级质谱图和 10 ～ 40 张二级质谱图的总循环时间（cycle time）为 1 ～ 3s。循环时间的设定与色谱峰的宽度有关，一般以色谱峰宽度的 1/10 ～ 1/5 为宜。用于蛋白质组学分析的纳升液相色谱仪的色谱峰宽度一般在 10 ～ 60s，由此，质谱采集数据的循环时间为 1 ～ 3s。循环时间过长，两次一级谱图扫描之间的时间间隔过大，色谱洗脱的肽段的组成会发生很大的变化，会漏检部分低丰度的肽段；循环时间过短，则采集的二级谱图数量偏少，造成仪器占空比下降。当样品中含有高丰度肽段时，在连续两个扫描循环中，高丰度肽段都会排在被挑选的前 *N* 个母离子中，会造成高丰度肽段被反复选择做二级扫描，降低仪器的实际占空比。所以在 DDA 模式中还会增加动态排除（dynamic exclusion）功能，即在一轮扫描中被选中碎裂的母离子，在一定时间内无法继续被选中碎裂。动态排除的持续时间以色谱峰宽度的一半为宜，通常设置为 10 ～ 30s。

在 DDA 模式的基础上，随着组合式质谱仪的推出，又拓展出更多更复杂的基于决策树的数据采集模式。在这些采集模式下，质谱仪实时判断离子的质荷比、电荷数、峰强度等信息，然后决定离子的碎裂方式和碰撞能等参数。甚至可以使用离子阱收集符合筛选条件的碎片离子，将其再次碎裂得到三级质谱图。

DDA 模式利用多肽带有多个正电荷的特征，实时分析一级质谱图，并选择其中信号强度最高的前 *N* 个肽段离子进行二级碎裂。随着质谱仪扫描速度、分辨率和灵敏度的不断提高，这种采集模式的蛋白质覆盖度也稳步提高。目前质谱仪可以在 1h 内检测到超过 4000 个蛋白质的 30 000 个特征性肽段。DDA 模式会优先选择丰度高、信号强的肽段进行检测，低丰度肽段则不容易被选择。因此使用 DDA 模式进行蛋白质鉴定时，经常会出现特定低丰度肽段在一部分样品中无法检测到的问题。DDA 模式优先选择高丰度肽段的特性也导致在分析复杂蛋白质组样品时，同一样本的不同技术重复之间检测到的蛋白质种类的重现性较差，尤其是低丰度蛋白，往往只能在特定重复中被检测到。为了进一步提高质谱在蛋白质鉴定，尤其是蛋白质定量分析时的覆盖度，研究者又提出了非数据依赖采集方式。

3.5.3.4 非数据依赖采集

非数据依赖采集（data-independent acquisition，DIA）模式在进行二级质谱扫描时，不再选择母离子的质荷比，而是将整个质荷比扫描范围分成若干个窗口，快速、循环地对每个窗口中所有离子进行碎裂，并检测得到的所有碎片离子。一般是以 20 ～ 25amu 的质量隔离窗口连续扫描质荷比在 350 ～ 1000amu 的所有母离子，并将其全部碎裂，以便无遗漏、无差异地获得样品中所有离子的全部碎片信息。DIA 模式解决了 DDA 模式对低丰度肽段的歧视问题，增强了对低丰度蛋白的鉴定能力，而且 DIA 模式对肽段的选择和碎裂没有随机性，可以提高检测复杂蛋白样本的重现性。此外，在 DIA 模式下，质谱仪采集数据的循环时间是固定的，采集的扫描点数均匀，因此可以使用二级谱图进行蛋白质定量，定量准确性更高（Ludwig et al.，2018）。

由于 DIA 模式使用较宽的质量隔离窗口选择母离子，在进行二级碎裂时，会同时碎裂多个肽段离子，因此得到的二级质谱图通常是包含多个肽段的碎片离子的混合二级质谱图。为解析混合二级谱图，需要在 DIA 实验之前，使用 DDA 和 MudPIT 的路线对样品进行深度蛋白质测序，构建谱图数据库（spectral library）。由于多肽离子的质荷比集中在 450 ～ 700amu，使用固定质荷比的母离子隔离窗口会导致上述质荷比范围内多肽离子产生的二级质谱图过于复杂，所以研究者提出了具有可变隔离窗口的 DIA 模式，在多肽质荷比分布较密集的区域使用更窄的隔离窗口，而在多肽质荷比分布比较稀疏的区域使用更宽的隔离窗口，使二级谱图分布更均匀。

DIA 技术的出现进一步提高了蛋白质鉴定和定量的覆盖度，并可以使用二级谱图对蛋白质进行高精度的定量分析，而且 DIA 技术无须对样品进行标记，构建的谱图数据库可以长期使用，因此 DIA 技术正在逐步成为蛋白质定量的主要技术手段。

3.5.4 液相色谱质谱联用色谱图

液相色谱与质谱联用时采集到的谱图包含离子的保留时间、质荷比和质谱峰强度三维信息，总离子流色谱图（total ion chromatogram，TIC）中就包含这些信息。TIC 图与普通的色谱图类似，横轴是保留时间，纵轴是质谱检测到的总信号强度。在 TIC 图的每个时间点，质谱仪都采集了一张完整的质谱图，其中包含不同离子的质荷比和质谱信号强度信息，即 TIC 图中纵轴的质谱信号强度是该时间点下质谱仪检测到的所有离子的信号强度的总和（图 3-27a）。以热图形式呈现的 TIC 图可以更好地显示不同质荷比离子在色谱柱上的保留时间和质谱信号强度（图 3-27d）。将质谱图中信号最强的离子的质谱峰作为基峰，并以基峰信号

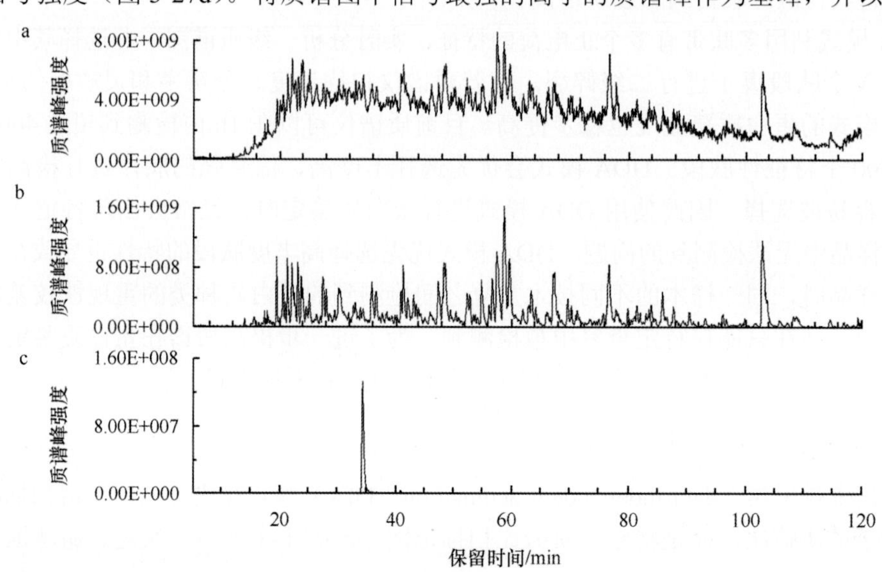

d

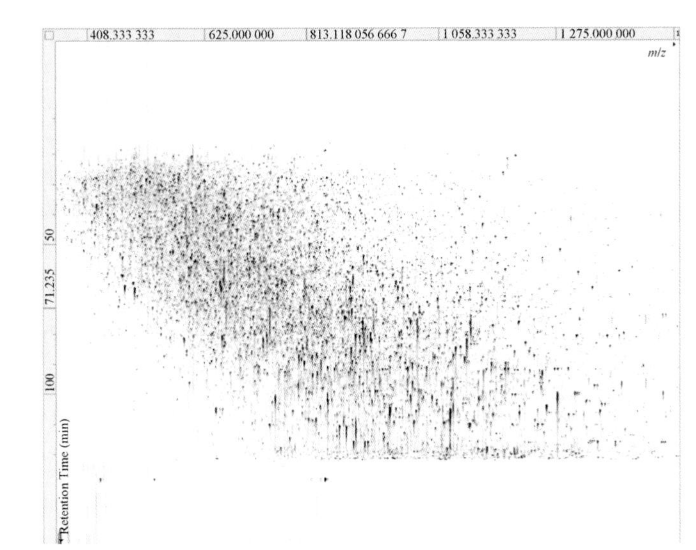

图 3-27　HeLa 细胞酶解液的 TIC（a）、BPC（b）、EIC（c，*m/z*=658.665 16）及 TIC 热图（d）

d 图横轴为 *m/z*，纵轴为保留时间（min），颜色的深浅代表信号的强弱

强度代表这张质谱图的总信号强度绘制成的色谱图称为基峰色谱图（base peak chromatogram，BPC）（图 3-27b）。TIC 图与 BPC 图的轮廓类似，但是因为 BPC 图仅包含每张质谱图中丰度最高的离子的质谱信号，没有背景噪声和污染信号的干扰，所以 BPC 图的基线更平整，色谱峰也更清晰。TIC 和 BPC 图中都包含多种不同质荷比离子的质谱峰强度信息。对于特定质荷比离子在色谱柱上的保留情况，则使用提取离子色谱图（extract ion chromatogram，EIC）来展示，EIC 图通常仅有单一的色谱峰（图 3-27c），当有同分异构体干扰时，EIC 图也会出现多个色谱峰。在分析复杂蛋白质组样本时，种类繁多的多肽会连续从色谱柱上洗脱，TIC 和 BPC 图都不能显示独立的色谱峰，而是显示延绵不断的质谱信号。

3.6　基于质谱的蛋白质组学研究

基于质谱的蛋白质组学研究包括“自上而下”（top-down）和“自下而上”（bottom-up）两条技术路线。top-down 路线使用质谱分析完整蛋白质，获得其质荷比信息并计算蛋白质的分子量，然后将蛋白质离子在质谱仪中碎裂，再检测碎裂得到的蛋白质片段的质荷比，并进一步确定蛋白质片段的分子量和氨基酸序列信息，最终将蛋白质片段的序列信息拼接成完整蛋白质的序列信息。top-down 路线需要富集和纯化完整蛋白质，主要用于研究蛋白质翻译后修饰和蛋白复合体等，检测水溶性较差的膜蛋白和低丰度蛋白时较为困难，在测定分子量较大的蛋白质时，对质谱仪的质荷比扫描范围、灵敏度和分辨率也有较高要求。top-down 实验通常需要使用超高分辨率的轨道阱质谱仪或 FT-ICR 质谱仪。受上述限制，top-down 技术在植物蛋白质组学研究中使用较少。

bottom-up 技术路线不预先分离和纯化蛋白质，而是使用特异性蛋白质内切酶将蛋白质酶解成一系列多肽片段。使用液相色谱分离多肽混合物，再使用质谱测定这些多肽离子的质荷比，然后将多肽离子碎裂成碎片离子，并采集多肽碎片离子的二级质谱图，最后使用数据库搜索软件利用多肽的二级质谱图进行氨基酸序列匹配和蛋白质鉴定，获得蛋白质鉴定信息后，还可以对蛋白质翻译后修饰位点、表达量等进行进一步分析。bottom-up 技术路线使用蛋白质内切酶将复杂蛋白质混合物酶解成多肽片段，就像用霰弹枪（shotgun）将蛋白质击碎得到大量多肽碎片，因此自下而上的蛋白质组学又称为鸟枪法或霰弹法蛋白质组学（shotgun proteomics）。bottom-up 法可以直接分析复杂的蛋白质混合物，免除蛋白质纯化的流程，样品处理方法更简单。将蛋白质酶解成肽段后再进行分析，还解决了膜蛋白水溶性差、难于提取和处理的问题。难溶的膜蛋白使用蛋白酶水解成多肽片段后具有较好的水溶性，便于后续的色谱分离和质谱鉴定。蛋白质酶解后得到的多肽片段分子质量通常小于 3kDa，非常适于使用质谱测定质荷比。如果质谱鉴定到的多肽的氨基酸序列是某个蛋白质特有的氨基酸序列，就可以由此确认样品中存在该蛋白质，而无须鉴定该蛋白质的全部氨基酸序列。鸟枪法技术路线是目前植物蛋白质组学研究中最常用的技术路线。

鸟枪法蛋白质组学技术路线包括如下几个步骤：植物材料的培养和采集；蛋白质的提取和质控；蛋白质的酶解和肽段的定量标记；翻译后修饰肽段的选择性富集；肽段的色谱分离和质谱检测；质谱数据分析和蛋白质序列匹配；蛋白质定量分析和蛋白质功能分析。

首先根据实验需要培养和处理植物材料，取材后使用液氮冷冻植物组织样品。然后提取植物蛋白，常用的蛋白质提取方法包括苯酚法、尿素法、TCA 法和 SDS 裂解法等。得到的蛋白质使用 BCA 或 Bradford 等蛋白质定量方法进行初步定量，然后使用 SDS-PAGE 对提取蛋白质的质量进行评估，即通过分析条带的数量和蛋白质分子量的分布情况，对提取蛋白质的质量进行评估。

简单的蛋白质鉴定实验可以直接从 SDS-PAGE 凝胶上选取适当条带进行胶内酶解和质谱鉴定。大规模蛋白质组学实验则需要对全蛋白质进行酶解和分析。酶解时通常使用胰蛋白酶（trypsin）、糜蛋白酶（chymotrypsin）、Lys-C 和 Asp-N 等特异性蛋白质内切酶。这些蛋白酶会特异性地水解蛋白质氨基酸序列中特定氨基酸残基的 C 端或者 N 端。酶解可以在溶液中进行，也可以在 SDS-PAGE 凝胶中进行。在溶液中进行酶解时，提取和溶解蛋白质时使用的表面活性剂与变性剂，如 SDS、尿素等会抑制胰蛋白酶的活性，可以使用 FASP（filter-assisted sample preparation）酶解法来除去 SDS 等的干扰（Wisniewski et al.，2009）。FASP 酶解法是将蛋白质加载到截留分子质量为 10 ～ 30kDa 的超滤膜上，然后使用尿素、碳酸氢铵等溶液清洗蛋白质，除去 SDS 等表面活性剂。蛋白质的分子质量高于超滤膜的截留分子质量，被截留在超滤膜上，而 SDS 等干扰物质则可以透过滤膜，被清洗溶液带走，由此实现样品的净化。酶解结束后，蛋白质被消化成分子质量小于 10kDa 的多肽片段，也可以通过滤膜收集，而没有酶解完全的蛋白质则留在超滤膜上。相对于直接在溶液中酶解，FASP 酶解法受反应缓冲液的影响更小，酶解产物更适于后续的色谱分离，因此蛋白质组学实验中常用 FASP 酶解法替代传统的溶液酶解法。

酶解蛋白质最常用的是胰蛋白酶，胰蛋白酶可以特异性地水解蛋白质氨基酸序列中赖氨酸或者精氨酸的 C 端（C 端连接的氨基酸是脯氨酸时则不酶解）。使用胰蛋白酶酶解蛋白质得到的肽段的分子量可以在瑞士生物信息学研究所的门户网站（https://web.expasy.org/peptide_mass）进行查询和预测。经过胰蛋白酶酶解得到的肽段通常含有 8 ～ 30 个氨基酸残基，且肽段的 C 端都是赖氨酸或者精氨酸，即除了肽段 N 端的游离氨基，在肽段的 C 端还有赖氨酸或精氨酸的游离氨基。在酸性溶液中，这些游离氨基会带上两个或者更多的正电荷，这也是经过电喷雾电离后，多肽离子通常带有多个正电荷的原因之一。

在某些蛋白质的氨基酸序列中，赖氨酸或精氨酸的出现频率较低或者较高，使用胰蛋白酶酶解时，得到的肽段会偏长（＞30 个氨基酸）或者偏短（＜5 个氨基酸），这样的肽段不适于使用质谱进行测序，尤其是分析蛋白质翻译后修饰位点时，过长和过短的肽段都不利于修饰位点的定位。这时，需要使用其他蛋白酶进行酶解，必要时可以使用两种酶进行酶解，以获得长度适中的肽段，提高目标氨基酸位点的检测成功率。以拟南芥 CBF1（C-repeat binding factor 1，AT4G25490）蛋白为例，其前 100 个氨基酸序列如图 3-28 所示，初步生化实验结果显示该蛋白质第 8 位的丝氨酸（S8）可能在冷处理后发生磷酸化。使用胰蛋白酶酶解该蛋白质的 SDS-PAGE 条带，质谱鉴定未检测到包含 S8 位点的肽段。对 CBF1 蛋白酶切位点的预测分析发现，使用胰蛋白酶酶解时，由于该蛋白质在第 1 ～ 31 位不存在赖氨酸和精氨酸残基，到第 32 位才出现赖氨酸残基，因此酶解后得到一条含有 32 个氨基酸残基的肽段，肽段过长，不适于质谱检测。使用糜蛋白酶酶解，由于序列中苯丙氨酸密度较高，得到若干条仅含有 4 个氨基酸残基的多肽，也不适于质谱检测，且糜蛋白酶在 SDS-PAGE 凝胶中的酶解效率较低，不适于分析 SDS-PAGE 条带。最后选择使用 Asp-N 和 Lys-C 混合酶进行酶解，得到含有第 1 ～ 13 位氨基酸序列的多肽片段，成功检测到 S8 位点的磷酸化。

10　　　　20　　　　30　　　　40　　　　50
MNSFSAFSEM FGSDYEPQGG DYCPTLATSC PKKPAGRKKF RETRHPIYRG
60　　　　70　　　　80　　　　90　　　　100
VRQRNSGKWV SEVREPNKKT RIWLGTFQTA EMAARAHDVA ALALRGRSAC

图 3-28　CBF1 蛋白前 100 个氨基酸序列

蛋白质酶解后得到的肽段经过纳升液相色谱分离后，使用高分辨质谱仪测定肽段的质荷比 / 分子量，然后使用 DDA 模式对带有多电荷的多肽离子进行选择和碎裂，获得多肽离子的二级质谱图。由于多肽离子通常带有多个正电荷，在设定 DDA 的实验方法时，设定仅对带有 2 个或 2 个以上电荷的离子进行碎裂，可以排除大部分小分子污染物的干扰。多肽离子在发生碰撞诱导解离时通常是羧基与氨基之间的酰胺键发生断裂，这一碎裂规律是使用多肽的二级质谱图匹配蛋白质氨基酸序列的理论基础。使用数据分析软件可以将质谱采集的肽段的二级质谱图与蛋白质数据库中的蛋白质氨基酸序列进行匹配，得到样品中蛋白质的序列信息，由此实现蛋白质的定性分析。在此基础上，通过比较同一肽段在不同样本中的色谱峰面积来比较蛋白质在不同样本中的相对表达量，这就是非标记定量（label free quantitation，LFQ）技术。也可以使用不同的质量标签标记来自不同样品的蛋白质，进行标记定量（labelled quantitation），常见的质量标签包括串联质谱标签（tandem mass tag，TMT）、相对和绝对定量同位素标记（isobaric tag for relative and absolute quantitation，iTRAQ）等。另外，可以在培养植物材料时使用 ^{15}N 标记的氮营养素（NH_4NO_3 和 KNO_3）替代普通氮源，获得 ^{15}N 标记的植物蛋白，用于蛋白质的相对和绝对定量。如果实验需要分析蛋白质翻译后修饰位点，则可以在酶解之前或者酶解后液相色谱分离前增加修饰蛋白质 / 肽段的选择性富集步骤，以提高修饰蛋白质 / 肽段的检测效率。

多肽离子在质谱仪中发生碰撞诱导解离会导致肽段羧基与氨基之间的酰胺键发生断裂，多肽实际发生断裂的酰胺键的位置有一定随机性。以图 3-29 所示的四肽为例，氨基酸残基 R_1/R_2、R_2/R_3 和 R_3/R_4 之间的 3 个酰胺键都有可能发生断裂，但是每次碎裂都只能是其中的一个酰胺键，得到两个碎片离子。其中含有肽段 N 端的碎片离子称为 b 离子，含有肽段 C 端的碎片离子称为 y 离子，b/y 离子下标标注的数字表示该碎片离子包含的氨基酸残基数量。其中 b_2 离子相对于完整的二肽分子丢失了一个 OH^-，而 y_2 离子相对于完整的二肽分子增加了一个 H^+。也就是，b_2 离子可以看作二肽分子加氢脱水得到的正离子，y_2 离子则是二肽分子直接加氢得到的正离子。b_1 和 y_1 离子分别对应肽段 N 端和 C 端的氨基酸，因此，使用质谱测定多肽离子碎裂后得到的碎片离子的质荷比，就可以获得多肽的氨基酸序列信息。

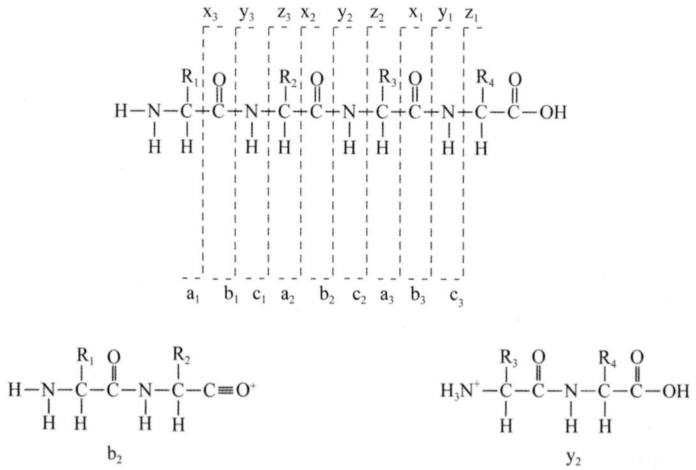

图 3-29　四肽碎裂示意图

将质谱采集的肽段的二级质谱图与蛋白质的氨基酸序列进行匹配是蛋白质组学数据分析的关键步骤。常用的搜索 / 匹配方法有正向匹配法和逆向匹配法。正相匹配法是从质谱采集的二级质谱图出发，根据酶解蛋白质时使用的蛋白酶的特性和肽段碎裂时生成 b/y 离子的规律，在二级谱图中寻找特征碎片，最终匹配到肽段的氨基酸序列。例如，使用胰蛋白酶酶解时，得到的肽段的 C 端是赖氨酸（K）或者精氨酸（R），也就是，肽段的 y_1 离子一定是赖氨酸或者精氨酸结合一个质子的正离子形式。在二级谱图中寻找相应的 y_1 离子就可以确定肽段 C 端的氨基酸。在此基础上，可以将 20 种氨基酸与 C 端的赖氨酸或精氨酸组合，得到 20 种可能的 y_2 离子，然后在二级质谱图中寻找对应的 y_2 离子质谱峰，由此实现 y_2 离子的匹配，以此类推，最终实现整条肽段氨基酸序列的匹配。正向匹配无须预先了解样品的蛋白质氨基酸序列，因此也称为从头测序（*de novo* sequencing），该技术在进行搜索时计算量较大，假阳性率也较高，且无法区分亮氨酸和异亮氨酸，所以只有少数成熟软件使用这种方法进行蛋白质序列匹配。目前使用较多的从头测序软件是加拿大 Bioinformatics Solutions 公司的 Peaks Studio 软件（Zhang et al.，2012）和中国科学院计算技术研究所开发的 pNovo 软件（Chi et al.，2010；Yang et al.，2017）。

逆向匹配法则是从蛋白质氨基酸序列出发，通过比对肽段的理论二级质谱和质谱采集的实际谱图来实现肽段的序列匹配。在搜索之前需要预先选择蛋白质数据库，并设定蛋白质内切酶的种类。搜索软件会根据实验使用的蛋白酶的酶切特性对蛋白质数据库中的蛋白质进行理论酶解，得到一系列"理论"肽段。然后寻找与实验测定的肽段分子量一致的"理论"肽段。找到候选肽段后，搜索软件会进一步将这些"理论"肽段进行理论碎裂，得到理论 b/y 离子列表，然后将实验得到的二级质谱图与多肽的理论 b/y 离子列表进行比对和匹配。如果多肽的二级质谱图与理论碎片离子的匹配度很高，则可以认为该肽段被鉴定到。如果谱图与理论碎片离子的匹配度低于实验设定的阈值，则可以认为这张质谱图匹配到该肽段的概率（可信度）较低，由此认为该肽段没有被鉴定到。常用的数据库搜索软件包括 Mascot、Maxquant 的内置搜索引擎（Adromeda）（Cox and Mann，2008）、SEQUEST、X!Tandem 等。质谱仪器制造商针对各自的质谱仪也开发了基于不同匹配方法的专用搜索软件，如 Thermo

Fisher Scientific 公司的 Proteome Discoverer，AB Sciex 公司的 Protein Pilot，Bruker 公司的 Biotools 等。

以 Mascot 软件为例，在进行谱图匹配时，首先使用 Mascot Distiller 或其他数据格式转换软件读取质谱仪采集的原始数据，提取质谱数据中的母离子质荷比、同位素分布和二级碎片离子的质荷比等信息，生成峰列表，用于蛋白质数据库搜索。Mascot 软件根据搜索时设定的蛋白质数据库和选择的蛋白质内切酶计算出一系列“理论”肽段的分子量 / 质荷比，以及“理论”肽段的碎片离子，通过比较理论碎片离子的二级质谱图与实际采集的二级质谱图之间的相似性，得到肽段匹配得分。得分反映了本次匹配是否为随机事件的概率（P），得分越高，说明本次匹配是随机事件的概率越小。肽段与二级谱图的正确匹配不是随机事件，所以“正确”匹配是随机事件的概率很低。肽段的匹配得分计算公式如下：

$$\text{Score} = -\log_{10}P \tag{3-9}$$

式中，P 为二级谱图与肽段的匹配是随机事件的概率。当二级谱图与肽段的匹配是随机事件的概率为 1% 时（P=0.01），也就是有 99% 的可能性这张谱图与肽段的匹配不是随机事件，即谱图与肽段的匹配具有 99% 的可信度。这时肽段的匹配得分为 20 分，使用得分可以更简便地展示谱图与肽段的匹配度，肽段的匹配得分越高，则谱图与肽段的匹配是随机事件的概率就越低，肽段匹配正确的可能性就越高。在 Mascot 软件的匹配结果中没有绝对正确的匹配，只有匹配是随机事件的概率极低的匹配。以质谱检测拟南芥蛋白激酶 SnRK2.6 为例，质谱采集了该蛋白质第 233 ～ 251 序列（ILNVQYAIPDYVHISPECR）的多张二级质谱图，使用 Mascot 软件对这些谱图进行匹配，结果如图 3-30 所示。其中图 3-30a 与肽段的理论碎片质谱图匹配度较高，软件评定的 P 值为 1.1×10^{-9}，得分为 91，也就是，这张二级质谱图匹配到这个肽段是随机事件的概率仅为 1.1×10^{-9}，所以是正确匹配的可能性非常大。图 3-30b 的质量稍差，仅有部分理论碎片可以与谱图中的离子匹配，软件评定的 P 值为 0.000 22，得分为 40。图 3-30c 的 P 值为 0.031，则这张谱图有 3.1% 的概率是随机匹配。在分析蛋白质搜库 /

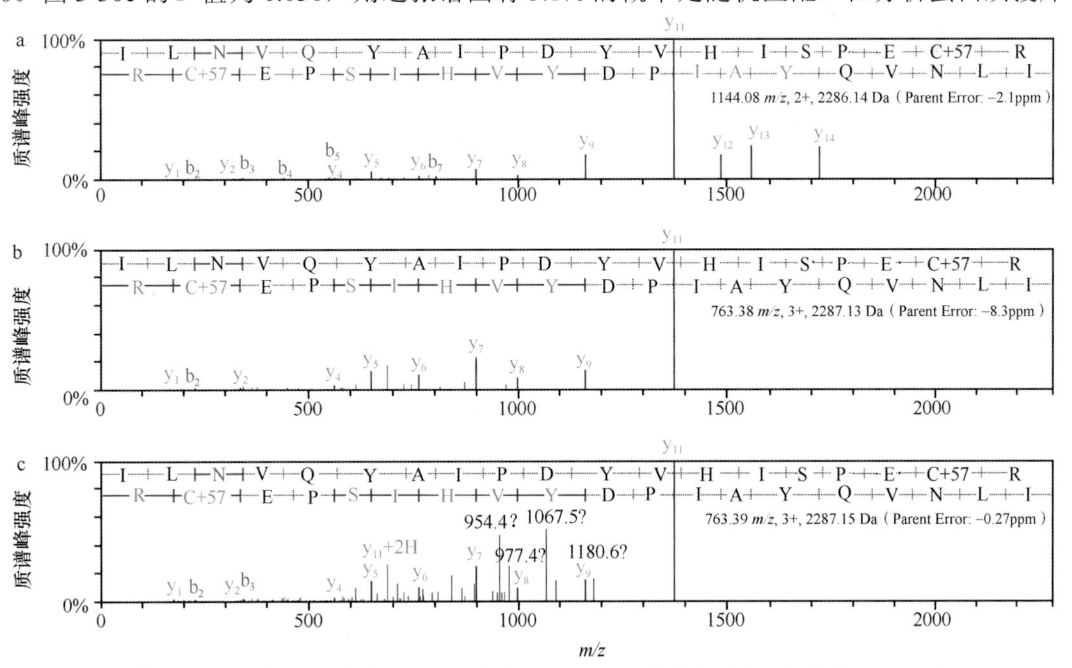

图 3-30　拟南芥蛋白激酶 SnRK2.6 的第 233 ～ 251 肽段序列的二级质谱匹配结果

a 图的 P 值为 1.1×10^{-9}，得分为 91；b 图的 P 值为 0.000 22，得分为 40；c 图的 P 值为 0.031，得分为 19

匹配结果时，需要根据实验要求设定一定的筛选阈值，如设定 $P<0.05$ 或者 $P<0.01$ 的匹配为可靠匹配，并在此基础上对搜索结果进行筛选和分析。

蛋白质数据库搜索软件将质谱仪采集的多肽的二级质谱图与多肽的氨基酸序列进行匹配，而不是匹配蛋白质的完整序列，如果匹配到的多肽序列是某个蛋白质特有的氨基酸序列，由此确定样品中存在该蛋白质，而无须鉴定该蛋白质的完整序列。受酶解效率、肽段亲水性、质谱检测效率、二级碎裂效率和多肽相对丰度的影响，大量肽段无法用质谱检测。因此，使用质谱检测蛋白质的序列覆盖率（sequence coverage）通常很难达到 100%。大部分蛋白质在使用质谱检测时的序列覆盖度都在 10% ～ 30%。

在进行大规模蛋白质鉴定时，由于质谱采集的二级谱图数量较多，会出现谱图与肽段随机匹配且匹配结果得分较高的情况。为了解决随机匹配得分高的情况，常用假目标库（decoy database）对搜索结果的错误鉴定率（false discovery rate，FDR）进行评估。假目标库是将搜索时使用的蛋白质数据库的序列反转，将蛋白质 C 端作为 N 端构建的虚拟蛋白质数据库，也可以将目标蛋白质数据库的序列随机打乱构建假目标库。由于假目标库是虚拟的，任何在假目标库中匹配到的肽段都是假阳性的。在评估搜索结果时，通过设定不同的 P 值使搜索结果满足预设的错误鉴定率（通常将错误鉴定率设置为 FDR＜1%），由此对大规模蛋白质鉴定结果进行质量控制。

在完成蛋白质序列匹配后，还可以使用其他生物信息学工具对蛋白质的功能进行分析和注释。进行定量蛋白质组学研究时，则可以对不同基因型、不同处理样品组的蛋白质表达量进行分析，寻找在不同组中表达量发生显著变化的差异蛋白，用于后续的功能分析。

3.7 总结与展望

质谱技术是蛋白质组学研究的重要技术手段，随着质谱仪灵敏度、分辨率和扫描速度的不断提高，蛋白质组覆盖的广度和深度不断提高。DIA、TMT-MS^3 和 PRM 等定量技术的发展将蛋白质定量的动态范围从 1 ～ 2 个数量级提高到 3 ～ 4 个数量级，在同位素内标的辅助下，还可以实现蛋白质表达量的绝对定量。新一代质谱仪普遍增加了离子淌度功能，可以选择和分析具有不同碰撞横截面的多肽离子，进一步增加了肽段 / 蛋白质的分离维度，提高了谱图的解析度和蛋白质的鉴定效率。质谱技术的发展和创新必将推动蛋白质组学研究向更深更广的方向前进。

参考文献

Beckey H D. 1969. Field desorption mass spectrometry: a technique for the study of thermally unstable substances of low volatility. Int. J. Mass Spectrom. Ion Phys., 2(6): 500-502.

Bleakney W. 1929. A new method of positive ray analysis and its application to the measurement of ionization potentials in mercury vapor. Phys. Rev., 34(1): 157-160.

Carroll D I, Dzidic I, Stillwell R N, et al. 1975. Atmospheric pressure ionization mass spectrometry. Corona discharge ion source for use in a liquid chromatograph-mass spectrometer-computer analytical system. Anal. Chem., 47(14): 2369-2373.

Chi H, Sun R X, Yang B, et al. 2010. pNovo: *de novo* peptide sequencing and identification using HCD spectra. J. Proteome Res., 9(5): 2713-2724.

Cody R B, Laramee J A, Durst H D. 2005. Versatile new ion source for the analysis of materials in open air under ambient conditions. Anal. Chem., 77(8): 2297-2302.

Comisarow M B, Marshall A G. 1974. Fourier transform ion cyclotron resonance spectroscopy. Chem. Phys. Lett., 25(2): 282-283.

Cox J, Mann M. 2008. MaxQuant enables high peptide identification rates, individualized p.p.b.-range mass accuracies and proteome-wide protein quantification. Nat. Biotechnol., 26(12): 1367-1372.

Dole M, Mack L, Hines R. et al. 1968. Molecular beams of macroions. J. Chem. Phys., 49(5): 2240-2249.

Fenn J B, Mann M, Meng C K, et al. 1989. Electrospray ionization for mass spectrometry of large biomolecules. Science, 246(4926): 64-71.

Herzog R K, Viehbock F P. 1949. Ion source for mass spectrography. Phys. Rev., 76(6): 855-856.

Hipple J A, Sommer H, Thomas H A. 1949. A precise method of determining the Faraday by magnetic resonance. Phys. Rev., 76(12): 1877-1878.

Honig R, Woolston J. 1963. Laser-induced emission of electrons, ions, and neutral atoms from solid surfaces. Appl. Phys. Lett., 2(7): 138-139.

Johnson E G, Nier A O. 1953. Angular aberrations in sector shaped electromagnetic lenses for focusing beams of charged particles. Phys. Rev., 91(1): 10-17.

Karas M, Hillenkamp F. 1988. Laser desorption ionization of proteins with molecular masses exceeding 10,000 daltons. Anal. Chem., 60(20): 2299-2301.

Katzenstein H S, Friedland S S. 1955. New time-of-flight mass spectrometer. Rev. Sci. Instrum., 26: 324-327.

Ludwig C, Gillet L, Rosenberger G, et al. 2018. Data-independent acquisition-based SWATH-MS for quantitative proteomics: a tutorial. Mol. Syst. Biol., 14(8): e8126.

Makarov A. 2000. Electrostatic axially harmonic orbital trapping: a high-performance technique of mass analysis. Anal. Chem., 72(6): 1156-1162.

Morris H R, Panico M, Barber M, et al. 1981. Fast atom bombardment: a new mass spectrometric method for peptide sequence analysis. Biochem. Biophys. Res. Commun., 101(2): 623-631.

Munson M B, Field F H. 1966. Chemical ionization mass spectrometry. I. General introduction. J. Am. Chem. Soc., 88(19): 2621-2630.

Robb D B, Covey T R, Bruins A P. 2000. Atmospheric pressure photoionization: an ionization method for liquid chromatography-mass spectrometry. Anal. Chem., 72(15): 3653-3659.

Takats Z, Wiseman J M, Gologan B, et al. 2004. Mass spectrometry sampling under ambient conditions with desorption electrospray ionization. Science, 306(5695): 471-473.

Tanaka K, Waki H, Ido Y, et al. 1988. Protein and polymer analyses up to *m/z* 100 000 by laser ionization time-of-flight mass spectrometry. Rapid Commun. Mass Spectrom., 2(8): 151-153.

Torgerson D F, Skowronski R P, Macfarlane R D. 1974. New approach to the mass spectroscopy of non-volatile compounds. Biochem. Biophys. Res. Commun., 60(2): 616-621.

Washburn M P, Wolters D, Yates J R. 2001. Large-scale analysis of the yeast proteome by multidimensional protein identification technology. Nat. Biotechnol., 19(3): 242-247.

Wiley W, McLaren I H. 1955. Time-of-flight mass spectrometer with improved resolution. Rev. Sci. Instrum., 26(12): 1150-1157.

Wisniewski J R, Zougman A, Nagaraj N, et al. 2009. Universal sample preparation method for proteome analysis. Nat. Methods, 6(5): 359-362.

Wolff M M, Stephens W E. 1953. A pulsed mass spectrometer with time dispersion. Rev. Sci. Instrum., 24(8): 616-617.

Yang H, Chi H, Zhou W J, et al. 2017. Open-pNovo: *de novo* peptide sequencing with thousands of protein modifications. J. Proteome Res., 16(2): 645-654.

Zhang J, Xin L, Shan B, et al. 2012. PEAKS DB: *de novo* sequencing assisted database search for sensitive and accurate peptide identification. Mol. Cell Proteomics, 11(4): M111.010587.

第 4 章
蛋白质组研究中的生物信息学

生物信息学是运用数学和信息学方法解释海量生物学数据所蕴含的生物学意义的重要手段与工具。随着蛋白质组学研究技术的不断发展和突破，大量蛋白质的序列、结构、功能及互作数据不断产生，为了获取、处理、存储及挖掘海量蛋白质组数据，生物信息学已成为蛋白质组学研究不可或缺的组成部分。

4.1 生物信息学与植物蛋白质组信息学

4.1.1 生物信息学概述

4.1.1.1 生物信息学的概念

“bioinformatics”（生物信息学）一词由美国学者 Cantor 和 Lim 于 1991 年首次提出，它是由 biology（生物）+ information（信息）+ theory（学）组合而成的一个新词汇。生物信息学是随着人类基因组计划逐渐发展起来的一门新兴交叉学科，包含生物信息的获取、处理、存储、发布、分析和解释等方面。从广义上说，生物信息学是应用信息科学的方法和技术，研究生物体系和生物过程中信息的存储、信息的内涵和信息的传递，研究和分析生物体细胞、组织、器官的生理、病理、药理过程中各种生物信息（Lesk，2005）。从狭义上讲，生物信息学就是生命科学中的信息科学，即应用信息科学的理论、方法和技术，管理、分析和利用生物分子数据，或者是一门利用计算机技术研究生物系统规律的学科（陈铭，2012）。生物信息学的研究内容主要包括发展新的数理和信息科学的技术与方法，以及收集、整理、存储、加工、发布、分析及解释生物学数据的数据挖掘与运用两个方面。因此，有学者将生物信息学（bioinformatics）与计算生物学（computational biology）等同。但笔者认为两者不能完全等同，它们既相互联系又有一定的区别。生物信息学侧重海量生物数据的处理、存储、检索，应用信息学技术对生物数据进行信息挖掘；而计算生物学强调生物学领域中算法发展、软件开发，并尝试发展新的理论。

4.1.1.2 生物信息学的发展历程

生物信息学是随着分子生物学和基因组学研究不断发展和深入而诞生并逐渐发展成熟的。它经历了以下发展阶段。

1. 前基因组时代（20 世纪 90 年代以前）

这一阶段主要是各种序列比较算法建立、生物数据库建立、检索工具开发、DNA 和蛋白质序列分析等。

2. 基因组时代（20 世纪 90 年代至 2001 年）

这一阶段主要是大规模的基因组测序、基因识别和发现、网络数据库系统建立和交互界面工具开发等。

3. 后基因组时代（2001 ～ 2010 年）

随着人类基因组测序工作的完成，各种模式生物基因组测序相继完成，生物科学的发展进入后基因组时代，基因组学研究的重心由基因组的结构向基因的功能转移。这种转移的一个重要标志是产生了功能基因组学，而基因组学的前期工作相应地称为结构基因组学。

4. 多组学时代（2010 年至今）

随着高通量测序技术及大数据、人工智能、机器学习等各种技术的不断突破和发展，基因组学、转录组学、蛋白质组学、代谢组学、表观组学等组学数据不断产生和成熟，生物信息学进入多组学时代，产生了分子系统生物学。生物信息学为当今生命科学研究的前沿领域之一，也是 21 世纪自然科学的核心领域之一。

4.1.1.3　生物信息学的研究内容

生物信息学是一门利用计算机技术和信息技术研究生物系统规律的学科。它以 DNA 和蛋白质序列分析为源头，以核酸、蛋白质等数据库为核心，以期揭示序列信息结构的复杂性及遗传语言的根本规律，阐明生命的信息学本质。具体来说，生物信息学的研究内容主要包括：①把核酸、蛋白质等生物大分子数据库作为主要研究对象，以数学、计算机科学等为主要研究手段，对大量生物学原始实验数据进行存储、管理、注释、加工，使之成为具有明确生物学意义的生物信息；②通过对生物信息的查询、检索、比较、分析，从中获取基因编码、基因调控、核酸和蛋白质结构、功能及其相互关系等知识；③在大量信息和知识的基础上，探索生命起源、生物进化及细胞、器官和个体发生、发育、病变、衰亡等生命科学中的重大问题。

生物信息学在短短十几年间，已发展成为生物学领域必不可少的组成部分，形成了多个研究方向，主要包括以下内容。

1. 基因序列分析

基因序列分析是生物信息学最基本的研究方向。随着测序数据的不断增加，采用人工分析 DNA 序列显得不切实际，需要借助生物信息学方法和工具对基因序列进行存储、管理和分析，包括：① DNA 测序；②序列比对；③基因组注释；④比较基因组学分析；⑤泛基因组学分析；⑥疾病遗传及癌细胞突变分析。

2. 基因和蛋白质组表达分析

基因和蛋白质组表达分析就是对 DNA—RNA—蛋白质过程中基因和蛋白质的表达特性与模式进行研究，并分析转录、转录后、翻译和翻译后水平多种调控机制对基因表达的影响。生物性状的表型是由基因和蛋白质的表达调控决定的，对基因和蛋白质表达调控进行研究，是生物信息学研究的重要内容，也是揭示生命本质的根本途径。

3. 结构生物信息学

蛋白质结构的认识是理解蛋白质功能的关键。基于同源建模方法，可以对蛋白质的结构进行预测分析，进而推导其功能。还可将蛋白质结构用于虚拟筛选模型构建，如定量结构-活性关系模型和蛋白质化学模型（PCM）等。

4. 调控网络分析

调控网络分析的目的是了解生物网络中的关系，如代谢或蛋白质互作网络。尽管生物网络可以由单一类型的分子或实体（如基因）构建，但网络生物学通常会尝试整合许多不同的数据类型，如蛋白质、小分子、基因表达数据等。

5. 分子进化分析

分子进化分析是利用不同物种中同一基因序列的异同来研究生物的进化，构建进化树。可以用 DNA 序列或其编码的氨基酸序列构建进化树，甚至可通过比对相关蛋白质的结构来研究分子进化，其前提是相似种族在基因上具有相似性。

6. 生物信息分析方法开发

生物信息学不仅仅是生物学知识的简单整理，更是数学、物理学、信息科学等学科知识的综合应用。其海量的数据和复杂的背景导致机器学习、统计数据分析和系统描述等方法迅速发展。生物信息学研究需要开发不同的流程和算法来满足巨大的计算量、复杂的噪声模式、海量的时变数据的分析需求，在计算机算法的开发中，需要充分考虑算法的时间和空间复杂度，使用并行计算、网格计算等技术来拓展算法的可实现性。

4.1.2 植物蛋白质组生物信息学及其应用

植物蛋白质组学是以植物为研究对象，对其特定时间、特定组织或细胞中所有蛋白质进行定性、定量研究。植物蛋白质组学研究具有数据量大、信息量高的特点，必须利用生物信息学的方法和技术来进行数据的处理，包括建立蛋白质结构和序列数据库，对蛋白质组研究的实验数据进行获取、加工、存储、检索与分析，以及阐明蛋白功能和其互作网络等。对蛋白质组的分析导致新的方法学问题，从数学角度来看，这并不是简单的动力系统问题或不确定问题，而是复杂的系统调控网络和生物学过程等问题。因此，将为蛋白质组学服务的生物信息学定义为蛋白质组信息学，围绕蛋白质组学研究而开展的蛋白质组信息学作为生物信息学一个新的分支而出现，并不断发展起来。因其是对蛋白质结构与功能进行大规模的分析，也有人称之为计算蛋白质组学（computational proteomics）。

蛋白质组信息学是对蛋白质组学实验数据进行获取、处理、存储、检索和分析，结合蛋白质序列和结构分析进而挖掘其中的生物学信息的学科。其主要应用：①编码蛋白质的 DNA 序列的寻找与分析；②蛋白质序列信息的获取；③蛋白质鉴定和性质预测（如等电点、分子量、信号肽、跨膜区、抗原决定簇、可溶性等）；④蛋白质结构与功能预测；⑤蛋白质序列分析；⑥蛋白质互作分析；⑦蛋白质结构、功能数据库的搭建；⑧蛋白质组数据的整合。

4.1.3 植物蛋白质组生物信息学展望

当前，生命科学已步入后基因组时代。蛋白质组学研究是后基因组研究的重要组成部分。植物蛋白质组学研究的不断发展和深入，对蛋白质组生物信息学提出了更高的要求，除了服务于如今的蛋白质组数据产生、处理、检索、存储和信息挖掘，未来还需要在蛋白质从头测序、蛋白质全谱分析、定量蛋白质组数据分析、目标蛋白功能预测、蛋白质修饰分析等方面逐步发展成熟。同时，需要提高质谱数据的解析率和检索正确率，并加快跨平台质谱数据标准的建立（如基于 XML 等格式在大数据整合上有更大发展），推进蛋白质组数据分析的标准化。笔者展望，植物蛋白质组生物信息学将成为生物医学、农学、遗传学、细胞生物学等学科发展的强大推动力。

4.1.3.1　表达的整体分析及蛋白质组编目

大规模整体性地分析蛋白质在某一个细胞或组织中的含量及动态表达是蛋白质组学的研究目标之一。

4.1.3.2　大规模的蛋白质功能研究

蛋白质研究最大的挑战是鉴定每一个蛋白质及其异构体的功能，系统地整体性研究蛋白质之间的相互作用。

4.1.3.3　建立完整的蛋白质调控网络

建立蛋白质调控网络，不仅可以提供蛋白质之间的相互关系信息，还可以和基因组学、转录组学、代谢组学等信息联系起来。

4.2　蛋白质组学研究相关数据库

蛋白质组信息中心和数据库是蛋白质组学研究的基础，下面简单介绍一下常用的蛋白质组学研究相关数据库。

4.2.1　常用的核酸数据库

4.2.1.1　美国国家生物技术信息中心

美国国家生物技术信息中心（National Center for Biotechnology Information，NCBI）的GenBank是全世界最大、最常用的生物信息学数据库之一，其网址是https://www.ncbi.nlm.nih.gov。NCBI建立于1988年，是美国国立卫生研究院（National Institute of Health，NIH）下属的美国国家医学图书馆（National Library of Medicine，NLM）的一个分支，当初是为了人类基因组计划的序列存储、管理和共享而成立的，由美国政府资助，是世界三大基因组数据中心之一。NCBI有一个多学科的研究小组，包括计算机科学家、分子生物学家、数学家、生物化学家、实验物理学家和结构生物学家等，集中于计算生物学的基础和应用研究。1992年10月，NCBI承担起维护管理GenBank数据库的任务，每日接收来自各个实验室递交的序列，并与美国专利商标局合作，整合专利的序列信息。NCBI收录了全面的生物信息资源和数据，包括所有已测序物种的基因组信息（核基因组和细胞器基因组序列及注释信息）、核酸序列（NR数据和EST数据）、蛋白质序列和保守结构域、大分子结构等数据，同时可通过PubMed数据库检索文献。除了数据库，NCBI还提供多种生物信息软件及服务，从而实现了提供从检索核酸和蛋白质序列、结构和参考文献到分析、管理、贡献生物信息数据一站式服务的功能。

4.2.1.2　欧洲生物信息学研究所

欧洲生物信息学研究所（European Bioinformatics Institute，EBI）是欧洲分子生物学实验室（The European Molecular Biology Laboratory，EMBL）在英国Hinton的分部，它的主要任

务是建立、维护和提供生物学数据库及信息学服务，从而支持生物学数据的存储和进一步的信息挖掘（McWilliam et al.，2013）。其开发的序列检索系统（SRS）是功能强大的浏览、检索工具，用于浏览和检索生物学相关序列与文献。EBI 也开发了众多生物信息软件及服务。EMBL 是 1974 年由欧洲 14 个国家加上以色列共同建立的，现在由欧洲 30 个成员国政府支持，分 7 个部分：结构、分化、物理仪器、生化仪器、生物仪器、计算机和应用数学。EMBL-EBI 数据库于 1982 年由 EMBL 建立，近年来发展很快，数据量成倍递增，网址是 https://www.ebi.ac.uk/。

4.2.1.3 日本 DNA 数据库

日本 DNA 数据库（DNA data bank of Japan，DDBJ）于 1984 年建立，与 NCBI 的 GenBank，EMBL 的 EBI 数据库共同组成国际 DNA 数据库，每日交换、更新数据和信息（Mashima et al.，2017）。DDBJ 主要向研究者收集 DNA 序列信息并赋予其数据存取号，信息来源主要是日本的研究机构，亦接受其他国家呈递的序列，数据库通过 WWW 网络、匿名 FTP、E-mail 或 Gophe 方式为广大研究人员提供服务，其网址是 http://www.ddbj.nig.ac.jp。

4.2.2 常用的蛋白质分析数据库

4.2.2.1 蛋白质分析专家系统

蛋白质分析专家系统（expert protein analysis system，Expasy）是蛋白质研究领域最著名、最重要的网站数据库，提供了一站式的蛋白质序列、性质、结构、功能等集成化、系统化研究平台（Gasteiger et al.，2003）。它由瑞士生物信息学研究所（Swiss Institute of Bioinformatics，SIB）建立，包括蛋白质知识数据库 UniProtKB、蛋白质家族和结构域数据库 PROSITE、二维凝胶电泳数据库 Swiss-2DPAGE、酶学数据库 ENZYME、蛋白质结构模型数据库 Swiss-MODEL Repository 等。其中 UniProtKB 数据库由 Swiss-Prot（经过人工注释及校验）和 TrEMBL（通过计算机软件自动预测，未经人工校验）两个蛋白质数据库组成，其中的 Swiss-Prot 数据库已成为蛋白质研究领域高质量蛋白质数据的代表。Expasy 同时开发、集成了大量蛋白质分析相关的生物信息软件并提供在线服务，网址是 http://www.expasy.org。

4.2.2.2 Swiss-Prot 数据库

Swiss-Prot 数据库由瑞士日内瓦大学医学生物化学系与 EMBL 共同维护，是欧洲最主要的蛋白质序列数据库，是世界两大蛋白质序列数据库之一，对收入的数据进行非常严格的人工检查，只有真实存在的蛋白质才被收录，每一条记录都有详细注释，包括功能、结构域、翻译后修饰、详尽的引文和其他相关数据库的链接，冗余程度比较低。目前，它已被整合到 Expasy 数据库中，网址为 https://web.expasy.org/docs/swiss-rot_guideline.html。

4.2.2.3 国际蛋白质序列数据库

国际蛋白质序列数据库是由蛋白质信息资源（PIR）、慕尼黑蛋白质序列信息中心（MIPS）和日本国际蛋白质序列数据库（JIPID）共同维护的国际上最大的公共蛋白质序列数据库（Wu et al.，2003）。它是一个全面的、经过注释的、非冗余的蛋白质序列数据库，包含超过 1 590 000 条蛋白质序列（截至 2019 年 7 月）。所有序列数据都经过整理，超过 99% 的序列已按蛋白质家族分类，一半以上还按蛋白质超家族进行了分类。PIR 与其他国际组织合作共同构建了PIR-国际蛋白质序列数据库（PSD）。PSD的注释包括许多序列、结构、基因组和文献数据库交叉索引，以及数据库内部条目之间的索引，这些内部索引帮助用户检索复合物、酶-底物相互作用、活化和调控级联与具有共同特征的条目。PIR提供三类序列检索服务：基于文本的交互式检索；标准的序列相似性检索，包括BLAST、FASTA等；结合序列相似性、注释信息和蛋白质家族信息的高级检索，包括按注释分类的相似性检索、结构域检索等。

4.2.2.4 PROSITE数据库

PROSITE数据库又称为蛋白质结构信息分类数据库（structural classification of protein，SCOP），它是包含了蛋白质家族（family）和结构域（domain）等信息，并整合了位点（site）、模式（pattern）、图谱（profile）等信息的数据库（Sigrist et al.，2009）。PROSITE数据库是基于对蛋白质家族中同源序列多重序列比对得到的保守性区域建立的数据库，这些区域通常与生物学功能有关，如酶的活性位点、配体或金属结合位点等。通过对PROSITE数据库的检索，可判断蛋白质序列中包含什么样的功能位点，从而推测其属于哪一个蛋白质家族及其功能。PROSITE数据库使用正则表达式来表示序列模式，如-F-x(2)-x(4)-x(2)-x-x-P-x-T，x(2)表示可以有两个任意残基，网址是http://www.expasy.org/prosite/。

4.2.2.5 蛋白质家族数据库

蛋白质家族数据库（PFAM）是蛋白质家族的集合，每个蛋白质家族由多序列比对和隐马尔科夫模型描述文件组成（Finn et al.，2014）。它是在1995年由Eddy和Durbin建立的，最初是为了收集常见蛋白质结构域，这些结构域可用于注释多细胞动物的复合蛋白质。他们工作的灵感来自Chothia的预测：世界上存在1500个左右不同的蛋白质家族，大部分的蛋白质来自不超过1000个蛋白质家族。所以PFAM的科学意义在于完整和精确地分类了蛋白质家族与结构域。截至2019年7月，PFAM已经发布了PFAM32.0版本，包括17 919个人工管理的条目，覆盖了UniProtKB中大部分的蛋白质序列信息，网址为http://pfam.xfam.org/。

4.2.2.6 InterPro数据库

检索蛋白质二级结构域（motif）、功能位点，已经成为蛋白质功能预测的一个重要方法。不同蛋白质二级结构域数据库侧重不同蛋白质家族，应用不同算法（隐马尔科夫模型、签名、指纹或者模块等）定义蛋白质二级结构域，这些方法在丰富蛋白质二级结构域研究的同时，也造成了研究者选择、应用的困难（Mitchell et al.，2019）。基于此，EBI建立了InterPro数据库，目的是基于搜索各种已有二级结构域数据库，对蛋白质家族、区域、功能位点进行独特的、非冗余的描述。InterPro采用XML格式，整合了PROSITE、PRINTS、PFAM、ProDom、SMART等数据库，允许用关键词或者序列（使用InterProScan搜索程序）对所有成员数据库进行检索，并呈现统一、非冗余的注释。InterPro为当前蛋白质二级结构域分析领域最完整的数据库资源，网址是http://www.ebi.ac.uk/interpro/。

4.2.2.7 蛋白质结构数据库

蛋白质结构数据库（protein data bank，PDB）是美国Brookhaven国家实验室于1971年创建的，由结构生物信息学研究合作组织（Research Collaboratory for Structural Bioinformatics，RCSB）维护（Read et al.，2011）。和核酸序列数据库一样，可以通过网络直接向PDB

数据库提交数据。蛋白质结构数据库是目前最主要的收集生物大分子（蛋白质、核酸和糖）2.5 维（以二维的形式表示三维的数据）结构的数据库，是通过 X 射线单晶衍射、核磁共振、电子衍射等实验手段确定蛋白质、多糖、核酸等生物大分子三维结构的数据库。其内容包括生物大分子的原子坐标、参考文献、一级和二级结构信息、晶体结构因数，以及 NMR 实验数据等。蛋白质结构数据库允许用户用各种方式及布尔逻辑组合（AND、OR 和 NOT）进行检索，可检索的字段包括功能类别、PDB 代码、名称、作者、空间群、分辨率、来源、入库时间、分子式、参考文献、生物来源等，网址为 http://www.rcsb.org/pdb/，在我国的北京大学生物信息中心的服务器上设有镜像网站。

4.3 蛋白质组数据产生相关软件及其使用

随着蛋白质组学研究技术不断发展，数据的产生速度、数量和效率都大幅提高，而实验结果很大程度上依赖于后期的数据挖掘和分析。生物信息分析越来越成为蛋白质组学研究不可或缺的助推器，只有高效且精准地分析，才能快速、高效地获得理想的结果。因此，生物信息工具和相关软件是开展蛋白质组学研究的基础与前提（图 4-1）。下面简单介绍在蛋白质组数据产生流程中常用的软件。

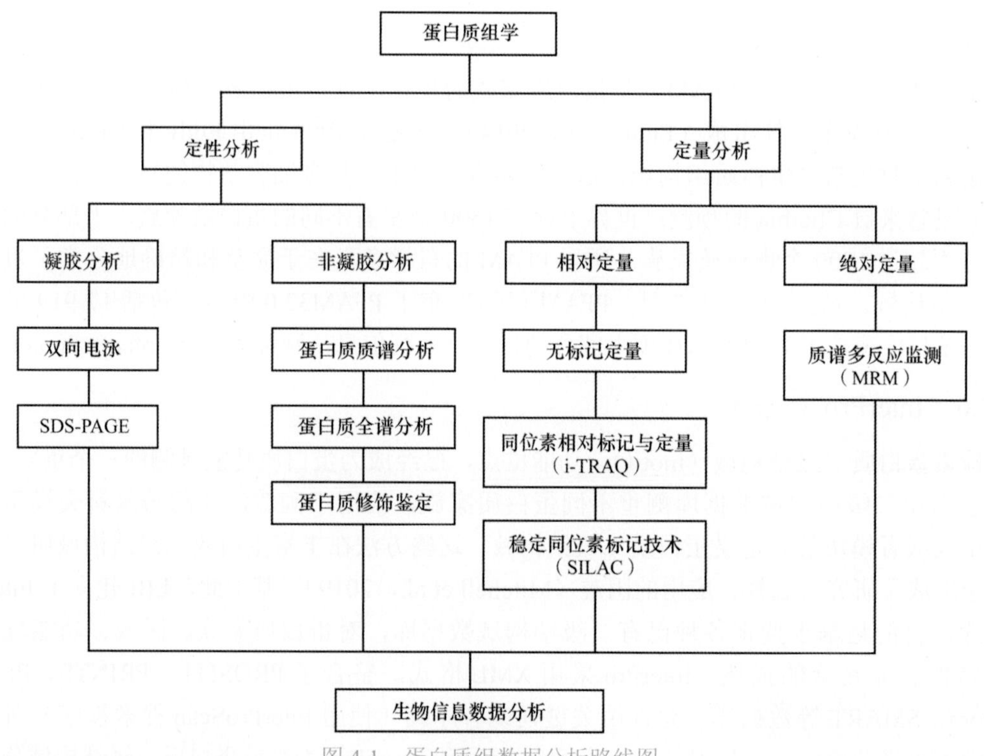

图 4-1 蛋白质组数据分析路线图

4.3.1 双向电泳图像分析软件

双向电泳是蛋白质组研究中最常用的技术，它具有简便、快速、分辨率高和可重复性好等优点，是蛋白质组研究的核心。双向电泳第一向是 pH 等电聚焦（IEF）电泳。由于蛋白质分子是两性分子，具有不同的等电点，在 pH 梯度介质外加电场作用下可以形成蛋白质区带。等电聚焦时，在电场的作用下，蛋白质会向静电荷为零的点即等电点移动；双向电泳第二向是在包含SDS的聚丙烯酰胺凝胶中进行电泳。SDS是一种阴离子去污剂，它可以缠绕在多肽骨架上使蛋白质带有负电荷，所带的电荷数与蛋白质的分子量成正比，因此在SDS-PAGE中蛋白质分子量的对数与它在凝胶中移动的距离基本呈线性关系。一张双向电泳胶图能同时分离成千上万个蛋白点，对这些蛋白点进行识别、分离等需要借助计算机技术和数字技术。目前，许多双向电泳图像分析软件被开发并广泛应用，主要包括PDQuest（Bio-Rad公司，美国）、Image Master 2D Platinum（Amersham公司，瑞典）、Melanie（GeneBio公司，瑞士）、Phoretix-2D（Cleaver公司，英国）、Delta-2D（Decodon公司，德国）、Proteom Weaver（Definiens公司，德国）、Progenesis（Waters公司，美国）和Z3（Compugen公司，以色列）等。下面对目前应用较为广泛的两种图像分析软件PDQuest和Image Master 2D Platinum进行介绍。

4.3.1.1 PDQuest软件

PDQuest是针对双向电泳分析和数据管理的软件，具有良好的比较和分析能力，是The Discovery Series™软件家族的一员，集成了多种分析和统计工具，拥有强大的自动匹配算法，几乎无须人工操作，可以快速准确匹配凝胶，能快速分析出二维凝胶之间的差别，还可以同时分析多块凝胶（Rosengren et al.，2003）。这种分析工具能揭示所分析凝胶间的细微差异（如研究热激、培养液、剂量反应和时间进程等因素的影响）。PDQuest实际上是一个集显示、分析双向电泳数据和数据库查询功能为一体的软件包，可以登录BioRad官方网站http://www.bio-rad.com下载获取。

1. PDQuest的运行环境

1）一定的电脑配置，处理器Pentium≥1.4GHz，RAM≥256MB；硬盘空间≥30GB。

2）监测器分辨率≥1024×768，真彩，256色。

3）SCI接口。

4）操作系统：Windows 2000及以上版本。

2. PDQuest的主要特点

1）采用向导的操作方式，非常容易使用。

2）支持自动斑点检测和匹配。

3）精确定量。

4）集成统计分析工具。

5）灵活的可视化工具。

6）为便于比较分析进行样本分类。

7）为在蛋白质识别实验中实现高精度、高吞吐量和灵活性进行点切割配置。

3. PDQuest的主要功能

1）同时分析多幅图像，可同时对多达100幅图像进行分析和数据处理。

2）图像优化功能。

3）多通道显示功能，可将2或3幅图像整合为一张彩色RGB图像。

4）图像堆栈功能，将多幅图像进行堆栈，然后逐幅观察，此功能可方便地观察多幅图像上某一斑点有/无表达情况。

5）自动斑点检测。

6）自动匹配功能，自动对检测完斑点以后的图像进行匹配，并可自行选择匹配错误容忍度。

7）标定位功能，可对自动匹配后的图像进行校正，每次可校正周围大多数斑点，而无须逐个进行。

8）多种背景去除方式，用户可根据背景的不同状态、强弱选择不同的背景去除方式。

9）斑点检测批处理模式，可将同一检测参数应用于其他图像，并可保存此参数以便随时调用。

10）独特的重叠斑点分割功能，应用高斯模型区分重叠的斑点，更有利于精确定量。

11）重复组分析提高定量的精确性，将重复组实验得到的多幅图像整合成为一幅代表图像，并对其浓度进行平均化处理，校正由实验中样品制备或点样差异造成的误差。

12）均一化处理，提供多种模型将用户在样品制备、跑样过程中造成的人为差异进行均一化。

13）自动斑点匹配，可同时对多达 100 幅图像进行斑点自动匹配。

14）斑点注释功能，可对斑点进行各种形式的注释，如文字、类型等，并提供 URL 接口将网上文件作为注释。

15）全面的数据库查询引擎，有多种数据库模型可供选择。

16）网络查询功能，可对网络上各种信息进行链接、查询。

17）控制 Spot Cutter，全程自动化控制 Spot Cutter 进行斑点切取，并对切取过程进行分析跟踪，保证切取准确。

18）与 Micro Mass 质谱无缝连接，提供的数据接口可与质谱数据相互传输，将蛋白质组工作连接成一个完整的整体。

4. PDQuest 的基础操作

（1）图像采集与加工

扫描：符合要求的扫描仪。

加工：用 Crop 修剪图像，切掉凝胶边缘没有蛋白点的部分，以减少分析的复杂性，同时分析多块凝胶时，尽量将凝胶切割成同样的大小。在操作时选择其中的一个凝胶图像并选择切割的区域，然后在任务栏“image＞advance crop＞save crop settings”下保存 Crop 的设定条件并输入保存的名称，其他图像切割时在“image＞advance crop＞load crop settings”中选定先前保存的名称即可。

（2）斑点检测

单击“Spot”菜单，选择“Spot identification wizard”程序。该程序首先需人工设定检测参数，如最小斑点、最弱斑点、最大斑点和背景值，然后程序进行自动检测并可调节检测的灵敏度，若检测效果不理想，该步骤可反复进行，直至满意。程序允许人工调节脱尾（streak）、背景、斑点（speckle）和其他一些选项等。

这些参数设置好之后单击“Find spot centers”，其结果是在凝胶图像上将检测到的斑点用“+”表示，检测的蛋白点应尽量与肉眼观测的相符，在“Parameter Set”项输入保存的名称，蛋白点的参数可被保存，并能用保存的参数自动检测所有双向凝胶中的蛋白点，单击“Process all gels”，会出现一个“Auto-detect spots”窗口，可以选择需要进行斑点检测的凝胶图像（这些图像需提前打开），待蛋白点检测结束后，软件会自动创建“gel image”和“gel spot”两种图片保存格式。

由于在进行斑点检测时会错误地识别一些蛋白点，如将一些污染的非蛋白点识别为蛋白点，将本来是一个蛋白点识别为两个蛋白点。所以需要在匹配前进行处理，同时将“gel scan”、“gel image”和“gel spot”图像打开，单击“edit spot tool”，出现一个对话框，此对话框中有“make a spot at cursor”（增加斑点）、“remove spot at cursor”（删除斑点）、“combine spot in box”（合并斑点）等图标，可根据目的选择其中一个图标进行相应的斑点处理。这些处理只能在“gel image”图像中进行，并在“gel spot”图像中得到相应的显示。

（3）斑点匹配

完成蛋白点检测后，为了比较和分析不同凝胶中蛋白点的变化，PDQuest可以建立一个Matchset。单击“match＞creat matchset”，出现一个“Matchset”对话框，输入文件名称，选择保存路径，选择或录入“gel spot”图像的文件名，然后单击“creat”，出现对话框，选择其中的一个图像作参考（standard member），整个Matchset用单个窗口（signal window）表示，其中的亚窗口（subwindow）分别用来展示参考图像（用REF表示）和成员胶（member gel）图像。Matchset完成后设立标志点（landmark），可以对整个凝胶上蛋白点进行排列（align）与定位（position）以便进行匹配（match）。单击工具栏中的“match tools”图标会出现一个对话框，包含landmark、unlandmark、match gel、match all gels等斑点匹配工具。标志点应选择分辨良好、所有成员胶上均出现的蛋白点，尽量避开蛋白点聚集的地方，最好在不同的放大倍数下确定该蛋白质斑点为所有成员胶上同一个蛋白点。至少要设立两个标志点后才可利用PDQuest的自动匹配功能来完成不同凝胶上蛋白点的匹配。一般，设立的标志点数为总斑点数的10%左右，要用肉眼检查每一个斑点是否匹配。对错误匹配或没有识别匹配的蛋白质斑点打开手工方式编辑，单击“view＞interchange all images”，也可以进行斑点编辑，这样所有的成员胶和参考胶由“gel spot”状态变成“gel image”，而在“gel image”状态下可利用斑点编辑工具（Edit Spot Tools）编辑蛋白点。

（4）数据分析及输出

为分析蛋白点之间表达差异，PDQuest提供了多个分析程序，包括蛋白质斑点量（Quantity）分析、散点图工具（Scatter Plot Tool）、柱状图分析（Graph）等。在任务栏中的“Analyze＞”可进行相应的分析。

单击“Reports＞More Graphs＞Page Graphs”，在右侧会出现一个对话框，显示所有蛋白点在不同胶上的量化柱状图。如果要显示所分析蛋白点的量化柱状图，则在对话框的“Input”下选择“Analysis set”，在出现的对话框中选择分析的名称即可。在“Reports＞Quantity Graphs”下可得到所有的蛋白点（All Match Spots）或者是特定蛋白点（Specified Analysis Set）在不同胶上的量化柱状图。

4.3.1.2　Image Master 2D Platinum 软件

Image Master Platinum是原Amersham公司推出的一款用于分析普通双向电泳凝胶和DIGE凝胶的软件，是鉴定差异蛋白点的工具。它的主要特点是可同时智能显示多个工作表并可进行安全、稳定的数据管理；在Workspace中管理凝胶和实验数据；不同用户可以生成个性化的工作环境；项目、类别和亚类中的数据可用于生成各种专用报告。

1. Image Master 2D Platinum 的主要功能

1）良好的蛋白质找点和过滤功能。

2）简洁并且强大的分析功能。

3）扩展的凝胶匹配功能。

4）高级的利用统计学鉴定蛋白质表达差异的功能。

5）无可比拟的注释功能，直接链接到网上搜索引擎。

6）可以充分体现 Ettan DIGE 系统的优势，引入内标设计。

7）样品多重分析。

8）采用获得专利的共找点算法，确保胶内匹配和准确定量。

9）多样化的结果输出。

10）采用多种表格和图形进行丰富的数据展示。

11）同时展示多块凝胶的 3D 视图。

2. Image Master 2D Platinum 的基础操作

（1）凝胶处理

工作区（workspace）窗口：工作区与表格式报告和图解式报告相同，都显示在一个可锁定的窗口中，便于管理在分析过程中同时打开的多个文件窗口。报告窗口可以移动到任何位置，也可以随时关闭，但工作区窗口经常位于凝胶展示区的左侧，而且不可关闭。工作区窗口有锁定（Pinned）、自动隐藏（Auot-Hide）和浮动（Flotating）3 种显示模式。在一个工作表（worksheet）内，一次可以处理单个或多个凝胶图像。使用工具栏内的“Hand”工具，移动凝胶图像，将其拖动到理想位置；使用“Magnify”工具，单击鼠标左键放大图像，单击鼠标右键缩小图像；通过调整图像右边和下边的滑标尺寸调整图像大小；选取部分图像时，激活“Region”工具，单击感兴趣区域，在选中区域内部单击，然后拖动所选区域，单击选中区域的边界或其 4 个角调整区域大小，在选中区域外单击鼠标，取消区域选择；按住“Shift”键，移动凝胶、缩放凝胶或选取部分凝胶区域时，将会对工作区所有凝胶进行同步处理，移动或缩放某凝胶后，双击该凝胶的“Hand”工具，可将其他所有凝胶（包括取消选择的凝胶）以相同的缩放比例移动到相同位置；选择要分析凝胶时，按住“Ctrl”键，分别单击几个图像的图标可同时激活这些图像，也可以单击第一个图像的图标，按住“Shift”键，单击最后一个图像的图标，即可选中两个图像之间的所有图像，选择当前工作表内的所有凝胶时，可以在菜单中选择“Select＞Gels＞All”，或用快捷键“Ctrl+A”。另外，处理自己的图像文件时，首先打开包含图像文件的工作区（workspace），显示工作区窗口，单击窗口工具栏的“打开”图标打开工作区，浏览合适的文件夹，打开自己的工作区文件（.mws）。

（2）斑点检测和凝胶匹配

自动斑点检测：用快捷键“Ctrl+A”选择所有凝胶；用工具在一个或多个选中凝胶上绘制区域，选那些代表性斑点所在区域，在菜单中选择“Edit＞Spots＞Detect”，屏幕上出现“Detect Spots”窗口（检测斑点），软件在默认参数设置下检测激活区内的斑点。选择“File＞Save＞Worksheet”，保存斑点检测结果。

完成自动匹配：用快捷键“Ctrl+A”选中所有凝胶图像，在菜单中选择“Edit＞Matches＞Match Gels”，软件自动完成所有凝胶和 Master-AT1 的匹配，匹配完成后，得到所创建的匹配总数目，单击“OK”关闭消息窗口，点击“File＞Save＞Worksheet”，保存对该工作表（worksheet）所做修改（注释和匹配）。也可以手动添加新匹配，选中有关斑点并在菜单中选择“Edit＞Matches＞Add Match”。

（3）数据分析及输出

Image Master 2D Platinum 软件提供了多个分析凝胶数据和查找蛋白质表达变化的工具。定义类别（class）可实现凝胶或凝胶群的比较。类别指具有相同生物学特性的一系列凝胶或凝胶群，通过比较类别可找出具不同生物学特性的蛋白质的表达变化。尽管这些匹配组使用的是相同凝胶，但数据分析结果可能不同，取决于分析时用于创建类别的匹配组。任何一种匹配组结构都能提供相应的结果。可通过“类别间报告”（Inter-Class Report），找出类别之间的蛋白质表达变化。

4.3.2　质谱数据搜索软件

蛋白质组学研究要求准确、快速、大规模地鉴定蛋白质。随着高通量质谱技术的发展，质谱技术已成为蛋白质组学研究的核心技术之一。一台质谱仪可以在几天内产生数百万张图谱。如此庞大的信息需要利用数据搜索软件辅助检索，主要的软件有 Mascot、SEQUEST、X!Tandem、Lutkefish、Proteome software、Profound 和 PepSea 等。下面主要介绍 Mascot 软件的使用。

Mascot 是质谱数据搜索的常用软件，它是英国 Matrix Sciences 公司的核心产品，利用分子序列数据检索的方法，鉴定样本中蛋白质的组成及翻译后修饰。该软件整合了先进的统计学算法，能快速、准确得到分析结果（Savitski et al.，2011）。Mascot 软件可以进行在线检索和本地检索。在线检索免费，检索速度快，操作简单，只需将“peak list”文件导入即可，但文件大小受限制；而本地检索需要购买软件及安装数据库，使用方便，可以进行大规模的数据检索分析和数据库配置，功能更加强大。

4.3.2.1　Mascot 软件的特点

1）通过一个整合的软件包，支持目前主流的 3 种检索算法。

2）通过特有的基于随机匹配概率的打分方法，支持标准统计、显著性检验分析。

3）可用于检索任何 FASTA 数据库，包括蛋白质数据库、EST 数据库、基因组数据库。

4）无须耗时即可建立检索目录，无论是否基于酶的特异性，对特异性的化学修饰或翻译后修饰进行鉴定均非常灵活。

5）支持几乎所有常用的质谱仪输出的数据格式。

6）通过高效率的代码可以满足从单线程到多线程系统或集群的高通量计算需求。

7）通过界面友好的客户端支持自动提交检索任务，无须用户编程。

8）支持所有的 Web 浏览器，提交概述性、详细的结果报告，并且配以详尽的在线帮助文档，以帮助用户理解分析结果。

4.3.2.2　Mascot 软件的检索方式

Mascot 是一款强大的数据库检索软件，可以基于质谱数据直接鉴定蛋白质，其检索方式包括以下 3 种。

1. 肽质量指纹图谱检索

肽质量指纹图谱（peptide mass fingerprint）检索的原理是通过比较一个蛋白酶酶切后得到的一组特异性肽段分子量信息，从而进行蛋白质鉴定，是蛋白质鉴定的经典方法。它的优点是算法简单、速度快，在串联质谱鉴定出现之前应用广泛；缺点是多肽的分子量相近会增加匹配难度，并且无法实现混合蛋白质的鉴定，不太适合数据库不完整的物种的蛋白质鉴定，不能分析翻译后修饰位点。

2. 部分序列比对

部分序列比对（sequence query）的原理是采用肽段分子量联合部分氨基酸序列或者氨基酸组成信息进行蛋白质鉴定。它的优点是检索速度快，“错误容忍”模式增加了序列标签的匹配率；缺点是常需要人工解析序列标签，对操作者的经验要求严格，耗费时间较长。

3. 串联质谱检索

串联质谱检索（MS/MS ion search）的原理是对一个或者多个未被解析的肽段 MS/MS 数据进行比对，从而进行蛋白质鉴定，是目前应用最广的高通量蛋白质鉴定方法。它的优点是鉴定准确度更高，无须人工解析序列，可以实现混合蛋白质的鉴定；缺点是增加了一步操作，算法更复杂，对仪器要求更加严格。

4.3.2.3 Mascot 软件的使用

Mascot 软件的网络检索链接为 http://www.matrixscience.com/，主要包括一些输入框和选择框（图 4-2）。通过对输入框和选择框设定实现质谱检测参数的选择与设置，在导入质谱列表数据后即可以进行检索，其基本使用方法介绍如下。

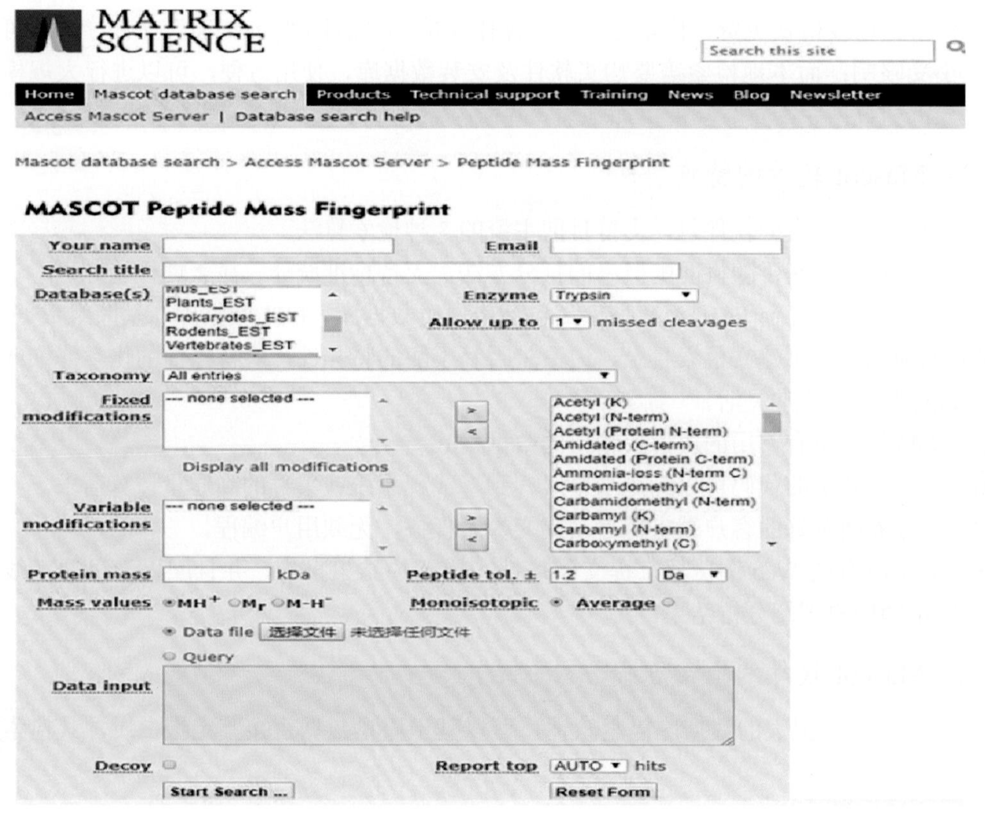

图 4-2 Mascot 软件操作主界面

（1）Your name

用户名，在网页检索时必须输入，本地检索时不要求输入。

（2）E-mail

电子邮件地址，进行检索时，如遇网络无法链接等情况，检索后会继续自动完成，并直接将结果发送到电子邮箱。

（3）Search title

检索标题，检索完成后将会出现在结果页面的顶部，可以留空。

（4）Database

数据库，包括 EST、MSDB、NCBI、NR、Swiss-Prot 等。

（5）Taxonomy

物种类型，对于已测序的物种，直接选择该物种数据库即可；对于未测序生物，一般选择一种大类的数据库。物种类型对搜库结果的特异性有显著影响，能避免不同物种同源蛋白质的干扰。

（6）Enzyme

实验所用的酶，一般选择最常用的 Trypsin（胰蛋白酶）。

（7）Missed cleavages

允许最大的未被酶切位点数，一般选择 1。

（8）Fixed modification

固定修饰，一般选择 Carbamidomethyl（C，半胱氨酸碘乙酰胺化）。

（9）Variable modification

可变修饰，一般选择 Oxidauon（M，甲硫氨酸氧化），也可能选择 *N*-乙酰化（*N*-acetylation）。

（10）Peptide tol. ±

肽段容差，主要以 ppm 和 Da 两种形式来表示误差值的大小，其大小与仪器类型相关，TOF 等高分辨质谱仪可能在几个到几十个 ppm，而离子阱质谱仪可能超过 0.5Da。

（11）Data file

导入需要检索的质谱数据“peak list”文件，对于 PMF 的数据，也可以在数据输入框内直接粘贴。

（12）结果保存

方法一：在网页文件中另存为一个完整的 HTML 文件夹，当需要查看的候再打开文件，在联网的情况下可以打开网页中的其他链接信息，但 Mascot 服务器可能一定时间后会进行信息清除，导致链接不可用。

方法二：使用一些工具软件保存结果网页和所有相关链接网页，实现离线浏览。

4.3.3　蛋白质组数据统计分析软件

主要的蛋白质组数据统计分析软件包是 Trans-Proteomic Pipeline（TPP），由 Seattle Proteome Center（SPC）开发的用于蛋白质组学研究的开源数据统计分析软件。TPP 包括 Peptide Prophet、Protein Prophet、ASAP Ratio、XPRESS 和 Libra 组件。在 Windows 系统上安装，可从 SourceForge 网站上下载 TPP 的 Windows 版本预编译二进制自安装的可执行文件。具体安装方法可以参照安装说明（http://tools.proteomecenter.org/wiki/index.php?title=TPP:5.2_Installation）。此外，还可安装于 Linux 系统、Mac 系统。TPP 包含一系列鉴定和定量分析蛋白质的模块，能够对经 SEQUEST 数据库搜索得到的结果进行筛选过滤，从而实现蛋白质鉴定和测序的目的。

4.3.4 基于质谱数据的定量蛋白质组学分析软件

质谱技术作为蛋白质组学研究的关键技术，在定量蛋白质组学分析中起着十分重要的作用。非标记定量法就是通过液质联用技术对蛋白质酶解肽段进行分析，然后比较质谱分析次数或质谱峰强度，分析不同来源样品蛋白质的数量变化，肽段在质谱中被捕获检测的频率与其在混合物中的丰度呈正相关，通过适当的数学公式可以将质谱检测指标与蛋白质的量联系起来，从而对蛋白质进行定量。

目前基于生物质谱的定量蛋白质组学分析策略主要分为相对定量和绝对定量，相对定量蛋白质组是指对不同生理状态下的细胞、组织或体液中蛋白质表达量的相对变化进行比较分析；绝对定量蛋白质组是测定细胞、组织或体液蛋白质组中每种蛋白质的绝对含量或浓度。基于质谱数据的定量蛋白质组学分析软件很多，主要包括 DeCyder MS、MaXIC-Q、MSQuant 等。

4.3.4.1 DeCyder MS 软件

DeCyder MS 软件是 GE 公司开发的用于质谱仪的商业化的蛋白质差异分析软件。它是综合性的质谱数据分析软件，整合了显示、检测、比较和统计分析工具，能够全自动地对质谱图进行检测、比较和定量分析，支持结果的交互确证。DeCyder MS 软件能够将质谱数据进行可视化显示，便于浏览和展示大量数据；能够自动检测、匹配和分析不同批次液相色谱-质谱（LC-MS）产生的数据，减少手工处理的时间，分析效率高；同时，其分辨率高，能够检测多肽间的微小差异，并在数分钟内完成所有肽峰的统计学分析。它包含检测多肽（PepDetect）模块和多肽匹配（PepMatch）模块两类分析模式。

4.3.4.2 MaXIC-Q 软件

MaXIC-Q 软件是全自动统计软件，基于稳定同位素定量分析和 LC-MS 技术，用于定量分析生成的大规模数据集的处理（Tsou et al.，2009）。作为高通量定量蛋白质组学的通用计算平台，MaXIC-Q 软件接受 mzXML 光谱格式，可以使用现有工具对各种质谱仪的原始文件进行转换。同时，它允许用户定义同位素代码，涵盖了各种体内和体外标记技术的广泛定量策略。目前，MaXIC-Q 软件是唯一一种定义严格的提供 XIC 和质谱验证标准的工具，以无人值守的方式实现高精度分析定量质谱数据。此外，MaXIC-Q 软件提供图形界面、Elution3D、XIC 查看器和离子质谱查看器，根据基于质荷比、洗脱时间和强度的三维可视化图，可以灵活地进行数据处理。

4.3.4.3 MSQuant 软件

MSQuant 软件是定量蛋白质组学 / 质谱分析工具，可用于处理光谱和 LC 运行数据，以查找有关蛋白质和多肽的定量信息。虽然它是自动化软件，但也允许手动检查和更改。MSQuant 软件主要用于对蛋白质和肽进行定量分析（Gouw and Krijgsveld，2012）。MSQuant 软件输入的是来自 Mascot 搜索引擎的搜索结果文件（HTML）和一个或多个原始频谱文件。MSQuant 软件是用 Microsoft.NET 编写的，因此只能在安装 .NET 的 Windows 计算机上运行。

MSQuant 软件具有以下特点：①扫描 Mascot 结果文件，包括修改；②利用 MS^3 评分对肽鉴定的置信度高；③可进行同位素标记样品的定量；④定量模式包括三重编码；⑤具有用户定义的修改和定量模式；⑥支持 SILAC 定量；⑦支持 N15 定量（需其他辅助软件帮助）；

⑧可视化显示 LC 配置文件；⑨可计算蛋白质定量比（用标准偏差估计）；⑩可体现几个 LC 运行 / 文件中 LC 保留时间的相关性；⑪Auto-doc 可实现肽片段光谱的一步记录；⑫ 支持 3 种不同质谱仪的数据格式。

4.3.4.4　iMet-Q 软件

iMet-Q（智能代谢组学定量）软件是一种自动化工具，具有友好的用户界面，可利用液相色谱-质谱（LC-MS）数据对代谢物进行定量（Chang et al.，2016）。它可以进行完整的噪声消除、峰值检测和峰值校准定量。除了精确定量，iMet-Q 软件还可提供检测到的化合物的电荷状态和同位素比。其接受 netCDF、mzXML 和 mzML 格式的输入数据，并以 csv、txt 格式输出定量结果。

4.3.4.5　MapQuant 软件

使用质谱（MS）技术进行全细胞蛋白质定量面临很多的挑战，如检测效率差别很大、分子特征不明显、肽段在整个多维数据空间中不均匀地分散等（Leptos et al.，2006）。为了克服这些挑战，开发了一个开源软件包 MapQuant。MapQuant 软件将 LC/MS 实验视为图像，并利用标准图像处理技术进行噪声过滤、峰值发现、峰值拟合、峰值聚类、电荷状态测定和碳含量估算。MapQuant 软件灵敏度高，可对低分辨率和高分辨率质谱数据进行分析（超过 1000 倍的动态变化范围）。MapQuant 软件能够确定同位素簇的精确质量并保留时间特征，在没有相应的 MS/MS 数据情况下，通过增加蛋白质序列的覆盖度来观察同位素簇的序列同一性，因此适用于大规模的蛋白质定量。

4.3.4.6　PQuant 软件

PQuant 软件对基于一级谱图信息的标记定量实验，如 SILAC 标记实验、^{15}N 标记实验等进行数据解析。PQuant 软件针对复杂样品中近质量共洗脱肽段信号互相干扰的问题，为肽段轻、重标形式的每个同位素峰重构色谱曲线，挑选干扰最小的色谱曲线计算比值。

4.3.4.7　MaxQuant 软件

MaxQuant 软件是一款先进、免费的用于分析大型质谱数据集的定量蛋白质组学软件包，用于 LC-MS/MS 数据的标记定量及非标记定量蛋白质数据库搜索及分析，针对高分辨率的 MS 数据，支持多种标记定量技术及非标记定量技术（Cox and Mann，2008）；支持原始数据、组特定参数、全局参数、性能参数、可视化；支持在软件上查看 Six frame translation、氨基酸、UniProt sequence extraction。其特点如下，MaxQuant 软件提供蛋白质分析功能；可加载实验参数进行分析；可添加单一的数据参数执行分析；可以通过数据组合的方式完成分析；拥有多种流程，可以快速建立下一个分析方案；支持 FTMS M/S 匹配容差，支持 FTMS 去同位素；可编辑 FTMS MS/MS 去偏差公差单位。

4.3.5　质谱数据的 *de novo* 蛋白质鉴定软件

拉丁文“*de novo*”是“从头开始”的意思。蛋白质从头测序（*de novo* sequencing）又称为全新蛋白质测序，这项技术根据肽段与惰性气体碰撞所产生的一系列有规律的片段离子之间的质量差来推断氨基酸序列。我们可以根据肽键断裂处的 y 离子和 b 离子推测氨基酸序列及翻译后修饰类型。从头测序有一项传统质谱测序不能达到的突出优势，即不依赖任何蛋白质数据库便可对未知蛋白质从头测序。蛋白质分子的序列是其发挥功能的基础，但目前蛋白质测序不能像DNA测序一样快速精准。在蛋白质组研究中，质谱技术是蛋白质鉴定的主要手段。质谱数据的分析主要采用数据库检索、从头测序和肽序列标签（peptide sequence tag，PST）等方法。蛋白质测序主要受蛋白样品纯化，构成蛋白质的氨基酸种类众多等复杂因素影响。在传统测序中，只能检测蛋白质消化后的部分肽段序列，再用这些肽段序列与已知的蛋白质数据库进行比对，根据一定算法打分，推算出可能性高的蛋白质及其序列。

传统的质谱测序依赖于公共数据库。如果所研究物种的基因组没有测序，或其中某部分没有对应的序列，则质谱测序无法得出正确的鉴定结果。同时，所使用的搜索引擎的打分规则和算法也可能会遗漏一部分肽段和质谱图的匹配，产生假阳性结果。如果存在点突变或者未知修饰，受搜库算法或参数设置的限制，也会得到错误的结果。而从头测序不依赖数据库，能明确解释串联质谱图谱，对鉴定新的蛋白质和提高图谱的利用率具有重要的作用。从头测序软件有很多，如MSNovo、Lutefisk、PEAKS、PepNovo、NovoHMM、Sub-denovo、SeqMS、PRIME、Sequit和BioAnalyst等，下面对常用的几种进行介绍。

4.3.5.1 MSNovo 软件

MSNovo是一种新的多肽从头测序软件，只能在本地模式下使用，支持多种类型仪器产出的数据，支持+1价、+2价和+3价的母离子。MSNovo软件引入了一个新的打分机制，结合质谱矩阵，使用动态规划方法解决从头测序问题。其特点是适用于LCQ质谱仪和LTQ质谱仪生成的数据，并解释单个、双重和三重带电离子，能将新的概率评分函数与基于质量矩阵的动态规划算法相结合（Mo et al.，2007）。

4.3.5.2 Lutefisk 软件

Lutefisk软件是用于从头解释多肽CID图谱的软件（图4-3）。Lutefisk软件的算法首先将图谱数据简化，确定图谱中显著离子的位置，找到N端和C端离子位置后，构建一个序列谱，*X*轴代表质荷比，*Y*轴代表每个位点解离的可能性，从氨基端开始寻找b离子系列的位点，得到候选序列后，通过一个打分函数进行排序，最后得到结果。Lutefisk软件允许候选序列中存在空白区段，空白区段可能由若干个氨基酸残基组成。其下载链接地址为http://www.hairyfatguy.com/Lutefisk/。

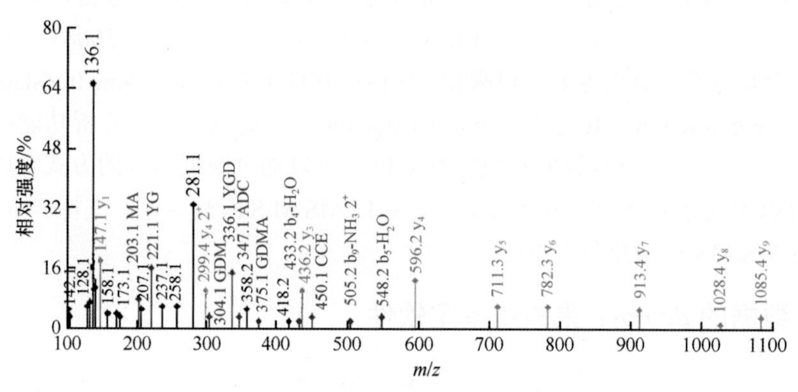

图4-3 Q-TOF上获得的胰蛋白酶酶解肽1478.5Da的双电荷前体原始质谱图

4.3.5.3　PEAKS 软件

PEAKS 软件是从头测序软件，用于鉴定新肽和未测序生物的蛋白质序列。PEAKS 是一款蛋白质组学服务器软件，能够在任何群集或多 CPU 机器上并行化运行。PEAKS Studio 是一个软件平台，可以为蛋白质组学研究提供全面解决方案，包括蛋白质鉴定和定量、翻译后修饰（PTM）和序列变异（突变）分析及肽 / 蛋白质从头测序，用户可以高效运行 PEAKS Studio 解决方案中的成熟算法。使用 PEAKS 软件，用户可获得与 PEAKS Studio 相同的结果，具有共享资源的优势。添加可选的 PEAKS Q 量化模块可进行准确定量。用于向 / 从服务器发送 / 检索数据的交互式工具称为 PEAKS Client。

4.4　蛋白质结构分析相关工具及其使用

蛋白质是生命活动的主要承担者，但蛋白质只有形成特定的空间结构才具有相应的活性和生物学功能。因此，蛋白质的结构研究尤为重要。蛋白质结构主要包括一级结构、二级结构和三级结构。

4.4.1　蛋白质序列比对软件

蛋白质一级结构（primary structure）是指多肽链中氨基酸残基的排列顺序，由氨基酸个体通过肽键共价连接而成。氨基酸是构成蛋白质一级结构的基本单位，天然蛋白质中常见氨基酸共有 20 种。若两个不同蛋白质的一级结构显著相似，则称它们彼此同源（homology）。一级结构是蛋白质结构层次体系的基础，是决定高级结构的主要因素。常用的一级序列比对分析软件如下。

4.4.1.1　EMBOSS 工具

两条序列比对是生物信息学最基础的研究手段。利用 EMBOSS 软件可以进行两条序列的动态规划算法比对。EMBOSS 的全称是 the European molecular biology open software suite，是一个开源的分子生物学分析软件包。EMBOSS 主页链接为 http://emboss.sourceforge.net/。也可利用 EBI 提供的在线 EMBOSS 程序进行两条序列动态规划算法比对，链接地址为 https://www.ebi.ac.uk/Tools/psa/。

EMBOSS 全局比对（Needleman-Wunsch 算法）的程序为 Needle，可以进行核酸或蛋白质序列两两比对。根据序列类型，选择合适的程序，打开提交页面，其基本操作步骤如下。

1）进入在线分析界面，输入待比对的两条蛋白质序列，复制到文本框中，或点击选择文件按钮，直接从本地上传两个序列文件。

2）点击 more options，查看比对参数。可以设置的参数包括比对所用矩阵（MATRIX）、空位罚分方式（GAP OPEN、GAP EXTEND）、序列末尾空位罚分策略等。

3）提交比对任务。若选中 E-mail 通知复选框，输入 E-mail 地址，并对此次比对命名，EBI 可将比对结果直接发送到对应邮箱。不选的话，经过一个等待界面，将直接进入比对结果界面。

4.4.1.2　BLAST 程序

序列比对是组学研究的重要手段之一，序列比对工具很多，其中以基本局部比对搜索工具（basic local alignment search tool，BLAST）最为常用。未知序列可以和数据库中的已知序列进行相似性比较，通过对比不同基因的核苷酸序列或氨基酸序列，可以在相应数据库中找到相同或者相似序列。本书主要介绍 BLAST 在线比对搜索程序，登录网址为 http://blast.ncbi.nlm.nih.gov/Blast.cgi。用户可以通过提交核苷酸序列和蛋白质序列，并选择需要比较的 NCBI 数据库，进行序列相似性（sequence similarity）搜索。BLAST 程序具体包含 5 个子程序，分别为 BLASTP、BLASTN、BLASTX、TBLASTN、TBLASTX。其基本操作步骤：①登录 BLAST 主页；②根据数据类型选择合适的程序；③填写表单信息；④提交任务；⑤查看和分析结果。

4.4.1.3 FASTA 程序

FASTA 程序也是一个被生物学研究人员广泛使用的序列相似性比对程序（Pearson，2016）。FASTA 程序套件提供针对蛋白质数据库的序列相似性搜索。FASTA 使用蛋白质查询提供启发式搜索，用于数据库中序列检索，该算法最早由 Lipman 和 Pearson 提出。FASTA 程序的基本思路是识别与待查序列相匹配的很短的序列片段。基本思想是一个能够揭示真实序列关系的比对至少包含两个序列都拥有的片段，将查询序列编成索引并在数据库搜索查询，检索出可能的匹配，鉴定出命中的字段。EBI 提供的 FASTA 在线服务网址是 http://www.ebi.ac.uk/Tools/fasta33/index.html。其基本操作流程如下：①选择数据库。②可以直接输入待比对的序列，或者选择下方的选择文件从本地上传序列文件。③设置参数：选择比对矩阵、罚分方式等。④提交任务。

4.4.1.4 Clustal 软件

Clustal 软件是目前使用最广泛的多序列比对软件。EMBOSS、BLAST、FASTA 工具本质上均为两两序列比对。而多序列比对是将多条序列同时比对，使尽可能多的相同（或相似）字符出现在同一列中。多序列比对的目标是发现多条序列的共性。如果说序列两两比对主要用于建立两条序列的同源关系，从而推测它们的结构和功能，那么，同时比对多序列为研究分子结构、功能及其进化关系提供了更为丰富的信息。例如，某些在生物学上有重要意义的相似区域只能进行多序列同时比对才能识别。只有通过多序列比对，才能识别与结构域或功能相关的保守序列片段，而两两序列比对无法满足这样的要求。多序列比对，对于系统发育分析、蛋白质家族成员鉴定、蛋白质结构预测、保守模块搜寻、PCR 引物设计等具有非常重要的作用。

Clustal 软件的下载网址为 http://www.clustal.org/，有 ClustalW、ClustalX 和 Clustal Omega 三个版本。其中，ClustalW 是在命令行窗口下运行的；ClustalX 是图形界面的版本，与 ClustalW 算法相同；Clustal Omega 是新版本，可以同时比对几千条序列，使用 HMM 比对方法，准确度比 ClustalW 和 ClustalX 高。ClustalX 比对采用的是渐进比对（progressive alignment），即从多条序列中最相似（距离最近）的两条序列开始比对，按照各个序列在进化树上的位置，由近及远地将其他序列依次加入到最终的比对结果。

基于 Windows，ClustalX 的使用方法如下。

（1）安装 ClustalX 程序

从 http://www.clustal.org/download/current/ 直接下载并安装 ClustalX 程序。

（2）读入序列

点击开始 → 程序 →ClustalX2→clustalX2，启动 ClustalX 程序，点击主菜单 File→Load Sequence→ 选择序列文件。

（3）比对参数的设置

多条序列比对参数设置，点击 Alilgnment→Alignment Parameters→Multiple Alignment Parameters。

（4）选择输出格式

点击 Alignment→Output Format Options。

（5）进行比对

点击 Aliglnment→Do Complete Alignment，此时出现一个对话框，提示比对结果保存的位置，在上一步选择了多少种输出格式，这里就会给出多少个文件的路径，点击 OK 即可。比对结束后生成的 aln. 文件是多序列比对的结果，推荐用 notepad++ 打开浏览。可以看到在比对结果下方有一行标识符，说明列保守程度，“*” 对应的是完全匹配的列，保守替换用“:”表示，有比较相似的氨基酸之间的替换用“_”表示，如果下方没有标识，说明这列为非保守替换。

（6）迭代比对

如果序列比对结果不理想，可以采用迭代选项，通过多次迭代来寻找最佳比对结果。选择 Alignment→iteration→iterate each alignment step（或 iterate final alignment），然后再点击 Aliglnment→Do Complete Alignment 进行比对，即可获得迭代比对的结果。

4.4.1.5 MUSCLE 软件

MUSCLE 软件是一款非常好用的多序列比对软件，速度不输于 ClustalX，但精确度更高，因为它采用的是迭代式算法比对（iterative alignment）。MUSCLE 软件的算法分为三步：第一步，计算两两序列共有的短片段（k-mer）数量，以此为基础使用 UPGMA 方法构建初步引导树（TREE1），两条序列之间的距离不采用动态规划算法进行比对。参照引导树，采用渐进算法得到多序列比对结果 MSA1。第二步，根据 MSA1 计算两两序列的距离（采用 Kimura 距离法），校正同一个位点多次替换造成替换数目少于实际发生替换数目的问题，根据新的距离矩阵，构建更精确的引导树（TREE2），比较 TREE2 和 TREE1，将发生变动部分的序列重新比对，得到新的多序列比对结果，重复前面的过程，即根据多序列比对结果构建距离矩阵，构建新的引导树，比较新树与旧树差异，重新比对部分序列，得到新的多序列比对结果，直到树型稳定或迭代次数超过阈值，即终止迭代。第三步是真正意义上的迭代，以引导树为基础将序列分为两组，分别比对，然后将两组比对结果再比对，得到所有序列的比对结果，如果新的比对方式使得分增加就保留，反之则抛弃，这样不断分组、比对和评估，直到比对得分收敛或迭代次数达到定值。EBI 提供了网页版的 MUSCLE，网址为 http://www.ebi.ac.uk/Tools/msa/muscle/。网页版使用非常简单，这里主要介绍本地命令行窗口版 MUSCLE 软件的使用方法。

1）将 MUSCLE 下载到本地，点击“开始”→ 搜索栏输入“CMD”→ 回车打开 command line 窗口 → 利用 cd 命令到达 MUSCLE 软件所在文件夹（建议：提前将压缩包里的可执行文件名称改为 muscle.exe，以便后面输入）。

以 human_globins.fasta 为例，使用下面的命令对 human_globins.fasta 里的序列进行比对：

muscle.exe -in human_globins.fasta -out output.txt -clw。

参数含义：-in，输入文件，后面是待比对的多序列文件名；-out，输出文件，后面是比对结果输出文件名；-clw，输出格式，类似 Clustal 程序，使用此格式方便与 Clustal 方法的结果进行比较。MUSCLE 软件支持的输出格式还包括 fasta（-fastaout）、phylip（-physout 或 -phyiout）和 msf（-msf）。

2）运行结束，打开输出文件"output.txt"查看比对结果。注意：MUSCLE 软件输出的比对结果中序列次序已经发生改变，相似的序列在一起，而不再是输入的序列次序了。如果要比对的序列很多或很长，上述命令运行起来会比较慢，可以通过设置迭代次数（-maxiters 2 迭代次数不超过两次），或者设置运行时间（-maxhours 2）来缩短运行时间。

4.4.1.6 T-Coffee 软件

T-Coffee 是一种多序列比对软件包（Tommaso et al.，2011）。可以使用 T-Coffee 对齐序列，或将不同序列对齐方法（Clustal、Mafft、Probcons、Muscle 等）组合输出成一个独特的对齐方式（M-Coffee）的序列文件。T-Coffee 可用于蛋白质、DNA 和 RNA 序列的对齐与比对，还能够将序列信息与蛋白质结构信息（3D-Coffee/Expresso）、蛋白质组成概况信息（PSI-Coffee）或 RNA 二级结构（R-Coffee）信息组合。T-Coffee 是一个免费的开源软件包，分发在 GNU 通用许可证下，下载官网为 http://www.tcoffee.org/Projects/tcoffee/。它采用与 ClustalW 软件相似的渐进式比对算法，但在两两序列比对的步骤，加入了一致性得分的计算，使两两序列比对结果更为可靠。它的算法大致分以下几步。

1）采用 Clustal 程序计算两两序列之间的全局最优比对结果。

2）采用 Lalign 程序计算两两序列之间的局部最优比对结果。

3）设计加权系统，综合考虑以上两类结果的因素，构建指导库（primary library）。

4）在两两序列比对时引入第三条序列，结合全局和局部比对的一致性得分，构建更加准确的扩展库（extended library）。

5）采用渐进式比对算法，得到多序列比对结果。这种方法还可以结合蛋白质结构信息、RNA 二级结构信息等进行序列比对。

4.4.2 蛋白质一级结构分析软件

蛋白质的一级结构是指蛋白质多肽链中氨基酸的排列顺序，主要包括蛋白质的基本理化性质、亲疏水性质、跨膜结构域等。分析蛋白质一级结构的主要软件介绍如下。

4.4.2.1 Compute pI/MW 工具

Compute pI/MW 工具是 Expasy 工具包中计算蛋白质理论等电点和分子量的程序。双向电泳（2-DE）胶图分析是蛋白质组学研究中的常用手段，故常需要对目标蛋白的理论等电点（pI）和分子量（MW）进行预测。Compute pI/MW 工具对 pI 的确定基于蛋白质在从中性到酸性变性条件下迁移所获得的 p*K*，因此 Compute pI/MW 工具得到的碱性蛋白质的 pI 可能不准确。分子量的计算是把序列中每个氨基酸的同位素平均分子量加在一起。其要求输入文件是 FASTA 格式的蛋白质序列，或收录号（accession number）。Compute pI/MW 工具的在线网址是 https://web.expasy.org/compute_pi/。

4.4.2.2　TMHMM 工具

TMHMM 工具是目前蛋白质跨膜结构预测领域中应用最广泛的一款软件。膜蛋白不溶于水，分离纯化困难，不容易生成晶体，很难确定其结构，而在蛋白质组学研究中常需要预测目标蛋白的跨膜螺旋区域。TMHMM 工具综合利用跨膜区疏水性、电荷偏倚、螺旋长度和膜蛋白拓扑学限制等性质，采用隐马尔科夫模型（Hidden Markov model），对蛋白质跨膜区及膜内外区进行整体预测，通过预测查询蛋白质的跨膜区来推断它是否为膜蛋白。其要求的输入文件是 FASTA 格式的蛋白质序列，输出结果为蛋白质确切的膜内区段（inside）、跨膜螺旋（Tmhelix）、膜外区段（outside）。TMHMM 工具的在线网址是 http://www.cbs.dtu.dk/services/TMHMM/。

4.4.2.3　SignalP 工具

SignalP 工具是蛋白质信号肽预测分析中最常用的一款软件（Almagro et al.，2019）。信号肽位于分泌蛋白的 N 端，当蛋白质跨膜转移时被剪切掉，信号肽的特征为包括一个正电荷区域、一个疏水性区域和不带电荷但具有极性的区域。SignalP 工具根据信号肽序列特征，采用神经网络算法或隐马尔科夫模型，根据不同物种，分别选择真核和原核序列对信号肽位置及切割位点进行预测。其输入文件是 FASTA 格式的蛋白质序列，输出结果会图形化给出 *C*、*S*、*Y* 三个分值（其中 *C*-score 指剪切位点的分值，*S*-score 指该氨基酸是否属于信号肽的分值，*Y*-max 则是联合 *C*-score 和 *S*-score 的变异分值），以及该蛋白质是否含有信号肽。SignalP 工具的在线工具网址是 http://www.cbs.dtu.dk/services/SignalP/。

4.4.3　蛋白质二级结构分析软件

蛋白质二级结构的预测通常被认为是蛋白质结构预测的第一步，二级结构是指 α 螺旋、β 折叠等规则的蛋白质局部结构元件。不同的氨基酸残基对于形成不同的二级结构元件具有不同的倾向性。蛋白质中二级结构按折叠类型分为 α 螺旋、β 折叠、α+β 折叠和 α/β 折叠 4 种（图 4-4）。

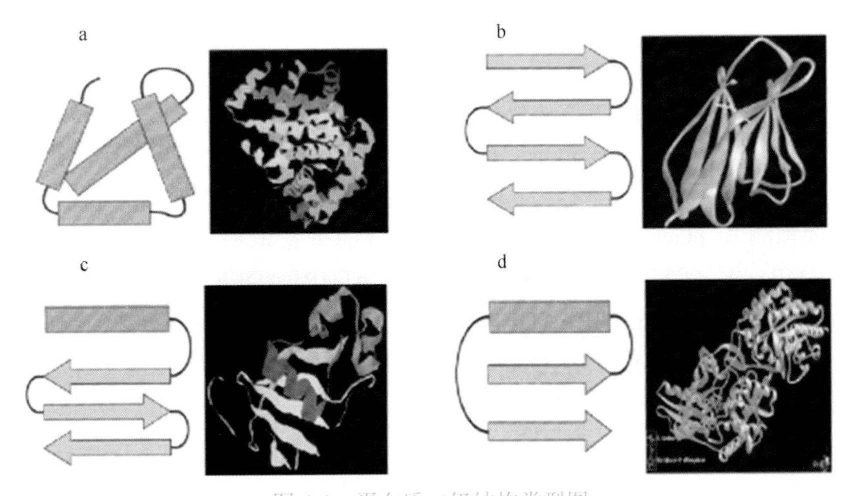

图 4-4　蛋白质二级结构类型图

a. α 螺旋；b. β 折叠；c. α/β 折叠；d. α+β 折叠

预测蛋白质二级结构的算法以已知三维结构和二级结构的蛋白质为依据，采用人工神经网络、遗传算法等构建预测方法。蛋白质二级结构的预测通常采用以下 3 种方法：一是结合人工神经网络、遗传算法等机器学习方法，统计氨基酸出现频度，如利用 Chou-Fasman 和 Garnier 算法及基于神经网络和序列谱预测蛋白质结构等；二是以已知二级结构为模板，建立序列谱矩阵或位置特异性计分矩阵，如 PSI-BLASTP；三是利用同源蛋白进行多重比对。以上这些方法都可以在一定程度上反映蛋白质局部区域的结构，对 α 螺旋预测精度较好，但是对 β 折叠的预测效果较差。

4.4.3.1 PredictProtein 工具

PredictProtein 工具是欧洲分子生物学实验室开发的蛋白质序列和结构预测在线工具（Yachdav et al.，2014）。PredictProtein 工具利用二级结构、溶剂可及性、跨膜螺旋区域、球状区域、卷曲螺旋区域、结构转换区域、无序区域、残基内接触、蛋白质-蛋白质和蛋白质-DNA 结合位点等特征预测蛋白质的细胞定位、结构域边界、β 折叠、金属结合位点与二硫桥等。PredictProtein 工具的在线网址为 https://open.predictprotein.org/。用户访问 PredictProtein 网站需要先注册，然后进入序列提交界面。输出结果以字母和数字显示，以 M 表示跨膜区，数字 0 ～ 9 表示预测置信度，值越高，置信度越高，其详细标识符注释列于表 4-1。

表 4-1　PHD 跨膜结构预测标识符

标识符	标识等注释
AA	氨基酸序列
PHD_htm	预测跨膜区螺旋，M 表示跨膜区螺旋，空白表示非跨膜区螺旋
Rel_htm	预测置信度（0 ～ 9，9 为最高），置信度值高用“*”表示
SUB_htm	对预测平均精确度＞98% 的残基进一步预测，N 或空格表示非跨膜区；“.”表示残基置信度值＜7 而未做进一步预测
PHDrhtm	跨膜区，M 表示跨膜区，空白表示非跨膜区
PiMohtm	跨膜区拓扑结构，T 为跨膜区域，i 为膜内区域，o 为膜外区域

4.4.3.2 PSIPRED 工具

PSIPRED 工具采用神经网络算法进行蛋白质二级结构预测，是一个系统分析预测蛋白质二级结构的工具，可以预测二级结构、跨膜区、disorder 区、结构域及识别折叠等（Buchan et al.，2014）。PSIPRED 工具主要程序算法包括 PSIPRED 4.0（二级结构预测）、MEMSAT-SVM（膜螺旋预测）、pGenTHREADER（基于轮廓的折叠识别）、MetaPSICOV 2.0（结构接触预测）、MEMPACK（跨膜拓扑和螺旋填充）、GenTHREADER（快速折叠识别）、DomPred（蛋白质结构域预测）、pDomTHREADER（蛋白质折叠识别）、Bioserf 2.0（自动同源建模）、Domserf 2.1（自动域同源建模）等；其中默认程序是 PSIPRED 4.0。提交任务后，用户可以通过邮件获取预测结果。结果为氨基酸序列中的二级结构区域（Pred）及其可信度（Conf）。PSIPRED 工具运行快速，所得结果比较直观，但是信息量较少（图 4-5）。

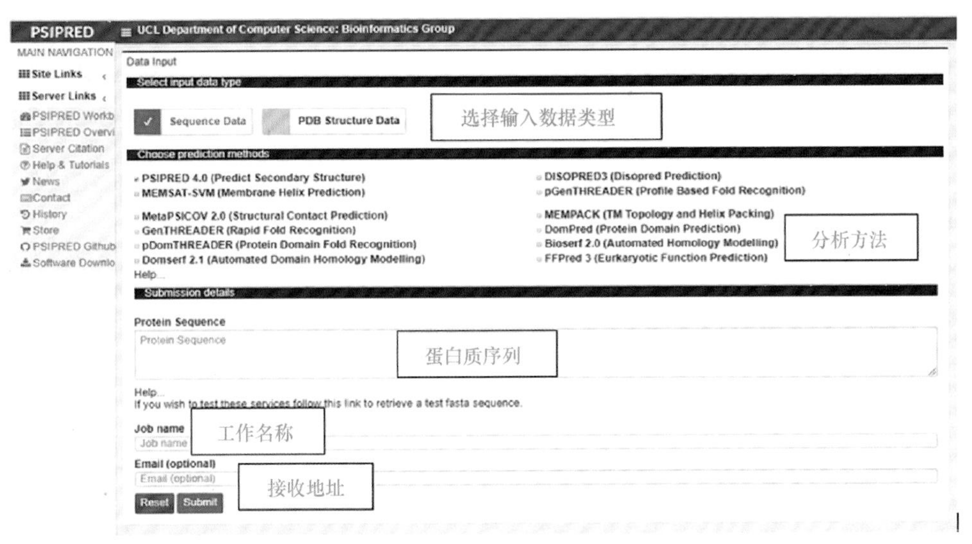

图 4-5　PSIPRED 在线提交序列界面

4.4.4　蛋白质三级结构分析软件

X 射线晶体学方法和多维核磁共振技术是目前测定蛋白质结构的主要方法。用 X 射线晶体学方法测定蛋白质结构的前提是必须获得能对 X 射线产生强衍射作用的晶体，而且蛋白质的表达、提纯与结晶增加了结构测定的难度，多维核磁共振技术避免了这些困难，能够测定溶液状态蛋白质的结构，但仅适用于低分子量蛋白质。

蛋白质三级结构预测从未知结构蛋白质的序列出发，根据与该序列相似的已知三级结构蛋白质的原子坐标，预测其空间三级结构。一般有同源建模（homology modeling）、折叠识别（fold recognition）和从头预测（*ab initio* prediction）3 种方法。同源建模也称比较建模（comparative modeling），在综合预测准确性和速度两方面，是目前应用最成功的方法。蛋白质根据序列同源关系可以分成不同的家族。在同源建模中，一般认为序列相似性大于 30% 的蛋白质可能由同一祖先进化而来，称为同源蛋白。同源蛋白具有相似的结构和功能，所以利用结构已知的同源蛋白（homologous protein）可以建立目标（target）蛋白的结构模型，然后用理论计算方法对构建的高级结构进行优化。

利用同源建模方法进行蛋白质三级结构预测包括以下 5 个步骤。

1）从待预测蛋白质序列（目标序列，target）出发，搜索蛋白质结构数据库（如 PDB），得到多个同源序列，选择其中一个（或几个）作为待预测蛋白质序列的模板（template）。

2）将目标序列（target）与选定的模板序列（template）进行再次比对，调整空位使两者的保守位置尽量对齐。

3）构建模型主链：调整目标序列中主链（N-Cα-C）各个原子的空间位置，产生与模板相同或相似的主链空间结构。

4）构建模型侧链：利用能量最小化原理，使目标蛋白侧链基团（R）处于能量最小的位置。

5）模型质量评估。

Swiss-MODEL 是利用同源建模方法进行蛋白质三级结构预测的在线服务工具，是一个自动化的蛋白质比较建模服务器，可以通过 Expasy 服务器的界面免费访问，其网址为 http://swissmodel.expasy.org/。它的主页包含 4 个标签，建模（modelling）、库（repository）、工具

（tool）和文档资料（documentation）。其中，建模提供3种模式预测目标蛋白的三维结构；为建模的各个步骤提供了辅助程序；库中储存了以往通过全自动模式建模得到的许多蛋白质高级结构，可利用序列、登录号或关键词进行查询；文档资料提供了使用Swiss-MODEL的相关帮助信息。具体使用方法简单介绍如下。

4.4.4.1 建模

允许用户建立自己的账户，采用全自动模式、比对模式、用户模板模式或DeepView项目模式进行结构建模预测。

1. 全自动模式

全自动模式（automated mode）适用于模板序列与目标序列相似性较高（>50%）的情况，不需人工干预即可获得理想的高级结构模型。点击“Modelling”下“myworkspace”，进入全自动模式建模。全自动模式建模任务递交非常简单，只要输入需要预测的序列（可以是FASTA、Clustal、序列字符串或者是一个UniProtKB登录号），程序会自动用目标序列搜索PDB数据库寻找最为相似的序列作为模板，进行高级结构预测（图4-6）。

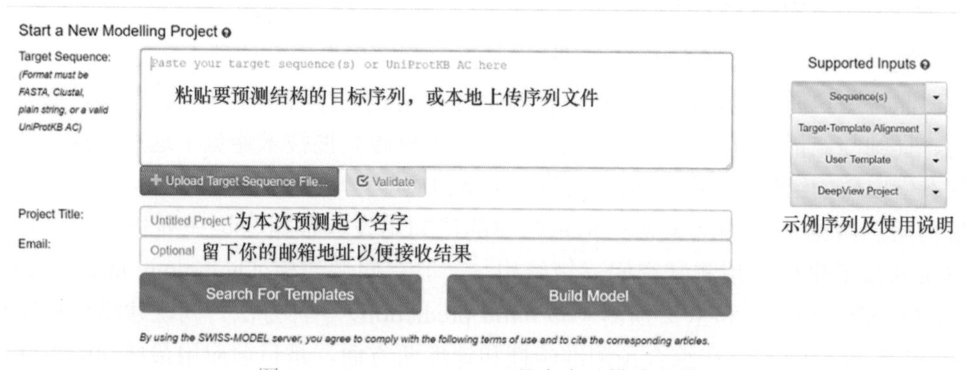

图4-6 Swiss-MODEL工具全自动模式建模

2. 比对模式

在比对模式下，需要输入序列比对结果（支持FASTA和Clustal数据格式），根据比对结果建模，参与比对的序列必须包含目标（target）序列和至少一条模板（template）序列。建议将目标序列放在第一位，模板序列命名应与PDB数据库一致，服务器会链接PDB数据库，找到模板序列的高级结构信息，基于比对结果建模。如果程序无法识别哪一条序列是模板序列，则需要用户指定一条序列为模板。没有模板序列时，可以尝试使用几种不同的模式分别建模和评估，然后比较所建模型，从中选择最为合理的一个。

3. 用户模板模式

当用户的模板序列不存在于PDB数据库时，可以分别上传模板序列的高级结构信息和目标序列文件，进行模型构建，具体方法与比对模式类似，这里不再赘述。

4. DeepView项目模式

在有些情况下，模板和目标序列直接利用软件进行比对无法得到可靠的结果，需要人工进一步调整以提高模型质量，这时可以选择DeepView模式。首先在DeepView软件内生成项目文件，交给服务器进行高级结构预测。通过全自动模式建模或比对模式建模生成文件，在

DeepView 软件内进行编辑调整后，再提交给项目模式进一步优化。服务器返回结果的时间与用户提交的序列长短及当前服务器的任务量有关，大多数情况下不会很快得到结果。所以不必在结果页面等待，注册用户可以通过 MyWorkspace 查看任务进度，未注册用户在任务完成后会收到邮件。DeepView 项目模式结果页面提供 summary、template 和 model 三方面的信息（图 4-7）。在 summary 页面，有目标序列和模板序列的信息；template 界面显示在 PDB 数据库中搜索到的 50 条可作为模板的相似序列，服务器选择了与目标序列相似性最高、三级结构信息质量最好的一条序列作为模板，构建了目标序列的三级结构模型；在 model 界面下，可下载预测的模型及相关信息文件，提供 pdb、mmCIF 等可供下载的格式，右侧显示目标序列三级结构示意图。

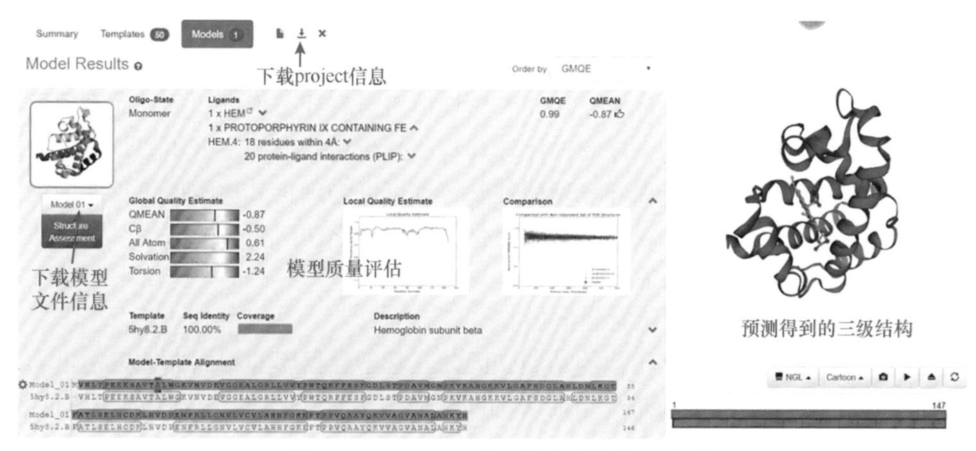

图 4-7　DeepView 项目模式建模结果页面

同时，model 界面可以显示模型评估情况。左边 global quality estimate 给出 qmean（定性模型能量）分数，这个分数代表的是构建出来的三级结构与长度相似的已知蛋白质三级结构的相似程度，这个值接近 0 说明相似程度很高，如果小于–4，说明模型不可靠；下面的 4 个指标是 qmean 的支撑指标，从不同角度判断构建出来的模型与天然蛋白质高级结构的相似程度，值越接近于 0，说明与真实蛋白质结构相似程度越高；中间的 Local Quality Estimate 给出了目标序列不同位点和区域的可靠性指标，可以看到横坐标是序列位点，纵坐标是各位点局部质量评分，分值越高，这个区域的高级结构就越可靠，分值如果低于 0.6，说明局部结构可靠性较低；最右边是预测模型的整体质量示意图，以 qmean 作为主要参数，以 PDB 数据库非冗余结构为背景，得到预测模型 qmean 的 *z*-score 位置，可以看到如果 *z*-score 在 +1 和 –1 之间用黑色点表示，则这个区域模型可靠性高。若模型落在黑色区域，说明模型可靠。最下方 Model-Template alignment 部分是模板和目标序列的比对结果，图上框出来的部分是二级结构单元，点击目标序列中任意一个氨基酸，右侧结果会突出显示这个氨基酸。

4.4.4.2　工具

工具标签提供了模板识别、结构域注释、结构评估和模板数据库 4 个选项。模板识别利用多种算法搜索 PDB 数据库，寻找与目标序列全局或局部相似的已知结构，作为模板用于高级结构预测；结构域注释根据相似序列搜索，分析用户提交序列的特征；结构评估用于评价蛋白质结构模型或模板结构的质量；模板数据库用于查询模板序列的结构、分辨率、在 SCOP 和 CATH 数据库的分类状况等。

4.4.4.3 库

库是一个定期更新的由 Swiss-MODEL 全自动模式建模生成的蛋白质三级结构数据库，可以根据序列、登录号或关键词搜索特定结构。

4.4.4.4 文档资料

文档资料包含工作区使用教程和帮助、知识库使用教程、蛋白质高级结构预测相关资源及帮助平台等信息。

4.5 蛋白质功能分析相关工具及其使用

蛋白质组学研究过程中，蛋白质功能的确定是相当重要的一步。当得到一个未知的全新序列时，我们总会尝试了解这是什么蛋白质？该蛋白质会有什么生物功能？而利用生物信息学的方法，预测目标蛋白的结构、序列，比较其与已知蛋白质结构是否相似，比较未知序列是否含有特殊蛋白质家族功能或保守氨基酸残基等都可以为判定其功能提供重要的信息，为蛋白质功能分析提供了高效的途径，也是开展蛋白质生物学功能研究的前提。蛋白质功能预测与分析的基本思路包括以下几条。

（1）通过相似序列的数据库比对确定功能

具有相似序列的蛋白质具有相似的功能。因此，基于数据库的相似性搜索是可靠的预测蛋白质功能的方法。需要明确的是一个显著的匹配应至少有 25% 的相同序列和超过 80 个氨基酸的区段。对于各种数据库搜索工具，快速搜索工具（如 BLASTP）速度快，很容易发现匹配良好的序列，就没必要运行更花时间的工具（如 FASTA、BLITZ）；但当 BLASTP 不能发现显著的匹配时，就需要使用那些搜索速度较慢但很灵敏的工具。所以，一般的策略就是先进行 BLASTP 检索，如果不能得到相应的结果，再运行 FASTA，如果 FASTA 也无法得到相应结果，就需要选用完全根据 Smith-Waterman 算法设计的搜索程序，如 BLITZ。比对所选用的记分矩阵对最终预测结果也很重要，首先，选择的矩阵需与匹配水平相一致。PAM250 应用于远距离匹配（＜25% 相同比例），PAM40 应用于不相近的蛋白质序列，BLOSUM62 为一个通用矩阵。其次，使用不同矩阵，可以发现始终出现的匹配序列，这样可以减少误差。

（2）确定蛋白质序列特性

蛋白质的功能可根据其序列特征进行预测。例如，疏水性信息可被用于跨膜螺旋的预测，序列模体（motif）可预测蛋白质的特定细胞区室（cell compartment）定位等。对跨膜螺旋的预测涉及对跨膜蛋白跨膜区域的识别，需要鉴定序列中可以折叠成螺旋并存在于膜疏水环境中的区域。跨膜螺旋具有一些明显的特征，如 α 螺旋必须具有 17 ～ 25 个氨基酸才能跨膜，膜蛋白中的 α 螺旋通常存在面向膜的非极性面等。早期的算法程序会通过分析这些特征，将待分析序列分解为含 17 ～ 25 个氨基酸的窗口，然后对每个窗口的疏水性打分，得分高的即被预测为跨膜螺旋。随着研究和认识的深入，经过改进的算法或模型，不仅预测准确性高（达到 90% 以上），而且可以预测跨膜螺旋在膜上的方向等其他特征。

（3）通过序列模体的数据库比对确定功能

蛋白质不同区段的进化速率不同，蛋白质的一些部分必须保持一定的残基模式以维持蛋白质的功能，确定这些保守区域，可为蛋白质功能预测提供线索。主要有以下两种方法：一种方法是查找匹配的一致序列或序列模体，其优点是快捷，而且序列模体数据库庞大且不断被扩充；缺点则是灵敏度差，因为只有与一致序列或序列模体完全匹配才被列出，近乎匹配都将被忽略，进行复杂分析时受到严重限制。另一种方法是序列分布型方法，原则上，从序列分布型数据库搜索保守序列，可以更灵敏地找出相关性较远的序列，但搜索序列分布型数据库需要大量的计算与人力，所以序列分布型数据库的记录没有序列模体数据库多。在实际分析时，应同时对这两种类型的数据库进行搜索。

具体的蛋白质功能预测主要是对已有的蛋白质数据库进行检索、比较判断，得到与待测蛋白质相关性高的已知功能的蛋白质，进而进行功能预测。目前，国际上 Uniprot 被认为是收录信息最广泛和注释信息最全面的蛋白质数据库，包括 Swiss-Prot、TrEMBL 和 PIR-PSD，其他的蛋白质数据库有 PDB 等。

4.5.1　基于序列同源性预测蛋白质功能

4.5.1.1　序列比对

序列相似性高的两个蛋白质之间会有相似的功能。在两个蛋白质序列进行匹配时，显著匹配结果应至少有 25% 的相同序列和超过 80 个氨基酸的区段。目前基于网页的比对软件主要是 BLAST 和 FASTA。BLAST 是进行蛋白质或核酸序列相似性比对的程序，是生物信息领域最常用的程序之一。BLAST 分为核酸序列对核酸数据库的比对（BLASTN），核酸序列与蛋白质数据库的比对（BLASTX），蛋白质序列对核酸数据库的比对（TBLASTN），翻译成蛋白质的核酸序列与核酸数据库的比对（TBLASTX），蛋白质序列对蛋白质数据库的比对（BLASTP）。分析 BLAST 输出结果时应该注意以下两方面，找到既有高匹配值又有较低 P 值（P 表示比对结果得到的分数值的可信度）的匹配序列。P 值越小，表明搜索到的目标序列来自随机匹配的可能性越小；P 值越趋近于 1，则表明该目标序列来自随机匹配的可能性就越大，要注意所得目标序列是否为一组相似程度接近的目标序列，这样的一组序列可能属于同一个蛋白质家族。

FASTA 是一种进行序列比较的采用启发式算法的程序，用于序列数据库搜索，其所利用的算法由 Lipman 和 Pearson 首先提出。为了达到较高的搜索敏感度，FASTA 程序采用打分矩阵进行局部比对，以获得最佳搜索结果，为了提高搜索速度，在进行最佳搜索前，使用已知的字串检索出可能的匹配。FASTA 工具可以使用 FASTA 程序对蛋白质数据库进行序列相似性搜索。FASTA 使用启发式搜索，FASTX 和 FASTY 可以对 DNA 进行翻译后再查询。最后通过 SSEARCH（本地检索）、GGSEARCH（全局检索）和 GLSEARCH（本地全局检索）获得最佳搜索。EBI 也提供 FASTA 在线服务，其网址是 http://www.ebi.ac.uk/Tools/fasta33/index.html。

4.5.1.2　同源序列数据库查找

1. PFAM 数据库

PFAM 数据库是一个蛋白质家族大集合，由利用多序列比对和隐马尔科夫模型获得的保守蛋白质组成。蛋白质一般含有一个或多个功能区，这些功能区被称为结构域。结构域进行不同组合从而产生具有不同功能的蛋白质。因此蛋白质结构域的鉴别对分析蛋白质的功能尤其重要。PFAM 数据库就是一个相似序列或结构的数据集合。由两部分组成：PFAM-A 和 PFAM-B。PFAM-A 是经人工筛选获得的可信度较高的结构域集合，涵盖了大部分其他基础序列数据库的信息。PFAM-B 是一些自动生成的结构域集合，用来鉴别功能保守区域。PFAM 数据库的 Web 版搜索和 BLAST 软件操作类似，需要提交目标蛋白序列，选定需要的参数等，具体操作参见其主页 http://pfam.xfam.org/。

2. 蛋白质直系同源基因簇

蛋白质直系同源基因簇（clusters of orthologous group，COG）数据库是 NCBI 开发的用于同源蛋白注释的数据库，是对细菌、古细菌和真核生物中 21 种物种完整基因组编码的蛋白质的系统发生进行分类的数据库。它根据蛋白质序列的相似性，将蛋白质序列分成不同的类，每个类赋予一个 COG 编号，代表着一种同源蛋白，为所有蛋白质序列建立了一个统一的标准，为蛋白质功能和进化研究奠定了基础。数据库由 2091 个 COG 组成。COG 数据库带有 COGNITOR 程序，可以将新蛋白质注释到 COG 中，对新测序基因组的功能和系统发生注释。

3. UniProt 数据库

UniProt 数据库（unified protein database）是一个集中收录蛋白质资源并与其他资源相互联系的数据库，也是到目前为止收录蛋白质序列最广泛、功能注释最全面的数据库（Bateman et al.，2015）。该数据库整合了 Swiss-Prot、TrEMBL、PIR 三大数据库。通过 UniProt 数据库，可以搜索编码蛋白质的基因，以及对应的蛋白质名称、序列及 GO 注释信息。UniProt 数据库的重要组成部分是 UniProtKB（uniprot knowledgebase）。其中 UniProtKB/Swiss-Prot 数据库主要收录人工注释的序列及其相关文献信息和经过计算机辅助分析的序列。这些注释都是由专业的生物学家提供的，准确性高，注释结果全面翔实，包括蛋白质功能、酶学特性、剪接异构体、相关疾病信息的注释等。UniProtKB/TrEMBL 数据库主要收录的是高质量的经计算机分析后进行自动注释和分类的序列。大规模测序产生的海量数据无法通过 Swiss-Prot 数据库的严谨思路进行注释，但 TrEMBL 数据库存储了比较全面完整的物种编码序列信息，缺点是存在冗余。

4.5.2 基于相互作用网络预测蛋白质功能

基于蛋白质-蛋白质相互作用（protein-protein interaction，PPI）的方法预测蛋白质功能，主要是从多个蛋白质序列中寻找相互作用和关联进化的蛋白质，或从 PPI 数据库中提取信息，预测效果依赖基因数目和 PPI 数据库的准确程度。PPI 数据库主要包括 DIP、MINT 数据库、生物相互作用数据集通用知识库、STRING 数据库、HPRD 及三维交互域数据库。

4.5.2.1 DIP

DIP（database of interacting protein，蛋白质互作数据库）是研究生物反应机制的重要工具。DIP 的存储数据是经过实验验证及文献报道的二元 PP 数据，以及来自 PDB 数据库的蛋白复合体数据。通过创建一组一致的蛋白质互作关系，利用特定算法从 DIR 的最可靠子集中提取关于蛋白质互作网络的信息。DIP 使用比较方便，可通过目标基因的名字等关键词直接进行查询，得到目标蛋白的特性，包括蛋白质的功能域（domain）、指纹（fingerprint）等，还会对蛋白酶的代码或其出现在细胞中的位置进行标注，最后提供目标蛋白可能产生的相互作用关系，对每一个相互作用进行说明并提供文献。DIP 数据库主页链接为 https://dip.doe-mbi.ucla.edu/dip/Main.cgi。

4.5.2.2　MINT 数据库

MINT 数据库全称为 molecular interaction database，是一个关于蛋白质相互作用的数据库（Licata et al.，2012）。该数据库中的蛋白质相互作用是由专家审核并有实验证据支持的相互作用，目前该数据库涵盖 607 个物种，共 117 001 个蛋白质的相互作用关系。可以一次下载整个数据库中的所有内容，也可以只下载某特定物种的数据。下载的文件格式为 MITAB，这种格式是 \t 分隔的纯文本文件，专门用来描述两个蛋白质间的相互作用。对于蛋白 A 和蛋白 B，如果二者存在相互作用，就说存在一个 interaction，而蛋白 A 和 B 称为 interactor，在 MITAB 格式的文件中，记录相互作用及其诸多属性。MINT 数据库主页链接为 https://mint.bio.uniroma2.it/。

4.5.2.3　生物相互作用数据集通用知识库

生物相互作用数据集通用知识库也称 BioGRID，是一个公共蛋白质作用数据库，用于存档和传播模式生物与人类的遗传及蛋白质相互作用数据。截至 2019 年 7 月，BioGRID 从 66 164 篇文献中整理出了 1 607 037 个蛋白质的相互作用、28 093 个嵌合体的信息及 726 378 个转录后修饰（PTM）的信息，涵盖了多个物种，为深入了解生物保守网络和通路提供了重要数据。BioGRID 数据库还可为模式生物数据库，如 Entrez-Gene、TAIR、FlyBase 和其他交互元数据库等资源提供交互数据。整个 BioGRID 3.2 数据集可以以多种文件格式下载，包括 IMEx 兼容的 PSI、MI、XML。BioGRID 数据库主页界面包含搜索和显示功能，可以跨多种数据类型和来源进行快速查询（图 4-8），其链接为 https://thebiogrid.org/。

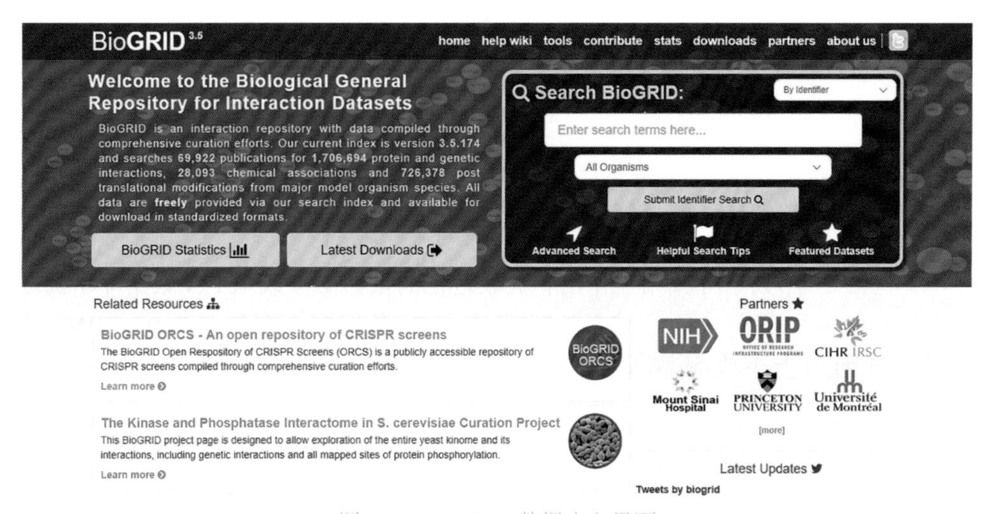

图 4-8　BioGRID 数据库主界面

4.5.2.4　STRING 数据库

STRING 数据库是一个在线搜索已知蛋白质互作关系的数据库，共存储了 2031 个物种、9 643 763 种蛋白质、1 380 838 440 条相互作用的信息。STRING 数据库使用十分便利，可以利用蛋白质的名称和序列等多种形式进行检索（图 4-9）。对单个蛋白质进行检索后，得到与该蛋白质相互作用的所有蛋白质构成的网络，该功能更适用于对某个蛋白质的相互作用进行探究，而一次输入多个蛋白质，只会得到输入蛋白质之间的相互作用网络，更适用于挖掘输入蛋白质之间的相互作用。如果蛋白质过多，可以将所有蛋白质名称或是利用 FASTA 得到的序列整理成一个文件直接上传，再选择需要查询的物种，如果没有提供物种信息，数据库也会自动识别物种。STRING 数据库的链接为 https://string-db.org/。

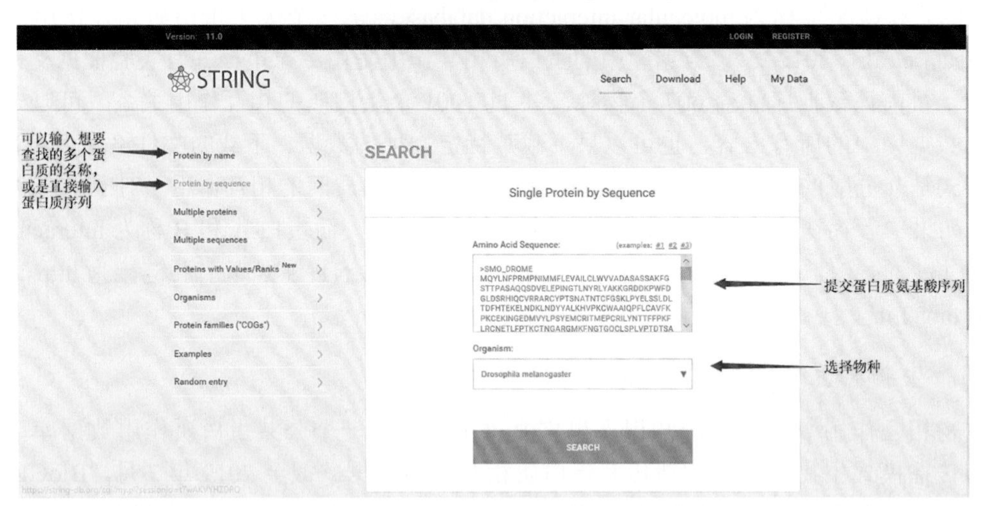

图 4-9　STRING 数据库蛋白互作关系查询界面

4.5.2.5　HPRD

HPRD（human protein reference database）是一个专门存储人类蛋白质相互作用信息的数据库，与其他同类数据库相比，该数据库中存储的蛋白质互作信息均经过实验验证。HPRD 还提供了蛋白质的表达谱、分类、结构域、亚细胞定位、转录后修饰和代谢通路等其他信息。对于蛋白质相互作用的信息，提供了 Tab 和 XML 两种格式供下载使用。其主页链接为 http://www.hprd.org/。

4.5.2.6　三维交互域数据库

三维交互域数据库（3DID）基于已知三维结构的相互作用结构域的识别和分类而建立，该数据库是域-域交互的高分辨率三维结构模板的集合（Mosca et al.，2014），包含两个球状结构域之间相互作用的模板及新的结构域-肽相互作用的模板，是研究蛋白质互作和功能的重要工具。

4.5.3　基于基因组上下文预测蛋白质功能

在蛋白质组学研究过程中，基于基因组数据，可通过识别蛋白质之间的关联关系预测其功能。即两个或多个蛋白质在不同的物种中表现出相同或相似的表达模式，则这两个蛋白质可能具有相同的功能。常用的基因组上下文特征有基因融合、基因共现、基因共表达、系统发生谱等。蛋白质功能预测的方法可以分为直接方法和基于网络模块的方法两大类。

直接方法的原理即相互作用的蛋白质功能相近或相似，最典型的方法是邻居节点功能推测法。但这种方法依赖邻居节点功能注释的准确性和完整性，若其功能信息不准确，则该方法的准确性和效率都会比较低。还有基于信息流传播的方法，可以将蛋白质相互作用网络看作是功能信息流通网络，蛋白质节点的功能信息可以沿着网络线路传播给其他蛋白质。

基于网络模块的方法则认为处于同一蛋白复合体或网络模块的蛋白质执行相同或相近的功能。这类方法的关键在于如何准确地识别出蛋白质相互作用网络中的功能模块。但处于同一模块的蛋白质被认为具有相同功能，会忽略蛋白质在功能模块中的具体分工，不利于精确预测蛋白质的功能。此外，该方法对网络的依赖性较强，蛋白质相互作用网络的规模和可靠性对预测结果影响较大。

4.5.4　基于蛋白质结构预测功能

基于结构进行蛋白质功能预测的方法是找到一个结构相似的蛋白质，然后根据相似蛋白质的功能来预测目标蛋白的功能。这种方法并不能够单独用来预测蛋白质功能，因为它的准确性比较低，结果不足以采用。目前根据 3D 结构衍生了多种其他的预测蛋白质功能的方法。现今比较成熟的结构预测方法有两种，一种是实验测量，包括 X 射线衍射和核磁共振成像；另一种是理论预测，利用计算机，根据理论和已知的氨基酸序列等信息预测，包括同源结构模拟、折叠辨识模拟和基于第一性原理的从头计算。虽然现在有很多蛋白质功能预测软件（PSIPred、PredictProtein 等），研究者也一直在致力于开发和发展更新、更有效的蛋白质结构预测方法，但是 PDB 和 SCOP 等蛋白质结构数据库中的数据量仍远远小于 UniProt、NCBI 等序列数据库。

4.5.5　基于功能注释分析蛋白质功能

基于功能注释就是根据已有蛋白质功能数据库对未知蛋白质功能进行注释。NCBI 中的 NR（non-redundant protein sequences）数据库是蛋白质功能注释的主要工具。NR 数据库是一个氨基酸数据库，收集了 GenBank、PDB、Swiss-Prot、PIR 和 PRF 等不同蛋白质数据库的所有编码序列，完整度高。完整的 NR 数据库的蛋白质序列和预先构建好的 BLAST 索引可以从 NCBI 的 ftp 服务器上下载得到（https://ftp.ncbi.nlm.nih.gov/blast/db/FASTA/）。NT（nucleotide collection）数据库是一个核苷酸数据库，包含 GenBank 和 PDB（不包含 EST\STS\GSS）的所有核苷酸序列信息，完整度高。利用 NR 和 NT 数据库搜索时，对未知蛋白质序列进行注释主要运用 BLAST 程序，将未知序列与已知功能的蛋白质序列进行比对，根据比对情况筛选出同源性及序列相似性都较高的蛋白质进行注释，从而预测其功能。

4.5.6　Gene Ontology 与 KEGG 分析

GO（gene onotology）即基因本体数据库，包含了一套适用于各物种，对基因和蛋白质功能进行限定与描述，并随着研究不断深入而更新的语义（terms）功能归类标准。最初的 GO 数据是通过对果蝇、酵母和小鼠 3 个模式生物的数据库整合形成的，现已扩大到数十个动物、植物、微生物。GO 发展了具有三级结构的标准语言，根据基因产物的相关分子功能（molecular function）、生物过程（biological process）、细胞组分（cellular component）而给予分类，不涉及物种的相关性。蛋白质 GO 功能注释可分为 3 个不同的部分，即给予和维持定义；将不同数据库中的本体论语言、基因和基因产物进行联系，形成网络；发展相关工具，使本体论标准语言的产生和维持更为便捷。GO 数据库常用的蛋白质功能注释工具为 Blast2GO，其下载地址及具体用法参见 https://www.blast2go.com/。

KEGG（Kyoto encyclopedia of genes and genomes）的中文名称为京都基因与基因组百科全书，由日本京都大学生物信息学中心的 Kanehisa 实验室于 1995 年建立。它是国际最常用的生物信息数据库之一，以作为“理解生物系统的高级功能和实用程序资源库”著称，整合了基因组、基因、蛋白质、代谢通路、调控网络及系统功能信息，为不同物种的基因组注释和蛋白质功能的比较与分析提供了可操作的平台，成为利用计算机和信息分析全面展示细胞生物所包含生物学信息的参考知识库。KEGG 各个数据库包含了大量的信息，基因组信息存储在 GENES 数据库，包括完整和部分测序的基因组序列。更高级的功能信息存储在 PATHWAY 数据库，包括图解的细胞生化过程如代谢、膜转运、信号传递、细胞周期，还包括同系保守的子通路等信息。KEGG 的另一个数据库 LIGAND，包含化学物质、酶分子、酶反应等的信息。通过与世界上其他一些大型生物信息学数据库链接，KEGG 可以为研究者提供更为丰富的生物学信息。KEGG 数据库提供了 Java 图形工具来访问基因组图谱，比较基因组图谱和基因表达图谱，以及提供了序列比较、图形比较和通路计算的工具，均可免费获取。具体的 KEGG 功能分析可以在线或者下载数据库到本地进行，在线 KEGG 分析的链接为 https://www.kegg.jp/。

4.6 生物信息学常用的编程语言及 R 语言在蛋白质组学中的应用

4.6.1 生物信息学常用的编程语言

4.6.1.1 C 语言

C 语言是一种通用的高级语言，最初由 Ritchie 在贝尔实验室为开发 UNIX 操作系统而设计。C 语言于 1972 年在 DEC PDP-11 计算机上被首次应用。1978 年，Kernighan 和 Ritchie 编写了描述 C 语言的第一本书——《C 程序设计语言》（*The C Programming Language*），现在被称为 K&R 标准。UNIX 操作系统、C 编译器，几乎所有的 UNIX 应用程序都是用 C 语言编写的。C 语言是一门被广泛应用于底层开发的计算机语言，功能强大，不需要任何运行环境的支持，是其他所有编程语言的基础，学会它，学习其他语言将变得更加简单。

4.6.1.2 C++ 语言

C++ 是一种中级语言，它是由 Stroustrup 于 1979 年在新泽西州美利山贝尔实验室设计开发的。C++ 语言进一步扩充和完善了 C 语言，最初命名为带类的 C，后来在 1983 年更名为 C++。C++ 语言可运行于多种平台，如 Windows、MAC 操作系统及 UNIX 操作系统的各种版本。C++ 语言是一种静态类型的、编译式的、通用的、大小写敏感的、不规则的编程语言，支持过程化编程、面向对象编程和泛型编程。C++ 语言综合了高级语言和低级语言的特点，是 C 语言的一个超集，任何一个使用苹果电脑或 Windows PC 机的用户都在间接地使用 C++ 语言，因为这些系统的主要用户接口是使用 C++ 语言编写的。

4.6.1.3 Perl 语言

Perl 语言是由 Wall 于 1987 年 12 月 18 日发表，并不断得到更新和维护的编程语言。Perl 语言具有高级语言（如 C 语言）的强大能力和灵活性。Per 语言与脚本语言一样，不需要编译器和链接器运行代码，只需写出程序并通过 Perl 运行。这意味着 Perl 语言对于解决小的编程问题和测试大型事件创建原型十分理想。Perl 语言提供脚本语言（如 sed 和 awk）的所有功能，支持 sed 到 Perl 及 awk 到 Perl 的翻译器。简而言之，Perl 语言像 C 语言一样强大，像 awk、sed 等脚本描述语言一样方便。Perl 语言是一种功能丰富的计算机程序语言，适用领域广泛，从大型机到便携设备，从快速原型创建到大规模可扩展开发。

4.6.1.4　Python 语言

Python 语言是由 Rossum 在 20 世纪 80 年代末到 90 年代初，在荷兰国家数学和计算机科学研究中心设计出来的。Python 语言本身也是由诸多其他语言发展而来的，包括 ABC、Modula-3、C、C++、Algol-68、SmallTalk、Unix shell 和其他脚本语言等。像 Perl 语言一样，Python 语言源代码同样遵循 GPL（GNU general public license）协议。

4.6.1.5　Java 语言

Java 由 Sun Microsystems 公司于 1995 年推出，是 Java 程序设计语言和 Java 平台的总称。Java 分为以下 3 个体系：JavaSE（J2SE）（Java2 Platform Standard Edition，java 平台标准版）、JavaEE（J2EE）（Java 2 Platform，Enterprise Edition，java 平台企业版）、JavaME（J2ME）（Java 2 Platform Micro Edition，java 平台微型版）。Java 语言的语法与 C 语言和 C++ 语言很接近，程序员比较容易学习和使用。另外，Java 语言摒弃了 C++ 语言中很少使用的、很难理解的、令人迷惑的那些特性，如操作符重载、多继承、自动的强制类型转换。Java 语言是一个纯的面向对象的程序设计语言，具有安全、分布式、可移植、解释型、多线程和高性能等特点。

4.6.1.6　R 语言

R 语言最初是由新西兰奥克兰大学统计系的 Ihaka 和 Gentleman 创建的，是主要用于统计分析、图形表示、报告的编程语言和软件环境。R 语言的核心是解释计算机语言，其允许分支和循环、使用函数的模块化编程。R 语言可与 C、C++、Net、Python 或 FORTRAN 语言编写的过程集成以提高效率。R 语言在 GNU 通用许可证下免费提供，并为各种操作系统（如 Linux、Windows 和 Mac）提供预编译的二进制版本。R 语言是世界上使用最广泛、开发良好、简单有效的统计编程语言，包括条件、循环、用户定义的递归函数、输入和输出设施，可有效进行数据处理和存储，为数据分析提供了大型、一致和集成的工具集合。

4.6.2　R 语言在蛋白质组学中的应用实例

随着蛋白质组质谱分析技术的发展，蛋白质组学分析仪器精度不断提高，由此获得的数据也更多。因此对大量蛋白质组学数据进行分析需要采用专业的生物信息学方法并借助于计算机进行处理。在这些生物信息学分析中会用到一些计算机语言，其中 R 语言在蛋白质组学生物信息统计及数据可视化方面具有广泛的使用。下面就简单介绍 R 语言在植物蛋白质组学研究中的主要应用。

R 语言是免费开源的，可以在其官网 https://www.r-project.org 下载，然后安装。R 语言软件自带的运行环境操作不是特别方便，Rstudio 环境提供了更简单、易调试、可视化的操作环境，通常采用 Rstudio 来运行 R 语言。Rstudio 语言可从其官网 https://www.rstudio.com/products/RStudio/ 下载。Bioconductor（http://www.bioconductor.org）是一个专门做生信软件 R 包的平台，可以看成是一个 R 工具包管理工具，里面发布了各种生物分析所用的 R 包。使用 R 语言前需要下载安装相应的 R 包，一般安装 R 包的命令为 install.packages (" ") #，使用 library ( ) # 载入 R 包。

4.6.2.1　维恩图绘制

维恩图（Venn diagram）也称温氏图、文氏图、范氏图，是在所谓的集合论数学分支中，在不太严格的意义下用于表示集合或类的一种统计图（图 4-10）。在蛋白质组学研究中，常需要比较不同样品间的差异蛋白数量及组成，将不同的蛋白质、样品等采用不同的颜色来表示，通过维恩图展示它们的关系和差异，可形象、直观地呈现差异蛋白在各样品间的组成状况。R 软件包中有大量用于绘制 Venn 图的包，常用的绘制维恩图的包有 limma、gplots、venneuler 和 VennDiagram 等。使用 VennDiagram 包绘制维恩图的语句一般是 venn.diagram (...)，括号里为所需参数。

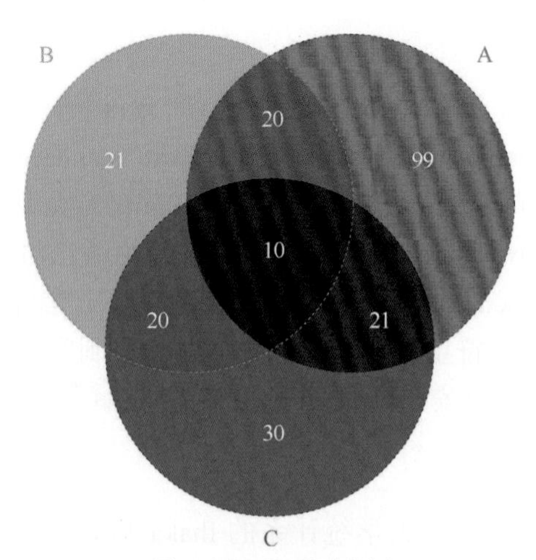

图 4-10 维恩图实例

A、B 和 C 代表 3 个数组，图中各数字代表它们特有及共有的信息的数目

主要参数含义如下：Filename 表示指定用于保存图形文件的文件名；Fill 表示各个集合对应的圆的填充颜色；Col 表示对应的圆周的颜色；cat.col 表示集合名称的显示颜色；lwd 表示设定圆弧的宽度；lty 表示设定圆弧的线型；rotation.degree 表示可用于调整图形的旋转角度。

例如，我们运行下列程序可以得到一个简单的维恩图。“#”在 R 语言中代表注释。

```
install.packages("VennDiagram")
library(VennDiagram)
A=1:150
B=c(121:170,300:320)
C=c(20:40,141:200)
Length_A<-length(A)
Length_B<-length(B)
Length_C<-length(C)
Length_AB<-length(intersect(A,B))
Length_BC<-length(intersect(B,C))
Length_AC<-length(intersect(A,C))
Length_ABC<-length(intersect(intersect(A,B),C))
T<-venn.diagram(list(A=A,B=B,C=C),filename=NULL
        ,lwd=1,lty=2,col=c('red','green','blue')
        ,fill=c('red','green','blue')
        ,cat.col=c('red','green','blue')
        ,reverse=TRUE)
grid.draw(T)
```

4.6.2.2　火山图绘制

火山图（volcano plot）是一类用来展示组间数据差异的图像，因为在生物体发生变化时，从全局角度而言，大部分的基因表达没有或发生很小程度的变化，只有少部分基因的表达发生了显著的变化（图 4-11）。故而，火山图常见于 RNA 表达谱和芯片的数据分析中，最常用于分析基因的差异表达，近年来也陆续应用于蛋白质组学分析中。

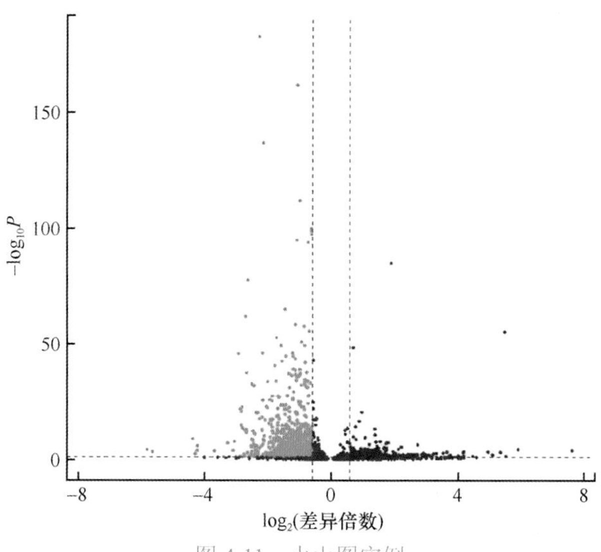

图 4-11　火山图实例

蛋白质组学中的火山图，将所有检测到的蛋白质表达量差异显著性进行可视化展示，横坐标为蛋白质在两个样本间表达量差异的倍数变化值，即样本 2 的表达量除以样本 1 的表达量得到的数值，对此数值做对数化处理；纵坐标为蛋白质表达量变化差异的统计学 t 检验 P 值，P 值越小则表达差异越显著。

在 R 语言中常用 ggplot2 包来绘制火山图，常用语句如下。

```
install.packages("ggplot2")
library(ggplot2)
data=read.table(" 工作文件夹 ",header=T,row.names=1)
r03=ggplot(data,aes(log2FC,-1*log10(FDR)))
r03+geom_point()
r03+geom_point(color="red")
r03+geom_point(aes(color="red"))
r03+geom_point(aes(color=significant))
#xlim(),ylim() 函数,labs(title="..",x="..",y="..")
r03xy=r03 +geom_point(aes(color=significant))+xlim(-4,4)+ylim(0,30)
r03xy+labs(title="Volcanoplot",x="log2(FC)")
r03xy+labs(title="Volcanoplot",x=expression(log[2](FC)),y=expression(-log[10](FDR)))
r03xyp=r03xy+labs(title="Volcanoplot",x=expression(log[2](FC)),y=expression(-log[10](FDR)))
r03xyp+scale_color_manual(values=c("green","black","red"))
volcano=r03xyp+scale_color_manual(values=c("#00ba38","#619cff","#f8766d"))
volcano+geom_hline(yintercept=1.3)+geom_vline(xintercept=c(-1,1))
volcano+geom_hline(yintercept=1.3,linetype=4)+geom_vline(xintercept=c(-1,1),linetype=4)
ggsave("volcano.png")
ggsave("volcano8.png",volcano,width=8,height=8)
```

4.6.2.3 散点图绘制

散点图是指在回归分析中，数据点在直角坐标系平面上的分布图。散点图表示因变量随自变量而变化的大致趋势，据此可以选择合适的函数对数据点进行拟合（图 4-12）。用两组数据构成多个坐标点，考察坐标点的分布，判断两变量之间是否存在某种关联或总结坐标点的分布模式。散点图将序列显示为一组点。值由点在图表中的位置表示。类别由图表中的不同标记表示。在蛋白质组研究中散点图通常用于比较跨类别的聚合数据。

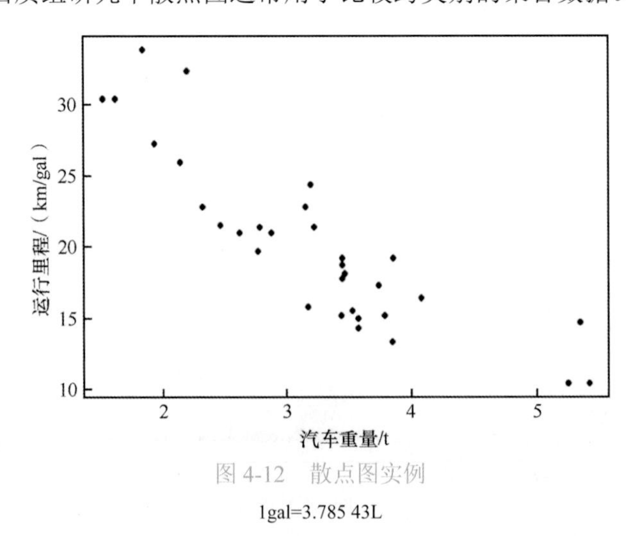

图 4-12 散点图实例

1gal=3.785 43L

在 R 语言中散点图的基本语法是 plot (x, y, main, xlab, ylab, xlim, ylim, axes)。其中，主要参数的含义如下：x 是数据集，其值是水平坐标；y 是数据集，其值是垂直坐标；main 是图的标题；xlab 是水平轴（x 轴）上的标签；ylab 是垂直轴（y 轴）上的标签；xlim 是用于绘制的 x 值的极限；ylim 是用于绘制的 y 值的极限；axes 指示是否应在图上绘制两个轴。

例如，以 R 语言中自带的 mtcars 表格作图，运行下面语句可得到散点图。括号内的各参数：wt、mpg 分别为 x、y 坐标轴；main 表示图的标题；xlab 表示横坐标名，ylab 表示纵坐标名；pch=19 代表散点图为实心圆。

```
attach(mtcars)
plot(wt,mpg,
    main='Basic scatter plot of MPG vs weight',
    xlab='Car weight(1bs/1000)',
    ylab='Miles Per Gallon',
    pch=19)
```

4.6.2.4 箱形图绘制

箱形图（box plot）又称盒须图、盒式图、盒状图或箱线图，是一种用于显示一组数据分散情况的统计图（图 4-13），因形状如箱子而得名，在各种统计数据图形化展示中被广泛使用，常见于品质管理等。箱形图于 1977 年由美国著名统计学家 John Tukey 发明。它能显示出一组数据的最大值、最小值、中位数及上下四分位数。四分位数（quartile），是统计学中把所有数值由小到大排列并分成 4 等份后处于 3 个分割点位置的数值。样本中所有数值由小到大排列后第 25% 的数字，称为第一四分位数（Q1），又称“较小四分位数”；第 50% 的数字，称为第二四分位数（Q2），又称“中位数”；第 75% 的数字，称为第三四分位数（Q3），又称“较大四分位数”。第三四分位数与第一四分位数的差距又称四分位距（interquartile range，IQR）。

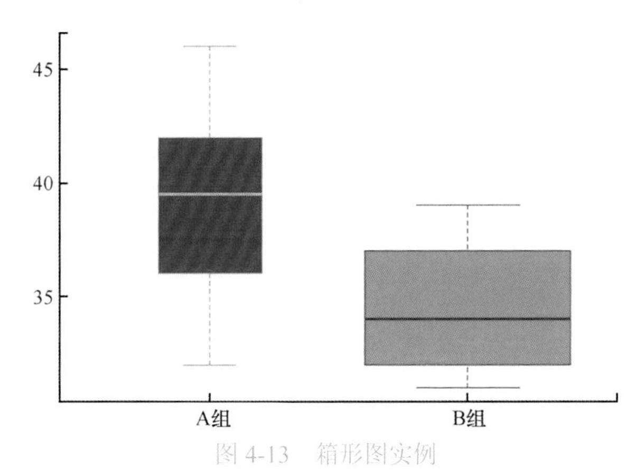

图 4-13　箱形图实例

在 R 语言中可用函数 boxplot ( ) 绘制箱形图。R 语言箱形图的默认语句如下。

```
x <- c(35, 41, 40, 37, 43, 32, 39, 46, 32, 39, 34, 36, 32, 38, 34, 31)
f <- factor(rep(c("A 组 ","B 组 "), each=8))
data<- data.frame(x,f)
boxplot(x~f,data,width=c(1,2), col=c(2,3), border=c("darkgray","purple"))
```

其中，主要参数的含义如下：x 表示向量、列表或数据框；Formula 表示公式，如 y~grp，其中 y 为向量，grp 是数据的分组，通常为因子；data 表示数据框或列表，用于提供公式中的数据；range 表示数值，默认为 1.5，表示触须的范围，即 range×(Q3–Q1)；width 表示箱体的相对宽度，当有多个箱体时，有效；varwidth 表示逻辑值，控制箱体的宽度，只有图中有多个箱体时才发挥作用，默认为 FALSE，所有箱体的宽度相同，当其值为 TRUE 时，代表每个箱体的样本量为其相对宽度；notch 表示逻辑值，如果该参数设置为 TRUE，则在箱体两侧会出现凹口，默认为 FALSE；outline 表示逻辑值，如果该参数设置为 FALSE，则箱线图中不会绘制离群值，默认为 TRUE；names 表示绘制在每个箱型图下方的分组标签；plot 表示逻辑值，是否绘制箱型图，如设置为 FALSE，则不绘制箱型图，而给出绘制箱型图的相关信息，如 5 个点的信息等；border 表示箱型图的边框颜色；col 表示箱型图的填充色；horizontal 表示逻辑值，指定箱型图是否水平绘制，默认为 FALSE。

4.6.2.5　热图绘制

热图（heatmap）是呈现数据差异和表达特性的直观图形的展示方式，本质上是一个数值矩阵，图上每一个小方格都是一个数值，按一条预设好的色彩变化尺（称为色键，color key），给每个数值分配颜色（图 4-14）。在蛋白质组学研究中，热图可以将蛋白质在各样品中的表达趋势进行可视化展示，并根据表达趋势进行聚类分析。图中每列表示一个样本，每行表示一个蛋白质，图中的颜色表示蛋白质在该样本中相对表达量的大小，某种颜色代表该蛋白质在该样本中表达量较高，某种颜色代表表达量较低。左侧为蛋白质聚类的树状图，两个蛋白质分支离得越近，说明它们的表达量越接近。

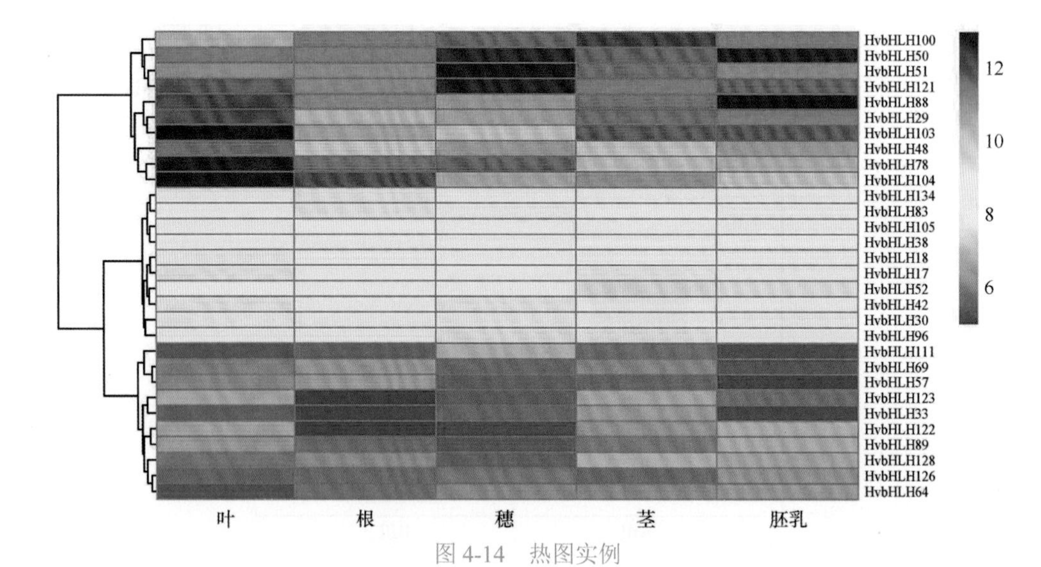

图 4-14 热图实例

在 R 语言中一般用 heatmap 包绘制热图，也可以用 ComplexHeatmap 包、ggplot2 包、gplot 包、lattice 包。R 语言 heatmap 包默认的语句如下。

```
heatmap(x, Rowv=NULL, Colv=if(symm)"Rowv" else NULL,
distfun=dist, hclustfun=hclust,
reorderfun=function(d,w) reorder(d,w),
add.expr, symm=FALSE, revC=identical(Colv, "Rowv"),
scale=c("row", "column", "none"), na.rm=TRUE,
margins=c(5, 5), ColSideColors, RowSideColors,
cexRow=0.2+1/log10(nr), cexCol=0.2+1/log10(nc),
labRow=NULL, labCol=NULL, main=NULL,
xlab=NULL, ylab=NULL,
keep.dendro=FALSE, verbose=getOption("verbose"), ...)
```

其中，主要参数代表的含义如下：x 表示要绘制值的数字矩阵；Rowv 表示确定是否以及如何计算和重新排序行树状图；Colv 表示确定是否以及如何对列树状图重新排序；distfun 表示函数，用于计算行和列之间的距离（差异），默认为 dist；Hclustfun 表示当 Rowv 或 Colv 不是树状图时，用于计算层次聚类的函数，默认为 hclust；reorderfun 表示树状图的函数 (d, w) 和用于对行、列树状图重新排序的权重，默认使用 reorder.dendrogram；add.expr 表示在调用 image 之后计算的表达式，可用于向绘图添加组件；symm 表示逻辑表明，如果 x 是对称的，只有当 x 是正方形时才成立；revC 表示逻辑指示在绘图时列的顺序是否应该颠倒，如在对称情况下，对称轴是正常的；scale 表示指示值是否应居中并按行或列方向缩放，或不按行或列缩放，如果 symm 为 false，默认为“row”，否则为“none”；na.rm 表示逻辑指示是否应该移除 NA；margins 表示长度为 2 的数字向量，分别包含列和行名称的边距；ColSideColors（可选）表示长度 ncol(x) 的字符向量，包含水平侧栏的颜色名称，可用于标注 x 的列；RowSideColors（可选）表示长度为 nrow(x) 的字符向量，包含用于注释 x 行的垂直侧栏的颜色名称；cexRow,cexCol 表示正数，用 cex 表示，用于行或列轴标记，目前，默认值仅分别使用行数或列数；labRow,labCol 表示要使用的带有行和列标签的字符向量，它们分别默认为 rownames(x) 或 colnames(x)；keep.dendro 表示逻辑指示树状图是否应该作为结果的一部分（当 Rowv 和 / 或 Colv 不是 NA 时）；verbose 表示逻辑指示是否应该打印信息。

参考文献

陈铭. 2012. 生物信息学. 北京: 科学出版社: 12.

Almagro A, Juan J, Tsirigos K D, et al. 2019. SignalP 5.0 improves signal peptide predictions using deep neural networks. Nature Biotechnol., 37(4): 420-423.

Bateman A, Martin M J, Donovan C O, et al. 2015. UniProt: a hub for protein information. Nucleic Acids Res., 43: D204-D212.

Buchan D A, Minneci F, Nugent T O, et al. 2014. Scalable Web services for the PSIPRED protein analysis workbench. Nucleic Acids Res., 41: W349-W357.

Chang H Y, Chen C T, Lih T M, et al. 2016. IMet-Q: a user-friendly tool for label-free metabolomics quantitation using dynamic peak-width determination. PLoS ONE, 11(1): e0146112.

Cox J, Mann M. 2008. MaxQuant enables high peptide identification rates, individualized range mass accuracies and proteome-wide protein quantification. Nature Biotechnol., 26(12): 1367-1372.

Finn R D, Bateman A, Clements J, et al. 2014. PFAM: the protein families database. Nucleic Acids Res., 42: D222-D230.

Gasteiger E, Gattiker A, Hoogland C, et al. 2003. ExPASy: the proteomics server for in-depth protein knowledge and analysis. Nucleic Acids Res., 31(13): 3784-3788.

Gouw J W, Krijgsveld J. 2012. MSQuant: a platform for stable isotope-based quantitative proteomics. Methods in Molecular Biology, 893: 511-522.

Leptos K C, Sarracino D A, Jaffe J D, et al. 2006. MapQuant: open-source software for large-scale protein quantification. Proteomics, 6(6): 1770-1782.

Lesk A M. 2005. Introduction to Bioinformatics. Oxford: Oxford University Press: 2.

Licata L, Briganti L, Peluso D, et al. 2012. MINT, the molecular interaction database: 2012 update. Nucleic Acids Res., 40: D857-D861.

Mashima J, Kodama Y, Fujisawa T, et al. 2017. DNA data bank of Japan. Nucleic Acids Res., 45(D1): D25-D31.

McWilliam H, Li W Z, Uludag M, et al. 2013. Analysis tool web services from the EMBL-EBI. Nucleic Acids Res., 41(W1): W597-W600.

Mitchell A L, Attwood T K, Babbitt P C, et al. 2019. InterPro in 2019: improving coverage, classification and access to protein sequence annotations. Nucleic Acids Res., 47(D1): D351-D360.

Mo L, Dutta D, Wan Y, et al. 2007. MSNovo: a dynamic programming algorithm for *de novo* peptide sequencing via tandem mass spectrometry. Anal. Chem., 79(13): 4870-4878.

Mosca R, Céol A, Stein A, et al. 2014. 3did: a catalog of domain-based interactions of known three-dimensional structure. Nucleic Acids Res., 42(D1): D374-D379.

Pearson W R. 2016. Finding protein and nucleotide similarities with FASTA. Current Protocols in Bioinformatics, 53(1): 3-9.

Read R J, Adams P D, Arendall W B, et al. 2011. A new generation of crystallographic validation tools for the protein data bank. Structure, 19(10): 1395-1412.

Rosengren A T, Salmi J M, Aittokallio T, et al. 2003. Comparison of PDQuest and progenesis software packages in the analysis of two-dimensional electrophoresis gels. Proteomics, 3(10): 1936-1946.

Savitski M M, Lemeer S, Boesche M, et al. 2011. Confident phosphorylation site localization using the Mascot delta score. Molecular and Cellular Proteomics, 10(2): M110.003830.

Sigrist C A, Cerutti L, Castro E D, et al. 2009. PROSITE, a protein domain database for functional characterization and annotation. Nucleic Acids Res., 38: D161-D166.

Tommaso P D, Moretti S, Xenarios I, et al. 2011. T-Coffee: a web server for the multiple sequence alignment of protein and RNA sequences using structural information and homology extension. Nucleic Acids Res., 39: W13-W17.

Tsou C C, Tsui Y H, Yian Y H, et al. 2009. MaXIC-Q Web: a fully automated web service using statistical and computational methods for protein quantitation based on stable isotope labeling and LC-MS. Nucleic Acids Res., 37: W661-W669.

Wu C H, Yeh L S, Huang H Z, et al. 2003. The protein information resource. Nucleic Acids Res., 31(1): 345-347.

Yachdav G, Kloppmann E, Kajan L, et al. 2014. PredictProtein: an open resource for online prediction of protein structural and functional features. Nucleic Acids Res., 42(W1): W337-W343.

第 5 章 定量蛋白质组学

5.1 概　　述

常规 2-DE-MS 分析途径本身固有的局限性，如分辨率不高、重复性不好、偏向性严重等因素制约了蛋白质组学的进一步发展。一些研究小组通过研究技术与思路创新来寻找突破口，并提出“定量蛋白质组学”（quantitative proteomics）的概念，即对蛋白质的差异表达进行准确的定量分析。定量蛋白质组学是蛋白质研究的前沿学科，是把一个基因组表达的全部蛋白质或一个复杂的混合体系中所有的蛋白质进行精确定量和鉴定的一门学科。这一概念的提出，标志着蛋白质组学技术的不断改进和完善，蛋白质组学研究已从蛋白质简单的定性，向精确的定量方向发展。

定量蛋白质组学有 3 种研究模式（图 5-1）。第一种是标记差异定量比较模式，用于分析

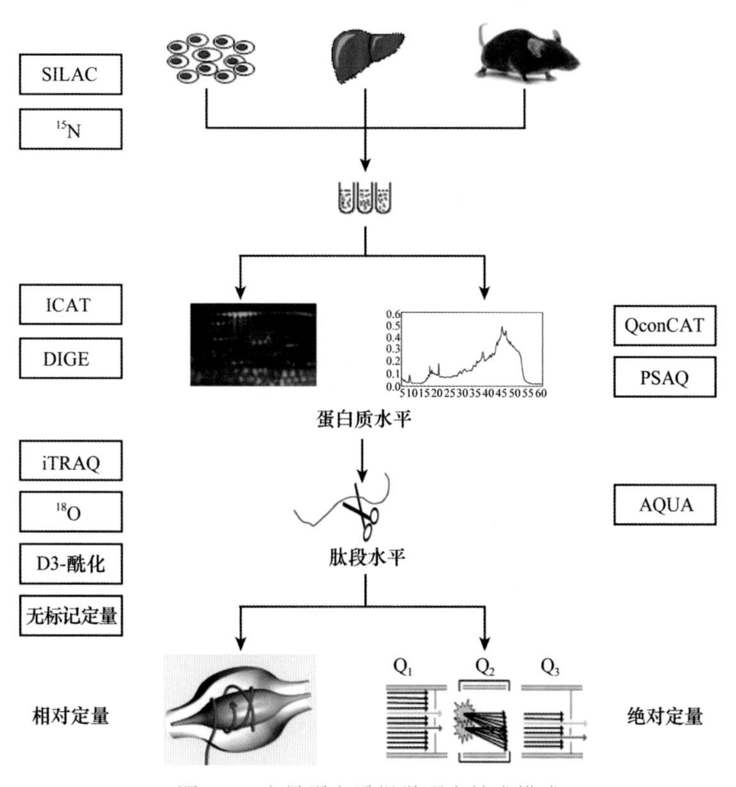

图 5-1　定量蛋白质组学研究技术模式

SILAC：细胞培养条件下氨基酸稳定同位素标记（stable isotope labeling by/with amino acids in cell culture）；ICAT：同位素亲和标签（isotope-coded affinity tag）；DIGE：荧光差异凝胶电泳（differential in gel electrophoresis）；iTRAQ：相对和绝对定量同位素标记（isobaric tags for relative and absolute quantification）；QconCAT：定量串联体（quantification concatamers）；PSAQ：蛋白质标准物绝对定量（protein standard absolute quantification）；AQUA：绝对定量法（absolute quantification）

细胞、组织或生物体在不同生理或病理条件下蛋白质的差异表达状况，发现在生理和病理过程中具有重要功能，或可作为候选药物靶分子的蛋白质。常用的差异定量研究技术有传统的二维凝胶电泳技术，以及最近发展迅速的基于稳定同位素标记的定量技术。前者在二维凝胶电泳分离后，通过比较蛋白点染色强度的差异进行定量分析；后者是通过代谢或化学修饰在肽段上引入非天然的重同位素，标记后的样本与天然状态样本混合，在质谱分析时，形成成对或多重的同位素特征峰，通过质谱信号中峰强度的比值，即可实现定量分析。近些年来，差异定量蛋白质组学研究技术经历了创新和完善，代表性的技术有基于双向凝胶电泳原理的双向荧光差异凝胶电泳（2D-DIGE）、代谢稳定同位素标记技术、化学标记技术、酶催化的同位素标记技术等。第二种是绝对定量研究模式，可以准确测定样品中目标蛋白的含量，其代表性的技术为质谱多反应监测（MRM）技术，如与稳定同位素内标掺加等技术相结合，可以实现复杂体系中大批量蛋白质的绝对定量分析。第三种是无标记定量模式，近年来超高压液相色谱系统的发展和高扫描速度、高动态响应范围的新型串联质谱的出现，使得基于质谱信号的定量信息开展无标记的相对或绝对定量分析逐渐成为可能。目前常用的定量蛋白质组学研究技术有荧光差异凝胶电泳（DIGE）、同位素亲和标签（isotope-coded affinity tag，ICAT）、基于 iTRAQ/TMT 的定量蛋白质组学技术、无标记定量蛋白质组学技术、顺序窗口采集技术 SWATH-MS、靶向蛋白质组学技术等。

5.2 无标记定量蛋白质组学技术

无标记定量蛋白质组学技术主要通过计算蛋白质肽段匹配的二级谱图数目和一级质谱峰面积进行相对定量，使用该技术的优势在于成本低廉和样品制备简单。

5.2.1 基于二级谱图的无标记定量技术

基于二级谱图的无标记定量技术采用匹配肽段的谱图计数（spectrum counting）实现蛋白质定量。利用质谱分析肽段混合物样品时，某一肽段被鉴定到的概率与其在混合物中的丰度成正比，丰度高的蛋白质被检测到的肽段数和二级谱图数会更多，基于这一原理的方法称作谱图计数法。Gao 等（2005）早期发展的肽段鉴定数目技术（peptide hits technology）即利用不同样品中同一肽段数目的比值对蛋白质进行相对定量，后期 Griffin 等（2010）整合肽段数目、谱图数目及二级碎片离子信号强度的质谱丰度特征，开发和测试了归一化无标记定量指标——归一化谱图指数（normalized spectral index），消除了质谱重复测量之间的差异，提高了分析结果的重复性。传统的谱图计数法利用质谱鉴定到的全部肽段进行定量，而部分肽段可能为两个或多个蛋白质共有的非特异性肽段，因此定量的准确性会受到影响。Zhang 等（2015）提出使用每个蛋白质的特征肽段进行定量，可有效提高无标记定量的准确性，在样本中加入已知量的标准蛋白还可以进行绝对定量。

5.2.2 基于一级谱图的无标记定量技术

基于一级谱图的无标记定量技术的依据是质谱峰面积强度（peak area intensity），其原理最早由 Chelius 和 Bondarenko（2002）提出并验证，即每条酶解多肽的质谱信号强度与其浓度相关，因此比较一级谱图中的离子信号强度或峰面积，就能确定不同样品中对应蛋白质的相对含量，这类方法称为离子强度法或信号强度法。Silva 等（2006）最先发现蛋白质浓度与

其所含的3个信号最强肽段的质谱信号平均值呈线性相关。在此基础上，Grossmann等（2010）根据类似原理拓展了T3PQ（top 3 protein quantification）无标记定量计算方法，并证明该方法适用于DDA所采集的数据，可用于蛋白质的相对和绝对定量。伴随着质谱技术和软件的发展，基于一级谱图的蛋白质无标记定量技术已得到较广泛的应用，近年来一系列配套的数据处理软件和程序应运而生，如SAINT-MS1、QPROT、RIPPER等。

5.2.3 无标记定量实现流程

在无标记定量蛋白质组学中，“鸟枪法”是常用的实验策略。通常情况下，由于物理化学特性的不同，由蛋白质酶切后得到的肽段混合物会在不同时间流出液相色谱，进入质谱仪进行质谱分析，得到包含肽段定量信息的一级图谱（MS spectrum）和包含肽段序列信息的二级图谱（MS/MS spectrum）。根据是否利用串联质谱来鉴定肽段和蛋白质，无标记定量蛋白质组技术主要可分为LC-MS、LC-MS/MS两种实验策略，两种实验策略在数据分析流程上有很大不同（图5-2）。

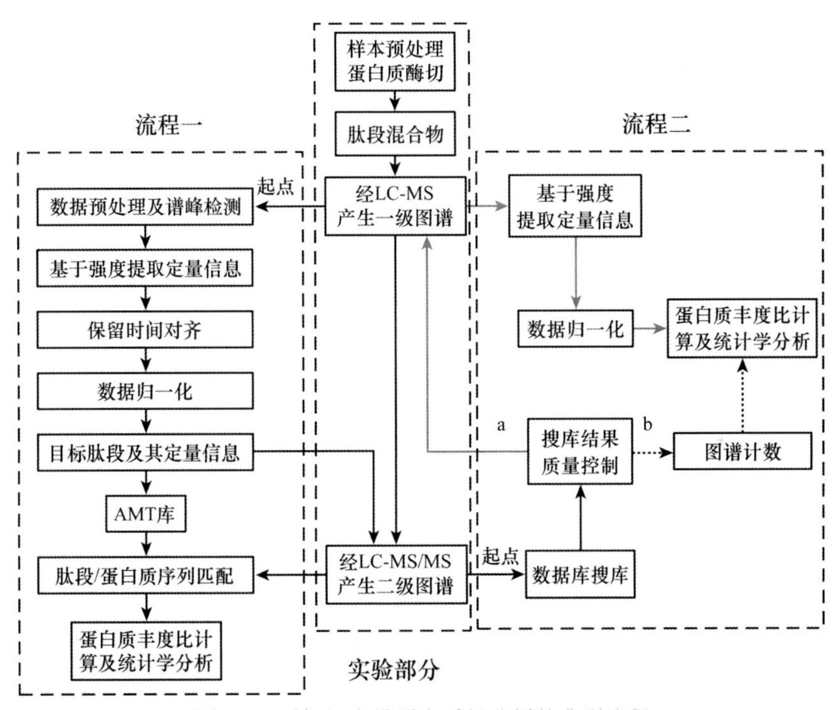

图5-2 无标记定量蛋白质组分析的典型流程

（1）无须鉴定结果的定量方法

以一级图谱数据为处理对象，其定量数据处理主要由以下6步完成。

1）数据预处理及谱峰检测（peak detection）。主要目的是从含有大量噪声的单张一级图谱中提取真实的肽段信号峰。

2）基于信号强度（intensity）提取肽段定量信息。在保留时间（retention time，RT）轴上，构建肽段的提取离子色谱（extracted ion chromatography，XIC）图，并根据XIC峰强度计算出肽段的丰度。

3）保留时间对齐（RT alignment）。主要用于校正同一肽段的色谱保留时间因不同实验产生的偏差。

4）数据归一化（normalization）。用于消除不同实验之间肽段信号强度的系统误差。

5）肽段 / 蛋白质序列匹配。无序列信息的目标肽段可以通过精确质量时间（accurate mass and time，AMT）标签进行数据库搜索（May et al.，2007），或通过靶标 LC-MS/MS 分析（America and Cordewener，2008；Fugmann et al.，2010）匹配到肽段 / 蛋白质序列。

6）蛋白质丰度比计算及统计学分析。由肽段的定量值推断出对应蛋白质的丰度比，然后由统计学分析找出显著差异表达的蛋白质，从而确定候选生物标志物。值得注意的是，在临床诊断中可能不需要肽段和蛋白质的序列信息，而是构建特定生物样品的质谱分析特征矩阵，利用数据特征直接刻画或者表征样品（Bellew et al.，2006；Geurts et al.，2009；Liu et al.，2009）。

（2）需要鉴定结果的定量方法

该方法是针对 LC-MS/MS 策略的实验数据处理方法，其数据处理步骤如下：①数据库搜索及结果质量控制。利用二级图谱，通过数据库搜索和结果质量控制，得到高可信度的肽段和蛋白质鉴定结果。②定量信息提取，有两种不同方法——信号强度法和图谱计数（spectrum counting）法，分别为图 5-2 中流程二的 a 和 b。方法 a 利用肽段的鉴定信息返回到一级图谱中提取肽段的 XIC 峰，并根据 XIC 峰强度计算肽段的丰度；方法 b 则把肽段的鉴定图谱总数作为定量指标，只能定量蛋白质。③蛋白质丰度比计算及统计学分析。

5.2.4 无标记定量实现模式

无标记定量的两种典型计算流程采用的实验策略不同，导致数据处理步骤有很大差异。首先，流程一是采用谱峰检测算法确定定量对象；而流程二的定量对象通过数据库搜索和结果质量控制获取，其中数据库搜索一般由商业化的软件完成，如 SEQUEST（Jimmy et al.，1994）和 Mascot（Perkins et al.，1999），结果质量控制也有比较成熟的方法和软件（Keller et al.，2002；Tabb et al.，2002；Elias and Gygi，2007；Renard et al.，2010）。其次，图谱计数法是流程二特有的定量方法。再次，保留时间对齐是流程一必不可少的数据处理步骤，而流程二则不需要。最后，在推断蛋白质丰度比之前，流程一需要匹配出肽段 / 蛋白质的序列。尽管如此，两种计算流程具有相同的数据归一化、蛋白质丰度比推算、统计学分析步骤。下面对两种数据处理流程涉及的主要算法进行论述。

数据预处理及谱峰检测是数据处理流程的基础，其主要目的是从含有大量噪声的一级图谱中提取肽段信号峰。与二级图谱相比，一级图谱包含了所有检测到肽段的信息，但是其中只有很小一部分质谱信号属于肽段信号，其余为随机噪声、化学噪声等干扰信号。因此，准确快速地提取肽段信号峰至关重要。数据预处理和谱峰检测有很多可选的算法，针对不同精度和不同仪器类型的质谱数据，处理算法也不尽相同。

定量信息提取是定量数据处理中最基本也是最重要的步骤，在很大程度上决定了定量结果的精度，主要完成肽段或蛋白质定量指标的计算工作。目前的定量信息提取方法主要有两大类：信号强度法、图谱计数法。

（1）信号强度法

这种提取肽段定量信息的方法主要包括从一级图谱中解析肽段信号、构建肽段沿保留时间开展的 XIC、处理 XIC 并计算肽段定量指标等步骤。流程一和流程二的定量信息提取算法类似，但是在提取定量信息之前，前者需要采用质荷比误差匹配原则、聚类等峰对齐算法（Zhang et al.，2009；Fugmann et al.，2010；Jiang et al.，2010），识别出不同图谱中相同的肽段信号峰。

目前，定量信息提取方法有很多（Chelius and Bondarenko，2002；Higgs et al.，2005；Li et al.，2005；Old et al.，2005；Bellew et al.，2006；Tsou et al.，2010；Yang and Yu，2010），其区别主要表现在以下 5 个方面：①去噪方法。解析肽段信号之前，是否对一级图谱进行去噪处理，其中去噪方法有小波去噪、滑动平均去噪、Savitzky-Golay 平滑滤波去噪等。②肽段信号的图谱解析。采用肽段信号峰的峰值、峰内信号强度加和、峰平滑后的面积、峰拟合后的面积等指标从一级图谱中解析肽段信号。③同位素峰。可以使用单一同位素峰、信号强度最高的同位素峰或信号强度前三的同位素峰来提取肽段的定量信息。④ XIC 的处理方法。使用小波去噪、平滑去噪、正则化、连续性截断等方法处理 XIC，或者对 XIC 不做处理。⑤计算定量指标。把处理后的 XIC 的峰值、峰内信号加和或峰面积作为肽段的定量值。例如，对于无须鉴定结果的定量方法，Bellew 等（2006）对原始图谱进行小波去噪处理后，检测肽段信号峰，同时采用谱峰的最大值作为肽段在某时刻的信号，最后使用 XIC 的峰值作为肽段的定量值；Li 等（2005）选用了肽段的前 3 个同位素峰，使用谱峰内信号加和来构建 XIC，肽段的定量值为 Savitzky-Golay 平滑后的 XIC 的峰面积。对于需要鉴定结果的定量方法，Tsou 等（2010）利用聚类方法确定了肽段的前 3 个同位素峰的质荷比和保留时间范围，采用质荷比范围内信号加和解析肽段信号，构建保留时间范围内的 XIC，最后的定量值为 B-样条平滑后 XIC 的峰面积；Yang 和 Yu（2010）利用鉴定肽段的前 3 个同位素峰在谱峰中的峰值来构建 XIC，并通过正则化方法处理了 XIC。

（2）图谱计数法

这种提取肽段定量信息的方法是根据蛋白质丰度越高，对应肽段被鉴定到的机会就越大的原理提出的。图谱计数法不需要各种复杂的数据处理步骤，只需统计肽段的鉴定图谱数，把肽段的鉴定图谱总数作为定量指标。图谱计数法由 Liu 等（2004）提出，通过分析标准蛋白的质谱数据，揭示在超过两个数量级的范围内，蛋白质的鉴定图谱总数与其浓度呈线性关系。由于概念简单、运算速度快等特点，图谱计数法得到不少学者的关注。为了进一步提高这类方法的实用性，发展了多种校正的图谱计数法。Ishihama 等（2005）利用肽段匹配分数修正了图谱计数；Zybailov 等（2006）利用蛋白质的序列长度校正了蛋白质的图谱总数，提出了 NSAF（normalized spectral abundance factor）指标；Lu 等（2007）预测了蛋白质的检测效率，使用检测效率校正后的蛋白质图谱数作为最终的定量指标（APEX）；Sun 等（2009）则通过蛋白质的鉴定概率来校正图谱数。值得注意的是，Griffin 等（2010）将肽段碎片离子的信号强度与图谱计数结合起来，得到了一个新的定量指标（SI_N），与 NSAF 指标（Zybailov et al.，2006）、基于信号强度的 AUC 方法（Old et al.，2005）相比，SI_N 指标在可重复性和定量准确性方面整体较好，但是文献中使用的数据集为低精度的 LTQ 质谱数据。

信号强度法和图谱计数法都是常用的定量方法，不少学者系统评估了这两种定量方法的优劣。针对 LC-MS/MS 策略的实验数据，Old 等（2005）的研究表明，图谱计数法在检测显著差异表达的蛋白质方面更加灵敏，但是对于鉴定图谱数很少的蛋白质，这类方法往往会过度估计其丰度比；而信号强度法能够更加准确地估计蛋白质的丰度比，且不受鉴定图谱数的影响，但数据处理流程相对复杂，运算速度较慢。Zybailov 等（2005）认为图谱计数法具有更好的可重复性。Asara 等（2008）的研究结果表明，信号强度法可估计的定量结果动态范围更大。Xia 等（2007）发现，当估计的蛋白质丰度比与真实的丰度比相关时，图谱计数法估计的丰度比比信号强度法准确。整合两种方法的定量结果可能是提高定量算法整体性能的有效途径。

5.2.5 保留时间对齐

保留时间对齐的主要目的是校正同一肽段的色谱保留时间因不同实验产生的偏差。要比较不同状态下肽段 / 蛋白质的表达差异，就必须辨别出不同实验中的相同肽段。需要鉴定结果的定量算法可以根据序列信息来辨别相同肽段，而无须鉴定结果的定量算法则是通过设置质荷比窗口和色谱保留时间窗口来实现。虽然不同实验中的同一肽段在质荷比轴上产生的偏差很小，但是在保留时间轴上会发生很大偏移，所以实现不同实验间保留时间的对齐尤为关键。Vandenbogaert 等（2008）对保留时间对齐算法进行了全面综述。总的来说，保留时间对齐方法可以归纳为两大类：特征对齐（feature-based alignment）法和谱图对齐（profile-based alignment）法。特征对齐法使用谱峰检测提取的肽段信息实现对齐。谱峰检测可以把具有几百万个数据点的图谱缩减成只有几百或者几千个肽段信号峰的特征图谱，极大地降低了计算复杂度。谱图对齐法则利用未经处理的原始质谱数据实现对齐，与特征对齐法相比，其庞大的数据量对算法和计算机的要求明显要高，但是可以充分利用原始图谱中的许多有用信息。谱图对齐法将会成为未来保留时间对齐方法的研究热点（Vandenbogaert et al.，2008）。

5.2.6 数据归一化

数据归一化的主要目的是消除不同实验间肽段信号的系统误差。在质谱实验中，由于不同的离子化效率、图谱采样效应等，即便是相同实验中浓度相等的不同肽段，或者是不同实验中浓度相等的同一肽段，其信号强度也可能存在很大偏差。因此，为了获得更加准确的定量结果，对肽段信号进行归一化处理是十分必要的。许多归一化方法都是在处理 DNA 微阵列数据时引进的（Bolstad et al.，2003），这些方法大都被直接应用或间接推广到基于质谱分析的蛋白质定量数据处理中，其中包括全局归一化、线性回归归一化、局部回归归一化、分位数归一化、LOWESS（locally weighted scatter plot smoothing）等。针对 LC-FTICR 质谱数据，Callister 等（2006）评估了 4 种数据归一化方法，结果表明线性回归归一化法在大部分情况下性能最好，但建议针对不同类型的质谱数据，需要选择不同的归一化方法。

5.2.7 蛋白质丰度比计算

蛋白质丰度比计算的主要目的是根据肽段的定量值推断出对应蛋白质的丰度比。除图谱计数法外，流程一和流程二都是肽段水平的定量，而定量分析的主要目的是从各组实验数据中找出显著差异表达的蛋白质，所以蛋白质丰度比计算至关重要。

Carrillo 等（2010）评估了 6 种蛋白质丰度比计算方法，分别是肽段定量比值的平均值法、肽段定量值之和的比值法、Libra 比值法、线性回归、主成分分析和总体最小二乘法，结果表明，使用肽段定量值之和的比值作为蛋白质丰度比的效果最好。但该研究并没有考虑蛋白质丰度比推算中两个重要的问题：①数据缺失问题，即肽段的定量值在某些实验中存在，而在另一些实验中没有记录。目前主要有 3 种方法用于处理数据缺失问题：不考虑具有缺失数据的肽段（Oberg et al.，2008），采用交叉搜索的策略（Andreev et al.，2007；Asara et al.，2008；Mortensen et al.，2010），利用估计值填充缺失的数据（Karpievitch et al.，2009）。②共享肽段丰度分配问题。共享肽段即匹配多个蛋白质的肽段，不管采用信号强度法还是图谱计数法定量，都存在共享肽段的丰度分配问题。目前也主要有 3 种处理方法：①不考虑蛋白质中的共享肽段（Usaite et al.，2008）；②在蛋白质群（peptide-sharing closure group，PSCG）中考虑共享肽段，并计算该群中所有蛋白质的总量（Jin et al.，2008）；③使用合适的分配准则，把共享肽段的丰度分配到各个蛋白质中去（Liu et al.，2008；Zybailov et al.，2008；Zhang et al.，2010）。方法③理论上最为合理，但选择合适的分配准则是关键。

5.2.8　统计学分析

统计学分析的主要目的是根据蛋白质的丰度比找出显著差异表达的蛋白质。一般来说，估计的表达丰度差异不仅反映了生物样本中真实的差异，而且包含了各种各样的随机误差，如生物重复样本的随机影响、仪器的测量误差等，所以需要统计假设检验来确定蛋白质是否存在显著差异表达。

检验两组数据是否存在差异的一个成熟的统计学检验方法是 *t* 检验，但是 *t* 检验需要假设样本数据呈正态分布，并且要求每种样本至少有 3 组重复实验（Zhang et al.，2006；Bantscheff et al.，2007）。实际上，无标记 LC-MS 实验测得的定量值一般不服从正态分布，但是进行对数变换可以使数据近似服从正态分布（Callister et al.，2006）。对于不服从正态分布的数据，也可以使用非参数假设检验，常用的非参数假设检验方法有置换检验和 K-S 检验，其优点是无须对数据的分布做任何假设（Listgarten and Emili，2005）。若实验包括两组以上的定量测量值，则可以使用方差分析和 Kruskal-Wallis 检验。此外，多重检验问题也是蛋白质差异表达分析需要考虑的问题。一般来说，对于单个蛋白质的检验，*P* 值低于 0.05 就被认为是显著差异表达；但当同时分析多个蛋白质时，便会出现问题。例如，对于包含 10 000 个蛋白质的定量数据集，设置 0.05 的 *P* 值阈值，理论上会产生 500 个假阳性结果。所以为了限制假阳性结果的数量，需要校正多重检验。Bonferroni 方法通过控制总体 I 型错误率（family-wise error rate）来校正多重检验，但是这种方法在降低假阳性率（false positive rate，FPR）的同时大大增加了假阴性结果的数量（Gutstein et al.，2008）。另一种更加保守的方法是通过控制错误发现率（false discovery rate，FDR）来解决多重检验问题（Li et al.，2005；Gutstein et al.，2008；Li and Roxas，2009）。尽管如此，定量蛋白质组数据的统计学分析问题还有待于进一步深入研究（Listgarten and Emili，2005；Mueller et al.，2008）。

5.3　标记定量蛋白质组技术

标记定量技术的主要策略是向不同蛋白质或多肽样品中引入具有稳定同位素标记的小分子，通过同位素标记后所产生的质量差来识别肽段的来源。在同一次质谱扫描中，化学性质相同的标记肽段离子化效率和碎裂模式相同，因此比较不同同位素标志物的信号强度就可以计算出不同样品中蛋白质的相对含量（钱小红，2013）。该方法的优点在于将不同样本混匀后同时进行质谱检测，可以避免样品前处理所带来的定量误差。根据引入同位素标记方式的不同，同位素标记的定量蛋白质组学技术分为体内标记和体外标记两类。

5.3.1　体外标记

5.3.1.1　双向荧光差异凝胶电泳技术

双向荧光差异凝胶电泳（2D-DIGE）技术的原理：将样品在进行双向电泳之前分别用不同荧光染料（如 Cy2、Cy3、Cy5）标记，然后将标记后的 3 种样品混合，同时在一块胶上进行电泳，所得到的 2D 胶图像可使用 3 种不同的激发 / 发射过滤器得到不同颜色的荧光信号，根据这些信号的比例来判断样品之间蛋白质的差异（图 5-3）。用作标记的荧光基团在化学结构上相似，分子量也基本相同，且都带有正电荷，所以在与赖氨酸残基反应时，保证了所有样品可以移至相同的位置。在 2D-DIGE 技术中，每个蛋白点的表达量均以自己的内标进行自动校准，保证所检测到的蛋白质丰度变化是真实的。该技术避免了不同凝胶之间差异给结果分析带来的影响，保证了实验条件的一致性，有利于差异表达蛋白点的筛选。

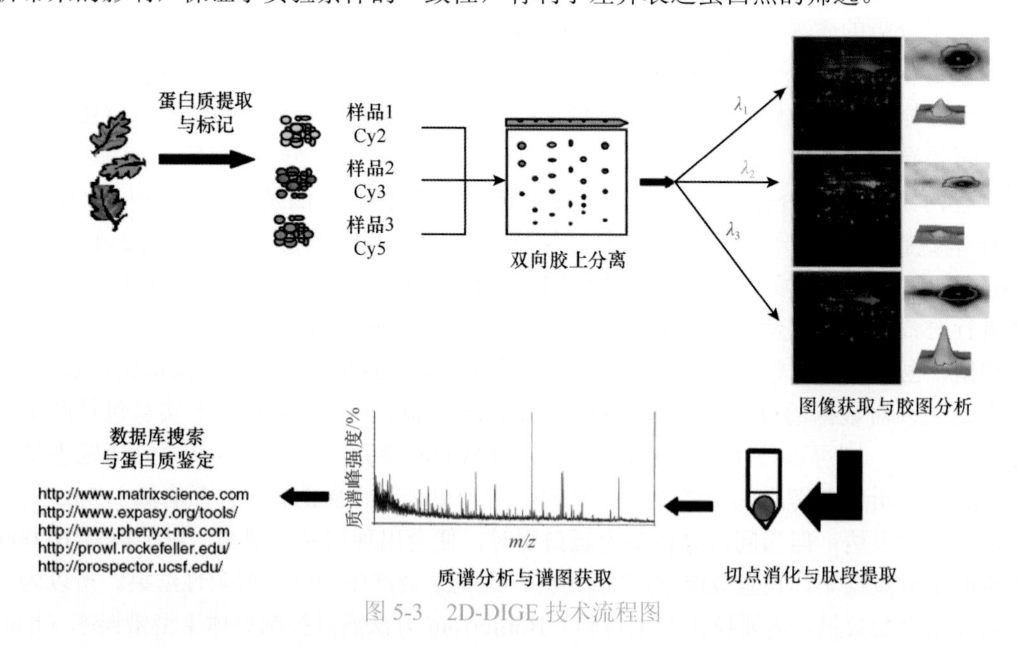

图 5-3 2D-DIGE 技术流程图

在 2-DE 的基础上，出现了 DIGE 技术。将待比较的蛋白样品经不同的荧光染料（Cy2、Cy3、Cy5）标记后，等量混合进行双向电泳。荧光染料的 *N*2-羟基琥珀酰亚胺酯活性基团与蛋白质赖氨酸的 *ε*2-氨基共价结合，被标记蛋白质的等电点和分子量基本不受影响。蛋白质量差异可通过蛋白点不同荧光信号间的比例来确定。因为荧光染料灵敏度高，所需样品量非常少，每次只需 50μg 即可。一张胶可同时分析 3 个样品，解决了不同胶图之间的匹配问题，不仅可节约时间、提高重复性，还可对大样本量进行统计分析，这时需在每张胶中加入由所有样品等量混合而成的内标，以确保各张胶之间对比的准确性，因不同胶之间源于 2-DE 系统的改变仍然存在，而内标可对这种改变进行校正，以较好反映生物学改变而不是系统改变。由于所需的胶数减少，分析通量得到了提高。最近还将推出功能更强大的 EDA（extended data analysis）分析系统，可对大量的实验数据进行管理、分类，并进行聚类等高级统计分析，为差异蛋白的功能阐述性研究提供便利。主要问题是染料较贵且需专门扫描仪器。

Ettan DIGE 技术是目前应用最广泛的荧光差异蛋白表达分析系统，它建立在传统双向电泳技术基础上，并结合了多重荧光分析方法，在同一块胶上共同分离多个分别由不同荧光染料标记的样品，并第一次引入了内标的概念，极大地提高了结果的准确性、可靠性和重复性。在 DIGE 技术中，每个蛋白点的表达量都根据自己的内标自动校准，保证检测到真实的蛋白质丰度变化。DIGE 技术可检测到样品间小于 10% 的蛋白质表达差异，统计学可信度达到 95% 以上。利用 Ettan DIGE 技术还可以对微量（少到 5μg）级样本进行蛋白质组学分析，如通过激光捕获显微切割（LCM）技术得到的样品或者很难获得的珍贵样品等。

Ettan DIGE 系统包括 CyDye DIGE 荧光标志物、IPGphor Ⅱ/Ettan DALT 电泳系统、Typhoon 多功能激光共聚焦扫描仪和 DeCyder 2D 差异分析软件。CyDye DIGE 荧光标志物专

门为 Ettan DIGE 系统设计，这些荧光标志物的分子量是和电荷匹配的，具有信号强、光谱分开、吸收和发射峰窄等特点。这些特点使不同的 CyDye（Cy2、Cy3、Cy5）标记的样品可以在同一块胶上共分离，保证所有样品在完全相同的第一向和第二向电泳条件下分离，消除实验的偏差并保证精确的胶内匹配。利用 IPGphor Ⅱ进行第一向分离和利用 Ettan DALT 垂直电泳仪进行第二向分离，可在一块 2-DE 胶上同时分离多达 3 个样品。Typhoon 扫描仪的光学系统经过优化，在 Ettan DIGE 系统的 CyDye DIGE 荧光标记蛋白成像中能达到高灵敏度，并且其控制软件经过优化设计可采集 Ettan DIGE 图像。全自动多色荧光扫描功能可以一次检测多个样品并做到四色荧光一次成像，既保证了分析准确性又提高了分析通量。另外，Typhoon 扫描仪除了能检测范围广泛的荧光素，还有检测经过验证的磷屏同位素和直接化学发光成像功能。特别开发的软件 DeCyder2D 完全自动化进行多重样品间 DIGE 结果的差异比较，并通过内标对每个蛋白点和每个差异进行统计学分析。该软件全自动定位和分析一块胶中的多重样品，并进行多块胶之间的比较分析，得到精确的蛋白质丰度差异变化的计算结果。利用 DeCyder 2D 软件可以得到统计学可信的结果，极大地降低操作者导致的偏差，并且将手工操作时间缩短到几分钟。

采用 DIGE 技术，对不同处理和不同生长条件下不同类型、不同个体的细胞和组织蛋白质表达差异分析，在研究疾病的分子机制、分子诊断、药物作用机制、毒理学等方面都有广泛的应用。尤其是通过对各种疾病组织和正常组织进行比较，可以得到针对特定疾病（如肿瘤）的一些标记蛋白质，这些蛋白质可以用来作为疾病分子诊断的标记，或为进一步的疾病治疗、药物开发提供有价值的信息。

Ettan DIGE 系统是蛋白质组学研究中可信度和准确率很高的技术之一，是一项已验证并且被许多著名的蛋白质组学研究部门肯定的技术。Ettan DIGE 技术已经在各种样品中得到应用，包括人、大鼠、小鼠、真菌、细菌、植物等，主要用于功能蛋白质组学，如各种肿瘤研究、寻找疾病分子标志物、揭示药物作用的分子机制或毒理学研究等方面。

5.3.1.2　同位素标签技术

虽然双向电泳的分辨率和重复性已得到很大提高，但是图谱的匹配分析仍然存在一些问题，如一些蛋白点在不同批实验中或同一实验不同胶上总会发生迁移，所以很难对这些蛋白质进行定量分析。目前，用同位素亲和标签（isotope-coded affinity tag，ICAT）结合质谱的方法可以较好地实现蛋白质差异表达的定量分析，为定量蛋白质组学研究开辟了很好的前景。同位素亲和标签技术最先由 Gygi 等（1999）发明，该技术是利用同位素亲和标签预先选择性地标记含半胱氨酸的肽类，分离纯化后通过质谱进行鉴定，根据质谱图上不同 ICAT 试剂标记的一对肽段离子的信号强度比例，定量分析它的母本蛋白质在原来细胞中的相对丰度。ICAT 是一种人工合成的化学试剂，其化学结构（图 5-4）包括专一的化学反应基团（与蛋白质的 Cys 反应）、同位素标记的连接子和亲和反应基团（一种生物素）。其连接子可由 8 个氢原子（H）或氘（D）分别标记，由不同原子标记的 ICAT 分子质量相差 8Da。当不同处理条件下的细胞或组织裂解后，分别用一对 ICAT 标记总蛋白质，ICAT 反应基团会专一地与蛋白质中的半胱氨酸共价结合，待反应结束后，将两者等量混合，再用胰蛋白酶消化。经亲和层析后，含生物素 ICAT 标记的酶解片段就可以进行 LC-MS/MS 分析。由一对 ICAT 标记的两个不同样品的相同肽段在质谱图上总是一前一后出现且相差 8Da 或 4Da（两个电荷）。比较这两个峰值，就能得到差异表达的蛋白质，利用串联质谱分析峰型一致的一对肽段峰的离子强度，由此即可推算两种样品中同一种蛋白质的相对含量，并用 MS/MS 鉴定出是何种蛋白质。这种方法允许对一个复杂混合物中的所有蛋白质进行同时的鉴定，并对存在于两个或多个蛋白样品中的每种蛋白质的丰度差异进行精确的定量。ICAT 方法的一系列应用已经充分显示出它定量的精确性、应用的广泛性和可重复性。Griffin 等（2003）把使用 ICAT 技术所获得的蛋白质丰度变化与 245 个酵母基因的 mRNA 水平进行比较，结果显示，大量的基因在 mRNA 水平与蛋白质水平的丰度很不一致，从而阐明了在蛋白质水平研究蛋白质表达的重要性。

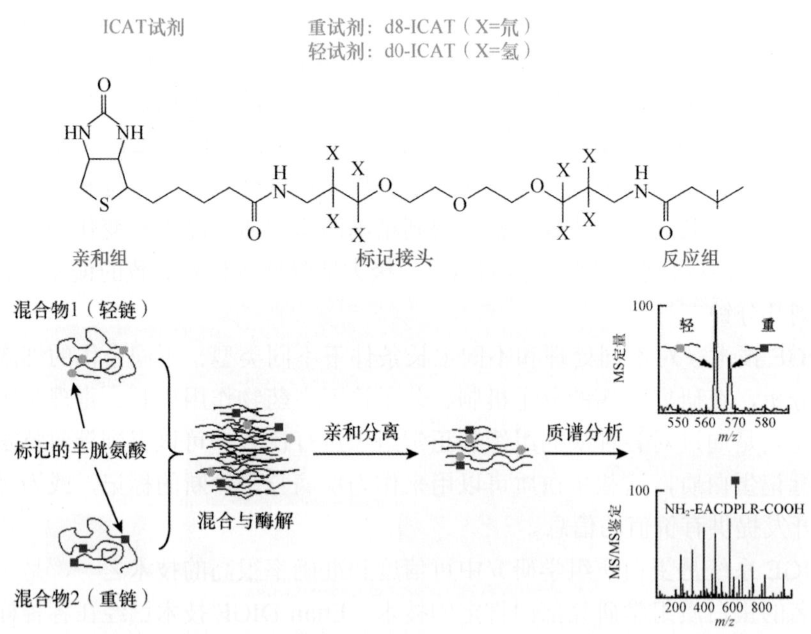

图 5-4 ICAT 结构图及检测技术流程图

ICAT 具有广泛的兼容性，可以分析来自不同器官、组织、细胞等的绝大部分蛋白质，可以兼容多种生化和物理分离方法，同时能有效地降低样品的复杂性，因此能较好地定量分析低丰度蛋白。但是，ICAT 也存在一些不足之处：① ICAT 分子质量约 500Da，对小肽段而言是一个较大的修饰物，会增加数据库搜索的复杂性。②生物素同位素结合标签质量过大，由于在 MS 分析中标签仍保留在每个肽上，在碰撞诱导解离（CID）条件下其很容易被片段化，那么标签特异化的片段离子就会使串联质谱分析标记肽段的过程复杂化。③使用 8 个氢原子和 8 个氘原子作为质量标签，高溶解性的反向液相色谱分析过程，会部分溶解同位素标记的肽段，而使用其他的同位素（如 $^{12}C/^{13}C$）就能减小同位素的影响，也能极大地减少同位素标记的肽之间的层析交换。

为了解决这些问题，发展了新一代的可裂解同位素亲和标签（cleavable ICAT，cICAT）（Li et al.，2003）（图 5-5）。cICAT 在 ICAT 的基础上进行了一些改进，其连接子分别由 9 个 ^{12}C 和 ^{13}C 标记，这样由不同原子标记的 ICAT 分子量相差 9Da。在同位素标记的连接子和亲和反应基团之间增加了一个酶切位点，在 ICAT 标记的肽段分离纯化后可以通过酸裂解将亲和反应基团生物素切去，裂解后的同位素标签的分子质量只有 227Da，大大减少了数据库搜索的复杂性。cICAT 定量蛋白质组分析一般采用两种策略，第一种策略是分别用 cICAT 的 ^{12}C 和 ^{13}C 标记两个样品的蛋白质，然后等量混合后进行酶解，再过阳离子交换柱、亲和层析柱纯化，最后进入在线 LC-ESI-MS/MS 或 2D-LC-ESI-MS/MS 分析，也可以经过离线 LC 或 2D-LC 分离，用 Probot 自动点样器将样品点在 MALDI 板上，再进行 MALDI-MS/MS 分析。第二种策略是将标记好的蛋白质等量混合后直接用 SDS-PAGE 分离，然后取蛋白条带进行酶解，酶解产物用亲和层析柱纯化后再进行 LC-MS/MS 分析。已经有多篇文章报道了该方法在定量蛋白质组学中的应用。其中 Yu 等（2004）以牛血清白蛋白 BSA 为样本，详细考察了 cICAT 在不同实验条件（如色谱洗脱环境、离子电离和碎裂条件等）下对分析鉴定结果的影响，鉴定出 BSA 中含有半胱氨酸肽段的误差为 10%。同时，用 cICAT 研究了抗肿瘤药喜树碱使用后的皮质神经元蛋白质组学。

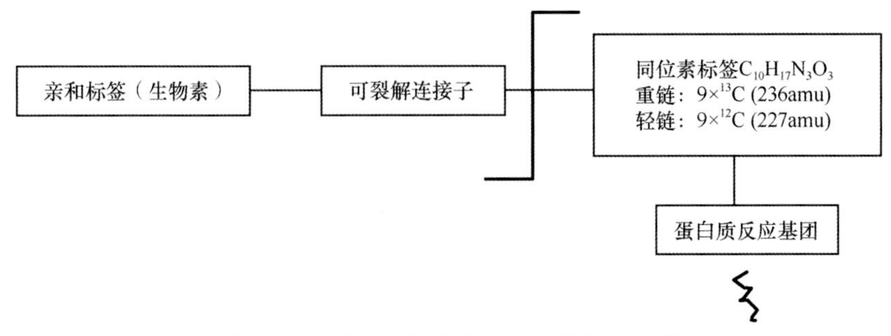

图 5-5　可裂解同位素亲和标签结构示意图

Zhou 等（2004）发明了一种新的方法，称之为固相同位素标记（solid phase isotope tagging），所用试剂的结构见图 5-6，由 4 部分组成：氨丙基包被的玻璃珠、含有硝基苯的光裂解连接子、连接 7 个氢或 7 个氘原子的亮氨酸同位素标签、与巯基特异反应的碘乙酰胺基团。该技术的流程：①将 ICAT 试剂与玻璃珠结合，使之固相化；②对两种不同状态的蛋白质酶解、还原，含有不同固相稳定同位素的标签分别与两种肽段混合，碘乙酰胺基团与肽段的半胱氨酸残基结合；③标记后混合，洗脱未结合的肽段；④ 360nm 紫外光照射，使连接子断裂；⑤回收被标记的肽段进行毛细管液相层析结合串联质谱分析，以确定肽的序列及其在不同样品中的相对丰度。这种方法最重要的两点是蛋白质的特异性和混合物的背景。采用串联亲和纯化（TAP）技术标记目标蛋白能显著改善信号蛋白与干扰蛋白的比例，增加信噪比。

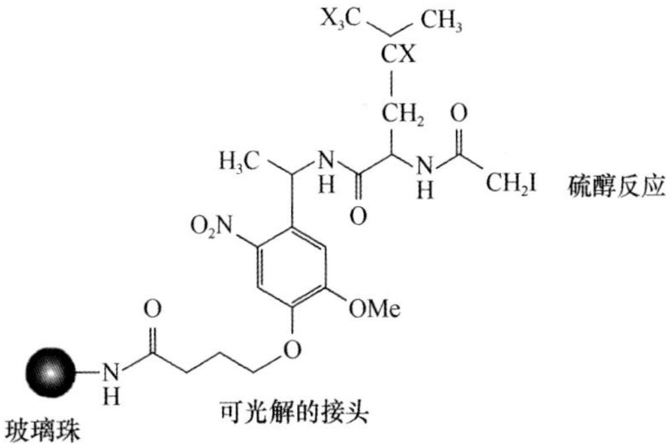

同位素标签：X = 氢或氘

硫醇反应

可光解的接头

玻璃珠

图 5-6　固相同位素标记试剂的结构

与传统的 ICAT 方法相比，固相同位素标记方法更简单、更灵敏、更有效，该方法中同位素标记是在酶切后进行的，而 ICAT 标记则是在酶切前。相对于肽段，标签的质量较小且呈中性，所以在 MS/MS 分析中肽段不易被忽略。然而，固相同位素标记法中光化学反应与其他裂解过程相比不太可靠，尤其是在填料中发生的反应（柱中反应），这可能是没有相关报道的原因。

可视同位素编码亲和标签（visible isotope coded affinity tag，VICAT）（图 5-7）是在 ICAT 技术基础上可以实现绝对定量的改进方法（Lu et al.，2004）。VICAT 由 3 种不同的同位素标签组成，即用来标记样品的巯基标记标签（VICAT）、标记内标的内标标签（${}^{14}C$-VICAT+6）和 IEF 标签（${}^{14}C$-VICAT–28）。后 2 个标签含有放射性同位素 ${}^{14}C$，标记在肽段上后可以通过

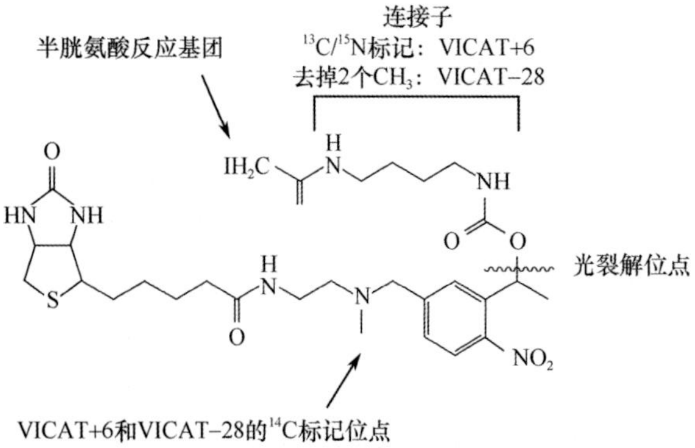

图 5-7 可视同位素编码亲和标签的结构

闪烁计数仪来定位肽段。除此之外，3 个同位素标签中均含有 1 个生物素标签、1 个半胱氨酸反应基团巯基和 1 个与固相同位素标记相同的光裂解连接子。在 LC-MS/MS 分析鉴定中，不同的标签由保留在多肽上的连接子区别，掺入了 ^{13}C 和 ^{15}N 内标的标签比巯基标记标签大 6Da，而去掉了 2 个亚甲基基团的 IEF 标签则小 28Da。VICAT 技术的操作流程是待测蛋白质经变性还原后，用巯基标记标签标记，酶切消化。另外平行操作一段合成肽段，分别用内标标签和 IEF 标签标记。将这 3 部分混合在一起，等电聚焦后切下胶上的肽段，用闪烁计数仪检测标记的肽段。然后进行亲和层析，紫外光照射裂解，以 LC-MS/MS 分析检测。在发生光裂解反应后，IEF 标签部分（^{14}C-VICAT–28）与肽段分离，不进入质谱检测。通过比较普通 VICAT 标记的肽段和 VICAT+6 标记作为内标的标准肽段的峰面积，就可以得到蛋白质的绝对含量（图 5-4）。VICAT 方法可以实现单一蛋白质甚至是复杂样品（细胞裂解液）的绝对定量。但由于放射性物质存在，限制了其进一步的推广使用。

Michael 等（2001）在 ICAT 的基础上发明了磷酸化蛋白同位素亲和标签（phosphoprotein isotope coded affinity tag，PhIAT），为研究和鉴定磷酸化蛋白的磷酸化位点提供了一条新途径，同时该方法对低丰度蛋白的鉴定和定量也是有效的，因此拓展了 ICAT 技术的应用范围。PhIAT 试剂含有亲核巯基和同位素标签及与其共价连接的生物素基团。使用磷酸化蛋白同位素亲和标签可富集、提纯和定量分析不同状态的 *O*-连接磷酸化蛋白。利用此方法，他们成功地鉴定了酪蛋白和酵母蛋白提取物的磷酸化位点。进一步的实验证明，通过 PhIAT 方法，不但可鉴定商品化供应的 β-酪蛋白的磷酸化位点，还可鉴定这种酪蛋白中的低含量酪蛋白，表明该方法对低丰度蛋白的鉴定和定量也是有效的。Goshe 等（2001）还报道了固相 PhIAT，命名为 PhIST（phosphoprotein isotope-coded solid-phase tag），为固相 ICAT 与 PhIAT 的结合，在固相捕获步骤引入同位素标签，采用的是可光裂解的连接子。

近年来，基于二级质谱的同位素标记蛋白质组技术得到普遍应用，主要是同位素标记相对和绝对定量（iTRAQ）、串联质谱标签（TMT）技术，分别由美国 AB SCIEX 公司、Thermo Fisher Scientific 公司开发。所有 iTRAQ/TMT 技术的原理和流程基本一致，即通过在肽段 N 端和赖氨酸侧链上放置等重异位质量标签，使得所有被标记肽在一级质谱和色谱上无法区分，但在质谱碎裂之后产生标记或报告离子，通过检测标记或报告离子的丰度，实现多组样本的蛋白质定量分析（Thompson，2003；Ross，2004）。

iTRAQ/TMT 标记试剂基于等重异位标签原理，由 3 个基础要素组成：报告基团（reporter group）、平衡基团（balance group）和肽反应基团（peptide-reactive group）。肽反应基团起将标记分子与肽段上赖氨酸侧链及 N 端氨基酸残基相连的作用，使得试剂几乎可以标记样本中的所有蛋白质。报告基团和平衡基团中均有同位素分布，每种同位素的总量固定，即两个基团的分子量总和一致，但同位素的分布位置不同，报告基团分子量具有差异，而平衡基团则起到平衡总分子量的作用。

以 iTRAQ4 标试剂为例，4 标即有 4 种同位素标记组合，其报告基团分子质量分别为

114Da、115Da、116Da、117Da，同种组合中相应的平衡基团分子质量分别为 31Da、30Da、29Da、28Da，两者之和均为 145Da。在实验中分别标记了 4 组样品后，每组样品同一肽段的分子量相同，在液相色谱中共流出，在质谱中共碎裂。碎裂时报告基团、平衡基团和肽反应基团之间的键断裂，平衡基团发生中性丢失，得到 4 种分子量不同的报告离子。同时多肽内的酰胺键断裂，形成一系列 b 离子和 y 离子，用于鉴定出相应的蛋白前体。由于报告离子分布在低分子量区域，和其他肽段子离子容易区分，根据报告离子的相对丰度推导出相应蛋白质在不同样品中的相对定量信息。

目前，主流的 iTRAQ 标记有 2 种规格，分别是 4 标、8 标。TMT 标记有 4 种规格，分别是 2 标、6 标、10 标、11 标，其中 10 标和 11 标需要在分辨率 30 000 以上的质谱质量分析器中才能区分开（Werner，2014）。各种标记试剂的主要结构见图 5-8。

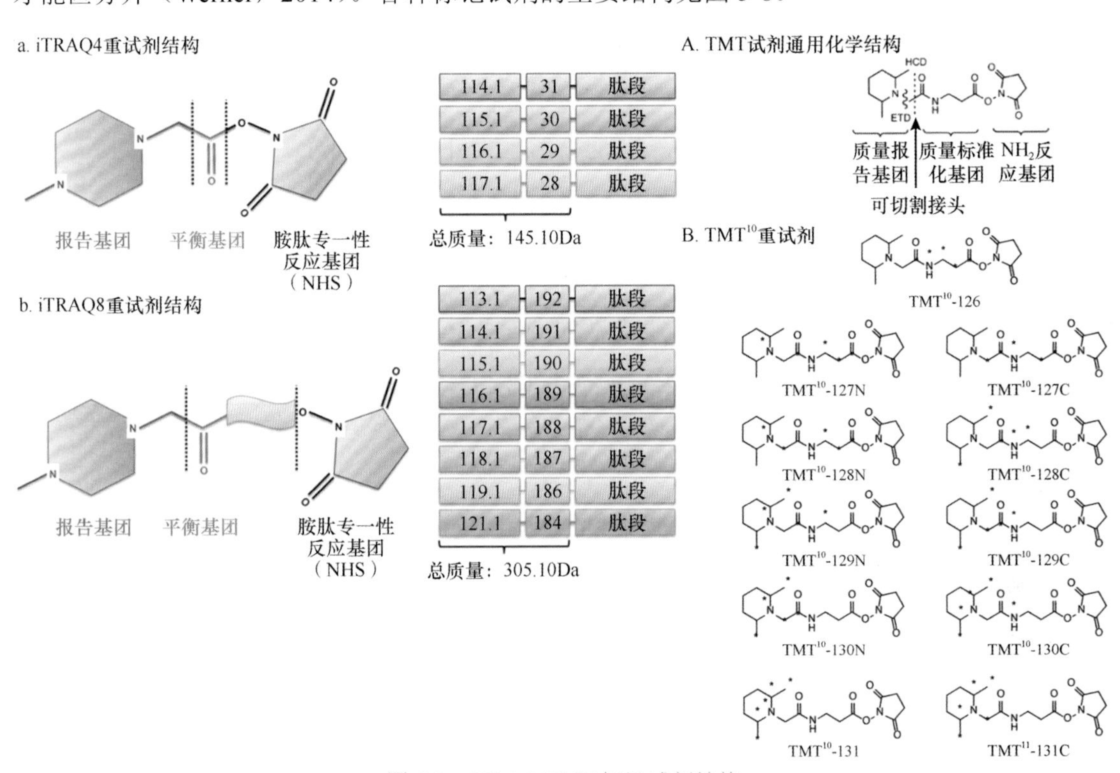

图 5-8 iTRAQ/TMT 标记试剂结构

a、b 图引自 Aggarwal 和 Yadav（2016）；A、B 图来源于 https://assets.thermofisher.com/TFS-Assets

iTRAQ/TMT 标记实验流程：TCA 法或 Tris 酚抽提法提取植物组织蛋白质；Bradford 法或 BCA 法定量蛋白质；还原烷基化；10k 超滤管除杂，加入试剂盒缓冲液，胰蛋白酶酶解过夜；按照试剂盒说明进行 iTRAQ 或 TMT 标记。标记样品全部混合后，使用高 pH 反向色谱或强阳离子交换色谱进行分馏，馏分合并成 10 个以上组分，每个组分纯化、冻干、重溶后分别进行 C_{18} 反向色谱串联质谱检测。原始数据经 MaxQuant、Mascot 等软件进行蛋白质鉴定及相对定量，根据定量结果筛选差异蛋白（图 5-9）。

Chen 等（2018）通过 TMT 标记蛋白质组和转录组分析发现，敲除番茄中 *SlMPK20* 基因显著降低了控制花药中糖、生长素代谢和信号转导的大量基因表达，花粉发育时单核到双核的转化进程受到干扰。其后通过蛋白质互作分析证明 SlMPK20 可能通过调控下游蛋白 SlMYB32 来特异性地调节减数分裂后的花粉发育。Zhao 等（2019）运用 iTRAQ 技术对无抗

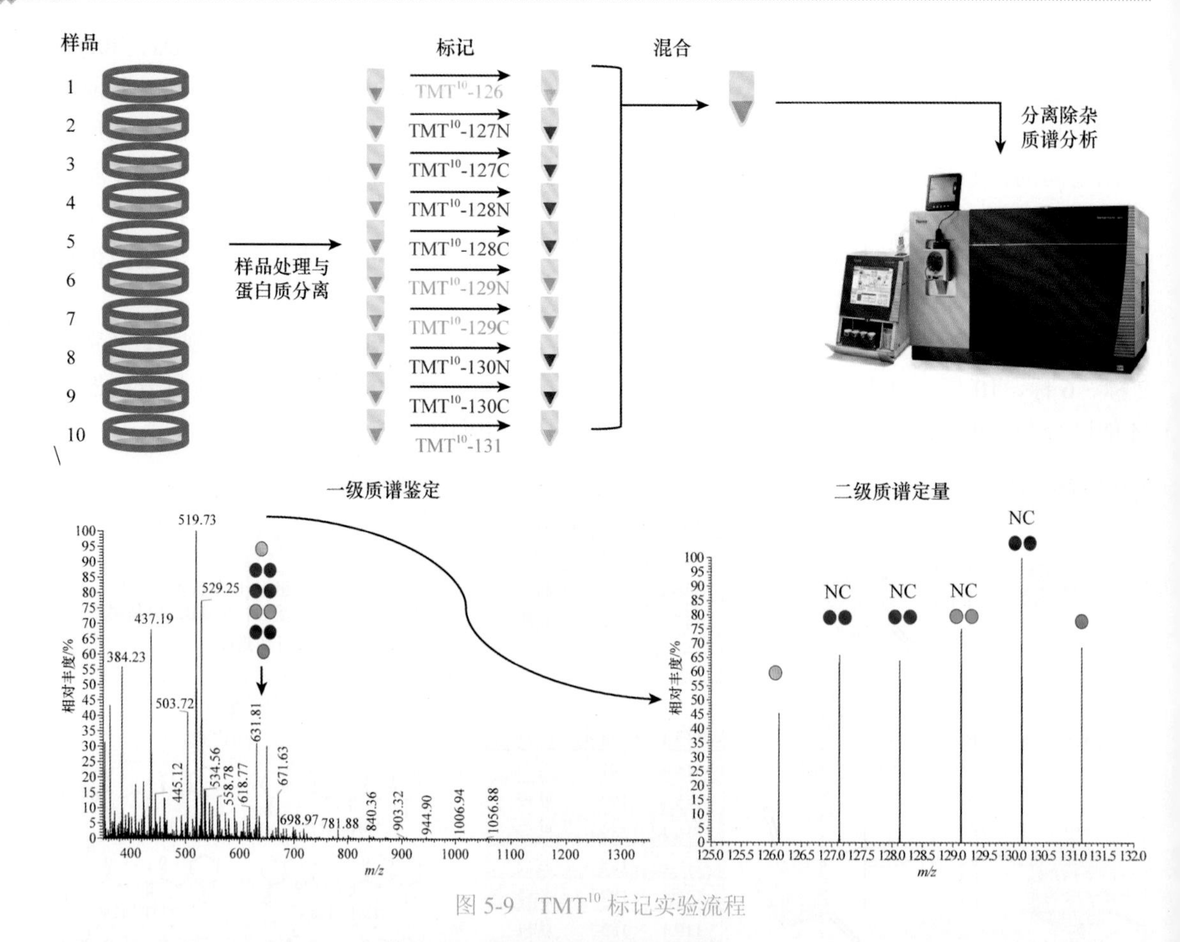

图 5-9 TMT10 标记实验流程

性和有抗性的看麦娘杂草进行研究，差异蛋白分析结果表明，除草剂会造成无抗性杂草植物在光合作用、氧化还原平衡等方面受到损伤。相比之下，抗性植物中的除草剂会被快速降解，进而减少除草剂对其光合作用等代谢途径产生的化学损伤。同时研究者采用靶向蛋白质组学PRM技术对筛选到的差异蛋白进行验证，表明酯酶（esterase）、谷胱甘肽*S*-转移酶和葡萄糖基转移酶能够作为快速指征杂草植物代谢抗性的潜在标志物。Cao等（2019）利用TMT技术揭示了毛泡桐丛枝病的发病机制。研究人员分别选取了健康毛泡桐幼苗、植原体侵染幼苗、甲磺酸甲酯处理后的健康幼苗和甲磺酸甲酯处理后又被植原体侵染的幼苗作为材料，分别进行了TMT标记定量蛋白质组学、乙酰化和琥珀酰化修饰组学鉴定。研究共检测到了8963个蛋白质，其中276个蛋白质的表达量随着植原体的侵染显著变化，而这些蛋白质主要参与次级代谢物合成、叶绿素代谢等通路。发病进程中，2893个蛋白质的5559个乙酰化位点发生变化，1271个蛋白质的1970个琥珀酰化位点发生变化，乙酰化的发生使得一些催化叶绿素和淀粉合成的酶活性受到明显抑制，揭示了发病过程中出现叶片黄化等表型的分子机制。Pi等（2018）采用iTRAQ技术研究了盐胁迫下的大豆蛋白磷酸化变化，发现在4692条定量到磷酸肽中，412条在盐处理后明显上调，其中包括转录因子GmMYB173的一条磷酸肽，其介导类黄酮合成酶基因*GmCHS5*启动子的磷酸化，并通过代谢组学发现了24种类黄酮在盐处理后的大豆中显著上调。通过转基因体系构建，进一步证实了GmMYB173通过促进黄酮类化合物代谢增强大豆耐盐性的机制。Wang等（2015）用iTRAQ技术研究了抽穗期、开花期和乳熟期稻谷麸皮的差异蛋白（图5-10），在5268个鉴定到的蛋白质中筛选到563个差异蛋白，其中Q7X8A1在开花期表达量最高，而B8BF94和Q9FPK6表达量只在乳熟期升高，镁原卟啉Ⅸ单甲酯［氧化］环化酶（Q9SDJ2）、两个镁螯合酶ChlD（Q6ATS0）和ChlI（Q53RM0）与叶绿素合成相关。Wang等（2016）通过TMT技术发现13个叶绿体蛋白质在三倍体水稻中的表达丰度显著高于二倍体，差异蛋白主要富集在光合作用通路中，并通过定量PCR验证了三倍体中*ATPF*、*PSAA*、*PSAB*、*PSBB*和*RBL* 5个基因上调（图5-11）。

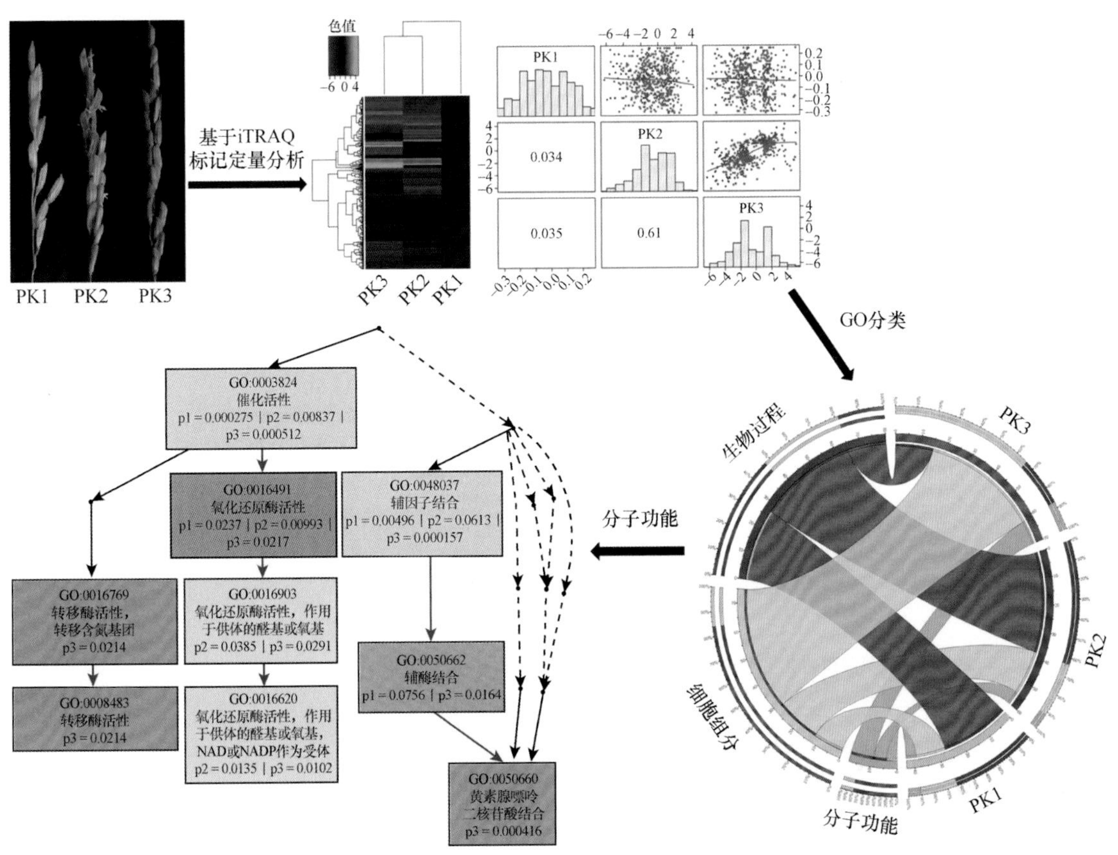

图5-10 基于iTRAQ标记的不同发育时期稻谷麸皮定量蛋白质组学分析

PK1：孕穗期；PK2：开花期；PK3：乳熟期；水稻品种为‘两优培九’

5.3.2 体内标记

经典的体内标记定量技术是细胞培养条件下氨基酸稳定同位素标记（stable isotope labeling by amino acids in cell culture，SILAC）技术，该技术的基本原理是将轻、重同位素标记的必需氨基酸（通常为赖氨酸和精氨酸）分别加入细胞培养基中，经过5～6个倍增周期，细胞内新合成的蛋白质的氨基酸几乎完全被稳定同位素标记，根据混合样品中两种同位素标记肽段呈现的信号强度或峰面积比例，即可实现对蛋白质的精确定量。SILAC技术在蛋白质层次对样本进行混匀，可以有效避免后续酶解等操作所带来的定量误差，具有标记效率高和定量准确性高的特点，主要缺点是存在同位素标记的精氨酸代谢转换成脯氨酸的现象，导致标记效率偏低，定量准确性下降，同时该技术早期只适用于活体培养的细胞，医学研究常用的组织、体液等样品则无法应用。为了克服上述缺点，在SILAC技术的基础上衍生出许多分支技术，包括Super-SILAC、Trans-SILAC、Pulsed-SILAC、SiLAD、SILAM等技术。

Super-SILAC（也称Spike in-SILAC）为常规SILAC技术，不易进行复杂样本的标记，

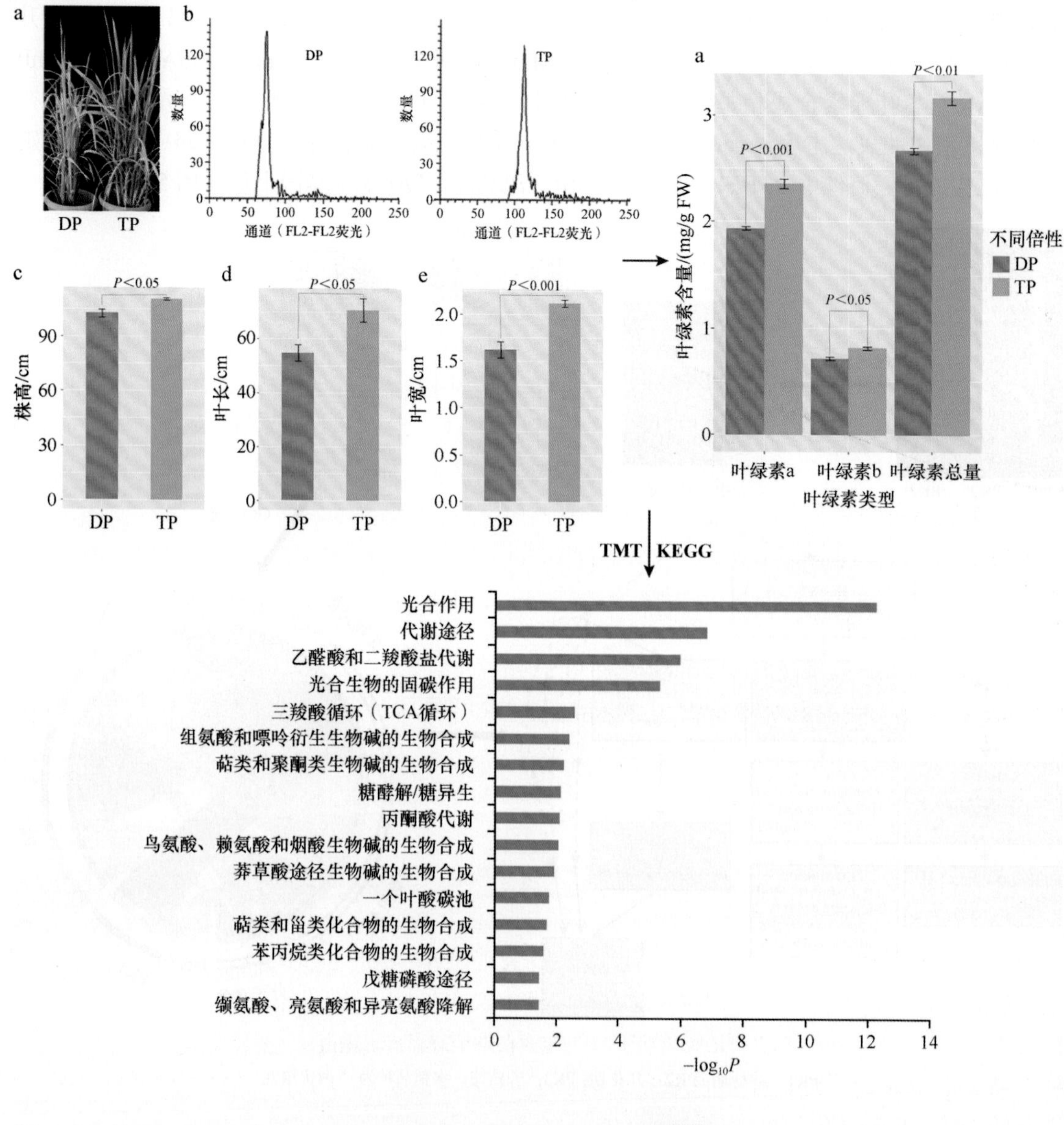

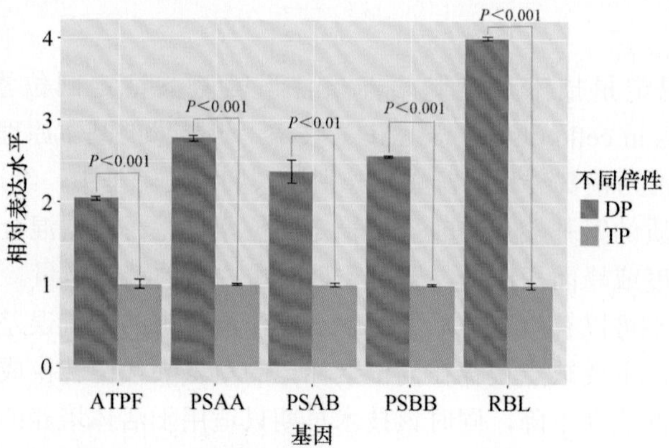

图 5-11 基于 TMT 标记的二倍体和三倍体植株叶片定量蛋白质组学分析

DP：二倍体；TP：三倍体

如组织或动物个体，因为要使全部同位素完成标记，细胞需要培养 5 ～ 10 代，而动物则需要培养至少 3 代，因而在实际操作中还是比较困难的，尤其是针对人类的疾病标本，无法获取和使用 SILAC 技术标记的组织。针对这一问题，Geiger 等（2010）提出了一种可以精确定量人体组织（肿瘤或正常组织）蛋白质组的方法，这种方法基于 SILAC 技术的原理对 5 种细胞系中蛋白质进行稳定同位素标记，并将混合的细胞系标记样品作为中介，与不同的人体组织样品进行等比例混合，进而进行基于质谱的定位分析（Neubert and Tempst，2010）。这种 Super-SILAC 方法扩展了基于 SILAC 的蛋白质组学方法的应用范围。Super-SILAC 技术的特点是将用 SILAC 标记过的单个细胞系 / 多个细胞系 / 组织作为一个仅仅用于定量的内参，因为大多数要定量的样品，其蛋白质的种类数和相对应的细胞系的种类数相差并不多，SILAC 技术标记过的单个细胞系 / 多个细胞系 / 组织只是提供一个定量的参照。同时 spike-in SILAC 对样本的培养不会有丝毫的影响，培养周期短。一般来说，对于复杂的组织样本，采用 SILAC 技术标记的相应细胞系，3 ～ 5 个细胞系便可足够提供一个参照（Geiger et al.，2011）。

非细胞自主性蛋白质可以整合到细胞中并与细胞内蛋白质紧密联系，或者通过细菌感染细胞而整合，但全面鉴定外来蛋白质是一项挑战性工作。最近，Rechavi 等（2011）提出了一种定量蛋白质组学策略，可以从细胞全蛋白质组中分选出非细胞蛋白质（它们是其他细胞合成的或是细胞内病原菌合成的）。这种结合了 SILAC、高纯度细胞分选及生物信息学分析等多种方法来鉴定细胞内非细胞自主性蛋白质的方法称作“Tans-SILAC”，可从人类 B 淋巴细胞、NK 细胞中发现多种外来蛋白质，还可以估算病原菌（如沙门氏菌）蛋白感染的人体细胞中外源蛋白质的合成速率。“Trans-SILAC”是一种有效的检测多细胞生物的不同细胞间或病原体与宿主间蛋白质交换的方法。

Pulsed-SILAC 是一种可在全蛋白质组水平上定量比较蛋白质翻译效率的新方法。目前针对全基因组表达分析的方法，多检测 mRNA 丰度的变化，忽略了对翻译水平变化的检测。稳定同位素脉冲标记已被用于测量蛋白质周转率（protein turnover rate），但并未能直接提供关于翻译效率的信息。基因表达的调控发生在 mRNA 到蛋白质合成的各个阶段，DNA 微阵列是分析基因表达的常用技术（Hoheisel et al.，2006），但其在测定 mRNA 水平和 mRNA 与蛋白质丰度关系方面存在欠缺。多聚核糖体分析（polysome profiling）技术只提供 mRNA 与核糖体结合的信息，不能直接定量蛋白质的合成（Arava et al.，2003）。因此急需一种新的翻译分析方法。Pulsed-SILAC 技术与普通 SILAC 技术相比具有以下特点：普通 SILAC 技术中细胞通过在含有重稳定同位素标记的必需氨基酸的培养基中培养进行代谢性标记（Boisvert et al.，2012）。经过几个细胞分裂周期后，同位素标记转入所有的蛋白质中，将具重和轻同位素标记的细胞混合起来一起分析。具不同稳定同位素组分的肽段由于质量不同，可通过质谱来区别鉴定，肽段的信号强度比例可精确反映相应蛋白质的丰度比。SILAC 技术可应用于测量蛋白质周转率，在进行此种实验时，生物体的特征被重氨基酸进行脉冲标记（pulsed labeled），即某一时段的标记。重标（H）和轻标（L）肽段比例反映了相应蛋白质周转率。然而，蛋白质周转率受合成和降解两方面的影响，因此，H/L 值并不能直接提供翻译效率的信息。例如，一个高的 H/L 值可能表明一个稳定蛋白质具有高翻译效率，或者一个快速降解蛋白质具有低翻译效率。通过用两种不同稳定重同位素进行脉冲标记，直接比较两种样本的蛋白质翻译效率是可能的（Boisvert et al.，2012）。首先，细胞在含正常 L 标氨基酸的标准培养基上培养，同时进行不同的处理后，细胞转移到含有 H 标或中标（M）氨基酸的培养基中，在随后的标记阶段，所有新合成的蛋白质都将以 H 标和 M 标蛋白质出现。因此，Pulsed-SILAC

技术定量脉冲标记后两样品蛋白质合成效率的不同。与使用单个标记的脉冲标记法确定蛋白周转率或运输效率是根本不同的。随后，将两种样品混合在一起分析，H 标与 M 标肽段的丰度比反映了相应蛋白质翻译效率的不同。因为预先存在的蛋白质仍以 L 标蛋白质存在，可以忽略，这种方法是独立于蛋白稳定性差异的，否则将干扰准确定量。降解在一定程度上也影响新蛋白质的合成，然而这种降解正常地发生在 M 标和 H 标蛋白质当中的，并不影响 H/M 值。Pulsed-SILAC 技术流程：将在含 L 标氨基酸培养基中的细胞分别转移到含 H 标和 M 标氨基酸培养基中进行标记，经过标记期后，收获细胞，按比例（1∶1）混合，再进行质谱分析（图 5-12）。

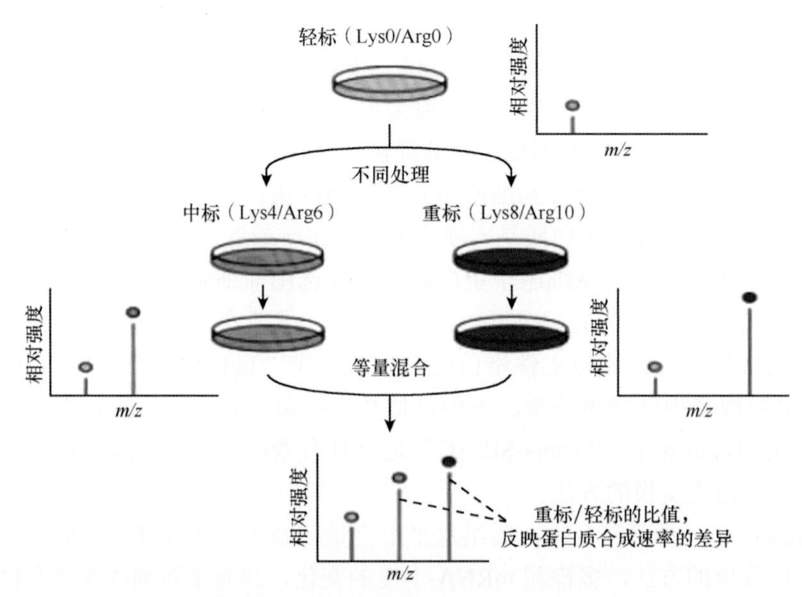

图 5-12 Pulsed-SILAC 技术原理示意图

将在含轻标（L）氨基酸培养基中培养的细胞转移到含重标（H）或中标（M）氨基酸培养基，从此刻开始细胞被标记，新合成的蛋白质融入了 H 标或者 M 标氨基酸，经过这一标记阶段，两种细胞全数混合，并通过 MS 分析；H 标肽段与 M 标肽段峰值强度的比例反映了相应蛋白质的翻译效率

SiLAD（^{35}S *in vivo* labeling analysis for dynamic proteomics）是一种基于 ^{35}S 标记的高时序分辨率动态蛋白质组学检测技术（Zhang et al.，2008）。该技术首先利用 ^{35}S 标记的 Met 与 Cys 混合物（NEG-722 EasyTag^{TM} Express Protein Labeling Mix）对细胞或实验动物进行短时间的脉冲标记，在此段时间内合成的蛋白质因为含 ^{35}S 氨基酸的插入而被特异性标记。然后制备总蛋白样品通过双向电泳进行分离，所得到的双向电泳凝胶经考马斯亮蓝（CBB）染色并扫描后制备干胶，干胶利用高灵敏度磷屏进行曝光，最后对干胶进行激光扫描得到曝光图像。因此，SiLAD 技术可以同时提供考马斯亮蓝染色和 ^{35}S 曝光的 2 种图像。SiLAD 技术具有以下优势：①提高差异表达蛋白筛选的敏感性；②在磷屏图像中，可以只对新合成的蛋白质进行相互比较；③以“蛋白质合成速度曲线”取代“蛋白质量曲线”，更直接地反映相关细胞活性，并显著提高时间分辨率（标记时间 15min）；④具有高通量能力，可以同时检测大量差异表达蛋白；⑤可以获得蛋白质合成以外的代谢信息；⑥与质谱鉴定可良好兼容。

SILAC 技术尽管在细胞或简单模式生物的蛋白质组学研究中获得广泛的认可，并有一系列的扩展技术及应用，但可标记氨基酸选择范围小，部分同位素标记氨基酸会代谢转换成其他氨基酸，从而导致肽段非特异性标记，在应用于模式生物时存在费用高等缺陷。而这些问题可以通过整体氨基酸标记来解决，尤其是针对小鼠等的哺乳动物稳定同位素标记（stable isotope labeling in mammals，SILAM）技术。该方法始于 2004 年的 Yates JR 实验室（Wu et al.，2004）。其利用 ^{15}N 标记的氮源鼠粮饲养小鼠，经若干代后可将小鼠体内蛋白质组中的全部氮元素标记成 ^{15}N，标记效率可达到 95% 以上。该方法已得到广泛应用，并不断得到改进（McClatchy et al.，2007；Price et al.，2010）。该方法可应用于人类疾病动物模型中的蛋白质准确定量，也可应用于动物体内蛋白质周转率及存活时间的研究。

近年来，将 SILAC 技术与蛋白质相互作用、亚细胞定位及翻译后修饰等方面技术联合应用，建立了一些新的方法。

（1）QUICK

与敲低结合的定量免疫沉淀（quantitative immunoprecipitation combined with knockdown，QUICK）法是一种将 RNAi、SILAC 与 IP-MS/MS 联合应用的技术（Selbach and Mann，2006），该方法是对 IP-MS/MS 策略的重要改进，可有效排除质谱鉴定结果中的非特异性吸附蛋白（图 5-13）。IP-MS/MS 策略的优势在于检测到的是纯内源性的相互作用分子，而 IP 产物中有许多是抗体及琼脂糖非特异性吸附蛋白，大大影响了对鉴定结果的分析。利用 RNAi 技术将细胞样品中诱饵蛋白敲低后，利用 SILAC 技术标记两种细胞中的蛋白质，之后进行 IP-MS/MS 分析，随着诱饵蛋白敲低也降低的分子，即真正与诱饵蛋白相互作用的分子，而含量不变的分子是非特异性吸附分子。此策略假设诱饵蛋白敲低后，不会引起其他分子自身表达水平明显改变。但这种情况对于某些诱饵蛋白，尤其是参与基因表达调控的蛋白质，是存在的。因此，需要同时对诱饵蛋白敲低后其他分子自身表达水平变化进行检测，并以此作为对照进行分析。

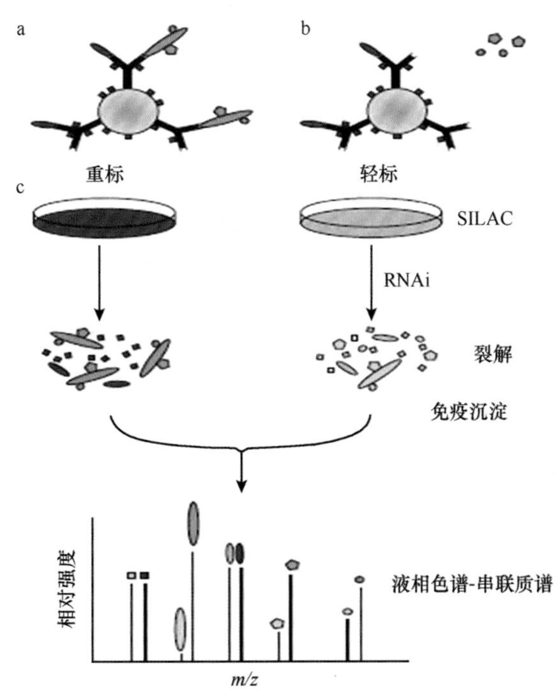

图 5-13　QUICK 方法原理示意图

a. 一般 IP 产物中可能会出现以下 4 类蛋白质：①诱饵蛋白本身（绿色椭圆）；②特异性地与诱饵蛋白相互作用的分子（绿色小圆、绿色五边形）；③ IgG 分子非特异性吸附蛋白（红色正方形）；④与诱饵蛋白抗体存在交叉反应的蛋白质（红色椭圆）。b. 诱饵蛋白水平敲低之后，③、④两类“污染”蛋白存在。c. RNAi +SILAC+IP+LC-MS/MS 过程；结果中①、②两类蛋白含量降低，而③、④两类“污染”蛋白含量不变

（2）Spatial-SILAC

将 SILAC 技术与亚细胞组分分离技术联合应用，可对不同状态下细胞各亚细胞组分中的蛋白质动态变化进行定量检测。Boisvert 等（2012）将 Pulsed-SILAC 技术与亚细胞组分分离技术联合应用，并辅以数据分析策略来对不同亚细胞组分中的蛋白质合成、定位及周转速率进行测定。他们利用这种技术策略在 HeLa 细胞中鉴定到 8041 种蛋白质（80 098 个肽段），确定了它们在细胞质、细胞核及核仁 3 种亚细胞定位空间的分布，并用一种内置于 PepTracker 的程序进行可视化呈现。利用离子信号强度及同位素峰比值的变化等信息，计算得到全细胞及各亚细胞组分中的蛋白质丰度及合成、降解和周转速率。这些信息对于深入分析细胞内蛋白质组成及分布规律具有重要意义。

（3）SILAC 与 PTM 富集鉴定技术的联合应用

SILAC 技术很适合翻译后修饰动态变化的鉴定，如不同状态下磷酸化修饰动态变化的检测。蛋白质可逆的磷酸化修饰是一种普遍存在的、极为重要的翻译后修饰，负责调控蛋白质功能、蛋白质定位和相互作用及蛋白质稳定性，影响细胞内的主要生命活动。Tang 等（2007）利用此技术对 HEK293 细胞在经过纯化的 Wnt3a 刺激 0min、1min、30min 三个条件下的蛋白质磷酸化修饰动态变化进行了检测。共鉴定到 1057 种存在于 3 种条件下的磷酸化蛋白，其中 287 种蛋白质至少在两个时间点间发生 1.5 倍以上的变化。经过进一步分析和实验验证，发现 RRM2 的第 20 位丝氨酸磷酸化在 Wnt3a 刺激 30min 时显著上调，且发现 RRM2 是 Wnt 信号通路中 β-连环蛋白（beta-catenin）的下游分子，起抑制 Wnt 信号的作用，其第 20 位丝氨酸磷酸化可以抵制这种抑制效应。

SILAC 技术的主要优点：①把时间维度整合到蛋白质组学，从而可以进行蛋白质组的动态变化研究（Molina et al.，2005）；②灵敏度高，样本量要求少，通常每个样品只需要几十微克的蛋白质；③采用高分辨质谱定量，定量结果准确且批次变异小、重复性好；④标记是在样品处理前引入，随后进行蛋白质分离、酶切和鉴定，后续实验对样品的影响一致，可减少误差；⑤ SILAC 与 SDS-PAGE 或色谱分离技术相结合，兼容疏水性蛋白和偏碱性蛋白，不受蛋白质性质限制；⑥属于体内标记技术，标记效率高而且稳定，其标记效率不受裂解液的影响，不仅适合于进行全细胞蛋白质的分析，还适合于膜蛋白的鉴定和定量（Qiu and Wang，2008），而且最近已经将其应用到动物整体水平的研究。

SILAC 技术主要有以下几方面的应用。

1）蛋白复合体及蛋白质相互作用研究。蛋白复合体在细胞内行使多种功能，鉴定蛋白复合体的亚基是理解蛋白复合体功能的基础。Guerrero 等（2006）发明了一种体内串联亲和纯化交联蛋白复合体的定量分析（quantitative analysis of tandem affinity purified *in vivo* cross-linked X protein complexes，QTAX）技术来描述体内蛋白质-蛋白质相互作用，并利用这一策略成功绘制了酵母中 26S 蛋白酶体（细胞内降解蛋白质的蛋白复合体）的相互作用网络。该策略利用重同位素标记的精氨酸培养野生型酵母，正常精氨酸培养 Rpn11-HB 型酵母，Rpn11 是 26S 蛋白酶体的一个亚基，可能在底物识别中发挥作用。在细胞裂解前用甲醛交联固定蛋白质以稳定瞬时相互作用，^{12}C6-Arginine 和 ^{13}C6-Arginine 标记的蛋白质等量混合，然后以组氨酸序列和生物素信号序列组成的串联亲和标签来分离交联的蛋白复合体，酶切后用串联质谱鉴定，在质谱图上轻、重同位素峰差 6Da，可根据轻、重同位素一级质谱峰面积比对相应蛋白质进行相对定量，发现 26S 蛋白酶体有 64 对潜在的 PPI，其中 42 对是新发现的相互作用。

2）蛋白质翻译后修饰研究。翻译后修饰是脊椎动物细胞调节蛋白质活性、行使功能的主要机制之一，获取翻译后修饰蛋白质定性信息是理解信号转导机制所必需的。但是，从系统生物学角度看，获得翻译后修饰如磷酸化的动态信息同等重要。已有的标记技术对样品需求量大，操作复杂。Ibarrola 等（2003）利用 SILAC 技术对 293T 细胞进行标记，细胞裂解液混合后，进行免疫共沉淀获得感兴趣的蛋白质，之后进行 SDS-PAGE，切胶后进行质谱分析。在一级质谱图上，没有发生磷酸化修饰的肽段丰度无变化，而发生磷酸化修饰的肽段可以看出丰度变化。通过这个方法获得已知磷酸化位点蛋白质的定量信息，并对新发现磷酸化位点的蛋白质进行定量。蛋白质甲基化是一种重要的翻译后修饰，主要发生在赖氨酸和精氨酸残基。过去鉴定甲基化位点的方法操作复杂、样品要求量大、不能应用于复杂样品。Ong 等（2004）发明了重甲基 SILAC（heavy methyl SILAC）技术对甲基化位点进行鉴定并对甲基化蛋白定量。细胞在具含重甲基基团的甲硫氨酸（含 1 个 ^{13}C 和 3 个 2H 原子）的培养基中培养，可将 [^{13}CD3] 甲硫氨酸转化为其唯一的甲基供体，即 [^{13}CD3]*S*-腺苷甲硫氨酸，这一过程需要 ATP。这一中间体可将蛋白质甲基化，因此重甲基基团转移到甲基受体并将质量标签（mass tag）掺入所有的甲基化蛋白中。在重甲基 SILAC 技术中，2 种不同细胞状态甲基化的相对定量是通过测量甲基化肽相对信号强度实现的。同时，为了区分开甲基化蛋白的丰度变化，利用 Lysine-D4 标记细胞，这使得所有包含 Lysine、甲硫氨酸或甲基化残基的肽段被标记上。含赖氨酸或甲硫氨酸的肽段比例反映了蛋白质比例（protein ratio），而甲基化比例反映了蛋白质丰度和甲基化程度的变化。该研究共鉴定到 59 个甲基化位点，其中一些是文献没有报道的。酵母是研究 G 蛋白偶联受体（G-protein coupled receptor，GPCR）信号通路的一种模式生物。研究 GPCR 为理解丝裂原活化蛋白激酶（mitogen activated protein kinase，MAPK）通路包括交配信息素（mating pheromone）应答提供基础。Gruhler 等（2005）使用 ^{13}C6-Lysine 和 ^{13}C6-Arginine 标记，对赖氨酸和精氨酸营养缺陷型酵母中由交配信息素诱导的磷酸化改变进行定量蛋白质组学分析，用固定化金属离子亲和层析（immobilized metal ion affinity chromatography，IMAC）富集磷酸化肽段；在离子阱（ion trap）中大量发生中性丢失的离子可被进一步分离、碎裂和分析，这称为 MS-MS-MS（MS^3）。准确的母离子质量结合 MS^3 图谱信息，可以提高磷酸肽鉴定可信度几个数量级。该研究以混合线性离子阱 / 傅里叶变换离子回旋共振（LTQ-FTICR）质谱仪进行 MS/MS 和中性丢失导向（neutral loss-directed）的 MS^3 分析，提高了磷酸肽检测及鉴定的灵敏度和准确性。利用 MS/MS 扫描自动触发数据依赖的 MS^3 对中性丢失的母离子进行碎裂，这一中性丢失依赖的 MS^3 运行模式会出现特征性磷酸丢失（–98Da），通过 2 次连续的串联质谱对磷酸肽进行测序。共鉴定了 700 个磷酸肽，其中 139 个表达量相对变化在 2 倍以上，主要是 MAPK 信号通路成员。

3）动物水平蛋白质功能研究。Krüger 等（2008）用 ^{13}C6-Lysine 或 ^{12}C6-Lysine 和赖氨酸缺陷的饲料混合配制成 SILAC 饲料，经过水解作用，利用阳离子交换色谱对氨基酸成分进行分析，并对用该饲料饲养小鼠的体重、发育、生长和行为等生物属性分析，发现稳定同位素对小鼠没有显著影响。考虑到不同组织器官重 ^{13}C6-Lysine 的掺入效率不同，又对饲养 4 周小鼠的不同器官蛋白质组进行了串联质谱分析。同时，用重同位素饲养小鼠数代后，发现 F_2 代鼠的同位素标记效率大于 95%，满足质谱分析的条件。基于以上结果，对 β1 整合素、β-Parvin 和 Kindlin-3 基因敲除小鼠的多个组织与器官的蛋白质组分析发现，Kindlin-3 基因敲除的红细胞发生膜骨架缺陷。进一步研究发现，Kindlin-3 是红细胞行使功能所必需的因子。因此，SILAC 技术结合基因敲除技术可对动物整体水平的蛋白质进行功能研究。高等生物的基因表达差异研究中局限于基于基因芯片方法的 RNA 分析，几乎所有的基因检测在一张芯片上完成。然而，由于转录后调控和调控蛋白质的降解，利用基因芯片得到的数据并不总是能准确预测组织或细胞内蛋白质水平的变化。一些细胞如血小板和红细胞等，没有 mRNA，无法进行基因芯片检测。而 SILAC 技术可克服这一缺点，成为定量蛋白质组学的强有力工具。

4）蛋白质绝对定量研究。到现在，已经发展了几种基于同位素标记联合质谱检测的蛋白质绝对定量技术。仪器分析敏感性和测序速度上的改进，改善了对低丰度蛋白的定量。三重四极杆质谱仪（triple quadrupole mass spectrometer）及质谱多重反应监测（multiple reaction monitoring，MRM）方法普遍应用于蛋白质混合物中特定蛋白质的定量。这些定量方法将结构和目标蛋白相似的已知含量的同位素标记的蛋白质标准品或肽段加入样品中。然而，利用仅依赖一个或两个标准肽的定量方法，如绝对定量（absolute quantification，AQUA）技术（Gerber et al.，2003）及 Q 肽编码亲和标签（Q peptide coded affinity tag，QCAT）技术（Beynon et al.，2005）对蛋白质进行定量可能会降低定量准确度。另外，不是所有的肽段都可以作为标准肽，那些会引进副产物的肽段不应使用。由于标准品和内源性蛋白在分级分离（fractionation）阶段的行为不完全一致，因此在蛋白质酶切阶段才加入这些标准品，是这些定量方法的缺陷。另外，这类方法在每个实验阶段都发生样品损失，因此只是对加入标准品时的样品浓度进行定量；在样品和标准品混合之前，所有的样品处理步骤都会影响定量结果；如果胶内酶切不充分或肽段提取不完全，都可能造成定量结果的偏差。为了克服这些缺陷，需要在实验最初的阶段将标准品和样品混合，而且标准品和内源性目标蛋白要相同或高度相似。Hanke 等（2008）发明了绝对 SILAC（absolute SILAC）技术，使复杂混合物中目标蛋白的精确定量成为可能。该方法体外（无细胞体系）和体内（精氨酸和赖氨酸营养缺陷型大肠杆菌菌株）表达重组蛋白，用 SILAC 技术标记后作为内参，直接与细胞或组织裂解物混合，减少了由样品处理方法不同而引起的差异。利用这一技术，检测出在对数生长期，每个 HeLa、HepG2、C2C12 细胞分别含 5.5×10^5 个、8.8×10^5 个、5.7×10^5 个生长因子受体结合蛋白 2（growth factor receptor bound protein 2，Grb2）。

^{15}N 标记法是稳定同位素进行体内代谢标记的主要方法之一。^{15}N 标记应用于蛋白质组学研究始于 1999 年，Brian Chait 实验室将突变体和野生型酵母分别置于正常培养基与稳定同位素 ^{15}N 标记的培养基（^{15}N 标记率＞96%）中，经过一段时间的培养，提取总蛋白质，对两种基因型的酵母蛋白动态变化进行定量分析，结果显示正向标记（野生型酵母生长于 ^{14}N 培养基，突变体酵母生长于 ^{15}N 培养基）的定量结果与反向标记（突变体酵母生长在 ^{14}N 培养基，突变体酵母生长于 ^{15}N 培养基）的定量结果非常接近，从原理上证明 ^{15}N 标记法能够获得准确的定量结果，可以用于定量蛋白质组学研究（Oda et al.，1999）。此后，稳定同位素的代谢标记法实现了对果蝇和线虫的 ^{15}N 高效标记，并应用于蛋白质组学研究（Krijgsveld et al.，2003）。2004 年 John Yates 实验室首先将稳定同位素 ^{15}N 的体内代谢标记方法应用于哺乳动物（大鼠），以 ^{15}N 标记的绿藻（^{15}N 标记率＞99%）为食物喂养大鼠，在历经 44d 的生长后，部分组织的 ^{15}N 标记率可达到 90% 以上；将 ^{15}N 标记的样品作为内标，分别与不同实验组的样品混合，用质谱进行定量分析，最后鉴定了 127 个差异表达蛋白（Wu et al.，2004）。此后，McClatchy 等（2007）对 ^{15}N 标记哺乳动物的方法进行了改进，用 ^{15}N 对小鼠进行连续两代的培养，最后实现了所有组织的 ^{15}N 标记率均达到 90% 以上，可以用于定量蛋白质组学研究，这种技术就是 SILAM 技术。目前 SILAM 技术已经广泛应用于以小鼠等为实验对象的多项蛋白质组学研究（Dong et al.，2007；Liao et al.，2012；Savas et al.，2012）。^{15}N 标记法具有标

记过程简单、实验重复性好、定量准确度高、成本低等优点，是进行定量分析的首选（Yao et al.，2014）。

^{15}N 在植物体内的转运和同化：氮元素是植物生长发育所必需的大量元素，植物根的氮素转运系统将 NH_4^+ 和 NO_3^- 分别转运至体内，NH_4^+ 可以在根部直接由谷氨酰胺合成酶催化生成谷氨酰胺；NO_3^- 则需要运送至地上部，被硝酸还原酶还原成亚硝酸根离子，再转运至质体中，由亚硝酸还原酶还原成 NH_4^+，最后由谷氨酰胺合成酶催化生成谷氨酰胺。谷氨酰胺是无机氮在体内转变成有机氮的第一个分子，也是生物体所有氨基酸及其他含氮有机分子中氮的来源。正是由于植物能够吸收、转运含氮无机盐，并且可将其转化成包括各种氨基酸在内的有机物，当培养基的氮盐被稳定同位素 ^{15}N 标记时，植物可将 ^{15}N 标记的无机盐转变为 ^{15}N 标记的氨基酸，进而在基因翻译的时候，合成新的 ^{15}N 标记的蛋白质。经过一段时间的培养，随着 ^{14}N 标记的蛋白质逐渐降解，^{15}N 标记的蛋白质合成逐渐增多，有望实现细胞内所有的蛋白质几乎完全被 ^{15}N 标记，最后用于定量蛋白质组分析。

稳定同位素 ^{15}N 标记法先后应用于拟南芥悬浮细胞、烟草悬浮细胞、莱茵衣藻和微藻等在内的单细胞体系，以及包括拟南芥和番茄植株在内的多细胞体系。在这些不同的实验体系中，都需要建立相应的稳定同位素 ^{15}N 标记法。针对拟南芥有适合无菌条件下液体培养幼苗的标记方法、适合液体培养植株的标记方法 HILEP、适合固体培养拟南芥植株的标记方法 SILIA，针对番茄有适合固体培养植株的标记方法 SILIP。

^{15}N 标记方法在植物研究的应用：^{15}N 标记法最初用于研究植物的氮代谢，将植物培养于含 ^{15}N 无机盐的营养液，经过一段时间的生长后，通过测量体内两种稳定同位素 ^{15}N 和 ^{14}N 的比值来判断氮代谢的情况，较低的 ^{15}N 标记率（≈ 10%）就可以满足这类研究的需求（Millard and Neilsen，1989）。结构生物学家 Ippel 等（2004）首次进行 ^{15}N 完全标记植物的研究，使用含 $K^{15}NO_3$（浓度＞98%）的营养液培养马铃薯植株，最后获得了近乎完全被 ^{15}N 标记的蛋白质，用于蛋白质结构的分析。^{15}N 标记法应用于蛋白质的定量分析要求蛋白质接近完全标记（标记率大于 90%），在植物的首次应用是在拟南芥悬浮细胞系中开展，以 $K^{15}NO_3$ 为唯一氮源对拟南芥悬浮细胞进行标记，经过 14d 的生长后，^{15}N 标记率可达 98%，并且对比例范围为 1∶4 ～ 4∶1 的 $^{14}N/^{15}N$ 蛋白质混合物进行定量分析，发现能够进行非常准确的定量，质谱的定量值与理论值很接近。该研究证明了 ^{15}N 标记法应用于植物的定量蛋白质组学分析是可行的（Engelsberger et al.，2006）。从此之后，^{15}N 标记除了应用于拟南芥悬浮细胞（Benschop et al.，2007）、烟草悬浮细胞（Stanislas et al.，2009）、衣藻（Muehlhaus et al.，2011）和微藻（Le Bihan et al.，2011）等单细胞生物体系外，开始在植株水平实现对植物的标记。目前 ^{15}N 标记植株的蛋白质组学研究主要在拟南芥和番茄中进行。在拟南芥中，为了满足不同的研究需求，先后建立了适合不同培养条件的 ^{15}N 标记法：无菌培养幼苗 2 周（Nelson et al.，2007）、液体培养植株至 7 周（Bindschedler et al.，2008）、含琼脂的培养基培养植株 3 周（Guo and Li，2011）。在番茄中也建立了适合固体培养植物的 ^{15}N 标记法，番茄植株在生长 60d 后，^{15}N 标记率可达到 98%（Schaff et al.，2008）。

^{15}N 标记法已经成功应用于植物响应外源信号的定量蛋白质组学研究。由于蛋白质磷酸化参与植物细胞对大多数逆境和激素信号的响应，因此解析植物在这些外源信号处理下的蛋白质磷酸化动态变化将有助于理解相应的信号转导通路。Kline 等（2010）采用 ^{15}N 标记法对拟南芥响应脱落酸 ABA 的蛋白质磷酸化进行定量分析，用 ABA 处理 5 ～ 30min，一共发现了 50 个响应 ABA 的磷酸化肽段，除了一部分是已知的 ABA 响应肽段，还有超过 20 个

磷酸化肽段为该研究首次鉴定，为ABA信号转导通路研究提供了候选蛋白。Li Ning实验室用SILIA技术定量分析拟南芥植株响应乙烯的磷酸化蛋白，在乙烯处理1min至3周的时间内，共鉴定了1079个磷酸化肽段，其中有部分磷酸化肽段可以快速响应乙烯处理，最后通过比较该研究中野生型和突变体的磷酸化蛋白质组，发现了一些参与乙烯信号通路的新蛋白质（Yang et al.，2013）。为了研究植物早期响应干旱的信号通路，Stecker等（2014）利用^{15}N标记法对干旱处理拟南芥5min时的磷酸化蛋白质组动态变化进行定量分析，共鉴定了29个干旱早期响应磷酸化蛋白，其中既有已知的抗旱信号途径蛋白，如MAPK（mitogen-acitivated protein kinase），也有一些首次发现参与干旱信号通路，如与mRNA脱帽、二磷酸磷脂酰肌醇合成途径有关的一些蛋白质。为了研究拟南芥响应激素快速碱化因子（rapid alkalinization factor，RALF）的分子机制，Haruta等（2014）用^{15}N标记技术定量分析了RALF处理拟南芥时磷酸化蛋白质组的动态变化。当RALF处理5min时，利用^{15}N标记方法鉴定了5个RALF响应磷酸化蛋白，其中有FERONIA受体激酶和AHA2（H^+-ATPase2）；后续的生化实验和遗传实验表明，FERONIA受体激酶是激素RALF的受体，AHA2是激素RALF-FERNOA受体激酶复合体的下游靶蛋白（Haruta et al.，2014）。该研究基于^{15}N标记法的准确定量结果，一次性发现了信号通路的两个关键蛋白质，这是用其他方法难以实现的，也是基于^{15}N标记的定量蛋白质组学应用于植物信号转导研究的典范。

稳定同位素^{15}N标记方法具有一些突出优势：①不同样品可在实验之初混合，越早混合，实验带来的误差就越小，定量就越准确；②^{15}N标记时只需将植物置于含^{15}N无机盐的营养液即可，实验过程简单，同时蛋白质的标记具有较强的均一性。当然，任何一种定量方法都有其局限性，^{15}N标记法也不例外，^{15}N标记率通常低于98%，导致^{15}N肽段的质量和同位素峰很难准确预测，会降低蛋白质鉴定和定量的效率，同时给^{15}N标记分子质谱数据的有效解析带来挑战。

5.4 靶向定量蛋白质组技术

靶向定量蛋白质组技术即忽略无关信号，只选取目标蛋白相关肽段进行检测，从而实现对目标蛋白准确、特异定量的技术。利用该技术既可实现样品中靶蛋白的相对定量，又可通过合成同位素标记标准肽段，绘制标准曲线，实现蛋白质的绝对定量。在蛋白质组学研究中，通常采用高通量蛋白质组技术对样本进行全蛋白质组信息的采集、定量和差异筛选后，采用靶向蛋白质组技术对差异蛋白进行进一步定量验证。靶向定量蛋白质组技术主要包括选择反应监测（selected reaction monitoring，SRM）技术或多反应监测（multiple reaction monitoring，MRM）技术和平行反应监测（parallel reaction monitoring，PRM）技术（Picotti and Aebersold，2012；Boersema，2015；Gillet，2016）。

5.4.1 原理

SRM/MRM技术是目前靶向蛋白质组学的金标准，使用平台主要是三重四极杆质谱，利用四极杆高选择性的特点对母离子和子离子依次进行分选。SRM技术的基本原理是四极杆（Q）首先选出目标肽段母离子，送入碰撞室中碎裂后，从形成的碎片中选择预先设置的单个子离子，送入质量分析器进行检测，利用该子离子信息实现目标肽段的定量。因为两步都只选单离子，针对性很强，可以排除噪声和干扰的影响。多个肽段同时测定时，将同时进行多个SRM检测，即多反应监测技术（图5-14）。

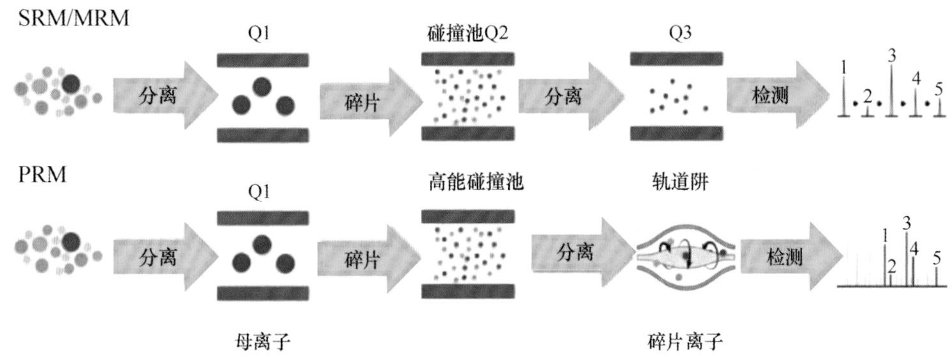

图 5-14　SRM/MRM、PRM 技术原理

PRM 是 SRM/MRM 的衍生技术。与 SRM 不同的是，PRM 检测中所选择的母离子碎裂后所有子离子都将进入质量分析器生成二级谱图，这样可以同时实现定性与定量分析。二级全扫描谱图用于定性分析，选择其中响应最高的一个或几个子离子提取离子对则可完成定量分析（图 5-14）。PRM 技术依赖能够对多种子离子同时进行准确测定的质量分析器，通常为质量精度和分辨率较高的轨道阱。其靶向定量的结果与 SRM/MRM 相比，选择性更高、灵敏度更佳、重现性更好、在复杂背景中抗干扰的能力更强，并且因不需要预先设计靶蛋白的母离子 / 子离子对信息和优化碰撞能量，流程也更加便捷。

5.4.2　特点

SRM/MRM 技术特点：①灵敏度高，SRM/MRM 技术通过两级离子选择，排除大量干扰离子，使质谱的化学背景大大降低，使目标检测物的信噪比显著提高。②重现性好，质谱信号重现性差在一定程度上是由于复杂生物样本基体和共流出组分对待测分子离子化、质谱信号产生抑制及受到源内碰撞碎裂过程的影响；而在 SRM/MRM 技术质谱信号采集中，后两者的影响大大降低，因此重现性相应提高。③准确度高，利用 SRM/MRM 技术特异性对符合设定的多肽进行检测，并且进一步进行增强产物扫描分析，得到高分辨率的串联质谱碎片数据，使分析过程中的定性结果假阳性率大大降低。该技术与中性丢失扫描相比，后者易检测到一些发生相似质量丢失的假阳性肽，而一些不易发生中性丢失的目标肽也有可能未被检测到；而 SRM/MRM 技术则寻找产生特异碎片的母离子，鉴定准确度高于全扫描和中性丢失质谱扫描模式。④通量高，使用目前最先进的质谱系统，SRM/MRM 技术每个工作循环能处理多达 300 对母离子-子离子，这种特点为研究多种蛋白质的多种修饰和丰度变化提供了机会，更能满足蛋白质组学的研究需求。

PRM 技术特点：①质量精度达到 10^{-6} 级，能够比 SRM/MRM 更好地排除背景干扰和假阳性，有效提高复杂背景下的检测限和灵敏度；②对子离子进行全扫描，无须选择离子对和优化碎裂能量，更容易进行方法学建立；③更宽的线性范围，增加至 5 ～ 6 个数量级。

5.4.3　实验流程

以 PRM 实验为例，通过高通量蛋白质组学实验筛选获得差异蛋白序列信息，挑选 3 条以上靶蛋白肽段作为目标肽段，将相关保留时间及质荷比信息导入包含列表（inclusion list）；制备样品的肽段混合物，根据靶蛋白丰度情况，事先对样品进行富集；在样品中加入保留时间校准试剂，根据包含列表进行预实验，校准肽段保留时间后正式进行 PRM 检测。利用

Skyline 或 SpectroDive 等软件对原始数据进行谱峰抽提、匹配和定量（Rauniyar，2015；Pino et al.，2017）。

5.5　基于 SWATH 的定量蛋白质组技术

随着质谱采集速度和精度的迅速提升，数据非依赖采集（data-independent acquisition，DIA）技术近年来得到迅速发展。与数据依赖采集（data-dependent acquisition，DDA）技术根据一级质谱选择特定母离子进行碎裂（Top *N* 模式）的工作原理不同，DIA 技术将所有母离子进行碎裂并尽可能采集所有的二级质谱碎片离子信息。DIA 技术基于不同的质谱平台、数据采集和分析策略发展了多种方法，其中应用较广泛的是 Ruedi 团队开发的 SWATH-MS（sequential window acquisition of all theoretical mass spectra，美国 AB SCIEX 公司）技术，或称超反应监测［hyper reaction monitoring（HRM），瑞士 Biognosys 公司］技术（Ludwig et al.，2018）。

5.5.1　原理

SWATH-MS 技术通常将全扫描范围分为若干个隔离窗口，在快速的一级质谱全扫描后，顺序、循环地对每个窗口中的所有母离子进行碎裂、检测、采集，得到所有母离子的二级子离子信息，最后根据 DDA 的谱图库信息抽提出 DIA 数据中对应的子离子信息，用于最终的定性和定量分析（图 5-15）。SWATH-MS 技术非常依赖质谱的扫描速度、分辨率和质量精度，一级扫描速度≥10Hz，二级的 FWHM 分辨率≥15 000，质量精度≥50×10^{-6}，因此质谱仪常见配置为第一级质量分析器为四极杆（Q），而二级质量分析器为飞行时间（TOF）或静电场轨道阱（Orbitrap）。

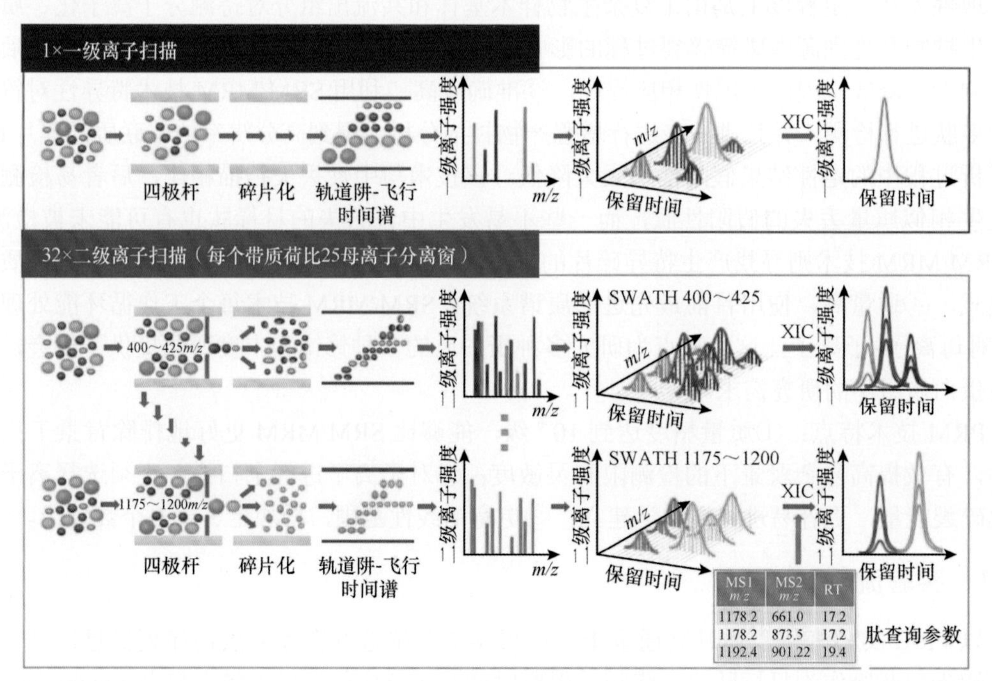

图 5-15　SWATH-MS 实验流程图（Ludwig et al.，2018）

5.5.2 数据处理方法

SWATH-MS 技术的数据处理非常具有挑战性。母离子隔离窗口和扫描范围根据质谱仪扫描速度与精度进行优化，一般质荷比为 20 ～ 30，远宽于 DDA 和靶向质谱的 0.5 ～ 3，导致同一个隔离窗口内其扫描的共碎裂肽段量远高于 DDA 模式，从而产生了高度混合而卷积的二级谱图；并且由于母、子离子扫描不具关联性，无法用传统的基于数据库匹配的 DDA 谱图搜索软件直接进行定性和定量（图 5-16）。

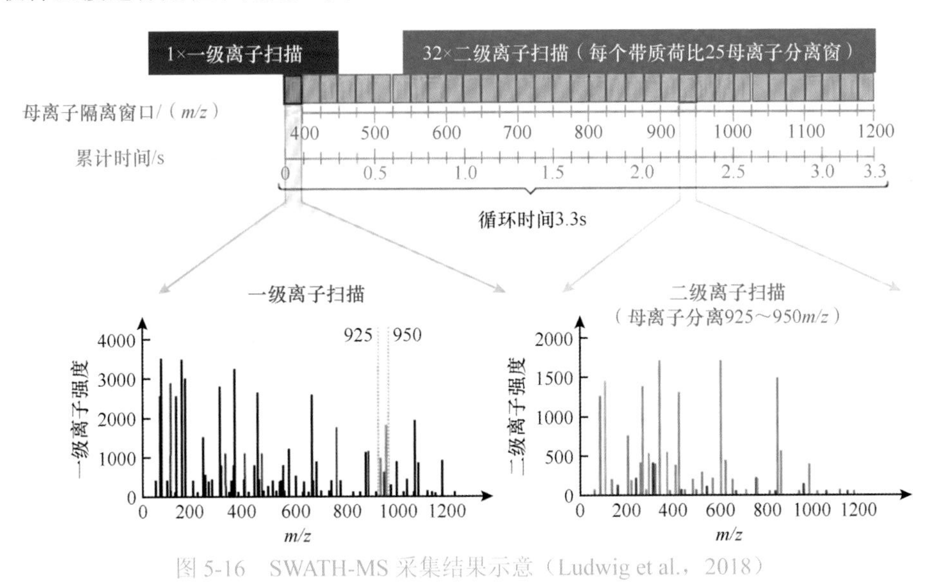

图 5-16 SWATH-MS 采集结果示意（Ludwig et al.，2018）

目前，最常用的 SWATH-MS 数据处理策略是肽段中心打分策略（peptide-centric scoring），即利用 DDA 模式预先采集一套肽段谱图数据库，DIA 模式采集到的数据集与谱图数据库中肽段各类参数的数据集进行比对搜索，并通过峰匹配度、保留时间差等参数进行打分，筛选可信的肽段进行定量。OpenSWATH、Skyline、PeakView（SCIEX）和 Spectronaut（Biognosys）等都是应用该策略且应用较多的 SWATH-MS 分析软件。

近年来也有一些新的数据处理工具出现，如使用谱图中心打分策略（spectrum-centric scoring）的 DIA-Umpire 或 Group-DIA，由 DIA 数据直接构建虚拟二级谱图并用常规的数据库检索方式分析；基于肽段中心策略但不用谱图库的分析工具如 FT-ARM 或 PECAN，采用利用理论碎片预测并匹配 SWATH-MS 数据中多路二级谱图的方法。

5.5.3 实验流程

SWATH-MS 的实验流程包括样本肽段准备、谱图库构建、采集样本数据和数据分析（图 5-17）。

（1）样本肽段准备

① TCA 法或 Tris 酚抽提法提取植物组织蛋白质；② Bradford 法或 BCA 法定量蛋白质；③二硫苏糖醇、碘乙酰胺还原烷基化；④胰蛋白酶酶解；⑤肽段脱盐纯化。

（2）谱图库构建

取适量所有待检肽段样本混合，通过高 pH 反相色谱分馏成多个组分。每个组分加入适量保留时间校准试剂如 iRT kit 后，使用液质联用系统的 DDA 模式采集数据。采集原始文件

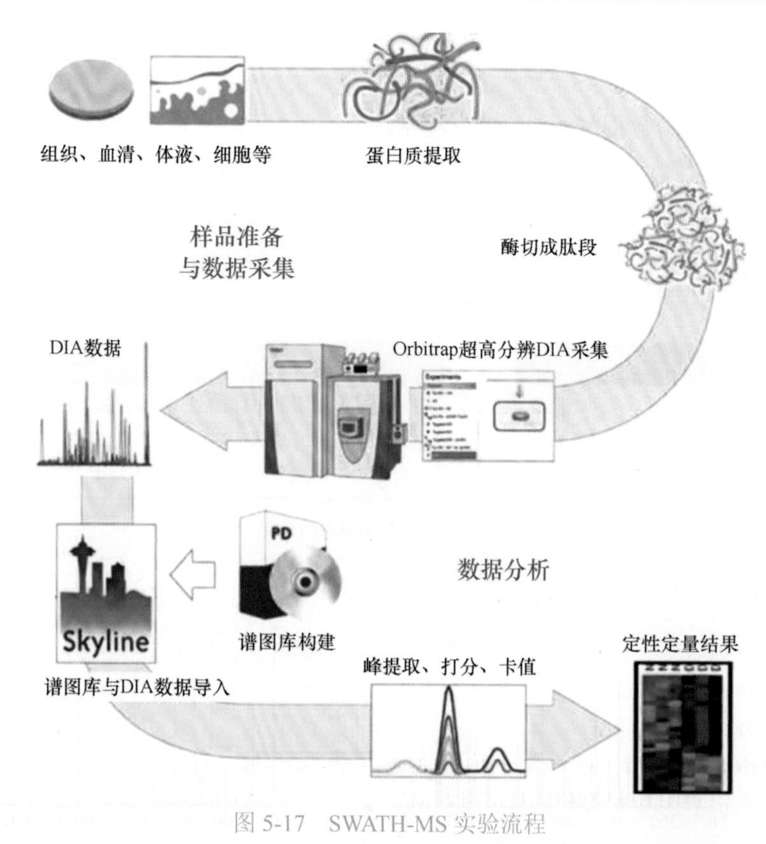

图 5-17 SWATH-MS 实验流程

导入 Spectronaut 软件或进行搜库后导入 Skyline 等数据处理软件，形成包含描述肽段谱峰特性的碎片离子强度和保留时间数据库，用于后续数据分析的肽段鉴定模板。

（3）采集样本数据

根据谱图库数据、液相色谱条件、质谱仪分辨率和扫描速度设置母离子质荷比扫描范围、母离子隔离窗口宽度、碎片和母离子累积时间与解离能量、色谱循环时间和每个样品的注入次数等采集参数。每个样本加入适量保留时间校准试剂后单独进行样本数据采集。

（4）数据分析

以 Skyline 软件为例，主要设置匹配的母离子隔离窗口宽度；对母离子信号强度最高的 5 个子离子进行峰抽提，利用 mProphet 模块对这些子离子峰的共流出峰形、保留时间偏差、信噪比等特征值进行打分；建立假目标库，筛选 FDR＜0.01 的肽段作为可信的定量肽段。

5.5.4 应用实例

SWATH-MS 技术由于定量重复性高和完整性高，尤其适宜多时间点或大样本量的蛋白质组学研究，目前在植物上较广泛应用于植株抗逆和作物发育研究中。抗逆方面，Fan 等（2019）运用 DIA 技术定量追踪了番茄中发病早期到晚期的蛋白质组变化。实验组为接种 Pst DC3000 后 4h、8h 和 24h 的样本，对照组为对应时间段用空白溶剂处理的样本，所有样本共鉴定到 2174 个蛋白质，其中 1472 个为可定量蛋白质，3 个时间段分别筛选到 114 个、147 个和 337 个差异蛋白。对差异蛋白进行生物信息分析发现，在发病早期（接种 4h 时），除 R 蛋白分子伴侣，无防御相关蛋白上调；而在发病中后期（接种 8h 和 24h 后），病原体相关分子模式触发免疫（PTI）和效应器触发免疫（ETI）相关蛋白被高度诱导表达。Aizat（2018）运用 SWATH-MS 蛋白质组学技术研究了外源茉莉酸甲酯（MJ）对小蓼（*Persicaria minor*）的影响。共鉴定到 751 个蛋白质，处理组和对照组筛选到 40 个差异蛋白。MeJA 诱导了压力响应、脂质代谢、次级代谢物合成、DNA 降解和细胞壁降解相关蛋白的上调，而光合作用、蛋白质合成等相关蛋白则显著下调。蛋白质-转录联合分析显示相关性较低（r=0.341），诱导过程中可能存在转录后调控机制。Zhu 等（2018）利用 SWATH-MS 定量蛋白质组学技术揭示了拟南芥响应缺氮胁迫的新机制。研究从缺氮环境与正常环境生长拟南芥幼苗中筛选到 736 个差异表达蛋白，主要参与氨基酸和蛋白质代谢、光合作用、脂质代谢与硫代葡萄糖苷代谢等生物学过程，并筛选了一个缺氮环境下显著上调的转录因子 GRF6 进行验证实验，GRF6 T-DNA 插入突变体植株具有明显的氮胁迫压力敏感表型，显示 GRF6 在拟南芥的氮胁迫适应中起到正调节作用。

作物发育方面，Martin 等（2016）使用 DIA 技术鉴定了由 cutin deficient 2（CD2）转录因子调控的番茄果皮形成蛋白。实验建库共得到 2338 个番茄蛋白，1140 个可定量蛋白质，其中 67 个蛋白质的表达水平在 *CD2* 突变体和野生型之间存在显著差异。该实验还通过 SRM/MRM 和 Western blotting 分析对差异蛋白进行了验证，除证实了 CD2 在角质层形成中的调节作用外，还揭示了 CD2 影响与细胞壁生物学、花色苷生物合成、植物发育和应激反应相关的途径。Zhu 等（2016）利用 SWATH-MS 技术研究了灌浆期水稻强势粒（SS）和弱势粒（IS）的差异蛋白质组，共鉴定到 2026 种蛋白质、304 个差异蛋白。其中大部分光合作用、蛋白质代谢、淀粉合成相关差异蛋白在 IS 中显著下调，而贮藏蛋白在 IS 中显著上升。实验还对蛋白质组和转录组进行了关联分析，结果发现大多数差异蛋白的丰度与其转录水平无关联性，表明在水稻籽粒灌浆期间可能存在另外的基因调控层。Jia 等（2018）对 4 个代表性玉米组织进行了转录组和 SWATH-MS 蛋白质组分析，为理解玉米发育生物学提供了新的视角。4 个玉米组织分别为 14 日龄幼苗根、未成熟穗须、未成熟穗、授粉后 20d 种胚，分别鉴定到 3916 个、3707 个、3702 个、2871 个蛋白质，分别有 3554 个、3404 个、3417 个、2370 个蛋白质的丰度与转录组 mRNA 水平呈正相关，但相关系数很低（0.35 ～ 0.43）。同时筛选了一系列组织特异性表达的差异蛋白，如在穗须和穗中筛选到生殖结构和花发育相关蛋白，在种胚中筛选到脂质和脂肪酸合成相关蛋白，在根中筛选到无机质和氧化还原响应蛋白。Liu 等（2019）对华重楼（*Pari polyphylla* var. *chinensis*）、滇重楼（*P. polyphylla* var. *yunnanensis*）和球药隔重楼（*P. fargesii* var. *fargesii*）3 种药用植物进行了比较蛋白质组学和代谢组学分析。SWATH 蛋白质组分析显示 419 个蛋白质在 3 种重楼中表达量有显著差异，糖代谢途径、萜类骨架和类固醇生物合成相关蛋白在华重楼中明显上调，结合代谢组结果发现，华重楼中皂素合成途径的丙酮酸含量和乙酰辅酶 A 利用率比其他两种重楼高。

5.5.5 方法优劣

采用 DIA 模式的 SWATH-MS 技术最重要的优势是数据完整性高、重复性高和定量一致性高。而 DDA 的触发式母离子选择碎裂模式，二级碎片离子信息并不完整，存在假阴性肽段定量问题，很难实现肽段定量的高度一致。而在 SWATH-MS 中，二级质谱数据采集相当有系统性，色谱和质谱的母离子及碎片离子谱峰信息都非常完整，且以肽段为中心的分析策略能够实现非常好的结果重现性（CV≤20%）。Collins 等（2017）在多个国家不同实验室进行的大规模研究为 SWATH 技术的高重复性提供了证据。同时，完整性高的数据便于后期出现新的蛋白质序列时进行追溯查询。SWATH-MS 技术极大地提高了复杂样品中低丰度肽段的检测效率，简化了数据采集流程。在谱图库建立后，相同色谱梯度的 SWATH 方法采集到的蛋白质和肽段通量可达到 DDA 方法的两倍，非常适合样本数量庞大的实验。

其缺陷也很明显，如前所述，要实现高质量的 SWATH-MS 数据采集，对质谱仪扫描速度、分辨率和质量精度都有较高的要求；基于肽段中心打分策略的 SWATH-MS 技术非常依赖高质量的谱图库；高度复杂的二级谱图可能由 10 个到 100 多个共碎裂的肽段母离子形成，数据分析难度极大，虽然目前已有一些分析软件得到广泛应用，但更多算法策略还处于发展阶段。

5.6 展　　望

5.6.1 无标记定量技术

由于采用了不同的实验策略，无须 / 需要鉴定结果的两种定量方法的数据处理流程有很大不同，各有优缺点。前者采用了 LC-MS 实验策略，直接从一级图谱中检测肽段特征并提取定量信息，不需要选择母离子，在合适的结果过滤规则下，可以定量更多的肽段，对低丰度肽段的定量有利，但是存在假阳性率较高、多肽段简并的情况（Cannataro et al.，2007），并且定量算法比较复杂、运算时间较长。而后者则可以利用肽段和蛋白质的鉴定结果完成定量，假阳性率很低，但受采样效应的限制，肽段覆盖度较低（Tabb et al.，2010），并且大部分是高丰度肽段，而许多重要差异表达的生物标志物往往丰度较低（Li et al.，2005），因此对生物标志物发现不利。到目前为止，还没有相关文献对这两种数据处理流程的优劣进行系统评估。

基于质谱的无标记定量技术策略已成为蛋白质组定量研究最常用的方法之一，并在大规模复杂生物样本中得到广泛应用，如辅助蛋白质亚细胞定位分析（Foster et al.，2006；Zhang et al.，2011b）及蛋白质表达功能研究，研究不同生物学过程中蛋白质表达量差异（Seyfried et al.，2008）；癌症 / 正常组织或细胞的比较蛋白质组研究（Pan et al.，2008；Sitek et al.，2012），预测疾病进程相关蛋白的变化，疾病生物标志物的发现等（Rao et al.，2009；Amon et al.，2010）。与标记定量技术相比，无标记定量仍存在诸如重复性差、定量准确性低等问题。但是，实验技术和实验设备的不断发展无疑有助于无标记定量性能的提高，促进计算算法和软件不断进步，从而为无标记定量提供更多功能更强大的分析工具。

5.6.2 双向荧光差异凝胶电泳技术

双向荧光差异凝胶电泳（2D-DIGE）技术在定量蛋白质组学研究中得到较好应用，我国科学家也将其广泛应用于生命科学研究的各个领域。例如，在农业中用于对水稻抗逆蛋白研究（Song et al.，2011）和对小麦盐应激蛋白研究等（Gao et al.，2011）；在肿瘤研究方面，应用于早期浸润性结肠癌分析（Zhang et al.，2011a），结肠癌（Ma et al.，2011）和胰腺癌（Rong et al.，2011）血清诊断标志物发现，前列腺癌淋巴结转移标志物寻找（Pang et al.，2010）等；在药物作用机制研究方面，如应用于乳腺增生药物筛选（Wang et al.，2011）、白血病耐药研究（Hu et al.，2011）、中药药理机制研究（Yi et al.，2010）等。

5.6.3 SILAC 技术

随着 Krüger 等（2008）将 SILAC 技术成功应用到整体动物水平，SILAC 技术局限于培养细胞体系的观点被打破了。与其他体外标记技术相比，SILAC 技术有着极大的优越性。这一技术已经成功应用于从细胞、组织到整个动物体的生物学研究。随着价格合理的 SILAC 试剂盒的出现、更多的蛋白质定量软件的开发和完善，SILAC 技术可能成为未来生物化学家和细胞生物学家进行生物学研究的常规方法。此外，SILAC 技术能对蛋白质组进行定量和修饰研究，可能成为系统生物学研究的强有力工具。

参考文献

牟永莹, 顾培明, 马博, 等. 2017. 基于质谱的定量蛋白质组学技术发展现状. 生物技术通报, 33(9): 73-84.

钱小红. 2013. 定量蛋白质组学分析方法. 色谱, 31(8): 719-723.

Addona T A, Abbatiello S E, Schilling B, et al. 2009. Multi-site assessment of the precision and reproducibility of multiple reaction monitoring-based measurements of proteins in plasma. Nature Biotechnol., 27(7): 633-641.

Aebersold R, Mann M. 2003. Mass spectrometry-based proteomics. Nature, 422(6928): 198-207.

Ahrends R, Pieper S, Kuehn A, et al. 2007. A metal-coded affinity tag approach to quantitative proteomics. Mol. Cell. Proteomics, 6(11): 1907-1916.

Ahrends R, Pieper S, Neumann B, et al. 2009. Metal-coded affinity tag labeling: a demonstration of analytical robustness and suitability for biological applications. Anal. Chem., 81(6): 2176-2178.

Aizat W M, Ibrahim S, Rahnamaie-Tajadod R, et al. 2018. Proteomics (SWATH-MS) informed by transcriptomics approach of tropical herb Persicaria minor leaves upon methyl jasmonate elicitation. Peer J., 6: e5525.

America A H, Cordewener J H. 2008. Comparative LC-MS: a landscape of peaks and valleys. Proteomics, 8(4): 731-749.

Amon L M, Law W, Fitzgibbon M P, et al. 2010. Integrative proteomic analysis of serum and peritoneal fluids helps identify proteins that are up-regulated in serum of women with ovarian cancer. PLoS ONE, 5(6): e11137.

Andreev V P, Li L, Cao L, et al. 2007. A new algorithm using cross-assignment for label-free quantitation with LC-LTQ-FT MS. J. Proteome Res., 6(6): 2186-2194.

Angel P M, Orlando R. 2006. Trypsin is the primary mechanism by which the ^{18}O isotopic label is lost in quantitative proteomic studies. Anal. Biochem., 359(1): 26-34.

Arava Y, Wang Y, Storey J D, et al. 2003. Genome-wide analysis of mRNA translation profiles in *Saccharomyces cerevisiae*. Proc. Natl. Acad. Sci. USA, 100(7): 3889-3894.

Asara J M, Christofk H R, Freimark L M, et al. 2008. A label-free quantification method by MS/MS TIC compared to SILAC and spectral counting in a proteomics screen. Proteomics, 8(5): 994-999.

Bantscheff M, Schirle M, Sweetman G, et al. 2007. Quantitative mass spectrometry in proteomics: a critical review. Anal. Bioanal. Chem., 389(4): 1017-1031.

Bauer C, Kleinjung F, Rutishauser D, et al. 2012. PPINGUIN: peptide profiling guided identification of proteins improves quantitation of iTRAQ ratios. BMC Bioinformatics, 13: 34.

Beardsley R L, Reilly J P. 2002. Optimization of guanidination procedures for MALDI mass mapping. Anal. Chem., 74(8): 1884-1890.

Bellew M, Coram M, Fitzgibbon M, et al. 2006. A suite of algorithms for the comprehensive analysis of complex protein mixtures using high-resolution LC-MS. Bioinformatics, 22(15): 1902-1909.

Benschop J J, Mohammed S, O'Flaherty M, et al. 2007. Quantitative phosphoproteomics of early elicitor signaling in *Arabidopsis*. Mol. Cell. Proteomics, 6(7): 1198-1214.

Beynon R J, Doherty M K, Pratt J M, et al. 2005. Multiplexed absolute quantification in proteomics using artificial qcat proteins of concatenated signature peptides. Nature Methods, 2(8): 587-589.

Bindschedler L V, Palmblad M, Cramer R. 2008. Hydroponic isotope labelling of entire plants (HILEP) for quantitative plant proteomics: an oxidative stress case study. Phytochemistry, 69(10): 1962-1972.

Blackstock W P. 1999. Proteomics: quantitative and physical mapping of cellular proteins. Trends Biotechnol., 17(3): 121-127.

Boersema P J, Aye T T, Van Veen T B, et al. 2008. Triplex protein quantification based on stable isotope labeling by peptide dimethylation applied to cell and tissue lysates. Proteomics, 8(22): 4624-4632.

Boersema P J, Kahraman A, Picotti P. 2015. Proteomics beyond large-scale protein expression analysis. Cur. Opin. Biotechnol., 34: 162-170.

Boisvert F M, Ahmad Y, Gierlinski M, et al. 2012. A quantitative spatial proteomics analysis of proteome turnover in human cells. Mol. Cell Proteomics, 11(3): M111011429.

Bolstad B M, Irizarry R A, Astrand M, et al. 2003. A comparison of normalization methods for high density oligonucleotide array data based on variance and bias. Bioinformatics, 19(2): 185-193.

Brown K J, Fenselau C. 2004. Investigation of doxorubicin resistance in MCF-7 breast cancer cells using shot-gun comparative proteomics with proteolytic ^{18}O labeling. J. Proteome Res., 3(3): 455-462.

Brownridge P, Beynon R J. 2011. The importance of the digest: proteolysis and absolute quantification in proteomics. Methods, 54(4): 351-360.

Callister S J, Barry R C, Adkins J N, et al. 2006. Normalization approaches for removing systematic biases associated with mass spectrometry and label-free proteomics. J. Proteome Res., 5(2): 277-286.

Cambridge S B, Gnad F, Nguyen C, et al. 2011. Systems-wide proteomic analysis in mammalian cells reveals conserved. functional protein turnover. J. Proteome Res., 10(12): 5275-5284.

Cannataro M, Cuda G, Gaspari M, et al. 2007. The EIPeptiDi tool: enhancing peptide discovery in ICAT-based LC MS/MS experiments. BMC Bioinformatics, 8: 255.

Cao Y, Fan G, Wang Z, et al. 2019. Phytoplasma-induced changes in the acetylome and succinylome of paulownia tomentosa provide evidence for involvement of acetylated proteins in witches' broom disease. Mol. Cell Proteomics, 18(6): 1210-1226.

Capelo J L, Carreira R J, Fernandes L, et al. 2010. Latest developments in sample treatment for ^{18}O-isotopic labeling for proteomics mass spectrometry-based approaches: a critical review. Talanta, 80(4): 1476-1486.

Carrillo B, Yanofsky C, Laboissiere S, et al. 2010. Methods for combining peptide intensities to estimate relative protein abundance. Bioinformatics, 26(1): 98-103.

Che F Y, Fricker L D. 2002. Quantitation of Neuropeptides in Cpefa mice using differential isotopic tags and mass spectrometry. Anal. Chem., 74(13): 3190-3198.

Chelius D, Bondarenko P V. 2002. Quantitative profiling of proteins in complex mixtures using liquid chromatography and mass spectrometry. J. Proteome Res., 1(4): 317-323.

Chen L, Yang D, Zhang Y, et al. 2018. Evidence for a specific and critical role of mitogen-activated protein kinase 20 in uni-to-binucleate transition of microgametogenesis in tomato. New Phytol., 219(1): 176-194.

Chen N, Sun W, Deng X, et al. 2008. Quantitative proteome analysis of HCC cell lines with different metastatic potentials by SILAC. Proteomics, 8(23-24): 5108-5118.

Chen X, Smith L M, Bradbury E M. 2000. Site-specific mass tagging with stable isotopes in proteins for accurate and efficient protein identification. Anal. Chem., 72(6): 1134-1143.

Chinese Human Liver Proteome Profiling C. 2010. First insight into the human liver proteome from PROTEOME (SKY)-LIVER (Hu), a publicly available database. J. Proteome Res., 9(1): 79-94.

Christoforou A L, Lilley K S. 2012. Isobaric tagging approaches in quantitative proteomics: the ups and downs. Anal. Bioanal. Chem., 404(4): 1029-1037.

Collins B C, Hunter C L, Liu Y, et al. 2017. Multi-laboratory assessment of reproducibility, qualitative and quantitative performance of SWATH-mass spectrometry. Nature Commun., 8(1): 291.

Collins F S, Green E D, Guttmacher A E, et al. 2003. A vision for the future of genomics research: a blueprint for the genomic era. Nature, 422: 835-847.

Cox J, Mann M. 2011.Quantitative high-resolution proteomics for data-driven systems biology. Annu. Rev. Biochem., 80: 273-299.

Dayon L, Hainard A, Licker V, et al. 2008. Relative quantification of proteins in human cerebrospinal fluids by MS/MS using 6-plex isobaric tags. Anal. Chem., 80(8): 2921-2931.

DeSouza L V, Romaschin A D, Colgan T J, et al. 2009. Absolute quantification of potential cancer markers in clinical tissue homogenates using multiple reaction monitoring on a hybrid triple quadrupole/linear ion trap tandem mass spectrometer. Anal. Chem., 81(9): 3462-3470.

Dong M Q, VenableJ D, Au N, et al. 2007. Quantitative mass spectrometry identifies insulin signaling targets in *C.*

elegans. Science, 317(5838): 660-663.

Dupuis A, Hennekinne J A, Garin J, et al. 2008. Protein standard absolute quantification (PSAQ) for improved investigation of staphylococcal food poisoning outbreaks. Proteomics, 8(22): 4633-4636.

Elias J E, Gygi S P. 2007. Target-decoy search strategy for increased confidence in large-scale protein identifications by mass spectrometry. Nature Methods, 4(3): 207-214.

Engelsberger W R, Erban A, Kopka J, et al. 2006. Metabolic labeling of plant cell cultures with $K^{15}NO_3$ as a tool for quantitative analysis of proteins and metabolites. Plant Methods, 2: 14.

Fan K T, Wang K H, Chang W H, et al. 2019. Application of data-independent acquisition approach to study the proteome change from early to later phases of tomato pathogenesis responses. Inter. J. Mol. Sci., 20(4): 863.

Fenselau C, Yao X D. 2009. O-labeling in quantitative proteomic strategies: a status report. J. Proteome Res., 8(5): 2140-2143.

Foster L J, De Hoog C L, Zhang Y, et al. 2006. A mammalian organelle map by protein correlation profiling. Cell, 125(1): 187-199.

Fugmann T, Neri D, Roesli C. 2010. DeepQuanTR: MALDI-MS-based label-free quantification of proteins in complex biological samples. Proteomics, 10(14): 2631-2643.

Gao J, Friedrichs M S, Dongre A R, et al. 2005. Guidelines for the routine application of the peptide hits technique. J. Am. Soc. Mass Spectrom., 16(8): 1231-1238.

Gao L, Yan X, Li X, et al. 2011. Proteome analysis of wheat leaf under salt stress by two-dimensional difference gel electrophoresis (2D-DIGE). Phytochemistry, 72(10): 1180-1191.

Geiger T, Cox J, Ostasiewicz P, et al. 2010. Super-SILAC mix for quantitative proteomics of human tumor tissue. Nature Methods, 7(5): 383-385.

Geiger T, Wisniewski J R, Cox J, et al. 2011. Use of stable isotope labeling by amino acids in cell culture as a spike-in standard in quantitative proteomics. Nature Protocol, 6(2): 147-157.

Gerber S A, Rush J, Stemman O, et al. 2003. Absolute quantification of proteins and phosphoproteins from cell lysates by tandem MS. Proc. Natl. Acad. Sci. USA, 100(12): 6940-6945.

Geurts A M, Cost G J, Freyyert Y, et al. 2009. Knock out rats via emrbryo microinjection of zinc-finger nucleases. Science, 325(5939): 433-443.

Gillet L C, Leitner A, Aebersold R. 2016. Mass spectrometry applied to bottom-up proteomics: entering the high-throughput era for hypothesis testing. Ann. Rev. Anal. Chem., 9(1): 449-472.

Goshe M B, Conrads T P, Panisko E A, et al. 2001. Phosphoprotein isotope-coded affinity tag approach for isolating and quantitating phosphopeptides in proteome-wide analyses. Anal. Chem., 73(11): 2578-2586.

Griffin N M, Yu J, Long F, et al. 2010. Label-free normalized quantification of complex mass spectrometry data for proteomic analysis. Nature Biotechnol., 28(1): 83-89.

Griffin T J, Lock C M, Li X, et al. 2003. Abundance ratio-dependent proteomic analysis by mass spectrometry. Anal. Chem., 75(4): 867-874.

Grossmann J, Roschitzki B, Panse C, et al. 2010. Implementation and evaluation of relative and absolute quantification in shotgun proteomics with label-free methods. J. Proteomics, 73(9): 1740-1746.

Gruhler A, Olsen J V, Mohammed S, et al. 2005. Quantitative phosphoproteomics applied to the yeast pheromone signaling pathway. Mol. Cell Proteomics, 4(3): 310-327.

Guaragna A, Amoresano A, Pinto V, et al. 2008. Synthesis and proteomic activity evaluation of a new isotope-coded affinity tagging (ICAT) reagent. Bioconjugate Chem., 19(5): 1095-1104.

Guerrero C, Tagwerker C, Kaiser P, et al. 2006. An integrated mass spectrometry-based proteomic approach quantitative analysis of tandem affinity-purified *in vivo* cross-linked protein complexes to decipher the 26S proteasome-interacting network. Mol. Cell Proteomics, 5(2): 366-378.

Guo G, Li N. 2011. Relative and accurate measurement of protein abundance using ^{15}N stable isotope labeling in *Arabidopsis* (SILIA). Phytochemistry, 72(10): 1028-1039.

Gutstein H B, Morris J S, Annangudi S P, et al. 2008. Microproteomics: analysis of protein diversity in small samples. Mass Spectrom. Rev., 27(4): 316-330.

Gygi S P, Rist B, Gerber S A, et al. 1999. Quantitative analysis of complex protein mixtures using isotope-coded affinity tags. Nature Biotechnol., 17(10): 994-999.

Hajkova D, Rao K S, Miyagi M. 2006. pH dependency of the carboxyl oxygen exchange reaction catalyzed by lysyl endopeptidase and trypsin. J. Proteome Res., 5(7): 1667-1673.

Hanke S, Besir H, Oesterhelt D, et al. 2008. Absolute SILAC for accurate quantitation of proteins in complex mixtures down to the attomole level. J. Proteome Res., 7(3): 1118-1130.

Hansen K C, Schmitt-Ulms G, Chalkley R J, et al. 2003. Mass spectrometric analysis of protein mixtures at low levels using cleavable C-13-isotope-coded affinity tag and multidimensional chromatography. Mol. Cell Proteomics, 2(5): 299-314.

Haruta M, Sabat G, Stecker K, et al. 2014. A peptide hormone and its receptor protein kinase regulate plant cell expansion. Science, 343(6169): 408-411.

Higgs R E, Knierman M D, Gelfanova V, et al. 2005. Comprehensive label-free method for the relative quantification of proteins from biological samples. J. Proteome Res., 4(4): 1442-1450.

Hoheisel J D. 2006. Microarray technology: beyond transcript profiling and genotype analysis. Nature Rev. Genet., 7(3): 200-210.

Hsu J L, Huang S Y, Chow N H, et al. 2003. Stable-isotope dimethyl labeling for quantitative proteomics. Anal. Chem., 75(24): 6843-6852.

Hsu J L, Huang S Y, Shiea J T, et al. 2005. Beyond quantitative proteomics: signal enhancement of the ion as a mass tag for peptide sequencing using dimethyl labeling. J. Proteome Res., 4(1): 101-108.

Hu J, Lin M, Liu T, et al. 2011. DIGE-based proteomic analysis identifies nucleophosmin/B23 and nucleolin C23 as over-expressed proteins in relapsed/refractory acute leukemia. Leuk. Res., 35(8): 1087-1092.

Ibarrola N, Kalume D E, Gronborg M, et al. 2003. A proteomic approach for quantitation of phosphorylation using stable isotope labeling in cell culture. Anal. Chem., 75(22): 6043-6049.

Ippel J H, Pouvreau L, Kroef T, et al. 2004. *In vivo* uniform ^{15}N isotope labelling of plants: using the greenhouse for structural proteomics. Proteomics, 4(1): 226-234.

Ishihama Y, Oda Y, Tabata T, et al. 2005. Exponentially modified protein abundance index (emPAI) for estimation of absolute protein amount in proteomics by the number of sequenced peptides per protein. Mol. Cell Proteomics, 4(9): 1265-1272.

Jakubowski N, Waentig L, Hayen H, et al. 2008. Labelling of proteins with 2-(4-isothiocyanatobenzyl)-1,4,7,10-tetraazacyclododecane-1,4,7,10-tetra acetic acid and lanthanides and detection by ICP-MS. J. Anal. Atomic Spectrom., 23(11): 1497-1507.

Ji C, Guo N, Li L. 2005. Differential dimethyl labeling of N-termini of peptides after guanidination for proteome analysis. J. Proteome Res., 4(6): 2099-2108.

Ji J Y, Chakraborty A, Geng M, et al. 2000. Strategy for qualitative and quantitative analysis in proteomics based on signature peptides. J. Chromatogr. B, 745(1): 197-210.

Jia H, Sun W, Li M, et al. 2018. Integrated analysis of protein abundance, transcript level and tissue diversity to reveal developmental regulation of maize. J. Proteome Res., 17(2): 822-833.

Jiang W, Qiu Y, Ni Y, et al. 2010. An automated data analysis pipeline for GC-TOF-MS metabonomics studies. J. Proteome Res., 9(11): 5974-5981.

Jimmy K, Eng A M, Yates J R. 1994. An approach to correlate tandem mass spectral data of peptides with amino acid sequences in a protein database. J. Amer. Soc. Mass Spectrom., 5(11): 976-989.

Jin S, Daly D S, Springer D L, et al. 2008. The effects of shared peptides on protein quantitation in label-free proteomics by LC/MS/MS. J. Proteome Res., 7(1): 164-169.

Kaji H, Saito H, Yamauchi Y, et al. 2003. Lectin affinity capture isotope-coded tagging and mass spectrometry to identify N-linked glycoproteins. Nature Biotechnol., 21(6): 667-672.

Kang U B, Yeom J, Kim H, et al. 2010. Quantitative analysis of iTRAQ-labeled proteome using full MS scans. J. Proteome Res., 9(7): 3750-3778.

Karpievitch Y, Stanley J, Taverner T, et al. 2009. A statistical framework for protein quantitation in bottom-up MS-based proteomics. Bioinformatics, 25(16): 2028-2034.

Keller A, Nesvizhskii A I, Kolker E, et al. 2002. Empirical statistical model to estimate the accuracy of peptide identifications made by MS/MS and database search. Anal. Chem., 74(20): 5383-5392.

Kim J, Choi Y S, Lim S, et al. 2010. Comparative analysis of the secretory proteome of human adipose stromal vascular fraction cells during adipogenesis. Proteomics, 10(3): 394-405.

Kline K G, Barrett-Wilt G A, Sussman M R. 2010. In planta changes in protein phosphorylation induced by the plant hormone abscisic acid. Proc. Natl. Acad. Sci. USA, 107(36): 15986-15991.

Krijgsveld J, Ketting R F, Mahmoudi T, et al. 2003. Metabolic labeling of *C. elegans* and *D. melanogaster* for quantitative proteomics. Nature Biotechnol., 21(8): 927-931.

Kristiansen T Z, Harsha H C, Gronborg M, et al. 2008. Differential membrane proteomics using ^{18}O-labeling to identify biomarkers for cholangiocarcinoma. J. Proteome Res., 7(11): 4670-4677.

Krüger M, Moser M, Ussar S, et al. 2008. SILAC mouse for quantitative proteomics uncovers Kindlin-3 as an essential factor for red blood cell function. Cell, 134(2): 353-364.

LeBihan T, Martin S F, Chirnside E S, et al. 2011. Shotgun proteomic analysis of the unicellular alga *Ostreococcus tauri*. J. Proteomics, 74(10): 2060-2070.

Li J X, Steen H, Gygi S P. 2003. Protein profiling with cleavable isotope-coded affinity tag (cICAT) reagents: the yeast salinity stress response. Mol. Cell Proteomics, 2(11): 1198-1204.

Li N, Yang P Y. 2008. Application of liguid isoelectric focusing combined acetylation of stable-isotope labeling technique in comparative proteomics. Chinese J. Anal. Chem., 36(4): 449-453.

Li Q, Roxas B A. 2009. An assessment of false discovery rates and statistical significance in label-free quantitative proteomics with combined filters. BMC Bioinformatics, 10: 43.

Li X J, Yi E C, Kemp C J, et al. 2005. A software suite for the generation and comparison of peptide arrays from sets of data collected by liquid chromatography-mass spectrometry. Mol. Cell Proteomics, 4(9): 1328-1340.

Liao L, Sando R C, Farnum J B, et al. 2012. ^{15}N-labeled brain enables quantification of proteome and phosphoproteome in cultured primary neurons. J. Proteome Res., 11(2): 1341-1353.

Listgarten J, Emili A. 2005. Statistical and computational methods for comparative proteomic profiling using liquid chromatography-tandem mass spectrometry. Mol. Cell Proteomics, 4(4): 419-434.

Liu F, Meng Y, He K, et al. 2019. Comparative analysis of proteomic and metabolomic profiles of different species of Paris. J. Proteomics, 200: 11-27.

Liu H, Sadygov R G, Yates J R. 2004. A model for random sampling and estimation of relative protein abundance in shotgun proteomics. Anal. Chem., 76(14): 4193-4201.

Liu H, Zhang Y, Wang J, et al. 2006. Method for quantitative proteomics research by using metal element chelated tags coupled with mass spectrometry. Anal. Chem., 78(18): 6614-6621.

Liu Q, Sung A H, Qiao M, et al. 2009. Comparison of feature selection and classification for MALDI-MS data. BMC Genomics, 10: S3.

Liu W L, Coleman R A, Grob P, et al. 2008. Structural changes in TAF4b-TFIID correlate with promoter selectivity. Mol. Cell, 29(1): 81-91.

Liu X, Ying W T, Zhou C X, et al. 2007. Establishment and optimization of acetic anhydride stable isotope labeling method based on mass spectrometry in quantitative proteomics. Chinese J. Anal. Chem., 35(12): 1687-1695.

Loftheim H, Asberg A, Reubsaet L. 2010. Accelerated ^{18}O-labeling in urinary proteomics. J. Chromatogr. A, 1217(52): 8241-8248.

Lopez-Ferrer D, Heibeck T H, Petritis K, et al. 2008. Rapid sample processing for LC-MS-based quantitative proteomics using high intensity focused ultrasound. J. Proteome Res., 7(9): 3860-3867.

Lu P, Vogel C, Wang R, et al. 2007. Absolute protein expression profiling estimates the relative contributions of transcriptional and translational regulation. Nature Biotechnol., 25(1): 117-124.

Lu Y, Bottari P, Turecek F, et al. 2004. Absolute quantification of specific proteins in complex mixtures using visible isotope coded affinity tags. Anal. Chem., 76(14): 4104-4111.

Ludwig C, Gillet L, Rosenberger G, et al. 2018. Data-independent acquisition-based SWATH-MS for quantitative proteomics: a tutorial. Mol. Syst. Biol., 14(8): e8126.

Ma Y, Peng J, Huang L, et al. 2009. Searching for serum tumor markers for colorectal cancer using a 2-D DIGE approach. Electrophoresis, 30(15): 2591-2599.

Maier T, Schmidt A, Guell M, et al. 2011. Quantification of mRNA and protein and integration with protein turnover in a bacterium. Mol. Syst. Biol., 7: 511.

Malmstrom J, Beck M, Schmidt A, et al. 2009. Proteome-wide cellular protein concentrations of the human pathogen leptospira interrogans. Nature, 460(7256): 762-765.

Mann M. 1999. Quantitative preoteomics. Nature Biotechnol., 17(10): 954-955.

Martin L B, Sherwood R W, Nicklay J, et al. 2016. Application of wide selected-ion monitoring data-independent acquisition to identify tomato fruit proteins regulated by the CUTIN DEFICIENT2 transcription factor. Proteomics, 16(15-16): 2081-2094.

May D, Fitzgibbon M, Liu Y, et al. 2007. A platform for accurate mass and time analyses of mass spectrometry data. J. Proteome Res., 6(7): 2685-2694.

McClatchy D B, Dong M Q, Wu C C, et al. 2007. ^{15}N metabolic labeling of mammalian tissue with slow protein turnover. J. Proteome Res., 6(5): 2005-2010.

Michael G B, Conrads T P, Panisko E A, et al. 2001. Phosphoprotein isotope-coded affinity tag approach for isolating and quantitating phosphopeptides in proteome-wide analyses. Anal. Chem., 73(11): 2578-2586.

Millard P, Neilsen G H. 1989. The influence of nitrogen supply on the uptake and remobilization of stored N for the seasonal growth of appl trees. Ann. Bot., 63(3): 301-309.

Mirza S P, Greene A S, Olivier M. 2008. ^{18}O labeling over a coffee break: a rapid strategy for quantitative proteomics. J. Proteome Res., 7(7): 3042-3048.

Miyagi M, Rao K C S. 2007. Proteolytic ^{18}O-labeling strategies for quantitative proteomics. Mass Spectrom. Rev., 26(1): 121-136.

Molina H, Parmigiani G, Pandey A. 2005. Assessing reproducibility of a protein dynamics study using *in vivo* labeling and liquid chromatography tandem mass spectrometry. Anal. Chem., 77(9): 2739-2744.

Mortensen P, Gouw J W, Olsen J V, et al. 2010. MSQuant, an open source platform for mass spectrometry-based quantitative proteomics. J. Proteome Res., 9(1): 393-403.

Muehlhaus T, Weiss J, Hemme D, et al. 2011. Quantitative shotgun proteomics using a uniform ^{15}N labeled standard to monitor proteome dynamics in time course experiments reveals new insights into the heat stress response of *Chlamydomonas reinhardtii*. Mol. Cell Proteomics, 10(9): 1-27.

Mueller L N, Brusniak M Y, Mani D R, et al. 2008. An assessment of software solutions for the analysis of mass spectrometry based quantitative proteomics data. J. Proteome Res., 7(1): 51-61.

Nelson C J, Huttlin E L, Hegeman A, et al. 2007. Implications of ^{15}N-metabolic labeling for automated peptide identification in *Arabidopsis thaliana*. Proteomics, 7(8): 1279-1292.

Neubert T A, Tempst P. 2010. Super-SILAC for tumors and tissues. Nature Methods, 7(5): 361-362.

Nie A Y, Zhang L, Yan G Q, et al. 2011. *In vivo* termini amino acid labeling for quantitative proteomics. Anal. Chem., 83(15): 6026-6033.

Oberg A L, Mahoney D W, Eckel-Passow J E, et al. 2008. Statistical analysis of relative labeled mass spectrometry data from complex samples using ANOVA. J. Proteome Res., 7(1): 225-233.

Oda Y, Huang K, Cross F R, et al. 1999. Accurate quantitation of protein expression and site-specific phosphorylation. Proc. Natl. Acad. Sci. USA, 96(12): 6591-6596.

Old W M, Meyer-Arendt K, Aveline-Wolf L, et al. 2005. Comparison of label-free methods for quantifying human proteins by shotgun proteomics. Mol. Cell Proteomics, 4(10): 1487-1502.

Ong S E, Blagoev B, Kratchmarova I, et al. 2002. Stable isotope labeling by amino acids in cell culture, SILAC as a simple and accurate approach to expression proteomics. Mol. Cell Proteomics, 1(5): 376-386.

Ong S E, Mann M. 2005. Mass spectrometry-based proteomics turns quantitative. Nature Chem. Biol., 1(1): 252-262.

Ong S E, Mittler G, Mann M. 2004. Identifying and quantifying *in vivo* methylation sites by heavy methyl SILAC. Nature Methods, 1(2): 119-126.

Pan J, Chen H Q, Sun Y H, et al. 2008. Comparative proteomic analysis of non-small-cell lung cancer and normal controls using serum label-free quantitative shotgun technology. Lung, 186(4): 255-261.

Pang J, Liu W P, Liu X P, et al. 2010. Profiling protein markers associated with lymph node metastasis in prostate cancer by DIGE-based proteomics analysis. J. Proteome Res., 9(1): 216-226.

Perkins D N, Pappin D J, Creasy D M, et al. 1999. Probability-based protein identification by searching sequence databases using mass spectrometry data. Electrophoresis, 20(18): 3551-3567.

Pi E, Zhu C, Fan W, et al. 2018. Quantitative phosphoproteomic and metabolomic analyses reveal GmMYB173 optimizes flavonoid metabolism in soybean under salt stress. Mol. Cell Proteomics, 17(6): 1209-1224.

Picotti P, Aebersold R. 2012. Selected reaction monitoring-based proteomics: workflows, potential, pitfalls and future directions. Nature Methods, 9(6): 555-566.

Picotti P, Bodenmiller B, Mueller L N, et al. 2009. Full dynamic range proteome analysis of *S. cerevisiae* by targeted proteomics. Cell, 138(4): 795-806.

Pino L K, Searle B C, Bollinger J G, et al. 2017. The Skyline ecosystem: informatics for quantitative mass spectrometry proteomics. Mass Spectrom. Rev., 39(3): 229-244.

Pratt J M, Simpson D M, Doherty M K, et al. 2006. Multiplexed absolute quantification for proteomics using concatenated signature peptides encoded by QconCAT genes. Nature Protocol, 1(2): 1029-1043.

Price J C, Guan S, Burlingame A, et al. 2010. Analysis of proteome dynamics in the mouse brain. Proc. Natl. Acad. Sci. USA, 107(32): 14508-14513.

Qin W, Song Z, Fan C, et al. 2012. Trypsin immobilization on hairy polymer chains hybrid magnetic nanoparticles for ultrafast highly efficient proteome digestion facile ^{18}O labeling and absolute protein quantification. Anal. Chem., 84(7): 3138-3144.

Qiu H, Wang Y. 2008. Quantitative analysis of surface plasma membrane proteins of primary and metastatic melanoma cells. J. Proteome Res., 7(5): 1904-1915.

Rao P V, Reddy A P, Lu X, et al. 2009. Proteomic identification of salivary biomarkers of type-2 diabetes. J. Proteome Res., 8(1): 239-245.

Rappel C, Schaumloeffel D. 2009. Absolute peptide quantification by lutetium labeling and nano HPLC-ICP MS with isotope dilution analysis. Anal. Chem., 81(1): 385-393.

Rauniyar N. 2015. Parallel reaction monitoring: a targeted experiment performed using high resolution and high mass accuracy mass spectrometry. Inter. J. Mol. Sci., 16(12): 8566-8581.

Rechavi O, Kalman M, Fang Y, et al. 2011. Trans-SILAC: sorting out the non-cell-autonomous proteome. Nature Methods, 7(11): 923-927.

Renard B Y, Timm W, Kirchner M, et al. 2010. Estimating the confidence of peptide identifications without decoy databases. Anal. Chem., 82(11): 4314-4318.

Reynolds K J, Yao X D, Fenselau C. 2002. Proteolytic ^{18}O labeling for comparative proteomics: evaluation of endoprotease Glu-C as the catalytic agent. J. Proteome Res., 1(1): 27-33.

Rifai N, Gillette M A, Carr S A. 2006. Protein biomarker discovery and validation: the long and uncertain path to clinical utility. Nature Biotechnol., 24(8): 971-983.

Rong Y, Jin D, Hou C, et al. 2010. Proteomics analysis of serum protein profiling in pancreatic cancer patients by DIGE: up-regulation of mannose-binding lectin 2 and myosin light chain kinase 2. BMC Gastroenterol, 10: 68.

Ross P L, Huang Y N, Marchese J N, et al. 2004. Multiplexed protein quantitation in *Saccharomyces cerevisiae* using amine reactive isobaric tagging reagents. Mol. Cell Proteomics, 3(12): 1154-1169.

Savas J N, Toyama B H, Xu T, et al. 2012. Extremely long-lived nuclear pore proteins in the rat brain. Science, 335(6071): 942-943.

Schaff J E, Mbeunkui F, Blackburn K, et al. 2008. SILIP: a novel stable isotope labeling method for in planta quantitative proteomic analysis. Plant J., 56(5): 840-854.

Schmidt A, Beck M, Malmstrom J, et al. 2011. Absolute quantification of microbial proteomes at different states by directed mass spectrometry. Mol. Syst. Biol., 7: 510.

Schmidt A, Gehlenborg N, Bodenmiller B, et al. 2008. An integrated directed mass spectrometric approach for in-depth characterization of complex peptide mixtures. Mol. Cell Proteomics, 7(11): 2138-2150.

Schwanhausser B, Busse D, Li N, et al. 2011. Global quantification of mammalian gene expression control. Nature, 473(7347): 337-342.

Selbach M, Mann M. 2006. Protein interaction screening by quantitative immunoprecipitation combined with knockdown. Nature Methods, 3(12): 981-983.

Sevinsky J R, Brown K J, Cargile B J, et al. 2007. Minimizing back exchange in $^{18}O/^{16}O$ quantitative proteomics experiments by incorporation of immobilized trypsin into the initial digestion step. Anal. Chem., 79(5): 2158-2162.

Seyfried N T, Huysentruyt L C, Atwood J A, et al. 2008. Up-regulation of NG2 proteoglycan and interferon-induced transmembrane proteins 1 and 3 in mouse astrocytoma: a membrane proteomics approach. Cancer Lett., 263(2): 243-252.

Shi T, Su D, Liu T, et al. 2012. Advancing the sensitivity of selected reaction monitoring-based targeted quantitative proteomics. Proteomics, 12(8): 1074-1492.

Silva J C, Gorenstein M V, Li G Z, et al. 2006. Absolute quantification of proteins by LCMSE-A virtue of parallel MS acquisition. Mol. Cell Proteomics, 5(1): 144-156.

Sitek B, Waldera-Lupa D M, Poschmann G, et al. 2012. Application of label-free proteomics for differential analysis of lung carcinoma cell line a549. Methods Mol. Biol., 893: 241-248.

Song Y, Zhang C, Ge W, et al. 2011. Identification of NaCl stress-responsive apoplastic proteins in rice shoot stems by 2D-DIGE. J. Proteomics, 74(7): 1045-1067.

Staes A, Demol H, Van Damme J, et al. 2004. Global differential non-gel proteomics by quantitative and stable labeling of tryptic peptides with oxygen-18. J. Proteome Res., 3(4): 786-791.

Stanislas T, Bouyssie D, Rossignol M, et al. 2009. Quantitative proteomics reveals a dynamic association of proteins to detergent-resistant membranes upon elicitor signaling in tobacco. Mol. Cell Proteomics, 8(9): 2186-2198.

Stecker K, Minkoff B B, Sussman M R. 2014. Phosphoproteomic analyses reveal early signaling events in the osmotic stress response. Plant Physiol., 165(3): 1171-1187.

Storms H F, van der Heijden R, Tjaden U R, et al. 2006. Considerations for proteolytic labeling-optimization of ^{18}O incorporation and prohibition of back-exchange. Rapid Commun. in Mass Spectrom., 20(23): 3491-3497.

Sun A, Zhang J, Wang C, et al. 2009. Modified spectral count index (mSCI) for estimation of protein abundance by protein relative identification possibility (RIPpro): a new proteomic technological parameter. J. Proteome Res., 8(11): 4934-4942.

Sun Y, Mi W, Cai J, et al. 2008. Quantitative proteomic signature of liver cancer cells: tissue transglutaminase 2 could be a novel protein candidate of human hepatocellular carcinoma. J. Proteome Res., 7(9): 3847-3859.

Tabb D L, McDonald W H, Yates J R. 2002. DTA select and contrast: tools for assembling and comparing protein identifications from shotgun proteomics. J. Proteome Res., 1(1): 21-26.

Tabb D L, Vega-Montoto L, Rudnick P A, et al. 2010. Repeatability and reproducibility in proteomic identifications by liquid chromatography-tandem mass spectrometry. J. Proteome Res., 9(2): 761-776.

Tang L Y, Deng N, Wang L S, et al. 2007. Quantitative phosphoproteome profiling of Wnt3a-mediated signaling network: indicating the involvement of ribonucleoside-diphosphate reductase M2 subunit phosphorylation at residue serine 20 in canonical signal transduction. Mol. Cell Proteomics, 6(11): 1952-1967.

Thompson A, Schäfer J, Kuhn K, et al. 2003. Tandem mass tags: a novel quantification strategy for comparative analysis of complex protein mixtures by MS/MS. Anal. Chem., 75(8): 1895-1904.

Tonack S, Aspinall-O'Dea M, Jenkins R E, et al. 2009. A technically detailed and pragmatic protocol for quantitative serum proteomics using iTRAQ. J. Proteomics, 73(2): 352-356.

Tsou C C, Tsai C F, Tsui Y H, et al. 2010. IDEAL-Q, an automated tool for label-free quantitation analysis using an efficient peptide alignment approach and spectral data validation. Mol. Cell Proteomics, 9(1): 131-144.

Usaite R, Wohlschlegel J, Venable J D, et al. 2008. Characterization of global yeast quantitative proteome data generated from the wild-type and glucose repression saccharomyces cerevisiae strains: the comparison of two quantitative methods. J. Proteome Res., 7(1): 266-275.

Vandenbogaert M, Li T S, Kaltenbach H M, et al. 2008. Alignment of LC-MS images with applications to biomarker discovery and protein identification. Proteomics, 8(4): 650-872.

Wang P, Tang H, Zhang H D, et al. 2006. Normalization regarding non-random missing values in high throughput mass spectrometry data. Pac. Symp. Biocomput., 11: 315-326.

Wang S, Chen W, Xiao W, et al. 2015. Differential proteomic analysis using iTRAQ reveals alterations in hull development in rice (*Oryza sativa* L.). PLoS ONE, 10(7): e0133696.

Wang S, Chen W, Yang C, et al. 2016. Comparative proteomic analysis reveals alterations in development and

photosynthesis-related proteins in diploid and triploid rice. BMC Plant Biol., 16(1): 199.
Wang X, Zhang Y, Wang X, et al. 2012. Multiplex relative quantitation of peptides and proteins using amine-reactive metal element chelated tags coupled with mass spectrometry. Anal. Methods, 4(6): 1629-1632.
Wang Z C, Batu D L, Saixi Y L, et al. 2011. 2D-DIGE proteomic analysis of changes in estrogen/progesterone-induced rat breast hyperplasia upon treatment with the Mongolian remedy RuXian-I. Molecules, 16(4): 3048-3065.
Washburn M P, Wolters D, Yates J R. 2001. Large-scale analysis of the yeast proteome by multidimensional protein identification technology. Nature Biotechnol., 19(3): 242-247.
Wasinger V C, Cordwell S J, Cerpa-Poljak A, et al. 1995. Progress with gene-product mapping of the mollicutes: *Mycoplasma genitalium*. Electrophoresis, 16(7): 1090-1094.
Werner T, Sweetman G, Savitski M F, et al. 2014. Ion coalescence of neutron encoded TMT 10-plex reporter ions. Anal. Chem., 86(7): 3594-3601.
Whetstone P A, Butlin N G, Corneillie T M, et al. 2004. Element-coded affinity tags for peptides and proteins. Bioconjugate Chem., 15(1): 3-6.
Wilkins M R, Sanchez J C, Gooley A A, et al. 1996. Progress with proteome projects: why all proteins expressed by a genome should be identified and how to do it. Biotechnol. Genet. Eng. Rev., 13(1): 19-50.
Wilkins M R, Williams K L, Appel R D, et al. 1997. Proteome Research: New Frontiers in Functional Genomics. Berlin: Spinger Verlag.
Wu C C, MacCoss M J, Howell K E, et al. 2004. Metabolic labeling of mammalian organisms with stable isotopes for quantitative proteomic analysis. Anal. Chem., 76(17): 4951-4959.
Xia Q, Wang T, Park Y, et al. 2007. Differential quantitative proteomics of *Porphyromonas gingivalis* by linear ion trap mass spectrometry: non-label methods comparison. q-values and LOWESS curve fitting. Int. J. Mass Spectrom., 259(1-3): 105-116.
Xiang F, Ye H, Chen R, et al. 2010. *N*-dimethyl leucines as novel isobaric tandem mass tags for quantitative proteomics and peptidomics. Anal. Chem., 82(7): 2817-2825.
Xie L Q, Zhao C, Cai S J, et al. 2010. Novel proteomic strategy reveal combined antitrypsin and cathepsin as biomarkers for colorectal cancer early screening. J. Proteome Res., 9(9): 4701-4709.
Yang C, Yu W. 2010. A regularized method for peptide quantification. J. Proteome Res., 9(5): 2705-2712.
Yang Z, Guo G, Zhang M, et al. 2013. Stable isotope metabolic labeling-based quantitative phosphoproteomic analysis of *Arabidopsis* mutants reveals ethylene-regulated time-dependent phosphoproteins and putative substrates of constitutive triple response 1 kinase. Mol. Cell Proteomics, 12(12): 3559-3582.
Yao S X, Zhang Y, ChenY L, et al. 2014. SILARS: an effective stable isotope labeling with ammonium nitrate-^{15}N in rice seedlings for quantitative proteomic analysis. Mol. Plant, 7(11): 1697-1700.
Yao X. 2011. Derivatization or not: a choice in quantitative proteomics. Anal. Chem., 83(12): 4427-4439.
Yao X D, Afonso C, Fenselau C. 2003. Dissection of proteolytic ^{18}O labeling: endoprotease-catalyzed ^{16}O to ^{18}O exchange of truncated peptide substrates. J. Proteome Res., 2(2): 147-152.
Yi P, Guo Y, Wang X, et al. 2010. Key genes and proteins involved in CTCM-reducing microvascular endothelial cell permeability induced by SLT-IIv using gene chips and DIGE. Cell Immunol., 265(1): 9-14.
Yu L R, Conrads T P, Uo T, et al. 2004a. Evaluation of the acid-cleavable isotope-coded affinity tag reagents: application to camptothecin-treated cortical neurons. J. Proteome Res., 3(3): 469-477.
Yu Y, Cui J, Wang X, et al. 2004b. Studies on peptide acetylation for stable-isotope labeling after 1-D PAGE separation in quantitative proteomics. Proteomics, 4(10): 3112-3120.
Zang L, Toy D P, Hancock W S, et al. 2004. Proteomic analysis of ductal carcinoma of the breast using laser capture microdissection LC-MS and $^{16}O/^{18}O$ isotopic labeling. J. Proteome Res., 3(3): 604-612.
Zappacosta F, Annan R S. 2004. N-terminal isotope tagging strategy for quantitative proteomics: results-driven analysis of protein abundance changes. Anal. Chem., 76(22): 6618-6627.
Zeng D, Li S. 2009. Improved cILAT reagents for quantitative proteomics. Bioorg. Med. Chem. Lett., 19(7): 2059-2061.
Zhang B, VerBerkmoes N C, Langston M A, et al. 2006. Detecting differential and correlated protein expression in label-free shotgun proteomics. J. Proteome Res., 5(11): 2909-2918.

Zhang J, Song M Q, Zhu J S, et al. 2011a. Identification of differentially-expressed proteins between early submucosal non-invasive and invasive colorectal cancer using 2D-DIGE and mass spectrometry. Int. J. Immuno. Pathol. Pharmacol, 24(4): 849-859.

Zhang J, Zhang L, Zhou Y, et al. 2007. A novel pyrimidine-based stable-isotope labeling reagent and its application to quantitative analysis using matrix-assisted laser desorption/ionization mass spectrometry. J. Mass Spectrom., 42(11): 1514-1521.

Zhang S, DeGraba T J, Wang H, et al. 2009. A novel peak detection approach with chemical noise removal using short-time FFT for PROTOF MS data. Proteomics, 9(15): 3833-3842.

Zhang S, Liu X, Kang X, et al. 2012. iTRAQ plus ^{18}O: a new technique for target glycoprotein analysis. Talanta, 91: 122-127.

Zhang Y, Li T, Yang C, et al. 2011b. Prelocabc: a novel predictor of protein sub-cellular localization using a bayesian classifier. J. Proteomics Bioinformatics., 4(2): 44-52.

Zhang Y, Wen Z, Washburn M P, et al. 2010. Refinements to label free proteome quantitation: how to deal with peptides shared by multiple proteins. Anal. Chem., 82(6): 2272-2281.

Zhang Y, Wen Z, Washburn M P, et al. 2015. Improving label-free quantitative proteomics strategies by distributing shared peptides and stabilizing variance. Anal. Chem., 87(9): 4749-4756.

Zhang Z, Chen J, Guo F, et al. 2008. A high-temporal resolution technology for dynamic proteomic analysis based on 35S labeling. PLoS ONE, 3(8): e2991.

Zhao L Y, Zhang Y J, Liu X, et al. 2008. Homolog labeling combined with matrix assisted laser desorption ionization-time of flight mass spectrometry for N-terminal peptides identification and protein relative quantification. Chinese J. Anal. Chem., 36(12): 1606-1613.

Zhao N, Yan Y, Luo Y, et al. 2019. Unravelling mesosulfuron-methyl phytotoxicity and metabolism-based herbicide resistance in *Alopecurus aequalis*: insight into regulatory mechanisms using proteomics. Sci. Total Environ., 670: 486-497.

Zhao Y, Jia W, Sun W, et al. 2010. Combination of improved ^{18}O incorporation and multiple reaction monitoring: a universal strategy for absolute quantitative verification of serum candidate biomarkers of liver cancer. J. Proteome Res., 9(6): 3319-3327.

Zhou H, Boyle R, Aebersold R. 2004. Quantitative protein analysis by solid phase isotope tagging and mass spectrometry. Methods Mol. Biol., 261(50): 511-518.

Zhou H L, Ranish J A, Watts J D, et al. 2002. Quantitative proteome analysis by solid-phase isotope tagging and mass spectrometry. Nature Biotechnol., 20(5): 512-515.

Zhu F Y, Chen M X, Chan W L, et al. 2018. SWATH-MS quantitative proteomic investigation of nitrogen starvation in *Arabidopsis* reveals new aspects of plant nitrogen stress responses. J. Proteomics, 187: 161-170.

Zhu F Y, Chen M X, Su Y W, et al. 2016. SWATH-MS quantitative analysis of proteins in the rice inferior and superior spikelets during grain filling. Front. in Plant Sci., 7: 1926.

Zybailov B, Coleman M K, Florens L, et al. 2005. Correlation of relative abundance ratios derived from peptide ion chromatograms and spectrum counting for quantitative proteomic analysis using stable isotope labeling. Anal. Chem., 77(19): 6218-6224.

Zybailov B, Mosley A L, Sardiu M E, et al. 2006. Statistical analysis of membrane proteome expression changes in *Saccharomyces cerevisiae*. J. Proteome Res., 5(9): 2339-2347.

Zybailov B, Rutschow H, Friso G, et al. 2008. Sorting signals N-terminal modifications and abundance of the chloroplast proteome. PLoS ONE, 3(4): e1994.

第 6 章 植物盐逆境应答蛋白质组

6.1 概述

土壤盐渍化（soil salinization）是指易溶性盐分在土壤表层积累的现象或过程，也称盐碱化。土壤底层或地下水的盐分随毛管水上升到地表，水分蒸发后，盐分积累在表层土壤中，导致土壤盐渍化。盐碱土的可溶性盐主要包括钠、钾、钙、镁等的硫酸盐、氯化物、碳酸盐和重碳酸盐。硫酸盐和氯化物一般为中性盐，碳酸盐和重碳酸盐为碱性盐。土壤盐渍化主要发生在干旱、半干旱和半湿润地区，中国盐渍土或称盐碱土的分布范围广、面积大、类型多，总面积约 1 亿 hm^2。土壤盐渍化是困扰农业生产的一个世界性难题，全球约有 1/2 的灌溉土地和 1/5 的良田受到土壤盐渍化的严重危害。

盐胁迫能够影响植物的生理生化过程，植物细胞中积累过高盐离子后，会导致渗透胁迫，破坏细胞中的离子平衡，引起植物营养亏缺和氧化胁迫，从而明显抑制植物生长。植物抗盐是一个复杂的数量性状反应，涉及各个层次的生物学过程。在逆境中生存的植物除了在形态学方面发生适应，其内部还有一套有效的适应机制。通常，植物对盐胁迫的抗性往往受多基因控制。无论在甜土植物，还是在盐生植物中，这些生物学反应都是通过许多抗盐相关基因和蛋白质的表达及酶活性的精确调控来实现，进而通过各种胞间对话或胞间信号交叉传递途径来使植物体的各种器官和组织达到协调一致。但基因和蛋白质的调控是多层次的，不仅有转录水平的调控，还有翻译水平的调控，以及翻译后修饰、蛋白酶降解等调控机制。

然而，传统的研究多集中在单一基因和单一途径上，它们在植物抗盐过程中所起的作用有限，难以揭示植物抗盐的真正原因。过去关于植物抗盐机制和抗盐育种方面的研究绝大多数来自甜土植物，所取得的成就大部分是在模式植物拟南芥和水稻中获得的，对于抗盐机制的研究主要集中在单个抗盐基因的功能验证上，缺乏整体生物学上的系统性研究，并且在极端盐渍生境中植物的抗盐机制与模式植物是否相同还有待进一步研究证实。有必要借助蛋白质组学的方法，从整体生物学和系统生物学的角度来研究植物的抗盐机制。目前，应用蛋白质组学方法研究植物的抗盐机制在甜土植物中已有较多报道，但是，在盐生植物，特别是真盐生植物中，通过比较蛋白质组学技术来研究植物抗盐性的研究报道还相对较少。通过蛋白质组学技术来研究植物的耐盐机制，有可能为从整合生物学角度阐明植物抗盐的分子机制提供新的思路，获得新的盐胁迫应答蛋白并阐明其蛋白质调控机制，为今后深入开展植物耐盐的分子机制研究和作物耐盐育种工作打下更坚实的基础。

6.2 土壤盐渍化的严重影响

6.2.1 土壤盐渍化影响粮食安全

土壤盐渍化问题，几乎存在于每一个位于干旱和半干旱地区的国家。在世界人口日益增加的今天，土地资源相对匮乏的问题越来越严重，而城市、工业发展和水土流失等因素还在侵蚀着大片肥沃的土地。盐碱土主要分布地带为平原地区，这些区域地形平坦，土层深厚，一般都有较丰富的地下水源，对于发展农业生产，尤其对于农业机械化、水利化极为有利，这些平原盐碱地是一类潜力很大的土地资源，对于人口众多、耕地资源缺乏的中国更有深远意义（赵可夫和李法曾，1999）。

国内外对盐渍土地的改良和利用开展了广泛的研究，投入大量的人力、物力和财力。过去多利用工程措施进行盐碱地改良，其中一项重要措施就是通过添加淡水排盐，虽取得一定成绩，但这些措施存在一些不可克服的缺点，如费用昂贵、效果不能持久等。另外，淡水排盐还会造成土壤中其他养分的流失，而且我国淡水资源也不足，因此，这个方法的应用受到很大限制。改良盐碱地的困难使研究人员开始从另外的角度进行尝试，即对植物本身进行耐盐碱改造。实际上，进行耐盐育种、提高作物耐盐性是开发利用盐碱地最根本、最经济、最有效的方法（赵可夫和李法曾，1999；Serrano and Navarro，2001）。包括我国在内，许多国家开展了有目的选育耐盐品种的工作，在小麦、水稻、大麦、燕麦等谷类作物，牧草饲料作物，棉花等纤维作物，以及果树、蔬菜上已获得不少阶段性成果，目前有几十种作物已经育成耐盐品种和品系。有关植物耐盐性的生理机制、耐盐水平的评价鉴定、耐盐性的遗传规律研究已取得了很大的进展。各国科学家经过不懈的努力，已积累了大量耐盐植物资源，为开展这一领域的工作奠定了良好的基础。

6.2.2 土壤盐渍化影响植物正常生长发育

盐胁迫对植物造成的伤害主要有两方面：一是由盐胁迫引起的生理干旱；二是由盐胁迫造成的离子毒害（赵可夫和李法曾，1999）。在盐渍生境下，植物生长和发育受到严重的影响，具体表现如下。

（1）植物细胞器结构完整性受到破坏

盐胁迫下的根细胞核膜膨胀，模糊不清，线粒体数目增多，细胞壁不规则加厚，同时发现内含内膜片段的大液泡（孔令安等，2000）。盐离子浓度过高还会使染色质结构松弛，影响细胞内染色质静电作用和疏水作用的平衡与大小。因此盐敏感细胞暴露在盐溶液中死亡，可能与染色质功能的改变有关。

（2）植物生长受到明显抑制

生长受到抑制是植物对盐渍响应最敏感的生理过程。当植物转移到盐胁迫条件中几分钟后，外界 Na^+、Cl^- 等的涌入使胞内 K^+ 和有机小分子大量外渗，引起细胞营养亏缺，最明显的症状就是细胞的缺 K 症状。土壤盐浓度过高，水势降低，会造成植物吸水困难，甚至根本不能吸水，更严重时根细胞还向外排水，细胞水分不足，影响水分代谢，从而对植物的生长形成抑制作用（赵可夫和李法曾，1999）。

（3）影响植物光合作用的进行，净光合速率降低

通常在盐胁迫下，植物叶片中叶绿素和类胡萝卜素的含量下降。随着盐胁迫时间的延长，

植物叶片开始出现斑点。盐胁迫对植物光合作用的影响有短期效应和长期效应，短期效应大多发生在几个小时内，或者 1 ～ 2d。长期高盐胁迫主要是通过影响植物叶绿体的结构来抑制光合作用的。盐胁迫对碳同化作用产生影响主要是因为盐分在植物叶片中积累。虽然有报道表明盐分能抑制植物的光合作用，如盐胁迫下桑树 CO_2 的同化速率、气孔导度、蒸腾速率下降，但是胞间 CO_2 浓度升高。但一些植物的光合作用不但没有被抑制，反而能被低盐激活（Rajesh et al.，1998）。

盐胁迫虽然不能改变叶片叶绿素 a 与 b 的比值，但叶片叶绿素的含量随盐浓度的增加而有所降低。气孔导度、叶肉导度和光合面积下降，植物光合作用效率降低，是植物在盐胁迫条件下生长受抑制的主要原因（Cramer et al.，1991）。在这 3 个因素中，限制 CO_2 进入叶片的主要原因并非气孔阻力，而是离子浓度增加引起的叶肉阻力相对增加（Cramer et al.，1991）。Cl^- 浓度与光合抑制程度的相关系数为 R^2=0.926，因而减少盐离子特别是 Cl^- 在光合细胞中的积累，有利于提高植物耐盐性。实验表明，盐胁迫下植物的呼吸作用会大大增强，导致植物体内所积累的物质大量消耗，不利于植物的生长发育（张其德，1999）。

（4）盐分对酶类的直接伤害

从耐盐性不同的盐生植物（halophyte）和甜土植物（glycophyte）中提取出的多种酶对 NaCl 胁迫的敏感性并无明显差异，但细胞质中高浓度的阳离子可以抑制酶蛋白的合成。体外实验表明，mRNA 翻译的适宜阳离子浓度为 100 ～ 120mmol/L，超过 180mmol/L 时，翻译进程终止（Cramer et al.，1991）。高浓度 NaCl 可置换质膜和细胞内膜系统所结合的 Ca^{2+}，膜所结合的离子中 Na^+/Ca^{2+} 值增加，膜结构完整性及膜功能改变，促进细胞内 K^+、磷和有机溶质的外渗，细胞 K^+/Na^+ 值下降，抑制液泡质子焦磷酸酶（vacuolar H^+-pyrophosphatase，V-PPase）活性和胞质中 H^+ 跨液泡膜运输，跨液泡膜的 pH 梯度下降，液泡碱化，不利于 Na^+ 在液泡内积累，并且诱导气孔关闭等。外源 Ca^{2+} 可明显缓解上述 NaCl 胁迫效应（Zidan et al.，1990）。

（5）活性氧伤害

盐胁迫下植物光能利用和 CO_2 同化受抑制，促进了活性氧（reactive oxygen species，ROS）的生成和脂质过氧化。ROS 对植物代谢有毒害作用，可以侵害细胞内大部分生物大分子，损害 DNA，影响蛋白质合成和稳定性，导致代谢紊乱和细胞死亡（Smirnoff，1993）。

6.3 耐盐植物主要类型及特征

6.3.1 甜土植物

根据对盐胁迫的适应能力，人们通常将植物分为甜土植物（glycophyte）和盐生植物（halophyte）。甜土植物也称为非盐生植物（non-halophyte），对盐胁迫非常敏感，不能在含盐量超过 0.33MPa（相当单价盐 70mmol/L）的土壤中正常生长并完成生活史（Greenway and Munns，1980）。甜土植物既无盐腺不能泌盐，也不能肉质化进行稀盐，所以一般认为甜土植物不能抗盐，因此，也就不涉及其抗盐机制问题。但是，从 20 世纪 70 年代开始，人们发现一些对盐极为敏感的甜土植物，如玉米、菜豆等，也具有一定的抗盐能力。揭示出它们的抗盐机制，不但具有重要的理论意义，而且在实践中具有很大的用途。这类植物的拒盐机制，主要采取的是植物体“内部排盐”，使地上部分保持低盐水平，或者在吸收过程中对钾离子具有高度的选择能力，以维持地上部分低钠离子水平。研究发现，生活在盐渍环境中的一些拒钠甜土植物，钠离子被植物根系吸收以后，一部分进入皮层细胞的液泡中，一部分通过皮层和内皮层进入导管，随蒸腾流向地上部分运输，在上运的过程中，靠近根部的一部分钠离子被木质传递细胞重新吸收，其吸收钠离子的机制，系通过传递细胞中的钾离子与导管中钠离子进行交换（Zhu，2016）。另有一部分钠离子会继续上运到叶片中，在叶片中通过木质传递细胞和韧皮传递细胞将导管中钠离子吸收与转运到叶片韧皮部筛管中，由筛管下运到近根部和根部，进而分泌到土壤中。如果进入根系的钠离子不多，通过近根部木质传递细胞对钠离子的再吸收，即可维持地上部分的低钠离子水平。如果进入根系的钠离子过多，则近根部木质传递细胞吸收不了的剩余部分，继续通过导管上运到地上部分的叶片中，再通过叶片的木质传递细胞和韧皮传递细胞转运到筛管中，下运到近根部和根部，从而达到耐盐的目标（Flowers，2004）。

世界上绝大多数蔬菜、经济作物和粮食作物均为甜土植物，土壤盐渍化会导致这些作物严重减产（Munns and Tester，2008）。人们一直采用传统育种方法及转基因策略提高作物耐盐性，但效果并不太明显（张恒和戴绍军，2011）。蛋白质组学研究为深入分析作物耐盐机制提供了丰富信息。科学家通过对多种粮食作物和多种经济作物盐胁迫应答蛋白质组动态变化进行分析，发现与模式植物相似，其参与光合作用、碳和能量代谢、胁迫防御、基础代谢和信号转导等过程的蛋白质在盐胁迫应答过程中表达模式变化明显（张恒等，2011）。

6.3.2 盐生植物

盐生植物是盐渍生境中的天然植物类群，对 NaCl 有较强的耐受能力。关于盐生植物的概念，目前有着不同的定义，早期认为能在含盐量超过 0.33MPa 的土壤中正常生长并完成生活史的植物称为盐生植物（halophyte）。植物对盐分过多的适应能力称为抗盐性。自然界中存在一些盐生植物，它们可以在高盐环境下正常生长。例如，盐芥（*Thellungiella salsuginea*）是与甜土植物拟南芥非常相似的一类盐生植物（图 6-1a）。据统计世界盐生植物种类达 2000 ～ 3000 种，而且分布很广，在很多科、属中都有，包括一些重要农作物同属的近缘种，如小麦、大麦、番茄和甜菜（赵可夫和冯立田，2001）。

图 6-1　典型盐生植物盐芥、海马齿、盐地碱蓬和盐角草形态特征

早在 18 世纪以前，人们就注意到在植物中还存在一类特殊的能够耐盐的盐生植物。在 18 世纪后期，世界上第一部由 Schimperd 编撰的有关盐生植物的学术著作出版，随着时间推移，人们对盐生植物的认识不断深入。1809 年，Palls 提出盐生植物是一类能够在盐渍土地上生长的植物。1975 年，Flowers 等根据他们多年的研究和观察及其他科学家的研究成果，认为盐生植物是一类能够在盐离子浓度 200mmol/L 以上的生境中成长并完成生活史的植物。1986 年，Flowers 等再次强调盐生植物生长并完成其生活史的环境中，盐离子浓度至少为 200mmol/L（Flowers，2004）。这个盐生植物的定义较以前提出的所有盐生植物概念详细了很多，提出了盐生植物生境中的最低盐离子浓度为 200mmol/L NaCl。实际上，这个盐浓度对于大部分普通盐生植物生境的盐浓度均偏高，是对盐生植物中的真盐生植物的耐盐要求（Munns and Tester，2008）。

盐生植物由于长期生活在盐渍生境中，其形态结构、生理功能和生态特征表现出对周围盐渍环境有高度适应性。根据植物对盐度的生理适应，可以将盐生植物分为 3 个生理类型：一是稀盐盐生植物，其中藜科植物最多；二是泌盐盐生植物；三是拒盐盐生植物，主要是禾本科。根据生态学特点，也可将盐生植物分成三类：旱生盐生植物、中生盐生植物、水生盐生植物。

6.3.3　真盐生植物

根据盐生植物耐盐强度及生理类型，又可以分为以下三类：①假盐生植物（pseudohalophyte），即通常所说的拒盐植物，是一类通过根部等器官拒绝或很少吸收盐离子的植物，其根部具有较强的过滤功能，几乎不吸收或很少吸收盐分。即使盐离子吸收进体内，也是存储于根、茎基部，而尽量不向茎上部和叶端输送，以免受伤害，如百脉根（*Lotus corniculatus*）、芦苇（*Phragmites communis*）。②泌盐盐生植物（recretohlophyte），是一类依靠植物体内的泌盐结构，即盐腺和盐囊泡等，将体内过多盐分排出体外，以免受伤害的盐生植物，其中包括利用盐腺泌盐的盐生植物和利用盐囊泡泌盐的盐生植物，如海乳草（*Glaux maritima*）、蜡烛果（*Aegiceras corniculatum*）等。③真盐生植物（euhalophyte），其中包括叶肉质化真盐生植物（leaf succulent euhalophyte）和茎肉质化真盐生植物（stem succulent euhalophyte）。

真盐生植物体内能积聚盐分，但可以通过特殊形态结构，如茎叶肉质化吸收大量水分来降低盐离子浓度；同时通过渗透调节和细胞内的区隔化作用等生理途径来适应盐离子胁迫，以免受伤害（图 6-1）。甚至有的真盐生植物，需要一定浓度的盐分来促进其生长发育，在一定盐分（通常约为 200mmol/L NaCl）条件下，其生物量最大。例如，盐碱地常见的盐地碱蓬（*Suaeda aegyptiaca*）、盐角草（*Salicornia europaea*）、海蓬子（*Salicornia bigelovii*）、盐节木（*Halocnemum strobilaceum*）、盐爪爪（*Kalidium foliatum*）和南方沿海滩涂植物海马齿（*Sesuvium portulacastrum*）等（赵可夫和冯立田，2001）。

人们认为，盐生植物之所以能够在盐渍土壤上正常生长，特别是对于真盐生植物，盐分甚至成为其必要的生长促进剂，一定有独特的耐盐机制，有一些耐盐相关基因和蛋白质起作用。许多学者相信盐生植物中很有可能存在能够用于基因工程改良农作物耐盐性的耐盐基因，可以通过传统育种或将盐生植物的抗盐基因转入主要农作物来增加其对盐胁迫的抗性（余梅和张峰，2002）。研究盐生植物的意义之一在于通过研究盐生植物对盐渍生境的适应机制，进一步利用分子生物学手段了解盐生植物的抗盐相关基因（赵可夫和李法曾，1999）。功能基因组学在寻找植物耐盐基因方面的研究之一就是在甜土植物和耐逆植物中寻找耐盐基因，用从 cDNA 文库中随机挑选的克隆进行测试所获得的 EST 构建 EST 文库，然后寻找耐盐相关基因（余梅和张峰，2002）。有人认为由盐生植物得到的耐盐相关基因与甜土植物里的同源基因相比功能更强，也有人认为基因本身功能类似，但是盐生植物有特异的调控机制，导致盐生植物耐盐性高。

6.4 植物耐盐主要机制

6.4.1 形态适应在植物耐盐中的重要作用

通过长期的进化和自然选择作用，植物与其生长环境形成一个统一的整体；环境对植物的长期选择作用，使植物形成了适应环境的形态结构、生理功能及生态特征，从而形成了一整套独特的盐适应机制。盐生植物是在高盐环境下自然生长的植物区系，在盐渍条件下其地上部分发生肉质化，这类植物为真盐生植物。真盐生植物有的茎肉质化而叶退化成鳞片状，如盐角草、海蓬子；有的叶片肉质化，如碱蓬。盐生植物通过不断生长，叶片或茎的薄壁细胞组织大量增生，使细胞质膨胀，细胞壁的伸展度增大，细胞数目增多，体积增大，导致肉质化，可以吸收和储存大量水分。因此，可以克服植物在盐渍条件下由吸水不足造成的水分供应不足，更重要的是可以将植物从外界吸收到体内的盐分进行稀释，使其浓度降到不足以致害的程度（Greenway and Munns，1980）。泌盐盐生植物最显著的形态结构特征是具有特殊的泌盐结构，包括盐腺和盐囊泡，两者都是表皮细胞特化形成的，都可将体内过多的盐分排出体外。

对于真盐生植物，其有特殊的形态结构特征来适应高盐胁迫。叶片的组织结构对生境条件的反应最为敏锐。盐胁迫下小花碱茅叶片叶肉变厚，叶横切面面积增大，叶表皮细胞强烈硅化，维管束数目明显增多（朱宇旌等，2001）。研究表明，生长在高盐环境下的碱蓬植株比在甜土中生长的植株叶片表皮细胞的角质层、外侧细胞壁明显增厚，表皮内 2 ～ 3 层为排列紧密的栅栏组织细胞，内含丰富的叶绿体；栅栏组织内是大型的薄壁贮水组织细胞，贮水组织中排列一列维管束，维管束系统不发达，结构也较简单（赵可夫和李法曾，1999）。

盐胁迫下，小花碱茅茎的角质层、表皮层和机械组织加厚，维管束贴近茎边缘分布，髓腔所占比例较大，维管束的排列很不规则且数目明显增多，导管的运输能力明显提高（朱宇旌等，2001）。一些真盐生植物新生枝条呈绿色并发生肉质化，成为植物体的同化器官。茎肉质化植物最显著的特征是叶退化成鳞片状，如盐角草、盐节木、盐穗木等。这些植物茎皮层明显分化为两部分，外皮层发育为栅栏组织，由 2 ～ 3 层细胞构成，细胞内含有大量叶绿体，内皮层发育为贮水组织，细胞呈球形或椭圆形。贮水组织细胞具有一个中央大液泡，内含黏性细胞液，细胞壁上附有一薄层细胞质，叶绿体分散于细胞质中。当水分丧失时，光合组织可以从贮水组织中获得水分，结果薄壁的贮水组织细胞萎缩。

6.4.2　渗透调节在植物耐盐中的重要作用

在盐胁迫下，由于细胞外的水势低于细胞内，细胞不仅不能吸收水分，而且内部水分会向外倒流，引起细胞的失水。为了保持胞内的水分，维持细胞的正常生理代谢，细胞通过渗透调节降低胞内水势，使水分的跨膜运输朝着有利于细胞生长的方向。渗透调节一般由无机离子和有机亲和物质共同参与。细胞从外界吸收无机离子以降低胞内的渗透势，同时自身合成许多有机小分子物质作为渗透调节剂，进一步降低细胞的水势，有机物质和无机离子协同作用，从而使胞内的水势低于外界水势，水分沿着水势梯度由外向内流入胞内，保证了一系列生理活动的需要。

植物渗透调节的方式主要有两种：一种是细胞吸收和积累无机离子，另一种是细胞合成有机溶质。在盐胁迫下，渗透调节是植物从环境中获得有效水分的主要手段，只是盐生植物主要以无机盐离子作为渗透调节剂，而非盐生植物却以有机小分子物质为主（赵可夫和李法曾，1999）。

6.4.3　吸收和积累无机离子

植物吸收和积累无机离子的种类多种多样，因植物不同而异，主要的离子有 K^+、Na^+、Ca^{2+}、Mg^{2+}、Cl^-、SO_4^{2-} 等。植物对离子的吸收多是主动过程，植物细胞中离子浓度可以超过外界土壤许多倍。很多盐生植物体内含有大量的 Na^+，而且高含量的 Na^+ 很可能与这些植物的抗盐能力是紧密相关的。在这些植物中，K^+ 只占总阳离子含量 4%，Na^+/K^+ 值可达到 30 左右（赵可夫和李法曾，1999）。

高地棉花‘Z407’成熟叶片中的 Na^+ 浓度高达 200mmol/L，促进了棉花的渗透调节，使叶片在盐生环境下保持生长态势。关于 Cl^- 在渗透调节中的作用还有争议，有人认为它可能是作为平衡 K^+ 或 Na^+ 电荷的物质被动进入细胞内，对植物渗透调节的作用不大。另外，也有报道称许多非盐生植物吸收 K^+ 作为主要渗透调节剂（Glenn et al.，1999）。

6.4.4　合成有机物质

植物对盐渍的适应过程中除在细胞中吸收和积累无机盐离子外，还能在细胞中积累一定数量的可溶性小分子有机物质，共同作为渗透调节剂进行渗透调节，以适应外界的低水势。在植物中已发现多种有机亲和物质，它们有许多相似的特性，如极性电荷少、高溶解度、分子表面有较厚的水化层等。这些有机物质大体上可以分成以下几类：①氨基酸类；②有机酸类；③可溶性碳水化合物类；④糖醇类。虽然大多数植物的细胞中有机物质的浓度不高，但在成熟细胞中液泡的体积占到细胞总体积的 95% 以上，而且有机物质大部分分布于细胞质中，导致细胞质中有机物质的浓度较高（Smirnoff，1993）。

6.4.5 离子区隔化在植物耐盐中的作用

无论在正常条件下，还是在高盐胁迫下，离子吸收和区隔化对于植物正常生长都是非常重要的。为了保证胞质中代谢过程正常进行，甜土植物和盐生植物胞质中都不能存在大量的盐分，因此在高盐胁迫下，植物必须将胞质中过量的盐分转运到液泡或者其他组织。研究表明在盐胁迫下，植物的细胞质中必须保持高浓度的 K^+ 和低浓度的 Na^+，而胞质内过多 Na^+ 的排出主要由质膜 Na^+/H^+ 逆向转运蛋白（SOS1）完成（Zhu，2003，2016）。

植物中矿质元素的吸收主要通过共质体来完成。在盐胁迫下，盐生植物通过茎叶的肉质化可以将吸收到细胞中的盐分进行一定程度的稀释，但其稀释作用是有限的，单依靠肉质化的稀释作用，不可能将吸收到细胞内盐分稀释到不对细胞器造成伤害的水平，还需要另外一种功能，即离子的区隔化作用。离子区隔化作用是将吸收到植物细胞中的大部分离子运输并贮存于液泡中，从而降低细胞中的盐浓度（Hasegawa et al.，2000）。离子区隔化作用，不但在盐生植物中普遍存在，是盐生植物适应盐渍生境的重要方式之一，而且在一些非盐生植物中也存在。

6.5 植物抗盐的基因和蛋白质研究进展

6.5.1 植物抗盐蛋白及其基因工程研究

国际上植物耐盐基因工程的研究主要集中在催化产生渗透调节物的酶基因工程、清除活性氧的酶基因工程、与 Na^+/H^+ 逆向运转蛋白相关的基因工程、与大分子蛋白质积累和降解有关的基因工程、渗透调节蛋白、胚胎晚期丰富蛋白（LEA 蛋白）等相关方面；此外，在跨膜运输蛋白及其基因、转录调控因子基因（如 *Ppz*）、Na^+/K^+ 离子通道调控因子基因 *SLT1*、*SOS2*、*SOS3* 及顺式作用元件 *DREB* 基因、钙结合蛋白基因 *EhCaBP*、ABA 应答基因等几个方面也开展了广泛深入的研究，而后几个方面的内容是目前植物耐盐分子生物学研究的热点和突破口。

植物对盐胁迫的适应归根到底是通过对盐胁迫信号的感应，进而对盐胁迫诱导基因表达进行调控的结果。随着分子生物学理论和技术的发展，抗盐机制研究在分子水平上已经取得了显著的成绩。国内外以拟南芥、苜蓿、水稻、番茄、小麦、菠菜、玉米、冰叶日中花、大豆、大肠杆菌等为材料，通过 T-DNA 标签法、定位克隆、RT-PCR、mRNA 差别显示等技术相继克隆了许多与抗盐相关的基因，它们的作用涉及植物生长和发育的各个方面：猝灭由盐胁迫或光合作用过程中产生的活性氧；维持体内的渗透平衡；调节植物的生长（林栖凤和李冠一，2000）。随着被分离的抗盐相关基因数量的不断增加，对抗盐机制的了解也在不断深入。目前，克隆的抗盐相关基因主要分为以下几类。

（1）*LEA* 基因

LEA 蛋白分子质量较小，为 10 ～ 30kDa，富含甘氨酸和其他亲水氨基酸，具有高亲水性和热稳定性。*LEA* 基因是盐胁迫诱导表达最多的一类基因，在脱水的植物组织和成熟种子干燥时大量表达。*LEA* 基因的表达受干旱、高盐、低温和 ABA 的诱导。用大麦的 *HVI1* 基因进行水稻转基因研究的结果表明，转基因水稻获得高的耐盐性（Xu et al.，1996）。

（2）小分子渗透调节物质积累相关基因

植物的渗透调节物质主要包括无机离子、氨基酸及其衍生物、多元醇和糖类。它们能够维持细胞膨压，稳定细胞质中酶活性构象，以维持酶的活性。

脯氨酸是目前发现的在多种胁迫条件下植物细胞合成的最为重要的小分子渗透调节物质之一，细胞内脯氨酸的积累可以显著提高植物的抗盐性。植物体内脯氨酸的生物合成主要有谷氨酸和鸟氨酸途径，在盐胁迫下脯氨酸的积累主要是通过谷氨酸途径，P_5CR 和 P_5CS 是脯氨酸合成的两个重要酶，其中 P_5CS 是限速酶。将 P_5CS 的基因导入烟草，发现在转基因烟草中脯氨酸的含量明显提高，在干旱胁迫下渗透保护作用增强。

甜菜碱是目前研究较为深入的广泛存在于高等植物、动物细胞和细菌中的一种可溶性物质，盐胁迫条件下某些植物体内积累大量甜菜碱。植物中甜菜碱的生物合成由胆碱单加氧酶（CMO）和甜菜碱醛脱氢酶（BADH）来催化完成（Russell et al.，1998）。许多植物中 CMO 和 BADH 的基因已经被克隆。由于甜菜碱合成途径相对简单，进行遗传操作非常方便，因此甜菜碱合成酶基因被认为是很有希望的胁迫抗性基因之一。

（3）转运蛋白及离子通道相关基因

无论是甜土植物还是盐生植物，进行正常生理代谢必须保持体内渗透平衡，但其细胞质内的酶活性通常受到钠离子的抑制。在细胞质和根系土壤溶液之间、细胞质和液泡之间都存在离子之间的渗透平衡。实验证明，在液泡膜和质膜表面存在 4 类转运蛋白或离子通道：①离子泵，如 H^+-ATPase、Ca^{2+}-ATPase、Na^+-ATPase。②质膜离子通道，离子通道是细胞膜上由大分子形成的孔道，这些孔道能经化学或电化学方式激活，控制离子的顺式流动。目前已经从拟南芥中克隆了植物第一个 K^+ 离子通道基因 *KAT1*。③质膜氧化还原系统。④质膜载体。

（4）活性氧清除相关酶基因

盐胁迫条件下，植物体内会诱导产生许多活性氧。这些活性氧能够激活植物的保护酶系统 SOD、POD 和 CAT，它们作为自由基净化剂能够消除盐胁迫下产生的活性氧和过氧化物自由基，从而避免这些物质对细胞质膜和脂肪酸产生氧化作用，起到保护质膜完整性的作用。

（5）盐胁迫相关基因的转录调控因子

用 cDNA 微阵列分析技术或基因芯片技术分析基因的表达，已经鉴定了较多由冷、干旱或盐胁迫调控的基因（Bohnert et al.，2001）。尽管激活这些基因的信号途径还不十分清楚，但是，基于一类基因的研究，如 *RD29A*，已发现一些胁迫反应基因在转录水平的调控元件，如干旱、盐和低温诱导的基因（Liu et al.，1998）。

6.5.2　植物抗盐的信号转导途径

植物生活在不断变化的环境中，植物从环境中获得生存所必需的养分和能量，同时感应外界的信号，从而调整植物生长和发育阶段的变化。在生物和非生物胁迫条件下，植物感受外界的信号后发生一系列的生理生化变化，如光合作用下降、调节离子渗透平衡、活性氧产生、兼容性有机渗透物增加、生长速率和发育阶段发生改变等。归根到底是由于在胁迫条件下，通过信号转导，植物一些由胁迫诱导的基因表达发生了改变。

一般来说，植物的信号转导途径包括信号的感受，第二信使的产生，第二信使通过调节细胞内钙离子的水平起始蛋白质磷酸化级联系统，从而调节功能蛋白或转录因子，转录因子与相应的顺式元件结合来调节盐胁迫蛋白的活性，也可以参与某些调节分子的合成，如 ABA、SA 和乙烯，这些分子和相应的受体结合，进而调节一系列相应的反应。

（1）植物信号转导的受体

外界对植物的胁迫是多种多样的，包括高温、低温、高盐、干旱等，因此植物感受外界胁迫的受体也是不同的。目前植物信号转导的受体大致包括离子通道、组氨酸激酶和 G 蛋白偶联受体（GPCR）。低温、干旱和盐胁迫能够诱导 Ca^{2+} 进入胞质，因此 Ca^{2+} 离子通道是一种胁迫信号的受体，由于细胞结构的改变，Ca^{2+} 离子通道被激活，实验表明温度的迅速降低导致 Ca^{2+} 的流入。双成分组氨酸激酶可能是另外一种胁迫信号的受体。蓝细菌的组氨酸激酶 Hik33 作为低温胁迫的受体可以调节脱氢酶基因的表达。但在植物中还没有直接的证据能证明它们是温度胁迫的受体。在胁迫条件下 LEA 的基因表达可能受由 G 蛋白调节的磷脂酶 C 控制，因此 GPCR 可能是这类基因胁迫信号表达的受体（Zhu，2001；Xiong and Zhu，2002）。

（2）植物信号转导的第二信使

植物细胞信号转导途径的两个基本要素是胞内信号分子和一种使靶蛋白磷酸化并改变其活性的酶——蛋白激酶。所谓的第二信使常常是指容易扩散的分子，它们参与将细胞外信息传递到细胞内靶酶的过程，从而调控细胞基因的诱导表达。目前，植物信号转导的第二信使主要有 Ca^{2+}、cAMP、IP_3、DG 及 ROS。

在遭受盐胁迫下，由于质膜外和液泡内的 Ca^{2+} 向胞内流入，植物胞质中的 Ca^{2+} 瞬间增加。胞质中 Ca^{2+} 瞬间增加有利于体内第二信使的产生，第二信使同时可能促使新一轮 Ca^{2+} 瞬间增加，这种多次 Ca^{2+} 瞬间增加对植物体代谢和生长具有重要的调节作用。IP_3 激活与液泡和内质网结合的 IP_3 受体，诱导 Ca^{2+} 的释放。在植物中 Ca^{2+} 与钙调蛋白（calmodulin，CaM）结合，从而激活蛋白激酶的活性，引发磷酸级联放大系统，通过磷酸化和去磷酸化调节转录因子的活性，进而调节胁迫诱导基因的表达。盐胁迫下植物的渗透平衡遭到破坏，植物具有离子平衡、清除有害物质和生长调控 3 种可能的盐胁迫适应机制（图 6-2）。

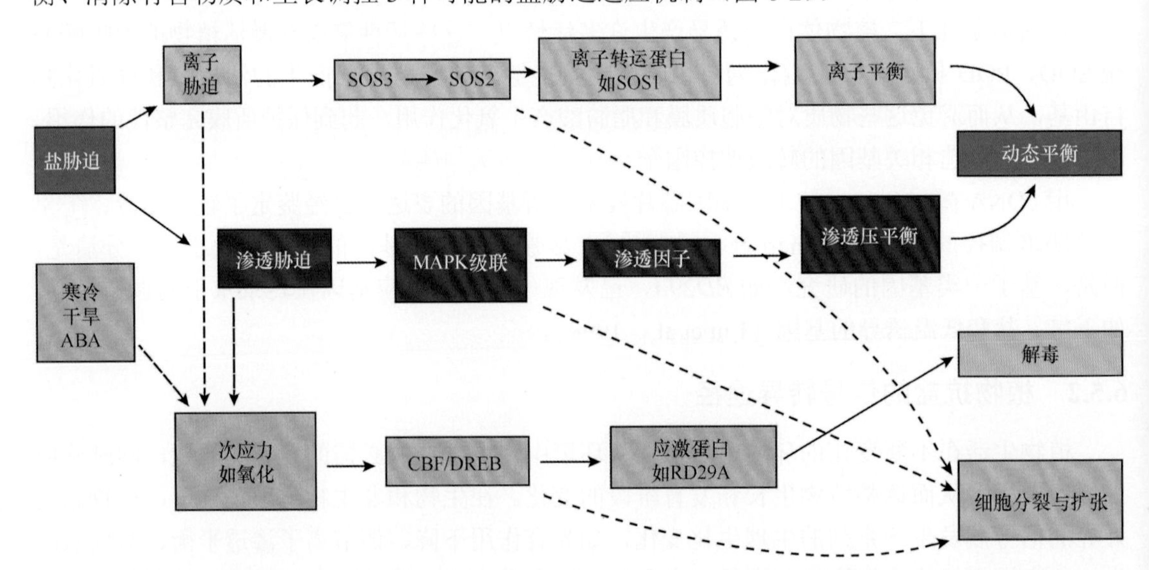

图 6-2 植物应答盐胁迫的三大机制：离子平衡、清除有害物质和生长调控（Zhu，2001）

ABA：脱落酸（abscisic acid）；SOS：盐超敏感途径（salt overly sensitivity）；MAPK：丝裂原活化蛋白激酶（mitogen activated protein kinases）；CBF：C 重复结合转录因子（C-repeat binding transcription factor）；DREB：干旱应答元件结合蛋白（dehydration responsive element binding protein）

干旱、高盐和低温都能诱导植物体内发生活性氧（ROS）的积累，如 $O_2^-\cdot$、H_2O_2 等。ROS 作为信号可以诱导活性氧清除物的产生（图 6-2）。ABA 可以诱导 H_2O_2 的产生，ROS 可以作为 ABA 信号转导的中间产物来调节过氧化氢酶基因 *CAT1* 的表达（Hasegawa et al.,

2000）。随着植物基因组计划的实施、植物信号受体和胁迫反应蛋白结构功能分析的开展，人们将会更快了解胁迫信号系统，将会有更有效的方法来提高植物的耐盐性和抗胁迫能力。

研究人员针对植物抗盐机制做了大量的研究，探讨了一些可能机制，克隆到一些盐诱导基因，但真正特异的耐盐基因及调控途径还有待发现，需要继续深入研究，以便进一步阐明盐胁迫的分子机制。最新的一项突破性研究是发现了植物细胞中的钠离子受体蛋白糖基肌醇磷酸神经酰胺（glycosyl inositol phosphorylceramide，GIPC）调控钠离子运输的主要作用方式，该研究成果于 2019 年 7 月 31 日，以题为 Plant cell-surface GIPC sphingolipids sense salt to trigger Ca^{2+} influx 的研究论文在 *Nature* 发表（Jiang et al.，2019）。该研究首次发现了植物盐受体 GIPC，并揭示了其作用机制。值得一提的是，*Nature* 同期刊发了题为 How plants perceive salt 的评论性文章（Steinhorst and Kudla，2019），对该项研究进行了深度报道。

在过去的 30 多年里，科研人员一直在探寻植物感受逆境的感受器基因，包括盐受体。牛津大学 Knight 团队首先发现盐胁迫导致胞内钙离子增加（Knight et al.，1997）。随后，朱健康团队发现钙相关的盐超敏感（salt overly sensitive，SOS）系列通路（Zhu，2016）。SOS 通路包括胞内钙受体 SOS3(calcineurin B-like protein，CBL4)、蛋白激酶 SOS2（CIPK24）和钠氢转运体 SOS1，该通路启动后将钠离子排出细胞外，减轻盐胁迫（图 6-3）。大量的电生理和药物学研究证明，外界盐胁迫促使钙离子通过细胞质膜内流，导致细胞内钙离子增加，而且普遍认为这个钙信号转导过程就是植物对盐的感受过程。然而，导致细胞内钙离子增加的感受器及其作用的分子机制始终不清楚（Zhu，2016）。

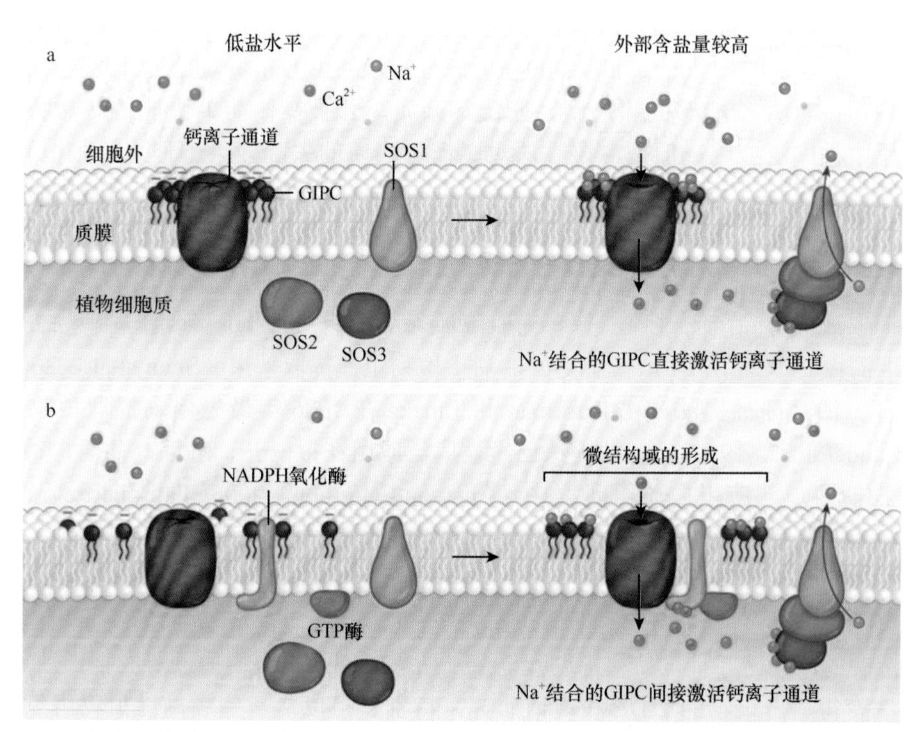

图 6-3　植物中盐受体蛋白糖基肌醇磷酸神经酰胺（GIPC）的主要作用方式（Jiang et al.，2019）

a. 植物细胞感知钠离子信号后，通过刺激质膜上的钙离子通道促进钙离子进入植物细胞，并激活 GIPC 来结合过量的 Na^+。随后，SOS3 蛋白激活 SOS2 后，通过 SOS2 进一步激活 SOS1，SOS1 又进一步激活钙离子通道蛋白的活性，从而将 GIPC 上结合的 Na^+ 运输到细胞外。b. 过量 Na^+ 进入植物细胞后，跟 GIPC 结合，在质膜上形成一个含有脂筏的微结构域，该结构可以改变信号蛋白，如 NADPH 氧化酶或 GTP 酶的动态活性，然后通过某种结合方式促使钙离子通道蛋白承担往细胞外排出过量 Na^+ 的重任在该项研究中，科学家在采用正向遗传筛选法成功克隆植物渗透感受器 OSCA1 的基础上（Yuan et al.，2014），进一步获得了植物盐胁迫激活细胞内钙离子浓度增加的缺陷型突变体（*moca1*）。图位克隆发现，*moca1* 编码 IPUT1（inositol phosphorylceramide glucuronosyltransferase 1），一个将 GlcA（glucuronic acid）转移到 IPC（inositol phosphorylceramide）形成细胞质膜外侧鞘脂 GIPC（glycosyl inositol phosphorylceramide）的酶。在盐胁迫下，细胞外盐离子结合到植物细胞质膜外侧 GIPC 上，引起细胞表面电势变化，从而打开质膜的钙离子通道，导致胞内钙离子浓度增加，激活 SOS 通路，进一步调节细胞生理生化活动以适应盐胁迫环境（图 6-3）。不同于动物的盐感受离子通道，植物特异的 GIPC 是第一个被发现的非离子通道型盐离子受体（Jiang et al.，2019）。该研究从寻找植物细胞感知盐胁迫的受体基因出发，解码了植物感应盐胁迫信号的分子机制，对进一步揭示植物适应全球环境变化的生理生态效应及分子机制具有重大的理论意义，同时在培育抗盐农作物方面有极其广泛的应用前景。

6.6 盐生植物蛋白提取方法比较和改进

6.6.1 植物蛋白提取不同方法优缺点

蛋白质的提取技术一直是植物蛋白质组技术体系中最为关键的一项，由于植物的种类和组织千差万别，适用的植物蛋白提取方法非常不同（Shaw and Riederer，2003；Canovas et al.，2004）。在甜土植物中，有几种被广泛采用的蛋白质提取方法，所得的 2-DE 结果也不错（Kim et al.，2005；Chen and Harmon，2006）。植物蛋白提取方法中，最为常用的是 TCA 法（Giavalisco et al.，2003；Islam et al.，2004）。该方法最初由 Damerval 等（1986）用于提取小麦幼苗蛋白质。TCA 法能够去除色素、脂类等杂质，并且操作简单快捷，在盐胁迫蛋白样品制备过程中被广泛应用，但是，该方法对多糖等物质的去除效果不理想（张恒和戴绍军，2011）。特别是对于盐生植物蛋白的提取，该方法没有除盐步骤，导致蛋白质提取物中盐离子含量很高，严重干扰等电聚焦过程，造成最终的双向电泳胶图上纵向和横向拖尾严重（Wang et al.，2007）。后来，随着植物蛋白质组研究的发展，人们对 TCA 法进行了改进，增加了利用蛋白质提取液抽提除盐的过程，并在提取液加入了 EGTA，通过螯合作用来除去植物中的杂质（以下简称 E-TCA 法），取得了更好的甜土植物蛋白提取效果（Shen et al.，2003）。

另一种方法是酚抽提法，由 Hurkman 和 Tanaka 在 1986 年最先用来提取植物的膜蛋白（Hurkman and Tanak，1986）。酚抽提法已经被广泛应用在拟南芥、水稻、葡萄、番茄和杜氏盐藻等植物盐胁迫响应蛋白质组研究中（Chen and Harmon，2006；Faurobert et al.，2007）。该法主要特点是将蛋白质溶解在酚相，然后通过加入蛋白质提取液不断抽提除杂，最后用含有乙酸铵的甲醇溶液将蛋白质选择性沉淀（Hurkman and Tanaka，1986；Wang et al.，2003），可以有效去除脂类、多糖等杂质。然而，该方法与 TCA 法一样，没能够解决蛋白质干粉难以完全重新溶解的问题，并且样品制备过程复杂，所需时间长。人们通过对酚抽提法不断改进，使这种方法变得适合植物的 2-DE 和质谱研究，特别是可以从一些顽拗性植物组织中提取到适于进行蛋白质组学研究的蛋白质，主要包括橄榄叶片（Wang et al.，2003）、棉花纤维（Yao et al.，2006）、成熟的葡萄浆果（Vincent et al.，2006），以及香蕉组培苗、苹果幼苗和马铃薯苗（Carpentier et al.，2005）。

早期通过比较蛋白质组学技术来研究植物抗盐性主要在拟南芥（Ndimba et al.，2005；Rossignol et al.，2006）和烟草（Dani et al.，2005）等甜土植物中进行（Lee et al.，2004）。较早的真盐生植物蛋白质组学研究是在碱蓬中进行的（Askari et al.，2006），但获得的 2-DE 质量不高。由于盐生植物组织中含有很高的盐离子浓度（Davy et al.，2001），而盐离子会严重干扰双向电泳中的等电聚焦（isoelectric focusing，IEF）过程，因此蛋白质分离效果很不好（Cho et al.，2003；Gorg et al.，2004；Kirkland et al.，2006）。

6.6.2　盐生植物蛋白提取方法

为了采用蛋白质组学技术研究真盐生植物的抗盐机制，科学家首先对盐生植物蛋白提取技术进行了比较研究，改进了一种适用于盐生植物蛋白提取的方法——BPP 方法（Wang et al.，2007）。这种新方法，在满足较高蛋白质提取率和很高蛋白质纯度要求的同时，还能够有效除去样品中的盐离子，从而有利于双向电泳分离和后续质谱鉴定蛋白质。常用的 TCA 法在立即降低蛋白酶活性上有很大的优势，但不能有效除盐（Gorg et al.，2004），并且用该法提取的蛋白质很难溶解（Kim et al.，2001；Carpentier et al.，2005）。虽然 E-TCA 法可以通过抽提的过程除去一部分盐离子，但作用毕竟有限，并且用该方法提取盐角草蛋白的时候，得到的双向凝胶电泳图谱横向拖尾非常严重（李肖芳等，2006）。酚抽提法可以得到相对多的蛋白点，但所得蛋白质同样很难完全溶解（Kim et al.，2001；Chen and Harmon，2006）。

为了克服上述难题，Wang 等（2007）通过改用过饱和的硫酸铵甲醇溶液作蛋白质沉淀剂，并且应用了 3 种关键化学药品，即 Borax/PVPP/Phenol（简称 BPP 法）。应用该方法，科学家从盐角草及其他 10 多种植物的不同组织中提取了高质量的蛋白质，并且获得了很好的 1-DE 和 2-DE 结果，随后的蛋白质鉴定结果说明该方法具有质谱兼容性，可以被应用在植物蛋白质组学研究中（Wang et al.，2007）。该方法主要由“酚抽提法”改进而来（Saravanan and Rose，2004），蛋白质提取液成分包括 100mmol/L Tris、100mmol/L EDTA、50mmol/L Borax、50mmol/L 抗坏血酸、1% PVPP（*m*/*v*）、1% Triton X-100（*v*/*v*）、2% *β*-巯基乙醇（*v*/*v*）、30% 蔗糖（*m*/*v*），pH 8.0。具体操作时，在每克材料中加入 3mL 冰冷的提取液，在室温剧烈涡混 5min 后，加入 2 倍体积的 Tris 饱和酚（pH 8.0），继续剧烈涡混 10min，离心（4℃、15min、15 000*g*）之后将上层酚相转入一个新的离心管中。向其中加入等体积蛋白质提取液，涡混 10min 后离心（4℃、15min、15 000*g*），将上层酚相转入一个新的离心管中。向其中加入 5 倍体积含有过饱和硫酸铵的冰冷甲醇溶液，–20℃沉淀 6h 以上。离心（4℃、15min、15 000*g*）之后，蛋白质沉淀用冰冷的甲醇溶液重悬，离心（4℃、5min、15 000*g*）后蛋白质沉淀再用冰冷的丙酮清洗两次，离心（4℃、15min、15 000*g*）后将蛋白质沉淀在室温风干，最后用裂解液在室温溶解蛋白质 2h 以上。

为了分离膜蛋白，在提取液中，将 Triton X-100 的浓度从 0.1% 提高到 1%，该药品能够有效地打破膜脂之间、脂和蛋白质之间的共价键（Shaw and Riederer，2003）。另外，将 *β*-巯基乙醇的浓度由 1% 提高到 2%，并对 EDTA、PVPP 和蔗糖的浓度进行改进。PVPP 是一种强烈的质子吸附剂，并且能够高效吸附多酚类物质（Gorg et al.，2004；Carpentier et al.，2005）。在一些蛋白质提取方法中，也用到了 PVPP。在 BPP 法中，各种干扰性物质，如多糖、多醌和多酚类物质，可以有效地被 PVPP 和硼砂去除。抗坏血酸与 *β*-巯基乙醇一样，是一种强的还原剂，能够有效防止多酚类物质氧化成多醌（Kim et al.，2001）。维生素 C 和硼砂最先用在杨树树皮营养贮藏蛋白的提取中，随后被用于提取橄榄叶片蛋白质和热带树木营养贮藏蛋白中（Tian et al.，2003）。由于 PVPP、维生素 C 和 *β*-巯基乙醇都具有很强的还原作用，可以有效抑制各种酶的活性，防止多酚氧化成多醌。因此，BPP 方法的蛋白质提取液中包含 1%

PVPP（*m*/*v*）、50mmol/L 维生素 C 和 50mmol/L 硼砂。酚是一种很强的蛋白质溶剂，而对核酸和多糖的溶解性很小（Carpentier et al.，2005）。更为重要的是，通过酚抽提过程，可以使蛋白质保存在酚相，让一些水溶性杂质、不溶性物质及绝大部分盐离子都保存在下层水相，从而达到除杂和除盐的双重目的。另外，在 BPP 法中，用硫酸铵过饱和的甲醇溶液替代乙酸铵甲醇溶液作为一种新的蛋白质沉淀试剂。硫酸铵沉淀蛋白质的方法其实已经被广泛应用在蛋白质纯化研究中（Anna et al.，2006），而乙酸铵甲醇溶液作为蛋白质沉淀剂只是在酚抽提法中应用较多（Saravanan and Rose，2004）。

以经过 0mmol/L、200mmol/L 和 800mmol/L NaCl 处理 21d 之后的盐角草地上部分为研究材料，采用 BPP 法、TCA 法、E-TCA 法和 Phe 法提取总蛋白质，然后进行单向电泳比较不同方法的提取效果。所有方法提取的蛋白样品，单向电泳的结果都很不错，无论是在高分子量还是在低分子量的区域，蛋白条带都很清楚。除了在极个别位置出现了差异条带，不同方法提取的不同处理的盐角草地上部分的蛋白质在单向 SDS-PAGE 上没有明显的差别。然而，从根中提取的蛋白质有一些较为明显的差别。在此基础上，利用 BPP 法从 12 种其他植物的各种组织中提取了总蛋白质，其中包括 5 种木本植物。结果显示，从这些植物的不同组织提取的蛋白质质量都很好，没有明显弥散状蛋白条带出现，说明 BPP 法具有很广的应用范围。

值得注意的是，一些高丰度的蛋白条带在不同植物中都是一样的，说明这些蛋白质具有很高的保守性；但是，在一些低分子量区域有许多差异条带，意味着这些蛋白质在不同物种之间差异很大。质谱鉴定结果表明，最高丰度的蛋白条带，都是这些植物的 Rubisco 大亚基。

进一步比较了用 BPP 方法从 13 种植物不同组织材料中提取的蛋白质产量，其中包括 5 种木本植物和 3 种草本植物，结果显示蛋白质产量都较高，平均达到了 2.01mg/g FW。在植物新鲜叶片中，蛋白质产量平均为 2.15mg/g FW，要比其他组织的平均值 1.82mg/g FW 高不少，说明叶片中蛋白质含量比其他组织要高，相关报道也佐证了这种规律（Saravanan and Rose，2004）。利用 BPP 法从植物叶片中提取的蛋白质产量较高，研究人员分析后认为原因有两点：一是植物叶片中含有高丰度蛋白 Rubisco，而该蛋白质为水溶性蛋白，易于提取；二是其他植物组织，特别是木本植物的木质部和韧皮部中，多糖、多酚和多醌类物质含量较高，使得这些植物组织本身的蛋白质含量就比较低，并且其中的蛋白质难以提取出来（Yao et al.，2006）。

研究者还比较了用不同方法从不同浓度 NaCl 处理的盐角草中提取的蛋白质产量，利用 BPP 法、Phe 法、E-TCA 法、TCA 法得到的蛋白质平均产量分别为 2.01mg/g FW、2.11mg/g FW、1.58mg/g FW、1.74mg/g FW。结果显示，无论是地上部分还是根部，采用 BPP 和 Phe 法都能够比用其他方法得到更高的蛋白质产量。这很可能是由于 BPP 和 Phe 法都用到了酚，这种强变性剂可以有效地破坏蛋白质与其他大分子物质的交联作用，从而使蛋白质易于提取（Wang et al.，2003）。发表的相关其他研究结果也证实了基于酚抽提的方法能够比 TCA 类方法获得更高的蛋白质产量（Saravanan and Rose，2004；Vincent et al.，2006）。但是，在盐角草中，采用不同提取方法提取的结果都显示，盐角草蛋白产量会随着 NaCl 处理浓度的提高而下降。这很可能是由于在高盐渍条件下，盐角草细胞中会积累大量的盐离子和其他次生代谢物（Davy et al.，2001；Ushakova et al.，2005），从而使植物组织本身蛋白质含量降低。

6.6.3 盐生植物蛋白提取方法除盐效果

盐离子能够在 IPG 胶条中产生很强的电渗作用，从而产生很高的电流，影响等电聚集

（IEF）的进行，使最终电压难以达到设定的高压。当蛋白样品中盐离子浓度很高时，只有盐离子都移动到胶条的两端之后，蛋白质聚焦过程才真正发生，因此，等电聚集过程所需要的时间也就会相应延长（Shaw and Riederer，2003；Gorg et al.，2004）。有时候，由于胶条两端积累的盐离子太多，等电聚集过程实际上已经停止（Gorg et al.，2004）。过高的盐离子浓度同样会导致水分分布不均匀，使胶条上形成一些过干的区域和水分过多的区域（Shaw and Riederer，2003）。因此，为了获得满意的 2-DE 结果，蛋白样品中的盐离子浓度应该尽量低于 10mmol/L（Shaw and Riederer，2003）。当采用直接水化上样的方式时，样品中盐离子的干扰作用会更加明显（Gorg et al.，2004），此时盐离子浓度无论如何都应该小于 50mmol/L（Kirkland et al.，2006）。虽然认为采用杯上样的方法，蛋白样品中盐离子可以高达 50mmol/L，但是一部分蛋白质会沉积在放置样杯的位置，对随后的第二向 SDS-PAGE 产生严重的影响（Shaw and Riederer，2003）。要想取得好的 2-DE 结果，蛋白样品中的盐离子无论如何都要低于 100mmol/L（Gorg et al.，2004）。

盐角草可以在其肉质化的地上部分积累大量的盐离子（Davy et al.，2001）。在没有处理的材料中，盐角草地上部分和根部可以积累分别高达（75.73±2.51）mg/g DW 和（2.98±1.19）mg/g DW 的钠离子。盐处理后，地上部分和根部的钠离子含量均急剧上升。经过 200mmol/L NaCl 处理 21d，样品地上部分、根部的钠离子含量分别为（199.59±5.69）mg/g DW、（12.62±1.48）mg/g DW。与对照相比，样品地上部分、根部的钠离子含量分别上升了 2.64 倍、2.21 倍。而经过 800mmol/L NaCl 处理，样品地上部分、根部的钠离子含量更高，分别上升为对照的 3.91 倍、6.72 倍。另外，盐角草的钠离子主要在地上部分积累。在对照、200mmol/L 和 800mmol/L NaCl 处理下，盐角草地上部分和根部积累的钠离子含量比值分别约为 9.5、11.3、5.5（Wang et al.，2007）。这样高浓度的钠离子，比甜土植物，甚至其他盐生植物和真盐生植物能耐受的盐离子浓度都要高很多。例如，同样为真盐生植物，碱蓬在相似盐处理条件下，叶片部分积累的钠离子不会超过 70mg/g DW（Askari et al.，2006），而盐角草地上部分积累的钠离子远远高于这个值，甚至达到约 300mg/g DW。耐盐甜土植物大麦的茎部，经过盐处理之后，积累的钠离子只有 10mg/g DW 左右（Pakniyat et al.，1997）。

通常认为，将抗盐相关基因转入植物之后，可以大大提高其抗盐性，使植物组织中可以积累更多的钠离子。将液泡膜上的钠氢转运蛋白在油菜和水稻中过表达，检测盐处理后过表达植物的叶片，发现钠离子含量仍然很低，分别只有大约 6mg/g DW（Rajagopal et al.，2007）和 10mg/g DW（Chen and Harmon，2006），都远远低于盐角草地上部分和根部的钠离子含量。盐角草根部含有的钠离子远远比地上部分要低，说明盐角草主要把盐分积累在其肉质化的地上部分。

去除盐离子的通常策略有沉淀、透析、旋转透析、超滤和凝胶过滤等。沉淀法包括有机溶剂沉淀和三氯乙酸沉淀等，该法虽能有效去除蛋白样品中的盐离子，但蛋白质的再溶解比较困难。透析法、超滤法和凝胶过滤法等根据分子量大小分离蛋白质与小分子盐，需要一定的装置（膜或凝胶柱）才能进行，并且随着盐分的去除，体系离子强度降低，常伴有蛋白质的聚集和沉淀。传统的透析、超滤和凝胶过滤需要较大的样品体积，无法达到蛋白质组学研究中微量样品除盐的需要（Cho et al.，2003；Gorg et al.，2004）。Kirkland 等（2006）报道了一种基于 Trizol 试剂（主要成分为酚和异硫氰酸胍）的蛋白质提取方法，可以很好地从嗜盐菌中提取蛋白质并有效去除样品中的盐离子。他们对该法去除盐离子的解释是异丙醇沉淀和随后的异硫氰酸胍（乙醇溶液）及丙酮洗涤沉淀，即认为盐是与蛋白质一起进入酚相的。而氯化钠在丙酮、乙醇、酚等有机溶剂中的溶解度是相当低的，它不可能主要进入酚相，也不会通过丙酮洗涤被除去。另外，用传统的 TCA 法也可以从盐生植物中提取能够用来进行 2-DE 的蛋白质（Askari et al.，2006）。但是，由这些方法所得到的 2-DE 结果都不是太理想，横向和纵向拖尾都很严重（Askari et al.，2006；Kirkland et al.，2006）。

与上述方法相比，BPP 法可以获得含盐量更低的蛋白质产物。总体而言，基于酚抽提的方法（BPP 和 Phe）比 TCA 类方法（E-TCA 和 TCA）除盐效果要好得多。例如，从经 200mmol/L NaCl 处理的盐角草地上部分用 BPP 法提取的蛋白质产物中 Na^+ 含量为 3.24mmol/L，而采用 Phe、E-TCA 和 TCA 法要高得多，分别为 16.79mmol/L、68.15mmol/L 和 134.89mmol/L。特别是经过 800mmol/L NaCl 处理的盐角草组织中 Na^+ 含量非常高，在地上部分和根中分别达到了 295.19mg/g DW 和 53.61mg/g DW，这样高浓度的盐离子含量使通过传统的提取方法很难获得满足 2-DE 要求的蛋白样品。通过 BPP 法，可以从中提取含有钠离子含量很低的蛋白质产物；相反采用 TCA 法，Na^+ 含量非常高。虽然通过 Phe 法获得的产物中钠离子含量要比 TCA 和 E-TCA 法低很多，但是达不到 BPP 法的效果。因此，盐生植物蛋白专门提取方法（BPP 法）能显著降低蛋白质提取物中的最终盐离子浓度，可满足双向电泳相关要求（Wang et al.，2007）。

6.6.4 盐生植物蛋白提取方法能产生更多蛋白点

与盐离子问题相似，Rubisco 蛋白也常常是植物研究中的一个巨大干扰因素。通常，Rubisco 大亚基（RLU）的聚焦效果被用来作为衡量绿色植物蛋白提取质量的一项重要指标（Wang et al.，2003；Islam et al.，2004）。Rubisco 是植物中丰度最高的蛋白质，含量可以达到植物绿色组织中可溶性蛋白的 50% 以上（Schiltz et al.，2004；Rossignol et al.，2006）。如此高丰度的 Rubisco 蛋白，会严重限制 IEF 过程中 IPG 胶条的蛋白质有效上样量，而且与 Rubisco 结合的蛋白质很难被裂解液充分溶解。更为严重的是，2-DE 上的 RLU 蛋白点都非常大，并且常常在横向和纵向都会产生或多或少的拖尾，这就会影响甚至直接覆盖许多低丰度蛋白，使蛋白点的位置发生改变，从而难以准确寻找差异点（Shaw and Riederer，2003）。在蛋白质上样量较大的情况下，这个问题就更加突出。在不同植物绿色组织蛋白质的 1-DE 胶上，都可以看到分子质量约为 50kDa 的 RLU 蛋白。在 2-DE 胶上，同样有一个丰度最高的蛋白点（图 6-4），经过 MALDI-TOF-MS 鉴定，发现该蛋白质同样是 RLU 蛋白。在 BPP 法的 2-DE 胶上，即使上样量高达 0.7mg，RLU 蛋白聚焦仍然很充分。与其他方法相比，采用 BPP 法提取盐角草蛋白所得到的 2-DE 胶上 RLU 蛋白的轮廓清晰，聚焦效果明显要好很多（图 6-4），很可能是由于 BPP 法在除盐的同时，还可以去除更多的干扰性杂质。

在 2-DE 胶上，用 4 种不同方法均可以获得几百到一千多个蛋白点，这些点分布在 pH 3 ～ 10，范围很广。其中，Phe 和 BPP（包括 BPP-A）法产生的蛋白点数要比 TCA 和 E-TCA 法多，并且横向和纵向拖尾都要少许多。另外，BPP 法得到的蛋白点分辨率要比其他方法高，蛋白点轮廓分明，基本呈圆形或者椭圆形。

在 TCA 法的胶上，可以检测到大约 420 个蛋白点，E-TCA 法有 630 个点左右，但是两者的横向条纹都很明显，特别是 RLU 位置附近更加突出。利用 Phe 法可以得到约 1150 个点，但同样具有与 E-TCA 法类似的水平条纹，同样很可能是由 RLU 干扰等电聚焦过程造成的。相对而言，利用 BPP 法得到的蛋白点要多很多，达到 1500 个左右，并且 2-DE 胶背景干净，蛋白点轮廓清晰，拖尾也很少。另外，BPP 法得到的蛋白点基本呈圆形或者椭圆性，即使在正负两极和 RLU 位置也如此，说明聚焦充分，蛋白质完全到达了等电点位置（图 6-4）。

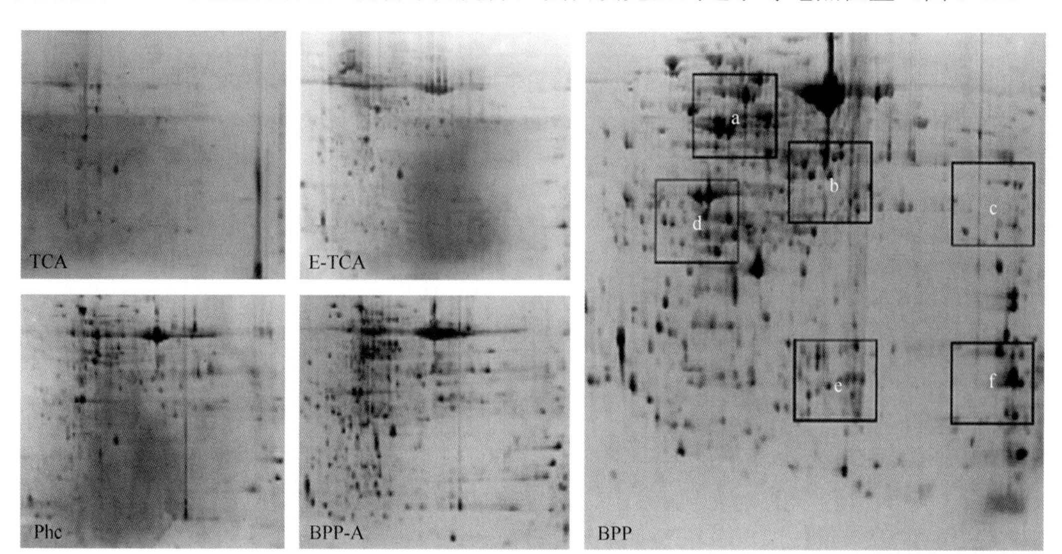

图 6-4　不同方法提取的经 200mmol/L NaCl 处理的盐角草蛋白的双向电泳胶图结果比较（Wang et al.，2007）
通过 BPP、BPP-A、Phe、E-TCA 和 TCA 五种方法提取经过 200mmol/L NaCl 处理一个月后盐角草地上部分蛋白质，发现 BPP 法提取效果最好，在双向电泳胶上背景最干净，产生的蛋白点最多（见图中 a ～ f）

比较了更改沉淀剂对 2-DE 的影响。BPP-A 法（由 BPP 法衍生而来，但沉淀剂不同）蛋白质提取过程与 BPP 法完全一致，只是沉淀剂改为硫酸铵过饱和的甲醇溶液。结果显示，BPP-A 法能够得到与 Phe 法相似的聚焦效果，蛋白质分离结果比 TCA 和 E-TCA 法要好，但是达不到 BPP 法的效果。这很可能是由于在用乙酸铵沉淀的时候，丢失了一些蛋白质，特别是低分子量蛋白和阴极端的蛋白质。研究人员进一步测量了利用 BPP-A 法提取经 200mmol/L NaCl 处理的盐角草地上部分蛋白质的产量及其 Na^+ 含量，发现蛋白质产量要比 BPP 法低一些，而盐离子含量要高。这些结果说明，硫酸铵甲醇沉淀蛋白质的效果要比乙酸铵甲醇的效果好，更适合于应用在盐角草蛋白提取中。只是前者沉淀需要 6h 以上，比后者（2h 以上）需要的时间稍微长一些。

同时，在利用各种方法的胶上的一些特定区域，许多蛋白质在聚焦质量和丰度上都有很大的差别。在这些选定的区域里，TCA 和 E-TCA 法得到的蛋白点数量明显要比 Phe、BPP-A 和 BPP 法少得多，而 Phe 和 BPP-A 法又比 BPP 法少一些，特别是在酸性端和低分子量区域更为明显。因此，BPP 法在除盐的同时，还能尽量减少蛋白质的损失。

盐角草的根能够忍耐极高的盐分，并且经过盐处理之后木质化严重（Davy et al.，2001）。当经过 800mmol/L NaCl 处理一个月之后，盐角草根部虽然盐离子浓度较地上部分仍然要低，但是木质化更为严重，使提取其蛋白质变得更加困难。用 BPP 法从其根部和地上部分提取蛋白质，采用 pH 4 ～ 7 的 IPG 胶条进行 IEF，同样获得了不错的 2-DE 结果，分别得到了大约 1200 个、1850 个蛋白点。这些结果进一步说明，BPP 法可以从高盐分含量（如盐角草地上部分）和顽拗性组织（如木质化的根部）中提取到完全能够满足 2-DE 要求的蛋白质。

6.6.5　盐生植物蛋白提取方法的质谱兼容性

通过比较不同方法得到的 2-DE 结果可知，BPP 法能够比其他几种方法（包括 BPP-A 法）多获得 100 多个蛋白点。这很可能是由于 BPP 法中蛋白质提取液得到改进和蛋白质沉淀剂发生改变。为了确认 BPP 法的质谱兼容性，研究人员选取了 8 个在利用 BPP 法的胶上特异性出现的蛋白点进行了 MALDI-TOF-MS 鉴定，获得了满意的鉴定结果。

通常盐胁迫会使植物细胞产生大量 ROS，并且 ROS 主要产生于叶绿体中（Borsani et al.，2001）。在植物细胞中，ROS 的产生和清除对于平衡细胞氧化与衡量细胞被破坏的程度具有重要的作用（Borsani et al.，2001；Askari et al.，2006）。在鉴定的 BPP 法提取的特异性蛋白中，有两个属于氧化胁迫应答蛋白，即 oxidoreductase 和 NBS-LRR type resistance protein。另外，还有一个直接受盐诱导的蛋白激酶（salt-inducible protein kinase）也被鉴定出来了，说明盐角草中确实存在一些与盐胁迫密切相关的蛋白质。在以前发表的蛋白质组学研究论文中，人们鉴定出的蛋白质主要是与 ATP 产生、光合作用中电子传递相关的蛋白质（Agrawal and Rakwal，2006）。

在相关研究中，同样鉴定出了 3 个与能量产生相关的蛋白质。另外，还有一个热激蛋白 70 家族的分子伴侣和一个 G 蛋白亚基。在随后的研究中，人们利用 BPP 法提取了经过不同浓度 NaCl 处理的盐角草的地上部分总蛋白质，进行了比较蛋白质组学研究，获得了分辨效果很好的 2-DE 胶，并且蛋白点重复性非常好。选取差异点，进行了质谱鉴定，已经鉴定了 100 多个差异蛋白。这些结果说明，利用 BPP 法可以获得更多与盐胁迫密切相关的蛋白质，在盐角草比较蛋白质组学研究中具有更大的应用价值。

因此，为了满足盐生植物蛋白质组学中样品制备的要求，科学家建立了一种基于酚抽提的蛋白质提取方法，称为 BPP 法。与其他方法进行对比说明，BPP 法可以得到很好的 1-DE 和 2-DE 结果，并且具有质谱兼容性。在 BPP 法中，蛋白质提取液中包含了 EDTA、维生素 C、硼砂、β-巯基乙醇和 PVPP，从而可以在有效抑制蛋白酶的同时有效去除干扰性杂质。通过反复酚抽提过程，可以有效去除萜类化合物、色素、脂类和蜡质多聚体。BPP 法通过将蛋白质和盐离子分层的方式，在提取蛋白质的过程中同时除去大部分盐离子。另外，通过改用硫酸铵过饱和的甲醇溶液作蛋白质沉淀剂可以有效除去绝大部分盐离子。与其他方法相比，BPP 法可以得到更多聚焦充分的蛋白点，并且具有质谱兼容性。BPP 法不但适用于含有高盐分的植物材料，而且可以从各种顽拗性植物组织中提取高质量的蛋白质。因此，该法在盐生植物蛋白质组学研究中具有较好的应用价值。

6.7 植物蛋白质组学技术在植物耐盐研究中应用进展

6.7.1 蛋白质组学技术解决植物抗盐机制问题的主要优势

虽然植物抗盐研究取得了很大进展，但仍然存在两个关键问题。

1）过去关于抗盐的研究主要集中在对单个基因和单个蛋白质的功能分析方面，相对缺乏从整体上对抗盐基因进行系统的分析。这种方法在一定程度上对阐明植物的抗盐机制是有效的。但植物对盐胁迫的抗性是受多基因和多蛋白质控制的数量性状，植物受盐胁迫诱导的基因表达产物不仅有功能蛋白，而且有大量的调节蛋白如转录因子和分子伴侣，它们在一定程度上对功能蛋白起到调节和保护作用。过去的研究证实，植物生长中单基因对抗盐的贡献非常有限。因此，采用系统的方法对植物抗盐相关基因进行研究对阐明植物的抗盐机制更具有现实意义。蛋白质组学技术和现代分子生物学的应用为基因功能分析与高通量检测功能蛋白质组提供了有效手段及捷径。通过对盐胁迫下蛋白质的差异表达系统分析和对特异蛋白的功能鉴定分析，能够更加有效地阐明植物对盐胁迫的适应机制。

2）已经克隆的抗盐相关基因绝大部分来自甜土植物和微生物，而从盐生植物中获得的相对比较少。研究表明：盐生植物和甜土植物在应答盐胁迫时所采用的机制与代谢过程是相似的，只是在盐生植物中它的调控更有效，目前还没有发现盐生植物中存在专有的抗盐基因或者抗盐蛋白。盐生植物的抗盐机制不仅在于能大量吸收 Na^+ 及实现离子的区隔化，而且在光合作用、激素调节、信号转导等方面，以及在耐盐相关基因的表达数量和表达强度上与甜土植物之间也必然存在许多差异。蛋白质组学技术的成熟为人们从蛋白质组水平研究盐生植物的抗盐分子机制提供了一个很好的技术平台。

6.7.2　蛋白质组学技术在植物抗盐机制研究中的应用

在植物的生存环境中，一些非生物胁迫，如干旱、盐渍、寒害、臭氧、缺氧、机械损伤等，对植物的生长发育和生存都会产生严重影响。这些胁迫可以引起大量的蛋白质在种类和表达量上发生变化，而蛋白质组学研究可以使我们更好地了解非生物胁迫的伤害机制、植物对非生物环境的适应机制。

早在蛋白质组学诞生之前，就有应用双向电泳技术研究盐胁迫下蛋白质表达谱变化的报道。Hurkman 和 Tanaka（1986）研究了盐胁迫对大麦根部蛋白质合成的影响，观察到部分蛋白质的表达存在量变。冰叶日中花中，盐胁迫后 36h 内，即有一些早期响应蛋白合成，而 CAM 代谢相关酶响应较迟，在 48 ～ 72h（Bohnert et al.，1988）。

应用蛋白质组学方法研究植物抗盐性已有较多的报道，其中水稻的蛋白质组学研究最早也较深入。水稻作为一种被广泛栽培的粮食作物，在世界粮食生产上占有十分重要的地位，但水稻是一种对盐胁迫非常敏感的作物。Salekdeh 等（2002）对耐盐水稻和盐敏感水稻进行盐胁迫的比较蛋白质组研究发现，两种水稻根中一些组成型和盐诱导蛋白质在表达上存在差异。Ndimba 等（2005）研究了在盐和渗透胁迫下拟南芥蛋白表达的差异，并鉴定了 75 个胁迫反应蛋白，这些蛋白质包括信号转导相关蛋白、转录 / 翻译相关蛋白、解毒酶、氨基酸和嘌呤生物合成相关蛋白、蛋白酶、热激蛋白和碳水化合物代谢相关蛋白。

Abbasi 和 Komatsu（2004）发现，在盐胁迫下，叶鞘中有 8 个蛋白质的表达量发生了显著的变化。Kim 等（2005）研究了水稻叶片对盐胁迫的响应。耐盐性不同的两种小麦，盐胁迫 21d，在所考虑的 12 个叶片蛋白点中有 11 个点在盐敏感小麦中是下调的，耐盐小麦中则只有 5 个，其余有 2 个蛋白点上调，5 个蛋白点不变（Ouerghi et al.，2000）。水稻中，盐胁迫下根部 ABA 响应蛋白在耐盐品种中的丰度较高（Moons et al.，1995）。

利用蛋白质组学技术系统研究了模式植物烟草叶片非原生质体（apoplast）中蛋白质组在盐处理前后表达谱的变化情况，发现有 3 种蛋白质被 NaCl 特异诱导，包括两种脂转运蛋白和一种分子质量约为 36kDa 的未知蛋白质；有 4 种分子质量约为 40kDa 的蛋白质表达量显著提高。另外，Bongani 等（2005）首次将荧光染料标记和分析技术引入植物蛋白质组学研究，系统性地研究了悬浮培养的拟南芥细胞在高盐（200mmol/L NaCl）和高渗透（400mmol/L 山梨醇）胁迫处理条件下蛋白质表达图谱的差异性。在 2949 个蛋白点中，266 个点发生了明显的改变，约占总蛋白质的 10%；通过质谱技术鉴定了其中的 75 个蛋白点，根据具体功能不同可以分为十大类，主要是一些与植物次生代谢和细胞信号转导相关的蛋白质，另外还有 7 种蛋白质为功能未知的新蛋白质。以真盐生植物为材料的早期研究来自伊朗的 Askari 等（2006），他们通过 LC-MS/MS 鉴定到 27 个差异蛋白，这些蛋白质主要参与了抗氧化、光合作用、蛋白质折叠和 ATP 合成等生物学过程。

由此可见，应用蛋白质组学技术可以发现许多特异的与盐胁迫相关的蛋白质，并且通过研究蛋白质的修饰和加工作用，可以进一步利用分子生物学手段对这些蛋白质进行功能鉴定，从而发现更多的抗盐相关基因及其转录后调控因子、调控方式，进而阐明植物抗盐可能的分子机制。

6.7.3 蛋白质组学技术在植物抗盐性中主要研究方向

首先，应该选择合适的盐生植物材料。拟南芥是一个非常好的模式植物材料（Zhu，2001），具有模式植物所应有的基因组小、生命周期短、种子丰富等优点，特别是基因组全序列的测序完成为其提供了更加丰富的信息。但是，拟南芥对盐分非常敏感，用于研究盐生植物的特有抗盐机制显得非常困难。盐芥在 cDNA 水平上与拟南芥具有 90% 以上的序列同源性，它的基因组大小约为拟南芥的 2 倍，并且二者具有相似的形态特征和生命周期。但盐芥只是一种耐盐植物，能够耐受的盐渍程度有限。盐角草虽然没有拟南芥和盐芥的一些优势，但它是一种真盐生植物，具有真盐生植物的所有特性。

其次，应该采用比较生物学的方法研究植物抗盐性。研究表明，大部分抗盐基因在甜土植物和盐生植物中都能发现，可以推断盐生植物和甜土植物的抗盐机制基本相似，只是在对盐分的敏感性方面存在一些细微的区别，在甜土植物中被盐诱导表达的基因在盐生植物中可能被组成型表达（Taji et al.，2004）。因此，采用盐生植物和甜土植物相比较的方法来研究植物的抗盐机制也成为抗盐性研究的一个重要手段。

最后，应该注意多学科研究手段相结合，从生物体整体上研究植物的抗盐机制。植物抗盐性是一个由多个基因、多个蛋白质控制的复杂性状，必须采用系统生物学的方法进行研究。利用蛋白质组学技术研究盐生植物抗盐相关蛋白的表达差异及调控方式，进而克隆抗盐相关基因，并利用分子生物学技术研究抗盐基因表达调控机制和抗盐相关蛋白的相互作用，为深入研究植物抗盐的分子机制提供了一条全新的思路。因此，利用分子生物学和刚刚兴起的蛋白质组学技术，以真盐生植物为材料进行系统性研究，能够克隆更加有效的重要抗盐相关基因，对于研究植物的耐盐分子机制和提高植物的抗盐能力具有重要理论与实践意义。

6.8 甜土植物盐逆境应答蛋白质组研究

6.8.1 甜土植物耐盐蛋白质组研究概况

通过比较蛋白质组学技术来研究植物的抗盐性，主要在甜土植物的模式植物和农作物中进行（Lee et al.，2004），如拟南芥（Ndimba et al.，2005；Rossignol et al.，2006）、水稻（Shen et al.，2003）、烟草（Dani et al.，2005）、棉花（Yao et al.，2006）、葡萄（Vincent et al.，2006）、马铃薯（Carpentier et al.，2005）和莴苣（Lucini and Bernardo，2015）、木本植物桑树（Liu et al.，2019a），以及中药材夏枯草（Liu et al.，2019b）等植物。其中，拟南芥与水稻作为模式甜土植物，基因组背景清楚，基因与蛋白质数据库信息量大，并且已经有很好的分子生物学研究基础，对其进行盐胁迫应答蛋白质组学分析，可以结合转录组学和分子生物学研究结果深入分析植物盐胁迫应答的调控机制。人们通过分析拟南芥和水稻叶片、根、地上部分、花序、悬浮培养细胞、质外体与质膜等器官 / 细胞 / 亚细胞结构中盐胁迫应答蛋白的表达模式变化，发现参与碳和能量代谢（24.7%）、基础代谢（16.9%）和胁迫防御（15.6%）等过程的蛋白质在拟南芥和水稻盐胁迫应答过程中发挥了重要作用，并且不同器官 / 细胞 / 亚细胞结构的盐胁迫应答具有特异性，如地上部分 / 光合组织与悬浮培养细胞中参与光合作用、碳和能量代谢及基础代谢过程的蛋白质表达模式变化显著；根可以通过调控信号转导和离子转运相关蛋白感知 / 传递盐胁迫信号，维持离子平衡，并通过调节抗氧化酶、碳和能量代谢相关蛋白的表达提高植物抗胁迫能力，使其维持相对正常的生长代谢活动；生殖器官（花序）通过改变参与渗透胁迫调节、转录调控、蛋白质加工和活性氧类物质清除等过程的蛋白质的表达模式应答盐胁迫；质膜和质外体中参与维持细胞骨架稳定、物质 / 离子转运、信号转导和 ROS 清除过程的蛋白质在植物盐胁迫应答中具有重要意义（张恒和戴绍军，2011）。

农作物和经济作物多为甜土植物，土壤盐渍化会导致作物严重减产。一直以来，人们采用种间杂交、驯化筛选、诱变、标记辅助筛选等育种方法、转基因策略提高作物耐盐性，但并不能全面揭示作物的盐胁迫应答机制。蛋白质组学研究为深入分析作物耐盐机制提供了丰富信息。通过对多种粮食作物，如小麦（*Triticum aestivum*）、玉米（*Zea mays*）、大麦（*Hordeum vulgare*）、粟（*Setaria italica*）、大豆（*Glycin max*），以及经济作物，如番茄（*Solanum lycopersicum*）、马铃薯（*Solanum tuberosum*）、花生（*Arachis hypogaea*）、豌豆（*Pisum sativum*）、烟草（*Nicotiana tabacum*）、莴苣（*Lactuca sativa*）、葡萄（*Vitis vinifera*）的盐胁迫应答蛋白质组动态变化进行分析（张恒和戴绍军，2011），发现与水稻和拟南芥相似，其参与光合作用、碳和能量代谢、胁迫防御、基础代谢和信号转导等过程的蛋白质在盐胁迫应答过程中表达模式变化明显。上述蛋白质组研究结果说明，模式甜土植物拟南芥和水稻，与经济作物玉米、小麦和番茄等，从蛋白质变化角度来看，有着类似的盐胁迫应答反应机制。

6.8.2　甜土植物拟南芥耐盐蛋白质组研究

拟南芥（*Arabidopsis thaliana*）又名鼠耳芥，是一年生十字花科草本植物，在世界各地分布广泛，在我国内蒙古、新疆、陕西、甘肃、西藏、山东、江苏、安徽、湖北、四川、云南等省（自治区）均有发现。拟南芥植株小、结籽多，是自花授粉植物，基因高度纯合，极易进行遗传转化验证基因功能，并且用理化因素处理突变率很高，容易获得各种代谢功能的缺陷型突变体。因此，拟南芥是进行分子遗传研究的理想材料，是公认的植物研究模式植物。

在拟南芥基因组公布之前，人们就已经开展了拟南芥蛋白质组学实验。早在 1994 年，法国科学家 Santoni 等就开始利用基于双向电泳的蛋白质组学技术来比较不同拟南芥突变体幼苗跟正常拟南芥幼苗中蛋白质表达差异，发现了包括 Actin 蛋白在内的差异蛋白，显示通过双向电泳技术可以获得与生理功能相关的蛋白质，其是一项很有前途的技术。较为深入的研究来自韩国科学家 Lee 等（2004），他们通过双向电泳比较盐胁迫下拟南芥根部膜蛋白表达谱的差异，鉴定得到膜联蛋白（annexin）和钙调蛋白等。拟南芥幼苗在经过不同浓度 NaCl、ABA、PEG 和甘露醇处理一段时间后，收集根，然后提取根中蛋白质，发现膜联蛋白在拟南芥根部应答盐胁迫中起关键作用。该蛋白质属于钙离子依赖的膜结合蛋白家族成员，其中 AnnAt1 蛋白在拟南芥根中表达量很高，而在花中积累量很少。研究发现，盐胁迫能够诱导离子转运过程，但该过程能够被 EGTA 抑制。通过 T-DNA 插入突变，获得 AnnAt1 和 AnnAt4 两个突变体，两者都对渗透胁迫和 ABA 刺激敏感，说明 AnnAt1 和 AnnAt4 在拟南芥应答高盐环境、渗透胁迫和钙离子依赖的 ABA 信号转导中起至关重要的作用（Lee et al.，2004）。

随后，人们利用蛋白质组学技术分析了拟南芥悬浮培养细胞中盐胁迫应答蛋白表达模式的动态变化，发现单细胞中参与光合作用、碳和能量代谢与 ROS 清除过程的蛋白质表达丰度变化差异显著。在 200mmol/L NaCl 处理下，通过检测 ^{35}S 同位素标记的氨基酸变化情况，发现处理前 4h 内蛋白质合成明显受到抑制，但随后恢复。用 200mmol/L NaCl 或 400mmol/L 山梨醇处理 6h 后，利用 2D-DIGE 技术比较拟南芥悬浮细胞中蛋白质丰度变化，从 2949 个蛋白点中检测到 266 个差异表达蛋白。然后通过飞行时间质谱鉴定出 75 个差异蛋白，包括 31 种同工型蛋白质，被归为十大类别，包括 ATP 酶、信号转导蛋白、翻译相关蛋白、抗氧化酶、热激蛋白等（Ndimba et al.，2005）。然而，由于通过 DIGE 技术得到的凝胶上的蛋白点中所含有的蛋白质丰度不足以进行质谱分析，因此还需要通过制备凝胶（preparative gel）获得足够的蛋白样品，从而获得差异表达蛋白点的胶粒来进行质谱分析（Chen and Harmon，2006）。

富含甘氨酸的 RNA 结合蛋白（glycine-rich RNA-binding protein，GRP）普遍存在于各种生物体基因组之中，并且高度保守，有的研究工作比较详细地分析了一些生物体 GRP 基因的分子生物学功能，但有关研究工作主要集中于少数模式生物（如人、鼠、拟南芥）的个别 GRP 基因上，其生物学功能：一是调控植物逆境诱导反应，二是参与调控逆境诱导的 microRNA 分子形成。为了研究富含甘氨酸的 RNA 结合蛋白在植物适应逆境胁迫中的具体机制，科学家将一个 GRP 家族 *atRZ-1α* 基因在拟南芥中过表达，发现转基因植株在盐胁迫或者干旱胁迫条件下，种子萌发延迟，幼苗生长受到明显抑制。相反，插入该基因突变体材料的种子萌发提前，生长更快。这些结果说明，atRZ-1α 蛋白确实在促进拟南芥抗逆中起重要作用。通过基于双向电泳的蛋白质组技术，科学家发现，在盐胁迫或者干旱胁迫下，插入突变基因 *atRZ-1α* 的拟南芥幼苗中抗氧化胁迫相关蛋白表达明显增多（Kim et al.，2007）。这些蛋白质组研究结果证明，atRZ-1α 蛋白主要通过负调控方式来提高拟南芥耐盐和耐旱性能。

为了鉴定拟南芥根中应答 NaCl 胁迫的蛋白质，科学家开展了比较蛋白质组学研究。生长 18d 的拟南芥经过 150mmol/L NaCl 处理 6h 或 48h 后，收集处理和对照样品的根，提取蛋白质后，进行双向电泳分析，获得 1000 多个重复出现的蛋白点，其中在盐刺激后 112 个蛋白点下调、103 个点上调。通过液质联用技术，鉴定了 86 个蛋白质。这些蛋白质主要包括抗逆相关蛋白、信号转导蛋白、细胞壁合成蛋白、能量代谢酶及激素调控相关蛋白。进一步根据基因芯片上的检测结果，进行了基因和蛋白质表达相关性分析，发现两者一致性很低，说明蛋白质翻译后修饰可能在植物逆境应答中起了重要调控作用（Jiang et al.，2007）。乙烯是重要的植物信号物质，在植物应答逆境反应中起重要的调控作用。为了研究乙烯在植物耐盐反应中的作用，将烟草中乙烯受体蛋白 NTHK1（nicotiana tabacum histidine kinase 1）的基因过表达到拟南芥中，同时获得了该蛋白质基因突变拟南芥，发现 NTHK1 基因在乙烯介导的植物耐盐反应中起重要调控作用（Cao et al.，2007）。

为了进一步鉴定拟南芥叶片中的盐应答蛋白，特别是比较拟南芥和盐芥中的盐应答差异蛋白，Pang 等（2010）采用 pH 4 ～ 7、24cm 长的 IPG 胶条对拟南芥叶片蛋白质进行了分离，共检测到约 1100 个蛋白点。其中，从拟南芥、盐芥中分别鉴定到 79 个、32 个盐应答差异蛋白。这些鉴定到的蛋白质，主要参与了光合作用、能量代谢和胁迫应答反应（Pang et al.，2010）。随后，进一步采用 iTRAQ 结合 LC-MS 技术作为传统 2-DE 的补充，对 NaCl 处理的拟南芥和盐芥微粒体蛋白质组变化进行了比较，分别鉴定得到 32 种和 31 种差异表达蛋白，其中大部分为叶绿体膜、线粒体膜和质膜的相关蛋白（Pang et al.，2010）。这些蛋白质组数据显示，在相同盐浓度处理下，拟南芥比盐芥中存在更多的盐胁迫应答蛋白，说明甜土植物比盐生植物有更明显的盐胁迫应答反应。在随后用 DIGE 技术比较两者微粒体蛋白质差异时，科学家发现，虽然在盐胁迫条件下也有少量蛋白质表达发生改变，但是更多的差异蛋白存在于两个物种中，特别是在未处理的样品中，差异蛋白最多，达到 36 个，说明拟南芥和盐芥作为两个不同物种，其本身差异蛋白数量远远超过了由不同盐处理所导致的差异蛋白数。通路分析发现这些差异蛋白主要参与了物质转运和碳代谢两大生物学过程。与上述研究结果类似（Pang et al.，2010），该研究也说明盐芥更耐盐，在轻度盐胁迫下，盐诱导蛋白表达更少（Vera-Estrella et al.，2014）。当然，这些盐胁迫应答蛋白具体如何调控拟南芥耐盐及相关蛋白质的生物学功能，还有待后续利用分子遗传等手段进行验证。

6.8.3　甜土植物水稻耐盐蛋白质组研究

水稻是稻属谷类作物，代表种为稻（*Oryza sativa*），原产于中国和印度，7000 年前中国长江流域的先民就曾种植水稻。水稻按稻谷类型分为籼稻和粳稻、早稻和中晚稻、糯稻和非糯稻。水稻所结子实即稻谷，稻谷脱去颖壳后称糙米，糙米碾去米糠层即可得到大米。水稻除可食用外，还可以作为酿酒、制糖等工业的原料，稻壳和稻秆可以作为牲畜饲料。水稻是世界三大重要粮食作物之一，是亚洲、非洲和拉丁美洲大约 20 亿人口的主要粮食来源（舒烈波等，2007）。

水稻在生长发育过程中会受到各种各样非生物胁迫的影响，其中，盐胁迫会引起水分亏缺、离子毒害，几乎影响水稻生理和代谢的每一个方面，导致分子损伤、生长受抑制和产量降低，严重限制农业生产，是水稻主要的非生物胁迫之一，鉴定盐胁迫反应蛋白并了解其功能对于通过遗传学方法改良水稻耐盐抗逆性具有重要作用（罗光宇等，2018）。水稻的耐盐机制非常复杂，是通过由许多耐盐基因和若干信号分子组成的网络相互协调来发挥作用的。简单来说，盐胁迫对水稻的影响分为两个阶段：短期胁迫引起水势降低，长期胁迫导致离子在体内积累。水稻能够感受盐胁迫信号，并将信号物质传递到相应的细胞器，通过调节基因表达和代谢的方式，即采取适应性机制在胁迫下生长发育。蛋白质组学的发展为分离和鉴定更多的盐胁迫相关蛋白及进一步研究水稻抗盐胁迫的分子机制提供了有力保障。通过比较蛋白质组学技术对不同品种不同处理的水稻根、叶片、花粉、种子等各个组织器官开展了大量研究（Lakra et al.，2019），但对水稻耐盐蛋白质组的研究主要集中在根系和叶片。

根系是盐胁迫的感受器，也是盐胁迫的有效响应器官，根系蛋白质的组成和丰度变化是和水稻盐胁迫密切相关的。早在 2002 年，科学家就开展了不同生态型水稻根系应答盐胁迫的比较蛋白质组学研究，发现了包括 ABA 响应蛋白、咖啡酰辅酶 A-*O*-甲基转移酶（CCoAOMT）和抗坏血酸过氧化物酶等在内的几个盐胁迫应答蛋白，其中 CCoAOMT 在木栓和木质素生物合成中起重要作用。从实验结果还可以看出，不同盐耐受能力的水稻对短期盐胁迫的反应是类似的，但是对长期盐胁迫的反应是不同的，除了增加表达量，持续表达胁迫应答蛋白也是增强植物抗性的途径之一（Salekdeh et al.，2002）。随后，科学家以生长 21d 的水稻幼苗为材料，用 150mmol/L NaCl 处理 24h、48h 和 72h 后，分别收取根系，用 TCA 法提取根系总蛋白质，在双向电泳胶上重复检测到 1000 多个蛋白点，其中有 54 个差异蛋白点，包括 34 个上调、20 个下调蛋白点。使用飞行时间质谱和数据库比对，成功鉴定了 12 个蛋白点，获得 10 种不同蛋白质，包括 3 个不同点鉴定为烯醇化酶，4 个盐胁迫响应蛋白，同时发现了 5 个新的蛋白质，分别为 UDP-果糖焦磷酸化酶、细胞色素氧化酶 6b-1 亚基、根系谷氨酸合成酶的同工酶、预测的新生肽连接复合体的 α 链、预测的剪辑因子类似蛋白、预测的肌动蛋白结合蛋白。其中，6 个蛋白质首次被证明属于胁迫响应蛋白，3 个蛋白质参与了糖类、氮和能量代谢（Yan et al.，2005）。进一步研究发现，引发植物细胞对胁迫因子产生响应的信号过程位于质膜上。

提取水稻幼苗根质膜蛋白质，进行双向电泳分离，找到了24个差异蛋白点，通过质谱技术鉴定了其中8个差异蛋白，这些蛋白质主要涉及植物对盐胁迫适应的一些重要机制，包括质膜泵和通道调节、膜结构、氧化胁迫防御、信号转导和蛋白质折叠等。选取其中几个蛋白质，检测其基因表达情况，经过对比蛋白质和基因表达规律，发现两者在盐胁迫下表达没有太多正相关性（Malakshah et al.，2007）。这些研究结果说明，碳和能量代谢相关酶的表达量改变可以通过促使水稻根细胞内糖类物质合成与能量代谢水平发生变化来降低盐胁迫的伤害。

为了鉴定水稻根中盐胁迫应答中的磷酸化蛋白，科学家利用专门的磷酸化蛋白染料 Pro-Q Diamond 进行磷酸化蛋白质组分析，发现水稻幼苗经过150mmol/L NaCl处理0h、10h和24h后，根中有17个磷酸化蛋白点上调、11个蛋白点下调。进一步分析发现，17个上调蛋白点中有10个蛋白质变化是由翻译后修饰，而不是由本身积累引起的。同时，利用SYPRO^{TM} Ruby染料对全蛋白质进行染色，发现31个盐胁迫应答蛋白，这些蛋白质中，除了8个蛋白质是已知的盐胁迫应答蛋白，其他大部分蛋白质还没有发现与盐胁迫有关系。这些新蛋白质与盐胁迫的关系值得进一步研究来证实（Chitteti and Peng，2007）。经过150mmol/L NaCl处理48h后，水稻根尖质膜的蛋白质组学研究发现，盐胁迫会使18种蛋白质的表达模式发生显著变化，包括9个上调蛋白、9个下调蛋白。这些差异蛋白主要参与维持膜稳定性、离子平衡和信号转导过程。其中，研究人员还发现，一个富含亮氨酸的新蛋白激酶OsRPK1在水稻质膜应答盐胁迫过程中起重要作用，蛋白质印迹实验证明该蛋白激酶同样被低温、干旱和ABA诱导积累；免疫组化实验进一步证明，该蛋白激酶主要定位于水稻根皮层细胞的质膜上（Cheng et al.，2009）。

为了研究质外体（apoplast）中的盐胁迫应答蛋白，科学家将正常生长10d的水稻幼苗，用200mmol/L NaCl处理1h、3h和6h后，分离质外体，提取其中的可溶性蛋白，并通过双向电泳检测差异蛋白，最终通过质谱鉴定了10个蛋白质，包括很多抗逆相关蛋白。其中，一个根弯曲蛋白OsRMC在盐胁迫条件下极显著表达，敲除该蛋白质基因的水稻幼苗，耐盐性明显提高，说明根弯曲蛋白OsRMC在水稻耐盐性中有重要作用（Zhang et al.，2009）。

利用脱落酸（abscisic acid，ABA）处理后，水稻幼苗的耐盐性增强，但其具体机制还不太清楚。为了从蛋白质组学角度揭示ABA诱导耐盐性提升的机制，科学家将经过ABA处理和未处理的水稻幼苗都放入150mmol/L NaCl溶液中处理48h，随后提取水稻幼苗根中总蛋白质，获得40个差异蛋白，结果显示，在ABA预处理的水稻幼苗根中，经过盐胁迫后，会有更多能量代谢和防御相关蛋白酶被诱导表达，说明ABA可以通过激活水稻根中更多防御相关蛋白来提高耐盐性（Li et al.，2010）。科学家用150mmol/L NaCl对野生型和转蔗糖蛋白激酶*OSRK1*基因的水稻进行处理，提取水稻根部蛋白质，进行双向电泳分析和质谱鉴定，发现在野生型水稻中有52个响应盐胁迫的蛋白点表达发生明显变化，其中主要是一些能量代谢、氨基酸代谢、丙酮醛解毒、氧化还原调节、蛋白质转换相关蛋白，在盐胁迫下表达量上调，而与赤霉素诱导根系生长相关的酶（如二磷酸果糖酶、甲基丙二酸半醛脱氢酶）表达下调。相反，在转*OSRK1*基因的水稻中仅仅只有几种蛋白质表达发生变化。由此可以看出，转*OSRK1*基因的水稻对盐胁迫逆境的反应较野生型不显著（Nam et al.，2012）。

水稻叶鞘包裹着茎秆，有支持茎的作用和保护叶腋内幼芽的功能。盐胁迫处理会使水稻叶片产生相应的变化，包括光合作用减弱、叶绿体活性降低等。Abbasi和Komatsu（2004）研究了水稻叶鞘在盐胁迫下的蛋白质反应，发现54个蛋白质表现出上调或下调，8个蛋白质表现出显著的可重复的丰度变化，包括果糖二磷酸醛缩酶、超氧化物歧化酶（SOD）等。研究还发现，7 种蛋白质在 50mmol/L NaCl 处理 24h 之后表达量达到最大，而在处理 48h 之后开始下降。相反，SOD 在整个处理过程中一直维持上升表达，这是对低温、干旱、盐胁迫及 ABA 信号的一种正常反应。该研究还发现，在 50mmol/L NaCl 条件下增强表达的蛋白质用 100mmol/L 和 150mmol/L NaCl 处理时未表现明显增强。为了观察耐盐性不同的水稻品种在盐胁迫下的蛋白质组变化，科学家以盐胁迫敏感程度不同的 3 个水稻品种为材料，观察分析了盐胁迫下叶鞘的蛋白质组变化，发现盐胁迫至少诱导了 13 个蛋白质并且使 10 个不同的蛋白质表达量降低。对其中两个表现非常明显的盐胁迫响应蛋白进行进一步鉴定和分析，发现这两个蛋白质在高度耐盐和中度耐盐的水稻品种中表达量增加，而在盐胁迫敏感的品种中没有发生变化，说明是存在于水稻叶鞘中的盐胁迫诱导蛋白（Kong-ngern et al.，2004）。在对照和盐胁迫条件下，科学家收集水培的水稻幼苗第三片叶，提取蛋白质进行双向电泳实验，选择部分差异蛋白进行液质联用鉴定，发现绝大部分差异蛋白属于基础代谢领域蛋白质，主要参与了光合作用的碳同化（carbon assimilation）和光呼吸等过程，说明这些盐胁迫应答蛋白跟水稻光形态建成有关。在此基础上，进一步开展蛋白质印迹和酶活测定实验，发现一些跟抗氧化相关的蛋白酶，如抗坏血酸过氧化物酶和膜脂质过氧化酶，在盐胁迫后，表达量明显增加，而过氧化氢酶则明显减少（Kim et al.，2005）。水稻叶片蛋白质组对长期和短期胁迫的响应也不同，对比分析处理时间长短不同的水稻叶片蛋白质组，科学家在双向电泳胶上检测到大约 2500 个蛋白点，其中 32 个在盐胁迫下发生明显变化。通过质谱鉴定了其中 11 个蛋白点，发现包括 Rubisco 活化酶和铁蛋白在内的 8 个蛋白质在 50mmol/L NaCl 处理 24h 后，表达量增加，并且在其后的 6d 时间内维持这种增强表达，也有一些蛋白质在处理 24h 后没有表现出丰度变化，但在处理 7d 以后逐渐表现出增强或减弱（Parker et al.，2006）。

为了比较耐盐水稻（*Porteresia coarctata*）和常规盐敏感水稻（*Oryza sativa*）这两种不同水稻品种的耐盐机制，科学家提取经 200mmol/L 和 400mmol/L NaCl 处理 72h 水稻叶片中总蛋白质，最终鉴定了 16 个盐胁迫应答蛋白，这些蛋白质主要参与了渗透物质合成、光合作用和细胞壁形成等生物学过程。该研究发现了耐盐水稻中的一些重要盐胁迫应答蛋白，这些蛋白质有可能为将来创造新的耐盐水稻提供靶标基因（Sengupta and Majumder，2009）。一项类似的研究也在另外两个水稻品种中开展，从耐盐水稻叶片中鉴定到 23 个盐诱导表达蛋白点，可以分为 16 种蛋白质，其中 10 种蛋白质为以前报道过的盐胁迫应答蛋白，余下 6 种为首次报道与盐胁迫有关系（Lee et al.，2011）。另外，通过比较耐盐水稻和盐敏感水稻品种幼苗地上部分蛋白质表达差异，科学家发现亲环蛋白（cyclophilin，OsCYP2）在水稻盐胁迫应答中起重要作用。将该蛋白质的基因在水稻中过表达，发现转 *OsCYP2* 基因的水稻耐盐性明显提高，并且该基因主要在水稻地上部分表达，可能通过增强抗氧化系统来提高其抵抗包括高盐、低温、干旱和 ABA 处理等各种非生物胁迫的能力（Ruan et al.，2011）。

为了比较不同品系水稻根和叶片应答盐胁迫的反应机制，科学家通过双向电泳结合液质联用技术，从水稻根、叶片中分别鉴定到 83 个、61 个差异蛋白。蛋白质功能分析显示，根中的 83 个差异蛋白可以分成 18 个大类型，而叶片中的 61 个差异蛋白则只能归为 11 个功能分类。这些蛋白质中，跟盐胁迫关系极为密切的主要包括半胱氨酸合成酶、腺苷三磷酸合成酶、甲基转移酶和脂肪氧化酶等，它们主要参与了糖酵解、嘌呤代谢和光合作用等生物学过程（Liu et al.，2014）。

水稻种子萌发对盐胁迫非常敏感，通过添加外源赤霉素（gibberellic acid，GA），可以缓解盐胁迫对种子萌发的抑制作用。经过水、盐胁迫和 GA3 处理 48h 后，科学家发现在盐胁迫条件下，‘日本晴’水稻种子的萌发显著受到抑制，而GA3能显著缓解这种抑制作用。进而提取水稻种苗芽中的蛋白质，利用双向电泳寻找差异蛋白，发现有4个蛋白点显著变化，经飞行时间质谱技术鉴定了这些蛋白质，其中2个蛋白点分别被鉴定为异黄酮还原酶（isoflavone reductase）和葡萄糖磷酸变位酶，这些蛋白质可能与GA3提高水稻耐盐性的途径相关。在受到盐胁迫时，水稻种子中异黄酮还原酶与葡萄糖磷酸变位酶表达下调，而在GA3与盐离子共处理时，二者的表达均有不同程度的恢复。说明这两个蛋白质是盐胁迫相关蛋白，并且可能与GA3提高水稻抗盐能力的途径相关（温福平等，2009）。盐处理能够降低水稻中GA3的含量，而GA3对水稻耐盐性有重要作用。水稻幼苗应答盐胁迫和GA3的差异蛋白，主要参与了光合作用和糖酵解过程。在鉴定的11个差异蛋白中，异黄酮还原酶还与干旱、氧化、病原体感染等胁迫相关。而葡萄糖磷酸变位酶则是催化葡萄糖-1-磷酸与葡萄糖-6-磷酸之间可逆性转化的酶类，是连接叶绿体内卡尔文循环及淀粉代谢和细胞质内蔗糖代谢过程的重要酶（Wen et al.，2010）。

在水稻幼穗耐盐研究中，科学家将水培开花期的水稻，用盐处理12d后，收取幼穗，提取蛋白质，经过双向电泳检测，发现13个蛋白点在各种幼穗中均发生明显变化，还有16个蛋白点在部分处理中发生变化。质谱鉴定结果显示，这些水稻幼穗盐胁迫应答蛋白，主要参与了抗氧化、信号转导、能量代谢等过程（Dooki et al.，2006）。在一项水稻花药耐盐蛋白质组研究中，科学家比较了两种不同类型水稻在开花期经过100mmol/L NaCl处理前后的蛋白质表达规律，从双向电泳胶上大约450个蛋白点中，检测到38个差异蛋白，最终通过飞行时间质谱鉴定到18个蛋白质。这些蛋白质主要参与了能量代谢、花药细胞壁形成、蛋白质合成与组装等生物学过程。值得注意的是，有3个蛋白点被鉴定为果糖激酶，其中一个果糖激酶异构体（isoform）经盐胁迫后在花粉中明显诱导表达。该激酶能够提高花粉中淀粉积累，从而有利于在盐胁迫下维持花粉管的正常生长发育（Sarhadi et al.，2012）。

结合生理学研究和蛋白质组学技术，科学家将处于早期营养生长阶段的水稻进行盐处理，提取地上部分材料的蛋白质，在双向电泳胶上检测到850多个蛋白点，其中67个蛋白点在盐处理后发生明显改变，利用质谱技术，最终鉴定出34种蛋白质，这些蛋白质主要参与了抗氧化、基础代谢、光合作用和信号转导等生物学过程。其中几个蛋白质，可能在植物耐盐反应中起重要调控作用（Ghaffaria et al.，2014）。另外一项耐盐蛋白质组研究在水稻悬浮细胞（rice suspension culture cell，SCC）中开展。通过2D-DIGE和iTRAQ技术联合，从DIGE胶上鉴定到106个差异蛋白，而通过iTRAQ技术鉴定到的差异蛋白达到521个，其中，两者共有的差异蛋白为58个。进一步比较了盐胁迫前后水稻悬浮细胞中的代谢物变化情况，鉴定到134个代谢物。这些结果说明水稻悬浮细胞耐盐反应强烈，变化复杂，并且很多变化跟植物体本身类似，说明悬浮细胞是一种很好的研究水稻盐胁迫应答机制的模式材料（Liu et al.，2013）。

近年来，相对和绝对定量同位素标记（iTRAQ）技术也被用来研究水稻的耐盐机制。iTRAQ是一种新型的高通量的蛋白质测序技术，其通过与高精度的质谱仪串联，可同时对多达8个样品进行定性与定量分析，测定蛋白质范围广泛、检测限低、分析结果可靠、精度高。科学家选用四叶期水稻幼苗为研究材料，经过150mmol/L NaCl处理24h后，收取地上部分，提取蛋白质，进行iTRAQ分析，鉴定到56个差异蛋白，其中，有16个蛋白质主要参与了光合作用、抗氧化反应及氧化磷酸化过程。分析这些鉴定到的蛋白质的功能显示，光系统Ⅰ介导的能量供应和ROS清除机制在水稻抗盐反应中有重要作用。随机选取36个蛋白质，检测其基因表达，结果显示，大约有 86% 的基因表达变化规律与蛋白质积累规律一致，说明在水稻幼苗耐盐反应中，基因和蛋白质表达有很好的正相关性（Xu et al.，2015）。

iTRAQ 技术同样被用于分析两种不同品系水稻的耐盐机制。经过不同程度的盐胁迫后，耐盐和不耐盐水稻幼苗叶片被收集后，进行高通量比较蛋白质组学分析，共鉴定到 5340 个蛋白质，其中有 500 多个差异表达蛋白，主要参与盐胁迫反应、抗氧化、光合作用和碳代谢过程（Hussain et al.，2019）。为了鉴定早期盐胁迫应答蛋白，科学家选择了盐敏感品种‘IR64’和耐盐品种‘Pokkali’这两种水稻进行基于 iTRAQ 技术的高通量蛋白质组学研究。在未经盐处理条件下，两个品种水稻地上部分共鉴定到 86 个差异蛋白，但在盐胁迫后，仅有 63 个差异蛋白。相对而言，根中差异蛋白数量要少得多，在未经盐胁迫处理下，两者间仅有 40 个差异蛋白，盐处理后，只有 8 个差异蛋白。在耐盐水稻中，地上部分差异表达蛋白主要参与了光合作用和逆境应答反应。其中，谷氨酸脱氢酶在耐盐水稻的地上部分表达量一直很高，说明该蛋白酶对水稻耐盐性至关重要（Lakra et al.，2019）。

水稻耐盐蛋白质组学研究虽然已经从不同的层面系统地开展了一系列工作，并且已取得不少的研究成果（Ganie et al.，2019），但由于第一代蛋白质组学主要依托双向电泳技术与飞行时间质谱分析技术，且双向电泳技术在实践操作过程中还存在一些不足，对低丰度蛋白的检测精确度不高，因此前期的研究结论比较初步。由于盐胁迫响应机制错综复杂（图 6-5），在蛋白质水平仍然有很多问题尚未被解释，盐胁迫条件下蛋白质代谢网络、大部分盐诱导蛋白的功能和表达机制尚不明确。因此，需要进一步探讨与优化水稻耐盐蛋白质组学研究技术，同时加强蛋白质组学与生物信息学等学科的融合，进一步解析盐胁迫应答蛋白的分子机制及其信号途径，加深了解盐胁迫网络，帮助找到耐盐目标蛋白（Ganie et al.，2019），进而鉴定具体蛋白质的生物学功能，从而能更好地实现耐盐水稻新品种的分子改良，使生命科学与农业科学研究实现更好融合，为工农业生产服务。

6.9　盐生植物盐逆境应答蛋白质组研究

6.9.1　盐生植物耐盐蛋白质组研究概况

世界上盐生植物达 3000 多种，分布广泛，一些重要农作物同属的近缘种，如小麦、大麦、水稻、耐盐番茄和甜菜等，也属于盐生植物范畴（赵可夫和冯立田，2001）。与甜土植物相比，盐生植物具有特异的耐盐机制和结构，对 NaCl 有较强的耐受能力，通常将能在含盐量超过 70mmol/L NaCl 的土壤中正常生长并完成生活史的植物称为盐生植物。盐生植物对盐的耐受性是一个十分复杂的数量性状，其耐盐机制分别从植株到器官、组织、细胞和亚细胞等不同水平上得到表现。形态学、生理学和分子生物学研究表明，盐生植物不仅能够利用盐腺和盐囊泡等结构增强其外排盐离子的能力，还可以通过有效调节离子转运，加强 SOS 和植物激素等信号转导途径、蛋白质互作对盐胁迫信号的传递，提高抗氧化系统和渗透调节物质等相关关键蛋白（酶）的表达、ROS 清除和渗透物质合成等过程相关基因 / 蛋白质的表达，以及积累大量渗透调节物质调节细胞渗透势，增强碳水化合物和能量代谢等相关基因或蛋白（酶）的表达，调控物质和能量代谢，调节光合作用相关基因或蛋白（酶）的表达和改变光合作用途径，以及通过转录、翻译和翻译后修饰调控蛋白质的表达水平等，来适应盐胁迫环境（Zhu，2016）。

以甜土植物为材料鉴定出的盐胁迫应答蛋白可能反映的是死亡或衰老，而不是适应，所

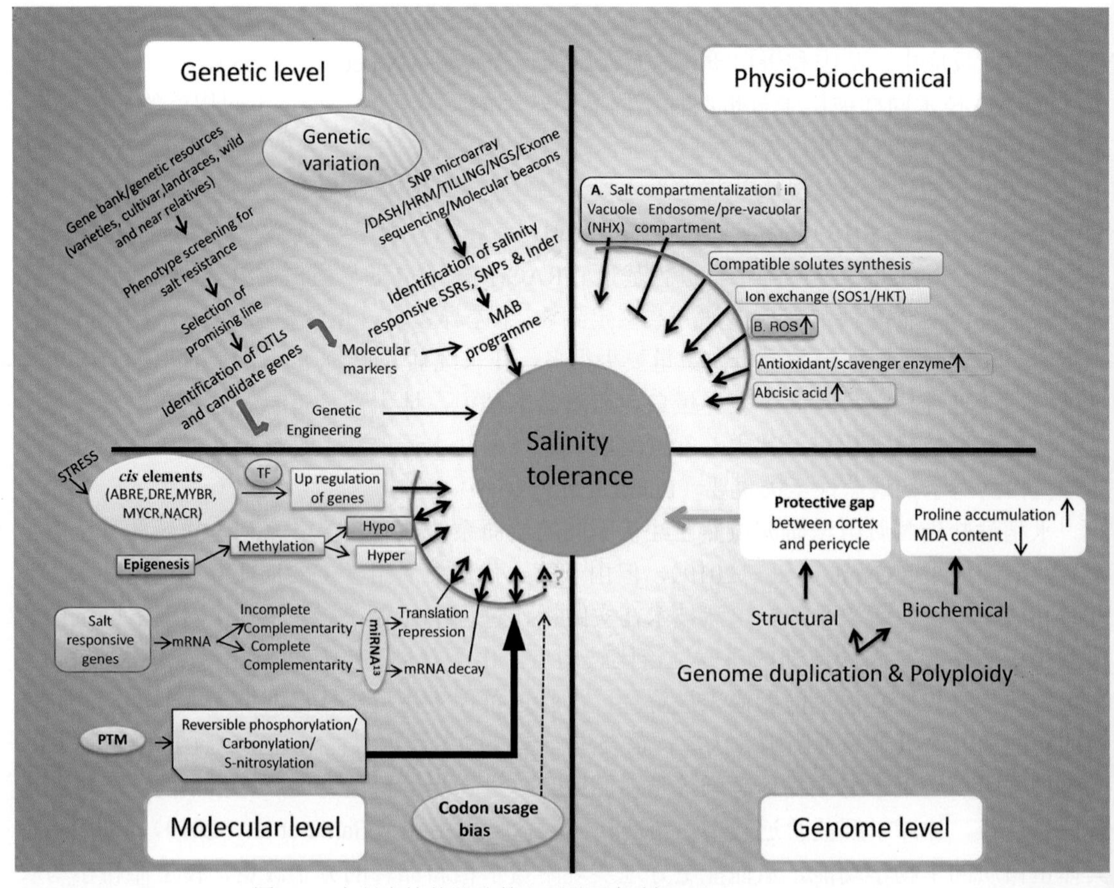

图 6-5 水稻应答盐胁迫的主要分子机制（Ganie et al.，2019）

水稻在受到外界盐胁迫刺激后，在生理生化、基因组、转录组和蛋白质组等各个层面产生一系列应答反应，表达一系列耐盐基因，积累各种耐盐蛋白，并通过各种翻译后修饰，使这些盐胁迫应答蛋白具有更多生物学功能。Salinity tolerance：耐盐性；Genetic level：基因水平；Physio-biochemical：生理生化；Molecular level：分子水平；Genome level：基因组水平；Genetic variation：遗传变异；Gene bank/genetic resources（varieties, cultivar, landraces, wild and near relatives）：基因库 / 遗传资源（变种，栽培种，地方品种，野生种及其近缘种）；Phenotype screening for salt resistance：耐盐表型筛选；Selection of promising line：优良品系选育；Identification of QTLs and candidate genes：数量性状位点和候选基因的鉴定；Genetic Engineering：基因工程；Molecular markers：分子标记；Salt compartmentalization in Vacuole (NHX) Endosome/pre-vacuolar compatment：液泡（NHX）核内体 / 液泡前室的盐区隔化；Compatible solutes synthesis：相容溶质合成；Ion exchange：离子交换；Antioxidant/scavenger enzyme：抗氧化剂 / 清除酶；Abcisic acid：脱落酸；*cis* elements：顺式元件；Up regulation of genes：基因上调；Salt responsive genes：盐响应基因；Reversible phosphorylation/Carbonylation/S-nitrosylation：可逆磷酸化 / 羰基化 /S- 亚硝基化；Codon usage bias：密码子使用偏好；Protective gap between cortex and pericycle：皮质和中柱鞘之间的保护间隙；Proline accumulation：脯氨酸积累；MDA content：丙二醛含量；Structural：结构；Biochemical：生物化学；Genome duplication & Polyploidy：基因组复制与多倍体

以对甜土植物耐盐机制的研究并不能从根本上解释盐生植物能够在极端盐环境下生长的特殊的调控机制。所以，在蛋白质表达模式上，与甜土植物相比，盐生植物具有更特异的盐响应生理代谢过程。从盐生植物中鉴定到的大部分盐胁迫应答蛋白都是与光合作用、能量代谢、ROS 清除和离子平衡途径相关的蛋白质。例如，对木本植物青杨的研究发现雄性青杨高的耐盐性与光合作用、代谢和防御系统相关蛋白的高表达，以及较高的过氧化氢清除能力分不开。

随着研究的不断深入及蛋白质组学技术的发展，对盐生植物耐盐机制的研究已深入到亚细胞蛋白质组水平，如对叶绿体、线粒体等的研究。盐渍等逆境胁迫会影响叶绿体、线粒体、细胞核等亚细胞器的功能。叶绿体是植物进行光合作用的场所，也是对盐胁迫最敏感的细胞器。盐胁迫会破坏叶绿体亚细胞结构，高浓度的钠离子会抑制光合效率及电子传递、干扰类囊体膜上复合体蛋白亚基之间的相互结合，尤其是 PSⅡ 蛋白复合体中的蛋白质。因此，盐胁迫下高等植物 PSⅡ 的活性往往会被抑制。另外，叶绿体还是细胞内 ROS 产生的主要场所。利用蛋白质组学技术研究盐生植物耐盐机制，主要在盐生模式植物盐芥（*Thellungiella salsuginea*/*halophila*）和红树植物秋茄（*Kandelia candel*）等少数植物中开展，也取得了一系列有意思的科学发现。

6.9.2　盐生模式植物盐芥耐盐蛋白质组研究

盐芥是模式植物拟南芥的近亲，是一年生草本盐生植物，主要分布于西伯利亚、中亚、北美和我国的内蒙古、江苏、山东及新疆等地（Gao et al.，2009），多生长于农田区的盐渍化土壤上，具有生活周期短、种子数量多、基因组小、与拟南芥基因组高度同源、易利用花序浸染法进行遗传转化等优势，且能在 NaCl 浓度高达 500mmol/L 的极端盐渍生境中存活并完成其生活史，故被提出作为研究植物耐盐性的新型模式植物。盐芥的基因组测序工作已经完成，DNA 序列比较证明盐芥和拟南芥是近亲关系，且两者的基因组间具有高度保守性，基因组信息分析发现阳离子转运、脱落酸信号及蜡产生相关基因可能在盐芥耐胁迫过程中起到重要作用（Wu et al.，2012）。同时，盐芥叶片转录组和代谢组工作也在开展，研究人员克隆了一系列耐盐相关基因，并通过转基因技术进行功能验证，发现盐芥可能通过维持胁迫耐性相关基因的高量本底表达水平、降低钠离子的吸收、促进钠离子外排及区隔化、清除过氧化物，以及产生更多有机物质（如脯氨酸、甜菜碱、多胺、可溶性糖和多元醇）来增强渗透调节能力，以提高其对极端环境的应对能力，从而利于盐芥在盐渍环境下维持生长（Wang et al.，2013a）。

最早发表的关于盐芥耐盐机制蛋白质组学研究结果是通过双向电泳和飞行时间质谱技术，鉴定了盐芥叶片中响应长期盐胁迫的 13 个蛋白质，发现盐芥可能通过增强防御体系、调整能量和代谢途径，以及维持 RNA 结构等方面来适应长期的盐胁迫环境（Gao et al.，2008）。随后，对盐芥和拟南芥叶片蛋白质组在耐盐性方面的差异进行比较分析，发现正常生长条件下，拟南芥和盐芥参与光合碳固定与光呼吸的相关蛋白质呈现出多样性的表达模式，且许多逆境或胁迫诱导表达蛋白、光呼吸相关蛋白在盐芥中的表达丰度均比拟南芥高，暗示盐芥可能是通过减缓生长速度，在正常生长条件下就储备了抗逆所需材料，为适应胁迫环境做好了准备。而盐处理后，拟南芥叶片中显著差异表达的蛋白质比盐芥叶片中的蛋白质多，且这些差异蛋白主要参与代谢、光合作用、能量和蛋白质定向转运等相关过程，因此，认为盐芥在感受到盐胁迫信号后，进行信号传递，调控基因转录和蛋白质合成过程，进而影响光合作用、能量、代谢和氧化还原相关蛋白的功能，使得盐芥在盐胁迫下能达到新的平衡（Pang et al.，2010）。

盐芥根部的磷酸化蛋白质组学研究结果显示，共有 20 个磷酸化蛋白参与了盐应答反应，其中有 18 个上调蛋白、2 个下调蛋白。这些差异蛋白主要参与信号转导、ROS 清除、能量代谢、蛋白质合成和折叠等生物学过程，其中大部分磷酸化蛋白是已知的盐胁迫相关蛋白，也有一些未知蛋白质（Zhou et al.，2011）。同时，通过 2D-DIGE 技术（Vera-Estrella et al.，2014）和 iTRAQ 技术（Pang et al.，2010）比较盐胁迫下拟南芥和盐芥叶片中的微粒体蛋白质，发现盐胁迫下，与拟南芥相比，仅有一小部分不同的蛋白质在盐芥中显著表达；而在正常生长条件下，较多不同的蛋白质在盐芥中差异表达，且这些蛋白质主要参与转运和碳代谢过程，暗示盐芥的极端耐盐性是因为其储备了充足的应对物质。

Wang 等（2013b）对盐芥耐盐的分子机制进行了系统性研究，通过比较蛋白质组学技术，发现了盐芥耐盐的一些新机制。研究发现盐胁迫抑制了盐芥叶片的生长发育，但增加了叶绿体数量，积累了大量淀粉粒，并保持完整的叶绿体基粒片层结构。盐处理虽然大幅度降低了盐芥植株的生长速率，但盐芥仍能在600mmol/L NaCl 环境下存活。透射电镜观察发现盐处理引起盐芥叶片和叶绿体的超显微结构变化，促进叶绿体产生，并在叶肉细胞中积累淀粉粒。盐处理下，盐芥类囊体膜基粒片层结构随着盐浓度的增加变得薄而松散，但并未解体。高盐浓度干扰了盐芥叶片的生长和发育，但盐芥能保持叶绿体基粒片层结构的完整性，并通过增加叶绿体数量和积累淀粉粒以提供更多的能量来抵御高盐环境的伤害（图 6-6）。

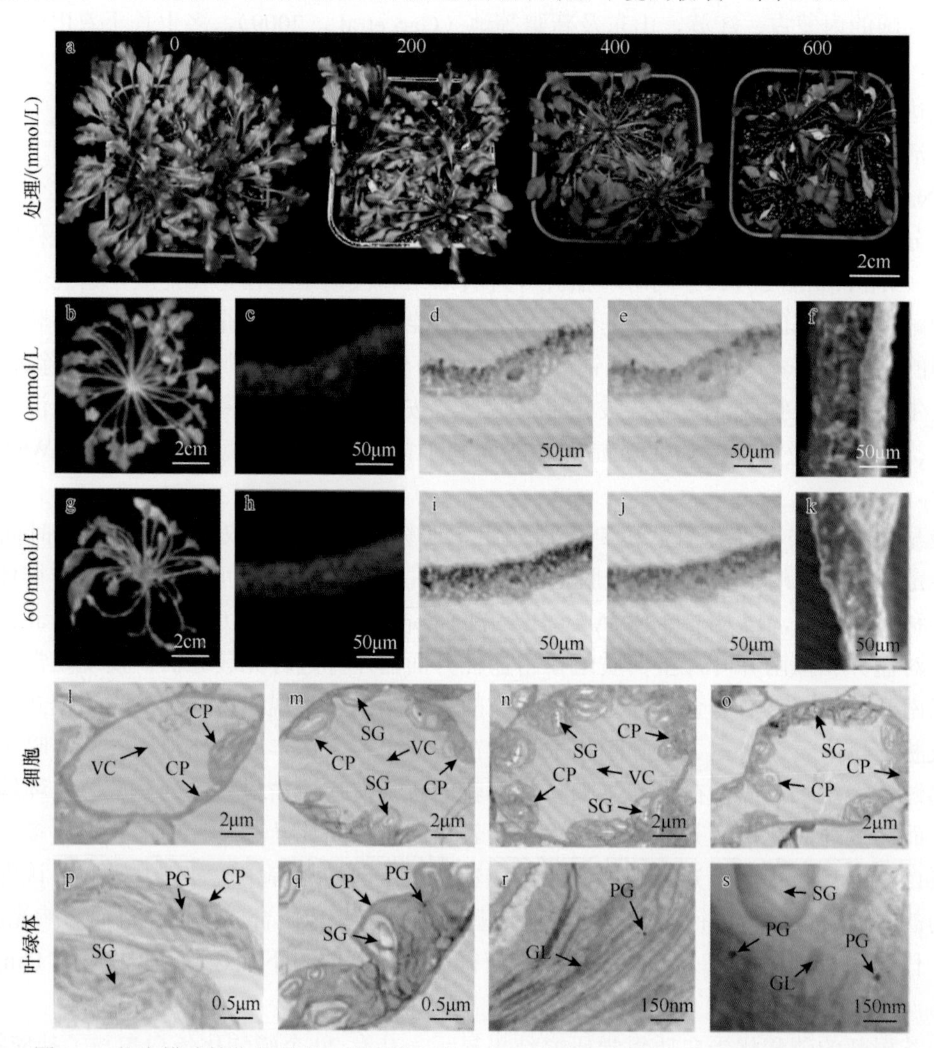

图 6-6 盐生模式植物盐芥在不同盐胁迫条件下的形态变化特征（Wang et al.，2013a）

a. 生长50d的盐芥经过0mmol/L、200mmol/L、400mmol/L和600mmol/L NaCl处理15d后，形态变化明显，生长被明显抑制；b～k. 与600mmol/L NaCl 处理样品相比，对照盐芥叶片数量更多，叶片更厚；l～o. 在亚细胞水平，盐处理促进细胞膨大，叶绿体和淀粉粒积累明显增多；p～s. 在叶绿体水平，盐处理导致盐芥叶片叶绿体中淀粉粒均明显增多，叶绿体基粒片层加厚。在图l至图s中，VC 代表液泡，CP 代表叶绿体，SG 代表淀粉粒，PG 代表质体小球，GL 代表基粒片层

采用 X 射线 - 能谱 - 透射电镜技术，进一步测定了 Na^+ 在叶片组织中的具体位置，发现 Na^+ 优先区隔进盐芥叶片细胞的液泡中。Na^+ 区隔进液泡不仅能降低细胞质中的 Na^+ 浓度，利

于细胞从外界吸水，也能显著降低细胞质中的离子水平，有利于细胞增殖和维持细胞渗透压。研究还发现，不同盐浓度处理条件下，盐芥叶片中的淀粉、可溶性糖、脯氨酸含量和细胞渗透压显著升高。

进一步开展了盐芥叶片盐胁迫应答比较蛋白质组学研究，在 2-DE 胶上通过质谱鉴定了 209 个差异表达蛋白点。其中，大多数盐胁迫响应蛋白在表达丰度上有变化，而不是在凝胶上出现有 / 无的变化。功能分类发现，这 209 个蛋白质分为 16 组，主要参与了碳水化合物运输和代谢、能量产生及翻译后修饰，定位分析显示有 64 个叶绿体蛋白质，暗示具有大量叶绿体蛋白质可能有助于提高盐芥的耐盐能力。代谢通路分析结果显示，这些盐响应蛋白共参与了 14 个代谢途径，表明这些代谢途径可能在不同盐浓度处理条件下发挥不同功能。利用拟南芥基因表达芯片、RT-PCR 和定量 RT-PCR 技术研究盐响应蛋白的基因表达模式，发现一般情况下，上调表达的蛋白质与其基因水平的上调表达是相关联的，表明大多数基因在盐处理后的表达调控发生在转录水平（Wang et al.，2013a）。

该研究团队结合以往的研究成果，首次构建了盐生植物耐盐的蛋白质调控模式图（图 6-7），认为在整株水平上，NaCl 延缓了盐芥植株的发育进程，并改变了一些细胞和细胞器如叶绿体的形状。随着盐分积累，细胞中 Na^+ 含量增加而 K^+ 含量降低；淀粉粒、可溶性糖、脯氨酸在叶片细胞中大量积累，从而增加盐处理后细胞的渗透压。同时，Na^+ 主要区隔化进液泡中。这些盐反应导致盐处理后的盐芥叶片细胞中很多盐响应蛋白和基因上调表达。盐芥在细胞和亚细胞水平上的协同耐盐机制，将对研究其他植物的耐盐机制具有重要的借鉴意义（Wang et al.，2013a）。

前期的形态学和生理学结果显示，盐处理增加了盐芥叶片中的叶绿体数量，且高盐环境下盐芥叶绿体中积累了大量淀粉粒。同时，不同盐处理下盐芥叶片比较蛋白质组学研究结果显示，约 30% 的盐响应蛋白位于叶绿体中，且大部分叶绿体蛋白质被盐诱导表达（Wang et al.，2013a），以上结果暗示盐芥叶绿体可能在盐芥耐盐过程中起重要作用，故该团队进一步分离了不同盐处理条件下的叶绿体，并用 2D-DIGE 技术对这些叶绿体进行比较蛋白质组学研究。取 0mmol/L、200mmol/L、400mmol/L 和 600mmol/L NaCl 处理下的叶绿体总蛋白质各 12.5μg，均匀混合后，用 Cy2 荧光染料标记作为内标（IS），而荧光染料 Cy3 和 Cy5 分别标记 50μg 来自不同盐处理的叶绿体总蛋白质。将经 Cy2、Cy3 和 Cy5 荧光染料标记的蛋白质液混合后进行 2-DE 实验。之后，利用 Typhoon 多功能分子成像仪采集 2D-DIGE 的凝胶图谱。然后，通过专业软件 DeCyder 7 分析差异表达的蛋白点，选取变化倍数在 1.2 倍以上、$P<0.05$ 的蛋白点作为显著差异表达的蛋白点。结果显示，共检测到 98 个显著差异表达的蛋白点，胶内酶解后经过质谱鉴定，成功鉴定出其中的 75 个蛋白点，代表 43 种特异蛋白质。利用 Target P 软件对已鉴定的 75 个蛋白质进行亚细胞定位分析，结果显示，其中 61 个蛋白质（42.6%）因含有叶绿体信号肽而预测为叶绿体蛋白质；6 个为未知位置蛋白质，5 个为任何其他位置的蛋白质，这两种蛋白质主要鉴定为 ATP 合酶或 ATP 合酶的亚基，2 个分泌途径类蛋白质，以及污染了的 1 个线粒体蛋白质。基于 KEGG 代谢途径分析将 43 个特异蛋白质按功能划分为七大类，其中参与光反应的蛋白质占 18.6%，参与碳固定过程的蛋白质占 23.3%，能量代谢类蛋白质占 23.3%，天线类蛋白质占 9.3%，细胞结构类蛋白质占 11.6%，参与蛋白质降解和折叠类蛋白质占 9.3%，未知蛋白质占 4.6%。以上功能分类结果暗示参与光合作用、能量代谢等过程的蛋白质可能在盐芥叶绿体响应盐胁迫过程中起重要作用（Chang et al.，2015）。

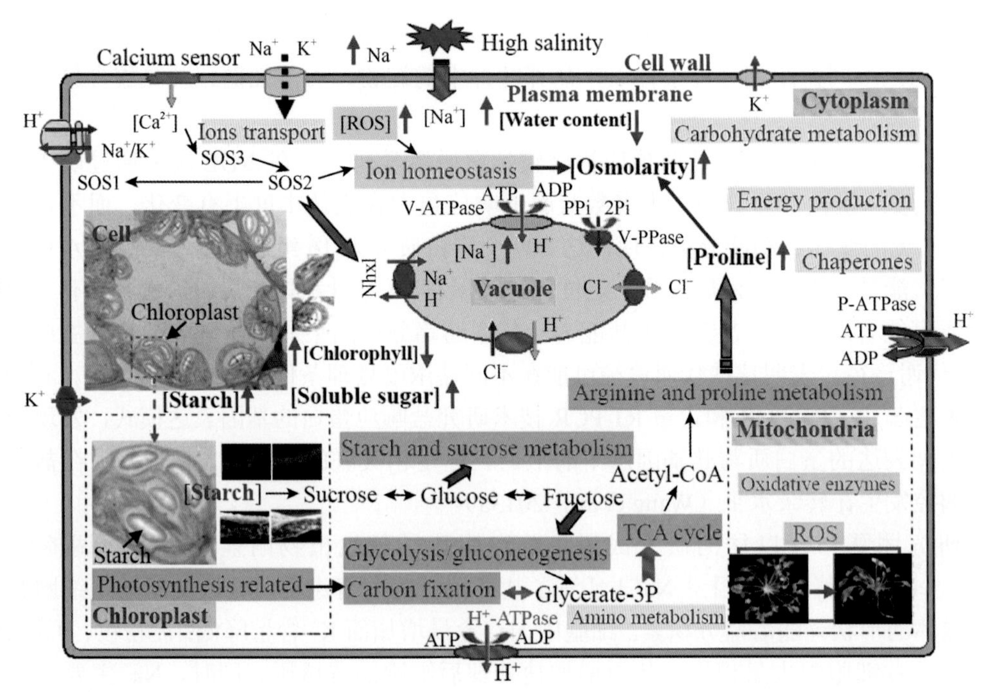

图 6-7　蛋白质组研究揭示盐芥耐盐的分子机制模式图（Wang et al.，2013a）

经过盐处理后，盐芥甚至受到抑制，包括叶绿体在内的各种器官均发生了一定程度的改变；随着盐处理浓度增加，钠离子积累增加，并且主要被区隔化在中央大液泡中，而钾离子积累急剧减少；在叶片中，积累更多的淀粉、可溶性糖和脯氨酸等渗透调节物质；盐胁迫导致一系列耐盐基因表达，导致更多耐盐蛋白积累，更多酶被激活来应答盐胁迫。Chloroplast：叶绿体；Vacuole：液泡；Proline：脯氨酸；Chaperones：分子伴侣；Sucrose：蔗糖；Glucose：葡萄糖；Fructose：果糖；Glycolysis/gluconeogenesis：糖酵解/糖异生；Glycerate-3P：3-磷酸甘油酸；Photosynthesis related：与光合作用相关的；Carbon fixation：固碳作用；Amino metabolism：氨基酸代谢；Calcium sensor：钙传感器；High salinity：高盐；Cell wall：细胞壁；Ions transport：离子转运；Ion hmeostasis：离子动态平衡；Plasma membrane：细胞质膜；Cytoplasm：细胞质；Osmolarity：渗透压；Carbohydrate：碳水化合物；Chlorophyll：叶绿素；Starch：淀粉；Soluble sugar：可溶性糖；Arginine and proline metabolism：精氨酸和脯氨酸代谢；Starch and sucrose metabolism：淀粉和蔗糖代谢；Mitochondria：线粒体；Oxidative enzymes：氧化酶

上述盐芥叶绿体比较蛋白质组学研究结果表明，盐芥 3-磷酸甘油醛脱氢酶 β 亚基（GAPB）及其基因在盐处理后均显著上调表达，且 GAPB 参与碳固定过程，是糖酵解过程中的关键酶，可催化 D-甘油-1,3-二磷酸形成甘油醛 3-磷酸（G3P），而 G3P 可在叶绿体中用于合成淀粉，或转移至细胞质中用于合成蔗糖。因此，推测上调表达的 GAPB 可能会催化形成更多的 G3P，从而使盐芥叶绿体积累淀粉，增加盐芥的耐盐性。进而将盐芥 *GAPB*（*ThGAPB*）基因在拟南芥中过量表达，转基因株系和 WT 植株移栽至基质土（营养土∶蛭石 =1∶1）中，放置于光照培养箱中进行培养，每隔 3d 浇灌一次 1/2 Hoagland 营养液。2 周后，分别用含 0mmol/L 和 200mmol/L NaCl 的 1/2 Hoagland 营养液进行处理，每隔 3d 浇灌一次。盐处理 2 周后进行拍照，并统计植株的存活率。在对照处理中，3 个 *ThGAPB* 转基因株系和 WT 植株的长势一致；盐处理均显著抑制了 *ThGAPB* 转基因株系和 WT 植株的生长，但转基因株系表现出比 WT 植株更好的长势（图 6-8）。同时，存活率的统计结果显示，200mmol/L NaCl 处理 2 周后，转基因株系的存活率显著高于 WT 植株。以上研究结果表明，转基因株系比 WT 植株表现出更强的耐盐性，说明 3-磷酸甘油醛脱氢酶 β 亚基确实在盐芥耐盐反应中具有重要作用（Chang et al.，2015）。

因此，通过生理生化、比较蛋白质组学、转录组学、分子生物学等技术方法在不同盐浓

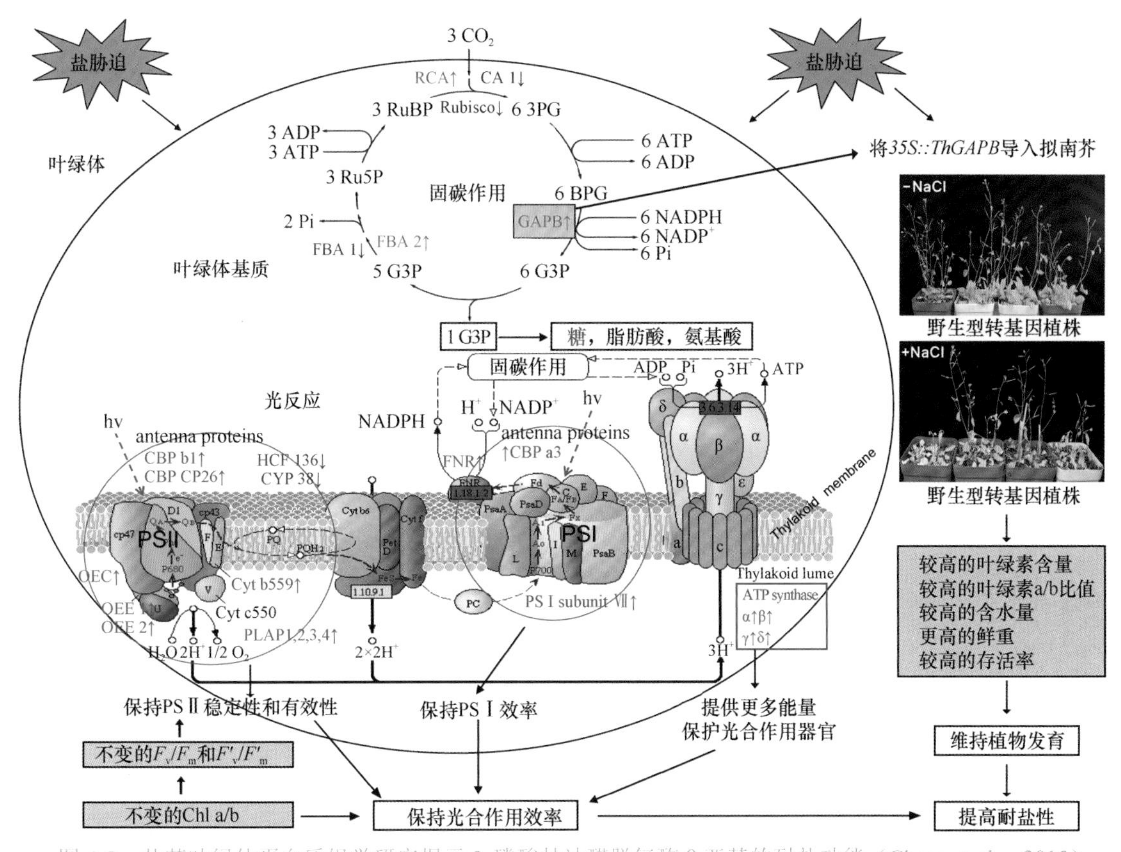

图 6-8 盐芥叶绿体蛋白质组学研究揭示3-磷酸甘油醛脱氢酶β亚基的耐盐功能（Chang et al.，2015）

经过盐处理后，盐芥叶绿体形态发生一定程度改变，叶绿体中碳代谢和光合相关蛋白积累受到明显影响。大部分鉴定到的蛋白质在图中均用红色、粉色和蓝色表示，其中上调表达的蛋白质用红色表示，下调表达的蛋白质用绿色、蓝色表示，粉色表示在200mmol/L 和 / 或 400mmol/L NaCl 处理后上调表达而在 600mmol/L NaCl 处理后下调表达的蛋白质；测定的生理学指标用灰色框表示；不同盐处理下蛋白质的表达模式在蛋白质左边或右边进行了标示："↑" 表示至少在一个盐浓度下上调表达；"↓" 表示下调表达。结果表明，维持一定的光合效率和植株生长发育可能是盐芥耐盐的一个重要机制。在这些叶绿体盐胁迫应答蛋白中，3-磷酸甘油醛脱氢酶 β 亚基具有重要作用

度处理条件下，比较盐芥叶片和叶绿体在形态学、生理学、蛋白质组学等方面的变化情况，结合已发表的研究结果，Wang 等（2013b）提出了盐芥耐盐的可能模式图，认为在整株水平上，高盐环境延缓了盐芥的发育进程，并改变了一些细胞和细胞器（如叶绿体）的形状。随着盐分积累，细胞中的 Na^+ 含量增加而 K^+ 含量降低，这些盐反应使得跨膜转运 Na^+ 进液泡的质膜和液泡膜上的质子泵被活化，并激活许多离子转运体（如 Na^+/H^+ 转运体 SOS1、Ca^{2+} 介导的传感器），进而通过 SOS 途径调控 Na^+ 积累和将 Na^+ 区隔进液泡，使盐芥细胞内达到新的离子平衡（图 6-7）。同时观察到盐胁迫下，盐芥细胞中积累了大量的淀粉粒、可溶性糖及脯氨酸，而且蛋白质组学数据显示，许多参与淀粉和蔗糖代谢、光合作用、碳固定、糖酵解、三羧酸循环和脯氨酸代谢途径的酶及其在高盐处理下均显著上调表达，这些积累的渗透调节物可增加盐芥细胞的渗透压，利于盐芥在盐胁迫下从土壤吸收水分。在亚细胞水平（叶绿体）上，高盐环境虽然降低了盐芥叶片中的叶绿素含量，但叶绿体基粒片层结构保持完整，叶绿素 a/b 比值、PSⅡ的最大量子产量和实际量子产量也未受到盐分影响（Chang et al.，2015）。同时，叶绿体比较蛋白质组学数据显示，维持光系统结构稳定，参与光能捕获、电子提供、电子流循环等光反应过程的相关蛋白和基因在盐处理后显著上调表达，而且参与能量

代谢、碳固定、细胞骨架构成等的部分蛋白质和基因在盐处理后也上调表达（图 6-8）。随后，拟南芥转基因实验表明，过量表达 *ThGAPB* 基因可提高转基因植株的耐盐性，具体表现：盐胁迫下部分转基因株系比野生型植株具有更高的总叶绿素含量、叶绿素 a/b 比值、植株鲜重、含水量及存活率（Chang et al.，2015）。以上研究结果表明盐芥可能通过维持一定的光合效率和植株生长发育来适应盐胁迫环境，并诱导表达一系列耐盐蛋白来达到极端耐盐目标。

6.9.3 盐生植物红树耐盐蛋白质组研究

红树植物（mangrove）也称红树林，是生长在热带、亚热带海滨潮间带的常绿木本植物群落，包括秋茄、红茄苳、海莲和木榄等。当海水退潮后，红树植物在海边形成一片绿油油的海上林地，也有人称之为碧海绿洲。红树植物含有大量的多酚类物质，被砍伐后氧化变成红色，故俗称为“红树”。红树植物对调节热带气候和防止海岸侵蚀有重要作用。红树林主要生长在热带地区的隐蔽海岸，常生长在有海水渗透的河口、潟湖或有泥沙覆盖的珊瑚礁上。有些木本植物既能在潮间带成为红树林群落的优势种，又能在内陆生长，称为半红树植物。在红树林中，所有的草本及藤本植物称为红树林伴生植物。红树植物及其伴生植物，均具有极强的耐盐性，能够在土壤盐度高达 50% ～ 70% 的海水盐浓度中生长发育，而且由于海滨生态环境的多样性和复杂性，红树植物还进化出了对水淹、缺氧、高温等恶劣生态环境的适应性特征。此外，部分红树植物还具有较强的耐寒能力，如秋茄，有助于扩大红树植物的生长区域。目前，有关红树植物耐盐性的研究主要集中在生理生态方面，关于分子生物学和蛋白质组学方面的研究还较少。

红树植物在形态结构和生理功能方面都进化出独特的盐适应特征，可作为木本植物耐盐机制研究的良好模式物种。从形态结构方面分类，红树植物可以分为：①泌盐红树植物，包括桐花树、白骨壤等树木，叶片或茎的表面分布有盐腺，植物通过盐腺排除体内过多的盐分，调节体内 Na^+ 含量，从而减轻 Na^+ 对植物的伤害；②肉质化红树植物，通过叶片肉质化，能够在体内储存大量水分，降低盐胁迫引起的渗透胁迫，肉质化叶的表面常常有较厚的蜡质层，能有效防止高盐环境下植物体内水分的散失；③胎生红树植物，胎生现象是红树植物一个明显特征，种子成熟以后，既不脱离母树，也不经过休眠，而是通过吸取母体中的营养直接在果实里萌发，长成一棵胎苗，然后才脱离母树独立生活，为胎生红树适应海滩生活环境奠定了基础；④其他特殊结构红树植物，如有些红树植物进化出了支柱根和呼吸根，有利于从空气中吸收氧气和水分，在海滩淤泥中生根发芽，从而能够在海水环境中生存（Parida and Jha，2010）。

红树植物在长期的进化过程中，也形成了特殊的生理生化特征。研究发现，某些红树植物可能有着近似 C_4 植物的光合作用途径，C_4 途径的关键酶磷酸烯醇丙酮酸羧化酶的活性随着盐浓度的增加而增加，说明随着盐分的增加红树植物的光合途径可能由 C_3 途径向 C_4 途径转变。另外，盐胁迫引起渗透胁迫进而造成生理干旱，导致气孔关闭，C_4 途径利于红树植物在盐胁迫条件下有效利用细胞间隙内低浓度 CO_2 进行光合作用。部分红树植物能够对土壤中的 Na^+ 和 Cl^- 进行选择性吸收，一方面有助于降低液泡渗透势，另一方面使 K^+ 大量积累，有助于调节生长和发育、气孔运动、酶活性及渗透平衡。另外，液泡 Na^+ 区隔化与积累可溶性碳水化合物、糖醇、氨基酸和有机酸，均可降低红树植物细胞内水势，防止细胞失水，达到渗透平衡。红树植物还能够通过增加 SOD、POD、CAT 等抗氧化酶的活性，提高植物多酚及其他抗氧化物含量来清除过多的活性氧等自由基，这些生理生化特征可能是红树植物长期生长在海滨高盐环境下自然选择的结果，是一种主动性盐适应机制（Parida and Jha，2010）。

随着分子生物学相关技术的发展，鉴定红树植物耐盐蛋白、克隆相关耐盐基因的工作也在积极开展，已经从红树植物中分离出耐盐蛋白并克隆其基因，包括胁迫相关蛋白、转录因子、离子转运相关蛋白、渗透调节物质合成基因，植物激素、类固醇和萜类等合成途径关键蛋白质的基因，部分基因已通过转基因技术转化酵母、烟草、拟南芥和水稻等模式植物进行功能分析，很多转基因材料都表现出更高的耐盐性。比较蛋白质组学技术的发展也为从蛋白质水平上研究红树植物耐盐机制提供了有力手段。但是，有关红树植物耐盐机制的蛋白质组学研究还较少，加上红树植物遗传转化还很不成熟，导致后续研究也不太深入。

在秋茄（*Kandelia candel*）中，开展了较为系统的红树植物耐盐比较蛋白质组学研究。秋茄是红树科秋茄属灌木或小乔木，果实圆锥形，胚轴细长，生长于浅海和河流出口冲积带的盐滩，几乎全年开花结果。秋茄树皮含单宁，材质坚重，耐腐，可作车轴、把柄等小件用材。秋茄主要分布于印度、缅甸、泰国、越南、马来西亚、琉球群岛南部和中国。在中国主要分布于广东、广西、福建和台湾等地区。秋茄在湿地生态系统中除了具有促进土壤沉积物形成、过滤有机物和污染物、净化水质等重要作用，还有抵抗潮汐和洪水冲击、减缓风浪、调节水流、保护堤岸等功能。为了研究秋茄耐盐分子机制，我国科学家开展了不同浓度 NaCl 处理条件下叶片应答盐胁迫的蛋白质组变化研究（Wang et al.，2014）。用 150mmol/L（对照）、300mmol/L、450mmol/L 和 600mmol/L NaCl 处理四叶期秋茄幼苗，3d 后取叶片，测定相关生理指标，发现秋茄叶片光合作用光反应相关蛋白在 200 ～ 600mmol/L NaCl 的盐胁迫下呈现上调表达趋势，大部分碳反应相关蛋白在 200 ～ 400mmol/L NaCl 的盐胁迫下表达量不变，但在高盐（600mmol/L）胁迫下表达下调，表明 200 ～ 400mmol/L NaCl 胁迫下秋茄光合活性的稳定与光反应相关蛋白的上调表达密切相关。高盐（600mmol/L NaCl）胁迫下秋茄光合速率的下降主要是由卡尔文循环中羧化和还原两个阶段相关酶下调表达引起的，即非气孔因素。进而提取叶片蛋白质，跑双向电泳胶，从 900 多个点中检测到 53 个差异表达蛋白点，最终通过飞行时间质谱成功鉴定到 48 个蛋白质。该研究还发现，随着盐浓度由 150mmol/L 升高到 450mmol/L，植物叶片中钠离子含量升高，一些光合作用、能量代谢、钠离子区隔化、蛋白质折叠和信号转导相关蛋白酶诱导表达，一些抗氧化相关酶，包括超氧化物歧化酶和脱氢抗坏血酸还原酶的活性，也随着盐浓度的增加而增强。这些结果说明，生理数据和蛋白质组数据具有很好的相关性，说明这些盐胁迫应答蛋白确实参与了秋茄的耐盐生物学过程（Wang et al.，2014）。随后，结合转录组测序和高通量 iTRAQ 技术，该团队开展了红树叶片耐盐的整合组学分析。首先，应用 RNA-Seq 技术共鉴定到 Unigene 58 718 个，平均长度为 892bp，N50 为 1400bp。共有差异表达基因 6285 个，其中，200mmol/L NaCl 处理与对照组相比差异倍数达到 2 倍的有 3156 个（上调表达 1846 个、下调表达 1310 个）；500mmol/L NaCl 处理与对照组相比，差异蛋白更多。随后，应用 iTRAQ 定量蛋白质组学技术共鉴定到 3676 个蛋白质，其中有 263 个蛋白质表达量发生显著变化。其中，200mmol/L NaCl 处理与对照组相比差异倍数达到 1.5 倍的有 35 个蛋白质；500mmol/L NaCl 处理与对照组相比差异倍数达到 1.5 倍的蛋白质更多，达到 241 个蛋白质，包括上调蛋白 144 个、下调蛋白 97 个。接着对转录组和蛋白质组数据进行整合分析，对差异基因进行功能筛选，发现苯丙烷代谢、氨基酸代谢、DNA 复制和修复、磷脂酰肌醇信号转导通路相关基因显著上调。然而，在蛋白质水平上，苯丙烷代谢、氨基酸代谢、DNA 复制和修复、磷脂酰肌醇信号转导通路相关蛋白大部分变化不显著或上调表达。表明短期（3d）内秋茄叶片对盐胁迫的响应主要发生在转录水平调控，可能是高盐胁迫下秋茄叶片 mRNA 和蛋白质间的关联性较差的主要原因。另外，还发现 200mmol/L NaCl 处理下秋茄叶片光合作用、氨基酸代谢、碳水化合物代谢及脂质转运与代谢、次级代谢、信号转导、翻译后修饰、蛋白质周转、分子伴侣及防御相关蛋白中大部分表达量没有发生显著变化，同时与这些蛋白质相对应的 mRNA 的表达量也没有发生显著变化，说明在低盐条件下秋茄 mRNA 与蛋白质间的关联性较好。但是，高盐胁迫下秋茄叶片光合作用、氨基酸代谢、翻译后修饰、蛋白质周转、分子伴侣等相关蛋白上调表达，在 mRNA 水平却没有发生显著变化，说明高盐胁迫下秋茄 mRNA 与蛋白质间的关联性较差（Wang et al.，2016）。

该团队科研人员还对秋茄叶绿体开展了盐胁迫应答比较蛋白质组学研究。在高盐胁迫下观察秋茄叶绿体超微结构发现嗜锇颗粒增多，嗜锇颗粒可以作为脂质库供给类囊体膜防止膜质过氧化发生、维持细胞渗透势及细胞正常吸水。盐胁迫下测定秋茄叶片光合作用和荧光参数发现，P_n 和 G_s 在 0mmol/L、200mmol/L 和 400mmol/L NaCl 胁迫下没有显著变化，在 600mmol/L NaCl 胁迫下轻微下降。盐胁迫下秋茄叶片 P_n 和 C_i 的变化呈相反趋势，说明随着盐浓度的增加，CO_2 气体交换的限制因子不是气孔因素，而是非气孔因素。在不同盐浓度胁迫下 F_o 和 F_v/F_m 没有显著变化，说明随着盐浓度的增加，秋茄叶绿体 PSⅡ 电子传递基本稳定。秋茄幼苗叶绿体超微结构观察证明，在 0mmol/L NaCl 处理下，叶绿体外形规则，呈梭形或椭圆形，基质片层和基粒片层清晰可见。盐浓度为 200 ～ 400mmol/L 时，叶绿体结构清晰，类囊体和淀粉粒明显可见，与对照组无明显差别，说明 200 ～ 400mmol/L NaCl 是秋茄可耐受的盐度范围，在该盐浓度范围内秋茄幼苗叶绿体依然处于具有良好功能的结构状态。在 600mmol/L NaCl 处理下，观察到细胞中有些叶绿体的基质、基粒片层稍有变形，被膜界限出现轻微模糊现象，类囊体有些膨大，嗜锇颗粒增多，与对照组相比叶绿体超微结构有轻微变化。秋茄作为一种盐生木本植物，在 200 ～ 400mmol/L 的盐胁迫下叶绿体超微结构没有变化，在 600mmol/L 的盐胁迫下仅有轻微变化，这一结果表明高盐胁迫下秋茄叶绿体超微结构仍然维持结构稳定（Wang et al.，2013b）。分离纯化秋茄经过不同盐浓度处理的叶绿体之后，采用酚抽提法提取叶绿体蛋白质，进行双向电泳分析，从 600 多个蛋白点中，检测到 58 个差异蛋白点，最终通过飞行时间质谱鉴定了其中的 46 个差异蛋白（Wang et al.，2015）。同时，采用高通量 iTRAQ 技术对不同浓度盐胁迫下秋茄叶绿体蛋白质组的变化进了检测，在 4 组样品中鉴定到 1030 个蛋白质，其中，变化倍数在 1.5 倍以上的蛋白质共有 77 个。通过 TargetP 定位分析，其中 76 个差异蛋白位于叶绿体中，1 个差异蛋白位于线粒体中，说明提取的叶绿体纯度高。对所鉴定到的叶绿体差异蛋白进行功能分类，发现光合作用光反应相关蛋白超过一半（52%）。研究发现，随着盐浓度的增加，光反应相关蛋白呈现上调表达趋势，大部分碳反应相关蛋白在 200 ～ 400mmol/L NaCl 胁迫下表达量不变，而在高盐（600mmol/L）胁迫下表达量下调。蛋白质组学研究数据，以及 Western blotting 检测、光合作用相关参数检测及叶绿体超微结构观察研究结果均证明，高盐胁迫下秋茄光合作用碳反应的下降主要是由卡尔文循环（Calvin cycle）过程中羧化和还原两个阶段相关酶的下调表达引起的（Wang et al.，2013b）。

利用蛋白质组学技术，还开展了其他红树植物耐盐机制研究。盐胁迫能够影响小花木榄（*Bruguiera parviflora*）的生长发育，在 400mmol/L NaCl 处理下，叶片中叶绿素和胡萝卜素含量明显降低，可溶性糖含量增加 2.5 倍，但淀粉含量减少 40% 以上，说明更多淀粉转化成可溶性糖来调节渗透平衡。值得注意的是，小花木榄叶片中总蛋白质含量随着盐处理浓度升高而显著降低（Parida et al.，2002）。利用双向电泳结合质谱鉴定技术，科学家开展了 500mmol/L NaCl 胁迫处理不同时间后，小花木榄叶片、主根和侧根比较蛋白质组研究，发现果糖-1,6-二磷酸醛羧酶和渗透蛋白与木榄耐盐性相关（Tada and Kashimura，2009）。

木榄叶片耐盐比较蛋白质组学研究发现，经过 0mmol/L、200mmol/L、500mmol/L NaCl 处理后，共在双向电泳胶上检测到 23 个差异蛋白点，其中 10 个蛋白点通过液质联用技术成功鉴定。这些蛋白质的变化规律为，200mmol/L NaCl 处理下光合作用和抗氧化相关蛋白上调表达，当盐浓度达到 500mmol/L 时这些光合作用和抗氧化酶积累下降，导致植物生长受到抑制，而蛋白质折叠、降解和细胞建成相关蛋白则诱导表达，说明在不同浓度的盐胁迫下木榄耐盐蛋白的应答机制有所不同（Zhu et al.，2012）。

为了鉴定质膜和液泡膜上的转运蛋白，收集生长在海边的红树植物白骨壤（*Avicennia officinalis*）的叶片，纯化质膜和液泡膜，然后提取蛋白质，经过双向电泳胶分离后，通过质谱鉴定胶图上主要蛋白点，最终从质膜上鉴定到 254 个蛋白质，其中 40 个蛋白质具有跨膜结构域。同时，从液泡膜上鉴定到 165 个蛋白质，包括 31 个具有跨膜结构域的蛋白质。这些鉴定到的蛋白质主要参与了物质转运、跨膜运输、基础代谢和防御反应等生物学过程。在这些鉴定到的蛋白质中，包括许多与泌盐相关的蛋白酶，如 H^+-ATP 酶、ATP 转运蛋白和水孔蛋白，说明泌盐相关蛋白在白骨壤耐盐机制中有重要作用（Krishnamurthy et al.，2014）。

海榄雌在 400mmol/L NaCl 高盐处理下，部分气孔关闭，光合作用受抑制，但外施一氧化氮可以部分缓解盐害，促进盐处理条件下的植物恢复生长。叶片耐盐蛋白质组研究结果也说明，盐处理导致 49 个蛋白质差异表达，而外加一氧化氮后，能量代谢、基础代谢、RNA 转运和逆境胁迫应答相关蛋白的积累明显增加，说明一氧化氮可以通过促进上述蛋白质的积累来达到缓解盐害的作用（Shen et al.，2018）。

6.10　真盐生植物盐逆境应答蛋白质组研究

6.10.1　真盐生植物耐盐蛋白质组研究概况

真盐生植物是能够在一定盐浓度（通常是 200 ～ 400mmol/L NaCl）条件下具有最佳生长状态的一类盐生植物，很多真盐生植物具有肉质化的叶和 / 或茎，在外施适当浓度 NaCl 后，能够产生最大的生物量，因此，真盐生植物在某种程度上又称为喜盐植物。很多红树植物和藜科植物都是真盐生植物，常见的真盐生植物有盐地碱蓬、盐角草、海蓬子、盐节木、盐爪爪和海马齿等（图 6-1）。

最早利用蛋白质组学技术研究真盐生植物耐盐机制的工作在碱蓬（*Suaeda aegyptiaca*）中进行。生长 10d 的碱蓬幼苗，经过 0mmol/L、150mmol/L、300mmol/L、450mmol/L、600mmol/L NaCl 处理 30d 后，收取叶片材料，用 TCA 法提取总蛋白质，进行双向电泳分析，从总计 700 多个重复性好的蛋白点中，发现 102 个差异表达蛋白点，这些蛋白点主要是积累丰度不同，而不是有和无的差异，并且差异蛋白点数量随着盐浓度的提高而增多。随后，科学家通过液质联用技术，最终鉴定了其中的 27 个蛋白质。生物信息学分析发现，这些蛋白质主要参与了氧化胁迫应答、甘氨酸甜菜碱合成、细胞骨架重建、光合作用、ATP 产生和蛋白质降解等生物学过程，其中，氰酸酶（cyanase）可能在碱蓬叶片高盐胁迫反应中有重要作用（Askari et al.，2006）。

6.10.2　真盐生植物盐角草耐盐蛋白质组研究

较深入的真盐生植物耐盐蛋白质组研究工作在藜科植物盐角草（*Salicornia europaea*）中

开展。盐角草是一种肉质化真盐生植物，广泛分布在沿海和内陆盐湖地区，能够积累高达干重 50% 的 NaCl，被认为是世界上最耐盐的高等植物之一，具有发展成为作物的潜力，对于植物抗盐机制研究，也是一种良好材料。盐角草不具备盐腺、盐囊泡等特化结构，它不仅耐盐，而且聚盐，需要一定的盐分来维持其最适生长，是研究植物抗盐机制的一种良好系统。对野生的盐角草资源进行调查，发现我国境内主要存在两种生态型的盐角草，即江苏生态型和新疆生态型。这两种生态型盐角草在结构上相似，但在外形上相差很大：江苏生态型的盐角草呈浅绿色，生长迅速，而新疆生态型则为棕红到深红色，生长相对缓慢，在相同时间内，生物量要远远比江苏生态型的小。因此，江苏生态型盐角草更有研究和推广价值。

经过栽培实验，发现盐角草不但耐盐，而且聚盐，甚至需要一定浓度的盐分来促进其生长和发育（图 6-9），这是与甜土植物和耐盐盐生植物完全不同的特点。一定浓度的 NaCl 处理后，盐角草生长变得更加旺盛，形态上也发生了显著的改变，茎干变粗，肉质化更加明显，生物量显著增加。对于盐处理一个月的盐角草，100mmol/L 和 200mmol/L 的 NaCl 均明显促进地上部分鲜重的增加，随着 NaCl 浓度的进一步升高，鲜重有所下降；当盐处理的浓度高于 700mmol/L 时，鲜重下降到比不处理的样品（0mmol/L NaCl）还低，说明对于盐角草，800mmol/L NaCl 才可以真正称得上是盐胁迫。此后，随着 NaCl 浓度的进一步提高（800mmol/L、900mmol/L、1000mmol/L NaCl），植株的生物量急剧下降，在极端高盐（1000mmol/L NaCl）条件下，地上部分的鲜重甚至只为不处理样品的 1/3 左右（Lv et al., 2012）。经过盐处理 3 个月的盐角草，也有相似的变化规律，并且变化更为显著（图 6-9）。

图 6-9　不同浓度 NaCl 处理后盐角草的生长状况（Lv et al., 2012）

生长 1 个月的盐角草幼苗，经过 0mmol/L、200mmol/L、600mmol/L 和 800mmol/L NaCl 处理 1 个月与 3 个月后，形态发生了明显变化，200mmol/L NaCl 处理明显促进了盐角草地上部分生长和肉质化，而过高浓度盐处理会明显抑制盐角草生长

这些结果说明，对于真盐生植物盐角草，Na^+ 很可能是作为一种重要的营养元素，而不是有害离子来起作用的。基于上述实验结果，在实验室条件下，200 ~ 300mmol/L NaCl 是盐角草生长的最佳盐浓度。当延长处理时间到 6 个月以上时，盐角草开始进行生殖生长，在地上部分的顶端开始开花；但盐分高于 800mmol/L 时，盐角草不能开花和结实，说明 800mmol/L

NaCl 是盐角草能够完成正常生活周期的极限浓度。在盐生植物，特别是许多藜科的真盐生植物中，茎叶肉质化是一种重要的盐适应特征，通过肉质化可以很好地调节植物细胞的离子平衡。目前，已经有许多报道称盐处理可以促进植物肉质化。为了更准确地量化肉质化的程度，通常人们把茎干或者叶片中的含水量和直径作为两个重要的量化指标，含水量越高，直径越大，则认为该植物的肉质化程度就越高。一定程度的盐处理可以提高盐角草地上部分含水量，随着盐处理浓度的逐步升高，含水量必然下降，并且在极高浓度的 NaCl 处理下，盐角草地上部分的含水量同样下降到极低的值（Wang et al.，2009）。

除了地上部分膨大和肉质化，经过一定浓度的 NaCl 处理之后，盐角草的单个细胞（包括表皮细胞和其他细胞）也明显膨大，直径变大，从而使单个细胞可以为离子平衡和渗透调节提供更多的亚细胞空间。这种通过细胞膨大来调节胞内外渗透势平衡的机制，也是盐角草适应高盐环境的一种重要方式。电镜结果不但更加直观地说明了上述结果，而且进一步揭示了盐角草的细胞器也可以相应发生膨大。在透射电子显微镜下观察盐角草的叶绿体，没有处理材料的叶绿体直径为 1 ～ 3μm，盐处理之后，其直径达到了 3 ～ 5μm；在亚细胞器水平，可以看到叶绿体片层的直径也因为盐处理而变大。上述结果说明盐处理可以明显促进盐角草细胞同时在细胞和亚细胞水平发生膨大。盐处理在促进盐角草木质化的同时，也促进了总蛋白质的积累。对盐角草中钠元素的总体含量变化情况进行分析，在检测的所有盐处理样品的各种组织中，钠元素质量百分比都要比没有处理的样品高。在对照样品地上部分，钠元素在外皮层、内皮层、中柱的质量百分比分别为 6.01%±0.9%、8.32%±0.9%、6.8%±0.9%；在 200mmol/L NaCl 处理 21d 的样品中，该值明显增高，分别达到了 19.4%±0.8%、24.5%±3.2%、21.7%±1.9%，比对照样品分别提高了 222.8%、194.5%、219.1%。在 800mmol/L NaCl 处理的盐角草地上部分，钠元素更是占了相当大的比例，质量百分比在外皮层、内皮层、中柱分别高达 16.7%±1.5%、29.9%±0.9%、12.6%±1.1%。延长处理时间，钠元素的质量百分比会进一步上升，在 200mmol/L NaCl 处理 3 个月时，该值在外皮层、内皮层、中柱甚至分别高达 15.44%、35.19%、25.25%（Lv et al.，2012）。在盐渍条件下，高等植物为了平衡细胞质和液泡之间的渗透压，通常会在细胞质中积累大量的氨基酸类和多胺类物质，而在中央大液泡中积累大量的钠离子（Agarie et al.，2007）。为了生成细胞质中的这些氨基酸类和多胺类物质，细胞质中也会积累大量的蛋白质，从而达到提高植物耐受高盐胁迫的目的。

这些结果显示，盐角草蛋白积累会受到盐胁迫的诱导，说明这些蛋白质很可能参与了盐角草的极端耐盐反应过程。为了揭示盐角草抗盐的分子机制，Wang 等（2009）通过比较蛋白质组学技术对经过不同 NaCl 处理（包括盐适应和盐激两种处理方式）的盐角草进行了研究。首先，比较了在 1-DE 中蛋白质的表达情况，在单向 SDS-PAGE 中，不同盐处理的材料之间没有发现明显的差异蛋白条带。为了比较蛋白质差异表达情况，进一步采用 2-DE 技术研究，结果显示，盐角草经过不同盐处理之后，能够从近 2000 个蛋白点中发现近 200 个差异蛋白点，这些差异蛋白点分布在 2-DE 胶上从酸性端到碱性端的广泛区域中。在最初的实验中，为了确认盐角草蛋白的分布规律，采用范围宽（pH 3 ～ 10）的 IPG 胶条进行比较研究，结果发现，能够用 CBB 法染色得到约 1550 个蛋白点，并且分离结果也显示，盐角草蛋白主要分布在酸性区域。

因此，科学家进一步采用窄范围（pH 4 ～ 7）的 IPG 胶条进行 IEF 分离，最终得到了分离效果更好的 2-DE 图像（图 6-10）。为了验证蛋白点的重复性，避免假阳性，每个样品至少跑了 3 张胶，结果说明，不同处理的 2-DE 胶的重复性很好，说明胶质量很高。与 pH 3 ～ 10

的胶相比，pH 4 ～ 7 的 2-DE 胶上蛋白点更多，背景更浅，在横向和纵向的条纹也更少，这些结果说明利用 pH 4 ～ 7 的 IPG 胶条分离蛋白样品的质量更高，更加适于下一步质谱鉴定。在 pH 4 ～ 7 的双向电泳胶上，可以从每张胶上检测到约 1880 个重复性好的蛋白点（图 6-10）。从 2-DE 图可以看出，绝大多数蛋白质的表达量并没有发生显著改变，但有 196 个蛋白质的表达发生了明显改变，约占总蛋白质数的 10%，并且变化倍数在 2 倍以上。

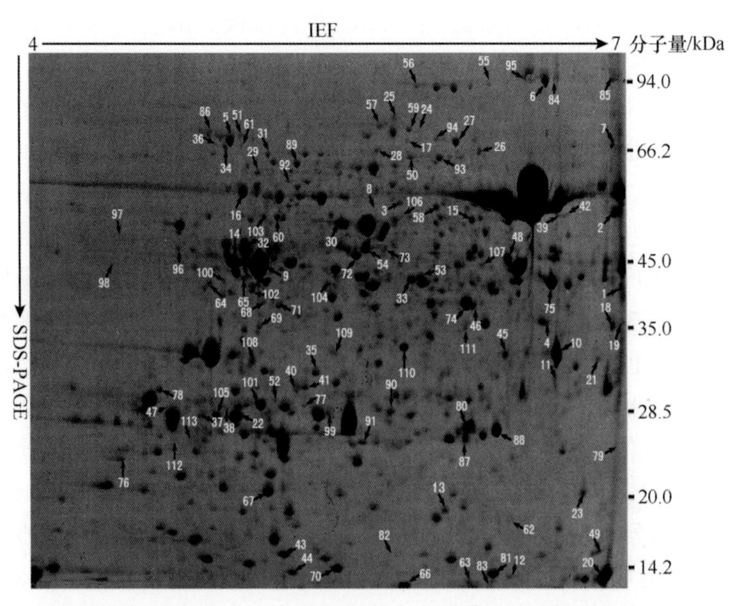

图 6-10　不同浓度 NaCl 处理后盐角草地上部分双向电泳图谱及盐胁迫应答蛋白（Wang et al.，2009）

盐角草经过 0mmol/L、200mmol/L、600mmol/L 和 800mmol/L NaCl 处理 1 个月后，提取地上部分蛋白质，进行双向电泳，检测到 113 个差异蛋白并进行了质谱鉴定

在这些差异蛋白中，大多数蛋白质的表达是受到盐诱导的（包括盐适应和盐激两种处理），有许多蛋白质表达量明显降低，有几个蛋白质在盐处理之后表达量急剧降低，甚至消失，还有一些蛋白质是在盐处理之后才出现的新蛋白质。这些结果进一步证实了盐角草中确实存在许多与盐胁迫密切相关的蛋白质。另外，从 2-DE 胶的比较结果可知，这些盐胁迫应答相关蛋白的改变主要表现在蛋白质丰度变化上，蛋白质位置改变、蛋白质消失和新蛋白质产生的情况相对很少。蛋白质表达量的比较结果也说明，虽然盐诱导蛋白的表达量伴随着盐处理浓度的升高（盐适应样品）和处理时间的延长（盐激样品）而相应升高，但是，在极端高盐处理（800mmol/L NaCl）条件下，这些蛋白质的表达量发生了显著的降低。

结合 PMF 和 PFF 进行质谱鉴定，从 196 个差异蛋白中通过 MALDI-TOF-MS 成功鉴定了 113 个蛋白质，其中有 22 个蛋白质用 MALDI-TOF/TOF-MS 做了进一步鉴定。根据主要功能的不同，这 113 个被鉴定的蛋白质可以分为 12 类：①碳代谢相关蛋白，共 11 个，占约 10%；②细胞骨架蛋白，4 个，占 4%；③能量代谢相关蛋白，12 个，占 11%；④抗氧化酶类，16 个，占 13%；⑤离子运输蛋白，共 3 个，占约 2%；⑥生长发育相关蛋白，共 9 个，占约 8%；⑦核酸代谢蛋白，2 个，占 2%；⑧光合作用相关蛋白，共 12 个，占约 11%；⑨信号转导相关蛋白，共 7 个，占约 6%；⑩防御相关蛋白，共 18 个，占约 15%；⑪ 转录、翻译及蛋白质转运相关蛋白，共 9 个，占约 8%；⑫ 功能未知蛋白质和预测的蛋白质，共 10 个，占约 9%。在这些蛋白质中，鉴定到的最多的是盐胁迫和防御相关蛋白，其次是一些氧化还原酶类，另外还有一大类属于光合作用及能量代谢相关蛋白（Wang et al.，2009）。

生物信息学分析发现，盐处理能够促进盐角草中渗透胁迫和离子平衡相关蛋白的表达积累。水是植物体一种最主要的组成成分，可以有效调控植物细胞中的温度，同时水是细胞内许多反应介质和许多物质的良好溶剂，过高浓度的盐分能够打破细胞中的水分平衡，从而对细胞造成伤害（Zhu，2016）。在经过盐处理之后，盐角草地上部分许多水分调节及渗透平衡相关蛋白的表达发生了明显的上调。这与许多报道中说的盐处理后许多渗透平衡相关蛋白明显受到诱导的结果是基本一致的（Ndimba et al.，2005；Askari et al.，2006）。通常，植物抗盐反应中的一种重要方式是通过在细胞内积累大量的可溶性渗透调节物质，如甜菜碱，来达到细胞内外的渗透平衡。有报道称在受到盐胁迫时，盐生植物的甜菜碱含量急剧升高（Askari et al.，2006）。在植物中甜菜碱是由依靠铁氧还蛋白作为电子供体的胆碱单氧化酶和依靠 NAD^+ 的 BADH 在细胞质中合成的，并且这些酶在盐分胁迫下受到诱导。在藜科植物中，CMO 和 BADH 在 mRNA 与蛋白质水平都明显受盐处理诱导（Askari et al.，2006）。其中，成功鉴定出 CMO 的两个异构体（isoform），并且这两个蛋白质的表达量无论是在盐适应，还是在盐激条件下，都是极显著上调。在此基础上，为了对 CMO 在 mRNA 和蛋白质水平上进行比较研究，科学家提取了盐角草地上部分的总 RNA，通过 RNA 印迹法（Northern blotting）检测了 CMO 基因在相应盐处理条件下的表达情况。实验结果说明，从总体变化趋势上看，其在 mRNA 和蛋白质水平的表达都受盐诱导，变化规律基本一致；但两者并非完全一致，说明转录后修饰在植物抗盐反应中同样发挥着至关重要的作用。另外，还鉴定出了一个与甜菜碱合成相关的酶——乙醛脱氢酶，该酶可以通过催化氧化胁迫产物乙醛生成可溶性的渗透调节物质，如甜菜碱，从而达到缓解盐害的作用（Ndimba et al.，2005）。

钠离子积累变化规律的研究表明，钠离子多级区隔化在盐角草耐盐反应中起着重要的作用（Lv et al.，2012）。在器官水平，盐角草主要将钠离子积累在肉质化的地上部分；在组织水平，钠离子主要积累在内皮层细胞；在亚细胞水平，钠离子主要被区隔化在中央大液泡中；而在形态结构部分，盐角草主要将蛋白质积累在外皮层组织细胞的细胞质部分。其结果与其他植物一样，必须通过合成和 / 或转运大量可溶性渗透调节物质与氨基酸类物质到细胞质中，来达到细胞质和液泡之间的渗透平衡。盐角草耐盐蛋白质组研究结果也显示，几个质子转运酶和离子运输相关蛋白也被鉴定为盐胁迫应答蛋白，其中最为让人关注的是液泡质子 ATP 酶，也称为液泡质子泵或 H^+-ATPase。报道认为，当植物受到渗透胁迫的时候，液泡质子 ATP 酶的表达水平明显提高，从而使 H^+ 排出液泡外的速度大大加快。同时，液泡质子 ATP 酶水平的提高能够为钠离子跨膜运输提供巨大的动力，促进液泡膜上的 SOS1 途径起作用，从而把钠离子区隔到液泡中，而把质子从液泡中泵出来。这是植物抗盐反应中的一项重要作用，该功能的强弱是衡量植物抗盐能力大小的一项重要指标（Ndimba et al.，2005）。除此之外，还有一些在盐胁迫下表达量上调的离子转运相关蛋白被成功鉴定，主要包括一个阴离子电压门控通道蛋白和硫铁蛋白的两个异构体。硫铁蛋白是一种铁结合蛋白，能够对由许多胁迫，特别是盐胁迫引起的氧化破坏起到保护作用。在盐角草耐盐反应中，阴离子电压门控通道蛋白很可能在 Cl^- 的转运和区隔化中起了重要的作用。这些蛋白质质谱鉴定结果，进一步证实了在经过盐处理之后，盐角草中确实诱导表达了许多与渗透胁迫和离子平衡相关的蛋白质。

质谱鉴定结果也显示，盐处理能够促进抗氧化和解毒相关蛋白的表达。盐胁迫通常会导致氧化伤害等次级胁迫。在正常植物体内，活性氧的产生和清除是被严格控制的，可以很好地达到某种平衡。但是，当受到胁迫时，植物体内会产生大量的活性氧，从而对植物正常的新陈代谢产生严重的危害。在高盐胁迫下，植物的许多细胞器都会产生大量的ROS。在本研究中，鉴定了16个与解毒和抗氧化胁迫密切相关的蛋白质，并且这些蛋白质在盐角草中丰度都非常高。这些蛋白质或者酶能够调节细胞的还原状态，从而起到防御氧化胁迫和细胞损坏的作用。为了应对活性氧和盐离子的毒害作用，植物能够产生大量与解毒相关的酶类。科学家鉴定到的这些酶主要包括抗坏血酸过氧化物酶（APX）、谷胱甘肽代谢相关酶和*S*-腺苷甲硫氨酸合成酶。*S*-腺苷甲硫氨酸合成酶能够利用L-甲硫氨酸和ATP合成*S*-腺苷甲硫氨酸，而*S*-腺苷甲硫氨酸不但是生物体中通用的一种甲基供体，而且在各种氨基酸巯基化和去巯基化反应中起着重要的作用。*S*-腺苷甲硫氨酸不但在甜菜碱合成中起转甲基作用，而且在其他生物物质，如维生素、多胺和植物激素及木质素合成和核酸代谢中起着重要的作用（Askari et al.，2006）。与抗坏血酸一样，谷胱甘肽可以通过一系列的氧化和还原作用来清除植物细胞中过多的自由基。因此，利用谷胱甘肽进行解毒的方式，是高等植物应对盐胁迫的一种非常重要的适应机制。从盐角草中鉴定的差异蛋白中，同样有许多是众所周知的各种抗氧化酶，主要包括超氧化物歧化酶（SOD）、谷胱甘肽过氧化物酶（glutathione peroxidase，PROX）、谷胱甘肽*S*-转移酶6（glutathione *S*-transferase 6）和谷氨酸合成酶（glutamine synthetase）。这些酶分别参与了清除过氧化物、防止脂肪酸氧化和不饱和醛基化，以及在ATP作用下共同沉淀铵离子等重要的代谢过程。值得关注的是，随着盐处理强度的提高（包括NaCl浓度的提高和处理时间的延长），这些解毒酶表达量明显提高，其解毒作用变得越来越重要。这些结果说明，真盐生植物盐角草响应高盐胁迫的一项重要反应就是大量合成解毒相关蛋白和各种抗氧化酶。

另外，盐角草蛋白质组学研究结果还证实，碳代谢和能量产生相关蛋白也参与了盐角草的抗盐反应。为了在高盐胁迫下仍然维持生长和发育，盐角草需要通过消耗大量ATP来获得足够的能量。而ATP主要是通过碳代谢反应来获得，其中最为重要的是糖酵解和柠檬酸循环两条途径。对于高等植物，糖酵解是能量产生的核心途径。同时，柠檬酸循环途径中许多酶的活性也受到细胞中能量状态的调节。因此，在高等植物中，糖酵解和柠檬酸循环相关酶的活性是与细胞中ATP的利用状态密切相关的。植物可以通过提高这些酶的活性或者表达量来促进ATP的产生，从而为植物抗逆反应提供充足的能量。科学家从盐角草中鉴定了许多与碳代谢和ATP产生有关的酶，其中有11个参与了碳代谢、有12个与ATP产生直接相关。在参与碳代谢的11个酶中，有7个在糖酵解中发挥着至关重要作用，另外4个酶则与柠檬酸循环密切相关。这些酶被认为会影响植物细胞中碳代谢和碳水化合物在细胞中的具体运输与分配。从2-DE统计结果可知，除了两个酶的表达量有所下降，其他9个酶在盐胁迫下表达量都是极显著升高，说明盐处理直接导致了生物体内的基础代谢改变。在鉴定出来的与能量代谢相关的蛋白质中，最多的是各种ATP合酶及其亚基。这些蛋白酶被认为直接参与了ATP的产生和转换。在盐角草中，绝大多数这些碳代谢和能量供应相关蛋白的表达量在盐适应与盐激条件下都是显著上升，充分说明盐处理后盐角草确实处于耗能状态，需要消耗大量的ATP，以应对盐离子胁迫和维持其在盐渍条件下快速生长的状态。在另外几种植物中，人们也发现了类似的规律，即在盐处理和渗透胁迫条件下，植物体内碳代谢相关酶类是明显被诱导表达的（Ndimba et al.，2005）。

此外，许多光合作用和发育相关蛋白参与了盐角草的盐适应过程。通过MALDI-TOF/TOF-MS技术，科学家从盐角草的盐胁迫应答蛋白中成功鉴定出了12个光合相关蛋白。通常，与光合作用相关的酶在植物的绿色组织中表达量都非常高；在这些酶中，Rubisco是植物体内含量最丰富的酶，能够占据植物绿色组织总蛋白质含量的 50% 以上。Rubisco 是光合作用最关键的酶，编码其大亚基的基因位于质体基因组，该基因的表达受到多种非生物胁迫的调控，编码其小亚基的基因位于核基因组，是多拷贝基因，其表达受高温等非生物胁迫的诱导。也有报道称植物在逆境胁迫下会产生许多 Rubisco 蛋白的水解产物。在盐生植物中，高盐能够活化光合作用中心的 PSⅡ 系统（Askari et al.，2006）。在鉴定的盐角草蛋白中，有 4 个是 Rubisco 大亚基的异构体，还有 3 个蛋白质属于 Rubisco 活化酶（Rubisco activase）。这些蛋白质表达量的提高很可能对盐角草应对高盐胁迫具有非常重要的作用。

为了归纳总结盐角草蛋白的互相协调作用，为了更好地比较在盐胁迫下相似蛋白质的变化特点，Wang 等（2009）利用多级聚类分析软件（hierarchical clustering software）分析了通过质谱鉴定的 113 个蛋白质的具体表达规律，发现盐处理是导致蛋白质表达发生改变的主要因素。在对各种处理条件进行聚类分析的时候，可以得到未处理、盐激和盐适应这 3 个关于样品处理方式的亚聚类，说明样品在盐处理和未处理之间有很大差别；盐激和盐适应处理对植物的影响也不同。另外，虽然许多蛋白质的表达量在盐激和盐适应处理中的变化趋势是基本一致的，但是很多蛋白质在盐激之后表达量会发生极显著升高，而在盐适应处理中，随着 NaCl 浓度的升高有所下调，或者基本保持不变。

根据蛋白质组研究结果，结合以前人们对植物抗盐机制的基本认识，Wang 等（2009）构建了真盐生植物盐角草系统性抗盐的可能框架图（图 6-11）。首先，高盐渍环境必然导致在整个植物体水平上水分的亏缺和植物细胞内离子平衡的破坏，而这两者都会危害植物正常的生长发育，甚至导致植株死亡。为了应对这种高盐胁迫，盐角草可以通过肉质化和细胞膨大来贮存更多水分，同时能够为细胞进行离子区隔化和积累渗透调节物质提供更多的反应空间。盐处理后，盐角草的导管细胞和木质部明显发生木质化，从而可以更加有效地促进各种营养物质的旁路运输和钠离子的吸收与转运。随后，钠离子、钾离子及其他盐离子可以通过细胞质膜进入细胞中，导致植物细胞质中盐离子浓度急剧升高，诱导各种抗盐相关基因的表达，引起后续各种抗盐反应。在植物抗盐的机制中，最为重要的一种方式是通过离子积累和离子区隔化来调控离子平衡。在盐角草中，存在一种离子多级区隔化机制，即在整个植物和器官水平，盐角草主要将钠离子积累在肉质化的地上部分；在组织水平，钠离子主要积累在内皮层细胞；在亚细胞水平，钠离子主要被区隔化在中央大液泡中。另外，通过形态结构观察结合组织化学染色技术，发现盐角草主要将蛋白质积累在地上部分外皮层组织细胞的细胞质部分，并且这些特异积累的蛋白质在经过盐处理之后明显增加，后续的蛋白质组学研究证实了确实有许多盐诱导蛋白参与了盐角草的抗盐应答反应。

通过比较蛋白质组学研究，从盐角草地上部分鉴定出了 113 个盐胁迫应答蛋白，根据功能可以将这些蛋白质分为 12 个大类，其中数量最多的是盐胁迫应答和防御相关蛋白，其次是一些氧化还原酶类，另外还有一大类属于光合作用及能量代谢相关蛋白。蛋白质表达的多重聚类分析结果说明，参与盐角草抗盐反应的蛋白质可以分成两大类，一类是在盐胁迫下表达量升高的蛋白质，共有 86 个；另外一类蛋白质在经过盐胁迫后表达量是明显降低的，共有 27 个。在各种上调蛋白中，主要是一些 ATP 产生、光合作用、植物防御反应相关蛋白。对各种处理条件进行聚类分析，可以得到 3 个关于样品处理方式的亚聚类，即未处理、盐激和盐适应，说明样品在盐处理和未处理之间有很大差别；而盐激和盐适应处理对植物的影响也是不同的。因此，我们认为盐处理是蛋白质表达发生改变的主要因素。另外，虽然许多蛋白质的表达量在盐激和盐适应处理中的变化趋势是基本一致的，但是很多蛋白质在盐激之后表达

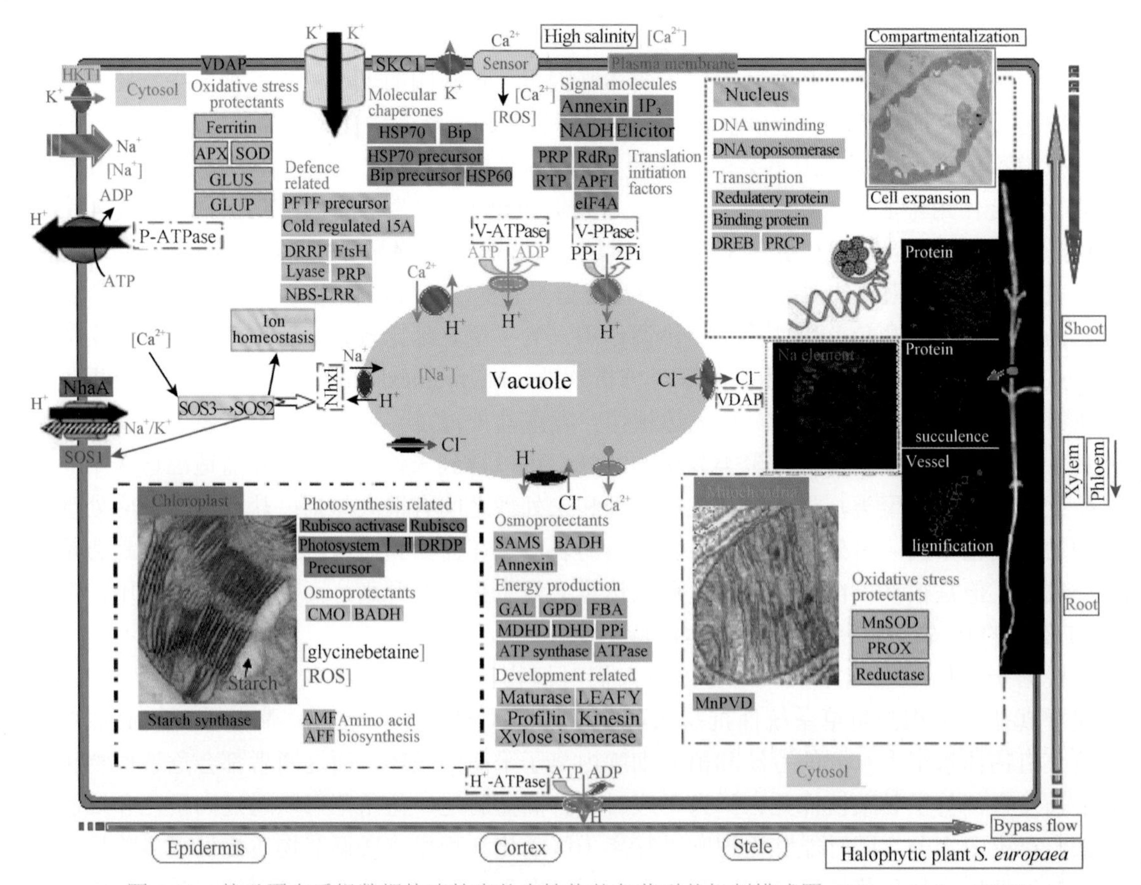

图 6-11 基于蛋白质组数据构建的真盐生植物盐角草耐盐机制模式图（Wang et al.，2009）

Oxidative stress protectants：氧化应激保护剂；Molecular chaperones：分子伴侣；Signal molecules：信号分子；Compartmentalization：区室化；Cell expansion：细胞增殖；DNA unwinding：DNA 解旋；DNA topoisomerase：DNA 拓扑异构酶；Rubisco：核酮糖-1,5-二磷酸羧化酶 / 加氧酶；Photosystem：光合系统；precursor：前体；Osmoprotectants：渗透调节剂；glycinebetaine：甜菜碱；Amino acid biosynthesis：氨基酸生物合成；Maturase：成熟酶；Xylose isomerase：木糖异构酶；Shoot：地上部；Xylem：木质部；Phloem：韧皮部；Epidermis：表皮；Cortex：皮层；Stele：中柱；Halophytic plant *S. europaea*：盐生植物盐角草；succulence：肉质化；lignification：木质化；Vessel：导管。PFTF（plastid fusion and/or translation factor）是一种完整的类囊体膜蛋白，是与线粒体和细菌锌依赖性蛋白酶相关的 AAA 家族成员

量会发生极显著升高，而在盐适应处理中，随着 NaCl 浓度的升高有所下调，或者基本保持不变。这些结果说明，在进行盐角草抗盐反应的研究中，盐激反应更加能够反映蛋白质表达量的变化规律，推荐采用盐激处理来深入研究真盐生植物抗盐的分子机制。这些结果说明盐角草的许多蛋白质在盐胁迫下形成了一个动态调控网络，共同参与了植物的抗逆反应（Wang et al.，2009）。

为了进一步在叶绿体水平上揭示盐角草耐盐的分子机制，科学家设计了一种基于 10%、30% 和 50% 细胞分离液 Percoll 的叶绿体分离纯化技术，并利用改进酚抽提法 BBP 技术提取叶绿体蛋白质，建立了盐角草叶绿体蛋白质组研究技术体系（Fan et al.，2009）。在此基础上，该团队进一步开展了盐角草叶绿体耐盐蛋白质组研究，发现了 90 个盐胁迫应答蛋白，并通过质谱鉴定了 66 个蛋白质。在此基础上，进一步分离叶绿体类囊体膜（thylakoid membrane），提取蛋白质后进行非变性胶双向电泳分离，发现光反应中心相关蛋白在盐胁迫后明显诱导表达。综合上述结果，科学家认为盐角草叶绿体中碳固定和氮代谢的协调平衡在盐胁迫应答中具有重要的作用（Fan et al.，2011）。

因此，通过盐角草地上部分和叶绿体耐盐蛋白质组研究，科学家总结了真盐生植物的系统性耐盐机制。经过 NaCl 处理之后，盐角草细胞中积累的盐分升高。因此，盐胁迫条件下植物首先采取的反应是通过一些特殊的蛋白质和一些特殊的离子通道将细胞质中积累的过量钠离子排到液泡和质外体中，从而避免细胞质中盐离子过度积累。在盐角草中，位于细胞质膜和液泡膜上的质子泵可以将过量的钠离子分别运送到质外体和中央大液泡中，并且盐角草的液泡很大，可以积累非常高浓度的钠离子。与此同时，为了促进钠离子转运，许多离子转运蛋白，如 SOS1、NhaA（Na^+/H^+ 反向转运蛋白）、VDAP 和钙调蛋白受体，也可以被盐离子激活。为了能够给这些生物学反应提供足够的能量，位于盐角草叶绿体和细胞质中的能量产生系统也相应地被盐处理活化，从而为离子运输和渗透平衡的调节提供充足的 ATP 来源。因此，与其他植物相似，位于膜系统上的转运蛋白及位于细胞质中的相关调控因子，在盐角草的极端耐盐反应中有着举足轻重的作用。除此之外，经过高盐分胁迫之后，盐角草的叶绿体和细胞质中同样会产生大量的活性氧（ROS），导致细胞发生氧化胁迫。相应的，盐角草可以在叶绿体中产生大量的抗氧化物质，在线粒体中产生大量的类似于热激蛋白（HSP）的分子伴侣，从而达到保护细胞不受伤害的目的。在盐角草细胞核中，几个与 DNA 解螺旋有关的酶，如 DNA 拓扑异构酶Ⅱ，以及一些转录调控因子也参与了抗盐反应。

因此，通过整合形态学、生理学和比较蛋白质组学的研究结果，Wang 等（2009）认为真盐生植物盐角草存在系统性的盐适应机制。在形态上，盐处理可以促进盐角草肉质化、木质化和细胞膨大；在生理上，盐角草可以通过钠离子多级区隔化机制将钠离子主要积聚在其地上部分内皮层细胞的中央大液泡中；在蛋白质组水平上，可以在地上部分和叶绿体中诱导表达许多与植物抗盐性相关的蛋白质。通过这些机制的共同作用，使盐角草能够耐受高达 1mol/L NaCl 的极端高盐渍生境，成为世界上最耐盐的高等植物之一。

6.10.3 真盐生植物海马齿耐盐蛋白质组研究

另外一种真盐生植物海马齿（*Sesuvium portulacastrum*）的耐盐蛋白质组研究也取得了一些进展。海马齿为番杏科海马齿属多年生肉质性真盐生植物，可用于稳定盐渍土、固定沙丘、绿化沙漠、美化景观等。主要分布于热带和亚热带海岸的沙滩上，植物全株光滑，茎多分枝，呈匍匐生长，且节上多生根。高 20 ～ 50cm，单叶对生，肉质肥厚，扁平状，长椭圆形，表面具蜡质层。花小型，单朵，于叶腋交互生长，粉紫色花，呈星状，花期 4 ～ 11 月。果实为蒴果，亮黑色，呈卵状，长椭圆形。冬季干旱时全株转红。海马齿不仅是干旱和半干旱地区栽培植物，同时是红树伴生植物，是红树林湿地生态体系的一部分。在多种逆境胁迫下海马齿仍具有很好的生存能力，表现出耐盐碱、耐旱、耐强光且抗重金属的自然特性。由于海马齿的这些特性，不少学者开始了对其抗逆性的研究，尤其是对其耐盐性的研究越来越受到重视。研究发现，海马齿在 100 ～ 300mmol/L NaCl 浓度下，有最高的干重，当高至 600 ～ 800mmol/L 时，生长速度会随盐浓度上升而降低。即使在高达 900mmol/L NaCl 浓度下，仍然能够生长很长一段时间。海马齿中大量的 Na^+ 积累在叶片中，且随着 NaCl 浓度的增加，Na^+ 含量显著增加而 K^+ 含量降低（韩冰等，2012）。海马齿在高盐浓度下生长受到影响主要是由于钙、钾等离子的吸收受到抑制，然后才为 Na^+、Cl^- 的积累作用，另外 Na^+ 在地上部分的过量积累影响了 N 元素的吸收也可能是一个重要的原因。海马齿可以在其细胞和组织中积累高浓度的盐分，以达到增加盐耐受力的目的。此外，它还通过叶片的肉质化来抵抗盐毒害，而且与甜土植物很不相同是，它在适当的盐浓度环境下反而可以达到最佳生长状态（Wang et al.，2012）。

通过系统比较不同盐离子对海马齿生长发育的影响，科学家发现，钠离子能够促进其生长，可能是海马齿的一种重要的大量营养元素，而传统营养物质钾离子则能够明显抑制海马齿生长。前期实验证明，海马齿在 200mmol/L NaCl 长期处理条件下，可以产生最大的生物量（韩冰等，2012）。因此，进一步用 200mmol/L 浓度的不同离子处理海马齿，比较不同盐离子处理后海马齿的生长发育变化情况。生长一个月的海马齿经过 200mmol/L 钠离子（包括 NaCl、Na^+-营养液和 $NaNO_3$）处理后，要比经过同等浓度的钾离子（包括 KCl 和 KNO_3）处理的材料生长旺盛。然而，经过 200mmol/L 浓度的 LiCl、KAc 和 NaAc 处理的海马齿，生长受到严重抑制（Wang et al.，2012）。

随后的原子吸收结果说明，Na^+ 比 K^+ 和 Cl^- 更能促进海马齿细胞膨大和地上部分肉质化。根据不同离子处理对海马齿生长和发育的促进作用大小，科学家认为不同处理（浓度为 200mmol/L）对海马齿生长发育的作用大小顺序为 $NaNO_3$＞NaCl＞Na^+-Hoagland＞CK＞KNO_3＞Cl^--Hoagland＞KCl＞NaAc＞KAc＞LiCl。相应地，200mmol/L 不同离子对盐角草生长发育的作用大小依次为 Na^+＞NO_3^-＞Cl^-＞CK＞K^+＞Ac^-＞Li^+。结合形态、生理及元素微区分析结果，科学家提出应该将 Na^+/K^+（而不是 K^+/Na^+）作为衡量真盐生植物耐盐性的一项具体指标（Wang et al.，2012）。在此基础上，结合其他真盐生植物的研究结果，科学家认为对于真盐生植物，钠是一种比钾和氯更重要的大量营养元素。上述结果暗示了海马齿中很可能存在钠离子催化酶，并且显示了海马齿可以作为一种很好的材料来研究细胞膨大、肉质化和真盐生植物中的其他特殊盐适应机制。

为了揭示海马齿耐盐的分子机制，科学家开展了经过不同浓度 NaCl 处理后海马齿叶片比较蛋白质组学研究。利用 2D-DIGE 技术寻找海马齿叶片中的盐胁迫应答蛋白点，获得了海马齿叶片的高质量蛋白质双向电泳图谱，经 DeCyder 7.0 软件分析胶图后选择了 129 个存在显著差异的蛋白点，并通过质谱技术鉴定出了 96 个差异蛋白（图 6-12）。

对这些蛋白质进行功能注释发现，这些蛋白质主要包括糖转运和代谢相关蛋白、离子转运相关蛋白及翻译后修饰相关蛋白。这些盐胁迫应答蛋白可以根据生物学功能分为十二大类，其中数量最多的是盐胁迫应答和防御相关蛋白，其次是一些氧化还原酶类，另外还有一大类属于光合作用及能量代谢相关蛋白。聚类结果说明海马齿的许多蛋白质在盐胁迫下形成了一个动态调控网络，共同参与了植物的抗逆反应。在上调蛋白中，主要是一些 ATP 产生、光合作用及植物防御反应相关蛋白。在此基础上，研究团队通过测定不同类型的 ATP 合酶活性发现，液泡质子 ATP 酶（vacuolar H^+-ATPase，V-ATPase）的活性随着盐浓度的升高而增强，质膜 ATP 酶（plasma membrane ATPase，P-ATPase）和液泡质子焦磷酸酶（vacuolar H^+-pyrophosphatase，V-PPase）的活性随着盐浓度的升高有轻微的降低，因此认为在海马齿叶片中，在钠离子的区隔化中起主要作用的是 V-ATPase，而不是 P-ATPase 和 V-PPase（Yi et al.，2014）。

通过生物信息学技术对这些鉴定到的蛋白质进行了亚细胞定位预测，这些蛋白质主要定位在叶绿体及质膜上。因此，科学家进一步对海马齿叶绿体盐胁迫应答蛋白质组进行了研究。经过一定浓度 NaCl 处理后，海马齿叶片中叶肉组织厚度、叶表面积、净光合速率和电子转导速率均极显著增加，说明盐处理能够提高海马齿叶片光合效率。随后，提取经过 0mmol/L、200mmol/L、400mmol/L、600mmol/L NaCl 处理海马齿叶片中的叶绿体蛋白质，进行 DIGE 分析，并通过质谱鉴定出 55 个差异蛋白。这些差异蛋白参与了光合作用、碳代谢、ATP 合成

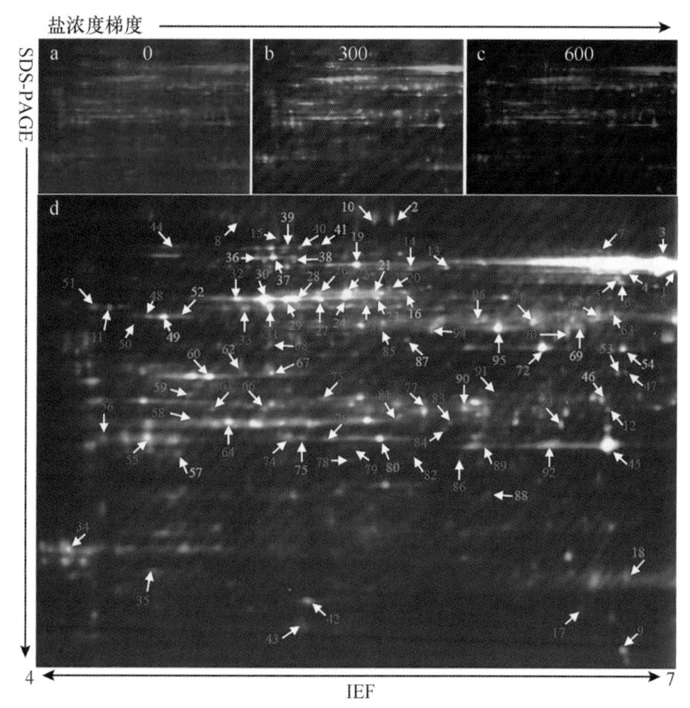

图 6-12　海马齿叶片应答不同浓度盐胁迫的蛋白质表达谱（Yi et al.，2014）

利用 2D-DIGE 技术分离经过 0mmol/L（a）、300mmol/L（b）和 600mmol/L NaCl（c）处理的海马齿叶片蛋白质，用质谱鉴定差异蛋白点，最终鉴定到 96 个差异蛋白（d）；红色数字标记的是一直被盐胁迫诱导表达的蛋白点，粉色数字标记的是在某些处理条件下上调的蛋白点，绿色数字标记的是在盐处理后一直处于抑制表达状态的蛋白点

和细胞骨架构成等主要生物学过程。综合蛋白质组和生理学数据，科学家认为海马齿在盐胁迫条件下，主要通过维持 PSⅡ 稳定性、提高光化学反应速率、增加碳固定效率和维护细胞膜稳定等来维持生长发育（Peng et al.，2018）。

在上述研究结果基础上，科学家整合了形态学、生理学、蛋白质组学的结果，系统性地揭示了盐生植物海马齿叶片响应盐胁迫的分子机制。结果显示，真盐生植物海马齿需要一定浓度盐分来促进其生长，适当盐分使海马齿处于正常生长状态，高盐和低盐对于海马齿都是胁迫环境（图 6-13）。

海马齿中可能存在盐诱导相关酶，经过长期的盐适应和进化过程，海马齿通过调整其蛋白酶的某些结构特征变得适应高盐环境，甚至一些酶变得必须要有较高浓度的钠离子才能正常发挥功能。海马齿中很可能存在一些受 Na^{+} 催化的特殊酶。通过鉴定这些特殊酶，并且通过蛋白质化学和分子生物学手段深入研究这些酶的具体生物学功能，可以为揭示真盐生植物海马齿抗盐的分子机制提供新的理论基础（Yi et al.，2014）。

6.11　植物盐逆境应答蛋白质组研究主要问题及前景展望

植物的抗盐是一个由数量性状控制的复杂反应，涉及形态学、生理学、发育生物学和分子细胞生物学等各个层次的生物学过程。无论是甜土植物，还是盐生植物、真盐生植物，这些生物学反应都是通过对许多抗盐相关基因的表达和酶活性的精确调控来实现，进而可以通过各种细胞信号转导途径使植物体的各种器官和组织达到协调一致，其中一种重要方式就是通过各种胁迫信号分子在不同细胞中精确而快速的传递来实现。

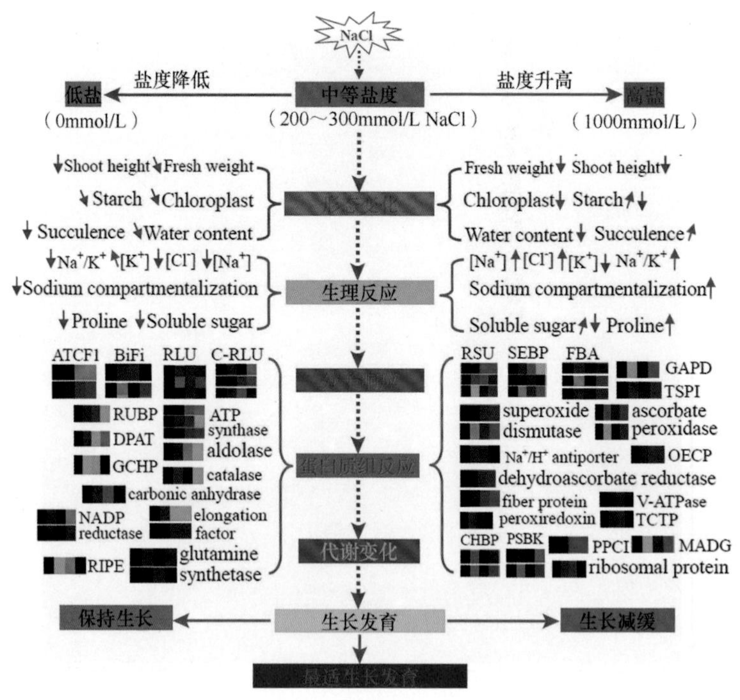

图 6-13 海马齿叶片的抗盐机制（Yi et al.，2014）

Shoot height：苗高；Fresh weight：鲜重；Sodium compartmentalization：钠区室化；Soluble sugar：可溶性糖；superoxide dismutase：超氧化物歧化酶；ascorbate peroxidase：抗坏血酸过氧化物酶；Na^+/H^+ antiporter：Na^+/H^+ 反转运蛋白；dehydroascorbate reductase：脱氢抗坏血酸还原酶；fiber protein：纤维蛋白；peroxiredoxin：过氧还蛋白；ribosomal protein：核糖体蛋白；ATP synthase：ATP 合酶；aldolase：醛缩酶；catalase：过氧化氢酶；carbonic anhydrase：碳酸酐酶；NADP reductase：NADP 还原酶；elongation factor：延伸因子；glutamine synthetase：谷氨酰胺合成酶；fructose bisphosphate aldolase（FBA）：果糖二磷酸醛缩酶；Ribulose-1,5-bisphosphate（RUBP）：1,5- 二磷酸核酮糖

过去关于植物耐盐机制的蛋白质组研究结果说明，甜土植物与盐生植物、真盐生植物的耐盐机制相似，盐生植物，特别是真盐生植物，其极端耐盐的机制可能是多方面因素综合作用的结果。首先，高盐渍环境必然导致在整个植物体水平上水分的亏缺和植物细胞内离子平衡的破坏，而这两者都会危害植物正常的生长发育，甚至导致植株死亡。为了应对这种高盐胁迫，植物特别是真盐生植物，可以通过茎叶肉质化和细胞膨大来贮存更多水分，同时能够为细胞进行盐离子区隔化和积累渗透调节物质提供更多的反应空间。盐处理后，盐生植物的导管细胞和木质部明显发生木质化，从而可以更加有效地促进各种营养物质的旁路运输和钠离子的吸收与转运。随后，钠离子、钾离子及其他盐离子可以通过细胞质膜进入细胞中，导致植物细胞质中盐离子浓度急剧升高，诱导各种抗盐相关基因的表达，引起后续各种抗盐反应。在植物抗盐的机制中，最为重要的一种方式是通过离子积累和离子区隔化来调控离子平衡。盐胁迫条件下植物首先采取的反应是通过一些特殊的蛋白质和一些特殊的离子通道将细胞质中积累的过量钠离子排到液泡和质外体中，从而避免细胞质中盐离子过度积累。在很多真盐生植物中，位于细胞质膜和液泡膜上的质子泵可以将过量的钠离子分别运送到质外体和中央大液泡中，并且真盐生植物叶片的液泡较大，可以积累更高浓度的钠离子。与此同时，为了促进钠离子转运，许多离子转运蛋白和钙调蛋白受体等，也可以被盐离子激活。为了能够给这些生物学反应提供足够的能量，位于盐生植物叶绿体和细胞质中的能量产生系统也相应地被盐处理活化，从而为离子运输和渗透平衡的调节提供充足的 ATP 来源。因此，与其他

植物相似，位于膜系统上的转运蛋白及位于细胞质中的相关调控因子，在真盐生植物的极端耐盐反应中有着举足轻重的作用。除此之外，经过高盐分胁迫之后，盐生植物叶片的叶绿体和细胞质中同样会产生大量的活性氧，导致细胞发生氧化胁迫。相应的，盐生植物可以在叶片细胞和叶绿体中产生大量的抗氧化物质，在线粒体中产生大量的类似于热激蛋白的分子伴侣，从而达到保护细胞不受伤害的目的。

因此，通过整合形态学、生理学和比较蛋白质组学的研究结果，科学家发现了植物耐盐的一些共性规律，也认识到真盐生植物中存在一些特殊的盐适应机制。在形态上，盐处理可以促进盐生植物肉质化、木质化和细胞膨大；在生理上，盐生植物可以通过钠离子多级区隔化机制将钠离子主要积聚在其地上部分内皮层细胞的中央大液泡中；在蛋白质组水平上，可以诱导表达许多植物抗盐性相关蛋白。通过这些机制的共同作用，使盐生植物特别是真盐生植物能够耐受具很高浓度 NaCl 的盐渍生境。

但是，前期通过蛋白质组学技术研究植物耐盐机制的成果中，也存在很多不足之处。过去蛋白质组研究主要利用双向电泳结合质谱技术，但极端性质蛋白质的分离和鉴定技术还不成熟，利用 2DE-MS 技术，仅能够实现对参与光合作用、能量和物质代谢、蛋白质代谢、胁迫防御等过程的中高丰度蛋白进行检测，而对参与关键调控过程的转录因子、信号转导相关低丰度表达蛋白检测效率低。此外，受到 IPG 胶条和 SDS-PAGE 凝胶浓度的限制，对于膜蛋白、极高（低）分子量蛋白和极酸（碱）性蛋白很难实现分离。另外，蛋白质翻译后修饰分析技术有待完善。尽管通过双向电泳技术可以得到一些同工型信息，并通过荧光染料染色技术可以对蛋白质修饰类型进行推测，但是翻译后修饰种类众多，很难利用现有技术高通量地分析某种特定的翻译后修饰。目前盐胁迫蛋白质组研究中仅对磷酸化修饰蛋白在胁迫应答过程中的表达丰度变化进行了较多分析，仍缺乏对修饰位点的准确分析，缺乏对更多修饰方式的鉴定，更缺乏后续蛋白质功能验证工作。因此，进一步完善相关技术体系，特别是采用高通量、不依赖电泳胶的蛋白质组学技术，是今后丰富植物盐胁迫响应蛋白质组学研究策略的技术前提。

根据植物耐盐蛋白质组研究相关结果，结合目前人们对植物抗盐机制的认识，建议今后从多个方面开展植物耐盐的蛋白质组研究。首先，可以开展盐生植物响应包括高盐、干旱、寒冷等不同逆境胁迫的比较蛋白质组学研究，植物抗逆机制基本相似，特别是抗盐和干旱有着相似的调控机制，找出不同逆境胁迫与盐处理下共同表达和特异表达的蛋白质，从而阐明不同逆境胁迫下植物蛋白表达的调控机制。其次，由于植物耐盐机制复杂，而蛋白质组通量有限，将来可以从亚细胞，包括叶绿体、线粒体、细胞核、细胞壁、液泡等各个层面，开展耐盐比较蛋白质组学研究。在前期研究中，人们多次发现氯化钠处理明显促进真盐生植物细胞器，如叶绿体和线粒体形态改变。另外，在过去鉴定的植物盐胁迫应答蛋白中，有很大一部分是光合作用和能量生产相关蛋白。这些结果说明，叶绿体和线粒体等细胞器，在植物耐盐反应中起着重要的作用。深入开展这方面的研究，有助于在亚细胞水平上更清晰地阐明植物耐盐的蛋白质调控机制。最后，虽然目前已经从植物中成功鉴定到很多盐胁迫应答相关蛋白，但这些蛋白质参与植物耐盐的具体分子机制还有待于深入研究。可以从中选取关键蛋白质，克隆相关基因，进一步通过基因过表达和基因敲除等分子生物学技术进行深入研究，阐明这些蛋白质在植物抗盐性中的具体生物学功能。

经过长期的盐适应和进化过程，一些真盐生植物已经调整其蛋白酶的某些结构特征，变得适应了高盐环境，甚至一些酶变得必须要有较高浓度的钠离子才能正常发挥功能。目前发现存在钠离子催化酶的物种主要包括盐细菌、真菌和某些动物细胞。但是，植物中还没有发现存在受钠离子催化的酶。很多真盐生植物在额外施加一定浓度的钠离子后，生长发育受到明显的促进，生物量也急剧增加，地上部位积累的总蛋白质也明显增多。这些结果说明，真盐生植物中很可能存在一些受 Na^+ 催化的特殊酶。今后的工作可以集中在鉴定这些特殊酶，并且通过分子生物学手段深入研究这些酶的具体生物学功能，进而揭示真盐生植物喜盐的具体分子机制。因此，盐生植物蛋白质组研究虽然开展了将近 20 年，但很多工作还有待细化和深入，还有待加大人力、物力和财力投入，进一步开展植物耐盐蛋白调控机制研究。

参考文献

韩冰, 庞永奇, 常丽丽, 等. 2012. 不同浓度的 NaCl 处理对海马齿叶片中 Na^+ 和 K^+ 含量的影响. 热带生物学报, 3(2): 166-173.

孔令安, 郭洪海, 董晓霞. 2000. 盐胁迫下杂交酸模超微结构的研究. 草业学报, 9(2): 53-57.

李肖芳, 韩和平, 王旭初, 等. 2006. 适用于盐生植物的双向电泳样品制备方法. 生态学报, 26(6): 1848-1853.

林栖凤, 李冠一. 2000. 植物耐盐性研究进展. 生物工程进展, 20(2): 20-25.

罗光宇, 肖敏敏, 刘爱玲, 等. 2018. 蛋白质组学在水稻作物非生物胁迫研究中的应用. 分子植物育种, 16(2): 423-426.

舒烈波, 梅捍卫, 罗利军. 2007. 水稻抗旱耐盐蛋白质组学研究进展. 生物技术通报, 4: 31-37.

温福平, 张檀, 张朝晖, 等. 2009. 赤霉素对盐胁迫抑制水稻种子萌发的缓解作用的蛋白质组分析. 作物学报, 35(3): 483-489.

余梅, 张峰. 2002. 功能基因组学在寻找植物耐盐基因方面的研究进展. 生物学通报, 37(2): 11-12.

张恒, 戴绍军. 2011. 植物盐胁迫应答蛋白质组学研究的技术策略. 应用生态学报, 22(8): 2201-2210.

张恒, 郑宝江, 宋保华, 等. 2011. 植物盐胁迫应答蛋白质组学分析. 生态学报, 31(22): 6936-6946.

张其德. 1999. 盐胁迫对植物及其光合作用的影响. 植物杂志, 6(1): 32-33.

赵可夫, 冯立田. 2001. 中国盐生植物资源. 北京: 科学出版社: 32-43.

赵可夫, 李法曾. 1999. 中国盐生植物. 北京: 科学出版社: 133-183.

朱宇旌, 张勇, 胡自治, 等. 2001. 小花碱茅叶适应盐胁迫的显微结构. 中国草业, 23(2): 19-22.

Abbasi F M, Komatsu S. 2004. A proteomic approach to analyze salt-responsive proteins in rice leaf sheath. Proteomics, 4(7): 2072-2081.

Agarie S, Shimoda T, Shimizu Y, et al. 2007. Salt tolerance, salt accumulation, and ionic homeostasis in an epidermal bladder-cell-less mutant of the common ice plant *Mesembryanthemum crystallinum*. Journal of Experiment Botany, 58(8): 1957-1967.

Agrawal G K, Rakwal R. 2006. Rice proteomics: a cornerstone for cereal food crop proteomes. Mass Spectrom. Rev., 25(1): 1-53.

Anna Z P, Agnieszka K, Jolanta Z C. 2006. A simplified method for purification of recombinant soluble DnaA proteins. Protein Expression and Purification, 48(1): 126-133.

Askari H, Edqvist J, Hajheidari M, et al. 2006. Effects of salinity levels on proteome of *Suaeda aegyptiaca* leaves. Proteomics, 6(8): 2542-2554.

Bohnert H J, Ayoubi P, Borchert C, et al. 2001. A genomics approach towards salt stress tolerance. Plant Physiology and Biochemistry, 39(3-4): 295-311.

Bohnert H J, Ostrem J A, Cushman J C, et al. 1988. *Mesembryanthemum crystallinum*, a higher plant model for the study of environmentally induced changes in gene expression. Plant Molecular Biology Reporter, 6: 10-28.

Bongani K, Ndimba S, Chivasa W J, et al. 2005. Identification of *Arabidopsis* salt and osmotic stress responsive proteins using two-dimensional difference gel electrophoresis and mass spectrometry. Proteomics, 5(16): 4185-4196.

Borsani O, Valpuesta V, Botella M A. 2001. Evidence for a role of salicylic acid in the oxidative damage generated by NaCl and osmotic stress in *Arabidopsis* seedlings. Plant Physiology, 126(3): 1024-1030.

Canovas F M, Gaudot E D, Recorbet G, et al. 2004. Plant proteome analysis. Proteomics, 4(2): 285-298.

Cao W H, Liu J, He X J, et al. 2007. Modulation of ethylene responses affects plant salt-stress responses. Plant

Physiology, 143(2): 707-719.

Carpentier S C, Witters E, Laukens K, et al. 2005. Preparation of protein extracts from recalcitrant plant tissues: an evaluation of different methods for two-dimensional gel electrophoresis analysis. Proteomics, 5(10): 2497-2507.

Chang L L, Guo A P, Yang Q, et al. 2015. The beta subunit of glyceraldehyde 3-phosphate dehydrogenase is an important factor for maintaining photosynthesis and plant development under salt stress-based on an integrative analysis of the structural, physiological and proteomic changes in chloroplasts in *Thellungiella halophila*. Plant Science, 236: 223-238.

Chen S X, Harmon A C. 2006. Advances in plant proteomics. Proteomics, 6(20): 5504-5516.

Cheng C Y, Krishnakumar V, Chan A P, et al. 2017. Araport11: a complete reannotation of the *Arabidopsis thaliana* reference genome. The Plant Journal, 89(4): 789-804.

Cheng Y W, Qi Y C, Zhu Q, et al. 2009. New changes in the plasma-membrane-associated proteome of rice roots under salt stress. Proteomics, 9(11): 3100-3114.

Chitteti B R, Peng Z H. 2007. Proteome and phosphoproteome differential expression under salinity stress in rice (*Oryza sativa*) roots. Journal of Proteome Research, 6(5): 1718-1727.

Cho C W, Lee S H, Choi J, et al. 2003. Improvement of the two-dimensional gel electrophoresis analysis for the proteome study of *Halobacterium salinarum*. Proteomics, 3(12): 2325-2329.

Cramer G R, Epstein E, Lauchli A. 1991. Effects of sodium, potassium and calcium on salt stressed barley. Ⅱ. Elemental analysis. Physiol. Plant, 81(2): 197-202.

Damerval C, Devienne D, Zivy M, et al. 1986. Technical improvements in two-dimensional electrophoresis increase the level of genetic variation detected in wheat-seedling proteins. Electrophoresis, 7(1): 52-54.

Dani V, Simon W J, Duranti M, et al. 2005. Changes in the tobacco leaf apoplast proteome in response to salt stress. Proteomics, 5(3): 737-745.

Davy A J, Bishop G F, Costa C B. 2001. *Salicornia* L. (*Salicornia pusilla* J. Woods, *S. ramosissima* J. Woods, *S. europaea* L., *S. obscura* P. W. Ball & Tutin, *S. nitens* P. W. Ball & Tutin, *S. fragilis* P. W. Ball & Tutin and *S. dolichostachya* Moss). Journal of Ecology, 89(4): 681-707.

Dooki A D, Mayer-Posner F J, Askari H, et al. 2006. Proteomic responses of rice young panicles to salinity. Proteomics, 6(24): 6498-6507.

Fan P X, Feng J J, Jiang P, et al. 2011. Coordination of carbon fixation and nitrogen metabolism in *Salicornia europaea* under salinity: comparative proteomic analysis on chloroplast proteins. Proteomics, 11(22): 4346-4367.

Fan P X, Wang X C, Kuang T Y, et al. 2009. An efficient method for protein extraction of chloroplast protein compatible for 2-DE and MS analysis. Electrophoresis, 30(17): 3024-3033.

Faurobert M, Pelpoir E, Chaib J. 2007. Phenol extraction of proteins for proteomic studies of recalcitrant plant tissues. Methods in Molecular Biology, 355: 9-14.

Flowers T J. 2004. Improving crop salt tolerance. Journal of Experimental Botany, 55(396): 307-319.

Ganie S A, Molla K A, Henry R J, et al. 2019. Advances in understanding salt tolerance in rice. Theoretical and Applied Genetics, 132(4): 851-870.

Gao F, Zhou Y J, Huang L Y, et al. 2008. Proteomic analysis of long-term salinity stress-responsive proteins in *Thellungiella halophila* leaves. Chinese Science Bulletin, 53(22): 3530-3537.

Gao F, Zhou Y J, Zhu W P, et al. 2009. Proteomic analysis of cold stress-responsive proteins in *Thellungiella rosette* leaves. Planta, 230(5): 1033-1046.

Ghaffaria A, Gharechahi J, Nakhoda B, et al. 2014. Physiology and proteome responses of two contrasting rice mutants and their wild type parent under salt stress conditions at the vegetative stage. Journal of Plant Physiology, 171(1): 31-44.

Giavalisco P, Nordhoff E, Lehrach H, et al. 2003. Extraction of proteins from plant tissues for two-dimensional electrophoresis analysis. Electrophoresis, 24(1-2): 207-216.

Glenn E P, Edward P, Glenn J J, et al. 1999. Salt tolerance and crop potential of halophytes. Critical Reviews in Plant Sciences, 18(2): 227-255.

Gorg A, Weiss W, Dunn M J. 2004. Current two-dimensional electrophoresis technology for proteomics. Proteomics, 4(12): 3665-3685.

Greenway H, Munns R. 1980. Mechanisms of salt tolerance in nonhalophytes. Annual Review of Plant Biology, 31(4): 149-190.

Hasegawa P M, Bressan R A, Zhu J K, et al. 2000. Plant cellular and molecular responses to high salinity. Annual Review of Plant Physiology and Plant Molecular Biology, 51(51): 463-499.

Hurkman W J, Tanaka C K. 1986. Solubilization of plant membrane proteins for analysis by two-dimensional gel electrophoresis. Plant Physiology, 81(3): 802-806.

Hussain S, Zhu C, Bai Z, et al. 2019. iTRAQ-based protein profiling and biochemical analysis of two contrasting rice genotypes revealed their differential responses to salt stress. International Journal of Molecular Sciences, 20(3): 547.

Islam N, Lonsdale M, Upadhyaya N M, et al. 2004. Protein extraction from mature rice leaves for two-dimensional gel electrophoresis and its application in proteome analysis. Proteomics, 4(7): 1903-1908.

Jiang Y Q, Yang B, Harris N S, et al. 2007. Comparative proteomic analysis of NaCl stress-responsive proteins in *Arabidopsis* roots. Journal of Experimental Botany, 58(13): 3591-3607.

Jiang Z H, Zhou X P, Tao M, et al. 2019. Plant cell-surface GIPC sphingolipids sense salt to trigger Ca^{2+} influx. Nature, 572(7769): 341-346.

Kim D W, Rakwal R, Agrawal G K, et al. 2005. A hydroponic rice seedling culture model system for investigating proteome of salt stress in rice leaf. Electrophoresis, 26(23): 4521-4539.

Kim S T, Cho K S, Jang Y S, et al. 2001. Two-dimensional electrophoretic analysis of rice proteins by polyethylene glycol fractionation for protein arrays. Electrophoresis, 22(10): 2103-2109.

Kim Y O, Pan S O, Jung C H, et al. 2007. A zinc finger-containing glycine-rich RNA-binding protein, atRZ-1α, has a negative impact on seed germination and seedling growth of *Arabidopsis thaliana* under salt or drought stress conditions. Plant and Cell Physiology, 48(8): 1170-1181.

Kirkland P A, Busby J, Stevens J S, et al. 2006. Trizol-based method for sample preparation and isoelectric focusing of halophilic proteins. Anal. Biochem., 351(2): 254-259.

Knight H, Trewavas A J, Knight M R. 1997. Calcium signalling in *Arabidopsis thaliana* responding to drought and salinity. Plant Journal,12(5): 1067-1078.

Kong-ngern K, Daduang S, Wongkham C, et al. 2004. Protein profiles in response to salt stress in leaf sheaths of rice seedlings. Science Asia, 31: 403-408.

Krishnamurthy P, Tan X F, Lim T K, et al. 2014. Proteomic analysis of plasma membrane and tonoplast from the leaves of mangrove plant *Avicennia officinalis*. Proteomics, 14(21-22): 2045-2557.

Lakra N, Kaur C, Singla-Pareek S L, et al. 2019. Mapping the early salinity response triggered proteome adaptation in contrasting rice genotypes using iTRAQ approach. Rice, 12(1): 3.

Lee D G, Park K W, An J Y, et al. 2011. Proteomics analysis of salt-induced leaf proteins in two rice germplasms with different salt sensitivity. Canadian Journal of Plant Science, 91(2): 337-349.

Lee S, Lee E J, Yang E J, et al. 2004. Proteomic identification of annexins, calcium-dependent membrane binding proteins that mediate osmotic stress and abscisic acid signal transduction in *Arabidopsis*. Plant Cell, 16(6): 1378-1391.

Li X J, Yang M F, Chen H, et al. 2010. Abscisic acid pretreatment enhances salt tolerance of rice seedlings: proteomic evidence. Biochimica et Biophysica Acta, 1804(4): 929-940.

Liu C W, Chang T S, Hsu Y K, et al. 2014. Comparative proteomic analysis of early salt stress responsive proteins in roots and leaves of rice. Proteomics, 14(15): 1759-1775.

Liu D, Ford K L, Roessner U, et al. 2013. Rice suspension cultured cells are evaluated as a model system to study salt responsive networks in plants using a combined proteomic and metabolomic profiling approach. Proteomics, 13(12-13): 2046-2062.

Liu J J, Goh C J, Loh C S, et al. 1998. A method for isolation of total RNA from fruit tissues of banana. Plant Molecular Biology Reporter, 16(1): 1-6.

Liu Y, Ji D, Turgeon R, et al. 2019a. Physiological and proteomic responses of mulberry trees (*Morus alba* L.) to combined salt and drought stress. International Journal of Molecular Sciences, 20(10): 2486.

Liu Z, Zou L, Chen C, et al. 2019b. iTRAQ-based quantitative proteomic analysis of salt stress in *Spica prunellae*. Scientific Reports, 9(1): 9590.

Lucini L, Bernardo L. 2015. Comparison of proteome response to saline and zinc stress in lettuce. Frontiers in Plant

Science, 6(240): 240.
Lv S L, Nie L L, Fan P X, et al. 2012. Sodium plays a more important role than potassium and chloride in growth of *Salicornia europaea*. Acta Physiologiae Plantarum, 34(2): 503-513.
Malakshah S N, Rezaei M H, Heidari M, et al. 2007. Proteomics reveals new salt responsive proteins associated with rice plasma membrane. Bioscience Biotechnology and Biochemistry, 71(9): 2144-2154.
Moons A, Bauw G, Prinsen E, et al. 1995. Molecular and physiological responses to abscisic acid and salts in roots of salt-sensitive and salt-tolerant Indica rice varieties. Plant Physiology, 107(1): 177-186.
Munns R, Tester M. 2008. Mechanisms of salinity tolerance. Annual Review of Plant Biology, 59(1): 651-681.
Nam M H, Huh S M, Kim K M, et al. 2012. Comparative proteomic analysis of early salt stress responsive proteins in roots of *SnRK2* transgenic rice. Proteome Science, 10(1): 25-43.
Ndimba B K, Chivasa S, Simon W J, et al. 2005. Identification of *Arabidopsis* salt and osmotic stress responsive proteins using two-dimensional difference gel electrophoresis and mass spectrometry. Proteomics, 5(16): 4185-4196.
Ouerghi Z, Remy R, Ouelhazi L, et al. 2000. Two-dimensional electrophoresis of soluble leaf proteins, isolated from two wheat species (*Triticum durum* and *Triticum aestivum*) differing in sensitivity towards NaCl. Electrophoresis, 21(12): 2487-2491.
Pakniyat H, Handley H H, Thomas W B, et al. 1997. Comparison of shoot dry weight, Na^+ content and ^{13}C values of *arie* and other semi-dwarf barley mutants under salt-stress. Euphytica, 94(1): 7-14.
Pang Q Y, Chen S X, Dai S J, et al. 2010. Comparative proteomics of salt tolerance in *Arabidopsis thaliana* and *Thellungiella halophila*. Journal of Proteome Research, 9(5): 2584-2599.
Parida A, Das A B, Das P. 2002. NaCl stress causes changes in photosynthetic pigments, proteins, and other metabolic components in the leaves of a true mangrove, *Bruguiera parviflora*, in hydroponic cultures. Journal of Plant Biology, 45(1): 28-36.
Parida A K, Jha B. 2010. Salt tolerance mechanisms in mangroves: a review. Trees, 24: 199-217.
Parker R, Flowers T J, Moore A L, et al. 2006. An accurate and reproducible method for proteome profiling of the effects of salt stress in the rice leaf lamina. Journal of Experimental Botany, 57(5): 1109-1118.
Peng C Z, Chang L L, Yang Q, et al. 2018. Comparative physiological and proteomic analyses of the chloroplasts in halophyte *Sesuvium portulacastrum* under differential salt conditions. Journal of Plant Physiology, 232: 141-150.
Rajagopal D, Agarwal P, Tyagi W, et al. 2007. *Pennisetum glaucum* Na^+/H^+ antiporter confers high level of salinity tolerance in transgenic *Brassica juncea*. Molecular Breeding, 19(2): 137-151.
Rajesh A, Arumugam R, Venkatesalu V. 1998. Growth and photosynthetic characteristics of *Ceriops roxburghiana* under NaCl stress. Photosynthetica, 35(2): 285-287.
Rossignol M, Peltier J B, Mock H P, et al. 2006. Plant proteome analysis: a 2004-2006 update. Proteomics, 6(20): 5529-5548.
Ruan S L, Ma H S, Wang S H, et al. 2011. Proteomic identification of OsCYP2, a rice cyclophilin that confers salt tolerance in rice (*Oryza sativa* L.) seedlings when overexpressed. BMC Plant Biology, 11: 34.
Russell B L, Rathinasabapathi B, Hanson A D. 1998. Osmotic stress induces expression of choline monooxygenase in sugar beet and amaranth. Plant Physiology, 116(2): 859-865.
Salekdeh G H, Siopongco J, Wade L J, et al. 2002. A proteomic approach to analyzing drought- and salt-responsiveness in rice. Field Crops Research, 76(2-3): 199-219.
Santoni V, Bellini C, Caboche M. 1994. Use of two-dimensional protein-pattern analysis for the characterization of *Arabidopsis thaliana* mutants. Planta, 192(4): 557-566.
Saravanan R S, Rose J C. 2004. A critical evaluation of sample extraction techniques for enhanced proteomic analysis of recalcitrant plant tissues. Proteomics, 4(9): 2522-2532.
Sarhadi E, Bazargani M M, Sajise A G, et al. 2012. Proteomic analysis of rice anthers under salt stress. Plant Physiology and Biochemistry, 58: 280-287.
Schiltz S, Gallardo K, Huart M, et al. 2004. Proteome reference maps of vegetative tissues in pea. An investigation of nitrogen mobilization from leaves during seed filling. Plant Physiology, 135(4): 2241-2260.
Sengupta S, Majumder A L. 2009. Insight into the salt tolerance factors of a wild halophytic rice, *Porteresia*

coarctata: a physiological and proteomic approach. Planta, 229(4): 911-929.

Serrano R, Navarro A R. 2001. Ion homeostasis during salt stress in plants. Current Opinion in Cell Biology, 13(4): 399-404.

Shaw M M, Riederer B M. 2003. Sample preparation for two-dimensional gel electrophoresis. Proteomics, 3(8): 1408-1417.

Shen S H, Jing Y X, Kuang T Y. 2003. Proteomics approach to identify wound-response related proteins from rice leaf sheath. Proteomics, 3(4): 527-535.

Shen Z J, Chen J, Ghoto K, et al. 2018. Proteomic analysis on mangrove plant *Avicennia marina* leaves reveals nitric oxide enhances the salt tolerance by up-regulating photosynthetic and energy metabolic protein expression. Tree Physiology, 38(11): 1605-1622.

Smirnoff N. 1993. The role of active oxygen in the response of plants to water deficit and desiccation. New Phytologist, 125(1): 27-58.

Steinhorst L, Kudla J. 2019. How plants perceive salt. Nature, 572(7769): 318-320.

Tada Y, Kashimura T. 2009. Proteomic analysis of salt-responsive proteins in the mangrove plant, *Bruguiera gymnorhiza*. Plant and Cell Physiology, 50(3): 439-446.

Taji T, Seki M, Satou M, et al. 2004. Comparative genomics in salt tolerance between *Arabidopsis* and *Arabidopsis*-related halophyte salt cress using *Arabidopsis* microarray. Plant Physiology, 135(3): 1697-1709.

Tian W M, Wu J L, Hao B Z, et al. 2003. Vegetative storage proteins in the tropical tree *Swietenia macrophylla*: seasonal fluctuation in relation to a fundamental role in the regulation of tree growth. Canadian Journal of Botany, 81(5): 492-500.

Ushakova S A, Kovaleva N P, Gribovskaya I V, et al. 2005. Effect of NaCl concentration on productivity and mineral composition of *Salicornia europaea* as a potential crop for utilization NaCl in LSS. Adv. Space Res., 36(7): 1349-1353.

Vera-Estrella R, Barkla B J, Pantoja O. 2014. Comparative 2D-DIGE analysis of salinity responsive microsomal proteins from leaves of salt-sensitive *Arabidopsis thaliana* and salt-tolerant *Thellungiella salsuginea*. Journal of Proteomics, 111: 113-127.

Vincent D, Wheatley M D, Cramer G R. 2006. Optimization of protein extraction and solubilization for mature grape berry clusters. Electrophoresis, 27(9): 1853-1865.

Wang D Y, Wang H Y, Bing H, et al. 2012. Sodium instead of potassium and chloride is an important macronutrient to improve leaf succulence and shoot development for halophyte *Sesuvium portulacastrum*. Plant Physiology and Biochemistry, 51: 53-62.

Wang L X, Liang W Y, Xing J H, et al. 2013b. Dynamics of chloroplast proteome in salt-stressed mangrove *Kandelia candel* (L.) Druce. Journal of Proteome Research, 12(11): 5124-5136.

Wang L X, Liu X, Liang M, et al. 2014. Proteomic analysis of salt-responsive proteins in the leaves of mangrove *Kandelia candel* during short-term stress. PLoS ONE, 9(1): e83141.

Wang L X, Pan D Z, Lv X J, et al. 2016. A multilevel investigation to discover why *Kandelia candel* thrives in high salinity. Plant, Cell and Environment, 39(11): 2486-2497.

Wang L X, Pana D Z, Li J, et al. 2015. Proteomic analysis of changes in the *Kandelia candel* chloroplast proteins reveals pathways associated with salt tolerance. Plant Science, 231: 159-172.

Wang W, Scali M, Vignani R, et al. 2003. Protein extraction for two-dimensional electrophoresis from olive leaf, a plant tissue containing high levels of interfering compounds. Electrophoresis, 24(14): 2369-2375.

Wang X C, Chang L L, Wang B C, et al. 2013a. Comparative proteomics of *Thellungiella halophila* leaves from plants subjected to salinity reveals the importance of chloroplastic starch and soluble sugars in halophyte salt tolerance. Molecular and Cellular Proteomics, 12(8): 2174-2195.

Wang X C, Li X F, Deng X, et al. 2007. A protein extraction method compatible with proteomic analysis for the euhalophyte *Salicornia europaea*. Electrophoresis, 28(21): 3976-3987.

Wang X C, Li X F, Song H M, et al. 2009. Comparative proteomic analysis of differentially expressed proteins in shoots of *Salicornia europaea* under different salinity. Journal of Proteome Research, 8(7): 3331-3345.

Wen F P, Zhang Z H, Bai T, et al. 2010. Proteomics reveals the effects of gibberellic acid (GA3) on salt-stressed rice

(*Oryza sativa* L.) shoots. Plant Science, 178(2): 170-175.

Wu H J, Zhang Z H, Wang J Y, et al. 2012. Insights into salt tolerance from the genome of *Thellungiella salsuginea*. Proc. Natl. Acad. Sci. USA, 109(30): 12219-12224.

Xiong L M, Zhu J K. 2002. Molecular and genetic aspects of plant responses to osmotic stress. Plant Cell and Environment, 25(2): 131-139.

Xu D P, Duan X L, Wang B Y, et al. 1996. Expression of a late embryogenesis abundant protein gene, *HVA1*, from barley confers tolerance to water deficit and salt stress in transgenic rice. Plant Physiology, 110(1): 249-257.

Xu J W, Lan H X, Fang H M, et al. 2015. Quantitative proteomic analysis of the rice (*Oryza sativa* L.) salt response. PLoS ONE, 10(3): e0120978.

Yan S, Tang Z, Su W, et al. 2005. Proteomic analysis of salt stress-responsive proteins in rice root. Proteomics, 5(1): 235-244.

Yao Y, Yang Y W, Liu J Y. 2006. An efficient protein preparation for proteomic analysis of developing cotton fibers by 2-DE. Electrophoresis, 27(22): 4559-4569.

Yi X P, Sun Y, Yang Q, et al. 2014. Differential proteomics of *Sesuvium portulacastrum* leaves revealed ions transportation by V-ATPase and sugar accumulation in chloroplast played crucial roles in euhalophyte salt tolerance. Journal of Proteomics, 99: 84-100.

Yuan F, Yang H, Xue Y, et al. 2014. OSCA1 mediates osmotic-stress-evoked Ca^{2+} increases vital for osmosensing in *Arabidopsis*. Nature, 514(7522): 367-371.

Zhang L, Tian L H, Zhao J F, et al. 2009. Identification of an apoplastic protein involved in the initial phase of salt stress response in rice root by two-dimensional electrophoresis. Plant Physiology, 149(2): 916-928.

Zhou Y J, Gao F, Li X F, et al. 2011. Alterations in phosphoproteome under salt stress in *Thellungiella* roots. Chinese Science Bulletin, 55(32): 3673-3679.

Zhu J K. 2001. Plant salt tolerance. Trends in Plant Science, 6(2): 66-71.

Zhu J K. 2003. Regulation of ion homeostasis under salt stress. Current Opinion in Plant Biology, 6(5): 441-445.

Zhu J K. 2016. Abiotic stress signaling and responses in plants. Cell, 167(2): 313-324.

Zhu Z, Chen J, Zheng H L. 2012. Physiological and proteomic characterization of salt tolerance in a mangrove plant, *Bruguiera gymnorrhiza*. Tree Physiology, 32(11): 1378-1388.

Zidan I, Azaizeh H, Neumann P M. 1990. Does salinity reduce growth in maize root epidermal cells by inhibiting their capacity for cell wall acidification? Plant Physiology, 93(1): 7-11.

第 7 章
植物线粒体蛋白质组

7.1 概　　述

自 1838 年 Jons J. Berzelius 命名“protein”以来，对蛋白质的研究便开展了。伴随过去几十年蛋白质分离技术、质谱和生物信息学技术的发展，蛋白质已经从纯功能的生物化学研究转变为系统的、整体的高通量分析。蛋白质组学的诞生和发展揭示了蛋白质组研究的复杂性，并带来了诸多挑战，包括不同丰度的蛋白质在生物体生长和发育过程中的动态、蛋白质组如何响应遗传或环境的变化。这些挑战催生出许多新的蛋白质组学研究领域，包括膜蛋白质组学，翻译后修饰特异性磷酸化、糖基化和泛素化蛋白质组学，亚细胞蛋白质组学等。

植物线粒体是植物完成呼吸作用的细胞器，通过三羧酸循环和氧化磷酸化产生 ATP，为植物细胞的合成代谢提供中间产物。自 2001 年植物线粒体蛋白质组的草图发表以来，线粒体蛋白质组学研究便得到了快速的发展。线粒体分离纯化技术和质谱技术的更新与发展，对人们认知植物线粒体蛋白质起了很大的促进作用。最早的植物线粒体蛋白质组研究主要采用 2-DE 作为蛋白质测序和分析的方法（Kruft et al.，2001；Millar et al.，2001a）。Millar 等（2001b）通过双向电泳结合液相色谱-串联质谱（LC-MS/MS）技术在拟南芥线粒体中鉴定出约 100 种高丰度蛋白和 250 种低丰度蛋白。而后他们基于膜结合程度（DMA）进一步对线粒体蛋白样品进行分级，并通过二维凝胶电泳分离总蛋白质、可溶性蛋白、膜蛋白和整合膜蛋白，结果显示凝胶中蛋白点的不同分布情况，对应于不同细胞区室中每种蛋白质的相对丰度。通过这种方式跟踪到 163 个蛋白点的位置，其中可溶性蛋白 43 个、外周膜蛋白 21 个，另有 18 个蛋白点被认为是膜整合蛋白，还有 81 个斑点不能确定属于哪个组分。同年，Kruft 等（2001）通过双向凝胶电泳分析拟南芥线粒体蛋白质组，并在单个凝胶上用 pH 3 ～ 10 分离到 650 种不同蛋白质。通过优化溶解条件、等电聚焦的 pH 梯度和凝胶染色程序，可分离蛋白质的数量会增加到约 800 个。鉴定到的蛋白质参与呼吸作用、三羧酸循环、氨基酸和核苷酸代谢等多种途径，还有超过 20% 的蛋白质功能未知。

为了更好地预测疏水性蛋白，Heazlewood 等（2004）采用 SDS-PAGE 结合 LC-MS/MS 的方法得到了 416 种线粒体蛋白质。该研究发现所鉴定的蛋白质分子量、等电点和疏水性分布取决于蛋白质组分析的技术：无凝胶策略在鉴定大、小分子量和碱性蛋白及低丰度蛋白方面更为成功。基于序列比较的方法，可将鉴定到的蛋白质的 80% 归类，这些蛋白质涉及初级代谢中的多个功能，如涉及三羧酸循环的 30 种蛋白质，涉及电子传递链的 78 种蛋白质和参与氨基酸代谢途径的 20 种蛋白质（Heazlewood et al.，2004）。因 SDS-PAGE 和 LC-MS/MS 的组合易操作且可以全面地分析表示所有细胞内蛋白质，其在 1996 ～ 2005 年被作为主流的研究方法。在此期间，通过此种方法预测到的植物线粒体蛋白质数量在 450 种左右。Salvato

等（2014）利用 SDS-PAGE 与 LC-MS/MS 相结合的方法，从马铃薯块茎中鉴定出 1060 种线粒体蛋白质，同时纯化出高纯度的线粒体。与前人的研究相比，Salvato 鉴定出的蛋白质数量是其的2倍，而且针对一些“极端”蛋白质差错较小（即疏水性、碱性/酸性或大/小分子量）。随着最近开发出更灵敏的质谱仪，特别是 Q-Exactive 仪器系列，可以在没有 SDS-PAGE 预分离的情况下获得完整的植物线粒体蛋白质组，即“无凝胶 MS”技术（Møller et al.，2015）。

拟南芥蛋白的亚细胞定位数据库（SUBA4，http://suba.live）已经发展成为大规模的包含亚细胞蛋白质组学、荧光蛋白可视化、蛋白质之间互作、亚细胞定位等数据集的大集合。SUBA4 中标注的拟南芥线粒体蛋白质有 2170 种，预测得到的蛋白质通过在 MAPMAN 数据库中具体比对，根据功能可划分为 263 个小类、19 个大类（图 7-1）。

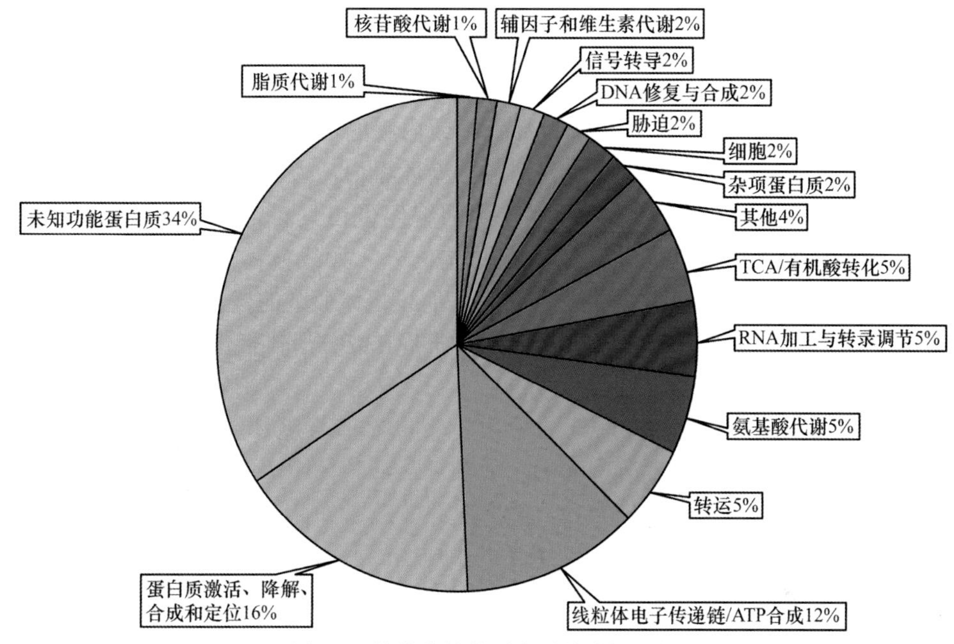

图 7-1 植物线粒体蛋白质的功能分类

未知功能蛋白质占比最大（34%），蛋白质激活、降解、合成和定位的相关蛋白占比为 16%，线粒体电子传递链 /ATP 合成相关蛋白占比为 12%，而转运、氨基酸代谢、RNA 加工与转录调节和 TCA/ 有机酸转化相关蛋白占比均为 5%，其余的占比低于 5%；在线粒体中还有接近一半的蛋白质未得到明确的注释，已经注释的蛋白质功能包括线粒体电子传递链 /ATP 合成、信号转导、激素与氨基酸代谢等

7.2 线粒体与细胞质雄性不育

植物细胞质雄性不育（cytoplasmic male sterility，CMS）是指植物的生殖器官不能产生花药、花粉、雄配子体或是虽然可以产生花粉但花粉无活性，雌器官发育正常，可接受外来花粉正常结实的一种生物学现象。自德国植物学家 Joseph Gottlieb Kolreuter 在 1763 年首次观察到雄性不育以来，已在 610 多种植物中发现这种现象（Kaul，1988）。其中细胞质雄性不育（CMS）和表型的恢复是由线粒体基因与核基因共同引起，细胞核雄性不育（GMS）仅由细胞核基因引起（Vedel et al.，1994）。

Levings 和 Pring（1976）最先将 T 型玉米 CMS 品系与正常胞质品系的线粒体 DNA 通过多种限制性内切酶进行酶切，结果发现两者在酶切图谱上存在明显差异，因而认为 CMS 因子的载体可能是线粒体 DNA。随着植物 CMS 分子水平的研究逐渐深入，越来越多的研究证明，植物线粒体 DNA 与 CMS 有直接的关系，线粒体编码基因突变可导致 CMS（Hanson，1991）。

7.2.1 线粒体基因编码蛋白和核基因编码蛋白

线粒体正常功能的发挥需要大量核基因和线粒体基因编码的蛋白质，其中大多数是核基因编码的，并且翻译后转运到线粒体中（Lithgow，2000）。植物线粒体基因组的重排，会导致细胞质雄性不育（Janska et al.，1998）。为了进一步确定植物线粒体的功能并更好地了解其在植物细胞中的复杂作用，需要对植物线粒体蛋白质组进行全面鉴定。Kruft 等（2001）通过双向凝胶电泳和银染对拟南芥线粒体蛋白质组进行分析，获得了约 650 个不同的蛋白点。在多种蛋白质裂解和染色程序及不同的 pH 梯度组合下，则可以分离约 800 种不同的线粒体蛋白质。据此，其估计在拟南芥线粒体中编码蛋白质的基因总数在 1500 ～ 2000（Kruft et al.，2001）。鉴定到的线粒体蛋白质在线粒体的所有区室（线粒体外膜、线粒体内膜、线粒体膜间隙和线粒体基质）都存在。而来自线粒体外膜或内膜的蛋白质占到线粒体总蛋白质的 50% 左右。除了线粒体呼吸链蛋白复合体的亚基和核糖体蛋白，大部分线粒体蛋白质都是由核基因编码，并在翻译后转运至线粒体。这些核基因编码蛋白具有定位线粒体的前导序列，它们多数会被线粒体加工肽酶除去，但也存在一些例外，如线粒体基因编码蛋白、孔蛋白或 TOM40 等核基因编码的线粒体外膜蛋白及一些其他线粒体亚区的核基因编码蛋白，如电子传递链复合物 Ⅰ 的 17kDa 亚基、ATP 合酶复合物的亚基 d 或分子伴侣蛋白 CPN10（Kruft et al.，2001）。

植物线粒体基因组只有大约 60 个已知的电子传递链、核糖体蛋白、转移 RNA 和核糖体 RNA 相关基因（Kubo and Newton，2008）。大部分从线粒体中“丢失”的基因似乎已转移到核基因组中（Adams and Palmer，2003）。但情况并非总是如此，如拟南芥核基因组中质体起源的 *rps13* 基因负责编码线粒体定位相关蛋白（Mollier et al.，2002）。

拟南芥、水稻分别具有约 450 个、650 个核基因编码的含有三角状五肽重复（pentatricopeptide repeat，PPR）结构域的蛋白质，并且大多数 PPR 蛋白定位于线粒体或质体（Saha et al.，2007）。在顺行调节中，核基因（包括 *Rf* 基因）影响线粒体或叶绿体（质体）基因的功能。在逆行调节中，一些线粒体或叶绿体（质体）基因（如 CMS 的基因）的功能可能是调节某些核基因的表达（Woodson and Chory，2008；Chi et al.，2013）。对 CMS 和保持系的线粒体基因组序列分析可以鉴定 CMS 候选基因。因此，对 CMS/*Rf* 系统的广泛研究可以揭示线粒体基因与核基因相互作用的分子基础，包括线粒体和核基因组之间的“冲突”，并提高人们对新的线粒体基因起源的理解及帮助人们理解其对物种适应性进化的意义。

7.2.2 模式植物雄性不育系

在 20 世纪 50 年代，T 型玉米 CMS 品系首次用于杂交玉米，大大提高了杂交种子生产的效率及玉米产量。后来，基于 CMS 的混合技术在包括水稻在内的许多其他作物中研发出来。商业杂交水稻于 1976 年在中国首次发布，自 20 世纪 80 年代后期以来，它约占中国水稻种植总面积的 55%（Cheng et al.，2007）。这些杂交品种通过三系杂交和双系杂交系统产生，前者来源于细胞质雄性不育，后者来自细胞核雄性不育（Vedel et al.，1994）。从 20 世纪 70 年代开始，中国相继开发了 60 多种基于细胞质来源的 CMS 系，包括 WA 型、Dian1 型、红莲型、冈比亚型、K 型和马克西型。尽管 CMS 系具有不同的起源和败育特征或保持恢复关系，但基于它们的遗传类型、败育花粉的形态和保持恢复关系，通常可以分为3种类型，即WA型、HL型和BT型（Shinjyo，1969；Shih-Cheng and Loung Ping，1980；Fujii and Toriyama，2005）（表7-1）。

表7-1　水稻3种细胞质雄性不育的特征（Li et al.，2007）

CMS类型	不育特征				
	花粉形态	花粉染色	败育类型	败育阶段	育性恢复等位基因
WA-CMS	不规则	不可以	孢子体型	单核	1～2对（*Rf3*，*Rf4*），显性
BT-CMS	球形	不可以	配子体型	双核	1对（*Rf5*，*Rf6*），显性
HL-CMS	球形	可以	配子体型	三核	1对（*Rf1*），显性

7.2.2.1　野败型细胞质雄性不育（WA-CMS）

对WA-CMS早期的研究主要在遗传学和细胞学层面，WA-CMS的花粉因败育而无淀粉积累，不能被碘-碘化钾（I_2-KI）染色，且呈不规则的败育形态。WA-CMS在遗传上由母体基因决定，属于孢子体不育类型。Mignouna等（1987）首先发现野败型不育系‘珍汕97A’含有1个大小为2.1kb的类原核生物质粒DNA，但不确定是否与不育有关。Liu等（2007）利用测序完成的水稻线粒体基因组信息，对野败型不育系、保持系、恢复系进行Northern blotting分析，查找CMS-WA候选基因，发现了2个不育系特异表达的转录本。进一步将候选基因与线粒体定位信号融合构建转化载体，对水稻和拟南芥进行遗传转化，证实其中一个编码352个氨基酸的嵌合基因是导致CMS-WA不育表型的基因，并命名为*WA352*。*WA352*编码一个含有352个氨基酸且具有3个跨膜区的跨膜蛋白，跨膜区是WA352蛋白对大肠杆菌产生毒性的必需区段，但不是导致雄性不育表型的关键序列（Luo et al.，2013）。

以WA352为诱饵，通过酵母双杂交系统筛选到核基因编码表达的线粒体细胞色素c氧化酶（cytochrome c oxidase）亚基COX11，证明COX11是不育蛋白WA352的互作因子。COX11蛋白对线粒体细胞色素c氧化酶的组装至关重要，它们在真核生物中表现出高度的保守性，并在H_2O_2的降解中发挥作用（Banting and Glerum，2006）。在WA-CMS系‘珍汕97A’的绒毡层中观察到活性氧（reactive oxygen species，ROS）显著增加，但在保持系的小孢子母细胞阶段没有观察到这个现象（Luo et al.，2013）。可能是由于WA352与OsCOX11相互作用，WA-CMS系中ROS升高，从而阻止了OsCOX11在H_2O_2降解中的正常功能。过量的ROS可进一步影响线粒体膜的通透性，促进细胞色素c释放到细胞质中，进而引发细胞程序性死亡（Luo et al.，2013）。

WA-CMS可以通过*Rf3*基因或*Rf4*基因恢复育性。与不含*Rf4*基因的WA-CMS相比，含有*Rf4*的WA-CMS中*WA352*转录物的量减少了75%～80%，但含有*Rf3*基因的细胞系不受影响，而且在含有*Rf3*基因或*Rf4*基因的幼小花药中检测不到WA352（Luo et al.，2013）。这些观察结果表明，两种*Rf*基因可以分别负责不同的雄性育性恢复机制：*Rf4*基因可以切断*WA352*的转录物，而*Rf3*基因可以抑制其翻译。

7.2.2.2　包台型细胞质雄性不育（BT-CMS）

BT-CMS组包括Dian-1型和Dian-3型。以通过核交换和回交得到的常规籼稻品种‘E-Shan-Ta-Bai-Gu’和‘Chinsurah Boro Ⅱ’作为母本，中国粳稻品种‘台中65’作为父本。在 BT-CMS 品系中，已知 CMS 由细胞毒性肽 ORF79 引起，其由线粒体双顺反子基因 B-*atp6-orf79* 编码。ORF79 是一种跨膜蛋白，对大肠杆菌有毒，当它定位在线粒体时对植物再生也有毒性（Wang et al.，2006；Kojima et al.，2010）。*Rf1a* 和 *Rf1b* 这两种相关的基因可以恢复 BT-CMS 的育性，通过不同的 mRNA 沉默模式阻断 ORF79 的产生，双顺反子 B-*atp6-orf79* 的核内裂解是通过 *Rf1a* 基因调控，而降解是通过 *Rf2b* 基因调控。这两种育性恢复基因都存在的情况下，*Rf1a* 基因在 mRNA 加工中对 *Rf1b* 基因具有上位效应（Wang et al.，2006）。进一步的研究表明，RF1 蛋白通过与基因间区域的结合介导双顺反子 mRNA 的切割，加工的 *orf79* 基因转录物被降解并且不能与核糖体结合。因此，*orf79* 基因表达显著降低是由于 *atp6-orf79* 对转录物的加工（Kazama and Toriyama，2003）。

7.2.2.3 红莲型细胞质雄性不育（HL-CMS）

红莲型细胞质雄性不育（HL-CMS）系是一种源于红竺野生稻（*Oryza rufipogon*）的配子体不育系，其已成为中国和南亚杂交水稻生产的主要类型（Tan et al.，2012）。原 HL-CMS 品系是以红芒野生稻为母本，与武汉大学 1974 年培育的早熟籼稻‘连塘早’（Lian Tangzao）亲本杂交而成（Li et al.，2007）。

嵌合基因 *orfH79* 的存在是 HL-CMS 系雄性不育的原因。用线粒体基因 *atp6* 为探针筛选不育系‘粤泰 A’（YTA）基因文库，对筛选到的阳性克隆测序，发现在 YTA 线粒体基因组中 *atp6* 基因的下游 200bp 处，存在一个编码 79 个氨基酸的嵌合片段，由 *cox1* 基因的部分编码序列及一段未知来源的序列构成，命名为 *orfH79*（Yi et al.，2002）。与已鉴定的 BT 型水稻不育基因 *orf79* 相比，*orfH79* 上游（与 *atp6* 的间隔区）存在一个 36bp 的非同源序列，而编码区同源性高达 97%。在 HL-CMS 系中，*orfH79* 有两种存在方式：一种是与 *atp6* 基因共转录为 2kb 的分子；另一种是以 0.5kb 的大小独立存在，命名为 *orfH79s*。将 *orfH79* 与一段线粒体导肽融合进行转基因互补验证，结果表明转基因植株中 *orfH79* 进入线粒体后，可造成配子体雄性不育，败育类型为圆败型，与 HL-CMS 表型一致，并在 T_1 子代中稳定遗传，因此 *orfH79* 是红莲型细胞质雄性不育基因（Peng et al.，2010）。

ORFH79 通过与 P61HL-CMS 水稻中的电子传递链复合物Ⅲ的亚基相互作用来损害线粒体功能，其通过一种未知的机制显著降低 ETCⅢ的活性，降低电子传递效率，并导致 ATP 的产率降低。同时，随着来自 ETC 的电子泄漏增加，产生了更多的 ROS（Wang et al.，2013）。并且在 HL-CMS 系的花粉发育过程中，线粒体中存在大量的 ORFH79，从而导致花药中 ROS 的增加和 ATP/ADP 值的降低（Li et al.，2004；Peng et al.，2010；Hu et al.，2012；Wang et al.，2013）。

7.2.3 “自私基因”与线粒体“解毒蛋白”

所谓“自私基因”，是指双亲杂交后父本或母本中能控制其自身的 DNA 片段优先遗传给后代的基因，也就是说它具有将自身遗传信息更多地传递给后代的“自私”性质，但这不符合经典的“父母基因均传递”的孟德尔遗传定律。自私基因包含许多种类，如转座因子（transposable element）、分离扭曲因子（segregation distorter）、雌性减数分裂驱动因子（female meiotic driver），以及所谓的 B 染色体（或附属染色体）（so-called B chromosome 或 accessory chromosome）（Phadnis，2017）。在最极端的情况下，自私基因甚至可以杀死不继承它们的个体，导致携带者和非携带者之间不能杂交（Ben-David et al.，2017）。虽然自私基因在基因组进化、病原体控制中具有突出作用，但其潜在的遗传机制仅在少数情况下可得到解释（Werren，2011）。

2017 年 *Science* 报道了线虫（*Caenorhabditis elegans*）自私基因的非孟德尔遗传现象，该研究表明在动物中自私基因驱动了基因组的进化，并影响了物种自身的稳定性（Ben-David et al.，2017）。Ben-David 等（2017）发现了一种自私基因，在线虫的野生菌株之间杂交引起胚胎死亡。该基因由 *sup-35*（一种杀死发育中胚胎的母体效应毒素）和 *pha-1*（与 *sup-35* 共同表达的解毒剂）组成。长期以来，*pha-1* 基于其突变表型被认为是线虫咽部发育所必需的，但这种表型来自 *sup-35* 对 *pha-1* 表达抑制的丧失。*sup-35/pha-1* 的非活性拷贝与活性拷贝显示出较大的序列差异，并且系统发育分析表明它们代表基因进化中的祖先阶段。Ben-David 等（2017）认为，通过遗传筛选鉴定的其他必需基因可能会成为自私基因的组成部分。

2018 年 *Science* 又报道了水稻的自私基因，并由此阐明了不同亚种水稻杂种不育的机制（Yu et al.，2018）。这也是自私基因在植物中首次被发现，证实了植物界同样存在不符合孟德尔遗传定律的非经典遗传现象。水稻籼粳亚种间的杂交稻比目前的杂交稻有更高的产量，但籼粳杂交种存在半数不育的问题，严重制约了其产量的提高。Yu 等（2018）研究发现，*qHMS7* 是野生稻（Mer）和亚洲栽培稻（DJY1）之间杂种雄性不育的主要控制位点。经过测序分析鉴定到 DJY1 中 *qHMS7* 区域含有 3 个基因（*ORF1*、*ORF2* 和 *ORF3*），但是 Mer 中只有两个基因（*ORF1* 和 *ORF2*）。*ORF2* 基因编码一个配子致死的毒性蛋白，以母体效应导致花粉死亡；而 *ORF3* 基因编码一个解毒蛋白，以配子体效应保护配子，使携带 *ORF3* 基因的花粉可育。研究表明，DJY1 同时携带毒性的 *ORF2* 和解毒的 *ORF3*，而 Mer 只含有无毒性的 *ORF2*，在杂交种 F_1 代中，携带南方野生稻基因组的花粉因缺乏 *ORF3* 保护而死亡，携带粳稻品种基因组的花粉因有 *ORF3* 保护而存活，最终导致后代中没有纯合的南方野生稻基因型个体存在，群体分离不符合经典的孟德尔遗传模式。这阐明了自私基因维持植物基因组稳定性和促进新物种形成的分子机制，探讨了毒性-解毒分子机制导致水稻杂种不育的普遍性，为揭示籼稻与粳稻间杂种雌配子选择性致死的本质提供了理论借鉴（Yu et al.，2018）。

7.3 线粒体对植物响应逆境胁迫的调控

线粒体作为一种半自主性细胞器，为生命活动提供能量分子 ATP，在各种细胞过程中都起着至关重要的作用。研究发现，植物线粒体参与细胞代谢、细胞程序性死亡、减数分裂等生长发育过程的调控及植物对逆境胁迫的响应（Pastore et al.，2007；Dekkers et al.，2013；Brownfield et al.，2015；Yi et al.，2016）。

目前的研究表明拟南芥线粒体蛋白质的数量在 1500 个左右，虽然许多蛋白质组学研究评估了逆境胁迫对细胞器蛋白质组的影响，但大多数的评估都是基于整个组织或器官来进行分析的。对拟南芥的整个组织或器官进行蛋白质组学分析，共发现 265 种应激蛋白。其中有 61 种属于线粒体蛋白质，其丰度在受到逆境胁迫后发生明显变化，但每个蛋白质在逆境胁迫中的具体功能及作用机制还有待于深入研究（Taylor et al.，2009）。已有的研究认为线粒体呼吸系统的蛋白质在细胞内氧化还原平衡调节、植物响应逆境胁迫调控中起作用，此外，线粒体分子伴侣相关蛋白在调节植物体内的激素水平中扮演重要的角色（Dutilleul et al.，2003；Bekh-Ochir et al.，2013；Park and Kim，2014；Schertl and Braun，2014）。

7.3.1 植物呼吸作用对逆境胁迫的响应

逆境胁迫通常会引起植物体内活性氧（reactive oxygen species，ROS）的积累，而线粒体呼吸系统与ROS的产生直接相关（Møller and Sweetlove，2010；Jacoby et al.，2011；Colombatti et al.，2014）。植物体内不同的信号途径对ROS的积累起着不同的调控作用，研究表明线粒体电子传递链复合物Ⅰ、Ⅱ和Ⅲ是产生ROS的位点，而替代氧化酶（AOX）、解偶联蛋白（UCP）等分别通过调控辅酶Q的还原状态及跨膜电位的产生等负调控ROS的产生（Møller et al.，2007；Pastore et al.，2007；Gleason et al.，2011；Vanlerberghe，2013；Schertl and Braun，2014）。线粒体电子传递链（mETC）由5种大型的蛋白复合体（Ⅰ、Ⅱ、Ⅲ、Ⅳ、Ⅴ）组成，它们通过脂质泛醌（UQ）和细胞色素c相互作用。从NADH到氧的电子流与基质中的质子易位偶联，以驱动ADP的磷酸化（Millar et al.，2011）。复合物Ⅰ和复合物Ⅲ通常被认为是ROS的主要来源，但最近的工作表明复合物Ⅱ也会在植物受到生物和非生物应激后产生ROS（Kowaltowski et al.，2009；Murphy，2009；Brand，2010；Gleason et al.，2011）。而复合物Ⅳ会通过自身氧化态和还原态的转变来响应逆境胁迫，而复合物Ⅴ则通过产生ATP参与植物对逆境胁迫的响应（Dhage et al.，1992；Zhang et al.，2008）。

Dutilleul等（2003）通过对烟草、樟子松线粒体突变体的研究发现，复合物Ⅰ的功能在细胞质雄性不育突变体中受损，其非氧化磷酸化NAD(P)H脱氢酶和替代氧化酶的作用增强。同时抗氧化剂在线粒体与其他细胞器之间可以合理分配，以维持全细胞氧化还原平衡。细胞抗氧化系统的这种重新编排会对臭氧和烟草花叶病毒产生更高的耐受性，以及抗氧化蛋白水平的上升可以响应线粒体NADH脱氢酶的损失，进而可以长期适应逆境胁迫。

高Na^+和Cl^-浓度不仅会改变蛋白质-蛋白质相互作用，破坏跨膜的电化学梯度，还会增加细胞内ROS的产生，并取代酶的重要离子辅因子，因此对细胞的许多生命过程有害（Hasegawa et al.，2000；Munns and Tester，2008；Teakle and Tyerman，2010）。已有研究证明，一些ETC复合物的活性在体外会受到$MgCl_2$和KCl盐的刺激（Krab et al.，2000）。因此，推测盐胁迫将改变ETC复合物提供或接受电子的速率。这种效应在ETC复合物之间会有所不同，将不可避免地导致ETC某些位点的高水平还原。还有研究指出，从硬粒小麦（*Triticum durum*）或大麦（*Hordeum vulgare*）的盐胁迫幼苗中分离到的线粒体的呼吸速率显著降低（Jolivet et al.，1990；Trono et al.，2004；Flagella et al.，2006）。同时已有研究表明盐胁迫可以降低NADH脱氢酶（复合物Ⅰ）和琥珀酸脱氢酶（复合物Ⅱ）的活性（Hamilton and Heckathorn，2001）。Jacoby等（2011）推测，鉴于线粒体大部分ROS是通过ETC的电子泄漏产生的，而这些特定的ETC复合物似乎对盐胁迫敏感，意味着对这些位点进行保护有可能会降低盐胁迫下的ROS产生。琥珀酸脱氢酶在线粒体代谢中起重要作用，它可以催化琥珀酸盐氧化成富马酸盐，并将泛醌（UQ）还原为泛醇（UQH2），从而连接三羧酸循环和电子传递链（Yankovskaya et al.，2003）。研究表明，琥珀酸脱氢酶是拟南芥和水稻中ROS的直接来源，并且参与调节植物的生长发育、调控植物对胁迫的响应过程（Jardim-Messeder et al.，2015）。

Attallah等（2010）通过在拟南芥中的研究发现mETC复合物Ⅳ除了参与响应机械损伤等非生物胁迫，还参与响应病原菌感染等生物胁迫。mETC复合物Ⅴ参与植物对盐胁迫的响应，过表达水稻和拟南芥mETC复合物Ⅴ的*ATP6*转基因株系对盐胁迫的耐受性增强。除了响应盐胁迫，mETC复合物Ⅴ还参与响应干旱、低温等非生物胁迫过程（Zhang et al.，2006，2008）。

总的来说，mETC 复合物参与响应植物逆境胁迫的方式不尽相同，而且参与响应不同种类的逆境胁迫。但是其在逆境胁迫下的表达、活性或功能还受到哪些因素的调控及调控方式仍然是线粒体研究的开放性问题。

7.3.2　ROS 信号

ROS 作为信号分子在植物对生物和非生物刺激的响应中起着不可或缺的作用。氧化还原信号转导、逆行信号转导、植物激素、细胞程序性死亡和对病原体的防御都和植物线粒体中产生的 ROS 有关。通常在植物细胞中称为 ROS 的分子包括臭氧、单线态氧、超氧化物、H_2O_2 和羟基（Møller and Sweetlove，2010）。由于没有足够的证据证明植物线粒体中能产生臭氧和单线态氧，因此超氧化物和 H_2O_2 成为植物中主要的 ROS（Huang et al.，2016）。超氧化物是通过 O_2 发生单电子还原形成的，并且电子传递链复合物Ⅰ、Ⅱ和Ⅲ都已被确定为主要生产地点（Møller et al.，2007；Gleason et al.，2011）。每个细胞组分都含有许多旨在限制 ROS 积累的酶，但在逆境胁迫下，ROS 会因为这些酶失去功能而积累，从而导致细胞损伤甚至死亡（Mittler et al.，2004）。因此，所有需氧生物的进化都依赖有效的 ROS 清除机制。而在长时间的进化过程中，植物能够实现对 ROS 毒性的高度控制，并且把 ROS 作为信号分子。

在植物中，NADPH 氧化酶、呼吸爆发氧化酶（RBOH）同源物在 ROS 的产生中发挥关键作用（Torres and Dangl，2005；Suzuki et al.，2011）。有研究表明，植物的应激反应是由 ROS 和其他信号之间的时空协调所介导的，这些信号依赖特定化学物质和激素产生。为了适应各种逆境胁迫，植物进化出复杂的驯化和防御机制。没有受到胁迫的整体或组织中的防御或驯化机制激活称为系统获得性抗性（SAR）或系统获得性驯化（SAA），它们在防止植物被进一步感染中起重要作用（Karpinski et al.，1999；Dempsey and Klessig，2012；Shah and Zeier，2013）。

尽管不受控制的 ROS 的产生对生物体有害，但在胁迫期间产生的 ROS 也可以作为线粒体逆行（线粒体到细胞核）信号，导致 ROS 响应调节基因的表达变化（Lazaro et al.，2013）。值得注意的是，在 *anac017* 突变体中，由 H_2O_2 引起的转录变异中有 87% 会受到影响。这表明 ANAC017 是 H_2O_2 的关键调节因子，并且在 ROS 产生的各种途径中，至少有一种途径可能是通过线粒体来进行（Huang et al.，2016）。一般，核基因编码的替代氧化酶（AOX）表达由许多不同的生物和非生物胁迫条件诱导，是线粒体逆行信号的典型例子（Hanqing et al.，2010；Ng et al.，2014）。虽然 AOX 在生物应激过程中的作用还不清楚，但是水杨酸（SA）的水平增加可导致在过敏反应（HR）期间伴随细胞程序性死亡的 AOX 转录物强烈诱导（Lacomme and Roby，1999）。在水稻受到非生物胁迫（包括干旱、盐和热）期间，*OsAOX1a/b* 的诱导表达需要线粒体产生的超氧化物，进一步证明了线粒体逆向调节在非生物胁迫耐受性和反应中的作用（Li et al.，2013a）。过高的金属浓度也会导致 ROS 的产生增加，线粒体也在排毒过程中起到关键作用（Keunen et al.，2011）。例如，在暴露于铝的拟南芥原生质体中，AOX 的表达增加表明其在减少由金属引起的氧化应激中起到关键作用（Li and Xing，2011）。此外在拟南芥中还发现，过量表达的核基因编码的 ROS 诱导型转录因子 AtWRKY15 会产生 ROS 信号，还有线粒体逆行信号转导过程和 AOX 表达的降低，均导致植物对渗透胁迫因子如盐胁迫的易感性增加（Vanderauwera et al.，2012）。

各种形式的生物和非生物胁迫都会导致 ROS 的增加，可能与植物激素的变化有关（Fujita et al.，2006）。这包括 ROS 的直接产生、通过诱导 AOX 表达来避免 ROS 产生。涉及特异性线粒体 AOX 表达的一个例子是 SA，其在生物应激反应中起作用，并且触发诱病相关蛋白的表达（Zhu et al.，2011）。此外，SA 诱导 AOX 表达导致细胞溶质 Ca^{2+} 增加，可能对生殖生长很重要（Kawano et al.，1998）。已报道拟南芥和番茄中的 Ca^{2+}-ATP 酶参与花序结构与营养生长阶段的调控（George et al.，2008；Wang et al.，2011）。

乙烯的产生和活性氧的形成参与程序性细胞死亡的过程，而且在响应不同的非生物胁迫和植物对各种病原体的防御反应中起着至关重要的作用。乙烯生物合成受到 RBOH 蛋白的正调节和 CTR1 的负调节。在拟南芥中，CTR1 可以被 RBOHD 和 RBOHF 活化的磷脂酸抑制（Jakubowicz et al.，2010）。以前的研究揭示了乙烯参与调节 SAR 和 SAA 对局部高光的响应。为了响应高光的强度，质体醌氧化还原状态改变，可以诱导产生氨基环丙烷羧酸（ACC），调节 ROS 和乙烯合成信号相关基因的表达（Karpinski et al.，2013）。研究表明，黄瓜中油菜素类固醇（BR）参与 SAR 和 SAA 对高光的响应。尽管 BR 不直接参与长距离的信号转导，但它们会影响其他信号。例如，生长素参与植物 SAA 对高光的反应（Li et al.，2013b）；在远端叶片中显示出显著变化的大部分转录物与生长素响应性转录物重叠，表明 SAA 与生长素介导的发育过程有联系（Gordon et al.，2012）。ABA 涉及多种生物学功能，并且它与 ROS 的整合作用已经被揭示。例如，RBOHD 和 RBOHF 在信号级联中协同作用以调节盐胁迫下的气孔关闭、种子萌发、根伸长和 Na^+/K^+ 稳态（Kwak et al.，2003；Ma et al.，2012）。

7.3.3 AOX 的逆境响应

替代氧化酶（AOX）可以在植物不同组织发育阶段特异性表达。已经确定 AOX 在多种植物器官中表达，并且特定基因成员的表达模式可以根据不同的发育阶段（种子成熟和花的发育）而变化，而且是在受到胁迫的条件下（Clifton et al.，2006；Van Aken et al.，2009）。

植物、多种真菌和低等真核生物中的电子传递链在电子进入位点（即 NADPH 氧化）和氧还原成水的末端形成分支。这需要通过烟酰胺腺嘌呤二核苷酸脱氢酶（ND）和末端氧化酶来实现。在电子的进入位点，除了多亚基 NADH，ETC 还含有泛醌氧化还原酶（复合物Ⅰ）ND。在末端，除细胞色素 c 氧化酶（复合物Ⅳ）外，植物 ETC 还含有对氰化物不敏感的 AOX。尽管 AOX 是替代性 ETC 中研究最广泛的组成部分，但由于难以在分子水平上鉴定 ND，因此需要考虑 AOX 对 ND 的作用。正如复合物Ⅰ至复合物Ⅳ形成功能性 ETC（称为细胞色素 ETC），任何一种内部或外部的 ND 和 AOX 可形成功能性 ETC，称为替代性 ETC。

AOX 蛋白由两个亚基因家族 *AOX1* 和 *AOX2* 编码，*AOX* 基因家族的转录可被各种应激所诱导（Vanlerberghe，2013）。一种重要的刺激是线粒体电子传递链复合物Ⅰ、Ⅲ和Ⅳ的功能障碍（Juszczuk et al.，2012）。已知 AOX 的表达也受到生物和非生物胁迫的诱导（Vanlerberghe，2013）。在胁迫条件下 AOX 基因的诱导表达与应激依赖的 ROS 产生有关。线粒体电子传递链有两条途径，一条途径是细胞色素途径，其末端氧化酶是细胞色素氧化酶 COX，另外一条途径是交替呼吸途径，其末端氧化酶是 AOX，而线粒体又是 ROS 产生的重要场所，如线粒体电子传递中辅酶 Q 的过度还原能够产生 ROS，尤其是超氧化物和 H_2O_2，而 AOX 可以阻止线粒体复合物Ⅰ和复合物Ⅲ的过度还原，由此可知 ROS 与 AOX 存在一定的作用关系。

Maxwell 报道 H_2O_2 能够诱导矮牵牛花细胞中 AOX 的合成，同时发现长期遭受 CMV 侵染的黄瓜和烟草有氧呼吸途径减弱，抗氰呼吸途径增强，抗氧化能力提高和 H_2O_2 含量增多（Maxwell et al.，1999；Song et al.，2009）。而且高表达的 AOX 可通过调节 ROS 和保护光系统来提高苜蓿的耐盐能力（Zhang et al.，2012）。另外，AOX 也在冬小麦幼苗的抗寒机制中起作用，但在低于 0℃的温度下，AOX 活性会下降（Grabelnych et al.，2014）。植物通过引发 SA 介导的过敏反应限制病原体扩散来响应胁迫，并且 AOX 在该过程中的表达增强。据报道，水杨酸可抑制烟草细胞培养物中的线粒体 ETC，这种抑制可能诱导 AOX 表达（Norman et al.，2004）。AOX 表达的上升会引起病变，从而导致细胞程序性死亡（Ordog et al.，2002）。在干旱胁迫期间，AOX 还是烟叶线粒体光呼吸的重要组成部分，线粒体光呼吸在 AOX 缺失的情况下严重减弱。此外，线粒体光呼吸是光合 ETC 保持还原状态的主要决定因素，因此 AOX 也是叶绿体维持功能必不可少的。在其缺乏的情况下，叶绿体氧化损伤的加速积累和 PSⅡ 功能的进一步丧失相关。值得注意的是，AOX 过度表达可以增强线粒体光呼吸，减少氧化损伤，并改善干旱期间细胞器的功能（Dahal and Vanlerberghe，2017）。

AOX 具有抑制 ROS 产生的能力。可以说 AOX 位于抑制 ROS 产生途径的中心位置，并可以触发应激响应的阈值。作为完整 ETC 的 AOX 也可能通过除阻止 ROS 产生之外的其他机制来影响应激反应。AOX 可以在该信号转导途径中发挥核心作用，因为替代性 ETC 的非磷酸化机制可以改变细胞的能量状态或氧化还原平衡，从而影响细胞信号转导而不必涉及 ROS（Van Aken et al.，2009）。因此，AOX 可以通过抑制 ROS 的产生直接对应激信号转导产生影响，并通过改变细胞的能量状态间接引起特定的信号转导级联反应（图 7-2）。

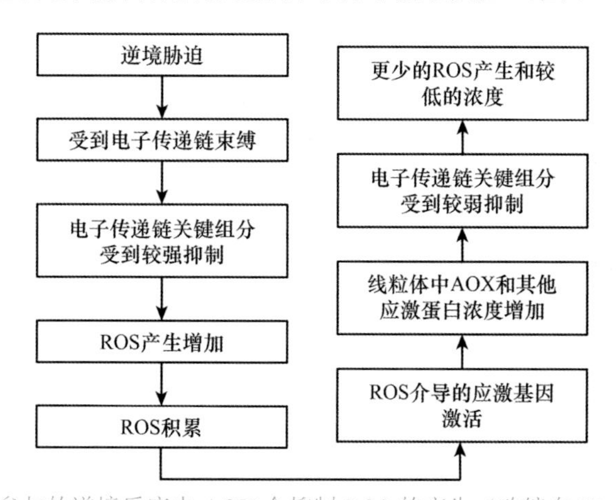

图 7-2 植物线粒体参与的逆境反应中 AOX 会抑制 ROS 的产生（改编自 Wagner and Krab，1995）

AOX 对呼吸链产生的 ROS 有重要影响；AOX 的活性会抑制 O_2^-· 的产生，从而减少其转化为其他 ROS 物质，如 H_2O_2 和羟基自由基；在植物受到胁迫时，AOX 可以阻止线粒体复合物Ⅰ和复合物Ⅲ的过度还原，从而通过进一步防止线粒体泛醌的过度减少来降低由 mETC 产生的 ROS，降低细胞中 ROS 的浓度

7.4 植物线粒体蛋白质纯化方法

从绿色植物的细胞中分离线粒体并非易事，过去常常通过块茎或黄化幼苗等非绿色组织制备线粒体，现虽然已经发表了一些植物线粒体的分离方案，但这些方案仅适用于某些特定的植物（Wilkin et al.，1979；Day et al.，1985；Hamasur et al.，1990）。

使用组织匀浆通过差速离心获得的粗制线粒体有很多的杂质。最初（从 20 世纪 50 年代开始）来自非绿色组织如黄化幼苗或块茎的粗线粒体，被用于植物线粒体研究，可能是因为它们没有受到叶绿体污染。自 1980 年以来，已经使用密度梯度来去除各种膜系统的污染物（主要是过氧化物酶体和来自质体包膜或类囊体的膜囊泡）。大多数密度梯度使用 Percoll 提供，其由直径为 10 ～ 30nm 的聚乙烯吡咯烷酮包覆胶体二氧化硅颗粒组成，意味着它具有低渗透压和低黏度的特点（Pertoft et al.，1978；Pertoft，2000）。Percoll 提供的连续梯度可以将线粒体与和其密度相差仅 0.02g/mL 的其他细胞器分开，甚至可以识别密度差异更小的线粒体亚群（Schwitzguebel et al.，1981；Struglics et al.，1993）。通过这种办法，可以从马铃薯块茎中分离出高度纯化的线粒体，同时可以去除受损的线粒体（Neuburger et al.，1982；Struglics et al.，1993；Considine et al.，2003）。而从绿色组织中分离不包含类囊体的完整和未受污染的线粒体是下一步需要解决的问题。Bergman 等（1980）利用 Percoll 梯度从菠菜叶片中获得不含叶绿体的线粒体，而 Day 等（1985）使用 PVP-25 和 Percoll 提供的组合梯度从豌豆叶片中也获得了不含叶绿体的线粒体。

当然，从模式植物拟南芥的叶片中分离得到高纯度的线粒体非常困难，所以又出现了一种新的分离技术，名为自由流动电泳（Eubel et al.，2007）。含有线粒体的所有植物细胞膜表面都具有净负电荷（Møller et al.，1981；Kinraide and Wang，2010），自由流动电泳技术据此来分离得到高纯度并且具有正常功能的线粒体。

在上述所有的分离实验中，可以使用线粒体的生化标志物（类囊体膜的叶绿素和线粒体内膜的细胞色素 c 氧化酶）和各种潜在的污染物来评估线粒体的纯度，还可以使用电子显微镜来记录纯度（Neuburger et al.，1982）。

7.4.1 密度梯度离心法

密度梯度离心是指用一定的介质（氯化铯、蔗糖等）在离心管内形成连续或不连续的密度梯度，将不同密度细胞的混悬液或经匀浆破膜的细胞混悬液置于介质的顶部，利用足够大的离心力处理足够长的时间，使得不同密度的细胞或细胞器沉降或漂浮到与自身密度相等的介质处，并停留在那里达到平衡，从而将其进行分层、分离。分离活细胞的介质除了要对细胞无毒外，还要能产生适当的密度梯度，且黏度不高，渗透压不大，酸碱中性或易调为中性，以防引起细胞和细胞器水肿或塌陷，影响细胞或细胞器的提取质量。

随着线粒体研究的深入，线粒体的分离方法也不断改进。使用常规的差速离心法提取线粒体，虽然能够快速分离线粒体，但分离的线粒体含有大量的杂质。差速离心获得的线粒体所含的杂质主要为胞质蛋白质和内质网。蔗糖密度梯度离心已广泛用于纯化植物线粒体。蔗糖是一种常用的梯度介质，虽然它不影响分子间的相互作用，但蔗糖黏度大，渗透性高，对线粒体的分离时间过长，会对线粒体的活性与完整性均产生影响。具有正常功能的线粒体可以从多种植物组织中分离，需要注意的是避免线粒体外膜的大规模破裂。破裂的线粒体表现出低的呼吸速率，因为当外膜受损时，细胞色素 c 被迅速释放到培养基中。目前纯化线粒体的方法大多是差速离心结合密度梯度离心，差速离心得到的粗提线粒体，通过蔗糖密度梯度的纯化，杂质蛋白质含量已大幅下降，但还含有一部分。然而，尽管植物线粒体在纯化过程中仍存活，但由高蔗糖浓度引起的渗透损伤严重限制该方法的使用（Neuburger et al.，1982）。

Percoll 由涂有聚乙烯吡咯烷酮的胶体二氧化硅颗粒组成，已被广泛用于制备来自各自组织的细胞和亚细胞组分，包括从大鼠肝脏中快速分离线粒体（Reinhart et al.，1982）。Percoll 提供的梯度纯化更快速，可将线粒体和类囊体与其他绿色组织分离（Neuburger，1985）。最常用的方法是用固定角度转子离心 Percoll 溶液获得的“S”形自生梯度（Neuburger，1985；Heazlewood et al.，2004）。然而，获得高纯度线粒体的关键不只是所采用的步骤，而是处理材料量，数量越多，最终获得的线粒体纯度越高。通常在植物线粒体样品中发现的标志酶可用于评估线粒体的纯度。

7.4.2　自由流动电泳法

自由流动电泳（free flow electrophoresis，FFE）在 20 世纪 60 年代提出，已经开发并使用了近 60 多年（Hannig，1961；Roman and Brown，1994）。经过发展，FFE 仪器在不断地被改进更新，已发展为全自动分析仪器，应用范围从生物样品制备发展到样品分析及前处理，以及分子生物学、生物化学和细胞生物学等领域。目标样品纯化是获得无干扰和精确结果的生物分析中的重要步骤。作为一种无基质的电泳技术，FFE 已被用于分离许多生物样品，如蛋白质、细胞、细胞器。可以说，FFE 的产生正是为了满足分离纯化手段进一步多样化的需求，尤其是制备型 FFE 已经广泛应用于复杂生物样本的前处理过程，并受到人们越来越多的关注。

FFE 是一种重要的电泳技术，它不依赖固相支持介质，能够在温和的条件下连续分离纯化蛋白质等生物大分子和细胞，保持目标分析物较高的生物活性（图 7-3）。Wagner（1989）提出 FFE 对样品分离收集的连续性和同步性，使 FFE 兼具分析和制备双重功能。作为制备分离技术，它尤其适用于相对大体积的生物液体样品的分离纯化。与需要重复加样的色谱和凝胶电泳不同，FFE 可连续分离整个样品，从而节省大量的时间和人力。由于它不使用有机溶剂、高浓度盐、色谱层析或凝胶电泳等常用的支持介质，因此，FFE 足够温和，可最大限度地减少与生物标本纯化相关的问题（Roman and Brown，1994）。

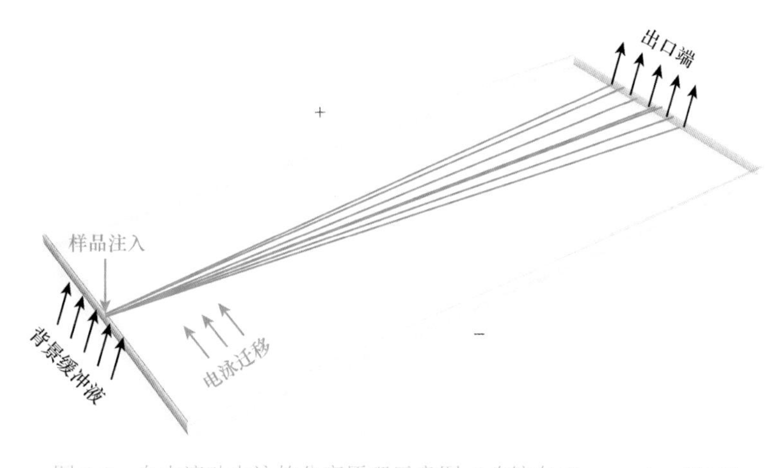

图 7-3　自由流动电泳的分离原理示意图（改编自 Shen et al.，2015）

自由流动电泳的分离室由两块平行板组成，这两块平行板相距非常近，形成一个极薄的分离腔，背景缓冲液通过压力泵进入分离腔后，形成稳定层流；在无电场作用下，待分析样品进入分离腔后被背景缓冲液的液流带动流向出口端；而在与背景缓冲液流动方向垂直的方向上施加电场时，由于样品中带电颗粒的电泳迁移速率不同，其在分离腔中水平方向上的迁移距离不同，最终在出口端的不同位置被收集，实现待分析样品的分离纯化

经过多年的发展，FFE 已经成为蛋白质组制备和分析工具（Islinger et al.，2010）。现代蛋白质组分析技术多为液相色谱与高分辨质谱相结合，通过各种技术测量由蛋白质酶解所获得肽的质谱。通过尖端数据处理方法分析检测并最终鉴定和定量收集到的大部分蛋白质（Vaudel et al.，2012）。由于蛋白质组学对蛋白质混合物的高分辨率要求，于是对 FFE 用于分离复杂蛋白质混合物有了新的需求。原则上，可以使用所有 FFE 模式分离蛋白质，即 ZE（zone electrophoresis）、PFGE（pulsed field gel electrophoresis）、ITP（isotachophoresis）　或 IEF（isoelectric focusing）。然而，用于分离膜包裹颗粒优选 ZE，肽和蛋白质优先通过 FF-IEF 分级分离。由于 FF-IEF 是一种在水溶液中聚焦蛋白质的高分辨率技术，因此与 MS 结合用于

蛋白质鉴定的效果是十分理想的。Hoffmann 等（2001）将 FF-IEF 整合到蛋白质组学方法中，其可在 pH 为 3 ～ 10 的缓冲系统中分离人体细胞的胞质溶胶。将来自 FFE 的成分直接作为第二维进行常规的 SDS-PAGE，并用考马斯亮蓝 R250 染色，可以从选定的蛋白条带中鉴定出 31 种蛋白质。与变性条件下的 FF-IEF 比较，当用天然 FF-IEF 分离时，蛋白复合体至少部分保留。使用基于硫脲 / 尿素的变性 FF-IEF 作为预分级步骤并结合 LC-MS/MS 方法，Wang 等（2004）分析了人体细胞系的裂解物，与裂解物直接经过 LC-MS/MS 分析相比，FF-IEF 预分级导致蛋白质的鉴定水平提高。ZE-FFE 中的自由流动电泳不依赖样品大小或密度，而是利用细胞器表面电荷的差异来进行分离。ZE-FFE 在植物中应用已有过报道，用于制备拟南芥质膜和液泡膜的高纯度囊泡（Bardy et al.，1998）。而且，ZE-FFE 已被用于纯化酵母线粒体（Zischka et al.，2003）。

植物中质体的存在为线粒体纯化技术增加了额外的挑战，其是分离的线粒体的主要污染源。使用蔗糖或 Percoll 梯度根据大小和密度分离细胞器在传统上用于从植物组织中分离线粒体，这些方法也已用于制备用于蛋白质组学分析的线粒体（ Leaver et al.，1983；Millar et al.，2001b）。但是基于细胞器的大小和密度，并不能很好地分离线粒体与其他细胞器或膜系统。而 FFE 可以提高用于蛋白质组分析的线粒体纯度（Hartwig et al.，2009）。已经证实了酵母线粒体可以被 FFE 纯化用于进一步的研究（Braun et al.，2009）。此外，Eubel 等（2007）将 FFE 作为纯化用于蛋白质组测定的线粒体的最后一步。应用这种技术，Lee 等（2011）能够将拟南芥不同部位的线粒体纯化到相当高的程度，解释了从拟南芥光合作用茎中分离的线粒体蛋白质组和根中的线粒体蛋白质组有很大差别。此外，FFE 还用于纯化水稻线粒体，通过 MS 分析，发现了 322 种线粒体特有的蛋白质。此外，Huang 等（2009）发现水稻中 20% 的线粒体蛋白质在拟南芥线粒体蛋白质组中没有明确的同源物。

FFE 是一种高度通用的技术，用于分离从细胞到低分子量化合物的各种样品。FFE 分离技术已被证明可提高大规模蛋白质组学实验中的蛋白质覆盖度，这种实验不仅需要鉴定高等生物的总蛋白质组，而且需要解决单个蛋白质翻译后修饰的具体问题。近年来，MS 和其他蛋白质组分析方法成为揭示样品中大量蛋白质类型和数量的非常强大的技术（Wildgruber et al.，2014）。

7.4.3 生物素标记富集法

蛋白质-蛋白质相互作用是细胞生命活动的基础。传统的体内蛋白质互作捕获技术如亲和纯化-质谱技术（AP-MS），不能有效地捕获瞬时的或较弱的蛋白质相互作用，也不适用低丰度蛋白或疏水性较强的膜蛋白，且无法分辨蛋白质发生相互作用的细胞区室化信息，存在较多的限制（Gingras et al.，2005）。然而，许多重要的信号转导蛋白如受体激酶、细胞谱系发生的驱动因子往往具有上述特征，极大地限制了我们对细胞活动精细调控过程的认识。

因此，需要一种可遗传定位的标记酶，它可以在活细胞中共价标记其附近的蛋白质，而不是更远的蛋白质。Martell 等（2012）开发了一种新方法，该方法用仍处于正常状态的细胞的生物素等物质标记需要研究的蛋白质组，可保留所有的膜、复合物和空间关系。一个候选是混杂的生物素连接酶，但其标记速度极其缓慢，而且只有 0.5min 的寿命，这意味着其需要有大的标记半径（Roux et al.，2012；Morriswood et al.，2013）。辣根过氧化物酶（HRP）是一种敏感的基因编码标签，催化二氨基联苯胺（DAB）的 H_2O_2 依赖性聚合而发生局部沉淀（Porstmann et al.，1985）。然而，当在哺乳动物细胞质中表达时，HRP 是无活性的，可能

是因为在还原和 Ca^{2+} 稀缺环境中其4个结构上必需的二硫键和两个 Ca^{2+} 结合位点无法形成。Rhee 等（2013）引入了工程化的抗坏血酸过氧化物酶（APEX）作为电子显微镜（EM）的遗传标签。APEX 是一种分子质量为 28kDa 的单体过氧化物酶，具有出色的超微结构维持效果。Rhee 等（2013）使用简单而强大的标记程序证明了 APEX 用于各种哺乳动物细胞器和特定蛋白质的高分辨率 EM 成像的效果，还将 APEX 融合到线粒体钙离子单向转运体（MCU）的 N 端或 C 端。因为 APEX 染色不依赖光激活，所以无论样本的大小或厚度如何，APEX 都会使任何细胞蛋白质的 EM 成像变得简单。使用 EM 确定蛋白质的定位对于阐明许多细胞过程是不可或缺的。

与 HRP 不同，APEX 在所有细胞区室中都是活跃的（Martell et al.，2012），并且 APEX 的分子质量比 HRP 的小约 40%。然而，APEX 的天然底物抗坏血酸具有与 DAB 非常不同的结构（图 7-4）。除了催化 DAB 的 H_2O_2 依赖性聚合用于 EM 成像对比，APEX 还将许多酚衍生物氧化成苯氧基自由基。这些自由基寿命短（＜1ms），标记半径小（＜20nm），可与富电子氨基酸发生共价反应（Rhee et al.，2013）。

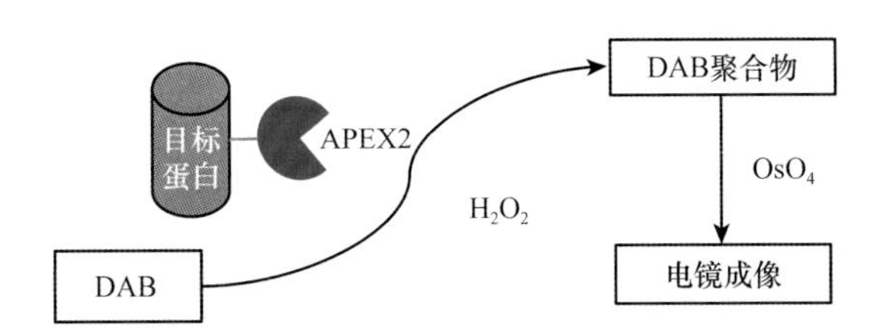

图 7-4　基于过氧化物酶的 DAB 染色标记的原理图（改编自 Martell et al.，2012）

APEX 报告基因可以与任何感兴趣的融合有标签的目标蛋白（POI）融合，在活细胞中表达后，固定细胞，并覆盖二氨基联苯胺（DAB）标记；加入 H_2O_2 后，APEX（其在固定剂中保持活性）催化 DAB 的氧化聚合以产生交联和局部沉积，随后用电子致密的 OsO_4 染色 DAB 聚合物用于 EM 成像对比

APEX 报告基因可以遗传地定位细胞器或感兴趣的亚细胞区室。当添加生物素-苯酚（biotin-phenol，BP）和 H_2O_2 时，APEX 在其邻近区域生物素化蛋白质，然后可以分离生物素化蛋白质并通过质谱分析（图 7-5）。APEX 可与任何蛋白质融合，可用于任何细胞类型和任

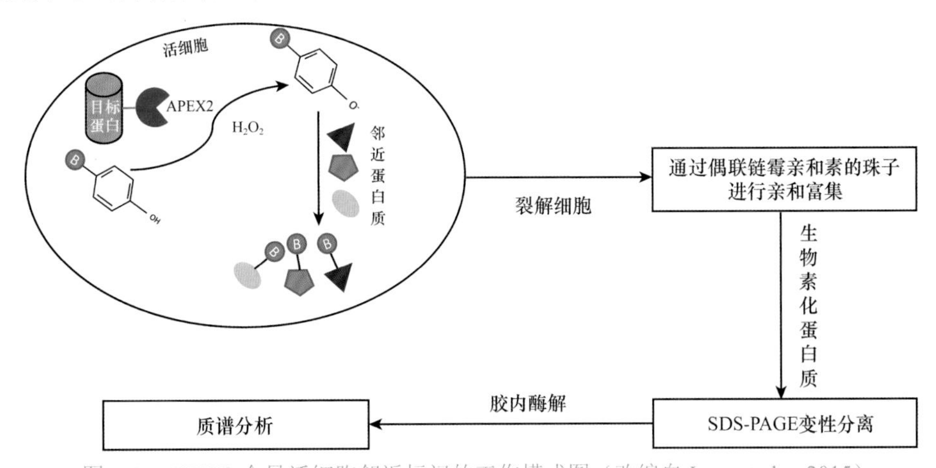

图 7-5　APEX2 介导活细胞邻近标记的工作模式图（改编自 Lam et al.，2015）

在 H_2O_2 存在的情况下，APEX/APEX2 催化生物素-苯酚生成生物素偶联的苯氧基自由基，这些自由基可以与相邻蛋白质上电子密度较高的氨基酸如 Tyr、Trp、His 和 Cys 相连（实验发现 BP 自由基主要与 Tyr 相连），从而使邻近蛋白质带上生物素标签，生物素修饰蛋白通过偶联链霉亲和素（streptavidin）的珠子进行亲和富集，富集得到的蛋白质经过 SDS-PAGE 分离，进一步胶内酶解，最后利用质谱技术对生物素修饰蛋白进行鉴定，得到目标蛋白的邻近蛋白质组

何亚细胞区室，与传统的HPR标签不同，后者在哺乳动物细胞质中无活性。Lam等（2015）又创建了APEX2，设计灵敏度高于APEX（APEX1）。在某些情况下，当APEX1以足够高的水平表达来产生可检测信号时，会产生人为的细胞扰乱，更高灵敏度的APEX2可以解决这个难题。Rhee等（2013）建议使用APEX定量蛋白质组学方法，如SILAC、iTRAQ或串联质量标签，否则无法获得高质量的数据。同时使用基于光谱计数的传统蛋白质组学技术将提供“真正的命中”，但命中的可能是最易富集的蛋白质，因此很难确认是所要找的目标蛋白。当用H_2O_2和DAB处理固定的细胞时，APEX将DAB聚合成吸收锇的沉淀物（锇是一种广泛使用的EM染色剂）。对于线粒体膜间隙研究，免疫荧光未能清楚地揭示APEX是否定位于正确的线粒体亚区。研究者使用APEX鉴定了人类线粒体基质中的495种蛋白质，包括31种未知的线粒体相关蛋白。APEX/APEX2技术的出现为科学家在亚细胞尺度、活细胞水平研究生物学问题打开了一扇窗户，为线粒体的研究开创了新纪元（Pagliarini and Rutter，2013）。

7.4.4 TurboID的标记策略

迄今为止，利用诸如亲和纯化与质谱（AP-MS）联用的方法鉴定了有限的在植物中相互作用的蛋白质。这是因为AP-MS无法识别与靶蛋白存在微弱或瞬时相互作用的蛋白质。已经开发了酶催化的邻近标记方法来克服这些缺点。邻近标记（proximity labeling，PL）的原理是将一个具有邻近标记功能的生物素蛋白连接酶（biotin protein ligase）与目标蛋白融合，通过酶催化的共价修饰将与生物素蛋白连接酶邻近的蛋白质标记上生物素，最后通过偶联亲和素的磁珠富集生物素标记蛋白进行质谱鉴定（Kim and Roux，2016）。虽然动物系统中已有若干利用邻近标记技术研究蛋白质互作的报道，但是邻近标记技术是否适用于植物还有待商榷。

在PL方法中，可以用依赖性的方式催化内源蛋白的生物素连接酶与目标蛋白融合，使得与目标蛋白相互作用的蛋白质被生物素标记。通过偶联链霉亲和素蛋白来捕获生物素化的相互作用的蛋白质，然后通过MS鉴定这些蛋白质。目前，普遍的PL方法是基于工程化的APEX和突变的大肠杆菌生物素连接酶BirA^{R118G}（BioID）来进行标记（Rhee et al.，2013；Lam et al.，2015；Branon et al.，2018）。与AP-MS（其涉及完整蛋白复合体的生物化学分离）相反，在PL中，蛋白质的标记在天然细胞环境中的活细胞中进行。因此，PL能够鉴定亲和性较弱或瞬时相互作用的蛋白质，其通常在亲和纯化实验期间丢失。虽然APEX可以快速标记蛋白质，但标记过程中H_2O_2的毒性使其不适合植物（Rhee et al.，2013；Lam et al.，2015）。在基于BioID的标记系统中，虽然没有有毒的H_2O_2，但有效标记需要更长的生物素孵育时间（16～24h）和更高的孵育温度（37℃）（Roux et al.，2012）。即使已经描述了来自超嗜热菌（*Aquifex aeolicus*）的较小的生物素连接酶BioID2，但是在该系统中相互作用的蛋白质生物素化所需的条件与BioID的相似（Kim et al.，2016）。基于BioID和BioID2所需的条件对植物体是不利的，导致在植物中进行基于BioID的PL作用十分有限（Lin et al.，2017；Conlan et al.，2018；Khan et al.，2018）。

针对BioID邻位标记法动力学反应慢、时间分辨率较低这一问题，Branon等（2018）在酵母中对BirA^{R118S}进行定向选育突变，筛选出了两个可以在10min内进行生物素标记的酵母突变体：TurboID和miniTurbo。TurboID的优点是标记速度比BioID快、时间分辨率更好、在不同的亚细胞结构中表现比较稳定。miniTurbo的优点是其N端缺失了63个氨基酸，因此蛋白质较BioID和TurboID（35kDa）稍微小一些（28kDa），对目标蛋白定位的影响更小；在没有外源生物素时本底标记水平比TurboID低。总之，TurboID和miniTurbo共有的优点是标记速度显著比 BioID 和 BioID2 快，因而可以用于果蝇及线虫等整体水平上的邻近标记（Branon et al.，2018）。

Zhang 等（2019）的研究表明，TurboID 在室温下将生物素标记到植物细胞目标蛋白的效果要优于其他生物素连接酶。他们优化了烟草中的 TurboID 方法，并用它来鉴定与 N 蛋白相互作用的蛋白质，即 TIR-NLR 免疫受体。基于 TurboID 的 PL 标记和 MS 分析，鉴定了许多与 N 蛋白结合的未知蛋白质。遗传筛选和 BiFC 分析确定这些相互作用蛋白质中的一些参与 N 蛋白介导的抗性。他们推测其中一种相互作用物 UBR7 是 E3 泛素连接酶。他们的研究结果强调了基于 TurboID 的 PL 在探测 NLR 免疫受体相互作用中的稳健性，同时揭示了植物先天免疫复杂的调控网络（Zhang et al.，2019）。

为了将这种技术在植物中使用，Mair 等（2019）在拟南芥和烟草的各种组织中，设计了不同条件下 PL 的试剂和工作流程，其利用 TurboID 和 miniTurboID 在植物中实现了有效的 PL，发现两种系统都可以在室温 22℃下快速完成标记反应，并且与 BirA 相比，其活性大大提高。他们还使用 TurboID 来鉴定气孔保卫细胞转录因子 FAMA，并获得拟南芥幼苗中稀有细胞类型——幼时的气孔保卫细胞的核蛋白质组，并且表明新 PL 标记在植物中具高灵敏度（Mair et al.，2019）。

Kim 等（2019）的研究表明，通过 TurboID 生物素化其已知的底物 BZR1 转录因子，证明了类 GSK3 激酶 BIN2 和 PP2A 磷酸酶的相互作用。随后的定量 MS 分析鉴定了由 BIN2-TurboID 生物素化的约 300 种蛋白质，包括先前已证实的与 BIN2 相互作用的蛋白质，揭示了广泛的 BIN2 信号转导网络。他们的研究表明，使用 TurboID 的 PL-MS 是绘制信号转导网络的有力工具，并揭示了 BIN2 激酶在植物细胞信号转导和调控中的广泛作用，证明了植物中 TurboID 介导的邻近标记具高灵敏度（Kim et al.，2019）。

Arora 等（2020）再次证明 TurboID 可以在植物中有效工作。他们使用光叶百脉根（*Lotus japonicus*）共生受体激酶 RLKs Nod Factor Receptor 5（NFR5）和 LRR-RLK Symbiotic Receptor-Kinase（SYMRK）作为材料证明了 TurboID 在捕获膜蛋白质相互作用中的适用性（Arora et al.，2020）。邻近标记技术的产生和更新，为包括线粒体在内的细胞器研究提供了新的工具，理论上可以越过相对复杂的纯化步骤，为组织甚至细胞特异性细胞器研究带来了新曙光。

7.5 植物线粒体氧化磷酸化蛋白复合体及三羧酸循环

有氧呼吸是一种分解代谢途径，需要消耗 O_2 来产生 ATP，ATP 是用于促进新陈代谢和生长的化学能。有氧呼吸由 3 个步骤组成：细胞质基质中的糖酵解，线粒体基质中的三羧酸（TCA）循环，线粒体内膜（IMM）中的氧化磷酸化（OXPHOS）系统。TCA 循环、OXPHOS 系统是植物线粒体呼吸链的重要组成部分。在有氧呼吸中，氧化磷酸化产生大部分 ATP，由有机酸的氧化驱动，释放 CO_2 并将 O_2 还原为 H_2O（Millar et al.，2011）。首先，来自胞质溶胶的底物和辅因子通过特定的通道进入线粒体，并且促进呼吸产物释放到细胞的其余部位；其次，三羧酸循环和相关酶进行有机酸的氧化脱羧，将 $NAD(P)^+$ 和 FAD^+ 还原为 NAD(P)H 和 $FADH_2$，并驱动底物水平磷酸化将 ADP 磷酸化为 ATP；再次，经典的 OXPHOS 系统中电子传递链（ETC）将 NAD(P)H 和 $FADH_2$ 的氧化与 O_2 的还原及用于构建电子梯度以驱动氧化磷酸化的质子进行共定位并易位相结合；最后，电子传递链的非磷酸化旁路、替代氧化酶和鱼藤酮不敏感的 NAD(P)H 脱氢酶，可以改变 TCA 循环和 OXPHOS 系统之间的信号传递，以增强植物线粒体为细胞提供有机酸的功能，这些主要步骤定义了线粒体的主要功能组成（Jacoby et al.，2012）。

7.5.1 ROS 的产生

在植物中，H_2O_2 是由不同的酶产生的，作为催化反应的产物，H_2O_2 的重要产生者是过氧化物酶体蛋白酶、乙醇酸氧化酶和酰基辅酶 A 氧化酶，它们分别参与光呼吸和脂肪酸 β-氧化途径。现在已经确定 $O_2^-\cdot$ 的主要来源是质膜定位的 NADPH 氧化酶（NOX），但由于不同的氧化和电子传递反应，叶绿体、线粒体和过氧化物酶体为超氧化物与过氧化氢的其他供应源（Baxter et al.，2014）。ROS 的另一个重要来源是细胞壁结合的过氧化物酶，它可以产生 H_2O_2（O'Brien et al.，2012）。此外，叶绿体也是非自由基 ROS 单线态氧（$^1O_2$）的重要产生者（Triantaphylides and Havaux，2009）。

通常认为细胞中的主要超氧化物产生者是呼吸链。实际上，有两种电子呼吸链复合物（Ⅰ和Ⅲ）被认为与超氧化物的产生有关（Rigoulet et al.，2011）。细胞色素 c 氧化酶（复合物Ⅳ）是 ETC 的末端氧化酶，在一个涉及 4 个单电子还原反应的过程中将一个 O_2 分子还原为两个 H_2O。电子传递链复合物Ⅳ将传递电子的氧化还原反应中生成的 ROS 中间产物都束缚于其蛋白质分子表面，而不是释放到介质中。另有研究证明，复合物Ⅳ某些亚基的磷酸化位点可调控细胞色素 c 氧化酶的异位抑制活性，从而影响呼吸链能量的偶联、跨膜电位和 ROS 的产生（Kadenbach，2003；Helling et al.，2008）。

电子传递链复合物Ⅰ的电子供体是 NADH，分离酶复合体或亚线粒体内膜颗粒的研究证明，ROS 的产生可能在黄素酶和鱼藤酮的结合位点之间。泛醌循环也可能是 NADH-Q 氧化还原酶（复合物Ⅰ）产生 $O_2^-\cdot$ 的途径。事实上，混合噻唑（thiazole）可以使泛醌池高度还原，比复合物Ⅰ抑制剂鱼藤酮更能显著增强 ROS 的产生（Lambert and Brand，2004）。这表明复合物Ⅰ具有至少两个 $O_2^-\cdot$ 形成位点：鱼藤酮抑制位点的上游和下游。下游位点很可能是泛醌结合位点，而上游位点可能是黄素单核苷酸组或铁硫中心。

虽然琥珀酸脱氢酶（复合物Ⅱ）是一种黄素蛋白，并且理论上可以发生单电子 O_2 还原反应，但尚未测量到该酶能明显形成 $O_2^-\cdot$。这可能是因为酶的结构不允许 O_2 进入黄素腺嘌呤二核苷酸（Yankovskaya et al.，2003）。尽管复合物Ⅱ本身没有 ROS 的形成位点，但复合物Ⅱ的琥珀酸氧化产生的反向电子转移使复合物Ⅰ还原时生成 ROS。通过反向电子转移释放的 ROS 主要发生在鱼藤酮抑制位点的上游。此外，反向电子转移受到高膜电位的强烈刺激，其热力学允许从复合物Ⅱ到复合物Ⅰ的电子给予。反向电子转移是呼吸链的一组电子传递反应，电子从还原型辅酶 Q 逆向转移到 NAD^+，而不经过细胞色素 c 流向复合物Ⅳ和分子氧。

复合物Ⅲ含 10 个亚基，有 3 个 Redox 中心，即细胞色素 b_{566}、b_{562} 和 c_1，以及 1 个 2Fe-S 和 2 个分开的半醌结合位点（Qo 和 Qi）。还原型辅酶 Q（UQH_2）是复合物Ⅲ发生 Q 循环的电子供体，细胞色素 c 是电子受体。该呼吸复合物从 UQH_2 接收电子并将它们传递给细胞色素 c。在 Q 循环电子传递中，复合物Ⅲ中 Qo 位点的半醌自由基（UQH）是 O_2 的单电子供体，UQH 通过非酶促反应直接将电子泄露给 O_2 生成 $O_2^-\cdot$。UQH_2 在一系列复杂的反应中被氧化成 UQ，首先包括在膜间隙复合物Ⅲ的 Qp 位点形成半醌自由基（$UQ^-\cdot$），通过 UQH_2 为 Reiske 铁硫蛋白和细胞色素 c 提供电子。然后将来自在 Qp 形成的 $UQ^-\cdot$ 的电子转移到 Qn 位点（其位于线粒体基质），其中 UQ 被还原为 $UQ^-\cdot$。Qn $UQ^-\cdot$ 通过 Qp 位点形成的第

二个 UQ^-·提供的电子被还原为 UQH_2。该循环的结果是在 Qp 和 Qn 位点形成 UQ^-·。因为 UQ^-·/UQ 是高度还原的，所以只要 O_2 可以进入复合物中的任何这些位置，O_2^-·就可以通过 UQ^-·的电子传递形成。虽然通常认为 Qp 位点更容易被 O_2 所接近，使其成为 O_2^-·更重要的来源，但也有证据表明在 Qn 位点会形成超氧化物（Turrens et al.，1985；Han et al.，2001；St-Pierre et al.，2002）。呼吸抑制剂的作用证实 UQ^-·是复合物Ⅲ产生的线粒体 ROS 的来源。混合噻唑可防止 Qp 位点的 UQ^-·形成，可防止复合物Ⅲ产生线粒体 ROS（尽管它可能会增加复合物Ⅰ产生的 ROS）。另外，抗霉素抑制电子从 Qp 转移到 Qn 位点，从而导致 UQ^-·在 Qp 积累，增强复合物Ⅲ的 ROS 释放。

还有文献记录了可产生 ROS 的其他线粒体酶，其在线粒体微环境中有氧化还原活性。黄素蛋白酰基辅酶 A 脱氢酶和磷酸甘油醛脱氢酶可产生 ROS，并且在氧化脂质衍生的底物时在一些组织中看到增加 ROS 的释放水平（Tretter et al.，2007；Lambertucci et al.，2008）。单胺氧化酶和二氢乳清酸脱氢酶也被记录为线粒体 ROS 的来源（Lenaz，2001）。

7.5.2　蛋白复合体的组装

在线粒体中，OXPHOS 系统位于 IMM 的嵴中，组成其的复合物随机分布在嵴中。OXPHOS 系统组装受损的突变体表现出从生长迟缓到胚胎致死。在组装本身发生之前，必须生成复合物的不同组分（亚基、辅因子）并定位到组装发生的地方（图 7-6）。OXPHOS 系统亚基组装方面的最大难度在于是否实际插入 IMM 或亲水性线粒体基因编码的蛋白质，但是在植物中几乎没有报道。OXA1 属于 OXA1/ALB3/YidC 家族蛋白的一部分，负责将 OXPHOS 系统插入 IMM（Hennon et al.，2015）。为了克服在基质中发现膜蛋白的问题，OXA1 直接与线粒体核糖体相互作用，并以共翻译的方式插入线粒体基因编码的蛋白质中（Ott and Herrmann，2010）。

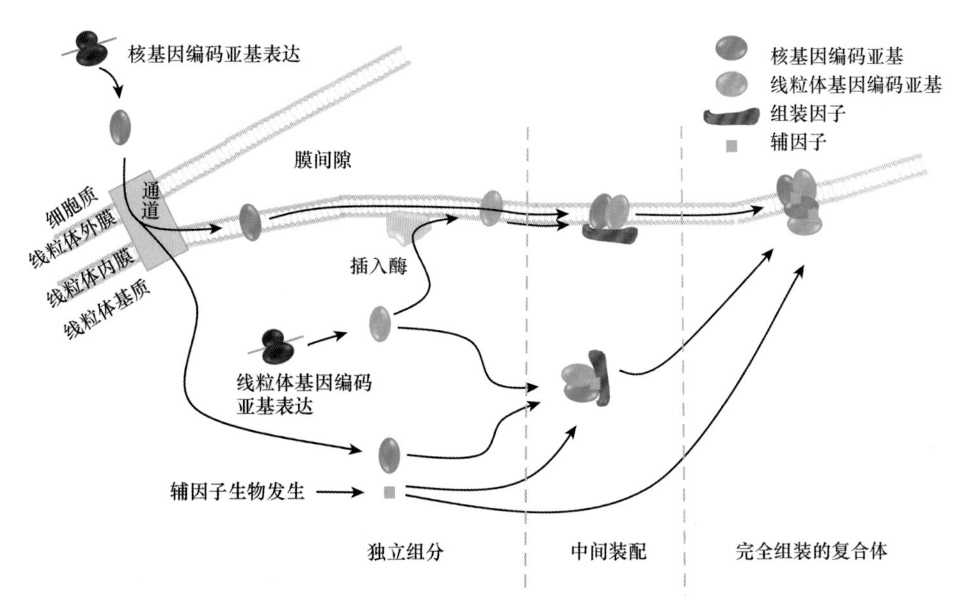

图 7-6　氧化磷酸化系统的组装（改编自 Meyer et al.，2019）

图示 OXPHOS 系统组装中的不同步骤，首先是产生系统的各个组分，即核基因编码的亚基、线粒体基因编码的亚基、组装因子和辅因子；然后进行组装；组装因子涉及组装中间体的形成，其包含辅因子；在组装途径的最后阶段，组装中间体合并形成成熟复合物，在此步骤中插入一些辅因子，并释放组装因子呼吸复合物配备有含金属的辅因子，这对于电子转移至关重要。这些辅因子几乎全部在线粒体内产生。负责由核黄素产生 FMN 和 FADH2 的酶存在于从烟草细胞分离的线粒体中（Giancaspero et al.，2009）。在呼吸链中发现了 12 个 Fe-S 簇。植物线粒体含有从头合成 Fe-S 簇的机制（Balk and Schaedler，2014）。在呼吸链中大量存在的另一种含铁辅因子是血红素。在植物中，血红素在叶绿体中合成（Tanaka R and Tanaka T，2007）。复合物的组装需要所谓的组装因子，起到辅助蛋白质组装的作用。这些组装因子具有广泛的功能，如亚基修饰、稳定装配中间体和递送辅因子，但是它们不会出现在成熟的复合物中。

复合物Ⅰ是 OXPHOS 系统的第一种酶，将电子从 NADH 转移到泛醌并在 IMS 中运送质子（Hirst，2013）。复合物Ⅰ包含两个臂：膜臂嵌入 IMM 中，而基质臂在基质中。单粒子电子显微镜成像显示：植物复合物Ⅰ呈现“L”形结构，其由嵌入线粒体内膜中的一个疏水臂和突出到线粒体基质中的亲水臂组成（Dudkina et al.，2005）。其基质暴露侧中心位置处的球膜结构域包含碳酸酐酶（CA），是可催化 CO_2 合成为 HCO_3^- 的酶（Rudenko et al.，2015）。复合物Ⅰ组装包括顺序添加疏水和亲水模块，最初通过募集亚基独立形成，然后组合产生最终的全酶（Vogel et al.，2007；McKenzie and Ryan，2010）。虽然复合物Ⅰ组装因子可能与组装中间体相关，但它们不作为最终全酶的组成部分。

复合物Ⅱ是 TCA 循环的一部分，其催化琥珀酸盐向富马酸盐的可逆转化，并通过 FAD、Fe-S 簇和血红素在泛醌上转移电子。复合物Ⅱ由 4 个亚基组成：两个锚定催化亚基的膜亚基 SDH3 和 SDH4，含有 FAD 的 SDH1 和含有 3 个 Fe-S 簇的 SDH2（Bezawork-Geleta et al.，2017）。最近，在拟南芥中发现的两个额外亚基取代了在 SDH3 和 SDH4 处解析的跨膜螺旋（Schikowsky et al.，2017）。膜亚基的组装目前尚不清楚，然而，催化亚单元的组装已经有了很好的注释，并且确定了 4 个参与 SDH1/SDH2 中间体形成的组装因子。首先，通过装配因子 SDHAF2 将 FAD 辅因子整合到 SDH1 中；其次，SDHAF1 和 SDHAF3 将 Fe-S 簇插入 SDH2；最后，SDHAF4 与 SDH1 相互作用以促进 SDH1 和 SDH2 的结合（Hao et al.，2009；Na et al.，2014；Van Vranken et al.，2014）。与原核生物中的对应物类似，拟南芥 SDHAF2 参与组装途径的初始步骤，即 FAD 辅因子与 SDH1 的连接（Huang et al.，2013）。与另一种复合物Ⅱ组装因子 SDHAF1 直系同源的蛋白质由拟南芥基因组编码，但其功能未知。额外亚基的存在表明，复合物Ⅱ在植物线粒体中的组装可能比真菌和动物线粒体中的相应途径更复杂。

在拟南芥复合物Ⅲ的 10 个亚基中，有 9 个亚基是核基因编码的，只有一个 Cob 是线粒体基因编码的。与其他生物相比，植物中的复合物Ⅲ是独特的，因为它含有线粒体定位序列（MPPα 和 MPPβ）的加工酶。复合物Ⅲ组装的第一步可能是由 Oxa1 进行的 Cob 共翻译膜插入。Cob 在翻译之后受到装配因子 Cbp3 的约束，形成装配中间体（Gruschke et al.，2011）。接下来，将血红素 b 插入 b_L 位点，引发可以稳定获得血红素 Cbp4 的募集，并形成中间体Ⅰ。然后，将第二个血红素 b 插入 b_H 位点。接下来是 Cbp3 的释放及 Qcr7 和 Qcr8 的连接，Qcr7 和 Qcr8 是两个核基因编码亚基，形成中间体Ⅱ（Hildenbeutel et al.，2014）。在这个阶段，另外 4 个亚基 Qcr6、细胞色素 c_1（已经掺入血红素）、MPPα 和 MPPβ 以仍然未知的顺序添加，形成中间体Ⅲ（Zara et al.，2009；Gruschke et al.，2012）。接着，将 Qcr9 和 Qcr10 合并到中间体Ⅳ中。在这一步中，植物线粒体最有可能将完全折叠的 Fe 蛋白从基质（其中进行 Fe-S 簇生物发生）插入复合物Ⅲ，产生功能完全的 bc1 复合物（Carrie et al.，2016）。

复合物Ⅳ或 COX 嵌入 IMM 中并催化电子从细胞色素向分子氧的转移。在大多数真核生物中，3个催化亚基COX1、COX2和COX3由线粒体基因编码（Roger et al.，2017）。这些亚基协调4个氧化还原辅因子，包括两个血红素（血红素a和a3）和两个铜金属中心。迄今为止，在拟南芥中已鉴定多达16个COX亚基（Senkler et al.，2017）。当然，COX组装过程在不同的物种中也会有差异。例如，人类OXA1L在酵母中的同源物Oxa1，似乎不像酵母中那样参与COX1或COX2的膜易位（Stiburek et al.，2007）。此外，某些亚基可能具有不同特性和不同形式的COX可以在同一生物体中共存，甚至可以在相同的细胞器中共存（Sinkler et al.，2017）。同时发现COX与其他呼吸复合物一起作为单体、二聚体、组分或超复合物发挥作用。COX亚基组成在不同复合物也不相同，表明某些亚基的掺入调节了这些复合物结构的形成。已经提出非必需亚基COX12和COX13参与COX二聚体的形成。将COX12和COX13有效掺入COX需要RCF1，是参与超复合物形成的最重要蛋白质，表明COX12和COX13也可能参与将COX掺入超复合物的过程中（Garlich et al.，2017；Timon-Gomez et al.，2018）。

复合物Ⅴ通过复合物Ⅰ、Ⅲ和Ⅳ产生的质子动力产生ATP。植物线粒体ATP合酶由15个亚基组成，分为两个结构域：IMM结合的F0结构域和在基质中暴露的F1结构域。在植物中，F1F0-ATP酶由两部分组成，并且叶绿体ATP合酶的组装已经得到注释（Ruhle and Leister，2015）。相比之下，关于植物线粒体中复合物Ⅴ的组装情况还不清楚。使用放射性同位素标记前体蛋白转运和稳定性分析策略，可以显示F1域的3个群体（基质F1、内膜F1和完整F1F0）在植物线粒体中具有不同的^{15}N合并率。这表明基质的F1结构域是中间组件（Li et al.，2012）。值得注意的是，虽然在真菌中发现许多复合体Ⅴ组装因子，但在植物中发现的较少（Ruhle and Leister，2015）。

7.5.3 蛋白复合体活性的测定

7.5.3.1 植物线粒体呼吸作用的测定

通过呼吸作用从糖、脂肪和氨基酸中提取化学能并将这种能量转化为ATP来满足细胞的能量需求。ADP的磷酸化由ATP合酶复合物催化，通过线粒体ETC的电子流穿过内膜形成的质子梯度驱动。ETC氧化呼吸底物，然后通过一系列供体和受体传递释放的电子，直到它们到达末端氧化酶，将氧气还原为水。因此，测量氧消耗是评估分离的线粒体的生化特性的有效方法，包括底物氧化的速度、ATP产生的效率和电子传递的主要途径。

1. Clark型电极法

利用Clark型电极（Clark-type electrode）对氧气消耗速率进行测量是对整个生物体、组织样本、细胞和分离的亚细胞部分中线粒体功能了解的关键技术之一。Severinghaus和Astrup（1986）已经对通过Clark型电极测量氧耗的方法进行了描述。利用简单的氧电极配置（铂阴极-盐桥-银阳极）能够在化学溶液中测量氧浓度。然而，用于生物学研究的大多数解决方案包含具有氧化还原活性分子的混合物，其可以接受铂阴极的电子并因此影响氧浓度测量值。为克服这一局限性，Clark研发了透气膜，证明了其在排除较大分子与铂阴极相互作用方面的有效性，是促进氧电极应用于独立线粒体研究的关键进展（Clark et al.，1953）。标准Clark型氧电极及其实验装置如图7-7所示。

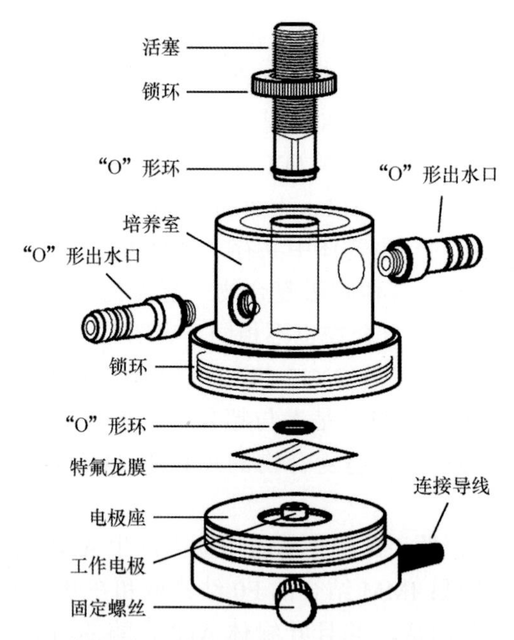

图 7-7 Clark 型氧电极及其实验装置（改编自 Jacoby et al.，2015）

铂阴极在反应室的底部，面朝上；阴极首先被电解成膜的纸芯覆盖，该纸芯与银阳极形成盐桥，其次由透气膜覆盖；腔室周围被水包围，其作用是调节温度；将柱塞置于腔室顶部以达到密封的效果；该装置位于磁力搅拌平台的顶部

分离线粒体、测定呼吸速率通常以特定的顺序进行，首先添加线粒体，然后添加呼吸底物，最后添加 ADP。这些添加步骤引起的呼吸率变化被描述为 4 种不同的"状态"（图 7-8）（Estabrook，1967）。添加到呼吸缓冲液中的线粒体在添加底物之前表现为状态 1。在状态 1，应该有非常缓慢的氧消耗，或者线粒体悬浮液中存在内源底物。在添加底物后，线粒体进入状态 2，其中氧消耗速率应显著增加。重要的是等到状态 2 呼吸速率稳定后添加 ADP，以确保在线粒体内膜上形成电势。添加 ADP，线粒体进入状态 3，呼吸速率显著增加。在状态 3，ADP 被 ATP 合酶磷酸化，质子从膜间隙转移到基质，从而降低内膜的膜电位，促进 ETC 电子流更快流动。在没有任何干预的情况下，添加的 ADP 将完全转化为 ATP，并且将改变电势。线粒体进入状态 4 时，呼吸速率低于状态 3，但与状态 2 相似。报告结果时，关键速率通常

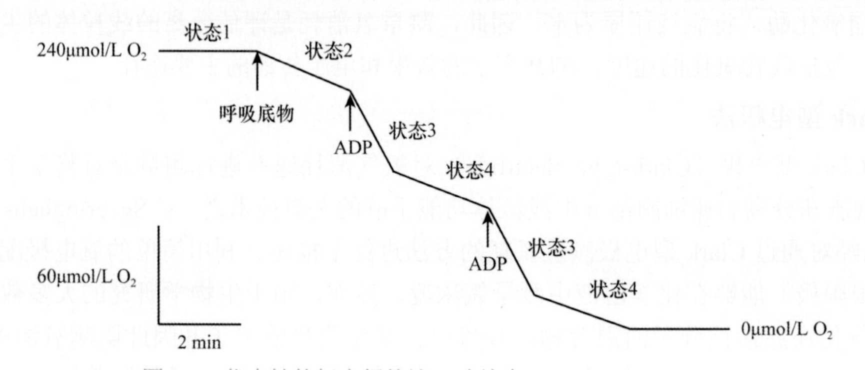

图 7-8 代表性的氧电极轨迹（改编自 Jacoby et al.，2015）

显示状态 1 ～ 4 的氧电极轨迹及呼吸底物（S）和 ADP 的添加位置；在添加底物之前，线粒体表现为状态 1，氧消耗较缓慢；在添加底物（S）后，线粒体进入状态 2，氧消耗速率显著增加；如果线粒体在含有底物和磷酸盐等渗介质的氧气测量仪（氧电极）中孵育，那么当 ADP 转化为 ATP 时，ADP 的加入会导致氧摄取的突然暴发，主动呼吸速率有时称为状态 3，而所有 ADP 被磷酸化形成 ATP 后的较慢呼吸速率称为状态 4；状态 4 呼吸速率通常比第一次加入 ADP 之前的原始速率快，因为一些 ATP 被 ATP 合酶分解，由此产生的 ADP 被完整的线粒体重新磷酸化；状态 3/ 状态 4 称为呼吸控制率，表明呼吸和磷酸化之间耦合的紧密性

为状态 3 时的呼吸速率（有时称为“底物 +ADP”速率）。然而，应该注意所有状态的呼吸速率，因为这些值可用于计算呼吸控制率（定义为状态 3/ 状态 4）。

2. Seahorse XF96 法

最常见的两种植物呼吸速率检测方法是用于测量 O_2 消耗速率的 Clark 型氧电极和用于测量 CO_2 产量的红外气体分析仪（IRGA）。这两种技术都能提供非常可靠的结果，但缺乏高通量的功能，通常需要大量的植物材料（Hunt，2003；Meyer et al.，2009；Tomaz et al.，2010）。随着荧光测定技术的进步，活细胞和组织中的氧消耗速率测量可以通过将微呼吸技术与多重测定相结合来实现。例如，Seahorse XF96 细胞外通量分析仪基于商业传感器盒中荧光来检测 O_2 水平。氧气猝灭荧光素复合物产生的荧光通过光纤波导检测并转换成基础 O_2 消耗速率（OCR）。在“测量”阶段，连续测量 O_2 浓度，直到变化率为线性，然后根据斜率确定 OCR。在“混合”和“等待”步骤中升高探针，以允许上面的较大介质与瞬态微腔室中的介质混合，使溶液再氧化，从而将氧浓度值恢复到基线。Seahorse XF96 分析仪的数据可以在 XF96 Analyzer 软件和基于 Excel 的数据查看器中进行可视化分析（Ferrick et al.，2008；Gerencser et al.，2009）。

Seahorse XF96 细胞外通量分析仪是最近开发的使用细胞培养和组织样品进行代谢检测的商业平台之一。完整循环中有 3 个主要步骤，即“混合”、“等待”和“测量”。样品中的氧气水平在“测量”阶段连续测量，直到变化率呈线性，根据直线斜率计算 OCR。该分析仪采用开放式系统方法，通过“混合”步骤将氧气重新引入溶液中，在此期间反复提升和降低探针以促进样品与空气混合。“等待”阶段允许再溶解的氧气在瞬态微腔室中的溶液内均匀分布，从而将氧气浓度值恢复到基线并允许开始新的“测量”循环（Gerencser et al.，2009）。

3. Q2 氧传感器法

植物中的细胞呼吸作用测量传统上使用氧电极测量 O_2 的消耗速率或用红外气体分析仪测量 CO_2 的产量。虽然这些方法可以很好地进行呼吸作用测量，但都不是高通量的，限制了对植物呼吸作用的深入了解。最近，荧光氧传感器（fluorometric oxygen sensor）已用于多重复杂的实验，以测量液相和气相中氧浓度的变化（Sew et al.，2013；Scafaro et al.，2017）。

拟南芥叶片经历碳水化合物、氨基酸和有机酸积累的昼夜循环，并且叶片的初级代谢以昼夜节律调节。因此，考虑到测量暗呼吸速率（R_d）时的代谢状态并不能代表真正的夜间代谢，O'Leary 等（2017）选择研究夜间叶片的呼吸速率（R_n），而不是在人工黑暗中测量白天的 R_d。呼吸速率测量在 Q2 氧传感器（AstecGlobal）上进行，密封的 850mL 容量管中含有面积共 $1cm^2$ 的 3 个叶盘，以 3min 的间隔进行氧浓度测量。在运行开始后的 0.5 ～ 3h 计算氧气消耗曲线的斜率。使用含有正常空气和 100% N_2 的标准物校准仪器内压力至 100% 和 0 的大气压，确定氧分压为 20.95% 大气压，并使用理想气体定律计算摩尔氧消耗率（Florez-Sarasa et al.，2012；Scafaro et al.，2017）。

7.5.3.2　应用 BN-PAGE 对复合物活性测量

蓝色非变性聚丙烯酰胺凝胶电泳（blue native PAGE，BN-PAGE）最早是在动物中得到应用。线粒体的核心功能是以 ATP 的形式产生能量。受损的 ETC 复合物会损害 ATP 合成并加速自由基的产生（Cassarino and Bennett，1999）。为了评估中枢神经系统中的线粒体 ETC 功能，需要简单的方法来测量线粒体酶活性，如已广泛使用的分光光度测定法（Browne et al.，

1998）。常规的分光光度测定法不能消除非特异性酶活性的干扰，也不能测量特定 ETC 复合物的数量。Jung 等（2000）应用 BN-PAGE 结合组织化学染色来测量 ETC 复合物的蛋白质含量和酶活性，从而克服了分光光度测定法的缺点。

Schagger 和 von Jagow（1991）最先发明了 BN-PAGE 用于解析 ETC 复合物。虽然它已被用于测量 ETC 复合物的含量和活性，但尚未对这些测定的数据进行详细分析。Jung 等（2000）首先在神经系统的几个不同区域加入不同量的粗线粒体，然后通过 BN-PAGE 分离 ETC 复合物，用考马斯亮蓝染色，并使用光密度测定法定量条带强度，最后发现了 ETC 复合物含量和活性的相对线性范围。因此，BN-PAGE 可用于测量神经组织中线粒体 ETC 复合物的含量和活性，可用于评估各种神经退行性疾病中线粒体功能的变化。

这种技术之后在植物中得到了更好的发展。凝胶内活性测定是鉴定和表征凝胶内酶的十分有用的工具。其使用的先决条件是可与蛋白质电泳分离相兼容。虽然 BN-PAGE 广泛用于氧化磷酸化系统 5 种酶复合物的活性测定，但该电泳系统的蓝色背景与一些其他线粒体酶活性测定不兼容。作为替代系统，透明非变性聚丙烯酰胺凝胶电泳（clear native PAGE，CN-PAGE）可用于可视化线粒体酶的活性。

与 SDS-PAGE 相比，BN-PAGE 允许在非变性条件下进行蛋白质分离（Schagger and von Jagow，1991）。在完成电泳运行后使用考马斯亮蓝进行染色，从而可视化凝胶内的蛋白质（Fazekas et al.，1963）。相反，在 BN-PAGE 期间，在凝胶电泳之前将考马斯亮蓝添加到蛋白质级分中。由于其阴离子特性，它将负电荷引入蛋白质中，从而允许它们根据分子量进行分离。与阴离子洗涤剂十二烷基硫酸钠（SDS）相比，考马斯亮蓝不会使蛋白质变性，因此与表征酶活性法完全兼容。凝胶内酶测定可根据活性直接鉴定凝胶中的酶。与用于蛋白质鉴定的蛋白质印迹法程序不同，凝胶内酶测定不需要抗体。然而，CN-PAGE 是一种特别温和的方法，与蓝色背景形成与否无关，省去了考马斯亮蓝的染色过程（Schagger et al.，1994）。结果，蛋白质分离完全基于蛋白质的固有电荷。但是 CN 凝胶的分离能力较低，不能进行分子量测定。理想情况下，它可用于酶活性的可视化，仅导致微弱的颜色变化，或者基于蓝色氧化还原染料的使用进行测定。Schertl 和 Braun（2015）提出 5 种 OXPHOS 复合物和 BN 凝胶内谷氨酸脱氢酶（GLDH）的活性测定方案。GLDH 催化植物线粒体中抗坏血酸生物合成途径的末端步骤（图 7-9）。此外，还提出了利用 CN-PAGE 进行凝胶内脯氨酸脱氢酶活性测定（Schertl and Braun，2015）。

7.5.4 三羧酸酶活性的测定

呼吸作用产生细胞维持和生长所需的 ATP。在有氧呼吸中，线粒体是完成这一过程的最后步骤，其通过氧化磷酸化过程生成大量 ATP。该途径始于丙酮酸（细胞质中糖酵解的产物）穿过两个线粒体膜脱羧并与辅酶 A（CoA）结合形成乙酰辅酶 A，产生 NADH 并在丙酮酸脱氢酶复合物（PDC）的作用下释放 CO_2。随后乙酰辅酶 A 在 TCA 循环相关酶催化的一系列反应中被氧化。在 TCA 循环中，乙酰辅酶 A 依次除去电子并用于将 NAD^+ 还原为 NADH 或将 FAD 还原为 $FADH_2$。在琥珀酰辅酶 A 合成酶催化的反应中，TCA 循环中有 ATP 产生（Millar et al.，2011）。TCA 循环由一组 8 种酶完成，分别是柠檬酸合酶、乌头酸酶、异柠檬酸脱氢酶、α-酮戊二酸脱氢酶、琥珀酰辅酶 A 合成酶、琥珀酸脱氢酶、延胡索酸酶和苹果酸脱氢酶。单个酶的活性都会影响代谢通量，从而决定呼吸速率。

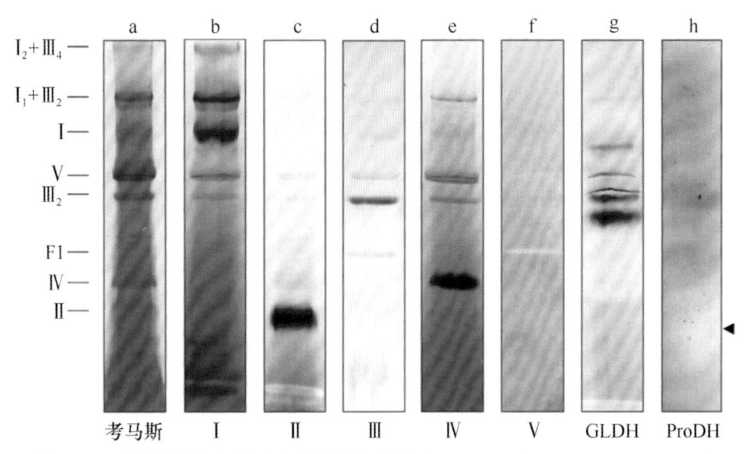

图 7-9　天然凝胶内线粒体酶的活性测定（Schertl and Braun，2015）

拟南芥线粒体蛋白质（500μg）通过毛地黄皂苷（digitonin）溶解，随后通过一维 BN-PAGE（a ～ g）或通过一维 CN-PAGE（h）分离。考马斯：考马斯亮蓝染色后凝胶条带，Ⅰ、Ⅱ、Ⅲ、Ⅳ和Ⅴ：复合物Ⅰ、Ⅱ、Ⅲ、Ⅳ和Ⅴ胶内染色后的凝胶条带，GLDH：GLDH 染色后凝胶条带，ProDH：ProDH 染色后凝胶条带。对于 ProDH 活性，经脯氨酸处理的拟南芥细胞的线粒体分离后并在一维 CN-PAGE 上分离。左侧代表分离的蛋白复合体和超复合体的一致性：I_2+III_4，由复合物Ⅰ的两个拷贝和二聚体复合物Ⅲ的两个拷贝组成的超复合物；I_1+III_2，由复合物Ⅰ的一个拷贝和二聚体复合物Ⅲ的一个拷贝组成的超复合物；Ⅰ，复合物Ⅰ；Ⅴ，ATP 合酶；III_2，二聚体复合物Ⅲ；Ⅳ，复合物Ⅳ；Ⅱ，复合物Ⅱ；F1，复合物Ⅴ的 F1 亚复合物

有两种主要的方法可用来量化酶的活性，停止时间测定和实时测定。虽然停止时间测定是进行高通量测定的最简单方法，但在考虑使用之前需要满足两个条件：反应速率必须是线性的；底物或产物进行分光光度法测定在孵育过程中必须是稳定的。停止时间测定适用于测定琥珀酰辅酶 A 合成酶。大多数线粒体酶活性通过实时测定确定，该方法提供了随时间变化的吸光度的连续测量。通过与分光光度计连接的软件，选择近似线性的区域来计算吸光度变化率（OD/min）。然后使用被测化合物的吸收系数（消光系数）将该速率转换为更具描述性的酶活性值。酶活性通常以每分钟每毫克蛋白质的摩尔数［mol/(min·mg 蛋白质)］表示（Huang et al.，2015）。

1. 丙酮酸脱氢酶复合物

线粒体丙酮酸脱氢酶复合物（pyruvate dehydrogenase complex，PDHC）位于细胞代谢的中心点，将糖酵解代谢与三羧酸循环联系起来。PDHC 是 TCA 循环的起始酶并催化下列反应：

$$\text{丙酮酸} + NAD^+ + CoA \longrightarrow \text{乙酰基} \longrightarrow CoA + CO_2 + NADH$$

复合物的活性依赖丙酮酸、二价阳离子、NAD^+ 和 CoA，并且被 NADH 和乙酰辅酶 A 相互竞争来抑制。通过分光光度法测量 340nm 处的吸光度来确定 PDHC 的活性。NADH 在 340nm（ε340）的消光系数为 6220L/(mol·cm)（Budde and Randall，1990；Moore et al.，1993）。Millar 等（1999）通过监测 25℃下 NADH 的形成量来确定马铃薯 PDHC 在纯化期间的活性。

2. 柠檬酸合酶

柠檬酸合酶（citrate synthase）催化以下反应：

$$\text{草酰乙酸} + \text{乙酰辅酶 A} + H_2O \longrightarrow \text{柠檬酸} + \text{巯基辅酶 A（CoA-SH）}$$

根据 3-乙酰吡啶腺嘌呤二核苷酸（APAD）的减少程度来确定柠檬酸合酶的活性。苹果酸脱氢酶将苹果酸盐氧化成草酰乙酸（OAA）与 APAD 还原偶联，如果 OAA 被柠檬酸合酶

催化，则偶联反应才可以进行，因为苹果酸脱氢酶催化的反应被 OAA 强烈抑制。因此整体的反应为

$$苹果酸 + 乙酰辅酶A + APAD^+ \longrightarrow 柠檬酸 + APADH + CoA\text{-}SH$$

通过分光光度法测量 365nm 处的吸光度来确定柠檬酸的活性。APADH 在 365nm（ε365）的消光系数为 6220L/(mol·cm)（Stitt et al.，1989；Jenner et al.，2001）。

3. 顺乌头酸酶

顺乌头酸酶（aconitase）催化以下反应：

$$柠檬酸 \rightleftharpoons 顺乌头酸 + H_2O \rightleftharpoons 异柠檬酸$$

偶联反应涉及使用以下反应式测量 $NADP^+$-异柠檬酸脱氢酶的活性：

$$异柠檬酸 + NADP^+ \longrightarrow \alpha\text{-}酮戊二酸 + CO_2 + NADPH + H^+$$

通过 340nm 处吸光度来确定 NADPH 合成速率。

4. 异柠檬酸脱氢酶

高等植物的 NAD 特异性异柠檬酸脱氢酶（isocitrate dehydrogenase）首先由 Davies 从豌豆线粒体中分离并部分纯化。异柠檬酸脱氢酶催化以下反应：

$$异柠檬酸 + NAD^+ \longrightarrow \alpha\text{-}酮戊二酸 + CO_2 + NADH + H^+$$

NADH 的合成速率可以通过直接测量 340nm 处的吸光度来确定（Cox and Davies，1967）。

5. α-酮戊二酸脱氢酶

在豌豆、水稻和拟南芥中研究了线粒体中 *α*-酮酸氧化的硫辛酸依赖性途径（Taylor et al.，2004）。*α*-酮戊二酸脱氢酶（*α*-ketoglutarate dehydrogenase）催化以下反应：

$$\alpha\text{-}酮戊二酸 + NAD^+ + CoA\text{-}SH \longrightarrow 琥珀酸辅酶A + NADH + H^+ + CO_2$$

NADH 的合成速率可以通过直接测量 340nm 处的吸光度来确定。NADH 在 340nm（ε340）的消光系数为 62 200L/(mol·cm)（Millar et al.，1999；Taylor et al.，2004）。

6. 琥珀酰辅酶 A 合成酶

琥珀酰辅酶 A 合成酶（succinyl-CoA synthetase）催化以下反应：

$$琥珀酰辅酶A + ADP + Pi \rightleftharpoons 琥珀酸 + CoA\text{-}SH + ATP$$

在此反应中，由琥珀酰辅酶 A 产生的 ATP 在 3-磷酸甘油醛氧化酶和 3-磷酸甘油醛脱氢酶组成的酶促循环中驱动 NADH 的氧化。该酶催化反应的完整反应如下：

$$琥珀酰辅酶A + ADP + Pi \rightleftharpoons 琥珀酸 + CoA\text{-}SH + ATP（琥珀酰辅酶A合成酶）$$

$$ATP + 丙三醇 \longrightarrow ADP + 3\text{-}磷酸甘油酸（甘油激酶）$$

$$O_2 + NADH + H^+ \longrightarrow H_2O_2 + NAD^+（3\text{-}磷酸甘油醛氧化酶/3\text{-}磷酸甘油醛脱氢酶循环）$$

NADH 的酶活可以通过测量 340nm 处的吸光度来确定。NAD^+ 在 340nm（ε340）的消光系数为 6220L/(mol·cm)。

7. 琥珀酸脱氢酶

琥珀酸脱氢酶（succinate dehydrogenase）（复合物Ⅱ）既是 TCA 循环中的酶，又是 ETC 复合物之一。琥珀酸脱氢酶催化以下反应：

$$琥珀酸 + UQ \longleftrightarrow 延胡索酸 + UQH_2$$

在该反应中，UQ 是来自琥珀酸的电子的受体吩嗪硫酸甲酯（PMS）为中间电子载体并与 2,6-二氯靛酚钠（DCPIP）偶联作为电子受体。通过分光光度法测定 DCPIP 在 600nm 处

的吸光度用于确定琥珀酸脱氢酶的活性。DCPIP 在 600nm 的消光系数为 0.021L/(mol·cm)（Oestreicher et al.，1973；Huang et al.，2010）。

8. 延胡索酸酶

延胡索酸酶（fumarase）催化以下反应：

$$延胡索酸 + H_2O \rightleftharpoons L\text{-}苹果酸$$

延胡索酸在 240nm 处的吸光度可以通过分光光度法直接记录（Cooper and Beevers，1969；Hatch，1978；MacDougall and Rees，1991）。延胡索酸在 240nm 的消光系数为 2530L/(mol·cm)。

9. 苹果酸脱氢酶

苹果酸脱氢酶（malate dehydrogenase）催化以下反应：

$$L\text{-}苹果酸 + NAD^+ \rightleftharpoons 草酰乙酸 + NADH + H^+$$

NADH 氧化导致 340nm 处吸光度降低，可直接通过此降低来测定酶活。NADH 在 340nm（ε340）的消光系数为 6220L/(mol·cm)（Cooper and Beevers，1969）。

10. NADH-UQ 氧化还原酶（复合物Ⅰ）

NADH-UQ 氧化还原酶（NADH-UQ oxidoreductase）是线粒体内膜中的大跨膜蛋白复合体，催化下列反应：

$$NADH + H^+ + CoQ + 4H^+_{in} \longrightarrow NAD^+ + CoQH_2 + 4H^+_{out}$$

NADH-UQ 氧化还原酶活性通常使用 FeCN 而不是 UQ 作为电子受体来测量。NADH 对 FeCN 的还原程度可以测量 420nm 下的吸光度，使用消光系数 0.001 03L/(mol·cm)（Friedrich et al.，1989；Herz et al.，1994）。

11. 细胞色素 c 氧化酶（复合物Ⅳ）

细胞色素 c 氧化酶是线粒体内膜中的大跨膜蛋白复合体，催化以下反应：

$$4Fe^{2+}\text{-}细胞色素\ c + 8H^+_{in} + O_2 \longrightarrow 4Fe^{3+}\text{-}细胞色素\ c + 2H_2O + 4H^+_{out}$$

细胞色素 c 氧化酶的活性可以利用分光光度法直接测定 550nm 处的吸光度来确定（MacDougall and Rees，1991）。来自牛心脏的细胞色素 c 在 550nm 的消光系数为 28L/(mol·cm)。

7.6　植物线粒体蛋白质的转运和代谢物的跨膜运输

7.6.1　线粒体蛋白质的跨膜运输

线粒体作为一种半自主性细胞器，有线粒体基因组、翻译和蛋白质合成系统（Endo and Yamano，2010），能够合成部分蛋白质，且通常是疏水膜蛋白，如 H^+-ATPase、细胞色素 c 氧化酶、NADH 泛醌氧化还原酶等复合物的亚基，此外还有部分核糖体蛋白也是由线粒体基因编码的（Oda et al.，1992），但这些蛋白质远不能满足其自身功能的需要。约 99% 的植物线粒体蛋白质是由核基因编码，在细胞质中合成，并依赖特定靶向信号转运至线粒体表面受体，然后进入适当的线粒体亚区（Pfanner et al.，2019），关于核基因编码蛋白向线粒体转运过程和机制的研究显得尤为必要。最早进行植物核基因编码蛋白跨膜研究是在 1987 年，目前人们在植物核基因编码蛋白向线粒体内转运过程和机制的研究方面已经取得了一定的进展（Boutry et al.，1987）。

7.6.1.1 前导序列与线粒体前体蛋白

绝大多数线粒体基质蛋白和部分内膜蛋白在转运至线粒体前都是以前体蛋白（precursor protein）的形式在细胞质基质中合成的，这些前体蛋白的氨基端具有一个可剪切的含有线粒体靶向信号的氨基酸延伸序列——前导序列（presequence）。这些序列所包含的信息可被线粒体外膜受体识别，并使前体蛋白通过 4 种不同的途径导入，实现在细胞膜上的定向易位（Ghifari et al.，2018）。虽然大量的前导序列已经已知，但它们长度变化较大，并没有表现出初级氨基酸序列的同源性。具有引导功能的前导序列所需的最低氨基酸数目目前仍不清楚，但已知最长的前导序列含有 85 个氨基酸，而大部分前导序列含有 20 ～ 60 个氨基酸，模式生物拟南芥中大多数前导序列都小于 40 个氨基酸（Ghifari et al.，2018），可能与剪切前导序列的线粒体加工肽酶（mitochondrial processing peptidase，MPP）只能剪切分子量小于 7000 的多肽有关。尽管如此，线粒体靶向前导序列仍具有一些共同的特征，如富集带正电荷的氨基酸而缺乏带负电荷的氨基酸，并显示出对丙氨酸、亮氨酸和丝氨酸的富集（Tanudji et al.，1999），此外，它们通常具有形成两亲性 α 螺旋（α-helix）的能力，这些特性对蛋白质向线粒体的输入均具有重要意义。

线粒体前导序列大致可分为两个域：N 端域和 C 端域。N 端域有形成 α 螺旋结构的潜力，并被认为具有靶向线粒体的功能；C 端域包含正确切割前导序列所需的信息，但不表现出对二级结构的任何偏好（Tanudji et al.，1999）。这两个域在功能上是相互独立的，但可能存在重叠。

据已有研究，并不是所有靶向线粒体的蛋白质均在其氨基端存在一个前导序列。在某些特殊情况下，前体蛋白在分子的中间或 C 端含有一个预先排序的靶向信号；此外可溶性膜间隙蛋白和膜蛋白在合成时并不具有可被剪切的前导序列，只在其成熟部分中含有内部靶向信号，特别是膜蛋白，其内部靶向信号通常被编码为多个独立的信号，并与跨膜段相关联（Endo and Yamano，2010）。

7.6.1.2 前体蛋白的加工

植物线粒体中大部分核基因编码蛋白的前导序列在前体蛋白转运过程中或转运完成后都会被 MPP 剪切去除（Luciano and Géli，1996），这种对前体蛋白的加工是由 MPP 催化完成的。在酵母和哺乳动物中，MPP 定位于基质，而在植物中，MPP 是呼吸链中细胞色素 bc1 复合物的重要组分，存在于线粒体内膜。MPP 是一种金属内肽酶，属于蛋白酶的加压素（pitrilysin）家族，它在催化位点含有一个反向的锌结合基序（HXXEHX74-76E），金属螯合剂 EDTA 可完全抑制 MPP 对前体蛋白的切割。

MPP 是 MPPα 和 MPPβ 两个亚基构成的异二聚体，催化位点位于 MPP 亚基 β（Shimokata et al.，1998），MPPα 的作用可能是作为底物识别亚基，与较长前导序列远离剪切位点一端的氨基酸发生作用。MPP 自身也是由核基因编码，在细胞质中合成后通过转运系统进入线粒体（Roberti et al.，2006）。

MPP 对前体蛋白识别与加工具有特异性。尽管前导序列并没有初级氨基酸序列的同源性或明显的共有加工序列，MPP 仍能特异性识别几百种线粒体前导序列并对其进行剪切。用菠菜叶片的细胞色素 bc1 复合物中的 MPP 催化 ATP 合酶 F1β-亚基前体蛋白的剪切，得到成熟蛋白和含有 54 个氨基酸残基的前导序列。以该前导序列 C 端的 17 个氨基酸合成的多肽含有一个α螺旋结构元件，能有效抑制MPP催化的加工过程；而从N端分离的18个氨基酸组成的多肽抑制效率较低（Sirrenberg et al.，1998）。由此可以看出，MPP识别的是前导序列C端的α螺旋元件而非N端区域。

7.6.1.3　分子伴侣在蛋白质跨膜运输中的作用

线粒体膜上具有称为转位酶的蛋白复合体，在胞质中合成的核基因编码蛋白必须通过这些转位酶的狭窄通道才能输入至线粒体，且这些通道最多只能够容纳一个α螺旋或一个完全展开的肽链通过（Craig，2018）。因此，延迟折叠但防止松弛的蛋白质聚集，对于蛋白质的有效转运是必要的。分子伴侣（molecular chaperone）可稳定未折叠或部分折叠蛋白质，防止多肽发生不适当的链内或链间相互作用，参与前体蛋白的转运、折叠和组装过程。

分子伴侣HSP70存在于所有主要的细胞间隔中，并在不同的细胞过程中发挥作用，从蛋白质折叠到蛋白复合体解体，再到蛋白质跨膜易位均离不开HSP70的参与。HSP70不仅可以与胞质中新合成的前体蛋白相互作用，抑制其不正常接触、不正常折叠；还具有引导前体蛋白穿过线粒体膜进入基质，促进不稳定蛋白质降解等功能。HSP70与底物的相互作用是由ATP的结合与水解控制的（Craig，2018）。ATP结合于HSP70的N端之后，HSP70同底物的结合与解离速率都非常快，当ATP发生水解，HSP70捕获底物蛋白。

此外，除了热激蛋白，折叠酶也作为一类分子伴侣参与蛋白质折叠，如蛋白质二硫键异构酶（protein disulfide isomerase，PDI），它能在体外条件下催化蛋白质分子折叠成有利于天然二硫键形成所需的构象，而不需要其他分子伴侣的帮助。

7.6.2　外膜蛋白TOM-内膜蛋白TIM

线粒体占真核细胞质量的20%左右，含有约1000种不同的蛋白质（Pfanner and Wiedemann，2002），其中约99%是由核基因编码在细胞质基质中合成后，以前体蛋白的形式转运至线粒体相应位置并发挥功能的。亲水性基质蛋白必须跨膜和膜间隙转运；疏水内膜蛋白必须在不插入细胞膜的情况下穿过外膜和亲水的膜间隙（Pfanner and Wiedemann，2002）。那么线粒体是如何完成一系列复杂过程的呢？最初，人们认为所有线粒体前体蛋白都是通过一个主要途径和机制导入的，即所谓的前导序列途径（presequence pathway）。这一途径由前体蛋白氨基端的前导序列作为经典的靶向信号，引导蛋白质通过外膜和内膜转位酶进入线粒体。但线粒体内膜代谢物载体蛋白可利用不同的信号和分选途径，表明线粒体蛋白质导入至少有两种途径：前导序列途径和载体途径（Chacinska et al.，2009）。近年，随着新的输入组分（如两膜偶联转位酶）和输入通路（如氧化还原调节的输入）发现，现认为在植物中主要存在4条途径用于胞质中合成蛋白质向线粒体输入：靶向基质与内膜的前导序列通路；靶向内膜的载体通路；靶向膜间隙由氧化还原反应调节的输入通路；靶向外膜的β通道通路（Chacinska et al.，2009）。

7.6.2.1　线粒体的入口——TOM

前体蛋白含有前导序列或内部信号序列，所包含的信息可被线粒体外膜受体识别，并使前体蛋白通过上述4种不同的蛋白质导入途径实现在膜上的定向易位。线粒体蛋白质导入装置由多个多亚基蛋白复合体组成，这些复合物能够识别、转移和组装线粒体蛋白质，使它们成为有功能的复合体（Verechshagina et al.，2018）。几乎所有线粒体前体蛋白都是通过外膜中的 TOM 复合物导入的（Duncan et al.，2013）。TOM 复合体是一种特别有趣的蛋白质转位酶，因为它能够介导各种不同类型的前体蛋白的转运，并有选择地将它们分布到多个下游蛋白质分选机器，尽管这些前体具有高度不同的外膜导入信号（Murcha et al.，2014）。TOM 的核心组分是 TOM40（Endo and Yamano，2010），TOM40 能够以 β 通道构象在外膜聚集，并形成水孔使前体蛋白通过（Dudek et al.，2013）。

TOM 复合体（图 7-10）主要包含 3 个受体亚单位：TOM20、TOM22 和 TOM70（及 TOM71），靶向前导序列的初始识别是通过 TOM20 受体进行的。在酵母和动物中，TOM20 受体是一种 N 端锚定蛋白，其 C 端区域则表现出底物特异性。植物 TOM20 最初是通过马铃薯的生化特性鉴定出来的（Janska et al.，1998），它与酵母、人类等其他生物中的 TOM20 不是同源的，且它们在结构上是相反的，植物 TOM20 通过 C 端结构域锚定在外膜上，而不是像在其他物种中观察到的通过 N 端锚定（Ghifari et al.，2018）。此外，植物中 TOM20 的前导序列结合域由两个独立的疏水 TPR 基序组成，这两个基序间的距离约为 20Å，不同于动物和真菌（前导序列上只有一个结合域）。对植物 TOM20 与 AOX（alternative oxidase）的前导序列、复合物 I 的 NADH 结合亚基、核糖体蛋白 10 结合进行研究，结果表明每个植物蛋白前导序列有两个由柔性连接隔开的结合域，植物与动物、真菌的这种差异可能是一种适应，从而有助于 TOM20 在众多相似的质体前导序列中特异性识别线粒体前导序列（Dudek et al.，2013）。

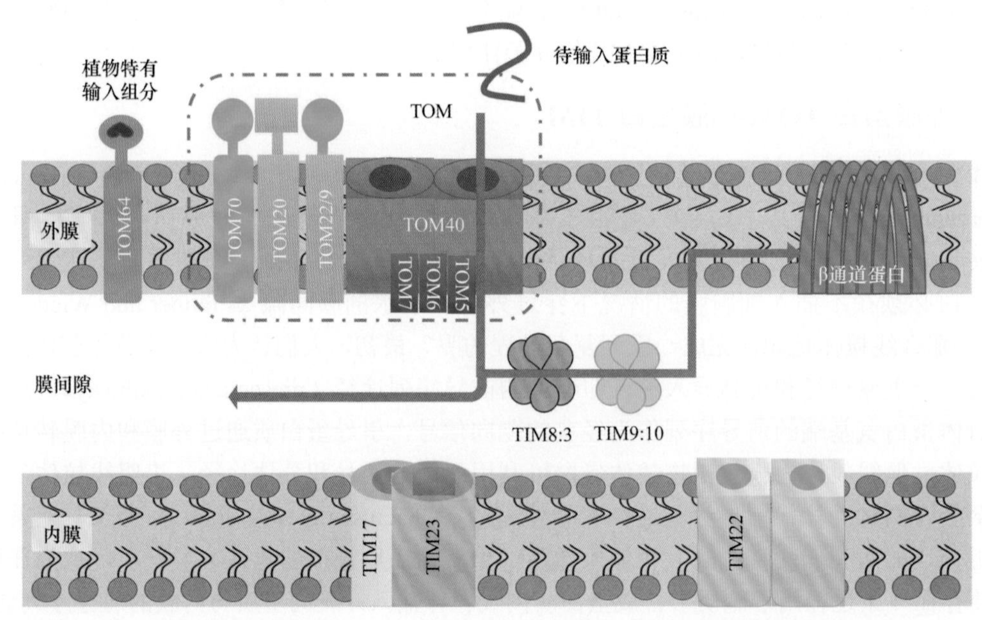

图 7-10　线粒体膜上的 TOM 和 TIM 蛋白复合体（改编自 Ghifari et al.，2018）

所有输入线粒体的前体蛋白都需要通过外膜的 TOM 蛋白复合体，其主要包含 3 个受体亚单位：TOM20、TOM22 和 TOM70；TOM 的核心组分是 TOM40（Endo and Yamano，2010），能够以 β 通道构象在外膜聚集；进入内膜或基质的蛋白质通过 TIM17:23 复合体和 TIM22 复合体两种蛋白复合体跨膜转运

在拟南芥中，共有 4 个基因编码 TOM20 蛋白。通过反向遗传学方法证明从拟南芥中去除 TOM20-2、TOM20-3 和 TOM20-4，将会导致 TOM20 对特异性前体蛋白的摄取能力显著下降，如 AOX 和载体蛋白 PiC，但 ATP 合酶的 FAd-亚基、双靶向蛋白谷胱甘肽还原酶不会受到影响（Bajaj et al.，2014）。单 T-DNA 插入突变体 *tom20-2*、*tom20-3* 及 *tom20-4* 均没有表

型，只有三重突变株系 *tom20-2::20-3::20-4* 表现出轻微的延迟生长（Bajaj et al.，2014）。

在酵母中，TOM22 可将进入的线粒体蛋白质从主要受体转移到输入孔，因此是一个二级受体。TOM22 的胞质结构域可以特异性地结合线粒体前导序列，并与 TOM20 和 TOM70 相互作用；其跨膜段被证明是 TOM 复合物的组织者，缺乏该结构域的突变体则无法组装完整的 TOM 复合物。植物线粒体中并不具备 TOM22 亚基，但 TOM9 被鉴定为 TOM22 在植物中的同源物。植物 TOM9 是酵母 TOM22 蛋白的一种截断形式，由跨膜和跨位点结构域组成，但缺乏大的细胞质区域。酵母中的 TOM22 可直接与前导序列结合，随后与两亲性 α 螺旋的亲水端相互作用，或者同时与 TOM20 及两亲性 α 螺旋的疏水端相互作用（Dudek et al.，2013）。而在植物系统中，由于缺乏受体域，TOM9 不能与线粒体前导序列相互作用，但可以与植物 TOM20 的疏水结合位点相互作用。

7.6.2.2 内膜蛋白转位酶

进入线粒体内膜或基质的蛋白质通过内膜蛋白转位酶 TIM17:23 和 TIM22 两种蛋白复合体跨膜转运，这两种蛋白复合体分别构成了一般导入途径和载体导入途径（Bajaj et al.，2014）。TIM17:23 复合体是最典型的内膜转位酶之一（Bajaj et al.，2014），由核心蛋白 TIM17、TIM23 及相关蛋白 TIM50、TIM21、TIM44、MGR2、PAM16、PAM17、PAM18、TIM15、MGE1 共 11 个亚基组成。这种转位酶是高度动态的，并以两种截然不同的形式存在：TIM17:23^{SORT} 是膜电位依赖型复合体，为前体蛋白侧位插入线粒体内膜所必需；TIM17:23^{MOTOR} 可与 PAM 复合物结合，在 ATP 驱动下将蛋白质插入线粒体基质中。TIM17:23 转位酶是一种电压敏感的通道，特异作用于含有 N 端靶向信号的蛋白质，植物中蛋白质的导入率主要由这种转位酶的丰度来调节（Bajaj et al.，2014）。

TIM17 和 TIM23 均由多个基因编码，属于 PRAT 家族蛋白。PRAT 家族在线粒体和叶绿体膜上具有转运多肽及代谢物的作用，它们在许多真核生物物种中的大规模存在证明了其进化和功能的重要性。TIM17 对于植物维持生存是必需的。TIM17-1 在种子萌发过程中起着特殊的作用。萌发阶段，光合作用形成之前线粒体的生物发生是 ATP 产生的主要来源，同样的，线粒体输入装置的表达在水稻和拟南芥的早期也最为丰富。TIM17-1 仅在干燥的种子中表达，且对胁迫高度敏感，它的表达受 ABA 响应启动子的调控，因此是第一个确定的受激素调节的线粒体蛋白质输入成分（Bajaj et al.，2014）。

TIM23 复合体的关键组分 TIM23，是线粒体内膜的成孔蛋白，其 N 端亲水结构域约有 100 个氨基酸，作为受体位于膜间隙。TIM23 与 TIM17 蛋白紧密相互作用，可参与易位孔的稳定和调控。拟南芥中 TIM23 有 3 种亚型：AtTIM23-1、AtTIM23-2 和 AtTIM23-3，它们的序列一致性为 70% ～ 92%，且三者与酵母中单一的 TIM23 蛋白均表现出不同程度的同源性，氨基酸序列同源性分别为 40%、39% 和 41%。在植物中，去除任何两个编码 TIM23 的基因都会导致胚胎致死表型，表明每种亚型在植物中都可能具有某种特殊的功能，且至少有 2 种亚型对种子的生存能力至关重要。

TIM22 复合体位于内膜，负责载体型蛋白的导入。在酵母中，它由 TIM22 转位酶及其辅助亚基 TIM18、TIM12、TIM54 和 SDH3 组成；SDH3 是琥珀酸脱氢酶复合物的亚基，可与 TIM18 相互作用并参与 TIM22 复合物的组装。TIM22 对于植物的存活是至关重要的，在拟南芥中，TIM22 由两个同源基因（At3g10110/At1g18320）编码，只要其中一个基因缺失就会导致植物不育和发育迟缓（Bajaj et al.，2014）。蛋白质组学研究发现植物 TIM22 可以与呼吸链复合物Ⅰ中分子质量为1000kDa的蛋白质共同迁移，尽管目前并没有研究可以将TIM23确认为复合物Ⅰ的亚基，但越来越多的蛋白质输入成分与呼吸链复合物或双定位、双功能亚基相互作用的例子支持了TIM22可能与呼吸链复合物Ⅰ有关的假设（Bajaj et al.，2014）。

7.6.3 三羧酸循环途径中间产物的跨膜转运

在植物中，线粒体功能与数百种代谢反应有关，其中有机酸，如苹果酸、延胡索酸和柠檬酸等的代谢，在细胞水平上对多种生化途径十分重要，包括能量产生、氨基酸生物合成及整个植物对环境的适应性（Sharma et al.，2016）。为了促进这些反应，各种反应底物及其辅因子需要通过专门的转运体穿过线粒体内膜（IMM）（Lee and Millar，2016）。这些线粒体转运体不仅受电化学梯度调控，还受转录协同调控，进而满足不同发育和环境条件下的动态代谢需求（Lee and Millar，2016）。

7.6.3.1 植物线粒体转运体

作为细胞的动力装置，植物线粒体是一个具有双层膜的结构，如前所述其外膜上有许多以蛋白质为基础的孔，可以让离子、分子和一些小分子量蛋白通过，相比之下，内膜的渗透性要差得多，就像细胞的质膜一样。内膜包裹的线粒体基质是柠檬酸循环的场所，丙酮酸作为其初始反应物位于细胞质基质中，需要跨过线粒体的双层膜转运至线粒体基质进行反应。同时，在此反应过程中产生的电子会通过内膜上的电子传递链从一种蛋白复合体传递到另一种蛋白复合体，最终与电子传递链末端的电子受体——氧结合生成水，同时产生ATP。在电子传递过程中，参与其中的蛋白复合体还会将质子从基质推至膜间隙，进而产生质子的浓度梯度。在植物中，线粒体除为植物细胞提供能量外，还与质体和过氧化物酶体等的代谢之间存在着密切联系，其功能与数百种代谢反应有关。为了促进这些反应，带电荷的底物和一些辅因子需要通过专门的转运体穿过不渗透电荷的线粒体内膜，同时必须要与电化学梯度协同工作（Lee and Millar，2016）。综上所述，线粒体内膜上的转运体对线粒体功能的维持、细胞内各代谢反应的进行都至关重要。

线粒体载体蛋白家族（MCF）被认为是一系列具有高度保守跨膜结构域的膜蛋白的集合，常见于真核生物的IMM中，可催化质子、金属离子、辅因子、氨基酸和有机酸等通过线粒体内膜（Lee and Millar，2016）。但在模式生物拟南芥中，通过蛋白质组学分析及定位研究发现，已鉴定的58种MCF蛋白中至少有12个成员定位于非线粒体区（Ferdinando et al.，2011）。其中，SAMTL、NDT1、BT1、PAPST1、MFL1、FOLT1均定位于叶绿体，PXN和PNC1定位于过氧化物酶体，其余3种定位于细胞的其他部位（Lee and Millar，2016）。

此外，近年对哺乳动物和酵母中一系列非MCF型转运蛋白的表征，拓展了线粒体内膜转运蛋白的研究领域（Haynes et al.，2013）。从植物线粒体中也已经鉴定出了一些非MCF型转运体，部分线粒体关键代谢物，如TCA循环中的丙酮酸、γ-氨基丁酸，都是通过这种转运体转运的（Simon et al.，2011）。

7.6.3.2 植物线粒体转运体的物质运输

根据底物类型可将IMM转运体分为4类：无机离子转运体、辅因子（cofactor）转运体、核苷酸转运体、TCA循环中间产物转运体（Lee and Millar，2016）。其中，无机离子如金属离子Mg^{2+}、$Fe^{3+/2+}$分别由MGT、MIT转运体转运，而Ca^{2+}则具有多个转运体，如MCU、LETM、GLR3.5转运体；乙酰辅酶A、TPP等辅因子则分别由转运体CoAc和ThDP进行转运；

核苷酸转运体则主要包括NDT、APC、ADNT、AAC，负责ATP、ADP等的转运（图7-11）。TCA循环是线粒体内的关键代谢途径，下面将以丙酮酸和苹果酸为例，对TCA循环途径中间产物的跨膜转运及其转运体进行详细阐述。

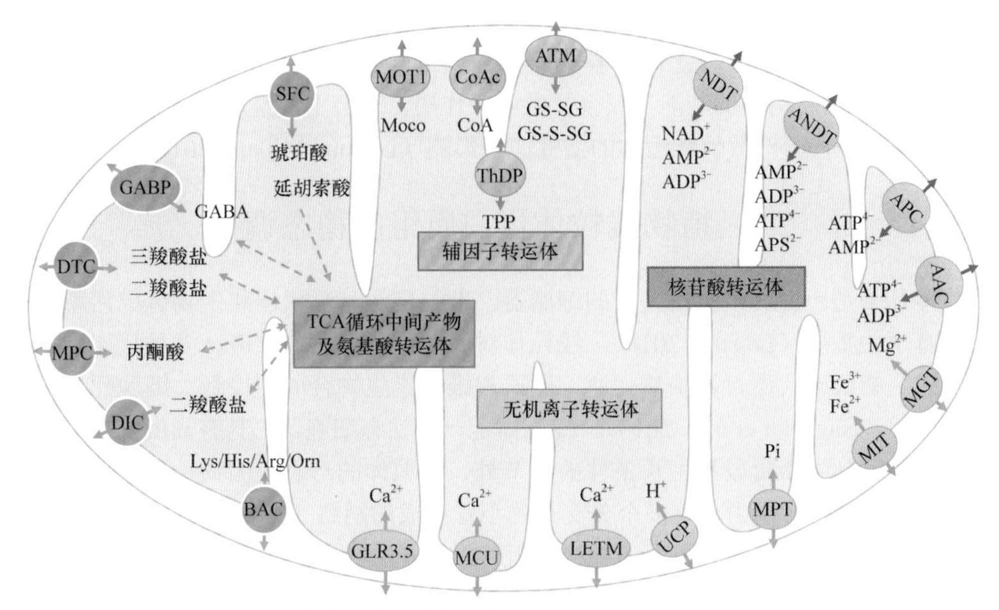

图7-11　植物线粒体内膜转运体（改编自Lee and Millar，2016）

丙酮酸是糖酵解的最终产物，在细胞质中产生，并转运至线粒体，为柠檬酸循环提供碳源，转运过程受细胞能量的调节。目前已经鉴定出多种负责转运丙酮酸的线粒体膜蛋白，其中包括线粒体丙酮酸载体蛋白（MPC）（Lee and Millar，2016）。MPC是一种具有3个跨膜螺旋的小膜蛋白（15kDa），在酵母中可调节线粒体对丙酮酸的摄取。这些蛋白质在多种生物中高度保守，拟南芥中含有5种MPC家族蛋白，其中包括调节气孔开放的MPC2同源蛋白NRGA1。NRGA1由5个外显子组成，编码108个氨基酸残基，经预测分子质量为12.2kDa（Lee and Millar，2016）。

植物细胞具有特定的转位因子用来交换二羧酸盐，如苹果酸盐和草酰乙酸盐。苹果酸盐是一种多用途的植物代谢化合物，可以很容易地跨亚细胞膜进行运输，并可作为线粒体生成ATP或向胞质提供NADH的底物（Selinski and Scheibe，2018）。特定的二羧酸盐在线粒体膜的转运是初级氨基酸合成、脂肪酸代谢、糖异生和异戊二烯生物合成等代谢过程所必需的（Selinski and Scheibe，2018）。植物细胞线粒体中具有多种二羧酸转运体，催化二羧酸盐在线粒体膜上转移。其中，二羧酸盐/三羧酸盐转运体DTC可通过反交换介导二羧酸盐（2-OG、草酰乙酸、苹果酸和琥珀酸）和三羧酸盐（柠檬酸、异柠檬酸和乌头酸）的转运，进而换取磷酸盐或硫酸盐以补充三羧酸循环。此外，植物线粒体中还存在另一种二羧酸转运体SFC（Nathalie et al.，2002）。

7.6.3.3　植物线粒体转运体的动力学特征

对于具有底物特异性的转运体，其底物的性质、pH和电势差对其的调节、转运方式也是有差异的（Sharma et al.，2016）。例如，MCU转运体对Ca^{2+}的转运是受电势差驱动的，但另一个Ca^{2+}转运体LETM是电中性的，其转运能力受质子梯度的调节（Tsai and Miller，2014）。

氧化磷酸化的状态会对 IMM 转运体的动力学行为、特异性、转运方向和协同性产生影响。氧化应激条件下，各种活性氧（ROS）和脂质过氧化产物可能会通过翻译后修饰或改变 IMM 转运体各构象的化学计量比而改变它们的活性（Quinlan et al.，2012）。此外，由于 ETC 活性与 ROS 的形成密切相关，因此线粒体的运作将不可避免地成为 ATP 合酶、电势差调节转运体和 pH 调节转运体三方之间的拉力赛，而受到自由能可用性的限制（Lee and Millar，2016）。破坏线粒体转运体的功能不仅会扰乱呼吸作用，还会干扰整体电荷平衡，进而改变线粒体膜上的电势差，并对其他转运体的活性产生影响（Lee and Millar，2016）。

7.7 植物线粒体蛋白质组的稳态调控

线粒体几乎是所有真核生物共有的细胞器，参与广泛分解代谢和生物合成活动，对植物的生长发育至关重要（Logan，2010）。线粒体对于能量的产生和供应、多种代谢途径，如细胞内钙稳态、初级碳代谢、氨基酸代谢、脂质和维生素生物合成的控制、细胞死亡的调控都是必不可少的（Nagaoka et al.，2017）。线粒体是一种动态细胞器，具有高度的运动性并可以改变形状。除受到生命阶段和生长条件的调节外，线粒体的形态还因物种不同而异，在酵母和哺乳动物细胞中可形成由具有多个分支点的小管组成的网络（Nagaoka et al.，2017），而在植物中通常是由空间上分离但又具有高度交互性的细胞器组成的群体。此外，线粒体可以通过融合和分裂改变其数量与形状，从一个单一的网络到数百个粒子，但其在细胞中的总体积并不改变（Arimura，2017）。

通过查询文献中的数据和/或公共可用数据库中的亚细胞定位预测评分［SUBA3; ARAMEMNON7.0］，在拟南芥中共 504 个蛋白质可以高度确定为线粒体定位蛋白，其中约 22% 为丙酮酸代谢/TCA 循环和 OXPHOS 系统组分，另有类似数量（约 20%）的蛋白质为线粒体基因表达和维持机制所必需的亚单位（Pong et al.，2013）。线粒体蛋白质组不是静态的，而是有许多动态调节的成分，以满足细胞在不同发育和/或环境条件下的能量和代谢需求。在不同的物种中，甚至同一物种不同器官、组织、细胞中，线粒体蛋白质组也是不同的，此外受昼夜节律的影响，线粒体蛋白质组也会有所波动。例如，实验通过对拟南芥幼苗 24h 内 10 个不同时间点线粒体蛋白质组进行定量比较，揭示了中心碳代谢中白天（光合作用）和夜晚（非光合作用）合成增强的蛋白质（Lee et al.，2011）。

7.7.1 植物线粒体的分裂与融合

线粒体需要经历连续的分裂和融合周期。这两个拮抗过程同时起作用，可调节细胞内线粒体的数量、大小和形状，对于维持线粒体的正常功能是必需的（表 7-2）。在植物中，改变线粒体分裂（fission）和融合（fusion）之间的平衡可以产生许多直接和间接的影响（Arimura，2017）。

表 7-2 线粒体分裂与融合因子的同源关系（Arimura，2017）

生物过程	酵母	拟南芥	定位、特征、功能
线粒体分裂	Dnm1	DRP3A，DRP3B	胞质；形成 GTPase 环
	Fis1	FIS1A，FIS1B	线粒体外膜；与 DRP 的定位相关
线粒体融合	Clu1	FMT	胞质和线粒体外膜；缺乏会导致线粒体聚集

7.7.1.1　线粒体分裂

线粒体不是从头合成的，而是由现有线粒体分裂产生的，所以线粒体分裂是真核生物存在的基础（Nagaoka et al.，2017）。拟南芥线粒体分裂机制（图 7-12）由保守蛋白如动力相关蛋白 3（DRP3A、DRP3B）和裂变蛋白 1（FIS1），以及植物特异性因子如 ELM1 和过氧化物酶体线粒体分裂因子 1（PMD1）等组成。

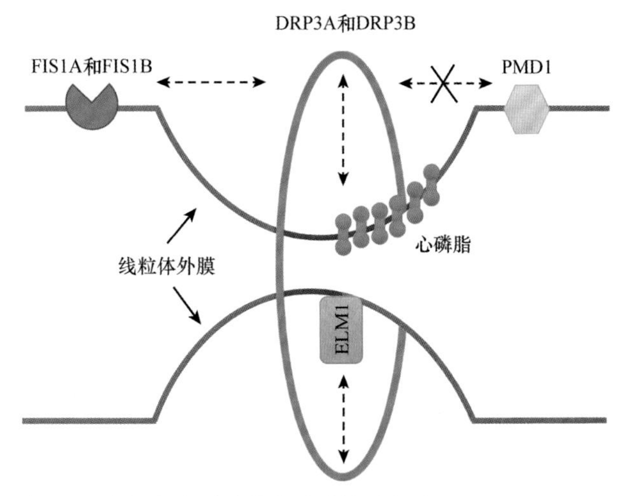

图 7-12　参与拟南芥线粒体分裂的蛋白质（Pan et al.，2015）

心磷脂作为线粒体的标志性脂质，在线粒体分裂过程中起重要的调节作用，在拟南芥心磷脂合成酶突变体中 DRP3A 和 DRP3B 不能正确定位到线粒体，线粒体增大

Dnm1 为酵母中的动力相关蛋白，是最早被发现并进行研究的线粒体分裂蛋白。它可被招募到线粒体的分裂位点，随后聚合形成环状寡聚体并依赖 GTPase 活性进行收缩，从而促进线粒体的分裂。拟南芥中有两种动力相关蛋白（DRP3A 和 DRP3B）参与线粒体分裂。这两种蛋白质均是 Dnm1 的功能同源蛋白，并且是冗余的。在 *drp3a drp3b* 双突变体中，线粒体不分裂而形成一个巨大的伸长的网状结构（Nagaoka et al.，2017）。与 Dnm1 一样，Drpl 也被招募到线粒体分裂位点发挥作用，线粒体外膜蛋白 Mff 和 MiD49/51 在此过程中发挥重要作用。Mff 是一种线粒体分裂因子，含有 Mff 亚基的蛋白质可作为 DRP1 的受体，并与 DRP1 相互作用。此外，MiD49、MiD51 与 DRP1、FIS1 相互作用，在没有 Mff 和 FIS1 的情况下介导 DRP1 被线粒体募集（Pan and Hu，2015）。

Dnm1 从细胞质基质被招募至线粒体的过程需要适配器蛋白 Mdv1（同源物 Caf4）的参与，它可以与 Dnm1 和 FIS1 相互作用。FIS1 是一种新型的线粒体外膜蛋白，对于 Dnm1 在线粒体分裂过程中的合理分布和功能至关重要（Mozdy et al.，2000）。FIS1 的同源物在真核生物中普遍存在，如拟南芥中的 FIS1A/BIGYIN 和 FIS1B（Nagaoka et al.，2017），二者可靶向线粒体、过氧化物酶体和叶绿体，并促进线粒体分裂。研究发现突变体 *bigyin1-1* 和 *bigyin1-2* 具有异常的线粒体表型，其特征是单个线粒体的大小增加，同时每个细胞的线粒体数量减少（Scott et al.，2006）。此外，拟南芥 FIS1A 也定位于叶绿体，表明它可能在叶绿体动力学中发挥作用（Pan and Hu，2015）。

植物特异性分裂因子 ELM1 定位于线粒体外膜表面，与 DRP3 发生相互作用，以非 FIS1 依赖的方式将 DRP3 转运至线粒体（Pan and Hu，2015）。在拟南芥 *elm1* 突变体中，线粒体被拉长（Arimura，2017）。另外两种线粒体外膜蛋白［过氧化物酶体和线粒体分裂因子 1（PMD1 与 PMD2）］也参与线粒体的分裂，它们独立于 FIS1-DRP3 复合物发挥作用（Arimura，2017）。

7.7.1.2 线粒体分裂的调控

心磷脂（CL）被认为是线粒体的标志性脂质。它是一种阴离子磷脂，具有二聚体结构，含有一个甘油三酯骨架和 4 个酰基，心磷脂主要存在于线粒体内膜中。在酵母和哺乳动物细胞中，心磷脂是分裂和融合蛋白进行定位或发挥功能所必需的（Arimura，2017）。心磷脂合成酶（CLS）被破坏会导致线粒体极度伸长和扩大。CL 在线粒体分裂中的作用，在一定程度上是通过稳定 DRP3 蛋白复合体实现的，在拟南芥心磷脂合成酶突变体中线粒体增大，DRP3A/3B 不能正确定位到线粒体（Arimura，2017）。

在酵母和哺乳动物细胞中，内质网（ER）也参与线粒体分裂。线粒体分裂发生在 ER 小管与线粒体接触的部位，并在动力蛋白相关蛋白定位前介导收缩，类似的过程也发生在拟南芥和小立碗藓中（Arimura，2017）。

植物线粒体外膜存在从线粒体主体延伸出的小突起，称为线粒体外膜突出物（MOP）（Arimura，2017）。一些 MOP 的顶端可脱离形成更小的碎片，类似于哺乳动物细胞中线粒体衍生的小泡 MDV。在拟南芥 *drp3a drp3b* 双突变体中也发现了 MOP 和类 MDV 样结构，表明依赖 DRP3 的线粒体分裂不需要这些结构的参与。

线粒体的分裂还与所在细胞的分裂周期有关。线粒体 DNA 复制数量会因组织和发育阶段的不同而有很大的差异，但与植物细胞周期没有直接的联系。而线粒体基因组的结构和组成在细胞周期中似乎有所不同（Cupp and Nielsen，2014）。在植物细胞中，已经观察到围绕细胞核的笼状线粒体，并且这种集中的结构在整个细胞周期中都存在，在细胞分裂后期伴随胞质分裂而分离。在细胞分裂的准备过程中，这个大的笼状线粒体会分裂成两个结构，分裂后产生小线粒体。具有不同拷贝数的结构复杂的线粒体 DNA（mtDNA）分子在分裂时被分离至这些较小的外围线粒体中。这也可能是某些线粒体的基因组不完全相同的原因（Cupp and Nielsen，2014）。

7.7.1.3 线粒体融合

酵母中线粒体融合主要由 Mfn1/Fzo1 和 Opa1/Mgm1 介导，二者分别锚定在外膜和内膜上，有助于线粒体之间的膜融合。尽管线粒体融合确实发生在植物中，但迄今为止，还没有在任何植物中发现动力相关蛋白或参与线粒体融合的其他蛋白质的功能同源物（Arimura，2017）。但在拟南芥中，*fmt*（友好线粒体）突变体在每个细胞中都聚集了部分线粒体，因此 FMT 蛋白被认为在线粒体融合前介导其间歇性结合（El Zawily et al.，2014）。大量线粒体融合（MMF）在拟南芥种子的萌发过程中发挥着重要作用，MMF 可能促进类核（DNA-蛋白质复合物）传递、mtDNA 重组和线粒体成分均质化，从而为新一代线粒体群体提供一种质量控制。

线粒体分裂时，其中的类核并不总是均等分裂，导致在单个细胞中含有不同数量 DNA 的线粒体共存（Nagaoka et al.，2017）。线粒体内 DNA 含量的异质性可以通过线粒体的频繁和短暂融合来克服（Cupp and Nielsen，2014）。线粒体的高度动态性在 mtDNA 的遗传和维持中起着重要作用。例如，失去融合能力的酵母细胞线粒体显示出 mtDNA 的快速丢失、细胞呼吸的相应缺陷。另外，线粒体分裂缺陷的细胞，会在细胞的某一个部分积累大量的线粒体网络，使得其他部分没有功能性线粒体（Woloszynska et al.，2012）。

7.7.2　蛋白酶、短肽酶和分子伴侣

线粒体在能量产生和许多重要的代谢途径、信号通路的整合中起着重要的作用，使得它们对于细胞的功能至关重要（Woloszynska et al.，2012）。线粒体虽然具有自己的基因组和蛋白质合成系统，但其大部分蛋白质是由核基因编码并在细胞质中合成后转运至线粒体的，因此其蛋白质组的稳态需要由复杂的蛋白质质量控制系统来维持。线粒体蛋白质组的质量控制主要由帮助蛋白质正确折叠的分子伴侣和清除错误折叠蛋白质的蛋白酶与短肽酶来实现（Baker and Haynes，2011）。植物线粒体、质体和过氧化物酶体中被认为含有200种短肽酶、蛋白酶和用于内部蛋白质质量控制的分子伴侣，但是其中只有一部分蛋白质具有特征功能（表7-3）。同时，线粒体需要加工肽酶、蛋白酶和氨基肽酶等的活性，以实现多种功能。例如，去除核基因编码的细胞器蛋白质的前导序列；切除线粒体/叶绿体基因编码蛋白N端的甲硫氨酸；切除蛋白质C/N端的附加部分，使之成熟或稳定，也有可能激活相关蛋白质去除错误折叠、损坏或聚集的蛋白质；对于受到胁迫的植物，产生蛋白质降解产物作为呼吸底物（van Wijk，2015）。此外，线粒体与叶绿体和过氧化物酶体还会通过各种代谢途径进行功能耦合，如光呼吸（在所有3个细胞器之间）、生物素合成（在过氧化物酶体和线粒体之间）等，因此需要通过蛋白质水解协调它们的蛋白质组组成（van Wijk，2015）。

表7-3　定位于线粒体的蛋白酶、分子伴侣的特征与功能（改编自van Wijk，2015）

蛋白酶/分子伴侣（家族）名称	在植物中的底物和功能
负责前序列的加工、成熟和循环的蛋白酶	
MPPα和MPPβ，PREP1和PREP2	线粒体靶向肽（mTP）的N端可被MPP切割；PREP1和PREP2可以降解mTP；MPPα和MPPβ分别为非催化和催化亚基
OOP，OCT1	OOP被认为可以降解mTP或其他多肽；基于同源性，OCT1可能有助于线粒体蛋白质N端成熟
N端氨基肽酶（MAP1B、MAP1C、ICP55等）	MAP在N端甲硫氨酸去除中发挥功能；ICP55帮助细胞器蛋白质N端成熟
ATP-依赖型蛋白酶	
Clp	Clp系统是一种普通的持家蛋白酶，但也有特定的底物
FtsH1～FtsH12，FtsHi1～FtsHi5	非活性FtsHi参与质体分裂，可能与其他FtsH家族成员形成复合物
Lon1～Lon4，iLon1～iLon4	在线粒体中功能丧失会导致呼吸和折叠应激表型
ATP-非依赖型蛋白酶	
DEG1～DEG16 （DEG6和DEG16缺乏蛋白酶位点）	DEG蛋白在线粒体中起着普通的持家蛋白酶的作用；DEG1、DEG2、DEG5、DEG8的底物是D1；DEG15在PTS2的裂解中发挥作用
内膜蛋白酶	
Rhomboid（19 Rhomboids和iRHOM）	底物未知，但预测是跨膜蛋白；iRHOM是非肽酶同源体，具有未知的功能
分子伴侣	
HSP90（AtHSP90-6）	促进信号分子成熟，基因缓冲
sHSP（HSP23）	防止聚集，稳定非天然蛋白质

注：线粒体蛋白质组的质量控制主要由帮助蛋白质正确折叠的分子伴侣、清除错误折叠蛋白质的蛋白酶与短肽酶来实现，其中定位于线粒体的蛋白酶可根据功能和特性分为：①负责前序列的加工、成熟和循环的蛋白酶，主要包括MPPα和MPPβ、PREP1和PREP2、OOP、OCT1、N端氨基肽酶；②ATP-依赖型蛋白酶（Clp、FtsH1～FtsH12、FtsHi1～FtsHi5、Lon1～Lon4、iLon1～iLon4）和ATP-非依赖型蛋白酶（DEG1～DEG16）；③内膜蛋白酶（Rhomboid）

7.7.2.1 蛋白酶与寡肽酶

细胞器蛋白质水解系统由肽酶和几个 ATP 蛋白酶和短肽酶组成，它们在蛋白质成熟、降解和氨基酸循环过程中起重要作用（Li et al.，2017）。线粒体的蛋白质水解系统可以特异性识别并处理或降解线粒体中的蛋白质，该系统的肽酶高度保守，可分为 3 组，加工肽酶、ATP 依赖的蛋白酶和短肽酶（Käser and Langer，2000）。加工肽酶介导有限的蛋白质水解，而 ATP 依赖的蛋白酶和寡肽酶本身能够感知其底物的折叠状态，并可依次将蛋白质降解为单个氨基酸（Kwasniak et al.，2012）。其中 ATP 依赖的蛋白酶是线粒体蛋白质质量控制系统的关键成分，可降解错误折叠、受损或未组装的蛋白质（Woloszynska et al.，2012）。植物线粒体中已鉴定出 3 种 ATP 依赖的蛋白酶家族，分别为位于线粒体基质中的 Lon、Clp 蛋白酶及 FtsH（Janska，2010）。这些家族的所有成员都有两个结构域：一个同源的 ATP 蛋白酶域，也称为 AAA（ATPase associated with various cellular activities）域；一个家族特异性蛋白质水解域（Kwasniak et al.，2012）。ATP 依赖的蛋白酶通常形成桶状的同源或异源寡聚物，并具有狭窄的中心孔结构。

Lon 是一种丝氨酸蛋白酶，在拟南芥中已经确定了 4 个编码该蛋白酶的基因，但只有两个产物 AtLon1 和 AtLon4 是靶向线粒体的（Oren et al.，2007）。线粒体 Lon1 缺失会破坏氧化磷酸化复合物和 TCA 循环酶，并导致特定线粒体蛋白质的积累。Li 等（2017）采用 ^{15}N 标记对 400 多个线粒体蛋白质的降解率进行了分析。发现突变体 *lon1-1* 相较于 WT 有 205 个蛋白质的降解率存在显著差异，其中有 140 个来自 *lon1-1* 的线粒体蛋白质降解率更高，65 个线粒体蛋白质的降解率较低（t 检验，$P<0.05$），这些蛋白质包括核糖体蛋白、电子传递链亚基和 TCA 循环酶（Li et al.，2017）。相对于 WT 的呼吸链复合物 Ⅰ 和 Ⅴ，蛋白质丰度降低与线粒体总提取物亚单位降解率升高有关。然而，BN-PAGE 分离之后，在 *lon1-1* 中组装的复合物降解较慢，较小的亚复合物降解较快；并且在不溶性组分中，许多 TCA 循环酶更为丰富，但蛋白质降解较慢，在可溶性组分中，TCA 循环酶的含量较低，但蛋白质降解更快（图 7-13）。上述结果与之前研究所报道的 Lon1 充当一种伴侣的角色相一致，它通过适当地折叠新合成 / 导入的蛋白质来稳定它们，并可作为降解线粒体蛋白聚集物的蛋白酶发挥作用（Li et al.，2017）。

7.7.2.2 分子伴侣

非生物胁迫通常导致蛋白质功能障碍，维持蛋白质的功能构象并防止非原生蛋白质聚集对于细胞在压力下存活尤为重要（Kapoor et al.，2015）。分子伴侣（molecular chaperone）能够识别并结合未完整折叠或装配的蛋白质，并帮助这些多肽正确折叠、转运或防止它们聚集，并且能够协助蛋白质在应激条件下重新折叠，进而维持蛋白质组的稳定，但伴侣蛋白不与目标蛋白共价结合，其本身也不参与最终产物的形成。它们可以通过重建正常的蛋白质构象从而恢复细胞内平衡，在保护植物免受胁迫方面发挥重要作用（Kapoor et al.，2015）。许多蛋白质都具有伴侣蛋白的活性。此外，许多分子伴侣是应激蛋白，其中许多最初被鉴定为热激蛋白（heat shock protein，HSP）（Lindquist，1988）。HSP/ 伴侣蛋白不仅在植物经历高温胁迫时表达，而且在植物对一系列其他环境损伤的反应中也表达，如水分、盐分、渗透、寒冷和氧化胁迫（Waters et al.，1996）。分子伴侣除了直接作用于获得性应激耐受，作为应激反应蛋白的主要种类，可能还与其他机制共同发挥作用，并通过与其他成分的协同作用减少细胞损伤（Kapoor et al.，2015）。

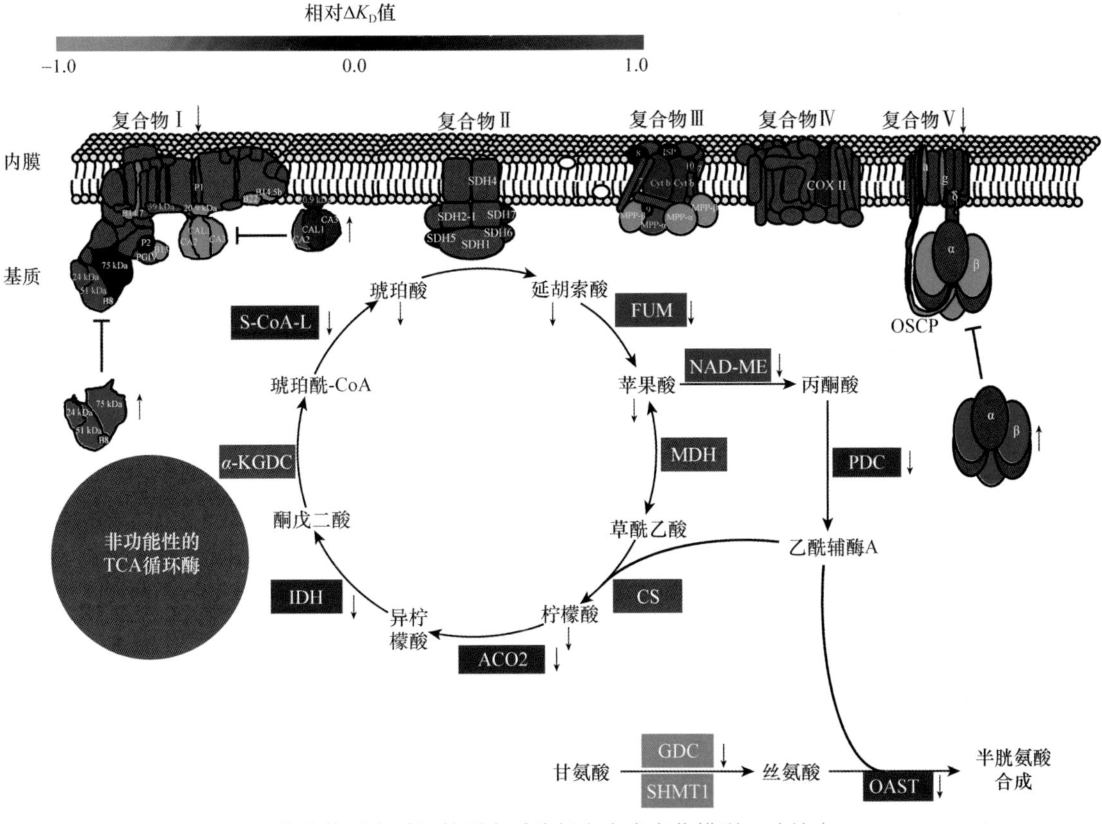

图 7-13 *lon1-1* 线粒体蛋白质组的蛋白质降解和丰度变化模型（改编自 Li et al.，2017）

每种元素的颜色描述的相对 ΔK_D 值（−1, 1）；未定量或未发生显著变化的蛋白质用灰色表示；向上与向下的箭头分别表示蛋白质丰度和代谢物丰度在 *lon1-1* 中增加与降低；快速降解非组装亚复合物，如复合物Ⅰ的 75kDa、51kDa 和 24kDa 亚基；碳酸酐酶相关亚复合物等在可溶性和不溶性组分中均有积累；由于缺乏 Lon1，这些未组装的亚复合物无法组装成全酶，减缓了包括复合物Ⅰ和Ⅴ在内的膜电子传递链复合物的生物发生与更新，导致它们的丰度较低，降解速度较慢；基质中的 TCA 循环酶在 *lon1-1* 中降解较快，丰度降低，这与报道的 TCA 循环代谢物丰度降低一致；光呼吸蛋白如 SHMT1 和 GDC 的水解依赖 Lon1，这些蛋白质在不存在 Lon1 时降解速度较慢，蛋白质水平升高

伴侣蛋白位于细胞质和细胞器中，如叶绿体、线粒体和内质网（Waters et al.，1996），其中 HSP90 家族中的 AtHSP90-6 和 sHSP 家族第五亚家族中的 HSP23 被预测定位于线粒体。HSP90 不同于许多其他分子伴侣，它的大多数已知底物是信号转导蛋白，如类固醇激素受体和信号激酶（Young et al.，2001）。HSP90 的主要作用是辅助蛋白质折叠，但它在信号转导网络、细胞周期控制、蛋白质降解和蛋白质转运方面也发挥着关键作用（Kapoor et al.，2015）。HSP90 是一种主要的分子伴侣，其功能的发挥需要 ATP 供能，且它是细胞中最丰富的蛋白质之一，占细胞蛋白质总量的 1% ～ 2%（Frydman，2001）。在拟南芥基因组中，HSP90 家族包括 7 个成员，由 *AtHSP90-1* 至 *AtHSP90-4* 组成胞质亚家族；预测 *AtHSP90-5*、*AtHSP90-6* 和 *AtHSP90-7* 分别定位于质体、线粒体和内质网（Krishna and Gloor，2001）。

sHSP 是低分子量的分子伴侣蛋白（1240kDa）。在植物中，HSP 家族蛋白在序列相似性、细胞位置和功能上比其他 HSP 伴侣蛋白更多样化。sHSP 在原核细胞和真核细胞中普遍存在，在分子伴侣的 5 个保守家族中（HSP70、HSP60、HSP90、HSP100 和 sHSP），sHSP 在植物中是最常见的。例如，在植物中有 6 个公认的亚家族，其中许多是高表达的。sHSP 主要是在热和其他胁迫条件下合成，且植物 sHSP 对包括热、冷、干旱、盐分和氧化胁迫在内的多种环境胁迫都有响应。但有些 sHSP 在某些特定的发育阶段才表达（Waters et al.，1996）。

伴侣蛋白 HSP60、HSP70 和 HSP90 可与多种辅伴侣蛋白相互作用，这些辅伴侣蛋白调节它们的活性或帮助特定底物蛋白折叠（Kapoor et al.，2015）。此外，许多分子伴侣之间也可协同发挥作用。植物在应激过程中，许多酶与结构蛋白和功能蛋白会发生有害的变化。因此，维持 HSP/ 分子伴侣蛋白网络的功能构象，防止非原生蛋白质聚集，使变性蛋白质重新折叠以恢复其功能构象，并去除非功能但可能有害的多肽（由错误折叠、变性或聚集引起），对于细胞在胁迫下存活尤为重要（Kapoor et al.，2015）。因此，不同种类的 HSP/ 伴侣蛋白在细胞保护方面相互协调，以 HSP/ 分子伴侣蛋白网络的形式共同发挥作用（图 7-14）。

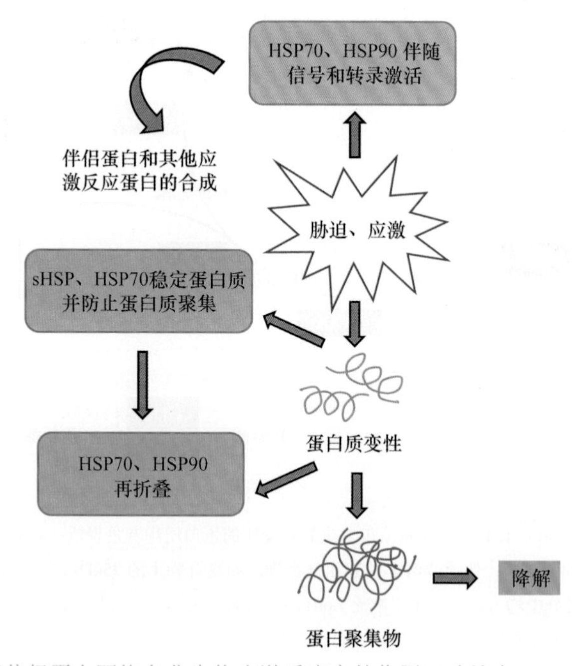

图 7-14 分子伴侣蛋白网络在非生物应激反应中的作用（改编自 Kapoor et al.，2015）

植物的非生物胁迫常常导致结构和功能蛋白的功能失调或者变性，维持蛋白质的功能构象并防止非原生蛋白质的聚集对细胞在应激条件下存活尤为重要。不同种类的 HSP/ 伴侣蛋白在保护蛋白质免受胁迫方面起着互补甚至重叠的作用。一些 HSP/ 伴侣蛋白（如 HSP70、HSP90）伴随着信号转导和转录激活，导致 HSP/ 伴侣蛋白的其他成员合成（如由热激因子 HSF 和其他应激反应蛋白控制的蛋白质），这些蛋白质共同发挥作用，帮助变性的蛋白质及蛋白聚集物降解

7.7.3 自噬体蛋白降解途径

蛋白质的稳态是由蛋白质合成和蛋白质降解两个过程共同决定的（Li et al.，2017）。细胞内蛋白质降解主要通过两个途径：自噬和泛素蛋白酶体途径，其中自噬是调控细胞内物质循环和细胞器稳态的过程，并可促进细胞存活或重新分配营养（Broda et al.，2018）。在正常的细胞条件下，自噬可能会回收积累的成分，如氧化损伤后的自噬（Xiong et al.，2007）；但在各种应激、衰老和细胞死亡条件下，自噬的速率会急剧增加（Liu et al.，2009）。在植物的自噬过程中，部分细胞质成分会被捕获进入具有双层膜结构的小泡中，随后在液泡中被降解。这种具有双层膜结构并在自噬过程中参与细胞成分降解的小泡称为自噬体，在植物的发育、应激反应、衰老和细胞程序性死亡等过程中发挥作用。

许多细胞细胞器都会经历自噬，包括内质网（ER）、细胞核、线粒体和叶绿体。其中，线粒体对能量代谢、生物合成和细胞死亡的调控都至关重要，同时参与应激反应和细胞内信

号转导。线粒体功能的一个关键组分是电子传递链（ETC），尽管它具有有益的作用，但也是导致氧化损伤的活性氧（ROS）的主要来源（Huang et al.，2016）。此外，功能失调的线粒体会消耗细胞内 ATP，导致能量损失（Gomes and Acta，2013）。因此，通过线粒体自噬来可控地清除功能障碍或多余的线粒体对于维持健康的线粒体种群非常重要。线粒体自噬是一种进化上保守的细胞过程，对植物自噬的超微结构观察已经发现了不同类型的自噬。在微自噬过程中，液泡膜吞噬细胞质的一部分并萌发，在液泡内形成膜结合的小泡；相反，巨自噬通过形成具有双层膜结构的自噬体而发生在液泡外（Broda et al.，2018）。

一项早期的研究报告称，在绿豆的自噬过程中，线粒体被包裹在一个类似 ER 的双层膜结构中，并观察到这些含有线粒体的自噬样结构与液泡发生融合（Toyooka et al.，2001）。近年来发现在拟南芥衰老过程中，线粒体蛋白质和线粒体囊泡可通过线粒体自噬（mitophagy）降解（Li et al.，2014）。对拟南芥培养细胞和拟南芥植株中的线粒体蛋白质降解速率进行研究，结果均显示植物细胞中线粒体蛋白质降解的基本速率为每天 5% ～ 10%，与某些酵母和哺乳动物细胞线粒体蛋白质的更替速度相近（Li et al.，2014）。植物线粒体基质蛋白 Lon1 的缺失会导致大量与呼吸相关的线粒体蛋白质更新增加，可能预示着线粒体自噬可被诱导（Pratt et al.，2002）。上述在植物中进行的一些研究似乎已经观察到了类似于线粒体自噬的过程，并表明在植物中这是一个可主动控制的过程。

自噬可分为选择性自噬（如线粒体自噬）和非选择性自噬，且二者都可以分为不同的阶段：起始阶段；对降解底物的识别阶段；成核阶段和吞噬泡的形成阶段；自噬体成熟；降解底物的运输；液泡（酵母和植物）的降解。这些过程受到包括 ATG 蛋白、膜结构和标记蛋白在内的信号通路、降解调控系统的严格控制（Broda et al.，2018）。此外，蛋白质的翻译后修饰，如泛素化、磷酸化和乙酰化在招募和定位自噬复合体中也发挥重要作用（Kamada et al.，2000）。现已经知道 ATG1 和 ATG13 的去磷酸化在营养饥饿诱导的酵母中对于 ATG1/13 复合物（自噬体形成所必需的复合物）的激活起着至关重要的作用，在植物中也可能如此（Kamada et al.，2000）。

最近，在拟南芥中发现了一种酵母 ATG11（和动物 FIP200）同源物，并被证明在缺氮条件下参与线粒体自噬（Doorn and Autophagy，2013）。在拟南芥中，ATG11 直接与 ATG8（与哺乳动物 LC3 同源）、ATG13 和 ATG10 相互作用，而与 ATG1 的相互作用是间接的，由 ATG13 主导。ATG11 有助于 ATG1/13 复合物连接，促进囊泡与液泡传递，但对于自噬体的组装并不是完全必要的（Broda et al.，2018）。

ATG7 在衰老诱导的线粒体吞噬过程中也很重要（Li et al.，2014）。ATG7 是一种类似 E1 的酶，可介导 ATG8 与磷脂酰乙醇胺（PE）、ATG12 与 ATG5 的结合，从而形成 ATG8-PE 和 ATG5-ATG12 复合物（Doelling and Chemistry，2002）。其中，ATG8-PE 复合物参与修饰成熟的自噬体膜，是观察植物自噬体形成的良好标志；而 ATG5-ATG12-ATG16L 复合物是一种类似 E3 的酶，通过 PE 对 ATG8 进行酯化（Ryabovol and Minibayeva，2016）。

7.7.4 植物线粒体的非折叠蛋白反应

线粒体为一个半自主性细胞器，其基质的独特之处在于，它必须整合来自细胞核和线粒体基因组的蛋白质的折叠和组装（Münch and Harper，2016）。线粒体内大概总共存在 1200 种蛋白质，其蛋白质组的动态平衡即蛋白质稳态尤为重要。当外界环境变化或代谢发生改变，线粒体容易遭受蛋白毒性压力（mitochondrial proteotoxic stress），即错误折叠的蛋白质不能及时降解而在细胞内积聚。线粒体蛋白毒性压力会对植物的生长发育造成损害，但可通过诱导多种修复途径来解决，其中包括激活逆行通路，如线粒体非折叠蛋白反应（UPR^{mt}）（Wang and Auwerx，2017）。线粒体非折叠蛋白反应是在线粒体受到干扰时产生的一种应激反应机制，这种机制不仅可通过线粒体与细胞核的交流来增加基质中伴侣蛋白（如 HSP6、HSP60）的可用性（Durieux et al.，2011），还可通过翻译抑制降低线粒体基质靶蛋白的合成，进而在一定程度上控制线粒体折叠累积与伴侣丰度之间的平衡，重建线粒体稳态平衡。

7.7.4.1 UPR^{mt} 的诱导因素

线粒体蛋白质稳态（protein homeostasis，proteostasis）主要由蛋白质的合成、折叠、分解等环节共同调节，伴侣蛋白（HSP6、HSP10）或蛋白酶（Lon、spg-7）等基因的敲低（knock down）会直接诱导 UPR^{mt} 相关基因的表达（Haynes et al.，2013）。另外，线粒体环状 DNA 的缺失也会直接触发 UPR^{mt}。UPR^{mt} 的产生用于维持线粒体中片段缺失的 DNA 的稳定（图 7-15），并且促进线粒体缺失 DNA 的扩增（Lin et al.，2016）。

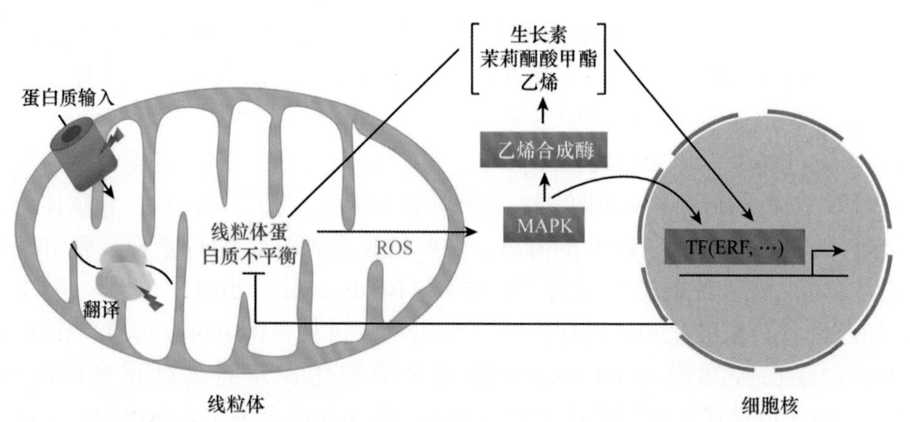

图 7-15　UPR^{mt} 模型（改编自 Wang and Auwerx，2017）

在植物中，UPR^{mt} 通路是由短暂的活性氧爆发触发的，并会激活 MAPK 和激素信号（如乙烯、生长素），这些信号作用于转录因子，进而维持线粒体蛋白质的稳定

UPR^{mt} 最先是在哺乳动物细胞中发现的，是一种线粒体压力信号通路，但关于它的调节，现在所知道的大部分都是在秀丽隐杆线虫中发现的（Mamh et al.，2017）。UPR^{mt} 的调控因子有很多，包括线粒体基质蛋白酶 ClpP、泛素样蛋白 UBL-5、转录因子 DVE-1、线粒体 ABC 转运蛋白 HAF-1、转录因子 ATFS-1（Nargund et al.，2012）。其中，具有碱性亮氨酸拉链（basic leucine zipper domain，bZIP）结构的转录因子 ATFS-1（activating transcription factor associated with stress-1）是 UPR^{mt} 的关键调控因子（图 7-15）。ATFS-1 具有核与线粒体双定位信号，在发生线粒体应激时，ATFS-1 向线粒体运输被抑制而在细胞质内积聚。但 ATFS-1 可通过 C 端核定位信号序列转移至细胞核中与核 DNA 结合，进而诱导线粒体的分子伴侣和蛋白酶等基因群转录。此外，ClpP 可水解不正确折叠的线粒体蛋白质，随后通过 HAF-1 促进线粒体释放活性肽，激活 UPR^{mt}（Haynes et al.，2013）。但 HAF-1 并不是激活 UPR^{mt} 所必需的，它只是一种调节剂，可影响 ATFS-1 的核积累。然而，植物使用不同的转录因子库，包括 AP2/ERF、MYB、NAC、bHLH 和 WRYK 转录因子家族成员对线粒体蛋白质进行质量控制（Wang and Auwerx，2017）。

7.7.4.2 植物特异的 UPR^{mt}

UPR^{mt} 在植物中是保守的，与动物中的“mitokines”（线粒体功能损伤，将启动细胞内的线粒体非折叠蛋白反应，使线粒体分子伴侣、蛋白酶、代谢相关基因等表达水平上调，重建线粒体稳态平衡。在多细胞机体内，不同组织之间也会感知并协调各自的线粒体非折叠蛋白反应，最终系统性调节机体整体的代谢水平并影响衰老进程。这种跨细胞、跨组织传递线粒体应激反应信号的过程，被定义为“mitokine”）相似，植物会利用一系列植物激素来维持线粒体蛋白质的稳定（Wang and Auwerx，2017）。植物至少利用包括乙烯、生长素和茉莉酮酸甲酯在内的一系列激素作为线粒体蛋白质毒性应激的系统信号。

在线粒体蛋白质毒性胁迫下，植物除了具有与动物相似的逆行调节机制，线粒体蛋白质毒性应激还可激活植物特异的 UPR^{mt}（Wang and Auwerx，2017）。在植物中，UPR^{mt} 通路是由短暂的活性氧爆发触发的，并会激活 MAPK 和激素信号，共同维持线粒体蛋白质稳定（Wang and Auwerx，2017）。

参 考 文 献

Adams K L, Palmer J D. 2003. Evolution of mitochondrial gene content: gene loss and transfer to the nucleus. Mol. Phylogenet. Evol., 29(3): 380-395.

Arimura S I. 2017. Fission and fusion of plant mitochondria, and genome maintenance. Plant Physiology, 176(1): 152-161.

Arora D, Abel N B, Liu C, et al. 2020. Establishment of proximity-dependent biotinylation approaches in different plant model systems. The Plant Cell, 32: 3388-3407.

Attallah C, Welchen E, Gonzalez D. 2010. The promoters of *Arabidopsis thaliana* genes atcox17-1 and -2, encoding a copper chaperone involved in cytochrome c oxidase biogenesis, are preferentially active in roots and anthers and induced by biotic and abiotic stress. Physiologia Plantarum, 129(1): 123-134.

Bajaj R, Jaremko L, Jaremko M, et al. 2014. Molecular basis of the dynamic structure of the TIM23 complex in the mitochondrial intermembrane space. Structure, 22(10): 1501-1511.

Baker B M, Haynes C M. 2011. Mitochondrial protein quality control during biogenesis and aging. Trends in Biochemical Sciences, 36(5): 254-261.

Balk J, Schaedler T A. 2014. Iron cofactor assembly in plants. Annu. Rev. Plant Biol., 65(1): 125-153.

Banting G S, Glerum D M. 2006. Mutational analysis of the saccharomyces cerevisiae cytochrome c oxidase assembly protein cox11p. Eukaryot Cell, 5(3): 568-578.

Bardy N, Carrasco A, Galaud J P, et al. 1998. Free-flow electrophoresis for fractionation of *Arabidopsis thaliana* membranes. Electrophoresis, 19(7): 1145-1153.

Baxter A, Mittler R, Suzuki N. 2014. Ros as key players in plant stress signalling. J. Exp. Bot., 65(5): 1229-1240.

Bekh-Ochir D, Shimada S, Yamagami A, et al. 2013. A novel mitochondrial DnaJ/Hsp40 family protein BIL2 promotes plant growth and resistance against environmental stress in brassinosteroid signaling. Planta, 237(6): 1509-1525.

Ben-David E, Burga A, Kruglyak L. 2017. A maternal-effect selfish genetic element in *Caenorhabditis elegans*. Science, 356(6342): 1051-1055.

Bergman A, Gardestrom P, Ericson I. 1980. Method to obtain a chlorophyll-free preparation of intact mitochondria from spinach leaves. Plant Physiol., 66(3): 442-445.

Bezawork-Geleta A, Rohlena J, Dong L, et al. 2017. Mitochondrial complex Ⅱ: at the crossroads. Trends Biochem. Sci., 42(4): 312-325.

Boutry M, Nagy F, Poulsen C, et al. 1987. Targeting of bacterial chloramphenicol acetyltransferase to mitochondria in transgenic plants. Nature, 328(6128): 340-342.

Brand M D. 2010. The sites and topology of mitochondrial superoxide production. Exp. Gerontol., 45(7-8): 466-472.

Branon T C, Bosch J A, Sanchez A D, et al. 2018. Efficient proximity labeling in living cells and organisms with turboid. Nat. Biotechnol., 36(9): 880-887.

Braun R J, Kinkl N, Zischka H, et al. 2009. 16-BAC/SDS-PAGE analysis of membrane proteins of yeast mitochondria purified by free flow electrophoresis. Methods Mol. Biol., 528: 83-107.

Broda M, Millar A H, Aken O V. 2018. Mitophagy: a mechanism for plant growth and survival. Trends in Plant Science, 23(5): 434-450.

Browne S E, Bowling A C, Baik M J, et al.1998. Metabolic dysfunction in familial, but not sporadic, amyotrophic lateral sclerosis. J. Neurochem., 71(1): 281-287.

Brownfield L, Yi J, Jiang H, et al. 2015. Organelles maintain spindle position in plant meiosis. Nat. Commun., 6: 6492.

Budde R J, Randall D D. 1990. Pea leaf mitochondrial pyruvate dehydrogenase complex is inactivated *in vivo* in a light-dependent manner. Proc. Natl. Acad. Sci. USA, 87(2): 673-676.

Carrie C, Weissenberger S, Soll J. 2016. Plant mitochondria contain the protein translocase subunits tatb and tatc. J. Cell Sci., 129(20): 3935-3947.

Cassarino D S, Bennett J P. 1999. An evaluation of the role of mitochondria in neurodegenerative diseases: mitochondrial mutations and oxidative pathology, protective nuclear responses, and cell death in neurodegeneration. Brain Res. Rev., 29(1): 1-25.

Chacinska A, Koehler C M, Milenkovic D, et al. 2009. Importing mitochondrial proteins: machineries and mechanisms. Cell, 138(4): 628-644.

Cheng S H, Zhuang J Y, Fan Y Y, et al. 2007. Progress in research and development on hybrid rice: a super-domesticate in China. Ann. Bot., 100(5): 959-966.

Chi W, Sun X, Zhang L. 2013. Intracellular signaling from plastid to nucleus. Annu. Rev. Plant Biol., 64: 559-582.

Clark L C, Wolf R, Granger D, et al.1953. Continuous recording of blood oxygen tensions by polarography. J. Appl. Physiol., 6(3): 189-193.

Clifton R, Millar A H, Whelan J. 2006. Alternative oxidases in *Arabidopsis*: a comparative analysis of differential expression in the gene family provides new insights into function of non-phosphorylating by passes. Biochim. Biophys. Acta, 1757(7): 730-741.

Colombatti F, Gonzalez D H, Welchen E. 2014. Plant mitochondria under pathogen attack: a sigh of relief or a last breath? Mitochondria., 19: 238-244.

Conlan B, Stoll T, Gorman J J, et al. 2018. Development of a rapid in planta bioid system as a probe for plasma membrane-associated immunity proteins. Front. Plant Sci., 9: 1882.

Considine M J, Goodman M, Echtay K S, et al. 2003. Superoxide stimulates a proton leak in potato mitochondria that is related to the activity of uncoupling protein. J. Biol. Chem., 278(25): 22298-22302.

Cooper T G, Beevers H. 1969. Mitochondria and glyoxysomes from castor bean endosperm. Enzyme constitutents and catalytic capacity. J. Biol. Chem., 244(13): 3507-3513.

Craig E A. 2018. Hsp70 at the membrane: driving protein translocation. BMC Biology, 16(1): 11.

Cupp J D, Nielsen B L. 2014. Minireview: DNA replication in plant mitochondria. Mitochondrion, 19: 231-237.

Dahal K, Vanlerberghe G C. 2017. Alternative oxidase respiration maintains both mitochondrial and chloroplast function during drought. New Phytol., 213(2): 560-571.

Day D, Neuburger M, Douce R. 1985. Biochemical characterization of chlorophyll-free mitochondria from pea leaves. Functional Plant Biology, 12(3): 219-228.

Dekkers B J, Pearce S, van Bolderen-Veldkamp R P, et al. 2013. Transcriptional dynamics of two seed compartments with opposing roles in *Arabidopsis* seed germination. Plant Physiol., 163(1): 205-215.

Dempsey D A, Klessig D F. 2012. SOS: too many signals for systemic acquired resistance? Trends Plant Sci., 17(9): 538-545.

Dhage A R, Desai B B, Naik R M, et al. 1992. Modification of the redox state of cytochrome c oxidase of rice due to certain stress treatments. Indian J. Biochem. Biophys., 29(5): 425-427.

Doelling J H, Walker J M, Friedman E M, et al. 2002. The ATG8/12-activating enzyme ATG7 is required for proper

nutrient recycling and senescence in *Arabidopsis thaliana*. J. Biol. Chem., 277(36): 33105-33114.
Doorn W G, Autophagy A J. 2013. Ultrastructure of autophagy in plant cells. Autophagy, 9(12): 1922-1936.
Dudek J, Rehling P, van der Laan M. 2013. Mitochondrial protein import: common principles and physiological networks. Biochim. Biophys. Acta, 1833(2): 274-285.
Dudkina N V, Eubel H, Keegstra W, et al. 2005. Structure of a mitochondrial supercomplex formed by respiratory-chain complexes Ⅰ and Ⅲ. Proc. Natl. Acad. Sci. USA, 102(9): 3225-3229.
Duncan O, Murcha M W, Whelan J. 2013. Unique components of the plant mitochondrial protein import apparatus. Biochimica et Biophysica Acta-Molecular Cell Research, 1833(2): 304-313.
Durieux J, Wolff S, Dillin A. 2011. The cell-non-autonomous nature of electron transport chain-mediated longevity. Cell, 144(1): 79-91.
Dutilleul C, Garmier M, Noctor G, et al. 2003. Leaf mitochondria modulate whole cell redox homeostasis, set antioxidant capacity, and determine stress resistance through altered signaling and diurnal regulation. Plant Cell, 15(5): 1212-1226.
El Zawily A M, Schwarzlander M, Finkemeier I, et al. 2014. Friendly regulates mitochondrial distribution, fusion, and quality control in *Arabidopsis*. Plant Physiol., 166(2): 808-828.
Endo T, Yamano K. 2010. Transport of proteins across or into the mitochondrial outer membrane. Biochimica et Biophysica Acta-Molecular Cell Research, 1803(6): 706-714.
Estabrook R W. 1967. Mitochondrial respiratory control and polarographic measurement of ADP/O ratio. Methods in Enzymology, 10(3): 41-47.
Eubel H, Lee C P, Kuo J, et al.2007. Free-flow electrophoresis for purification of plant mitochondria by surface charge. Plant J., 52(3): 583-594.
Fazekas D S, Groth S, Webster R G, et al. 1963. Two new staining procedures for quantitative estimation of proteins on electrophoretic strips. Biochim. Biophys. Acta, 71: 377-391.
Ferdinando P, Pierri C L, Anna D G, et al. 2011. Evolution, structure and function of mitochondrial carriers: a review with new insights. Plant Journal, 66(1): 161-181.
Ferrick D A, Neilson A, Beeson C. 2008. Advances in measuring cellular bioenergetics using extracellular flux. Drug Discov. Today, 13(5-6): 268-274.
Flagella Z, Trono D, Pompa M, et al. 2006. Seawater stress applied at germination affects mitochondrial function in durum wheat (*Triticum durum*) early seedlings. Functional Plant Biology, 33(4): 357.
Florez-Sarasa I, Araujo W L, Wallstrom S V, et al. 2012. Light-responsive metabolite and transcript levels are maintained following a dark-adaptation period in leaves of *Arabidopsis thaliana*. New Phytol., 195(1): 136-148.
Friedrich T, Hofhaus G, Ise W, et al. 1989. A small isoform of nadh: ubiquinone oxidoreductase without mitochondrially encoded subunits is made in chloramphenicol-treated neurospora crassa. Eur. J. Biochem., 180(1): 173-180.
Frydman J. 2001. Folding of newly translated proteins *in vivo*: the role of molecular chaperones. Annu. Rev. Biochem., 70: 603-647.
Fujii S, Toriyama K. 2005. Molecular mapping of the fertility restorer gene for ms-CW-type cytoplasmic male sterility of rice. Theor. Appl. Genet., 111(4): 696-701.
Fujita M, Fujita Y, Noutoshi Y, et al. 2006. Crosstalk between abiotic and biotic stress responses: a current view from the points of convergence in the stress signaling networks. Curr. Opin. Plant Biol., 9(4): 436-442.
Garlich J, Strecker V, Wittig I, et al. 2017. Mutational analysis of the QRRQ motif in the yeast Hig1 type 2 protein Rcf1 reveals a regulatory role for the cytochrome c oxidase complex. J. Biol. Chem., 292(13): 5216-5226.
George L, Romanowsky S M, Harper J F, et al. 2008. The ACA10 Ca^{2+}-ATPase regulates adult vegetative development and inflorescence architecture in *Arabidopsis*. Plant Physiol., 146(2): 716-728.
Gerencser A A, Neilson A, Choi S W, et al. 2009. Quantitative microplate-based respirometry with correction for oxygen diffusion. Anal. Chem., 81(16): 6868-6878.
Ghifari A S, Gill-Hille M, Murcha M W. 2018. Plant mitochondrial protein import: the ins and outs. Biochem. J., 475(13): 2191-2208.
Giancaspero T A, Locato V, de Pinto M C, et al. 2009. The occurrence of riboflavin kinase and fad synthetase ensures

fad synthesis in tobacco mitochondria and maintenance of cellular redox status. FEBS J., 276(1): 219-231.

Gingras A C, Aebersold R, Raught B. 2005. Advances in protein complex analysis using mass spectrometry. J. Physiol., 563(Pt 1): 11-21.

Gleason C, Huang S, Thatcher L F, et al. 2011. Mitochondrial complex ii has a key role in mitochondrial-derived reactive oxygen species influence on plant stress gene regulation and defense. Proc. Natl. Acad. Sci. USA, 108(26): 10768-10773.

Gomes L C, Acta L B. 2013. Mitochondrial morphology in mitophagy and macroautophagy. Biochimica et Biophysica Acta (BBA)-Molecular Cell Research, 1833(1): 205-212.

Gordon M J, Carmody M, Albrecht V, et al. 2012. Systemic and local responses to repeated Hl stress-induced retrograde signaling in *Arabidopsis*. Front Plant Sci., 3: 303.

Grabelnych O I, Borovik O A, Tauson E L, et al. 2014. Mitochondrial energy-dissipating systems (alternative oxidase, uncoupling proteins, and external nadh dehydrogenase) are involved in development of frost-resistance of winter wheat seedlings. Biochemistry, 79(6): 506-519.

Gruschke S, Kehrein K, Rompler K, et al. 2011. Cbp3-Cbp6 interacts with the yeast mitochondrial ribosomal tunnel exit and promotes cytochrome b synthesis and assembly. J. Cell Biol., 193(6): 1101-1114.

Gruschke S, Rompler K, Hildenbeutel M, et al. 2012. The Cbp3-Cbp6 complex coordinates cytochrome b synthesis with bc (1) complex assembly in yeast mitochondria. J. Cell Biol., 199(1): 137-150.

Hamasur B, Birgersson U, Eriksson A, et al. 1990. Large-scale purification procedure of spinach leaf mitochondria-isolation and immunological studies of the F1-ATPase. Physiologia Plantarum, 78(3): 367-373.

Hamilton E W, Heckathorn S A. 2001. Mitochondrial adaptations to NaCl. Complex Ⅰ is protected by anti-oxidants and small heat shock proteins, whereas complex Ⅱ is protected by proline and betaine. Plant Physiol., 126(3): 1266-1274.

Han D, Williams E, Cadenas E. 2001. Mitochondrial respiratory chain-dependent generation of superoxide anion and its release into the intermembrane space. Biochem. J., 353(Pt 2): 411-416.

Hannig K. 1961. Die trägerfreie kontinuierliche elektrophorese und ihre anwendung. Journal of Analytical Chemistry, 181(1): 244-254.

Hanqing F, Kun S, Mingquan L, et al. 2010. The expression, function and regulation of mitochondrial alternative oxidase under biotic stresses. Mol. Plant Pathol., 11(3): 429-440.

Hanson M R. 1991. Plant mitochondrial mutations and male sterility. Annu. Rev. Genet., 25: 461-486.

Hao H X, Khalimonchuk O, Schraders M, et al. 2009. SDH5, a gene required for flavination of succinate dehydrogenase, is mutated in paraganglioma. Science, 325(5944): 1139-1142.

Hartwig S, Feckler C, Lehr S, et al. 2009. A critical comparison between two classical and a kit-based method for mitochondria isolation. Proteomics, 9(11): 3209-3214.

Hasegawa P M, Bressan R A, Zhu J K, et al. 2000. Plant cellular and molecular responses to high salinity. Annu. Rev. Plant Mol. Biol., 51: 463-499.

Hatch M D. 1978. A simple spectrophotometric assay for fumarate hydratase in crude tissue extracts. Anal. Biochem., 85(1): 271-275.

Haynes C M, Fiorese C J, Lin Y F. 2013. Evaluating and responding to mitochondrial dysfunction: the mitochondrial unfolded-protein response and beyond. Trends in Cell Biology, 23(7): 311-318.

Haynes C M, Petrova K, Benedetti C, et al. 2007. ClpP mediates activation of a mitochondrial unfolded protein response in. Developmental Cell, 13(4): 467-480.

Heazlewood J L, Tonti-Filippini J S, Gout A M, et al. 2004. Experimental analysis of the *Arabidopsis* mitochondrial proteome highlights signaling and regulatory components, provides assessment of targeting prediction programs, and indicates plant-specific mitochondrial proteins. Plant Cell, 16(1): 241-256.

Helling S, Vogt S, Rhiel A, et al. 2008. Phosphorylation and kinetics of mammalian cytochrome c oxidase. Mol. Cell Proteomics, 7(9): 1714-1724.

Hennon S W, Soman R, Zhu L, et al. 2015. Yidc/alb3/oxa1 family of insertases. J. Biol. Chem., 290(24): 14866-14874.

Herz U, Schroder W, Liddell A, et al. 1994. Purification of the NADH: ubiquinone oxidoreductase (complex Ⅰ) of the respiratory chain from the inner mitochondrial membrane of solanum tuberosum. J. Biol. Chem., 269(3): 2263-2269.

Hildenbeutel M, Hegg E L, Stephan K, et al. 2014. Assembly factors monitor sequential hemylation of cytochrome b to regulate mitochondrial translation. J. Cell. Biol., 205(4): 511-524.

Hirst J. 2013. Mitochondrial complex Ⅰ. Annu. Rev. Biochem., 82(1): 551-575.

Hoffmann P, Ji H, Moritz R L, et al. 2001. Continuous free-flow electrophoresis separation of cytosolic proteins from the human colon carcinoma cell line lim 1215: a non two-dimensional gel electrophoresis-based proteome analysis strategy. Proteomics, 1(7): 807-818.

Hu J, Wang K, Huang W, et al. 2012. The rice pentatricopeptide repeat protein RF5 restores fertility in Hong-Lian cytoplasmic male-sterile lines via a complex with the glycine-rich protein grp162. Plant Cell, 24(1): 109-122.

Huang S, Lee C P, Millar A H. 2015. Activity assay for plant mitochondrial enzymes. Methods Mol. Biol., 1305: 139-149.

Huang S, Taylor N L, Narsai R, et al. 2009. Experimental analysis of the rice mitochondrial proteome, its biogenesis, and heterogeneity. Plant Physiol., 149(2): 719-734.

Huang S, Taylor N L, Narsai R, et al. 2010. Functional and composition differences between mitochondrial complex Ⅱ in *Arabidopsis* and rice are correlated with the complex genetic history of the enzyme. Plant Mol. Biol., 72(3): 331-342.

Huang S, Taylor N L, Stroher E, et al. 2013. Succinate dehydrogenase assembly factor 2 is needed for assembly and activity of mitochondrial complex Ⅱ and for normal root elongation in *Arabidopsis*. Plant J., 73(3): 429-441.

Huang S, Van Aken O, Schwarzlander M, et al. 2016. The roles of mitochondrial reactive oxygen species in cellular signaling and stress response in plants. Plant Physiol., 171(3): 1551-1559.

Hunt S. 2003. Measurements of photosynthesis and respiration in plants. Physiol. Plant., 117(3): 314-325.

Islinger M, Eckerskorn C, Volkl A. 2010. Free-flow electrophoresis in the proteomic era: a technique in flux. Electrophoresis, 31(11): 1754-1763.

Jacoby R P, Li L, Huang S, et al. 2012. Mitochondrial composition, function and stress response in plants. J. Integr. Plant Biol., 54(11): 887-906.

Jacoby R P, Millar A H, Taylor N L. 2015. Assessment of respiration in isolated plant mitochondria using clark-type electrodes. Methods Mol. Biol., 1305: 165-185.

Jacoby R P, Taylor N L, Millar A H. 2011. The role of mitochondrial respiration in salinity tolerance. Trends Plant Sci., 16(11): 614-623.

Jakubowicz M, Galganska H, Nowak W, et al. 2010. Exogenously induced expression of ethylene biosynthesis, ethylene perception, phospholipased, and Rboh-oxidase genes in broccoli seedlings. J. Exp. Bot., 61(12): 3475-3491.

Janska H. 2010. ATP-dependent proteases in biogenesis and maintenance of *Arabidopsis* mitochondria. Biochim. Biophys. Acta, 1797(6-7): 1071-1075.

Janska H, Sarria R, Woloszynska M, et al. 1998. Stoichiometric shifts in the common bean mitochondrial genome leading to male sterility and spontaneous reversion to fertility. Plant Cell, 10(7): 1163-1180.

Jardim-Messeder D, Caverzan A, Rauber R, et al. 2015. Succinate dehydrogenase (mitochondrial complex Ⅱ) is a source of reactive oxygen species in plants and regulates development and stress responses. New Phytol., 208(3): 776-789.

Jenner H L, Winning B M, Millar A H, et al. 2001. NAD malic enzyme and the control of carbohydrate metabolism in potato tubers. Plant Physiol., 126(3): 1139-1149.

Jolivet Y, Pireaux J C, Dizengremel P. 1990. Changes in properties of barley leaf mitochondria isolated from nacl-treated plants. Plant Physiol., 94(2): 641-646.

Jung C, Higgins C M, Xu Z. 2000. Measuring the quantity and activity of mitochondrial electron transport chain complexes in tissues of central nervous system using blue native polyacrylamide gel electrophoresis. Anal. Biochem., 286(2): 214-223.

Juszczuk I M, Szal B, Rychter A M. 2012. Oxidation-reduction and reactive oxygen species homeostasis in mutant plants with respiratory chain complex Ⅰ dysfunction. Plant Cell Environ., 35(2): 296-307.

Käser M, Langer T. 2000. Protein degradation in mitochondria. Seminars in Cell & Developmental Biology, 11(3): 181-190.

Kadenbach B. 2003. Intrinsic and extrinsic uncoupling of oxidative phosphorylation. Biochim. Biophys. Acta, 1604(2): 77-94.

Kamada Y, Funakoshi T, Shintani T, et al. 2000. Tor-mediated induction of autophagy via an APG1 protein kinase complex. J. Cell Biol., 150(6): 1507-1513.

Kapoor M, Roy S S, Chakraborty U, et al. 2015. Heat-shock proteins and molecular chaperones: role in regulation of cellular proteostasis and stress management. Abiotic Stresses in Crop Plants. doi. 10.1079/9781780643731.0001.

Karpinski S, Reynolds H, Karpinska B, et al. 1999. Systemic signaling and acclimation in response to excess excitation energy in *Arabidopsis*. Science, 284(5414): 654-657.

Karpinski S, Szechynska-Hebda M, Wituszynska W, et al. 2013. Light acclimation, retrograde signalling, cell death and immune defences in plants. Plant Cell Environ., 36(4): 736-744.

Kawano T, Sahashi N, Takahashi K, et al. 1998. Salicylic acid induces extracellular superoxide generation followed by an increase in cytosolic calcium ion in tobacco suspension culture: the earliest events in salicylic acid signal transduction. Plant & Cell Physiology, 39(7): 721-730.

Kazama T, Toriyama K. 2003. A pentatricopeptide repeat-containing gene that promotes the processing of aberrant *atp6* RNA of cytoplasmic male-sterile rice. FEBS Lett., 544(1-3): 99-102.

Keunen E, Remans T, Bohler S, et al. 2011. Metal-induced oxidative stress and plant mitochondria. Int. J. Mol. Sci., 12(10): 6894-6918.

Khan M, Youn J Y, Gingras A C, et al. 2018. In planta proximity dependent biotin identification (bioid). Sci. Rep., 8(1): 9212.

Kim D I, Jensen S C, Noble K A, et al. 2016. An improved smaller biotin ligase for bioid proximity labeling. Mol. Biol. Cell., 27(8): 1188-1196.

Kim D I, Roux K J. 2016. Filling the void: proximity-based labeling of proteins in living cells. Trends Cell Biol., 26(11): 804-817.

Kim T W, Park C H, Hsu C C, et al. 2019. Application of TurboID-mediated proximity labeling for mapping a GSK3 kinase signaling network in *Arabidopsis*. BioRxiv, 636324.

Kinraide T B, Wang P. 2010. The surface charge density of plant cell membranes (sigma): an attempt to resolve conflicting values for intrinsic sigma. J. Exp. Bot., 61(9): 2507-2518.

Kojima H, Kazama T, Fujii S, et al. 2010. Cytoplasmic male sterility-associated ORF79 is toxic to plant regeneration when expressed with mitochondrial targeting sequence of ATPase γ subunit. Plant Biotechnology, 27(1): 111-114.

Kowaltowski A J, de Souza-Pinto N C, Castilho R F, et al. 2009. Mitochondria and reactive oxygen species. Free Radic Biol. Med., 47(4): 333-343.

Krab K, Wagner M J, Wagner A M, et al. 2000. Identification of the site where the electron transfer chain of plant mitochondria is stimulated by electrostatic charge screening. Eur. J. Biochem., 267(3): 869-876.

Krishna P, Gloor G S. 2001. The Hsp90 family of proteins in *Arabidopsis thaliana*. Cell Stress Chaperones, 6(3): 238-246.

Kruft V, Eubel H, Jansch L, et al. 2001. Proteomic approach to identify novel mitochondrial proteins in *Arabidopsis*. Plant Physiol., 127(4): 1694-1710.

Kubo T, Newton K J. 2008. Angiosperm mitochondrial genomes and mutations. Mitochondrion, 8(1): 5-14.

Kwak J M, Mori I C, Pei Z M, et al. 2003. NADPH oxidase atrbohD and atrbohF genes function in ROS-dependent ABA signaling in *Arabidopsis*. EMBO J., 22(11): 2623-2633.

Kwasniak M, Pogorzelec L, Migdal I, et al. 2012. Proteolytic system of plant mitochondria. Physiologia Plantarum, 145(1): 187-195.

Lacomme C, Roby D. 1999. Identification of new early markers of the hypersensitive response in *Arabidopsis thaliana*. FEBS Lett., 459(2): 149-153.

Lam S S, Martell J D, Kamer K J, et al. 2015. Directed evolution of APEX2 for electron microscopy and proximity labeling. Nat. Methods, 12(1): 51-54.

Lambert A J, Brand M D. 2004. Inhibitors of the quinone-binding site allow rapid superoxide production from mitochondrial nadh: ubiquinone oxidoreductase (complex Ⅰ). J. Biol. Chem., 279(38): 39414-39420.

Lambertucci R H, Hirabara S M, Silveira Ldos R, et al. 2008. Palmitate increases superoxide production through mitochondrial electron transport chain and NADPH oxidase activity in skeletal muscle cells. J. Cell Physiol.,

216(3): 796-804.

Lazaro J J, Jimenez A, Camejo D, et al. 2013. Dissecting the integrative antioxidant and redox systems in plant mitochondria. Effect of stress and s-nitrosylation. Front Plant Sci., 4: 460.

Leaver C J, Hack E, Forde B G. 1983. Protein synthesis by isolated plant mitochondria. Methods Enzymol, 97: 476-484.

Lee C P, Eubel H, O'Toole N, et al. 2011. Combining proteomics of root and shoot mitochondria and transcript analysis to define constitutive and variable components in plant mitochondria. Phytochemistry, 72(10): 1092-1108.

Lee C P, Millar A H. 2016. The plant mitochondrial transportome: balancing metabolic demands with energetic constraints. Trends in Plant Science, 21(8): 662-676.

Lenaz G. 2001. The mitochondrial production of reactive oxygen species: mechanisms and implications in human pathology. IUBMB Life, 52(3-5): 159-164.

Levings C S, Pring D R. 1976. Restriction endonuclease analysis of mitochondrial DNA from normal and Texas cytoplasmic male-sterile maize. Science, 193(4248): 158-160.

Li C R, Liang D D, Li J, et al. 2013a. Unravelling mitochondrial retrograde regulation in the abiotic stress induction of rice alternative oxidase 1 genes. Plant Cell Environ., 36(4): 775-788.

Li F, Chung T, Vierstra R D. 2014. Autophagy-related11 plays a critical role in general autophagy- and senescence-induced mitophagy in *Arabidopsis*. Plant Cell, 26(2): 788-807.

Li L, Carrie C, Nelson C, et al. 2012. Accumulation of newly synthesized F1 *in vivo* in *Arabidopsis* mitochondria provides evidence for modular assembly of the plant F1Fo ATP synthase. J. Biol. Chem., 287(31): 25749-25757.

Li L, Nelson C, Fenske R, et al. 2017. Changes in specific protein degradation rates in *Arabidopsis thaliana* reveal multiple roles of lon1 in mitochondrial protein homeostasis. Plant Journal, 89(3): 458-471.

Li P, Chen L, Zhou Y, et al. 2013b. Brassinosteroids-induced systemic stress tolerance was associated with increased transcripts of several defence-related genes in the phloem in cucumis sativus. PLoS ONE, 8(6): e66582.

Li S, Wan C, Kong J, et al. 2004. Programmed cell death during microgenesis in a Honglian CMS line of rice is correlated with oxidative stress in mitochondria. Functional Plant Biology, 31(4): 369-376.

Li S, Yang D, Zhu Y. 2007. Characterization and use of male sterility in hybrid rice breeding. Journal of Integrative Plant Biology, 49(6): 791-804.

Li Z, Xing D. 2011. Mechanistic study of mitochondria-dependent programmed cell death induced by aluminium phytotoxicity using fluorescence techniques. J. Exp. Bot., 62(1): 331-343.

Lin Q, Zhou Z, Luo W, et al. 2017. Screening of proximal and interacting proteins in rice protoplasts by proximity-dependent biotinylation. Front. Plant Sci., 8: 749.

Lin Y F, Schulz A M, Pellegrino M W, et al. 2016. Maintenance and propagation of a deleterious mitochondrial genome by the mitochondrial unfolded protein response. Nature, 533(7603): 416-419.

Lindquist S G. 1988. The heat-shock proteins. Annual Review of Genetics, 22: 631-677.

Lithgow T. 2000. Targeting of proteins to mitochondria. FEBS Lett., 476(1-2): 22-26.

Liu Y, Xiong Y, Bassham D C. 2009. Autophagy is required for tolerance of drought and salt stress in plants. Autophagy, 5(7): 954-963.

Liu Z L, Xu H, Guo J X, et al. 2007. Structural and expressional variations of the mitochondrial genome conferring the wild abortive type of cytoplasmic male sterility in rice. Journal of Integrative Plant Biology, 49(6): 908-914.

Logan D C. 2010. Mitochondrial fusion, division and positioning in plants. Biochem. Soc. Trans., 38(3): 789-795.

Luciano P, Geli V E. 1996. The mitochondrial processing peptidase. Function and Specificity, 52(12): 1077-1082.

Luo D, Xu H, Liu Z, et al. 2013. A detrimental mitochondrial-nuclear interaction causes cytoplasmic male sterility in rice. Nat. Genet., 45(5): 573-577.

Ma L, Zhang H, Sun L, et al. 2012. Nadph oxidase atrbohD and atrbohF function in ROS-dependent regulation of Na(+)/K(+) homeostasis in *Arabidopsis* under salt stress. J. Exp. Bot., 63(1): 305-317.

MacDougall A, Rees T. 1991. Control of the Krebs cycle in Arum spadix. Journal of Plant Physiology, 137(6): 683-690.

Mair A, Xu S L, Branon T C, et al. 2019. Proximity labeling of protein complexes and cell type-specific organellar proteomes in *Arabidopsis* enabled by turboid. BioRxiv, 629675.

Mamh Q, Haynes C M, Pellegrino M W. 2017. The mitochondrial unfolded protein response: signaling from the powerhouse. Journal of Biological Chemistry, 292(33): 13500.

Martell J D, Deerinck T J, Sancak Y, et al. 2012. Engineered ascorbate peroxidase as a genetically encoded reporter for electron microscopy. Nat. Biotechnol., 30(11): 1143-1148.

Maxwell D P, Wang Y, McIntosh L. 1999. The alternative oxidase lowers mitochondrial reactive oxygen production in plant cells. Proc. Natl. Acad. Sci. USA, 96(14): 8271-8276.

McKenzie M, Ryan M T. 2010. Assembly factors of human mitochondrial complex Ⅰ and their defects in disease. IUBMB Life, 62(7): 497-502.

Meyer E H, Tomaz T, Carroll A J, et al. 2009. Remodeled respiration in ndufs4 with low phosphorylation efficiency suppresses *Arabidopsis* germination and growth and alters control of metabolism at night. Plant Physiol., 151(2): 603-619.

Meyer E H, Welchen E, Carrie C. 2019. Assembly of the complexes of the oxidative phosphorylation system in land plant mitochondria. Annu. Rev. Plant Biol., 70: 23-50.

Mignouna H, Virmani S S, Briquet M. 1987. Mitochondrial DNA modifications associated with cytoplasmic male sterility in rice. Theor. Appl. Genet., 74(5): 666-669.

Millar A H, Hill S A, Leaver C J. 1999. Plant mitochondrial 2-oxoglutarate dehydrogenase complex: purification and characterization in potato. Biochem. J., 343(Pt 2): 327-334.

Millar A H, Liddell A, Leaver C J. 2001a. Isolation and subfractionation of mitochondria from plants. Methods Cell Biol., 65: 53-74.

Millar A H, Sweetlove L J, Giege P, et al. 2001b. Analysis of the *Arabidopsis* mitochondrial proteome. Plant Physiol., 127(4): 1711-1727.

Millar A H, Whelan J, Soole K L, et al. 2011. Organization and regulation of mitochondrial respiration in plants. Annu. Rev. Plant Biol., 62: 79-104.

Mittler R, Vanderauwera S, Gollery M, et al. 2004. Reactive oxygen gene network of plants. Trends Plant Sci., 9(10): 490-498.

Mohan L H. 1988. Male Sterility in Higher Plants. Part of the Monographs on Theoretical and Applied Genetics Book Series (GENETICS, volume 10). Heidelberg: Springer: 3-14.

Møller I M, Chow W, Palmer J, et al. 1981. 9-aminoacridine as a fluorescent probe of the electrical diffuse layer associated with the membranes of plant mitochondria. Biochemical Journal, 193(1): 37-46.

Møller I M, Havelund J, Salvato F, et al. 2015. The potato tuber mitochondrial proteome further expanded. The 9th International Conference for Plant Mitochondrial Biology.

Møller I M, Jensen P E, Hansson A. 2007. Oxidative modifications to cellular components in plants. Annu. Rev. Plant Biol., 58: 459-481.

Møller I M, Sweetlove L J. 2010. ROS signalling-specificity is required. Trends Plant Sci., 15: 370-374.

Møller P, Hoffmann B, Debast C, et al. 2002. The gene encoding *Arabidopsis thaliana* mitochondrial ribosomal protein S13 is a recent duplication of the gene encoding plastid S13. Curr. Genet., 40(6): 405-409.

Moore A L, Gemel J, Randall D D. 1993. The regulation of pyruvate dehydrogenase activity in pea leaf mitochondria (the effect of respiration and oxidative phosphorylation). Plant Physiol., 103(4): 1431-1435.

Morriswood B, Havlicek K, Demmel L, et al. 2013. Novel bilobe components in trypanosoma brucei identified using proximity-dependent biotinylation. Eukaryot Cell, 12(2): 356-367.

Mozdy A D, Mccaffery J M, Shaw J M. 2000. Dnm1p GTPase-mediated mitochondrial fission is a multi-step process requiring the novel integral membrane component FIS1p. Journal of Cell Biology, 151(2): 367-380.

Münch C, Harper J W. 2016. Mitochondrial unfolded protein response controls matrix pre-RNA processing and translation. Nature, 534(7609): 710-713.

Munns R, Tester M. 2008. Mechanisms of salinity tolerance. Annu. Rev. Plant Biol., 59: 651-681.

Murcha M W, Kmiec B, Kubiszewski-Jakubiak S, et al. 2014. Protein import into plant mitochondria: signals, machinery, processing, and regulation. Journal of Experimental Botany, 65(22): 6301-6335.

Murphy M P. 2009. How mitochondria produce reactive oxygen species. Biochem. J., 417(1): 1-13.

Na U, Yu W, Cox J, et al. 2014. The LYR factors SDHAF1 and SDHAF3 mediate maturation of the iron-sulfur subunit of succinate dehydrogenase. Cell Metab., 20(2): 253-266.

Nagaoka N, Yamashita A, Kurisu R, et al. 2017. DRP3 and ELM1 are required for mitochondrial fission in the liverwort marchantia polymorpha. Scientific Reports, 7(1): 4600.

Nargund A M, Pellegrino M W, Fiorese C J, et al. 2012. Mitochondrial import efficiency of ATFS-1 regulates mitochondrial UPR activation. Science, 337(6094): 587-590.

Nathalie P, Luigi P, Isabella P, et al. 2002. Identification of a novel transporter for dicarboxylates and tricarboxylates in plant mitochondria. Bacterial expression, reconstitution, functional characterization, and tissue distribution. J. Biol. Chem., 277(27): 24204-24211.

Neuburger M. 1985. Preparation of plant mitochondria, criteria for assessement of mitochondrial integrity and purity, survival *in vitro* // Douce R, Day D A. Higher Plant Cell Respiration. Encyclopedia of Plant Physiology (New Series). vol 18. Heidelberg: Springer: 7-24.

Neuburger M, Journet E P, Bligny R, et al. 1982. Purification of plant mitochondria by isopycnic centrifugation in density gradients of percoll. Arch. Biochem. Biophys., 217(1): 312-323.

Ng S, De Clercq I, Van Aken O, et al. 2014. Anterograde and retrograde regulation of nuclear genes encoding mitochondrial proteins during growth, development, and stress. Mol. Plant, 7(7): 1075-1093.

Norman C, Howell K A, Millar A H, et al. 2004. Salicylic acid is an uncoupler and inhibitor of mitochondrial electron transport. Plant Physiol., 134(1): 492-501.

O'Brien J A, Daudi A, Butt V S, et al. 2012. Reactive oxygen species and their role in plant defence and cell wall metabolism. Planta, 236(3): 765-779.

O'Leary B M, Lee C P, Atkin O K, et al. 2017. Variation in leaf respiration rates at night correlates with carbohydrate and amino acid supply. Plant Physiol., 174(4): 2261-2273.

Oda K, Yamato K, Ohta E, et al. 1992. Gene organization deduced from the complete sequence of liverwort *Marchantia polymorpha* mitochondrial DNA: a primitive form of plant mitochondrial genome. J. Mol. Biology, 223(1): 1-7.

Oestreicher G, Hogue P, Singer T P. 1973. Regulation of succinate dehydrogenase in higher plants Ⅱ. activation by substrates, reduced coenzyme q, nucleotides, and anions. Plant Physiol., 52(6): 622-626.

Ordog S H, Higgins V J, Vanlerberghe G C. 2002. Mitochondrial alternative oxidase is not a critical component of plant viral resistance but may play a role in the hypersensitive response. Plant Physiol., 129(4): 1858-1865.

Oren O, Yusuke K, Zach A, et al. 2007. Multiple intracellular locations of Lon protease in *Arabidopsis*: evidence for the localization of AtLon4 to chloroplasts. Plant & Cell Physiology, 48(6): 881-885.

Ott M, Herrmann J M. 2010. Co-translational membrane insertion of mitochondrially encoded proteins. Biochim. Biophys. Acta, 1803(6): 767-775.

Pagliarini D J, Rutter J. 2013. Hallmarks of a new era in mitochondrial biochemistry. Genes Dev., 27(24): 2615-2627.

Pan R, Hu J. 2015. Plant mitochondrial dynamics and the role of membrane lipids. Plant Signal. Behav., 10(10): e1050573.

Park M Y, Kim S Y. 2014. The *Arabidopsis* J protein ATJ1 is essential for seedling growth, flowering time control and ABA response. Plant Cell Physiol., 55(12): 2152-2163.

Pastore D, Trono D, Laus M N, et al. 2007. Possible plant mitochondria involvement in cell adaptation to drought stress. A case study: durum wheat mitochondria. J. Exp. Bot., 58(2): 195-210.

Peng X, Wang K, Hu C, et al. 2010. The mitochondrial gene *ORFH79* plays a critical role in impairing both male gametophyte development and root growth in CMS-Honglian rice. BMC Plant Biol., 10: 125.

Pertoft H. 2000. Fractionation of cells and subcellular particles with percoll. J. Biochem. Biophys. Methods, 44(1-2): 1-30.

Pertoft H, Laurent T C, Laas T, et al. 1978. Density gradients prepared from colloidal silica particles coated by polyvinylpyrrolidone (percoll). Anal. Biochem., 88(1): 271-282.

Pfanner N, Warscheid B, Wiedemann N. 2019. Mitochondrial proteins: from biogenesis to functional networks. Nat. Rev. Mol. Cell Biol., 20(5): 267-284.

Pfanner N, Wiedemann N. 2002. Mitochondrial protein import: two membranes, three translocases. Curr. Opin. Cell Biol., 14(4): 400-411.

Phadnis N. 2017. Poisons, antidotes, and selfish genes. Science, 356(6342): 1013.

Pong L C, Taylor N L, Millar A H. 2013. Recent advances in the composition and heterogeneity of the *Arabidopsis* mitochondrial proteome. Front Plant Sci., 4: 4.

Porstmann B, Porstmann T, Nugel E, et al. 1985. Which of the commonly used marker enzymes gives the best results in colorimetric and fluorimetric enzyme immunoassays: horseradish peroxidase, alkaline phosphatase or beta-galactosidase? J. Immunol. Methods, 79(1): 27-37.

Pratt J M, Petty J, Riba-Garcia I, et al. 2002. Dynamics of protein turnover, a missing dimension in proteomics. Molecular & Cellular Proteomics, 1(8): 579-591.

Quinlan C L, Orr A L, Perevoshchikova I V, et al. 2012. Mitochondrial complex Ⅱ can generate reactive oxygen species at high rates in both the forward and reverse reactions. Journal of Biological Chemistry, 287(32): 27255-27264.

Reinhart P H, Taylor W M, Bygrave F L. 1982. A procedure for the rapid preparation of mitochondria from rat liver. Biochem. J., 204(3): 731-735.

Rhee H W, Zou P, Udeshi N D, et al. 2013. Proteomic mapping of mitochondria in living cells via spatially restricted enzymatic tagging. Science, 339(6125): 1328-1331.

Rigoulet M, Yoboue E D, Devin A. 2011. Mitochondrial ROS generation and its regulation: mechanisms involved in H_2O_2 signaling. Antioxid Redox Signal, 14(3): 459-468.

Roberti M, Bruni F, Polosa P L, et al. 2006. Mterf3, the most conserved member of the mterf-family, is a modular factor involved in mitochondrial protein synthesis. Biochimica et Biophysica Acta-Bioenergetics, 1757(9-10): 1199-1206.

Roger A J, Munoz-Gomez S A, Kamikawa R. 2017. The origin and diversification of mitochondria. Curr. Biol., 27(21): 1177-1192.

Roman M C, Brown P R. 1994. Free-flow electrophoresis as a preparative separation technique. Anal. Chem., 66(2): 86A-94A.

Roux K J, Kim D I, Raida M, et al. 2012. A promiscuous biotin ligase fusion protein identifies proximal and interacting proteins in mammalian cells. J. Cell Biol., 196(6): 801-810.

Rudenko N N, Ignatova L K, Fedorchuk T P, et al. 2015. Carbonic anhydrases in photosynthetic cells of higher plants. Biochemistry (Mosc), 80(6): 674-687.

Ruhle T, Leister D. 2015. Assembly of F1F0-ATP synthases. Biochim Biophys Acta, 1847(9): 849-860.

Ryabovol V V, Minibayeva F B. 2016. Molecular mechanisms of autophagy in plants: role of ATG8 proteins in formation and functioning of autophagosomes. Biochemistry (Mosc), 81(4): 348-363.

Saha D, Prasad A M, Srinivasan R. 2007. Pentatricopeptide repeat proteins and their emerging roles in plants. Plant Physiol. Biochem., 45(8): 521-534.

Salvato F, Havelund J F, Chen M, et al. 2014. The potato tuber mitochondrial proteome. Plant Physiol., 164(2): 637-653.

Scafaro A P, Negrini A C A, O'Leary B, et al. 2017. The combination of gas-phase fluorophore technology and automation to enable high-throughput analysis of plant respiration. Plant Methods, 13: 16.

Schagger H, Cramer W A, von Jagow G. 1994. Analysis of molecular masses and oligomeric states of protein complexes by blue native electrophoresis and isolation of membrane protein complexes by two-dimensional native electrophoresis. Anal. Biochem., 217(2): 220-230.

Schagger H, von Jagow G. 1991. Blue native electrophoresis for isolation of membrane protein complexes in enzymatically active form. Anal. Biochem., 199(2): 223-231.

Schertl P, Braun H P. 2014. Respiratory electron transfer pathways in plant mitochondria. Front. Plant Sci., 5: 163.

Schertl P, Braun H P. 2015. Activity measurements of mitochondrial enzymes in native gels. Methods Mol. Biol., 1305: 131-138.

Schikowsky C, Senkler J, Braun H P. 2017. SDH6 and SDH7 contribute to anchoring succinate dehydrogenase to the inner mitochondrial membrane in *Arabidopsis thaliana*. Plant Physiol., 173(2): 1094-1108.

Schwitzguebel J, Møller I, Palmer J. 1981. Changes in density of mitochondria and glyoxysomes from neurospora crassa: are-evaluation utilizing silica sol gradient centrifugation. Microbiology, 126(2): 289-295.

Scott I, Tobin A K, Logan D C. 2006. Bigyin, an orthologue of human and yeast *fis1* genes functions in the control of mitochondrial size and number in *Arabidopsis thaliana*. Journal of Experimental Botany, 57(6): 1275.

Selinski J, Scheibe R. 2018. Malate valves: old shuttles with new perspectives. Plant Biology, 29: 59-64.

Senkler J, Senkler M, Eubel H, et al. 2017. The mitochondrial complexome of *Arabidopsis thaliana*. Plant J., 89(6): 1079-1092.

Severinghaus J W, Astrup P B. 1986. History of blood gas analysis. Ⅳ. Leland Clark's oxygen electrode. J. Clin. Monit., 2(4): 125-139.

Sew Y S, Stroher E, Holzmann C, et al. 2013. Multiplex micro-respiratory measurements of *Arabidopsis* tissues. New Phytol., 200(3): 922-932.

Shah J, Zeier J. 2013. Long-distance communication and signal amplification in systemic acquired resistance. Front. Plant Sci., 4: 30.

Sharma T, Dreyer I, Kochian L, et al. 2016. The ALMT family of organic acid transporters in plants and their involvement in detoxification and nutrient security. Frontiers in Plant Science, 7: 1488.

Shen Q Y, Guo C G, Yan J, et al. 2015. Target protein separation and preparation by free-flow electrophoresis coupled with charge-to-mass ratio analysis. J. Chromatogr A, 1397: 73-80.

Shih-Cheng L, Loung Ping Y. 1980. Hybrid rice breeding in China // International Rice Research Institute. Innovative Approaches to Rice Breeding: Selected Papers from the 1979 International Rice Research Conference. Philippines: International Rice Research Institute: 35-51.

Shimokata K, Kitada S, Ogishima T, et al. 1998. Role of alpha-subunit of mitochondrial processing peptidase in substrate recognition. Journal of Biological Chemistry, 273(39): 25158-25163.

Shinjyo C. 1969. Cytoplasmic-genetic male sterility in cultivated rice, *Oryza sativa* L.Ⅱ. the inheritance of male sterility. The Japanese Journal of Genetics, 44(3): 149-156.

Simon M, Aaron F, Kelly L, et al. 2011. A mitochondrial GABA permease connects the GABA a shunt and the TCA cycle, and is essential for normal carbon metabolism. Cell & Molecular Biology, 67(3): 485-498.

Sinkler C A, Kalpage H, Shay J, et al. 2017. Tissue- and condition-specific isoforms of mammalian cytochrome c oxidase subunits: from function to human disease. Oxid Med. Cell Longev., 2017: 1534056.

Sirrenberg C, Endres M, Folsch H, et al. 1998. Carrier protein import into mitochondria mediated by the intermembrane proteins tim10/mrs11 and tim12/mrs5. Nature, 391(6670): 912-915.

Song X S, Wang Y J, Mao W H, et al. 2009. Effects of cucumber mosaic virus infection on electron transport and antioxidant system in chloroplasts and mitochondria of cucumber and tomato leaves. Physiol. Plant., 135(3): 246-257.

St-Pierre J, Buckingham J A, Roebuck S J, et al. 2002. Topology of superoxide production from different sites in the mitochondrial electron transport chain. J. Biol. Chem., 277(47): 44784-44790.

Stiburek L, Fornuskova D, Wenchich L, et al. 2007. Knockdown of human Oxa1l impairs the biogenesis of F1Fo-ATP synthase and NADH: ubiquinone oxidoreductase. J. Mol. Biol., 374(2): 506-516.

Stitt M, Lilley R M, Gerhardt R, et al. 1989. Metabolite levels in specific cells and subcellular compartments of plant leaves. Methods in Enzymology, 174: 518-552.

Struglics A, Fredlund K M, Rasmusson A G, et al. 1993. The presence of a short redox chain in the membrane of intact potato tuber peroxisomes and the association of malate dehydrogenase with the peroxisomal membrane. Physiologia Plantarum, 88: 19-28.

Suzuki N, Miller G, Morales J, et al. 2011. Respiratory burst oxidases: the engines of ROS signaling. Curr. Opin. Plant Biol., 14(6): 691-699.

Tan Y, Xie H, Li N, et al. 2012. Molecular characterization of latent fertility restorer loci for Honglian cytoplasmic male sterility in *Oryza* species. Molecular Breeding, 30(4): 1699-1706.

Tanaka R, Tanaka A. 2007. Tetrapyrrole biosynthesis in higher plants. Annu. Rev. Plant Biol., 58: 321-346.

Tanudji M, Sjoling S, Glaser E, et al. 1999. Signals required for the import and processing of the alternative oxidase into mitochondria. J. Biol. Chem., 274(3): 1286-1293.

Taylor N L, Heazlewood J L, Day D A, et al. 2004. Lipoic acid-dependent oxidative catabolism of alpha-keto acids in mitochondria provides evidence for branched-chain amino acid catabolism in *Arabidopsis*. Plant Physiol., 134(2): 838-848.

Taylor N L, Tan Y F, Jacoby R P, et al. 2009. Abiotic environmental stress induced changes in the *Arabidopsis thaliana* chloroplast, mitochondria and peroxisome proteomes. J. Proteomics, 72(3): 367-378.

Teakle N L, Tyerman S D. 2010. Mechanisms of Cl^- transport contributing to salt tolerance. Plant Cell Environ.,

33(4): 566-589.

Thimm O, Bläsing O, Gibon Y, et al. 2004. MAPMAN: a user-driven tool to display genomics data sets onto diagrams of metabolic pathways and other biological processes. Plant Journal, 37(6): 914-939.

Timon-Gomez A, Nyvltova E, Abriata L A, et al. 2018. Mitochondrial cytochrome c oxidase biogenesis: recent developments. Semin. Cell Dev. Biol., 76: 163-178.

Tomaz T, Bagard M, Pracharoenwattana I, et al. 2010. Mitochondrial malate dehydrogenase lowers leaf respiration and alters photorespiration and plant growth in *Arabidopsis*. Plant Physiol., 154(3): 1143-1157.

Torres M A, Dangl J L. 2005. Functions of the respiratory burst oxidase in biotic interactions, abiotic stress and development. Curr. Opin. Plant Biol., 8(4): 397-403.

Toyooka K, Okamoto T, Minamikawa T. 2001. Cotyledon cells of *Vigna mungo* seedlings use at least two distinct autophagic machineries for degradation of starch granules and cellular components. J. Cell Biol., 154(5): 973-982.

Tretter L, Takacs K, Hegedus V, et al. 2007. Characteristics of alpha-glycerophosphate-evoked H_2O_2 generation in brain mitochondria. J. Neurochem., 100(3): 650-663.

Triantaphylides C, Havaux M. 2009. Singlet oxygen in plants: production, detoxification and signaling. Trends Plant Sci., 14(4): 219-228.

Trono D, Flagella Z, Laus M N, et al. 2004. The uncoupling protein and the potassium channel are activated by hyperosmotic stress in mitochondria from durum wheat seedlings. Plant Cell & Environment, 27: 437-448.

Tsai M F, Miller C. 2014. Functional reconstitution of the mitochondrial Ca^{2+}/H^{+} antiporter Letm1. Biophysical Journal, 106(2): 428a.

Turrens J F, Alexandre A, Lehninger A L. 1985. Ubisemiquinone is the electron donor for superoxide formation by complex Ⅲ of heart mitochondria. Arch. Biochem. Biophys., 237(2): 408-414.

Van Aken O, Giraud E, Clifton R, et al. 2009. Alternative oxidase: a target and regulator of stress responses. Physiol. Plant., 137(4): 354-361.

Van Vranken J G, Bricker D K, Dephoure N, et al. 2014. SDHAF4 promotes mitochondrial succinate dehydrogenase activity and prevents neurodegeneration. Cell Metab., 20(2): 241-252.

van Wijk K J. 2015. Protein maturation and proteolysis in plant plastids, mitochondria, and peroxisomes. Annu. Rev. Plant Biol., 66(1): 75-111.

Vanderauwera S, Vandenbroucke K, Inze A, et al. 2012. AtWRKY15 perturbation abolishes the mitochondrial stress response that steers osmotic stress tolerance in *Arabidopsis*. Proc. Natl. Acad. Sci. USA, 109(49): 20113-20118.

Vanlerberghe G C. 2013. Alternative oxidase: a mitochondrial respiratory pathway to maintain metabolic and signaling homeostasis during abiotic and biotic stress in plants. Int. J. Mol. Sci., 14(4): 6805-6847.

Vaudel M, Sickmann A, Martens L. 2012. Current methods for global proteome identification. Expert. Rev. Proteomics, 9(5): 519-532.

Vedel F, Pla M, Vitart V, et al. 1994. Molecular basis of nuclear and cytoplasmic male sterility in higher plants. Plant Physiology & Biochemistry, 32(5): 601-618.

Verechshagina N A, Konstantinov Y M, Kamenski P A, et al. 2018. Import of proteins and nucleic acids into mitochondria. Biochemistry (Moscow), 83(6): 643-661.

Vogel R O, Smeitink J A, Nijtmans L G. 2007. Human mitochondrial complex Ⅰ assembly: a dynamic and versatile process. Biochim. Biophys. Acta, 1767(10): 1215-1227.

Wagner A M, Krab K. 1995. The alternative respiration pathway in plants: role and regulation. Physiologia Plantarum, 95: 318-325.

Wagner H. 1989. Free-flow electrophoresis. Nature, 341(6243): 669-670.

Wang K, Gao F, Ji Y, et al. 2013. Orfh79 impairs mitochondrial function via interaction with a subunit of electron transport chain complex Ⅲ in Honglian cytoplasmic male sterile rice. New Phytol., 198(2): 408-418.

Wang X, Auwerx J. 2017. Systems phytohormone responses to mitochondrial proteotoxic stress. Molecular Cell, 68(3): 540.

Wang Y, Hancock W S, Weber G, et al. 2004. Free flow electrophoresis coupled with liquid chromatography-mass spectrometry for a proteomic study of the human cell line (K562/CR3). J. Chromatogr A, 1053(1-2): 269-278.

Wang Y, Itaya A, Zhong X, et al. 2011. Function and evolution of a microRNA that regulates a Ca^{2+}-ATPase and triggers the formation of phased small interfering RNAs in tomato reproductive growth. Plant Cell, 23(9): 3185-3203.

Wang Z, Zou Y, Li X, et al. 2006. Cytoplasmic male sterility of rice with boro Ⅱ cytoplasm is caused by a cytotoxic peptide and is restored by two related PPR motif genes via distinct modes of mRNA silencing. Plant Cell, 18(3): 676-687.

Waters E R, Lee G J, Vierling E. 1996. Evolution, structure and function of the small heat shock proteins in plants. Journal of Experimental Botany, 47: 325-338.

Werren J H. 2011. Selfish genetic elements, genetic conflict, and evolutionary innovation. Proc. Natl. Acad. Sci. USA, 108: 10863-10870.

Wildgruber R, Weber G, Wise P, et al. 2014. Free-flow electrophoresis in proteome sample preparation. Proteomics, 14(4-5): 629-636.

Wilkin G P, Reijnierse G L, Johnson A L, et al. 1979. Subcellular fractionation of rat cerebellum: separation of synaptosomal populations and heterogeneity of mitochondria. Brain Res., 164: 153-163.

Wilkins M R, Sanchez J C, Gooley A A, et al. 1996. Progress with proteome projects: why all proteins expressed by a genome should be identified and how to do it. Biotechnol. Genet. Eng. Rev., 13: 19-50.

Woloszynska M, Gola E M, Piechota J. 2012. Changes in accumulation of heteroplasmic mitochondrial DNA and frequency of recombination via short repeats during plant lifetime in *Phaseolus vulgaris*. Acta Biochimica Polonica, 59(4): 703.

Woodson J D, Chory J. 2008. Coordination of gene expression between organellar and nuclear genomes. Nat. Rev. Genet., 9(5): 383-395.

Xiong Y, Contento A, Nguyen P, et al. 2007. Degradation of oxidized proteins by autophagy during oxidative stress in *Arabidopsis*. Plant Physiology, 143(1): 291-299.

Yankovskaya V, Horsefield R, Tornroth S, et al. 2003. Architecture of succinate dehydrogenase and reactive oxygen species generation. Science, 299(5607): 700-704.

Yi J, Moon S, Lee Y S, et al. 2016. Defective tapetum cell death 1 (DTC1) regulates ROS levels by binding to metallothionein during tapetum degeneration. Plant Physiol., 170(33): 1611-1623.

Yi P, Wang L, Sun Q, et al. 2002. Discovery of mitochondrial chimeric-gene associated with cytoplasmic male sterility of HL-rice. Chinese Science Bulletin, 47(9): 744-747.

Young J C, Moarefi I, Hartl F U. 2001. Hsp90: a specialized but essential protein-folding tool. J. Cell Biol., 154(2): 267-273.

Yu X, Zhao Z, Zheng X, et al. 2018. A selfish genetic element confers non-mendelian inheritance in rice. Science, 360(6393): 1130-1132.

Zara V, Conte L, Trumpower B L. 2009. Evidence that the assembly of the yeast cytochrome bc1 complex involves the formation of a large core structure in the inner mitochondrial membrane. FEBS J., 276(7): 1900-1914.

Zhang L, Oh Y, Li H, et al. 2012. Alternative oxidase in resistance to biotic stresses: nicotiana attenuata AOX contributes to resistance to a pathogen and a piercing-sucking insect but not manduca sexta larvae. Plant Physiol., 160(3): 1453-1467.

Zhang X, Liu S, Takano T. 2008. Overexpression of a mitochondrial ATP synthase small subunit gene (AtMtATP6) confers tolerance to several abiotic stresses in *Saccharomyces cerevisiae* and *Arabidopsis thaliana*. Biotechnol Lett., 30(7): 1289-1294.

Zhang X, Takano T, Liu S. 2006. Identification of a mitochondrial ATP synthase small subunit gene (AtMtATP6) expressed in response to salts and osmotic stresses in rice (*Oryza sativa* L.). J. Exp. Bot., 57(1): 193-200.

Zhang Y, Song G, Lal N K, et al. 2019. TurboID-based proximity labeling reveals that UBR7 is a regulator of NLR immune receptor-mediated immunity. Nat. Commun., 10(1): 3252.

Zhu Y, Lu J, Wang J, et al. 2011. Regulation of thermogenesis in plants: the interaction of alternative oxidase and plant uncoupling mitochondrial protein. J. Integr. Plant Biol., 53(1): 7-13.

Zischka H, Weber G, Weber P J, et al. 2003. Improved proteome analysis of *Saccharomyces cerevisiae* mitochondria by free-flow electrophoresis. Proteomics, 3(6): 906-916.

第 8 章 植物叶绿体蛋白质组

8.1 植物光合作用

光合作用（photosynthesis）是绿色植物特有的一种生化现象，是指绿色植物（包括部分藻类）通过叶绿素吸收光能，使之转变为化学能，同时利用二氧化碳和水制造有机物，并释放氧的过程。太阳光、叶绿素、二氧化碳和水是光合作用不可缺少的因素。因此，光是光合作用的能量来源，叶绿素是光合作用进行的场所，二氧化碳和水则是光合作用的原料。一切生理活动必须在一定的温度条件下进行，适宜温度是光合作用进行的一个重要条件。光合作用的生物化学反应过程主要包括光反应、暗反应两个阶段，涉及光吸收、电子传递、光合磷酸化、碳同化等重要反应步骤（张立新等，2017）。

光合作用意义重大，不但是人类和各种动物赖以生存的物质与能量来源，而且对于实现自然界的能量转换、维持大气的碳 - 氧平衡均具有重要意义。首先，通过光合作用，植物在同化无机碳化物的同时，把太阳能转变为化学能，储存在所形成的有机化合物中。每年光合作用所同化的太阳能，约为人类所需能量的 10 倍。有机物中所存储的化学能，不仅仅供植物本身和全部异养生物之用，更重要的是可作为人类营养和活动的能量来源。光合作用研究与当前人类面临的食物、能源、资源和环境等问题有着非常密切的关系。其次，通过光合作用，绿色植物可以把无机物变成有机物，人类所需的粮食、油料、纤维、木材、糖、水果等，无不来自光合作用，没有光合作用，人类就没有食物和各种生活用品。人们的食物直接或间接都得依赖光合作用提供。农业增产的核心就是提高大田光能利用率。人们所用的能源至今仍主要是古代和当代光合作用固定的太阳能。利用光合作用固定太阳能，不仅原料取之不尽，而且便于大规模自我扩展和适应多种环境，潜力很大，是今后解决能源问题的重要途径。因此，绿色植物是一个巨型的能量转换站，没有光合作用就没有人类的生存和发展。最后，光合作用能够维持大气的碳-氧平衡。大气之所以能经常保持 21% 的氧含量，主要依赖于光合作用过程中的氧释放。光合作用不但为有氧呼吸提供了条件，而且可以协助维持地球大气表层的臭氧层稳定，促进其吸收太阳光中对生物体有害的强烈的紫外辐射，维持碳 – 氧平衡（张立新等，2016）。

光合作用研究历史源远流长，至今已有 400 多年。17 世纪以前，人们普遍认为植物生长所需全部元素是从土壤中获得的。17 世纪中叶，荷兰科学家 Van Helmont 进行了柳树盆栽实验。连续 5 年只浇水，柳树重量增加了 75kg，而土壤重量只减少了 60kg。1771 年，英国化学家 J. Priestley 进行密闭钟罩试验，发现有植物存在的密闭钟罩内蜡烛不会熄灭，老鼠也不会窒息死亡。随后，荷兰医生 J. Ingenhousz 发现光在 Priestley 实验中的关键作用。上述 3 位科学家被公认为是光合作用研究的先驱，一般以 J. Priestley 为光合作用的发现者，把 1771 年定为光合作用的发现年。随后，科学家 Jean Snebier 发现 CO_2 是光合作用必需物质，De

Saussure 证实光合作用还有水参与。光合作用分子机制研究的里程碑式工作是 Willstätter 提纯叶绿素并阐明其化学结构，从而于 1915 年获得诺贝尔化学奖。随后，科学家发现光合作用可以分为需要光的光反应（light reaction）和不需光的暗反应（dark reaction）两个阶段。1965 年，R. B. Woodward 由于全合成叶绿素分子等工作获得了诺贝尔化学奖。P. Mitchell 提出化学渗透假说，获得了 1978 年的诺贝尔化学奖。Deisenhofer 等测定了光合细菌反应中心结构，在膜蛋白复合体细节及光合原初反应研究方面取得突出进展，获得了 1988 年的诺贝尔化学奖。1992 年，Marcus 因研究包括光合作用电子传递在内的生命体系的电子传递理论而获得诺贝尔化学奖。1997 年，Walker、Boyer 和 Skou 由于在催化光合作用的光合磷酸化和呼吸作用的氧化磷酸化的腺苷三磷酸（ATP）合酶的动态结构与反应机制研究方面的重要研究成果，而获得了诺贝尔化学奖（熊传敏，2006）。这一系列重大研究成果和诺贝尔奖的获得，也从侧面证实了光合作用研究的重要性。中国的光合作用研究自 20 世纪 50 年代开始，已取得了长足的进展。例如，中国科学院北京植物研究所和上海植物生理研究所在光合作用能量转换、光合碳代谢的酶学研究、光合膜蛋白结构解析等方面都有所发现和创新（张立新等，2016）。光合作用研究历史有 400 多年，不算太长，但经过众多科研工作者的努力探索，已取得了举世瞩目的进展，为指导植物生物学和农业生产提供了充分的理论依据。

光合作用是一个复杂生物学反应过程，包括很多复杂的步骤，一般分为光反应和暗反应两大阶段。在光反应阶段，需要直接的光照提供能量，将光能转化为生物所能直接利用的化学能，即形成还原型烟酰胺腺嘌呤二核苷酸磷酸（nicotinamide adenine dinucleotide phosphate，NADPH）并合成腺苷三磷酸（adenosine triphosphate，ATP）；在暗反应阶段，ATP 和 NADPH 中储存的能量被进一步利用，固定 CO_2 并形成单糖与多糖，这部分间接地利用光反应形成的 ATP 和 NADPH 作为能量源泉，反应本身不需要直接光照提供能量。由光反应产生比例合适的 ATP/NADPH 分子是暗反应顺利进行的基础。

影响植物光合作用效率的主要因素，除了植物叶片本身的生理状态、发育时期和组织部位等内部影响因素，还存在诸多外部影响因素，主要包括光照强弱、CO_2 浓度、温度高低、矿质元素含量多少和水分是否充足等。一般，光合速率随着光照强度的增减而增减。在黑暗时，光合作用停止，而呼吸作用不断释放 CO_2；随着光照增强，光合速率逐渐增强，逐渐接近呼吸速率，最后光合速率与呼吸速率达到动态平衡。同一叶子在同一时间内，光合过程中吸收的 CO_2 与光呼吸和呼吸作用过程中放出的 CO_2 等量时的光照强度，称为光补偿点（light compensation point）。植物在光补偿点时，有机物的形成和消耗相等，植物不能积累干物质，而晚间还要消耗干物质，因此从全天来看，植物所需的最低光照强度必须高于光补偿点才能使植物正常生长。同时，光质也影响植物的光合效率。在自然条件下，植物或多或少会受到不同波长的光线照射，如阴天的光照不仅强度弱，而且蓝光和绿光成分增多；树木的叶片吸收红光和蓝光较多，故树冠下的光线富含绿光，树木繁茂的森林更是明显。同时，二氧化碳是光合作用的原料，对光合速率影响很大。CO_2 主要是通过气孔进入叶片，加强通风或设法增施 CO_2 能显著提高作物的光合速率，对 C_3 植物尤为明显。此外，植物对 CO_2 的利用与光照强度有关，在弱光情况下，只能利用较低浓度的 CO_2，光合速率慢，随着光照强度的加强，植物就能吸收利用较高浓度的 CO_2，光合速率加快。光合过程中的碳反应是由酶所催化的化学反应，而温度直接影响酶的活性，因此，温度对光合作用的影响也很大。除了少数的例子，一般植物可在 10 ～ 35℃下正常地进行光合作用，其中以 25 ～ 30℃最适宜，在 35℃以上时光合速率就开始下降，40 ～ 50℃时即完全停止。在低温时，酶促反应下降，故限制了光合作用的进行。而在高温时，一方面高温破坏叶绿体和细胞质的结构，并使叶绿体的酶钝化；另一方面暗呼吸和光呼吸加强，光合速率便降低。矿质元素直接或间接影响光合作用。氮、镁、铁、锰等是叶绿素等生物合成所必需的矿质元素；铜、铁、硫和氯等参与光合电子传递与水裂解过程；钾、磷等参与糖类代谢，缺乏时便影响糖类的转变和运输，这样也就间接影响了光合作用；同时，磷参与光合作用中间产物的转变和能量传递，所以对光合作用影响很大。水分是光合作用原料之一，而光合作用所需的水分只是植物所吸收水分的一部分，因此，水分缺乏主要是间接地导致光合速率下降。缺水使叶片气孔关闭，影响 CO_2 进入叶内，并使叶片淀粉水解加强，糖类堆积，光合产物输出缓慢，这些最终都会使光合速率下降。

从表面上看，光合作用的总反应似乎是一个简单的氧化还原过程，但实质上包括一系列的光化学步骤和物质转变问题（熊传敏，2006）。400 多年的光合作用研究结果证实，整个光合作用大致可分为下列三大步骤：①原初反应，包括光能的吸收、传递和转换，即叶绿素等色素分子吸收、传递光能，将光能转换为化学能；②电子传递和光合磷酸化，形成活跃化学能（ATP 和 NADPH），在此过程中水分子被分解，其中的氧被释放出来；③碳同化，把活跃的化学能转变为稳定的化学能，通过固定 CO_2，形成糖类，制造葡萄糖等碳水化合物（张立新等，2017），通过这一过程将 ATP 和 $NADPH_2$ 中的活跃化学能转换成贮存在碳水化合物中的稳定化学能，它也称 CO_2 同化或碳同化过程，是一个有许多种酶参与反应的过程（图 8-1）。绿色植物光合作用的反应过程在叶绿体（chloroplast）中进行，其为由 3000 多个蛋白质及其他物质组成的复杂细胞器（张立新等，2016）。

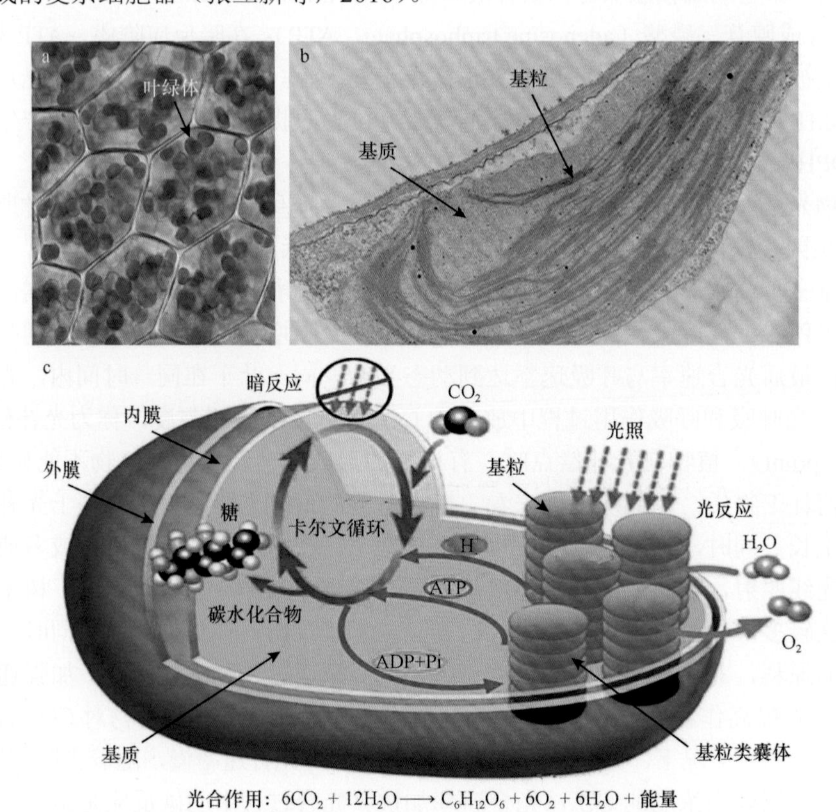

图 8-1 植物叶绿体结构特征及光合作用反应过程示意图

a. 在光学显微镜下观察到的植物幼嫩叶片叶肉细胞中的叶绿体；b. 在透射电子显微镜下，放大3万倍后观察到的叶绿体亚细胞结构，图示叶绿体基质和基粒片层结构；c. 植物叶绿体结构示意图及在叶绿体中进行的光合作用反应过程模式图，显示光反应和暗反应过程及其代谢调控机制

8.2　植物叶绿体基本结构与功能

叶绿体（chloroplast）是光合作用的主要场所，是植物细胞和真核藻类如红藻、绿藻、褐藻等的重要细胞器，是光合作用还原和同化二氧化碳、形成碳水化合物的场所，同时是植物氨基酸、脂肪酸和萜类化合物合成，以及亚硝酸盐和硫酸盐还原的场所。叶绿体是植物体特有的细胞器，起源于内共生的古蓝藻光合细菌，这种光合细菌是现今蓝藻的祖先（Reyes-Prieto et al.，2007）。植物叶绿体的双层膜结构使其与胞质分开，内有片层膜，含叶绿素，肉眼下为绿色，故称为叶绿体（图 8-1）。叶绿体由于呈现绿色，并且自发荧光，相对于其他细胞器，它更容易分离，因此是植物中被研究得最为深入、功能最重要的一种植物细胞器。

在高等植物中叶绿体看起来像双凸或平凸透镜，长径 5 ～ 10μm，短径 2 ～ 4μm，厚 2 ～ 3μm。高等植物的叶肉细胞一般含 50 ～ 200 个叶绿体，可占细胞质的 40%，叶绿体的数目因物种细胞类型、生态环境、生理状态而有所不同。在藻类中叶绿体形状多样，有网状、带状、裂片状和星形等，而且体积巨大，直径可达 100μm。叶绿体由叶绿体被膜（chloroplast envelope）、类囊体（thylakoid）和基质（stroma）三大部分组成，它是一种含有叶绿素、能进行光合作用的细胞器。叶绿体含有叶绿体外膜、叶绿体内膜和类囊体膜这 3 种不同的膜，同时，含有内外膜间隙、基质和类囊体腔这 3 种彼此分开的腔。植物叶绿体具有内、外双层膜结构，内部由基质和类囊体组成。

叶绿体被有两层光滑的单位膜，这两层单位膜称为叶绿体膜（chloroplast membrane）或外包膜（outer envelope），包括外膜和内膜。两层膜间被一个电子密度低的较亮空间隔开。叶绿体基质是位于内膜与类囊体之间的流动性液体，是光合作用暗反应的场所，叶绿体基质主要成分包括可溶性蛋白和其他一些代谢活跃物质，其中 1,5- 二磷酸核酮糖羧化酶占基质可溶性蛋白总量的 60% 以上。同时也含有各种无机盐和其他的一些有机物，如糖类、ATP 和各种小分子物质等，其中最重要的是与光合作用暗反应阶段碳同化相关的酶、叶绿体自身遗传物质 DNA 及某些颗粒成分，如各类 RNA、核糖体等（胡锋等，2011）。

类囊体是光合作用光反应的场所，是光捕获、光合电子传递、质子易位及 ATP 合成的位点，光反应及大部分与光合作用有关的蛋白质和蛋白复合体均定位于类囊体膜及类囊体腔中。在高等植物和藻类中，类囊体从形态学上分为叠置成垛的圆饼状的基粒类囊体（granum thylakoid）和没有发生垛叠的基质类囊体（stroma thylakoid）两部分。叶绿体基粒由许多小类囊体互相堆叠在一起形成，这样的类囊体称为基粒类囊体，每个基粒呈圆柱形，基粒由 10 ～ 100 个由膜组成的囊状结构重叠而成。组成基粒的片层称为基粒片层（granum lamella）。大的类囊体横贯在基质中，贯穿于两个或两个以上的基粒之间，这样的片层称为基质片层（stroma lamella），这样的类囊体称为基质类囊体。类囊体膜上基粒类囊体和基质类囊体的分化被认为是类囊体膜上主要光合复合体不均衡分布的形态学反映。基粒类囊体与基质类囊体膜在蛋白质组分上明显不同，如 PSⅠ和 ATP 合酶集中分布在基质类囊体与基粒类囊体边缘，而 PSⅡ和捕光天线复合体Ⅱ主要分布于基粒垛叠区域。类囊体膜形成一个连续封闭的膜系统，这对移动的电子运输组件在两个横向分隔的光系统之间扩散、蛋白超复合体在两个区域的运输至关重要。了解类囊体膜蛋白即蛋白复合体的结构与功能及容纳这些蛋白质或复合体的类囊体膜的三维结构，对于全面了解植物光合作用的分子机制有重大意义。

叶绿素（chlorophyll）是植物叶绿体进行光合作用的主要色素，是一类含脂的色素家族，位于类囊体膜上，在光合作用的光吸收中起核心作用。叶绿素吸收大部分的红光和紫光，但反射绿光，所以叶绿体在可见光下呈现绿色。叶绿素为镁卟啉化合物，包括叶绿素a、b、c、d、f及原叶绿素、细菌叶绿素等。高等植物叶绿体中的叶绿素主要有叶绿素a和b两种。它们不溶于水，而溶于有机溶剂，如乙醇、丙酮、乙醚、氯仿等。叶绿素a分子式为$C_{55}H_{72}O_5N_4Mg$，叶绿素b分子式为$C_{55}H_{70}O_6N_4Mg$。在颜色上，叶绿素a呈蓝绿色，而叶绿素b呈黄绿色。根据化学性质，叶绿素是叶绿酸的酯，能发生皂化反应；叶绿酸是双羧酸，其中一个羧基被甲醇所酯化，另一个被叶醇所酯化。叶绿素分子是由两部分组成的，核心部分是一个卟啉环（porphyrin ring），其功能是光吸收；另一部分是一个很长的脂肪烃侧链，称为叶绿醇（phytol），叶绿素用这种侧链插入到类囊体膜。与含铁的血红素基团不同的是，叶绿素卟啉环中含有一个镁原子。叶绿素分子通过卟啉环中单键和双键的改变来吸收可见光。各种叶绿素之间的结构差别很小。如叶绿素a和b仅吡咯环Ⅱ上的附加基团有差异：前者是甲基，后者是甲醛基。细菌叶绿素和叶绿素a的不同处也只是细菌叶绿素卟啉环Ⅰ上的乙烯基换成酮基和环Ⅱ上的一对双键被氢化（郑学民等，2010）。

叶绿素不太稳定，光、酸、碱、氧、氧化剂等都会使其分解。在酸性条件下，叶绿素分子很容易失去卟啉环中的镁成为去镁叶绿素。叶绿素在活体内也和其他物质一样处于不断更新状态。它被叶绿素酶分解，或经光氧化而漂白。深秋时许多树种叶片呈美丽的红色，就是因为这时叶绿素降解速度大于合成速度，导致含量下降，原来被叶绿素所掩盖的类胡萝卜素、花色素的颜色显示出来。在植物衰老和储藏过程中，酶能引起叶绿素的分解破坏。这种酶促变化可分为直接作用和间接作用两类。直接以叶绿素为底物的只有叶绿素酶，催化叶绿素中植醇酯键水解而产生脱植醇叶绿素。起间接作用的有蛋白酶、酯酶、脂氧合酶、过氧化物酶、果胶酯酶等。蛋白酶和酯酶通过分解叶绿素蛋白复合体，使叶绿素失去保护而更易遭到破坏。脂氧合酶和过氧化物酶可催化相应的底物氧化，其间产生的物质会引起叶绿素的氧化分解。果胶酯酶的作用是将果胶水解为果胶酸，从而提高了质子浓度，使叶绿素脱镁而被破坏。在活体绿色植物中，叶绿素既可发挥光合作用，又不会发生光分解。但在加工储藏过程中，叶绿素经常会受光和氧化作用影响，被光解为一系列小分子物质而褪色。在医学上，叶绿素有造血、提供维生素、解毒、抗病等多种用途。

8.3 叶绿体基因组

叶绿体是植物细胞内具有自主遗传信息的重要细胞器，拥有自身完整的一套独立基因组，被认为是内共生起源的细胞器。叶绿体基因组（chloroplast genome）也称叶绿体DNA（chloroplast DNA，cpDNA），高等植物叶绿体的DNA为双链共价闭合环状分子，其长度随生物种类不同而不同，其大小在120～217kb，相当于噬菌体基因组的大小。叶绿体基因组是多拷贝的，具有比较保守的环状结构，但也存在一些例外。叶绿体基因组主要用于编码一些与光合作用密切相关的蛋白质和一些核糖体蛋白。叶绿体基因表达调控是在不同水平上进行的，光和细胞分裂素对叶绿体基因的表达也起着重要的调节作用。叶绿体DNA不含5-甲基胞嘧啶，这是鉴定cpDNA及其纯度的特定指标。另外，叶绿体基因组中缺乏组蛋白和超螺旋。cpDNA中的GC含量与核DNA及线粒体DNA有很大不同。因此，可用CsCl密度梯度离心来分离cpDNA（Daniell et al.，2016）。

通常一个叶绿体含有10～50个DNA分子。高等植物的叶绿体基因组长度各异，但均有10～24kb的一段DNA序列的两份拷贝，互成反向重复序列。这两份反向重复序列之间发生重组，形成了一份短单拷贝序列（short single copy），把这两份反向重复序列连接起来，基因组的其余部分则是长单拷贝序列（long single copy）。叶绿体内有少量的核糖体，而叶绿体本身也是半自主性细胞器，叶绿体基因组同线粒体基因组一样，都是细胞里相对独立的一个遗传系统。叶绿体基因组可以自主地进行复制，具有遗传信息的表达系统，可以转录、翻译生成蛋白质，但同时需要细胞核遗传系统提供遗传信息，并且叶绿体中绝大多数蛋白质都是由细胞核 DNA 编码，并在细胞质核糖体上合成后再运送到叶绿体各自的功能位点上（Zhang et al.，2014）。

早在 20 世纪初，人们就已知叶绿体的某些性状是呈非孟德尔式遗传的，但直到 20 世纪 60 年代才发现了叶绿体 DNA。1962 年，Ris 和 Plaut 用电镜观察到了衣藻与玉米等植物叶绿体内的 DNA 纤维，初步证实了叶绿体 DNA 分子的存在。1963 年，Sager 等从衣藻叶绿体中分离出了 DNA。同年，Gibor 和 Izawa 也得到了伞藻叶绿体 DNA，这些都直接说明了叶绿体 DNA 的存在。1976 年完成了第一个玉米叶绿体物理遗传图谱。1978 年，通过分子克隆技术从衣藻中获得了第一个叶绿体基因。1986 年烟草的叶绿体基因组全序列发布，标志着质体基因组研究的开始（朱婷婷等，2017）。

叶绿体基因组中的基因数目多于线粒体基因组，编码蛋白质合成所需的各种 tRNA、rRNA 及 50 多种蛋白质，包括 RNA 聚合酶、核糖体蛋白、1,5-二磷酸核酮糖羟化酶（RuBP 羧化酶）的大亚基等。随着高通量测序技术的发展，每年被测序的植物叶绿体基因组增加迅速（Brozynska et al.，2014）。对 1300 多种已经测序的高等植物叶绿体基因组测序结果进行统计分析发现，植物叶绿体 DNA 的长度主要集中在 140 ～ 160kb，GC 含量多为 35% ～ 40%，编码 80 ～ 100 个基因（朱婷婷等，2017）。其中，一种澳大利亚多年生野生稻 Taxon A 的叶绿体基因组被测序完成，其基因组长度为 134 557bp，编码 114 个能翻译成蛋白质的基因（图 8-2）。

叶绿体基因组结构简单，且以多拷贝形式存在于植物当中，母系遗传的特性使其能够比较稳定地保留自身特点而不受环境影响，因此，叶绿体基因组具有很强的稳定性和遗传性。随着各种植物基因组序列的公布、高通量测序技术的进步，如今叶绿体基因组测序成本已经很低，相关生物信息学软件逐渐成熟，叶绿体基因组拼接也变得相对简单。目前已公布的叶绿体基因组主要来自植物、蓝藻和真菌等。在绿色植物中，经济作物、农作物、药用植物是叶绿体基因组研究的主要对象，如大豆（*Glycine max*）、小麦（*Triticum aestivum*）、人参（*Panax ginseng*）和红豆杉（*Taxus chinensis*）等植物叶绿体基因组均已经先后完成测序。综合这些植物叶绿体基因组测序结果发现，植物叶绿体基因组长度一般为 107 ～ 218kb，常由 4 部分组成，分别为长 18 ～ 20kb 的短单拷贝序列区、长 81 ～ 90kb 的长单拷贝序列区及长 20 ～ 30kb 的两个反向重复序列（Daniell et al.，2016）。其中，反向重复序列的长度，往往决定了叶绿体基因组序列的长度和基因组的大小。对绿色植物的叶绿体基因组大小进行整理后，发现植物叶绿体基因组长度主要集中在 140 ～ 160kb（朱婷婷等，2017）。

系统分析已经完成测序的叶绿体基因组信息发现，植物叶绿体基因组包含 30 ～ 300 个基因。这些基因可分为三大类：涉及光合作用的基因，包括 PSⅠ、PSⅡ、细胞色素 b6f 复合体（Cyt b6f）、Rubisco 大亚基、NAD(P)H 脱氢酶和 ATP 合酶等基因；与叶绿体基因表达相关的基因，包括翻译起始因子、核糖体蛋白基因、核糖体 RNA、RNA 聚合酶和转运 RNA 等；另外，还有可读框和其他一些蛋白质编码基因，如 *matK* 和 *cemA* 基因等。通过对植物叶绿体的编码基因和 RNA 数目进行分析后，发现绝大多数植物叶绿体基因组编码 80 ～ 100 个基因，含有 40 ～ 50 个 RNA（朱婷婷等，2017）。

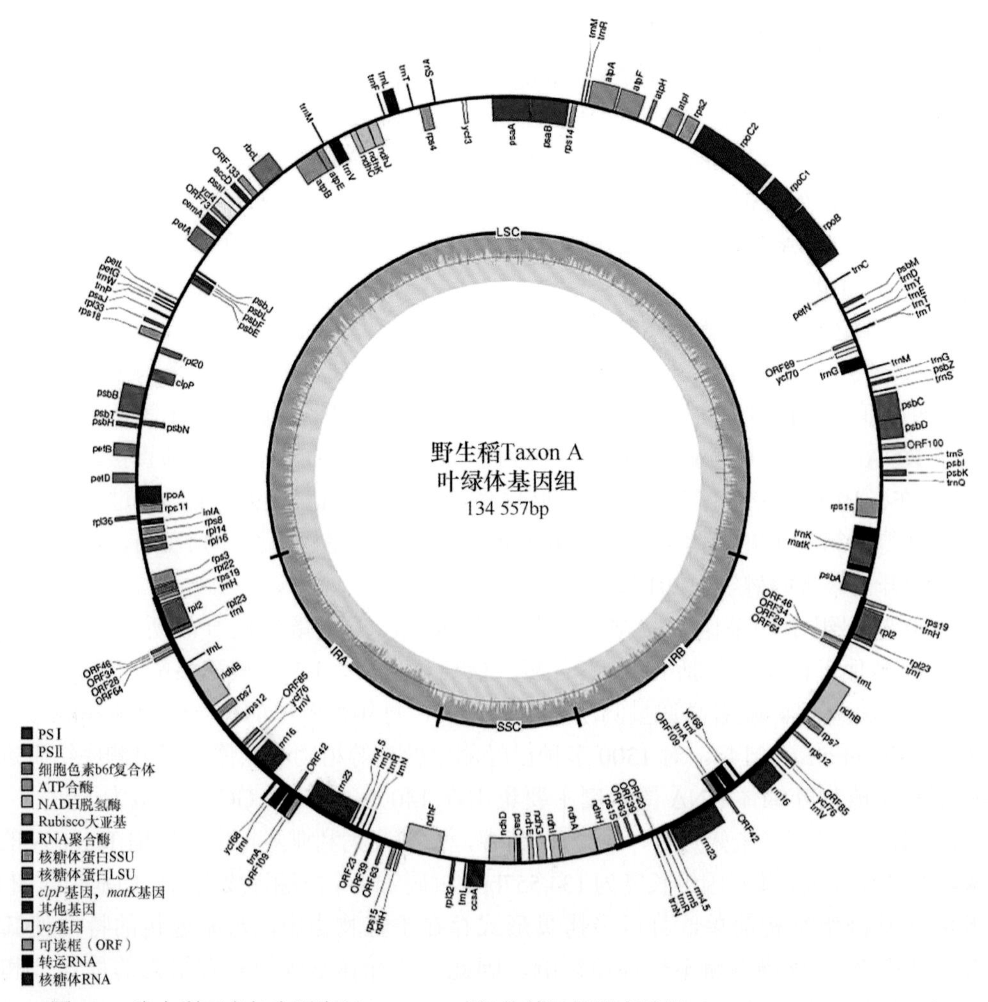

图 8-2 澳大利亚多年生野生稻 Taxon A 叶绿体基因组测序结果（Brozynska et al.，2014）

叶绿体基因组研究已经进入崭新的阶段，也取得了一系列重要研究成果。对叶绿体基因组的深入研究，必将帮助我们更快、更深入地认识、利用和保护植物。由于叶绿体基因的保守性，其还可用于物种鉴定，如 DNA 条形码技术采用多个叶绿体基因或基因间区来解决植物物种鉴定问题，取得了很大进展（Zhang et al.，2014）。叶绿体还是一种潜在的生物反应器，可以通过叶绿体建立转基因系统，该系统与核基因转化相比，具有可实现外源基因的定点整合和多基因转化、转化效率高、无基因沉默现象、外源基因可稳定遗传、花粉漂移少和环境安全性高等明显优势，可以形成细胞质雄性不育，还可以改良农作物的农艺性状。

8.4 叶绿体蛋白质及膜蛋白复合体

叶绿体虽然拥有一套自身独立的基因组，但绝大多数植物叶绿体基因组编码蛋白仅有 100 个左右，而在叶绿体中存在大约 3000 种蛋白质，这些蛋白质绝大多数都是由细胞核基因组所编码的。这些叶绿体蛋白质及其组成的蛋白复合体的作用机制，一直是植物生物学研究中的重点和难点。

不同植物叶绿体中蛋白质数量有一定差异。到目前为止，还没有办法确定某种植物叶绿体中到底含有多少种蛋白质，都是通过生物信息学分析来预测叶绿体的蛋白质数量。其中，蛋白质特征信息的提取是蛋白质亚细胞定位预测的基础。蛋白质在合成过程中被分选到特定的亚细胞器中发挥出生物学功能，很大程度上是由蛋白质的序列特征决定的，序列特征大致可以分为蛋白质分选信号、氨基酸性质与组成、功能域信息等。合成的蛋白质必须定向地转运到特定细胞器中，一个重要的原因就是蛋白质中包含了各种不同的分选信号，氨基酸序列中 N 端或者 C 端存在特殊的分选信号序列，决定了特定蛋白质的转运方向，其可以被细胞器上的分选受体特异性识别。这种特征信息提取方法较多地利用了蛋白质的生物学分选过程信息。但是实际上对于基因 5′ 区或者蛋白质 N 端序列的提取随意性较大，因此，预测结果的可靠性也大打折扣。

据估计，高等植物中叶绿体蛋白质数目占其蛋白质总数的 10% ～ 25%，成熟的叶绿体包含 2000 ～ 4000 种蛋白质（Peltier et al.，2006）。在模式植物拟南芥中，科学家早期通过生物信息学方法，预测其叶绿体蛋白质组包含 1900 ～ 2500 个蛋白质，其中 87 个由叶绿体 DNA 编码，其余蛋白质则由核基因组编码并运输到叶绿体中（Abdallah et al.，2000），以是否具有转运肽序列为特征，利用 TargetP 或 ChloroP 软件的预测结果显示，叶绿体中有 3600 多个蛋白质（Emanuelsson et al.，2000）。随着拟南芥基因组测序工作的完成，Leister 认为，成熟的叶绿体含有大约 3000 个蛋白质（Leister，2003）。根据拟南芥基因组测序的结果及生物信息学软件，推测大约有 4255 种由核基因组编码的叶绿体蛋白质，其中 25% 左右的蛋白质的功能尚不清楚（Peltier et al.，2006）。综合来看，拟南芥叶绿体中存在约 3000 个蛋白质，这些蛋白质的主要功能是参与光合作用相关的代谢通路。

植物叶绿体中进行的光合作用，涉及多个蛋白复合体及一系列酶促反应，这些蛋白复合体根据不同的氧化还原电位排列来完成电子传递，称为光合反应链。光合作用光反应的真正执行者是镶嵌在叶片叶肉细胞叶绿体中类囊体光合膜上的 4 个重要的超分子复合物，分别是光系统Ⅱ（photosystem Ⅱ，PSⅡ）、光系统Ⅰ（photosystem Ⅰ，PSⅠ）、细胞色素 b6f 复合体（Cyt b6f）和 ATP 合酶等几个部分（图 8-3）。

PSⅠ和 PSⅡ各含有一个反应中心，能够发生光化学反应，它们结合的光合色素捕获光子，并把吸收的能量传递到反应中心色素分子而发生原初光化学反应过程，即“反应中心色素”分子受到能量激发后产生一个激发态高能电子，该电子从反应中心色素传出，被原初电子受体接收，由此即发生原初电荷分离，而“反应中心色素”分子因发射出电子而发生电子亏缺，由次级电子供体提供的电子加以补充恢复到原来的状态。PSⅡ利用太阳光在常温常压下实现水的裂解，产生氧气、质子和电子；其中电子经过 Cyt b6f 和质体蓝素（plastocyanin，PC）被传递到 PSⅠ。PSⅠ利用光能驱动从其反应中心 P700 经由一系列电子传递体到达末端电子受体 FA/FB 的跨膜电子传递，由此传递的电子最终将 $NADP^+$ 还原成 NADPH，并用于碳素同化（秦晓春等，2016）。

无论 PSⅡ还是 PSⅠ都是由特定的蛋白质、光合色素和膜脂组成的超分子复合物，光合色素吸收的光能之所以能被传递，是因为它们以特定的位置和取向被固定在蛋白质骨架上形成色素-蛋白超复合体。这些超分子复合物组成成分多，结构复杂，解析其三维结构一直是最近研究的难点和热点。高等植物 PSⅠ由核心复合物和结合于其外周的捕光复合物Ⅰ（light harvesting complexⅠ，LHCⅠ）组成，称为 PSⅠ-LHCⅠ超分子复合物。该复合物是一个高效吸能、传能和转能的系统，具有太阳能转化效率极高、能快速激发传递和原初光化学反应过程、叶绿素含量高等特点，是一个由 200 多个辅因子、16 个蛋白质亚基组成，分子质量达 600kDa 的超分子膜蛋白复合体。要获得其精确结构首先要获得大量、高纯度、高均一性和高稳定性

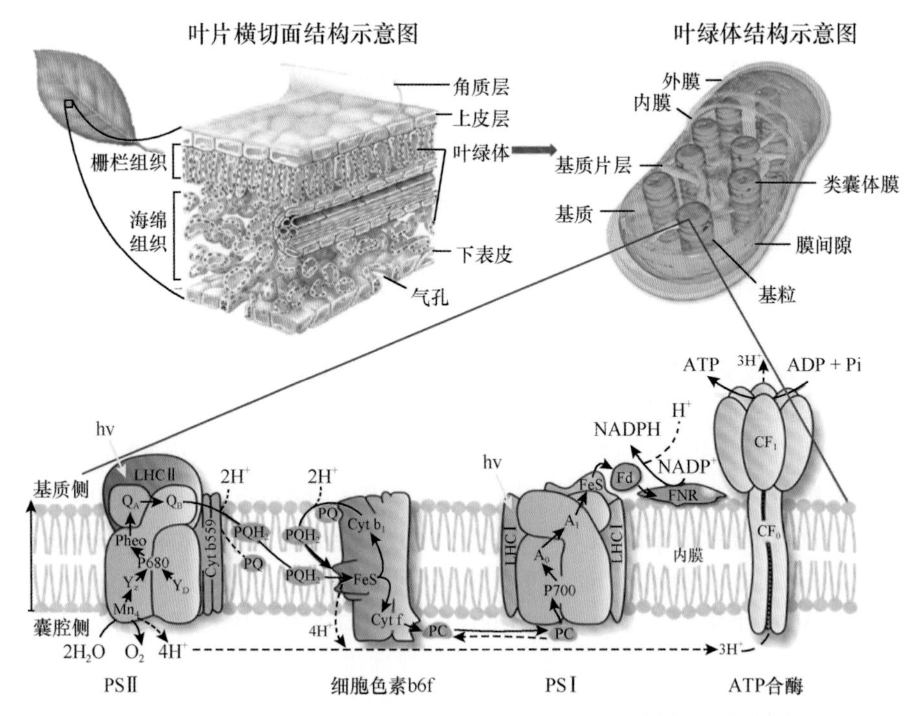

图 8-3　光合膜上 4 个重要的蛋白超复合体及主要光合膜蛋白定位示意图（秦晓春等，2016）

的生物样品，然后采用结构生物学的手段获得高质量的晶体并解析晶体结构信息。世界上第一个原子水平分辨率的高等植物 PSⅠ-LHCⅠ晶体结构由我国科学家获得，并于 2015 年 5 月 29 日在 *Science* 以封面文章的形式发表。这一研究成果首次全面解析了高等植物 PSⅠ-LHCⅠ光合膜蛋白超复合体的精细结构，具体包括 16 个蛋白质亚基（12 个核心蛋白亚基 PsaA、PsaB、PsaC、PsaD、PsaE、PsaF、PsaG、PsaH、PsaI、PsaJ、PsaK、PsaL 及 4 个捕光天线蛋白亚基 Lhca1、Lhca2、Lhca3、Lhca4），155 个叶绿素分子（143 个叶绿素 a 和 12 个叶绿素 b）、35 个类胡萝卜素（包括 26 个 β-胡萝卜素、5 个叶黄素、4 个紫黄质）、10 个脂分子（包括 6 个磷脂酰甘油、3 个单半乳糖基甘油和 1 个双半乳糖基甘油）、3 个铁硫簇、2 个叶绿醌和一些水分子，共 205 个辅因子。4 个捕光天线蛋白亚基按照 Lhca1-Lhca4-Lhca2-Lhca3 的顺序，沿 PsaG 亚基向 PsaK 亚基的方向结合在核心复合物的外侧，形成一条弧状 LHCⅠ带。综合结果显示，PSⅠ-LHCⅠ的总分子质量约 600kDa（Qin et al.，2015）。这一研究成果首次揭示了高等植物 PSⅠ-LHCⅠ的 4 个不同捕光天线蛋白复合体在天然状态下的结构、它们之间的相互关系，各个捕光复合体与核心复合体的相互作用；揭示了高等植物 PSⅠ 捕光色素蛋白复合体全新的色素网络系统和各个色素分子在其结合位点上的化学性质，特别是首次解析了红叶绿素的结构；最后，根据这一高分辨率结构提出了在 PSⅠ-LHCⅠ中从捕光复合体向 PSⅠ 核心复合体能量传递可能的 4 条途径。这一成果为揭示高等植物 PSⅠ 高效吸能、传能和转能的机制奠定了坚实的结构基础，对于阐明光合作用机制具有重大的理论意义（秦晓春等，2016）。

光合作用中，PSⅡ 利用光氧化水和还原质体醌，并释放出氧气和质子。PSⅡ 反应中心由 D1 蛋白、D2 蛋白、细胞色素 b559 的 α 亚基和 β 亚基及 PsbI 蛋白组成。D1 与 D2 异二聚体结合了所有将参与电子从锰簇转移至质体醌库的关键氧化还原组分，为氧化激发复合体的锰簇提供配体；而锰簇的稳定是由 PsbO 完成的，叶绿体锰稳定蛋白对 PSⅡ 的放氧活力的维持起重要作用，是调节光合和光呼吸、决定净光合速率的一个关键酶。其中，锰稳定蛋白与

Mn、Ca^{2+}、Cl^- 组成放氧复合体，一起参与氧的释放，是 PSⅡ 执行完整的放氧功能的必需组分（杨小龙等，2019）。

碳固定是植物光合作用中的开始步骤，也是 C_3 循环的限速步骤，包括羧化、还原和底物再生 3 个阶段，其关键酶是 1,5-二磷酸核酮糖羧化酶（RuBP 羧化酶），该酶在植物内很丰富，是个双功能酶，既可催化羧化反应，也可催化加氧反应。其活性中心受 CO_2、Mg^+ 和 ATP 活化。已知底物 RuBP 与其结合牢固，降低了其羧化反应速率，在 Rubisco 激活酶的调控下，可以促进 RuBP 的释放，从而激活 RuBP 羧化酶，在这个过程中，需要消耗光反应中生成的 ATP；在 RuBP 羧化酶作用下，CO_2 与 RuBP 反应形成中间产物 2-羧基-3-酮基核糖醇-1,5-二磷酸，然后水解为 2 个 3-磷酸甘油酸（3-PGA），在磷酸甘油酸激酶的催化下，产生 1,3-二磷酸甘油酸，再经磷酸甘油醛脱氢酶催化，还原为 2 个 3-磷酸甘油醛（GAP），在此过程中，需要消耗光反应中产生的化学能 ATP 和还原力 NADPH。然后 GAP 经过一系列异构化、缩合与重组，再生成 RuBP。这个过程中核酮糖二磷酸羧化酶、磷酸核酮糖激酶是其特征性酶。

RuBP 羧化酶加氧酶催化了光呼吸过程中的第一步反应，即催化氧和 RuBP 产生 1 分子磷酸甘油酸与 1 分子磷酸乙醇酸。磷酸乙醇酸进一步分解为乙醇酸和磷酸，参与乙醛酸二羧酸代谢途径。乙醇酸通过叶绿体内膜上相应的转运体进入过氧化物酶体，加氧成为乙醛酸，并生成过氧化氢，然后通过转氨基作用生成甘氨酸，甘氨酸通过孔道逸出过氧化物酶体到达线粒体，通过进入后者参加下一步反应。谷氨酰胺合成酶是植物体内氨同化的关键酶之一，在 ATP 和 Mg^{2+} 存在时，它催化植物体内由氨基酸转化成的谷氨酸与氨形成谷氨酰胺，起到氨转运作用。乙醛酸二羧酸代谢途径主要是在遇到外部逆境干扰时，平衡植物体内局部代谢紊乱，输送能量，以增强抵抗力。铁氧还蛋白-NADP（烟酰胺腺嘌呤二核苷磷酸）还原酶催化产生还原力 NADPH 是叶绿体中光合作用光反应电子链的最后一步。产生的 NADPH 之后在碳反应（暗反应）中被用于二氧化碳的固定。NADPH 和 ATP 酶合成的 ATP 共同作用于暗反应，为暗反应储藏碳水化合物。

最近的研究证实，在叶绿体中存在 20 多个蛋白酶，包括 Clp（caseinolytic protease）、Deg（degradation of periplasmic）、FtsH（filamentation temperature-sensitive H）、PreP（presequence peptidase）及 Cnd41（chloroplast nucleoid DNA-binding protein 41）等。叶绿体 Clp 复合体主要由 3 部分构成，分别为蛋白水解核心 ClpPRT、依赖 ATP 的分子伴侣 ClpC 和 ClpD、接头蛋白 ClpS1。拟南芥中共有 16 个 Deg 蛋白，其中 Deg1、Deg5 和 Deg8 在类囊体腔中起作用，Deg2 和 Deg7 定位于叶绿体基质，它们在不同的场所参与降解受损的 D1 蛋白，加速 D1 蛋白的周转，从而提高 PSⅡ 的运转效率。FtsH 蛋白是一种依赖 ATP 的金属蛋白酶，拟南芥叶绿体中包含 9 个 FtsH 蛋白，其中 4 个锚定在类囊体膜上并与分子伴侣等形成复合体水解叶绿体蛋白质，最终将 10 ～ 20 个氨基酸长度的多肽释放到基质中。FtsH7/9/11/12 定位于叶绿体被膜中，其中 FtsH11 起着抗热作用但与小热激蛋白作用方式不同。PreP 主要降解叶绿体基质中游离转运肽和一些无序短肽。Cnd41 最初被认为是一个叶绿体 DNA 结合蛋白，在叶绿体膜和基质中均有发现，且只在膜上与 DNA 结合。其蛋白质水解活性被 DNA 抑制，暗示只在基质中起着水解蛋白质的作用，后来的研究发现其只能识别和降解由衰老或其他因素诱导的、受损的核酮糖-1,5-二磷酸羧化酶 / 加氧酶（ribulose-1,5-bisphosphate carboxylase/oxygenase，Rubisco）（杨小龙等，2019）。

因此，叶绿体是最重要的植物细胞器之一，叶绿体基因组结构简单，仅有能编码 100 个左右蛋白质的基因，但叶绿体中的蛋白质种类约有 3000 种，绝大多数叶绿体蛋白质为细胞核基因编码产物，占叶绿体总蛋白的95%左右。这些叶绿体蛋白质的鉴定和膜蛋白复合体结构的解析，以及叶绿体基因组编码的蛋白质和细胞核基因组编码的蛋白质之间如何调控叶绿体的光合作用过程，值得深入利用蛋白质组等相关技术进行研究，并进一步研究叶绿体蛋白质的具体生物学功能。

8.5 叶绿体蛋白质组技术体系建立及应用

8.5.1 完整叶绿体分离技术

开展叶绿体蛋白质组研究，首要条件是获得足够量高纯度的叶绿体。纯化叶绿体的关键是要去除叶绿体膜外的线粒体和细胞核污染。由于线粒体与叶绿体差别较大，可以很方便地用差速离心加以分开，而细胞核较大，叶片匀浆时，核膜破裂，会吸附于叶绿体上，很难去除。分离纯化叶绿体的方法主要分为差速离心法、高盐低pH法和密度梯度离心法（包括蔗糖、氯化铯、Percoll等密度梯度介质）三大类方法及其改进版本。

用于分离叶绿体的最简单方法是差速离心法，该方法步骤简述如下：①选取新鲜幼嫩植物叶片，洗净擦干后去除叶梗脉，称10g至含有0.35mol/L NaCl的30mL溶液中（质量体积比例为1∶3），装入研钵；②充分研磨匀浆；③将匀浆混合物用6层纱布过滤至500mL烧杯中；④取滤液10mL在1000r/min下离心5min，弃沉淀；⑤在3000r/min下离心5min，取沉淀，除去淀粉层；⑥将上清液在3000r/min离心20min，弃上清液，沉淀即粗提叶绿体；⑦将沉淀用500μL含有0.35mol/L NaCl的溶液悬浮，即得叶绿体溶液，可以进行后续研究。

高盐低pH法分离叶绿体的基本原理是叶片在高速匀浆过程中产生大量静电，核破裂后产生的杂质能被组蛋白包裹带正电，紧紧地吸附在带负电的叶绿体膜上，但这种静电作用在高盐介质环境中由于电子屏蔽作用而大大减弱，可以通过pH变化和反复洗涤去除吸附杂质。高盐低pH法分离叶绿体的基本步骤如下，将植物叶片洗净擦干后剪成1cm长短小片，装入匀浆器中，迅速加入200mL预冷的匀浆缓冲液A（包含50mmol/L Tris、25mmol/L EDTA、1.25mol/L NaCl、0.25mmol/L抗坏血酸、1.5%聚乙烯吡咯啉酮，pH 3.6），经低速5s 2次和高速10s 3次匀浆后用6层纱布过滤到250mL离心管中，4℃下（以下均为该温度），400*g*离心6min后，弃上清。往沉淀中加入10mL悬浮缓冲液B（包含50mmol/L Tris、25mmol/L EDTA、1.25mol/L NaCl、0.25mmol/L 维生素C、1mmol/L DTT、0.1%牛血清蛋白BSA，pH 8.0），用软毛笔将沉淀轻轻悬浮，1200*g*离心6min，弃上清，沉淀同上悬浮到30mL缓冲液C（包含50mmol/L Tris、25mmol/L EDTA、125mol/L NaCl、2.0% SDS，pH 8.0）中，1200*g*离心6min，沉淀即为纯化的叶绿体（黎金燕等，2017）。

差速离心法和高盐低pH法分离叶绿体的技术简单快速，过去常应用于分离叶绿体、进行形态学观察和生理生化分析，但是，由于上述两种方法都没有办法有效去除细胞核和其他细胞质体，特别是有色质体和淀粉粒的污染，不太适用于后续蛋白质组研究。在蛋白质组研究中，对叶绿体的纯度和数量均有较高要求，因此，以各种介质为密度梯度溶液，结合差速离心技术而产生的密度梯度离心法，逐渐被应用到蛋白质组研究中叶绿体的分离纯化，并成为蛋白质组研究中叶绿体分析纯化的标准方法。

密度梯度离心法是目前分离叶绿体最为常用的方法，亦称平衡密度梯度离心法，是用一定的介质在离心管内形成连续或不连续的密度梯度，将细胞匀浆或混悬液置于介质的顶部，通过重力或离心力场的作用使细胞分层和分离。通过超离心机对小分子物质溶液长时间加一

个离心力场达到沉降平衡，在沉降池内从液面到底部出现一定的密度梯度。若在该溶液里加入少量大分子溶液，则溶液内比溶剂密度大的部分就发生大分子沉降，比溶剂密度小的部分就会上浮，最后在重力和浮力平衡的位置，集聚形成大分子带状物。利用这种现象，测定核酸或蛋白质等的浮游密度，或根据其差别进行分析。为得到必要的浓度梯度，多采用浓氯化铯、氯化铷、溴化铯、蔗糖、聚蔗糖、Percoll 等密度梯度介质溶液，通常利用分析超离心机，但在以纯化为目的将细胞颗粒成分进行分离等情况下，利用密度差，使用分离超离心机，采用预先制备好的蔗糖等的密度梯度。

根据溶液梯度介质的不同，常用蔗糖、氯化铯和 Percoll 等介质来产生密度梯度，在收集叶绿体粗提物之后，在密度梯度介质溶液中离心，叶绿体被富集在中间的某一层，可溶性物质被溶液溶解，密度小的杂质在溶液上层，密度大的其他细胞器杂质沉淀于离心管底部，从而达到分离纯化完整叶绿体的目的。

叶绿体粗提物的获得是所有密度梯度离心法分离叶绿体的第一步，方法大同小异，基本做法是选取新鲜幼嫩植物叶片，洗净晾干剪碎后，置于预冷的叶绿体提取缓冲液（一般包含 300mmol/L 山梨醇、10mmol/L 焦磷酸钠、4mmol/L $MgCl_2$、2mmol/L 抗坏血酸、50mmol/L HEPES-KOH、2mmol/L EDTA、0.01% DTT/0.05% 巯基乙醇、0.1% BSA、0.1% PVPP）中，冰上低温研磨或者用匀浆机匀浆 20s，停 10s，重复 3 ～ 5 次，然后用 6 ～ 8 层纱布过滤匀浆液，滤液于 4℃、500*g*（具体离心力需要根据不同植物叶绿体特征来微调）条件下离心 5min，以便去除完整细胞和破裂细胞核等杂质，然后取上清于 4℃、5000*g* 条件下离心 15min，所得沉淀即为叶绿体粗提物，用上述叶绿体分离缓冲液（一般包含 300mmol/L 山梨醇、1mmol/L $MgCl_2$、50mmol/L HEPES-KOH、2mmol/L EDTA、0.01% DTT，pH 7.8）将沉淀悬浮备用（杨彦芳等，2015）。

获得叶绿体粗提物后，再进一步进行蔗糖、氯化铯或 Percoll 密度梯度离心。在蔗糖密度梯度离心法中，需要先用离心管制备蔗糖密度梯度，底部为含 50% 蔗糖（质量体积比）的梯度液（蔗糖梯度液含 0.33mol/L 山梨醇、5mmol/L EDTA-Na、2mmol/L 抗坏血酸、50mmol/L HEPES-KOH，pH 8.0），上部为 30% 的蔗糖梯度液。将叶绿体粗提液小心铺于 30% 蔗糖梯度液上，于 15 000*g*、4℃水平超速离心 30min，30% ～ 50% 界面处即完整叶绿体。小心收集该层液体，用 1/5（*v*/*v*）叶绿体提取缓冲液悬浮，于 5000g、4℃离心 15min，沉淀即完整的叶绿体。氯化铯密度梯度法分离叶绿体与蔗糖密度梯度离心法类似，只是氯化铯浓度梯度和离心力略有不同。实际上，氯化铯密度梯度离心是分离和纯化 DNA 常用的方法之一，纯化的 DNA 可用于文库构建、基因组测序及核酸杂交等研究。氯化铯在一定的离心时间和离心力下会形成线性的密度梯度，分辨率很高，在植物叶绿体分离中用得较少（孙富等，2011）。

蔗糖和 Percoll 具有离子强度低、黏度低、渗透作用小、无细胞毒性、饱和水溶液密度高等特点，从而成为分离亚细胞结构的常用梯度介质材料。Percoll 是一种对细胞伤害很小的分离介质，在植物蛋白质组研究中，被广泛用来分离、纯化叶绿体。Percoll 密度梯度离心中，一般将 Percoll 溶液与叶绿体分离缓冲液配备成 Percoll 浓度为 10%、30%、50%、70% 和 100% 的溶液，然后将悬浮的叶绿体颗粒加入制好的 Percoll 密度梯度液的顶端，经 4℃、6000*g* 离心 30min 后，在 70% 和 30% Percoll 密度梯度液之间的分界面上收集完整叶绿体，并用分离缓冲液清洗 2 次，分离得到完整的叶绿体（Fan et al.，2009）。蔗糖是一种常用的离心介质，其价格便宜、易处理、化学性质稳定、电中性，且用其提取的菠菜叶绿体完整性在 86% 左右。但蔗糖具有一定的渗透性，且高浓度的蔗糖溶液对细胞具有一定的损伤作用，因此，对细胞膜和细胞器的分离纯化不利，而且分离得到的目的成分的纯度会受到一定程度的影响，即可能包含一些与叶绿体密度相当的细胞器成分，如线粒体和一些被破坏的细胞及细胞器的膜或其他释放物等杂质。目前，国内外科研工作者大多采用 Percoll 作为密度梯度离心介质来分离纯化植物叶绿体，用它来提取叶绿体的纯度通常可达 90% 以上。当然，Percoll 梯度离心分层界面有时候不够明显，条带较细，增加了吸取分层区带溶液的难度，加上 Percoll 价格昂贵、区带单一、操作难度较高，对于初学者，掌握起来有一定难度。

8.5.2 叶绿体纯度检测技术

测叶绿体完整性的最简单有效的方法为从制备的叶绿体溶液中吸取几十微升，用血球计数板或者制作成临时载玻片，在普通光学显微镜下经 40 倍物镜观察，可以看到绿色的椭圆形或者圆形的叶绿体，如果见不到完整的细胞和其他杂质，则可以初步认为提取得到的叶绿体比较完整，且纯度较高。统计完整叶绿体和破裂叶绿体数，每计数板或玻璃板上选择 3 个小区计算完整叶绿体数占总叶绿体数的比例。同时，可以通过测定 Hill 反应速率确定叶绿体被膜完整率。由于铁氰化钾不能透过完整叶绿体的被膜，因此完整叶绿体不能进行铁氰化钾光还原的Hill反应。失去被膜的叶绿体，铁氰化钾可以进入类囊体进行Hill反应。依据这一原理，比较胀破和未胀破叶绿体的 Hill 反应速率，就可以测出叶绿体被膜的完整率，从而测出叶绿体的完整率（杨彦芳等，2015）。具体做法：以 1∶1 的体积比将 Hill 反应液（50.0mmol/L Tris-HCl pH 7.6、5.0mmol/L $MgCl_2$、10.0mmol/L NaCl、10.0mmol/L 铁氰化钾、10.0mmol/L NH_4Cl）与 0.66mol/L 的山梨醇溶液混合，以保持 0.33mol/L 山梨醇浓度；加入叶绿体（每毫升提取液含叶绿素约 50μg），用氧电极测定完整叶绿体的放氧速率。测定胀破叶绿体的 Hill 反应速率时，先将叶绿体溶液与 Hill 反应液混合，使叶绿体被膜在低渗介质下胀破，再以 1∶1 的体积比与 0.66mol/L 的山梨醇溶液混合，以保持 0.33mol/L 的山梨醇浓度，在相同条件下测定放氧速率。叶绿体被膜完整率的计算公式：叶绿体被膜完整率 =（胀破叶绿体的放氧速率 – 完整叶绿体的放氧速率）/ 胀破叶绿体的放氧速率 ×100%。一般来说，叶绿体被膜完整率高于 90%，则说明所提叶绿体具有较高的完整性。所得叶绿体被膜完整率越高，说明叶绿体越完整。但由于铁氰化钾是一种氧化剂，有毒，其热溶液能被酸及酸式盐分解，放出剧毒的氰化氢气体，高温下分解成极毒的氰化钾，能被光及还原剂还原成亚铁氰化钾，在一般性叶绿体提取实验中，越来越少的实验室用 Hill 反应，而是逐渐采用其他方法来检测叶绿体完整性。

叶绿体完整性还可以利用透射电镜进行观察测定。将提取的完整叶绿体颗粒在 4% 戊二醛溶液中于 4℃条件下固定 2h 以上，用磷酸缓冲液清洗 3 次，每次 20min，然后用 1% 溶化的琼脂预包埋，然后脱水、包埋、聚合、切片、染色后在透射电子显微镜下进行观察，可以在亚细胞水平上检查叶绿体完整性。另外，将分离的叶绿体经过锇酸固定后，涂布在锡箔纸上，干燥后喷金，进行扫描电镜观察，也能直观检查叶绿体完整性（Mason et al.，2006）。

通过测定叶绿素含量，也能间接判断叶绿体含量高低和完整性。将 5μL 叶绿体悬浮液与 995μL 80% 丙酮在离心管中混匀后，4℃、13 000*g* 离心 2min，所获上清液用分光光度计测定波长 652nm 处的吸光度，按照如下公式计算叶绿素含量：OD_{652}×50/34.5=叶绿素（mg）/ 叶绿体悬浮液（mL）。也可以利用紫外分光光度计法，分别测定叶绿素 a 和 b 的含量。叶绿素 a 在 645nm 处有吸收峰，而叶绿素 b 在 663nm 处有吸收峰。根据叶绿素 a 和 b 的含量值来计算总叶绿素的含量（Vera-Estrella et al.，2005）。具体操作步骤如下：取新鲜盐芥叶片材料约 0.1g，加入 10mL 80% 丙酮充分研磨至叶片泛白，用 80% 丙酮冲洗研钵后过滤至 25mL 容量瓶中，并用 80% 丙酮进行定容。测定样品在波长 645nm、663nm 处的吸光度。根据以下公式计算叶绿素 a、b 和总叶绿素的浓度，并计算叶绿素 a 与 b 的比值：叶绿素 a（mg/L）=12.7OD_{663}–2.69OD_{645}，叶绿素 b（mg/L）=22.9OD_{645}–4.68OD_{663}，样品中总叶绿素含量（Ct，mg/L）=8.02OD_{663}+20.21OD_{645}。根据计算得到的浓度和稀释倍数分别计算每克鲜重叶片中色素的含量：叶绿素含量（mg/g）=Ct×V×N/1000×W。式中，V 代表提取液体积（mL）；N 代表稀释倍数；W 为样品重量（g）。所得叶绿素含量越高，说明所获得的叶绿体数量越多，纯度越高。

叶绿体完整性和纯度还可以通过测定细胞质或者叶绿体中一些标志性酶活性高低来确定，常用的有过氧化氢酶（catalase）、3-磷酸甘油醛脱氢酶（glycerol-3-phosphate dehydrogenase）等。其中，过氧化氢酶存在于细胞的过氧化物酶体内，是过氧化物酶体的标志酶，是催化过氧化氢分解成氧和水的酶，约占过氧化物酶体酶总量的 40%。过氧化氢酶存在于所有已知动物的各个组织中，特别是在肝脏中以高浓度存在。纯化的叶绿体中没有过氧化氢酶，粗提的叶绿体中混入了过氧化物酶，所以可以通过检测过氧化物酶的活性来鉴定叶绿体是否纯净。通常，将粗提和超速离心获得的叶绿体的过氧化物酶活性分别进行检测，测定 OD_{240} 值，粗提叶绿体超声破碎后，OD_{240} 逐渐降低，而经过超速离心纯化后的叶绿体 OD_{240} 读数基本不变，从而说明叶绿体基本没有其他细胞器和细胞质的污染。具体操作方法为，在比色皿中加入 960μL 50mmol/L 磷酸钾缓冲液（pH 7.5）和粗提叶绿体或纯化叶绿体 30μL，反应起始时加入体积分数 3% 的过氧化氢，记录 5min 内波长 240nm 处吸光度的变化情况，以不加过氧化氢的反应体系为对照。通过比较粗提叶绿体与纯化叶绿体在波长 240nm 处的吸光度判断所提叶绿体的纯度。一般规律是，叶绿体在纯化后杂质明显减少，表明已获得较纯的叶绿体。通过测定波长 240nm 处过氧化氢的吸光度，间接反映过氧化氢酶的活性。随着反应时间的延长，粗提叶绿体中过氧化氢的吸光度逐渐下降，即过氧化氢含量逐渐降低，纯化叶绿体中过氧化氢含量也在降低，但降低幅度较小，说明粗提叶绿体中过氧化氢酶的活性明显比纯化叶绿体中过氧化氢酶活性高，提取的叶绿体具有较高的纯度（Fan et al.，2009）。

磷酸甘油醛脱氢酶活性测定也常常用于检测分离的叶绿体的纯度。具体做法：将植物细胞和叶绿体沉淀分别重悬在 5mL 冰预冷的酶活性分析缓冲液（包含 50mmol/L HEPES、5mmol/L DTT、2.5% 甘油，用 KOH 调节到 pH 7.5）中，冰浴超声波破碎，超声波功率 200W，作用 300s，每次作用时间 3s，间隔时间 5s，然后在 4℃、20 000g 离心 20min，取上清进行酶活性分析。3-磷酸甘油醛脱氢酶可催化磷酸二羟基丙酮向 3-磷酸甘油转化的可逆反应。细胞质中 3-磷酸甘油醛脱氢酶的正向活性较高，而逆向活性较低，但叶绿体中 3-磷酸甘油醛脱氢酶的正、逆向活性均较高。由于 3-磷酸甘油醛脱氢酶在细胞中含量低、不稳定，在酶活性分析缓冲液中加入甘油和 DTT，作为酶活性保护剂稳定 3-磷酸甘油醛脱氢酶的活性。无论在细胞质还是在叶绿体中，3-磷酸甘油醛脱氢酶的正向活性都要大于逆向活性，这是因为 3-磷酸甘油醛脱氢酶催化正反应的最适 pH 为 7.5，而催化逆反应的最适 pH 为 10，在细胞正常生理 pH 范围内不可能达到逆反应的最适 pH。通常，叶绿体中 3-磷酸甘油醛脱氢酶的活性大于细胞质中 3-磷酸甘油醛脱氢酶的活性，通过比较 3-磷酸甘油醛脱氢酶在细胞质和叶绿体中活性大小来确定分离叶绿体的纯度，活性越高，说明分离的叶绿体纯度越高。

分离得到的叶绿体，经过上述步骤进行检测，达到纯化标准之后，才可以用来进一步开展蛋白质提取和后续叶绿体蛋白质组研究。

8.5.3 叶绿体及其亚细胞器蛋白质提取技术

植物叶绿体中许多蛋白质，特别是光合相关蛋白，都是由镶嵌在各种膜内部的膜蛋白复合体组成。如何获得更多的叶绿体膜蛋白，尤其是疏水性蛋白，是进行植物叶绿体蛋白质组学研究的一个难题。使用常规蛋白质裂解液并不能真正做到将所有蛋白质尤其是膜蛋白、碱性蛋白提取出来。随着离液剂、表面活性剂、还原剂不断改进，提高了膜蛋白溶解性，更有利于膜蛋白的提取。叶绿体完整性与不同叶绿体制备液的成分，如缓冲系统，以及操作的速度、温度和操作时间有关。一般温度过高和操作时间过长都会造成叶绿体蛋白质完整性的破坏和活性的损失。HEPES 是近几年采用的优良的缓冲系统，也可用 Tris-HCl、Tricine、磷酸缓冲系统等。山梨醇、蔗糖、甘露糖醇、NaCl 等可用作维持渗透压的物质，可使细胞器不至于因吸水或失水而破裂。此外，根据不同的实验目的可加入含巯基的化合物如 β-巯基乙醇、二硫苏糖醇等，可以协助维持叶绿体及其蛋白质的稳定性。

在研究叶绿体膜蛋白复合体结构时，通常需要保持膜蛋白复合体的稳定性，除了蛋白质提取过程中需要保持温和条件，还必须在低温环境中完成所有操作，并且在后续聚丙烯酰胺凝胶电泳中，也不用 SDS，而是采用非变性胶进行蛋白复合体分离。但在蛋白质组研究中，植物叶绿体及其亚细胞器的蛋白质提取技术，与提取植物叶片蛋白质的方法类似，主要采用强变性剂等方法使膜蛋白复合体尽可能分开，并尽可能将膜蛋白提取出来，常用的叶绿体蛋白质提取方法分为 TCA 法、TCA 沉淀酚抽提法和改进酚抽提法三大类。

TCA 法提取叶绿体蛋白质的基本操作方法如下，取制备好的叶绿体，用 10% TCA-丙酮低温快速研磨，分装于 2mL 的离心管中，–20℃静置 1h 后，4℃、15 000*g* 条件下离心 10min，弃上清液，用丙酮（包含体积分数 0.07% 的 β-巯基乙醇）清洗沉淀 2 ～ 3 次至上清为无色，沉淀于通风橱中晾干，加入 200μL 裂解液（包含 4mol/L 尿素、2mol/L 硫脲、20mmol/L DTT、0.1% SDS、50mmol/L Tris-HCl，pH 6.8），使沉淀充分溶解，常温 15 000*g* 条件下离心 15min，取上清液，保存于 –20℃备用（杨彦芳等，2015）。但是，由于 TCA 法提取的叶绿体蛋白质含杂质较多，裂解不充分，往往造成后续双向电泳胶上纵向和横向拖尾，说明蛋白质不纯，不太适合叶绿体蛋白质组研究。

因此，人们采用 TCA 法与酚抽提法相结合的方法，来提取叶绿体蛋白质进行蛋白质组研究，取得了更好的研究结果。该法起始与 TCA 法相同，只是当沉淀晾干后，加入约 800μL 蛋白质提取液（包含 10% SDS、1mol/L DTT、500mmol/L EDTA-Na、30% 蔗糖、1mol/L Tris-HCl，pH 7.6），混匀，于 40℃水浴锅中水浴 30min，摇床振荡 10min，使蛋白质充分溶解，20℃、12 000r/min 条件下离心 10min，吸取上清，加入等体积的 Tris-平衡酚，20℃、12 000r/min 条件下离心 10min，吸取上清液，以 1∶4 体积比加入 0.1mol/L 乙酸铵甲醇，–20℃过夜沉淀后 4℃、12 000r/min 条件下离心 5min，弃上清液，加 1mL 甲醇悬浮沉淀，4℃、12 000r/min 条件下离心 5min，弃上清液，用冷丙酮清洗沉淀 2 ～ 3 次，4℃、12 000r/min 条件下离心 5min，于通风橱中晾干沉淀，加入 200μL 定量液，使沉淀充分溶解，20℃、12 000r/min 条件下离心 15min，取上清液，保存于 –20℃备用（杨彦芳等，2015）。双向电泳检测结果显示，TCA-丙酮与酚抽提相结合法比 TCA 法更适宜于植物叶绿体总蛋白质的提取，可以获得更理想的双向电泳图，更适合于植物叶绿体蛋白质组研究。

在传统酚抽提方法的基础上，科学家将提取盐生植物蛋白的 BPP（Borax/PVPP/Phenol）

方法（Wang et al., 2007）改进后应用于植物叶绿体蛋白质提取中，取得了更好的蛋白质提取和双向电泳效果（Fan et al., 2009）。主要操作如下：将 5mL 蛋白质提取缓冲液加入到 1g 叶绿体溶液中，室温下漩涡混匀 5min，加入等体积的 Tris- 平衡酚（pH 8.0），超声波混匀 10min。蛋白质提取缓冲液成分为 100mmol/L Tris，100mmol/L EDTA，50mmol/L 硼砂，50mmol/L 维生素 C，1% Triton X-100，2% β- 巯基乙醇，30% 蔗糖。混合液经 4℃、15 000*g* 离心 15min 后，将上层酚相转移到新离心管中。酚相中加入 5 倍体积的 0.1mol/L 乙酸铵（用 80% 甲醇配制）溶液，放入 –20℃条件下 6h 以上以沉淀蛋白质，经 4℃、15 000*g* 离心 15min 获得蛋白质沉淀物。将蛋白质沉淀物重新悬浮，用冰冻的甲醇和丙酮各清洗两次，每次清洗均经 4℃、15 000*g* 离心 5min，小心倒出上清液，沉淀即叶绿体蛋白质。清洗好的蛋白质沉淀物在室温经空气风干后置于 –80℃下保存待用（Fan et al., 2009）。该方法经过后续多次试验证实，更适用于叶绿体蛋白质提取，已经越来越广泛地被用于植物叶绿体蛋白质组研究中。

8.6 植物完整叶绿体蛋白质组研究

亚细胞水平蛋白质组，即在一个细胞器内表达的所有蛋白质，相关亚细胞及细胞器蛋白质组研究正将蛋白质组学推向一个更广阔的领域。叶绿体是包含叶绿素的质体，起源于前质体，一般为母性遗传。现已广泛认可现代植物细胞的线粒体和叶绿体分别是细菌与蓝藻通过内共生演变获得的。在演化过程中，线粒体和叶绿体的祖先将其本身的大部分基因让给核基因组，所以现在它们 90% 以上的结构蛋白是由细胞质核糖体翻译的。早在 2000 年，科学家就根据拟南芥愈伤组织细胞器的蛋白质组学分析，建立了线粒体、内质网、高尔基体和质膜蛋白的标记数据库，并对拟南芥叶绿体囊腔和类囊体的 61 个蛋白质进行了质谱鉴定（Peltier et al., 2000）。

早期主要通过计算机软件来预测完整的叶绿体蛋白质组，估计成熟的拟南芥叶绿体包含 3000 种蛋白质（Leister, 2003；Ling and Jarvis, 2015）。也有人利用生物信息学方法预测拟南芥叶绿体蛋白质组包含 1900 ～ 2500 个蛋白质，其中 87 个是由叶绿体 DNA 编码的，其余则由核基因编码并运输到叶绿体中（Abdallah et al., 2000）。生物信息学研究的开展和叶绿体蛋白质组数据的大量公布，为叶绿体蛋白质亚细胞定位预测软件的开发提供了帮助，而叶绿体蛋白质亚细胞的定位又有助于叶绿体发育研究，还有助于深入理解叶绿体的生物功能。预测结果表明，当用 TargetP 软件分析 604 种已鉴定的叶绿体蛋白质序列时，只有 376 种蛋白质具有叶绿体转运肽，其余的 37 种有线粒体序列，49 种有内质网转运信号肽，142 种没有具体的靶信号。利用 TargetP 软件可以预测到这些蛋白质，说明叶绿体蛋白质的定位实际上要比以前通过实验分析所认为的更加复杂。通过实验发现这些不应存在于叶绿体内的蛋白质起源于蓝细菌或由低丰度转录物编码，并不是由简单的实验过程中其他细胞器污染所致（Jarvis, 2004）。由于转运肽序列的非高度保守性，利用该特征序列对蛋白质亚细胞定位进行预测可能会出现一定的偏差，过去基于双向电泳的叶绿体蛋白质组研究报道的数量大多远不及预测数目，一般仅几百个蛋白质，其中还包括功能有待进一步鉴定的大量未知蛋白质。在水稻亚细胞蛋白质组学研究中，科学家鉴定到 252 个叶绿体蛋白质，其中 89 个参与叶绿体光合作用和 ATP 合成（Tanaka et al., 2004）。但由于植物叶绿体中含量较高的蛋白质，如 Rubisco 等成分的存在，中低丰度蛋白在基于双向电泳胶的叶绿体蛋白质组中检测困难，一直是过去叶绿体亚蛋白质组研究中的主要障碍之一。但是，随着高端质谱和非电泳胶依赖性蛋白质组技术的广泛应用，鉴定到的植物叶绿体蛋白质越来越接近于理论预测的数量（贺庭琪等，2011）。

叶绿体的蛋白质组学也可以用来描述蛋白质的翻译后修饰，许多未知的叶绿体激酶和蛋白质磷酸酶在叶绿体磷酸化蛋白质组研究中被鉴定出来。在研究类囊体磷酸酶去磷酸化在捕光复合体Ⅱ的状态转化中的作用时，TAP/38PPH1 第一次由叶绿体蛋白质组学鉴定。为了评估质体蛋白质组的动态，有色体、根质、前质体和其他 2 种不同特点的 C_4 植物的质体同样已经进行了蛋白质组学水平的研究（贺庭琪等，2011）。

虽然对叶绿体的代谢过程研究得比较清楚，但是叶绿体中许多蛋白质的功能还未进行研究或未研究透彻。由于叶绿体的膜结构比较复杂，蛋白质的提取比较困难，进行完整的叶绿体蛋白质组学研究是一种挑战。随着蛋白质提取、分离和鉴定技术的发展，叶绿体蛋白质组学受到了越来越多的关注，各种分离和质谱技术都应用到鉴定叶绿体中蛋白质种类与膜的组成上。由于质谱技术能清楚地鉴定蛋白质并能准确地测量肽和蛋白质的分子量、氨基酸序列及翻译后修饰，具有灵敏度高、准确度好、易实现自动化等优点，已成为叶绿体蛋白质组学研究的主要鉴定技术。串联质谱（MS/MS）是 20 世纪 70 年代后期得到快速发展的质量分离检测技术，经过几十年的改进与创新，技术已经相当成熟。串联质谱法不受化学基质干扰，具有高灵敏度和高特异性，其精确的分析与鉴定能力，在蛋白质组分析中已经成为一项不可或缺的技术。科学家用串联质谱技术鉴定了 690 个拟南芥叶绿体蛋白质，大部分蛋白质归属于已知蛋白复合体和代谢途径，有超过 30% 的蛋白质尚未知其功能，而且许多蛋白质在以前的预测中不存在于叶绿体中（Kleffmann et al.，2004）。

另外，应用串联质谱对分离的叶绿体蛋白质进行鉴定，得到一种分子质量为 350kDa 的 ClpP 蛋白复合物，在这个复合物中发现了一种新的 Clp 蛋白，其活性依赖于 ATP，不属于任何一个已知的 Clp 基因家族（Peltier et al.，2006）。通过串联质谱，科学家鉴定了拟南芥叶绿体 1325 种蛋白质，包括由核基因编码的叶绿体蛋白质 916 种，其中 86% 的蛋白质具有一个可预测的叶绿体前导信号肽（Zybailov et al.，2008）。人们预测叶绿体有约 3000 种蛋白质，Ferro 等（2010）将约 1500 种拟南芥叶绿体蛋白质进行了精确定位，仅有一半的蛋白质被鉴定或被定位，而对这些已知蛋白质功能的研究比较全面的则更少。在蛋白质组研究中，已经鉴定出约 1750 个不同的叶绿体蛋白质，这些蛋白质的信息可以从几个公共数据库中获得，如植物蛋白数据库（PPDB）、亚细胞蛋白质组学数据库（SUBA）和质体数据库（PLPROT）。蛋白质定量研究结果显示，每个叶绿体蛋白质已经分配到 3 个不同的部位，包括基质、类囊体和叶绿体膜（贺庭琪等，2011）。

为了获得鹰嘴豆（*Cicer arietinum*）叶绿体蛋白质表达全谱信息，科学家通过高通量质谱技术，从由鹰嘴豆基因组预测的 33 157 个蛋白质中，成功鉴定出 2451 个叶绿体蛋白质，其中有 27 个为蛋白异构体（isoform）。在这些叶绿体蛋白质中，至少有 50% 的蛋白质被两种以上预测方法确定为叶绿体蛋白质成员。细胞核基因组和叶绿体基因组定位结果证实，这些鉴定到的叶绿体蛋白质，至少有 55 个为叶绿体基因组编码蛋白（Lande et al.，2017）。最近，科学家利用高通量 iTRAQ 技术，从烟草叶绿体中鉴定到 4732 个蛋白质，其中 4694 个蛋白质由核基因组编码，而叶绿体基因组编码蛋白仅 38 个，说明植物叶绿体中绝大部分蛋白质是由核基因组编码的（Wu and Yan，2018）。这是截至 2020 年初，通过质谱实验技术鉴定到的最为全面的叶绿体蛋白质组信息，为深入开展叶绿体蛋白质功能研究打下了较好的基础。

8.7　叶绿体外被膜蛋白质组研究

为了设计出最佳的实验策略用于鉴定包括疏水性蛋白、低丰度蛋白和瞬时表达蛋白在内的大部分蛋白质，有必要进一步把叶绿体蛋白质组细分为亚蛋白质组。根据生物化学的观点，叶绿体可以分为几个部分：叶绿体外包膜系统、囊泡、叶绿体基质和类囊体系统，每部分都有它自己独特的蛋白质或亚蛋白质组。从胞质层面出发，叶绿体第一个部分就是外膜和内膜。它是代谢物、蛋白质和信息在质体与胞液间运输的通道（贺庭琪等，2011）。内膜同时是几种产物，如脂质和色素的生物合成位点，并且与叶绿体基因组 DNA 复制转录有关。叶绿体表面内外两层单位膜称为叶绿体膜，具有控制代谢物进出叶绿体的功能。外膜的通透性大，一些无机磷、核苷等小分子化合物能够通过；而内膜具有选择性，是细胞质和叶绿体基质间的功能屏障。大约有 2000 种不同的蛋白质从细胞质经内膜和外膜运输到叶绿体内（Keegstra and Cline，1999）。

已有报道表明，几种蛋白复合体与核基因编码叶绿体蛋白质的转运有关。在转基因植物叶绿体中用绿色荧光蛋白（GFP）标记，发现在叶绿体和无叶绿素的前质体与质体中有叶绿体膜突出的管状结构，可以连接不同的质体与其周围的核和线粒体。纯化后的内膜和外膜通过单向电泳硝酸银染色或考马斯亮蓝染色至少可以获得 100 种蛋白条带。然而单向电泳并不能得到完整的膜蛋白质组，也不能分离出一些低丰度蛋白，所以不适于研究翻译后修饰及蛋白质表达的变化。显微和放射性示踪技术显示，囊泡在叶绿体的内膜形成，它与脂质从内膜到类囊体的转移有关。这种囊泡在叶绿体中形成的观点在其他研究中得到进一步证实，它们可能含有自己的亚蛋白质组（齐欣等，2007）。

由于膜蛋白的分离比较困难，因此叶绿体膜蛋白质组的研究难度较大，提取到完整的膜蛋白，一直是植物蛋白质组研究中一项具有挑战性的工作。目前常用的方法是采用器官组织萃取剂进行单向电泳，用于鉴定几种叶绿体膜疏水性蛋白。这种方法可以富集大多数叶绿体膜疏水性蛋白，排除亲水性蛋白，从而降低蛋白质混合物的复杂性。采用该法，有少数完整的膜蛋白已得到鉴定，估计疏水性蛋白占叶绿体外膜蛋白总量的 5% ～ 10%，至少有 20 种不同的蛋白质（齐欣等，2007）。

人们根据 β 折叠桶、等电点、靶标蛋白和蛋白质功能对拟南芥的蛋白质进行评估，最终预测到 891 种叶绿体外膜蛋白（Schleiff et al.，2003）。也有科学家认为叶绿体的内膜蛋白主要是跨膜蛋白，根据跨膜螺旋对叶绿体蛋白质进行筛选，去除已知的类囊体蛋白质，最终得到 541 种内膜蛋白（Koo and Ohlrogge，2002）。预测的膜蛋白种类远远超出已鉴定的叶绿体膜蛋白，对以后的膜蛋白鉴定、定位及功能预测有较大帮助。随后的研究也证明了具有 β 折叠桶的膜蛋白是现存蓝藻细菌和叶绿体、线粒体共有的特征之一，而真核细胞的内膜系统却没有该特征，这些结果进一步支持了线粒体、叶绿体来源于原核生物的观点。推测若干个跨膜的 β 折叠通过氢键形成环形转运通道，一些细菌的 β 折叠蛋白利用这些亲水性的通道转运各种溶质、代谢物和蛋白质。

已有多种用于研究叶绿体膜蛋白的方法，早期用液相质谱方法分离出拟南芥叶绿体膜中 112 种蛋白质，经鉴定其中的 80% 定位在叶绿体膜上。就功能而言，50% 左右蛋白质的功能与叶绿体膜相关，包括离子代谢、蛋白质运输和叶绿体油脂代谢等。人们利用双向荧光差异凝胶电泳（2D-DIGE）技术对来自野生型和突变体的拟南芥叶绿体蛋白质组进行了研究，发现了叶绿体外膜蛋白 atTOC33 和 atTOC34，其中 atTOC33 在植物光合作用中起重要的作用，而 atTOC34 与光合作用无关（Kubis et al.，2003）。对叶绿体被膜蛋白质组的研究发现，在通过质谱鉴定得到的 112 种蛋白质中，超过 50% 的蛋白质在以前的研究中是与叶绿体膜有关的，这些蛋白质的功能涉及离子代谢通路、蛋白质转运机制、叶绿体中的脂类代谢（Ferro et al.，2002）。

蓝绿温和胶电泳（blue native-PAGE）在研究叶绿体类囊体膜复合物的组成、生物发生中具有十分重要的作用，可使叶绿体蛋白复合体以近似天然的状态分离，可以真实地反映叶绿体蛋白复合体的情况，具有直观、高效、方便的优点，有被广泛应用于同类蛋白质组研究中的潜质。早期的温和电泳采用低浓度的 SDS 和非离子型去垢剂共同增溶类囊体膜，只能将类囊体膜分成几条叶绿素结合蛋白带，且在电泳时多数已遭破坏。有研究者改进了蓝绿温和胶电泳，用考马斯亮蓝染液代替阴极电极液进行电泳，从而使电泳和染色得以同时进行，可以直观而快速地反映电泳结果，非常有效地分离叶绿体蛋白复合体。电泳时，结合叶绿素的蛋白复合体呈绿色，而不含叶绿素的呈蓝色。利用此法分析豌豆叶绿体基质和基粒类囊体膜的色素蛋白复合体组成，可以同时在一块胶上将 PSⅠ、PSⅡ、ATP 合酶、细胞色素 b6f 复合体、捕光色素复合物和 1,5-二磷酸核酮糖羧化酶等分开，结合 SDS-PAGE 将叶绿体多亚基复合物的 50 多种蛋白质分开，并利用蛋白质印迹法对蛋白复合体进行了初步鉴定，同时应用蓝色温和胶电泳分析了叶绿体基质和基粒类囊体复合物的组成（李贝贝等，2003）。在此基础上，人们利用蓝绿温和胶电泳和 FSI-MS/MS 等技术，分析鉴定拟南芥叶绿体中一个 ClpP 蛋白酶复合体时，发现了一个不属于任何已知的叶绿体基因家族的新的叶绿体蛋白质（齐欣等，2007）。

叶绿体的大部分蛋白质是由核基因组编码的，编码的蛋白质首先到达叶绿体，然后穿过叶绿体的内、外两层膜，而这个过程被叶绿体两层膜上复杂的蛋白复合体所调控。转运到叶绿体的蛋白质大部分具有可以剪切的 N 端转运肽，而定位到外膜的蛋白质不具有这样的转运肽。部分叶绿体外膜蛋白（outer envelope protein，OEP）自发地插入外膜，不需要消耗能量，只需要核苷的催化。除此之外，大部分蛋白质首先合成前体蛋白，具有可以剪切的 N 端序列，这些 N 端序列相似性很低，但主要由带正电荷的和羟基化的氨基酸，如苏氨酸和丝氨酸组成，形成叶绿体蛋白质跨膜信号肽。叶绿体被膜上参与运输核基因编码蛋白的运输复合体形成的蛋白通道输入装置，由叶绿体外被膜转运蛋白（translocator of outer envelope membrane of chloroplast，Toc）和叶绿体内被膜转运蛋白（translocator of inner envelope membrane of chloroplast，Tic）等组成（Ferro et al.，2002），其中 Toc34 和 Toc159 锚定在外被膜上并专一性地与 GTP 结合，使得 GTP 结合结构域暴露在细胞质中，Toc75 则形成蛋白输入通道，在输入介导联系蛋白 HSP70 的协同作用下，将蛋白质转入叶绿体中（Hofmann and Theg，2005）。在细胞内苏氨酸和丝氨酸可以被细胞质中的蛋白激酶磷酸化，这些磷酸化的前体序列与受体 Toc34 和 Toc159 的识别很重要。叶绿体参与运输核编码蛋白的运输 Toc/Tic 复合体形成的蛋白通道输入装置，由叶绿体被膜转运蛋白 Toc159、Toc75、Toc34 和 Tic110（叶绿体内被膜转运蛋白）等蛋白质组成。科学家通过分析豌豆表达序列标签数据库后，发现了豌豆叶绿体蛋白转运组分的同源物，转运蛋白 Tic110 和 Toc75，并认为这 2 个转运蛋白在单、双子叶植物及不同类型的质体中均存在。在拟南芥中也鉴定出了与豌豆同源性很高的多种 Toc 和 Tic 蛋白类似物，还发现了参与叶绿体蛋白质输入的可能作为细胞辅助因子停靠蛋白成分的 Toc64 及内被膜上的 Tic55，后者预测有铁硫簇，并显示为 Tic 复合物中心的一部分（Ferro et al.，2010）。

参与离子及细胞代谢物的转运是叶绿体被膜蛋白的另一主要功能。科学家利用蛋白质组学结合生物信息技术分别鉴定出 54 个菠菜叶绿体被膜蛋白和 112 个拟南芥叶绿体被膜蛋白，其中 89 种为已知或推定存在的蛋白质，包括代谢物运输蛋白、离子通道、离子泵、通透蛋白、孔蛋白等（Ferro et al.，2002）。一些具有多个 α 螺旋跨膜结构域、预测执行运输功能的转运蛋白及一些底物专一的代谢物转运蛋白也先后被鉴定，这些转运蛋白的鉴定为全面揭示叶绿体内、外物质交换的特点和转运机制奠定了基础。

叶绿体被膜，尤其是内被膜是叶绿体膜组成中特殊脂类（半乳糖脂）、极性脂（甘油酸酯、酰基脂）、色素（叶绿素和类胡萝卜素）和异戊二烯醌类（质醌、α-生育酚）生物合成及代谢的主要场所。膜上的疏水性蛋白较多，其中有 5% ～ 10% 属于膜蛋白。科学家从绿藻中分离出一种含有酰基脂类的低密度叶绿体膜片段，类似于叶绿体内膜和类囊体膜，一些与叶绿体 mRNA 相结合的蛋白质非常多，说明这些膜是叶绿体基因表达的场所（贺庭琪等，2011）。在叶绿体被膜极性脂合成中，最早被确认的是内被膜附近催化溶血磷脂酸生物合成的甘油-3-磷酸酰基转移酶和定位在内膜上催化叶绿体甘油酯前体磷脂酸合成的溶血磷脂酸酰基转移酶，随后参与叶绿体其他脂类合成的酶，如磷脂酰甘油合成酶、磷脂酰甘油磷酸合成酶等相继从菠菜和拟南芥叶绿体被膜中得到鉴定，从而使深入研究这些蛋白酶类对叶绿体特有膜脂组分合成、组装的调控机制成为可能。

膜脂脂肪酸反式双键的形成是降低膜脂溶点、提高膜脂流动性的关键，这些双键的形成由不同的去饱和酶催化。从拟南芥被膜中鉴定的 2 个脂肪酸去饱和酶 FD6C 和 FD3C，分别在脂肪酸的不同位置插入双键，前者催化单不饱和脂肪酸形成亚油酸，后者引入第三个双键形成亚麻酸。该过程涉及的被膜电子传递成分有苯醌氧化还原酶、黄素氧化还原酶及参与质体合成脂肪酸并定位于外被膜上向外输出用于内质网磷脂合成的乙酰辅酶 A 合成酶（acetyl-CoA synthetase）等蛋白质，也都通过质谱得到了鉴定。此外，参与叶绿体异戊二烯醌类生物合成的 2 个关键酶为依赖 *S*-腺苷甲硫氨酸-L-甲硫氨酸的甲基转移酶和异戊二烯基转移酶的候选蛋白 IEP37 及 HP43，在叶绿素前体物质合成中发挥着重要作用的原叶绿素酸酯氧化还原酶、叶黄素循环途径中的胡萝卜素羟基化酶等定位在被膜上的关键蛋白酶类的分布及功能已通过质谱得到鉴定（Ferro et al.，2010）。

叶绿体内被膜作为活性氧存在的主要场所，与叶绿体基质中主要的抗氧化体系抗坏血酸-谷胱甘肽循环有着密切的联系。已从拟南芥被膜提取物中鉴定出参与抗氧化胁迫的酶，如磷脂氢过氧化物谷胱甘肽过氧化物酶、抗坏血酸过氧化物酶和超氧化物歧化酶等，其中已知后 2 种为可溶性酶蛋白，尽管尚不清楚磷脂氢过氧化物谷胱甘肽过氧化物酶是可溶性的还是膜定位的蛋白质，但它们都必须在膜附近才能发挥活性作用（Rolland et al.，2003）。此外，叶绿体内被膜与叶绿体基因组 DNA 的复制和转录相关，从绿藻中分离出的含有酰基脂类的低密度叶绿体膜组分中，富集有大量与叶绿体 mRNA 相结合的蛋白质，说明这些膜组分是叶绿体基因表达的场所（Zerges and Rochaix，1998）。

随着叶绿体被膜蛋白质组成分的不断鉴定和功能确证，不仅呈现出被膜上复杂运输网络中的组成分子，而且提供了参与叶绿体中有关脂质和色素代谢等重要生化反应的关键蛋白质。目前，通过蛋白质组学技术尚未能确证叶绿体被膜上的所有蛋白质成分，但结合生化方法及计算机模拟技术已从不同植物中逐渐得到叶绿体被膜蛋白质组主要分子成员及其相关功能的关键信息。然而，构建一个近乎完整的叶绿体被膜蛋白质组信息库仍需进一步研究证据的支持，仍需要不断整合多种植物材料叶绿体蛋白质组研究的综合结果。

8.8 叶绿体基质蛋白质组研究

叶绿体基质（chloroplast stroma）是内膜与类囊体之间流动性的基质，主要成分是可溶性蛋白和其他代谢活跃物质，还有环状的DNA、RNA、核糖体、脂粒、植物铁蛋白和淀粉粒等，是光合碳同化和叶绿体内多种物质合成代谢的关键场所，是叶绿体系统的重要组成部分，它包含许多高丰度蛋白和与碳同化作用有关的酶，许多生物合成途径如植物激素、脂肪酸和脂质、维生素、嘌呤嘧啶核苷酸和次级代谢物（如生物碱、异戊烯化合物）的合成也在叶绿体基质进行。叶绿体基质还参与转录和翻译，参与叶绿体基因组转录和翻译的蛋白成分大多也分布在叶绿体基质中。叶绿体基质中包括核编码和叶绿体自身编码的蛋白质，这些蛋白质要发挥功能必须运输到叶绿体。根据芯片研究估计，叶绿体基质可能包含超过3000种不同的蛋白质，这约占理论总蛋白质量的80%（贺庭琪等，2011）。

叶绿体基质中信号识别颗粒（CPSRP）发挥着重要的作用。CPSRP54与70S核糖体协同运输叶绿体编码的类囊体膜蛋白D1。另外，CPSRP包括CPSRP54和单一的43kDa亚基（CPSRP43），利于核基因编码的捕光色素结合蛋白的运输（王金辉等，2011）。有研究表明，在蛋白转运器复合物中存在叶绿体基质HSP70家族蛋白，这表明叶绿体基质与蛋白质转运有关。叶绿体基质中70kDa热激蛋白（cpHSP70）在一些重要的生物过程中充当生物伴侣，如蛋白折叠和转运过程。在逆境环境中，HSP70蛋白也发挥着重要的作用。拟南芥HSP70家族中包括两个保守蛋白cpHsc70-1和cpHsc70-2，两者均具有ATP酶活性，是HSP70分子伴侣活性所必需的。将T-DNA插入cpHsc70-1，使其突变，植物将产生各种畸形的子叶或叶片、生长延迟、根受损及对热休克敏感等很多问题。另外，这些突变体也出现不正常的萼片和畸形，严重影响植物的生长。cpHsc70-1/cpHsc70-2双突变对植物来说是致命的。试验结果显示，cpHsc70-1和cpHsc70-2是一种ATP酶，有一些重叠的功能，对于正常的叶绿体结构是必需的（王金辉等，2011）。

科学家从拟南芥完整叶绿体中进一步分离出基质蛋白组分，结合一维透明非变性聚丙烯酰胺凝胶电泳（CN-PAGE）和双向SDS-PAGE分析共鉴定出241种叶绿体基质蛋白，包括39个未知蛋白质，30个参与碳代谢包括卡尔文循环、磷酸戊糖氧化途径、糖酵解等途径蛋白。根据蛋白点的亮度估算出蛋白质相对表达水平和相对浓度，大约有40%的蛋白质在以前的拟南芥叶绿体蛋白质组学研究中没有被发现，新发现的一部分蛋白质功能被预测可能参与氨基酸、核酸、蛋白质的合成及次级代谢等，另一部分没有被预测其功能（Peltier et al.，2010）。科学家同时采用蛋白点杂交技术研究相关蛋白质表达量与其功能的关系，发现占总基质蛋白含量10%的蛋白质参与叶绿体蛋白质起源、合成、凋亡，75%的蛋白质参与糖酵解、卡尔文循环途径，5%～7%的蛋白质与氮同化相关。其中，参与基质中蛋白质靶向定位、折叠、分选和蛋白质降解功能的蛋白质最多，共34个，占鉴定蛋白质总数的14%；参与叶绿体蛋白质合成的蛋白质共29个，占总数的12%；有21%的蛋白质参与叶绿体基质中的次生代谢过程（Peltier et al.，2006）。除此之外，还发现多种蛋白质参与碳初级代谢，如茉莉酸途径中的异构酶、脂肪氧化酶Ⅱ、碳酸酐酶等，这一结果对于叶绿体基质蛋白的功能划分、蛋白质相互作用、亚细胞定位等研究有着重要的意义。为了确保不同蛋白质与其代谢途径之间最佳的催化配比，及时清除细胞内一些具有潜在毒性的受到不可逆损伤或错误折叠的蛋白质，或通过对转录和翻译因子的蛋白质水解作用而控制基因表达，这些作用是由叶绿体基质中以蛋白复合体形式存在的蛋白质分解系统完成。此外，利用 2-DE 结合质谱和 Edman 测序等技术还鉴定出了菠菜叶绿体基质核糖体 30S 和 50S 亚基蛋白，发现菠菜的质体核糖体是由 59 个蛋白质组成的，其中 53 个与大肠杆菌同源，另 6 个是质体特异性非核糖体蛋白（PSRP），这些 PSRP 蛋白可能参与质体编码蛋白质的翻译和调控过程，包括蛋白质通过质体 50S 亚基在类囊体膜上的定位和转移等（Yamaguchi et al.，2000）。

在叶绿体中有两种硫氧还蛋白（f 型和 m 型）参与信号转导，科学家将硫氧还蛋白 41 位的半胱氨酸突变为丝氨酸捕获叶绿体基质中的目标蛋白，鉴定出 9 个与硫氧还蛋白结合的蛋白质（Motohashi et al.，2001）。进而将硫氧还蛋白 f 型和 m 型都突变，利用双向电泳和质谱技术从菠菜叶绿体基质中鉴定出 26 种与硫氧还蛋白结合的蛋白质，另有 6 个已知与硫氧还蛋白相互作用的蛋白质却没有被鉴定出来（Balmer et al.，2003）。

对叶绿体基质蛋白质组进行研究发现，叶绿体基质蛋白与植物应答低温胁迫有着密切的关系。在拟南芥遭受低温胁迫不同天数情况下，叶绿体基质蛋白的动态学变化结果显示，低温胁迫调节拟南芥基质蛋白合成量、表达种类，在低温胁迫 10d 时蛋白质表达差异最显著，这一实验结果揭示了植物体有可能通过选择性调节基质蛋白的表达来适应外界温度的变化，而这种调节以量的调节为主。

与叶绿体被膜蛋白质组研究相比，基质蛋白的研究相对滞后，主要一方面是基质蛋白的分离纯化相对困难，另一方面是基质中高丰度蛋白，如 Rubisco 的存在对低丰度蛋白研究有干扰。所以，通过亲和纯化或其他分离技术去除这些高丰度蛋白或蛋白复合体，同时结合多级分离技术进一步纯化基质组分无疑将是全面分析叶绿体基质蛋白质组的关键所在。此外，结合叶绿体不同发育过程、环境变化和叶绿体突变体基质蛋白的分析，有望揭示基质中不同生化途径之间的相互联系，从而有利于进一步洞悉叶绿体的详尽功能（彭浩等，2008）。

8.9　叶绿体类囊体系统蛋白质组研究

8.9.1　叶绿体类囊体膜系统蛋白质组研究

类囊体（thylakoid）是叶绿体基质中由单位膜封闭形成的扁平小囊，在类囊体的膜上镶嵌着大小、数量不同的颗粒，集中了光合作用能量转换的全部组分。类囊体腔与膜蛋白组成了一个完整的光合作用网络。这些组分包括捕光色素、两个光反应中心、各种电子载体、合成 ATP 的系统和从水中抽取电子的系统等。类囊体是叶绿体的关键组成部分，光反应及大部分与光合作用有关的蛋白质和蛋白复合体都定位于类囊体膜及类囊体腔中（van Wijk，2000）。类囊体膜系统含有 4 种高丰度的多亚基蛋白复合体（PSⅠ、PSⅡ、ATP 合酶和细胞色素 b6f 复合体），共含有约 70 个参与光合反应的蛋白质。类囊体膜可能还包含一些其他蛋白质，根据初步掌握的信息，至少可以确定 100 种蛋白质，包括许多低丰度、涉及生物合成和这些复合体的具体调控蛋白。植物叶绿体蛋白质组数据库显示，类囊体包含约 350 种膜蛋白，类囊体外围有 170 种定位在基质侧，有 130 种定位在类囊体腔侧（Sun et al.，2009）。

早在 2000 年，科学家就从完整豌豆叶绿体中提取出至少 200 种不同的类囊体内腔和外周可溶性蛋白。通过实验分析了 61 种蛋白质，其中已鉴定功能和结构域的有 33 种，有 10 种蛋白质没有明显的功能特征，而另外 18 种蛋白质在 Swiss-Prot 和 PSORT 数据库中没有表达序列标签或基因全序列。通过软件预测，定位了类囊体内腔中的 71 种蛋白质，其中 7 种蛋白质精氨酸基序相似，是蛋白质转运途径的典型蛋白质（Peltier et al.，2000）。科学家预测叶绿体类囊体中有 30 ～ 60 种高丰度蛋白质，并通过蛋白质组技术，分离出 36 种蛋白质，其中 2 种为质体蓝素和抗坏血酸氧化酶（Kieselbach et al.，2000）。

通过对拟南芥叶绿体中类囊体膜和类囊体腔的蛋白质进行比较研究，并对蛋白质理化参数进行测定，人们得到一些低丰度蛋白的重要信息（Sun et al.，2004）。分析通过双向电泳结合飞行时间质谱技术研究鉴定的类囊体蛋白质组的 300 多种蛋白质，其中，涉及光合电子传递、ATP 合成和光呼吸的蛋白质比例最大，占总数的 30%；没有明确功能的蛋白质占总数的 25%；参与蛋白质折叠加工和水解的蛋白质占总数的 18%；直接或间接参与抗氧化防御的蛋白质占总数的 8%（van Wijk，2004）。利用质谱技术，从高纯度拟南芥叶绿体中提取寡聚物进行鉴定，发现 241 种蛋白质中大部分参与了寡聚复合体的形成，并进行了蛋白质互作的研究（Peltier et al.，2006）。

类囊体膜（thylakoid membrane）又称光合膜，光合作用的 4 个多亚基蛋白复合体都定位在类囊体膜上，它们在类囊体膜上的区隔分布使得类囊体膜呈现出横向异质性（van Wijk，2000）。这 4 个蛋白复合体中，有 65 个蛋白质有 1 个或多个跨膜区，这些蛋白质和许多其他辅因子共同完成光合电子传递与光合磷酸化过程。高等植物 PSⅡ中心复合物是包含有 30 多个组分的超复合物膜蛋白。科学家对蓝藻 PSⅡ蛋白复合体组成中的 31 个蛋白质分析，不仅确证了 PSⅡ中功能已知的上述蛋白质组分，还发现了水解酶 FtsH 的 2 个同工蛋白和 5 个新的未知蛋白质成分。FtsH 具有降解快速周转的 D1 蛋白的功能，是植物抵抗光抑制过程中 PSⅡ复合物修复的关键成分之一（彭浩等，2008）。对菠菜类囊体膜 PSⅡ蛋白组分中低分子量疏水性蛋白 PsbW 的研究发现，与叶绿素 a 蛋白 CP47 和 CP43 不同，PsbW 存在于所有 PSⅡ反应中心的提取物中，但通过对反应中心蛋白数目的分析发现，PsbW 在 PSⅡ反应中心提取物中所占比例小于 BBY 颗粒提取物，说明 PsbW 蛋白定位在 D1/D2 异质二聚体附近，但它至少可以部分地从 PSⅡ反应中心解离。进一步研究发现，PsbW 包含 1 个跨膜区，其 C 端暴露于叶绿体基质一侧，N 端朝向类囊体腔，在 PSⅡ二聚体复合物的稳定中发挥作用（Shi et al.，2000）。

目前研究结果表明，基粒上的 PSⅠ主要被限制在非垛叠的端面和弯曲面上，而基粒的垛叠区主要是 PSⅡ，PSⅠ在间质类囊体上富集，只有 10% ～ 20% 的 PSⅡ分布在间质片层上。由此认为 PSⅠ与 PSⅡ是相互分割的，大部分 PSⅡ存在于基粒垛叠膜区，有少量 PSⅡ与 PSⅠ紧密结合，存在于间质类囊体上。PSⅡ复合体是进行光合作用原初反应的重要场所，其主要功能是吸收光能，进行光诱导的电荷分离，进行电子传递并催化水的光解。PSⅡ由大约 27 个亚基组成，包括膜整合蛋白和外周蛋白。其中反应中心由 D1 和 D2 蛋白、Cytb559 和 PsbI 蛋白构成。PSⅡ核心复合体还包括捕光叶绿素 a 结合蛋白和一些低分子量蛋白。这些组件在原核蓝细菌与真核高等植物之间具有高度的保守性。此外，PSⅡ包括大量的外周蛋白，它们在维持放氧复合体的稳定性和功能方面起重要作用。

植物叶绿体的 ATP 合酶（又称 F1F0-ATP 合酶）属于 F 型 ATP 酶家族。ATP 合酶在进化过程中高度保守，细菌中的 ATP 合酶在结构和功能上与来自动物、植物和真菌线粒体的 ATP 酶或植物叶绿体的 ATP 合酶性质基本相同。不同来源的 ATP 合酶有着相似的亚基组成，可以根据结构和功能的不同，将 ATP 合酶分成 2 个部分，即镶嵌在膜内的 F0 和突出在膜外的 F1。叶绿体 ATP 合酶的 F0 可以看作由一个定子（由亚基Ⅰ、Ⅱ和Ⅳ组成）和转子（亚基Ⅲ）组成，它们形成跨膜的质子通道，并为 F1 提供膜上的结合位点。在 F1 和 F0 复合体中，γ 亚基连接于一个分子质量为 8kDa、常以多聚物形式存在的 c 亚基。在跨膜质子动力势的作用下，c 亚基多聚体旋转并促使 γ 亚基旋转和 ATP 合成。Cyt b6f 复合体是由 8 ～ 9 个亚基组成的分子质量约为 220kDa 的二聚体膜整合蛋白，是类囊体膜上最简单的蛋白复合体，其结构和功能与线粒体呼吸链上的细胞色素 bc1 很相似，Cyt b6f 在 PSⅡ 和 PSⅠ 反应复合体间执行电子传递功能，催化 PQ 的氧化和 Pc 的还原，并偶联地将质子从类囊体的基质转移到类囊体腔，形成跨膜的 pH 梯度。此外，Cyt b6f 复合物可以通过某种未知途径来关闭电子传递链而调节 PSⅡ 和 PSⅠ 间能量分配及 NADPH 与 ATP 的比例，而且 Cyt b6f 复合体可以通过激活蛋白激酶来调节光系统的状态转变（贺庭琪等，2011）。在营养缺乏条件下，Cyt b6f 复合物能够快速解体，另外两个蛋白质，MCA1 和 TCA1 的丰度也明显下降，从而阻碍 Cyt b6f 复合物的进一步活动（Wei et al.，2014）。

科学家通过将双向电泳、质谱和测序技术相组合，从拟南芥叶绿体类囊体腔中分离出 36 种蛋白质，并通过生物信息学方法，对 36 种前体蛋白质的信号肽进行了分析，结果表明，19 种蛋白质具有 Tat 蛋白转运途径所必需的两个精氨酸基序，表明这些蛋白质的转运是通过双精氨酸途径，并在基因组水平上预测拟南芥叶绿体类囊体腔有 80 个蛋白质（Schubert et al.，2002）。拟南芥叶绿体类囊体腔蛋白质组学研究，为深入探讨叶绿体代谢变化、调控机制和信号转导途径，进一步进行植物叶绿体调控机制和功能研究奠定了基础。

植物和部分藻类类囊体膜的 PSⅠ 蛋白复合体，都含有 8 个核基因编码的亚基和 6 个叶绿体基因编码的蛋白亚基。随着对类囊体膜 PSⅠ 复合物特性研究的深入，发现在 PSⅠ 组装及稳定中发挥重要作用的 3 类囊体蛋白，即 BtpA、Ycf3 和 Ycf4，其中，Ycf4 蛋白通过假定的跨膜结构域与类囊体膜紧密相连；Ycf3 为 PSⅠ 组装中的关键组分，是形成稳态 PSⅠ 复合物所必需的蛋白质，但它对 PSⅠ 形成后的稳定没有作用，该蛋白质的氨基酸序列，尤其是 N 端序列，从蓝藻到高等植物都十分保守（彭浩等，2008）。而类囊体外膜蛋白 BtpA 则是低温条件下稳定 PSⅠ 反应中心 psbA 和 psbB 蛋白组分所必需的一个调节因子，BtpA 缺失的集胞藻 PCC6803 突变株在低温条件下无法进行光合自养并呈现出 PSⅠ 复合物的快速降解。对蓝藻 PCC6803 的类囊体膜蛋白进行双向电泳和质谱分析，鉴定到 78 个蛋白点，由 51 个基因翻译得到，其中部分蛋白质在 2-DE 胶上出现明显上调现象。对这些分离出来的蛋白点进行鉴定表明，这些蛋白质主要包括酮糖转移酶、NADH 脱氢酶亚基 Ndh1 和 NdhK 等。进一步通过免疫杂交、非变性蓝绿温和胶电泳、双向电泳和电子顺磁共振分析，证实在纯化的集胞蓝藻 PCC6803 质膜中含有与 PSⅠ 或 PSⅡ 反应中心密切相关的蛋白质。其中 PSⅡ 组分中的亲水性蛋白 CtpA 在 PSⅡ 复合物的组装中发挥着关键作用，缺失 CtpA 功能的突变体由于不能组装成含 4 个锰的复合物，因此锰簇蛋白无法与 PSⅡ 反应中心复合物组装成完整的有功能的 PSⅡ，最终光合放氧过程无法正常进行（Huang et al.，2002）。这些存在于集胞蓝藻质膜上的光合亚单位组装成含叶绿素的色素蛋白复合体，然后通过膜泡运输或膜的侧向运动定位到类囊体膜上。此外，还发现了一些新的整合在类囊体膜上及膜周边的蛋白质，包括参与蛋白质折叠和色素生物合成过程的酶类，如参与类胡萝卜素生物合成的八氢番茄红素脱氢酶和一个类胡萝卜素结合蛋白、叶绿素生物合成酶、光依赖型原叶绿脂还原酶、焦磷酸合成酶还原酶等。因此，集胞蓝藻细胞中的质膜而非类囊体膜，是其光合反应中心复合物形成的最初位点，这对全面认识蓝藻光合膜系统的生物发生具有至关重要的贡献。

利用蛋白质组学技术研究了拟南芥叶绿体中类囊体膜蛋白质的磷酸化现象，发现 PSⅡ 核心中的 D1、D2、CP43 蛋白质 N 端的苏氨酸，外周蛋白 PsbH 的 Thr2，成熟的捕光色素蛋白复合体 LHCⅡ 的 Thr3 均被磷酸化，这表明在类囊体蛋白质中，没有任何一个蛋白质在长期黑暗的条件下完全去磷酸化，或者在稳定连续光照条件下完全磷酸化（Vener et al.，2001）。对类囊体膜蛋白质磷酸化的研究，无疑将有助于解析 PSⅡ 蛋白磷酸化的机制，对于叶绿体到细胞核的信号转导及基因表达调节的研究也具有促进作用。通过放射性同位素标记技术对叶绿体进行研究表明，囊泡可在叶绿体内膜形成，与脂类的转运相关，囊泡是在叶绿体中形成的观点正在逐步得到试验的证实，它们可能含有自己的亚蛋白质组。应用多相分离方法，对拟南芥类囊体外周蛋白和完整的类囊体膜蛋白及叶绿体类囊体膜蛋白质组进行研究，将分离得到的蛋白质组分进行质谱分析，共鉴定出 154 个蛋白质，其中 76 个是具有 α 螺旋的跨膜蛋白，27 个是具有叶绿体转运肽但功能未知的新蛋白质。进一步对定位在类囊体中的 83 个蛋白质进行分析后发现，约 20 个蛋白质参与蛋白质插入、组装、折叠或水解，16 个参与蛋白质翻译过程（Friso et al.，2004）。这些蛋白质组研究结果，进一步说明类囊体膜表面是叶绿体蛋白质合成的重要场所。

8.9.2 叶绿体类囊体腔蛋白质组研究

在叶绿体内部，类囊体膜和囊腔形成一个完整的类囊体网络，共同行使光合作用光反应的功能（van Wijk，2000）。20 世纪 70 年代，由于菠菜内类囊体颗粒的获得，PSⅡ 的内在蛋白 PsbO、PsbP 和 PsbQ 得以鉴定，后来发现这 3 个蛋白质以可溶状态存在于类囊体腔基质中。后来，科学家鉴定出了这些蛋白质的新的同工蛋白，并发现这些同工蛋白混存于类囊体腔中，如同工蛋白 PsbO1 和 PsbO2，在缺失 PsbO1 的拟南芥突变体中，其作用可由 PsbO2 替代完成。在蓝藻 PSⅡ 蛋白组成的分析中发现 5 个新的未知蛋白质中，有两个蛋白质最终也被确认为类囊腔蛋白，其中一个是类 PsbP 蛋白，它与拟南芥类囊体腔定位的 3 个具有 PsbP 结构域的蛋白质同源；另一个与拟南芥 PSⅡ 放氧复合体蛋白 PsbQ1 同源，与高等植物不同的是，蓝藻中以 PsbU 和 PsbV 分别代替了 PsbP 和 PsbQ（Peltier et al.，2000）。

已鉴定的类囊体腔（thylakoid lumen）定位蛋白质体蓝素（plastocyanin，PC）是一种位于类囊体膜内表面、具有铜离子的小分子量蛋白，在光合作用中执行将电子从 Cyt b6f 复合体传向 PSⅠ 的功能，对 PC 有加工作用的蛋白酶及其活性位点也已明确（van Wijk，2000）。利用双向电泳和微量测序研究基粒与基质类囊体膜蛋白，结果显示，PSⅠ、PSⅡ、Cyt b6f 复合体和 ATP 合酶在基质与基粒表达具有差异性。通过绘制豌豆和烟草的 PSⅡ 富集的基粒类囊体及其反应中心的蛋白质图谱，证实科学家获得的蛋白质与数据库中的 DNA 数据相符合，包括一些翻译后修饰的类囊体蛋白质。进而绘制了比较全面的豌豆类囊体蛋白质和这些蛋白质的质谱标签（王金辉等，2011）。

结合 2-DE 技术的应用，最初对菠菜类囊体腔蛋白质组的系统研究认为，类囊体腔中至少有 25 个蛋白质。对豌豆类囊体蛋白质组的分析则认为其类囊体可溶性蛋白和外周蛋白有 200 ～ 230 个不同组分。通过与蛋白质数据库比对，鉴定了 61 个蛋白质，其中 33 个蛋白质的功能及功能结构域得到了确认，而 10 个蛋白质功能未能确定，18 个蛋白质因为没有表达序列标签或全长基因，无法通过数据库信息进一步鉴定；9 个以前未被确定且具有类囊体腔转运肽的蛋白质全序列已经明确，其中 7 种蛋白质具有 2 个精氨酸序列，这是 Tat 途径底物的特征（彭浩等，2008）。在已知拟南芥基因全序列的优势条件下，将蛋白质组分析法与基因组预测筛选法结合，对拟南芥类囊体腔亚蛋白质组的 2-DE 分析结果表明，在 pH 3 ～ 10 区域，大约有 300 个蛋白点，而 pH 4 ～ 7 的酸性端区域约有 200 个蛋白点。进一步研究表明，拟南芥类囊体腔蛋白质组的主要功能是帮助类囊体蛋白质折叠、催化类囊体蛋白质的水解和抗氧化。对拟南芥与菠菜的类囊体腔蛋白质组进行比较分析的结果显示，2 种植物的类囊体腔蛋白质成分序列同源性很高，说明拟南芥类囊体腔蛋白可以作为其他植物类囊体腔亚蛋白质组分研究的参考。除参与光合作用光反应的蛋白质外，类囊体腔定位的蛋白质还包括叶黄素循环中的紫黄质去环氧化酶、菠菜和大麦中 D1 蛋白 C 端加工酶、豌豆中 D1 蛋白水解酶、番茄和菠菜中的多酚氧化酶、推定的抗坏血酸过氧化氢酶等（彭浩等，2008）。

由于叶绿体的半自主性，部分核编码的类囊体膜或类囊体腔定位蛋白还需要其专一引导转运肽，虽然对整合到类囊体膜上的蛋白质的转运肽机制还不完全清楚，但对定位于类囊体腔的蛋白质的研究已经明确，其 N 端双向转运肽具有 2 个引导结构域，即转运肽的叶绿体基质引导结构域和类囊体腔引导结构域，二者分别引导蛋白质进入叶绿体基质并穿过腔膜进入类囊体腔。类囊体腔蛋白的运输过程涉及 Sec 和 Tat 系统，其中，通过 Tat 系统转运的蛋白质底物含有特征性的双精氨酸保守序列核心信号肽，而以 Sec 途径运输的蛋白质 N 端具有以疏水性氨基酸为主的信号肽序列。在已经鉴定的拟南芥类囊体腔蛋白中，几乎一半以上的蛋白质由具双精氨酸结构的 Tat 途径运输，而拟南芥类囊体腔中质体蓝素池的含量较高的组分和推定的抗坏血酸过氧化氢酶，则由依赖 Sec 和 pH 梯度差转运途径运至类囊体腔（彭浩等，2008）。

8.10 叶绿体发生过程蛋白质组研究

由叶绿体发生过程比较蛋白质组研究结果发现，参与光合作用光反应和碳同化过程、蛋白质折叠与周转、代谢过程的 26 种蛋白质表达丰度发生了变化。主要表现在以下 4 个方面：一是随着叶绿体的发育成熟，参与光反应的蛋白质表达丰度发生改变，这为光合作用光反应的能量转换、ATP 合成和 PSⅡ 放氧能力不断提高提供了基础；二是参与光合作用碳同化过程的蛋白质在叶绿体发育初期表达上升，在叶绿体发育后期，β-淀粉酶、苹果酸脱氢酶、磷酸甘油酸激酶的表达量上升至平稳水平，甘油醛-3-磷酸脱氢酶（glyceraldehyde-3-phosphate dehydrogenase）持续上升，而异淀粉酶的表达量呈下降趋势；三是参与蛋白质合成、折叠和降解的蛋白质表达量在叶绿体发生初期逐渐提高；四是参与其他代谢过程（如乙酰辅酶 A 羧化酶、β-D-葡萄糖苷酶和核酸结合蛋白）的蛋白质表达丰度也发生变化（Lonosky et al.，2004）。

在叶片凋亡过程中，叶绿体蛋白质表达也会发生明显改变。结合形态观察和蛋白质组学技术，科学家系统比较了在叶片凋亡过程中叶绿体大小、光合效率、类囊体、嗜锇颗粒的变化规律，发现很多叶绿体蛋白质在叶片凋亡过程中积累量反而明显增加。出乎人们意料的是，许多叶绿素结合蛋白伴随着叶片衰老而降解。一些与细胞自体吞噬和液泡代谢相关的蛋白质，一直维持着较高水平，说明质体介导的降解在叶片凋亡后期起了更重要的作用（Tamary et al.，2019）。

8.11 不同类型叶绿体蛋白质组的比较研究

在自然界中，根据光合最初产物的不同，植物被分为 C_3 和 C_4 植物两大类型。C_3 植物只具有 C_3 途径，即二氧化碳固定的最初产物是磷酸甘油酸，是一种三碳化合物，如大豆就是典型的 C_3 植物。C_4 植物同时具有 C_3 途径和 C_4 途径，C_4 途径指二氧化碳固定的最初产物为四碳的草酰乙酸。C_4 植物多为起源于热带、亚热带的玉米、甘蔗和高粱等植物中。C_4 途径本身

不能使 CO_2 合成糖，只是相当于一个以 ATP 为动力的 CO_2 浓缩器，使维管束鞘细胞中保持高的 CO_2 浓度。此外，C_4 植物叶片结构具有其特点，从植物叶片横切面看，叶脉维管束周围有一层发达的维管束鞘细胞，内含大型叶绿体，维管束鞘细胞外的一层或数层叶肉细胞排列整齐，形成花环状结构。细胞形态结构及生化过程的特殊使 C_4 植物的碳同化能力比 C_3 植物强，二氧化碳补偿点低，在二氧化碳浓度低时极有优势。

C_3 和 C_4 植物的叶绿体膜蛋白很相似，但是一些蛋白质的丰度有很大的差异。比较 C_3 植物大豆和 C_4 植物玉米的叶肉叶绿体膜蛋白，科学家鉴定出了 322 种非冗余的大豆叶绿体膜蛋白和 231 种非冗余的玉米叶肉叶绿体膜蛋白，共有 420 种蛋白质，其中 87.6% 为已知定位在叶绿体的蛋白质，大部分蛋白质具有 α 螺旋，一些蛋白质具有 β 折叠片。在大豆叶绿体膜中鉴定出了 69 种新的蛋白质，而在玉米叶肉叶绿体膜中鉴定出了 58 种新蛋白质。C_4 植物光合作用涉及的磷酸转运蛋白被鉴定，叶绿体可以通过膜转运蛋白的丰度的变化来满足 C_4 光合作用代谢流量需求。研究人员通过分析叶绿体的内外膜蛋白质，建立了 C_4 植物碳浓缩的机制（Brautigam et al.，2008）。作为 C_4 植物，玉米与 C_3 植物光合碳同化机制不同。玉米的光合作用是通过叶肉细胞和维管束鞘细胞相互配合完成。利用高通量鸟枪法蛋白质组学技术对玉米类囊体膜蛋白质组进行了分析，科学家鉴定了 34 种蛋白质，其中 76% 的蛋白质参与光合作用的光反应，6% 的蛋白质参与碳同化，而参与叶绿素合成和其他代谢过程的蛋白质各占 9%（Liu et al.，2011）。此外，人们通过蛋白质组学研究发现玉米叶肉细胞与维管束鞘细胞叶绿体基质和膜蛋白质组均存在差异。

来源于同一种植物不同组织部位的叶绿体的蛋白质表达谱也有很大差异（Majeran et al.，2005）。利用蛋白质组学技术，科学家鉴定了玉米叶肉细胞和维管束鞘细胞中的叶绿体基质蛋白 1105 种，这些蛋白质主要参与初级碳代谢、光合作用、次生代谢、基因表达、蛋白质周转、膜转运等过程。其中，上述两类细胞中分别优先表达的蛋白质为揭示这两类细胞的叶绿体功能特异性提供了新的证据。这些特征主要表现在以下三方面：一是叶肉细胞叶绿体中优先表达的蛋白质主要包括参与卡尔文循环还原阶段、可逆的戊糖磷酸途径、氧化戊糖磷酸途径、氨基酸合成、活性氧清除、核苷酸代谢的酶，参与蛋白质合成的核糖体蛋白和 tRNA 合成酶，以及参与 PSⅡ 复合体装配的装配因子在叶肉细胞叶绿体中表达水平更高；二是参与淀粉代谢的酶在维管束鞘细胞叶绿体中优先表达，这与维管束鞘细胞叶绿体含有更多的淀粉粒一致；三是大部分参与脂肪酸合成、延伸与去饱和作用，以及二酰甘油合成相关的酶在两类细胞中表达水平相似。此外，多数蛋白质翻译起始和延伸因子、分子伴侣及 Clp 蛋白酶在两类细胞中的表达水平也相似（Friso et al.，2010）。比较蛋白质组研究结果也发现，玉米叶肉细胞和维管束鞘细胞叶绿体膜蛋白质组成不同。叶绿体膜在质体基因表达、代谢物生物合成、小囊泡的产生、光反应相关复合体生物合成与调控，以及叶绿体与细胞质间信号分子、蛋白质和代谢物运输等方面具有重要作用。科学家对玉米叶肉细胞和维管束鞘细胞叶绿体膜蛋白质进行了分析，发现 PSⅡ 复合体、参与活性氧清除的过氧化物酶 Q、参与蛋白质合成的核糖体蛋白、参与 D1 蛋白装配的 LPA1 蛋白、参与蛋白质转运的蛋白质在叶肉细胞叶绿体膜中表达水平更高，而维管束鞘细胞叶绿体膜则优先表达 PSⅠ 复合体、ATP 合酶、NADPH 脱氢酶复合体、过氧化物酶 E。另外，细胞色素 b6f 复合体和参与 PSⅡ 反应中心装配的叶绿素荧光蛋白在这两类细胞的叶绿体膜上表达水平相似（Majeran et al.，2008）。

不同缺陷型突变体植物叶绿体蛋白质表达谱也有很大差异。HCF136 与 PSⅡ 反应中心 D2 蛋白和细胞色素 b559 相互作用，促进 PSⅡ 反应中心的组装和稳定。科学家对 HCF136 蛋白质缺失突变体 Zmhcf136 进行的蛋白质组学研究发现，突变体叶肉细胞叶绿体中基粒缺失或异常，HCF136 蛋白质表达缺失，类囊体膜中 PSⅡ反应中心蛋白和核心亚基表达缺失或显著下调，FtsH1 金属蛋白酶表达下调，三聚体 LHCⅡ以单聚体形式存在且 LHCⅡ-1 表达下调并缺乏 PSⅡ活性。这些结果有利于更好地理解叶肉细胞和维管束鞘细胞在分化过程中的调控机制（Covshoff et al.，2008）。

为了鉴定白化和正常茶叶叶片叶绿体中的蛋白质表达差异，科学家采用双向电泳、质谱鉴定结合生物信息学分析，研究阶段性白化过程中叶绿体蛋白质的表达差异，探讨茶叶白化现象的分子机制。结果表明，在白化前期、白化期和复绿期叶绿体蛋白质的双向电泳胶上，分别检测到 726 个、748 个和 718 个蛋白点，利用质谱成功鉴定差异表达的 22 个蛋白质。生物信息学分析表明，差异表达蛋白直接或间接参与了光合作用、应激响应、核酸代谢、物质代谢和未知功能等，其中与光合作用相关的差异表达蛋白最多，占 31.82%，表明阶段性白化现象可能与这些生理功能相关。通过荧光定量 PCR 分析发现，差异蛋白的基因表达与蛋白质表达存在一定差异，这可能是由蛋白质翻译后加工及修饰造成（李勤等，2019）。

8.12　叶绿体盐胁迫应答蛋白质组

作为光合作用的主要细胞器，植物叶绿体对环境胁迫十分敏感。在盐分、强光和低温胁迫条件下，植物体通过调控叶绿体内多种蛋白质的表达启动光保护机制，缓解胁迫对光合作用的影响，从而适应胁迫环境（图 8-4）。

在胁迫环境下，植物细胞核编码了大部分叶绿体蛋白质，这些蛋白前体在细胞核中表达后，被运输到叶绿体外膜（TOC），然后完成跨外膜（TIC）运输，加工为成熟蛋白，发挥相关功能（暴雪松等，2018）。这种从细胞核到叶绿体的 TOC-TIC 转运系统，有效保证了叶绿体及时应答外界胁迫环境。其中，CHIP/HSP70 是重要的作用蛋白，该蛋白质属于 E3 泛素连接酶系统之一，能够为 26S 蛋白酶体提供降解相关蛋白的信号。在逆境胁迫条件下，TOC 复合物主要通过 E3 泛素连接酶 SP1（ubiquitin E3 ligase SP1）来降解相关蛋白，从而抑制光合相关蛋白向叶绿体内膜运输，降低光合速率，达到有效阻碍叶绿体光合作用中产生过多 ROS 的效果，利于植物应对逆境胁迫条件（图 8-4）。其中，E3 泛素连接酶 SP1 可以通过调控叶绿体蛋白质跨膜转运、控制光合元件组装和降低 ROS 产生来在植物高盐、干旱和氧化胁迫等抗逆中起关键调控作用（Ling and Jarvis，2015）。在各种非生物胁迫中，盐胁迫是植物遇到的最为常见的胁迫环境之一。盐胁迫会造成植物体内失水，导致气孔导度降低，破坏渗透平衡、离子平衡与营养平衡，影响叶绿体中光合电子传递和碳同化相关酶的活性，从而影响光合作用（Watson et al.，2018）。

蛋白质组学研究发现，大量光合作用相关蛋白质积累受到盐胁迫抑制，光合电子传递链相关蛋白受到影响，如捕光复合体、叶绿素 a、叶绿素 b 结合蛋白、PSⅠ P700、PSⅠ反应中心蛋白、细胞色素 b6f 复合体、PSⅡ反应中心蛋白、放氧复合体、铁氧还蛋白 NADP 还原酶、ATP 合酶等，这些蛋白质的丰度变化可改变电子传递效率和跨膜电化学质子梯度，进而影响还原当量 NADPH 和 ATP 的合成。同时，碳同化相关蛋白质发生变化，如 Rubisco、Rubisco 活化酶、磷酸甘油酸激酶、核酮糖激酶、景天庚酮糖-1,7-二磷酸酶等，这些蛋白质的丰度变化将直接影响植物叶片碳同化的速率。此外，蛋白质组学研究还发现，耐盐植物如秋茄中多数光合作用相关蛋白在盐胁迫时丰度上升；甜土植物如水稻中多数光合作用相关蛋白则在盐

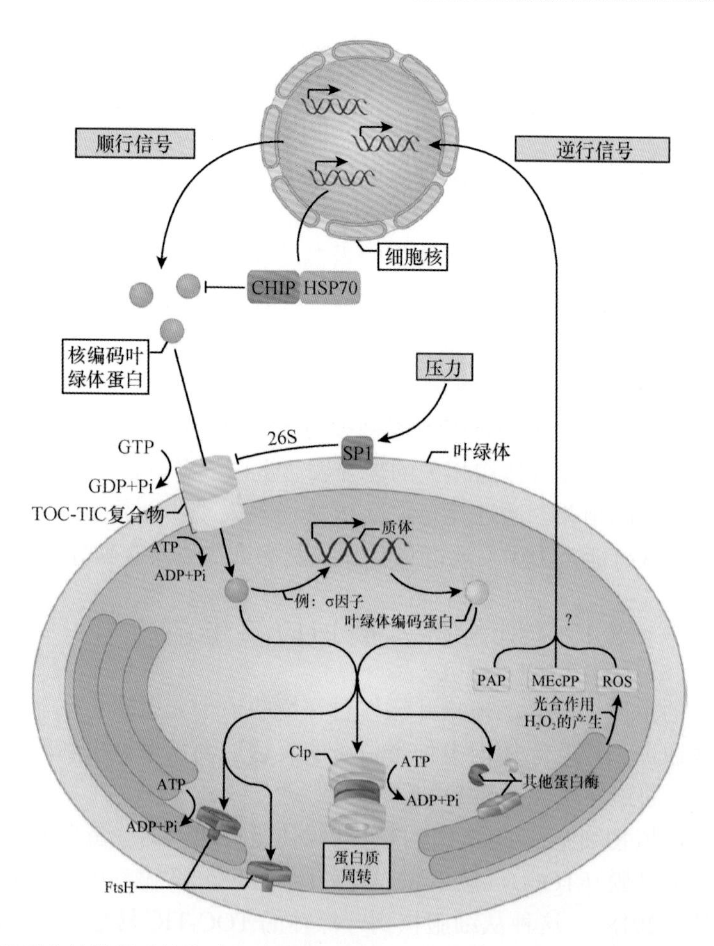

图 8-4 蛋白质组研究结果揭示植物叶绿体应答各种胁迫环境的应答机制模式图（Watson et al.，2018）

胁迫条件下丰度下降。由此表明，与甜土植物相比，盐生植物能够通过增强光能捕获与光能向化学能转化，加快光合电子传递速率，提高 CO_2 利用率和同化效率，以更好地适应盐胁迫的影响（暴雪松等，2018）。

为了检测小麦叶绿体蛋白质应答盐胁迫的规律，选取生长 12d 的小麦幼苗，用 150mmol/L NaCl 处理 1 ～ 3d 后，分离叶绿体，提取蛋白质进行双向电泳检测，发现在 100 多个蛋白点中，通过串联质谱鉴定到 65 个差异蛋白，其中很多蛋白质在盐处理 1d 后下调表达，随后在盐处理 2d 和 3d 后，积累反而急剧增加。但一些高丰度蛋白，如 Rubisco、谷氨酸脱氢酶、3-磷酸甘油醛脱氢酶、异柠檬酸脱氢酶和 PSI 蛋白等表达量并没有明显改变。在盐胁迫后，ATP 合酶（F-ATPase）和液泡质子 ATP 酶（V-ATPase）的几个蛋白质亚基含量均降低，说明钠离子对这些酶有抑制作用。值得注意的是，有几个蛋白质表达量一直随着盐处理而逐渐增加，这些蛋白质包括细胞色素 b6f 复合体、类萌发素蛋白（germin-like-protein）、ATP 合酶 C 亚基、谷氨酰胺合成酶（glutamine synthetase）、果糖-1,6-二磷酸醛缩酶、*S*-腺苷甲硫氨酸合成酶和碳酸酐酶，暗示着这几个蛋白质可以作为叶绿体应答盐胁迫的蛋白标志物（Kamal et al.，2012）。通过比较盐敏感型和耐盐芥菜（*Brassica juncea*）叶绿体在经过盐处理前后蛋白质表达谱的变化，科学家在双向电泳胶上鉴定了 12 个差异蛋白，这些蛋白质主要参与了抗氧化还原反应、光合系统复合物构成和卡尔文循环等生物学过程，说明在盐胁迫环境下，维持叶绿体中光合作用稳定和抗氧化反应是一种重要的叶绿体盐应答适应机制（Yousuf et al.，2016）。

盐胁迫引起叶绿体内光合电子传递链的过度还原、光呼吸及各种脱毒反应，导致活性氧（ROS）的大量积累。ROS过量积累会破坏植物细胞内的氧化还原平衡，对细胞组分（蛋白质、核酸和脂质）和结构造成氧化损伤（Yu et al.，2020）。因此，为了在盐胁迫条件下维持体内氧化还原稳态，植物叶绿体逐步进化出利用酶与非酶系统清除ROS的功能（暴雪松等，2018）。为了检测多时间盐胁迫对叶绿体蛋白质表达谱的影响，科学家利用25mmol/L NaCl处理玉米幼苗1h、2h和4h后，分离叶绿体，进行比较蛋白质组研究，发现了12种上调表达蛋白和8种下调表达蛋白。分析这20种差异蛋白，结果说明玉米叶绿体通过增强光反应和光合电子传递、提高叶绿素合成、加强蛋白质折叠和周转、降低脂类合成等一系列调节应对盐胁迫环境（Zorb et al.，2009）。这些蛋白质表达模式的变化揭示了玉米叶绿体应答盐胁迫的机制，主要包括：①通过增强光反应和电子传递速率提高光合作用能力，盐胁迫条件下，PSⅡ 23kDa蛋白、叶绿素a/b结合蛋白和捕光复合体a/b结合蛋白上调表达增强了玉米的光反应，并且铁氧还原蛋白NADPH还原酶的上调表达加速了光合电子传递，从而缓解了Na^+对玉米光合系统的损伤，然而，叶绿体中单半乳糖甘油二酯合成酶催化叶绿体中重要结构脂类物质的生物合成，盐胁迫条件下该酶下调表达表明玉米叶绿体膜结构稳定性受到了破坏；②通过肽基脯氨酰顺反异构酶和FtsH蛋白调节蛋白质的正确折叠及周转，肽基脯氨酰顺反异构酶上调表达能够通过催化蛋白质脯氨酸酰亚胺键的顺反异构化反应调节蛋白质的折叠过程，而FtsH蛋白是一种ATP和锌离子依赖型金属蛋白酶，盐胁迫条件下表达丰度增加，能够降解胁迫产生的不稳定和冗余蛋白质；③通过原卟啉原Ⅸ氧化酶上调表达，促进叶绿素合成，减少ROS产生，叶绿素合成底物原卟啉原等的大量积累会产生大量单线态活性氧类物质，导致氧化胁迫。原卟啉原Ⅸ氧化酶催化叶绿素生物合成，从而减轻了氧化胁迫伤害（Zorb et al.，2009）。

蛋白质组学研究发现了多种参与ROS清除过程的蛋白质在胁迫过程中丰度发生变化。超氧化物歧化酶（SOD）催化超氧阴离子歧化反应，生成H_2O_2和H_2O，是抵御ROS伤害的第一道防线。研究发现，用500mmol/L NaCl处理6d后，秋茄叶绿体中SOD丰度急剧增加。抗坏血酸过氧化物酶利用抗坏血酸作为电子供体，将H_2O_2还原为H_2O，研究发现盐处理的秋茄和芥菜叶绿体APX丰度增加。过氧化物氧还蛋白可以通过巯基催化机制还原H_2O_2，并通过巯基氧还蛋白催化再生反应，在150mmol/L NaCl处理1d的水稻叶绿体中过氧化物氧还蛋白丰度上升（Xu et al.，2015）。经过250mmol/L NaCl处理7d后，四倍体刺槐叶绿体中巯基氧还蛋白积累也明显上升（Meng et al.，2016）。这些叶绿体蛋白质组研究结果也说明，SOD、APX、巯基氧还蛋白Prx-Q和Trx在清除ROS毒性过程中具有重要作用。

此外，蛋白质组学研究还发现了其他一些重要的防御相关蛋白在应对盐胁迫时发挥作用。铁蛋白（Fer）可容纳大量铁，在维持细胞内铁代谢平衡、清除铁介导的自由基反应、保护细胞免受环境胁迫带来的氧化损伤方面发挥重要作用。植物凝集素既可以参与植物防御反应，也可以作为含氮和硫的植物贮藏蛋白（暴雪松等，2018）。四倍体刺槐叶绿体中Fer和凝集素的丰度在250mmol/L NaCl处理时上升，而在500mmol/L NaCl处理时下降（Meng et al.，2016）。这意味着Fer和凝集素可能在叶绿体响应低浓度盐胁迫时发挥了重要作用。

植物叶绿体蛋白质组学研究也发现，叶绿体中参与蛋白质合成、加工与降解的蛋白质丰度发生变化。多种核糖核蛋白丰度下降（Xu et al.，2015），参与蛋白质合成的叶绿体延伸因子在秋茄响应500mmol/L NaCl处理3d时丰度下降，但在处理6d时丰度反而上升（Wang et al.，2013a）。此外，参与蛋白质折叠的分子伴侣HSP60和ClpC在秋茄响应500mmol/L

NaCl 处理 3d 时丰度上升（Wang et al.，2013a）。二倍体刺槐叶绿体中参与蛋白质降解的 26S 蛋白酶体亚基相关蛋白在响应盐胁迫时丰度上升（Meng et al.，2016）。上述研究结果表明，盐胁迫影响了植物体内蛋白质的合成、加工及降解过程。

另外，盐胁迫对叶绿体代谢途径相关蛋白的影响也很明显。甲硫氨酸腺苷转移酶（MAT）能催化甲硫氨酸与 ATP 形成重要的甲基供体 *S*-腺苷甲硫氨酸，可通过使 DNA 甲基化影响基因的表达，也参与细胞增殖和次生代谢（暴雪松等，2018）。NaCl 处理的二倍体刺槐叶绿体中 MAT 丰度下降（Meng et al.，2016）。植物萜类物质生物合成来源于共同的五碳前体异戊烯基焦磷酸（IPP）及其异构物二甲基烯丙基焦磷酸（DMAPP），异戊烯基焦磷酸异构酶（IPI）催化 IPP 和 DMAPP 之间的同分异构转化。因此，IPI 的水平直接影响五碳前体库的代谢流向，从而影响萜类化合物的合成。而萜类化合物在植物体内具有重要的功能，如赤霉素、脱落酸和昆虫保幼激素是重要的激素，类胡萝卜素和叶绿素是重要的光合色素，质体醌和泛醌为光合链及呼吸链中重要的电子递体，甾醇是生物膜的组成成分。盐胁迫小麦叶绿体中 IPI 丰度减小，表明盐胁迫对萜类物质的生物合成可能造成影响（Kamal et al.，2012）。

8.13 叶绿体应答其他胁迫蛋白质组研究

各种胁迫条件下，处理与对照组植物叶绿体对环境信号应答和逆境响应机制的比较蛋白质组学研究是揭示植物在逆境条件下光合作用调节机制的重要途径之一（Watson et al.，2018）。对冷胁迫条件下拟南芥类囊体腔蛋白质组响应变化的分析结果揭示，类囊体腔蛋白对冷害并不敏感，100 个蛋白质中仅有 8 个蛋白质发生了变化，其中 4 个 PSⅡ 外在蛋白质亚基中，PsbO2 含量增加，而 PsbO1 积累却减少，但 PsbP 则表现出同工蛋白增减不一的变化特点，在 2-DE 图谱上不同迁移率的 PsbP1 蛋白点或增或减，而 PsbP2 蛋白则在冷胁迫下减少。其余 4 个冷胁迫响应蛋白分别是 PSⅡ 组装因子 Hcf136 蛋白、亲环蛋白（cyclophilin），以及在植物信号转导中发挥部分作用的 2 个 FKBP 型亲免素（Goulas et al.，2006）。由此看出，在冷胁迫下，拟南芥中只有 8% 的冷胁迫响应蛋白在变化，说明类囊体腔定位的大部分蛋白质可能为维持类囊体功能所必需，即使在不同环境条件下，也始终保持一定数量的稳定蛋白（彭浩等，2008）。

在强光胁迫条件下，植物 CO_2 同化效率降低，单线态氧积累，继而发生光漂白和光抑制。低温胁迫会抑制植物光合电子传递效率和卡尔文循环相关酶的活性。科学家对光照和温度胁迫（13℃ / 强光、13℃ / 弱光、24℃ / 强光和 24℃ / 弱光）条件下玉米叶绿体蛋白质组的变化进行了分析，发现不同处理条件下 *Lhcb* 差异表达。此外，类囊体膜中捕光色素蛋白复合体（LHCⅡ）表达上调，可能有助于调节激发能在 PSI 与 PSⅡ 间的分配，减轻光抑制伤害；而叶绿体天线蛋白 CP29、CP26 和 CP24 表达略有降低，可能通过减少对光能的捕获和传递来降低光抑制伤害（Caffarri et al.，2005）。在自然环境中，光照经常变化不定，强光和弱光常常交替出现，植物为了应对这种变化不定的光照环境，已经进化出了一整套适应机制。研究显示，由 *At4g02530* 基因编码的拟南芥叶绿体类囊体蛋白 MPH2 可以通过修复叶绿体中 PSⅡ 蛋白复合体的结构而起关键调控作用（Liu and Last，2017）。

假微型海链藻（*Thalassiosira pseudonana*）在不稳定光照环境（fluctuating-light conditions）下，叶绿体中的类囊体蛋白质表达谱发生明显改变，在这些检测到的 562 个叶绿体类囊体蛋白质中，有 162 个蛋白质发生了明显改变，分析这些差异表达蛋白，发现光吸收相关蛋白急剧积累，其中 PSⅡ 和 PSⅠ 蛋白复合体中几个蛋白质亚基的积累明显增加。尽管不稳定光照会导致假微型海链藻初期生长受到抑制，但其光合效率并未受到明显抑制。质谱鉴定结果显示，假南洋藻叶绿体和线粒体可以通过相互作用来适应不稳定的光照条件，这种光合作用和呼吸作用交互调控机制，可能是各种含有叶绿体的植物、绿藻和蓝细菌适应不稳定光照的一种重要调控机制（Grouneva et al.，2016）。在强光照条件下，野生型拟南芥和两个执行者蛋白（executer protein）基因的 T-DNA 插入突变体（*EX1* 和 *EX2*）的叶绿体可溶性蛋白表达谱发生了明显变化，其中很多都是光应答和基因型相关蛋白，另外有几个光合碳代谢蛋白和质体 mRNA 加工相关蛋白的表达丰度发生了显著变化。这些结果说明，执行者蛋白在拟南芥叶绿体代谢及植物应答逆境胁迫中起了重要作用（Uberegui et al.，2015）。科学家进一步通过定量蛋白质组结合转录组分析，研究了豌豆（*Pisum sativum*）在不同光照（低光照、中度光照和高光照）条件下叶绿体类囊体膜蛋白质组变化规律，通过搜索绿色植物数据库鉴定了 63 个蛋白质。随后，用这些质谱数据搜索豌豆叶片转录组数据，鉴定到的类囊体膜蛋白数量提升到 194 个，说明通过整合转录组和蛋白质组数据，能够得到更好的蛋白质鉴定结果。深入分析这些蛋白质组数据，人们发现不同光照会影响光合电子传递链上的蛋白质，但对 PSⅠ 和 PSⅡ 上的蛋白质影响不大（Albanese et al.，2018）。

相反，在光照严重不足时，植物生长同样受到抑制，叶绿体中光合作用急剧下降。在经过 8h 黑暗处理后，拟南芥叶绿体中有 81 个蛋白质发生了明显改变，其中大部分改变的蛋白质为细胞核编码，说明叶绿体中的弱光应答蛋白主要受到细胞核基因组的调控。在这些差异蛋白中，有 17 个下调蛋白为核糖体蛋白。这些蛋白质组数据表明，弱光或者黑暗条件下，植物叶绿体中 PSⅡ 相关蛋白受到表达抑制，导致电子传递主要通过光系统 PSⅠ 来进行。弱光还能够促进叶绿体中淀粉降解，抑制质体运转，并通过调节抗氧化和茉莉酸信号途径来增强弱光应答能力（Wang et al.，2016）。这是弱光条件下植物叶绿体在蛋白质组水平的新调控机制。

植物叶绿体蛋白质在抗氧化胁迫中也发挥了重要作用。植物蛋白质组研究的大量数据结果显示，大量硫氧还蛋白（thioredoxin）家族成员和谷氧还蛋白（glutaredoxin）酶类在植物抗逆应答中起重要作用，而这些蛋白质主要通过调控叶绿体中的光合作用过程来起作用（Meyer et al.，2005）。在真菌挥发性化学物质的刺激下，植物会积累大量过氧化物，能够通过激活硫醇氧化还原反应来维持叶绿体的正常氧化还原状态，以便尽可能保证正常光合作用。在这个过程中，叶绿体中的过氧化物还原酶（peroxiredoxin）起重要的调节作用（Ameztoy et al.，2019）。在陆生植物和藻类中，硫氧还蛋白可以通过泛素化来调控植物叶绿体中的光合作用和卡尔文循环过程。在已知的 11 个卡尔文循环涉及的酶中，硫氧还蛋白通过调控磷酸核酮糖激酶（phosphoribulokinase，PRK）的活性来维持叶绿体光合系统中蛋白质组的稳定，从而来达到维持正常光合作用的目标（Gurrieri et al.，2019）。

在干旱胁迫条件下，植物叶绿体蛋白质组也发生了一系列变化。番茄（*Solanum lycopersicum*）幼苗经过干旱胁迫 19d 后恢复浇水 6d，收集叶片叶绿体提取蛋白质，利用 2D-DIGE 结合质谱技术检测到 31 个差异蛋白，这些差异蛋白主要参与了能量代谢。恢复浇水后，有更多叶绿体蛋白质积累发生变化，共检测到 54 个差异蛋白。进一步检测基因表达量和 ABA 含量，结果显示，在干旱胁迫下，植物可以通过 ABA 激活细胞核到叶绿体间的信号通路来协同抗旱（Tamburino et al.，2017）。在干旱胁迫下，转乙烯应答因子 TERF1（tomato ethylene responsive factor 1）基因烟草比对照植株耐旱性增强。为了研究乙烯应答因子对烟草叶绿体抗旱的应答机制，科学家利用高通量 iTRAQ 技术，研究了转 TERF1 基因植株叶绿体在经过 20d 干旱胁迫后的蛋白质积累变化规律，共鉴定到 4732 个蛋白质，其中 4694 个蛋白质由核基因组编码，而叶绿体自身基因组编码的蛋白质仅检测到 38 个。进一步分析 iTRAQ 蛋白质组数据发现，这些叶绿体蛋白质中，有 189 个蛋白质被干旱诱导表达，273 个表达量明显降低（Wu and Yan，2018）。分析结果显示，TERF1 蛋白能够抑制光合元件结构相关基因表达，但诱导碳固定相关蛋白的积累。TERF1 蛋白可以通过激活细胞核中相关信息来调节植物干旱胁迫信号转导，并通过加强氮磷利用来提高植物抗旱性。因此，植物激素乙烯可以通过 TERF1 蛋白调节叶绿体中光合作用相关蛋白和加强氮利用来达到抗旱效果。

另外，科学家研究了常规和干旱敏感的两个菜豆（*Phaseolus vulgaris*）品种在干旱处理 6d 和 13d 后叶片中叶绿体蛋白质组变化规律，在 2D-DIGE 胶上，共鉴定到 44 个干旱应答蛋白，其中大部分蛋白质参与了光合作用。研究结果显示，在干旱胁迫后，PSⅠ 和 PSⅡ 蛋白、ATP 合酶的积累降低，说明干旱抑制了叶绿体中的光反应过程。另外，干旱处理 6d 和 13d，对菜豆叶绿体蛋白质的影响规律基本一致，但某些蛋白质如铁氧还蛋白、NADP 还原酶、HCF136 和质体膜孔蛋白（plastidial membrane protein porin）等，在菜豆不同品种中表现不一致，说明菜豆不同品种叶绿体蛋白质的干旱响应机制有所不同（Zadraznik et al.，2019）。科学家还比较了 RNAi 后沉默掉抗坏血酸过氧化物酶（APX）的水稻株系 OsApx8 及其对照株系在干旱胁迫下叶片叶绿体中类囊体蛋白质组变化规律，发现类囊体 APX 蛋白通过调节过氧化氢途径来对水稻耐旱起重要作用（Cunha et al.，2019）。

在花叶病毒侵染后，烟草叶片叶绿体中的蛋白质积累也发生了明显变化，在双向电泳胶上可以检测到 200 个左右蛋白点，有 16 个差异蛋白点被鉴定，这些蛋白质主要参与了光合作用过程和植物防御反应（Megias et al.，2018）。在水稻条纹病病毒（rice stripe virus）侵染后，烟草叶片原生质体（protoplast）和叶绿体中蛋白质表达均发生了明显改变。在原生质体中，共鉴定到 1128 个蛋白质，其中 494 个蛋白质在病毒侵染后发生明显改变，而在叶绿体中，共检测到 659 个蛋白质，其中 279 个蛋白质为差异表达蛋白。在这些差异蛋白中，有 66 个核基因组编码的叶绿体蛋白质的表达只是在叶绿体中下降，而在整个原生质体中变化不大。蛋白质功能归类分析表明，条纹病病毒侵染能够影响细胞核编码蛋白向叶绿体运输过程，在这些蛋白质中，有 41 个蛋白质具有叶绿体转运信号肽（Zhao et al.，2019）。

紫外伤害在自然界一直是植物面临的一种主要胁迫环境。小麦（*Triticum aestivum*）幼苗在经过强紫外照射 8d 后，分离叶绿体进行蛋白质组研究，在双向电泳胶上检测到 50 个差异蛋白点，经过质谱鉴定得到 35 个蛋白质。这些差异蛋白参与了多种代谢途径，包括 ATP 合成、光反应、卡尔文循环、解毒抗氧化和细胞信号转导等生物学过程，其中有 3 个叶绿体蛋白质首次被报道与紫外胁迫有关（Gao et al.，2019）。锌是一种重要的植物微量元素，缺锌会导致植物叶片中叶绿素含量降低，叶绿体正常结构被破坏。为了深入研究缺锌条件下植物基因和蛋白质变化规律，科学家收集不添加锌和添加 1μmol/L 锌处理的玉米幼苗叶片，进行蛋白质组和转录组联合分析，发现在缺锌材料叶片中，有 8 个差异基因和 6 个差异蛋白与叶绿素合成密切相关。这些叶绿素代谢关键酶主要包括镁螯合酶（magnesium chelatase）、ChlH 亚基蛋白和定位于叶绿体的镁结合原卟啉Ⅸ甲基转移酶（magnesium protoporphyrin Ⅸ methyltransferase）等，这些蛋白质与叶绿体结构维持和类囊体膜组装具有密切关系（Zhang et al.，2019）。

叶绿体亚蛋白质组研究的深入，为全面认识植物叶绿体蛋白质不同分子成员及其各自的功能奠定了更好的基础。然而，该方面研究也存在一些问题，特别是功能已明确、本应存在于膜组分提取物中的蛋白质却没能检测到，说明膜蛋白样品制备方法和检测技术还有待进一步改进。另外，除拟南芥和水稻等植物基因组数据库已经建立外，更多种植物只存在数量有限的 DNA 和蛋白质序列，对这些植物进行叶绿体蛋白质组研究，测序后的蛋白质只能和与之有同源性的物种进行匹配比对，进而确证蛋白质的属性和功能，这在一定程度上限制了新的叶绿体蛋白质成员的发掘（彭浩等，2008）。用基质蛋白的抗体进行检测显示，叶绿体被膜和类囊体膜组分中常含有部分相应的基质蛋白组分，说明不论定位于基质还是被膜上的蛋白质，其功能的正常发挥都需要诸多蛋白质分子的共同辅助和参与，提示要全面认识叶绿体亚蛋白质组及其生理调节机制，需要综合运用多种材料及不同分离和鉴定技术，从不同植物材料中不断积累尽可能全面的资料和信息，同时注重蛋白质与蛋白质间相互作用信息数据库的积累。

伴随着植物蛋白质组学研究中样品制备、高通量自动分析、质谱技术及生物信息学领域的不断发展，以及数据库的日益完善，结合不同植物材料叶绿体不同发育过程、叶绿体突变体和不同环境条件下，特别是适应自然逆境的野生植物材料叶绿体蛋白质响应变化信息的完善，叶绿体蛋白质组学必将得到更快的发展。目前，定位于叶绿体不同区域中的重要功能蛋白已逐渐明晰。但要彻底了解植物叶绿体基因组、揭示基因的功能，单靠蛋白质组学是不够的，必须与基因组学、生物信息学和分子遗传学等学科结合，最终才能在基因组学、转录物组学、蛋白质组学和代谢组学等各个层面上对植物基因功能进行全面阐述，以期实现对叶绿体亚蛋白质组所有组成和功能蛋白分子的系统整合剖析，进一步明确叶绿体亚蛋白质组的详尽功能，有望在揭示植物叶绿体适应环境变化的调节机制、阐明叶绿体在植物生长发育及代谢调控等生命活动中的规律等方面有新突破。

参考文献

暴雪松, 李莹, 喻娟娟. 2018. 植物叶绿体盐逆境应答蛋白质组学研究进展. 现代农业科技, 722(12): 172-173.
贺庭琪, 郭安平, 杜伟, 等. 2011. 植物叶绿体蛋白质组学研究进展. 热带作物学报, 32(11): 2196-2203.
胡锋, 黄俊丽, 秦峰, 等. 2011. 植物叶绿体类囊体膜及膜蛋白研究进展. 生命科学, 23(3): 291-298.
黎金燕, 王春晖, 陈天带, 等. 2017. 高盐低 pH 法提取尾叶桉叶绿体 DNA 方法建立及质量分析. 分子植物育种, 15(3): 890-894.
李贝贝, 郭进魁, 周云, 等. 2003. 一种分析叶绿体类囊体膜色素蛋白复合物的蓝绿温和胶电泳系统. 生物化学与生物物理进展, 30(4): 639-643.
李勤, 程晓梅, 李永迪, 等. 2019. 白叶 1 号白化过程中叶绿体蛋白质组差异分析. 茶叶科学, 39(3): 325-334.
彭浩, 林文芳, 朱学艺. 2008. 叶绿体蛋白质组学研究进展. 西北植物学报, 28(1): 194-203.
齐欣, 崔继哲, 朱宏. 2007. 叶绿体的蛋白质组学研究进展. 现代生物医学进展, 7: 440-442.
秦晓春, 匡廷云, 沈建仁. 2016. 光合作用及光合膜蛋白 PSⅠ-LHCⅠ 超分子复合物高分辨率晶体结构解析. 科技导报, 34(13): 20-27.
孙富, 黄巧玲, 黄杏, 等. 2011. 甘蔗叶绿体分离及其蛋白质提取方法研究. 南方农业学报, 42(5): 463-467.
王金辉, 李轶女, 刘惠芬, 等. 2011. 叶绿体蛋白质组学研究进展. 生物技术通报, 26(2): 1-6.
熊传敏. 2006. 光合作用机理的研究进展. 中学生物学, 22(1): 7-9.
杨小龙, 李漾漾, 刘玉凤, 等. 2019. 植物叶绿体蛋白质周转的研究进展及潜在应用. 植物生理学报, 55(5): 577-586.
杨彦芳, 李娜娜, 赵飞云, 等. 2015. 玉米叶绿体蛋白质提取及其双向电泳体系建立. 河南农业科学, 44(6): 24-28.
张立新, 卢从明, 彭连伟, 等. 2017. 植物光合作用循环电子传递的研究进展. 植物生理学报, 53(2): 145-158.
张立新, 彭连伟, 林荣呈, 等. 2016. 光合作用研究进展与前景. 中国基础科学, 18(1): 13-20.
郑学民, 高忠明, 王贵禧, 等. 2010. 叶绿体及其特化概述. 生物学通报, 45(7): 5-8.
朱婷婷, 张磊, 陈万生, 等. 2017. 1342 个植物叶绿体基因组分析. 基因组学与应用生物学, 36(10): 4323-4333.
Abdallah F, Salamini F, Leister D. 2000. A prediction of the size and evolutionary origin of the proteome of

chloroplasts of *Arabidopsis*. Trends in Plant Science, 5(4): 141-142.

Albanese P, Manfredi M, Re A, et al. 2018. Thylakoid proteome modulation in pea plants grown at different irradiances: quantitative proteomic profiling in a non-model organism aided by transcriptomic data integration. Plant Journal, 96(4): 786-800.

Ameztoy K, Baslam M, Sanchez-Lopez A M, et al. 2019. Plant responses to fungal volatiles involve global posttranslational thiol redox proteome changes that affect photosynthesis. Plant Cell Environ., 42(9): 2627-2644.

Balmer Y, Koller A, del Val G, et al. 2003. Proteomics gives insight into the regulatory function of chloroplast thioredoxins. Proc. Natl. Acad. Sci. USA, 100(1): 370-375.

Brautigam A, Hoffmann-Benning S, Weber A P. 2008. Comparative proteomics of chloroplast envelopes from C_3 and C_4 plants reveals specific adaptations of the plastid envelope to C_4 photosynthesis and candidate proteins required for maintaining C_4 metabolite fluxes. Plant Physiology, 148(1): 568-579.

Brozynska M, Omar E S, Furtado A, et al. 2014. Chloroplast genome of novel rice germplasm identified in northern Australia. Tropical Plant Biology, 7(3-4): 111-120.

Caffarri S, Frigerio S, Olivieri E, et al. 2005. Differential accumulation of *Lhcb* gene products in thylakoid membranes of *Zea mays* plants grown under contrasting light and temperature conditions. Proteomics, 5(3): 758-768.

Covshoff S, Majeran W, Liu P, et al. 2008. Deregulation of maize C_4 photosynthetic development in a mesophyll cell-defective mutant. Plant Physiology, 146(4): 1469-1481.

Cunha J R, Carvalho F L, Lima-Neto M C, et al. 2019. Proteomic and physiological approaches reveal new insights for uncover the role of rice thylakoidal APX in response to drought stress. Journal of Proteomics, 192: 125-136.

Daniell H, Lin C S, Yu M, et al. 2016. Chloroplast genomes: diversity, evolution, and applications in genetic engineering. Genome Biology, 17(1): 134-162.

Emanuelsson O, Nieksen H, Brunak S, et al. 2000. Predicting subcellular localization of proteins based on their N-terminal amino acid sequence. Journal of Molecular Biology, 300(4): 1005-1016.

Fan P X, Wang X C, Kuang T Y, et al. 2009. An efficient method for the extraction of chloroplast proteins compatible for 2-DE and MS analysis. Electrophoresis, 30(17): 3024-3033.

Ferro M, Brugiere S, Salvi D, et al. 2010. ATCHLORO: a comprehensive chloroplast proteome database with sub-plastidial localization and curated information on envelope proteins. Mol Cell Proteomics, 9(6): 1063-1084.

Ferro M, Salvi D, Rivie R H, et al. 2002. Integral membrane proteins of the chloroplast envelope: identification and subcellular localization of new transporters. Proc. Natl. Acad. Sci. USA, 99(17): 11487-11492.

Friso G, Giacomelli L, Ytterberg A J, et al. 2004. In-depth analysis of the thylakoid membrane proteome of *Arabidopsis thaliana* chloroplasts new proteins, new functions and a plastid proteome database. Plant Cell, 16(2): 478-499.

Friso G, Majeran W, Huang M, et al. 2010. Reconstruction of metabolic pathways, protein expression, and homeostasis machineries across maize bundle sheath and mesophyll chloroplasts: large-scale quantitative proteomics using the first maize genome assembly. Plant Physiology, 152(3): 1219-1250.

Gao L, Wang X, Li Y, et al. 2019. Chloroplast proteomic analysis of *Triticum aestivum* L. seedlings responses to low levels of UV-B stress reveals novel molecular mechanism associated with UV-B tolerance. Environmental Science and Pollution Research, 26(7): 7143-7155.

Goulas E, Schubert M, Kieselbach T, et al. 2006. The chloroplast lumen and stromal proteomes of *Arabidopsis thaliana* s how differential sensitivity to short- and long-term exposure to low temperature. Plant Journal, 47(5): 720-734.

Grouneva I, Muth-Pawlak D, Battchikova N, et al. 2016. Changes in relative thylakoid protein abundance induced by fluctuating light in the Diatom *Thalassiosira pseudonana*. J. Proteome Research, 15(5): 1649-1658.

Gurrieri L, Giudice A D, Demitri N, et al. 2019. *Arabidopsis* and *Chlamydomonas* phosphoribulokinase crystal structures complete the redox structural proteome of the Calvin-Benson cycle. Proc.Natl. Acad. Sci. USA, 116(16): 8048-8053.

Hofmann N R, Theg S M. 2005. Chloroplast outer membrane protein targeting and insert ion. Trends Plant Science, 10(9): 450-457.

Huang F, Parmryd I, Nilsson F, et al. 2002. Proteomics of *Synechocystis* sp. strain PCC 6803: identification of plasma

membrane proteins. Mol. Cell Proteomics, 1(12): 956-966.
Jarvis P. 2004. Organellar proteomics: chloroplast in the spotlight. Current Biology, 14(8): 317-319.
Kamal A H, Cho K, Kim D E, et al. 2012. Changes in physiology and protein abundance in salt-stressed wheat chloroplast. Molecular Biology Reports, 39(9): 9059-9074.
Keegstra K, Cline K. 1999. Protein import and routing systems of chloroplasts. Plant Cell, 11(4): 557-570.
Kieselbach T, Bystedt M, Hynds P, et al. 2000. A peroxidase homologue and novel plastocyanin located by proteomics to the *Arabidopsis* chloroplast thylakoid lumen. FEBS Letters, 480(2-3): 271-276.
Kleffmann T, Russenberger D, Zychlinski A V, et al. 2004. The *Arabidopsis thaliana* chloroplast proteome reveals pathway abundance and novel protein functions. Current Biology, 14(5): 354-362.
Koo A K, Ohlrogge J B. 2002. The predicted candidates of *Arabidopsis* plastid inner envelope membrane proteins and their expression profiles. Plant Physiology, 130(2): 823-836.
Kubis S, Baldwin A, Patel R, et al. 2003. The *Arabidopsis ppi1* mutant is specifically defective in the expression, chloroplast import, and accumulation of photosynthetic proteins. Plant Cell, 15(8): 1859-1871.
Lande N V, Subba P, Barua P, et al. 2017. Dissecting the chloroplast proteome of chickpea (*Cicer arietinum* L.) provides new insights into classical and non-classical functions. Journal of Proteomics, 165: 11-20.
Leister D. 2003. Chloroplast research in the genomic age. Trends in Genetics, 19(1): 47-56.
Ling Q H, Jarvis P. 2015. Regulation of chloroplast protein import by the ubiquitin E3 ligase SP1 is important for stress tolerance in plants. Current Biology, 25(19): 2527-2534.
Liu J, Last R L. 2017. A chloroplast thylakoid lumen protein is required for proper photosynthetic acclimation of plants under fluctuating light environments. Natl. Acad. Sci. USA, 114(38): 8110-8117.
Liu X Y, Wu Y D, Shen Z Y, et al. 2011. Shotgun proteomics analysis on maize chloroplast thylakoid membrane. Frontiers in Bioscience, 3: 250-255.
Lonosky P M, Zhang X S, Honavar V G, et al. 2004. A proteomic analysis of maize chloroplast biogenesis. Plant Physiology, 134(2): 560-574.
Majeran W, Cai Y, Sun Q, et al. 2005. Functional differentiation of bundle sheath and mesophyll maize chloroplasts determined by comparative proteomics. Plant Cell, 17(11): 3111-3140.
Majeran W, Zybailov B, Ytterberg A J, et al. 2008. Consequences of C_4 differentiation for chloroplast membrane proteomes in maize mesophyll and bundle sheath cells. Molecular and Cellular Proteomics, 7(9): 1609-1638.
Mason C B, Bricker T M, Moroney J V. 2006. A rapid method for chloroplast isolation from the green alga *Chlamydomonas reinhardtii*. Nature Protocols, 1(5): 2227.
Megias E, do Carmo L T, Nicolini C, et al. 2018. Chloroplast proteome of *Nicotiana benthamiana* infected by tomato blistering mosaic virus. Protein Journal, 37(3): 290-299.
Meng F, Luo Q, Wang Q, et al. 2016. Physiological and proteomic responses to salt stress in chloroplasts of diploid and tetraploid black locust (*Robinia pseudoacacia* L.). Scientific Reports, 6: 23098.
Meyer Y, Reichheld J P, Vignols F. 2005. Thioredoxins in *Arabidopsis* and other plants. Photosynthesis Research, 86(3): 419-433.
Motohashi K, Kondoh A, Stumpp M T, et al. 2001. Comprehensive survey of proteins targeted by chloroplast thioredoxin. Proc. Natl. Acad. Sci. USA, 98(20): 11224-11229.
Peltier J B, Cai Y, Sun Q, et al. 2006. The oligomeric stromal proteome of *Arabidopsis thaliana* chloroplasts. Molecular and Cellular Proteomics, 5(1): 114-133.
Peltier J B, Friso G, Kalume D E, et al. 2000. Proteomics of the chloroplast: systematic identification and targeting analysis of lumenal and peripheral thylakoid proteins. Plant Cell, 12(3): 319-341.
Qin X C, Suga M, Kuang T, et al. 2015. Structural basis for energy transfer pathways in the plant PSI-LHCI supercomplex. Science, 348(6238): 989-995.
Reyes-Prieto A, Weber A M, Bhattacharya D. 2007. The origin and establishment of the plastid in algae and plants. Annual Review of Genetics, 41(1): 147-168.
Rolland N, Ferro M, Seigne U D, et al. 2003. Proteomics of chloroplast envelope membranes. Photosynthesis Research, 78(3): 205-230.
Schleiff E, Eichacker L A, Eckart K, et al. 2003. Prediction of the plant barrel proteome: a case study of the

chloroplast outer envelope. Protein Science, 12(4): 748-759.

Schubert M, Petersson U A, Funk C, et al. 2002. Proteome map of the chloroplast lumen of *Arabidopsis thaliana*. J. Biol. Chemistry, 277(10): 8354-8365.

Shi L X, Lorkovic Z J, Oelmuller R, et al. 2000. The low molecular mass PsbW protein is involved in the stabilization of the dimeric photosystem Ⅱ complex in *Arabidopsis thaliana*. J. Biol. Chemistry, 275(48): 37945-37950.

Sun Q, Emanuelsson O, van Wijk K J. 2004. Analysis of curated and predicted plastid subproteomes of *Arabidopsis*. Subcellular compartmentalization leads to distinctive proteome properties. Plant Physiology, 135(2): 723-734.

Sun Q, Zybailov B, Majeran W, et al. 2009. PPDB, the plant proteomics database at cornell. Nucleic Acids Research, 37: 969-974.

Tamary E, Nevo R, Naveh L, et al. 2019. Chlorophyll catabolism precedes changes in chloroplast structure and proteome during leaf senescence. Plant Direct., 3(3): e00127.

Tamburino R, Vitale M, Ruggiero A, et al. 2017. Chloroplast proteome response to drought stress and recovery in tomato (*Solanum lycopersicum* L.). BMC Plant Biology, 17(1): 40.

Tanaka N, Fujit A M, Handa H, et al. 2004. Proteomics of the rice cell: systematic identification of the protein populations in subcellular compartments. Mol. Genet. Genomics, 271(5): 566-576.

Uberegui E, Hall M, Lorenzo O, et al. 2015. An *Arabidopsis* soluble chloroplast proteomic analysis reveals the participation of the Executer pathway in response to increased light conditions. Journal of Experimental Botany, 66(7): 2067-2077.

van Wijk K J. 2000. Proteomics of the chloroplast: experimentation and prediction. Trends in Plant Science, 5(10): 420-425.

van Wijk K J. 2004. Plastid proteomics. Plant Physiology Biochemistry, 42(12): 963-977.

Vener A V, Harms A, Sussman M R, et al. 2001. Mass spectrometric resolution of reversible protein phosphorylation in photosynthetic membranes of *Arabidopsis thaliana*. Biology Chemistry, 276(10): 6959-6966.

Vera-Estrella R, Barkla B J, Garcıa-Ramırez L, et al. 2005. Salt stress in *Thellungiella halophila* activates Na^+ transport mechanisms required for salinity tolerance. Plant Physiology, 139(3): 1507-1517.

Wang L, Liang W, Xing J, et al. 2013. Dynamics of chloroplast proteome in salt-stressed mangrove *Kandelia candel* Druce. Journal of Proteome Research,12(11): 5124-5136.

Wang J, Yu Q B, Xiong H B, et al. 2016. Proteomic insight into the response of *Arabidopsis* chloroplasts to darkness. PLoS ONE, 11(5): e0154235.

Wang X C, Li X F, Deng X, et al. 2007. A protein extraction method compatible with proteomic analysis for the euhalophyte *Salicornia europaea*. Electrophoresis, 28(21): 3976-3987.

Watson S J, Sowden R G, Jarvis P. 2018. Abiotic stress-induced chloroplast proteome remodeling: a mechanistic overview. Journal of Experimental Botany, 69(11): 2773-2781.

Wei L, Derrien B, Gautier A, et al. 2014. Nitric oxide-triggered remodeling of chloroplast bioenergetics and thylakoid proteins upon nitrogen starvation in *Chlamydomonas reinhardtii*. Plant Cell, 26(1): 353-372.

Wu W, Yan Y C. 2018. Chloroplast proteome analysis of *Nicotiana tabacum* overexpressing TERF1 under drought stress condition. Botanical Studies, 59(1): 26.

Xu J, Lan H, Fang H, et al. 2015. Quantitative proteomic analysis of the rice (*Oryza sativa*) salt response. PLoS ONE, 10(3): e0120978.

Yamaguchi K, Vonknoblauch K, Subramanian A R. 2000. The plastid ribosomal proteins. Identification of all the proteins in the 30S subunit of an organelle ribosome (chloroplast). J. Biol. Chemistry, 275(37): 28455-28465.

Yousuf P Y, Ahmad A, Aref I M, et al. 2016. Salt-stress-responsive chloroplast proteins in *Brassica juncea* genotypes with contrasting salt tolerance and their quantitative PCR analysis. Protoplasma, 253(6): 1565-1575.

Yu J J, Li Y, Qin Z, et al. 2020. Plant chloroplast stress response: insights from thiol redox proteomics. Antioxidants and Redox Signaling, 33(1): 7823.

Zadraznik T, Moen A, Sustar-Vozlic J. 2019. Chloroplast proteins involved in drought stress response in selected cultivars of common bean (*Phaseolus vulgaris* L.). 3 Biotech, 9(9): 331.

Zerges W, Rochaix J D. 1998. Low density membranes are associated with RNA-binding proteins and thylakoids in the chloroplast of *Chlamydomonas reinhardtii*. J. Cell Biology, 140(1): 101-110.

Zhang J Y, Wang S F, Song S H, et al. 2019. Transcriptomic and proteomic analyses reveal new insight into chlorophyll synthesis and chloroplast structure of maize leaves under zinc deficiency stress. Journal of Proteomics, 199: 123-134.

Zhang Y, Ma J, Yang B, et al. 2014. The complete chloroplast genome sequence of *Taxus chinensis* var. *mairei* (Taxaceae): loss of an inverted repeat region and comparative analysis with related species. Gene, 540(2): 201-209.

Zhao J P, Xu J J, Chen B H, et al. 2019. Characterization of proteins involved in chloroplast targeting disturbed by rice stripe virus by novel protoplast-chloroplast proteomics. International Journal of Molecular Sciences, 20(2): 253.

Zorb C, Herbst R, Forreiter C, et al. 2009. Short-term effects of salt exposure on the maize chloroplast protein pattern. Proteomics, 9(17): 4209-4220.

Zybailov B, Rutschow H, Friso G, et al. 2008. Sorting signals, N-terminal modifications and abundance of the chloroplast proteome. PLoS ONE, 3(4): e1994.

第 9 章
植物过氧化物酶体及其他细胞器蛋白质组

9.1 概 述

过氧化物酶体由 Rhodin（1954）用电子显微镜观察鼠肾小管上皮细胞时发现，当时称为微体。20 世纪 70 年代，De Duve 和 Baudhuin（1966）在大鼠肝脏中发现一种新型细胞器，即微体，它含有几种参与过氧化氢生成和降解的酶，之后便将其称为过氧化物酶体。进一步研究发现，过氧化物酶体是一种呈圆形或椭圆形的真核细胞器，直径为 0.1 ～ 1μm，被单层膜包围，无遗传物质。虽然它们体积小，结构简单，但其中含有大量酶并参与关键的代谢途径（Schrader and Fahimi，2008）。过氧化物酶体对人类发育至关重要，过氧化物酶体生物发生、酶或转运体的缺乏会导致许多遗传疾病，统称为过氧化物酶体疾病（Fidaleo，2010）。过氧化物酶体在植物发育过程中也起着重要作用，维持过氧化物酶体组装和蛋白质导入所需的许多蛋白质的缺失突变会导致植物胚胎致死。植物中过氧化物酶体的研究历史悠久，除了脂肪酸的 β-氧化、所有物种中过氧化物酶体活性氧降解等常见功能，植物过氧化物酶体还介导乙醛酸循环、光呼吸过程中的乙醇酸循环、茉莉酸生物合成、生长素等信号分子的生成和代谢、植物对环境胁迫的反应（De Duve and Baudhuin，1966；Kaur and Hu，2009）。Kornboerg 和 Beelvers（1957）、De Duve 和 Baudhuin（1966）的研究结果均确定了发芽蓖麻籽中脂肪转化为碳水化合物的代谢途径，之后此途径被确定存在于含有 β-氧化酶的乙醛酸循环体中，乙醛酸循环体包含乙醛酸循环中重要的酶（如异柠檬酸裂合酶及苹果酸合酶），这些酶是完成乙醛酸循环旁路的关键，是植物细胞内一种特化的过氧化物酶体（Breidenbach et al.，1968）。Tolbert 和 Essner（1981）研究了来自 C_3 和 C_4 植物叶片的过氧化物酶体的光呼吸作用，这项研究表明过氧化物酶体、叶绿体和线粒体之间代谢物的转运是必不可少的。

9.1.1 过氧化物酶体蛋白质组学

目前已知的模式植物拟南芥过氧化物酶体蛋白质有 199 种，包括 144 种含过氧化物酶体靶向信号（PTS）的基质蛋白、45 种膜蛋白和 10 种缺乏可识别的 PTS 的蛋白质（Pan and Hu，2018），这个数字远远大于人类（85 种蛋白质）和酵母（61 种蛋白质）（Schrader and Fahimi，2008），这表明植物过氧化物酶体具有更复杂的蛋白质组，因此，与其他真核生物的过氧化物酶体相比，可能具有更多样化的功能。要充分理解过氧化物酶体的功能，需要对植物过氧化物酶体蛋白质组进行全面分类。得益于多方面的技术改进，包括高灵敏质谱技术、细胞器纯化和蛋白质分离方法等，基于质谱（MS）的过氧化物酶体蛋白质组学研究已经在各种生物体中进行（Mi et al.，2007；Wiederhold et al.，2010；Kaur and Hu，2011；Reumann，2011；Gronemeyer et al.，2013；Guther et al.，2014）。这些相对高通量的方法在确定新的过氧化物酶体蛋白质与揭示其代谢和生理功能方面是非常强大的（Pan and Hu，2018）。

植物过氧化物酶体蛋白质组研究已经在不同植物，如拟南芥、大豆和菠菜等中开展，但由于拟南芥模式植物的地位，大多数植物过氧化物酶体研究是在拟南芥中进行的（Pan and Hu，2018）。由于过氧化物酶体体积较小、易碎性高、丰度低，且与其他几个亚细胞器紧密结合，分离出高产、高纯的过氧化物酶体一直是一个难题。新的过氧化物酶体蛋白质通常需要通过亚细胞定位分析，使用荧光标记的候选蛋白和过氧化物酶体标记来确定（Pan and Hu，2018）。

早期的蛋白质组研究使用正常绿化和黄化的拟南芥子叶来提取过氧化物酶体与乙醛酸循环体，采用单密度梯度法分离过氧化物酶体，鉴定出叶片过氧化物酶体29种蛋白质和乙醛酸循环体19种蛋白质，发现叶片过氧化物酶体中存在大量的光呼吸通路蛋白和乙醛酸循环酶，但是过氧化物酶体蛋白质组的总覆盖度相当低（Fukao et al.，2002，2003）。Reumann等（2007）采用连续密度梯度离心法从拟南芥叶片中分离过氧化物酶体，鉴定出36种已知的过氧化物酶体蛋白质和几十种新的过氧化物酶体蛋白质候选体，其中许多蛋白质随后通过荧光显微镜体内靶向分析得到证实，此研究发现了参与NADP和谷胱甘肽代谢、植物防御的新型过氧化物酶体蛋白质。为了消除叶绿体污染，提高过氧化物酶体纯度，Eubel等（2008）采用非绿色拟南芥细胞进行悬浮培养来分离过氧化物酶体，密度梯度离心后进行自由流动电泳（FFE）有助于促进线粒体与过氧化物酶体的分离。采用2D-DIGE和定量蛋白质组学方法，提高了鉴别与线粒体相关的过氧化物酶体中富集的蛋白质的概率，此研究鉴定了20种可能的过氧化物酶体蛋白质，并通过体内靶向分析验证了其中5种蛋白质的过氧化物酶体定位。

为了全面阐明拟南芥过氧化物酶体蛋白质组，2006年底，由美国国家科学基金会资助的拟南芥过氧化物酶体项目，利用不同的过氧化物酶体亚型，采用连续两步密度梯度离心分离方法，分离叶片过氧化物酶体，制备过氧化物酶体后用细胞器特异性抗体进行蛋白质印迹分析，严格筛选高纯度过氧化物酶体。用1-DE分离过氧化物酶体蛋白质，采用LC-MS/MS进行鉴定，鉴定出65种已知的过氧化物酶体蛋白质，包括几乎所有已建立的植物过氧化物酶体基质蛋白和部分膜蛋白及55种新的过氧化物酶体候选蛋白。此研究及后续研究对大量过氧化物酶体候选蛋白进行共聚焦显微镜荧光标记分析，证实了20个候选蛋白的过氧化物酶体定位，建立了两个新的PTS1（SLM和SKV）和一个新的PTS2（RVx5HF）识别序列，此研究为新的代谢和调节过氧化物酶体途径提供了证据，如甲基乙二醛解毒和磷酸调节，并确定了在β-氧化和多胺分解代谢中新的辅酶及几个核苷酸结合蛋白（Reumann et al.，2009；Quan et al.，2010）。为了破译乙醛酸循环体蛋白质组，在运用1-DE-LC-MS/MS技术分析从黄化拟南芥幼苗中分离的过氧化物酶体之前，采用了3种蛋白质分离方法（Quan et al.，2013）。除了使用总过氧化物酶体蛋白质和过氧化物酶体膜富集样品，鉴定可能被丰度高蛋白掩盖的低丰度蛋白，还使用等电聚焦（IEF）分馏将总过氧化物酶体蛋白分成几个基于等电点（pI）的亚组来进行检测，共检测到77种过氧化物酶体蛋白质，其中11种为之前在过氧化物酶体中未知存在，而在此研究中通过荧光显微镜验证的蛋白质。此外研究还发现大部分过氧化物酶体蛋白质组在黄化幼苗和绿叶中都存在，包括参与所有主要过氧化物酶体功能的蛋白质，即β-氧化、解毒和光呼吸，表明核心过氧化物酶体蛋白质组在植物的不同过氧化物酶体亚型中是保守的（Quan et al.，2013）。

在其他植物中也进行了过氧化物酶体蛋白质组分析。从黄化大豆子叶中分离出乙醛酸循环体，检测出31种过氧化物酶体蛋白质（Arai et al.，2008）。从菠菜中分离出叶片过氧化物酶体，鉴定了短链脱氢酶/还原酶SDRa/IBR1、两种烯酰辅酶A水合酶/异构酶ECHIa和

NS/ECHId、NS、酰基辅酶 A 激活酶亚型 14（AAE14）的过氧化物酶体蛋白质，后两种蛋白质揭示了叶绿素醌的生物合成是过氧化物酶体一种新的功能（Babujee et al.，2010）。基于质谱的过氧化物酶体蛋白质组分析尚未报道过单子叶植物物种，但利用拟南芥过氧化物酶体蛋白质序列对水稻基因组进行 BLAST 搜索发现，水稻和拟南芥的过氧化物酶体蛋白质组之间存在很强的保守性（Kaur and Hu，2011）。

拟南芥蛋白质亚细胞定位数据库（SUBA4，http://suba.live）是一个综合性的数据集，包括大型亚细胞蛋白质组学、荧光蛋白可视化、蛋白质互作，以及来自 22 个预测程序的亚细胞定向调用（Hooper et al.，2017）。通过 SUBA4 数据库分析，发现预测在过氧化物酶体有定位的蛋白质共有 474 种，而已经有荧光定位或者质谱实验数据支持的蛋白质有 292 种，占预测总数的 60% 以上，还有约 40% 的蛋白质没有实验数据支持，需要进一步验证。在预测数据中，未知功能蛋白质占比最多（图 9-1），意味着还有更多的定位于过氧化物酶体的未知功能蛋白质等着我们用实验去验证和研究。

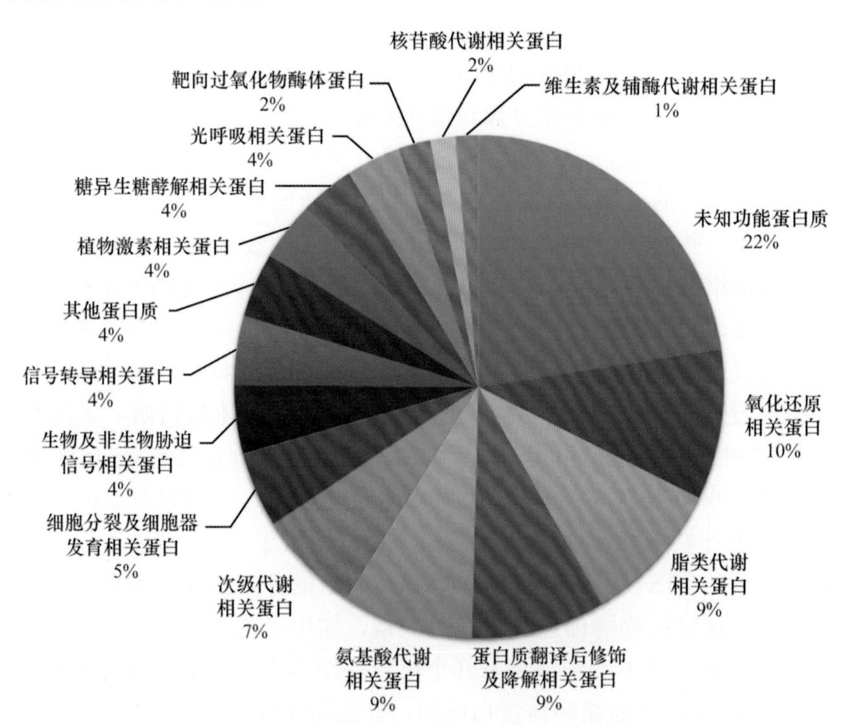

图 9-1　SUBA4 预测定位于过氧化物酶体的蛋白质组功能分类占比图

而有实验数据支持的在过氧化物酶体有定位的蛋白质中脂类代谢、氧化还原相关蛋白及未知功能蛋白质占比较大（图 9-2），这种蛋白质的分布与过氧化物酶体在植物体内的功能密切相关。首先脂肪酸 β-氧化功能，产生活性氧（ROS）或活性氮（RNS）的抗氧化酶是过氧化物酶体中维持氧化还原稳态的必要组分（Corpas et al.，2017）。此外，幼苗中乙醛酸循环、叶中的光呼吸、尿酸亚硫酸盐和多胺代谢等次级代谢（Hu et al.，2012），以及植物激素、生长素、茉莉酸和水杨酸的生物合成及应对环境胁迫也是过氧化物酶体的重要功能（Reumann et al.，2004；Strader and Bartel，2011；Kao et al.，2018）。

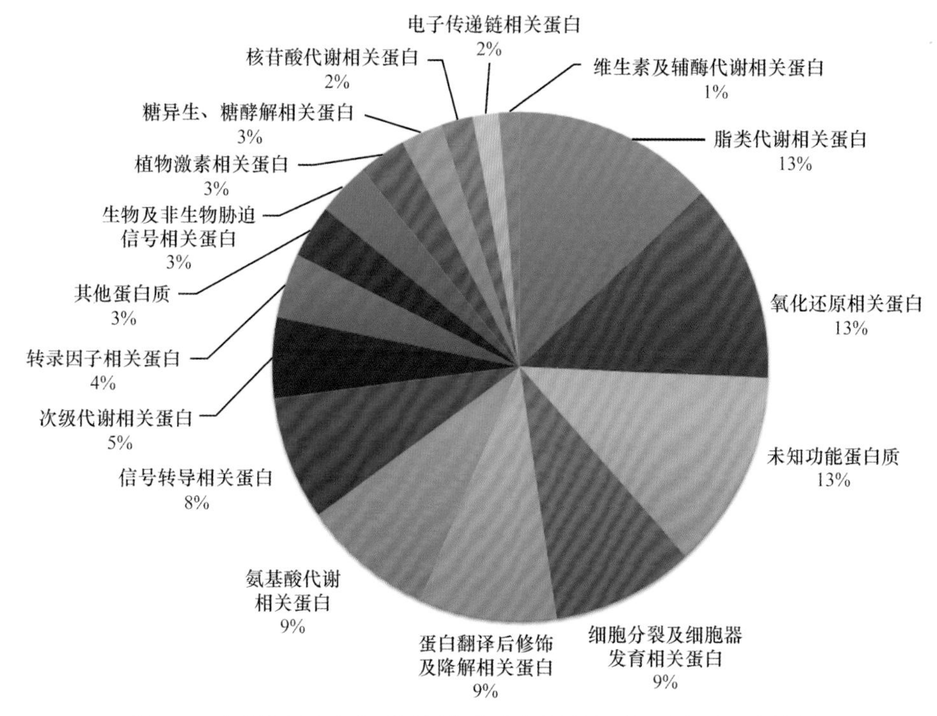

图 9-2　实验数据中定位于过氧化物酶体的蛋白质组功能分类占比图

根据发表的植物过氧化物酶体研究的数据，Hu 等（2012）编制了拟南芥过氧化物酶体的蛋白质组。已知拟南芥过氧化物酶体蛋白质目前大约 199 种，其中包括 144 种含 PTS 序列的基质蛋白、10 种缺乏明显 PTS 序列的基质蛋白及 45 种膜蛋白（表 9-1 ～表 9-3）（Pan et al., 2018）。

表 9-1　有 PTS 序列的过氧化物酶体基质蛋白列表（改编自 Pan et al., 2018）

蛋白质名称	基因号	注释	功能类别	PTS 序列
ACH2[a]	At1g01710	酰基辅酶 A 硫酯酶 2	酰基辅酶 A 水解	SKL
sT4[a]	At1g04290	小硫酯酶 4	β- 氧化	SNL
KAT1[a]	At1g04710	3- 酮酰辅酶 A 硫解酶 1	β- 氧化	RQx5HL
ACX3[a]	At1g06290	酰基辅酶 A 氧化酶 3	β- 氧化	RAx5HI/SSV
ACX6	At1g06310	酰基辅酶 A 氧化酶 6	β- 氧化	RAx5HI/SSL
ACD32.1[a]	At1g06460	α- 晶状体蛋白结构域 32.1	分子伴侣	RLx5HF/PKL
NDA1	At1g07180	NADPH 脱氢酶 A1	NAD(P)H 氧化	SRI
GAPC2[a]	At1g13440	甘油醛 3- 磷酸脱氢酶 C2	NADH 产生	SKA
PP2A-B’h	At1g13460	蛋白磷酸酶 2A 调节（B）亚基	磷酸化调节	SSL
UP6[a]	At1g16730	未知的蛋白质 6	其他	SKL
4CL3[a]	At1g20480	4- 香豆酸辅酶 A 连接酶 3	β- 氧化 JA 生物合成	SKL
OPCL1[a]	At1g20510	OPC-8:O 连接酶 1	β- 氧化 JA 生物合成	SKL

续表

蛋白质名称	基因号	注释	功能类别	PTS 序列
AAE1[a]	At1g20560	酰基活化酶 1	β-氧化	SKL
CAT3[a]	At1g20620	过氧化氢酶 3	解毒作用	QKL（内部序列）
CAT1[a]	At1g20630	过氧化氢酶 1	解毒作用	QKL（内部序列）
ATF1[a]	At1g21770	乙酰转移酶 1	其他	SSI
GGT1[a]	At1g23310	谷氨酸-乙醛酸氨基转移酶 1	光呼吸	SKM
DEG15[a]	At1g28320	Deg/HtrA 蛋白酶	蛋白酶	SKL
UP9[a]	At1g29120	未知蛋白 9，水解酶蛋白家族	其他	ASL
AAE14[a]	At1g30520	酰基活化酶 14	叶绿醌合成	SSL
PMK	At1g31910	5-磷酸甲羟戊酸激酶	甲羟戊酸（MVA）途径	DVx5QL
DHNAT1[a]	At1g48320	DHNA 辅酶 A 硫酯酶 1	叶绿醌合成	AKL
pxPfkB[a]	At1g49350	PfkB 型碳水化合物激酶家族蛋白	假尿苷分解代谢	SML
NQR[a]	At1g49670	NADH-醌还原酶	其他	SRL
IndA[a]	At1g50510	靛蓝合酶 A	假尿苷分解代谢	RIx5HL
ICDH[a]	At1g54340	NADP 依赖性异柠檬酸脱氢酶	NADPH 生产	SRL
AAE18	At1g55320	酰基活化酶 18	β-氧化	SRI
NS[a]	At1g60550	萘甲酸合成酶	叶绿醌合成	RLx5HL
ECI1[a]	At1g65520	D3, D2-烯酰辅酶 A 异构酶 1	辅助 β-氧化	SKL
PAO4[a]	At1g65840	多胺氧化酶 4	多胺氧化	SRM
BZO1[a]	At1g65880	苯甲酰氧基芥子油苷 1	β-氧化和 BA 生物合成	SRL
AAE12	At1g65890	酰基活化酶 12	β-氧化	SRL
AAE11	At1g66120	酰基活化酶 11	β-氧化	SRL
HPR1[a]	At1g68010	羟基丙酮酸还原酶 1	光呼吸	SKL
RPK1	At1g69270	受体蛋白激酶 1	磷酸化调节	SRL
GGT2[a]	At1g70580	谷氨酸-乙醛酸氨基转移酶 2	光呼吸	SRM
ECH2[a]	At1g76150	单官能烯酰辅酶 A 水合酶 2	辅助 β-氧化	SSL
ATF2[a]	At1g77540	乙酰转移酶 2	其他	SSI
NADK3	At1g78590	NADH 激酶 3	NADPH 生产	SRY
PAP7	At2G01880	紫色酸性磷酸酶 7	磷酸化调节	AHL
OPR3[a]	At2g06050	12-氧代二亚油酸还原酶 3	β-氧化-JA 生物合成	SRL
SGT/AGT1[a]	At2g13360	丝氨酸 / 丙氨酸乙醛酸氨基转移酶	光呼吸	SRI
MDH1[a]	At2g22780	NAD^+-苹果酸脱氢酶 1	β-氧化和 NADH 氧化	RIx5HL
Uri[a]	At2g26230	尿酸	降低水分	SKL
st5[a]	At2g29590	小硫酯酶 5	β-氧化	SKL
NDA2	At2g29990	NADPH 脱氢酶 A2	NAD(P)H 氧化	SRI
CHY1H1	At2g30650	CHY1 同系物 1	氨基酸代谢	AKL
CHY1H2	At2g30660	CHY1 同系物 2	氨基酸代谢	AKL

续表

蛋白质名称	基因号	注释	功能类别	PTS 序列
UP3[a]	At2g31670	未知的蛋白质 3	其他	SSL
KAT2[a]	At2g33150	3-酮酰辅酶 A 硫解酶 2	β-氧化	RQx5HL
ACX5[a]	At2g35690	酰基辅酶 A 氧化酶 5	β-氧化	AKL
GLH[a]	At2g38180	GDSL 基序脂肪酶 / 水解酶家族蛋白	其他	ARL
MVD	At2g38700	甲羟戊酸 5-二磷酸脱羧酶	甲羟戊酸（MVA）途径	SVx5HL
PM16[a]	At2g41790	肽酶家族 M16	蛋白酶	PKL
CuAO[a]	At2g42490	铜胺氧化酶	多胺氧化	SKL
CSY3[a]	At2g42790	柠檬酸合酶 3	乙醛酸循环	RLx5HL/SSV
PAO2	At2g43020	多胺氧化酶 2	多胺氧化	SRL
SO[a]	At3g01910	亚硫酸盐氧化酶	硫化物氧化	SNL
SDRc[a]	At3g01980	短链脱氢酶还原酶 c	辅助 β-氧化	SYM
PGD2/6PGDH[a]	At3g02360	磷酸葡萄糖酸脱氢酶 2	氧化戊糖磷酸途径	SKI
IPI2	At3g02780	异戊烯基二磷酸异构酶 2	甲羟戊酸（MVA）途径	HKL
LACS6[a]	At3g05970	长链酰基辅酶 A 合成酶 6	β-氧化	RIx5HL
IBR3[a]	At3g06810	IBA 反应 3	β-氧化和 IAA 生物合成	SKL
MFP2[a]	At3g06860	脂肪酸多功能蛋白 2	β-氧化	SRL
CML3	At3g07490	钙调蛋白 3	其他	SNL
PLL3	At3g09400	POL 蛋白磷酸酶 3	磷酸化调节	SSM
SDRb/DECR[a]	At3g12800	短链脱氢酶还原酶 b	辅助 β-氧化	SKL
HAOX2[a]	At3g14150	羟基酸氧化酶 2	β-氧化	SML
GOX1[a]	At3g14415	乙醇酸氧化酶 1	光呼吸	PRL
GOX2[a]	At3g14420	乙醇酸氧化酶 2	光呼吸	ARL
HBCDH[a]	At3g15290	羟基丁酰基辅酶 A 脱氢酶	β-氧化	PRL
AAE7[a]	At3g16910	酰基活化酶 7	β-氧化	SRL
GPK1[a]	At3g17420	乙醛酸循环体蛋白激酶 1	磷酸化调节	AKI
SCO3	At3g19570	白色子叶 3	其他	SRL
PPK	At3g20530	过氧化物酶体蛋白激酶超家族蛋白	磷酸化调节	SKL
ICL[a]	At3g21720	异柠檬酸裂解酶	乙醛酸循环	SRM
GR1[a]	At3g24170	谷胱甘肽还原酶 1	解毒作用	TNL
BADH[a]	At3g48170	甜菜碱醛脱氢酶	多胺氧化	SKL
MIF[a]	At3g51660	巨噬细胞移动抑制因子	其他	SKL
ACX4[a]	At3g51840	酰基辅酶 A 氧化酶 4	β-氧化	SRL
MDAR1[a]	At3g52880	单脱氢抗坏血酸还原酶 1	解毒作用	AKI
GSTL2	At3g55040	谷胱甘肽 *S*-转移酶 k 同种型 2	解毒作用	ARL
MKP1	At3g55270	丝裂原活化蛋白激酶磷酸酶 1	磷酸化调节	SAL
SDRd[a]	At3g55290	短链脱氢酶还原酶 d	辅助 β-氧化	SSL
ZnDH[a]	At3g56460	锌结合脱氢酶	其他	SKL

续表

蛋白质名称	基因号	注释	功能类别	PTS 序列
HIT3[a]	At3g56490	组氨酸三联体家族蛋白 3	核苷酸稳态	RVx5HF
CP	At3g57810	半胱氨酸蛋白酶	蛋白酶	SKL
CSY2[a]	At3g58750	柠檬酸合酶 2	乙醛酸循环	RLx5HL/SAL
PAO3	At3g59050	多胺氧化酶 3	多胺氧化	SRM
UP12	At3g60680	未知的蛋白质 12	其他	SKM
sT3[a]	At3g61200	小硫酯酶 3	β-氧化	SKL
BGLU8	At3G62750	β-葡萄糖苷酶 8	其他	SSL
ACH[a]	At4g00520	酰基辅酶 A 硫酯酶家族蛋白	酰基辅酶 A 水解	AKL
EH3[a]	At4g02340	环氧水解酶 3	β-氧化	ASL
MCD[a]	At4g04320	丙二酰辅酶 A 脱羧酶	β-氧化	SRL
4CL1[a]	At4g05160	4-香豆酸辅酶 A 连接酶 1	β-氧化-JA 生物合成	SKM
IBR1/SDRa[a]	At4g05530	吲哚-3-丁酸反应 1/ 短链脱氢酶还原酶 a	β-氧化-IAA 生物合成	SRL
UP10	At4g12735	未知的蛋白质 10	其他	SRL
SCPL20	At4g12910	丝氨酸羧肽酶 20	蛋白酶	SKI
ECI2/IBR10[a]	At4g14430	吲哚-3-丁酸反应 10	辅助 β-氧化	PKL
ECHIA[a]	At4g16210	单官能烯酰辅酶 A 水合酶 / 异构酶 a	辅助 β-氧化	SKL
HIT1[a]	At4g16566	组氨酸三联体家族蛋白 1	核苷酸稳态	SKV
ACX1[a]	At4g16760	酰基辅酶 A 氧化酶 1	β-氧化	ARL
GOX3[a]	At4g18360	乙醇酸氧化酶 3	光呼吸	AKL
4Cl5	At4g19010	4-香豆酸辅酶 A 连接酶 5	β-氧化-JA 生物合成	SRL
NDB1	At4g28220	NADPH 脱氢酶 B1	NAD(P)H 氧化	SRI
AIM1[a]	At4g29010	异常的花序分生组织 1	β-氧化	SKL
CAT2[a]	At4g35090	过氧化氢酶 2	解毒作用	QKL（内部序列）
RDL1[a]	At4g36880	半胱氨酸蛋白酶 / 干旱 21a 蛋白反应 1	蛋白酶	SSV
AGT2	At4g39660	丙氨酸-乙醛酸氨基转移酶 2	光呼吸	SRL
PLL2	At5g02400	POL 蛋白磷酸酶 2	磷酸化调节	SSM
UP11	At5g03100	F-box/RNI 超家族蛋白	其他	SKL
MLS[a]	At5g03860	苹果酸合成酶	乙醛酸循环	SRL
BIOTINF	At5g04620	7-酮-8-氨基壬酸（KAPA）合成酶	生物素合成	PKL
MDH2[a]	At5g09660	NAD^+-苹果酸脱氢酶 2	β-氧化-NADH 氧化	RIx5HL
ASP3[a]	At5g11520	天冬氨酸氨基转移酶 3	氨基酸代谢	RIx5HL
ELT1[a]	At5g11910	酯酶 / 脂肪酶 / 硫酯酶家族 1	β-氧化	SRI
AAE5[a]	At5g16370	酰基激活酶 5	β-氧化	SRM
IPI1	At5g16440	异戊烯二磷酸异构酶 1	甲羟戊酸（MVA）途径	HKL
ATMS1[a]	At5g17920	不含钴胺素的甲硫氨酸合成酶	氨基酸代谢	SAK
CSD3[a]	At5g18100	铜 / 锌超氧化物歧化酶 3	解毒作用	AKL
NUDT19	At5g20070	Nudix 水解酶同系物 19	NAD(P)H 水解	SSL

续表

蛋白质名称	基因号	注释	功能类别	PTS 序列
AAE17[a]	At5g23050	酰基活化酶 17	β-氧化	SKL
MIA40	At5g23395	线粒体膜间隙组装机械 40	其他	SKL
PGL3/6PGL	At5g24400	6-磷酸葡萄糖酸内酯酶 3	氧化戊糖磷酸途径	SKL
LACS7[a]	At5g27600	长链酰基辅酶 A 合成酶 7	β-氧化	RLx5HI/SKL
G6PD1	At5g35790	葡萄糖-6-磷酸脱氢酶 1	氧化戊糖磷酸途径	SKY（internal）
HSP15.7[a]	At5g37670	15.7kDa 热激蛋白	分子伴侣	SKL
GSTT1[a]	At5g41210	谷胱甘肽 *S*-转移酶 h 同种型 1	解毒作用	SKI
GSTT3	At5g41220	谷胱甘肽 *S*-转移酶 h 同种型 3	解毒作用	SKM
GSTT2	At5g41240	谷胱甘肽 *S*-转移酶 h 同种型 2	解毒作用	SKM
SCP2[a]	At5g42890	甾醇载体蛋白 2	β-氧化	SKL
DCI[a]	At5g43280	D3,5-D2,4-烯酰辅酶 A 异构酶	辅助 β-氧化	AKL
UP5[a]	At5g44250	未知的蛋白质 5	其他	SRL
Lon2[a]	At5g47040	Lon 蛋白酶同系物 2	蛋白酶	SKL
AACT1.3[a]	At5g47720	乙酰乙酰辅酶 A 硫解酶 1 剪接异构体 3	甲羟戊酸（MVA）途径	SAL
HIT2[a]	At5g48545	组氨酸三联体蛋白 2	核苷酸稳态	RLx5HL
KAT5[a]	At5g48880	3-酮酰辅酶 A 硫解酶 5	β-氧化	RQx5HL
DHNAT2	At5g48950	DHNA 辅酶 A 硫酯酶 2	叶绿醌合成	SKL
TLP[a]	At5g58220	转甲状腺素蛋白	减少水分	RLx5HL
4CL2[a]	At5g63380	4-香豆酸辅酶 A 连接酶 2	β-氧化-JA 生物合成	SKL
ACX2[a]	At5g65110	酰基辅酶 A 氧化酶 2	β-氧化	RIx5HL
UP7[a]	At5g65400	未知的蛋白质 7	其他	SLM
CHY1[a]	At5g65940	3-羟基异丁酰基辅酶 A 水解酶 1	氨基酸代谢	AKL

注：上标 a 表示在过氧化物酶体蛋白质组分析中检测到的蛋白质

表 9-2　无 PTS 序列的过氧化物酶体基质蛋白列表（改编自 Pan et al.，2018）

蛋白质名称	基因号	注释	功能类别
PP2A-C2	At1g10430	蛋白磷酸酶 2A 催化（C）亚基 2	磷酸化作用
GLX1[a]	At1g11840	乙醛酸酶 I 同系物	甲基乙二醛解毒剂
PP2A-C5	At1h69960	蛋白磷酸酶 2A 催化（C）亚基 5	磷酸化作用
SOX	At2g24580	肌氨酸氧化酶	氨基酸代谢
CoAE[a]	At2g27490	脱磷酸辅酶 A 激酶	辅酶 A 生物合成
PP2A-A2	At3g25800	蛋白磷酸酶 2A 支架（A）亚基 2	磷酸化作用
B12D1[a]	At3g48140	衰老相关蛋白 /B12D 相关蛋白 1	其他
NDPK1[a]	At4g09320	核苷二磷酸激酶 1 型	核苷酸稳态
CPK1	At5g04870	钙依赖性蛋白激酶 1	磷酸化作用
RabGAP22	At5g53570	RabGTP 酶活化蛋白 22	防御

注：上标 a 表示在过氧化物酶体蛋白质组分析中检测到的蛋白质

表 9-3 过氧化物酶体膜蛋白列表（改编自 Pan et al.，2018）

蛋白质名称	基因号	注释	功能类别
PEX11C[a]	At1g01820	过氧化物酶 11C	过氧化物酶体分裂
PEX6	At1g03000	过氧化氢 6	基质蛋白导入
DHAR1[a]	At1g19570	脱氢抗坏血酸还原酶 1	解毒作用
PEX7[a]	At1g29260	过氧化物酶 7	基质蛋白导入
PEX11A[a]	At1g47750	过氧化物酶 11A	过氧化物酶体分裂
PEX3B	At1g48635	过氧化物酶 3B	膜蛋白导入
SPL1	At1g59560	SP1 蛋白 1	基质蛋白导入
SP1	At1g63900	ppi1 基因座的抑制因子 1	基质蛋白导入
PEX2	At1g79810	过氧化物酶 2	基质蛋白导入
SMP2	At2g02510	短膜蛋白 2	转运子
DRP3B	At2g14120	发动蛋白相关蛋白 3B	过氧化物酶体分裂
PEX10	At2g26350	过氧化物酶 10	基质蛋白导入
PXN/PMP38/PMP36a	At2g39970	过氧化物酶体烟酰胺腺嘌呤二核苷酸载体	转运子
PEN2	At2g44490	渗透 2	防御
PEX16	At2g45690	过氧化物酶 16	膜蛋白导入
PEX11D[a]	At2g45740	过氧化物酶 11D	过氧化物酶体分裂和运动
PEX19A	At3g03490	过氧化物酶 19A	膜蛋白导入
PEX12	At3g04460	过氧化物酶 12	基质蛋白导入
PNC1	At3g05290	过氧化物酶体腺嘌呤核苷酸载体 1	转运子
PEX13	At3g07560	过氧化物酶 13	基质蛋白导入
APEM9/PEX26	At3g10572	异常的过氧化物酶体形态 9	基质蛋白导入
PEX3A	At3g18160	过氧化物酶 3A	膜蛋白导入
DRP5B	At3g19720	发动蛋白相关蛋白 5B	过氧化物酶体分裂
PEX22	At3g21865	过氧化物酶 22	基质蛋白导入
MDAR4[a]	At3g27820	单脱氢抗坏血酸还原酶 4	解毒作用
PEX11B[a]	At3g47430	过氧化物酶 11B	过氧化物酶体分裂
FIS1A	At3g57090	裂变 1A	过氧化物酶体分裂
PMD1	At3g58840	过氧化物酶体和线粒体分裂因子 1	过氧化物酶体分裂
PEX11E[a]	At3g61070	过氧化物酶 11E	过氧化物酶体分裂
PMP22[a]	At4g04470	过氧化物酶体膜蛋白 22kDa	转运子
DRP3A	At4g33650	发动蛋白相关蛋白 3A	过氧化物酶体分裂
APX3[a]	At4g35000	抗坏血酸过氧化物酶 3	解毒作用
PXA1/CTS/PED3[a]	At4g39850	过氧化物酶体 ABC 转运蛋白 1	转运子
SDP1	At5g04040	糖依赖 1	其他
PEX1	At5g08470	过氧化物酶 1	基质蛋白导入
FIS1B	At5g12390	裂变 1B	过氧化物酶体分裂
PEX19B	At5g17550	过氧化物酶 19B	膜蛋白导入
PEX4	At5g25760	过氧化物酶 4	基质蛋白导入

续表

蛋白质名称	基因号	注释	功能类别
PNC2[a]	At5g27520	过氧化物酶体腺嘌呤核苷酸载体 2	转运子
MYA2	At5g43900	肌球蛋白Ⅺ异构体 2	过氧化物酶体分裂 / 运动
PEX5	At5g56290	过氧化物酶 5	基质蛋白导入
PEX14[a]	At5g62810	过氧化物酶 14	基质蛋白导入
CDC	At3g55640	Ca^{2+} 依赖性载体	转运子
RabE1c	At3g46060	Ras 相关蛋白 RabE1c / Rab GTP 酶同源物 8A	基质蛋白导入
CGI-58	At4g24160	比较基因鉴定-58/1 酰基甘油 3 磷酸酰基转移酶	其他

注：上标 a 表示在过氧化物酶体蛋白质组分析中检测到的蛋白质

9.1.2　过氧化物酶体与种子萌发

植物在种子成熟过程中积累贮藏分子，为萌发后异养幼苗提供能量。根据植物种类的不同可将贮藏分子分为三大类：碳水化合物、油脂和蛋白质。其中以三酰甘油（TAG）的形式将油脂储存在细胞质油体中，是自然界中最广泛的策略，过氧化物酶体在油脂分解为幼苗提供能量及种子正常萌发方面起着重要作用。在模式油籽植物拟南芥中，TAG 的含量可占种子重量的 60%，其完全氧化产生的能量是碳水化合物和蛋白质的两倍以上（Theodoulou and Eastmond，2012）。因此，拟南芥在研究脂质代谢的分子机制方面发挥重要作用。

在早期幼苗发育中过氧化物酶体 β-氧化在种子萌发时被激活（Graham，2008）。储存的油脂分解过程始于 TAG 在细胞质油体的水解（图 9-3），随后通过 ATP 依赖性转运蛋白 Peroxisomal ABC Transporter1/Comatose/Peroxisome Defective 3 将 β-氧化的前体即游离脂肪酸，

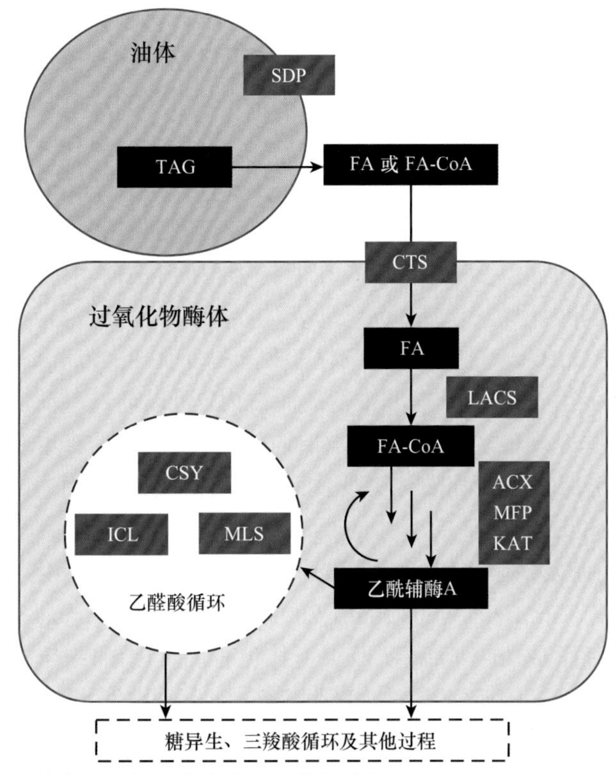

图 9-3　拟南芥中脂肪酸降解途径（Pan et al.，2018）

如脂肪酸（FA）、12-氧代二萜酸（OPDA）、吲哚-3-丁酸（IBA）和肉桂酸（CA）转运到过氧化物酶体中，之后经酰基辅酶A氧化酶（ACX）、多功能蛋白MFP2、非正常花序分生组织调控酶（AIM1）、3-酮酰基辅酶A硫解酶（KAT1、KAT2/PED1和KAT5）连续作用进行β-氧化，产生的乙酰辅酶A在乙醛酸循环内进一步代谢为琥珀酸和苹果酸。这些四碳化合物可以通过糖异生进一步转化为蔗糖。蔗糖是通过细胞运输的还原碳的流动形式，并且是发育组织的能量来源（Williams et al.，2000）。

油体中的三酰基甘油（TAG）通过TAG脂肪酶糖依赖性1（SDP1）和类似SDP1（SDP1L）水解成游离脂肪酸（FA）；通过过氧化物酶体ABC转运蛋白COMATOSE（CTS，也称为PED3或PXA1）将FA转运至过氧化物酶体中，并通过过氧化物酶体长链酰基辅酶A合成酶（LACS）活化至FA-CoA；FA-CoA经历几个β-氧化循环，由酰基辅酶A氧化酶（ACX）、多功能蛋白质（MFP）和3-酮酰基辅酶A硫解酶（KAT）催化，并产生乙酰辅酶A；在幼苗中，乙酰辅酶A被包括柠檬酸合酶（CSY）、异柠檬酸裂解酶（ICL）和苹果酸合成酶（MLS）在内的乙醛酸循环酶进一步代谢；FA分解代谢物可用于糖异生、TCA循环和其他过程。

对各种β-氧化拟南芥突变体的发芽率、种子活力和脱水耐受性进行的生理分析表明，β-氧化对萌发非常重要，这有助于胚根的发育并完成萌发期（Footitt et al.，2006），拟南芥CTS/PED3/PXA1是打破种子休眠所必需的。野生型和*cts*突变体种子的基因表达比较、CTS与赤霉素（GA）之间功能相互作用的分析表明，在*cts*突变体中，参与GA生物合成和信号转导的一些基因的表达被改变并且发芽受阻（Carrera et al.，2007）。CTS的T-DNA插入突变体（*cts-1*、*cts-2*）不能在有或没有蔗糖的培养基上生长，较强的*cts*点突变等位基因突变体（*ped3-1*、*ped3-3*）需要有蔗糖才能在培养基上发芽，较弱的*cts*点突变等位基因（*ped3-2*、*ped3-4*）和*pxa1*突变体可以萌发，但没有蔗糖幼苗无法生长（Russell et al.，2000；Hayashi et al.，2002；Pinfield-Wells et al.，2005）。干燥的*cts-1*种子仍然保留了野生型蔗糖水平的73%（Footitt et al.，2002），这表明非萌发表型很可能不仅仅是由缺乏脂质动员导致的，更是由于一个未知功能部分保留在弱*cts*点突变等位基因中，以使CTS促进萌发。与*cts*一样，即使在外源蔗糖存在的情况下，β-氧化或乙醛酸循环缺陷的其他拟南芥突变体也显示出非常低的萌发力。这些突变体包括*kat2-1*（Pinfield-Wells et al.，2005；Footitt et al.，2006），*acx1-1 acx2-1*（Pinfield-Wells et al.，2005），在幼苗中高度缺乏两种柠檬酸合酶表达的突变体*csy2-1 csy3-1*（Pracharoenwattana et al.，2005），以及在两种类型的NAD^+中有缺陷的过氧化物酶体苹果酸脱氢酶和羟基丙酮酸还原酶1的*hpr1 pmdh1 pmdh2*三重突变体（Footitt et al.，2006；Pracharoenwattana et al.，2010）。过氧化物酶体基质蛋白受体PEX5（*pex5-10*）的T-DNA插入突变体，与CTS一样，产生的种子具有非常低的萌发力，可以通过手动切破种皮挽救（Khan and Zolman，2010）。这些发现证实了过氧化物酶体在种子萌发中具有重要作用。

脂质降解缺陷不是造成过氧化物酶体突变体萌发缺陷的原因，因为人工打破种皮可以恢复*acx1 acx2*、*cts*、*kat2*和*csy2 csy3*突变体的正常发芽率，表明这些突变体中的种子活力是正常的。*acx1-1 acx2-1*的萌发缺陷可以通过打破休眠处理来挽救，如春化和干燥储存（后熟），但不能通过外源蔗糖恢复（Pinfield-Wells et al.，2005；Pracharoenwattana et al.，2005）。与β-氧化酶的突变体一样，拟南芥*lacs6-1 lacs7-1*双突变体也有脂质降解缺陷，不能降解TAG和长链酰基辅酶A，但它具有正常的萌发潜力，表明TAG动员失败和酰基辅酶A的积累不是种子萌发缺陷的原因（Footitt et al.，2006）。*cts*、*kat2-1*和*lacs6-1*、*lacs7-1*种子吸胀后内源蔗糖水平一致，进一步证实缺乏蔗糖不是萌发缺陷的原因（Footitt et al.，2006）。

sdp1 sdp1L 是拟南芥种子中 TAG 水解的两种主要 TAG 脂肪酶的双突变体，其种子萌发减慢但不受抑制，进一步表明 TAG 水解对种子萌发是重要的，但不是必需的（Kelly et al.，2011）。介导油菜中 SDP1 基因家族的 RNAi 抑制对种子活力没有不利影响（Kelly et al.，2013）。促进种子萌发的特定过氧化物酶体功能需要转运蛋白 CTS、β-氧化酶 ACX1/2 和 KAT2，以及乙醛酸循环酶 CSY，但 β-氧化酶 LACS6/7 不是必需的（Pan et al.，2018）。

多聚半乳糖醛酸酶降解果胶参与调节胚根的生长。在拟南芥中，CTS 抑制编码多聚半乳糖醛酸酶抑制蛋白（PGIP）的基因的表达，并增加编码 ABA 不敏感性 5（ABI5）转录因子的基因的表达。*cts* 突变体背景下的 *abi5* 突变体可以使 PGIP 正常表达并使种子萌发，表明 CTS 促进发芽并通过 ABI5 抑制 PGIP 表达。研究人员发现，*cts* 突变体的萌发缺陷可以通过多聚半乳糖醛酸酶处理或酸性条件来降低，这两种情况都可以从种皮中去除果胶（Kanai et al.，2010），与之前研究结果一致。因此，萌发中的 CTS 功能可能与 ABA 信号转导和多聚半乳糖醛酸酶产生有关。

与 β-氧化无关的过氧化物酶体功能也与种子萌发有关。在玉米中，亚硫酸盐氧化酶（ZmSO）催化亚硫酸盐氧化成硫酸盐，需要种子暴露于亚硫酸盐中萌发（Xia et al.，2015）。在水稻中，过氧化物酶体中多胺氧化酶介导的 H_2O_2 产生被认为参与种子萌发（Chen et al.，2016）。

9.1.3　植物过氧化物酶体与脂肪酸代谢

与哺乳动物相比，过氧化物酶体 β-氧化是植物中脂肪酸降解的唯一位点，在早期幼苗发育中有重要作用（Kindl，1993）。脂肪酸 β-氧化即脂肪酸被分解成乙酰辅酶 A，然后通过过氧化物酶体活化成它们的 CoA-酯酰基活化酶（AAE）蛋白超家族成员（Shockey et al.，2003）。在拟南芥中，FA 活化成酰基辅酶 A 主要是由两个过氧化物酶体长链酰基辅酶 A 合成酶 LACS6 和 LACS7 催化的（Fulda et al.，2004）。通过 ATP 依赖性转运蛋白 PXA1/CTS/PED3 将 β-氧化的前体，如脂肪酸（FA）、12-氧代二萜酸（OPDA）、吲哚-3-丁酸（IBA）和肉桂酸（CA）转运到过氧化物酶体中（Zolman et al.，2001；Footitt et al.，2002；Hayashi et al.，2002；Nyathi et al.，2010）。进入过氧化物酶体后，脂肪酰基辅酶 A 经 3 种酶连续作用进行 β-氧化，每种酶都由拟南芥的小基因家族中的基因编码，分别是酰基辅酶 A 氧化酶（ACX1 ～ 6）、多功能蛋白［MFP2、Abnormal Inflorescenec Meristem（AIM1）］和 3-酮酰基辅酶 A 硫解酶（KAT1、KAT2/PED1 和 KAT5）。硫解酶产生乙酰辅酶 A 和链缩短的脂酰辅酶 A，其可以再次经历 β-氧化。幼苗中乙酰辅酶 A 通过过氧化物酶体乙醛酸循环酶进一步代谢成四碳二羧酸，最终可转化为用于生长的蔗糖（Graham，2008）。过氧化物酶体是植物中脂肪酸 β-氧化的唯一位置（Graham，2008），编码 PXA1、各种 β-氧化酶或乙醛酸循环酶的基因突变导致幼苗生长缺陷，通过提供固定的碳源（如蔗糖）可部分缓解这些缺陷（Bartel et al.，2014）。MFP2 和 AIM1 需要 NAD^+，它是由 PXN 过氧化物酶体 NAD^+ 载体导入的，并通过过氧化物酶体 NAD^+-苹果酸脱氢酶（PMDH）和单脱氢抗坏血酸还原酶（MDAR4）再循环。因此，*pmdh*、*mdar4* 和 *pxn* 突变体也显示出 β-氧化缺陷（Eastmond，2007；Pracharoenwattana et al.，2007；Bernhardt et al.，2012；Rinaldi et al.，2016；Van Roermund et al.，2016）。通过突变分析，发现新发现的过氧化物酶体蛋白质——响应干旱 21a 蛋白 1（RDL1）在 β-氧化、种子萌发和植物生长中发挥作用。其他蛋白质，包括两种主要的乙醛酸循环酶，即异柠檬酸裂解酶（ICL）和苹果酸合成酶（MLS），其他还有小热激蛋白 HSP15.7、乙酰辅酶 A 硫解酶 1.3

（AACT1.3）、苯甲酰氧基芥子油苷 1（BZO1）、RDL1、丝氨酸羧肽酶样蛋白 20（SCPL20）和未知蛋白 9（UP9），表明除乙醛酸循环以外的生化途径也可能在乙醛酸体中普遍存在（Quan et al.，2013）。

1904 年 Franz Knoop 在一项具有里程碑意义的研究中首次描述了这一过程。他给狗喂食含有合成标签并标有数字的 FA，并监测它们尿液中的分解产物。对蓖麻种子胚乳进行的研究也确定了 β-氧化在储存油脂动员中的作用。图 9-3 是拟南芥脂肪酸降解途径，三酰基甘油（TAG）水解成游离脂肪酸（FA），之后 FA 转运至过氧化物酶体中活化至 FA-CoA。FA-CoA 经历 β-氧化循环产生乙酰辅酶 A，幼苗中的乙酰辅酶 A 会参与到乙醛酸循环中。在幼苗中，乙酰辅酶 A 被乙醛酸循环酶进一步代谢，所述乙醛酸循环酶包括柠檬酸合酶（CSY）、异柠檬酸裂解酶（ICL）和苹果酸合酶（MLS）。FA 分解代谢物可用于糖异生、TCA 循环和其他过程。通过气相色谱-质谱（GC-MS）分析 TAG 分解产物可提供绝对定量值，因此是鉴定参与过氧化物酶体 β-氧化的拟南芥突变体的有力工具，且使用 GC-MS 有助于分析少量组织，并提供有关脂肪酸组成的完整信息（Li et al.，2006）。除了拟南芥不同用途的脂肪酸，二十碳烯酸（$C_{20:1}$）几乎全部存在于 TAG 中，因此可用作监测储存油脂降解的方便标记物（Lemieux et al.，1990）。

9.1.4 过氧化物酶体与 H_2O_2、NO、IAA 和 JA 的合成代谢

9.1.4.1 过氧化物酶体与 H_2O_2 的合成及代谢

植物过氧化物酶体中，H_2O_2 的产生与不同的代谢途径相关（图 9-4）。定位于过氧化物酶体的乙醇酸氧化酶是光呼吸循环中催化乙醇酸氧化的关键酶之一，是绿色组织中 H_2O_2 的主

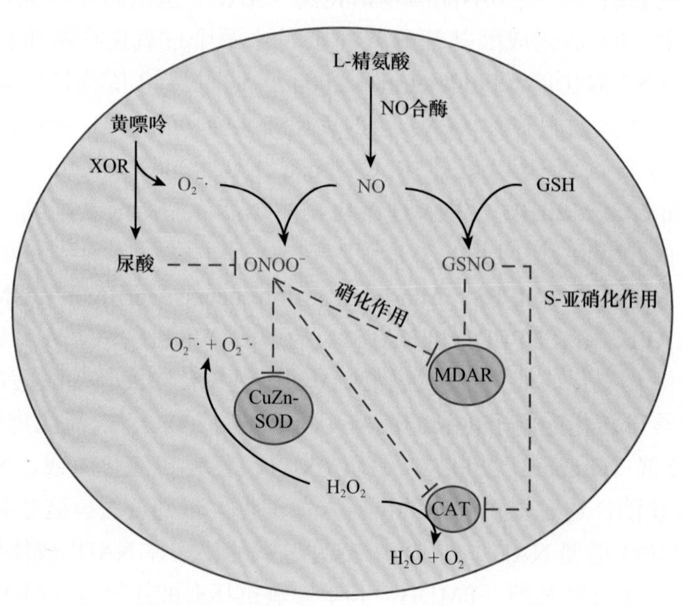

图 9-4 植物过氧化物酶体中一氧化氮（NO）合成及代谢与抗氧化酶的关系（Corpas et al.，2019）

过氧化物酶体黄嘌呤氧化还原酶（XOR）可产生尿酸和超氧自由基（$O_2^-\cdot$）；另外，L-精氨酸依赖一氧化氮合酶（NOS）产生 NO，其可以与 $O_2^-\cdot$ 反应产生过氧亚硝酸盐（$ONOO^-$），过氧亚硝酸盐是强氧化剂和强硝化分子，可以介导翻译后修饰（PTM），如酪氨酸硝化；NO 还可以与还原型谷胱甘肽（GSH）相互作用形成 *S*-亚硝基谷胱甘肽（GSNO），一种可以介导 *S*-亚硝化反应的 NO 供体；尿酸是公认的 $ONOO^-$ 清除剂，可能是过氧化物酶体自动调节机制的一部分；这些成分对过氧化物酶体中过氧化氢酶（CAT）、铜，锌超氧化物歧化酶（Cu/Zn-SOD）和单脱氢抗坏血酸还原酶（MDAR）的活性均有抑制作用

要来源。在这个过程中，过氧化物酶体产生 H_2O_2 的速率是叶绿体的 2 倍，是线粒体的 50 倍（Foyer and Noctor，2003）。过氧化物酶体 β-氧化是 H_2O_2 的另外一个重要来源。这种代谢途径在绿色组织中普遍存在，在种子萌发时更加活跃，同时参与植物激素包括茉莉酸（jasmonic acid，JA）、生长素（auxin，IAA）及水杨酸（salicylic acid，SA）的新陈代谢（Hooks，2002）。脂酰辅酶 A 氧化酶（acyl-CoA oxidase，ACOX）是过氧化物酶体 β-氧化体系中第一步反应的催化酶，也是过氧化物酶体 β-氧化的限速酶，其催化特点和底物特异性决定了过氧化物酶体 β-氧化与线粒体 β-氧化的主要差别。在过氧化物酶体 β-氧化过程中，进入过氧化物酶体的脂酰辅酶 A 在 ACOX 的作用下脱氢氧化，生成反式-2-烯酯酰辅酶 A，副产物为 H_2O_2。在植物中，H_2O_2 也可以由肌氨酸氧化酶（sarcosine oxidase，SO）催化肌氨酸、*N*-甲基氨基酸（*N*-methyl amino acid）和 *N*-甲基哌啶（*N*-methyl piperidine）氧化来产生（Goyer et al.，2004）。

除了 ACX β-氧化酶，作用于光呼吸的糖基酸氧化酶（GOX）和催化尿酸生成的黄嘌呤氧化还原酶也参与了大量过氧化物酶体 H_2O_2 和超氧化物自由基的产生（Del Rio and Lopez-Huertas，2016）。过氧化氢酶突变体（*cat*）表现为 H_2O_2 升高和相关的转录变化、生长减弱、细胞死亡增加和对碳饥饿的敏感性（Queval et al.，2007；Contento and Bassham，2010）。在 *cat2* 突变体中增加 PSⅡ 效率的压力筛选获得了一个光呼吸通量降低的短根突变体和一个 *gox1* 突变体，证实光呼吸 GOX 是 H_2O_2 的主要贡献者（Kerchev et al.，2016；Waszczak et al.，2016）。

过氧化氢酶与产生 H_2O_2 的 ACX 酶具有特别密切的关系。例如，CAT3 和 ACX4 活性及转录水平均被碳饥饿提升（Contento and Bassham，2010），*cat2* 突变体显示 ACX 的活性降低，并且过表达 ACX3 回补了 *cat2* 突变体幼苗生长缺陷（Liu et al.，2017；Yuan et al.，2017）。ACX 酶活性限制 *cat2* 突变体幼苗生长的发现，意味着当过氧化氢酶功能失调时 ACX 酶会受到损害。实际上，CAT2 在体外与 ACX3 和 ACX4 可发生物理相互作用并增加其活性（Yuan et al.，2017），推测过氧化氢酶与 ACX 靠近可以快速灭活 ACX 酶催化产生的 H_2O_2。

植物过氧化物酶体抗氧化系统主要由 CAT、ASC-GSH 和 SOD 循环组成，存在于所有类型的植物过氧化物酶体中（Del Rio et al.，2002），该系统可以将 H_2O_2 分解为水和分子氧或者清除氧负离子，来对抗 ROS 的积累。过氧化氢酶（CAT）是一种含血红素的蛋白质，是原核细胞和真核细胞中存在的关键 H_2O_2 清除酶之一（Mhamdi et al.，2010，2012；Glorieux and Calderon，2017），也是来自真核细胞的各种过氧化物酶体的组成型酶，被用作这些细胞器的生化标记物。MDAR 是抗坏血酸-谷胱甘肽（ASC-GSH）循环的一部分，还有控制细胞中 H_2O_2 含量的功能（Noctor et al.，2018）。ASC-GSH 循环存在于不同的亚细胞区室中，包括过氧化物酶体（Palma et al.，2006）。拟南芥有 3 个 CAT 亚型，即 CAT1、CAT2 和 CAT3，CAT2 和 CAT3 是在拟南芥叶过氧化物酶体中发现的最丰富的蛋白质（Reumann et al.，2009），这与过氧化氢酶催化的 H_2O_2 降解在叶片过氧化物酶体中高度活跃以减少光呼吸产生的 H_2O_2 的观点一致。抗坏血酸-谷胱甘肽循环是可以在植物过氧化物酶体中清除 H_2O_2 的酶，包括抗坏血酸过氧化物酶 APX3、两种单氢抗坏血酸还原酶 MDAR1 和 MDAR4、脱氢抗坏血酸还原酶 DHAR1 和谷胱甘肽还原酶 GR1（Kaur et al.，2009）。参与超氧自由基的清除的还有超氧化物歧化酶（SOD），SOD 是一种肽链大分子金属酶，在植物体中根据与酶蛋白结合的金属离子的不同，可以将 SOD 分为 3 类：Cu/Zn-SOD、Mn-SOD 和 Fe-SOD（Fridovich，1995）。早在 20 世纪 80 年代初，就有报道称过氧化物酶体在豌豆叶片的植物组织中存在 SOD 活性（Del Rio et al.，1983）。然而，直到数年后才在人类细胞中描述出来，之后在不同的植物物种中描述了植物过氧化物酶体中发现不同类型的超氧化物歧化酶（Corpas et al.，2017）。超氧化物歧化酶被认为是所有过氧化物酶体的组成型酶，其同工酶家族取决于植物种类和器官（Corpas et al.，2019）。

9.1.4.2 过氧化物酶体与 NO 的合成及代谢

在高等植物中，NO 是一个涉及多种过程的关键信号分子，包括种子萌发（Beligni and Lamattina，2000；Bethke et al.，2004）、初生根和侧根生长（Pagnussat et al.，2004；Corpas and Barroso，2015）、植物发育（Corpas et al.，2006）、气孔关闭（Bright et al.，2006）、开花（Senthil Kumar et al.，2016）、生殖组织（Prado et al.，2008；Zafra et al.，2010）、果实成熟（Corpas et al.，2018；Corpas and Palma，2018）、衰老（Du et al.，2014）、非生物胁迫（Feigl et al.，2015；Houmani et al.，2018）和生物胁迫（Trapet et al.，2015）。NO 是一种广泛分布于生物体的气体活性分子，研究人员利用蔗糖密度梯度离心法，从豌豆叶过氧化物酶体中分离纯化了 Ca^{2+} 依赖型一氧化氮合成酶（nitric oxide synthase，NOS）（Nakamura et al.，2002）。植物过氧化物酶体 NOS 同动物 NOS 具有相似的免疫活性，能够被动物 NOS 抑制剂抑制。过氧化物酶体中的NOS定位与叶绿体上的NOS定位相似，过氧化物酶体中NOS的存在表明了氧化的过氧化物酶体是一个 NO 仓库，同时也预示了过氧化物酶体在植物抗病反应的信号转导过程中发挥作用。植物中 NO 作为内源植物生长调节剂、转导途径中的信号分子，通过引发防御反应来对抗病原体和细胞死亡的损害（Klessig et al.，2000；Delledonne et al.，2001）。在真菌、大豆细胞悬浮液、拟南芥、烟草叶等植物提取物中也检测到类 NOS 活性（Mantovani et al.，2002）。

在过氧化物酶体中除了具有活跃的 ROS 代谢，还具有活跃的活性氮物质（RNS）代谢。虽然关于不同的 RNS 如何调控不同的过氧化物酶体抗氧化系统的深入研究较少，但现有的数据表明，NO 可能在 H_2O_2 代谢的上游起作用（Corpas et al.，2017）。图 9-4 显示了 NO 是如何通过硝化或 *S*-硝化来调节过氧化物酶体抗氧化酶活性。过氧化物酶体黄嘌呤通过氧化还原酶（XOR）活性产生尿酸和 $O_2^-·$，催化黄嘌呤的氧化（Corpas et al.，2008）。另外，L-精氨酸依赖NO 合酶产生 NO，与 $O_2^-·$ 反应生成 $ONOO^-$，这是一种强氧化剂和强硝化分子，可以通过酪氨酸硝化介导蛋白质翻译后修饰（PTM）（Ferrer-Sueta et al.，2018）。NO 还可以与还原型谷胱甘肽（GSH）相互作用形成 GSNO，这是一种 NO 供体，可以介导蛋白质的 *S*-亚硝化反应（Broniowska et al.，2013）。尿酸是一种公认的 $ONOO^-$ 介导的毒性抑制剂（Signorelli et al.，2016），因此提出了通过这种强大的硝化分子，实现过氧化物酶体自动调节的新机制。过氧化物酶体在施加诸如盐或重金属的应激物后产生活性氮物质（RNS）（Corpas et al.，2017），这种积累表明，像 ROS 一样，RNS 可以在应激信号中发挥作用。过氧化物酶体 NADP-异柠檬酸脱氢酶（pICDH）再生 NADPH，其被过氧化物酶体抗坏血酸型谷胱甘肽 H_2O_2 灭活系统使用。如果不清除 H_2O_2 或 NO，*picdh* 突变体在转移到光照时不能打开气孔（Leterrier et al.，2016），突出了过氧化物酶体在 RNS 介导的环境响应中的作用，并提供了影响气孔开放的过氧化物酶体的例子。

最初的体外实验表明，NO 对牛肝 CAT 具有快速且可逆的抑制作用（Brown，1995；Purwar et al.，2011）。在植物烟草中纯化 CAT 实验中，发现 NO 供体和 $ONOO^-$ 都具有抑制CAT 酶活性的能力（Clark et al.，2000）。在不同植物物种中进行的研究表明，豌豆叶（Ortega-Galisteo et al.，2012）、拟南芥（Puyaubert et al.，2014）、向日葵下胚轴（Begara-Morales et al.，2013）中的 *S*-亚硝化作用，以及辣椒果实中的酪氨酸硝基化均抑制了 CAT 活性（Chaki et al.，2015）。NO 对 CAT 的抑制意味着植物去除 H_2O_2 的能力较低，因此 NO 可能与氧化代谢增加相关的生理或不良过程密切相关（Smiri et al.，2010；Chaki et al.，2015）。质谱分析和定点诱变证实 Tyr345 是 $ONOO^-$ 的主要硝化位点，抑制 MDAR 活性。另外，MDAR 的生物信息分析表明 Cys68 是 *S*-亚硝化作用的最佳候选位点（Begara-Morales et al.，2015），这意味着可能通过 RNS 对抗坏血酸盐再生和 H_2O_2 清除的过氧化物酶体进行调节。

9.1.4.3　过氧化物酶体与 IAA、JA、SA 的合成

除了脂肪酸 β-氧化，过氧化物酶体还参与激素生长素（IAA）、茉莉酸（JA）和水杨酸（SA）的前体作用过程（图 9-5）。植物中几种生长素前体之一的吲哚-3-丁酸（IBA），在过氧化物酶体中转化为活性生长素吲哚-3-乙酸（IAA）（Zolman et al.，2000；Strader et al.，2010；Strader and Bartel，2011）。IBA 诱导的生长素在幼苗发育过程中起着重要作用，它影响着侧根、子叶及根毛的扩张和顶端弯钩的形成（Zolman et al.，2001；Strader and Bartel，2009，2011；De Rybel et al.，2012）。

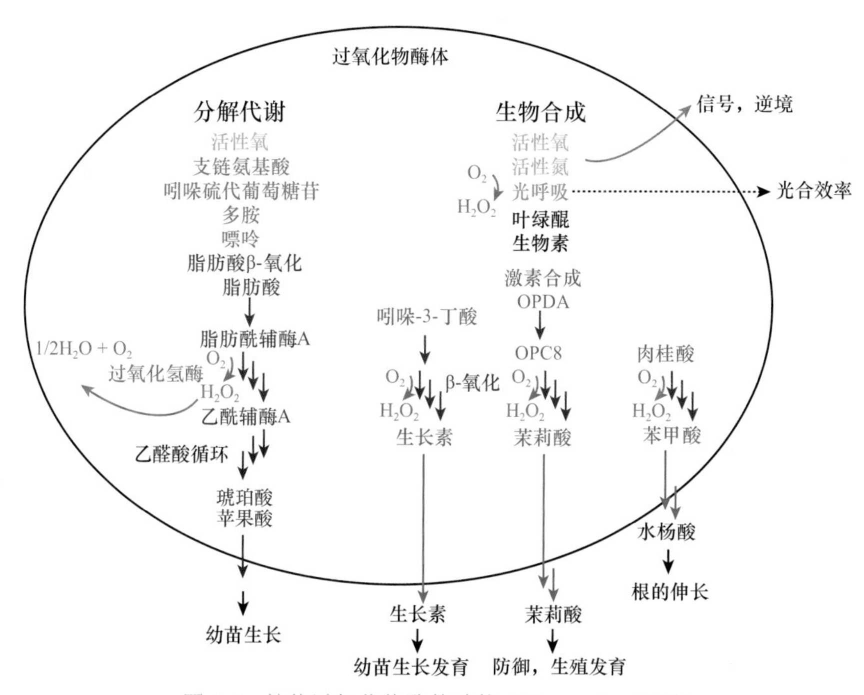

图 9-5　植物过氧化物酶体功能（Kao et al.，2018）

过氧化物酶体存在多种分解代谢和生物合成反应（Reumann and Bartel，2016），其中几种产生 H_2O_2 和其他 ROS（橙色）；β-氧化（红色）用于脂肪酸分解（紫色）和几种激素（蓝色）的合成；过氧化物酶体 ROS 可以被过氧化氢酶和过氧化物酶体中的其他酶灭活，或者可以离开过氧化物酶体以发挥信号转导作用；OPC8：3-氧代-2-(29-戊烯基)-环戊烷-1-辛酸；OPDA：12-氧代-二十二碳二烯酸

JA 前体 12-氧代-二十二碳二烯酸（OPDA）在过氧化物酶体中经历还原和两次 β-氧化反应，产生 JA，在生殖发育和伤口防御反应中起作用（Wasternack and Hause，2013），如控制玉米过氧化物酶体 JA 修饰酶，可以决定性别（Hayward et al.，2016）。此外，创伤可以增加 ACX1 和 PED1 的转录水平，拟南芥 *acx1*、*aim1* 和 *ped1* 突变体在创伤后不能产生 JA（Castillo et al.，2004；Delker et al.，2007）。作为 JA 生物合成的中间体，12-氧代-二十二碳二烯酸（OPDA）在叶绿体中合成并进入过氧化物酶体后，被还原为 3-氧代-2-（29-戊烯基）-环戊烷-1-辛酸（OPC8）（Sanders et al.，2000）。

与生长素一样，防御激素SA具有多种生物合成途径。SA可以在叶绿体中产生（Dempsey and Klessig，2017）或在经过肉桂酸途径的过氧化物酶β-氧化成SA前体苯甲酸后产生。该途径在矮牵牛的苯甲酸生物合成研究中被发现（Van Moerkercke et al.，2009；Klempien et al.，2012；Qualley et al.，2012），也在拟南芥研究中被阐明。细胞溶质肉桂酸，可能是辅酶A酯，由PXA1引入（Bussell et al.，2014）。在过氧化物酶体内部，肉桂酰辅酶A被重新合成（Lee et al.，2012），并被β-氧化成苯甲酰辅酶A（Bussell et al.，2014），其可能被水解成苯甲酸并输出到胞质中，其中苯甲酸转化为SA（Yalpani et al.，1993）。水稻*aim1*突变体显示氧化还原基因表达升高，小根的分生组织和短根可以通过SA或ROS处理来恢复，而JA或生长素处理不能恢复，表明SA抑制氧化还原和ROS清除相关基因的表达，以维持根分生组织活性的ROS积累（Xu et al.，2017）。

除激素产生外，过氧化物酶体也是激素交叉作用的一个部位。例如，响应生物营养病原体诱导的SA直接抑制过氧化氢酶活性（Yuan et al.，2017）。这种过氧化氢酶抑制通过ACX活性的降低减少了JA的产生，并通过H_2O_2介导的关键IAA生物合成酶的修饰，降低了IAA的产生（Yuan et al.，2017）。因此，SA利用过氧化物酶体途径，通过下调促进对营养细胞病原体反应的激素（JA和IAA）介导对生物营养病原体的适当反应。

9.1.5 乙醛酸循环途径

乙醛酸循环体也是过氧化物酶体的一种，是同一细胞器在植物不同发育阶段的不同表现形式（Titus and Becker，1985），主要存在于绿色植物的细胞中（Parsons et al.，2001）。如前所述在油料植物种子萌发生成幼苗的过程中，子叶细胞中乙醛酸循环体含量特别丰富，乙醛酸循环体内含有与其相关的酶类，如异柠檬酸裂解酶和苹果酸合酶，具有葡萄糖异生作用，可以通过乙醛酸循环途径将脂肪酸转化为碳水化合物供幼苗萌发及生长。通过脂肪酸β-氧化和乙醛酸循环途径，萌发的种子将贮存的三酰甘油转变为葡萄糖，为幼苗生长提供能量与营养物质（Jedd and Chua，2002）。由于动物细胞没有乙醛酸循环体，因此不能直接将脂类转化为糖类（Parsons et al.，2001）。

乙醛酸循环在萌发后和光合作用开始前起到促进幼苗建立的作用，利用乌头酸酶（ACO）、苹果酸脱氢酶（MDH）、柠檬酸合酶（CSY）、异柠檬酸裂解酶（ICL）和苹果酸合成酶（MLS）转化乙酰辅酶A，从脂肪酸β-氧化成可消耗的4-碳化合物，可进一步用于糖原异生和线粒体呼吸。拟南芥MLS、CSY2、CSY3和ICL在乙醛酸循环中发挥预期作用（Penfield et al.，2006；Graham，2008），而过氧化物酶体中MDH1和MDH2似乎主要在β-氧化中起作用（Pracharoenwattana et al.，2007）。因此，推测在乙醛酸循环中形成的苹果酸通过胞质MDH被氧化成草酰乙酸（Graham，2008）。由于乙醛酸循环在种子萌发期间是关键的过氧化物酶体途径并且在萌发后消失，因此仅在来自黄化拟南芥幼苗的过氧化物酶体的蛋白质组研究中检测到MLS和ICL（Fukao et al.，2003；Quan et al.，2013）。

9.2 过氧化物酶体的组装和分裂

过氧化物酶体的生物发生主要指过氧化物酶体单层膜的形成，以及在膜基础上的各种蛋白质的正确组装。构成过氧化物酶体的蛋白质有两类，过氧化物酶体膜蛋白（peroxisomal membrane protein，PMP）和基质蛋白。基质蛋白主要指位于过氧化物酶体基质中的各种酶蛋白，而膜蛋白定位于过氧化物酶体的单层膜，除了某些与过氧化物酶体功能相关的蛋白质，还包括一类参与过氧化物酶体生物发生的蛋白质，称为 peroxin（简写为 PEX），由核基因 *PEX* 编码，目前已发现 30 多种（Islinger et al.，2012）。

过氧化物酶体可以通过 ER 的从头合成和现有的过氧化物酶体的形成而产生。过氧化物酶体的从头合成包括 3 个阶段：膜蛋白在内质网膜上的整合，未成熟过氧化物酶体前体的形成，以及基质蛋白向膜内的转运。新生的过氧化物酶体主要通过掺入在胞质溶胶中合成的基质和膜蛋白而成熟。过氧化物酶体蛋白质的输入是由过氧化物酶（或 PEX 蛋白）介导的。许多这些过氧化物最初在酵母中被鉴定，并且植物同源物已经显示出具有相似的功能（Hu et al.，2012）。

预先存在的过氧化物酶体的增殖通常可分为两个阶段，PEX11 蛋白介导的延伸 / 管化（Lingard et al.，2008）；由肌动蛋白相关蛋白 DRP3A、DRP3B 和 DRP5B 介导的膜收缩及裂变（Hu et al.，2012）。FIS1A 和 FIS1B 被认为是 DRP3 的膜锚（Lingard et al.，2008；Zhang and Hu，2009），而 PMD1，植物特异性蛋白质定位于过氧化物酶体和线粒体膜，可以独立于细胞器裂变中的 FIS1 和 DRP3 来促进过氧化物酶体与线粒体增殖（Aung and Hu，2011）。参与过氧化物酶体分裂的许多蛋白质是双重定位的，过氧化物酶体和线粒体共享 DRP3A、DRP3B、FIS1A、FIS1B 和 PMD1，过氧化物酶体和叶绿体共享 DRP5B（Pan and Hu，2011，2015）。转录因子，如 HY5HOMOLOG（HYH）和 Forkhead 相关结构域蛋白 3（FHA3），调节 PEX11b 的表达以影响过氧化物酶体分裂（Desai and Hu，2008；Desai et al.，2017）。植物过氧化物酶体的运动涉及肌动蛋白细胞骨架。一个肌球蛋白 XI 同种型 MYA2，以肌动蛋白依赖性方式部分定位于过氧化物酶体，并且可能参与肌动蛋白丝上过氧化物酶体的运动（Hashimoto et al.，2005）。PMD1 与肌动蛋白可发生物理相互作用，表明 PMD1 可能通过细胞骨架-过氧化物酶体连接影响过氧化物酶体丰度和分布（Frick and Strader，2018）。除了 5 种 PEX11 同型、PEX7 和 PEX14，在蛋白质组研究中未检测到参与生物发生和动力学的大多数过氧化物酶体膜蛋白。

过氧化物酶体基质和膜蛋白的生物发生与内源共生起源的其他亚细胞区室（如线粒体、叶绿体）的蛋白质的生物发生有着显著不同，由于过氧化物酶体不包含遗传物质，它们必须在翻译后导入蛋白质（Lanyon-Hogg et al.，2010；Rucktaschel et al.，2011）。蛋白质通过特异性靶向序列和受体蛋白之间的相互作用导向过氧化物酶体基质，通过过氧化物酶体膜转运蛋白。编码基质蛋白导入组分的基因突变导致形成空的过氧化物酶体残余物，其中膜蛋白仍然插入脂质双层中，表明基质和膜蛋白是通过不同的途径导入的（Pieuchot and Jedd，2012）。

9.2.1　过氧化物酶体膜蛋白的定位

过氧化物酶体膜蛋白的定位在植物中研究较少。然而，根据从动物和酵母研究中获得的知识，3 种保守的过氧化物酶 PEX3（AtPEX3A 和 AtPEX3B）、PEX16 和 PEX19（AtPEX19A 和 AtPEX19B）应参与拟南芥的这一过程（Pan and Hu，2018）。

早期作用的过氧化物酶 PEX3、PEX16 和 PEX19（图 9-6）有助于将过氧化物酶体膜蛋白（PMP）直接插入过氧化物酶体膜或内质网膜的过氧化物酶体区域（Hu et al.，2012）。PEX16 在哺乳动物中将 PEX3 膜蛋白募集到 ER（Kim et al.，2006）。对脉孢菌的研究显示，一种法尼基胞质蛋白 PEX19 与新生的多跨膜蛋白 PMP 结合，并通过 PEX3 进行膜插入（Chen et al.，2014）。酵母 PMP 通过膜过氧化物酶体靶向信号结合 PEX19，这是跨膜结构域附近的疏水基序（Rottensteiner et al.，2004），在植物 PMP 中发现了类似的序列（Nyathi et al.，2012）。

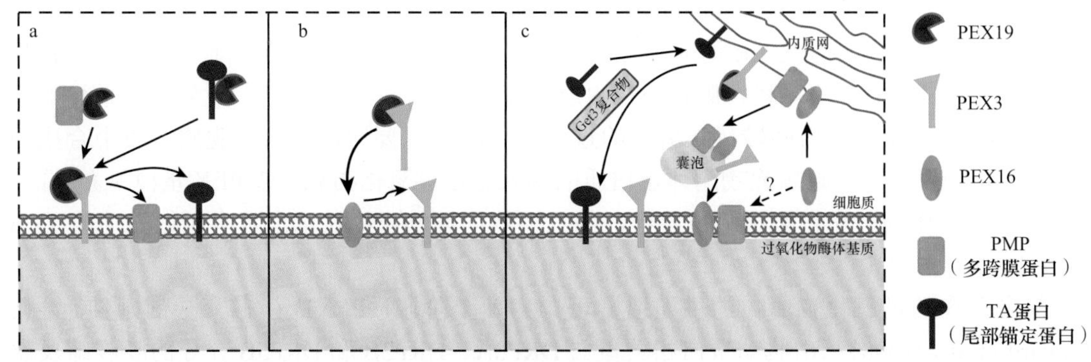

图 9-6 过氧化物酶体膜蛋白运输示意图（Cross et al.，2016）

由于植物系统研究的信息非常有限，该图包含了酵母和哺乳动物系统研究的信息，显示多跨膜蛋白和尾部锚定蛋白 PMP 的直接导入途径。a. 显示多跨膜蛋白和尾部锚定蛋白 PMP 的直接导入途径，这些通过细胞质中的 mPTS 与 PEX19 相互作用，随后 PEX19 与过氧化物酶体膜上的 PEX3 对接，导致 PMP 插入；拟南芥 PMP22 在体外直接插入过氧化物酶体膜或过氧化物酶体区域，拟南芥 PEX19 结合多种 PMP。b. PEX3 依赖 PEX19 和 PEX16 直接插入外膜，该途径已在哺乳动物细胞中描述。c. 在人类和真菌中，一些尾部锚定（TA）蛋白质首先通过 Get 复合物插入 ER 中，PEX16 和 PEX3 被递送至 ER 并通过囊泡递送至过氧化物酶体，该途径已在哺乳动物细胞中描述。PEX19 是酿酒酵母（缺乏 PEX16）中 PEX3 从 ER 中排出所必需的。在过氧化物酶体和内质网中已经有报道，通过信号锚定序列的修饰可以延长 AtPEX16、AtPEX3 和 AtPMP34 在内质网中的保留时间，这与 PMP 受体的作用相一致；PEX16 可能直接插入过氧化物酶体（用虚线箭头和问号表示）；由于 PEX16 不是通用过氧化物，因此 b 和 c 中所示的途径不代表所有生物

除了 PMP 插入，酵母 PEX3 和 PEX19 涉及携带不同 PMP 分类的 ER 衍生的前过氧化物酶体囊泡的出芽（van der Zand et al.，2010；Agrawal et al.，2016）。此外，哺乳动物 PEX3 可以插入线粒体外膜，线粒体衍生的前过氧化物酶体囊泡可以与含有 PEX19 的 ER 衍生的前过氧化物酶体囊泡融合，形成具有导入能力的过氧化物酶体（Sugiura et al.，2017）。

与哺乳动物一样，拟南芥 PEX16 通过 ER 递送至过氧化物酶体，在那里募集其他 PMP（Hua et al.，2015）。拟南芥 PEX16 RNAi 株系表现出大的过氧化物酶体和略微受损的 β-氧化（Nito et al.，2007），并且插入的 *PEX16* 等位基因显示严重的胚胎缺陷（Lin et al.，1999）。拟南芥具有两种同种型的 PEX3 和 PEX19，单个 *PEX19* 插入等位基因不显示明显缺陷，而 *pex19a pex19b* 双突变体是胚胎致死的，表明功能冗余（McDonnell et al.，2016）。PEX3 或 PEX19 RNAi 株系表现出过氧化物酶体变大的表型，但是 β-氧化正常（Nito et al.，2007）。

膜蛋白导入过程（图 9-6）：（a）首先细胞质中的 mPTS 与 PEX19 相互作用，之后 PEX19 与 PEX3 对接后多跨膜蛋白插入。拟南芥 PMP22 在体外直接插入过氧化物酶体（Tugal et al.，1999）及过氧化物酶体内（Murphy et al.，2003），拟南芥 PEX19 与多个 PMP 结合（Hadden et al.，2006）；（b）PEX3 以 PEX19 和 PEX16 依赖方式直接插入过氧化物酶体外膜（Matsuzaki and Fujiki，2008）；（c）在人类和真菌中，一些尾部锚定（TA）蛋白首先通过 Get 复合物插入 ER 中。PEX16 和 PEX3 被运输到 ER 并通过囊泡运输到过氧化物酶体（Kim and Hettema，2015）。PEX19 是酿酒酵母（缺乏 PEX16）中 PEX3 从 ER 中排出所必需的。在过氧化物酶体和 ER，用信号锚定序列修饰导致更长的 AtPEX16 保留和 ER 中 PEX3 和 PMP34 的保留，这与 PMP 受体的作用一致（Hua et al.，2015）。

9.2.2　过氧化物酶体基质蛋白的定位

过氧化物酶体基质蛋白导入的一个特点是受体循环，可分为以下 4 个步骤：①通过胞质溶胶中的导入受体识别过氧化物酶体靶向信号（PTS）和受体组合；②受体-导入蛋白复合体在过氧化物酶体膜上的对接；③导入蛋白的进入和放行；④将游离受体输出到胞质溶胶中。自从发现两种过氧化物酶体靶向信号（PTS1 和 PTS2）以来，已经过去近 30 年，这两种过氧化物酶体靶向信号将蛋白质从细胞质引导至过氧化物酶体基质，并且第一种过氧化物酶是过氧化物酶体生物发生所需的蛋白质（Reumann et al.，2016）。

从胞质溶胶到过氧化物酶体基质的导入货物蛋白由两种途径控制，即过氧化物酶体靶向信号 1（PTS1）途径和 PTS2 途径。尽管这两种途径始于不同的受体靶向信号结合事件，但它们之间存在共依赖性，并且在过氧化物酶体膜下游的所有过程中，包括在过氧化物酶体膜上的对接。PTS 是货物蛋白的 C 端 (PTS1) 或 N 端 (PTS2) 的识别序列，这些序列被特异性受体蛋白识别。过氧化物酶体基质蛋白进入始于 PTS1/2-货物蛋白结合其同源受体，然后将该复合物对接在过氧化物酶体膜蛋白（PMP）上。与 ATP 水解相反，通过与 PMP 结合事件实现折叠货物的易位。与 ATP 水解相反，折叠货物的易位是通过与 PMP 结合实现的。货物在过氧化物酶体基质中释放，受体再循环到胞质溶胶中进行另一轮导入（图 9-7），含有 PTS1 序列的载体蛋白与其同源受体 PEX5 结合，含 PTS2 序列的载体蛋白与其同源受体 PEX7 结合。然后将载体蛋白靶向过氧化物酶体膜，导入后进行载体蛋白卸载。PTS2 在过氧化物酶体基质中从载体蛋白上切割下来。载体-受体蛋白复合体通过 PEX13 和 PEX14 停靠在过氧化物酶体膜上。载体蛋白释放到基质中后，回收 PEX5 和 PEX7 用于更多轮蛋白质导入。PEX5 回收

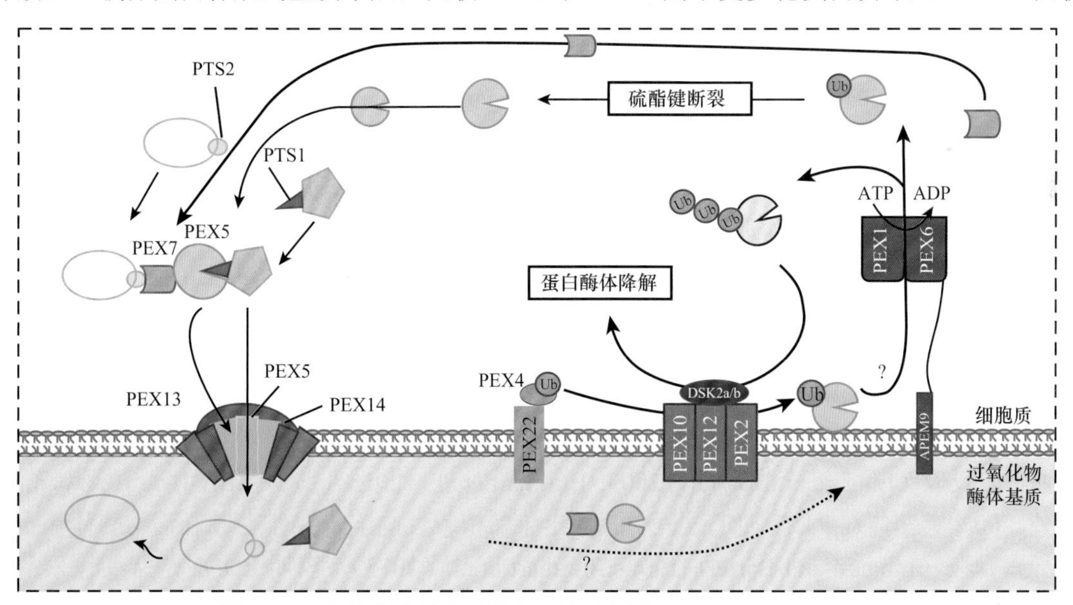

图 9-7　过氧化物酶体基质蛋白运输示意图（Cross et al.，2016）

含有 PTS1（C 端）或 PTS2（N 端）序列的载体蛋白分别被它们的同源受体 PEX5 或 PEX7 结合；然后将货物蛋白质靶向过氧化物酶体膜以进行导入和货物卸载；PTS2 在过氧化物酶体基质中从货物上切割下来。当货物蛋白质被释放到过氧化物酶体基质中时，PEX5 和 PEX7 再循环回到细胞质中以开始另一轮导入；PEX5 在过氧化物酶体膜上的累积可导致赖氨酸多泛素化，这导致 PEX5 通过蛋白酶体在可能涉及 PEX2/PEX12 结合蛋白 DSK2a 和 DSK2b 的途径中降解。PTS：过氧化物酶体靶向信号；PEX：过氧化物酶；Ub：泛素；APEM：异常过氧化物酶体形态；DSK：含泛素结构域的蛋白质

依赖于一系列过氧化物酶，包括泛素结合酶 PEX4 及其膜锚 PEX22，3 种泛素连接酶 PEX2、PEX10 和 PEX12，以及两种 AAA ATP 酶 PEX1 和 PEX6，它们与膜锚 PEX26/APEM9 连接（Reumann and Bartel，2016）。此外，过氧化物酶体膜相关的 E3 泛素连接酶 SP1，通过靶向 PEX13 和 PEX14 负调节基质蛋白输入（Pan et al.，2016）。SP1 属于一个小蛋白质家族，其中包含另外两个成员 SPL1 和 SPL2（Pan and Hu，2017）。

9.3 过氧化物酶体蛋白质组的稳态调控

由于过氧化物酶体在不同发育状态对功能蛋白组成的要求不同，且在其代谢过程中产生过氧化氢等具毒性的活性氧（ROS），过氧化物酶体蛋白质会被损坏。因此，去除不符合发育状态的或者异常和有毒蛋白的质量控制系统对于维持过氧化物酶体的最佳状态是非常重要的。

9.3.1 蛋白酶、短肽酶和分子伴侣

在拟南芥过氧化物酶体中，包括 LON 蛋白酶 2（LON2）、Tysnd1 同源物 DEG15、类丝氨酸羧肽蛋白 20（SCPL20）、干旱 21a 蛋白 1（RDL1）和过氧化物酶体 M16 金属蛋白酶（PM16）5 种蛋白酶代表推定的蛋白酶（Lingard and Bartel，2009），并且已鉴定出 6 种推测的分子伴侣相关蛋白（Reumann et al.，2009）。

LON 蛋白酶作为多功能酶发挥作用，有助于细菌和真核生物细胞器进行氧化及受损蛋白质的降解（Aksam et al.，2007；Bissonnette et al.，2010；Bartoszewska et al.，2012），首先在细菌中被描述（Tsilibaris et al.，2006），并包含一个 N 端底物结合域、一个包含 Walkera 和 Batp 结合基序的中心 atp 酶域，以及一个包含 Ser-Lys 催化二元结构的 C 端蛋白水解域（Tsilibaris et al.，2006）。真核 LON 同种亚型存在于线粒体、叶绿体和过氧化物酶体中（Kikuchi et al.，2004；Ostersetzer et al.，2007；Lingard and Bartel，2009）。此外，AAAATP 酶结构域可能与 N 端结构域起作用，提供开展底物蛋白所需的机械能，因此，LON 蛋白作为一种分子伴侣具有重要作用。甲基营养型酵母汉氏酵母的过氧化物酶体 LON 可促进错误折叠过氧化物靶向的二氢叶酸还原酶的降解（Aksam et al.，2007），并且在产黄青霉（*Penicillium chrysogenum*）过氧化物酶体中，过氧化氢酶-过氧化物酶容易受到氧化损伤，失去活性，并在过氧化氢作用下形成聚集物，过氧化物酶体 LON 可降解氧化损伤的过氧化氢酶-过氧化物酶聚集物（Bartoszewska et al.，2012）。拟南芥有 4 种 LON 同种亚型，LON2 是唯一携带 PTS1 并位于过氧化物酶体中的（Ostersetzer et al.，2007；Eubel et al.，2008；Reumann et al.，2009）。拟南芥 *LON22* 等位基因都对 IBA 诱导侧根形成具有抗性，但对不需要 β-氧化的生长素通常有反应（Lingard and Bartel，2009；Burkhart et al.，2013），表明 IBA-IAA 转化率降低。此外，*lon2* 突变体在 PTS2 加工过程中表现出年龄依赖性缺陷，并伴有过氧化物酶体基质蛋白导入缺陷（Lingard and Bartel，2009；Burkhart et al.，2013），表明 LON2 是持续输入基质蛋白所必需的。这种基质蛋白导入的年龄依赖性缺陷与 *pex14* 突变体的导入缺陷形成对比，后者随着幼苗年龄的增长表现得不那么严重（Hayashi et al.，2000；Monroe-Augustus et al.，2011）。尽管在过氧化物酶体生理上存在这些缺陷，但干扰拟南芥 LON2 似乎并不会影响基质蛋白的稳定（Lingard and Bartel，2009；Burkhart et al.，2013）。

在拟南芥基质蛋白降解中检测的第二种过氧化物酶体蛋白酶是 DEG15。DEG15 通过去除含有 PTS2 的 N 端区域将 PTS2 蛋白质加工至成熟形式（Helm et al.，2007；Schuhmann et al.，2008），但 ICL 或 MLS 降解不需要 DEG15（Lingard and Bartel，2009）。另外 3 种过氧化物酶体蛋白酶，即类丝氨酸羧肽蛋白 20（SCPL20）、干旱 21a 蛋白 1（RDL1）和过氧化物酶体 M16 金属蛋白酶（PM16），它们是通过蛋白质组分析鉴定并通过荧光显微镜证实的（Eubel et al.，2008；Reumann et al.，2009；Quan et al.，2013）。SCPL20 具有丝氨酸水解酶活性（Kaschani et al.，2009），在 β-氧化和植物防御中发挥作用（Floerl et al.，2012）。RDL1 在萝卜（*Raphanus sativus*）中同源，含有半胱氨酸蛋白酶活性（Tsuji et al.，2013），参与 β-氧化、种子活力和胁迫适应（Quan et al.，2013）。过氧化物酶体 M16 金属蛋白酶 PXM16 不是降解乙醛酸循环酶所必需的。*pxm16* 和 *lon2 pxm16* 突变体可有效降解 ICL 和 MLS（Lingard and Bartel，2009）。

此外，过氧化物酶体含有泛素蛋白结合酶 PEROXIN 4（PEX4）、泛素蛋白连接酶（PEX2，PEX10 和 PEX12）和 AAA ATP 酶（PEX1 和 PEX6），它们在蛋白质输出系统中起作用（Collins et al.，2000）。这些酶称为内质网（ER）相关蛋白质降解系统（ERAD）成分的类似物（Buchberger et al.，2010）。PEX4 功能缺陷的突变体在发芽生长过程中表现出过氧化物酶体基质蛋白降解的延迟，表明该输出系统参与了不必要的蛋白质转运以进行细胞溶质蛋白酶体降解（Lingard and Bartel，2009）。

9.3.2 自噬体蛋白降解途径

除了蛋白酶可能参与降解单个过氧化物酶体基质蛋白，还可以利用一种特殊形式的自噬（称为自噬体）降解过氧化物酶体。通过自噬的过氧化物酶体降解是过氧化物酶体质量控制的替代机制（Iwata et al.，2006；Sakai et al.，2006），通过液泡 / 溶酶体的作用去除不必要的或功能失调的细胞组分的自噬作为细胞内蛋白量控制系统起作用。

自噬功能发生在细胞内化学成分的降解和循环中，通常是由营养限制或其他压力触发自噬反应（Bassham，2007；Li and Vierstra，2012）。自噬体前结构是由自噬相关（ATG）蛋白的一个子集形成的，并协助隔离膜吞噬自噬体中的细胞质成分。自噬体可以包裹多种底物，包括核糖体、细胞器和蛋白质聚集物（Xie and Klionsky，2007；Li and Vierstra，2012）。成熟的自噬体通过外自噬体膜与液泡膜（在动物中是溶酶体，在植物和酵母中是液泡）融合将内容物运送至裂解液泡。一旦进入液泡，内膜被溶解，自噬体的内容物被液泡水解酶降解。在酵母细胞中，过量的过氧化物酶体会被自噬选择性降解，这被称为 pexophagy（过氧化物酶体自噬）（Sakai et al.，2006）。过氧化氢酶（CAT）在 H_2O_2 解毒过程中被 H_2O_2 灭活，导致在过氧化物酶体内形成蛋白聚集物。随着 CAT 的失活，过氧化物酶体逐渐被 ROS 氧化，并且这些氧化的过氧化物酶体在植物中被自噬选择性地降解（Shibata et al.，2013）。

自噬在植物的应激反应、养分循环和蛋白质质量控制中起作用（Doelling et al.，2002），缺乏核心自噬组分的无效等位基因可用于研究植物生长和发育过程中受自噬影响的过程范围。拟南芥 *atg* 突变体对生物胁迫因子，如真菌感染、盐胁迫（Lai et al.，2011）和非生物应激，包括热应激（Zhou et al.，2013）、干旱胁迫（Liu et al.，2009）和氧化应激敏感（Xiong et al.，2007）。拟南芥 *atg* 突变体也表现出过早衰老的表型，这是水杨酸积累的结果（Yoshimoto et al.，2009）。此外，在养分饥饿期间，拟南芥植物中会诱导自噬（Suttangkakul et al.，2011），并且 *atg* 突变体通常对碳或氮饥饿过敏（Doelling et al.，2002），说明自噬在养分循环中起作用。自噬也在拟南芥中起到质量控制作用。例如，自噬清除灭活的蛋白酶体（Marshall et al.，2015）并在用衣霉素处理后被诱导，衣霉素通过未折叠的蛋白质诱导 ER 胁迫（Liu et al.，2012）。除了非选择性自噬（似乎能促进应激条件下的生存），越来越多的证据表明选择性自噬，即特异性蛋白、蛋白复合体、感染因子或细胞器被靶向自噬（Li and Vierstra，2012）。已经鉴定了超过 30 种自噬相关（ATG）蛋白，并且这些蛋白质的核心组分在植物中是保守的（Li and Vierstra，2012）。类泛素蛋白 ATG8（在哺乳动物中称为微管相关蛋白 1 轻链 3[LC3]）修饰隔离膜和自噬体，通常用作靶向隔离膜底物受体的对接位点。

在哺乳动物细胞和酵母等真菌细胞的过氧化物酶体中，LON2 蛋白酶可以选择性地降解氧化损伤的过氧化物酶体基质蛋白，这在 ROS 的协调中起到非常重要的作用（Nordgren and Fransen，2014；Young and Bartel，2016）。LON2 的肽酶结构域会降低其分子伴侣功能对抑制自噬的作用（Ostersetzer et al.，2007；Bissonnette et al.，2010）。过氧化物酶体中的 H_2O_2 可以促进基质蛋白的降解。除了单个基质蛋白，过氧化物酶体本身也可以通过过氧化物酶体吞噬（一种特殊形式的自噬）降解（Baker and Paudyal，2014）。在植物中，通过被氧化的过氧化物酶体的选择性降解，自噬在调控过氧化物酶体数量中发挥重要的作用（Shibata et al.，2013）。其中，过氧化物酶体中蛋白酶 LON2 起关键作用（Shibata et al.，2014）。对拟南芥 *lon2* 突变体的研究表明，自噬参与过氧化物酶的流通过程，可以被 H_2O_2 诱导并且对过氧化物酶体产生氧化损伤（Hackenberg et al.，2013；Baker and Paudyal，2014）。在双分子荧光互补实验中，拟南芥 G93E 点突变体的 PEX10 与 ATG8 相互作用；额外的负电荷表明，PEX10 与 ATG8 结合增强，可能引起过氧化物酶体过度靶向自噬结构（Xie et al.，2016）。

随着幼苗成熟，过氧化物酶体的功能要求发生变化。如前所述，油料植物的萌发，如拟南芥，最初依赖于脂肪酸 β-氧化和乙醛酸循环将存储的脂质转化为碳水化合物（Graham，2008）。早期的幼苗过氧化物酶体，含有两种乙醛酸循环酶——异柠檬酸裂解酶（ICL）和苹果酸合成酶（MLS），以及参与 β-氧化的酶（Hu et al.，2012）。乙醛酸循环利用脂肪酸 β-氧化产生的乙酰辅酶 A 用于合成糖。随着幼苗成熟并建立光合作用，乙醛酸循环变得过时，ICL 和 MLS 降解（Zolman et al.，2005；Lingard et al.，2009）。从含有乙醛酸循环酶的幼苗过氧化物酶体到具有光呼吸酶的叶型过氧化物酶体的这种发育进程，提供了用于研究过氧化物酶体和过氧化物酶体基质蛋白降解的模型。如图 9-8 所示，随着野生型（*LON2 ATG*）幼苗的成熟，LON2 起到降解废弃的基质蛋白的作用，包括乙醛酸循环酶 ICL、MLS 及 β-氧化酶硫解酶。此外，自噬作用去除一些过氧化物酶体，导致基质蛋白降解（Bartel et al.，2014）。随着光合作用的建立，过氧化物酶体中光合酶（如 HPR）合成并导入过氧化物酶体。当自噬被阻止时（*LON2 atg*），幼苗过氧化物酶体正常发挥作用，但过氧化物酶体周转减少导致某些基质蛋白（MLS 和硫解酶）的轻微稳定化。在 *LON2* 突变但 ATG 正常时（*lon2 ATG*），虽然废弃的基质蛋白不再被 LON2 降解，但过氧化物酶体及其内容物可以通过 pexophagy 降解，导致 ICL、MLS 和硫解酶消失。随着 pexophagy 的继续，具有导入能力的过氧化物酶体数量减少，新合成的基质蛋白（如 HPR）在细胞质内积累。在双突变体（*lon2 atg*）中，不存在自噬，所以过氧化物酶体蛋白酶 LON2 不再受 pexophagy 的影响。基质蛋白持续导入过氧化物酶体蛋白酶 LON2，使过氧化物酶体功能得以继续，恢复 PTS2 的加工和 IBA-to-IAA 的转化（Farmer et al.，2013）。

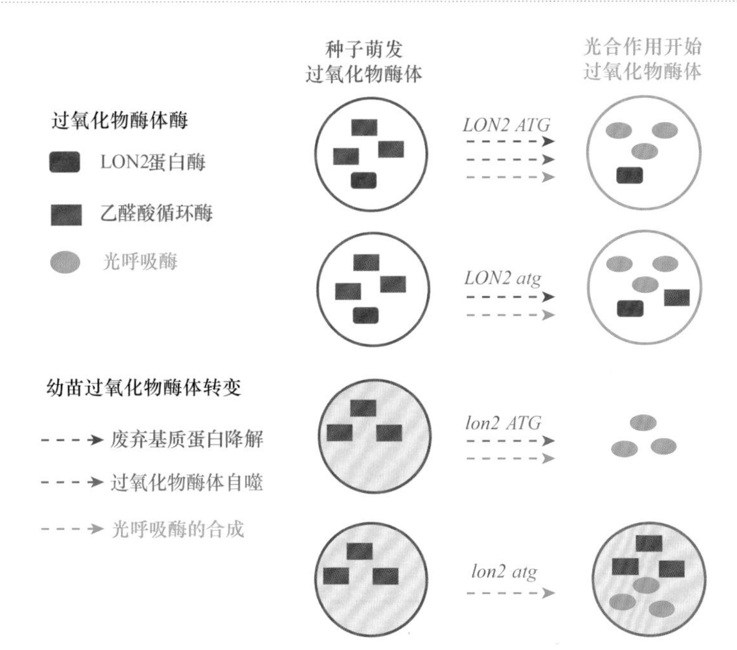

图 9-8　幼苗建立时野生型和自噬突变体中过氧化物酶体蛋白质的变化（Bartel et al.，2014）

当过氧化物酶体蛋白酶 LON2 功能失调时，过氧化物酶体自噬会增强；除核心过氧化物酶体蛋白外，野生型（*LON2 ATG*）过氧化物酶体在发芽幼苗中含有乙醛酸循环酶，并在光合幼苗中容纳几种光呼吸酶；当自噬被阻止时（*LON2 atg*），过氧化物酶体正常运作，但某些乙醛酸循环酶略微稳定，这表明过氧化物酶体自噬在降解幼苗过氧化物酶体中起着次要作用；在 *lon2* 突变体中，过氧化物酶体在萌发后不久存在并且起作用，但是稀疏并且不能有效地导入较老幼苗中的基质蛋白；这些 *lon2* 突变体可以通过突变几种自噬基因（*ATG2*、*ATG3* 或 *ATG7*）中的任何一种来完全抑制缺陷，这表明当 *LON2* 突变时，针对过氧化物酶体自噬增加过氧化物酶体的数量；虽然 *lon2 atg* 双突变体过氧化物酶体似乎正常导入基质蛋白，但乙醛酸循环酶的效率低下，表明 LON2 通常会促进过时废弃基质蛋白的更新；*lon2* 突变体中的过氧化物酶体自噬触发因子还未鉴定出

9.4　叶绿体、线粒体和过氧化物酶体与光呼吸作用

光呼吸（photorespiration）是所有能进行光合作用的细胞在光照和有氧情况下发生的一个吸收 O_2 及释放 CO_2 的生化过程，其生化基础是核酮糖-1,5-二磷酸羧化酶/加氧酶（Rubisco）具有羧化酶和加氧酶 Rubisco 的双酶活性，其羧化酶活性催化 1,5-二磷酸核酮糖（RuBP）与 CO_2 反应，导致形成 2 分子 3-磷酸甘油酸（3-PGA），加氧酶活性 Rubisco 催化 RuBP 与 O_2 反应，产生 3-PGA 和 2-磷酸乙醇酸（2-PG）。其中 2-PG 对植物代谢有毒。因此，植物采用所谓的光呼吸乙醇酸途径（或 C_2 循环）将 2-PG 转化为 3-PGA、CO_2 和 NH_4（Kebeish et al.，2007；Eisenhut et al.，2008）。从蓝藻、衣藻到陆生高等植物，光呼吸是存在于所有进行含氧光合作用的生物体中的代谢途径（Eisenhut et al.，2008；Bauwe et al.，2010）。光呼吸，顾名思义，只有在光照条件下才发生，光呼吸的速率和强弱受到多种因素的影响，如大气中氧气浓度和 CO_2 浓度。与碳固定相比，光呼吸更耗能量。核心光呼吸代谢包括 9 个酶促步骤，其分布在植物细胞内的叶绿体、过氧化物酶体和线粒体中。因此光呼吸涉及叶绿体、线粒体和过氧化物酶体 3 个细胞器的相互协作。叶绿体内进行的是光呼吸的起始和收尾阶段，过氧化物酶体内进行的是有毒物质的转换，而线粒体内进行的则是将两分子的甘氨酸合成为一分子的丝氨酸，并释放一分子 CO_2 和氨的过程。光呼吸的研究一直是植物生物学的研究热点，主要是光呼吸会导致农作物减产 20% ～ 50%，这一数值的范围取决于植物所处环境条件和光合作用类型（Bauwe et al.，2010）。虽然必不可少，但光呼吸也被认为是浪费且低效的过程（Bauwe et al.，2010）。因此，研究光呼吸已成为提高作物产量的主要目标，并且近年来世界人口的稳定增长也面临着有限的自然资源供应和气候变化日益严峻的挑战。在这种大环境下，许多科学家已经开发了多种策略以通过减少光呼吸和/或增强 CO_2 固定过程来提高光合效率，在这里我们将详细介绍通过合成生物学手段改造植物光呼吸途径的“巴拿马途径”。

9.4.1 植物光呼吸途径

光呼吸在所有产生氧气的光合生物中发生，并且是地球生物中碳代谢的主要途径之一（图 9-9）。1920 年，德国科学家 Otto Warburg 发现光合速率会因为氧分压的升高而降低，这一现象在后来被命名为瓦布效应；到 1955 年，约翰·德克尔（John Decker）通过实验偶然观察到烟草叶在光照突然停止后释放出大量的 CO_2，他当时称为“二氧化碳猝发”，并认为这是在光照条件下发生的“呼吸”而产生的，因为光照停止而释放出来，光呼吸由此得名；到了 20 世纪 60 年代初，科学家应用红外 CO_2 分析仪和同位素示踪技术更深入地了解了光呼吸；直到 1972 年，光呼吸机制才由爱德华·托尔伯特（Nathan Edward Tolbert）正式阐明。

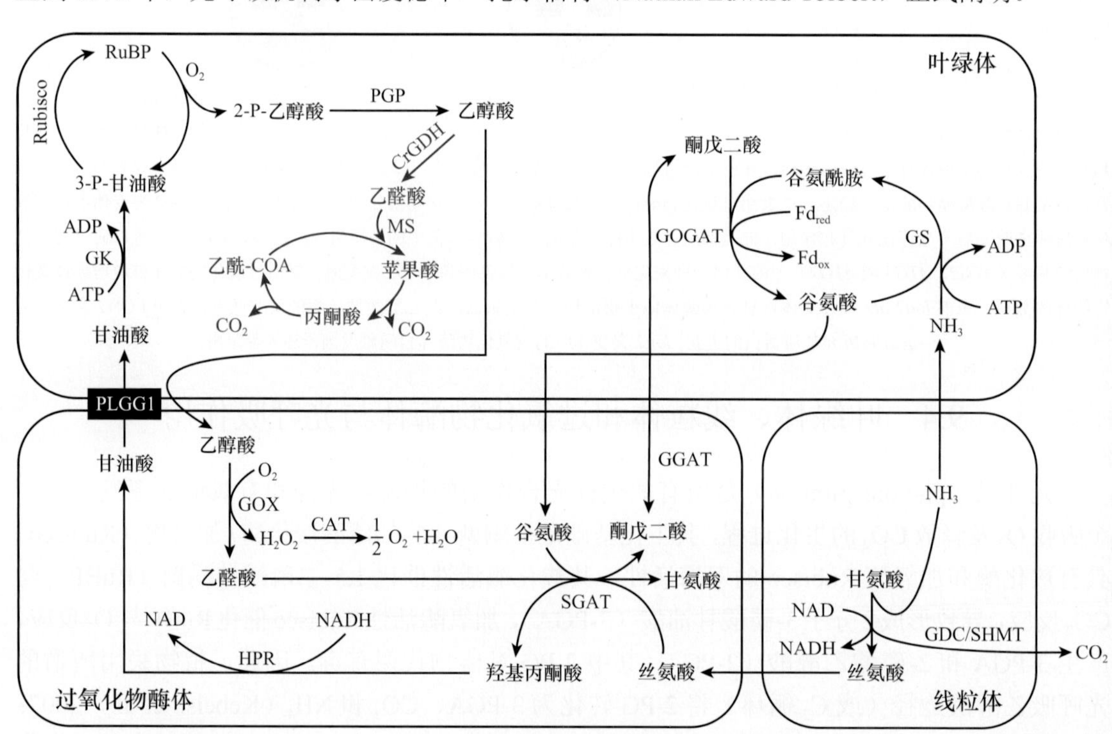

图 9-9 植物光呼吸途径（黑色）和“巴拿马途径”示意图（红色）（改编自 Kebeish et al.，2007）

黑色部分是植物光呼吸途径：Rubisco，核酮糖-1,5-二磷酸羧化酶/加氧酶；RuBP，5,5-二磷酸核酮糖；PGP，磷酸乙醇酸磷酸酯酶；GOX，乙醇酸氧化酶；CAT，过氧化氢酶；GGAT，乙醛酸/谷氨酸氨基转移酶；GDC/SHMT，甘氨酸脱羧酶/丝氨酸羟甲基转移酶；SGAT，丝氨酸/乙醛酸氨基转移酶；HPR，羟基丙酮酸还原酶；GK，甘油酸激酶；GS，谷氨酰胺合成酶；GOGAT，谷氨酸合成酶；Fd_{red}，还原铁氧还蛋白；Fd_{ox}，氧化铁氧还蛋白；GDH，乙醇酸脱氢酶；GCL，谷氨酸/乙醛酸氨基转移酶；PLGG1，乙醇酸/甘油酸转运蛋白。红色部分是引入植物光呼吸的“巴拿马途径”：MS，南瓜（*Cucurbita maxima*）苹果酸合成酶；CrGDH，莱茵衣藻（*Chlamydomonas reinhardtii*）乙醇酸脱氢酶

在生物化学上，光呼吸起始于光合作用 CO_2 固定的第一反应，即 O_2 取代 CO_2，其由 Rubisco 催化。这种取代产生有毒化合物 2-磷酸乙醇酸（2-PG）（Anderson et al.，1975），后者再循环为 3-磷酸甘油酸（3-PGA）。这种循环需要许多酶促步骤，涉及光呼吸 C_2 循环，代

谢结果是从两分子的2-PG转化成一分子的3-PGA和一分子的CO_2。C_2循环是一个辅助代谢过程，对于光合作用在含O_2的环境中发生是必不可少的。大多数植物是C_3植物，即通过Rubisco直接固定CO_2以产生3-PGA（Sage，2004）。

光呼吸需要核心光呼吸C_2循环中的8种酶，用于再循环由Rubisco和几种辅助酶产生的2-PG。在高等植物中，各个反应分布在叶绿体、过氧化物酶体、线粒体和胞质溶胶上，并且底物流动需要许多穿膜过程。2-PG的生成绝对速率由Rubisco的量及其动力学性质，以及O_2、CO_2和RuBP的浓度决定。在叶绿体内，高度特异性的2-PG磷酸酶（PGP）将2-PG水解成乙醇酸，进而通过一种表征不佳的乙醇酸/甘油酸转运蛋白（PLGG1）从叶绿体中移出，并通过孔蛋白通道进入过氧化物酶体（图9-9）。

在过氧化物酶体中，乙醇酸氧化酶（GOX）是一种黄素单核苷酸依赖性过氧化物酶，不可逆地催化乙醇酸和O_2产生乙醛酸和H_2O_2；接着涉及两个平行反应，丝氨酸/乙醛酸氨基转移酶（SGT）和谷氨酸/乙醛酸氨基转移酶（GGT），将乙醛酸转氨基转化为甘氨酸。SGT优选丝氨酸作为氨基供体。GGT使用在光呼吸氮循环中产生的谷氨酸作为氨基供体，但也可以使用丙氨酸（图9-9）。

在线粒体中，两个甘氨酸分子通过甘氨酸脱羧酶（GDC）和丝氨酸羟甲基转移酶（SHMT）的组合作用产生一个丝氨酸。GDC是一种多酶系统，包含3种酶（P-、T-和L-蛋白），它们与共有的脂肪酰化底物蛋白（H-蛋白）相继反应。整个反应循环需要一个分子的甘氨酸、四氢叶酸（THF）和NAD^+以产生一分子亚甲基THF（CH_2-THF）。另外，释放各一分子的CO_2和NH_3（分别通过P-和T-蛋白），并产生NADH（通过L-蛋白）。二氧化碳可能通过复合物Ⅰ相关的碳酸氢盐输出。在线粒体中生成的丝氨酸回到过氧化物酶体，其中氨基通过SGT转移到乙醛酸，并且产生的羟基丙酮酸通过NADH依赖性羟基丙酮酸还原酶（HPR1）还原为甘油酸。NADH不能穿过过氧化物酶体膜，必须由过氧化物酶体中苹果酸脱氢酶（pMDH）产生，因此会消耗叶绿体和线粒体提供的苹果酸。最后，D-甘油酸-3-激酶（GLYK）通过返回3-PGA完成C_2循环，将2-PG的4个碳原子中的3个带回叶绿体中的卡尔文循环。在光呼吸过程中，叶绿体、过氧化物酶体和线粒体之间存在高度协调的代谢物转移。事实上，光呼吸途径涉及快速的室间转移，尽管在二氧化碳浓缩循环期间发生同样或更快速的代谢物交换。C_4植物在这种情况下，如苹果酸和丙酮酸这些小的代谢物必须通过胞间连丝穿膜在不同细胞之间进行移动。

尽管光合作用有足够的时间进化，但是其中一种关键酶（Rubisco）进化非常缓慢且效率低下，并且很大一部分时间它会利用氧气而不是二氧化碳，因为它无法区分二者（South et al.，2019）。当发生这种情况时，Rubisco就会反应产生无用且具有毒性的2-磷酸乙醇酸（2-PG），光呼吸途径的存在只是为了清除从光合作用中不断产生的2-PG。光呼吸代谢途径有几个成本，在过氧化物酶体中产生过氧化氢（与乙醇酸转化为乙醛酸盐有关）。过氧化氢（H_2O_2）是一种信号分子，叶绿体产生的H_2O_2可以作为信号分子，在气孔运动、生物和非生物胁迫应答、细胞程序性死亡、激素应答、生长发育中起作用，但它同时是一种强氧化剂，过量的H_2O_2可以造成蛋白质的氧化性损伤，必须通过过氧化氢酶和过氧化物酶分解成水和氧气（Yamamoto et al.，1999）。关键步骤是通过甘氨酸脱羧酶将甘氨酸转化为线粒体中的丝氨酸，释放CO_2和NH_3，并将NAD还原为NADH。因此，每2个O_2分子产生1个CO_2分子（两个O_2分子来自Rubisco，一个CO_2分子来自过氧化物酶体氧化）。NH_3的同化通过GS-GOGAT循环发生，需要消耗一个ATP和一个NADPH。虽然光呼吸过程有NADH的产生，但总体而言光呼吸是一个低效且高耗能的过程。Rubisco 氧化反应（2-磷酸甘油酸酯和乙醇酸酯）及甘氨酸脱羧反应（氨）的有毒副产物通过光呼吸再循环为无毒产品，但代价是固定碳的能量净消耗（Bauwe et al.，2010）。

在大约 35 亿年前，Rubisco 首次在蓝藻中进化，当时的大气中 CO_2 比现有水平高很多倍且 O_2 水平非常低，从目前的蓝藻 Rubisco 的性质来看，CO_2 对于 Rubisco 是饱和的，似乎具有相对有效且较高的羧化速率（Badger et al.，1998）。然而，蓝藻中的含氧光合作用开始，导致大气中 O_2 的水平稳定上升，直到 15 亿年前，大气中 O_2 水平大幅上升，CO_2 逐渐下降到非常低的水平，使得 CO_2 成为 Rubisco 限速的条件，而 O_2 替代作为该酶的非生产性底物（Price et al.，2012）。需要大量的 Rubisco 以实现光合 CO_2 排放是 C_3 光合作用的缺点之一。例如，在小麦中叶片高达 25% 的氮营养投入 Rubisco 蛋白，而蓝细菌只投入 3% ～ 5%（Evans，1989）。这是因为在一些光合作用的藻类、细菌和植物已经进化出了 CO_2 浓缩机制（CCM），这种机制可以减少 Rubisco 的氧合反应，在低 CO_2 浓度下有效进行光合作用，包括 C_4 光合作用（Schlüter and Weber，2016），在蓝藻中，这种高效的 CCM 在 Rubisco 周围积累的 CO_2 浓度比环境中高 1000 倍，有助于提高初级生产力（Badger and Price，2003），因此鼓励将 CCM 引入 C_3 植物（Schuler et al.，2016）。已有科学家认识到将蓝藻 CCM 整合进 C_3 作物叶绿体中，可以提高光合作用 CO_2 固定效率（Price et al.，2012）。

尽管光呼吸的功能饱受争议，但该途径对植物细胞的能量代谢、光合作用、碳代谢到氮同化等过程均有一定的正面意义。光呼吸可以从乙醇酸中回收 75% 的碳，并且可以有效去除光合作用的抑制剂（Givan and Kleczkowski，1992）。因此，光呼吸突变体不能在环境 CO_2 浓度下生长（Medrano et al.，1995）。此外，在高光照射下光呼吸可以消耗过量的光化学能，从而保护叶绿体免于过度还原（Kozaki and Takeba，1996）。光呼吸是植物光合细胞中过氧化氢（H_2O_2）的主要来源，因此光呼吸对细胞氧化还原稳态起着关键作用，这会影响多种信号通路，特别是那些控制激素反应从而调控植物生长、防御反应及细胞程序性细胞死亡的途径（Foyer et al.，2009），这些过程驱动地球上超过 95% 的植物物种的生物量产生，这些植物物种使用光合作用的 C_3 途径，甚至 C_4 植物中也有残留的光呼吸通量。

Rubisco 是最重要的叶绿体伴侣素底物，催化无机碳进入有机物的化学反应。作为催化卡尔文循环中光合碳固定限速步骤的关键酶，以及从高 CO_2 大气环境进化而来的古老酶，Rubisco 因其丰富和低效而广为人知。因此，科研人员已经对 Rubisco 进行了许多研究，用以提高碳固定效率，在此基础上减少氮含量，Rubisco 的量相应降低。Rubisco 是由 8 个大亚基（RbcL）和 8 个小亚基（RbcS）组成的十六聚体蛋白复合体，存在于植物、绿藻、蓝细菌和变形菌中。众所周知新翻译的 RbcL 将被叶绿体伴侣蛋白捕获以避免聚集，但 RbcS 如何与 RbcL 偶联并组装成 Rubisco 全酶仍是未知的。尽管已经全面了解 Rubisco 的结构和机制，但 Rubisco 生物发生所需的分子伴侣机制仍了解有限（Hauser et al.，2015）。通过体外重建证明，蓝藻 RbcL 的折叠需要伴侣蛋白 GroEL 及其辅因子 GroES（叶绿体中的 Cpn60、Cpn10 和 Cpn20）（Gruber et al.，2013）。RbcL 的自发组装折叠是低效的，而组装伴侣 RbcX 促进了该过程（Liu et al.，2010）。在一些蓝细菌中，RbcX 在 *rbcL* 和 *rbcS* 基因之间的操纵子中编码，并且已经显示与 RbcX 的共表达促进了大肠杆菌中 Rubisco 的产生（Onizuka et al.，2004）。实际上，最近玉米中光合突变体的筛选鉴定了核仁编码的叶绿体蛋白 Raf1（Rubisco 积累因子 1），这是有效的 Rubisco 生物发生所需要的（Feiz et al.，2012）。Raf1 在含有 RbcX 的所有光合生物中都是保守的，并且在体外和体内的 Rubisco 装配中起作用（Whitney et al.，2015）。

研究发现蓝细菌的Raf1通过稳定RbcL反向平行二聚体，用于伴侣蛋白辅助的RbcL折叠的下游，以组装成与4个Raf1二聚体结合的RbcL8复合物，通过RbcS置换Raf1导致全酶形成。Raf1发挥类似于装配伴侣RbcX的作用，确保了有效的Rubisco生物发生（Hauser et al.，2015）。

细胞中的每种Rubisco都需要大量分子伴侣的帮助，从分子伴侣到折叠成其功能所需的正确三维形状。RbcL亚基的折叠由伴侣蛋白介导，伴侣蛋白是两个堆积的约60kDa亚基七聚环的圆柱形复合物（Hayer-Hartl et al.，2016）。尽管RbcS能够在体外自发折叠，但它在转移到叶绿体中后可能需要伴侣蛋白的辅助（Trösch et al.，2015）。叶绿体伴侣蛋白是Cpn60a和Cpn60b亚基的1∶1异源寡聚体，它与辅因子Cpn20和Cpn10配合，形成伴侣蛋白折叠笼的“盖子”（Bracher et al.，2017）。RbcL8核心的组装通过特定的组装伴侣介导。如蓝藻Rubisco，其伴侣蛋白包括蛋白RbcX（15kDa亚基的二聚体）（Bracher et al.，2015）和Rubisco积累因子1（Raf1，～40kDa亚基的二聚体）（Hauser et al.，2015），两者在植物中是保守的。另外一种Rubisco积累因子Raf2（10～18kDa亚基的二聚体），通过与RbcS相互作用而在组装中起作用（Feiz et al.，2015）。此外，叶绿体特异性蛋白束鞘缺陷2（BSD2），一种8～10kDa的锌指结构域蛋白，涉及植物Rubisco生物合成和RbcL的翻译调控（Lior et al.，2015）。因其分子伴侣的复杂性，在实验中难以生产正确折叠的Rubisco，这也限制了设计替代形式酶的能力（Yeates and Wheatley，2017）。基于这个问题，一直有科学家研究建立一个含有叶绿体伴侣系统和目前已知的Rubisco装配因子的体外系统，以使植物Rubisco重建成为现实。最近的一项研究成果使得这一问题得到了解决。这一研究使用7种辅助蛋白在大肠杆菌中表达以促进植物Rubisco在大肠杆菌内的折叠和组装，并实现了拟南芥Rubisco的功能性表达，这些包括叶绿体伴侣蛋白亚基Cpn60a、Cpn60b和Cpn20，以及辅因子Raf1、Raf2、RbcX和BSD2（Aigner et al.，2017）。同样值得关注的是，该研究者使用非变性质谱（native-MS）纯化*Se*RbcL$_8$，证实了其寡聚状态（Aigner et al.，2017）。

native-MS是一种新兴技术，以高灵敏度和理论上不受限制的质量范围对完整蛋白质复合物进行拓扑研究。蛋白复合体和蛋白质相互作用网络的分析是一项重要的工作，因为几乎所有的生物学过程都涉及多个蛋白质亚基在时间和空间上的调节协作，与其他生物分子（如DNA、辅因子和信使分子）的相互作用也会导致调节的复杂性，了解涉及的组分鉴定、结构和功能表征、相互作用以实现其生物学功能的这些机制，是在分子水平上理解其生物过程的关键（Alberts，1998）。顾名思义，native-MS具有反映其研究蛋白质的类似天然四级结构的能力，native-MS不能产生详细的分子（和原子）结构信息，但与传统的结构生物学方法相比具有一些重要优势，如其灵敏度（能够以皮摩尔量分析内源表达的蛋白复合体）、速度、选择性和同时测量存在于混合物中的一些物质的能力（Heck，2008），这些特征使得native-MS需要一小部分样品就可以来解析其结构，因此native-MS可以快速获得纯化重组样品的纯度和化学计量信息，并且native-MS可以研究高达数兆道尔顿的较大复合物（Kaddis and Loo，2007）。目前来看，native-MS仍然是一种低通量方法，需要特定的实验专业知识。它还不能用于大规模地绘制蛋白质-蛋白质相互作用。然而，它可以提供有关蛋白复合体的结构、拓扑和体系的信息，这是通过高通量相互作用方法无法获得的（Heck，2008）。

native-MS是解决复杂化学计量学、体外和体内亚复合物的存在、亚复合物的结构排列这些问题的理想选择，因此，它是用于改进蛋白结构模型的有用工具，它还可用于研究复合物内外的蛋白质亚基交换，来自单个亚基的复合物的组装，潜在揭示结合亲和力的协同性，并且可以随时间监测蛋白复合体的活性，如经由蛋白酶体的蛋白质降解或由伴侣蛋白参与的蛋白折叠（Heck，2008）。native-MS 通常用于测量蛋白复合体的质量，而常规的“变性”MS 用于确定成分的质量，利用这些数据，可以确定蛋白复合体中组分的化学计量，串联 MS 可用于确认蛋白复合体的组分，通过离子迁移率 MS 确定的横截面可以直接与通过 EM、NMR 光谱（核磁共振光谱）和 / 或 X 射线晶体学获得的结构数据进行比较。蛋白复合体是动态实体，通常由外围亚基修饰的稳定核心复合物组成。随后结合计算结构模型对这些亚复合物（通过部分变性）进行分析，最终得到蛋白复合体的精确结构模型。通过 native-MS 还可以对完整的膜蛋白复合体进行分析，这为生物研究工作开辟了新的探索途径（Barrera et al.，2008）。

因 Rubisco 在自然界的重要性，除对其自身构象进行研究外，还研究 AAA+ 蛋白 Rubisco 活化酶（Rca）在 Rubisco 的代谢修复中的机制。Rubisco 易于被紧密结合的糖磷酸盐抑制，该糖磷酸盐的去除由 Rca 催化（Bhat et al.，2017）。有生物学家设计了一个稳定的 Rca 六聚体环并分析了它与 Rubisco 的相互作用，在这里使用了一种名为化学交联质谱的技术来分析 Rubisco 和 Rca 的相互作用区域（Bhat et al.，2017）。该技术可以鉴定蛋白质-蛋白质相互作用，其允许相互作用蛋白质在其天然环境中交联，从而深入了解细胞过程的组织方式，如大分子蛋白质的组装（Sinz，2006）。

9.4.2 植物光呼吸的捷径

植物中存在明显笨拙和浪费的生理过程，如 Rubisco 催化的氧合反应，该酶是地球上最丰富的蛋白质。Rubisco 是碳转变为有机物质的主要切入点，但 CO_2 必须与 O_2 竞争。RuBP 羧化和氧合的相对速率由酶的活性位点处的两种气体的浓度及其对 O_2 和 CO_2 的偏好决定，称为 Rubisco 特异性因子（Andersson，2008）。因为进化只能招募先前存在的结构，所以效率低于最优的过程的这种可能是不可避免的。Rubisco 羧化反应在高 CO_2 和低 O_2 的大气环境下进化而来，其中氧化反应无关紧要（Holland，2006）。只有当大气中的 O_2 增加时，氧化反应才变得显著。相比工业时代前，大气环境中的 CO_2 浓度到 20 世纪末可以达到 530 ～ 970μL/L。大气中的 O_2 浓度已经下降的程度更大，平均每增加 1μL/L CO_2 就减少 1.4μL/L O_2，因为化石燃料的燃烧消耗的 O_2 比释放 CO_2 更多，并且燃烧或呼吸过程中释放出的一部分 CO_2 可以溶解在水中（Battle et al.，2006）。尽管如此，目前的 O_2 水平约为 209mL/L，因此 O_2 浓度的变化与 CO_2 的变化相比要小得多。在过去的 150 年里，全球平均气温上升了 0.76℃，而且在 21 世纪可能会继续上升 1.7 ～ 3.9℃。大气成分和温度的这些变化将直接影响 C_3 碳固定和光呼吸之间的平衡。由于 C_4 植物已经具有代谢 CO_2 的机制，预计 CO_2 浓度的增加对其的影响远不如 C_3 植物那么明显（Long et al.，2004）。在许多条件下，C_3 植物的氧合作用非常迅速，因此光呼吸被归类为地球上最浪费的过程。在过去 30 年中，通过尝试修改 Rubisco 特异性因子或通过抑制 / 改变光呼吸代谢，已经做出了相当大的努力来消灭光呼吸（Andersson，2008）。

尽管在正常含氧大气条件下，抑制植物光呼吸会导致光合作用和生长受到抑制，但已有证据表明，刺激光通量可以提高光合速率和促进植物生长。甘氨酸脱羧酶复合物中的 H 蛋白过表达或植物乙醇酸氧化酶（GO）的过表达可导致光合作用增强和生物量的增加（Cui et al.，2016; Lopez-Calcagno et al.，2019）。许多细菌可以代谢乙醇酸，而乙醇酸可以作为大肠杆菌唯一的碳源（Pellicer et al.，1996），与植物光呼吸一样，细菌乙醇酸分解代谢途径中的第一反应是乙醇酸氧化形成乙醛酸。然而，细菌乙醇酸脱氢酶（GDH）包含 3 个亚基和未知的有机辅因子，而植物乙醇酸氧化酶是单一多肽，利用氧作为辅因子并产生过氧化物

（Eisenhut et al.，2006）。已有研究证明将大肠杆菌乙醇酸分解代谢途径转移到叶绿体后，拟南芥中的光呼吸减少，生物量增加并伴随着光合作用的改善（Kebeish et al.，2007）。

在亟待提高植物的生产力的大前提下，科学家正在破坏光合作用，实际上是对光呼吸进行改造，重新设计这个原本耗费大量能量的途径，使得植物具有内置光呼吸快捷方式，实现提高光合效率（RIPE）（South et al.，2019），即植物光呼吸的“巴拿马途径”。该团队设计更有效的光呼吸途径进入烟草，引入两个基因，莱茵衣藻乙醇酸脱氢酶（CrGDH）和南瓜苹果酸合成酶（MS），RNAi 抑制乙醇酸 / 甘油酸转运蛋白 PLGG1 以防止乙醇酸离开叶绿体并进入天然途径（如图 9-9 红色部分所示），在烟草叶绿体中加入合成的乙醇酸代谢途径，通过抑制叶绿体中的乙醇酸盐的输出来最大化合成途径的通量，使光合效率和生物量生产力分别显著提高了 20% 和 40%（South et al.，2019）。从另一方面进行思考，烟草虽然是一种理想的模式植物，但作为谷物主要收获来源的种子并不是烟草的收获源。然而，由于在 CO_2 浓度升高的 C_3 作物中抑制光呼吸作用而提高光合效率，导致种子产量增加（Bishop et al.，2015），这使得人们乐观地认为使用替代代谢途径进行光呼吸也会导致种子产量增加，这表明设计替代乙醇酸代谢途径进入作物叶绿体，同时抑制乙醇酸输出到天然途径可以推动农业 C_3 作物产量的增加。从该结果可以预见将该设计引入 C_3 谷类作物以实现增产，未来在 CO_2 浓度升高的环境下，将导致作物光合速率提高，从而抑制光呼吸，提高 C_3 作物的可收获产量。

9.5 植物内质网和高尔基体蛋白质组学

所有真核细胞都具有内质网（ER），ER 是一种多功能细胞器，是细胞内除核酸外一系列生物大分子（如蛋白质、脂类和糖类）合成的基地，是由生物膜构成的互相连通的片层隙状或小管状系统（Matsushima，2003）。作为由各种功能域组成的动态细胞器，它包括糙面 ER（rER）、光面 ER（sER）和核包膜（Staehelin，2010）。rER 被核糖体包被并负责分泌蛋白的合成，sER 没有核糖体，而是积累了一系列脂质生物合成酶。此外，ER 积累特定类型的种子贮藏蛋白，如玉米（*Zea mays*）和水稻（*Oryza sativa*）胚乳的醇溶蛋白，可以产生蛋白质体（PB）（Herman，2008；Ai et al.，2011）。

除了上述这些细胞器，已知植物细胞发育具有特定功能的 ER 衍生结构（Chrispeels and Herman，2000）。内质网体是拟南芥中一种新的 ER 衍生结构，它是一种纺锤形结构（长约 10μm、宽约 1μm），被核糖体包围（Matsushima，2003）。内质网体可以在表达具有 ER 保留信号的绿色荧光蛋白的转基因拟南芥中观察到。在拟南芥幼苗的子叶、下胚轴和根中观察到大量的内质网体，但在莲座叶中观察到的很少。内质网体充满浓缩物质，表明它们在蛋白质的储存中发挥作用（Hayashi，2001）。与此相一致，内质网体的比重高于 ER 的比重，内质网体有时在细胞中沿纵轴进行非常快速的移动（Gunning，1998）。对在整个幼苗中不产生内质网体的 *nai1* 突变体的分析表明，β-葡萄糖苷酶，称为 PYK10，是内质网体的主要成分（Matsushima，2003）。NAI1 是一种碱性螺旋-环-螺旋转录因子，调节内质网体蛋白 PYK10 和 NAI2 的表达。NAI2、PYK10 和 BGLU21 的表达降低导致内质网体形成异常，表明这些成分调节内质网体形成（Yamada et al.，2011）。PYK10 是 β-葡萄糖苷酶，其生理功能取决于其天然底物的糖苷配基部分的性质。在植物中已经报道了 β-葡萄糖苷酶的 3 个生理作用：产生天然杀虫剂（Bones and Rossiter，1996），激活植物激素糖基化（Brzobohaty et al.，1993），分解代谢细胞壁（Dharmawardhana et al.，1995）。内质网体在胁迫条件下将其内容物释放到液泡中，因为有研究表明当用浓盐溶液处理细胞时，内质网体开始裂解并与液泡融合（Hayashi et al.，2001）。内质网体内的 PYK10 可能与液泡中的天然底物接触，产生有毒化合物，因此推测幼苗中的内质网体作为防御昆虫或某些伤口胁迫的防御系统（Matsushima，2003）。内质网体在幼苗和根中含有大量的β-葡萄糖苷酶 PYK10/BGLU23 或在受伤组织中含有 BGLU18，说明内质网体参与糖苷分子的代谢，可能是为了产生针对害虫和真菌的驱虫剂，并且内质网体似乎是十字花科植物的独特细胞器，对防御害虫和真菌很重要（Yamada et al.，2011）。

ER 满足多种细胞功能，ER 的腔是一种独特的环境，是细胞内含有最高浓度的 Ca^{2+} 的场所，内腔是氧化环境，对于形成二硫键和蛋白质的适当折叠至关重要（Schröder and Kaufman，2005）。由于其在蛋白质折叠和转运中的作用，ER 还富含 Ca^{2+} 依赖性分子伴侣，如 Grp78、Grp94 和钙网蛋白，其可以稳定蛋白质折叠中间体（Orrenius et al.，2003）。

分泌和跨膜蛋白在内质网（ER）中合成，然后折叠并离开 ER。ER 包括一个复杂的蛋白质质量控制系统（ERQC）（Braakman and Bulleid，2011），可检测错误折叠的蛋白质并将其靶向降解，这一过程称为 ER 相关降解（ERAD）。在不利的环境条件下，错误折叠的蛋白质的表达增加并超过折叠和 ERAD 的能力，这就会导致 ER 胁迫（Schröder and Kaufman，2005）。

许多干扰，包括细胞氧化还原调节的干扰，会引起 ER 中未折叠蛋白的积累，引发一个称为非折叠蛋白反应（UPR）的进化保守反应。植物中 ER 胁迫激活了非折叠蛋白反应信号通路的两个分支：一个涉及细胞质 RNA 剪接因子需肌醇酶 1（IRE1）剪接 mRNA（bZIP60），其响应胁迫剪接 bZIP60 mRNA 以产生核靶向转录因子 bZIP60（Howell，2013）；另一个涉及膜相关的 bZIP 转录因子，它们被动员并运输到细胞核以响应 ER 胁迫（bZIP17 和 bZIP28）（Braakman and Bulleid，2011）。定位于 ER 膜的 IRE1 是真核生物中最保守的 ER 胁迫传感器。ER 胁迫允许 IRE1 自身磷酸化其激酶结构域，从而激活核糖核酸酶结构域，激活的 IRE1 以非常规方式剪接 bZIP60 mRNA，截短的 bZIP60、活化的 bZIP17 及 bZIP28 被释放，由此它们重新定位到细胞核并上调 UPR 的基因表达（Srivastava et al.，2018）。

最近的研究表明，植物特异性转录因子 NAC TF 参与植物 UPR（Ruberti et al.，2015）。膜锚定转录因子 NAC089，其表达水平受 bZIP28 和 bZIP60 调节，参与 ER 胁迫反应并诱导程序性细胞死亡基因表达（Gowda et al.，2013）。细胞质膜 NAC062 和细胞质 NAC103，其表达直接受 bZIP60 调控，介导拟南芥中的 UPR（Yang et al.，2015）。大多数 ER 胁迫诱导的基因是分子伴侣或蛋白质折叠催化剂，如结合蛋白（BiP）、蛋白质二硫键异构酶（PDI）和钙连接蛋白（CNX）。

ER 胁迫反应是一个复杂的过程，可以维持植物中胁迫适应和生长调节之间的平衡。各种非生物和生物胁迫，包括盐或热胁迫、植物病毒运动蛋白（Deng et al.，2013），以及用 ER 胁迫剂如衣霉素、二硫苏糖醇和异哌啶酸处理都可以诱导 ER 胁迫。由于在 ER 中发生一定量的蛋白质错误折叠，通常通过将错误折叠的蛋白质逆行转运到细胞溶质中以促进依赖蛋白酶体降解而改善（Schröder and Kaufman，2005）。

高尔基体负责基质多糖的生物合成，并参与从内质网输入肽链的进一步糖基化，蛋白质的 *N*-糖基化是在内质网中进行的，但是对糖基的修饰却是在高尔基体中完成的，其还在分泌途径中起决定作用，确定蛋白质、脂质和碳水化合物到达细胞壁和其他细胞器（Parsons et al.，2012），因此高尔基体是细胞内物质运输的交通枢纽。

蛋白糖基化包括影响蛋白质的溶解度（*N*-聚糖），产生蛋白质之间相互作用的瞬时凝集素［*O*-乙酰葡糖胺（*O*-GlcNAc）］，将蛋白质转化为复杂的大分子（*O*-聚糖），并能够将复杂的蛋白质输送到特定的脂质结构域［糖基磷脂酰肌醇锚（GPI）］（Millar et al.，2019）。在植物中，多种功能的实现与内质网和高尔基体有关，植物内质网（ER）-高尔基系统是所有非纤维素多糖、蛋白多糖和用于细胞壁的蛋白质合成、组装及运输的位点。内质网和高尔基体定位的蛋白质一直是研究细胞壁生物合成途径的靶标。然而，由于内质网与高尔基体联系的密切性、高尔基体在细胞中的不稳定性，研究内质网和高尔基体蛋白质组学颇具挑战性。

9.5.1 植物内质网蛋白质组学

内质网（ER）是一种多功能细胞器，负责合成、加工和运输对细胞生长及存活至关重要的各种蛋白质，包括激素、酶、受体、离子通道和转运蛋白。ER 具有许多功能，包括蛋白质合成、易位、蛋白质折叠的质量控制，蛋白质从 ER 到高尔基体的输出。此外，ER 也是类固醇或异生物质代谢、细胞内钙稳态和细胞内信号转导的位点（Lavoie and Paiement，2008）。进入分泌途径的蛋白质在 ER 结合的核糖体上合成，共翻译转移到 ER 中，并在 ER 质量控制系统的促进下折叠。允许正确折叠的蛋白质通过外壳蛋白复合体Ⅱ（COPⅡ）依赖性囊泡转运离开 ER，而末端错误折叠的蛋白质被反转录到胞质溶胶中并被蛋白酶体降解（Anken and Braakman，2005）。

9.5.1.1 植物内质网与其他细胞器的物理接触

在植物中，许多细胞区室包括高尔基体、质膜（PM）、叶绿体、线粒体、过氧化物酶体和内体被证明与 ER 密切相关（Chung et al.，2016）。ER 和多种细胞器的紧密联系对于许多细胞过程是至关重要的。例如，有研究表明，脂质交换发生在 ER-质膜和 ER-叶绿体膜接触部位（Jilian et al.，2015）；线粒体和过氧化物酶体的分裂受 ER 的调节（Sinclair et al.，2009；Jaipargas et al.，2015）；由细胞内吞作用形成的内体的分布和流动依赖于 ER-内体结合（Stefano et al.，2015）。鉴于内质网特有的动态结构及其在为其他细胞器产生蛋白质、脂质及维持 Ca^{2+} 稳态中的重要作用，ER 与其他细胞器和内膜隔室形成许多物理接触（Stefano and Brandizzi，2018）。最近的研究已经确定了许多所谓的 ER-膜接触位点（MCS），其促进 ER 和各种细胞器之间的重要代谢物和信号分子的交换（Wang and Dehesh，2018）。

ER-核相互作用，由称为 UPR 的高度保守的信号转导机制介导，其通过 ER 中错误折叠蛋白质的积累而被激活（Liu and Li，2019）。ER 到高尔基体的转运是蛋白质分泌途径的第一步。在植物细胞中 ER 和高尔基复合体附着于 ER 退出位点（ERES）（Sparkes et al.，2010）。ER-高尔基体相互作用涉及外壳蛋白复合体Ⅱ（COPⅡ）介导的来自 ER 的蛋白输出和 COPI 介导的来自高尔基体的 ER 驻留蛋白的回收。由于存在高严格的质量控制机制，只有正确折叠和正确组装的蛋白质可以从 ER 输出到高尔基体中，而那些不完全/错误折叠和不正确组装的蛋白质保留在 ER 中，用于伴侣辅助重折叠或通过涉及细胞溶质蛋白酶体的 ERAD 去除（Liu and Li，2014）。ER 和高尔基复合体之间的功能和物理连接不仅可以确保正常的细胞活动，而且对于胁迫条件下植物细胞的存活也是必不可少的（Liu and Li，2019）。

由于 ER 膜的 H_2O_2 渗透性（Ramming et al.，2014），ER 诱导的氧化胁迫可能影响由 ER-线粒体物理接触介导的线粒体 ROS 的产生（Hafiz et al.，2016）。另外，线粒体 ROS 可以诱导 ER 中 UPR 靶基因的表达（Ozgur et al.，2015）。此外，ER-线粒体接触对于构建从其他细胞器导入大部分脂质的线粒体膜系统也是必不可少的。ER-线粒体接触允许两个相邻膜之间的脂质交换和/或允许膜定位的酶进入相连膜上的脂质底物（Michaud et al.，2016）。ER-线粒体的物理接触对于两种细胞器之间的 Ca^{2+} 串扰也是必不可少的，这两种细胞器经常受 ROS 的影响（Liu and Li，2019）。ER 不仅产生、折叠和组装定位于 PM 的通道/转运蛋白和受体/传感器，而且通过依赖囊泡和/或独立机制将脂质递送至 PM 及其他细胞内区室。ER-PM 接触位点（EPCS）是进化上保守区域，对 ER-PM 通信很重要，如脂质稳态和流体中的 Ca^{2+}（Saheki and De Camilli，2017）。EPCS 现在被广泛接受作为非囊泡脂质转运的重要位点，其似乎是特定脂质的主要运输途径（Lev，2012）。

ER 和叶绿体是脂质生物合成的两个主要位点（Van Meer et al.，2008），ER-叶绿体相互作用对于在正常生长和响应各种环境胁迫条件下植物细胞中的脂质稳态是必要的（Lavell and Benning，2019）。ER-叶绿体介导的脂质生物合成涉及叶绿体中脂肪酸（FA）的从头合成、FA 的叶绿体-ER 转运、ER 催化甘油酯的组装和修饰，其转移至叶绿体以产生主要的叶绿体脂质-半乳糖脂（Benning and Ohta，2015）。近年来的研究表明，叶绿体-ER 物理接触位点直接参与脂质交换（Block and Jouhet，2015）。

众所周知，过氧化物酶体动力学如伸长、分裂、降解及代谢变化需要与其他细胞器进行不断协作和交流（Kao et al.，2018）。ER-过氧化物酶体连接已知多年，因为过氧化物酶体是由专门的 ER 区域出芽或酵母和哺乳动物细胞中先前存在的过氧化物酶体的生长及分裂形成的（Kao et al.，2018）。虽然没有明确的证据支持植物过氧化物酶体的 ER 出芽模型（Mullen and Trelease，2006），但 ER 至少参与植物过氧化物酶体的生物发生，其可以为预先存在的过氧化物酶体或新的过氧化物酶体的生成提供膜、脂质和某些过氧化物酶体膜蛋白（PMP）（Hu et al.，2012）。许多液泡蛋白和代谢物在 ER 中合成和加工并转运至液泡。液泡转运的一个成熟途径是 COPⅡ介导的从 ER 到高尔基体的囊泡转运，涉及前液泡室（PVC，多囊泡体也称为 MVB）的高尔基体后转运（Brillada and Rojas-Pierce，2017）。研究表明，存在涉及自噬机制的直接的非依赖高尔基体的 ER-液泡转运途径（Michaeli et al.，2014），其降解和再循环受损/错误折叠/聚集的蛋白质和缺陷/过量的细胞内细胞器（Wang et al.，2017）。尽管液泡在植物生长、胁迫耐受性和植物防御中具有重要作用，但对植物 ER-液泡接触位点及其相关的复合物知之甚少（Liu and Li，2019）。

9.5.1.2 植物内质网的纯化及其蛋白质组学

在形态学上，ER 由片状扁平球状或池状、小管和核膜的网络组成，它们共享一个共同的腔空间并延伸到整个细胞（Roberto and Ineke，2003）。ER 具有专门的子域，具有不同的形态和功能。具有膜结合核糖体的糙面 ER（rER）主要参与蛋白质的合成和折叠，不结合核糖体并且光面 ER（sER）专用于钙储存、脂质合成和药物的解毒。过渡性 ER（tER）被认为是新合成的蛋白质离开 ER 的位点。COPⅡ包被的囊泡介导 ER 的蛋白质输出及其向高尔基体的顺行运输，而 COPⅠ（外壳蛋白复合体Ⅰ）包被的囊泡介导逆行运输，将回收蛋白和逃逸的 ER 驻留蛋白质带回 ER（Lee et al.，2004）。因此，ER 蛋白质组的全面表征对于其功能的理解非常重要。

ER 是一个错综复杂的互连膜通道和薄片结构，即使在最温和的细胞均质化过程中也不可避免地受损，因此 ER 的纯化一直是研究 ER 蛋白的限制因素。ER 通常被片段化成大量称为微粒体的小的封闭囊泡，其可以通过差异或密度梯度离心很容易地分离，但是以这种方式制备的植物“微粒体”颗粒经常被来自高尔基体、液泡膜、类囊体或质膜的其他膜材料严重污染。基于这种情况，蔗糖密度梯度离心成为分离植物微粒体的方法。因糙面微粒体膜囊泡附着较重的核糖体，所以其密度大于光面微粒体（Lord，1987）。

ER 密度分离方法也被用作 ER 的蛋白质组学的分析，通过平衡密度梯度离心分离拟南芥微粒体，并通过质谱法定量鉴定每个级分的蛋白质成分。通过这种方法，基于它们与 ER 的已知蛋白质（如 BiP、钙联蛋白、ACA2）分布的一致性，将 182 种蛋白质分配给 ER（Dunkley et al.，2006）。另外可以利用 Zera 蛋白能诱导来自 ER 的致密蛋白体形成的能力，然后确定分离蛋白体的组成（Joseph et al.，2012）。然而植物 ER 相关蛋白的鉴定远未完成。还有一种离心技术可以确定感兴趣的膜蛋白是否与 ER 相关，理论上这种技术也可以用作富集 ER 的手段。为此，首先在 Mg^{2+} 存在下进行密度梯度离心，分离含 ER 的级分；然后稀释及重悬浮 ER 微粒体后，在没有 Mg^{2+} 的情况下进行第二次密度梯度离心（Schaller，2017）。核糖体与糙面内质网（rER）的结合依赖 Mg^{2+}。通过从培养基中去除 Mg^{2+}，可以从 ER 中除去核糖体，当通过平衡密度梯度离心分析 ER 囊泡时，导致 ER 膜密度降低和迁移的转变。当通过平衡密度梯度离心分析时，内质网（ER）囊泡根据它们是否与核糖体相关而迁移至不同的密度（Schaller，2017）。

通过同位素标记定位细胞器蛋白（LOPIT）是用于研究蛋白质定位的蛋白质组学技术，该技术不依赖于纯细胞器的制备（Dunkley et al.，2006）。首先通过密度梯度离心使细胞器部分分离。然后可以通过测量沿着梯度长度的级分之间的蛋白质的相对丰度来评估这种梯度内的蛋白质分布。通过使用不同密度梯度级分中的蛋白质的差异同位素标记及质谱法，这些分布模式变得可视化，然后可以通过将它们的分布与先前定位的蛋白质的分布进行比较来确定迄今未知位置的蛋白质的亚细胞定位。已经证明了 LOPIT 用于区分 ER 和高尔基体定位蛋白的适用性（Dunkley et al.，2006）。通过 LOPIT 技术分析表明，在拟南芥 ER 中有 182 种蛋白质，其中 30 种没有预测其功能，可以作为未来研究植物新 ER 功能的理想靶标（Dunkley et al.，2006）。对剩余蛋白质的功能进行预测发现其反映在 ER 的多种作用，包括新生多肽的折叠、修饰及多种代谢功能（Galili et al.，1998）。参与易位和折叠的蛋白质包括一个信号识别颗粒受体同源物，两个Sec63 同源物和5 个信号肽酶同源物（Young et al.，2001）。正如预期，通过 LOPIT，还发现伴侣蛋白 BiP、HSP90 和钙联蛋白、钙网蛋白都位于 ER 中，还有 9 种二硫键异构酶和一个肽——脯氨酰异构酶（Galili et al.，1998）。寡糖转移酶复合物的成员（两个 ribophorin Ⅰ 同源物、ribophorin Ⅱ、两个 STT3 同源物、OST3、OST6、OST48 和 DAD1），在 *N*-糖基化的第一步中转移预装配的寡糖，被分配到 ER，此外合成多萜醇连接的寡糖是酵母 ALG5 和 ALG7 蛋白的同源物（Kelleher et al.，2003）。ER 指定的代谢蛋白包括 18 种细胞色素 P450、NADPH 细胞色素 P450 还原酶、NADH 细胞色素 b5 还原酶、两种细胞色素 b5 蛋白和 11 种参与脂质代谢的蛋白质（Beisson，2003）。最后，已经鉴定了许多参与调节 ER 的离子和蛋白质含量的蛋白质，包括 Ca2α-ATP 酶家族成员（ECA1、ECA4、ACA1 和 ACA2）（Geisler et al.，2000）；AtSEC12，它是 COPⅡ 鸟嘌呤核苷酸交换因子（Bar-Peled and Raikhel，1997）；SNARE 相关蛋白 AtPVa11 和 AtPVa12（Pratelli et al.，2004）；RHD3 与 ER-Golgi（高尔基体）装置转运有关，与 RHD3 同源物有关（Zheng et al.，2004）；p24 蛋白家族的两个成员，被认为在 ER 和高尔基体之间的 COPⅠ 和 COPⅡ 介导的转运中起作用（Kaiser，2000）。

尽管传统的生化分馏已经在 ER 纯化取得了很好的结果，但是发现的这些蛋白质可能受到污染，并损失了关键组分蛋白，最终影响数据集的质量。对于整个 ER 数据集，ER 衍生的微粒体存在几乎与其他所有细胞区室共离心的倾向（Sadowski et al.，2008），使得这些蛋白质组包括了内质网膜（ERM）和ER内容物，导致独立数据集之间的重叠（Chen et al.，2010）。新近发展起来的邻近生物素化成为ER研究的新策略，这是一种完全绕过生化分馏和细胞器纯化的方法（APEX2）。APEX2是27kDa工程化单体过氧化物酶，可以遗传性地靶向感兴趣的细胞区域（Lam et al.，2015）。APEX可与任何蛋白质融合，可用于任何细胞类型和任何亚细胞区室，通过添加过氧化氢（H_2O_2）和一种用于APEX2的膜渗透性底物生物素-苯酚（BP），导致在几纳米APEX2内的内源蛋白共价生物素化。因为标记是在1min内进行的，而细胞和细胞器是完整的，蛋白质之间的空间关系得以保留，导致它们通过生物素探针进行特异性标记（Hung et al.，2014）。标记后，裂解细胞，用链霉抗生物素蛋白珠富集生物素化的蛋白质组并通过MS分析。已经证明APEX产生的生物素-苯氧基自由基不会穿过细胞膜（Rhee et al.，2013）。蛋白质组学图谱应该对ER膜外膜上的蛋白质而不是对ER腔内标记的蛋白质具有特异性。已有研究运用APEX2定位于ERM获得其蛋白质组，发现具有高度特异性和中等覆盖度，这应该是生物学家研究ER膜的宝贵资源（Hung et al.，2017）。SUBA中标注的内质网蛋白有529种（SUBA4，http://suba.live），SUBAcon预测大约431种蛋白质定位于内质网。这些蛋白质经过Mapman分析（图9-10），其中11%被分类到蛋白功能组，参与脂质代谢、转运和胁迫的均为6%，参与激素代谢、信号途径、细胞壁功能的均为4%，参与次级代谢和氧化还原的蛋白质均有5%，而未知功能蛋白质占比最大，为30%。通过SUBA分析发现，定位于内质网的标注蛋白与预测蛋白还待进一步确定，这为内质网蛋白质组学的研究开拓了新的视野。

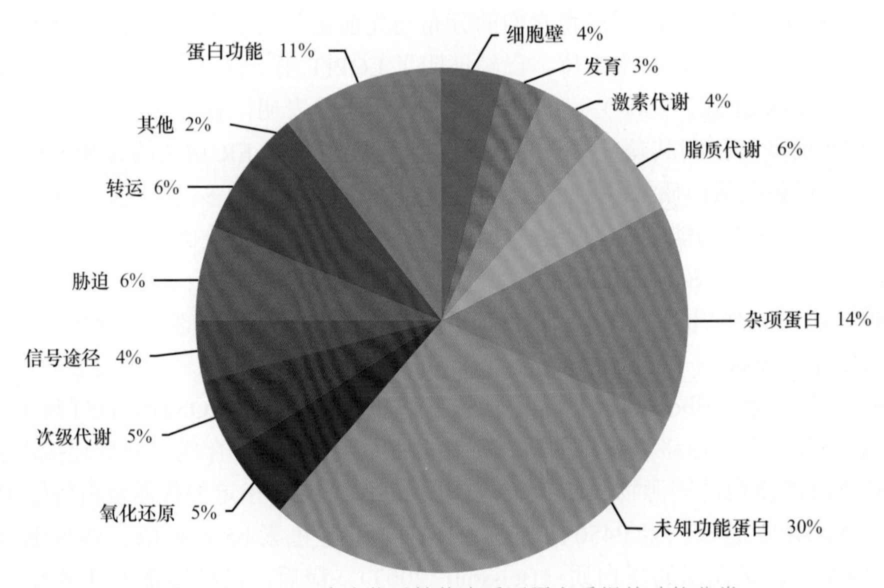

图9-10 SUBA中定位于植物内质网蛋白质组的功能分类

9.5.2 植物高尔基体蛋白质组学

植物高尔基体是一种多功能细胞器，负责细胞表面复杂的多糖生物合成、糖蛋白的加工和修饰，以及作为不同位置的多糖和蛋白质的分选站。与形成近核或核周网络的哺乳动物细胞聚集的高尔基堆叠相比，植物中的高尔基体堆叠以单体或小簇分散在整个细胞质中，并沿着肌动蛋白微丝的停止和移动进行翻滚运动，与内质网（ER）网络平行运行（Hawes and Satiat-Jeunemaitre，2005）。形态学上，高尔基堆叠由一系列具有明显极性的扁平池构成。这种极性反映了堆叠的矢量基础组织，它从顺式面上的内质网接收产物，特别是蛋白质，并在加工成熟后从反面输出。此外，ER 膜和顺式高尔基体膜存在密切的生化关系（图 9-11）（Nikolovski et al.，2012）。

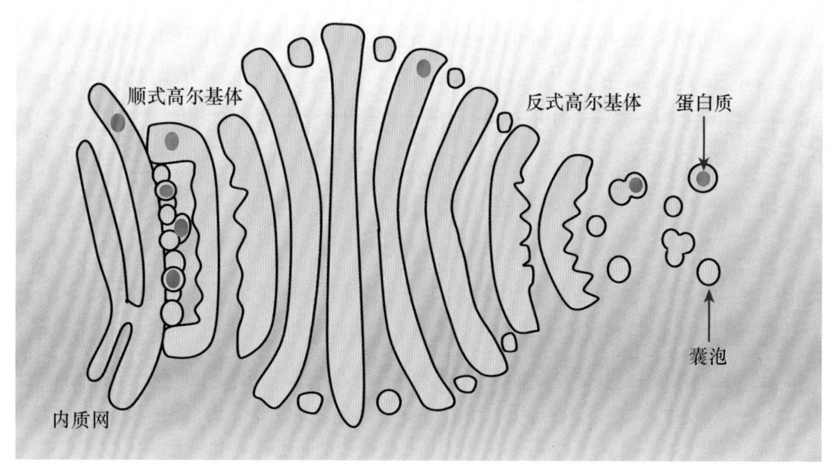

图 9-11　顺式高尔基体和反式高尔基体示意图（Kurokawa et al.，2014）

顺式高尔基体与内质网接触来捕获新产生的囊泡；从内质网中，它们被传递到与高尔基体一系列膜结合区室，蛋白质通过这些区室进行分选，以便递送至细胞中的最终位置；蛋白质进入高尔基体的切入点称为顺式高尔基体；新的机制认为囊泡未从内质网中释放出来；相反，顺式高尔基体膜延伸，与囊泡直接接触，同时囊泡仍然在内质网的过程，称为“拥抱和亲吻”；在这种接触过程中，新生成的蛋白质在隔室之间通过，表明囊泡不一定会被释放，而是在释放前被顺式高尔基体捕获；从内质网到高尔基体的蛋白质转运由外壳复合物Ⅱ（COPⅡ）囊泡介导

内质网 / 高尔基体途径是多细胞生物（如植物和动物）中众所周知且广泛表征的经典分泌过程。在该途径中，整合的质膜蛋白、分泌的蛋白质通常在内质网处合成并通过高尔基体，尽管一些分泌的囊泡可以在通往液泡的途中绕过高尔基体。高尔基体是一个主要的分选站，将贩运路线分散到质膜、内体、液泡或细胞板（Sanderfoot and Raikhel，1999），因此，内质网 / 高尔基体途径的正常功能需要分泌细胞器之间的紧密配合和调节。在真核生物的早期分泌途径中，蛋白质首先从内质网（ER）转运到高尔基体。分泌的货物分子从顺式侧到反式侧穿过高尔基池的堆叠，最终到达反式高尔基体网络（TGN），而后进一步分选到质膜（PM）和细胞外空间，或到内体和溶酶体系统（Brandizzi and Barlowe，2013）。已知外壳蛋白复合体Ⅱ（COPⅡ）和外壳蛋白复合体Ⅰ（COPⅠ）囊泡分别介导 ER 和高尔基体之间的顺行及逆行蛋白质运输（Cottam and Ungar，2012）。然而，ER 和高尔基体均保持特定的驻留膜蛋白及脂质以实现其结构和功能整合。一些保留信号，如众所周知的 C 端 KKXX 基序，通过与 COPⅠ的相互作用特异性地从高尔基体中识别到 ER 驻留膜蛋白（Montesinos et al.，2013）。

9.5.2.1　植物高尔基体的纯化

多年来分析高尔基蛋白质组的主要困难是细胞器的纯化，因为它在细胞中的丰度低，并且与其他细胞膜具有相似的密度。在植物中，高尔基体与 ER 保持密切的物理关系。因为这两种膜结构具有相似的性质，通过密度梯度离心这种方式来提取高尔基体的实验中，ER 膜经常是污染的来源。 尽管高尔基体富集技术在蛋白质组学之前已存在了几十年，但迄今为止分离出高纯度的高尔基体组分是植物高尔基体蛋白质组学表征的主要限制因素，而且对分离的植物高尔基体膜的蛋白质组学进行表征的研究很少。然而，以前的工作证明了对高尔基体膜进行信息蛋白质组学分析，而无须依靠直接的细胞器分离（Dunkley et al.，2006）。使用细胞器特异性标记进行蛋白质印迹分析，沿着线性密度梯度部分，分离高尔基体和 ER。同位素标记的蛋白质根据它们沿着该梯度的相对分布模式进行分组，其中 89 种蛋白质被分配给高尔基体，182 种被分配给 ER（Dunkley et al.，2006）。这项研究是对高尔基体和 ER 蛋白质组的首个相当大的贡献。一种方法是通过同位素标记定位细胞器蛋白质的分析集中于膜结合蛋白，另一种方法是通过对总蛋白质的分析鉴定的略微不同的蛋白质子集可以进一步鉴定新型高尔基体蛋白质，而使用两种方法鉴定的膜蛋白质将提供技术的相互验证。因此，尽管蛋白质组学研究和荧光蛋白定位已将超过 170 种蛋白质定位于高尔基体，但是一种强大的技术允许以足够高的纯度水平分离高尔基体，用于蛋白质组学和 / 或生物化学分析，这将是非常有益的。

平衡蔗糖密度梯度离心已被用于富集高尔基体膜进行蛋白质组学分析，其中相对蛋白质和标记物丰度用于推断混合膜制剂中的高尔基体特异性补体（Nikolovski et al.，2012）。在常规向下离心中会受到其他膜的污染，但在蔗糖梯度中的浮选离心显著提高了高尔基体膜的纯度。其高尔基体膜的快速富集保持了体外多糖合酶反应和合酶拓扑研究所需的蛋白质完整性（Urbanowicz et al.，2004）。然而植物高尔基体和内质网（ER）的密度相似，因此难以使用像密度离心这种标准技术进行分离。

除密度离心外，细胞器也可以通过表面电荷分离。膜的特定蛋白质和脂质成分导致细胞器之间的表面电荷变化，因此导致电场中的迁移距离不同。自由流动电泳（FFE）是一种分离蛋白质、肽、细胞器和细胞的技术。自由流动电泳利用这些特征，将膜和细胞器的混合物引入室中，在层流下向上移动，同时以与流动方向成直角的方式施加电场（Islinger et al.，2010）。结合其他细胞器富集技术，FFE 已成功用于制备多个植物物种的多种细胞器，其中通过连续液体流中表面电荷的差异从其他细胞器和微粒体膜中分离膜（Parsons et al.，2014）。现在已经证明 FFE 技术可以非常成功地应用于具有相似表面电荷的细胞器的分离，如线粒体和过氧化物酶体，这在过去很难通过其他技术分离；从粗膜中初步富集细胞器而后使用该技术改善蛋白质分辨率。例如，通过两相水分配来分离质膜增强了 FFE 随后分离的质量，用于蛋白质组分析（De Michele et al.，2016）。由于植物高尔基体与内质网难以分离的特点，自由流动电泳系统的区域电泳（ZE-FFE）技术可以解决这一问题，该技术问世已超过 50 年。当该过程与现代质谱分析技术相结合时，可以完全实现其在亚细胞分馏中的潜在应用。因此，考虑到该技术在过去半个世纪的可用性，它作为跨多个研究领域的技术的复兴是相对较新的。通常通过密度离心将 ZE-FFE 应用于富含目标亚细胞区室的样品。该技术通过分离细胞器的方式在植物中推进了亚细胞蛋白质组学，其纯度水平明显高于之前单独使用密度梯度离心技术所获得的水平（Eubel et al.，2007）。ZE-FFE 不依赖细胞器的大小和密度，而是通过细胞器表面电荷的差异来电泳分离。该技术固有的灵活性和适应性已被证明对于促进具有相似电荷和密度的细胞器的分离是必不可少的，从一个复杂污染物背景中纯化高尔基体已经证明了表面电荷具有纯化与其他亚细胞区室相似密度的细胞器的益处（Parsons et al.，2012）。

尽管高尔基体具有重要性，但已被定位的高尔基体蛋白质相对较少，对其蛋白质的功能特征的研究更少。高尔基体含有大量的膜结合糖基转移酶（GT），目前的观点是，合成不同供体和受体糖之间的连接需要不同的 GT 活性，考虑到细胞壁多糖中发现的连接类型的多样性，所涉及不同的 GT 数量可能非常大（Nikolovski et al.，2012）。例如，对于单独的果胶生物合成，需要 65 种不同酶活性的作用（Caffall and Mohnen，2009）。这些结果使人们对高尔基体功能及其生化特性有了更广泛的了解。使用 LOPIT 技术发现 89 种蛋白质最初定位于高尔基体（Dunkley et al.，2006），但是蛋白质携带4种同位素标签的要求，限制了可以指定统计学上可信定位的蛋白质的数量。最近对现有和新数据集的重新分析，使得204种蛋白质集体定位于高尔基体（Dunkley et al.，2006；Nikolovski et al.，2012）。虽然LOPIT开发的主要动机是高纯度地分离高尔基体，特别是尽可能避免ER污染物，但最近的一项研究已经设法分离出高尔基体，基于蛋白质组成纯度约为80%。这是使用蔗糖密度梯度离心和FFE的组合实现的（Parsons et al.，2012）。几年前，当用于线粒体和过氧化物酶体的分离时，FFE用于细胞器分离的能力得到证实，这两种细胞器通常难以单独使用密度离心分离（Holger et al.，2008）。由于FFE的分离取决于表面电荷，高尔基体比ER囊泡和大多数其他污染物携带更多的负表面电荷，使用这种技术可以分离、确定371种蛋白质定位于高尔基体（Parsons et al.，2012）。

虽然分离细胞器是最具挑战性的技术之一，但多种技术已确定近500种蛋白质定位于高尔基体。作为蛋白质运输的中心，其蛋白质组最好在其他蛋白质组的背景下被理解。这些区室之间的比较通过内膜系统为蛋白质分布提供了新的理解水平，并通过其他高尔基体区室的蛋白质组学分析显示了扩增的可能性（Nikolovski et al.，2012）。据估计，到目前为止，通过质谱法仅鉴定了约20%的高尔基体蛋白质。到目前为止，所有研究都是在快速分裂、发育中的组织（细胞悬浮培养或液体培养的小植株）中进行的。需要探索其他组织类型以增加高尔基体蛋白质组的覆盖范围。还必须集中精力获得顺式、内侧和反式高尔基体小室的蛋白质组，这将带来进一步的技术挑战，但将有助于识别表达更低丰度的蛋白质，并提供对植物高尔基体功能的宝贵见解。

9.5.2.2 植物高尔基体蛋白质的组成

高尔基体由大约1000种蛋白质组成。通过同位素标记细胞器蛋白质的定位（LOPIT）技术来进行拟南芥高尔基体的蛋白质组学分析（Dunkley et al.，2006），定位于高尔基体的89种蛋白质主要属于以下3种类别：糖基转移酶类蛋白、EMP70蛋白质和推定的甲基转移酶。Asakura等（2006）通过LOPIT技术揭示了水稻顺式高尔基体中存在一组RAB（YPT1）家族，然而该研究几乎检测不到SNARE和寡糖调节酶。这些蛋白质可能是水稻高尔基体系中的微量成分，大约20%的已鉴定蛋白质在功能上是未知的。在高度纯化的大鼠高尔基体膜中鉴定了内膜蛋白EMP70（Bell et al.，2001）。酵母EMP70同源物Yer113c也已定位于高尔基体。EMP70是一种多重跨膜蛋白，与Ca2α-ATP酶类似，EMP70家族蛋白已被确定为拟南芥中高尔基体蛋白质（Dunkley et al.，2006）。

在碳水化合物活性数据库（CAZy）中引用的24种预测的糖基转移酶定位于高尔基体，反映了这种细胞器专门用于糖基化的事实（Borner，2003）。这些糖基转移酶包括参与*N*-糖基化的酶，如*N*-乙酰葡糖氨基转移酶Ⅰ和细胞壁生物合成酶Quasimodo1（Bouton，2002）。有趣的是，纤维素合成酶蛋白CesA1和CesA3也定位于高尔基体（Richmond and Somerville，2000），但纤维素的合成发生在PM（Haigler and Jr，1986）。然而，已经报道了纤维素合酶蛋白定位于细胞内的区室，包括高尔基体，并且已经表明纤维素合成酶组分在PM和细胞内细胞器之间循环，以将纤维素合酶复合物递送至细胞壁合成区域（Gardiner，2003）。类纤维素合酶（Csl）家族被认为参与高尔基体定位的多糖合成（Richmond and Somerville，2000）。已经有研究证明CslC6、CslD2和CslD3定位于高尔基体（Dunkley et al.，2006）。然而由于高尔基体的蛋白质组学表征受限，尽管在这项研究中，密度梯度离心和表面电荷分离技术的结合使得可以以足够高的纯度水平从拟南芥中高度分离高尔基体膜，用于深入的蛋白质组学分析，然而仍具有局限性。

近来，有研究利用密度梯度离心和表面电荷分离技术的组合提取了拟南芥高尔基体膜，进行了深入的蛋白质组学分析。该研究利用已在拟南芥中广泛使用的亚细胞蛋白质组学，将包含可重复的拟南芥高尔基体蛋白质组的 491 种蛋白质中的 64 种蛋白质指定为细胞器污染物，并且基于实验注释将另外 56 种蛋白质分配给蛋白质合成分类。特定的细胞器污染物包括线粒体（28 种蛋白质）、ER（15 种蛋白质）、胞质溶胶（14 种蛋白质），以及来自质体、细胞核和过氧化物酶体的 6 种蛋白质。污染蛋白和蛋白质合成相对鉴定的蛋白质组的占比分别为 13% 和 6%（图 9-12）。剩余的 371 种蛋白质的功能分析显示显著比例的蛋白质没有明显的功能作用（13% 为未知功能蛋白质），表明高尔基体作用的进一步多样化。值得注意的是，最大的功能组是参与糖代谢的蛋白质（20%），这是植物高尔基体的主要功能。该功能组包括超过 50 种 GT（糖基转移酶）和类 GT 蛋白，其中许多已被确定参与基质多糖生物合成。其次是转运相关蛋白（12%）、转移酶（12%）、运输蛋白（7%）和参与蛋白维持的功能组（4%）。拟南芥高尔基蛋白质组学已鉴定出 371 种蛋白质（Parsons et al.，2012），其中，通过蛋白质组学或荧光蛋白定位，总共 78 种（21%）已经定位于高尔基体或内膜。蛋白质根据它们是否定位在液泡、质膜或细胞外，进行反复鉴定而被归类为暂时的蛋白质，排除具有定位于多个细胞器位置的蛋白质，如纤维素合成酶的成员（Staffan et al.，2007）或液泡质子 ATP 酶（V-ATPase）复合物（Sze et al.，2002）。这提供了强有力的证据，即 55 种蛋白质或 12% 的总蛋白质通过高尔基体传递（图 9-12），并且使用瞬时荧光标记将 13 种新指定的蛋白质定位于高尔基体。这 13 种蛋白质分别为 AT1G27200.1，DUF23/GT0；AT1G32090.1，脱水应激蛋白（ERD4）；AT1G62380.1，ACC 氧化酶 2；AT3G04080.1，腺苷三磷酸双磷酸酶 1；AT3G11320.1，核苷酸-糖转运蛋白；AT3G23820.1，UDP-D-葡萄糖醛酸 4-差向异构酶 6；AT3G59500.1，HRF1 蛋白；AT4G27720.1，主要促进超家族蛋白；AT4G30440.1，UDP-D-葡萄糖醛酸 4-差向异构酶 1；AT4G33910.1，加氧酶蛋白；AT5G18280.1，腺苷三磷酸双磷酸酶 2；AT5G20350.1，锚蛋白；AT5G58970.1，解偶联蛋白 2（UCP2）。

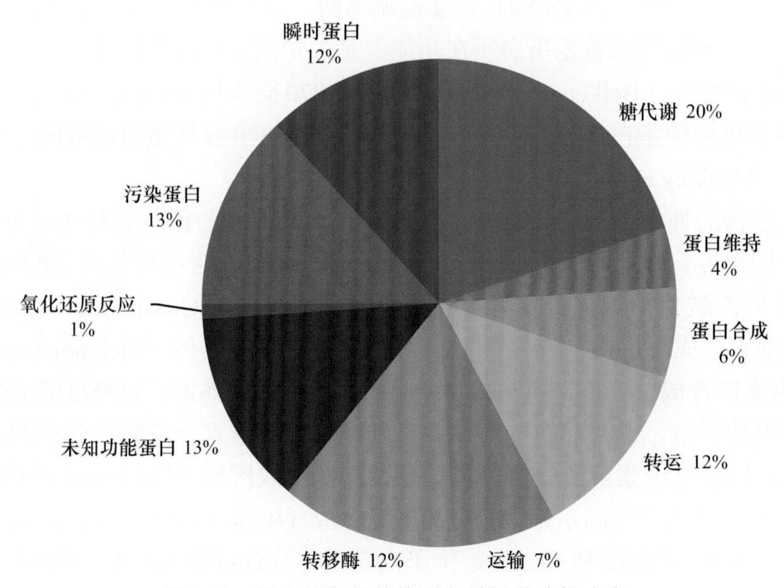

图 9-12 拟南芥高尔基体蛋白质组学功能分类

植物高尔基体和反式高尔基体网络是植物细胞内的主要内膜运输中枢，并且涉及维持植物生长和发育的多种重要的功能。最近，已经使用一系列不同的技术方法，通过模式植物拟南芥中的质谱法分离和表征这些复合细胞器的组分。总的来说，这些研究已经将通过质谱法鉴定的高尔基体和囊泡定位蛋白的数量增加到近 500 种。

SUBA 中标注的高尔基体蛋白质有 2514 种（SUBA4，http://suba.live），SUBAcon 预测大约 581 种蛋白质定位于高尔基体（http://suba.live/search.html）。预测得到的 581 种蛋白质通过在 Mapman 中的具体比对发现（图 9-13），除未知功能蛋白质（31%）和杂项蛋白质（6%）外，占比最大的是蛋白质功能组（14%），其次是转运（9%）和细胞（9%）蛋白质功能组，与高尔基体功能直接相关的细胞壁功能组占（7%），其余得到注释的蛋白质被归类到信号途径（7%）、胁迫（6%）、脂质代谢（2%）、激素代谢（2%）等。SUBA 中标注蛋白与预测蛋白的不一致，以及未知功能蛋白质（31%）和杂项蛋白质（6%）的存在，说明拟南芥的高尔基蛋白质组学给未来的进一步的研究预留了极大的空间。

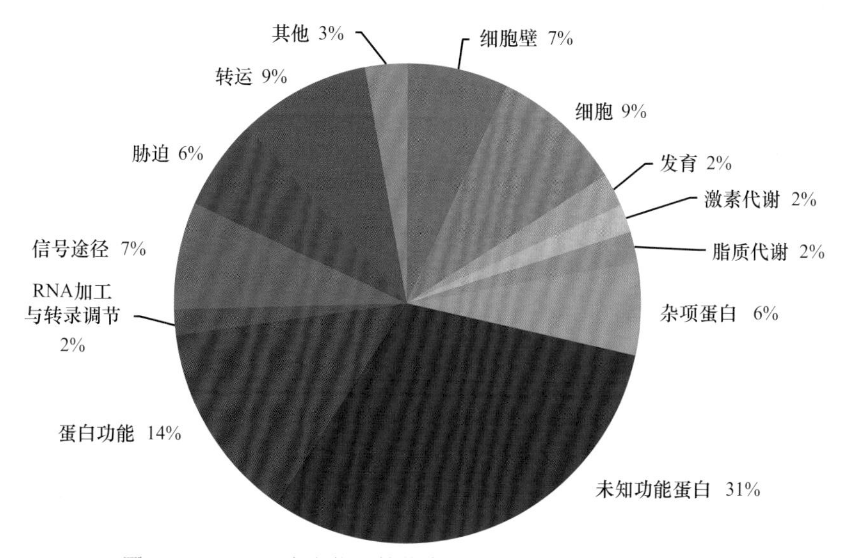

图 9-13　SUBA 中定位于植物高尔基体蛋白质组的功能分类

9.6　植物液泡和自噬体

液泡是由单层膜及其内的细胞液组成的一种细胞器，在植物细胞中普遍存在，主要含有一些无机离子、有机酸、糖、水解酶、贮藏蛋白，以及次生代谢物如生物碱、色素等。在大部分成熟的植物细胞中，液泡是最大的细胞器，在调控植物的生长发育中发挥着重要的作用（Taiz，1992; Morita et al.，2002）。液泡是植物生命必不可少的一个细胞器（Rojo et al.，2001）。植物液泡中有很多蛋白质，通过蛋白质组学分析，已鉴定到超过 100 种蛋白质参与液泡膜的活动（Whiteman et al.，2008）。

液泡最重要的功能之一便是对蛋白质的降解。一些受损或是衰老的蛋白质通过形成具双层膜结构的自噬体，将货物输送到溶酶体或液泡中；受损蛋白质进入液泡的另一种方式即货物通过液泡膜直接进入液泡腔。巨自噬过程利用自噬体结构的形成，并且需要 ATG 蛋白来对部分或全部叶绿体蛋白质进行降解（图 9-14）（Zhuang and Jiang，2019）。

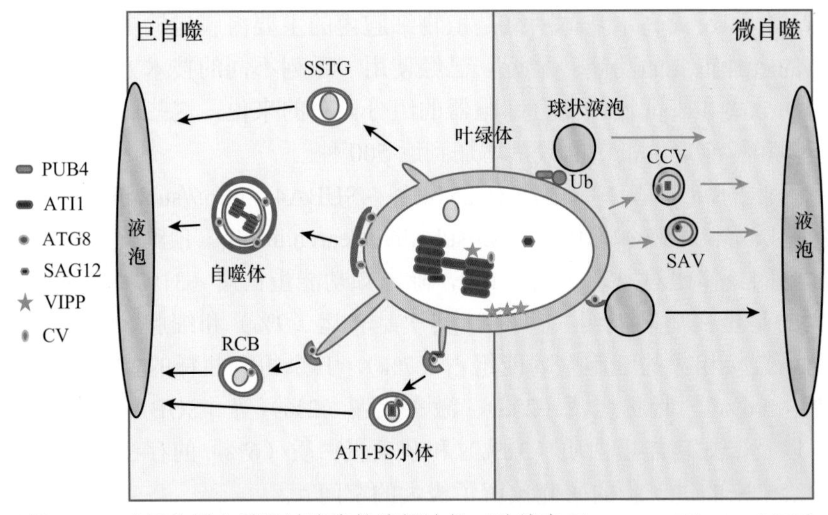

图 9-14 叶绿体蛋白质通过液泡的降解途径（改编自 Zhuang and Jiang，2019）

图示叶绿体蛋白质通过巨自噬、微自噬途径最终被液泡降解的过程。巨自噬就是通过形成双层膜包被的自噬体，然后包裹住待降解的蛋白质并运送到液泡进行降解，如 ATI1-GFP 标记质体相关蛋白，Rubisco 小体、小淀粉颗粒样结构（SSTG）及整个叶绿体被自噬体隔离。在微自噬过程中，待降解蛋白质通过液泡膜直接进入液泡腔，如包含囊泡的液泡、球状液泡和衰老相关液泡

细胞自噬（autophagy）是一类依赖于溶酶体和液泡的蛋白质降解自身受损的细胞器及大分子物质的途径，是真核细胞特有的生命现象。一般意义上的自噬都指巨自噬，它是最主要的一种自噬降解途径，能够封装和运输胞内物质到溶酶体或液泡中进行降解，通过一系列共同定位于吞噬泡组装位点的 ATG 蛋白组装形成吞噬泡结构，进而吞噬胞内物质，产生具有双层膜结构的封闭隔室，即自噬体（autophagosome），再与液泡或溶酶体融合，降解运输物并进行重新利用（Li et al.，2014）。植物液泡参与的许多生命过程包括维持蛋白质稳态、气孔开闭等，植物自噬体对蛋白质稳态进行着一定的调控。植物液泡和自噬体相互协同，共同维持植物细胞内的蛋白质稳态和正常的生命活动。

9.6.1 植物液泡与蛋白质稳态控制

9.6.1.1 植物液泡蛋白质组

早期液泡蛋白质组学的研究利用多维液相色谱-串联质谱和一维 SDS-PAGE 联用纳米液相色谱-串联质谱技术在拟南芥中鉴定到了 400 多种液泡蛋白质，所鉴定到的 400 多种蛋白质可以分为以下 7 类：膜重构和融合蛋白、蛋白质降解、转运蛋白、生物和非生物应激反应蛋白、糖苷酶、细胞骨架及其他蛋白（Carter et al.，2004）。膜重构和融合蛋白是直接参与膜融合的蛋白质，它们在信号转导、细胞骨架结构和膜内转运等方面也起着关键作用。第二种蛋白质主要负责蛋白质的降解，这些蛋白酶在液泡中发挥降解蛋白质的功能。植物液泡的另一个主要功能是维持膨压、储存代谢物及离子，为离子和有机代谢物的运输提供能量，这些工作主要是由转运蛋白来负责的。植物液泡的另一个主要功能包括应激反应和防御反应，主要是由生物和非生物应激反应来完成的。细胞骨架蛋白顾名思义就是维持细胞的骨架结构，负责细胞的一些运动，在细胞分裂中细胞骨架蛋白牵引染色体分离；在物质运输过程中，细胞器和细胞中的小泡会沿着细胞骨架定向转运（Carter et al.，2004）。

在拟南芥的研究中，利用液相色谱-串联质谱的技术鉴定到了超过 650 种蛋白质，其中

2/3 为膜蛋白、1/2 为可溶性蛋白。在从膜组分中鉴定的 416 种蛋白质中，有 195 种被认为是存在于跨膜结构域的蛋白质，还有 110 种转运蛋白（91 种推定的转运蛋白、19 种与 V-ATPase 相关的蛋白质）和相关蛋白质（Jaquinod et al.，2007）。在液泡正常功能行使过程中，转运蛋白发挥着巨大的作用。在花椰菜中的蛋白质组学数据显示，蛋白质参与离子和代谢物转运（26%）、应激反应（9%）、信号转导（7%）和代谢（6%），如蛋白质和糖水解（Jaquinod et al.，2007）。根据 SUBAcon 预测的液泡蛋白，按照其功能可将其分成十二大类，结果如图 9-15 所示，包括代谢相关蛋白、转运蛋白、蛋白降解、信号转导与调解等蛋白质等。

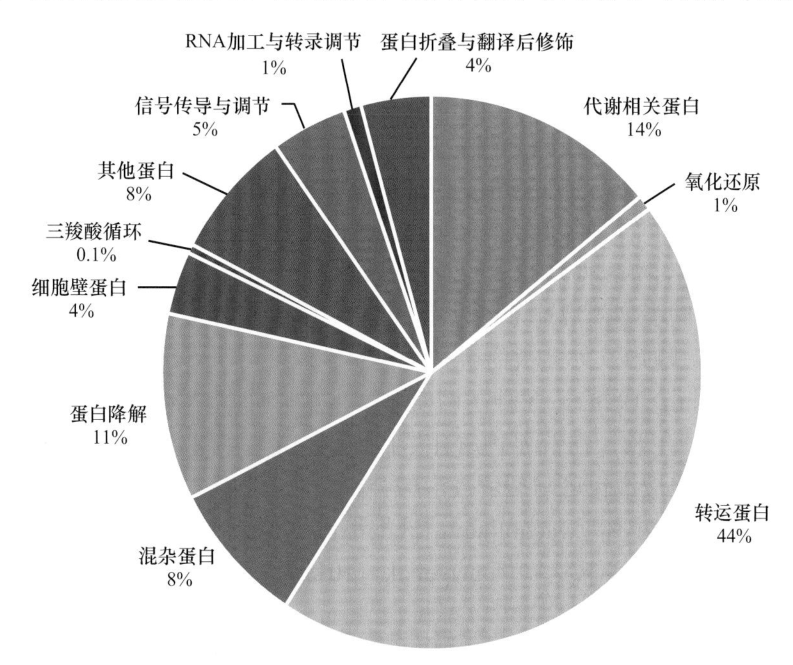

图 9-15　植物液泡蛋白质组分类

SUBAcon 预测的液泡蛋白质大约有 726 种，根据其功能主要分为十二大类，包括代谢相关蛋白、转运蛋白、蛋白质降解、信号转导与调解等蛋白质等，其中转运蛋白是最多的，与之前的研究结果相符，液泡功能的发挥与其蛋白质的含量是一致的；转运蛋白在液泡功能的发挥中起着重要作用；液泡膜上有许多泵，调控着离子的进出、气孔的开闭、细胞内的稳态等；代谢相关蛋白占到 14%，蛋白质降解相关蛋白占到 11%，这和液泡的功能有很大的联系，液泡的主要功能之一就是对蛋白质的降解

在花椰菜的液泡中，利用 SDS-PAGE 和反向色谱结合质谱技术鉴定到了 102 种可溶性蛋白、214 种膜蛋白。在所鉴定到的液泡蛋白质中存在大量的转运蛋白，如液泡质子 ATP 酶（V-ATPase）和液泡质子焦磷酸酶（V-PPase）产生电化学梯度，可用于驱动溶质进入液泡中；K^+/Ca^{2+} 通道负责硝酸盐的积累；苹果酸转运蛋白，对液泡二羧酸盐通道不发挥作用，但在苹果酸的液泡储存中起重要作用（Schmidt et al.，2007）。

9.6.1.2　液泡的发现与分离

Dujardin（1857）第一次引入“vacuole”（液泡）这个名词，他在观察原生动物细胞时发现了一个空腔，这个空腔便是可收缩的液泡。在那个时候，早就在植物的叶子和根中观察到类似的结构，所以 Dujardin 等用“vacuole”这个词来描述植物的大液泡，直到后来他们才意识到，植物的特殊组织中也含有更小的液泡，比如种子中有小液泡。

科学家发现了液泡之后，为了更好地研究其功能，便开始尝试提取植物液泡，相对于其他细胞器，植物液泡特别脆弱，需要更加温和的环境和一定的渗透压。目前分离植物液泡的方法有两种：一是制备原生质体，从原生质体中分离完整的液泡；二是制备粗的膜提取物，再从膜提取物中富集液泡膜微体。目前，比较常用的液泡分离方法是 Ficoll 一步梯度分离液泡（Trentmann and Haferkamp，2013）。此方法要求采用新鲜样品，不能用液氮冷冻。首先进行原生质体的分离，然后进行离子渗透及热裂解释放液泡，最后是梯度离心富集液泡。分离得到的液泡，通过 SDS-PAGE 结合 LC-MS/MS 分析其纯度（Shimaoka et al.，2004）。

9.6.1.3 植物中液泡的类型

随着显微镜的发明和分子生物学、生物化学的发展，发现植物细胞中存在多种类型的液泡（图 9-16）。首先是存在于植物营养器官和几乎所有类型组织中的裂解液泡（lytic vacuole，LV），裂解液泡被认为类似于哺乳动物的溶酶体和酵母的液泡，它是植物细胞中最基本的液泡类型。裂解液泡有时可占据细胞体积的 90% 以上，裂解液泡的功能主要是调节细胞渗透压，维持细胞内的水分平衡。除此之外，它还含有细胞代谢降解产物，具有水解酶（Eisenach et al.，2015）。生殖器官和种子细胞的另一种类型的液泡称为蛋白质储藏液泡（protein storage vacuole，PSV），其内容物酸性较低并且由贮藏蛋白主导，主要用于储藏功能（Shimada et al.，2018）。两种不同类型的液泡是可以相互转变的，在胚胎发育早期，种子的贮藏蛋白主要积累在子叶细胞的液泡中。大多数的研究发现起贮藏蛋白质作用的液泡就是由原先的裂解液泡转变来的（Herman，1999）。在种子萌发时，蛋白质储藏液泡相互融合，内部的营养物质分解参与植物细胞的生长，在营养物质耗尽后，蛋白质储藏液泡转变为中央液泡（Marty，1999），此外蛋白质储藏液泡也可与裂解液泡融合。在最近的研究中发现，植物细胞内还存在一种类型的液泡——液泡小体（vacuolino），液泡小体是存在于植物体内的一些小液泡，它可以介导蛋白质到中央大液泡的转运（Faraco et al.，2017）。

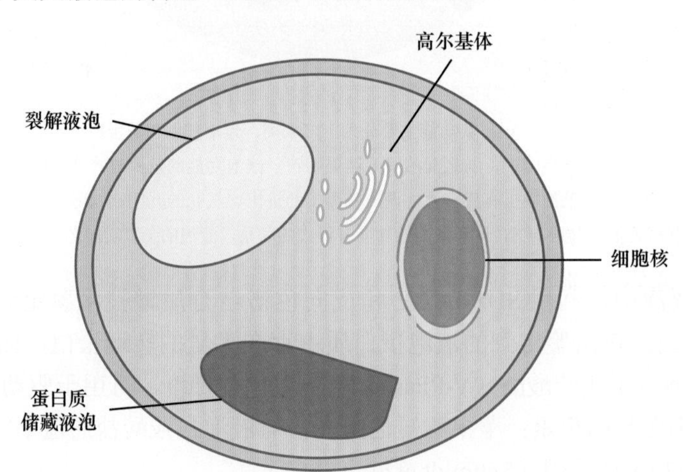

图 9-16 液泡的类型（改编自 Shimada et al.，2018）

植物中主要存在两类液泡：裂解液泡和蛋白质储藏液泡。液泡蛋白质在内质网上合成和加工，并通过各种途径转移到液泡中，它们可以通过高尔基体间接转移到裂解液泡，它们还可以直接从内质网转移到蛋白质储藏液泡。随着细胞的生长，蛋白质储藏液泡逐渐融合，形成更大的液泡

9.6.1.4 液泡蛋白质的合成和运输

蛋白质的稳态是由蛋白质合成和蛋白质降解共同决定的，细胞器蛋白质水解系统由蛋白酶和寡肽酶组成，这些蛋白酶和寡肽酶依次在蛋白质成熟、蛋白质降解和氨基酸回收过程中起作用（Li et al.，2017）。

大多数定位到液泡的可溶性蛋白是由膜结合的核糖体合成的，它们的前体形式都具有一段暂时的 N 端信号肽，新合成的前体高效定位于内质网腔。可溶性蛋白传递到液泡需要特定信号及其受体的存在。可溶性液泡蛋白质携带液泡分类信号，能够精确定位到液泡。液泡分类信号有以下 3 种类型：序列特异性液泡分类信号（ssVSS）、C 端液泡分类信号（ctVSS）和物理结构液泡分类信号（psVSS）。蛋白质形成正确构象后被运送到液泡并发挥其正确作用，包括离子的转运及一些小分子通道蛋白（Shimada et al.，2018）。

9.6.1.5　植物液泡与蛋白质降解

液泡蛋白质和代谢物在内质网上合成，然后通过高尔基体依赖性和高尔基体非依赖性的途径转运到液泡中。一种天冬氨酸蛋白酶——卡多辛 A 就是一个很好的例子，它的转运就分为两种类型，一种是 C 端介导的依赖内质网到高尔基体通路到达液泡；另一种则是独立于高尔基体的液泡蛋白质运输通路（Pereira et al.，2013）。

植物是不能移动的生物，它们经常遇到各种各样的不利的环境压力。为了在如此恶劣的条件下生存，植物必须适应和应对外部环境，液泡的存在允许植物在这些条件下进行细胞内重构和生理变化。液泡还能够降解由胁迫诱导的氧化蛋白和损伤的胞内物质，从而减轻有毒物质在细胞质中的积累，是因为液泡中含有多种水解酶（如酸性磷酸酶或蛋白酶），向液泡传递，蛋白质从内质网穿过高尔基体，在分泌途径中与其他蛋白质分离，转移到内体，然后进入液泡。液泡是细胞内蛋白质和细胞器周转的主要部位，因为它能够将大量水解酶隔离在一个液泡腔内，将底物及常驻水解酶传递到这里，输送过程包括膜的动态重新排列（Martinoia et al.，2018）。

液泡通过对受损蛋白质的降解及为植物细胞提供氨基酸、脂质或核酸等原料，从而维持蛋白质的稳态。许多细胞过程需要蛋白质合成和蛋白质降解之间的平衡。而液泡的一个重要的功能是水解胞内蛋白质和膜蛋白及周转细胞器（如质体、线粒体、过氧化体部分核），该功能有助于除去多余或受损的细胞器，是细胞稳态和确保细胞存活的关键因素（Wiederhold et al.，2009）。有些在核糖体合成的蛋白质不能正确折叠形成其三维结构而发挥作用，就会通过一种不包括高尔基体调节途径的机制送到液泡中降解。液泡中的水解酶可以降解细胞质成分、折叠受损的蛋白质，为植物提供原料和能量，如氨基酸、脂质或核酸。液泡还能消除受损或有毒成分，维持细胞的基本功能。

9.6.2　植物液泡与气孔的开闭调控

9.6.2.1　气孔的结构和功能

气孔是叶、茎及其他植物细胞上皮上许多小的开孔之一，是植物表皮所特有的结构。气孔通常多存在于植物体的地上部分，尤其是在叶表皮上，在幼茎、花瓣上也可见到，但多数沉水植物则没有。气孔张开度一般随温度的升高而增大，温度过高会导致蒸腾作用过强，造成保卫细胞失水而气孔关闭。植物气孔的开闭主要是由保卫细胞膨压的改变导致的，占保卫细胞大部分体积的液泡体积的变化，是保卫细胞膨压变化的主要原因。当保卫细胞膨胀，它们的液泡充满水，导致气孔打开。当液泡排空并且水离开细胞时，保卫细胞变得松弛，并且孔隙闭合（以及由此产生的气孔闭合），这是离子流出细胞的结果（Beguerisse-Diaz et al.，2012）。导致细胞膨压改变的最关键物质就是各种离子组成的渗透调节物质，主要是由定位于液泡膜和质膜上的离子通道驱动各种离子进出细胞所产生的。

植物与环境的气体交换是由气孔促进的，气孔是在一对特殊的保卫细胞之间形成的。在 C_3 植物中，开放的气孔允许白天吸收二氧化碳进行光合作用，同时损失水蒸气，维持蒸腾流。在夜间和干旱期间，植物会关闭气孔以保存水分。而在低二氧化碳和高温下，植物会打开气孔以实现蒸发冷却（Eisenach and De Angeli，2017）。进行景天酸代谢的植物，晚上固定二氧化碳，白天合成糖类，因为沙漠白天高温，张开气孔吸收二氧化碳会损失水分。气孔的开闭依赖于保卫细胞的膨胀，而保卫细胞的膨胀又依赖于渗透活性溶质进出保卫细胞的通量。在气孔打开时，渗透活性溶质通过质膜进入保卫细胞，或在细胞内产生，最终储存在液泡中（Kollist et al.，2014）。在保卫细胞的大液泡中有一系列的离子通道，包括钾离子通道、氯离子通道及一些有机物（糖、苹果酸）等的积累和排出，它们对气孔运动的调控起着至关重要的作用（图 9-17）（Eisenach and De Angeli，2017）。离子通过离子通道、次级代谢物通过转运体穿过液泡膜、液泡的质子泵产生必要的质子动力，使液泡腔酸化。

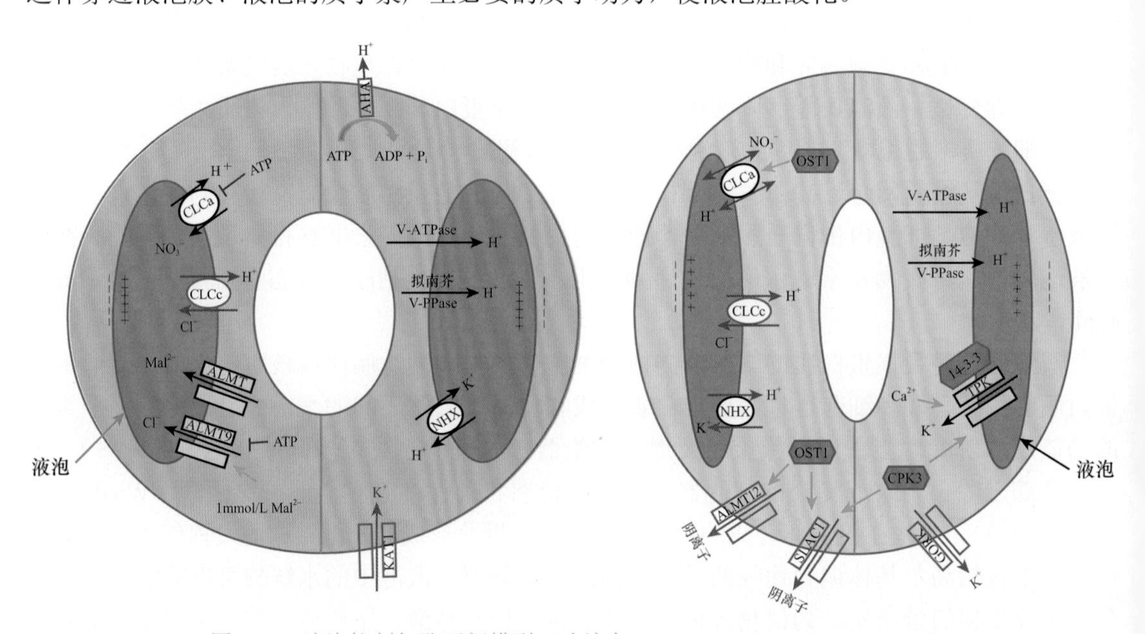

图 9-17　液泡控制气孔开闭模型（改编自 Eisenach and De Angeli，2017）

图示在气孔开放（左）和关闭（右）及其调节过程中液泡的运输系统。质膜上的主要转运蛋白用浅灰色方框表示，气孔的开放和关闭与细胞及液泡内的离子浓度有很大的关系，一些离子如 K^+、苹果酸离子（Mal^{2-}）、Cl^- 等通过质膜上的钾离子通道 KAT1、GORK 和阴离子通道 ALMT12、SLAC1 进入细胞并在细胞内积累，细胞的渗透势升高，细胞吸收水分，保卫细胞体积增加而变得膨大，最终使得气孔变宽而打开；此时 V-ATPase、拟南芥 V-PPase 被激活，细胞内的 K^+ 在气孔运动过程中通过 NHX 型 H^+ 反转运蛋白，阴离子通过液泡膜上的氯离子通道 CLCa；ALMT 铝活化的苹果酸转运蛋白最终进入液泡内储存。气孔关闭则相反，细胞质 K^+ 外流，溶质释放，水分减少

9.6.2.2　钾离子与气孔开闭的关系

气孔运动与保卫细胞中的钾离子浓度有密切的关系。植物细胞的 K^+ 主要分布在液泡和胞质中，液泡中的 K^+ 主要是用于调节渗透势，并在维持细胞质 K^+ 浓度稳态中起作用。研究发现气孔运动过程中，气孔开度每变化 1μm，细胞内 K^+ 的含量变化（32±5）mmol/L（Gilbert et al.，1996）。气孔开放过程中，保卫细胞吸收的钾离子中 90% 以上储存在液泡中，而在气孔关闭过程中，大量钾离子会排出。保卫细胞液泡吸收大量 K^+ 的同时，也吸收 Cl^- 和苹果酸，以平衡电荷，同时也有调节水势的作用。苹果酸由叶绿体内储存的淀粉转变而来，当气孔开

放时，苹果酸被转移到液泡中。苹果酸酶能催化苹果酸形成丙酮酸、NADPH 和 CO_2（Jovell，2002）。在拟南芥的保卫细胞中，平均来说，K^+ 的电荷被 Cl^- 平衡到 50%，而被苹果酸平衡到 5%，苹果酸的浓度在 1 ～ 2mmol/L（Takahashi et al.，2015；Monda et al.，2016）。

Andres 等（2014）发现气孔开放是由保卫细胞膨胀引起的。由于液泡质子泵的作用，液泡腔的膜电位略为正。因此，大多数保卫细胞中主要的渗透调节物质钾的积累是由液泡膜 Na^+、H^+ 逆向转运蛋白阳离子抑制剂催化的。液泡膜 Na^+、H^+ 逆向转运蛋白被证明可以同时运输 Na^+ 和 K^+。然而，在保卫细胞中，它们的主要作用是在气孔开放时释放 K^+。

9.6.2.3　钙离子与气孔开闭

液泡是植物细胞最大的钙离子库，Ca^{2+} 是植物细胞的第二信使，液泡膜上钙离子载体和钙通道参与细胞质钙离子的信号转导过程。气孔运动调节植物与环境之间气体和水分的交换。细胞质中的钙离子浓度升高能迅速导致气孔关闭并长期抑制气孔重新张开（Konrad et al.，2018）。在气孔开放和关闭过程中，钙离子起着重要的作用。钙离子在许多信号通路中都有一定的作用。例如，钙信号可调控乙烯信号通路、细胞分裂素信号通路、ABA 信号通路等（Munemasa et al.，2015；Jezek and Blatt，2017）。钙调蛋白是钙信号特异性的受体蛋白，调控下游蛋白质和保卫细胞的生理过程。

气孔运动过程中保卫细胞的液泡大小和数目随气孔开度的变化而改变。在拟南芥中，开放保卫细胞的单个液泡在气孔闭合时似乎没有分裂，而在蚕豆中，已观察到封闭气孔中形成了独立的小液泡（Monda et al.，2016）。研究表明，气孔关闭时，保卫细胞内存在许多球形和管状的小液泡。在气孔开放过程中，小液泡相互融合形成体积较大的液泡。当气孔关闭时，大液泡又重新变成许多小液泡。

9.6.2.4　苹果酸浓度调控气孔开闭

液泡是植物细胞贮藏苹果酸重要的细胞器。苹果酸是三羧酸循环和乙醛酸循环的中介，是维持细胞渗透压与电荷平衡的关键代谢物，还参与调节植物气孔大小，故苹果酸在植物的生命活动中起着重要作用。液泡膜苹果酸转运蛋白直接或间接控制苹果酸进出液泡，介导液泡与细胞质间苹果酸的运输。苹果酸主要通过两种途径进出液泡，一是通过特殊的转运蛋白；二是通过专门的阴离子通道以苹果酸阴离子形式进入液泡。

在液泡膜中，发现了两种不同的阴离子转运蛋白家族：AtCLC 和 AtALMT。CLC 代表氯通道，ALMT 代表铝活化的苹果酸盐转运体。但拟南芥保卫细胞的 ALMT 通道不是铝活化的。质膜 ALMT 可快速激活通道，其功能是调节快速电流。AtALMT 形成一个膜蛋白家族，只存在于陆地植物中。ALMT 家族中有 13 个成员，其中 5 个主要存在于液泡膜上（Kovermann et al.，2007；Dreyer et al.，2012）。到目前为止，已有两个液泡 AtALMT 在气孔中表达，即 AtALMT9 和 AtALMT6。在气孔开放期间，淀粉被分解为苹果酸，再加上一部分从质体吸收的苹果酸，细胞质溶质中苹果酸浓度升高，激活 AtALMT9。AtALMT9 是受苹果酸激活的氯离子通道，氯化物进入保卫细胞（De et al.，2013）。AtALMT6 在保卫细胞中特异性表达，研究结果表明，AtALMT6 可以介导 Mal^{2-}（苹果酸盐）和 Fum^{2-}（富马酸盐）电流，但不能介导 NO_3^- 和 Cl^- 电流。AtALMT6 可以在微摩尔范围内被胞质 Ca^{2+} 激活，酸性液泡 pH 改变了这个通道的激活阈值。由于这种激活的转移，在液泡 pH 约为 5 时，AtALMT6 可以介导 Mal^{2-} 从液泡向细胞质的外排（Meyer et al.，2011）。

一些特殊类型的细胞，如气孔，由于液泡体积的变化，其大小变化很快。在拟南芥气孔关闭期间，保卫细胞体积减小，相应的，液泡体积也减少了约20%。液泡体积的迅速变化维持着植物蒸腾的重要过程，而蒸腾对植物生长和生存至关重要。在保卫细胞中，液泡膜似乎不是细胞膜的简单跟随者，而是气孔运动的主要参与者。翻译后修饰和细胞内的分子，如磷酸化、二羧酸盐和核苷酸，严格控制了离子在液泡膜上的转运。这些控制可能需要在等离子体膜和液泡膜之间协调离子通量，并有效地打开和关闭气孔（Eisenach and De Angeli，2017）。气孔运动过程中，保卫细胞体积的变化和液泡体积的变化是一致的。

9.6.3 植物自噬体与蛋白质稳态控制

9.6.3.1 细胞自噬

自噬是一个进化保守的细胞内液泡化过程。Christian de Duve在1963年首次提出"autophagy"（自噬）一词，在很久以后才在分子水平上对其有了很好的理解，利用酿酒酵母进行基因筛选，分离和鉴定了自噬相关基因（*ATG*），这是一个很重大的突破。通俗来说，自噬就是自己吃掉自己。细胞自噬是指在自噬相关基因的调控下，利用溶酶体降解自身受损的细胞器及大分子物质的过程，以此维持细胞自身的需要及细胞器的更新。细胞质中的线粒体等细胞器首先被称为"隔离膜"的囊泡所包裹，这种"隔离膜"主要来自内质网和高尔基体，囊泡逐渐闭合，最终形成双层膜结构，即自噬体，其大小约为500nm，囊泡内常见的内容物有胞质成分和某些细胞器，如线粒体、内吞体、过氧化物酶体等；自噬体的外膜与溶酶体融合形成降解自体吞噬泡；由溶酶体内的酶降解自体吞噬泡中的内容物和内膜。一共有3种类型的自噬：一是巨自噬（macroautophagy），最为常见，即上文所说的自噬过程；二是微自噬（microautophagy），是通过液泡膜的内陷将细胞质成分合并到液泡腔中实现的（Takeshige et al.，1992）；三是分子伴侣介导的自噬（chaperone-mediated autophagy，CMA），一些分子伴侣，如HSP70，能帮助非折叠蛋白转位进入液泡。在这3种自噬途径中，液泡都是细胞质成分降解的最终目的地。

9.6.3.2 自噬体的形成

内源性物质包括细胞内由于生理或病理原因而被损伤的细胞器，或过量储存的糖原等，它们可被细胞自身的膜（如内质网或高尔基复合体的膜）包裹形成自噬体（autophagosome）。2016年获得诺贝尔生理或医学奖的大隅良典推断，如果能够阻断液泡中正在进行中的降解过程，那么液泡内部就应该会聚集大量的自噬小体，从而在显微镜下变得可见。于是他培养了经过改造、缺乏液泡膜降解酶的酵母菌并通过饥饿的方法激活细胞的自噬机制。在短短几小时内，细胞液泡内快速聚集起大量未能被降解的小型囊体。这些不会被降解的囊泡结构就是自噬小体。

在植物细胞内，有两条类泛素化的蛋白质结合途径对自噬体的形成是非常重要的，首先是ATG8-PE结合途径，另一种途径是ATG12-ATG5结合途径。已知ATG8在与磷脂酰乙醇胺（PE）结合后才可以进入自噬体的膜层。ATG12-ATG5结合途径与ATG8-PE相似，ATG12先与ATG7结合，然后被ATG10（具有泛素结合酶活性）转移到ATG5上，形成ATG12-ATG5复合体，进而发挥其作用（Soto-Burgos et al.，2018）。

已在植物细胞中观察到保守的自噬体形成过程（图9-18），典型的自噬前体结构的特征是具有高度弯曲边缘的开放杯状双层膜，称为吞噬细胞或隔离膜（Marshall et al.，2018）。吞噬细胞起源于内质网亚结构域的 ω 状结构，称为 ω 体。ATG1 和 PI3K 复合物最初被募集到 ω 体，导致磷脂酰肌醇 3-磷酸（PI3P）的产生及 ATG12-ATG5 的募集。ATG16 复合物和其他下游调节剂，进一步促进了 ATG8 与新生噬菌体膜上的磷脂酰乙醇胺的结合及其与 ER 的分离。一旦形成了自噬体，它将与液泡融合，在液泡中经历一系列的步骤以进行扩增，成熟并最终在液泡中降解（Zhuang et al.，2015）。

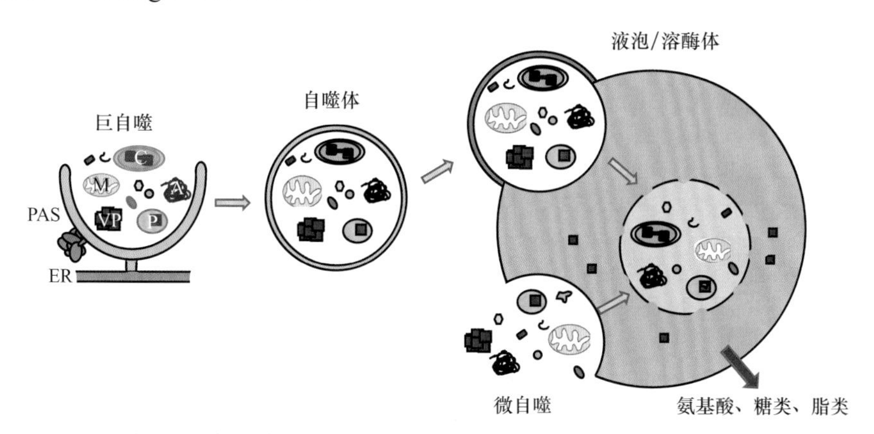

图 9-18　植物自噬体的形成过程（改编自 Marshall et al.，2018）

巨自噬是最主要的一种自噬降解途径，能够封装和运输胞内物质到溶酶体或液泡中进行降解。自噬可能起源于内质网，通过一系列共同定位于吞噬泡组装位点（phagophore assembly site，PAS）的 ATG 蛋白组装形成吞噬泡结构，进而吞噬胞内物质产生具有双层膜结构的封闭隔室，即自噬体，接下来自噬体与液泡膜融合，将胞内物质释放到液泡腔中，这些物质便被液泡中的水解酶降解，降解产物有些储存在液泡中，有些被运输回细胞质重复利用。微自噬是通过液泡膜或溶酶体膜内陷将待降解物直接包裹在液泡或溶酶体中进行降解，这一过程没有双层膜结构的形成。A：蛋白复合体，C：叶绿体，M：线粒体，P：过氧化物酶体，VP：液泡蛋白

9.6.3.3　自噬的作用

植物自噬的主要生理作用之一是适应营养缺乏，即通过细胞自身的蛋白质和细胞器的降解获得营养和能量。因此，必须根据营养条件适当诱导自噬。TOR 激酶是存在于所有真核生物体中的一种高度保守的丝氨酸 / 苏氨酸蛋白激酶，它属于 PI3K 蛋白激酶大家族的一员，它可以抑制细胞自噬及细胞衰老。已有研究表明，在氮或碳饥饿条件下，植物自噬是动态诱导的（Merkulova et al.，2014）。TOR 激酶对整个过程起到负调控的作用。拟南芥中 TOR 的下调导致了自噬，这意味着即使在营养充足的情况下也会诱导自噬。此外，在营养缺乏条件下，TOR RNAi 株系的自噬能力比野生型植株更强。自噬突变体的表型表明，自噬影响植物生理功能的许多方面，包括对营养饥饿、干旱、盐、高温、氧化应激、生物应激（坏死性病原体）等非生物胁迫的抗性（Yoshimoto et al.，2004；Xiong et al.，2007；Lenz et al.，2011；Zhou et al.，2013）。过表达 TOR 激酶只抑制盐和渗透胁迫诱导的自噬，而不抑制氧化或内质网应激诱导的自噬，这表明在植物中存在着依赖和独立于 TOR 的调控自噬通路（Pu et al.，2017）。

自噬对植物的蛋白质稳态具有重要调控作用。为了了解自噬对玉米代谢的影响，McLoughlin 等（2018）采用了一套非靶向 LC-MS 方法，在野生型和突变体 *atg12* 叶片中，分别在高氮和低氮条件下，对 417 种代谢物进行了定量分析。分析发现自噬严重影响玉米的代谢组，并且与氮素饥饿无关。自噬突变体中蛋白酶和脂质代谢转录产物上调。对整个蛋白质组进行分析时，发现自噬对玉米蛋白质组有着很重要的影响，缺少自噬重要组分 ATG12 的

玉米植株，叶片会明显比野生型要黄，并且还会影响玉米的脂质代谢和次生代谢。自噬降低了脂质代谢，使得玉米叶片中大量的脂肪酸积累；自噬增强了玉米的次生代谢尤其是类黄酮类的代谢。相信随着植物蛋白质组学分析工具的进一步优化和相关研究的深入，将不断推动认识及理解自噬体和液泡降解途径在植物蛋白质组稳态调控中的作用。

参考文献

Agrawal G, Fassas S N, Xia Z J, et al. 2016. Distinct requirements for intra-ER sorting and budding of peroxisomal membrane proteins from the ER. Journal of Cell Biology, 212(3): 335-348.

Ai N, Matsusaka H, Ushijima T, et al. 2011. A role for the cysteine-rich 10 kDa prolamin in protein body Ⅰ formation in rice. Plant & Cell Physiology, 52(6): 1003-1016.

Aigner H, Wilson R, Bracher A, et al. 2017. Plant RuBisCo assembly in *E. coli* with five chloroplast chaperones including BSD2. Science, 358(6368): 1272-1278.

Aksam E B, Koek A, Kiel J A, et al. 2007. A peroxisomal Lon protease and peroxisome degradation by autophagy play key roles in vitality of *Hansenula polymorpha* cells. Autophagy, 3(2): 96-105.

Alberts B. 1998. The cell as a collection of protein machines: preparing the next generation of molecular biologists. Cell, 92(3): 291-294.

Aldhous P. 2000. Genomics: Beyond the book of life. Nature, 408(6815): 894-896.

Anderson L E, Heinrikson R L, Noyes C. 1975. Chloroplast and cytoplasmic enzymes: subunit structure of pea leaf aldolases. Archives of Biochemistry & Biophysics, 169(1): 262-268.

Anderson N L, Anderson N G. 1998. Proteome and proteomics: new technologies, new concepts, and new words. Electrophoresis, 19(11): 1853-1861.

Andersson I. 2008. Catalysis and regulation in Rubisco. Journal of Experimental Botany, 59(7): 1555-1568.

Andres Z, Perez-Hormaeche J, Leidi E O, et al. 2014. Control of vacuolar dynamics and regulation of stomatal aperture by tonoplast potassium uptake. Proc. Natl. Acad. Sci. USA, 111(17): E1806-1814.

Andrews T J, Lorimer G H, Tolbert N E. 1971. Incorporation of molecular oxygen into glycine and serine during photorespiration in spinach leaves. Biochemistry, 10(25): 4777-4782.

Anken E, Braakman I E. 2005. Versatility of the endoplasmic reticulum protein folding factory. Critical Reviews in Biochemistry & Molecular Biology, 40(4): 191-228.

Arai Y, Hayashi M, Nishimura M. 2008. Proteomic analysis of highly purified peroxisomes from etiolated soybean cotyledons. Plant & Cell Physiology, 49(4): 526-539.

Asakura T, Hirose S, Katamine H, et al. 2006. Isolation and proteomic analysis of rice Golgi membranes: *cis*-Golgi membranes labeled with GFP-SYP31. Plant Biotechnology, 23(5): 475-485.

Aung K, Hu J. 2011. The *Arabidopsis* tail-anchored protein PEROXISOMAL AND MITOCHONDRIAL DIVISION FACTOR1 is involved in the morphogenesis and proliferation of peroxisomes and mitochondria. Plant Cell, 23(12): 4446-4461.

Babujee L, Wurtz V, Ma C, et al. 2010. The proteome map of spinach leaf peroxisomes indicates partial compartmentalization of phylloquinone (vitamin K1) biosynthesis in plant peroxisomes. Journal of Experimental Botany, 61(5): 1441-1453.

Badger M R, Andrews T J, Whitney S, et al. 1998. The diversity and coevolution of Rubisco, plastids, pyrenoids, and chloroplast-based CO_2-concentrating mechanisms in algae. Canadian Journal of Botany, 76(6): 1052-1071.

Badger M R, Price G D. 2003. CO_2 concentrating mechanisms in cyanobacteria: molecular components, their diversity and evolution. J. Exp. Bot., 54(383): 609-622.

Baker A, Paudyal R. 2014. The life of the peroxisome: from birth to death. Current Opinion in Plant Biology, 22: 39-47.

Bar-Peled M, Raikhel N V. 1997. Characterization of AtSEC12 and AtSAR1 (Proteins likely involved in endoplasmic reticulum and Golgi transport). Plant Physiology, 114(1): 315-324.

Barrera N P, Di Bartolo N, Booth P J, et al. 2008. Micelles protect membrane complexes from solution to vacuum. Science, 321(5886): 243-246.

Bartel B, Burkhart S E, Fleming W A. 2014. Protein transport in and out of plant peroxisomes // Cécile Brocard, Andreas Hartig. Molecular Machines Involved in Peroxisome Biogenesis and Maintenance. Wien: Springer-Verlag: 325-345.

Bartel B, Farmer L M, Rinaldi M A, et al. 2014. Mutation of the *Arabidopsis* LON2 peroxisomal protease enhances pexophagy. Autophagy, 10(3): 518-519.

Bartoszewska M, Williams C, Kikhney A, et al. 2012. Peroxisomal proteostasis involves a Lon family protein that functions as protease and chaperone. Journal of Biological Chemistry, 287(33): 27380-27395.

Bassham D C. 2007. Plant autophagy-more than a starvation response. Current Opinion in Plant Biology, 10(6): 587-593.

Battle M, Fletcher S M, Bender M L, et al. 2006. Atmospheric potential oxygen: new observations and their implications for some atmospheric and oceanic models. Global Biogeochemical Cycles, 20(1): 67-80.

Bauwe H, Hagemann M, Fernie A R. 2010. Photorespiration: players, partners and origin. Trends in Plant Science, 15(6): 330-336.

Begara-Morales J C, Lopez-Jaramillo F J, Sanchez-Calvo B, et al. 2013. Vinyl sulfone silica: application of an open preactivated support to the study of transnitrosylation of plant proteins by S-nitrosoglutathione. BMC Plant Biology, 13: 61.

Begara-Morales J C, Sanchez-Calvo B, Chaki M, et al. 2015. Differential molecular response of monodehydroascorbate reductase and glutathione reductase by nitration and S-nitrosylation. Journal of Experimental Botany, 66(19): 5983-5996.

Beguerisse-Diaz M, Hernandez-Gomez M C, Lizzul A M, et al. 2012. Compound stress response in stomatal closure: a mathematical model of ABA and ethylene interaction in guard cells. BMC Syst. Biol., 6: 146.

Beisson F. 2003. *Arabidopsis* genes involved in acyl lipid metabolism. A 2003 census of the Candidates, a study of the distribution of expressed sequence tags in organs, and a web-based database. Plant Physiology, 132(2): 681-697.

Beligni M V, Lamattina L. 2000. Nitric oxide stimulates seed germination and de-etiolation, and inhibits hypocotyl elongation, three light-inducible responses in plants. Planta, 210(2): 215-221.

Bell A W, Ward M A, Blackstock W P, et al. 2001. Proteomics characterization of abundant Golgi membrane proteins. J. Biol. Chem., 276(7): 5152-5165.

Benning C, Ohta H. 2015. Three enzyme systems for galactoglycerolipid biosynthesis are coordinately regulated in plants. Journal of Biological Chemistry, 280(4): 2397-2400.

Bernhardt K, Wilkinson S, Weber A P, et al. 2012. A peroxisomal carrier delivers NAD^+ and contributes to optimal fatty acid degradation during storage oil mobilization. Plant Journal, 69(1): 1-13.

Bethke P C, Gubler F, Jacobsen J V, et al. 2004. Dormancy of *Arabidopsis* seeds and barley grains can be broken by nitric oxide. Planta, 219(5): 847-855.

Bhat J Y, Gabriel T P, Ulrich H F, et al. 2017. Rubisco activases: AAA^+ chaperones adapted to enzyme repair. Front. Mol. Biosci., 4: 20.

Bhat J Y, Milicic G, Thieulin-Pardo G, et al. 2017. Mechanism of enzyme repair by the AAA^+ chaperone rubisco activase. Mol. Cell, 67(5): 744-756.

Bishop K A, Betzelberger A M, Long S P, et al. 2015. Is there potential to adapt soybean (*Glycine max* Merr.) to future CO_2? An analysis of the yield response of 18 genotypes in free-air CO_2 enrichment. Plant Cell Environ., 38(9): 1765-1774.

Bissonnette S A, Rivera-Rivera I, Sauer R T, et al. 2010. The IbpA and IbpB small heat-shock proteins are substrates of the AAA^+ Lon protease. Molecular Microbiology, 75(6): 1539-1549.

Block M A, Jouhet J. 2015. Lipid trafficking at endoplasmic reticulum-chloroplast membrane contact sites. Current Opinion in Cell Biology, 35: 21-29.

Bones A M, Rossiter J T. 1996. The myrosinase-glucosinolate system, its organisation and biochemistry. Physiologia Plantarum, 97(1): 194-208.

Borner G H H. 2003. Identification of glycosylphosphatidylinositol-anchored proteins in *Arabidopsis*: a proteomic and genomic analysis. Plant Physiology, 132(2): 568-577.

Bouton S. 2002. *QUASIMODO1* encodes a putative membrane-bound glycosyltransferase required for normal pectin synthesis and cell adhesion in *Arabidopsis*. Plant Cell, 14(10): 2577-2590.

Braakman I, Bulleid N J. 2011. Protein folding and modification in the mammalian endoplasmic reticulum. Annual Review of Biochemistry, 80: 71-99.

Bracher A, Hauser T, Liu C, et al. 2015. Structural analysis of the Rubisco-assembly chaperone RbcX-Ⅱ from *Chlamydomonas reinhardtii*. PLoS ONE, 10(8): e0135448.

Bracher A, Whitney S M, Hartl F U, et al. 2017. Biogenesis and metabolic maintenance of Rubisco. Annu. Rev. Plant Biol., 68: 29-60.

Brandizzi F, Barlowe C. 2013. Organization of the ER-Golgi interface for membrane traffic control. Nature Reviews, 14(6): 382-392.

Breidenbach R W, Kahn A, Beevers H. 1968. Characterization of glyoxysomes from castor bean endosperm. Plant Physiology, 43(5): 705-713.

Bright J, Desikan R, Hancock J T, et al. 2006. ABA-induced NO generation and stomatal closure in *Arabidopsis* are dependent on H_2O_2 synthesis. Plant Journal, 45(1): 113-122.

Brillada C, Rojas-Pierce M. 2017. Vacuolar trafficking and biogenesis: a maturation in the field. Current Opinion in Plant Biology, 40: 77-81.

Broniowska K A, Diers A R, Hogg N. 2013. S-nitrosoglutathione. Biochimica et Biophysica Acta, 1830(5): 3173-3181.

Brown G C. 1995. Reversible binding and inhibition of catalase by nitric oxide. European Journal of Biochemistry, 232(1): 188-191.

Brzobohaty B, Moore I, Kristoffersen P, et al. 1993. Release of active cytokinin by a beta-glucosidase localized to the maize root meristem. Science, 262(5136): 1051-1054.

Buchberger A, Bukau B, Sommer T. 2010. Protein quality control in the cytosol and the endoplasmic reticulum: brothers in arms. Molecular Cell, 40(2): 238-252.

Burkhart S E, Lingard M J, Bartel B. 2013. Genetic dissection of peroxisome-associated matrix protein degradation in *Arabidopsis thaliana*. Genetics, 193(1): 125-141.

Bussell J D, Reichelt M, Wiszniewski A A, et al. 2014. Peroxisomal ATP-binding cassette transporter COMATOSE and the multifunctional protein abnormal INFLORESCENCE MERISTEM are required for the production of benzoylated metabolites in *Arabidopsis* seeds. Plant Physiology, 164(1): 48-54.

Caffall K H, Mohnen D. 2009. The structure, function, and biosynthesis of plant cell wall pectic polysaccharides. Carbohydr Res, 344(14): 1879-1900.

Carrera E, Holman T, Medhurst A, et al. 2007. Gene expression profiling reveals defined functions of the ATP-binding cassette transporter COMATOSE late in phase Ⅱ of germination. Plant Physiology, 143(4): 1669-1679.

Carter C, Pan S, Zouhar J, et al. 2004. The vegetative vacuole proteome of *Arabidopsis thaliana* reveals predicted and unexpected proteins. Plant Cell, 16(12): 3285-3303.

Castillo M, Cruz, Cristina M, et al. 2004. Gene-specific involvement of beta-oxidation in wound-activated responses in *Arabidopsis*. Plant physiology, 135(1): 85-94.

Chaki M, Alvarez de Morales P, Ruiz C, et al. 2015. Ripening of pepper (*Capsicum annuum*) fruit is characterized by an enhancement of protein tyrosine nitration. Annals of Botany, 116(4): 637-647.

Chen B X, Li W Y, Gao Y T, et al. 2016. Involvement of polyamine oxidase-produced hydrogen peroxide during coleorhiza-limited germination of rice seeds. Front. Plant Sci., 7: 1219.

Chen X, Karnovsky A, Sans M D, et al. 2010. Molecular characterization of the endoplasmic reticulum: insights from proteomic studies. Proteomics, 10(22): 4040-4052.

Chen Y, Pieuchot L, Loh R A, et al. 2014. Hydrophobic handoff for direct delivery of peroxisome tail-anchored proteins. Nat. Commun., 5: 5790.

Chrispeels M J, Herman E M. 2000. Endoplasmic reticulum-derived compartments function in storage and as mediators of vacuolar remodeling via a new type of organelle, precursor protease vesicles. Plant Physiol., 123(4): 1227-1234.

Chung K P, Zeng Y, Jiang L. 2016. COPⅡ Paralogs in plants: functional redundancy or diversity? Trends in Plant Science, 21(9): 758-769.

Clark D, Durner J, Navarre D A, et al. 2000. Nitric oxide inhibition of tobacco catalase and ascorbate peroxidase. Mol.

Plant Microbe. Interact., 13(12): 1380-1384.

Collins C S, Kalish J E, Morrell J C, et al. 2000. The peroxisome biogenesis factors pex4p, pex22p, pex1p, and pex6p act in the terminal steps of peroxisomal matrix protein import. Molecular and Cellular Biology, 20(20): 7516-7526.

Contento A L, Bassham D C. 2010. Increase in catalase-3 activity as a response to use of alternative catabolic substrates during sucrose starvation. Plant Physiology and Biochemistry, 48(4): 232-238.

Corpas F J, Barroso J B. 2015. Functions of nitric oxide (NO) in roots during development and under adverse stress conditions. Plants (Basel), 4(2): 240-252.

Corpas F J, Barroso J B, Carreras A, et al. 2006. Constitutive arginine-dependent nitric oxide synthase activity in different organs of pea seedlings during plant development. Planta, 224(2): 246-254.

Corpas F J, Barroso J B, Palma J M, et al. 2017. Plant peroxisomes: a nitro-oxidative cocktail. Redox Biol., 11: 535-542.

Corpas F J, del Rio L A, Palma J M. 2019. Impact of nitric oxide (NO) on the ROS metabolism of peroxisomes. Plants (Basel), 8(2): 37.

Corpas F J, Freschi L, Rodriguez-Ruiz M, et al. 2018. Nitro-oxidative metabolism during fruit ripening. Journal of Experimental Botany, 69(14): 3449-3463.

Corpas F J, Palma J M. 2018. Nitric oxide on/off in fruit ripening. Plant Biol., 20(5): 805-807.

Corpas F J, Palma J M, Sandalio L M, et al. 2008. Peroxisomal xanthine oxidoreductase: characterization of the enzyme from pea (*Pisum sativum* L.) leaves. Journal of Plant Physiology, 165(13): 1319-1330.

Cottam N P, Ungar D. 2012. Retrograde vesicle transport in the Golgi. Protoplasma, 249(4): 943-955.

Cross L L, Ebeed H T, Baker A. 2016. Peroxisome biogenesis, protein targeting mechanisms and *PEX* gene functions in plants. Biochimica et Biophysica Acta, 1863(5): 850-862.

Cui L L, Lu Y S, Li Y, et al. 2016. Overexpression of glycolate oxidase confers improved photosynthesis under high light and high temperature in rice. Front. Plant Sci., 7: 1165.

De A A, Zhang J, Meyer S, et al. 2013. AtALMT9 is a malate-activated vacuolar chloride channel required for stomatal opening in *Arabidopsis*. Nat. Commun., 4: 1804.

De Duve C. 1963. The lysosome. Scientific American, 208(5): 64-73.

De Duve C, Baudhuin P. 1966. Peroxisomes (microbodies and related particles). Physiological Reviews, 46(2): 323-357.

De Michele R, McFarlane H E, Parsons H T, et al. 2016. Free-flow electrophoresis of plasma membrane vesicles enriched by two-phase partitioning enhances the quality of the proteome from *Arabidopsis* seedlings. J. Proteome Res., 15(3): 900-913.

De Rybel B, Audenaert D, Xuan W, et al. 2012. A role for the root cap in root branching revealed by the non-auxin probe naxillin. Nature Chemical Biology, 8(9): 798-805.

Decker J P. 1955. A rapid, postillumination deceleration of respiration in green leaves. Plant Physiology, 30(1): 82-84.

Del Rio L A, Corpas F J, Sandalio L M, et al. 2002. Reactive oxygen species, antioxidant systems and nitric oxide in peroxisomes. Journal of Experimental Botany, 53(372): 1255-1272.

Del Rio L A, Lopez-Huertas E. 2016. ROS generation in peroxisomes and its role in cell signaling. Plant and Cell Physiology, 57(7): 1364-1376.

Del Rio L A, Lyon D S, Olah I, et al. 1983. Immunocytochemical evidence for a peroxisomal localization of manganese superoxide dismutase in leaf protoplasts from a higher plant. Planta, 158(3): 216-224.

Delker C, Zolman B K, Miersch O, et al. 2007. Jasmonate biosynthesis in *Arabidopsis thaliana* requires peroxisomal beta-oxidation enzymes-additional proof by properties of *pex6* and *aim1*. Phytochemistry, 68(12): 1642-1650.

Delledonne M, Zeier J, Marocco A, et al. 2001. Signal interactions between nitric oxide and reactive oxygen intermediates in the plant hypersensitive disease resistance response. Proc. Natl. Acad. Sci. USA, 98(23): 13454-13459.

Dempsey D A, Klessig D F. 2017. How does the multifaceted plant hormone salicylic acid combat disease in plants and are similar mechanisms utilized in humans? BMC Biology, 15(1): 23.

Deng Z Y, Gong C Y, Wang T. 2013. Use of proteomics to understand seed development in rice. Proteomics, 13(12-13): 1784-1800.

Desai M, Hu J. 2008. Light induces peroxisome proliferation in *Arabidopsis* seedlings through the photoreceptor phytochrome A, the transcription factor HY5 HOMOLOG, and the peroxisomal protein PEROXIN11b. Plant

Physiology, 146(3): 1117-1127.

Desai M, Pan R, Hu J. 2017. *Arabidopsis* forkhead-associated domain protein 3 negatively regulates peroxisome division. J. Integr. Plant Biol., 59(7): 454-458.

Dharmawardhana D P, Ellis B E, Carlson J E. 1995. A beta-Glucosidase from lodgepole pine xylem specific for the lignin precursor coniferin. Plant Physiol., 107(2): 331-339.

Doelling J H, Walker J M, Friedman E M, et al. 2002. The APG8/12-activating enzyme APG7 is required for proper nutrient recycling and senescence in *Arabidopsis thaliana*. Journal of Biological Chemistry, 277(36): 33105-33114.

Dreyer I, Gomez-Porras J L, Riano-Pachon D M, et al. 2012. Molecular evolution of slow and quick anion channels (SLACs and QUACs/ALMTs). Frontiers in Plant Science, 3: 263.

Du J, Li M, Kong D, et al. 2014. Nitric oxide induces cotyledon senescence involving co-operation of the NES1/MAD1 and EIN2-associated ORE1 signalling pathways in *Arabidopsis*. Journal of Experimental Botany, 65(14): 4051-4063.

Dujardin F. 1835. Recherches sur les organismes inferieurs. Annales Des Sciences Naturelles, 4: 343-377.

Dunkley T P, Hester S, Shadforth I P, et al. 2006. Mapping the *Arabidopsis* organelle proteome. Proc. Natl. Acad. Sci. USA, 103(17): 6518-6523.

Eastmond P J. 2007. MONODEHYROASCORBATE REDUCTASE4 is required for seed storage oil hydrolysis and postgerminative growth in *Arabidopsis*. Plant Cell, 19(4): 1376-1387.

Eisenach C, De Angeli A. 2017. Ion transport at the vacuole during stomatal movements. Plant Physiology, 174(2): 520-530.

Eisenach C, Francisco R, Martinoia E. 2015. Plant vacuoles. Current Biology, 25(4): 136-137.

Eisenhut M, Kahlon S, Hasse D, et al. 2006. The plant-like C2 glycolate cycle and the bacterial-like glycerate pathway cooperate in phosphoglycolate metabolism in cyanobacteria. Plant Physiol., 142(1): 333-342.

Eisenhut M, Ruth W, Haimovich M, et al. 2008. The photorespiratory glycolate metabolism is essential for cyanobacteria and might have been conveyed endosymbiontically to plants. Proc. Natl. Acad. Sci. USA, 105(44): 17199-17204.

Eubel H, Lee C P, Kuo J, et al. 2007. Free-flow electrophoresis for purification of plant mitochondria by surface charge. Plant Journal, 52(3): 583-594.

Eubel H, Meyer E H, Taylor N L, et al. 2008. Novel proteins, putative membrane transporters, and an integrated metabolic network are revealed by quantitative proteomic analysis of *Arabidopsis* cell culture peroxisomes. Plant Physiology, 148(4): 1809-1829.

Evans J R. 1989. Photosynthesis and nitrogen relationships in leaves of C_3 plants. Oecologia, 78(1): 9-19.

Faraco M, Li Y, Li S, et al. 2017. A tonoplast P3B-ATPase mediates fusion of two types of vacuoles in petal cells. Cell Rep., 19(12): 2413-2422.

Farmer L M, Rinaldi M A, Young P G, et al. 2013. Disrupting autophagy restores peroxisome function to an *Arabidopsis* LON2 mutant and reveals a role for the LON2 protease in peroxisomal matrix protein degradation. Plant Cell, 25(10): 4085-4100.

Feigl G, Lehotai N, Molnar A, et al. 2015. Zinc induces distinct changes in the metabolism of reactive oxygen and nitrogen species (ROS and RNS) in the roots of two *Brassica* species with different sensitivity to zinc stress. Annals of Botany, 116(4): 613-625.

Feiz L, Williams-Carrier R, Belcher S, et al. 2015. A protein with an inactive pterin-4a-carbinolamine dehydratase domain is required for Rubisco biogenesis in plants. Plant Journal for Cell & Molecular Biology, 80(5): 862-869.

Feiz L, Williams-Carrier R, Wostrikoff K, et al. 2012. Ribulose-1,5-bis-phosphate carboxylase/oxygenase accumulation factor1 is required for holoenzyme assembly in maize. Plant Cell, 24(8): 3435-3446.

Ferrer-Sueta G, Campolo N, Trujillo M, et al. 2018. Biochemistry of peroxynitrite and protein tyrosine nitration. Chemical Reviews, 118(3): 1338-1408.

Fidaleo M. 2010. Peroxisomes and peroxisomal disorders: the main facts. Experimental and Toxicologic Pathology, 62(6): 615-625.

Floerl S, Majcherczyk A, Possienke M, et al. 2012. Verticillium longisporum infection affects the leaf apoplastic proteome, metabolome, and cell wall properties in *Arabidopsis thaliana*. PLoS ONE, 7(2): e31435.

Footitt S, Marquez J, Schmuths H, et al. 2006. Analysis of the role of COMATOSE and peroxisomal beta-oxidation in the determination of germination potential in *Arabidopsis*. Journal of Experimental Botany, 57(11): 2805-2814.

Footitt S, Slocombe S P, Larner V, et al. 2002. Control of germination and lipid mobilization by COMATOSE, the *Arabidopsis* homologue of human ALDP. EMBO Journal, 21(12): 2912-2922.

Foyer C H, Bloom A J, Queval G, et al. 2009. Photorespiratory metabolism: genes, mutants, energetics, and redox signaling. Annual Review of Plant Biology, 60: 455-484.

Foyer C H, Noctor G. 2003. Redox sensing and signalling associated with reactive oxygen in chloroplasts, peroxisomes and mitochondria. Physiologia Plantarum, 119(3): 355-364.

Frick E M, Strader L C. 2018. Kinase MPK17 and the peroxisome division factor PMD1 influence salt-induced peroxisome proliferation. Plant Physiology, 176(1): 340-351.

Fridovich I. 1995. Superoxide radical and superoxide dismutases. Annual Review of Biochemistry, 64: 97-112.

Fukao Y, Hayashi M, Hara-Nishimura I, et al. 2003. Novel glyoxysomal protein kinase, GPK1, identified by proteomic analysis of glyoxysomes in etiolated cotyledons of *Arabidopsis thaliana*. Plant & Cell Physiology, 44(10): 1002-1012.

Fukao Y, Hayashi M, Nishimura M. 2002. Proteomic analysis of leaf peroxisomal proteins in greening cotyledons of *Arabidopsis thaliana*. Plant & Cell Physiology, 43(7): 689-696.

Fulda M, Schnurr J, Abbadi A, et al. 2004. Peroxisomal acyl-CoA synthetase activity is essential for seedling development in *Arabidopsis thaliana*. Plant Cell, 16(2): 394-405.

Galili G, Sengupta-Gopalan C, Ceriotti A. 1998. The endoplasmic reticulum of plant cells and its role in protein maturation and biogenesis of oil bodies. Plant Molecular Biology, 38(1-2): 1-29.

Gardiner J C. 2003. Control of cellulose synthase complex localization in developing xylem. Plant Cell, 15(8): 1740-1748.

Geisler M, Axelsen K B, Harper J F, et al. 2000. Molecular aspects of higher plant P-type Ca^{2+}-ATPases. Biochimica et Biophysica Acta, 1465(1-2): 52-78.

Gilbert F, Willmer P, Semida F, et al. 1996. Spatial variation in selection in a plant-pollinator system in the wadis of Sinai, Egypt. Oecologia, 108(3): 479-487.

Givan C V, Kleczkowski L A. 1992. The enzymic reduction of glyoxylate and hydroxypyruvate in leaves of higher plants. Plant Physiol., 100(2): 552-556.

Glorieux C, Calderon P B. 2017. Catalase, a remarkable enzyme: targeting the oldest antioxidant enzyme to find a new cancer treatment approach. Biological Chemistry, 398(10): 1095-1108.

Gowda N C, Kandasamy G, Froehlich M S, et al. 2013. Hsp70 nucleotide exchange factor Fes1 is essential for ubiquitin-dependent degradation of misfolded cytosolic proteins. Proc. Natl. Acad. Sci. USA, 110(15): 5975-5980.

Goyer A, Johnson T L, Olsen L J, et al. 2004. Characterization and metabolic function of a peroxisomal sarcosine and pipecolate oxidase from *Arabidopsis*. Journal of Biological Chemistry, 279(17): 16947-16953.

Graham I A. 2008. Seed storage oil mobilization. Annual Review of Plant Biology, 59: 115-142.

Gronemeyer T, Wiese S, Ofman R, et al. 2013. The proteome of human liver peroxisomes: identification of five new peroxisomal constituents by a label-free quantitative proteomics survey. PLoS ONE, 8(2): e57395.

Gruber A V, Nisemblat S, Azem A, et al. 2013. The complexity of chloroplast chaperonins. Trends Plant Sci., 18(12): 688-694.

Gunning B S. 1998. The identity of mystery organelles in *Arabidopsis* plants expressing GFP. Trends Plant Sci., 3(11): 417.

Guther M L, Urbaniak M D, Tavendale A, et al. 2014. High-confidence glycosome proteome for procyclic form *Trypanosoma brucei* by epitope-tag organelle enrichment and SILAC proteomics. J. Proteome Res., 13(6): 2796-2806.

Hackenberg T, Juul T, Auzina A, et al. 2013. Catalase and NO CATALASE ACTIVITY1 promote autophagy-dependent cell death in *Arabidopsis*. Plant Cell, 25(11): 4616-4626.

Hadden D A, Phillipson B A, Johnston K A, et al. 2006. *Arabidopsis* PEX19 is a dimeric protein that binds the peroxin PEX10. Molecular Membrane Biology, 23(4): 325-336.

Hafiz Z, Geum L, Hyung-Ryong K, et al. 2016. Endoplasmic reticulum stress and associated ROS. Int. J. Mol. Sci.,

17(3): 327.

Haigler C H, Jr R M B. 1986. Transport of rosettes from the golgi apparatus to the plasma membrane in isolated mesophyll cells of *Zinnia elegans* during differentiation to tracheary elements in suspension culture. Protoplasma, 134(2): 111-120.

Hashimoto K, Igarashi H, Mano S, et al. 2005. Peroxisomal localization of a myosin XI isoform in *Arabidopsis thaliana*. Plant & Cell Physiology, 46(5): 782-789.

Hauser T, Bhat J Y, Miličić G, et al. 2015. Structure and mechanism of the Rubisco-assembly chaperone Raf1. Nature Structural & Molecular Biology, 22(9): 720.

Hawes C, Satiat-Jeunemaitre B. 2005. The plant Golgi apparatus-going with the flow. Biochimica et Biophysica Acta, 1744(2): 93-107.

Hayashi M, Nito K, Takei-Hoshi R, et al. 2002. Ped3p is a peroxisomal ATP-binding cassette transporter that might supply substrates for fatty acid beta-oxidation. Plant and Cell Physiology, 43(1): 1-11.

Hayashi M, Nito K, Toriyama-Kato K, et al. 2000. AtPex14p maintains peroxisomal functions by determining protein targeting to three kinds of plant peroxisomes. EMBO Journal, 19(21): 5701-5710.

Hayashi Y. 2001. A proteinase-storing body that prepares for cell death or stresses in the epidermal cells of *Arabidopsis*. Plant & Cell Physiology, 42(9): 894-899.

Hayashi Y, Yamada K, Shimada T, et al. 2001. A proteinase-storing body that prepares for cell death or stresses in the epidermal cells of *Arabidopsis*. Plant and Cell Physiology, 42(9): 894-899.

Hayer-Hartl M, Bracher A, Hartl F U. 2016. The GroEL-GroES chaperonin machine: a nano-cage for protein folding. Trends in Biochemical Sciences, 41(1): 62-76.

Hayward A P, Moreno M A, Howard T P, et al. 2016. Control of sexuality by the *sk1*-encoded UDP-glycosyltransferase of maize. Sci. Adv., 2(10): e1600991.

Heck A R. 2008. Native mass spectrometry: a bridge between interactomics and structural biology. Nature methods, 5(11): 927-933.

Helm M, Luck C, Prestele J, et al. 2007. Dual specificities of the glyoxysomal/peroxisomal processing protease Deg15 in higher plants. Proc. Natl. Acad. Sci. USA, 104(27): 11501-11506.

Herman E M. 2008. Endoplasmic reticulum bodies: solving the insoluble. Current Opinion in Plant Biology, 11(6): 672-679.

Herman J G. 1999. Hypermethylation of tumor suppressor genes in cancer. Seminars in Cancer Biology, 9(5): 359-367.

Holger E, Meyer E H, Taylor N L, et al. 2008. Novel proteins, putative membrane transporters, and an integrated metabolic network are revealed by quantitative proteomic analysis of *Arabidopsis* cell culture peroxisomes. Plant Physiology, 148(4): 1809-1829.

Holland H D. 2006. The oxygenation of the atmosphere and oceans. Philos. Trans. R. Soc. Lond. B Biol. Sci., 361(1470): 903-915.

Hooks M A. 2002. Molecular biology, enzymology, and physiology of β-oxidation // Baker A, Graham I A. Plant Peroxisomes. Dordrecht: Springer: 19-55.

Hooper C M, Castleden I R, Tanz S K, et al. 2017. SUBA4: the interactive data analysis centre for *Arabidopsis* subcellular protein locations. Nucleic Acids Research, 45(D1): 1064-1074.

Houmani H, Rodriguez-Ruiz M, Palma J M, et al. 2018. Mechanical wounding promotes local and long distance response in the halophyte Cakile maritima through the involvement of the ROS and RNS metabolism. Nitric Oxide, 74: 93-101.

Howell S H. 2013. Endoplasmic reticulum stress responses in plants. Annu. Rev. Plant Biol., 64: 477-499.

Hu J P, Baker A, Bartel B, et al. 2012. Plant peroxisomes: biogenesis and function. Plant Cell, 24(6): 2279-2303.

Hua R, Gidda S K, Aranovich A, et al. 2015. Multiple domains in PEX16 mediate its trafficking and recruitment of peroxisomal proteins to the ER. Traffic, 16(8): 832-852.

Hung V, Lam S S, Udeshi N D, et al. 2017. Proteomic mapping of cytosol-facing outer mitochondrial and ER membranes in living human cells by proximity biotinylation. Elife, 6: e24463.

Hung V, Zou P, Rhee H-W, et al. 2014. Proteomic mapping of the human mitochondrial intermembrane space in live cells via ratiometric APEX tagging. Mol. Cell, 55(2): 332-341.

Islinger M, Eckerskorn C, Volkl A. 2010. Free-flow electrophoresis in the proteomic era: a technique in flux. Electrophoresis, 31(11): 1754-1763.

Islinger M, Grille S, Fahimi H D, et al. 2012. The peroxisome: an update on mysteries. Histochem. Cell Biol., 137(5): 547-574.

Iwata J, Ezaki J, Komatsu M, et al. 2006. Excess peroxisomes are degraded by autophagic machinery in mammals. Journal of Biological Chemistry, 281(7): 4035-4041.

Jaipargas E A, Barton K A, Mathur N, et al. 2015. Mitochondrial pleomorphy in plant cells is driven by contiguous ER dynamics. Frontiers in Plant Science, 6: 783.

Jaquinod M, Villiers F, Kieffer-Jaquinod S, et al. 2007. A proteomics dissection of *Arabidopsis thaliana* vacuoles isolated from cell culture. Molecular and Cellular Proteomics, 6(3): 394-412.

Jedd G, Chua N H. 2002. Visualization of peroxisomes in living plant cells reveals acto-myosin-dependent cytoplasmic streaming and peroxisome budding. Plant & Cell Physiology, 43(4): 384-392.

Jezek M, Blatt M R. 2017. The membrane transport system of the guard cell and its integration for stomatal dynamics. Plant Physiology, 174(2): 487-519.

Jilian F, Zhiyang Z, Chengshi Y, et al. 2015. *Arabidopsis* TRIGALACTOSYLDIACYLGLYCEROL5 interacts with TGD1, TGD2, and TGD4 to facilitate lipid transfer from the endoplasmic reticulum to plastids. Plant Cell, 27(10): 2941-2955.

Joseph M, Ludevid M D, Torrent M, et al. 2012. Proteomic characterisation of endoplasmic reticulum-derived protein bodies in tobacco leaves. BMC Plant Biology, 12: 36.

Jovell A J. 2002. Josep laporte library foundation: a model of knowledge management in the life and health sciences. Health Info. Libr. J., 19(3): 176-180.

Kaddis C S, Loo J A. 2007. Native protein MS and ion mobility: large flying proteins with ESI. Anal. Chem., 79(5): 1778-1784.

Kaiser C. 2000. Thinking about p24 proteins and how transport vesicles select their cargo. Proc. Natl. Acad. Sci. USA, 97(8): 3783-3785.

Kanai M, Nishimura M, Hayashi M. 2010. A peroxisomal ABC transporter promotes seed germination by inducing pectin degradation under the control of ABI5. Plant Journal, 62(6): 936-947.

Kao Y T, Gonzalez K L, Bartel B. 2018. Peroxisome function, biogenesis, and dynamics in plants. Plant Physiology, 176(1): 162-177.

Kaschani F, Gu C, Niessen S, et al. 2009. Diversity of serine hydrolase activities of unchallenged and botrytis-infected *Arabidopsis thaliana*. Molecular and Cellular Proteomics, 8(5): 1082-1093.

Kaur N, Hu J. 2009. Dynamics of peroxisome abundance: a tale of division and proliferation. Current Opinion in Plant Biology, 12(6): 781-788.

Kaur N, Hu J. 2011. Defining the plant peroxisomal proteome: from *Arabidopsis* to rice. Front. Plant Sci., 2: 103.

Kaur N, Reumann S, Hu J. 2009. Peroxisome biogenesis and function. The Arabidopsis Book, 7: e0123.

Kebeish R, Niessen M, Thiruveedhi K, et al. 2007. Chloroplastic photorespiratory bypass increases photosynthesis and biomass production in *Arabidopsis thaliana*. Nat. Biotechnol., 25(5): 593-599.

Kelleher D J, Karaoglu D, Mandon E C, et al. 2003. Oligosaccharyltransferase isoforms that contain different catalytic STT3 subunits have distinct enzymatic properties. Molecular Cell, 12(1): 101-111.

Kelly A A, Quettier A L, Shaw E, et al. 2011. Seed storage oil mobilization is important but not essential for germination or seedling establishment in *Arabidopsis*. Plant Physiology, 157(2): 866-875.

Kelly A A, Shaw E, Powers S J, et al. 2013. Suppression of the SUGAR-DEPENDENT1 triacylglycerol lipase family during seed development enhances oil yield in oilseed rape (*Brassica napus* L.). Plant Biotechnology Journal, 11(3): 355-361.

Kerchev P, Waszczak C, Lewandowska A, et al. 2016. Lack of GLYCOLATE OXIDASE1, but Not GLYCOLATE OXIDASE2, attenuates the photorespiratory phenotype of CATALASE2-deficient *Arabidopsis*. Plant Physiology, 171(3): 1704-1719.

Khan B R, Zolman B K. 2010. Pex5 mutants that differentially disrupt PTS1 and PTS2 peroxisomal matrix protein import in *Arabidopsis*. Plant Physiology, 154(4): 1602-1615.

Kikuchi M, Hatano N, Yokota S, et al. 2004. Proteomic analysis of rat liver peroxisome: presence of peroxisome-specific isozyme of Lon protease. Journal of Biological Chemistry, 279(1): 421-428.

Kim P K, Hettema E H. 2015. Multiple pathways for protein transport to peroxisomes. Journal of Molecular Biology, 427(6 Pt A): 1176-1190.

Kim P K, Mullen R T, Schumann U, et al. 2006. The origin and maintenance of mammalian peroxisomes involves a *de novo* PEX16-dependent pathway from the ER. Journal of Cell Biology, 173(4): 521-532.

Kindl H. 1993. Fatty acid degradation in plant peroxisomes: function and biosynthesis of the enzymes involved. Biochimie, 75(3-4): 225-230.

Klempien A, Kaminaga Y, Qualley A, et al. 2012. Contribution of CoA ligases to benzenoid biosynthesis in petunia flowers. Plant Cell, 24(5): 2015-2030.

Klessig D F, Durner J, Noad R, et al. 2000. Nitric oxide and salicylic acid signaling in plant defense. Proc. Natl. Acad. Sci. USA, 97(16): 8849-8855.

Kollist H, Nuhkat M, Roelfsema MRG. 2014. Closing gaps: linking elements that control stomatal movement. New Phytologist, 203(1): 44-62.

Konrad K R, Maierhofer T, Hedrich R. 2018. Spatio-temporal aspects of Ca^{2+} signalling: lessons from guard cells and pollen tubes. Journal of Experimental Botany, 69: 4195-4214.

Kornberg H L, Beevers H. 1957. A mechanism of conversion of fat to carbohydrate in castor beans. Nature, 180(4575): 35-36.

Kovermann P, Meyer S, Hortensteiner S, et al. 2007. The *Arabidopsis* vacuolar malate channel is a member of the ALMT family. Plant Journal, 52(6): 1169-1180.

Kozaki A, Takeba G. 1996. Photorespiration protects C3 plants from photooxidation. Nature, 384(6609): 557-560.

Kurokawa K, Okamoto M, Nakano A. 2014. Contact of *cis*-Golgi with ER exit sites executes cargo capture and delivery from the ER. Nat. Commun., 5: 3653.

Lai Z, Wang F, Zheng Z, et al. 2011. A critical role of autophagy in plant resistance to necrotrophic fungal pathogens. Plant Journal, 66(6): 953-968.

Lam S S, Martell J D, Kamer K J, et al. 2015. Directed evolution of APEX2 for electron microscopy and proximity labeling. Nature Methods, 12(1): 51-54.

Lanyon-Hogg T, Warriner S L, Baker A. 2010. Getting a camel through the eye of a needle: the import of folded proteins by peroxisomes. Biology of the Cell, 102(4): 245-263.

Lavell A, Benning C. 2019. Cellular organization and regulation of plant glycerolipid metabolism. Plant and Cell Physiology, 60(6): 1176-1183.

Lavoie C, Paiement J. 2008. Topology of molecular machines of the endoplasmic reticulum: a compilation of proteomics and cytological data. Histochemistry & Cell Biology, 129(2): 117-128.

Lee M C, Goldberg J, Schekman R. 2004. Bi-directional protein transport between the ER and Golgi. Annual Review of Cell & Developmental Biology, 20: 87-123.

Lee S, Kaminaga Y, Cooper B, et al. 2012. Benzoylation and sinapoylation of glucosinolate R-groups in *Arabidopsis*. Plant Journal, 72(3): 411-422.

Lemieux B, Miquel M, Somerville C, et al. 1990. Mutants of *Arabidopsis* with alterations in seed lipid fatty acid composition. Theoretical and Applied Genetics, 80(2): 234-240.

Lenz H D, Haller E, Melzer E, et al. 2011. Autophagy differentially controls plant basal immunity to biotrophic and necrotrophic pathogens. Plant Journal, 66(5): 818-830.

Leterrier M, Barroso J B, Valderrama R, et al. 2016. Peroxisomal NADP-isocitrate dehydrogenase is required for *Arabidopsis* stomatal movement. Protoplasma, 253(2): 403-415.

Lev S. 2012. Nonvesicular lipid transfer from the endoplasmic reticulum. Cold Spring Harbor Perspectives in Biology, 4(10): 715-722.

Li F, Chung T, Vierstra R D. 2014. AUTOPHAGY-RELATED11 plays a critical role in general autophagy- and senescence-induced mitophagy in *Arabidopsis*. Plant Cell, 26(2): 788-807.

Li F, Vierstra R D. 2012. Autophagy: a multifaceted intracellular system for bulk and selective recycling. Trends in Plant Science, 17(9): 526-537.

Li L, Nelson C, Fenske R, et al. 2017. Changes in specific protein degradation rates in *Arabidopsis thaliana* reveal multiple roles of Lon1 in mitochondrial protein homeostasis. Plant Journal, 89(3): 458-471.

Li Y, Beisson F, Pollard M, et al. 2006. Oil content of *Arabidopsis* seeds: the influence of seed anatomy, light and plant-to-plant variation. Phytochemistry, 67(9): 904-915.

Lin Y, Sun L, Nguyen L V, et al. 1999. The Pex16p homolog SSE1 and storage organelle formation in *Arabidopsis* seeds. Science, 284(5412): 328-330.

Lingard M J, Bartel B. 2009. *Arabidopsis* LON2 is necessary for peroxisomal function and sustained matrix protein import. Plant Physiology, 151(3): 1354-1365.

Lingard M J, Gidda S K, Bingham S, et al. 2008. *Arabidopsis* PEROXIN11c-e, FISSION1b, and DYNAMIN-RELATED PROTEIN3A cooperate in cell cycle-associated replication of peroxisomes. Plant Cell, 20(6): 1567-1585.

Lingard M J, Monroe-Augustus M, Bartel B. 2009. Peroxisome-associated matrix protein degradation in *Arabidopsis*. Proc. Natl. Acad. Sci. USA, 106(11): 4561-4566.

Lior D, Na'Ama S, Hadas G, et al. 2015. The BSD2 ortholog in *Chlamydomonas reinhardtii* is a polysome-associated chaperone that co-migrates on sucrose gradients with the transcript encoding the Rubisco large subuni. Plant Journal, 80(2): 345-355.

Liu C, Young A L, Starling-Windhof A, et al. 2010. Coupled chaperone action in folding and assembly of hexadecameric Rubisco. Nature, 463(7278): 197-202.

Liu L, Li J. 2019. Communications between the endoplasmic reticulum and other organelles during abiotic stress response in plants. Front. Plant Sci., 10: 749.

Liu W C, Han T T, Yuan H M, et al. 2017. CATALASE2 functions for seedling postgerminative growth by scavenging H_2O_2 and stimulating ACX2/3 activity in *Arabidopsis*. Plant Cell Environ., 40(11): 2720-2728.

Liu Y, Li J. 2014. Endoplasmic reticulum-mediated protein quality control in *Arabidopsis*. Front. Plant Sci., 5: 162.

Liu Y M, Burgos J S, Deng Y, et al. 2012. Degradation of the endoplasmic reticulum by autophagy during endoplasmic reticulum stress in *Arabidopsis*. Plant Cell, 24(11): 4635-4651.

Liu Y M, Xiong Y, Bassham D C. 2009. Autophagy is required for tolerance of drought and salt stress in plants. Autophagy, 5(7): 954-963.

Long S P, Ainsworth E A, Rogers A, et al. 2004. Rising atmospheric carbon dioxide: plants FACE the future. Annual Review of Plant Biology, 55: 591-628.

Lopez-Calcagno P E, Fisk S, Brown K L, et al. 2019. Overexpressing the H-protein of the glycine cleavage system increases biomass yield in glasshouse and field-grown transgenic tobacco plants. Plant Biotechnology Journal, 17(1): 141-151.

Lord M J. 1987. Isolation of endoplasmic reticulum: general principles, enzymatic markers, and endoplasmic reticulum-bound polysomes. Methods in Enzymology, 576-584..

Mantovani G, Maccio A, Madeddu C, et al. 2002. Reactive oxygen species, antioxidant mechanisms and serum cytokine levels in cancer patients: impact of an antioxidant treatment. Journal of Cellular and Molecular Medicine, 6(4): 570-582.

Marshall R S, Li F Q, Gemperline D C, et al. 2015. Autophagic degradation of the 26S proteasome is mediated by the dual ATG8/ubiquitin receptor RPN10 in *Arabidopsis*. Molecular Cell, 58(6): 1053-1066.

Marshall V, Richard S, Vierstra R D, et al. 2018. Autophagy: the master of bulk and selective recycling. Annual Review of Plant Biology, 69: 173-208.

Martinoia E, Mimura T, Hara-Nishimura I, et al. 2018. The multifaceted roles of plant vacuoles. Plant Cell Physiol., 59(7): 1285-1287.

Marty F. 1999. Plant vacuoles. Plant Cell, 11(4): 587-599.

Matsushima R. 2003. The ER body, a novel endoplasmic reticulum-derived structure in *Arabidopsis*. Plant & Cell Physiology, 44(7): 661-666.

Matsuzaki T, Fujiki Y. 2008. The peroxisomal membrane protein import receptor Pex3p is directly transported to peroxisomes by a novel Pex19p- and Pex16p-dependent pathway. Journal of Cell Biology, 183(7): 1275-1286.

McDonnell M M, Burkhart S E, Stoddard J M, et al. 2016. The early-acting peroxin PEX19 is redundantly encoded, farnesylated, and essential for viability in *Arabidopsis thaliana*. PLoS ONE, 11(1): e0148335.

McLoughlin F, Augustine R C, Marshall R S, et al. 2018. Maize multi-omics reveal roles for autophagic recycling in proteome remodelling and lipid turnover. Nat. Plants, 4(12): 1056-1070.

Medrano H, Keys A J, Lawlor D W, et al. 1995. Improving plant production by selection for survival at low CO_2 concentrations. J. Exp. Bot., 46: 1389-1396.

Merkulova E A, Guiboileau A, Naya L, et al. 2014. Assessment and optimization of autophagy monitoring methods in *Arabidopsis* roots indicate direct fusion of autophagosomes with vacuoles. Plant and Cell Physiology, 55(4): 715-726.

Meyer S, Scholz-Starke J, De Angeli A, et al. 2011. Malate transport by the vacuolar AtALMT6 channel in guard cells is subject to multiple regulation. Plant Journal, 67(2): 247-257.

Mhamdi A, Noctor G, Baker A. 2012. Plant catalases: peroxisomal redox guardians. Archives of Biochemistry and Biophysics, 525(2): 181-194.

Mhamdi A, Queval G, Chaouch S, et al. 2010. Catalase function in plants: a focus on *Arabidopsis* mutants as stress-mimic models. Journal of Experimental Botany, 61(15): 4197-4220.

Mi J, Kirchner E, Cristobal S. 2007. Quantitative proteomic comparison of mouse peroxisomes from liver and kidney. Proteomics, 7(11): 1916-1928.

Michaeli S, Avin-Wittenberg T, Galili G. 2014. Involvement of autophagy in the direct ER to vacuole protein trafficking route in plants. Front. Plant Sci., 5: 134.

Michaud M, Prinz W A, Jouhet J. 2016. Glycerolipid synthesis and lipid trafficking in plant mitochondria. FEBS Journal, 284(3): 378-390.

Millar A H, Heazlewood J L, Giglione C, et al. 2019. The scope, functions, and dynamics of posttranslational protein modifications. Annu. Rev. Plant Biol., 70: 119-151.

Monda K, Araki H, Kuhara S, et al. 2016. Enhanced stomatal conductance by a spontaneous *Arabidopsis* tetraploid, Me-0, results from increased stomatal size and greater stomatal aperture. Plant Physiology, 170(3): 1435-1444.

Monroe-Augustus M, Ramon N M, Ratzel S E, et al. 2011. Matrix proteins are inefficiently imported into *Arabidopsis* peroxisomes lacking the receptor-docking peroxin PEX14. Plant Molecular Biology, 77(1-2): 1-15.

Montesinos J C, Langhans M, Sturm S, et al. 2013. Putative p24 complexes in *Arabidopsis* contain members of the delta and beta subfamilies and cycle in the early secretory pathway. Journal of Experimental Botany, 64(11): 3147-3167.

Morita M T, Kato T, Nagafusa K, et al. 2002. Involvement of the vacuoles of the endodermis in the early process of shoot gravitropism in *Arabidopsis*. Plant Cell, 14(1): 47-56.

Mullen R T, Trelease R N. 2006. The ER-peroxisome connection in plants: development of the "ER semi-autonomous peroxisome maturation and replication" model for plant peroxisome biogenesis. Biochim. Biophys. Acta, 1763(12): 1655-1668.

Munemasa S, Hauser F, Park J, et al. 2015. Mechanisms of abscisic acid-mediated control of stomatal aperture. Current Opinion in Plant Biology, 28: 154-162.

Murphy M A, Phillipson B A, Baker A, et al. 2003. Characterization of the targeting signal of the *Arabidopsis* 22-kD integral peroxisomal membrane protein. Plant Physiology, 133(2): 813-828.

Nakamura T, Meyer C, Sano H. 2002. Molecular cloning and characterization of plant genes encoding novel peroxisomal molybdoenzymes of the sulphite oxidase family. Journal of Experimental Botany, 53(375): 1833-1836.

Nikolovski N, Rubtsov D, Segura M P, et al. 2012. Putative glycosyltransferases and other plant Golgi apparatus proteins are revealed by LOPIT proteomics. Plant Physiology, 160(2): 1037-1051.

Nito K, Kamigaki A, Kondo M, et al. 2007. Functional classification of *Arabidopsis* peroxisome biogenesis factors proposed from analyses of knockdown mutants. Plant & Cell Physiology, 48(6): 763-774.

Noctor G, Reichheld J P, Foyer C H. 2018. ROS-related redox regulation and signaling in plants. Seminars in Cell & Developmental Biology, 80: 3-12.

Nordgren M, Fransen M. 2014. Peroxisomal metabolism and oxidative stress. Biochimie, 98: 56-62.

Nyathi Y, Lousa C D M, Van Roermund C W, et al. 2010. The *Arabidopsis* peroxisomal ABC transporter, comatose, complements the *Saccharomyces cerevisiae pxa1 pxa2Delta* mutant for metabolism of long-chain fatty acids and exhibits fatty acyl-CoA-stimulated ATPase activity. Journal of Biological Chemistry, 285(39): 29892-29902.

Nyathi Y, Zhang X, Baldwin J M, et al. 2012. Pseudo half-molecules of the ABC transporter, COMATOSE, bind Pex19 and target to peroxisomes independently but are both required for activity. FEBS Letters, 586(16): 2280-2286.

Onizuka T, Endo S, Akiyama H, et al. 2004. The rbcX gene product promotes the production and assembly of ribulose-1,5-bisphosphate carboxylase/oxygenase of *Synechococcus* sp. PCC7002 in *Escherichia coli*. Plant and Cell Physiology, 45(10): 1390-1395.

Orrenius S, Zhivotovsky B, Nicotera P. 2003. Calcium: regulation of cell death: the calcium-apoptosis link. Nature Reviews Molecular Cell Biology, 4(7): 552.

Ortega-Galisteo A P, Rodriguez-Serrano M, Pazmino D M, et al. 2012. S-nitrosylated proteins in pea (*Pisum sativum* L.) leaf peroxisomes: changes under abiotic stress. Journal of Experimental Botany, 63(5): 2089-2103.

Ostersetzer O, Kato Y, Adam Z, et al. 2007. Multiple intracellular locations of Lon protease in *Arabidopsis*: evidence for the localization of AtLon4 to chloroplasts. Plant & Cell Physiology, 48(6): 881-885.

Ozgur R, Uzilday B, Sekmen A H, et al. 2015. The effects of induced production of reactive oxygen species in organelles on endoplasmic reticulum stress and on the unfolded protein response in *Arabidopsis*. Ann. Bot., 116(4): 541-553.

Pagnussat G C, Lanteri M L, Lombardo M C, et al. 2004. Nitric oxide mediates the indole acetic acid induction activation of a mitogen-activated protein kinase cascade involved in adventitious root development. Plant Physiology, 135(1): 279-286.

Palma J M, Jimenez A, Sandalio L M, et al. 2006. Antioxidative enzymes from chloroplasts, mitochondria, and peroxisomes during leaf senescence of nodulated pea plants. Journal of Experimental Botany, 57(8): 1747-1758.

Pan R, Hu J. 2011. The conserved fission complex on peroxisomes and mitochondria. Plant Signal. Behav., 6(6): 870-872.

Pan R, Hu J. 2015. Plant mitochondrial dynamics and the role of membrane lipids. Plant Signal. Behav., 10(10): e1050573.

Pan R, Hu J. 2017. Sequence and biochemical analysis of *Arabidopsis* SP1 protein, a regulator of organelle biogenesis. Commun. Integr. Biol., 10(4): e1338991.

Pan R, Hu J. 2018. Proteome of plant peroxisomes. Subcell. Biochem., 89: 3-45.

Pan R, Liu J, Hu J. 2018. Peroxisomes in plant reproduction and seed-related development. J. Integr. Plant Biol., 61(7): 784-802.

Pan R, Satkovich J, Hu J. 2016. E3 ubiquitin ligase SP1 regulates peroxisome biogenesis in *Arabidopsis*. Proc. Natl. Acad. Sci. USA, 113(46): 7307-7316.

Parsons H T, Christiansen K, Knierim B, et al. 2012. Isolation and proteomic characterization of the *Arabidopsis* Golgi defines functional and novel components involved in plant cell wall biosynthesis. Plant Physiology, 159(1): 12-26.

Parsons H T, Fernandez-Nino S M, Heazlewood J L. 2014. Separation of the plant Golgi apparatus and endoplasmic reticulum by free-flow electrophoresis. Methods Mol. Biol., 1072: 527-539.

Parsons M, Furuya T, Pal S, et al. 2001. Biogenesis and function of peroxisomes and glycosomes. Molecular and Biochemical Parasitology, 115(1): 19-28.

Pellicer M T, Badia J, Aguilar J, et al. 1996. Glc locus of *Escherichia coli*: characterization of genes encoding the subunits of glycolate oxidase and the glc regulator protein. Journal of Bacteriology, 178(7): 2051-2059.

Penfield S, Pinfield-Wells H M, Graham I A. 2006. Storage reserve mobilisation and seedling establishment in *Arabidopsis*. The Arabidopsis Book, 4: e0100.

Pereira C, Pereira S, Satiat-Jeunemaitre B, et al. 2013. Cardosin A contains two vacuolar sorting signals using different vacuolar routes in tobacco epidermal cells. Plant Journal, 76(1): 87-100.

Pieuchot L, Jedd G. 2012. Peroxisome assembly and functional diversity in eukaryotic microorganisms. Annual Review of Microbiology, 66: 237-263.

Pinfield-Wells H, Rylott E L, Gilday A D, et al. 2005. Sucrose rescues seedling establishment but not germination of *Arabidopsis* mutants disrupted in peroxisomal fatty acid catabolism. Plant Journal, 43(6): 861-872.

Pracharoenwattana I, Cornah J E, Smith S M. 2005. *Arabidopsis* peroxisomal citrate synthase is required for fatty acid respiration and seed germination. Plant Cell, 17(7): 2037-2048.

Pracharoenwattana I, Cornah J E, Smith S M. 2007. *Arabidopsis* peroxisomal malate dehydrogenase functions in beta-oxidation but not in the glyoxylate cycle. Plant Journal, 50(3): 381-390.

Pracharoenwattana I, Zhou W X, Smith S M. 2010. Fatty acid beta-oxidation in germinating *Arabidopsis* seeds is supported by peroxisomal hydroxypyruvate reductase when malate dehydrogenase is absent. Plant Molecular Biology, 72(1-2): 101-109.

Prado A M, Colaco R, Moreno N, et al. 2008. Targeting of pollen tubes to ovules is dependent on nitric oxide (NO) signaling. Mol. Plant., 1(4): 703-714.

Pratelli R, Sutter J U, Blatt M R. 2004. A new catch in the SNARE. Trends in Plant Science, 9(4): 187-195.

Price G D, Pengelly J J, Forster B, et al. 2012. The cyanobacterial CCM as a source of genes for improving photosynthetic CO_2 fixation in crop species. J. Exp. Bot., 64(3): 753-768.

Pu Y, Luo X, Bassham DC. 2017. TOR-dependent and -independent pathways regulate autophagy in *Arabidopsis thaliana*. Front. Plant Sci., 8: 1204.

Purwar N, McGarry J M, Kostera J, et al. 2011. Interaction of nitric oxide with catalase: structural and kinetic analysis. Biochemistry, 50(21): 4491-4503.

Puyaubert J, Fares A, Reze N, et al. 2014. Identification of endogenously S-nitrosylated proteins in *Arabidopsis* plantlets: effect of cold stress on cysteine nitrosylation level. Plant Science, 215-216: 150-156.

Qualley A V, Widhalm J R, Adebesin F, et al. 2012. Completion of the core beta-oxidative pathway of benzoic acid biosynthesis in plants. Proc. Natl. Acad. Sci. USA, 109(40): 16383-16388.

Quan S, Switzenberg R, Reumann S, et al. 2010. *In vivo* subcellular targeting analysis validates a novel peroxisome targeting signal type 2 and the peroxisomal localization of two proteins with putative functions in defense in *Arabidopsis*. Plant Signal. Behav., 5(2): 151-153.

Quan S, Yang P, Cassin-Ross G, et al. 2013. Proteome analysis of peroxisomes from etiolated *Arabidopsis* seedlings identifies a peroxisomal protease involved in beta-oxidation and development. Plant Physiology, 163(4): 1518-1538.

Queval G, Issakidis-Bourguet E, Hoeberichts F A, et al. 2007. Conditional oxidative stress responses in the *Arabidopsis* photorespiratory mutant cat2 demonstrate that redox state is a key modulator of daylength-dependent gene expression, and define photoperiod as a crucial factor in the regulation of H_2O_2-induced cell death. Plant Journal, 52(4): 640-657.

Ramming T, Hansen H G, Nagata K, et al. 2014. GPx8 peroxidase prevents leakage of H_2O_2 from the endoplasmic reticulum. Free Radic Biol. Med., 70: 106-116.

Reumann S. 2011. Toward a definition of the complete proteome of plant peroxisomes: where experimental proteomics must be complemented by bioinformatics. Proteomics, 11(9): 1764-1779.

Reumann S, Babujee L, Ma C, et al. 2007. Proteome analysis of *Arabidopsis* leaf peroxisomes reveals novel targeting peptides, metabolic pathways, and defense mechanisms. Plant Cell, 19(10): 3170-3193.

Reumann S, Bartel B. 2016. Plant peroxisomes: recent discoveries in functional complexity, organelle homeostasis, and morphological dynamics. Current Opinion in Plant Biology, 34: 17-26.

Reumann S, Chowdhary G, Lingner T. 2016. Characterization, prediction and evolution of plant peroxisomal targeting signals type 1 (PTS1s). Biochimica et Biophysica Acta, 1863(5): 790-803.

Reumann S, Ma C, Lemke S, et al. 2004. AraPerox. A database of putative *Arabidopsis* proteins from plant peroxisomes. Plant Physiology, 136(1): 2587-2608.

Reumann S, Quan S, Aung K, et al. 2009. In-depth proteome analysis of *Arabidopsis* leaf peroxisomes combined with *in vivo* subcellular targeting verification indicates novel metabolic and regulatory functions of peroxisomes. Plant Physiology, 150(1): 125-143.

Rhee H W, Zou P, Udeshi N D, et al. 2013. Proteomic mapping of mitochondria in living cells via spatially restricted enzymatic tagging. Science, 339(6125): 1328-1331.

Rhodin J. 1954. Correlation of ultrastructural organization and function in normal and experimentally changed proximal convoluted tubule cells of the mouse kidney. Stockholm: Aktiebolaget Godvil.

Richmond T A, Somerville C R. 2000. The cellulose synthase superfamily. Plant Physiology, 124(2): 495-498.

Rinaldi M A, Patel A B, Park J, et al. 2016. The roles of β-oxidation and cofactor homeostasis in peroxisome distribution and function in *Arabidopsis thaliana*. Genetics, 204(3):1089-1115.

Roberto S, Ineke B. 2003. Quality control in the endoplasmic reticulum protein factory. Nature, 426(6968): 891-894.

Rojo E, Gillmor C S, Kovaleva V, et al. 2001. VACUOLELESS1 is an essential gene required for vacuole formation and morphogenesis in *Arabidopsis*. Developmental Cell, 1(2): 303-310.

Rottensteiner H, Kramer A, Lorenzen S, et al. 2004. Peroxisomal membrane proteins contain common Pex19p-binding sites that are an integral part of their targeting signals. Mol. Biol. Cell, 15(7): 3406-3417.

Ruberti C, Kim S J, Stefano G, et al. 2015. Unfolded protein response in plants: one master, many questions. Current Opinion in Plant Biology, 27: 59-66.

Rucktaschel R, Girzalsky W, Erdmann R. 2011. Protein import machineries of peroxisomes. Biochimica et Biophysica Acta, 1808(3): 892-900.

Russell L, Larner V, Kurup S, et al. 2000. The *Arabidopsis* COMATOSE locus regulates germination potential. Development, 127(17): 3759-3767.

Sadowski P G, Groen A J, Dupree P, et al. 2008. Sub-cellular localization of membrane proteins. Proteomics, 8(19): 3991-4011.

Sage R F. 2004. The evolution of C4 photosynthesis. New Phytologist, 161(2): 341-370.

Saheki Y, De Camilli P. 2017. Endoplasmic reticulum-plasma membrane contact sites. Annual Review of Biochemistry, 86: 659-684.

Sakai Y, Oku M, van der Klei I J, et al. 2006. Pexophagy: autophagic degradation of peroxisomes. Biochimica et Biophysica Acta, 1763(12): 1767-1775.

Sanderfoot A A, Raikhel N V. 1999. The specificity of vesicle trafficking: coat proteins and SNAREs. Plant Cell, 11(4): 629-641.

Sanders P M, Lee P Y, Biesgen C, et al. 2000. The *Arabidopsis DELAYED DEHISCENCE1* gene encodes an enzyme in the jasmonic acid synthesis pathway. Plant Cell, 12(7): 1041-1061.

Schaller G E. 2017. Isolation of endoplasmic reticulum and its membrane. Methods Mol. Biol., 1511: 119-129.

Schlüter U, Weber A P M. 2016. The road to C4 photosynthesis: evolution of a complex trait via intermediary states. Plant & Cell Physiology, 57(5): 881-889.

Schmidt U G, Endler A, Schelbert S, et al. 2007. Novel tonoplast transporters identified using a proteomic approach with vacuoles isolated from cauliflower buds. Plant Physiology, 145(1): 216-229.

Schrader M, Fahimi H D. 2008. The peroxisome: still a mysterious organelle. Histochem. Cell Biol., 129(4): 421-440.

Schröder M, Kaufman R J. 2005. ER stress and the unfolded protein response. Mutat. Res., 569(1-2): 29-63.

Schuhmann H, Huesgen P F, Gietl C, et al. 2008. The DEG15 serine protease cleaves peroxisomal targeting signal 2-containing proteins in *Arabidopsis*. Plant Physiology, 148(4): 1847-1856.

Schuler M L, Mantegazza O, Weber A P. 2016. Engineering C4 photosynthesis into C3 chassis in the synthetic biology age. Plant Journal, 87(1): 51-65.

Senthil Kumar R, Shen C H, Wu P Y, et al. 2016. Nitric oxide participates in plant flowering repression by ascorbate. Sci. Rep., 6: 35246.

Shibata M, Oikawa K, Yoshimoto K, et al. 2013. Highly oxidized peroxisomes are selectively degraded via autophagy in *Arabidopsis*. Plant Cell, 25(12): 4967-4983.

Shibata M, Oikawa K, Yoshimoto K, et al. 2014. Plant autophagy is responsible for peroxisomal transition and plays an important role in the maintenance of peroxisomal quality. Autophagy, 10(5): 936-937.

Shimada T, Takagi J, Ichino T, et al. 2018. Plant vacuoles. Annual Review of Plant Biology, 69: 123-145.

Shimaoka T, Ohnishi M, Sazuka T, et al. 2004. Isolation of intact vacuoles and proteomic analysis of tonoplast from suspension-cultured cells of *Arabidopsis thaliana*. Plant Cell Physiol., 45(6): 672-683.

Shockey J M, Fulda M S, Browse J. 2003. *Arabidopsis* contains a large superfamily of acyl-activating enzymes. Phylogenetic and biochemical analysis reveals a new class of acyl-coenzyme a synthetases. Plant Physiology, 132(2): 1065-1076.

Signorelli S, Imparatta C, Rodriguez-Ruiz M, et al. 2016. *In vivo* and *in vitro* approaches demonstrate proline is not directly involved in the protection against superoxide, nitric oxide, nitrogen dioxide and peroxynitrite. Functional Plant Biology, 43(9): 870-879.

Sinclair A M, Trobacher C P, Mathur N, et al. 2009. Peroxule extension over ER-defined paths constitutes a rapid subcellular response to hydroxyl stress. Plant J., 59(2): 231-242.

Sinz A. 2006. Chemical cross-linking and mass spectrometry to map three-dimensional protein structures and protein-protein interactions. Mass Spectrom. Rev., 25(4): 663-682.

Smiri M, Chaoui A, Rouhier N, et al. 2010. Oxidative damage and redox change in pea seeds treated with cadmium. Comptes Rendus Biologies, 333(11-12): 801-807.

Soto-Burgos J, Zhuang X, Jiang L, et al. 2018. Dynamics of autophagosome formation. Plant Physiology, 176(1): 219-229.

South P F, Cavanagh A P, Liu H W, et al. 2019. Synthetic glycolate metabolism pathways stimulate crop growth and productivity in the field. Science, 363(6422): 45.

Sparkes I, Ketelaar T, De Ruijter N, et al. 2010. Grab a Golgi: laser trapping of Golgi bodies reveals *in vivo* interactions with the endoplasmic reticulum. Traffic, 10(5): 567-571.

Srivastava R, Li Z, Russo G, et al. 2018. Response to persistent ER stress in plants: a multiphasic process that transitions cells from prosurvival activities to cell death. Plant Cell, 30(6): 1220-1242.

Staehelin L A. 2010. The plant ER: a dynamic organelle composed of a large number of discrete functional domains. Plant Journal for Cell & Molecular Biology, 11(6): 1151-1165.

Staffan P, Alexander P, Andrew C, et al. 2007. Genetic evidence for three unique components in primary cell-wall cellulose synthase complexes in *Arabidopsis*. Proc. Natl. Acad. Sci. USA, 104(39): 15566-15571.

Stefano G, Brandizzi F. 2018. Advances in plant ER architecture and dynamics. Plant Physiol., 176(1): 178-186.

Stefano G, Renna L, Lai Y S, et al. 2015. ER network homeostasis is critical for plant endosome streaming and endocytosis. Cell Discovery, 1: 15033.

Strader L C, Bartel B. 2009. The *Arabidopsis* PLEIOTROPIC DRUG RESISTANCE8/ABCG36 ATP binding cassette transporter modulates sensitivity to the auxin precursor indole-3-butyric acid. Plant Cell, 21(7): 1992-2007.

Strader L C, Bartel B. 2011. Transport and metabolism of the endogenous auxin precursor indole-3-butyric acid. Mol. Plant, 4(3): 477-486.

Strader L C, Culler A H, Cohen J D, et al. 2010. Conversion of endogenous indole-3-butyric acid to indole-3-acetic acid drives cell expansion in *Arabidopsis* seedlings. Plant Physiology, 153(4): 1577-1586.

Sugiura A, Mattie S, Prudent J, et al. 2017. Newly born peroxisomes are a hybrid of mitochondrial and ER-derived pre-peroxisomes. Nature, 542(7640): 251-254.

Suttangkakul A, Li F Q, Chung T, et al. 2011. The ATG1/ATG13 protein kinase complex is both a regulator and a target of autophagic recycling in *Arabidopsis*. Plant Cell, 23(10): 3761-3779.

Sze H, Schumacher K, Muller M L, et al. 2002. A simple nomenclature for a complex proton pump: VHA genes encode the vacuolar H^+-ATPase. Trends in Plant Science, 7(4): 157-161.

Taiz L. 1992. The plant vacuole. Journal of Experimental Biology, 172(Pt 1): 113-122.

Takahashi S, Monda K, Negi J, et al. 2015. Natural variation in stomatal responses to environmental changes among *Arabidopsis thaliana* ecotypes. PLoS ONE, 10(2): e0117449.

Takeshige K, Baba M, Tsuboi S, et al. 1992. Autophagy in yeast demonstrated with proteinase-deficient mutants and conditions for its induction. Journal of Cell Biology, 119(2): 301-311.

Theodoulou F L, Eastmond P J. 2012. Seed storage oil catabolism: a story of give and take. Current Opinion in Plant Biology, 15(3): 322-328.

Titus D E, Becker W M. 1985. Investigation of the glyoxysome-peroxisome transition in germinating cucumber cotyledons using double-label immunoelectron microscopy. Journal of Cell Biology, 101(4): 1288-1299.

Tolbert N E, Essner E. 1981. Microbodies: peroxisomes and glyoxysomes. Journal of Cell Biology, 91(3 Pt 2): 271-283.

Trapet P, Kulik A, Lamotte O, et al. 2015. NO signaling in plant immunity: a tale of messengers. Phytochemistry, 112: 72-79.

Trentmann O, Haferkamp I. 2013. Current progress in tonoplast proteomics reveals insights into the function of the large central vacuole. Front. Plant Sci., 4: 34.

Trösch R, Mühlhaus T, Schroda M, et al. 2015. ATP-dependent molecular chaperones in plastids-more complex than expected. Biochimica et Biophysica Acta (BBA)-Bioenergetics, 1847(9): 872-888.

Tsilibaris V, Maenhaut-Michel G, Van Melderen L. 2006. Biological roles of the Lon ATP-dependent protease. Research in Microbiology, 157(8): 701-713.

Tsuji A, Tsukamoto K, Iwamoto K, et al. 2013. Enzymatic characterization of germination-specific cysteine protease-1 expressed transiently in cotyledons during the early phase of germination. Journal of Biochemistry, 153(1): 73-83.

Tugal H B, Pool M, Baker A. 1999. *Arabidopsis* 22-kilodalton peroxisomal membrane protein. Nucleotide sequence analysis and biochemical characterization. Plant Physiology, 120(1): 309-320.

Urbanowicz B R, Rayon C, Carpita N C. 2004. Topology of the maize mixed linkage-beta-d-glucan synthase at the Golgi membrane. Plant Physiology, 134(2): 758-768.

van der Zand A, Braakman I, Tabak H F. 2010. Peroxisomal membrane proteins insert into the endoplasmic reticulum. Mol. Biol. Cell, 21(12): 2057-2065.

Van Meer G, Voelker D R, Feigenson G W. 2008. Membrane lipids: where they are and how they behave. Nature Reviews Molecular Cell Biology, 9(2): 112-124.

Van Moerkercke A, Schauvinhold I, Pichersky E, et al. 2009. A plant thiolase involved in benzoic acid biosynthesis and volatile benzenoid production. Plant Journal, 60(2): 292-302.

Van Roermund C T, Schroers M G, Wiese J, et al. 2016. The peroxisomal NAD carrier from *Arabidopsis* imports NAD in exchange with AMP. Plant Physiology, 171(3): 2127-2139.

Wang J Z, Dehesh K. 2018. ER: the Silk Road of interorganellar communication. Current Opinion in Plant Biology, 45(Pt A): 171-177.

Wang P, Mugume Y, Bassham D C. 2017. New advances in autophagy in plants: regulation, selectivity and function. Seminars in Cell & Developmental Biology, 80: 113-122.

Warburg O, Negelein E.1920. The reduction of nitric acid by green cells. Biochem. Zeits., 110: 66-115.

Wasternack C, Hause B. 2013. Jasmonates: biosynthesis, perception, signal transduction and action in plant stress response, growth and development. An update to the 2007 review in Annals of Botany. Annals of Botany, 111(6): 1021-1058.

Waszczak C, Kerchev P I, Muhlenbock P, et al. 2016. SHORT-ROOT deficiency alleviates the cell death phenotype of the *Arabidopsis* catalase2 mutant under photorespiration-promoting conditions. Plant Cell, 28(8): 1844-1859.

Whiteman S A, Serazetdinova L, Jones A M, et al. 2008. Identification of novel proteins and phosphorylation sites in a tonoplast enriched membrane fraction of *Arabidopsis thaliana*. Proteomics, 8(17): 3536-3547.

Whitney S M, Birch R, Kelso C, et al. 2015. Improving recombinant Rubisco biogenesis, plant photosynthesis and growth by coexpressing its ancillary RAF1 chaperone. Proc. Natl. Acad. Sci. USA, 112(11): 3564-3569.

Wiederhold E, Gandhi T, Permentier H P, et al. 2009. The yeast vacuolar membrane proteome. Molecular and Cellular Proteomics, 8(2): 380-392.

Wiederhold E, Veenhoff L M, Poolman B, et al. 2010. Proteomics of *Saccharomyces cerevisiae* organelles. Molecular and Cellular Proteomics, 9(3): 431-445.

Williams L E, Lemoine R, Sauer N. 2000. Sugar transporters in higher plants-a diversity of roles and complex regulation. Trends in Plant Science, 5(7): 283-290.

Xia Z L, Wu K, Zhang H, et al. 2015. Sulfite oxidase is essential for timely germination of maize seeds upon sulfite exposure. Plant Molecular Biology Reporter, 33(3): 448-457.

Xie Q, Tzfadia O, Levy M, et al. 2016. hfAIM: a reliable bioinformatics approach for in silico genome-wide identification of autophagy-associated Atg8-interacting motifs in various organisms. Autophagy, 12(5): 876-887.

Xie Z, Klionsky D J. 2007. Autophagosome formation: core machinery and adaptations. Nature Cell Biology, 9(10): 1102-1109.

Xiong Y, Contento A L, Nguyen P Q, et al. 2007. Degradation of oxidized proteins by autophagy during oxidative stress in *Arabidopsis*. Plant Physiology, 143(1): 291-299.

Xu L, Zhao H, Ruan W, et al. 2017. ABNORMAL INFLORESCENCE MERISTEM1 functions in salicylic acid biosynthesis to maintain proper reactive oxygen species levels for root meristem activity in rice. Plant Cell, 29(3): 560-574.

Yalpani N, Leon J, Lawton M A, et al. 1993. Pathway of salicylic acid biosynthesis in healthy and virus-inoculated tobacco. Plant Physiology, 103(2): 315-321.

Yamada K, Hara-Nishimura I, Nishimura M. 2011. Unique defense strategy by the endoplasmic reticulum body in plants. Plant Cell Physiol., 52(12): 2039-2049.

Yamamoto H, Miyake C, Dietz K J, et al. 1999. Thioredoxin peroxidase in the *Cyanobacterium synechocystis* sp. PCC 6803. FEBS Lett., 447(2-3): 269-273.

Yang Z T, Lu S J, Wang M J, et al. 2015. A plasma membrane-tethered transcription factor, NAC062/ANAC062/NTL6, mediates the unfolded protein response in *Arabidopsis*. Plant Journal, 79(6): 1033-1043.

Yeates T O, Wheatley N M. 2017. Putting the Rubisco pieces together. Science, 358(6368): 1253-1254.

Yoshimoto K, Hanaoka H, Sato S, et al. 2004. Processing of ATG8s, ubiquitin-like proteins, and their deconjugation by ATG4s are essential for plant autophagy. Plant Cell, 16(11): 2967-2983.

Yoshimoto K, Jikumaru Y, Kamiya Y, et al. 2009. Autophagy negatively regulates cell death by controlling NPR1-dependent salicylic acid signaling during senescence and the innate immune response in *Arabidopsis*. Plant Cell, 21(9): 2914-2927.

Young B P, Craven R A, Reid P J, et al. 2001. Sec63p and Kar2p are required for the translocation of SRP-dependent precursors into the yeast endoplasmic reticulum *in vivo*. EMBO Journal, 20(1-2): 262-271.

Young P G, Bartel B. 2016. Pexophagy and peroxisomal protein turnover in plants. Biochimica et Biophysica Acta-Molecular Cell Research, 1863(5): 999-1005.

Yuan H M, Liu W C, Lu Y T. 2017. CATALASE2 coordinates SA-mediated repression of both auxin accumulation and JA biosynthesis in plant defenses. Cell Host Microbe., 21(2): 143-155.

Zafra A, Rodriguez-Garcia M I, Alche Jde D. 2010. Cellular localization of ROS and NO in olive reproductive tissues during flower development. BMC Plant Biology, 10: 36.

Zhang X, Hu J. 2009. Two small protein families, DYNAMIN-RELATED PROTEIN3 and FISSION1, are required for peroxisome fission in *Arabidopsis*. Plant Journal, 57(1): 146-159.

Zheng H, Kunst L, Hawes C, et al. 2004. A GFP-based assay reveals a role for RHD3 in transport between the endoplasmic reticulum and Golgi apparatus. Plant Journal, 37(3): 398-414.

Zhou J, Wang J, Cheng Y, et al. 2013. NBR1-mediated selective autophagy targets insoluble ubiquitinated protein aggregates in plant stress responses. PLoS Genetics, 9(1): e1003196.

Zhuang X, Chung K P, Cui Y, et al. 2017. ATG9 regulates autophagosome progression from the endoplasmic reticulum in *Arabidopsis*. Proc. Natl. Acad. Sci. USA, 114(3): 426-435.

Zhuang X, Cui Y, Gao C, et al. 2015. Endocytic and autophagic pathways crosstalk in plants. Current Opinion in Plant Biology, 28: 39-47.

Zhuang X, Jiang L. 2019. Chloroplast degradation: multiple routes into the vacuole. Front. Plant Sci., 10: 359.

Zolman B K, Monroe-Augustus M, Silva I D, et al. 2005. Identification and functional characterization of *Arabidopsis* PEROXIN4 and the interacting protein PEROXIN22. Plant Cell, 17(12): 3422-3435.

Zolman B K, Silva I D, Bartel B. 2001. The *Arabidopsis pxa1* mutant is defective in an ATP-binding cassette transporter-like protein required for peroxisomal fatty acid beta-oxidation. Plant Physiology, 127(3): 1266-1278.

Zolman B K, Yoder A, Bartel B. 2000. Genetic analysis of indole-3-butyric acid responses in *Arabidopsis thaliana* reveals four mutant classes. Genetics, 156(3): 1323-1337.

第 10 章 修饰蛋白质组学研究概述

生物和细胞生命活动过程复杂得令人难以置信，需要对互相连接的各自独立事件进行特殊的精细调控方能实现。真核模式生物酵母的编码基因有 6700 多个，在人类中，这个数目被扩增到 19 500 余个。遗传信息从 DNA 转录成为 RNA，再翻译成为蛋白质。基因的编码能力通过两种主要机制在相应的蛋白质组中产生多样性。第一条途径是转录水平，通过 mRNA 剪接，包括组织特异性的交替剪接实现（Maniatis and Tasic，2002；Black，2003）。这是真核生物中 RNA 代谢的核心话题。蛋白质组扩增的第二条途径是蛋白质在一个或多个位点的共价翻译后修饰（PTM）。顾名思义，这些 PTM 是在 DNA 转录成 RNA 并翻译成蛋白质后发生的共价修饰（Walsh，2005）。在生理条件下稳定的新生或折叠的蛋白质在侧链或主链上经受一系列特定的酶催化修饰，其多样化在原核生物和真核生物中均有体现，但在修饰类型和发生频率方面，真核生物则更加广泛。

10.1 蛋白质翻译后修饰的多样性

蛋白质翻译后修饰包括两大类。第一类翻译后修饰是通过蛋白酶的作用裂解蛋白质中的肽骨架。第二类包括一系列不同化学基团的酶促共价修饰，通常是修饰底物的亲电子片段被加到蛋白质底物的氨基酸残基侧链。被修饰的侧链通常是富含电子的，在转移中充当亲核试剂。

蛋白质共价修饰可依据以下 3 个轴线进行分类。一是所修饰的蛋白质氨基酸残基侧链的特性。已知 20 种常见的蛋白源氨基酸侧链中的 15 种具有修饰的多样性（Walsh et al.，2005）。二是通过酶促偶联蛋白质底物或通过辅酶传递化学修饰，如 *S*-腺苷甲硫氨酸（SAM）依赖性甲基化、ATP 依赖性磷酸化、乙酰辅酶 A 依赖性乙酰化、NAD 依赖性 ADP 核糖基化、巯基辅酶 A（CoA-SH）依赖性磷酸泛酰巯基化、磷酸腺苷磷酸硫酸盐（PAPS）依赖性硫酸化。三是通过共价加成实现的新功能，如带有生物素基、脂酰基和磷酸泛酰巯基基团的酶的催化功能增加（表 10-1）。脂质修饰的蛋白质可在亚细胞的定位上发生变化（异戊烯化、棕榈酰化、糖基磷脂酰肌醇），而被泛素（ubiquitin）修饰的蛋白质可被转运到溶酶体或蛋白酶体进行蛋白质水解。

表 10-1 蛋白质侧链氨基酸的翻译后修饰

氨基酸残基	修饰类型	举例
Asp	磷酸化	蛋白酪氨酸磷酸酶双组分系统中的反应调节剂
	异构化为异天冬氨酸	
Glu	甲基化	趋化性受体蛋白
	羧化	凝血中的甘氨酸残基
	多糖基化	微管蛋白

续表

氨基酸残基	修饰类型	举例
Glu	聚谷氨酰胺	微管蛋白
Ser	磷酸化	蛋白丝氨酸激酶和磷酸酶
	O-糖基化	notch *O*-糖基化
	磷酸泛酰巯基乙胺	脂肪酸合酶
	自切	丙酮酰胺基酶的形成
Thr	磷酸化	蛋白苏氨酸激酶 / 磷酸酶
	O-糖基化	
Tyr	磷酸化	酪氨酸激酶 / 磷酸酶
	硫酸化	CCR5 基因受体
	邻硝基化	炎症反应
	TOPA 苯醌	胺氧化酶
His	磷酸化	传感器蛋白激酶在双组分调节系统中的应用
	氨基羧丙基化	甲酰胺形成
	N-甲基化	甲基 COM 还原酶
Lys	*N*-甲基化	组蛋白甲基化
	乙酰基、生物素基、硫辛酰基、泛素基的 *N*-酰化	组蛋白乙酰化，蛋白泛素，相素化修饰蛋白
	C-羟基化	胶黏剂
Cys	*S*-羟基化（*S*—OH）	磺酸盐中间体
	二硫键形成	氧化环境中的蛋白质
	磷酸化	PTP 酶
	S-酰化	Ras
	S-异戊烯化	Ras
	蛋白质剪接	内含肽切除
Met	氧化制亚砜	甲基亚砜还原酶
Arg	*N*-甲基化	组蛋白
	N-ADP-核糖基化	G_{Sa}
Asn	*N*-糖基化	*N*-糖苷
	N-ADP-核糖基化	eEF-2
	蛋白质剪接	内含肽切除步骤
Gln	转谷氨酰胺化	蛋白质交叉连接
Trp	*C*-甘露糖	质膜蛋白
Pro	*C*-羟基化	胶原蛋白，HIF-1α
Gly	*C*-羟基化	C 端酰胺形成

注：Leu、Ile、Val、Ala、Phe 侧链修饰未知，更多的内容可以参考 Walsh（2005）

不同共价形式的蛋白质（蛋白质组）的多样性大大超过了由 DNA 编码能力预测的蛋白质的数量。目前已知的蛋白质翻译后修饰多达 300 ～ 500 种（Ong and Mann，2005；Linding et al.，2007），预计蛋白质组可能比编码基因组预测的复杂程度高 2 ～ 3 个数量级

（>1 000 000 种蛋白质分子）。如此复杂多样的翻译后修饰需要经过精细调控才能实现有序的生物学功能。目前，已知参与人类蛋白质泛素化修饰及其功能调控的蛋白质数目高达 1200 种以上，占人类编码基因总数的 6% 以上；参与人类蛋白质磷酸化的蛋白激酶有 500 余种、磷酸酶 150 余种，两者合计占人类编码基因总数的 3.5%。这个数目在拟南芥中更大，以满足多样环境胁迫下的要求。

蛋白质组学技术的快速发展为众多的翻译后修饰的鉴定奠定了基础，但由于种类众多，被修饰蛋白质在蛋白质组中含量低，分析的难度大（Khoury et al.，2011）。目前已经被鉴定的较高丰度翻译后修饰种类占预计存在的修饰事件比例见表 10-2。深入理解蛋白质翻译后修饰是当代生命科学研究的热点、重点，也是难点。

表 10-2　修饰后蛋白质分离鉴定现状（Khoury et al.，2011）

修饰名称	已鉴定位点（覆盖度）	潜在位点	位点总计
磷酸化	57 191（41%）	82 391	139 582
乙酰化	6 656（25.5%）	19 478	26 134
N-糖基化	5 343（5.3%）	95 082	100 425
O-糖基化	1 104（33%）	2 237	3 341
甲基化	1 497（20.6%）	5 756	7 253
硫酸化	495（15.8%）	2 642	3 137
棕榈化	271（5.1%）	5 058	5 329
泛素化	843（36%）	1 490	2 333
牻牛儿基化	55（5.1%）	1 032	1 087
瓜氨酸化	50（1.1%）	4 448	4 498
S-甘油二酯半胱氨酸化	37（1.9%）	1 888	1 925

10.2　蛋白质磷酸化及其在植物生理病理调控中的作用

蛋白质的磷酸化修饰主要是指在丝氨酸、苏氨酸或酪氨酸上增加了 H_3PO_4 基团。蛋白质磷酸化是一种可逆的蛋白质翻译后修饰，控制多种生物体的信号转导。磷酸化受蛋白激酶催化，发生在蛋白质的丝氨酸、苏氨酸和酪氨酸残基上（Karin and Hunter，1955）。

10.2.1　蛋白质磷酸化介导细胞信号转导应对环境变化

拟南芥基因组编码的蛋白激酶有 1000 多个，至少是人类基因组编码蛋白激酶的两倍（Sugiyama et al.，2008）。比较拟南芥中鉴定的 1346 种蛋白质的 2000 余个独特的磷酸化位点和从水稻中鉴定的 3393 个磷酸化蛋白质，发现两者之间超过一半的磷酸化位点是保守的，表明存在基于磷酸化的保守信号转导机制。

蛋白质磷酸化调控植物细胞活性氧信号系统。丝裂原活化蛋白激酶（MAPK）级联信号是高度保守的途径，其中丝氨酸 / 苏氨酸激酶依次磷酸化其靶标并激活 MAPK。通过该级联激活的植物响应之一是活性氧（ROS）物质产生。与植物模式识别受体（PRR）如 FLS2/EFR 及其辅助受体 BAK1 相关的质膜相关细胞质激酶 BIK1 参与该过程。一旦受体识别细胞外细菌鞭毛蛋白，BIK1 强烈磷酸化呼吸爆发氧化酶同源蛋白 RBOHD，以调节 ROS 产生。MAPK 不仅可以激活 ROS 产生，还可以调节该过程，以防止 ROS 过度积累。其中一种称为 MPK8

的拟南芥 MAPK 在植物遭受机械伤害时通过抑制 RBOHD 的基因表达，实现对 ROS 的负反馈调节。

磷酸化还可以增强或抑制转录因子的核转位并调节增殖、分化、凋亡和存活等各种细胞过程。当植物感知环境压力时，它们会激活多种信号通路及其对应的在不断变化的环境中生存所必需的一组编码基因。例如，对发芽的水稻胚胎进行差异磷酸化蛋白质组学分析，发现 CCCH-和 BED-型锌指蛋白转录因子的磷酸化参与萌发控制。不仅如此，DNA 合成、RNA 剪接和 DNA 甲基化途径中的蛋白质在发育的水稻花药中也被磷酸化。

蛋白质磷酸化在促使生物体应对外界不利的胁迫条件方面也发挥重要作用。大豆在淹水胁迫时，通过调节参与糖酵解和发酵的蛋白质来应对压力。同样，大豆所含的锌指 / BTB 结构域蛋白 47、富含甘氨酸蛋白和 rRNA 加工蛋白 Rrp5 等 3 种核蛋白的表达水平也因淹水胁迫而增加，但用 ABA 处理时这些蛋白质均下调表达。

10.2.2 磷酸化蛋白 / 多肽富集分离技术

磷酸化蛋白和多肽的特异富集分离根据磷酸基团的特殊物理特性，如基于正负电荷吸引的金属氧化物富集法。该技术主要是利用磷酸基团在低 pH 条件下与二氧化钛（TiO_2）、二氧化锆（ZrO_2）等金属氧化物之间的静电吸引，从而实现磷酸化肽段的亲和富集。固相金属离子亲和色谱法是利用金属离子与磷酸化肽段中磷酸基团的配位作用，从而实现选择性富集。亲和取代富集法是利用磷酸基团在碱性条件下发生 β 消除反应生成双键后，使用亲核取代试剂在双键处引入生物素、巯基标签等，并结合亲和提取技术实现选择性富集。但苛刻的反应条件与大量伴生的副反应都限制了该技术在蛋白质磷酸化富集中的广泛应用。

10.2.3 磷酸化蛋白 / 多肽的质谱鉴定

磷酸化肽段在以 ESI 源为离子化装置的质谱中易发生中性丢失，可采用中性丢失或前体离子扫描方式来检测磷酸化肽段。以三重四极杆质谱为例，中性丢失扫描是指在正离子模式下，将三重四极杆中 Q1 与 Q3 的电压差设定为只可以通过质荷比差为 98［$H_3PO_4(M+H)^+$］或 m/z 为 49［$H_3PO_4(M+2H)^{2+}$］的肽段离子，这样在 Q3 中就只能检测到在 Q2 中碎裂后丢失磷酸基团的磷酸化肽段，有效地降低了样品的复杂程度。

随着磷酸化蛋白质组学的快速发展，新的肽段裂解方式，如高能离子碰撞碎裂（HCD）、电子转移解离（ETD）与电子捕获解离（ECD）等也成功应用到蛋白质磷酸化的质谱鉴定中，快速提升了磷酸化蛋白质组的研究能力。

10.3 蛋白质糖基化及其在植物生理病理调控中的作用

蛋白质的糖基化修饰（glycosylation）主要分为 *N*-连接与 *O*-连接两种。蛋白质的天冬酰胺连接的糖基化是最常见的蛋白质翻译后修饰形式，是分泌途径的蛋白质进入内质网（ER）和高尔基体所进行的关键调控步骤（Strasser，2016），其中糖被添加到天冬酰胺-X-丝氨酸 / 苏氨酸（其中 X 不能是脯氨酸）的三肽共有序列的天冬酰胺残基上。

10.3.1 蛋白质糖基化修饰和蛋白质转运

蛋白质的糖基化调节细胞黏附 / 通讯、跨膜转运和应激反应等各种生物过程。在蛋白质成熟过程中，只有正确折叠的蛋白质被运输到细胞表面，而错误折叠的蛋白质在ER中被保留和修复，以确保被分泌蛋白质的功能（图10-1）（Lannoo and Van Damme，2015）。ER中的修复过程称为非折叠蛋白反应（UPR），其在环境胁迫下对细胞命运的确定起重要作用。在发芽的大豆中检测到淹水胁迫诱导的糖蛋白积累，其中鉴定的大多数蛋白质被分类在分泌途径和降解中。拟南芥质膜蛋白质糖基化缺陷突变体在盐胁迫条件下植物生长被抑制，并诱导了异常的根尖形态发生。

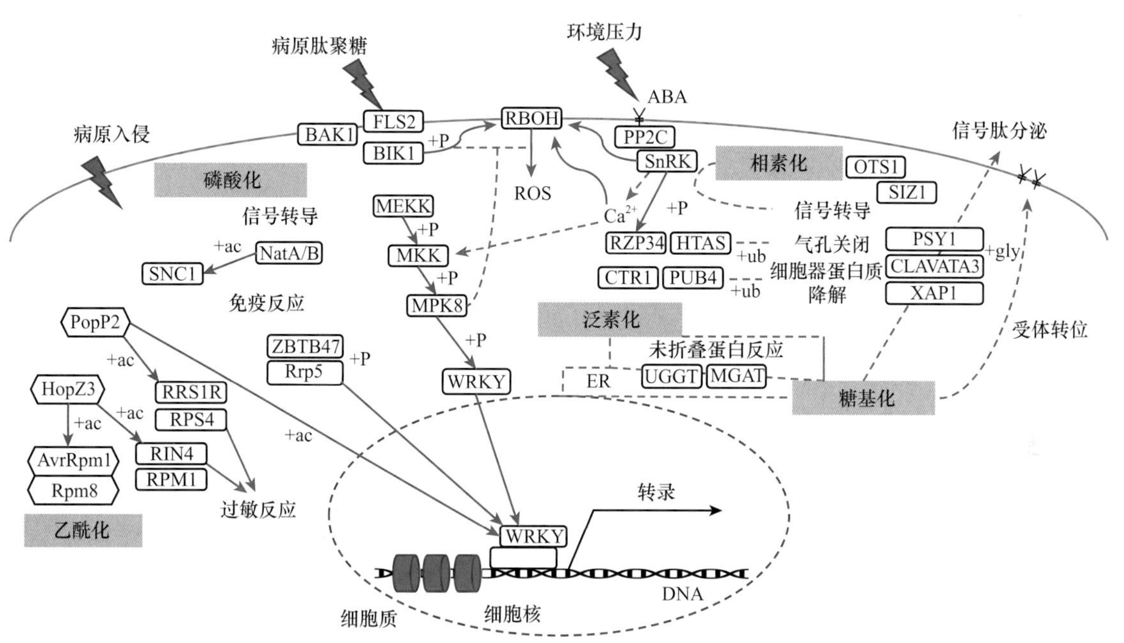

图10-1　植物应激反应相关的几种蛋白质翻译后修饰作用示意图（改编自Hashiguchi and Komatsu，2016）

细胞表面受体感知的环境压力通过细胞内蛋白质的级联磷酸化传导至细胞核；磷酸化转录因子与DNA启动子区的结合激活或抑制基因表达；蛋白质泛素化在多个层面调节信号转导；响应外部刺激的新合成蛋白质在成熟过程中被糖基化并转运至质膜或细胞外空间；通过泛素/蛋白酶体介导的降解从植物细胞中除去异常糖基化的蛋白质；在压力条件下，ROS和RNS充当蛋白质翻译后修饰的诱导剂并改变植物的初级代谢以帮助植物存活；病原体通过向植物细胞引入效应蛋白改变植物本身蛋白质的翻译后修饰模式来侵入植物免疫系统；多个翻译后修饰通过影响共同的靶蛋白来拮抗或协同地起作用，以实现植物对环境胁迫的响应的精细调整。白色矩形代表植物蛋白；支柱侧翻代表组蛋白；白色六边形代表病原体衍生的效应蛋白。+P：磷酸化；+gly：糖基化；+ub：泛素化；+ac：乙酰化

蛋白质糖基化也积极参与植物的应激反应。在植物中，免疫受体及其下游信号可能通过蛋白质糖基化进行调节。在拟南芥UDP-葡萄糖-糖蛋白葡萄糖基转移酶突变体的ER中，糖链添加葡萄糖受阻，因此具有不完全*N*-寡糖链修饰的蛋白质，植株对盐、热及感染的刺激异常敏感。这可能是由于细胞表面上免疫受体的运输受到干扰。细胞溶质中Ca^{2+}升高是ROS产生和MAPK途径激活的主要调节因子。为了应对病原体攻击，植株激活抗病原体化合物如ROS的防御基因。α-1,3-甘露糖基转移酶在ER的聚糖组装中起作用。具有该酶缺陷的拟南芥表现出较弱的钙浓度上调、MAPK活化减少。这种变化可能是由蛋白质糖基化缺陷导致细胞表面受体转运不足所致。

糖肽激素也开始受到关注。首先发现的具有生物活性的糖肽是来自烟草的NtHySysⅠ和NtHySysⅡ。这些具有戊糖单元的肽可以诱导防御蛋白酶抑制蛋白质，以抵御昆虫损害（Pearce et al.，2001）。在PSY1、CLAVATA3和CLE2的病例中鉴定到糖肽激素，其前体肽在

脯氨酸处进行翻译后羟基化，然后在羟脯氨酸处进行丝氨酸 / 苏氨酸的 *O*-糖基化，进一步从前体切出并释放小的活性肽。阿拉伯糖基化是一种植物特异性 PTM 类型，常见于细胞壁基质蛋白，在植物感知环境变化中扮演重要角色。例如，水淹、氮缺乏、根瘤菌接种、高浓度盐等胁迫条件下，大豆木质部阿拉伯糖基化的寡肽 XAP4 的水平发生显著变化，以响应植物对环境胁迫的系统调节。

随着糖蛋白质组学研究技术的快速发展、蛋白质糖基化模式信息的积累，人们越来越意识到成熟糖蛋白的多样性结构在许多生物过程中起着极其重要的作用（Campbell and Packer，2016）。糖蛋白异质性研究已经成为评估疾病进展和药物功效的生物医学研究的热点。同样，糖蛋白结构及其复杂性的探索将为更好地理解植物生理学与周围环境之间关系提供基础。

10.3.2　糖基化蛋白 / 多肽富集分离技术

蛋白质糖基化的分离富集主要根据糖蛋白中糖链的物理化学特性，采用共价结合或物理吸附的方式，选择性地将其从复杂的生物环境中分离出来。目前经典的富集方法包括利用糖链的亲水特性所采取的亲水色谱法、基于分子截留技术的超滤法和可选择性富集糖肽的凝集素亲和色谱法等。利用共价结合作用实现糖蛋白富集的技术包括酰肼富集与硼酸富集等。酰肼富集法是利用糖链上 1,2-顺式邻二羟基氧化后产生的醛基与固相酰肼树脂共价结合，选择性富集糖蛋白或糖肽。硼酸分子也可在碱性条件下与糖链中的 1,2-顺式邻二羟基可逆共价结合，用于糖基化蛋白的富集。

10.3.3　糖基化蛋白 / 多肽的质谱鉴定

糖基化蛋白不仅丰度低而且糖链结构复杂、糖链组成存在微不均一性等特点。当对糖肽进行质谱检测时，由于肽段与糖链的分子量之和较高，糖肽在质谱图中通常会出现一个较宽的信号峰，因此在利用质谱技术分析蛋白质糖基化时，通常需要使用生物酶法或化学法将糖蛋白的 *N*-糖链或 *O*-糖链释放，再结合释放前后糖肽的质量变化实现质谱检测。例如，*N*-糖链修饰肽段经 PNGase F 水解后将修饰位点上的天冬酰胺转化为天冬氨酸，从而在肽段质量上产生 0.984Da 的质量增加作为标签，使用高精度质谱就可实现对糖基化位点的确认。在 *O*-糖链的研究中主要利用丝氨酸或苏氨酸在碱性条件下的 β 消除反应，在释放糖链的同时，在糖基化位点处产生双键，再利用亲核试剂与双键反应，引入质量标签，实现对 *O*-糖基化位点的确认。

10.4　蛋白质泛素化和类泛素化及其在植物生理病理调控中的作用

蛋白质泛素化修饰中的泛素（ubiquitin）是由 76 个氨基酸组成的多肽，序列高度保守，在生物体内通过泛素激活酶 E1、泛素偶联酶 E2 和泛素连接酶 E3 的级联酶促反应共价修饰到底物蛋白的赖氨酸残基的 ε-氨基或 N 端游离氨基。

10.4.1　蛋白质泛素化和类泛素化及蛋白质质量控制

泛素 / 蛋白酶体介导的蛋白质降解是控制细胞蛋白质水平的主要因素（图 10-1）。例如，在 ER 中发生的蛋白质质量控制将错误折叠的蛋白质递送至泛素 / 蛋白酶体系统以进行降解。在人细胞中，E1 的编码基因有 2 个，E2 有 40 余个，E3 有 1000 余个，去泛素化酶（DUB）

有 110 余个，因此该系统总的编码基因占人编码基因总数的 6% 以上。在植物基因组中的情况类似，凸显了泛素-蛋白酶体系统在生命活动过程中的重要性。在淹水胁迫的大豆中，随着泛素连接酶水平的增加，根中泛素化蛋白的数量减少，表明在环境胁迫下蛋白质稳态调控活跃。与此相反，当植物暴露于干旱胁迫时，ABA 调节气孔运动以抑制水分蒸发。ABA 信号通过 PP2C-SnRK2 轴转导，其中后一种酶磷酸化 RBOHF 以产生 ROS，该过程受蛋白质泛素化的复杂调控，并最终实现气孔关闭（Hubbard et al.，2010）。拟南芥 AtPUB18 和 AtPUB19 属于 U-box 型 E3 连接酶，抑制 ABA 信号转导和气孔关闭。有趣的是，虽然 AtPUB22 和 AtPUB23 也参与气孔关闭，但其作用机制与 AtPUB18、AtPUB19 不同。AtAIRP1 与 AtAIRP2 形成环型 E3 连接酶家族，也参与调节 ABA 依赖性气孔关闭。磷酸化和泛素化在这个过程中存在串话。RZP34/CHYR1 E3 连接酶可通过拟南芥中的 SnRK2 磷酸化来调节 ABA 途径（Ding et al.，2015）。此外，其他 E3 连接酶也参与这一重要生理过程。例如，OsHTAS 通过 ABA 依赖性和非依赖性途径控制气孔运动。由 ABA 及其他植物激素和脱水胁迫诱导的 OsCTR1 能够促进 OsCP12 和 OsRP1 的降解，从而阻止它们在叶绿体中的定位。

泛素化在植物细胞的细胞器发育和分解中起重要作用。在叶绿体膜上称为 SP1 的 E3 连接酶调节细胞质中叶绿体蛋白质的输入。在能量产生过程中受损的叶绿体通过 E3 泛素连接酶 AtPUB4 的泛素化而降解。

小泛素相关修饰（相素化，SUMOylation）蛋白是类泛素蛋白样多肽，其通过与泛素化途径类似的酶的级联反应共价修饰靶蛋白。相素化在各种生物的蛋白质稳定化、细胞内定位和转录调节方面起着关键作用（Castro et al.，2012）。在植物中，相素化途径与环境胁迫的反应也有关。通过过表达 OsOTS1（一种脱硫酶）对水稻中相素化的干扰导致胁迫耐受性增加。泛素化还在多个水平调节 ABA 信号转导（图 10-1）（Crozet et al.，2016）。

营养稳态也受泛素化调控。E3 泛素连接酶 SIZ1 是植物细胞糖水平传感和调节系统成分，介导由磷酸盐剥夺损失诱导的形态变化。泛素化蛋白质组学分析表明 SIZ1 介导的蛋白质泛素化主要参与糖代谢相关途径，维持淀粉水平。

10.4.2　泛素化蛋白 / 多肽富集分离技术

泛素化蛋白富集技术可分为 3 种：抗原表位标签表达系统（Ub epitope-tag expressing system），泛素结合结构域（Ub binding domain），泛素化亲和抗体（Ub affinity antibody）。

抗原表位标签技术主要是利用融合表达系统，在内源性泛素链上嵌入标签，进一步针对标签开展对泛素化蛋白的特异性富集。泛素结合结构域也可用来亲和提取泛素化蛋白，目前已经发现了 20 余种针对泛素具有不同亲和常数的泛素结合结构域。泛素结合结构域串联富集技术将几种相同或不同的泛素结合结构域融合表达，有效增加了其对泛素化蛋白的亲和力，降低对不同泛素链的偏向性（Gao et al.，2016）。针对泛素化修饰被胰蛋白酶酶切后产生的 Gly-Gly 结构的特异亲和抗体富集效率高，有效促进了泛素化蛋白质组研究。

10.4.3　泛素化蛋白 / 多肽的质谱鉴定

在泛素化蛋白的胰蛋白酶酶切过程中，会将泛素羧基端的 Arg-Gly-Gly 结构中的 Arg 残基水解，从而产生 Gly-Gly 二肽结构。在泛素化修饰肽段中的 Lys 残基上会产生相应的 Gly-Gly（114Da）质量标签，利用常规的串联质谱技术，即可实现对泛素化肽段的规模化鉴定。

10.5 蛋白质乙酰化与植物免疫反应

赖氨酸乙酰化是众所周知的蛋白质翻译后修饰。蛋白质乙酰化修饰可发生在蛋白质 N 端残基暴露的 α-氨基和赖氨酸残基游离的 ε-氨基，在组蛋白调节和基于染色质的基因转录调节中扮演重要作用。其中，组蛋白乙酰转移酶（HAT）参与的组蛋白乙酰化与转录激活有关，而组蛋白去乙酰化酶（HDAC）的组蛋白去乙酰化与转录抑制有关（图 10-1）。组蛋白去乙酰化与 DNA 甲基化的机制是可遗传的表观遗传基因沉默（Kuo and Allis，1998）。

蛋白质乙酰化作用与细胞代谢有关。从发育中的大豆种子、水稻幼苗中分别鉴定了 245 种、716 种乙酰化蛋白（Smith-Hammond et al.，2014；Xiong et al.，2016），发现乙酰化主要与碳代谢和光合作用途径有关。

蛋白质乙酰化作用也与植物免疫有关。在植物免疫系统中，外源抗原由细胞表面 PRR 感知。直接注入植物细胞的病原体衍生的效应蛋白被特定的细胞内监视蛋白（R 蛋白）识别。来自青枯雷尔氏菌的细菌效应蛋白 PopP2 入侵细胞后可以乙酰化植物 R 蛋白 RRS1-R，导致植物细胞中 RRS1-R 相互作用蛋白 RPS4 的活化并诱导 RPS4 依赖性免疫应答。PopP2 还可以乙酰化其他多个转录因子，干扰防御基因的反式激活（LeRoux et al.，2015）。HopZ3 是来自丁香假单胞菌的另一种具有乙酰转移酶活性的效应蛋白，通过乙酰化病原体衍生的效应物（AvrRpm1 和 Rpm8）及植物 R 蛋白（RIN4 和 RPM1）来抑制植物免疫应答。

蛋白质乙酰化还通过细胞内模式识别在病原体感知中起作用。细胞内 NOD 样受体（NLR）在识别从内体区室逃逸的细菌肽聚糖片段中起作用。SNC1 具有 MMD-SNC1 和 MD-SNC1 两种不同 N 端结构类型。这两种 SNC1 可分别被 N 端乙酰转移酶复合物 A（NatA）和 NatB 乙酰化。其中 NatA 使 SNC1 不稳定并抑制免疫，NatB 对 SNC1 的乙酰化对免疫反应具有拮抗作用（Xu et al.，2015）。

10.6 蛋白质氧化与细胞能量生产

活性氧（ROS）和活性氮（reactive nitrogen species，RNS）是植物中氧化还原稳态的关键调节剂。ROS 引起蛋白质的不可逆氧化修饰，称为羰基化，是衰老的指标（Møller and Kristensen，2004）。RNS 是包括一氧化氮（NO）自由基在内的一类物质的总称，可诱导蛋白质酪氨酸残基不可逆的硝化或蛋白质的反应性半胱氨酸残基的可逆 *S*-亚硝基化（Lindermayr et al.，2005）。这类修饰既有有害的作用，也通过选择性地修饰靶蛋白在植物生长、发育、衰老及对环境胁迫的反应中发挥积极作用。

蛋白质羰基化介导细胞能量生产控制（图 10-1）。蛋白质水解活性在种子储存蛋白质的降解中对于发芽期间的能量产生是重要的（Krasuska et al.，2014）。应用所有理论碎片离子顺序窗口采集质谱（Sequential Windowed Acquisition of All Theoretical Fragment Ions，SWATH）技术分析发现种子储备蛋白在种子从静止状态萌发建立活跃的代谢过程中发生蛋白质羰基化，而羰基化蛋白的减少与蛋白质水解活性有关。

硝化是特定蛋白质的另一种不可逆氧化修饰。可逆的 *S*-亚硝基化蛋白质组分析发现 NO 处理的拟南芥甘油醛-3-磷酸脱氢酶活性被 *S*-亚硝基化抑制（Lindermayr et al.，2005）。盐胁迫导致豌豆植物中呼吸、光呼吸和一些氧化应激相关酶的 *S*-亚硝基化。其中，线粒体过氧化物酶-2F 通过 *S*-亚硝基化而不是降低其作为过氧化物酶的活性获得作为转氨酶的功能。

10.7　蛋白质翻译后修饰对互作蛋白质的影响

各种蛋白质翻译后修饰调节蛋白质的活性、稳定性及与DNA、辅因子、脂质和其他蛋白质的相互作用，其中多种类型的蛋白质翻译后修饰以拮抗方式或组合方式起作用。这可以通过分析同一蛋白质底物上不同类型PTM的共性来显示（Minguez et al.，2012）。在众多的PTM中，磷酸化蛋白参与更多的蛋白质互作，而乙酰化蛋白与亚硝基化、泛素化、甲基化和糖基化蛋白质互作（Minguez et al.，2012；Duan and Walther，2015）。多个PTM之间共享同一个修饰位点时，通过改变其相互作用蛋白质来迫使蛋白质充当分子开关。如p53的甲基化可以改变其相互作用蛋白质和下游信号转导（Olivier-Van et al.，2014；Tong et al.，2015）。使用STRING和IntAct蛋白质互作数据库分析发现乙酰化、磷酸化和亚硝基化等翻译后修饰类型在植物通过调节蛋白质互作网络来应对环境刺激方面发挥核心作用，但糖基化不是（Duan and Walther，2015）。因此，了解这些PTM的相互依赖性将在未来的植物科学中具有重要意义。

总之，蛋白质翻译后修饰的特定模式表征了植物对各种环境胁迫的响应。在自然环境中，同时发生的多个翻译后修饰增加了植物应激响应调控的复杂度和精准性。使用快速发展的蛋白质组学技术对PTM竞争和协同作用进行综合分析，可以为植物应激反应的机制研究增加新的见解。阐明植物与环境相互作用的多样化调控机制将为作物改良提供线索，并可能有助于制定促进农业生产的战略。

参考文献

Black D L. 2003. Mechanisms of alternative pre-messenger RNA splicing. Annu. Rev. Biochem., 72: 291-336.

Campbell M P, Packer N H. 2016. UniCarbKB: new database features for integrating glycan structure abundance, compositional glycoproteomics data, and disease associations. Biochim. Biophys. Acta, 1860(8): 1669-1675.

Castro P H, Tavares R M, Bejarano E R, et al. 2012. SUMO, a heavyweight player in plant abiotic stress responses. Cell. Mol. Life Sci., 69(19): 3269-3283.

Crozet P, Margalha L, Butowt R, et al. 2016. SUMOylation represses SnRK1 signaling in *Arabidopsis*. Plant J., 85(1): 120-133.

Ding S, Zhang B, Qin F. 2015. *Arabidopsis* RZFP34/CHYR1, a ubiquitin E3 ligase, regulates stomatal movement and drought tolerance via SnRK2.6-mediated phosphorylation. Plant Cell, 27(11): 3228-3244.

Duan G, Walther D. 2015. The roles of post-translational modifications in the context of protein interaction networks. PLoS Comput. Biol., 11(2): e1004049.

Gao Y, Li Y, Zhang C, et al. 2016. Enhanced purification of ubiquitinated proteins by engineered tandem hybrid ubiquitin-binding domains (ThUBDs). Mol Cell Proteomics, 15(4): 1381-1396.

Hashiguchi A, Komatsu S. 2016. Posttranslational modifications and plant-environment interaction. Methods in Enzymology, 586: 97-113.

Hubbard K E, Nishimura N, Hitomi K, et al. 2010. Early abscisic acid signal transduction mechanisms: newly discovered components and newly emerging questions. Genes Dev., 24(16): 1695-1708.

Karin M, Hunter T. 1995. Transcriptional control by protein phosphorylation: signal transmission from the cell surface to the nucleus. Curr. Biol., 5(7): 747-757.

Khoury G A, Baliban R C, Floudas C A. 2011. Proteome-wide post-translational modification statistics: frequency analysis and curation of the swiss-prot database. Sci. Rep., 1: 90.

Krasuska U, Ciacka K, Debska K, et al. 2014. Dormancy alleviation by NO or HCN leading to decline of protein carbonylation levels in apple (*Malus domestica* Borkh.) embryos. J. Plant Physiol., 171(13): 1132-1141.

Kuo M H, Allis C D. 1998. Roles of histone acetyltransferases and deacetylases in gene regulation. Bioassays, 20(8): 615-626.

Lannoo N, Van Damme E J. 2015. *N*-glycans: the making of a varied tool box. Plant Sci., 239: 67-83.

LeRoux C, Huet G, Jauneau A, et al. 2015. A receptor pair with an integrated decoy converts pathogen disabling of transcription factors to immunity. Cell, 161(5): 1074-1088.

Lindermayr C, Saalbach G, Durner J. 2005. Proteomic identification of S-nitrosylated proteins in *Arabidopsis*. Plant Physiol., 137(3): 921-930.

Linding R, Jensen L J, Ostheimer G J, et al. 2007. Systematic discovery of *in vivo* phosphorylation networks. Cell, 129(7): 1415-1426.

Maniatis T, Tasic B. 2002. Alternative pre-mRNA splicing and proteome expansion in metazoans. Nature, 418(6894): 236-243.

Minguez P, Parca L, Diella F, et al. 2012. Deciphering a global network of functionally associated post-translational modifications. Mol. Syst. Biol., 8: 599.

Møller I M, Kristensen B K. 2004. Protein oxidation in plant mitochondria as a stress indicator. Photochem. Photobiol. Sci., 3(8): 730-735.

Olivier-Van S S, Dehennaut V, Buzy A, et al. 2014. *O*-GlcNAcylation stabilizes beta-catenin through direct competition with phosphorylation at threonine. FASEB J., 28(8): 3325-3338.

Ong S E, Mann M. 2005. Mass spectrometry-based proteomics turns quantitative. Nat. Chem. Biol., 1(5): 252-262.

Pearce G, Moura D S, Stratmann J, et al. 2001. Production of multiple plant hormones from a single polyprotein precursor. Nature, 411(6839): 817-820.

Smith-Hammond C L, Swatek K N, Johnston M L, et al. 2014. Initial description of the developing soybean seed protein Lys-N (epsilon)-acetylome. J. Proteomics, 96: 56-66.

Strasser R. 2016. Plant protein glycosylation. Glycobiology, 26(9): 926-939.

Sugiyama N, Nakagami H, Mochida K, et al. 2008. Large-scale phosphorylation mapping reveals the extent of tyrosine phosphorylation in *Arabidopsis*. Mol. Syst. Biol., 4: 193.

Tong Q, Mazur S J, Rincon-Arano H, et al. 2015. An acetyl-methyl switch drives a conformational change in p53. Structure, 23(2): 322-331.

Walsh C T. 2005. Posttranslational Modification of Proteins: Expanding Nature's Inventory. Englewood: Roberts & Company Publishers.

Walsh C T, Garneau-Tsodikova S, Gatto G J. 2005. Protein posttranslational modifications: the chemistry of proteome diversifications. Angew. Chem. Int. Ed. Engl., 44 (45): 7342-7372.

Xiong Y, Peng X, Cheng Z, et al. 2016. A comprehensive catalog of the lysine-acetylation targets in rice (*Oryza sativa*) based on proteomic analyses. J. Proteomics, 138: 20-29.

Xu F, Huang Y, Li L, et al. 2015. Two N-terminal acetyltransferases antagonistically regulate the stability of a nod-like receptor in *Arabidopsis*. Plant Cell, 27(5): 1547-1562.

第 11 章 磷酸化蛋白质组

11.1 概　　述

11.1.1 蛋白质磷酸化的发现

蛋白质翻译后修饰几乎在所有的蛋白质上都会发生，蛋白质在被修饰后其功能将会发生较为显著的变化。蛋白质的磷酸化（phosphorylation）修饰是最常见的，也是功能最为重要的蛋白质翻译后修饰形式之一，在蛋白质翻译后修饰领域有着非常广泛的研究。

蛋白质磷酸化的相关研究起步于 20 世纪初。Levene 等早在 1906 年就发现卵黄素蛋白中存在磷酸基团，但直到 1932 年他们才鉴定出该磷酸基团是磷酸化的丝氨酸（Lipmann，1932），1955 年介导磷酸化修饰过程的蛋白激酶被发现（Fischer and Krebs，1955）。美国科学家费希尔（Edmond H. Fischer）和克雷布斯（Edwin G. Krebs）由于发现可逆蛋白质磷酸化可作为生物调节机制，共同获得 1992 年的诺贝尔生理学或医学奖。在他们之前，美国科学家萨瑟兰（Sutherland，1971 年诺贝尔生理学或医学奖获得者）在研究糖原分解成葡萄糖过程时发现，这一过程离不开一种名为糖原分解酶的蛋白质。这种糖原分解酶在没有磷酸基团时不能将糖原分解成葡萄糖，一旦在这种蛋白质加上了磷酸基团，即发生磷酸化修饰之后，就能将糖原分解成葡萄糖。萨瑟兰的研究成果引起了费希尔和克雷布斯的兴趣，他们开始研究糖原分解酶这种蛋白质是如何被磷酸化的，又是如何被去磷酸化的。最终他们找到了糖原分解酶磷酸化和去磷酸化（dephosphorylation）的原因，糖原分解酶的磷酸化和去磷酸化取决于两种完全不同的蛋白质，能给糖原分解酶加上磷酸基团的蛋白质是激酶（kinase），而能从磷酸化修饰的糖原分解酶上卸下磷酸基团的蛋白质是磷酸酶（phosphatase）。自此之后，关于细胞内蛋白质的磷酸化修饰受到了越来越多研究者的关注，许多重要的生物学过程都与磷酸化修饰有关。

蛋白质的磷酸化一般被认为是由激酶催化，将 ATP 的磷酸基团转移到底物蛋白氨基酸残基（主要是丝氨酸、苏氨酸、酪氨酸）上的过程，并且这一过程是可逆的（reversible），可以由磷酸酶将磷酸基团从发生磷酸化的蛋白质上去掉，这一过程称为去磷酸化（图 11-1）。

11.1.2 常见的磷酸化修饰氨基酸

磷酸化修饰一般是磷酸基团和氨基酸上的羟基（—OH）形成磷酸酯键（phosphoester bond）。丝氨酸（serine）、苏氨酸（threonine）和酪氨酸（tyrosine）的侧链带—OH，因此，这 3 个氨基酸是最常发生磷酸化的氨基酸，其中又以丝氨酸最为常见。此外，磷酸基团可以与赖氨酸（lysine）、精氨酸（arginine）、组氨酸（histidine）上的氨基反应，形成磷酰胺键（phosphoramidate bond）。最近的证据证实了组氨酸咪唑环的 1 位、3 位 N 原子能够发生非常广泛的磷酸化修饰（Ficarro et al.，2002；Uhrig and Moorhead，2013）。某些情况下，磷酸还

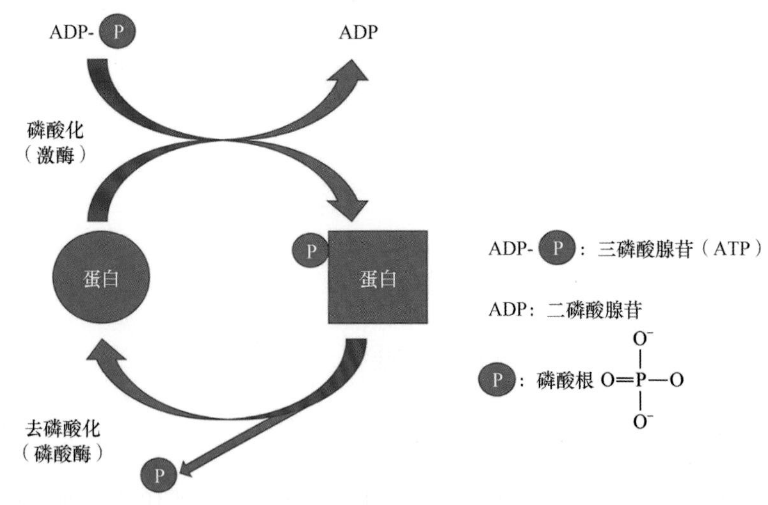

图 11-1　可逆的蛋白质磷酸化修饰

通过混合酸酐键（mixed anhydride linkage）对天冬氨酸（aspartic acid）和谷氨酸（glycine）进行磷酸化。当然，这些除含—OH 以外的氨基酸的磷酸化不稳定，也不常见，所以不如丝氨酸、苏氨酸和酪氨酸的磷酸化研究广泛（Johnson and Barford，1993；Matthews，1995）。本章后续将重点关注丝氨酸、苏氨酸和酪氨酸的具体磷酸化修饰位点，如图 11-2 所示。

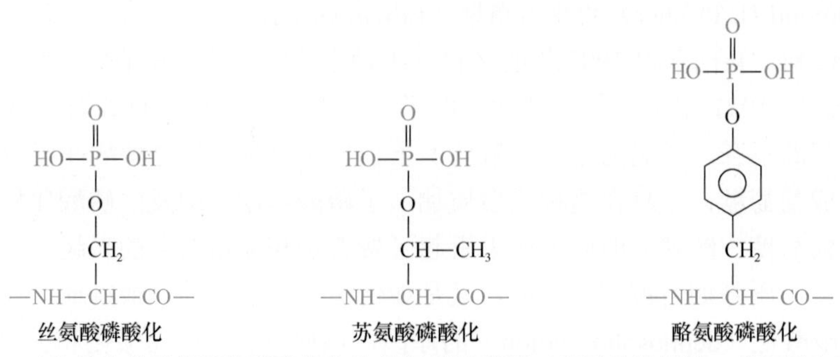

图 11-2　三种最为常见的可被磷酸化修饰的氨基酸类型（分别是丝氨酸、苏氨酸和酪氨酸）

值得一提的是，所有这些可被磷酸化的氨基酸都是极性或带电荷的。在天然状态下，因为亲水性，它们更倾向于位于蛋白质分子的表面，从而容易被激酶识别以进行磷酸化。磷酸本身带有负电，同时磷酸基团带有 3 个—OH。一般来说，—OH、—SH、$—NH_2$ 等是形成氢键的主要基团。因此，当蛋白质的某个部位被本身分子量并不大的磷酸结合后，在局部就会发生极性的很大变化，使得蛋白质的原有二级和三级结构发生很大的变化，从而导致蛋白质活性的改变（大多数情况下为激活）。这也可能是调节蛋白质活性的“信使”落在磷酸化，而不是乙酸化、甲基化等蛋白质修饰上的原因之一。在进化出氨基酸磷酸化及激酶系统前，蛋白质发生磷酸化的氨基酸分别是天冬氨酸和谷氨酸。因为没有和磷酸化酪氨酸结构类似的带负电的氨基酸，所以酪氨酸磷酸化的进化效率较低，这可能是酪氨酸磷酸化发生较少的原因。当然，由于酪氨酸磷酸化主要存在于膜受体信号激活通路上，启动着很多重要的细胞生理活动过程，因此可能需要精确控制而不能广泛磷酸化（Pearlman et al.，2011）。

11.1.3　磷酸化位点的分布

大规模的质谱数据提示，真核生物中至少有 30% 的蛋白质可以发生磷酸化修饰（Ficarro

et al.，2002）。前文提到蛋白质的多种氨基酸都会发生磷酸化修饰，但是这些氨基酸发生磷酸化修饰的比例则不尽相同。在真核生物中，丝氨酸磷酸化被认为是最常见的（≈ 85%），其次是苏氨酸（≈ 15%），酪氨酸磷酸化相对较少（1% ～ 2%），但其在大多数真核生物中处于许多蛋白质磷酸化信号转导途径的上游。真核生物的蛋白质磷酸化可以发生在线粒体、叶绿体、胞质、细胞核、高尔基体，甚至细胞外。磷酸化位点在植物的分布与其他真核生物的分布比例较为类似（Uhrig and Moorhead，2013），丝氨酸磷酸化为 82% ～ 85%，苏氨酸磷酸化为 12% ～ 13%，酪氨酸磷酸化为 2% ～ 4%。

其他研究较少的可发生磷酸化修饰的氨基酸类型中，组氨酸的磷酸化研究较为深入。其在真核细胞内发生率虽然不及丝氨酸磷酸化，却是酪氨酸磷酸化的数倍（Matthews，1995）。组氨酸和天冬氨酸磷酸化作为双组分（two-component）信号转导途径的一部分发生在原核生物中，在某些情况下也会发生在真核生物的一些信号转导途径中。

11.1.4 蛋白质磷酸化修饰的生物学功能

磷酸化修饰在氨基酸侧链中引入带电的亲水基团，通过改变其与附近氨基酸的相互作用来改变蛋白质的结构。由于蛋白质易于磷酸化和去磷酸化，这种可逆的翻译后修饰成为细胞响应外部信号和环境条件的灵活机制（Johnson and Barford，1993），几乎参与了所有的生理和病理过程。多数蛋白质都含有多个磷酸化位点，形成了复杂的多水平调节网络。大部分植物的基因组可以编码超过 1000 个激酶，这个数目几乎是人类基因组中激酶数目的 2 倍（Dissmeyer and Schnittger，2011）。以常用的模式植物拟南芥为例，大约有 1003 个激酶、200 个磷酸酶，占拟南芥所有编码蛋白质的 4% 以上，这也就提示了蛋白质的磷酸化及去磷酸化过程在植物细胞中发挥了极其重要的功能（Kersten et al.，2006）。这些功能包括调控细胞信号通路、细胞周期、DNA 转录、能量代谢、种子萌发、气孔运动和固有免疫，以及压力耐受等（Kersten et al.，2009；Ozlu et al.，2010；Slade et al.，2014）。

11.2 磷酸化蛋白检测

11.2.1 放射性核素示踪法用于蛋白质磷酸化分析

放射性核素示踪技术是利用放射性核素及其标记化合物作为示踪剂，应用射线探测方法来检测其行踪，以研究示踪剂在生物体系或外界环境中运动规律的技术。放射性核素示踪实验的原理基于两个方面：一是放射性核素及其标记化合物和相应的非标记化合物具有相同的化学及生物学性质；二是它们之间有不同的物理性质，即放射性核素能发出各种不同的射线，可被放射性探测仪器所测定或被感光材料所记录。由于放射性元素与其同位素具有相同的化学及生物学性质，因此在生物学研究中，应用放射性核素示踪法（以下简称示踪法）可研究生物体内的生物化学反应、某种物质参与代谢的过程与途径等，应用很广。^{32}P 示踪法是最经典的磷酸化蛋白检测方法，蛋白质在被分离前通过细胞培养的代谢过程引入 ^{32}P 或者 ^{33}P 标记，获得细胞提取物之后，通过 SDS-PAGE 分离，用放射自显影方法检测磷酸化反应。此外，用同位素 ^{32}P 作光合磷酸化反应中的无机磷，与 ADP 酯化形成 AT^{32}P，通过测定放射性 ^{32}P 的量来分析植物中的磷酸化反应。^{32}P 示踪法虽然很直接，但是也有其局限性。在标记细胞样品时，对于某些磷酸化速率较低的蛋白质，只能掺入少量的放射性磷酸盐，有可能检测不到。另外，不同的氨基酸其代谢速率不一样，导致 ^{32}P 磷酸盐的掺入速率也是不一样的。

11.2.2 非放射性标记磷酸化蛋白特异性检测方法

11.2.2.1 抗体蛋白质印迹检测法

除了放射性核素示踪法，还可采用非放射性标记方法来分析检测蛋白质的磷酸化过程。1981 年，第一个有记录的磷酸化抗体在兔子中产生，使用钥孔蝛血蓝素（keyhole limpet hemocyamin，KLH）的苯甲酰磷酸结合物作为抗原。这一抗体广泛地识别了包含磷酸酪氨酸的蛋白质。10 年后，利用合成的磷酸化肽段来免疫兔子，开发出多个磷酸化状态特异抗体，这些磷酸化肽段代表了目标蛋白磷酸化位点周围的氨基酸序列（motif）。有了磷酸化的特异性抗体，就可以使用 Western blotting 来检测蛋白质的磷酸化状态。蛋白质印迹法是评估蛋白质磷酸化状态的最常用方法，大部分细胞生物学实验室都拥有开展这些实验的设备。利用 SDS-PAGE 分离生物样品，随后转移到膜上（通常是 PVDF 膜），之后利用磷酸化特异抗体来鉴定目的蛋白。许多磷酸化特异抗体十分灵敏，可轻松检测微量样品中的磷酸化蛋白。由于测得的磷酸化蛋白水平可能随处理或凝胶上样误差而变化，研究人员常常利用一个抗体来检测同源蛋白的总水平（而不考虑磷酸化状态），以确定磷酸化组分相对于总组分的比例，并充当上样参照。化学发光和显色法都很常用，而分子量 marker 常用来提供蛋白质分子量的信息。

11.2.2.2 荧光染色（Pro-Q Diamond）

除了利用磷酸化特异性抗体检测蛋白质的磷酸化状态，还可以使用特定染料对磷酸化蛋白进行直接染色和显色。新型 Pro-Q Diamond 磷酸化蛋白凝胶染料是一种使用较为广泛的可以直接对丙烯酰胺凝胶中的磷酸化蛋白进行选择性染色的简便方法，无须蛋白质印迹或磷酸化特异抗体的 Western blotting 检测。Pro-Q Diamond 荧光染料特异性较好，可以直接对丝氨酸、苏氨酸和酪氨酸磷酸化蛋白进行染色，对 DNA、RNA 及多糖则不显色。同时，其检测灵敏度也比较高。值得注意的是，这种染料与后续质谱分析完全兼容，因此在基于双向丙烯酰胺凝胶电泳的磷酸化蛋白质组分析中经常使用，胶上的磷酸化蛋白点可以在胶内酶切后直接进行质谱鉴定。

11.3 蛋白质磷酸化修饰体的富集和分离

磷酸化蛋白或者磷酸化肽段的异质性非常大，且丰度很低；再加上质谱仪器具有离子抑制、检测倾向于高丰度蛋白的特点，因此检测磷酸化肽段，首先需要对生物样本中的磷酸化蛋白或者磷酸化肽段进行特异性富集。此外，对样品进行预分离分成多个组分，也是降低复杂程度、提高检测覆盖度的常用方法（Kanshin et al.，2015）。

磷酸化蛋白的富集，常用的是标签法（Phos-tag）、抗体亲和富集法及 β 消除反应（表 11-1）。更为常用的是对磷酸化肽段进行富集，磷酸化肽段的富集是整个磷酸化蛋白质组实验中最多变的部分。利用金属离子对磷酸基团进行亲和富集，目前应用较为广泛，常用的包括固定化金属离子亲和层析（IMAC）和金属氧化物亲和色谱（metal oxide affinity chromatography，MOAC）（Riley and Coon，2016）。除此之外，还有专门针对丰度较低的酪氨酸磷酸化肽段的富集方法，包括使用特异性的酪氨酸磷酸化抗体进行亲和富集（Rush et al.，2005；Zhang et al.，2007；Du et al.，2009）、基于 SH2 结构域的超亲体（superbinder）亲和富集法（Bian et al.，2016；Yao et al.，2019）。预分离也是提高磷酸化蛋白质组覆盖度的常用方法，常用的有强阳离子交换（strong cation exchange，SCX）、强阴离子交换（strong anion exchange，SAX）方法。为了提高磷酸化蛋白质组的深度，研究者也常联合使用多种富集方法。

表 11-1　富集磷酸化蛋白的 3 种方法比较

方法	原理	效率	优势	劣势
Phos-tag	Phos-tag 是一种对含有磷酸基团的化合物具有特殊亲和力的金属螯合物	中	无须制备磷酸化抗体即可用于磷酸化蛋白的分离、Western blotting 检测、蛋白质纯化及质谱分析；可用于富集未知磷酸化位点的蛋白质	特异性较差
抗体亲和富集	抗体和抗原的亲和作用	高	特异性较好	无法针对磷酸化位点未知的蛋白质进行富集；费用昂贵
β 消除反应	在碱性条件下，通过 β 消除反应可以将丝氨酸和苏氨酸上的磷酸基团去掉，分别生成脱氢丙氨酸和脱氢氨基丁酸	中	样本起始量要求较低	容易发生半胱氨酸和甲硫氨酸侧链的副反应

11.3.1　磷酸化蛋白的富集

11.3.1.1　Phos-tag 法

日本广岛大学的 Kinoshita 等开发了一种称为 Phos-tag（phosphate-binding tag）的磷酸化蛋白捕获分子（Kinoshita et al.，2006）。Phos-tag 是一种对含有磷酸基团的化合物具有特殊亲和力的金属螯合物。在 4 个吡啶环和两个主链上的两个氮原子与羟基氧原子之间可以螯合 Zn^{2+}、Mn^{2+} 等重金属离子，并形成一个半封闭的空间（图 11-3）。在适当的条件下，该空间恰好能够容下一个磷酸基团，使得螯合有金属离子的 Phos-tag 能够与磷酸基团结合。

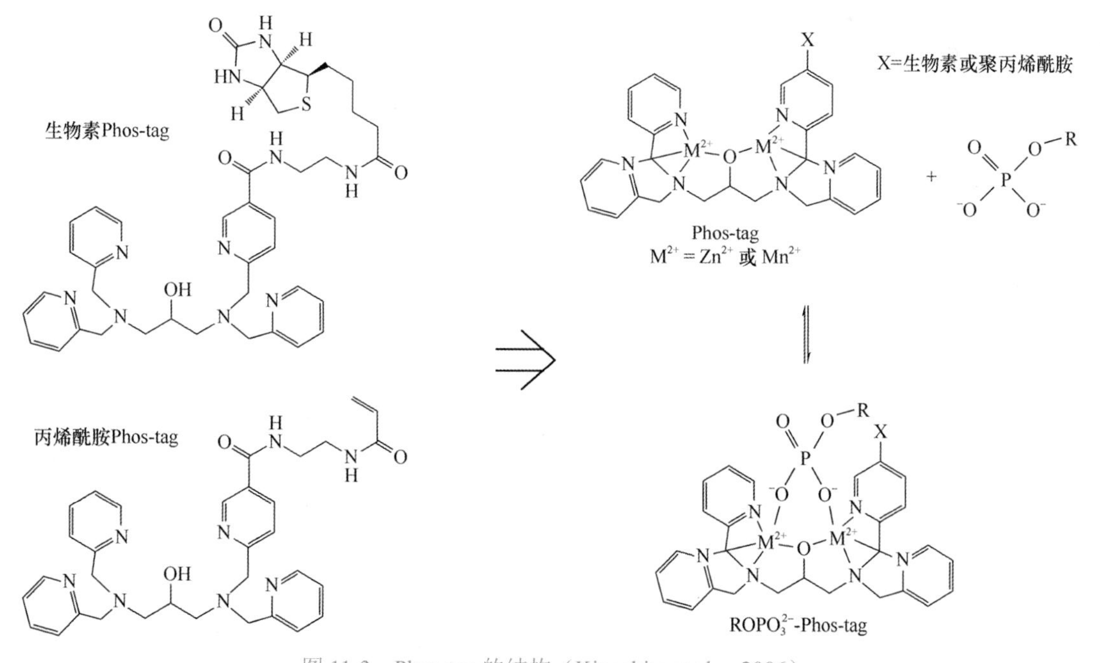

图 11-3　Phos-tag 的结构（Kinoshita et al.，2006）

Phos-tag 包含两个金属离子，适合与磷酸基团结合

11.3.1.2 抗体亲和富集法

抗体通常用于免疫沉淀特异性蛋白，目前已有一些商品化抗体用于磷酸化蛋白的分析研究。对于动植物，磷酸化主要发生在丝氨酸、苏氨酸和酪氨酸残基上，因此可以用丝氨酸/苏氨酸磷酸化泛抗体和酪氨酸磷酸化泛抗体来富集相应的磷酸化蛋白。磷酸化泛抗体的特异性决定着磷酸化蛋白富集的特异性，酪氨酸磷酸化泛抗体的特异性和效率远比丝氨酸/苏氨酸的磷酸化泛抗体高，已被广泛应用到酪氨酸磷酸化蛋白的富集中（Rush et al.，2005）。虽然已有一些丝氨酸/苏氨酸磷酸化泛抗体，但是这些泛抗体和磷酸化蛋白间结合能力差，不适合大规模的磷酸化蛋白质组分析（Gronborg et al.，2002）。此外，特异激酶基序（motif）抗体可用于亲和富集含有该基序的所有蛋白质，对富集到的蛋白质进行酶解、质谱分析，或进行磷酸化肽段的进一步富集后再质谱分析。利用该方法富集的酪氨酸磷酸化蛋白足以满足蛋白质质谱检测（Tsigankov et al.，2013）。磷酸化丝氨酸和苏氨酸抗体由于特异性低而很少应用于磷酸化蛋白的富集。

11.3.1.3 β 消除反应

在碱性条件下，通过 β 消除反应可以将丝氨酸和苏氨酸上的磷酸基团去掉，分别生成脱氢丙氨酸和脱氢氨基丁酸。将蛋白质或肽段混合物置于碱性硫代二乙醇溶液中，通过 β 消除反应从磷酸化丝氨酸或苏氨酸中去掉磷酸基团，形成的双键受到硫代二乙醇的作用，巯基取代磷酸基团。如果将生物素与巯基相连，被标记的磷酸化蛋白或肽段就可以进行亲和纯化。这一方法的主要缺点在于不能富集酪氨酸磷酸化蛋白质和肽段。此外，整个富集过程需要大量蛋白质，不利于低丰度蛋白的检测。

11.3.2 基于金属离子的磷酸化肽段富集

11.3.2.1 固定化金属离子亲和层析

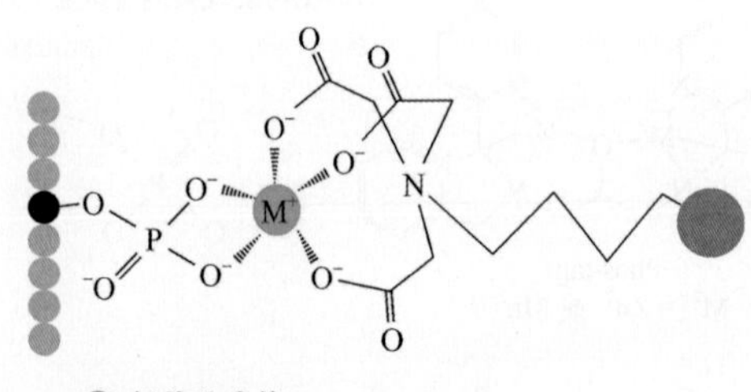

图 11-4 IMAC 示意图

固定化金属离子亲和层析（IMAC）是 1975 年开发的方法，最初利用金属离子吸附天然蛋白质，对蛋白质进行分馏（Porath et al.，1975）。其用于磷酸化肽段富集的原理是将带负电荷的磷酸化肽段通过静电作用吸附到带正电荷的金属离子上，而金属离子螯合到固定相分离柱上，非磷酸化肽段被洗脱，磷酸化肽段被固定到固相分离柱上，而后再通过盐洗脱获得磷酸化肽段（图 11-4）。目前，用于固定的金属离子主要有 Fe^{3+}、Ti^{4+}、Ga^{3+}、Al^{3+}、Zn^{2+}、Zr^{4+} 等，其中 Fe^{3+} 应用较为广泛（Stensballe et al.，2001；Steen et al.，2007），近年来 Ti^{4+} 的应用越来越多（Zhou et al.，2013）。固相金属离子亲和色谱方法的主要缺点是高酸性的非磷酸化肽段可以非特异性地结合到分离柱上，这一缺点可通过酯化反应来克服，进而可以提高 IMAC 的特异性（Ficarro et al.，2002；Novotna et al.，2008）。但是由于样品的丢失，酯化反应不完全带来样品复杂度提高等问题，这一方法应用并不广泛。

11.3.2.2　金属氧化物亲和色谱

目前被广泛应用于磷酸化肽段富集的另一个策略是金属氧化物亲和色谱（MOAC），其利用氧化金属可以和磷酸基团中氧结合的特性进行磷酸化肽段的富集，最常用的金属氧化物是二氧化钛（TiO_2）。二氧化钛是一种惰性的金属氧化物，对磷酸化肽段有很强的亲和性，已经成为一种有效的复杂样品中富集磷酸化肽段的方法，如图 11-5 所示。它可以提供比 IMAC 更高的容量和更好的选择性（Larsen et al.，2005；Richardson et al.，2013）。除了二氧化钛，Fe_3O_4 也比较常用（Choi et al.，2011），除此之外还有一些其他金属氧化物也有报道，但是应用较少，包括 ZrO_2、HfO_2、NbO_5 和 SnO_2 等（Eyrich et al.，2011）。

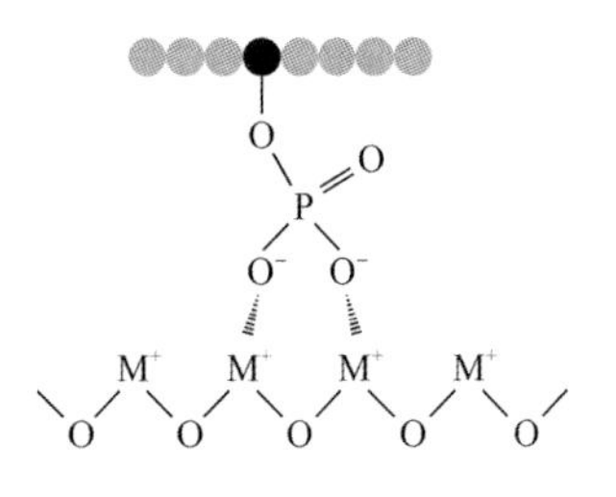

图 11-5　MOAC 示意图

IMAC 和 MOAC 都可以对磷酸化肽段进行富集，而且富集的都是丝氨酸、苏氨酸和酪氨酸磷酸化的肽段，二者都容易受到高酸性肽段的影响。IMAC 对多磷酸化肽段具有偏好性，容易丢失单磷酸化肽段。和 IMAC 相比，MOAC 灵敏度更高，选择性也更好。此外，由于金属氧化物的稳定性非常好，因此 MOAC 方法对 pH 等实验条件的改变具有更好的耐受性（表 11-2）。从磷酸化肽段的富集效果来看，两种方法富集到的磷酸化肽段重合率并不高，说明二者具有一定的互补性。Matheron 等（2014）比较了 Ti^{4+}-IMAC 和一氧化钛（TiO）方法在 HeLa 细胞全蛋白质、超过 23 000 个合成磷酸化肽段（包括丝氨酸、苏氨酸和酪氨酸磷酸化的肽段）的富集效果，发现只有 42% 的磷酸化肽段是重合的。但是值得注意的是，在磷酸化肽段的长度、等电点、疏水性、丰度等物理性质，磷酸化位点、基序分析方面，两种方法并无显著区别。

表 11-2　各种富集磷酸化肽段方法的比较

方法	原理	效率	优势	劣势
金属离子亲和富集	金属离子对磷酸基团的亲和作用	高	操作简便，对丝氨酸和苏氨酸磷酸化肽段有较好的富集效果	对酪氨酸磷酸化肽段的富集效果较差
抗体亲和富集	抗体和抗原的亲和作用	高	特异性较好	费用昂贵，且鉴定深度较低
基于 SH2 结构域的亲和富集	SH2 结构域与酪氨酸磷酸基团的亲和作用	高	特异性富集酪氨酸磷酸化肽段，鉴定深度较高	为实现较高覆盖度，一般需要二次富集，操作较为烦琐

11.3.3　基于抗体免疫亲和富集磷酸化肽段

由于酪氨酸磷酸化在细胞中的丰度要远远低于丝氨酸和苏氨酸磷酸化，因此酪氨酸磷酸化蛋白质组的分析是非常具有挑战性的。运用基于金属离子亲和富集磷酸化肽段的方法，目前常规操作都可以获得 10 000 个以上磷酸化肽段，但是其中酪氨酸磷酸化肽段的数目较少，通常只有几十到数百个。因此，需要开发一些专门用来富集酪氨酸磷酸化肽段的方法，基于抗体的免疫亲和富集磷酸化肽段方法就是最常用的一种（Du et al.，2009；van der Mijn et al.，2015）。Di Palma 等（2013）使用免疫亲和的方法，能够鉴定到超过 2000 个酪氨酸磷酸化肽段，而同时使用 Ti^{4+}-IMAC 方法鉴定到的酪氨酸磷酸化肽段只有 300 个，并且这二者鉴定到的酪氨酸磷酸化肽段之间的重合率是非常低的。

11.3.4 基于 SH2 结构域富集酪氨酸磷酸化肽段

到目前为止，针对细胞中低丰度但是功能重要的酪氨酸磷酸化肽段，基于抗体的免疫亲和富集策略是唯一行之有效的手段，但是抗体的价格昂贵，并且不同抗体的特异性差异很大（Rush et al.，2005；Engholm-Keller and Larsen，2013），因此有必要发展创新的技术手段用于酪氨酸磷酸化蛋白及其位点的鉴定。作为细胞内信号转导蛋白上的保守结构域，SH2 结构域（Src homology 2 domain）可以特异性识别酪氨酸残基的磷酸化修饰，从而激活串联的蛋白质之间相互作用，实现信号的转导（Songyang et al.，1993）。但是野生型的 SH2 结构域对酪氨酸磷酸化肽段的亲和能力比较弱，其在酪氨酸磷酸化蛋白质组深度分析中的应用价值比较有限。2012 年科学家通过在 SH2 结构域中引入 3 个氨基酸突变，构建了 Src 和 Grb2 两种 SH2 结构域超亲体，这些 SH2 结构域超亲体相比野生型 SH2 结构域对酪氨酸磷酸化肽段的亲和能力提高了 300 倍以上，基本达到了与酪氨酸磷酸化抗体相当的亲和能力（Kaneko et al.，2012）。鉴于 SH2 结构域超亲体优异的酪氨酸磷酸化肽段富集能力，研究人员将其用于大规模的酪氨酸磷酸化蛋白质组学研究，从 9 个细胞系中共鉴定到 19 570 条酪氨酸磷酸化肽段，10 030 个可信度高的酪氨酸磷酸化位点（Bian et al.，2014）。SH2 结构域超亲体的富集能力优于常见的多种商品化酪氨酸磷酸化抗体，最为关键的是其成本低廉。

11.3.5 基于离子交换的色谱预分离

虽然 IMAC 和 MOAC 已经可以很好地对磷酸化肽段进行特异性富集，但是为了进一步提高磷酸化蛋白质组的覆盖深度，富集前的预分离步骤也是必不可少的。强阳离子交换（SCX）富集磷酸化肽段的原理是酸性条件下（pH 3），相比非磷酸化肽段，磷酸化肽段通常携带净电荷，因此磷酸化肽段与阳离子的交换层析柱结合力较差，会先被洗脱出来。同时，多磷酸化肽段（multi-phosphorylated peptide）相比单磷酸化肽段（mono-phosphorylated peptide）更容易被先洗脱出来。然而，某些极端条件下，含有多个碱性氨基酸的磷酸化肽段会与非磷酸化肽段一起被洗脱出来，为了解决这个问题，在强酸性条件下进行 SCX 预分离（Hennrich et al.，2012）。与 SCX 不同的是，使用 SAX（高 pH），相比非磷酸化肽段，磷酸化肽段会后被洗脱出来。Dai 等（2009）发现相比 SCX-TiO_2，SAX-TiO_2 能够鉴定更多的多磷酸化肽段。其中的原因是 SCX 不能有效分离含有多个酸性氨基酸的磷酸化肽段，但是 SAX 能够依据酸性氨基酸的数目将其很好地分离开。与之对应，SAX 不能有效分离含有多个碱性氨基酸的磷酸化肽段，SCX 则可以（表 11-2）。为了利用 SCX 和 SAX 各自的优点，邹汉法等开发了负向筛选策略，先利用 SAX 去除酸性磷酸化肽段，然后利用 SCX 分离碱性磷酸化肽段，以此来提高碱性磷酸化肽段的覆盖度（Dong et al.，2012）。

11.3.6 多种分离方法组合联用

前文介绍了多种磷酸化肽段的富集和分离策略，每种策略都有各自的特性，因此，为了提高磷酸化蛋白质组的覆盖度，研究者通常联合使用多种分离方法。最常用的联合使用策略是先对肽段做基于离子交换的预分离，如 SCX、SAX 等，然后使用基于金属离子的磷酸化肽段富集方法，如 IMAC、MOAC 等。此外，研究者也可联合使用多种金属离子对磷酸化肽段进行富集，旨在利用不同金属离子对磷酸化肽段的不同富集特性。Fe^{3+} 和 Ga^{3+}-IMAC（Tsai et al.，2014）、Fe^{3+} 和 Ti^{4+}-IMAC（Lai et al.，2012）、Fe_3O_4 和 TiO_2-MOAC（Choi et al.，

2011）的联合使用都被证明富集效果有不同程度的互补。此外，IMAC 和 MOAC 两种策略也经常联合使用，如 Ga^{3+}-IMAC 和 TiO_x（Sun et al.，2014）、Fe^{3+}-IMAC 和 TiO_2（Matheron et al.，2014）的联合使用，都能不同程度地增加磷酸化蛋白质组的覆盖度。

除了 IMAC 和 MOAC，基于抗体的亲和富集策略也逐渐成熟。因此，也有研究者尝试将基于金属离子的亲和色谱法和基于抗体的亲和富集方法联合使用（Di Palma et al.，2013）。联合使用 TiO_2-MOAC 和酪氨酸磷酸化抗体富集方法，鉴定到了 3168 个非冗余的酪氨酸磷酸化肽段（Kettenbach and Gerber，2011）。

磷酸化肽段的富集是整个磷酸化蛋白质组实验中最为关键的步骤之一，虽然开发了多种富集策略，鉴定到的磷酸化肽段数目也越来越多，但是一个依旧还未解决的挑战是，无论采用何种富集策略，富集到的磷酸化肽段也只占到所有磷酸化肽段的很小一部分。因此，磷酸化肽段富集实验间的重复性较差。Ruprecht 等（2015）发现利用 Fe^{3+}-IMAC 技术的 3 个重复磷酸化蛋白质组鉴定结果中，只有不到 50% 的磷酸化肽段同时被该重复鉴定到。

11.4 磷酸化蛋白的质谱鉴定

11.4.1 磷酸化肽段质谱鉴定的结构基础

蛋白质的磷酸化修饰在生物体内普遍存在并对蛋白质的功能有十分重要的影响。上述多种方法，包括放射性核素示踪、磷酸化抗体及荧光染色等方法都可以检测蛋白质的磷酸化，但是基于串联质谱的蛋白质组学技术可以实现磷酸化修饰及其底物肽段的规模化鉴定，对研究磷酸化相关的细胞活动起到巨大的推动作用（Tanner et al.，2008）。典型的磷酸化肽段谱图如图 11-6a 所示，其中上图是磷酸化肽段，下图是去磷酸化肽段，二者的碎裂模式非常相似，碎片离子的质量及其相对强度几乎是一致的。在这个例子里，S158 和 T159 是两个可能的磷酸化位点，y_6 离子的成功鉴定使得我们可以准确判定 S158 是发生磷酸化修饰的位点。蛋白质经磷酸酯酶处理后，磷酸化肽段的质量数会发生变化，使用 MALDI-TOF-MS 检测，寻找质量数变化 80Da（HPO_3）或者 98Da（H_3PO_4）的肽段（图 11-6b），其可能是磷酸化肽段。丝

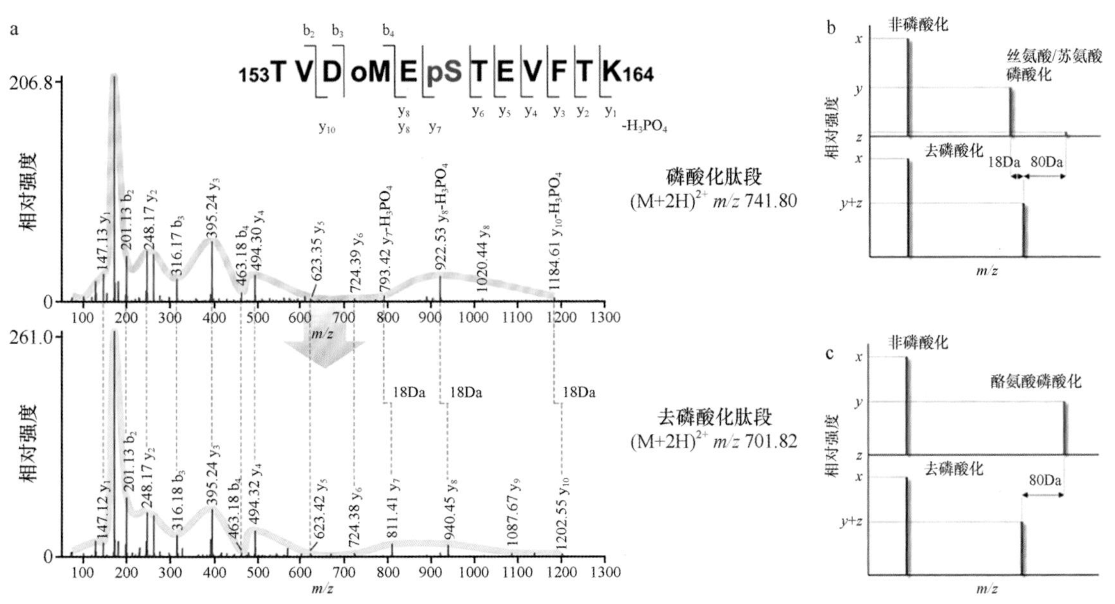

图 11-6　磷酸化肽段典型的质谱图（Imanishi et al.，2007）

氨酸和苏氨酸磷酸化肽段的质量变化可能是 80Da，也有可能是 98Da；酪氨酸磷酸化肽段质量数变化的只有 80Da（图 11-6c）。获得质谱原始数据之后，数据库搜索是目前分析磷酸化质谱数据最常用的手段。通过在搜索引擎（如 MaxQuant）中设置丝氨酸（Ser）、苏氨酸（Thr）和酪氨酸（Tyr）上的可变修饰，即可实现修饰肽段批量化鉴定（Cox and Mann，2008）。

11.4.2 磷酸化位点的定位

获得磷酸化蛋白质组数据并不是最终目的，研究者经常需要确定可靠的磷酸化位点。虽然随着富集方法的持续改进、质谱仪器本身解析率的逐年提高，研究者能够在单次质谱鉴定中获得上万个磷酸化肽段，但是对于磷酸化位点的确定依然比较武断，可信度依旧不高。与常规蛋白质组不同，磷酸化蛋白质组除了要保证肽段鉴定的准确性，还需要进一步分析修饰位点的准确性。目前以搜索引擎主题匹配度打分为代表的肽段质控方法的特征主要关注谱图与肽段匹配的整体情况，对修饰位点的区分能力则相对有限。

尽管目前磷酸化蛋白 / 肽段 / 位点的鉴定有了长足的进步，但是磷酸化位点的准确判定还面临极大的挑战。第一个挑战是离子碎裂过程中磷酸基团的中性丢失。目前蛋白质组学领域主要采用的离子碎裂方式包括碰撞诱导解离（collision induced dissociation，CID）、电子转移解离（electron transfer dissociation，ETD）和高能碰撞诱导解离（high-energy collision induced dissociation，HCD）。CID/HCD 碎裂模式产生 b、y 离子，ETD 碎裂模式则产生 c、z 离子。对于磷酸化修饰肽段的碎裂，当磷酸化修饰发生在丝氨酸或者苏氨酸残基上时，CID 碎裂将使其残基上的磷酸酯键断裂，发生磷酸基团的中性丢失，即磷酸基团被去掉，而整个肽段却未发生碎裂（Lehmann et al.，2007），从而难以鉴定磷酸化肽段。ETD 碎裂则会较大程度上保留磷酸基团的完整性。而 HCD 等高精度离子碎裂技术的流行，使得磷酸化肽段的鉴定准确性不断提升。第二个挑战是磷酸化肽段存在两个甚至多个潜在修饰位点时如何准确判定真正的修饰位点。在二级谱中，位于候选磷酸化位点之间的碎片离子称为位点特征离子。磷酸化位点判定的核心就是根据位点特征离子的匹配情况，对含有不同修饰位点的肽段同分异构体进行重新打分，挑选出其中可信度最高的修饰位点。

磷酸化位点的判定打分可以分成两类：基于概率的算法和基于搜索引擎打分差值的算法。A-score（Beausoleil et al.，2006）和 PTM score（Olsen et al.，2006）是最早发表的基于概率的位点打分算法。PTM score 已经被整合到 MaxQuant 搜索引擎中，所以目前使用较为广泛。A-score 和 PTM score 发表年份较早，都是针对低精度的 CID 质谱数据。针对其他碎裂模式，也有相对应的算法，如 SLoMo（Bailey et al.，2009）算法主要用于 ETD，ptmRS（Taus et al.，2011）算法适用于 CID、ETD、HCD 等多种碎裂模式，目前已经被整合到商业化搜索引擎 Proteome Discoverer 中，使其成为目前广泛使用的位点打分算法之一（Marx et al.，2013）。其他基于概率的位点打分算法还包括 Phosphoscore（Ruttenberg et al.，2008）、PhosphoScan（Wan et al.，2008）、PhosphoCalc（MacLean et al.，2008）、Phosphinator（Swaney et al.，2009）、LuciPHOr（Fermin et al.，2013）及 PTMiner（An et al.，2019）等。

第二类位点打分算法是利用数据库搜索打分差值对结果进行过滤。Mascot、SEQUEST 等大多数搜索引擎会给出与谱图匹配后排名前十位的鉴定肽段。排名前两位匹配肽段的差别通常体现在修饰位点上，因此其打分差值（delta score）就可以用来判断磷酸化位点判定的准确性。常见的差值过滤包括 Mascot Delta Score（Savitski et al.，2011）和 Protein Prospector 中的 SLIP 打分（Baker et al.，2011）等。

除了用打分算法对磷酸化位点进行判定，还可以联合使用多种碎裂模式或者多种蛋白酶消化策略来提高鉴定肽段的离子覆盖度，从而增加位点特征离子被鉴定的概率，提高磷酸化位点判定的准确性。Tsiatsiani 等（2017）联合使用胰蛋白酶（trypsin）和镜像酶（LysargiNase）消化肽段，以及 ETD 和 HCD 碎裂模式，获得了覆盖度更高的蛋白质组、磷酸化蛋白质组数据。

11.4.3　磷酸化肽段质谱鉴定的困难

虽然目前磷酸化蛋白质组学技术已经得到了广泛的应用，但是依然面临很多挑战（Li，2012）。具体来说，包括：①细胞蛋白质丰度的动态范围很宽，但是磷酸化蛋白在其中的丰度很低；②磷酸化蛋白的消化可能会受到不利影响（Dickhut et al.，2014）；③在样品制备或者色谱分离过程中，磷酸化肽段可能会丢失（Kim et al.，2004；Choi et al.，2008；Winter et al.，2009；Nakamura et al.，2011）；④磷酸化肽段的离子化效率较低；⑤由于磷酸基团不稳定，CID 模式下磷酸化肽段的谱图质量不高，从而导致肽段的鉴定、磷酸化位点的判定都会出现困难（Beausoleil et al.，2006；Palumbo and Reid，2008；Boersema et al.，2009）。

由于磷酸化蛋白丰度较低，为了能够富集到足够的磷酸化肽段，研究者通常使用毫克级的起始蛋白质来解析磷酸化蛋白质组。虽然能轻易鉴定到超过 10 000 个磷酸化肽段，但是某个给定位点磷酸化修饰的化学计量信息是缺失的，即我们不知道特定时间点或者条件下，某个位点发生磷酸化修饰的比例。这就让我们无法区分哪些磷酸化位点是来自特异的功能性磷酸化事件，哪些磷酸化位点只是来自一些功能不重要的随机磷酸化事件。由于质谱仪器的灵敏度极高，那些高丰度蛋白上的随机磷酸化事件也会被检测到，导致真正重要的发生在低丰度蛋白上的磷酸化事件无法被检测到。如果我们使用磷酸化蛋白质组技术解析某个特定刺激条件下不同时间序列的磷酸化蛋白质组，可以克服这个局限性（Olsen et al.，2006；Beck et al.，2014）。

对于鸟枪法蛋白质组及磷酸化蛋白质组研究，蛋白酶消化步骤都是必不可少的，其中胰蛋白酶由于极好的特异性和蛋白酶活性，得到最为广泛的使用。蛋白质经过胰蛋白酶消化之后，可以获得平均长度为 14 个氨基酸的肽段（Burkhart et al.，2012；Switzar et al.，2013）。如果胰蛋白酶切割位点附近存在发生磷酸化修饰的氨基酸，其酶切活性将会受到很大影响。Dickhut 等（2014）利用人工合成磷酸化肽段，采用胰蛋白酶消化的方法，发现 (R)-R-X-pS/pT 和 R-X-X-pT 序列的消化效率会降低，(R)-R-X-pY 序列的消化效率则几乎不受影响，其原因可能是 R/K 酶切位点和磷酸化的 S 与 T 之间会形成盐桥（salt bridge）。解决这个问题的方法是，在酶切体系中加入适量有机溶剂，或者提高蛋白酶的用量。此外，肽段消化过程中，如过滤辅助样品制备（Filter Aided Sample Preparation）（Manza et al.，2005），通常会使用尿素（Wisniewski et al.，2009），尿素能够增强疏水性蛋白的水溶性。但是，如果尿素使用不当，如使用非新鲜配制的尿素，或者给尿素溶液加热等，会导致氨基酸的伯胺侧链发生氨基甲酰化（carbamylation）反应，从而降低肽段的鉴定效率，并有可能干扰赖氨酸的定量标记（Kollipara and Zahedi，2013）。此外，在处理微量样本的磷酸化蛋白质组时，研究者会采用 SDS-PAGE 分离蛋白质，银染后进行胶内酶切。Gharib 等（2009）证实银染会引入硫酸化修饰，而硫酸化修饰和磷酸化修饰难以通过质谱进行区分。

磷酸化蛋白质组的样品制备是非常关键的步骤，对最终的鉴定结果有重要的影响。磷酸化反应快速且可逆，因此需要在磷酸化蛋白质组样本中添加足量的激酶和磷酸酶抑制剂，以保护磷酸化修饰尽可能避免其丢失。此外，Mertins 等（2014）系统分析了卵巢癌和乳腺癌组织在不同缺血条件下的蛋白质组与磷酸化蛋白质组。他们发现肿瘤组织离体60min以后，蛋白质组基本保持不变，但是24%的磷酸化蛋白质组发生了变化，特别是与癌症相关的信号通路发生了磷酸化蛋白质组的变化。因此，在制备磷酸化蛋白质组样品时，一定要优化实验操作步骤，尽可能减少磷酸化事件的丢失（Mertins et al.，2014）。

接下来的一个挑战是磷酸化肽段的离子化效率问题。Steen等（2006）利用人工合成肽段的方法，表明合成磷酸化肽段的离子化效率并不比合成相同序列的非磷酸化肽段的低。相反，Choi等（2008）发现磷酸化肽段修饰位点越多，其离子化效率越低，可能跟其色谱分离效率低有关。虽然结论有些争议，但是这两个研究都认为在磷酸化肽段和非磷酸化肽段同时存在的真实样品中，前者的离子化效率要低于后者，因此造成磷酸化肽段鉴定困难。

磷酸酯键的不稳定性也是磷酸化肽段鉴定困难的原因之一，相对于非磷酸化肽段，磷酸化肽段的碎裂行为有很大的不同（Boersema et al.，2009）。在CID碎裂模式下，磷酸酯键非常不稳定，所以最先断裂，最终导致磷酸基团从母离子上丢失，这一过程称为中性丢失（neutral loss）。但是在HCD碎裂模式下，中性丢失现象则会减少。中性丢失现象会造成磷酸化肽段鉴定出现困难，原因是中性丢失会导致谱图质量下降，使得肽段鉴定更加复杂。在某种特殊条件下，如氨基酸序列一致，但是磷酸化位点不一致的情况下，中性丢失会导致无法确定真正的磷酸化位点。此外，ETD碎裂模式能够保护磷酸化修饰不丢失，从而有利于磷酸化肽段的鉴定（Syka et al.，2004），但是相对来说，ETD碎裂模式的碎裂效率和敏感度不如CID碎裂模式。值得注意的是，一种新型的碎裂模式EThcD结合了ETD和HCD的特征，能够同时产生b/y和c/z离子，从而获得更加完整的肽段覆盖度，使得磷酸化位点的判定更加可靠（Frese et al.，2013）。

11.5 蛋白质磷酸化的相对定量分析

11.5.1 磷酸化蛋白质组常见的有标定量方法

近年来，定量蛋白质组学技术的发展使磷酸化蛋白质组定量分析成为可能，使得我们可以定量比较不同样本中蛋白质磷酸化修饰的变化。但是，磷酸化蛋白质组的定量分析相比全蛋白质组要困难很多，最主要的原因是，我们需要从磷酸化位点层面获得定量信息，而不是汇总到蛋白质层面的定量信息。同一个蛋白质的不同位点可能具有不同的磷酸化水平，因此定量需要直接检测基于位点磷酸化肽段。对于肽段的定量方法也有很多种，根据是否具有同位素标记，可以分为有标定量和无标定量。有标定量应用较为广泛，主要包括氨基酸细胞培养基稳定同位素标记（stable isotope labeling with amino acids in cell culture，SILAC）、化学修饰标记、^{18}O标记及针对磷酸基团的化学修饰，如β消除反应等。下面将简述几种磷酸化蛋白质组常见的有标定量方法。

11.5.2 SILAC

细胞培养条件下稳定同位素标记（SILAC）技术最初由Mann实验室于2002年开发（Ong et al.，2002）。一般使用含一定数量的^{13}C标记的赖氨酸（Lys，K）和精氨酸（Arg，R）的培养基，使细胞在生长过程中被标记。一般培养5代以上，细胞中含有K和R的蛋白质几乎会被完全标记上。因为K和R是必需氨基酸（主要是Lys和Arg），而蛋白质谱分析所用的胰蛋白酶（trypsin）一般都切割在K和R后，这样就保证了每个trypsin切割所产生的肽段都有

^{13}C 标记。同理，如果用其他蛋白酶，那么 ^{13}C 就应该标记在能被该酶特异性识别并切割的氨基酸上，同时要注意该氨基酸不能在细胞内通过其他途径合成，否则难以达到完全标记。

等量混合标记的蛋白质后进行分离和质谱分析，通过比较一级质谱图中 3 个同位素型肽段的峰面积大小进行相对定量，同时利用二级谱图对肽段进行序列测定从而鉴定蛋白质。由于 SILAC 技术是体内标记技术，几乎不影响细胞的功能，因此其在蛋白质组学相关领域中得到了广泛的应用。在 SILAC 技术的基础上，Mann 实验室又继续开发了体内的 SILAC 技术，即 SILAC 小鼠，用于研究皮肤癌小鼠的蛋白质组和磷酸化蛋白质组变化（Kruger et al.，2008）。此外，还有 super-SILAC 技术，应用所谓的 spike-in 策略，克服了 SILAC 技术不能用于原代组织样本的弊端（Monetti et al.，2011；Schweppe et al.，2013）。

SILAC 曾给基于质谱方法的蛋白质组学定量方法带来革命性的变化，然而它也有一定的局限性。首先，这种方法一般只能用于可培养的细胞或小鼠的蛋白质检测，不能直接用于人体组织或其他种属来源的蛋白样品。培养的细胞很难全部覆盖人体组织标本中的蛋白质，小鼠更与人体组织样本在蛋白质表达 / 序列等方面有着很多不同。其次，SILAC 极大地增加了蛋白样品的复杂性，这是因为重标肽段的存在导致每个肽段都要被 MS^2 检测两次。再次，SILAC 虽然可以通过改变赖氨酸或精氨酸中的 ^{13}C 数量来同时检测 3 组样品，但仍很难实现更多样品的高通量检测。最后，因为 SILAC 培养基使用通过透析去掉小分子物质的动物血清，所以其可能缺少某些细胞因子或细胞生长所需的其他必要成分。

11.5.3　化学修饰标记

除了 SILAC，化学修饰标记的应用也十分广泛，有很多成熟的二级定量标记方法，如相对和绝对定量同位素标记（iTRAQ）（Mertins et al.，2012）及串联质谱标签（TMT）（McAlister et al.，2012），能够同时定量多达 10 个样品，不过这种定量方式覆盖度会受到影响。iTRAQ 和 TMT 是目前应用最广泛的两大类化学标记定量技术，其原理几乎一样，区别在于分别由 AB Sciex 和 Thermo Scientific 公司开发销售。其原理是依赖肽段末端不同的同位素标记来区分样品，利用二维色谱有效分离，对标记试剂所携带的报告离子强度进行计算以匹配对应肽段量，整合各定量肽段的信息得出蛋白质整体变化趋势。虽然 iTRAQ 和 TMT 的标记原理一样，但是两种标签的结构有一些差异，如图 11-7 所示。左图是 iTRAQ 标签，右图是 TMT 标签。iTRAQ 和 TMT 标签在结构上有着明显的差异，但是也有一些共同点，首先两个标签都由报告基团、平衡基团、肽反应基团组成，两个标签各自的报告基团和平衡基团的总重都是一定的。另外，两个标签的肽反应基团结构是一样的。iTRAQ 和 TMT 标签最大

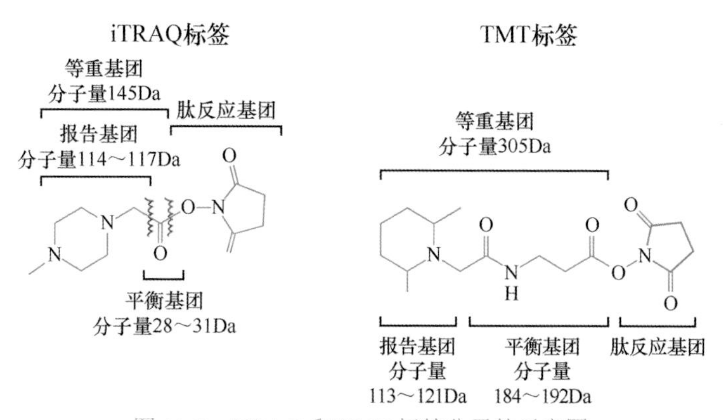

图 11-7　iTRAQ 和 TMT 标签分子的示意图

的差异在于平衡基团的结构，从中可以看到 TMT 的平衡基团结构比 iTRAQ 标签的更为复杂。iTRAQ 标签的平衡基团只有几十道尔顿，而 TMT 的平衡基团接近 200Da，这也是 iTRAQ 和 TMT 差异最大的原因。有标定量的一个突出限制是信号压缩效应，分配到一起的母离子，比值差异可能会被压缩到不显著。

iTRAQ 标签分子骨架由三部分核心组件构成，即报告基团、平衡基团和肽反应基团。其中，报告基团和平衡基团构成等重标签。不同的 iTRAQ 标签的报告基团重量不同，4-plex 标签的报告基团质量分别是 114Da、115Da、116Da、117Da；平衡基团的质量分别是 31Da、30Da、29Da、28Da，使得 4 个 iTRAQ 标签的报告基团总质量都是 145Da。另外一个核心组件是肽反应基团，其主要的功能是与多肽游离的 N 端氨基发生置换反应，使同位素标签共价交联到肽段 N 端。

TMT 分子骨架与 iTRAQ 标签的分子骨架相同。其中，报告基团和平衡基团构成等重基团。报告基团有 10 种不同的分子量，平衡基团也 10 有种不同的分子量，与不同的报告基团搭配，能保证被标记的不同来源的同一肽段在一级质谱中具有相同的质荷比；氨基反应基团能与肽段 N 端及赖氨酸侧链氨基发生共价连接，使肽段连上标记。

iTRAQ 和 TMT 在最近几年的蛋白质组学领域里得到广泛的应用。这些化学小分子标签在结构上分为报告基团和结合基团部分。在常温下，iTRAQ 和 TMT 的肽段结合部分可以与肽段 N 端的—NH_2 及赖氨酸的—NH_2 发生共价结合。在质谱检测中，这些标记在肽段上的 iTRAQ 和 TMT 分子，在 HCD 模式下，其中的报告基团会断裂并释放出来，成为报告离子（reporter ion）。除此之外，iTRAQ 和 TMT 还含有总数相同，但在报告基团和结合基团上分布不同的重标元素。以 TMT-10 为例，它可以同时检测 10 个蛋白样品。TMT-10 含有 10 个 TMT 标记物，每个标记物都含有 4 个 ^{13}C 和 1 个 ^{15}N，但 ^{13}C 和 ^{15}N 在每个 TMT 标记物的内部分布不一样。例如，第一个 TMT 标记物（126），这 5 个重标元素都在结合基团上，报告基团上没有；而第二个 TMT 标记物（127N）的报告基团上有 1 个 ^{15}N，结合基团上则只有 4 个 ^{13}C；第三个 TMT 标记物（127C）的报告基团含有 1 个 ^{13}C，结合基团则含 3 个 ^{13}C 和 1 个 ^{15}N；以此类推，剩余的 TMT 标记物就是通过改变分布在报告基团和结合基团上的 ^{13}C 及 ^{15}N 数目而区别于彼此。来自 10 个样品的肽段被 TMT-10 的 10 个标记物分别标记，再混合，然后在 MS^1 下被无区别地检测，但在 HCD 裂解下，带着不同数目 ^{13}C 和 ^{15}N 的报告基团分别从 10 个被 TMT 标记的肽段里释放，并被检测，以实现 10 个样品的相对定量。

iTRAQ 和 TMT 这种高通量的检测方法是未来基于质谱的蛋白质组学的发展方向，随着技术的进步，还会出现更多技术。但是，这种基于碎裂产生信号报告离子的方法，除了离子共分离（ion co-isolation）的问题，还有报告离子的离子统计概率（ion statistics）问题。就 TMT-10 来讲，假如说有 1000 个某肽段的离子，那么分布在每个 TMT 通道中的离子只有 100 个。而这 100 个离子，如果都被完全地、均匀地、随机地在 HCD 下裂解，那么理论上会产生 20 个报告离子（假设这个肽段有 9 个氨基酸，K 结尾）。因为报告离子产生的数量较小，所以在不同通道中最终产生的离子数目上会有较大的差异性，在一个通道中可出现 15 个，在另外一个可产生 25 个。这样，样品之间的定量比不再是 1∶1，而成为 3∶5（60%）了。因此，要实现精确定量，就必须产生足够多的报告离子，而这又依赖于样品中离子化的肽段丰度及通道的多少。在现实中，离子化和有效碎裂效率都很低，不容易产生足够多的报告离子。而且，样品通道越多，在 AGC（automated gain control，一种控制肼内离子总数的设置）不变

的情况下，分配在各通道中的离子数越少，对定量检测结果的准确性影响越大。这是 iTRAQ 和 TMT 类检测需要注意的根本问题。

11.5.4　^{18}O 标记

近年来不断涌现出很多新的标记方法，如 ^{18}O 标记。其原理是将蛋白质酶切时或酶切后放入 $H_2{}^{18}O$ 中，在蛋白酶的催化作用下将羧基上的两个氧替换成 ^{18}O。在合适的反应条件下，除了 C 端肽，所有的肽段一般都可以替换上两个 ^{18}O，使得标记肽段获得稳定的质量数差。^{18}O 标记技术操作简单，应用较为广泛，能与多种磷酸化肽段富集方法联用，适用于低丰度磷酸化肽段的定量标记。但是其缺点也较为明显，用 ^{18}O 进行同位素标记经常出现标记一个氧或两个氧原子不等的现象，即产生分子量 +2Da 和 +4Da 两种混合物的产物。此外，^{18}O 与 ^{16}O 交换速率依肽段的大小、氨基酸的类型、酶的类型、肽段的序列而有所变化（表 11-3）。所以，尽管该技术已经得到比较普遍的应用，但是要得到准确的定量结果还需对其进一步优化。此外，还有研究者利用这一原理，先将肽段在体外全部去磷酸化，然后以 ^{18}O-ATP 作为原料，在特定激酶作用下使肽段发生磷酸化修饰，修饰位点就具有 ^{18}O 修饰，利用该方法可以研究激酶直接的作用底物（Xue et al.，2014）。

表 11-3　各种定量磷酸化蛋白质组方法的比较

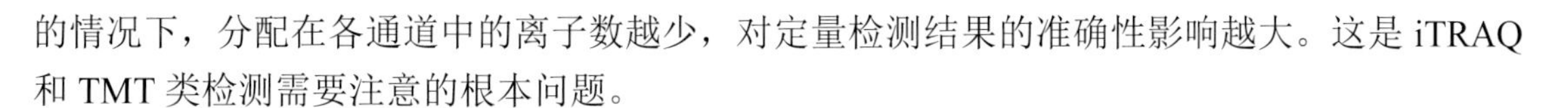

方法	定量类型	覆盖度	定量准确度	通量
无标定量	MS 定量	高	中	高
SILAC	MS 定量	中	高	低
iTRAQ 和 TMT	MS^2 定量	中	高	低
^{18}O 标记	MS 定量	差	高	低

11.6　蛋白质磷酸化信号研究

蛋白质的磷酸化修饰对于信号转导过程是至关重要的，许多参与信号转导过程的关键蛋白质，如激酶、转录因子及泛素连接酶等，都是通过可逆的磷酸化修饰来传递信号。关键失调信号通路的解析对于理解动态且复杂的生物学过程及其内在分子机制是必不可少的，许多植物领域的基础研究都集中在鉴定关键的失调激酶及其底物。随着磷酸化蛋白质组学技术的快速发展，研究人员可以从全局角度筛选失调的信号通路及其关键激酶或者磷酸化蛋白的变化。

11.6.1　时间序列分析

时间序列分析是生物学研究中常见的分析方法，许多研究者将磷酸化蛋白质组学方法应用于分析某些生物学过程的时间序列变化。科学家利用大规模磷酸化蛋白质组技术绘制了拟南芥根系硼信号转导的时间序列图谱，他们发现如果硼元素缺陷，拟南芥中超过 20% 的磷酸化蛋白质组会随着时间发生显著变化，并且发现 MAPK 通路介导了拟南芥根系硼元素的极性转运过程（Chen and Hoehenwarter，2019）。Duan 等（2013）利用磷酸化蛋白质组技术研究了拟南芥随着培养体系中营养条件的变化，磷酸化蛋白质组的变化。先将拟南芥进行饥饿处理，然后重新加入到营养丰富的培养体系，每隔 30min 取样，共取样 5 次，进行磷酸化蛋白质组分析。基于时间序列的磷酸化蛋白数据，可以重新构建营养条件刺激下拟南芥信号通路网络的动态变化（Duan et al.，2013）。Lan 等（2012）同样利用定量磷酸化蛋白质组技术系统比较了拟南芥根系在铁元素丰富和缺陷条件下培养 3d 后磷酸化蛋白质组的变化情况，他们发现铁元素缺陷会引起大量的磷酸化蛋白质丰度发生显著变化，这些显著变化的磷酸化蛋白质参与植物生长素的稳态调控、RNA 代谢、氮素同化作用、氨基酸合成和转运等生物学过程。

11.6.2 蛋白质磷酸化信号通路和网络研究

植物在生长发育过程中，随时面临着各种非生物逆境胁迫，如干旱、高盐、极端温度和创伤等，这些逆境胁迫对植物的生长发育产生了严重影响，在农业上导致农作物减产，造成极大的经济损失。因此，植物逆境生物学研究一直是植物学领域的热点与难点，研究植物响应逆境信号转导的分子机制，具有重要的理论意义和实际应用价值。磷酸化蛋白质组学技术被广泛应用于植物信号通路及网络的研究。脱落酸（abscisic acid，ABA）是在植物生长过程的很多方面都起到重要作用的植物激素。朱健康和熊延团队的王鹏程研究员利用磷酸化蛋白质组学技术，揭示了植物雷帕霉素靶蛋白（TOR）激酶和脱落酸（ABA）受体偶联的信号途径间通过相互磷酸化修饰介导植物生长发育和胁迫应答的平衡。如图 11-8 所示，研究发现了 ABA 受体磷酸化的调控机制，并发现了由 TOR 蛋白激酶复合物和 ABA 受体偶联途径组成的调节环（loop）平衡植物生长发育和胁迫应答的分子机制（Wang et al.，2018）。Zhang 等（2014）发现在 ABA 的刺激下，许多参与调节气孔运动的关键蛋白质都会经历磷酸化和去磷酸化修饰的调控。Umezawa 等（2013）利用磷酸化蛋白质组技术研究拟南芥在 ABA、脱水处理之后及 *snrk2* 突变体处理之后磷酸化信号网络的变化，发现多个激酶参与植物的脱水应激反应，包括 SnRK2、MAPK 和钙依赖蛋白激酶（calcium-dependent protein kinase，CDPK）等。Pi 等（2018）对盐胁迫下大豆根组织的磷酸化蛋白质组、代谢组变化开展分析，发现了与耐盐相关的一些磷酸化蛋白（转录因子），报道了一个参与类黄酮代谢的耐盐途径，该途径能够被 MYB 转录因子磷酸化介导。朱健康团队运用磷酸化蛋白质组学技术，对植物在低温胁迫环境下的相应机制开展研究，已鉴定在低温处理后拟南芥植物中被激活的 MAP 激酶。如图 11-9 所示，研究发现 MPK3、MPK4 和 MPK6 在冷处理后迅速活化；同时发现 MKK5-

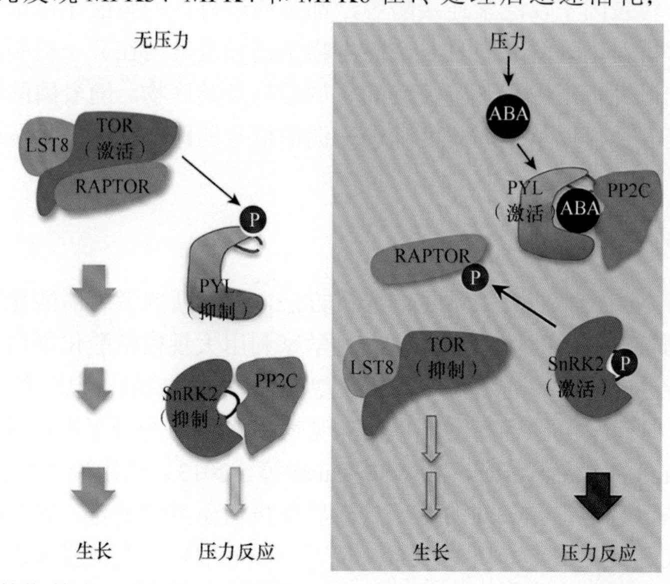

图 11-8 植物利用 TOR 调控 PYL 磷酸化来平衡生长和应激反应（Wang et al.，2018）

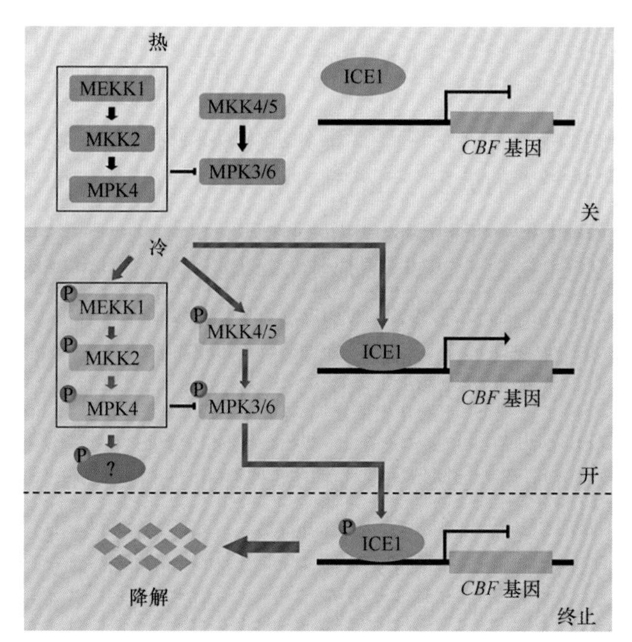

图 11-9　MAPK 通路的磷酸化级联反应参与调节植物的御寒应激反应（Zhao et al.，2017）

MPK3/MPK6 通过使 Ser94、Thr366 和 Ser403 等位点磷酸化而促进 ICE1 的降解来负调节冷应答。相反，MEKK1-MKK2-MPK4 正调节冷应答，并且组成型抑制蛋白质水平和激酶 MPK3 与 MPK6 活性。因此，阐明了两种 MAP 激酶在 *COR* 基因表达和低温胁迫调控中的作用（Zhao et al.，2017）。Xu 等（2019）利用蛋白质糖基化和磷酸化修饰组学策略，鉴定了春化过程中数百种具有 *O*-GlcNAc 修饰或磷酸化修饰的蛋白质，这些蛋白质主要参与代谢过程、细胞过程和对刺激的反应，揭示了 *O*-GlcNAc 修饰和磷酸化修饰动态调控春化作用介导小麦开花的机制，为冬小麦春化育种提供了新的思路。

受体激酶控制植物生命的所有方面，从发育到应激反应，其活性通过配体诱导的与受体的相互作用而被激活。许多植物受体激酶通过与和其形状互补的共同受体形成由配体诱导的复合物而被激活。BAK1（brassinosteroid insensitive 1-associated kinase 1）能够与许多富含亮氨酸的重复受体激酶（LRR-RK）结合，以控制免疫、生长和发育。Perraki 等（2018）通过磷酸化蛋白质组和定向诱变的组合，鉴定了拟南芥中 BAK1 发挥免疫功能所需的保守磷酸化位点，还鉴定了大多数拟南芥 LRR-RK 的功能可能需要的保守酪氨酸磷酸化位点，并将它们分为两个不同的功能类别。

丝裂原活化蛋白激酶（mitogen-activated protein kinase，MAPK）信号通路是植物中非常关键的信号通路之一，介导了多种胞外刺激物的胞内信号转导过程。植物通过位于细胞膜表面的模式识别受体（pattern recognition receptor，PRR）感知病原菌的存在，激活免疫反应。其中由 MAPKKK、MAPKK 和 MAPK 组成的 MAPK 级联信号是植物抗病系统的关键组分。Hoehenwarter 等（2013）解析了拟南芥的磷酸化蛋白质组，鉴定到 141 个 MAPK 底物，多个未被报道的磷酸化位点，并发现 MAPK 信号通路参与调节植物的周期节律、趋光性。Bi 等（2018）发现同源蛋白 MAPKKK3 和 MAPKKK5 同为 MPK3/6 途径组分，作用于下游多个 PRR。定位于胞质的类受体激酶第七亚家族（RLCK Ⅶ）成员，直接磷酸化 MAPKKK5 的 Ser599，从而正调控 PRR 介导的 MAPK 激活、下游基因表达及植物的抗病性。

11.7 结　　语

随着质谱仪器突飞猛进的发展，以及富集分离方法和材料的持续改进与完善，磷酸化蛋白质组技术近几年有了相当大的进步。虽然到目前为止，植物领域的磷酸化蛋白质组研究并不是非常广泛，但是近几年的发展速度尤其引人关注。从植物生长发育到各种逆境胁迫反应过程，都有利用磷酸化蛋白质组开展研究的案例。磷酸化蛋白质组使得研究人员可以系统解析不同时间或者不同条件下的特定磷酸化蛋白，甚至是特定磷酸化位点的动态变化，发现全新的调控机制，鉴定重要的信号通路及其关键激酶-底物分子对。虽然磷酸化蛋白质组技术在植物领域应用越来越广，但是植物相关的磷酸化蛋白及位点的数据库目前极度缺乏。不同种属植物磷酸化蛋白及位点数据库的建立，使得研究人员可以在不同物种间进行横向比较，从而鉴定出进化上保守的磷酸化蛋白或位点，或者其伴随进化过程的适应性变化。

本章重点介绍了磷酸化蛋白质组的常用技术方法，虽然已经取得了长足的进步，但是很多技术方法还有很大的改进空间，如磷酸化蛋白质组技术的鉴定深度，目前文献中报道得最多的磷酸化蛋白质组数据集鉴定到的磷酸化肽段约占细胞内预估总磷酸化肽段的10%，意味着还有很多丰度更低或者瞬时发生的磷酸化事件无法被鉴定到。另外，要获取大规模的磷酸化蛋白质组数据，研究人员往往需要较多的起始蛋白质，整个技术流程耗时较长。因此，未来还需要对磷酸化肽段的富集和分离进行优化。另外，磷酸化蛋白质组数据的定量分析相较于常规蛋白质组数据要更加复杂和困难，相关软件和算法的开发也迫在眉睫。

总体而言，磷酸化蛋白质组技术在植物领域的应用是“小荷才露尖尖角”，未来的应用前景十分广阔。

参考文献

An Z, Zhai L, Ying W, et al. 2019. PTMiner: localization and quality control of protein modifications detected in an open search and its application to comprehensive post-translational modification characterization in human proteome. Molecular & Cellular Proteomics, 18(2): 391-405.

Bailey C M, Sweet S M, Cunningham D L, et al. 2009. SLoMo: automated site localization of modifications from ETD/ECD mass spectra. Journal of Proteome Research, 8(4): 1965-1971.

Baker P R, Trinidad J C, Chalkley R J. 2011. Modification site localization scoring integrated into a search engine. Molecular & Cellular Proteomics, 10(7): M111 008078.

Beausoleil S A, Villen J, Gerber S A, et al. 2006. A probability-based approach for high-throughput protein phosphorylation analysis and site localization. Nature Biotechnol., 24(10): 1285-1292.

Beck F, Geiger J, Gambaryan S, et al. 2014. Time-resolved characterization of cAMP/PKA-dependent signaling reveals that platelet inhibition is a concerted process involving multiple signaling pathways. Blood, 123(5): e1-11.

Bi G, Zhou Z, Wang W, et al. 2018. Receptor-like cytoplasmic kinases directly link diverse pattern recognition receptors to the activation of mitogen-activated protein kinase cascades in *Arabidopsis*. The Plant Cell, 30(7): 1543-1561.

Bian Y, Li L, Dong M, et al. 2016. Ultra-deep tyrosine phosphoproteomics enabled by a phosphotyrosine superbinder. Nature Chemical Biology, 12(11): 959-966.

Boersema P J, Mohammed S, Heck A J. 2009. Phosphopeptide fragmentation and analysis by mass spectrometry. Journal of Mass Spectrometry, 44(6): 861-878.

Burkhart J M, Schumbrutzki C, Wortelkamp S, et al. 2012. Systematic and quantitative comparison of digest efficiency and specificity reveals the impact of trypsin quality on MS-based proteomics. Journal of Proteomics, 75(4): 1454-1462.

Chen Y, Hoehenwarter W. 2019. Rapid and reproducible phosphopeptide enrichment by tandem metal oxide affinity chromatography: application to boron deficiency induced phosphoproteomics. The Plant Journal, 98(2): 370-384.

Choi H, Lee H S, Park Z Y. 2008. Detection of multiphosphorylated peptides in LC-MS/MS analysis under low pH conditions. Anal. Chem., 80(8): 3007-3015.

Choi S, Kim J, Cho K, et al. 2011. Sequential Fe_3O_4/TiO_2 enrichment for phosphopeptide analysis by liquid chromatography/tandem mass spectrometry. Rapid Communications in Mass Spectrometry, 24(10): 1467-1474.

Cox J, Mann M. 2008. MaxQuant enables high peptide identification rates, individualized range mass accuracies and proteome-wide protein quantification. Nature Biotechnol., 26(12): 1367-1372.

Dai J, Wang L S, Wu Y B, et al. 2009. Fully automatic separation and identification of phosphopeptides by continuous pH-gradient anion exchange online coupled with reversed-phase liquid chromatography mass spectrometry. Journal of Proteome Research, 8(1): 133-141.

Di Palma S, Zoumaro-Djayoon A, Peng M, et al. 2013. Finding the same needles in the haystack? a comparison of phosphotyrosine peptides enriched by immuno-affinity precipitation and metal-based affinity chromatography. Journal of Proteomics, 91: 331-337.

Dickhut C, Feldmann I, Lambert J, et al. 2014. Impact of digestion conditions on phosphoproteomics. Journal of Proteome Research, 13(6): 2761-2770.

Dissmeyer N, Schnittger A. 2011. The age of protein kinases. Methods Mol. Biol., 779: 7-52.

Dong M, Ye M, Cheng K, et al. 2012. Depletion of acidic phosphopeptides by SAX to improve the coverage for the detection of basophilic kinase substrates. Journal of Proteome Research, 11(9): 4673-4681.

Du J, Bernasconi P, Clauser K R, et al. 2009. Bead-based profiling of tyrosine kinase phosphorylation identifies SRC as a potential target for glioblastoma therapy. Nature Biotechnol., 27(1): 77-83.

Duan G, Walther D, Schulze W X. 2013. Reconstruction and analysis of nutrient-induced phosphorylation networks in *Arabidopsis thaliana*. Frontiers in Plant Science, 4: 540.

Engholm-Keller K, Larsen M R. 2013. Technologies and challenges in large-scale phosphoproteomics. Proteomics, 13(6): 910-931.

Eyrich B, Sickmann A, Zahedi R P. 2011. Catch me if you can: mass spectrometry-based phosphoproteomics and quantification strategies. Proteomics, 11(4): 554-570.

Fermin D, Walmsley S J, Gingras A C, et al. 2013. LuciPHOr: algorithm for phosphorylation site localization with false localization rate estimation using modified target-decoy approach. Molecular & Cellular Proteomics, 12(11): 3409-3419.

Ficarro S B, McCleland M L, Stukenberg P T, et al. 2002. Phosphoproteome analysis by mass spectrometry and its application to *Saccharomyces cerevisiae*. Nature Biotechnol., 20(3): 301-305.

Fischer E H, Krebs E G. 1955. Conversion of phosphorylase b to phosphorylase a in muscle extracts. The Journal of Biological Chemistry, 216(1): 121-132.

Frese C K, Zhou H, Taus T, et al. 2013. Unambiguous phosphosite localization using electron-transfer/higher-energy collision dissociation (EThcD). Journal of Proteome Research, 12(3): 1520-1525.

Gharib M, Marcantonio M, Lehmann S G, et al. 2009. Artifactual sulfation of silver-stained proteins: implications for the assignment of phosphorylation and sulfation sites. Molecular & Cellular Proteomics, 8(3): 506-518.

Gronborg M, Kristiansen T Z, Stensballe A, et al. 2002. A mass spectrometry-based proteomic approach for identification of serine/threonine-phosphorylated proteins by enrichment with phospho-specific antibodies: identification of a novel protein, Frigg, as a protein kinase a substrate. Molecular & Cellular Proteomics, 1(7): 517-527.

Hennrich M L, van den Toorn H W, Groenewold V, et al. 2012. Ultra acidic strong cation exchange enabling the efficient enrichment of basic phosphopeptides. Anal. Chem., 84(4): 1804-1808.

Hoehenwarter W, Thomas M, Nukarinen E, et al. 2013. Identification of novel *in vivo* MAP kinase substrates in *Arabidopsis thaliana* through use of tandem metal oxide affinity chromatography. Molecular & Cellular Proteomics, 12(2): 369-380.

Imanishi S Y, Kochin V, Ferraris S E, et al. 2007. Reference-facilitated phosphoproteomics: fast and reliable phosphopeptide validation by micro LC-ESI-Q-TOF MS/MS. Molecular & Cellular Proteomics, 6(8): 1380-1391.

Johnson L N, Barford D. 1993. The effects of phosphorylation on the structure and function of proteins. Annual Review of Biophysics and Biomolecular Structure, 22: 199-232.

Kaneko T, Huang H, Cao X, et al. 2012. Superbinder SH2 domains act as antagonists of cell signaling. Science Signaling, 5(243): 68.

Kanshin E, Tyers M, Thibault P. 2015. Sample collection method bias effects in quantitative phosphoproteomics. Journal of Proteome Research, 14(7): 2998-3004.

Kersten B, Agrawal G K, Durek P, et al. 2009. Plant phosphoproteomics: an update. Proteomics, 9(4): 964-988.

Kersten B, Agrawal G K, Iwahashi H, et al. 2006. Plant phosphoproteomics: a long road ahead. Proteomics, 6(20): 5517-5528.

Kettenbach A N, Gerber S A. 2011. Rapid and reproducible single-stage phosphopeptide enrichment of complex peptide mixtures: application to general and phosphotyrosine-specific phosphoproteomics experiments. Anal. Chem., 83(20): 7635-7644.

Kim J, Camp D G, Smith R D. 2004. Improved detection of multi-phosphorylated peptides in the presence of phosphoric acid in liquid chromatography/mass spectrometry. Journal of Mass Spectrometry, 39(2): 208-215.

Kinoshita E, Kinoshita-Kikuta E, Takiyama K, et al. 2006. Phosphate-binding tag, a new tool to visualize phosphorylated proteins. Molecular & Cellular Proteomics, 5(4): 749-757.

Kollipara L, Zahedi R P. 2013. Protein carbamylation: *in vivo* modification or *in vitro* artefact? Proteomics, 13(6): 941-944.

Kruger M, Moser M, Ussar S, et al. 2008. SILAC mouse for quantitative proteomics uncovers kindlin-3 as an essential factor for red blood cell function. Cell, 134(2): 353-364.

Lai A C, Tsai C F, Hsu C C, et al. 2012. Complementary Fe^{3+} - and Ti^{4+}-immobilized metal ion affinity chromatography for purification of acidic and basic phosphopeptides. Rapid Communications in Mass Spectrometry, 26(18): 2186-2194.

Lan P, Li W, Wen T N, et al. 2012. Quantitative phosphoproteome profiling of iron-deficient *Arabidopsis* roots. Plant Physiology, 159(1): 403-417.

Larsen M R, Thingholm T E, Jensen O N, et al. 2005. Highly selective enrichment of phosphorylated peptides from peptide mixtures using titanium dioxide microcolumns. Molecular & Cellular Proteomics, 4(7): 873-886.

Lehmann W D, Kruger R, Salek M, et al. 2007. Neutral loss-based phosphopeptide recognition: a collection of caveats. Journal of Proteome Research, 6(7): 2866-2873.

Levene P A. 1906. The cleavage products of vitellin. The Journal of Biological Chemistry, 2(1): 127-133.

Li N. 2012. Quantitative measurement of phosphopeptides and proteins via stable isotope labeling in *Arabidopsis* and functional phosphoproteomic strategies. Methods Mol. Biol., 876: 17-32.

Lipmann F A. 1932. Serinephosphoric acid obtained onhydrolysis of vitellinic acid. The Journal of Biological Chemistry, 98(1): 109-114.

MacLean D, Burrell M A, Studholme D J, et al. 2008. PhosCalc: a tool for evaluating the sites of peptide phosphorylation from mass spectrometer data. BMC Research Notes, 1: 30.

Manza L L, Stamer S L, Ham A J, et al. 2005. Sample preparation and digestion for proteomic analyses using spin filters. Proteomics, 5(7): 1742-1745.

Marx H, Lemeer S, Schliep J E, et al. 2013. A large synthetic peptide and phosphopeptide reference library for mass spectrometry-based proteomics. Nature Biotechnol., 31(6): 557-564.

Matheron L, van den Toorn H, Heck A J, et al. 2014. Characterization of biases in phosphopeptide enrichment by Ti^{4+}-immobilized metal affinity chromatography and TiO_2 using a massive synthetic library and human cell digests. Anal. Chem., 86(16): 8312-8320.

Matthews H R. 1995. Protein kinases and phosphatases that act on histidine, lysine, or arginine residues in eukaryotic proteins: a possible regulator of the mitogen-activated protein kinase cascade. Pharmacology & Therapeutics, 67(3): 323-350.

McAlister G C, Huttlin E L, Haas W, et al. 2012. Increasing the multiplexing capacity of TMTs using reporter ion isotopologues with isobaric masses. Anal. Chem., 84(17): 7469-7478.

Mertins P, Udeshi N D, Clauser K R, et al. 2012. iTRAQ labeling is superior to mTRAQ for quantitative global proteomics and phosphoproteomics. Molecular & Cellular Proteomics, 11(6): M111 014423.

Mertins P, Yang F, Liu T, et al. 2014. Ischemia in tumors induces early and sustained phosphorylation changes in stress

kinase pathways but does not affect global protein levels. Molecular & Cellular Proteomics, 13(7): 1690-1704.
Monetti M, Nagaraj N, Sharma K, et al. 2011. Large-scale phosphosite quantification in tissues by a spike-in SILAC method. Nature Methods, 8(8): 655-658.
Nakamura T, Myint K T, Oda Y. 2011. Ethylenediaminetetraacetic acid increases identification rate of phosphoproteomics in real biological samples. Journal of Proteome Research, 9(3): 1385-1391.
Novotna L, Hruby M, Benes M J, et al. 2008. Immobilized metal affinity chromatography of phosphorylated proteins using high performance sorbents. Chromatographia, 68(5): 381-386.
Olsen J V, Blagoev B, Gnad F, et al. 2006. Global, *in vivo*, and site-specific phosphorylation dynamics in signaling networks. Cell, 127(3): 635-648.
Ong S E, Blagoev B, Kratchmarova I, et al. 2002. Stable isotope labeling by amino acids in cell culture, SILAC, as a simple and accurate approach to expression proteomics. Molecular & Cellular Proteomics, 1(5): 376-386.
Ozlu N, Akten B, Timm W, et al. 2011. Phosphoproteomics. Wiley Interdisciplinary Reviews Systems Biology and Medicine, 2(3): 255-276.
Palumbo A M, Reid G E. 2008. Evaluation of gas-phase rearrangement and competing fragmentation reactions on protein phosphorylation site assignment using collision induced dissociation-MS/MS and MS3. Anal. Chem., 80(24): 9735-9747.
Pearlman S M, Serber Z, Ferrell J E. 2011. A mechanism for the evolution of phosphorylation sites. Cell, 147(4): 934-946.
Perraki A, DeFalco T A, Derbyshire P, et al. 2018. Phosphocode-dependent functional dichotomy of a common co-receptor in plant signaling. Nature, 561(7722): 248-252.
Pi E, Zhu C, Fan W, et al. 2018. Quantitative phosphoproteomic and metabolomic analyses reveal GmMYB173 optimizes flavonoid metabolism in soybean under salt stress. Molecular & Cellular Proteomics, 17(6): 1209-1224.
Porath J, Carlsson J, Olsson I, et al. 1975. Metal chelate affinity chromatography, a new approach to protein fractionation. Nature, 258(5536): 598-599.
Richardson B M, Soderblom E J, Thompson J W, et al. 2013. Automated, reproducible, titania-based phosphopeptide enrichment strategy for label-free quantitative phosphoproteomics. Journal of Biomolecular Techniques, 24(1): 8-16.
Riley N M, Coon J J. 2016. Phosphoproteomics in the age of rapid and deep proteome profiling. Anal. Chem., 88(1): 74-94.
Ruprecht B, Koch H, Medard G, et al. 2015. Comprehensive and reproducible phosphopeptide enrichment using iron immobilized metal ion affinity chromatography (Fe-IMAC) columns. Molecular & Cellular Proteomics, 14(1): 205-215.
Rush J, Moritz A, Lee K A, et al. 2005. Immunoaffinity profiling of tyrosine phosphorylation in cancer cells. Nature Biotechnol., 23(1): 94-101.
Ruttenberg B E, Pisitkun T, Knepper M A, et al. 2008. PhosphoScore: an open-source phosphorylation site assignment tool for MS data. Journal of Proteome Research, 7(7): 3054-3059.
Savitski M M, Lemeer S, Boesche M, et al. 2011. Confident phosphorylation site localization using the Mascot Delta Score. Molecular & Cellular Proteomics, 10(2): M110 003830.
Schweppe D K, Rigas J R, Gerber S A. 2013. Quantitative phosphoproteomic profiling of human non-small cell lung cancer tumors. Journal of Proteomics, 91: 286-296.
Slade W O, Werth E G, Chao A, et al. 2014. Phosphoproteomics in photosynthetic organisms. Electrophoresis, 35(24): 3441-3451.
Songyang Z, Shoelson S E, Chaudhuri M, et al. 1993. SH2 domains recognize specific phosphopeptide sequences. Cell, 72(5): 767-778.
Steen H, Jebanathirajah J A, Rush J, et al. 2006. Phosphorylation analysis by mass spectrometry: myths, facts, and the consequences for qualitative and quantitative measurements. Molecular & Cellular Proteomics, 5(1): 172-181.
Steen H, Stensballe A, Jensen O N. 2007. Phosphopeptide purification by IMAC with Fe (Ⅲ) and Ga (Ⅲ). CSH Protocols, 2007: 4607.
Stensballe A, Andersen S, Jensen O N. 2001. Characterization of phosphoproteins from electrophoretic gels by nanoscale Fe (III) affinity chromatography with off-line mass spectrometry analysis. Proteomics, 1(2): 207-222.

Sun Z, Hamilton K L, Reardon K F. 2014. Evaluation of quantitative performance of sequential immobilized metal affinity chromatographic enrichment for phosphopeptides. Anal. Biochem., 445: 30-37.

Swaney D L, Wenger C D, Thomson J A, et al. 2009. Human embryonic stem cell phosphoproteome revealed by electron transfer dissociation tandem mass spectrometry. Proc. Natl. Acad. Sci. USA, 106(4): 995-1000.

Switzar L, Giera M, Niessen W M. 2013. Protein digestion: an overview of the available techniques and recent developments. Journal of Proteome Research, 12(3): 1067-1077.

Syka J E, Coon J J, Schroeder M J, et al. 2004. Peptide and protein sequence analysis by electron transfer dissociation mass spectrometry. Proc. Natl. Acad. Sci. USA, 101(26): 9528-9533.

Tanner S, Payne S H, Dasari S, et al. 2008. Accurate annotation of peptide modifications through unrestrictive database search. Journal of Proteome Research, 7(1): 170-181.

Taus T, Kocher T, Pichler P, et al. 2011. Universal and confident phosphorylation site localization using phosphoRS. Journal of Proteome Research, 10(12): 5354-5362.

Tsai C F, Hsu C C, Hung J N, et al. 2014. Sequential phosphoproteomic enrichment through complementary metal-directed immobilized metal ion affinity chromatography. Anal. Chem., 86(1): 685-693.

Tsiatsiani L, Giansanti P, Scheltema R A, et al. 2017. Opposite electron-transfer dissociation and higher-energy collisional dissociation fragmentation characteristics of proteolytic K/R(X)n and (X)nK/R peptides provide benefits for peptide sequencing in proteomics and phosphoproteomics. Journal of Proteome Research, 16(2): 852-861.

Tsigankov P, Gherardini P F, Helmer-Citterich M, et al. 2013. Phosphoproteomic analysis of differentiating *Leishmania parasites* reveals a unique stage-specific phosphorylation motif. Journal of Proteome Research, 12(7): 3405-3412.

Uhrig R G, Moorhead G B. 2013. Plant proteomics: current status and future prospects. Journal of Proteomics, 88: 34-36.

Umezawa T, Sugiyama N, Takahashi F, et al. 2013. Genetics and phosphoproteomics reveal a protein phosphorylation network in the abscisic acid signaling pathway in *Arabidopsis thaliana*. Science Signaling, 6(270): 8.

van der Mijn J C, Labots M, Piersma S R P, et al. 2015. Evaluation of different phospho-tyrosine antibodies for label-free phosphoproteomics. Journal of Proteomics, 127(Pt B): 259-263.

Wan Y, Cripps D, Thomas S, et al. 2008. PhosphoScan: a probability-based method for phosphorylation site prediction using MS^2/MS^3 pair information. Journal of Proteome Research, 7(7): 2803-2811.

Wang P, Zhao Y, Li Z, et al. 2018. Reciprocal regulation of the TOR kinase and ABA receptor balances plant growth and stress response. Molecular Cell, 69(1): 100-112.

Winter D, Seidler J, Ziv Y, et al. 2009. Citrate boosts the performance of phosphopeptide analysis by UPLC-ESI-MS/MS. Journal of Proteome Research, 8(1): 418-424.

Wisniewski J R, Zougman A, Nagaraj N, et al. 2009. Universal sample preparation method for proteome analysis. Nature Methods, 6(5): 359-362.

Xu S, Xiao J, Yin F, et al. 2019. The protein modifications of *O*-GlcNAcylation and phosphorylation mediate vernalization response for flowering in winter wheat. Plant Physiology, 186(3): 1436-1449.

Xue L, Wang P, Cao P, et al. 2014. Identification of extracellular signal-regulated kinase 1 (ERK1) direct substrates using stable isotope labeled kinase assay-linked phosphoproteomics. Molecular & Cellular Proteomics, 13(11): 3199-3211.

Yao Y, Wang Y, Wang S, et al. 2019. One-Step SH2 superbinder-based approach for sensitive analysis of tyrosine phosphoproteome. Journal of Proteome Research, 18(4): 1870-1879.

Zhang T, Chen S, Harmon A C. 2014. Protein phosphorylation in stomatal movement. Plant Signaling & Behavior, 9(11): 972845.

Zhang Y, Wolf-Yadlin A, White F M. 2007. Quantitative proteomic analysis of phosphotyrosine-mediated cellular signaling networks. Methods Mol. Biol., 359: 203-212.

Zhao C, Wang P, Si T, et al. 2017. MAP kinase cascades regulate the cold response by modulating ICE1 protein stability. Developmental Cell, 43(5): 618-629.

Zhou H, Ye M, Dong J, et al. 2013. Robust phosphoproteome enrichment using monodisperse microsphere-based immobilized titanium (Ⅳ) ion affinity chromatography. Nature Protocols, 8(3): 461-480.

第 12 章 泛素化蛋白质组研究

12.1 概　述

蛋白质作为生命的物质基础之一，是生命活动的主要功能执行者与调控者。蛋白质的合成与降解过程都受到精细、严密的调控，任何环节的失调都可能会造成机体的紊乱甚至病变（Hershko et al.，2000; Hamosh et al.，2005; Hoeller and Dikic，2009; Stenson et al.，2014）。泛素化修饰（ubiquitination）作为主要的蛋白质翻译后修饰类型之一，介导了真核细胞内蛋白质特异性降解，参与并调控了细胞周期、应激反应、信号传递和 DNA 损伤修复等几乎所有的生命活动（Hershko and Ciechanover，1998; Welchman et al.，2005; Komander and Rape，2012）。泛素-蛋白酶体系统（ubiquitin-proteasome system，UPS）与底物之间的精确调控构成了复杂而稳定的泛素化信号网络。由于蛋白质的泛素化修饰影响甚至决定了修饰蛋白的功能和命运，因此对于人体而言，泛素化及其信号途径的任何突变或紊乱都可能诱发如癌症、神经退行性疾病等多种严重疾病（Hershko et al.，2000; Hoeller et al.，2006）；同样对于植物而言，泛素化及其信号途径的任何改变都有可能引起如发育迟缓、植株矮小和向性改变等现象（Callis，2014）。因此，系统深入地研究泛素化及其修饰系统、鉴定泛素化相关酶的底物并揭示其调控机制，对于深刻认识植物生长发育、性状特征与分子机制的关联关系并开发相应的防治策略具有重要的指导意义。

蛋白质组学以细胞、组织或生物体内所有蛋白质为研究对象，系统揭示蛋白质的组成、特征及其变化规律，包括蛋白质的表达水平、翻译后修饰、蛋白质与蛋白质相互作用等，由此获得蛋白质水平上关于生理病理、细胞代谢等过程的系统全面的认识（Aebersold and Mann，2003）。与传统分子生物学技术相比，组学研究策略具有自身独有的优势。随着翻译后修饰组学的发展，能够实现对特定翻译后修饰的高效富集、深度覆盖与精确定量，为研究生命过程的精细调控机制提供了技术支撑。可以预见，泛素化修饰组学技术将会为植物的泛素化研究带来系统、深刻的变革，包括泛素化修饰底物高通量筛选、修饰位点准确鉴定以及泛素化类型精确定量研究，为系统发现并准确研究植物泛素化蛋白的新功能及其调控机制提供了技术支撑。

12.2 泛素化修饰的发现历程

12.2.1 泛素化相关的现象

泛素化修饰相关现象的发现最早要追溯到 1953 年，Melvin Simpson 利用放射性同位素实验发现了“细胞内蛋白质降解需要能量，即 ATP 水解反应”的现象（Simpson，1953）。这对当时已经占据理论权威地位的热力学领域而言是不可思议的，因为热力学观点认为蛋白质水解是产能过程，而合成反应才会需要能量。在热力学权威的光环下，这一重大发现并没有引起人们足够的重视。

到了20世纪60年代初期，主流观点认为溶酶体是蛋白质降解的主要场所，但是溶酶体降解的非选择性与蛋白质半衰期千差万别的现象存在矛盾（Goldberg and StJohn，1976）。虽然当时存在少数质疑声音，却并没有实际推动问题解决。随着溶酶体抑制剂的开发，发现经过抑制剂处理的细胞仍然存在恒定的蛋白质降解现象，表明真核细胞内除了溶酶体降解途径，还存在另外一条蛋白质降解途径。

12.2.2 泛素信号介导的蛋白质降解

到了20世纪70年代中后期，哈佛医学院的科学家利用体外实验重现了当年Simpson所观察到的“蛋白质降解需要能量”现象（Etlinger and Goldberg，1977）。Goldberg以网织红细胞（reticulocyte）提取液为研究对象，加入ATP后会显著促进蛋白质的降解。网织红细胞向红细胞分化时，各种细胞器包括溶酶体等迅速降解，利用该系统可以有效排除溶酶体的干扰，但是细胞内蛋白质降解仍然十分活跃。基于发现大肠杆菌内ATP依赖的蛋白酶的经验（Goldberg et al.，1979；Kowit and Goldberg，1977；Larimore et al.，1982），Goldberg等预言并坚信真核细胞中同样存在ATP依赖的蛋白酶。可以预见，当时谁能真正揭开“真核生物ATP依赖的蛋白质降解机制”的面纱，必将在科学界留下浓墨重彩的一笔。Goldberg团队已经建立网织红细胞系统并积累了大量原核生物内表达ATP依赖的蛋白酶的经验，似乎是离揭开“真核生物ATP依赖的蛋白质降解机制”的面纱最接近的团队。

Goldberg判断“真核生物内存在ATP依赖的蛋白酶”，在朝这个方向全力前进的时候，剧情峰回路转，另一位以色列科学巨匠Hershko教授登场。Hershko受到Goldberg等利用网织红细胞重现“ATP依赖的蛋白质降解系统”论文的启发，同他的研究生Aaron Ciechanover开启了探明其机制的工作（Ciehanover et al.，1978）。他们采用化学法将网织红细胞提取液分离纯化为“组分1”和“组分2”。其中组分1含有热稳定性良好的小分子量蛋白，命名为APF-1（ATP-dependent proteolysis factor 1，即后来的泛素分子）。他们发现组分1和组分2单独存在都不能重现ATP促进蛋白质降解的现象，但当二者混合后便可以重新观察到ATP的促降解效应。该现象表明“ATP依赖的蛋白质降解”是由多组分复合而成的，并证实了APF-1的分子质量约为9kDa，该成果于1978年刊载在*BBRC*上（Ciehanover et al.，1978）。

之后，Hershko和Ciechanover与美国著名酶学家Irwin Rose合作，开展了APF-1与ATP在蛋白质降解中关系的探究（Hershko et al.，1979）。他们利用放射性同位素标记蛋白质发现APF-1呈阶梯状累积，并连接到底物蛋白上。据此，他们提出了泛素在蛋白质分解中所起的基本作用的假说：通过泛素激活酶E1、泛素偶联酶E2、泛素连接酶E3的酶促级联反应，将APF-1共价修饰到目标蛋白上形成多聚链（Hershko et al.，1980）。生成的多聚链是诱导蛋白质降解的信号。

“泛素假说”的重点在于泛素作为蛋白质降解的信号，而能量的消耗是泛素信号的形成过程，即活化过程必需的。从“泛素假说”到“泛素学说”，贡献最大的当属Alexander Varshavsky及其同门研究者。1980年左右Varshavsky利用芽殖酵母对“泛素系统”进行研究，将Hershko等在假说中所认定的E1、E2、E3等酶群逐一分离鉴定出来，明确了泛素链作为真核细胞内蛋白质特异性降解信号的形成机制（Ciechanover et al.，1984；Finley et al.，1984；

Jentsch et al.，1987；Chau et al.，1989；Hochstrasser and Varshavsky，1990），极大促进了泛素化研究。

12.2.3　泛素系统与诺贝尔奖

1983 年，Goldberg 等（Kirschner and Goldberg，1983；Tanaka et al.，1983）证明泛素修饰后的蛋白质降解仍需要能量，他们认为"除了泛素信号的生成需要能量，蛋白质的降解过程仍然是 ATP 依赖的，即真核生物内同样存在 ATP 依赖的蛋白酶"。这个推断直接推动了 26S 蛋白酶体的发现，Goldberg 在其中做出了重要的贡献。

随着泛素化功能的逐渐清晰，最初发现并揭开泛素神秘面纱的 3 位科学家，以色列的 Aaron Ciechanover、Avram Hershko 和美国酶学家 Irwin Rose，于 2004 年荣获诺贝尔化学奖（Wilkinson，2005），这代表着蛋白质降解研究领域取得重大突破。当然，我们不能因为 Goldberg 和 Varshavsky 没有获得诺贝尔奖而忽视他们在泛素研究领域的巨大贡献，没有这两位巨匠的杰出工作，无法想象泛素研究领域会是什么状况。个人观点认为，在他们伟大的成果面前，获奖与否，伟大的工作就在那里，只增不减。深深的敬意，献给那些曾经、现在及将来为科学研究倾注激情与智慧的人！

12.3　植物的泛素及泛素-蛋白酶体系统

诸多证据已经充分表明泛素-蛋白酶体系统对于植物的重要性。一种可能性是，由于植物的固有生长习惯，它们比其他生物更依赖通过转录后控制来调节它们的生理和发育。据估计，10% 的细胞内蛋白质寿命是短的，其中大部分是由 UPS 降解的，因此很可能有成千上万的 UPS 靶点。令人惊讶的是，在多年生木本植物，如杨树和葡萄中，UPS 位点的数量预计明显低于草本一年生植物，如拟南芥和水稻。这就提出了第二种可能性——UPS 选择性地在一年生植物中扩展，以帮助它们将短暂的生命周期与一个生长季节相协调。第三种可能性是，许多植物物种进化过程中常见的远古基因组复制，自然地推动了 UPS 的扩展和多样化。然而，系统发育分析表明，一些物种有选择性地扩增或保留了特定的 UPS 成分，而不是完整的系统。这就提出了第四种更有趣的可能性，UPS 的某些部分在植物中以一种天然免疫的原始形式出现。下面对植物的泛素分子及泛素-蛋白酶体系统进行详细介绍。

12.3.1　泛素分子

泛素-蛋白酶体系统发挥调控功能包括泛素信号的合成、编辑、传递和执行等过程。该系统由泛素、泛素化信号生成酶、去泛素化酶、信号传递蛋白和 26S 蛋白酶体五大部分组成。

12.3.1.1　编码泛素的基因

在酵母、植物和动物等真核生物中，编码泛素的基因包含同质融合和异质融合基因两种不同类型。同质融合基因是多个泛素编码区域的聚合体，这些区域从头到尾不含任何间隔氨基酸（称为多聚泛素），最后的泛素以一到几个额外的氨基酸结束。异质融合基因是泛素可读框后为另一种不同的蛋白质编码基因，包括两个小核糖体蛋白（称为泛素延伸蛋白）基因，或泛素样蛋白 RUB（表 12-1，以拟南芥为例）基因。成熟的泛素分子必须暴露 C 端的双甘氨酸（GG）尾巴才能发挥作用（Callis et al.，1995）。几种泛素特异性切割蛋白酶（去泛素酶，

deubiquitinase，DUB）能够处理初始的泛素融合翻译产物，使泛素融合翻译产物在泛素的第76位氨基酸后发生特异性裂解，产生成熟的泛素分子（Gonda et al.，1989）。

表 12-1 拟南芥中泛素编码基因（Callis，2014）

拟南芥 AGI 号	基因*	别名	基因产物
At3g52590	*UBQ1*	HAP4/ERD16/EMB2167	泛素与核糖体蛋白 L40（52 个氨基酸）融合蛋白
At2g36170	*UBQ2*		泛素与核糖体蛋白 L40（52 个氨基酸）融合蛋白
At5g03240.3	*UBQ3*		多聚泛素
At5g20620	*UBQ4*		多聚泛素
At3g62250	*UBQ5*		泛素与核糖体蛋白 S27a-3 融合蛋白
At2g47110	*UBQ6*		泛素与核糖体蛋白 S27a-2 融合蛋白
At2g35635	*UBQ7*	RUB2	泛素与 RUB1 融合蛋白
At3g09790	*UBQ8*		无野生型泛素，假基因？
At5g37640	*UBQ9*		无野生型泛素，假基因？
At4g05320	*UBQ10*		多聚泛素
At4g05050	*UBQ11*		多聚泛素
At1g55060	*UBQ12*		无野生型泛素，线粒体 DNA 插入到 Columbia 型
At1g65350	*UBQ13*		无野生型泛素，假基因？
At4g02890	*UBQ14*		多聚泛素
At1g31340	*UBQ15*	RUB1	泛素与 RUB2 融合蛋白
At1g11980	*UBQ16*	RUB3	只有 RUB3，无泛素融合
At1g23410	*UBQ17*		泛素与核糖体蛋白 S27a-1 融合蛋白

* 表示基因至少含有 1 个泛素编码区域

UBQ1（At3g52590）和 UBQ2（At2g36170）编码相同的泛素多肽，末端有一个含 52 个氨基酸的核糖体蛋白大亚基 L40。同样，在 UBQ5（At3g62250）、UBQ6（At2g47110）和 UBQ17（At1g23410）中，N 端泛素编码区之后为紧密相关但不完全相同的含 81 个氨基酸的核糖体蛋白小亚基（分别是 S27a-3、S27a-2、S27a-1）。UBQ1 和 UBQ2 是共表达基因，两者都可广泛的表达，因此对 UBQ1 和 UBQ2 的相关作用有待进一步分析（Callis，2014）。

12.3.1.2 泛素分子的序列与结构

泛素分子由 76 个氨基酸组成，在脊椎动物和高等植物中，其氨基酸序列是绝对保守的。动物、植物和真菌泛素之间存在 3 ～ 4 个氨基酸残基的差异。这种较高的保守程度表明不同物种中泛素系统具有功能上的保守性和调控机制的相似性。拟南芥泛素替代酵母泛素作为酿酒酵母中唯一的泛素化系统蛋白来源，与表达酵母泛素的菌株没有明显的表型差异（Ling et al.，2000）。泛素的空间结构也是保守的，人类、芽殖酵母及植物的泛素是相同的。泛素以 5 个 β 折叠包围一个 α 螺旋的形式存在，构成 SSHSSS 结构（图 12-1）。除了核心的 16 ～ 17 个疏水残基，还有广泛的分子内氢键（Vijay-Kumar et al.，1987）。总体而言，紧密包绕、大的疏水核心和广泛的氢键赋予了泛素分子结构稳定性和热稳定性。

K6 K11 K27 K29 K33 K48 K63

MQIFVKTLTGKTITLEVESSDTIDNVKSKIQDKEGIPPDQQRLIFAGKQLEDGRTLSDYNIQKESTLHLVLRLRGG

β1 β2 α3 β4 β5 β6

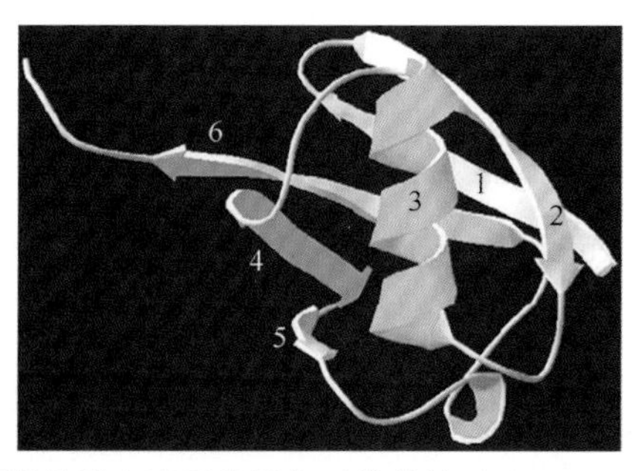

图 12-1 酵母泛素化蛋白序列分析与三维结构（Catic and Ploegh，2005）

泛素表面结构复杂，包含了 5 个重要的疏水区域（图 12-2）。含有 Leu8 的第一个环有不同的构象，这些构象对于泛素与泛素结合蛋白之间的相互作用非常重要。另一个由 Ile44、Leu8、Val70 和 His68 组成的区域称为 Ile44 疏水口袋，它介导蛋白酶体和其他泛素结合蛋白（UBD）的相互作用。使酵母中内源表达的泛素基因都被编码突变泛素的基因所取代，测试了表面残基的单个氨基酸替换对泛素功能的影响。令人惊讶的是，除了上面提到的 Ile44 疏水口袋和对于附着很重要的 C 端残基，只有一个表面区域被证明是必不可少的，即 Phe4 周围的残基，包括 Thr12 和 Gln2 形成第二个必要表面。另外一个结合区域为以 Ile36 为中心、加上 Leu8、Leu71 和 Leu73 形成的疏水表面，介导了蛋白质与 HECT 类泛素连接酶、去泛素化酶和部分泛素结合结构域的识别。而由 Lys6、Lys11、Thr12、Thr14 和 Glu34 组成的 TEK-box 促进了 K11 泛素链的形成，并参与细胞周期调控。泛素表面其他不同位置可能还有其他非必要的相互作用有待发现。这些研究表明，泛素的多个表面和 / 或构象提供了多样性的相互作用，可能有助于完成不同的生物学过程（Komander and Rape，2012）。

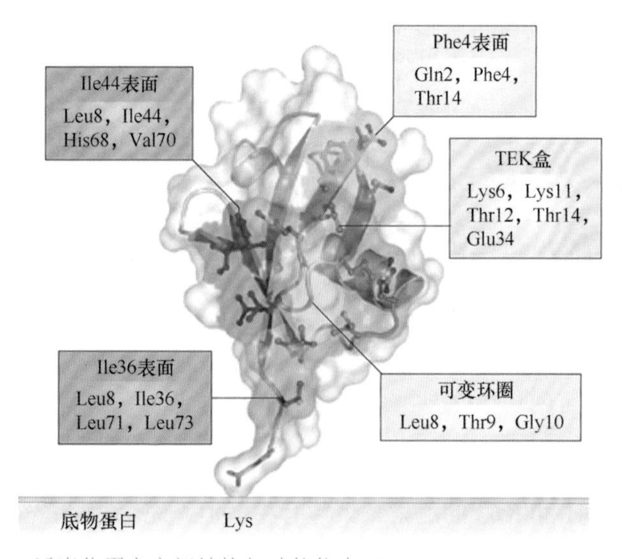

图 12-2 泛素化蛋白空间结构与功能位点（Kulathu and Komander，2012）

12.3.2 泛素链的结构与功能

12.3.2.1 泛素链的拓扑结构

不同的泛素链介导的生物学功能各异，除了含量存在差异，泛素链的空间结构不同也是重要的因素。在酵母内，7 种泛素链 K6∶K11∶K27∶K29∶K33∶K48∶K63 的百分比约为 11∶28∶9∶3∶4∶29∶16（Xu et al.，2009）。其中 K27、K29 和 K33 处于泛素分子的 α 螺旋内，丰度较低。而 K48、K11 和 K63 暴露在泛素分子外围，其含量较高，如图 12-3 所示。

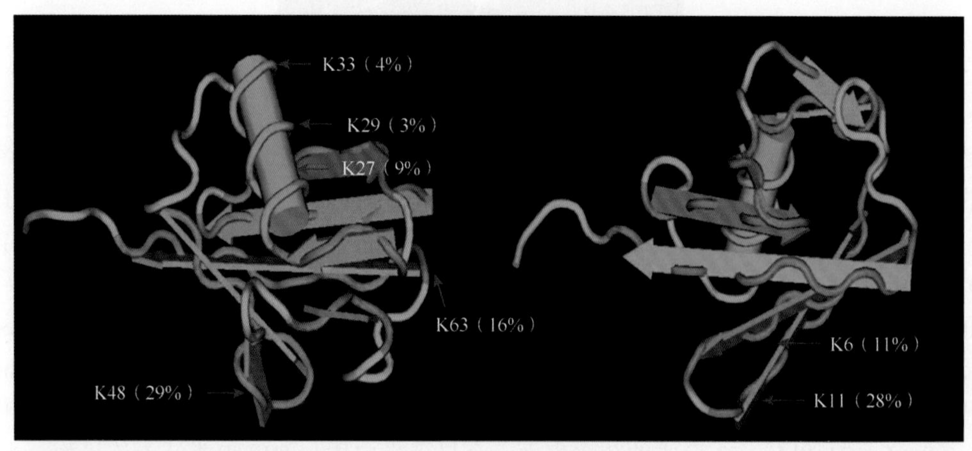

图 12-3 酵母泛素化修饰位点的空间位置与泛素链的含量（Xu et al.，2009）

K48 链具有相邻泛素紧密包裹、呈球状的空间结构。同样，K6 和 K11 链具有类似的空间结构（图 12-4）（Ye et al.，2012）。

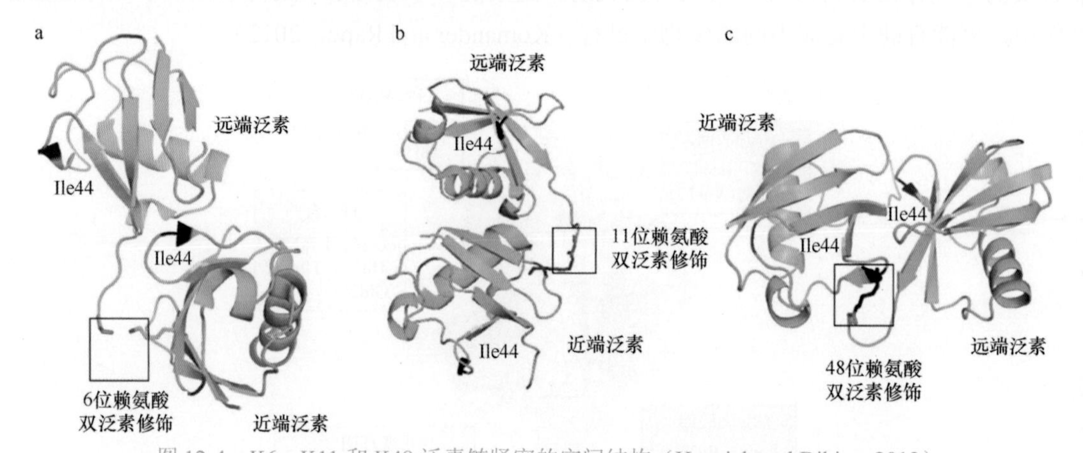

图 12-4 K6、K11 和 K48 泛素链紧密的空间结构（Husnjak and Dikic，2012）

在泛素结构中，N 端线性 M1 和 K63 链在结构上相似，都具有开放疏松的空间构象（open conformation）。M1 和 K63 的泛素二聚体有相似但不完全相同的空间构象，但是完全区别于 K48 紧密的空间结构，如图 12-5 所示。

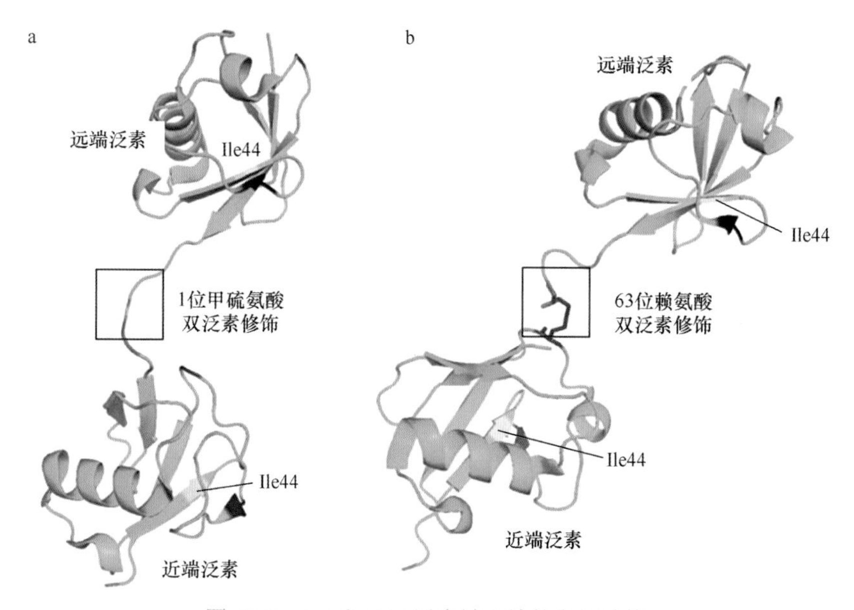

图 12-5 M1 和 K63 泛素链开放的空间结构

K27、K29 和 K33 泛素链由于丰度较低，富集较困难，针对其晶体结构的研究还较少。最近的文献报道显示 K27 具有紧密的空间结构，而 K29 和 K33 具有开放的空间结构。

12.3.2.2 泛素链介导的功能

形成泛素的泛素链结构各异，种类繁多。发掘不同类型泛素链参与的生物学过程、解析其介导的生物学功能，有助于我们深刻理解泛素所参与的生物学过程（Walsh and Sadanandom，2014）。

1. K48 多聚泛素链

K48 多聚泛素链最重要的功能是作为泛素-蛋白酶体靶向降解信号。泛素-蛋白酶体系统（UPS）涉及植物许多功能。由于植物是固定的生物，因此需要更大程度的表型可塑性，以确保在不断变化的环境中生存。植物必须能够对相关刺激做出快速有效的反应，这在一定程度上是通过蛋白酶体对蛋白质的靶向降解实现的。泛素-蛋白酶体系统在植物发育、激素信号转导、花粉管生长和细胞周期中发挥着关键的调控作用。例如，泛素-蛋白酶体系统参与自身不兼容性（SI）的调控，即开花植物能够避免由自花受粉导致的近亲繁殖的一种机制。在十字花科植物中，泛素-蛋白酶体系统通过 U-box 依赖的 E3 连接酶 ARM-repeat-containing 1（ARC1）在 SI 中发挥作用，ARC1 被认为是泛素化通道中的一个兼容因子，其导致蛋白酶体降解和植物排斥自身花粉（Stone et al.，2003）。

生长素是一种植物激素，在植物发育过程中调控基因表达。K48 多聚泛素链介导蛋白质降解的另一个例子是生长素介导的 $SCF^{TIR1/AFB}$（Skp1、Cullin、F-box 受体型泛素连接酶）通路。其与 SCF^{TIR1}RING 型 E3 泛素连接酶复合物的 TIR1 或 AFB（F-box）组分结合，增强了 SCF^{TIR1} 对 Aux/IAA 转录调控蛋白的亲和力。Aux/IAA 蛋白，如 SHY2 和 BDL 与 ARF（生长素应答因子）转录因子形成异二聚体，导致由生长素应答因子（AuxRE）控制的基因表达受到抑制。SCF^{TIR1} 泛素化 Aux/IAA，并使其被 26S 蛋白酶体破坏（Maraschin et al.，2009），导致 ARF 的结合和特定生长素应答基因的转录。

2. K63 多聚泛素链

K63 多聚泛素链在单细胞真核生物和多细胞真核生物中都已发现，并被证明以非蛋白质水解的方式调控酵母和哺乳动物细胞中的几个过程，如激酶激活、蛋白质合成、DNA 修复和染色体调控。然而，它们在植物中的功能没有得到很好的描述，迄今为止，K63 多聚泛素链只涉及顶端优势、DNA 修复和缺铁机制（Li and Schmidt，2010）。生长素在植物中扮演着多种角色，其中之一是调控顶端优势，即主要中心茎相对侧枝表现出优势。由于细胞生长素浓度降低和外源生长素作用下生长素应答基因无法转录，因此两个膜相关的 E3 泛素连接酶 RGLG1 和 RGLG2 突变在体外催化 K63 多聚泛素链的形成，表明这种泛素链在调控根尖显性中发挥作用。K63 多聚泛素链也与缺铁信号有关。通过在拟南芥中异位表达黄瓜 Ubc13 同源基因（*CsUbc13*），发现了分枝根毛的产生，这是缺铁植物的经典反应。Li 和 Schmidt（2010）的进一步研究表明 Ubc13 和 RGLG2 之间存在相互作用，*rglg1/rglg2* 双突变体表现出组成型活跃的根毛分枝，表明生长素在缺铁的形态学反应中起主导作用。

3. 非典型链（K6、K11、K27、K29、K33 和 M1）

与 K48 和 K63 多聚泛素链不同的是，其他非典型多聚泛素链的研究很少，几乎没有在植物系统中进行过研究。在真核生物如酿酒酵母中探究过 K6、K11、K27 和 K33 多聚泛素链的形成。目前报道，K11 多聚泛素链主要作为泛素蛋白酶体降解靶向信号。酵母细胞内，K11 链特异性修饰到 Ubc6 和转录因子 Met4 上，参与内质网相关的蛋白质降解和转录活性的调控（Xu et al.，2009；Li et al.，2019）。哺乳动物细胞内 APC/C 复合物与特定 E2，如 UbcH10 或者 Ubc2S 形成 K11 链，介导底物降解，调控细胞有丝分裂。与此同时，其他非典型多聚泛素链在植物中的生物学功能需要被进一步关注与研究。最近的研究揭示了 K29 链在 DELLA 蛋白降解中的作用。DELLA 家族蛋白是一组生长抑制因子，参与植物的赤霉素（GA）应答。拟南芥中有 5 种已知的 DELLA 蛋白：GAI、RGA、RGL1、RGL2 和 RGL3，这些蛋白质参与了植物对环境信号的反应，如对光、冷和盐的反应。GA 诱导的 DELLA 蛋白降解是这一信号通路的重要组成部分（Dill et al.，2001）。在无细胞系统中，Wang 等（2009）证明 K29 泛素链负责将 DELLA 蛋白靶向 26S 蛋白酶体降解，表明 K29 链发挥了与 K48 链类似的功能。

复杂的泛素链连接形式构成了多样的泛素链拓扑结构。特定泛素链被相关蛋白质特异性识别，从而将底物蛋白靶向蛋白酶体、溶酶体或其他信号通路，形成复杂的信号网络，最终调控细胞的重要生命活动。

12.3.3 泛素化信号的合成——E1/E2/E3

泛素分子的 7 个赖氨酸残基及 N 端均可继续发生泛素化修饰，形成 8 种拓扑形式的泛素链。泛素链作为介导相关生物学功能的信号，由多级酶促反应组装而成。该过程需要 3 种酶：泛素激活酶（E1）、泛素偶联酶（E2）及泛素连接酶（E3）（Hershko and Ciechanover，1998）。它们通过有序的级联反应完成各种不同泛素链的组装过程（图 12-6）。组装过程：① E1 活化泛素，催化泛素第 76 位甘氨酸的羧基端与 E1 内部的半胱氨酸侧链巯基发生脱水反应，消耗 ATP，泛素与 E1 生成高能硫酯键；②泛素从 E1 转移到 E2 上，活化的泛素通过转酰基反应转移到 E2 的半胱氨酸活性残基上；③泛素连接到底物上，在 E3 作用下泛素分子共价修饰到底物蛋白的赖氨酸残基上。其中，泛素连接到底物蛋白上有两种方式：一种是泛素从E2上直接连接到底物蛋白，主要由RING型E3负责；另一种是泛素先从E2转移到E3上，再由E3连接到底物蛋白，主要由HECT型E3负责。其中RING型E3的种类和含量远多于HECT型E3。经过重复上述共价反应，完成底物蛋白泛素链修饰。

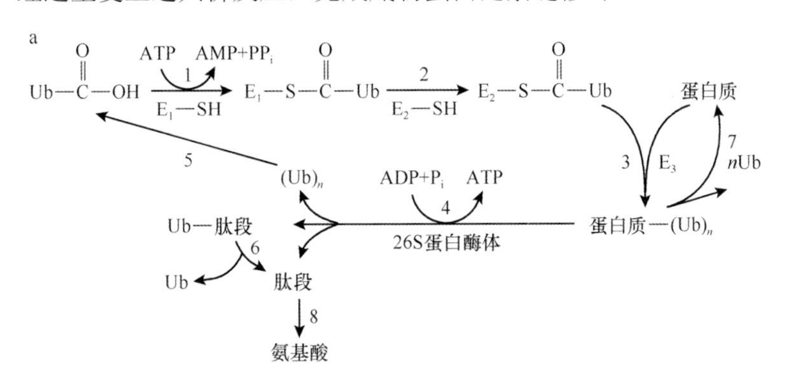

b

1. $E_3—S—\overset{O}{\overset{\|}{C}}—Ub$ · 蛋白质—NH_2 ⟶ $E_3—SH$ + 蛋白质—$\overset{H}{\overset{|}{N}}—\overset{O}{\overset{\|}{C}}—Ub$

2. $E_3 \cdot E_2—S—\overset{O}{\overset{\|}{C}}—Ub$ · 蛋白质—NH_2 ⟶ $E_3 + E_2—SH$ + 蛋白质—$\overset{H}{\overset{|}{N}}—\overset{O}{\overset{\|}{C}}—Ub$

图12-6　泛素链信号合成过程（Hershko and Ciechanover，1998）

a. 泛素修饰级联反应过程；b. RING和HECT两类E3连接酶连接泛素的方式比较

12.3.3.1　泛素激活酶E1

在拟南芥中E1由两个相关基因编码：UBA1（At2g30110）和UBA2（At5g06460）。UBA1（长度1080个氨基酸）和UBA2（长度1077个氨基酸）共有77%的核苷酸同源性和80%的氨基酸同源性。其N端高度相异，前70个氨基酸同源性只有47%。UBA1和UBA2都可激活泛素，并在体外以相同的效率将其转移到几个不同的E2上。此外，UBA1和UBA2似乎都广泛表达（Hatfield et al.，1997）。

然而，有报道称这两种E1蛋白在体内可能有不同的功能。在*snc1/npr1*双重突变背景下，从抑制因子筛选中鉴定出UBA1等位基因（Goritschnig et al.，2007）。*snc1*（npr1-1组成型抑制因子1，At4g16890）编码一个TIR-NB-LRR R蛋白（TOLL/白细胞介素样与核苷酸结合的富含亮氨酸的重复耐药蛋白）。*snc1*等位基因编码蛋白质的一种显性组成活性形式，植株矮小，水杨酸水平升高，抗病性增强。在抑制因子筛选中发现的UBA1等位基因为*MOS5*，负责*snc1*的修饰，其编码的UBA1 C端最后两个氨基酸之前的一个氨基酸发生替换，5个氨基酸发生敲除，抑制*snc1*转录和*snc1*诱导的病原相关基因组成型表达。虽然这是一种隐性隔离现象，但它是完全还是部分功能缺失等位基因尚不清楚。有趣的是，在野生型背景下*MOS5*表现出对一些病原体有更强的易感性。

相反，当UBA2 T-DNA等位基因没有检测到mRNA时，不能抑制*snc1*的表达（Goritschnig et al.，2007）。*uba2*突变植物在生长和抗病性测试方面与野生型不同。UBA1和UBA2之间存在一定的生化差异。Genevestigator数据库显示，UBA1比UBA2具有更高的表达水平，表明当泛素激活需求高时若没有UBA1，E1水平可能不是充足的。考虑到UBA1的丢失只影响

R 基因介导的耐药反应的一个子集，为我们提供了了解哪种抗病途径更严重地依赖泛素化过程的线索。

12.3.3.2 泛素偶联酶 E2

与 E1 一样，最早的 E2 是用兔网织红细胞裂解物进行生物化学验证的，并已证明其在动植物中具有生物化学保守性（Pickart and Rose，1985）。E2 接受来自 E1 的硫代酯连接的泛素，连接在其半胱氨酸残基上，然后将泛素直接转移到由 E3 辅助的底物上，或者转移到 HECT 或 RBR 型 E3 的半胱氨酸残基上，再将泛素转移到底物上。在所有真核生物中，由基因家族编码泛素和类泛素（ubiquitin-like，UBL）E2。E2 和大多数 UBL 包含一个具有 140 ～ 200 个氨基酸的保守区域，称为 UBC 结构域，硫代酯形成所需的半胱氨酸残基包含在该区域内。

在拟南芥中，存在 48 个 E2（表 12-2）（Callis，2014），其中有 3 种携带硫代酯的类泛素化蛋白、2 种 RUB 偶联酶［RCE1（At4g36800）和 RCE2（At2g18600）］及 1 种相素偶联酶（SCE1，At3g57870）。虽然这些特异性 UBL 的功能为 E2，但它们不是严格意义上的 E2。另外，8 种 E2 缺乏硫代酯形成所需的活性半胱氨酸位点（表 12-2），因此从技术上讲它们本身并不拥有完整的 E2 活性，只留下 37 个携带硫代酯的潜在 E2。有趣的是，自噬途径中的类 E2 蛋白 ATG3（At5g61500）和 ATG10（At3g07525）通过硫代酯分别携带 UbL ATG8 和 ATG12，它们的分化程度更高，虽然它们缺乏结构域，但由于与 E2 序列相似性高，它们在结构上有一些相似之处。

表 12-2 拟南芥中的 E2 及其泛素化过程中的相互作用蛋白质（Callis，2014）

基因名	拟南芥 AGI 号	位置	活性位点*	别名	功能注释
经典的泛素偶联酶 E2					
UBC1A	t1g14400	Ⅲ	yes, T,U		*UBC1* 和 *UBC2* 负责体内组蛋白 H2B 的单泛素化
UBC2	At2g02760	Ⅲ	yes, T,U		*UBC1* 和 *UBC2* 负责体内组蛋白 H2B 的单泛素化
UBC3	At5g62540	Ⅲ	yes, U		E3 不依赖的体外活性可干扰 E3 依赖的实验分析
UBC4	At5g41340	Ⅳ	yes, T,U		
UBC5	At1g63800	Ⅳ	yes, U		E3 不依赖的体外活性可干扰 E3 依赖的实验分析
UBC6	At2g46030	Ⅳ	yes, U		
UBC7	At5g59300	Ⅴ	yes, T,U		形成游离的泛素链
UBC13	At3g46460	Ⅴ	yes, T,U		形成游离的泛素链
UBC14	At3g55380	Ⅴ	yes, T,U		形成游离的泛素链
UBC8	At5g41700	Ⅵ	yes, T,U		
UBC9	At4g27960	Ⅵ	yes, T		
UBC10	At5g53300	Ⅵ	yes, T,U		
UBC11	At3g08690	Ⅵ	yes, T,U		
UBC12	At3g08700	Ⅵ	nd		
UBC28	At1g64230	Ⅵ	yes, T,U		
UBC29	At2g16740	Ⅵ	yes,U		

续表

基因名	拟南芥 AGI 号	位置	活性位点*	别名	功能注释
UBC30	At5g56150	Ⅵ	yes, U		
UBC15	At1g45050	Ⅶ	yes, T	*ATUBC21*	仅介导修饰游离的赖氨酸
UBC16	At1g75440	Ⅶ	no, U		
UBC17	At4g36410	Ⅶ	no, U		
UBC18	At5g42990	Ⅶ	no, U		
UBC19	At3g20060	Ⅷ	yes, T		与多种 RINGs 泛素连接酶组合进行体外泛素化实验显示催化无活性；APC 类 E2
UBC20	At1g50490	Ⅷ	no, U		可能作为 APCT 特异性的 E2
UBC21	At5g25760	Ⅸ	nd	*PEX4* (*PEROXIN4*)	
UBC22	At5g05080	Ⅹ	yes, U		无 E3 情况下在 UBC22 上形成泛素链；E3 非依赖的活性
UBC23	At2g16920	Ⅺ	nd	*PFU2* (*PHO2 FAMLY UBIQUITIN*)	
UBC24	At2g33770	Ⅺ	nd	*PHO2* (*PHOSPHATE*)	负调控磷酸盐感应
UBC25	At3g15355	Ⅺ	nd	*PFU1*	
UBC26	At1g53025	Ⅺ	no, U	*PFU3*	
UBC27	At5g50870	Ⅻ	yes, T		含有 C 端 UBA 结构域
UBC31	At1g36340	XⅢ	nd		蛋白质组学研究显示在液泡定位
UBC32	At3g17000	XⅣ	yes, T		预测含有 C 端跨膜结构域
UBC33	At5g50430	XⅣ	nd		预测含有 C 端跨膜结构域
UBC34	At1g17280	XⅣ	yes, U		预测含有 C 端跨膜结构域
UBC35	At1g78870	XⅤ	yes, T,U	*UBC13A*	
UBC36	At1g16890	XⅤ	yes, T,U	*UBC13B*	
UBC37	At3g24515	XⅥ	no, U		
含有 UBC 结构域但是缺乏半胱氨酸活性位点的泛素偶联酶 E2					
COP10	At3g13550			*FUS9*, *EMB144 EMB144*, *MMZ1*, *MMS*, *ZWE1*	组成型光形态建成；促进 K63 泛素链形成
UEV1A	At1g23260			*HOMOLOGUE*	与 *UBC35/36* 相互作用
UEV1B	At1g70660			*MMZ2*	与 *UBC35/37* 相互作用
UEV1C	At2g36060			*MMZ3*	与 *UBC35/38* 相互作用
UEV1D	At3g52560, At2g32790			*MMZ4*	与 *UBC35/39* 相互作用
ELC	At3g12400			*Vps23/ELC*	与 UBC 结构域低相似性
ELC-like	At5g13860			*ELC-like*	与酵母的 *Vps22/Smp22*、人的 *TSG101* 相似

注：* 表示活性分析，T 为泛素硫酯形成，U 为体外泛素化刺激；yes 代表有活性，no 代表无活性，nd 代表未检测

在 37 个拟南芥 E2 中，有 30 个已经进行了活性检测，其中 24 个表现出 E2 活性（表 12-2），表明它们与泛素间存在硫代酯连接，或者具有刺激体外 E3 依赖的泛素化活性。6 个未检测到活性的 E2 缺乏体外泛素化活性的原因尚不清楚。

12.3.3.3 泛素连接酶 E3

泛素级联反应的第三种酶类型是泛素连接酶 E3，可以促进泛素转移到底物蛋白。根据它们是否携带硫代酯化泛素，将它们分为 HECT 型和 RING 型（图 12-7）（Moon et al.，2004；Callis，2014）。HECT 型 E3 需要半胱氨酸残基才能发挥活性，这是硫代酯连接泛素的位置。因此，在这些 E3 中，泛素在转移到底物之前，通过酯化反应从 E2 传递到 E3。对于 RING 型和 U-box 型 E3，E2-泛素通过保守域与 E3 非共价作用，并作为 E2/E3 底物复合物的一部分参与泛素转移。

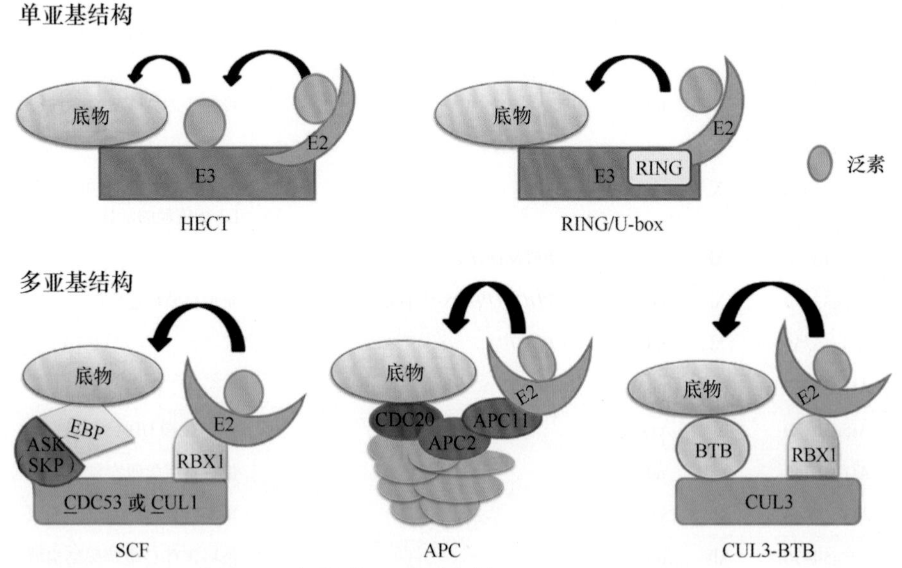

图 12-7 各类型 E3 的示意图（Moon et al.，2004）

1. HECT 型 E3

HECT（与 E6-AP 羧基端同源）型 E3 是根据这组蛋白质的第一个蛋白 E6-AP（E6 相关蛋白）中存在的具 350 个氨基酸的保守结构域命名的。拟南芥中有 7 个 HECT 蛋白，根据其氨基酸的同源性、其他结构域的存在及在植物界的保守情况分为 4 个（Downes et al.，2006）或 5 个（Marín，2013）亚类。在拟南芥中，含有 HECT 结构域的蛋白被称为泛素连接酶（UPL）。UPL1（At1g55860）和 UPL2（At1g70320）是在约 3700 个氨基酸中有 85% 相似的超大型蛋白质。利用体外泛素化检测发现，UPL1 的 HECT 结构域仅可被 E2 UBC8 激活；UBC1、UBC4 及 UBC7 等 E2 亚家族的代表在平行实验中并不活跃。

在体内有表征作用的 UPL 是 UPL3（At4g38600），也称为 KAKTUS（KAK）。KAK/UPL3 与两种 bHLH 转录因子的稳定性调控有关，这两种转录因子分别是 GLABROUS 3（GL3，At5g41315）、enchancer of glabrous 3（EGL3，At1g63650），它们对毛状体发育具有正向调控作用。与野生型对照相比，*upl3* 突变提取物和 *upl3* 缺失幼苗中，GL3 和 EGL3 的降解速度较慢。在酵母双杂交（Y2H）实验中，UPL3 的 N 端区域与 GL3 和 EGL3 的 C 端存在相互作用，表明 GL3 和 EGL3 是 UPL3 泛素化活性的直接底物（Patra et al.，2013）。在 Y2H 筛选中，UPL5（At4g12570）与 WRKY53（At4g23810）相互作用，WRKY53 是一种对叶片衰老起积极作用的转录因子。WRKY53 的过表达导致了叶片的早期衰老，在 *upl5* 功能缺失突变体中也观察到这种表型，而 UPL5 的过表达与 WRKY53 的表达减少有关。

2. RING 型 E3

RING 型 E3 共享 RING 结构域，RING 结构域是一个含 40 ～ 60 个氨基酸的区域，包含一个空间保守的半胱氨酸和组氨酸残基，它们结合两个锌原子。这些 RING 结构域在 Cys/His 残基间含有锌结合的“fingers”。生物信息学分析鉴定了 490 种拟南芥蛋白含有 RING 结构域（基于 TAIR10 注释），被认为是 E3。鉴于含 RING 结构域的蛋白质数量众多，在此重点介绍 RING 型 E3 调控的生物学功能。

E3 的 RING 结构域是与 E2 相互作用的主要区域。E2-Ub 与 RING 结构域结合后，E2-Ub 硫代酯键的反应活性进一步失稳，从而促进了氨基的攻击（Das et al.，2013）。因此，RING 结构域被认为是一种变构激活剂，在泛素转移之前削弱 E2-Ub 连接。基于对动物含 RING 结构域的蛋白质研究发现，RING 结构域外的其他残基影响其与 E2 的相互作用和活性，但尚未在任何拟南芥 RING 型 E3 中得到证实。目前根据 Cys 或 His 的存在与否、这些保守残基中是否存在取代或一些微小的间隔差异来鉴别 RING 结构域亚类（Stone et al.，2005）。

下面介绍由多亚基复合物组成的 RING 型 E3。例如，蛋白 RBX1a（RING BOX 1，At5g20570）存在于 cullin 依赖的 E3 连接酶（cullin-RING 连接酶 CRL）复合体中，其结构在动植物间高度保守。CRL 被认为是“复杂的”RING 型 E3，因为与 E2 相互作用、与底物结合由不同的亚基完成，并且通过一个细长的 cullin 型蛋白支架将亚基连接在一起。在拟南芥中，RBX1a（可能还有第二种蛋白 RBX1b，At3g42830）作为 E2 对接位点在 CRL 中发挥作用。由于无法分离到功能完全丧失的纯合子幼苗，RBX1a 被认为是一个必需蛋白质。RBX1a 的下调导致矮生植物营养水平低下，表明 CRL 在植物生长发育中起着核心作用（Gray et al.，2002）。此外，含有 RBX 蛋白的 CRL 在底物相互作用方面可能不同。同样，APC 复合物由约 10 个不同的核心蛋白（包括 APC11）和数量不等的调控蛋白组成，且含有 RING-H2 的蛋白 APC11（后期促进复合物，At3g05870）在必需的巨型 E3 复合物中发挥着类似 RBX1a 的功能。与动物和酵母一样，拟南芥 APC 复合物通过泛素化许多细胞周期调控蛋白来控制细胞分裂，已知底物包括 Cyclins、dsRNA 结合蛋白 DRB4（双链结合蛋白 4，At3g62800）。

3. U-box 型 E3

U-box 是一个由约 70 个氨基酸基序组成的 E2 对接位点。NMR 三维结构分析显示拟南芥 U-box 蛋白 PLANT U-box 14（PUB14，At3g54850）与 RING 结构域非常相似，但螯合 Zn^{2+} 的环状半胱氨酸和组氨酸残基被半胱氨酸、丝氨酸和谷氨酸侧链组成的氢键网络所取代，三级结构通过疏水作用和盐桥来稳定。目前，在序列相似性搜索中，利用酵母和动物的 U-box 基序在拟南芥中鉴定出 64 个 U-box 蛋白，数目远远超过酵母（1 个）和人类（6 个）。拟南芥的 U-box 蛋白被系统地命名为 PLANT U-box（PUB）蛋白，后面跟一个数字。唯一的例外是 carboxyl terminus of hsc70-interacting protein（CHIP，At3g07370）。

4. RBR 型 E3

拟南芥中有 42 个 RBR 蛋白，分为 4 个亚组（Marin and Ferrús，2002）。在 RING 蛋白亚群中发现了一种独特的泛素转移机制，具有这种机制的蛋白质成为独特的 E3 分支，即 RBR 蛋白。其 3 个富含 Cys/His 的区域具有特殊性，一个 N 端结构域与 RING 结构域非常相似，接着是一个 Cys/His 区域（IBR，in-between RING）和另一个不太保守的类 RING 结构域，因此命名为 RBR（Ring-Between-RING）。后一个类 RING 结构域在 RBR 蛋白中结构是可变的，它与一个或两个锌原子结合，并且具 RBR 蛋白产生活性所需的非连接半胱氨酸残基。Spratt 等（2014）建议将 RBR 分为 3 个保守区域，以更准确地反映各区域的功能和这些蛋白质独特的催化活性。

RBR 型 E3 结合了 RING 和 HECT 型 E3 的性质。与 E2-Ub 的非共价相互作用发生在第一个 RING 结构域，就像 RING/U-box 蛋白一样，但随后“活化”的泛素转移到第二个 RING 结构域保守的 Cys 残基，就像 HECT 型 E3，活化的泛素最终从这个硫醇中间体转移到底物，类似于 HECT 型 E3 的机制。换言之，与所有其他 RING 和 U-box 型 E3 相比，E2-Ub 结合到 RBR 型 E3 的第一个 RING 结构域上时不是被一个 ε-NH_2 攻击，而是与 E3 蛋白中的一个半胱氨酸发生类似 HECT 型 E3 的转硫酯作用。E2 和 RBR 型 E3 进行转硫酯反应所需的残基还有待阐明（Spratt et al.，2014）。

12.3.4 泛素化信号的识别传递——泛素结合蛋白

泛素信号形成后，需要通过泛素识别蛋白（Ub receptor）传递信号，从而发挥相应的生物学功能（Dikic et al.，2009）。这些蛋白质主要是通过其泛素结合结构域（ubiquitin-binding domain，UBD）来识别泛素信号的。其中，细胞内含有多种类型的泛素结合结构域，如 UBA、UIM、ZNF 等 20 多种（Husnjak and Dikic，2012）。

特定 UBD 具有特异性的泛素链偏好性，不同 UBD 对不同类型泛素链的亲和力有差别（Licchesi et al.，2012）。大部分的 UBD 主要与泛素上的 Ile44 结构域结合，促进信号的传递。例如，Rad23 蛋白含有 UBA 结构域，帮助其与底物蛋白上的 K48 链结合，然后进入 26S 蛋白酶体进行降解。另外，RAP80 蛋白含有的 UIM 结构域能够特异性结合 K63 链，参与 DNA 修复过程（Sims and Cohen，2009；Sims et al.，2009）。

除此之外，UBD 能够通过高效亲和作用结合泛素链，从而抑制去泛素化酶识别泛素链，最终阻滞底物上泛素链的移除（Hjerpe et al.，2009），如图 12-8 所示。因此，泛素结合结构域可以开发成亲和纯化泛素化蛋白的介质。

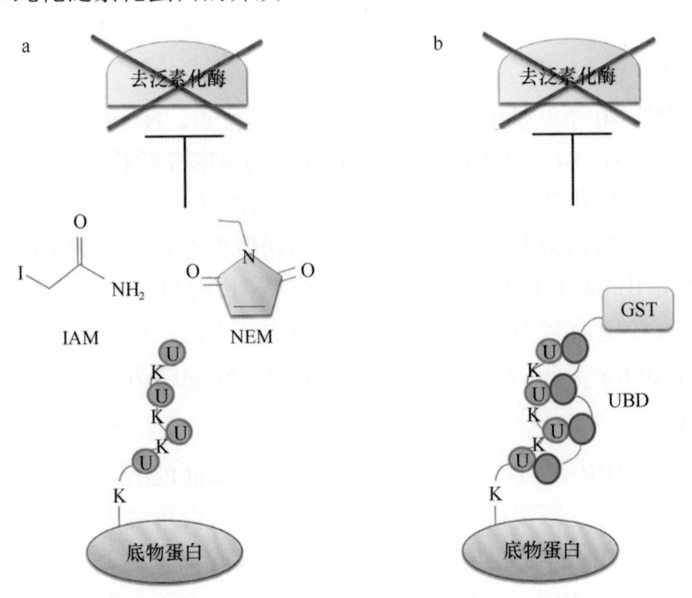

图 12-8 UBD 保护泛素链不被去泛素化酶移除的示意图（Hjerpe et al.，2009）

IAM：碘乙酰胺；NEM：*N*-乙基马来酰亚胺；GST：谷胱甘肽巯基转移酶

12.3.5　泛素化信号的功能执行者——26S 蛋白酶体

大多数泛素化蛋白，特别是那些由 Lys48 连接的多聚泛素链修饰的泛素化蛋白，为 26S 蛋白酶体的底物，26S 蛋白酶体是一种分子质量高达 2.5MDa 且发挥活性依赖 ATP 的蛋白酶复合物，存在于细胞质和细胞核中（图 12-9）。在植物中，就像在其他真核生物中一样，这个精致的垃圾处理系统包含一个中心核粒子（CP），它将蛋白酶活性位点储存在一个内部的空腔中。该腔室的开口足够窄，仅那些慎重解折叠和能穿过其中的底物可以进入空腔进行降解。

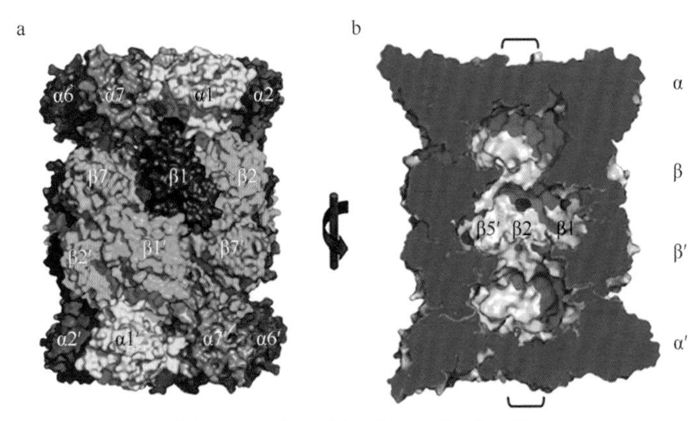

图 12-9　蛋白酶体催化结构示意图

附在 CP 一端或两端的是一个调控粒子（RP），参与泛素偶联识别、泛素再循环、靶点解折叠、将靶点转运到 CP 腔中，并可能参与释放分解产物等多种活动。更具体地说，一个 6 个 AAA^+ 型 ATP 酶（RPTs1-6）亚基组成的 RP 覆盖在 CP 的开口处，可能有助于靶蛋白的解折叠，RP 的非 ATP 酶亚基（RPN）1、10 和 13 是泛素受体，RPN11 是一个去泛素化酶（DUB），帮助释放结合的泛素。其他 RP 亚基的功能在很大程度上仍然未知。虽然大多数 RP 亚基在植物中是必不可少的，但对拟南芥中几种 RP 亚基的弱突变等位基因分析表明，一些 RP 亚基的功能具有底物特异性。例如，RPN10 和 RPN12a 分别影响 ABA 和细胞分裂素信号；RPN1 和 RPN5 是胚胎发生所必需的；RPT2a 参与根的发育。在各种真核生物中，单个 26S 蛋白酶体亚基通过乙酰化、磷酸化、添加 *N*-乙酰氨基葡萄糖及可能的泛素化修饰使 26S 蛋白酶体在结构和功能层面发生变化。

许多辅助蛋白也在亚化学计量水平上与 26S 蛋白酶体相关。在酵母中，这些辅助蛋白包括穿梭蛋白，如辐射敏感 23（Rad23）蛋白、Kar2 的显性抑制因子（Dsk2）、DNA 损伤诱导 1（Ddi1）蛋白，它们有助于传递泛素化底物、HSP70 伴侣、蛋白酶体组装因子及几个 DUB 和 E3。编码这些辅因子的基因可以在拟南芥中找到，一些相应的蛋白质也可以与植物 26S 蛋白酶体共同纯化。与动物一样，植物也可能组装几种具有不同亚型的蛋白酶体类型。

12.3.6　泛素化信号的修剪——去泛素化酶

去泛素化酶负责泛素化信号的移除与修剪等过程（图 12-10）。按照催化核心结构域，去泛素化酶主要包含 6 种类型：泛素特异性蛋白酶（USP）、泛素羧基端蛋白酶（UCH）、卵巢肿瘤相关蛋白酶（OTU）、Machado-Joseph 疾病蛋白酶（MJD）、MPN^+/JAMM 蛋白酶（JAMM）及最新发现的 MINDY 蛋白酶，其中前 4 种和第 6 种属于半胱氨酸蛋白酶，JAMM

为金属类蛋白酶，其催化结构如图 12-11 所示。目前，在植物细胞中仅有前 5 种类型去泛素化酶有报道。一些 DUB 也表现出对其他泛素样蛋白的水解活性，如 Nedd8/RUB、相素、ISG15/UCRP，表明泛素化和泛素样修饰周围存在复杂但相似的调控机制。

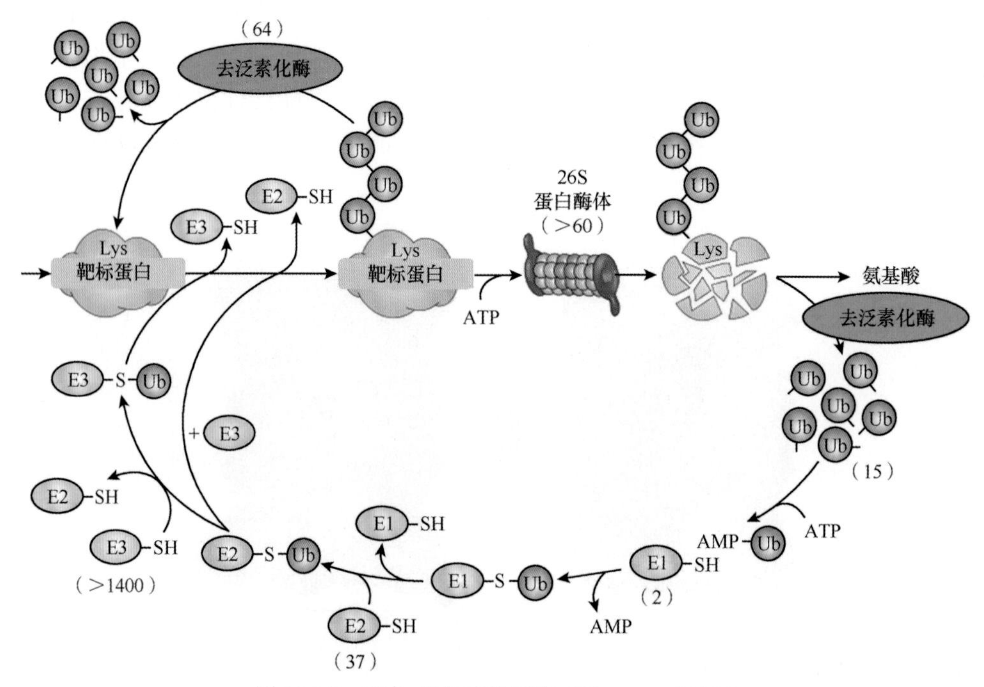

图 12-10 泛素-蛋白酶体通路（Vierstra，2009）

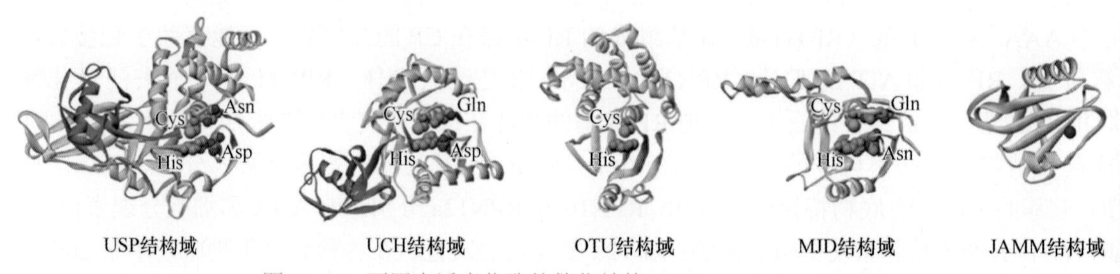

图 12-11 不同去泛素化酶的催化结构（Nijman et al.，2005）

拟南芥的基因组和生化研究指出，在植物中存在许多 DUB，但只有少数被鉴定出来（Yan et al.，2000）。值得注意的是，虽然拟南芥基因组编码超过 1500 个 E3，但只有大约 50 个去泛素化酶。首先，在拟南芥中泛素可以结合为串联线性泛素重复或融合核糖体蛋白，它们必须被 DUB 处理为单一泛素分子以偶联到底物上（图 12-12a）。其次，去泛素化酶负责将泛素分子从底物上移除以实现底物经蛋白酶体降解时回收泛素分子（图 12-12b）。这样，DUB 有助于维持细胞内的自由泛素池。再次，DUB 可以通过影响蛋白质的稳定性积极调节细胞过程，在蛋白质被降解机制识别之前使它们去泛素化以营救蛋白质（图 12-12c）。最后，通过消除靶蛋白的泛素分子，DUB 可能影响靶蛋白与其相互作用蛋白质的亲和力，从而调节下游过程（图 12-12d）（Isono and Nagel，2014）。

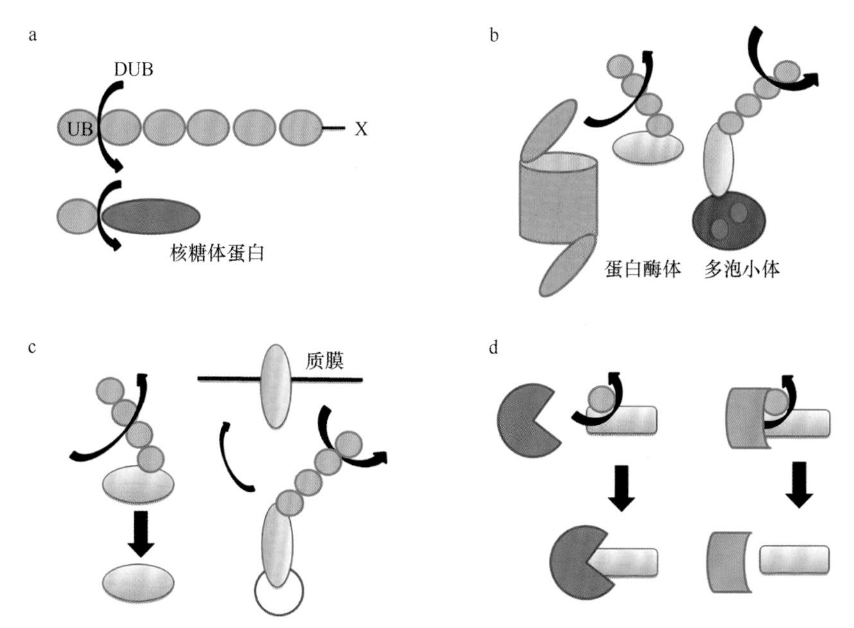

图 12-12　去泛素化酶参与泛素化修饰的过程（Isono and Nagel，2014）

多项研究表明，DUB 不仅在酵母和哺乳动物中发挥着重要的作用，而且在植物生物学的各个方面都发挥着重要的作用。然而，与泛素化机制调控靶蛋白相比，对 DUB 调控植物细胞和生理功能的分子机制的认识才刚刚开始。

12.3.6.1　泛素特异性蛋白酶

最大的半胱氨酸蛋白酶 DUB 亚类 UBP 在拟南芥中有 27 个成员，它们基于结构域组装类型，进一步分为 14 个亚类（图 12-13）。大多数 UBP 除共有的催化域外还有额外的结构域，使它们能够与不同的蛋白质相互作用，允许 UBP 参与广泛的生物学过程（Ling et al.，2000）。然而，到目前为止，UBP 的分子功能在植物中还远未得到很好的解析，UBP26 是这个家族中唯一已鉴定出靶蛋白的成员，其靶蛋白为组蛋白 H2B（Sridhar et al.，2007）。

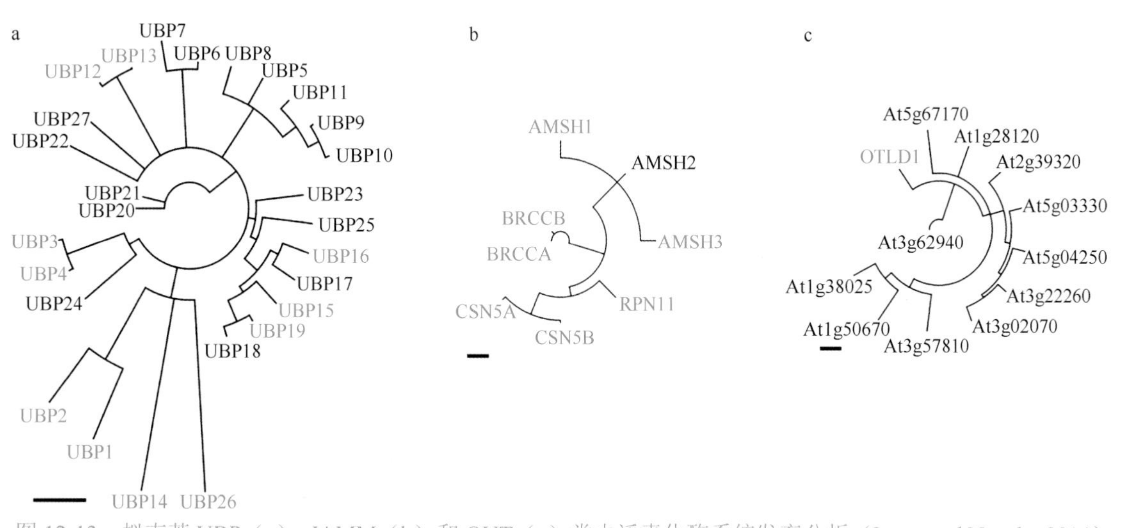

图 12-13　拟南芥 UBP（a）、JAMM（b）和 OUT（c）类去泛素化酶系统发育分析（Isono and Nagel，2014）

UBP1 和 UBP2 是植物内同源的 DUB（Yan et al.，2000）。它们都具有在体外水解 K48 泛素链的活性。T-DNA 插入突变体 *ubp1* 和 *ubp2* 的表型与野生型植物在正常条件下或常用的测试蛋白酶体突变的标准应激条件下难以区分。然而，当突变体在 Arg 类似物刀豆氨酸存在条件下生长时，其生长发育迟缓，根较短，叶片黄化，表明 UBP1 和 UBP2 对于植物的刀豆氨酸抗性是必要的。UBP3 和 UBP4 是高度同源的。*ubp3* 和 *ubp4* 单突变体的表型变化不明显，而 *ubp3/ubp*4 双重突变具有致死性，说明 UBP3 和 UBP4 之间存在相似功能（Doelling et al.，2001）。UBP3 和 UBP4 可能是花粉传播所必需的，因为 *ubp3/ubp4* 双重突变在配子发生上存在缺陷，同时表现出花粉萌发缺陷；UBP12 和 UBP13 显示了 K48 连接的二聚泛素的活性。

拟南芥 UBP14 是酵母 Ubp14p 的功能性同系物，能切割 K48 泛素链和 Ub-X-β-gal，但不能切割 UBQ1。*ubp14* 突变体在胚胎发育过程中出现生长抑制，生长阻滞的胚胎积累了大量泛素化蛋白，表明 UBP14 是胚胎发生所必需的。有趣的是，*UBP14* 还被鉴定为 EMS 突变体缺磷诱导的根毛缺陷 1（*per1*）基因，该突变体在缺磷诱导的根毛形成过程中存在缺陷（Li et al.，2010）。*per1* 突变体表现为 UBP14/ PER1 蛋白水平降低，且未能通过增加根毛的数目和长度来应对磷饥饿，表明 UBP14/PER1 在适应环境中磷酸盐 / 营养有效性变化方面发挥了作用。

12.3.6.2 泛素羧基端蛋白酶

该家族的去泛素化酶含有一个 UCH 结构域，首先在酵母 Uch1p 中发现，该结构域具有不同于其他 DUB 的结构特征。基于人类 UCH 蛋白的突变研究揭示了一种规模筛选机制，使得 UCH 结构域水解小泛素加合物的效率高于水解泛素链或大泛素融合蛋白。由于这种特异性，尽管一些哺乳动物研究也表明 UCH 类 DUB 具有调控作用，但 UCH 类 DUB 被认为主要参与泛素回收，而不是通过去泛素化调控底物蛋白。在拟南芥中，鉴定并表征了 3 个含有 UCH 结构域的蛋白质（Yang et al.，2007）。拟南芥 UCH1 和 UCH2 包含一个具 100 个氨基酸的 C 端延伸，而 UCH3 没有。UCH2 在体外能够裂解泛素周围的肽和 / 或异肽键，并对 K48 链具有活性。UCH1 和 UCH2 广泛表达，UCH1 和 UCH2 形成的 GFP 融合蛋白像 26S 蛋白酶体一样定位于细胞核，但不能与蛋白酶体稳定结合。UCH1 过表达植株和 *uch1/uch2* 双突变体均表现出多种发育表型，包括对生长素和细胞分裂素的敏感性改变。此外，生长素信号突变体 *axr1-3* 和 *axr2* 与 UCH1 过表达株均表现出协同作用，由此发现，在 UCH1 过表达植株和 *uch1-1/uch2-1* 双突变体中，AUX/IAA 蛋白的稳定性被特异性调控，表明 UCH 结构域参与了生长素信号通路。

12.3.6.3 JAMM 蛋白酶

含 JAMM 结构域的去泛素化酶称为锌金属蛋白酶，它包含一个具有催化作用的 MPN^+ 结构域。MPN^+ 结构域协调 2 个锌离子，激活水分子攻击泛素异肽键。该家族成员之一的人 AMSH 样蛋白酶（AMSH-LP）是第一个与二聚泛素共结晶的 DUB，结构研究提供了关于该 DUB 蛋白分解 K63 泛素链特异性的信息。拟南芥中存在 8 个含 JAMM 结构域的蛋白质（图 12-13B），其中大多数与关键的调控过程有关。CSN5 是由拟南芥的两个同源基因 *CSN5A* 和 *CSN5B* 编码的 JAMM 结构域蛋白酶，是 COP9 信号小体的催化亚基，特异性水解泛素样分子 Nedd8/RUB，而不是泛素（Cope et al.，2002）。

RPN11 首先被鉴定为酵母中 26S 蛋白酶体的亚基，随后被证明具有去泛素化酶活性。拟南芥有一个 RPN11 同源蛋白，它同样是拟南芥 26S 蛋白酶体的一部分（Book et al.，2010）。在泛素分子降解和循环之前，RPN11 的功能是蛋白酶体使底物去泛素化所必需的。与 RPN11 和 CSN5 相比，AMSH3 不是一个稳定的蛋白复合体亚基。在拟南芥中，它是一个必需的 DUB，因为 *amsh3* 缺失突变体表现出幼苗致命性和许多细胞内转运缺陷，暗示了它在这一途径中的功能。AMSH1（AMSH3 同源物）和 AMSH3 都与 ESCRT-Ⅲ亚基相互作用，可能参与了多泡体质膜货物的去泛素化。此外，*amsh1* 和 *ESCRT-Ⅲ*突变体均表现出自噬降解缺陷，说明依赖 ESCRT-Ⅲ和 AMSH 的转运通路也参与了自噬的调控（Katsiarimpa et al.，2013）。

12.3.6.4 卵巢肿瘤相关蛋白酶

卵巢肿瘤相关蛋白酶是含有 OTU 结构域的半胱氨酸蛋白酶，最早在果蝇卵巢肿瘤基因的产物中发现，见于病毒、细菌和真核生物中。利用体外去泛素化反应系统分析揭示了人 OTU 类 DUB 与泛素链的特异性关系（Mevissen et al.，2013）。拟南芥包含 12 个含有 OUT 结构域的蛋白质（图 12-13c），其中大部分尚未被鉴定。在酵母和哺乳动物中，OTU 类蛋白参与多种细胞过程，但在植物中，迄今只有一种 OTLD1 蛋白与特定的生物学过程有关。OTLD1 被证明与组蛋白结合，并对泛素化的 H2B 具有特异性的去泛素化酶活性，但对 H2A 没有。在 KDM1C 突变体 *swp1-1* 和 *otld1* T-DNA 插入突变体中均观察到基因表达抑制被抵消，表明 KDM1C 和 OTLD1 共同通过组蛋白去泛素化抑制基因表达。

12.3.6.5 Machado-Joseph disease 疾病相关蛋白酶

MJD 类 DUB 是以慢性退行性 Machado-Joseph 病命名的。在 MJD 患者中，半胱氨酸蛋白酶 Ataxin 3 的 poly Q 被修饰，可能导致其结构的改变及其与其他蛋白质的相互作用改变（Costa and Paulson，2012）。Ataxin 3 含有 DUB 催化结构域、Joseph 结构域，参与蛋白酶体依赖的蛋白质质量控制。在拟南芥基因组数据库的 In silico 搜索中显示出 3 种包含 Joseph 结构域的蛋白质（AT1G07300、AT2G29640 和 AT3G54130），其功能尚未阐明。

尽管许多证据表明，不仅泛素化酶，DUB 也能主动调控底物的命运，但对植物中单个 DUB 的分子功能进行阐明才刚刚开始。DUB 不仅仅通过决定底物蛋白的水解命运来调节其底物。在植物中发现，组蛋白 H2A 或组蛋白 H2B 泛素化状态受多个 DUB 控制。组蛋白的泛素化状态影响其甲基化状态，从而控制相应染色质区域的基因表达。

就像这些事例中显示的那样，除了了解 DUB 自身的时空调节关系，鉴定 DUB 的底物对于阐明单个 DUB 的功能尤为重要。由于结构研究显示大部分的研究事例中 DUB 与泛素链而不是它们的靶蛋白的相互作用是去泛素化发生的先决条件，因此鉴定 DUB 的真实底物不是一个简单的工作。随着定量蛋白质组学结合突变及生化技术的进步，我们将能更好地了解植物中 DUB 的靶点。进一步的探究需要揭示泛素化与去泛素化的平衡机制，用于调节底物的命运和植物中重要的生理过程。

12.4 蛋白质泛素化修饰在植物中的生物学功能

以拟南芥为例，其基因组中约 1600 个基因（约占总基因组的 6%）参与泛素-26S 蛋白酶体系统及其相关功能的调控。异常蛋白质和许多生物学过程的调节蛋白，都是泛素-蛋白酶体系统（UPS）降解的靶点。它可维持细胞对细胞水平的信号和改变的环境条件保持反应。

UPS控制细胞中许多蛋白质的降解，影响一系列细胞过程，如信号转导、细胞分裂、免疫反应等。它控制细胞的蛋白质含量，包括必要的酶，如激酶、磷酸酶、参与信号和细胞调控通路的植物激素。泛素-蛋白酶体系统主要通过调控包括非生物胁迫、免疫和激素信号等在内的多种途径的关键成分，在植物生物学中发挥重要的作用。

12.4.1 泛素化修饰与非生物胁迫

植物具有特殊的生长能力，能够适应干旱、盐分、辐射、重金属和营养缺乏等环境胁迫条件。细胞中存在蛋白质组控制应激机制。泛素-蛋白酶体系统（UPS）在通过降解改变细胞中蛋白质负荷方面起着重要作用。蛋白质的降解影响许多细胞活动，包括基因表达和信号转导。在环境胁迫条件下，植物细胞中存在复杂的转导机制。在文献报道的大量案例中，UPS直接或间接地参与调节应激反应。

在细胞水平上，UPS是整个调控网络的一个重要组成部分，它小心地控制着重要酶及其结构，并调控蛋白质的丰度。植物利用UPS调节细胞蛋白质含量的变化，以适应不断变化的环境。在模式植物拟南芥中，编码UPS相关蛋白的基因大多数编码泛素连接酶（E3），其是泛素化途径的核心组成部分。近年来，E3已经成为植物对干旱、寒冷、盐分、热量、辐射和养分缺乏等非生物胁迫响应的调节剂。重要的是，单一E3的作用可以调节植物对多种非生物胁迫的反应。研究发现，多种泛素连接酶参与调节应激激素信号通路，进一步说明了UPS的意义（Smalle and Vierstra，2004）。

12.4.1.1 在非生物胁迫中UPS的蛋白质水解功能

植物在盐分、辐射、重金属、营养缺乏、寒冷和干旱等非生物胁迫下存活的能力，在很大程度上依赖蛋白质组的可塑性。UPS在使植物通过改变其蛋白质组以有效和高效地感知与响应环境压力方面起着至关重要的作用。UPS如何促进植物对特定压力的反应取决于底物蛋白的性质。例如，阳性调节因子的泛素依赖降解可能会抑制反应通路，直到感知到应激刺激（图12-14）。在这种情况下，底物泛素化将停止，允许受调控的蛋白质积累以促进细胞变化，使植物适应外部条件，参与调控蛋白质修饰的泛素连接酶将作为负调节因子（Chen and Sun，2009）。另外，泛素连接酶以负调节因子为靶点，针对刺激使靶蛋白进行降解，从而激活感知压力所需的信号通路（Stone，2014）。在这种情况下，阳性调节因子的泛素依赖降解发生在感知应激刺激之后（图12-14），维持一定的信号强度，终止信号转导，一旦环境条件改善，植物就能恢复正常生长发育。

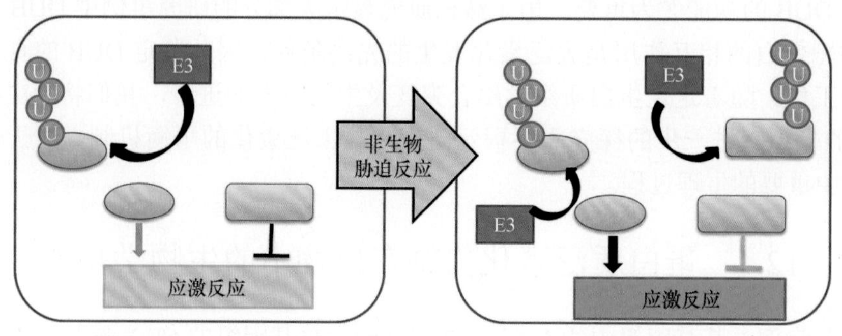

图12-14　连接酶在非生物胁迫应答中的功能（Stone，2014）

泛素化途径对植物非生物胁迫耐受的重要性的第一个表现是在高温胁迫下植物泛素基因

表达上调。事实上，泛素的过表达可以提高植物对盐和干旱条件的耐受性。自这一现象发现以来，一些泛素化酶应激相关的作用逐渐被证明。许多 E2 编码基因是由应激诱导的。大豆 *GmUBC2*、花生 *AhUBC2* 和拟南芥 *AtUBC32* 在干旱和 / 或盐胁迫下表达上调（Chung et al.，2013）。

植物对不利环境条件的反应是一个复杂而协调的过程，包括信号网络的激活和数百个基因表达的变化。通过调节转录因子的丰度，UPS 可能减轻环境压力潜在负面影响所引起的基因表达变化。E3 连接酶可能通过促进转录因子在非胁迫条件下降解而抑制其转录活性。例如，通过 RING 型 E3 泛素连接酶 DREB2A 相互作用蛋白 DRIP1 和 DRIP2 调控脱水反应元件结合蛋白 DREB2A。DREB2A 是一种转录因子，调控许多干旱和盐胁迫诱导基因的表达。经过 UPS 的调控，DREB2A 只在经过蛋白酶体抑制剂处理的转基因植物中积累。在体外泛素化检测中，DRIP1 和 DRIP2 能够将泛素分子连接到 DREB2A 上。此外，DREB2A 在 *drip1/drip2* 突变植物中是稳定的，且通过转录因子的过表达进一步增强了双突变体的耐旱性。这说明 DREB2A 在非胁迫条件下是不稳定的，DRIP1、DRIP2 以转录因子为降解靶点。当暴露于热、干旱等非生物胁迫下，DREB2A 趋于稳定，转录因子水平在胁迫期间保持升高（Qin et al.，2008；Morimoto et al.，2013）。

此外，多项研究证实 F-box 蛋白、耐旱抑制因子（DOR）、乙烯反应因子（ERF53）、SaSce9（互花米草相素偶联酶 9）、R2R3 MYB 转录因子、葡萄孢属易感蛋白 1（BOS1）、9-顺式环氧胡萝卜素类双加氧酶 3（NCED3）等蛋白质降解均受 ABA 胁迫调控。所有这些研究都表明 UPS 在非生物应激条件下起着至关重要的作用。泛素介导的蛋白质降解过程是一个复杂而协调的网络，这些蛋白质通过激素信号转导参与应激反应。同样，有特定的机制来识别特定的信号，以对抗植物的压力反应，防止蛋白酶体降解细胞蛋白质。

UPS 参与调节非生物胁迫反应的强度超出了其对转录因子的水解。拟南芥 Toxicos EN Levadura（ATL）6 和 ATL31 RING 型 E3 控制幼苗对碳氮比（C/N）胁迫产生反应所需的 14-3-3 蛋白的丰度（Sato et al.，2011；Maekawa et al.，2012）。碳和氮的比例受到严格控制，其有效性变化影响早期幼苗的形成，导致发芽后生长停滞。过表达 14-3-3 蛋白导致植物对 C/N 压力的高敏感性。泛素依赖的蛋白质降解也能减弱应激信号。RING 型 E3 泛素连接酶高表达渗透应答基因 1（HOS1）介导一种调节冷应答基因表达的 MYC 转录因子、CBF 表达诱导因子 1（ICE1）的降解。HOS1 能够在体内外催化 ICE1 泛素化（Dong et al.，2006），与介导 ICE1 降解的作用一致，过表达 HOS1 导致冷应答基因的表达减少，并增加了植物对冷冻条件的敏感性。

12.4.1.2　在非生物胁迫中泛素的非蛋白质水解功能

虽然在响应非生物胁迫时泛素依赖的蛋白质降解需求已经确定，但其他类型的泛素化修饰是否参与还不清楚。值得关注的是非蛋白质水解功能的修饰，如单泛素化修饰和 K63 多聚泛素化修饰。水稻 RING 型 E3 泛素连接酶（水稻热冷诱导 1，OsHCI1）参与热胁迫耐受。OsHCI1 能够将一个泛素分子连接到许多相互作用的蛋白质上，包括一种碱性 / 螺旋-环-螺旋（bHLH）转录因子 OsbHLH065。高尔基体定位的 OsHCI1 与 OsbHLH065 共表达时，可观察到热休克刺激时高尔基体定位的 OsHCI1 移位至细胞核，核定位的 OsbHLH065 转位到细胞质。OsbHLH065 在非生物应激反应中的作用尚未见报道。然而，据推测 OsHCI1 介导核蛋白，如 OsbHLH065 重新定位，参与热胁迫耐受。硼转运体 BOR1 的单泛素化修饰在高浓度硼存在下发生。硼是植物生长发育所必需的营养物质。缺硼影响产量，高浓度又对植物有毒害作用。植物利用 BOR1 在限硼条件下吸收硼，其过表达增强了植物对硼胁迫的耐受性。硼诱导的 BOR1 单泛素化对膜泡分选和转运体降解至关重要（Kasai et al.，2011）。RGLG2 与 E2 酶 AtUBC35（也称 AtUBC13）相互作用，两种酶都能促进 K63 多聚泛素链的形成。K63 多聚泛素链具有非蛋白质水解功能，如内吞作用和活化蛋白质。然而，K63 链多聚泛素化也可以作为蛋白酶体降解的信号。如上所述，RGLG2 在非生物应激反应中的作用包括促进转录因子 ERF53 进行蛋白酶体降解。虽然这样的例子很少，但是泛素化修饰系统的广泛性表明，不同类型的泛素化可能调节植物对非生物胁迫的反应。

12.4.2 泛素化修饰与植物免疫

在过去的几十年研究中已经发现了大量与 UPS 相关的调节植物免疫反应的成分。这些成分似乎参与了植物免疫的各个方面，从病原体识别到 PTI 和 ETI 反应的下游信号传递。更特别的是，尽管在大多数情况下它们的靶点仍然未知，但许多 E3 泛素连接酶已经被鉴定为植物免疫调节蛋白（表 12-3）。植物对病原体的反应依赖植物对微生物的感知和下游信号转导事件的快速有效协调。病原体入侵的检测始于对病原体相关分子模式（PAMP）的保守微生物分子的识别，主要通过植物膜细胞外受体识别，从而导致病原体相关分子模式触发免疫（PTI）。利用Ⅲ型分泌系统，致病菌能够直接将Ⅲ型效应器（T3E）注入宿主细胞内，从而克服 PTI，促进自身生长。植物抗性蛋白（R）对 T3E 的识别导致效应器触发免疫（ETI），这是一种更有效的抗性形式，通常与病原体渗透部位的超敏细胞死亡（HR）有关。此外，HR 通常会触发系统获得性抗性（SAR），这是一种诱导形式的植物防御，通过动员水杨酸（SA）介导的防御来传播抗性，并对继发性感染产生广谱免疫。植物激素是影响植物抗性水平的重要因子。事实上，激素水平和激素相互影响的显著变化发生在与微生物相互作用的植物细胞中，对生物应激信号的有效整合至关重要（Pieterse et al.，2009）。

表 12-3 植物 E3 泛素连接酶及其在植物免疫方面的调节功能（Marino et al.，2012）

泛素链接酶 E3	靶蛋白	物种 [a]	植物免疫中的功能注释 [b]
U-box			
MAC3A, 3B		At	PTI 和 ETI 对强、弱假单胞菌的阳性调节
PUB12, 13	FLS2	At	PTI 对强、无毒假单胞菌的负调控作用
PUB22, 23, 24		At	PTI 对强毒假单胞菌和 Ha 的负调控作用
PUB17		At	ETI 对假单胞菌的正调控作用
ACRE74/CMPG1		Nt/SI	ETI 对 Cf 的正向调节
ACRE276		Nt/SI	ETI 对 Cf 的正向调节
SPL11/PUB13		Os/At	植物细胞死亡负调控因子
RING			
ATL2		At/SI	过度表达导致防御相关基因的表达
ATL9		At	PT 对 Gc 的正调控作用
BAH1/NLA		At	假单胞菌感染相关 SA 积累与防御的负调控因子
BOI1	BOS1	At	Bc 对细胞死亡的负调控作用
HUB1	MED21, H2B	At	Bc 和 Ab 防御反应的正调节因子

续表

泛素链接酶 E3	靶蛋白	物种[a]	植物免疫中的功能注释[b]
RIN2/RIN3	RPM1	At	RPM1 介导植物防御的正调控因子
RING1		At	伏马菌素 B1 诱导细胞死亡的阳性调节因子
RFP1	CABPR1	Ca	强、无毒黄单胞杆菌诱导细胞死亡的正调控作用
RING1		Ca	At 的过表达增强了对强毒假单胞菌菌株的耐药性
BBI1		Os	细胞壁防御反应的正调控因子
RHC1		Os	At 的过表达增强了对强毒假单胞菌菌株的耐药性
XB3	XA21	Os	PTI 对黄单胞菌的正调控作用
F-box			
CPR1/CPR30	SNC1, RPS2	At	ET 对强、无毒假单胞菌的负调控作用
SON1		At	ET 对 Cf、TMV 和假单胞菌的阳性调节
ACIF1/ACRE189		Nb (SI, Nt)	ET 对 Cf、TMV 和假单胞菌的阳性调节
DRF1		Os	Nt 的过表达增强了对 TMV 和假单胞菌感染的抵抗力

注：a. At，拟南芥；Os，水稻；SI，番茄；Ca，辣椒；Nb，烟草；Nt，马铃薯。b. Cf，番茄叶霉菌；Bc，灰霉菌；Ab，甘蓝链格孢菌；Gc，白粉病菌；Ha，活体营养型卵菌；TMV，烟草花叶病毒

在这里，我们讨论了不同 UPS 相关成分在植物免疫反应调控中的作用，特别关注已经得到良好表征的 E3 泛素连接酶家族。引人注目的是，通过 UPS 完成靶蛋白周转是大多数激素信号通路的共同特征。最后，我们回顾了目前关于利用植物寄生蛋白对宿主 UPS 产生影响的知识。

12.4.2.1 泛素和蛋白酶体成分

直接破坏泛素基因，可能对植物性能产生严重影响，最终导致植物死亡。为了解决这个问题，一些研究使用了泛素变异或短暂沉默策略。将泛素的 48 位赖氨酸突变为精氨酸导入植物体内可导致降解信号无法生成，从而导致待降解蛋白质无法降解。烟草花叶病毒（TMV）感染后，48 位突变泛素在烟草（烟粉虱）植株的表达诱导了植物坏死损伤的发生，改变了植物对花叶病毒（TMV）的应答；而在拟南芥中，48 位突变泛素的表达可导致细胞程序性死亡、活性氧（ROS）的产生及防御相关基因的组成型表达。然而，表达 48 位突变泛素的拟南芥植株对剧毒或无毒丁香假单胞菌菌株的抗性没有表现出改变。大麦表皮细胞泛素编码基因的瞬时沉默引发泛素水平的不足，导致其对白粉病真菌 *Blumeria graminis* f. sp. *hordei* 的易感性增加。此外，补充研究表明 K48 连接的多聚泛素化在防御信号转导中发挥作用（Dong et al.，2006）。

蛋白酶体亚单位在调节植物对微生物的反应中发挥了重要作用。在烟草中，用诱导剂 cryptogein 处理后，编码 20S 蛋白酶体亚基（α3、α6、β1）的 3 个基因表达。过表达 β1 亚基的烟草细胞株在 cryptogein 处理后，NtRbohD（NADPH 氧化酶）基因表达及与其相关的活性氧爆发显著减少，表明 β1 亚基是植物应对 cryptogein 早期反应的负调控因子。此外，进行拟南芥蛋白酶体 β1 亚基的 RNA 干扰（RNAi）能改变植物对病原菌的细胞死亡应答。蛋白酶体亚单位调控的细胞死亡与中央液泡和质膜的融合有关，使细菌在细胞外增殖的地方向细胞外释放液泡抗菌蛋白。有趣的是，植物的这种应答在植物感染了无毒性的细菌时出现，表明这种类型的细胞死亡与 *R* 基因介导的耐药性有关。在这种情况下，蛋白酶体亚单位介导的蛋白质降解似乎是细胞死亡所必需的，而不是防御信号，因为细胞死亡并不伴随着 ROS 的产生或

防御相关基因表达的改变（Hatsugai et al.，2009）。总之，蛋白酶体依赖的防御似乎参与了植物对病毒的防御反应和与 *R* 基因相关的植物对病原菌的抵抗，但不参与宿主对病原真菌的基础防御，表明蛋白酶体可能参与调节易感性而不是基础防御。

12.4.2.2 微生物效应因子干扰宿主 UPS

1. 细菌 E3 泛素连接酶

细菌效应因子是所有植物病原体中研究最多的毒力决定因子。细菌不含 UPS 相关酶，但是一些细菌 T3E 或Ⅳ型效应因子已被确定直接作用于泛素连接酶或促进泛素连接。它们要么起源于祖先的横向转移（F-box 蛋白 VirF 或 GALA），要么通过聚合进化出现序列差异，但是功能保守的类泛素连接酶（AvrPtoB，可能还有 IpaH 同源酶）。植物 F-box 蛋白与 E3 的功能同源性已在农杆菌（VirF）和青枯雷尔氏菌（GALA）中得到了表征，并可在黄单胞菌（*Xanthomonas* sp.）和丁香假单胞菌（*Pseudomonas syringae*）的基因组中找到其编码基因。虽然其对病毒的致病性不是完全必需的，但研究证明，它既能与根癌农杆菌（*Agrobacterium tumefaciens*）VirE2 相互作用，也能与植物 VIP1 蛋白相互作用。VIP1 的稳定性被 VirF 以 SKP1 样蛋白依赖的方式破坏，表明 VirF 参与了 SCF 复合物组装（图 12-15）。尽管缺乏直接证据，但 VIP1 不稳定进一步破坏了 VirE2 的稳定性，当 T-DNA 被导入细胞核时，VIP1 会将其外壳剥去。由于 VIP1 既与核小体结合，又与 VirE2 包被的 T-DNA 结合，看来 VirF 应该在

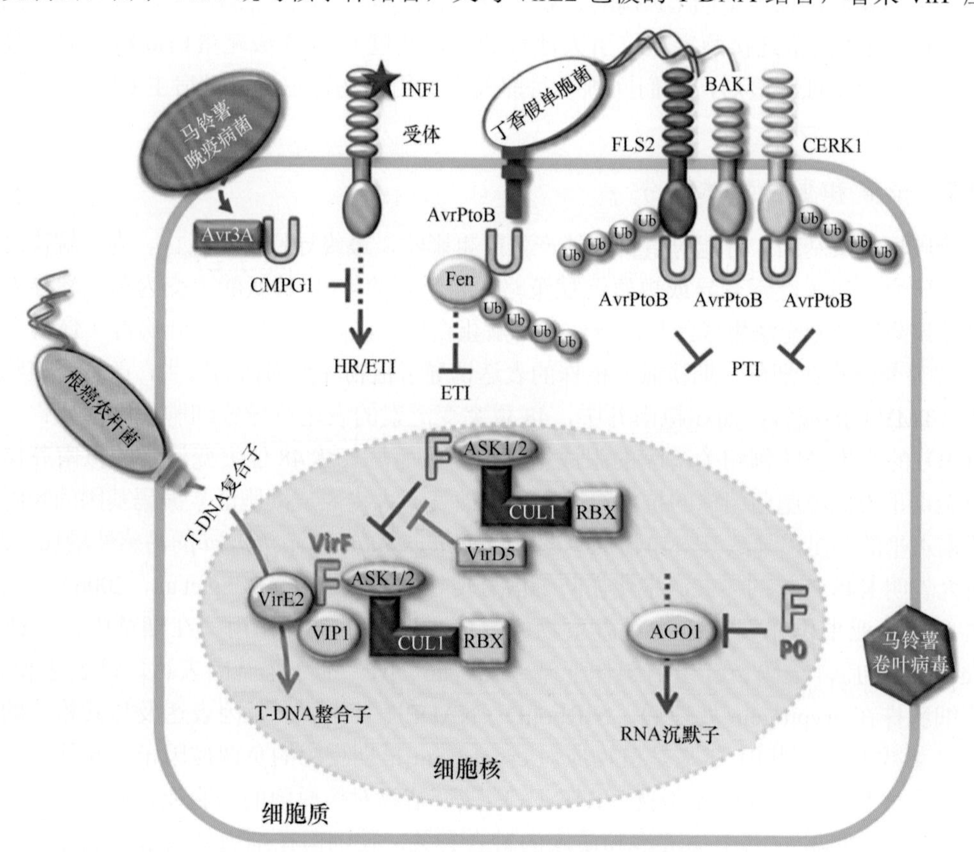

图 12-15 病原体效应因子干扰植物 UPS 系统（Marino et al.，2012）

直接或间接干扰宿主 UPS 的 U-box 和 F-box 效应蛋白；植物的 U-box 和 F-box 蛋白分别用蓝色的 U 和绿色的 F 表示。INF1：卵菌中疫霉菌特征分子；BAK1：植物受体激酶；FLS2：拟南芥免疫受体；CERK1：几丁质激发子受体激酶；CMPG1：早期真菌诱导蛋白 CMPG1 基因；HR：过敏性反应；ETI：效应子触发免疫；PTI：病原物相关分子模式触发免疫

A. tumefaciens 的核心基因转移中发挥核心作用（Anand et al.，2012）。

2. 病毒 E3 泛素连接酶

马铃薯卷叶病毒属的 P0 蛋白是一种 F-box 蛋白，对病毒增殖具有重要的沉默抑制作用。P0 的沉默抑制作用可以通过 RNA 诱导的沉默复合物中关键分子 ARGONAUTE1（AGO1）的降解来解释（Baumberger et al.，2007）。有趣的是，P0 介导的 AGO1 失稳似乎并不依赖蛋白酶体。

除了蛋白质水解活性，UPS 还显示与其 α5 亚基相关的 RNase 活性，并能够降解病毒 RNA，表明 UPS 可能是抗病毒防御途径的一部分。有趣的是，有一项研究发现了一种反效果，即多功能 HcPro 病毒蛋白（辅助成分蛋白）——一种 RNA 沉默的有效抑制因子，与不同的 20S 蛋白酶体亚单位相关联，并干扰 20S 蛋白酶体的 RNase 活性。此外，编码 20S 蛋白酶体 α5 亚基的两个 *At-PAE* 基因敲除的拟南芥突变体更容易受到莴苣花叶病毒的感染。在另一项研究中，马铃薯（*Solanum tuberosum*）RING 类蛋白被发现可与 HcPro 发生物理作用。虽然在 RING 蛋白存在的情况下修饰 HcPro 的积累没有发生改变，但发现了一种阻止 HcPro 介导的 *Potyvirus* 反防御的机制（Guo et al.，2003）。

12.4.2.3　卵菌、线虫和昆虫效应因子干扰植物 UPS

近年来，关于卵菌效应因子的研究已经出现，大多数效应因子可能具有重叠功能。Avr3A 是为数不多的对 *Phytophthora infestans* 致病性有显著影响的效应因子之一。该蛋白质与植物 U-box 类蛋白 CMPG1 相互作用并使其稳定。Avr3A 抑制 PTI 蛋白与 INF1 相互作用，从而诱导细胞死亡，这一过程需要 CMPG1。Avr3A 通过稳定 CMPG1 并阻止自身降解来干扰 INF1 诱导的细胞死亡。Avr3A 的 RxLR 结构域在体外负责与磷酸磷脂酰肌醇相互作用，最初描述为基本的卵菌内化的效应因子作用，现在被认为是抑制 INF1 诱导的细胞死亡时通过与 CMPG1 互作导致细胞内特异性积累 Avr3A 所必需的（Yaeno and Iba，2008）。

有趣的是，囊性线虫甜菜胞囊线虫分泌的蛋白质混合物中含有一种新的泛素，具有非典型的 C 端延伸（Tytgat et al.，2004）。一项表征分泌蛋白质组的研究鉴定了两种泛素水解酶：泛素激活酶和 SKP1 样蛋白。在一项类似的工作中，通过将蚜虫唾液注射到宿主细胞中来表征其蛋白质组成，发现了一种假定的泛素特异性蛋白酶（Carolan et al.，2011）。因此，很容易推测这些分泌蛋白可能在感染过程中干扰植物的 UPS。

12.4.3　泛素化修饰与植物发育

在过去的几年里，关于 UPS 及其在细胞调控中作用的研究数目有了惊人的增长。生化研究表明，这些蛋白质共同作用于多个植物细胞复合物和超复合物，以调节各种蛋白质的降解。这些复合物的复杂性和动态才刚刚开始研究，而近期的主要挑战之一是了解它们的组装和功能是如何被调控的。在植物发育的特定领域，越来越多的 E3 参与了植物的各种发育过程。考虑到拟南芥基因组编码的 E3 数量之多，可能很快每个植物发育生物学家都会选择他们最喜欢的 F-box 或 RING 类蛋白来研究。

泛素连接酶 E3 组成了一个庞大而多样化的家族蛋白或蛋白复合体，含有 HECT 结构域或 RING/U-box 结构域（图 12-6），拟南芥 RING 型 E3 包含数百种蛋白质，而 HECT 家族相对较小。研究显示，这些 E3 在植物发育过程中发挥各异的作用。

1. HECT 型 E3 与植物发育

1999 年植物中最早报道了 HECT 型 E3 的 UPL1 和 UPL2。从那时起，对拟南芥基因组序列研究又发现了 5 个 HECT 型 E3 蛋白，分别为 UPL3 ～ UPL7。RT-PCR 数据显示，这些蛋白质都在幼苗中表达。从每个基因中都分离到 T-DNA 插入，其中 *upl3* 突变体得到最好表征。*upl3* 突变体最显著的特征是有高度分支的毛状体（最多 7 个分支，而野生型只有 2 ～ 3 个分支）。经赤霉素途径调控毛状体发育，组成型赤霉素（GA）响应突变体 *spy-5*，如 *upl3*，具有多个毛状体分支。*upl3* 是 *kaktus* 基因的等位基因，该基因此前被认为在毛状体发育中无作用（Smalle et al.，2003）。事实上，*upl3* 突变体在 GA 存在时表现出下胚轴长度的增加，与其对 GA 的过敏反应一致。其他依赖 GA 的反应，如发芽或开花，都没有被破坏。本研究描述了 HECT 型 E3 在植物中的功能，但迄今为止，UPL3 底物还不清楚。

2. RING 型 E3 与植物发育

在单亚基 RING 型 E3 中，关于 COP1 的研究最为广泛。COP1 最初是在光形态建成缺陷的突变筛选中发现的，它是光反应的负调节因子。在黑暗中生长的 *cop1* 突变体幼苗表现出在光照中生长幼苗的特征，包括短下胚轴、叶片发育和光合活性方面的特征。随后的研究表明，COP1 通过靶向降解光反应的激活因子抑制光调控机制的发育。在光照下，COP1 在细胞核中被耗尽，因此上述激活因子不再降解，大多数光反应激活因子基因的表达可能受到 COP1 活性的直接或间接抑制（Ma et al.，2002）。这些基因表达被抑制是 COP1 依赖的 β-ZIP 转录因子 HY5、光敏色素 A（phyA）或者其他因子降解的结果（图 12-16）。大量被 COP1 抑制的基因可被 HY5 激活。在 *cop1* 突变体中，HY5 在黑暗下积累从而激活光反应通路的发现，支持 COP1 参与 HY5 降解的假设。COP1 对 HY5 的亲和力受 HY5 磷酸化状态的调控。由于 phyA 已被证明在体外具有激酶活性，可能代表了 COP1、phyA 和 HY5 之间的另一种调控机制（Wang and Deng，2003）。

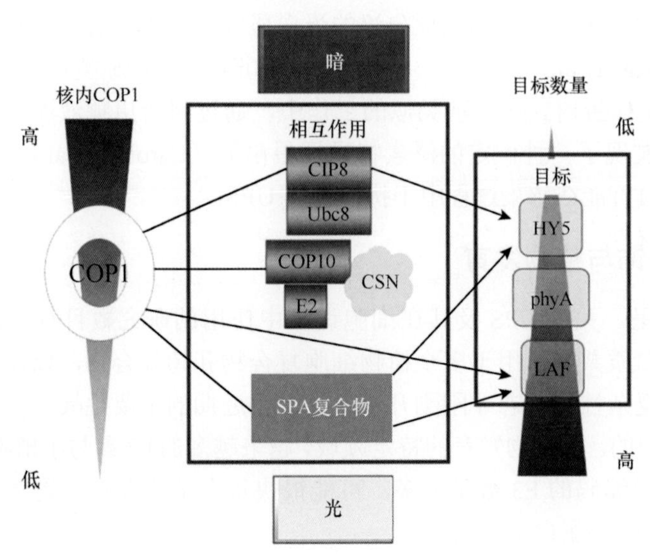

图 12-16　COP1 在光响应中的作用（Moon et al.，2004）

CIP8：RING 类蛋白；Ubc8：泛素结合酶 8；COP10：泛素连接酶 10；CSN：组成型光形态发生因子 9 信号复合体；HY5：光形态建成的正调控因子；phyA：光敏色素 A；LAF：转录激活因子

有趣的是，COP1 在体外只能对 HY5 进行单泛素化修饰，其生理意义尚不清楚。由于

HY5在体内是多聚泛素化的，因此认为COP1依赖的HY5多聚泛素化还需要其他因子参与（Saijo et al.，2003）。其中一个因子可能是RING类蛋白CIP8。CIP8与E2酶AtUBC8相互作用，COP1也可以通过RING基序与CIP8相互作用（图12-16）。已经表明CIP8本身在体外足够使HY5发生泛素化，这个复合物可能靶向HY5使其发生降解（Hardtke et al.，2002）。更多关于CIP8功能的遗传学数据可能有助于阐明其在这一途径中的作用。

COP1的另一个底物是转录激活因子LAF1，这是发生phyA响应所必需的。许多证据表明，LAF1是COP1的靶点（图12-16）。标记的LAF1和COP1共定位于核体，在免疫共沉淀实验中，这两种蛋白质存在相互作用。此外，COP1的过表达导致了LAF1水平的降低，这一效果可以通过蛋白酶体抑制剂MG132逆转。最后，COP1可以在体外多聚泛素化LAF1。这些结果表明，COP1多聚泛素化LAF1不像HY5那样需要CIP8这样的辅助蛋白（Seo et al.，2003）。

另外，SINAT5是单亚基RING型E3的另一个例子（图12-7），它是在寻找与NAC1（响应生长素而参与侧根形成的转录激活因子）相互作用的蛋白质的酵母双杂交筛选中分离出来的。生理数据支持SINAT5与NAC1存在相互作用。过表达SINAT5导致侧根减少，与它降解侧根激活剂NAC1的作用一致。此外，蛋白酶体抑制剂MG132可提高侧根中NAC1的水平。最后，NAC1可以在体外被SINAT5直接泛素化（Xie et al.，2002）。生长素诱导了NAC1的降解，减弱了生长素信号。在生长素缺乏的情况下，SINAT5在根脉管系统中表达水平较低。然而，在生长素的作用下，SINAT5和NAC1均被诱导并共定位于侧根生长点。目前尚不清楚生长素是否通过调节SINAT5的泛素化活性来促进NAC1降解。

ARC1蛋白包含一个U-box结构域，而不是一个RING类结构域。U-box结构域与RING类基序结构相似，但不使用锌离子来稳定基序。虽然在拟南芥中有37种这样的蛋白质，但ARC1是迄今为止唯一一种被表征的U-box型E3。ARC1是在寻找与SRK相互作用的蛋白质的酵母双杂交筛选中从甘蓝型油菜中鉴定出来的，SRK是一种*S*-受体激酶，其是自交不亲和雌蕊特异性的决定因素。ARC1受到抑制导致自交不亲和响应的部分破坏，意味着自交花粉可以继续授粉。MG132抑制自交不亲和通路，与26S蛋白酶体的作用一致。ARC1以磷酸化依赖的方式与SRK相互作用，然后被SRK磷酸化。此外，植物细胞中活性SRK的存在导致ARC1从胞质到细胞核的转位，并在细胞核中与26S蛋白酶体的亚基共定位。基于这些结果，ARC1可能破坏SRK，导致柱头表面的自花授粉排斥。

这些最初被指定为单亚基RING型E3的蛋白质靶向涉及环境和激素反应（COP1）、器官形态发生（SINAT5）和生殖（ARC1）的不同底物群。然而，关于这些蛋白质的研究出现了一些共同的现象。SINAT5和COP1都通过coiled-coil结构域形成同二聚体。COP1在与其他蛋白质相互作用时也使用了这个结构域，在拟南芥中，SINAT5可能与SINAT家族的其他4个成员形成异二聚体（Xie et al.，2002）。这些单亚基RING型E3可能比最初想象的更类似于多亚基RING型E3。SPA1等蛋白质可能提供底物特异性，与多亚基E3泛素连接酶中的F-box蛋白类似。

3. 多亚基RING型E3与植物发育

植物中多亚基RING型E3包括APC（后期促进复合物）、SCF（Skp-cullin-F-box）和CUL3依赖的BTB（broad-complex, tramtrack, bric-a-brac）复合物。所有这些复合物都含有cullin（类cullin）蛋白和RING类蛋白。虽然我们刚刚开始了解CUL3-BTB复合物在植物中的功能，但近年来关于APC尤其是SCF的功能有了许多令人兴奋的发现。

SCF 型 E3 在植物中研究得最透彻（图 12-7），其名称来源于其 4 个亚基中的 3 个：SKP1（植物中的 ASK，对应拟南芥的 SKP1）、CDC53（或 cullin）和 F-box 蛋白，第四个亚基是 RING 蛋白 RBX1（RING box 1）。在这个复合物中，cullin 结合了 RBX1 和连接蛋白 ASK。而 ASK 蛋白与一系列称为 F-box 蛋白的底物特异性因子结合（Smalle and Vierstra，2004）。在拟南芥中，有 5 种典型的 cullin 蛋白，但这些蛋白质中只有高度相关的 CUL1 和 CUL2 参与组成 SCF 复合物。

F-box 蛋白以其保守的 60 个氨基酸基序命名，负责与 ASK/SKP 结合，是拟南芥中分子量最大的超家族，其编码基因占拟南芥基因组的 2.7%。大部分 F-box 蛋白其 N 端都含有 F-box 基序，其余的蛋白质都含有其与底物结合所需的蛋白质相互作用域。拟南芥中以家系为代表的相互作用结构域有 13 类，包括亮氨酸富集重复序列、Kelch、WD-40 和 Armadillo（Arm）等。Leu 富集重复区域或 Kelch 是最常见的，它们存在于 700 个 F-box 蛋白中的 200 个（Gagne et al.，2004）。酵母、动物和植物的证据表明，一些 F-box 蛋白与其他 F-box 蛋白形成异二聚体，将导致更高层次的复杂性。

在拟南芥中，目前鉴定的 cullin 蛋白有 5 个，包括 CUL1、CUL2、CUL3A、CUL3B 和 CUL4。根据系统发育分析，拟南芥 CUL1、CUL2 的基因似乎与动物 CUL1 或任何其他已知 cullin 的基因都不是同源的。然而，与动物 CUL1 一样，AtCUL1 和 AtCUL2 也是 SCF 复合物的亚单位。在迄今所研究的 cullin 蛋白中，*cul1* 突变体是胚胎致死的，说明 CUL1 在一般植物发育中具有最重要的作用。进一步研究发现 *axr6* 纯合致死突变影响 CUL1 蛋白功能。在生长素抗性筛选中分离到显性 *axr6* 等位基因，*axr6* 突变植株产生全长 CUL1，在 ASK 结合位点内发生单氨基酸变化。因此，*axr6* 突变影响 CUL1 结合 ASK1 形成活性 SCF 复合物的能力，从而导致两子叶期致死，表明 CUL1 对器官的形成很重要（Hellmann et al.，2003）。

拟南芥中 CUL3A、CUL3B 和 CUL4 蛋白在进化树上与动物的 CUL3 与 CUL4 同属一个分支。动物研究表明，CUL3 与 BTB 蛋白家族成员相互作用。由于都以 cullin 蛋白作为支架，因此 CUL3/BTB 复合物与 SCF 类似。然而，SKP 和 F-box 蛋白亚基已被单个 BTB 蛋白所取代（图 12-7），因此，适配器蛋白直接与 cullin 亚基相互作用。尽管许多 BTB 蛋白已经在动物中被鉴定，但该复合物唯一已知的靶点是异二聚体 MEI1/MEI2，其对有丝分裂中纺锤体发挥功能非常重要。在植物中，BTB 蛋白 ETO1 在乙烯生产的控制中发挥作用，是通过促进 ACC 合成酶 ACS5 的降解来实现的，ACS5 是一种控制乙烯生成的限速酶。体外实验已经确定，含有 BTB 结构域的 ETO1 的 N 端部分与 CUL3 结合，而与 ACS5 相互作用则需要该蛋白质的 C 端部分（Wang et al.，2004）。笔者预测，ETO1 作为一个适配器，使 ACS5 的功能接近泛素化装置。拟南芥中 BTB 蛋白的进一步分析包括确定每种蛋白质是否具有特定功能，以及是否所有 BTB 蛋白都是包含 CUL3 的 E3 泛素连接酶成员。

12.5 泛素化蛋白质组的富集与分离

12.5.1 泛素化修饰组研究的挑战

12.5.1.1 泛素化修饰蛋白丰度低、易降解

翻译后修饰蛋白在整体蛋白质组的含量比例是较低的，虽然泛素化修饰属于发生比例较高的翻译后修饰类型，但是翻译后修饰蛋白仍然只占总蛋白质组的 1% 甚至更低。除此之外，

泛素化修饰介导蛋白质降解导致蛋白质不稳定，同时去泛素化酶作用导致泛素链易被催化去除。因此，如何高效地纯化泛素化蛋白、实现深度测序成为泛素化研究的一大挑战。

12.5.1.2　泛素化酶系统与底物特异性的关系

泛素化酶系统与底物的特异性主要体现在泛素链合成过程、修剪过程、信号传递过程。其中泛素链合成过程中的特异性主要包括：① E3 识别特定的底物蛋白，E2-E3 酶对促进特定泛素链的生成；②去泛素化酶特异性识别底物蛋白和泛素链类型；③修饰底物与泛素信号传递蛋白（UBD）特异性传递信号，产生生物学效应。生命体能够精准调控各种代谢活性，维持细胞的稳态与平衡，离不开细胞内各种酶与底物之间特异性关系的维持。如何揭示泛素化酶系统与底物的特异性关系，成为泛素化研究的又一大挑战。

12.5.2　泛素化蛋白的富集策略

泛素化蛋白含量低、易降解，同时高丰度修饰蛋白易对低丰度修饰蛋白的质谱鉴定造成干扰。因此，有效地富集泛素化蛋白是开展研究的前提与关键。近年来，随着多种泛素化蛋白富集分离技术的发展，这一问题得到了有效解决。随着泛素化修饰特异性抗体和高效杂合泛素结合蛋白的出现（Udeshi et al.，2013；Zhang et al.，2013），目前常用的泛素化蛋白纯化方法包括泛素偶联标签法、串联泛素结合结构域法（tandem ubiquitin binding domain，TUBE）及泛素抗体富集法、甘氨酸-甘氨酸残基修饰肽段（K-ε-GG）抗体富集法等（图 12-17）。每种方法都有自身独特的优势，互为补充，可以有效提高泛素化蛋白质组的纯化效率。

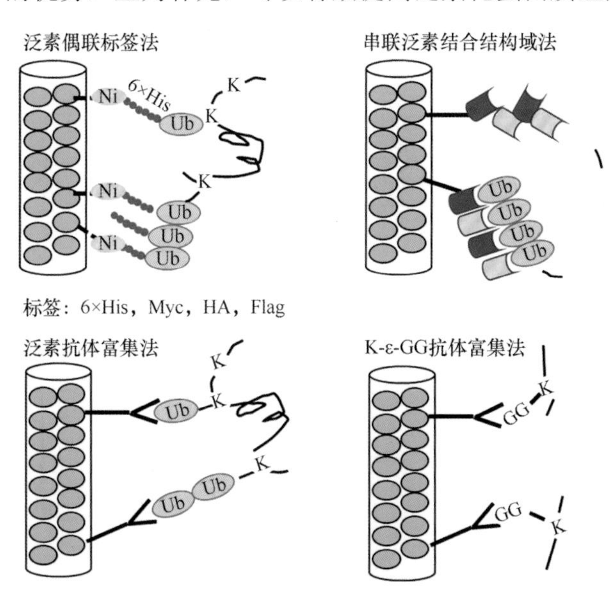

图 12-17　泛素化蛋白富集策略（Gao et al.，2016）

12.5.2.1　泛素偶联标签法

亲和纯化技术广泛应用于泛素化蛋白的富集。在泛素分子的 N 端偶联相应的亲和纯化标签（如 His、Myc、Flag 和 Biotin 等），然后在细胞内表达带有标签的泛素分子。带有标签的泛素化蛋白被泛素化酶系统修饰到底物上，然后利用相应的亲和纯化介质富集泛素化蛋白。在众多亲和纯化标签中，多聚组氨酸标签（6×His）在蛋白质组学研究中具有明显优势：①结构简单，分子量小，对修饰蛋白的结构、活性和功能无明显影响；②变性和非变性条件下均可实现靶蛋白的高效纯化，在变性条件下（如高浓度尿素）纯化可显著降低污染蛋白的比例；③组氨酸亲和纯化介质 Ni-NTA bead 相对其他纯化体系的介质成本更低、效率更高；④成熟的多聚组氨酸亲和纯化体系，能够快速完成靶蛋白的富集，以最大限度地减少靶蛋白的降解；⑤ His-tag 免疫原性相对较低，不会诱导宿主细胞发生明显的免疫应激反应。因此，多聚组氨酸标签成为大多数泛素化蛋白纯化策略的优先选择。

此种纯化方法的原理是利用组氨酸残基侧链与镍形成强配位键，可借助固定化金属离子亲和层析（IMAC）实现重组蛋白的分离纯化。具体过程是将 Ni 固定在琼脂糖凝胶填料亲和介质上，然后将细胞总蛋白质中含有六聚组氨酸标签标记的底物蛋白流经 Ni 亲和介质，六聚组氨酸标签与 Ni 配体发生亲和作用，从而将携带的泛素及其修饰蛋白一起结合到凝胶柱上，而不含此标签的蛋白质不能结合，从而穿过 Ni 亲和介质。最后用高浓度的咪唑来竞争性洗脱靶蛋白，实现对相应泛素化蛋白的纯化。

哈佛大学医学院的 Finley 等（1989）在芽殖酵母内用不同的氨基酸编码基因逐一替换酵母基因组的 4 个泛素编码基因，同时在质粒上表达带 6×His 标签的泛素，因此，质粒上表达的带 6×His 标签的泛素成为酵母细胞内泛素化蛋白的唯一来源，实现了酵母泛素基因的工程改造。研究发现，该质粒表达的泛素水平与野生型酵母细胞内泛素化水平相当，为生理条件下泛素化功能研究创造了条件。这是至今为止唯一彻底成功改造的泛素研究模型。

哈佛大学 Gygi 团队（Peng et al.，2003）利用上述酵母细胞模型，在变性条件下成功纯化了酵母泛素化蛋白（图 12-18），并利用质谱成功鉴定到 1075 个潜在的泛素化蛋白，其中 72 个蛋白质鉴定到泛素化修饰位点。该工作开启了泛素化蛋白质组学研究的先河，利用亲和纯化的方法获得了大量的泛素化蛋白，建立了基于胰蛋白酶和质谱的检测泛素化修饰肽段的

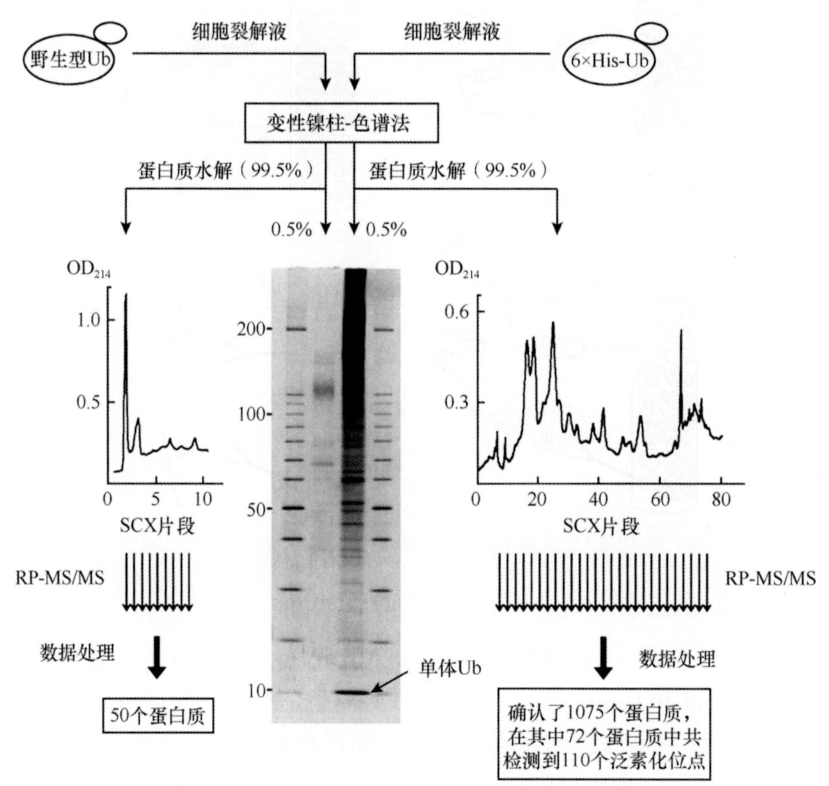

图 12-18　亲和纯化泛素化蛋白（Peng et al.，2003）

技术框架，提供了一种常规的泛素化蛋白分析和表征方法，至今仍然是泛素化研究的主要策略，并在酵母细胞内首次鉴定到了所有 7 种泛素链。

美国 Emory 大学彭隽敏等（Xu et al.，2009）同样利用相同来源的酵母作为模型，定量了所有 7 种泛素链的组成，并结合 Ni-NTA 纯化系统富集和 SILAC 定量蛋白质组学技术系统比较了野生型与泛素第 11 位赖氨酸到精氨酸突变体（Ub K11R），成功筛选到了 K11 泛素链特异性修饰底物 Ubc6，并揭示了 K11 泛素链介导内质网相关蛋白的降解。

在亲和富集过程中，非特异性结合是干扰泛素化蛋白鉴定与定量的主要因素。例如，细胞内存在大量富含组氨酸的蛋白质，这些蛋白质易被 Ni-NTA 纯化系统富集，从而导致质谱鉴定中出现假阳性。为减少这些污染蛋白，在细胞裂解和蛋白质亲和纯化过程引入少量咪唑，减少非特异性结合；另外，通过添加无标签泛素样品的空载对照平行实验来扣除背景蛋白的影响。近年来，串联亲和纯化（tandem afinity purification，TAP）方法的出现为上述问题的解决提供了新的可靠方法，进一步降低了纯化的背景。串联亲和纯化是通过基因操作使目的蛋白同时标记上两种亲和标签，在串联亲和纯化过程可有效减少非特异性结合，降低背景蛋白的影响。例如，串联生物素和 6×His 标签，可以实现变性和非变性的串联亲和纯化。值得一提的是，变性纯化可最大限度地降低相互作用蛋白质的干扰，并抑制去泛素化酶和蛋白酶体的活性，从而保护泛素化蛋白泛素链在纯化过程中不被移除，底物蛋白不被降低。非变性条件可以保持目的蛋白的结构，维持其与其他蛋白质的相互作用，在相互作用蛋白质的筛选鉴定中得到广泛的应用。

然而，所有这些亲和纯化方法都需要基因工程改造泛素基因，尽管给泛素及其修饰蛋白的纯化带来便利，但标签标记的泛素可能影响一些细胞正常生理状况的变化，其具体的生物学效应无法有效评估。因此，开发能够富集非标签标记的内源性泛素化蛋白的技术方法，对于泛素化蛋白质组学研究具有重要意义。

12.5.2.2 串联泛素结合结构域法

在无法插入标签的组织、器官等样本中进行泛素化蛋白质组研究，开发高效的、非标签依赖的富集材料成为重点。其中，利用能够特异性识别泛素的泛素结合结构域（UBD）的技术成为关注重点（Husnjak and Dikic，2012）。细胞内含有如 UBA、UIM、ZNF 等 20 余种泛素结合结构域（表 12-4）。

表 12-4 UBD 的种类与功能汇总

结构域分类	泛素结合结构域类型	代表性蛋白	功能
α-螺旋	UIM	Ssa，Rpn10，Vps27	蛋白酶体降解，内吞作用，DNA 修复
	MIU	RABEX5	内吞作用
	DUIM	HRS	多泡体（MVB）生物发生
	UBM	DNA 聚合酶 iota，REV1	DNA 损伤耐受
	UBAN	NEMO	核因子 κB 信号
	UBA	Rad23，Dsk2	蛋白酶体靶向，激酶调控与自噬
	GAT	GGA3，TOM1	MVB 生物发生
	CUE	Cue2，Vps9	内吞作用与激酶调控
	VHS	STAM，GGA3	MVB 生物发生

续表

结构域分类	泛素结合结构域类型	代表性蛋白	功能
锌指结构域（ZnF）	UBZ	聚合酶 h，聚合酶 k，Tax1BP1	DNA 损伤耐受与 NF-κB
	NZF	NPL4，Vps36，TAB2，TAB3	ERAD，MVB 生物发生与激酶调控
	ZnF A20	RABEXS，A20	内吞作用与激酶调控
	PAZ	异肽酶 T (USP5)，HDAC6	蛋白酶体降解，自噬
plekstrin 同源结构域（PH）	PRU	RPN13	蛋白酶体降解
	GLUE	EAP45 (Vps36)	MVB 生物发生
泛素结合酶类似结构域	UEV	Vsp23	DNA 修复，MVB 生物发生与激酶调控
	UBC	UBCH5C	泛素转移
其他	PFU	Ufd3 (Doal)	内质网介导的蛋白质降解（ERAD）
	Jab1/MPN	Prp8	RNA 剪接

这些 UBD 形成 α 螺旋、锌指结构、pleckstrin 同源（PH）褶皱，以及类似于 E2 中的泛素结合结构域，可与泛素或泛素链的表面发生瞬变的分子间非共价相互作用。不仅如此，不同的 UBD 会特异性识别特定类型的泛素链，且其亲和能力有所不同（Licchesi et al.，2012）。例如，Rad23 蛋白含有 UBA 结构域，帮助其与底物蛋白的 K48 链结合，然后进入 26S 蛋白酶体进行降解；同样，RPN13 的 PRU 结构域（泛素的 Plextrin 受体）偏好与 K48 链相互作用；RAP80 蛋白含有 UIM 结构域，能够特异性结合 K63 链，参与 DNA 修复过程（Sims and Cohen，2009；Sims et al.，2009）；TAK2 结合蛋白 2（TAB2）的 NZF 结构域特异性结合 K63 泛素链，而 NEMO 中的 UBD 和 ABIN 结构域对线性泛素链的亲和性是对 K63 或 K48 链的 100 倍。此外，不同的 UBD 对泛素链具有混杂的亲和性，如 TAB2 的 NZF 结构域在溶液中也能较好地结合 K48 泛素链。2008 年，Hjerpe 等（2009）发现串联 UBD 能够特异性富集并保护泛素化蛋白上修饰的泛素链不被去泛素化酶移除（图 12-18），借此成功开发了含串联 UBD 的泛素化蛋白亲和纯化介质。

有研究认为泛素二聚体是 UBD 进行泛素链高效蛋白酶体降解的基础元件，而双泛素结合结构域能够协同结合多聚泛素链。同时，根据泛素化蛋白进行高效蛋白酶体降解需要 4 个以上泛素单体组成的泛素链的假说，现有研究通常将 4 个泛素结合结构域通过多聚甘氨酸连接在一起，形成串联泛素亲和结构域实体（TUBE）。该 TUBE 经原核表达，纯化后偶联固定在 NHS 填料上。利用这些连接，TUBE 可较好地富集样品中的泛素化蛋白。Shi 等（2011）利用 TUBE2 对 293T 细胞的泛素化蛋白质组进行了系统分析，成功鉴定到 223 个带有甘氨酸-甘氨酸（K-ε-GG）修饰位点的泛素化蛋白，进一步增强了利用串联 UBD 富集泛素化蛋白的信心。然而细胞内存在多种结构的 UBD，其对泛素链的亲和能力存在差异，而且不同 UBD 对不同泛素链的识别也存在偏好性。因此，开发一种高效、无偏好性的泛素化蛋白富集介质显得尤为重要。

研究显示，不同组成的 TUBE 能够结合不同种类的泛素化蛋白，主要取决于串联泛素结合结构域的偏好性。可利用特异性偏好某一种泛素链（如 K63 链）的泛素结合结构域来构建 TUBE，促进其对某一种泛素链的亲和富集（Silva et al.，2015）。如果要对细胞内泛素化蛋白的全貌进行解析，选择无偏好性或者多种具不同偏好性的泛素结合结构域进行组合，可以实现对所有泛素化蛋白的无偏好性富集。徐平团队的 Gao 等（2016）系统评价了不同 UBD 对

7 种不同泛素链的纯化能力，筛选出了具高亲和能力的 UBD（图 12-19）。组合这些高亲和 UBD，成功开发了串联杂合 UBD（ThUBD），实现了对泛素化蛋白的高效、无偏好性富集。利用 ThUBD 分别纯化了酵母及 MHCC 97H 肝癌细胞的泛素化蛋白，分别鉴定到 1092 个和 7487 个可能的泛素化蛋白，其中在 362 个酵母蛋白和 1125 个人类蛋白质中还鉴定到了 K-ε-GG 修饰位点。

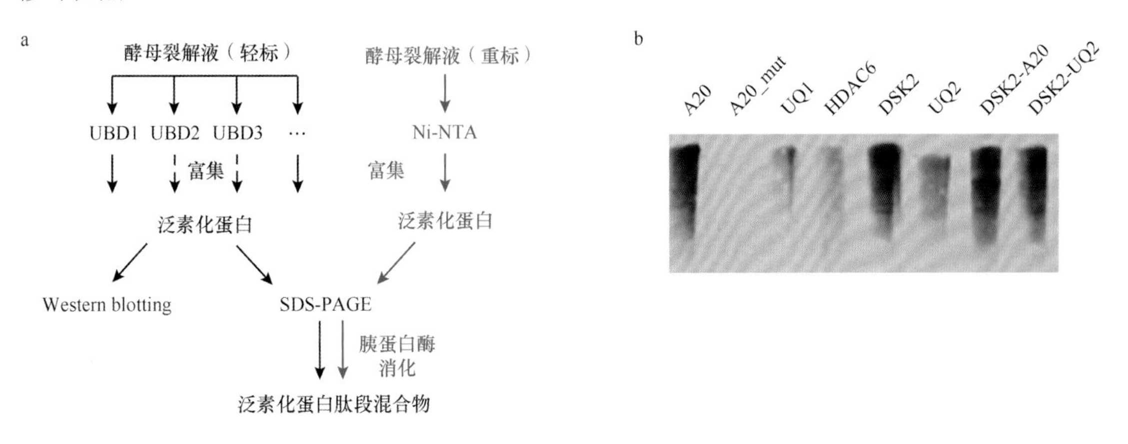

c

不同泛素结构域下泛素链富集*

亲和材料	K6	K11	K27	K29	K33	K48	K63
Ni_denature	1.0±0.05	1.0±0.12	1.0±0.13	1.0±0.07	1.0±0.19	1.0±0.05	1.0±0.06
A20	1.2±0.12	2.0±0.08	1.7±0.46	0.8±0.08	1.2±0.33	2.3±0.10	2.6**±0.08
A20_mut	ND***	1.1±0.18	1.3±0.26	0.2±0.01	ND	0.5±0.02	ND
UQ1	1.8±0.19	3.2±0.36	0.9±0.03	0.6±0.08	1.2±0.29	0.6±0.01	0.8±0.03
HDAC6	0.4±0.13	1.1±0.21	0.6±0.07	ND	0.5±0.12	0.6±0.03	1.8±0.14
DSK2	2.0±0.32	1.3±0.05	2.3±0.14	1.2±0.50	2.7±0.61	2.5±0.20	1.6±0.14
UQ2	1.6±0.32	3.0±0.17	1.6±0.15	0.4±0.03	1.8±0.28	0.9±0.02	2.0±0.12
DSK2-A20	2.6±0.25	3.3±0.25	2.4±0.04	1.4±0.26	2.9±0.45	2.7±0.10	2.9±0.18
DSK2-UQ2	1.0±0.07	1.1±0.17	1.3±0.12	0.7±0.07	1.6±0.43	1.2±0.06	1.8±0.05

注：*变性条件下金属螯合亲和层析（Ni-NTA）纯化的重同位素标记泛素化蛋白进行归一化，**每一列中的前两名突出显示，***ND表示没有检测到

图 12-19 ThUBD 纯化酵母泛素化蛋白（Gao et al.，2016）

利用这种 ThUBD 富集泛素化蛋白具有诸多优点：①可以实现在非变性条件下高效快速富集大量多聚泛素化修饰的底物蛋白；②可实现无偏好性和特定泛素链修饰底物的特异性定向富集；③可以不经过遗传改造，实现生理条件下泛素化蛋白的富集；④能够对泛素化蛋白上的泛素链形成保护，避免其在纯化过程中被去泛素化酶或者 26S 蛋白酶体降解，提高泛素化蛋白的富集效率。

由于这种富集必须在非变性条件下完成，从而增加了富集非特异性结合杂蛋白的可能性。因此，最大限度地降低背景蛋白的影响是未来泛素化蛋白亲和富集研究需要努力的方向。

12.5.2.3 K-ε-GG 抗体富集法

泛素化蛋白经过胰蛋白酶（trypsin）消化后，带有泛素化修饰的赖氨酸残基会发生漏切；同时由于泛素单体本身 C 端的序列为 RGG，因此经过胰蛋白酶消化后得到一个赖氨酸残基侧链连有两个甘氨酸短肽（GG）的肽段，称为K-ε-GG肽段（图12-20）。GG作为一个会发生114.142Da分子质量迁移的修饰单位，可作为特征性质量标签用来鉴定泛素化修饰位点。泛素本身的7个赖氨酸残基和N端氨基继续被泛素修饰可形成具特定拓扑结构的泛素链。通过质谱实现对这些肽段的靶向鉴定与定量，可以对样品中的泛素链类型与含量进行测定。

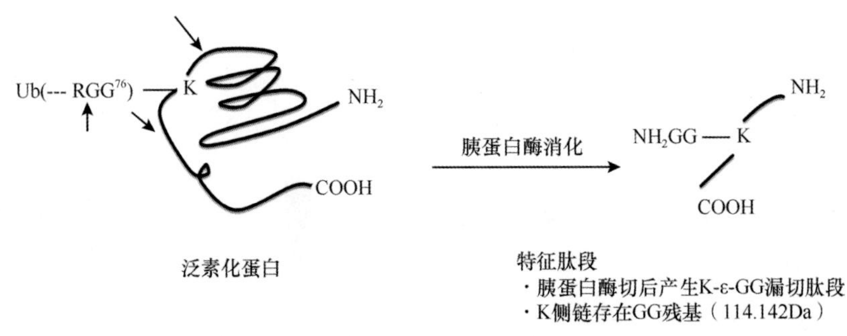

图12-20 泛素化蛋白胰蛋白酶酶切示意图（Peng et al.，2003）

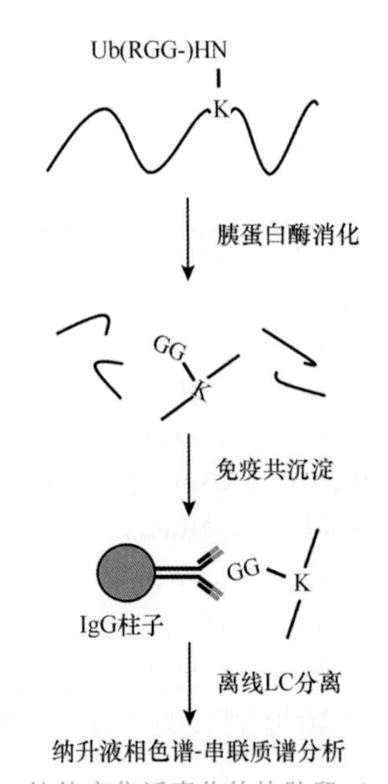

图12-21 K-ε-GG抗体富集泛素化修饰肽段（Udeshi et al.，2013）

由于富集的泛素化蛋白经胰蛋白酶消化后形成的K-ε-GG肽段比例较低，影响了泛素化修饰位点的鉴定效率。随着K-ε-GG抗体的开发，以富集K-ε-GG修饰肽段为目标的策略在位点鉴定方面取得了重要的进展（Xu et al.，2010；Wagner et al.，2011；Udeshi et al.，2013），至今已鉴定超过2万个泛素化修饰位点（Udeshi et al.，2013），极大地促进了泛素化蛋白质组的深度解析（图12-21）。

这种基于K-ε-GG肽段的免疫亲和富集策略的优点：①不受样品种类限制；②在肽段水平进行富集，提高了泛素化肽段鉴定的准确性；③降低了背景蛋白的影响；④可防止蛋白质水平长时间富集反应造成的泛素化蛋白降解。

但这一技术在推广过程中也碰到了一些难题，由于获得高效K-ε-GG抗体的工艺复杂，价格昂贵，限制了其大面积推广；K-ε-GG特征性泛素化修饰肽段难以与类K-ε-GG泛素化修饰肽段，如拟素（NEDD8）和扰素（ISG15）等区分；K-ε-GG抗体对不同的表位可能存在不同的亲和性，且存在对不同泛素化肽段偏好性富集的风险。

目前3种常用的泛素化蛋白富集策略的比较见表12-5。如何组合这些方法的优点是未来的研究方向。可能的策略是将富集分离过程偶联组合在一起，通过两步甚至三步的纯化，最大限度地降低背景污染，提高泛素化蛋白的纯度，并进一步增强泛素化修饰位点鉴定的准确性。

表 12-5 泛素化蛋白富集策略比较

	泛素偶联标签法	串联结合结构域法	泛素抗体富集法	K-ε-GG 抗体富集法
优点	纯化效率高；可实现变性条件下纯化，降低污染蛋白干扰	不受样品种类限制；可实现特定泛素链偏好性或特定泛素链修饰底物特异性富集；对修饰底物的泛素链有保护作用	不受样品种类限制；减少样品处理过程中泛素化蛋白的降解	不受样品种类限制；在肽段水平进行富集，有利于泛素化位点的鉴定
缺点	受样品种类限制；研究对象需进行遗传改造；可能无法代表内源修饰状态；可能对泛素分子结构、活性和功能造成影响	需在非变性条件下进行，污染蛋白比例较高	抗体亲和力低，富集效率低；非变性条件下纯化，污染蛋白较多；纯化大量游离泛素造成后续检测干扰；价格昂贵、成本高	存在某些类泛素化修饰（NEDD8/ISG15）肽段的干扰；无法得到完整泛素化蛋白的信息；操作要求高、价格昂贵、成本高

12.5.3 泛素化蛋白的分离

蛋白质组学研究得益于分析技术和理念的快速发展。未经分离的样本直接采用经典的液相色谱-串联质谱（LC-MS/MS）方法进行分析，蛋白质测序深度与通量都会受到限制。因为富集的泛素化蛋白的组成仍然比较复杂，且蛋白质含量的动态范围较大，这些样品如不经预先分离就直接进行质谱检测，高丰度肽段会严重干扰低丰度肽段。对于泛素化蛋白，由于包含泛素化修饰位点的肽段长，离子化效率低，测序机会少，因此会发生很多 K-ε-GG 修饰蛋白或位点的漏检。因此，在 LC-MS/MS 分析前采用合适的分离方法对富集的泛素化蛋白进行分离以降低样品的复杂度，对于提高泛素化蛋白质组的覆盖度是非常重要的。在这里主要介绍第一维度的分离方法，包括 SDS-PAGE、离线高 pH 反相色谱和基于 C_{18} 填料的 StageTip 快速分离 3 种策略。这 3 种分离策略各有优劣，彼此互补。

12.5.3.1 聚丙烯酰胺凝胶电泳

十二烷基硫酸钠-聚丙烯酰胺凝胶电泳（SDS-PAGE）分离的优点在于可以依据分子质量的大小对蛋白质进行分离，降低了样品的复杂度。除此之外，还可以获得某一蛋白质在不同聚丙烯酰胺凝胶部位的分子质量，并通过与理论分子质量的比较，获得分子质量迁移信息，从而推测其是否发生了泛素化修饰。但是，这种方法使得泛素化修饰程度不同的蛋白质分散到了凝胶上的不同位置，降低了同一修饰蛋白的浓度，导致泛素化修饰位点鉴定更加困难。

12.5.3.2 离线高 pH 反向液相色谱

反向液相色谱（RPLC）以其分辨率高、操作简单、易与后续质谱分析对接等优点，在蛋白质组学预分离实验中应用广泛。为了获得与后续 LC-MS 分析中低 pH 反向液相色谱更好的正交分离效果（图 12-22），通过离线高 pH 反向液相色谱对蛋白质组样品进行分离简化（Chen et al.，2013）。

离线 pH 反向液相色谱一般采用非极性固定相（如 C_{18}、C_8 等）；流动相为水相与有机相（如乙腈、甲醇等）的混合物。液相分离起始为高水相（如 H_2O 占 98%）洗脱，随着分离时间的延长，有机相的比例逐渐升高。该技术主要依据肽段的生化特性实现分离，其中亲水性肽段保留时间短，先被洗脱；疏水性肽段保留时间长，后被洗脱。而源自泛素化修饰程度不同底物蛋白的 K-ε-GG 肽段能够在相同的馏分中被分离出来，从而避免了被稀释的风险，提高了泛素化修饰位点的检测效率（图 12-23）。

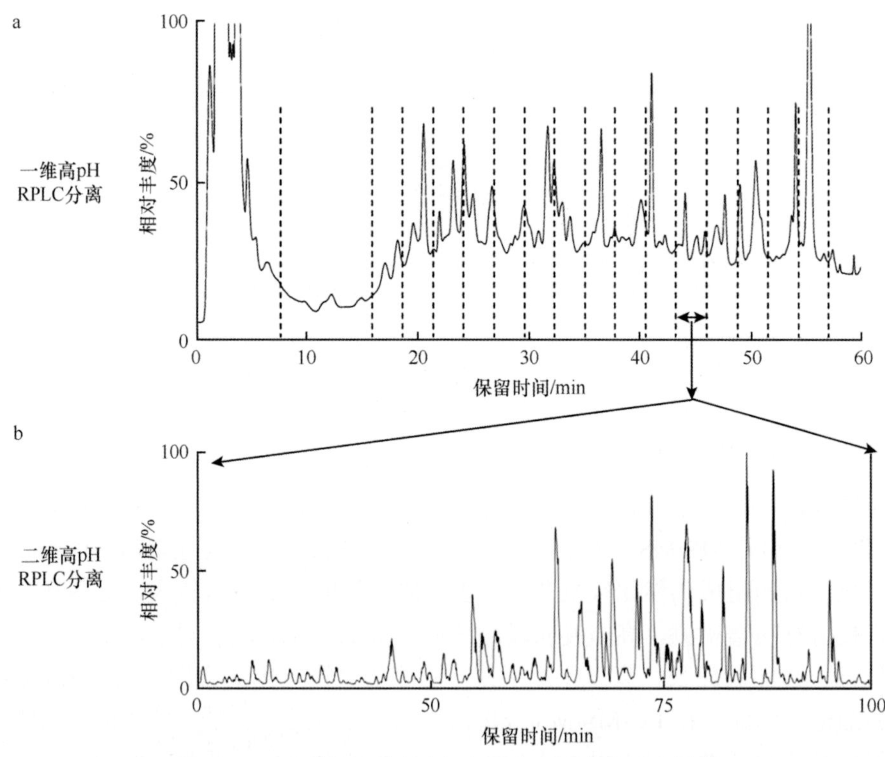

图 12-22　离线 pH 反向液相色谱分离泛素化蛋白样品

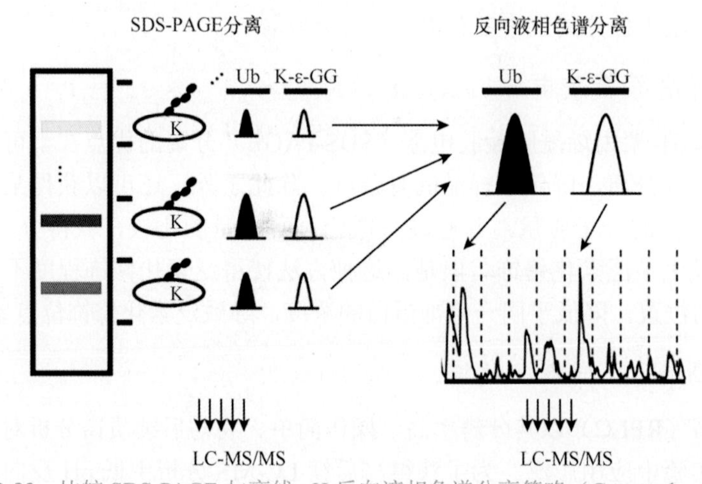

图 12-23　比较 SDS-PAGE 与离线 pH 反向液相色谱分离策略（Gao et al.，2016）

纯化的泛素化蛋白样品中，每个修饰蛋白底物的一个甚至多个残基发生泛素化。即使是同一氨基酸残基发生泛素化，也可能包括一个甚至多个泛素单体。由于这些泛素化修饰程度不同的同一底物蛋白具有不同的分子质量，因此在 SDS-PAGE 中被分散到胶内的不同位置，相应产生的 K-ε-GG 肽段也被稀释到不同的馏分中，从而降低了这些泛素化修饰位点的检测效率；另外，由于一个底物蛋白分子可被多个泛素单体修饰，因此泛素本身的含量远高于某个具体底物蛋白的含量，使得每一个馏分中同时存在类似于泛素本身产生的高丰度肽段，对 K-ε-GG 及其他低丰度肽段的鉴定产生干扰，进一步加剧了泛素化修饰位点检测的难度。如果采用离线高 pH RPLC 进行分离，泛素自身来源的肽段可被集中洗脱并浓缩至特定馏分中，因此可有效降低其对低丰度肽段的干扰；而泛素化修饰程度不同的同一底物蛋白的 K-ε-GG 肽段会被浓缩至相同的馏分，可进一步增加被质谱检测到的可能性，从而实现泛素化位点的深度覆盖鉴定。

离线高 pH RPLC 分离策略可以显著提高泛素化蛋白和泛素化修饰位点的鉴定量，且经电泳分离策略中鉴定到的泛素化蛋白和修饰位点通常（高达 91.5%）可以在离线高 pH RPLC 分离策略中鉴定到（图 12-24）。因此，离线高 pH RPLC 对于鉴定低丰度的泛素化蛋白具有显而易见的优势。

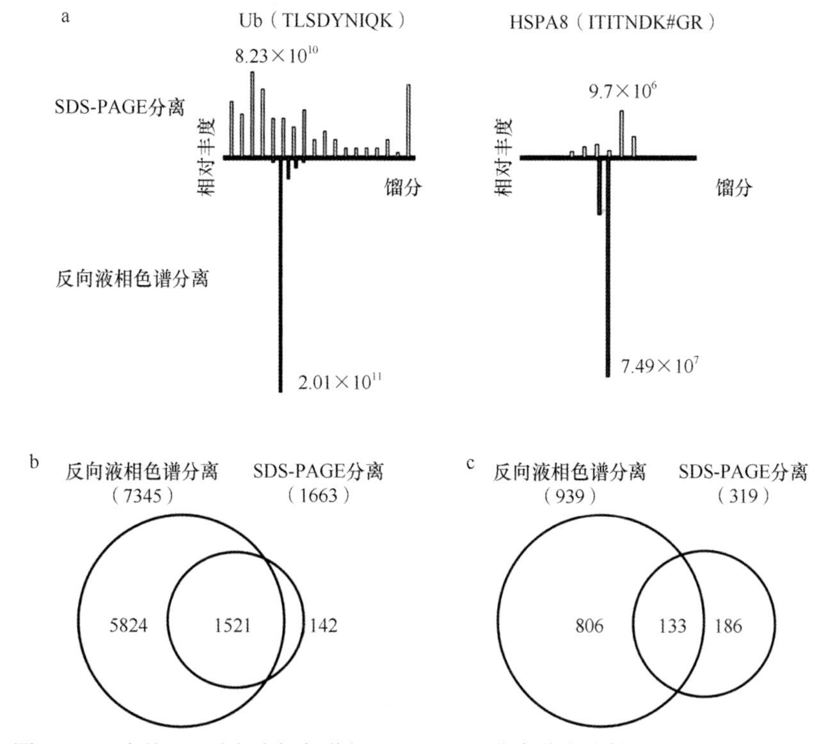

图 12-24　离线 pH 反向液相色谱与 SDS-PAGE 分离鉴定比较（Gao et al.，2016）

a. 泛素分子与 K-ε-GG 肽段在两种分离策略中的含量分布比较；

b 和 c. 两种分离策略鉴定的蛋白质（b）与带有 K-ε-GG 位点（c）的蛋白质比较

另外，这种二维 RPLC 高效分离富集泛素化肽段的优势来自于高和低 pH RPLC 条件下不同肽链的电荷分布不同，因此可更快地完成层析分馏，更好地分辨肽段，峰容量也更高，可更好地实现正交性分离。RPLC 还可利用低盐或者无盐的缓冲液来制备更纯净的样品，进一步提高蛋白质鉴定的效率。

12.5.3.3　基于 C_{18} 的 StageTip 快速分离

对于微量甚至痕量样品，由于电泳分离的稀释效应，其中多数蛋白质由于低于检测限而无法被鉴定到。而高 pH RPLC 系统工作流程长，也会造成样品的大量损失。为解决上述问题，笔者所在实验室开发了一种基于 C_{18} 简易柱的微量泛素化样品快速分离方法，实现了样品的快速高效分离。该方法的原理与高 pH RPLC 一致，但操作简易，样品损失少，效率高（图 12-25）。

将 3 ～ 5μg 的泛素化肽段混合物结合到 C_{18} 反相填料上，然后用百分比含量不同的乙腈洗脱液进行洗脱，分成 8 ～ 10 个馏分，并逐一进行 LC-MS/MS 分析。该方法的优势在于起

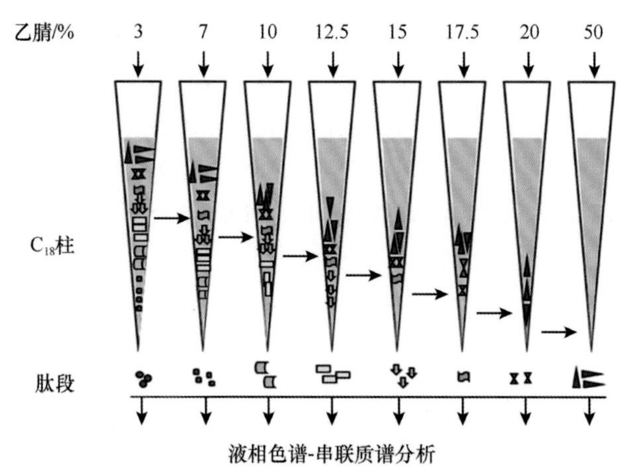

图 12-25　StageTip 快速分离肽段

始样品量少、分离迅速、操作简单。其分离一个样品只需 15 ～ 30min，通量与 SDS-PAGE 策略相当。3 种分离策略的比较见表 12-6。

表 12-6　三种分离策略的比较

	SDS-PAGE	离线高 pH 反相色谱分离	StageTip 快速分离
优点	依据分子质量的大小对蛋白质进行分离；可降低样品复杂度，利于深度覆盖鉴定；可重构泛素化蛋白分子质量迁移情况	相同肽段同时洗脱，提高 K-ε-GG 肽段信号强度，降低高丰度肽段的干扰；鉴定通量高；与 2D-LC-MS 分析兼容性好	损耗较小，适用于微量或痕量样品分离；操作简单、快速；与二维低 pH 液相色谱分离兼容性好
缺点	稀释了低丰度修饰蛋白，不利于低丰度特别是 K-ε-GG 肽段的鉴定	无法获得蛋白质分子质量迁移信息；样品损耗较高，不适用于微量或痕量样品分离	无法获得蛋白质分子质量迁移信息；柱子载量小，不适用于大量样品分离

12.6　泛素化蛋白的鉴定、定量和验证

底物蛋白上含有多个赖氨酸（lysine，K）残基，这些赖氨酸中的一个或多个可同时被不同的泛素链修饰，导致蛋白质泛素化修饰的宏观不均一性；即使在同一修饰位点也可出现同质泛素链或者混合泛素链修饰形式，即蛋白质泛素化修饰的微观不均一性（Sumer-Bayraktar et al.，2012），如图 12-26 所示。泛素链类型、底物蛋白修饰位点的含量都存在着巨大的时空特异性，而这种差异可能代表着不同的生物学功能，形成了错综复杂的“泛素化语言”

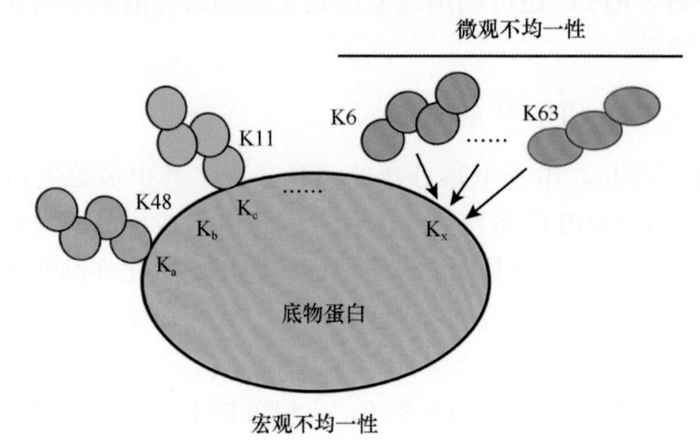

图 12-26　泛素化修饰宏观不均一性与微观不均一性

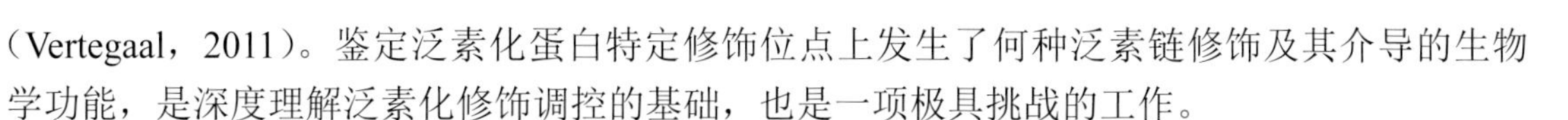

(Vertegaal，2011)。鉴定泛素化蛋白特定修饰位点上发生了何种泛素链修饰及其介导的生物学功能，是深度理解泛素化修饰调控的基础，也是一项极具挑战的工作。

12.6.1　大规模泛素化蛋白质组的鉴定和定量

面对上述泛素化研究的问题与挑战，我们认为利用蛋白质组学的深度覆盖与精确定量，配以有效的泛素化蛋白纯化方法，再结合传统的分子生物学功能研究手段，是有效的解决途径。蛋白质组学技术在翻译后修饰，特别是泛素化蛋白质组学的研究中发挥了独到的作用(Aebersold and Mann，2003；Lyris et al.，2008)。

12.6.1.1　泛素化蛋白质组的深度覆盖

当我们用前述泛素化蛋白的富集方法和分离方法对低丰度、不稳定的泛素化蛋白完成富集、分离后，为解析泛素化修饰的宏观不均一性，关键点就变为如何实现对泛素化蛋白质组的深度覆盖以系统描绘泛素化蛋白质组的全貌（Zhang et al.，2013）。随着高分辨率、高灵敏度生物质谱的快速发展，以鸟枪法（shotgun）为鉴定策略的蛋白质组学，极大地提高了泛素化蛋白和修饰位点的鉴定效率（Aebersold and Mann，2003；Zhang et al.，2013）。

虽然基于蛋白质水平的富集策略（如泛素偶联标签法、串联 UBD 法等）可以鉴定到几千个潜在的泛素化蛋白，但是鉴定的修饰位点往往只有几十至几百个，其根本原因是泛素化蛋白经过胰蛋白酶酶切后，大量的非修饰肽段抑制了修饰肽段的质谱检测。因此，针对泛素化肽段长、离子化效率低、碎裂差、谱图质量低、鉴定效率低的难题，徐平实验室团队利用其实验室开发的新型高效胰蛋白酶镜像酶，研发高效的泛素化肽段质谱鉴定新方法（Xiao et al.，2019)。通过发展能够特异、高效切割赖氨酸、精氨酸 N 端的镜像胰蛋白酶，筛选得到稳定、特异的适用于蛋白质组学研究的新酶切工具；结合人工合成的 K-ε-GG 修饰肽段，建立新型的泛素化修饰鉴定新方法，发展并优化 7 种泛素链的质谱鉴定技术体系；针对泛素化复杂样品，采用胰蛋白酶与胰蛋白酶镜像酶串联酶切的策略，有效缩短泛素化修饰肽段的长度，提高 K-ε-GG 肽段的离子化效率与信号强度；同时使大量非修饰肽段丢失碱性氨基酸，其离子化效率与带电荷数降低，可有效减少非修饰肽段的干扰，从而提高泛素化修饰位点的鉴定效率（图 12-27)。最后，利用新型酶酶切产生肽段的色谱特性实现非修饰肽段与修饰肽段的有效分离富集，比现有的鉴定效率提高 30% 以上，为泛素化修饰调控研究提供更多可靠的底物修饰位点。

同时，评价了胰蛋白酶镜像酶（Ac-LysargiNase）和胰蛋白酶的外切酶活性，结果表明 Ac-LysargiNase 的外切酶活性高于胰蛋白酶。因此，推测在胰蛋白酶酶切肽段后再用 Ac-LysargiNase 进行酶切可能会更有利于修饰位点的鉴定，并通过实验证明了这一猜想。大概有 15% 的 K-ε-GG 肽段能够被切开，降低了修饰肽段的长度，一些理论上不能通过胰蛋白酶酶切鉴定到的修饰位点在串联酶切之后能够被高可信度检测，证明 Ac-LysargiNase 在蛋白质组学和泛素化组学的研究中是一种非常有潜力的工具酶。

12.6.1.2　泛素化蛋白质组的精确定量

从鉴定到定量，是蛋白质组学发展的必然要求。定量蛋白质组学分为绝对定量和相对定量。相对定量又包括无标、化学标记和代谢标记 3 种定量技术，其费用、实验条件和定量精度均逐渐升高（Ong and Mann，2005；Zhang et al.，2013）。以 SILAC 为代表的代谢标记定量策略，由于可在细胞水平将样品进行混合，有效地扣除了样品制备过程中的实验误差，极

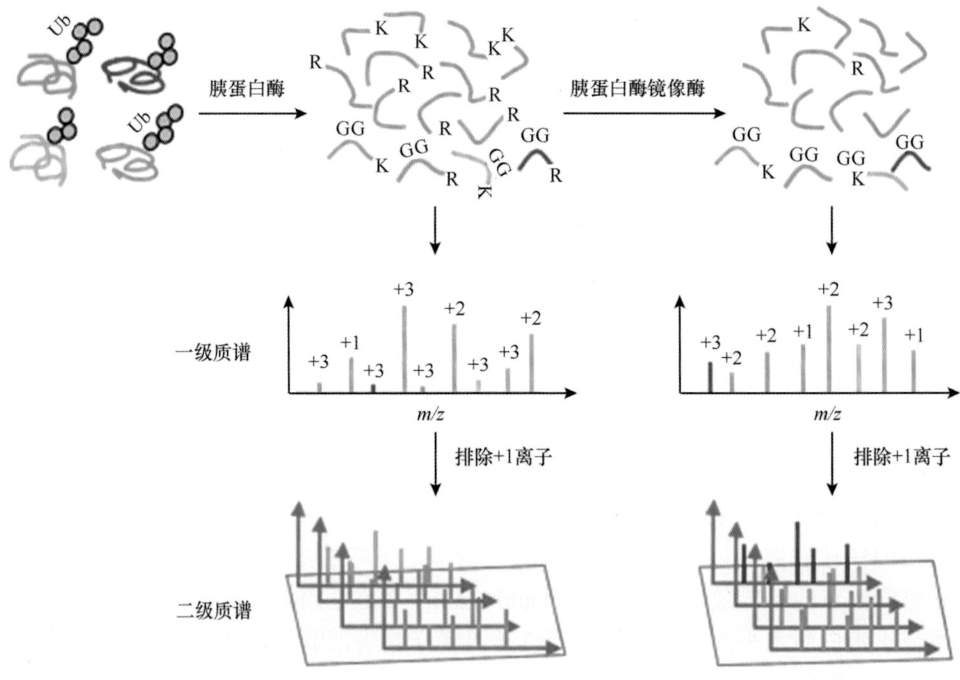

图 12-27　胰蛋白酶及其镜像酶串联酶切 TryC-N 策略示意图（Xiao et al.，2019）

大地提高了定量精度，特别是低丰度肽段的定量误差显著降低，因此在定量蛋白质组学中被作为金标准，得到了广泛的应用。该技术在降低低丰度肽段的定量误差方面效果显著（Cox et al.，2009）。我们通常在细胞层面使用重标的赖氨酸（K）和 / 或精氨酸（R）进行全蛋白质组完全标记，等细胞量混合后，纯化得到泛素化样品或泛素化肽段并进行后续的质谱鉴定与定量。具体的方法参考后面的实验技术。

细胞内泛素链的含量差别较大，常规蛋白质组学鉴定策略很难鉴定全部 7 种泛素链并进行精确定量。除了提高泛素化蛋白的纯化效率，采用高灵敏度的质谱检测方式——选择离子监测（selected reaction monitoring，SRM）技术，也可以有效提高泛素链的鉴定灵敏度，实现对不同泛素链的高效鉴定（图 12-28）（Kirkpatrick et al.，2005；Xu et al.，2006；Cox et al.，2009）。

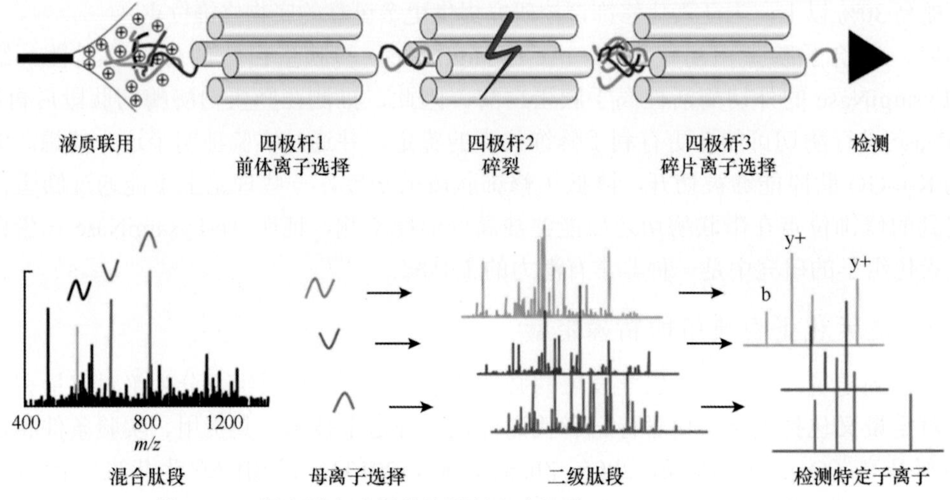

图 12-28　靶向蛋白质组学检测低丰度肽段（Lange et al.，2008）

此外，不同的泛素链动态变化剧烈且含量差异巨大。特定泛素链产生的特异性肽段含量低，采用普通的质谱检测技术很难对7种泛素链进行鉴定与定量。因此，研究者一方面通过高效的富集策略提高泛素化蛋白的纯度，另一方面借助选择离子监测技术，利用化学合成重标肽段为定量内标，实现对样品中7种泛素链的信号进行特异性监测与绝对定量（图12-29）。

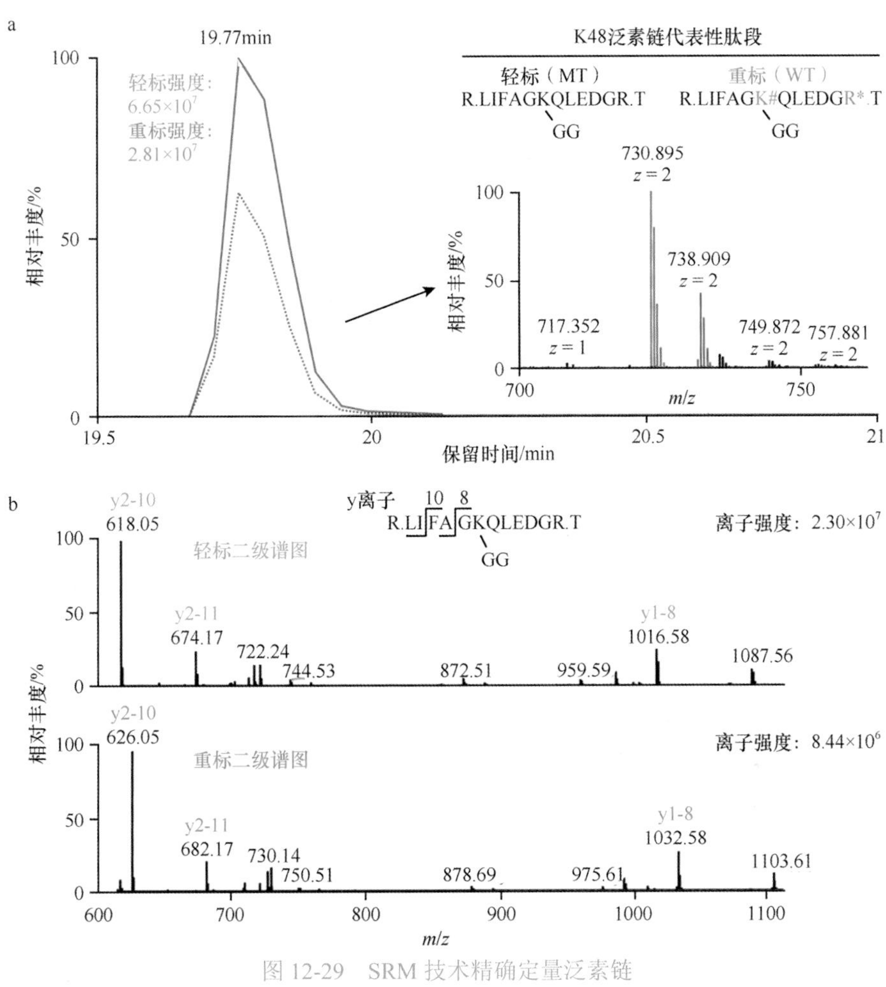

图12-29　SRM技术精确定量泛素链

a. 轻标、重标K-ε-GG肽段共洗脱；b. 轻标、重标K-ε-GG肽段产生的二级质谱图

如前所述，多聚泛素链修饰的蛋白底物经过胰蛋白酶消化后，能够产生特异性代表7种泛素链的肽段，通过监测与定量7种特异性肽段来实现对7种泛素链的监测。为了精确定量泛素链，我们可以合成序列完全相同但含有重稳定同位素标记的特定氨基酸的重标肽段，测定内标肽的绝对含量（即摩尔数），然后加入到待测样品。由于重标肽段与待检测的轻标肽段具有相同的色谱保留时间，可被共洗脱；二者具有相同的化学性质，使之具备相同的离子化条件，可实现精确定量；而质谱可以区分轻、重稳定同位素标记肽段的不同质荷比（图12-29）。因此，比较轻标与重标肽段的信号强度，通过简单的数学计算就可得出待检测样品中代表目的泛素链肽段的绝对含量。

12.6.2 泛素化蛋白的验证方法

12.6.2.1 利用质谱信号重构蛋白质印迹实验

与磷酸化、乙酰化等利用小分子物质的蛋白质修饰类型不同，参与泛素化修饰的泛素本身也是蛋白质，分子质量大，因此泛素化修饰造成底物蛋白分子质量呈现阶梯状的跃迁。更为特殊的是，修饰底物蛋白的泛素单体后续还可被泛素单体修饰，且链长不等，由此导致同一泛素化修饰蛋白分子质量的异质性。而泛素化蛋白在生物体内的快速代谢能力，进一步加剧了泛素化蛋白的异质性。生物体内存在种类繁多、异质性极强的泛素化蛋白，导致蛋白质鉴定和定量困难。但近年来多种富集策略的开发使这一问题得到了良好的解决。

为了反映蛋白质泛素化修饰的状态及其变化，2019 年 Xu 等开发了基于 MATLAB 重构蛋白质分子量迁移及含量变化的虚拟蛋白质免疫印迹法（virtual Western blotting）。该技术根据 SDS-PAGE 中每个凝胶条带的分子质量表征所鉴定到的蛋白质的实验分子质量，而以质谱鉴定得到的蛋白质丰度信息表征每个蛋白质在该特定胶条内的含量（Nicholas and Seyfried，2008）。由此，以条带的位置代表所鉴定的目的蛋白的分子质量，以条带的深浅与宽窄代表蛋白质含量的多少，拟合成了类似 Western blotting 的图像（图 12-30）。该方法可以形象地反映蛋白质发生泛素化修饰后分子质量的跃迁情况，可有效鉴别假阳性泛素化蛋白。

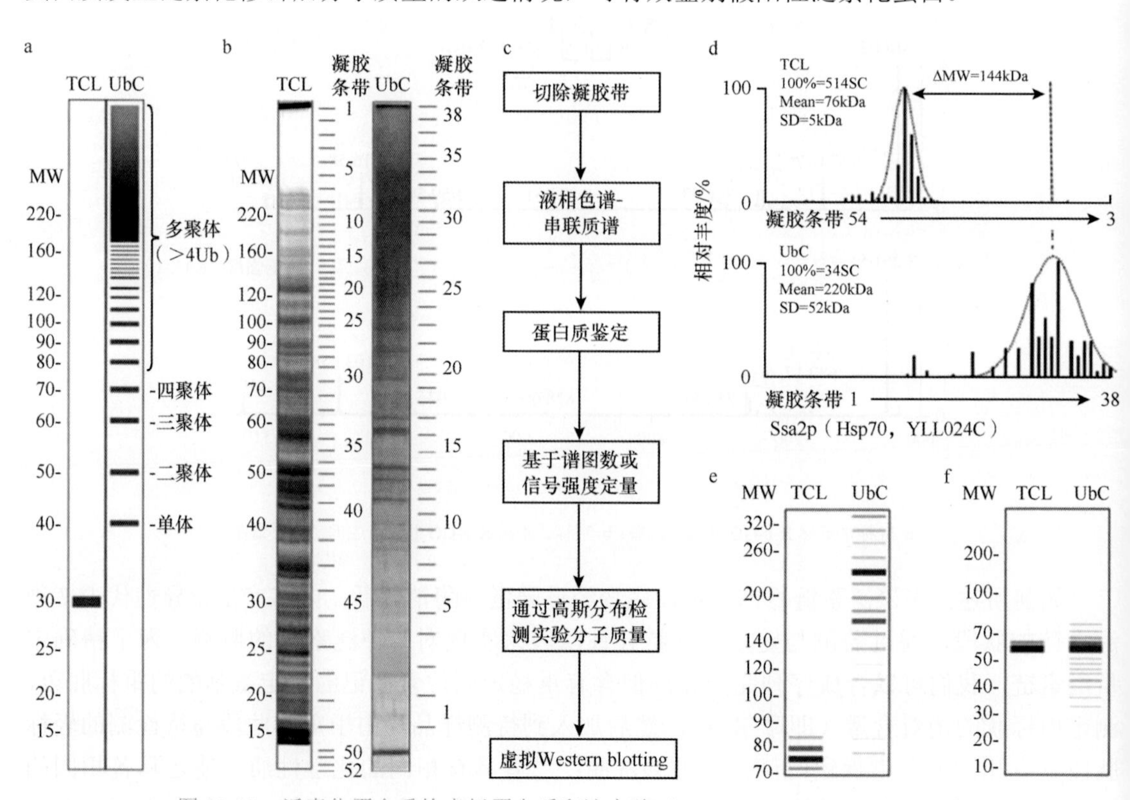

图 12-30 泛素化蛋白重构虚拟蛋白质印迹实验（Nicholas and Seyfried，2008）

a. 全蛋白（TCL）和泛素化蛋白（UbC）虚拟免疫印迹示意图；b. 酵母全蛋白和泛素化蛋白凝聚电泳图；c. 构建虚拟蛋白质免疫印迹法的流程图；d. 全蛋白和泛素化蛋白在凝聚电泳的分子量迁移与信号强度分布；e. 阳性泛素化蛋白的虚拟蛋白质免疫印迹结果；f. 假阳性泛素化蛋白的虚拟蛋白质免疫印迹结果。MW：分子量；SC：谱图数；Mean：平均值；SD：标准差

12.6.2.2 蛋白质印迹法检测目的蛋白的泛素化修饰

利用蛋白质印迹实验检测特定目标蛋白的泛素化修饰。蛋白样品在 SDS-PAGE 分离，根据分子质量切割目标蛋白所处位置的胶条，15V 电压转膜，转膜时间根据蛋白分子质量来确定。在 5% 的脱脂奶粉中封闭硝酸纤维素膜（NC 膜）1h，之后与抗泛素抗体孵育 2h；利用 TBST 溶液清洗 NC 膜 3 次，每次 15min；与相应二抗孵育 1h 后再用 TBST 清洗 3 次，每次 15min；利用 ECL 液进行信号检测。

12.6.2.3 串联亲和结构域法检测目的蛋白的泛素化修饰

利用泛素亲和结构域（UBD）与泛素链的亲和特性，本实验室将多个 UBD 进行串联，并添加一个额外的标签获得串联泛素亲和结构域结合实体（TUBE），通过大肠杆菌表达这种 TUBE，结合一种 Far-Western blotting 技术实现对目的蛋白泛素化修饰的检测。蛋白样品经常规 SDS-PAGE 分离后转印到硝酸纤维素膜上，在 10% 脱脂奶粉中封闭 NC 膜 1h，之后添加特定浓度溶于 10% 脱脂奶粉的 TUBE 溶液，孵育 2h，经 3 次 TBST 清洗去除未结合的 TUBE。此后，再用带 TUBE 偶联标签的抗体孵育 2h，经同样的 TBST 清洗 3 次，孵育相应二抗 1h 后再清洗 3 次，最后用 ECL 液孵育 2min 显影。

这里重点介绍基于徐平实验室团队开发的串联杂合泛素结合结构域（ThUBD）发展的一种新的显色策略，这种策略融入了 Far-Western blotting 方法，被命名为 TUF-WB（图 12-31）。利用这种策略，可以像基于泛素抗体的方法一样检测膜上的泛素化信号。通过这个方法，可以实现对所有 8 种二聚泛素链的无偏好性检测。由于商品化的泛素抗体通常对某种连接类型的泛素链表现出极强的偏好性，新建立的策略与泛素抗体相比在泛素链的检测上具有非常强大的优势。利用 TUF-WB 策略可以准确地反映底物上泛素化信号的化学剂量。

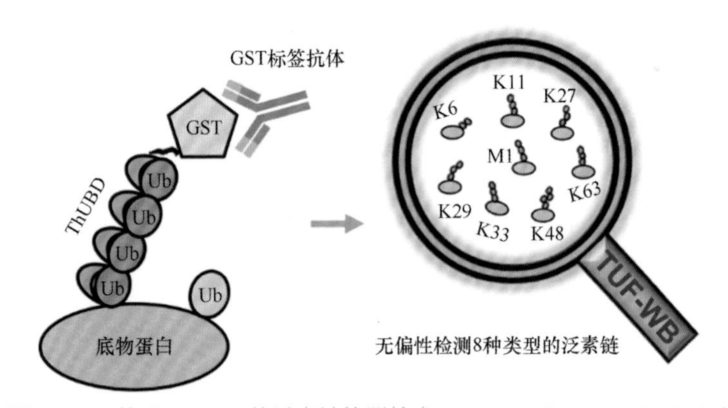

图 12-31 基于 ThUBD 的泛素链检测技术 TUF-WB（Xiao et al.，2020）

此外，ThUBD 的使用和保存都是非常容易的，它可以在 –30℃冰箱保存半年。总而言之，TUF-WB 策略能够高灵敏度地检测所有类型的泛素链，为研究者提供了一个非常有用的检测泛素链的工具。前期通过免疫共沉淀（co-immunoprecipitation，CoIP）和表面等离子共振（surface plasmon Resonance，SPR）实验，发现 ThUBD 对泛素链表现出较高的亲和力（KD=4 ～ 8μmol/L），而对单泛素分子的亲和力要相对较弱（KD= ～ 100μmol/L）。当 ThUBD 用于 K63 泛素链和单泛素分子的显色时，我们也观察到了同样的现象：将等量的 K63 链和单泛素分子上样检测，K63 链的信号明显高于单泛素分子。

为了充分地表征ThUBD精准检测泛素链的能力，检测了所有8种连接类型的二聚泛素链。等量的8种二聚泛素链上样后分别用TUF-WB和两种最常用的商业化抗体（Ub-1和Ub-2）平行检测，银染信号作为参照。TUF-WB方法能够几乎无偏好性地实现对所有8种泛素链的检测（图12-32）。但是从泛素抗体的检测结果上我们看到，来自K63链的信号高于其他7条泳道之和，说明泛素抗体在泛素链的检测上具有非常明显的偏好性。除了K63链的信号，在泛素抗体的结果中我们还看到了微弱的来自M1链的信号，Ub-1检测到更加微弱的K48链信号。这些结果表明泛素抗体对K63链的亲和力最高，其次是M1链，再次是K48链，对其他泛素链的亲和力非常弱。

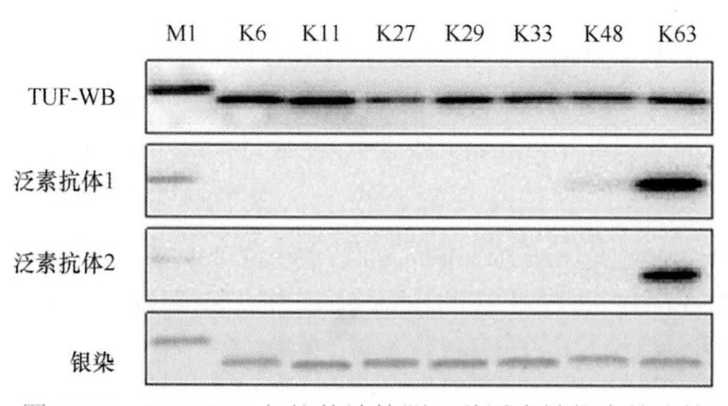

图12-32　TUF-WB与抗体法检测8种泛素链能力的比较

12.6.2.4　体外活性检测

通过体外反应测定泛素化相关酶为某特定底物添加泛素化修饰的活性，或者去除某特定泛素化底物上泛素链修饰的活性，成为研究泛素化相关酶与底物特异性关系的常用方法（Mevissen et al.，2013；Hospenthal et al.，2015）。以去泛素化酶为例，在大肠杆菌BL21内表达去泛素化酶，非变性条件下纯化，通过SDS-PAGE考染定量去泛素化酶浓度。然后配制5×反应体系溶液（250mmol/L NaCl、250mmol/L Tris pH 7.5、25mmol/L DTT），为了抑制去泛素化酶的活性，使用10mmol/L的*N*-乙基马来酰亚胺（NEM）。将1μg的去泛素化酶溶解到反应体系内，37℃孵育活化10min，抑制组加入NEM提前封闭去泛素化酶的活性位点。去泛素化酶孵育活化后，将经泛素化修饰的某特定底物和经泛素化修饰的阴性底物与去泛素化酶分别混合，并在37℃孵育5～10min。最后利用SDS上样缓冲液终止反应，15%的SDS-PAGE分离并使用抗泛素的抗体进行蛋白质印迹实验以检测反应效率。

12.6.3　泛素化底物的筛选策略

12.6.3.1　泛素化蛋白水平的定量筛选策略

泛素连接酶主要负者识别底物蛋白，并在底物蛋白上添加或生成泛素链，对底物蛋白的泛素化程度是促进的。为了更好地筛选Hrt3的底物蛋白，研究者对野生型酵母菌株进行了常规的遗传改造：过表达Hrt3和敲除Hrt3，同时结合SILAC定量蛋白质组学的手段，筛选Hrt3的底物蛋白（图12-33）。利用SILAC方法，将过表达Hrt3（Hrt3-OE）或者敲除Hrt3（Hrt3-KO）菌株等量与野生型（WT）菌株混合，通过裂解纯化得到泛素化蛋白。质谱定量后，分析比较不同样品中相关蛋白质的泛素化信号强弱，以此为依据寻找泛素连接酶Hrt3的底物蛋白。理论上，过表达Hrt3菌株和野生型菌株相比底物蛋白的泛素化水平升高；相反，敲除Hrt3菌株和野生型菌株相比底物蛋白的泛素化水平降低。但是实际上，细胞当中的泛

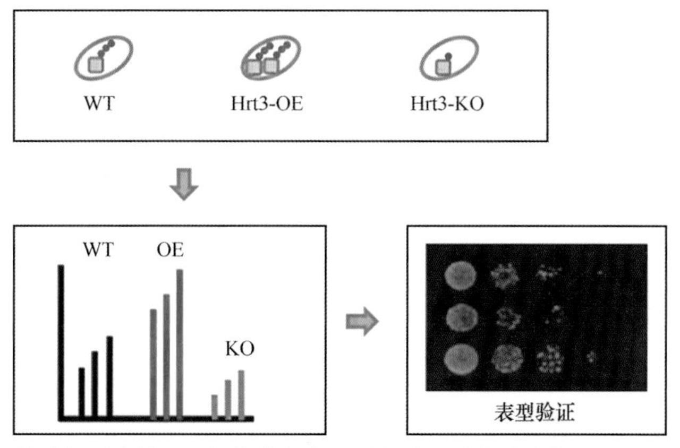

图 12-33　敲除与过表达 E3 策略结合定量蛋白质组学筛选底物（Lan et al.，2020）

素化调控网络相当复杂，并且存在一定的冗余性。过表达泛素连接酶 Hrt3，造成底物蛋白上泛素化修饰增多，相应的应该有衰减机制，如增加 DUB 的表达等。同样，敲除泛素连接酶 Hrt3，会有其他的泛素连接酶填补 Hrt3 的缺失。

参考过表达和敲除策略在 K6 泛素链修饰底物筛选与功能研究中的应用，我们通过上述两种遗传手段结合定量蛋白质组学技术筛选得到了泛素连接酶 Hrt3 的 77 个潜在底物。对潜在底物 NCE103 进一步验证，发现 Hrt3 可以通过调控 NCE103 的泛素化降解过程影响其稳定性。并且发现 Hrt3 参与了氧敏感和氧化应激过程，这一过程可能与 Hrt3 对 NCE103 的稳定性调控有关。

通过该研究，我们推荐在筛选泛素连接酶 E3 底物时使用过表达的策略，在筛选去泛素化酶底物时使用敲除策略，主要目的是增加其底物的泛素化水平，通过相应的富集手段和质谱检测技术，提升相应底物筛选的效率和准确性。

12.6.3.2　泛素化修饰位点水平的定量筛选策略

通过系统评估去泛素化酶与泛素链的特异性关系可以得出结论：缺失特定的去泛素化酶会引起其偏好的泛素链累积。基于这一点，结合定量蛋白质组学开发了基于特定泛素链-修饰位点特异性的底物筛选策略，可直接判断底物蛋白修饰位点上的泛素链类型、受何种去泛素化酶调控。研究者将该策略命名为 DILUS（DUB-mediated identification of linkage-specific ubiquitinated substrate）。

以 Ubp2 与 K63 链的特异性关系为例，证明 DILUS 策略的可行性与高效性（图 12-34）。在 Ubp2 缺失的菌株中，K63 链相比于野生型会发生显著累积。研究者将泛素化蛋白简化为三类：①只发生 K63 链修饰；②发生 K63 链和其他链的修饰；③存在泛素化修饰，没有 K63 链修饰。Ubp2 缺失会引起①类底物蛋白的累积，泛素化蛋白和相应的 K-ε-GG 修饰肽段变化趋势一致。②类修饰底物在泛素化蛋白水平没有显著变化，而 K-ε-GG 修饰肽段会有显著的累积，其 K1 位点可能发生了 K63 链修饰且受到 Ubp2 的调控，而 K2 位点可能发生其他链的修饰且受到别的去泛素化酶调控。③类泛素化蛋白在蛋白质和 K-ε-GG 修饰肽段水平都不会累积。

目前，利用蛋白质组学筛选泛素化酶系统的底物，通常只是从蛋白质定量层面出发，将泛素化蛋白作为一个整体去寻找上调候选蛋白。结合泛素修饰宏观不均一性，引入 K-ε-GG 修饰肽段作为筛选标准，可以有效地补充筛选策略。更为重要的是，通过此策略可以直接确定泛素链修饰的底物位点。

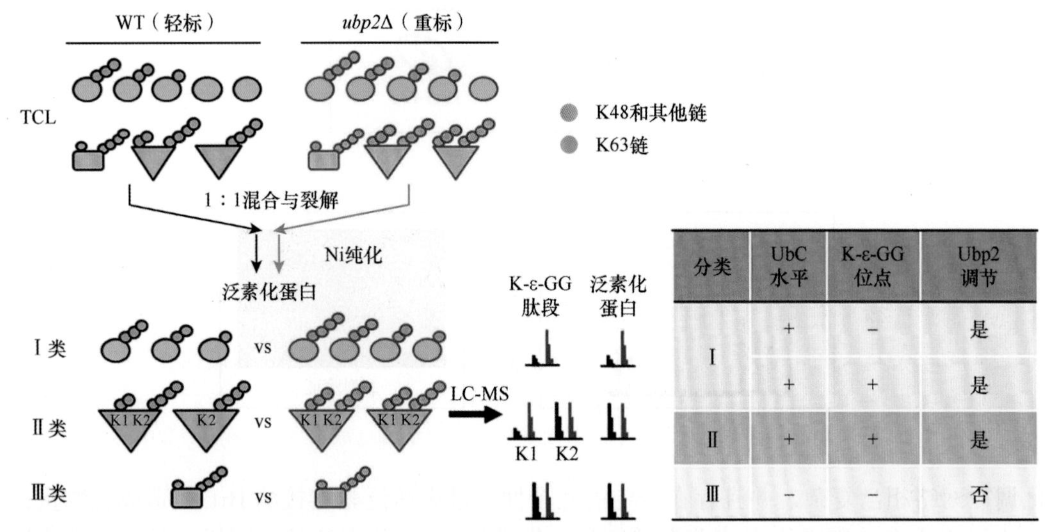

分类	UbC 水平	K-ε-GG 位点	Ubp2 调节
Ⅰ	+	−	是
	+	+	是
Ⅱ	+	+	是
Ⅲ	−	−	否

图 12-34　K63 链位点特异性修饰底物蛋白的筛选策略（Li et al.，2020）

"+"代表阳性结果；"−"代表阴性结果

这里需要特别说明：为了研究的可行性我们将调控模型简化为三类，真实的调控可能更加复杂，包括 Ubp2 的缺失也会引起其他链微弱的累积，Ubp2 的缺失可能会引发其他去泛素化酶进行功能弥补，泛素化修饰改变后引起底物蛋白总含量的变化等。

通过 MaxQuant 分别对 6 个数据集进行鉴定和定量分析，共鉴定到 3380 个潜在的泛素化蛋白（UbC），其编码基因占酵母基因组的 51.1%，其中有定量信息的为 2990 个蛋白质，具有两次质谱及以上定量信息的有 2507 个蛋白质。将利用 SILAC 正反标鉴定的蛋白质呈现到十字象限内，以 2 为底取定量比值（*ubp2*Δ/WT）的对数，考察两次定量的分布，其中正标 *ubp2*Δ/WT，N=2689 和反标 *ubp2*Δ/ WT，N =2777。对定量数据利用 t 检验得出统计学分析 P＜0.01 的差异蛋白，最后共得到上调蛋白 112 个（图 12-35）。

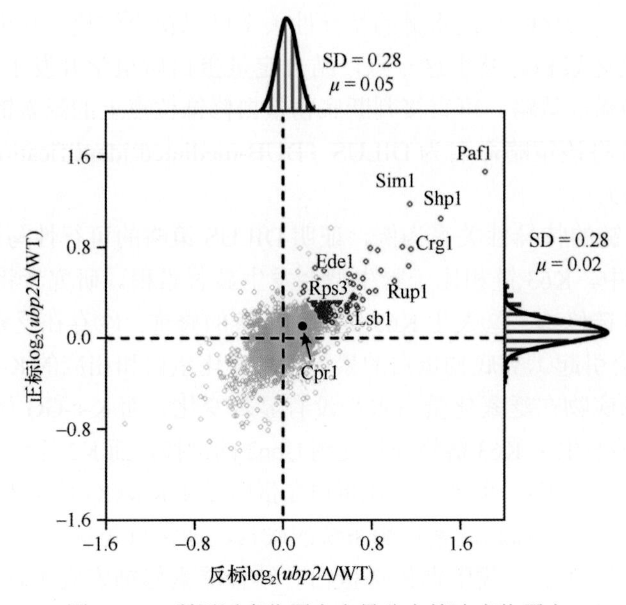

图 12-35　利用泛素化蛋白定量分布筛选底物蛋白

在该研究中，敲除去泛素化酶 Ubp2 会引起相应底物泛素化水平的提高，即上调蛋白是 Ubp2 的潜在底物。定量数据显示，Rps3 和 Ede1 作为阳性对照，在 Ubp2 敲除后显著上调，表明了该策略的有效性。

DILUS 根据原理，除了可鉴定上调泛素化蛋白作为候选蛋白，还可利用 K-ε-GG 修饰肽段的定量信息来筛选位点特异性的 Ubp2 底物，如图 12-34 所示。上调的 K-ε-GG 肽段代表 Ubp2 的位点特异性底物蛋白（红点），共筛选到 11 个带有修饰位点的底物蛋白。例如，阳性对照 Ub（K63）上调，前面已经证明 Ubp2 对 K63 链具有偏好性，敲除 Ubp2 会造成 K63 链的累积，而对 K48 链影响不明显。除此之外，文献已报到 Rps3 能够发生 K63 链修饰，通过我们的数据推测 Rps3 在 K212 位点发生了 K63 链修饰，并受到 Ubp2 的调控。

分析比较同一蛋白质上不同修饰位点的变化情况可以发现，Ubp2 的缺失并不会引起相应底物所有修饰位点变化，而是只有特异性的位点发生了变化。例如，Ubp2 参与 Rsp3 的 K212 位点调控，对 K45 修饰位点影响较小，K45 位点可能受到其他去泛素化酶的特异性调控（图 12-36）。这表明去泛素化酶调控底物蛋白不是以蛋白质为整体的，而是精确到修饰位点。利用定量蛋白质组学系统评价了细胞内去泛素化酶与泛素链的特异性关系，开发了基于特异性关系筛选特定泛素链修饰底物的策略，揭示了去泛素化酶特异性参与泛素化宏观不均一性的调控过程，构筑了“泛素链-底物蛋白-去泛素化酶-功能”关系网络，为系统、深入地理解去泛素化酶精准调控泛素化网络提供了参考。

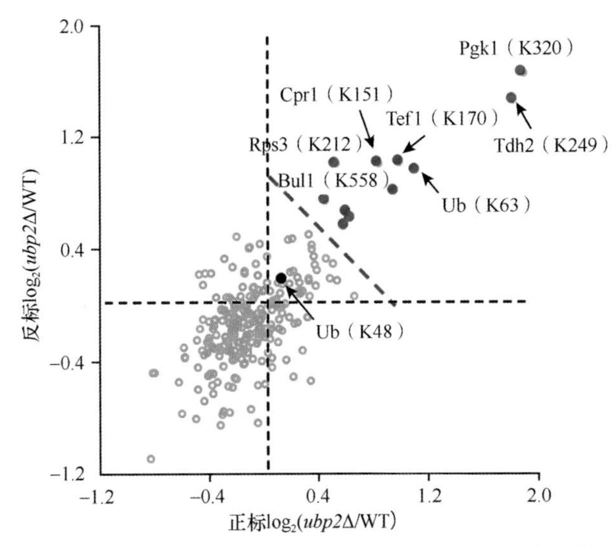

图 12-36　泛素化修饰位点水平的 SILAC 定量比较筛选底物蛋白

参考文献

邱小波, 张宏, 王琛, 等. 2020. 泛素家族介导的蛋白质降解和细胞自噬. 北京: 科学出版社.

Aebersold R, Mann M. 2003. Mass spectrometry-based proteomics. Nature, 422(6928): 198.

Anand A, Rojas C M, Tang Y, et al. 2012. Several components of SKP1/Cullin/F-box E3 ubiquitin ligase complex and associated factors play a role in *Agrobacterium*-mediated plant transformation. New Phytol., 195(1): 203-216.

Baumberger N, Tsai C H, Lie M, et al. 2007. The *Polerovirus* silencing suppressor P0 targets ARGONAUTE proteins for degradation. Curr. Biol., 17(18): 1609-1614.

Book A J, Gladman N P, Lee S S, et al. 2010. Affinity purification of the *Arabidopsis* 26S proteasome reveals a diverse array of plant proteolytic complexes. J. Biol. Chem., 285(33): 25554-25569.

Callis J. 2014. The ubiquitination machinery of the ubiquitin system. The Arabidopsis Book, 12: e0174.

Callis J, Carpenter T, Sun C W, et al. 1995. Structure and evolution of genes encoding polyubiquitin and ubiquitin-like proteins in *Arabidopsis thaliana* ecotype Columbia. Genetics, 139(2): 921-939.

Carmo Costa M, Paulson H L. 2012. Toward understanding Machado-Joseph disease. Prog. Neurobiol., 97(2): 239-257.

Carolan J C, Caragea D, Reardon K T, et al. 2011. Predicted effector molecules in the salivary secretome of the pea aphid (*Acyrthosiphon pisum*): a dual transcriptomic/proteomic approach. J. Proteome Res., 10(4): 1505-1518.

Catic A, Ploegh H L. 2005. Ubiquitin-conserved protein or selfish gene? Trends Biochem. Sci., 30 (11): 600-604.

Chau V, Tobias J W, Bachmair A, et al. 1989. A multiubiquitin chain is confined to specific lysine in a targeted short-lived protein. Science, 243(4898): 1576-1583.

Chen Z J, Sun L J. 2009. Nonproteolytic functions of ubiquitin in cell signaling. Mol. Cell, 33(3): 275-286.

Cheng M C, Hsieh E J, Chen J H, et al. 2012. *Arabidopsis* RGLG2, functioning as a RING E3 ligase, interacts with AtERF53 and negatively regulates the plant drought stress response. Plant Physiol., 158(1): 363-375.

Chung E, Cho C W, So H A, et al. 2013. Overexpression of VrUBC1, a mung bean E2 ubiquitin-conjugating enzyme, enhances osmotic stress tolerance in *Arabidopsis*. PLoS ONE, 8(6): e66056.

Ciechanover A, Finley D, Varshavsky A. 1984. Ubiquitin dependence of selective protein degradation demonstrated in the mammalian cell cycle mutant ts85. Cell, 37(1): 57-66.

Ciehanover A, Hod Y, Hershko A. 1978. A heat-stable polypeptide component of an ATP-dependent proteolytic system from reticulocytes. Biochem. Biophys. Res. Commun., 81(4): 1100-1105.

Cope G A, Suh G S, Aravind L, et al. 2002. Role of predicted metalloprotease motif of Jab1/Csn5 in cleavage of Nedd8 from Cul1. Science, 298(5593): 608-611.

Cox J, Matic I, Hilger M, et al. 2009. A practical guide to the MaxQuant computational platform for SILAC-based quantitative proteomics. Nat. Protoc., 4(5): 698-705.

Das R, Liang Y H, Mariano J, et al. 2013. Allosteric regulation of E2: E3 interactions promote a processive ubiquitination machine. EMBO J., 32(18): 2504-2516.

Dikic I, Wakatsuki S, Walters K J. 2009. Ubiquitin-binding domains-from structures to functions. Nat. Rev. Mol. Cell Biol., 10(10): 659-671.

Dill A, Jung H S, Sun T P. 2001. The DELLA motif is essential for gibberellin-induced degradation of RGA. Proc. Natl. Acad. Sci. USA, 98(24): 14162-14167.

Ding C, Jiang J, Wei J Y, et al. 2013. A fast workflow for identification and quantification of proteomes. Molecular & Cellular Proteomics, 12(8): 2370-2380.

Doelling J H, Yan N, Kurepa J, et al. 2001. The ubiquitin-specific protease UBP14 is essential for early embryo development in *Arabidopsis thaliana*. The Plant Journal, 27(5): 393-405.

Dong C H, Agarwal M, Zhang Y, et al. 2006a. The negative regulator of plant cold responses, HOS1, is a RING E3 ligase that mediates the ubiquitination and degradation of ICE1. Proc. Natl. Acad. Sci. USA, 103(21): 8281-8286.

Dong W, Nowara D, Schweizer P. 2006b. Protein polyubiquitination plays a role in basal host resistance of barley. The Plant Cell, 18(11): 3321-3331.

Dornan D, Wertz I, Shimizu H, et al. 2004. The ubiquitin ligase COP1 is a critical negative regulator of p53. Nature, 429(6987): 86.

Downes B P, Saracco S A, Lee S S, et al. 2006. MUBs, a family of ubiquitin-fold proteins that are plasma membrane-anchored by prenylation. J. Biol. Chem., 281(37): 27145-27157.

Dreher K, Callis J. 2007. Ubiquitin, hormones and biotic stress in plants. Ann. Bot., 99 (5): 787-822.

Eddins M J, Carlile C M, Gomez K M, et al. 2006. Mms2-Ubc13 covalently bound to ubiquitin reveals the structural basis of linkage-specific polyubiquitin chain formation. Nat. Struct. Mol. Biol., 13(10): 915-920.

Etlinger J D, Goldberg A L. 1977. A soluble ATP-dependent proteolytic system responsible for the degradation of abnormal proteins in reticulocytes. Proc. Natl. Acad. Sci. USA, 74(1): 54-58.

Ewan R, Pangestuti R, Thornber S, et al. 2011. Deubiquitinating enzymes AtUBP12 and AtUBP13 and their tobacco homologue NtUBP12 are negative regulators of plant immunity. New Phytol., 191(1): 92-106.

Finley D, Bartel B, Varshavsky A. 1989. The tails of ubiquitin precursors are ribosomal proteins whose fusion to ubiquitin facilitates ribosome biogenesis. Nature, 338(6214): 394-401.

Finley D, Ciechanover A, Varshavsky A. 1984. Thermolability of ubiquitin-activating enzyme from the mammalian cell cycle mutant *ts85*. Cell, 37(1): 43-55.
Finley D, Ulrich H D, Sommer T, et al. 2012. The ubiquitin-proteasome system of *Saccharomyces cerevisiae*. Genetics., 192(2): 319-360.
Gagne J M, Smalle J, Gingerich D J, et al. 2004. *Arabidopsis* EIN3-binding F-box 1 and 2 form ubiquitin-protein ligases that repress ethylene action and promote growth by directing EIN3 degradation. Proc. Natl. Acad. Sci. USA, 101(17): 6803-6808.
Gao Y, Li Y, Zhang C, et al. 2016. Enhanced purification of ubiquitinated proteins by engineered tandem hybrid ubiquitin-binding domains (ThUBDs). Mol. Cell. Proteomics, 15(4): 1381-1396.
Godoy L M, Olsen J V, Cox J, et al. 2008. Comprehensive mass-spectrometry-based proteome quantification of haploid versus diploid yeast. Nature, 455(7217): 1251-1254.
Goldberg A L, St John A C. 1976. Intracellular protein degradation in mammalian and bacterial cells: part 2. Annu. Rev. Biochem., 45: 747-803.
Goldberg A L, Strnad N P, Swamy K H. 1979. Studies of the ATP dependence of protein degradation in cells and cell extracts. Ciba Foundation Symposium, 75: 227-251.
Gonda D K, Bachmair A, Wünning I, et al. 1989. Universality and structure of the N-end rule. J. Biol. Chem., 264(28): 16700-16712.
Goritschnig S, Zhang Y, Li X. 2007. The ubiquitin pathway is required for innate immunity in *Arabidopsis*. The Plant Journal, 49(3): 540-451.
Gray W M, Hellmann H, Dharmasiri S, et al. 2002. Role of the *Arabidopsis* RING-H2 protein RBX1 in RUB modification and SCF function. The Plant Cell, 14 (9): 2137-2144.
Guo D, Spetz C, Saarma M, et al. 2003. Two potato proteins, including a novel RING finger protein (HIP1), interact with the potyviral multifunctional protein HCpro. Mol. Plant-Microbe Interact., 16(5): 405-410.
Hamosh A, Scott A F, Amberger J S, et al. 2005. Online mendelian inheritance in man (OMIM), a knowledgebase of human genes and genetic disorders. Nucleic Acids Res., 33: D514-D517.
Hardtke C S, Okamoto H, Stoop-Myer C, et al. 2002. Biochemical evidence for ubiquitin ligase activity of the *Arabidopsis* COP1 interacting protein 8 (CIP8). The Plant Journal, 30(4): 385-394.
Hatfield P M, Gosink M M, Carpenter T B, et al. 1997. The ubiquitin-activating enzyme (E1) gene family in *Arabidopsis thaliana*. The Plant Journal, 11(2): 213-226.
Hatsugai N, Iwasaki S, Tamura K, et al. 2009. A novel membrane fusion-mediated plant immunity against bacterial pathogens. Genes Dev., 23(21): 2496-2506.
Hellmann H, Hobbie L, Chapman A, et al. 2003. *Arabidopsis AXR6* encodes CUL1 implicating SCF E3 ligases in auxin regulation of embryogenesis. EMBO J., 22(13): 3314-3325.
Hershko A, Ciechanover A. 1998. The ubiquitin system. Annu. Rev. Biochem., 67(1): 425-479.
Hershko A, Ciechanover A, Heller H, et al. 1980. Proposed role of ATP in protein breakdown: conjugation of protein with multiple chains of the polypeptide of ATP-dependent proteolysis. Proc. Natl. Acad. Sci. USA, 77(4): 1783-1786.
Hershko A, Ciechanover A, Rose I A. 1979. Resolution of the ATP-dependent proteolytic system from reticulocytes: a component that interacts with ATP. Proc. Natl. Acad. Sci. USA, 76(7): 3107-3110.
Hershko A, Ciechanover A, Varshavsky A. 2000. Basic medical research award. The ubiquitin system. Nat. Med., 6(10): 1073-1081.
Hjerpe R, Aillet F, Lopitz-Otsoa F, et al. 2009. Efficient protection and isolation of ubiquitylated proteins using tandem ubiquitin-binding entities. EMBO Rep., 10(11): 1250-1258.
Hochstrasser M, Varshavsky A. 1990. *In vivo* degradation of a transcriptional regulator: the yeast alpha 2 repressor. Cell, 61(4): 697-708.
Hoeller D, Dikic I. 2009. Targeting the ubiquitin system in cancer therapy. Nature, 458(7237): 438-444.
Hoeller D, Hecker C M, Dikic I. 2006. Ubiquitin and ubiquitin-like proteins in cancer pathogenesis. Nat. Rev. Cancer, 6(10): 776-788.
Hong J K, Choi H W, Hwang I S, et al. 2007. Role of a novel pathogen-induced pepper C3-H-C4 type RING-finger protein gene, CaRFP1, in disease susceptibility and osmotic stress tolerance. Plant Mol. Biol., 63(4): 571-588.

Hospenthal M K, Mevissen T E, Komander D. 2011. Deubiquitinase-based analysis of ubiquitin chain architecture using ubiquitin chain restriction (UbiCRest). Nat. Protoc., 10(2): 349-361.

Huang O W, Cochran A G. 2013. Regulation of deubiquitinase proteolytic activity. Curr. Opin. Struct. Biol., 23(6): 806-811.

Husnjak K, Dikic I. 2012. Ubiquitin-binding proteins: decoders of ubiquitin-mediated cellular functions. Annu. Rev. Biochem., 81(1): 291-322.

Isono E, Nagel M K. 2014. Deubiquitylating enzymes and their emerging role in plant biology. Front. Plant Sci., 5: 56.

Jentsch S, McGrath J P, Varshavsky A. 1987. The yeast DNA repair gene RAD6 encodes a ubiquitin-conjugating enzyme. Nature, 329(6135): 131-134.

Kajava A V, Anisimova M, Peeters N. 2008. Origin and evolution of GALA-LRR, a new member of the CC-LRR subfamily: from plants to bacteria? PLoS ONE, 3(2): e1694.

Kasai K, Takano J, Miwa K, et al. 2011. High boron-induced ubiquitination regulates vacuolar sorting of the BOR1 borate transporter in *Arabidopsis thaliana*. J. Biol. Chem., 286(8): 6175-6183.

Katsiarimpa A, Kalinowska K, Anzenberger F, et al. 2013. The deubiquitinating enzyme AMSH1 and the ESCRT-Ⅲ subunit VPS2. 1 are required for autophagic degradation in *Arabidopsis*. The Plant Cell, 25(6): 2236-2252.

Kee Y, Munoz W, Lyon N, et al. 2006. The deubiquitinating enzyme Ubp2 modulates Rsp5-dependent Lys63-linked polyubiquitin conjugates in *Saccharomyces cerevisiae*. J. Biol. Chem., 281(48): 36724-36731.

Kirkpatrick D S, Gerber S A, Gygi S P. 2005. The absolute quantification strategy: a general procedure for the quantification of proteins and post-translational modifications. Methods, 35(3): 265-273.

Kirschner R J, Goldberg A L. 1983. A high molecular weight metalloendoprotease from the cytosol of mammalian cells. J. Biol. Chem., 258(2): 967-976.

Komander D, Rape M. 2012. The ubiquitin code. Annu. Rev. Biochem., 81: 203-229.

Kowit J D, Goldberg A L. 1977. Intermediate steps in the degradation of a specific abnormal protein in *Escherichia coli*. J. Biol. Chem., 252(23): 8350-8357.

Kulathu Y, Komander D. 2012. Atypical ubiquitylation: the unexplored world of polyubiquitin beyond Lys48 and Lys63 linkages. Nat. Rev. Mol. Cell Biol., 13(8): 508-523.

Lan Q, Wang Y, Sun Z, et al. 2019. Quantitative proteomics combined with two genetic strategies for screening substrates of ubiquitin ligase Hrt3. J. Proteome Res., 19(1): 493-502.

Lange V, Picotti P, Domon B, et al. 2008. Selected reaction monitoring for quantitative proteomics: a tutorial. Mol. Syst. Biol., 4(1): 222.

Larimore F S, Waxman L, Goldberg A L. 1982. Studies of the ATP-dependent proteolytic enzyme, protease La, from *Escherichia coli*. J. Biol. Chem., 257(8): 4187-4195.

Li W, Schmidt W. 2010. A lysine-63-linked ubiquitin chain-forming conjugase, UBC13, promotes the developmental responses to iron deficiency in *Arabidopsis* roots. The Plant Journal, 62 (2): 330-343.

Li W, Zhong S, Li G, et al. 2011. Rice RING protein OsBBI1 with E3 ligase activity confers broad-spectrum resistance against *Magnaporthe oryzae* by modifying the cell wall defence. Cell Res., 21(5): 835.

Li W F, Perry P J, Prafulla N N, et al. 2010. Ubiquitin-specific protease 14 (UBP14) is involved in root responses to phosphate deficiency in *Arabidopsis*. Mol. Plant, 3 (1): 212-223.

Li Y, Dammer E B, Gao Y, et al. 2019. Proteomics links ubiquitin chain topology change to transcription factor activation. Mol. Cell, 76(1): 126-137.

Li Y, Qiu Y, Xu C, et al. 2020. Ubiquitin linkage specificity of deubiquitinases determines cyclophilin nuclear localization and degradation. Science, 23(4): 100984.

Licchesi J D, Mieszczanek J, Mevissen T E, et al. 2012. An ankyrin-repeat ubiquitin-binding domain determines TRABID's specificity for atypical ubiquitin chains. Nat. Struct. Mol. Biol., 19(1): 62-71.

Lin S S, Martin R, Mongrand S, et al. 2008. RING1 E3 ligase localizes to plasma membrane lipid rafts to trigger FB1-induced programmed cell death in *Arabidopsis*. The Plant Journal, 56(4): 550-561.

Ling R, Colón E, Dahmus M E, et al. 2000. Histidine-tagged ubiquitin substitutes for wild-type ubiquitin in *Saccharomyces cerevisiae* and facilitates isolation and identification of *in vivo* substrates of the ubiquitin pathway. Anal. Biochem., 282(1): 54-64.

Liu Y, Wang F, Zhang H, et al. 2008. Functional characterization of the *Arabidopsis* ubiquitin-specific protease gene family reveals specific role and redundancy of individual members in development. The Plant Journal, 55(5): 844-856.

Luo M, Luo M Z, Buzas D, et al. 2008. UBIQUITIN-SPECIFIC PROTEASE 26 is required for seed development and the repression of PHERES1 in *Arabidopsis*. Genetics, 180(1): 229-236.

Ma L, Gao Y, Qu L, et al. 2002. Genomic evidence for COP1 as a repressor of light-regulated gene expression and development in *Arabidopsis*. The Plant Cell, 14(10): 2383-2398.

Maekawa S, Sato T, Asada Y, et al. 2012. The *Arabidopsis* ubiquitin ligases ATL31 and ATL6 control the defense response as well as the carbon/nitrogen response. Plant Mol. Biol., 79(3): 217-227.

Marin I. 2013. Evolution of plant HECT ubiquitin ligases. PLoS ONE, 8 (7): e68536.

Marin I, Ferrús A. 2002. Comparative genomics of the RBR family, including the Parkinson's disease-related gene Parkin and the genes of the Ariadne subfamily. Mol. Biol. Evol., 19(12): 2039-2050.

Marino D, Peeters N, Rivas S. 2012. Ubiquitination during plant immune signaling. Plant Physiol., 160(1): 15-27.

Mevissen T E, Hospenthal M K, Geurink P P, et al. 2013. OTU deubiquitinases reveal mechanisms of linkage specificity and enable ubiquitin chain restriction analysis. Cell, 154(1): 169-184.

Miao Y, Zentgraf U. 2010. A HECT E3 ubiquitin ligase negatively regulates *Arabidopsis* leaf senescence through degradation of the transcription factor WRKY53. The Plant Journal, 63(2): 179-188.

Min M, Mevissen T E, De Luca M, et al. 2011. Efficient APC/C substrate degradation in cells undergoing mitotic exit depends on K11 ubiquitin linkages. Mol. Biol. Cell, 26(24): 4325-4332.

Moon J, Parry G, Estelle M. 2004. The ubiquitin-proteasome pathway and plant development. The Plant Cell, 16(12): 3181-3195.

Morimoto K, Mizoi J, Qin F, et al. 2013. Stabilization of *Arabidopsis* DREB2A is required but not sufficient for the induction of target genes under conditions of stress. PLoS ONE, 8 (12): e80457.

Nicholas T, Seyfried P X. 2008. Systematic approach for validating the ubiqutinated proteome. Anal. Chem., 80: 4161-4169.

Nijman S B, Luna-Vargas M A, Velds A, et al. 2005. A genomic and functional inventory of deubiquitinating enzymes. Cell, 123(5): 773-786.

Ong S E, Mann M. 2005. Mass spectrometry-based proteomics turns quantitative. Nat. Chem. Biol., 1(5): 252-262.

Patra B, Pattanaik S, Yuan L. 2013. Ubiquitin protein ligase 3 mediates the proteasomal degradation of GLABROUS 3 and ENHANCER OF GLABROUS 3, regulators of trichome development and flavonoid biosynthesis in *Arabidopsis*. The Plant Journal, 74(3): 435-447.

Peng J, Schwartz D, Elias J E, et al. 2003. A proteomics approach to understanding protein ubiquitination. Nat. Biotechnol., 21(8): 921.

Pickart C M, Rose I A. 1985. Functional heterogeneity of ubiquitin carrier proteins. J. Biol. Chem., 260(3): 1573-1581.

Pieterse C M, Leon-Reyes A, van der Ent S, et al. 2009. Networking by small-molecule hormones in plant immunity. Nat. Chem. Biol., 5(5): 308-316.

Qin F, Sakuma Y, Tran L S P, et al. 2008. *Arabidopsis* DREB2A-interacting proteins function as RING E3 ligases and negatively regulate plant drought stress-responsive gene expression. The Plant Cell, 20(6): 1693-1707.

Saijo Y, Sullivan J A, Wang H, et al. 2003. The COP1-SPA1 interaction defines a critical step in phytochrome A-mediated regulation of HY5 activity. Genes Dev., 17(21): 2642-2647.

Santos Maraschin F, Memelink J, Offringa R. 2009. Auxin-induced, SCFTIR1 mediated poly-ubiquitination marks AUX/IAA proteins for degradation. The Plant Journal, 59(1): 100-109.

Sato T, Maekawa S, Yasuda S, et al. 2011. Identification of 14-3-3 proteins as a target of ATL31 ubiquitin ligase, a regulator of the C/N response in *Arabidopsis*. The Plant Journal, 68(1): 137-146.

Schmitz R J, Tamada Y, Doyle M R, et al. 2009. Histone H2B deubiquitination is required for transcriptional activation of FLOWERING LOCUS C and for proper control of flowering in *Arabidopsis*. Plant Physiol., 149(2): 1196-1204.

Seo H S, Yang J Y, Ishikawa M, et al. 2003. LAF1 ubiquitination by COP1 controls photomorphogenesis and is stimulated by SPA1. Nature, 423(6943): 995.

Shi Y, Chan D W, Jung S Y, et al. 2011. A data set of human endogenous protein ubiquitination sites. Mol. Cell. Proteomics, 10(5): M110. 002089.

Silva G M, Finley D, Vogel C. 2011. K63 polyubiquitination is a new modulator of the oxidative stress response. Nat. Struct. Mol. Biol., 22(2): 116-123.

Simpson M V. 1953. The release of labeled amino acids from the proteins of rat liver slices. J. Biol. Chem., 201(1): 143-154.

Sims J J, Cohen R E. 2009. Linkage-specific avidity defines the lysine 63-linked polyubiquitin-binding preference of rap80. Mol. Cell, 33(6): 775-783.

Sims J J, Haririnia A, Dickinson B C, et al. 2009. Avid interactions underlie the Lys63-linked polyubiquitin binding specificities observed for UBA domains. Nat. Struct. Mol. Biol., 16(8): 883-889.

Smalle J, Kurepa J, Yang P, et al. 2003. The pleiotropic role of the 26S proteasome subunit RPN10 in *Arabidopsis* growth and development supports a substrate-specific function in abscisic acid signaling. The Plant Cell, 15(4): 965-980.

Smalle J, Vierstra R D. 2004. The ubiquitin 26S proteasome proteolytic pathway. Annu. Rev. Plant Biol., 55: 555-590.

Spratt D E, Walden H, Shaw G S. 2014. RBR E3 ubiquitin ligases: new structures, new insights, new questions. Biochem. J., 458(3): 421-437.

Sridhar V V, Kapoor A, Zhang K, et al. 2007. Control of DNA methylation and heterochromatic silencing by histone H2B deubiquitination. Nature, 447(7145): 735.

Stenson P D, Mort M, Ball E V, et al. 2014. The human gene mutation database: building a comprehensive mutation repository for clinical and molecular genetics, diagnostic testing and personalized genomic medicine. Hum. Genet., 133(1): 1-9.

Stone S L. 2014. The role of ubiquitin and the 26S proteasome in plant abiotic stress signaling. Front. Plant Sci., 5: 135.

Stone S L, Anderson E M, Mullen R T, et al. 2003. ARC1 is an E3 ubiquitin ligase and promotes the ubiquitination of proteins during the rejection of self-incompatible *Brassica* pollen. The Plant Cell, 15(4): 885-898.

Stone S L, Hauksdóttir H, Troy A, et al. 2005. Functional analysis of the RING-type ubiquitin ligase family of *Arabidopsis*. Plant Physiol., 137(1): 13-30.

Sumer-Bayraktar Z, Nguyen-Khuong T, Jayo R, et al. 2012. Micro- and macroheterogeneity of *N*-glycosylation yields size and charge isoforms of human sex hormone binding globulin circulating in serum. Proteomics, 12(22): 3315-3327.

Tanaka K, Waxman L, Goldberg A L. 1983. ATP serves two distinct roles in protein degradation in reticulocytes, one requiring and one independent of ubiquitin. J. Cell. Biol., 96(6): 1580-1585.

Tytgat T, Vanholme B, De Meutter J, et al. 2004. A new class of ubiquitin extension proteins secreted by the dorsal pharyngeal gland in plant parasitic cyst nematodes. Mol. Plant-Microbe Interact., 17(8): 846-852.

Udeshi N D, Svinkina T, Mertins P, et al. 2013. Refined preparation and use of anti-diglycine remnant (K-epsilon-GG) antibody enables routine quantification of 10,000s of ubiquitination sites in single proteomics experiments. Mol. Cell. Proteomics, 12(3): 825-831.

Varshavsky A. 2005. Ubiquitin fusion technique and related methods. Methods Enzymol., 399: 777-799.

Vertegaal A C. 2011. Uncovering ubiquitin and ubiquitin-like signaling networks. Chem. Rev., 111(12): 7923-7940.

Vierstra R D. 2009. The ubiquitin-26S proteasome system at the nexus of plant biology. Nat. Rev. Mol. Cell Biol., 10(6): 385.

Vijay-Kumar S, Bugg C E, Cook W J. 1987. Structure of ubiquitin refined at 1.8 Å resolution. J. Mol. Biol., 194(3): 531-544.

Wagner S A, Beli P, Weinert B T, et al. 2011. A proteome-wide, quantitative survey of *in vivo* ubiquitylation sites reveals widespread regulatory roles. Mol. Cell Proteomics, 10(10): M111. 013284.

Walsh C K, Sadanandom A. 2014. Ubiquitin chain topology in plant cell signaling: a new facet to an evergreen story. Front. Plant Sci., 5: 122.

Wang F, Zhu D, Huang X, et al. 2009. Biochemical insights on degradation of *Arabidopsis* DELLA proteins gained from a cell-free assay system. The Plant Cell, 21(8): 2378-2390.

Wang H, Deng X W. 2003. Dissecting the phytochrome A-dependent signaling network in higher plants. Trends Plant Sci., 8(4): 172-178.

Wang K C, Yoshida H, Lurin C, et al. 2004. Regulation of ethylene gas biosynthesis by the *Arabidopsis* ETO1 protein. Nature, 428(6986): 945.

Welchman R L, Gordon C, Mayer R J. 2005. Ubiquitin and ubiquitin-like proteins as multifunctional signals. Nat. Rev. Mol. Cell Biol., 6(8): 599-609.

Wilkinson K D. 2005. The discovery of ubiquitin-dependent proteolysis. Proc. Natl. Acad. Sci. USA, 102(43): 15280-15282.

Xiao W, Liu Z, Luo W, et al. 2020. Specific and unbiased detection of polyubiquitination via a sensitive non-antibody approach. Anal. Chem., 92(1): 1074-1080.

Xiao W, Zhang J, Wang Y, et al. 2019. Ac-LysargiNase complements trypsin for the identification of ubiquitinated Sites. Anal. Chem., 91(24): 15890-15898.

Xie Q, Guo H S, Dallman G, et al. 2002. SINAT5 promotes ubiquitin-related degradation of NAC1 to attenuate auxin signals. Nature, 419(6903): 167.

Xu G, Paige J S, Jaffrey S R. 2010. Global analysis of lysine ubiquitination by ubiquitin remnant immunoaffinity profiling. Nat. Biotechnol., 28(8): 868-873.

Xu P, Cheng D, Duong D M, et al. 2006. A proteomic strategy for quantifying polyubiquitin chain topologies. Isr. J. Chem., 46(2): 171-182.

Xu P, Duong D M, Seyfried N T, et al. 2009. Quantitative proteomics reveals the function of unconventional ubiquitin chains in proteasomal degradation. Cell, 137(1): 133-145.

Yaeno T, Iba K. 2008. BAH1/NLA, a RING-type ubiquitin E3 ligase, regulates the accumulation of salicylic acid and immune responses to *Pseudomonas syringae* DC3000. Plant Physiol., 148(2): 1032-1041.

Yaeno T, Li H, Chaparro-Garcia A, et al. 2011. Phosphatidylinositol monophosphate-binding interface in the oomycete RXLR effector AVR3a is required for its stability in host cells to modulate plant immunity. Proc. Natl. Acad. Sci. USA, 108(35): 14682-14687.

Yan N, Doelling J H, Falbel T G, et al. 2000. The ubiquitin-specific protease family from *Arabidopsis* AtUBP1 and 2 are required for the resistance to the amino acid analog canavanine. Plant Physiol., 124(4): 1828-1843.

Yang P, Fu H, Walker J, et al. 2004. Purification of the *Arabidopsis* 26S proteasome biochemical and molecular analyses revealed the presence of multiple isoforms. J. Biol. Chem., 279(8): 6401-6413.

Yang P, Smalle J, Lee S, et al. 2007. Ubiquitin C-terminal hydrolases 1 and 2 affect shoot architecture in *Arabidopsis*. The Plant Journal, 51(3): 441-457.

Ye Y, Blaser G, Horrocks M H, et al. 2012. Ubiquitin chain conformation regulates recognition and activity of interacting proteins. Nature, 492(7428): 266-270.

Yin X J, Volk S, Ljung K, et al. 2007. Ubiquitin lysine 63 chain-forming ligases regulate apical dominance in *Arabidopsis*. The Plant Cell, 19(6): 1898-1911.

Zhang Y, Fonslow B R, Shan B, et al. 2013. Protein analysis by shotgun/bottom-up proteomics. Chem. Rev., 113(4): 2343-2394.

第 13 章
糖基化蛋白质组学

13.1 概　　述

翻译后修饰（PTM）是复杂生物系统中蛋白质活性和功能的一种重要调节形式，既包括蛋白质主链肽键的剪切，也包括蛋白质侧链化学结构的转换。糖基化修饰是 PTM 的一种类型，其普遍存在于微生物、植物和动物等真核生物细胞中，50% 以上的蛋白质会发生糖基化（Apweiler et al.，1999）。在蛋白质上修饰糖链，不受任何模板指导，而是受到上百种糖基转移酶和水解酶的联合调控，其中任何酶丰度或活性、单糖底物活性等发生异常改变都可能诱导糖基化的变化（Rakus et al.，2011；Chandler and Goldman，2013）。蛋白质糖基化修饰广泛参与各种生理和病理过程，其在生理状态下参与细胞黏附、识别、信号转导等重要过程，影响蛋白质的分泌、运输和稳态调控（Hebert et al.，2014）。多种疾病的发生与发展都伴随有蛋白质糖基化修饰的变化，如肿瘤、炎症、植物的盐耐受、应激响应等。对糖基化修饰调控酶的结构和功能研究，糖蛋白修饰位点及各位点上糖链结构的变化研究，大大提高了人们对糖基化修饰参与调控生理和病理过程的认识，对于了解糖基化修饰的结构与功能具有重要意义。

13.1.1　糖基化修饰结构特征

糖基化是蛋白质成熟的一个重要过程，在内质网中，糖链被添加到新合成的多肽上，参与蛋白质折叠、质控、分拣及运输，并在高尔基体中经过更多步骤的加工，获得更复杂的结构（Helenius and Aebi，2001；Van Kooyk and Rabinovich，2008）。蛋白质糖基化完成后，被运送到细胞不同区域发挥各种功能。根据蛋白质与糖链连接方式的不同，蛋白质糖基化的类型可以分为通过氮原子与蛋白质连接的 *N*-糖基化（*N*-linked glycosylation）、通过氧原子与蛋白质连接的 *O*-糖基化（*O*-linked glycosylation）、糖基磷脂酰肌醇锚（glycosyl phosphatidyl inositol anchor，GPI 锚）、通过碳原子与蛋白质连接的 *C*-糖基化（*C*-linked glycosylation）等，而 *O*-连接糖包括 *O*-连接的 *N*-乙酰葡糖胺（*O*-GlcNAc）、*N*-乙酰半乳糖胺（*O*-GalNAc）等。在真核动物中，组成聚糖的单糖常见的有 10 种类型：岩藻糖（fucose，Fuc）、半乳糖（galactose，Gal）、葡萄糖（glucose，Glc）、*N*-乙酰葡糖胺（*N*-acetylglucosamine，GlcNAc）、*N*-乙酰半乳糖胺（*N*-acetylgalactosamine，GalNAc）、葡萄糖醛酸（glucuronic acid，GlcA）、艾杜糖醛酸（iduronic acid，IdoA）、唾液酸（sialic acid，SA）、甘露糖（mannose，Man）和木糖（xylose，Xyl）。这些单糖的组合加上单糖间连接方式（1-2、1-3、1-4 等）、单体状态（α、β）、分支、长度和侧链取代（硫酸化、羧基化等）的差异，构成聚糖结构的多样性。

13.1.2　*N*-糖基化修饰

N-糖基化是糖链的还原端通过天冬酰胺（Asn）侧链的酰胺氮原子（N）与蛋白质连接。*N*-糖基化多出现在天冬酰胺-X-丝氨酸 / 苏氨酸（Asn-X-Ser/Thr）序列中（X 指脯氨酸之外的任意氨基酸），而与 Asn 连接的起始单糖几乎均为 *N*-乙酰葡糖胺（GlcNAc）。*N*-糖均含有由 3 个甘露糖（Man）和两个 GlcNAc 构成的五糖核心结构（Man3GlcNAc2）。根据五糖核心结构外围糖链的延长方式不同，*N*-糖链可进一步分为：①高甘露糖型（oligomannose），外围糖链均由甘露糖构成；②复合型（complex），外围天线（antennae）由半乳糖 Gal、SA、GlcNAc 等构成；③杂合型（hybrid），外围甘露糖仅连接五糖核心结构的 Man*α*-1,6 臂，而其他天线糖链连接 Man*α*-1,3 臂（图 13-1）。

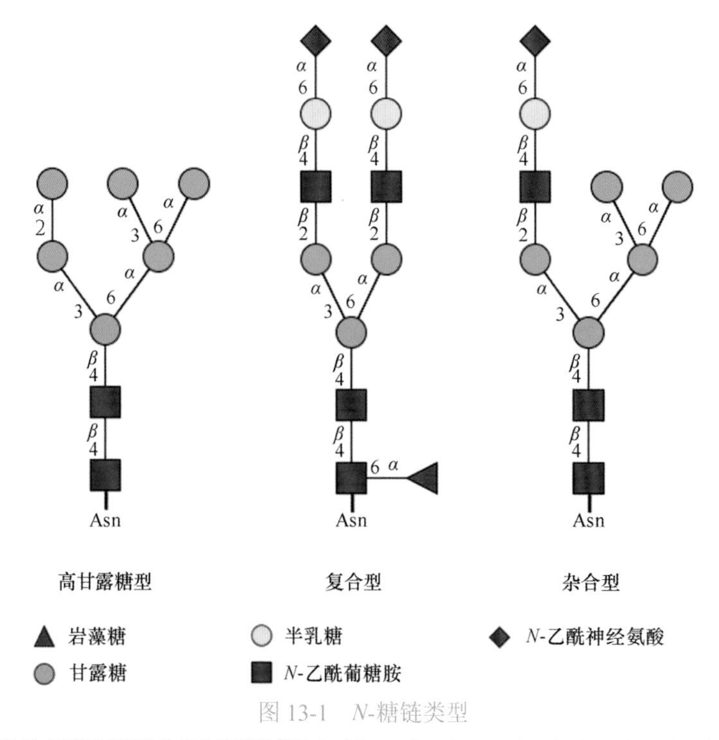

图 13-1　*N*-糖链类型

聚糖结构卡通展示规则参考功能糖组学协会（Consortium for Functional Glycomics，CFG）标准

N-糖链由多个单糖残基通过糖苷键组合而成，细胞内的单糖需要由高能磷酸键（尿苷二磷酸 UDP、鸟苷二磷酸 GDP 或单磷酸胞苷 CMP）活化后才能用于糖链的合成。糖苷键的形成由糖基转移酶（glycosyltransferase）负责催化，遵从“一种酶、一连接”规则，即不同的糖苷键由相应的糖基转移酶催化形成（表 13-1）。糖链在细胞内的合成不遵循固定的模板，其序列和结构取决于各种糖基转移酶活性和单糖底物浓度等。被修饰蛋白的结构及细胞微环境都会对糖链结构产生影响。

表 13-1 用于合成糖链的单糖活化形式

单糖种类	活化形式
Glc Gal GlcNAc GalNAc GlcA Xyl	UDP
Man Fuc	GDP
SA	CMP

在所有真核生物中，*N*-糖基化修饰始于内质网（ER），以动物细胞为例，其蛋白质 *N*-糖基化的过程可分为以下几个阶段。

（1）多萜醇二磷酸化聚糖前体的合成

UDP-GlcNAc 与一端嵌入内质网膜内部的多萜醇（Dol-P）头部连接，形成 GlcNAc-P-P-Dol 进而启动合成进程，此阶段反应发生在内质网的胞质面。随后第二个 GlcNAc 及 5 个 Man 分别以 UDP-GlcNAc 和 GDP-Man 的活化形式逐步连接至 GlcNAc-P-P-Dol 上，形成 Man5GlcNAc2-P-P-Dol 结构。此阶段反应结束后 Man5GlcNAc2-P-P-Dol 翻转至内质网腔内侧，并在其他糖基转移酶的催化下延长糖链，最终形成 Glc3Man9GlcNAc2-P-P-Dol，含有 14 个单糖残基的前体结构。

（2）聚糖前体由多萜醇转移至新生蛋白质

在寡糖转移酶（oligosaccharyltransferase，OST）的催化下，由 14 个单糖残基构成的前体 Glc3Man9GlcNAc2 由多萜醇整体转移进 ER 的新生蛋白质 Asn 侧链上。近年来，对已发现的糖基化修饰 Asn 邻近序列研究表明，Asn 紧邻的 –1 位是芳香族氨基酸或疏水氨基酸的可能性较大，而 +1 位和 +3 位分别是小疏水氨基酸和大疏水氨基酸的可能性较大。除了 +1 位完全没有和 +3 位可能性较小，糖基化位点的邻近序列常会发现脯氨酸的存在。从蛋白质二级结构的角度来看，糖基化位点多出现在肽链转角或弯曲处（Berman et al.，2003）。进一步的研究发现，*N*-糖基化发生与否往往依赖于 Asn 侧链和 +2 位 Ser/Thr 侧链羟基间的空间距离，两者相距约 0.73Å 时最有可能发生糖基化修饰（Petrescu et al.，2006）。

（3）聚糖结构的再加工

Glc3Man9GlcNAc2 修饰的蛋白质在葡萄糖苷酶及甘露糖苷酶的作用下，释放葡萄糖残基和甘露糖残基，形成 Man8GlcNAc2-Asn（Man8）结构并随蛋白质进入高尔基体得到进一步加工。在高尔基体内部，*N*-糖链首先形成 Man5GlcNAc2-Asn（Man5）高甘露糖型结构，并在此基础上被加工为杂合型和复合型结构（图 13-2）。

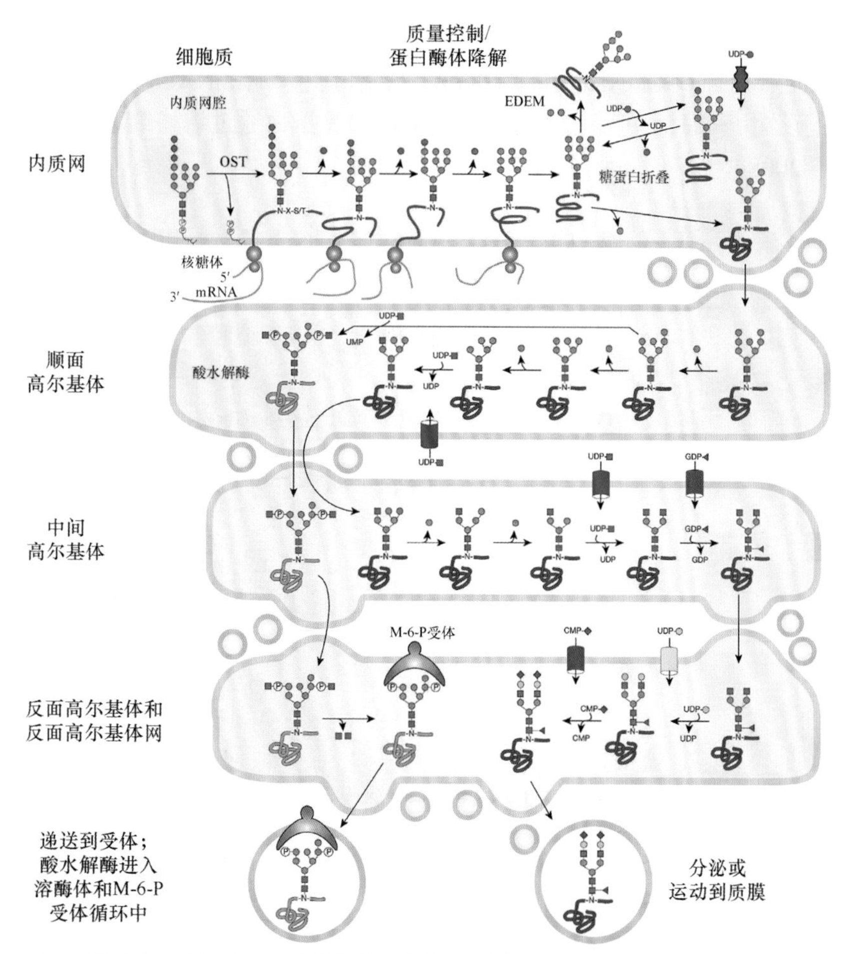

图 13-2　动物细胞中蛋白质 *N*-糖基化的高级加工过程（Kornfeld R and Kornfeld S，1985）

OST：寡糖转移酶；EDEM：内质网降解增强性甘露糖苷酶；UDP：尿苷二磷酸；UMP：尿嘧啶苷酸；GDP：鸟苷二磷酸；CMP：单磷酸胞苷；M-6-P：甘露糖-6-磷酸

13.1.3　*O*-糖基化修饰

O-糖基化是糖链的还原端通过氧原子（O）与蛋白质连接。根据与 *O*-连接的糖链种类，蛋白质 *O*-糖基化包括 *O*-GlcNAc、*O*-GalNAc、*O*-Man 等类型，连接的氨基酸残基包括丝氨酸、苏氨酸、酪氨酸、羟赖氨酸残基等。黏蛋白型 *O*-糖基化修饰由 GalNAc 起始，其与丝氨酸和苏氨酸残基的羟基 *α*-位连接。研究表明，约 1/3 的来自啮齿动物大脑的 *O*-糖基化为黏蛋白型（Strahl-Bolsinger et al.，1993）。此外，有几种类型的非黏蛋白型 *O*-糖基化修饰，包括 *α*-连接的 *O*-岩藻糖、*β*-连接的 *O*-木糖、*α*-连接的 *O*-甘露糖、*β*-连接的 *O*-GlcNAc、*α*-或 *β*-连接的 *O*-半乳糖和 *α*-或 *β*-连接的 *O*-葡萄糖修饰。

哺乳动物基因组编码大约 20 种不同的多肽-*N*-乙酰半乳糖氨基转移酶（ppGalNAcT），将 GalNAc 从 UDP-GalNAc 转移到含羟基的氨基酸上（Ten et al.，2003）。*O*-GalNAc 聚糖修饰开始于顺面高尔基体，有 8 种核心结构（图 13-3a），在这些核心结构基础上可以延伸形成复杂糖链（图 13-3b），这个过程有多种酶参与（图 13-4），最终形成 ABO 和 Lewis 血型决定簇、线性抗原（Gal*β*-1,4GlcNAc*β*-1,3Gal-）和 GlcNAc*β*-1,6 支链 I 抗等。*O*-GalNAc 聚糖的末端结构含有 Fuc、Gal、GlcNAc、SA、GalNAc，这些末端糖结构大多具备抗原性，或是凝集素的识别位点，如唾液酸化和硫酸化的Lewis抗原是选择素的配体。在黏蛋白中，多肽上可以有数百个位点具有*O*-GalNAc类复杂糖链。这些具有*O*-GalNAc修饰的糖蛋白在免疫系统、细胞间相互作用和癌症中具有多种重要作用，如黏蛋白通过诱捕细菌来保护组织的能力（Linden et al.，2008）。

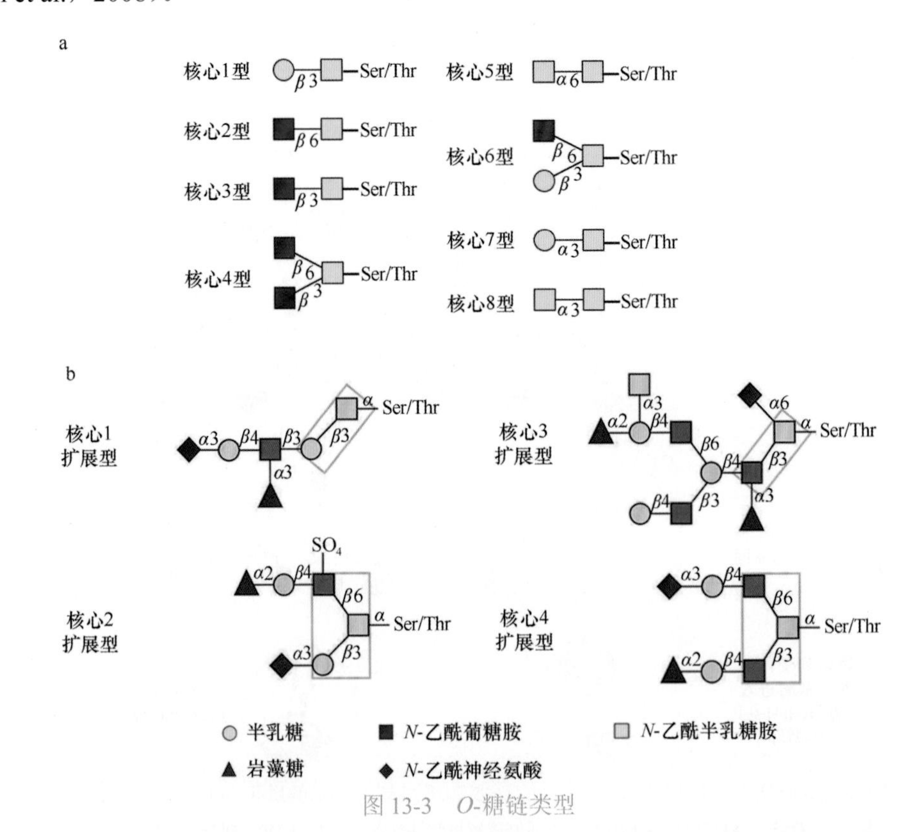

图 13-3 *O*-糖链类型

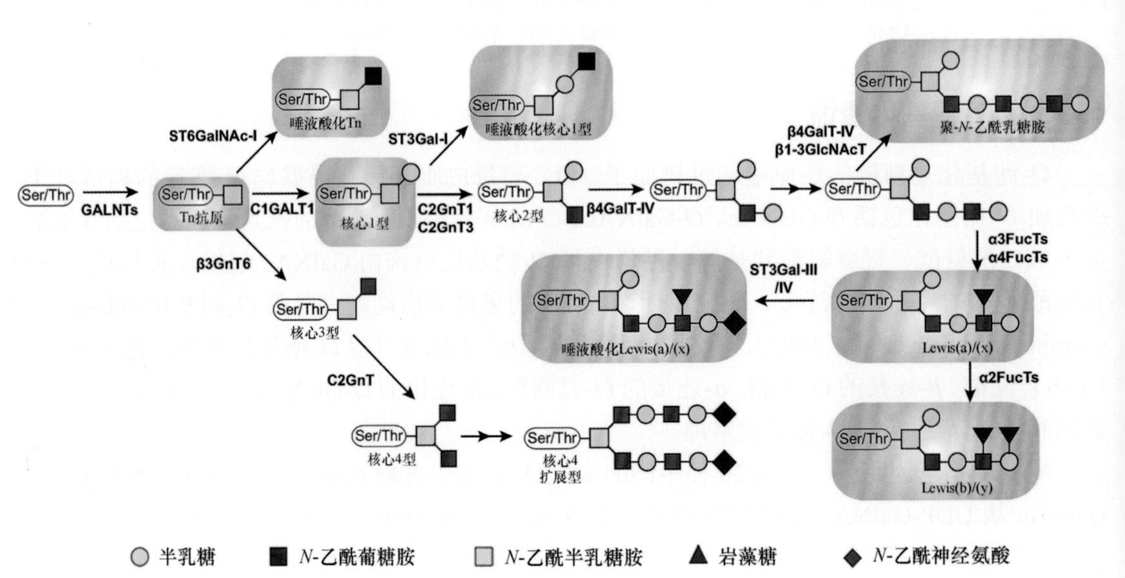

图 13-4 *O*-糖链高级加工过程（Chia et al.，2016）

13.1.4　*β-N-*乙酰葡糖胺修饰

O-GlcNAc修饰指GlcNAc以*O*-糖苷键与蛋白质的丝氨酸或苏氨酸羟基相连接。*O*-GlcNAc修饰只涉及一个单糖结构，1984年由Torres和Hart在鼠类淋巴细胞中首次发现。*O*-GlcNAc单糖是通过两种酶进行催化添加或去除的，分别是*O*-GlcNAc糖基转移酶（OGT）、*O*-GlcNAc糖苷酶（OGA）（图13-5）。该修饰广泛存在于细胞核与细胞质中，是一种重要的蛋白质功能调控方式。目前已发现的1000多种*O*-GlcNAc糖蛋白中，主要为细胞骨架蛋白、核孔蛋白、转录因子、激素受体、磷酸酶、激酶等。研究发现，*O*-GlcNAc与磷酸化修饰可同时存在于蛋白质的相同位点，形成竞争和相互拮抗。与具有单个OGT的动物和具有一个或不具有OGT的真菌相反，苔藓和维管植物含有两个OGT。在拟南芥中具有SECRET AGENT（SEC）和SPINDLY（SPY）两种蛋白质，与哺乳动物中*O*-连接的OGT相似，被认为是植物的OGT，SEC和SPY双突变会影响拟南芥的受精与发育（Hartweck et al.，2002）。

图13-5　*O*-GlcNAc糖基化修饰的添加与去除

13.1.5　其他类型糖修饰

糖基磷脂酰肌醇锚是蛋白质的羧基端连接乙醇胺，然后通过PO_4-6Man*α*-1,2-Man*α*-1,6-Man*α*-1,4-GlcN*α*-1,6-myo-inositol-1-PO_4-lipid保守核心结构与糖基磷脂酰肌醇锚共价结合，从而固定于细胞脂质双分子层表面，而非跨越脂质膜。GPI锚存在提示蛋白质具有糖脂翻译后修饰，GPI锚定蛋白是原生动物细胞表面蛋白的主要存在形式。在真菌中，许多GPI锚定蛋白最终掺入细胞壁中。在人类中，至少有150种GPI锚定蛋白，它们可以作为受体、黏附分子、酶、转胞吞作用受体和转运蛋白、蛋白酶抑制剂发挥多种作用。GPI锚定蛋白具有许多标志性特征，它们通常与富含鞘脂和胆固醇的膜微区（筏）相关；通常作为瞬时同源二聚体存在于细胞表面；通过特定途径内吞；在结合和聚集时传递信号以促进细胞增殖或运动；在切割GPI锚后，它们可以从质膜上脱落。

C-糖基化是Man通过C—C键与肽链色氨酸（Trp）侧链的吲哚环2位碳原子（C）连接。两种*C*-糖基化肽段的序列特征已被提出，分别是Trp-X-X-Trp（首个或两个Trp均可发生甘露糖化，X代表任意氨基酸）及Trp-Ser/Thr-X-Cys（X代表任意氨基酸）。

13.1.6　糖基化修饰的物种差异

在聚糖功能的进化过程中，植物和微生物的聚糖结构及功能与哺乳动物存在一定差异。虽然植物、真菌和细菌也会利用*N*-聚糖合成糖蛋白，但聚糖的加工过程和哺乳动物的寡糖不同。例如，真菌寡糖中主要含有甘露糖残基，植物的复合型寡糖中多存在木糖（xylose，Xyl）修饰。在植物蛋白中，发生修饰的Asn位置可携带多种结构不同的*N*-聚糖，植物细胞中糖蛋白和糖基化位点的数量与动物模式物种类似（Zielinska et al.，2012），但与哺乳动物相比，植物的寡糖链结构多样性较低，如支链唾液酸化的*N*-聚糖在植物中是缺失的。基于拟南芥（Strasser et al.，2004）的研究发现，在标准环境条件下生长时复合*N*-聚糖非植物发育和繁殖所必需。大部分典型的*N*-聚糖修饰（β-1,2-Xyl、core α-1,3-Fuc和Lewis A型结构）在高等植物中都是保守型的，在昆虫中*N*-聚糖主要为多岩藻糖修饰，在酵母中主要为高甘露糖型的*N*-聚糖。与哺乳动物细胞衍生的重组蛋白的*N*-聚糖谱相反，植物产生的*N*-聚糖通常显示出基本均一的*N*-聚糖谱。植物分泌的蛋白质，其*N*-糖基化修饰类型主要是复合型（GnGnXF3）或短甘露糖（paucimannosidic）型（MMXF3）。植物与昆虫相同的特性是会形成短甘露糖，这种截短的寡糖是通过非还原端GlcNAc被切除后产生的。此外，在哺乳动物中五糖核心结构的岩藻糖通常是以α-1,6连接方式存在，而在植物中是以α-1,3连接方式存在的（图13-6a）。

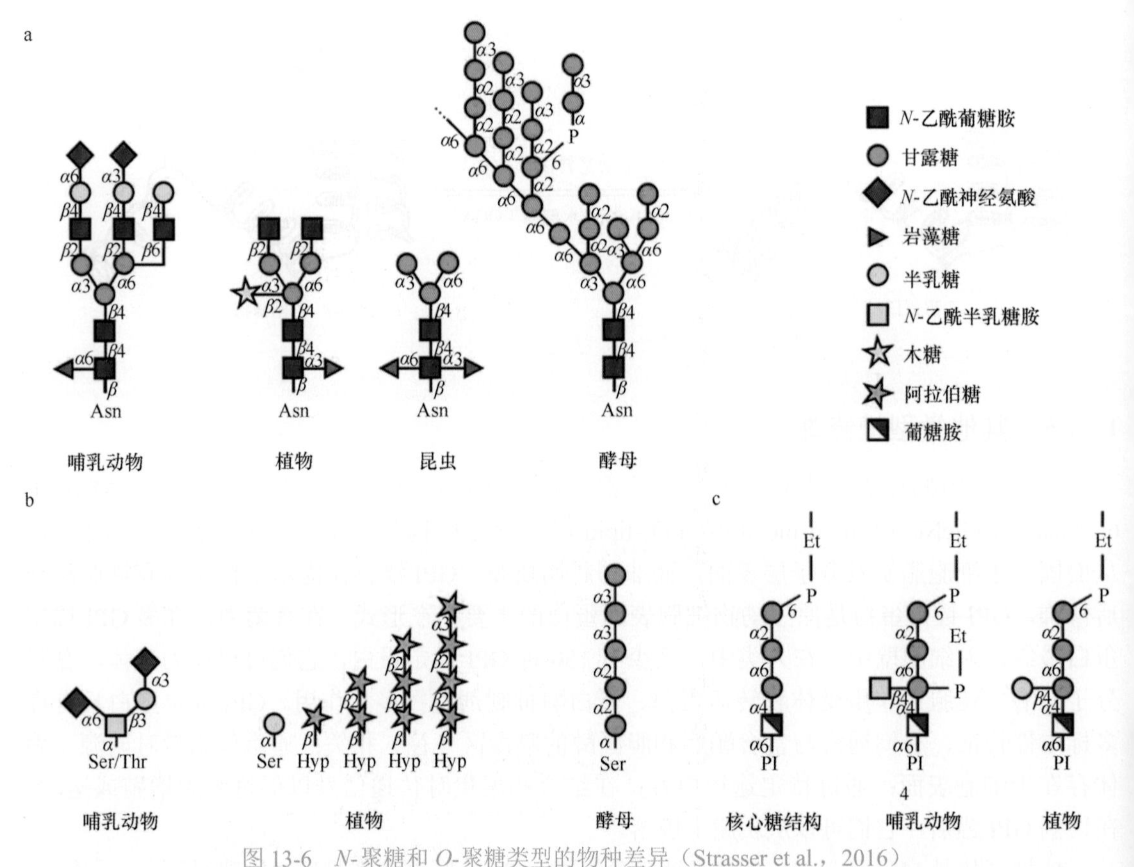

图13-6 *N*-聚糖和*O*-聚糖类型的物种差异（Strasser et al.，2016）

a. 不同物种的*N*-聚糖结构；b. 不同物种的*O*-聚糖结构；c. 不同物种的GPI锚修饰结构

植物的*N*-聚糖加工中，在形成中间体GlcNAc2Man3GlcNAc2（GnGn）之前，与哺乳动物几乎完全相同，在植物中GnGn中间结构通常以β-1,2-木糖和α-1,3-核心岩藻糖的形式存在（GnGnXF3）（图13-7）。该结构可以进一步延长，连接β-1,3-Gal和α-1,4-Fuc残基后形成Lewis A型糖抗原表位（Le[a]）。植物在高尔基体中的*N*-聚糖加工酶根据其作用分为早期和晚期作用酶，早期作用酶为高尔基-甘露糖苷酶Ⅰ（GMⅠ）、*N*-乙酰氨基葡萄糖转移酶

Ⅰ（GnTⅠ）、高尔基-甘露糖苷酶Ⅱ（GMⅡ）、*N*-乙酰氨基葡萄糖转移酶Ⅱ（GnTⅡ）、*β*-1,2-木糖基转移酶（XylT）和 *α*-1,3-岩藻糖基转移酶（*α*-1,3-FucT）；晚期作用酶为 *β*-1,3-半乳糖基转移酶（*β*-1,3-GalT）和 *α*-1,4-岩藻糖基转移酶（*α*-1,4-FucT）。植物中的 *N*-聚糖通路可以进行改造，用于生产特定糖型的蛋白质，其结构与通过动物细胞培养获得的糖蛋白相似。

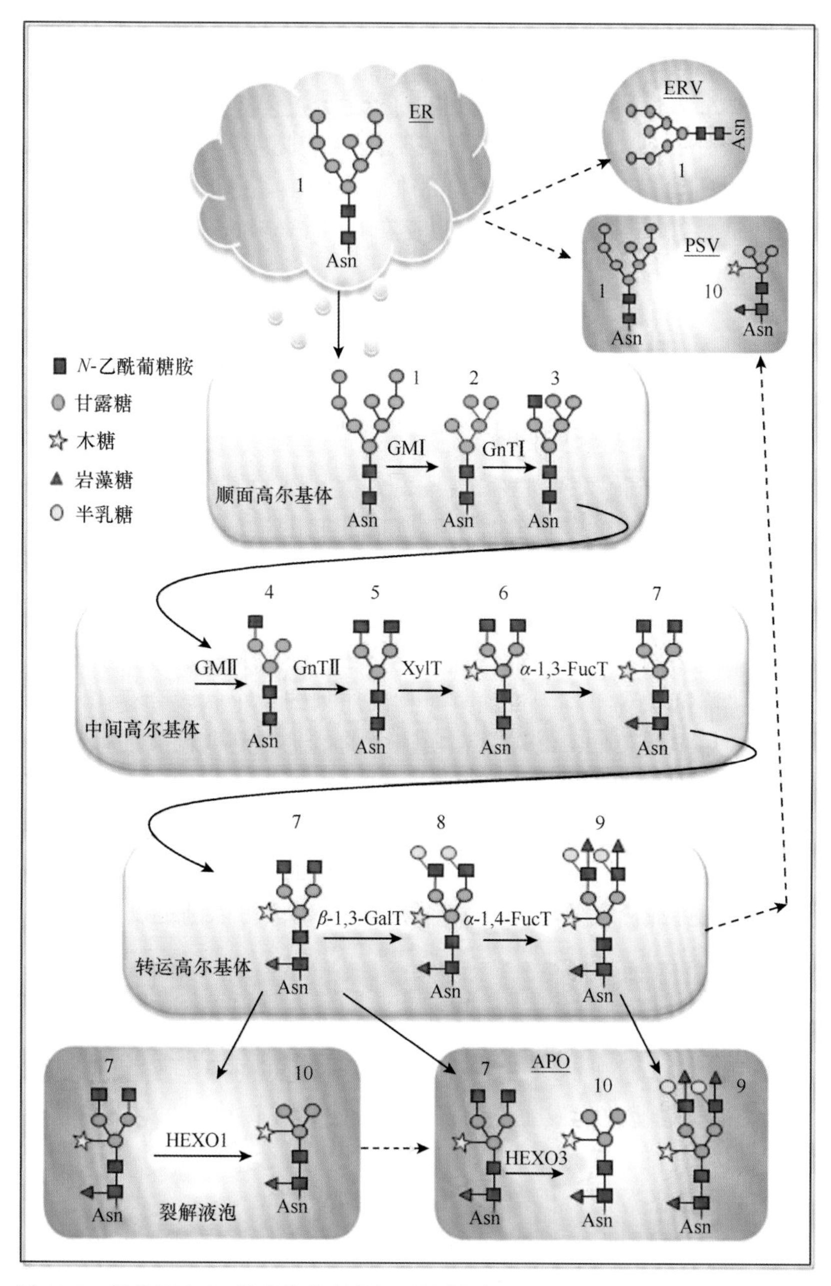

图 13-7　植物蛋白 *N*-糖基化的高级加工过程（Kornfeld R and Kornfeld S，1985）

ER：内质网；ERV：内质网衍生的液泡；PSV：蛋白质储藏液泡；APO：细胞外质体；HEXO1：*N*-乙酰己糖苷酶 1；HEXO3：*N*-乙酰己糖苷酶 3；1：Man8；2：Man5；3：Man5Gn；4：MGn；5：GnGn；6：GnGnX；7：GnGnXF3；8：A3A3XF3（Lea 前体）；9：(AF) GnGnXF3（Lea 结构）；10：MMXF3（短甘露糖型结构）

植物 *O*-聚糖通常附着在 Ser 残基（茄科凝集素型糖基化）和羟脯氨酸（Hyp）残基上（图 13-6b），在植物细胞中，单个 Gal 可以转移到连接了阿拉伯糖（Ara）的 Ser 残基上，结构复杂的 Ara/Gal 修饰还出现在细胞壁蛋白质的 Hyp 上（Nguema-Ona et al.，2014），种类最丰富的一类植物 *O*-连接糖蛋白称为富含 Hyp 糖蛋白（HRGP）（Gomord et al.，2010）。在 Hyp 的羟基加入 *O*-糖链是植物特有的，通常在酶促反应下添加单个 Gal 或 Ara 来启动修饰过程，然后逐步形成线性或分支的低聚糖链（Saint-Jore-Dupas et al.，2007）。目前，基于生物信息学方法已经推测出 166 种 Hyp 上发生修饰的糖蛋白，包括 85 种可能存在的阿拉伯半乳聚糖蛋白（Showalter et al.，2010）。关于植物分泌蛋白 *O*-糖基化的研究很少，有几种糖蛋白被认为是含有单一半乳糖的 Ser 残基 *O*-糖基化的糖蛋白，如细胞壁伸展素和甘薯块根贮藏蛋白（Yong-Pill and Chrispeels，1976）。水稻的谷氨酰胺合成酶是一种转运到液泡的蛋白质，其糖基化修饰特性与哺乳动物黏蛋白型糖基化相似，因此，黏蛋白型 *O*-糖基化修饰在植物中存在争议（Faye et al.，2005）。植物蛋白中也存在 GPI 锚修饰，其糖链连接结构与哺乳动物 GPI 锚有一定差异（图 13-6c）。

13.2　糖基化蛋白质组学研究方法

13.2.1　糖基化修饰鉴定的技术挑战

糖蛋白中的糖链及修饰肽序列的规模化分析，是糖蛋白质组学（glycoproteomics）研究的重要内容。全面分析蛋白质的糖链结构主要包括以下几个方面：①糖链的释放；②糖链的富集、分离、纯化；③糖链结构的解析，包括糖链的单糖组成、连接顺序等；④糖型差异研究，即分析糖链结构在生理和病理条件下的变化；⑤寻找与疾病相关的糖链标志物。

基于糖基化修饰的结构特征，糖蛋白及糖链的序列解析和定量分析所面临的挑战有以下几个方面：①糖基化修饰微观不均一性使具有相同序列的一个肽段会存在多种糖肽形式，导致各个完整糖肽的相对丰度较低；②糖肽在质谱中的信号受到非糖肽的抑制；③不同质谱裂解模式下糖肽的碎裂机制复杂，包括肽段碎裂、糖苷键断裂、糖的环内裂解等使谱图解析困难；④糖链为多分支的非线性结构，单糖间的连接方式不易解读。鉴于同一位点不同糖链类型的多样性、不同单糖结构的相似性、糖苷键连接方式的复杂性，对糖蛋白及糖链的序列鉴定和结构分析存在巨大挑战，目前没有一种完善的技术手段可以满足以上分析的所有需求。

13.2.1.1　微观与宏观不均一性

蛋白质糖基化的一个重要特点是具有不均一性，即在糖基化发生过程中同一位点上会修饰一系列结构迥异的糖链（微观不均一性），以及同一糖蛋白的不同位点连接不同的糖链（宏观不均一性）。这是由于糖基化的发生是由多种糖基化相关转移酶、水解酶协调作用完成的，容易受各种生理生化条件的影响，因此，即使位点相同也会产生不同糖基化程度的产物。糖基化的不均一性给糖蛋白的分离分析带来了巨大的挑战。

1）在电泳分离时，不同糖型的同一糖蛋白会呈现弥散的条带或强度不一的蛋白点，此时较低丰度的糖蛋白异构体更难以鉴定。

2）糖基化程度高的蛋白质特别是那些有成簇糖链的蛋白质，经常对蛋白酶作用有抵抗力，影响酶消化效率。

3）糖基化的不均一性同样会造成糖蛋白在色谱中不能得到良好的分离，在利用 LC-MS/MS 进行蛋白质 / 肽段分析时，含有不同糖链的同一肽段保留时间相近，常在反相色谱上成簇分布。

4）在进行完整蛋白质质谱分析时，存在多个糖修饰位点的蛋白质，会由于糖基化不均一性产生大量低丰度的谱峰，这些谱峰导致谱图噪声提高，分辨率很差，在谱图转换时，很难得到准确的分子量。

5）在采用肽质量指纹图谱法鉴定蛋白质时，同一肽段由于带有不同的糖链会表现为多个不同的质荷比，从而导致谱峰归属分析的难度加大。

13.2.1.2　糖链连接异构体多样性

单糖成环后会形成一个新的手性碳原子，该碳原子为端基碳（anomeric carbon），形成的一对异构体为端基差向异构体（anomer），有 *α*、*β* 两种构型。聚糖中的己糖和己糖胺残基是刚性的，理论上它们会存在多种不同的构象，处于轴向位置的原子在空间上很容易发生碰撞，C1 和 C4 上氢原子间的拥挤现象会使得船式构象（boat conformation）的稳定性不如椅式构象（chair conformation），一般情况下后者会优先前者存在。糖链一级序列解析的内容不仅包括各糖基的排列顺序，还包括糖基间取代连接的方式、异头物的构型等，以相同数目单糖组成的寡糖链可以通过连接于不同的位点、不同分支和 *α*-/*β*-糖苷异构化形式等形成异构体（郭忠武和王来曦，1995）。糖链结构的复杂性使它能携带巨大的生物信息，形成糖密码（glycocode），这些糖密码的复杂结构及其随时间和空间的动态变化，给糖链研究工作带来了巨大挑战。

13.2.1.3　唾液酸修饰

唾液酸由 9 碳骨架、羟基和氨基组成，C4 ～ C9 原子上的基团可被乙酰基、硫酸根、甲基和乳酸根取代，目前已知唾液酸有 50 多种结构，其基于结构的异质性发挥不同功能（Battistel et al.，2012）。一般情况下，唾液酸可以在酶的催化作用下通过糖苷键的第二个碳原子（C2）与其他糖的 C3、C6 或 C8 位相连，分别产生 *α*-2,3-糖苷键、*α*-2,6-糖苷键或 *α*-2,8-糖苷键连接的 SA，通常 SA 与半乳糖以 *α*-2,3-糖苷键或 *α*-2,6-糖苷键的形式连接，与 *N*-乙酰半乳糖胺以 *α*-2,6-糖苷键连接，与其他 SA 则主要以 *α*-2,8-糖苷键连接（Ress et al.，2004）。唾液酸通常连接在聚糖糖链的非还原端，乙酰化和羟基化是 SA 最常见的两种修饰形式，乙酰化通常发生在 SA 的 C4 或 C6 ～ C9 位上。天然的唾液酸 C5 位存在结构变异性，C5 位可以被乙酰氨基、羟基乙酰氨基或羟基部分取代分别形成 5-*N*-乙酰神经氨酸（Neu5Ac），5-*N*-羟乙酰神经氨酸（Neu5Gc）或脱氨基神经氨酸（KDN），进一步的结构多样性主要是通过 C5 位和 C4、C7、C8 和 C9 任意位置的羟基取代组合产生（图 13-8）。

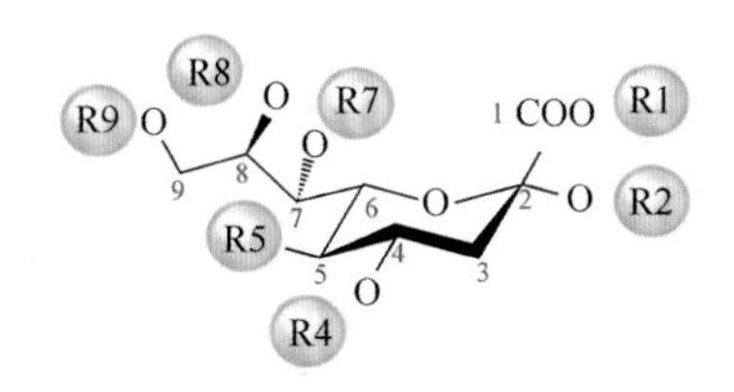

R1 = H（在正常生理pH条件下发生解离，然后赋予唾液酸负电荷）。
R2 = H；α位连接至 Gal（3/4/6）、GalNAc（6）、GlcNAc（4/6）、Sia（8/9）或5-*O*-Neu5Gc；2,7位脱水缩合；
在Neu2en5Ac发生异向羟基消除（双键连接至 C3）。
R4 = H；-乙酰基；C8 脱水；Fuc；Gal。
R5 = 氨基；*N*-乙酰基；*N*-羟乙酸；羟基；*N*-乙酰胺基；*N*-羟乙酸-*O*-乙酰基；*N*-羟甲基-*O*-甲基；*N*-羟乙酸-*O*-2-Neu5Gc。
R7 = H；-乙酰基；C2脱水；在末端被氨基和*N*-乙酰基取代。
R8 = H；-乙酰基；C4脱水；-甲基；-硫酸盐；Sia；Glc。
R9 = H；-乙酰基；-乳酰基；-磷酸盐；-硫酸盐；Sia；末端的羟基被氢取代。

图 13-8　唾液酸结构（Varki et al.，2009）

由于唾液酸在基质辅助激光解吸电离（MALDI）质谱中容易优先丢失，因此唾液酸化的糖肽在 MALDI 质谱中不易检测到，需要泛甲基化等化学衍生化方法的辅助。而在电喷雾电离源中，唾液酸化的糖肽相对稳定一些。此外，唾液酸上的羧基会引入一个负电基团，导致唾液酸化的糖肽在常用的正离子模式下信号响应较低。将正离子模式与负离子模式结合使用，可以使中性糖肽和唾液酸化的糖肽得到更有效的鉴定（Sekiya et al.，2005）。

13.2.2 糖链 / 糖肽制备技术

13.2.2.1 糖链消化技术

糖苷键的断裂需要专一的酶类，糖苷酶（glycosidase）亦称糖苷水解酶（glycoside hydrolase），用于水解糖苷键，根据水解糖的种类可分为内切糖苷酶（endoglycosidase）和外切糖苷酶（exoglycosidase）。内切糖苷酶是催化水解寡糖及多糖内部糖苷键的酶，常用的如从糖蛋白上切割多糖的酶，主要有肽-*N*-糖苷酶 F（peptide-*N*-glycosidase F，PNGase F）、肽-*N*-糖苷酶 A（peptide-*N*-glycosidase A，PNGase A）、内切糖苷酶 H（endoglycosidase H，Endo H）、内切糖苷酶 F（endoglycosidase F，Endo F）等。外切糖苷酶用于从多糖非还原端切割特定端基的单糖，主要有唾液酸酶、*β*-半乳糖苷酶、*β*-*N*-乙酰葡萄糖苷酶、*β*-*N*-乙酰氨基半乳糖苷酶、*α*-甘露糖苷酶、*β*-甘露糖苷酶、*α*-1,6-岩藻糖苷酶、*α*-2,3-神经氨酸酶等，它们可以特异性地将单糖残基自糖链外侧的非还原端水解下来，这类酶在糖链结构解析中经常使用（图 13-9）。

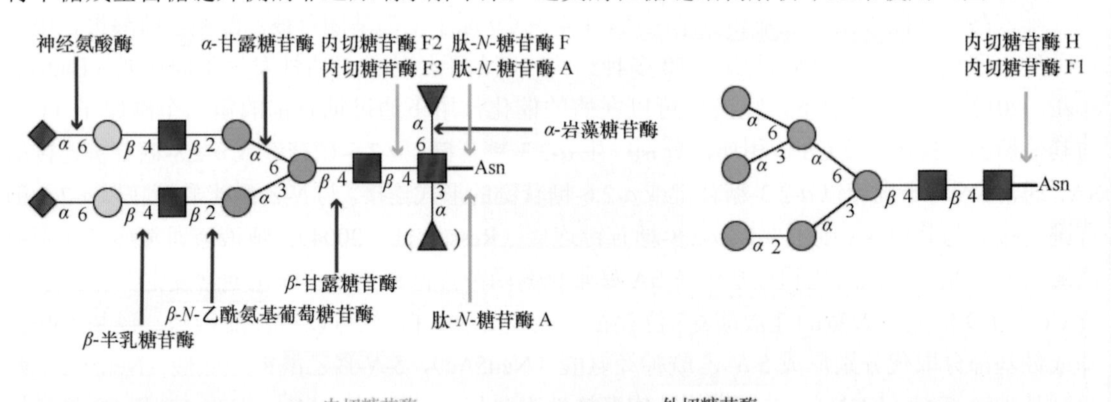

图 13-9 常见内切糖苷酶和外切糖苷酶的酶切特异性

PNGase F 可断裂糖蛋白 Asn 和 GlcNAc 之间的酰胺键，将糖链和肽链解离，是 *N*-连接糖蛋白质组研究中应用最为广泛的工具酶。它可将几乎所有的 *N*-连接糖链（除了 Fuc 以 *α*-1,3-糖苷键连接于核心 GlcNAc）从 Asn 残基上酶切下来，获得包含还原端的完整糖链结构，而与糖链连接的 Asn 则转变成天冬氨酸。PNGase F 的酶解条件与胰蛋白酶接近，其可在工作条件下保持 3d 的活性，这一特性使得研究者可以通过延长孵育时间的方法来提高酶切效果。与 PNGase F 类似，PNGase A 也在糖蛋白和糖肽上 *N*-连接聚糖的最内部 GlcNAc 和 Asn 残基之间切割。PNGase A 切割来自高甘露糖、杂合和短复合型寡糖的 *N*-连接聚糖，如在植物和昆虫细胞中发现的寡糖。与 PNGase F 不能切割具有核心 *α*-1,3-岩藻糖的 *N*-聚糖不同，PNGase A 则可以切割，无论是否存在核心 *α*-1,3-岩藻糖残基。PNGase A 活性较 PNGase F 活性低，在蛋白质水平上切除 *N*-聚糖的能力较弱，适用于在肽段水平上切糖。

Endo H 能够对 *N*-连接糖蛋白中的高甘露糖和某些杂合型寡糖的壳二糖核心进行选择性

切割，而不切割复杂多糖。其作用于 *N*-糖链五糖核心的两个 GlcNAc 间的糖苷键，释放糖链后保留一个 GlcNAc，使其连接于肽段的 Asn 侧链。该特性与 PNGase F 不同。Endo H 同样适用于切割含有核心岩藻糖结构的 *N*-糖链。Endo H 的工作条件为 pH 5 ～ 6。

Endo F1 酶切位点及选择性与 Endo H 类似，但如果存在核心岩藻糖结构，Endo F1 的活性会下调 50 倍以上。Endo F1 可以从非变性的糖蛋白上释放糖链。内切糖苷酶 F2（Endo F2）酶切位点与 Endo H 类似，其特异性作用于双天线复合型 *N*-糖链，高甘露糖型结构会使其酶活性降低 20 倍以上，而杂合型则完全失效。岩藻糖结构对 Endo F2 酶切双天线复合型 *N*-糖链几乎无影响。内切糖苷酶 F3（Endo F3）酶切位点与 Endo H 类似，其特异性作用于双天线或三天线复合型及仅含有五糖核心结构的 *N*-糖链。含有核心岩藻糖的双天线复合型结构会使 Endo F3 活性提升 400 倍。Endo F 系列酶与 PNGase F 相比，对蛋白质的空间结构的影响不敏感，因此，也适合酶切天然状态下蛋白质的 *N*-连接糖。

由于 *O*-糖链核心结构的多样性，没有通用酶可以去除大多数 *O*-连接聚糖。目前已有的 *O*-糖苷酶（*O*-glycosidase）也称为内切-*α*-*N*-乙酰半乳糖胺酶，仅去除未取代的二糖 core-1、core-3 的 *O*-GalNAc 聚糖结构，该核心结构上有任何其他修饰都会使 *O*-糖苷酶作用失效，因而常常需要将其与去唾液酸酶、半乳糖苷酶、*N*-乙酰葡萄糖苷酶等联合使用，来分析蛋白质上的 *O*-糖链结构（图 13-10）。该方法时间长，分析难度较大，成本较高，不利于开展大规模的 *O*-糖蛋白质组研究，但是对于纯化的单个 *O*-糖链精细结构解析可以考虑使用。

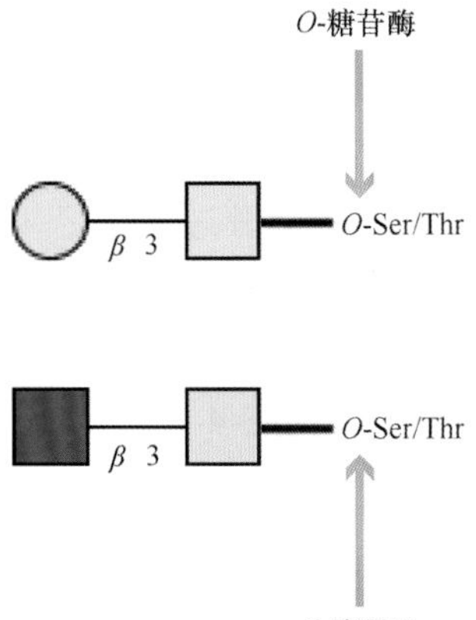

图 13-10　*O*-糖内切糖苷酶酶切特异性

13.2.2.2　糖链衍生化技术

衍生化反应是指在一定条件下利用某些官能团或组分与特定试剂进行化学反应，反应生成的衍生物适合采用色谱、质谱或其他技术进行分离或检测。单糖可以组成一系列结构相似的由羟甲基或羟亚甲基相互连接的异构体和同系物。除了多羟基的基础结构，在糖的还原端还有一个半缩醛结构，也有一些糖类不是半缩醛结构而是半缩酮或是羧基，这样的结构缺乏紫外吸收特征基团，导致聚糖由化学法或是酶法从糖蛋白上释放出来后，很难用常规的色谱分离和紫外光谱检测到。大部分聚糖呈电中性、亲水力强、质子化能力差，所以用质谱也很难直接检测到。利用化学衍生化反应，对糖加以修饰，可以有效提高糖检测的灵敏度，方便后续的色谱、质谱或电泳分离检测。这些实验反应的原理是通过化学反应，向糖链分子的还原端、羟基或羧基引入一定的具有紫外吸收的、疏水的、可产生荧光的或是易于离子化的功能基团，从而改变糖类物质原有的性质，以实现与紫外-可见分光光度法（UV）、气相色谱法（GC）、毛细管电泳（CE）、高效液相色谱法（HPLC）、质谱（MS）等分析技术的联用。目前衍生化方法主要有还原胺化法、迈克尔（Michael）加成（Prien et al.，2010）、肼标记和泛甲基化等。还原胺化法是最常用的方法，其次是泛甲基化，Michael 加成和肼标记使用较少。还原胺化法、Michael 加成和肼标记是在糖还原端的醛基进行反应，所以由化学法（如 β 消除）释放的不含有醛基的糖链不适用这些方法。*O*-寡糖也不能用这些方法直接进行标记，必须先释放糖还原端的醛基，再进行衍生化。泛甲基化通过修饰糖链上的羟基和羧基，可以稳定唾液酸残基，提高糖链疏水性，从而提高色谱分离效能和质谱检测灵敏度。不同的衍生化方法结果不同，根据衍生化试剂的类型和不同的实验目的，主要对常用特征基团的衍生化法进行详细介绍。

1. 羟基的衍生化

针对糖链上羟基，泛甲基化或乙酰化是常用的增强糖类物质疏水性的方法，可以提高糖链的质谱响应，满足色谱分离需求和实现质谱的高灵敏检测。Callewaert 等（2001）最先采用泛甲基化方法将寡糖末端的唾液酸衍生化成甲基酯，避免了唾液酸在 MALDI-TOF-MS 测定过程中丢失，同时抑制了中性糖与盐产生多重质谱峰；此外，糖链经过泛甲基化后，疏水性明显提高，有利于糖链的纯化。泛甲基化后寡糖的离子化效率可以提高 20 倍（Viseux et al.，2001），在多级串联质谱中，泛甲基化和全乙酰化的寡糖能得到稳定丰富的环内裂解特征碎片峰，为糖链的结构解析提供了较丰富的信息。因此，泛甲基化对糖链的结构鉴定及分析具有重要意义，是目前最常用的糖链衍生化方法。但其缺点是反应步骤繁多，样品损失量大，反应转化率难以准确计算。

2. 氨基的衍生化

糖链上的伯胺基团可用于标记，方便糖链检测。在 2-巯基乙醇存在下，用邻苯二醛对己糖胺和己糖胺醇进行标记（Wuhrer et al.，2011），产物可直接用反相 HPLC 分离并用荧光检测器检测。氨基糖同时可用异硫氰酸荧光素（fluorescein isothiocyanate，FITC）、9-氯甲酸芴甲酯（FMOC-Cl）、苯异硫氰酸酯（PITC）和荧光手性试剂 (*S*)-(+)-2-叔丁基-2-甲基-苯、1,3-二氧杂环戊烷-4-甲酸（S-TBMB FA）等试剂进行衍生化（Arigi et al.，2012）。

3. 羧基的衍生化

羧基进行衍生化主要用于分析酸性糖。利用对氨基苯磺酸或 7-氨基萘-1,3-二磺酸的氨基，以及酸性糖中的羧基在碳化二亚胺存在下可形成酰胺键，可以实现羧基的修饰（Ramsay et al.，2001），衍生化转化率超过 85%。该反应要求在弱酸性环境和室温条件下进行，可用于含有羧基的糖的衍生化，如酸性单糖、唾液酸化寡糖、神经节苷脂、糖胺聚糖等。另外，α-酮酸在酸性介质中可以同邻氨基芳香类化合物进行反应，形成具有荧光活性的喹噁啉结构的衍生物。唾液酸也可以用此法进行衍生，1,2-二氨基-4,5-亚甲蓝二羟基苯（1,2-diamino-4,5-methylenedioxybenzene，DMB）于 2005 年报道（Kang et al.，2005），被用于糖的柱前衍生和唾液酸的 HPLC-荧光法测定。

13.2.3 糖修饰蛋白 / 肽段富集方法

复杂的生物体系中，蛋白质丰度本身具有很宽的动态范围，但糖基化肽段仅占到蛋白质酶解肽段的 2% ～ 5%（Kaji et al.，2003）。同时糖链的微观不均一性进一步减少了糖肽的相对剂量，从而加大了质谱检测的难度。此外，由糖链性质引起的含糖化合物的质谱中信号较低使其容易受到非糖肽的抑制。因此，糖蛋白研究首先需要解决的一个问题便是如何将糖肽从复杂体系中有效分离出来。

13.2.3.1 物理吸附

糖肽富集物理方法主要包括分子筛法和亲水相互作用液相层析（hydrophilic interaction liquid chromatography，HILIC）富集法等。分子筛法原理是胰酶酶切后的糖肽分子量明显大于非糖基化肽段，因而可以利用分子筛法对糖肽与非糖肽进行预分离。Alvarez-Manilla 等

（2006）分析发现经胰酶酶切后得到的糖肽分子量比非糖基化肽明显增加。人类蛋白质数据库中的蛋白质经胰酶理论酶切后，大部分肽段分子质量小于2kDa，即便是*N*-糖链五糖核心的分子质量也只有892Da，因此糖链对糖基化肽段分子质量的影响是显著的。他们利用分子筛法非选择性地分离糖肽与非糖肽，得到了良好的效果。在对人类血清糖肽分析时，鉴定到的糖肽总数比未富集前增加3倍。该方法操作简单，能够非选择性地富集各种类型的糖肽。缺点为非特异性吸附，其对酶切的效率要求高，若酶切不充分，则高分子量的未完全酶切片段可能会影响糖肽的分离。

亲水相互作用液相层析富集法的原理基于糖链的亲水性，其与非糖基化肽段有明显的亲疏水性差异。该方法的优点是不需要复杂的衍生化过程，简单快速并可同时分析各种糖型的糖蛋白。常用的亲水性介质有石墨粉（graphite powder）、多孔石墨化碳柱（porous graphitized carbon column，PGC）、二氧化硅（silica）、氨基柱（amide）、亲水纤维素、环糊精和琼脂糖等，很多亲水性介质可以单独或联合应用于寡糖和糖肽的富集。HILIC富集法在糖组学研究中应用较为广泛，其优点在于操作简单方便，所需时间短，与后续实验有很好的兼容性。但亲水材料对亲水性强的物质都有保留作用，容易受亲水性肽段的影响，富集特异性略显不足。

TiO_2、ZrO_2等金属氧化物近年来多作为唾液酸的亲和富集材料，基于TiO_2亲和技术富集唾液酸化糖肽，是利用缺电子的Ti^{4+}与富含电子的唾液酸残基的特异性亲和作用。Larsen等（2007）率先提出并利用TiO_2对唾液酸化糖肽进行富集并鉴定，用此方法在人血浆中鉴定到唾液酸化糖肽192个，对应100个唾液酸化糖蛋白，并鉴定了膀胱癌患者中明显上调的糖肽。Zhao等（2013）在二氧化钛富集的基础上，联合多酶酶切策略和多维液相分离策略，共鉴定到413个血浆糖蛋白中982个唾液酸修饰位点。另外，众多外围结构中含有唾液酸的*O*-糖肽也可通过此方法富集得到。这一技术方法突出的优点即非破坏性富集，可以得到完整的唾液酸和唾液酸化糖肽的信息，为下一步糖肽序列鉴定提供依据。

13.2.3.2　化学富集

利用化学共价捕获法富集糖蛋白，主要原理是糖蛋白/糖肽的氧化和偶联。目前常用的化学富集方法有肼化学富集和硼酸富集法。

肼化学富集法是糖化学研究中的一种传统方法，以其高特异性在糖蛋白/糖肽的富集中独树一帜。该方法首先利用高碘酸将糖链上的顺式邻位羟基氧化为醛基，然后与固定化的酰肼基团化学键合形成共价连接，从而实现对糖类化合物的富集（Zhang et al.，2003）。由于该方法中糖链是经氧化开环后与酰肼基团发生反应生成化学键而相互连接，洗脱时只能将蛋白质部分与糖链分离后释放出来，而丢失糖链部分的信息。肼化学富集法的步骤繁多、耗时较长，仍有可以改进的方面。

硼酸基团在碱性条件下，可以与带有邻位顺式二羟基基团的物质共价结合，形成稳定的五或六元环酯结构；在酸性条件下，则发生可逆的解离。根据这种可逆性，利用硼酸基团可以有效地对含有顺式二醇的物质进行分离和提纯。Sparbier等（2007）利用结合在磁性纳米颗粒上的硼酸，富集血液中的糖蛋白，得到了很好的效果。硼酸富集法可以保留完整的糖链结构，有效地富集糖蛋白或糖肽，但其富集效率相对较低。

13.2.3.3　生物学识别

凝集素是一类天然产生的具有高度特异性糖结合活性的蛋白质，其主要存在于很多植物的种子和营养组织中。使用植物凝集素对糖蛋白 / 糖肽进行富集仍是目前主要的规模化富集技术之一，将多种凝集素联合使用可以对不同糖型的糖蛋白或糖肽进行更有效的富集。商业途径可以获得的凝集素有 150 多种，如特异性亲和 Man 的刀豆凝集素（ConA）、特异性亲和 GlcNAc 的麦胚凝集素（WGA）、特异性亲和 Gal 的蓖麻凝集素（RCA）等（表 13-2）。近来，凝集素已被用于多凝集素阵列和多凝集素亲和层析（M-LAC）的组合中，或与化学方法或亲水层析法结合使用，组合富集方法已被报道可以提高凝集素对糖蛋白 / 糖肽的亲和富集能力（Zeng et al.，2011；McCarter et al.，2013）。凝集素富集法的优点是其对不同糖型结构的识别特异性较强，但也因此缺乏通用性，在洗脱时需要用高浓度单糖竞争，而给样品的后续分析带来一定困难。鉴于此，Mann 团队人员开发了采用滤膜辅助的凝集素分离糖肽法（*N*-Glyco-FASP），结合超滤管及 PNGase F 酶，避免了单糖竞争，直接将糖肽由超滤管上释放，可对糖基化肽段进行高效的富集并进行质谱鉴定，使得 *N*-糖基化位点鉴定数量达到 6367 种（Zielinska et al.，2010）。

表 13-2　常用糖蛋白结合凝集素类型

凝集素类型	类型	亲和糖类型
甘露糖结合凝集素	刀豆素 A（conconvalina，ConA）	高甘露糖型、杂合和双天线复合型 *N*-糖链
	扁豆凝集素（lentil lectin，LCH）	核心岩藻糖化的双天线复合型和三天线复合型 *N*-糖链
	雪花莲（snowdrop lectin，GNA）	*α*-1,3、*α*-1,6 连接的高甘露糖型结构
岩藻糖结合凝集素	荆豆素（*Ulex europaeus* agglutinin，UEA）	Fuc*α*-1,2-Gal-R
	橙黄网孢盘菌素（*Aleuria aurantia* lectin，AAL）	Fuc*α*-1,2-Gal*β*-1,4-(Fuc*α*-1,3/4)-Gal*β*-1,4-GlcNAc，R2-GlcNAc*β*-1,4-(Fuc*α*-1,6)-GlcNAc-R1
半乳糖 /*N*-乙酰半乳糖结合凝集素	蓖麻素（*Ricinus communis* agglutinin，RCA）	Gal*β*-1,4-GlcNAc*β*-1-R
	花生素（peanut agglutinin，PNA）	Gal*β*-1,3-GalNAc*α*-1-Ser/Thr（T 抗原）
	木菠萝素（jacalin，AIL）	(Sia)Gal*β*-1,3-GalNAc*α*-1-Ser/Thr（T 抗原）
	蚕豆素（hairy vetch lectin，VVL）	GalNAcα-Ser/Thr（Tn 抗原）
唾液酸 /*N*-乙酰葡萄糖胺结合凝集素	麦胚素（wheat germ agglutinin，WGA）	GlcNAc*β*-1,4-GlcNAc*β*-1,4-GlcNAc，Neu5Ac（*N*-乙酰神经氨酸）
	接骨木素（elderberry lectin，SNA）	Neu5Ac*α*-2,6-Gal(NAc)-R
	山槐素（*Maackia amurensis* lectin，MAL）	Neu5Ac/Gc*α*-2,3-Gal*β*-1,4-GlcNAc*β*-1-R
木糖结合凝集素	红花菜豆素（*Phaseolus coccineus* lectin，PCL）	*D*-木糖

针对 *O*-GlcNAc 的富集目前开发出多种抗体，利用这些抗体与 *O*-GlcNAc 的亲和性进行特异性富集。目前最常用的两种 *O*-GlcNAc 抗体是 RL2 和 CTD110.6，尤其是 CTD110.6，因对糖基化位点的依赖性低，具有更宽广的识别范围，从而得到广泛的应用。这些抗体大部分都对位点周边序列有依赖性，即对某一类的 *O*-GlcNAc 蛋白特异性识别，且往往需要结合多个单糖才表现出较强的亲和力（Love and Hanover，2005）。

13.2.3.4　化学生物学标记

代谢标记法最初是由 Bertozzi 实验室提出的（Vocadlo et al.，2003），即在细胞培养时加入乙酰化的叠氮乙酰葡糖胺（Ac4GlcNAz），Ac4GlcNAz 分子的疏水性使之可以穿透细胞膜，经过系列的酶促反应后生成 *O*-GlcNAc 转移酶可识别的底物类似物 UDP-GlcNAz，从而进入细胞内 *O*-GlcNAc 合成通路，使该类糖蛋白带上代谢标签，后者因具有叠氮基团可与生物素标记的磷化氢化合物反应，最后利用亲和树脂即可富集到 *O*-GlcNAc 蛋白（图 13-11）。

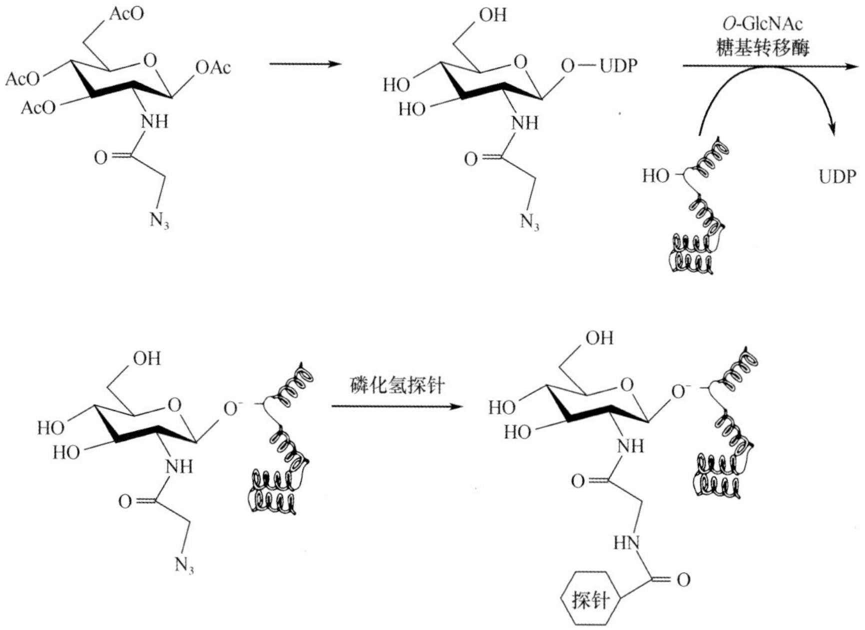

图 13-11　代谢标记法富集 *O*-GlcNAc 糖蛋白 / 糖肽

采用代谢标记法富集糖蛋白可以获得较高的糖蛋白鉴定数量，但是该法丢失了重要的 *O*-GlcNAc 修饰信息，无法准确定位糖基化位点，而且需要利用对照实验及蛋白质印迹来提高数据可靠性。另一种方法是化学酶反应法，即通过基因突变改造半乳糖苷转移酶（Gal-T1），得到对 GalNAc 高特异性富集的糖基转移酶突变体 GalT-Y289L（Ramakrishnan and Qasba，2002），可以催化 UDP-GalNAc 类似物，如叠氮化 GalNAc（GalNAz）结合到 GlcNAc 糖环的 C4 羟基上，形成 GalNAz*β*-1,4-GlcNAc 二糖结构，接着加入可与叠氮反应的化学标签试剂，如生物素化的炔类衍生物，使得 *O*-GlcNAc 糖肽均连接上生物素标签，最后采用亲和素磁珠富集并用质谱进行分析鉴定（图 13-12），此法常与 β 消除反应结合，以对 *O*-GlcNAc 糖基化位点进行确认（Wang et al.，2009）。对于代谢标记的化学基团的研究也在创新，Parker 等（2011）将一种磷酸化试剂连接到 GalNAz 上，通过酶促反应在 *O*-GlcNAc 糖链上引入磷酸根基团，然后利用二氧化钛磁珠实现磷酸化糖肽的富集。糖代谢标记技术也在植物研究中得到

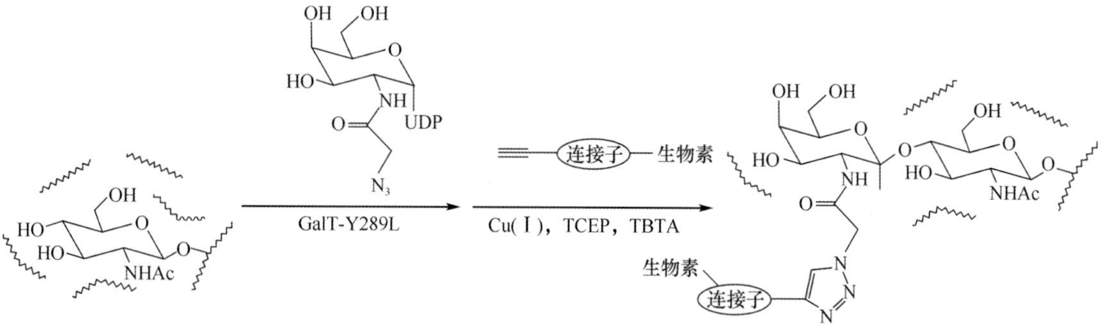

图 13-12　化学酶反应法富集 *O*-GlcNAc 糖蛋白 / 糖肽

应用，Zhu 和 Chen（2017）的研究成功将 5 种非天然糖通过代谢途径标记使其在拟南芥根部表达。

13.2.4 糖修饰蛋白 / 肽段鉴定方法

糖蛋白的解析需要糖肽序列、糖基化位点、糖链结构、蛋白质与糖链连接形式等多个维度的信息。由于糖蛋白结构的复杂性，蛋白质糖基化的结构解析和鉴定研究进展仍然远落后于其他翻译后修饰。其中的主要原因有以下几个方面：①发生糖基化修饰的肽段丰度低，在质谱分析其信号容易被大量非糖肽淹没而难以鉴定；②糖链的形成没有固定模板，而是受多种糖基转移酶的复杂调控（Van Kooyk and Rabinovich，2008），因而缺乏理论数据库进行比对；③糖基化修饰的宏观和微观不均一性增加了复杂性。生物质谱是糖链结构解析的首选方法（North et al.，2009；Aizpurua-Olaizola et al.，2018），包括以 MALDI 和电喷雾电离（ESI）为代表的两种软电离技术，以及与它们联用的各种质量分析器，包括四极杆（quadrupole，Q）、离子阱（ion trap，IT）、飞行时间（time-of-flight，TOF）、傅里叶变换离子回旋共振（fourier transform ion cyclotron resonance，FTICR）、新出现的静电场轨道阱（Orbitrap）等类型，为生物大分子的分析提供了有力的技术支持。MALDI-TOF-MS、高效液相色谱-串联质谱（HPLC-MS/MS）是检测糖链种类常用的质谱方法，与传统的方法如核磁共振相比，它们具有样品需求量低、灵敏度高等优势。多种液相色谱分离模式可用于分离聚糖，包括亲和相互作用液相色谱（Wuhrer et al.，2009）、多孔石墨化碳（PGC）色谱（Ruhaak et al.，2009）、高 pH 阴离子交换色谱（Ruhaak et al.，2009）和反相色谱（Vreeker and Wuhrer，2017）。*O*-糖链序列解析常采用串联质谱技术，常见的碎裂方式包括 CID、HCD、ETD 和 ECD 等。

13.2.4.1 bottom-up 与 top-down 糖蛋白质组研究技术

bottom-up 和 top-down 是蛋白质组研究中常用的两种质谱分析模式，目前也开始广泛应用于糖蛋白质组研究。bottom-up 技术是将蛋白质大片段混合物消化成小片段的肽段后再进行质谱分析。top-down 技术对完整未经消化的蛋白质进行检测，而非消化后的多肽，因此提供了从整体水平检测蛋白质序列及糖修饰变化的能力。在面对具有多个糖基化修饰位点的蛋白质时，top-down 模式更适合反映翻译后修饰的协同变化。然而，这一技术对蛋白质纯度有极高的要求，并常常受限于蛋白质分子量大小和质谱上样量的多少，因此更多地应用在重组蛋白、抗体药物表征等研究领域。最近，Heck 团队基于 native MS 应用 top-down 和 middle-down 的混合分析策略对人促红细胞生成素（rhEPO）糖基化修饰微观异质性进行分析，建立了生物类似药相似性评价定量方法（Yang et al.，2016）。该方法也被用于分析人胎球蛋白（fetuin）的糖基化修饰微观异质性及其与疾病的关联（Lin et al.，2019）。

13.2.4.2 LC-FLR-MS

液相色谱法在糖蛋白研究中有广泛的应用，常用的分离模式有 RP、HILIC 等。寡糖的结构特征导致其在紫外吸收检测（UV）和荧光检测（FLR）时响应信号低，因此需要进行柱前衍生化。目前常用的衍生化试剂为 2-氨基苯甲酰胺（2-AB）、2-氨基苯甲酸（2-AA）、2-氨基吡啶（2-PA）、2-氨基-5-溴吡啶（ABP）、4-氨基苯甲酸甲酯（ABME）、4-氨基苯甲酸乙酯（ABEE）、4-氨基苯甲酸丁酯（ABBE）、4-正庚氧基苯胺（HOA）、2-氨基吖啶酮（AMAC）、

3-(乙酰氨基)-6-氨基吖啶（AA-Ac）、2-氨基萘三砜（ANTS）、1-苯基-3-甲基-5-吡唑啉酮（PMP）、苯肼等，其中被广泛应用的是 2-AB。由于 FLR 的灵敏度要高于 UV的灵敏度，更适合寡糖的分析，因此在色谱分离和检测方法中更多使用 2-AB 进行衍生化，之后利用 HILIC 或 RP 进行分离，同时进行在线 FLR 检测和 ESI-MS/MS 检测。2-AB 衍生其会使糖链的还原端增加 136Da，正离子模式下质谱检测到单电荷或双电荷峰（图 13-13 和图 13-14）。随着质谱技术的发展，还可以采用增强离子化试剂进行衍生化（Ruhaak et al.，2010），增加寡糖在质谱中的可检测性，建立寡糖的 LC-FLR-MS联合分析策略。Han 等（2012）采用 PNGase F 释放 CD44s 蛋白 *N*-聚糖，应用 2-AB 衍生，经过 HILIC 富集之后进入 MS 分析，实现了 CD44s蛋白上 *N*-聚糖的定性和定量分析。Keser 等（2018）采用 PNGase F 释放并获取 IgG 上 *N*-聚糖，分别采用 2-AB、普鲁卡因胺和 Waters 公司的 Glycoworks RapiFluor-MS N-Glycan 试剂盒进行柱前的荧光衍生化，通过 HILIC 固相萃取纯化并使用 HILIC-UPLC-FLR-MS 分析 *N*-聚糖，IgG 上 20 多种 *N*-聚糖得到了很好的分离和分析结果。结果显示这 3 种衍生化方法均具有较高的聚糖标记效率，可以用于高通量 HILIC-UPLC-FLR-MS 分析前的聚糖衍生化处理。

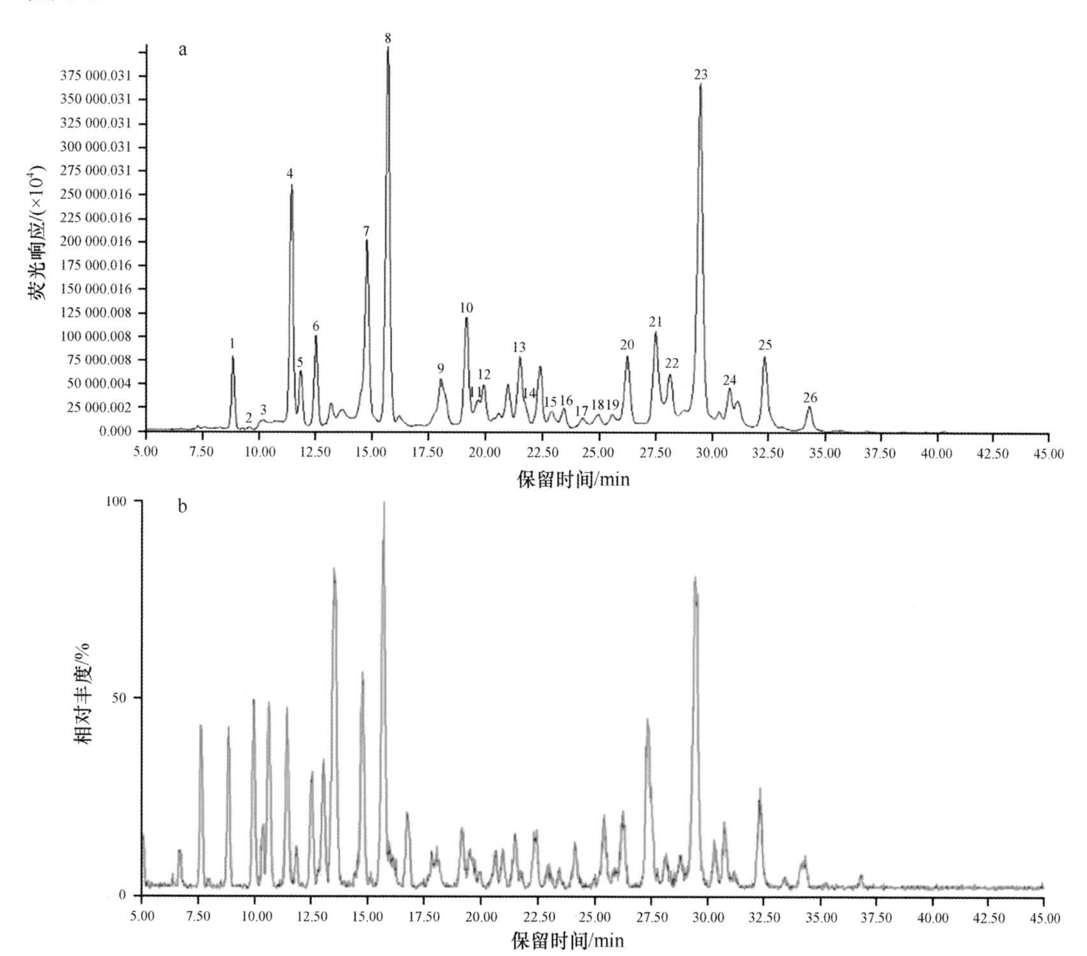

图 13-13　亲水色谱分离 2-AB 标记的 CD44s 蛋白 *N*-聚糖的荧光（a）和质谱（b）检测图

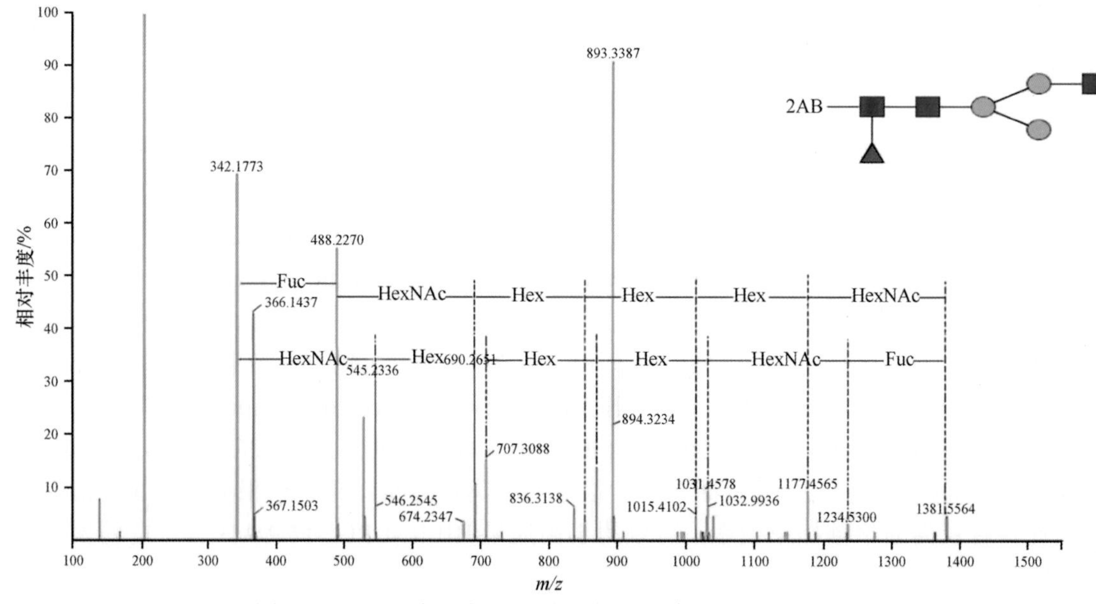

图 13-14 2-AB 标记的 CD44s 蛋白 *N*-聚糖的 MS/MS 匹配图

13.2.4.3 HPAEC-MS/MS

高效阴离子交换色谱法（high performance anion exchange chromatography，HPAEC）原理是化合物在高 pH（＞12）介质中解离成阴离子，使其吸附在阴离子交换树脂柱上后进行交换层析，分离后的组分采用脉冲安培检测器（PAD）或 MS/MS 进行检测。糖链羟基电离能力排序如下（Behan and Smith，2011），1-OH＞2-OH≥6-OH＞3-OH＞4-OH。高 pH 的流动相中，可依据糖链上阴离子分布的差异，实现糖链的色谱保留和分离（图 13-15）。HPAEC-PAD 检测法可以定量飞摩尔水平的聚糖（Davies and Hounsell，1996），将 HPAEC 与串联质谱联用可以获得高分辨率的聚糖结构信息（Kandzia et al.，2013），无须任何衍生化（Yamamoto et al.，2016）。Coulier 等（2013）利用 HPAEC-MS 分析了木质纤维素水解产物中的低聚糖。糖链末端的唾液酸化修饰会增加聚糖的酸度，使用 HPAEC 可以使 *N*-聚糖或 *O*-聚糖通过唾液酸的修饰个数和分子量大小进行分离（Behan and Smith，2011）。HPAEC 和 MS 之间串联主要的问题是 HPAEC 分离使用的是高浓度盐，会抑制样本在质谱中的电离效率，该问题可通过 Na^+/H^+ 在线交换来解决（Maier et al.，2016）。

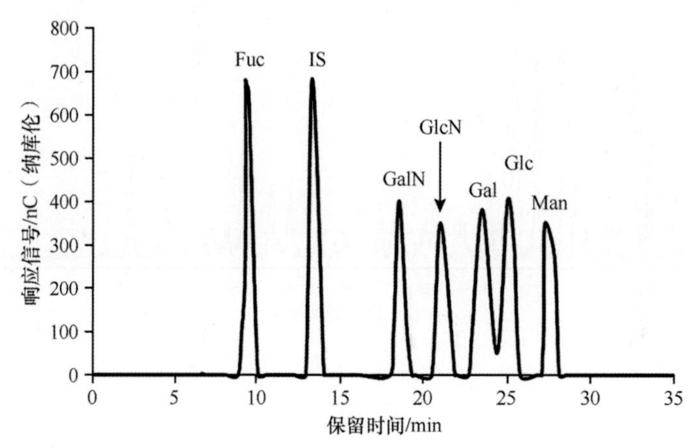

图 13-15 单糖在 HPAEC-PAD 中的保留行为（Behan and Smith，2011）

13.2.4.4　MALDI-TOF-MS

MALDI-TOF-MS 以激光激发固态样品产生气态离子，是一种较温和的电离技术。MALDI 法适用于分析非挥发性的固态或液态物质，尤其是对离子态或极性物质的电离效率最好，因此，其在糖蛋白、糖肽和糖链的分析中有广泛应用。现今 MALDI 法最常用的基质有 2,5-二羟基苯甲酸（2,5-dihydroxy benzoic acid，DHB）、*α*-氰基-4-羟基肉桂酸（*α*-cyano-4-hydroxycinnamic acid，CHCA）、芥子酸（sinapinic acid，SA）、2,6-乙酰基间苯二酚（2,6-dihydroxyacetophenone，DHAP）等，DHB 基质常用于寡糖及糖肽的 MALDI 分析。

Thaysen 等（2009）指出，在 MALDI-TOF-MS 中，中性糖的响应信号强度与不同糖型的糖肽含量之间有很好的相关性，在糖肽的微观不均一性相对定量分析方面有很大潜力。对于质荷比高于 2000 的 *O*-糖链，MALDI-TOF-MS 分析的灵敏度要高于 LC-MS/MS，但是 MALDI-TOF-MS 的定量能力有限，尤其是对于低分子量端（m/z＜600）的 *O*-糖链。由于含唾液酸的聚糖不易离子化，在质谱检测过程中信号强度低，同时唾液酸在质谱检测过程中容易发生源内和源后裂解，会影响 MALDI 对聚糖的鉴定，富含唾液酸的寡糖在 MALDI 质谱中一般无法呈现很好的谱图，为不影响其他糖型的鉴定，一种处理方式是利用化学法或酶法将唾液酸去除。Reiding 等（2014）建立了一种唾液酸衍生化标记和处理的高通量方法，从而实现人血浆蛋白释放糖链的衍生化和质谱分析，获得 *N*-聚糖谱（图 13-16）。如果要分析含唾液酸糖型，最好先进行糖链衍生化处理，提高唾液酸型寡糖在质谱中的响应信号。MALDI-TOF-MS 也是分析植物蛋白 *N*-聚糖常用的方法，Fanata 等（2013）采用 MALDI-TOF-MS 检测野生型水稻叶总蛋白质中的 *N*-聚糖结构，并与突变体中水稻叶总蛋白质中的 *N*-聚糖结构进行了比较（图 13-17），发现在野生型水稻叶愈合组织中主要为 *β*-1,2-木糖、*α*-1,3-岩藻糖和 Lewis A结构的杂合型糖，突变体水稻叶愈合组织中主要为高甘露糖型。

MALDI 法需要的样品量少（＜2μL），分析速度快。由于 MALDI 法的甜点效应，即离子信号在样品表面不同位置响应信号强度不同，样品的定量重现性差，而 DHB 基质所产生的不规则结晶状态，更加重了甜点效应的影响。

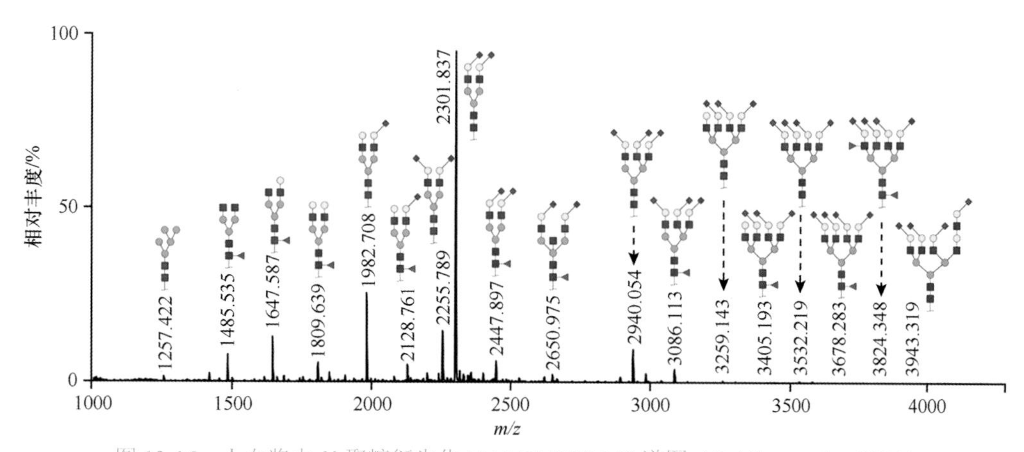

图 13-16　人血浆中 *N*-聚糖衍生化 MALDI-TOF-MS 谱图（Reiding et al.，2014）

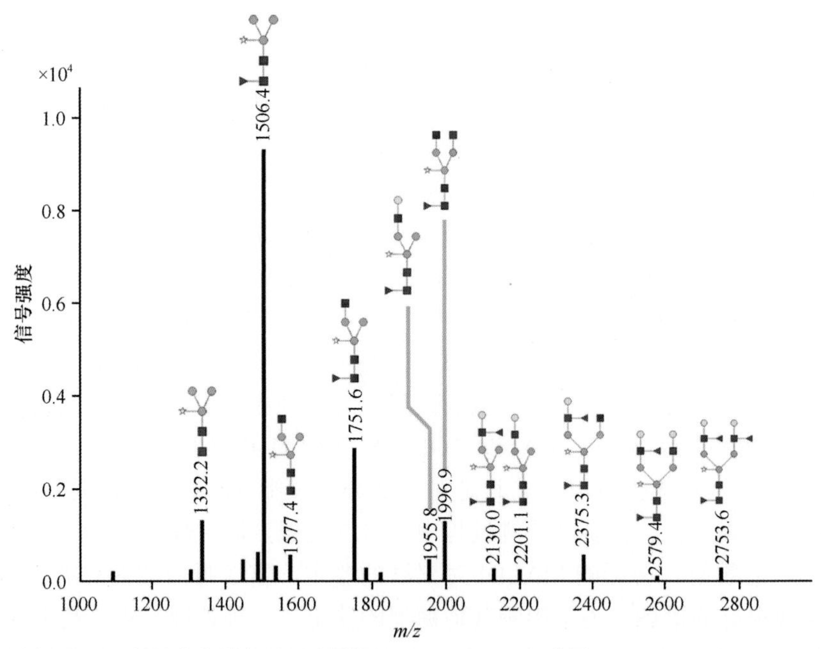

图 13-17　水稻叶总蛋白质 *N*-聚糖 MALDI-TOF-MS 谱图（Fanata et al.，2013）

13.2.4.5　LC-MS/MS

与 MALDI 质谱相比，电喷雾质谱在完整糖肽的分析中有着更为广泛的应用。ESI 源的质谱可以在前端串联液相，对复杂样品进行在线分离，从而降低样品复杂度，提高检测能力。单级的 MS 分析，可以提供糖链的质量数，二级和更多级 MS 联用可以通过碎裂谱图推测糖链的结构。在 LC-ESI-MS 分析中，聚糖离子通常被检测为加合物，这些加合物的形成受流动相和样品溶液的组成、聚糖结构的影响。采用正离子模式 ESI 分析时观察到的聚糖离子包括质子化离子、碱金属（钠和钾等）和铵加合离子（Higel et al.，2013；Wuhrer，2013），当流动相中包含乙酸铵或甲酸铵时，铵加合离子为常见的聚糖离子。

1. 利用带有高能碰撞池的质谱解析糖肽

采用多级串联质谱进行肽段序列的鉴定，是蛋白质组学研究中的经典策略，其在完整糖肽结构研究中同样应用广泛。由于糖肽的特殊性质，给质谱检测提出了特殊要求。首先，糖肽平均分子量远大于普通肽段，这就需要串联质谱中一级与二级质谱质量分析器要有足够宽的检测范围。研究也提示，通过扩展质谱采集质量数范围，可以显著提高糖肽鉴定效率（Caval et al.，2019）。其次，低质量数区的糖特征碎片离子是糖肽结构研究的重要参照，二级质谱需要覆盖低质量数区的特征碎片离子质量数。

糖特征碎片离子是糖肽在碰撞碎裂时产生的，是判断糖肽类型的重要依据，可为糖肽谱图的特异性筛选和糖链结构的解析带来很大帮助。例如，质荷比为 *m/z* 163$(Hex+H)^+$、*m/z* 204$(HexNAc+H)^+$、*m/z* 366$(HexNAc+Hex+H)^+$，以及 HexNAc 碎裂产生的离子，如 *m/z* 126、*m/z* 138、*m/z* 168 和 *m/z* 186 等，可用于判断某个谱图是否来源于糖肽。另外，唾液酸的特征离子 *m/z* 274$(NeuAc\text{-}H_2O+H)^+$ 和 *m/z* 292$(NeuAc+H)^+$、岩藻糖的特征离子 *m/z* 147$(Fuc+H)^+$，可用于判断该糖肽是否为唾液酸化或岩藻糖化的糖肽。Nwosu 等（2011）还在研究中指出，质荷比为 *m/z* 325$(2Hex+H)^+$ 离子是高甘露糖型糖链所特有的特征离子，质荷比 *m/z* 407$(2HexNAc+H)^+$ 离子是复合型和杂合型糖链所特有的特征离子，由此可以辅助判断糖肽所带糖链的类型，这对于鉴别单糖组成相同而连接方式不同的糖链结构有重要意义。

这些特征碎片离子主要集中在二级质谱的低质量数区，在上述的质量分析器中，四极杆、飞行时间和静电场轨道阱等在检测二级的串联质谱碎片离子时不会丢失低质量数区的信息。而离子阱质量分析器，则会由于低质量截止值（low mass cutoff，LMCO）而出现糖链碎裂特征离子缺失（Yang et al.，2009）。所以，在质量分析器的选择上，最好采用 TOF、FTICR 或 Orbitrap 类质谱仪。

2. 利用离子阱类的多级质谱碎裂解析糖肽

离子阱质量分析器虽然不能得到低质量端的碎片信息，但是可以实现连续多级质谱（MS^n）。在 CID 碎裂的二级谱图中，糖肽的特征碎片离子——携带 *N*-聚糖最内侧 GlcNAc 的肽段（Y_1 离子）仍然保持较强信号，根据此特点，Kubota 等（2008）选择糖肽的 Y_1 离子再次进行 CID 碎裂，并采集三级质谱信息，从而实现完整糖肽的肽段序列、糖基化位点和糖链结构的解析。Zhang 等（2005）利用离子阱的 MS^n 性能，对标准糖蛋白进行了五级串联的质谱检测，得到了系列高质量的多级质谱图，并在四级谱图中采用 DeNovoX 软件得到了肽段的序列信息。但是，这种策略目前仅可以对简单的糖蛋白进行全面解析，针对复杂混合样品的批量化应用还存在一定问题。

3. 利用靶向性扫描方式解析糖肽

传统的质谱扫描一般采用数据依赖型扫描，即对一级质谱检测到的信号最强的几个离子进行二级检测。种扫描模式下，母离子信号强的离子被优先检测。但由于糖蛋白的微观不均一性，一个肽段往往会含有糖型不同的多种异构体，这将分散糖肽的丰度水平，使每个完整糖肽的丰度都显著低于非糖基化肽段，而较低的丰度不利于质谱检测。目标靶向的质谱扫描方式可以一定程度上促进低丰度糖肽的定性定量，从而也被用于糖肽的研究。在三重四极杆（QQQ）类型的质谱仪中，前体离子扫描（precursor ion scanning）的质谱采集方式，可以根据设定的子离子扫描母离子，以检测产生该特异子离子的所有母离子信息。糖肽碎裂产生的特征碎片离子是靶向性扫描的重要基础，可用于区别糖肽与非糖肽段，另外，*N*-糖链还原端的 GlcNAc 与肽段之间也以酰胺键连接，相比于外围的糖苷键不容易断裂，故糖肽碎裂时，还容易产生 Y_1 离子（肽段与一个 GlcNAc 相连），Y_1 离子可以用于确定糖肽所对应的肽段信息。Ritchie 等（2002）利用这些糖肽的碎裂特征，设定了靶向 m/z 204$(HexNAc+H)^+$ 离子和 Y_1 离子的前体离子扫描方式。靶向性的扫描方式提高了质谱对糖肽的检测灵敏度，可以鉴定到更多的糖肽异构体。

Sandra 等（2004）在 QQQ 的基础上，将 Q-Trap 类型仪器中的多种扫描方式应用于糖链与糖肽的鉴定中。首先，设定了靶向 m/z 204 离子的前体离子扫描方式，用于发现糖肽母离子；其次，对糖肽母离子进行增强分辨的扫描方式；最后选定该离子进行增强型产物离子扫描，采集糖肽二级质谱串联谱图。另外，对二级谱图中出现的不明确子离子，进一步进行三级质谱检测，从而提供了充分的糖链碎片信息。

4. 数据非依赖型扫描方式解析糖肽

近年来，数据非依赖型扫描（DIA）方法在蛋白质组学定量研究方面发挥着重要的作用。由于糖基化微观不均一性的存在，每一种特定糖型的糖肽化学计量值极低，往往无法触发二级质谱扫描，不适于当前以 MS^2 为主导的糖基化鉴定研究。但 DIA 方法无须指定二级碎裂母离子，理论上可以保留所有一级谱峰的二级碎片信息，因此在糖肽研究中具有潜在的优势。近年来，已有利用 DIA 解析 *N*-糖基化修饰的部分研究出现。其中，Yang 等（2017）构建含有 3509 条糖肽共 17 525 个碎片的谱图库，并对 HEK-293 细胞系的糖基化位点进行了 *N*-糖链化学计量值的研究。Lin 等（2018）利用 DIA 方法研究了血浆中 41 个糖蛋白的 59 个糖基化位点，并在 IgG1 中共鉴定出 21 种糖型。

13.2.4.6 常用的串联质谱肽段碎裂模式

完整糖肽包含肽段序列和糖链结构，导致其在质谱中碎裂形式多样，单一的碎裂模式能够提供的信息有限，因此多种裂解技术协同运用就成为表征完整糖肽结构的有力武器，根据碎裂原理不同，我们可以把碎裂模式分为以下 3 种类型：离子与中性分子交互碰撞、离子与电子交互碰撞、离子与光子交互碰撞。每种碰撞模式下，糖肽的碎裂位置和顺序各不相同，因此为了方便解析谱图，根据碎裂位置和电荷保留位置的不同，Domon 和 Costello（1988）在前人研究的基础上，推荐了糖链的碎裂谱图命名规则。从非还原端起所形成的碎片分别为 A、B 和 C 型离子，其中 A 为跨环碎片离子；从还原端起所产生的离子分别为 Z、Y 和 X，其中 X 为跨环碎片离子。非还原端起断裂跨过第一个糖环所产生的碎片离子称作 A_1，依次为 A_2 到 A_i，这是 A 碎片离子的第一个修饰因子，糖环中 O 和 C_1 相连的共价键记为 0。从非还原端起第一个糖环 C_1 与糖苷键的 O 共价键断裂产生的碎片离子记为 B_1，依次为 B_2 到 B_i；从非还原端起第一个糖苷键的 O 与第二个糖环相连的共价键断裂产生的碎片离子记为 C_1，之后依次为 C_2 到 C_i。同时，从还原端起分别记作 X、Z、Y 离子碎片，其中 X 为穿环裂解（图 13-18）。

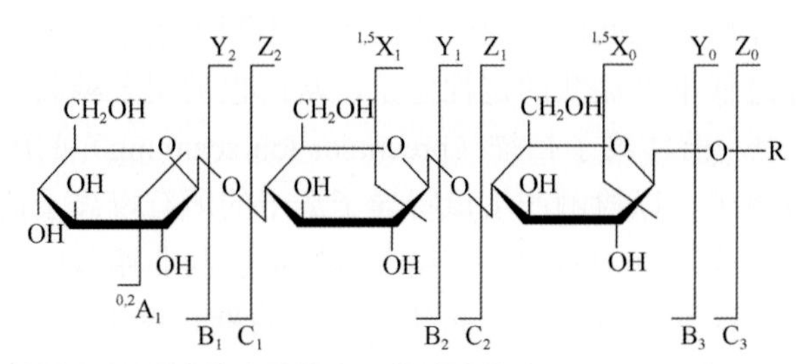

图 13-18 糖链在不同质谱碎裂模式下的碎片信息（Domon and Costello，1988）

1. 离子与中性分子交互碰撞模式

最常用的方法是加速后的离子与中性分子如氮气、氦气等发生碰撞，离子分解产生遵循一定裂解规律的碎片，这种技术被称为碰撞诱导解离（collision-induced dissociation，CID）。若给予更高的能量诱导，则称为高能诱导解离（higher energy collisional dissociation，HCD）。在 HCD 的高能碰撞下，糖链的特征碎片离子信号较强，如 *m/z* 163$(Hex+H)^+$、*m/z* 204$(HexNAc+H)^+$ 和 *m/z* 366$(HexNAc+Hex+H)^+$，在谱图筛选和过滤方面有很好的作用；在 CID 的碰撞模式中，糖链结构优先碎裂，产生包含肽段序列，以及外围单糖逐步丢失的一系列子离子信息，提供了更为丰富的糖链结构、单糖的连接位置等信息。

2. 离子与电子交互碰撞模式

在离子与电子交互碰撞的模式中，Zubarev 等（2000）首先开发了电子捕获解离（electron capture dissociation，ECD），后来 Syka 等（2004）发展出了电子转移解离（electron transfer dissociation，ETD），并用离子阱作为离子捕集和检测设备而拓展了其应用范围。随后，ETD还应用于Q-TOF（Synapt G2 HDMS）和Q-FT（SolariX）。ECD与ETD统称EXD，其原理相近，是将电子直接或间接转移到质子化肽段，释放能量，对化学键进行碎裂。与CID不同的是，EXD常保留肽段上的化学修饰，而主要断裂肽段主链本身。采用EXD对完整糖肽碎裂时，糖链结构保持完整，而肽段产生c、z离子碎片，从而可以鉴定得到肽段序列和糖基化位点。Darula和Medzihradszky（2009）采用ETD模式，利用LTQ-Orbitrap检测牛血清中的*O*-糖肽，鉴定到21个新的糖基化位点，并指出了ETD存在的问题，即对*m/z* 850以上的离子碎裂不充分。3年后，Darula等（2012）进一步拓展了他们的工作，先用经HCD产生的特征离子确定糖肽，然后用ETD测定肽段序列，鉴定到124个糖基化位点。遗憾的是，他们用糖苷外切酶处理了样品，使糖肽仅保留一个*O*-乙酰半乳糖胺，并非完整糖肽。

3. 离子与光子交互碰撞模式

离子与光子交互碰撞模式，如红外多光子解离（infrared multiphoton dissociation，IRMPD）模式在完整糖肽研究中也可提供重要信息，离子通过吸收大量红外光子的能量而发生碎裂。Clowers等（2007）将其应用于*N*-糖肽及*O*-糖肽的研究，糖肽在IRMPD中的碎裂情况与在CID中相近，主要产生b、y离子碎片。同实验室的Seipert等（2008）继续关注了*N*-糖肽在IRMPD中碎裂的影响因素，发现质子化的糖肽离子$(M+H)^+$，主要产生外围糖单元逐渐丢失的y离子，而加钠的糖肽离子$(M+Na)^+$，主要为糖链端的b离子，这给糖链结构的解析提供了更为充分的信息。

13.2.4.7　串联质谱裂解模式的联合

将多种碎裂模式联合，提供了机制上互补的碎裂谱图，极大地提高了糖肽谱图解析的能力，是完整糖肽研究中的有力武器。近年联合两种乃至多种碎裂方式的研究手段发展迅速，如CID/HCD和HCD、ETD的联合使用，EThcD技术，Step-NCE模式下的HCD/ETD/EThcD技术（图13-19和图13-20）。Mechref等（2012）对CID与ETD联用解析完整糖肽进行了阐释。Halim等（2012）采用CID与EXD联合的技术对尿液中的*N*-糖肽和*O*-糖肽实现了规模

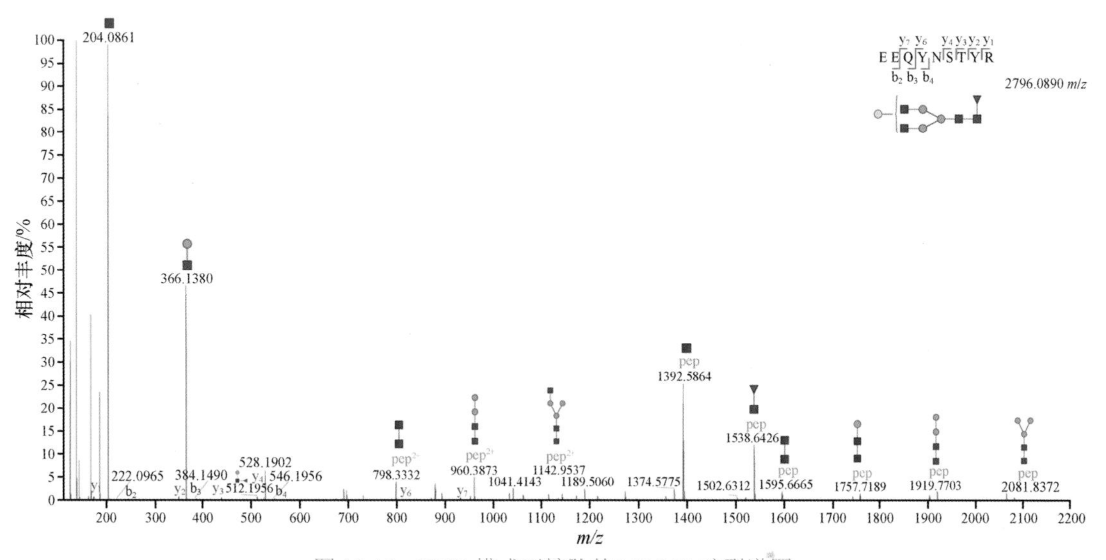

图13-19　HCD模式下糖肽的MS/MS碎裂谱图

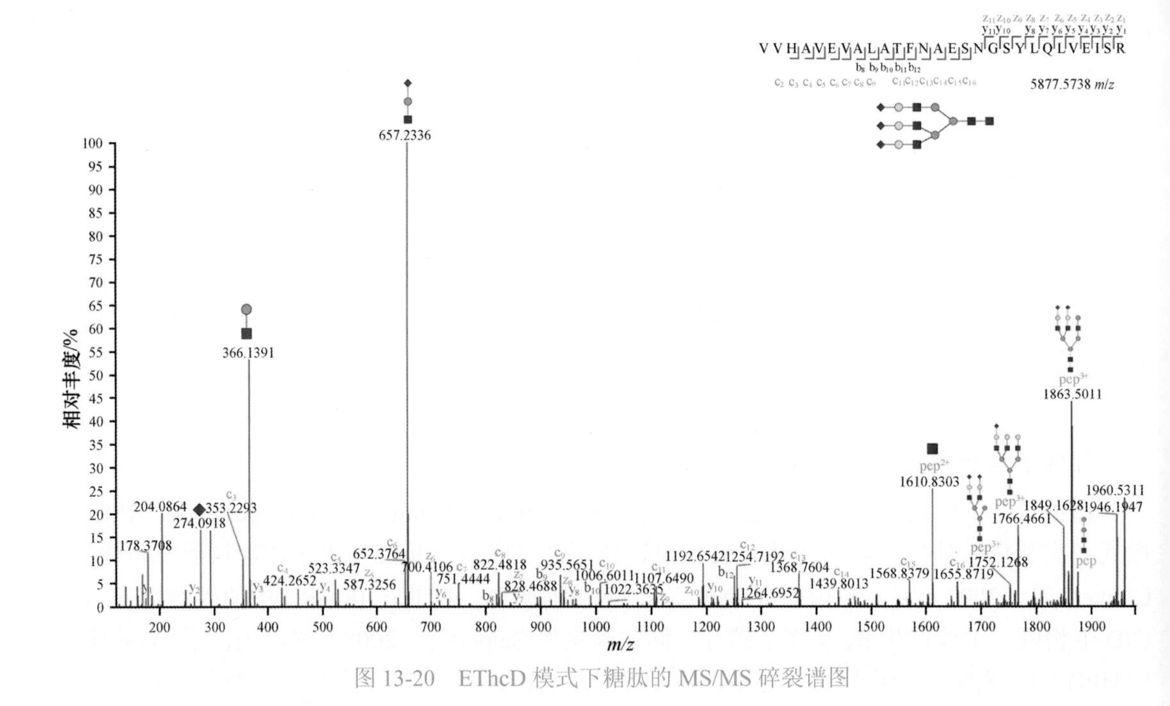

图 13-20　EThcD 模式下糖肽的 MS/MS 碎裂谱图

化鉴定。但是，不同碰撞模式交互替换的方式，降低了质谱的扫描速度，限制了规模化鉴定的通量。Steentoft 等（2011）建立了由 HCD 谱图中糖的特征碎片触发 ETD 的模式，即在质谱采集的过程中，HCD 谱图与 ETD 谱图可以直接关联，由糖特征碎片触发的 ETD 针对性更强。该策略被应用在 *O*-糖肽的结构研究中，与单纯 HCD、ETD 交替采集的方法比较，提高了质谱的采集效率与动态范围，鉴定出了更多的 *O*-糖肽。Yu 等（2017）建立了基于 EThcD 模式对人血浆糖蛋白质组鉴定的质谱方法，并采用 EThcD 模式分析人胰腺癌细胞（PANC-1）中的位点特异性 *N*-糖蛋白质组，鉴定到 1067 个完整的 *N*-糖肽，205 个糖蛋白的 311 个糖基化位点和 88 个聚糖（Chen et al.，2018）。Zhang 等（2018）也利用 EThcD 碎裂模式系统性研究了人血浆中 *O*-糖基化的分布情况，得到了近 500 条 *O*-糖基化肽段。

碎裂情况的多样性与复杂性给软件与算法开发提出了新的挑战。Mayampurath 等（2011）在 GlypID 2.0 版本中利用 HCD 与 CID 联合分析算法，将 HCD 特征离子应用于糖链类型判断中，用于判断单糖之间的连接。Xin（2011）编写的 GlycoMaster 软件可以对 ETD 与 HCD/CID 联用的数据解析，对 12 个标准蛋白质混合物模拟复杂样品的数据进行分析，实现了糖链和肽段序列的同步鉴定，这将为大规模、高通量的完整糖肽分析提供借鉴。

13.2.4.8　外切糖苷酶辅助的糖链序列分析

外切糖苷酶通常用作确定寡糖连接结构的辅助酶，可以从糖链非还原端特异性去除某类单糖，然后分析混合物以确定酶释放的单糖的数量。目前较常用的快速分析方法以质谱方法为主，可以采用 MALDI-TOF/TOF、HPAEC-ESI-MS/MS、HILIC/RP-ESI-MS/MS（Morelle and Michalski，2007）。常用的外切糖苷酶主要有唾液酸酶（sialidase）、β-半乳糖苷酶（β-galactosidase）、β-*N*-乙酰葡萄糖苷酶（β-*N*-acetylglucosidase）、β-*N*-乙酰氨基半乳糖苷酶（β-*N*-acetylgalactosidase）、α-甘露糖苷酶（α-mannosidase）、β-甘露糖苷酶（β-mannosidase）、α-1,6-岩藻糖苷酶（α-1,6-fucosidase）等，这些酶可以识别特异的连接位点，从而确定糖链的

连接结构。在 MALDI-TOF（图 13-21）分析方法中，根据酶处理后是否脱落对应分子量的单糖来确定对应的连接结构。

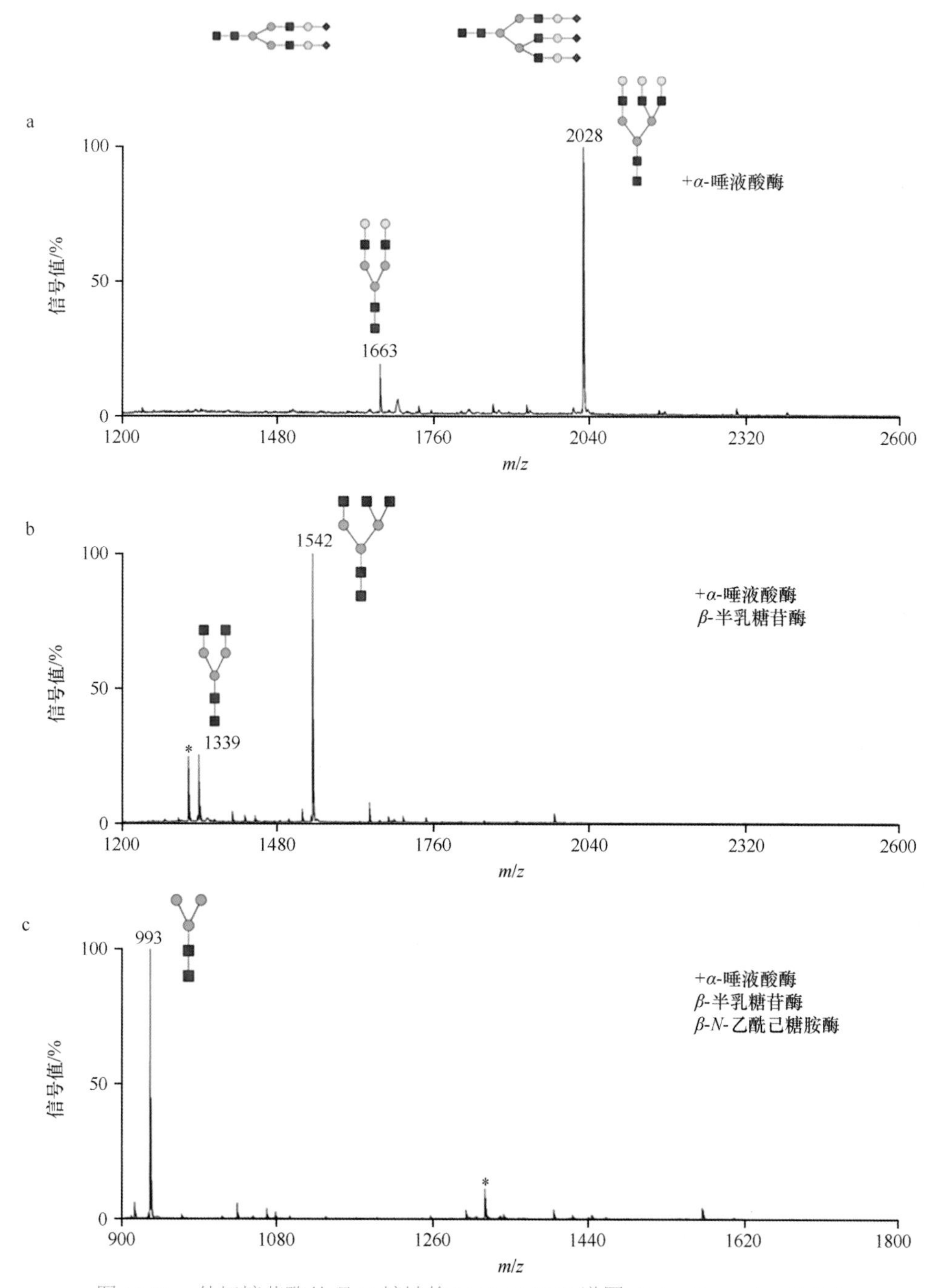

图 13-21　外切糖苷酶处理 *N*-糖链的 MALDI-TOF 谱图（Morelle et al.，2009）

Han 等（2012）为确证 CD44s 胞外区 *N*-聚糖的糖型结构（图 13-22），首先对糖链进行唾液酸酶酶切，在此基础上分别进行了 α-甘露糖苷酶、β-半乳糖苷酶和 α-1-(2,3,4)-岩藻糖苷酶的酶切实验，并对酶切结果进行 MALDI-TOF 质谱检测。切除唾液酸后，MALDI-TOF 检测图中多出了 *m/z* 2012.8、*m/z* 2174.8、*m/z* 2377.9 和 *m/z* 2539.9，分别对应 Hex2HexNAc3 deoxyhexose1+Man3GlcNAc2、Hex3HexNAc3deoxyhexose1+Man3GlcNAc2、Hex3HexNAc4 deoxyhexose1+Man3GlcNA2、Hex4HexNAc4deoxyhexose1+Man3GlcNAc2。这 4 个质荷比信号在唾液酸酶切除前没有鉴定到，证明这 4 个糖型结构的末端存在唾液酸结构（图 13-22b）。CD44s 胞外区 *N*-聚糖经 *α*-1-(2,3,4)-岩藻糖苷酶处理后没有发生相应的去岩藻糖位移（图 13-22c），证明这些峰所对应的糖型结构中的岩藻糖不是以 *α*-1-(2,3,4) 的方式连接，而是以 *α*-1,6 的方式连接，即核心岩藻糖。

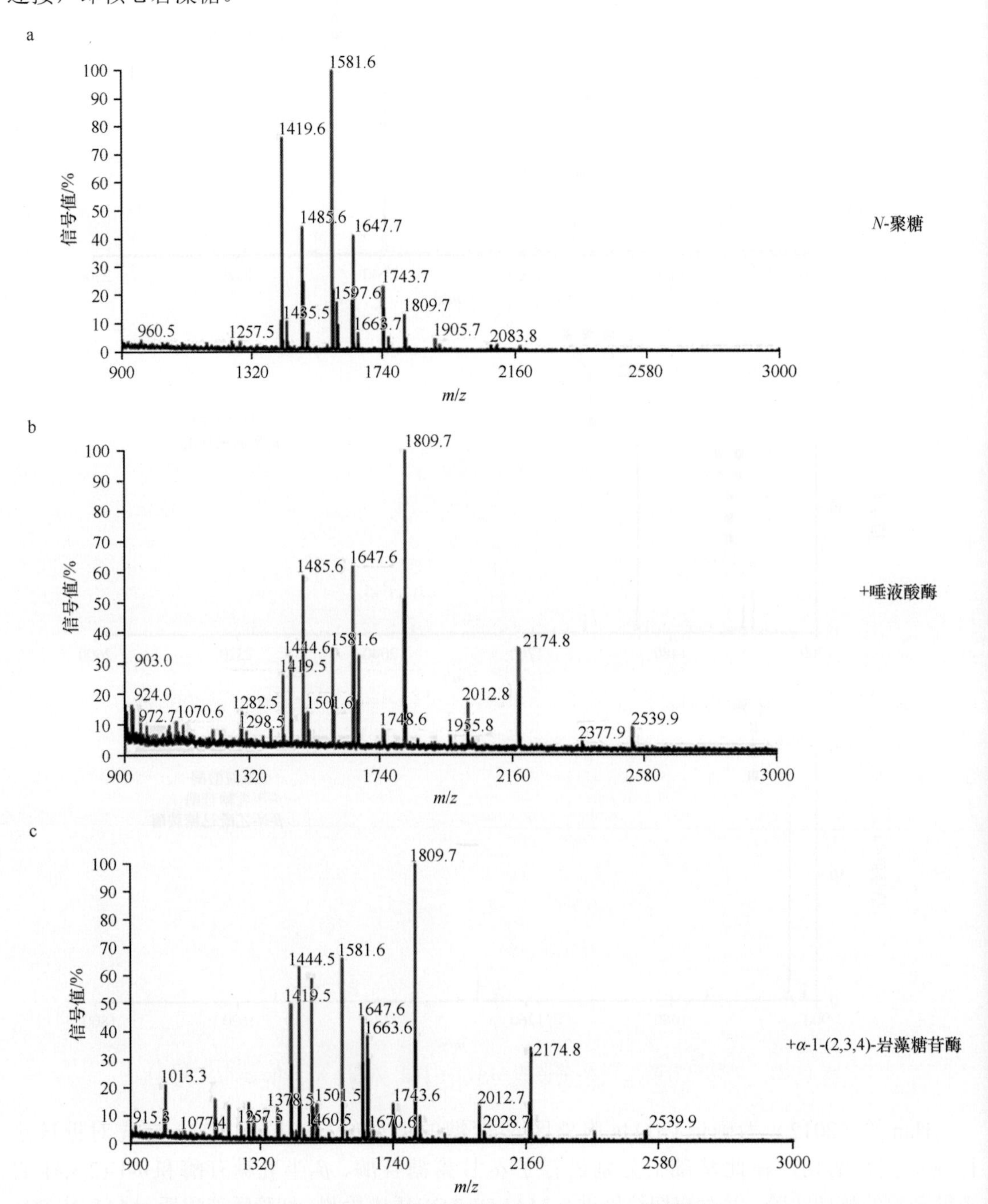

图 13-22　CD44s 胞外区 *N*-聚糖糖苷酶酶切 MALDI-TOF 谱图（Han et al.，2012）

13.2.5 糖修饰蛋白/肽段质谱解析软件发展

糖肽裂解方式的多样性和碎片来源的复杂性，对高质量地解析谱图、鉴定糖链和肽段序列提出了巨大挑战。在总结各种糖肽谱图基本规律的基础上，各种算法、软件和程序先后涌现，应用于糖肽序列的自动匹配及解析。常见的糖肽数据解析流程可以归纳为以下几个步骤：①糖肽谱图的筛选；②确定糖肽所属的肽段；③利用一级质谱质量数预测糖链组成；④利用二级质谱图确认肽段序列及糖型结构。

13.2.5.1 糖链谱图解析软件

糖链质量数分析，特别是规模化的数据分析与处理，主要是应用一级质谱，常用MALDI质谱法。应用较广的谱图分析软件是Cooper团队于2001开发的GlycoMod软件（http://www.expasy.ch/tools/glycomod/）。该软件的算法需要通过糖肽母离子的质量数、肽段的序列或质量数，计算出实验所得糖链的质量数，进而与数据库中的理论糖链质量数进行匹配，然后根据设定的质量数偏差范围，得到糖链所有可能的单糖组成情况。但是，如果两个单糖残基的质量数之和相等（如hexose+NeuAc=deoxyhexose+NeuGc=453.1482Da），软件将无法给出具体的糖型，而只给出所有的可能糖型。另外，Cooper团队建立的一个糖蛋白来源的糖链结构数据库GlycoSuiteDB（Ivancic et al.，2010），提供了大量*N*-糖链和*O*-糖链的结构、生物来源与文献出处等系列信息。

由于依赖于一级谱图质量数预测糖型的不确定性，借助单糖连接的经验规律和已有文献资料进行辅助判断就显得非常必要。1992年Doubet等（Zubarev et al.，2000）建立了CarbBank数据库，从2500多个出版物中摘录了超过9200个含糖链化合物的结构。陆续有更多的研究者通过总结文献资料，创建了糖型数据库。2006年开始，Ranzinger等针对糖链数据库命名、编排不统一，数据交叉等不便利因素，对主要的数据库Complex Carbohydrate Structure Database（CCSD或CarbBank）、Glycosciences.de、Consortium for Functional Glycomics（CFG）、Kyoto Encyclopedia of Genes and Genomes（KEGG）、Bacterial Carbohydrate Structure Database（BCSDB）等进行了整合（Syka et al.，2004），并采用GlycoCT（Seipert et al.，2008）统一数据格式，建立了GlycomeDB数据库（Ranzinger et al.，2010）。目前GlycomeDB数据库已纳入GlyTouCan数据库（https://glytoucan.org/）中，库中共有10多万条非冗余糖链结构（表13-3）（刘杭等，2016）。

表13-3 常用糖链结构数据库

数据库	编码方式	注释信息	网址
GlyTouCan	GlycoCT	糖结构	http://glytoucan.org/
EUROCarbDB	GlycoCT	糖结构、物种分类、质谱数据	http://code.google.com/archive/p/eurocarb/
CarbBank	IUPAC extended	糖结构、物种分类	https://www.genome.jp/dbget-bin/www_bfind?carbbank
KEGG Glycan DB	KCF	糖结构、与KEGG其他库的交叉注释信息	http://www.genome.jp/kegg/glycan/
Glycosciences.de	LINUCS	糖结构、物种分类、蛋白质三维结构、核磁数据、PDB库索引号	http://www.glycosciences.de/
CFG Glycan Structure DB	Glycominds linear code	糖结构、物种分类、糖芯片数据	http://www.functionalglycomics.org/
BCSDB	BCSDB linear code	糖结构、物种分类、核磁数据	http://csdb.glycoscience.ru/bacterial/

续表

数据库	编码方式	注释信息	网址
UniCarbKB GlyGen	Figure	糖结构、质谱数据、糖蛋白信息	http://unicarbkb.org/
GlycoBase（Dublin）	Motif based	糖结构、物种分类、质谱数据、色谱数据	https://www.hsls.pitt.edu/obrc/index.php?page=URL1263237902
GlycoBase（Lille）	Linkage path	糖结构、物种分类、核磁数据	http://glycobase.univ-lille1.fr/base/
JCGGDB	CabosML	糖结构、物种分类、糖基转移酶、糖芯片数据、核磁数据、质谱数据	https://jcggdb.jp/

13.2.5.2 完整糖肽解析软件发展

基于质谱分析中一级质量数来预测糖链结构的模式只能提供经验性的参考，假阳性仍普遍存在，且随着糖链质量数、单糖多样性的增加而越发显著，同时受到仪器检测时质量准确度的影响。为降低假阳性率，提高鉴定结果的可靠性，开始利用二级质谱的碎片离子信息与一级母离子质量数相结合的质谱方法，相应的糖肽解析软件正在逐步发展，如 pGlyco、OSCAR、GlycoX、GlypID、GlycoMiner、GlycoPepDB、GlycopeptideSearch 和 GlycoMaster、GlycopeptideGraphMS、MSFragger-Glyco 等（表 13-4）。

表 13-4 糖 / 糖肽质谱分析软件（刘杭等，2016）

软件名称	功能描述	网址
GlySeq	计算糖基化位点近邻氨基酸的组成概率	http://www.glycosciences.de/tools/glyseq/
Glycofragment	计算寡糖理论碎片	http://bio.tools/glycofragment
GlycoSearchMS	实现实际谱图与理论碎片的匹配	http://www.glycosciences.de/sweetdb/start.php?action=form_ms_search
GlycoPeakfinder	搜索 Glycosciences.de 来注释糖峰	http://www.eurocarbdb.org/application/ms-tools/
GlycoWorkBench	糖型拓扑结构构建，用实际谱图数据搜索公共库	http://glycoworkbench.software.informer.com/2.0/
GlycoMod	糖或糖肽组成预测	http://web.expasy.org/glycomod/
GlycanMass	单糖组成计算器	http://www.expasy.org/tools/glycomod/glycanmass.html
GlycanAnalyzer	糖碎片质量数及高效液相色谱 GU 值预测	http://glycananalyzer.neb.com/
EpitopeXtractor	外切糖苷酶酶切糖碎片预测和匹配	https://glycoproteome.expasy.org/epextractor/
GlycoDeNovo	基于质谱深度解析糖链结构	https://github.com/hongpengyu/GlycoDeNovo
GlycoPepDB	糖肽结构库搜索引擎	http://hexose.chem.ku.edu/sugar.php
GlycoFragwork	糖肽结构鉴定搜索引擎	http://darwin.informatics.indiana.edu/col/GlycoFragwork
GPquest	基于质谱谱图的糖肽搜索引擎	http://www.biomarkercenter.org/gpquest
Byonic	基于质谱谱图的糖肽搜索引擎	http://www.proteinmetrics.com/products/byonic/
pGlyco	基于质谱谱图的糖肽搜索引擎	http://pfind.ict.ac.cn/software/pGlyco/index.html
GlycopeptideGraphMS	基于质谱谱图的糖肽搜索引擎	https://bitbucket.org/glycoaddict/glycopeptidegraphms/src/master
MSFragger-Glyco	基于质谱谱图的糖肽搜索引擎	https://github.com/nesvilab/msfragger
O-Pair Search	基于质谱谱图的 *O*-糖肽搜索引擎	https://github.com/smith-chem-wisc/MetaMorpheus

GlycopeptideSearch 可实现对 *N*-糖肽的半自动化鉴定，其在利用一级质量数搜索 GlycomeDB 数据库的基础上，借助二级谱图中的特征信息对由一级质量数给出的多种预测糖型进行确认，提高了鉴定的准确性。例如，岩藻糖的特征碎片 *m/z* 512.2(Hex-HexNAc-Fuc) 和 *m/z* 803.3(NeuAc-Hex-HexNAc-Fuc) 可以用于岩藻糖的判断及定位（核心或外围）；OSCAR 同样借助二级谱图信息建立质量数匹配的逻辑规则，进一步明确单糖间的连接情况，从而缩小了糖链结构的可能性范围；GlycoX 关注于糖肽的高精度 FT 扫描数据的解析；StrOligo 借助了实验二级谱图与理论结构的碎片模式相匹配；Peptoonist 结合单个糖肽一级图谱和与之对应的二级 CID 碎片，建立了对糖肽鉴定结果打分的机制；GlypID 2.0 整合了系列糖肽共洗脱离子的一级谱图和二级碎片信息的两套打分方案，进一步完善了结果可靠性评价机制。另外，商业化的 SimGlycan 软件（Toukach et al.，2007），收录了 12 897 个糖链结构，将实验所得的糖肽二级谱图在数据库中检索匹配后，对预测的糖型给出可信度打分值，并可以对二级谱图进行自动标注。然而，上述大部分软件是个体化的，即针对特定类型的仪器或是特定的实验方案，而且多数是采用单个或几个标准蛋白质进行的测试，在通量和鉴定结果评价方面还需要进一步提高与改善。

多种碎裂模式联合应用的技术，极大地丰富了糖肽的碎裂信息，是完整糖肽研究的有力武器。但也因为碎裂情况的多样性与复杂性，给数据解析工作提出了新的挑战。Mayampurath 等（2011）利用 HCD 与 CID 联合分析的优势编写算法，将 CID 谱图用于判断单糖之间的连接。Xin 等（2011）编写的 GlycoMaster 软件，可以用于 ETD 与 HCD/CID 联用的数据解析，实现了糖链和肽段序列的同步鉴定，为完整糖肽分析提供借鉴思路。Byonic™ 是目前常用且功能比较全面的鉴定复杂样本糖基化位点和糖型的商业化软件（Bern et al.，2012），支持 HCD/CID、ETD/EThcD 的数据解析，其在搜索糖基化修饰的基础上同时可以进行其他的蛋白质 PTM 鉴定，可以同时搜索数十到数百种修饰类型。Toghi 等（2015）构建了 GPQuest，主要基于复杂样本在高能碰撞诱导解离（HCD）模式下的碎片信息对完整糖肽的位点鉴定和 *N*-糖糖型分析。基于软件对前列腺肿瘤 LNCaP 细胞蛋白质的胰蛋白酶消化肽段进行了分析，得到 769 个完整的 *N*-糖肽，344 个 *N*-糖修饰位点，57 个不同的 *N*-聚糖。He 团队发布了糖肽搜索引擎 pGlyco 2.0，它不仅仅可以对质谱中的碎片谱图进行快速和深入解析，更重要的是可对糖肽谱匹配进行全面的质量控制（Liu et al.，2017）。

基于新型完整糖肽算法的软件也在继续发展，丰富了完整糖肽研究领域的思路。其中，Stadlmann 等（2017）开发了一种新型完整糖肽解析算法——SugarQb（sugar quantitative biology）。在这种算法中，首先对不同电荷及不同同位素峰形进行去卷积处理，然后将母离子质量数减掉潜在糖链的质量数，并检索二级谱图中是否含有糖肽 Y_1 离子，若检测到这一碎片，则利用其质量数构建新的二级谱图，并进一步进行数据检索。Stadlmann 等（2017）进一步引入同位素标记定量技术 TMT，实现了特定位点糖基化的定量变化研究。利用该策略，他们发现了蓖麻毒素产生毒性所依赖的一系列糖蛋白。

然而，当前依赖 MS/MS 进行糖基化分析的研究对二级谱图的质量要求较高，并且由于很多低丰度糖肽难以触发二级扫描，其无法采用传统方法进行鉴定。一级质谱往往包含充分的肽段质量数及保留时间信息。随着质谱扫描速度及质量精度的不断发展，在一级质谱水平上对糖肽研究也开展起来。Froehlich 等（2013）利用质量亏损（mass defect）效应对糖肽与非糖肽在一级质量数上的差异进行研究。利用其总结出的分类算法，可实现较高的灵敏度（0.892）、极高的特异性（0.947）。另外，Choo 等（2019）发展了 GlycopeptideGraphMS 方法，其主要采用 MS/MS 谱图信息去推导具有相同肽段序列但不同糖型糖肽一级质量数及保留时间。因此，即便只有一条完整糖肽被鉴定到，理论上可推导并鉴定到的糖肽数目可达数百。结合一系列外切糖苷酶的辅助，此方法可将假阳性率控制在 2.21%。

13.3 糖基化修饰在生理病理过程中的作用

13.3.1 糖基化修饰与生物标志物

研究表明糖基化修饰对于蛋白质的正确折叠、功能定位、胞内运输等起着重要作用，参与信号转导、细胞黏附、细胞-细胞相互作用等诸多重要生命过程。糖基化修饰类型和修饰水平在植物的生长发育、伤口愈合和植物-微生物相互作用中也具有关键作用（Seifert and Roberts，2007；Stulemeijer et al.，2008）。因此深入研究糖基化的生物学功能，有助于加深人们对疾病发生发展机制的认识。糖基化常见的异常变化包括核心岩藻糖化过表达、整体唾液酸化程度增高（如 sLex、sLea）等。

13.3.1.1 岩藻糖化修饰

核心岩藻糖化（core fucosylation，CF）修饰是 *N*-糖基化修饰的一种特殊类型，其特征为岩藻糖（fucose，Fuc）通过 *α*-1,6-糖苷键连接于 *N*-糖链还原端最内侧的 *N*-乙酰葡糖胺，其表达水平受到 *α*-1,6-岩藻糖转移酶（FUT8）调控。在人体内核心岩藻糖化蛋白具有多种生理 / 病理作用，其与肿瘤如肝细胞癌（hepatocellular carcinoma，HCC）（Block et al.，2005；Matsumoto et al.，2008）、肺癌（Selman et al.，2010；Wang et al.，2011）、卵巢癌（Jefferis，2009）、前列腺癌、胰腺癌等密切相关。许多研究均已显示蛋白质的核心岩藻糖化在肿瘤的生长及扩散过程中具有重要作用，如表皮生长因子受体（epidermal growth factor receptor，EGFR）、转化生长因子受体 β1（transforming growth factor receptor-β1）等（Wang et al.，2009）。一些异常的 CF 蛋白质如甲胎蛋白（AFP）、高尔基体膜蛋白 GP73（Golgi membrane protein GP73）、触珠蛋白（haptoglobin，Hp）、转铁蛋白（transferrin）、*α*-1-酸性糖蛋白（*α*-1-acid glycoprotein）或 *α*-1-抗胰蛋白酶（*α*-1-antitrypsin）等可作为 HCC 的潜在诊断标志物（Ang et al.，2006）。岩藻糖-(1-2)-半乳糖 [Fuc-(1-2)-Gal] 是一种可修饰 *N*-糖蛋白和 *O*-糖蛋白的结构，Murrey 等（2006）发现 Fuc-(1-2)-Gal 参与突触蛋白和神经元形态调节，并发现突触蛋白 Ia 和 Ib 是 Fuc-(1-2)-Gal 结构的主要功能调节因子，说明岩藻糖化影响突触蛋白在细胞中的表达。

在植物中，*α*-1,3-岩藻糖基转移酶（*α*-1,3-FucT）可以催化岩藻糖从顺面高尔基体中 *N*-聚糖核心的 GDP-fucose 转移至与 Asn 连接的 GlcNAc 上，形成特异性的 *α*-1,3-岩藻糖修饰结构。植物成熟 *N*-聚糖型中，存在核心聚糖仅添加 *α*-1,3-岩藻糖和 / 或 *β*-1,2-木糖的结构，这类截短的聚糖称为少甘露糖型 *N*-聚糖，通常存在于液泡和种子中（Gomord et al.，2010）。Harmoko 等（2016）分离了两种丧失 FucT 功能的 Kitaake 水稻突变体（FucT-1 和 FucT-2），与野生型水稻相比，FucT-1 和 FucT-2 均显示出更大的分蘖角、更短的节间和穗长，都表现出降低的重力反应。结果证实这种表现是由 FucT 功能丧失引起的，说明 *α*-1,3-核心岩藻糖化修饰参与 Kitaake 水稻生长素运输和重力反应。

13.3.1.2　唾液酸化修饰

唾液酸化（sialylation）在细胞识别、细胞黏附和细胞通信方面起着重要作用，在很多恶性肿瘤中（如结肠癌、胃癌、卵巢癌等），唾液酸化程度增高（Dall'Olio and Chiricolo，2001）。在哺乳动物体内唾液酸化通常在溶酶体和分泌蛋白上高表达，人体红细胞中超过 1000 万个分子上具有唾液酸化修饰。

唾液酸化首先是由 Winzler 等在 1958 年进行检测，然后由 Brozmanova 和 Skrovina（1969）进行了方法改进和完善。Winzler 等的研究最初主要目的是检测总唾液酸（total sialic acid，TSA）含量，包括糖蛋白和糖脂结合的唾液酸，以及少量游离唾液酸。Liu 等（2011）选用具有明显侵袭性的不同肺癌细胞系（CL1-0 和 CL1-5），用炔基糖探针鉴定唾液酸化蛋白。目前已有研究显示（Sakuma et al.，2012），原癌基因 *Ras* 和 *c-Myc* 能够分别调控唾液酸转移酶 ST6Gal Ⅰ和 ST3Gal Ⅰ\Ⅱ\Ⅳ的转录，导致 β1 整合素的 *α*-2,6-唾液酸化水平增加，促进肿瘤细胞增长，提示唾液酸转移酶的上调可能是肿瘤唾液酸化水平增加的主导机制。糖蛋白和糖脂（神经节苷脂）上的唾液酸也是多种不同病毒的受体，包括流感病毒、腺病毒、冠状病毒、轮状病毒、凸隆病毒和呼肠孤病毒（Neu et al.，2011；Machado et al.，2015）。甲型和乙型流感病毒有两个唾液酸化识别分子，可以识别宿主细胞表面的唾液酸化糖复合物（Machado et al.，2015）。研究发现，在两种细胞中均有 EGFR 的唾液酸化和岩藻糖基化，增强唾液酸化和岩藻糖基化可以减弱 EGFR 介导的肺癌细胞侵袭。肿瘤中唾液酸化水平异常可能与唾液酸转移酶的过表达、肿瘤细胞中唾液酸合成代谢增加和内源性唾液酸酶的差异表达相关。

植物糖蛋白的 *N*-聚糖端罕有唾液酸化修饰，与哺乳动物细胞相比，在植物细胞中检测到的唾液酸含量微乎其微。已有研究在植物中鉴定出唾液酸转移酶基因，但认为在植物细胞中 *N*-聚糖还原端添加唾液酸的过程不会自然发生（Daskalova et al.，2009；Jacobs et al.，2009）。由于植物体内的糖基化修饰装配方式较为单一，因此基于糖生物工程手段改造唾液酸化修饰和 *O*-聚糖合成，最终形成高度分支化的唾液酸化 *N*-聚糖，亦可引入额外的糖基化位点（Egrie et al.，2003；Son et al.，2011）。Castilho 等（2010）使用瞬时基因表达技术将来源于哺乳动物的生物合成途径的 6 个基因与抗 HIV 抗体 2G12 的基因一起引入本生烟草（*Nicotiana benthamiana*）（ΔXT/FT GalT^{+}）中，其中超过 80% 的 2G12 单克隆抗体的 Fc 区发生唾液酸化。目前，已经有很多基于植物生产的疫苗、单克隆抗体、重组蛋白等生物制品得到批准，应用于相关疾病的治疗，如基于马铃薯块茎生产的用于治疗乙型肝炎病毒的病毒表面抗原（Thanavala et al.，2005）；基于本生烟草生产的用于治疗 H5N1 病毒的四价流感疫苗（Talarico et al.，2018）；基于烟草生产的用于治疗埃博拉病毒的 ZMapp 药物（Carter et al.，2018）。

13.3.1.3　*O*-GalNAc 糖基化修饰

O-GalNAc 糖基化广泛分布于呼吸道、胃肠道和泌尿生殖道等组织分泌的黏蛋白上，对于黏蛋白的凝胶化功能和保护屏障作用必不可少（Gil et al.，2011）。例如，已经从各种冷水鱼中鉴定到“抗冷冻”的糖蛋白，在低温水中可抑制“成核中心”的形成，防止活体组织被冻伤（Furukawa et al.，2005）。研究还发现，一些病原体微生物如流感病毒可以通过结合 *O*-聚糖特定位点从而感染宿主（Mendelson et al.，2010）。在一些疾病的发生发展过程中，*O*-GalNAc 糖基化起着至关重要的作用。例如，Kato 等（2006）发现编码参与 *O*-GalNAc 糖基化起始的糖基转移酶多肽 GalNAc-T3 基因突变，是家族性肿瘤样钙质沉着症发生的原因

之一，并证明成纤维细胞生长因子 23（FGF23）分泌需要发生 *O*-糖基化，且 GalNAc-T3 通过 *O*-糖基化 FGF23 前体蛋白转化酶枯草杆菌蛋白酶从而阻断 FGF23 的加工。此外，研究发现杯状细胞和黏蛋白的减少与胃溃疡发生有关（Matsukura et al.，1980）。而在肿瘤细胞中，截短型 *O*-聚糖（如 T 抗原、Tn 抗原、ST 抗原、STn 抗原）的过表达是其常见的特征之一，开发靶向截短型 *O*-聚糖修饰的疫苗，已成为治疗癌症的新思路。在癌组织（胃癌、胰腺癌、乳腺癌、卵巢癌、膀胱癌等）中，ST6GalNAc-I 的过表达引起 STn 的高表达，进而可能降低癌细胞黏附和促进癌细胞生长、迁移、侵袭等（Ju et al.，2008）。此外，肿瘤细胞表面 *O*-糖基化异常还可能诱导抗体依赖的细胞介导的细胞毒性（antibody-dependent cell-mediated cytotoxicity，ADCC）作用，以及参与肿瘤细胞与 DC-SIGN、巨噬细胞半乳糖型 C 型凝集素相互作用等（Ju et al.，2008）。植物中缺乏哺乳动物 *O*-糖基化修饰的相关酶和合成场所（Yang et al.，2012），但其常用于作为合成 *O*-GalNAc 的载体，为启动 *O*-GalNAc 糖基化在植物中发生，需要在植物中表达相应的哺乳动物 GalNAc 转移酶，将单个 GalNAc 残基转移至 Ser/Thr 残基上。Yang 等（2012）将 *O*-GalNAc 残基设计成 3 种不同的前体蛋白，在本生烟草植物中进行短暂表达，发现有两种非植物蛋白的表达足以启动植物 *O*-GalNAc 糖基化。

13.3.2 糖基化修饰参与调控生物学功能

13.3.2.1 *O*-GlcNAc 糖基化修饰

O-GlcNAc 糖基化修饰常被认为是一种压力感受器，可提高细胞对来自环境及自身的各种压力的抵抗能力。提高 OGT 表达水平或抑制 OGA 表达水平，细胞对压力的耐受性增强（Sohn et al.，2004），敲除 OGT 或阻断 HBP 途径，则细胞更易趋向凋亡（Zachara et al.，2004）。Han 等（2017）发现 SIRT1的 549 位丝氨酸发生 *O*-GlcNAc 糖基化动态修饰，可以在体内和体外提高其去乙酰化的活性，在基因毒性、氧化和代谢等压力刺激下，SIRT1 的 *O*-GlcNAc 糖基化修饰显著加强。

O-GlcNAc 糖基化修饰也被认为是一种营养感受器。UDP-GlcNAc 作为己糖胺合成途径的终产物，其水平随着外界环境或营养条件的改变而发生变化。最近，Peng 等（2017）首次报道了 OGT 介导的 *O*-GlcNAc 糖基化在 Hippo-YAP 通路激活过程中发挥着重要作用，发现了细胞外营养信号调节 Hippo 通路及肿瘤生长的新机制，而且该过程不依赖于 AMPK。*O*-GlcNAc 糖基化修饰的紊乱与多种重大慢性疾病的发生发展密切相关。在多种类型的癌组织中发现，OGT 含量增高，OGA 含量下降，从而导致 *O*-GlcNAc 糖基化修饰水平整体上升（Slawson and Hart，2011）。在肿瘤发生和转移过程中，许多与肿瘤相关的蛋白质如 p53（de Queiroz et al.，2016）、NF-κB 和 c-Myc（Yang et al.，2008）等也被检测到发生 *O*-GlcNAc 糖基化修饰，进而影响肿瘤细胞的增殖、转移和恶性转化（Ferrer et al.，2014；Rao et al.，2015）。鉴于 *O*-GlcNAc 糖基化修饰的重要功能，系统地对 *O*-GlcNAc 糖基化蛋白进行检测与分析，有利于全面认识 *O*-GlcNAc 糖基化修饰的生物学意义及其参与疾病发生发展的机制。

植物中 *O*-GlcNAc 糖基化修饰现象的研究起始于赤霉素（GA）响应途径中关键元件的鉴定，GA 是控制许多植物过程的植物激素，包括发芽、生长、开花和种子发育（Schwechheimer，2008）。例如，拟南芥中 GA 生物合成过程受阻后会阻止种子萌发，发芽后 GA 缺乏会导致植物侏儒和雄性不育。2014 年，Delporte 等（2014a，2014b）发现烟草的组蛋白与人类中的一样，均是被 *O*-GlcNAc 糖基化修饰的，组蛋白的 *O*-GlcNAc 修饰水平依赖于细胞周期，表

明 *O*-GlcNAc 糖基化修饰可能参与植物的表观遗传调控过程中。Xing 等（2018）研究了植物体内 *O*-GlcNAc 糖基化修饰调控的开花机制，发现拟南芥中 *O*-GlcNAc 转移酶 SEC 基因功能的缺失产生早花的表型，SEC 可利用 *O*-GlcNAc 糖基化修饰提高组蛋白转移酶 ATX1 的活性。质谱分析发现，ATX1 中 Ser947 位点是 SEX 进行 *O*-GlcNAc 糖基化修饰的关键位点。该研究揭示了植物体内一种新的 *O*-GlcNAc 糖基化修饰介导的表观遗传修饰调控开花的机制，为表观遗传修饰调控植物发育研究提供了新的途径。另外，Xu 等（2019）利用糖基化蛋白质组学技术与磷酸化蛋白质组学技术，揭示了 *O*-GlcNAc 糖基化修饰与磷酸化修饰动态调控小麦开花的机制。抑制 *O*-GlcNAc 糖基化修饰后，显著影响了小麦春化过程中关键基因的转录，促进了小麦开花。Xu 等（2019）同时鉴定到了多个具有磷酸化与 *O*-GlcNAc 糖基化修饰的蛋白质，如 TaFBA、TaGAPD、TaGRP2 等，并通过生化手段验证了这两种修饰在冬小麦春化过程中的重要作用。

13.3.2.2　*N*-糖基化修饰（受体膜蛋白）

受体膜蛋白中广泛存在着 *N*-糖基化，其调控着膜蛋白及其下游生物学进程。例如，在植物体内，*ALG3* 编码一个 α-1,3-甘露糖转移酶作用于 *N*-糖基化底物（Chen et al.，2014）。有研究表明，*ALG3* 影响 Slp1 蛋白的 3 个 *N*-糖基化位点，而这些位点是 Slp1 蛋白保持稳定及其与甲壳素结合活性必不可少的。另外，有研究发现，在当前免疫治疗领域，PD-L1 作为重要的靶分子，其 4 个 *N*-糖基化位点发生糖基化起到阻止 GSK3β 结合的作用，并进一步影响 T 淋巴细胞活性（Li et al.，2016）。Agrawal 等（2017）发现在黑色素瘤转移过程中，FUT8 表达上调，进一步研究发现 FUT8 的一个靶蛋白为黏附分子 L1CAM，此蛋白质上的 CF 修饰高表达影响其功能，使其不易降解，进而促进肿瘤细胞转移。Fanata 等（2013）发现在水稻甘露糖基寡糖葡糖苷酶（OsMOGS）突变体中根细胞分裂和伸长表现出严重缺陷，导致短根表型。此外，OsMOGS 突变植物的根毛发生和伸长受损，并且纤维素合成降低而减少了根部细胞壁厚度，结果表明 OsMOGS 调控 *N*-聚糖，参与生长素介导的水稻根形成过程。

13.3.2.3　*O*-fucose 糖基化修饰

O-fucose 糖基化修饰非常少见，最初发现是在特定 EGF 结构域中的丝氨酸及苏氨酸上（Okajima and Irvine，2002），在 Notch 通路中发挥着重要作用。近年来，在植物研究领域发现了 *O*-fucose 糖基转移酶 SPINDLY 可促进核增长抑制因子 DELLA 发生 *O*-fucose 修饰及活化，并利用质谱 ETD 测序技术确认了这一罕见修饰类型。利用 SPINDLY 突变细胞株研究发现 *O*-fucose 糖基转移酶的缺失会导致 DELLA 的高表达，证明 *O*-fucose 糖基化修饰可在植物发育过程中起着重要作用（Zentella et al.，2017）。

13.4　总　　结

糖基化是分布最广泛、组成最复杂的蛋白质翻译后修饰类型，在细胞间通信、细胞内信号转导中发挥着重要作用。随着色谱分离技术的不断发展和质谱技术的不断创新和提高，使得聚糖的异构体分离和检测成为可能，从而可更好地了解单个异构体的生物学重要性。结合前期的糖及糖肽制备与富集手段的优化，辅助后期数据分析软件的开发，正在逐步形成一体化、规模化的 *N*/*O*-聚糖及完整糖肽的质谱解析路线。这将完善糖链精细结构的解析，推进重要糖蛋白的结构和功能研究，并进一步提高人们对糖基化修饰的生物学功能和其差异调控机制的认识。展望未来，需要继续发展更完善的色谱富集和分离技术，建立稳定的糖化合物同位素标记、化学衍生化方法，构建复杂样本中糖基化修饰定量质谱分析方法，进而了解聚糖在植物生长发育过程中的作用，为植物糖生物工程提供更多的分析方法。

参考文献

郭忠武, 王来曦. 1995. 糖化学研究进展. 化学进展, 7(1): 10-29.

刘杭, 姚鋆, 杨芃原, 等. 2016. 糖蛋白质组学的信息学资源和方法. 生物化学与生物物理进展, 43(9): 910-918.

Agrawal P, Fontanals-Cirera B, Sokolova E, et al. 2017. A systems biology approach identifies FUT8 as a driver of melanoma metastasis. Cancer Cell, 31(6): 804-819.

Aizpurua-Olaizola O, Toraño J S, Falcon-Perez J M, et al. 2018. Mass spectrometry for glycan biomarker discovery. Trends in Analytical Chemistry, 100: 7-14.

Alvarez-Manilla G, Atwood J, Guo Y, et al. 2006. Tools for glycoproteomic analysis: size exclusion chromatography facilitates identification of tryptic glycopeptides with *N*-linked glycosylation sites. Journal of Proteome Research, 5(3): 701-708.

Ang I L, Poon T C W, Lai P B S, et al. 2006. Study of serum haptoglobin and its glycoforms in the diagnosis of hepatocellular carcinoma: a glycoproteomic approach. Journal of Proteome Research, 5(10): 2691-2700.

Apweiler R, Hermjakob H, Sharon N. 1999. On the frequency of protein glycosylation, as deduced from analysis of the SWISS-PROT database. Biochimica et Biophysica Acta (BBA)-General Subjects, 1473(1): 4-8.

Arigi E, Blixt O, Buschard K, et al. 2012. Design of a covalently bonded glycosphingolipid microarray. Glycoconjugate Journal, 29(1): 1-12.

Battistel M D, Shangold M, Trinh L, et al. 2012. Evidence for helical structure in a tetramer of α2-8 sialic acid: unveiling a structural antigen. Journal of the American Chemical Society, 134(26): 10717-10720.

Behan J L, Smith K D. 2011. The analysis of glycosylation: a continued need for high pH anion exchange chromatography. Biomedical Chromatography, 25(1-2): 39-46.

Berman H, Henrick K, Nakamura H. 2003. Announcing the worldwide protein data bank. Nature Structural & Molecular Biology, 10(12): 980.

Bern M, Kil Y J, Becker C. 2012. Byonic: advanced peptide and protein identification software. Current Protocols in Bioinformatics, 40 (1): 1-13.

Bernhard O K, Kapp E A, Simpson R J. 2007. Enhanced analysis of the mouse plasma proteome using cysteine-containing tryptic glycopeptides. Journal of Proteome Research, 6(3): 987-995.

Block T M, Comunale M A, Lowman M, et al. 2005. Use of targeted glycoproteomics to identify serum glycoproteins that correlate with liver cancer in woodchucks and humans. Proc. Natl. Acad. Sci. USA, 102(3): 779-784.

Brozmanova E, Skrovina B. 1969. Value of determination of sialic acid in bone tumors. Acta Chirurgiae Orthopaedicae et Traumatologiae Cechoslovaca, 36(5): 285.

Callewaert N, Geysens S, Molemans F, et al. 2001. Ultrasensitive profiling and sequencing of *N*-linked oligosaccharides using standard DNA-sequencing equipment. Glycobiology, 11(4): 275-281.

Carter D, Van Hoeven N, Baldwin S, et al. 2018. The adjuvant GLA-AF enhances human intradermal vaccine responses. Science Advances, 4(9): eaas9930.

Castilho A, Strasser R, Stadlmann J, et al. 2010. In planta protein sialylation through overexpression of the respective mammalian pathway. Journal of Biological Chemistry, 285(21): 15923-15930.

Caval T, Zhu J, Heck A R, et al. 2019. Simply extending the mass range in electron transfer higher energy collisional dissociation increases confidence in *N*-glycopeptide identification. Analytical Chemistry, 91(16): 10401-10406.

Chandler K, Goldman R. 2013. Glycoprotein disease markers and single protein-omics. Molecular & Cellular Proteomics, 12(4): 836-845.

Chen X L, Shi T, Yang J, et al. 2014. *N*-glycosylation of effector proteins by an *α*-1,3-mannosyltransferase is required for the rice blast fungus to evade host innate immunity. The Plant Cell, 26(3): 1360-1376.

Chen Z, Yu Q, Hao L, et al. 2018. Site-specific characterization and quantitation of *N*-glycopeptides in PKM2 knockout breast cancer cells using DiLeu isobaric tags enabled by electron-transfer/higher-energy collision dissociation (EThcD). Analyst, 143(11): 2508-2519.

Chia J, Goh G, Bard F. 2016. Short *O*-GalNAc glycans: regulation and role in tumor development and clinical perspectives. Biochimica et Biophysica Acta (BBA)-General Subjects, 1860(8): 1623-1639.

Choo M S, Wan C, Rudd P M, et al. 2019. Glycopeptide GraphMS: improved glycopeptide detection and identification by exploiting graph theoretical patterns in mass and retention time. Analytical Chemistry, 91(11): 7236-7244.

Clowers B H, Dodds E D, Seipert R R, et al. 2007. Site determination of protein glycosylation based on digestion with immobilized nonspecific proteases and fourier transform ion cyclotron resonance mass spectrometry. Journal of Proteome Research, 6(10): 4032-4040.

Cooper C A, Gasteiger E, Packer N H. 2001. GlycoMod-a software tool for determining glycosylation compositions from mass spectrometric data. PROTEOMICS: International Edition, 1(2): 340-349.

Coulier L, Zha Y, Bas R, et al. 2013. Analysis of oligosaccharides in lignocellulosic biomass hydrolysates by high-performance anion-exchange chromatography coupled with mass spectrometry (HPAEC-MS). Bioresource Technology, 133: 221-231.

Dall'Olio F, Chiricolo M. 2001. Sialyltransferases in cancer. Glycoconjugate Journal, 18(11-12): 841-850.

Darula Z, Medzihradszky K F. 2009. Affinity enrichment and characterization of mucin core-1 type glycopeptides from bovine serum. Molecular & Cellular Proteomics, 8(11): 2515-2526.

Darula Z, Sherman J, Medzihradszky K F. 2012. How to dig deeper? Improved enrichment methods for mucin core-1 type glycopeptides. Molecular & Cellular Proteomics, 11(7): O111.016774.

Daskalova S M, Pah A R, Baluch D P, et al. 2009. The *Arabidopsis thaliana* putative sialyltransferase resides in the Golgi apparatus but lacks the ability to transfer sialic acid. Plant Biology, 11(3): 284-299.

Davies M, Hounsell E F. 1996. Carbohydrate chromatography: towards yoctomole sensitivity. Biomedical Chromatography, 10(6): 285-289.

de Queiroz R M, Madan R, Chien J, et al. 2016. Changes in *O*-linked *N*-acetylglucosamine (*O*-GlcNAc) homeostasis activate the p53 pathway in ovarian cancer cells. Journal of Biological Chemistry, 291(36): 18897-18914.

Delporte A, de Vos W H, Van Damme E J M. 2014a. *In vivo* interaction between the tobacco lectin and the core histone proteins. Journal of Plant Physiology, 171(13): 1149-1156.

Delporte A, Zaeytijd J D, Storme N D, et al. 2014b. Cell cycle-dependent *O*-GlcNAc modification of tobacco histones and their interaction with the tobacco lectin. Plant Physiology and Biochemistry, 83(2014): 151-158.

Domon B, Costello C E. 1988. A systematic nomenclature for carbohydrate fragmentations in FAB-MS/MS spectra of glycoconjugates. Glycoconjugate Journal, 5(4): 397-409.

Egrie J C, Dwyer E, Browne J K, et al. 2003. Darbepoetin alfa has a longer circulating half-life and greater *in vivo* potency than recombinant human erythropoietin. Experimental Hematology, 31(4): 290-299.

Fanata W D, Lee K H, Son B H, et al. 2013. *N*-glycan maturation is crucial for cytokinin-mediated development and cellulose synthesis in *Oryza sativa*. The Plant Journal, 73(6): 966-979.

Faye L, Boulaflous A, Benchabane M, et al. 2005. Protein modifications in the plant secretory pathway: current status and practical implications in molecular pharming. Vaccine, 23(15): 1770-1778.

Ferrer C M, Lynch T P, Sodi V L, et al. 2014. *O*-GlcNAcylation regulates cancer metabolism and survival stress signaling via regulation of the HIF-1 pathway. Molecular Cell, 54(5): 820-831.

Froehlich J W, Dodds E, Wilhelm M, et al. 2013. A classifier based on accurate mass measurements to aid large scale, unbiased glycoproteomics. Molecular & Cellular Proteomics, 12(4): 1017-1025.

Furukawa Y, Inohara N, Yokoyamab E. 2005. Growth patterns and interfacial kinetic supercooling at ice/water interfaces at which anti-freeze glycoprotein molecules are adsorbed. Journal of Crystal Growth, 275(1-2): 167-174.

Gill D J, Clausen H, Bard F. 2011. Location, location, location: new insights into *O*-GalNAc protein glycosylation. Trends in Cell Biology, 21(3): 149-158.

Gomord V, Fitchette A C, Menu-Bouaouiche L, et al. 2010. Plant-specific glycosylation patterns in the context of therapeutic protein production. Plant Biotechnology Journal, 8(5): 564-587.

Halim A, Nilsson J, Rüetschi U, et al. 2012. Human urinary glycoproteomics; attachment site specific analysis of *N*- and *O*-linked glycosylations by CID and ECD. Molecular & Cellular Proteomics, 11(4): M111.013649.

Han C, Gu Y C, Shan H, et al. 2017. *O*-GlcNAcylation of SIRT1 enhances its deacetylase activity and promotes cytoprotection under stress. Nature Communications, 8(1): 1491.

Han H, Stapels M, Ying W, et al. 2012. Comprehensive characterization of the *N*-glycosylation status of CD44s by use of multiple mass spectrometry-based techniques. Analytical and Bioanalytical Chemistry, 404(2): 373-388.

Harmoko R, Yoo J Y, Ko K S, et al. 2016. *N*-glycan containing a core *α*-1,3-fucose residue is required for basipetal auxin transport and gravitropic response in rice (*Oryza sativa*). New Phytologist, 212(1): 108-122.

Hartweck L M, Scott C L, Olszewski N E. 2002. Two *O*-linked *N*-acetylglucosamine transferase genes of *Arabidopsis thaliana* L. Heynh. have overlapping functions necessary for gamete and seed development. Genetics, 161(3): 1279-1291.

Hashimoto K, Goto S, Kawano S, et al. 2006. KEGG as a glycome informatics resource. Glycobiology, 16(5): 63-70.

Hebert D N, Lamriben L, Evan T P, et al. 2014. The intrinsic and extrinsic effects of *N*-linked glycans on glycoproteostasis. Nature Chemical Biology, 10(11): 902-910.

Helenius A, Aebi M. 2001. Intracellular functions of *N*-linked glycans. Science, 291(5512): 2364-2369.

Higel F, Demelbauer U, Seidl A, et al. 2013. Reversed-phase liquid-chromatographic mass spectrometric *N*-glycan analysis of biopharmaceuticals. Analytical and Bioanalytical Chemistry, 405(8): 2481-2493.

Ivancic M M, Gadgil H, Halsall H B, et al. 2010. LC/MS analysis of complex multiglycosylated human α1-acid glycoprotein as a model for developing identification and quantitation methods for intact glycopeptide analysis. Analytical Biochemistry, 400(1): 25-32.

Jacobs J H, Clark S J, Denholm I, et al. 2009. Pollination biology of fruit-bearing hedgerow plants and the role of flower-visiting insects in fruit-set. Annals of Botany, 104(7): 1397-1404.

Jefferis R. 2009. Glycosylation as a strategy to improve antibody-based therapeutics. Nature Reviews Drug Discovery, 8(3): 226.

Ju T, Lanneau G, Gautam T, et al. 2008. Human tumor antigens Tn and sialyl Tn arise from mutations in Cosmc. Cancer Research, 68(6): 1636-1646.

Kaji H, Saito H, Yamauchi Y, et al., 2003. Lectin affinity capture, isotope-coded tagging and mass spectrometry to identify *N*-linked glycoproteins. Natûre Biotechnology, 21(6): 667-672.

Kandzia S, Costa J. 2013. *N*-glycosylation analysis by HPAEC-PAD and mass spectrometry. Methods in Molecular Biology, 1049: 301-312.

Kang P, Mechref Y, Klouckova I, et al. 2005. Solid-phase permethylation of glycans for mass spectrometric analysis. Rapid Communications in Mass Spectrometry, 19(23): 3421-3428.

Karas M, Hillenkamp F. 1988. Laser desorption ionization of proteins with molecular masses exceeding 10,000 daltons. Analytical Chemistry, 60(20): 2299-2301.

Kato K, Jeanneau C, Tarp M A, et al. 2006. Polypeptide GalNAc-transferase T3 and familial tumoral calcinosis secretion of fibroblast growth factor 23 requires *O*-glycosylation. Journal of Biological Chemistry, 281(27): 18370-18377.

Keser T, Pavić T, Lauc G, et al. 2018. Comparison of 2-aminobenzamide, procainamide and RapiFluor-MS as derivatizing agents for high-throughput HILIC-UPLC-FLR-MS *N*-glycan analysis. Frontiers in Chemistry, 6: 324.

Kornfeld R, Kornfeld S. 1985. Assembly of asparagine-linked oligosaccharides. Annual Review of Biochemistry, 54(1): 631-664.

Kubota K, Sato Y, Suzuki Y, et al. 2008. Analysis of glycopeptides using lectin affinity chromatography with MALDI-TOF mass spectrometry. Analytical Chemistry, 80(10): 3693-3698.

Larsen M R, Jensen S, Jakobsen L, et al. 2007. Exploring the sialiome using titanium dioxide chromatography and mass spectrometry. Molecular & Cellular Proteomics, 6(10): 1778-1787.

Li C W, Lim S O, Xia W, et al. 2016. Glycosylation and stabilization of programmed death ligand-1 suppresses T-cell activity. Nature Communications, 7: 12632.

Lin C H, Krisp C, Packer N, et al. 2018. Development of a data independent acquisition mass spectrometry workflow to enable glycopeptide analysis without predefined glycan compositional knowledge. Journal of Proteomics, 172: 68-75.

Lin Y H, Zhu J, Meijer A, et al. 2019. Glycoproteogenomics: a frequent gene polymorphism affects the glycosylation pattern of the human serum fetuin/α-2-HS-glycoprotein. Molecular & Cellular Proteomics, 18(8): 1479-1490.

Linden S, Sutton P, Karlsson N G, et al. 2008. Mucins in the mucosal barrier to infection. Mucosal Immunology, 1(3): 183.

Liu M Q, Zeng W F, Fang P, et al. 2017. pGlyco 2.0 enables precision *N*-glycoproteomics with comprehensive quality control and one-step mass spectrometry for intact glycopeptide identification. Nature Communications, 8(1): 438.

Liu T, Qian W J, Gritsenko M A, et al. 2006. High dynamic range characterization of the trauma patient plasma proteome. Molecular & Cellular Proteomics, 5(10): 1899-1913.

Liu Y C, Yen H Y, Chen C Y. 2011. Sialylation and fucosylation of epidermal growth factor receptor suppress its dimerization and activation in lung cancer cells. Proc. Natl. Acad. Sci. USA, 108(28): 11332-11337.

Love D C, Hanover J A. 2005. The hexosamine signaling pathway: deciphering the "*O*-GlcNAc code". Science's STKE, 2005(312): 13.

Machado E, Gilbertson S W, Vlekkert D D. 2015. Regulated lysosomal exocytosis mediates cancer progression. Science Advances, 1(11): e1500603.

Maier M, Reusch D, Bruggink C, et al. 2016. Applying mini-bore HPAEC-MS/MS for the characterization and quantification of Fc *N*-glycans from heterogeneously glycosylated IgGs. Journal of Chromatography B, 1033-1034: 342-352.

Matsukura N, Suzuki K, Kawachi T, et al. 1980. Distribution of marker enzymes and mucin in intestinal metaplasia in human stomach and relation of complete and incomplete types of intestinal metaplasia to minute gastric carcinomas. Journal of the National Cancer Institute, 65(2): 231-240.

Matsumoto K, Yokote H, Arao T, et al. 2008. *N*-glycan fucosylation of epidermal growth factor receptor modulates receptor activity and sensitivity to epidermal growth factor receptor tyrosine kinase inhibitor. Cancer Science, 99(8): 1611-1617.

Matsuoka K, Watanabe N, Nakamura K. 1995. *O*-glycosylation of a precursor to a sweet potato vacuolar protein, sporamin, expressed in tobacco cells. The Plant Journal, 8(6): 877-889.

Mayampurath A M, Wu Y, Segu Z M, et al. 2011. Improving confidence in detection and characterization of protein *N*-glycosylation sites and microheterogeneity. Rapid Communications in Mass Spectrometry, 25(14): 2007-2019.

McCarter C, Kletter D, Tang H, et al. 2013. Prediction of glycan motifs using quantitative analysis of multi-lectin binding: motifs on MUC 1 produced by cultured pancreatic cancer cells. Proteomics Clinical Applications, 7(9-10): 632-641.

Mechref Y. 2012. Use of CID/ETD mass spectrometry to analyze glycopeptides. Current Protocols in Protein Science, 68(1): 1-11.

Mendelson M, Tekoah Y, Zilka A, et al. 2010. NKp46 *O*-glycan sequences that are involved in the interaction with hemagglutinin type 1 of influenza virus. Journal of Virology, 84(8): 3789-3797.

Morelle W, Faid V, Chirat F, et al. 2009. Analysis of *N*- and *O*-linked glycans from glycoproteins using MALDI-TOF mass spectrometry. Methods in Molecular Biology, 534: 5-21.

Morelle W, Michalski J C. 2007. Analysis of protein glycosylation by mass spectrometry. Nature Protocols, 2(7): 1585.

Murrey H E, Gama C I, Kalovidouris S A, et al. 2006. Protein fucosylation regulates synapsin Ia/Ib expression and neuronal morphology in primary hippocampal neurons. Proc. Natl. Acad. Sci. USA, 103(1): 21-26.

Neu U, Bauer J, Stehle T. 2011. Viruses and sialic acids: rules of engagement. Current Opinion in Structural Biology, 21(5): 610-618.

Nguema-Ona E, Karunaratne C V, Xie N. 2014. Cell wall *O*-glycoproteins and *N*-glycoproteins: aspects of biosynthesis and function. Frontiers in Plant Science, 5: 499.

North S J, Hitchen P G, Haslam S M, et al. 2009. Mass spectrometry in the analysis of *N*-linked and *O*-linked glycans. Current Opinion in Structural Biology, 19(5): 498-506.

Nwosu C C, Seiper R R, Strum J S, et al. 2011. Simultaneous and extensive site-specific *N*- and *O*-glycosylation analysis in protein mixtures. Journal of Proteome Research, 10(5): 2612-2624.

Okajima T, Irvine K D. 2002. Regulation of notch signaling by *O*-linked fucose. Cell, 111(6): 893-904.

Parker B L, Gupta P, Cordwel S J, et al. 2011. Purification and identification of *O*-GlcNAc-modified peptides using phosphate-based alkyne CLICK chemistry in combination with titanium dioxide chromatography and mass spectrometry. Journal of Proteome Research, 10(4): 1449-1458.

Peng C, Zhu Y, Zhang W J, et al. 2017. Regulation of the Hippo-YAP pathway by glucose sensor *O*-GlcNAcylation. Molecular Cell, 68(3): 591-604.

Petrescu A J, Milac A L, Petrescu S M, et al. 2004. Statistical analysis of the protein environment of *N*-glycosylation sites: implications for occupancy, structure, and folding. Glycobiology, 14(2): 103-114.

Petrescu A J, Wormald M R, Dwek R A. 2006. Structural aspects of glycomes with a focus on *N*-glycosylation and glycoprotein folding. Current Opinion in Structural Biology, 16(5): 600-607.

Prien J M, Prater B D, Cockrill S L. 2010. A multi-method approach toward *de novo* glycan characterization: a Man-5 case study. Glycobiology, 20(5): 629-647.

Rakus J F, Mahal L K. 2011. New technologies for glycomic analysis: toward a systematic understanding of the glycome. Annual Review of Analytical Chemistry, 4: 367-392.

Ramachandran P, Boontheung P, Xie Y M, et al. 2006. Identification of *N*-linked glycoproteins in human saliva by glycoprotein capture and mass spectrometry. Journal of Proteome Research, 5(6): 1493-1503.

Ramakrishnan B, Qasba P K. 2002. Structure-based design of β-1,4-galactosyltransferase I (β4Gal-T1) with equally efficient *N*-acetylgalactosaminyltransferase activity point mutation broadens β4Gal-T1 donor specificity. Journal of Biological Chemistry, 277(23): 20833-20839.

Ramsay S L, Freeman C, Grace P B, et al. 2001. Mild tagging procedures for the structural analysis of glycans. Carbohydrate Research, 333(1): 59-71.

Ranzinger R, Herget S, Lieth C W, et al. 2010. GlycomeDB: a unified database for carbohydrate structures. Nucleic Acids Research, 39(suppl. 1): 373-376.

Rao X, Duan X T, Mao W M, et al. 2015. *O*-GlcNAcylation of G6PD promotes the pentose phosphate pathway and tumor growth. Nature Communications, 6: 8468.

Reiding K R, Blank D, Kuijper D M, et al. 2014. High-throughput profiling of protein *N*-glycosylation by MALDI-TOF-MS employing linkage-specific sialic acid esterification. Analytical Chemistry, 86(12): 5784-5793.

Ress D K, Linhardt R J. 2004. Sialic acid donors: chemical synthesis and glycosylation. Current Organic Synthesis, 1(1): 31-46.

Ritchie M A, Gill A C, Deery M J, et al. 2002. Precursor ion scanning for detection and structural characterization of heterogeneous glycopeptide mixtures. Journal of the American Society for Mass Spectrometry, 13(9): 1065-1077.

Ruhaak L R, Deelder M, Wuhrer M. 2009. Oligosaccharide analysis by graphitized carbon liquid chromatography-mass spectrometry. Analytical and Bioanalytical Chemistry, 394(1): 163-174.

Ruhaak L R, Steenvoorden E, Koeleman C A M, et al. 2010. 2-picoline-borane: a nontoxic reducing agent for oligosaccharide labeling by reductive amination. Proteomics, 10(12): 2330-2336.

Saint-Jore-Dupas C, Faye L, Gomord V. 2007. From planta to pharma with glycosylation in the toolbox. Trends in Biotechnology, 25(7): 317-323.

Sakuma K, Aoki M, Kannagi R. 2012. Transcription factors c-Myc and CDX2 mediate E-selectin ligand expression in colon cancer cells undergoing EGF/bFGF-induced epithelial-mesenchymal transition. Proc. Natl. Acad. Sci. USA, 109(20): 7776-7781.

Sandra K, Devreese B, Beeumen J V, et al. 2004. The Q-Trap mass spectrometer, a novel tool in the study of protein glycosylation. Journal of the American Society for Mass Spectrometry, 15(3): 413-423.

Schwechheimer C. 2008. Understanding gibberellic acid signaling-are we there yet? Current Opinion in Plant Biology, 11(1): 9-15.

Seifert G J, Roberts K. 2007. The biology of arabinogalactan proteins. Annual Review of Plant Biology, 58: 137-161.

Seipert R R, Dodds E D, Clowers B H, et al. 2008. Factors that influence fragmentation behavior of *N*-linked glycopeptide ions. Analytical Chemistry, 80(10): 3684-3692.

Sekiya S, Wada Y, Tanaka K. 2005. Derivatization for stabilizing sialic acids in MALDI-MS. Analytical Chemistry, 77(15): 4962-4968.

Selman M H, McDonnell L A, Palmblad M, et al. 2010. Immunoglobulin G glycopeptide profiling by matrix-assisted laser desorption ionization Fourier transform ion cyclotron resonance mass spectrometry. Analytical Chemistry, 82(3): 1073-1081.

Showalter A M, Keppler B, Lichtenberg J, et al. 2010. A bioinformatics approach to the identification, classification, and analysis of hydroxyproline-rich glycoproteins. Plant Physiology, 153(2): 485-513.

Slawson C, Hart G W. 2011. *O*-GlcNAc signalling: implications for cancer cell biology. Nature Reviews Cancer, 11(9): 678.

Sohn K C, Lee K Y, Park J E, et al. 2004. OGT functions as a catalytic chaperone under heat stress response: a unique defense role of OGT in hyperthermia. Biochemical and Biophysical Research Communications, 322(3): 1045-1051.

Son Y D, Jeong Y T, Park S Y, et al. 2011. Enhanced sialylation of recombinant human erythropoietin in Chinese hamster ovary cells by combinatorial engineering of selected genes. Glycobiology, 21(8): 1019-1028.

Sparbier K, Asperger A, Resemann A, et al. 2007. Analysis of glycoproteins in human serum by means of glycospecific magnetic bead separation and LC-MALDI-TOF/TOF analysis with automated glycopeptide detection. Journal of Biomolecular Techniques, 18(4): 252.

Stadlmann J, Taubenschmid J, Wenzel D, et al. 2017. Comparative glycoproteomics of stem cells identifies new players in ricin toxicity. Nature, 549(7673): 538-542.

Steentoft C, Vakhrushev S Y, Christensen M V, et al. 2011. Mining the *O*-glycoproteome using zinc-finger nuclease-glycoengineered simple cell lines. Nature Methods, 8(11): 977.

Strahl-Bolsinger S, Immervoll T, Deutzmann R, et al. 1993. PMT1, the gene for a key enzyme of protein *O*-glycosylation in *Saccharomyces cerevisiae*. Proc. Natl. Acad. Sci. USA, 90(17): 8164-8168.

Strasser R. 2016. Plant protein glycosylation. Glycobiology, 26(9): 926-939.

Strasser R, Altmann F, Mach L, et al. 2004. Generation of *Arabidopsis thaliana* plants with complex *N*-glycans lacking β1,2-linked xylose and core α1,3-linked fucose. FEBS Letters, 561(1-3): 132-136.

Stulemeijer I J E, Joosten M H A J. 2008. Post-translational modification of host proteins in pathogen-triggered defence signalling in plants. Molecular Plant Pathology, 9(4): 545-560.

Sun B, Ranish J A, Utleg A G, et al. 2007. Shotgun glycopeptide capture approach coupled with mass spectrometry for comprehensive glycoproteomics. Molecular & Cellular Proteomics, 6(1): 141-149.

Sun S M, Shah P, Eshghi S T, et al. 2016. Comprehensive analysis of protein glycosylation by solid-phase extraction of *N*-linked glycans and glycosite-containing peptides. Nature Biotechnology, 34(1): 84.

Syka J E, Coon J J, Schroeder M J, et al. 2004. Peptide and protein sequence analysis by electron transfer dissociation mass spectrometry. Proceedings of the National Academy of Sciences, 101(26): 9528-9533.

Talarico T L, Nims R, Murphy M, et al. 2018. Investigation of an adventitious agent test false positive signal in a plant-derived influenza vaccine. Bioprocess Journal, 17: 1-8.

Taylor C M, Karunaratne C V, Xie N. 2014. Glycosides of hydroxyproline: some recent, unusual discoveries. Glycobiology, 22(6): 757-767.

Ten Hagen K G, Fritz T A, Tabak L A. 2003. All in the family: the UDP-GalNAc:polypeptide *N*-acetylgalactosaminyltransferases. Glycobiology, 13(1): 1-16.

Thanavala Y, Mahoney M, Pal S, et al. 2005. Immunogenicity in humans of an edible vaccine for hepatitis B. Proc. Natl. Acad. Sci. USA, 102(9): 3378-3382.

Thaysen-Andersen M, Mysling S, Højrup P. 2009. Site-specific glycoprofiling of *N*-linked glycopeptides using MALDI-TOF MS: strong correlation between signal strength and glycoform quantities. Analytical Chemistry, 81(10): 3933-3943.

Toghi Eshghi S, Shah P, Yang W, et al. 2015. GPQuest: a spectral library matching algorithm for site-specific assignment of tandem mass spectra to intact *N*-glycopeptides. Analytical Chemistry, 87(10): 5181-5188.

Torres C R, Hart G W. 1984. Topography and polypeptide distribution of terminal *N*-acetylglucosamine residues on the surfaces of intact lymphocytes. Evidence for *O*-linked GlcNAc. Journal of Biological Chemistry, 259(5): 3308-3317.

Toukach P, Joshi H J, Ranzinger R, et al. 2007. Sharing of worldwide distributed carbohydrate-related digital resources: online connection of the bacterial carbohydrate structure database and glycol-science. Nucleic Acids Research, 35: 280-286.

Van Kooyk Y, Rabinovich G A. 2008. Protein-glycan interactions in the control of innate and adaptive immune responses. Nature Immunology, 9(6): 593.

Viseux N, Hronowski X, Delaney J, et al. 2001. Qualitative and quantitative analysis of the glycosylation pattern of recombinant proteins. Analytical Chemistry, 73(20): 4755-4762.

Vocadlo D J, Hang H C, Kim E J. 2003. A chemical approach for identifying *O*-GlcNAc-modified proteins in cells. Proc. Natl. Acad. Sci. USA, 100(16): 9116-9121.

Vreeker G C M, Wuhrer M. 2017. Reversed-phase separation methods for glycan analysis. Analytical and Bioanalytical Chemistry, 409(2): 359-378.

Wang J, Balog C A, Stavenhagen K. 2011. Fc-glycosylation of IgG1 is modulated by B-cell stimuli. Molecular & Cellular Proteomics, 10(5): M110.004655.

Wang Z, Park K, Comer F, et al. 2009. Site-specific GlcNAcylation of human erythrocyte proteins: potential biomarker(s) for diabetes. Diabetes, 58(2): 309-317.

Winzler R J. 1958. Glycoproteins of plasma // Wolstenholme G E W, O'Connor M. Chemistry and Biology of Mucopolysaccharides. Boston: Little, Brown and Company.

Wohlgemuth J, Karas M, Eichhorn T, et al. 2009. Quantitative site-specific analysis of protein glycosylation by LC-MS using different glycopeptide-enrichment strategies. Analytical Biochemistry, 395(2): 178-188.

Wuhrer M. 2013. Glycomics using mass spectrometry. Glycoconjugate Journal, 30(1): 11-22.

Wuhrer M, de Boer A R, Deelder A M. 2009. Structural glycomics using hydrophilic interaction chromatography (HILIC) with mass spectrometry. Mass Spectrometry Reviews, 28(2): 192-206.

Wuhrer M, Deelder A M, van der Burgt Y E. 2011. Mass spectrometric glycan rearrangements. Mass Spectrometry Reviews, 30(4): 664-680.

Xin L. 2011. GlycoMaster-software for glycopeptide identification with combined ETD and CID/HCD spectra. Journal of Biomolecular Techniques, 22(suppl.): S51.

Xing L, Liu Y, Xu S J, et al. 2018. *Arabidopsis* *O*-GlcNAc transferase SEC activates histone methyltransferase ATX1 to regulate flowering. The EMBO Journal, 37(19): 98115.

Xu S, Xiao J, Yin F, et al. 2019. The protein modifications of *O*-GlcNAcylation and phosphorylation mediate vernalization response for flowering in winter wheat. Plant Physiology, 180(3): 1436-1449.

Yamamoto S, Kinoshita M, Suzuki S. 2016. Current landscape of protein glycosylation analysis and recent progress toward a novel paradigm of glycoscience research. Journal of Pharmaceutical and Biomedical Analysis, 130: 273-300.

Yang W H, Park S Y, Nam H W, et al. 2008. NF-κB activation is associated with its *O*-GlcNAcylation state under hyperglycemic conditions. Proc. Natl. Acad. Sci. USA, 105(45): 17345-17350.

Yang X, Wang Z, Guo L, et al. 2017. Proteome-wide analysis of *N*-glycosylation stoichiometry using SWATH technology. Journal of Proteome Research, 16(10): 3830-3840.

Yang Y, Liu F, Franc V, et al. 2016. Hybrid mass spectrometry approaches in glycoprotein analysis and their usage in scoring biosimilarity. Nature Communications, 8(7): 13397.

Yang Y H, Lee K, Jang K S. 2009. Low mass cutoff evasion with q_z value optimization in ion trap. Analytical Biochemistry, 387(1): 133-135.

Yang Z, Drew D P, Jørgensen B, et al. 2012. Engineering mammalian mucin-type *O*-glycosylation in plants. Journal of Biological Chemistry, 287(15): 11911-11923.

Yi L, Ouyang Y, Sun X, et al. 2015. Qualitative and quantitative analysis of branches in dextran using high-performance anion exchange chromatography coupled to quadrupole time-of-flight mass spectrometry. Journal of Chromatography A, 1423: 79-85.

Yong-Pill C, Chrispeels M J. 1976. Serine-*O*-galactosyl linkages in glycopeptides from carrot cell walls. Phytochemistry, 15(1): 165-169.

Yu Q, Wang B, Chen Z, et al. 2017. Electron-transfer/higher-energy collision dissociation (EThcD)-enabled intact glycopeptide/glycoproteome characterization. Journal of the American Society for Mass Spectrometry, 28(9): 1751-1764.

Zachara N E, O'Donnell N, Cheung W D, et al. 2004. Dynamic *O*-GlcNAc modification of nucleocytoplasmic proteins in response to stress a survival response of mammalian cells. Journal of Biological Chemistry, 279(29): 30133-30142.

Zeng Z, Hincapie M, Pitteri S J, et al. 2011. A proteomics platform combining depletion, multi-lectin affinity chromatography (M-LAC), and isoelectric focusing to study the breast cancer proteome. Analytical Chemistry, 83(12): 4845-4854.

Zentella R, Sui N, Barnhill B, et al. 2017. The *Arabidopsis* *O*-fucosyltransferase SPINDLY activates nuclear growth repressor DELLA. Nature Chemical Biology, 13(5): 479.

Zhang H, Li X J, Martin D B, et al. 2003. Identification and quantification of *N*-linked glycoproteins using hydrazide chemistry, stable isotope labeling and mass spectrometry. Nature Biotechnology, 21(6): 660.

Zhang S, Williamson B L. 2005. Characterization of protein glycosylation using chip-based nanoelectrospray with precursor ion scanning quadrupole linear ion trap mass spectrometry. Journal of Biomolecular Techniques, 16(3): 209.

Zhang Y, Xie C F, Zhao X Y, et al. 2018. Systems analysis of singly and multiply *O*-glycosylated peptides in the human serum glycoproteome via EThcD and HCD mass spectrometry. Journal of Proteomics, 6(170): 14-27.

Zhao X, Ma C, Han H, et al. 2013. Comparison and optimization of strategies for a more profound profiling of the sialylated *N*-glycoproteomics in human plasma using metal oxide enrichment. Analytical and Bioanalytical Chemistry, 405(16): 5519-5529.

Zhu Y, Chen X. 2017. Expanding the scope of metabolic glycan labeling in *Arabidopsis thaliana*. Chem. Bio. Chem., 18 (13): 1286-1296.

Zielinska D F, Gnad F, Schropp K, et al. 2012. Mapping *N*-glycosylation sites across seven evolutionarily distant species reveals a divergent substrate proteome despite a common core machinery. Molecular Cell, 46(4): 542-548.

Zielinska D F, Gnad F, Wiśniewski J R, et al. 2010. Precision mapping of an *in vivo* *N*-glycoproteome reveals rigid topological and sequence constraints. Cell, 141(5): 897-907.

Zubarev R A, Horn D M, Fridriksson E K, et al. 2000. Electron capture dissociation for structural characterization of multiply charged protein cations. Analytical Chemistry, 72(3): 563-573.

第 14 章
乙酰化蛋白质组学

精细调控蛋白质的功能对于生物体的生命活动非常必要。在不同调控的方式中，可逆的翻译后修饰巧妙地调控了蛋白质的功能。翻译后修饰的一个最关键优势就是与降解蛋白质重新合成这种方式相比，其能够以更快的速率、更低的能量损耗来动态地调节蛋白质的功能。原核和真核蛋白质组可发生数百种翻译后修饰，然而，受技术限制，其中只有少数几种修饰进行了深入的研究，如磷酸化、糖基化、甲基化、乙酰化、泛素化和类泛素化。

乙酰化是一种在真核和原核生物中都进化保守的翻译后修饰，分为发生在赖氨酸上的N型连接的乙酰化和发生在丝氨酸和苏氨酸上的O型连接的乙酰化（Boyer et al.，2014；Narita et al.，2019）。N型连接的乙酰化又分为*Nα*-乙酰化和*Nε*-乙酰化，区别是供体的乙酰基，如乙酰辅酶A，由乙酰基转移酶是转移到受体蛋白的末端氨基酸残基（*α*-氨基）还是链中的赖氨酸残基（*ε*-氨基）上。其中，*Nε*-乙酰化是最先发现于组蛋白上的翻译后修饰（Allfrey et al.，1964）。1978年，Sterner等发现HMG（high-mobility group）蛋白上也能发生乙酰化。1997年，Gu等发现转录因子p53也能够被乙酰化，随后第一个哺乳动物组蛋白乙酰转移酶（histone acetyltransferase，HAT）和组蛋白去乙酰化酶（histone deacetylase，HDAC）也被鉴定到。组蛋白乙酰化多发生在核心组蛋白N端碱性氨基酸集中区的特定赖氨酸残基上，将乙酰辅酶A的乙酰基转移到赖氨酸的ε-NH_3^+上。随着非组蛋白乙酰化的发现，HAT和HDAC被重新命名为赖氨酸乙酰转移酶（lysine acetyltransferase，KAT）和赖氨酸去乙酰化酶（lysine deacetylase，KDAC）。虽然大多数赖氨酸乙酰化是由赖氨酸乙酰转移酶催化的，然而在乙酰辅酶A浓度和pH都较高的线粒体中，这种反应也可以非酶促形式发生（Paik et al.，1970；Wagner and Payne，2013）。

随后*Nε*-乙酰化被证明可参与基因表达、转录调控、信号通路、代谢调控、核染色质重构和细胞周期等多种重要细胞功能。蛋白质的赖氨酸乙酰化修饰还调控蛋白质的多种性质，包括DNA-蛋白质相互作用、亚细胞定位、转录活性、蛋白质稳定性等，除了以上这些重要的生物学功能，赖氨酸乙酰化蛋白及其调控酶与衰老和重大疾病（如癌症、神经变性紊乱、心血管疾病等）联系紧密（Arif et al.，2010；Cohen et al.，2011；Castano-Cerezo et al.，2014；Kwon et al.，2016；Berthiaume et al.，2017；Gil et al.，2017b）。

蛋白质赖氨酸残基上发生的*Nε*-乙酰化是调节蛋白质功能的一种重要的调控手段。除乙酰化修饰外，近年来还发现在赖氨酸上可发生其他酰基化，包括丙酰化（propionylation）、丁酰化（butyrylation）、琥珀酰化（succinylation）、豆蔻酰化（myristoylation）、丙二酰化（malonylation）都被认为可参与代谢调控、信号通路、蛋白质功能调控（Narita et al.，2019）。

近10年来，蛋白质组学分析揭示除了组蛋白，其他蛋白质也经常发生乙酰化修饰，并且在哺乳动物细胞中鉴定到大量乙酰化位点，开启了乙酰化的组学时代。

14.1　*Nα*-乙酰化

Nα-乙酰化又称 N 端乙酰化，是一种广泛存在于真核生物和原核生物的蛋白质翻译后修饰。通过将乙酰基附加到 N 端氨基，N 端的电荷、疏水性和大小以不可逆的方式改变。这一变化对乙酰化蛋白的寿命、折叠特征和结合性质均有影响（Ree et al.，2018）。大约 85% 的人类和 60% 的酵母可溶性蛋白在其 N 端携带乙酰化修饰（Arnesen et al.，2009；Van Damme et al.，2011；Bienvenut et al.，2012），在细菌中绿脓杆菌（*Pseudomonas aeruginosa*）和大肠杆菌中分别有 2% 和 2.5% 的蛋白质组会发生 N 端乙酰化（Kentache et al.，2016）。N 端乙酰化蛋白参与多种生物学过程，如细胞凋亡、生长抑制、酶促调控和胁迫应答等（Ree et al.，2018）。

14.1.1　N 端赖氨酸乙酰转移酶

蛋白质 N 端乙酰化是指乙酰基（CH_3CO）与在多肽链的 N 端游离的 *α*-氨基（NH_3^+）共价连接（Varland et al.，2015）。蛋白质乙酰化也经常发生在赖氨酸侧链的 *ε*-氨基上，这是由赖氨酸乙酰转移酶催化完成的（Choudhary et al.，2014）。去乙酰化反应是由赖氨酸脱乙酰化酶催化的，目前还没有发现 N 端去乙酰化酶，因此认为 N 端乙酰化是不可逆的（Ree et al.，2018）。这种普遍的蛋白质翻译后修饰通过中和蛋白质 N 端的正电荷极大地影响其静电性质，从而改变蛋白质的功能，包括稳定性（Hwang et al.，2010；Shemorry et al.，2013）、折叠（Holmes et al.，2014）、蛋白质互作（Coulton et al.，2010）和亚细胞定位（Verdin and Ott，2015）。因此，许多生物学过程受 N 端乙酰化控制，包括通过修饰组蛋白尾端的调控转录过程等（Ree et al.，2018）。

14.1.2　N 端乙酰转移酶的组成和特异性

N 端乙酰转移酶催化乙酰基基团从乙酰辅酶 A 共价结合到一个蛋白质自由的 *α*-氨基端，通过中和蛋白质的正电荷并使 N 端残基更加疏水来改变蛋白质空间位阻或化学性质（Aksnes et al.，2015a）。根据 N 端乙酰化酶底物特异性和亚基组成可分为 NatA、NatB、NatC、NatD、NatE 和 NatF。每个 N 端乙酰化酶的底物特异性主要基于前两个蛋白质残基。在 6 个 N 端乙酰化酶（NatA、NatB、NatC、NatD、NatE 和 NatF）中，NatA、NatB 和 NatC 主要作用于蛋白质 N 端（Aksnes et al.，2015a）（图 14-1）。

NatA 由催化亚单位 Naa10（Ard1）和辅助亚单位 Naa15（Nat1）（Mullen et al.，1989；Park et al.，1992）组成，可乙酰化 Ser、Ala、Cys、Gly、Thr 和 Val 的 N 端（Aksnes et al.，2015a）（图 14-1）。NatA 在细胞增殖、基因沉默、抵抗胁迫、交配过程、核糖体生物发生、凋亡、蛋白质折叠和分解、光合作用、发育和应激反应中均起作用（Aksnes et al.，2015a；Dorfel et al.，2015）。NatA 的缺失会引起生物体的明显表型，从轻微的生长缺陷到致死（Aksnes et al.，2015a；Dorfel and Lyon，2015）。在人类中，NatA 的失调可导致各种癌症类型和神经疾病（Kalvik and Arnesen，2013）。尤其是 NatA 催化亚单位 Naa10 的错义或剪接突变会导致 X 连锁人类遗传疾病，包括 Ogden 综合征（Rope et al.，2011）和 Lenz 小眼畸形综合征（Esmailpour et al.，2014）。

NatB 包含一个催化亚基 Naa20 和一个辅助亚基 Naa25，靶向在 N 端第二位置为 Asn、Asp、Gln、Glu（图 14-1）的蛋白质。NatB 在细胞生长对各种刺激源的反应、线粒体遗传、

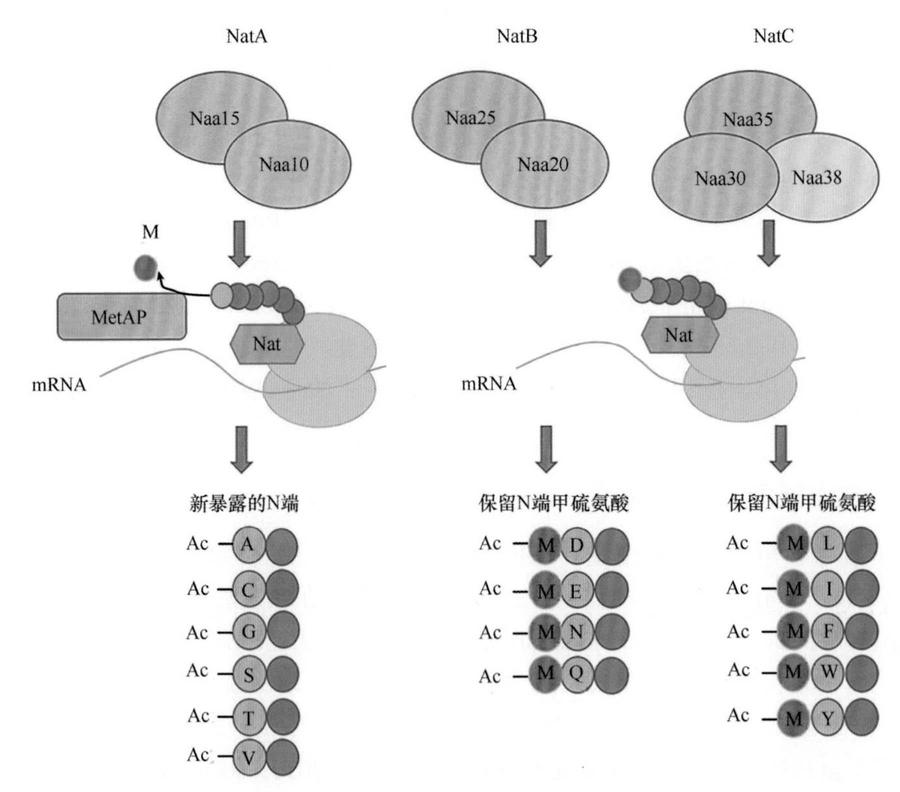

图 14-1 N 端乙酰化酶的底物特异性及亚基组成

肌动蛋白组装、细胞壁维持、开花调节、植物发育等方面发挥着作用（Ferrandez-Ayela et al.，2013；Lee et al.，2014；Aksnes et al.，2015a）。

NatC 由一个催化亚基 Naa30 和两个辅助亚基 Naa35、Naa38 组成，优先乙酰化 N 端甲硫氨酸后的疏水氨基酸残基（图 14-1）。它影响细胞生长、蛋白质靶向、病毒颗粒维持、应激反应、叶绿体发育等（Pesaresi et al.，2003；Aksnes et al.，2015a）。NatD、NatE 和 NatF 分别包括催化亚基 Naa40、Naa50 和 Naa60（Lee et al.，2016）。

NatD 可能是已知的最专一的 N 端乙酰化转移酶，只能乙酰化组蛋白 H2A 或 H4 的 N 端，H4 被切除甲硫氨酸后，第一位置的丝氨酸被 NatD 乙酰化。NatD 可调节组蛋白修饰和核糖体 DNA 沉默（Polevoda et al.，2009）。

NatE 和 NatF 显示出与 NatC 略微重合的底物特异性。NatE 参与染色体分离和微管生长。有趣的是，膜定位的 NatF 只存在于多细胞生物中，主要乙酰化跨膜蛋白细胞质一面的 N 端，从而保持高尔基体结构完整性（Van Damme et al.，2011；Aksnes et al.，2015a，2015b）。对单个蛋白质的 N 端乙酰化研究表明，N 端乙酰化可影响蛋白质的稳定、降解、相互作用、定位、活性等（Behnia et al.，2004；Setty et al.，2004；Hwang et al.，2010；Forte et al.，2011；Scott et al. 2011）。Schulman 及其同事已经表明，E2 酶 Ubc12 发生 N 端乙酰化使其与 E3 泛素连接酶 Dcn1 的结合亲和力增加了约 100 倍，从而提高 E3 泛素连接酶活性（Scott et al.，2011）。

14.1.3 N 端乙酰化的功能

与接受乙酰基的蛋白质一样，N 端乙酰化蛋白的命运是多方面的。N 端乙酰化的分子效应高度依赖于底物及细胞环境，包括调控蛋白质寿命和改变亚细胞定位（Forte et al.，2011；Scott et al.，2011；Liszczak et al.，2013；Lai et al.，2015；Lee et al.，2016；James et al.，2017；Ree et al.，2018）。

14.1.3.1　N 端乙酰化负责的蛋白质降解及 Ac/N 端规则通路

调节蛋白质半衰期和 Ac/N 端规则通路可能是 N 端乙酰化作用中讨论最多的功能，是将乙酰化蛋白作为 Ac/N 端规则的一部分，参与蛋白酶体的多泛素化和降解。N 端乙酰化与蛋白质质量控制和蛋白质折叠有关（Ree et al.，2018）。

泛素-蛋白酶体系统参与细胞内大多数调节性蛋白质水解。泛素-蛋白酶体系统中第一个明确定义的蛋白质降解信号（degradation signal，degron），即 *N*-degron，包含不稳定 N 端残基。Varshavsky（2011）最早描述了 N 端规则，即 N 端残基或 N 端修饰能够调节蛋白质的体内半衰期。原始（经典）N 端规则通路（现在称为 Arg/N 端规则通路）的目标是降解非修饰的不稳定 N 端残基（Bachmair et al.，1986）。与之相对的 N 端规则通路的一个新分支称为 Ac/N 端规则通路，识别含有 N 端乙酰化基团的细胞蛋白质进行水解（Hwang et al.，2010）。对 Ac/N 端规则通路的研究揭示了多种细胞功能，包括蛋白质质量控制和亚基化学计量控制（Hwang et al.，2010；Lee et al.，2016）、通过 G 蛋白信号调节血压（Park et al.，2015）和对植物中病原体的免疫反应（Xu et al.，2015）。

新生蛋白质 N 端都含有 N 端甲硫氨酸（NT-Met），如果小的氨基酸残基（Ala、Gly、Ser、Cys、Thr、Pro 或 Val）位于倒数第二个位点，则由核糖体结合的甲硫氨酸肽酶（Met-amino peptidase，MetAP）在翻译的过程中去除 N 端的甲硫氨酸。N 端甲硫氨酸的去除在进化上是保守的，在大约 2/3 的细胞蛋白质中都会发生（Giglione et al.，2015）。在真核生物中，不管保留的 N 端甲硫氨酸还是去除 N 端甲硫氨酸的蛋白质都会非常频繁地发生 N 端乙酰化；N 端乙酰化在人和酵母细胞溶质蛋白质中发生的概率分别为 80% ～ 90% 和 50% ～ 70%（Van Damme et al.，2012）。酿酒酵母 N 端乙酰化酶的底物特异性与蛋白质的 N 端是 Met、Ala、Val、Ser、Thr 或 Cys 相关，很少或从未作用于 N 端为 Gly 或 Pro，以及倒数第二个位点是碱性氨基酸的蛋白质（Aksnes et al.，2015a）。N 端乙酰化似乎是不可逆的，因为到目前为止还没有发现 N 端去乙酰化酶（Starheim et al.，2012）。此外，在体内 N 端乙酰化既可发生在共翻译阶段，又可发生在翻译后（Gautschi et al.，2003）。

一些癌症相关蛋白可能由于 N 端第二位置突变而寿命变得更长或更短，这可导致它们进入 Arg/N 端规则通路或 Ac/N 端规则通路。例如，肿瘤抑制因子 Dab2（disabled homolog 2）在 80% ～ 90% 卵巢和乳腺癌细胞中丢失（Bagadi et al.，2007），以及 ENSA（*α*-endosulfine），其过度表达抑制肝肿瘤生长（Chen et al.，2013b），由于在癌细胞中它们的 N 端第二位置突变，导致蛋白质预计寿命变短。相比之下，Reg3A（regenerating islet-derived protein 3）由于其 N 端第二位置突变，可能具有更长的寿命，从而加速胰腺癌细胞的生长（Liu et al.，2013）。

14.1.3.2　N 端乙酰化和蛋白质折叠

N 端乙酰化与蛋白质质量控制和蛋白质折叠有关。Chk1（checkpoint kinase 1）在酵母 *Δnaa10* 突变体中的半衰期显著缩短，这是由于其经 Arg/N 端规则通路被蛋白酶体降解（Oh et al.，2017）。尽管这种作用背后的机制尚不清楚，但 NatA 对于 Chk1 与其 HSP90 亚基发生相互作用是必要的。值得注意的是，这种分子伴侣活性对 Chk1 的稳定性也是必要的。Naa10 的缺失导致HSP90组分的下调，而Arg/N端规则通路活性增加（Oh et al.，2017）。在另一项研究中，NatA对于HSP70发挥正常功能至关重要，在ΔNatA突变株中观察到广泛的蛋白质折叠错误，因此N端乙酰化在分子伴侣的辅助折叠中具有重要的作用。对于一些人类蛋白质的底物，尽管还没有找出因果关系，但蛋白质聚集与疾病表型之间是存在联系的（Holmes et al.，2014）。例如，*α*-突触核蛋白，NatB的N端乙酰化稳定了其N端的α螺旋，增加了其对聚集的抵抗力（Trexler and Rhoades，2012；Bartels et al.，2014）。这一发现可能能够解释帕金森病的发展，因为*α*-突触核蛋白的聚集是其主要特征之一。NatA组分Naa10或HYPK的缺失导致亨廷顿蛋白聚集，将其与另一种神经变性疾病的发病机制联系起来（Choudhury et al.，2016）。

14.1.3.3 N端乙酰化调控蛋白复合体形成

当N端发生乙酰化时，电荷状态的改变和疏水性的增加可能产生一个新的蛋白质相互作用表面。这种效应允许E2/E3复合物Ubc12/Dcn1形成。N端乙酰化的Ubc12固定在Dcn1的疏水腔中，促进了E2/E3复合物作用的发挥（Scott et al.，2011；Monda et al.，2013）。N端乙酰化还通过诱导Sir3中loop的构象变化，稳定Sir3与核小体的相互作用（Arnaudo et al.，2013；Yang et al.，2013a）。

14.1.3.4 N端乙酰化介导的亚细胞定位

N端乙酰化通过两种不同的机制将蛋白质导向细胞膜。一种机制是将蛋白质与一个完整的膜蛋白结合，就像高尔基体蛋白Arl3的情况一样，被Sys1锚定在膜上（Setty et al.，2004）。另一种机制是通过直接的膜相互作用，如*α*-突触核蛋白（Ree et al.，2018）。*α*-突触核蛋白的N端乙酰化使其末端α螺旋稳定，并增加其对中性电荷囊泡的亲和力（Dikiy and Eliezer，2014）。

14.1.4 N端乙酰化研究技术

通常，赖氨酸乙酰化组的鉴定和定量必须先使用赖氨酸乙酰化抗体来富集乙酰化残基，然后进行质谱分析（Kim et al.，2006）。由于赖氨酸乙酰化的化学计量学较低，因此经过富集才能使乙酰化肽的定量成为可能。尽管N端乙酰化化学计量化学通常较赖氨酸乙酰化高得多，但每个蛋白质只能形成一个N端肽，因此N端乙酰化也必须经过富集才能通过蛋白质组学技术鉴定（Weinert et al.，2015；Hansen et al.，2019）。这种富集通常分两步进行。将N端未被保护的胺用重标乙酰基（三氘或$^{13}C_2$标记）进行化学乙酰化反应，以区分体外和体内乙酰化事件。胰蛋白酶处理后利用固体阳离子交换将产生的新N端与封闭的天然N端分离。所得到的N端肽可以被进一步分离和衍生以降低样品复杂性，如*N*-terminal COFRADIC（*N*-terminal combined fractional diagonal chromatography）（Gevaert et al.，2003；Staes et al.，2011），或者直接定量，如利用SILProNAQ（stable-isotope protein *N*-terminal acetylation quantification）（Bienvenut et al.，2015，2017）。

这些技术的主要优点是，它们能够定量表征体内N端乙酰化组，并且非常适合用在敲除或敲减实验中，以发现N端乙酰化转移酶的底物。缺点主要与成本和劳动力有关，因为这些技术需要大量的分馏步骤、大量的质谱仪机时和专业的数据分析知识。COFRADIC法长期以来一直是体内N端乙酰化测量的基准，并已成功地用于估计个体N端乙酰化化学计量学的变化，包括部分乙酰化的测量（Ree et al.，2018）。SILProNAQ法是一种相对较新的方法，目前还没有用于部分乙酰化测量，尽管原则上其能够进行这些测量。COFRADIC法通常具有更大的覆盖范围，在最新的数据库中，COFRADIC法可鉴定到583～2624个N端乙酰化（Myklebust et al.，2015；Ree et al.，2018），而SILProNAQ法鉴定到270～638个N端乙酰化（Bienvenut et al.，2015；Dinh et al.，2015；Ree et al.，2018）），这可能归因于COFRADIC法比SILProNAQ法的分馏更广泛，但这种差异可被质谱仪更快、更灵敏的性能填补。其他研究N端乙酰化的非蛋白质组学方法包括，对于已知或未知的N端乙酰化无偏见的底物发现体外肽库法（Van Damme et al.，2011）、体外N端乙酰转移酶分析法（Evjenth et al.，2013）及NBD-Cl（4-chloro-7-nitrobenzofurazan）法（Linster et al.，2015）。

14.2 *Nε*-乙酰化

Nε-乙酰化又称赖氨酸乙酰化，是由赖氨酸乙酰转移酶（lysine acetyltransferases）催化的，将乙酰基从乙酰辅酶A转移到组蛋白或非组蛋白赖氨酸残基的*ε*-氨基。赖氨酸乙酰化是可逆的，由赖氨酸去乙酰化酶（lysine deacetylase，KDAC）与Zn^{2+}或NAD^{+}一起从赖氨酸上去除乙酰基。

14.2.1 赖氨酸乙酰转移酶

根据序列相似性，可将赖氨酸乙酰转移酶分为3个家族。第一个是与Gcn5相关的N端乙酰转移酶家族（GNAT），包括KAT2A和KAT2B。这两个乙酰转移酶高度同源，在它们的复合物中相互排斥（Nagy et al.，2010；Fournier et al.，2016）。KAT2A也称Gcn5，是参与染色质修饰的两个大复合物的一部分，即Spt-Ada-Gcn5-乙酰转移酶（SAGA）和含有Ada2的（ATAC）复合物（Brownell et al.，1996；Narita et al.，2019）。此外，KAT2B或乙酰转移酶CBP/p300相关因子（PCAF）被发现是SAGA样或ATAC复合物的一部分。这两种酶具有某些共同的冗余功能，如乙酰化组蛋白H3的K9残基；然而，它们也有自己独特的功能（Nagy and Tora，2007；Fournier et al.，2016）。

第二个家族是CBP/p300结合蛋白（只有CBP），第三个家族是MYST家族（包括MOZ、Ybf2/Sas3、Sas2和Tip60）。CBP和p300乙酰转移酶是高度相似的蛋白质，具有75%的序列相似性。尽管如此，它们与其他KAT几乎没有序列同源性。CBP/p300是与400多种不同细胞蛋白质相互作用的大分子多结构域蛋白（Bedford et al.，2010；Verdin and Ott，2015；Fournier et al.，2016）。这些乙酰转移酶被认为是转录活化子，因为它们在组蛋白和几个核蛋白的乙酰化中起作用。Tip60是MYST家族中研究最多的KAT，它不仅在转录调控中起着重要作用，而且在DNA损伤修复过程中起着重要作用，特别是在DNA双链断裂（DNA double-strand break，DSB）修复中。为了消除自身与其他蛋白质和底物的相互作用，KAT除了具有催化结构域，还具有其他结构域，包括bromodomain及其他修饰识别结构域。尽管这些酶的生物学功能和底物仍然不清楚，但各种KAT均与癌症的发展有关（Farria et al.，2015；Verdin and Ott，2015）。

14.2.2 赖氨酸去乙酰化酶

人类的赖氨酸去乙酰化酶（KDAC）共有18种，可将乙酰基从赖氨酸残基侧链的*ε*-氨基上去除。根据与酵母蛋白的同源性，将 KDAC 分为 4 类。Ⅰ类、Ⅱ类和Ⅳ类依赖 Zn^{2+}，而 sirtuin 或Ⅲ类 KDAC 需要 NAD^+ 作为辅因子（Haberland et al.，2009）。Ⅰ类、Ⅱ类和Ⅳ类 KDAC 仅表现出去乙酰化酶活性，而 sirtuin 除了可作为赖氨酸去乙酰化酶，还表现出单 ADP 核糖基转移酶活性（Barneda-Zahonero and Parra，2012）。Ⅰ类 KDAC 由 4 个成员组成（HDAC1、HDAC2、HDAC3 和 HDAC8），它们与酵母蛋白 RPD3 具有高度相似性。HDAC1、HDAC2 和 HDAC3 是多蛋白复合体的组成部分，而 HDAC8 没有被发现是任何多蛋白复合体的组成部分（Yang and Seto，2008）。HDAC1、HDAC2 和 HDAC8 通常位于细胞核内，HDAC3 具有核输出信号，可以在细胞核和细胞质之间穿梭（Moser et al.，2014）。Ⅱ类 KDAC 进一步分为Ⅱa 类（HDAC4、HDAC5、HDAC7 和 HDAC9）和Ⅱb 类（HDAC6 和 HDAC10）。这两个亚类均与酵母 HDA1 密切相关。Ⅱa 类 KDAC 主要参与分化和发育，这些酶具有组织特异性。Ⅱa 类 KDAC 在脑、骨骼、心脏和平滑肌及免疫、血管系统中作为转录抑制因子发挥作用。Ⅱa类KDAC成员在于N端区域的调控域中受到丝氨酸磷酸化的严格调控。Ⅱa 类 KDAC 的去乙酰化酶活性明显低于Ⅰ、Ⅱb 和Ⅳ类。其低去乙酰化酶活性归因于催化部位存在组氨酸残基而不是酪氨酸。这一发现表明，从赖氨酸残基侧链水解乙酰基可能不是Ⅱa 类 KDAC 主要的体内功能。此外，用酪氨酸取代组氨酸残基增加了去乙酰化酶活性，但转录抑制因子活性没有改善（Lahm et al.，2007；Di Giorgio et al.，2015）。Ⅱb 类 KDAC 的两个成员 HDAC6 和 HDAC10 主要存在于细胞质中，但 HDAC10 既可以在细胞质又可以在细胞核中。两个成员都含有两个去乙酰基结构域；而 HDAC6 还具有羧基末端锌指和结合泛素的特异结构域。Ⅳ类 KDAC 的唯一成员是 HDAC11，一种主要与Ⅰ类和Ⅱ类 KDAC 同源的核蛋白（Gao et al.，2002）。Ⅲ类 KDAC 的代表是 sirtuin，由 SIRT1 ～ SIRT7 组成，并都与酵母 Sir2 同源。这些蛋白质的一个显著特征是它们具有两种酶活性：单 ADP 核糖基转移酶和赖氨酸去酰化酶，它们参与了广泛的生物学过程，包括染色质调节、DNA 修复和应激反应等（Bosch-Presegue and Vaquero，2011）。sirtuin 的另一个有趣特征是其定位。在细胞核和细胞质中发现 SIRT1 和 SIRT2。SIRT3 位于细胞核和线粒体中。SIRT4 和 SIRT5 仅位于软骨内。SIRT6 只存在于核中。SIRT7 位于核仁中（Seto and Oshida，2014）。由于 sirtuin 参与了大量的生物学功能，因此与糖尿病、神经疾病和癌症等多种疾病有关（Adams et al.，2010；Gil et al.，2017b）。

14.2.3 赖氨酸乙酰化结构域

赖氨酸残基的乙酰化不仅可改变一个蛋白质的物理化学性质，而且使其具有与能识别乙酰化残基的蛋白质相互作用的机会。bromodomain 是一个约含 110 个氨基酸的蛋白质结构域，1992 年在黑腹果蝇的 *brahma* 基因中首次发现，可识别乙酰化赖氨酸残基，在许多参与转录调节的蛋白质中发现（Tamkun et al.，1992）。人类基因组编码 46 个含 bromodomain 的蛋白质，共有 61 个独特的单个 bromodomain。所有人类的 bromodomain 具有相似的序列长度，并且至少有 30% 的序列一致性。含 bromodomain 的蛋白质在染色质生物学和基因转录中表现出广泛的功能。含 bromodomain 的蛋白质中的一部分是转录因子、KAT 和 KAT 相关蛋白、甲基转移酶和染色质重塑因子等。含 bromodomain 的蛋白质主要定位于细胞核和胞质，通常是大蛋白复合体的一部分，帮助募集特定复合体到其作用位点。一组特定的 bromodomain 蛋白质称为 BET（bromodomain and extra-terminal），这些蛋白质有一个共同的域结构、两个 N 端 bromodomain 和一个额外端（extra-terminal）。人类中已鉴定出 4 种 BET 蛋白，分别为 BRD2、BRD3、BRD4 和睾丸特异性蛋白 BRDt。BET 蛋白在转录激活复合物的组装中发挥重要作用，可将转录延伸所需的 p-TEFb 复合物（CDK9 和 cyclin T1）招募到 RNA 聚合酶Ⅱ（Chiang，2009）。多种遗传重排已报道与 bromodomain 蛋白有关。在一个关于 BRD4 基因的例子中，重排与高度侵袭性癌症有关（Gil et al.，2017b）。在 KAT 和 KAT 相关蛋白中，如 KAT2A、KAT2B、CBP/p300 和含 bromodomain 的蛋白 9（BRD9），bromodomain 有助于组蛋白和非组蛋白的底物募集和特异性，在染色质调节基因的转录中提供赖氨酸乙酰化和乙酰化介导的蛋白质互作之间的功能连接。此外，在许多蛋白质中发现双 bromodomain，包括 TAF1/TAF1L 和转录起始复合物的 250kDa 亚基 TFIID。一些 bromodomain 蛋白充当染色质重塑因子，这类蛋白质包括 SMARC2（也称为 BRM、SNF2/SWI2）和 SMARC4（BRG1）（Gil et al.，2017b）。

除了 bromodomain，Li 等（2014）报道了 YEATS（包括 Yaf9、ENL、AF9、Taf14 和 Sas5）结构域也能识别赖氨酸乙酰化标记。他们发现 YEATS 结构域中的 AF9 可结合几种不同物种中乙酰化组蛋白 H3K9Ac。YEATS 结构域是一个从酵母到人类的进化保守的结构域。所有含 YEATS 结构域的成员都只包含一个单一的 YEATS 结构域，是 KAT、染色质重塑或转录调节复合物的一部分（Schulze et al.，2009）。

14.3 非酶催化的赖氨酸乙酰化

有确凿证据表明，在生理条件下可发生非酶催化的乙酰化。在细菌中，乙酰磷酸盐为主要的乙酰基供体，大多数蛋白质发生赖氨酸乙酰化是非酶催化的。在最近的一项研究中，细菌蛋白与乙酰磷酸盐一起孵育，在体内几乎所有的蛋白质乙酰化位点都发生了乙酰化。此外，遗传操作影响乙酰磷酸盐代谢从而改变了整体的乙酰化水平（Weinert et al.，2013）。另外，在真核细胞中，乙酰辅酶 A 负责非酶催化的乙酰化。除了高水平的乙酰辅酶 A（乙酰辅酶 A 浓度 0.1 ～ 1.5mmol/L），线粒体基质的碱性 pH（7.9 ～ 8.0）也对非酶催化的乙酰化有利。Wagner 和 Payne（2013）证明，上述化学条件足以引起非酶催化的乙酰化。此外，其他通过非酶催化的酰化，如琥珀酰化、丙二酰化和戊二酰化，也经常出现在线粒体基质中（Simic et al.，2015）。最近科研人员对非酶催化乙酰化对线粒体和非线粒体蛋白质的特异性与反应性进行研究。Baeza 等（2015）研究了 8 种蛋白质中 90 个乙酰化位点的反应性。他们发现乙酰化反应范围跨越了 3 个数量级。反应性最强的赖氨酸残基从蛋白质表面突出，而反应性较低的氨基酸残基往往与相邻的酸性氨基酸残基形成静电相互作用。对 ACAT1 和 GDH 两种蛋白质的研究结果表明，赖氨酸残基的反应性受到三维结构中碱性和酸性氨基酸残基的距离影响。非常接近的谷氨酸或天冬氨酸残基（3.4 ～ 4Å），与赖氨酸形成强盐桥，导致低反应性，而如果酸性残基在 5 ～ 7Å 的距离出现，则观察到反应性增加。此外，乙酰化位点和距离 6 ～ 7Å 的碱性残基往往更具反应性（Baeza et al.，2015）。

目前，明显缺乏表明线粒体基质中非酶催化的乙酰化的适用条件和线粒体存在乙酰转移酶的证据，因此化学乙酰化可能是线粒体中蛋白质乙酰化的主要机制，而蛋白质的乙酰化可以受到激活、抑制和稳定甚至在线粒体之外测量不到，而线粒体内的乙酰化绝大多数受到抑制。大多数线粒体酶可被乙酰化灭活（Gil et al.，2017b）。在最近的一篇综述中，Wagner 和 Hirschey（2014）提出化学乙酰化和酰化是由碳胁迫造成的，其中几个反应性酰基辅酶 A 代谢物的积累直接修饰和抑制蛋白质功能，破坏细胞的稳态。与此相反，SIRT3 负责恢复非酶催化的乙酰化（Weinert et al.，2015）。

14.4 乙酰化的起源与进化

某些翻译后修饰，如磷酸化、乙酰化和糖基化，似乎普遍存在于生命活动的各个领域，表明这些修饰是在最近一个普遍的共同祖先中使用的古老翻译后修饰（Beltrao et al.，2013）。赖氨酸乙酰化是一种研究得较为透彻、结构简单且普遍存在的翻译后修饰。最早在高等真核生物中的组蛋白尾部发现了乙酰化，随着研究的逐步深入，发现赖氨酸乙酰化存在于更多的物种和蛋白质中（Choudhary et al.，2009；Zhang et al.，2009；Wang et al.，2010；Van Noort et al.，2012）。从革兰氏阴性和革兰氏阳性细菌到真核生物都可以发生赖氨酸乙酰化，并且一些参与关键细胞代谢的酶也可以发生乙酰化（Choudhary et al.，2009；Kim et al.，2011；Hayden et al.，2013；Lee et al.，2013；Wu et al.，2013；Zhang et al.，2013）。乙酰辅酶 A 的水平可以影响细胞中赖氨酸乙酰化的水平及酶的活性（Cai et al.，2011）。赖氨酸乙酰转移酶可以催化赖氨酸乙酰化，但也可以通过非酶促发生（Weinert et al.，2013），这是赖氨酸乙酰化被认为是一种古老的翻译后修饰的原因之一。同样，蛋白质磷酸化也可以通过焦磷酸盐非酶促方式发生（Saiardi et al.，2004）。非酶促方式的乙酰化和磷酸化的存在表明了一条进化路径，在早期进化阶段，蛋白质活性（如代谢酶）的调节发生在对营养状态的反应中。在后期，修饰酶进化为主动改变靶蛋白的翻译后修饰。例如，sirtuin 家族的蛋白质是一类去乙酰化酶，它们的催化活性依赖于 NAD。乙酰化既存在于原核生物又存在于真核生物中，这又是一个支持其是一种古老的翻译后修饰的证据（Beltrao et al.，2013）。

14.5 乙酰化的化学计量学

Swiss-Prot 数据库表明人类蛋白质组目前含有 20 245 个蛋白质，含有约 400 种翻译后修饰，乙酰化是除磷酸化外第二多的修饰类型（Aebersold et al.，2018）。Hansen 等（2019）对 HeLa 细胞中 2535 种蛋白质的 6829 个位点的乙酰化进行了准确、有效的化学计量学测量。大多数乙酰化的化学计量学非常低（中位数 0.02%），如果不经过抗体富集，质谱只能检测到不到 0.2% 的乙酰化肽段。有的乙酰化位点的拷贝数甚至少于一个细胞一个拷贝，而乙酰化的丰度可跨越 7 个数量级。大多数位点的乙酰化水平非常低，只有 1%（66 个位点）显示化学计量学＞1%，而约 15%（1014 个位点）显示化学计量学＞0.1%。通过 UniProt keyword enrichment analysis 后发现，较高的乙酰化化学计量学（＞0.23% 或＞1%）相关的蛋白质功能类别是参与基因转录的核蛋白和乙酰转移酶。而某些高化学计量学的乙酰化可能不依赖酶催化（Wagner and Payne，2013；Hansen et al.，2019）。多个在人类细胞进行的乙酰化化学计量学实验都检测到细胞核中含有最多比例的高化学计量学乙酰化位点（Gil et al.，2017a；Hansen et al.，2019），尤其是核仁中（Gil et al.，2017a）。乙酰转移酶 CBP 和 p300 能催化大部分（65%）的高化学计量学乙酰化。

使用 IceLogo 分析高化学计量学乙酰化位点与其相邻氨基酸的关系发现，半胱氨酸残基在化学计量比大于 0.23% 的位点（比化学计量学中位数高出 10 倍）明显富集，特别是在 –4、–3 和 –2 位置。这表明，半胱氨酸残基可能促进其下游赖氨酸残基的非酶催化的乙酰化，这些位点在乙酰化化学计量学升高（＞0.23%）的位点中占相当大的比例（35%）（Hansen et al.，2019）。还有一项研究发现，在邻近半胱氨酸残基的部位，化学计量学乙酰化水平较高

（James et al.，2018）。对乙酰化拷贝数的分析表明，在人类细胞中组蛋白含有大部分的乙酰化赖氨酸残基（Hansen et al.，2019）。

14.6　乙酰化的交叉调控

交叉调控（crosstalk）可以是多种修饰竞争同一个蛋白质的同一个氨基酸位点，形成非此即彼的状态；也可能是非竞争性的，不同的翻译后修饰发生在一个蛋白质的不同氨基酸上，并呈现出具有功能的交叉调控。在人类细胞中，大约 1/3 的乙酰化位点也能发生泛素化，可见翻译后修饰的交叉调控是很普遍的（Choudhary et al.，2014）。

转化生长因子 β（transforming growth factor β，TGFβ）介导的信号转导是通过与丝氨酸 / 苏氨酸激酶受体结合并激活 SMAD 信号通路发挥其生物学效应。SMAD7 是 TGFβ 介导的信号转导的负调节因子，通常被组成型 TGFβ 信号降解。乙酰转移酶 p300 乙酰化 SMAD7 氨基端的两个赖氨酸残基（K64 和 K70），这阻止了它们被泛素连接酶 SMURF1 泛素化，从而阻止了随后 SMAD7 的降解。相反，HDAC1 对 SMAD7 的去乙酰化促进了 SMAD7 的泛素化并降低其稳定性。因此，乙酰化和泛素化之间的竞争性交叉调控可以调节蛋白质的稳定性（Choudhary et al.，2014）。p53 蛋白在 50% 以上的人类癌症中会发生突变，主要作为参与细胞周期停滞、凋亡和 DNA 损伤修复的关键基因的转录激活子，以应对各种基因毒性应激。它会被多种翻译后修饰调控，包括乙酰化、单甲基化和二甲基化及泛素化。p53 的乙酰化可通过阻止 C 端赖氨酸残基的泛素化来稳定蛋白质。面对 DNA 损伤，赖氨酸甲基转移酶 SET7/9（也称为 SETD7）甲基化了 p53 上的 K372 位点，反过来又通过 p300 促进 K373 的乙酰化，随后引起 p21 的转录和细胞周期抑制（Choudhary et al.，2014）。此外，组蛋白 H3 的 K9 和 K27 位乙酰化分别与其 S10 和 S28 位的磷酸化存在交叉调控（Latham and Dent，2007）。

14.7　赖氨酸的修饰

赖氨酸不仅是拥有最多翻译后修饰类型的氨基酸，而且是最容易被改变的氨基酸（Azevedo and Saiardi，2016）。化学计量学分析显示赖氨酸乙酰化是一种高度动态变化的翻译后修饰，它在很大程度上取决于乙酰化位点周围的氨基酸组成。一个残基的变化可以改变乙酰化的化学计量学，这对于组蛋白变体尤其如此，在组蛋白变体中，单个残基交换可导致其 N 端的乙酰化占有率变化。此外，甲基化不仅与乙酰化竞争相同的氨基酸残基，还可以改变附近赖氨酸残基的乙酰化占有率。乙酰化位点附近残基的磷酸化也可以改变乙酰化发生率，而且不仅是对乙酰化，也会对甲基化产生影响。在一个特定的蛋白质靶点上，翻译后修饰之间的交叉调控具有高度的复杂性（Gil et al.，2017a）。而赖氨酸本身又是可以发生最多翻译后修饰类型的氨基酸，包括乙酰化（acetylation）、甲基化（methylation）、泛素化（ubiquitination）、相素化（SUMOylation）、磷酸化（phosphorylation）、多磷酸化（polyphosphorylation）、瓜氨酸化（deimination 或 citrullination）、琥珀酰化（succinylation）、羟基化（hydroxylation）、丙二酰化（malonylation）、戊二酰化（glutarylation）、丙酰化（propionylation）、丁酰化（butyrylation）、巴豆酰化（crotonylation）、二磷酸腺苷核糖基化（ADP-ribosylation）（Azevedo and Saiardi，2016）。

高等生物的复杂性不仅取决于其拥有更多的基因数量，还和其进化出一套复杂的调控体系有关。其中，最有效率且动态的非基因编码的调控方式就是蛋白质翻译后修饰。这些修饰改变了氨基酸侧链的理化性质，使得蛋白质具有结构和功能的多样性。赖氨酸和与其结构相似的精氨酸都是必需的 α-氨基酸。赖氨酸包含了一个长的柔性侧链，其中包含 3 个甲基和 1 个末端 ε-氨基（伯胺），在生理条件下，ε-氨基带正电荷。精氨酸含一个带正电荷的胍基。赖氨酸的 ε-氨基和精氨酸的胍基使得在溶剂中的赖氨酸和精氨酸都倾向于位于蛋白质的外侧亲水表面。由于这些侧链具有显著的疏水性，因此它们的 ε-氨基和胍基暴露于溶剂中。这些高活性基团在蛋白质、DNA 中形成离子相互作用、氢键及与水分子相互作用，使这些氨基酸对于蛋白质的稳定性至关重要。这种效应对精氨酸残基尤其适用，因为它的几何结构使其比赖氨酸更稳定。精氨酸胍基中的 3 个不对称氮原子允许 3 个可能方向上的相互作用，但赖氨酸的 ε-氨基只有一个相互作用的方向（Sokalingam et al.，2012），这使得精氨酸比赖氨酸形成更大量的静电相互作用，这可能导致更强的相互作用。基于这些原因，赖氨酸和精氨酸在整个蛋白质结构与功能中具有重要作用，改变其电荷通常会产生重大或者有害的后果。虽然赖氨酸和精氨酸侧链的化学反应性相似，但赖氨酸残基更容易发生翻译后修饰。精氨酸胍基形成三维离子相互作用的能力使精氨酸主要发挥结构作用，促进蛋白质折叠和稳定。虽然赖氨酸的极性确实有助于蛋白质结构的稳定，但其氨基可以形成一个单一的离子相互作用，使赖氨酸在功能上更加灵活，因此更容易被修饰。这种离子配位的相对自由度和伯胺基的化学反应性使赖氨酸成为酶催化各种机制中的主要参与者。例如，蛋白激酶催化位点中保守的赖氨酸参与磷酸转移反应（Carrera et al.，1993）。微生物也利用这一特性克服了宿主防御，如渥曼青霉素（Wortmannin）通过与 PI3K 激酶催化部位的赖氨酸残基（K802）共价结合，阻止 PI3K 的磷酸基团转移而使之失活（Wymann et al.，1996）。赖氨酸也可通过共价结合辅因子（如生物素）间接参与酶催化反应，生物素对于羧化反应中相关酶的催化至关重要（Azevedo and Saiardi，2016）。

14.8 蛋白质乙酰化的病理功能

已经有研究发现细胞核赖氨酸乙酰转移酶复合物的多个亚基高度自乙酰化，表明乙酰化是赖氨酸乙酰转移酶及其复合物的一个共同特征。一些染色质重塑因子复合物（SWI/SNF、NURD、INO80 和 NURF）也观察到高度乙酰化（Choudhary et al.，2009）。在细胞核、线粒体和细胞质中控制重要细胞过程的大量蛋白质均发生乙酰化。代谢相关蛋白、转录因子和受体，以及支架蛋白和组蛋白均由乙酰化调节。Zhao 等（2010）强调对于同一类型的细胞，乙酰化模式在不同物种间保持不变，但在同一物种中，不同细胞类型间存在显著差异。乙酰化也是一种广泛存在于植物细胞壁上的蛋白质修饰，可介导分子间交联，构建有功能的细胞壁高级结构，此外，细胞壁上乙酰化修饰的丰度及分布在不同植物与不同发育阶段被严格调控（Zhang et al.，2017）。在肝脏中，大量参与脂肪酸代谢、柠檬酸循环、尿素循环和氨基酸代谢、糖原代谢和糖酵解 / 糖异生等途径的代谢酶被发现是可乙酰化的，所以乙酰化在细胞代谢过程中起重要作用（Choudhary et al.，2014）。转录因子，如 Myc 和 E2F1 都通过乙酰化来稳定其结构，它们的过度表达促进癌症的发展（Martinez-Balbas et al.，2000；Patel et al.，2004）。蛋白质的乙酰化水平失调和多种疾病的发生都有密切的关系，如植物病害、癌症、代谢类疾病、病毒感染、神经退行性疾病等。

14.8.1　乙酰化与植物病害

植物为了对抗病原微生物的侵袭，逐渐进化出一系列的抗病防御机制。在病原微生物侵染植物的过程中，病原微生物通过向植物体内注射效应蛋白，抑制植物的免疫反应；而植物则进化出一类核苷酸结合富亮氨酸重复结构域受体蛋白（nucleotide-binding leucine-rich repeat domain-containing receptor，NLR），识别效应蛋白，进而引起效应蛋白激发的免疫反应（effector-triggered immunity，ETI）（Jubic et al.，2019）。过量表达 NLR 蛋白则会导致植物的持续免疫反应，造成植物生长发育的抑制。因此，植物需要精细调控 NLR 介导的免疫反应，从而避免持续免疫反应，保证植物的正常生长发育，这就涉及了多个信号通路的调节和翻译后修饰（Borrelli et al.，2018）。Kong 等（2017）发现大豆疫霉菌（*Phytophthora sojae*）入侵大豆后释放效应蛋白 PsAvh23，该蛋白质通过与乙酰化酶复合物 SAGA 的 ADA2 亚基结合，干扰 GCN5 催化亚基乙酰化组蛋白 H3K9 而抑制抗病基因的表达，最终导致大豆被该菌感染（Kong et al.，2017）。Lee 等（2015）的研究表明，乙酰转移酶 YopJ 家族中的效应蛋白 HopZ3 通过乙酰化 RPM1 免疫复合物的多个成员抑制了植物的免疫功能，使得病原微生物在植物体内生长（Lee et al.，2015）。在拟南芥中，NLR 蛋白 ZAR1（HopZ-activated resistance 1）能够与 ZED1（HopZ-ETI-deficient 1）形成复合物，进而识别丁香假单胞菌效应蛋白 HopZ1a，而 HopZ1a 对 ZED1 的乙酰化修饰被认为能够激活 ZAR1 介导的免疫反应（Liu et al.，2019）。

14.8.2　乙酰化与神经退行性疾病

在阿尔茨海默病（Alzheimer's disease，AD）中，Tau 蛋白病变（tauopahty）是 AD 的病理标志物之一，Tau 是微管相关蛋白，由基因 *MAPT* 编码。Tau 蛋白会在 K174 发生乙酰化，影响 Tau 的稳定性，促进病理性 Tau 的聚集，Tau 蛋白的 K174 乙酰化是 AD 的早期标志物（Irwin et al.，2012；Alonso-Bastida and Encarnacion-Guevara，2019）。增加 Tau 蛋白 K280 位点的乙酰化水平可削弱 Tau 与微管的互作，细胞毒性 Tau 的累积使得病理性 PHF 聚集（AD paired helical filament）（Cohen et al.，2011）。此外，微管蛋白（tubulin）乙酰化是形成长寿命微管的标志，HDAC6 负责移除这种修饰。在小鼠中，当 HDAC6 被沉默会导致 α-微管蛋白几乎在每个组织超乙酰化，从而损害免疫应答、功能亢奋，减少焦虑，缓解忧郁倾向（Li et al.，2015）。帕金森病是另一种神经退行性疾病，会影响中枢神经系统的运动机能，*LRRK2*（leucine-rich repeat kinase 2）基因的突变是这种疾病最常见的遗传因素（Nichols et al.，2005）。LRRK2 可以直接与 β-微管蛋白结合并抑制 α-微管蛋白乙酰化（Law et al.，2014）。有两个 LRRK2 突变体被证明与帕金森病相关。微管蛋白乙酰化还和其他神经疾病有关，如遗传性运动和感觉神经性疾病、亨廷顿病等。乙酰化和去乙酰化还参与了不同病毒感染宿主细胞的过程（Alonso-Bastida and Encarnacion-Guevara，2019）。

14.8.3　乙酰化与病毒感染

HIV Tat 蛋白是 HIV 基因表达的一种必需蛋白质。Tat 刺激整合的 HIV-1 基因组转录激活是病毒复制的限速步骤。Tat 被乙酰转移酶 p300 乙酰化后，可激发两个事件，分别为结合到 HIV RNA 茎环结构的 TAR（transactivating response element）上，或结合到转录共激活因子 PCAF（也称 KAT2B）上。未乙酰化的 Tat 优先与 TAR 结合，并招募延伸复合物进而转录。Tat 的 K50 乙酰化会导致其与 TAR 结合能力降低，并增加其与 PCAF 的结合，从而促进了 Tat 与 RNA 聚合酶Ⅱ的结合和 HIV 基因的转录（Choudhary et al.，2014）。

14.8.4 乙酰化与代谢类疾病

代谢随着不断变化的生理环境，如在衰老或疾病状态中，常常改变底物的使用，导致信号代谢物的不平衡。例如，组织中 NAD^+ 水平随着新陈代谢类疾病的进展而降低，包括肥胖、糖尿病等（Yoshino et al.，2011；Canto et al.，2012；Kraus et al.，2014；Yang et al.，2014）。在代谢紊乱期间，非 sirtuin 蛋白（如 CD38 和 PARP）对 NAD^+ 的竞争可以进一步降低 NAD^+ 的可用性，同时增加 sirtuin 蛋白的抑制剂 NAM 的比例（Anderson et al.，2003；Patnaik et al.，2004）。在小鼠模型中，抑制 PARP 可以有效地改善代谢和 / 或线粒体疾病（Cerutti et al.，2014；Khan et al.，2014；Pirinen et al.，2014；Lehmann et al.，2015）。同样的，CD38 被证明是肥胖所必需的（Barbosa et al.，2007），初步证据支持 CD38 抑制剂可以阻止代谢疾病的进展（Escande et al.，2013）。因此，有效抑制 CD38 和 / 或 PARP 可能是一种有效的治疗方法，通过抑制 CD38 和 PARP 可以提高多个组织中的 NAD^+ 水平及 sirtuin 活性，促进代谢内稳态。与 NAD^+ 相反，乙酰辅酶 A 是一种双向信号分子，根据其定位和条件参与脂肪生成与脂质氧化。就像 NAD^+，乙酰辅酶 A 可以在 TCA 循环中起到重要作用。实际上，NAD^+ 被用作脱氢酶复合体（PDC）生成乙酰辅酶 A 的辅因子。此外，乙酰辅酶 A 除了提供蛋白质乙酰化的基础物质，也可以转化为丙二酰辅酶 A（一种脂肪生成的底物）（Menzies et al.，2016）。锌和 β-羟基丁酸盐等可直接和间接影响乙酰化和 / 或去乙酰化的代谢物。Meta 分析表明，1 型或 2 型糖尿病患者补充锌可改善血糖控制和脂质代谢，这支持锌与细胞代谢之间的联系（Jayawardena et al.，2012）。

14.8.5 乙酰化与癌症

赖氨酸乙酰化几乎参与了所有细胞过程的调节，因此，调控赖氨酸乙酰化的酶和含有识别赖氨酸乙酰化结构域的蛋白质一旦失调，就会导致包括癌症在内的几种疾病。越来越多的研究发现了调节赖氨酸乙酰化的蛋白质在癌症中异常表达、易位或突变。在癌症中，赖氨酸乙酰化在调节蛋白质功能和定位的过程中起了重要作用。

大量的转录因子至少是一个 KAT 的靶点，Myc 就是其中一个很好的例子，Myc 是由癌症组织中表达量最高的基因之一编码的。Myc 的稳定是通过 KAT2A 乙酰化其 K323 位点来实现的（Patel et al.，2004）。此外，KAT2A 由 Myc 招募到 RNA 聚合酶Ⅲ模板中，使组蛋白 H3 的乙酰化水平显著增加，从而促进 Myc 靶基因的转录（Kenneth et al.，2007）。具有类似机制的还包括 KAT2A 和其他转录因子，如 E2F1 和 Pygo2（pygopus homolog 2），导致其靶基因的表达，其中大部分可刺激细胞增殖和肿瘤生长（Chen et al.，2010，2013a）。Myc 也是其他乙酰化转移酶的靶点，如 KAT2B、p300 和 Tip60，其结果与 KAT2A 相似。复合物 Myc-p300 与 DOT1L（disruptor of telomeric silencing-1-like）一起通过激活转录因子增强乳腺癌中的上皮细胞间质转型（epithelial-mesenchymal transition，EMT）和癌症干细胞的产生（Cho et al.，2015）。基于这些事实，针对这些酶或防止它们与癌蛋白相互作用是一种非常有前途治疗癌症的策略。另外，肿瘤抑制因子 p53 发生乙酰化也能增加其稳定性和其与 DNA 结合的能力，阻止其被蛋白酶体降解。例如，KAT2B 乙酰化肿瘤抑制因子 p53 的 K320 残基，增加了其与基因的 DNA 结合（Liu et al.，1999）。CBP/p300 乙酰化 p53 羧基端，防止其被蛋白酶体降解，增强 p53 靶基因的转录（Li et al.，2002）。Tip60 和 MOF（KAT8）可乙酰化 p53 的 DNA 结合结构域的 K120 残基，K120 的乙酰化在细胞周期阻滞 / 凋亡决定中起着重要作用。当 K120 乙酰化时，p53 诱导凋亡基因 *BAX* 和 *PUMA* 的转录；然而，当 K120 不能乙酰化或在 K120R 突变体中，p21 或 Mdm2 蛋白（涉及细胞周期阻滞）的表达没有显著差异（Gu and Roeder，1997；Tang et al.，2006）。在至少 50% 的癌症中，p53 是突变的，然而，在宫颈癌中 p53 仍然是野生型的，来自 HR-HPV 的病毒癌蛋白 E6 不仅通过与 E6AP 相互作用使 p53 泛素化抑制其功能，而且通过靶向 CBP/p300 阻止 p53 的乙酰化来抑制其功能（Zimmermann et al.，1999）。Wnt 信号通路在许多癌症中被激活，导致 β-连环蛋白的稳定和细胞核易位。乙酰转移酶 KAT2B 被发现可以乙酰化并稳定结肠癌细胞中的 β-连环蛋白（Ge et al.，2009）。乙酰转移酶 Tip60 在 DNA 断裂后乙酰化并激活激酶 ATM，这是招募大量参与 DNA 修复的蛋白质到受损 DNA 的关键步骤（Sun et al.，2010）。从这个意义上讲，Tip60 在保持 DNA 的完整性和防止可能促进或诱导肿瘤发生的突变积累方面发挥着重要作用。由于 KAT 是具有多种调控模式的多结构域蛋白质，因此是开发抑制剂的潜在候选物。大多数的 KAT 都含有 bromodomain，通过阻断 bromodomain 可以调控 KAT 功能。

此外，KAT 通常是多蛋白复合体的一部分，复合体组分缺失影响 KAT 的活性和底物特异性（Nagy et al.，2010）。因此，干扰 KAT 复合体组装和抑制 KAT 与其他组分互作的分子，确实可以改变 KAT 的功能。KAT 受翻译后修饰调控，乙酰化可能增强 KAT 的酶活性，其中 p300、PCAF 和 MYST1 就是典型的例子（Santos-Rosa et al.，2003；Thompson et al.，2004；Sun et al.，2011）。乙酰辅酶 A 或乙酰基，也可稳定一些酶的 KAT 活性（Herrera et al.，1997）。一些 KAT 抑制剂阻断了乙酰辅酶 A 和 KAT 之间的联系（Balasubramanyam et al.，2003，2004；Gao et al.，2014）。这类抑制剂的问题是它们可能影响其他与乙酰辅酶 A 相互作用的蛋白质。KAT 的催化位点也是开发抑制剂的潜在目标。这种方法最近被用于高通量筛选 p300 抑制剂（Yang et al.，2013b）。Farria 等（2015）总结了一份具有潜在抗癌作用的 3 个 KAT 家族的 KAT 抑制剂的清单。

KDAC 对组蛋白尾部的去乙酰化与基因转录的抑制有关。赖氨酸残基的 ε-氨基正电荷与带负电的 DNA 相互作用越强烈，染色质越浓缩。关于 KDAC 与癌症发展和进展关系的研究越来越多（Barneda-Zahonero and Parra，2012）。Ⅰ类 KDAC 的所有成员在癌症中异常表达有大量报道。HDAC1 和 HDAC2 在膀胱癌中高表达，可以使用特定的抑制剂或 siRNA 来下调这两种酶从而抑制细胞增殖，这是治疗过度表达这些酶的癌症的一个很有希望的靶点（Pinkerneil et al.，2016）。HDAC1、HDAC2 和 HDAC3 在各种癌症中都过度表达，但与患者生存率或预后的关系尚不清楚（Fritzsche et al.，2008；Weichert et al.，2008；Adams et al.，2010）。研究人员发现 HDAC8 通过一种独立的直接去乙酰化机制来提高癌蛋白 Notch1 的稳定性，防止其被蛋白酶体降解。HDAC8 的抑制剂通过下调 Notch1 来抑制乳腺癌干细胞（Chao et al.，2016）。Ⅱa 类 KDAC 也与癌症发展有关。然而，某些 KDAC 的表达被发现与癌症的类型相关。研究发现，与肾癌、膀胱癌和结直肠癌相比，乳腺癌样本中 HDAC4 的表达更高（Ozdag et al.，2006）。据报道，在高危髓母细胞瘤患者中，HDAC5 和 HDAC9 表达水平上调，这些蛋白质的表达与患者的低存活率有关（Milde et al.，2010）。而在患者胰腺癌细胞的细胞质中，HDAC7 的含量过高（Ouaissi et al.，2008）。相反，Skov 等（2012）报道 HDAC7 在骨髓增生性肿瘤中显著下调。此外，在胶质母细胞瘤中发现 HDAC9 下调（Lucio-Eterovic et al.，2008）。HDAC6 通过调节 α-微管蛋白和皮层肌动蛋白（cortactin）的乙酰化状态，在细胞迁移、趋化和血管生成中发挥重要作用，并与癌症转移和各种病毒感染相关（Valenzuela-Fernandez et al.，2008；Kaluza et al.，2011）。伴侣蛋白 HSP90 也是 HDAC6 的靶点，HSP90 去乙酰化导致 HDAC6 活化。

在前列腺癌中，活化的 HSP90 稳定了雄激素受体，促进靶基因的转录，从而诱导前列腺癌细胞的发展。抑制 HDAC6 去乙酰化酶活性可能是治疗前列腺癌的有效方法，甚至可以对那些能抵抗化疗或外科手术的癌症有效（Gao and Alumkal，2010）。HDAC10 下调与非小细胞肺癌患者预后不良相关（Osada et al.，2004）。相反，在神经母细胞瘤患者中，低水平的 HDAC10 与良好的预后相关。此外，在阿霉素（doxorubicin）治疗后，HDAC10 通过增加自噬流来促进细胞存活。因此，对 HDAC10 的抑制增加了耐阿霉素肿瘤的敏感性（Oehme et al.，2013）。在宫颈癌患者中，HDAC10 的低表达与癌细胞淋巴结转移有关。研究发现，HDAC10 通过促进组蛋白 H3 和 H4 的去乙酰化来下调基质金属蛋白酶 MM2 与 MM9 的表达，从而影响细胞迁移和侵袭（Song et al.，2013）。HDAC11 在癌细胞中的下调可诱导细胞凋亡；然而，在未转化的细胞中，没有观察到显著的代谢变化。这一发现表明，抑制 HDAC11 的潜在分子作为癌症化疗药物时毒性较低（Deubzer et al.，2013）。HDAC11 是抗原提呈细胞中白细胞介素 10（IL-10）的转录抑制因子，可与 IL-10 启动子的远端结合。这一发现表明，靶向抑制 HDAC11 可用于调节免疫反应，在癌症免疫治疗中具有潜在的应用价值（Villagra et al.，2009）。在霍奇金淋巴瘤（HL）细胞中，HDAC11 负调节白细胞介素 13、白细胞介素 17（IL-13、IL-17）及肿瘤坏死因子 α（TNFα）的表达，这些研究结果可指导 KDAC 抑制剂应用于肿瘤免疫治疗中（Buglio et al.，2011）。

在癌症中，sirtuin 同时参与肿瘤抑制和启动，甚至对于同一个 sirtuin 已经有报道同时存在这两种作用。这一事实对于 SIRT1 尤其如此，SIRT1 在人类 sirtuin 中被研究得最多，也与其酵母同源蛋白 Sir2 最密切相关。SIRT1 在前列腺癌和急性髓细胞白血病（acute myeloid leukemia，AML）等各种癌症中过度表达，在大肠癌中细胞质中的定位增加，由此可见 SIRT1 与肿瘤的发展和癌症的进展有关（Bradbury et al.，2005；Huffman et al.，2007；Stunkel et al.，2007）。SIRT1 通过与 FOXO1 相互作用并将之去乙酰化，增加其细胞核转运和定位，导致其相关靶基因的转录，参与应激抵抗和癌症发展（Bosch-Presegue and Vaquero，2011）。另外，SIRT1 通过去乙酰化癌蛋白 Myc 而与肿瘤抑制有关，可负调控 Myc 的靶基因转录（Yuan et al.，2009）。大量研究表明，SIRT1 与癌症抑制或促进有关，多篇综述（Bosch-Presegue and Vaquero，2011；Fang and Nicholl，2014；Simmons et al.，2015）进行了总结。在胶质瘤和胃癌中 SIRT2 下调表达（Inoue et al.，2007），在黑色素瘤中，SIRT2 的催化域具有抑制酶活性的功能（Lennerz et al.，2005），这些事实表明 SIRT2 可能作为肿瘤抑制因子发挥作用。由于 SIRT3 可减少 ROS，因此 SIRT3 也被认为是一种肿瘤抑制因子。SIRT3 是主要的线粒体去乙酰化酶，而乙酰化主要是抑制线粒体酶的功能（Weinert et al.，2015）。关于 SIRT5、SIRT6 和 SIRT7 在癌症发生或发展中的作用知之甚少。许多 KDAC 确实在癌症中下调，因此在癌症治疗中使用 KDAC 抑制剂的想法正在变得越来越强。

目前，KDAC 抑制剂根据其结构分为四类，分别为羟肟类、短链脂肪酸、苯甲酰胺类和环肽类。sirtuin 抑制剂可分为两类，与 NAD^+ 结合位点相互作用的和与乙酰化赖氨酸结合位点相互作用的（Seto and Yoshida，2014）。到目前为止，一些 KDAC 抑制剂已被批准用于治疗癌症，如 2006 年的 SAHA（Vorinostat）和 2009 年的 FK228（Istodax）（Campas-Moya，2009）用于治疗皮肤 T 细胞淋巴瘤（cutaneous T cell lymphoma，CTCL），2015 年的

Chidamide 用于治疗胰腺癌（Li et al.，2015）和 LBH-589（Farydak）用于治疗多发性骨髓瘤（Cheng et al.，2015）。KDAC 抑制剂列表中的某些化合物，如 Trichostatin A（TSA）和 AHA，是抑制Ⅰ类、Ⅱ类和Ⅳ类 KDAC 的广谱 KDAC 抑制剂（不同 KDAC 之间存在很大差异）。相反，FK228 无法抑制 HDAC6。由于 KDAC 活性位点的结构和催化机制的同源性，高特异性抑制剂的研究是一个巨大的挑战。此外，在人类 2000 多种蛋白质中，只有 18 种 KDAC 负责调节众多乙酰化位点的乙酰化状态。未来的策略应该是阻断 KDAC 和一组特定的靶蛋白之间的相互作用，而不是抑制 KDAC 这种酶（Gil et al.，2017b）。

一些 bromodomain 蛋白被发现在癌症中过度表达，并与患者的生存率有关。在 70% 的乳腺肿瘤中发现 ATP 酶家族 ATAD2（AAA domain containing 2）蛋白上调，并且其表达水平越高，肿瘤组织学分级越高、总生存率越差和疾病复发率越高（Ciro et al.，2009）。迄今为止发表的有关 E3 泛素连接酶 TRIM24 的数据表明，其可作为雌激素受体（estrogen receptor，ER）激活剂，对于肿瘤细胞增殖有促进作用。肿瘤抑制蛋白 p53 也是 TRIM24 的靶点，可影响其稳定性。在乳腺癌中，TRIM24 过度表达，与患者生存率呈负相关（Tsai et al.，2010）。bromodomain 蛋白 BRD2 和 BRD4 与肿瘤病毒（如 HPV 和 EBV）有关，提供了将病毒基因组锚定到宿主染色体和介导病毒持久性的途径（Lin et al.，2008；Weidner-Glunde et al.，2010）。虽然存在较大的序列变异，但所有的 bromodomain 都具有保守结构。它们都有一个保守的天冬酰胺残基位于中央疏水腔中，可容纳乙酰化赖氨酸残基（Dhalluin et al.，1999）。在 BET 中有一种情况，所有的蛋白质都在一个 bromodomain 中，可结合两个乙酰化赖氨酸残基（Moriniere et al.，2009）。含乙酰化赖氨酸残基的 bromodomain 的中央疏水腔是用来开发阻止蛋白质互作的抑制剂的一个有吸引力的靶标。事实上，2014 年 Filippakopoulos 和 Knapp 曾经论述过，大多数 bromodomain 都表现出良好的成药性。迄今为止，已发现大量的 bromodomain 抑制剂，有可能用于治疗多种疾病。特别是，以 BET 为靶点的抑制剂在 BRD4-NUT 融合蛋白（肿瘤蛋白）中，具有利用这种基因重排治疗癌症的潜力，就像乙酰化赖氨酸残基的竞争性抑制剂一样，可激发异种移植小鼠的肿瘤抑制和提高存活率（Filippakopoulos et al.，2010）。

迄今为止，像 KAT 和 KDAC 抑制剂一样，bromodomain 抑制剂已被直接用来锁定 bromodomain 或酶，但可能导致不良影响。大部分特定抑制剂针对的是相关特定蛋白质或一小类蛋白质的乙酰化赖氨酸位点，阻止其与相应的 bromodomain 互作蛋白或修饰酶的相互作用，也可导致少量的脱靶效应。人类含有 YEATS 结构域的蛋白 GAS41、ENL 和 AF9 都与癌症有关。GAS41（glioma amplified sequence 41）是 TIP60 和 SRCAP 复合物的一部分，可能提供了 YEATS 结构域和乙酰化蛋白之间的连接。在 23% 的胶质母细胞瘤和 80% 的一级星形细胞瘤中，GAS41 的基因拷贝数增加（Fischer et al.，1997）。另外，在自发性急性白血病中，ENL 和 AF9 通常与 MLL 蛋白融合。在所有观察到的 MLL 融合蛋白中，有 30% 是与相应的含 YEATS 结构域的蛋白质融合的（25% 为 AF9-MLL 融合，5% 为 ENL-MLL 融合）（Daser and Rabbitts，2005）。AF9 的 YEATS 结构域识别乙酰化赖氨酸的机制不同于 bromodomain（Li et al.，2014），YEATS 结构域可以筛选能够抑制其与乙酰化蛋白相互作用的分子，而这些分子不影响 bromodomain 与乙酰化蛋白互作（Gil et al.，2017b）。因此，人们对使用 KAT、KDAC 或含有识别乙酰赖氨酸结构域的抑制剂来治疗癌症的兴趣正在日益增加。

14.9 乙酰化蛋白质组学技术

精确控制蛋白质功能对于生物系统的组织和功能至关重要。在不同的调控过程中，可逆的翻译后修饰提供了一个精妙的机制来调控蛋白质功能。翻译后修饰的一个关键优势是，它们可以用更快的速度进行动态调节，并且比蛋白质转换的能耗更低。真核蛋白体含有数百种不同类型的翻译后修饰，但其中只有少数几种修饰（如磷酸化、糖基化、甲基化、乙酰化、泛素化和类泛素化）被广泛研究。尽管人们已经知道翻译后修饰的生理重要性超过半个世纪，但直到21世纪初，随着高分辨率质谱技术的进步，翻译后修饰的高通量研究才开始出现。这首先得益于质谱软电离技术的发现，使得非挥发性大分子，如肽和蛋白质的鉴定成为可能。在过去的20年里，液相色谱和质谱系统得到了显著的改进，变得越来越精确、准确、快速和灵敏。因此，基于质谱的蛋白质组学不仅有助于蛋白质的表征，而且有助于蛋白质翻译后修饰的鉴定和定量。翻译后修饰的分析是一个挑战，因为大多数翻译后修饰都是低化学计量学的，只有目标蛋白中的少量残基含有修饰，导致一些翻译后修饰会产生信号抑制或低质量的MS/MS谱图。对于大多数翻译后修饰，特定的针对性方法对于增加蛋白质组学分析的覆盖度至关重要。最先进的翻译后修饰组学领域包括磷酸化蛋白质组学（Grimsrud et al.，2010）、糖基化组学（Zielinska et al.，2010）和赖氨酸乙酰化蛋白质组学（Kim et al.，2006）。

赖氨酸乙酰化组学研究的通用方法是先提取细胞或组织的蛋白质，酶切消化后获得肽段，使用赖氨酸乙酰化抗体对肽段混合物进行富集，获得的乙酰化肽段经过反相、SCX或IEF等进行分离降低样品复杂度，最后通过液相质谱进行分析鉴定（Gil et al.，2017b）。Choudhary等（2009）比较了2个不同蛋白质组实验的结果，一个实验没有对乙酰化肽进行亲和富集，另一个实验用赖氨酸乙酰化抗体与肽混合物进行了孵育。在没有亲和富集的实验中，乙酰化位点的数量只有亲和富集实验中的1/60。这说明翻译后修饰富集需要大量的起始材料，至少比不需要任何富集步骤的蛋白质组实验高60倍。使用亲和富集是翻译后修饰组学的金标准，而使用赖氨酸乙酰化抗体是目前已知的富集乙酰化肽的首选方法（表14-1）。然而，使用赖氨酸乙酰化抗体也是有一些限制的，其中一个就是抗体特异性。大多数市售抗体的特异性都很低（Gil et al.，2017b）。在富集之后，只有3%～10%鉴定到的肽段确实被乙酰化了。而赖氨酸乙酰化抗体具有偏好性，使用不同的抗体时，会捕获不同的乙酰化位点（Shaw et al.，2011）。为了深入分析赖氨酸乙酰化，建议使用至少两种不同的赖氨酸乙酰化抗体。例如，有一项研究就用了7种单克隆赖氨酸乙酰化抗体来富集乙酰化肽（Svinkina et al.，2015）。经过优化实验步骤，如抗体用量和离线进行肽段预分离，可使鉴定超过10 000个含赖氨酸乙酰化的肽段时的特异性接近40%。此外，选择正确的抗体量是提高产量和特异性的关键。低剂量抗体的使用通常导致乙酰化肽与非乙酰化肽的鉴定增加，并且根据Svinkina等（2015）所述，在富集步骤中使用极少量的抗体将影响实验的重复性。

表14-1 乙酰化组学实验总结

年份	物种	组织/细胞系	鉴定乙酰化位点数	鉴定乙酰化蛋白数	富集方法	定量方法	仪器
2006	*Homo sapiens*和*Mus musculus*	HeLa细胞和小鼠肝脏线粒体	388	195	抗体		LTQ ion-trap（Thermo）
2008	*Escherichia coli*		125	85	抗体		LTQ ion-trap（Thermo）

续表

年份	物种	组织 / 细胞系	鉴定乙酰化位点数	鉴定乙酰化蛋白数	富集方法	定量方法	仪器
2009	*Homo sapiens*	A549，MV4-11 和 Jurkat 细胞	3 600	1 750	免疫等电点聚焦		LTQ-Orbitrap（Thermo）
2009	*Escherichia coli*		138	91	抗体		LTQ ion-trap（Thermo）
2009	*Mus musculus*			287	抗体	无标记	LTQ ion-trap（Thermo）
2010	*Homo sapiens*	肝脏组织	1 300	1 042	免疫亲和-强阳离子交换		LTQ-Orbitrap（Thermo）
2010	*Salmonella enterica*		235	191	抗体	^{15}N	LTQ-Orbitrap（Thermo）
2011	*Drosophila melanogaster*	SL1 细胞	1 981		抗体		LTQ-Orbitrap Velos（Thermo）
2011	*Arabidopsis thaliana*	叶片	91	74	抗体		LTQ-Orbitrap Velos（Thermo）
2011	*Arabidopsis thaliana*	叶片	64	57	抗体		Q-Tof API-US Quad-ToF（Waters）
2011	*Mus musculus*	7 种不同的组织	733	377	抗体	无标记	built-in-house Velos-FT mass spectrometer
2012	*Rattus norvegicus*	16 种不同的组织	15 474	4 541	抗体		LTQ-Orbitrap Velos（Thermo）
2012	*Mus musculus*	MEF 细胞	4 623	1 800	免疫亲和-高效液相色谱		LTQ-Orbitrap（Thermo）
2012	*Saccharomyces cerevisiae*		～4 000		抗体	SILAC	LTQ-Orbitrap Velos（Thermo）
2012	*Mus musculus*	HeLa 细胞和小鼠肝脏线粒体	3 285	862	抗体	TMT	LTQ-Orbitrap Elite（Thermo）
2012	*Homo sapiens*	U2OS 细胞	1 796		抗体	SILAC	LTQ-Orbitrap（Thermo）
2012	*Mus musculus*	MEF 细胞	1 552		抗体	SILAC	LTQ-Orbitrap Velos 或 Q-Exactive（Thermo）
2012	*Mycoplasma pneumoniae*		719	221	抗体	二甲基标记	LTQ-Orbitrap（Thermo）
2012	*Mus musculus*	小鼠肝脏组织	306	179	抗体		LTQ-Orbitrap（Thermo）
2012	*Homo sapiens*	U2OS 细胞	3 174		抗体	SILAC	LTQ-Orbitrap Velos 或 Q--Exactive（Thermo）
2013	*Escherichia coli*		8 284		抗体	SILAC	LTQ-Orbitrap Velos 或 Q-Exactive（Thermo）
2013	*Mus musculus*	小鼠肝脏线粒体	1 915	481	抗体	TMT 或 iTRAQ	LTQ-Orbitrap Velos（Thermo）
2013	*Bacillus subtilis*		332	185	抗体		Premier Q-Tof（Waters）
2013	*Thermus thermophilus*		197	128	抗体		micrOTOF-QⅡ mass spectrometer（Bruker）
2013	*Mus musculus*	小鼠肝脏线粒体	2 187	483	抗体	无标记	TripleTOF 5600（AB Sciex）
2014	*Mycobacterium tuberculosis*		226	137	抗体		electrospray ion-trap mass spectrometer（Bruker）
2015	*Homo sapiens*		1 569	398	抗体		LTQ Velos（Thermo）

续表

年份	物种	组织/细胞系	鉴定乙酰化位点数	鉴定乙酰化蛋白数	富集方法	定量方法	仪器
2015	*Mycobacterium tuberculosis*		1 128	658	抗体		Q-Exactive（Thermo）
2015	*Escherichia coli*		592	292	抗体	无标记	TripleTOF 5600 或 TripleTOF 6600（AB Sciex）
2016	*Mycobacterium abscessu*		459	289	抗体		Q-Exactive（Thermo）
2017	*Arabidopsis thaliana*	叶片	2 152	1 022	抗体	二甲基标记	Q-Exactive Plus 或 LTQ-Orbitrap Elite（Thermo）
2018	*Mycobacterium tuberculosis*		211 个 N 端乙酰化		*N*-乙酸基-D3 或 H3-丁二酰胺	代谢标记 D/H	LTQ-Orbitrap Velos 或 Q-Exactive HF（Thermo）
2019	*Homo sapiens*	HeLa 细胞	6 829	2 535	抗体	SILAC	Q-Exactive HF（Thermo）
2019	*Arabidopsis thaliana*		909	536	抗体	无标记	Orbitrap Fusion（Thermo）
2019	*Paulownia tomentosa*		5 558	2 893	抗体	TMT	Orbitrap Fusion（Thermo）

尽管乙酰化肽富集后样品的复杂性会显著降低，但仍然强烈建议在 LC-MS/MS 分析前进行肽段预分离步骤，以增加赖氨酸乙酰化位点的覆盖度（Trelle and Jensen，2008）。此外，还有一个重要的方面是赖氨酸乙酰化肽鉴定结果的验证。赖氨酸残基会产生亚胺离子，乙酰化赖氨酸残基的亚胺离子的 *m/z* 是 143.1179，其环化重排后的 *m/z* 是 126.0913。Trelle 和 Jensen（2008）通过对 172 个 *N*ε-乙酰化赖氨酸肽段和 268 个非乙酰化肽段的比较中发现亚胺离子 *m/z* 是 126.0913，可作为鉴定到乙酰化肽段的额外验证标准，该信号对赖氨酸乙酰化残基的特异性达到 98%。*m/z* 143.1179 的信号特异性和敏感性较低，主要是因为有几种氨基酸都形成了相同的 *m/z* 碎片离子从而造成了污染。

各种赖氨酸去乙酰化酶抑制剂的发明和发现，结合蛋白质组学技术及乙酰化蛋白质组技术，也可以帮助我们进一步认识乙酰化，但是抑制剂的特异性问题一直普遍存在。Scholz 等（2015）应用 SLIAC 定量乙酰化组学方法，评估了 19 种不同 KDAC 抑制剂对全部 18 种已经报道的人类 KDAC 在 HeLa 细胞中乙酰化位点水平的特异性，结果表明大部分 KDAC 抑制剂可使得一小部分特定的乙酰化组的乙酰化水平升高。

14.10　植物乙酰化蛋白质组学

越来越多的报道表明，赖氨酸乙酰化在植物的生长发育和其应对各种胁迫反应起着重要作用。Smith-Hammond 等（2014）采用免疫富集和质谱联用技术鉴定了大豆种子萌发过程中 245 种蛋白质中 400 多个赖氨酸乙酰化位点。在拟南芥中，Finkemeier 等（2011）鉴定到 74 个赖氨酸乙酰化蛋白，其中含有赖氨酸乙酰化位点 91 个；而 Wu 等（2011）鉴定到了 57 个赖氨酸乙酰化蛋白，其中赖氨酸乙酰化位点共 64 个。这两项拟南芥乙酰化蛋白质组学研究都发现赖氨酸乙酰化蛋白参与了光合作用。Nallmilli 等（2014）在水稻 44 个蛋白质上鉴定出 60 个赖氨酸乙酰化位点。Xiong 等（2016）改进 Pan 等（2014）的方法后，从水稻幼苗中鉴定出716个赖氨酸乙酰化蛋白含有1337个赖氨酸乙酰化位点。随后，Li等（2018）从水稻减数分裂时期的花药中鉴定到676个赖氨酸乙酰化蛋白，含有1354个赖氨酸乙酰化位点，其中421个乙酰化蛋白的627个赖氨酸乙酰化位点是全新的。

14.11 乙酰化蛋白质组学目前存在的问题

修饰蛋白质组学相对于蛋白质组的鉴定属于新兴学科，蛋白质组学相关技术的进步推动了乙酰化蛋白质组学的发展。但是乙酰化蛋白质组学目前还有多个技术问题需要解决。①由于每种蛋白质修饰相对于整个蛋白质组都属于低丰度，因此修饰蛋白质组学的鉴定数量往往都取决于该种修饰的富集效率。乙酰化蛋白相较于磷酸化蛋白的富集手段，目前略显单一，只有使用赖氨酸乙酰化抗体富集这一种手段。亟待开发识别bromodomain的抗体或其他富集手段。②随着质谱硬件的发展，目前质谱仪的扫描速度、精度、准确度等方面都有了极大的提高。但是质谱产生的众多谱图，并不能全部被解析。其中固然是因为有一些谱图质量达不到被解析的程度，但是还有一部分谱图质量良好，不能解谱的原因可能是乙酰化肽段上还存在其他修饰。普通的数据库搜索形式只能对预先确定的几种蛋白质修饰进行搜索比对。如果一条乙酰化肽段上还有一种修饰是我们没有预先确定的，那么这条乙酰化肽段就无法被解析出来。这就急需发展开放式搜索引擎，把所有翻译后修饰的可能性都计算在内。这种开放式搜索计算量巨大，耗时长，需要进一步改进与优化算法。

参考文献

Adams H, Fritzsche F R, Dirnhofer S, et al. 2010. Class Ⅰ histone deacetylases 1, 2 and 3 are highly expressed in classical Hodgkin' s lymphoma. Expert. Opin. Ther. Targets., 14(6): 577-584.

Aebersold R, Agar J N, Amster I J, et al. 2018. How many human proteoforms are there? Nat. Chem. Biol., 14(3): 206-214.

Aksnes H, Hole K, Arnesen T. 2015a. Molecular, cellular, and physiological significance of N-terminal acetylation. Int. Rev. Cell Mol. Biol., 316: 267-305.

Aksnes H, Van Damme P, Goris M, et al. 2015b. An organellar *Nα*-acetyltransferase, Naa60, acetylates cytosolic N termini of transmembrane proteins and maintains Golgi integrity. Cell Reports, 10(8): 1362-1374.

Alicia L, Kasper L, Weinert B T, et al. 2012. Proteomic analysis of lysine acetylation sites in rat tissues reveals organ specificity and subcellular patterns. Cell Reports, 2(2): 419-431.

Allfrey V G, Faulkner R, Mirsky A E. 1964. Acetylation and methylation of histones and their possible role in the regulation of RNA synthesis. Proc. Natl. Acad. Sci. USA, 51(5): 786-794.

Alonso-Bastida R, Encarnacion-Guevara S. 2019. Proteomic insights into lysine acetylation and the implications for medical research. Expert Review of Proteomics, 16(1): 1-3.

Anderson R M, Bitterman K J, Wood J G, et al. 2003. Nicotinamide and PNC1 govern lifespan extension by calorie restriction in *Saccharomyces cerevisiae*. Nature, 423(6936): 181-185.

Arif M, Senapati P, Shandilya J, et al. 2010. Protein lysine acetylation in cellular function and its role in cancer manifestation. Biochim. Biophys. Acta, 1799(10-12): 702-716.

Arnaudo N, Fernandez I S, McLaughlin S H, et al. 2013. The N-terminal acetylation of Sir3 stabilizes its binding to the nucleosome core particle. Nat. Struct. Mol. Biol., 20(9): 1119-1121.

Arnesen T, Van Damme P, Polevoda B, et al. 2009. Proteomics analyses reveal the evolutionary conservation and divergence of N-terminal acetyltransferases from yeast and humans. Proc. Natl. Acad. Sci. USA, 106(20): 8157-8162.

Azevedo C, Saiardi A. 2016. Why always lysine? The ongoing tale of one of the most modified amino acids. Advances in Biological Regulation, 60: 144-150.

Bachmair A, Finley D, Varshavsky A. 1986. *In vivo* half-life of a protein is a function of its amino-terminal residue. Science, 234(4773): 179-186.

Baeza J, Smallegan M J, Denu J M. 2015. Site-specific reactivity of nonenzymatic lysine acetylation. ACS Chem. Biol., 10(1): 122-128.

Bagadi S A, Prasad C P, Srivastava A, et al. 2007. Frequent loss of Dab2 protein and infrequent promoter hypermethylation in breast cancer. Breast Cancer Res. Treat., 104(3): 277-286.

Balasubramanyam K, Altaf M, Varier R A, et al. 2004. Polyisoprenylated benzophenone, garcinol, a natural histone acetyltransferase inhibitor, represses chromatin transcription and alters global gene expression. J. Biol. Chem., 279(32): 33716-33726.

Balasubramanyam K, Swaminathan V, Ranganathan A, et al. 2003. Small molecule modulators of histone acetyltransferase p300. J. Biol. Chem., 278(21): 19134-19140.

Barbosa M T, Soares S M, Novak C M, et al. 2007. The enzyme CD38 (a NAD glycohydrolase, EC 3.2.2.5) is necessary for the development of diet-induced obesity. FASEB J., 21(13): 3629-3639.

Barneda-Zahonero B, Parra M. 2012. Histone deacetylases and cancer. Mol. Oncol., 6(6): 579-589.

Bartels T, Kim N C, Luth E S, et al. 2014. *N*-alpha-acetylation of alpha-synuclein increases its helical folding propensity, GM1 binding specificity and resistance to aggregation. PLoS ONE, 9(7): e103727.

Bedford D C, Kasper L H, Fukuyama T, et al. 2010. Target gene context influences the transcriptional requirement for the KAT3 family of CBP and p300 histone acetyltransferases. Epigenetics, 5(1): 9-15.

Behnia R, Panic B, Whyte J R, et al. 2004. Targeting of the Arf-like GTPase Arl3p to the Golgi requires N-terminal acetylation and the membrane protein Sys1p. Nat. Cell Biol., 6(5): 405-413.

Beli P, Lukashchuk N, Wagner S, et al. 2012. Proteomic investigations reveal a role for RNA processing factor THRAP3 in the DNA damage response. Molecular Cell, 46(2): 212-225.

Beltrao P, Bork P, Krogan N J, et al. 2013. Evolution and functional cross-talk of protein post-translational modifications. Mol. Syst. Biol., 9: 714.

Berthiaume J M, Hsiung C H, Austin A B, et al. 2017. Methylene blue decreases mitochondrial lysine acetylation in the diabetic heart. Mol. Cell. Biochem., 432(1-2): 7-24.

Bienvenut W V, Giglione C, Meinnel T. 2015. Proteome-wide analysis of the amino terminal status of *Escherichia coli* proteins at the steady-state and upon deformylation inhibition. Proteomics, 15(14): 2503-2518.

Bienvenut W V, Giglione C, Meinnel T. 2017. SILProNAQ: a convenient approach for proteome-wide analysis of protein N-termini and N-terminal acetylation quantitation. Methods Mol. Biol., 1574: 17-34.

Bienvenut W V, Sumpton D, Martinez A, et al. 2012. Comparative large scale characterization of plant versus mammal proteins reveals similar and idiosyncratic *N*-alpha-acetylation features. Mol. Cell. Proteomics, 11(6): M111.015131.

Borrelli G M, Mazzucotelli E, Marone D, et al. 2018. Regulation and evolution of NLR genes: a close interconnection for plant immunity. Int. J. Mol. Sci., 19(6): 1662.

Bosch-Presegue L, Vaquero A. 2011. The dual role of sirtuins in cancer. Genes & Cancer, 2(6): 648-662.

Boyer J B, Dedieu A, Armengaud J, et al. 2014. *N*- and *O*-acetylation of threonine residues in the context of proteomics. J. Proteomics, 108: 369-372.

Bradbury C A, Khanim F L, Hayden R, et al. 2005. Histone deacetylases in acute myeloid leukaemia show a distinctive pattern of expression that changes selectively in response to deacetylase inhibitors. Leukemia, 19(10): 1751-1759.

Brownell J E, Zhou J, Ranalli T, et al. 1996. Tetrahymena histone acetyltransferase A: a homolog to yeast Gcn5p linking histone acetylation to gene activation. Cell, 84(6): 843-851.

Buglio D, Khaskhely N M, Voo K S, et al. 2011. HDAC11 plays an essential role in regulating OX40 ligand expression in Hodgkin lymphoma. Blood, 117(10): 2910-2917.

Byung J Y, Jung A E K, Jeong H M, et al. 2008. The diversity of lysine-acetylated proteins in *Escherichia coli*. Journal of Microbiology & Biotechnology, 18(9): 1529.

Cai L, Sutter B M, Li B, et al. 2011. Acetyl-CoA induces cell growth and proliferation by promoting the acetylation of histones at growth genes. Mol. Cell, 42(4): 426-437.

Campas-Moya C. 2009. Romidepsin for the treatment of cutaneous T-cell lymphoma. Drugs Today (Barc), 45(11): 787-795.

Canto C, Houtkooper R H, Pirinen E, et al. 2012. The NAD^+ precursor nicotinamide riboside enhances oxidative metabolism and protects against high-fat diet-induced obesity. Cell Metab., 15(6): 838-847.

Cao Y, Fan G, Wang Z, et al. 2019. Phytoplasma-induced changes in the acetylome and succinylome of *Paulownia tomentosa* provide evidence for involvement of acetylated proteins in witches' broom disease. Mol. Cell. Proteomics, 18(6):1210-1226.

Carrera A C, Alexandrov K, Roberts T M. 1993. The conserved lysine of the catalytic domain of protein kinases is actively involved in the phosphotransfer reaction and not required for anchoring ATP. Proc. Natl. Acad. Sci. USA, 90(2): 442-446.

Castano-Cerezo S, Bernal V, Post H, et al. 2014. Protein acetylation affects acetate metabolism, motility and acid stress response in *Escherichia coli*. Mol. Syst. Biol., 10(11): 762.

Cerutti R, Pirinen E, Lamperti C, et al. 2014. NAD^+-dependent activation of Sirt1 corrects the phenotype in a mouse model of mitochondrial disease. Cell Metab., 19(6): 1042-1049.

Chao M W, Chu P C, Chuang H C, et al. 2016. Non-epigenetic function of HDAC8 in regulating breast cancer stem cells by maintaining Notch1 protein stability. Oncotarget., 7(2): 1796-1807.

Chen J, Luo Q, Yuan Y, et al. 2010. Pygo2 associates with MLL2 histone methyltransferase and GCN5 histone acetyltransferase complexes to augment Wnt target gene expression and breast cancer stem-like cell expansion. Mol. Cell Biol., 30(24): 5621-5635.

Chen L, Wei T, Si X, et al. 2013a. Lysine acetyltransferase GCN5 potentiates the growth of non-small cell lung cancer via promotion of E2F1, cyclin D1, and cyclin E1 expression. J. Biol. Chem., 288(20): 14510-14521.

Chen Y, Zhao W, Yang J S, et al. 2012. Quantitative acetylome analysis reveals the roles of SIRT1 in regulating diverse substrates and cellular pathways. Molecular & Cellular Proteomics, 11(10): 1048.

Chen Y L, Kuo M H, Lin P Y, et al. 2013b. ENSA expression correlates with attenuated tumor propagation in liver cancer. Biochem. Biophys. Res. Commun., 442(1-2): 56-61.

Cheng T, Grasse L, Shah J, et al. 2015. Panobinostat, a pan-histone deacetylase inhibitor: rationale for and application to treatment of multiple myeloma. Drugs Today (Barc), 51(8): 491-504.

Chiang C M. 2009. Brd4 engagement from chromatin targeting to transcriptional regulation: selective contact with acetylated histone H3 and H4. Biol. Rep., 1: 98.

Cho M H, Park J H, Choi H J, et al. 2015. DOT1L cooperates with the c-Myc-p300 complex to epigenetically derepress CDH1 transcription factors in breast cancer progression. Nat. Commun., 6: 7821.

Choudhary C, Kumar C, Gnad F, et al. 2009. Lysine acetylation targets protein complexes and co-regulates major cellular functions. Science, 325(5942): 834-840.

Choudhary C, Weinert B T, Nishida Y, et al. 2014. The growing landscape of lysine acetylation links metabolism and cell signalling. Nat. Rev. Mol. Cell Biol., 15(8): 536-550.

Choudhury K R, Bucha S, Baksi S, et al. 2016. Chaperone-like protein HYPK and its interacting partners augment autophagy. Eur. J. Cell Biol., 95(6-7): 182-194.

Ciro M, Prosperini E, Quarto M, et al. 2009. ATAD2 is a novel cofactor for MYC, overexpressed and amplified in aggressive tumors. Cancer Res., 69(21): 8491-8498.

Cohen T J, Guo J L, Hurtado D E, et al. 2011. The acetylation of tau inhibits its function and promotes pathological tau aggregation. Nat. Commun., 2: 252.

Coulton A T, East D A, Galinska-Rakoczy A, et al. 2010. The recruitment of acetylated and unacetylated tropomyosin to distinct actin polymers permits the discrete regulation of specific myosins in fission yeast. J. Cell Sci., 123(Pt 19): 3235-3243.

Daser A, Rabbitts T H. 2005. The versatile mixed lineage leukaemia gene *MLL* and its many associations in leukaemogenesis. Seminars in Cancer Biology, 15(3): 175-188.

Deubzer H E, Schier M C, Oehme I, et al. 2013. HDAC11 is a novel drug target in carcinomas. Int. J. Cancer, 132(9): 2200-2208.

Dhalluin C, Carlson J E, Zeng L, et al. 1999. Structure and ligand of a histone acetyltransferase bromodomain.

Nature, 399(6735): 491-496.

Di Giorgio E, Gagliostro E, Brancolini C. 2015. Selective class Ⅱa HDAC inhibitors: myth or reality. Cell Mol. Life Sci., 72(1): 73-86.

Dikiy I, Eliezer D. 2014. N-terminal acetylation stabilizes N-terminal helicity in lipid- and micelle-bound α-synuclein and increases its affinity for physiological membranes. J. Biol. Chem., 289(6): 3652-3665.

Dinh T V, Bienvenut W V, Linster E, et al. 2015. Molecular identification and functional characterization of the first *Nα*-acetyltransferase in plastids by global acetylome profiling. Proteomics, 15(14): 2426-2435.

Dorfel M J, Lyon G J. 2015. The biological functions of Naa10 - from amino-terminal acetylation to human disease. Gene, 567(2): 103-131.

Eri Maria S, Wagner S A, Weinert B T, et al. 2012. Proteomic investigations of lysine acetylation identify diverse substrates of mitochondrial deacetylase sirt3. PLoS ONE, 7(12): e50545.

Escande C, Nin V, Price N L, et al. 2013. Flavonoid apigenin is an inhibitor of the NAD^+ ase CD38: implications for cellular NAD^+ metabolism, protein acetylation, and treatment of metabolic syndrome. Diabetes, 62(4): 1084-1093.

Esmailpour T, Riazifar H, Liu L, et al. 2014. A splice donor mutation in NAA10 results in the dysregulation of the retinoic acid signalling pathway and causes Lenz microphthalmia syndrome. J. Med. Genet., 51(3): 185-196.

Evjenth R H, Van Damme P, Gevaert K, et al. 2013. HPLC-based quantification of *in vitro* N-terminal acetylation. Methods Mol. Biol., 981: 95-102.

Fang Y, Nicholl M B. 2014. A dual role for sirtuin 1 in tumorigenesis. Curr. Pharm. Des., 20(15): 2634-2636.

Farria A, Li W, Dent S Y. 2015. KATs in cancer: functions and therapies. Oncogene, 34(38): 4901-4913.

Ferrandez-Ayela A, Micol-Ponce R, Sanchez-Garcia A B, et al. 2013. Mutation of an *Arabidopsis* NatB *N*-alpha-terminal acetylation complex component causes pleiotropic developmental defects. PLoS ONE, 8(11): e80697.

Filippakopoulos P, Knapp S. 2014. Targeting bromodomains: epigenetic readers of lysine acetylation. Nat. Rev. Drug Discov., 13(5): 337-356.

Filippakopoulos P, Qi J, Picaud S, et al. 2010. Selective inhibition of BET bromodomains. Nature, 468(7327): 1067-1073.

Finkemeier I, Laxa M, Miguet L, et al. 2011. Proteins of diverse function and subcellular location are lysine acetylated in *Arabidopsis*. Plant Physiol., 155(4): 1779-1790.

Fischer U, Heckel D, Michel A, et al. 1997. Cloning of a novel transcription factor-like gene amplified in human glioma including astrocytoma grade I. Hum. Mol. Genet., 6(11): 1817-1822.

Forte G M, Pool M R, Stirling C J. 2011. N-terminal acetylation inhibits protein targeting to the endoplasmic reticulum. PLoS Biol., 9(5): e1001073.

Fournier M, Orpinell M, Grauffel C, et al. 2016. KAT2A/KAT2B-targeted acetylome reveals a role for PLK4 acetylation in preventing centrosome amplification. Nat. Commun., 7: 13227.

Fritzsche F R, Weichert W, Roske A, et al. 2008. Class Ⅰ histone deacetylases 1, 2 and 3 are highly expressed in renal cell cancer. BMC Cancer, 8: 381.

Gao C, Bourke E, Scobie M, et al. 2014. Rational design and validation of a Tip60 histone acetyltransferase inhibitor. Scientific Reports, 4: 5372.

Gao L, Alumkal J. 2010. Epigenetic regulation of androgen receptor signaling in prostate cancer. Epigenetics, 5(2): 100-104.

Gao L, Cueto M A, Asselbergs F, et al. 2002. Cloning and functional characterization of HDAC11, a novel member of the human histone deacetylase family. J. Biol. Chem., 277(28): 25748-25755.

Gautschi M, Just S, Mun A, et al. 2003. The yeast *N*(alpha)-acetyltransferase NatA is quantitatively anchored to the ribosome and interacts with nascent polypeptides. Mol. Cell Biol., 23(20): 7403-7414.

Ge X, Jin Q, Zhang F, et al. 2009. PCAF acetylates {beta}-catenin and improves its stability. Mol. Biol. Cell, 20(1): 419-427.

Gevaert K, Goethals M, Martens L, et al. 2003. Exploring proteomes and analyzing protein processing by mass spectrometric identification of sorted N-terminal peptides. Nat. Biotechnol., 21(5): 566-569.

Giglione C, Fieulaine S, Meinnel T. 2015. N-terminal protein modifications: bringing back into play the ribosome. Biochimie, 114: 134-146.

Gil J, Ramirez-Torres A, Chiappe D, et al. 2017a. Lysine acetylation stoichiometry and proteomics analyses reveal pathways regulated by sirtuin 1 in human cells. J. Biol. Chem., 292(44): 18129-18144.

Gil J, Ramirez-Torres A, Encarnacion-Guevara S. 2017b. Lysine acetylation and cancer: a proteomics perspective. J. Proteomics, 150: 297-309.

Grimsrud P A, Swaney D L, Wenger C D, et al. 2010. Phosphoproteomics for the masses. ACS Chem. Biol., 5(1): 105-119.

Gu W, Roeder R G. 1997. Activation of p53 sequence-specific DNA binding by acetylation of the p53 C-terminal domain. Cell, 90(4): 595-606.

Guo J, Wang C, Han Y, et al. 2016. Identification of lysine acetylation in *Mycobacterium abscessus* using LC-MS/MS after immunoprecipitation. Journal of Proteome Research, 15(8): 2567-2578.

Haberland M, Montgomery R L, Olson E N. 2009. The many roles of histone deacetylases in development and physiology: implications for disease and therapy. Nat. Rev. Genet., 10(1): 32-42.

Hansen B K, Gupta R, Baldus L, et al. 2019. Analysis of human acetylation stoichiometry defines mechanistic constraints on protein regulation. Nat. Commun., 10(1): 1055.

Hartl M, Fubl M, Boersema P J, et al. 2017. Lysine acetylome profiling uncovers novel histone deacetylase substrate proteins in *Arabidopsis*. Molecular Systems Biology, 13(10): 949.

Hayden J D, Brown L R, Gunawardena H P, et al. 2013. Reversible acetylation regulates acetate and propionate metabolism in *Mycobacterium smegmatis*. Microbiology, 159(Pt 9): 1986-1999.

Hebert A, Dittenhafer-Reed K, Yu W, et al. 2013. Calorie restriction and SIRT3 trigger global reprogramming of the mitochondrial protein acetylome. Molecular Cell, 49(1): 186-199.

Henriksen P, Wagner S A, Weinert B T, et al. 2012. Proteome-wide analysis of lysine acetylation suggests its broad regulatory scope in *Saccharomyces cerevisiae*. Molecular & Cellular Proteomics, 11(11): 1510-1522.

Herrera J E, Bergel M, Yang X J, et al. 1997. The histone acetyltransferase activity of human GCN5 and PCAF is stabilized by coenzymes. J. Biol. Chem., 272(43): 27253-27258.

Holmes W M, Mannakee B K, Gutenkunst R N, et al. 2014. Loss of amino-terminal acetylation suppresses a prion phenotype by modulating global protein folding. Nat. Commun., 5: 4383.

Huffman D M, Grizzle W E, Bamman M M, et al. 2007. SIRT1 is significantly elevated in mouse and human prostate cancer. Cancer Res., 67(14): 6612-6618.

Hwang C S, Shemorry A, Varshavsky A. 2010. N-terminal acetylation of cellular proteins creates specific degradation signals. Science, 327(5968): 973-977.

Inoue T, Hiratsuka M, Osaki M, et al. 2007. The molecular biology of mammalian SIRT proteins: SIRT2 in cell cycle regulation. Cell Cycle, 6(9): 1011-1018.

Iris F, Miriam L, Laurent M, et al. 2011. Proteins of diverse function and subcellular location are lysine acetylated in *Arabidopsis*. Plant Physiology, 155(4): 1779.

Irwin D J, Cohen T J, Grossman M, et al. 2012. Acetylated tau, a novel pathological signature in Alzheimer's disease and other tauopathies. Brain, 135(Pt 3): 807-818.

James A M, Hoogewijs K, Logan A, et al. 2017. Non-enzymatic *N*-acetylation of lysine residues by acetyl-CoA often occurs via a proximal *S*-acetylated thiol intermediate sensitive to glyoxalase Ⅱ. Cell Reports, 18(9): 2105-2112.

James A M, Smith A C, Smith C L, et al. 2018. Proximal cysteines that enhance lysine *N*-acetylation of cytosolic proteins in mice are less conserved in longer-living species. Cell Reports, 24(6): 1445-1455.

Jayawardena R, Ranasinghe P, Galappatthy P, et al. 2012. Effects of zinc supplementation on diabetes mellitus: a systematic review and meta-analysis. Diabetol Metab. Syndr., 4(1): 13.

Jubic L M, Saile S, Furzer O J, et al. 2019. Help wanted: helper NLRs and plant immune responses. Curr. Opin. Plant Biol., 50: 82-94.

Kaluza D, Kroll J, Gesierich S, et al. 2011. Class Ⅱb HDAC6 regulates endothelial cell migration and angiogenesis by deacetylation of cortactin. EMBO J., 30(20): 4142-4156.

Kalvik T V, Arnesen T. 2013. Protein N-terminal acetyltransferases in cancer. Oncogene, 32(3): 269-276.

Kenneth N S, Ramsbottom B A, Gomez-Roman N, et al. 2007. TRRAP and GCN5 are used by c-Myc to activate RNA polymerase Ⅲ transcription. Proc. Natl. Acad. Sci. USA, 104(38): 14917-14922.

Kentache T, Jouenne T, De E, et al. 2016. Proteomic characterization of *Nα*- and *Nε*-acetylation in *Acinetobacter baumannii*. J. Proteomics, 144: 148-158.

Khan N A, Auranen M, Paetau I, et al. 2014. Effective treatment of mitochondrial myopathy by nicotinamide riboside, a vitamin B3. EMBO Mol. Med., 6(6): 721-731.

Kim D, Yu B J, Kim J A, et al. 2013. The acetylproteome of Gram-positive model bacterium *Bacillus subtilis*. Proteomics, 13(10-11): 1726-1736.

Kim S C, Sprung R, Chen Y, et al. 2006. Substrate and functional diversity of lysine acetylation revealed by a proteomics survey. Mol. Cell, 23(4): 607-618.

Kim W, Bennett E J, Huttlin E L, et al. 2011. Systematic and quantitative assessment of the ubiquitin-modified proteome. Mol. Cell, 44(2): 325-340.

Kong L, Qiu X, Kang J, et al. 2017. A phytophthora effector manipulates host histone acetylation and reprograms defense gene expression to promote infection. Curr. Biol., 27(7): 981-991.

Kraus D, Yang Q, Kong D, et al. 2014. Nicotinamide *N*-methyltransferase knockdown protects against diet-induced obesity. Nature, 508(7495): 258-262.

Kwon O K, Sim J, Kim S J, et al. 2016. Global proteomic analysis of protein acetylation affecting metabolic regulation in *Daphnia pulex*. Biochimie, 121: 219-227.

Lahm A, Paolini C, Pallaoro M, et al. 2007. Unraveling the hidden catalytic activity of vertebrate class Ⅱa histone deacetylases. Proc. Natl. Acad. Sci. USA, 104(44): 17335-17340.

Lai Z W, Petrera A, Schilling O. 2015. Protein amino-terminal modifications and proteomic approaches for N-terminal profiling. Curr. Opin. Chem. Biol., 24: 71-79.

Latham J A, Dent S Y. 2007. Cross-regulation of histone modifications. Nat. Struct. Mol. Biol., 14(11): 1017-1024.

Law B H, Spain V A, Leinster V L, et al. 2014. A direct interaction between leucine-rich repeat kinase 2 and specific beta-tubulin isoforms regulates tubulin acetylation. Journal of Biological Chemistry, 289(2): 895-908.

Lee D W, Kim D, Lee Y J, et al. 2013. Proteomic analysis of acetylation in thermophilic *Geobacillus kaustophilus*. Proteomics, 13(15): 2278-2282.

Lee J, Manning A J, Wolfgeher D, et al. 2015. Acetylation of an NB-LRR plant immune-effector complex suppresses immunity. Cell Reports, 13(8): 1670-1682.

Lee K E, Ahn J Y, Kim J M, et al. 2014. Synthetic lethal screen of NAA20, a catalytic subunit gene of NatB N-terminal acetylase in *Saccharomyces cerevisiae*. J. Microbiol., 52(10): 842-848.

Lee K E, Heo J E, Kim J M, et al. 2016. N-terminal acetylation-targeted N-end rule proteolytic system: the Ac/N-end rule pathway. Mol. Cells, 39(3): 169-178.

Lehmann M, Pirinen E, Mirsaidi A, et al. 2015. ARTD1-induced poly-ADP-ribose formation enhances PPARgamma ligand binding and co-factor exchange. Nucleic Acids Res., 43(1): 129-142.

Lennerz V, Fatho M, Gentilini C, et al. 2005. The response of autologous T cells to a human melanoma is dominated by mutated neoantigens. Proc. Natl. Acad. Sci. USA, 102(44): 16013-16018.

Li L, Yang X J. 2015. Tubulin acetylation: responsible enzymes, biological functions and human diseases. Cellular and Molecular Life Sciences, 72(22): 4237-4255.

Li M, Luo J, Brooks C L, et al. 2002. Acetylation of p53 inhibits its ubiquitination by Mdm2. J. Biol. Chem., 277(52): 50607-50611.

Li X, Ye J, Ma H, et al. 2018. Proteomic analysis of lysine acetylation provides strong evidence for involvement of acetylated proteins in plant meiosis and tapetum function. Plant J., 93(1): 142-154.

Li Y, Bhavapriya V, Kirsten H, et al. 2011. The fasted/fed mouse metabolic acetylome: N6-acetylation differences suggest acetylation coordinates organ-specific fuel switching. Journal of Proteome Research, 10(9): 4134-4149.

Li Y, Chen K, Zhou Y, et al. 2015. A new strategy to target acute myeloid leukemia stem and progenitor cells using chidamide, a histone deacetylase inhibitor. Curr. Cancer Drug Targets, 15(6): 493-503.

Li Y, Wen H, Xi Y, et al. 2014. AF9 YEATS domain links histone acetylation to DOT1L-mediated H3K79 methylation. Cell, 159(3): 558-571.

Lin A, Wang S, Nguyen T, et al. 2008. The EBNA1 protein of Epstein-Barr virus functionally interacts with Brd4. J. Virol., 82(24): 12009-12019.

Linster E, Stephan I, Bienvenut W V, et al. 2015. Downregulation of N-terminal acetylation triggers ABA-mediated drought responses in *Arabidopsis*. Nat. Commun., 6: 7640.

Liszczak G, Goldberg J M, Foyn H, et al. 2013. Molecular basis for N-terminal acetylation by the heterodimeric NatA complex. Nat. Struct. Mol. Biol., 20(9): 1098-1105.

Liu C, Cui D, Zhao J, et al. 2019. Two *Arabidopsis* receptor-like cytoplasmic kinases SZE1 and SZE2 associate with the ZAR1-ZED1 complex and are required for effector-triggered immunity. Mol. Plant, 12(7): 967-983.

Liu C M, Hsieh C L, He Y C, et al. 2013. *In vivo* targeting of ADAM9 gene expression using lentivirus-delivered shRNA suppresses prostate cancer growth by regulating REG4 dependent cell cycle progression. PLoS ONE, 8(1): e53795.

Liu F, Yang M, Wang X, et al. 2014. Acetylome analysis reveals diverse functions of lysine acetylation in *Mycobacterium tuberculosis*. Molecular & Cellular Proteomics, 13(12): 3352-3366.

Liu L, Scolnick D M, Trievel R C, et al. 1999. p53 sites acetylated *in vitro* by PCAF and p300 are acetylated *in vivo* in response to DNA damage. Mol. Cell Biol., 19(2): 1202-1209.

Lucio-Eterovic A K, Cortez M A, Valera E T, et al. 2008. Differential expression of 12 histone deacetylase (HDAC) genes in astrocytomas and normal brain tissue: class Ⅱ and Ⅳ are hypoexpressed in glioblastomas. BMC Cancer, 8: 243.

Martinez-Balbas M A, Bauer U M, Nielsen S J, et al. 2000. Regulation of E2F1 activity by acetylation. EMBO J., 19(4): 662-671.

Menzies K J, Zhang H, Katsyuba E, et al. 2016. Protein acetylation in metabolism-metabolites and cofactors. Nat. Rev. Endocrinol, 12(1): 43-60.

Milde T, Oehme I, Korshunov A, et al. 2010. HDAC5 and HDAC9 in medulloblastoma: novel markers for risk stratification and role in tumor cell growth. Clin. Cancer Res., 16(12): 3240-3252.

Monda J K, Scott D C, Miller D J, et al. 2013. Structural conservation of distinctive N-terminal acetylation-dependent interactions across a family of mammalian NEDD8 ligation enzymes. Structure, 21(1): 42-53.

Moriniere J, Rousseaux S, Steuerwald U, et al. 2009. Cooperative binding of two acetylation marks on a histone tail by a single bromodomain. Nature, 461(7264): 664-668.

Moser M A, Hagelkruys A, Seiser C. 2014. Transcription and beyond: the role of mammalian class Ⅰ lysine deacetylases. Chromosoma, 123(1-2): 67-78.

Mullen J R, Kayne P S, Moerschell R P, et al. 1989. Identification and characterization of genes and mutants for an N-terminal acetyltransferase from yeast. EMBO J., 8(7): 2067-2075.

Myklebust L M, Van Damme P, Stove S I, et al. 2015. Biochemical and cellular analysis of Ogden syndrome reveals downstream Nt-acetylation defects. Hum. Mol. Genet., 24(7): 1956-1976.

Nagy Z, Riss A, Fujiyama S, et al. 2010. Distinct GCN5/PCAF-containing complexes function as co-activators and are involved in transcription factor and global histone acetylation. Oncogene, 26(37): 5341-5357.

Nagy Z, Tora L. 2007. The metazoan ATAC and SAGA coactivator HAT complexes regulate different sets of inducible target genes. Cell Mol. Life Sci., 67(4): 611-628.

Nallamilli B R, Edelmann M J, Zhong X, et al. 2014. Global analysis of lysine acetylation suggests the involvement of protein acetylation in diverse biological processes in rice (*Oryza sativa*). PLoS ONE, 9(2): e89283.

Narita T, Weinert B T, Choudhary C. 2019. Functions and mechanisms of non-histone protein acetylation. Nat. Rev. Mol. Cell Biol., 20(3): 156-174.

Nichols W C, Pankratz N, Hernandez D, et al. 2005. Genetic screening for a single common LRRK2 mutation in familial Parkinson's disease. Lancet, 365(9457): 410-412.

Noort V V, Seebacher J, Bader S, et al. 2014. Cross-talk between phosphorylation and lysine acetylation in a genome-reduced bacterium. Molecular Systems Biology, 8: 571.

Oehme I, Linke J P, Bock B C, et al. 2013. Histone deacetylase 10 promotes autophagy-mediated cell survival. Proc. Natl. Acad. Sci. USA, 110(28): E2592- E2601.

Oh J H, Hyun J Y, Varshavsky A. 2017. Control of Hsp90 chaperone and its clients by N-terminal acetylation and the N-end rule pathway. Proc. Natl. Acad. Sci. USA, 114(22): 4370-4379.

Okanishi H, Kim K, Masui R, et al. 2013. Acetylome with structural mapping reveals the significance of lysine acetylation in *Thermus thermophilus*. Journal of Proteome Research, 12(9): 3952-3968.

Osada H, Tatematsu Y, Saito H, et al. 2004. Reduced expression of class Ⅱ histone deacetylase genes is associated with poor prognosis in lung cancer patients. Int. J. Cancer, 112(1): 26-32.

Ouaissi M, Sielezneff I, Silvestre R, et al. 2008. High histone deacetylase 7 (HDAC7) expression is significantly associated with adenocarcinomas of the pancreas. Ann. Surg. Oncol., 15(8): 2318-2328.

Ozdag H, Teschendorff A E, Ahmed A A, et al. 2006. Differential expression of selected histone modifier genes in human solid cancers. BMC Genomics, 7: 90.

Paik W K, Pearson D, Lee H W, et al. 1970. Nonenzymatic acetylation of histones with acetyl-CoA. Biochim. Biophys. Acta, 213(2): 513-522.

Pan J, Ye Z, Cheng Z, et al. 2014. Systematic analysis of the lysine acetylome in *Vibrio parahemolyticus*. J. Proteome Res., 13(7): 3294-3302.

Park E C, Szostak J W. 1992. ARD1 and NAT1 proteins form a complex that has N-terminal acetyltransferase activity. EMBO J., 11(6): 2087-2093.

Park S E, Kim J M, Seok O H, et al. 2015. Control of mammalian G protein signaling by N-terminal acetylation and the N-end rule pathway. Science, 347(6227): 1249-1252.

Patel J H, Du Y, Ard P G, et al. 2004. The c-MYC oncoprotein is a substrate of the acetyltransferases hGCN5/PCAF and TIP60. Mol. Cell Biol., 24(24): 10826-10834.

Patnaik D, Chin H G, Esteve P O, et al. 2004. Substrate specificity and kinetic mechanism of mammalian G9a histone H3 methyltransferase. J. Biol. Chem., 279(51): 53248-53258.

Pesaresi P, Gardner N A, Masiero S, et al. 2003. Cytoplasmic N-terminal protein acetylation is required for efficient photosynthesis in *Arabidopsis*. Plant Cell, 15(8): 1817-1832.

Pinkerneil M, Hoffmann M J, Deenen R, et al. 2016. Inhibition of class Ⅰ histone deacetylases 1 and 2 promotes urothelial carcinoma cell death by various mechanisms. Molecular Cancer Therapeutics, 15(2): 299-312.

Pirinen E, Canto C, Jo Y S, et al. 2014. Pharmacological inhibition of poly (ADP-ribose) polymerases improves fitness and mitochondrial function in skeletal muscle. Cell Metab., 19(6): 1034-1041.

Polevoda B, Hoskins J, Sherman F. 2009. Properties of Nat4, an *N*(alpha)-acetyltransferase of *Saccharomyces cerevisiae* that modifies N termini of histones H2A and H4. Mol. Cell Biol., 29(11): 2913-2924.

Wang Q J, Zhang Y K, Yang C, et al. 2010. Acetylation of metabolic enzymes coordinates carbon source utilization and metabolic flux. Science, 327(5968): 1004-1007.

Rardin M J, Newman J C, Held J M, et al. 2013. Label-free quantitative proteomics of the lysine acetylome in mitochondria identifies substrates of SIRT3 in metabolic pathways. Proc. Natl. Acad. Sci. USA, 110(16): 6601-6606.

Ree R, Varland S, Arnesen T. 2018. Spotlight on protein N-terminal acetylation. Exp. Mol. Med., 50(7): 1-13.

Rope A F, Wang K, Evjenth R, et al. 2011. Using VAAST to identify an X-linked disorder resulting in lethality in male infants due to N-terminal acetyltransferase deficiency. Am. J. Hum. Genet., 89(1): 28-43.

Saiardi A, Bhandari R, Resnick A C, et al. 2004. Phosphorylation of proteins by inositol pyrophosphates. Science, 306(5704): 2101-2105.

Santos-Rosa H, Valls E, Kouzarides T, et al. 2003. Mechanisms of P/CAF auto-acetylation. Nucleic Acids Res., 31(15): 4285-4292.

Schilling B, Christensen D, Davis R, et al. 2016. Protein acetylation dynamics in response to carbon overflow in *Escherichia coli*. Molecular Microbiology, 98(5): 847-863.

Scholz C, Weinert B T, Wagner S A, et al. 2015. Acetylation site specificities of lysine deacetylase inhibitors in human cells. Nat. Biotechnol., 33(4): 415-423.

Schulze J M, Wang A Y, Kobor M S. 2009. YEATS domain proteins: a diverse family with many links to chromatin modification and transcription. Biochem. Cell Biol., 87(1): 65-75.

Schwer B, Eckersdorff M, Li Y, et al. 2009. Calorie restriction alters mitochondrial protein acetylation. Aging Cell, 8(5): 604-606.

Scott D C, Monda J K, Bennett E J, et al. 2011. N-terminal acetylation acts as an avidity enhancer within an interconnected multiprotein complex. Science, 334(6056): 674-678.

Selma M, Patel V R, Eckel-Mahan K L, et al. 2013. Circadian acetylome reveals regulation of mitochondrial metabolic pathways. Proc. Natl. Acad. Sci. USA, 110(9): 3339-3344.

Seto E, Yoshida M. 2014. Erasers of histone acetylation: the histone deacetylase enzymes. Cold Spring Harb. Perspect Biol., 6(4): a018713.

Setty S R, Strochlic T I, Tong A H, et al. 2004. Golgi targeting of ARF-like GTPase Arl3p requires its *Nα*-acetylation and the integral membrane protein Sys1p. Nat. Cell Biol., 6(5): 414-419.

Shaw P G, Chaerkady R, Zhang Z, et al. 2011. Monoclonal antibody cocktail as an enrichment tool for acetylome analysis. Anal. Chem., 83(10): 3623-3626.

Shemorry A, Hwang C S, Varshavsky A. 2013. Control of protein quality and stoichiometries by N-terminal acetylation and the N-end rule pathway. Mol. Cell, 50(4): 540-551.

Shimin Z, Wei X, Wenqing J, et al. 2010. Regulation of cellular metabolism by protein lysine acetylation. Science, 327(5968): 1000-1004.

Simic Z, Weiwad M, Schierhorn A, et al. 2015. The varepsilon-amino group of protein lysine residues is highly susceptible to nonenzymatic acylation by several physiological acyl-CoA thioesters. ChemBioChem, 16(16): 2337-2347.

Simmons G E, Pruitt W M, Pruitt K. 2015. Diverse roles of SIRT1 in cancer biology and lipid metabolism. Int. J. Mol. Sci., 16(1): 950-965.

Skov V, Larsen T S, Thomassen M, et al. 2012. Increased gene expression of histone deacetylases in patients with Philadelphia-negative chronic myeloproliferative neoplasms. Leuk Lymphoma, 53(1): 123-129.

Smith-Hammond C L, Swatek K N, Johnston M L, et al. 2014. Initial description of the developing soybean seed protein Lys-*N*(epsilon)-acetylome. J. Proteomics, 96: 56-66.

Sokalingam S, Raghunathan G, Soundrarajan N, et al. 2012. A study on the effect of surface lysine to arginine mutagenesis on protein stability and structure using green fluorescent protein. PLoS ONE, 7(7): e40410.

Song C, Zhu S, Wu C, et al. 2013. Histone deacetylase (HDAC) 10 suppresses cervical cancer metastasis through inhibition of matrix metalloproteinase (MMP) 2 and 9 expression. J. Biol. Chem., 288(39): 28021-28033.

Staes A, Impens F, Van Damme P, et al. 2011. Selecting protein N-terminal peptides by combined fractional diagonal chromatography. Nature Protocols, 6(8): 1130-1141.

Starheim K K, Gevaert K, Arnesen T. 2012. Protein N-terminal acetyltransferases: when the start matters. Trends in Biochemical Sciences, 37(4): 152-161.

Sterner R, Vidali G, Heinrikson R L, et al. 1978. Postsynthetic modification of high mobility group proteins. Evidence that high mobility group proteins are acetylated. J. Biol. Chem., 253(21): 7601-7604.

Still A J, Floyd B J, Hebert A S, et al. 2013. Quantification of mitochondrial acetylation dynamics highlights prominent sites of metabolic regulation. Journal of Biological Chemistry, 288(36): 26209-26219.

Stunkel W, Peh B K, Tan Y C, et al. 2007. Function of the SIRT1 protein deacetylase in cancer. Biotechnol. J., 2(11): 1360-1368.

Sun B, Guo S, Tang Q, et al. 2011. Regulation of the histone acetyltransferase activity of hMOF via autoacetylation of Lys274. Cell Res., 21(8): 1262-1266.

Sun Y, Jiang X, Price B D. 2010. Tip60: connecting chromatin to DNA damage signaling. Cell Cycle, 9(5): 930-936.

Svinkina T, Gu H, Silva J C, et al. 2015. Deep, quantitative coverage of the lysine acetylome using novel anti-acetyl-lysine antibodies and an optimized proteomic workflow. Mol. Cell Proteomics, 14(9): 2429-2440.

Tamkun J W, Deuring R, Scott M P, et al. 1992. Brahma: a regulator of *Drosophila* homeotic genes structurally related to the yeast transcriptional activator SNF2/SWI2. Cell, 68(3): 561-572.

Tang Y, Luo J, Zhang W, et al. 2006. Tip60-dependent acetylation of p53 modulates the decision between cell-cycle arrest and apoptosis. Mol. Cell, 24(6): 827-839.

Thompson C R, Champion M M, Champion P A. 2018. Quantitative N-terminal footprinting of pathogenic mycobacteria reveals differential protein acetylation. J. Proteome Res., 17(9): 3246-3258.

Thompson P R, Wang D, Wang L, et al. 2004. Regulation of the p300 HAT domain via a novel activation loop. Nat. Struct. Mol. Biol., 11(4): 308-315.

Trelle M B, Jensen O N. 2008. Utility of immonium ions for assignment of epsilon-*N*-acetyllysine-containing peptides by tandem mass spectrometry. Anal. Chem., 80(9): 3422-3430.

Trexler A J, Rhoades E. 2012. N-terminal acetylation is critical for forming α-helical oligomer of α-synuclein. Protein Science, 21(5): 601-605.

Tsai W W, Wang Z, Yiu T T, et al. 2010. TRIM24 links a non-canonical histone signature to breast cancer. Nature, 468(7326): 927-932.

Uhrig R G, Schlapfer P, Roschitzki B, et al. 2019. Diurnal changes in concerted plant protein phosphorylation and acetylation in *Arabidopsis* organs and seedlings. Plant J., 99(1): 176-194.

Valenzuela-Fernandez A, Cabrero J R, Serrador J M, et al. 2008. HDAC6: a key regulator of cytoskeleton, cell migration and cell-cell interactions. Trends Cell Biol., 18(6): 291-297.

Van Damme P, Evjenth R, Foyn H, et al. 2011. Proteome-derived peptide libraries allow detailed analysis of the substrate specificities of *N*(alpha)-acetyltransferases and point to hNaa10p as the post-translational actin *N*(alpha)-acetyltransferase. Mol. Cell Proteomics, 10(5): M110. 004580.

Van Damme P, Lasa M, Polevoda B, et al. 2012. N-terminal acetylome analyses and functional insights of the N-terminal acetyltransferase NatB. Proc. Natl. Acad. Sci. USA, 109(31): 12449-12454.

Van Noort V, Seebacher J, Bader S, et al. 2012. Cross-talk between phosphorylation and lysine acetylation in a genome-reduced bacterium. Mol. Syst. Biol., 8: 571.

Varland S, Osberg C, Arnesen T. 2015. N-terminal modifications of cellular proteins: the enzymes involved, their substrate specificities and biological effects. Proteomics, 15(14): 2385-2401.

Varshavsky A. 2011. The N-end rule pathway and regulation by proteolysis. Protein Sci., 20(8): 1298-1345.

Verdin E, Ott M. 2015. 50 years of protein acetylation: from gene regulation to epigenetics, metabolism and beyond. Nat. Rev. Mol. Cell Biol., 16(4): 258-264.

Villagra A, Cheng F, Wang H W, et al. 2009. The histone deacetylase HDAC11 regulates the expression of interleukin 10 and immune tolerance. Nat. Immunol., 10(1): 92-100.

Wagner G R, Hirschey M D. 2014. Nonenzymatic protein acylation as a carbon stress regulated by sirtuin deacylases. Mol. Cell, 54(1): 5-16.

Wagner G R, Payne R M. 2013. Widespread and enzyme-independent nepsilon-acetylation and nepsilon-succinylation of proteins in the chemical conditions of the mitochondrial matrix. J. Biol. Chem., 288(40): 29036-29045.

Wang Q, Zhang Y, Yang C, et al. 2010. Acetylation of metabolic enzymes coordinates carbon source utilization and metabolic flux. Science, 327(5968): 1004-1007.

Weichert W, Roske A, Niesporek S, et al. 2008. Class Ⅰ histone deacetylase expression has independent prognostic impact in human colorectal cancer: specific role of class Ⅰ histone deacetylases *in vitro* and *in vivo*. Clin. Cancer Res., 14(6): 1669-1677.

Weidner-Glunde M, Ottinger M, Schulz T F. 2010. WHAT do viruses BET on? Front. Biosci., 15: 537-549.

Weinert B T, Iesmantavicius V, Wagner S A, et al. 2013. Acetyl-phosphate is a critical determinant of lysine acetylation in *E. coli*. Molecular Cell, 51(2): 265-272.

Weinert B T, Moustafa T, Iesmantavicius V, et al. 2015. Analysis of acetylation stoichiometry suggests that SIRT3 repairs nonenzymatic acetylation lesions. EMBO J., 34(21): 2620-2632.

Weinert B T, Wagner S A, Heiko H, et al. 2011. Proteome-wide mapping of the *Drosophila* acetylome demonstrates a high degree of conservation of lysine acetylation. Science Signaling, 4(183): ra48.

Wu X, Oh M H, Schwarz E M, et al. 2011. Lysine acetylation is a widespread protein modification for diverse proteins in *Arabidopsis*. Plant Physiol., 155(4): 1769-1778.

Wu X, Vellaichamy A, Wang D, et al. 2013. Differential lysine acetylation profiles of *Erwinia amylovora* strains revealed by proteomics. J. Proteomics, 79: 60-71.

Wymann M P, Bulgarelli-Leva G, Zvelebil M J, et al. 1996. Wortmannin inactivates phosphoinositide 3-kinase by covalent modification of Lys-802, a residue involved in the phosphate transfer reaction. Mol. Cell Biol., 16(4): 1722-1733.

Xie L, Wang X, Zeng J, et al. 2015. Proteome-wide lysine acetylation profiling of the human pathogen *Mycobacterium tuberculosis*. Int. J. Biochem. Cell Biol., 59: 193-202.

Xiong Y, Peng X, Cheng Z, et al. 2016. A comprehensive catalog of the lysine-acetylation targets in rice (*Oryza sativa*) based on proteomic analyses. J. Proteomics, 138: 20-29.

Xu F, Huang Y, Li L, et al. 2015. Two N-terminal acetyltransferases antagonistically regulate the stability of a nod-like receptor in *Arabidopsis*. Plant Cell, 27(5): 1547-1562.

Yang D, Fang Q, Wang M, et al. 2013a. *Nα*-acetylated Sir3 stabilizes the conformation of a nucleosome-binding loop in the BAH domain. Nat. Struct. Mol. Biol., 20(9): 1116-1118.

Yang H, Pinello C E, Luo J, et al. 2013b. Small-molecule inhibitors of acetyltransferase p300 identified by high-throughput screening are potent anticancer agents. Mol. Cancer Ther., 12(5): 610-620.

Yang S J, Choi J M, Kim L, et al. 2014. Nicotinamide improves glucose metabolism and affects the hepatic NAD-sirtuin pathway in a rodent model of obesity and type 2 diabetes. J. Nutr. Biochem., 25(1): 66-72.

Yang X J, Seto E. 2008. The Rpd3/Hda1 family of lysine deacetylases: from bacteria and yeast to mice and men. Nat. Rev. Mol. Cell Biol., 9(3): 206-218.

Yoshino J, Mills K F, Yoon M J, et al. 2011. Nicotinamide mononucleotide, a key NAD^+ intermediate, treats the pathophysiology of diet- and age-induced diabetes in mice. Cell Metab., 14(4): 528-536.

Yuan J, Minter-Dykhouse K, Lou Z. 2009. Ac-Myc-SIRT1 feedback loop regulates cell growth and transformation. J. Cell Biol., 185(2): 203-211.

Zhang B, Zhang L, Li F, et al. 2017. Control of secondary cell wall patterning involves xylan deacetylation by a GDSL esterase. Nat. Plants, 3: 17017.

Zhang H, Cardell L O, Bjorkander J, et al. 2013. Comprehensive profiling of peripheral immune cells and subsets in patients with intermittent allergic rhinitis compared to healthy controls and after treatment with glucocorticoids. Inflammation, 36(4): 821-829.

Zhang J, Sprung R, Pei J, et al. 2009. Lysine acetylation is a highly abundant and evolutionarily conserved modification in *Escherichia coli*. Mol. Cell Proteomics, 8(2): 215-225.

Zhao S, Xu W, Jiang W, et al. 2010. Regulation of cellular metabolism by protein lysine acetylation. Science, 327(5968): 1000-1004.

Zielinska D F, Gnad F, Wisniewski J R, et al. 2010. Precision mapping of an *in vivo N*-glycoproteome reveals rigid topological and sequence constraints. Cell, 141(5): 897-907.

Zimmermann H, Degenkolbe R, Bernard H U, et al. 1999. The human papillomavirus type 16 E6 oncoprotein can down-regulate p53 activity by targeting the transcriptional coactivator CBP/p300. J. Virol., 73(8): 6209-6219.

第 15 章 热带作物蛋白质组

15.1 热带作物概述

热带作物是热带地区的栽培植物，是适于热带地区栽培的各类经济作物的总称。世界上能够进行热带作物种植的土地面积约 5 亿 hm^2，主要分布在亚洲、南美洲、非洲和大洋洲。据联合国粮食及农业组织（FAO）统计，2013 年全球主要热带作物收获面积、产量分别达到 1.38 亿 hm^2、28.96 亿 t，多数作物产自亚洲，主产国是印度、中国、巴基斯坦和东盟十国；其次是美洲、非洲，主产国主要有巴西、尼日利亚、墨西哥和哥伦比亚；大洋洲仅占了极少份额。中国热带作物宜植地占世界种植面积的 9%，全球主要热带作物在中国都有种植。在中国，通常种植地区主要有广东、海南、广西、云南 、福建、台湾等省（自治区），尤以海南岛和西双版纳最适宜。

由于国内热带作物资源丰富和产品功能多样，在保障国防与经济安全、满足人民生活需求、发展非粮生物质能源、增加农民收入等方面起着重要作用，中国热带作物种植面积与收获面积近年来均呈上升趋势，2013 年收获面积、总产分别位居世界第 6、第 5，截至 2015 年，中国主要热带作物种植面积已达 0.102 亿 hm^2、产量达 2.04 亿 t、产值达 3300.58 亿元，收获面积与总产均呈上升趋势。FAO 统计的 21 类主要热带作物及各国（地区）2013 年数据显示，中国的橡胶树、香蕉、甘蔗、木薯、荔枝、龙眼、槟榔、葡萄柚、柠檬和酸橙、杧果、番石榴、剑麻、胡椒、菠萝、香草兰 16 种作物及小宗热带鲜果收获面积、产量均位列世界前 10（荔枝、龙眼数据源自泰国农业经济办公室、印度商业和工业部等），而油梨收获面积虽然位居世界第 10，但其单产低导致其产量仅位居世界第 12。另外，很多产量较低的热带作物，具有很高的经济价值，包括油棕、椰子、腰果、香茅、香根、罗勒、龙舌兰、木棉、咖啡、可可等（图 15-1）。中国的热带作物主要种植于海南、广东、广西、云南、福建、湖南、贵州和四川

图 15-1　主要热带作物

从左至右依次为可可、甘蔗、木薯、香蕉、菠萝、杧果、橡胶树、荔枝、龙眼

的部分地区，其中以广西的种植面积最大，其次为云南、广东、海南、福建、四川、湖南、贵州，产量大小依次为广西、广东、云南、海南、福建、四川、湖南、贵州，产值大小依次为广东、广西、云南、海南、福建、四川、湖南、贵州。我国种植的主要五大热带作物包括巴西橡胶树、香蕉、木薯、椰子和甘蔗。目前，随着全球气温升高，南方各省能够种植热带作物的地域在扩大，许多效益高的热带作物已开始出现在过去不能种植的土地上，而且随着种植技术的提高，热带作物种植面积仍有潜在的发展空间。

15.1.1 巴西橡胶树

天然橡胶（natural rubber，NR）主要是顺式-1,4-聚异戊二烯组成的生物聚合物，是在人类社会中广泛使用的一种基本必需品，也是必不可少的工业原料。目前，天然橡胶应用于近 5 万种产品及其配件中，具有重要的用途和战略意义（Cornish，2001a）。天然橡胶在交通运输业、医药制品行业、建筑建材业、机械制造业和电子信息业等都发挥着关键作用，在许多应用方面具有不可替代性，如重型轮胎、医疗设备、手术手套等（Cornish，2001b）。随着社会经济的快速发展，国内外对天然橡胶的需求量急剧上升。2017 年，欧盟评估出世界 27 种稀缺原材料，其中天然橡胶是唯一的生物原料，其余 26 种原料属于稀有金属（朱永康，2017）。这是 2008 年将天然橡胶定义为战略原材料以来，天然橡胶第二次被纳入战略材料并受到国际认可。这不仅对橡胶工业及轮胎业的发展有促进作用，而且在未来天然橡胶面临各种问题时会得到各个国家政府的更多支持。天然橡胶是一种重要的工业原料和战略物资，其因良好的弹性、伸展性、抗撕裂、耐疲劳、耐老化等综合性能而具有不可替代性。在 2000 多种产胶植物中，原产于南美洲亚马孙河流域的巴西橡胶树，因产量高、品质好、易采集和持续生产周期长等成为目前国际上天然橡胶几乎唯一的商业来源。橡胶树为什么能高产橡胶，这种特性是否与其环境适应和进化相关？在生产上，乙烯处理为何能显著增加橡胶产量？这些都是产胶生物学研究上长期悬而未决的重要理论问题。

在天然橡胶科技发展领域，目前已经形成了以良种为基础的一系列栽培、割胶技术，使天然橡胶单产成倍增长，天然橡胶初产品加工技术配套也日渐完善。重大突破主要是选育出了胶木兼优品种、转基因橡胶苗及南美叶疫病、炭疽病、棒孢霉落叶病、橡胶蜜色疫霉等病害的抗性品种，同时在抗风修剪、灾后及寒害后树体管理、营养诊断施肥、胶园林下资源利用技术、电动割胶技术，以及在生胶加工生产线的连续化和自动化操作、控制浓缩胶乳的质量、生产脱敏胶乳等加工工艺方面及橡胶树木材利用等方面取得了突破性进展。未来以巴西橡胶树为对象的世界天然橡胶科技将朝着育种目标多元化、胶园管理精细化、采胶技术高效安全化、病虫害防治统防统治、加工技术深度开发和节本增效等方向发展，而同期替代产胶植物的研发力度加大，有希望在单产和加工技术上取得更大突破。

整个植物界 2500 多种含橡胶的植物，主要集中在 7 个科的 300 个属（Zhu et al.，2010）。巴西橡胶树（*Hevea brasiliensis*）属于大戟科（Euphorbiaceae）三叶胶属，属于多年生热带雨林乔木，树高可达 30 多米，一般种植后 8 年可以割胶采集胶乳，产胶时间可达 30 余年（陈秋波，2009）。由于其天然橡胶产量高、品质好、成本低、经济效益好，并且具有易于栽培、采胶和加工等特点，广泛种植于热带、亚热带地区，是目前唯一大面积栽培的生产天然橡胶的经济作物（黄宗道，2001）。

橡胶树体内乳管系统里的乳管细胞是主要的天然橡胶合成场所，但对于巴西橡胶树，韧皮部的乳管通常与产胶最为密切。对树干和树皮进行解剖可以发现，乳管位于形成层与周皮间的韧皮部，以同心环状排列形式围绕着木质部。乳管细胞存在基本的细胞器，如线粒体、高尔基体、核糖体、细胞核等。对于具有合成与贮存天然橡胶功能的乳管细胞，还含有特化的细胞成分，即与天然橡胶合成密切相关的橡胶粒子（rubber particle），一种具有磷脂单分子层膜结构的特化细胞器，其膜蛋白参与调控橡胶烃的合成起始及延伸过程（Amerika et al.，2018）。电镜下观察，橡胶粒子一般呈圆球状，直径一般为 0.2 ～ 10.0μm。根据橡胶粒子直径的大小，科学家通常将橡胶粒子分为三类：直径在 0.4μm 以上的橡胶粒子为大橡胶粒子，直径 0.2 ～ 0.4μm 的为中橡胶粒子，直径 0.08 ～ 0.2μm 的为小橡胶粒子。

天然橡胶的主要成分是储存于橡胶粒子中的顺式-1,4- 聚异戊二烯（Amerika et al.，2018），其是世界性的大宗工业原料和战略物资，与煤炭、钢铁、石油并列为四大工业原料，也是其中唯一的可再生资源。天然橡胶由于具有很强的弹性及良好的绝缘性、可塑性、抗拉性和耐磨性等特点，是合成橡胶无法比拟的，因此被广泛应用于工业、农业、国防、交通、运输、机械制造、医药卫生领域和日常生活等方面，对于我国国民经济建设、经济安全具有重要的战略意义（黄宗道，2001）。

根据《天然橡胶生产国报告》，2011 年全球天然橡胶产量为 1002.3 万 t，产胶面积为 1022.6 万 hm^2，天然橡胶生产成员国的产能占全球总产能的 92% ～ 96%，其中泰国、印度尼西亚、马来西亚三大主产国天然橡胶产量占全球总产量的 69% 左右。我国橡胶的种植主要分布在海南、云南、广东、广西和福建等省（自治区），其中，海南、云南两省的天然橡胶产量占全国天然橡胶总产量的 95% 以上（曾霞等，2014）。

我国既是世界上主要的天然橡胶生产国，也是全球最大的天然橡胶消费国。自 2001 年开始，我国天然橡胶消费量已经超过美国跃居全球第一，相关部门统计数据显示，2010 年，我国天然橡胶的消费量已经突破 350 万 t，约占世界天然橡胶消费总量的 1/3，而我国的天然橡胶产量却只有 68.7 万 t，对外依存已经超过 80%。随着我国经济的快速发展，尤其是高耗能工业的迅速发展，天然橡胶的需求量将会不断增加。我国天然橡胶产量远不能满足国内需求。因此，寻找提高天然橡胶产量的关键技术是解决我国天然橡胶面临的严重供需问题的途径之一。目前，我国主要采取如下措施解决我国天然橡胶资源短缺问题：①投资国外橡胶种植产业。我国虽然国土面积有 960km^2，但适宜于种植橡胶树的热带、亚热带面积很少，大约 100 万 hm^2，约占国土面积的 5%。这就要采取“走出去”战略，对国外橡胶种植业进行投资，利用国外的优越条件，满足我国日益增长的天然橡胶需求。②对民营橡胶产胶园加强管理和指导。民营产胶园受自身条件所限，橡胶单产低，因此，要利用国营大农场的先进技术、科学的管理水平、雄厚资金等优越条件来带动小农发展橡胶、指导胶农科学种植，规范管理，帮助协调基础建设等，提高橡胶产量，确保我国天然橡胶供应的稳定性。③加快橡胶相关的基础研究，以改良新品质、提高橡胶产量及增强橡胶树抗病性、抗寒性等优良性状（李一鲲，2003）。天然橡胶的基础研究需要投入更多时间及经费，但确实是提高我国天然橡胶产量的最可靠出路（曾霞等，2014）。

橡胶树树皮中有特化的乳管细胞，乳管细胞数量是橡胶产量的决定因素之一，胶乳是乳管细胞的特化细胞质。乳胶的再生不仅取决于乳管细胞本身的代谢，还取决于乳管周围薄壁细胞源源不断提供的有机物和水（Tungngoen et al.，2009）。胶乳内成分较为复杂，主要有橡胶烃、碳氢化合物、水、树脂、油脂和蛋白质等（Brown et al.，2017），还含有一些特殊物质，如橡胶粒子和类胡萝卜素（D’Auzac et al.，1989），其中橡胶粒子是天然橡胶生物合成和储存的特化细胞器。天然橡胶流入乳胶管道，并在植物受伤时保护它们免受昆虫的侵害。对人类来说，天然橡胶是许多工业应用的一个重要资源，因为它有特殊性能，是化学合成橡胶所不具备的。一些橡胶树的品种产生的橡胶产量高于其他品种，但原因仍然未知。天然橡胶的主产地域都集中在亚洲，特别是近赤道低纬度的热带国家，如马来西亚、印度尼西亚、越南和泰国等。但天然橡胶的消费分布区域较为广，主要分布于亚洲、美洲和欧洲（Warren-Thomas et al.，2015）。国际橡胶研究组织 2017 年的天然橡胶统计消费报告显示，全球天然橡胶消费量为 1320 万 t，产值约为 260 亿美元。我国已连续多年成为全球消费量最高的国家（Musto et al.，2016）。但由于橡胶树易感真菌和死皮病、遗传多样性较低、生长区域仅限于热带地区、人工采胶耗时耗力等，天然橡胶的产胶量已经达极限（Cornish et al.，2018）。

目前，我国已经成为继马来西亚、印度尼西亚、泰国和越南之后世界第五大产胶国。2017 年自产天然橡胶 85.6 万 t，产区集中在云南（占 49%）、海南（占 47%）、广东（占 3.5%）、广西和福建等少数几个地区，但消费量高达 415 万 t，约 80% 天然橡胶依赖从泰国（248 万 t，占进口总量 55.5%）、越南（占 18.5%）、马来西亚（占 12.3%）和印度尼西亚（占 8.6%）等东南亚产胶国进口。我国适合种植巴西橡胶树的土地面积约 1800 万亩[①]，但 2017 年种植面积已达 1710 万亩，可利用种植面积已接近极限，很难再通过扩大种植面积来实现增加橡胶产量的目标。这些因素导致人们不得不在努力提高巴西橡胶树单产的同时，致力于寻找替代巴西橡胶树的产胶植物，其中，蒲公英橡胶草引起了科研人员的广泛关注（罗士苇等，1951）。近年来，随着我国经济的快速发展，每年我国天然橡胶的进口量高达 80%，自产量只占总消耗量的 20% 左右，且在逐年增长，一旦进口阻断，我国涉及橡胶的行业包括军工业均会严重受阻。因此，我国战略物资天然橡胶产业严重依赖进口的情况，暗藏严重的国防安全危机。

15.1.2　木薯

木薯（*Manihat esculenta*），又名树薯，是全球最重要的块根农作物，属大戟科（Erphorbiaceae）木薯属植物，三大薯类作物之一，同时是世界第六大粮食作物，产量仅次于马铃薯，是主要的粮食作物及新能源作物，被誉为“淀粉之王”。木薯是一种古老的作物品种，起源于南美洲亚马孙河流域，在欧洲人发现美洲大陆时，就已经在美洲热带地区大量栽培种植，16 ～ 18 世纪，木薯传入亚洲和大洋洲地区（Onwueme，2001）。今天，木薯已作为一种重要粮食作物在非洲、亚洲、大洋洲和拉丁美洲广泛种植，主要栽培于 30°N ～ 30°S 的热带、亚热带地区，2009 年全球收获面积超过 18.419 万 hm^2，鲜薯产量超过 2.29 亿 t。木薯是典型的热带、亚热带作物，喜高温、抗旱、耐贫瘠，最适生长温度为 25 ～ 29℃，主要分布于亚洲、美洲和非洲，为世界 7 亿多人口提供基本食物，同时是淀粉工业和生产燃料乙醇的主要来源（El-Sharkawy，2004）。

木薯具有独特的理化性能、重要的经济价值和相对较小的基因组，已逐渐成为热带作物研究的模式作物，具体表现在单位面积的生物能产量高于其他作物，高产木薯鲜薯产量可达 75 ～ 90t/hm^2，其速生、净光合效率高、碳水化合物转运效率高和经济系数较高（El-Sharkawy，2004）。我国现有木薯种植面积约 700 万亩，主要种植在广西、广东和海南等地区，主要用于生产淀粉、变性淀粉、燃料乙醇，现已成为年产值达 200 亿元的热区支柱产业之一（张鹏等，2013）。

木薯是 C_3 植物还是 C_4 植物，目前仍没有统一定论。许多研究表明，木薯是 C_3 植物，因

① 1 亩≈ 666.7m^2，后文同。

为它具有 C_3 植物的典型特征：维管束鞘位于单层的栅栏组织细胞下方，CO_2 补偿点与 C_3 植物一致，光合作用初产物与 C_3 植物相似。Edwards 等（1990）从生理、生物和叶片解剖结构等方面对木薯进行了研究，认为木薯是 C_3 植物。通过对野生木薯品种的磷酸烯醇丙酮酸羧化酶（PEPCase）和磷酸乙醇酸磷酸酶的活性进行研究，Calatayud 等（2002）也认为，野生木薯具有典型的 C_3 植物特征，野生木薯是 C_3 植物。但是，Westhoff 和 Gowik（2004）、EI-Sharkawy（2006）则认为木薯是典型的 C_3 与 C_4 中间类型植物，他们的主要依据是木薯拥有不同于一般 C_3 植物的较高的净光合速率、较高的光合作用、最适温度 45℃和高光不饱和性。此外，木薯叶片中存在类似 C_4 植物叶片的维管束鞘细胞结构，其叶片中的 PEPCase 在特定环境下可表现出类似于 C_3 与 C_4 中间类型的较高活性。因此，现在普遍认为，木薯是介于 C_3 与 C_4 之间的一种较为特殊的热带作物，同时具有 C_3 和 C_4 植物的特征。已知的大戟科植物中出现了 CAM、C_3 和 C_4 三种光合途径，这意味着木薯可以作为研究 C_3 植物向 C_4 植物进化的材料来开展相关基础研究（El-Sharkawy，2004；龚春梅等，2009）。

木薯用途广泛，可食用、饲用和加工成各种工业产品，如淀粉、乙醇等。原产于南美洲亚马孙流域，木本灌木，是一年或多年生热带作物。目前，尼日利亚是世界上最大的木薯生产国。木薯自 1820 年引入我国后，目前主要分布在广西、广东、海南和云南等热带及亚热带地区。中国木薯种植面积约 50 万 hm^2，年产鲜薯 1000 万 t 左右，远远无法满足国内产业发展需求。随着乙醇工业、燃料乙醇及饲料产业的发展，中国对木薯的需求日益增长，进口的木薯干片逐年增长。近几年来，每年进口木薯干片 600 万 t 左右、木薯淀粉 150 万 t 左右，合计折算成的鲜薯量是国内生产量的近 3 倍，约占世界贸易量的 75%。中国木薯产业正在加强与东盟、非洲的合作，成为重要的科技外交策略之一。木薯淀粉原料在食品加工和工业应用上有其独特的优势。就食品加工而言，与玉米淀粉比较，木薯淀粉易抽提、色白、没有谷物味道；与其他块根来源淀粉比较，木薯淀粉糊化温度低、上层液体清澈。与甘蔗、玉米和小麦相比，以木薯淀粉为原料生产乙醇和燃料乙醇有单位生产面积乙醇转化率高、不与粮争地、符合国家产业发展政策等独特优势。根据中国的淀粉产品的需求、国家发展非粮生物质能源产业政策及木薯加工企业实际的淀粉和乙醇产能，中国对木薯淀粉国内生产产量和进口量将有更大的刚性需求。

木薯是雌雄同株、雌雄异花植物，从种植到开花的间隔时间根据品种和基因型不同为 1 ～ 24 个月。授粉后 2 个月开始形成种子，之后一个月果实成熟（Ceballos et al.，2004）。木薯可通过有性生殖和无性生殖繁衍，其中无性繁殖多用于农业生产，有性繁殖常用于育种工程。木薯的无性繁殖多为扦插，通常用于扦插的茎段长度至少为 20cm，包含 4 ～ 5 个芽点。在农业生产中，用于扦插的茎段还必须包含足够的碳水化合物和无机盐，用于初始阶段芽的萌发和根与叶的生长。木薯种植 5 ～ 7d 后，芽开始萌发长大，10 ～ 13d 后长出新叶。与此同时，在多个腋芽的基部形成不定根，随后不断形成新的根丝。萌发时土壤的最适温度为 28 ～ 30℃，温度高于 37℃低于 17℃都不利于芽的萌发（Keating and Evenson，1979）。木薯种植后 21 ～ 28d，根系不断扩大，由不定根变为须根。这些须根会延伸到土壤中，根长可达 40 ～ 50cm，并开始表现出吸收水分和无机盐的功能。种植后 42 ～ 49d，一些细根开始明显增厚，并在一周后开始膨胀，逐渐发育为贮藏根。种植后 90 ～ 180d，是木薯最活跃的营养生长期，在这段时间，叶片和茎的生长速率达到最大，在 120 ～ 150d 时，叶冠基本形成，可以充分利用阳光，贮藏根持续膨大。种植后 180 ～ 300d，大量光合产物从叶片运输至块根中，是木薯贮藏根膨大最快的时期，也是淀粉积累速率最快的时期。随后，叶片开始逐步老化，部分老叶开始凋谢，茎段开始木质化。种植后 300 ～ 360d，叶片停止生长，并大量凋谢，贮藏根持续合成淀粉（Peressin et al.，1998）。

木薯是一年生或多年生灌木，在海拔 2300m 以下、年平均温度在 16℃以上、无霜期 8 个月以上、年降雨量 400mm 以上的干旱半干旱地区均可种植，具有优异的环境适应性。木薯对土壤养分要求也不高，在贫瘠的酸性边缘土壤中也可以生长，且不与水稻、小麦、玉米等主要粮食作物争用土地，因而可以充分利用山地、沙地、荒地等地区，还可以作为一种“先锋作物”在新开垦的土地上种植，以熟化土地（El-Sharkawy，2004）。温度会影响木薯的发芽、叶片的形成和大小、贮藏根的发育等生物学过程，木薯适宜温暖的气候，在年均气温 25 ～ 29℃条件下生长较好，在 35℃左右时叶片可以达到最大的光合效率，温度高于 37℃则会抑制芽的生长，而温度较低时（＜16℃），光合速率下降，植株生长发育缓慢甚至停止生长。木薯耐旱不耐涝，在灌溉条件差的土地上，可以获得其他作物无法达到的高产量，在年降雨量低于 750mm 时，更能表现出优异的抗旱特性，当长期干旱 6 个月以上时，木薯就会通过减小叶冠面积、关闭气孔降低蒸腾作用，根系深生汲取水分等措施来抵抗不良环境，但土壤水分过高时，则会影响植株生长及块根发育。因此，木薯生长发育需求的环境要高温多湿、光照充足。其发芽的最低温度是 14 ～ 16℃，一年中有 8 个月无霜期的地区都可种植，木薯根系发达，能够覆盖较大的范围，同时能够扎入耕作层深处吸收水分和养分，因此在热带地区即便一般作物难以生长的条件下，木薯也能够获得一定的产量，具有突出的土壤养分和水分利用率，比其他作物的栽培时空范围要宽，故被称为“先锋作物”（罗培敏，2002）。由于上述木薯的异型杂交特性、广阔的热带分布特征，木薯基因组（$2n$=36）高度杂合。

木薯作为一种世界上重要作物之一，具有重要的工农业利用价值。木薯起初被关注的点主要集中在其优异的农艺性状。木薯具有非常显著的耐贫瘠、耐干旱能力，同时种植简单，几乎不需要管理，大大节约了劳动力，而且木薯是一种高产量淀粉作物，淀粉含量占其块茎干重的 73.7% ～ 84.9%，是热带地区的主食之一。木薯的嫩茎叶含有丰富的营养元素和优质蛋白质，因而具有很大的食用和饲用价值。木薯除了可作为一种粮食来源，其淀粉还可以进一步深加工成 2000 多种工业产品，在化工、医药、纺织、造纸、食品等方面均有重要的作用。近年来，随着能源日益紧张，人们逐渐在寻求可替代生物能源，木薯块根因含有大量多糖类可用于发酵生产燃料乙醇，所以国家制定的“十一五”再生能源发展战略和新颁布的《中华人民共和国可再生能源法》将其与玉米和甘蔗列为未来生产燃料乙醇的首选原料。

总之，木薯已成为一种综合利用价值很高的植物，日益引起各国家的重视。因为其高产量和其淀粉具备的独特性质，木薯作为原材料，被广泛应用于食品加工，用作动物饲料及工业原料。木薯的利用方式在世界不同地区有着很大区别。例如，在非洲，大部分木薯（88%）作为食物，其中 50% 是以加工产品形式出现；在美洲，木薯作为原料用于制备动物饲料；在中国，约 90% 的木薯用于生产木薯淀粉和木薯乙醇（张鹏等，2013）。

木薯具有较高的食用价值，是全世界近 7 亿人的主要食物来源。木薯块根含有丰富的碳水化合物，其中大部分是淀粉，还含有少量的游离糖。木薯作为食品有 3 个主要限制条件：蛋白质含量低、保质期短和含氰量高。木薯的蛋白质（0.53%）和脂类（0.17%）含量较低，作为主食需要从其他食物中获取蛋白质。木薯叶片富含膳食纤维、核黄素、烟酸和柠檬酸等多种维生素和微量元素，也可作为蔬菜食用（Bradbury and Holloway，1988）。在非洲约有 88% 的木薯产品（包括未加工品和加工品）供人类食用，因而在非洲等贫穷的发展中国家，木薯作为一种主要的粮食作物种植，而美洲和亚洲分别约有 42% 和 54% 的木薯产品供食用。

但木薯块根蛋白质含量较低，皮层中含有大量剧毒物质生氰糖苷，且收获后易变质而难贮藏，限制了鲜木薯的利用，对其进行初级加工就显得十分必要。木薯块根初级加工后的产品有木薯条（片）、木薯粉、煎饼、面包、蛋糕、饮料等。可以通过食用其他富含多种蛋白质的食物如大豆等，来补充足量的膳食蛋白质。而木薯鲜叶片含有约 5% 的粗蛋白质、5% 的膳食纤维、2% 的脂类及多种维生素、氨基酸和微量营养元素，可以作为蔬菜食用。对木薯进行初级加工能很好地防止其生理恶化，如在南美洲就出现了很多种木薯食用方式，将木薯块根研磨为匀浆，然后烘烤为面包或是薯条；将木薯研磨为粉末，加入水中制作成馅饼或粥等。同时，我国通过育种手段培育出了多个鲜食木薯品种，如‘华南 9 号’，纤维少，蛋白质含量高，富含维生素 C 和多种微量元素，使得木薯开始作为水果出现在餐桌上（黄金成，2018）。

木薯还广泛用作动物饲料。木薯的各个部分都可以作为动物饲料。和其他作物相比，木薯的直链淀粉含量相对较低，且碳水化合物含量高，非常适合作为动物饲料。木薯的地上部分蛋白质含量高达 17%，可在饲料稀缺的干燥季节作为补充饲料（Ravindran and Blair，1991）。有研究表明，用新鲜木薯取代谷物的 50% ～ 100% 去喂养奶牛，不会对牛奶产量产生影响。而且将木薯饲料和普通饲料混合后喂养牛、羊及家禽，产量都有所提高。将木薯茎段和叶片加工制成青贮饲料可以长期保存，而且可以有效去除氰化物。此外，木薯渣可以用于生产菌体蛋白质（管军军等，2008）。

另外，木薯由于其高产量和其淀粉的特殊性质，也被用于工业生产。木薯淀粉颗粒较小，杂质少，糊化温度较低，黏度大，对剪切力和冰冻具有一定的抵抗性，而且成本相对较低。泰国是目前世界上木薯淀粉加工量最高的国家，每年有 50% 的木薯用于提取木薯淀粉，在拉丁美洲和加勒比海等地区，木薯淀粉产业也很兴旺。

木薯淀粉的利用：①木薯原淀粉用于生产变性淀粉，主要用来生产黏合剂、糊精、西米、葡萄糖、果糖、麦芽糖等。②改性淀粉，是利用物理或化学方法使淀粉颗粒发生变化，使之更适合用于不同的工业应用，如酸性淀粉、氧化淀粉、交联淀粉、乙酰化淀粉、阳离子淀粉等。③生物降解塑料，是将淀粉与低密度的线状聚乙烯混合作为耦合剂、塑化剂，适当的熔融混合后挤压成膜，这种塑料淀粉含量可达 40%，可被生物与光分解为水和二氧化碳或是转化为肥料。木薯原淀粉糊液在耐高温、耐酸性、耐剪切性等方面存在不足，加工成变性淀粉后便具有特殊的理化特性，可以广泛应用于医药、食品、造纸、纺织、能源、饲料、生物工程等行业，也可以用于生产降解塑料袋、一次性餐具、农用地膜等实用寿命短的可降解材料。④淀粉发酵，主要是利用化学或是生物技术，使木薯发酵产生次级产物的过程，如生产木薯乙醇、山梨醇、甘露醇、麦芽酚、柠檬酸、乳酸等（Ren，1996）。近年来，能源资源日益紧张，利用木薯等非粮食作物制作乙醇，可以大大缓解石油的供应压力。

中国木薯产业虽然已初具规模，但仍然存在着一些不利于产业发展的因素：①生产上高产稳产木薯品种缺乏，良种覆盖率低，平均产量偏低，经济效益低；②加工原料短缺，供不应求；③产业链较短，加工产业滞后，附加值偏低。因此，高产稳产和特色优质木薯品种选育显得尤为必要。围绕育种目标改良木薯品种，不同育种策略逐渐发展成熟，主要木薯育种策略有资源引进与系统选育、杂交与实生种选育、种间杂交、转基因育种、分子标记辅助育种、多倍体育种、诱变育种等。野生木薯是木薯近缘植物，生长习性从几乎无茎半灌木至小乔木。野生木薯拥有宝贵的种质资源特性，如蛋白质含量极高、高产、可无融合生殖、耐粉蚧、抗花叶病和耐干旱等。巴西是世界上野生木薯资源最丰富的国家，Nassar 教授在野生木薯资源利用方面做了大量和卓有成效的工作。野生木薯 *Manihot oligantha* 与栽培木薯杂交明显提高了块根淀粉和干物质含量；野生木薯 *M. neusana* 具无融合生殖特性，栽培种与野生种杂交可提供木薯产量。UnB 110 是栽培种与野生种种间杂交品系，单株产量提高到 18kg，该品系也具有抗旱和抗粉蚧特性。

15.1.3 香蕉

香蕉属于姜目（Zingiberales）芭蕉科（Musaceae）（Simmonds，1966）。芭蕉科有 3 个属，即芭蕉属（*Musa*）、象腿蕉属（*Ensete*）和地涌金莲属（*Musella*）（李霖锋，2010）。广义的香蕉包括香蕉（banana）和大蕉（plantain）两大类。几乎所有食用蕉都是由原始野生尖叶蕉（*Musa acuminate*）和长梗蕉（*Musa balbisiana*）自交或杂交后代进化而成的。1955 年，Simmonds 和 Shepherd 建立了以两个野生种与栽培种遗传组合的亲缘关系得到的分值进行分类的方法。将尖叶蕉的染色体组记为 A（AA），长梗蕉的染色体组记为 B（BB）。鲜食香蕉大多为三倍体 AAA，即它们的染色体都来自尖叶蕉，是尖叶蕉自交或体细胞突变的后代。栽培香蕉类型主要是三倍体（AAA、AAB 和 ABB），它们的染色体来自尖叶蕉和长梗蕉，具有高度不育性。除三倍体以外，还有二倍体 AA、AB 和四倍体 AAAA、BBBB，但种类稀少（陈源，2007）。

香蕉起源于东南亚及西太平洋地区，包括中国、巴布亚新几内亚、马来西亚和菲律宾等国家，后来由南太平洋各岛屿经马来半岛传到印度，经印度等地又传到非洲，最后经过地中海，由葡萄牙和西班牙的航海者带进了美洲（Lejju et al.，2006）。非洲的中西部低洼湿地是大蕉多样性分布中心（Swennen and Rosales，1994），同时东非高原地带是东非高原煮食蕉（East African highland cooking banana）和啤酒蕉（beer banana）的生物多样性分布中心（Simmonds and Shepherd，1955）。大蕉被认为来源于母本 *M. acuminate* ssp. *banksii* 和父本 *M. balbisiana* 的杂交（Carreel et al.，2002）。香蕉主要生长在热带和亚热带地区，FAO 数据库统计结果显示，亚洲、美洲、非洲、大洋洲、欧洲等区域大约 136 个国家和地区种植香蕉（胡小婵，2010），其中印度、中国、菲律宾、巴西、厄瓜多尔、印度尼西亚是主要的香蕉生产国（邱优辉等，2011）。我国是香蕉的起源地之一，位于起源中心的北缘，全世界将近 1/4 的野生香蕉种质在我国南部地区有分布。在云南一带存在着尖叶蕉和长梗蕉的野生原始种（李锡文，1978）。

香蕉为多年生常绿大型草本单子叶植物，具有多年生的地下茎，无主根，地下茎为一粗大球茎，根、叶、花及繁殖用的吸芽均由此长出（Guylene et al.，2009）。最初中央圆柱组织上的顶芽萌发，不断抽生叶片，叶柄上伸，叶鞘紧结为假茎，假茎下面形成球茎，每片叶鞘基部有一潜伏芽能长成吸芽，吸芽同母体球茎组成蕉丛。香蕉植株生长发育到一定阶段，假茎生长点停止抽叶而进行生殖分化，抽出穗状花序。香蕉的果实可分为两类，野生蕉果实有籽，需经授粉；栽培种多为三倍体，不需授粉而受精，单性结实。一串果穗有果 4 ～ 18 梳，每梳有果指 7 ～ 35 个单果，单果的大小由上逐渐变小，蕉果自开花到收获需 65 ～ 170d，但高温季节 60 ～ 90d 可收获，低温季节则需 120d 以上（刘歌，2003）。香蕉采收期不同于其他水果由果皮颜色来决定，而主要是靠果指的饱满度来决定（杨小亮，2004）。

香蕉在热带国家是继水稻、玉米和小麦之后的第四大粮食作物，也是全世界最受欢迎的第二大水果（Davey et al.，2009）。香蕉营养价值极高，低脂肪、低胆固醇、低盐、高蛋白质和高碳水化合物，果肉中含有人体所需的大部分营养元素，大部分营养元素含量远高于其他水果（吴雪辉，1996；王光亚，2002），果肉含有近 20% 糖类，属高热量水果，每 100g 果肉的热量达 378J，含糖 20g、蛋白质 1.2g、脂肪 0.6g；此外还含多种无机盐、微量元素和维生素（Guylene et al.，2009）。其中维生素 A 能促进人体生长，增强抵抗力，为维持正常生殖力和视力所必需；维生素 B_1（硫胺素）能抗脚气病，促进食欲和助消化，保护神经系统；维生素 B_2（核黄素）能促进人体正常生长和发育（胡永华，2004）。

2012 年全球香蕉种植面积已接近 500 万 hm^2，其产量已达到 1 亿多吨。其交易量位居世界农产品贸易第 5 位，是重要的农产品和经济作物。目前，全球有 130 多个国家种植香蕉，年均产量约为 14 500 万 t，创造出约 440 亿美元的经济价值（Ordonez et al.，2015）。我国是全球第三大香蕉生产国，仅次于印度和巴西，我国香蕉产量位列水果产量第 4 位，仅次于苹果、柑橘和梨。香蕉种植区主要分布在广东、广西、福建、海南、云南等地，贵州、四川、重庆等地也有小部分地区可以进行少量栽培（吴剑飞和王海民，2013）。例如，2014 年的香蕉总产量达 1207.52 万 t，其中广东为 420.29 万 t、广西为 247.70 万 t、云南为 240.50 万 t、海南为 202.75 万 t、福建为 91.51 万 t（张放，2014）。香蕉作为我国的一种重要水果，为我国国民经济的发展做出了重要贡献，已成为华南地区农业结构调整中实现农民增收的主要高效益经济作物。

15.1.4 甘蔗

甘蔗（*Saccharum officinarum*）为甘蔗属多年生高大实心草本。根状茎粗壮发达，秆高 3 ～ 5m。中国台湾、福建、广东、海南、广西、四川、云南等南方热带地区广泛种植。甘蔗适合栽种于土壤肥沃、阳光充足、冬夏温差大的地方。

甘蔗是最重要的糖料作物之一，蔗糖产量占世界食糖总产量 90% 以上，占我国食糖总产 70% 以上。甘蔗还因具有高生物量和高纤维含量特点而成为最重要的可再生能源作物之一。甘蔗是温带和热带农作物，是制造蔗糖的原料，且可提炼乙醇作为能源替代品。全世界有 100 多个国家生产甘蔗，较大的甘蔗生产国是巴西、印度和中国。甘蔗含有丰富的糖分、水分，还含有对人体新陈代谢非常有益的各种维生素、脂肪、蛋白质、有机酸、钙、铁等物质，主要用于制糖，表皮一般为紫色和绿色两种常见颜色，也有红色和褐色的，但比较少见。

15.1.5 其他热带作物

中国热带作物产量与收获面积均位居全球前 10，是全球重要的热带作物生产国，但其多数作物的单产水平相对较低，与全球高产水平均有一定的差距。热带农业科技最早是从英国、法国等发达国家开始起步的，并陆续成立了多个国际研究组织、区域研究组织及研究机构，开展了卓有成效的研究；各国也都成立了相应的热带农业科研机构，热带农业科技水平快速提高，推动了热带农业不断发展。中国的热带农业科技起步较晚，但发展迅速，目前在多个领域领先于其他国家。除了上述 4 种主要热带作物，杧果、荔枝、椰子、咖啡树等作物基因组测序获得明显进展，在基因组和蛋白质组学的研究基础加上分子设计育种技术的进步，将促进热带农业突破性品种的产生与智能品种的培育。

15.2 主要热带作物基因组研究进展

15.2.1 巴西橡胶树和橡胶草基因组

巴西橡胶树基因组计划一直在中国、马来西亚和日本同时推进中，但受经费、技术等限制起步较晚，相对于模式植物基因组测序，进展较为缓慢。2013 年，马来西亚科学家

Rahman 等（2013）率先公布了巴西橡胶树基因组草图，认为橡胶树基因组大小为 2.15Gb，测定了其中大约 78% 的 DNA 序列，发现共有 68 955 个基因，很多关键基因参与了橡胶生物合成、木质部生成、抗病应答和过敏应答反应等生物学过程。

随后，在 2016 年，来自中国热带农业科学院橡胶研究所的一个研究小组（Tang et al.，2016）和日本、马来西亚的研究小组（Lau et al.，2016），几乎同时发布了更新版的橡胶树基因组草图。其中，中国热带农业科学院橡胶研究所（简称橡胶所）和中国科学院北京基因组研究所（简称基因组所）的研究人员，在 *Nature Plants* 上发表了质量更高的橡胶树参考基因组，并分析了橡胶树物种进化和乙烯刺激产胶的新关系（Tang et al.，2016）。科研人员经过 5 年多的联合攻关，成功构建了一个高质量的橡胶基因组草图（图 15-2），获得了我国自主培育

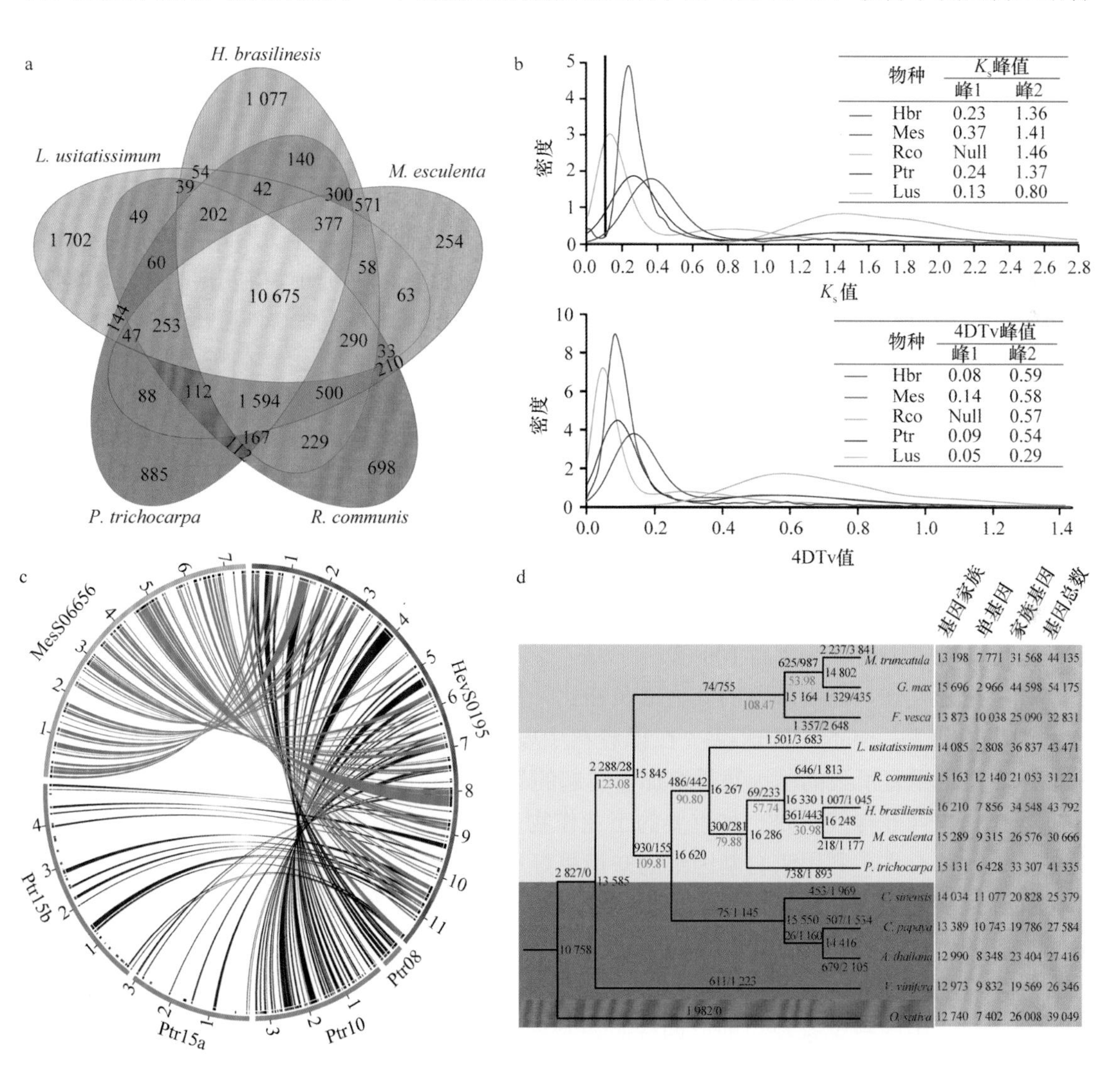

图 15-2　在 *Nature Plants* 上公布的巴西橡胶树基因组测序结果（Tang et al.，2016）

a. 韦恩图显示的是 5 种大戟科植物基因组共有基因；b. 展示的是这 5 种大戟科植物的垂直同源基因密度分析结果；c. 展示的是橡胶树基因组中 scaffold0195 区域基因与其他两种植物基因组共线性关系；d. 展示的是 13 种植物的进化树。*H. brasilinesis*，Hbr：巴西橡胶树（*Hevea brasilinesis*）；*M. esculenta*，Mes：木薯（*Manihot esculenta*）；*R. communis*，Rco：蓖麻（*Ricinus communis*）；*P. trichocarpa*，Ptr：毛果杨（*Populus trichocarpa*）；*L. usitatissimum*，Lus：亚麻（*Linum usitatissimum*）；*M. truncatula*：蒺藜苜蓿（*Medicago truncatula*）；*G. max*：大豆（*Glycine max*）；*F. vesca*：二倍体草莓（*Fragaria vesca*）；*C. sinensis*：茶树（*Camellia sinensis*）；*C. papaya*：番木瓜（*Carica papaya*）；*A. thaliana*：拟南芥（*Arabidopsis thaliana*）；*V. vinifera*：葡萄（*Vitis vinifera*）

的主推橡胶品种‘热研 7-33-97’的高质量基因组，拼接序列 1.37Gb（scaffold N50=1.3Mb），覆盖基因组的 94%、基因区的 98%，预测了 43 792 个蛋白质编码基因。分析基因组数据发现，橡胶树橡胶延伸因子（rubber elongation factor，REF）/ 小橡胶粒子蛋白质（small rubber particle protein，SRPP）基因家族的显著扩增及乳管细胞的特异性功能分化同乳管中大橡胶粒子的发生、橡胶高产性状密切相关，可能是橡胶树抗虫机制的重要组成部分，是橡胶树在物种进化中的重要推动力；乳管内源乙烯的合成能力很低且不受乙烯刺激诱导，但存在活跃的乙烯信号应答与传递通路，从源头上阐述了乙烯刺激橡胶增产的原因。相关研究结果将极大地推动产胶植物的产胶生物学研究，为橡胶树优异种质的发掘利用、高产优质、抗逆遗传改良奠定了良好基础。

日本理化研究所（RIKEN）可持续资源科学中心（CSRS）的研究人员与马来西亚理科大学（USM）的研究人员一起，也成功破解了巴西橡胶树基因组序列。这项研究发表在 *Scientific Reports* 上，报道了橡胶树的基因组序列草图，覆盖了超过 93% 的表达基因，并找到了橡胶生物合成的特异性基因组区域（Lau et al.，2016）。在橡胶树基因组测序完成后，Pootakham 等（2017）对橡胶树基因组进行了重测序，并将新的橡胶树基因组与大戟科中其他植物的基因组进行了比较，如木薯和蓖麻子，并发现它们共享一个大型的基因集群，超过 12 000 个，几乎 2000 个基因家族对于橡胶树是特有的。通过对高抗病性橡胶树品种‘BPM24’基因组进行测序，发现其基因大小为 1.26Gb（scaffold N50=96.8kb），GC 含量为 34.31%。

RIKEN CSRS 的 Matsui 和 USM 的 Chong 带领的团队，着手测定和分析巴西橡胶树的基因组序列。项目的第一执行人 Nyok Sean Lau 解释道：“基因组信息可以揭示哪些基因影响橡胶树胶乳的高生产能力，这反过来将帮助我们培育高产的橡胶树品种”。该研究小组寻找与橡胶本身和抗病性相关的基因，这两种因素都影响橡胶的生产。他们发现，组成橡胶的两个最丰富的蛋白质——橡胶延伸因子和小橡胶粒子，被大量基因编码，这些基因聚集在基因组的一个小区域内。而其他热带植物也在某种程度上表达这些蛋白质。利用基因表达加帽分析（CAGE）——RIKEN 开发的一种方法，发现这些蛋白质的表达是组织特异性的，在乳胶中的表达量比在叶子中的表达量高 100 倍。

该小组还发现，与大戟科的其他成员相比，橡胶树有更多的抗病相关基因，这些基因也在基因组内集群。Matsui 推理说：“在橡胶树中发现的高乳胶生产，可能是由这些基因的协调表达、基因重复所致的基因数量增加而引起的”。Chong 指出“这一发现将有助于改善乳胶生产，在马来西亚橡胶树是一种重要的工业作物。对于 USM，我们希望继续与 RIKEN 及相关的工业伙伴合作，利用来自基因组的知识更好地生产橡胶”。在获得橡胶树的基因组之后，Matsui 计划将其用于其他研究。除了橡胶量，还准备通过修改合成途径并在微生物或绿藻中进行橡胶的生物生产来改善橡胶的质量。

与其他 3 个橡胶树基因组（Rahman et al.，2013；Lau et al.，2016；Pootakham et al.，2017）相比，中国科学家获得的巴西橡胶树基因组（Tang et al.，2016），拼接质量和序列完整性最好。印度橡胶研究所的橡胶树育种和生理学家 Priyadarshan 教授对不同橡胶树基因组版本进行了比较（Priyadarshan，2017），认为“来自中国热带农业科学院团队的橡胶树基因组是迄今为止最全面的”。这也从侧面证明，中国科学家在巴西橡胶树基因组研究领域走在了国际前列。

2019 年底，高立志研究团队在完成了二代基因组测序与组装的基础上，进一步克服了橡胶树基因组庞大、高杂合与高重复等困难，利用单分子实时测序（SMRT）和 Hi-C 染色体构象捕获技术，在国际上首次获得了达到染色体级别的高质量巴西橡胶树优良品种参考基因组序列（Liu et al.，2019）。与以前发表的基因组草图进行比较基因组学分析表明，该研究获得的基因组图谱在组装准确性与完整性上都得到了极大的提升；将组装获得的约 1.47Gb 的基因组序列挂载到了 18 条染色体上，共计约 4.42 万个基因。该研究进一步证实，在木薯属与橡胶属分化前二者共同的祖先发生过古多倍化事件；通过染色体水平上的比较基因组学分析首次构建了大戟科植物的染色体演化模型；通过对该高质量的橡胶树参考基因组序列分析发现，在与木薯分化之后，橡胶树基因组在最近的 1000 万年有 3 个 LTR 反转录转座子家族发生了快速暴发，使得橡胶树基因组增大了 890Mb；该研究鉴定到与整个胶乳生物合成相关的基因家族并解析了胶乳生物合成途径及重要基因的表达式样，发现与基础代谢过程、乙烯生物合成、乳胶停排相关的多糖和糖蛋白凝集素活动相关基因显著扩张；该研究最后还构建了第一张代表性野生和栽培橡胶树的基因组变异精准图谱，获得约 1570 万个高质量的 SNP。尽管橡胶树仅有一个多世纪的驯化历史，但该研究鉴定到数百个与驯化相关的候选基因，它们在栽培橡胶树中比野生橡胶树具有显著更低的基因组多样性，其中有些基因与胶乳的生物合成密切相关。巴西橡胶树这一重要参考基因组的获得、胶乳生物合成代谢通路的解析、栽培和野生橡胶树基因组变异精准图谱的构建，以及关于栽培橡胶树驯化的认识，对于我国未来橡胶优异种质资源的保护、发掘与育种利用具有重要的战略意义。

虽然巴西橡胶树生产的天然橡胶用途广泛，但橡胶树在生长特性上具有诸多缺点，除生长地域狭窄、可种植面积有限、生产周期长（5 ～ 8 年开割采收胶乳）、采收耗时耗力、缺乏生物与地理多样性，且近几年受南美洲叶枯病的潜在威胁以外，还受一些政治不稳定和经济波动因素影响，常常引起橡胶树种植面积显著减少，导致全世界天然橡胶进口出现问题，不得不寻找替代作物。我国天然橡胶的市场及需求量呈增长趋势，成为全球消费天然橡胶量最高的国家，但大部分依赖进口。所以我国科研人员在努力提高橡胶树产量的同时，还致力于寻找巴西橡胶树的替代产胶作物，以缓解当前我国对进口天然橡胶的依赖。在近几十年里，人们通过在近万种植物中大量筛选试种，最终筛选出产胶物种俄罗斯蒲公英（*Taraxacum kok-saghyz*），又称橡胶草，它是草本植物，其根部橡胶与巴西橡胶树所含的天然橡胶结构和性能类似。橡胶草可在贫瘠和高纬度寒冷地域生长，极具大规模商业化种植的价值。研究者在前期的研究中，对这种产胶植物进行分子育种和小范围的试种，获得了一些系统性经验，并试图将橡胶草作为潜在产胶作物来进行产业化生产，进一步大力发展多元化天然橡胶产业。

2017 年，橡胶草基因组测序工作由中国科学家率先完成，橡胶草基因组草图已经组装完成并首次正式对外公布。橡胶草基因组草图显示，橡胶草基因组大小为 1.29Gb，预测含有 4.6 万多个基因（Lin et al.，2018）。深入分析橡胶草基因组数据，确实可以发现一些与自交衰退相关的可能候选区域，证实了橡胶草自交不亲和性的遗传物质基础。橡胶草基因组草图的公布，将大大降低克隆橡胶生物合成关键基因的难度，加速推进基于基因组信息的农艺性状关联分析，提升转基因技术和基因编辑技术，加强橡胶草分子育种的能力，加速橡胶草品种遗传改良和天然橡胶生物合成的分子机制研究进程，使橡胶草基础研究从基因组时代跨入后基因组时代，这个转变必将加快橡胶草向潜在替代产胶作物的转变，推动中国天然橡胶产业多元化发展步伐。

15.2.2　木薯基因组

美国的木薯基因组计划于 2003 年由热带农业生物学国际实验室（International Laboratory

for Tropical Agriculture Biology，ILTAB）和热带农业国际中心（International Center for Tropical Agriculture，CIAT）共同发起并成立了21世纪全球木薯合作团队（GCP-21），但在后续的几年中，使用鸟枪法测序，仅仅测序获得了一些约700bp的片段序列。2009年罗氏454技术的使用，加快了测序数据的获得，在几个月的拼装注释分析后，2009年11月，全世界第一份木薯AM560-2的草图基因组数据公开释放。随后开展了AM560-2基因组的深度测序组装和精细注释工作。

“十一五”初期，中国热带农业科学院在全球组建了木薯基因组学与生物技术研究团队，实施了木薯全基因测序，用了1年多时间，完成了木薯推广品种‘Ku50’（高淀粉）、‘W14’（野生祖先种）和‘CAS36’（糖木薯）3个木薯品种的基因组深度测试，同时采用Solexa、454和BAC混拼策略完成基因组数据组装。2014年，海南省首个973计划项目“重要热带作物木薯品种改良的基础研究”完成，来自中国热带农业科学院、中国科学院、华盛顿大学等10多家机构的研究人员，成功绘制出木薯（cassava）的基因组序列草图。研究结果发表在*Nature Communications*上（Wang et al.，2014）。研究人员提供了木薯野生祖先种‘W14’和栽培种‘Ku50’（高淀粉）的基因组序列草图，并与部分近交系进行了比较分析。他们分别鉴别出了野生和循环品种特异性的1584个、1678个基因模型，发现了高度杂合现象、数百万的单核苷酸变异。分析结果揭示，在栽培种中一些与光合作用、淀粉积累和非生物逆境有关的基因经受了正向选择压力，而与细胞壁生物合成、次级代谢，包括生氰糖苷（cyanogenic glucoside）形成相关的基因则经受了负向选择，反映出自然选择和驯化的结果。一些microRNA基因和反转录转座子调控的差异可以部分解释驯化木薯中碳通量增高、淀粉累积及生氰糖苷累积下降等现象。该研究首次揭示了栽培木薯高光效、光合产物运输及淀粉高效积累途径基因的进化特征，这为今后通过分子定向设计育种培育出“超级木薯”奠定了基础。

2016年，AM560-2的精细图和注释结果发表在*Nature Biotechnology*上（Bredeson et al.，2016），注释了31 881个基因和43 286个编码蛋白质。相关基因的位置已锚定在18条染色体。此后，大量基因家族的全基因组扫描和进化分析工作都以此为参考数据，相关研究结果陆续发表。

15.2.3 香蕉基因组

香蕉是芭蕉科芭蕉属重要的草本单子叶植物，是世界第四大粮食作物，也是全球鲜果交易量最大的水果。芭蕉属真蕉组*M. acuminate*（A基因组）和*M. balbisiana*（B基因组）的种内或种间杂交，形成了现代丰富多样的可食香蕉类型。基因组类型包括二倍体（AA、BB、AB），三倍体（AAA、AAB、ABB），四倍体（AAAA、AAAB、AABB、ABBB）。*Musa*的核基因组大小为552～697Mb，而且A基因组比B基因组大，B基因组比A基因组小12%（Jaroslav，2004）。香蕉的二倍体基因组小，为500～600Mb，仅为水稻的1/4，分布于11条染色体上（Barto and Alkhimov，2005）。香蕉基因组大小为500～600Mb，大约为拟南芥的5倍（Gewolb，2001）。相对较小的基因组，使得运用高通量技术完成其序列分析及功能鉴定成为可能。

在2001年7月17～19日召开的美国国家科学基金会议上，来自美洲、欧洲和澳大利亚等11个国家的科学家成立了全球香蕉基因组联盟（Global *Musa* Genomics Consortium，GMGC），同时宣布他们将合作对香蕉的基因组进行测序，用香蕉作为一种模式植物来开展比较基因组学研究和功能基因挖掘，以培育香蕉新品种为最终目的。后来，联盟成员增加至 24 个国家的 40 个研究所（刘菊华等，2012）。

2004 年，比利时科学家首次对香蕉基因组的构成进行了报道。他们获得了一个全长 82 723bp、GC 含量为 38.2% 的 BAC 克隆（MuH9），共编码 12 个功能蛋白，基因密度为 1/6.9kb，该结果比已经报道的拟南芥稍小，但是和水稻相近。他们测得的第二个 BAC 克隆（MuG9）全长 73 268bp，GC 含量为 38.5%，只发现 7 个拟编码基因，基因密度为 1/10.5kb，比第一个 BAC 克隆低很多。这样的基因组成与禾本科作物的基因序列相似（Aert et al.，2004）。同年，捷克的实验生物学研究所报道了香蕉 B 基因组“Pisang Klutuk Wulung”BAC 库的构成和鉴定结果。这个 B 基因组的 BAC 库由两个亚库组成，分别有 24 960 个和 11 904 个克隆，首次证明引起香蕉条纹病的副反转录病毒整合在 B 基因组上。

2007 年，美国的 Cheung 和 Town 对 6252 个 BAC 克隆的末端进行了测序，共 4 420 944bp，GC 含量为 47%，共发现了 352 个 SSR 分子标记。序列分析结果揭示，线粒体和叶绿体基因占 2.6%、转座子和重复序列占 36%、蛋白质占 11%，很多序列与水稻和拟南芥的基因组序列高度同源（Cheung and Town，2007）。2009 年 9 月 8 日，全球香蕉基因组联盟中的法国国家基因测序中心 Genoscope 和法国发展中国家农业研究中心 CIRAD 正式开始了香蕉全基因组测序工作，耗资 370 万欧元，由 ANR（基因组计划）、法国 Genoscope 和 CIRAD 共同出资。整个基因组测序在 Genoscope 的实验室进行，已经完成了 23 060 个来自 A 基因组“DH-Pahang”的 BAC 末端测序；完成了 3100 个来自 A 基因组“Calcutta 4”和 B 基因组“PKW”的 BAC 末端测序；完成了 64 个选择性标记的 BAC 克隆，它们分别来自 A 基因组的“Calcutta 4”和“Grande naine”、B 基因组的“PKW”。

2010 年，捷克的实验生物学研究所采用低度的 454 测序仪对香蕉基因组的重复序列首次进行了全面的鉴定，分析了约 100Mb 的序列数据，占基因组的 30%。结果表明，Ty1/copia 型重复序列和 Ty3/gypsy 型重复序列分别占基因组的 16% 和 7%，DNA 转座子很少，发现了两个新的卫星重复序列和有用的细胞质遗传标记，建立了香蕉特异的基因组重复序列数据库，并用于香蕉基因组序列的注释。

2012 年，D'Hont 等对一个被称为‘DH-Pahang’的香蕉品种进行基因组测序，共产生 2750 万条的 Roche/454 单一序列和 210 万条的 Sanger 序列。获得了覆盖深度 20.5× 的香蕉双倍体基因型大约 523Mb 的基因组草图，同时采用 50×Illumina 数据进行序列校正。组装了总长 472.2Mb 的 14 425 个 contig（重叠群）和 7513 个 scaffold（conting 拼接序列）的数据，大约占 DH-Pahang 全基因大小的 90%。同时他们鉴别了 36 542 个蛋白质编码基因、37 个家族的 235 个 microRNA，其中包括目前仅在禾本科作物中发现的 1 个蛋白质编码基因和 8 个家族的 microRNA 基因。完成了高抗 Foc4 的双单倍体 Pahang（AA）的全基因组测序，大小为 523Mb，这是除禾本科外完成的首个具有高度连续性的单子叶植物的全基因组测序，测序结果揭示了在香蕉中存在新的全基因组复制事件，同样，这个参考基因组序列也推动了香蕉遗传学的发展，该报道最终发表在 *Nature* 上（D'Hont et al.，2012）。

自从香蕉 A 基因组完成测序后，Wu 等（2016）完成了云南野生蕉（*Musa itinerans*）的基因组测序工作；同样，中国热带农业科学院热带生物技术研究所的金志强团队也完成了香蕉 B 基因组（PKW-DH）的测序，以及 AA、BB、AAA 和 ABB 重测序工作，在全基因组层面比较了 B 和 A 基因组的遗传特质，揭示了 B 基因组在香蕉抗逆、抗病及果实品质形成中的贡献，为深入阐述香蕉遗传分子机制提供了依据（Wu et al.，2016）。

2019 年 7 月 15 日，*Nature Plants* 发表了由中国热带农业科学院热带生物技术研究所金志强研究员牵头完成的题为 *Musa balbisiana* genome reveals subgenome evolution and functional divergence 的研究论文（Wang et al.，2019b）。该研究绘制了双单倍体香蕉野生种 Pisang Klutuk Wulung 的精细基因组图谱，对 9 份香蕉种质材料进行了重测序，并对 44 份香蕉样品进行了转录组测序，研究结果为香蕉基因组进化及功能分化提供了新的见解。该研究利用 PacBio 单分子测序和 Hi-C 技术绘制了双单倍体香蕉野生种 Pisang Klutuk Wulung（B 基因组，$2n=2x=22$）基因组精细图谱。结果表明，香蕉 B 基因组大小为 492Mb，含有 35 148 个蛋白质编码基因。其中，430Mb 基因组序列被定位到 11 条染色体上。Contig N50 和 Scaffold N50 分别达到 1.83Mb 和 5.05Mb。比较基因组分析表明，A、B 基因组的近期分化发生在全基因组复制之后。与 A 基因组比较，B 基因组的二倍化进程更敏感。重测序分析表明，多倍体香蕉 A、B 亚基因组之间频繁发生了同源交换与重组。整合基因组、重测序、转录组数据揭示了三倍体粉蕉偏向于表达 B 亚基因组，其中乙烯生物合成和淀粉代谢途径基因显著扩增，并且偏向于表达 B 亚基因组，从而增强了乙烯生物合成和淀粉代谢水平，极大地加快了粉蕉的采后成熟过程。

15.2.4 甘蔗基因组

甘蔗是全球第五大农作物，是世界上最重要的糖和生物燃料原料之一。目前，全世界有 90 多个国家生产甘蔗，种植面积达 2600 万 hm^2。现在主栽甘蔗（*Saccharum* spp.，Poaceae）主要为多倍体种间杂交种，其兼具 *S. officinarum* 高含糖量和 *S. spontaneum* 高抗性的特征。近 10 年来，许多国家都在积极开展甘蔗基因组研究，但由于甘蔗是基因组最为复杂的作物之一，又受到多倍体和同源异源杂交等因素限制，均未获得突破性进展。

2018 年 10 月 8 日，福建农林大学基因组与生物技术研究中心明瑞光课题组首次完成了同源多倍体甘蔗基因组密码破译，该研究成果 Allele-defined genome of the autopolyploid sugarcane *Saccharum spontaneum* L. 刊登于 *Nature Genetics*（Zhang et al.，2018）。利用二代 BAC 文库测序、三代 PacBio 测序及 Hi-C 研究技术，科学家成功地将甘蔗基因组组装到染色体水平，进而对同源四倍体甘蔗 AP85-441 的多倍化、等位基因的优势表达及 C_4 途径、抗病性等进行了研究。由于栽培甘蔗具有极其复杂的基因组，该研究优先对栽培甘蔗的单倍型个体 *S. spontaneum* cv. ‘AP85-441’（$1n=4x=32$）进行基因组从头测序研究，该参考基因组为甘蔗育种者和研究人员提供了大量的基因组数据，可用于挖掘历史杂交品种染色体重排过程中的抗病性和其他等位基因，并在繁殖群体中继续追踪，以缩短甘蔗 13 年的繁殖周期。该研究成果的推广应用，将使对甘蔗实施分子育种策略成为可能，对全球甘蔗的遗传改良具有重要贡献。

组装获得高质量的同源多倍体甘蔗基因组后，进一步研究发现了甘蔗（*Saccharum spontaneum*）染色体由高粱演变进化过程中经历了染色体断裂与融合后，发生了两次全基因组加倍（WGD）事件（图 15-3）；对甘蔗基因组的多倍化研究发现，两次全基因组复制事件的发生，导致了甘蔗染色体的自发加倍过程；对同源多倍体甘蔗的特异性等位基因鉴定为该研究的另一亮点，在鉴定等位基因的同时，进一步分析研究了等位基因的表达模式，结果发现不同单倍型表达模式相似，并无明显差异；在对甘蔗 C_4 途径光合作用的研究中鉴定了 24 个基因，7 种关键酶参与 NADP-MEC4 途径；在甘蔗蔗糖积累的研究中发现与高粱相比，甘蔗中的液泡膜糖转运蛋白发生了基因家族扩张，参与了蔗糖在液泡中的积累；

S. spontaneum 为现代栽培甘蔗提供了抗病性基因，在对其研究中发现，甘蔗中 80% 的 NBS 编码基因位于 4 条重排染色体（Ss02、Ss05、Ss06 和 Ss07）上，其中 51% 位于重排区域。通过对 64 份甘蔗（*Saccharum spontaneum*）群体材料遗传多样性研究，发现其具有广泛的自然分布范围，遍及亚洲、印度次大陆、地中海和非洲，且自然种群具有广泛的表型、遗传和倍性水平多样性。

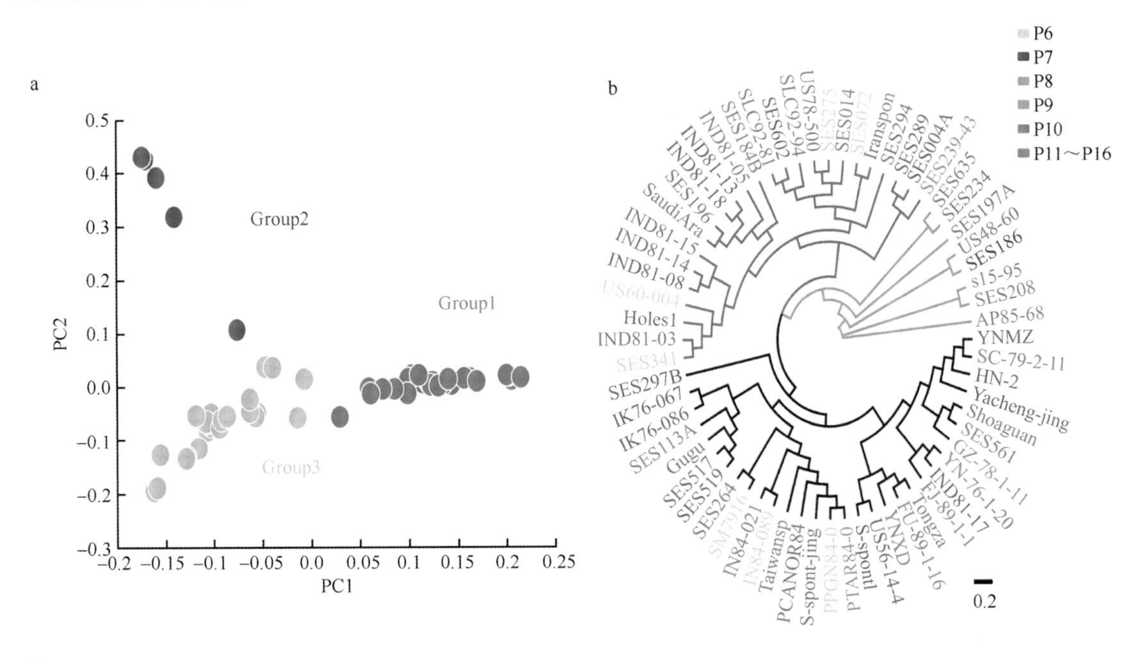

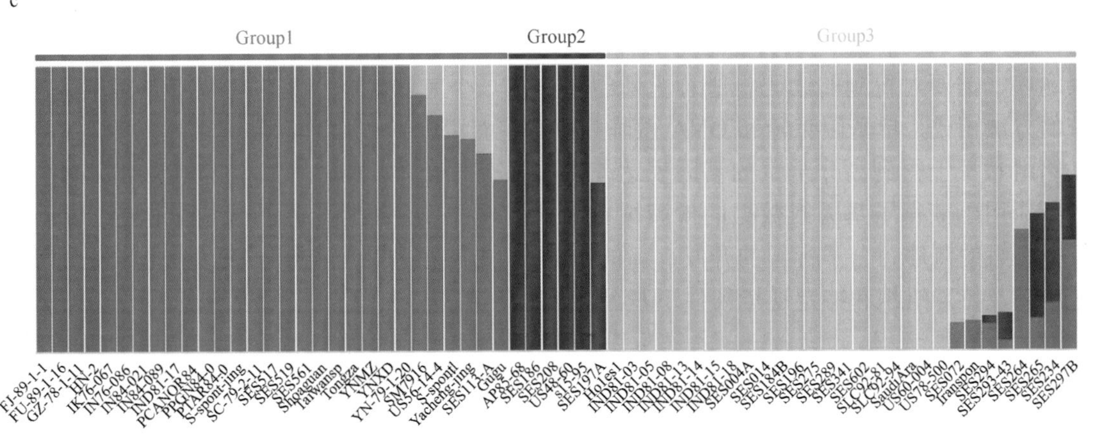

图 15-3　64 份甘蔗的群体结构与进化关系分析（Zhang et al.，2018）

15.2.5　其他热带作物基因组

除了上述主要的作物，热带作物还有油料作物（油棕、椰子、腰果），香料作物（胡椒、香茅、香根、罗勒），纤维作物、饮料作物（咖啡、可可），药材和热带水果如荔枝、龙眼、菠萝、杧果、油梨、番瓜、番石榴等。

菠萝是重要的热带水果和观赏植物，起源于南美洲，目前全球有 88 个国家和地区种植，海峡两岸地区是我国菠萝的主产区，我国菠萝年产值约占全球总产值的 1/6（Chen et al.，2019）。菠萝受自交不亲和的影响，主要进行无性繁殖。对于无性繁殖作物的驯化，有假说认为是“一步到位”过程，即被驯化的作物与它的野生祖先之间只相隔一代，或少数几代，一旦一个品种被选定，选择的过程也就完成。有性生殖对菠萝的驯化过程是否有影响，还不清楚。2019 年，*Nature Genetics* 以封面文章发表了题为 The bracteatus pineapple genome and domestication of clonally propagated crops 的研究论文（Chen et al.，2019），报道了该研究团队在高质量菠萝基因组与菠萝无性繁殖驯化机制研究方面所取得的突破性进展。

以第二代高通量测序技术作为平台的转录组测序技术（RNA-Seq）已经成为分析基因表达模式最全面、最精确的技术手段之一。转录组测序技术与其他测序技术相比，具有很高的技术重复性和伸缩性，从而提高了测序数据的精确度，使数据更有代表性、更加可靠。转录组测序利用大规模测序技术直接对 cDNA 序列进行测序，产生数以千万计的读码框（read），从而使得一段特殊基因组区域的转录水平可直接通过比对到该基因组区域的读码框数来衡量，转录组测序技术被认为是一种在转录水平上更为精确的测定分析方法，在转录组学中的应用具有革命性意义。相关测序技术已经在动植物研究领域中得到了极为广泛的应用，与基因芯片技术相比，转录组测序技术可以在很大一个动态范围内准确地反映基因表达的情况，且不需要设计探针就能实现转录片段在全转录本范围内的单碱基分辨率检测，同时可实现转录片段的量化，尤其适用于无参考基因组的物种，具有通量高、信噪比高、分辨率高、灵敏度高、重复性好、应用范围广等优势。同时，不需要经过克隆过程，样品用量少等，已逐渐取代基因芯片技术成为转录组研究的主要手段。

根据是否有参考基因组的存在，转录组测序技术可分为有参转录组和无参转录组测序技术。已完成全基因组测序的物种，转录组测序结果可直接与参考基因组进行比对。有参考基因组的转录组测序可进行基因表达量的分析，从而找出物种在时序性变化或者空间特异性变化基因表达差异，甚至可以获得在不同诱导条件下植物的基因表达差异。对未完成基因组测序的物种进行转录组测序是研究其基因组最直接的方法。无参考基因组的称为从头测序，需要对得到的读码框进行重新组装形成一个完整的基因集作为参考基因组。与传统的方法相比，单基因克隆和 DNA 微阵列等产生有限的遗传信息，而转录组测序是在整个基因组水平上得到高分辨率的基因表达差异的强有力工具。第二代高通量转录组测序技术已经应用于获得了基因组数据的橡胶树、木薯、香蕉等组织特异性转录组数据的分析，以及基因组的测序、分子标记的开发、新的小 RNA 的鉴定和特定基因与基因家族的生物学鉴定，以及特殊组织和特定逆境条件下基因表达的研究。

15.3 热带作物蛋白质组主要实验技术体系

随着基因组研究的快速发展，蛋白质组研究进展迅速，相关研究技术已经成熟，广泛应用于医学和生物学研究的各个领域。蛋白质组学是识别分析单细胞或组织中所有蛋白质的学科，是在蛋白质 / 肽分离、定量同位素标记、质谱分析和生物信息学分析等现代科学技术的推动下发展起来的，包括细胞定位、蛋白质表达水平、蛋白质相互作用、氨基酸翻译后修饰等内容，为研究植物蛋白质组成及功能创造了条件。

15.3.1 植物蛋白提取主要技术

植物的种类和组织千差万别，适用的蛋白质提取方法也不尽相同（Shaw and Riederer，2003；Canovas et al.，2004）。在植物中，有几种被广泛采用的蛋白质提取方法（Kim et al.，

2005；Chen and Harmon，2006），最常用的是 TCA-丙酮沉淀法（Giavalisco et al.，2003；Islam et al.，2004）。该方法最初由 Damerval 等（1986）用于提取小麦幼苗的蛋白质。TCA-丙酮沉淀法在盐胁迫蛋白样品制备过程中被广泛应用，超过 60% 的相关研究中采用了 TCA 沉淀、丙酮沉淀或者 TCA-丙酮沉淀的方法制备样品。但是，该方法对多糖等物质的去除效果并不太理想。Wang 等（2007a）设计了一种高效的植物蛋白提取方法，获得了很好的双向电泳结果，并将这种蛋白质提取技术应用在盐生植物盐角草（Wang et al.，2009）和盐芥（Wang et al.，2013a）耐盐比较蛋白质组研究中，取得了很好的研究成果，引起了同行的重视，之后被广泛用于植物蛋白质组研究中。另外，他们还优化了一种植物叶绿体蛋白质提取技术（Fan et al.，2009，2011），并发现高温变性是严重影响热带地区开展 2-DE 的关键因素（Wang et al.，2011）。通过系统研究考马斯亮蓝染色技术，优化改进了一种 G250 染色方法（Wang et al.，2012）。这些成果为深入开展植物蛋白质组学研究提供了强有力的技术基础。

植物蛋白质常用的提取方法是酚抽提法（Phe），由 Hurkman 和 Tanaka 在 1986 年最先用于提取植物的膜蛋白，后经不断优化和改进，被广泛用在植物蛋白质组学研究中（Chen and Harmon，2006；Faurobert et al.，2007）。酚抽提法的主要特点是将蛋白质溶解在酚相（Hurkman and Tanaka，1986；Wang et al.，2003），可以有效去除脂类、多糖等杂质。然而，该方法同样无法解决蛋白质干粉难以完全重新溶解的问题，且样品制备过程复杂。人们通过对酚抽提法的不断改进，使这种方法适合植物的 2-DE 和质谱研究，可以从一些顽拗性植物组织中提取适于蛋白质组学研究的蛋白质，主要包括橄榄叶片（Wang et al.，2003）、棉花纤维（Yao et al.，2006）、成熟的葡萄浆果（Vincent et al.，2006）和马铃薯苗（Carpentier et al.，2005）。

15.3.2　热带作物蛋白提取技术改进和优化

热带作物材料通常含较多的酚、多糖等干扰物质，因此对蛋白质提取技术方法的要求较高。Wang 等（2007a）报道了一种新的蛋白质提取方法——BPP 法。该方法的具体操作过程：1g 植物材料粉末中加入 3mL 提取缓冲液 [100mmol/L Tris（pH 8.0）、100mmol/L EDTA、50mmol/L 硼砂、50mmol/L 维生素 C、1% PVPP（*m*/*v*）、1% Triton X-100（*v*/*v*）、2% *β*-巯基乙醇（*v*/*v*）、30% 蔗糖（*m*/*v*）]，室温涡旋 5min，加入 2 倍体积的 Tris 饱和酚（pH 8.0），室温涡旋 10min；离心后，上清转移至一新离心管中，加入等体积的提取液，室温涡旋 10min；离心后，上清转移至新离心管中，加入 5 倍体积的硫酸铵饱和甲醇溶液，–20℃静置 6h 以上。离心后，弃上清，沉淀用预冷的甲醇、丙酮清洗两次后，离心收集沉淀蛋白质，用蛋白质裂解液（9mol/L 尿素、2% CHAPS、13mmol/L DTT、1% IPG 缓冲液）充分溶解后于 –80℃储存。

为了提取热带作物蛋白质用于后续蛋白质组研究，我们在 BBP 法的基础上又做了以下一些改进：①在用液氮研磨植物材料时加入 1% PVPP，可以防止材料在研磨过程中被氧化，对于含多酚的植物材料，可在研磨时适当提高 PVPP 的加入量；同时，由于 PVPP 不溶于蛋白质提取液中，在研磨材料时加入可使之与材料充分混匀，提高利用率。②向植物粉末中加入蛋白质提取液时，再加入 10% 的 SDS 溶液，使植物细胞充分破裂，释放出更多的蛋白质。③改进了蛋白质裂解液的成分（7mol/L 尿素、2mol/L 硫脲、2% CHAPS、13mmol/L DTT、1mmol/L PMSF），可以得到更清晰的 SDS-PAGE 蛋白条带且没有拖尾现象，同时可以减少对后续蛋白质质谱鉴定的干扰，且溶解的蛋白样品不用加热可直接上样，室温下保存时间长，方便使用和运输。提取的蛋白质得率和质量好坏可分别通过紫外分光光度法和单向电泳进行测定及检测。改进的 BPP 法对橡胶、木薯、香蕉、甘蔗、椰子等 8 种热带植物的叶片蛋白质提取效果均较好，提取的蛋白质得率在 1.5 ～ 7.5mg/g，蛋白质量和得率均适合进行后续的双向电泳实验。

15.3.3 高温高湿地区双向电泳技术改进措施

2-DE 技术根据蛋白质等电点和分子量的差异性，可使蛋白质混合样品在电荷和分子量两个方向上进行分离。蛋白样品制备、等电聚焦及图谱分析是 2-DE 技术的关键环节。

众所周知，高温条件下尿素可水解为异氰酸酯，异氰酸酯能通过氨基甲酰化作用对蛋白质进行修饰，使个别蛋白质产生电荷异质性，造成人为的“斑点串”。由于我们常用的蛋白质裂解液中含有 7mol/L 的尿素，为了防止溶解的蛋白样品被修饰，因此建议含有高浓度尿素的蛋白质样品要避免放置在高温下。同时，我们将不同的蛋白样品加热不同时间后进行比较，结果显示：随着加热时间的延长，凝胶图谱上的蛋白条带逐渐弥散，呈现出明显减少的趋势。随后我们挑选出有代表性的蛋白条带进行质谱鉴定，发现随着加热时间的延长，鉴定蛋白质得分从高分逐渐降低到低分，且匹配的肽段数也逐渐减少，说明加热对蛋白质后续的质谱鉴定结果影响很大。由于海南岛属于海洋性热带季风气候，年平均温度在 22 ～ 26℃，平均相对湿度在 85% 左右。在这样的高温高压环境下，采用普通的蛋白质裂解液溶解蛋白样品在进行等电聚焦的 18h 内，如果不采取有效的控温措施，等电聚焦仪内的温度必定将超过 30℃，可能会引起蛋白质发生修饰，影响双向电泳结果和质谱鉴定结果。因此，我们建议在进行双向电泳的整个操作过程，尤其是等电聚焦过程时，可采用空调控制室温在 22℃以下，以免高温使蛋白质发生修饰作用，影响后续的蛋白质组学实验结果。另外，热带的高温高湿气候有时候会导致聚焦电压达不到预设值，这是由于在夏天高温时进行蛋白质等电聚焦，室温和聚焦仪之间存在较大的温差，因此在聚焦板上凝结出大量水珠发生短路而造成聚焦电压达不到预设值，故在夏天进行双向电泳实验时，必须要控制实验室的室内温度在 22℃左右（Wang et al.，2011）。

15.3.4 热带作物蛋白凝胶染色技术改进及应用

考马斯亮蓝染色方法是一种目前较为普遍的凝胶染色方法，广泛应用于蛋白质染色。Wang 等（2007b）通过优化改进考马斯亮蓝染色方法，建立起一种高灵敏度的染色方法——CBB 法（以下简称 CBB-W），该染色方法简便且灵敏度可达到纳克级，蛋白点染色颜色深，可以得到高质量 2-DE 图谱。但此方法操作复杂，耗时较长，因此，我们在此方法基础上进行进一步改进，得到了一种更为简便且同样具有高灵敏度的染色方法，简称 GAP 法。另外，还有一种高灵敏考马斯亮蓝染色，简称 GI 法。Wang 等（2012）将 CBB-W、GAP、GI 三种染色方法进行比较，发现 3 种方法都能获得较好的染色效果，而且 GAP 与 CBB-W 的染色深度较 GI 深，说明 GAP 与 CBB-W 的染色效果优于 GI（图 15-4）。同时用 3 种染色方法对橡胶胶乳 C-乳清（CS）1-DE、2-DE 凝胶进行染色效果对比，得到了高质量的图谱，同样说明了新的染色法 GAP 具有较好的染色效果。

将新改进的考马斯亮蓝染色法 GAP 与之前的 CBB-W 相比较，在步骤上进行了简化，将蛋白胶的固定、敏化及染色步骤同时进行，既节省了凝胶染色时间，又在一定程度上避免了凝胶在频繁转移过程中的破损，而且保证了较好的染色效果。在新的染色方法中我们调整了

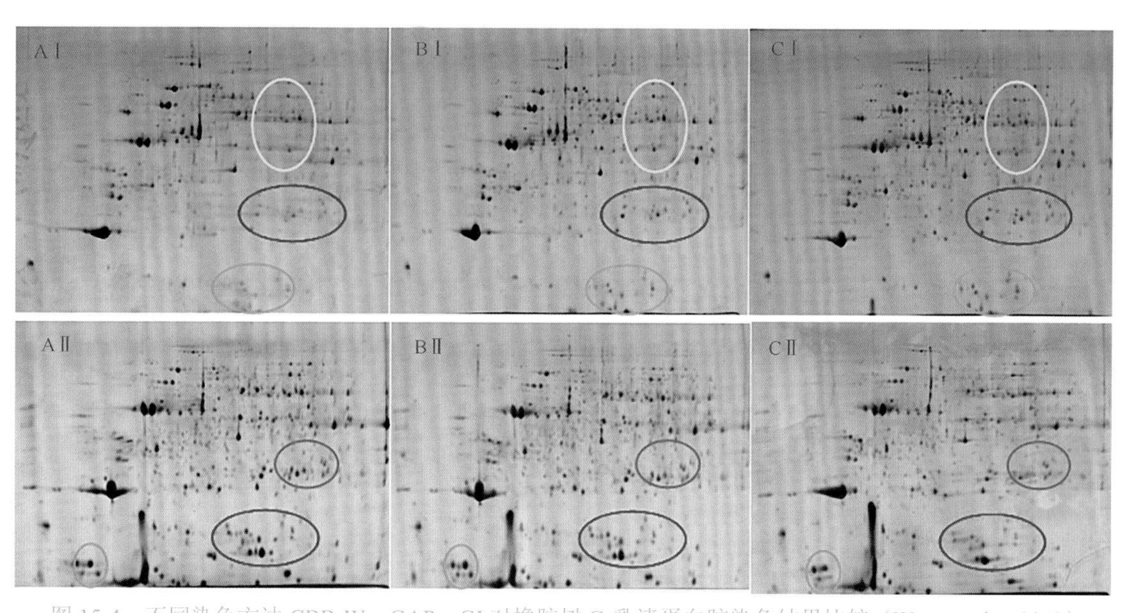

图 15-4 不同染色方法 CBB-W、GAP、GI 对橡胶树 C-乳清蛋白胶染色结果比较（Wang et al.，2012）
AⅠ、BⅠ、CⅠ分别为 CBB-W、GAP、GI 对样品 CK-CS 的染色结果；AⅡ、BⅡ、CⅡ分别为 CBB-W、GAP、GI 对样品 E3-CS 的染色结果；蛋白质总上样量为 1500μg

染液配方，将原来 CBB-W 中的 CBB-R250 换成 CBB-G250，R250 染料染色较深，因而能让蛋白点显得清晰且实，但是胶的背景色被染得很深从而延长了脱色时间，而 G250 染色的蛋白点相对较浅，而且胶的背景色也易脱掉，从而节省了脱色时间及药品。

在实验过程中我们发现 G250 和 R250 在染色效果上各有优势，染色效果存在差异的原因是否是因为它们与蛋白质结合的方式不同，或是它们对不同性质的蛋白质染色灵敏度有差异，需要进一步的实验比较进行阐明。我们考虑将这两种染色剂混合，期望得到一种既可以高灵敏度染色不同类型蛋白质，又易脱色及进行图像分析的染色方法。在 CBB 基础上进一步改进，得到更好的 2-DE 染色结果，值得将来在热带作物蛋白质组研究中推广应用（Wang et al.，2012）。

15.4 巴西橡胶树蛋白质组研究

巴西橡胶树基因组测序完成后，急需开展蛋白质组研究，以便在蛋白质层面更深入理解天然橡胶生物合成调控机制。产胶植物的蛋白质组学研究已取得了很多有价值的成果。在天然生产中，通常通过割胶来收集胶乳。胶乳是橡胶树一种专化性乳管细胞的细胞质，橡胶粒子是胶乳中一种用于合成和贮存天然橡胶的特殊细胞器。胶乳经过高速离心后，从上向下依次可分为橡胶粒子、C-乳清（特化细胞质）及底部的黄色体（特化液泡）3 个主要成分（Amerika et al.，2018）。橡胶粒子外面仅由一层厚约 2.5nm 的半单位生物膜包被，橡胶粒子平均直径约为 1μm。为了研究方便，人们通常把大于 400nm、小于 200nm 的橡胶粒子分别称为大橡胶粒子、小橡胶粒子，经高速离心、超速离心和微孔滤膜过滤可把大、小橡胶粒子分开。深入研究胶乳，特别是胶乳中橡胶粒子蛋白质组的组成和调控规律，对于阐明天然橡胶生物合成调控机制具有至关重要的作用。

15.4.1 胶乳蛋白质组研究进展

最早关于巴西橡胶树胶乳蛋白质组研究的报道，在1991年就已经公开发表了。通过双向电泳结合酶学分析技术，研究人员首次建立了胶乳中黄色体和C-乳清蛋白表达图谱，并发现几丁质酶和溶菌酶是胶乳蛋白的主要成分（Martin，1991）。很多胶乳蛋白都会引起人类的过敏反应，通过蛋白质微阵列和双向电泳技术，人们已经发现胶乳中存在很多过敏原蛋白（Gonzalez-Buitrago et al.，2007）。通过双向电泳技术和免疫学相结合的方法，Yagami等（2004）从胶乳中鉴定了10个胶乳过敏原蛋白，其中5个为新的过敏原蛋白。在胶乳蛋白联合肽段配体库（combinatorial peptide ligand library）中，共有300多个基因产物。然后利用18个患者的抗体筛选胶乳过敏原，发现除了常规的胶乳过敏原蛋白，热激蛋白80、蛋白酶体亚基、蛋白酶抑制剂、几丁质酶A（hevamine A）和甘油醛-3-磷酸脱氢酶等蛋白质同样被认为是胶乳过敏原蛋白（D'Amato et al.，2010）。

胶乳各个组分蛋白质提取技术和双向电泳体系的优化改进是开展胶乳蛋白质组研究的前提。人们以橡胶树无性系‘RRIM600’为材料，采用TCA-丙酮沉淀法提取胶乳全蛋白质，利用不同pH固相、pH梯度预制干胶条和快速银染法对提取的蛋白质进行分离和染色，获得了较为理想的双向电泳图谱，且蛋白点数量较多。通过该研究，认为改进的TCA-丙酮沉淀法比较适合全胶乳蛋白样品的制备。在提取中发现，先在胶乳颗粒中加入几滴β-巯基乙醇能使胶乳的溶解效果更好。另外，胶条pH梯度范围和长度可对胶乳双向电泳结果产生较大影响，发现pH 5～8胶条对胶乳全蛋白质的分离效果明显优于pH 3～10胶条（徐智娟等，2010）。

为了从巴西橡胶树全胶乳及胶乳各个组分中提取蛋白质进行蛋白质组研究，Wang等（2010）在前期酚抽提法的基础上进行优化改进建立了一套适合分离纯化巴西橡胶树胶乳及其不同组分的技术，并建立起一种能够满足蛋白质组学要求的提取全胶乳、黄色体、橡胶粒子和C-乳清的蛋白质的新方法。在此基础上，建立起稳定的橡胶树胶乳双向电泳实验技术体系，并成功应用在全胶乳、C-乳清、黄色体和橡胶粒子上，从橡胶全胶乳中成功鉴定到71个蛋白点，其中包括胶乳合成相关蛋白、能量代谢相关蛋白、抗逆相关蛋白等（Wang et al.，2010）。

乳胶经过超离心后可分为以下3层：上层的橡胶粒子（RP），中层的C-乳清，底层的黄色体（Wang et al.，2010）。REF在橡胶粒子膜蛋白中所占比例较大，不仅影响天然橡胶生物合成的速度，而且预测与橡胶分子量的大小有关，直接关系着橡胶胶乳的产量。Habib等（2018）从C-乳清、黄色体和橡胶粒子层中获得胶乳蛋白质包括磷酸化、赖氨酸乙酰化、N端乙酰化、泛素化和羟基化等蛋白质翻译后修饰作用，为胶乳蛋白质功能特性研究提供了很大的帮助。比较蛋白质组研究结果显示，β-1,3-葡聚糖酶（β-1,3-glucanase）、几丁质酶（chitinase）和凝集素（lectin）等蛋白酶在抗病橡胶树品种胶乳的乳清中明显积累（Havanapan et al.，2016）。

在分析橡胶树幼树无性系和老树无性系胶乳的差异蛋白时，科学家共鉴定了24个明显差异积累的蛋白质，其中在自交无性系植株胶乳中有13个上调蛋白、11个下调蛋白。这些差异蛋白主要参与了碳代谢、能量代谢、次生代谢和信号转导等生物学过程（Li et al.，2011）。

由于天然橡胶主要在乳管细胞中合成和积累，目前巴西橡胶树蛋白质组研究主要集中在胶乳中蛋白质成分鉴定和蛋白质相互作用方面（Cho et al.，2014；Habib et al.，2017）。我们统计了截至 2020 年 1 月发表的胶乳蛋白质组学研究文献，发现胶乳中橡胶粒子蛋白质组学研究文章占 28%，橡胶粒子蛋白组质组学研究是破解天然橡胶生物合成机制的重要部分；胶乳蛋白质功能分类研究占 20%；植物防御和过敏原研究分别占 12%；其他研究占比较少（图 15-5）。

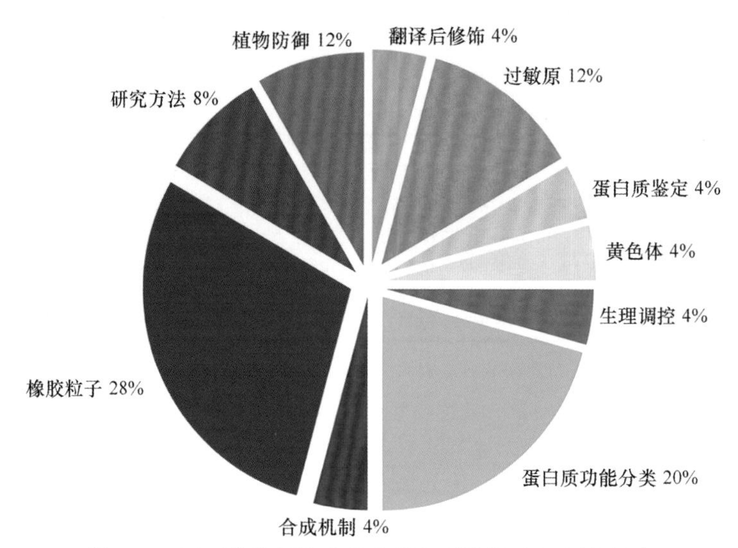

图 15-5　巴西橡胶树胶乳鉴定蛋白质组学研究文献比例

Wang 等（2010）对不同胶乳组分的蛋白质组进行亚细胞分析，首次获得了橡胶粒子蛋白质组的可视化图谱，并在乳胶的 WS、CS 和 RP 中鉴定了数千种特有蛋白质，发现了橡胶粒子洗脱液中含有绝大多数天然橡胶生物合成的关键酶（Wang et al.，2018）。

利用 2D-DIGE 技术，科学家首次公布橡胶树胶乳全蛋白质凝胶图谱，质谱鉴定 143 个乙烯响应蛋白，利用 iTRAQ 技术，共获得 1600 个胶乳蛋白质，其中 404 个蛋白质响应乙烯刺激调控（Wang et al.，2015）。再通过磷酸化蛋白质组技术，Wang 等（2015）鉴定了胶乳中 59 个应答乙烯刺激的磷酸化蛋白（图 15-6）。

在分析差异蛋白可能的生物学功能及后续部分功能验证，科学家发现乙烯刺激胶乳增产主要体现在蛋白质翻译后修饰水平。然而，橡胶生物合成的相关的基因并没有受到明显诱导调控，这一点也是阻碍橡胶合成调控机制研究进度的重要因素（Wang et al.，2015）。这项研究是巴西橡胶树胶乳定量蛋白质组研究中获得的较重要的新发现。

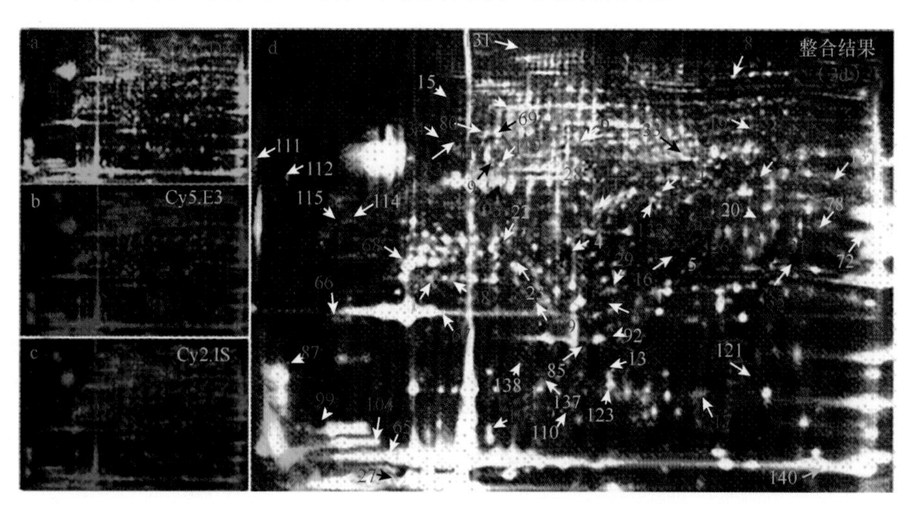

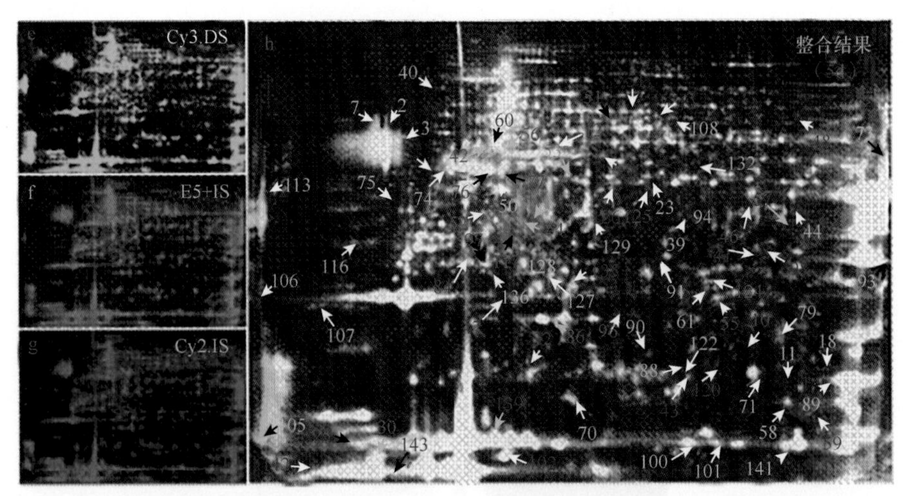

图 15-6　巴西橡胶树胶乳乙烯诱导磷酸化蛋白质组研究及磷酸化蛋白鉴定（Wang et al.，2015）

15.4.2　橡胶粒子蛋白质组

天然橡胶的生物合成能力是限制天然橡胶产量的主要因子之一。天然橡胶是由巴西橡胶树的橡胶粒子膜蛋白合成的，巴西橡胶树的乳管系统是天然橡胶生物合成和贮存的地方，乳管细胞内的橡胶粒子特别是小橡胶粒子又是进行橡胶生物合成的主要场所，是天然橡胶贮存的重要细胞器（刘卫平等，2002；Yeang et al.，2002）。乳管细胞内的橡胶粒子特别是小橡胶粒子又是进行橡胶聚合反应的实际发生场所。过去研究发现，位于橡胶粒子膜上的橡胶延伸因子（REF）是天然橡胶生物合成的关键酶。但是，乙烯和茉莉酸刺激并不诱导橡胶合成相关基因表达。最近的研究结果显示，橡胶生物合成的速率和聚合程度主要受到小橡胶粒子蛋白质（SRPP）种类和数目的影响。

天然橡胶（顺式-1,4-聚异戊二烯）由典型的植物类异戊二烯 / 萜类次生代谢途径产生。天然橡胶生物合成的整个过程可分为乙酰辅酶 A 的合成，乙酰辅酶 A 经甲羟戊酸途径转化为异戊烯基焦磷酸酯（IPP），以及 IPP 分子顺式聚合形成高分子橡胶烃分子 3 个阶段。3-羟基-3-甲基戊二酸单酰辅酶 A（HMG-CoA）在胞质中转化为橡胶合成单体 IPP，合成单体 IPP 和前体 APP 的浓度、橡胶转移酶的性质在很大程度上决定了橡胶的产量与品质（图 15-7）。在 IPP 的形成过程中，HMG-CoA 是关键酶，APP 合成过程中法尼基焦磷酸合成酶（FPPS）是关键酶（Sando et al.，2008）。橡胶转移酶是一类顺式异戊二烯转移酶，将 IPP 聚合到 APP 或橡胶分子上合成大小不等的顺式-1,4-聚异戊二烯。在天然橡胶生物合成途径中，HMG-CoA、法尼基焦磷酸合成酶（FPPS）和橡胶转移酶（rubber transferase，RuTase）等是限速酶与关键酶（朱家红等，2010）。RuTase 其实是多种酶的合称，不同的植物种 RuTase 有着相近的性质，均为疏水性蛋白，能与橡胶粒子膜紧密结合。RuTase 参与橡胶延伸最后一步反应，直接决定橡胶烃分子的大小。在天然橡胶中，RuTase 是与橡胶粒子膜结合的顺式异戊烯基转移酶，能参与体内橡胶起始物的合成（Cornish and Xie，2012）。橡胶的生物合成受橡胶生物合成酶的调控，在橡胶生物合成的调控机制研究中，诸如相关酶的分离鉴定，尤其是 RuTase 的鉴定，以及橡胶粒子膜结构的分析及跨膜复合物的形成途径等关键问题是核心（刘卫平等，2002；Yeang et al.，2002）。

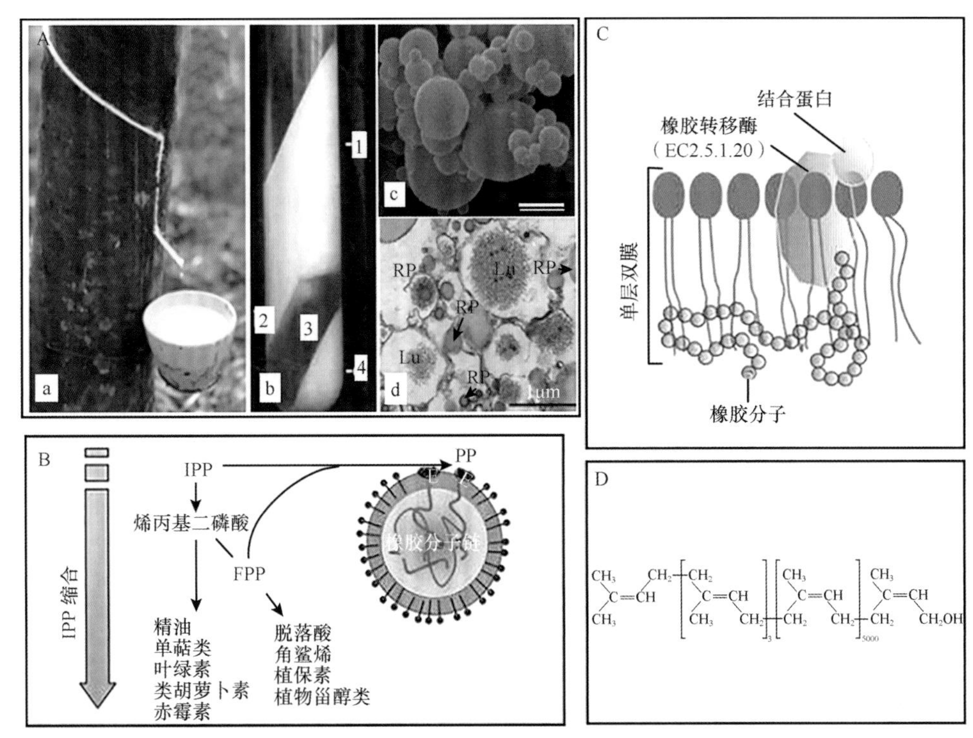

图 15-7　巴西橡胶树胶乳基本构成及天然橡胶生物合成途径（Gronover et al.，2011）

A-a. 割胶后收集巴西橡胶树乳管细胞中流出的新鲜胶乳；A-b. 胶乳经过超速离心，由上至下分成橡胶粒子、B-乳清、C-乳清和底部黄色体 4 个组分；A-c. 上层橡胶粒子固定后，经过扫描电镜观察，可以明显看到橡胶粒子可以分为直径大于 400nm 的大橡胶粒子和直径小于 200nm 的小橡胶粒子，以及介于二者之间的中间橡胶粒子；A-d. 在透射电镜下观察橡胶树乳管细胞，可以发现许多橡胶粒子（RP）和黄色体（Lu）等特殊细胞器；标尺 1μm。B. 橡胶合成单体 IPP 的合成和橡胶分子链的延伸过程。C. 橡胶粒子上的橡胶转移酶（EC2.5.1.20）和其他合成相关蛋白。D. 高分子橡胶烃的化学结构模式

橡胶粒子作为乳管细胞中橡胶生物合成和贮存的特殊细胞器，一直是橡胶生物合成研究的重点，近年来更是引起了越来越多人的重视。橡胶粒子分散存在于乳管细胞质中，橡胶分子的合成被认为发生在橡胶粒子膜上（图 15-7），橡胶分子存在于橡胶粒子的磷脂单分子膜下。橡胶粒子是胶乳的主要成分之一（占胶乳总体积 30% ～ 50%），天然橡胶的生物合成是在橡胶粒子表面进行的。

橡胶粒子可以分为大、中、小三类，三者均能合成和贮存天然橡胶，但合成效率有所不同，其中，大橡胶粒子中包含有分支橡胶分子，而小橡胶粒子中没有链终结形成的分支点（Tarachiwin et al.，2005）。显微镜观察分析发现，靠近木质部形成层的乳管层中小橡胶粒子多，而靠近外表皮的乳管层大橡胶粒子较多（Sando et al.，2009）。从新鲜胶乳中提取的小橡胶粒子有更高的橡胶转移酶活性（Tarachiwin et al.，2005；Yamashita et al.，2017）。橡胶树中 REF、SRPP 和银胶菊中的 SRPP 同源物 GHS 在橡胶的延伸过程中有正面的作用，体外实验发现，异源表达 GST-SRPP 和 His-GHS 融合蛋白增强了橡胶粒子利用 IPP 的活性，而对 REF 和 SRPP 的抗体免疫抑制了 IPP 的利用（Kim et al.，2004）。蒲公英橡胶草 SRPP 的体内沉默也明显抑制了橡胶合成，显示 SRPP 可能是橡胶合成复合物的一个更重要组分（Hillebrand et al.，2012）。

SRPP 和 REF 的 mRNA 在乳管层与胶乳中表达量很高，并且割胶会刺激表达（Chow et al.，2007；Priya et al.，2007）。免疫金电镜观察发现，SRPP 分布于靠近形成层的转导韧皮

部，而 REF 分布在所有的乳管层。乳管层的橡胶合成能力在韧皮部筛胞和射线区更活跃，而靠近外表皮的乳管层中乳管结构已经解体，射线细胞已经没有运输代谢的功能。因此，REF 的功能可能是辅助性的，SRPP 比 REF 在橡胶合成延伸过程中有更大的作用（Sando et al.，2009）。与 REF 不同，SRPP 同源物只在能产生高分子量橡胶的物种中发现（如巴西橡胶树和银胶菊），而在产生低分子量橡胶的物种（如无花果和孟加拉榕树）中没有发现（Singh et al.，2003），这也从侧面说明 SRPP 在橡胶合成延伸中更为重要。

橡胶粒子蛋白质组分的全面鉴定，将有助于揭示橡胶粒子的生物学功能。在早期蛋白质组研究中，人们直接在提取液中添加蛋白质变性剂、表面活性剂和还原剂等来达到对膜蛋白的增溶作用，其中主要采用尿素和硫脲作为变性剂，加入 SDS 或者两性离子表面活性剂 CHAPS 作为表面活性剂，溶解暴露的蛋白质疏水基团，进一步提高蛋白质的溶解性。添加还原剂，包括巯基乙醇、三丁基膦和 DTT，使膜蛋白处于还原状态，能大幅度提高膜蛋白的溶解性，使胶乳蛋白质溶解更彻底（段翠芳等，2006）。采用此类方法，科学家最先在橡胶粒子膜上分离出 520 个蛋白点，质谱鉴定到大多高丰度蛋白点为 REF 和 SRPP（段翠芳等，2006）。该团队通过建立 EST 序列数据库，获得了橡胶粒子蛋白质的 16-BAC/SDS-PAGE 双向电泳图谱，鉴定了 17 个橡胶粒子蛋白质，展现了橡胶粒子蛋白质的相对含量，研究结果表明橡胶粒子的主要蛋白质组分是 REF 和 SRPP 亚家族蛋白质（代龙军等，2012）。

另外，人们比较了橡胶树高产品系和低产品系胶乳中橡胶粒子蛋白质图谱，发现在单向电泳胶图上，存在较大差异，其中一种 27kDa 的橡胶粒子膜蛋白在耐乙烯刺激的‘PR107’品种中的丰度要显著高于不耐乙烯刺激的‘海垦 1 号’橡胶树，说明橡胶粒子膜表面的一些蛋白条带可能跟橡胶粒子直径大小、来自不同品系或发育相关（吴坤鑫等，2008）。

为了鉴定巴西橡胶树胶乳中大、小橡胶粒子之间的差异表达蛋白，揭示橡胶生物合成的分子机制，项秋兰等（2012）采用差速离心的方法，从橡胶树的新鲜胶乳中分离纯化总橡胶粒子、大橡胶粒子和小橡胶粒子，用扫描电镜、SDS-PAGE、质谱等方法分别检测和鉴定大、小橡胶粒子的分离效果及其差异表达蛋白。结果表明，大、小橡胶粒子可用差速离心法得到有效的分离和纯化，在 SDS-PAGE 图谱上出现差异表达的橡胶粒子蛋白质。橡胶树大、小橡胶粒子差速离心法的建立，为大、小橡胶粒子差异表达蛋白的分离和鉴定奠定了一定的基础（项秋兰等，2012）。在此基础上，该团队利用 2D-DIGE 技术比较了大、小橡胶粒子膜上蛋白质积累的差异，共检测到 55 个差异表达蛋白点，通过质谱鉴定，发现共有 22 种差异蛋白。这些蛋白质中，在小橡胶粒子中有 15 个上调蛋白，7 个下调蛋白。在小橡胶粒子膜上累积明显多于大橡胶粒子的蛋白质主要有 SRPP、HMGCS、磷脂酶 D、乙烯诱导因子 2、热激蛋白 70 等，而 REF 则在大橡胶粒子膜上的累积明显增多（Xiang et al.，2012）。随后，该团队利用串联质谱进一步对橡胶粒子蛋白质表达谱进行了深入分析，共鉴定到 186 个橡胶粒子蛋白质，这些蛋白质主要参与了橡胶生物合成、抗逆反应、蛋白质折叠、信号转导和亚细胞运输等生物学过程。除了传统认为是橡胶粒子蛋白质的 REF、SRPP 和橡胶转移酶（*cis*-prenyl transferase，CTP），还有很多蛋白质，如亲环蛋白（cyclophilin）、磷脂酶 D、细胞色素 P450、小 G 蛋白、网格蛋白（clathrin）和膜联蛋白（annexin）等，均首次从橡胶粒子中检测到（Dai et al.，2013）。

在橡胶粒子蛋白质组研究中，分离纯化大、小橡胶粒子是前提条件。过去一直采用微孔滤膜过滤的方式进行橡胶粒子纯化，但往往获得只能少量进行显微镜观察的橡胶粒子，不太适用于大规模蛋白质组研究。后来，人们大多采用差速离心结合洗脱技术来分离纯化橡胶粒子（Xiang et al.，2012），也取得了比较好的分离效果。最近，Yamashita 等（2017）介绍了一种改进的差速离心方法，能够将大、小橡胶粒子很好分离开。

通过对差速离心获得橡胶粒子过程中的洗脱液蛋白质进行初步研究，我们发现在橡胶粒子洗脱液中，同样存在很多种蛋白质（Wang et al.，2016，2018）。这也说明，通过反复洗脱的方法，很可能在获得较高纯度橡胶粒子的同时，将很多橡胶粒子结合蛋白洗脱掉了。因此，Wang 等（2019a）设计了一种基于细胞分离液 Percoll 的密度梯度离心分离技术，通过铺设 5%、15% 和 30% Percoll 密度梯度，结合不同离心力和不同洗脱方式，最终获得了非常纯的大、小橡胶粒子。利用这种分离技术，该团队开展了乙烯刺激前后小橡胶粒子比较蛋白质组研究，发现小橡胶粒子膜上并不像过去认为只是含有少数几种蛋白质，而是包含很多种膜蛋白和膜结合蛋白（Wang et al.，2019a）。已有实验证明参与橡胶烃分子合成的橡胶转移酶（RuTase）、REF、SRPP 等重要酶定位于橡胶粒子特别是小橡胶粒子膜上（图 15-8）。其中，REF 占胶乳总蛋白量的 10% ～ 60%，在橡胶烃聚合中起着主要作用，是异戊二烯基转移酶催化多聚异戊二烯单元添加到橡胶分子中不可缺少的成分。SRPP 是一种已知的 24kDa 胶乳过敏原 Hevb3 蛋白，紧密结合在小橡胶粒子上，在胶乳中高表达，并且与橡胶延长因子高度同源，该蛋白质同样促进橡胶烃聚合反应，起着 REF 的作用。其中，一个名为 HRBP（HRT1-REF bridging protein，HRT1 和 REF 桥连蛋白）的桥连蛋白，起着联通 cPT（*cis*-prenyltransferase，顺式异戊烯转移酶，也称 *Hevea* rubber transferase，简称 RuTase 或 HRT）和 REF 的关键作用（Yamashita et al.，2016）。目前，除了 RuTase、REF、SRPP 和焦磷酸酶等少数几种橡胶粒子膜蛋白质的功能比较清楚，大部分橡胶粒子膜蛋白都尚未分离鉴定；对橡胶粒子特别是小橡胶粒子膜上的橡胶生物合成的详细过程，尤其对橡胶前体生物合成反应与中间调控机制的起始和终止机制仍然不很清楚。

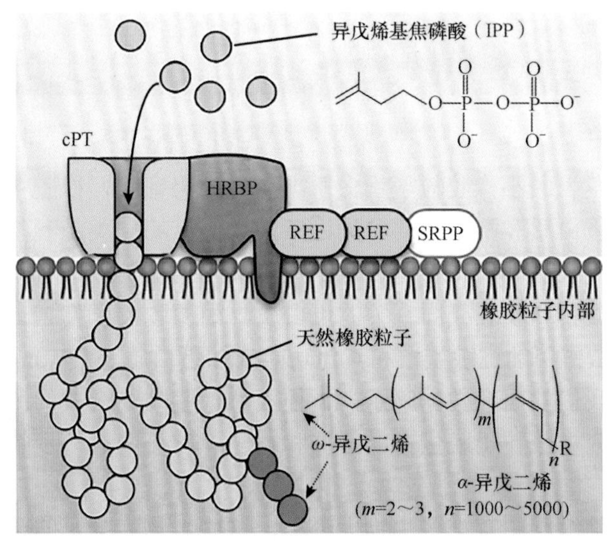

图 15-8　巴西橡胶树胶乳橡胶粒子在橡胶生物合成中的可能作用机制（Yamashita et al.，2016）

橡胶生物合成每一过程都涉及许多酶和蛋白质的参与，其中橡胶粒子膜蛋白在这一系列的酶促反应中担负着非常重要的作用，决定着橡胶生物合成的速率和橡胶烃的质量。小橡胶粒子蛋白质（SRPP）是小橡胶粒子膜中橡胶生物合成机制的蛋白质因子的重要组分。离体橡胶生物合成实验证明，增加小橡胶粒子膜上 SRPP 的含量可以促进 IPP 分子的顺式聚合；SRPP 不仅与橡胶生物合成有关，而且在橡胶树抵御逆境胁迫的生理反应中也可能起重要作用。Sando 等（2009）借助免疫组织化学和激光共聚焦显微技术，发现天然橡胶合成主要在小橡胶粒子中进行，并且小橡胶粒子膜上的 SRPP 比 REF 在天然橡胶生物合成中显得更加重要。Rojruthai 等（2010）的研究结果证实，橡胶转移酶活性在小橡胶粒子中更高，体外模拟合成天然橡胶的结果说明，小橡胶粒子比大橡胶粒子在天然橡胶合成中的作用更重要。

Wang 等（2016）为了从橡胶粒子及其洗脱液中提取高质量蛋白质，还发明了一种从低浓度溶液中提取蛋白质的方法，并成功应用在橡胶粒子洗脱液比较蛋白质组中。通过鉴定橡胶粒子不同洗脱液中的蛋白质，发现在橡胶粒子洗脱液中，存在参与天然橡胶合成调控的几乎所有蛋白质和酶（图 15-9），暗示橡胶粒子膜蛋白及其膜结合蛋白，很可能共同组成了一个较为复杂的蛋白质机器来高效调控天然橡胶生物合成（Wang et al.，2018）。

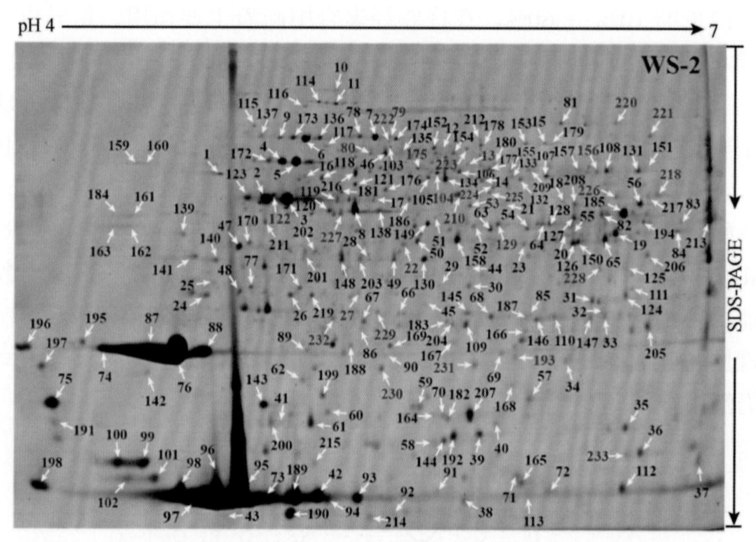

图 15-9　巴西橡胶树胶乳橡胶粒子洗脱液蛋白质表达谱及主要蛋白质谱鉴定结果（Wang et al.，2018）

王旭初团队最新发表的小橡胶粒子蛋白质组研究结果证实，橡胶粒子包含天然橡胶生物合成调控的几乎所有蛋白质和酶，主要分为以下四大类：第一类是参与橡胶生物合成的酶和蛋白质，包括 RuTase、REF 和 SRPP 等；第二类是调控橡胶生物合成的酶，如焦磷酸酶等；第三类是与橡胶粒子凝絮和胶乳凝固有关的蛋白质，如橡胶粒子膜 22kDa 受体糖蛋白等；第四类包括对人具有致敏作用的过敏蛋白和其他功能未知蛋白质等（Wang et al.，2019a）。这些新发表的研究结果及我们的研究数据暗示，调控天然橡胶生物合成的关键因子是橡胶粒子膜上的蛋白质，深入研究橡胶粒子膜蛋白的结构和功能，有可能进一步阐明橡胶生物合成的精准调控机制。

巴西橡胶树的乳管细胞中有许多生物大分子，这些生物大分子的合成和转运涉及成百上千种蛋白质及其辅因子的参与，这些蛋白质除了参与合成相关的酶类，还包括物质转运、能量代谢相关蛋白。橡胶粒子与其他细胞器一样，能与周围环境发生信息、物质与能量的交换，从而完成特定的生理功能。因此，橡胶粒子膜上应同样具备与其功能相关的物质转运体系和能量代谢系统。但在天然橡胶的生物合成研究中，人们的关注点主要在橡胶合成相关基因和酶类，对物质转运和能量利用方面关注很少。传统上，橡胶分子链的延伸被认为在橡胶粒子单层膜表面进行，而橡胶前体合成则在细胞质中进行，这就意味着合成好的橡胶分子需要被包裹进橡胶粒子磷脂膜内，并且橡胶合成所需的APP、IPP等分子均需要转运和富集到橡胶粒子表面，从而进行延伸。

王旭初团队对橡胶树胶乳和大小橡胶粒子进行了更深入的定量蛋白质组研究，发现在小橡胶粒子上存在2000多种蛋白质，其中很多都是磷酸激酶类蛋白。采用Pro-Q Diamond磷酸化蛋白凝胶染色技术对乙烯处理前后胶乳凝胶进行特异染色，研究人员还发现乙烯刺激能够促进橡胶粒子膜蛋白磷酸化（Wang et al.，2019a）。

因此，王旭初团队修正并完善了天然橡胶生物合成和调控的基本分子机制模式图。新的模式图显示，橡胶生物合成主要不是在基因水平进行，而是在蛋白质特别是蛋白质翻译后修饰水平进行精确调控，其中，蛋白质异构体的磷酸化修饰可能起关键调控作用。同时，乙烯能够显著促进小橡胶粒子产生，促进水解蛋白及能量代谢酶类的产生，同时能够抑制橡胶粒子凝集相关酶的形成，从而达到促进流胶、增加胶乳产量的目标（Wang et al.，2015）。基于上述发现，王旭初团队进一步比较了乙烯处理前后小橡胶粒子蛋白质的变化，发现天然橡胶前体生物合成的关键酶同样存在于橡胶粒子膜表面，而乙烯对这些关键酶的影响发生在蛋白质修饰水平，乙烯促进天然橡胶增产主要是通过关键蛋白酶异构体的磷酸化来实现的，这是橡胶基础研究领域的一个新发现（Wang et al.，2019a）。

植物中转运蛋白种类繁多，如葡萄糖转运蛋白、脂质转运蛋白、ABC转运蛋白等，而这些蛋白质都能够在小橡胶粒子蛋白质组数据中找到。王旭初团队人员在橡胶粒子蛋白质组的iTRAQ数据中还发现了一系列的ATP合酶（F-ATPase）和液泡质子ATP酶（V-ATPase）亚基，由此推测如果橡胶粒子表面存在物质转运过程，其可能和纤维素分子合成过程中的底物转运一样依赖质膜H^+-ATPase所建立的跨膜质子动力势。因此，Wang等（2019a）提出，在小橡胶粒子膜上很可能存在一个高效合成天然橡胶的蛋白质机器，橡胶粒子膜蛋白复合体是其中一个主要成分（图15-10）。橡胶延伸因子（REF）可能通过REF结构域与其他REF或SRPP聚合，通过F型ATPase的β亚基与其他F型ATPase亚基聚合，一起构成了复杂的蛋白复合体，执行橡胶合成相关的功能。REF和SRPP也许并不如最初所认识与猜测的那样，只是作为橡胶分子链延伸相关酶类参与天然橡胶的生物合成，它们有可能在橡胶合成相关的物质转运和能量利用等过程中发挥作用。

因此，天然橡胶生物合成和调控很可能主要是通过小橡胶粒子膜蛋白及膜结合蛋白进行，植物激素可能是通过促进小橡胶粒子的蛋白质机器中重要蛋白质的磷酸化、糖基化和泛素化等翻译后修饰来精准调控天然橡胶的生物合成。Wang等（2019a）认为这些蛋白质及与其互作的分子，很可能存在于橡胶粒子特别是小橡胶粒子上，这些蛋白质与橡胶粒子膜松散结合/紧密结合，以各种蛋白质及其复合体共同组成调控橡胶生物合成的蛋白质机器，该机器的调控开关并不在传统意义上的基因水平，而主要是在蛋白质，特别是蛋白质翻译后修饰水平，其中，HMG-CoA、RuTase、SRPP、REF和HRBP等几种重要蛋白质或酶的不同异构体，在经过植物激素乙烯和机械伤害等刺激后，发生蛋白质翻译后修饰，从而激活一系列生物学反应，这很可能是橡胶粒子中蛋白质机器的关键调控开关。深入研究小橡胶粒子膜上天然橡胶合成和调控的蛋白质机器的结构组成及其不同组成部件的具体生物学功能，很可能为揭示橡胶生物合成和调控的精准机制提供新的研究思路。

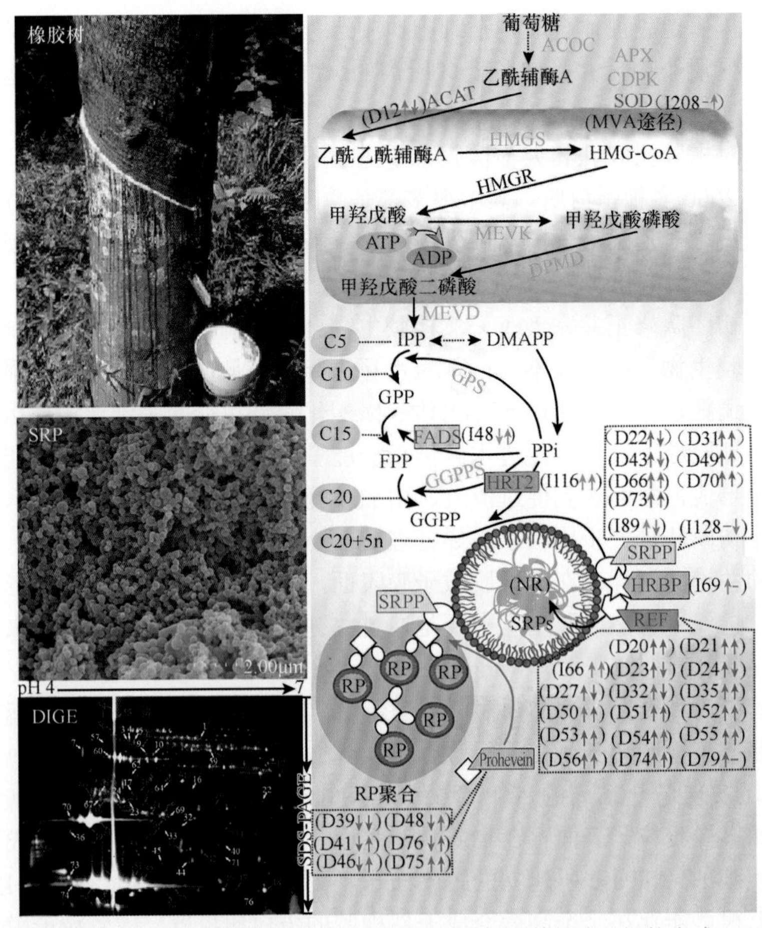

图 15-10 巴西橡胶树胶乳小橡胶粒子膜上天然橡胶合成蛋白质机器的组成及调控方式（Wang et al.，2019a）

Prohevein 表示一种来自橡胶树伤口诱导的类凝集素蛋白

15.4.3 乳清及死皮发生蛋白质组

早在 1995 年，Dian 等就对橡胶树死皮（tapping panel dryness，TPD）过程中乳清和黄色体蛋白质积累变化进行了检测，发现在死皮发生过程中，包括分子质量分别为 14.5kDa、21kDa、26kDa、34kDa、55kDa 的 5 种蛋白质在单向和双向电泳胶上积累明显增加（Dian et al.，1995）。但由于缺乏质谱鉴定数据，没办法知道这几种蛋白质的具体名称。C-乳清是胶乳的主要组分，为了比较 C-乳清蛋白提取方法，李德军等（2009）比较了 TCA-丙酮沉淀法、三氯乙酸沉淀法和酚抽提法三种方法提取 C-乳清蛋白，发现 TCA-丙酮沉淀法产量最高，而酚抽提法最低。双向凝胶电泳图谱分析表明：酚抽提法可检测到 447 个蛋白点，图谱背景较暗且横纵向纹理多；三氯乙酸沉淀法可检测到 821 个蛋白点，图谱背景居中；TCA-丙酮沉淀法可检测到 1052 个蛋白点，图谱背景清晰且基本无纹理。因此，该研究团队认为 TCA-丙酮沉淀法最适合 C-乳清蛋白提取，建议将来在橡胶树 C-乳清蛋白质组研究中广泛利用（李德军等，2009）。但是，后来经过 Wang 等（2010）对酚抽提法进行改进后，发现改进 BBP 法更适合进行 C-乳清蛋白质组研究，可以达 7.6mg/mL 的蛋白产率，比传统酚抽提法产生的蛋白量提高了 10 倍以上，可以在 C-乳清双向电泳胶上产生 1248 个左右的蛋白点，更适合将来应用在 C-乳清蛋白质组研究中。

Sookmark 等（2002）发现在死皮病树胶乳的 C-乳清中，REF 和 SRPP 积累明显增加，暗示这两种蛋白质可能参与了橡胶树死皮病应答过程。在死皮病和正常橡胶树中，C-乳清蛋白表达图谱发生明显变化，在包含1100个左右蛋白点的双向电泳胶图上，共有40个差异蛋白，并通过飞行时间质谱鉴定了其中27个蛋白质（闫洁等，2008）。该团队进而选取采胶强度分别为严重过度、适中、严重不足的橡胶树胶乳，高速离心分离得到C-乳清，提取C-乳清中的蛋白质进行双向凝胶电泳，分析比较胶图，发现不同采胶强度胶乳的C-乳清中存在十几个差异蛋白点。其中，采胶强度高的橡胶树较采胶强度低的橡胶树胶乳C-乳清蛋白下调的数量更多，上调的数量更少，并且采胶强度相差越大，下调与上调的比例也越大。通过研究不同采胶强度下橡胶树胶乳C-乳清蛋白差异，找出采胶强度与胶乳C-乳清蛋白的关系，并利用这种关系进行乙烯刺激采胶强度的判断，进而可以指导采胶生产和研究（肖再云等，2009）。在死皮树黄色体蛋白质双向电泳胶图上，也可以检测到24个差异蛋白，其中一个为与死皮病的发生呈正相关的渗透蛋白（闫洁和陈守才，2008）。这些差异表达蛋白质可能参与了橡胶树死皮的发生和发展过程。

15.4.4 黄色体蛋白质组

巴西橡胶树胶乳离心后底部主要是黄色体，是一种特化的植物液泡，其含量占胶乳鲜重的15%～30%，主要起防疫作用。黄色体是橡胶树乳管细胞特有的一种细胞器，在胶乳中占很大比例，黄色体破裂释放的内含物B-乳清呈酸性，pH约为5.5，含大量的可溶性蛋白、二价阳离子等。黄色体的B-乳清能使橡胶粒子去稳定，促进胶乳凝固。B-乳清中含有大量的防卫蛋白，如橡胶素、几丁质酶、β-1,3-葡聚糖酶等（史敏晶等，2009）。最近研究表明，黄色体膜蛋白也参与橡胶粒子凝集。郝秉中和吴继林早在1996年就报道在乳管伤口附近可以观察到一个主要由蛋白质构成的网状结构，称为“蛋白质网”，推测“蛋白质网”的主要成分来自排胶过程中黄色体破裂后释放的内含物（郝秉中和吴继林，1996）。黄色体中的蛋白质参与病原反应，能够通过提高橡胶树胶乳中内源几丁质酶和葡聚糖酶的活性起到抗病作用。割胶胶乳停止流动后，乳管伤口通常有一个由蛋白质构成的网状结构，这种乳管伤口蛋白质网可能是一种化学防护网，能够有效地阻止外源胶乳凝固因子和其他病原体等进入乳管细胞（Shi et al.，2019）。最新关于黄色体生理生化研究的结果证实，黄色体能释放抗生物质，并与细胞骨架结合后在乳管细胞的受伤部位形成蛋白质网络，不仅提供一个物理屏障防止胶乳外流，也是一个生化屏障，可阻止病原体侵入乳管细胞内从而产生病变，黄色体在快速闭塞免受侵害中有着至关重要的作用（Shi et al.，2019）。

为了开展黄色体蛋白质组研究，魏芳等（2008）对黄色体蛋白质提取及双向电泳方法进行了初步探索，比较了TCA-丙酮沉淀法、Tris缓冲液法和磷酸缓冲液提取法三种提取橡胶树胶乳黄色体总蛋白质的技术，并进行了双向电泳检测，认为缓冲液提取法得到的双向电泳图谱较清晰，尤其是低丰度蛋白呈现性较好，适合提取黄色体蛋白以进行蛋白质组研究。为了分析黄色体B-乳清蛋白与胶乳凝固的具体关系，史敏晶等（2009）比较了Tris-甘氨酸和Tris-甲基甘氨酸（Tricine）两种不同的缓冲系统，调整聚丙烯酰胺的浓度和交联度，比较不同SDS-PAGE分离巴西橡胶树B-乳清中可溶性蛋白的效果，发现通常使用的甘氨酸SDS-PAGE对B-乳清中低分子量蛋白分离效果差，Tricine-SDS-PAGE二层胶系统分离高分子量蛋白和低分子量蛋白的效果理想，是适合分离B-乳清中可溶性蛋白的方法。

Wang等（2010）通过进一步比较，改进了酚抽提方法，使其更适合于橡胶树黄色体蛋白质组研究。利用改进的酚抽提技术，Wang等（2013b）获得了黄色体全蛋白质表达图谱，并鉴定了169个黄色体蛋白质，进而对初生黄色体和次生黄色体蛋白质表达图谱进行了比较分析，发现这些黄色体蛋白质主要参与了植物抗病反应、几丁质酶代谢和离子转运途径等主要生物学过程。同时，对胶乳全蛋白质表达谱进行了质谱鉴定。分析黄色体差异蛋白，发现葡聚糖酶（glucanase）、几丁质酶（chitinase）和橡胶蛋白（hevein）三种主要蛋白质在黄色体中表达丰度高，通过橡胶粒子体外凝集实验，首次发现几丁质酶和葡聚糖酶在黄色体介导的橡胶粒子凝集，这是黄色体调控橡胶粒子凝集的一种新方式，是胶乳凝固的一种新调控机制（图15-11）。

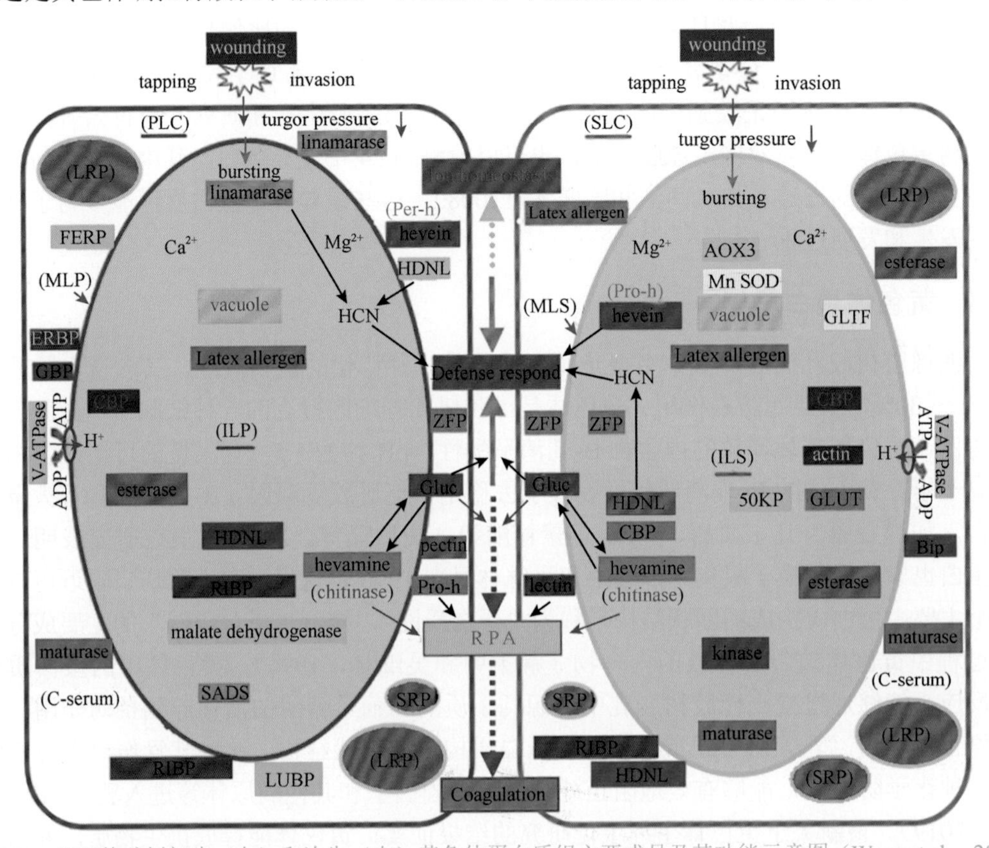

图15-11 巴西橡胶树初生（左）和次生（右）黄色体蛋白质组主要成员及其功能示意图（Wang et al.，2013b）

wounding：损伤；tapping：敲击；invasion：侵袭；PLC：初级乳管细胞（primary laticifer cell）；turgor pressure：膨胀压力；linamarase：亚麻苦苷酶；bursting：爆裂；hevein：橡胶蛋白；vacuole：液泡；Latex allergen：胶乳过敏原；esterase：酯酶；Bip：结合蛋白（binding protein）；CBP：柠檬酸结合蛋白（citrate-binding protein）；ERBP：内质网结合蛋白（ER-binding protein）；FERP：铁蛋白-亚硝酸盐还原酶前体（ferredoxin-nitrite reductase precursor）；GBP：谷氨酰胺结合蛋白（glutamine-binding protein）；hevamine：橡胶树的一种几丁质酶（chitinase）；GLTF：葡糖基转移酶（glucosyltransferase）；GLUT：葡萄糖葡糖基转移酶（glucose glucosyltransferase）；HDNL：醇腈酶（hydroxynitrile lyase）；LRP：大橡胶粒子（large rubber particle）；LUBP：管腔结合蛋白（luminal-binding protein）；ILP：初生乳管黄色体的内含物（inclusions of lutoids from primary laticifers）；MLP：初生乳管黄色体的膜（membranes of lutoids from primary laticifers）；MLS：次生乳管黄色体的膜（membranes of lutoids from secondary laticifers）；ILS：次生乳管黄色体的内含物（inclusions of lutoids from secondary laticifers）；RIBP：核糖体蛋白（ribosomal proteins）；SADS：S-腺苷甲硫氨酸合成酶（S-adenosylmethionine synthetase）；PLC：初生乳管细胞（primary laticifer cell）；SLC：次生乳管细胞（secondary laticifer cell）；SRP：小橡胶粒子（small rubber particle）；ZFP：锌指蛋白（zinc finger protein）；Coagulation：凝结

在此基础上，Wang等（2013b）进一步解析了黄色体三大生物学功能（维持离子平衡、参与防御反应、促进橡胶粒子凝集）的蛋白质化学基础，构建了黄色体主要功能蛋白化学调控模式图（图15-11）。这些研究丰富了人们对巴西橡胶树胶乳黄色体的认识，提出了新的黄色体调节橡胶粒子凝集的机制，为今后深入开展黄色体生物学功能研究打下了一定基础（Wang et al.，2013b）。

15.4.5　乙烯刺激胶乳增产的蛋白质组

因橡胶粒子膜上存在乙烯和茉莉酸信号响应蛋白，采胶时常用乙烯刺激橡胶树的方法来延长排胶时间，进而提高胶乳产量（Chow et al.，2012；Wang et al.，2015；Dai et al.，2016）。早期的乙烯刺激橡胶树胶乳黄色体蛋白质差异分析结果表明，未开割橡胶树胶乳黄色体受乙烯刺激后，黄色体蛋白质发生不同程度的复杂变化，各组处理间变化明显（李明等，2010）。

对乙烯刺激下的胶乳乳清蛋白质进行 iTRAQ 分析，发现 C-乳清中大多数蛋白质参与碳水化合物代谢（Wang et al.，2015；Dai et al.，2016）。Xiang 等（2012）在用乙烯处理橡胶树时发现，SRPP 和 REF 会随着乙烯处理强度的提高而大量积累，原因是 SRPP 和 REF 可能在响应乙烯刺激结构域，从而使橡胶粒子凝集。随后，Tong 等（2017）用乙烯处理橡胶树后，对选定的橡胶粒子中 REF（Hevb1）、SRPP（Hevb3）和蔗糖磷酸合酶进行蛋白质印迹分析，发现不同等电点和分子量的胶乳 SRPP 有多个亚型，并且 REF2、SRPP1 和 SRPP3 的异构体在高产树胶乳中表达均升高。另外，乙烯能够促使橡胶粒子中几丁质酶和 β-1,3-葡聚糖酶活性增强（Mantello et al.，2014；Li et al.，2015；Makita et al.，2017），参与橡胶粒子几丁质代谢的胶乳过敏原 Hevb2 和 Hevb9 的蛋白活性也相应增强。蛋白质组研究发现，钼元素和乙烯共同作用时，橡胶树胶乳增产效果更明显（Gao et al.，2018）。

茉莉酸能够促进巴西橡胶树乳管分化，最新研究还发现，橡胶树乳管细胞内存在 COI1-JAZ3-MYC2 结构模块，这是响应茉莉酸的特定信号转导模块，所以外施乙烯 / 施茉莉酸与割胶刺激增强橡胶合成的作用相似，都能延长橡胶树排胶时间，从而达到增产效果（Deng et al.，2018）。除此之外，通过上调 FPS 蛋白的基因表达，也有助于提高橡胶生物合成的效率。Dai 等（2016）分别用乙烯 / 茉莉酸处理橡胶树，在乳胶中共有 101 种蛋白质响应乙烯 / 茉莉酸刺激，其中包括磷酸烯醇丙酮酸羧化酶（PEP）、乙酰辅酶 A C-乙酰转移酶（ACCT）和几种 REF 同种类蛋白质家族成员。

推测乙烯刺激橡胶增产的机制可能是植物将大量淀粉转为蔗糖，为乳管细胞提供能量，以增加乳管细胞膜上酶的活性，为橡胶合成提供能量动力，这种现象也称为“质子蔗糖共运转”效应，进一步证实了乙烯刺激橡胶树增产的机制（Dusotoit-Coucaud et al.，2009）。此外，对乙烯刺激的响应模式不同可能表明橡胶生物合成具有一定的离散功能。这些结果揭示了乙烯对 C-乳清蛋白质组的影响及其在胶乳增产中的作用机制；乙烯作为天然橡胶产量的促进剂，其应用可引起多种复杂的生化和生理变化，其中一些与碳水化合物代谢、植物应激、防御相关反应、细胞稳态、橡胶生物合成有关（Cornish，2011b；Men et al.，2018）。然而，随着蛋白质组学技术的发展，乙烯增产的调控机制越发清晰。

最近一项关于乙烯刺激前后巴西橡胶树胶乳中 C-乳清比较蛋白质组学的研究结果显示，在通过 iTRAQ 技术鉴定的 300 多种 C-乳清蛋白中，只有 116 种蛋白质具有定量信息（Abd-Rahman and Kamarrudin，2018），说明该蛋白质组质谱鉴定质量一般。在这 116 个具有定量信息的蛋白质中，大部分蛋白质参与了碳水化合物代谢过程，说明乙烯可以通过激活乳清中代谢相关蛋白来达到刺激天然橡胶生产的目标（Abd-Rahman and Kamarrudin，2018）。

王旭初团队的观察结果也证实，乙烯能够显著促进胶乳中小橡胶粒子的形成（Wang et al.，2015），促进 SRPP 异构体表达，并明显诱导某些 SRPP 异构体的磷酸化。对乙烯处理前后的橡胶粒子蛋白质 2-DE 图谱进行比较，王旭初团队发现乙烯处理后，诱导了一些蛋白质的表达，更为有意思的是，通过质谱鉴定发现，乙烯刺激后，主要导致橡胶粒子膜上的橡胶合成关键蛋白 REF 和 SRPP 中的个别异构体表达量发生改变来执行相关调控功能（图 15-12）。

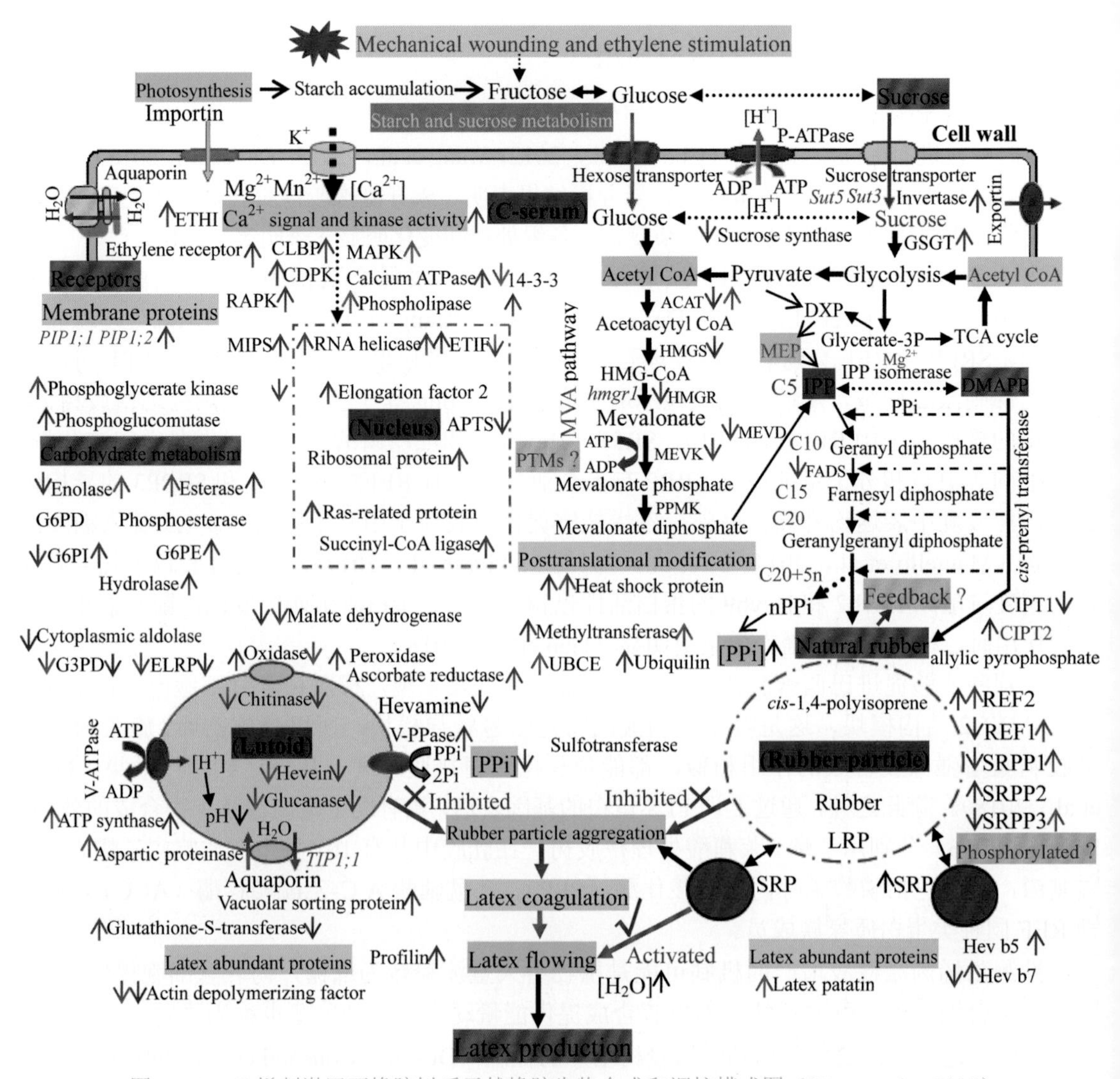

图 15-12 乙烯刺激巴西橡胶树后天然橡胶生物合成和调控模式图（Wang et al.，2015）

Mechanical wounding and ethylene stimulation：机械伤害与乙烯刺激；Starch accumulation：淀粉积累；Fructose：果糖；Glucose：葡萄糖；Sucrose：蔗糖；Starch and sucrose metabolism：淀粉和蔗糖代谢；Importin：输入蛋白；Aquaporin：水通道蛋白；Ethylene receptor：乙烯受体；Membrane proteins：膜蛋白；Phosphoglycerate kinase：磷酸甘油酸激酶；Phosphoglucomutase：葡萄糖磷酸变位酶；Carbohydrate metabolism：碳水化合物代谢；Enolase：烯醇酶；Esterase：酯酶；Phosphoesterase：磷酸酯酶；Hydrolase：水解酶；Hexose transporter：己糖转运体；Ca^{2+} signal and kinase activity：Ca^{2+} 信号和激酶活性；Glucose：葡萄糖；Phospholipase：磷脂酶；RNA helicase：RNA 解旋酶；Elongation factor 2：延伸因子 2；Ribosomal protein：核糖体蛋白；Ras-related protein：Ras 相关蛋白；Succinyl-CoA ligase：琥珀酰辅酶 A 连接酶；Sucrose transporter：蔗糖转运体；Invertase：转化酶；Exportin：输出蛋白；Sucrose synthase：蔗糖合酶；Acetyl CoA：乙酰辅酶 A；Pyruvate：丙酮酸；Glycolysis：糖酵解；Acetoacytyl CoA：乙酰乙酰辅酶 A；Mevalonate：甲羟戊酸；Mevalonate phosphate：甲羟戊酸磷酸；Mevalonate diphosphate：甲羟戊酸二磷酸；Geranyl diphosphate：牻牛儿基二磷酸；*cis*-prenyl transferase：顺式异戊二烯基转移酶；Farnesyl diphosphate：法尼基二磷酸；Geranylgeranyl diphosphate：牻牛儿基牻牛儿基二磷酸；Natural rubber：天然橡胶；Cytoplasmic aldolase：细胞质醛缩酶；Malate dehydrogenase：苹果酸脱氢酶；Oxidase：氧化酶；Peroxidase：过氧化物酶；ATP synthase：ATP 合酶；Aspartic proteinase：天冬氨酸蛋白酶；Chitinase：几丁质酶；Lutoid：黄色体；Hevein：橡胶蛋白；Glucanase：葡聚糖酶；Vacuolar sorting protein：液泡储藏蛋白；Glutathione-*S*-transferase：谷胱甘肽-*S*-转移酶；Latex abundant proteins：乳胶丰富蛋白；Profilin：抑制蛋白；Actin depolymerizing factor：肌动蛋白解聚因子；Ascorbate reductase：抗坏血酸还原酶；V-PPase：焦磷酸酶；Posttranslational modification：翻译后修饰；Methyltransferase：甲基转移酶；Ubiquilin：泛素；Sulfotransferase：磺基转移酶；Rubber particle aggregation：橡胶粒子聚集；Latex coagulation：乳胶凝结；Latex flowing：乳胶流动；Latex production：乳胶生产；Latex patatin：乳胶 patatin 糖蛋白；allylic pyrophosphate：烯丙基焦磷酸；*cis*-1,4-polyisoprene：顺式-1,4-聚异戊二烯

对乙烯处理前后大、小橡胶粒子膜蛋白的 2-DE 图谱进行对比，上述现象在小橡胶粒子中表现更加明显。这些现象也可以从另一个方面解释为何乙烯处理后，橡胶生物合成和产量都显著增加，而橡胶合成的主要相关基因变化却并不明显。这些研究结果均表明，小橡胶粒子在天然橡胶合成中有更重要的作用。

15.4.6　树皮和木质部蛋白质组

橡胶树体内合成和贮存胶乳的地方是乳管系统，而乳管主要分布于茎干上的树皮中，为此，树皮是开展橡胶树各种生物学研究包括橡胶树死皮病的重要对象。近年来，蛋白质组学方法已广泛应用于植物学研究中，而关于木本植物树皮蛋白质学的研究极少（袁坤等，2009）。橡胶树开割后，由于割胶不当及其他外界因素的影响，多种病害发生，如严重影响橡胶树产量的死皮病。橡胶树树皮质地坚硬、难破碎、蛋白质含量低且杂质多，造成蛋白样品制备困难。为此，袁坤等（2009）摸索了一种适合巴西橡胶树树皮的蛋白质提取方法，通过在提取液中加入硫脲和蛋白酶抑制剂 PMSF、加大研磨力度、加入超声波破碎等手段，最终提取到了树皮蛋白质，并获得了较为清晰的蛋白质双向电泳图谱。王斌等（2012）改进了橡胶树树皮蛋白质提取方法，基于酚抽提技术提取巴西橡胶树木质部和树皮蛋白质，进行双向电泳检测，获得了更清晰的双向电泳图谱，蛋白点更多，并比较了木质部和树皮的蛋白质表达谱，通过质谱鉴定了 26 个差异蛋白，其中，与氢氰酸合成相关的两个酶是树皮特有的，这两个酶与橡胶树木质部早期发育相关，而半胱氨酸甲基转移酶是木质部中的高丰度蛋白。另外，在木质部蛋白质中发现，*S*-腺苷甲硫氨酸合成酶也是高丰度蛋白（王斌等，2012）。

Sookmark 等（2002）发现了死皮树胶乳中 REF 和 SRPP 都大量表达，并且在割胶后 REF 明显增多，说明机械损伤能够促进胶乳中 REF 表达上调，加速橡胶的合成。不仅如此，Berthelot 等（2014）在机械损伤树皮后还发现多酚氧化酶（PPO）使胶乳暴露后出现褐变现象，这对防御病原体有一定的作用，PPO 与胶乳凝固和伤口封闭紧密相关。然而，在乙烯刺激橡胶树后，树皮中 PPO、几丁质酶和葡聚糖酶的积累反而下降，这可能会阻碍橡胶粒子在伤口凝集，从而延长胶乳的流动时间，进而增加产胶量。

15.4.7　叶片和其他组织蛋白质组

林秀琴等（2009）用干旱胁迫处理橡胶树后，在叶片差异蛋白分析中发现，存在 38 个蛋白质上调，这些蛋白质主要参与胁迫应激响应、能量代谢、光合作用、信号转导等生物学过程。王海燕等（2012）建立了成熟的巴西橡胶树叶片比较蛋白质组学研究的技术体系，获得了高分辨率的叶片蛋白质双向电泳参考图谱。为研究不同发育时期橡胶树叶片的功能代谢及揭示天然橡胶质的合成调控机制，以巴西橡胶树古铜期幼嫩叶片（幼叶）和稳定期完全成熟叶片（成熟叶）为实验材料，提取蛋白质并进行双向电泳分离，结果发现幼叶与成熟叶的蛋白质表达图谱差异显著，鉴定出的已知蛋白质多数参与了碳代谢及蛋白质的翻译后修饰功能，其中，鉴定出来的腈裂解酶 A 链、1,5-二磷酸核酮糖羧化酶和肌动蛋白等在幼叶和成熟叶片中的表达量不同，这些结果为进一步揭示天然橡胶合成调控机制提供了一定的技术支撑与实验数据，对于天然橡胶合成机制研究及其他热带植物叶片蛋白质组学研究具有一定的参考意义。

通过双向电泳分离和质谱鉴定相结合技术，科学家比较了巴西橡胶树种子萌发过程中蛋白质表达谱的变化规律，发现大约 60% 的蛋白点可以在不同萌发时期的种子中检测到，但有

40% 左右的蛋白点只在某些萌发时期出现，其中，β-葡萄糖苷酶（beta-glucosidase）和淀粉分支酶（starch branching enzyme）Ⅱb 伴随着种子萌发积累显著降低，而酸性几丁质（acidic lectin）和赤霉素 20-氧化酶（gibberellin 20-oxidase）则只能在成熟的干种子中检测到（Wong and Abubakar，2005），这是关于橡胶树种子蛋白质组研究的首次报道。

15.4.8 橡胶草胶乳和成熟根蛋白质组

橡胶草，也称俄罗斯蒲公英（*Taraxacum kok-saghyz*，TKS），其合成的橡胶与银胶菊（*Parthenium argentatum*）体内的橡胶及巴西橡胶树所含的天然橡胶结构和性能类似（Qiu et al.，2014；仇键，2015），这 3 种产胶植物并称世界三大产胶植物。从近些年这 3 种产胶植物蛋白质组学研究文献数量来看，橡胶树文章较多，其他两种产胶植物蛋白质组学研究报道较少。橡胶草可产生高质量的天然橡胶，根部含胶量最高可达 28%（Krotkov，1945），是最有潜力替代巴西橡胶树生产天然橡胶的产胶经济作物。Wahler 等（2012）通过 2-DE 分离橡胶草胶乳蛋白质，首次报道橡胶草胶乳的凝胶图谱，共鉴定 278 个蛋白质，功能分类显示，橡胶草胶乳蛋白质多数为脂质代谢物和运输蛋白，而参与应激反应的蛋白质相对较少。早期的橡胶草研究主要着眼于分子克隆、分子育种、田间试种等方面，蛋白质组学方面的研究刚刚起步，所涉及内容较少。2017 年，橡胶草基因组草图的公布（Lin et al.，2018），为橡胶草蛋白质组学研究的开展奠定了基础。银胶菊橡胶中含有少量的结合蛋白（Van Beilen and Poirier，2007; Kim et al.，2015），只占橡胶树天然橡胶中蛋白质的 4%。银胶菊胶乳橡胶粒子中的结合蛋白与过敏原免疫球蛋白（Ig）E 不能反应（Yeang et al.，2002），所以使用银胶菊橡胶制品时不会引起过敏性反应。

相比其他国家，我国橡胶草和银胶菊的蛋白质组学研究一直处于初步探索阶段。王旭初团队首先对橡胶草成熟根的蛋白质组图谱进行了鉴定，首次获得了橡胶草根部蛋白质表达全谱信息（Xie et al.，2019）。在基于双向电泳胶的可视化蛋白质组图谱研究中，Xie 等（2019）将橡胶草成熟根蛋白质 2-DE 胶上所有积累量体积百分比＞0.01 的蛋白点（428 个）手工挖出后，对每个蛋白点进行凝胶内胰蛋白酶消化并进行飞行时间质谱分析，最终成功鉴定出 371 个蛋白点，这些蛋白点包含 231 种蛋白质。随后，通过液质联用高通量质谱技术，鉴定了 3545 种特有蛋白质。最后，整合 2-DE 胶和 shotgun 鉴定结果，发现从橡胶草根共鉴定到 3593 种蛋白质，其中，经过这两种方法都鉴定到的蛋白质有 189 种，shotgun 鉴定到的特有蛋白质有 3361 个，2-DE 凝胶质谱鉴定后获得了 47 个特有蛋白质。所有蛋白质的功能分析结果显示，这些蛋白质主要参与了 20 个生物代谢过程，如代谢过程（metabolic process）、细胞加工过程（cell processing）、机体代谢（organic metabolism）等。在分子功能分类中，确定了 9 种途径，大部分参与蛋白酶催化活性作用，其次是一些蛋白质有机环状化合物结合和杂环化合物结合蛋白之间的作用。橡胶草根中的这些不同的 GO 聚类分布模式可能与其橡胶生物合成功能有关，表明次生代谢物中参与一些重要的生物学过程。代谢通路分析结果表明，这些蛋白质主要参与了 19 个代谢途径，包括碳水化合物代谢、转运、氨基酸合成、蛋白质转运和分解代谢、多肽折叠、糖类和聚糖生物合成、核苷酸代谢、脂质代谢，以及其他次生萜类生物合成和聚酮化合物及其他氨基酸合成。上述蛋白质组全谱分析结果表明，橡胶草根中参与翻译和碳水化合物代谢的蛋白质具有多种生物功能协调作用，也可能在次生代谢物橡胶生物合成中起关键作用（Xie et al.，2019）。

根据橡胶草根蛋白质全谱鉴定结果，结合文献报道的最新研究结果，Xie 等（2019）对橡胶草根进行了深入的蛋白质组学分析，总结了已鉴定蛋白质的主要功能，并提出了其调控的示意图（图 15-13），发现橡胶草根中蛋白质同时参与了 MVA 和 MEP 两个途径，这两个途径所包含的所有蛋白质几乎都可从橡胶草根中鉴定到。

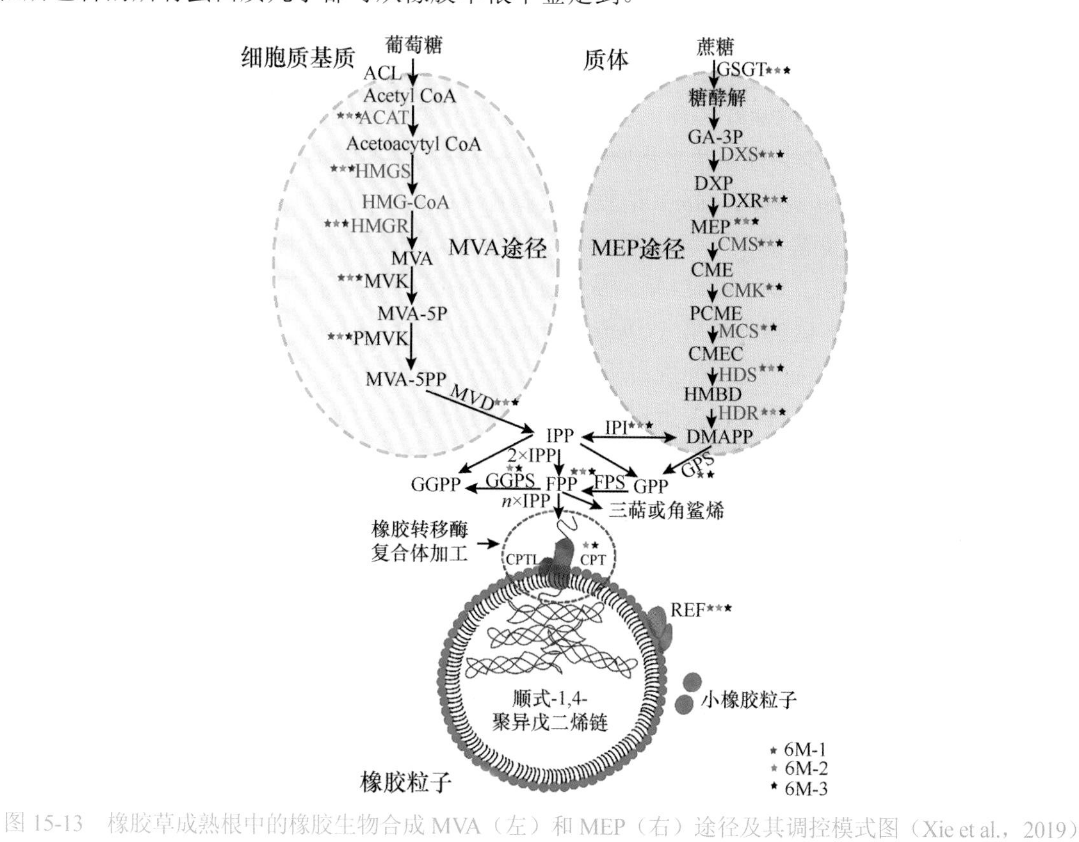

图 15-13　橡胶草成熟根中的橡胶生物合成 MVA（左）和 MEP（右）途径及其调控模式图（Xie et al.，2019）

不同颜色星号代表在上次重复性实验中鉴定到的情况，红色星号代表在第一次实验中鉴定到的蛋白质，蓝色星号代表第二次鉴定到的蛋白质，黑色星号代表第三次鉴定到的蛋白质。Acetyl CoA：乙酰辅酶 A；ACAT：乙酰辅酶 A 乙酰基转移酶（Acetoacetyl-CoA thiolase）；Acetoacytyl CoA：乙酰乙酰辅酶 A；HMG-CoA：3-羟基-3-甲基戊二酸单酰辅酶 A（3-hydroxy-3-methylglutaryl-coenzyme A）；HMGS：3-羟基-3-甲基戊二酸单酰辅酶 A 合酶（HMG-CoA synthase）；HMGR：HMG-CoA 还原酶（HMG-CoA reductase）；MVK：甲羟戊酸激酶（mevalonate kinase）；MVA-5P：甲羟戊酸-5-磷酸（mevalonate-5-phosphate）；PMVK：甲羟戊酸-5-磷酸激酶（phosphomevalonate kinase）；MVA-5PP：甲羟戊酸-5-焦磷酸（mevalonate-5-pyrophosphate）；MVD：甲羟戊酸-5-焦磷酸脱羧酶（mevalonate-5-pyrophosphate decarboxylase）；IPP：异戊二烯焦磷酸（isopentenyl pyrophosphate）；IPI：IPP 异构酶（IPP isomerase）；DMAPP：二甲基丙烯基焦磷酸（dimethylallyl pyrophosphate）；GPP：牻牛儿基焦磷酸（geranyl pyrophosphate）；GPS：GPP 合酶（GPP synthase）；FPP：法尼基焦磷酸（farnesyl pyrophosphate）；FPS：FPP 合酶（FPP synthase）；GGPP：牻牛儿基牻牛儿基焦磷酸（geranylgeranyl pyrophosphate）；GGPS：GGPP 合酶（GGPP synthase）；REF：橡胶延伸因子（rubber elongation factor）；CPT：顺式异戊烯基转移酶（*cis*-isoprene transferase）；CPTL：顺式异戊烯基转移酶类蛋白（*cis*-isoprene transferase-like）；GA-3P：3-磷酸甘油酯；DXS：脱氧木酮糖-5-磷酸合成酶（deoxyxylulose-5-phosphate synthase）；DXP：1-脱氧木酮糖-5-磷酸；DXR：1-脱氧-D-木酮糖-5-磷酸还原异构酶（1-deoxy-D-xylulose 5-phosphate reductoisomerase）；MEP：甲基赤藓糖醇磷酸酯（methylerythritol phosphate）；CMS：2-C-甲基-D-赤藓醇-4-磷酸胞苷酰转移酶（2-C-methyl-derythritol 4-phosphate cytidylyltransferase）；CMK：4-(5′-二磷酸胞苷)-2-C-甲基-D-赤藓醇激酶 [4-(cytidine 5′-diphospho)-2-C-methyl-D-erithritol kinase]；MSC：2-C-甲基-D-赤藓醇-2,4-环焦磷酸合成酶（2-C-methyl-D-erythritol 2,4-cyclodiphosphate synthase）；HDS：4-羟基-3-甲基-2-丁烯基二磷酸合酶（4-hydroxy-3-methylbut-2-enyl diphosphate synthase）；HDR：4-羟基-3-甲基-2-丁烯基二磷酸还原酶（4-hydroxy-3-methylbut-2-enyl diphosphate reductase）

橡胶草根中橡胶生物合成 MVA 和 MEP 两个途径包括约 102 种蛋白质（图 15-13），其中 20 种蛋白家族的成员参与 MVA 途径，11 种蛋白家族的成员参与 MEP 途径。蛋白质全谱分析表明，橡胶草根中存在橡胶生物合成必需的几乎所有蛋白质酶，如 HMGCR、FPPS、

GGPPS、CPT、REF、SRPP、IDI 和 ISPF 等。这些蛋白质中 90% 的关键成员参与翻译后修饰和碳水化合物代谢过程，在天然橡胶生物合成中起着至关重要的调控作用（Xie et al.，2019）。

15.4.9 其他产胶植物胶乳蛋白质组

自然界中产胶植物有 2000 多种，虽然绝大多数产胶植物的胶乳中不含有天然橡胶，但这些乳白色胶乳也有不少共性，很多植物胶乳中含有与天然橡胶类似的组分或者其前体物质。为了鉴定罂粟（*Papaver somniferum*）植物罂粟鸦片（opium poppy）果实乳汁中的蛋白质组，Decker 等（2000）收集罂粟果实乳汁后，提取蛋白质，通过双向电泳结合飞行时间质谱技术，最终从乳清中鉴定了 69 种蛋白质，从沉淀物膜系统中鉴定了 23 种蛋白质。在另外一项关于罂粟科多年生草本植物白屈菜（*Chelidonium majus*）汁液的蛋白质组研究中，Nawrot 等（2007）通过串联质谱鉴定了 21 种蛋白质，这些蛋白质主要参与了植物抗病应答反应，证实了白屈菜汁液中存在很多抗性相关蛋白。随后，该团队进一步研究了白屈菜从开花到果实成熟不同发育阶段汁液中的蛋白质组变化规律，鉴定到 47 个差异表达蛋白，其中很多蛋白质与植物药用成分形成和抗病应答有密切关系（Nawrot et al.，2017）。

白花牛角瓜（*Calotropis procera*）乳汁富含蛋白质，并且具有一定医疗作用。蛋白质组研究结果证实，牛角瓜乳汁中含有较多超氧化物歧化酶（SOD）和抗坏血酸过氧化物酶（APX），但没有检测到过氧化氢酶。酶活分析结果发现，牛角瓜乳汁具有很强的半胱氨酸蛋白酶活性，但天冬氨酸蛋白酶（aspartic proteinase）活性很低，甚至没有检测到丝氨酸蛋白酶和金属蛋白酶活性（Freitas et al.，2007）。利用多维蛋白质组学技术，Cho 等（2009）从莴苣（*Lactuca sativa*）汁液中鉴定了 587 种蛋白质，定位分析发现，这些蛋白质主要来源于质体和线粒体；功能分析发现，这些蛋白质主要参与了代谢过程、细胞凋亡和抗逆应答反应，特别是很多抗病毒应答蛋白在莴苣乳汁中被鉴定到，说明莴苣乳汁具有一定抗病原体作用。体外验证实验也证实，从白花牛角瓜、鸡蛋花（*Plumeria rubra*）、山木瓜（*Carica candamarcensis*）和绿玉树（*Euphorbia tirucalli*）乳汁中提取的蛋白质，均表现出了明显的抗真菌效果，而经过加热或者蛋白酶处理后，这种抗菌效果消失了（Souza et al.，2011）。通过双向电泳结合飞行时间质谱技术，科学家发现牛角瓜乳汁蛋白质主要包含几丁质酶、过氧化物酶和渗透调节蛋白等高丰度抗性相关蛋白（Souza et al.，2011）。在一项关于黄花夹竹桃（*Thevetia peruviana*）胶乳蛋白质组的研究中，科学家共鉴定了 33 个蛋白质，这些蛋白质很多具有蛋白酶活性，其中，萌发素类蛋白（germin-like protein）是小麦种子萌发过程中表达的一种性质极其稳定、具有草酸氧化酶和超氧化物歧化酶活性的同源六聚体糖蛋白，可能在夹竹桃胶乳抗病反应中具有重要作用（Freitas et al.，2016）。这些蛋白质组研究结果均证明这些植物乳汁中的活性蛋白具有显著的抗病效果。

总之，产胶植物蛋白质组学研究目前主要着眼于胶乳蛋白质组学研究，且主要集中在橡胶粒子蛋白质组研究上。由于 CPT、REF 和 HRBP 被确定为橡胶转移酶复合物的主要组分，天然橡胶生物合成调控机制的具体轮廓变得越来越清晰。然而，橡胶生物合成涉及的每种蛋白质，以及橡胶粒子膜上生物发生和橡胶分子量决定因素的确切信息仍然未知。为了揭示上述问题，各组学将继续成为寻找橡胶转移酶复合物不可缺少的有力工具。更为关键的是，获得相关蛋白酶后，要进一步验证这些蛋白酶的具体功能，可以从体外模拟和转基因体内验证两方面努力来确定这些蛋白酶的具体生物学功能。另外，利用基因编辑技术 CRISPR-Cas9，在橡胶草中确定基因编辑后植物的表型，可以作为天然橡胶合成研究的模式植物深入研究。我们相信，蛋白质组学将会更广泛地应用于产胶植物蛋白酶鉴定研究中，同时通过转基因和基因编辑等技术深入开展分子育种研究，必将促进我国天然橡胶产业健康快速发展。

15.5 木薯蛋白质组研究

目前对木薯叶片和块根发育及淀粉积累特性已经做了较为深入的生理生化研究，也对影响木薯淀粉合成积累的外界环境因子，以及淀粉合成代谢调控相关酶类做了相应的研究，并通过转基因手段对木薯进行改良，但仍然不能系统阐释木薯淀粉合成、转运及在块根积累等复杂调控机制。蛋白质是生理功能的执行者和生命现象的体现者，从蛋白质水平上进行生理机制研究更为直接，而且大规模高通量蛋白质分离鉴定技术日益成熟，为蛋白质组学研究提供了便利。近年来，从 SDS-PAGE、2-DE 到最新的技术，如高分辨率 2-DE、质谱和基于 iTRAQ 的分析等，都在应用于木薯蛋白质组研究中。一些木薯蛋白已经通过质谱鉴定出来，包括参与贮藏根系形成、收获后生理恶化过程、植物发育等相关蛋白质，并通过生物信息学分析蛋白质的功能和参与的代谢过程，着重寻找与木薯块根淀粉合成积累及叶片代谢调控相关的蛋白质，并结合分子生物学手段研究木薯块根和叶片淀粉积累调控的可能机制。

15.5.1 块根蛋白质组研究

木薯是最重要的根类作物之一，是一种可靠的食物和碳水化合物来源。木薯鲜薯的高产量依靠块根淀粉的高效积累，而块根淀粉主要来源于光合作用同化物的高效转化。木薯贮藏根中的碳水化合物代谢和淀粉积累是一个涉及大量蛋白质和辅因子的级联过程。木薯的块茎化，一直是木薯研究工作的热点。源（叶）是光合产物的生产和供应者，源是库（块根）的基础，库是光合产物积累、消耗器官，因此解析源、流、库的调控机制对于挖掘木薯的产量潜力具有重要作用（陈松笔等，2015）。

木薯既可以通过种子进行有性生殖，也可以利用种茎进行无性繁殖，农业生产上多用种茎进行繁殖，种茎植后 5 ～ 7d，从种茎腋芽基部、托叶痕下端切面处长出 20 ～ 60 条细小的幼根，随后幼根发育成主根，并在主根上发出很多侧根，这些根组成了木薯最初的须根系（El-Sharkawy，2004）。木薯的幼根具有初生构造，没有次生构造，其横截面结构包括表皮、皮层和中柱三部分。表皮仅有一层细胞，细胞壁薄而不角质化。皮层又分为内皮层和外皮层，占据根的很大部分。内皮层以内即中柱，靠近内皮层的中柱细胞称中柱鞘，具有细胞分裂能力，侧根即由此分裂产生。中柱鞘之内即相间排列的初生韧皮部和初生木质部，根据初生木质部的束数可以将木薯的根分为四原、五原、六原等类型，据观察发现，初生木质部的束数跟木薯发育类型相关，三四束的多发育成吸收根，五束以上的具有发育成块根的潜力。木薯最初的须根系执行吸收土壤水分和养分的生理功能，供给地上部分生长，须根系的发达与否与环境条件（如降雨量、土壤肥力、土壤温度）及木薯品种密切相关。

对木薯不同发育时期块根进行光学显微镜观察发现：木薯块根为六原型根。植后 2 个月左右形成层活动使得次生木质部薄壁细胞大量分化，根部迅速增粗。植后 2.5 个月左右块根次生韧皮部和次生木质部细胞开始积累淀粉，并逐渐增多。植后 2 ～ 6 个月是木薯块根快速膨大期（Wang et al.，2016）。随着木薯根系形成层的活动，次生韧皮部和次生木质部逐步取代了初生韧皮部和初生木质部。植后 25 ～ 40d，一部分须根（3 ～ 15 条）的形成层次级生长，次生木质部薄壁细胞大量增殖分化，使得根直径增大，这些增粗的根以后便发育成块根或贮藏根。须根发育形成块根过程中，其吸收土壤水分和养分的能力逐渐减弱直至丧失，取而代之的是积累贮藏地上部分产生的光合同化物，淀粉是主要的贮藏形式。当然，如果在块根发育过程中，外界环境条件发生剧变，如出现干旱、低温胁迫、土壤板结、缺肥等，块根也会停止增粗而发育成含较多导管和木纤维的粗根。成熟的木薯块根结构上可以大致分为周皮、次生韧皮部、次生木质部 3 个部分。周皮为 1 ～ 2 层排列整齐的扁平细胞，细胞壁厚且栓化形成保护组织，最外层细胞易随根生长而脱落。周皮以内、形成层以外主要是次生韧皮部，由筛管、伴胞、厚壁组织和薄壁细胞组织构成，占根重的 11% ～ 20%。形成层以内为次生木质部，主要由大量的木薄壁细胞组织和嵌在其中的导管组成，中央为占比很小的初生木质部。次生木质部的薄壁细胞中贮存着大量的淀粉，为块根的主要可食用部分。而次生韧皮部则含有乳管，乳管会分泌含有生氰糖苷的乳汁，为根部主要有毒部分。木薯块根整个发育过程中，在皮层组织细胞和外层韧皮部细胞中可见颗粒状蛋白质积累，但在块根发育成熟期，颗粒状蛋白质逐渐降解（图 15-14）。

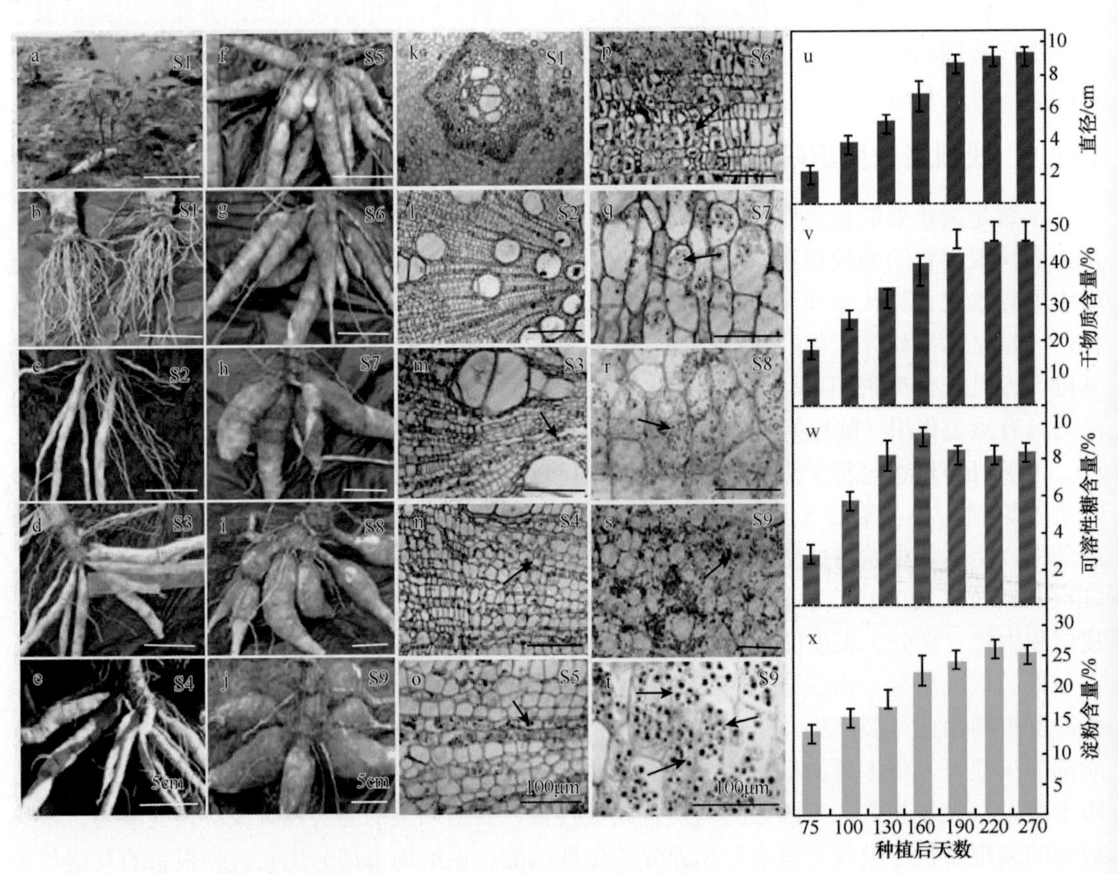

图 15-14 木薯块根发育过程及淀粉积累变化规律（Wang et al.，2016）

最早使用 2-DE 技术分析木薯块根形成过程中蛋白质图谱的报道在 2001 年，只是在双向电泳胶上分析了蛋白点的积累情况，发现木薯块根蛋白点 90% 以上位于 pH 4.0 ～ 6.5、分子质量大小为 14 ～ 80kDa 的区域，但由于没有进行后续蛋白质鉴定，无法深入开展后续功能分析（Cabral and Carvalho，2001）。5 年后，陈思学团队分析了 3 月龄块根的蛋白质，在双向电泳胶上获得了 1595 个蛋白点，并通过质谱鉴定了 237 个高丰度蛋白，功能分析发现这些木

薯块根蛋白质主要参与了能量代谢、抗病反应、蛋白质合成和贮存、信号转导和细胞骨架形成等生物学过程（Sheffield et al.，2006）。花叶木薯栽培种‘ZM-Seaside’（高产种质）和花叶变种（低产种质）比较蛋白质组学分析结果显示，‘ZM-Seaside’块根淀粉含量为 29.18%，显著高于花叶变种的 25.83%；两种木薯鲜薯薯肉氢氰酸含量均低于 50mg/kg，属可食用木薯种质。以花叶变种块根的全蛋白质为对照，‘ZM-Seaside’的块根存在 39 个差异蛋白点，其中上调表达 23 个，经质谱技术成功鉴定到其中 28 个，其功能涉及碳水化合物和能量代谢、分子伴侣、解毒和抗氧化等过程。这些蛋白质是影响‘ZM-Seaside’和花叶变种块根产量的关键蛋白质，有可能成为选育高产木薯种质的标记蛋白（宋雁超等，2017）。

环割，即环状割伤，是在枝干上横割一道或数道深达木质部的圆环。环割直接导致表皮筛管被破坏，继而引起由叶片生产的光合产物通过表皮向下运输的过程受阻。光合产物在环割口上部的堆积会引起反馈调节，使得光合速率降低。通常认为环割引起的源库失衡是导致叶片光合速率下降的主要原因。乔景娟等（2018）采用环割木薯种茎来阻断木薯光合作用与贮藏根淀粉积累代谢通路，然后利用蛋白质组学方法分析叶片光合作用对贮藏根淀粉积累的影响。结果表明木薯种茎环割后，叶片 P_n、G_s、C_i 和 T_r 显著降低，叶片蛋白酶 SPS、AGPase 表达显著降低。利用双向电泳和质谱法鉴定贮藏根的 30 个差异蛋白，其功能涉及碳和能量代谢、分子伴侣、解毒及抗氧化等。利用差异蛋白互作调控网络分析环割阻断叶片光合作用下贮藏根淀粉积累的影响因子时，推测当具有强互作关系的蛋白质如 PGM2、AT3G29320 和 ADG1 及枢纽蛋白 PGK 下调时，会导致木薯叶片光合效率下降、贮藏根淀粉积累减少和鲜薯产量降低（乔景娟等，2018）。

蛋白质含量测定结果显示，随着木薯块根的发育，蛋白质含量先下降后稍上升，最后趋于稳定，整个发育过程中蛋白质含量变化不大。结合光学显微镜观察及 1-DE、2-DE 结果，Wang 等（2016）推测木薯块根中可能不存在营养贮藏蛋白，而茎皮中可能存在，但需要进一步考证。其进而对木薯块根 9 个发育过程相关蛋白质组变化进行了研究，在淀粉积累和块茎化过程中，质谱鉴定发现共有 154 种蛋白质存在差异表达，经过一级 MALDI-TOF、二级 MALDI-TOF/TOF 质谱鉴定，其中 94 个蛋白点得到可信鉴定，对应了 80 种蛋白质。根据功能可以分为 11 类，其中与碳水化合物转运和代谢，转录后修饰、蛋白质周转和分子伴侣，能量生产和转化三大类功能相关的蛋白质占主要部分。Blast2GO 分析发现，差异表达蛋白主要分布于 27 条代谢途径中，其中淀粉和蔗糖代谢途径、糖酵解 / 糖异生途径、氨基糖和核苷糖代谢途径、甲烷代谢途径、谷胱甘肽代谢途径、丙酮酸代谢途径和抗坏血酸代谢途径是蛋白质较为富集的代谢途径。糖代谢相关代谢途径相对较为活跃，暗示了糖信号调控途径可能在块根发育及淀粉积累过程中起重要作用。其中，鉴定了一些与淀粉合成相关的关键酶如 AGPase 小亚基、淀粉磷酸化酶等，以及一些参与信号转导的多功能蛋白如 14-3-3 家族蛋白、亲环蛋白等。许多参与淀粉和蔗糖代谢的酶明显上调，差异表达蛋白功能分类表明，大多数是结合相关酶。许多蛋白质参与碳水化合物代谢从而产生能量。这些蛋白质组研究结果为下一步通过分子生物学手段揭示这些蛋白质在块根发育和淀粉积累调控中所起的作用提供了重要参考数据（Wang et al.，2016）。

值得一提的是，在块根发育蛋白质组研究结果中，有 3 个 14-3-3 蛋白亚型在贮藏根膨大过程中被诱导，而且被显著磷酸化。木薯 14-3-3 的基因在拟南芥中过度表达，证实了这些转基因植物的老叶片比野生型叶片有更高的糖和淀粉含量。木薯块茎化过程中，14-3-3 蛋白及其结合酶可能在碳水化合物代谢和淀粉积累中发挥重要作用（Wang et al.，2016）。这些结果不仅加深了我们对块根蛋白质组的认识，而且揭示了木薯块根膨大过程中碳水化合物代谢和淀粉积累过程的新观点。在此基础上，我们首次构建了木薯块根膨大过程中参与碳代谢和淀粉积累途径的蛋白质调控模式图（图 15-15）。研究成果为木薯定向分子育种提供新的候选蛋白，为高淀粉木薯品种培育提供新的理论依据。

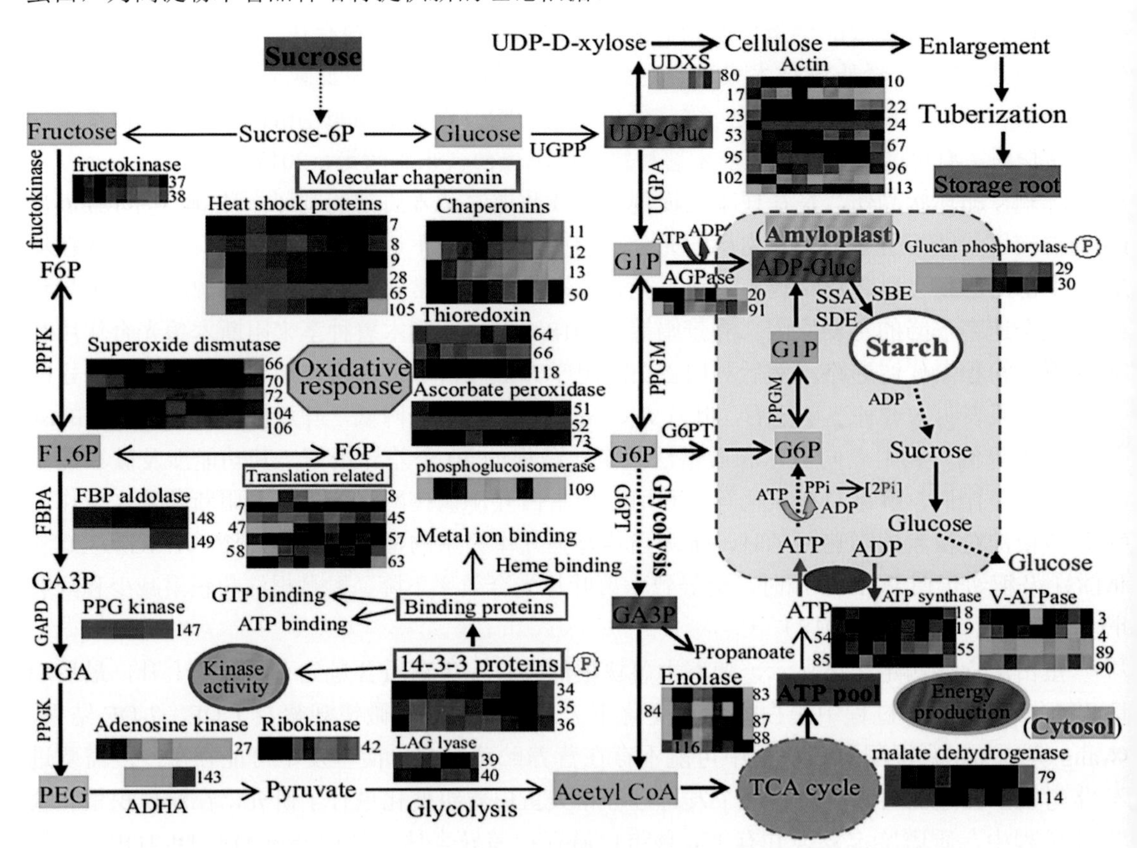

图 15-15 木薯块根发育过程中蛋白质组变化及关键蛋白调控规律示意图（Wang et al.，2016）

Sucrose-6P：蔗糖-6-磷酸（sucrose-6-phosphate）；fructokinase：果糖激酶；F6P：6-磷酸果糖（fructose-6-phosphate；F1,6P：1,6-二磷酸果糖（fructose-1,6-bisphosphate）；PEP：磷酸烯醇式丙酮酸（phosphoenolpyruvate）；G1P：葡萄糖-1-磷酸（glucose-1-phosphate）；G6P：葡萄糖-6-磷酸（glucose-6-phosphate）；GA3P：3-磷酸甘油酯（glycerate-3-phosphate）；PGA：磷酸甘油酸（phosphoglyceric acid）；UDXS：UDP-D-木糖合成酶（UDP-D-xylose synthase）；UDP-Gluc：UDP-葡萄糖（UDP-Glucose）；ADP-Gluc：ADP-葡萄糖（ADP-Glucose）；UGPP：UDP-Gluc 焦磷酸化酶（UDP-Gluc pyrophosphorylase）；PPFK：焦磷酸依赖的磷酸果糖激酶（pyrophosphate dependent phosphofructokinase）；PPGA：6-磷酸葡萄糖酸内酯酶 / 磷酸葡萄糖异构酶（6-phosphogluconolactonase /phosphoglucoisomerase）；PPGM：葡萄糖磷酸变位酶（phosphoglucomutase）；G6PT：葡萄糖-6-磷酸 / 磷酸转运蛋白（glucose-6-phosphate/phosphate translocator）；AGPase：ADP-葡萄糖焦磷酸化酶（ADP-glucose pyrophosphorylase）；SSA：淀粉合成酶（starch synthase）；SBE：淀粉分支酶（starch-branching enzyme）；SDE：淀粉去支化酶（starch-debranching enzyme）；GPPA：糖原 / 淀粉 / 葡聚糖磷酸化酶（glycogen/starch/glucan phosphorylase）；FBPA：果糖-二磷酸醛缩酶（fructose-bisphosphate aldolase）；GAPD：甘油醛-3-磷酸脱氢酶（glyceraldehyde-3-phosphate dehydrogenase）；PPGK：磷酸甘油酸激酶（phosphoglycerate kinase）；ADHA：乙醇脱氢酶（alcohol dehydrogenase）；LAG lyase：乳酰谷胱甘肽裂解酶（lactoylglutathione lyase）

木薯采后生理病变过程中损伤贮藏根的高通量 iTRAQ 蛋白质组学分析显示，在块根可溶性和非可溶性蛋白中，分别有 67 和 170 个差异积累蛋白，主要包括木薯亚麻苦苷水解酶（linamarase）、β-1,3-葡聚糖酶、果胶甲酯酶（pectin methylesterase）等。这些蛋白酶主要参与了抗氧化等生物学过程（Owiti et al.，2011）。木薯损伤贮藏根在 0 ～ 120h 的 PPD 敏感（SC9）和 PPD 耐受（QZ1）基因型中的抗氧化酶活性。结合飞行时间质谱进一步分析了其蛋白质组学变化，鉴定了 99 个差异蛋白点。在 24h/0h、48h/0h、72h/0h 和 96h/0h 的配对比较中，从‘SC9’和‘QZ1’基因型中识别出了重要的表达蛋白，这些蛋白质与 13 种生物学功能有关，其中碳水化合物和能量代谢相关蛋白是两个基因型中差异最大的蛋白质，其次是伴侣蛋白（Qin et al.，2017）。因此，推测 SOD 与 CAT 活性的结合将是抵御 PPD 的第一道防线，以支持耐 PPD 木薯品种的抗性。由蛋白质互作网络分析获得的 CPN60B、Los2、hsc70-1 和 CPN20B 4 种中枢蛋白将成为与 PPD 相关的候选关键蛋白。

木薯采后块根比较蛋白质组研究结果中，共鉴定了 2600 多个蛋白质，其中有 300 多个蛋白质在木薯采后生理性腐烂中发生明显变化，而这些差异蛋白主要参与了抗氧化胁迫应答、苯丙素生物合成、谷胱甘肽循环等生物学过程。其中，谷胱甘肽还原酶（glutathione reductase）、谷氧还蛋白（glutaredoxin）和谷胱甘肽 S- 转移酶（glutathione S-transferase）可能是关键调控酶。转基因木薯研究结果证明，过表达谷胱甘肽还原酶基因的木薯采后保质期确实明显延长（Vanderschuren et al.，2014）。该研究为改善木薯耐 PPD 品种提供了新的线索，有助于更好地了解木薯损伤贮藏根耐受 PPD 的分子机制。

15.5.2　叶片蛋白质组研究

Mitprasat 等（2011）为了寻找木薯中与块茎发生和 / 或发育相关的叶的蛋白质，应用比较蛋白质组学方法监测从纤维状到块茎状的根转变过程中叶蛋白质的差异表达。对两组不同植物年龄组进行了严格的交叉比较和统计分析，结果显示，在生长第 4 ～ 8 周，许多蛋白点的丰度发生了显著变化（P＜0.05）。其中，39 个点用 LC-MS/MS 成功鉴定，这些蛋白质分别属于与抗氧化和防御、碳水化合物代谢、蓝藻发生、能量代谢、杂项和未知蛋白质等多个功能相关的类别。结果表明，可能有的蛋白质触发 / 调节了贮藏根萌发启动和生长（Mitprasat et al.，2011）。这项研究为进一步研究叶差异表达蛋白的功能特性提供了基础，这有助于理解木薯叶片的生化过程如何参与贮藏根的发育。

通过比较两种不同木薯（同源四倍体和二倍体）叶片的蛋白质组差异，科学家鉴定了 52 个差异蛋白，其中 47 个蛋白质在四倍体中上调表达（An et al.，2014）。木薯花叶变种和栽培种比较蛋白质组学分析结果显示，栽培种叶片光合作用相关蛋白的表达水平显著高于花叶变种；采用苯酚法提取叶片全蛋白质，并进行双向电泳分离，以木薯花叶变种为对照，在栽培种叶片蛋白质双向电泳图谱上得到 20 个差异蛋白点，通过 MALDI-TOF-MS 成功鉴定到其中 16 个蛋白质，主要涉及光合作用、碳和能量代谢、分子伴侣、结构蛋白、保护蛋白、解毒和抗氧化等，进而利用 String 在线软件构建蛋白质互作网络，推测核酮糖磷酸 3- 异构酶和叶绿体胶乳醛缩酶是影响木薯叶片光合效率的关键蛋白质，这些蛋白质的高表达对提高木薯块根产量可能有一定促进作用（宋雁超等，2016）。

通过对不结薯的野生木薯、结薯但产量很低的野生木薯近缘种‘W14’和高产高淀粉木薯栽培种‘华南 205’的功能叶片蛋白质组进行比较研究，发现木薯栽培种‘SC205’叶片中磷酸激酶等能量代谢、Rubisco、RCA 等光合作用及淀粉合成相关蛋白高水平表达，作为一种转导信号 14-3-3 蛋白在栽培种‘SC205’也上调表达，推测其可能参与源、流、库代谢通路的信号转导，从而提高栽培种‘SC205’叶片的光合效率（陈松笔等，2015）。这与 Wang 等（2016）发现在木薯块根膨大和淀粉积累中 14-3-3 蛋白家族成员起重要作用的现象一致，说明 14-3-3 蛋白可能在木薯高光效、高产、高淀粉积累、块根发育等多方面均有重要调控作用。

为了揭示木薯叶片在长期干旱胁迫条件下的蛋白质积累变化规律，Shan 等（2018）采用正常、中度干旱和严重干旱 3 个处理条件，首先测定抗旱相关生理指标，然后开展了比较蛋白质组研究，鉴定了 3339 个叶片蛋白质，其中干旱诱导蛋白 262 个、干旱抑制蛋白 296 个。这些干旱应答蛋白质主要参与了碳代谢、能量代谢、蛋白质平衡和逆境应答等生物学过程（Shan et al.，2018）。常丽丽等（2018）开展了木薯叶片响应干旱胁迫的磷酸化蛋白质组差异分析，发现木薯在受到干旱胁迫时可在形态上发生改变，木薯叶片萎蔫、脱落，优先保证顶端叶片的生长。同时，木薯叶片中的磷酸化蛋白表达量也发生相应改变，干旱胁迫处理后，共有 28 个磷酸化蛋白点在叶片中的表达丰度发生了明显变化。质谱鉴定显示，这些蛋白质主要参与光合作用、能量代谢、碳代谢、胁迫与防御、结合和转录翻译等代谢途径。其中，大部分参与光合作用的蛋白质积累量在干旱胁迫后显著降低，而参与能量代谢、碳代谢、胁迫与防御、转录翻译等途径的大部分蛋白质积累量则明显升高。由此推测，木薯应答干旱胁迫可能是通过改变植株形态，抑制叶片中光合作用相关蛋白，调控叶片碳分配过程，同时，通过有效清除活性氧、防御氧化胁迫损伤、防止蛋白质变性和降解等方式提高自身的耐旱性，进而适应新的干旱胁迫环境（常丽丽等，2018）。当然，这些磷酸化蛋白的具体磷酸化位点及不同干旱处理条件下蛋白质磷酸化水平的变化规律，还有待于进一步研究，研究具体磷酸化位点及磷酸化程度的变化规律来探索这些磷酸化位点在调控蛋白质生物学功能中的具体作用，为进一步阐述木薯的抗旱机制和分析木薯抗旱的调控网络提供了数据支持和理论依据。

为了比较干旱胁迫后木薯叶片和根中基因与蛋白质的协同变化规律，科学家最近采用转录组测序和高通量蛋白质组学技术，从干旱胁迫 24h 的木薯幼苗叶片、根中分别测定了 1242 个基因、715 个基因，其中跟对照相比，差异基因分别为 237 个、307 个。蛋白质组分析结果中，从叶片、根中分别鉴定了 5900 个蛋白、9440 个蛋白，其中，2290 个蛋白在叶片和根中都被鉴定到。基因表达和蛋白质积累变化规律比较发现，两者变化规律一致的很少，这意味着蛋白质翻译后修饰在木薯应答干旱胁迫中起了重要作用（Ding et al.，2019）。

木薯叶片感染木薯环斑花叶病毒（cassava mosaic virus，CMV）前后的比较蛋白质组研究结果显示，19 个蛋白质发生了明显改变，意味着这些蛋白质在抗病毒和抗病应答中具有重要作用（Duraisamy et al.，2019）。二斑叶螨（*Tetranychus urticae*）侵染前后木薯叶片的转录组和蛋白质组研究发现，植物激素乙烯、茉莉酸和水杨酸应答通路相关基因和蛋白质在斑螨侵染应答中起了关键作用（Yang et al.，2019）。

光照是植物生长发育的必要条件，是光合作用的主导因子和能量来源，也是影响光合碳循环调节及叶片气孔导度的重要因素，是叶绿素形成的重要条件（贺庭琪等，2013）。科学家以木薯‘华南 8 号’为材料，利用比较蛋白质组学技术对不同光照条件下的木薯叶片蛋白质组进行比较分析，探索了木薯叶片在不同光照条件（正常光照、持续光照和持续弱光）下的蛋白质组变化规律。结果表明，不同光照对木薯叶片中的可溶性糖含量的影响不显著，其中持续弱光处理的可溶性糖含量稍低；而淀粉含量和叶绿素含量在正常光照和持续光照处理条件下保持比较稳定的水平，但在弱光条件下其含量相对较低。对不同光照条件下木薯叶片的 2-DE 图谱进行比较分析，找到 177 个差异表达显著的蛋白点，经过 MALDI-TOF-MS 和 TOF-TOF 鉴定，共成功鉴定了 129 个蛋白点。对鉴定的蛋白质进行 COG 分析，主要分为十大类，其中翻译后修饰、蛋白质折叠和分子伴侣、碳水化合物转运和代谢、能量产生与转换相关蛋白占主要部分。对鉴定的蛋白质进行亚细胞定位和 GO 分析，结果发现涉及 ATP 结合与 1,5-二磷酸核酮糖羧化酶活性分子功能的蛋白质占了 40 多个，这些差异蛋白大多定位于叶绿体上，表明光胁迫处理对木薯叶绿体产生了明显的影响。同时，木薯叶片中的一些蛋白质也受到光调控影响，不同光照处理能促使木薯叶片部分蛋白质的表达量增加，从而使植株适应不同的环境。氨基酸的合成与代谢影响植株生长发育的各个方面，在不同光照条件下，半胱氨酸合成酶和谷氨酰胺合成酶受光胁迫影响变化较大，这两种蛋白质是参与植株体内硫元素和氮元素代谢的关键酶，这两种酶可能对于提高植物利用矿质元素的效率、提高植株的抗氧化能力、增强植物对环境的适应能力有着重要的意义。研究结果为进一步探究木薯高光效相关功能基因在木薯叶片中的作用规律提供了基础，为进一步探究木薯高光效调控机制和木薯分子育种提供了数据参考（贺庭琪等，2013）。

以木薯栽培种‘华南 5 号’为研究材料，利用双层黑塑料袋营造暗光环境，木薯在暗光环境分别生长 0d、1d、3d、9d 后见光 4h，采用蛋白质组学方法，揭示光合作用相关蛋白表达水平的变化。结果表明，随着暗光环境处理天数的增加，叶绿素总含量整体呈下降趋势；以 0d 暗光环境处理的木薯叶片蛋白质图谱为对照，从其他暗光环境处理共得到 45 个平均差异表达量为对照 ±2.0 倍以上的蛋白质，它们的生物学功能涉及光合作用、碳和能量代谢、结构、解毒、抗氧化等。而 ATP 合酶、Rubisco、Rubisco 大亚基、磷酸核酮糖激酶前体、PSI 亚基及 Rubisco 小亚基前体随着暗光环境处理天数延长而下调，显示这些蛋白质的表达水平与光合作用强弱密切相关（陈松笔等，2015）。

木薯虽然具有抗旱、耐贫瘠、淀粉产量高等特点，但对低温非常敏感。低温胁迫会引起其在形态、生理生化及基因等方面的变化，从而影响植物的生命活动，可通过抑制植物对营养物质和水分的吸收来改变植物细胞内部的生化反应速率或者基因表达的过程，从而影响细胞内的新陈代谢。在低温下，木薯叶片卷曲、膨压降低、变黄、变褐、干枯死亡。为了研究低温胁迫对木薯蛋白质的影响，科学家以木薯主栽品种为材料，低温处理 24h 后提取幼嫩叶片及顶端蛋白质后进行非标记定量蛋白质组学分析，结果发现，与对照相比，低温处理下的木薯叶片中差异表达蛋白共计 1140 个，其中上调蛋白 81 个、下调蛋白 1059 个。GO 和 KEGG 分析发现，这些差异蛋白主要涉及能量代谢、RNA 代谢、氨基酸代谢、信号调节和糖代谢等代谢途径。与此同时，黏着连接、烟碱和烟酰胺代谢、ABC 转运蛋白等重要分类的蛋白质表达也发生了显著变化，表明它们在木薯抗寒过程中发挥了重要作用。该研究结果为未来的计算和实验研究提供了参考，有利于揭示低温下差异表达蛋白在木薯中的功能（沈婕等，2018）。

15.5.3 叶绿体蛋白质组研究

木薯的光合理化性质明显优于其他热带作物，具有较高的净光合速率、高光不饱和补偿点、介于 C_3 和 C_4 植物之间的结构特征。因此，深入研究木薯高光合机制对于木薯乃至热带作物的分子育种具有重要意义，且对木薯叶绿体蛋白质组学研究非常重要。蛋白质组学技术发展早期，贺庭琪等（2013）利用单向 SDS-PAGE 和双向 SDS-PAGE 技术，以木薯‘华南 8 号’和‘华南 124 号’的叶绿体作为研究材料，开展了不同品种的比较蛋白质组研究，并成功分离出约 1000 个蛋白点。

徐兵强等（2015）以木薯代表性种质‘华南 8 号’为实验材料，采用改进的酚抽提法提取了高质量总蛋白质，应用蛋白质组学技术，获得了木薯块根形成期叶绿体蛋白质表达谱，发现（397±31）个蛋白点，挖取 2-DE 凝胶上相对丰度较高的蛋白点 275 个，利用改进的酶解方法进行胶内酶解，经 MALDI-TOF-MS 鉴定，获得 208 个蛋白质的鉴定信息，对应 143 种蛋白质，这些蛋白质主要参与光合作用、光合生物碳固定、氧化还原调节、氨基酸代谢、蛋白质代谢和转运等途径。这是关于木薯叶绿体蛋白质表达全谱的首次报道，为后期从蛋白质组水平深入研究木薯叶绿体高光合效率机制提供了一定参考（徐兵强等，2015）。

除了全蛋白质分析，该团队还研究了‘华南 8 号’在不同光照、盐胁迫和干旱胁迫条件下的叶绿体蛋白质变化规律，利用比较蛋白质组学和磷酸化蛋白质组学技术对持续光照和黑暗下的木薯叶绿体蛋白质组进行了研究，以探索木薯的高光效途径及其机制。研究发现，持续光照和黑暗下，木薯叶片的丙二醛、脯氨酸、可溶性糖和淀粉含量的变化规律一致，但变化幅度不一致：丙二醛比值、脯氨酸比值和淀粉比值都呈先增加后降低趋势，可溶性糖比值呈平行降低趋势；持续光照下丙二醛比值、可溶性糖比值和淀粉比值始终大于黑暗下的，脯氨酸比值始终小于黑暗下的。这些结果显示，木薯叶绿体结构受到损伤是因为发生了不同程度的膜脂过氧化。在此基础上，利用 2-DE 技术对木薯叶绿体的蛋白质表达谱进行了分析，与对照相比，从持续光照下和黑暗条件下筛选出 195 个差异表达蛋白点，经 MS 成功鉴定了 175 个差异蛋白点，对应 122 个蛋白质，其中持续光照条件下差异蛋白 106 个、黑暗条件下差异蛋白 121 个。经 GO 注释分析，发现持续光照下和黑暗下，蛋白质在细胞定位、分子功能和生物学途径三方面都表现出相近的变化规律。细胞定位以类囊体膜最多，分子功能以离子结合功能、核苷结合功能和核苷酸结合功能类蛋白质的数量最多，生物学途径主要以参与细胞代谢途径和初级代谢途径的蛋白质数量最多。代谢途径分析全景式展示了木薯叶绿体响应持续光照和黑暗条件下的代谢网络与位于调控节点的差异表达蛋白，其中光合作用、氧化磷酸化、光合作用天线蛋白、光合生物碳固定、乙醛酸二羧酸代谢等呈现蛋白质的富集，它们可能在木薯高光效过程中起主要作用，进而利用磷酸化蛋白质组学技术对木薯叶绿体的磷酸化蛋白表达谱进行了分析，成功鉴定出 22 个磷酸化差异蛋白点，对应了 20 个磷酸化蛋白。GO 注释分析，多数蛋白质定位在膜结构和放氧复合物上，尤其是外膜部分；这些蛋白质具有离子结合和 ATP 结合等分子功能，主要在光合作用、光合作用-天线蛋白等生物学途径中发挥重要作用。综上所述，在不同光照条件下，木薯叶绿体中差异表达蛋白以类囊体膜类蛋白质为最多，主要参与了光合作用、氧化磷酸化、光合作用-天线蛋白、光合生物碳固定和乙醛酸二羧酸代谢等途径，其关键酶可能是通过磷酸化位点的增减或磷酸化修饰来调节活性从而调控木薯高光效过程，且在持续光照和黑暗下存在一定差异。这些结果可为阐明木薯叶绿体响应高光效的机制提供实验数据，为今后木薯分子改良及高光效育种提供重要的基础信息和理论依据（徐兵强，2014）。

叶绿体是对干旱胁迫非常敏感的细胞器，为了研究木薯叶绿体蛋白质应答干旱胁迫的规律，Chang 等（2019）最近对木薯‘华南 8 号’进行不同程度干旱处理后，发现木薯叶片中淀粉积累增加。通过双向电泳技术分离叶绿体蛋白质后寻找差异蛋白进行质谱鉴定，最终获得了 26 个叶绿体干旱应答蛋白。这些差异蛋白主要参与了光合作用、碳代谢、氮积累和氨基酸代谢等生物学过程。其中，很多下调蛋白均为光合作用相关蛋白，但 Rubisco 和碳酸酐酶（carbonic anhydrase）积累明显增加，可通过提高碳水化合物代谢过程来增强抗旱能性。基于上述蛋白质组发现，该团队构建了木薯叶绿体应答干旱胁迫的蛋白质调控模式图（图 15-16），为今后深入开展木薯叶绿体蛋白质功能研究打下了一定基础。

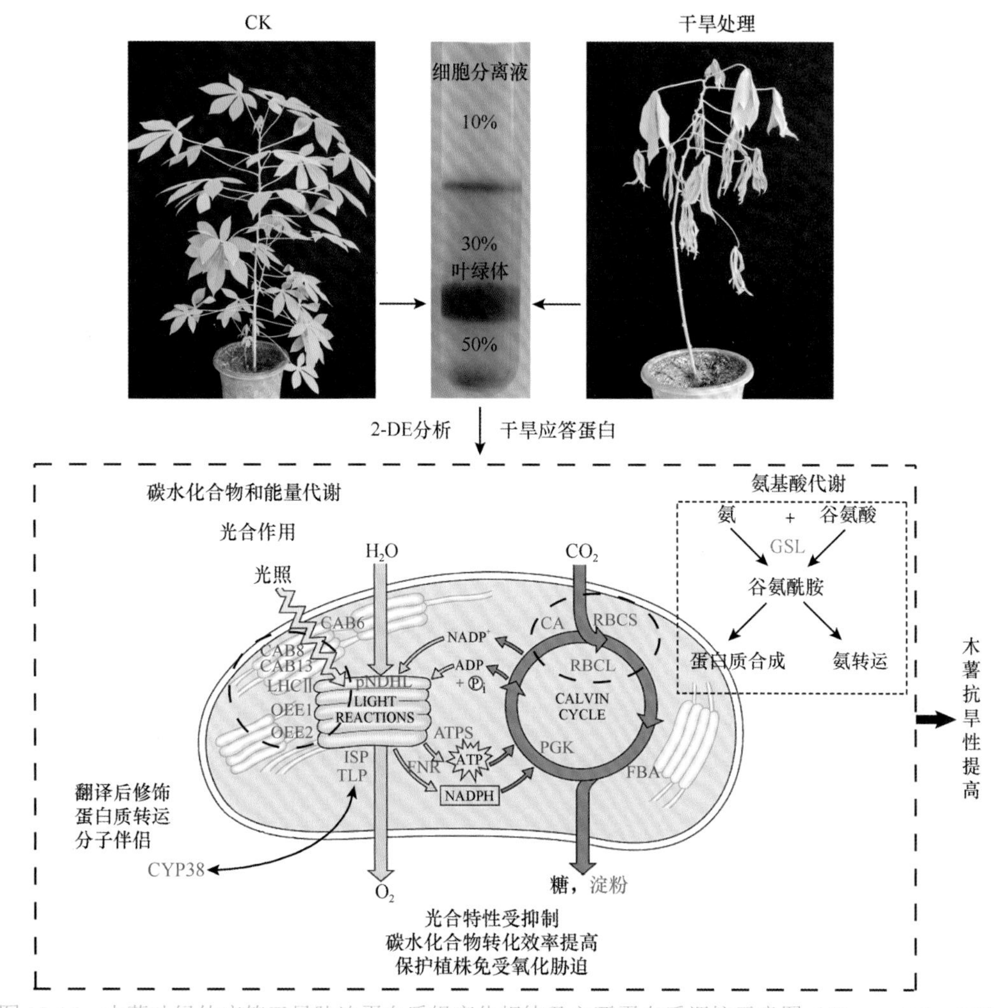

图 15-16　木薯叶绿体应答干旱胁迫蛋白质组变化规律及主要蛋白质调控示意图（Chang et al.，2019）

15.5.4　其他组织部位蛋白质组研究

除了开展木薯块根、叶片和叶绿体蛋白质组研究，科学家也对木薯其他组织部位应答不同生长条件的蛋白质积累变化规律进行了深入研究。Baba 等（2008）通过双向电泳技术获得了次生体细胞胚胎发生（secondary somatic embryogenesis）过程中木薯组培材料的蛋白质表达谱，并成功鉴定了 86 个蛋白质，很多蛋白质参与了能量代谢过程。Li 等（2010）对木薯组培体细胞胚胎、幼苗和块根进行了高通量蛋白质组分析，总共鉴定了 384 个蛋白质，发现微管蛋白在木薯块根中积累量很高。

有色体是类胡萝卜素贮藏和调控多种生理生化过程的场所，而类胡萝卜素具有抗氧化、预防肿瘤和心血管疾病的重要作用，是光合作用的辅助色素，为光合元件提供必要的保护，同时是植物激素脱落酸（ABA）和独角金内酯（strigolactone）的合成前体。研究木薯块根有色体蛋白质表达谱的差异，可为揭示不同物种块根类胡萝卜素的差异提供一定的理论基础。邓昌哲等（2017）发现 Percoll 密度梯度离心法最适合于木薯块根有色体的提取，利用光学显微镜观察发现 40% ～ 50% Percoll 梯度层富含完整有色体。利用蛋白质组学方法显示，与木薯栽培种‘SC6068’相比，木薯品种‘SC9’块根有色体存在 34 个差异蛋白，这些蛋白质中碳代谢及能量代谢相关蛋白所占比例最高。STRING 蛋白互作网络显示，烯醇酶 2 与延伸因子互作关系最多，是整个互作网络的核心蛋白质，推测烯醇酶 2 可能是导致不同物种的块根类胡萝卜素差异的主要蛋白质（邓昌哲等，2017）。

15.6 其他热带作物蛋白质组

15.6.1 香蕉蛋白质组

香蕉的生长、发育及生产受到多种非生物胁迫因素的限制（Hu et al.，2017）。香蕉生长过程中大部分时间都处于低温、干旱、盐碱等逆境中，这严重影响了香蕉产量并制约香蕉产业的发展。因此，充分研究香蕉抗逆相关蛋白，对于提高香蕉产量具有十分重要的意义。

干旱是影响植物生长发育最主要的逆境因子，每年由干旱胁迫造成的农业损失相当于由其他所有环境因子胁迫造成损失的总和（孙存华等，2005）。因此，进行干旱胁迫下差异蛋白质组学研究对于阐明胁迫伤害机制及植物响应机制具有重要意义。Vanhove 等（2012）通过 2D-DIGE 技术，鉴定出干旱胁迫下香蕉叶片中有 112 种蛋白质表达量发生改变，并且成功鉴定 24 种差异蛋白，这些差异蛋白主要是活性氧代谢相关蛋白，如 20kDa 热激蛋白、尿卟啉原脱羧酶、PR10、凝集素、异黄酮还原蛋白、谷胱甘肽还原酶、半胱氨酸合成酶和谷胱甘肽转移酶；能量代谢和呼吸相关蛋白，如磷酸葡糖苷酶、果糖-1,6-二磷酸醛缩酶、果糖二磷酸醛缩酶、甘油醛-3-磷酸脱氢酶、磷酸甘油酯酶和转酮酶等。该研究表明，香蕉在干旱胁迫下存在新的平衡，ROS 和几种脱氢酶在 NAD/NADH 稳态保持中的呼吸和代谢中起重要作用（Vanhove et al.，2012）。

运用 iTRAQ 结合 LC-MS/MS 技术，人们对香蕉在干旱胁迫下的差异蛋白进行检测，并通过生物信息学分析鉴定香蕉叶片蛋白质组。结果显示，共鉴定出 1655 种蛋白，其中获得定量信息的蛋白质有 1023 种，差异表达蛋白 78 种，包括上调蛋白 32 种、下调蛋白 46 种。最终鉴定出的差异蛋白有脂肪氧合酶、丝氨酸烃甲基转移酶、二氢硫辛酸脱氢酶、过氧物酶、乌头酸水合酶、线粒体延长因子 Ts 和肽基脯氨基顺反异构酶，这些蛋白质对抗旱具有一定的作用。

香蕉生产受寒害的影响极为严重。明确香蕉植株响应低温胁迫的分子调控机制有可能为培育和筛选出相对抗寒的香蕉品系提供基础。已有学者使用基于 iTRAQ 的比较蛋白质组学技术分析香蕉在 8℃处理 0h、6h、24h 及在 28℃环境恢复 24h 这 4 个时期的蛋白质进行了深入分析，鉴定了 3477 个蛋白质，其中 809 个蛋白质的表达发生了变化。鉴定结果显示，大多数差异表达蛋白参与氧化还原，包括氧化脂质生物合成，而其他蛋白质主要与光合作用，光呼吸和代谢过程有关，如碳水化合物代谢过程和脂肪酸 β-氧化。最终他们认为香蕉可能通过体内抗氧化系统的诱导表达及其酶活性的变化赋予其高耐寒性。该研究是第一个运用蛋白质组学分析香蕉对低温胁迫响应的报道（Yang et al.，2012）。

孙勇等（2015）应用比较蛋白质组学对 7℃低温处理 0d、3d、5d 和 7d 的巴西蕉幼苗叶片总蛋白质进行分析，发现有 85 个蛋白点的表达丰度在低温胁迫后发现明显变化，通过质谱成功鉴定了其中的 82 个蛋白质，这些蛋白质主要参与蛋白质加工及翻译后修饰、糖与能量代谢、光合作用等生理学过程。研究结果表明，低温环境下香蕉幼苗叶片可能通过改变光合作用相关酶、糖类与能量代谢相关酶的表达量来调节能量与碳代谢，保证碳养分供应及吸收，同时通过活性氧清除系统来提高香蕉抵御低温的能力，研究结果为香蕉抗寒的分子机制研究提供了新线索，为香蕉抗寒育种提供了新的候选蛋白（孙勇等，2015）。

土壤盐渍化是最重要的非生物胁迫之一，它严重影响香蕉的产量和质量。为了解香蕉的耐盐机制，已有研究学者采用 iTRAQ 技术，研究巴西蕉叶片受到 60mmol/L NaCl 胁迫下不同时间的蛋白质变化。已鉴定了 77 个差异表达蛋白，并将差异蛋白分为 9 个功能类别，主要包含蛋白质合成和降解、光合作用、防御反应、能量和碳水化合物代谢。其研究表明，光合作用、蛋白质合成和降解、脂质代谢和次生代谢都与修复香蕉遭受盐害有关。盐胁迫下 ROS 的积累对细胞有害并导致抗氧化系统上调，为了响应盐胁迫，细胞的程序性死亡（PCD）会去除受损的细胞；细胞骨架在维持细胞和氧化还原稳态中起重要作用。香蕉响应盐胁迫通过改变蛋白质丰度比来调节响应生理机制，这是第一个通过蛋白质组学分析巴西叶片响应盐胁迫的报道（Ji et al.，2019）。同样，采用 iTRAQ 技术分析巴西蕉根部经 60mmol/L NaCl 人工模拟盐胁迫 0h、12h、24h 的蛋白质组变化，鉴定出巴西蕉根部在盐胁迫 12h，差异蛋白 162 个上调、282 个下调；在盐胁迫 24h，差异蛋白 205 个上调、334 个下调；通过 GO 和 KEGG 蛋白功能分析，这些蛋白质大部分参与蛋白质合成和细胞分裂等过程，不同类别的功能蛋白质表达量发生变化的目的是建立稳态平衡的新代谢过程。从蛋白质组角度揭示香蕉应答盐害逆境的分子生物学调控机制，可为香蕉分子育种打下基础（吉福桑，2017）。

香蕉产业同样面临着严重的病菌害威胁，如香蕉尖孢镰刀菌枯萎病（*Fusarium* wilt）是香蕉生产中重要的维管束系统性病害，其病原菌为尖孢镰刀菌古巴专化型（*Fusarium oxysporum* f. sp. *cubense*，Foc），它是香蕉生产上最重要的破坏性农业疾病。长期以来严重制约香蕉产业的发展。Foc 有 4 个生理小种，其中，1 号小种（Foc1）和 4 号小种（Foc4）在我国分布最为广泛。

以 Foc1 和 Foc4 为研究对象，通过巴西蕉组织提取物的诱导，采用非标记（label-free）定量技术，科学家分析了 2 个小种的菌丝分泌蛋白表达变化，共鉴定了 2573 个 Foc 蛋白。对诱导条件下 Foc1 和 Foc4 间差异表达的分泌蛋白进行了比较分析，结果表明，在 92 个差异表达分泌蛋白，其功能主要涉及细胞壁降解、蛋白质修饰、氧化胁迫反应、氧化还原和能量代谢等过程。根据这些分泌蛋白参与的生物学过程，进一步推测磷酸化激酶、角质酶、*β*-1,6-葡糖苷酶、*β*-1,3-葡糖苷酶、几丁质去乙酰化酶、羧肽酶、天冬氨酸蛋白酶等分泌蛋白可能与 Foc 的致病性相关，它们在 2 个小种间的表达差异，可能是导致 2 个小种致病力存在差异的重要原因，揭示 Foc 与香蕉互作的分子机制，将为该病害的防治提供理论依据（周淦，2016）。同样，Dong 等（2019）通过比较定量蛋白质组学分析巴西蕉根部对 Foc1 和 Foc4 的抗性机制，共鉴定出 7325 种独特的蛋白质种类。在 Foc1 和 Foc4 感染后，模式识别受体、植物细胞壁修饰、氧化还原稳态、发病机制、植物激素和信号转导、植物次级代谢物和细胞程序性死亡等相关差异蛋白积累，分析结果揭示，Foc1 和 Foc4 对巴西的蕉致病性不同，为深入理解香蕉与 Foc 在蛋白质组水平上的相互作用奠定了基础（Dong et al.，2019）。

15.6.2 甘蔗蛋白质组

甘蔗对温度和水分等自然资源要求较高。在我国，近年来极端低温天气频发，甘蔗在生长后期常遭受自然低温伤害，低温使甘蔗生产和制糖工业生产的发展受到严重影响，导致不同程度的经济损失。为了研究低温胁迫对甘蔗幼苗叶片蛋白质表达的影响，研究者利用蛋白质双向电泳技术，找出两个甘蔗品种低温胁迫处理下差异蛋白点有 48 个，质谱成功鉴定了其中 29 个。将它们按不同功能分为 7 类：①参与光合作用 7 个，占 24.1%，包括 PSⅡ稳定因子、叶绿体 a-b 结合蛋白、铁氧还蛋白-NADP-氧化还原酶、1,5-二磷酸核酮糖羧化酶 / 加氧酶小亚基、PSⅠ反应中心亚基、23kDa 多肽光合系统、叶绿体结合蛋白；②参与抵御胁迫 7 个，占 24.1%，包括乙二醛酶、抗坏血酸过氧化物酶、硫氧还蛋白过氧化物酶、硫氧还蛋白、醌还原酶、超氧化物歧化酶、谷胱甘肽 *S*-转移酶（glutathione-*S*-transferase）；③参与蛋白质加工 6 个，占 20.7%，包括 20S 蛋白酶体、30S 核糖体蛋白、60S 酸性核糖体蛋白、FKBP 型肽基脯氨酰顺反异构酶、BRII-KD 互作蛋白、肽基脯氨酰顺反异构酶；④参与基础代谢 6 个，占 20.7%，包括谷草转氨酶、叶绿体醛缩酶、硫胺合成酶、磷酸丙糖异构酶、果糖-1,6-二磷酸醛缩酶前体、ATP 合酶 δ 亚基；⑤参与转录调控 1 个，占 3.4%，为真核翻译起始因子 5A；⑥参与细胞生长和分裂 1 个，占 3.4%，为生长素结合蛋白；⑦未知功能蛋白质 1 个，占 3.4%，为假定蛋白。对其中 10 个差异蛋白的基因 mRNA 表达进行了分析，发现它们在转录水平与蛋白质水平上的变化不一，相关性不高。进一步分析已鉴定蛋白质的功能发现，低温胁迫通过诱导蛋白质表达，主要影响甘蔗的光合作用和抗氧化酶系统，这也与生理参数的变化相符。ABA 处理后，经过一系列蛋白质的加工和折叠，稳定了光合系统，加强了抗氧化保护作用，从而提高了植物的抗寒性（黄杏，2012）。进一步的研究，采用自然低温从生理生化水平对品种的抗寒性进行比较研究，探讨各指标与抗寒性的关系，运用蛋白质组学方法比较甘蔗在低温胁迫下的蛋白质表达情况，利用同源克隆等技术对一些抗寒相关基因进行克隆和表达分析（张保青，2013）。

苏亚春（2014）建立了一种基于实时荧光定量技术检测甘蔗黑穗病菌的方法，可在黑穗病症状未出现前快速、灵敏地检测病原菌，为甘蔗黑穗病菌的快速检测和早期预防提供了依据。此外，以甘蔗黑穗病抗性基因型和感病主栽品种为植物材料，通过病原菌胁迫，建立了甘蔗-黑穗病菌之间的不亲和与亲和互作系统，利用高通量测序技术，通过多点时序比较，分析甘蔗应答黑穗病病原菌胁迫过程中，同一甘蔗基因型不同接种时间点和不同甘蔗基因型同一接种时间点的蛋白质表达水平变化，构建甘蔗应答黑穗病菌侵染的蛋白质表达谱，对于从分子水平上揭示甘蔗抗黑穗病性的机制具有重要的理论指导和实践意义。

参考文献

常丽丽, 王力敏, 郭安平, 等. 2018. 木薯叶片响应干旱胁迫的磷酸化蛋白质组差异分析. 植物生理学报, 54(1): 133-144.

陈秋波. 2009. 中国与世界主要天然橡胶生产国橡胶生产的历史、现状、问题及策略. 中国橡胶，25(22): 8-13.

陈松笔, 安飞飞, 朱文丽, 等. 2015. 蛋白质组学在木薯育种中的应用. 生物技术通报, 31(11): 18-26.

陈源. 2007. 福建栽培和野生香蕉种质资源离体保存及 RAPD 分析. 福州: 福建农林大学硕士学位论文.

代龙军, 项秋兰, 黎瑜, 等. 2012. 巴西橡胶树橡胶粒子蛋白质的 16-BAC/SDS-PAGE 双向电泳及质谱分析. 中国农业科学, 45(11): 2328-2338.

邓昌哲, 姚慧, 安飞飞, 等. 2017. 木薯块根有色体分离及其蛋白质组学的研究. 作物学报, 43(9): 1290-1299.

段翠芳, 聂智毅，曾日中. 2006. 橡胶粒子膜蛋白双向电泳体系的建立和质谱初步分析. 热带作物学报, 27(3): 22-29.

龚春梅, 宁蓬勃, 王根轩, 等. 2009. C3 和 C4 植物光合途径的适应性变化和进化. 植物生态学报, 33(1): 206-221.

管军军, 张同斌, 崔九红, 等. 2008. 木薯渣生产菌体蛋白的研究. 安徽农业科学, 36(22): 9556-9558.

郝秉中, 吴继林. 1996. 橡胶树乳管切割后的堵塞研究. 热带作物学报, 17(1): 1-6.

贺庭琪, 徐兵强, 郭安平, 等. 2013. 不同品种木薯叶绿体比较蛋白质组学初步研究. 热带作物学报, 34(6): 1090-1097.

胡小婵. 2010. 世界香蕉发展现状. 世界热带农业信息, (4): 7-11.

胡永华. 2004. *HBsAg* 基因的克隆及香蕉果实表达载体的构建. 海口: 华南热带农业大学硕士学位论文.

黄金成. 2018. 木薯新品种华南 9 号引进试验. 园艺与种苗, 38(9): 50-52.

黄杏. 2012. 外源 ABA 提高甘蔗抗寒性的生理及分子机制研究. 南宁: 广西大学博士学位论文.

黄宗道. 2001. 我国天然橡胶业面临的挑战和发展战略. 中国工程科学, 3(2): 28-32.

吉福桑. 2017. 香蕉响应盐胁迫转录组及蛋白质组分析. 海口: 海南大学硕士学位论文.
李德军, 闫洁, 邓治, 等. 2009. 橡胶树 C-乳清三种蛋白提取方法双向凝胶电泳分析. 中国农学通报, 25(16): 273-279.
李明, 罗世巧, 刘实忠. 2010. 乙烯刺激橡胶树胶乳黄色体蛋白差异初析. 热带作物学报, 31(3): 371-375.
李霖锋. 2010. 芭蕉科分子系统及侧穗凤仙花复合体遗传结构研究. 广州: 中山大学博士学位论文.
李锡文. 1978. 云南芭蕉科植物. 中国科学院大学学报, 16(3): 54-64.
李一鲲. 2003. 世界主要天然橡胶生产国生产概况及发展趋势和认识. 热带农业科技, 26(B07): 37-45.
林秀琴, 袁坤, 王真辉, 等. 2009. 干旱胁迫下橡胶树叶片差异表达蛋白的鉴定与功能解析. 热带作物学报, 30(12): 1782-1788.
刘歌. 2003. 香蕉 Actin 1 启动子的分离及功能鉴定. 海口: 华南热带农业大学硕士学位论文.
刘菊华, 徐碧玉, 张建平, 等. 2012. 香蕉基因组测序及胁迫相关功能基因研究进展. 中国生物工程杂志, 32(3): 110-114.
刘卫平, 王敏杰, 韩玉珍, 等. 2002. 天然橡胶的生物合成机制. 植物生理学通讯, 38(4): 382-388.
罗培敏. 2002. 我国木薯现状分析与发展研究. 耕作与栽培, (3): 51-53.
罗士苇, 吴相钰, 冯午. 1951. 橡胶草的研究. 新疆产橡胶草的化学分析及其橡胶含量之测定, 2(3): 373-379.
乔景娟, 厉辉, 潘冉冉, 等. 2018. 环割阻断木薯光合作用与储藏根淀粉积累的蛋白质组学. 植物生理学报, 54(12): 1803-1812.
邱优辉, 李会, 徐贞贞, 等. 2011. 我国香蕉产业现状与发展的科技措施. 农业现代化研究, 32(2): 200-203.
仇键, 张继川, 罗世巧, 等. 2015. 橡胶草的研究进展. 植物学报, 50(1): 133-141.
沈婕, 李淑霞, 彭明. 2018. 木薯响应低温胁迫差异蛋白质的功能分析及鉴定. 分子植物育种, 17(4): 112-1129.
史敏晶, 陈月异, 田维敏. 2009. 橡胶树黄色体 B-乳清可溶性蛋白质电泳分离技术. 热带作物学报, 30(2): 121-125.
宋雁超, 安飞飞, 薛晶晶, 等. 2017. 花叶木薯变种和木薯栽培种 ZM-Seaside 块根蛋白组学分析. 生物技术通报, 33(5): 78-85.
宋雁超, 姚惠, 吕亚, 等. 2016. 花叶木薯变种和木薯栽培种 ZM-Seaside 叶片光合参数及蛋白组学分析. 植物遗传资源学报, 17(5): 935-941.
苏亚春. 2014. 甘蔗应答黑穗病菌侵染的转录组与蛋白组研究及抗性相关基因挖掘. 福州: 福建农林大学博士学位论文.
孙存华, 李扬, 贺鸿雁. 2005. 藜对干旱胁迫的生理生化反应. 生态学报, 25(10): 2556-2561.
孙勇, 王丹, 仝征, 等. 2015. 香蕉幼苗叶片响应低温胁迫的比较蛋白质组学研究. 中国农学通报, 31(34): 216-228.
王斌, 王海燕, 王丹, 等. 2012. 巴西橡胶树木质部和树皮比较蛋白质组学研究. 热带作物学报, 33(5): 837-842.
王光亚. 2002. 食物成分表. 北京: 人民卫生出版社.
王海燕, 田维敏, 王斌, 等. 2012. 巴西橡胶树幼叶和成熟叶比较蛋白质组学初步研究. 中国农学通报, 28(25): 6-14.
魏芳, 校现周, 刘实忠. 2008. 巴西橡胶树胶乳黄色体蛋白提取及双向电泳方法初探. 现代生物医学进, 8(12): 2258-2260.
吴坤鑫, 王震, 姚茂平, 等. 2008. 橡胶树不同品系橡胶粒子蛋白的比较研究. 安徽农业科学, (36): 15785-15787.
吴剑飞, 王海民. 2013. 中国香蕉产业发展现状及竞争力分析. 现代农业科技, (7): 328-330.
吴雪辉. 1996. 香蕉果脯的制作研究. 食品科学, 9: 71-73.
项秋兰, 代龙军, 黎瑜, 等. 2012. 橡胶树大小橡胶粒子的差速离心分离及其差异表达蛋白质的研究. 中国农学通报, 28(4): 18-23.
肖再云, 刘实忠, 校现周. 2009. 不同采胶强度下橡胶树胶乳 C-乳清蛋白的双向电泳初析. 热带作物学报, 30(7): 898-901.
徐兵强. 2014. 不同光照条件下木薯叶绿体蛋白质组学研究. 海口: 海南大学博士学位论文.
徐兵强, 贺庭琪, 王力敏, 等. 2015. 华南 8 号木薯块根形成期叶绿体蛋白质组学分析. 热带作物学报, 36(5): 901-910.
徐智娟, 袁坤, 丁璇, 等. 2010. 橡胶树胶乳全蛋白的提取及双向电泳分析. 热带作物学报, 30(4): 1-4.
闫洁, 陈守才. 2008. 橡胶树死皮病黄色体蛋白质组差异分析与初步鉴定. 湖北农业科学, 47(8): 858-862.
闫洁, 陈守才, 夏志辉. 2008. 橡胶树死皮病胶乳 C-乳清差异表达蛋白质的筛选与鉴定. 中国生物工程杂志, 28(6): 28-36.

杨小亮. 2004. 香蕉果实成熟相关基因的克隆及表达分析及橡胶乙烯受体基因的克隆. 海口: 华南热带农业大学硕士学位论文.

袁坤, 王真辉, 丁璇, 等. 2009. 巴西橡胶树树皮蛋白质组学分析体系的构建. 南京林业大学学报, 33(6): 143-146.

曾霞, 郑服丛, 黄茂芳, 等. 2014. 世界天然橡胶技术现状与展望. 中国热带农业, 56(1): 31-36.

张保青. 2013. 低温胁迫下甘蔗后期生理特性及差异蛋白质组学研究. 南宁: 广西大学博士学位论文.

张放. 2014. 2013 年我国主要水果生产统计分析. 中国果业信息, 31(12): 30-42.

张鹏, 安冬, 马秋香, 等. 2013. 木薯分子育种中若干基本科学问题的思考与研究进展. 中国科学, 43(12): 1082-1089.

周淦. 2016. 香蕉枯萎病菌分泌蛋白质的差异表达分析. 广州: 华南农业大学硕士学位论文.

朱家红, 张全琪, 张治礼. 2010. 乙烯利刺激橡胶树增产及其分子生物学基础. 植物生理学通讯, 46(1): 87-93.

朱永康. 2017. 欧盟将天然橡胶列为稀缺原材料名单. 橡胶科技, 15(11): 26.

Abd-Rahman N, Kamarrudin M F. 2018. Proteomic profiling of *Hevea* latex serum induced by ethephon stimulation. J. Trop. Plant Physiol., 10(1): 11-22.

Aert R S, Volckaert G. 2004. Gene content and density in banana (*Musa acuminata*) as revealed by genomic sequencing of BAC clones. Theoretical & Applied Genetics, 109(1): 129-139.

Amerika A Y, Martirosyan Y T, Gachoka I V. 2018. Regulation of natural rubber biosynthesis by proteins associated with rubber particles. Russian Journal of Bioorganic Chemistry, 44(2): 140-149.

An F, Fan J, Li J, et al. 2014. Comparison of leaf proteomes of cassava (*Manihot esculenta* Crantz) cultivar NZ199 diploid and autotetraploid genotypes. PLoS ONE, 9(4): e85991.

Baba A I, Nogueira F S, Pinheiro C B, et al. 2008. Proteome analysis of secondary somatic embryogenesis in cassava (*Manihot esculenta*). Plant Sci., 175(5): 717-723.

Barto S J, Alkhimova O. 2005. Nuclear genome size and genomic distribution of ribosomal DNA in *Musa* and *Ensete* (Musaceae): taxonomic implications. Cytogenetic and Genome Research, 109(1-3): 50-57.

Berthelot K, Lecomte S, Estevez Y, et al. 2014. Homologous *Hevea brasiliensis* REF (Hevb1) and SRPP (Hevb3) present different auto-assembling. Biochimica et Biophysica Acta, 1844(2): 473-485.

Bradbury J H, Holloway W D. 1988. Chemistry of tropical root crops: significance for nutrition and agriculture in the Pacific. ACIAR Monograph No 6. Canberra: Australian Centre for International Agricultural Research.

Bredeson J V, Lyons J B, Prochnik S E, et al. 2016. Sequencing wild and cultivated cassava and related species reveals extensive interspecific hybridization and genetic diversity. Nature Biotechnol. 34(5): 562-571.

Brown D, Feeney M, Ahmadi M, et al. 2017. Subcellular localization and interactions among rubber particle proteins from *Hevea brasiliensis*. J. Exp. Bot., 68(18): 5045-5055.

Cabral G B, Carvalho L B. 2001. Analysis of proteins associated with storage root formation in cassava using two-dimensional gel electrophoresis. R. Bras. Fisiol. Veg., 13(1): 41-48.

Calatayud P A, Baron C H, Velasquez H, et al. 2002. Wild manihot species do not possess C_4 photosynthesis. Ann. Bot., 89(1): 125-127.

Canovas F M, Gaudot E D, Recorbet G, et al. 2004. Plant proteome analysis. Proteomics, 4(2): 285-298.

Carpentier S C, Witters E, Laukens K, et al. 2005. Preparation of protein extracts from recalcitrant plant tissues: an evaluation of different methods for two-dimensional gel electrophoresis analysis. Proteomics, 5(10): 2497-2507.

Carreel F, Leon D D, Lagoda P L, et al. 2002. Ascertaining maternal and paternal lineage within *Musa* by chloroplast and mitochondrial DNA RFLP analyses. Genome, 45(4): 679.

Ceballos H, Igleas A C, Perez J C, et al. 2004. Cassava breeding: opportunities and challenges. Plant Mol. Biol., 56(4): 503-516.

Chang L L, Wang L M, Peng C Z, et al. 2019. The chloroplast proteome response to drought stress in cassava leaves. Plant Physiology and Biochemistry, 142: 351-362.

Chen L Y, Van Buren R, Paris M, et al. 2019. The bracteatus pineapple genome and domestication of clonally propagated crops. Nature Genetics, 51(10): 1-10.

Chen S X, Harmon A C. 2006. Advances in plant proteomics. Proteomics, 6(20): 5504-5516.

Cheung F, Town C D. 2007. A BAC end view of the *Musa acuminatag* enome. BMC Plant Biology, 7(1): 29-40.

Cho W K, Chen X Y, Uddin N M. 2009. Comprehensive proteome analysis of lettuce latex using multidimensional protein-identification technology. Phytochemistry, 70(5): 570-578.

Cho W K, Jo Y, Chu H, et al. 2014. Integration of latex protein sequence data provides comprehensive functional overview of latex proteins. Mol. Biol. Rep., 41(3): 1469-1481.

Chow K S, Mat-Isa M N, Bahari A, et al. 2012. Metabolic routes affecting rubber biosynthesis in *Hevea brasiliensis* latex. Journal of Experimental Botany, 63(5):1863-1871.

Chow K S, Wan K L, Isa M N, et al. 2007. Insights into rubber biosynthesis from transcriptome analysis of *Hevea brasiliensis* latex. J. Exp. Bot., 58(10): 2429-2440.

Cornish K. 2001a. Similarities and differences in rubber biochemistry among plant species. Phytochemistry, 57(7): 1123-1134.

Cornish K. 2001b. Biochemistry of natural rubber, a vital raw material, emphasizing biosynthetic rate, molecular weight and compartmentalization, in evolutionarily divergent plant species. Nat. Prod. Rep., 18(2): 182-189.

Cornish K, Scott D J, Xie W S, et al. 2018. Unusual subunits are directly involved in binding substrates for natural rubber biosynthesis in multiple plant species. Phytochemistry, 156: 55-72.

Cornish K, Xie W. 2012. Natural rubber biosynthesis in plants: rubber transferase. Methods Enzymol, 515: 63-82.

D'Amato A, Bachi A, Fasoli E, et al. 2010. In-depth exploration of *Hevea brasiliensis* latex proteome and "hidden allergens" via combinatorial peptide ligand libraries. J. Proteomics, 73(7): 1368-1380.

D'Auzac J, Jacob J L, Christin H. 1989. The Composition of Latex from *Hevea brasiliensis* as A Laticiferous Cytoplasm. Physiology of Rubber Tree Latex. Boca Raton: CRC Press: 65-82.

D'Hont A, Denoeud F, Aury J M, et al. 2012. The banana (*Musa acuminata*) genome and the evolution of monocotyledonous plants. Nature, 488(7410): 213-217.

Dai L J, Kang G J, Li Y, et al. 2013. In-depth proteome analysis of the rubber particle of *Hevea brasiliensis* (para rubber tree). Plant Mol. Biol., 82(1-2):155-168.

Dai L J, Kang G J, Nie Z Y, et al. 2016. Comparative proteomic analysis of latex from *Hevea brasiliensis* treated with ethrel and methyl jasmonate using iTRAQ-coupled two-dimensional LC-MS/MS. J. Proteomics, 132: 167-175.

Dai L J, Nie Z Y, Kang G J, et al. 2017. Identification and subcellular localization analysis of two rubber elongation factor isoforms on *Hevea brasiliensis* rubber particles. Plant Physiol. Biochem., 111: 97-106.

Damerval C, Devienne D, Zivy M, et al. 1986. Technical improvements in two-dimensional electrophoresis increase the level of genetic variation detected in wheat-seedling proteins. Electrophoresis, 7(1): 52-54.

Davey M W, Graham N S, Vanholme B, et al. 2009. Heterologous oligonucleotide microarrays for transcriptomics in a non-model species; a proof-of-concept study of drought stress in *Musa*. BMC Genomics, 10(1): 436.

Decker G, Wanner G, Zenk M H, et al. 2000. Characterization of proteins in latex of the opium poppy (*Papaver somniferum*) using two-dimensional gel electrophoresis and microsequencing. Electrophoresis, 21(16): 3500-3516.

Deng X M, Guo D, Yang S G, et al. 2018. Jasmonate signalling in regulation of rubber biosynthesis in laticifer cells of rubber tree (*Hevea brasiliensis* Muell. Arg). Journal of Experimental Botany, 69(15): 3559-3571.

Dian K, Sangare A, Diopoh J K. 1995. Evidence for specific variation of protein pattern during tapping panel dryness condition development in *Hevea brasiliensis*. Plant Science, 105(2): 207-216.

Ding Z H, Fu L L, Tie W W, et al. 2019. Extensive post-transcriptional regulation revealed by transcriptomic and proteomic integrative analysis in cassava under drought. J. Agric. Food Chem., 67(12): 3521-3534.

Dong H, Li Y, Fan H, et al. 2019. Quantitative proteomics analysis reveals reresistance differences of banana cultivar 'Brazilian' to *Fusarium oxysporum* f. sp. *cubense* races 1 and 4. J. Proteomics, 203: 103376.

Dusotoit-Coucaud A, Brunel N, Kongsawadworakul P, et al. 2009. Sucrose importation into laticifers of *Hevea brasiliensis*, in relation to ethylene stimulation of latex production. Ann. Bot., 104(4): 635-647.

Duraisamy R, Natesan S, Muthurajan R, et al. 2019. Proteomic analysis of cassava mosaic virus (CMV) responsive proteins in cassava leaf. Int. J. Curr. Microbiol. App. Sci., 8(4): 2988-3005.

Edwards G E, Sheta E, Moore B D, et al. 1990. Photosynthetic characteristics of cassava (*Manihot esculenta* Crantz), a C3 species with chlorenchymatous bundle sheath cells. Plant Cell Physiol., 31(8): 1199-1206.

El-Sharkawy M A. 2004. Cassava biology and physiology. Plant Molecular Biology, 56(4): 481-501.

El-Sharkawy M A. 2006. International research on cassava photosynthesis, productivity, ecophysiology, and responses to environmental stresses in the tropics. Photosynthetica, 44(4): 481-512.

Fan P X, Feng J J, Jiang P, et al. 2011. Coordination of carbon fixation and nitrogen metabolism in *Salicornia europaea* under salinity: comparative proteomic analysis on chloroplast proteins. Proteomics,11(22): 4346-4367.

Fan P X, Wang X C, Kuang T Y, et al. 2009. An efficient method for protein extraction of chloroplast protein compatible for 2-DE and MS analysis. Electrophoresis, 30(17): 3024-3033.

Faurobert M, Pelpoir E, Chaib J. 2007. Phenol extraction of proteins for proteomic studies of recalcitrant plant tissues. Methods in Molecular Biology, 355: 9-14.

Freitas C T, Cruz W T, Silva M R, et al. 2016. Proteomic analysis and purification of an unusual germin-like protein with proteolytic activity in the latex of *Thevetia peruviana*. Planta, 243(5): 1115-1128.

Freitas C T, Oliveira J S, Miranda M R, et al. 2007. Enzymatic activities and protein profile of latex from *Calotropis procera*. Plant Physiology and Biochemistry, 45(10-11): 781-789.

Gao L, Sun Y, Wu M, et al. 2018. Physiological and proteomic analyses of molybdenum- and ethylene-responsive mechanisms in rubber latex. Front. Plant Sci., 9: 621.

Gewolb J. 2001. Genome research. DNA sequencers to go bananas? Science, 293(5530): 585-586.

Giavalisco P, Nordhoff E, Lehrach H, et al. 2003. Extraction of proteins from plant tissues for two-dimensional electrophoresis analysis. Electrophoresis, 24(1-2): 207-216.

Gonzalez-Buitrago J M, Ferreira L, Isidoro-Garcia M, et al. 2007. Proteomic approaches for identifying new allergens and diagnosing allergic diseases. Clinica Chimica Acta, 385(1-2): 21-27.

Gronover C S, Wahler D, Prüfer D. 2011. Natural rubber biosynthesis and physic-chemical studies on plant derived latex // Elnashar M. Biotechnology of Biopolymers. Croatia: InTech.

Guylene A, Parfait B, Fahrasmane L. 2009. Bananas, raw materials for making processed food products. Trends in Food Science Technology, 20(2): 80-91.

Habib M H, Gan C Y, Latiff A A, et al. 2018. Unrestrictive identification of post-translational modifications in *Hevea brasiliensis* latex. Biochem. Cell Biol., 96(6): 818-824.

Habib M H, Yuen G C, Othman F, et al. 2017. Proteomics analysis of latex from *Hevea brasiliensis* (clone RRIM 600). Biochem. Cell Biol., 95(2): 232-242.

Havanapan P, Bourchookarn P, Ketterman A J, et al. 2016. Comparative proteome analysis of rubber latex serum from pathogenic fungi tolerant and susceptible rubber tree (*Hevea brasiliensis*). J. Proteomics, 131: 82-92.

Hillebrand A, Post J J, Wurbs D, et al. 2012. Down-regulation of small rubber particle protein expression affects integrity of rubber particles and rubber content in *Taraxacum brevicorniculatum*. PLoS ONE, 7(7): e41874.

Hu W, Ding Z, Tie W, et al. 2017. Comparative physiological and transcriptomic analyses provide integrated insight into osmotic, cold, and salt stress tolerance mechanisms in banana. Scientific Reports, 7: 43007.

Hurkman W J, Tanaka C K. 1986. Solubilization of plant membrane proteins for analysis by two-dimensional gel electrophoresis. Plant Physiology, 81(3): 802-806.

Islam N, Lonsdale M, Upadhyaya N M, et al. 2004. Protein extraction from mature rice leaves for two-dimensional gel electrophoresis and its application in proteome analysis. Proteomics, 4(7): 1903-1908.

Jaroslav D. 2004. Cytogenetic and cytometric analysis of nuclear genome in *Musa* // Mohan J S, Swennen R. Banana Improvement: Cellular, Molecular Biology & Induced Mutations. Enfield: Science Publishers Inc.

Ji F S, Tang L, Li Y Y, et al. 2019. Differential proteomic analysis reveals the mechanism of *Musa paradisiaca* responding to salt stress. Molecular Biology Reports, 46(1): 1057-1068.

Keating B A, Evenson J P. 1979. Effect of soil temperature on sprouting and sprout elongation of stem cuttings of cassava. Field Crops Research, 2(3): 241-252.

Kim D, Langmead B, Salzberg S L. 2015. HISAT: a fast spliced aligner with low memory requirements. Nat. Methods, 12(4): 357-360.

Kim D W, Rakwal R, Agrawal G K, et al. 2005. A hydroponic rice seedling culture model system for investigating proteome of salt stress in rice leaf. Electrophoresis, 26(23): 4521-4539.

Kim I J, Ryu S B, Kwak Y S, et al. 2004. A novel cDNA from *Parthenium argentatum* Gray enhances the rubber biosynthetic activity *in vitro*. J. Exp. Bot., 55(396): 377-385.

Krotkov G. 1945. A review of literature on *Taraxacum kok-saghyz* Rod. The Botanical Review, 11(8): 417-461.

Lau N S, Makita Y, Kawashima M, et al. 2016. The rubber tree genome shows expansion of gene family associated with rubber biosynthesis. Scientific Reports, 6: 28594.

Lejju B J, Robertshaw P, Taylor D. 2006. Africa's earliest bananas? Journal of Archaeological Science, 33(1): 102-113.

Li D, Hao L, Liu H, et al. 2015. Next-generation sequencing, assembly, and comparative analyses of the latex transcriptomes from two elite *Hevea brasiliensis* varieties. Tree Genet. Genomes, 11(5): 98.

Li H L, Guo D, Lan F Y, et al. 2011. Protein differential expression in the latex from *Hevea brasiliensis* between self-rooting juvenile clones and donor clones. Acta Physiol Plant, 33(5): 1853-1859.

Li K M, Zhu W, Zeng K, et al. 2010. Proteome characterization of cassava (*Manihot esculenta* Crantz) somatic embryos, plantlets and tuberous roots. Proteome Sci., 8: 10.

Lin T, Xu X, Ruan J, et al. 2018. Genome analysis of *Taraxacum kok-saghyz* Rodin provides new insights into rubber biosynthesis. National Science Review, 5(1): 78-87.

Liu J, Shi C, Shi C C, et al. 2019. The chromosome-based rubber tree genome provides new insights into spurge genome evolution and rubber biosynthesis. Nature Plants, 13(2): 336-350.

Makita Y, Ng K K, Veera S G, et al. 2017. Large-scale collection of full-length cDNA and transcriptome analysis in *Hevea brasiliensis*. DNA Research, 24(2): 159-167.

Mantello C C, Cardoso-Silva C B, Silva C D, et al. 2014. *De novo* assembly and transcriptome analysis of the rubber tree (*Hevea brasiliensis*) and SNP markers development for rubber biosynthesis pathways. PLoS ONE, 9(7): e102665.

Martin M N. 1991. The latex of *Hevea brasiliensis* contains high levels of both chitinases and chitinases/lysozymes. Plant Physiol., 95(2): 469-476.

Men X, Wang F, Chen G Q, et al. 2018. Biosynthesis of natural rubber: current state and perspectives. International Journal of Molecular Sciences, 20(1): 50.

Mitprasat M, Sittiruk R S, Jiemsup S, et al. 2011. Leaf proteomic analysis in cassava (*Manihot esculenta* Crantz) during plant development, from planting of stem cutting to storage root formation. Planta, 233(6): 1209-1221.

Musto S, Barbera V, Maggio M, et al. 2016. Crystallinity and crystalline phase orientation of poly (1,4-*cis*-isoprene) from *Hevea brasiliensis* and *Taraxacum kok-saghyz*. Polym. Adv. Technol., 27(8): 1082-1090.

Nawrot R, Kalinowski A, Gozdzicka-Jozefiak A. 2007. Proteomic analysis of *Chelidonium majus* milky sap using two-dimensional gel electrophoresis and tandem mass spectrometry. Phytochemistry, 68(12): 1612-1622.

Nawrot R, Lippmann R, Matros A, et al. 2017. Proteomic comparison of *Chelidonium majus* L. latex in different phases of plant development. Plant Physiology and Biochemistry, 112: 312-325.

Onwueme I C. 2001. Cassava in Asia and the Pacific // Hillocks R J, Thresh J M, Anthony B. Cassava: Biology, Production and Utilization. Wallingford: CABI Publishing.

Ordonez N, Seidl M F, Waalwijk C, et al. 2015. Worse comes to worst: bananas and Panama disease-when plant and pathogen clones meet. PLoS Pathogens, 11(11): e1005197.

Owiti J, Grossmann J, Gehrig P, et al. 2011. iTRAQ-based analysis of changes in the cassava root proteome reveals pathways associated with post-harvest physiological deterioration. The Plant Journal, 67(1): 145-156.

Peressin V A, Monteiro D A, Lorenzi J O, et al. 1998. Effects of weed interference on cassava growth and productivity. Bragantia, 57(1): 135-148.

Pootakham W, Sonthirod C, Naktang C, et al. 2017. *De novo* hybrid assembly of the rubber tree genome reveals evidence of paleotetraploidy in *Hevea* species. Scientific Reports, 7: 41457.

Priyadarshan P M. 2017. Refinements to Hevea rubber breeding. Tree Genetics Genomes, 13(1): 20.

Priya P, Venkatachalam P, Thulaseedharan A. 2007. Differential expression pattern of rubber elongation factor (REF) mRNA transcripts from high and low yielding clones of rubber tree (*Hevea brasiliensis* Muell. Arg.). Plant Cell Rep., 26(10): 1833-1838.

Qiu J, Sun S, Luo S, et al. 2014. *Arabidopsis* AtPAP1 transcription factor induces anthocyanin production in transgenic *Taraxacum brevicorniculatum*. Plant Cell Rep., 33(4): 669-680.

Qin Y, Djabou A M, An F F, et al. 2017. Proteomic analysis of injured storage roots in cassava (*Manihot esculenta* Crantz) under postharvest physiological deterioration. PLoS ONE, 12(3): e0174238.

Rahman A Y, Usharraj A O, Misra B B, et al. 2013. Draft genome sequence of the rubber tree *Hevea brasiliensis*. BMC Genomics. 14: 75-89.

Ravindran V, Blair R. 1991. Feed resources for poultry production in Asia and the Pacific energy sources. World's Poultry Science Journal, 47(3): 213-231.

Ren J S. 1996. Cassava products for food and chemical industries: China // Dufour D L, O'Brien G M, Best R, et al. Cassava Flour and Starch: Progress in Research and Development. Colombia: CIAT: 48-54.

Rojruthai P, Sakdapipanich J T, Takahashi S, et al. 2010. *In vitro* synthesis of high molecular weight rubber by *Hevea* small rubber particles. J. Biosci. Bioeng., 109(2): 107-114.

Sando T, Hayashi T, Takeda T, et al. 2009. Histochemical study of detailed laticifer structure and rubber biosynthesis-related protein localization in *Hevea brasiliensis* using spectral confocal laser scanning microscopy. Planta, 230(1): 215-225.

Sando T, Takaoka C, Mukai Y, et al. 2008. Cloning and characterization of mevalonate pathway gens on a natural rubber producing plant, *Hevea brasiliensis*. Biosci. Biotechnol. Biochem., 72(8): 2049-2060.

Shan Z Y, Luo X L, Wei M G, et al. 2018. Physiological and proteomic analysis on long-term drought resistance of cassava (*Manihot esculenta* Crantz). Scientific Reports, 8(1): 17982.

Shaw M M, Riederer B M. 2003. Sample preparation for two-dimensional gel electrophoresis. Proteomics, 3(8): 1408-1417.

Sheffield J, Taylor N, Fauquet C, et al. 2006. The cassava (*Manihot esculenta* Crantz) root proteome protein identification and differential expression. Proteomics, 6(5): 1588-1598.

Shi M J, Li Y, Deng D D, et al. 2019. The formation and accumulation of protein-networks by physical interactions in the rapid occlusion of laticifer cells in rubber tree undergoing successive mechanical wounding. BMC Plant Biology, 19(1): 8.

Simmonds N W. 1966. Bananas: Tropical Agri Series. 2nd ed. London: Longman.

Simmonds N W, Shepherd K. 1955. The taxonomy and origins of the cultivated bananas. Botanical Journal of the Linnean Society, 55(359): 302-312.

Singh A P, Wi S G, Chung G C, et al. 2003. The micromorphology and protein characterization of rubber particles in *Ficus carica*, *Ficus benghalensis* and *Hevea brasiliensis*. J. Exp. Bot., 54(384): 985-992.

Sookmark U, Pujade-Renaud V, Chrestin H, et al. 2002. Characterization of polypeptides accumulated in the latex cytosol of rubber trees affected by the tapping panel dryness syndrome. Plant Cell Physiol., 43(11): 1323-1333.

Souza D P, Freitas C T, Pereira D A, et al. 2011. Laticifer proteins play a defensive role against hemibiotrophic and necrotrophic phytopathogens. Planta, 234(1): 183-193.

Swennen R, Rosales F. 1994. Bananas. New York: Academic Press: 215-232.

Tang C R, Yang M, Fang Y J, et al. 2016. The rubber tree genome reveals new insights into rubber production and species adaptation. Nat. Plants, 2(6): 16073.

Tarachiwin L, Sakdapipanich J T, Tanaka Y. 2005. Relationship between particle size and molecular weight of rubber from *Hevea brasiliensis*. Rubber Chem. Technol., 78(4): 694-704.

Tong Z, Wang D, Sun Y, et al. 2017. Comparative proteomics of rubber latex revealed multiple protein species of REF/SRPP family respond diversely to ethylene stimulation among different rubber tree clones. Int. J. Mol. Sci., 18(5): 958.

Tungngoen K, Kongsawadworakul P, Viboonjun U, et al. 2009. Involvement of HbPIP2;1 and HbTIP1;1 aquaporins in ethylene stimulation of latex yield through regulation of water exchanges between inner liber and latex cells in *Hevea brasiliensis*. Plant Physiol., 151(2): 843-856.

Van Beilen J B, Poirier Y. 2007. Establishment of new crops for the production of natural rubber. Trends Biotechnol., 25(11): 522-529.

Vanderschuren H, Nyaboga E, Poon J S, et al. 2014. Large-scale proteomics of the cassava storage root and identification of a target gene to reduce postharvest deterioration. Plant Cell, 26(5): 1913-1924.

Vanhove A C, Vermaelen W, Panis B, et al. 2012. Screening the banana biodiversity for drought tolerance: can an *in vitro* growth model and proteomics be used as a tool to discover tolerant varieties and understand homeostasis. Frontiers in Plant Science, 3: 176.

Vincent D, Wheatley M D, Cramer G R. 2006. Optimization of protein extraction and solubilization for mature grape berry clusters. Electrophoresis, 27(9): 1853-1865.

Wahler D, Colby T, Kowalski N A, et al. 2012. Proteomic analysis of latex from the rubber-producing plant *Taraxacum brevicorniculatum*. Proteomics, 12(6): 901-905.

Wang D, Sun S, Chang L L, et al. 2018. Subcellular proteome profiles of different latex fractions revealed washed solutions from rubber particles contain crucial enzymes for natural rubber biosynthesis. J. Proteomics, 182: 53-64.

Wang D, Sun Y, Tong Z, et al. 2016. A protein extraction method for low protein concentration solutions compatible with the proteomic analysis of rubber particles. Electrophoresis, 37(22): 2930-2939.

Wang D, Xie Q L, Sun Y, et al. 2019a. Proteomic landscape has revealed small rubber particles are crucial rubber biosynthetic machines for ethylene-stimulation in natural rubber production. International Journal of Molecular Sciences, 20(20): 5082.

Wang W, Scali M, Vignani R, et al. 2003. Protein extraction for two-dimensional electrophoresis from olive leaf, a plant tissue containing high levels of interfering compounds. Electrophoresis, 24(14): 2369-2375.

Wang W Q, Feng B X, Xiao J F, et al. 2014. Cassava genome from a wild ancestor to cultivated varieties. Nature Communication, 5: 5110.

Wang X C, Chang L L, Tong Z, et al. 2016. Proteomics profiling reveals carbohydrate metabolic enzymes and 14-3-3 proteins play important roles for starch accumulation during cassava root tuberization. Scientific Reports, 6: 19643.

Wang X C, Chang L L, Wang B C, et al. 2013a. Comparative proteomics of *Thellungiella halophila* leaves from plants subjected to salinity reveals the importance of chloroplastic starch and soluble sugars in halophyte salt tolerance. Molecular and Cellular Proteomics, 12(8): 2174-2195.

Wang X C, Li X F, Deng X, et al. 2007a. A protein extraction method compatible with proteomic analysis for the euhalophyte *Salicornia europaea*. Electrophoresis, 28(21): 3976-3987.

Wang X C, Li X F, Li Y X. 2007b. A modified coomassie brilliant blue staining method at nanogram sensitivity compatible with proteomic analysis. Biotechnology Letters, 29(10): 1599-1603.

Wang X C, Li X F, Song H M, et al. 2009. Comparative proteomic analysis of differentially expressed proteins in shoots of *Salicornia europaea* under different salinity. Journal of Proteome Research, 8(7): 3331-3345.

Wang X C, Shi M J, Lu X L, et al. 2010. A method for protein extraction from different subcellular fractions of laticifer latex in *Hevea brasiliensis* compatible with 2-DE and MS. Proteome Science, 8: 35.

Wang X C, Shi M J, Wang D, et al. 2013b. Comparative proteomics of primary and secondary lutoids reveals that chitinase and glucanase play a crucial combined role in rubber particle aggregation in *Hevea brasiliensis*. J. Proteome Res., 12(11): 5146-5159.

Wang X C, Wang D, Sun Y, et al. 2015. Comprehensive proteomics analysis of laticifer latex reveals new insights into ethylene stimulation of natural rubber production. Scientific Reports, 5: 13778.

Wang X C, Wang D Y, Wang D, et al. 2012. Systematic comparison of technical details in CBB methods and development of a sensitive GAP stain for comparative proteomic analysis. Electrophoresis, 33(2): 296-308.

Wang X C, Wang H Y, Wang D, et al. 2011. Thermal denaturation produced degenerative proteins and interfered with MS for proteins dissolved in lysis buffer in proteomic analysis. Electrophoresis, 32(3-4): 348-356.

Wang Z, Miao H, Liu J, et al. 2019b. *Musa balbisiana* genome reveals subgenome evolution and functional divergence. Nature Plants, 5(8): 810-821.

Warren-Thomas E, Dolman P M, Edwards D P. 2015. Increasing demand for natural rubber necessitates a robust sustainability initiative to mitigate impacts on tropical biodiversity. Conservation Letters, 8(4): 230-241.

Westhoff P, Gowik U. 2004. Evolution of C4 phosphoenolpyruvate carboxylase genes and proteins: a case study with the genus *Flaveria*. Ann. Bot., 93(1): 13-23.

Wong P F, Abubakar S. 2005. Post-germination changes in *Hevea brasiliensis* seeds proteome. Plant Science, 169(2): 303-311.

Wu W, Yang Y L, He W M, et al. 2016. Whole genome sequencing of a banana wild relative *Musa itinerans* provides insights into lineage-specific diversification of the *Musa* genus. Scientific Reports, 6(1): 31586.

Xiang Q L, Xia K C, Dai L J, et al. 2012. Proteome analysis of the large and the small rubber particles of *Hevea brasiliensis* using 2D-DIGE. Plant Phys. Biochem., 60: 207-213.

Xie Q L, Ding G H, Zhu L P, et al. 2019. Proteomic landscape of the mature roots in a rubber-producing grass *Taraxacum kok-saghyz*. International Journal of Molecular Sciences, 20(10): 2597.

Yagami T, Haishima Y, Tsuchiya T, et al. 2004. Proteomic analysis of putative latex allergens. Int. Arch. Allergy Immunol., 135(1): 3-11.

Yamashita S, Yamaguchi H, Waki T, et al. 2016. Identification and reconstitution of the rubber biosynthetic machinery on rubber particles from *Hevea brasiliensis*. Eeife, 5: e19022.

Yamashita S, Mizuno M, Hayashi H, et al. 2017. Purification and characterization of small and large rubber particles from *Hevea brasiliensis*. Bioscience, Biotechnology, and Biochemistry, 82(6): 1011-1020.

Yang J, Wang G Q, Zhou Q, et al. 2019. Transcriptomic and proteomic response of *Manihot esculenta* to *Tetranychus urticae* infestation at different densities. Experimental and Applied Acarology, 78(2): 273-293.

Yang Q S, Wu J H, Li C Y, et al. 2012. Quantitative proteomic analysis reveals that antioxidation mechanisms contribute to cold tolerance in plantain seedlings. Molecular & Cellular Proteomics, 11(12): 1853.

Yao Y, Yang Y W, Liu J Y. 2006. An efficient protein preparation for proteomic analysis of developing cotton fibers by 2-DE. Electrophoresis, 27(22): 4559-4569.

Yeang H Y, Arif S M, Yusof F, et al. 2002. Allergenic proteins of natural rubber latex. Method, 27(1): 32-45.

Zhang J S, Zhang X T, Tang H B, et al. 2018. Allele-defined genome of the autopolyploid sugarcane *Saccharum spontaneum* L. Nature Genetics, 50(11): 1565-1573.

Zhu J H, Zhang Q, Wu R, et al. 2010. *HbMT2*, an ethephon-induced metallothionein gene from *Hevea brasiliensis* responds to H_2O_2 stress. Plant Physiol. Biochem., 48(8): 710-715.

第 16 章 中草药蛋白质组

中医药学是中国古代医学科学的结晶，具有独特的理论体系和原创的科学思维。传承和创新是中医药发展的基本路线，就是将中医药的原创思维转化为原创成果，解决当前医学科学难题，并诠释中医药理论的科学内涵（图 16-1）。因此，在中医药现代化的背景下，结合基因组学取得的大量成果，与蛋白质组学和代谢组学相结合，阐明中药成分和植物提取物本身在植物体内（*in vivo*）与体外（*in vitro*）的合成代谢原理及其分子机制是我们需要解决的核心问题。

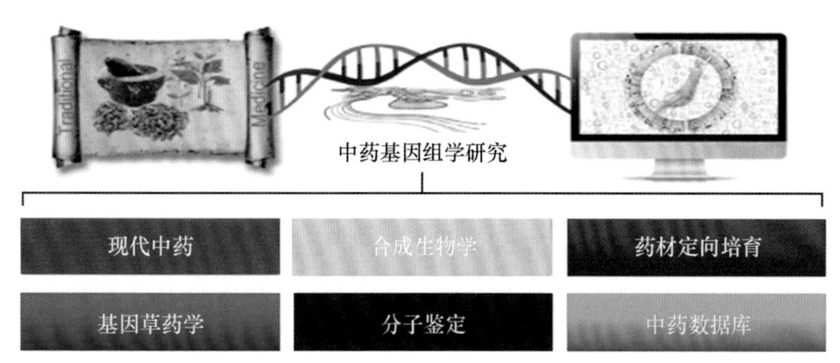

图 16-1　中药多组学联合分析模式（陈士林和宋经元，2016）

16.1　中草药蛋白质组学概述

16.1.1　中药现代化背景及介绍

中药现代化战略实施 20 年来，在中药基础理论、物质基础、药效评价和作用机制、体内过程、安全性、临床疗效评价、质量标准体系等方面开展了大量基础性和创新性的研究工作，取得了一系列令人瞩目的科研成果，有力推动了中医药科学内涵的诠释，支撑了中药产业发展，推动了中医药国际化进展（张伯礼和张俊华，2015）。

中医药学具有独特的理论体系和原创的科学思维，要想将中医药学原创思维和丰富经验"继承好、发展好、利用好"，必须依靠创新驱动，实现传统优势的创造性转化和创新性发展。屠呦呦研究员因发现青蒿素获得诺贝尔生理学或医学奖，就是运用现代科技手段发掘中医药宝库的成功范例。

20 世纪 90 年代初，我国中药产业已有一定规模。但是，中药产业发展的科技支撑薄弱，主要表现为中药基础理论缺乏现代诠释，对临床和新药研发的指导价值发掘不够；中药药效物质、作用机制、体内过程等研究还不够深入；符合中药特点的研究方法和技术手段还很落后，不能满足需求；确保中药"安全、有效、可控"的质量评控体系尚未完整建立，质量检测方法及控制技术比较落后；中药创新研究技术平台不完善，具有高科技含量的现代创新中药品种相对较少等。

历经 20 年的快速发展，中药现代化成就斐然，现代中药产业已具规模，经济社会贡献度不断增长，国际影响力不断提升（段金廒等，2012）。与此同时，支撑产业发展的中药科技领域也取得了丰硕的成果，中医药学科学研究水平发展到了新的高度，主要体现在以下 5 个方面。

16.1.1.1 中药基础理论的科学内涵逐步得到现代化的诠释与发展

为了科学阐释中药基础理论的深刻内涵，中医药研究者开始与化学、生物信息、数学、计算机等科学工作者进行跨学科合作，特别是借助系统科学、复杂科学的思想方法和技术手段，开展多学科的交叉研究，方剂配伍理论、配伍禁忌理论、药性理论、毒性理论等中药核心理论的科学性和先进性逐步得到诠释与创新发展。

1. 中药性味理论研究

性味归经是中药的理论基础。通过系统研究，初步阐释了中药性味的本质及四性与五味的关系，包括中药同时具有性（气）与味；五味主要与中药的功效相关，四性主要与机体的能量代谢、物质代谢相联系；四性可通过中药对机体能量代谢、物质代谢的影响予以评价归属，并探索出中药性味“可拆分性、可组合性”的理论研究新方法，将现代科学技术与传统的性味评价方法相结合，建立了基于代谢组学生物标志物的中药寒热性预测模型，用于中药寒热温凉四性的归属评价（匡海学和程伟，2009）。

2. 中药方剂配伍理论研究

在 973 计划 3 个项目支持下，丰富和发展了方剂配伍理论，并创造性地提出了“组分配伍理论”（张伯礼和王永炎，2005）。从现代医药学的角度揭示了方剂配伍的科学内涵，并依据“突出主效应，兼顾次效应，减少副效应”的原则，通过“效应配伍”策略，建立标准组分、组分配伍、组效关系、优化设计方法和关键技术体系，指导经典名方二次开发和现代中药研发。构建了药性相关数据库及数字化中药组分库，并建立了基于组分配伍的组效、时效关系及多靶点整合调节作用的组分中药研制技术平台。“组分配伍理论”不仅为诠释中药“七情和合”提供了崭新的研究思路，而且开辟了一个重要方向，为创新中药研制提供了理论基础和技术支撑，对于中药产业升级和国际化发展具有重要意义。

3. 中药毒性理论研究

中药毒性是一个相对概念，需要用现代语言进行阐述，解决对中药毒性认识的不足和误解。中药毒性具有特殊性，通过系统研究，证明中药毒性强度在“有毒组分 / 成分药材毒性 → 饮片毒性 / 复方毒性”传递链上并不是等效传递的，打破了国外学者关于“化学成分有毒就推演到其药材有毒，进一步认定含有该药材的中药复方制剂有毒”的不科学逻辑推理，有助于纠正当前国际上对有毒中药的一些偏颇甚至错误认识（赵军宁等，2010）。此外，通过对何首乌、大黄等的毒性证候及毒性药效的相关性研究，用科学数据证明了“有故无殒”的与中药毒性证候密切相关的中药毒性理论（Wang et al.，2011b）。

4. 中药配伍禁忌理论研究

集成基于历代的文献资料和现代科学研究的基础进行深化研究，系统揭示了反药配伍禁忌的内涵及主要表现形式；反药配伍的稀疏关系、潜在危害特点、宜忌转化关系及开放性特点；提出配伍禁忌规避及趋利避害的原则方法等，构建了基于“十八反”的现代中药配伍禁忌理论框架，丰富和发展了中药配伍禁忌理论（段金廒等，2012）。

5. 中药炮制研究

通过对传统炮制理论、炮制技术、炮制工艺与饮片质量标准等研究，初步建立了传统中药炮制传承体系、炮制技术创新发展体系、中药饮片生产和质量保障体系，基本满足了中医药事业对中药炮制技术、人才及产品的需要，为中药产业发展提供了支撑。

16.1.1.2　中药评价体系已经初步形成

1. 中药分析方法和技术进步

中药所含的化学成分是其产生药理活性的基础。对中药复杂成分的认知，需要分析技术和方法的进步。通过20年的发展，多维气/液相色谱、高分辨质谱、超导核磁共振等先进仪器设备和在线筛选、高通量/高内涵筛选、虚拟筛选、等效反馈筛选等活性筛选技术得到应用，成为解析中药化学成分/有效成分（组分）的重要手段。针对如何快速、高效地从中药复杂体系中发现药效物质，研究人员创建了"谱效相关性筛选法"、"生物色谱法"和"成分敲入/敲出法"等新的研究方法与技术。特别是针对中药复方药效成分的整体研究难题，提出了"等效成分群"理论与方法，根据"从整体中解析部分，从部分回归整体"的研究理念，通过化学成分群定向敲除、活性反馈筛选、等效性评价等方法与技术，在中药复方全成分表征的基础上，采用逆向比较"成分群"敲除前后原方整体药效的变化，反推"候选成分群"对整体药效的贡献度，经过多轮等效反馈筛选，从中药复方成分中发现能达到原复方药效的等效成分组合（Liu et al.，2014）。目前，该理论和方法在中药经典名方研发中得到应用推广。

2. 中药药效评价研究

现代检测手段的发展，使中药药效评价从整体动物病理形态、基本功能评价向细胞、分子水平的直观阐释发展，为从多层次、多环节、综合评价中药药效作用提供支撑。整体与局部相结合、体外与体内相结合、体内过程与活性评价相结合成为中药药效研究的主要模式。近20年来，针对不同疾病、不同病理环节、不同靶点，建立了系列动物模型，包括各种自发性疾病模型、基因工程动物模型、药物诱导或手术动物模型、模式生物模型等，也包括各种人源、哺乳动物来源细胞模型，较好地应用于中药药效作用评价中（刘建勋和任钧国，2015）。一系列新技术得到发展应用，包括数据挖掘技术、基于作用靶点的筛选和评价技术、基于内源性功能网络的平衡评价技术、基于体液药理学研究的评价技术（体液药理学，包括血液药理学、脑脊液药理学、组织液药理学等）等，成为中药药效研究的重要方法。

3. 中药复杂成分体内过程研究

中药进入体内的吸收、分布、代谢、排泄规律一直是个难题，也是重大科学问题。针对中药多成分造成体内暴露和变化过程的复杂性，提出中药"药代标识物（PK marker）"的概念，并创建了生物样品微量物质分析技术、中药体内代谢物富集和制备技术、"诊断离子桥联网络"、"相对暴露法"和"物质组代谢组关联网络"等中药复杂成分体内过程研究方法学体系（郝海平等，2009；Yu et al.，2012）。另外，针对一些"药效确切、机制不明"的中药，可通过分析内源性小分子物质群的改变等代谢组学研究手段，考察其药物机制和作用效果（王喜军，2015）。中药成分体内过程研究技术的进步，使体内过程的"黑箱"初步被打开。

4. 中药作用机制研究

应用现代分子生物学等研究手段，我国科学家不仅阐明了部分中药的作用机制，更基于中药多组分、多靶点、多层次、多途径”的作用特点及中医药理论的“整体观、恒动观、辩证观”思想，将系统生物学、多组学（基因组、转录组、蛋白质组、代谢组、表观遗传组等）、网络药理学等具有“整体性”和“动态性”的研究技术运用于中药作用机制的探索之中，取得了系列标准性成果（张伯礼，2009）。例如，我国科研人员首次发现了三氧化二砷治疗急性早幼粒细胞白血病（APL）的分子机制（Zhang et al.，2010），丰富了急性早幼粒细胞白血病靶向治疗的理论，对于推动其他类型白血病和实体瘤的分子靶向治疗研究具有十分重要的指导意义。

5. 中药新药安全性评价规范化研究

国家药品监督管理局（SFDA）于1999年颁布了《药品非临床研究质量管理规范》(GLP)（试行，2003年正式实施），其后在2007年SFDA颁布的新药技术审评补充条例中明确规定，中药新药1～5类的安全性评价研究必须在获得GLP认证资格的研究中心进行，表明目前中药新药的安全性评价逐渐与国际规范接轨。对一些有毒中药的毒性成分、致毒机制、量毒关系、毒性分类、毒性预测等进行深入研究，搭建了关键技术平台，完善了中药安全性评价体系，对科学客观地评价中药安全性、促进合理使用中药起到了推动作用（高月等，2012）。

6. 中药临床疗效评价研究

近20年来，根据中医药的临床特点，借鉴国际上临床流行病学、循证医学及新药临床研究管理规范等经验，中药临床疗效评价技术体系不断完善，逐步与国际接轨。从中医临床评价研究的特点出发，建立了包括伦理审查、机构设置、研究中心和研究者管理远程数据获取、试验药品管理、数据核查和动态管理、数据分析等技术平台，形成了“现场与远程交互的三期四查”质控方法，即临床研究早期、中期、结题前三期；内审、二级监查、三级稽查与四级视察相结合，引入第三方评价机制，临床试验的质量显著提高。建立了临床科研信息共享系统，开展真实世界临床研究，催生了临床研究新范式的诞生，应运而生一种更加适合中医药临床特点、临床科研一体化的临床研究模式，使临床试验效率和质量得到提高（刘保延，2013）。

16.1.1.3 建成了中药产业发展的共性关键技术平台

1. 中药制药技术发展

围绕着中药新药研发的各个关键环节，攻克了中药药效物质高效分离与鉴定技术、组分中药筛选与新药研发技术、中药超微粉碎技术、超临界萃取技术、真空带式干燥技术、高速滴丸技术、中药经皮给药技术、中药缓控释技术、中药生产过程控制技术等一批制约中药新药研发与现代化生产的共性关键技术，有力推动了中药新品种研发和中药大品种二次开发，培育了数十个年销售额过10亿的重大品种，产生了巨大的经济效益和社会效益。

2. 技术平台建设

随着国家“重大新药创制”科技重大专项等项目的实施，建成了一批高水平的现代中药研究平台，如中药药效物质研究、中药药代动力学研究、中药安全性研究、组分中药研究、中药（网络）药理学研究、中药临床评价研究、中药新剂型研究、中药重金属和农药残留检测技术、中药制药过程控制技术、现代中药数字化提取技术等平台。一些技术研究平台成为国家重点实验室、国家工程研究中心、国际合作实验室、教育部重点实验室和国家中医药管理局重点实验室，研究平台标准化建设也逐步与国际接轨，对中药产业提质增效发挥了支撑作用（张伯礼和张俊华，2015）。

16.1.1.4 构建了符合中药特点的质量控制体系

1. 中药质量标准研究

随着对中药药效物质及其作用机制研究的不断深入、现代化分析检测仪器在中药质量研究中的应用，确保中药安全、有效、质量均一的质量评控体系已逐渐完善（钱忠直，2010），在安全性控制方面，针对中药内源性有毒成分及外源性有毒成分（农药及重金属残留、真菌毒素、二氧化硫残留等）建立了高效、灵敏的检测方法；在中药鉴定领域，创建了基于ITS2的中药材DNA条形码鉴定方法，为中药材物种鉴定提供了基因鉴定方法体系（Chen et al.，2014）；在有效性评价方面，从控制单一成分、指标成分过渡到多成分、有效成分、等效/主效成分；在质量的均一性方面，建立了针对整体化学成分的指纹图谱一致性评价技术来评价产品批次之间的均一性与稳定性。特别是针对中药质量评价中存在的“指标成分选不准、含量范围定不准、药效关联性不强”的短板，创新性提出“等效成分群理论”和“以等效成分群为标示成分”等更加符合中药复杂成分特点的质量控制体系（杨华等，2014）。

2.《中华人民共和国药典》收载的中药质量标准大幅度提升

构建了包含中药来源或制备方法、性状、专属性鉴别、安全性相关检查、浸出物检测、含量测定等项目的比较完善的中药质量标准体系，部分品种还建立了指纹图谱/特征图谱和多成分含量测定相结合的整体成分控制标准，使我国中药质量标准水平在很多方面达到国际领先水平。例如，《中华人民共和国药典》（2015年版一部）收载中药2158种，其中药材和饮片618种、植物油脂和提取物47种、成方制剂1493种。收载的品种，显微鉴别和TLC鉴别项目，HPLC含量测定项目及对照品、对照药材的数量均为国际植物药标准之最。新版药典还采用DNA分子鉴定法、生物效应评价法、LC-MS法、指纹/特征图谱技术、一测多评法、薄层色谱生物自显影技术等新方法与新技术来解决行业难点问题，使得一大批中药质量标准已超越国际同类水平（石上梅，2015）。国家药典委员会、国家中医药管理局等相关部门积极推进中药标准的国际合作，我国学者也积极参加中药质量国际标准的制定，由中国科学家完成的丹参等9种药材的27个标准已收入《美国药典》，我国中药质量标准研究有望实现主导国际标准制定的目标（吴婉莹和果德安，2014）。

16.1.1.5 中药国际化进程稳步推进

1. 高水平论文显著增长

随着中药基础研究水平的不断提升，我国学者发表的中医药SCI论文从20年前不到100篇，增加到每年超过3000篇，增长了30余倍，占国际论文的比例从约5%增加到35%，增长了6倍，主导着世界中医药研究。不仅SCI论文数量呈显著增长，而且越来越多的高水平研究成果发表在国际顶级期刊上。例如，麻杏石甘汤加减银翘散的标准汤剂治疗甲型H1N1流感的研究结果在*Annals of Internal Medicine*上发表（Wang et al.，2011a），芪苈强心胶囊治疗慢性心衰的临床研究结果在*Journal of the American College of Cardiology*上发表（Li et al.，2013），复方黄黛片治疗急性早幼粒细胞白血病分子机制的研究论文在*Proceedings of the National Academy of Sciences of the United States of America*上发表等（Wang et al.，2008）。还有一批高水平研究成果在 *JACS*、*Nature Communications*、*Lancet* 等期刊上发表，这些研究成果带动中医药研究水平的提高，扩大了中医药在国际学术舞台上的影响力。

2. 中成药海外注册研究进展

随着中药国际化的推进，一批临床疗效确切、安全性高的中药产品以药品身份开展国际注册研究。例如，复方丹参滴丸（胶囊，T89）将完成Ⅲ期临床试验观察，血脂康胶囊、扶正化瘀片、康莱特注射剂、桂枝茯苓胶囊也已完成Ⅱ期临床试验。还有一批中成药在俄罗斯、澳大利亚及东南亚国家注册销售。地奥心血康、丹参胶囊在荷兰通过传统药物注册获准上市，成为欧盟成员以外获得市场准入的植物药先行者。

近几十年，医学发展理念发生了深刻变革，许多与中医药理念相一致。可见中医药学虽然古老，但其防病治病理念符合先进医学的发展方向，现代生命科学所遇到的诸多困难和挑战，将从中医药中找到解决的思路和方法。在中药现代化实施 20 年进程中，中医药科技工作者承担起了传承与创新发展的重任，开展了大量基础性和创新性的工作，取得突出成就。但是，中医药的发展还有诸多问题亟待解决，中医药现代化研究还需要不断深化，现代化、国际化战略还需要持续推进。下一阶段，中药科学研究要坚持传承与创新并重，坚持创新驱动，在继承中医药原创思维、保持中医药优势的基础上，充分利用先进技术方法挖掘中医药的科学内涵，催生新的科学发现和取得新的技术突破，彰显出中医药原创思维的现代科学价值。要坚持多学科结合、产学研结合，更加注重学科主导性发展和全球引领性发展。对中医药现代化研究进行更前瞻的思考和全球范围的布局谋划，以世界领先、国际一流为目标，主动发起以我为主的国际科技合作计划，主导国际中医药相关标准制定，大力开拓中医药领域科技合作的深度和广度，探索构建国际产学研合作平台和网络，为未来新医药学的形成做出原创性的贡献（张伯礼和张俊华，2015）。

16.1.2 中草药蛋白质组学的定义

中草药蛋白质组学是在模式植物蛋白质组学进步的基础上发展起来的一个分支学科，而基因组学研究的发展是蛋白质组学产生的重要前提。基因组学研究是生物科学近十几年来的研究热点。人类基因组计划被誉为 20 世纪的三大科技工程之一，并取得了辉煌的成就。2000 年 6 月科学家公布人类基因组工作草图，标志着人类在解读自身“生命之书”的路上迈出了重要一步，宣告了一个新的纪元——后基因组（即功能基因组）时代的到来。

植物基因组学早期研究主要集中在拟南芥（*Arabidopsis thaliana*）和水稻（*Oryza sativa*）两种模式植物上。2000 年 12 月，美、英等国科学家宣布测出拟南芥基因组的完整序列，这是人类首次全部破译高等植物的基因组序列。2002 年是水稻基因组学研究取得重大成就的一年，首先中国的科学家和 Syngenta 公司的科学家分别发表籼稻与粳稻基因组“工作框架图”，然后日本和中国的科学家分别公布了‘粳稻 1 号’与‘粳稻 4 号’染色体的全序列、籼稻和粳稻基因组的“精细结构图”，被认为是基因组学研究的又一个里程碑。

基因组密码的破译，拉开了生命科学研究的序幕，但是，想要真正揭示生命活动的奥秘，基因组研究本身又无能为力。因为，基因组仅仅是遗传密码和遗传信息的载体，在生命活动的不同过程中恒定不变，不能反映在生命活动过程中有机体基因表达的时空关系和调控网络。在后基因组时代，研究重心转移到基因功能的解析，即利用结构基因组所提供的信息和高通量的实验手段在转录组和蛋白质组水平上系统地分析基因的功能。

拟南芥和水稻的功能基因组学研究已经开始，其中美国和日本科学家做了大量的工作。

其他植物如玉米（1996 年）、小麦（1997 年）、苜蓿（2000 年）、松树（1999 年）等的功能基因组学研究也已经有人涉及。从“神农尝百草，一日而遇七十毒”的传说到现存最早的中药学著作《神农本草经》（又称为《本草经》），从世界上现存最早的国家药典《新修本草》到本草学巨著《本草纲目》，2000 多年来本草学的发展反映出中国人民在寻找天然药物、利用天然药物方面积累了丰富经验。中药学是中国医药学的伟大宝库，对世界医药学发展做出了巨大贡献。随着现代科学技术的发展，特别是人类基因组计划的提出和完成，对人类疾病的认识和治疗开启了全新的篇章，在此背景下中药学研究逐渐深入到基因组水平，从而导致中药基因组学或者本草基因组学的产生。

蛋白质是基因功能的体现者和执行者。现已经证明，一个基因并不只产生一个相应的蛋白质，可能会产生几个，甚至几十个蛋白质。机体所处的环境和本身的生理状态存在差异，导致基因转录产物有不同的剪切方式并翻译成不同的蛋白质。蛋白质再进行加工修饰和转移定位，才具有活性和生物功能，产生相应的生理作用，以适应相应的生存环境（Li et al.，2000）。在转录水平上所获取的基因表达信息并不足以揭示该基因在细胞内的确切功能。直接对蛋白质的表达模式和功能模式进行研究已成为生命科学发展的必然趋势。因此，研究基因组编码的全蛋白质功能及其相互作用关系的蛋白质组学应运而生（Anderson et al.，1998）。尽管蛋白质组学在 20 世纪 90 年代中后期才出现，但由于学科的前沿性和巨大的应用市场，以及 *Nature*、*Science* 在公布人类基因组草图时分别发表了述评和展望，将蛋白质组学的地位提到前所未有的高度，认为它是功能基因组学前沿研究的战略制高点和 21 世纪最大的战略资源——“有用基因”争夺战的重要战场（Kaiser，2000；Macilwain，2000）。

因此将蛋白质组学的技术应用于中药研究领域，一方面，通过比较对照细胞或动物组织的蛋白质表达谱和给予中药后蛋白质表达谱的差异，可以找到中药的可能靶点相关蛋白；另一方面，比较不同中草药及其不同组织结构中的蛋白质差异，如根茎叶中蛋白质组的差异，用以评价中草药活性成分与其生长过程中蛋白质组变化的关系，以寻找中药高活性的原理，由此发展起来的学科称为中草药蛋白质组学（乐亮等，2016）。

16.1.3　中草药蛋白质组学的主要研究内容

不同于其他蛋白质组学，中草药蛋白质组学的研究对象为中草药本身及用中药（单体化合物、中药组分或复方）处理后的生物体（细胞或组织），由此发现中药的有效成分及作用机制。中草药蛋白质组学的研究内容包括中草药药物作用靶点的发现和确认，特别是中药复方的多靶点效应，利用蛋白质组学能较好地发现中药复方的多种靶点，研究中药植物蛋白质组成的差异，阐明中药的作用机制及中药毒理的作用机制，为中药配伍提供科学依据。治疗成因复杂的疾病需要从多个靶点多管齐下，而中药复方可作用于多个靶点，具有良好的发展前景。反对意见则指出，中药复方各成分之间的相互作用会影响疗效可控性，阻碍其进入临床使用，理想的多靶点药物应该是用同一成分作用于多个靶点。蛋白质功能模式研究是蛋白质组学研究的重要内容。无论是基因组学研究还是蛋白质组学研究，最终目标是揭示所有基因或蛋白质的功能及其作用模式。

16.2　中草药蛋白质组研究方法

蛋白质功能模式研究是蛋白质组学研究的重要内容。一方面，蛋白质与蛋白质、蛋白质与 DNA 之间的相互作用、相互协调是细胞进行信号转导及代谢活动的基础。另一方面，蛋白质的结构是蛋白质发挥其功能的前提，对蛋白质结构进行解析也成为了解大量新基因功能的一个重要途径。

16.2.1 双向聚丙烯酰胺凝胶电泳

双向聚丙烯酰胺凝胶电泳（2D-PAGE）的应用始于 20 世纪 70 年代（O'Farrell，1975），但迄今为止，它仍然是分离蛋白质的最有效方法，尤其是在中药和其他相关非模式植物和动物的研究中为获得第一手资料的手段。与基因组研究不同，蛋白质组学并没有类似于 PCR 反应的扩增方法。因此，分离样品的精确性就成了至关重要的问题。目前常用的大规格胶（24cm）借助于考马斯亮蓝染色和银染，可以对蛋白质进行定量；如果应用荧光染料（SYPRO 或 DIGE 技术），还可以使一定范围内的上千种蛋白质定量地显现出来，并且基于荧光内标进行相对定量分析，提高了 2D-PAGE 的精确性和可靠性，当然 2D-PAGE 技术远没有达到完美的地步，如使低水平表达的蛋白质（即"低拷贝数蛋白"，每细胞 10 ～ 1000 个拷贝）显现出来仍有困难，而高水平表达的蛋白质（即"管家蛋白"，每细胞大于 1000 个拷贝）有时会出现小部分的模糊。近年逐渐改进的一些 2D-PAGE 相关技术，如 2D-DIGE 技术和基于非模式植物的转录组数据库的发展，使分离和鉴定蛋白质的工作又前进了一大步。

16.2.2 质谱技术

质谱技术是近年来蛋白质组学研究应用中最重要的技术突破之一，尤其是当 John Yates 等将其引入蛋白质组学领域后，质谱技术的发展和蛋白质组学的发展相辅相成，共同进步。质谱技术原理是根据离子间质荷比差异来分离并确定分子量。常规的质谱测定中首先将通过 2D-PAGE 分离到的蛋白质用特定的蛋白酶（如胰蛋白酶）消化成肽段，然后用质谱仪进行分析。

质谱鉴定有两条主要途径。一是肽链质量图谱途径。采用的方法是基质辅助激光解吸电离（matrix-assisted laser desorption/ionization，MALDI）法，通过测定一个蛋白质酶解混合物中肽段的电离飞行时间来确定其分子量等数据，也称为基质辅助激光解吸电离飞行时间质谱（MALDI-TOF-MS），最后通过相应的数据库搜索鉴定蛋白质。随着数据库中的全长基因序列越来越多，MAIDI 鉴定的成功率也越来越高。二是串联质谱途径，将胰蛋白酶消化后的蛋白质单个肽链直接从液相经电喷离子化（ESI）电离，分解为氨基酸或含有 C 端的片段，片段化离子喷射到串联质谱仪进行质量测定，以得到序列信息。它的主要优点是对于蛋白质鉴定，由几个片段化肽链得到的序列信息比一系列肽链更具有特异性。片段的数据可以在蛋白质序列数据库和核酸数据库（如 EST 数据库，甚至原始的基因组数据库）中搜寻。

随着技术的不断进步，新型的质谱仪系统不断整合新的技术，从而达到高通量和高精度。将 MALDI 离子源与高效的串联质谱仪系统结合起来（可将单个肽链片段化），把高产量的肽链图谱法与高特异性的肽链序列法相结合，并将两步的质谱分析合并为一步。质谱技术还可用于蛋白质磷酸化、硫酸化、糖苷化及其他一些修饰的研究。

16.2.3 蛋白质芯片技术

蛋白质芯片（protein chip）技术是一种高通量、微型化和自动化的蛋白质分析技术。在蛋白质芯片技术途径中，首先将一系列的诱饵蛋白（如抗体）按照一定的排列格式固定在经特殊处理的材料表面上（Lueking et al.，1999）。然后，以我们感兴趣的样品为探针来探查该表面，那些与相应抗体相结合的蛋白质就会被吸附在表面上。而后，把未与抗体结合的蛋白质洗掉，把结合的蛋白质洗脱下来，经凝胶电泳之后通过质谱法进行鉴定。这种技术实际上是一种大规模的酶联免疫分析。可以迅速地将我们感兴趣的蛋白质从混合物中分离出来，并进行分析。蛋白质芯片上的"诱饵"蛋白可根据研究目的不同，选用抗体、抗原、受体、酶等具有生物活性的蛋白质。

蛋白质芯片比DNA芯片复杂得多。在芯片制作过程中保持蛋白质的生物活性，成为限制蛋白质芯片技术发展的瓶颈。近年来，蛋白质芯片制作技术不断进步，使得对蛋白质芯片的检测可以通过对不同状态细胞的蛋白质进行荧光标记，然后根据荧光强度得知结合在抗体上的蛋白质富集程度，或直接利用MALDI-MS技术检测结合到芯片上的物质来实现。

蛋白质之间的相互作用是蛋白质组研究中的一个关键问题，有助于我们对蛋白质的生物功能的了解。蛋白质芯片技术可以用来进行这方面的研究。将诱饵蛋白固定在固相支持物上，用蛋白质混合物进行探查。把未与诱饵蛋白结合的蛋白质洗掉，把结合的蛋白质洗脱下来，经凝胶电泳分离之后，通过质谱法进行鉴定。这样，在一个实验中，与诱饵蛋白相互作用的所有蛋白质都可以被鉴定。蛋白质芯片能够同时分析上千种蛋白质，使在基因组水平研究蛋白质的功能成为可能。

16.2.4　酵母双杂交系统

酵母双杂交系统（yeast two-hybrid system）正成为研究蛋白质间相互关系的传统工具。其理论基础是转录因子的结构模型，即当转录因子的DNA结合结构域与激活结构域紧密结合以后，将导致一系列基因转录的增加。酵母双杂交系统利用转录因子Gal4的DNA结合结构域（Gal4-BD）与激活结构域（Gal4-AD）特异载体，将许多可读框（ORF）分别连在这两种载体上，构成文库，然后转入酵母细胞，并与酵母细胞克隆杂交。当其中两个ORF编码的蛋白质在酵母细胞中表达，并发生相互作用时，就会将Gal4-BD和Gal4-AD结合在一起，从而导致报告基因转录的增加。通过培养基营养缺陷筛选法，可筛选掉没发生相互作用的酵母克隆，而将发生相互作用的酵母克隆保留下来。然后对发生相互作用的蛋白质进行分析，通过测序就可以鉴定ORF。因此，酵母双杂交系统对于大规模筛选分析蛋白质间的相互作用是一种简便易行的方法。

酵母双杂交系统的具体应用可分为两种方法，即阵列法（array method）和文库筛选法（library screening method）。上述两项大规模研究所发现的蛋白质间相互作用大多数是新的。但是利用酵母双杂交系统的研究工作获得的仅仅是潜在的蛋白质间相互作用，结果还需要进一步的生物学实验验证或者排除。

16.2.5　中药植物蛋白质组数据库

标准且可重复的蛋白质分析方法使得进行大规模的蛋白质组研究成为可能，再加上其他技术的辅助（如高通量转录组测序、蛋白质免疫检测、微序列分析、质谱等），可以使我们获得大量的蛋白质表达信息。这些信息可以贮存在蛋白质数据库中，并与其他数据库相连接。

目前，植物的数据库集中在模式植物拟南芥，重要的粮食作物水稻、玉米，以及松树等植物上，这些数据库都提供了大量已经鉴定的蛋白质，还提供了植物各器官（根、茎、叶、芽、种子）、各组织（愈伤组织、木质部、韧皮部）或基因型间多肽形式的比较。蛋白质组数据库的一个重要特征是它们建立了与基因组计划的联系。目前的蛋白质组数据库所包含的植物都是已完成或正在进行系统测序。有的是在基因组水平（如拟南芥、水稻），有的是在转录组水平（如拟南芥、玉米、水稻、松树等）。有趣的是，在拟南芥原生质膜蛋白质数据库中发现许多蛋白质与未知的 EST 相关联，这为研究在亚细胞水平表达的蛋白质的编码基因提供了第一手资料。利用蛋白质组数据库和转录组数据库，第一次将植物中的转录本与相关的蛋白质联系了起来。

16.3 中草药蛋白质组学研究应用

16.3.1 群体遗传蛋白质组学

16.3.1.1 遗传多样性蛋白质组研究

基因组学的一些遗传标记，如 RAPD（random amplified polymorphic DNA）、RFLP（restriction fragment length polymorphism）、SSR（simple sequence repeat）、ISSR（inter-simple sequence repeat）等，已经广泛地应用于植物遗传研究。与基因组学的遗传标记相比，由于蛋白质组学的研究对象是基因表达的产物，它们的性状是介于基因型和表型之间的重要的特性，因此蛋白质组学标记是联系基因多样性和表型多样性的纽带，具有独特的意义和应用价值。

通过比较蛋白质组来检测遗传多样性的变化已有许多成功的尝试。Barreneche 和 Bahrman（1996）比较了 6 个欧洲国家的 23 种橡树，分析了幼苗的总蛋白质种类，共鉴定得到 530 个非冗余蛋白质，其中 101 个具有多态性。实验结果显示，种内和种间距离非常接近，并且证实无梗花栎（*Quercus petraea*）和夏栎（*Quercus robar*）两个种的遗传分化水平很低。Picard 等（1997）发现硬粒小麦不同品系间的多态性很低，并且发现其中 7 个蛋白质可以用于基因型的鉴定。David 等（1997）利用 2D-PAGE 技术比较了栽培于不同环境下但起源于同一种群的小麦，结果所有的种群都与原种群有差别。

16.3.1.2 突变体蛋白质组学研究

突变体研究是植物遗传学的重要研究手段之一，应用蛋白质组学方法对由基因突变引起的蛋白质表达变化进行研究，可以揭示一些植物生理生态过程的机制。通常对处于相同条件下栽培的突变体及野生型植物 2D-PAGE 图谱进行比较，受到影响的蛋白质通过质谱法或 Edman 测序法进行鉴定，为研究表型突变背后的生化过程提供有价值的信息。

Santoni 等（1997）对模式植物拟南芥发育突变体的总蛋白质进行了分析，得到了与下胚轴长度有关的一个肌动蛋白的同源异构体。Herbik 等（1996）分析了野生型和缺铁突变体番茄蛋白质 2D-PAGE 图谱，鉴定了参与无氧代谢和胁迫防御的几种酶，并分析了这些酶在铁的获得过程中的功能。Komatsu 等（1999）比较了水稻绿苗和白化苗的蛋白质 2D-PAGE 图谱，发现了在绿苗中参与光合作用的蛋白质，白化苗中仅有此蛋白前体。

玉米中的 Opaque 2（*O2*）基因编码一个属于亮氨酸拉链家族的转录因子，这个转录因子对蛋白质的表达有多种效应。Damerval 和 Le Guillonx（1998）将野生型与 *O2* 基因突变体的蛋白质 2D-PAGE 图谱进行比较，鉴定出属于各种代谢途径的酶，说明 *O2* 基因是玉米代谢中联系多种代谢途径的调节基因。

16.3.2 植物环境信号应答和适应机制蛋白质组学

16.3.2.1 非生物环境因子蛋白质组学研究

在植物的生存环境中，一些非生物因子胁迫，如干旱、盐渍、寒害、臭氧、缺氧、机械损伤等，对植物的生长发育和生存都会产生严重影响。这些胁迫可以引起大量蛋白质在种类和表达量上发生变化。

Salekdeh 等（2002）研究了两个水稻品种（*Oryza sativa* cv. ‘CT9993’和 *Oryza sativa* cv. ‘IR62266’）在干旱胁迫及恢复灌溉后的蛋白质组。分析叶提取物电泳胶上的 1000 多个蛋白点，发现有 42 个蛋白点的丰度在干旱胁迫状态下变化明显，其中 27 个点在两个品种中显示了不同的反应方式。恢复正常灌溉 10d 以后，所有蛋白质的丰度在很大程度上恢复成与对照一样。Costa 等（1998）发现海岸松（*Pinus pinaster*）中有 38 个受干旱影响的蛋白质，其中 24 个由干旱诱导，并且不同基因型对干旱胁迫的反应差别很大。

Ramani 和 Apte（1997）研究水稻幼苗在盐胁迫下的多基因瞬时表达时发现，至少有 35 个蛋白质被盐胁迫诱导和 17 个蛋白质被抑制。这些发现对寻找渗透应答新基因，尤其是那些在水稻耐盐性获得中起瞬时调节作用的基因十分重要。

Agrawal 等（2002）首次检测了臭氧对水稻幼苗蛋白质的影响。在被检测的具有可重复结果的 56 个蛋白点中，52 个蛋白点随控制条件不同发生的变化可以通过肉眼判定。检测到的 56 个蛋白点中，6 个蛋白点是 N 端阻断，14 个蛋白点的序列无法测定，36 个蛋白点的 N 端序列和一个蛋白质的内部序列被测定。本研究发现了臭氧造成叶片光合蛋白的剧烈减少（包括 1,5-二磷酸核酮糖羧化酶 / 加氧酶）和各种防御、胁迫相关蛋白的表达的关联。

Shen 等（2003）首次揭示了水稻叶鞘伤害信号应答过程中蛋白质的变化。通过 N 端或内部氨基酸测序，分析了其中的 14 个蛋白质，鉴定了其中 9 个蛋白质的功能，其他蛋白质因 N 端阻断而无法得到氨基酸序列信息。此外，还通过 MALDI-TOF-MS 测定了 11 种蛋白质，且与水稻数据库相吻合。在基因功能被确认的蛋白质中，表达量下降的蛋白质为 2 个钙网蛋白、组蛋白 H1 和血红蛋白和一种假定的过氧化物酶；表达量增加的蛋白质包括胰蛋白酶抑制因子（BBT1）、两种假定的蛋白激酶受体类似物、钙调素相关蛋白、1,5-二磷酸核酮糖羧化酶 / 加氧酶小亚基、2 个甘露糖结合外源凝集素。其中，4 种蛋白质已被证实为与伤害反应直接相关的蛋白质。

Chang 等（2000）对玉米进行缺氧和低氧胁迫研究，发现低氧处理的效应不仅仅是缺氧胁迫诱导的糖酵解酶增加。通过质谱法共鉴定了 46 个蛋白质，均为在植物中首次得到鉴定。

16.3.2.2 生物环境因子蛋白质组学研究

当植物受到竞争、动物取食、微生物共生或寄生、病菌侵害时，植物将通过改变体内蛋白质的表达和酶类的活性等来完成对这些信号的感应、传递及生物学效应的实现。因此，对蛋白质的研究有助于人们更好地了解生物之间的相互作用机制。目前，关于生物因子对植物影响的蛋白质组学研究主要集中在植物与根瘤菌、植物与菌根真菌的共生关系方面。

众所周知，根瘤菌与植物相互识别后，进入植物细胞内变成具有固氮能力的类菌体。类菌体周隙（peribacteroid space，PS）是类菌体周膜（peribacteroid membrance，PBM）与细菌质膜之间的间隙，是共生体成员之间交换代谢物的媒介。Saalbach 等（2002）用蛋白质组分析的方法，鉴定了 PBM 与 PS 中的蛋白质。结果表明，PS 甚至 PBM 的制备物中含有大量的类菌体蛋白。有趣的是，除了一些 PS/PBM 蛋白质，还有许多内膜蛋白，包括 V-ATPase，BIP 和一个完整的 COPI 结合小体膜蛋白存在于 PBM 中，证明了 PBM 是由宿主细胞的内膜系统产生的。Wienkoop 和 Saalbach（2003）选取豆科模式植物日本百脉根（*Lotus japonicus*），用蛋白质组学的手段研究 PBM 的蛋白质组。通过纳米液相色谱分离多肽，然后用串联质谱进行分析。检索非丰度蛋白质数据库和通过串联质谱得到的绿色植物表达序列标签数据库，鉴定了大约 94 个蛋白质，一些膜蛋白得到检测，如糖和硫酸盐转运子、内膜联合蛋白（如 GIP 结合蛋白）和囊泡受体、信号相关蛋白（如受体激酶、钙调蛋白、14-3-3 蛋白和病原体应答蛋白包括 HIR 蛋白）。通过非变性凝胶电泳分析了两个特征蛋白复合体。鉴定了 PBM 中参与特定生理过程的蛋白质和结瘤特异表达序列标签（EST）数据库中的 PBM 蛋白质。

Bestel-Corre 等（2002）用双向凝胶电泳和银染技术分析接种灌木菌根真菌（*Glomus mosseae*）或根瘤菌（*Sinorhizobiurn meliloti*）的模式植物苜蓿不同时期根的蛋白质组。利用 MALDI-TOF-MS 分析胰蛋白酶消化的蛋白质组，在结瘤的根中鉴定到了苜蓿的一个豆血红蛋白。采用内部测序、四极质谱分析和数据搜寻证明了先前预测的由菌共生体诱发表达的蛋白质。

16.3.2.3 植物激素蛋白质组学研究

激素在植物一生中起着重要的调控作用，尤其是在中药和植物提取物来源的植物中尤为重要。研究植物激素的信号转导和作用机制是蛋白质组学的重要内容。

Moons 等（1997）鉴定了水稻根中 3 个受 ABA 诱导的蛋白质，测定其氨基酸序列确定其中 2 个属于胚胎后期丰富蛋白（LEA）的 2 组和 3 组，第三个未知。用 ABA 处理水稻根并提取其 mRNA，构建 cDNA 文库，然后用由氨基酸序列推导出的寡核苷酸作探针进行筛选，分离到了相关的 cDNA，但在 cDNA 数据库中找不到与之相同的序列。通过在基因组 DNA 文库中筛选及进行免疫杂交分析，表明这是一个新的基因家族，编码高度亲水、具有双重结构域的蛋白质，并被 ABA 诱导在不同组织中表达。Rey 等（1998）在马铃薯的叶绿体中发现了一个受干旱诱导的蛋白质，没有已知的蛋白质序列与之相同。利用由 N 端序列制备的血清在叶子 cDNA 表达文库中筛选，分离到了新的具有典型硫氧还蛋白特征的 cDNA 序列，并被硫氧还蛋白活性生化实验所证实。

蛋白质组学技术不仅可鉴定已知的受环境胁迫诱导的蛋白质，如 LEA 蛋白（Riccardi et al.，1998）、脱水素（Moons et al.，1997），还可鉴定其他一些蛋白质，如对胁迫引起的损害起保护作用的蛋白酶抑制剂、热激蛋白和与氧化胁迫有关的酶、参与糖酵解、木质素合成的酶等（Pruvot et al.，1996；Costa et al.，1998；Rey et al.，1998；Riccardi et al.，1998）。对赤霉素和茉莉酸处理水稻的蛋白质组变化也进行了研究。Shen 和 Komatsu（2003）将水稻叶鞘经 5μmol/L 赤霉素处理不同时间后的蛋白质经 2D-PAGE 分离和计算机图像分析，发现 33 个蛋白质发生变化，说明赤霉素处理水稻叶鞘最少有 30 个基因发生变化。对其中的钙网蛋白（calreticulin）进行了深入分析，发现它有 2 个不同等电点（pI）蛋白点，随赤霉素处理时间增加，pI 4.0 蛋白点逐渐消失，而 pI 4.1 蛋白点浓度则逐渐增加。由此说明钙网蛋白在赤霉素信号传递调节叶鞘伸长中是一个重要组分（Shen and Komatsu，2003）。Rakwal 和 Komatsu（2000）通过 2D-PAGE 分析发现，在水稻的茎和叶中茉莉酸处理诱导了新蛋白质。同时，免疫杂交分析表明，茉莉酸处理后这些蛋白质的表达具有组织特异性和发育阶段特异性。

16.3.3 植物组织器官蛋白质组学

关于植物组织和器官的蛋白质组学研究已经有很多报道。Tsugita 等（1994）用 2D-PAGE 技术分离了水稻根、茎、叶、种子、芽、种皮及愈伤组织等部位的蛋白质，总共得到 4892 个蛋白点。水稻胚、胚乳、叶鞘和悬浮细胞的蛋白质组学研究也取得了进展，并且水稻的蛋白质数据库已经建立（Komatsu et al.，1993；Shen and Komatsu，2003）。

Blee 等（2001）研究了转基因烟草（*Nicotiana tabacum*）细胞壁的蛋白质组。他们首先建立了转入 *Tcyt* 基因的烟草悬浮培养细胞株系。该基因可使细胞产生高水平的内源细胞分裂素，从而使该细胞株系表现出细胞聚集增加、细胞变长、细胞壁加厚 5 倍等特征。转化细胞的细胞壁的蛋白质组与对照烟草细胞的初生壁蛋白质组有很大差异，发现了许多初生壁中不存在的新蛋白质，已鉴定出包括分子质量为 32kDa 的几丁质酶、34kDa 的过氧化物酶、65kDa 的多酚氧化酶和 68kDa 的木聚糖酶，以及一些结构蛋白。

16.3.4 植物亚细胞蛋白质组学

植物的蛋白质组学研究目前已经深入到亚细胞水平，即研究在一个细胞器内表达的蛋白质组。叶绿体是研究得比较多的细胞器。据估计高等植物共有 21 000 ～ 25 000 个蛋白质（Bouchez and Hofte，1998），叶绿体中的蛋白质占 10% ～ 25%（Peltier et al.，2000），充分证明了叶绿体在植物细胞中的重要性。另外，关于线粒体与细胞壁的研究也有报道。

Peltier 等（2000）利用 2D-PAGE、质谱及 Edman 测序等方法，系统地分析了豌豆（*Pisum sativum*）叶绿体中类囊体的蛋白质，并在数据库中进行了搜索，鉴定了 61 个蛋白质，其中确认了 33 个蛋白质的功能及功能结构域。Yamaguchi 和 Subramanian（2000）利用 2D-PAGE、色谱、MS、Edman 测序等多种方法鉴定了菠菜（*Spinacia oleracea*）叶绿体中的核糖体 30S 和 50S 亚基的蛋白质，发现菠菜的质体核糖体由 59 个蛋白质组成，其中 53 个与大肠杆菌有同源性，而 6 个是非核糖体特异性蛋白质（PSRP-1 ～ PSRP-6）。许多蛋白质表现出翻译后修饰的特性。PSRP 蛋白可能参与质体中特有的翻译及其调控过程，包括蛋白质通过质体 50S 亚基在类囊体膜定位和转移。

利用 blue-native 凝胶电泳（Peltier et al.，2001）、MALDI-TOF 和 ESI-MS/MS，鉴定了拟南芥叶绿体中一个 350kDa 的由 10 个不同的亚基组成的 C1pP 蛋白酶复合体，并发现了一个不属于任何已知的叶绿体基因家族的新的叶绿体蛋白质。

Vener 等（2001）利用质谱技术研究了拟南芥叶绿体中类囊体膜蛋白的磷酸化现象。研究发现，PSⅡ核心中的 D1、D2、CP43 蛋白 N 端的苏氢酸（Thr）被磷酸化，外周蛋白 PsbH 的 Thr2 被磷酸化，而成熟的 LCHⅡ的 Thr3 被磷酸化。Vener 等还研究了不同生理条件下这些蛋白质的磷酸化状态。结果表明，这些类囊体蛋白质中，没有任何一个在稳定的连续光照条件下完全磷酸化，或者在长期黑暗适应的条件下完全去磷酸化。他们还检测到在光 / 暗转换的条件下，PsbH 的 Thr4 有迅速而可逆的超磷酸化现象。D1、D2、CP43 蛋白受到热激以后出现显著的去磷酸化。光合蛋白受到热激后磷酸化的变化比在光 / 暗转换的条件下要迅速。Vener 等指出，质谱法为研究复杂样品中蛋白质磷酸化的化学计量学提供了新的途径。

Peltier 等（2002）研究了拟南芥叶绿体类囊体基质蛋白质组。通过双向电泳分离类囊体蛋白，再用质谱进行分析鉴定。鉴定了 81 个蛋白质，用 N 端测序对蛋白质的定位进行预测。

通过实验数据修正所鉴定蛋白质的基因注释，发现了一个有趣的选择性重叠。实验中还发现了大量同源基因的表达。鉴定的基质蛋白质和它们同源物的特性可以用于通过基因组预测基质蛋白质组。Schubert 等（2002）系统地描述了模式植物拟南芥类囊体基质蛋白质的特性，证明类囊体基质有特异的蛋白质组，并且鉴定了其中的 36 个蛋白质。除了大量的肽基脯氨酸顺反异构酶和蛋白酶，还发现了一些新的 PsbP 结构域蛋白。比较模式植物拟南芥与另一个典型的高等植物菠菜的类囊体基质蛋白质组，发现二者相似性很高。作为对本实验的补充，Schubert 等（2002）还利用拟南芥基因组数据库推测其基质蛋白质组，叶绿体类囊体基质约有 80 个蛋白质。

位于叶绿体外膜和内膜上的参与由核编码的叶绿体蛋白质运输的蛋白质复合体得到了详尽的研究（May and Soll，1999; Keegstra et al.，1999）。从绿藻（*Chlamydomonas reinhardtii*）中分离出一种含有酰基脂类的低密度叶绿体膜片段，类似于叶绿体内膜和类囊体膜。一些与叶绿体 mRNA 相结合的蛋白质高度富集，说明这些膜是叶绿体基因表达的场所（Zerges and Rochaix，1998）。

蛋白质组学技术可以用于研究叶绿体蛋白质的翻译后修饰。这方面目前已有许多报道，包括翻译后的甲基化（对 RbcS）（Grimm et al.，1997）、棕榈酰化（对 D1）（Mattoo and Edelman，1987）等。但是对于翻译后的修饰并没有全面、系统地开展研究。随着 2D-PAGE 和质谱技术的发展与改进，这方面的研究变得更容易，这将产生许多意想不到的新发现。

蛋白质组学技术还可以为异构体基因表达及其 mRNA 前体的剪接、mRNA 的编辑研究提供重要帮助。目前已有关于叶绿体蛋白质 mRNA 编辑和剪接（Mano et al.，1997）的报道。在豌豆和菠菜中已发现多基因家族（van Wijk，2000）。这些现象可以通过分析 mRNA 或 cDNA 而发现，但蛋白质组学技术是一个强大的替代或补充方法。

Heazlewood 等（2003）用等电聚焦聚丙烯酰胺凝胶电泳、蓝色非变性聚丙烯酰胺凝胶电泳（blue native PAGE，BN-PAGE）和高效液相色谱-质谱（HPLC-MS）方法对纯化的水稻线粒体蛋白质进行分离，再用胰蛋白酶消化后进行串联质谱分析。查找水稻基因组的可读框译码和 6 个表达序列标签（expressing sequence tag，EST）译码，与质谱分析所得数据进行比对，鉴定了其中 149 个蛋白点（91 个非冗余基因的产物），包括亲水 / 疏水性蛋白、强酸 / 碱性蛋白和大分子量蛋白（分子质量为 2.52 ～ 6.7kDa）的序列。确定了 85 个蛋白质的功能，包括线粒体的许多主要的功能蛋白。Millar 等（2001）分析拟南芥组培细胞线粒体蛋白质双向凝胶电泳的结果，得到大约 100 个高丰度蛋白和 250 个低丰度蛋白。用 MALDI-TOF-MS 分析其中 170 个蛋白点，查找数据库中拟南芥基因组的编码序列，鉴定了其中的 91 个蛋白质。又通过序列比较鉴定了这 91 个蛋白质中 81 个蛋白质的功能。这些功能包括呼吸电子传递链、三羧酸循环、氨基酸代谢、蛋白质输入、加工与组装、转录、膜转运和抗氧化防御等。Werhahn 和 Braun（2002）联合应用 3 种不同的凝胶电泳方法鉴定了线粒体蛋白质组的部分蛋白质。首先，用蓝色非变性聚丙烯酰胺凝胶电泳（BN-PAGE）分离线粒体蛋白质复合体，用电洗脱法完全洗去蛋白质中的考马斯亮蓝。然后进行等电聚焦，最后用 SDS-PAGE 分离蛋白质复合体的亚基。该方法的可行性已通过分离 ATP 合酶复合体、细胞色素 c 还原酶复合体和线粒体外膜移位酶前体蛋白而得到验证。利用这一方法可以分离高等真核生物中蛋白质亚基的异构物。

16.4 小　　结

中药是人们经过数千年的努力累积起来的宝贵资源，其安全性、有效性和科学性毋庸置疑。但是很多机制和未知成分用之前的科学技术手段无法很好地进行说明和阐述。采用新近发展的各种组学技术来认识中药的作用机制、作用物质基础和安全性是值得大力提倡的。microRNA 技术引入中药体系后引出的新型作用机制问题，如 miRNA 在植物界和动物界之间的“跨界基因调控”（cross-kingdom gene regulation），在学术界尤其是转基因领域引发了轩然大波。而将蛋白质组学引入中药体系的研究中，其合理性和可行性获得了广大中药研究者的认可。同时，蛋白质组学在中药复杂体系研究中的应用为中药的现代化发展带来了巨大的机遇。但是蛋白质组学技术在中药作用机制的研究中仍然处于初级阶段，往往只是集中在蛋白质表达谱的变化，却没有更深入地对机制探索。因此，我们需要从两方面提升中药蛋白质组学的发展：一是应用更先进的外部技术，如开发适用于中药复杂体系作用机制研究的高通量蛋白质组学，中药复杂体系对翻译后修饰的蛋白质组学技术的应用，蛋白质网络结构研究等；二是提升中药作用机制的研究深度，各种组学技术更多的是提供新发现和探索未知的工具，而中药作用机制的深度研究是未来中药走向世界的必经之路。相信随着技术的不断进步，中药实现现代化和走向世界指日可待。

中药蛋白质组学是一门新兴的学科，才刚刚起步，目前仍然存在一些技术上的挑战和缺陷。主要有以下几个方面。

1）中药蛋白质的动态分辨率问题。以现有的技术，细胞内的低拷贝数蛋白质很难被检测到。如果把蛋白质组分解为几个亚蛋白质组（sub-proteome）将提高动态分辨率。将质谱技术与原理不同的其他分离技术（如多向色谱法）相结合，也会大大提高分辨率。

2）中药蛋白质组纯化问题。为了得到有意义的结果及提高分辨率，制备纯的蛋白质组（95% ～ 99%）是必要的。基于质谱技术的高敏感性，如果蛋白质组被污染，将会导致蛋白质组被错误注释。因此，保证蛋白质组纯度的步骤是必需的。

3）中药蛋白质组定量问题。许多蛋白质组学的检测技术都不是定量的（如质谱技术），或者只在一定范围内定量（如银染和考马斯亮蓝染色）。这就使定量地研究蛋白质表达的正调节或负调节变得很困难。目前已有几项技术可用来改善这种状况。例如，在 SDS-PAGE 凝胶上用荧光染料来检测蛋白质，在蛋白质片段化并用 MS 技术分析之前先做标记（如同位素亲和标签）。

4）中药疏水性膜蛋白的分离、显形及鉴定问题。众所周知，疏水性膜蛋白比亲水性蛋白更难操作，且膜蛋白更易于聚集在管壁上，由于蛋白质组研究经常是在纳摩尔甚至飞摩尔水平进行，这种特性将会导致巨大的损失或完全丢失。另外，α 螺旋跨膜蛋白在变性的 2D-PAGE 胶上不能很好地溶解或根本就不溶解。如果要分离这些蛋白质，需要有机溶剂分馏法（双水相）或者反相 HPLC 等技术的辅助。

蛋白质组学如与其他功能基因组学相结合，将发挥更大的作用。例如，把 DNA 微阵列与蛋白质组分析相结合，可确定基因调控是在转录水平还是在翻译水平或蛋白质水平进行的。把反向遗传学及正向遗传学与蛋白质组学相结合，可更深入地研究基因的功能。与此同时，不同植物的亚蛋白质组参考图谱将来可能会成为构成和理解植物蛋白质组的核心工具，现在已经有一些亚蛋白质组数据库可以得到。这些参考图谱对随后的蛋白质差异表达和翻译后修饰研究有很大帮助。大多数蛋白质都会与其他蛋白质产生瞬时或稳定的相互作用，而研究这些相互作用将会更深入地理解基因的功能。因此，蛋白质间相互作用数据库对于植物蛋白质组学界，甚至植物学界，都是非常有用的工具。

随着研究的不断深入，在完善现有研究手段的同时，还必须发展一些新的研究技术。同时，加强国际学术合作交流，建立全球共享数据库系统，最终揭示基因组和蛋白质组的结构与功能。我们相信，随着蛋白质组研究的深入发展，在阐明诸如中药植物生长、发育、进化及代谢调控等生命活动的规律等方面会有重大突破。

参考文献

陈士林, 宋经元. 2016. 本草基因组学. 中国中药杂志, 41(21): 3881-3889.

陈士林, 朱孝轩, 李春芳, 等. 2012. 中药基因组学与合成生物学. 药学学报, 47(8): 1070-1078.

段金廒, 张伯礼, 范欣生, 等. 2012. 中药配伍禁忌研究思路与技术体系框架. 世界科学技术–中医药现代化, 31(4): 1537-1546.

高月, 马增春, 张伯礼. 2012. 中药大品种二次开发的安全性关注及再评价意义. 中国中药杂志, 37(1): 1-4.

国家药典委员会. 2015. 中华人民共和国药典：2015 年版一部. 北京: 中国医药科技出版社.

郝海平, 郑超湳, 王广基. 2009. 多组分、多靶点中药整体药代动力学研究的思考与探索. 药学学报, 44(3): 270-275.

匡海学, 程伟. 2009. 中药性味的可拆分性、可组合性研究：中药性味理论新假说与研究方法的探索. 世界科学技术–中医药现代化, 11(6): 768-771.

乐亮, 姜保平, 徐江, 等. 2016. 中药蛋白质组学研究策略. 中国中药杂志, 41(22): 4096-4102.

刘保延. 2013. 真实世界的中医临床科研范式. 中医杂志, 64(6): 451-455.

刘昌孝, 陈士林, 肖小河, 等. 2016. 中药质量标志物（Q-Marker）：中药产品质量控制的新概念. 中草药, 47(9): 1443-1457.

刘建勋, 任钧国. 2015. 源于中医临床的中药复方功效的现代研究思路与方法. 世界科学技术–中医药现代化, 7: 1372-1379.

钱忠直. 2010. 建立符合中医药特点的中药质量标准：解读 2010 年版《中国药典》. 中国中药杂志, 34(16): 2048-2051.

石上梅. 2015. 逐步完善中药质量标准体系和质量控制模式：解读 2015 年版《中国药典》. 中国药学杂志, 20: 1752-1753.

王伽伯, 李春雨, 朱云, 等. 2016. 基于整合证据链的中草药肝毒性客观辨识与合理用药：以何首乌为例. 科学通报, 61(9): 971-980.

王喜军. 2015. 中药药效物质基础研究的系统方法学：中医方证代谢组学. 中国中药杂志, 40(1): 13-17.

吴婉莹, 果德安. 2014. 中药国际质量标准体系构建的几点思考. 世界科学技术–中医药现代化, 3: 496-501.

肖小河, 李秀惠, 朱云, 等. 2016. 中草药相关肝损伤临床诊疗指南. 中国中药杂志, 41(7): 1165-1172.

谢艳君, 孔维军, 杨美华, 等. 2015. 化妆品中常用中草药原料研究进展. 中国中药杂志, 40(20): 3925-3931.

杨华, 齐炼文, 李会军, 等. 2014. 以“等效成分群”为标示量的中药质量控制体系的构建. 世界科学技术–中医药现代化, 3: 510-513.

张伯礼. 2009. 系统生物学将推动中药复杂体系的深入研究. 中国天然药物, 4: 241.

张伯礼, 王永炎. 2005. 方剂关键科学问题的基础研究：以组分配伍研制现代中药. 中国天然药物, 3(5): 258-261.

张伯礼, 张俊华. 2015. 中医药现代化研究 20 年回顾与展望. 中国中药杂志, 40(17): 3331-3334.

赵军宁, 杨明, 陈易新, 等. 2010. 中药毒性理论在我国的形成与创新发展. 中国中药杂志, 35(7): 922-927.

Adam D. 2000. *Arabidopsis thaliana* genome. Now for the hard ones. Nature, 408(6814): 792-793.

Agrawal G K, Rakwal R, Yonekura M, et al. 2002. Proteome analysis of differentially displayed proteins as a tool for investigating ozone stress in rice (*Oryza sativa* L.) seedlings. Proteomics, 2(8): 947-959.

Anderson N L, Anderson N G. 1998. Proteome and proteomics: new technologies, new concepts, and new words. Electrophoresis, 19(11): 1853-1861.

Appiah B, Amponsah I K, Poudyal A, et al. 2018. Identifying strengths and weaknesses of the integration of biomedical and herbal medicine units in Ghana using the WHO health systems framework: a qualitative study.

BMC Complement Altern. Med., 18(1): 286.
Barreneche T, Bahrman N. 1996. Two dimensional gel electrophoresis confirms the low level of genetic differentiation between *Quercus robur* L. and *Quercus petraea* (Matt.) Liebl. International Journal of Forest Genetics, 3(2): 89-92.
Bestel-Corre G, Dumas-Gaudot E, Poinsot V, et al. 2002. Proteome analysis and identification of symbiosis-related proteins from *Medicago truncatula* Gaertn. by two-dimensional electrophoresis and mass spectrometry. Electrophoresis, 23(1): 122-137.
Blee K A, Wheatley E R, Bonham V A, et al. 2001. Proteomic analysis reveals a novel set of cell wall proteins in a transformed tobacco cell culture that synthesises secondary walls as determined by biochemical and morphological parameters. Planta, 212(3): 404-415.
Bouchez D, Hofte H. 1998. Functional genomics in plants. Plant Physiology, 118(3): 725-732.
Cao H, Mu Y, Li X, et al. 2016. A systematic review of randomized controlled trials on oral Chinese herbal medicine for prostate cancer. PLoS ONE, 11(8): e160253.
Chang W W, Huang L, Shen M, et al. 2000. Patterns of protein synthesis and tolerance of anoxia in root tips of maize seedlings acclimated to a low-oxygen environment, and identification of proteins by mass spectrometry. Plant Physiology, 122(2): 295-318.
Chen S, Pang X, Song J, et al. 2014. A renaissance in herbal medicine identification: from morphology to DNA. Biotechnology Advances, 32(7): 1237-1244.
Chou H C, Lu Y C, Cheng C S, et al. 2012. Proteomic and redox-proteomic analysis of berberine-induced cytotoxicity in breast cancer cells. Journal of Proteomics, 75(11): 3158-3176.
Colzani M, Altomare A, Caliendo M, et al. 2016. The secrets of oriental panacea: *Panax ginseng*. Journal of Proteomics, 130: 150-159.
Costa P, Bahrman N, Frigerio J M, et al. 1998. Water-deficit-responsive proteins in maritime pine. Plant Molecular Biology, 38(4): 587-596.
Cruz M C, Diaz G M, Oh M S. 2017. Use of traditional herbal medicine as an alternative in dental treatment in Mexican dentistry: a review. Pharmaceutical Biology, 55(1): 1992-1998.
Damerval C, Le Guilloux M. 1998. Characterization of novel proteins affected by the *O2* mutation and expressed during maize endosperm development. Mol. Gen. Genet., 257(3): 354-361.
David J L, Zivy M, Cardin M L, et al. 1997. Protein evolution in dynamically managed populations of wheat: adaptive responses to macro-environmental conditions. Theoretical & Applied Genetics, 95(5): 932-941.
Dennis C, Surridge C. 2000. *Arabidopsis thaliana* genome. Introduction. Nature, 408(6814): 791.
Dove A. 1999. Proteomics: translating genomics into products? Nature Biotechnology, 17(3): 233-236.
Fu W M, Zhang J F, Wang H, et al. 2012. Apoptosis induced by 1,3,6,7-tetrahydroxyxanthone in *Hepatocellular carcinoma* and proteomic analysis. Apoptosis, 17(8): 842-851.
Geisow M J. 1998. Proteomics: one small step for a digital computer, one giant leap for humankind. Nature Biotechnology, 16(2): 206.
Gilbert N. 2011. Regulations: herbal medicine rule book. Nature, 480(7378): 98-99.
Grimm R, Grimm M, Eckerskorn C, et al. 1997. Postimport methylation of the small subunit of ribulose-1,5-bisphosphate carboxylase in chloroplasts. FEBS Letters, 408(3): 350-354.
Heazlewood J L, Howell K A, Whelan J, et al. 2003. Towards an analysis of the rice mitochondrial proteome. Plant Physiology, 132(1): 230-242.
Herbik A, Giritch A, Horstmann C, et al. 1996. Iron and copper nutrition-dependent changes in protein expression in a tomato wild type and the nicotianamine-free mutant chloronerva. Plant Physiology, 111(2): 533-540.
Kaiser J. 2000. PLANT GENETICS: from genome to functional genomics. Science, 288(5472): 1715.
Keegstra K, Froehlich J E. 1999. Protein import into chloroplasts. Current Opinion in Plant Biology, 2(6): 471-476.
Komatsu S, Kajiwara H, Hirano H. 1993. A rice protein library: a data-file of rice proteins separated by two-dimensional electrophoresis. Theoretical and Applied Genetics, 86(8): 935-942.
Komatsu S, Muhammad A, Rakwal R. 1999. Separation and characterization of proteins from green and etiolated shoots of rice (*Oryza sativa* L.): towards a rice proteome. Electrophoresis, 20(3): 630-636.

Lai C Y, Chiang J H, Lin J G, et al. 2018. Chinese herbal medicine reduced the risk of stroke in patients with Parkinson's disease: a population-based retrospective cohort study from Taiwan. PLoS ONE, 13(9): e203473.

Lee W Y, Lee C Y, Kim Y S, et al. 2019. The methodological trends of traditional herbal medicine employing network pharmacology. Biomolecules, 9(8): 362.

Li X, Zhang J, Huang J, et al. 2013. A multicenter, randomized, double-blind, parallel-group, placebo-controlled study of the effects of qili qiangxin capsules in patients with chronic heart failure. Journal of the American College of Cardiology, 62(12): 1065-1072.

Lin Z, Dongxia H, Xi C, et al. 2000. Exogenous plant MIR168a specifically targets mammalian LDLRAP1: evidence of cross-kingdom regulation by microRNA. Cell Research, 22(1): 107-126.

Liu D, Chang C, Lu N, et al. 2017. Comprehensive proteomics analysis reveals metabolic reprogramming of tumor-associated macrophages stimulated by the tumor microenvironment. Journal of Proteome Research, 16(1): 288-297.

Liu P, Yang H, Long F, et al. 2014. Bioactive equivalence of combinatorial components identified in screening of an herbal medicine. Pharm Res., 31(7): 1788-1800.

Liu Z, He X, Wang L, et al. 2019. Chinese herbal medicine hepatotoxicity: the evaluation and recognization based on large-scale evidence database. Current Drug Metabolism, 20(2): 138-146.

Lu C L, Qv X Y, Jiang J G. 2010. Proteomics and syndrome of Chinese medicine. Journal of Cellular and Molecular Medicine, 14(12): 2721-2728.

Lu Z, Zhong Y, Liu W, et al. 2019. The efficacy and mechanism of Chinese herbal medicine on diabetic kidney disease. Journal of Diabetes Research, 2019: 2697672.

Lueking A, Horn M, Eickhoff H, et al. 1999. Protein microarrays for gene expression and antibody screening. Analytical Biochemistry, 270(1): 103-111.

Ma C, Yao Y, Yue Q X, et al. 2011. Differential proteomic analysis of platelets suggested possible signal cascades network in platelets treated with salvianolic acid B. PLoS ONE, 6(2): e14692.

Macilwain C. 2000. World leaders heap praise on human genome landmark. Nature, 405(6790): 983-984.

Mano S, Yamaguchi K, Hayashi M, et al. 1997. Stromal and thylakoid-bound ascorbate peroxidases are produced by alternative splicing in pumpkin. FEBS Letters, 413(1): 21-26.

Mattoo A K, Edelman M. 1987. Intramembrane translocation and posttranslational palmitoylation of the chloroplast 32-kDa herbicide-binding protein. Proc. Natl. Acad. Sci. USA, 84(6): 1497-1501.

May T, Soll J. 1999. Chloroplast precursor protein translocon. FEBS Letters, 452(1-2): 52-56.

Millar A H, Sweetlove L J, Giege P, et al. 2001. Analysis of the *Arabidopsis* mitochondrial proteome. Plant Physiology, 127(4): 1711-1727.

Moons A, Gielen J, Vandekerckhove J, et al. 1997. An abscisic-acid- and salt-stress-responsive rice cDNA from a novel plant gene family. Planta, 202(4): 443-454.

Nelson P S, Han D, Rochon Y, et al. 2000. Comprehensive analyses of prostate gene expression: convergence of expressed sequence tag databases, transcript profiling and proteomics. Electrophoresis, 21(9): 1823-1831.

Nelson R W, Nedelkov D, Tubbs K A. 2000. Biosensor chip mass spectrometry: a chip-based proteomics approach. Electrophoresis, 21(6): 1155-1163.

Ni L, Zhao Z, Xu H, et al. 2017. Chloroplast genome structures in *Gentiana* (Gentianaceae), based on three medicinal alpine plants used in Tibetan herbal medicine. Current Genetics, 63(2): 241-252.

O'Farrell P H. 1975. High resolution two-dimensional electrophoresis of proteins. Journal of Biological Chemistry, 250(10): 4007-4021.

Pan T L, Hung Y C, Wang P W, et al. 2010. Functional proteomic and structural insights into molecular targets related to the growth inhibitory effect of tanshinone ⅡA on HeLa cells. Proteomics, 10(5): 914-929.

Peltier J B, Emanuelsson O, Kalume D E, et al. 2002. Central functions of the lumenal and peripheral thylakoid proteome of *Arabidopsis* determined by experimentation and genome-wide prediction. Plant Cell, 14(1): 211-236.

Peltier J B, Friso G, Kalume D E, et al. 2000. Proteomics of the chloroplast: systematic identification and targeting analysis of lumenal and peripheral thylakoid proteins. Plant Cell, 12(3): 319-341.

Peltier J B, Ytterberg J, Liberles D A, et al. 2001. Identification of a 350-kDa ClpP protease complex with 10 different Clp isoforms in chloroplasts of *Arabidopsis thaliana*. Journal of Biological Chemistry, 276(19): 16318-16327.

Phu H T, Thuan D B, Nguyen T D, et al. 2019. Herbal medicine for slowing aging and aging-associated conditions: efficacy, mechanisms, and safety. Current Vascular Pharmacology, 18(4): 369-393.

Picard P, Bourgoin-Greneche M, Zivy M. 1997. Potential of two-dimensional electrophoresis in routine identification of closely related durum wheat lines. Electrophoresis, 18(1): 174-181.

Pruvot G, Cuine S, Peltier G, et al. 1996. Characterization of a novel drought-induced 34-kDa protein located in the thylakoids of *Solanum tuberosum* L. plants. Planta, 198(3): 471-479.

Raharjo T J, Widjaja I, Roytrakul S, et al. 2004. Comparative proteomics of *Cannabis sativa* plant tissues. J. Biomol. Tech., 15(2): 97-106.

Rai R, Pandey S, Shrivastava A K, et al. 2014. Enhanced photosynthesis and carbon metabolism favor arsenic tolerance in *Artemisia annua*, a medicinal plant as revealed by homology-based proteomics. Int. J. Proteomics, 2014: 163962.

Rakwal R, Komatsu S. 2000. Role of jasmonate in the rice (*Oryza sativa* L.) self-defense mechanism using proteome analysis. Electrophoresis, 21(12): 2492-2500.

Ramani S, Apte S K. 1997. Transient expression of multiple genes in salinity-stressed young seedlings of rice (*Oryza sativa* L.) cv. Bura Rata. Biochem. Biophys. Res. Commun., 233(3): 663-667.

Rey P, Pruvot G, Becuwe N, et al. 1998. A novel thioredoxin-like protein located in the chloroplast is induced by water deficit in *Solanum tuberosum* L. plants. Plant Journal, 13(1): 97-107.

Riccardi F, Gazeau P, de Vienne D, et al. 1998. Protein changes in response to progressive water deficit in maize: quantitative variation and polypeptide identification. Plant Physiology, 117(4): 1253-1263.

Rudert F. 2000. Genomics and proteomics tools for the clinic. Curr. Opin. Mol. Ther., 2(6): 633-642.

Saalbach G, Erik P, Wienkoop S. 2002. Characterisation by proteomics of peribacteroid space and peribacteroid membrane preparations from pea (*Pisum sativum*) symbiosomes. Proteomics, 2(3): 325-337.

Salanoubat M, Lemcke K, Rieger M, et al. 2000. Sequence and analysis of chromosome 3 of the plant *Arabidopsis thaliana*. Nature, 408(6814): 820-822.

Salekdeh G H, Siopongco J, Wade L J, et al. 2002. Proteomic analysis of rice leaves during drought stress and recovery. Proteomics, 2(9): 1131-1145.

Santoni V, Delarue M, Caboche M, et al. 1997. A comparison of two-dimensional electrophoresis data with phenotypical traits in *Arabidopsis* leads to the identification of a mutant (*cri1*) that accumulates cytokinins. Planta, 202(1): 62-69.

Schubert M, Petersson U A, Haas B J, et al. 2002. Proteome map of the chloroplast lumen of *Arabidopsis thaliana*. Journal of Biological Chemistry, 277(10): 8354-8365.

Shen S, Sharma A, Komatsu S. 2003. Characterization of proteins responsive to gibberellin in the leaf-sheath of rice (*Oryza sativa* L.) seedling using proteome analysis. Biological & Pharmaceutical Bulletin, 26(2): 129-136.

Sugita M, Sugiura M. 1996. Regulation of gene expression in chloroplasts of higher plants. Plant Molecular Biology, 32(1-2): 315-326.

Sun Q, Zhang N, Wang J, et al. 2016. A label-free differential proteomics analysis reveals the effect of melatonin on promoting fruit ripening and anthocyanin accumulation upon postharvest in tomato. Journal of Pineal Research, 61(2): 138-153.

Tabata S, Kaneko T, Nakamura Y, et al. 2000. Sequence and analysis of chromosome 5 of the plant *Arabidopsis thaliana*. Nature, 408(6814): 823-826.

Theologis A, Ecker J R, Palm C J, et al. 2000. Sequence and analysis of chromosome 1 of the plant *Arabidopsis thaliana*. Nature, 408(6814): 816-820.

Tian N, Liu S, Li J, et al. 2014. Metabolic analysis of the increased adventitious rooting mutant of *Artemisia annua* reveals a role for the plant monoterpene borneol in adventitious root formation. Physiol. Plant., 151(4): 522-532.

Tsugita A, Kawakami T, Uchiyama Y, et al. 1994. Separation and characterization of rice proteins. Electrophoresis, 15(5): 708-720.

van Wijk K J. 2000. Proteomics of the chloroplast: experimentation and prediction. Trends in Plant Science, 5(10): 420-425.

Vener A V, Harms A, Sussman M R, et al. 2001. Mass spectrometric resolution of reversible protein phosphorylation in photosynthetic membranes of *Arabidopsis thaliana*. Journal of Biological Chemistry, 276(10): 6959-6966.

Walbot V. 2000. *Arabidopsis thaliana* genome: a green chapter in the book of life. Nature, 408(6814): 794-795.

Walsh B J, Molloy M P, Williams K L. 1998. The Australian proteome analysis facility (APAF): assembling large scale proteomics through integration and automation. Electrophoresis, 19(11): 1883-1890.

Wang C, Cao B, Liu Q Q, et al. 2011a. Oseltamivir compared with the Chinese traditional therapy maxingshigan-yinqiaosan in the treatment of H1N1 influenza: a randomized trial. Annals of Internal Medicine, 155(4): 217-225.

Wang J B, Zhao H P, Zhao Y L, et al. 2011b. Hepatotoxicity or hepatoprotection? Pattern recognition for the paradoxical effect of the Chinese herb *Rheum palmatum* L. in treating rat liver injury. PLoS ONE, 6(9): e24498.

Wang L, Zhou G B, Liu P, et al. 2008. Dissection of mechanisms of Chinese medicinal formula Realgar-Indigo naturalis as an effective treatment for promyelocytic leukemia. Proc. Natl. Acad. Sci. USA, 105(12): 4826-4831.

Wang X, Zhang A, Wang P, et al. 2013. Metabolomics coupled with proteomics advancing drug discovery toward more agile development of targeted combination therapies. Molecular & Cellular Proteomics, 12(5): 1226-1238.

Wang Y L, Geng L G, He C B, et al. 2019. Chinese herbal medicine combined with tadalafil for erectile dysfunction: a systematic review and meta-analysis. Andrology, 8(2): 268-276.

Werhahn W, Braun H P. 2002. Biochemical dissection of the mitochondrial proteome from *Arabidopsis thaliana* by three-dimensional gel electrophoresis. Electrophoresis, 23(4): 640-646.

Wienkoop S, Saalbach G. 2003. Proteome analysis. Novel proteins identified at the peribacteroid membrane from *Lotus japonicus* root nodules. Plant Physiology, 131(3): 1080-1090.

Wu T, Wang Y, Guo D. 2012. Investigation of glandular trichome proteins in *Artemisia annua* L. using comparative proteomics. PLoS ONE, 7(8): e41822.

Yamaguchi K, Subramanian R. 2000. The plastid ribosomal proteins: identification of all the proteins in the 50S subunit of an organelle ribosome (chloroplast). Journal of Biological Chemistry, 37(3): 28466-28482.

Yan J, Xie G, Liang C, et al. 2017. Herbal medicine Yinchenhaotang protects against α-naphthylisothiocyanate-induced cholestasis in rats. Sci. Rep., 7(1): 4211.

Yang Z K, Ma Y H, Zheng J W, et al. 2014. Proteomics to reveal metabolic network shifts towards lipid accumulation following nitrogen deprivation in the diatom *Phaeodactylum tricornutum*. Journal of Applied Phycology, 26(1): 73-82.

Yao Y, Wu W Y, Guan S H, et al. 2008. Proteomic analysis of differential protein expression in rat platelets treated with notoginsengnosides. Phytomedicine, 15(10): 800-807.

Yu K, Chen F, Li C. 2012. Absorption, disposition, and pharmacokinetics of saponins from Chinese medicinal herbs: what do we know and what do we need to know more? Current Drug Metabolism, 13(5): 577-598.

Yue Q X, Cao Z W, Guan S H, et al. 2008. Proteomics characterization of the cytotoxicity mechanism of ganoderic acid D and computer-automated estimation of the possible drug target network. Molecular & Cellular Proteomics, 7(5): 949-961.

Zerges W, Rochaix J D. 1998. Low density membranes are associated with RNA-binding proteins and thylakoids in the chloroplast of *Chlamydomonas reinhardtii*. Journal of Cell Biology, 140(1): 101-110.

Zhang X W, Yan X J, Zhou Z R, et al. 2010. Arsenic trioxide controls the fate of the PML-RAR alpha oncoprotein by directly binding PML. Science, 328(5975): 240-243.

Zhang Y, Ng K H, Kuo C Y, et al. 2018. Chinese herbal medicine for recurrent aphthous stomatitis: a protocol for systematic review and meta-analysis. Medicine, 97(50): e13681.

Zhu W, Yang B, Komatsu S, et al. 2015. Binary stress induces an increase in indole alkaloid biosynthesis in *Catharanthus roseus*. Frontiers in Plant Science, 6: 582.

Zhu W, Zhang Y, Huang Y, et al. 2017. Chinese herbal medicine for the treatment of drug addiction. International Review of Neurobiology, 135: 279-295.

第 17 章 植物根系营养应答蛋白质组

17.1 植物根系矿质营养失衡的蛋白质组概述

植物需要 17 种必需营养元素来维持其正常的生命活动并完成其生命周期。除了来自空气和 / 或水中的天然营养元素碳、氢和氧，其他 14 种必需营养元素都是矿质营养元素。根据植物中的含量，矿质营养元素可分为大量营养元素（氮、磷、钾）、中量元素（钙、镁、硫）和微量营养元素（铁、锰、铜、锌、硼等）（表 17-1）。植物的矿质营养元素主要通过根系从土壤中获得（Tucker，1999）。自然土壤中大量矿质营养元素的含量往往难以满足植物的需求，特别是在农业生产过程中。目前，施肥是解决农作物矿质营养元素缺乏的主要措施。有效合理地施肥可以显著增加农作物产量，并改善作物品质（Holford，1997）。但是，作物的氮磷钾肥利用率往往非常低，如我国的磷肥当季利用率一般只有 5% ～ 10%（王庆仁等，1998）。大量养分损失严重，且作物产量潜力未得到充分发挥（张福锁等，2008；Johnston et al.，2014）。此外，过量施肥在我国农业生产中也存在，这不仅影响作物生长发育及最终产量，更会造成资源浪费和环境污染。例如，磷矿是我国重要的不可再生战略性矿产资源（柳正，2006）；过量施氮磷肥会引起严重的水体富营养化污染（Conley et al.，2009）。微量矿质元素虽然是植物生长发育所必需的，但同时其在植物内部浓度超过临界值反而产生一定的毒性，进而抑制植物的生长发育（Siddiqi and Glass，1981）。例如，在酸性土壤中，植物易吸收锰过量，引起生理代谢失调，严重影响作物的生长发育和产品品质（Fecht-Christoffers et al.，2003；Sparrow and Uren，2014）。因此，合理施肥的同时培育抗逆营养高效的农作物对保障粮食安全和可持续农业发展至关重要。而这就首先需要深入地剖析植物对矿质营养缺乏的响应和适应机制，为高效农业生产提供有效的理论基础和基因资源。

表 17-1　高等植物生长发育必需营养元素

大量元素		中量元素	微量元素
碳（carbon，C）	氮（nitrogen，N）	钙（calcium，Ca）	铁（iron，Fe）
氢（hydrogen，H）	磷（phosphorus，P）	镁（magnesium，Mg）	锰（manganese，Mn）
氧（oxygen，O）	钾（potassium，K）	硫（sulfur，S）	铜（copper，Cu）
			锌（zinc，Zn）
			硼（boron，B）
			钼（molybdenum，Mo）
			氯（chlorine，Cl）
			镍（nickel，Ni）

蛋白质组学作为后基因组时代一种成熟的组学技术，它可以系统全面地比较分析植物不同器官 / 细胞器或不同植物品种之间应对营养失衡的蛋白质丰度差异变化情况，为解析植物对营养胁迫的响应和适应机制、不同养分效率植物品种之间的差异调控机制提供蛋白质丰度变化的理论基础，最终为施肥和营养高效作物品种的选育提供参考依据。本章综述了采用蛋白质组学技术分析植物在矿物营养失衡条件下蛋白质的丰度变化情况，以及利用蛋白质组学整合转录组学系统分析下的植物应对矿质营养失衡的作用机制。氮和磷是植物生长发育需求量极大的两种必需矿质元素。氮肥和磷肥也是目前我国乃至世界农业生产中最重要的矿质肥料，但是主要粮食作物的氮肥和磷肥利用率普遍偏低（张福锁等，2008）。因此，迫切需要提高作物和土壤的生产潜力，以满足人口不断增长所带来的粮食安全问题，并实现可持续发展。目前，大量研究关注植物根系氮和磷失衡的蛋白质组学，本章将在 17.2 和 17.3 分别重点阐述相关研究进展。铁是植物需求量最大的必需微量营养元素，其在多种生化反应中发挥重要作用，本章将在 17.4 阐述相关研究进展。植物应答其他营养元素缺乏的蛋白质组学在 17.5 综合介绍，包括钾缺乏、镁缺乏及硼缺乏下的蛋白质分析。此外，应答多种营养元素缺乏的比较蛋白质组学，以及根系应答微量营养元素毒害（锰毒害和铜毒害为例）的蛋白质组学在 17.5 中介绍。

17.2 根系氮失衡的蛋白质组学

氮是植物生长发育过程中需求量最大的必需元素，对最终产量的贡献达到 40% ～ 50%（吴巍和赵军，2010）。氮是植物体内大部分物质的重要组成元素，广泛存在于核酸、蛋白质、磷脂及一些植物激素等重要生命物质中。氮素缺乏严重影响作物的生长和发育，引起叶片黄化，造成植株发育不全。我国乃至世界的耕地土壤普遍存在氮素缺乏问题，这也是农业上作物生长和产量的首要营养限制因子（Frink et al.，1999；张福锁等，2007）。农业生产中产量的增加严重依赖氮肥的施用。据统计，20 世纪全世界所增加的作物产量中有 30% ～ 50% 依赖于氮肥的施用，2008 年氮肥养活了全世界约 48% 的人口（Erisman et al.，2008）。但是，作物的氮肥利用率往往不高。在我国，三大粮食作物水稻、小麦和玉米的氮肥利用率分别为 28.3%、28.2% 和 26.1%，远低于国际水平（张福锁等，2008；Saiz-Fernández et al.，2015）。这主要是由高产农田过量施肥、忽略土壤和环境养分利用、作物产量潜力未得到充分发挥等造成。同时过量使用氮肥会对植物的生长产生抑制作用，如抑制根系生长、叶片扩张和发育等。过量的氮肥不仅仅造成资源浪费，更增加了农业生产成本，导致严重的环境问题，如江河湖泊的富营养化和全球变暖等（Gruber and Galloway，2008；Conley et al.，2009）。因此，了解植物对氮失衡的响应和适应机制，对于减少化学氮肥施用、提高作物氮肥利用率、保障粮食安全和保护生态环境具有重要意义。

氮代谢是植物的基本生理过程之一，包括氮素的吸收、转运、同化、氮信号转导、氨基酸转运、氨基酸代谢和碳氮代谢互作等（许振柱和周广胜，2004；Kusano et al.，2011）。植物根系吸收利用的无机氮源，主要分为硝态氮（NO_3^-）和铵态氮（NH_4^+）。在温和气候下的耕作土壤中，硝态氮是作物主要的氮源。硝酸盐转运蛋白 1/2（nitrate transporter 1/2，NRT1/2）家族的转运蛋白类根据土壤溶液中硝酸盐的浓度并通过高亲和力和低亲和力转运系统从土壤中吸收氮素。NRT1/2 家族的其他成员随后参与了向木质部装载、从木质部卸载硝酸盐及硝酸盐的分配过程（Dechorgnat et al.，2011）。硝态氮同化的主要途径是硝酸盐通过硝酸盐还原酶

（nitrate reductase，NR）和亚硝酸还原酶（nitrite reductase，NiR）还原成氨（图 17-1）。而氨同化则需要经过一系列复杂的酶促反应合成多种可被植物利用的氨基酸，主要包括氨通过谷氨酰胺合成酶（glutamine synthetase，GS）/ 谷氨酸合酶（glutamate synthase，GOGAT）转化为谷氨酰胺或谷氨酸等，谷氨酸则是其他氨基酸和酰胺的合成前体（许振柱和周广胜，2004；吴巍和赵军，2010）。

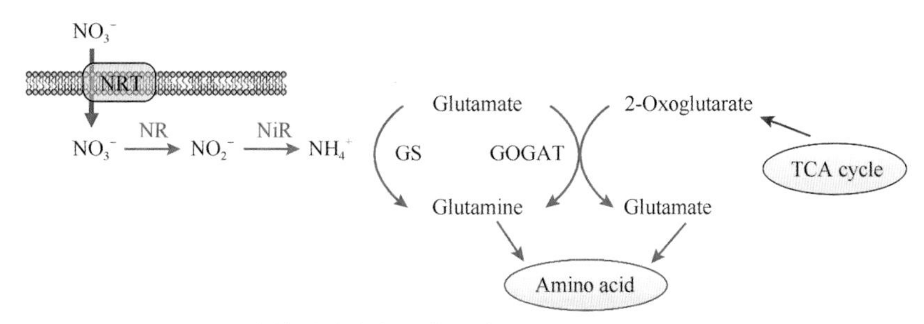

图 17-1 高等植物中氮同化示意图（Andrews et al.，2013）

Glutamate：谷氨酸盐；Glutamine：谷氨酰胺；2-Oxoglutarate：酮戊二酸；NR：硝酸盐还原酶（nitrate reductase）；NiR：亚硝酸还原酶（nitrite reductase）；Amino acid：氨基酸；TCA cycle：三羧酸循环（tricarboxylic acid cycle）

环境中的氮源往往不能满足植物需求，因此植物在长期的进化过程形成了一套复杂而精细的响应和适应氮缺乏环境的机制，包括提高氮吸收能力（高亲和力氮转运子）、调节根系生长和结构来提高氮素吸收、重新活化植物体内已固定的氮、抑制生长和光合作用、促进花青素的积累等（Scheible et al.，2004；Kiba and Krapp，2016）。此外，氮代谢是植物基础物质代谢，与碳代谢紧密联系，在植物的生长发育中起着决定性的作用。因此，有必要深入分析植物根系对氮素失衡的响应和适应机制，为合理氮肥施用和提高作物氮肥利用率提供理论基础。

17.2.1 根系应答氮缺乏的蛋白质组学

17.2.1.1 拟南芥根系应答氮缺乏的蛋白质组学

氮素在植物生物过程中发挥着不可替代的重要作用，植物具有复杂而精细的应对氮缺乏的响应和调控机制。不同的植物有不同的响应和调控机制。近年来，研究者针对不同植物根系应对不同氮浓度环境和不同氮缺乏时间进行了一系列的蛋白质组学研究，包括模式生物拟南芥（Wang et al.，2012）和重要的粮食经济作物（Prinsi et al.，2009；Ding et al.，2011；Qin et al.，2019）。拟南芥（*Arabidopsis thaliana*）是重要的模式植物，具有全基因组序列信息、大量的基因缺失或过表达植株，以及较为完善的分子操作系统。这些有利条件使得拟南芥成为各种逆境条件下蛋白质组学研究的首选植物（Wienkoop et al.，2010）。2012 年，研究者采用双向凝胶电泳联合基质辅助激光解吸电离飞行时间质谱（MALDI-TOF-MS）全面分析了拟南芥幼苗应对硝酸盐缺乏和恢复过程中蛋白质和磷酸化蛋白的丰度变化（Wang et al.，2012）。水培条件下，拟南芥野生型幼苗 Columbia 在全氮营养液（5mmol/L KNO_3）中生长 7d，随后进行缺氮 48h 并恢复供氮 24h 的处理。经分析，银染的双向电泳图谱上一共约有 2157 个蛋白点，而考马斯亮蓝染色的双向电泳图谱上约有 1220 个蛋白点。综合两种方法，一共有 170 个蛋白点（137 种蛋白质）在缺氮或复氮条件下表现出显著的差异表达。其中，70 个蛋白点在缺氮条件下丰度增加，在恢复供氮条件后丰度下调，而另外的 100 个蛋白点具有相反的丰度变化。同时采用 Pro-Q Diamond 磷酸化蛋白染色法发现有 38 个蛋白质的磷酸化状态发生了显著变化。这些差异蛋白参与氮代谢、蛋白质代谢、光合作用、细胞骨架、氧化还原平衡和信号转导等过程。进一步通过代谢网络重建研究阐明了拟南芥幼苗应对硝态氮缺乏的重要响应途径。氮胁迫下，氮碳同化、光合作用和蛋白质合成等过程受到了显著的抑制，如一些氮同化相关酶 NiR、氨甲酰磷酸合成酶（carbamyl phosphate synthetase）、精氨酸琥珀酸盐合成酶（arginosuccinate synthetase，ASS）和碳酸酐酶（carbonic anhydrase）的丰度显著下调。同时，细胞骨架、氮素再活化、蛋白质降解和抗氧化系统等生物过程被广泛激活，特别是氮缺乏条件下，5 个泛素化 /26S 蛋白酶体（ubiquitin/26S proteasome machinery）的丰度显著增加。其中，进一步利用拟南芥突变体进行功能分析发现，蛋白酶体调节亚基 RPT5a（proteasome regulatory subunit RPT5a）和细胞骨架微管蛋白 α6（tubulin alpha-6）分别通过调节植物氮利用效率和低硝态氮诱导花青素的生物合成在植物响应氮缺乏中发挥重要作用。当恢复硝态氮供给后，氮代谢、光合作用和蛋白质合成逐渐恢复，如氮同化相关酶 NiR 和 ASS 的丰度快速增加，但是蛋白质降解和细胞骨架相关蛋白的丰度则仍表现为下调。此外，研究还发现参与抗氧化系统的蛋白质在恢复供氮 24h 的过程中几乎没有变化，这表明高水平的抗氧化活性可能是植物从低氮胁迫中恢复的必要条件。研究者还基于该研究的蛋白质组学数据和其他已知的信号通路构建了拟南芥硝态氮饥饿响应的调控网络。位于质膜的硝酸盐转运蛋白 NRT1.1 和 NRT2.1 感受细胞外硝酸盐浓度的变化，进一步通过与其他信号途径，如活性氧、乙烯、生物素、脱落酸（abscisic acid，ABA）、Ca^{2+} 和光信号，转导细胞内的氮饥饿信号。该研究系统阐述了拟南芥在蛋白质水平上对氮饥饿和恢复供氮的响应途径与调控网络，为阐明其他高等植物的氮响应机制和提高氮素利用率提供了参考。

17.2.1.2 水稻根系应答氮缺乏的蛋白质组学

氮肥的施用在实际农业生产过程中的重要性毋庸置疑。1977 ～ 2005 年，中国单位面积粮食平均产量增长了 98%。这与氮肥的高消耗密切相关，氮肥的消耗从 1977 年的 707 万 t 增长到 2620 万 t，迅速增加 271%。过量的施肥直接导致了氮肥利用率大大下降，并引起了严重的环境问题（Ju et al.，2009）。因此，亟须剖析农作物应对低氮胁迫的响应和适应机制，阐明其中的关键调控因子，为提高粮食作物和经济作物的氮肥利用率提供有力的理论依据。水稻是世界上最主要的粮食作物之一。我国超过半数以上的人口以稻米为主食，水稻种植面积大，氮肥需求量高，但是肥料利用率较低（吴良泉等，2016）。20 世纪我国的水稻氮肥利用率为 30% ～ 35%，而到 2001 ～ 2005 年则下降到 28% 左右。我国针对水稻氮营养的相关研究较多。2011 年，Ding 等采用 2-DE 联合 MALDI-TOF/TOF-MS 解析了水稻根系在低氮胁迫下蛋白质水平的响应。正常条件下生长两周的籼稻（*Oryza sativa* spp. *indica* cv. ‘93-11’）幼苗分别进行正常供氮条件（1.07mmol/L NH_4NO_3）和低氮（0.14mmol/L NH_4NO_3）条件处理 1h、3h、8h、24h 与 48h。研究发现，低氮胁迫对水稻根系结构产生了显著的影响：不定根下部侧根数增加，侧根的上部根长增长。对不同处理时间的根系蛋白质谱进行分析，与对照比较，电泳图谱显示处理 1h 和 3h 后蛋白质表达谱差异不大；而处理 8h 和 48h 后蛋白质数量显著减少，这两个时间点后续进行了深入分析。正常供氮条件下，一共检测到了 901 个蛋白点，而低氮处理 48h 后，仅检测到约 567 个蛋白点。研究者进一步对 21 个差异表达蛋白点进行质谱分析，成功鉴定了 12 种蛋白质，其中，仅有 2 种蛋白质含量上调，其他 10 种蛋白质含量均显著下调。低氮胁迫下，TCA 循环代谢酶琥珀酰辅酶 A 连接酶（succinyl-CoA ligase）β 亚基的丰度显著上调，这表明水稻根系可能通过降低氨基酸合成所需的碳骨架酮戊二酸（2-oxoglutarate）的浓度进而调控氮代谢。低氮胁迫显著影响根系苯丙烷途径。本实验中，苯丙烷途径代谢酶苯丙氨酸氨裂解酶（phenylalanine ammonia-lyase）和4-香豆酸辅酶A连接酶（4-coumarate-CoA ligase）的丰度显著下调。这与之前一些报道中相关代谢酶上调不一致，可能由实验温度不一致所导致。低氮胁迫48h还导致水稻根系中蛋白质降解代谢酶非ATP酶亚基10（non-ATPase subunit 10，RPN10）的丰度显著下调。该酶属于26S蛋白酶体调节颗粒（26S proteasome regulatory particle），在细胞内蛋白质降解中发挥重要作用（Cheng，2009）。RPN10及其下游蛋白质含量变化可能导致多种多泛素化蛋白（polyubiquitinated protein）被26S蛋白酶体降解，进而调节激素信号。此外，低氮胁迫导致腺苷激酶（adenosine kinase）和腺苷酸激酶（adenylate kinase）的丰度显著降低，这可能导致ATP水平降低，从而抑制物质合成和能量代谢。该研究首次在蛋白质组水平对水稻低氮胁迫响应进行研究。虽然受早期技术的限制，实验检测到的差异蛋白数目比较少，但是也在一定程度上为提高水稻氮肥利用率提供了一些有用的信息。

17.2.1.3　玉米根系应答氮缺乏的蛋白质组学

玉米（*Zea mays*）是一种重要的世界性粮食作物和饲料作物，典型的C_4植物，光合作用很强，氮素的需求量很高（Mu et al.，2017）。缺氮不仅仅会导致玉米叶片变黄，甚至整个植株黄化，果穗小，顶部籽粒不充实，蛋白质含量低，最终影响产量和品质。受“施肥越多，产量越高”观念的影响，我国农民玉米氮肥施用量也比较高。2000年和2002年我国26个地区的调查数据显示，玉米的氮肥平均投入量高达209kg/hm^2，但是氮肥利用率只有26.1%（粮食主产区的1333个田间试验结果）（张福锁等，2007，2008）。因此，针对玉米根系氮营养的相关研究也比较多。2009年，Prinsi等对玉米根系短期缺氮（30h）进行了蛋白质组学研究，2018年，Prinsi和Espen进一步对不同氮形态供应下再进行不同缺氮时间处理的玉米根系进行了蛋白质组分析（详见17.2.2）。此外，Trevisan等（2015）针对不同供氮形式下玉米根系过渡区进行了蛋白质组和转录组的整合分析（详见17.2.4）。早在2009年，研究者就采用LC-ESI-MS/MS分析了生长17d的玉米根系在短期缺氮（30h）条件下的蛋白质丰度变化（Prinsi et al.，2009）。电泳图谱中一共鉴定到了约1100个蛋白点，其中20个在氮胁迫下具有显著差异。差异蛋白参与氮代谢、细胞能量平衡及氧化还原状态有关的代谢途径，包括戊糖磷酸途径。氮胁迫下，硝态氮同化关键酶NiR和氨同化关键酶GS的丰度显著增加，这表明玉米根系通过加强氨同化过程来适应氮胁迫。此外，非共生血红蛋白（non-symbiotic hemoglobin）和单脱氢抗坏血酸还原酶（monodehydroascorbate reductase）的丰度在氮胁迫下表现出显著上调，它们参与信号分子一氧化氮（NO）的清除，进而调控氮胁迫响应（Igamberdiev et al.，2006）。而苯丙氨酸裂解酶、天冬氨酸蛋白酶（aspartic protease）和14-3-3蛋白等6种蛋白质在氮胁迫下丰度显著下调。同时研究发现玉米地上部差异响应蛋白主要参与光合作用再活化和叶绿体功能的维持等。此外，本研究发现，氮胁迫影响磷酸烯醇丙酮酸羧化酶（phosphoenolpyruvate carboxylase，PEPC）的翻译后修饰方式。该酶参与硝酸盐同化，在细胞内pH平衡中发挥重要作用（Britto and Kronzucker，2005）。氮胁迫下，根系中存在单泛素化（monoubiquitination）修饰，而在地上部则是磷酸化（phosphorylation）修饰，这也表明蛋白质翻译后修饰可能在快速应对氮素缺乏的调控过程中发挥核心作用。同样受早期技术限制，检测到的差异蛋白十分有限，但是仍发现了一些氮胁迫响应过程关键调控因子。特别是，氮胁迫下PEPC在地上部和根系不同的翻译后修饰暗示了蛋白质翻译后修饰在氮胁迫响应和适应中发挥了关键调节作用。

17.2.1.4 青稞根系应答氮缺乏的蛋白质组学

西藏青稞（*Hordeum vulgare* var. *nudum*）是一种主要种植在西藏等高寒地区的大麦属谷类作物。2018 年，研究者采用相对和绝对定量同位素标记（iTRAQ）联合 LC-MS/MS 技术对西藏青稞根系应对不同氮素环境的蛋白质水平变化进行了分析（王玉林等，2018）。生长 2 周的青稞幼苗（‘藏青 13’）在不同氮浓度条件（适合供氮、缺氮、低氮和高氮）下进行 2d 处理。质谱分析在根系中一共鉴定到 8589 个蛋白质。与适合供氮水平相比，缺氮、低氮处理后鉴定到的差异蛋白分别有 1518 个、1279 个，其中 810 个、692 个蛋白质的丰度上调，708 个、587 个蛋白质的丰度下调。氮胁迫下，根系中差异响应蛋白的数量大大高于叶片中的数量，这可能是由于根系作为氮素吸收的主要器官，更能敏感地响应环境中的氮素浓度变化。氮缺乏条件下，根系中差异蛋白主要参与次生代谢物生物合成、无机离子运输和代谢、碳水化合物运输等。本研究确定了青稞在氮胁迫下的响应蛋白，但是对蛋白质组学数据只是进行了初步的分析比较，后续可进一步深入分析其代谢网络和关键调控蛋白。

17.2.1.5 油菜根系应答氮缺乏的蛋白质组学

油菜（*Brassica napus*）是世界上重要的油料作物，其生长也常常受到氮素缺乏的抑制（Albert et al.，2012）。与粮食作物水稻、玉米相比，关于油菜应对氮素缺乏的响应和适应机制研究相对较少。2019 年，多国研究者合作采用多种技术手段对油菜根系在缺氮条件下响应进行了系统的分析（Qin et al.，2019）。水培条件下，我国的油菜品种‘中双 11’在苗期分别进行 3d 短期和 14d 长期的低氮处理（正常氮 7500μmol/L N，低氮 190μmol/L N）。首先，采用三维原位定量（3D *in situ* quantification）技术分析发现氮胁迫下，油菜根系变长，分生组织的细胞密度增加，根尖伸长区的细胞增大，同时根系随着细胞硬度的降低而变软。其次，采用基于串联质谱标签（TMT）的蛋白质组学技术分析了油菜根系应对氮缺乏的蛋白质组成和含量的变化。短期和长期低氮处理下，从油菜根系分别鉴定了 7856 个和 8552 个蛋白质。与正常供氮相比，缺氮处理分别影响了 171 个和 755 个蛋白质的丰度，上调和下调的蛋白质分别为 62/402 个和 109/353 个。这表明随着氮素缺乏时间的延长，细胞内部生理生化发生了更大的变化，更多的蛋白质参与了胁迫响应中。氮胁迫差异响应蛋白主要参与单个有机体代谢（single-organism metabolism）、定位建立（establishment of localization）、生物合成（biosynthetic process）和胁迫响应（response to stress）等过程。与观察到的根系构型变化相一致，大量参与细胞壁组织或生物发生（cell wall organization or biogenesis）过程的蛋白质丰度显著上调，这在长期缺氮处理下尤为显著。例如，细胞壁修饰酶木葡聚糖内糖基转移酶（xyloglucan endotransglucosylase/hydrolase）在短期处理条件下丰度变化不显著，而长期处理条件下其丰度显著增加了 2.2 倍。KEGG 代谢通路富集显示氮胁迫下，大量参与苯丙烷类生物合成（phenylpropanoid biosynthesis）的蛋白质丰度显著增加，包括 4 个苯丙氨酸解氨酶（phenylalanine ammonia lyase）和 3 个香豆酸辅酶 A 连接酶（coumarate: coenzyme A ligase）等。此外，参与氮代谢和苯丙氨酸代谢的蛋白质也大量富集。最后，研究者基于组学数据构建了蛋白质互作网络，结果表明氮缺乏时根系细胞壁代谢可能与膜 / 液泡转运和信号转导紧密相关；参与核糖体生物合成（ribosome biogenesis）的蛋白质丰度显著降低，且相互之间紧密联系；氮代谢和氨基酸代谢也密切相关。值得注意的是，研究发现油菜根系中大多数已鉴定的过氧化物酶含量在低氮胁迫下受到了显著抑制。进一步的酶活性分析也表明，过氧化物酶活性在低氮胁迫下显著降低，这很有可能导致根系紧实度降低，从而促进主根和侧根的伸长。我们看到，该研究的实验方法很值得后续的植物蛋白质组学研究借鉴和参考。毫无疑问，相比基于双向电泳的蛋白质组学，基于 iTRAQ 和 TMT 的蛋白质组学技术大大提高了鉴定的蛋白质数量，研究者可以发现更多的差异蛋白，为全面了解根系的蛋白质复杂和细微的变化提供了有力的技术支撑。同时，该研究结合形态学、生理生化及组学分析，系统阐明了油菜根系对短期和长期氮素缺乏的响应和适应机制，从多个水平系统展示了一个整体变化蓝图，为通过根系遗传改良选育氮高效油菜品种提供了有效的参考依据。

17.2.2　不同氮素形态供应条件下植物根系应答氮失衡的蛋白质组学

植物根系吸收的无机氮源主要以硝态氮或铵态氮形式存在（王华静等，2005）。不同的植物有着不同的铵态氮和硝态氮偏好，同时，土壤中氮素的形态显著影响作物的生长发育及最终产量（Andrews et al.，2013）。在不同氮素形态环境中生长的植物对氮缺乏或恢复供氮有着不同的响应与适应机制。下面将重点介绍拟南芥（Engelsberger and Schulze，2012）、玉米（Prinsi and Espen，2018）和大麦（Møller et al.，2011）等对不同氮素形态供应条件的蛋白质水平的响应。

首先介绍模式植物拟南芥在恢复供氮不同时间下细胞膜和可溶性蛋白中磷酸化蛋白的动态变化（Engelsberger and Schulze，2012）。研究者将在正常供氮条件（2mmol/L KNO_3、1mmol/L NH_4NO_3、1mmol/L 谷氨酰胺）下生长 2 周的拟南芥幼苗分别进行不同氮形态的低氮处理（0.15mmol/L KNO_3 或 5μmol/L NH_4NO_3）2d，随后以单一硝态氮或铵态氮形式逐渐重新恢复供氮（3min、5min、10min 和 30min 至终浓度 3mmol/L KNO_3 或 3mmol/L NH_4NO_3）。拟南芥表现出典型的缺氮症状，如根系变长、叶片失色、花青素积累。采用无标记定量磷酸化蛋白质组学技术，实验在幼苗中一共鉴定到 6164 个蛋白质（11 693 条肽段），其中 1225 条肽段存在磷酸化修饰。恢复供氮 5min 后，糖基磷脂酰肌醇（glycosylphosphatidylinositol，GPI）锚定蛋白、受体激酶和转录因子等蛋白质表现出快速早期反应，它们的磷酸化修饰水平变化最大。恢复供氮 10min 后，蛋白质合成和降解、中心代谢和激素代谢相关蛋白的磷酸化修饰水平变化最大。植物在低氮胁迫后，不同氮形态再供应导致了拟南芥根系蛋白质的不同磷酸化修饰模式，这也表明蛋白质磷酸化或去磷酸化的翻译后修饰在氮饥饿信号调节中发挥着重要的调控作用。本研究也为深入解析外部氮形态变化相关的信号转导途径和候选磷酸化位点提供了候选基因。

2009 年，Prinsi 等对玉米根系短期缺氮条件下蛋白质水平的变化进行了解析。2018 年，Prinsi 和 Espen 进一步系统分析了不同氮形态处理不同时间后根系在生理生化和蛋白质水平的变化特征。水培条件下，玉米‘PR33A46’苗期在低氮（1mmol/L NO_3^-、125μmol/L NH_4^+）条件下生长 9d 后再进行不同氮形态供应（5mmol/L NO_3^-、5mmol/L NH_4^+、2.5mmol/L NO_3^-+2.5mmol/L NH_4^+）处理不同时间（0h、6h、30h 和 54h）。研究发现，以铵态氮为氮源的玉米积累的生物量最低，无机氮与有机氮的比例最低，这表明单一铵态氮氮源供应会显著影响玉米的生长。而在单一硝态氮源供应与硝态氮和铵态氮共供应的条件下，两者表现出相似的表型特征。通过 2-DE 联合 LC-MS/MS 的蛋白质组学技术在玉米根系检测到了 336 个蛋白质，其中不同处理条件之间有 15% 的蛋白质丰度具有显著差异。而且，不同氮形态下差异蛋白种类和丰度不同，表明不同氮形态供应对根系的生理代谢有很大的影响。其中，参与蛋白质合成和折叠过程的差异蛋白数量最多，表明不同氮形态供应下的植物功能重编程（reprogramming of plant functionality）过程不同。此外，差异蛋白还参与碳代谢（carbon metabolism）、细胞水平衡（cell water homeostasis）和细胞壁代谢（cell wall metabolism）等。尤为显著的是，根系中天冬酰胺合成酶（asparagine synthetase）、磷酸烯醇丙酮酸羧化酶和甲酸脱氢酶（formate dehydrogenase）只在单一铵态氮供应条件下才表现出上调。缺氮条件诱导玉米根系铁氧还蛋白亚硝酸还原酶（ferredoxin-nitrite reductase）在不同氮供应条件下的丰度差异表达。本研究为研究玉米对不同氮形态供应条件的响应机制提供了有效的信息。

大麦（*Hordeum vulgare*）也是一种重要的粮食作物。为深入了解大麦氮吸收和同化机制，研究者采用基于 2-DE 和 MALDI-TOF/TOF-MS 的蛋白质组学技术分析了大麦根系在不同供氮环境下的蛋白质变化（Møller et al.，2011）。正常供氮条件为 5mmol/L 硝酸盐水培 33d，供铵条件为 5mmol/L 硝酸盐水培 28d 后供铵水培 5d，长期低氮条件为 0.5mmol/L 硝态氮水培 33d，而短期缺氮条件为 5mmol/L 硝态氮水培 28d 后停止供氮。研究发现，长期低氮处理对蛋白质丰度的影响最大，导致 14 个蛋白质丰度上调、23 个蛋白质丰度下降。长期低氮处理严重影响根系碳氮代谢，NiR 含量增加，而 14-3-3 蛋白和 GS 丰度下降，表明长期低氮导致氮再利用过程被激活（图 17-2）。此外，大量参与活性氧代谢的蛋白质含量也受到长期低氮的影响，过氧化物酶、超氧化物歧化酶、脱氢抗坏血酸还原酶的丰度显著下降。与长期缺氮相比，短期缺氮对根系蛋白质的影响较小。两者在差异蛋白上存在一些相似性，如甲基丙二酸半醛脱氢酶（methylmalonate-semialdehyde dehydrogenase）和烯醇化酶、乌头酸水合酶，以

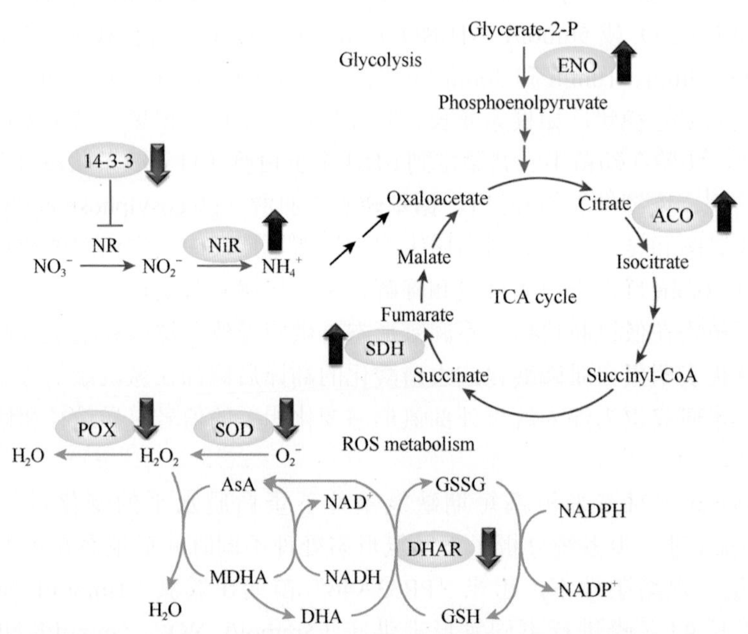

图 17-2　长期低氮处理条件下的大麦根系蛋白质变化代谢示意图（Møller et al.，2011）

粗箭头表示根系中对应蛋白质的丰度变化，红色向上箭头表示蛋白质含量增加，蓝色向下箭头表示蛋白质含量下降。Glycerate-2-P：甘油-2-磷酸；Glycolysis：糖酵解；ENO：烯醇酶（enolase）；Phosphoenolpyruvate：磷酸烯醇丙酮酸；Oxaloacetate：草酰乙酸；Citrate：柠檬酸；ACO：乌头酸水合酶（aconitate hydratase）；Malate：苹果酸；Isocitrate：异柠檬酸；Fumarate：延胡索酸；SDH：琥珀酸脱氢酶（succinate dehydrogenase）；Succinate：琥珀酸；Succinyl-CoA：琥珀酰基辅酶 A；POX：过氧化物酶（peroxidase）；SOD：超氧化物歧化酶（superoxide dismutase）；ROS metabolism：活性氧代谢；AsA：抗坏血酸（ascorbate）；MDHA：单脱氢抗坏血酸（monodehydroascorbate）；NAD^+：氧化态的烟酰胺腺嘌呤二核苷酸；NADH：还原态的烟酰胺腺嘌呤二核苷酸；GSSG：谷胱甘肽二硫化物（glutathione disulfide）；DHAR：脱氢抗坏血酸还原酶（dehydroascorbate reductase）；GSH：谷胱甘肽（glutathione）；NADPH：还原态的烟酰胺腺嘌呤二核苷酸磷酸；$NADP^+$：氧化态的烟酰胺腺嘌呤二核苷磷酸

及推测的酰基转移酶的丰度都表现出上调。此外，氮缺乏极大影响了根系氨基酸代谢相关蛋白的表达，特别是含硫氨基酸代谢相关蛋白。例如，*S*-腺苷同型半胱氨酸水解酶（*S*-adenosyl-L-homocysteine hydrolase）的丰度显著增加，它催化同型半胱氨酸的合成，是甲硫氨酸和半胱氨酸的前体。该研究为大麦的氮素代谢和同化机制研究提供了一个全新的视角。

综上研究，氮形态供应条件对不同植物在形态、生理生化水平都产生了极大的影响，碳代谢、氮代谢、蛋白质合成等生物过程中蛋白质组成和含量都发生了显著的变化。这些变化不仅仅与植物的种类和品种有关，更是植物与特定氮营养环境相适应的结果。在实际农业生产过程中，我们可以通过改变不同氮形态的比例，提高作物产量和品质。

17.2.3　不同氮效率作物品种根系应答氮缺乏的差异蛋白质组学

同一种植物不同品种之间在响应氮缺乏、氮素吸收利用率之间天然存在差异，这无疑为阐明氮素吸收利用的调控机制、提高作物氮素利用率提供了理论依据和基因资源。因此，很多研究利用筛选或选育的氮效率具有极其显著差异的作物品种，通过差异蛋白质组学来解析它们根系高效吸收利用氮素的调控机制，为后续品种选育提供有利信息。

水稻是我国乃至世界重要的粮食作物，提高水稻的氮素利用率对于保障粮食安全和保护环境具有极其重大的意义。不同水稻品种在氮素吸收和利用上存在很大的差异。研究者选择了20个不同氮效率水稻品种进行筛选，比较发现水稻品种‘Rai Sudha’是一个氮高效品种，而水稻品种‘Munga Phool’则是氮低效品种（Hakeem et al.，2013）。氮同化关键酶测定表明，氮高效品种‘Rai Sudha’的NR和GS活性及其可溶性蛋白含量随着氮供应浓度的增加（10mmol/L和25mmol/L），变化并不显著，然而氮低效品种‘Munga Phool’的NR和GS的活性及其可溶性蛋白含量则随着氮浓度的增加而显著增加。为深入解析这两个水稻品种应对不同氮浓度环境的差异调控机制，研究者对其根系进行了蛋白质组学分析。水稻在苗期分别在不同氮浓度（1mmol/L NO_3^-、10mmol/L NO_3^-和25mmol/L NO_3^-）营养液中进行水培生长20d。实验采用2-DE一共得到504个蛋白点，其中水稻品种‘Rai Sudha’和‘Munga Phool’中分别有210个和294个蛋白点。分析发现，与缺氮相比，63个蛋白点的丰度在两个品种中随着氮浓度的变化而发生显著变化，而有13个蛋白点则不随氮浓度的变化而变化。进一步对84个蛋白点进行MALDI-TOF-MS鉴定，鉴定到了43个蛋白质，并对其中11个蛋白质进行了精准的定量分析。大部分差异蛋白（60%）参与代谢过程和胁迫响应，这表明氮水平直接影响水稻根系中各个代谢过程，且缺氮条件下差异蛋白的丰度在这两个不同品种间存在很大差异。缺氮条件下，铁蛋白（ferritin）、细胞色素c（cytochrome c）等4个蛋白质在‘Rai Sudha’中的丰度比在‘Munga Phool’中更高，而其余7个蛋白质则在‘Munga Phool’中的丰度更高，包括糖酵解途径中甘油醛-3-磷酸脱氢酶和ATP合酶等。与缺氮条件相比，氮同化关键酶GS在‘Rai Sudha’中随氮水平的提高而丰度升高，而在‘Munga Phool’中GS的丰度只在高氮条件提高了3倍左右。胆色素原脱氨酶（porphobilinogen deaminase，PBG）参与四吡咯生物合成，其产物通过NR和NiR代谢。PBG的丰度在‘Rai Sudha’中随着氮浓度的增加而显著上调，在‘Munga Phool’中该蛋白质的丰度反而呈现轻微下调。与缺氮胁迫相比，低氮胁迫下大部分蛋白质的丰度在氮高效品种‘Rai Sudha’中显著上调，而在‘Munga Phool’中这些蛋白质的丰度呈现下调或轻微下调。只有少数差异蛋白的丰度在氮高效品种中低于氮低效品种，这些差异蛋白直接或间接参与了氮同化，很可能在水稻氮高效利用过程中发挥作用。

小麦是我国也是世界上重要的粮食作物之一，其产量和品质同样受到氮素水平的严重影响。冬小麦品种‘Arche’和‘Récital’是通过施氮（170kg/hm^2 NH_4NO_3）和不施氮的田间试验筛选出来的两个冬小麦品种。它们在施氮条件下都具有相对较高的产量，但是在不施氮条件下有着不同的响应。小麦品种‘Arche’在不施氮条件下仍具有较高的产量，而‘Récital’的产量则非常低（Le Gouis et al.，2000）。研究者发现这两个小麦品种在 4 个不同的氮素水平下，叶片的蛋白质含量存在显著差异，特别是氮代谢相关蛋白（Bahrman et al.，2004）。研究者进一步对这两个小麦品种根系对氮胁迫的蛋白质响应进行了解析（Bahrman et al.，2005）。低温春化处理 7 周的小麦分别在高氮（3.0mmol/L NO_3^-）和低氮（0.5mmol/L NO_3^-）条件下处理 8 周。利用 2-DE 分析检测到小麦根系有 860 个蛋白点，其中有 126 个蛋白点在不同品种和 / 或不同氮水平下存在显著差异。其中，有 74 个蛋白点在上述两个小麦品种之间存在显著差异，其中，有 21 个蛋白点是小麦品种‘Arche’特有的，8 个蛋白点是‘Récital’特有的。56 个蛋白点在不同氮水平下存在显著差异，其中，34 个蛋白点丰度随氮浓度增加而显著增加，而有 22 个蛋白点随之减少。综合生理生化参数发现，氮含量和酶活性与蛋白点丰度之间存在相关性。NR 和谷氨酸脱氢酶活性与许多根系蛋白质的丰度呈现正相关关系。但是，该研究属于早期的蛋白质组学研究，没有对差异蛋白点进行质谱分析，因此获得的有效信息非常少。

马铃薯是温带农业中的重要淀粉作物，剖析其低氮响应机制具有重要的实际意义。不同马铃薯品种对氮缺乏的耐受能力存在显著差异，其氮缺乏耐受性与氮利用率呈正相关，然而其具体的作用机制还不清晰。马铃薯品种‘Lambada’是氮胁迫敏感品种，而品种‘Topas’是耐低氮胁迫品种（Schum and Jansen，2014）。正常供氮条件下生长 7d 的马铃薯幼苗进行 7d 的正常（60mmol/L）和低氮（3.75mmol/L）处理。研究者采用无标记定量蛋白质组学技术分析了两个马铃薯品种根系应对低氮环境的蛋白质丰度差异（Jozefowicz et al.，2017）。发现有 103 个蛋白质在高氮处理和低氮处理之间具有显著差异。主成分分析（principal component analysis）显示，这两个品种在高氮处理下蛋白质组成和含量相似，但在低氮处理下蛋白质组成和含量具有显著差异。其中，乙醇脱氢酶 I（alcohol dehydrogenase I）、谷氨酸合成酶、PR10 蛋白（PR10 protein）、肉桂醇脱氢酶（cinnamyl alcohol dehydrogenase）、果糖激酶（fuctokinase）、磷酸丙糖异构酶（triosephosphate isomerase）、果糖二磷酸醛缩酶（fructose-bisphosphate aldolase）、过氧化氢酶和过氧化物酶在低氮处理下丰度具有显著差异。这两个不同的马铃薯品种在谷氨酰胺合成酶 / 谷氨酰胺氧戊二酸转氨酶途径、TCA 循环、糖酵解 / 糖异生途径、蛋白质和氨基酸合成等方面存在显著差异。例如，耐低氮品种‘Topas’的 TCA 循环中一些代谢酶的丰度要高于低氮敏感品种，如苹果酸脱氢酶（malate dehydrogenase）、琥珀酰辅酶 A 连接酶和柠檬酸合酶（citrate synthase）等。耐低氮品种‘Topas’中氨基酸合成酶谷氨酸脱氢酶（glutamate dehydrogenase）丰度上调的幅度大于低氮敏感品种。

上述这些不同氮效率作物品种根系的差异蛋白质组学研究有助于全面了解作物的氮饥饿响应和调控机制、氮高效利用相关蛋白和代谢途径，可以为后续氮高效利用作物品种的选育提供理论依据和基因资源。

17.2.4 根系应答氮缺乏的蛋白质组和转录组的整合分析

基于转录组学和蛋白质组学的高通量整合分析技术无疑是研究植物各种生物过程的高效而全面的手段，可以深入覆盖植物转录、蛋白质及蛋白质翻译后修饰水平的变化。系统生物学在剖析植物生物过程中的功能性基因响应和调控网络方面越来越体现出巨大的优势

（Agrawal et al.，2012；Lan et al.，2012）。目前，随着组学技术的成熟和成本的降低，越来越多的研究者整合转录组学和蛋白质组学对植物的胁迫响应机制进行系统研究，以全面了解植物体内不同水平的调控机制。

植物根系在氮缺乏的环境中可以做出迅速的反应，然而植物对氮缺乏的早期响应还有很多作用机制尚不清楚。研究者通过整合转录组学和蛋白质组学分析了拟南芥根系在不同氮供应环境下转录和蛋白质水平的快速响应（Menz et al.，2016）。野生型拟南芥（Columbia-0）在水培条件下于充足氮源条件下（1.5mmol/L NH_4NO_3）生长30d，随后，植株在3mmol/L NO_3^-或3mmol/L NH_4^+的氮源条件下继续生长5d，对拟南芥大小和表型几乎没有影响，只有85个基因表现出差异表达。其中，有53个基因在硝态氮条件下表达丰度较高，主要参与硝酸盐代谢（NR和NiR）、氧化戊糖磷酸途径（葡萄糖-6-磷酸脱氢酶）、氨基酸代谢，以及与发育和转运相关的过程。进一步将上述在不同氮形态条件下生长5d的拟南芥进行缺氮处理15min。适应硝态氮的拟南芥根系中有22个基因特异性响应短期缺氮环境，主要包括钙信号和乙烯信号基因。其中，6个基因在缺氮条件下表达量下调，且在缺氮3h后继续下调，包括小生长素响应蛋白、编码2个含LATERAL ORGAN BOUNDARY DOMAIN家族成员、转录因子等的基因。它们可能是最早对硝态氮缺乏特异性响应的基因。缺氮处理3h后，大量基因在转录水平差异表达，有60个基因特异性下调、4个基因的表达量上调。其中，高亲和力硝酸盐转运蛋白NRT2.5（AT1G12940）和一种功能未知蛋白质（AT4G39795）在铵态氮适应的根系中表达量上调，而在硝态氮适应的根系中表达量受到抑制。特异性下调基因主要参与氧化戊糖磷酸途径、硝酸盐代谢和转运、亚硝酸盐转运等。转录因子*LBD37/38*和*HRS1/HHO1*是最早发生显著变化的氮饥饿响应基因，随之一些已知硝态氮诱导基因的转录快速受到抑制，从而导致根系硝酸盐浓度下降。由于转录水平的变化不能完全反映蛋白质水平的变化，因此，Menz等（2016）同时进行了蛋白质组学研究。质谱分析显示，铵态氮和硝态氮适应的根系中分别有144个和366个蛋白质是特异性表达的。低氮胁迫15min、3h后，虽然在转录水平引起了很多基因的变化，但是导致蛋白质变化的则非常少。这也表明了很多蛋白质在细胞内是很稳定的。蛋白质磷酸化修饰是一种快速重要的蛋白质翻译后修饰调控过程。鉴于磷酸化修饰的重要性，Menz等（2016）又进一步做了磷酸化蛋白质组分析。研究发现，在所鉴定到的632个磷酸化肽段中，364个在所有条件下都发生磷酸化修饰。而有几个磷酸位点只在铵态氮或硝态氮适应的根系或特定时间点鉴定到磷酸化修饰。多种处理条件下都检测到的磷酸化位点，很多在不同的条件下丰度存在显著差异。铵态氮适应的根系中，有9个差异磷酸化蛋白显著富集，包括质膜质子泵、PEPC、根特异性谷氨酸脱羧酶（glutamate decarboxylase）等。硝态氮适应根系中，有25个磷酸化蛋白的表达量更高，包括硝酸盐转运蛋白NRT2.1、主要促进剂家族的膜蛋白、硝酸还原酶、蛋白激酶。总的来讲，铵态氮缺乏诱导蛋白质丰度快速而短暂的扰动，差异磷酸化蛋白参与调节pH、离子平衡及质膜H^+、NH_4^+和K^+代谢过程等。该研究综合分析了拟南芥根系适应铵态氮或硝酸盐供给、短期氮缺乏条件下转录、蛋白质及磷酸化蛋白水平的快速响应，发现短期氮缺乏的响应不仅仅与氮再供应响应相反，硝态氮饥饿诱导的mRNA衰变和信号途径很可能为细胞传递外部硝态氮状态。这些都为不同氮供应环境下氮缺乏的响应和调控机制研究提供了一些关键的候选基因。

硝酸盐是很多植物的双功能分子，既可以作为营养物质，又可以作为信号分子调节植物的基因表达，从而控制新陈代谢和生长发育等多个生物过程（Bouguyon et al.，2012）。根尖是植物的感受部位，对硝酸盐有很复杂和精密的响应。其中，根尖过渡区尤为重要，它作为感受中心可以结合内源性（激素）和/或外源性（感觉性）刺激，在发育中重新诠释来自外部环境的信息（Baluska et al.，2010）。由此，研究者采用 RNA 测序结合基于 iTRAQ 的蛋白质组学技术对不同硝酸盐供应条件下玉米幼苗根系过渡区进行了系统研究（Trevisan et al.，2015）。实验采用玉米自交系 B73，4d 的幼苗进行 24h 硝态氮饥饿处理后，再进行 2h 的缺氮（对照）和恢复供氮（1mmol/L NO_3^-）处理。转录组学分析显示恢复供氮后，玉米根尖过渡区有 154 个转录本存在显著的差异表达。差异表达基因参与胁迫响应、氧化应激反应、氧化还原过程、刺激响应和单一有机体代谢过程等。同时进行的蛋白质组学分析一共鉴定到了 880 个蛋白质，其中有 107 种蛋白质丰度发生改变。比较转录组学和蛋白质组学数据，虽然差异基因/蛋白质在数量上相似，但两者重叠的非常少（20%）。差异表达的 154 个转录本中，仅有 21 个编码的蛋白质存在丰度差异。根尖过渡区是感受硝态氮的关键区域，但它似乎只直接影响了少数基因的表达水平，但间接地通过 NR 起作用。硝态氮还与一些植物激素的生物合成和信号转导有关，包括生长素、独脚金内酯（strigolactone）和油菜素类固醇（brassinosteroid）。此外，研究使用一氧化氮抑制剂证实了一氧化氮在植物硝态氮早期响应中的作用，它是玉米根尖响应硝态氮的主要参与者。同时，转录组学和蛋白质组学均表明，ROS 信号转导可能在以硝酸盐感知为特征的复杂信号转导中起关键作用，并导致根系发育调整，可能控制细胞增殖和细胞伸长之间的平衡，从而调节该根区的发育可塑性。本研究提供了玉米特定细胞类型根尖过渡区在转录和蛋白质水平的全面精准分析，描绘了与根系过渡区硝态氮的早期响应机制。

上述转录组学和蛋白质组学的整合分析表明，植物在胁迫响应过程中转录水平和蛋白质水平存在不一致性，体现了多组学分析的全面性和精准性。特别是在一些早期响应研究中，转录、蛋白质及蛋白质翻译后修饰多水平的研究可以更加准确地了解植物的快速响应和调控机制。

17.2.5 根系应答氮过多的蛋白质组学

氮素是最主要的矿质营养元素，农业生产上通常通过大量施用氮肥来促进农作物生长发育，从而达到粮食增产的目的。然而实际生产中，过量的氮肥施用往往会造成氮素过多，影响作物灌浆，反而影响作物产量，大大降低氮肥利用率，造成环境污染等问题（王威等，2018）。

水稻品种‘Rai Sudha’和‘Munga Phool’具有不同的氮利用效率，研究者分析了这两个水稻品种在不同氮素水平下根系蛋白质组成和含量的差异（缺氮和低氮胁迫下的蛋白质组学分析见 17.2.3）（Hakeem et al.，2013）。与缺氮条件相比，氮高效品种‘Rai Sudha’的糖酵解途径中甘油醛-3-磷酸脱氢酶、ATP 合酶和细胞色素的表达量在高氮条件下丰度升高，而在氮低效品种‘Munga Phool’中其丰度反而降低，这与低氮条件下的变化不一致。ATP 合酶是光合作用途径中氧化磷酸化的关键酶，有利于产生能量 ATP。与低氮条件下相一致，高氮条件下根系谷氨酰胺合成酶的丰度也显著上调。碳酸酐酶（carbonic anhydrase）是含锌酶，其催化二氧化碳和水与碳酸、质子和碳酸氢根离子之间相互转化。氮高效水稻品种中半胱氨酸蛋白酶抑制剂-1（cysteine proteinase inhibitor-1）的丰度显著增加，但在氮低效水稻品种中随着氮浓度的增加该蛋白质的丰度反而下降，表明氮营养在硫同化过程中发挥着重要作用。来源于吡哆醛磷酸盐依赖性酶家族的半胱氨酸蛋白酶抑制剂-1 在半胱氨酸生物合成中发挥作用，是参与环境胁迫的硫醇谷胱甘肽生成中的关键限速酶之一。随着营养液中氮供应的增加，氮高效水稻品种中醌氧化还原酶（quinone oxidoreductase）的丰度大大提高，而氮低效品种中该酶的丰度在高氮条件下反而显著减少。醌氧化还原酶是一种参与电子传递系统的黄素蛋白，通过线粒体电子传递链产生活性氧。醌氧化还原酶可以保护细胞免受氧化胁迫和有毒奎宁的侵害，随着氮供应的增加，在氮高效水稻品种'Rai Sudha'中其丰度显著增加，而氮低效品种中，其丰度在高氮条件下受到极大的抑制，表明其通过增加光呼吸和能量在感应与对抗氧化应激中发挥重要作用。综上，本研究发现水稻氮高效品种具有更好的协调氮吸收和同化的能力，能够收获更多氮并将其重新分配到谷物中。

氮素在水稻生长发育过程中调节着很多代谢过程，包括细胞分裂素（cytokinin）代谢过程。同时，细胞分裂素介导的信号转导也与氮代谢密切有关，包括发育控制、蛋白质合成和大量营养元素的获得（Sakakibara et al.，2006）。氮素与细胞分裂素之间的功能关系极为复杂，很多机制还不清楚。研究者对响应高氮环境和添加细胞分裂素的水稻根系进行了比较蛋白质组学分析（Ding et al.，2012），以剖析两者之间的相互关系。实验采用水稻幼苗进行3种不同条件的不同时间（1h、3h、8h和48h）处理，分别为对照处理（1.07mmol/L NH_4NO_3）、高氮处理（2.14mmol/L NH_4NO_3）和细胞分裂素处理（10μmol/L 6-苄氨嘌呤，6-BA）。在细胞分裂素处理条件下，细胞分裂素在水稻根系中快速积累。2-DE显示处理1h和3h后不同处理之间很少有蛋白质显著差异表达。因此，本研究只对处理8h和48h的根系样品进行进一步质谱分析。研究发现一共有32个蛋白点在高氮和细胞分裂素处理表现出相似的表达模式，其中质谱成功鉴定了28个蛋白质。这些蛋白质的功能与能量、代谢、疾病/防御、蛋白质降解、信号转导、转座子相关，还有一些蛋白质功能未知。鉴定的蛋白质中参与能量代谢的最多，超过35%，且在高氮和6-BA处理条件下至少有一个时间点具有相同的变化方式。这表明水稻根系中能量代谢受到高氮和细胞分裂素的严重影响，且调控方式相似。高氮和细胞分裂素处理后糖酵解途径中磷酸丙糖异构酶和磷酸甘油酸激酶（phosphoglycerate kinase）的丰度显著上调，强化该代谢途径。此外，TCA循环中一共鉴定到6种酶，其中5种酶（3种乌头酸水合酶、琥珀酰辅酶A连接酶β亚基和NADP特异性异柠檬酸脱氢酶）的丰度在高氮和细胞分裂素处理表现出显著下调，只有延胡索酸水合酶（fumarate hydratase）的丰度呈现上调。这表明糖酵解和TCA循环受到氮素与细胞分裂素的精确调控，从而促进氨基酸的合成。而本研究同时鉴定的一些功能未知的新蛋白质很可能为水稻氮代谢和细胞分裂素的相互调控提供了一些新的认识。

17.3　根系磷失衡的蛋白质组学

磷是植物生长发育所必需的3种大量元素之一，是核酸、ATP、磷脂、含磷酶等生物大分子的重要组成部分（Kamerlin et al.，2013）。磷参与细胞内多个关键的生物过程，在蛋白质活化、能量转换、信号转导和光合作用等过程中发挥着至关重要的作用。土壤缺磷是世界范围内农业生产中普遍存在的主要限制因素之一。据报道，全世界13.19亿hm^2的耕地中约有43%缺磷，我国1.07亿hm^2农田中大约就有2/3严重缺磷（王庆仁等，1998）。缺磷将严重影响作物的生长发育，并影响最终产量和品质。农业上通过不断施加磷肥来解决土壤缺磷的问题，近年来大量施用磷肥使得土壤有效磷含量大幅提高。1960年，我国农田土壤磷肥施用量仅为0.05Mt，而到2010年已经达到了5.3Mt，农田磷肥平均施用量达到了每年70kg/hm^2（Li et al.，2015a）。磷酸盐施入土壤后其大部分很快被土壤胶体吸附或固定。而对于缺磷严重的酸性和碱性土壤，磷在土壤中极易形成难溶性的磷酸盐，而不能被植物吸收，因此磷肥利用率往往非常低。石灰性土壤中，作物的磷肥当季利用率一般只有 5% ～ 10%，加上作物的后效，一般也不会超过 25%（王庆仁等，1998；Syers et al.，2008）。另外，磷肥的主要来源磷矿石是一种不可再生的矿产资源，已被列为我国 2010 年后不能满足国民经济发展需要的 20 种矿种之一（柳正，2006）。值得注意的是，近几十年来，高浓度磷肥的过量施用已造成了我国水体磷富营养化严重，引起严重的环境污染问题。植物不同品种在磷吸收和利用磷效率上天然存在着差异。因此，发挥植物的自身潜力，筛选与应用磷高效作物品种对于提高对土壤磷肥利用率、开发土壤难溶性磷资源、可持续发展农业、保护环境等具有重要的实际意义。

磷胁迫下，植物根系在形态、生理生化和分子水平上发生一系列变化来应对低磷环境，这在适应磷缺乏过程中发挥着至关重要的作用。首先，植物可以通过改变根系构型来提高土壤磷的吸收能力，包括提高根冠比、改变主根长度、增加根毛长度和根毛密度等。其次，根系在生长过程中会分泌种类繁多的代谢物和酶类来提高可溶性磷的含量，包括 H^+（Neumann and Römheld，1999）、有机酸（Gahoonia et al.，2000）及碱性和酸性磷酸酶等（López-Arredondo et al.，2014）。再次，碳代谢、次级代谢、脂代谢等也在适应磷胁迫、提高磷利用率中发挥作用。例如，半乳糖基二脂酰基甘油（digalactosyldiacylglycerol，DGDG）和含磺酸基的甘油糖脂（sulfoquinovosyldiacylglycerol，SQDG）可以作为膜中磷脂的替代物；不同的含磷化合物可以在植物体内释放或再活化磷，以满足植物内更重要的磷素需求（López-Arredondo et al.，2014）。植物吸收转运和分配磷的主要载体是磷转运体（phosphate transporter，PHT），一般植物同时具有低磷诱导的高亲和力 PHT 和组成型的低亲和力 PHT。其中，PHT1 家族成员主要在根的表皮细胞和外皮层表达，在磷吸收和转运过程中直接发挥功能（Mudge et al.，2002）。不同的植物或不同植物品种间具有不同的磷胁迫响应和适应机制，因此，有必要深入解析植物根系对磷胁迫的应答和适应机制，可为作物磷高效品种的开发提供可靠的理论基础。

17.3.1 根系应答磷缺乏的蛋白质组学

17.3.1.1 拟南芥根系应答磷缺乏的蛋白质组学

拟南芥是研究各种胁迫响应和适应机制的优良材料，研究者对拟南芥根系不同组织或器官应对磷缺乏进行了细致的蛋白质组学研究（Alexova and Millar，2013），包括胞内蛋白质组学（Chevalier and Rossignol，2011；Lan et al.，2012）、分泌蛋白质组学（Tran and Plaxton，2008）、核蛋白质组学（Iglesias et al.，2013）和膜蛋白质组学（Huang et al.，2013）。2011 年，Chevalier 和 Rossignol 采用 2-DE 和 MALDI-TOF-MS 对拟南芥生态型 Be-0 与 Ll-0 根系对磷缺乏的胞内响应蛋白质进行了分析。水培条件下，营养生长时期的拟南芥进行 8d 的缺磷处理。磷胁迫下这两个生态型在根系构型上存在显著差异。2-DE 一共检测到了 465 个蛋白点。分析显示，有 30 个蛋白点的丰度在磷胁迫下发生了显著的变化，生态型 Be-0 有 14 个蛋白质含量上调，10 个蛋白质含量下调，而在生态型 Ll-0 中只有 13 个蛋白质表现出显著下调。质谱分析显示，差异蛋白与氧化应激、碳水化合物和蛋白质代谢有关。其中，乙醇脱氢酶、苹果酸酶（malic enzyme）和乌头酸水合酶等一些蛋白质的丰度在两个生态型中存在差异变化，可能与根系对磷胁迫的差异响应相关。例如，磷胁迫下，乌头酸水合酶在生态型 Be-0 中丰度上调，而在生态型 Ll-0 中其丰度显著下调。乌头酸水合酶是一种铁硫蛋白，含有 [4Fe-4S]

簇，催化异柠檬酸和柠檬酸的相互转化，同时参与细胞内铁平衡，可能间接参与植物根系构型的改变（Shlizerman et al.，2007）。受 2-DE 技术的限制，该研究发现的差异蛋白十分有限。2012 年，Lan 等通过 iTRAQ 技术对拟南芥生态型 Col-0 根系应对磷缺乏进行了至今为止最全面和系统的研究。春化 1d 后的拟南芥种子在琼脂糖凝胶培养基上正常生长 10d 后进行正常和 3d 的缺磷处理。实验从 1 534 861 个质谱图谱中鉴定了 57 153 个独特的肽段，匹配到 17 007 个蛋白质（10 794 个蛋白质 / 蛋白质组）。以至少两个肽段匹配确定为可靠蛋白质，一共鉴定到了 13 298 个蛋白质。本研究鉴定的蛋白质覆盖度极高，为精准分析提供了有力支撑。磷胁迫下，356 个蛋白质对磷缺乏差异响应，其中 199 个蛋白质的丰度上调、157 个蛋白质的丰度下调。该研究检测到的蛋白质总数量和磷胁迫下的差异蛋白数量都是目前为止最高的，为拟南芥根系应对缺磷响应提供了一个高覆盖度的表征。差异蛋白参与磷转运、脂质代谢、细胞对活性氧的防御及非生物应激等。其中，丰度上调最高的蛋白质包括高亲和力磷转运蛋白 PHT1;4、紫色酸性磷酸酶 ACP5（PAP17）、转录因子 SPX1 和一些脂代谢中的功能蛋白质，包括非特异性磷脂酶 NPC4 和 UDP-SQ 糖合酶（UDP-sulfoquinovose synthase，SQD1 和 SQD2）。同时，磷胁迫下，核糖体和组蛋白相关蛋白的丰度下调尤为显著。此外，膜联蛋白（annexin）是一种与活性氧防御和非生物胁迫响应相关的磷脂结合蛋白，它在磷缺乏的植物根系中含量最高。该研究同时结合转录组学在 mRNA 水平对根系缺磷进行细致分析，具体内容详见 17.3.2。

细胞核蛋白对磷饥饿的响应极为迅速，核蛋白质组学研究为磷信号通路上新调控因子的发现提供了一种有效途径。研究者利用 DIGE 和 MALDI-TOF/TOF-MS 技术研究了磷饥饿条件下拟南芥根系的核蛋白质组学（Iglesias et al.，2013）。同样，生长 10d 的拟南芥进行 3d 的缺磷处理。电泳分析显示，根系富集的核蛋白平均有 3035 个。磷胁迫下，有 72 个蛋白点表现出显著差异，其中 34 个蛋白点显著上调、38 个蛋白点显著下调。进一步通过质谱鉴定，得到 14 种上调蛋白质、16 种下调蛋白质。差异表达蛋白主要参与染色质重建、DNA 复制和 mRNA 剪接等。本研究中特别值得注意的是，一些细胞核中的调控蛋白被鉴定到，包括甲基化依赖基因沉默所需的 *S*-腺苷同型半胱氨酸水解酶、DNA 螺旋酶（DNA-helicase RIN1）、RNA 剪接因子 RSP31 和组蛋白伴侣蛋白（histone chaperone）。这些蛋白质很可能是磷饥饿响应的新调控因子，可以为后续的功能研究提供候选基因。

植物适应低磷环境过程中，分泌蛋白也发挥着重要作用。植物根系可以通过种类繁多的酶类来溶解难溶性磷，以释放有效磷提高磷利用率，这包括分泌型核糖核酸酶（secreted ribonuclease）、磷酸二酯酶（phosphodiesterase）和酸性磷酸酶等。早在 2008 年，研究者就对拟南芥磷胁迫下的分泌蛋白进行了系统分析（Tran and Plaxton，2008），一共鉴定到了 50 个分泌蛋白，其中有 24 个分泌蛋白在磷胁迫下发生了显著变化。18 个蛋白质的丰度显著上调，6 个蛋白质含量发生下调。差异蛋白的功能表现出多样性，上调的蛋白质包括了一些参与胞外核酸降解的核糖核酸酶、蛋白酶（亮氨酸氨基肽酶、丝氨酸羧肽酶）、病原体反应和活性氧代谢相关酶（过氧化氢酶）等。研究还发现一些参与细胞壁修饰的蛋白质也被诱导表达，包括 β-呋喃果糖苷酶 5（β-fructofuranoside 5）、多铜氧化酶类似蛋白（monocopper oxidase-like protein）、可逆糖基化多肽（reversibly glycosylated polypeptide）、木聚葡聚糖内转糖基转移酶 6（xyloglucan endotransglycosylase 6）。该研究为根系应对缺磷胁迫下的分泌蛋白研究提供了参考，但其中具体的作用机制还有待于进一步研究。

拟南芥作为模式植物具有成熟高效的遗传操作系统，它具有大量的基因突变体和过表达材料，这为基因功能研究提供了非常有利的实验材料。通过比较拟南芥野生型和基因功能缺失突变体或过表达材料的蛋白质组学可以研究关键基因参与的代谢途径与调控网络，全面提供功能基因的上下游信息。下面介绍通过蛋白质组学解析磷代谢关键基因的两个例子。microRNA399 依赖的泛素结合酶 UBC24/PHOSPHATE2（PHO2）在植物磷素吸收和转移过程中发挥着至关重要的作用（Bari et al.，2006）。为了揭示膜蛋白可能参与受 PHO2 调控的下游途径，研究者采用基于 iTRAQ 的膜蛋白质组学分析野生型 Columbia-0 和 *pho2* 突变体的根系膜蛋白差异（Huang et al.，2013）。正常营养条件生长 12d 的拟南芥幼苗在水培条件或者固体培养基中进行 5d 的低磷处理（10μmol/L KH_2PO_4）。研究从拟南芥根系中一共鉴定到 7491 种蛋白质，其中 35.2% 的蛋白质经预测至少含有一个跨膜螺旋。其中，比较野生型和 *pho2* 突变体，有 5 个蛋白质在不同的生长系统中均表现出稳定的显著差异，包括磷酸转运体家族蛋白 PHT1 和 PHOSPHATE TRANSPORTER TRAFFIC FACILITATOR1（PHF1）。进一步采用蛋白质印迹分析验证了 *pho2* 突变体中这些蛋白质的丰度显著上调。这表明 PHO2 介导了 PHT1 蛋白的降解。PHF1 和 PHT1;1 受 PHO2 调控，在磷吸收中发挥作用。WRKY 蛋白是植物中特异性的转录因子，具有一个或两个高度保守的 WRKY 结构域（Eulgem et al.，2000）。拟南芥中 *AtWRKY6* 基因参与磷代谢，过表达 *AtWRKY6* 可增强其在低磷条件的敏感性，同时 *AtWRKY6* 通过结合到 *PHOSPHATE1*（*PHO1*）启动子上的两个 W-box 元件负调控 PHO1 的表达（Chen，2009）。为了深入解析 *AtWRKY6* 基因在低磷胁迫下的调控机制，研究采用 DIGE 分析拟南芥野生型、*AtWRKY6* 基因过表达植株 35S:WRKY6-9 和缺失突变体 *wrky6-1* 在缺磷处理 3d 后的根系与地上部蛋白质丰度差异（Li et al.，2017）。在过表达植株和缺失突变体的地上部与根系中一共检测到 59 个差异蛋白。根系的差异蛋白中有 6 个编码基因启动子序列中含有 W-box 元件。这些结果提供了 *AtWRKY6* 基因调控网络的重要信息，揭示了在低磷胁迫下转录因子 *AtWRKY6* 潜在的重要靶基因。今后，随着组学技术的普及，蛋白质组学或者多组学分析可能成为研究基因功能的一个基本技术手段。

17.3.1.2 作物应答磷缺乏的蛋白质组学

缺磷是土壤中植物生长发育的主要限制因子之一，粮食和经济作物的生长发育、产量及品质往往受到磷缺乏的严重影响。因此，剖析作物低磷响应机制和磷高效吸收和利用的调控机制具有重要的实际意义。下面将分别介绍主要的粮食作物水稻（Fukuda et al.，2007; Kim et al.，2011）、玉米（Li et al.，2007a）及重要的豆科植物大豆（Sha et al.，2016）应答磷缺乏的蛋白质组学研究。

缺磷在酸性土壤中尤为严重，研究者分析了低 pH 条件下水稻根系在不同缺磷时间下（0.5d、1d、3d、5d 和 10d）的蛋白质丰度变化（Fukuda et al.，2007）。2-DE 分析得到 467 个蛋白点，经 MALDI-TOF-MS 鉴定到了 56 个蛋白质，主要参与碳代谢、氮代谢及氧化还原过程。磷胁迫下，水稻根系核苷酸单体合成、糖酵解和胁迫响应相关蛋白发生了显著的变化（Fukuda et al.，2007; Kim et al.，2011）。缺磷 10d，水稻根系中许多糖酵解相关蛋白的丰度显著增加，很可能有助于加速有机酸合成的碳骨架供应。但是，这两篇早期研究受技术水平的限制，检测到的差异蛋白比较少，但也为当时水稻磷胁迫响应提供了一些有效信息。

玉米是重要的 C_4 作物，Li 等（2007a，2008a，2014）对玉米磷胁迫机制进行了一系列系统的组学研究。正常供磷条件下（1000mmol/L KH_2PO_4）生长 24d 的玉米品种‘Qi-319’幼苗经 17d 的低磷处理（5μmol/L KH_2PO_4），表现出生长迟缓、花青素积累、磷浓度下降、磷利用率提高和根系形态变化显著等。进一步通过蛋白质组学分析玉米根尖 3cm 处蛋白质的变化（Li et al.，2007a）。从采用银染和考马斯亮蓝染色获得的 2-DE 胶上一共鉴定得到 770 个蛋白质，其中经质谱鉴定到 106 个蛋白质的丰度发生了显著变化。这些蛋白质参与了植物激素生物合成、碳代谢、能量代谢、蛋白质合成和命运、信号转导、细胞周期、细胞组织、防御和次级代谢等。大量参与碳代谢的蛋白质在磷胁迫下发生变化，包括糖酵解、TCA 循环、戊糖磷酸途径、氨基酸代谢等途径的代谢酶。例如，糖酵解途径中 NAD-甘油醛-3-磷酸脱氢酶和磷酸葡糖异构酶（phosphoglucose isomerase）的丰度显著增加。磷胁迫下，玉米分泌更多的有机酸和氨基酸等来活化环境中的难溶性磷，而增强的糖酵解途径将为此提供更多的碳源。同时，一些泛素 /26S 蛋白酶体途径的蛋白质被诱导表达，它参与异常蛋白质的去除和多种不同发育过程的胁迫响应。此外，一些分子伴侣蛋白的丰度也显著增加，以防止和逆转蛋白质的错误相互作用，避免未折叠蛋白质聚集，并促进其正确折叠。总之，玉米通过根尖感受外部磷浓度的变化，进而通过一系列蛋白质的变化来适应低磷环境，以维持细胞内磷稳态和生命活动。研究发现，增强的细胞增殖导致磷饥饿下玉米轴根长生长加快。为深入解析其中的作用机制，Li 等（2014）对玉米在不同缺磷时间下的轴根进行常规蛋白质组和磷酸化蛋白质组的比较分析。玉米‘Qi-319’幼苗春化后，在正常条件下（1000mmol/L KH_2PO_4）生长 10d，再进行低磷（5μmol/L KH_2PO_4）条件下不同时间（1d、3d、7d 和 11d）的处理。2-DE 分析显示 6% 的磷酸化蛋白在低磷胁迫下发生显著变化。这些蛋白质参与了碳代谢和信号转导等。低磷诱导了很多碳代谢途径中的蛋白质发生修饰，包括蔗糖降解及其他下游糖代谢途径。此外，低磷胁迫下，一些关键代谢酶在磷酸化修饰或者蛋白质丰度上发生变化，包括蔗糖合酶、苹果酸脱氢酶、信号通路中的蛋白激酶或磷酸酶、生长素信号和 14-3-3 蛋白。该研究是对常规蛋白质组学研究的补充，提供了玉米根系在磷胁迫下蛋白质磷酸化翻译后修饰水平的协同调控过程，表明了翻译后修饰在磷胁迫响应和适应过程中的重要调控作用。

我国南方大部分为酸性红壤，土壤缺磷是南方大豆产量提高的限制因素之一。大豆（*Glycine max*）品种‘BX10’是我国南方低磷红壤地区筛选出的磷高效品种（高效但不敏感）（徐青萍等，2003）。‘BX10’在正常供磷和低磷处理下籽粒产量均显著高于其他供试品种，但其根表面积反而小于其他品种。由此，研究者通过蛋白质组学分析了大豆品种‘BX10’地上部和根系应对低磷胁迫的蛋白质变化（Sha et al.，2016）。大豆在正常供磷条件下生长至三叶期，然后转移至正常（1000mmol/L KH_2PO_4）或者低磷（0.2μmol/L KH_2PO_4）的改良的 1/2 霍格兰营养液处理 3d 和 6d。通过 2-DE 在地上部和根系中共得到超过 700 个蛋白点，其中磷胁迫下有 98 个蛋白点的丰度上调 2 倍以上。经过 MALDI-TOF/TOF-MS 鉴定，低磷胁迫下根系有 51 个蛋白质差异表达。这些蛋白质参与蛋白质生物合成 / 加工、能量代谢、细胞过程、与环境过程的防御 / 互动等生物学过程。而在大豆地上部发现参与蛋白质生物合成 / 加工的蛋白质丰度没有显著变化。这表明在根系中，一旦磷信号开始传递，更多的根系蛋白质被激活，进而参与到磷信号的传递过程中。综上，作物磷胁迫下的蛋白质组学研究为作物适应磷饥饿、磷高效吸收利用的分子调控机制研究提供了更全面的解释，为关键基因的功能研究提供了候选基因。

17.3.1.3　不同磷效率品种根系应答磷缺乏的蛋白质组学

与氮一样，不同的植物具有不同的磷效率，同种植物不同品种之间的磷效率也同样存在显著的差异。这种差异为研究植物的磷高效吸收和利用机制提供了天然的实验材料。因此，利用不同磷效率品种进行差异蛋白质组学的研究非常多，通过比较不同品种之间的蛋白质差异表达可以有效剖析磷高效品种的调控机制。水稻亲本系‘Nipponbare’的近似等位基因系‘NIL6-4’在12号染色体上携带一个主要磷吸收QTL（Pup1），在低磷条件下，具有相对更高的根系生长速率（Torabi et al.，2009）。研究者采用基于2-DE和MALDI-TOF/TOF-MS的比较蛋白质组学分析了‘Nipponbare’与‘NIL6-4’根系应对低磷胁迫的蛋白质差异。2-DE一共检测到669个蛋白点，有32个蛋白点在这两个基因型中存在显著差异，其中17个蛋白质在磷胁迫下表现出不同的响应。质谱鉴定了26个参与磷缺乏响应的蛋白质。这些差异蛋白参与活性氧清除、TCA循环、信号转导和植物防御反应过程。‘NIL6-4’对磷胁迫的响应可能有助于其在磷胁迫下具有更高的耐受能力。此外，研究还发现了一些功能未知的蛋白质，为磷高效吸收和利用关键因子的发掘提供了候选基因。与玉米野生型‘Qi-319’相比，自交系‘99038’在磷胁迫条件下，根系更大、磷吸收能力更强、低磷耐受力更高（Li et al.，2007b）。研究者进一步通过蛋白质组学揭示差异调控的分子机制（Li et al.，2008b）。通过结合银染和考马斯亮蓝染色的2-DE，在正常供磷条件下检测到近1215个蛋白点，有11.1%（135个）的蛋白点在两个基因型之间具有显著差异表达，而缺磷条件下，检测到了1607个蛋白点，有12.2%（196个）的蛋白的丰度存在显著差异。这些差异蛋白广泛参与各种生物过程，特别是碳代谢和细胞增殖调控。结合生理生化分析发现，与野生型相比，耐低磷品种‘99038’在磷饥饿下能积累和分泌更多的柠檬酸盐，有利于难溶性磷的释放以增加有效磷的吸收。同时，耐低磷品种总可溶性糖中蔗糖的比例明显较高，根系分生组织中细胞增殖加快，这导致根系发育更好，根系形态更利于磷的吸收。这些因素综合作用使得自交系‘99038’在磷胁迫下表现出高效性。藏族野生大麦‘XZ99’、‘ZD9’和‘XZ100’是3个不同低磷耐性大麦品种。研究者通过比较蛋白质组学剖析可能的调控机制（Nadira et al.，2016）。在3个大麦品种根系中鉴定到16个差异蛋白，这些蛋白质参与铁螯合剂生物合成、碳代谢和转运、脂代谢、信号转导、侧根发育和胁迫防御等。与低磷敏感品种相比，耐低磷品种‘XZ99’在磷饥饿下具有更发达的根系，可能主要由于碳水化合物代谢相关蛋白增加。近几十年间，为选育营养高效品种，育种学家开展了大量的研究，揭示了粮食作物不同基因型之间磷吸收和利用效率存在很大的差异，为我们揭示粮食作物磷高效的分子调控机制提供了有力而可靠的材料，同时可为后续粮食作物高效品种的选育提供参考依据。

除了主要的粮食作物，近年来针对油料作物和豆科作物研究者也进行了广泛的蛋白质组学研究，以了解其磷吸收利用的分子基础，有助于开发磷高效品种。下面分别介绍主要的油料作物油菜和豆科作物大豆不同基因型之间应对磷胁迫的差异。油菜基因型‘102’和‘105’是从149个株系中筛选出来的具有显著磷吸收效率差异的品种。与低磷敏感油菜基因型‘105’相比，耐低磷油菜基因型‘102’在低磷条件下能够维持更高的磷浓度。研究者采用2-DE和MALDI-TOF-MS比较蛋白质组学分析两个基因型的差异调控机制（Yao et al.，2011）。低磷胁迫下（5μmol/L KH_2PO_4），在超过1100个蛋白点中有43个在两个品种间具有显著差异。低磷胁迫下，基因型‘102’中基因转录、蛋白质翻译、碳代谢和能量转移相关蛋白的丰度显著下调以适应低磷环境。同时，基因型‘102’中侧根和根毛形成相关蛋白含量显著上调，如根系中生长素响应家族蛋白和磷酸蔗糖合酶，这与观察到的低磷胁迫诱导基因型‘102’产生了更多侧根的表型相一致。而低磷敏感油菜基因型‘105’在低磷胁迫下的磷吸收能力弱，产生了更高水平的ROS。因此，应激蛋白含量显著上调，如信号转导蛋白、基因转录因子、次级代谢相关蛋白、脂质氧化和抗病相关蛋白等。该研究为耐低磷油菜的调控机制研究提供了有效的信息。大豆基因型‘EC-232019’和‘EC-113396’应对磷胁迫时在形态、生理和生化水平都表现出显著的差异，包括生物量积累、根系形态特征、磷吸收和羧酸类化合物等（Vengavasi et al.，2017）。与磷高效吸收品种‘EC-232019’相比，磷低效品种‘EC-113396’在磷胁迫下生物量的减少更为严重。低磷胁迫下，磷高效品种‘EC-232019’根系表面积增加了 106%，根系体积增加了 85%，总羧酸渗出量增加了 58%；而‘EC-113396’根系表面积和根系体积均减少了 50%，总羧酸渗出量则减少了 35%。为解析其中的调控机制，进一步采用 2-DE 和 MALDI-TOF/TOF-MS 分析它们的蛋白质组成与含量的差异。质谱检测发现，325 个蛋白点中有 105 个蛋白点在磷胁迫下显著差异表达，占总数的 32%（61 个上调、44 个下调）。上调的 61 个蛋白质中，有 27 个是磷高效品种‘EC-232019’特有的，仅有 16 个蛋白质在‘EC-113396’显著增加，而有 18 个在两个基因型中是共同上调的。差异蛋白参与糖酵解、TCA 循环、淀粉水解、厌氧呼吸、含硫氨基酸合成等多个生物学过程。特别是糖酵解和 TCA 循环中的关键酶在两个品种间表现出明显的差异表达。苹果酸脱氢酶、异柠檬酸脱氢酶（isocitrate dehydrogenase）、磷酸烯醇丙酮酸羧化酶、柠檬酸合酶、谷氨酰胺合成酶、精氨琥珀酸裂合酶（argininosuccinate lyase）和醇脱氢酶等可能与低磷胁迫下磷高效品种‘EC-232019’碳水化合物合成及转化所需的额外碳相关。各种代谢途径之间的相互作用可能协同作用导致磷高效品种‘EC-232019’具有更高的磷吸收率。总之，通过不同品种之间蛋白质表达丰度的差异分析，可以解析造成表型生理生化存在差异的分子调控机制，可为磷高效吸收品种的选育提供更多参考依据。

17.3.2　根系应答磷缺乏的蛋白质组和转录组的整合分析

多组学的整合分析无疑是全面系统分析植物磷胁迫响应和适应机制的有效方式。目前，绝大部分植物响应磷胁迫的蛋白质组学和转录组学是分别进行的，mRNA 和蛋白质表达不一致能否代表具有生物学意义的转录后调控还不清楚。Lan 等（2012）利用基于 iTRAQ 和 LC-MS/MS 的蛋白质组学与全基因组 RNA 测序整合分析了磷缺乏条件下拟南芥根系转录水平及蛋白质水平的变化。蛋白质组学分析一共检测到 13 298 个可靠蛋白质，其中 356 个蛋白质为磷胁迫下差异蛋白（见 17.3.1.1）。同时，转录组分析检测到根系中超过 21 000 个转录本，其中有 3106 个基因在磷胁迫下差异表达。转录组数据中包含了 97.7% 蛋白质的转录本。进一步将所有差异表达的 mRNA 与定量的蛋白质进行比较。显著改变的 mRNA 与其对应的蛋白质表现出正相关关系，但相关系数 r 只有 0.51。当只表征表达量上调的 mRNA 与其对应的蛋白质时，其正相关性增强（r=0.58）。而表达量降低的转录本与其对应的蛋白质之间显示没有相关性，尤其是显著下调的转录本与其对应的蛋白质之间竟呈现负相关关系。这表明，表达量上调的基因，其 mRNA 和编码蛋白质表达量之间的一致性通常很高。但是，仍有许多 mRNA 和蛋白质的表达量不一致。植物在转录水平和转录后水平都进行了调节。大多数参与磷吸收、无机磷释放和 Pi/ATP 消耗代谢途径的基因在转录与蛋白质水平都发生了极其显著的变化，如膜脂重建、糖酵解代谢流相关基因。磷胁迫下，膜的脂质通过非磷脂（半乳糖脂类和硫脂等）替代磷脂来重建膜结构，以保持膜的完整性和功能性。例如，非特异性磷脂酶 NCP4 降解磷脂、SQD1 和 SQD2 合成硫脂 SQDG；甘油磷酸二酯磷酸二酯酶（glycerophosphodiester phosphodiesterase，GDPD）水解甘油磷酸酯类以形成甘油-3-磷酸，这些代谢过程在 RNA 和蛋白质水平上都有很强的诱导增强。此外，液泡硫酸盐外流蛋白（vacuolar sulfate effluxer）在蛋白质水平上显著上调，可以为 SQDG 的生物合成提供硫酸盐。本研究解析了拟南芥根系在磷胁迫下转录水平和蛋白质水平的变化，为生理状态作用机制研究提供了一个更为全面的“分子概要”。尤为重要的是，本研究表征了两者表达谱的相关性，表明了植物基因活性在不同水平的调控机制。磷缺乏下根系中发生的一些适应性代谢过程可以为后续关键基因功能的发掘和研究提供十分有效的信息。

鉴于多组学整合分析的深入性和全面性，越来越多的研究者可以利用拟南芥突变体深入分析关键功能基因的调控机制。植物适应低磷环境的作用机制包括外部有效磷的变化被植物根尖局部感应，并通过调节细胞扩增和细胞分裂来调节根系生长。拟南芥中功能性相互作用的基因，低磷响应基因 1 和 2（low phosphate response 1/2，*LPR1/LPR2*）和缺磷响应基因 2（phosphate deficiency response 2，*PDR2*）是根系中感应磷饥饿通路中的关键组成部分。LPR1-PDR2 模块在磷胁迫下介导根尖中三价铁的质外体沉积（Müller et al.，2015）。铁沉积伴随着活性氧物质的生成，从而引起细胞壁增厚和胼胝质积累，将干扰细胞与细胞之间的通信，进而抑制根系生长。为深入解析其中的作用机制，研究者利用不同磷胁迫敏感的突变体：*pdr2* 突变体（过敏感型）和 *lpr1lpr2* 双突变体（不敏感型），来解析根系中缺磷响应基因和蛋白质的调控机制（Hoehenwarter et al.，2016）。拟南芥野生型 Columbia-0（Col-0）、*pdr2* 和 *lpr1lpr2* 突变体在正常供磷条件下生长 4d，然后进行 20h 的缺磷处理。实验采用基因芯片进行转录组分析，野生型和过敏感型 *pdr2* 突变体在正常与缺磷条件下明显分离，但不敏感型 *lpr1lpr2* 分离不明显。磷胁迫下，*pdr2* 突变体、野生型和 *lpr1lpr2* 突变体根系中分别有 749 个、524 个和 131 个基因的表达量发生了显著变化。磷胁迫响应的根系生长抑制的基因型的特异性敏感性与其差异调节基因数量呈正相关关系。野生型分别与 *pdr2*、*lpr1lpr2* 突变体具有 289 个、69 个共同磷响应基因，并且 3 个基因型具有 48 个共同基因，这表明突变体仍然维持缺磷响应的系统基因表达模式。受抑制的基因共 17 个，主要包括了铁相关基因。为验证和补充转录组信息，研究者同时进行了蛋白质组分析。正常和缺磷条件下，所有基因型共有 2439 个差异表达蛋白。在缺磷胁迫下，野生型中有 108 个蛋白质的丰度发生了显著变化。而过敏感型 *pdr2* 突变体中有 451 个蛋白质发生了变化，可能反映了其根系形态的变化。此外，在不敏感型 *lpr1lpr2* 突变体中鉴定了大量的磷响应蛋白质（265 个）。其中，214 个蛋白质是 *lpr1lpr2* 突变体独有的，这表明蛋白质表达的调整可能有助于降低其缺磷胁迫响应。此外，磷充足条件下两种突变体有超过 300 个蛋白质差异表达。研究者对蛋白质组学和转录组学进行了比较，从野生型、*pdr2* 和 *lpr1lpr2* 突变体中检测到的差异表达蛋白分别有 91.6%、94.3% 和 92.1% 在转录本中也被检测到，但是 3 种基因型的转录本和蛋白质丰度仅有很低但是显著的正相关关系。综合转录组和蛋白质组学数据，观察到参与调节铁稳态、细胞壁重塑和活性氧形成的基因和蛋白质的表达量增加，并且许多候选基因在根系适应低磷中也具有潜在功能。三价铁还原酶类 3（ferric reductase defective 3）介导质外体铁的重新分布，但不调节触发磷酸盐依赖性的根系生长的细胞内铁的摄取和储存。该研究揭示了根系中磷饥饿响应与铁稳态变化之间精细的互作机制，强调了质外体铁的重新分布对磷依赖性根系生长调节的重要性，并提出了柠檬酸盐在磷依赖性质外体铁转运中的重要作用。研究还进一步证明了，根系生长调节与细胞壁修饰酶表达改变和磷缺乏根尖中果胶网络的变化相关，支持了果胶参与铁结合和 / 或磷动态的假设。毫无疑问，转录组学和蛋白质组学可以为我们全面展示植物应对胁迫的调控方式提供了更为有利和全面的数据支撑。

17.4 根系铁失衡的蛋白质组研究

铁是动植物生长发育所必需的，同时是大多数植物需求量最大的微量营养元素。铁是植物中光合作用、固氮过程和呼吸作用等一系列反应重要的辅助因子。轻度缺铁将会导致叶绿素合成减少，光合速率降低，严重缺铁时，叶绿素合成停止，新叶变黄，作物的产量和品质严重受损（Guerinot and Yi，1994；Hansch and Mendel，2009）。铁在地壳中含量位居第四，仅次于氧、硅、铝，几乎所有土壤类型中铁含量都很高。但是，铁多以 Fe^{3+} 的形式被固定而难以被植物所吸收，其生物有效性往往非常低。因此，缺铁往往是高 pH 土壤和石灰性土壤中常见的植物营养问题之一。更为严重的是，植物中铁含量偏低很容易造成人体铁摄入量不足，引起贫血症等疾病（McLean et al.，2009）。因此，研究植物铁营养，进而提高植物体内铁含量对提高作物产量和人类铁营养水平具有重要意义。植物在长期的进化过程中形成了复杂的铁活化、吸收、利用和储藏机制。铁吸收机制可以划分为还原机制（机制Ⅰ）与螯合机制（机制Ⅱ）两大类（Brumbarova et al.，2015）。非禾本科植物的铁吸收机制大多属于还原机制，在缺铁环境中，植物根系会分泌酚类等物质，同时激活根表皮内的质膜 H^+-ATPase（plasma membrane H^+-ATPase，AHA），将 H^+ 分泌到质外体来降低根际土壤的 pH，增加三价铁的溶解性（Santi and Schmidt，2009），并通过根细胞质膜上的铁离子螯合还原酶（ferric-chelate reductase oxidase，FRO）（Robinson et al.，1999）将根表面的 Fe^{3+} 还原为 Fe^{2+}，再通过一系列铁转运蛋白（iron-regulated transporter，IRT）将铁转运到根表皮细胞内（Vert et al.，2002）。禾本科植物大多采用机制Ⅱ或螯合机制与还原机制相结合的方式从土壤中吸收铁元素（Brumbarova et al.，2015）。禾本科植物可以合成铁载体（phytosiderophores，PS），其通过特异性转运体分泌到根际环境中，PS 结合 Fe^{3+} 后可形成 Fe^{3+}-PS 复合物，该复合物再通过 YS1（yellow stripe 1）和 YSL（yellow stripe1-like）家族转运体吸收至细胞内，再释放出 Fe^{3+} 供代谢利用（Murata et al.，2015）。不同的植物体内具有不同的维持铁稳态机制，既能提高其在缺铁环境中对铁的吸收利用，又能缓解吸收过多铁对植株造成毒害。随着质谱技术的进步，很多研究开始关注植物根系应对铁缺乏或者铁过多的蛋白质变化（Lopez-Millan et al.，2013），从整体上理解不同植物根系铁维持稳态的机制，为铁缺乏条件下铁高效吸收积累作物的选育提供理论基础。

17.4.1 根系应答铁缺乏的蛋白质组学

17.4.1.1 拟南芥根系应答铁缺乏的蛋白质组学

拟南芥属于非禾本科植物，针对拟南芥的铁吸收机制有着广泛而深入的研究。Lan 等（2011）采用 iTRAQ 技术系统分析了缺铁条件下拟南芥根系蛋白质组分和含量的变化。拟南芥野生型 Columbia-0 春化 1d 后在正常供铁（40μmol/L FeEDTA）的培养基上生长 10d，进行缺铁处理［0μmol/L FeEDTA，100μmol/L 菲洛嗪（ferrozine）］。质谱分析一共鉴定到 4454 个蛋白质，其中 2882 个蛋白质可靠定量。分析显示，根系在缺铁胁迫下一共有 101 个蛋白质差异表达，其中 59 个蛋白质的丰度显著上调（1.35 倍）、42 个蛋白质的丰度显著下调（0.62 倍）。而与缺铁条件下转录组数据比较分析发现，两者在差异表达的种类上存在很大的差异。在 92 个缺铁响应的转录本中，只有 17 种的编码蛋白质在缺铁条件下蛋白质组学中也能检测到。这可能受两种技术的检测精度、蛋白质丰度、翻译后修饰调控等因素影响。4 个缺铁响应标志基因，FRO2、烟酰胺合酶 4（nicotianamine synthase 4，NAS4）和铁存储蛋白（FER1 和 FER3）

在蛋白质和转录水平上的表达量都显著受到缺铁影响（图 17-3）。根系中丰度较高的蛋白质主要与碳水化合物的基本代谢相关，包括 6 个参与 *S*-腺苷甲硫氨酸（*S*-adenosyl-L-methionine，SAM）合成的蛋白质、SAM 合酶（SAM synthetase）（MAT1、MAT2、MAT3、MAT4）、甲硫氨酸合酶 1（cobalmine-independent Met synthase 1，ATMS1）和水解酶 1（*S*-adenosyl-L-homo-Cys hydrolase 1，SAHH1）丰度较高，SAM 处于缺铁响应的代谢网络中心。分析显示，SAM 代谢途径中 SAM 合成酶 MAT1、MAT2、MAT3 及顺式还原酮加双氧酶（acireductone dioxygenase）的丰度均在铁胁迫下显著升高。SAM 是烟酰胺生物合成底物，烟酰胺合成途径相关蛋白也在缺铁胁迫下大量被诱导表达，如 NAS4。此外，苯丙醇途径的蛋白质在缺铁条件下显著上调，包括苯丙脱氨酶、4-香豆酸辅酶 A 连接酶等。这些蛋白质可能介导酚类化合物的合成，在铁的循环中发挥作用。此外，铁超氧化物歧化酶 1（Fe superoxide dismutase 1）的丰度在铁胁迫下显著降低，而铜 / 锌超氧化物歧化酶 1（copper/zinc superoxide dismutase 1）的丰度显著增加。呼吸作用相关蛋白的丰度在缺铁胁迫下显著上调，如细胞色素 c 氧化酶、泛素-细胞色素 c 还原酶复合物泛素结合蛋白（ubiquinol-cytochrome c reductase complex ubiquinone-binding protein）和线粒体复合物 Ⅰ（mitochondrial complex Ⅰ）。而参与能量消耗、转运过程的蛋白质表达受到抑制，这可能是为了确保通过 ATP 合酶介导的质子外排和激活 IRT1 活性来增加铁吸收。真核细胞中的选择性剪接在蛋白质的多样性和调控中发挥功能。研究中一些鉴定的蛋白质来自选择性剪接的转录本，这些蛋白质主要参与新陈代谢、转录调节、

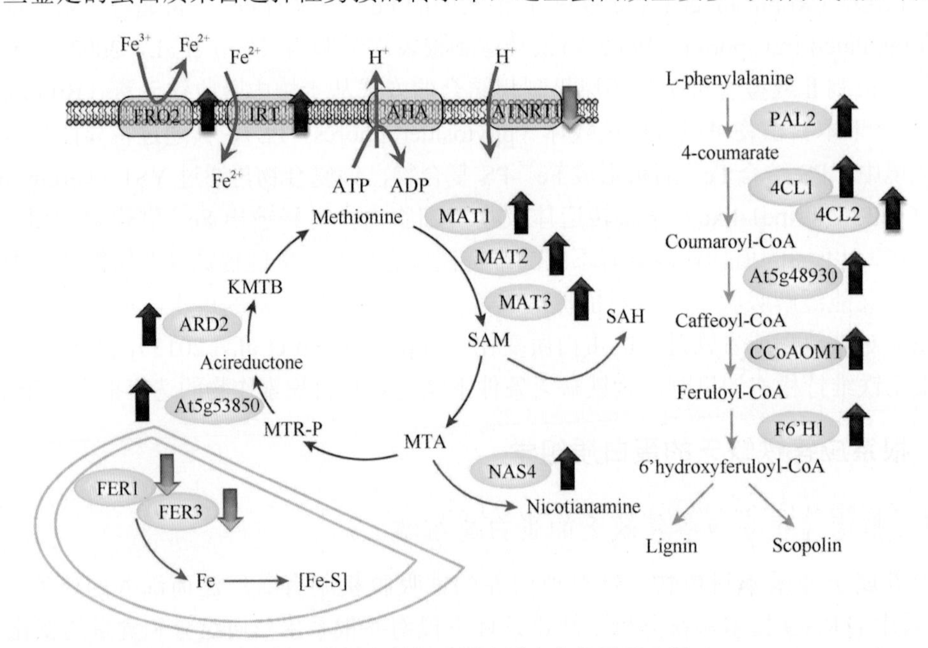

图 17-3 缺铁处理条件下的拟南芥根系蛋白质变化代谢示意图（Lan et al.，2011）

粗箭头表示根系中对应蛋白质的丰度变化，向上箭头表示蛋白质含量增加，向下箭头表示蛋白质含量下降。ATNRT1：拟南芥硝态氮转运子 1（*Arabidopsis thaliana* nitrate transporter 1）；Methionine：甲硫氨酸；Acireductone：乙酰还原酮；MTA：甲硫腺苷（methylthioadenosine）；MTR-P：甲硫核糖磷酸（methylthioribose phosphate）；KMTB：2-酮-4-甲基硫代丁酸酯（2-keto-4-methylthiobutyrate）；MAT1/2/3：SAM 合成酶 1/2/3（SAM synthetase 1/2/3）；Nicotianamine：烟酰胺；NAS4：烟酰胺合酶（nicotianamine synthase）；ARD2：顺式还原酮加双氧酶（acireductone dioxygenase 2）；FER1/3：铁结合蛋白 1/3（Ferritin 1/3）；L-phenylalanine：L-苯丙氨酸；4-coumarate：香豆酸；Caffeoyl-CoA：咖啡酰辅酶 A；Feruloyl-CoA：阿魏酰辅酶 A；Lignin：木质素；PAL：苯丙氨酸脱氨酶（phenylalanine ammonia-lyase）；4CL1/2：4-香豆酸辅酶 A 连接酶 1/2（4-coumarate CoA ligases 1/2）；CCoAOMT：咖啡酰辅酶 A-*O*-甲基转移酶（caffeoyl-CoA-*O*-methyltransferase）；F6'H1：2-氧化戊二酸依赖的双加氧酶（2-oxoglutarate dependent dioxygenase）

信号转导和蛋白质降解等生物过程。该研究鉴定到的缺铁响应蛋白质谱系与报道的转录水平的变化存在一定的差异，这表明转录后调控是调控拟南芥根系缺铁响应过程的重要控制中枢，特别是 RNA 加工和 mRNA 偏好。拟南芥根系缺铁响应蛋白质组研究可以为转录组学数据提供互补的信息，系统揭示拟南芥根系缺铁响应的调控机制。

转录因子 FER 首先在番茄中发现，在根系铁吸收中发挥重要的调控作用（Ling et al.，1996，2002）。在拟南芥中发现了 *FER* 基因的同源基因 *FIT*（*FER*-like iron deficiency-induced transcription factor）是拟南芥根系铁吸收的重要调控因子。*FIT* 作为铁吸收核心调控因子，其上下游缺铁信号感应组件及其与其他转录因子之间相互作用关系方面还不清晰。为阐明其调控机制，研究者采用蛋白质组学技术对野生型、*FIT* 基因敲除突变体和 *FIT* 过表达拟南芥株系进行分析（Mai et al.，2015）。拟南芥野生型 Col-0、*FIT* 过表达株系 HA-FIT 8 和 *FIT* 基因敲除突变体 *fit-3* 在铁充足条件下生长 5 ～ 6 周后，进行缺铁处理一周。野生型 Col-0 和过表达植株 HA-FIT 8 的地上部在缺铁条件下表现出轻微的叶片黄化，而 *fit-3* 突变体在正常和缺铁条件下均表现出明显的叶片黄化。从电泳图谱中共鉴定到 1183 个蛋白点，有 266 个蛋白点有差异表达。LC-ESI MS/MS 分析表明有 92 种蛋白质受缺铁和 / 或 *FIT* 调节差异表达。差异蛋白有 30 个在转录水平也存在差异表达，然而有 62 个基因在转录水平没有显著变化。功能分类分析显示，转录后调控的基因和蛋白质在 *FIT* 基因敲除突变体中下调或缺失。这些蛋白质具有催化活性和结合、电子载体活性、转运活性、营养储存库活性和酶调节活性等分子功能。该研究表明 *FIT* 不仅是铁吸收的一个重要转录调节因子，而且在缺铁情况下在蛋白质水平直接或间接发挥调节作用。

17.4.1.2　作物根系应答铁缺乏的蛋白质组学

作为必需的微量营养元素，缺铁是限制植物生长速率和作物产量的主要非生物胁迫因素之一。同时，铁的积累影响食用植物器官的品质，可食用部分中铁的低积累也对动物和人类带来了负面的营养问题（Schmidt，2003）。因此，涉及缺铁研究的植物种类繁多，不仅包括重要的粮食作物水稻玉米等，还包括番茄、黄瓜、甜菜和小金苹果等其他作物。

1. 水稻根系应答铁缺乏的蛋白质组学

水稻的生长和最终的稻米产量受缺铁严重影响。与 Fe 充足条件相比，缺铁导致水稻叶片铁含量降低 21.4%，而根系中更为严重，将减少 50.3%（Chen et al.，2015a）。铁是叶绿素的关键组成部分，缺铁将导致叶绿素 a、叶绿素 b、叶绿素 a+b 和胡萝卜素含量分别减少 49.1%、50%、47.8% 和 36.8%，叶片出现黄化症状。为探讨我国水稻品种的缺铁适应机制，研究者采用 2-DE 和 MALDI-TOF-MS 对水稻主栽品种‘扬稻 6’的叶片与根系进行了蛋白质组学分析（Chen et al.，2015a）。缺铁处理后，73 个蛋白点的丰度发生了显著变化。质谱分析成功鉴定了 63 种蛋白质，其中叶片中有 40 种蛋白质，根系中有 23 种蛋白质。根系中的差异蛋白主要参与碳代谢、氧化应激、细胞生长、次级代谢和蛋白质代谢等。糖酵解途径中甘油醛磷酸脱氢酶的丰度在缺铁胁迫下上升。因此，糖酵解代谢途径可能在适应缺铁根系中得到增强。磷酸戊糖途径是糖酵解的替代途径，参与磷酸戊糖途径的核糖-5-磷酸异构酶（ribose-5-phosphate isomerase）和木酮糖激酶（xylulokinase）的丰度均在缺铁胁迫下大量积累。磷酸戊糖途径中的甘油醛-3-磷酸和果糖-6-磷酸可以通过糖酵解重复使用。因此，磷酸戊糖途径的激活可以促进糖酵解途径。TCA 循环的 3 种酶：乌头酸水合酶、苹果酸脱氢酶和 NADP 依赖型苹果酸酶在缺铁胁迫下的丰度显著增加。乙酰辅酶 A 合成酶负责将乙酰基内的碳原子传递到 TCA 循环以被氧化从而产生能量。缺铁胁迫下，乙酰辅酶 A 合成酶的丰度也显著增加，但酯酶的丰度反而降低。这表明缺铁情况下，乙酰辅酶 A 可能优先进入 TCA 循环，而不是脂肪酸途径，根系可能通过提高 TCA 循环效率来应对缺铁环境。异丙基苹果酸合酶（isopropylmalate synthase）是参与亮氨酸合成的关键酶。亮氨酸作为代谢信号，参与氨基酸生物合成、氨同化、氨基酸降解和营养转运等多个生物过程（Kohlhaw，2003），同时控制谷氨酸合酶的表达水平。研究发现，水稻根系中异丙基苹果酸合酶的丰度在缺铁胁迫下显著增加，这可能有助谷氨酸合成，为植物铁载体麦根酸类物质合成循环提供了更多的底物。此外，UDP-葡萄糖焦磷酸化酶（UDP-glucose pyrophosphorylase）的丰度也显著上调以满足铁胁迫下的能量需求。而根系抗坏血酸过氧化物酶在缺铁胁迫下受到抑制。缺铁导致根系形态发生变化。该研究也发现了一些参与细胞生长和发育的蛋白质丰度发生了显著变化。*ROOT HAIR DEFECTIVE 3* 编码的蛋白质参与细胞和组织发育，其丰度在铁缺乏下显著增加。该研究结果为在蛋白质水平上了解缺铁条件下水稻根系的适应机制提供了一个可靠依据。

2. 玉米根系应答铁缺乏的蛋白质组学

玉米根系的生长受缺铁显著的抑制，特别是侧根的生长。质膜（plasma membrane，PM）中电子传递（氧化还原）系统参与多种生物过程（Lüthje et al.，2009）。目前，已有的研究表明质膜中黄素蛋白（flavocytochrome）B 家族的成员的在铁吸收和氧化胁迫，以及生物相互作用、非生物胁迫响应和植物发育等过程中发挥作用。而在铁胁迫环境中，植物质膜氧化还原系统中还有哪些蛋白质的丰度发生变化，且参与调节根系铁平衡尚不清楚。研究者分析了玉米根系质膜在缺铁胁迫下的蛋白质变化（Hopff et al.，2013）。正常供铁条件下，一共鉴定出 227 种蛋白质，而缺铁条件下鉴定到 204 种蛋白质，且鉴定出的大部分蛋白质为信号蛋白。研究还鉴定到大量的质膜结合氧化还原蛋白，包括醌还原酶（quinone reductase）、血红素蛋白和含铜蛋白（copper-containing protein）。大部分蛋白质是组成型表达，而其他的通过表达量变化参与调控氧化还原信号过程和内平衡。缺铁胁迫下，一些信号通路中的蛋白质含量显著上调，包括两个 14-3-3 蛋白、非典型受体激酶（atypical receptor-like kinase）和互作激酶（interacting-like kinase）。能量代谢和转化在缺铁响应中至关重要。此外，发育、氧化胁迫响应、生长调节、细胞壁刚性调节和营养吸收相关蛋白都在玉米根系质膜的缺铁适应性中发挥作用。该研究为研究植物质膜响应缺铁环境提供了参考。

3. 番茄根系应答铁缺乏的蛋白质组学

关于番茄中铁吸收利用的研究时间比较久。铁关键转录因子 *FER* 最早就在番茄中发现，其编码含有一个螺旋-环-螺旋结构域的蛋白质，属 bHLH（basic helix-loop-helix）家族，在根尖特异性表达，是番茄根系铁吸收的一个中心调控因子（Ling et al.，2002）。番茄 *FER* 基因缺失突变体 *fer* 不能启动根系缺铁响应（Ling et al.，1996）。为了深入分析 *FER* 转录因子在铁胁迫响应中发挥的作用，研究者比较了野生型番茄基因型 T3238 和铁吸收低效 *fer* 突变体 T3238 在蛋白质水平的表达差异（Li et al.，2008a）。通过 2-DE 检测到了超过 1400 个蛋白点，其中 200 个蛋白点表现出丰度差异。进一步，通过 MALDI-TOF-MS 检测鉴定出 97 种蛋白质。在缺铁状态下，约 40 种蛋白质参与淀粉降解、TCA 循环和抗坏血酸循环，它们的丰度显著上调，而参与果糖代谢的蛋白质丰度则显著下降。一些参与甲硫氨酸合成、细胞壁合成、线粒体 ATP 合成等代谢过程的蛋白质在缺铁条件下也表现出显著的上调，而氧化还原稳态、转录因子和激酶等相关蛋白质则表现出多样性变化。这些响应与能量代谢、有机酸形成、根系

形态变化、氧化还原和硫稳态维持及信号转导密切相关，从而可增强铁的吸收、再利用及发生其他适应性变化。遗憾的是，本研究中通过比较野生型和突变体未能发现受*FER*基因调控的蛋白质，实验中仅有8种蛋白质在不同处理和品种中都被鉴定出来，且它们表现出相似的表达模式。此外，Brumbarova等（2008）也对野生型番茄、*fer*突变体和*FER*过表达植株在缺铁胁迫下的蛋白质水平表达情况进行了比较。研究发现有39个蛋白点在3个植株根系中差异表达。其中，主成分分析显示24个与表达簇相关。蛋白质功能鉴定表明含铁植物中*FER*功能丧失模拟了缺铁状态。鉴定的最大的蛋白质表达簇的表达量在缺铁胁迫下在*fer*突变体中表现出上调。两种铁调节蛋白需要*FER*活性才能在缺铁条件下被诱导表达。但是受缺铁抑制的蛋白质很少。差异表达蛋白主要属于胁迫、氧化还原调节相关蛋白和一些过氧化物酶。这些早期的蛋白质组学研究对蛋白质的覆盖度比较低，质谱分辨率比较低，很可能影响了一些丰度比较低的关键蛋白质的鉴定。

4. 其他非禾本科植物根系应答铁缺乏的蛋白质组学

此外，研究者还对其他一些非禾本科植物的缺铁响应机制进行了蛋白质组学研究，包括黄瓜、甜菜和小金苹果。它们具有典型的还原机制，但同时不同的植物具有一些特有的响应机制。黄瓜（*Cucumis sativus*）根系对缺铁反应十分迅速，具有还原机制［H^+-ATPase活性和Fe^{3+}螯合还原酶（Fe^{3+}-chelate reductase）］，而且碳水化合物和能量代谢也参与缺铁响应，此外缺铁还诱导了其他一些代谢途径的变化，以促进黄瓜根系维持铁平衡（Espen et al.，2000）。研究者通过2-DE结合LC-ESI-MS/MS分析了黄瓜根系缺铁5d和8d的蛋白质变化（Donnini et al.，2010）。电泳检测到大约2000个蛋白点。一共有57个蛋白质的丰度发生2倍以上的显著变化，其中44个被质谱鉴定出来，21个蛋白质含量显著增加、23个蛋白质丰度减少。大多数上调的蛋白质参与糖酵解和氮代谢等过程，而下调的蛋白质则主要是蔗糖代谢相关酶、复杂结构碳水化合物相关蛋白及结构蛋白。黄瓜根系通过糖酵解和厌氧代谢的增强来产生缺铁响应所需的能量。同时，根系中与细胞壁相关的碳水化合物的生物合成减弱、与蛋白质周转相关的蛋白质数量显著减少。甜菜（*Beta vulgaris*）是非禾本科植物，也通过还原机制来维持铁平衡。通过蛋白质组学分析发现，缺铁导致甜菜根系61条肽段相对含量发生变化，质谱鉴定了其中22条（Rellán-Álvarez et al.，2010）。在缺铁条件下，根系参与糖酵解、TCA循环和厌氧呼吸相关蛋白丰度显著增加。此外，缺铁导致甜菜根尖中DMRL（dimethyl-8-ribityllumazine）合酶大量表达，而在铁充足的条件下未检测到该蛋白质，该酶在缺铁条件下基因转录水平也相对较高。结合代谢组学结果分析，DMRL合成酶和棉籽糖家族低聚糖含量增加是缺铁条件下甜菜根尖的主要变化。黄素类物质的合成可能参与铁的吸收，而棉籽糖家族低聚糖可能参与氧化胁迫、碳转运或者细胞信号转导。小金苹果（*Malus xiaojinensis*）是一种铁高效吸收的苹果品种。研究者采用蛋白质组学系统分析苹果树根中的缺铁响应蛋白（Wang et al.，2010a）。在水培系统中，苹果苗进行3d缺铁处理，根系通过2-DE检测到700多个可重复蛋白点。经质谱分析，鉴定到12个上调的蛋白点，代表10种不同的蛋白质。这些蛋白质参与调节碳水化合物和能量代谢、应激防御反应和膜转运，包括两个推测的吡哆醛生物合成蛋白亚型B（pyridoxine biosynthesis protein isoform B）、SAM合酶、果糖激酶、异柠檬酸脱氢酶、单脱氢抗坏血酸还原酶（MADR）和液泡质子ATP酶催化亚基等。这些研究在验证典型的还原机制的铁吸收机制的同时，还能发现一些特异性的缺铁响应机制，丰富了植物铁高效吸收的理论知识和基因资源。

17.4.2 根系应答铁缺乏与其他胁迫的整合分析

铁营养不仅直接影响植物生长发育，还和其他胁迫息息相关。本部分介绍铁营养与其他胁迫的整合分析。豌豆（*Pisum sativum*）是一种在铁还原、运输和储存方面很有特色的一种农作物（Waters et al.，2002）。微生物感染宿主时，微生物与宿主竞争铁营养。病原体产生的铁载体会显著耗尽寄主植物的铁。但是，宿主发生先天免疫响应，也会剥夺病原体的铁营养（Segond et al.，2009）。因此，植物铁稳态失衡也是致病性的关键。植物在产生先天免疫期间，铁运输发生了变化，营养缺乏也会使植物更容易受到病原体感染（Chen et al.，2007）。壳聚糖在豌豆-镰刀菌相互作用中具有很好的调节作用。但是，植物质膜蛋白参与这些反应的分子机制和功能尚不清楚。本研究采用天然 IEF-PAGE 结合活性染料和 MALDI-TOF-MS 分析豌豆根系在 4 个不同培养条件（+Fe、+Fe/ 壳聚糖、−Fe 和 −Fe/ 壳聚糖）下的质膜蛋白变化（Meisrimler et al.，2011）。与对照组和 −Fe/ 壳聚糖组相比，+Fe/ 壳聚糖组有 6 个蛋白点的丰度显著增加，56 个蛋白点丰度显著下调。差异表达蛋白包括胁迫相关蛋白、转运蛋白和氧化还原酶等。经活性染色显示，铁离子螯合还原酶和推测的呼吸爆发氧化酶同工酶（respiratory burst oxidase homolog）显著被诱导表达。但诱导剂处理后，铁离子螯合还原酶活性反而下降了。诱导剂处理后质膜结合 III 类过氧化物酶活性升高，而在缺铁胁迫时反而降低。而醌还原酶（quinone reductase）在诱导剂处理后表达量反而降低。本研究阐述了壳聚糖存在时缺铁豌豆根系质膜蛋白的影响，特别是质膜结合氧化还原蛋白系统，为研究缺铁植物病原反应减弱的机制提供了蛋白质表达图谱，为相关蛋白质的功能研究提供了依据。

蒺藜状苜蓿（*Medicago truncatula* cv. ‘Jemalong’）在两种不同的缺铁处理（pH 7.5，不含 $CaCO_3$ 和 pH 5.5，1g/L $CaCO_3$）下都表现出黄酮类化合物大量积累，根系变黄。但不同的缺铁处理方式导致的根系黄变的方式不同。在缺铁不加 $CaCO_3$ 的处理中，最早在处理 3d 后就观察到一些黄色、肿胀的侧根和沿根长的黄色斑块。而在缺铁加碳酸钙处理中，黄色斑块只出现于侧根（Rodríguez-Celma et al.，2011）。研究者通过蛋白质组学揭示其中的作用机制。缺铁导致 DMRL（6,7-dimethyl-8-ribityllumazine synthase）、GTPc Ⅱ（GTP cyclohydrolase Ⅱ）及参与核黄素生物合成的蛋白质大量积累。根系核黄素浓度显著增高，同时核黄素生物合成途径中 4 个基因的表达显著增加。缺铁胁迫下，糖酵解、TCA 循环和胁迫相关蛋白含量显著增加，这与之前一些报道相一致。此外，新发现氮循环和蛋白质分解代谢相关蛋白积累增加，氮循环的加强可能为次生代谢物、羧酸盐等的合成提供了一个额外的再饱和氮和碳源。上述这些响应在 $CaCO_3$ 存在时更为显著。该研究阐述了蒺藜状苜蓿根系在缺铁胁迫下尤其是在 $CaCO_3$ 存在时根系黄变的机制。

铁和锰、锌都是植物所必需的金属矿物元素，是多种酶的辅因子，在植物生理和代谢过程中发挥重要的作用。缺铁或锰或锌都将严重抑制拟南芥地上部和根系的生长。研究采用 iTRAQ 全面系统分析了拟南芥根系微粒体应对铁、锰、锌 3 种胁迫下蛋白质水平的变化（Zargar et al.，2015），以剖析三者之间的相关性。根系微粒体中一共鉴定到 730 种蛋白质。在铁胁迫下，检测到 6 个蛋白质含量上调 2 倍以上，2 个蛋白质含量至少下调 50%。一些蛋白质对铁缺乏强烈响应，如 FRO2、IRT1 和萌发素类蛋白 5（germin-like protein 5）等。其中，FRO2 和 IRT1 分别上调了 13.8 倍和 8.1 倍。两种防御素类似家族蛋白（defensin-like family protein）在缺锌条件下显著上调，其在维持锌稳态中发挥类似人铁调素（human hepcidin）的作用。但是，没有检测到蛋白质对锰胁迫有显著的响应。余弦相关系数（cosine correlation coefficient）分析是通过综合数据集寻找多种生物学过程中重要蛋白质的有效方法。进一步，基于定量蛋白质组学数据，采用余弦相关系数进行相关分析，获得未知蛋白质之间的相互作用，通过 PDR9/ABCG37 和 GLP5 预测与特征蛋白质（IRT1、FRO2 和 AHA2）一起参与缺铁响应的蛋白质。这些蛋白质可能参与缺铁条件下生长素的分配。

随着蛋白质组学技术的发展，研究者系统全面地分析了多种植物根系响应缺铁的蛋白质组成和丰度的变化，证实了前期的一些缺铁响应的生理生化机制，如通过碳水化合物代谢和 TCA 循环的增强来适应缺铁环境（Donnini et al.，2010；Rellán-Álvarez et al.，2010；Rodríguez-Celma et al.，2011）；同时可以为研究植物对缺铁的响应和适应机制提供新的线索，如蒺藜状苜蓿在铁缺乏时，氮循环的加强可能为次生代谢物、羧酸盐等的合成提供了有利条件。

17.4.3　根系应答铁过多的蛋白质组学

作为地壳中含量位居第四的元素，铁毒害也是植物特别是水稻中最普遍的、与土壤相关的微量营养素紊乱所导致的现象（Mahender et al.，2019）。植物铁毒害在热带、亚热带地区常见，在西非和亚洲最为严重，极大地影响了水稻质量和产量（Sahrawat，2002）。质膜中电子传递系统在铁平衡维持等非生物胁迫响应过程中发挥作用（Lüthje et al.，2009）。研究者在分析低铁胁迫下玉米根系质膜蛋白变化的同时，也分析了高铁条件下其蛋白质组成和含量的变化（Hopff et al.，2013）。与正常供铁条件下有 227 种蛋白质相比，高铁条件下鉴定得到 251 种蛋白质，是检测到特异性蛋白质较多的铁环境。其中，有 154 种蛋白质是正常、低铁、高铁环境中都检测到的蛋白质。有 7 种蛋白质仅出现在正常和缺铁条件下，而有 48 种蛋白质仅出现在正常和高铁条件下。膜重建、铁-硫簇组装和 / 或修复参与高铁毒害响应。Sec14p 首先在酵母中被发现，它参与双层膜之间磷脂酰肌醇或磷脂酰胆碱单体转移，在分泌小泡的形成和其从高尔基体中分泌的过程中发挥重要作用（Bankaitis et al.，1989）。研究发现，高铁环境中，一个 Sec14p 异构体在玉米根系质膜中丰度显著降低。此外，细胞壁相关蛋白在铁毒条件下发生显著响应。Dirigent-Like Protein（DIR）蛋白通过控制过氧化物酶或漆酶产生的木质素单自由基的耦合参与木质化过程（Davin and Lewis，2000）。本研究一共鉴定出 5 种 DIR 同工酶，其中 4 种在铁胁迫下发生差异表达。DIR 同工酶（B4G1B5、B4G233）在铁毒胁迫下的含量显著上调，而 DIR 同工酶（B4FTS4）在铁毒胁迫下含量下调，这表明铁过多条件下不同木质素成分和 / 或位置的木质化程度增加。目前，关于植物铁毒害的研究较少，但是越来越多的研究者开始关注植物的铁毒害，将揭示更多的铁毒害的响应和调控机制。

17.5　根系应答其他营养元素的蛋白质组学

17.5.1　根系应答其他营养元素缺乏的蛋白质组学

除了上述介绍的大量元素氮、磷和微量元素铁，其他每一种必需元素在植物的生长发育过程中都发挥着不可替代的作用。而在农业生产过程中，不同区域土壤环境存在差异，导致不同地区存在不同营养元素的缺乏。下面以大量元素钾、中量元素镁和微量元素硼为例，介绍根系应对相关营养缺乏的蛋白质组学研究进展。

17.5.1.1 根系应答钾缺乏的蛋白质组学

钾是3种植物主要的必需矿物质营养元素之一，是植物细胞中含量最丰富的阳离子之一，广泛参与植物生长发育的生物过程（Schachtman and Shin，2007）。虽然岩石圈和土壤中钾离子的含量相当丰富，但大多数钾（90%～98%）对于植物是不可利用的。因此，世界农业用地普遍存在缺钾问题，包括中国3/4的水稻土和澳大利亚南部2/3的小麦产区等（Römheld and Kirkby，2010）。植物根系是感应缺钾信号和吸收钾的主要器官。因此，研究低钾胁迫下植物根系的响应和适应机制，对于提高植物体内钾的吸收和利用具有重要意义。

烟草（*Nicotiana tabacum*）是一种重要的经济作物，也作为模式植物用于基因功能研究。钾元素对于烟草的生长和品质至关重要，因此，研究者采用iTRAQ分析了烟草幼苗根系应对钾胁迫的蛋白质变化（Ren et al.，2016）。烟草品种‘K326’春化5d，生长27d后再进行15d的缺钾处理。从烟草根系中一共鉴定到108种蛋白质的表达量在钾胁迫下具有显著差异，34种和74种蛋白质分别显著上调和下调。差异蛋白主要参与活性氧、碳和能量代谢、氨基酸代谢和激素通路。其中，丰度较高的丝氨酸羟甲基转移酶（serine hydroxymethyltransferase）、酸性磷酸酶（acid phosphatase）和硫氧还蛋白（thioredoxin）的丰度分别增加了1.95倍、1.93倍和1.84倍。活性氧代谢通路中的大量蛋白质丰度发生了显著变化，包括2种过氧化物酶的表达量上调，9种下调，它们在生物胁迫响应中发挥作用。硫氧还蛋白是一种小的、普遍存在的氧化还原酶，研究发现有3种硫氧还蛋白的丰度在钾胁迫下上调，1种硫氧还蛋白的丰度下调。硫氧还蛋白的启动子区域可以激活许多潜在的顺式作用元件，这些元件对环境信号具有响应（Haddad and Heidari Japelaghi，2014）。因此，硫氧还蛋白可能参与烟草幼苗钾信号通路。该研究提供了烟草根系受到低钾胁迫的蛋白质变化情况，为提高烟草的钾吸收效率提供了一些理论依据。

17.5.1.2 根系应答镁缺乏的蛋白质组学

镁是植物生长发育所必需的中量矿质元素之一，在维持酶活性、光合作用、离子平衡、细胞膜稳定、氮代谢、活性氧代谢等过程中发挥着重要作用（李延等，2000）。镁是许多矿物中的常见成分，占地壳的2%。植物缺镁将导致叶绿素含量降低，光合作用受阻，光合产物和碳固定减少，同时加速植物老化（Hermans and Verbruggen，2005）。镁在植物中是可移动的，所以缺镁症状一般首先出现在较低和较老的叶片上。典型的缺镁症状表现为叶脉间出现失绿，严重的缺镁将导致植株从底部的老叶开始出现斑点至枯死（Marschner and Cakmak，1989）。因此，研究植物对缺镁胁迫下的响应和适应机制具有重要意义。

我国柑橘种植园普遍存在缺镁现象，是产量和果实品质下降的主要原因之一（Yang et al.，2012）。因此，研究者对甜橙（*Citrus sinensis*）对缺镁的响应进行了蛋白质组学研究，以阐明其响应和适应机制（Peng et al.，2015）。甜橙品种‘Xuegan’的幼苗在沙培条件下进行正常（1mmol/L $MgSO_4$）和缺镁（0mmol/L $MgSO_4$）处理16周。研究发现，柑橘叶片、茎和根系的生物量及镁浓度受缺镁胁迫均出现了显著降低，二氧化碳同化速率、气孔导度和蒸腾作用速率也大大降低，细胞间二氧化碳浓度则增高。同时发现，缺镁胁迫下，甜橙叶片暗呼吸作用增加，总可溶性蛋白浓度降低，而根系呼吸作用降低，其总可溶性蛋白浓度不变。进一步采用2-DE和MALDI-TOF-MS对其叶片与根系进行蛋白质学分析。缺镁胁迫下，甜橙叶片中有90个蛋白质的丰度存在显著差异，其中59个和31个蛋白质含量分别显著上调和下调，而根系中只有 31 个蛋白质存在丰度差异，19 个蛋白质含量上调和 12 个蛋白质下调。根系中的差异蛋白参与碳水化合物和能量代谢、蛋白质代谢、胁迫响应、核酸代谢、细胞壁和细胞骨架代谢、脂质代谢，以及其他未知生物过程。大多数差异蛋白具有组织特异性，仅存在于根系或叶片中，只有两种差异蛋白（乙醇脱氢酶和伴侣蛋白前体）在根系和叶片中都发生显著变化。与根系呼吸作用受抑制相一致，根系中糖酵解和 TCA 循环代谢酶丙酮酸脱羧酶（pyruvate decarboxylase）与磷酸甘油酸激酶的表达量在镁胁迫下显著降低，碳代谢受到抑制。而线粒体 ATP 酶 α 亚基和腺苷酸激酶（adenylate kinase）的表达量在镁胁迫下显著升高，可能有利于根系在缺镁胁迫下维持能量平衡。根系中的胁迫响应蛋白［热激蛋白（heat shock protein）和抗病蛋白（disease resistance protein）］的丰度显著增加，但是线粒体热激蛋白（70kDa）和热激蛋白 HSP26 的丰度反而下降。此外，根系参与蛋白质水解的酶类的丰度显著增加，包括蛋白酶体 α 亚基（proteasome subunit alpha type）、锌蛋白酶（zinc metalloprotease）、半胱氨酸蛋白酶（cysteine protease）和酪氨酰氨肽酶（tyrosyl aminopeptidase）。但是，分析显示正常和缺镁条件下根系的总可溶性蛋白含量无显著差异，这表明缺镁引起蛋白酶水平的增加可能主要参与蛋白质的修饰和加工，可能通过维持蛋白质复合物结构和 / 或氮循环来适应缺镁环境。根系中翻译起始因子 3（translation initiation factor 3）的丰度上调，可能有助于 mRNA 的可翻译性，从而维持细胞蛋白质水平。参与核酸代谢的蛋白质 RNA 聚合酶 β 链（RNA polymerase β chain）、剪接体 RNA 解旋酶（spliceosome RNA helicase）和转录因子同源物 BTF3- 类似蛋白（transcription factor homolog BTF3-like protein）的丰度在镁胁迫下显著降低，表明 RNA 的合成可能在镁胁迫下受到抑制。根系中参与细胞壁和细胞骨架组成的蛋白质丰度在镁胁迫下增加，包括根肌动蛋白 1、绒毛蛋白 3 和微管蛋白。综上，柑橘根系通过降低呼吸，增加 ATP 合酶和活性氧清除相关蛋白水平，提高参与细胞壁和细胞骨架代谢相关蛋白水平等来适应缺镁环境。

17.5.1.3　根系应答硼缺乏的蛋白质组学

硼是植物生长发育所必需的微量元素之一。硼在细胞壁形成、细胞分裂、酚代谢、固氮和植物生殖生长过程中的花粉萌发等生理过程中发挥作用（Brown et al.，2002）。土壤溶液中的硼以硼酸形式存在，由于其高溶解性很容易从土壤中浸出。因此，硼缺乏在世界各地广泛存在，包括我国的东部和南方地区（Shorrocks，1997）。缺硼症状主要出现在植物体内生长或扩大的器官中。缺硼导致生长器官中分生组织坏死，根伸长停止，叶片扩张受抑制，甚至导致花发育、果实和种子生长受抑制。因此，缺硼不仅导致作物产量的降低，还导致作物品质的降低（Tanaka and Fujiwara，2008）。

油菜是硼缺乏最敏感的作物之一，选育硼高效利用油菜作物具有重要的实际意义。油菜品种‘Qingyou 10’是硼高效利用品种，研究者采用 2-DE 结合 MALDI-TOF-MS 及 LTQ-ESI-MS/MS 对其根系应对缺硼的蛋白质变化进行了分析，以阐明其硼高效吸收的作用机制（Wang et al.，2010b）。生长 5d 的油菜幼苗进行正常（25μmol/L H_3BO_3）和低硼（0.25μmmol/L H_3BO_3）处理一周。分析显示有 45 个蛋白质在低硼胁迫下差异表达，其中 35 个蛋白质的丰度显著升高，而 10 个蛋白质则显著降低。值得注意的是，一些处于同一凝胶中不同位置的蛋白点被鉴定为相似蛋白质，包括谷胱甘肽 *S*-转移酶、乌头酸水合酶和 3-酮-酰基-ACP 脱水酶（3-keto-acyl-ACP dehydratase），表明存在翻译后修饰或蛋白质降解。低硼胁迫响应差异蛋白参与抗氧化和解毒、防御、信号调节、碳水化合物和能量代谢、氨基酸和脂肪酸代谢、蛋白质翻译和降解等过程。3 种超氧化物歧化酶和 5 种谷胱甘肽 *S*-转移酶的丰度在硼胁迫下显著上调，这表明硼缺乏导致油菜发生氧化损伤，通过激活 ROS 的清除和解毒机制来应对硼胁迫。硼缺乏会损害植物中的氧化还原稳态并导致活性氧爆发，进而导致细胞组分的损害，并可能影响一系列生理途径和生化反应，如蛋白质加工、氨基酸代谢和脂肪酸合成，进而触发防御机制以对抗细胞成分的损害并恢复植物的内平衡。此外，大量参与碳水化合物代谢的酶丰度也发生显著变化，磷酸戊糖途径增强，硼缺乏会影响能量代谢。为深入分析油菜对不同硼环境的响应，研究者进一步分析了硼高效利用油菜品种‘Qingyou 10’在短期硼缺乏、恢复硼供应的处理条件下的蛋白质变化（Wang et al.，2011）。硼充足条件下（25μmol/L H_3BO_3）生长 15d 的油菜幼苗作为对照。油菜在 5μmmol/L H_3BO_3 的条件下生长 10d，转移至低硼条件下（0.25μmmol/L H_3BO_3）生长 5d，再转移至无硼条件下生长 0 ～ 5d，最后在恢复硼供应条件下（25μmmol/L H_3BO_3）生长 5d。实验在缺硼条件下的 0d、1d、3d 和 5d，以及恢复硼供应后进行取样。与对照相比，缺硼条件下的 0d，油菜的生物量或形态上没有显著差异，大多数蛋白质的丰度也没有显著差异，表明油菜幼苗可以在短时间内耐受低硼。随着缺硼时间的延长，油菜根伸长受到抑制，根尖坏死，叶片弯曲，整体生长速率受到显著的抑制。通过 2-DE 和 MALDI-TOF-MS 一共得到 46 种差异蛋白，其中 27 种蛋白质含量显著下调、19 种蛋白质含量上调。差异蛋白主要参与碳水化合物和能量代谢、胁迫响应、信号转导和调节、细胞壁合成、蛋白质过程、氨基酸和脂肪酸代谢、核酸代谢。鉴定的差异蛋白种类和长期缺硼条件下差异蛋白有很大差别，表明了油菜对长期和短期硼胁迫的适应性反应差异（Wang et al.，2010b）。硼饥饿下，油菜根系有大量与碳水化合物代谢相关的蛋白丰度发生变化。其中 6 种糖酵解途径中的蛋白质的丰度受到了显著抑制，包括磷酸丙糖异构酶、甘油醛-3-磷酸脱氢酶等，表明在硼缺乏条件下油菜根系的糖酵解途径严重受损。缺硼处理 1d 后，苹果酸脱氢酶的丰度显著降低，油菜中的有氧代谢受损。而丙酮酸脱羧酶的丰度反而升高，激活了无氧呼吸，从而降低了能量代谢率。这些都表明了油菜应对硼胁迫的灵活适应策略。结合转录水平、脂质过氧化和谷胱甘肽还原酶活性分析，发现碳代谢流可能调节缺硼的响应过程，稳定的细胞壁结构、抗氧化损伤系统和复杂的信号网络可能有助于提高油菜根系对硼缺乏的耐受性。该研究系统分析了油菜根系应对硼缺乏的蛋白质表达水平的动态变化，提供了其适应硼缺乏的早期和晚期、持久性或短暂性的特异性变化特征。针对硼高效油菜品种‘Qingyou 10’的两个蛋白质组学研究，相互补充，共同形成了油菜根系对硼胁迫的响应和适应过程全景图谱，为后续硼高效利用品种选育提供了参考。

17.5.2 根系应答多种营养元素缺乏的比较蛋白质组学

前面介绍的大多是植物根系应对单一营养元素缺乏条件下的蛋白质组学，不同营养元素缺乏响应之间是否存在共同的响应，哪些是特异性的响应？针对这些问题，研究者采用无标记定量蛋白质组学分析了气培 4d 的玉米苗期在不同大量或中微量营养元素缺乏条件下根毛中蛋白质丰度的变化情况（Li et al.，2015b）。植物根毛是生长在根际的细长单细胞，广泛参与 Ca^{2+}、K^+、NH_4^+、NO_3^-、Mn^{2+}、Zn^{2+}、Cl^- 及无机磷的吸收，它能增加根系与土壤的接触，促进土壤中不可移动的矿质营养元素的吸收（Gilroy and Jones，2000；Lan et al.，2013；Wang et al.，2016），因此，本研究特异性地针对根毛进行了分析。从玉米根毛中一共鉴定到了 4574 个蛋白质。与对照全营养液相比，营养缺乏的条件下平均有 2923 个蛋白质被定量。营养缺乏和全营养条件下的蛋白质重合度很高，只有不到 150 种蛋白质被认为是营养缺乏特异性蛋白质，只有一小部分蛋白质（4～144种）与单一营养元素缺乏有关。这也表明根毛蛋白质在组成上基本保持不变，但个别蛋白质的丰度分布因缺乏不同营养而发生变化。铁缺乏、锌缺乏和钾缺乏下的差异蛋白分布略有偏斜，更多的蛋白质是被下调而不是上调。铁、锌和钾缺乏下，根毛中分别有573个、440个和553个蛋白质的丰度被下调，而只有74个、62个和72个蛋白质的丰度被上调。锰缺乏的蛋白质丰度分布特别窄，极少数蛋白质丰度发生变化，只有29个蛋白质的丰度下调、34个蛋白质的丰度上调。相似性分析发现，铁锌缺乏的蛋白质响应相似度较高（r=0.71），而铁钾缺乏、锌钾缺乏、钾磷缺乏之间也观察到相似的蛋白质变化（r=0.49、r=0.47、r=0.43），但是铁锰缺乏与锌锰缺乏之间的蛋白质丰度变化几乎没有重叠（r=0.07、r=0.09）。对缺铁、锌和钾的共同响应包括蛋白质降解的下调以及TCA循环、RNA-RNA结合和氧化还原过程相关蛋白的调节。此外，转录因子的丰度在铁缺乏和锌缺乏条件下显著下调。在缺镁和缺锰、缺氮、缺磷条件下，过氧化物酶的丰度显著下调。在镁缺乏、铁缺乏和钾缺乏的情况下，线粒体电子传递链的蛋白质含量下降，而锌缺乏导致这一过程中特定成员的上调或下调。新生根毛的新陈代谢可以适应营养缺乏，或者说根毛能感受营养液中特定营养物质的缺乏，并相应地调整细胞内的新陈代谢。本研究为读者全景展示了玉米根毛在响应不同营养胁迫时蛋白质变化的共同点和特异之处，为研究土壤环境中多种营养胁迫共存的实际情况提供了一些参考。

17.5.3 根系应答微量营养元素毒害的蛋白质组学

17.5.3.1 根系应答锰毒害的蛋白质组学

锰在植物体内参与多个代谢过程，包括光合作用和多个酶的激活等（Mukhopadhyay and Sharma，1991）。虽然锰对植物的生长发育及其代谢过程至关重要，但是当环境中锰超过一定范围时，植物则受到锰毒害。锰毒害症状包括叶片出现褐斑、黄化和坏死，同时伴随着光合作用的抑制和过量活性氧的积累（Fecht-Christoffers et al.，2003）。土壤中有效锰含量为450～4000mg/kg，但随着土壤pH的降低，土壤中锰含量会随之显著增加（Sparrow and Uren，2014）。土壤的酸化加速了土壤中有效锰的释放，因此，锰毒害是酸性土壤中植物生长的主要限制因子。植物积累的锰可以通过食物链进入人体，高浓度的锰给人类健康带来潜在的危害。

植物根系在锰的吸收和根际锰水平感知中发挥作用，而且其本身可能具有减轻锰毒害的机制。因此，有必要对植物根系对锰毒害的响应进行研究。大豆是世界上一种重要的豆科作物。与其他豆科植物相比，大豆（*Glycine max*）对锰毒害更为敏感。研究者采用14d的大豆品种‘BD2’幼苗进行14h不同锰浓度（5μmol/L、25μmol/L、50μmol/L、100μmol/L和200μmol/L $MnSO_4$）的处理（Chenet al.，2016）。大豆生长受到过量锰的显著影响。在25μmol/L或更高的锰浓度处理下大豆成熟叶片产生明显的褐斑。随着锰浓度从25μmol/L增加至200μmol/L，地上部和根系的鲜重显著下降，H_2O_2积累显著增加。在100μmol/L和200μmol/L锰浓度处理后，H_2O_2积累达到最高，根系生长受到抑制。通过2-DE一共鉴定出超过1000个蛋白点，其中47个蛋白点的丰度在两种不同锰浓度处理下存在显著差异，进一步通过MALDI-TOF-MS分析成功鉴定了31个蛋白质。此外，从凝胶上不同的位置鉴定到相同的蛋白质，表明锰毒害下蛋白质可能发生可变剪接、蛋白质水解或其他翻译后修饰。锰毒害下21种丰度上调的蛋白质主要参与胁迫响应、蛋白质代谢、细胞壁代谢等，而下调的蛋白质主要参与信号转导和细胞壁代谢等。通过定量 PCR 分析了差异蛋白在转录水平的变化，表明大多数锰毒害下上调蛋白质在转录水平得到控制，而下调的蛋白质则在转录后水平得到调控。此外，研究还发现 GTP 结合核蛋白 Ran-3、扩展蛋白 B1、衍生蛋白和过氧化物酶的蛋白质丰度变化很剧烈，表明大豆根系细胞壁结构的改变和木质化可能与根系生长抑制有关。该研究有助于了解豆科植物根系对锰毒害的适应性策略。

柑橘属（*Citrus*）植物属于常绿亚热带果树，主要种植在热带、亚热带和温带湿润和半湿润地区的酸性土壤中，因此常常遭受锰毒害（Zhou et al.，2013）。甜橙（*Citrus sinensis*）和葡萄柚（*Citrus grandis*）是具有不同锰耐受性的柑橘属品种，研究者对它们的根系对锰毒害的响应进行了分析（You et al.，2014）。甜橙和葡萄柚幼苗分别进行正常（2μmol/L）和锰毒害（600μmol/L）处理。葡萄柚幼苗的根系和地上部生物量受锰毒害影响显著降低，锰浓度显著增加，而甜橙的生长没有受到显著的影响，这表明甜橙对锰毒害有着更强的耐受性。与葡萄柚相比，甜橙茎和根系具有较高的锰浓度，而叶片中的锰浓度较低。通过 2-DE 分析一共检测到超过 1000 个蛋白点。经 MALDI-TOF-MS 和 LTQ-ESI-MS/MS 鉴定，在甜橙和葡萄柚中分别鉴定了 53 个和 39 个差异蛋白。甜橙根系中一共有 11 个蛋白质含量显著上调，有 42 个蛋白点下调；而在葡萄柚中检测到 25 个蛋白点丰度上调，而只有 14 个蛋白点丰度下调。差异表达蛋白主要参与蛋白质代谢、核酸代谢、碳水化合物和能量代谢、应激反应、细胞壁和细胞骨架组成、细胞转运和信号转导等。两个品种之间参与蛋白质生物合成和降解、核酸代谢、碳水化合物和能量代谢的蛋白质存在差异表达。参与核酸代谢、糖酵解和细胞转运的蛋白质在不耐受的葡萄柚根系中显著上调，在耐受锰毒害的甜橙根系中反而下调。甜橙根系中上述蛋白质的显著下调将导致碳水化合物积累减少，通过降低相关代谢过程来维持碳平衡从而提高甜橙的锰耐受性。该研究为柑橘属对锰毒害的响应和适应机制研究提供了有效信息。

柱花草（*Stylosanthes guianensis*）是一种为牲畜提供营养和改良土壤的优势豆科植物，特别是在热带和亚热带地区的酸性土壤上广泛分布。柱花草比其他许多豆科植物表现出更高的锰毒害耐受能力（Chen et al.，2015b）。因此，柱花草被认为是具有巨大金属耐受潜力的热带豆科先锋植物，但关于其锰毒害耐受机制还不清楚。本研究对锰毒害条件下 9 种不同柱花草基因型进行了耐受性分析，它们表现出巨大的基因型差异（Liu et al.，2019）。其中，柱花草品种‘RY5’表现出最高的锰毒害耐受性，其在锰毒害下具有更高的叶绿素含量和植物干重。而品种‘TF2001’则是锰毒害敏感的基因型，过量的锰导致‘TF2001’的枝条和根系生长显示受到抑制。锰毒害下，敏感品种‘TF2001’中芽和根的锰浓度显著高于耐受品种‘RY5’。进一步采用无标记的蛋白质组学方法鉴定两个不同品种叶片和根系蛋白质的变化。锰毒害条件下，在‘RY5’的叶片和根系中分别检测到 2623 个和 2669 个蛋白质，并且两者之间有 2244 个蛋白质重叠。叶片和根系中分别有 206 个和 150 个蛋白质具有显著差异。这些差异蛋白中有 71 个蛋白质丰度上调，62 个蛋白质下调，127 个蛋白质被强烈诱导表达和 96 个蛋白质被完全抑制。根系中的差异蛋白主要参与碳代谢、氨基酸生物合成和苯丙烷类生物合成。过氧化物酶体 (S)-2-羟基酸氧化酶［peroxisomal (S)-2-hydroxy-acid oxidase］、丝氨酸-乙醛酸氨基转移酶（serine-glyoxylate aminotransferase）和果糖二磷酸醛缩酶（fructose-bisphosphate aldolase）在锰毒害下强烈诱导。苯丙烷类生物合成途径中的代谢酶苯丙氨酸氨裂合酶（phenylalanine ammonia-lyase）和查耳酮合成酶（chalcone synthase）在锰毒害下含量增加，而异黄酮还原酶 1（isoflavone reductase 1）、异黄酮还原酶 2 和类异黄酮还原酶（isoflavone reductase-like protein）的丰度则显著下降。柱花草可以通过增强其防御反应和苯丙烷途径，从而调节光合作用和新陈代谢、蛋白质合成和折叠来应对锰毒害。该研究为今后研究苯乙烯代谢在锰毒害耐受机制中的作用提供了一个有效信息。锰毒害的耐受性随植物种类、品种或基因型的不同而具有显著差异。因此，解剖不同植物或不同植物品种对锰毒害的响应和适应机制，可以为通过增加植物对锰毒性的适应性来改善栽培作物品种提供参考。

17.5.3.2　根系应答铜毒害的差异蛋白质组学

微量营养元素铜广泛参与光合作用、线粒体呼吸、超氧化物清除、细胞壁代谢和乙烯感知等生理过程。但是，当铜过量时也会干扰这些过程（Peňarrubia et al.，2010）。此外，铜与蛋白质结合后可干扰蛋白质的结构从而导致其失活。土壤中铜浓度升高会导致大多数植物出现毒性症状和生长迟缓。小麦幼苗易遭受铜毒害。生长 2 周的小麦幼苗进行 100μmol/L $CuSO_4$ 处理 3d 后，幼苗和根系的生长明显受到抑制，脂质过氧化显著增加，根系铜含量高于叶片。研究者对小麦的地上部和根系铜胁迫响应蛋白进行了分析（Li et al.，2013），显示有 93 个蛋白点具有显著差异，其中根系中有 49 个。参与信号转导、应激防御和能量代谢的蛋白质被显著诱导增加，而参与碳水化合物代谢、蛋白质代谢和光合作用的许多蛋白质丰度则大大降低。铜胁迫响应蛋白相互作用网络分析发现了 36 个关键蛋白质，其中大部分可能与脱落酸、乙烯、茉莉酸等的调控相关。外源茉莉酸针对铜胁迫有保护作用，并显著增加谷胱甘肽 *S*-转移酶的基因转录。为了更好地了解植物对铜毒害的响应和耐受机制，研究者采用固定化金属离子亲和层析（IMAC）结合质谱技术来解析植物根系中的铜结合蛋白（Song et al.，2014）。IMAC 技术基于溶液中蛋白质和固定在载体上的金属离子之间有特殊的相互作用，从而有助于从生物样品中分离特定蛋白质。实验采用耐铜水稻品种‘B1139’在正常条件（0.32μmol/L Cu^{2+}）生长 7d，再进行 3d 的高铜处理（8μmol/L Cu^{2+}）。根系样品在 Cu-IMAC 柱之前使用 IDA Sepharose 柱去除蛋白样品中的其他金属离子，分离铜结合蛋白。进一步采用 2-DE 和 MALDI-TOF-MS 鉴定了 11 个蛋白质。这些蛋白质参与抗氧化防御、碳水化合物代谢、核酸代谢、蛋白质折叠和稳定、蛋白质转运和细胞壁合成。其中 10 种蛋白质含有已报道的 9 种推测的一种或多种金属结合位点。这些蛋白质中，甘油醛-3-磷酸脱氢酶、腺苷激酶和谷胱甘肽 *S*-转移酶已经在拟南芥中得到解析，鉴定为铜结合蛋白，而其他 7 个蛋白质为没有报道过的铜结合蛋白，可以为水稻耐铜机制研究提供候选基因。不同水稻品种在铜毒害耐受性上存在差异。研究者选用两个耐铜性存在差异的水稻品种（耐铜毒害品种‘B1139’和铜毒害敏感品种‘B1195’），利用 IMAC 技术分析其铜结合蛋白（Chen et al.，2015c）。当 8μmol/L Cu^{2+} 处理 3d 后，两个水稻品种根系中的铜结合蛋白的含量均显著高于对照条件，表明铜处理增加了与 Cu-IMAC 特异性结合蛋白质含量。耐铜水稻品种‘B1139’的 Cu-IMAC 结合蛋白含量高于铜敏感品种‘B1195’的含量。通过 2-DE 分析，从银染的凝胶上检测到的可重复的蛋白点大约有 320 个。与对照相比，有 35 个蛋白点至少在一个水稻品种中含量变化大于 1.5 倍，其中，6 个蛋白点的丰度在两个水稻品种之间没有显著差异。与对照相比，有 17 个蛋白质的丰度在两个品种中都增加，而 3 个蛋白质的丰度都降低，且在不同的水稻品种中丰度具有差异。通过 MALDI-TOF-MS 鉴定的 34 个差异表达蛋白参与抗氧化防御和解毒、发病机制、基因转录调节、氨基酸合成、蛋白质合成、修饰、转运和降解、细胞壁合成、分子信号传递和盐胁迫响应等。6 种参与抗氧化防御和解毒的被鉴定为 Cu-IMAC 结合蛋白的蛋白质丰度显著上调，包括推测的过氧化物酶、萌发素类蛋白（germin-like protein 6）、推测的醌氧化还原酶（quinone-oxidoreductase）、甲硫氨酸硫氧化物还原酶（methionine sulfoxide reductase）、铜/锌超氧化物歧化酶和谷胱甘肽 *S*-转移酶Ⅱ。此外，与铜敏感水稻品种‘B1195’相比，耐铜品种‘B1139’中致病相关蛋白的丰度显著上调。参与抗氧化防御和解毒的蛋白质、致病相关蛋白、冷休克结构域蛋白和真核翻译起始因子可能参与水稻铜胁迫响应和耐受性，在过量铜的解毒和维持细胞内环境平衡中起作用。IMAC 技术可以更加有效地分离特异性的铜毒害响应机制，为水稻对耐铜毒害响应和适应机制研究提供有效的候选基因。

17.6 小结与展望

无论是大量营养元素，还是中微量矿质营养元素，都是植物生长和发育所必需的，但当这些必需元素在细胞内的浓度超过临界值时，反而会对植物产生不同程度的毒害作用。长期的进化过程中，植物体内产生了一系列精密而复杂的响应和适应机制来应对各种营养元素胁迫。根系在形态、生理生化、代谢和分子水平都发生了变化，受到基因在转录、蛋白质和蛋白质翻译后修饰多个水平缜密的调控。同时，不同的植物或者同种植物不同品种对营养元素胁迫的响应和适应机制也不尽相同。阐明植物对营养失衡的响应和适应机制，剖析营养高效吸收和利用品种的调控机制，对于农业生产中培育养分高效吸收和利用的作物品种至关重要。细胞内几乎所有的生物过程都涉及蛋白质的变化，包括蛋白质丰度和各种修饰水平的变化。蛋白质的丰度和 mRNA 的表达量之间有很大的相关性，但蛋白质的丰度不仅在转录水平上受到调节，而且在翻译水平和翻译后修饰水平上也受到调控（Lan et al.，2012；Menz et al.，2016）。因此，获得蛋白质在翻译和翻译后水平上的丰度信息可以更加深入直接地理解蛋白质的响应和蛋白质之间的相互作用。为此，在过去近 20 年，很多研究者针对植物的矿质营养失衡进行了一系列的蛋白质组学研究。植物根系营养应答的蛋白质组学基本流程如图 17-4 所示。植物在不同营养条件下进行不同时间的处理，收集组织样品进行蛋白质提取和质谱定性定量分析，最后通过生物信息学分析植物应答胁迫的蛋白质变化规律和作用机制。

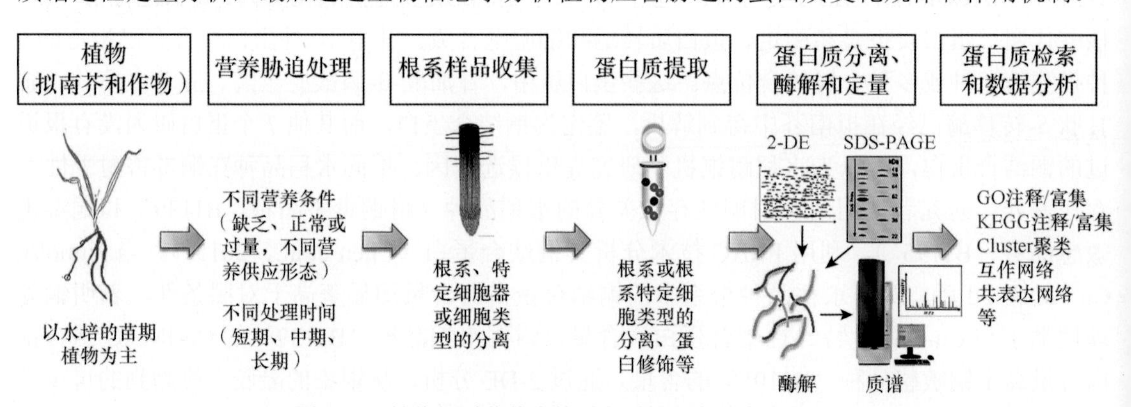

图 17-4 植物根系营养应答蛋白质组研究基本流程图

模式植物拟南芥是各种胁迫响应机制研究的首选目标。此外，拟南芥大量的突变体和成熟的分子操作系统也为基因功能的深入研究提供了便利。目前，拟南芥的营养胁迫响应蛋白质组学研究是植物中最为全面的（Lan et al.，2011，2012；Wang et al.，2012；Huang et al.，2013；Menz et al.，2016），这些研究为作物的相关研究提供了一些参考依据。近几年，大量作物基因组的解析也为作物蛋白质组学的研究提供了更高效的质谱解析数据。作物自然多样性的蛋白质组学仍是一个相对未开发的领域，它可以为营养高效作物的选育和生物标志物的开发提供有效的信息。已有的植物养分胁迫蛋白质组学实验大多采用水培的植物在苗期进行胁迫处理，而在实际农业生产中的大田试验和水培条件有一定的差异。今后，利用蛋白质组学解析土培或者大田试验中植物根系应对营养胁迫的变化将扩展植物的营养胁迫适应机制理论知识和基因资源。目前已有的研究大多以根系组织作为一个整体进行研究，而细胞器或特定细胞的蛋白质组学研究，将提供更加精细的蛋白质图谱（Huang et al.，2013；Hopff et al.，2013；Iglesias et al.，2013）。采用荧光激活细胞分选（fluorescence activated cell sorting，FACS）技术可以精细分离带荧光标记的转基因拟南芥的不同特异性细胞（Fukao et al.，2016），有助于更好地理解每种特定细胞类型对矿质元素缺乏的响应和适应机制。植物不同品种间的差异蛋白质组学研究是植物营养胁迫应答蛋白质组学的重要内容，可以为植物养分高效吸收和利用机制研究提供强有力的理论支撑。此外，蛋白质组学已经被应用在分析植物胁迫耐受性的自然变异的小规模研究中，利用一些作物的基因型来识别在胁迫下差异蛋白的积累，这些候选生物标记蛋白对于耐受逆境品种的选育具有一定的指导意义（Hajheidari et al.，2007；Vanderschuren et al.，2013）。

基因芯片和第二代测序技术的成熟使得转录组学分析越来越普及。近几年，基于转录组学和蛋白质组学整合分析的系统生物学研究更是能够在 mRNA 和蛋白质两个水平系统展示植物应对营养胁迫的响应，为后续的研究提供更加可靠的信息（Deshmukh et al.，2014）。早期的大部分植物应答养分胁迫的蛋白质组学研究技术是基于凝胶的蛋白质组学，包括 2-DE 或 DIGE 结合 MALDI-TOF-MS 鉴定（Brumbarova et al.，2008；Meisrimler et al.，2011；Rodríguez-Celma et al.，2011；Wang et al.，2012；Prinsi and Espen，2018）。近几年，基于质谱的定量蛋白质组学技术飞速发展，在植物蛋白质组学研究中得到了越来越多的应用（Matros et al.，2011；Jorrin-Novo et al.，2015），包括 iTRAQ 结合 LC-ESI-MS/MS（Lan et al.，2011，2012；Huang et al.，2013；Zargar et al.，2015）、基于 Label-free 结合 LC-ESI-MS/MS（Engelsberger and Schulze，2012；Jozefowicz et al.，2017）等。目前，很多蛋白质组学研究基于 2-DE 和 MALDI-TOF-MS，通过该方法获得的蛋白质一般在 1000 个，蛋白质覆盖度较低。而通过 iTRAQ 和 LC-ESI-MS/MS 能够检测到上万个蛋白质，大大提高了蛋白质的检出数量，能够更加全面地分析植物蛋白质水平的变化（Lan et al.，2012；Jorrin-Novo et al.，2015）。蛋白质翻译后修饰发生在蛋白质生物合成之后，通过引入新的官能团来实现细胞内各种代谢通路的快速精准调节和控制。目前已报道有超过 400 种翻译后修饰在细胞生长发育、胁迫响应中发挥关键作用，包括磷酸化、乙酰化、琥珀酰化、甲基化、泛素化和类泛素化等（Arc et al.，2011；Running，2014；Guerra et al.，2015）。目前，关于植物适应营养胁迫下的蛋白质翻译后修饰的蛋白质组学报道还比较少。随着翻译后修饰蛋白质组学技术的不断进步，后续可开展相关的研究为植物适应营养胁迫在翻译后修饰水平的调控研究提供信息。最后，蛋白质组学和转录组学数据与其他数据类型的联系仍有待建立。特别是蛋白质组数据用于具有催化活性的高通量酶活分析平台估计植物不同器官、组织甚至细胞的代谢潜力（Goddard and Reymond，2004）。酶分析的自动化高通量平台结合蛋白质组信息（丰度、修饰和 / 或活性）可能成为生物标志物鉴定和作物改良的有用工具。总之，毫无疑问整合多组学（基因组学、转录组学、蛋白质组学、修饰蛋白质组学、代谢组学和高通量酶活分析）的系统生物学研究将是今后的发展趋势。

参考文献

李延, 刘星辉, 庄卫民. 2000. 植物 Mg 素营养生理的研究进展. 福建农业大学学报, 29(1): 74-80.

柳正. 2006. 我国磷矿资源的开发利用现状及发展战略. 中国非金属矿工业导刊, 52(2): 50-55.

王华静, 吴良欢, 陶勤南. 2005. 氮形态对植物生长和品质的影响及其机理. 科技通报, 21(1): 74-80.

王庆仁, 李继云, 李振声. 1998. 植物高效利用土壤难溶态磷研究动态及展望. 植物营养与肥料学报, 4(2): 107-116.

王威, 胡斌, 储成才. 2018. OsNRT1.1A：解决水稻高氮下“贪青晚熟”的关键基因. 遗传, 40(3): 257-258.

王玉林, 曾兴权, 徐其君, 等. 2018. 西藏青稞品系藏青 13 氮胁迫的蛋白组学分析. 西藏农业科技, S1: 37-44.

吴良泉, 武良, 崔振岭, 等. 2016. 中国水稻区域氮磷钾肥推荐用量及肥料配方研究. 中国农业大学学报, 21(9): 1-13.

吴巍, 赵军. 2010. 植物对氮素吸收利用的研究进展. 中国农学通报, 26(13): 73-75.

徐青萍, 罗超云, 廖红, 等. 2003. 大豆不同品种对磷胁迫反应的研究. 大豆科学, 22(2): 108-114.

许振柱, 周广胜. 2004. 植物氮代谢及其环境调节研究进展. 应用生态学报, 15(3): 511-516.

张福锁, 崔振岭, 王激清, 等. 2007. 中国土壤和植物养分管理现状与改进策略. 植物学通报, 24(6): 687-694.

张福锁, 王激清, 张卫峰, 等. 2008. 中国主要粮食作物肥料利用率现状与提高途径. 土壤学报, 45(5): 915-924.

Agrawal G K, Pedreschi R, Barkla B J, et al. 2012. Translational plant proteomics: a perspective. J Proteomics, 75(15): 4588-4601.

Albert B, Le Caherec F, Niogret M F, et al. 2012. Nitrogen availability impacts oilseed rape (*Brassica napus* L.) plant water status and proline production efficiency under water-limited conditions. Planta, 236(2): 659-676.

Alexova R, Millar A H. 2013. Proteomics of phosphate use and deprivation in plants. Proteomics, 13(3-4): 609-623.

Andrews M, Raven J A, Lea P J. 2013. Do plants need nitrate? The mechanisms by which nitrogen form affects plants. Ann. Appl. Boil., 163(2): 174-199.

Arc E, Galland M, Cueff G, et al. 2011. Reboot the system thanks to protein post-translational modifications and proteome diversity: how quiescent seeds restart their metabolism to prepare seedling establishment. Proteomics, 11(9): 1606-1618.

Bahrman N, Gouy A, Devienne-Barret F, et al. 2005. Differential change in root protein patterns of two wheat varieties under high and low nitrogen nutrition levels. Plant Sci., 168(1): 81-87.

Bahrman N, Le Gouis J, Negroni L, et al. 2004. Differential protein expression assessed by two-dimensional gel electrophoresis for two wheat varieties grown at four nitrogen levels. Proteomics, 4(3): 709-719.

Baluska F, Mancuso S, Volkmann D, et al. 2010. Root apex transition zone: a signalling-response nexus in the root. Trends Plant Sci., 15(7): 402-408.

Bankaitis V A, Malehorn D E, Emr S D, et al. 1989. The *Saccharomyces cerevisiae* SEC14 gene encodes a cytosolic factor that is required for transport of secretory proteins from the yeast Golgi complex. J. Cell Biol., 108(4): 1271-1281.

Bari R, Datt P B, Stitt M, et al. 2006. PHO2, microRNA399, and PHR1 define a phosphate-signaling pathway in plants. Plant Physiol., 141(3): 988-999.

Bouguyon E, Gojon A, Nacry P. 2012. Nitrate sensing and signaling in plants. Semin. Cell Dev. Biol., 23(6): 648-654.

Britto D T, Kronzucker H J. 2005. Nitrogen acquisition, PEP carboxylase, and cellular pH homeostasis: new views on old paradigms. Plant Cell Environ., 28(11): 1396-1409.

Brown P H, Bellaloui N, Wimmer M A, et al. 2002. Boron in plant biology. Plant Biol., 4(2): 205-223.

Brumbarova T, Bauer P, Ivanov R. 2015. Molecular mechanisms governing *Arabidopsis* iron uptake. Trends Plant Sci., 20(2): 124-133.

Brumbarova T, Matros A, Mock H P, et al. 2008. A proteomic study showing differential regulation of stress, redox regulation and peroxidase proteins by iron supply and the transcription factor FER. Plant J., 54(2): 321-334.

Chen C, Song Y, Zhuang K, et al. 2015c. Proteomic analysis of copper-binding proteins in excess copper-stressed roots of two rice (*Oryza sativa* L.) varieties with different Cu tolerances. PLoS ONE, 10(4): e0125367.

Chen L, Ding C, Zhao X, et al. 2015a. Differential regulation of proteins in rice (*Oryza sativa* L.) under iron deficiency. Plant Cell Rep., 34(1): 83-96.

Chen S, Kurle J E, Stetina S R, et al. 2007. Interactions between iron-deficiency chlorosis and soybean cyst nematode in Minnesota soybean fields. Plant Soil, 299(1): 131-139.

Chen Y F, Li L Q, Xu Q, et al. 2009. The WRKY6 transcription factor modulates PHOSPHATE1 expression in response to low Pi stress in *Arabidopsis*. Plant Cell, 21(11): 3554-3566.

Chen Z, Sun L, Liu P, et al. 2015b. Malate synthesis and secretion mediated by a manganese-enhanced malate dehydrogenase confers superior manganese tolerance in *Stylosanthes guianensis*. Plant Physiol., 167(1): 176-188.

Chen Z, Yan W, Sun L, et al. 2016. Proteomic analysis reveals growth inhibition of soybean roots by manganese toxicity is associated with alteration of cell wall structure and lignification. J. Proteomics, 143: 151-160.

Cheng Y F. 2009. Toward an atomic model of the 26S proteasome. Curr. Opin. Struct. Biol., 19(2): 203-208.

Chevalier F, Rossignol M. 2011. Proteomic analysis of *Arabidopsis thaliana* ecotypes with contrasted root architecture in response to phosphate deficiency. J. Plant Physiol., 168(16): 1885-1890.

Conley D J, Paerl H W, Howarth R W, et al. 2009. Controlling eutrophication: nitrogen and phosphorus. Science, 323(5917): 1014-1015.

Davin L B, Lewis N G. 2000. Dirigent proteins and dirigent sites explain the mystery of specificity of radical precursor coupling in lignan and lignin biosynthesis. Plant Physiol., 123(2): 453-462.

Dechorgnat J, Nguyen C T, Armengaud P, et al. 2011. From the soil to the seeds: the long journey of nitrate in plants. J. Exp. Bot., 62(4): 1349-1359.

Deshmukh R, Sonah H, Patil G, et al. 2014. Integrating omic approaches for abiotic stress tolerance in soybean. Front. Plant Sci., 5: 244.

Ding C, You J, Liu Z, et al. 2011. Proteomic analysis of low nitrogen stress-responsive proteins in roots of rice. Plant Mol. Biol. Rep., 29(3): 618-625.

Ding C, You J, Wang S, et al. 2012. A proteomic approach to analyze nitrogen- and cytokinin-responsive proteins in rice roots. Mol. Biol. Rep., 39(2): 1617-1626.

Donnini S, Prinsi B, Negri A S, et al. 2010. Proteomic characterization of iron deficiency responses in *Cucumis sativus* L. roots. BMC Plant Biol., 10: 268.

Engelsberger W R, Schulze W X. 2012. Nitrate and ammonium lead to distinct global dynamic phosphorylation patterns when resupplied to nitrogen-starved *Arabidopsis* seedlings. Plant J., 69(6): 978-995.

Erisman J W, Sutton M A, Galloway J, et al. 2008. How a century of ammonia synthesis changed the world. Nat. Geosci., 1(10): 636-639.

Espen L, Dell'Orto M, De Nisi P, et al. 2000. Metabolic responses in cucumber (*Cucumis sativus* L.) roots under Fe-deficiency: a ^{31}P-nuclear magnetic resonance *in vivo* study. Planta, 210(6): 985-992.

Eulgem T, Rushton P J, Robatzek S, et al. 2000. The WRKY superfamily of plant transcription factors. Trends Plant Sci., 5(5): 199-206.

Fecht-Christoffers M M, Maier P, Horst W J. 2003. Apoplastic peroxidases and ascorbate are involved in manganese toxicity and tolerance of *Vigna unguiculata*. Physiol. Plant, 117(2): 237-244.

Frink C R, Waggoner P E, Ausubel J H. 1999. Nitrogen fertilizer: retrospect and prospect. Proc. Natl. Acad. Sci. USA, 96(4): 1175-1180.

Fukao Y, Kobayashi M, Zargar S M, et al. 2016. Quantitative proteomic analysis of the response to zinc, magnesium, and calcium deficiency in specific cell types of *Arabidopsis* roots. Proteomes, 4(1): 1-13.

Fukuda T, Saito A, Wasaki J, et al. 2007. Metabolic alterations proposed by proteome in rice roots grown under low P and high Al concentration under low pH. Plant Sci., 172(6): 1157-1165.

Gahoonia T S, Asmar F, Giese H, et al. 2000. Root-released organic acids and phosphorus uptake of two barley cultivars in laboratory and field experiments. Eur. J. Agron., 12(3-4): 281-289.

Gilroy S, Jones D L. 2000. Through form to function: root hair development and nutrient uptake. Trends Plant Sci., 5(2): 56-60.

Goddard J P, Reymond J L. 2004. Enzyme assays for high-throughput screening. Curr. Opin. Biotechnol., 15(4): 314-322.

Gruber N, Galloway J N. 2008. An earth-system perspective of the global nitrogen cycle. Nature, 451(7176): 293-296.

Guerinot M L, Yi Y. 1994. Iron: nutritious, noxious, and not readily available. Plant Physiol., 104(3): 815-820.

Guerra D, Crosatti C, Khoshro H H, et al. 2015. Post-transcriptional and post-translational regulations of drought and heat response in plants: a spider's web of mechanisms. Front. Plant Sci., 6: 57.

Haddad R, Heidari Japelaghi R. 2014. Abiotic and oxidative stress-dependent regulation of expression of the thioredoxin h multigenic family in grape *Vitis vinifera*. Biologia, 69(2): 152-162.

Hajheidari M, Eivazi A, Buchanan B B, et al. 2007. Proteomics uncovers a role for redox in drought tolerance in wheat. J. Proteome Res., 6(4): 1451-1460.

Hakeem K R, Mir B A, Qureshi M I, et al. 2013. Physiological studies and proteomic analysis for differentially expressed proteins and their possible role in the root of N-efficient rice (*Oryza sativa* L.). Mol. Breeding, 32(4): 785-798.

Hansch R, Mendel R R. 2009. Physiological functions of mineral micronutrients (Cu, Zn, Mn, Fe, Ni, Mo, B, Cl). Curr. Opin Plant Biol., 12(3): 259-266.

Hermans C, Verbruggen N. 2005. Physiological characterization of Mg deficiency in *Arabidopsis thaliana*. J. Exp. Bot., 56(418): 2153-2161.

Hoehenwarter W, Monchgesang S, Neumann S, et al. 2016. Comparative expression profiling reveals a role of the root apoplast in local phosphate response. BMC Plant Biol., 16: 106.

Holford I R. 1997. Soil phosphorus: its measurement, and its uptake by plants. Aust. J. Soil Res., 35(2): 227-239.

Hopff D, Wienkoop S, Lüthje S. 2013. The plasma membrane proteome of maize roots grown under low and high iron conditions. J. Proteomics, 91: 605-618.

Huang T K, Han C L, Lin S I, et al. 2013. Identification of downstream components of ubiquitin-conjugating enzyme PHOSPHATE2 by quantitative membrane proteomics in *Arabidopsis* roots. Plant Cell, 25(10): 4044-4060.

Igamberdiev A U, Bykova N V, Hill R D. 2006. Nitric oxide scavenging by barley hemoglobin is facilitated by a monodehydroascorbate reductase-mediated ascorbate reduction of methemoglobin. Planta, 223(5): 1033-1040.

Iglesias J, Trigueros M, Rojas-Triana M, et al. 2013. Proteomics identifies ubiquitin-proteasome targets and new roles for chromatin-remodeling in the *Arabidopsis* response to phosphate starvation. J. Proteomics, 94: 1-22.

Johnston A E, Poulton P R, Fixen P E, et al. 2014. Phosphorus: its efficient use in agriculture. Adv. Agron., 123: 177-228.

Jorrin-Novo J V, Pascual J, Sanchez-Lucas R, et al. 2015. Fourteen years of plant proteomics reflected in proteomics: moving from model species and 2DE-based approaches to orphan species and gel-free platforms. Proteomics, 15(5-6): 1089-1112.

Jozefowicz A M, Hartmann A, Matros A, et al. 2017. Nitrogen deficiency induced alterations in the root proteome of a pair of potato (*Solanum tuberosum* L.) varieties contrasting for their response to low N. Proteomics, 17(23-24).

Ju X T, Xing G X, Chen X P, et al. 2009. Reducing environmental risk by improving N management in intensive Chinese agricultural systems. Proc. Natl. Acad. Sci. USA, 106(9): 3041-3046.

Kamerlin S L, Sharma P K, Prasad R B, et al. 2013. Why nature really chose phosphate. Q Rev Biophys, 46(1): 1-132.

Kiba T, Krapp A. 2016. Plant nitrogen acquisition under low availability: regulation of uptake and root architecture. Plant Cell Physiol., 57(4): 707-714.

Kim S G, Wang Y, Lee C N, et al. 2011. A comparative proteomics survey of proteins responsive to phosphorous starvation in roots of hydroponically-grown rice seedlings. J. Korean Soc. Appl. Biology, 54(5): 667-677.

Kohlhaw G B. 2003. Leucine biosynthesis in fungi: entering metabolism through the back door. Microbiol Mol. Bio. Reviews, 67(1): 1-15.

Kusano M, Fukushima A, Redestig H, et al. 2011. Metabolomic approaches toward understanding nitrogen metabolism in plants. J. Exp. Bot., 62(4): 1439-1453.

López-Arredondo D L, Leyva-Gonzalez M A, González-Morales S I, et al. 2014. Phosphate nutrition: improving low-phosphate tolerance in crops. Annu. Rev. Plant Biol., 65: 95-123.

Lan P, Li W, Lin W D, et al. 2013. Mapping gene activity of *Arabidopsis* root hairs. Genome Biol., 14(6): R67.

Lan P, Li W, Schmidt W. 2012. Complementary proteome and transcriptome profiling in phosphate-deficient

Arabidopsis roots reveals multiple levels of gene regulation. Mol. Cell. Proteomics, 11(11): 1156-1166.

Lan P, Li W, Wen T N, et al. 2011. iTRAQ protein profile analysis of *Arabidopsis* roots reveal new aspects critical for iron homeostasis. Plant Physiol., 155(2): 821-834.

Le Gouis J, Béghin D, Heumez E, et al. 2000. Genetic differences for nitrogen uptake and nitrogen utilisation efficiencies in winter wheat. Eur. J. Agron., 12: 163-173.

Li G, Peng X, Xuan H, et al. 2013. Proteomic analysis of leaves and roots of common wheat (*Triticum aestivum* L.) under copper-stress conditions. J. Proteome Res., 12(11): 4846-4861.

Li H, Liu J, Li G, et al. 2015a. Past, present, and future use of phosphorus in Chinese agriculture and its influence on phosphorus losses. Ambio., 44: S274-285.

Li J, Wu X D, Hao S T, et al. 2008a. Proteomic response to iron deficiency in tomato root. Proteomics, 8(11): 2299-2311.

Li K P, Xu C Z, Fan W M, et al. 2014. Phosphoproteome and proteome analyses reveal low-phosphate mediated plasticity of root developmental and metabolic regulation in maize (*Zea mays* L.). Plant Physiol. Biochem., 83: 232-242.

Li K P, Xu C Z, Li Z X, et al. 2008b. Comparative proteome analyses of phosphorus responses in maize (*Zea mays* L.) roots of wild-type and a low P-tolerant mutant reveal root characteristic associated with phosphorus efficiency. Plant J., 55(6): 927-939.

Li K P, Xu C Z, Zhang K W, et al. 2007a. Proteomic analysis of roots growth and metabolic changes under phosphorus deficit in maize (*Zea mays* L.) plants. Proteomics, 7(9): 1501-1512.

Li K P, Xu Z P, Zhang K W, et al. 2007b. Efficient production and characterization for maize inbred lines with low-phosphorus tolerance. Plant Sci., 172(2): 255-264.

Li L Q, Huang L P, Pan G, et al. 2017. Identifying the genes regulated by AtWRKY6 using comparative transcript and proteomic analysis under phosphorus deficiency. Int. J. Mol. Sci., 18(5): 1046.

Li Z, Phillip D, Neuhauser B, et al. 2015b. Protein dynamics in young maize root hairs in response to macro- and micronutrient deprivation. J. Proteome Res., 14(8): 3362-3371.

Ling H Q, Bauer P, Bereczky Z, et al. 2002. The tomato fer gene encoding a bHLH protein controls iron-uptake responses in roots. Proc. Natl. Acad. Sci. USA, 99(21): 13938-13943.

Ling H Q, Pich A, Scholz G, et al. 1996. Genetic analysis of two tomato mutants affected in the regulation of iron metabolism. Mol. Gen. Genet., 252(1-2): 87-92.

Liu P, Huang R, Hu X, et al. 2019. Physiological responses and proteomic changes reveal insights into *Stylosanthes* response to manganese toxicity. BMC Plant Biol., 19(1): 212.

Lopez-Millan A F, Grusak M A, Abadia A, et al. 2013. Iron deficiency in plants: an insight from proteomic approaches. Front. Plant Sci., 4: 254.

Lüthje S, Hopff D, Schmitt A, et al. 2009. Hunting for low abundant redox proteins in plant plasma membranes. J. Proteomics, 72(3): 475-483.

Mahender A, Swamy B M, Anandan A, et al. 2019. Tolerance of iron-deficient and -toxic soil conditions in rice. Plants, 8(2): 34.

Mai H J, Lindermayr C, von Toerne C, et al. 2015. Iron and FER-LIKE IRON DEFICIENCY-INDUCED TRANSCRIPTION FACTOR-dependent regulation of proteins and genes in *Arabidopsis thaliana* roots. Proteomics, 15(17): 3030-3047.

Marschner H, Cakmak I. 1989. High light intensity enhances chlorosis and necrosis in leaves of zinc potassium, and magnesium deficient bean (*Phaseolus vulgaris* L.) plants. J. Plant Physiol., 134(3): 308-315.

Matros A, Kaspar S, Witzel K, et al. 2011. Recent progress in liquid chromatography-based separation and label-free quantitative plant proteomics. Phytochemistry, 72(10): 963-974.

McLean E, Cogswell M, Egli I, et al. 2009. Worldwide prevalence of anaemia, WHO vitamin and mineral nutrition information system, 1993-2005. Public Health Nutr., 12(4): 444-454.

Meisrimler C N, Planchon S, Renaut J, et al. 2011. Alteration of plasma membrane-bound redox systems of iron deficient pea roots by chitosan. J. Proteomics, 74(8): 1437-1449.

Menz J, Li Z, Schulze W X, et al. 2016. Early nitrogen-deprivation responses in *Arabidopsis* roots reveal distinct differences on transcriptome and (phospho-) proteome levels between nitrate and ammonium nutrition. Plant J., 88(5): 717-734.

Møller A L, Pedas P, Andersen B, et al. 2011. Responses of barley root and shoot proteomes to long-term nitrogen deficiency, short-term nitrogen starvation and ammonium. Plant Cell Environ., 34(12): 2024-2037.

Mu X H, Chen Q W, Chen F J, et al. 2017. A RNA-seq analysis of the response of photosynthetic system to low nitrogen supply in maize leaf. Int. J. Mol. Sci., 18(12): 2624.

Mudge S R, Rae A L, Diatloff E, et al. 2002. Expression analysis suggests novel roles for members of the Pht1 family of phosphate transporters in *Arabidopsis*. Plant J., 31(3): 341-353.

Mukhopadhyay M J, Sharma A. 1991. Manganese in cell-metabolism of higher-plants. Bot. Rev., 57(2): 117-149.

Müller J, Toev T, Heisters M, et al. 2015. Iron-dependent callose deposition adjusts root meristem maintenance to phosphate availability. Dev. Cell, 33(2): 216-230.

Murata Y, Itoh Y, Iwashita T, et al. 2015. Transgenic petunia with the iron (III) phytosiderophore transporter gene acquires tolerance to iron deficiency in alkaline environments. PLoS ONE, 10(3): e0120227.

Nadira U A, Ahmed I M, Zeng J B, et al. 2016. Identification of the differentially accumulated proteins associated with low phosphorus tolerance in a Tibetan wild barley accession. J. Plant Physiol., 198: 10-22.

Neumann G, Römheld V. 1999. Root excretion of carboxylic acids and protons in phosphorus-deficient plants. Plant Soil, 211(1): 121-130.

Peňarrubia L, Andrés-Colás N, Moreno J, et al. 2010. Regulation of copper transport in *Arabidopsis thaliana*: a biochemical oscillator? J Biol. Inorg. Chem., 15(1): 29-36.

Peng H Y, Qi Y P, Lee J, et al. 2015. Proteomic analysis of *Citrus sinensis* roots and leaves in response to long-term magnesium-deficiency. BMC Genomics, 16(1): 253.

Prinsi B, Espen L. 2018. Time-course of metabolic and proteomic responses to different nitrate/ammonium availabilities in roots and leaves of maize. Int. J. Mol. Sci., 19(8): 1-23.

Prinsi B, Negri A S, Pesaresi P, et al. 2009. Evaluation of protein pattern changes in roots and leaves of *Zea mays* plants in response to nitrate availability by two-dimensional gel electrophoresis analysis. BMC Plant Biol., 9: 113.

Qin L, Walk T C, Han P, et al. 2019. Adaption of roots to nitrogen deficiency revealed by 3D quantification and proteomic analysis. Plant Physiol., 179(1): 329-347.

Rellán-Álvarez R, Andaluz S, Rodríguez-Celma J, et al. 2010. Changes in the proteomic and metabolic profiles of *Beta vulgaris* root tips in response to iron deficiency and resupply. BMC Plant Biol., 10: 120.

Ren X L, Li L Q, Xu L, et al. 2016. Identification of low potassium stress-responsive proteins in tobacco (*Nicotiana tabacum*) seedling roots using an iTRAQ-based analysis. Genet. Mol. Res., 15(3): 13.

Robinson N J, Procter C M, Connolly E L, et al. 1999. A ferric-chelate reductase for iron uptake from soils. Nature, 397(6721): 694-697.

Rodríguez-Celma J, Lattanzio G, Grusak M A, et al. 2011. Root responses of *Medicago truncatula* plants grown in two different iron deficiency conditions: changes in root protein profile and riboflavin biosynthesis. J. Proteome Res., 10(5): 2590-2601.

Römheld V, Kirkby E A. 2010. Research on potassium in agriculture: needs and prospects. Plant Soil, 335(s1-2): 155-180.

Running M P. 2014. The role of lipid post-translational modification in plant developmental processes. Front. Plant Sci., 5: 50.

Sahrawat K L. 2000. Elemental composition of the rice plant as affected by iron toxicity under field conditions. Commun. Soil Sci. Plant Anal., 31(17-18): 2819-2827.

Saiz-Fernndez I, De Diego N, Sampedro M C, et al. 2015. High nitrate supply reduces growth in maize, from cell to whole plant. J. Plant Physiol., 173: 120-129.

Sakakibara H, Takei K, Hirose N. 2006. Interactions between nitrogen and cytokinin in the regulation of metabolism and development. Trends Plant Sci., 11(9): 440-448.

Santi S, Schmidt W. 2009. Dissecting iron deficiency-induced proton extrusion in *Arabidopsis* roots. New Phytol.,

183(4): 1072-1084.

Schachtman D P, Shin R. 2007. Nutrient sensing and signaling. Annu. Rev. Plant Biol., 58(1): 47-69.

Scheible W R, Morcuende R, Czechowski T, et al. 2004. Genome-wide reprogramming of primary and secondary metabolism, protein synthesis, cellular growth processes, and the regulatory infrastructure of *Arabidopsis* in response to nitrogen. Plant Physiol., 136(1): 2483-2499.

Schmidt W. 2003. Iron solutions: acquisition strategies and signaling pathways in plants. Trends Plant Sci., 8(4): 188-193.

Schum A, Jansen G. 2014. *In vitro* method for early evaluation of nitrogen use efficiency associated traits in potato. J. Appl. Bot. Food Qual., 87: 256-264.

Segond D, Dellagi A, Lanquar V, et al. 2009. NRAMP genes function in *Arabidopsis thaliana* resistance to *Erwinia chrysanthemi* infection. Plant J., 58(2): 195-207.

Sha A H, Li M, Yang P F. 2016. Identification of phosphorus deficiency responsive proteins in a high phosphorus acquisition soybean (*Glycine max*) cultivar through proteomic analysis. BBA-Proteins Proteomics, 1864(5): 427-434.

Shlizerman L, Marsh K, Blumwald E, et al. 2007. Iron-shortage-induced increase in citric acid content and reduction of cytosolic aconitase activity in *Citrus* fruit vesicles and calli. Physiol. Plant, 131(1): 72-79.

Shorrocks V M. 1997. The occurrence and correction of boron deficiency. Plant Soil, 193(1-2): 121-148.

Siddiqi M Y, Glass A M. 1981. Utilization index-a modified approach to the estimation and comparison of nutrient utilization effciency in plants. J. Plant Nutr., 4(3): 289-302.

Song Y, Zhang H, Chen C, et al. 2014. Proteomic analysis of copper-binding proteins in excess copper-stressed rice roots by immobilized metal affinity chromatography and two-dimensional electrophoresis. Biometals, 27(2): 265-276.

Sparrow L A, Uren N C. 2014. Manganese oxidation and reduction in soils: effects of temperature, water potential, pH and their interactions. Soil Res., 52(5): 483-494.

Syers J, Johnston A, Curtion D. 2008. Efficiency of soil and fertilizer phosphorus use. Rome: FAO Fertilizer and Plant Nutrition Bulletin.

Tanaka M, Fujiwara T. 2008. Physiological roles and transport mechanisms of boron: perspectives from plants. Pflug. Arch. Eur. J. Phy., 456(4): 671-677.

Torabi S, Wissuwa M, Heidari M, et al. 2009. A comparative proteome approach to decipher the mechanism of rice adaptation to phosphorous deficiency. Proteomics, 9(1): 159-170.

Tran H T, Plaxton W C. 2008. Proteomic analysis of alterations in the secretome of *Arabidopsis thaliana* suspension cells subjected to nutritional phosphate deficiency. Proteomics, 8(20): 4317-4326.

Trevisan S, Manoli A, Ravazzolo L, et al. 2015. Nitrate sensing by the maize root apex transition zone: a merged transcriptomic and proteomic survey. J. Exp. Bot., 66(13): 3699-3715.

Tucker M R. 1999. Essential plant nutrients: their presence in North Carolina soils and role in plant nutrition. Raleigh, NC: Agronomic division, NCDA & CS Bulletin-Agronomic Division: 1-9.

Vanderschuren H, Lentz E, Zainuddin I, et al. 2013. Proteomics of model and crop plant species: status, current limitations and strategic advances for crop improvement. J. Proteomics, 93: 5-19.

Vengavasi K, Pandey R, Abraham G, et al. 2017. Comparative analysis of soybean root proteome reveals molecular basis of differential carboxylate efflux under low phosphorus stress. Genes, 8(12): 1-27.

Vert G, Grotz N, Dedaldechamp F, et al. 2002. IRT1, an *Arabidopsis* transporter essential for iron uptake from the soil and for plant growth. Plant Cell, 14(6): 1223-1233.

Wang H, Lan P, Shen R F. 2016. Integration of transcriptomic and proteomic analysis towards understanding the systems biology of root hairs. Proteomics, 16(5): 877-893.

Wang J Y, Ruan S L, Wu W H, et al. 2010a. Proteomics approach to identify differentially expressed proteins induced by iron deficiency in roots of malus. Pak. J. Bot., 42(5): 3055-3064.

Wang X, Bian Y, Cheng K, et al. 2012. A comprehensive differential proteomic study of nitrate deprivation in *Arabidopsis* reveals complex regulatory networks of plant nitrogen responses. J. Proteome Res., 11(4): 2301-2315.

Wang Z, Wang Z, Chen S, et al. 2011. Proteomics reveals the adaptability mechanism of *Brassica napus* to short-term boron deprivation. Plant Soil, 347(1-2): 195-210.

Wang Z, Wang Z, Shi L, et al. 2010b. Proteomic alterations of *Brassica napus* root in response to boron deficiency. Plant Mol. Biol., 74(3): 265-278.

Waters B M, Blevins D G, Eide D J. 2002. Characterization of FRO1, a pea ferric-chelate reductase involved in root iron acquisition. Plant Physiol., 129(1): 85-94.

Wienkoop S, Baginsky S, Weckwerth W. 2010. *Arabidopsis thaliana* as a model organism for plant proteome research. J. Proteomics, 73(11): 2239-2248.

Yang G H, Yang L T, Jiang H X, et al. 2012. Physiological impacts of magnesium-deficiency in *Citrus* seedlings: photosynthesis, antioxidant system and carbohydrates. Trees, 26(4): 1237-1250.

Yao Y N, Sun H Y, Xu F S, et al. 2011. Comparative proteome analysis of metabolic changes by low phosphorus stress in two *Brassica napus* genotypes. Planta, 233(3): 523-537.

You X, Yang L T, Lu Y B, et al. 2014. Proteomic changes of *Citrus* roots in response to long-term manganese toxicity. Trees, 28(5): 1383-1399.

Zargar S M, Fujiwara M, Inaba S, et al. 2015. Correlation analysis of proteins responsive to Zn, Mn, or Fe deficiency in *Arabidopsis* roots based on iTRAQ analysis. Plant Cell Rep., 34(1): 157-166.

Zhou C P, Qi Y P, You X, et al. 2013. Leaf cDNA-AFLP analysis of two citrus species differing in manganese tolerance in response to long-term manganese-toxicity. BMC Genomics, 14(1): 621.

第 18 章 植物根际微生物蛋白质组

18.1 根际及根际微生物概述

根深叶茂、本固枝荣等都生动地解释了植物健壮的根系决定了地上部繁荣昌盛。发达的根系同样和农田生态系统作物产量和品质紧密关联。不同于无菌培养体系，无论是自然生态系统还是农业生态系统，分离得到纯净的陆地植物根系基本不可能。任何根系或多或少都含有栖居其上的其他生物，特别是微生物，甚至包括其他植物根系。因此，对于扎根于土壤圈的陆地植物，如何恰当描述其根系及其根系生存环境就显得尤为重要。1904 年，德国农学家和植物生理学家 Lorenz Hiltner（1904）首创了“rhizosphere”（根际）这个词，用来描述植物根系-土壤界面。“rhizo”源自希腊语“rhiza”，意思是“根”。Hiltner 将根际描述为植物根周围的区域，这个区域受根释放的化学物质的影响，栖居着独特的微生物群落。时至今日，根际的定义得到进一步完善。如图 18-1 所示，根据与根的靠近程度，根际土壤受根影响程度与其距根系的距离密切相关，根际被细化为 3 个区域：①内根际区（endorhizosphere），主要包括根系部分皮层和内皮层，在该区域中微生物和无机阳离子活动自如，可以占据细胞之间的“自由空间”（质外体空间）；②根表（rhizoplane），包括根表皮特别是根毛和根表皮的黏液，是根和土壤间的连接桥梁，也是根最先感知环境变化的部位；③外根际（ectorhizosphere），是根际的最外层，是紧接着根表区域并延伸到大块土体的区域（McNear，2013）。由于植物根系固有的复杂性、多样性、时空变异性和可塑性，因此根际不是一个可定义大小或形状的固定区域，而是一个在化学、生物和物理特性上随着根在水平方向和垂直方向上连续变化而变化的区域（McNear，2013）。总之，根际可以说是专门用来描述植物根系及其周边土壤环

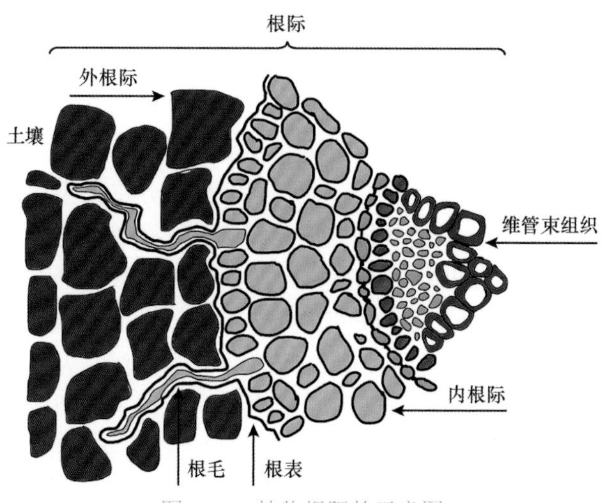

图 18-1　植物根际的示意图

境关系的一个概念。一方面，受植物根系活动影响，根际及其微生物无时无刻不处在动态变化之中，另一方面，特别是微生物的代谢又显著影响着根系的活动和生物地球化学过程。因此，如果说土壤是伟大科学前沿之一，那么根际就是该前沿中最活跃的部分。

在根际系统中，决定根际微生物群落结构的是根系产生的种类繁多、大小不同、功能各异的分泌物和凋落物，统称为根际沉积物（rhizodeposit）。传统上根际沉积物分为脱落的根冠和边缘细胞、黏液和渗出物。根际沉积物通过酸化或改变根际的氧化还原电位来改变根际物理化学环境，或者直接与营养物质螯合，或作为信号分子来调控自身或相邻植物根系的生长，从而招募并富集某些微生物类群，同时抑制另外一些微生物类群来适应或应对各种根际环境，如磷铁营养缺乏等。因此，根际分泌物的释放、种类、功能及调控是土壤科学前沿中的前沿。

从量上来看，根际分泌物中含量最丰富的是碳。早在 20 世纪 80 年代，Newman 就考察了多种植物，并估算出每克根可以释放 10 ～ 250mg 的碳，占其光合固定碳总量的 10% ～ 40%（Newman，1985）。植物根系释放的碳可分为有机碳（如低分子量有机酸）和无机碳（如 HCO_3^-）。其中，有机碳的变化幅度最大，同时对根际的化学、物理和生物过程影响最大。分泌物的组成和含量受诸多因素的影响，包括植被类型、气候条件、昆虫捕食、营养缺乏或毒害及根周围土壤的化学、物理和生物种类。因此，根际分泌物的产生是很多因子调控的综合结果。

根系分泌物包括从根部主动释放的分泌物，如黏液和被动扩散物。一些被动扩散物是由土壤溶液和细胞之间存在的渗透压差异而被扩散出细胞的细胞内容物，另外一些是表皮和皮层细胞自溶所产生的裂解液。这些通过主动和被动过程所释放的化合物按分子量可进一步分为高分子量（HMW）和低分子量（LMW）两大类。HMW 构成了从根部释放的大部分碳源，是一些不易被微生物同化利用的结构复杂的大分子，如黏液、纤维素等。LMW 化合物虽然在根部释放的碳源总量中不占优势，但品种更加多样化，因而具有更广泛的一系列已知或未知的功能。虽然从根中释放的特异 LMW 化合物种类实在太多，很难一一列举，但还是可以归纳为以下几类：有机酸、氨基酸、蛋白质、糖、酚类和其他容易被微生物利用的次级代谢物。目前，人们对绝大多数低分子量化合物在根际过程中所扮演的角色仍然知之甚少。不过，越来越多的文献报道开始揭开根系分泌物所发挥诸多功能的神秘面纱，如获取营养（铁和磷）、作为病原菌入侵的媒介（即化感作用）、作为化学信号吸引共生伙伴（趋化作用）形成共生关系（如根瘤菌和豆科植物）、促进根表有益微生物如枯草芽孢杆菌和荧光假单胞菌的定植（Bais et al.，2004）。

根系分泌物和根系的矿质营养获取一直是研究热点，特别是在磷和铁方面。大量研究报道，根系分泌物可以溶解不溶性矿物，或将黏土矿物和有机物质的养分释放到土壤溶液中，供植物吸收。例如，缺磷时，植物根系通常增加有机酸的分泌，主要是苹果酸和柠檬酸的分泌，降低根际 pH，从而溶解被土壤矿物固定的无机态磷，供植物根系吸收利用。但不同植物类型、品种和基因型，分泌的有机酸有所差异。木豆通过释放对羟基苄基酒石酸来响应磷缺乏，即对羟基苄基酒石酸螯合 $FePO_4$ 中的 Fe^{3+}，释放 PO_4^{3-}，从而缓解磷饥饿胁迫（Raghothama，1999）。除此之外，缺磷时，植物还通过根表释放酸性磷酸酶，从土壤有机磷中释放 PO_4^{3-}。在应对铁缺乏时，双子叶和单子叶植物采用的策略不同。双子叶植物和其他非禾本科的单子叶植物通过分泌质子和酚类化合物，降低根际 pH，并增加根际还原能力来响应铁缺乏。而禾本科植物缺铁后，根系增加铁载体如麦根酸等的释放，螯合根际 Fe^{3+}，并通过质膜转运蛋白质进入细胞。

对植物生长影响最大的营养元素是氮和磷。虽然空气中氮气占 78%，但只有具固氮能力的生物才能利用。因此，人们不得不向土壤中施加植物可以吸收利用的无机氮源（NO_3^- 和 NH_4^+）。但是 NO_3^- 容易随雨水淋失，而 NH_4^+ 容易被黏土和土壤有机质所固定及经微生物的硝化作用损失，因此，氮缺乏是农业生态系统中的常见问题。不同于磷和铁，到目前为止，在笔者知识范围内，还未见根系分泌物直接和无机氮源获取有关的报道，更多的是植物通过根系分泌物调控了根际微生物，进而影响了氮营养。根系分泌物使得根际成为微生物群落增殖的理想生态位。据估计，一茶匙荒地或耕作土壤所含微生物数量比整个地球上的总人口还要多，而根际所含的微生物数量更是庞大，是非根际环境中微生物数量的 1000 ～ 2000 倍，也就是说每克根际土壤包含 10^{10} ～ 10^{12} 个微生物细胞。虽然与非根际土壤相比，根际土壤有更多的养分供微生物生长，但是也有更多的微生物来争夺这些养分，导致优势种类微生物在根际环境中胜出，丰度占据优势。当然，这些在竞争中获胜的微生物对植物来说并不都是"朋友"，或者"路人"，反而是"敌人"，导致植物感病。因此，植物根际-微生物的互作关系越来越引起人们关注，包括根瘤菌及其共生植物，菌根真菌及其寄主，以及根际植物生长促生菌及其互作植物等（Spence and Bais，2013）。

早在古罗马人和古希腊人时代，人们就已经观察到作物轮作体系中如果含有豆科植物，那么与之轮作的非豆科作物产量要更高。然而直到 1888 年，Hellriegel 和 Wilfarth 才解开这个谜，证明产量提高的原因是豆科植物根瘤内的根瘤菌将来自大气中的氮气转化成了植物可以利用的氨。当豆科植物处于氮饥饿状态时，根系首先会释放出化学信号类黄酮，类黄酮信号诱导根瘤菌中的结瘤基因表达。这些结瘤基因编码了产生结瘤因子（脂质几丁寡糖）所必需的各种酶。结瘤因子激发植物根系一系列发育进程改变，促进根瘤菌的侵染，形成根瘤。结瘤因子的结构具有根瘤菌种特异性，可能是不同种类根瘤菌具有特定的豆科植物宿主的原因之一（Jones et al.，2007）。

与农业生产息息相关的根际微生物除了根瘤菌，就非菌根真菌莫属了。菌根是描述土壤真菌和植物根系之间共生关系的一般术语。与根瘤菌及其专一的豆科植物宿主不同，菌根无处不在，且相对无寄主选择性，约 80% 的被子植物和所有裸子植物具有菌根（Eshel and Beeckman，2013）。植物与菌根形成共生关系发生在植物进化的早期（约 4.5 亿年前），而豆科植物与根瘤菌形成共生关系发生在约 6000 万年前，可能解释了菌根在植物界普遍存在的原因。尽管真菌与植物之间存在寄生和共生关系，但是这种关系绝大多数对于宿主植物和定植真菌是互利互惠的，菌根帮助植物从土壤中获取水分、磷、铜、锌等矿质营养，植物根系为菌根提供碳源。根据定植真菌与植物根系物理上的互作程度可以将菌根分为外生菌根和内生菌根两大类。外生菌根（ectomycorrhiza，EcM）主要出现在木本植物的根部，并在根尖上形成密集的菌丝覆盖物，菌丝从根尖生长到根细胞间隙，形成网状结构，但并不穿透细胞壁进入细胞内，只是"填充"在细胞间隙。相反，内生菌根真菌菌丝不仅生长到根皮层，而且进入细胞内部，形成高度分支的扇状结构，这种结构称为丛枝。通过植物质膜，丛枝与细胞质仍然是分隔开的。无论是外生菌根形成的网状结构，还是内生菌根形成的丛枝都极大地增加了真菌和植物之间的接触面积，促进了矿质营养通过菌根向植物的转移，也加速了植物生产的碳水化合物通过菌根向定植真菌输送。与外生菌根不同，内生菌根的生长完全依赖于植物提供的碳源。菌根和植物之间一旦订立"盟约"，无论是内生菌根还是外生菌根，都可以从植物得到高达 20% ～ 40% 的植物通过光合作用所固定的碳（Bonfante and Genre，2010，2015）。

迄今，尽管激发菌根（特别是内生菌根）以及菌根和植物之间建立互作关系的分子机制仍然不是很清楚，但无论是外生还是内生菌根的菌丝在土壤中均可以延伸到几厘米外，可以大幅度增加植物根表吸收营养元素的有效面积，有菌根的植物对磷和其他营养的吸收量比没有菌根的植物在单位根长上增加 2 ～ 3 倍。菌丝不仅增加了植物吸收矿质营养的效率，而且改善了土壤质地，提高了土壤持水保肥的能力，最终提高了作物产量和品质。

无论是自然生态系统，还是农业生态系统，包括根瘤菌和菌根真菌在内的根际微生物是普遍存在的。当人们观察到这些根瘤菌和菌根可以促进植物生长、增加产量后，通过人为添加或接种，根际微生物增加了新成员，这些微生物统称为植物生长根际促生菌（plant growth promoting rhizobacteria，PGPR）。植物生长根际促生菌最先由 Kloepper 和 Schroth 在 1978 年提出，当时将这类菌定义为接种于种子后能够成功定植到植物根系并能积极促进植物生长的细菌（Vessey，2003）。迄今为止，人们已鉴定到 20 多个属的非致病性根际细菌。PGPR 可以在根没有表现出任何病症的情况下直接促进植物生长，这种促进作用主要是通过释放促进植物生长的刺激性化合物（如生长素、细胞分裂素）和释放促进植物吸收矿质元素的物质（如释放铁载体增加铁的有效性）达成。PGPR 也可以通过合成抗生素或次级代谢物诱导植物的系统抗性，从而控制病原体的入侵，间接促进植物生长。

研究发现，微生物在植物根表面的定植不是均匀的，而是沿着根呈斑块状分布，覆盖度达 15% ～ 40%。根表微生物的密度和群落结构由营养物质的有效性与整个根表的物理化学性质所决定。因此，根系分泌物既可以作为微生物的食物来源，又可以作为趋化因子驱动微生物在根表附着并形成微菌落。细菌附着和定植的常见位点有表皮细胞连接处、轴向弯曲区、根毛、根冠和侧根发生点。微菌落可以形成更大的生物膜，最终这些细菌被包裹在由生物膜产生的生物高聚物基质中。在大多数情况下，根际细菌促进植物生长的有效性取决于定植在根表的微生物的密度。一旦达到临界微生物密度，生物膜中的微生物就会开始一致行动，也就是所谓的群体效应。此过程中生物膜中的微生物协同释放促进植物生长的化合物，直接和间接地促进植物生长。

总之，根际的空间范围及其影响由根系构型所决定，而根系构型本身具有非常大的可塑性，不仅受植物种类的调控，而且随气候、生物和土壤的变化而改变。根系分泌物对根际微生物群落结构具有选择塑造作用，不同植物的根际微生物群落结构具有其独特性与代表性。根系分泌物介导的植物-土壤-微生物互作关系的变化对于土壤肥力和健康状况、植物生长发育均有着极其重要的作用。根际是生物地球化学过程中影响一系列景观和全球尺度过程的界面中最活跃的部分，深刻理解这些过程对于保护环境和维持土壤生产力具有极其重大的意义。面对正在发生变化的全球气候和日益增加的全球人口，为了满足未来 50 年预计会翻倍的粮食需求，人们将不得不在不理想（通常不肥沃）的土地上生产更多的粮食、饲料和纤维。许多发展中国家已经遇到这样的情况，人们需要利用植物根系增加主要粮食作物的产量。通过研究和控制根际过程来应对气候变化与人口增长的全球挑战，将是未来最重要的科学前沿之一。

18.2　根际微生物研究技术

近年来广泛使用的根际微生物研究方法主要可以分为培养依赖型方法、代谢组学、基因组学、转录组学和蛋白质组学等几个方面（Pii et al.，2015）。培养依赖型方法又包括选择培养基培养、共聚焦激光扫描显微镜技术、电子显微镜扫描、生物膜检测、生物传感器和其他成像技术等几个部分。通过培养依赖型研究方法，我们可以筛选出根际土壤中的益生菌，在分子层面上解释根际微生物细胞和植物细胞间的互作。代谢组学包括高效液相色谱-质谱（HPLC-MS）和气相色谱-质谱（GC-MS）两种手段，通过代谢组学我们可以鉴定到促进植物生长的根际微生物的次级代谢物。基因组和转录组学方法包括变性梯度凝胶电泳（DGGE）、高通量测序技术、基因芯片、诱变和文库筛选、实时荧光定量 PCR（qPCR）。高通量测序技术和蛋白质组学技术在根际土壤研究中的应用会在 18.2.1、18.2.2 和 18.3 中分别进行介绍。

18.2.1　土壤宏基因组研究方法

近年来，随着测序技术发展和土壤微生物群落结构和功能研究的日益深入，依赖于传统的分离培养方法研究根际微生物群落组成和功能的局限性逐渐被人认知。因此，1998 年，Handelsman 等率先提出宏基因组（metagenome）的概念，目的是探索土壤中全部的微生物。宏基因组学研究的主要手段是通过对土壤 DNA 进行分离或异源表达建库后，采用测序技术对土壤总 DNA 进行测序，从而全面地探索土壤微生物群落的多样性和群落结构。该技术有效地克服了土壤微生物难以分离和纯化培养的缺陷，极大地促进了土壤微生物研究的发展。而根际微生物在植物和土壤的交互区发挥作用，在植物的养分高效吸收和逆境抵抗中发挥着重要作用（Lagos et al.，2015）。因此，全面揭示根际微生物的生态功能和挖掘新型根际促生菌的过程中，宏基因组手段发挥了不可替代的作用。

图 18-2 简要描述了植物根际宏基因组学的研究方法。首先，我们需要从野外或者盆栽中采集带有植物根系的土块，再从中获取根际土。然后，我们需要从根际土壤中提取所有微生

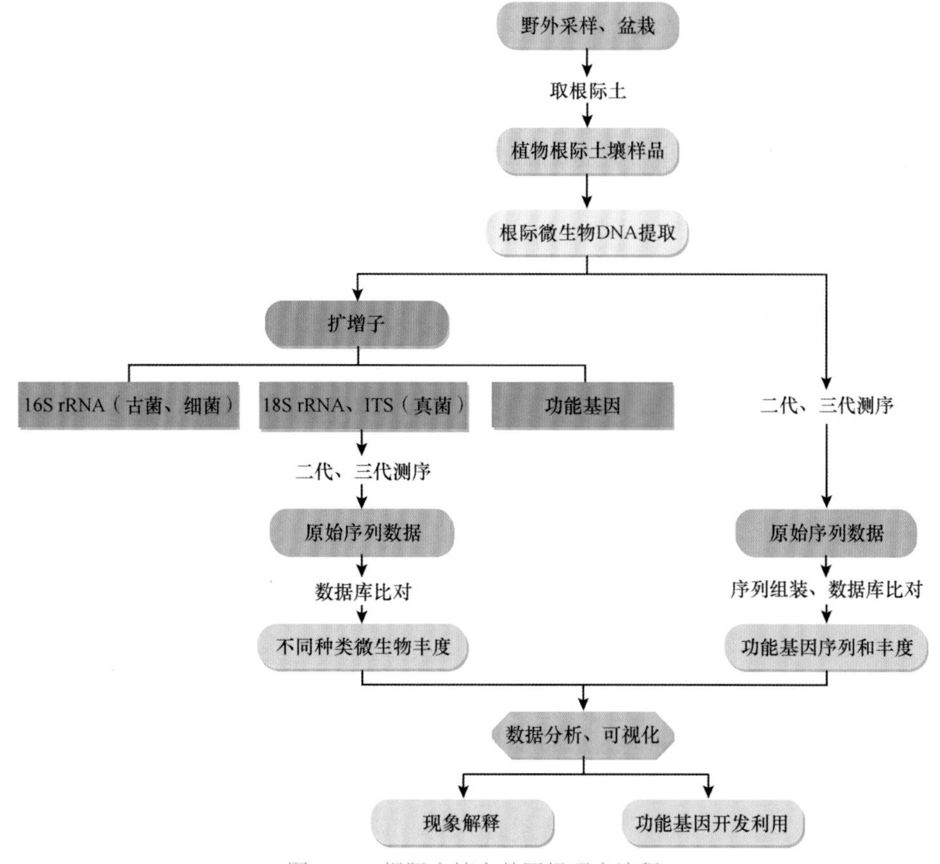

图 18-2　根际土壤宏基因组研究流程

物的DNA，并随即建库、测序。目前，建库、测序主要有扩增子建库测序和直接进行宏基因组建库测序两种策略。通过扩增子测序策略我们仅能够得到带有目标DNA序列的微生物的丰度信息，通过宏基因组建库测序流程则能够直接获得功能基因的序列和丰度信息。数据分析流程包括数据分析、可视化，结合其他土壤或植物生理生化指标对实验中发现的现象进行解释，并开发利用新发现的功能基因。

18.2.1.1 根际土壤取样方法

根际土壤可以通过根箱法、抖根法和缓冲液搅动法获得。根箱法将植物根系限制在一个狭小的生长范围内，根系密集生长的小室内的土壤可视作根际土，一般采用300目的尼龙网将根际土壤和非根际土壤分隔，根系不能透过尼龙网，但是水分和其中的溶质能够通过，可维持植物的正常生长（James et al.，1985）。抖根法主要通过先轻轻抖落大块且松散的非根际土壤，再加大力度抖落黏附于植物根系表面的根际土壤完成，通过此法获取的根际土在定义上不太严格，也可视为根区土壤。缓冲液搅动法操作较为复杂，我们需要先将植物根系周围松散的土壤去除，再将根系放入PBS缓冲液中充分搅动（可以使用摇床），取浑浊液，高速离心，使土壤沉淀准备提取DNA，如果沉淀较少也可以使用0.22μm孔径的滤膜收集土壤及微生物细胞。新获取的根际土壤需要立即提取DNA，或−20℃、−80℃保存，以防止微生物群落发生改变（Barillot et al.，2013）。

18.2.1.2 根际土壤微生物DNA提取方法

根际土壤微生物的DNA可以使用自己配制的试剂提取，也可以使用商业化的试剂盒提取。经典的提取方法主要包括样品研磨，CTAB溶液裂解，酚氯仿异戊醇溶液洗涤，异丙醇沉淀，乙醇洗涤和DNA溶解几个步骤（Miller et al.，1999）。虽然这种方法提取出的DNA一般会带有腐殖质污染，需要进一步纯化才能进行测序，但是可以处理大体积的样品。广泛使用的商业化的土壤DNA提取试剂盒及其配套的核酸提取仪器主要来自Qiagen和MPbio两个公司。

18.2.1.3 扩增子相关技术简介

16S核糖体RNA（16S rRNA）是原核生物核糖体30S亚基的组成部分。由于编码16S rRNA基因进化速率低，其在不同的细菌和古菌种类之间高度保守，可以用于不同细菌或真菌物种进化关系的构建（Woese and Fox，1977）。土壤微生物16S rRNA基因的序列可以通过PCR进行扩增，从而建立测序所需的DNA文库。16S rRNA基因扩增子的引物选择根据实验目的和测序仪的种类而定，一般在16S rRNA基因序列的9个高可变区域对应的引物中选择，一般二代测序的读长在200bp左右，通过双端测序可以覆盖1～2个高可变区域，在大多数研究中，研究者一般选择V3或V4区域，三代测序可以覆盖整个16S rRNA基因序列（Yang et al.，2016）。

18S rRNA是真核生物核糖体40S亚基的一个组成部分。编码18S rRNA的基因序列由于较低的进化速率，被广泛用于真核生物进化关系的构建。18S rRNA基因具有V1～V9 9个高可变区域，与原核生物的16S rRNA基因不同，真核生物的18S rRNA基因的V6区域并不存在，有研究表明，选择V7和V8区域对应的引物进行扩增，能够通过Illumina二代测序技术以较高的分辨率检测真菌群落中不同种类真菌的丰度（Banos et al.，2018）。

内部转录间隔区（internal transcribed spacer，ITS）指位于核糖体小亚基 RNA 基因和核糖体大亚基 RNA 基因之间的间隔 DNA 序列（spacer DNA）。在大范围的研究中，ITS 序列可以准确反映真菌种内和种间的系统发育关系（Schoch et al.，2012）。而在丛枝菌根的研究中，使用 18S 核糖体 RNA 基因的引物对菌根 DNA 进行扩增具有覆盖度更高的优势（Berruti et al.，2017）。

除了核糖体基因序列，一些功能基因也被广泛应用于根际微生物研究，包括 *rpoB*、*amoA*、*pmoA*、*nirS*、*nirK*、*nosZ*、*pufM* 等（Wooley et al.，2010）。这些基因在不同微生物种群之间发生水平转移的概率较小，且在不同元素的地球化学循环过程中发挥一定的功能。在针对某些特定目的的研究中，使用相关功能基因进行扩增比使用核糖体基因对不同微生物种类进行鉴定具有更高的分辨率。

18.2.1.4　二代和三代测序技术简介

Illumina 公司的 Hiseq 和 Miseq 测序平台目前占据了绝大部分的宏基因组学二代测序市场。Illumina 公司的二代测序技术大致包含：建立短链序列库，序列连接上接头以区分不同样本和扩增，混合不同样品到同一个测序孔中上机测序等几个步骤，序列信息通过后续的桥式 PCR 和测序反应获得。三代测序技术主要来自 Oxford Naropore 和 PacBio 两个公司，前者的技术依靠序列通过纳米孔时的电流变化确定 DNA 分子的序列，后者依靠 SMRT Cell 实时监控单分子测序反应发出的荧光确定 DNA 分子的序列。虽然三代测序的读长更长，能达到数万碱基对，但是价格较为昂贵且测序错误率更高。

18.2.1.5　宏基因组数据处理流程简要介绍

对扩增子数据，我们需要通过数据库比对和序列聚类得到不同种类微生物的丰度信息，目前常用的数据库包括 SILVA、RDP 和 Greengenes，常用软件包括 Qiime、USEARCH。对于直接测序得到的宏基因组数据，我们首先需要将序列组装成较长的 contig，这一步骤常用的软件包括 MEGAHIT 和 metaSPAdes。后续基因组注释步骤的常用软件包括 Prokka 和 GeneMarks，预测出的蛋白质或功能基因序列可以通过 eggNOG 注释，基因丰度信息可以通过 Bowtie 2 获得。后续的统计分析和可视化可以在 R 语言环境下完成，常用的 R 包有 edgeR（统计丰度差异基因）、Vegan（多样性计算和降维分析）、ggplot2（绘制统计图表）等。

18.2.2　土壤宏转录组研究方法

宏转录组学研究环境样本中所有微生物细胞产生的 mRNA，能够筛选出正在发挥功能的基因，进而揭示整个微生物群落参与的各种代谢过程（de Menezes et al.，2012）。然而宏转录组学在根际微生物研究中的应用仍然面临着几个较大的困难，相比于 DNA，根际土壤中的 mRNA 含量较低且提取效率低下，mRNA 极不稳定，而且半衰期短，从根际土壤中提取出的 mRNA 往往会受到腐殖质的污染（Simon and Daniel，2011）。

对于需要提取 mRNA 的根际土壤样品，取样后需要立即放置在液氮或干冰中暂时保存，需要在 −80℃的冰箱中长期保存。在野外采样时，也可以使用商品化的保护液，从而延长样品的稳定时间，可以使样品中的 RNA 于室温下在数天内保持稳定。配制试剂提取根际土壤 RNA 的主要几个步骤：样品研磨（液氮保护）、细胞裂解、酚氯仿异戊醇混合溶液洗涤、乙醇沉淀、洗涤、RNA 溶解和去除 DNA。但是手工提取的土壤 RNA 一般需要经过纯化才能用于后续的反转录反应和测序。也有商业化的土壤 RNA 提取试剂盒可以使用，这些试剂盒主要来自 Qiagen 和 Norgen Biotek 两个公司。mRNA 仅占能够提取出的所有 RNA 的一小部分，而且根际土壤中的 mRNA 主要来自于原核生物，无法像真核生物 mRNA 那样利用 polyA 尾富集，因此需要用到专门的原核生物 RNA 富集试剂盒。

对于二代测序，提取出的根际微生物的 mRNA 需要反转录为 cDNA 并打断为短序列才能上机检测。使用 Oxford Nanopore 公司的 MinION 三代测序仪可以不经反转录直接对 mRNA 进行全长测序（Jain et al.，2016）。但是受成本和测序准确度的限制，目前在植物根际微生物宏转录组学研究中二代测序仍然占据主流地位。

在有宏基因组测序数据支持的条件下，可以直接将通过宏转录组测序获得的短序列和参考基因组数据进行比对，直接获得环境样本中正在发挥功能的基因的转录本数量，该骤可以使用的软件包括 RSEM、STAR 和 HISAT2。在没有宏基因组测序数据支持的条件下可以先将测序获得的短序列拼接为长的 contig，常用软件有 Trinity。接下来就可以使用 RSEM 等软件计算不同 contig 的转录本数量，这些 contig 编码的蛋白质可以使用 18.2.1 中宏基因组注释过程中用到的软件进行预测和注释。最后可以在 R 语言环境下对获得的功能基因的物种进行注释、功能注释和对转录本数量进行统计与可视化。

18.3 根际微生物宏蛋白质组

宏蛋白质组学的日益成熟为根际微生物群落组成和功能的深入研究提供了条件。尽管近年来高分辨率质谱发展迅速，但对于根际土壤这类复杂样品，仍然缺乏高效且可重复的蛋白质提取技术和标准化的数据分析流程。值得注意的是，由于功能冗余，微生物组成的变化可能与土壤生态系统功能无关。因此，宏基因组信息只反映了“潜在功能”，并没有显示不同种类微生物的相对活性。为了评估不同微生物种群在土壤生物化学过程中的功能，并将生物多样性和潜在的生态系统功能联系起来，不仅要测量不同功能基因的丰度，还要测量功能蛋白的实际丰度和活性（Delgado-Baquerizo et al.，2016）。

近年来，宏蛋白质组学在土壤环境研究中的应用范围持续扩大，如多年冻土的蛋白质组分析（Jenni et al.，2015）、土壤蛋白质在碳氢化合物降解中起到的作用（Bastida et al.，2016a）、森林砍伐对土壤中蓝藻种群碳同化相关蛋白的影响（Bastida et al.，2015a）、土壤蛋白质参与的土壤修复及生态系统过程（Bastida et al.，2015b）等。例如，Starke 等（2016）关于植物源氮短期降解过程中活性微生物参与者的研究中，利用一种新型的蛋白质稳定同位素探测（stable-isotope probing，SIP）方法，将 N 同位素标记的植物材料应用于宏蛋白质组学实验中，跟踪 N 从植物进入微生物的过程。该研究阐释了细菌主导的植物源氮素短期同化过程，而从短期的凋落物氮素利用模式来看，一些特定种类的土壤微生物呈现出寡营养的行为，而另一些种类的土壤微生物呈现出富营养的行为。该研究通过宏蛋白质组学展示了一种确定土壤微生物生态属性的前沿方法。

然而，根际微生物宏蛋白质组学研究仍然面临着一些挑战，包括土壤基质的异质性、微生物多样性高、少数微生物物种的生态特异性优势、有限的宏基因组参考信息和数据处理方面的困难（Becher et al.，2013）。由于土壤中存在其他有机化合物，如复杂碳水化合物、脂类和酚类化合物（如木质素），以及腐殖质、无机化合物（如淤泥、黏土矿物），土壤蛋白质的提取往往很困难。在提取土壤蛋白质时，有机质难以去除，土壤矿物（如黏粒）的活性表面会吸附蛋白质，不仅使蛋白质的提取更为复杂，而且会干扰后续的肽段纯化分离、蛋白质和蛋白质修饰的鉴定。由于黏土矿物具有较大的比表面积，黏土对蛋白质的吸附是一个快速且部分可逆的过程。有研究表明，在 pH、黏土矿物电荷和镁离子浓度合适的情况下，甚至整个微生物细胞都可以吸附到矿物表面（即黏土）上。然而，细胞与土壤颗粒的黏附受其表面电荷和全局疏水性和亲水性特征控制。腐殖质和蛋白质通过阳离子交换过程可逆地结合，取决于土壤阳离子交换能力（cation exchange capacity，CEC）、氨基酸组成和蛋白质等电点。此外，尽管疏水表面可能减少蛋白质在土壤中的吸附，但蛋白质的极性可能通过疏水相互作用影响蛋白质在水溶液中的溶解。在 CEC 高或黏粒含量高的人工土壤混合物中，由于黏粒-酶复合物的存在，能够鉴定到的蛋白质种类和数量更少。因此，纯化方法和提取缓冲液及其添加剂的选择不仅取决于土壤类型，还取决于研究目标。

从实验角度来看，根际土壤宏蛋白质组学包括以下步骤：①样品处理，包括代表性土样的获取、均值化，以及合适的样品储存条件；②土壤蛋白质提取；③处理土壤蛋白质提取物，包括去除干扰物质，蛋白质的酶解及质谱分析；④数据分析，包括质谱数据处理、数据库组装、肽段和蛋白质鉴定；⑤数据评价与解释；⑥数据储存与可视化。

此外，最新的研究进展在数据分析和解释中展现了新兴生物信息学工具的优势。在根际土壤宏蛋白质组学研究中，研究者需要使用标准化的方法，并且在提交蛋白质组学数据时附加环境参数和不同的生态系统的属性，从而确保根际土壤蛋白质组学研究的可比性和可重复性。

18.3.1　宏蛋白质组学实验方法

18.3.1.1　土壤样品的预处理和储存

土壤样品的时空异质性需要通过获得具有代表性的自然环境样本来克服。到目前为止，在土壤宏蛋白质组学研究中，样品处理和分析的高昂成本与较长耗时导致许多研究只进行 1 ～ 2 次重复。随着宏蛋白质组学分析成本的下降，今后的研究应采用更加全面的土壤取样策略，并设置更多的生物学重复和技术重复。这些策略需要包括采样时间、采样量、采样装置、采样层次（水平和垂直分布）、样本混合及采样重复次数，取样策略也需要考虑生态系统类型和研究对象（Boeddinghaus et al.，2015）。

在某些类型的土壤中，垂直方向上有很强的分层，在矿物层的顶部有一个或多个有机层，与底层土壤相比，通常是微生物数量最多的地方，更容易受到温度和湿度波动的影响，在根际环境中这些效应尤其显著。因此，大多数土壤宏蛋白质组学研究选取表层土壤（0 ～ 15cm）。除了空间变异性，还需要考虑季节影响或时间变化，因为随着时间的推移，环境条件，如通气条件、营养物质扩散和氧化还原电位可能会发生很大的变化。虽然田间条件在定义上包括特定环境下的季节变化，但在实验室环境下的培养实验中，仅通过控制几个参数就可以减少或控制这些波动（Starke et al.，2016）。田间气候的高度变异性和土壤特征的时空变异性塑造了不同的土壤微生物群落，在土壤宏蛋白质组学研究中测量这些环境因子尤其重要。

常规的土壤蛋白质组分析样品预处理过程包括过 2mm 孔径的筛子，使样品均匀化，在操作过程中应尽量减少植物和动物蛋白质的污染。高黏粒含量或高含水量会影响过筛的效果，在这种情况下，有机碎片的清除和样品的均质化必须手工进行。

在进行下一步处理之前，均质化土壤样品通常需要冷冻保存。有几项研究调查了储藏条件（主要是冷冻和干燥）对土壤微生物的影响（Wallenius et al.，2010）。结果表明，土壤微生物对贮藏条件的响应受土壤类型的强烈影响，并且随着土壤有机质含量的增加，这种响应似乎变得更加剧烈。在以往的土壤宏蛋白质组学研究中，土壤样品贮藏策略包括风干、冷冻干燥后冷冻，以及直接在 -80℃的条件下冷冻。遗憾的是，在前人的研究中，缺乏准确的土壤样品有机质含量和质地信息，阻碍了对于贮藏条件对土壤蛋白质影响的系统性研究。我们建议研究者尽可能使用新鲜样品或在 -80℃冰箱中冻存样品，从而尽量降低土壤中蛋白酶的活性，以避免样品中蛋白质丰度的降低和不必要的修饰。Jenni 等（2015）的研究结果支持了这一观点，他们认为，即使蛋白质在永久冻土中可以在 0℃条件下长期保存，但冻土中的微生物也在进行活跃的基因表达和翻译，仍需要从温度和时间两方面详细比较贮藏条件对土壤蛋白质稳定性与活性的影响。

18.3.1.2 土壤蛋白质提取

一个有效的蛋白质提取方法至少包含以下 3 个重要步骤：①高效地从环境样本中释放蛋白质（包括细胞破碎，选择合适的溶剂使蛋白质充分溶解，并维持一个还原性的条件）；②蛋白质纯化（即去除微生物细胞碎片、去除土壤黏粒及腐殖质等干扰物质）；③浓缩提取到的蛋白质。虽然土壤宏蛋白质组学研究需要一个通用的、能够从不同性质的土壤中高效提取蛋白质的方法，但考虑到土壤环境的高度异质性，这一目标可能不切实际。因此，前人针对特定的研究对象开发了几种不同的土壤蛋白质提取方法。我们的团队和其他研究者对其中一些方法进行了优化，并比较了不同方法的提取效率（熊艺等，2016）。

在前人的研究中，研究者试图采用不同的策略提取土壤中的所有蛋白质：①间接提取，在提取蛋白质前富集土壤中的微生物；②通过密度梯度离心法分离土壤中的微生物细胞；③直接提取（直接将土壤样品包含的蛋白质溶解到提取缓冲液中）。前两种策略可以减少或消除干扰物质，如有机质和土壤矿物，但会降低提取效率，并且对不同性质的蛋白质有提取偏好，第一种策略只能提取出可培养的微生物的蛋白质。直接提取策略会从土壤环境中存在的细菌、真菌、原生动物和多细胞生物中更高效地提取到种类更丰富的蛋白质（Wöhlbrand et al.，2013）。

一般，直接提取策略的第一步是直接地裂解细胞，这一步可以通过物理或机械的方式完成，如通过加热、加压、使用玻璃珠研磨、加入液氮在研钵中研磨或反复冻融完成；也可以加入洗涤剂和稳定剂通过化学溶解完成；或通过加入溶菌酶溶解土壤微生物的细胞壁完成。与革兰氏阳性菌相比，革兰氏阴性菌细胞壁的肽聚糖层更薄，因此对于革兰氏阴性菌，物理破裂方法通常更为有效。土壤样品中的真菌裂解可以通过在液氮中使用磨样珠研磨或手工研磨完成，两种方法的蛋白质提取效率相似。然而，研磨费时费力，对于砂粒含量高的土壤，研磨的作用不大，因为砂粒不可能被磨碎。因此，研磨似乎只适用于植物材料、叶凋落物和高腐殖质含量和低砂粒含量的土壤或堆肥。

在物理破碎方法中，超声波是一种常用的从土壤中提取蛋白质的方法，因为它有利于稳定蛋白质的溶解，但破坏了土壤团聚体。化学方法通过使用裂解缓冲液进行细胞裂解，包括离子型洗涤剂或非离子型洗涤剂。离子型洗涤剂包括阴离子洗涤剂，如十二烷基硫酸钠（SDS）；阳离子洗涤剂，如十六烷基三甲基溴化铵（CTAB）；两性离子的洗涤剂，如 CHAPS。这些洗涤剂可以用于溶解细胞膜以释放细胞中的蛋白质。另外，聚乙二醇辛基苯基醚（Triton X-100）、乙基苯基聚乙二醇（NP-40）等非离子型洗涤剂的优势在于不会引起蛋白质的变性，但是仍然可以溶解膜蛋白。EDTA 等螯合剂能通过与金属离子形成配合物抑制多酚氧化酶和金属蛋白酶，巯基乙醇也经常被添加到土壤蛋白质提取缓冲液中作为还原剂，因为它会阻止蛋白质氧化。此外，溶菌酶可以单独，也可以与化学物质和/或物理手段联合使用来裂解细胞。在机械破碎微生物细胞的同时，将洗涤剂和溶菌酶加入提取缓冲液是直接裂解土壤样品中细胞的好方法。

18.3.1.3 去除干扰物质

除了能让土壤微生物细胞充分裂解，土壤蛋白质提取缓冲液还应满足去除有机质和保证蛋白质完整性的要求。含有无机二价阳离子的盐溶液（如10～100mmol/L氯化钙溶液）已被用于从腐殖质中解吸蛋白质（Criquet et al.，2002）。也可以在提取缓冲液中加入聚乙烯基聚吡咯烷酮（PVPP）和十六烷基三甲基溴化铵（CTAB），它们可与腐殖酸形成聚合物，从而使腐殖质沉淀。

前人研究表明，使用弱碱性的提取缓冲液可以有效提取土壤中稳定存在的酶（Bastida et al.，2009）。说明了土壤pH和提取缓冲液成分的重要性，因为其控制着土壤矿物对蛋白质的吸附和腐殖质等干扰物质的溶解性，而且它影响蛋白质在溶液中的构象。提取缓冲液的pH对土壤颗粒和微生物细胞的分离有很强的影响，在pH为5～8时分离效果最为显著。因此，使用pH为7或稍高的提取缓冲液，能够从土壤中分离足够数量的细胞。为了达到碱性条件，可以加入少量的氢氧化钠或使用pH调整到7.5～8.5的缓冲液。加入了NaOH或碱性磷酸盐的提取缓冲液可以破坏蛋白质和土壤黏粒之间的共价结合，从而从土壤颗粒中解吸蛋白质。

然而，随着pH升高，腐殖质的溶解也会增加。作为应对手段，苯酚抽提可以有效去除蛋白质中的有机质（Keiblinger et al.，2012）。在这种分离手段中，核酸、碳水化合物和细胞碎片会在水相中优先溶解，而蛋白质和脂质则会被溶解在有机相中。在有机质和其他干扰物质含量较高的土壤样品中，该纯化方法可以有效地提高提取蛋白质的总量和纯度，能够在后续的双向电泳中获得更多的蛋白点，减少蛋白质的降解，提高后续的生物信息学分析的质量。但是苯酚抽提这种纯化方法的主要缺点是苯酚具有腐蚀性和毒性，以及有机相和水相分离时间长，但是可以通过在浑浊液中添加蔗糖来加快水相和有机相分离的速度。Nicora等（2013）建议在提取缓冲液中加入正电性的氨基酸从而从土壤颗粒中解吸细胞裂解产物。这一策略可能仅对粉质和黏质土壤有效，因为这些土壤都具有较高的阳离子交换量。

除了对提取缓冲液改进，腐殖质也能利用通过其他的物理化学性质得到分离。这些策略可以很容易地和各种蛋白质提取缓冲液结合使用，且在细胞裂解前或者细胞裂解后都能使用。蛋白质和腐殖质可以通过分子量大小的不同进行分离，常使用凝胶过滤树脂或分子筛（10K MWCO）对二者进行分离。使用PVPP填充的滤柱或商用滤柱，根据腐殖质与蛋白质对高聚物基质结合能力的不同，也能将二者分离开来。通过$AlNH_4(SO_4)_2$沉淀有机质也可能是一种潜在的去除干扰物质的方法（Braid et al.，2003）。还可以通过电泳，利用蛋白质的分子量和等电点不同来分离与纯化蛋白质。对提取的蛋白质进行纯化会降低蛋白质的回收率，可以通过在土壤样品中添加标准蛋白质来评估特定提取方法的蛋白质提取效率。

18.3.1.4 蛋白质浓缩

由于低丰度蛋白无法通过类似PCR技术的扩增，土壤蛋白质提取后往往需要浓缩。蛋白质一般可以通过减少样品体积的方式浓缩，如透析、冷冻干燥、加热、超滤或真空离心。在土壤宏蛋白质组学研究中最常见的方法是首先沉淀蛋白质，再洗涤沉淀，最后重新溶解蛋白质（Keiblinger et al.，2012）。

虽然在减少样品体积的过程中蛋白质得到了浓缩，但也增加了干扰化合物的浓度，如腐殖质的浓度，或者其他杂质也沉淀了下来。对于土壤蛋白质提取物，通常采用三氯乙酸或甲醇-乙酸铵沉淀法来浓缩蛋白质。加入的三氯乙酸通过改变 pH，降低蛋白质在溶液中的溶解度，从而实现蛋白质的沉淀。而甲醇-乙酸铵沉淀法则是通过在有机溶剂中盐析蛋白质完成。加入 4 倍体积的甲醇可以有效地沉淀大部分蛋白质，加入乙酸铵可以进一步提高沉淀蛋白质的产量。虽然三氯乙酸是一种高效地从 SDS 提取缓冲液中沉淀蛋白质的试剂，但它有几个缺点：潜在的大分子量蛋白质损失；蛋白质会和干扰物质共同沉淀，如 DNA 和 DNA 与蛋白质的聚合体（Pavoković et al.，2012）；蛋白质沉淀需要用丙酮洗涤，以清除残余的酸；沉淀的蛋白质完全变性，并完全丧失了生物活性，会对后续的双向电泳造成影响；经三氯乙酸沉淀的蛋白质很难再溶解，沉淀中小分子量的蛋白质更容易溶解。甲醇-乙酸铵沉淀法通常和苯酚抽提法结合使用，可能更适合于腐殖质含量高的土壤。

如上所述，由于沉淀的蛋白质重新溶解存在困难，可以使用多种缓冲液（如胍缓冲液、SDS 缓冲液、尿素缓冲液）来溶解蛋白质。含有离液剂（能够破坏溶液中氢键，如尿素和硫脲）的缓冲液可以促进蛋白质的溶解。在重新溶解蛋白质后，进行下一步的操作之前，还需要进行蛋白质浓度的测定。由于 Bradford、BCA 等大多数通过比色测定蛋白质浓度的方法会受到腐殖质的干扰，Roberts 和 Jones 等（2008）建议用酸水解蛋白质产生的氨基酸来测定总的蛋白质浓度，该策略最近已成功应用于其他土壤宏蛋白质组学研究中（Bastida et al.，2014）。

18.3.1.5 酶解

根际土壤微生物蛋白样本的复杂程度超出了最先进的质谱仪的分析能力。因此，在质谱分析之前，必须分离和富集不同性质的蛋白质与肽段以降低样品的复杂性。在进行一维凝胶电泳后，对分离开的多个组分分别进行后续的酶解和质谱分析，能够提高低丰度蛋白的识别率（Yin et al.，2015）。早期的土壤宏蛋白质组学研究大多采用双向电泳方法分离蛋白质，但是这项技术无法分离具有极端分子量、极端等电点或极端疏水性的蛋白质。这些弊端可以通过不使用凝胶的蛋白质分离技术解决。该技术需要使用特定策略提取蛋白质，然后将溶液中的蛋白质酶解成肽段，再采用反向高效液相色谱或强阳离子交换色谱结合反向高效液相色谱的二维色谱技术对肽段进行富集和分离。通过凝胶分离的蛋白质需要在胶内酶解，而无凝胶的方法则是在溶液中酶解蛋白质或者在分子筛的滤膜上酶解蛋白质。膜上酶解方法比在溶液中酶解的方法能够鉴定到更多的蛋白质，最终鉴定到的蛋白质种类更多，可能是由额外的蛋白质变性和溶解步骤造成的（Weston et al.，2013）。在凝胶中分离蛋白质的优点在于在分离蛋白质的同时使蛋白质变性，但是这种方式比无凝胶的分离方式更加耗时，而无凝胶的分离方式可以缩短样品处理需要的时间，因此在高通量的根际微生物宏蛋白质组学研究中更具潜力。酶解后获得的肽段经色谱分离后需要通过串联质谱进行鉴定和分析。

18.3.2 宏蛋白质组学中质谱分析数据库

在质谱分析之后，得到的质谱数据需要与已知的蛋白质序列参考数据库中的理论肽段的谱图进行比对（Eng et al.，1994）。由于这种方法的高效性和高自动化程度，该方法逐渐发展成为大规模土壤宏蛋白质组学研究中蛋白质种类鉴定、定量和肽段修饰检测的首选策略。然而，这种方法并不能完成对蛋白质序列的直接识别，因为这种策略实际上是基于以下 2 个匹配步骤：①将实验获得的质谱数据和已知的蛋白质序列通过算法虚拟酶解后获得的理论谱图进行匹配；②基于匹配的结果推断原蛋白质序列（peptide to spectrum matches，PSM）。通过这种策略，只能识别所选用的蛋白质序列参考数据库中的已知序列。另外，尚未被鉴定的高质量的质谱数据也可以作为参考数据，蛋白质序列可以通过将实验获得的质谱数据和已识别的参考质谱数据直接比对获得。ScanRanker 等工具可以通过自动程序选择来自不同生态系统不同样品的序列未知的高质量质谱数据（Muth et al.，2013）。蛋白质序列还可以通过对质谱数据进行从头测序（*de novo*）解析获得。

将实验得到的质谱数据与来自给定蛋白质序列参考数据库的理论质谱进行比对是蛋白质组学研究中最常用的肽段鉴定方法。比对结果的质量和比对的速度主要取决于搜索空间的大小，搜索空间由需要比较的从实验中获得的谱图数量和参与比较的理论谱图数量定义。在根际土壤宏蛋白质组学研究中，大量的来自实验的和理论的质谱数据会导致搜索空间的扩大，这不可避免地会导致计算成本的增加，假阳性（或假阴性）的可能性增加，以及一个谱图和多个蛋白质序列匹配上的频率增加。可以使用过滤或聚类算法减少需要比对的谱图数量，冗余的谱图可以聚类成特异性更高的谱图，从而减少谱图的总量，不仅能减少比对结果中的假阳性，还能提高比对的速度（Saeed et al.，2014）。

另外，蛋白质序列参考数据库的选择在土壤宏蛋白质组学研究中也起着至关重要的作用（Tanca et al.，2013）。在宏蛋白质组学研究中，一个理想的蛋白质序列参考数据库应该由同一个样品的宏基因组数据组装得到，可以尽可能多地鉴定到被研究的样品中存在的蛋白质。通过 16S rDNA 或 18S rDNA 扩增子测序得到的微生物多样性数据也可以用来推断样品中存在的微生物基因组。使用宏基因组测序组装得到的序列进行可读框翻译可以产生更复杂的蛋白质参考序列，但有助于增加宏蛋白质组鉴定到蛋白质序列覆盖度。未成功组装的宏基因组测序数据也可以用于蛋白质参考序列数据库的搭建。

由于土壤微生物群落所包含的所有蛋白质序列种类复杂且无法确定，从公共数据库中选择合适的蛋白质序列搭建参考序列数据库仍存在较大的困难。通过宏基因组数据构建的蛋白质序列参考数据库通常较大，包含的蛋白质序列数量远远超过 10^6。为了克服数据库体积大的问题，前人已经提出了一种基于迭代的序列匹配方法，这种方法先将实验得到的谱图和一个较小的自定义数据库进行匹配，再根据匹配结果和相关的其他的序列参考数据库进行比对（Jagtap et al.，2013）。这个方法将数据库的大小减少到了原始大小的 0.1%。Tanca 等（2013）评估了不同来源的蛋白质序列参考数据库对蛋白质鉴定的影响，在该研究中，他们使用了通过宏基因组数据构建的数据库，和基于 TrEMBL 数据库构建的数据库，结果表明只有 36% 的蛋白质能够被两种数据库共同鉴定到。

多种算法可以用来比对实验获得的肽段碎片谱图和理论的肽段碎片谱图，但是这些算法有一个共同缺点，那就是在比对过程中会产生假阳性的结果，从而增加错误匹配 PSM 的数量，错误匹配的 PSM 比例可以由 FDR 控制，在宏蛋白质组学的分析中前人也引入了多种 FDR 评估方法。例如，使用由真实的目标序列和反向的诱饵序列构成的蛋白质序列参考数据库，这是一个控制错误匹配的简单且有效的方法。但是，这种策略会导致数据库的大小翻倍，从而增加搜索空间。Percolator 是一种具有打乱序列的诱饵肽和最高得分匹配到目标肽训练的半监督机器学习算法，结合对 PSM 的准确评分，使用该方法可以增加在各种宏蛋白质组数据集中成功比对得到的肽段数量（Spivak et al.，2009）。从比对到的所有肽段中识别、推断和聚类可能存在的蛋白质也很困难。Nesvizhskii 和 Aebersold（2005）创造了“蛋白质推断问题”这个术语，并为基于质谱数据的蛋白质鉴定提供了一个统计模型。鉴定一种特异的蛋白质至少需要一种特异肽段，该肽段需要唯一地映射到相应的蛋白质上。在根际土壤宏蛋白质组学研究中，蛋白序列参考数据库中来自相似物种的序列很多，序列特异性肽段所占的比例小，这使得后续的数据分析变得复杂。

计算鉴定到的蛋白质置信度有好几种方法，由于置信度与谱图数、数据库大小和蛋白质丰度等因素相关，蛋白质置信度计算是每次实验必需的。为了便于蛋白质推断，鉴定到的多肽可以被认为来自置信度最高的蛋白质，Scaffold 这款软件就遵循这种策略（Searle，2010）。赛默飞世尔科技（Thermo Fisher Scientific）公司的 Proteome Discoverer 软件提供了另一种方法，将鉴定到的肽段分配给所有符合质量标准的可能蛋白质，并将数据库比对和从头测序结合，尽量提高鉴定到肽段的覆盖范围，然而，很多鉴定到的肽段会被归属到多种蛋白质。Koskinen 等（2011）根据不同种类蛋白质之间共享肽段的匹配结果发明了蛋白质分层聚类算法，不同种类的蛋白质通过共享肽段的匹配结果聚类到一起，并选出一个锚定蛋白作为这个聚类簇的代表。在单一物种的蛋白质组学研究中，这种方法是有益的，而在宏蛋白质组学研究中，这种方法会使鉴定到的蛋白质聚类簇在系统发育差异和功能上区分开。

18.4 根际微生物蛋白质组的研究案例

18.4.1 土壤磷素缺乏的宏蛋白质组研究

案例 1：基于宏基因组学和宏蛋白质组学揭示磷有效性对热带土壤微生物功能的影响（Yao et al.，2018）。

18.4.1.1 课题背景

磷是植物生长和发育必需的元素之一，植物获取磷主要是通过根系直接从土壤中获取。但是磷常常与土壤中的铁、铝和钙等结合形成难溶性化合物，使土壤中可以直接被植物吸收和利用的有效磷含量较低，从而限制了植物的生长和作物的产量。而许多细菌、真菌和放线菌等解磷微生物参与了土壤中磷的活化（Ingle and Padole，2017）。长期的磷失衡是否会造成土壤微生物的生态结构的改变？2018 年，Yao 等结合宏基因组和宏蛋白质组系统地分析了磷失衡对土壤微生物群落的结构和功能的影响。

18.4.1.2 试验设置和方法

该研究中，供试土壤来自巴拿马共和国 Barro Colorado 自然保护区 Gigante 半岛的热带森林中长期定位试验基地。研究者分别对经过 17 年施肥实验的缺磷土壤（可溶性磷含量＜1mg/kg）和供磷土壤（可溶性磷含量＞30mg/kg）进行宏基因组与蛋白质组分析（图 18-3）。研究者在缺磷 / 富磷土壤中各选两个小区，每个小区的 3 个位点土样等量混匀后作为一个土壤样本用于 DNA 和蛋白质提取。宏基因组的 DNA 测序通过 Illumina Hiseq 平台进行，通过 BBTools 进行质控，通过 Omega 软件对测序错误进行修正，然后进行拼接。拼接好的序列与 DIAMOND 和 NCBI 的原核细菌参考基因组数据库进行比对，获取序列注释，分别通过 UniFam 和 edgeR 对基因进行注释与丰度检测，筛选差异表达基因和微生物物种，获取的蛋白序列作为宏蛋白质组学分析的参考数据库。

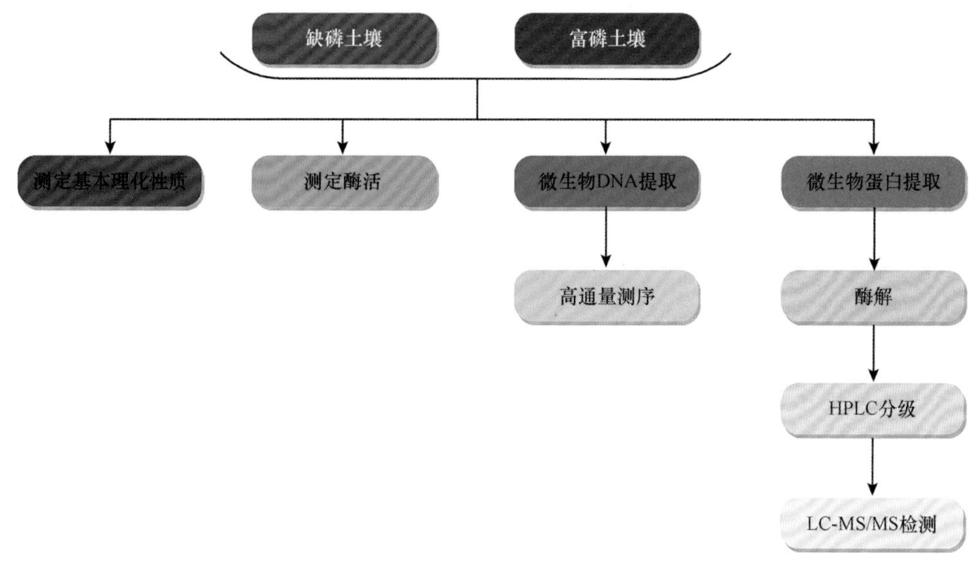

图 18-3　土壤磷缺乏相关的宏蛋白质组研究方法

蛋白质提取和分析过程中，研究者基于试剂盒（NoviPure soil Protein Extraction Kit，Mo Bio）对蛋白质提取方法进行了优化。实验采用离心过滤装置（Amicon Ultra-4 Centrifugal Filter Units，30kDa molecular weight cut-off，Millipore）对土壤微生物细胞裂解液进行浓缩，再加入三氯乙酸沉淀蛋白质，4℃过夜。蛋白质沉淀在胍（6mol/L）和二硫苏糖醇（10mmol/L）溶液中重新溶解。BCA 法测定提取蛋白样品浓度。

酶解质谱分析如下：50μg 蛋白质进行胰蛋白酶酶解，25μg 酶解的肽段在二维色谱分离系统中进行分级分离；5%、7%、10%、12%、15%、17%、20%、25%、35%、50% 和 100% 溶剂 D（在 95% 水、5% 乙腈和 0.1% 甲酸混合溶液中加入 500mmol/L 乙酸铵）对应 11 个强阳离子交换步骤，将 25μg 的肽段分离为 11 个组分。每一个强阳离子交换组分经过 100% 溶剂 A（95% 水、5% 乙腈和 0.1% 甲酸）到 50% 溶剂 B（30% 水、70% 乙腈和 0.1% 甲酸）的 110min 反相梯度分离后进入质谱仪进行质谱分析（质谱仪：LTQ-Orbitrap Elite，Thermo Fisher Scientific）。一级质谱和二级质谱扫描都在轨道阱中获得，分辨率分别为 30 000 和 15 000。在一级质谱扫描后，筛选出丰度最高的 10 个母离子，经高能碰撞诱导解离（HCD）后进行二级质谱扫描。每一个样本的每一个组分都有两个技术重复。利用 Sipros 算法对从土壤蛋白样品中获取的质谱数据与之前通过宏基因组数据构建的蛋白质序列参考数据库进行比对，使用 ProRata 算法估计蛋白质的离子丰度。相同酶 EC 编号（enzyme commission number）和 GO 条目（gene ontology term）的总丰度为所有对应蛋白质的总离子丰度，并在 4 个样本间均一化，只在一个样本中识别到的 EC 编号或 GO 条目不参与统计。相同 EC 编号和 GO 条目的总丰度的缺失值参考前人的 label-free 蛋白质组学研究中的缺失值填补方法由整体蛋白质数据拟合的正态分布的 0.3 分位点替代。采用 edgeR 包中的 Benjamini-Hochberg 多重比较校正的似然比检验，比较富磷和缺磷土壤中相同 EC 编号和 GO 条目的蛋白总丰度，如果获得的 q 值小于 0.05，则认为 EC 编号和 GO 条目对应的蛋白质在两种样本中存在丰度差异。

分析结果发现，磷肥的施用与否对土壤的质地、理化性质如 pH、土壤碳氮和有机质含量、土壤酶活性（含磷化合物降解酶类除外）等均无明显影响，但增加了土壤中微生物的生物量、氮和碳的含量及含磷化合物降解酶类的含量。研究还发现长期缺磷土壤中许多参与磷活化的微生物丰度显著增加，且对应的参与磷活化的酶如植酸酶、磷脂酶、核酸酶等的含量和相关基因丰度均有不同程度的增加。而缺磷时，解磷微生物更加偏好于分解土壤中植酸态磷来应对缺磷环境。土壤中磷含量的变化对土壤中参与碳氮循环的酶和相关基因影响较大，如缺磷土壤中参与降解不稳定碳和氮的微生物明显富集，富磷土壤中参与芳香族化合物、含氮化合物和含硫化合物等难分解化合物的降解微生物成为优势菌群。

18.4.1.3 小结

课题得到的结论是长期缺磷驱动了土壤微生物的群落结构和生理功能变化。同时，研究者还引用了最优觅食理论（optimal foraging theory）来解释此现象。当养分库某种养分成为限制因素时，高效的微生物群落增加了该限制营养元素的吸收，而同时又要避免其他营养元素的过量摄入。因此，在磷缺乏时，土壤微生物会改变群落结构和生理功能，投入更多的基因和酶去提高磷的摄取能力，如分解植酸、核酸等；而缺磷被缓解时，微生物通过增加碳、氮等其他元素的需求来改变微生物的群落结构和生理功能，从而平衡微生物的营养元素需求。最优觅食理论不仅在动物和植物中适用，在解释微生物、基因和蛋白质丰度的变化中也适用。

本研究综合宏基因组和宏蛋白质组学手段，从微生物群落结构、基因和蛋白质丰度、对应酶含量等多个层面进行了分析，揭示了磷驱动土壤微生物结构和功能的变化。以通过宏基因组的测序结果组装预测出的蛋白质序列作为蛋白质组学研究的数据库，避免了土壤异质性造成的数据库缺失，增加了研究结果的精确性，为挖掘和开发根际促生菌提供了理论支持与数据参考。

18.4.2 土壤氮循环相关的宏蛋白质组研究

案例 2：细菌在土壤中植物源氮的短期同化中占据主导地位（Starke et al.，2016）。

18.4.2.1 课题背景

土壤中微生物的生长离不开能量和营养物质，而作为营养元素的氮对其生长至关重要。土壤中可被微生物直接利用的有机态氮主要来自植物，但相对于在土壤无机态氮循环方面取得的大量进展，人们对有机氮循环的认识还非常有限。因此，Starke 等（2016）利用 16S rDNA 和 18S rDNA 扩增子测序与功能宏蛋白质组学方法，结合 ^{15}N 标记技术，对土壤微生物群落吸收植物源氮的特性及其群落的结构特征进行了研究。

18.4.2.2 实验设置

为了示踪有机氮在土壤微生物群落中的同化路径，研究者首先分别培养 ^{15}N 标记和未标记（^{14}N）的烟草植株，植株烘干研磨成粉末后，分别添加到粉质黏土中。经过相互独立的围隔实验系统培养后，分别在 0.1d、0.8d、1.9d、2.9d、5.0d、7.9d 和 13.9d 取土样提取 DNA 和蛋白质进行后续实验。DNA 提取使用 PowerSoil DNA 提取试剂盒。提取的 DNA 分别对 16S 和 18S 的不同可变区域进行扩增并测序，并对微生物群落的系统发育及多样性等进行分析。本研究的技术路线如图 18-4 所示。

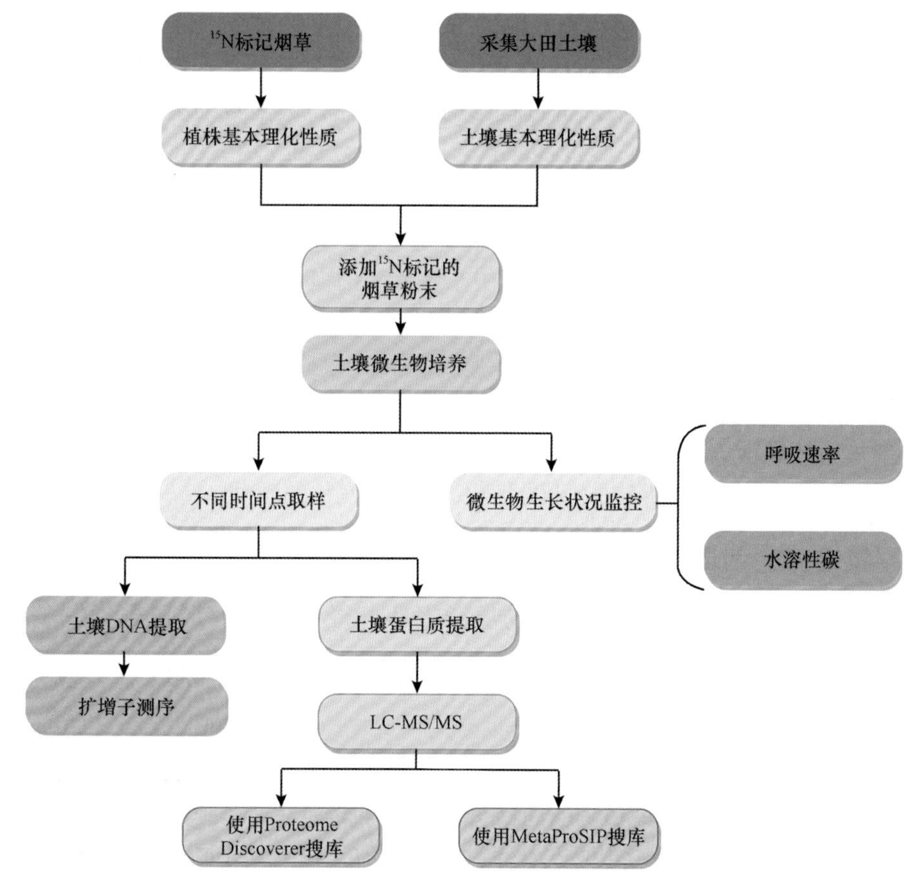

图 18-4　土壤氮循环相关的宏蛋白质组研究方法

同时，对样品进行了宏蛋白质组学分析，具体步骤如下。土壤蛋白质采用苯酚法提取。第一步，将等量的（*m/v*）提取缓冲液（50mol/L Tris-HCl、1mmol/L PMSF、0.1mg/mL 氯霉素，pH 7.5）加入土壤样品，并在室温下振荡培养 2h 后，通过离心将土壤沉淀与上清分离并分别存储于 –20℃。第二步，少量提取缓冲液与土壤沉淀混合并反复冻融 3 次后，加入 SDS 进行两轮的超声处理。第三步，将第一步获得的上清液与第二步获得的土壤混合液按一定比例混合后，加入苯酚。经过振荡孵育和离心分层后，下层相加入预冷的乙酸铵甲醇溶液，于 –20℃沉淀过夜并离心，沉淀吹干即为蛋白样品。提取的蛋白样品经 Laemmli 缓冲液溶解并进一步离心提纯后，直接进行一维电泳。电泳所得胶条分样品切割后使用胰蛋白酶进行胶内酶解。酶解产物经脱盐处理后即上机进行超高效液相色谱-串联质谱（UPLC-MS/MS）检测。质谱检测获得的原始蛋白质数据处理使用 Proteome Discoverer 软件。研究者从 NCBInr 数据库下载得到所有已注释的真菌、细菌及古菌蛋白编码序列作为参考数据库，使用 Mascot 算法进行搜索识别和注释。对 PD 输出的结果，进一步使用 Prophane 进行系统发育分类和功能预测。

18.4.2.3　小结

本研究中扩增子测序结果显示，与植物源有机物利用相关的真菌和变形菌门细菌丰度在添加植物源氮的第一天显著上升；相似的是，宏蛋白质组学分析显示变形菌门细菌的丰度最高，放线菌门和子囊菌门细菌次之。此外，蛋白质-稳定同位素探针（protein-SIP）分析显示，变形菌门中的根瘤菌目、放线菌门中的放线菌目和蓝细菌门中的蓝球藻目能迅速吸收添加进

入土壤的植物源 ^{15}N，表现出富营养的习性。与之相反的是，真菌中的酵母亚门和细菌中的肠杆菌目、假单胞菌目、鞘脂单胞菌目和黄单胞菌目表现为较慢的有机 ^{15}N 吸收习性。总的来说，相对于真菌在复杂碳化合物降解过程中的主导作用，大多数细菌更多也是参与植物源氮的短期同化吸收。

本研究的亮点之一是使用基于 ^{15}N 标记的 protein-SIP 进行宏蛋白质组学分析。研究者使用了 OpenMS 和 MetaProSIP 软件进行数据分析。为了识别 ^{15}N 标记的肽段，研究整合了经由前述宏蛋白质组分析获得的系统发育分类群中丰度最高的多个进化类别，并从 UniProt/Swiss-Prot 数据库下载了多种人工审定的微生物蛋白编码序列构建了一个联合数据库，包括放线菌目、芽孢杆菌目、伯克氏菌目、色球藻目、肠杆菌目、根瘤菌目、肉座菌目、格孢腔菌目、酵母目、假单胞菌目和黄单胞菌目等高丰度微生物。鉴于 DNA 不能都转录成为 RNA，而 RNA 也不能均等地翻译为蛋白质，且蛋白质不一定都能展现出最终活性，联合多组学分析与稳定同位素探针分析能极大地促进人们对土壤细菌群落变化的理解。

18.4.3 富集培养的土壤宏蛋白质组研究

案例 3：土壤微生物响应生物刺激物质和多环芳烃的宏基因组和宏蛋白质组学研究（Guazzaroni et al.，2013）。

18.4.3.1 课题背景

多环芳烃（PAH）因其在原油中的丰富性和在化学制造中的广泛应用而广泛分布于环境中。前人已经在基因组、转录组和蛋白质组方面对微生物对芳香族化合物的响应进行了大量研究，但是这些研究大多数基于微生物的纯培养。然而，很多在实验室能够被大量培养的可降解污染物的微生物在土壤环境中并不能发挥多大作用，表明很多不能在实验室进行培养的土壤微生物可能在污染物降解过程中发挥了重要作用。Guazzaroni 等（2013）采用宏基因组学和宏蛋白质组学技术解析了不同种类的土壤微生物在以萘为代表的多环芳烃的降解过程中的生物多样性、生态学功能及土壤微生物对生物刺激物质的响应。

18.4.3.2 实验设置

为了理解在污染物降解过程中生物的多样性作用、芳香化合物介导的土壤微生物在遗传和代谢上的改变，以添加了硝酸铵钙、NH_4NO_3、KH_2PO_4 和商用表面活性剂等土壤微生物刺激物质的多环芳烃污染土壤（Nbs）与没有添加刺激物质的多环芳烃污染土壤（N），以及来源于这两种土壤的通过添加萘富集培养的微生物群落（CN1、CN2）为材料开展了多组学研究（图 18-5）。

土样采集自伊比利亚半岛北部一个生产萘的化工厂附近，这里也储存了大量的其他化学产品（如杀虫剂、有机溶剂等），该工厂同时使用煤焦油生产酚、树脂和其他化工产品。人们在拆除建筑时发现大部分土壤被污染。在土壤中检测到了大量多环芳烃，推测是土壤中丰富的微生物通过自然降解作用产生的。土壤采样深度为 0 ～ 30cm，4℃避光储存，清除土壤中的植物碎片、鹅卵石和其他杂质。在混匀前过 2mm 孔径的筛子，将 3 个子样品混合成 1 个，共取 100g 样品进行化学分析。此外，−20℃条件下，在灭过菌的烧瓶中保存 10g 土壤样品用于宏基因组和宏蛋白质组的分析。研究者通过在大约 $900m^2$ 的污染场地上添加 9t 无水硝酸铵钙，3t 无水 NH_4NO_3 和 KH_2PO_4，以及 4500L 的商业化的表面活性剂进行土壤生物修复。

添加的微生物刺激物质的 C ∶ N ∶ P 比例为 100 ∶ 10 ∶ 1。定期翻耕土壤并浇水，以保持 15% ～ 20% 的湿度和充足的氧气供应，在经过 231d 的生物修复后，采用和之前相同的方式对经过生物修复的土壤进行取样。

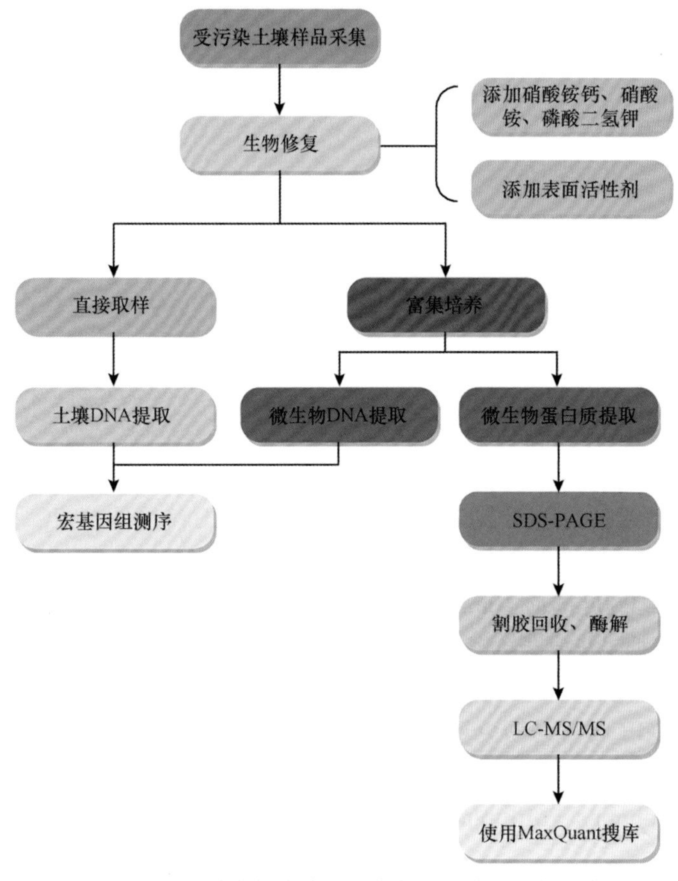

图 18-5　通过富集培养的土壤宏蛋白质组研究方法

使用 Bushnell Haas（Sigma Chemical Co，St. Louis，MO，USA）矿物培养基进行土壤微生物富集培养。培养基以 0.1%（*m*/*v*）的萘作为唯一碳源。培养基成分：$MgSO_4·H_2O$（0.20g/L）、$CaCl_2·2H_2O$（0.02g/L）、KH_2PO_4（1.0g/L）、K_2HPO_4（1.0g/L）、NH_4NO_3（1.0g/L）和 $FeCl_3$（0.05g/L）。采用 CN1 和 CN2 两种不同来源的土壤进行接种，具体操作：将 1g 受污染的土壤和 1g 经过生物修复的土壤分别加入含有 100mL 培养基的三角瓶中，30℃，250r/min 进行富集培养。同时每周将 0.1%（*v*/*v*）的菌液转移到新鲜的培养基中进行扩大培养。

每个样本取 6g 土壤进行 DNA 提取，采用 Nycodenz（Axis-Shield PoC，Norway）树脂，通过密度梯度离心获得高纯度的土壤微生物悬液，使用 Meta-Gnome® DNA 提取试剂盒（Epicentre，Madison，WI，USA）提取 DNA。富集培养的土壤菌液，4000*g* 离心 15min 后，使用相同的试剂盒提取 DNA。使用 Roche 5 GS FLX DNA sequencer（454 Life Sciences）对纯化后的总 DNA 进行测序，使用 GS *De Novo* Assembler v.2.3（Roche）软件对测序结果进行组装，生成非冗余的宏基因组组装结果。采用基于隐马尔可夫模型的 MetaGene 和 MetaGeneMark 程序从每个样本的组装结果中预测潜在的蛋白质编码区域。通过 BLASTX 将预测得到的蛋白质序列和 NCBInr 数据库中的序列进行比对，得到潜在的蛋白质的核苷酸和氨基酸序列。

通过 BLASTN 和 BLASTX 对通过组装得到的 contig 序列和 NCBInr 数据库中的序列进行比对。根据 *e* 值小于 10^{-3} 和对齐长度＞75% 的标准，对比对结果进行过滤。使用比对结果中的 accession ID 在 COG、KEGG 和 seed 数据库中对每个蛋白质进行注释。使用 BLASTP 将预测到的蛋白质序列和数据库中参与多环芳烃降解各个步骤的酶的序列进行比对，从而预测参与多环芳烃降解的土壤微生物蛋白质序列，比对成功的序列通过 MUSCLE 对齐。使用 MEGA4 通过邻域连接算法构建系统发生树，并对系统发生树进行了人工检查，以发现更多与已知功能蛋白质序列相似的蛋白质。

微生物物种的鉴定方法和蛋白质功能鉴定的方法类似。将组装的获得 contig 和 NCBI 中微生物的基因组序列进行比对，从而获得完整的土壤微生物基因组。利用 cd-hit 程序对来自不同样本的序列进行聚类，统计不同样本共有的序列数目。为了确定潜在的代谢途径，研究者将检测到的基因与 KEGG 数据库中序列进行了比对，匹配成功的标准为 *e* 值小于 10^{-5}。将所有获得的 KO 号映射到 KEGG 通路进行功能注释，并进行统计分析，用于比较不同处理间土壤微生物代谢通路的差异。

蛋白质的提取方法：将富集培养菌液于 10 000*g* 离心 10min 沉淀细胞，使用 4mL BugBuster® 蛋白质提取试剂通过涡旋重新悬浮沉淀。然后加入 1mg/mL 浓度的溶菌酶和 DNA 酶，在冰上孵育 30min，再添加 10μL 溶菌酶和核酸酶混合物，在冰上孵育 60min，随后将菌悬液在冰上超声 2.5min，然后以 12 000*g* 离心 10min，分离细胞碎片。将上清液转移到新试管中，使用 5 倍体积的丙酮沉淀蛋白质，并清洗沉淀，并在 −86℃条件下保存。用 50mmol/L Tris-HCl（pH 7.0）的缓冲液重新溶解蛋白质，用 Bradford 法测定蛋白质浓度。从每个处理的 3 个重复中取 14μg 蛋白质进行 SDS-PAGE 和考马斯亮蓝染色。将每个泳道中的蛋白条带切下，分成 10 块，每块分别脱去盐分，然后在 37℃条件下用胰蛋白酶（Sigma，Munich，Germany）分别进行酶解。用 C_{18} Zip Tip columns（Millipore）对洗脱后的肽段进行纯化浓缩。使用 0.1% 甲酸重新溶解肽段。

样本通过自动进样器注入色谱仪并被离子阱（nanoAcquity UPLC column，C_{18}，180μm×2cm，5μm，Waters）捕获，以 0.1% 的甲酸水溶液为流动相，流速为 15μL/min。6min 后，肽段被洗脱到分离柱（nanoAcquity UPLC column，C_{18}，75μm×10cm，1.75μm，Waters）。使用溶剂 A（0.1% 的甲酸水溶液）和 B（0.1% 的甲酸乙腈溶液）进行色谱分析。洗脱条件：0 ～ 54min：2% ～ 20% B，54 ～ 86min：20% ～ 85% B，使用纳米高压液相色谱系统（nanoAcquity，Waters）串联 LTQ-Orbitrap 质谱仪（Thermo Fisher Scientific）进行质谱分析。质谱扫描参数：在 300 ～ 2000*m/z* 对肽段离子进行连续扫描，当离子丰度超过 3000 时，自动切换到碰撞诱导解离（CID）模式。对于 MS/MS CID 测量，动态母离子排除时间为 3min。

使用 MaxQuant 软件对质谱结果进行分析，将从 10 个凝胶切片肽段中获得的每个质谱数据设置为 10 个组分，视为 1 个样品进行分析，2 个处理分别有 3 个重复。利用 MaxQuant 中的 Andromeda 模块，以之前通过 DNA 测序获得的蛋白质序列作为参考数据库对质谱结果中的肽段序列进行识别。软件设置参数：半胱氨酸的 carbamidomethylation 修饰设置为固定修饰，甲硫氨酸氧化作为可变修饰；肽段的最大 FDR 值设置为 1%；第一次搜索的质量误差设置为 20ppm；鉴定成功的蛋白质至少包含两条特异的肽段；在不同样本之间检测到同种肽段的最大时间间隔设置为 2min。蛋白质丰度为对应的肽段丰度之和。较大的蛋白质会被酶切成更多的肽段，具有更高的丰度。为了消除这种影响，将蛋白质丰度除以构成该蛋白质肽段的数量

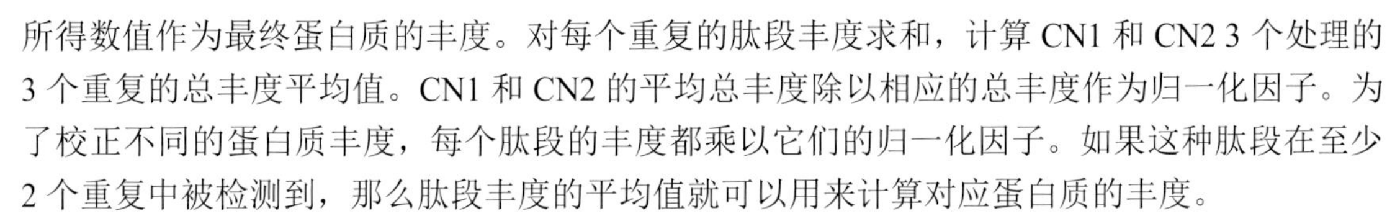

所得数值作为最终蛋白质的丰度。对每个重复的肽段丰度求和，计算 CN1 和 CN2 3 个处理的 3 个重复的总丰度平均值。CN1 和 CN2 的平均总丰度除以相应的总丰度作为归一化因子。为了校正不同的蛋白质丰度，每个肽段的丰度都乘以它们的归一化因子。如果这种肽段在至少 2 个重复中被检测到，那么肽段丰度的平均值就可以用来计算对应蛋白质的丰度。

研究的土壤为壤质黏土，pH 为 8.2，电导率为 0.13dS/m，盐基离子含量较低。采用气相色谱-质谱联用技术对土壤中 16 种主要的多环芳烃（PAH）含量进行了定量分析。结果表明，土壤中多环芳烃的平均浓度为 805mg/kg，比前人报道的多环芳烃污染土壤中的浓度略低，经过生物修复的土壤中多环芳烃的平均总浓度为 221.6mg/kg。未经修复的土壤中萘的降解速度很低，然而一旦添加了微生物刺激物质，土壤中萘的降解速度提高到了每天 1.818mg/kg。

16S rDNA 扩增子测序的分析结果表明，未经修复处理的土壤细菌群落的 Shannon 指数更高，N 处理中的土壤微生物比 CN1 和 CN2 中的更复杂。构成 CN1 和 CN2 中土壤微生物群落的细菌种类较少。检测到的大部分土壤细菌物种和前人在污染土壤中发现的细菌物种一致。CN1 和 CN2 的土壤微生物的群落结构不同，两个处理有两个共同的运算分类单元（operational taxonomic unit，OTU），分别为 Gamma 变形菌纲的反硝化菌属和固氮螺菌属，第一个 OTU 在 CN2 中最为丰富，第二个 OTU 在 CN1 中最为丰富。添加生物表面活性剂并添加不同的硝酸盐可能会刺激反硝化菌的繁殖，硝酸盐的缺乏会刺激固氮菌的繁殖。

在 N、Nbs、CN1、CN2 处理中，经宏基因组测序获得的 DNA 序列大小分别为 55.7Mb、233.3Mb、177.2Mb、165.2Mb，组装后剩余大小分别为 2.6Mb（4335 个 contig）、17.9Mb（16 032 个 contig）、20.0Mb（20 809 个 contig）、13.0Mb（9915 个 contig）。CN1 和 CN2 包含更多的长度大于 10Mb 的 contig，可能是因为 N 和 NBS 处理的土壤微生物的多样性更高，所以导致 DNA 序列种类丰富，测序深度不够，组装效果不好。大约 89% 的基因能够获得集群的直系同源组（clusters of orthologous group，COG）注释，65% 能获得 KEGG 通路注释。在 KEGG 注释的基因中，CN1 和 CN2 共同检测到 891 个，66% 来自无色杆菌属（*Achromobacter*）。在检测到的 3293 个 COG 注释中，有显著差异的只有 238 个，COG 在样本间的分布较为稳定。总的来说，在添加了微生物刺激物质的处理中，与复制和修复以及翻译相关蛋白丰度特别高。不同硝酸盐化合物的添加可能刺激了土壤微生物的快速生长，并增强了能够代谢多环芳烃的微生物之间的竞争。在鉴定到的蛋白质序列中，一些可能是氧化酶，一些可能是辅酶，一些可能是潜在的调控因子。

本研究中一共有 1116 种蛋白质得到明确的鉴定和定量。由于只使用了基因组草图作为蛋白质序列参考数据库，只能鉴定到 1/3 的来自可富集培养的微生物的蛋白质。鉴定到的绝大多数蛋白质能够获得物种和功能注释，进而能够判断其在土壤微生物群落中起到的作用。在 CN1 和 CN2 两种处理中共同鉴定到 582 种蛋白质，其中分别有 123 种和 227 种蛋白质在 CN1 与 CN2 中丰度更高。此外，共有 132 种蛋白质只在 CN1 中被鉴定到，其中大部分来自固氮螺菌属和丛毛单胞菌属，而 402 种蛋白质只在 CN2 中被鉴定到，主要来自假单胞菌属。这清楚地表明，CN1 和 CN2 中的土壤细菌群落差异巨大。检测到的蛋白质按照功能注释能够分为五大类，分别为有氧降解、电子受体、能量代谢、运输、折叠和胁迫。

18.4.3.3　小结

本研究采用宏基因组手段，从 N、Nbs、CN1、CN2 的土壤微生物群落中分别鉴定出 52 个、53 个、14 个、12 个不同的物种 OTU。在鉴定到的 95 个不同的微生物种类中，有 10 个微生物物种在实验条件下被显著诱导；在鉴定到的3293个蛋白质COG注释中，有238个在实验条件下被显著诱导；然而，只有2种微生物和1465个COG注释在所有处理中均被鉴定到。结果表明，被多环芳烃污染的土壤中的微生物由于具有利用多环芳烃作为碳源进行生长繁殖的能力，具有明显的降解萘能力，导致添加了微生物刺激物质后的微生物群落能够高效且快速地利用萘，没有添加生物刺激物质的处理中的微生物群落利用萘的能力也很强。在比较宏蛋白质组表达谱和宏基因组数据集的基础上，研究者假定不同土壤微生物物种间存在相互作用，并通过公共数据库比对，首次重建了复杂微生物群落中的污染物降解网络。

18.4.4 甘蔗根际土壤蛋白质组学研究

案例4：甘蔗截根苗根际土壤蛋白质组学分析（Lin et al.，2013）。

18.4.4.1 课题背景

甘蔗作为重要的经济作物，对制糖业、再生能源产业至关重要。在农业生产中，为了降低种植成本、提高生产效率，甘蔗的生产主要以截根苗，即上一季甘蔗发芽再生的方式进行。但连续的种植导致了生物多样性下降、生态系统的自我调节能力降低、病害、农药和化肥的用量增加、环境污染、甘蔗减产等一系列问题。植物与土壤微生物之间的互作在调控土壤质量、作物生长与产量中起着关键作用，对于原位根际生物学特性的研究逐渐成为热点。据报道，甘蔗截根苗种植的减产与根际微生物群落（细菌、真菌）的动态变化和遗传多样性密切相关。然而，鲜有从土壤宏蛋白质组学角度来揭示土壤-土壤微生物群落-甘蔗截根苗种植之间关系的报道。Lin等（2013）采用土壤宏蛋白质组学与群落水平生理剖面分析相结合的方法，对新种植甘蔗和截根苗甘蔗根际土壤蛋白质的丰度差异、根系与根际土壤微生物的互作进行了分析。

18.4.4.2 实验设置

该研究以甘蔗品种‘Gan-nang’为实验材料，设置了没有甘蔗作物的（CK）、新种植甘蔗（NS）、截根苗种植（RS）3种处理方式。随机选取5个采样点，以抖动法结合过筛（2mm孔径）的方法进行取样，每份约150g。其中鲜样用于土壤酶活测定和BIOLOG分析。用于提取蛋白质的土壤，70℃干燥2h后，过0.45mm网筛再提取蛋白质（图18-6）。

在该研究中，研究者对提取及纯化土壤蛋白质的方法进行了开发及优化。将两份1g的土壤干粉分别使用5mL 0.05mol/L柠檬酸盐缓冲液（pH 8.0）和5mL 1.25% SDS缓冲液［1.25% SDS（*m*/*v*）、0.1mol/L Tris-HCl、pH 6.8、20mmol/L DTT］悬浮，再加入2mL苯酚缓冲液（pH 8.0）振荡30min，离心30min（4℃、12 000r/min）。溶解在下层酚相中的蛋白质使用6倍体积的0.1mol/L乙酸铵甲醇溶液在–20℃条件下沉淀6h，再离心25min（4℃、12 000r/min），得到蛋白质沉淀。蛋白质沉淀先后用预冷甲醇洗一次，预冷丙酮洗两次。将通过两种缓冲液提取的蛋白质混合，吹干并储存在–80℃等待进一步处理。

提取的蛋白质使用双向凝胶电泳分离。蛋白质沉淀溶解于经过优化的缓冲液中［7mol/L尿素，2mol/L硫脲，65mmol/L DTT，4% CHAPS，0.05%两性电解质（ampholytes）（*v*/*v*），pH 3.5～10］。用考马斯亮蓝法测定蛋白质浓度，使用牛血清白蛋白稀释液制作标准曲线。溶解的蛋白质样品在第一向采用等电聚焦（IEF，pH 5～8）分离，在第二向使用SDS-PAGE（5%浓缩胶和10%分离胶）分离。电泳后，用硝酸银染色。凝胶使用Image Master（version

5.0，GE Healthcare，Uppsala，Sweden）扫描，获得的图像使用 ImageMaster™ 2D Platinum software（version 5.0，GE Healthcare，Uppsala，Sweden）分析。可重复的土壤蛋白双向电泳谱图通过使用 ImageMaster™ 2D Platinum 软件绘制散点图。为了弥补样品装载、凝胶染色和显影操作造成的细微误差，研究者将每个蛋白点的实际灰度归一化为相对灰度，即每个蛋白点的灰度除以所有蛋白点的总灰度。以 3 次独立实验的蛋白点计算标准差，作为误差。只有具有显著和可重复的丰度变化的蛋白质被认为是差异蛋白（丰度差异＞1.5 倍）。

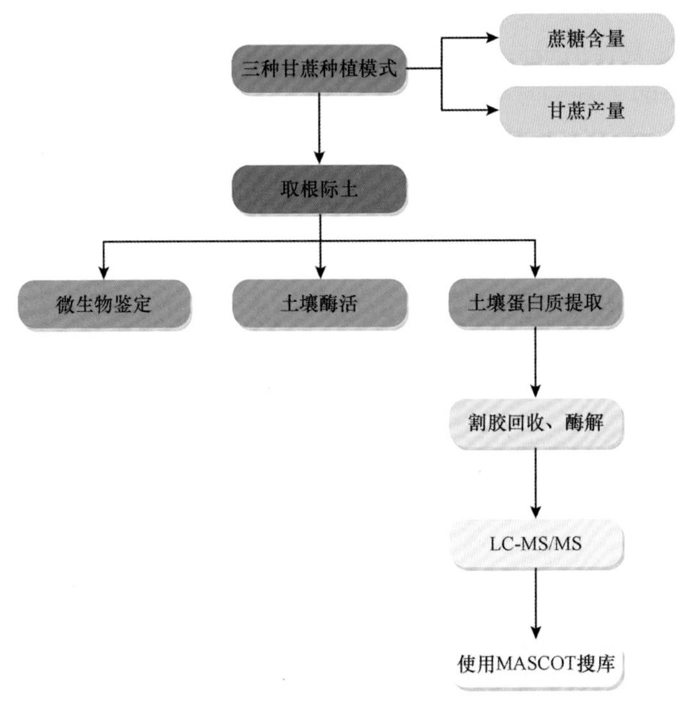

图 18-6　甘蔗截根苗根际土壤的蛋白质组学研究方法

将候选蛋白点从凝胶中挖出进行质谱分析，并进行胶内酶解。将 1μL 经过酶解的肽段溶液添加到不锈钢的样品靶板上，使用 Bruker UltraFlex III MALDI TOF/TOF（Bruker Daltonics，Karlsruhe，Germany）质谱仪获得多肽质谱数据。在正离子模式下使用 6 种标准物质（Peptide Calibration Standard Ⅱ，Bruker Daltonics）校准仪器后再进行质谱扫描。每个蛋白点的样品在经 600 ～ 800 次激光解离后，积累的肽段离子碎片在 800 ～ 5000Da 质量范围进行扫描。在二级质谱的扫描过程中，从一级质谱中选择 5 个丰度最高的母离子进行后续的碎片化，每个母离子需要经 1000 ～ 1200 次激光解离后积累，母离子最小的 S/N 值为 50。使用 BioTools 3.1 和 Mascot 2.2.03 软件对质谱数据进行数据库搜索。以 NCBI 非冗余库（NCBInr）中的细菌和真菌分类下的蛋白质序列为蛋白质参考序列数据库，母离子的质量误差限度为 100ppm，子离子的质量误差限度为 0.5Da，半胱氨酸的 carbamidomethylation 修饰设为固定修饰，甲硫氨酸氧化为可变修饰。使用该软件计算得到的概率分数（95% 置信区间）作为蛋白质被正确识别的标准。由于土壤蛋白质的复杂性，研究者对质谱数据进行了逐级的数据库搜索。首先，选择包括所有物种的 NCBInr 中的蛋白质序列作为参考数据库进行搜索。然后，分别选择 NCBInr 中细菌和真菌数据库，对匹配失败的质谱数据进行搜索。上述策略缓解了在使用整个非冗余数据库搜索时丢失部分匹配质谱数据的问题，并通过搜索细菌和真菌数据库获得了更多的匹配结果。一级和二级质谱数据均用于蛋白质的鉴定。优先选择使用一级和二级质谱共同鉴定到的蛋白质。同时，至少有 2 个肽段在二级质谱数据中被匹配到，或有 6 个多肽质量指纹（PMF）的蛋白质才会用于下一步的鉴定。只有得分最高、预测分子量相近的蛋白质才会被选中。根据 UniProt 数据库中蛋白质注释信息对鉴定到的土壤蛋白进行基因本体论（GO）注释。使用 WEGO（web gene ontology annotation plot），在第二个层级绘制 GO 注释统计结果。将鉴定到的蛋白质和 KEGG 数据库进行比对以获取参考代谢途径。

在本研究中，研究者在 CK、RS、NS 样本中分别发现 759 个、844 个、788 个蛋白点。143 个高分辨率及重复性的蛋白点中，38 个为差异表达，105 个为组成型表达，被用于进一步的质谱鉴定，109 个蛋白点被成功鉴定。GO 分析结果显示，比例较高的 GO 注释类别包括：分子功能中，有 65.1% 注释到蛋白质具有催化活性，55.0% 具有结合活性功能；生物学过程中，代谢过程（70.6%）、细胞过程（56.9%）和刺激反应（33.0%）。KEGG 注释结果显示，鉴定到的土壤蛋白质中 55.96% 来自植物、24.77% 来自细菌、17.43% 来自真菌、1.83% 来自动物，这些蛋白质大部分与碳水化合物或能量代谢（30.28%）、氨基酸代谢（15.60%）和蛋白质代谢（12.84%）有关。此外，10 个蛋白质包括热激蛋白、过氧化氢酶与应激反应有关，11 个蛋白质包括双组分系统传感器激酶、G 蛋白信号调节器、膜联蛋白与信号转导有关。

18.4.4.3 小结

基于宏蛋白质组数据，本研究提出了根际土壤代谢模型，鉴定出的土壤蛋白质在碳水化合物 / 能量、核苷酸、氨基酸、蛋白质、生长素代谢及次级代谢、膜转运、信号转导和抗性等方面起着作用。甘蔗截根苗的种植会诱导土壤酶活性、微生物群落代谢多样性变化，并使土壤蛋白质的表达水平发生显著变化。这些变化影响了根际生态系统中的生物化学过程，并介导着植物与土壤微生物之间的互作作用。该研究为后续根际微生物组研究提供了参考。

18.4.5 土壤中同时提取蛋白质、脂质、代谢物的方法

案例 5：土壤样本多组学分析的 MPLEx 方法（Nicora et al.，2018）。

18.4.5.1 课题背景

多组学分析（基因组学、转录组学、蛋白质组学、代谢组学和脂质组学）为系统生物学研究提供了有效全面的数据，近些年随着组学研究的发展，在同一样本中进行多组学测定是所有科研工作者所期待的。Nicora 等（2018）建立了一种从同一土壤样本中同时提取代谢物、蛋白质和脂类三合一的方法（MPLEx），可解析复杂的土壤微生物群落。

18.4.5.2 实验方案

研究者将提取土壤脂质的方法加以改进，利用氯仿、甲醇和水分离提取法，将样品分为三层：上层是水相中的水溶性代谢物、中间层是蛋白质、下层是氯仿相中的脂质层。依据土壤类型的不同，土壤沉积部位不同，如泥炭土的土壤碎片停留在中间层，而不是和大多数土壤一样沉积在底部。具体研究方法如图 18-7 所示。

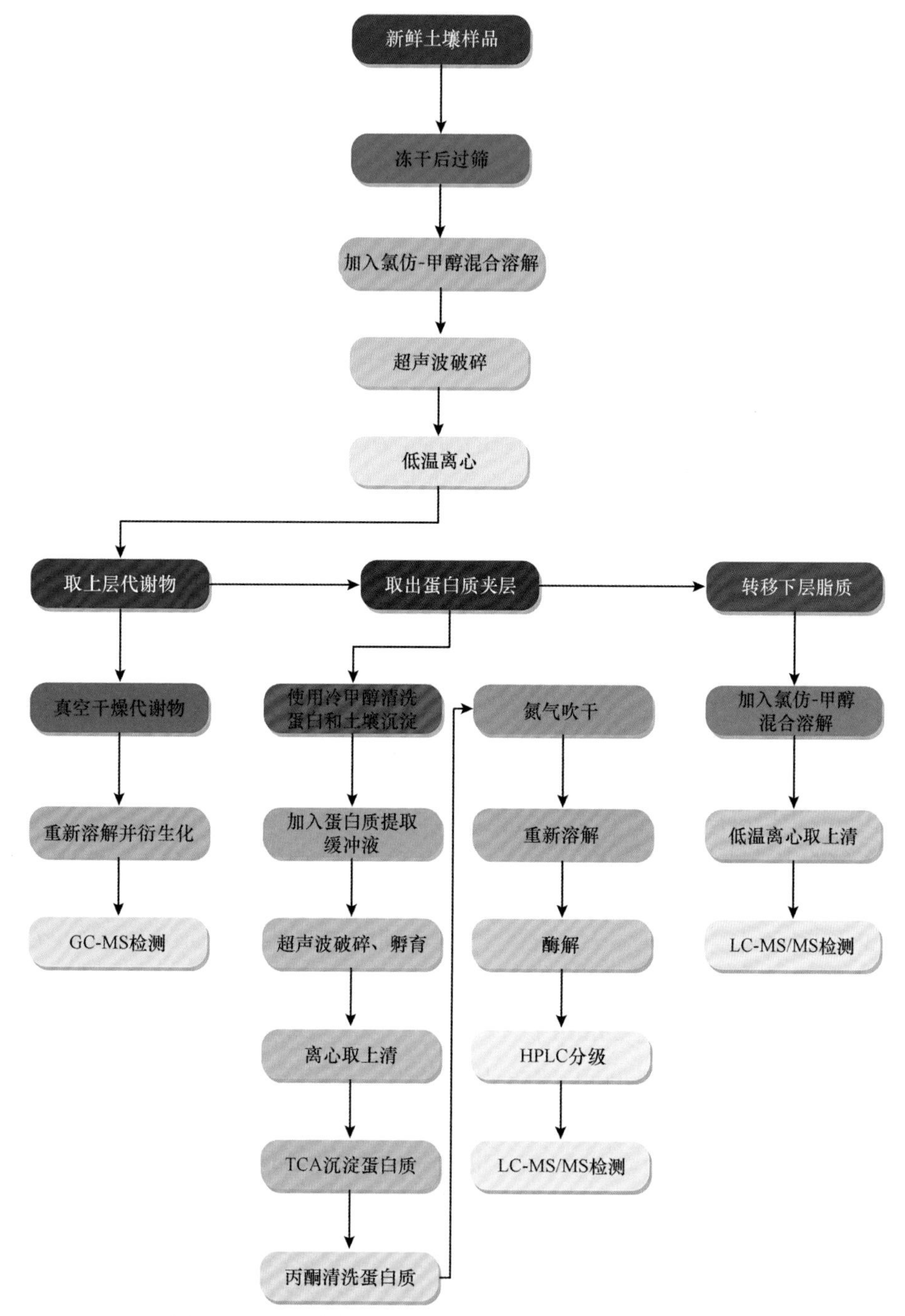

图 18-7　从土壤中同时提取蛋白质、脂质、代谢物的方法

1. 土壤微生物细胞裂解及代谢物、蛋白质及脂类的提取（耗时 1d）

取 20g 土壤样品，平均分成两份加入 2 个 50mL 离心管（耐受甲醇和氯仿的玻璃、聚丙烯或聚四氟乙烯的离心管）中，分别加入用 10mL 氯仿清洗过的不锈钢珠和破碎珠。在称重和样品均匀化的过程中也要保证样品在冰上存放。再分别加入 4mL 冷却的超纯水，将装有样品的冰盒转移到通风橱中，用 25mL 玻璃血清吸管，快速加入 20mL 冷却的氯仿-甲醇混合溶液（*v*/*v*=2/1）。拧紧离心管盖子后，将离心管放置在涡旋支架上水平涡旋 10min（最好在 4℃

冰箱中进行）。之后置于 −80℃冰箱中冷却 15min。在通风橱内通过超声波裂解仪，用 6mm（1/4 英寸）的探头在冰上振荡处理样品，振幅为 60%、30Hz（注意：建议使用消音罩保护耳朵，避免探头接触样品容器的底部或侧面，超声波破碎会产热，可能会使塑料破裂或融化）。在 –80℃的冰箱中再冷却 15min。

于 4℃、4000*g* 离心 5min，实现样品的分离，上层溶液为代谢物层，中间层溶液为蛋白质层，下层溶液为脂质层。在通风橱中，用 10mL 玻璃移液管将上层代谢物转移到玻璃瓶中（避免吸入下层的蛋白质，可以留下一部分代谢物）。

倾斜 50mL 离心管释放蛋白质层，使其漂浮在脂质层上方。用干净的不锈钢扁平头抹刀，小心地舀出蛋白质夹层，并转移到 50mL 离心管中。再用 25mL 玻璃移液管，将下部脂质层移到玻璃瓶中（尽量避免碰到沉淀在底部的土壤颗粒，若不慎吸入在后面需要清除）。

将透气膜置于装有代谢物和脂质玻璃瓶的顶部，在真空干燥器中进行干燥（脂质 4 ～ 5h，代谢物过夜）。加入 20mL 冰甲醇于装有蛋白质和土壤沉淀的离心管中，并涡旋（去除氯仿）。再于 4℃、4000*g* 离心 5min，将甲醇吸出，置于废液缸中。用液氮快速冷冻蛋白质，在真空冻干仪中干燥 2h（注意：严格控制时间不可过度干燥，否则蛋白质很难重新溶解）。

加 10mL 蛋白质溶解缓冲液［(4% SDS，100mmol/L 二硫苏糖醇，50mmol/L Tris，pH 8.0)］到装有蛋白质和土壤沉淀的离心管中。在通风橱中，以 20% 振幅，对样品进行超声波破碎，持续 30s，涡旋 2min；接着在 50℃、300r/min 的摇床上振荡 30min 溶解蛋白质，再置于水平涡旋仪上涡旋土壤沉淀 10min，以裂解微生物细胞，装有蛋白质的离心管涡旋 20min。

将所有样品管在室温下，以 4500g、离心 10min，分别收集上清液到 2 个 50mL 离心管中。其中加入 10mL 蛋白质溶解缓冲液到装有蛋白质的离心管中，再次超声破碎并涡旋离心。将两次离心得到的上清液合并，于 4℃、8000*g* 离心 10min（用于去除过多的腐殖质污染）。每个离心管中分装 30mL 上清液，用 10mL 玻璃移液管向每一管中加入 7.5mL 三氯乙酸，涡旋混匀（每 30mL 溶液中含有 20% 三氯乙酸，根据上清液体积调整三氯乙酸用量）。在 –20℃冰箱中沉淀 2h 或者过夜（注意：蛋白质在 1h 内可实现充分沉淀）。

2. 脂质层样品准备（耗时 20min）

当脂质样品干燥后，加入 200μL 氯仿 - 甲醇的混合溶液（*v*/*v*=2/1）到样品瓶中，涡漩后，转移到 1.5mL 聚丙烯离心管中，再向样品瓶中加入 200μL 混合溶液，涡漩后将剩余的样品转移到离心管。于 4℃、12 000*g* 离心 5min。将上清液转移到玻璃进样瓶中，–20℃储存，准备 LC-MS/MS 分析，低温储存是为了避免脂质的氧化和降解。

3. 代谢物制备及衍生化（耗时 5h）

在代谢物样品干燥后，在衍生化前，样品需要在 −20℃的干燥条件下储存。本方法适用于 GC-MS 检测（若不适用 GC-MS 检测，需要根据检测手段进行合适的前处理）。

在衍生化操作前，向样品中加入 200μL 甲醇，涡旋并转移到 15mL 聚丙烯离心管中，于 4℃、120 00*g* 离心 5min。将上清液转移到较小的玻璃样品瓶中，顶部盖上透气膜，在真空离心蒸发浓缩器中完全干燥。向样品瓶中加入 20μL 的甲氧胺溶液，以中速在涡旋仪上涡旋 30s，使代谢物衍生化。

在具有防结露盖子的孵育器中以 37℃、1000r/min 的条件处理样品 1.5h。将小瓶颠倒一次，使样品与瓶盖表面的冷凝液滴混合，室温、1000*g* 离心 1min。加入 80μL 含有 1% 三甲基氯硅烷的 *N*- 甲基 -*N*- 三甲基硅基三氟乙酰胺进行甲硅烷基化，涡漩 10s。再次在通风橱中，利用孵育器以同样条件培养，之后在室温条件下以 2000*g* 离心 5min。将溶液转移至适合 GC-MS 分析的样品瓶中进行代谢物分析。

4. 蛋白质的酶解（耗时 1d）

室温、15 000*g* 离心样品 5min，弃沉淀，用 FASP 试剂盒和改进后的方法进行酶解。将 400μL 的尿素（8mol/L）缓冲液加入 FASP 柱中。将 50μL 样品加到柱中的 8mol/L 尿素缓冲液内（注意：每管最多加 50μL 的样品，如果有超过 50μL 的样品，使用多管，在消化后合并）。为了确保 FASP 柱能够清除所有可能的干扰物质，如 SDS，30μL 上样量为最佳。将柱子放入 15mL 离心管中，14 000*g*、室温离心 30min。将流经柱子的尿素转移至废液中，再将 400μL 的尿素（8mol/L）加入柱内离心。重复上一步骤，重复 3 次尿素溶液清洗步骤（注意：确保每次柱上的液体流干，如果离心后柱上液体残留超过 30μL，继续离心）。加入 400μL 的碳酸氢铵溶液（50mmol/L），14 000*g* 离心 20min，去液体，重复一次。将柱子移至干净的 15mL 离心管中。加入 75μL 含胰蛋白酶的缓冲溶液，在具有防结露盖子孵育器中于 37℃处理样品 3h，振荡频率为 750r/min。将 40μL 的碳酸氢铵溶液（50mmol/L）加入柱中。将样品在 14 000*g*、室温下离心 15min，将多肽收集到管中，高分子量的污染物会留在柱上。将 40μL 碳酸氢铵溶液（50mmol/L）添加到柱上，再次离心。如果怀疑有 SDS 污染（溶液中可见气泡），则需要使用固相萃取技术继续纯化。

稀释的样品可进行质谱或高效液相色谱分级。分级方法如下：用 10mmol/L 甲酸铵缓冲液（pH 10.0）将样品稀释至 400μL。在高效液相色谱系统上使用 C_{18} 柱进行分级，流速为 0.5mL/min，流动相 A 为 10mmol/L 的甲酸铵缓冲液（pH 10.0），流动相 B 为 10mmol/L 的甲酸铵缓冲液（pH 10.0）和乙腈的混合溶液，体积比 1 ∶ 9。流动相梯度为 0 ～ 10min A 液从 100% 减少到 95%，10 ～ 70min 95% 减少到 65%，70 ～ 85min 65% 减少到 30%，85 ～ 95min 保持 30%。每 1.25min 收集一管肽段溶液（共计 96 管），最后将 12 管或者 24 管合并为一管（每个样本分为 8 个或者 4 个组分）。所有组分在真空干燥仪中完全干燥，在 −20℃条件下储存。

18.4.5.3　小结

在本研究中，研究者使用 MPLEx 提取法在堪萨斯原生草原土壤中鉴定到了 3376 种多肽、105 种脂类、102 种极性代谢物。与土壤微生物群落相比，单个物种的研究中使用试剂盒或其他文献中的方法鉴定到的肽段，与通过 MPLEx 方法鉴定到的肽段种类有更好的重合，可能是土壤中极端复杂的微生物群落结构造成的。值得注意的是，在土壤宏蛋白质组的研究中，由于土壤蛋白质难以提取及其极高的多样性，利用传统的 SDS 提取方法和 MoBio 试剂盒鉴定出的蛋白质种类也没有很好的重合。有趣的是，MPLEx 方法鉴定出比 SDS 提取方法和 MoBio 试剂盒更多的肽段种类，并且检测出大量独有的肽段种类。

本研究的方法具有操作简单、重复性好和样本需要量少的特点，可有效增强分析复杂土壤微生物群落结构的能力和评估生物及环境扰动对土壤微生物群落影响的能力。此外，将该方法应用于微生物纯培养、小鼠大脑皮层组织、人类尿液和拟南芥叶片的研究结果表明，利用 MPLEx 法观察到蛋白质数量与对照方法相似。MPLEx 方法的广泛适用性可使之成为未来多组学研究可利用的方法之一。

18.4.6　其他方面的土壤宏蛋白质组研究

最后，对近年来其他方面的土壤宏蛋白质组学的研究案例进行了汇总（表 18-1）。宏蛋白质组学技术在土壤修复和土壤生态研究等方面展现出很好的应用潜力。

表 18-1 近年来其他方面的土壤宏蛋白质组研究案例

英文标题	中文标题	蛋白质序列参考数据库	蛋白质提取方法	质谱鉴定方法	检测到的蛋白质种类
Soil restoration with organic amendments: linking cellular functionality and ecosystem processes（Bastida et al.，2015b）	有机改良修复土壤：细胞功能和生态系统过程的连接	NCBInr	1. SDS 提取缓冲液中煮 10min 使土壤微生物细胞破碎；2. 三氯乙酸溶液沉淀蛋白质，丙酮清洗蛋白质沉淀 3 遍	酶解，LC-MS/MS	10 818 种蛋白质（1 351 个蛋白质组）
The ecological and physiological responses of the microbial community from a semiarid soil to hydrocarbon contamination and its bioremediation using compost amendment（Bastida et al.，2016a）	半干旱土壤微生物群落对烃类污染的生态生理反应及通过施用堆肥达成的生物修复	NCBInr	1. SDS 提取缓冲液中煮 10min 使土壤微生物细胞破碎；2. 三氯乙酸溶液沉淀蛋白质，丙酮清洗蛋白质沉淀 3 遍	SDS-PAGE，胶内酶解，LC-MS/MS	2 882 种蛋白质
Multi-omics of permafrost，active layer and thermokarst bog soil microbiomes（Jenni et al.，2015）	永久冻土层、活性层和热喀斯特沼泽土壤微生物的多组学研究	宏基因组测序数据组装注释的蛋白质序列，已知的 180 种土壤细菌的蛋白质序列和来自寒冷环境中 13 种微生物基因组的蛋白质序列	1. SDS 提取缓冲液中煮 5min；2. 超声波裂解 2min；3. SDS 提取缓冲液中再次煮 5min；4. 三氯乙酸溶液沉淀蛋白质，丙酮清洗蛋白质沉淀	酶解，LC-MS/MS	大约 7 000 种蛋白质
The active microbial diversity drives ecosystem multifunctionality and is physiologically related to carbon availability in Mediterranean semi-arid soils（Bastida et al.，2016b）	活跃的微生物多样性驱动生态系统的多功能性及其与地中海地区半干旱土壤中的碳有效性的关系	NCBInr	1. SDS 提取缓冲液中煮 10min 使土壤微生物细胞破碎；2. 三氯乙酸溶液沉淀蛋白质，丙酮清洗蛋白质沉淀 3 遍	酶解，SDS-PAGE，LC-MS/MS	3 082 种蛋白质
Proteogenomic analyses indicate bacterial methylotrophy and archaeal heterotrophyare prevalent below the grass root zone（Butterfield et al.，2016）	基于蛋白质基因组学分析草根区土壤中普遍存在的甲烷营养型细菌和异养营养型古菌	宏基因组测序数据组装注释出的蛋白质序列	使用 NoviPure® Soil Protein Extraction Kit（MoBio）试剂盒	酶解，二维液相色谱-串联质谱（2D-LC-MS/MS）	6 835 种蛋白质

18.5 小　　结

在土壤微生物基因组和转录组学研究中，研究人员直接对土壤中微生物的 DNA 和 RNA 进行高通量测序，在基因和转录水平上剖析微生物及其功能基因的种类和数量，在一定程度上揭示了土壤微生物多样性、群落结构及基因功能的变化。但是，这些以核酸为基础的研究不足以揭示发挥功能的关键蛋白质的变化、土壤微生物群落的生态功能。核酸需要在翻译成蛋白质并进行一系列的翻译后修饰加工才能成为功能性酶类，在 mRNA 和蛋白质表达水平往往存在一定的差异。归根结底，蛋白质是各种生理功能的最终执行者和生命活动的直接体现者，它比功能基因和 mRNA 更能直接具体地反映生物功能的表达状态。土壤根际是微生物代谢活跃的区域，土壤-植物-微生物之间以蛋白质为纽带存在着复杂的相互作用。根际土壤微生物蛋白质组学研究从蛋白质水平直接剖析了根际土壤生态系统中微生物功能基因的活性，是考察土壤-植物-微生物之间相互作用的重要工具。

土壤样品组分复杂多变，蛋白质含量低，干扰物质多，极大地增加了土壤蛋白质提取和纯化的难度。土壤微生物蛋白质组学研究首先需要对土壤样品中的蛋白质进行有效提取和纯化，而这也是该研究面临的技术瓶颈。总体而言，通过单独提取土壤胞外蛋白质鉴定到的蛋白质种类很少，数量上远远低于土壤中实际存在的蛋白质种类。相反，土壤微生物蛋白质直接提取法可以提取出土壤中存在的大部分蛋白质（同时包括胞内蛋白质和胞外蛋白质），在后续的质谱检测中可以检测到上千种蛋白质。对于特定土壤，目前还没有通用且高效的土壤蛋白质提取方法用于准确测定实际存在的蛋白质的种类和含量。因此，对于不同的土壤类型，我们需要采用合适的土壤蛋白质提取方法，以确保提取的蛋白质的种类更加完整，更能代表整个土壤微生物群落的真实情况。

土壤微生物蛋白质组学研究中另一关键技术是对蛋白质进行准确的鉴定和定量。土壤蛋白能否被高效鉴定主要取决于两个条件：一是质谱仪的灵敏度和精确性；二是蛋白质数据库的准确性和全面性。前期，通过双向电泳和基质辅助激光解吸飞行时间质谱分析获得的蛋白质种类十分有限。目前，最高效的土壤蛋白质组学质谱技术是LC-MS/MS，可以更进一步提高鉴定到的蛋白质种类、数量和序列覆盖度。除了常规的土壤蛋白质组学研究，稳定同位素标记的蛋白质组学技术越来越受到研究者的关注。不同的稳定性同位素（^{13}C、^{15}N、^{18}O、^{34}S、^{36}S）或者多重同位素标记，可以用来分析微生物群落中活跃的微生物及其碳氮流、极低浓度污染物土壤中关键微生物的响应机制。但protein-SIP技术需要借助MetaProSIP、OpenMS等专业软件对复杂质谱数据进行处理。

过去，由于土壤样品的复杂性和仪器和方法性能的低下，鉴定到的土壤蛋白质大多是一些含量丰富、稳定存在的蛋白质，数量和种类较少，大大限制了关键功能蛋白质的研究。随着土壤蛋白质提取技术和质谱分辨率的提高，土壤微生物蛋白质组学将为我们呈现更多的土壤微生物信息。同时，越来越多的研究将基因、RNA、蛋白质和代谢物等多层次的组学研究整合起来，系统剖析土壤微生物群落的结构和功能及其在土壤氮、碳、磷、硫营养循环中起到的作用，将为农业生产、合理施肥和环境治理提供新的思路。

参考文献

熊艺, 林欣萌, 兰平. 2016. 土壤宏蛋白质组学之土壤蛋白质提取技术的发展. 土壤, 2016(5): 835-843.

Bais H P, Park S W, Weir T L, et al. 2004. How plants communicate using the underground information superhighway. Trends Plant Sci., 9(1): 26-32.

Banos S, Lentendu G, Kopf A, et al. 2018. A comprehensive fungi-specific 18S rRNA gene sequence primer toolkit suited for diverse research issues and sequencing platforms. BMC Microbiol., 18(1): 190.

Barillot C D, Sarde C O, Bert V, et al. 2013. A standardized method for the sampling of rhizosphere and rhizoplan soil bacteria associated to a herbaceous root system. Ann. Microbiol., 63(2): 471-476.

Bastida F, García C, Bergen M V, et al. 2015a. Deforestation fosters bacterial diversity and the cyanobacterial community responsible for carbon fixation processes under semiarid climate: a metaproteomics study. Appl. Soil Ecol., 93: 65-67.

Bastida F, Hernández T, García C. 2014. Metaproteomics of soils from semiarid environment: functional and phylogenetic information obtained with different protein extraction methods. J. Proteomics, 101(7): 31-42.

Bastida F, Jehmlich N, Lima K, et al. 2016a. The ecological and physiological responses of the microbial community from a semiarid soil to hydrocarbon contamination and its bioremediation using compost amendment. J.

Proteomics, 135(7): 162-169.
Bastida F, Moreno J, Nicolas C, et al. 2009. Soil metaproteomics: a review of an emerging environmental science. Significance, methodology and perspectives. Eur. J. Soil Sci., 60(6): 845-859.
Bastida F, Selevsek N, Torres I F, et al. 2015b. Soil restoration with organic amendments: linking cellular functionality and ecosystem processes. Sci. Rep., 5: 15550.
Bastida F, Torres I F, Moreno J L, et al. 2016b. The active microbial diversity drives ecosystem multifunctionality and is physiologically related to carbon-availability in Mediterranean semiarid soils. Mol. Ecol., 25(18): 4660.
Becher D, Bernhardt J, Fuchs S, et al. 2013. Metaproteomics to unravel major microbial players in leaf litter and soil environments: challenges and perspectives. Proteomics, 13(18-19): 2895-2909.
Berruti A, Desirò A, Visentin S, et al. 2017. ITS fungal barcoding primers versus 18S AMF-specific primers reveal similar AMF-based diversity patterns in roots and soils of three mountain vineyards. Environ. Microbiol. Rep., 9(5): 658-667.
Boeddinghaus R S, Nunan N, Berner D, et al. 2015. Do general spatial relationships for microbial biomass and soil enzyme activities exist in temperate grassland soils? Soil Biol. Biochem., 88(1): 430-440.
Bonfante P, Genre A. 2010. Mechanisms underlying beneficial plant-fungus interactions in mycorrhizal symbiosis. Nat. Commun., 1: 48.
Bonfante P, Genre A. 2015. Arbuscular mycorrhizal dialogues: do you speak 'plantish' or 'fungish'? Trends Plant Sci., 20(3): 150-154.
Braid M D, Daniels L M, Kitts C L. 2003. Removal of PCR inhibitors from soil DNA by chemical flocculation. J. Microbiol. Methods, 52(3): 389-393.
Butterfield C N, Li Z, Andeer P F, et al. 2016. Proteogenomic analyses indicate bacterial methylotrophy and archaeal heterotrophy are prevalent below the grass root zone. PeerJ, 4: e2687.
Criquet S, Farnet A, Ferre E. 2002. Protein measurement in forest litter. Biol. Fertil. Soils, 35(5): 307-313.
de Menezes A, Clipson N, Doyle E. 2012. Comparative metatranscriptomics reveals widespread community responses during phenanthrene degradation in soil. Environ. Microbiol., 14(9): 2577-2588.
Delgado-Baquerizo M, Giaramida L, Reich P B, et al. 2016. Lack of functional redundancy in the relationship between microbial diversity and ecosystem functioning. J. Ecol., 104(4): 936-946.
Eng J K, McCormack A L, Yates J R. 1994. An approach to correlate tandem mass spectral data of peptides with amino acid sequences in a protein database. J. Am. Soc. Mass Spectrom, 5(11): 976-989.
Eshel A, Beeckman T. 2013. Plant Roots: the Hidden Half. NewYork: CRC Press.
Guazzaroni M E, Herbst F A, Lores I, et al. 2013. Metaproteogenomic insights beyond bacterial response to naphthalene exposure and bio-stimulation. ISME J., 7(1): 122.
Handelsman J, Rondon M R, Brady S F, et al. 1998. Molecular biological access to the chemistry of unknown soil microbes: a new frontier for natural products. Chem. Biol., 5(10): R245-R249.
Hiltner L. 1904. Uber neuer Erfahrungen und Probleme auf dem Gebiet der Boden Bakteriologie und unter besonderer Beurchsichtigung der Grundungung und Broche. Arbeit. Deut. Landw. Ges. Berlin, 98: 59-78.
Ingle K P, Padole D A. 2017. Phosphate solubilizing microbes: an overview. Int. J. Curr. Microbiol. App. Sci., 6(1): 844-852.
Jagtap P, Goslinga J, Kooren J A, et al. 2013. A two-step database search method improves sensitivity in peptide sequence matches for metaproteomics and proteogenomics studies. Proteomics, 13(8): 1352-1357.
Jain M, Olsen H E, Paten B, et al. 2016. The Oxford Nanopore MinION: delivery of nanopore sequencing to the genomics community. Genome. Biol., 17(1): 239.
James B R, Bartlett R J, Amadon J F. 1985. A root observation and sampling chamber (rhizotron) for pot studies. Plant Soil, 85(2): 291-293.
Jenni H, Waldrop M P, Rachel M, et al. 2015. Multi-omics of permafrost, active layer and thermokarst bog soil microbiomes. Nature, 521(7551): 208.
Jones K M, Kobayashi H, Davies B W, et al. 2007. How rhizobial symbionts invade plants: the *Sinorhizobium-Medicago* model. Nat. Rev. Microbiol., 5(8): 619.
Keiblinger K M, Schneider T, Roschitzki B, et al. 2012. Effects of stoichiometry and temperature perturbations on

beech leaf litter decomposition, enzyme activities and protein expression. Biogeosciences, 9(11): 4537-4551.

Koskinen V R, Emery P A, Creasy D M, et al. 2011. Hierarchical clustering of shotgun proteomics data. Mol. Cell Proteomics, 10(6): M110.003822.

Lagos L, Maruyama F, Nannipieri P, et al. 2015. Current overview on the study of bacteria in the rhizosphere by modern molecular techniques: a mini-review. J. Soil Sci. Plant Nut., 15(2): 504-523.

Lin W X, Wu L K, Lin S, et al. 2013. Metaproteomic analysis of ratoon sugarcane rhizospheric soil. BMC Microbiol., 13(1): 135.

McNear Jr D H. 2013. The rhizosphere-roots, soil and everything in between. Nature Education Knowledge, 4(3): 1.

Miller D N, Bryant J E, Madsen E L, et al. 1999. Evaluation and optimization of DNA extraction and purification procedures for soil and sediment samples. Appl. Environ. Microbiol., 65(11): 4715.

Muth T, Benndorf D, Reichl U, et al. 2013. Searching for a needle in a stack of needles: challenges in metaproteomics data analysis. Mol. Biosyst., 9(4): 578-585.

Nesvizhskii A I, Aebersold R. 2005. Interpretation of shotgun proteomic data. The Protein Inference Problem, 4(10): 1419-1440.

Newman E. 1985. The rhizosphere: carbon sources and microbial populations. Ecological Interactions in Soil: Plants, Microbes and Animals, 1985: 107-121.

Nicora C D, Anderson B J, Callister S J, et al. 2013. Amino acid treatment enhances protein recovery from sediment and soils for metaproteomic studies. Proteomics, 13(18-19): 2776-2785.

Nicora C D, Burnum-Johnson K E, Nakayasu E S, et al. 2018. The MPLEx Protocol for multi-omic analyses of soil samples. JoVE, (135): 57343.

Pavoković D, Križnik B, Krsnik-Rasol M. 2012. Evaluation of protein extraction methods for proteomic analysis of non-model recalcitrant plant tissues. Croat. Chem. Acta, 85(2): 177-183.

Pii Y, Mimmo T, Tomasi N, et al. 2015. Microbial interactions in the rhizosphere: beneficial influences of plant growth-promoting rhizobacteria on nutrient acquisition process: a review. Biol. Fertil Soils, 51(4): 403-415.

Raghothama K G. 1999. Phosphate acquisition. Annu Rev Plant Physiol. Plant Mol. Biol., 50: 665-693.

Roberts P, Jones D L. 2008. Critical evaluation of methods for determining total protein in soil solution. Soil Biol. Biochem., 40(6): 1485-1495.

Saeed F, Hoffert J D, Knepper M A. 2014. CAMS-RS: clustering algorithm for large-scale mass spectrometry data using restricted search space and intelligent random sampling. IEEE/ACM Trans. Comput. Biol. Bioinformatics, 11(1): 128-141.

Schoch C L, Seifert K A, Huhndorf S, et al. 2012. Nuclear ribosomal internal transcribed spacer (ITS) region as a universal DNA barcode marker for fungi. P. Natl. Acad. Sci. USA, 109(16): 6241-6246.

Searle B C. 2010. Scaffold: a bioinformatic tool for validating MS/MS-based proteomic studies. Proteomics, 10(6): 1265-1269.

Simon C, Daniel R. 2011. Metagenomic analyses: past and future trends. Appl. Environ. Microbiol., 77(4): 1153-1161.

Spence C, Bais H. 2013. Probiotics for plants: rhizospheric microbiome and plant fitness. Molecular Microbial Ecology of the Rhizosphere, 1: 713-721.

Spivak M, Weston J, Bottou L, et al. 2009. Improvements to the percolator algorithm for peptide identification from shotgun proteomics data sets. J. Proteome Res., 8(7): 3737-3745.

Starke R, Kermer R, Ullmann-Zeunert L, et al. 2016. Bacteria dominate the short-term assimilation of plant-derived N in soil. Soil Biol. Biochem., 96(3): 30-38.

Tanca A, Palomba A, Deligios M, et al. 2013. Evaluating the impact of different sequence databases on metaproteome analysis: insights from a lab-assembled microbial mixture. PLoS ONE, 8(12): e82981.

Vessey J K. 2003. Plant growth promoting rhizobacteria as biofertilizers. Plant Soil, 255(2): 571-586.

Wallenius K, Rita H, Simpanen S, et al. 2010. Sample storage for soil enzyme activity and bacterial community profiles. J. Microbiol. Methods, 81(1): 48-55.

Weston L, Bauer K, Hummon A. 2013. Comparison of bottom-up proteomic approaches for LC-MS analysis of complex proteomes. Anal. Methods, 5(18): 4615-4621.

Woese C, Fox G. 1977. Phylogenetic structure of the prokaryotic domain: the primary kingdoms. Proc. Natl. Acad. Sci. USA, 74(11): 5088-5090.

Wöhlbrand L, Trautwein K, Rabus R. 2013. Proteomic tools for environmental microbiology: a roadmap from sample preparation to protein identification and quantification. Proteomics, 13(18-19): 2700-2730.

Wooley J C, Godzik A, Friedberg I. 2010. A primer on metagenomics. PLoS Comput. Biol., 6(2): e1000667.

Yang B, Wang Y, Qian P Y. 2016. Sensitivity and correlation of hypervariable regions in 16S rRNA genes in phylogenetic analysis. BMC Bioinformatics, 17: 135.

Yao Q M, Li Z, Yang S, et al. 2018. Community proteogenomics reveals the systemic impact of phosphorus availability on microbial functions in tropical soil. Nat. Ecol. Evol., 2(3): 499-509.

Yin X F, Yang Z, Liu X, et al. 2015. Systematic comparison between SDS-PAGE/RPLC and high-/low-pH RPLC coupled tandem mass spectrometry strategies in a whole proteome analysis. Analyst, 140(4): 1314-1322.

第 19 章
植物生物钟与蛋白质组研究

19.1 从生物钟调控的时间特异性视角看问题

“A rose is not necessarily and unqualifiedly a rose; that is to say, it is a very different biochemical system at noon and at midnight.”这是“生物钟（circadian clock）之父”科林·皮登觉（Colin Pittendrigh）曾说过的一句很有深意的话，大意是“一朵玫瑰未必毫无疑问的就是那朵玫瑰，更确切地说，（从生物钟的角度来看）在正午和子夜时分，它是非常不同的生化系统。”上面这段话并不是凭空而来，随着植物生物钟研究的深入，越来越多的证据表明在生物钟调控下，植物体内几乎所有的生理生化反应和新陈代谢过程均表现出明显的近 24h 节律性，也就是说它们具有时间特异性。从植物蛋白质组学角度来看，不同组织器官和细胞水平上蛋白质的合成或降解、蛋白质修饰和去修饰、蛋白复合体构成组分、招募动态和生物学功能、表观修饰、酶活性等在一天之中都可能表现出生物钟调控的节律性振荡。正因如此，时间特异性是进行相关研究需要考虑的关键因素之一，如果脱离时间因素去考虑问题，可能会得出不完整甚至是错误的结论。

从分子生物学角度来看，植物体内不同信号途径构成了极其复杂的网络系统，有些信号既相互补充又相互拮抗，如“生长和抗性”就是很难调和的两个因素：过表达抗性基因虽然会提高植物的抗逆性，但是由于有限的资源和能量被抗逆信号途径消耗，长期下去就会严重抑制正常的生长发育；反之，如果将全部的资源和能量用于生长，则会导致植物在严酷自然环境中的生存能力受到影响。当然在实际情况中，植物自身有相当“聪明”的机制去解决这类问题，在长期自然选择过程中，植物进化出了生物钟调控机制，为植物体提供了一套从时间特异性角度出发平衡生长和抗性矛盾的机制，从而可以有效地避免上述两种极端情况的发生。生物钟在调控植物生长发育和环境适应性过程中同时具备“预测”与“门控”两种机制。生物钟的预测功能是指其可以赋予植物“未卜先知”的能力，使植物体可以提前预知发生节律性变化的环境因子，从而为即将执行的生理生化反应和新陈代谢过程提前做好准备，如在白天需要进行光合作用之前就启动相应基因的转录和相关蛋白的翻译，在晚上则关闭这一类基因的表达以避免浪费生物体有限的宝贵资源和能量；相反的情况是，在晚上寒冷胁迫到来之前就准备好一系列与抗寒机制相关的组分，在白天又会把冷胁迫相关的不必要的转录、翻译和代谢等途径关闭。植物的生物钟在长期进化过程中与对自身有害或有益生物的生物钟可能存在相互选择机制，如以植物为食的害虫或帮助植物传粉的昆虫也遵循各自的昼夜节律，植物生物钟与害虫或益虫的生物钟之间可能存在协同进化的现象，植物会在害虫或益虫活动的特定时间段产生一系列的拮抗物质进行抵御或者释放芳香类物质进行吸引。生物钟的门控机制则是指由于生物钟的存在，植物一天之内诸多生理生化反应乃至新陈代谢途径不是一成不变的，而是处于节律性振荡状态，也就是说一天之中从转录到代谢的某些组分在不同时间点是有很大差异的，这些组分或信号途径的差异综合起来就会影响植物体在一天之中不同时间点对内外信号的响应能力，由于生物钟导致植物在一天之内的生理生化反应和新陈代谢水平不同，进而影响植物对内外环境的响应能力，这就是生物钟的门控作用。总体而言，参与同一类生理生化反应或代谢途径的组分会在比较接近的时间段被激活达到波峰，而在另外的时间段被抑制趋于波谷，一般来讲，同一类组分或信号途径会呈现出一种协同效应。为了便于理解，举个具体的例子，如在一天之中不同的时间点施加冷胁迫处理，则植物体响应冷胁迫的基因（被冷胁迫诱导或抑制）在不同时间点被诱导或抑制的程度是不同的，这说明生物钟对冷胁迫响应基因的表达具有门控效应。

19.2 植物内源生物钟研究

生物钟节律（circadian rhythm）是生物体内源性（endogenous）、可牵引（entrainable）的近 24h 节律现象。在漫长的进化历程中，承载生命的地球绕自转轴与黄道面成 66.34° 夹角，自西向东自转，地球自转的同时也在围绕太阳进行公转，而月亮也在围绕地球公转，上述天文现象导致自然界的光照强度、光质、温度、湿度、营养、食物、潮汐、重力、磁场等环境因素均产生周期性变化。地球上诸多物种为适应环境信号的节律性变化，进化出不同的内源性生物钟（biological clock）调控机制。其中可以感知并预测环境信号节律性变化，维持近 24h 周期节律的生物钟最为关键，因为其在物种的生长发育、新陈代谢及环境适应中起重要作用，10 多年来其一直是时间生物学（chronobiology）领域研究的热点，而时间生物学逐步成为跨物种跨领域的热门学科之一，其中植物生物钟研究成为时间生物学重要的分支领域（Bendix et al.，2015；Greenham and McClung，2015；Mora-Garcia et al.，2017）。生物钟通过整合环境信号与内源生理、生化、分子等多重调控网络，使内外因子达到时间和空间的同步。研究结果表明，双子叶模式植物拟南芥中 89% 的转录组（transcriptome）受到生物钟系统、温度周期或光周期其中至少一种情况调控，对水稻、玉米、大豆等作物昼夜（diurnal）或近日（circadian）节律的转录组高通量分析也得到了相似的结果（Covington et al.，2008；Hudson，2010；Khan et al.，2010）。

10 多年来，有关植物生物钟调控的分子机制研究多以模式植物拟南芥为研究材料，并逐步拓展到大豆、玉米、水稻、白菜和番茄等重要农作物上，虽然在作物领域没有深入研究生物钟或揭示其调控的分子机制，但是陆续报道的一些生物钟基因均影响重要农艺性状（Xie et al.，2015；Muller et al.，2016；Mora-Garcia et al.，2017）。植物生物钟领域陆续发表的高水平研究成果揭示出生物钟在组织、器官、细胞及亚细胞不同水平上，以及生理、生化、分子和代谢不同层次上参与调控了诸多周期节律现象，生物钟对植物体光合效率、生物量、杂种优势、对生物和非生物逆境胁迫的抗性及农产品收获后贮藏等重要农艺性状具有重要影响。从作物生物钟研究趋势来看，进一步揭示作物生物钟调控重要农艺性状的分子作用机制必将成为未来研究的重点，将生物钟理论应用于农业生产也是该领域未来的长期目标，如通过改良作物生物钟进而改善品种的环境适应性和抗逆性、拓展品种的栽培地域性、提高品种的产量和品质，相关研究在农业生产中展现出广阔的应用前景（Ni et al.，2009；Wang et al.，2011a；Bendix et al.，2015）。

19.3　整合内外环境信号的植物生物钟系统

植物生物钟系统由三部分组成：①输入途径（input pathway），由红光受体 PHY、蓝光受体 CRY 等及其他未知组分组成，将自然界光、温度、营养和湿度等环境信号（也被称作授时因子，zeitgeber）的变化传递给生物钟核心振荡器；②生物钟核心振荡器（core oscillator），由转录及转录后水平上多重反馈环路构成复杂的调控网络，包括了转录、表观修饰、RNA 选择性剪接、翻译、蛋白质修饰、蛋白质间动态互作和蛋白质降解等不同层次的调节机制；③输出途径（output pathway），受生物钟系统精细调控的生理生化反应和新陈代谢途径，指生物钟核心组分通过直接或间接调节其靶基因或蛋白质的节律性表达，参与调控诸多植物生长发育过程中关键的生理、生化、代谢过程，如基因转录和蛋白质合成、酶活性调控、细胞游离钙离子浓度振荡、可逆磷酸化等蛋白质修饰、激素合成 / 分泌与相关信号转导、非生物和生物胁迫抗性反应（如 ROS 信号、植物天然免疫），以及依赖光 / 温周期的开花时间调控、叶绿体移动、气孔开闭、下胚轴伸长、叶片运动等植物周期性活动（徐小冬和谢启光，2013；Sanchez and Kay，2016；Lu et al.，2017a）（图 19-1）。目前，已有 60 多个生物钟相关基因（其缺失突变体或超表达植株和野生型相比具有周期节律表型：表征生物钟的三要素——周期、振幅和相位与野生型相比有显著差异）被鉴定报道，多数基因的调控关系也被逐步揭示。研究表明，植物生物钟核心组分明显多于动物生物钟，具有高度复杂的信号调控网络，推测可能与植物的固着生长有关，当植物面临胁迫时无法像动物一样选择迁移或逃离，因此需要更为复杂的机制去增强其环境适应能力，而生物钟恰恰为机体提供了预知环境周期性信号并提前做出响应的能力。

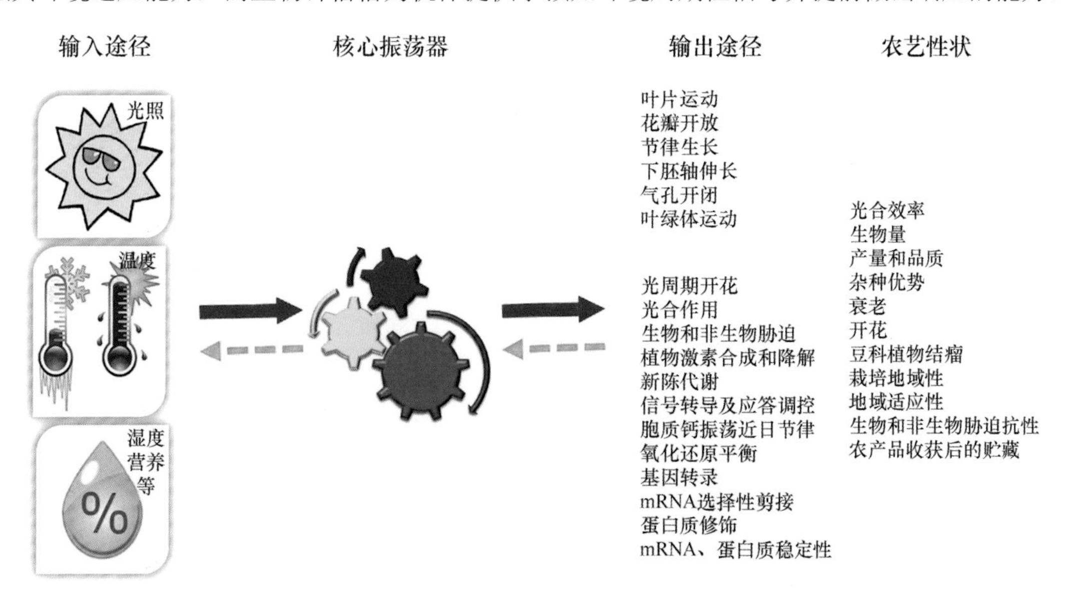

图 19-1　植物 / 作物生物钟通过整合环境信号调控重要农艺性状

相较于动物，由于植物固着生长、无法移动，需要更加迅速和精细的调控机制响应环境的节律性变化，因此植物生物钟核心组分更加多样，分子调控机制也高度复杂，植物生物钟调控网络由多重转录 – 翻译反馈环路（transcriptional-translational feedback loop，TTFL）组成；根据核心生物钟基因转录高峰在 24h 昼夜周期中出现的时段，相关基因可划分为早晨基因（morning-phased gene，由 *CCA*、*LHY*、*RVE8*/*RVE4*/*RVE6*、*LNK* 及 *PRR9*/*PRR7* 组成）和傍晚基因（evening-phased gene，由 *PRR5*、*PRR3*、*TOC1*、*GI*、*LUX*、*ELF3*、*ELF4* 组成）（Dixon et al.，2011；Helfer et al.，2011；Hsu et al.，2013；Xie et al.，2014）。研究表明，同源基因 *CCA1*/*LHY* 和从早晨到傍晚依次达到表达高峰的 *PRR* 家族成员构成最为重要的反馈抑制循环，CCA1/LHY 参与激活早晨基因 *PRR9* 和 *PRR7* 的转录，但抑制 *PRR5*、*PRR3* 和 *TOC1* 的转录（Hsu and Harmer，2014）；而 PRR 反过来抑制 *CCA1*/*LHY* 的表达（Huang et al.，2012）。RVE8/RVE4 作为转录激活因子在某种程度上起到拮抗 CCA1/LHY 的作用，其激活作用依赖于 LNK1/LNK2 转录辅助因子（Xie et al.，2014）。ELF3、ELF4、LUX 三者形成傍晚复合体抑制以 *PRR9*/*PRR7* 为代表的早晨基因表达（Huang and Nusinow，2016）。ZTL 为生物钟相关蓝光受体，蓝光可以特异地促进 ZTL 与 GI 蛋白互作，GI 在某种程度上具有伴侣蛋白功能，可与 HSP90 和 ZTL 形成蛋白复合体促进 ZTL 成熟，进而间接通过 ZTL 影响 PRR5/TOC1 的降解，在转录后水平参与生物钟调控（Cha et al.，2017）（图 19-2）。近年来，植物生物钟领域发表的文章不仅从转录水平阐述了生物钟复杂的调控关系网络，而且从多个角度揭示了转录后调控机制在生物钟系统中的重要作用，包括生物钟关键组分在蛋白质水平上的相互作用、磷酸化修饰对生物钟蛋白质功能的影响、mRNA 选择性拼接及稳定性、蛋白质稳定性（蛋白质降解机制）、生物钟蛋白质的亚细胞定位和生物钟系统调控的组蛋白转录后修饰等（Seo

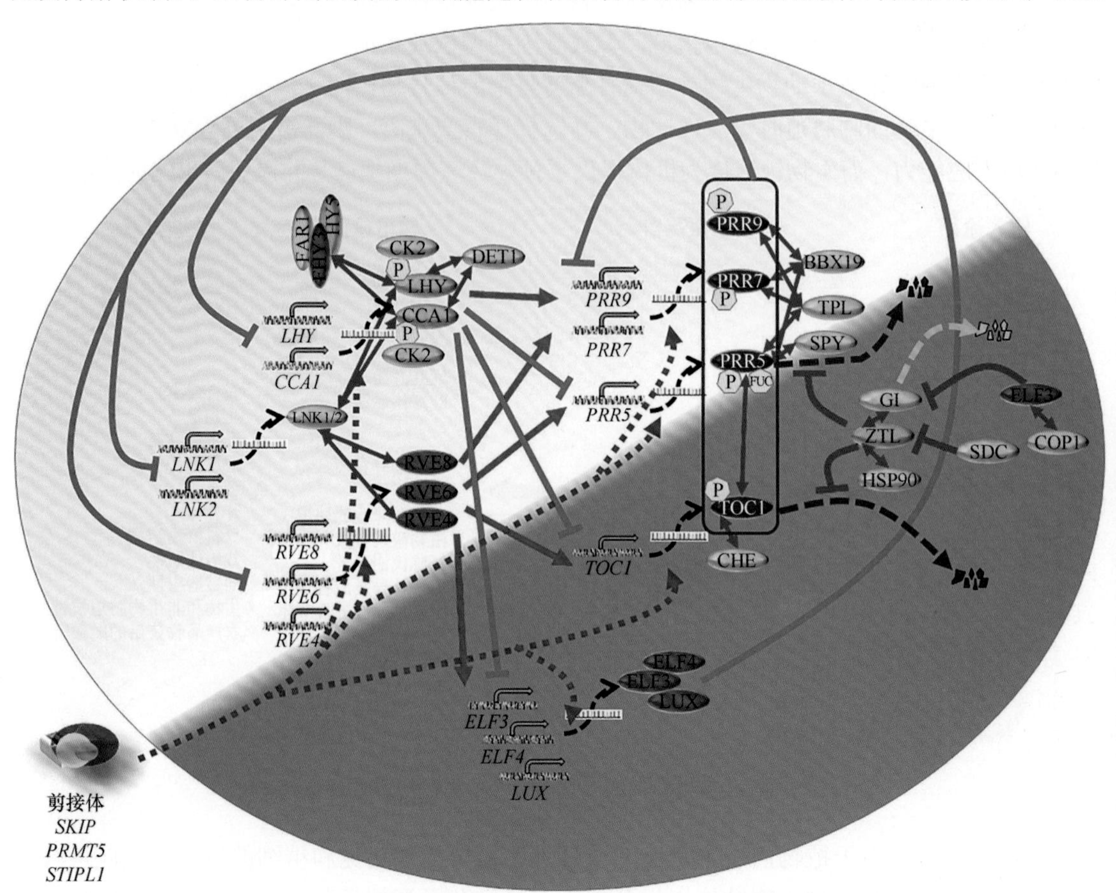

图 19-2 拟南芥生物钟关键基因转录及转录后水平调控简图（修改自谢启光和徐小冬，2015）

椭圆内明亮部分的基因和蛋白质为早晨基因 / 蛋白，灰暗部分的为傍晚基因 / 蛋白；鲜红色线和箭头表示正调控，蓝色线和短线表示负调控，深红色线表示蛋白质相互作用，藏青色间隔线表示蛋白质降解途径，紫色间隔线表示 mRNA 选择性拼接调控方式，黄色圆圈内标注 P 表示蛋白质磷酸化，黄色圆圈内标注 FUC 表示 *O*-岩藻糖基化，斜体文字结合基因转录图标表示基因转录水平，文字结合小椭圆表示蛋白质

and Mas，2014）。此外，从代谢角度来看，生物钟参与调控了诸多代谢途径的关键步骤，生物钟不仅调控碳水化合物代谢、氮元素吸收、铁或铜代谢稳态、胞质钙振荡的日节律，而且这些代谢过程会对生物钟产生负反馈调节（Xu et al.，2007；Salome et al.，2013；Haydon et al.，2015；Perea-Garcia et al.，2016）。生物钟同时调控了所有植物激素的合成与代谢关键限速酶，从整体来讲生物钟对于植物激素参与调控信号转导网络起到了门控作用，一天之中植物对激素的响应程度有很大的不同，可能是由于很多相关基因、蛋白质、代谢组分等都有各自的节律性，这种不同时间点相关组分相对含量的差异，可能最终导致了响应程度的差异。研究表明，脱落酸（abscisic acid，ABA）、油菜素内酯（brassinolide，BL）、水杨酸（salicylic acid，SA）、植物生长素（auxin）、细胞分裂素（cytokinin，CK）不仅受生物钟调控，而且对生物钟有一定程度的负调控作用，其中外源施加ABA和BR对近日节律周期长短似乎有拮抗作用，此外植物激素的浓度和处理方式不同对节律的调控作用也有很大不同，而茉莉酸（jasmonic acid，JA）、赤霉素（gibberellin，GA）、乙烯（ethylene）主要位于生物钟输出途径中，目前没有其可对生物钟产生负反馈调节的报道（Thain et al.，2004；Hanano et al.，2006；Sanchez and Kay，2016）。总而言之，生物钟调控是转录和转录后水平上的多重复杂调控，极大地提高了生物体的环境适应性，生物钟对于生物体内生命活动过程中转录组、蛋白质组、新陈代谢组等极其复杂的物质与信息流起到了“时空协调或时空隔离”效应，保证了在不同时间段和相关组织、器官中，特异性地启动或抑制相应的生理生化过程，从而使得诸如基因转录、蛋白质翻译、生物大分子新陈代谢等活动有节律、有序地进行，增加调控网络中有益的协同作用，减少不必要的拮抗作用，使植物能够最大限度地合理分配有限的能量和资源，增强其环境适应性（Wenden et al.，2012；Endo et al.，2014；Takahashi et al.，2015）。

19.4 转录和转录后调控网络中的生物钟蛋白复合体

简单来讲，植物生物钟核心调控包括转录水平和转录后水平调控两部分。与转录后水平调控相比，转录水平调控研究得较为深入，因为生物钟核心组分大部分属于转录因子或转录辅助因子，同时研究转录调控的技术手段比较多，容易从生理生化和分子层面揭示其信号通路，也比较容易通过遗传材料分析相关表型。目前受到广泛关注的是CCA1/LHY、RVE4/RVE8和LNK1/LNK2参与形成的早晨蛋白复合体，以及ELF3、ELF4和LUX组成的傍晚蛋白复合体。其中，CCA1、LHY主要是早晨表达的转录抑制因子，抑制傍晚基因的表达，如CCA1和LHY可以结合于*TOC1*基因启动子的EE（evening element）元件，进而在清晨抑制*TOC1*的转录（Alabadi et al.，2001）；而同样为MYB类转录因子的RVE4、RVE6、RVE8则同属于LCL（LHY/CCA1-LIKE）蛋白亚家族，主要作为转录促进因子起作用，在一定程度上拮抗CCA1/LHY的作用，如RVE8可以结合于*TOC1*和*PRR5*基因启动子的EE元件，进而在下午促进*TOC1*的转录（Rawat et al.，2011）。另外，两个早晨表达的转录辅助因子LNK1、LNK2可以与CCA1/LHY、RVE4/RVE8形成更为复杂的早晨蛋白复合体，研究表明，RVE4/RVE8的转录激活作用依赖于LNK1/LNK2（Xie et al.，2014）。早晨蛋白复合体可能远比我们想象的要复杂，CCA1和LHY自身之间或它们二者之间就可以形成同源二聚体或异源二聚体起作用，而且*CCA1*的mRNA由于选择性拼接存在两种形式——全长的α形式、失去N端MYB结构域的β形式，CCA1 β形式可以与CCA1 α形式及LHY形成无功能的异源二聚体，在某种程度上对有功能的全长二聚体起到拮抗作用（Seo et al.，2012）。越来越多的实验结果证明 CCA1/LHY 可能参与形成多种蛋白复合体行使不同的功能。例如，CCA1/LHY 和 DET1 互作调控 CCA1/LHY 的靶基因，如 *TOC1* 的表达，另外 CCA1 直接和 HY5 互作调控下游靶基因，如 *Lhcb1*3* 的转录，后来相关研究表明 CCA1 和 HY5 及 FHY3 互作，并与 PHYA 信号途径中另一个正调控因子 FAR1 形成蛋白复合体结合于 *ELF4* 启动子区，参与生物钟核心调控（Andronis et al.，2008；Li et al.，2011）。CCA1/LHY 通过与组蛋白修饰复合体中 LDL1/2[lysine-specific demethylase 1 (LSD1)-like histone demethylase，LDL1 和 LDL2] 及 HDA6（histone deacetylase 6）互作调控生物钟核心基因 *TOC1* 的表达（Hung et al.，2018）。MLK1/2（MUT9p-like kinase 1/2）与 DELLA 蛋白 RGA（repressor of ga1-3）竞争性地结合 CCA1，MLK1/2 与 CCA1 结合促进 *DWF4* 的表达，而 RGA 与 CCA1 的结合抑制 *DWF4* 的表达，MLK1/2、RGA 与 CCA1 的竞争性互作，拮抗性地参与了对拟南芥下胚轴伸长的调控（Zheng et al.，2018）。LNK1/LNK2 可能与研究得较为清楚的组蛋白去乙酰化酶复合体（histone deacetylase complex）、Sin3-HDAC 复合体的关键组分 AFR1（SAP30 function-related 1）和 AFR2 互作，目前推测 LNK1/LNK2 的作用除了对和 RVE4/RVE8 形成转录复合体参与 *PRR5*/*TOC1* 的激活，还有可能招募傍晚表达的 AFR1 和 AFR2 直接结合于 *CCA1*、*PRR9* 的启动子引起组蛋白 H3 去乙酰化进而抑制 *CCA1*、*PRR9* 的转录。

相比于早晨蛋白复合体，研究人员很早就提出了傍晚蛋白复合体的概念，研究结果表明，ELF3、ELF4 和 LUX 可以形成异源三聚体，依靠 LUX 直接结合到启动子上抑制相关靶基因的表达（Nusinow et al.，2011）。随着研究的深入，傍晚蛋白复合体也展现出复杂性，通过对 ELF3 互作蛋白质的质谱鉴定，发现 TOC1、TIC、MLK 等一系列蛋白质都可能通过和 ELF3 直接或间接互作，最终形成蛋白复合体发挥作用，但这些鉴定的组分和傍晚蛋白复合体的关系有待进一步揭示（Huang et al.，2016）。早期研究表明，ELF3 和 COP1 的互作促进了 COP1 与 GI 互作，进而导致 GI 和 ELF3 自身的降解（Yu et al.，2008）。和早晨蛋白复合体类似，傍晚蛋白复合体也参与了表观调控，研究表明 ELF3 与 HDA9（histone deacetylase 9）直接互作，通过影响 *TOC1* 启动子区结合组蛋白 H3 的去乙酰化，主要在 *TOC1* 表达峰下降时段起到抑制 *TOC1* 转录的作用（Lee et al.，2019）。光周期依赖的开花调控也有类似的机制，傍晚蛋白复合体与 HOS15 和 HDA9 共同结合于 *GI* 启动子区，使得 *GI* 启动子区结合的组蛋白 H3 去乙酰化，抑制了 *GI* 的转录（Park et al.，2019）。ELF3 还可以通过不依赖于傍晚蛋白复合体的方式单独和 PIF4 的 bHLH 结构域直接互作，从而干扰 PIF4 与靶基因的结合，上述调控方式与傍晚蛋白复合体在转录水平抑制 *PIF4* 表达的调控方式协同作用，共同影响 PIF4 参与的生长发育调控。ELF3 参与了 PIF4 介导的拟南芥热形态建成，其中两个 B-box 结构域蛋白家族成员 BBX18 和 BBX23 在环境温度升高时通过与 ELF3 互作，减少了高温条件下 ELF3 蛋白的积累，进而解除 ELF3 对 PIF4 的抑制作用，促进了下胚轴伸长这一热形态建成表型出现（Ding et al.，2018）。PRR 家族成员 PRR5、PRR3 和 TOC1 属于傍晚表达的组分，抑制了 *CCA1*、*PRR9*、*PRR7* 等一系列靶基因的转录（Hsu and Harmer，2014）。维管特异表达的 PRR3 通过与 TOC1 互作，干扰了 ZTL 依赖的 TOC1 降解，在傍晚特定时间段稳定了 TOC1 蛋白（Para et al.，2007）。PRR5 通过与 TOC1 直接互作不仅增强了 TOC1 的磷酸化程度，而且促进了 TOC1 的入核（Wang et al.，2010）。PIF4 除了与 ELF3 有互作，也可以与 TOC1 直接互作，通过生物钟门控（gating）机制抑制拟南芥的热形态建成（Zhu et al.，2016）。

目前生物钟相关蛋白复合体作用机制的研究越来越重视时间因素，研究蛋白质互作不仅涉及蛋白质之间是否存在互作和互作强度如何，研究人员还开始考虑互作蛋白质在一天之内的动态变化，以 LNK1/LNK2、CCA1/LHY、RVE4/RVE8 为例，由于生物钟调控了基因转录和拼接水平的节律性，也调控着蛋白质降解的节律性，上述转录、翻译直到降解的过程都可以导致蛋白质丰度呈现出节律性（Jones et al.，2012；Hsu and Harmer，2014），因此蛋白质互作形成的复合体也明显受到生物钟调控（Xie et al.，2014）。在归纳调控模型时，近几年越来越多的文章开始考虑白天和晚上蛋白复合体的组成差异，试图更加合理地解释相关问题（Nieto et al.，2015；Song et al.，2018；Hung et al.，2019）。

19.5　植物生物钟蛋白的修饰

除了从转录到翻译水平调控，植物生物钟网络还存在许多翻译后水平调控机制，蛋白质修饰是翻译后调控的主要方式之一。蛋白质磷酸化作为一种常见的信号转导和基因水平调控方式，能够调控酶活性、蛋白质定位、蛋白质稳定性和蛋白质与蛋白质之间的相互作用。进化上保守的酪氨酸激酶 2（CK2）参与了 CCA1 和 LHY 的磷酸化，从而影响它们形成二聚体（Nohales and Kay，2016），CK2 对 CCA1、LHY 的磷酸化，是保证生物钟正常运行的环节。研究表明，磷酸化位点突变后的 CCA1 形成二聚体的能力明显减弱，同时与 DNA 结合的能力减弱（Sugano et al.，1998；Daniel et al.，2004；Kusakina and Dodd，2012）。CK2 的 α 亚基突变则导致 CCA1 磷酸化水平的降低、CCA1 蛋白的积累，扰乱了植物内源近日节律，植物对光周期调控的开花变得不敏感（Lu et al.，2011）。对 CK2 的进一步研究表明，CK2 不仅通过磷酸化调控 CCA1 的活性，还通过自身亚基与 CCA1 的相互作用调控 CCA1 的功能（Sugano et al.，1998）。CK2 的 β 亚基也参与调控生物钟的功能，超表达 CKB3（casein kinase Ⅱ beta subunit 3）导致生物钟周期变短。CKB1 和 CKB3 促进了 CCA1 与叶绿素结合蛋白基因 *CAB1* 启动子的结合。在温度依赖下，CKB4 阻碍了 CCA1 与生物钟基因 *PRR7*、*PRR9*、*TOC1* 和 *LUX* 启动子的结合，而 CKB4 蛋白的泛素化降解又受到生物钟调控，这个相互调控过程是生物钟具有温度补偿特性的原因之一（Perales et al.，2006；Kusakina and Dodd，2012；Nohales and Kay，2016）。在 PRR 蛋白家族中，PRR3 被 WNK1 家族蛋白磷酸化（Murakami-Kojima et al.，2002；Nakamichi et al.，2002），PRR5 和 TOC1 被 CK1 家族蛋白磷酸化（Uehara et al.，2019），TOC1 和其他 PRR 家族蛋白的磷酸化状态在一天中呈动态变化，PRR 家族蛋白的磷酸化影响了 PRR 蛋白之间和 PRR 蛋白与其他蛋白质的相互作用（Kusakina and Dodd，2012）。TOC1 和 PRR3 的磷酸化促进了 TOC1 与 PRR3 的相互作用（Fujiwara et al.，2008），PRR5 和 TOC1 通过保守的 N 端序列相互作用形成复合体，PRR5 与 TOC1 的相互作用，促进了 TOC1 的 N 端磷酸化，有助于 TOC1 的入核，参与调控了 TOC1 的核定位（Wang et al.，2010）。PRR 蛋白的降解和其磷酸化程度相关，TOC1、PRR5 可与 E3 泛素连接酶 ZEITLPUTE（ZTL）相互作用，而 TOC1 和 PRR5 的磷酸化程度调控了 ZTL 与 TOC1、PRR5 的结合，同时 ZTL 的活性受到光的影响，在夜晚 ZTL 以 TOC1 为靶蛋白促进其降解（Mas et al.，2003；Kiba et al.，2007；Fujiwara et al.，2008；Kusakina and Dodd，2012）。TOC1 与 PRR3 的相互作用也受到各自磷酸化程度的影响，因为 PRR3 与 TOC1 的互作也是通过 N 端保守序列实现的，所以 TOC1 与 PRR3 的相互作用被认为能够保护 TOC1 不被 ZTL 降解（Fujiwara et al.，2008）。除了蛋白质磷酸化修饰，还有研究发现 CCA1 能够被相素化，在不改变 CCA1 蛋白丰度的情况下，CCA1 相素化可以动态地抑制 CCA1 与 DNA 的结合（Hansen et al.，2017），而 LHY 也被报道能够通过与 E3 泛素连接酶 SINAT5 结合，进而被泛素化，而 DET1 能够与 SINAT5

结合阻止 LHY 的泛素化，DET1 与 SINAT5 均参与了 LHY 蛋白水平的调控（Song and Carre，2005；Park et al.，2010）。

19.6 植物生物钟与环境适应性

植物固着生活的特性和环境因子的复杂性导致植物时刻面临着突然到来的胁迫因子的威胁，同时也会面临生存环境，如光照强度、光质、温度、湿度、营养等日节律和季节节律相对剧烈的周期性胁迫因子的威胁。植物面临的胁迫主要包括两大类：第一类是非生物胁迫，包括干旱胁迫、冷害和冻害胁迫、盐碱胁迫等；第二类是生物胁迫，包括细菌、真菌、病毒等引起的病害，寄生的线虫病害，地上、地下虫害，螨类虫害和软体虫害等。许多植物有明显的区域/地域适应性，以大豆、小麦等一些农作物为例，如果跨地域种植，其产量等农艺性状就会受到严重影响，通俗来讲就是“橘生淮南则为橘，橘生淮北则为枳”的现象。例如，在大豆生产中，中国和美国这种跨多纬度种植大豆的国家，不同纬度大豆种植区域的温度、水分及日长等气候条件不同，对品种适应性要求也不同。研究表明，非生物胁迫、生物胁迫及地域适应性都与生物钟存在紧密的联系，越来越多的文章试图从不同角度解析植物生物钟与环境适应性的关系。

生物钟参与非生物胁迫信号转导研究较多的是干旱胁迫、冷害和冻害胁迫及盐胁迫，许多关键的生物钟基因，如 *CCA1/LHY*、*PRR* 家族成员 *GI*、*COR27/COR28* 等突变体和超表达植株都具有胁迫抗性或敏感表型，并在转录或转录后不同层次调整了抗性反应。其中，温度信号本身可以通过输入途径直接影响生物钟，干旱也对生物钟有明显的负反馈调节（Seo and Mas，2015）。ABA 信号途径对于植物的环境适应性至关重要，生物钟调控网络和 ABA 信号转导通路之间存在很多共同的调控节点。生物钟核心组分之一的 TOC1，最早是被作为种子中 ABI3 的相互作用蛋白质（ABI3-interacting protein 1，AIP1）克隆出来的（Kurup et al.，2000）。TOC1 被证实可以直接结合于 *ABAR* 启动子区并调节 *ABAR* 的周期性表达，同时 ABA 可以上调 *TOC1* 的表达，因此 *TOC1* 被认为在干旱胁迫信号途径和生物钟调控网络之间起到分子开关的作用（Legnaioli et al.，2009）。研究表明，处于拟南芥生物钟核心循环、与 *TOC1* 属同一基因家族的 *PRR5/PRR7/PRR9* 在植物适应低温、高盐和干旱胁迫中也起到了重要作用，*prr5 prr7 prr9* 三重突变植株中 ABA 含量比野生型明显提高，而且利用基因芯片研究的转录组结果显示，ABA 合成途径关键基因表达也相应显著上调（Fukushima et al.，2009；Nakamichi et al.，2009）。PRR7 调控的一些靶基因同时受到 ABA 调控，对 *PRR7* 基因突变体、超表达植物与野生型对 ABA 响应差异的比较研究表明，*PRR7* 至少部分参与了 ABA 的时间依赖性信号转导反应（Liu et al.，2013）。ABA 的下游信号具有很强的组织特异性和时间特异性，如 ABA 在种子休眠和萌发过程中起了重要作用，值得指出的是，在种子萌发过程中，即使没有光和温度信号的刺激，随着休眠的结束，内源生物钟也能够自动“苏醒”，开始以近 24h 为周期的节律振荡（Salome et al.，2008）。最近的研究结果初步揭示了在种子萌发过程中 ABA 信号、GA 信号与生物钟调控之间的相关性，生物钟核心组分 CCA1、LHY 及 GI 在种子休眠和萌发过程中起到了很关键的调控作用。与野生型比较，*cca1 lhy* 双突变体和 *gi* 单突变体在不同温度处理下萌发率表现出显著差异，成熟干燥种子的生物钟基因转录停滞在相当于暗周期状态，但是在吸胀作用后可以与周围环境同步，迅速开始节律性振荡（Penfield and Hall，2009；Penfield and King，2009）。气孔运动是在一个生理学水平上受到 ABA 和生物钟共同调控的很好例证。ABA 通过诱导气孔关闭直接参

与调控叶片 CO_2 交换和水分蒸腾散失。与此同时，气孔开闭处于生物钟调控之下，而且研究表明在水分缺失中度胁迫的情况下 ABA 对气孔的作用效果在下午明显高于早晨（Correia et al.，1995）。在生物钟核心基因 *TOC1* 缺失突变体中，ABA 介导的对干旱的抗性反应被弱化了许多（Legnaioli et al.，2009）。芯片分析结果表明，许多 ABA 下游重要信号因子处于生物钟的调控之下，其中受 ABA 诱导上调基因有 41%（492/1194）同时受生物钟调控，受 ABA 诱导下调基因有 39%（500/1282）同时受生物钟调控（Covington et al.，2008），但目前对于这种调控作用的机制及生物学意义知之甚少。ABA 信号与生物钟途径间存在高度的内在联系，另一个强有力的证据是 ABA 处理拟南芥可以延长生物钟节律性振荡周期，而且 ABA 合成突变体 *aba2* 具有短周期表型（Hanano et al.，2006）。植物激素的积累也直接受到生物钟调控，早期研究较多关注乙烯的节律性（Rikin et al.，1984；Finlayson et al.，1998，1999；Thain et al.，2004）。除了 ABA，与植物防御反应信号密切相关的激素 JA 和 SA 的积累也毫无例外地受到生物钟调控，有意思的是，SA 最大积累峰在午夜，而 JA 的最大积累峰在中午，这可能与植物自主防御病虫害的时间有关（Goodspeed et al.，2012），与之相一致的是，下游相应的靶基因也在相同的时间区段达到表达高峰或波谷（Sauerbrunn and Schlaich，2004；Weyman et al.，2006；Wang et al.，2011a）。生物钟基因 *TIC*、*LUX* 和 *CCA1* 都参与了 JA 途径相关的抗性反应（Shin et al.，2012；Goodspeed et al.，2013a，2013b）。生物钟也参与了植物免疫途径中的 ROS 稳态调控，同时 ROS 信号负反馈影响生物钟，其中早晨基因 *CCA1*/*LHY*，傍晚基因 *TOC1*、*TIC*，傍晚蛋白复合体 ELF3-ELF4-LUX 都参与了 ROS 信号的稳态调控（Lu et al.，2017a）。最近一个有趣的研究表明，生物钟调控了植物对不同时段喷施的草甘膦的敏感性，主要是由于草甘膦抗性相关转录本受到生物钟调控（Belbin et al.，2019）。

随着我国航天事业的飞速发展，研究生物钟如何影响植物对地外环境的适应性也是一个很有理论和实践价值的方向。在地外探索的远景规划中，植物在地外维生系统中占有重要地位，而维生系统是航天系统工程重要的环节，直接关系到航天任务的成败。随着航天任务时间的延长，用于维生系统的费用也会大幅度增加。建立地外温室可能是解决较长时间航天任务中高昂费用问题的一种切实可行的方案。因此，国际上航天技术领先国家都投入相当多的研究经费来支持相关的研究工作。其中地外温室建立面临的一些关键问题或多或少与人和植物的生物钟有一定关系：如微重力和太空光照环境对植物生长发育、植物重要农艺性状的影响；短期和长期太空辐射在细胞和基因水平上对种子的诱变作用；地外栽培植物 / 作物对宇航员心理的调适意义；微重力环境对植物向地性、向光性和向水性的影响；太空环境对植物光合作用、呼吸作用和蒸腾作用的影响；太空环境下植物整合组学研究，包括转录组、蛋白质组、代谢组和表型组等各个方面。

19.7　生物钟调控作物重要农艺性状

尽管植物生物钟基因具有高度的保守性（Linde et al.，2017），但将模式植物拟南芥的研究成果在作物中应用也还需要更加谨慎，以大豆为例，大豆属于古四倍体，一般来说，拟南芥中的一个生物钟基因在大豆中一般有 4 个拷贝（图 19-3），因此与拟南芥相比，大豆生物钟基因的多拷贝情况使其生物钟调控机制更为复杂。对白菜生物钟基因多拷贝情况的研究表明，在白菜的进化过程中可能生物钟基因拷贝丢失现象很少发生，有保留的趋势（Lou et al.，2012），这从一个侧面反映了生物钟的重要性。目前有关植物生物钟调控机制的研究成果大多来自对模式植物拟南芥的研究，以作物为研究材料，要考虑更多的因素，如要求更大的栽培空间和更复杂的培养条件、生长周期长、基因组复杂、突变体难以获得等。由于上述原因，真正涉及作物生物钟调控机制的研究成果少之又少，但已经有很多有关作物生物钟基因参与重要农艺性状调控的文章，其中报道最多的是生物钟参与了光周期依赖的开花调控（Bendix et al.，2015）。在作物长期人工驯化过程中，人类在选育优良作物品种时，会将高产、优质、高抗和地域适应性等作为首要因素考虑，而这些关键农艺性状和生物钟密切相关，因此作物生物钟调控机制及其在农业生产中的应用，这两方面都有很多问题值得深入研究。例如，作物生物钟多拷贝基因的生物学意义和功能；单、双子叶作物的生物钟分子调控网络及其功能异同；生物钟如何参与调控短日照植物和长日照植物开花、生物和非生物抗性、品种的地域性、产量和品质等，以上诸多问题都值得深入研究。

Glyma.16G017400	GmLCLa1
Glyma.07G048500	GmLCLa2
Glyma.03G261800	GmLCLb1
Glyma.19G260900	GmLCLb1

Glyma.10G048500	GmRVE48a1
Glyma.13G136300	GmRVE48a2
Glyma.19G178000	GmRVE48b1
Glyma.03G177300	GmRVE48b2

Glyma.04G050200	GmELF3a
Glyma.14G091900	GmELF3b1
Glyma.17G231600	GmELF3b2
Glyma.07G013500	GmELF3L1
Glyma.08G197500	GmELF3L2
Glyma.11G229700	GmELF4a1
Glyma.18G027500	GmELF4a2
Glyma.14G193700	GmELF4-L1a
Glyma.07G037300	GmELF4-L2/4a1
Glyma.16G006700	GmELF4-L2/4a2
Glyma.17G050800	GmELF4-L3a1
Glyma.13G108600	GmELF4-L3a2
Glyma.09G067300	GmELF4-L3b1
Glyma.15G176300	GmELF4-L3b2
Glyma.12G060200	GmLUXa1
Glyma.11G136600	GmLUXa2
Glyma.01G162600	GmLUXb1
Glyma.02G162600	GmLUXLa
Glyma.03G123400	GmLUXLb1
Glyma.19G127000	GmLUXLb2

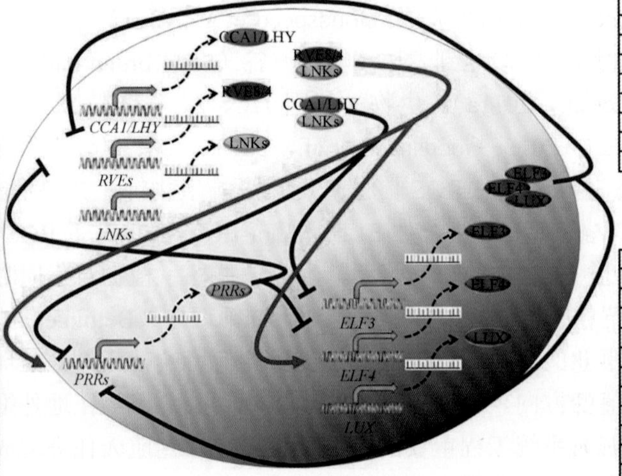

Glyma.08G073300	GmLNK1a1
Glyma.05G118300	GmLNK1a2
Glyma.15G053000	GmLNK1b1
Glyma.08G179400	GmLNK1b2
Glyma.13G199300	GmLNK2a1
Glyma.15G237600	GmLNK2a2
Glyma.11G154700	GmLNK2b1
Glyma.04G141400	GmLNK2b2
Glyma.11G158200	GmLNK34a1
Glyma.04G133400	GmLNK34a2
Glyma.13G191900	GmLNK34b1
Glyma.15G229400	GmLNK34b2

Glyma.19G260400	GmPRR9a1
Glyma.03G261300	GmPRR9a2
Glyma.07G049400	GmPRR9b1
Glyma.16G018000	GmPRR9b2
Glyma.13G135900	GmPRR7a1
Glyma.10G048100	GmPRR7a2
Glyma.04G228300	GmPRR5a1
Glyma.06G136600	GmPRR5a2
Glyma.12G073900	GmPRR3a1
Glyma.U034500	GmPRR5a2
Glyma.05G025000	GmTOC1a1
Glyma.17G102200	GmTOC1a2
Glyma.04G166300	GmTOC1b1
Glyma.06G196200	GmTOC1b2

图 19-3 大豆生物钟多重负反馈循环关键组分多拷贝情况

中间椭圆部分展示的是以模式植物拟南芥为主要材料阐明的生物钟核心调控网络，左上部分浅色区域的生物钟组分为早晨基因/蛋白，右下部分深色区域的生物钟组分为傍晚基因/蛋白，不同颜色的小椭圆表示生物钟蛋白，重叠放在一起表示它们之间可以形成蛋白复合体，其中红色带箭头的线段表示转录激活作用，蓝色带短线的线段表示转录抑制作用。位于两侧的表格展示了大豆生物钟组分存在多拷贝现象

19.7.1 水稻生物钟研究

与模式植物拟南芥相比，作物生物钟研究则刚刚起步。水稻作为重要的农作物，由于各方面研究成果丰富，遗传转化技术成熟，世界范围内以水稻为实验材料的研究团队众多，因此在所有作物中水稻生物钟研究起步最早，成果较多。研究表明，尽管水稻生物钟蛋白和拟南芥有很高的同源性，但从转录调控机制来看也有自身特点。以水稻 *PRR* 家族为例，和拟南芥从清晨到傍晚表达峰间隔约 2h，时序性表达 *AtPRR9*→*AtPRR7*→*AtPRR5*→*AtPRR3*→*AtTOC1* 的“五重奏”现象相比（Makino et al.，2002；Matsushika et al.，2002；Nakamichi et al.，2003），单子叶植物水稻的 *PRR* 同源基因表达高峰先后顺序为 *OsPRR73*（*OsPRR37*）→*OsPRR95*（*OsPRR59*）→*OsPRR1*，在一定程度上反映出 *PRR* 在物种进化过程中出现转录水平的歧化现象（Murakami et al.，2003）。后续研究证明，水稻主要生物钟基因和拟南芥相比

较高度保守，如在拟南芥相应突变体中表达水稻 *OsPRR37* 和 *OsTOC1*，在很大程度上回补了突变体表型（Murakami et al.，2007b）；在拟南芥中异位超表达水稻 *CCA1*、*TOC1* 和 *ZTL* 与超表达拟南芥自身对应基因的表型非常类似（Murakami et al.，2007a）。其中 *OsPRR37* 被证明与增强水稻 Nipponbare 开花调控中光周期的敏感性有关（Murakami et al.，2005）。QTL 分析鉴定出一个与水稻区域和环境适应性相关的抽穗期与光周期敏感位点，*EH7-2*/*Hd2*（*early heading7-2*/*heading date2*），相应基因为 *OsPRR37*，其中一个亲本‘H143’中 PRR37 蛋白的 CCT 结构域（constans, CO-like and TOC1 domain，CCT domain）存在的一个错义突变导致了其突变体的早抽穗表型（Koo et al.，2013）。另外两个 QTL 位点 *Hd6* 和 *Hd16*，对应的基因编码酪蛋白激酶 2α 和 I，遗传分析上位于 *Hd2*（*OsPRR7*），可能通过磷酸化 OsPRR7 发挥作用（Kwon et al.，2015）。组学分析表明，超表达 *OsPRR7* 抑制下游大量靶基因的转录水平并延迟开花时间，而且对靶基因的抑制作用和开花时间的延迟程度与 *OsPRR7* 超表达水平正相关（Liu et al.，2018）。水稻中另外两个重要的生物钟基因 *OsELF3*、*OsGI* 也参与水稻光周期依赖的开花调控。水稻含有两个拷贝的 *ELF*、*OsELF3-1* 和 *OsELF3-2*，其中 *OsELF3-1* 在开花调控中起主效作用，在短日照条件下通过激活 *Ehd1*（*EARLY HEADING DATE 1*）促进开花，在长日照条件下作为抑制因子，通过抑制生物钟基因 *OsPRR37*/*OsPRR73*、*OsGIHd1*，最终解除 *Hd1* 对 *Hd3a*（*FLOWERING LOCUS T*，*FT*）的抑制作用，促进开花，此外 *OsELF3* 也通过抑制 *Ghd7*（*GRAIN NUMBER, PLANT HEIGHT AND HEADING DATE 7*）来调控开花（Zhao et al.，2012；Yang et al.，2013）。与拟南芥相比，水稻 *ELF3* 表现出了更多的功能，在叶片衰老、免疫抗性和抗旱过程中具有重要的作用，*ELF3* 在水稻和拟南芥中对叶片衰老的影响恰恰相反，在黑暗诱导衰老条件下或者自然衰老条件下，*OsELF3-1* 突变体叶片衰老延迟，而 *OsELF3-1* 超表达以后叶片衰老则提前，因此 *OsELF3-1* 促进了叶片衰老进程（Sakuraba et al.，2016）；对水稻稻瘟病免疫反应研究表明，影响水稻稻瘟病菌抗性的蛋白 APIP6（为 E3 泛素连接酶）与 OsELF3-2 存在互作并促进其降解，而 OsELF3-2 则负调控水稻对稻瘟病菌的免疫（Ning et al.，2015）；*OsELF3* 及另外两个生物钟基因 *OsGI*、*OsPRR37* 以不依赖 ABA 的方式参与了水稻逃旱性 / 避旱性（drought escape，水稻通过缩短生活周期来应对缺水环境的一种抗旱机制），而另外一种生物钟核心基因 *OsTOC1* 则通过 ABA 依赖的信号途径参与了抗旱反应（Ning et al.，2015；Sakuraba et al.，2016；Du et al.，2018）。根据拟南芥相关研究，生物钟参与了杂种优势的调控（Ni et al.，2009），水稻研究表明 *OsCCA1*、*OsTOC1* 和 *OsGI* 及其下游的靶基因可能参与植物叶绿素与淀粉代谢的调控过程，暗示了水稻生物钟调控网络也可能参与了水稻杂种优势的形成（Shen et al.，2015）。

19.7.2　大豆和玉米生物钟研究

以大豆生物钟研究为例，最初关于大豆生物钟的文章是对大豆中拟南芥生物钟同源基因的序列进行分析比较，或者进行一些“昼夜节律”（diurnal rhythm）表达模式研究，有关机体内源性“生物钟节律”［circadian rhythm，指在去除了周期性变化的环境信号条件下，如持续光照或黑暗和恒定温度条件下，也称作“自由振荡”（free-running）］的研究则鲜见（Liu et al.，2009；Xue et al.，2012；Li et al.，2013；Bian et al.，2017）。有文献报道了将 *GmELF4*、*GmELF3* 和 *GmLUX* 基因特定拷贝在拟南芥相应突变体中异源表达，并进行了功能验证，结果暗示大豆和拟南芥生物钟蛋白生物学功能既有共性也可能有一定差异（Liew et al.，2017；Marcolino-Gomes et al.，2017），如 *GmLUXc* 可能通过调控 GA 的生物合成来影响花药丝发育等性状（Liew et al.，2017；Marcolino-Gomes et al.，2017）。近些年，陆续有大豆生物钟基因调控农艺性状的成果发表，如通过QTL克隆鉴定的*GmELF3*和*GmPRR3A*/*GmPRR3B*在大豆人工驯化过程中起到了重要作用，与品种的栽培区域性有很大关联，但上述文章并没有真正从生物钟的角度揭示这些基因如何调控相关农艺性状，在很大程度上缺乏进一步的分子机制研究（Lu et al.，2017b；Li et al.，2019）。此外，研究表明豆科植物的结瘤也对生物钟调控存在应答反应（Dalla et al.，2015），推测可能与植物氮源的摄取存在一定的联系（Chiasson et al.，2014），因为已有研究表明氮源可以作为环境授时因子重置生物钟（Gutierrez et al.，2008）。大豆生物钟相关领域也有少量节律相关转录组方面的研究，结果和拟南芥、水稻和玉米等植物非常类似，诸多基因和信号途径都有明显的节律表达模式，并能对干旱等外界逆境信号做出响应（Hudson，2010；Marcolino-Gomes et al.，2014；Rodrigues et al.，2015；Locke et al.，2018）。

玉米生物钟研究进程和大豆类似，最初的研究论文也是对关键生物钟基因序列比较，对其表达模式进行分析及在拟南芥相应突变体中进行功能验证等（Wang et al.，2011b；Tian et al.，2019）；其中也有关于生物钟基因影响玉米农艺性状的报道，如玉米*gi1*突变体在长日照条件下出现提早开花的表型，而在短日照条件下没有明显表现，长日照下突变体的早花表型可能是由*zcn8*（玉米中*FT*同源基因）和*conz1*（玉米中*CO*同源基因）表达上调所引起的（Bendix et al.，2013）。热带地区玉米的*ZmCCA1* mRNA选择性拼接受到光照和干旱胁迫影响，并表现出组织特异性表达的特性，暗示环境因子可以调控玉米生物钟基因的表达（Tian et al.，2019）。玉米杂种优势的研究表明，和拟南芥相似，生物钟早晨基因*CCA1*表达的变化在玉米的杂种优势中起到了关键作用，且*ZmCCA1a*和*ZmCCA1b*与杂交种中光合碳固定、淀粉积累密切相关，可能的原因是CCA1可以结合于和光合相关的早晨基因启动子从而激活其表达（Ko et al.，2016）。玉米生物钟转录组的研究表明，10%左右的基因处于生物钟直接调控之下，诸如光合作用、碳水化合物代谢、激素合成和细胞壁生物发生等诸多途径的关键基因都具有较为强烈的周期节律表达（robust circadian oscillation）模式（Hayes et al.，2010；Khan et al.，2010；Jończyk et al.，2011，2017）。

19.7.3 大麦和其他作物生物钟研究

除水稻、玉米和大豆以外，大麦生物钟参与调控重要农艺性状方面的研究成果也比较多。总体上看，如大麦含有与拟南芥和水稻生物钟基因同源性极高的*HvLHY*（*HvCCA1*）、*HvTOC1*、*HvPPD-H1*/*HvPRR37*、*HvPRR73*、*HvPRR59*、*HvPRR95*、*HvGI*、*HvTOC1*、*HvLUX*和*HvELF3*等，但是*HvPRR*基因表达和拟南芥略有不同，按照*HvPRR73*/*HvPRR37*→*HvPRR95*/*HvPRR59*→*HvPRR1*的顺序表达。大麦生物钟蛋白的功能和转录调控具有一定的保守性，如在拟南芥中超表达*HvCCA1*和拟南芥超表达内源*CCA1*具有相似功能，如超表达*CCA1*同样可以扰乱野生型叶片的延迟荧光、光合速率、蒸腾速率和气孔导度的节律表型，引起下胚轴伸长和开花延迟（Dunford et al.，2005；Campoli et al.，2012；Pankin et al.，2014；Calixto et al.，2015；Kusakina et al.，2015）。此外，大麦和其他单子叶作物中与拟南芥*ELF4*同源的基因在进化中缺失，但是存在两个*ELF4*基因（Calixto et al.，2015）。最早通过图位克隆鉴定得到的冬大麦和春大麦*Ppd-H1*/*ppd-H1*基因是拟南芥*PRR7*的同源基因，通过调控*HvGI*、*HvCO1*、*HvCO2*和*HvFT*的表达进而影响大麦的开花时间，在长日照条件下，*ppd-H1*基因型的大麦与*Ppd-H1*基因型的大麦相比，其关键开花基因*HvFT*表达被显著抑制，也就是说冬大麦随着日照变长很快开花结实，在炎热的夏季到来之前进入收获期，而日照变长不会对春大麦造成显著影响，春大麦会正常生长，直到夏末进入收获期，从这方面看，大麦 *HvPRR37* 和拟南芥 *PRR7* 对开花的调控功能具有明显差别，说明生物钟基因在不同物种中存在功能的歧化。在大麦中 *EAM8* 为拟南芥 *ELF3* 的同源基因，*eam8*（也称 *mat-a*）突变体在短日照、长日照条件下均提前开花、生育期缩短，推测 *EAM8* 通过影响 *HvFT1* 表达和 GA 途径来调控大麦开花时间（Faure et al.，2012；Zakhrabekova et al.，2012；Boden et al.，2014）。拟南芥、水稻、玉米、大豆及其他植物的生物钟转录组研究表明，无论是单子叶植物还是双子叶植物，几乎所有关键信号通路基因和代谢相关关键酶与产物在转录水平上均受到生物钟系统的调控（Filichkin et al.，2011；McClung，2014；Matsuzaki et al.，2015；Sanchez and Kay，2016）。在农业生产长期遗传育种过程中，人类为了实现在不同地域达到高产 / 稳产的目标，都不自觉地筛选出了由生物钟基因参与调控的相关农艺特性（表 19-1）（Hecht et al.，2007；Liew et al.，2009；Izawa et al.，2011，2012；Murphy et al.，2011；Watanabe et al.，2011；Weller et al.，2012；Koo et al.，2013；Bendix et al.，2015；Muller et al.，2016；Sakuraba et al.，2016；Lu et al.，2017b，2020）。这从一个侧面说明了生物钟在作物育种中对于打破地域性限制、提高产量等有重要作用和广阔的应用前景。

表 19-1　主要作物生物钟基因与相应农艺性状

作物		基因名称	拟南芥同源基因	涉及的研究内容
双子叶作物（eudicots）	豌豆（*Pisum sativum*）	*HR*	*ELF3*	生物钟、开花时间调控和光反应
		DNE	*ELF4*	生物钟、开花时间调控
		SN	*LUX*	生物钟、开花时间调控
		LATE1	*GI*	生物钟、开花时间调控
	番茄（*Solanum lycopersicum*）	*EID1*	*EID1*	生物钟
		LNK2	*LNK2*	生物钟
	大豆（*Glycine max*）	*LJ*	*ELF3*	延迟营养生长时间和提高产量
		GmPRR3A/GmPRR3B	*PRR3*	开花时间调控
	白菜（*Brassica rapa*）	*BrGI*	*GI*	开花时间调控、冷胁迫和盐胁迫
单子叶作物（monocots）	水稻（*Oryza sativa*）	*OsGI*	*GI*	生物钟、开花时间调控
		OsPRR37	*PRR3/PRR7*	开花时间调控
		OsELF3-1/OsELF3-2	*ELF3*	生物钟、开花时间调控、免疫和衰老
	大麦（*Hordeum vulgare*）	*HvPRR37*	*PRR3/PRR7*	开花时间调控
		HvGI	*GI*	开花时间调控
		EAM8	*ELF3*	生物钟、开花时间调控
		EAM10	*LUX*	生物钟、开花时间调控
	普通小麦（*Triticum aestivum*）	*Ppd-D1/Ppd-A1/Ppd-B1*	*PRR3/PRR7*	开花时间调控
	一粒小麦（*Triticum monococcum*）	*WPCL1*	*LUX*	生物钟、开花时间调控
	玉米（*Zea mays*）	*ZmGI1*	*GI*	开花时间和生长调控
	高粱（*Sorghum bicolor*）	*SbPRR37*	*PRR3/PRR7*	开花时间调控

19.8 生物钟思维对植物蛋白质组研究的重要意义

目前用于检测植物生物钟表型的方法较多，常用的专业技术手段主要有两种：第一种适用于双子叶植物，可以直接检测叶片节律性运动，该方法不需要转基因，精度较好，具有省时、高通量的特点；第二种需要采用节律性表达基因的启动子驱动的萤光素酶作为报告基因，然后检测转基因植株或组织器官的生物发光节律，该方法因精度高、适用性强等特点被广泛应用（McClung and Xie，2014；Greenham et al.，2015）。对于不易转化的单、双子叶植物，通过延迟荧光的方法检测生物钟节律也展现了一定的优势（Gould et al.，2009），此外利用转报告基因外植体和原生质体也是较好的研究手段（Kim and Somers，2010；Xu et al.，2010）。在转录水平研究生物节律性表型根据不同通量的要求，可利用实时荧光定量PCR、Microarray 或 RNA-Seq 方法直接检测 mRNA 的表达水平。通常节律相关研究的取样方法遵循一定规则，根据研究目的不同有两类，一类是生物钟（circadian）节律取样，另一类是昼夜（diurnal）节律取样，由于生物钟基本特征之一是内源性，因此生物钟相关研究的取样是在持续条件下。例如，将材料经 24h 光照 / 黑暗或高温 / 低温周期下培养后，转入持续光照和恒定温度下，每隔 2h、3h 或 4h 取一次样品（有时也会从转入持续条件 24h 后开始取样），连续取 48 ～ 72h。而对昼夜节律研究一般取 24h，最多多取一个时间点就足够说明问题了，一般会在开灯后 1h 开始取样，这样可以尽量避免开灯或关灯的瞬时影响。描述生物钟表型通常是将数据拟合为正弦或余弦曲线，然后利用拟合的正弦或余弦曲线参数描述生物钟特性，一般包括周期、振幅、相位和中数（徐小冬和谢启光，2013）。此外，为了研究生物钟对光照和温度等授时因子的响应，专业描述生物钟特性的方法包括光强响应曲线（fluence response curve，FRC）、相位响应曲线（phase response curve，PRC）、相位迁移曲线（phase transition curve，PTC）和 Q_{10} 等（Johnson，1992；McClung，2006）。到目前为止，对于植物生物钟表型分析一般侧重周期、振幅和相位 3 个参数，其中周期最受关注，相较于野生型，根据周期的不同，一般将突变体分为短周期（short period）、长周期（long period）、无节律（arrhythmic）三类。目前植物生物钟领域中常用的节律分析方法较多，针对不同的数据类型各有利弊（Zielinski et al.，2014），其中应用最为广泛的是基于 FFT-NLLS 的方法，分析软件为基于 Microsoft Excel 的 BRASS（Biological Rhythms Analysis Software System，http://millar.bio.ed.ac.uk/PEBrown/BRASS/BrassPage.htm），利用集成了多种方法的 BioDare2 网站进行在线分析（https://biodare2.ed.ac.uk/）也是不错的选择。

植物生物钟相关蛋白质组研究目前远远落后于人和哺乳动物生物钟相关研究，植物蛋白质组和生物钟交叉领域的研究工作非常少。近些年来，在医学和哺乳动物蛋白质组学研究领域，越来越多高水平文章从生物钟涉及的时间特异性角度考虑问题，对于不同组织器官处理、取样都会严格考虑一天之中生物钟因素的影响，正因为从实验设计到数据分析，一直把生物钟调控的转录组、蛋白质组和代谢组的节律现象作为重要的考量因素，文章结论更加全面、可靠和有说服力（Chiang et al.，2014，2017；Mauvoisin et al.，2014；Robles et al.，2014；Wang et al.，2017，2018a，2018b，2018c；Hurley et al.，2018；Rey et al.，2018）。与动物领域相比，植物蛋白质组和生物钟交叉领域的研究刚刚开始，如研究水稻蛋白丰度的节律性（Hwang et al.，2011），利用组学方法鉴定 GI、ELF3 的互作蛋白质（Huang et al.，2016；Krahmer et al.，2019），以及研究生物钟调控的蛋白质磷酸化、乙酰化和蛋白质丰度的节律性变化（Choudhary et al.，2015；Uhrig et al.，2019）。总之，随着生物钟调控机制的重要性得到越来越多领域的认可，以及蛋白质组学技术的突破和费用的降低，生物钟领域的研究会越来越多地应用蛋白质组学方法去解决问题，相关交叉领域也会越来越多地从生物钟调控的时间特异性的角度去思考问题。

参 考 文 献

谢启光, 徐小冬. 2015. 植物生物钟与关键农艺性状调控. 生命科学, 27(11): 1336-1344.

徐小冬, 谢启光. 2013. 植物生物钟研究的历史回顾与最新进展. 自然杂志, 35(2): 118-126.

Alabadi D, Oyama T, Yanovsky M J, et al. 2001. Reciprocal regulation between TOC1 and LHY/CCA1 within the *Arabidopsis* circadian clock. Science, 293(5531): 880-883.

Andronis C, Barak S, Knowles S M, et al. 2008. The clock protein CCA1 and the bZIP transcription factor HY5 physically interact to regulate gene expression in *Arabidopsis*. Mol. Plant, 1(1): 58-67.

Belbin F E, Hall G J, Jackson A B, et al. 2019. Plant circadian rhythms regulate the effectiveness of a glyphosate-based herbicide. Nature Communications, 10(1): 3704.

Bendix C, Marshall C M, Harmon F G. 2015. Circadian clock genes universally control key agricultural traits. Mol. Plant, 8(8): 1135-1152.

Bendix C, Mendoza J M, Stanley D N, et al. 2013. The circadian clock-associated gene *gigantea1* affects maize developmental transitions. Plant Cell Environ., 36(7): 1379-1390.

Bian S, Jin D, Li R, et al. 2017. Genome-wide analysis of CCA1-like proteins in soybean and functional characterization of GmMYB138a. International Journal of Molecular Sciences, 18(10): 2040.

Boden S A, Weiss D, Ross J J, et al. 2014. *EARLY FLOWERING3* regulates flowering in spring barley by mediating gibberellin production and *FLOWERING LOCUS T* expression. Plant Cell, 26(4): 1557-1569.

Calixto C P, Waugh R, Brown J W. 2015. Evolutionary relationships among barley and *Arabidopsis* core circadian clock and clock-associated genes. J. Mol. Evol., 80(2): 108-119.

Campoli C, Shtaya M, Davis S J, et al. 2012. Expression conservation within the circadian clock of a monocot: natural variation at barley Ppd-H1 affects circadian expression of flowering time genes, but not clock orthologs. BMC Plant Biol., 12: 97.

Cha J Y, Kim J, Kim T S, et al. 2017. GIGANTEA is a co-chaperone which facilitates maturation of ZEITLUPE in the *Arabidopsis* circadian clock. Nature Communications, 8(1): 3.

Chiang C K, Mehta N, Patel A, et al. 2014. The proteomic landscape of the suprachiasmatic nucleus clock reveals large-scale coordination of key biological processes. PLoS Genet., 10(10): e1004695.

Chiang C K, Xu B, Mehta N, et al. 2017. Phosphoproteome profiling reveals circadian clock regulation of posttranslational modifications in the murine hippocampus. Frontiers in Neurology, 8: 110.

Chiasson D M, Loughlin P C, Mazurkiewicz D, et al. 2014. Soybean SAT1 (Symbiotic Ammonium Transporter 1) encodes a bHLH transcription factor involved in nodule growth and NH_4^+ transport. Proc. Natl. Acad. Sci. USA, 111(13): 4814-4819.

Choudhary M K, Nomura Y, Wang L, et al. 2015. Quantitative circadian phosphoproteomic analysis of *Arabidopsis* reveals extensive clock control of key components in physiological, metabolic, and signaling pathways. Mol. Cell. Proteomics, 14(8): 2243-2260.

Correia M J, Pereira J S, Chaves M M, et al. 1995. ABA xylem concentrations determine maximum daily leaf conductance of field-grown *Vitis vinifera* L. plants. Plant, Cell and Environment, 18(5): 511-521.

Covington M F, Maloof J N, Straume M, et al. 2008. Global transcriptome analysis reveals circadian regulation of key pathways in plant growth and development. Genome Biol., 9(8): R130.

Dalla V V, Narduzzi C, Aguilar O M, et al. 2015. Changes in the common bean transcriptome in response to secreted and surface signal molecules of *Rhizobium etli*. Plant Physiol., 169(2): 1356-1370.

Daniel X, Sugano S, Tobin E M. 2004. CK2 phosphorylation of CCA1 is necessary for its circadian oscillator function in *Arabidopsis*. Proc. Natl. Acad. Sci. USA, 101(9): 3292-3297.

Ding L, Wang S, Song Z T, et al. 2018. Two B-box domain proteins, BBX18 and BBX23, interact with ELF3 and regulate thermomorphogenesis in *Arabidopsis*. Cell Rep., 25(7): 1718-1728.

Dixon L E, Knox K, Kozma-Bognar L, et al. 2011. Temporal repression of core circadian genes is mediated through EARLY FLOWERING 3 in *Arabidopsis*. Current Biology, 21(2): 120-125.

Du H, Huang F, Wu N, et al. 2018. Integrative regulation of drought escape through ABA-dependent and -independent pathways in rice. Mol. Plant, 11(4): 584-597.

Dunford R P, Griffiths S, Christodoulou V, et al. 2005. Characterisation of a barley (*Hordeum vulgare* L.) homologue of the *Arabidopsis* flowering time regulator GIGANTEA. Theor. Appl. Genet., 110(5): 925-931.

Endo M, Shimizu H, Nohales M A, et al. 2014. Tissue-specific clocks in *Arabidopsis* show asymmetric coupling. Nature, 515(7527): 419-422.

Faure S, Turner A S, Gruszka D, et al. 2012. Mutation at the circadian clock gene *EARLY MATURITY 8* adapts domesticated barley (*Hordeum vulgare*) to short growing seasons. Proc. Natl. Acad. Sci. USA, 109(21): 8328-8333.

Finlayson S A, Lee I J, Morgan P W. 1998. Phytochrome B and the regulation of circadian ethylene production in *Sorghum*. Plant Physiology, 116(1): 17-25.

Finlayson S A, Lee I J, Mullet J E, et al. 1999. The mechanism of rhythmic ethylene production in sorghum. The role of phytochrome B and simulated shading. Plant Physiol., 119(3): 1083-1089.

Fujiwara S, Wang L, Han L, et al. 2008. Post-translational regulation of the *Arabidopsis* circadian clock through selective proteolysis and phosphorylation of pseudo-response regulator proteins. J. Biol. Chem., 283(34): 23073-23083.

Fukushima A, Kusano M, Nakamichi N, et al. 2009. Impact of clock-associated *Arabidopsis* pseudo-response regulators in metabolic coordination. Proc. Natl. Acad. Sci. USA, 106(17): 7251-7256.

Goodspeed D, Chehab E W, Covington M F, et al. 2013a. Circadian control of jasmonates and salicylates: the clock role in plant defense. Plant Signal Behav., 8(2): e23123.

Goodspeed D, Chehab E W, Min-Venditti A, et al. 2012. *Arabidopsis* synchronizes jasmonate-mediated defense with insect circadian behavior. Proc. Natl. Acad. Sci. USA, 109(12): 4674-4677.

Goodspeed D, Liu J D, Chehab E W, et al. 2013b. Postharvest circadian entrainment enhances crop pest resistance and phytochemical cycling. Curr. Biol., 23(13): 1235-1241.

Gould P D, Diaz P, Hogben C, et al. 2009. Delayed fluorescence as a universal tool for the measurement of circadian rhythms in higher plants. Plant J., 58(5): 893-901.

Greenham K, Lou P, Remsen S E, et al. 2015. TRiP: tracking rhythms in plants, an automated leaf movement analysis program for circadian period estimation. Plant Methods, 11: 33.

Greenham K, McClung C R. 2015. Integrating circadian dynamics with physiological processes in plants. Nat. Rev. Genet., 16(10): 598-610.

Gutierrez R A, Stokes T L, Thum K, et al. 2008. Systems approach identifies an organic nitrogen-responsive gene network that is regulated by the master clock control gene *CCA1*. Proc. Natl. Acad. Sci. USA, 105(12): 4939-4944.

Hanano S, Domagalska M A, Nagy F, et al. 2006. Multiple phytohormones influence distinct parameters of the plant circadian clock. Genes Cells, 11(12): 1381-1392.

Hansen L L, Imrie L, Le Bihan T, et al. 2017. Sumoylation of the plant clock transcription factor CCA1 suppresses DNA binding. J. Biol. Rhythms., 32(6): 570-582.

Haydon M J, Roman A, Arshad W. 2015. Nutrient homeostasis within the plant circadian network. Frontiers in Plant Science, 6: 299.

Hayes K R, Beatty M, Meng X, et al. 2010. Maize global transcriptomics reveals pervasive leaf diurnal rhythms but rhythms in developing ears are largely limited to the core oscillator. PLoS ONE, 5(9): e12887.

Hecht V, Knowles C L, Vander Schoor J K, et al. 2007. Pea *LATE BLOOMER1* is a *GIGANTEA* ortholog with roles in photoperiodic flowering, deetiolation, and transcriptional regulation of circadian clock gene homologs. Plant Physiol., 144(2): 648-661.

Helfer A, Nusinow D A, Chow B Y, et al. 2011. *LUX ARRHYTHMO* encodes a nighttime repressor of circadian gene expression in the *Arabidopsis* core clock. Current Biology, 21(2): 126-133.

Hong S, Song H R, Lutz K, et al. 2010. Type II protein arginine methyltransferase 5 (PRMT5) is required for circadian period determination in *Arabidopsis thaliana*. Proc. Natl. Acad. Sci. USA, 107(49): 21211-21216.

Hsu P Y, Devisetty U K, Harmer S L. 2013. Accurate timekeeping is controlled by a cycling activator in *Arabidopsis*. Elife Sciences, 2: e00473.

Hsu P Y, Harmer S L. 2014. Wheels within wheels: the plant circadian system. Trends Plant Sci., 19(4): 240-249.

Huang H, Alvarez S, Bindbeutel R, et al. 2016. Identification of evening complex associated proteins in *Arabidopsis* by affinity purification and mass spectrometry. Mol. Cell Proteomics, 15(1): 201-217.

Huang H, Nusinow D A. 2016. Into the evening: complex interactions in the *Arabidopsis* circadian clock. Trends Genet., 32(10): 674-686.

Huang W, Perez-Garcia P, Pokhilko A, et al. 2012. Mapping the core of the *Arabidopsis* circadian clock defines the network structure of the oscillator. Science, 336(6077): 75-79.

Hudson K A. 2010. The circadian clock-controlled transcriptome of developing soybean seeds. The Plant Genome, 3(1): 3-13.

Hung F Y, Chen F F, Li C, et al. 2018. The *Arabidopsis* LDL1/2-HDA6 histone modification complex is functionally associated with CCA1/LHY in regulation of circadian clock genes. Nucleic Acids Res., 46(20): 10669-10681.

Hung F Y, Chen F F, Li C, et al. 2019. The LDL1/2-HDA6 histone modification complex interacts with TOC1 and regulates the core circadian clock components in *Arabidopsis*. Frontiers in Plant Science, 10: 233.

Hurley J M, Jankowski M S, De Los Santos H, et al. 2018. Circadian proteomic analysis uncovers mechanisms of post-transcriptional regulation in metabolic pathways. Cell Syst., 7(6): 613-626.

Hwang H, Cho M H, Hahn B S, et al. 2011. Proteomic identification of rhythmic proteins in rice seedlings. Biochim. Biophys. Acta, 1814(4): 470-479.

Izawa T. 2012. Physiological significance of the plant circadian clock in natural field conditions. Plant Cell & Environment, 35(10): 1729-1741.

Izawa T, Mihara M, Suzuki Y, et al. 2011. Os-*GIGANTEA* confers robust diurnal rhythms on the global transcriptome of rice in the field. Plant Cell, 23(5): 1741-1755.

Johnson C H. 1992. Phase response curves: what can they tell us about circadian clocks? // Hiroshige T, Honma K. Circadian Clocks From Cell to Human. Sapporo: Hokkaido Univ. Press: 209-249.

Jończyk M, Sobkowiak A, Siedlecki P, et al. 2011. Rhythmic diel pattern of gene expression in Juvenile maize leaf. PLoS ONE, 6(8): e23628.

Jończyk M, Sobkowiak A, Trzcinska-Danielewicz J, et al. 2017. Global analysis of gene expression in maize leaves treated with low temperature. Ⅱ. Combined effect of severe cold (8℃) and circadian rhythm. Plant Mol. Biol., 95(3): 279-302.

Jones M A, Williams B A, McNicol J, et al. 2012. Mutation of *Arabidopsis* spliceosomal timekeeper locus1 causes circadian clock defects. Plant Cell, 24(10): 4066-4082.

Khan S, Rowe S C, Harmon F G. 2010. Coordination of the maize transcriptome by a conserved circadian clock. BMC Plant Biol., 10: 126.

Kiba T, Henriques R, Sakakibara H, et al. 2007. Targeted degradation of PSEUDO-RESPONSE REGULATOR5 by an SCFZTL complex regulates clock function and photomorphogenesis in *Arabidopsis thaliana*. Plant Cell, 19(8): 2516-2530.

Kim J, Somers D E. 2010. Rapid assessment of gene function in the circadian clock using artificial microRNA in *Arabidopsis* mesophyll protoplasts. Plant Physiology, 154(2): 611-621.

Ko D K, Rohozinski D, Song Q, et al. 2016. Temporal shift of circadian-mediated gene expression and carbon fixation contributes to biomass heterosis in maize hybrids. PLoS Genet., 12(7): e1006197.

Koo B H, Yoo S C, Park J W, et al. 2013. Natural variation in *OsPRR37* regulates heading date and contributes to rice cultivation at a wide range of latitudes. Mol. Plant, 6(6): 1877-1888.

Krahmer J, Goralogia G S, Kubota A, et al. 2019. Time-resolved interaction proteomics of the GIGANTEA protein under diurnal cycles in *Arabidopsis*. FEBS Lett., 593(3): 319-338.

Kurup S, Jones H D, Holdsworth M J. 2000. Interactions of the developmental regulator ABI3 with proteins identified from developing *Arabidopsis* seeds. Plant J., 21(2): 143-155.

Kusakina J, Dodd A N. 2012. Phosphorylation in the plant circadian system. Trends Plant Sci., 17(10): 575-583.

Kusakina J, Rutterford Z, Cotter S, et al. 2015. Barley *Hv CIRCADIAN CLOCK ASSOCIATED 1* and *Hv*

PHOTOPERIOD H1 are circadian regulators that can affect circadian rhythms in *Arabidopsis*. PLoS ONE, 10(6): e0127449.

Kwon C T, Koo B H, Kim D, et al. 2015. Casein kinases Ⅰ and 2α phosphorylate *Oryza sativa* pseudo-response regulator 37 (OsPRR37) in photoperiodic flowering in rice. Mol. Cells, 38(1): 81-88.

Lee K, Mas P, Seo P J. 2019. The EC-HDA9 complex rhythmically regulates histone acetylation at the TOC1 promoter in *Arabidopsis*. Commun. Biol., 2: 143.

Legnaioli T, Cuevas J, Mas P. 2009. TOC1 functions as a molecular switch connecting the circadian clock with plant responses to drought. EMBO J., 28(23): 3745-3757.

Li F, Zhang X, Hu R, et al. 2013. Identification and molecular characterization of FKF1 and GI homologous genes in soybean. PLoS ONE, 8(11): e79036.

Li G, Siddiqui H, Teng Y, et al. 2011. Coordinated transcriptional regulation underlying the circadian clock in *Arabidopsis*. Nature Cell Biology, 13(5): 616-622.

Liew L C, Hecht V, Laurie R E, et al. 2009. DIE NEUTRALIS and LATE BLOOMER 1 contribute to regulation of the pea circadian clock. Plant Cell, 21(10): 3198-3211.

Liew L C, Singh M B, Bhalla P L. 2017. A novel role of the soybean clock gene *LUX ARRHYTHMO* in male reproductive development. Scientific Reports, 7(1): 10605.

Linde A M, Eklund D M, Kubota A, et al. 2017. Early evolution of the land plant circadian clock. New Phytol., 216(2): 576-590.

Liu C, Qu X, Zhou Y, et al. 2018. OsPRR37 confers an expanded regulation of the diurnal rhythms of the transcriptome and photoperiodic flowering pathways in rice. Plant Cell Environ., 41(3): 630-645.

Liu H, Wang H, Gao P, et al. 2009. Analysis of clock gene homologs using unifoliolates as target organs in soybean (*Glycine max*). J. Plant Physiol., 166(3): 278-289.

Liu T, Carlsson J, Takeuchi T, et al. 2013. Direct regulation of abiotic responses by the *Arabidopsis* circadian clock component PRR7. Plant J., 76(1): 101-114.

Locke A M, Slattery R A, Ort D R. 2018. Field-grown soybean transcriptome shows diurnal patterns in photosynthesis-related processes. Plant Direct., 2(12): e00099.

Lou P, Wu J, Cheng F, et al. 2012. Preferential retention of circadian clock genes during diploidization following whole genome triplication in *Brassica rapa*. Plant Cell, 24(6): 2415-2426.

Lu H, McClung C R, Zhang C. 2017a. Tick tock: circadian regulation of plant innate immunity. Annual Review of Phytopathology, 55: 287-311.

Lu S, Dong L, Fang C, et al. 2020. Stepwise selection on homeologous *PRR* genes controlling flowering and maturity during soybean domestication. Nature Genetics, 52(4): 428-436.

Lu S, Zhao X, Hu Y, et al. 2017b. Natural variation at the soybean locus improves adaptation to the tropics and enhances yield. Nat. Genet., 49(5): 773-779.

Lu S X, Liu H, Knowles S M, et al. 2011. A role for protein kinase casein kinase 2α-subunits in the *Arabidopsis* circadian clock. Plant Physiol., 157(3): 1537-1545.

Makino S, Matsushika A, Kojima M, et al. 2002. The APRR1/TOC1 quintet implicated in circadian rhythms of *Arabidopsis thaliana*: Ⅰ. Characterization with APRR1-overexpressing plants. Plant Cell Physiol., 43(1): 58-69.

Marcolino-Gomes J, Nakayama T J, Molinari H C, et al. 2017. Functional characterization of a putative glycine max ELF4 in transgenic *Arabidopsis* and its role during flowering control. Frontiers in Plant Science, 8: 618.

Marcolino-Gomes J, Rodrigues F A, Fuganti-Pagliarini R, et al. 2014. Diurnal oscillations of soybean circadian clock and drought responsive genes. PLoS ONE, 9(1): e86402.

Mas P, Kim W Y, Somers D E, et al. 2003. Targeted degradation of TOC1 by ZTL modulates circadian function in *Arabidopsis thaliana*. Nature, 426(6966): 567-570.

Matsushika A, Makino S, Kojima M, et al. 2002. The APRR1/TOC1 quintet implicated in circadian rhythms of *Arabidopsis thaliana*: Ⅱ. Characterization with CCA1-overexpressing plants. Plant Cell Physiol., 43(1): 118-122.

Matsuzaki J, Kawahara Y, Izawa T. 2015. Punctual transcriptional regulation by the rice circadian clock under fluctuating field conditions. Plant Cell, 27(3): 633-648.

Mauvoisin D, Wang J, Jouffe C, et al. 2014. Circadian clock-dependent and -independent rhythmic proteomes implement distinct diurnal functions in mouse liver. Proc. Natl. Acad. Sci. USA, 111(1): 167-172.

McClung C R. 2006. Plant circadian rhythms. Plant Cell, 18(4): 792-803.

McClung C R. 2014. Wheels within wheels: new transcriptional feedback loops in the *Arabidopsis* circadian clock. Prime Reports, 6: 2.

McClung C R, Xie Q. 2014. Measurement of luciferase rhythms. Methods Mol. Biol., 1158: 1-11.

Mora-Garcia S, de Leone M J, Yanovsky M. 2017. Time to grow: circadian regulation of growth and metabolism in photosynthetic organisms. Curr. Opin. Plant Biol., 35: 84-90.

Muller N A, Wijnen C L, Srinivasan A, et al. 2016. Domestication selected for deceleration of the circadian clock in cultivated tomato. Nat. Genet., 48(1): 89-93.

Murakami M, Ashikari M, Miura K, et al. 2003. The evolutionarily conserved OsPRR quintet: rice pseudo-response regulators implicated in circadian rhythm. Plant Cell Physiol., 44(11): 1229-1236.

Murakami M, Matsushika A, Ashikari M, et al. 2005. Circadian-associated rice pseudo response regulators (OsPRRs): insight into the control of flowering time. Biosci. Biotechnol. Biochem., 69(2): 410-414.

Murakami M, Tago Y, Yamashino T, et al. 2007a. Comparative overviews of clock-associated genes of *Arabidopsis thaliana* and *Oryza sativa*. Plant Cell Physiol., 48(1): 110-121.

Murakami M, Tago Y, Yamashino T, et al. 2007b. Characterization of the rice circadian clock-associated pseudo-response regulators in *Arabidopsis thaliana*. Biosci. Biotechnol. Biochem., 71(4): 1107-1110.

Murakami-Kojima M, Nakamichi N, Yamashino T, et al. 2002. The APRR3 component of the clock-associated APRR1/TOC1 quintet is phosphorylated by a novel protein kinase belonging to the WNK family, the gene for which is also transcribed rhythmically in *Arabidopsis thaliana*. Plant Cell Physiol., 43(6): 675-683.

Murphy R L, Klein R R, Morishige D T, et al. 2011. Coincident light and clock regulation of pseudoresponse regulator protein 37 (PRR37) controls photoperiodic flowering in sorghum. Proc. Natl. Acad. Sci. USA, 108(39): 16469-16474.

Nakamichi N, Kusano M, Fukushima A, et al. 2009. Transcript profiling of an *Arabidopsis PSEUDO RESPONSE REGULATOR* arrhythmic triple mutant reveals a role for the circadian clock in cold stress response. Plant Cell Physiol., 50(3): 447-462.

Nakamichi N, Matsushika A, Yamashino T, et al. 2003. Cell autonomous circadian waves of the APRR1/TOC1 quintet in an established cell line of *Arabidopsis thaliana*. Plant Cell Physiol., 44(3): 360-365.

Nakamichi N, Murakami-Kojima M, Sato E, et al. 2002. Compilation and characterization of a novel WNK family of protein kinases in *Arabidopsis thaliana* with reference to circadian rhythms. Biosci. Biotechnol. Biochem., 66(11): 2429-2436.

Ni Z, Kim E D, Ha M, et al. 2009. Altered circadian rhythms regulate growth vigour in hybrids and allopolyploids. Nature, 457(7227): 327-331.

Nieto C, Lopez-Salmeron V, Daviere J M, et al. 2015. ELF3-PIF4 interaction regulates plant growth independently of the evening complex. Curr. Biol., 25(2): 187-193.

Ning Y, Shi X, Wang R, et al. 2015. OsELF3-2, an ortholog of *Arabidopsis* ELF3, interacts with the E3 ligase APIP6 and negatively regulates immunity against *Magnaporthe oryzae* in rice. Mol. Plant, 8(11): 1679-1682.

Nohales M A, Kay S A. 2016. Molecular mechanisms at the core of the plant circadian oscillator. Nat. Struct. Mol. Biol., 23(12): 1061-1069.

Nusinow D A, Helfer A, Hamilton E E, et al. 2011. The ELF4-ELF3-LUX complex links the circadian clock to diurnal control of hypocotyl growth. Nature, 475(7356): 398-402.

Pankin A, Campoli C, Dong X, et al. 2014. Mapping-by-sequencing identifies HvPHYTOCHROME C as a candidate gene for the early maturity 5 locus modulating the circadian clock and photoperiodic flowering in barley. Genetics, 198(1): 383-396.

Para A, Farre E M, Imaizumi T, et al. 2007. PRR3 is a vascular regulator of TOC1 stability in the *Arabidopsis* circadian clock. Plant Cell, 19(11): 3462-3473.

Park B S, Eo H J, Jang I C, et al. 2010. Ubiquitination of LHY by SINAT5 regulates flowering time and is inhibited by DET1. Biochemical and Biophysical Research Communications, 398(2): 242-246.

Park H J, Baek D, Cha J Y, et al. 2019. HOS15 interacts with the histone deactetylase HDA9 and the evening complex to epigenetically regulate the floral activator GIGANTEA. Plant Cell, 31(1): 37-51.

Penfield S, Hall A. 2009. A role for multiple circadian clock genes in the response to signals that break seed dormancy in *Arabidopsis*. Plant Cell, 21(6): 1722-1732.

Penfield S, King J. 2009. Towards a systems biology approach to understanding seed dormancy and germination. Proc. Biol. Sci., 276(1673): 3561-3569.

Perales M, Portoles S, Mas P. 2006. The proteasome-dependent degradation of CKB4 is regulated by the *Arabidopsis* biological clock. Plant J., 46(5): 849-860.

Perea-Garcia A, Andres-Borderia A, Mayo A S, et al. 2016. Modulation of copper deficiency responses by diurnal and circadian rhythms in *Arabidopsis thaliana*. J. Exp. Bot., 67(1): 391-403.

Rawat R, Takahashi N, Hsu P Y, et al. 2011. REVEILLE8 and PSEUDO-REPONSE REGULATOR5 form a negative feedback loop within the *Arabidopsis* circadian clock. PLoS Genet., 7(3): e1001350.

Rey G, Milev N B, Valekunja U K, et al. 2018. Metabolic oscillations on the circadian time scale in *Drosophila* cells lacking clock genes. Mol. Syst. Biol., 14(8): e8376.

Rikin A, Chalutz E, Anderson J D. 1984. Rhythmicity in ethylene production in cotton seedlings. Plant Physiol., 75(2): 493-495.

Robles M S, Cox J, Mann M. 2014. *In-vivo* quantitative proteomics reveals a key contribution of post-transcriptional mechanisms to the circadian regulation of liver metabolism. PLoS Genet., 10(1): e1004047.

Rodrigues F A, Fuganti-Pagliarini R, Marcolino-Gomes J, et al. 2015. Daytime soybean transcriptome fluctuations during water deficit stress. BMC Genomics, 16(1): 505.

Sakuraba Y, Han S H, Yang H J, et al. 2016. Mutation of Rice Early Flowering3.1 (OsELF3.1) delays leaf senescence in rice. Plant Mol. Biol., 92(1-2): 223-234.

Salome P A, Oliva M, Weigel D, et al. 2013. Circadian clock adjustment to plant iron status depends on chloroplast and phytochrome function. EMBO J., 32(4): 511-523.

Salome P A, Xie Q, McClung C R. 2008. Circadian timekeeping during early *Arabidopsis* development. Plant Physiol., 147(3): 1110-1125.

Sanchez S E, Kay S A. 2016. The plant circadian clock: from a simple timekeeper to a complex developmental manager. Cold Spring Harb Perspect Biol, 8(12): a027748.

Sauerbrunn N, Schlaich N L. 2004. PCC1: a merging point for pathogen defence and circadian signalling in *Arabidopsis*. Planta, 218(4): 552-561.

Seo P J, Mas P. 2014. Multiple layers of posttranslational regulation refine circadian clock activity in *Arabidopsis*. Plant Cell, 26(1): 79-87.

Seo P J, Mas P. 2015. STRESSing the role of the plant circadian clock. Trends Plant Sci., 20(4): 230-237.

Seo P J, Park M J, Lim M H, et al. 2012. A self-regulatory circuit of CIRCADIAN CLOCK-ASSOCIATED1 underlies the circadian clock regulation of temperature responses in *Arabidopsis*. Plant Cell, 24(6): 2427-2442.

Shen G, Hu W, Zhang B, et al. 2015. The regulatory network mediated by circadian clock genes is related to heterosis in rice. J. Integr. Plant Biol., 57(3): 300-312.

Shin J, Heidrich K, Sanchez-Villarreal A, et al. 2012. TIME FOR COFFEE represses accumulation of the MYC2 transcription factor to provide time-of-day regulation of jasmonate signaling in *Arabidopsis*. Plant Cell, 24(6): 2470-2482.

Song H R, Carre I A. 2005. DET1 regulates the proteasomal degradation of LHY, a component of the *Arabidopsis* circadian clock. Plant Mol. Biol., 57(5): 761-771.

Song Y H, Kubota A, Kwon M S, et al. 2018. Molecular basis of flowering under natural long-day conditions in *Arabidopsis*. Nature Plants, 4(10): 824-835.

Sugano S, Andronis C, Green R M, et al. 1998. Protein kinase CK2 interacts with and phosphorylates the *Arabidopsis* circadian clock-associated 1 protein. Proc. Natl. Acad. Sci. USA, 95(18): 11020-11025.

Takahashi N, Hirata Y, Aihara K, et al. 2015. A hierarchical multi-oscillator network orchestrates the *Arabidopsis* circadian system. Cell, 163(1): 148-159.

Thain S C, Vandenbussche F, Laarhoven L J, et al. 2004. Circadian rhythms of ethylene emission in *Arabidopsis*. Plant Physiol., 136(3): 3751-3761.

Tian L, Zhao X, Liu H, et al. 2019. Alternative splicing of ZmCCA1 mediates drought response in tropical maize. PLoS ONE, 14(1): e0211623.

Uehara T N, Mizutani Y, Kuwata K, et al. 2019. Casein kinase 1 family regulates PRR5 and TOC1 in the *Arabidopsis* circadian clock. Proc. Natl. Acad. Sci. USA, 116(23): 11528-11536.

Uhrig R G, Schlapfer P, Roschitzki B, et al. 2019. Diurnal changes in concerted plant protein phosphorylation and acetylation in *Arabidopsis* organs and seedlings. Plant J., 99(1): 176-194.

Wang J, Mauvoisin D, Martin E, et al. 2017. Nuclear proteomics uncovers diurnal regulatory landscapes in mouse liver. Cell Metab., 25(1): 102-117.

Wang J, Symul L, Yeung J, et al. 2018a. Circadian clock-dependent and -independent posttranscriptional regulation underlies temporal mRNA accumulation in mouse liver. Proc. Natl. Acad. Sci. USA, 115(8): 1916-1925.

Wang L, Fujiwara S, Somers D E. 2010. PRR5 regulates phosphorylation, nuclear import and subnuclear localization of TOC1 in the *Arabidopsis* circadian clock. EMBO J., 29(11): 1903-1915.

Wang W, Barnaby J Y, Tada Y, et al. 2011a. Timing of plant immune responses by a central circadian regulator. Nature, 470(7332): 110-114.

Wang X, Wu L, Zhang S, et al. 2011b. Robust expression and association of ZmCCA1 with circadian rhythms in maize. Plant Cell Reports, 30(7): 1261-1272.

Wang Y, Song L, Liu M, et al. 2018b. A proteomics landscape of circadian clock in mouse liver. Nature Communications, 9(1): 1553.

Wang Z, Ma J, Miyoshi C, et al. 2018c. Quantitative phosphoproteomic analysis of the molecular substrates of sleep need. Nature, 558(7710): 435-439.

Watanabe S, Xia Z, Hideshima R, et al. 2011. A map-based cloning strategy employing a residual heterozygous line reveals that the *GIGANTEA* gene is involved in soybean maturity and flowering. Genetics, 188(2): 395-407.

Weller J L, Liew L C, Hecht V F, et al. 2012. A conserved molecular basis for photoperiod adaptation in two temperate legumes. Proc. Natl. Acad. Sci. USA, 109(51): 21158-21163.

Wenden B, Toner D L, Hodge S K, et al. 2012. Spontaneous spatiotemporal waves of gene expression from biological clocks in the leaf. Proc. Natl. Acad. Sci. USA, 109(17): 6757-6762.

Weyman P D, Pan Z, Feng Q, et al. 2006. A circadian rhythm-regulated tomato gene is induced by arachidonic acid and phythophthora infestans infection. Plant Physiol., 140(1): 235-248.

Xie Q, Lou P, Hermand V, et al. 2015. Allelic polymorphism of GIGANTEA is responsible for naturally occurring variation in circadian period in *Brassica rapa*. Proc. Natl. Acad. Sci. USA, 112(12): 3829-3834.

Xie Q, Wang P, Liu X, et al. 2014. LNK1 and LNK2 are transcriptional coactivators in the *Arabidopsis* circadian oscillator. Plant Cell, 26(7): 2843-2857.

Xu X, Hotta C T, Dodd A N, et al. 2007. Distinct light and clock modulation of cytosolic free Ca^{2+} oscillations and rhythmic *CHLOROPHYLL A/B BINDING PROTEIN2* promoter activity in *Arabidopsis*. Plant Cell, 19(11): 3474-3490.

Xu X, Xie Q, McClung C R. 2010. Robust circadian rhythms of gene expression in *Brassica rapa* tissue culture. Plant Physiol., 153(2): 841-850.

Xue Z G, Zhang X M, Lei C F, et al. 2012. Molecular cloning and functional analysis of one ZEITLUPE homolog GmZTL3 in soybean. Mol. Biol. Rep., 39(2): 1411-1418.

Yang Y, Peng Q, Chen G X, et al. 2013. *OsELF3* is involved in circadian clock regulation for promoting flowering under long-day conditions in rice. Mol. Plant, 6(1): 202-215.

Yu J W, Rubio V, Lee N Y, et al. 2008. COP1 and ELF3 control circadian function and photoperiodic flowering by regulating GI stability. Mol. Cell, 32(5): 617-630.

Zakhrabekova S, Gough S P, Braumann I, et al. 2012. Induced mutations in circadian clock regulator Mat-a facilitated short-season adaptation and range extension in cultivated barley. Proc. Natl. Acad. Sci. USA, 109(11): 4326-4331.

Zhao J, Huang X, Ouyang X, et al. 2012. *OsELF3-1*, an ortholog of *Arabidopsis EARLY FLOWERING 3*, regulates rice circadian rhythm and photoperiodic flowering. PLoS ONE, 7(8): e43705.

Zheng H, Zhang F, Wang S, et al. 2018. MLK1 and MLK2 coordinate RGA and CCA1 activity to regulate hypocotyl elongation in *Arabidopsis thaliana*. Plant Cell, 30(1): 67-82.

Zhu J Y, Oh E, Wang T, et al. 2016. TOC1-PIF4 interaction mediates the circadian gating of thermoresponsive growth in *Arabidopsis*. Nature Communications, 7: 13692.

Zielinski T, Moore A M, Troup E, et al. 2014. Strengths and limitations of period estimation methods for circadian data. PLoS ONE, 9(5): e96462.

第 20 章
植物蛋白质结构研究

结构生物学已经渗透到生命科学领域诸多学科的发展之中，并且发展迅速、影响重大，了解蛋白质结构有助于我们更好地在蛋白质组学研究工作中取得重要发现、理解蛋白质功能及其调控的规律。本章将讲述获得目的蛋白的方法、蛋白质结晶与衍射分析，并根据编者粗浅经验简单介绍蛋白质结构。对近几年来炙手可热的利用单颗粒冷冻电镜技术解析蛋白质结构方面的研究方法与现状，由于编者能力有限无法给予详细介绍，感兴趣的读者可以参考其他相关专业资料。

20.1 目的蛋白制备

蛋白质结构生物学目的蛋白获得的原则与蛋白质组学目的蛋白获得的原则不同，二者的主要区别：第一，前者在整个实验过程中必须保持蛋白样品天然的高级结构，而后者更关注的是蛋白质的一级结构及其修饰；第二，前者是将生物材料经过一步步的分离、纯化，最终获得高纯度、高均一性、高稳定性的单一目的蛋白或蛋白复合体，而后者是以一定条件下的某一组织器官（如叶片）、细胞器（如线粒体）等为研究对象，尽可能获得其全部蛋白质。蛋白质结构生物学目的蛋白获得主要有两条途径：从动物、植物、微生物材料中天然提取；将目的蛋白异源表达然后提取。下面将分别从这两条途径介绍目的蛋白获得的常用方法。

20.1.1 材料的天然提取与异源表达

20.1.1.1 材料的天然提取

天然材料一般是指从自然界直接获取的材料，或者是人工培养但非人工改造的材料以区别异源表达来源的材料。从天然材料中提取目的蛋白，一般需要先将材料进行破碎，再逐步采用合适的蛋白质分离纯化方法除去杂蛋白质，获得高纯度的目的蛋白。对于蛋白质的天然提取与异源表达两种完全不同的材料来源，蛋白质分离纯化的方法都是通用的。破碎细胞的主要方法主要有机械破碎法、物理破碎法、酶溶解法等，不管采用哪种方法，均需要尽量在低温条件下操作以保护蛋白质的活性结构。

1. 机械破碎法

机械破碎法常用的设备如图 20-1 所示。在以绿色植物为原材料获取目的蛋白的实验中，经常使用普通果汁搅拌机进行植物叶片等组织的破碎，在强大剪切力的作用下，植物细胞壁被破碎。这种方法对设备要求不高，市场上价值几百元的普通果汁搅拌机就足以胜任，在用菠菜、豌豆、拟南芥等相对比较容易破碎的植物材料制备叶绿体时常用这种方法（Lou et al.，1995；Qin et al.，2006，2015a）。而对于一些细胞壁较难破碎的微藻，可以使用珠磨式组织研磨器，如 BeadBeater，进行破壁操作，这种方法利用研磨珠之间、研磨珠与细胞之间的碰撞、剪切作用释放出细胞内含物。例如，在破碎一些红藻、硅藻时可采用这种方法（Enami et al.，1995；Tian et al.，2017；Wang et al.，2019）。以上两种破碎法都会因高速运转而造成操作温度上升，因此在操作过程中一定要注意降温，如在低温环境下进行间歇性操作等。此外，氮气减压法是一种没有热损伤的细胞破碎方法，基本原理是在合适的压力容器内，如 Parr 细胞破碎仪，将大量的氮气首先溶解于细胞内，然后当气体突然释放时，在每个细胞内均产生膨胀的氮气泡，导致细胞膜破裂并释放出细胞内含物。

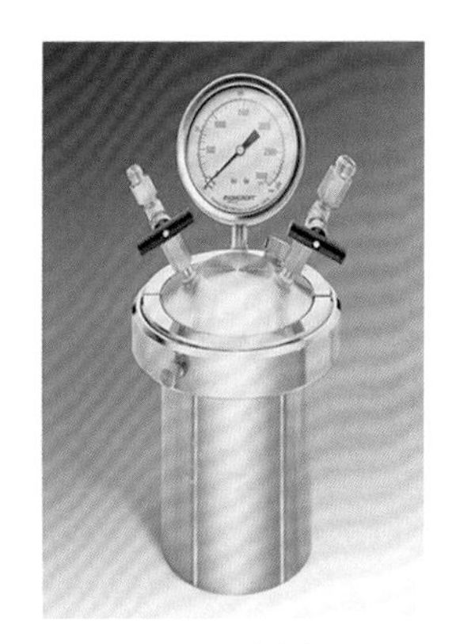

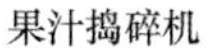

果汁捣碎机　　BeadBeater研磨器　　Parr细胞破碎仪

图 20-1　机械破碎法常用器械设备

2. 物理破碎法

高压均质与超声处理是常用的物理破碎法。高压均质法需要高压均质设备（图 20-2），这类设备一般比较昂贵，当被处理材料通过高压工作阀时，由于高压产生的强烈剪切、撞击和空穴作用被超微细化。高压均质设备如 French Press 细胞破碎仪，最大能提供约 2700bar 的压力，破碎能力强，缺点是仪器本身没有配备专门的制冷部件，可能导致样品温度升高。近年来国产低温高压细胞破碎仪的性能不断提高，市场占有率逐渐增大。国产低温高压细胞破碎仪配备单独的低温压缩机，可以使得操作全程在 4 ～ 6℃的低温水浴中进行，工作压力可以达到 2000bar，能够满足一般样品破碎的压力需求，缺点是占地面积较大（1m^2 左右）。超声处理法是利用超声波使细胞在高强度震动下破碎，操作相对简单，但由于超声过程产生热量大，超声操作需要在冰浴中间歇进行。

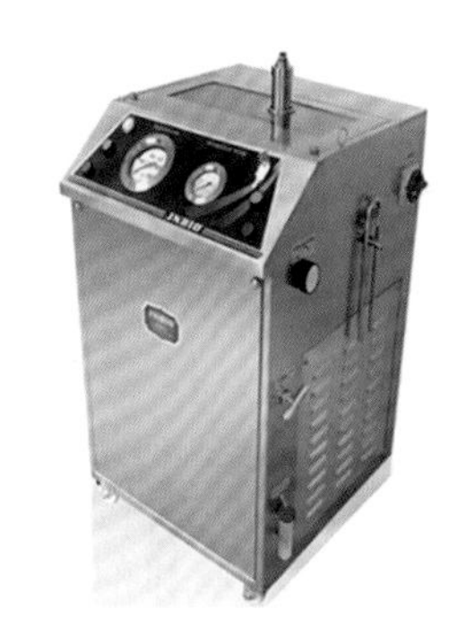

French Press细胞破碎仪　　高压均质机

图 20-2　物理破碎法常用器械设备

3. 酶溶解法

溶菌酶能有效地水解细菌细胞壁的肽聚糖，其水解位点是*N*-乙酰胞壁酸（*N*-acetylmuramic acid）的C1和*N*-乙酰葡糖胺（*N*-acetyl-D-glucosamine）的C4间的*β*-1,4-糖苷键。因为肽聚糖构成了细菌细胞壁的骨架，所以溶菌酶对肽聚糖的水解能够导致细菌细胞壁损伤、破解。例如，从嗜热蓝藻（*Synechococcus vulcanus*）提取制备PSⅡ复合物，对细胞壁的破解采用先以溶菌酶处理、再用超声波处理，即两种处理相结合的方法（Shen et al.，1992）。

20.1.1.2 材料的异源表达

蛋白质的异源表达是指通过基因工程手段将外源目的基因导入宿主细胞并使其在宿主细胞内表达的技术，其中表达载体、外源基因、宿主细胞是组成异源表达系统的三大要素。根据宿主细胞的不同，可以将表达系统分为原核表达系统与真核表达系统两类。原核表达系统具有繁殖速度快、成本低廉、目的蛋白产量高、操作简便等优点，但该系统的翻译后修饰功能较差。真核表达系统具备较好的翻译后修饰功能，但生产成本相对较高。下面分别对这两类系统进行阐述。

1. 原核表达系统

（1）大肠杆菌表达系统

在原核表达系统中，大肠杆菌表达系统是最成熟，也是最为常见的一种。在异源表达过程中，表达载体、外源基因、宿主细胞都会影响目的蛋白的表达效果。

1）表达载体。大肠杆菌表达载体的主要元件包括启动子、终止子、复制子、核糖体结合位点、多克隆位点、选择性筛选标记基因等。在异源表达过程中，启动子的选择十分重要，通常强启动子更有利于外源基因的表达。目前很多商业化的大肠杆菌表达载体（如pET系列表达载体）带有强启动子元件（如T7启动子等）。此外，有些大肠杆菌表达载体还会带有信号肽序列、促溶标签，分别用于分泌蛋白、低溶解度蛋白的表达，科研人员可根据需求选择使用。

2）外源基因。原核外源基因可以通过大肠杆菌表达载体直接进行表达，而真核外源基因因存在内含子，需要将其cDNA序列载入大肠杆菌表达载体才可以进行异源表达。此外，由于不同生物在密码子使用频率上有所差异，因此，在进行异源表达时，通常需将外源基因进行密码子优化，以利于在大肠杆菌表达。

3）宿主细胞。大肠杆菌表达系统拥有一系列缺陷宿主细胞类型。例如，在表达非毒性蛋白质时，通常采用含T7 RNA聚合酶基因的BL21(DE3)高效表达菌株。在有诱导物（IPTG）存在的条件下T7 RNA聚合酶表达，启动含T7启动子的重组表达载体表达外源蛋白，如图20-3所示。而对于毒性蛋白质，则通常采用含有T7溶菌酶基因的BL21(DE3)pLysS表达菌株。此外，在蛋白质结构研究中为了获得相位信息，还经常使用甲硫氨酸缺陷型的B834菌株进行异源表达。

（2）枯草芽孢杆菌表达系统

在原核表达系统中，枯草芽孢杆菌表达系统也可以用于异源表达，但与大肠杆菌表达系统相比，该系统所表达的重组蛋白易受蛋白酶降解，并且目前商业化的表达载体较少，在此，不做具体论述。

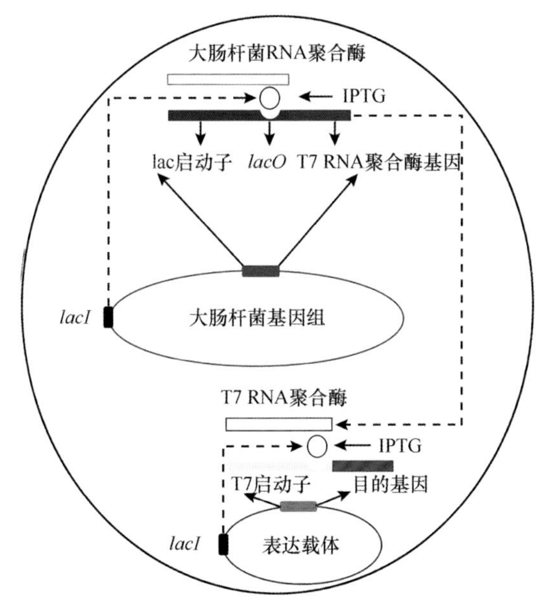

图 20-3　BL21(DE3) 表达系统示意图

2. 真核表达系统

在真核表达系统中，酵母表达系统、哺乳动物细胞表达系统、杆状病毒-昆虫细胞表达系统较为常见。

（1）酵母表达系统

酵母表达系统是一种相对简单的真核表达体系，目前应用较多的是毕赤酵母表达系统。在系统组成上，毕赤酵母表达系统不具有复制原点，转入的外源基因需要重组至酵母染色体上才可以进行表达。相较于其他真核表达体系，毕赤酵母表达系统具有生产成本低、操作简单、便于大规模培养的优点，但其翻译后修饰水平相对较差。

（2）哺乳动物细胞表达系统

哺乳动物细胞具备高水平的翻译后修饰功能，所表达的异源蛋白活性高、稳定性好，但与其他系统相比，哺乳动物细胞表达系统的蛋白质表达量较低且生产成本较高。此外，外源基因的导入通常是经瞬时转染实现的，操作相对复杂。

（3）杆状病毒-昆虫细胞表达系统

杆状病毒-昆虫细胞表达系统是由杆状病毒与昆虫细胞两部分组成的二元系统，与毕赤酵母表达系统相似，外源基因也必须通过重组整合至病毒杆粒才能进行表达。由于该系统具有所表达的蛋白质活性较好、产量较大，并且生产成本明显低于哺乳动物细胞表达系统的优点，目前已经成为广泛应用的真核表达系统，其中 Bac-to-Bac 表达系统是杆状病毒-昆虫细胞表达系统中较为常见的一种，具体操作流程如图 20-4 所示。

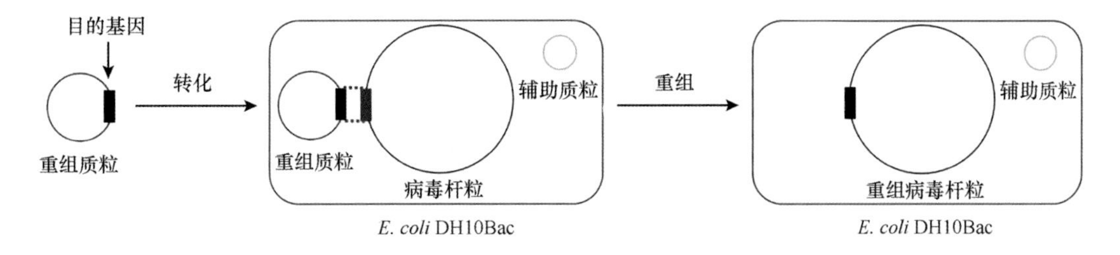

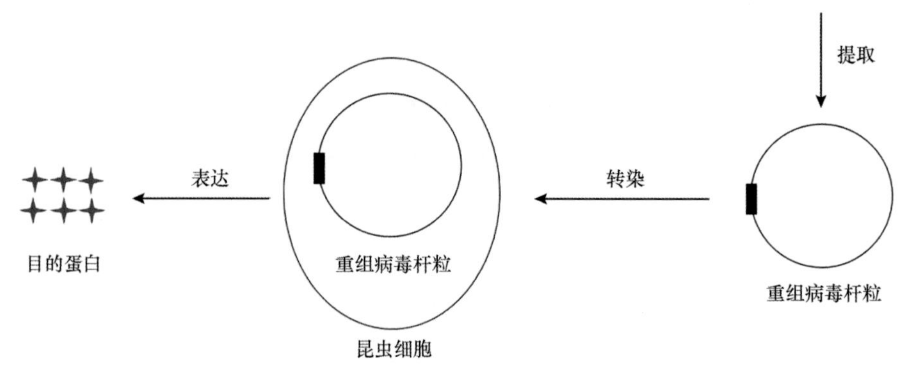

图 20-4 Bac-to-Bac 表达系统操作流程

20.1.2 常用的蛋白质分离纯化技术方法

一旦我们依靠天然提取或者异源表达获得包含目的蛋白的粗材料之后，就可以通过适宜的分离纯化方法获得目的蛋白。蛋白质分离纯化的目的是增加目的蛋白的产量和纯度，同时要确保目的蛋白的生物活性。因此，在分离纯化过程中，首先应考虑目的蛋白在所选材料中的丰度，其次应在避免蛋白质变性的基础上尽可能获得电荷均一、聚集状态一致的目的蛋白。由于大多数蛋白质极易发生变性，因此，在分离纯化过程中应尽量采用低温操作，同时避免过酸、过碱及剧烈的物理振荡。此外，还要尽量除去变性蛋白质和其他杂蛋白质，最终达到分离纯化的目的。根据蛋白质性质的不同，分离纯化的方法也有所不同，通常可以将蛋白质的分离纯化过程分成初级分离与精细纯化两个阶段。值得注意的是，蛋白质分离纯化的步骤并不是越多越好，一般只要能够满足研究要求，步骤越少越有利于保持样品的活性、提高得率。

20.1.2.1 蛋白质的初级分离

蛋白质的初级分离方法十分多样，对于没有特定标签的待分离蛋白质，可以根据其溶解性（如等电点沉淀、盐析、有机溶剂沉淀等）及分子量大小和形状（如透析、超滤、差速离心、密度梯度离心等）的差异进行初步分离，而对于有特定标签的待分离蛋白质，则可以采用特异性结合（如抗原与抗体、受体与配体的特异性相互作用等）、亲和层析的方法进行初步分离。下面我们重点介绍两种常用的蛋白质初级分离方法。

1. 密度梯度离心法

在超速离心管内将特定介质（如蔗糖、氯化铯等）通过一定手段形成连续或者不连续的密度梯度，将待分离蛋白质混合物加至密度梯度上，在一定离心力的作用下，不同蛋白质因具有不同的沉降系数，将在不同密度梯度区间上形成条带，如图 20-5 所示。

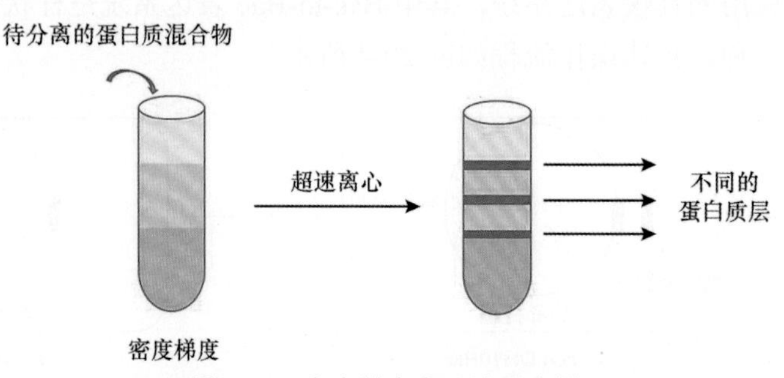

图 20-5 密度梯度离心法示意图

根据蔗糖密度梯度是否连续可以分为连续蔗糖密度梯度与非连续蔗糖密度梯度。连续蔗糖密度梯度的制备常用两种方法：一种方法是先配制好浓度不同的两种蔗糖溶液，然后借助梯度混合仪和蠕动泵将两种不同浓度的溶液一边混合，一边输入离心管中；另一种方法是冻融法，先配制中间浓度的蔗糖溶液加入离心管，然后在 −20℃冻至完全凝固后移至 0℃以上环境中缓慢融化自发形成梯度。两种方法的使用依据实验条件和要求、个人操作熟练程度和喜好而定，对实验结果的影响并不太大。非连续蔗糖密度梯度的制备相对简单，按照参考文献配制好几种不同浓度的蔗糖溶液，从离心管的底部到顶部按照蔗糖浓度从大到小的原则，将几种不同浓度的蔗糖密度溶液分别加入离心管中。操作时注意沿管壁缓慢操作，以避免对下层蔗糖梯度溶液形成较大的冲击而破坏梯度。

密度梯度离心法是分离细胞器、超大蛋白复合体的常用方法。该方法用于分离细胞器，如叶绿体，一般在数小时之内能够完成；用于分离超大蛋白复合体，一般需要约 20h 的离心操作才可以把目的条带分开，分离效果较好。在光合作用研究领域，许多光合膜蛋白复合体是通过蔗糖密度梯度离心法获得的，如来源于高等植物和一些藻类的 PSⅠ-LHCⅠ复合物（Qin et al.，2015a，2015b）、高等植物的 PSⅡ-LHCⅡ复合物（Wei et al.，2016；Su et al.，2017）、硅藻 PSⅡ-FCPⅡ（Pi et al.，2019）、多种捕光天线复合物（Lou et al.，1995；Wang et al.，2019）。

2. 亲和层析法

亲和层析法是利用某些蛋白质分子对特定层析介质特异性识别并可逆性结合的特性所建立的一种分离纯化方法，如图 20-6 所示。在蛋白质分离纯化过程中，离子强度、pH、温度、螯合剂、还原剂等都会影响亲和层析的效果。目前常用的亲和层析介质主要包括 GST 介质、MBP 介质、Ni 介质，其中 GST 介质、MBP 介质分别可以与带有 GST 标签、MBP 标签的重组蛋白进行特异性结合，而 Ni 介质则可以与带有 His 标签（多为 6×His 或 8×His）的重组蛋白结合。

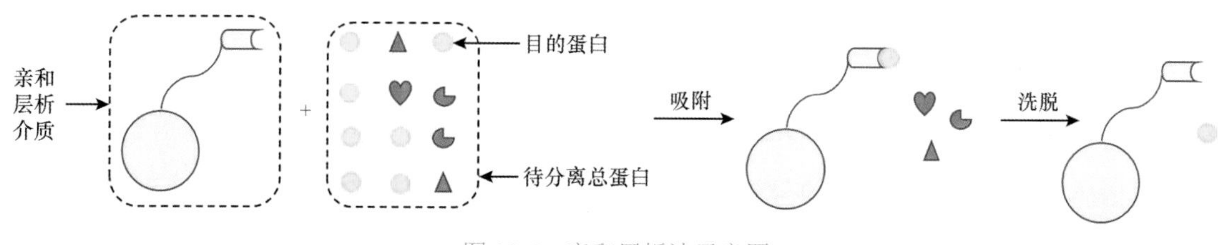

图 20-6　亲和层析法示意图

20.1.2.2　蛋白质的精细纯化

初级分离往往不能满足人们对蛋白质分离纯度和均一性的要求，需要进一步的精细纯化。在精细纯化过程中，蛋白质的带电性质、聚集状态是两个极为重要的指标。目前，精细纯化的方法有很多种，如离子交换层析法、凝胶过滤层析法等。

1. 离子交换层析法

离子交换层析法是以离子交换剂为固定相，流动相中的组分可与交换剂的离子进行可逆交换，根据结合力大小的差异进行分离纯化的一种方法。根据电荷不同可以分为阳离子交换柱和阴离子交换柱，实验者在分离纯化过程中需要根据待分离蛋白质的电荷特征进行选取，如果所选流动相的 pH 小于蛋白质分子的等电点，蛋白质带正电，应选取阳离子交换柱；反之，选取阴离子交换柱。目前，实验室中常用的离子交换柱如 RESOURCE™ S、RESOURCE™ Q 及 DEAE 等。

2. 凝胶过滤层析法

凝胶过滤层析法也称分子筛层析法，是利用网状颗粒作为基质进行分离纯化的方法。在层析过程中，分子量相对较小的分子可以进入基质的内部网孔，其经过的路径较长。相反，较大分子量的分子不能进入基质的内部网孔，将从基质间隙流出，路径相对较短。因此，在蛋白质分离过程中大分子量的蛋白质先洗脱下来，而小分子量的蛋白质则后洗脱下来，如图 20-7 所示。目前市场上存在多种分离范围与精度的凝胶过滤层析产品，实验者可以根据待分离蛋白质的分子量大小选取适合的分子筛，以确保待分离分子落在分子筛对应的分离区间内。

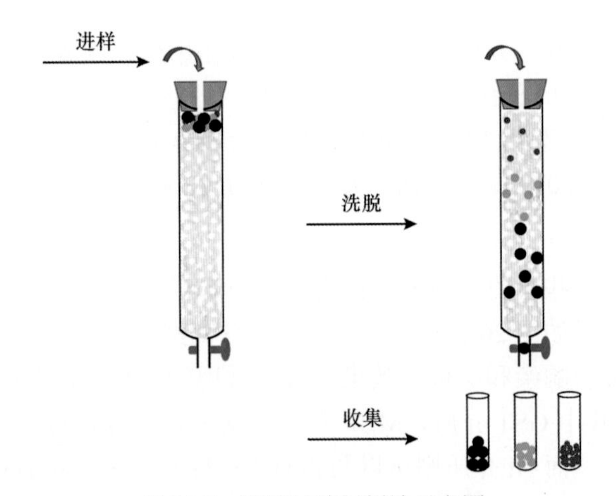

图 20-7 凝胶过滤层析法示意图

20.2 蛋白质结晶与衍射分析

20.2.1 蛋白质结晶的基本原理

蛋白质结晶是一个有序化的分子堆积过程，当蛋白质溶液从溶解状态缓慢达到过饱和状态后结晶过程才可能发生。

简单来讲，蛋白质结晶的过程可以分为以下 3 个阶段。①形成过饱和溶液阶段。只有达到过饱和状态，蛋白质分子才可能析出，当然除了蛋白质浓度，促使溶液达到过饱和状态的因素还有很多，如温度、沉淀剂、pH、离子强度等。②晶核形成阶段。晶核的形成可分为初级成核和二次成核两种。初级成核又可以分成初级均相成核和初级非均相成核。初级均相成核是指在过饱和状态下，蛋白质分子自发形成晶核的过程，而初级非均相成核则是指蛋白质在诱导物诱导作用下生成晶核的过程。二次成核是指在含有晶体的过饱和溶液中，晶体间碰撞、破碎产生小晶体的过程。③晶体生长阶段。晶核或外加晶种以过饱和度作为晶体生长推动力，促使晶体长大。伴随晶体生长，溶液中蛋白质分子不断析出，蛋白质浓度不断下降，当蛋白质溶液不再处于过饱和状态时，固-液扩散达到动态平衡，晶体生长停止，如图 20-8 所示。

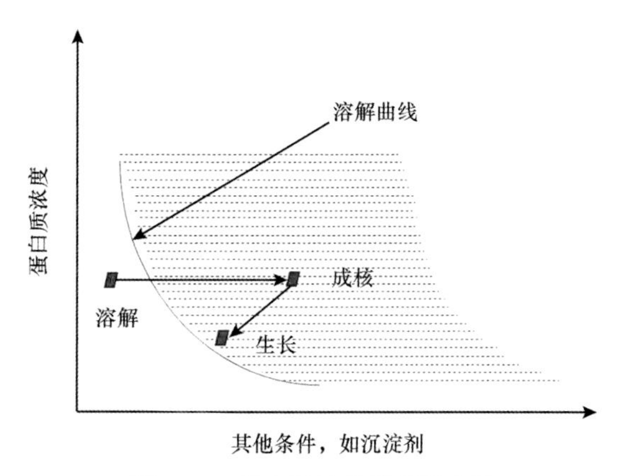

图 20-8　蛋白质结晶原理示意图

20.2.2　蛋白质结晶的基本方法

20.2.2.1　蛋白质结晶的技术手段

蛋白质结晶的技术手段有很多，如透析法、液-液扩散法、批量结晶法、气相扩散法等（梁毅，2010），其中批量结晶法、气相扩散法是目前最为常用的蛋白质结晶技术。

批量结晶法是一种较为古老的方法，通常是将未饱和的蛋白质溶液与结晶池液直接混合组成结晶液滴，随后将预先混合好的油滴（硅油∶石蜡油 =1 ∶ 2）封于其上，依靠内部驱动产生晶核，促进晶体生长，如图 20-9 所示。

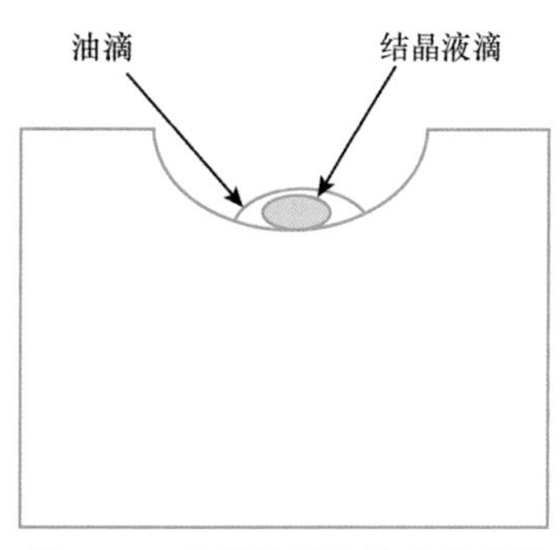

图 20-9　批量结晶法结晶示意图

气相扩散法需要准备蛋白质溶液与结晶池液，结晶池液中含有可诱发蛋白质形成晶核的缓冲试剂、沉淀剂等成分。实验者可以将蛋白质溶液同结晶池液按照相同体积比混合为结晶液滴，此时，结晶液滴中含有与结晶池液种类相同但浓度更低的结晶成分。将两者置于同一个恒温密闭空间，同时确保互不直接接触。由于结晶液滴浓度低于结晶池液，两者之间将发生气相扩散，使得蛋白质结晶液滴从不饱和状态逐渐向过饱和状态转变。当遇到适合的结晶池液时，结晶液滴中的蛋白质分子会逐渐形成晶核并最终生长为蛋白质晶体。目前，气相扩散法中的坐滴法和悬滴法是蛋白质结晶常用的两种经典方法，如图 20-10 所示。

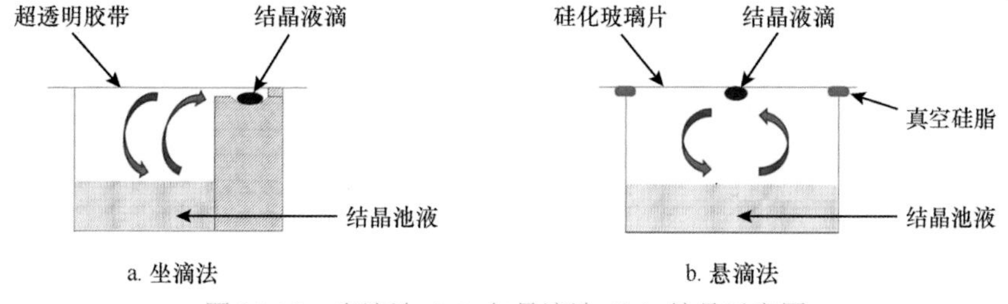

图 20-10　坐滴法（a）与悬滴法（b）结晶示意图

20.2.2.2 影响蛋白质结晶的条件

蛋白质结晶受到多种条件的影响，如蛋白质纯度、蛋白质浓度、温度、pH、沉淀剂等。

1. 蛋白质纯度

蛋白质本身的特性是影响蛋白质能否结晶的关键因素。一般蛋白质纯度越高，结晶的可能性越大。绝大多数可结晶的蛋白质纯度在 90% ～ 95%。

2. 蛋白质浓度

蛋白质浓度是影响其结晶的重要因素。浓度太低，不能达到结晶所需的过饱和状态，而浓度太高又会造成蛋白质分子不规则聚集。因此，选择合适的浓度对于蛋白质结晶至关重要。通常初次结晶可以选用较高浓度的蛋白质溶液与等体积的结晶池液混合，通过判断混合液的沉淀比例确定最适的蛋白质浓度。如果所选条件下多数结晶液滴出现蛋白质沉淀，则说明所选蛋白质浓度偏高；反之，则说明蛋白质浓度偏低。通常可以将 30% ～ 50% 晶体筛选结晶液滴出现蛋白质沉淀时的蛋白质浓度作为初次结晶的浓度。

3. 温度

温度在蛋白质结晶过程中起着非常重要的作用。蛋白质在不同温度下的溶解度不同，因此，温度可以影响蛋白质的饱和度。很多蛋白质在低温条件下溶解度会降低，并且绝大多数蛋白质只有在低温条件下才比较稳定，所以通常蛋白质结晶是在低温条件下进行的。

4. pH

pH 对蛋白质结晶的影响也很大。结晶溶液的 pH 越接近蛋白质的等电点，越容易使蛋白质从溶液中析出，形成晶体。因为在等电点时，蛋白质分子以两性离子形式存在，其分子净电荷为零，此时蛋白质分子颗粒在溶液中因没有相同电荷的相互排斥，分子之间的相互作用力较弱，很容易因碰撞、聚集而产生蛋白质晶体。因此，为了获得适合蛋白质结晶的条件，需要对 pH 条件进行筛选。

5. 沉淀剂

沉淀剂是指可以使溶液中蛋白质产生沉淀的试剂。在蛋白质结晶的过程中，沉淀剂能够破坏蛋白质表面的水化膜，促使蛋白质分子脱水、聚集形成晶体。目前，蛋白质结晶常选用的沉淀剂有高浓度的盐类（如硫酸铵、氯化钠）及高分子量的有机物类（如聚乙二醇）等。

20.2.2.3 蛋白质结晶条件的筛选

蛋白质结晶条件的筛选是一项费时费力的工作，因为蛋白质结晶条件的筛选并没有规律可以遵循，为了得到适合某种蛋白质结晶的条件必须对各种可能的结晶条件进行大规模的筛选。目前，有很多商业化的蛋白质晶体筛选试剂盒可供科研人员选择，其中较为常用的蛋白质晶体筛选试剂盒是 Hampton Research 公司的几款产品，如 Index HT™、PEG/Ion Screen™、Crystal Screen 等。

20.2.2.4 蛋白质晶体的优化

除了少数蛋白质晶体，大多数经初筛得到的晶体都需要进一步优化才可以得到高质量的蛋白质晶体。

1. 结晶条件

对于经过初筛获得的蛋白质结晶条件，可以设计一个简单的矩阵，围绕影响获得结晶的各个参数进行调整。例如，可以通过改变蛋白质浓度、沉淀剂浓度、pH、结晶温度等先进行较大范围的优化调整，在得到较好的蛋白质晶体后，再进行更为精细的调整。

2. 添加剂

某些蛋白质晶体的结构相对松散，衍射能力有限。当加入与其相互结合的分子后，所形成的复合物的结构会变得紧密有序，更易形成高分辨率的蛋白质晶体。对于这类情况，不同蛋白质需要的添加剂不同，有些需要小分子量的辅酶、金属阳离子或者底物，有些则需要大分子量的配体多肽或者糖类等。此外，在膜蛋白晶体的优化过程中，去垢剂是重要影响因素之一。

3. 防冻剂

蛋白质晶体质量检测与数据收集一般在液氮吹出的低温氮气环境（约 100K）中进行，所以蛋白质晶体必然经历从 0℃（即 273.15K）以上的结晶温度到液氮温度的剧烈温差变化。蛋白质晶体在经历剧烈温差变化过程中，会因含水量过高而产生结冰现象，结冰后的晶体因体积膨胀致使整个蛋白质晶体的有序堆积遭到破坏，从而降低了数据收集的质量。为解决这一问题，在晶体上机收集数据前常选用适当的防冻液（通常为甘油、高浓度的盐、高浓度的沉淀剂等）浸泡处理晶体，然后快速完成冷冻过程，使得晶体在速冻过程中处于玻璃态，避免形成固态冰，以提高蛋白质晶体的衍射能力。因此，筛选防冻剂种类及其浓度也是提高晶体质量的重要手段。

20.2.3　晶体 X 射线衍射分析

20.2.3.1　晶体 X 射线衍射的发展历史

生物大分子的 X 射线晶体学属于晶体学的重要分支，它是一门由生物学、物理学、化学及计算科学等多学科交叉融合形成的自然科学。

早在 19 世纪中叶，法国科学家布拉维修正并提出了晶体中可能存在的所有晶格类型，即 14 种布拉维晶格。所有晶格类型可对应于三斜、单斜、正交、三方、四方、六方及立方七大晶系，如图 20-11 所示。

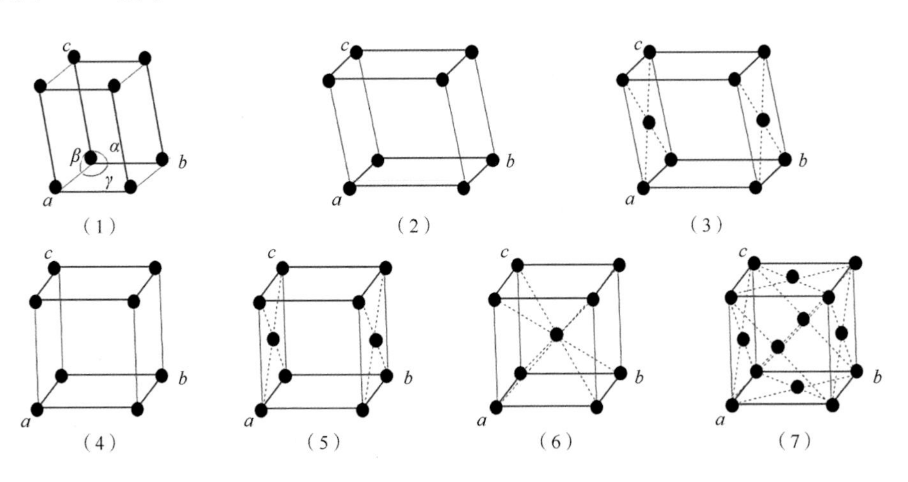

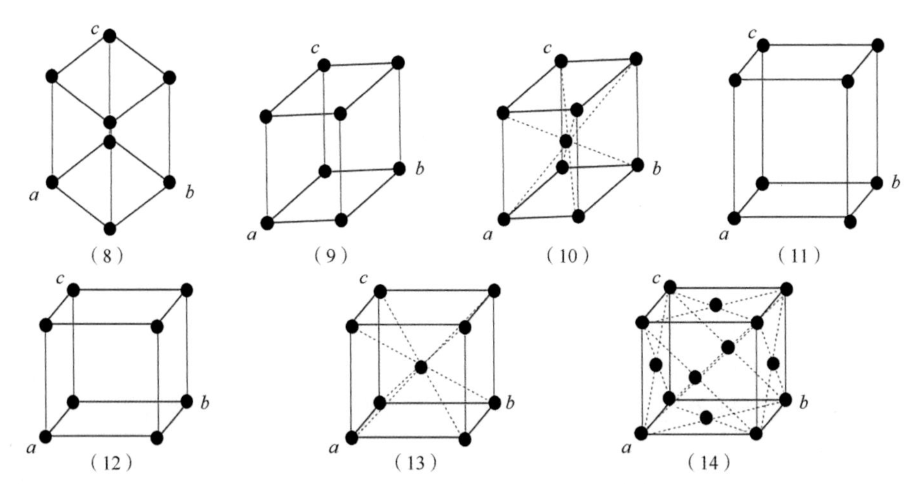

图 20-11　七大晶系及 14 种布拉维晶格

（1）三斜；（2）简单单斜；（3）侧面心单斜；（4）简单正交；（5）侧面心正交；（6）体心正交；（7）全面心正交；（8）三方；（9）简单四方；（10）体心四方；（11）六方；（12）简单立方；（13）体心立方；（14）全面心立方。a、b、c 分别代表晶格三个方向的长度，α、β、γ 分别代表晶格中的三个角度

到 19 世纪末，俄国科学家费多洛夫建立了晶体的空间对称群理论，提出所有晶体结构中总共只能存在 230 种空间群，为晶体学的发展奠定了重要的理论基础。而对于蛋白质晶体，天然的蛋白质分子都是由 L-氨基酸残基组成的，在晶体的对称性上不存在镜面和对称中心，致使其空间群仅有 65 种，如表 20-1 所示。

表 20-1　蛋白质晶体的 65 种空间群类型

晶系类型	晶胞参数	空间群
三斜	$a \neq b \neq c$；$\alpha \neq \beta \neq \gamma$	$P1$
单斜	$a \neq b \neq c$；$\alpha = \gamma = 90°$，$\beta \neq 90°$	$P2$，$P2_1$，$C2$
正交	$a \neq b \neq c$；$\alpha = \beta = \gamma = 90°$	$P222$，$P222_1$，$P2_12_12_1$，$P2_12_12$，$C222$，$C222_1$，$I222$，$I2_12_12_1$，$F222$
三方	$a = b = c$；$\alpha = \beta = \gamma < 120°$ 且不等于 90°，或按六方晶系	$P3$，$P3_1$，$P3_2$，$R3$，$P312$，$P3_112$，$P3_212$，$P321$，$P3_121$，$P3_221$，$R32$
四方	$a = b \neq c$；$\alpha = \beta = \gamma = 90°$	$P4$，$P4_1$，$P4_2$，$P4_3$，$I4$，$I4_1$，$P422$，$P4_122$，$P4_12_12$，$P4_222$，$P4_22_12$，$P4_322$，$P4_32_12$，$P42_12$，$I422$，$I4_122$
六方	$a = b \neq c$；$\alpha = \beta = 90°$，$\gamma = 120°$	$P6$，$P6_1$，$P6_2$，$P6_3$，$P6_4$，$P6_5$，$P622$，$P6_122$，$P6_222$，$P6_322$，$P6_422$，$P6_522$
立方	$a = b = c$；$\alpha = \beta = \gamma = 90°$	$P23$，$P2_13$，$I23$，$I2_13$，$F23$，$P432$，$P4_132$，$P4_232$，$P4_332$，$I432$，$I4_132$，$F432$，$F4_132$

随着物理学的发展，1895 年德国物理学家伦琴在研究真空管高压放电时首次发现了一种穿透力极强的新射线，并命名为X射线。与可见光不同，X射线的波长（0.1～100Å）非常短，经过普通光栅后并不能产生衍射花样。

直到 1912 年，德国物理学家劳厄才将晶体与 X 射线衍射紧密地联系在一起。由于 X 射线的波长与分子间距可在相同数量级进行比较，劳厄认为晶体可以作为 X 射线的天然光栅。当 X 射线通过晶体时，衍射波相互叠加致使其在某些方向上强度增强，其他方向上强度减弱，从而产生衍射花样。通过推导劳厄得到了计算晶体发生 X 射线衍射的公式，即劳厄方程。这一重要发现极大地推动了 X 射线晶体学的发展，一方面有力地证实了费多洛夫空间对称群理论的正确性；另一方面证明了 X 射线确为一种波长极短的电磁波，可用于晶体的内部结构测定。

随后，布拉格父子很快提出了可观测的 X 射线衍射条件，即著名的布拉格方程，为晶体内部结构进行实验测定奠定了重要的理论基础。

1934 年，伯纳尔首次获得了蛋白质晶体的 X 射线衍射照片。1957 年肯德鲁第一次确定了肌红蛋白的三维空间结构。伴随实验分析方法和计算科学的不断革新，X 射线晶体学获得了快速的发展（Rao，2007；Shi，2014）。

20.2.3.2　X 射线的产生

X 射线是在电子由高能级轨道向低能级轨道回迁的过程中产生，它是光子也是电磁波。X 射线衍射管是 X 射线衍射仪的射线发生装置，它是一个高度真空的密封管，由金属靶阳极与钨灯丝阴极两部分组成。在通电条件下，阴极释放出自由电子，经高压电场作用，自由电子以接近光速的速度撞击阳极靶，产生大量热能的同时伴随 X 射线的产生。为了降低金属靶的过热损耗，通常会在阳极采用循环冷却水进行降温（卢光莹和华子千，2006）。此外，目前常用的旋转阳极也可以有效地降低金属靶面的局部温度，提升 X 射线的质量。

对于蛋白质晶体的测定，通常 X 射线衍射仪中所使用的阳极靶为铜靶，其产生的 X 射线平均波长为 1.5418Å，产生的 X 射线可以被相应的探测器（IP 或 CCD）记录下来。

X 射线衍射仪虽然可以对蛋白质晶体结构进行测定，但其光强较弱、X 射线波长固定、发散度较大等缺点，致使在实际操作过程中很难高效获得高质量的晶体衍射数据。然而，同步辐射却很好地解决了此问题。当接近光速的高能带电粒子在磁场中加速时会产生强度极高的电磁辐射，而其波长范围更广、发散度更小，可以很好地应用于蛋白质晶体的结构测定。目前世界上的同步辐射光源主要包括欧洲的 ESRF、美国的 APS、日本的 SPring-8 及我国的 SSRF。此外，我们相信，正在建设的北京同步辐射装置也必将对未来结构生物学领域的发展起到进一步的支撑与推动作用。

20.2.3.3　蛋白质晶体的 X 射线衍射原理

蛋白质晶体的 X 射线衍射是晶体中所有原子（主要为核外电子）对 X 射线散射的一种特殊表现。当 X 射线被散射时，散射波中与入射波波长相同的相干散射波会在某些特定方向上互相干涉而得到加强，从而产生 X 射线衍射。具体可以用布拉格方程进行阐述，公式描述如下：

$$2d\sin\theta=n\lambda \qquad (20\text{-}1)$$

式中，d 为晶面间的距离；θ 为入射角；n 为衍射级数；λ 为入射波长。即当两束散射波在相邻晶面间的光程差为入射波长的整数倍时才会观测到 X 射线衍射产生，如图 20-12 所示。

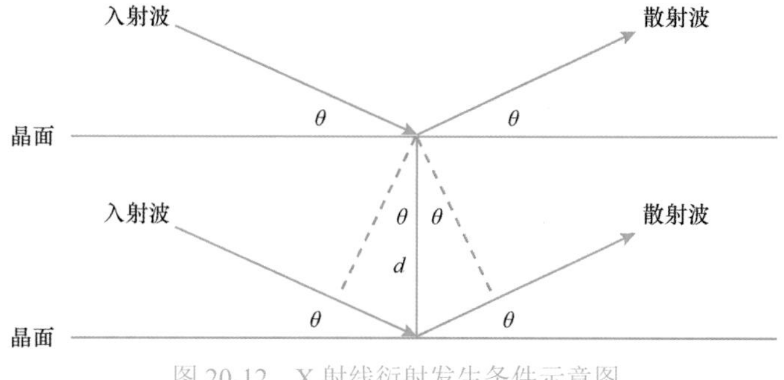

图 20-12　X 射线衍射发生条件示意图

20.2.3.4 蛋白质晶体的数据收集与处理

蛋白质分子按照一定的周期性排布形成蛋白质晶体。晶体中相邻蛋白质分子间存在一定的空隙，允许小分子物质通过。通常溶剂分子（尤其是水分子）是最主要的小分子，可以占到整个蛋白质晶体的 30% ～ 75%，所以当蛋白质晶体受到外界物理或者化学因素影响时，晶体的内部堆积很容易受损或者塌陷，从而影响整颗晶体的数据质量。因此，在蛋白质晶体上机时需要动作迅速，以避免晶体因长时间暴露于空气而脱水。

在进行蛋白质晶体数据收集时，X 射线产生的自由能会损伤晶体堆积，从而影响数据收集的质量。为了解决这一问题，通常将经过防冻剂处理的蛋白质晶体迅速置入液氮环境中，并保持在低温（100K）条件下进行数据收集。

不同的蛋白质晶体，其大小、形状、堆积质量等方面不尽相同，衍射能力也千差万别。因此，在数据收集过程中，更多影响收集的因素必须考虑在内，如曝光时间、收集角度、初始角、波长等。

以曝光时间为例，对于衍射能力较差的蛋白质晶体，通常短的曝光时间很难得到较高分辨率的衍射数据，但过度曝光又会造成辐射损伤。而对于衍射能力相对较好的蛋白质晶体，过长的曝光时间也会导致晶体曝光过度，从而使低分辨率区的数据完整度不足，影响后期的结构解析精度。因此，在数据收集的过程中必须把握恰当的曝光时间才能获得理想的蛋白质晶体衍射数据。

随着计算科学的发展，尤其是操作软件的应用，目前蛋白质晶体数据收集过程的很多不利因素是可以避免的。例如，在 HKL2000 数据处理软件中具备“Strategy”选项，实验者可以根据该选项提供的信息，结合晶体本身的特点及数据收集要求进行初始角、收集角度的选择。如图 20-13 所示，为确保 95% 的数据完整度，在当前初始角度下至少需要收集 112° 才可以实现。因此，在实验操作过程中收集者可以根据不同的数据需求设置相应的收集参数。

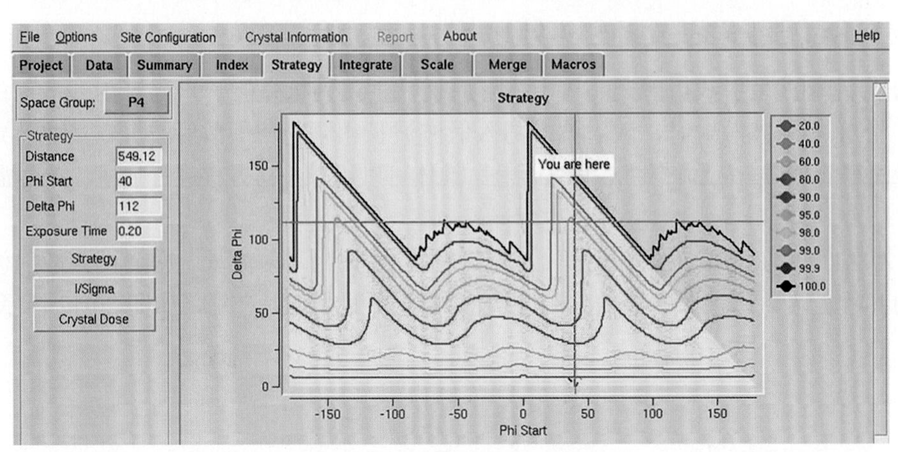

图 20-13　HKL2000 收集策略

数据处理就是将 X 射线衍射点还原为实空间密度的过程。目前所采用的数据处理软件有 HKL2000、HKL3000、XDS、iMosflim 等，其中 HKL2000 是最为常用的一款。

使用 HKL2000 进行数据处理的过程可以简单概述如下，首先对衍射点指标化（index）获取数据信息，确定布拉维晶格及晶胞参数。随后经参数修正进行积分（integrate）处理，得到衍射点的强度。最后对所得数据进行归一化（scaling）以减少误差。

在对衍射点进行指标化与数据积分的过程中，衍射点积分区域（box size 和 spot size）的选取十分重要，它不仅关系到数据处理的质量，更会影响人们对晶体空间群的判断。实验者可以根据衍射点的大小及形状，通过相应的参数调整，确定合理的积分区域。除此之外，归一化过程会生成大量的数据质量参数，尽管这同晶体本身的性质有关，但归一化参数（如最高分辨率的选取、空间群的进一步确定等）的选择也是不可忽略的因素。

蛋白质晶体数据的收集质量往往可通过冗余度（redundance）、合并偏离 R 因子（R_{merge}）、完整度（completeness）、信噪比（I/σ）等方面进行评判。

冗余度是指同一衍射点在数据收集过程中被重复收集的次数，冗余度越大，数据细节越完善。因此，在数据收集过程中应保证足够的衍射照片数量，通常数据处理时应保证冗余度不低于 2。

合并偏离 R 因子代表了实测独立衍射点偏离对称性相关衍射点的程度。通常 R_{merge} 越大表征偏离程度越大，数据质量越差，但 R_{merge} 的数值也会依赖于冗余度，冗余度增大 R_{merge} 也会相应增加。R_{merge} 的计算公式如下：

$$R_{\text{merge}} = \frac{\sum_{hkl}\sum_{i=1}^{n}\left|I_i(hkl) - \bar{I}(hkl)\right|}{\sum_{hkl}\sum_{i=1}^{n} I_i(hkl)} \tag{20-2}$$

式中，$I_i(hkl)$ 为 (hkl) 处衍射点的衍射强度；$\bar{I}(hkl)$ 为对称性相关衍射点的平均衍射强度；h、k、l 为倒易空间的 3 个衍射指数。

此外，在数据处理的过程中最好保证完整度在 90% 以上，信噪比在 2 以上。

因此，为了获得较为理想的处理结果，实验者需要结合晶体自身特点将数据处理过程的诸多因素统筹考虑。

20.2.3.5　蛋白质晶体结构的解析

蛋白质晶体的 X 射线衍射实际上是对蛋白质晶体的结构信息进行傅里叶变换的过程，因此，为了得到实空间密度，需要对衍射波谱进行傅里叶逆变换，公式如下：

$$\rho(xyz) = \frac{1}{V}\sum_{h}\sum_{k}\sum_{l}\left|F(hkl)\right|\cos\left[2\pi(hx+ky+lz) - \alpha(hkl)\right] \tag{20-3}$$

式中，$\rho(xyz)$ 为距离晶胞原点(x, y, z)处的电子密度；V 为晶胞体积；$|F(hkl)|$ 为振幅；$\alpha(hkl)$ 为相角；h、k、l 为倒易空间的 3 个衍射指数。

蛋白质晶体经 X 射线衍射后仅能获得振幅大小，其衍射点的相位信息却无法得到。为了解决这一问题，对于同源性较高的蛋白质晶体人们通常采用分子置换（molecular replacement，MR）法获得相位信息。而对于同源性较低或者不具有同源性的蛋白质晶体，则常采用单对同晶置换（single isomorphous replacement，SIR）法、多对同晶置换（multiple isomorphous replacement，MIR）法、单波长反常散射（single-wavelength anomalous dispersion，SAD）法、多波长反常散射（multi-wavelength anomalous dispersion，MAD）法等进行相位确定。

相位确定以后，需要根据电子云密度进行模型搭建。整个过程一般会结合使用几款结构解析软件，如 CCP4、Phenix、Coot。CCP4 和 Phenix 软件均嵌入了多种分子置换、模型自动搭建及模型优化程序供实验操作者选择使用，此外，在利用两种软件进行结构解析与修正的同时，需要结合使用 Coot 软件对结构细节进行手动调整，经反复多轮修正才可以获得较为理想的结构模型。

通常对于分辨率 3Å 以内的衍射数据，蛋白质的 α 螺旋和 β 折叠区域电子云密度清晰可辨，整个蛋白质分子的三维空间结构可以确定下来，尤其是对分辨率在 2Å 以内的衍射数据，绝大多数氨基酸残基的侧链构象及结合水的位置均可以判断清楚。对于 3 ～ 4Å 的衍射数据，仅可以看到明显的二级结构，而对具体的氨基酸残基并不能完全区分开。更低分辨率的蛋白质晶体衍射数据，则很难将较为精细的结构信息呈现出来（柯衡明等，2010）。

20.2.3.6 蛋白质晶体结构的验证与评估

蛋白质晶体结构解析的精度不仅受限于晶体本身的衍射质量，还与个人解析水平与经验相关。因此，蛋白质晶体结构的验证与评估尤为重要。

为了评估蛋白质真实结构与修正结果之间的差异，人们通常引入多方面的判断指标，如 R 因子、几何偏差、拉氏构象图、B 因子等。

R 因子在晶体学中表征了结构因子实测值（$|F_{obs}|$）与计算值（$|F_{calc}|$）之间的差异，公式描述如下：

$$R=\frac{\sum\left\|F_{obs}\right|-\left|F_{calc}\right\|}{\sum\left|F_{obs}\right|} \tag{20-4}$$

在蛋白质晶体结构修正过程中将衍射数据分为工作集与校验集。工作集是真正用于结构修正的数据，而校验集则是从整体衍射数据中选取的部分（5% ～ 10%）衍射数据，仅用于结构校验，并不参与结构的修正，两部分对应的合并偏离 R 因子分别为 R_{work} 和 R_{free}。实际修正过程中 R_{free} 会略大于 R_{work}，但一般不会大于 5%。如果 R_{work} 与 R_{free} 的差值大于 10%，则暗示所修正的结构存在较大问题。通常对于解析正确的蛋白质晶体结构，R_{free} 的数值应为其分辨率的 10% 左右。

几何偏差是指结构模型的几何参数与理论值的偏差，有键长、键角两个指标。一个较为可靠的结构模型，键长的均方根偏差应小于 0.02Å，而键角的均方根偏差则应小于 5°（柯衡明等，2010）。

拉氏构象图是评估蛋白质主链立体化学性质的重要指标，它将蛋白质中所有氨基酸残基的二面角（φ 和 ψ）显示在同一个方阵中，由于相互靠近的氨基酸残基存在相互作用，因此二面角不可随意改变。对于一个修正完善的蛋白质三维结构，其各个氨基酸残基的二面角均应处在允许的范围之内。

此外，B 因子也是评判修正结果的一个重要指标。B 因子又称温度因子，它反映了晶体中电子云密度的模糊程度，B 因子越高模糊程度越大，构象越不稳定。通常柔性区要比 α 螺旋、β 折叠区的 B 因子高，蛋白质分子表面要比内部的 B 因子高。当然，B 因子还与原子的占有率相关，占有率越低，B 因子越高。

因此，在结构修正的过程中，只有统筹考虑合并偏离 R 因子、键长、键角、拉氏构象图、B 因子等才能获得较为理想的结构模型。

20.2.3.7 蛋白质晶体结构举例

1. 重要的水溶性植物蛋白晶体结构

在自然界中，植物对光的感受是通过光受体实现的。Wu 等（2012）利用 X 射线晶体学的方法获得了拟南芥紫外线 B 波段光受体（UVR8）1.8Å 高分辨率的晶体结构（图 20-14），系统阐述了 UVR8 的感光机制，为后续针对植物体感受紫外线的研究奠定了重要的结构基础。

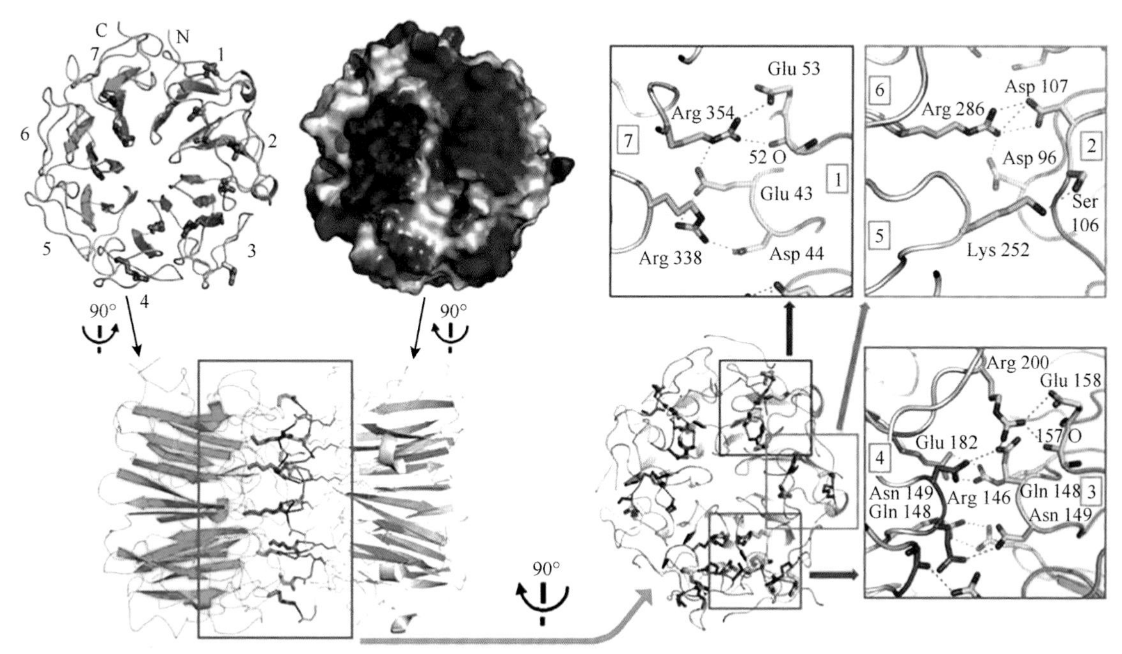

图 20-14　拟南芥紫外线 B 波段光受体 UVR8 晶体结构（Wu et al.，2012）

2. 重要的植物膜蛋白晶体结构

由于膜蛋白具有疏水性，其需要借助于表面活性剂分子才能溶解于水溶液，因此膜蛋白结晶本质上是“膜蛋白-表面活性剂复合物”的结晶，不仅增加了结晶的困难，而且增加了晶体防冻的困难。膜蛋白晶体结构研究一直是结构生物学领域的难点，每一个膜蛋白晶体结构的获得常常是经过多年不懈努力实现的。自 20 世纪 80 年代初开始，中国科学院植物研究所光合中心开展了光合膜蛋白分离纯化的研究工作。在此基础上，90 年代初在我国老一辈科学家汤佩松先生、匡廷云先生、梁栋材先生及常文瑞先生等的积极倡导和推动下，针对植物光合膜蛋白复合体的结构生物学研究拉开了序幕，经过此后 30 多年的努力，我国科学家在这一领域处于国际领先地位。2004 年中国科学院生物物理研究所与中国科学院植物研究所合作解析了高等植物菠菜主要捕光天线复合物 LHCⅡ 高分辨率的晶体结构（分辨率为 2.72Å）（Liu et al.，2004），填补了中国膜蛋白结构测定的空白；之后，中国科学院生物物理研究所的科学家对高等植物 PSⅡ 次要捕光天线复合物 CP29（Pan et al.，2011）、具有光保护调控作用的重要蛋白 Psbs（Fan et al.，2015）的晶体结构进行了解析。2015 年中国科学院植物研究所研究团队率先在原子水平解析了高等植物光合膜蛋白 PSⅠ-LHCⅠ 超大复合物 2.8Å 分辨率的晶体精细结构，如图 20-15 所示，沿光合膜平面观察时可见该复合物绝大多数蛋白质结构为跨膜螺旋（图 20-15b），并根据色素分子的几何排布与性质，提出了可能存在的能量传递途径（Qin et al.，2015a）；2019 年他们将光合膜蛋白结构研究范围扩展到海洋藻类，报道了硅藻中结合了岩藻黄素和叶绿素 a/c 的捕光蛋白（fucoxanthin Chl a/c binding protein，FCP）1.8Å 高分辨率的晶体结构（Wang et al.，2019）。这些国际领先的研究成果，大大推动了光合作用机制的研究，是中国科学家为世界科学进步与发展做出的重要贡献。

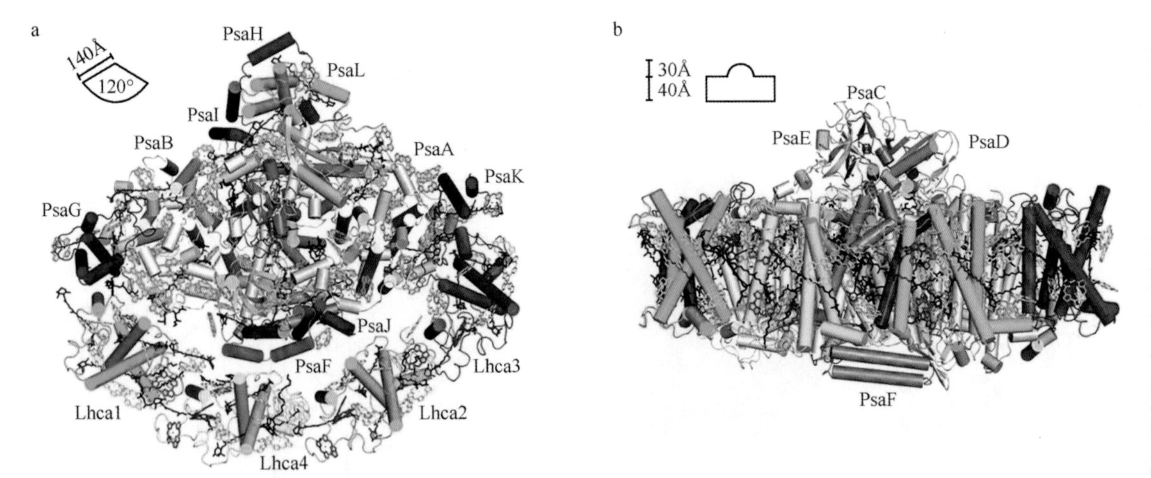

图 20-15 豌豆 PSⅠ-LHCⅠ 超大复合体晶体结构（Qin et al.，2015a）

a. 垂直于光合膜平面观察；b. 沿光合膜平面观察

20.3 蛋白质三维结构展示

蛋白质结构具有不同的层次，蛋白质的一级结构即多肽链主链上共价连接的氨基酸残基的顺序，二级结构和其他高级结构主要由非共价键如氢键、离子键、疏水作用、范德瓦耳斯力决定，此外二硫键在稳定蛋白质构象方面也具有重要作用。本质上，一个蛋白质分子为获得复杂结构所需要的全部信息都包含在多肽链的氨基酸序列中。相关的基础知识在不少生物化学教材中已出现，在此不再赘述。某一蛋白质通过与其他蛋白质、DNA、RNA 等分子相互作用，实现特定的生物学功能。结构生物学的重要意义一方面在于解析蛋白质本身的结构信息、解析与推测蛋白质和其他分子的相互作用信息，另一方面在于揭示蛋白质结构与其功能的关系，推动人类对生物学过程本质的认识。

本部分主要介绍如何从蛋白质数据库下载结构文件，并用软件观察其结构。

20.3.1 蛋白质数据库

常用蛋白质数据库（protein data bank，PDB）的网址是 http://www.rcsb.org/，可以在搜索框中输入 PDB ID、author、macromolecule 等信息进行搜索，以获得目的蛋白的结构信息文件。我们在阅读文献时很可能除了解文献本身介绍的信息，还想全面了解某个蛋白质的结构，这时可以在文献中找到 PDB ID，在 PDB 网站中输入 ID，检索后下载 PDB Format 文件，再用看图软件打开。

例如，输入 4XK8，可以检索到 PSⅠ 复合物结构相关的一系列信息，如图 20-16 所示，在“Download Files”下拉窗口找到“PDB Format”，下载即得 4XK8.pdb 文件。

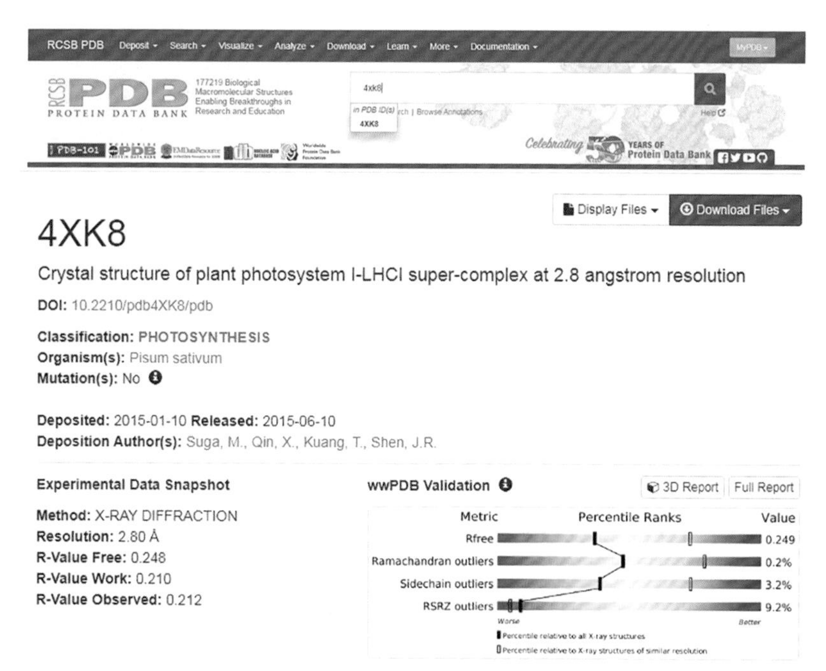

图 20-16　PDB 搜索及其结果显示界面

20.3.2　PyMOL 软件的使用简介

PyMOL 软件是一款常用的生物大分子三维结构显示软件，下面介绍该软件的常用使用方法。

20.3.2.1　窗口的基本功能

运行 PyMOL 软件之后，出现两个窗口，一个是“The PyMOL Molecular Graphics System”（以下简称 System 窗口），另一个是“PyMOL Viewer”（以下简称 Viewer 窗口），如图 20-17 所示。在 System 窗口任务栏中，有 File、Edit、Build、Movie、Display、Setting、Scene、

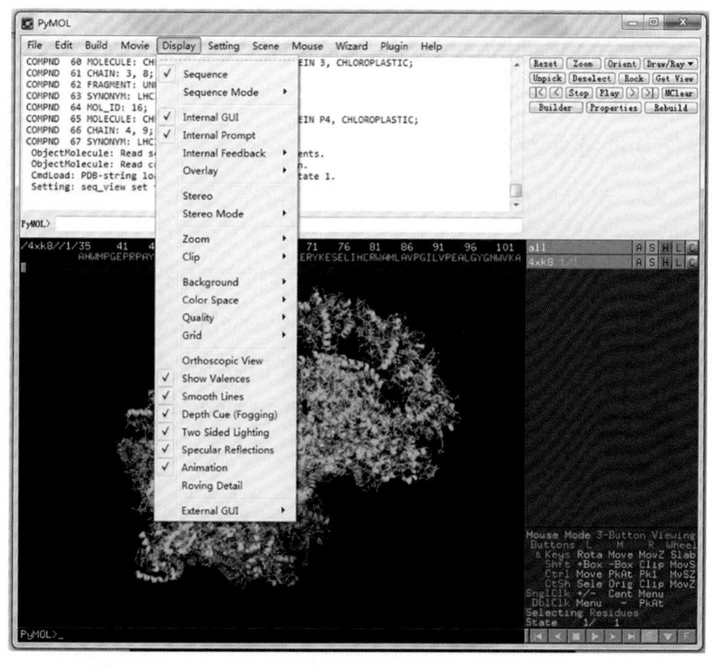

图 20-17　PyMOL 软件的 System 窗口与 Viewer 窗口

Mouse、Wizard、Plugin、Help 共 11 个菜单键，点击每一个菜单键出现对应的下拉菜单。

首先使用 File—Open 打开 4XK8.pdb，再使用 Display—Sequence 在 Viewer 窗口显示出每条肽链的氨基酸序列。在 Viewer 窗口右上部显示的条目是“被定义的内容”，右下角显示 Mouse Mode 与 Selecting 信息。点击“Mouse Mode”右侧的红色状态条，可以在 3-Button Viewing 与 3-Button Editing 两种功能状态之间进行切换。当只需要显示三维结构的功能时，应使其状态处于 3-Button Viewing 。点击“Selecting”右侧的红色状态条，可以在 Chains、Segments、Objects、Molecules、C-alphas、Atoms、Residues 7 种功能状态之间进行切换，这些不同状态代表了点击鼠标时选中的是鼠标所在位置的哪一个级别的结构主体。

20.3.2.2 鼠标操作功能

基本思路是首先选中结构要素并命名之，再操作之。

1. 选中操作

举例：在 4XK8.pdb 中存在两个完全相同的 PSⅠ-LHCⅠ 结构，如何分别选择两个结构呢？

设置 Mouse Mode 的状态：3-Button Viewing，Selecting 的状态：Chains。在此状态下，用鼠标分别点击其中一个 PSⅠ-LHCⅠ 结构的全部 16 条肽链（A ～ L，1 ～ 4），完成选中操作；一旦执行选中操作，在 Viewer 窗口右上角自动出现（sele）操作条，点击“（sele）—A—Action: rename selection”，在弹出的“renaming sele to:”对话框中输入命名“4XK8A”，则被选中的“4XK8A”出现在 Viewer 窗口右上角的操作条中。同理，选择另一个 PSⅠ-LHCⅠ 结构并命名为“4XK8B”。只有选中并命名之，才真正完成了选中操作。

同理，如果想选择一些残基、原子，则可以将 Selecting 的状态分别设置为 Residues、Atoms，进行选中操作。

2. 选中并生成新的结构文件

当需要将一部分结构元素从原文件中抽提出来，生成一个新的结构文件时，可以通过如下操作完成：在 Viewer 窗口选中这些结构元素，使用 System 窗口，进行 File—Save Molecule 操作，弹出对话框“Which object or selection would you like to save?”，选择“sele”，在弹出的“Save As”对话框中输入相关信息即完成。

3. 使用鼠标操作功能显示结构

选中操作完成之后，就可以在 Viewer 窗口右上角的操作条中找到其命名，利用对应的 A、S、H、L、C 操作按钮进行操作，这 5 个操作按钮包含丰富的操作信息，如图 20-18 所示。举例：针对 4XK8B 操作条，进行 Hide—everything 操作，则 4XK8B 的结构消失，屏幕上仅显示 4XK8A 的结构；针对 4XK8A 操作条，进行 Hide—everything 和 Show—cartoon 两项操作即可显示出常见的螺旋结构，再进行 Color—by chain 操作即可将不同的肽链显示为不同的颜色。结合 System 窗口的 Setting—Cartoon 与 Setting—Transparency 还可以进一步设置 cartoon 显示的细节。

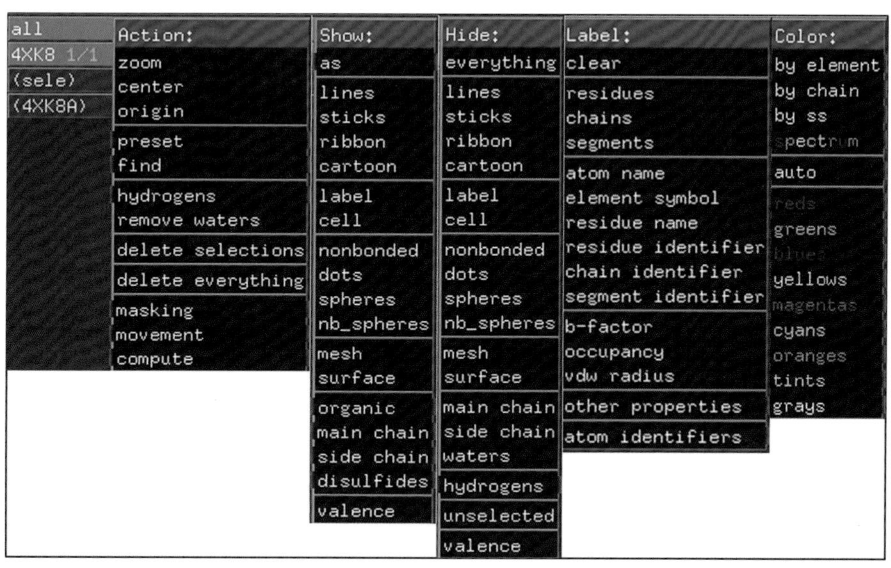

图 20-18　Viewer 窗口操作按钮的下拉菜单信息

20.3.2.3　命令

鼠标操作只能完成基本操作，一些操作必须使用命令才能完成。下面简单介绍一下如何使用命令进行操作。

1. 命令的基本结构

命令的基本结构：＞keyword 变量 1，变量 2。

代表的意义：将变量 2 执行为变量 1。keyword 和变量 1 之间有空格无标点，变量 1 和 2 之间用逗号隔开。keyword 是必需的，变量一般也是必需的。但有些情况可以没有变量，如＞quit；也可以只有一个变量，如＞color red，此时默认变量 2 是 all。变量 1 通常比较简单，而变量 2 是表达选择的变量，一般比较复杂。常见的一些命令如表 20-2 和表 20-3 所示，其中 [执行]=keyword 变量 1，这些命令体现了变量 2 的复杂性。更多的命令请参考 Help 菜单键中的下拉菜单 PyMOL Command Reference。

表 20-2　PyMOL 选择命令

格式	例子	注释
[执行], chain[链]	color red, chain A	A 链用红色表示
[执行], resn[残基名字]	color red, resn CYS	CYS 残基用红色表示
[执行], name[原子名字]	color red, name CB	Cβ 原子用红色表示
[执行], resi[顺序号]	color red, resi 104	第 104 号残基 / 基团用红色表示
[执行], resi[顺序号]+[顺序号]	color red, resi 104+212	第 104 号与 212 号残基 / 基团用红色表示
[执行], resi[顺序号]-[顺序号]	color red, resi 104-212	第 104 ～ 212 号残基 / 基团用红色表示
[执行], chain[链] & resn[残基名字] & name[原子名字]	color red, chain A & resn CYS & name CB	A 链上的 CYS 残基的 Cβ 原子用红色表示
[执行], [链]/[残基名字]/[原子名字]	color red, A/CYS/CB	A 链上的 CYS 残基的 Cβ 原子用红色表示
[执行], chain[链] & resi[顺序号]	color red, chain A & resi 104	A 链上的第 104 号残基 / 基团用红色表示
[执行], [链]/[顺序号]	color red, A/104	A 链上的第 104 号残基 / 基团用红色表示

续表

格式	例子	注释
[执行], [条件] around [距离]	color red, resn ATP around 5	以 ATP 中任何原子为中心，5Å 为半径，在此范围内的原子用红色表示
[执行], byres ([条件] around [距离])	color red, byres (resn ATP around 5)	以 5Å 为半径，ATP 中原子为中心
[执行], [条件] & [条件]	color red, polymer & resi 104	高分子的第 104 号残基 / 基团用红色表示
[执行], [条件]|[条件]	color red, resn SER|resn THR	SER 和 THR 用红色表示
[执行], [selector][identifier]+ [identifier]	color red, resn SER+THR	SER 和 THR 用红色表示
[执行], polymer	color red, polymer	高分子用红色表示
[执行], organic	color red, organic	有机低分子化合物用红色表示
[执行], solvent	color red, solvent	水分子用红色表示
select [选择名字], [条件]	select actsite, resi 104	第 104 号残基 / 基团被选择，并用 actsite 命名

注：来源于 http://www.kagakudojin.co.jp/appendices/c20092/index.html

表 20-3 PyMOL 执行命令

格式	例子	注释
show [表示法]	show sphere	用球 model 表示
hide [表示法]	hide sphere	不用球 model 表示
color [色]	color blue	蓝色表示
util.cbag		用颜色区分不同的元素
bg_color[色]	bg_color white	背景用白色
rotate[xyz], [回转角度]	rotate y,180	*y* 轴旋转 180°
reset		恢复到已保存的结构状态

注：[表示法]: sphere, lines, sticks, ribbon, cartoon, color。该表来源于 http://www.kagakudojin.co.jp/appendices/c20092/index.html

2. 变量 2 的表达

（1）描述结构的层次

在 pdb 文件中，每一个原子都有独特的表达方式，这种表达方式需要通过不同的结构层次进行说明，包括：chain 表示肽链，resn 表示基团的命名，resi 表示基团的编号，name 表示原子的命名。在 Seleting Atoms 模式下，连续双击任何一个原子，弹出一个对话框，如显示“/4XK8//2/CHL 309/NB”，表示 4XK8 文件—肽链 2—名字为 CHL、编号为 309 的基团—名称为 NB 的原子。

举例：选择 4XK8 中所有的 Chl a 分子与 Chl b 分子，并命名为 chls（在 4XK8 结构文件中，Chl a 的基团命名为 CLA，Chl b 的基团命名为 CHL）。

＞select chls, resn CHL+CLA

（2）常见逻辑操作

在表达变量 2 时，配合逻辑操作语言，用于表达更加复杂的选择。

表示交集：A and B，A&B，既符合 A 条件又符合 B 条件。

表示并集：A or B，A|B，A+B，或者符合 A 条件或者符合 B 条件。

表示补集：not B, !B，将符合 B 条件的情况排除。

在使用多重逻辑操作时，为了正确处理顺序需要使用括号，最内层括号中的内容将被最先处理。

举例：选择肽链 1 上 Chl a 分子中卟啉环上的所有原子，并命名为 Lhca1-chla。

＞select Lhca1-chla, chain 1 and resn CLA and name MG+NA+NB+NC+ND+C1B+C2B+C3B+C4B+C1C+C2C+C3C+C4C+C1D+C2D+C3D+C4D+CAD+CBD+C1A+C2A+C3A+C4A+CHA+CHB+CHC+CHD

（3）其他逻辑操作

1）A around *x*。即以 A 中任何原子为中心、*x*Å 为半径所包括的所有原子，可以理解为离 A 较近的原子。

举例：以 CLA603（CLA 为基团的命名，603 为基团的编号）中任何原子为中心、5Å 为半径，在此范围之内的所有原子被选中，如图 20-19a 黄色阴影所示，并命名为 near603（但不包含 603 在内，区别于下面的 expand）。

＞select near603, resi 603 around 5

2）A gap *x*。即选择距离 A 在 *x*Å 以上的那些原子，可以理解为离 A 较远的原子。

举例：以 CLA603 中的任何原子为中心、5Å 为半径，在此范围之外的所有原子被选中，如图 20-19b 绿色阴影所示，并命名为 far603。

＞select far603, resi 603 gap 5

3）A expand *x*。即选择以 A 中任何原子为中心、*x*Å 为半径，扩展至新的范围所包含的所有原子，与 around 的区别在于该命令包含 A 本身在内。

举例 : CLA603 及其周围 5Å 之内的所有原子，如图 20-19c 蓝色阴影所示，并命名为 near603_5。

＞select near603_5, resi 603 expand 5

4）A within *x* of B。即选择以 B 为中心、*x*Å 为半径，并包含在 A 中的原子。

举例：选择在 CLA609（A）上，且距离 CLA603（B）在 5Å 以内的原子，如图 20-19d 蓝色阴影所示，命名为 distance603。

＞select distance603, resi 609 within 5 of resi 603

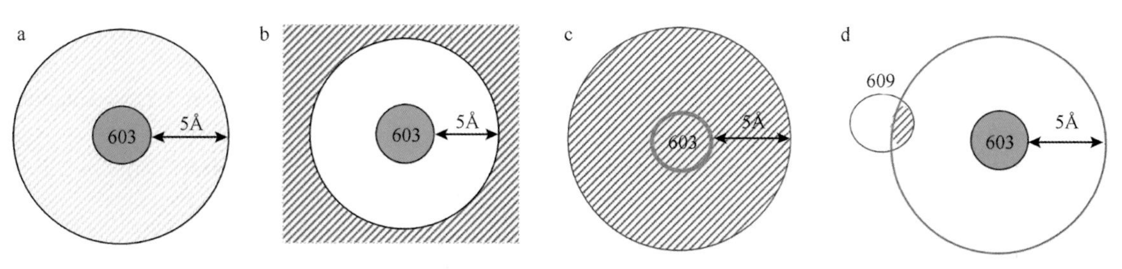

图 20-19　与距离相关的逻辑操作示意图

a. 黄色阴影代表 select near603, resi 603 around 5 的操作结果；b. 绿色阴影代表 select far603, resi 603 gap 5 的操作结果；c. 蓝色阴影代表 select near603_5, resi 603 expand 5 的操作结果；d. 蓝色阴影代表 select distance603, resi 609 within 5 of resi 603 的操作结果

以上是 PyMOL 软件的基本使用方法，读者在实际使用时可能会遇到更复杂的问题，若想获得满意的图片，还需要在此基础上继续探索与实践。

参考文献

柯衡明, 陈玉祥, 蔡继文. 2010. 生物大分子的 X 射线晶体学. 北京: 化学工业出版社: 154-160.

梁毅. 2010. 结构生物学. 2 版. 北京: 科学出版社: 186-190.

卢光莹, 华子千. 2006. 生物大分子晶体学基础. 2 版. 北京: 北京大学出版社: 46-56.

Enami I, Murayama H, Ohta H, et al. 1995. Isolation and characterization of a photosystem Ⅱ complex from the red alga *Cyanidium caldarium*: association of cytochrome c-550 and a 12 kDa protein with the complex. Biochim. Biophys. Acta, 1232(3): 208-216.

Fan M, Li M, Liu Z, et al. 2015. Crystal structures of the PsbS protein essential for photoprotection in plants. Nat. Struct. Mol. Biol., 22(9): 729-735.

Liu Z, Yan H, Wang K, et al. 2004. Crystal structure of spinach major light-harvesting complex at 2.72 Å resolution. Nature, 428(6980): 287-292.

Lou S, Wang K B, Zhao F, et al. 1995. A comparative study on PSⅡ light harvesting chlorophyll a/b protein complexes between spinach and cucumber. Acta Bot. Sin., 37(3): 192-197.

Pan X, Li M, Wan T, et al. 2011. Structural insights into energy regulation of light-harvesting complex CP29 from spinach. Nat. Struct. Mol. Biol., 18(3): 309-315.

Pi X, Zhao S, Wang W, et al. 2019. The pigment-protein network of a diatom photosystem Ⅱ-light-harvesting antenna supercomplex. Science, 365(6452): eaax4406.

Qin X C, Suga M, Kuang T, et al. 2015a. Structural basis for energy transfer pathways in the plant PSⅠ-LHCⅠ supercomplex. Science, 348(6238): 989-995.

Qin X C, Wang K, Chen X, et al. 2006. Rapid purification of photosystem Ⅰ chlorophyll-binding proteins by differential centrifugation and vertical rotor. Photosynth Res., 90(3): 195-204.

Qin X C, Wang W, Chang L, et al. 2015b. Isolation and characterization of a PSⅠ-LHCⅠ super-complex and its sub-complexes from a siphonaceous marine green alga, *Bryopsis corticulans*. Photosynth Res., 123(1): 61-76.

Rao Z. 2007. History of protein crystallography in China. Phil. Trans. R. Soc. B, 362(1482): 1035-1042.

Shen J R, Ikeuchi M, Inoue Y. 1992. Stoichiometric association of extrinsic cytochrome c_{550} and 12 kDa protein with a highly purified oxygen-evolving photosystem Ⅱ core complex from *Synechococcus vulcanus*. FEBS Lett., 301(2): 145-149.

Shi Y. 2014. A glimpse of structural biology through X-ray crystallography. Cell, 159(5): 995-1014.

Su X, Ma J, Wei X, et al. 2017. Structure and assembly mechanism of plant $C_2S_2M_2$-type PSⅡ-LHCⅡ super-complex. Science, 357(6353): 815-820.

Tian L, Liu Z, Wang F, et al. 2017. Isolation and characterization of PSⅠ-LHCⅠ super-complex and their sub-complexes from a red alga *Cyanidioschyzon merolae*. Photosynthe Res., 133(1-3): 201-214.

Wang W, Yu L J, Xu C, et al. 2019. Structural basis for blue-green light harvesting and energy dissipation in diatoms. Science, 363(6427): eaav0365.

Wei X, Su X, Cao P, et al. 2016. Structure of spinach photosystem Ⅱ-LHCⅡ supercomplex at 3.2 Å resolution. Nature, 534(7605): 69-74.

Wu D, Hu Q, Yan Z, et al. 2012. Structural basis of ultraviolet-B perception by UVR8. Nature, 484(7393): 214-220.

第 21 章 植物整合组学研究

随着高通量测序技术的不断发展与完善，单组学研究已经日趋成熟与完善，而整合多组学研究工作逐渐成为植物功能研究的重心。植物多层组学整合分析是指对来自不同组学，如基因组学、转录组学、蛋白质组学和代谢组学的数据源进行归一化处理、比较分析并应用到同一研究项目中（图 21-1）。通过整合生物系统中诸多相互联系和作用的组分来研究复杂生物过程的机制，即研究生物系统中所有组成成分（基因、RNA、蛋白质和代谢物等）的构成及在特定条件下这些组分间的相互作用和关系，并分析生物系统在某种或某些因素干预扰动下在一定时间内的动力学过程及规律。高通量的组学（omics）技术为整合组学提供了海量的实验数据和先进的技术方法。同时结合多种技术手段，通过对基因到 RNA、蛋白质，再到体内小分子，对整体变化物质分子进行综合分析，包括原始通路的分析及新通路的构建，反映出组织器官功能和代谢状态，从而对植物和相关的生物系统进行全面的解读（谢兵兵等，2015）。

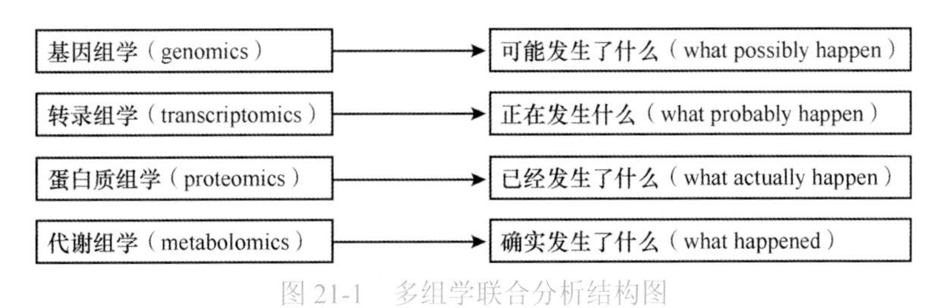

图 21-1　多组学联合分析结构图

21.1　整合组学概述

21.1.1　多层组学整合分析的主要思路

随着实验技术特别是高通量测序技术和生物质谱技术的全面发展，获取稳定可靠、数据量庞大的基因组、转录组、蛋白质组和代谢组等高通量组学数据已经变得越来越简单，因而对这些组学数据的深入分析和解释则变得越来越重要，尤其是对不同生物分子层次数据的整合分析。多层组学整合分析是指对来自基因组、转录组、蛋白质组和代谢组等不同生物分子层次的批量数据进行归一化处理、比较分析和相关性分析等统计学分析，建立不同层次分子间数据关系；同时结合功能分析、代谢通路富集、分子互作分析等生物功能分析，系统全面地解析生物分子的功能和调控机制（图 21-2）。对不同分子层次的组学数据进行整合分析不仅可以相互验证，也有助于相互补充、拓展认识。

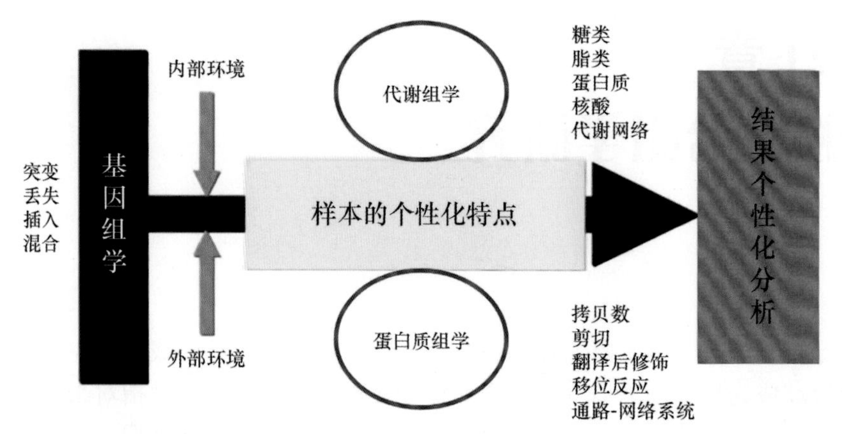

图 21-2 多组学整合的内涵

多层组学整合分析的常见思路：筛选各种目标生物分子，根据系统生物学的功能层级逻辑，分析目标分子的功能，对转录组、蛋白质组和代谢组等数据根据协同网络、协同调控逻辑进行整合分析。通过数据的整合分析，可相互验证补充，最终实现对生物变化大趋势与方向的综合了解，提出分子生物学变化机制模型，并筛选出重点代谢通路或者蛋白质、基因、代谢物进行后续深入实验分析与应用。

21.1.2 多层组学整合分析面临的挑战

到目前为止，大多数整合模型已在科研领域被报道和发表。同样，随着纵向多组学分析，每一个研究实例在以后也会类似地成为一种实际应用工具。

组学分析是检测大规模变化或通路水平变化的有效方法，比进行数千个独立测试更便宜且更全面，纵向分析可以显示样本变化的特异趋势，并可通过重复测量增加统计支持。虽然建立具体的实验标准仍面临挑战，但随着我们对不同生物基因组理解的加深和参考数据库的成熟，解释遗传变异和修饰的许多概念可应用于常见分子事件，如差异表达基因、新型蛋白质磷酸化或独特代谢组标记。

21.2 蛋白质组与转录组结合研究

21.2.1 研究策略

利用转录组数据来建立蛋白质搜索数据库，将大大提升肽段及蛋白质的鉴定数量。实验表明，基于转录组数据建立蛋白质搜索数据库，平均可以增加蛋白质鉴定数量 20% ～ 50%，对于非模式生物，由于相关的研究非常少（SRA 等数据库公布的基因序列较少），其蛋白质序列数据库质量比较差，而蛋白质组学研究依赖于相关的蛋白质序列，因此对于这些物种的蛋白质组学研究存在比较大的困难。采用转录组测序技术，拼接出这些物种的转录组并构建蛋白质序列数据库，可以大大提升蛋白质组学的鉴定数量和定性定量分析结果的准确性，采用转录组数据建立对应的翻译蛋白库用于质谱鉴定，比仅采用较泛的大类全库得到的鉴定数据可提高一倍以上（图 21-3）。

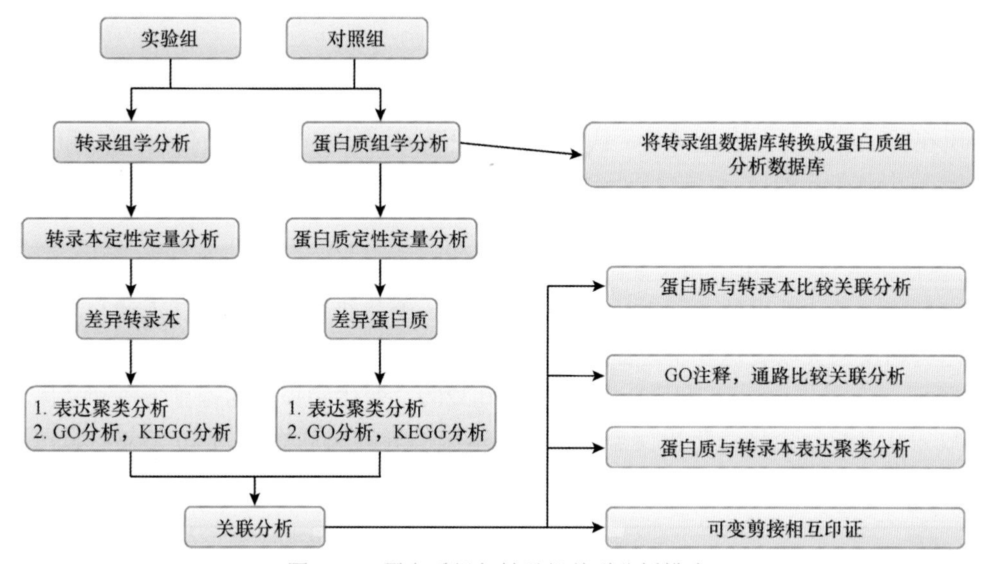

图 21-3　蛋白质组与转录组关联分析模式

21.2.2　案例解析

21.2.2.1　高油酸油菜脂肪酸代谢调控机制的蛋白质组和转录组关联分析

1. 研究思路

为了解高油酸油菜脂肪酸代谢的调控机制，以一组高油酸近等基因系自交授粉后 20 ～ 35d 的种子为材料，进行相对和绝对定量同位素标记（iTRAQ）关联转录组分析（解伟等，2013）。结果鉴定出与差异蛋白表达趋势相同的差异基因 80 个，GO 注释表明，这些基因涉及代谢、信号转导、防御与胁迫应答、氧化还原、转录等方面的功能，其中与脂肪酸代谢过程相关的有 23 个：上调表达 16 个、下调表达 7 个。其中，庚二酰 ACP 甲基酯的羧酸酯酶、磷酸化酶、乙酰胺甲酰胺酶家族可能在高油酸油菜脂肪酸代谢中发挥重要作用。证明蛋白质组与转录组关联分析能够为研究高油酸油菜脂肪酸代谢调控机制提供新思路。

2. 实验设计

（1）iTRAQ 联合 2D-LC-MS/MS 分析差异表达蛋白

采用 TCA 法提取蛋白质，测定蛋白质浓度（Bradford 定量法），并进行电泳检测（12% 的 SDS 聚丙烯酰胺凝胶）。37℃取等量蛋白质加入胰蛋白酶酶解。再等量混合用 iTRAQ 试剂标记的酶解肽段，用强阳离子交换色谱进行预分离。然后进行 LC-MS/MS 分析。另外，本研究所用数据库为白菜与甘蓝数据库，以 Mascot 2.3.02 对蛋白质进行鉴定分析。

（2）转录组测序分析

用 Trizol 试剂法提取授粉后 20 ～ 35d 种子的 RNA，检测合格后，将该样品送往测序公司进行测序。

（3）关联分析

以低油酸材料为对照，通过上述结果，以蛋白质表达差异倍数≥1.5（P≤0.05）、基因表达差异倍数≥2（P≤0.001）为标准筛选差异表达基因和差异表达蛋白，进行关联分析，计算 Person 相关系数。

3. 结果与讨论

1）蛋白质组与转录组关联数量关系。将经鉴定的蛋白质与转录组结果进行关联（当某一个蛋白质在转录组水平有表达量时，认为两者相关联）。有 2604 个基因在 mRNA 和蛋白质水平被鉴定，其中在 mRNA 和蛋白质水平均有表达的基因有 2019 个，而 334 个显著差异表达蛋白中与基因关联的有 87 个。

2）蛋白质组与转录组的相关性。本研究中，依据 mRNA 水平和蛋白质水平的表达结果，从所有定量蛋白质和基因的关联表达、蛋白质与基因变化趋势相同的关联表达与蛋白质和基因变化趋势相反的关联表达 3 个方面，分别对蛋白质组与转录组的相关性进行分析，结果如图 21-4 所示，定量蛋白质和基因关联系数为 −0.3269，变化趋势相同差异蛋白和基因的表达关联系数为 0.7143，变化趋势相反差异蛋白和基因的表达关联系数为 −0.7358，蛋白质组和转录组相关性并不高。

类型	蛋白质数量	基因数量	关联数量
鉴定	4 726	52 161	2 604
定量	3 518	52 161	2 019
显著差异	334	12 866	87

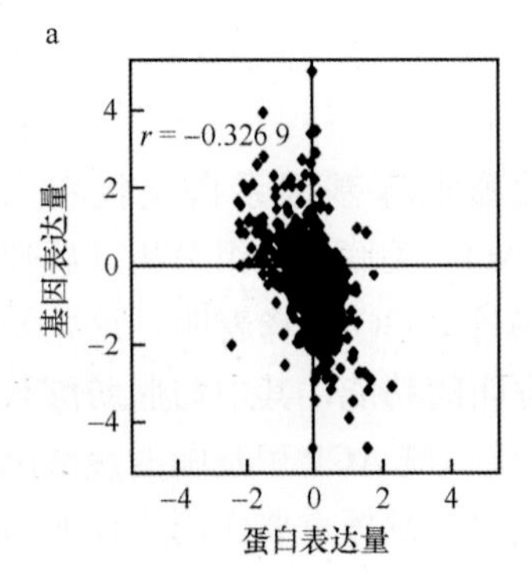

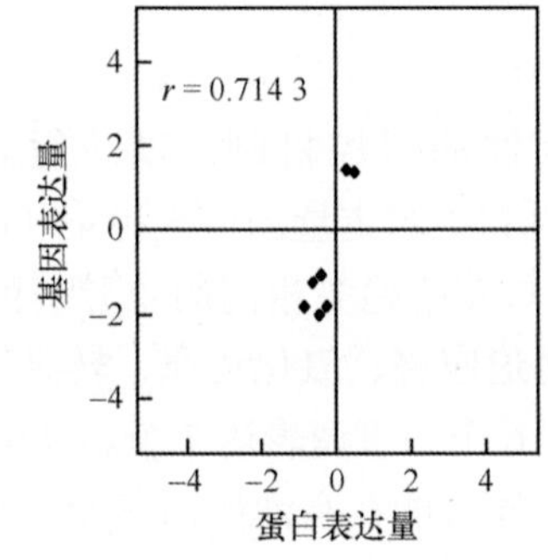

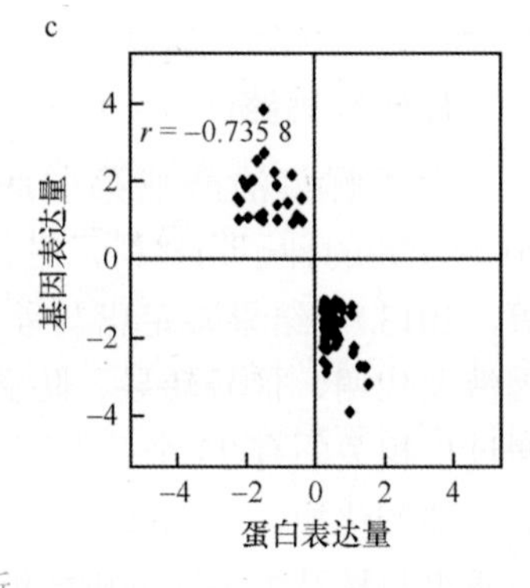

图 21-4 油菜蛋白质组和转录组关联分析

a. 所有定量蛋白质和基因的关联表达；b. 变化趋势相同的差异蛋白和基因的关联表达；c. 变化趋势相反的差异蛋白和基因的关联表达

3）脂肪酸代谢相关蛋白与基因的关联分析和差异蛋白变化趋势相同的基因。本研究中，将转录组与蛋白质组数据关联分析，发现有 80 个与差异蛋白变化趋势相同的差异基因，其中有 54 个上调表达、26 个下调表达。GO 注释表明这些基因涉及代谢、信号转导、防御与胁迫应答、氧化还原、转录等方面功能。

酰基辅酶 A 家族在脂肪酸合成过程中发挥着相当重要的作用，*Fae1* 基因编码 3-酮酰辅酶 A 合成酶（KCS），其是长链脂肪酸合成的限速酶，半胱氨酸是 KCS 催化中心不可或缺的氨基酸。而酰基-ACP 硫酯酶是脂肪酸合成酶（fatty acid synthase，FAS）体系的组成部分，本研究关联到与脂肪酸合成相关的差异基因有 8 个，其中上调表达 6 个、下调表达 2 个。

种子发育过程中，蔗糖是合成脂肪酸的主要碳源，通过卡尔文循环转为丙酮酸，又氧化形成脂肪酸合成的前体物乙酰辅酶 A。植物体脂肪酸合成位点主要在质体，那么脂肪酸到细胞其他位点发挥作用必然有信号传递与运输的过程，溶血磷脂酰胆碱酰基转移酶是脂肪酸修饰作用的关键酶。此外，能量代谢是脂肪酸代谢必不可少的一环，脂肪酸的生物合成、分解及运输过程都涉及能量的转化。本研究与糖代谢相关的差异表达基因有 4 个，均上调表达；

与膜和转导有关的差异表达基因有4个，其中3个上调表达、1个下调表达；关联到7个与能量转化相关的差异表达基因，其中3个上调表达、4个下调表达。这些基因可能对脂肪酸整个代谢过程有重要意义。

将转录组与蛋白质组数据关联分析，发现有80个与差异蛋白变化趋势相同的差异基因，GO注释表明这些基因涉及代谢、信号转导、防御与胁迫应答、氧化还原、转录等方面功能。与脂肪酸代谢过程相关的有23个，其中16个上调表达、7个下调表达。蛋白质水平有表达变化而转录水平无显著变化的247个基因中，与脂肪酸代谢过程相关的有25个，其中10个上调表达、15个下调表达。在mRNA水平有表达变化而蛋白质水平无显著变化的231个基因中，与脂肪酸代谢过程相关的有24个，其中18个上调表达、6个下调表达。

转录组学与蛋白质组学是后基因组学发展的热点领域，两者关联分析可以更全面地了解基因表达情况，通过相互间的补充与对比，可得到更完整的生物信息，以便为后续研究做准备。但目前研究发现，两者之间相关性比较低。李茂峰等（2011）用基因芯片与iTRAQ技术，比较了棉花纤维初始发育期纤维正常发育的4个陆地棉品种（系）之间的RNA和蛋白质表达差异，结果发现，有240个基因可以找到270个对应的或高度同源的蛋白质，其中仅有7个基因表现一致，绝大多数不一致，相关系数仅为0.029。Szymon等（2015）用微阵列技术与2-DE技术，对经PEG处理的甘蓝型油菜种子萌发过程关键基因进行转录组与蛋白质组分析，差异表达蛋白78个，12个蛋白质在转录组和蛋白质组水平差异表达一致，相关系数仅有0.15。本研究发现，高油酸材料定量蛋白质和基因的表达呈现较低的负相关关系，可能是由于转录与翻译水平并不一致。此外，差异基因与蛋白的表达趋势相反，呈负相关关系表明，转录后的翻译修饰等调控有重要作用。

本研究利用蛋白质组与转录组关联分析，挖掘高油酸材料参与脂肪酸代谢的相关基因，发现23个基因在蛋白质组与转录组均有显著差异，这些基因可能为解释高油酸、高脂肪酸代谢机制做出解答。

21.2.2.2　蛋白质组和转录组整合揭示水稻*dl2*突变中的多水平基因调控

1. 研究思路

叶片维管束系统分化和叶脉纹络在营养运输与维持植物形态中发挥关键作用，是提高光合效率的一个重要农艺性状。然而，有关叶片维管脉络发育调节的信息很少。在这里，科学家利用水稻突变体（*dl2*）探讨维管形成和分化过程中的蛋白质组和转录组变化。采用相对和绝对定量同位素标记（iTRAQ）和数字基因表达（DGE）技术，可以获得一个几乎完整的mRNA和蛋白质表达列表。列表中有3172个蛋白质和能匹配到基因的9 865 230个标签。141个蛋白质和98个mRNA在*dl2*突变体与野生型之间差异表达。差异表达mRNA和差异表达蛋白的相关分析显示，mRNA和蛋白质表达之间相关性不高，说明转录和翻译过程有不同的调控作用。分析差异表达蛋白所参与生物过程和代谢途径发现，一些关键蛋白质表达上调或下调，证实维管分化是一个活跃的过程。综上所述，叶片维管系统的发育和生理过程是一个全面调控、复杂的过程，这项工作确定了可用于调节叶片维管发育的潜在遗传修饰目标（Peng et al.，2015）。

2. 实验设计

实验设计及分析详见图21-5。

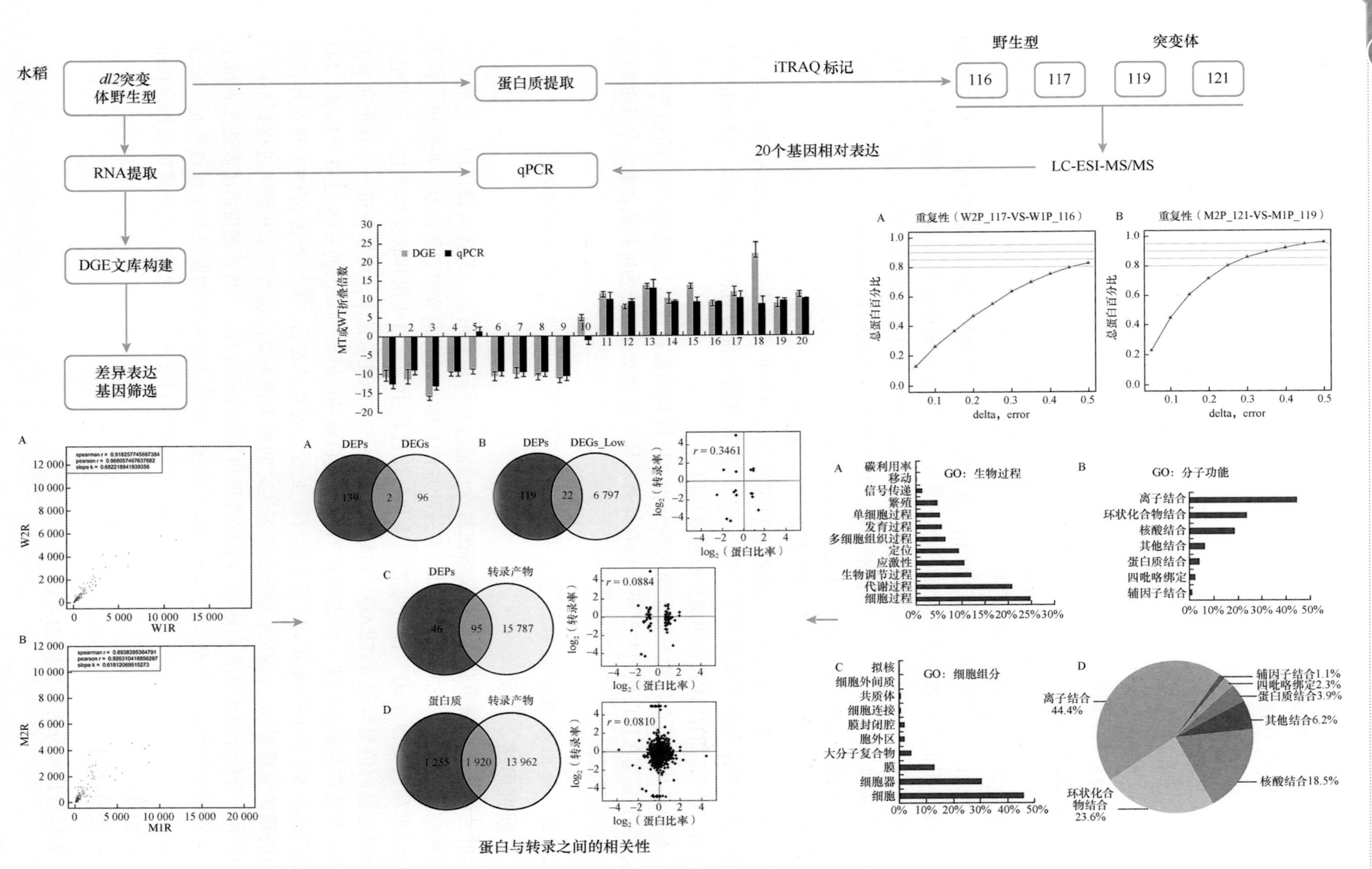

图 21-5　水稻蛋白质组和转录组联合分析技术路线图

3. 结果与讨论

本研究以突变体和野生型材料为基础，从转录组和蛋白质组两个方面进行分析，发现了大量差异表达蛋白和 mRNA，并通过了解其参与的生物学过程和代谢通路，解析维管系统发育过程中的分子变化。此外，将差异表达蛋白和 mRNA 对比发现两者的相关性不高，说明了复杂的转录后和翻译调控过程。

21.2.3　问题和难点

体内基因表达产物的正确折叠、空间构象的正确形成决定了蛋白质的正常功能，而翻译后修饰在这个成熟过程中发挥着重要的调节作用。因为翻译后修饰使蛋白质的结构更为复杂，功能更为完善，调节更为精细，作用更为专一。同时，细胞内许多蛋白质的功能通过动态的蛋白质翻译后修饰调控，细胞的许多生理功能，如细胞对外界环境的应答，也是通过动态的蛋白质翻译后修饰来实现的。蛋白质翻译后修饰的这种作用，使得一个基因并不只对应一个蛋白质，从而赋予生命过程更高的复杂性。因此，阐明蛋白质翻译后修饰的类型、机制及其功能，对保障生命有机体的正常运转有着重要意义。蒋建东教授团队在利用小檗碱降血脂的研究中开展了突出工作，其利用蛋白质组学技术发现小檗碱是在基因转录后水平上，通过作用于 3′UTR 稳定低密度脂蛋白受体的 mRNA 来降低血脂的（Kong et al.，2004）。Pan 等（2013）利用蛋白质组学技术分析了丹参酮ⅡA 对宫颈癌 Caski 细胞的抑制作用，发现 C/EBP 同源蛋白和细胞凋亡信号调节激酶 1 参与丹参酮ⅡA 的抑癌作用。在中药复方的相关作用靶点研究中，Nquyen-Khuong 等（2009）探讨了由栝楼、大豆和中药五味子提取物组成的混合物作用于人膀胱癌细胞后蛋白质组的表达谱变化，鉴定了多种与能量代谢、细胞骨架、蛋白质降解及肿瘤抑制相关的蛋白质。

青蒿素及其衍生物青蒿琥酯表现出明显的体内外抗肿瘤活性，但其抗肿瘤的分子机制并不明确。研究者采用基因芯片技术，在转录水平解析青蒿琥酯抗肿瘤相关的基因，再将表达谱数据导入信号通路分析和转录因子分析，结果表明，c-Myc/Max 可能为肿瘤细胞应对青蒿琥酯效应基因的转录调控因子，针对不同个体需采用不同的治疗策略。银杏具有显著的诱导 CYP2C19 活性的效应，通过研究不同 CYP2C19 基因型健康中国人个体中银杏与奥美拉唑潜在的中西药互作关系，发现银杏诱导 CYP2C19 基因型模式依赖的奥美拉唑羟基化反应，随后降低 5-羟基奥美拉唑肾脏清除率。银杏和奥美拉唑或其他 CYP2C19 底物共同服用可显著减弱其药效，但还需更多证据支持。这一研究证实个体化治疗基于人体基因差异，可能发挥更好疗效（Yin et al.，2004）。

蛋白质组学和转录组学联合分析的结果主要问题在功能蛋白的验证，如何有效地说明其功能和应用范围是联合分析重点需要解决的问题。可从以下几个方面设计进一步的实验。

1. 分子生物学层面

对表达水平存在差异的蛋白质，可使用反向遗传学（reverse genetics）的方法，如基因沉默、基因敲除和基因编辑等进行研究，观察基因改变后导致的表型变化，并结合目的基因回补实验，进一步证实目的蛋白与表型之间的关联。对于修饰水平存在差异的蛋白质和位点，可以对该位点进行体外定点突变，并在研究系统中引入点突变（site mutant）加以研究，如磷酸化位点 S/T 突变为 A 模拟非修饰状态，突变为 D/E 模拟组成型修饰状态；乙酰化位点 K 突变为 R 模拟非修饰状态，突变为 Q 模拟组成型修饰状态；琥珀酰化因为具有负电荷（酸性），其修饰位点 K 突变为 R 模拟非修饰状态，而突变为 E 模拟组成型修饰状态。

2. 生物化学层面

在生物化学层面首先要考虑如何鉴定目的蛋白的相互作用蛋白质，常见的方法是利用目的蛋白的内源性抗体，通过免疫沉淀（immunoprecipitation，IP）结合质谱分析；在没有内源性抗体的情况下，可考虑采用引入带有标签的过表达目的蛋白的 pull-down 实验并结合质谱分析的方法鉴定相互作用蛋白质。如果目标蛋白是酶，可通过检测修饰前后目的蛋白的酶动力学参数变化，分析该修饰对酶活性的影响。某些酶蛋白被修饰后，可能稳定性会发生变化，间接对其活性产生影响。如果目的蛋白是某蛋白质修饰底物，则要考虑鉴定催化该底物修饰或去催化该底物修饰的酶，如激酶（kinase）、组蛋白乙酰转移酶（histon acetyltransferase，HAT）、组蛋白去乙酰化酶（histon deacetylase，HDAC）、甲基转移酶（methyltransferase，KMT）、去甲基转移酶（demethylase，KDMT）、E3 连接酶（E3 ligase）等。此外，在表观遗传学领域，对于某蛋白质修饰的特异底物，在生化分析层面上还要考虑去鉴定与该修饰特异性结合的相互作用蛋白质［称为“阅读器”（reader）］，如与乙酰化基团特异结合的含有 bromodomain 的蛋白质、与赖氨酸甲基化基团特异结合的含有 chromodomain 的蛋白质等。这些特异的催化酶、去催化酶、“阅读器”蛋白的筛选与鉴定一方面可以根据文献报道来初步确定，然后进一步进行生化验证；另一方面可利用免疫沉淀（IP）、pull-down 等手段结合质谱分析寻找鉴定，为进一步的机制研究提供线索。此外，还可以利用结构解析或者软件预测等方式研究修饰基团对蛋白质构象的影响。

3. 细胞生物学层面

利用免疫荧光（immunofluorescence，IF）、FRET 等荧光标记手段对目标蛋白的亚细胞定位和实时动态变化进行分析，为功能机制研究和蛋白质相互作用提供依据；敲除目的蛋白或引入目的蛋白过表达突变体，在表型变化的层面上，观察目的蛋白表达水平改变或修饰水平改变对细胞周期、细胞增殖、细胞迁移、细胞极性、细胞凋亡、细胞间通信等过程的影响。

4. 模式生物实验层面

如果筛选出的目的蛋白与动物模型的机能生成密切相关，则可以考虑通过构建基因敲除小鼠、肿瘤异种移植模型（xenograft model），结合表型分析和生化功能研究，在动物模型中深入探索目的蛋白及相关信号通路在生理病理过程中的意义。在植物学领域，可采用模式生物拟南芥，通过构建目的蛋白的突变株，结合表型分析和生化功能研究，深入探索目的蛋白的生物学功能。

转录组学和蛋白质组学都是系统研究有机体生理状态的常用工具。当然，没有一种工具可以提供完全的覆盖和绝对的精确度。研究的核心不仅是找出 mRNA 和蛋白质之间一对一的关系，更是要通过转录组和蛋白质组的整合分析区别 mRNA 和蛋白质的一致性或不一致性。转录组学或蛋白质组学数据只能体现调节系统和分解作用平衡态的净效应，实际上两者的不一致性是合成与降解两种过程交替的一种反映。mRNA 和蛋白质之间的一致性，在一定程度上可以验证测序数据的可信度，而两者之间的差异往往透露出转录后干涉情况，暗示更多的生物学意义和调控机制。

21.3　转录组与代谢组结合研究

21.3.1　研究策略

转录组与代谢组整合分析技术路线如图 21-6 所示。

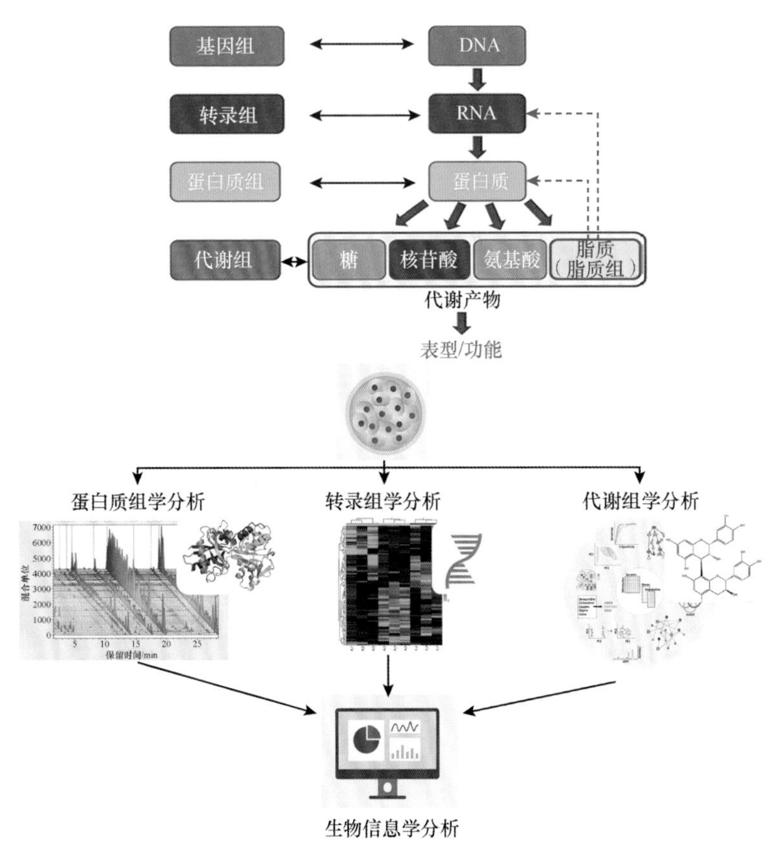

图 21-6　转录组与代谢组整合分析技术路线图

21.3.2　案例解析

丹参（*Salvia miltiorrhiza*）是中国传统的药用植物，其生物活性成分主要可以分为两类：水溶性的酚酸和二萜类丹参酮。研究证明，茉莉酸甲酯（MeJA）可以同时提高酚酸和丹参酮的产量，而酵母分泌物（YE）只能诱导丹参酮的积累（Li et al.，2015）。本案例使用这两种诱导剂对丹参毛状根进行处理，观察处理前后组织在化合物含量及基因表达层面的变化，以期研究两类活性物质生物合成的分子机制（Zhou et al.，2017）。分别用 MeJA 和 YE 处理丹参的毛状根，并在处理后 1h、6h、12h 取样。

1. 实验设计

1）化合物检测：使用 HPLC 对未经处理的毛状根（Control）及用两种诱导剂处理 1h、6h、12h 的毛状根进行酚酸类物质（包含 SalA、SalB、CA、RA、TPH）和丹参酮类物质（包含 DT、CT、T1、TⅡA、TT）的含量进行测定。

2）转录组测序：对未经处理的毛状根（Control），MeJA 处理 1h、6h，YE 处理 1h、12h，总计 5 个样品进行转录组测序（每个样品由 3 个丹参个体混合而成）。

2. 化合物检测结果

化合物含量检测结果：MeJA 处理组，丹参的总酚酸含量最高增多了 0.56 倍，总丹参酮含量最高增多了 1.94 倍；YE 处理组，丹参的总丹参酮含量最高增多了 4.47 倍。诱导作用还是很显著的（图 21-7）。

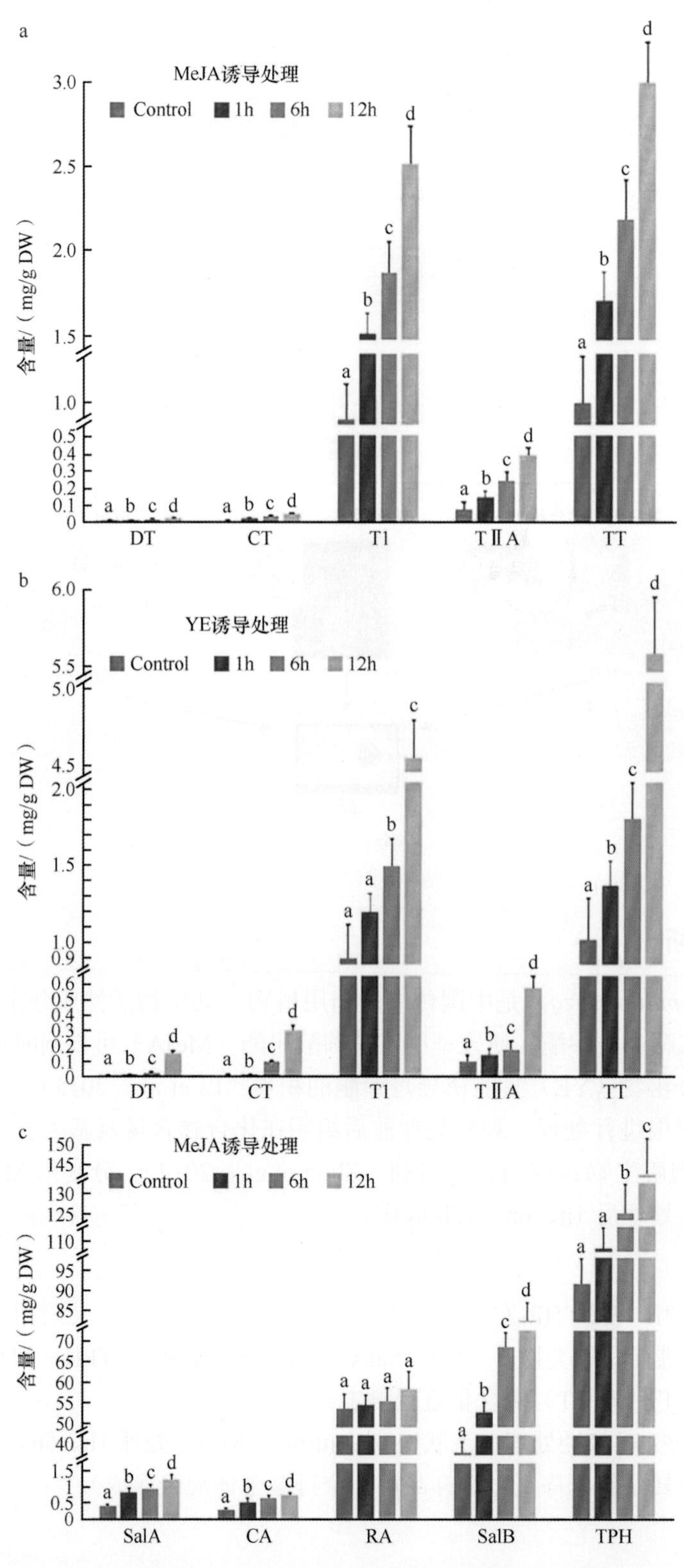

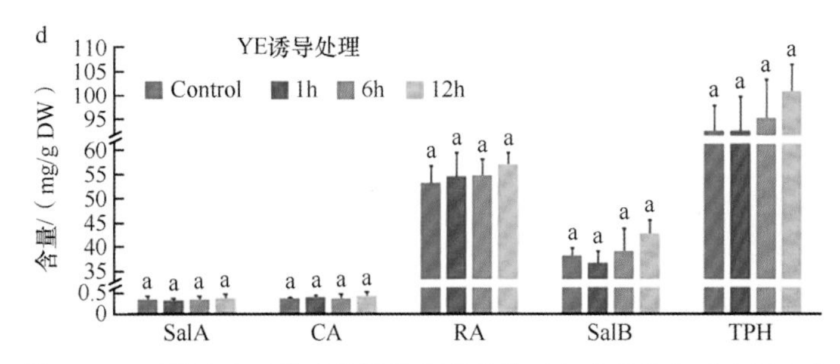

图 21-7　不同处理下的毛状根丹参酮类物质和酚酸类物质含量变化

a. MeJA 诱导之后毛状根的丹参酮类物质含量测定结果；b. YE 诱导之后毛状根的丹参酮类物质含量测定结果；c. MeJA 诱导之后毛状根的酚酸类物质含量测定结果；d. YE 诱导之后毛状根的酚酸类物质含量测定结果

3. 转录组数据概述及标准分析

测序数据概述：5 个样品下机数据经过滤之后得到了 27 ～ 41Mb 的 reads（Hiseq 2000，PE100），换算成碱基数量，相当于 5.4 ～ 8.2Gb 的高清数据（clean data）。利用 Trinity 软件组装得到了 55 588 种基因（unigene），N50 为 1772bp，其中 42 458 条得到了注释信息。

差异基因注释统计：MeJA 处理组相对于对照组检测到 5767 个上调基因（筛选标准为 FC＞2、FDR＜0.01，下同），YE 处理组相对于对照组检测到 4482 个上调基因。对差异基因进行 GO 富集之后，统计了不同比对组差异基因中富集程度最高的 5 个功能类。经统计发现，MeJA 处理组与次级代谢物合成、苯丙烷合成、代谢通路、通过植物激素信号转导的倍半萜和三萜类生物合成等相关的差异基因要明显多于 YE 处理组。相对地，YE 处理组与植物病原菌互作、萜类化合物相关的差异基因要远多于 MeJA 处理组。

4. 已知相关基因的表达情况

酚酸及丹参酮合成相关基因分析：根据已发表文献提供的酚酸和丹参酮生物合成相关基因信息，在此次转录组数据中鉴定到丹参酮相关的 66 个基因能够编码 26 种酶，同时鉴定到酚酸合成相关的 37 个基因能够编码 17 种酶。

在 YE 处理组，有 50 个丹参酮合成相关基因发生了差异表达，高于 MeJA 处理组中的 33 个。MeJA 处理组有 6 个和酚酸合成相关基因产生了差异表达，而在 YE 处理组并没有发现这种情况。可以推测 YE 比 MeJA 对丹参酮合成发挥了更大的作用，但是只有 MeJA 对酚酸的合成产生明显的作用，这与 HPLC 的检测结果一致。此外，对丹参酮合成相关的 12 个基因、酚酸合成相关的 7 个基因进行了荧光定量 PCR 验证，结果一致。

响应诱导剂处理的 P450 基因：细胞色素 P450 是植物中最大的超级基因家族之一，参与了很多代谢活动。通过基因共表达分析方法，在 MeJA 处理组从上调的 P450 基因家族中找到了 45 个与 CPS1、KSL1、CYP76AH1（这 3 个是已报道的与丹参酮积累相关的基因）存在共表达关系的基因，在 YE 处理组找到了 27 个基因。然后将这 45+27 个基因连同其他植物的 P450 基因进行了 NJ 进化树分析，进而对这 45+27 个基因进行分类。

接着用同样的方法从上调的 P450 基因家族中找到了 26 个与 TAT1、HPPR1、RAS1（确认参与酚酸代谢通路的基因）有类似表达模式的基因。2 个已经被报道在酚酸和丹参酮合成过程中有关键作用的基因（P98A14 和 CYP76AH1），在 MeJA 处理组检测到了上调表达，进一步确定了这 2 个基因的作用（图 21-8）。

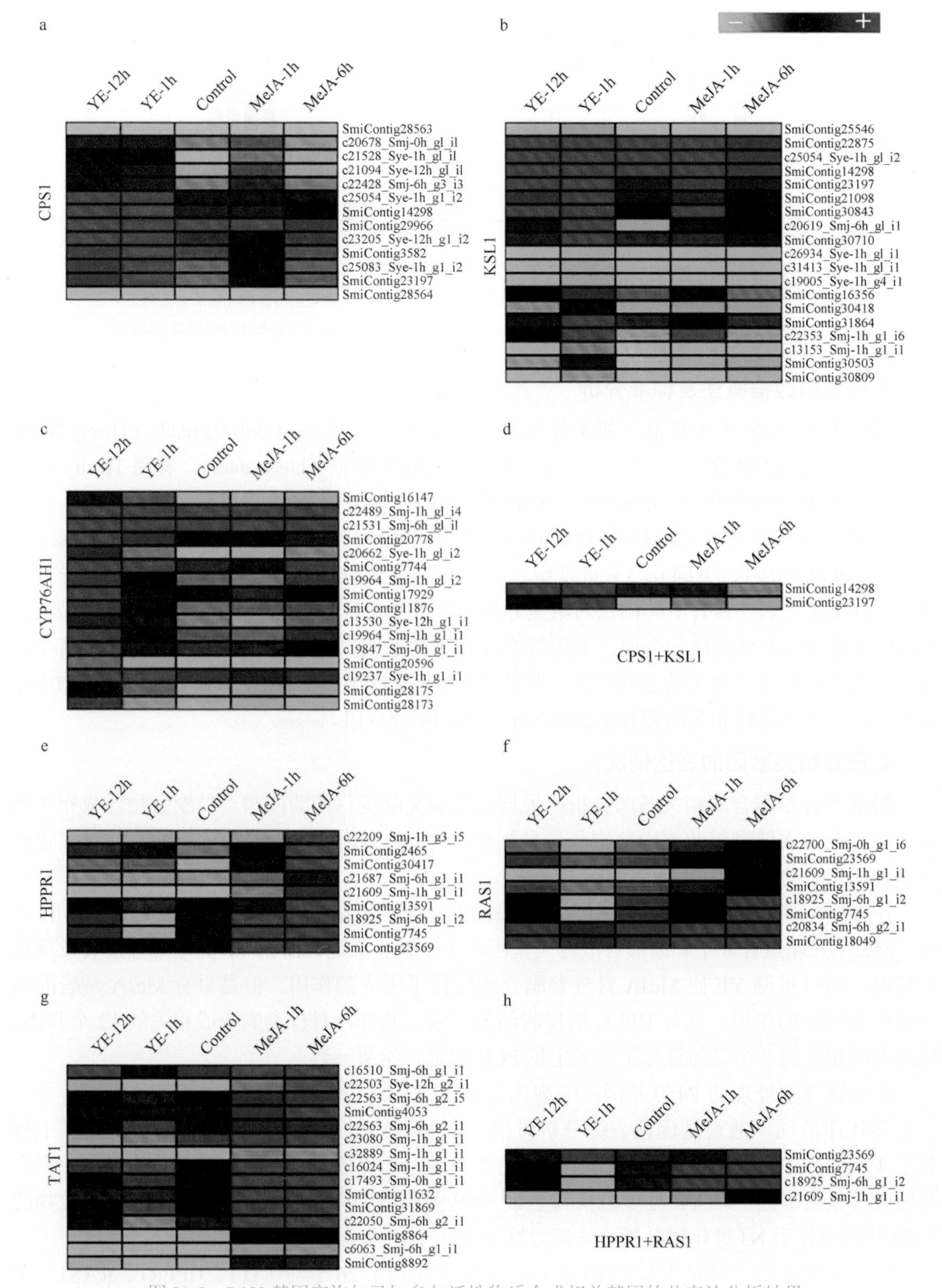

图 21-8 P450 基因家族与已知参与活性物质合成相关基因的共表达分析结果

5. 参与下游代谢反应的基因

参与丹参酮和酚酸生物合成的下游候选基因的鉴定：根据已有报道，脱羧酶、脱氢酶、还原酶在丹参酮合成的下游反应中起作用。在转录组数据中寻找与姜的短链脱氢酶基因

ZSD1、青蒿的乙醛还原酶基因 *DBR2* 有较高同源性的序列，最终找到 13 条与这两个基因有 42% 以上同源性的序列，经过统计，这 13 个基因在两个处理组中均有显著的高表达，预示着脱氢酶和还原酶在丹参酮的合成过程中起到了作用。

根据已有报道，漆酶可能是催化迷迭香酸生成丹酚酸 A 的催化酶，将毛竹的两个漆酶相关基因 *Lap1A* 和 *Lap2* 的序列在转录组数据里进行检索，找到了 7 个类似的基因。

6. 响应诱导剂处理的转录因子

鉴定并筛选出了 375 个在处理前后有差异上调表达的转录因子，这比已报道的数量要多，但是包括 WRKY、bHLH、AP2-EREBP 和 NAC 在内的 4 类主要转录因子都表现出了上调的表达模式，与前人的研究一致。

已有研究报道 WRKY、AP2-EREBP、MYB、GRAS 和 bHLH 在植物次级代谢调控中有重要作用，鉴定了两个处理组间独有及共有并属于上述 4 个家族的转录因子。描述了这 4 个转录因子家族已知的作用，并结合它们在两个处理组中不同的表达情况来推测这些转录因子在丹参酮和酚酸合成中起到的作用。

21.3.3　问题和难点

转录组和代谢组结合分析对于植物代谢特别是药用植物代谢研究十分重要，尤其是转录组代表的是相对稳定的基因变化过程，而蛋白质组包括了复杂的翻译后修饰过程，因此，转录组能够更好地与代谢组关联并对基因的功能进行靶向分析。

21.4　基因组、转录组和代谢组整合分析

21.4.1　研究策略

基于转录组学和代谢组学进行初步的挖掘，然后结合高通量测序技术进行全部功能基因的注释和关联分析，从而全面解析特有的次生代谢物的合成途径，为产业改良和应用提供指引。

21.4.2　案例解析

罗汉果（*Siraitia grosvenorii*）是中国特有的葫芦科药食兼用型一年生植物，仅分布于广西、湖南、广东和江西的部分地区。其有效成分——甜苷Ⅴ（mogroside Ⅴ）为葫芦烷型四环三萜皂苷，是世界上最甜的非糖甜味物质之一，为蔗糖甜度的 425 倍，且低热、无毒、不致胖，可作为糖尿病和肥胖患者使用的具有保健功能的天然甜味剂及糖的替代品，并通过了美国 FDA 的 GRAS 认证。此外，甜苷Ⅴ还具有镇咳、祛痰、解痉活性及降血糖、抗氧化、免疫调节和抗癌等作用。2017 年，罗汉果提取物市场规模达 4 亿元，占全球天然甜味剂市场 10% 的份额。在中国，罗汉果鲜果除了深加工成罗汉果甜苷提取物，大部分直接烘烤成干果，用于中医药等行业。

虽然罗汉果作为新型甜味剂具有很好的药理药效和广阔的市场前景，但是甜苷Ⅴ含量低、成本高而成为产业壮大发展的瓶颈。鲜果中甜苷Ⅴ含量仅为 0.3% ～ 0.4%，因此在食品、保健品、日用健康用品领域其仍无法与蔗糖、木糖醇和甜菊糖 RA95 竞争，甜苷Ⅴ开发利用受到了极大的限制。据统计，每提高 0.1% 果中甜苷Ⅴ含量可降低 10% 的提取成本。但是，甜苷Ⅴ目前无法化学合成，完全依赖栽培，罗汉果适栽区域狭窄且无法连茬；罗汉果雌雄异株，

为非虫媒花，因而授粉的人工成本很高；野生资源的灭绝、高杂合度、遗传背景狭窄等导致采用传统的杂交育种法来提高甜苷Ⅴ含量难度大、周期长。因此，亟待利用现代生物技术另辟蹊径探索提高甜苷Ⅴ含量的新方法、新途径。

21.4.2.1 甜苷Ⅴ合成调控的关键酶基因鉴定

1. 罗汉果三萜皂苷成分的研究

罗汉果三萜皂苷是罗汉果中最主要的成分，其中以甜苷Ⅴ含量最高，其含量高低直接决定罗汉果品质优劣（Li et al.，2007）。除甜苷Ⅴ以外，罗汉果三萜皂苷还包括罗汉果苷Ⅰ、罗汉果苷ⅡE、罗汉果苷Ⅲ、罗汉果苷Ⅳ、罗汉果苷Ⅵ及赛门苷等，它们拥有相同的苷元结构罗汉果醇（mogrol），只是苷元结构的3位和24位连接的葡萄糖基数目和构型不同，导致它们的甜味程度明显不同，低糖苷苦味或无味，高糖苷甜味，其中赛门苷为目前三萜皂苷类中最甜的成分，是蔗糖甜度的563倍，具有抗癌和抗氧化作用（Matsumoto et al.，2008）。随着质谱技术的应用，罗汉果三萜皂苷的成分研究吸引了许多研究者的注意。Luo等（2016）采用HPLC-ESI-MS技术建立了一种稳定、简单易行且能同时测定8种主要罗汉果苷（罗汉果苷Ⅰ、罗汉果苷Ⅲ、罗汉果苷Ⅳa、罗汉果苷Ⅳe、罗汉果苷Ⅴ、罗汉果苷Ⅵ和赛门苷等）的定量方法，为研究罗汉果三萜皂苷的合成途径打下了基础。Qing等（2017）采用HPLC-Q-TOF-MS方法对不同时期和不同部位的罗汉果进行检测，鉴定了罗汉果中122个化合物，包括59个三萜皂苷、53个黄酮类、10个罗汉果酸，122个化合物中有98个化合物首次在罗汉果中被报道，同时发现罗汉果皂苷主要存在于果实中，而叶片主要富集黄酮类成分，根中存在罗汉果酸等。为了更好地阐明罗汉果三萜皂苷的生物合成途径，Qiao等（2019）采用LC-MS和GC-MS技术建立了一种同时能检测21种罗汉果苷类和2种前体物质的方法，并对15个不同罗汉果品种进行了系统比较与分析。这些方法的建立，对于理解复杂的罗汉果苷的生物合成途径及挖掘关键酶基因具有重要的指导意义。

2. 参与罗汉果三萜皂苷甜苷Ⅴ代谢的功能基因研究

罗汉果分子生物学研究最先采用分子标记技术，如RAPD（秦新民等，2007）、AFLP（陶莉等，2005）、ISSR（彭云滔等，2005）、ISSR（向巧彦等，2017）等对不同品种或者雌雄性别进行遗传进化分析。唐其等（2011）采用抑制消减杂交（SSH）技术构建了罗汉果cDNA文库，拉开了罗汉果苷生物合成途径研究的序幕。随着第二代高通量测序技术的快速发展，2009年应用Solexa高通量测序技术对罗汉果不同时期果实进行了转录组及数字表达谱测序，发现了罗汉果皂苷骨架生物合成途径中的所有酶基因，同时发现了85条*CYP450*基因、90条*UDPG*基因、406条转录因子，结合“转录组+表达谱+含量”共表达分析筛选了可能参与罗汉果甜苷Ⅴ合成的7个*CYP450*、5个*UDPG*候选酶基因，由此罗汉果功能基因组学研究全面展开（Tang et al.，2011），并提出了甜苷Ⅴ生物合成途径，克隆了40条罗汉果全长基因。罗汉果皂苷的前体物质来源于异戊烯二磷酸（MVA）途径和质体中的甲基赤藓糖醇磷酸化（MEP）途径，目前认为三萜的主要前体来自MVA途径，但是它们在IPP和DMAPP之间可以进行交换。在MVA途径中，3-羟基-3-甲基戊二酸单酰辅酶A还原酶（HMGR）、鲨烯合酶（SQS）、鲨烯环氧化酶（SQE）被认为是限速酶（Chappell，1995；Spanova and Daum，2011）。2,3-氧化角鲨烯在氧化鲨烯环化酶（OSC）的作用下生成三萜皂苷和甾醇的前体物质，其中葫芦二烯醇合酶（CS）催化2,3-氧化角鲨烯形成罗汉果甜苷Ⅴ前体物质——葫芦二烯醇，环阿乔醇合酶（CAS）催化 2,3-氧化角鲨烯形成甾醇前体物质——环阿乔醇（Shibuya et al.，2004）。葫芦二烯醇接下来在 CYP450 酶系的作用下分别在 C-11、C-24 和 C-25 位加上 3 个羟基形成罗汉果醇，再在 C-3 和 C-24 位继续在 UDPG 的糖基化作用下加上不同数量的糖基，从而生成不同类型的罗汉果皂苷（莫长明等，2014）。

随着罗汉果转录组中大量基因信息的公开，特别是罗汉果全基因组测序的完成（唐其等，2015；Itkin et al.，2016），罗汉果的功能基因组学研究获得了飞速发展。至今已克隆并进行生物信息学分析的全长基因超过 40 个，其中包括 23 个罗汉果甜苷Ⅴ骨架合成相关基因（*AACT*、*HMGS*、*HMGR*、*MK*、*PMK*、*MVD*、*IPI*、*GPS*、*FPS*、*SQS*、*CAS*、*CS*、*MCT*、*IDS*、4 个 *CYP450*、5 个 *UDPG*）（Tang et al.，2011）、1 个类黄酮生物合成关键酶查耳酮合酶（*CHS*）基因（王志强等，2010）、1 个可能参与三倍体无籽罗汉果败育过程的脱氧抗坏血酸还原酶（*SgDHAR*）基因（韦荣昌等，2013）和 1 个法尼基二磷酸合成酶（*FPS*）基因（蒙姣荣等，2011）。在甜苷Ⅴ生物合成途径密切相关的功能基因验证方面，*HMGR*（赵欢等，2015）、*SQS*（Zhao et al.，2017）、*SQE*（赵欢，2018）、*CS*（赵欢，2014）、*CAS*（Zhao et al.，2017）、*UDPG*（邢爱佳等，2011；莫长明，2014）基因已实现在大肠杆菌中原核表达或者在酵母中真核表达验证，*CS*、*CAS* 基因已分别导入酵母中表达相应的酶，并利用酵母中的原底物 2,3-氧化角鲨烯成功合成了产物葫芦二烯醇和环阿乔醇（Dai et al.，2015）。现在罗汉果中已发现一个糖基转移酶基因 *UGT74AC1*，它表达的蛋白质对罗汉果醇具有特异性，能使其 C-3 位的羟基糖基化，从而合成罗汉果皂苷 IE（Dai et al.，2015）；一个 CYP450 酶基因 *CYP87D18*，它催化葫芦二烯醇 C-11 位连续的两步氧化，分别合成 11-羟基葫芦二烯醇和 11-氧-葫芦二烯醇（Zhu et al.，2016）。涂冬萍等筛选出 7 个候选罗汉果 *CYP450* 基因，发现 *SgCYP450-4* 基因可能参与无籽罗汉果果实发育（涂冬萍等，2015；Tu et al.，2016），葫芦二烯醇需要在 CYP450 羟基化酶的作用下才能形成罗汉果醇，而羟基化酶催化作用需要 *CPR*（细胞色素 P450 还原酶）基因的参与。Zhao 等（2018）筛选到了 2 个参与 *CYP76AH1* 催化的 *CPR* 基因，*SgCPR1* 和 *SgCPR2*。在 *SgCS* 基因结构与功能改造方面，Qiao 等（2018）通过同源建模、分子对接技术预测了产物合成的关键位点，定点突变后获得了 4 种新的羊毛甾醇型骨架，阐述了 OSC 环化酶基因在葫芦烷型 / 羊毛甾醇型骨架等形成中的关键位点和催化机制。同时，Qiao 等（2019a）通过比较不同品种罗汉果单核苷酸多态性（SNP）位点，发现了一个与酶催化活性相关的位点，定点突变后获得了一种能使催化活性提高 30% 的 SgCS 突变体酶。在生物合成方面，Qiao 等（2019b）通过改造酵母系统的异戊二烯途径，如过表达 *tHMGR*、*SQS*、*SQE* 基因及 *UPC2* 转录因子提高了角鲨烯的含量，继而通过敲除支路 *ERG7* 基因使罗汉果甜苷前体物质——葫芦二烯醇的摇瓶产量达到了 61.80mg/L。李守连等（2017）通过高密度发酵使葫芦二烯醇含量达到 1724.10mg/L，为实现罗汉果甜苷Ⅴ的发酵生产奠定了基础。以上的研究基本上都是从转录层面对罗汉果进行功能基因研究与验证工作。

3. 罗汉果全基因组测序研究

随着高通量测序技术的发展和测序成本的大幅下降，罗汉果基因组测序取得了重要进展。2011 年开始进行罗汉果全基因组 Survey 测序，发现罗汉果基因组大小为 345Mb 左右，杂合率约为 1.5%，属于高重复、高杂合的基因组（唐其等，2015），直到 2016 年以色列科学家 Itkin 完成罗汉果的全基因组测序，并对甜苷Ⅴ合成途径的五大关键酶基因——鲨烯环氧化酶基因、萜类合酶基因、环氧水解酶基因、CYP450 羟基化酶基因、UDPG 糖基化酶基因进行了验证，最终系统地阐明了罗汉果甜苷Ⅴ生物合成途径（Itkin et al.，2016）。紧接着，邓兴旺课题组利用第三代单分子高通量测序技术对罗汉果基因组质量进行了大幅提升，contig N50达到了 430kb，提升了 12.6 倍（Xia et al.，2018），从而开启了罗汉果后基因组学研究的时代。至此，罗汉果甜苷Ⅴ生物合成途径已获阐明，大量的功能基因也获得了验证，随着罗汉果全基因组测序的完成，更多的甜苷Ⅴ合成相关功能基因将被发现和进行功能验证（图 21-9）。但是，通过文献梳理发现，罗汉果功能基因研究集中围绕甜苷Ⅴ合成的单个结构基因进行，作为整条甜苷Ⅴ合成通路考虑的调控基因特别是转录因子还刚起步，相关转录因子在 2016 年才开始被报道（张凯伦等，2016），目前还没有一个明确的转录因子被验证。因此，揭示罗汉果苷代谢调控网络、深化罗汉果苷代谢调控机制，对于采用基因工程、发酵工程或合成生物学技术实现甜苷Ⅴ高效率、低成本生物制造具有重要意义。

	编号	读长/bp	插入片段大小/bp	数据/Mb	测序深度/X
测序总量及深度	SZAXPIOO4179-102	100	170	17 765.505 4	44
	SZAXPIOO7823-39	100	170	11 860.36	34
	SZAXPIOO4178-103	100	500	4 61.308 6	21
	SZAXPIOO7822-41	100	500	6 226.53	18
	SZAXPIOO4177-109	100	800	18 137.752 2	45
		合计		62 451.466 2	162

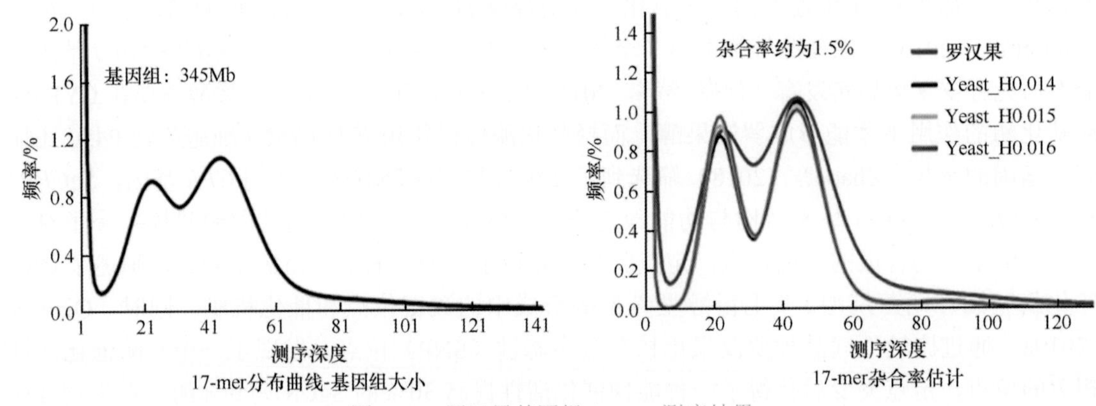

图 21-9 罗汉果基因组 Survey 测序结果

21.4.2.2 转录因子具有大幅提高药效成分产量的潜在能力

转录因子（transcription factor，TF）即反式作用因子，在细胞核内能够特异性识别并结合基因启动子上的顺式作用元件（*cis*-acting element），调控功能基因的时空表达，在高等植物发育的许多方面表现出非常重要的作用。bHLH（basic helix-loop-helix）类转录因子是植物中最大的转录因子家族之一，其结构特点是 60 ～ 100 个氨基酸包含两个功能不同的区域——碱性区域、螺旋-环-螺旋（HLH）区域，它通过在转录水平与相关基因启动子区的顺式作用元件结合来激活或抑制相关基因的表达发挥作用。至今在植物中发现了 600 多种 bHLH转录因子，已鉴定的bHLH转录因子的数量大幅增加，完成系统鉴定和分类的有拟南芥、杨树、水稻、番茄、大白菜等（Carretero et al.，2010；Song et al.，2014a；Sun et al.，2015），其在植物的生长发育、抗逆性、信号转导及次生代谢调控等方面有重要作用（Dong et al.，2014；Pabon-Mora et al.，2014；Song et al.，2014b；Xu et al.，2014；Liu et al.，2015）。

萜类化合物是以异戊二烯为结构单元的天然化合物，其在抗肿瘤、抗 HIV、防治心脑血管疾病等方面的多种生物活性，使得其合成途径及其调控研究成为热门研究方向。目前，已报道的参与萜类化合物生物合成和调控的转录因子主要为 AP2/ERF 和 WRKY 类型，bHLH 转录因子主要在黄酮类花青素及生物碱类尼古丁、长春花碱等化合物的合成中发挥作用，目前也在萜类植物黄瓜（*Cucumis sativus*）、长春花（*Catharanthus roseus*）、紫杉（*Taxus cuspidata*）等研究中取得了重要进展。Shang 等（2014）通过对黄瓜自然形成的突变体和乙基甲磺酸酯（EMS）诱导的突变体进行筛选，得到 2 个分别在黄瓜叶子和果实中特异性表达的 bHLH 转录因子 Bl（bitter leaf）和 Bt（bitter fruit），这 2 个转录因子均可与参与黄瓜中三萜类化合物苦味素 C（cucurbitacin C）合成的 1 个氧化鲨烯环化酶（oxidosqualene cyclase，OSC）、1 个酰基转移酶（acyltransferase）和 7 个细胞色素 P450 酶（cytochrome P450 enzyme）基因的启动子结合，通过激活这 9 个基因的转录调控黄瓜叶片和果实中苦味素的含量。黄瓜与罗汉果都为葫芦科植物，因此黄瓜中 bHLH 的阐明将为罗汉果 bHLH 转录因子的发现与验证提供重要参考。

Zhang 等（2011）在长春花中利用酵母单杂交法，以参与萜类吲哚生物碱生物合成的异胡豆苷合成酶（STR）基因启动子区 G-box 的四聚体为诱饵，分离得到 5 个 MYC 类转录因子 *CrMYC1* ～ *CrMYC5*，其中 *CrMYC1* 和 *CrMYC2* 被证明可能参与长春花中萜类吲哚生物碱的生物合成过程。*CrMYC1* 可以与 G-box 特异性结合，且长春花悬浮培养细胞中受真菌诱导子和茉莉酸甲酯诱导后，*CrMYC1* 和 *STR* 基因的 mRNA 表达水平均上调，表明 *CrMYC1* 可能通过响应这些信号分子来调控 *STR* 基因的表达（Chatel et al.，2003）。另外，电泳迁移率变动分析（EMSA）表明，*CrMYC2* 能与 *ORCA3* 基因启动子中含有类 G-box 序列（AACGTG）的 JRE 序列结合，且 *CrMYC2* 的过表达和敲除能分别提高和降低 *ORCA* 的 mRNA 水平，说明 *CrMYC2* 对 *ORCA* 基因有激活作用。实验同时观察到，*CrMYC2* 对生物碱早期合成基因的表达量无影响，但能调控下游合成基因的表达。为了筛选上游基因的调控因子，van Moerkercke 等（2015）结合多个转录组数据，通过分析长春花中与萜类吲哚生物碱合成途径上游基因（位于 *LAMT* 基因上游）表达模式相同的转录因子，鉴定了长春花中另一个非 MYC 类转录因子 *BIS1*（bHLH iridoid synthesis 1），它能调控生物碱早期合成基因（包括从牻牛儿基焦磷酸到番木鳖酸合成途径中的所有基因）的转录水平，且在悬浮培养细胞中过表达 *BIS1* 可以提高环烯醚萜和单萜吲哚生物碱的积累，并找到能够调控长春花生物碱合成通路的转录因子，为长春花中萜类吲哚生物碱的合成生物学研究奠定了理论基础。在紫杉中也发现了 4 个 MYC 类转录因子。李书涛（2012）采用酵母单杂交技术，以二萜紫杉醇合成途径中的前期步骤紫杉二烯合酶（taxadiene synthase，TS）基因启动子中响应茉莉酸甲酯的片段（–239/–131）为诱饵，筛选到转录因子基因 *TcMYC*，它在中国红豆杉细胞中过表达可激活 *TS* 基因的表达。酵母单杂交法是最常用的分离转录因子的方法，此外，还有利用转录组数据或突变体等对比有表达差异的基因序列，从而筛选候选 bHLH 转录因子再进行验证的方法。Lenka 等（2015）通过设计简并引物及筛选转录组数据，在紫杉中鉴定了 3 个受茉莉酸甲酯诱导的 MYC 转录因子 *TcJAMYC1*、*TcJAMYC2*、*TcJAMYC4*。EMSA 证明，*TcJAMYC1* 可以在体外结合 E-box，与一般转录因子激活靶基因的作用不同，它们均负调控大多数参与紫杉醇生物合成基因的表达。在紫杉中仅分析了这 4 个转录因子对基因表达的调控，它们对终产物紫杉醇含量的影响还需进一步验证。Ji 等（2014）在黄花蒿转录组数据库的 3 个候选 bHLH 转录因子中利用 RACE 技术、EMSA 和酵母单杂交法分离了 1 个转录因子基因 *AabHLH1*，它在黄花蒿叶片中的过表达能够强烈激活倍半萜类化合物青蒿素合成途径中关键酶基因 *ADS* 和 *CYP71AV1* 的表达。Mannen 等（2014）在拟南芥中通过转录组数据中 MEP 途径基因与转录因子之间的共表达分析，观察了转录因子对这些基因表达的调控作用，最终筛选出 1 个 bHLH 转录因子 *PIF5*，它可能以同源二聚体的形式发挥作用，在拟南芥 T87 悬浮培养细胞中的过表达可以促进四萜类化合物类胡萝卜素的积累。

21.4.2.3 *SgbHLH* 是催化甜苷Ⅴ合成的关键转录因子

调控黄瓜叶片和果实中苦味素 C 含量的 bHLH 转录因子 *Bl* 和 *Bt*，为罗汉果甜苷Ⅴ相关 bHLH 转录因子的发现提供了极好的参考，该类转录因子能与黄瓜三萜皂苷合成途径的 9 个基因启动子区进行协同调控而发挥作用。罗汉果与黄瓜均属于葫芦科植物，亲缘关系较近，而且主要成分甜苷Ⅴ与苦味素 C 均为葫芦烷型四环三萜类化合物，前期通过 RACE 克隆获得的罗汉果苷合成关键酶——葫芦二烯醇合酶（CS）基因（登录号：HQ128567.1）与黄瓜中的氧化鲨烯环化酶（OSC）基因 *Bi*（登录号：KM655855.1）有 86% 的同源性，因此很有希望从罗汉果中筛选到特异参与调控甜苷 V 合成的 bHLH 转录因子。不同生长时期的罗汉果中甜苷Ⅴ含量差别较大，通过分析罗汉果转录组数据（Tang et al.，2011），发现已注释家族的转录因子共 468 个，其中数目最多的 3 个转录因子家族为 bHLH、WRKY 和 MYB 转录因子，它们的数量分别为 79 个、57 个和 50 个。对罗汉果 *SgCS*（登录号：HQ128567.1）基因启动子的克隆发现，其启动子区含有可能与 bHLH 蛋白结合的顺式作用元件 G-box（5′-CACGTG-3′）基序。在黄瓜中发现了能与 *Bi* 基因启动子 E-box（5′-CANNTG-3′）结合的 bHLH 转录因子 *Csa5G156220*，预测罗汉果中可能也有与罗汉果 *SgCS* 基因启动子区 G-box 结合的 bHLH 转录因子。通过“转录组 + 表达谱 + 含量”共表达分析，挑选到与罗汉果 *SgCS* 基因及甜苷Ⅴ含量变化趋势接近一致、表达差异较大的 6 个注释为 bHLH 转录因子的 unigene，在此基础上，以经 MeJA 诱导的罗汉果为实验材料，应用 qRT-PCR 研究 6 条候选 bHLH 转录因子的时空表达规律，最终筛选出 4 条 *SgbHLH* 基因，即 *SgbHLH014*、*SgbHLH025*、*SgbHLH093*、*SgbHLH096*，其表达量均被不同程度地上调，因此，这 4 条 bHLH 转录因子很可能参与了甜苷 V 合成的调控。

21.5 基于基因组的多组学整合研究

21.5.1 研究策略

单纯研究某一层次生物分子（核酸、蛋白质、小分子代谢物等）变化，分析基因功能及其相互作用网络已经很难满足系统生物学越来越高的研究期望。从多分子层次出发，系统研究基因、RNA、蛋白质和小分子间的相互作用与系统机制为植物与动物研究提供了新的方向。通过对基因组、转录组、蛋白质组和代谢组实验数据进行整合分析，可获得生物应激扰动、生理状态或药物治疗疾病后的变化信息，富集和追索到变化最大、最集中的通路，从基因到 RNA、蛋白质，再到体内小分子，对物质分子整体变化进行综合分析，包括原始通路的分析及新通路的构建，反映出组织器官的功能和代谢状态，从而对生物系统进行全面解读。

21.5.2 案例解析

博落回（*Macleaya cordata*）和小果博落回（*Macleaya microcarpa*）为罂粟科多年生高

大草本，主要分布在中国、东南亚、北美洲和欧洲，并且作为一种传统中药使用了很长时间（图 21-10）。在中国，博落回作为药用植物已经有 1000 多年的历史，并被唐朝《本草拾遗》等收录。由于该植物中具有高含量的有抗菌活性的异喹啉类生物碱（BIA），如血根碱（SAN）、白屈菜红碱（CHE）、小檗碱（BBR）、原阿片碱（PRO）和别隐品碱（ALL），完全不含有成瘾性的吗啡和可待因。因此，博落回和小果博落回是替代血根来作为工业生产血根碱的理想来源，其富含生物碱的主要部位为果荚。该植物分布在中国大部分地区，每年果荚的产量达上千吨。目前，博落回市场前景广阔，已被列入欧洲食品安全局（EFSA）的动物饲料添加剂组成名单，并广泛地应用于动物饲料添加剂生产。德国 Phytobiotics 公司 Sangrovit® 产品的原料来自中国，该产品已经在欧盟作为无抗饲料的核心原料销售多年，其主要成分血根碱具有抗炎活性，并且具有促进动物生长的功能。博落回中的季铵类苯并菲啶生物碱还具有调控动物肠道菌群的作用，在欧洲用作清洁能源沼气生产调节剂；在美国，博落回来源的植物源农药温室花卉杀菌剂 QWEL® 已经获 EPA 批准注册；在中国，博落回已成为多种类型的抗炎药、抗癌药和外用制剂的开发对象。临床试验证明，博落回对猪、鸡、水产动物具有很好的抗炎、维护肠道健康与促进生长作用。博落回中的异喹啉类生物碱还具有抗炎作用。与血根碱结构很相似的小檗碱（也称黄连素）通常用来治疗痢疾和肠炎，我国科学家赵立平教授和蒋建东教授等对小檗碱的肠道调节、降血糖、降血脂等作用进行了深入研究（康超颖等，2013；林媛等，2018）。虽然博落回的提取物在饲用替抗领域具有重要影响，但是博落回作为一种尚未规模化种植的野生资源，种植成本高，急需定向培育高血根碱含量的优良品种或通过微生物代谢工程低成本获得血根碱。

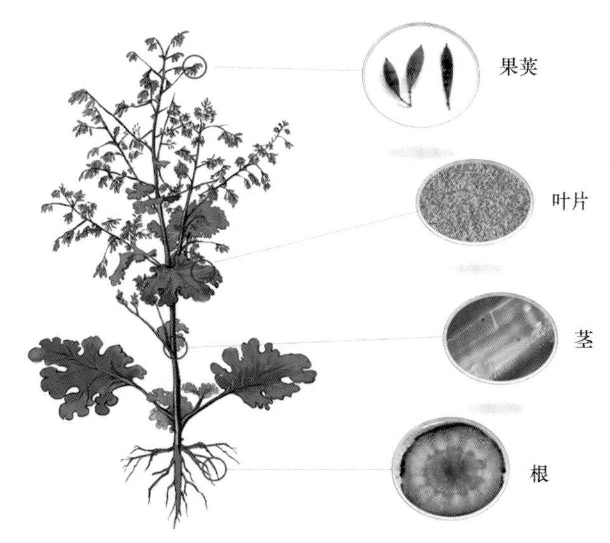

图 21-10　博落回植物外形及主要结构

天然活性成分在植物中含量的高低直接决定了从植物材料中将其分离和纯化的成本，如目前对博落回野生资源的采集方式不仅破坏了该植物资源的存储量，还需要大量的时间和很高的成本。而利用化学方法进行合成的难度很大，成本也非常高，且面临环境污染的风险。因此，要实现资源的可持续利用和降低生产成本，就必须借助植物和微生物代谢工程的方法进行生产，而前提是对植物中该化合物的合成代谢通路必须清楚。

2013 年，曾建国和柳亦松等首先完成利用转录组、蛋白质组和代谢组数据整合揭示博落回与小果博落回中生物碱生物合成的研究（Zeng et al.，2013），通过 10 个在不同时间、不同组织器官和不同种样本的转录组、蛋白质组和代谢组数据对博落回属植物的生物碱生物合成可能机制进行了探索（图 21-11）。对博落回和小果博落回的转录组数据组装和聚类之后，从博落回与小果博落回两个种分别得到了 69 367 条和 78 255 条 unigene。该研究对控制生物碱代谢通路酶的关键基因表达进行了多层次的比较和分析，并且通过对转录组数据注释找到了血根碱合成通路中所有功能基因的同源基因，为博落回属植物血根碱合成通路功能基因克隆提供了前期基础数据。

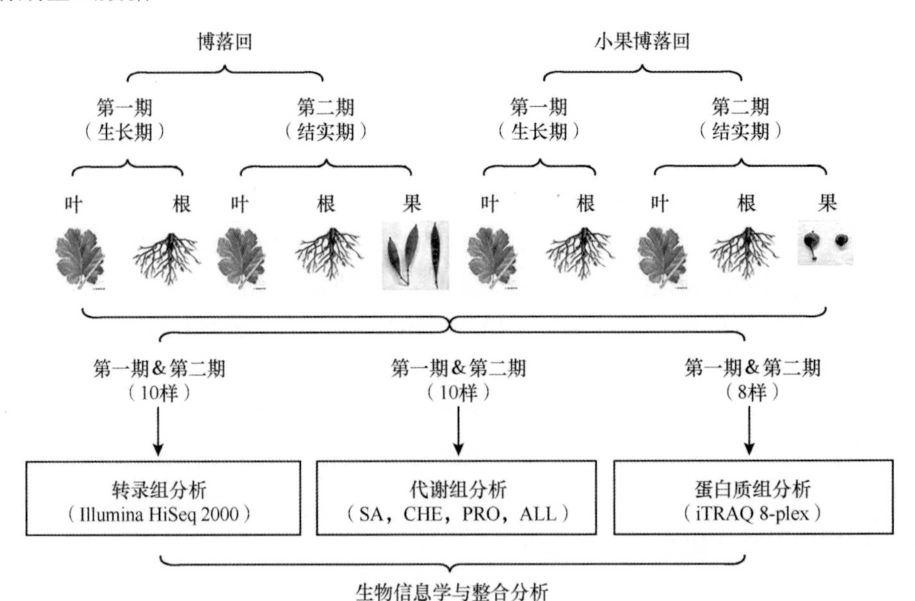

图 21-11 博落回和小果博落回转录组、蛋白质组和代谢组整合分析

随着新技术的出现和价格的大幅降低，基因组测序已经成为未开发非模式植物代谢研究的有力工具，同时是发现植物中化合物生物合成关键酶和基因簇的基础手段。为了研究从多个罂粟科物种中发现的 SAN 和 CHE 生物合成途径是否也完整地存在于博落回植株中并挖掘其功能基因，研究人员通过异喹啉类生物碱的质谱裂解规律结合 LC-Q/TOF MS 技术对博落回植株中生物碱进行了定性分析，并通过化学合成、从博落回植物中分离、购买等方式获得了中间体的对照品来进行结构确证（Liu et al.，2017），然后以 $^{13}C_6$-苯环标记的酪氨酸饲喂博落回组培苗进行同位素示踪，除标记到 SAN 和 CHE 生物合成通路上所有的中间体外，以期发现更多的与之相关的生物碱，如基于修饰组产生的类似化学合成的副产物（图 21-12）。

从 2010 年开始，研究人员对博落回的全基因组进行了从头测序，并且于 2012 年完成，其为首个获得并公开发表全基因组数据的罂粟科植物。该测序采用第二代 Hiseq 2000 高通量测序平台，对博落回 6 个 180bp ～ 10kb 插入片段的基因组文库进行测序，产生长度为 100bp 的 Pair-end 序列达 256.5Gb（约 466.4× 基因组覆盖），19-kmer 分析表明，博落回基因组大小为 540.5Mb，杂合率为 0.92%，预测了 22 328 个蛋白质编码基因。在博落回中，共发现 10 302 个基因家族存在于所有 3 个真双子叶植物基部中，极可能代表了真双子叶植物基部的“核心”蛋白质组。其中，33 个直系同源家族（包含 148 个基因）是 3 个基部双子叶植物（博落回、耧斗菜和莲花）特有的。该研究结果揭示了双子叶植物基部进化分支相关功能原始基因的起源（Liu et al.，2017）。

在基因组中，基因家族大小的变化体现了物种形成的重要机制。在博落回的 33 797 个基

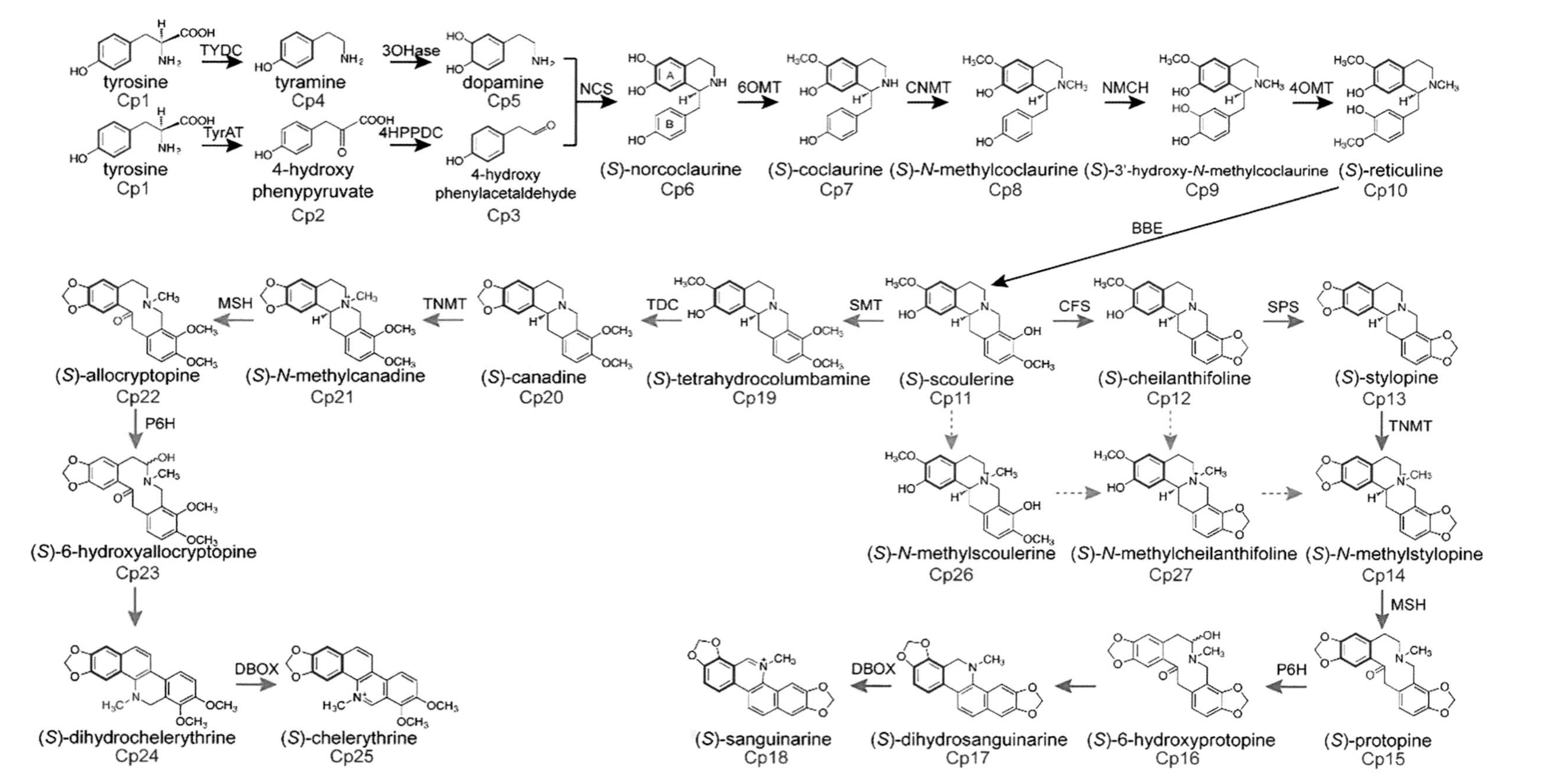

图 21-12　异喹啉类生物碱（血根碱和白屈菜红碱）在博落回体内的代谢途径

Cp1：酪氨酸；Cp2：4-羟苯丙酮酸；Cp3：4-羟基苯乙醛；Cp4：酪胺；Cp5：多巴胺；Cp6：(*S*)-去甲乌药碱；Cp7：(*S*)-乌药碱；Cp8：(*S*)-*N*-甲基乌药碱；Cp9：(*S*)-3′-*N*-甲基乌药碱；Cp10：(*S*)-网状番荔枝碱；Cp11：(*S*)-金黄紫堇碱；Cp12：(*S*)-华紫堇碱；Cp13：(*S*)-刺罂粟碱；Cp14：(*S*)-*N*-甲基刺罂粟碱；Cp15：(*S*)-原阿片碱；Cp16：(*S*)-6-羟基原阿片碱；Cp17：(*S*)-二氢血根碱；Cp18：(*S*)-血根碱；Cp19：(*S*)-四氢非洲防己碱；Cp20：(*S*)-四氢小檗碱；Cp21：(*S*)-*N*-甲基四氢小檗碱；Cp22：(*S*)-别隐品碱；Cp23：(*S*)-6-羟基别隐品碱；Cp24：(*S*)-二氢白屈菜红碱；Cp25：(*S*)-白屈菜红碱

因家族中有479个的大小发生了显著变化，其中28个发生了显著扩张。其中最值得关注的是二氢苯并菲啶氧化酶（DBOX），它负责血根碱生成的最后一个催化步骤，其基因所属基因家族大小在博落回基因组（35个DBOX基因）中显著扩张，而在莲花中为9、耧斗菜中为4、葡萄中为1、拟南芥中为10、水稻中为5，这一现象与博落回可产生丰富的次生代谢物密切相关。

全基因组复制（WGD）现象在陆地植物基因组中非常常见，几乎在所有已测序的真双子叶植物基因组中都可以检测到大约发生在1.25亿年前的古多倍化事件。然而，对博落回的基因组分析表明，古多倍化事件不存在，该结果进一步证实了双子叶植物基部可能没有经历古多倍化事件这个推测。对葡萄和博落回之间的共线性区域分析发现，葡萄中区域通常对应于博落回中的两个同源区，并且博落回中区域对应于葡萄中的3个同源区，意味着博落回可能存在额外的特异性的全基因组复制事件（图21-13）（Liu et al.，2017）。

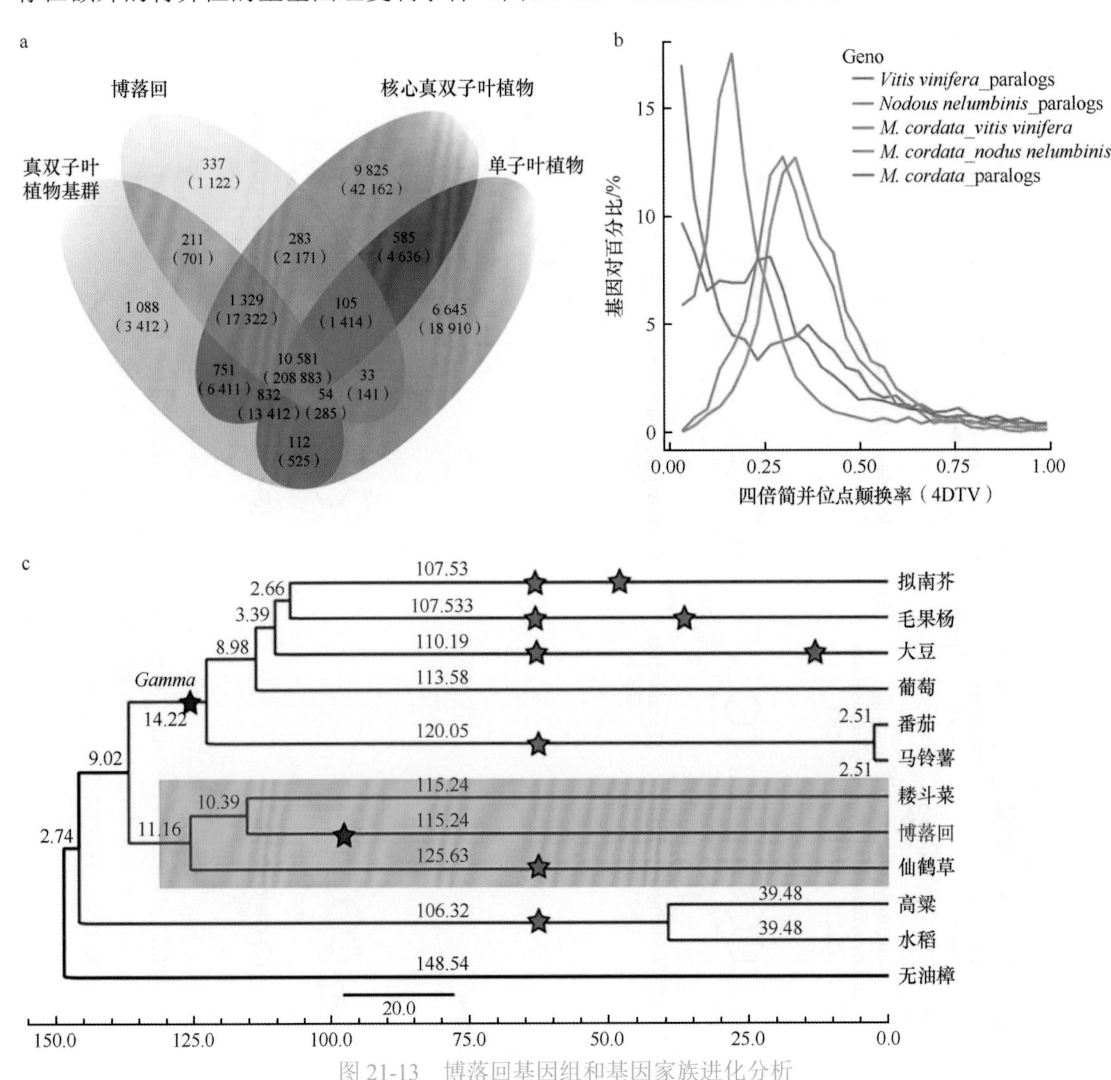

图21-13 博落回基因组和基因家族进化分析

1. 多重组学发现博落回中SAN和CHE合成通路基因

通过结合之前博落回的代谢组学研究发现，博落回中参与血根碱合成的基因应该是在根和果荚中高表达，在茎低表达甚至不表达。为了验证这一结论，研究人员对博落回的根、茎、叶、花、果荚5个组织进行了转录组分析，通过不同组织的表达模式遴选出16个基因（图21-14），并使用酿酒酵母异源表达方法确证了其中14个基因参与了SAN和CHE的生物合成。虽然参与血根碱合成的相关基因之前在不同罂粟科物种（如罂粟、花菱草等）中得到了验证，但是在一个物种中仅验证了合成途径的几步。而通过博落回全基因组数据，在

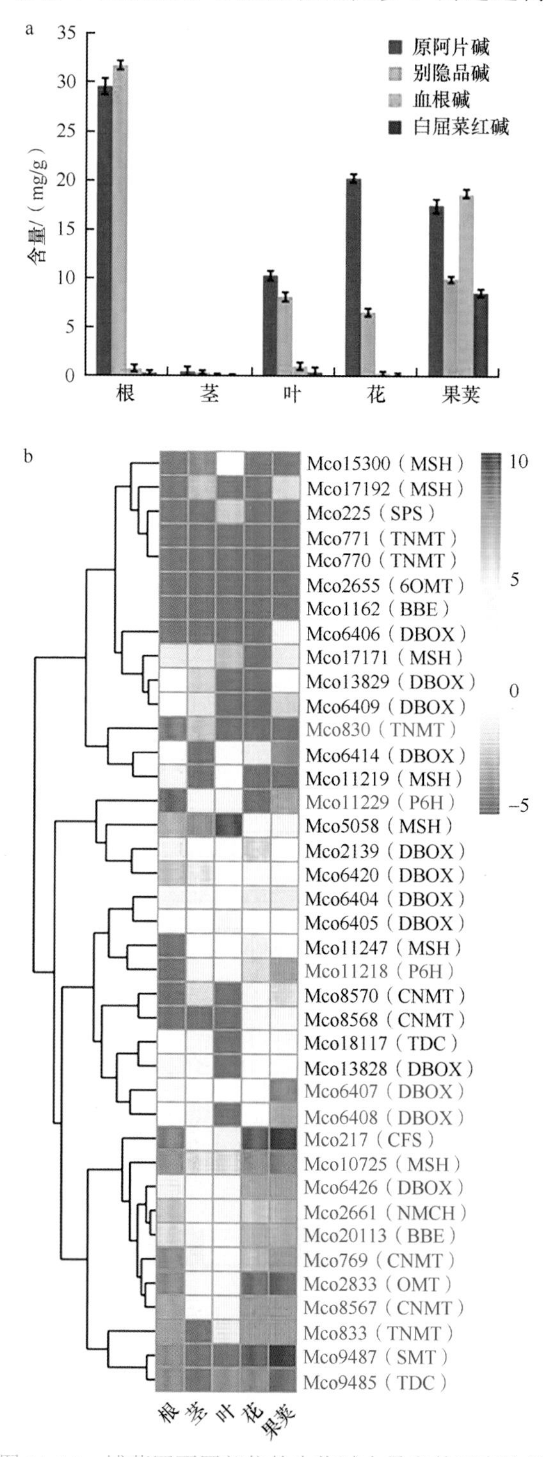

图21-14　博落回不同部位的生物碱含量和基因表达量

a. 博落回中根、茎、叶、花、果荚中4种生物碱含量，b. 博落回中参与合成SAN和CHE基因的共表达模式图

博落回中一次性验证了合成通路中的十几步，说明结合基因组数据能加速功能基因的挖掘（Facchini and De Luca，1994；Ikezawa et al.，2003，2007；Facchini et al.，2012）。

2. 证实博落回 P6H 酶是已知同类酶中催化原阿片碱生成血根碱效率最高的酶

目前国际上已有一些科研团队利用一些罂粟科植物的功能基因信息构建工程菌生产 BIA 的工作，如 Galanie 等（2015）通过将罂粟、花菱草、日本黄连等植物中合成 BIA 的功能基因以不同组合形式整合到酵母基因组中，筛选出了产量最高的生物碱组合。Paddon 等（2013）在酵母中合成青蒿素重要前体青蒿酸。他们均是将植物中的功能基因转入微生物中实现了异源表达生产。但是，由于罂粟和花菱草等植物的生物信息学数据有限、功能酶异源表达催化效率低等，影响了工程菌的商业化生产。而博落回作为罂粟科首个完成全基因组测序的物种，利用其生物信息数据研究人员可以对参与 BIA 合成的功能基因进行更细致的研究，也为遴选催化效率更高的功能基因提供了新的基因资源。因此，对一些参与血根碱合成的关键基因的催化效率进行了进一步的研究。在这些酶中，原阿片碱 6-羟化酶（P6H）是血根碱合成的关键酶，其能够将血根碱的重要前体物质原阿片碱转化成二氢血根碱，目前所有研究结果中，加州罂粟（*Papaver californicum*）的 P6H 催化效率最高。通过饲喂酵母原阿片碱后检测二氢血根碱含量进行催化效率比较，发现博落回 P6H 能够在酵母中产生比加州罂粟 P6H 更多的二氢血根碱。进一步结合酵母中两种 P6H 的蛋白质表达分析显示，博落回 P6H 在酵母中的表达量低于加州罂粟 P6H，但能产生更多的二氢血根碱，证实了博落回的 P6H 是已知同类酶中催化效率最高的（图 21-15）。

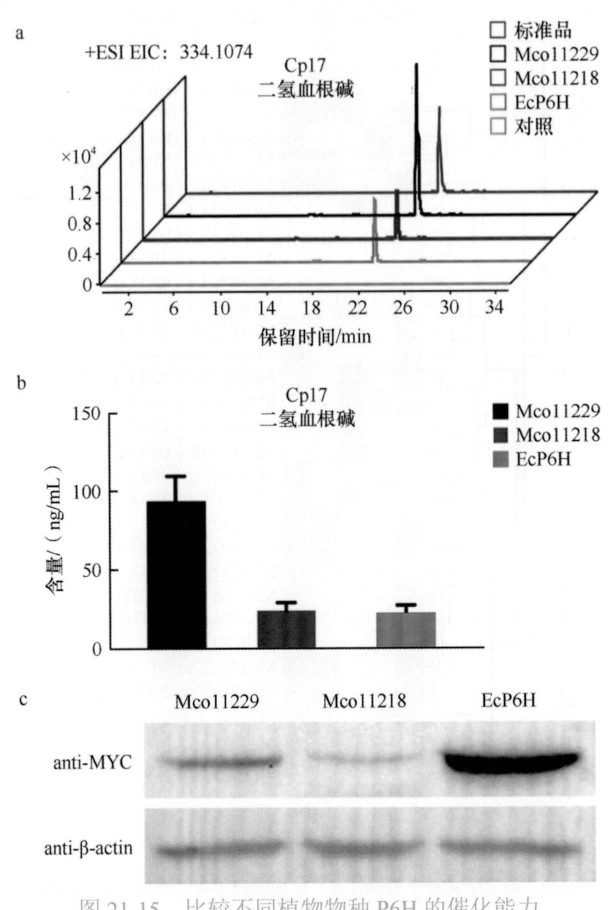

图 21-15 比较不同植物物种 P6H 的催化能力

3. 首次证实“网脉荔枝碱”合成路径的正确性

众所周知，网脉荔枝碱是异喹啉类生物碱生物合成的关键中间体。20世纪60年代Battersby和Evans（1965）等根据体外实验结果认为，在植物中网脉荔枝碱是以全去甲劳丹碱［(*S*)-norlaudanosoline］为前体经2步氧甲基化和1步氮甲基化催化反应生成的；但80年代后，Watanabe等（1981）修正了Battersby等的结果，基于在高等植物中未检测到网脉荔枝碱生物合成前体全去甲劳丹碱、(*S*)-去甲网脉荔枝碱（*S*-norreticuline）和(*S*)-6-*O*-甲基全去甲劳丹碱（*S*-6-*O*-methylnorlaudanosoline）这3种化合物，对罂粟和花菱草多个物种的同位素示踪结果表明，网脉荔枝碱的正确合成途径应该是去甲乌药碱（*S*-norcoclaurine）经2步氧甲基化反应、1步氮甲基化反应和1步羟基化反应。该研究在前人的基础上首次在博落回中检测到全去甲劳丹碱、去甲网脉荔枝碱和6-*O*-甲基全去甲劳丹碱这3种物质的存在，并且通过酵母异源表达验证了从全去甲劳丹碱开始直至最终合成网脉荔枝碱的功能基因，为高等植物中网脉荔枝碱的生物合成提供了新的解释（图21-16）。

4. 发现博落回血根碱生物合成新旁路

通过LC-MS、同位素示踪及质谱裂解规律从博落回中推断出两个新化合物*N*-甲基金黄紫堇碱和*N*-甲基碎叶紫堇碱，并从中分离出生物碱，通过核磁共振确证了其结构。基于同位素标记*N*-甲基金黄紫堇碱、*N*-甲基碎叶紫堇碱的结构特征和已有的血根碱生物合成途径，推测出博落回中可能存在的血根碱生物合成新旁路，即金黄紫堇碱经*N*-甲基金黄紫堇碱和*N*-甲基碎叶紫堇碱生产*N*-甲基刺罂粟碱的旁路，并通过酵母异源表达，验证了从金黄紫堇碱合成*N*-甲基金黄紫堇碱的功能基因。

5. 基因组水平解释博落回中不存在吗啡

虽然博落回是罂粟科植物，但是其体内并不含有吗啡和可待因等成瘾性物质。分析发现，博落回基因组中不存在参与吗啡和可待因合成的同源基因，这也从基因组水平解释了博落回为何不含有吗啡和可待因，并且进一步证实了博落回可以作为血根碱供应的安全来源。

基因组学、转录组学和代谢组学研究结果显示，博落回中除了存在保守的BIA代谢途径，还可能存在血根碱生物合成新旁路。该研究成果为降低血根碱生产成本提供了可能，通过系统解析博落回中血根碱生物合成途径，为培育高血根碱含量的博落回品种和构建血根碱工程菌提供了新的理论指导，为降低血根碱生产成本提供了新方法，同时为其他药用天然产物生物合成途径、相关功能基因的挖掘提供了借鉴。

21.5.3 问题和难点

近年来，中药基因组学研究在植物基因组学研究的基础上有了长足的进步，天麻、广藿香、穿心莲、木麻黄、大麻、黄芩、罗汉果、青蒿等中药材基因组均先后得到了测序，为中药蛋白质组学和代谢组学注释与进行关联分析奠定了基础。但很多基因和关联蛋白质在短期内仍然无法达到模式植物的水平，因此相应的蛋白质抗体和功能验证还是难以完成。可以结合PRM技术和新型的离子淌度质谱进行基于质谱的功能验证。

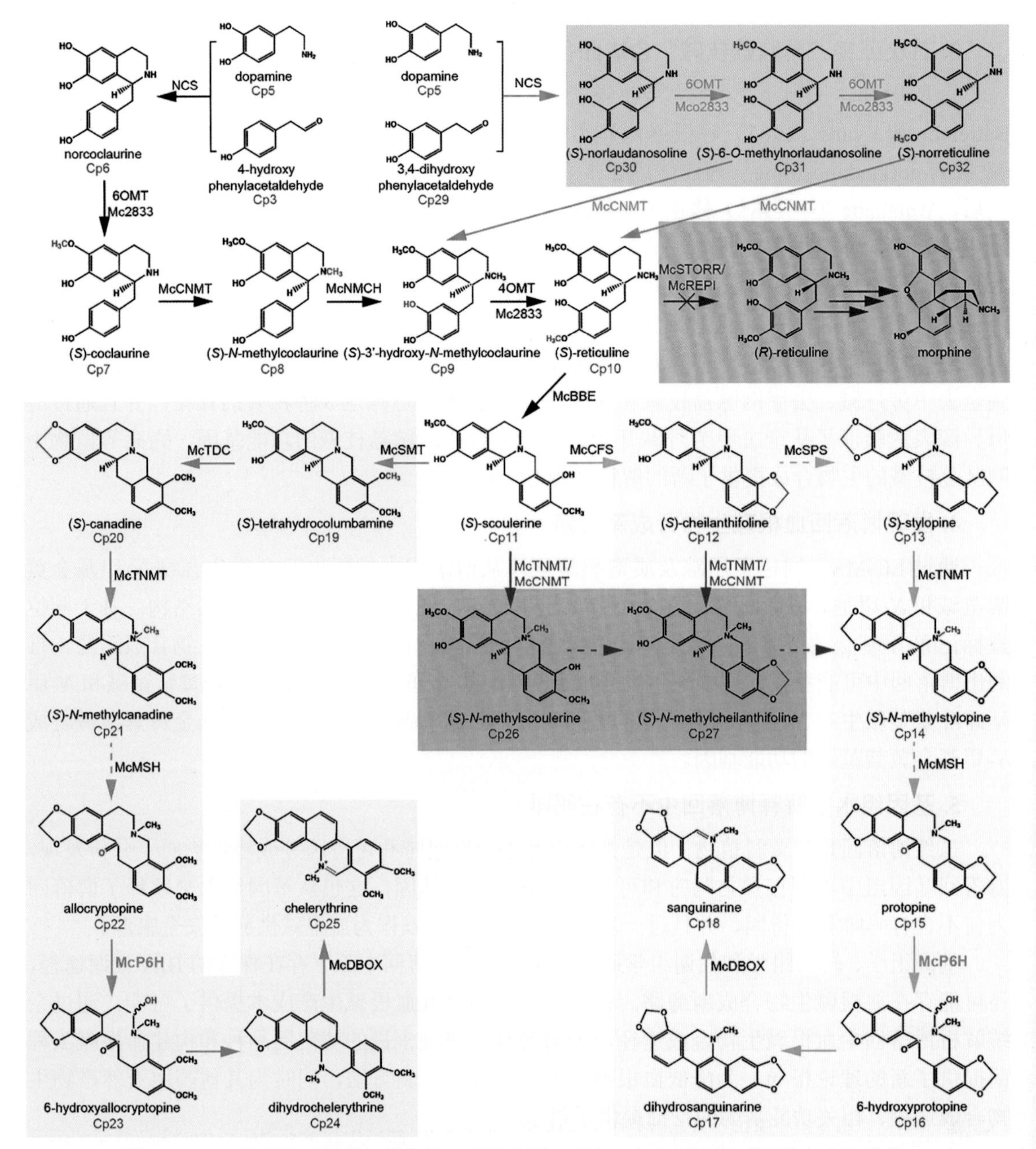

图 21-16　血根碱及白屈菜红碱生物合成通路图（绿色、红色部分代表可能存在的旁路）

图中 Cp3、Cp25 等同图 21-12；Cp26：(*S*)-*N*-甲基金黄紫堇碱；Cp27：(*S*)-*N*-甲基华紫堇碱；Cp29：3,4-二羟基苯乙醛；Cp30：(*S*)-去甲劳丹碱；Cp31：(*S*)-6-*O*-甲基去甲劳丹碱；Cp32：(*S*)-去甲网状番荔枝碱；(*R*)-reticuline：(*R*)-网状番荔枝碱；morphine：吗啡

21.6　小　　结

基因组学和蛋白质组学告诉你什么可能发生，而代谢组学则告诉你什么确实发生了。

比尔·拉斯利（Bill Lasley），美国加利福尼亚大学戴维斯分校

生命科学研究日新月异，基因组次级相关分析技术的提高，极大地推动了转录组学、蛋

白质组学、代谢组学、表型组学等的快速发展，人们可以采用系统集成的手段，多层次揭示生命现象（图 21-17）。

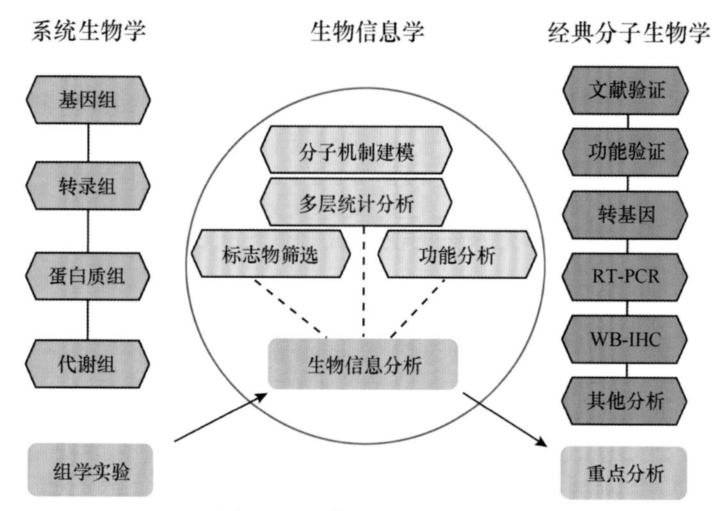

图 21-17　整合组学研究策略

这种研究思路和方法催生了系统生物学。高通量的组学（omics）技术结合多种技术手段，通过对基因到 RNA、蛋白质，再到体内小分子，对整体变化物质分子进行综合分析，包括原始通路的分析及新通路的构建，反映出组织器官的功能和代谢状态，从而对植物和相关的生物系统进行全面的解读。

参考文献

程超华, 唐蜻, 邓灿辉, 等. 2012. 表型组学及多组学联合分析在植物种质资源精准鉴定中的应用. 分子植物育种, 2: 1-6.

程绍臣, 王晓萍, 于黎. 2019. 基于多组学水平的动物分子趋同演化研究新进展. 中国科学: 生命科学, 7: 874-887.

冯宋岗, 曾建国. 2014. HPLC-MS/MS 法检测猪肉中苯并菲啶类生物碱的研究. 中国兽药杂志, 48(4): 48-51.

黄鹏, 刘金凤, 柳亦松, 等. 2017a. 博落回 bHLH 转录因子的克隆、表达分析及植物表达载体构建. 分子植物育种, 4: 1332-1337.

黄鹏, 刘金凤, 卿志星, 等. 2017b. 博落回中四氢小檗碱氧化酶 *McSTOX* 基因的克隆及表达分析. 基因组学与应用生物学, 6: 2458-2463.

康超颖, 张旭, 赵梅, 等. 2013. 小檗碱对大鼠肠道菌群结构的体外影响. 中国微生态学杂志, 25(10): 1117-1122.

李兵, 韩飞, 王忠, 等. 2017. 多组学网络背景下方剂临床价值的考量. 中国中药杂志, 42(5): 848-851.

李茂峰. 2011. 不同农艺性状棉花品种（系）纤维初始发育时期转录组和蛋白质组比较分析. 南京: 南京农业大学硕士学位论文.

李守连, 王冬, 刘怡, 等. 2017. 葫芦二烯醇的异源高效合成研究. 中国中药杂志, 42(17): 3326-3331.

李书涛. 2012. 调控紫杉醇合成转录因子 TcMYC 和 TcWRKY1 的克隆及功能研究. 武汉: 华中科技大学博士学位论文.

林媛, 司书毅, 蒋建东. 2018. 小檗碱的抗菌作用. 药学学报, 53(2): 163-168.

刘金凤, 黄鹏, 柳亦松, 等. 2017. 博落回 *McTYDC* 基因的克隆与实时定量表达分析. 分子植物育种, 15(2): 501-506.

马爱民, 漆小泉. 2018. 利用多组学手段解析番茄育种过程中代谢物变化的机制. 植物学报, 53(5): 578-580.

蒙姣荣, 陈本勇, 黎起秦, 等. 2011. 罗汉果法呢基焦磷酸合成酶基因的克隆及其序列分析. 中草药, 42(12): 2512-2517.

莫长明, 马小军, 唐其, 等. 2015. 罗汉果葡萄糖基转移酶基因 *SgUGT4* 的克隆及表达研究. 园艺学报, 34(3): 523-534.

莫长明, 王海英, 马小军, 等. 2014. 罗汉果甜苷 V 合成生理规律的研究. 华南农业大学学报, 1: 93-99.

彭云滔, 唐绍清, 李伯林, 等. 2005. 野生罗汉果遗传多样性的 ISSR 分析. 生物多样性, 13(1): 36-42.
乔宇琛, 周思静, 宋梅芳, 等. 2019. 铁皮石斛分子遗传学和多组学研究进展. 生物技术通报, 13(1): 151-163.
秦新民, 黄夕洋, 蒋水元. 2007. 罗汉果性别相关的 RAPD 标记. 广西师范大学学报（自然科学版）, 25(3): 109-112.
沈思鹏, 张汝阳, 魏永越, 等. 2018. 多组学数据整合分析的统计方法研究进展. 中华疾病控制杂志, 8: 763-765.
唐其, 马小军, 莫长明, 等. 2015. 罗汉果全基因组 Survey 分析. 广西植物, 35(6): 786-791.
唐其, 邱德有, 马小军, 等. 2011. 罗汉果果实不同发育时期 SSH 文库的构建. 广西植物, 31(3): 388-392.
陶莉, 王跃进, 尤敏, 等. 2005. AFLP 用于构建罗汉果 DNA 指纹图谱及其幼苗雌雄鉴别. 武汉植物学研究, 23(1): 77-80.
涂冬萍, 莫长明, 马小军, 等. 2015. 罗汉果实时荧光定量 PCR 内参基因的选择. 中国中药杂志, 40(2): 204-209.
王志强, 蒙姣荣, 邹承武, 等. 2010. 罗汉果查尔酮合成酶基因的生物信息学分析. 基因组学与应用生物学, 29(3): 577-583.
韦荣昌, 赵欢, 马小军, 等. 2014. 罗汉果果实 RNA 的提取及 *SgDHAR* 基因的克隆与表达. 药学学报, 49(1): 115-123.
向巧彦, 黄夕洋, 李虹, 等. 2017. 利用 ISSR 分子标记检测空间诱导罗汉果 DNA 突变. 广西植物, 37(5): 581-586.
谢兵兵, 杨亚东, 丁楠, 等. 2015. 整合分析多组学数据筛选疾病靶点的精准医学策略. 遗传, 37(7): 655-663.
解伟, 陈社员, 张振乾. 2013. 油菜蛋白质组学研究进展. 中国农学通报, 27: 7-12.
邢爱佳, 马小军, 莫长明, 等. 2013. 罗汉果葡萄糖基转移酶基因的克隆及原核表达. 园艺学报, 40(6): 1195-1204.
徐丽, 曾建国, 程辟, 等. 2012. 血根碱-黄芩苷、白屈菜红碱-黄芩苷离子对化合物体外抗菌活性和急性毒性研究. 中南药学, 10(1): 10-13.
张凯伦, 罗祖良, 郭玉华, 等. 2016. 不同生长时期罗汉果果实转录因子的转录组分析及酵母单杂交文库的构建. 中国现代中药, 18(8): 945-950.
赵欢, 郭娟, 唐其, 等. 2018. 罗汉果角鲨烯环氧酶基因的克隆及表达分析. 中国中药杂志, 43(16): 3255-3262.
赵欢, 莫长明, 唐其, 等. 2015. 罗汉果 *SgHMGR* 基因的克隆、分析及原核表达. 广西植物, 35(6): 796-801.
郑璇, 郑育洪. 2012. 国内外超级细菌的研究进展及防控措施. 中国畜牧兽医文摘, 1: 69-75.
Agharezaee N, Hashemi M, Shahani M, et al. 2018. Male infertility, precision medicine and systems proteomics. J. Reprod. Infertil., 19(4): 185-192.
Battersby A R, Evans G W. 1965. Configuration of reticuline in the opium poppy. Tetrahedron Letters, 6(18): 1275-1278.
Blackwell T S, Christman J W. 1997. The role of nuclear factor-kappa B in cytokine gene regulation. Am. J. Respir. Cell Mol. Biol., 17(1): 3-9.
Caporaso J G, Kuczynski J, Stombaugh J, et al. 2010. QIIME allows analysis of high-throughput community sequencing data. Nature Methods, 7(5): 335-536.
Caporaso J G, Lauber C L, Walters W A, et al. 2011. Global patterns of 16S rRNA diversity at a depth of millions of sequences per sample. Proc. Natl. Acad. Sci. USA, 108: 4516-4522.
Carretero-Paulet L, Galstyan A, Roig-Villanova I, et al. 2010. Genome-wide classification and evolutionary analysis of the bHLH family of transcription factors in *Arabidopsis*, poplar, rice, moss, and algae. Plant Physiology, 153(3): 1398-1412.
Chappell J. 1995. The biochemistry and molecular biology of isoprenoid metabolism. Plant Physiology, 107(1): 1-6.
Chatel G, Montiel G, Pre M, et al. 2003. CrMYC1, a *Catharanthus roseus* elicitor- and jasmonate-responsive bHLH transcription factor that binds the G-box element of the strictosidine synthase gene promoter. Journal of Experimental Botany, 54(392): 2587-2588.
Chaturvedi M M, Kumar A, Darnay B G, et al. 1997. Sanguinarine (pseudochelerythrine) is a potent inhibitor of NF-κB activation, IκBα phosphorylation, and degradation. Journal of Biological Chemistry, 272(48): 30129-30134.
Chiang S S, Pan T M. 2013. Beneficial effects of phytoestrogens and their metabolites produced by intestinal microflora on bone health. Appl. Microbiol. Biotechnol., 97(4): 1489-1500.
Dai L, Liu C, Zhu Y, et al. 2015. Functional characterization of cucurbitadienol synthase and triterpene glycosyltransferase involved in biosynthesis of mogrosides from *Siraitia grosvenorii*. Plant and Cell Physiology, 56(6): 1172-1182.
Dalal S S, Welsh J, Tkachenko A, et al. 1994. Rapid isolation of tissue-specific and developmentally regulated brain cDNAs using RNA arbitrarily primed PCR (RAP-PCR). Journal of Molecular Neuroscience, 5(2): 93-104.

Dong Y, Wang C, Han X, et al. 2014. A novel bHLH transcription factor PebHLH35 from *Populus euphratica* confers drought tolerance through regulating stomatal development, photosynthesis and growth in *Arabidopsis*. Biochem. Biophys. Res. Commun., 450(1): 453-458.

Edgar R C. 2013. UPARSE: highly accurate OTU sequences from microbial amplicon reads. Nature Methods, 10(10): 996-998.

Facchini P J, Bohlmann J, Covello P S, et al. 2012. Synthetic biosystems for the production of high-value plant metabolites. Trends in Biotechnology, 30(3): 127-131.

Facchini P J, De Luca V. 1994. Differential and tissue-specific expression of a gene family for tyrosine/dopa decarboxylase in opium poppy. Journal of Biological Chemistry, 269(43): 26684-26690.

Galanie S, Thodey K, Trenchard I J, et al. 2015. Complete biosynthesis of opioids in yeast. Science, 349(6252): 1095-1100.

Han X, Lamshoft M, Grobe N, et al. 2010. The biosynthesis of papaverine proceeds via (S)-reticuline. Phytochemistry, 71(11-12): 1305-1312.

Huang P, Liu W, Xu M, et al. 2018. Modulation of benzylisoquinoline alkaloid biosynthesis by overexpression berberine bridge enzyme in *Macleaya cordata*. Sci. Rep., 8(1): 17988.

Ikezawa N, Iwasa K, Sato F. 2007. Molecular cloning and characterization of methylenedioxy bridge-forming enzymes involved in stylopine biosynthesis in *Eschscholzia californica*. FEBS Journal, 274(4): 1019-1035.

Ikezawa N, Tanaka M, Nagayoshi M, et al. 2003. Molecular cloning and characterization of CYP719, a methylenedioxy bridge-forming enzyme that belongs to a novel P450 family, from cultured *Coptis japonica* cells. Journal of Biological Chemistry, 278(40): 38557-38565.

Itkin M, Davidovich-Rikanati R, Cohen S, et al. 2016. The biosynthetic pathway of the nonsugar, high-intensity sweetener mogroside V from *Siraitia grosvenorii*. Proc. Natl. Acad. Sci. USA, 113(47): E7619-E7628.

Ji Y, Xiao J, Shen Y, et al. 2014. Cloning and characterization of AabHLH1, a bHLH transcription factor that positively regulates artemisinin biosynthesis in *Artemisia annua*. Plant and Cell Physiology, 55(9): 1592-1604.

Kong W, Wei J, Abidi P, et al. 2004. Berberine is a novel cholesterol-lowering drug working through a unique mechanism distinct from statins. Nature Medicine, 12(12): 1344-1351.

Lenka S K, Nims N E, Vongpaseuth K, et al. 2015. Jasmonate-responsive expression of paclitaxel biosynthesis genes in *Taxus cuspidata* cultured cells is negatively regulated by the bHLH transcription factors TcJAMYC1, TcJAMYC2, and TcJAMYC4. Frontiers in Plant Science, 6: 115.

Li C, Li D, Shao F, et al. 2015. Molecular cloning and expression analysis of WRKY transcription factor genes in *Salvia miltiorrhiza*. BMC Genomics, 16(1): 200.

Li D, Ikeda T, Nohara T, et al. 2007. Cucurbitane glycosides from unripe fruits of *Siraitia grosvenori*. Chem. Pharm. Bull (Tokyo), 55(7): 1082-1086.

Liu X, Liu Y, Huang P, et al. 2017. The genome of medicinal plant *Macleaya cordata* provides new insights into benzylisoquinoline alkaloids metabolism. Molecular Plant, 10(7): 975-989.

Liu Z, Zhang Y, Wang J, et al. 2015. Phytochrome-interacting factors PIF4 and PIF5 negatively regulate anthocyanin biosynthesis under red light in *Arabidopsis* seedlings. Plant Science, 238: 64-72.

Luo Z, Shi H, Zhang K, et al. 2016. Liquid chromatography with tandem mass spectrometry method for the simultaneous determination of multiple sweet mogrosides in the fruits of *Siraitia grosvenorii* and its marketed sweeteners. Journal of Separation Science, 39(21): 4124-4235.

Ma X, Xia H, Liu Y, et al. 2016. Transcriptomic and metabolomic studies disclose key metabolism pathways contributing to well-maintained photosynthesis under the drought and the consequent drought-tolerance in rice. Frontiers in Plant Science, 7: 1886.

Magoc T, Salzberg S L. 2011. FLASH: fast length adjustment of short reads to improve genome assemblies. Bioinformatics, 27(21): 2957-2963.

Mannen K, Matsumoto T, Takahashi S, et al. 2014. Coordinated transcriptional regulation of isopentenyl diphosphate biosynthetic pathway enzymes in plastids by phytochrome-interacting factor 5. Biochem. Biophys. Res. Commun., 443(2): 768-774.

Matsumoto K, Kasai R, Ohtani K, et al. 2008. Minor cucurbitane glycosides from fruits of *Siraitia grosvenorii*

(Cucurbitaceae). Chem. Pharm. Bull., 38(7): 2030-2032.

Nguyen-Khuong T, White M Y, Hung T T, et al. 2009. Alterations to the protein profile of bladder carcinoma cell lines induced by plant extract MINA-05 *in vitro*. Proteomics, 9(7): 1883-1892.

Niu X, Fan T, Li W, et al. 2013. Protective effect of sanguinarine against acetic acid-induced ulcerative colitis in mice. Toxicol. Appl. Pharmacol., 267(3): 256-265.

Pabon-Mora N, Wong G K, Ambrose B A. 2014. Evolution of fruit development genes in flowering plants. Frontiers in Plant Science, 5: 300.

Paddon C, Westfall P, Pitera D, et al. 2013. High-level semi-synthetic production of the potent antimalarial artemisinin. Nature, 496(7446): 528-532.

Pan T L, Wang P W, Hung Y C, et al. 2013. Proteomic analysis reveals tanshinone IIA enhances apoptosis of advanced cervix carcinoma CaSki cells through mitochondria intrinsic and endoplasmic reticulum stress pathways. Proteomics, 13(23-24): 3411-3423.

Pawar R S, Krynitsky A J, Rader J I. 2013. Sweeteners from plants-with emphasis on *Stevia rebaudiana* (Bertoni) and *Siraitia grosvenorii* (Swingle). Analytical and Bioanalytical Chemistry, 405(13): 4397-4407.

Peng X, Qin Z, Zhang G, et al. 2015. Integration of the proteome and transcriptome reveals multiple levels of gene regulation in the rice *dl2* mutant. Frontiers in Plant Science, 6: 351.

Phimister E G, Culverwell A, Patel K, et al. 1994. Tissue-specific expression of neural cell adhesion molecule (NCAM) may allow differential diagnosis of neuroblastoma from embryonal rhabdomyosarcoma. European Journal of Cancer, 30A(10): 1552-1558.

Qiao J, Luo Z, Cui S, et al. 2019. Modification of isoprene synthesis to enable production of curcurbitadienol synthesis in *Saccharomyces cerevisiae*. J. Int. Microbiol Biotechnol., 46(2): 147-157.

Qing Z X, Yang P, Yu K, et al. 2017. Mass spectrometry-guided isolation of two new dihydrobenzophenanthridine alkaloids from *Macleaya cordata*. Natural Product Research, 31(14): 1633-1639.

Rogler G, Brand K, Vogl D, et al. 1998. Nuclear factor kappaB is activated in macrophages and epithelial cells of inflamed intestinal mucosa. Gastroenterology, 115(2): 357-369.

Samuel B S, Shaito A, Motoike T, et al. 2008. Effects of the gut microbiota on host adiposity are modulated by the short-chain fatty-acid binding G protein-coupled receptor, Gpr41. Proc. Natl. Acad. Sci. USA, 105(43): 16767-16772.

Shang Y, Ma Y, Zhou Y, et al. 2014. Plant science. Biosynthesis, regulation, and domestication of bitterness in cucumber. Science, 346(6213): 1084-1088.

Shibuya M, Adachi S, Ebizuka Y. 2004. Cucurbitadienol synthase, the first committed enzyme for cucurbitacin biosynthesis, is a distinct enzyme from cycloartenol synthase for phytosterol biosynthesis. Cheminform, 35(33): 6995-7003.

Shu L, Lou Q, Ma C, et al. 2011. Genetic, proteomic and metabolic analysis of the regulation of energy storage in rice seedlings in response to drought. Proteomics, 11(21): 4122-4138.

Sinagawa-Garcia S R, Tungsuchat-Huang T, Paredes-Lopez O, et al. 2009. Next generation synthetic vectors for transformation of the plastid genome of higher plants. Plant Molecular Biology, 70(5): 487-498.

Song X M, Huang Z N, Duan W K, et al. 2014a. Genome-wide analysis of the bHLH transcription factor family in Chinese cabbage (*Brassica rapa* ssp. *pekinensis*). Molecular Genetics and Genomics, 289(1): 77-91.

Song Y, Yang C, Gao S, et al. 2014b. Age-triggered and dark-induced leaf senescence require the bHLH transcription factors PIF3, 4, and 5. Molecular Plant, 7(12): 1776-1787.

Sun H, Fan H J, Ling H Q. 2015. Genome-wide identification and characterization of the bHLH gene family in tomato. BMC Genomics, 16(1): 9.

Spanova M, Daum G. 2011. Squalene-biochemistry, molecular biology, process biotechnology, and applications. European Journal of Lipid Science and Technology, 113(11): 1299-1320.

Szymon K, Małgorzata G, Łukasz W. 2015. Deciphering priming-induced improvement of rapeseed (*Brassica napus* L.) germination through an integrated transcriptomic and proteomic approach. Plant Science, 231: 94-113.

Takasaki M, Konoshima T, Murata Y, et al. 2003. Anticarcinogenic activity of natural sweeteners, cucurbitane glycosides, from *Momordica grosvenori*. Cancer Lett., 198(1): 37-42.

Tang Q, Ma X, Mo C, et al. 2011. An efficient approach to finding *Siraitia grosvenorii* triterpene biosynthetic genes by RNA-seq and digital gene expression analysis. BMC Genomics, 12: 343.

Tu D, Ma X, Zhao H, et al. 2016. Cloning and expression of SgCYP450-4 from *Siraitia grosvenorii*. Acta Pharmaceutica Sinica B, 6(6): 614-622.

van Moerkercke A, Steensma P, Schweizer F, et al. 2015. The bHLH transcription factor BIS1 controls the iridoid branch of the monoterpenoid indole alkaloid pathway in *Catharanthus roseus*. Proc. Natl. Acad. Sci. USA, 112(26): 8130-8135.

Wang Q, Garrity G M, Tiedje J M, et al. 2007. Naive bayesian classifier for rapid assignment of rRNA sequences into the new bacterial taxonomy. Appl. Environ. Microbiol., 73(16): 5261-5267.

Watanabe H, Ikeda M, Watanabe K, et al. 1981. Effects on central dopaminergic systems of d-coclaurine and d-reticuline, extracted from *Magnolia salicifolia*. Planta Medica, 42(3): 213-222.

Williams E G, Wu Y, Jha P, et al. 2016. Systems proteomics of liver mitochondria function. Science, 352(6291): aad0189.

Xia M, Han X, He H, et al. 2018. Improved *de novo* genome assembly and analysis of the Chinese cucurbit *Siraitia grosvenorii*, also known as monk fruit or luo-han-guo. Giga. Science, 7(6): giy067.

Xu W, Zhang N, Jiao Y, et al. 2014. The grapevine basic helix-loop-helix (bHLH) transcription factor positively modulates CBF-pathway and confers tolerance to cold-stress in *Arabidopsis*. Molecular Biology Reports, 41(8): 5329-5342.

Xu Y, Tian Y, Cao Y, et al. 2019. Probiotic properties of *Lactobacillus paracasei* subsp. *paracasei* L1 and its growth performance-promotion in chicken by improving the intestinal microflora. Frontiers in Physiology, 10: 937.

Xue Z, Tan Z, Huang A, et al. 2018. Identification of key amino acid residues determining product specificity of 2,3-oxidosqualene cyclase in *Oryza* species. New Phytologist, 218(3): 1076-1088.

Yamaguchi Y, Huffaker A. 2011. Endogenous peptide elicitors in higher plants. Current Opinion in Plant Biology, 14(4): 351-357.

Yin O Q, Tomlinson B, Waye M M, et al. 2004. Pharmacogenetics and herb-drug interactions: experience with *Ginkgo biloba* and omeprazole. Pharmacogenetics, 14(12): 841-850.

Zeng J, Liu Y, Liu W, et al. 2013. Integration of transcriptome, proteome and metabolism data reveals the alkaloids biosynthesis in *Macleaya cordata* and *Macleaya microcarpa*. PLoS ONE, 8(1): e53409.

Zhang H, Hedhili S, Montiel G, et al. 2011. The basic helix-loop-helix transcription factor CrMYC2 controls the jasmonate-responsive expression of the ORCA genes that regulate alkaloid biosynthesis in *Catharanthus roseus*. Plant Journal, 67(1): 61-71.

Zhang J, Dai L, Yang J, et al. 2016. Oxidation of cucurbitadienol catalyzed by CYP87D18 in the biosynthesis of mogrosides from *Siraitia grosvenorii*. Plant and Cell Physiology, 57(5): 1000-1007.

Zhao H, Tang Q, Mo C, et al. 2017. Cloning and characterization of squalene synthase and cycloartenol synthase from *Siraitia grosvenorii*. Acta Pharmaceutica Sinica B, 7(2): 215-222.

Zhao H, Wang J, Tang Q, et al. 2018. Functional expression of two NADPH-cytochrome P450 reductases from *Siraitia grosvenorii*. International Journal of Biological Macromolecules, 120(Pt B): 1515-1524.

Zhou W, Huang Q, Wu X, et al. 2017. Comprehensive transcriptome profiling of *Salvia miltiorrhiza* for discovery of genes associated with the biosynthesis of tanshinones and phenolic acids. Sci. Rep., 7(1): 10554.

第 22 章 植物蛋白质和基因功能研究

22.1 概　　述

植物蛋白质是基因经过转录和翻译后在植物体中表达的产物（Gray and William，2002），是植物体的重要组分，种类繁多、功能各异。植物体生长、发育、遗传、生殖等一切生命活动都离不开蛋白质。毋庸置疑，蛋白质是植物生理功能的执行者，是生命现象的直接体现者，对蛋白质结构和功能的研究可直接阐明植物生长、发育的生物学变化机制，将有助于厘清植物抗逆、高产、优质机制，并最终进行植物的改良与利用。

随着大规模、高通量测序技术的发展和应用，蛋白质序列数据呈指数级增长。然而大量蛋白质的功能仍然未被确定，蛋白质的序列和功能信息之间的差距不断扩大（夏其昌和曾嵘，2006）。这种差距的缩小，依赖于高效且可靠的蛋白质功能预测方法的产生。随着后基因组时代的到来，结合对基因组数据的理解，阐明基因组所表达的全部蛋白质的表达规律和生物功能成为研究的热点。

蛋白质组学分析是一个大规模数据采集的过程，不可避免地出现假阳性，因此需要对蛋白质组学数据结果进行验证。拿到蛋白质组下机结果，筛选出差异蛋白，要对得到的蛋白质进行功能预测、鉴定和验证。对蛋白质功能进行分析离不开编码该蛋白质的基因，蛋白质功能体现于组成生命体的多个层次，对蛋白质功能的研究往往离不开对基因功能的研究。确定差异蛋白所对应的基因，运用反向遗传学方法鉴定基因功能，全面解析蛋白质的功能。

迄今，在蛋白质功能方面的研究相对缺乏。大部分通过蛋白质组、基因组测序而新发现的基因编码的蛋白质的功能都是未知的，而对于那些已知功能的蛋白质，它们的功能也大多是通过同源基因功能类推等方法推测出来的。蛋白质功能的分析方法包括生物信息学方法预测和实验验证两方面。

22.2 生物信息学分析蛋白质结构和功能

采用生物信息学方法对蛋白质序列的功能进行预测的本质（Rost et al.，2003）在于承担核心生物功能的相当一部分基因被所有生物物种共享，因此可以利用某些特定物种中基因所编码的少量蛋白质序列（目前占已知蛋白质序列总数的 5%）的已知生物功能信息（知识）对其他物种的大量蛋白质序列进行功能注释。

蛋白质的序列 - 结构 - 功能的决定关系为蛋白质功能预测奠定了理论基础。蛋白质的一级序列完全决定其三维结构，同时蛋白质的高级结构完全决定其功能（Anfinsen and White，1961）。预测单个未知蛋白质查询序列的流程如图 22-1 所示。预测蛋白质功能其实质即判断未知功能的蛋白质与已知功能的蛋白质在序列、结构和功能方面的相似性。通常，若两个蛋白质的序列或结构比较相似，则认为彼此在功能上也比较相近。基于此，学者们提出了大致三类研究方法：基于序列相似性的方法（homology-based method）、基于基因组上下文的方法（genomic context-based method）、基于蛋白质相互作用网络的方法（network-based method），常用的蛋白质功能预测工具见表 22-1。

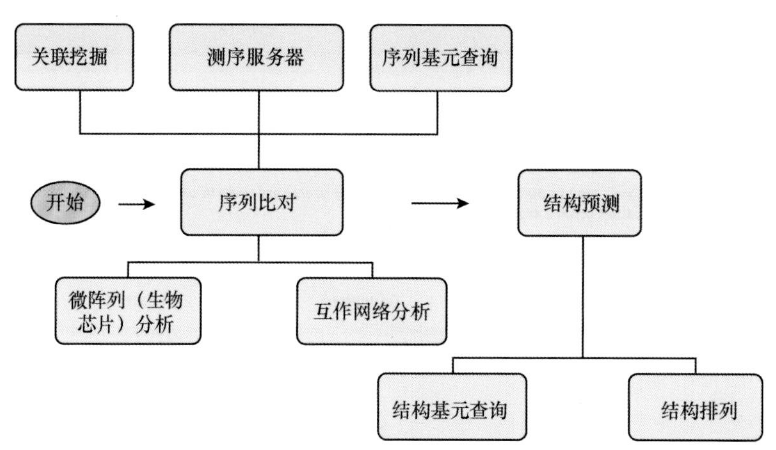

图 22-1 预测单个未知蛋白质查询序列的流程

表 22-1 蛋白质功能预测工具

预测工具	类型	所在地	查询网址
BLAST	同源搜索	美国国家生物技术信息中心（NCBI）	https://blast.ncbi.nlm.nih.gov/Blast.cgi
FASTA	同源搜索	美国弗吉尼亚大学 日本京都大学	https://www.darden.virginia.edu/ http://fasta.genome.jp/
PSI-BLAST	同源搜索	美国国立卫生研究院（NIH）	https://www.ebi.ac.uk/Tools/sss/psiblast/
PFAM	蛋白质家族鉴定	华盛顿大学	https://pfam.xfam.org/
SMART	保守结构域搜索	欧洲分子生物学实验室（EMBL）	http://smart.embl-heidelberg.de
PROSITE	功能模体搜索	瑞士生物信息学研究所	https://prosite.expasy.org/ http://motif.genome.ad.jp
STRING	通过比较基因组学进行功能预测	欧洲分子生物学实验室（EMBL）	https://string-db.org/cgi/input.pl
PSORT	亚细胞定位预测	东京大学人类基因组中心	http://www.psort.org

22.2.1 基于序列相似性的功能预测

分子生物学中大量的研究表明，序列水平上相似的 2 个蛋白质具有较高的同源性，且两者的功能也接近或相似（Dobson et al.，2004）。利用序列相似性预测蛋白质功能几乎是最早，也是最直接的功能预测方法。其理论依据是当若干生物大分子由共同的祖先分子进化而来时，它们往往在序列、结构和生物学功能上具有相似性，可通过识别同源蛋白质来预测蛋白质的功能。这类方法被称为基于序列相似性的方法，其实施的难点在于识别同源蛋白质。一般可以通过序列全局比对法、序列局部特征分析法进行识别。具体分析如下。

22.2.1.1 序列全局比对法

利用 FASTA、BLAST（图 22-2）、PSI-BLAST 等序列比对工具寻找与功能未知的蛋白质有较高序列相似性的蛋白质，将这些蛋白质的功能标注为功能未知的蛋白质的功能。此法简单易用，但不能精确判定蛋白质的功能，且受已有数据库中噪声数据的影响较大，容易产生功能信息的错误传播问题。研究表明，由序列比对得到的功能注释中超过30%是错误的（Devos and Valencia，2001，2000）。除此之外，不具有显著同源性的蛋白质序列占20%～40%，尤其是有一些独特的“孤儿”蛋白质存在。这一现象限制了序列全局比对法的应用范围。

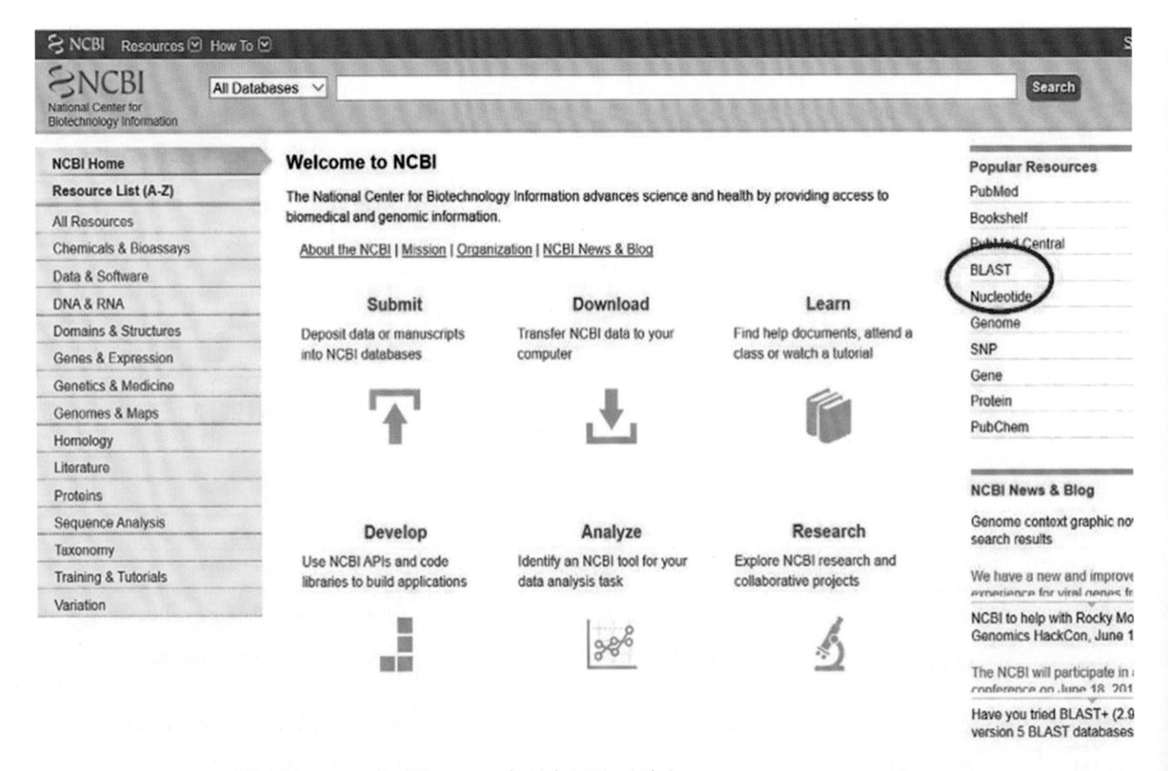

图 22-2 序列全局比对法之 BLAST

22.2.1.2 序列局部特征分析法

序列局部特征分析法即从头预测方法，它不是依赖蛋白质序列的全局比对，而是通过统计一组已知的具有相同功能的蛋白质序列的组成及生化特性等局部特征并建立分类模型，将具有相近或相似特征的序列看作同源序列再划为同一类，从而进行蛋白质功能预测（Bradford，2010）。此方法分为特征提取、特征选择、训练模型、分类预测4个步骤。

特征提取主要进行序列特征的定义和提取（Kim et al.，2008），常用的特征有氨基酸组成、等电点、范德华体积、结构域、序列模体、密码子偏好、翻译后修饰等；特征选择则主要是对特征提取阶段提取的特征集进行去除噪声和去冗余等操作；然后利用机器学习方法建立一个分类模型，并使用该模型对未知功能的蛋白质序列进行功能预测。

序列局部特征分析法比序列全局比对法更加有效，其主要原因在于序列局部特征分析法抽取具有生物学意义的序列局部特征能够更有针对性地、更完善地判断序列同源性。然而特征选取策略和正反例选取策略对分类模型的性能影响比较大，使得这一方法具有局限性，具体表现在有效区分目标基因和其他基因的特征集合难以定义；分类模型建立时正例、反例不确定，即已知的具有某一功能的蛋白质序列较少和已知的不具有该功能的蛋白质序列不确定，导致模型训练时正例和反例极不平衡，从而影响模型的性能；同时一个蛋白质功能具有多样性，将功能预测简单以二分类问题处理，往往会忽略个体蛋白质具有多个功能的特点。

基于序列相似性的蛋白质功能预测的基本步骤：将未知功能的蛋白质序列作为查询序列，

利用序列比对算法（Mostafavi and Morris，2010），如 BLAST、PSI-BLAST、PHI-BLAST 等，搜索已注释的蛋白质序列数据库（如 UniProtKB-Swiss-Prot 等），找出与查询序列相似的序列，进而从相似序列的功能分析外推查询序列的功能信息等。

序列相似性搜索资源包括相似性搜索和比对软件及序列数据库（Ré and Valentini，2010）。依据序列长度和类型的不同，选择不同的序列比对工具 PSI-BLAST、PHI-BLAST 等。已注释的蛋白质序列数据库很多，如 Swiss-Prot、TrEMBL 和 PIR-PSD 等。

4 个不同的多重比对（Valentini，2011）工具为 BLAST、BLASTP、PSI-BLAST、PHI-BLAST。具体操作中有时基本的 BLAST 搜索不能满足需求，如果想通过一条蛋白质序列，搜索出一个庞大的蛋白质家族，则需进行 BLASTP 搜索，找到直接的和目标序列十分相近的近亲序列，而那些远亲序列就找不到了。

PSI-BLAST 的特色是每次用位置特异权重矩阵（position-specific scoring matrix，PSSM）搜索数据库后再利用搜索的结果重新构建 PSSM，然后用新的 PSSM 再次搜索数据库，如此反复直至没有新的结果产生为止（图 22-3）。PHI-BLAST（pattern-hit initiated BLAST，模式识别 BLAST）能找到与查询序列相似的并符合某种模式的蛋白质序列。例如，*N*-糖基化位点基序含有以下特定模式：N{P}[S/T]{P}（Asn+ 一个除 Pro 外任何氨基酸 +Ser/Thr+ 一个除 Pro 外任何氨基酸）。模式序列可代表一个酶的活性位点，一个蛋白质家族的结构或者功能域的氨基酸序列。

图 22-3 序列局部特征分析法之 PSI-BLAST

序列相似性搜索普遍适用于预测蛋白质或者基因功能。但其也存在一些问题，首先，利用序列相似性进行蛋白质功能预测受限于数据库内容，应选择具有可靠注释信息的蛋白质序列数据库；其次，无法明确序列相似性判断的阈值，即对于序列究竟相似到何种程度才能进行 GO 功能预测，无法给出量化的评价指标，只能依据经验来区分序列的相似程度是大还是小。应尽可能排除干扰，同时仔细检查获得的候选蛋白质序列。

22.2.2 基于蛋白质性质的功能预测

蛋白质的理化性质主要指蛋白质的分子量、氨基酸残基含量、等电点、平均电荷、亲水性、疏水性、极性、酸性、碱性等。这些理化属性的集合在信息生物学上称为“查询向量”，作为信号，在对未知蛋白质序列进行功能预测时，可将其与目标数据库（Swiss-Prot 和 PIR）中的每个序列预先计算好的向量（信号）进行比较，利用信号搜索工具搜索该未知序列中是否存在数据库中保存的蛋白质信号，通过匹配的蛋白质信号，确定不同蛋白质之间的相似程度，把未知序列归类到某蛋白质家族，通常同一家族的序列之间的相似性越高，其越可能具有相似的功能，从而推断其功能（Baxevanis，2003）。

利用蛋白质序列系统分析（statistical analysis of protein sequence，SAPS）即可查询蛋白质序列理化性质的综合信息。具体操作如下：把一个蛋白质序列通过 Web 界面提交 SAPS 后，服务器通过序列本身即可分析出该蛋白质的理化性质，输出该蛋白质序列氨基酸组成分析，电荷分布分析（正负电荷聚集区的位置、高度带电和不带电区段及电荷的传播模式），高疏水性和跨膜区段、重复结构及周期性分析等结果。

Expasy 系统（图 22-4）提供了许多蛋白质性质分析的工具（表 22-2），既能分析和确认由双向电泳分离得到的未知蛋白质，又能预测已知蛋白质的基本理化性质，其结果亦有助于蛋白质的沉降分析及色谱分析。

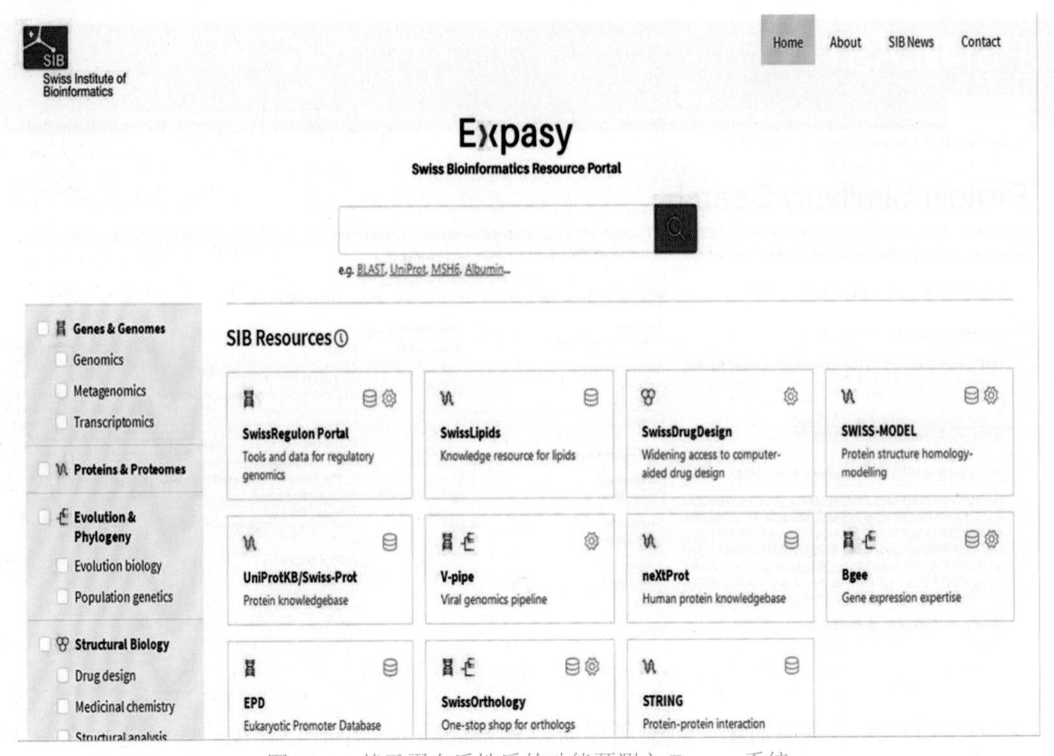

图 22-4 基于蛋白质性质的功能预测之 Expasy 系统

表 22-2　基于氨基酸序列的蛋白质理化性质分析的常用工具

功能	程序名	应用
基于氨基酸组成的蛋白质识别	AACompIdent	用未知蛋白质的氨基酸组成确认具相同组成的已知蛋白质
	AACompSim	以 Swiss-PROT 蛋白质的序列为依据，发现序列相似性低于 25% 的蛋白质间的弱相似性
	PROPSEARCH	检测蛋白质间的微弱联系，发现同一蛋白质家族的成员
	MOWSE	通过质谱技术获得氨基酸序列信息，利用分子量搜索，确认一种未知蛋白质
基于氨基酸序列的蛋白质理化性质分析	Compute pI/MW	计算输入氨基酸序列的等电点和分子量
	PeptideMass	酶切位点分析，预测水解蛋白质的酶试剂及内切产物
	SAPS	给出关于查询序列的广泛的统计学信息

22.2.3　基于蛋白质序列特征的功能预测

蛋白质序列中包含一些特征，包括位点、保守残基、残基模式、模体、指纹、结构域等。蛋白质序列特征往往在一个蛋白质家族的所有成员中都是保守的（Cai et al.，2003），而在其他蛋白质序列中完全不同，这意味着该序列特征可能在该蛋白质家族中起着维持结构的作用或者承担着实现重要生物功能的角色，可用来推断结构、功能和蛋白质家族中关键的氨基酸等重要信息。

例如，蛋白质模体或结构域在氨基酸序列水平比其他区域保守，通过序列比对可以发现这些在进化上较为保守的区域，与该蛋白质的功能直接相关；根据模体或结构域信息可以对同源水平较低的蛋白质进行功能预测。

常见的蛋白质序列特征有蛋白质的跨膜螺旋、卷曲螺旋、序列重复区、特定氨基酸富集区、翻译后修饰类型及位点、亚细胞定位等特征区域，其与蛋白质功能密切相关，因此可通过对蛋白质序列特征模块的查找预测其功能（Cao et al.，2008）。

具体分析一般由两部分组成（Samanta and Liang，2003）。首先，收集已知的蛋白质家族以不同形式描述的蛋白质序列特征数据，其含有大量不同蛋白质家族的信息，通过蛋白质家族各成员的多重比对或者 profile HMM 来构造蛋白质模体、结构域和家族数据库。这些数据库亦被称为蛋白质二级数据库，主要指这些数据库中储存的信息并不是原始的实验数据而是以某种方式方法从实验数据中分析处理后得来的数据。所有的蛋白质模体、结构域和家族数据库提供相应的搜索引擎，用来进行蛋白质功能分析。然后，通过搜索该数据库预测未知蛋白质的功能，在序列整体同源性不明显的情况下，蛋白质模体、结构域、家族数据库的搜索可以提高功能预测的灵敏度，这些数据库包括 PFAM、SMART、PRINTS、PROSITE、PROFILE、PRODOM、TIGRFams 等。

PROSITE 数据库（图 22-5）是世界上第一个蛋白质序列特征数据库，于 20 世纪 90 年代初期开始构建，现由瑞士生物信息学研究所（SIB）维护。PROSITE 中涉及的序列模式包括酶的催化位点、配体结合位点、与金属离子结合的残基、二硫键的半胱氨酸、与小分子或其他蛋白质结合的区域等。PFAM 数据库收集了蛋白质结构域家族的多序列联配和以隐马尔可夫模型（HMM）形式描述的蛋白质序列特征。PFAM 数据库由 PFAM-A 和 PFAM-B 两部分组成。PFAM-A 由人工干预生成，具有很高的质量；PFAM-B 则是全自动产生的，对序列空间具有较高的覆盖度。对于每一个蛋白质家族 PFAM 提供了 4 种特征：注释、种子比对（seed alignment）、profile HMM、完全比对（full alignment）。InterPro 数据库通过手工整合来源于单个蛋白质信号数据库成员（member of protein signature database）中的序列特征而产生。目前，InterPro 已整合了 PROSITE、PFAM、PRINTS、PRODOM、SMART（图 22-6）、TIGRFAMS、PIRSF、SUPERFAMILY、Gene3D 和 PANTHER 等多个数据库资源（Malik et al.，2008）。常用的蛋白质模体、结构域和家族数据库的蛋白质信号类型与服务网见表 22-3。

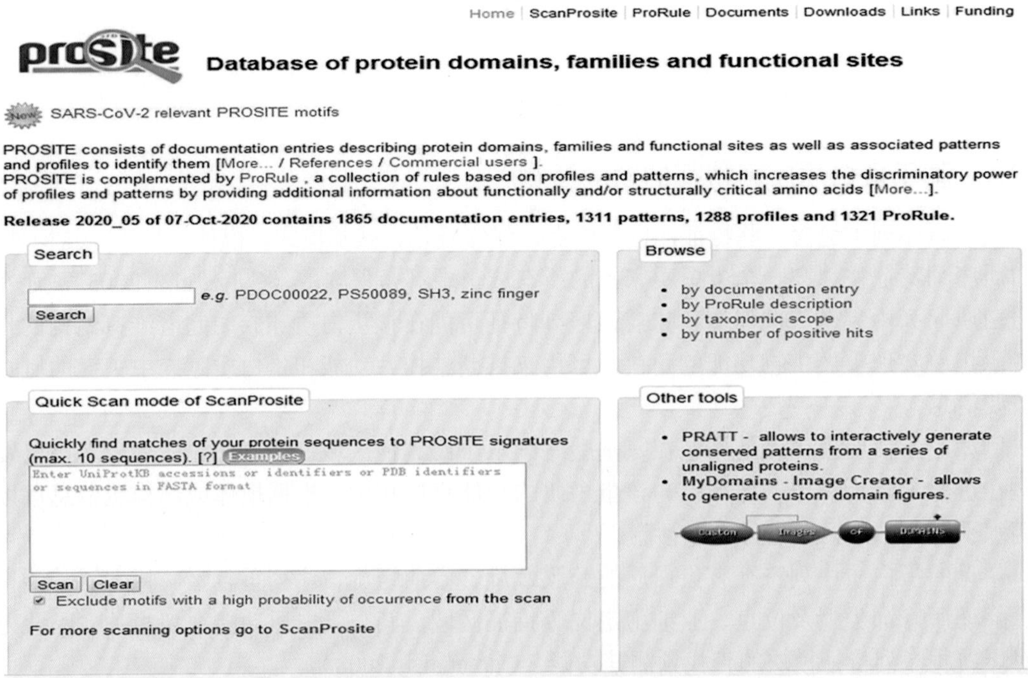

Home | ScanProsite | ProRule | Documents | Downloads | Links | Funding

prosite Database of protein domains, families and functional sites

New SARS-CoV-2 relevant PROSITE motifs

PROSITE consists of documentation entries describing protein domains, families and functional sites as well as associated patterns and profiles to identify them [More... / References / Commercial users].
PROSITE is complemented by ProRule , a collection of rules based on profiles and patterns, which increases the discriminatory power of profiles and patterns by providing additional information about functionally and/or structurally critical amino acids [More...].

Release 2020_05 of 07-Oct-2020 contains 1865 documentation entries, 1311 patterns, 1288 profiles and 1321 ProRule.

Search
e.g. PDOC00022, PS50089, SH3, zinc finger
Search

Browse
- by documentation entry
- by ProRule description
- by taxonomic scope
- by number of positive hits

Quick Scan mode of ScanProsite
Quickly find matches of your protein sequences to PROSITE signatures (max. 10 sequences). [?] Examples
Enter UniProtKB accessions or identifiers or PDB identifiers or sequences in FASTA format
Scan Clear
Exclude motifs with a high probability of occurrence from the scan
For more scanning options go to ScanProsite

Other tools
- PRATT - allows to interactively generate conserved patterns from a series of unaligned proteins.
- MyDomains - Image Creator - allows to generate custom domain figures.

图 22-5 基于蛋白质序列特征功能预测的 PROSITE 数据库

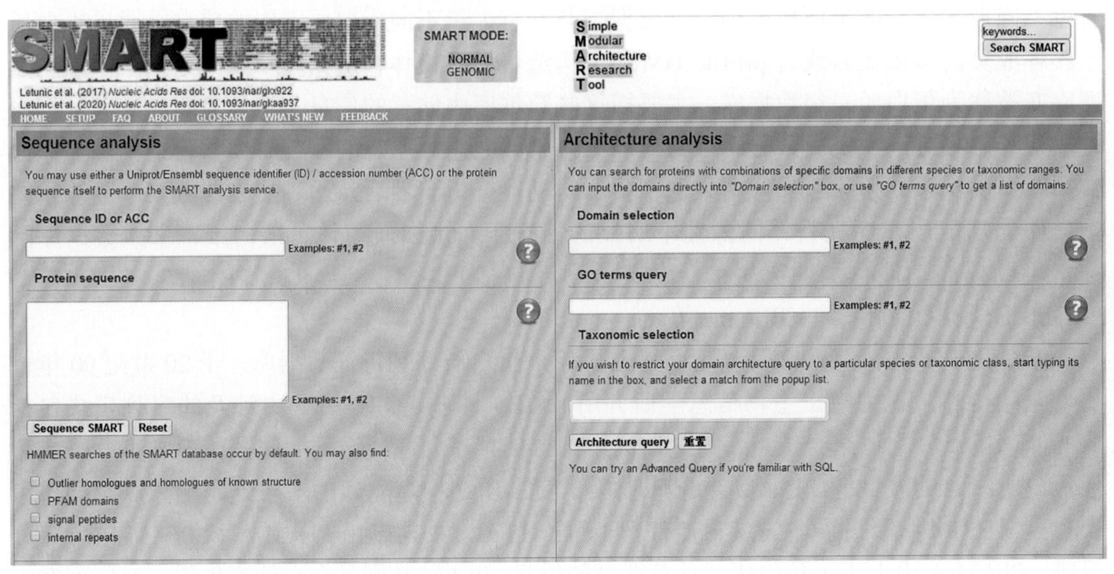

图 22-6 基于蛋白质序列特征功能预测的 SMART 数据库

表 22-3　常用的蛋白模体、结构域和家族数据库的蛋白质信号类型与服务网

数据库	蛋白质信号类型	服务网址
PROSITE	常规表达模式	https://prosite.expasy.org/
BLOCKS	蛋白家族保守区域比对	http://blocks.fhcrc.org
PRINTS	基层基因家族指纹图谱	http://130.88.97.239/PRINTS/index.php
Identify	模糊常规表达	http://dna.stanford.edu/identify
eBLOCKS	高度保守的蛋白质序列模块	http://fold.stanford.edu/eblocks/acsearch.html
eMOTIF	蛋白质序列基序确定和搜索	http://motif.stanford.edu/emotif
PFAM	蛋白质结构域的多重序列比对和隐马尔可夫链	https://www.sanger.ac.uk/science/tools/pfam
SMART	简单的蛋白模块化体系结构研究工具：信号、细胞外和染色质相关结构域	http://smart.embl-heidelberg.de/
CDD	保守域数据库：包括来自 PFAM、SMART、COG 和 KOG 数据库的蛋白质域	http://www.ncbi.nlm.nih.gov/Strctucte/cdd/cdd.shtml
CluSTr	Swiss-Prot+TrEMBL 蛋白集	http://www.ebi.ac.uk/clustr
Hits	蛋白质结构域和基序数据库	http://hits.ibs-sib.ch/
IProClass	蛋白分类数据库集成	https://proteininformationresource.org/pirwww/dbinfo/iproclass.shtml

随着多种生物基因组测序的完成，有研究提出利用基因组信息预测蛋白质功能。例如，利用直系同源聚类的方法预测蛋白质功能（Nam et al.，2005），开发了 COG 数据库。也有利用分类的方法预测蛋白质功能，首先基于这些蛋白质序列特征信息，根据一定的准则将蛋白质分为若干类别，并为每类蛋白质建立模型，运用分类算法（Cai et al.，2003）、支持向量机（SVM）、人工神经网络（ANN）等进行预测。例如，使用支持向量机算法对酶、受体等多种功能类蛋白质进行了分类预测，并开发了 SVMProt 软件提供蛋白质功能预测服务。

22.2.4　基于蛋白质结构的功能预测

蛋白质特定空间构象是其功能活性的基础，蛋白质结构决定蛋白质性质和功能，相似结构具有类似功能；结构比序列更保守，空间结构比较可以发现序列相似性很低，但结构相似的远源同源蛋白质，根据这些远源同源蛋白质的结构和相关信息推测蛋白质可能的功能。

分析新发现的未知功能蛋白质或基因产物的第一步是用 BLASTP 或其他工具在公共数据库中进行相似性搜索（Priyam et al.，2019）。结果找不到一个与目标蛋白氨基酸序列相匹配的蛋白质，即使能得到一个统计显著的相符蛋白质，也很可能在序列记录中没有关于其二级结构的任何信息。神经网络技术可进行信息加工，寻找氨基酸序列与特定的训练序列中所能形成的结构间的微弱联系。法国国家科学研究中心使用 5 种方法（GOR 法、Levin 同源预测法、双重预测法、PHD 法和 SOPMA 法）预测蛋白质二级结构，并将结果汇集整理成一个“一致预测结果”。二级结构预测是蛋白质功能分析必不可少的，常见方法见表 22-4。几种预测二级结构的方法（表 22-4 和图 22-7）都不完美。针对不同的蛋白质序列，无足够信息判断哪种方法最好，建议最好把序列同时提交给多个服务器，将结果汇集整理，通过人为的比较来判断预测结果成立与否，增强可信度。

表 22-4 蛋白质二级结构预测的几种常见方法

方法	查询网址
Predict Protein	https://www.predictprotein.org/
SSPRED	http://linux1.softberry.com/berry.phtml?topic=sspred&group=programs&subgroup=propt
SOPMA	https://npsa-prabi.ibcp.fr/cgi-bin/npsa_automat.pl?page=npsa_sopma.html

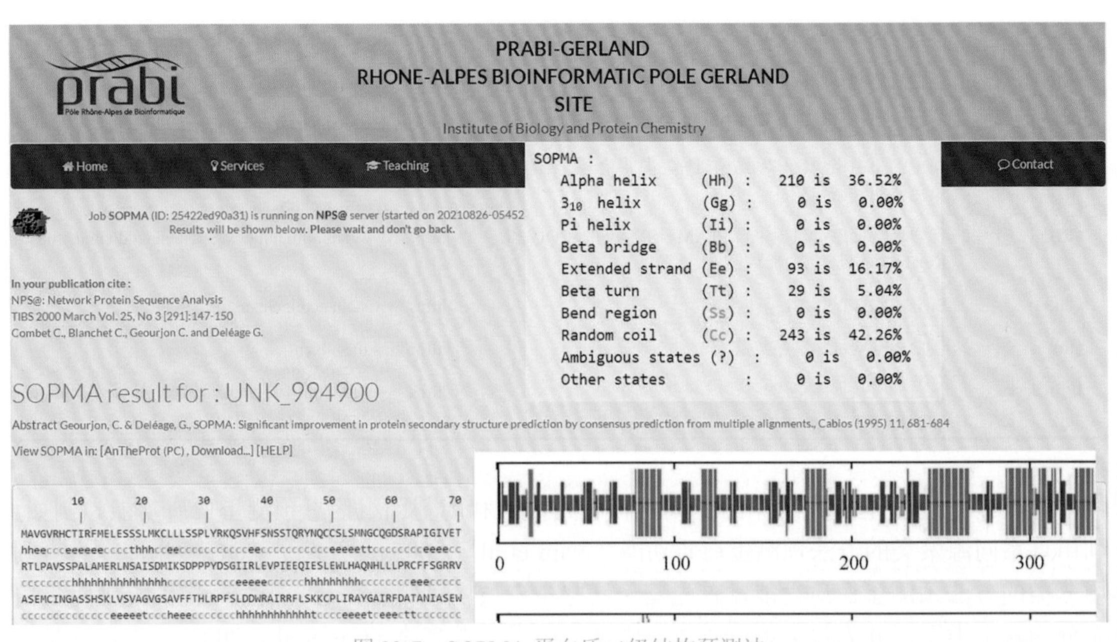

图 22-7 SOPMA 蛋白质二级结构预测法

蛋白质特殊结构主要指卷曲螺旋、跨膜区域和信号肽等。由于特殊结构特征的折叠规律尚不十分清楚，因而这类结构的预测方法较少（表 22-5）。若查询序列在已知结构数据库中能找到相似蛋白质，则预测准确度可能很高。鉴于上述特殊结构特征的准确预测对理解蛋白质的生理功能至关重要，必须强调要利用多种方法进行预测这一惯用策略，再用手工审查其结果。

表 22-5 蛋白质特殊结构特征预测的常见方法

特殊结构	方法	查询网址
卷曲螺旋	COILS	https://embnet.vital-it.ch/software/COILS_form.html
跨膜区域	TMpred	https://embnet.vital-it.ch/software/TMPRED_form.html
信号肽	Signal P	https://services.healthtech.dtu.dk/service.php?SignalP-5.0

蛋白质的生物功能活性取决于特定的三维构象，兼之蛋白质骨架基序数量有限，仅从传统的基于序列比对的方法去寻找蛋白质之间的相似性就显得有失全面。三维结构模拟又称蛋白质的空间构象预测，是基于氨基酸序列数据的预测方法中最复杂和技术上最困难的。一级序列与三维结构关系的根源在于“蛋白质的折叠问题”。因为一级结构序列决定空间三维构象，那么多个序列就可能折叠成同一构象。常用的蛋白质结构预测工具见表 22-6。

表 22-6　蛋白质结构预测工具

预测工具	类型	所在地	查询网址
PSIPRED	二级结构	伦敦大学	http://bioinf.cs.ucl.ac.uk/psipred/
SABLE	二级结构和溶剂可接近性	美国辛辛那提儿童研究基金会儿童医院医疗中心	http://sable.cchmc.org/
Predict Protein	二级结构及其他	美国哥伦比亚大学	https://www.predictprotein.org/
COILS	2 个或以上的 α 螺旋组成的超螺旋结构域（卷曲螺旋区域）	欧洲分子生物学实验室（瑞士）	http://www.ch.embnet.org/software/COILSform.html
Glob Plot	无规则区域	欧洲分子生物学实验室	http://globplot.embl.de/
PONDR	无规则区域	印第安纳大学	http://www.pondr.com/
TMHMM	跨膜结构域	丹麦科技大学	http://www.cbs.dtu.dk/services/TMHMM-2.0
SWISS-MODEL	3D 结构同源建模法	瑞士生物信息学研究所	https://www.expasy.org/resources/swiss-mod
MODELLER	3D 结构同源建模法	加利福尼亚大学旧金山分校	https://salilab.org/modeller/
Phyre	3D 结构，指认方法（线引法或穿线法）	帝国理工学院	http://www.sbg.bio.ic.ac.uk/servers/phyre2/html/page.cgi?id=index

蛋白质空间构象预测常用方法有同源建模（homology-based modeling）、构象搜索（threading recognition）和从头预测（*ab initio* prediction method）。其中从头预测法最准确，但计算量巨大；构象搜索法需建专用数据库，不利于推广；同源建模法是迄今最成熟、较可靠、最有生命力的蛋白质三维结构预测方法，已有商业化软件可供使用，例如，Biosym/MSI 公司 QUANTA 软件包中的 PROTEIN DESIGN 等（毕安定等，1998）。上述预测方法都可使用 Web 界面（表 22-7），结果能尽快返回。这些为确定出假定基因产物后，预测结构和功能关系提供了强有力的工具。通过对蛋白质结构中功能相关的 3D 基序的检测可以在没有序列或折叠相似性的情况下对蛋白质功能进行预测。结构比对可用于确定两种蛋白质即使它们的序列不同也具有相似的功能。例如，毒蛋白质蓖麻毒素和相思子毒素。

表 22-7　基于蛋白质结构的功能预测的 Web 资源

预测工具	类型	查询网址
工具		
ProFunc	3D 功能模板匹配	http://www.ebi.ac.uk/thorntonsrv/databases/ProFunc/
WebFEATURE	3D 活性位点匹配	http://feature.stanford.edu/webfeature/
数据库		
CATH	结构分类数据库	http://cathdb.info/
SCOP	结构分类数据库	http://scop.berkeley.edu/
Catalytic Site Atlas	催化位点数据库	http://www.ebi.ac.uk/thorntonsrv/databases/CSA/
CASTp	蛋白质绑定位点数据库	http://sts.bioe.uic.edu/castp/
SURFACE	蛋白质绑定位点数据库	http://cbm.bio.uniroma2.it/surface/

22.2.5 基于蛋白质互作的功能预测

蛋白质之间相互作用、通过相互作用而形成的蛋白质复合物是细胞各种基本功能的主要完成者。近年来，基于两个蛋白质的共同互作蛋白质越多，其功能就越相关的假设，使用蛋白质互作数据来预测蛋白质功能已成为新的研究热点。

随着蛋白质相互作用数据的逐渐增多，一些学者开始借助于蛋白质相互作用网络，从系统层面研究蛋白质的功能。研究认为蛋白质通过相互协作共同执行某种生物功能，蛋白质之间通过协作关系形成蛋白质相互作用网络，并根据蛋白质之间相互作用关系设计蛋白质功能预测方法，即基于蛋白质相互作用网络的方法。该法是进行大规模、系统性蛋白质功能预测的重要手段和有效途径，可分为直接法和基于网络模块法两类。

直接法认为相互作用的蛋白质之间的功能相近或相似，并据此设计功能信息传播算法以预测蛋白质功能。最典型的有基于邻居节点功能推测法（Hishigaki et al.，2001）和基于信息流传播的方法（Nabieva et al.，2005）等。其中基于邻居节点功能推测法是先筛选出目标蛋白质的邻居节点的典型功能后将该典型功能确定为目标蛋白质的功能。然而，这种方法依赖于邻居节点的功能注释的准确性和完整性。若该蛋白质相邻节点的功能未知或者信息不完整，则会导致准确性和效率降低。基于信息流传播的方法则是将蛋白质相互作用网络视为功能信息流通网络，同时认为功能信息可沿着网络中的边由蛋白质节点向其他蛋白质传递。因此，学者们利用概率统计和图论知识通过不同的方法计算蛋白质具有某种功能的最大概率值，并据此判断蛋白质是否具有该功能（表 22-8）。

表 22-8 蛋白质-蛋白质相互作用数据库

工具	类型	所在地	查询网址
DIP	蛋白质-蛋白质相互作用	加利福尼亚大学洛杉矶分校	http://dip.doe-mbi.ucla.edu/
MIPS	哺乳动物的蛋白质-蛋白质相互作用	慕尼黑蛋白质序列信息中心	http://mips.gsf.de/proj/ppi/
HPRD	人类蛋白质参考资源	美国约翰霍普金斯大学	http://www.hprd.org/
GRID	酵母、果蝇和线虫的遗传与生理作用	加拿大多伦多西奈山医院	http://biodata.mshri.on.ca/grid/
IntAct	蛋白质相互作用数据库的 db 系统和工具的开发资源	欧洲生物信息学中心	http://www.ebi.ac.uk/intact/
Ospray	蛋白质相互作用的可视化工具	加拿大多伦多西奈山医院	http://biodata.mshri.on.ca/osprey/

基于网络模块法通过挖掘蛋白质相互作用（PPI）网络中的子模块或网络模体来预测蛋白质的功能（图 22-8）。这类方法认为在 PPI 网络中紧密联系的子团和频繁出现的子团都代表相互之间的协作模式，分别称为蛋白质复合体（protein complex）和蛋白质网络模体（protein network motif）。一般，处于同一蛋白质复合体或网络模体的蛋白质执行相同或相近的功能（Sharan and Ideker，2006）。因此，怎样精准辨别出蛋白质相互作用网络中的功能模块是最大的挑战。若将处于同一模块的蛋白质笼统地认为其具有相同功能，从而忽略了其功能模块中的具体分工，势必会影响蛋白质功能预测的准确性。除此之外，强烈依赖网络使得蛋白质相互作用网络的可靠性与规模量都具有局限性，对基于蛋白质相互作用网络的蛋白质功能预测法的结果影响较大，相关 Web 资源见表 22-9。

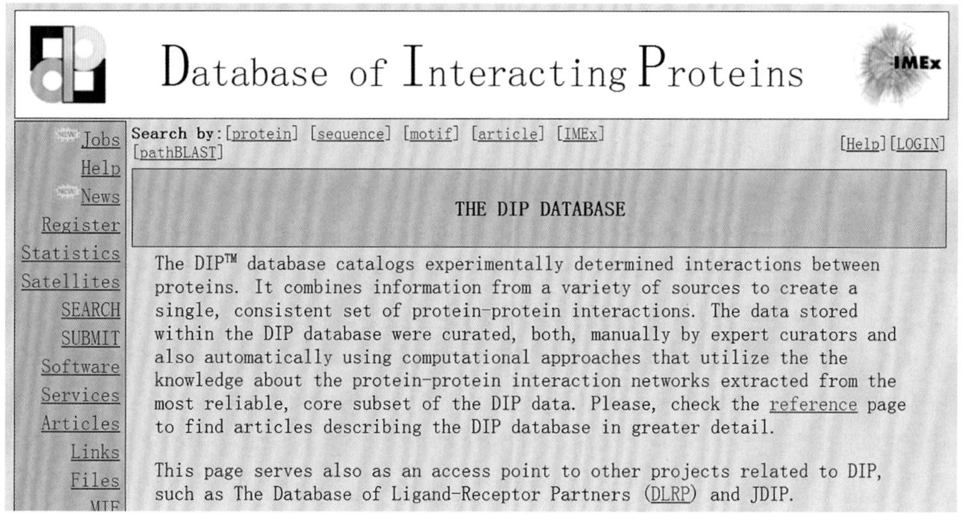

图 22-8 蛋白质互作分析工具之 DIP

表 22-9 基于蛋白质关联、交互、表达和过程的功能预测的 Web 资源

工具	类型	查询网址
工具		
PathoLogic	代谢分析软件	http://biocyc.org
GOMiner	微阵列分析软件	https://discover.nci.nih.gov/gominer/index.jsp
GenMAPP	微阵列分析软件	http://www.genmapp.org/
数据库		
NCBI GEO	微阵列数据存储库	https://www.ncbi.nlm.nih.gov/geo/
ArrayExpress	微阵列数据存储库	http://www.ebi.ac.uk/arrayexpress/
STRING	功能关联数据库	http://string.embl.de/
DIP	蛋白质互作数据库	https://dip.doe-mbi.ucla.edu/dip/Main.cgi
MIPS	蛋白质功能、表达、互作数据库	http://mips.gsf.de/
KEGG Pathway	代谢通路数据库	http://www.genome.jp/kegg/pathway.html

22.2.6 基于基因组上下文的蛋白质功能预测

基于基因组上下文的蛋白质功能预测方法通过识别蛋白质之间的关联来预测其可实现的功能。该方法认为，如果 2 个或多个蛋白质在不同的基因组中表现出相同或相似的表达模式，则很大可能将执行同一个功能（Sleator and Walsh，2010）。这种方法与依赖于序列相似性的方法是不同的。较常用的 4 种基因组上下文特征：基因共现（gene colocation）、基因共表达（gene coexpression）、基因融合（gene fusion）、系统发生树（phylogenetic tree）。

1999 年 Marcotte 等第一次提出利用基因融合来预测基因功能，该方法以发生基因融合的基因可能具有相同或相似的功能为依据，可以有效预测基因功能，然而预测结果假阴性较高。实际上，运用基因融合方法推测基因功能的关键在于识别真正的直系同源基因。如果待测基因与已知基因之间是旁系同源关系（paralog）而非直系同源关系（ortholog），那么就很可能发生误判。

1999 年 Overbeek 等基于基因顺序保守的基因所编码的产物之间很可能存在功能互作或者物理互作这一假说，提出一个双向最佳匹配方法（bidirectional best-hit method）。近年来，Jiang 等（2008）提出了一些运用进化信息预测蛋白质功能的方法，并取得了较好的结果。研究将每个基因或蛋白质表示成一个 n 维特征串，n 等于物种数目，“+”和“−”表示该基因是否在对应的物种中出现，通过这一设计方式构建了基因的系统发生谱，由此推测系统发生谱相近的基因具有相同或相似的功能。当 2 个基因的系统发生谱正好互补时，就认为这 2 个基因的功能类似，在基因进化过程中将可以替代对方完成某一特定功能。然而系统发生谱没有考虑系统进化过程中的层次特性，不能充分利用进化信息。

相对于系统发生谱，系统发生树包含了更丰富的遗传和进化信息。随后一些学者提出一些方法整合系统发生树信息进行基因功能预测。然而，由于系统发生树比系统发生谱要复杂，因此应用算法要复杂得多；另外，由于系统发生树的构建强烈依赖于基因组序列，在一定程度上容易引入错误信息。因此，系统发生树的应用迄今仍未达到如系统发生谱一样有优势广泛的发展空间。例如，Phydbac（图 22-9）：使用交互式系统发生谱和染色体定位分析推断基因功能；ProKnow：用于多基因组上下文预测功能。

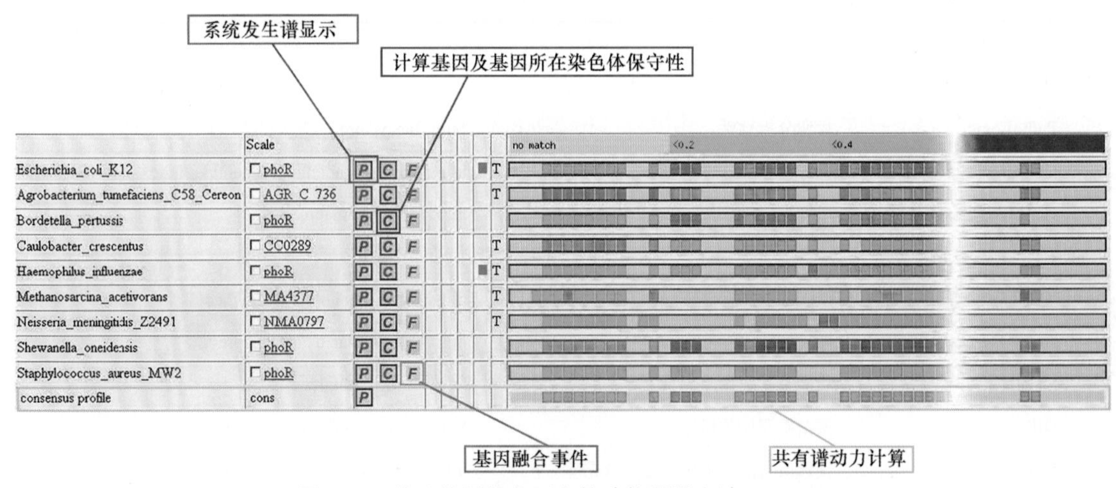

图 22-9 基于基因组上下文的功能预测方法 Phydbac

22.3 细胞水平蛋白质功能分析

22.3.1 蛋白质亚细胞定位分析

蛋白质亚细胞定位信息可以为蛋白质功能的研究提供有用的线索。细胞分室化将细胞分成不同的细胞器，各个功能相关的蛋白质聚集在某个细胞器内，从而完成特定的功能。蛋白质必须在一定的亚细胞器上才能正确行使其功能（Emanuelsson and Heijne，2001）。通常受体蛋白位于细胞膜上，与能量代谢有关的蛋白质位于胞质内，核转录因子则位于细胞核内，一旦蛋白质被分选到错误的细胞器中，该蛋白质很快被降解，亚细胞位置异常的蛋白质会引起生理表型变化。了解蛋白质的亚细胞定位对进一步明确其生物学功能十分必要。

蛋白质亚细胞定位信息还可用来评价蛋白质相互作用水平。只有在相同或相近的亚细胞位置上蛋白质间才会有相互作用。在蛋白质相互作用网络中，存在相互作用的两个蛋白质通常位于同一个细胞区域，如果鉴定的相互作用发生在两个具有相同亚细胞定位的蛋白质之间，将大大提高该相互作用的可信度水平，因此蛋白质亚细胞定位信息也能为蛋白质的相互作用、进化分析等研究提供重要的信息。同时，蛋白质并不是静止在细胞内某个区域，而是通过在不同区域之间的运动发挥功能，例如，细胞的信号转导及转录调控、细胞周期的调控过程，这些功能的实现都依赖于蛋白质在细胞内的空间位置变化。

对一个未知功能而且结构同源性未知的新蛋白质，很难确定其功能。依据蛋白质定位与功能的关系，分析蛋白质的亚细胞定位有助于蛋白质功能的初步分析。目前可通过软件预测和实验验证两种方法进行蛋白质的亚细胞定位判断。

22.3.1.1 软件预测法

随着生物信息学的发展，用计算机程序预测蛋白质亚细胞定位的系统也在逐步建立。其主要原理是根据蛋白质的氨基酸序列特征、亚细胞的特异结构特征，提取特征参数或描述符，通过算法比较查询序列中所包含的特征参数与各类被定位蛋白质的相似度，从而对蛋白质的亚细胞定位做出判断。利用软件预测法，可帮助生物学研究者定位自己感兴趣的蛋白质。Fujiwara 等（2001）利用氨基酸的组成和序列信息，进行植物或非植物蛋白质的亚细胞定位推测。Chou 和 Cai（2004）则利用功能域和拟氨基酸杂交的方法来预测蛋白质的亚细胞定位。

从蛋白质的序列出发用计算机软件预测蛋白质的定位作为实验定位的辅助分析手段，能够低成本、高通量地获取蛋白质亚细胞定位信息。在做亚细胞定位实验之前，可以先使用软件来分析蛋白质可能的定位区域，很多在线预测网站和生物预测软件已经用于预测蛋白质的亚细胞定位（表 22-10）。PSORT（prediction of protein localization sites）是专门分析蛋白质的亚细胞定位的软件。软件分析可以为我们提供理论预测。Esub8 是一种常用的预测蛋白质位置的工具，主要用来预测在叶绿体、细胞质、高尔基体、溶酶体、线粒体和过氧化物酶体中定位的蛋白质（Cui et al.，2004）。但绝大多数的软件预测均有局限，有时候对于同一个蛋白质，用不同的软件分析，结果可能会有很大不同，甚至软件分析不能准确预测特定的细胞分区（如高尔基体、液泡和质膜），所以预测的定位数据往往需要实验数据的验证。

表 22-10 主要的蛋白质亚细胞定位预测网站

服务器	网站	特征
iPSORT	http://ipsort.hgc.jp/	根据 N 端分拣信号
TargetP	https://services.healthtech.dtu.dk/service.php?TargetP-2.0	根据各自靶标信号肽的差异
MitoProt	https://ihg.gsf.de/ihg/mitoprot.html	根据线粒体和叶绿体信号肽的差异
WoLF PSORT	https://www.genscript.com/wolf-psort.html	根据氨基酸组成和 iPSORT 等的特征
MitoProtⅡ	https://ihg.gsf.de/ihg/mitoprot.html	根据信号肽的差异等

22.3.1.2 实验验证法

主要的植物蛋白质亚细胞定位技术包括融合报告基因定位法、免疫组织化学定位法、共分离标记酶辅助定位法、蛋白质组学定位技术。

1. 融合报告基因定位法

（1）定义

将目的蛋白基因与易于检测的报告基因进行融合，构建融合基因表达载体，表达融合蛋白，然后借助于报告基因表达产物的特征来定位目的蛋白。对于单个蛋白质定位或者多蛋白质共定位的研究，用绿色荧光蛋白（GFP）融合标记技术是行之有效的。应用最为广泛的报告基因产物是 GFP 和 β-葡糖苷酸酶（GUS）。

（2）原理

GFP 能自我催化形成发色结构并在蓝光激发下发出绿色荧光，所以可以与目标蛋白融合，作为荧光标记分子，特异性地进行蛋白质的亚细胞定位。GFP 能在蛋白质的 N 端或 C 端融合而保持其天然蛋白质的特性，而且灵敏度高、对活细胞无毒害作用，所以应用广泛（Abelson and Simon，1999）。随后，GFP 被改造成红色荧光蛋白（RFP）、黄色荧光蛋白（YFP）、蓝色荧光蛋白（BFP）及增强型等（Hadjantonakis and Nagy，2001），这些改造增强了荧光蛋白的应用广泛性。

1987 年 GUS 基因被克隆后，很快就发展起以 GUS 作为基因标记的系统（Goldenkova et al.，2003）。GUS 基因表达产物具有检测容易、灵敏度高、易于定量及定性分析的优点。由于在绝大多数植物的细胞内不存在内源的 GUS 活性，检测弱启动子驱动的 GUS 活性则更容易、更精确（Mantis and Tague，2000）。基于 GFP 和 GUS 在 N 端或 C 端都可融合蛋白质的特点，Quaedvlieg 等（1998）构建了具有 GFP 和 GUS 编码序列的双功能报告基因，它结合了 GUS 检测较灵敏和 GFP 可用于活体检测的优点。

（3）技术

载体构建、材料选择和表达系统的选择直接影响融合报告基因定位法效果。载体构建可将目的基因与 GFP 基因融合，将 GFP 基因置于目的基因前、后，两个基因之间用六核苷酸的酶切位点连接。为利于 GFP 发光，亦可在两个基因交接处增加一段（3 的倍数）核苷酸，如甘氨酸、赖氨酸等编码的三核苷酸，使两个基因的蛋白质产物的空间结构相互影响较小。注意前一基因必须要有起始密码子，而不能带有终止密码子；后一基因要保证有终止密码子。构建了融合基因后，必须测序进行验证，确保融合基因可读框正确之后才能克隆至合适的表达载体。以 GFP 作为报告基因研究蛋白质亚细胞定位必须做对照。植物材料本身也有自发荧光，认真识别自发荧光与 GFP 的绿色荧光，以免假象干扰实验，避免得出错误结论。Escobar 等（2003）用基因枪法转化洋葱表皮细胞，观察蛋白质的亚细胞定位。亦有研究人员尝试用农杆菌法转化洋葱表皮细胞作瞬时表达，但效果不甚理想。

（4）应用

目前植物蛋白质的亚细胞定位方法中应用较普遍的是借助于报告基因表达产物来实现目标蛋白定位的融合报告基因定位法，该方法容易操作，实验周期相对较短，可以应用于活体的实时定位和动态研究，灵敏度高，还可以实现高通量的蛋白质亚细胞定位。

2. 免疫组织化学定位法

（1）定义

免疫组织化学定位法又称免疫细胞化学定位法，是利用蛋白质特异的抗体检测目标蛋白在细胞中位置的方法。一般是将抗体进行标记后识别植物细胞切片中的目标蛋白，然后借助光学显微镜或电子显微镜观察其所在位置，根据抗原抗体的结合部位确定目标蛋白的位置。根据标记物的不同，免疫细胞化学技术可分为免疫荧光细胞化学技术、免疫酶细胞化学技术、免疫铁蛋白技术、免疫金-银细胞化学技术、亲和免疫细胞化学技术、免疫电子显微镜技术等。

用免疫组织化学定位法定位蛋白质最重要的优点是体内定位系统反映的是活体状态下目

标蛋白在植物细胞的位置，是最直接、准确的定位方法。但是，这种方法的先决条件是要求具备目标蛋白的特异性抗体，而这对绝大部分植物蛋白质来说都是很难具备的条件。该技术的缺点是实验周期长、效率低、技术依赖性强、难以实现高通量。

（2）应用

Nakashima 等（2004）采用免疫细胞化学技术，将鱼尾菊的多聚半乳糖醛酸酶成功在亚细胞水平上定位到次生加厚壁、初生壁、高尔基体和囊泡中。

3. 共分离标记酶辅助定位法

由于细胞的特定部位往往有某种蛋白质的高丰度表达或者特异性表达，其具有的酶活性可以作为鉴定该部位的特定标记，这种蛋白质也就成为这一部位的标记酶。共分离标记酶辅助定位法是将目标蛋白与标记酶共分离后，再用特异的标记抗体通过蛋白质印迹法检测目标蛋白，从而进行目标蛋白的亚细胞定位（Brummell et al.，1997）。这种方法还往往用来检测细胞组分分离的效果。例如，用 NADH-细胞色素 c 还原酶活性标记内质网；用对钒酸盐敏感的 ATP 酶活性标记质膜；用对硝酸盐敏感的 ATP 酶活性标记液泡膜；用 UDP 酶活性标记高尔基体等。Shan 等（2000）利用共分离标记酶辅助定位法对番茄 AvrPto 无毒蛋白进行了亚细胞定位。他们从诱导后的烟草中提取总蛋白质组分，超速离心分离质膜组分，用对钒酸盐敏感的 ATP 酶活性标记质膜，用特异性的 AvrPto 蛋白抗体进行蛋白质印迹检测，结果只能在质膜上或者包含质膜在内的组分中检测到 AvrPto 蛋白的存在，从而将其定位在烟草细胞的质膜上。

共分离标记酶辅助定位法的使用受限于：一般要求用超速离心分离细胞组分；对分离的要求较高，分离过程中要维持蛋白质的活性；有些部位找不到合适的特异性标记酶，影响其应用。

22.3.2　蛋白质组学定位技术

蛋白质组学定位技术主要用双向电泳进行蛋白质的分离，然后用质谱技术鉴定蛋白质，如能预先对细胞组分进行筛分，则可以了解不同细胞组分中的蛋白质成分及丰度，这种方法也称为细胞器蛋白质组学法（cell-map proteomics）。研究人员用质谱分析方法从高度纯化的拟南芥叶绿体组分中，证实了两个不同的降解前导肽的含锌水解蛋白酶的存在（Bhushan et al.，2005）。随着质谱鉴定蛋白质技术的发展、可用的基因组序列信息的增加，基于蛋白质组学的定位方法近年来发展很快，目前成为高通量鉴定方法的首选。但高丰度蛋白易影响双向电泳分离蛋白质的分离效果；纯化后的亚细胞组分即使只有微量的混杂，也可被质谱分辨并误判为是亚细胞的组分。该方法对技术条件的要求较高，如何提高纯化蛋白质的质量是关键所在。

22.4　个体水平蛋白质功能分析

22.4.1　瞬时表达

瞬时表达（transient expression）是指引入细胞的外源 DNA 与宿主细胞染色体 DNA 并不发生整合，而是随载体进入细胞，12h 左右可表达，基因产物在 2 ～ 4d 即可被检测出，是快速研究蛋白质亚细胞定位、基因表达及基因间互作的一种重要手段。

瞬时表达能表达多种外源基因，具有时间短、重复性好等优点，弥补了常规转基因方式中周期长、转化效率低等缺点（Nandakumar et al.，2004）。与传统的转基因相比，瞬时表达不需要整合到染色体上，因此具有简单、快速、周期短、准确等优点（Teng et al.，2002）。瞬时表达不受基因位置效应、基因沉默的影响，表达效率较稳定，转化率高。目前，植物瞬时表达系统已被陆续应用到生物学研究中，例如，利用该系统进行基因功能鉴定、新型强启动子的发现、蛋白质互作分析、亚细胞定位等。

近年来，瞬时表达在国内外已被运用于多种植物研究及应用开发，从农作物的一粒小麦（*Triticum monococcum*）、玉米（*Zea mays*）、水稻（*Oryza sativa*）（Vickers et al.，2006；Liu et al.，2010），到园艺观赏植物的矮牵牛（*Petunia hybrida*）、长春花（*Catharanthus roseus*）、香蒲（*Typha orientalis*）（Di et al.，2004），以及藻类植物绿藻（Chlorophyta）（Teng et al.，2002）等都已建立了相应的瞬时表达体系，为基因功能研究和利用提供了便利。

22.4.1.1 植物瞬时表达技术导入目标外源基因的方法

植物瞬时表达技术导入目标外源基因的方法与稳定表达技术类似，使用较多的有基因枪法（Klein et al.，1987 ）、农杆菌介导法（Rossi et al.，1993）、聚乙二醇（PEG）介导原生质体转化法（Maas and Werr，1989）、电击法（Lindsey and Jones，1987）、植物病毒载体介导法（Fischer et al.，1999）及浸泡和摩擦接种法。

1. 基因枪法

基因枪法介导的瞬时表达应用较早，技术也较成熟。其原理是利用高速飞行的微米级或亚微米级惰性粒子（钨粉或金粉），将包被其外的目的基因直接导入受体细胞，并释放出外源DNA，使外源DNA在受体细胞中获得短暂的高水平表达，从而实现对受体细胞的瞬时转化。基因枪法的主要技术流程包括载体构建、金粉或钨粉包裹质粒、基因枪轰击和瞬时表达。植物材料的种类（Zuraida et al.，2010）、材料的状态、氦气压力、轰击次数等因素对瞬时表达效率均有影响。基因枪法不受材料基因型的限制（Wang et al.，2019a），但只能靶向植物组织表面的细胞，获得并表达外源基因的细胞数目比较少，一般为点状分布，瞬时表达效率较低。

2. 农杆菌介导法

农杆菌介导的瞬时表达是一种快速有效的分析基因表达的方法（邱礽等，2009）。其原理是将目的基因插入载体，转化到根癌农杆菌（*Agrobaoterium tumefaciens*）中，通过真空渗透或注射等方法使农杆菌与植物细胞接触，从而使大部分的T-DNA进入细胞核内进行瞬时表达，几天后即可检测到外源基因的表达，是目前建立瞬时表达系统的优先选择。

农杆菌属包括主要的腐生细菌类，是生活在土壤中的微生物，通常存在于植物根际表面，有毒性的农杆菌能够感染数百种植物。4种农杆菌能够引起植物肿瘤病：根癌农杆菌诱导产生“冠瘿”，发根农杆菌诱导产生“毛状根”，放射农杆菌诱导产生“甘蔗瘿”，葡萄土壤农杆菌能够使葡萄和其他植物产生肿瘤与坏死性病变。其中，根癌农杆菌是迄今为止最重要且研究最多的农杆菌。

根癌农杆菌能够通过位于自身Ti质粒上的T-DNA将新的遗传物质导入植物细胞，使遗传物质在植物中表达，从而改变宿主遗传性状（图22-10）。这种改变植物遗传组成的本能是根癌农杆菌介导植物转化的基础，由于其转化效率高、外源基因整合拷贝数低、在植物基因组中的整合位点准确、遗传稳定性较好而被广泛用于植物基因工程。Ti质粒是一个环形DNA，几乎存在于所有的细菌中。在转化过程中，Ti质粒上的以下部件能够有效介导目的基因进入植物细胞：① T-DNA边界序列，限定被转移到植物基因组中的DNA片段（T-DNA）；

② *Vir* 基因（致病基因），是 T-DNA 转移所必需的，而自身并不转移；③修饰的 T-DNA 区，产生冠瘿的基因被目的基因删除并替换。

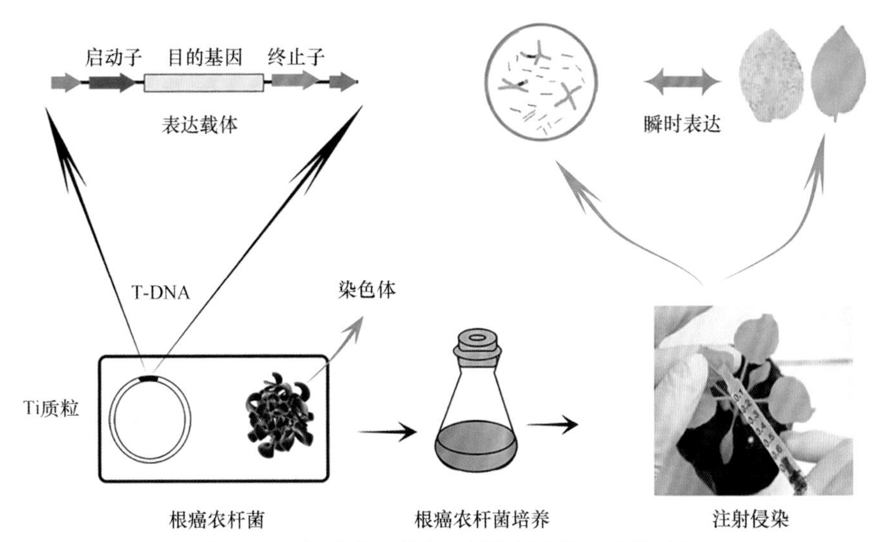

图 22-10　根癌农杆菌介导植物细胞遗传转化过程

根癌农杆菌介导的植物细胞遗传转化主要步骤：①受伤的植物组织释放信号分子；②信号分子被细菌 VirA/VirG 组成的信号转导系统识别；③农杆菌成功附着于健全的易感植物细胞；④ Ti 质粒上的 *Vir* 基因被激活，导致 Vir D1/Vir D2 边界特异性内切酶定位 T-DNA 边界序列，通过链替代机制作用于 Ti 质粒的 T-DNA，从而释放单链 T-DNA；⑤ Vir D2 蛋白以极性方式共价连接到 T-DNA 链的 5′ 端，形成所谓的“未成熟 T- 复合物”；⑥ Vir D2/T- 复合物在 11Vir B 蛋白和 Vir D4 形成的Ⅳ型分泌系统协助下，跨过三层细胞膜、细胞壁、细胞空间进入植物细胞中；⑦成熟 T- 复合物的装配及核输入；⑧ T-DNA 整合进宿主植物基因组中；⑨细菌基因在植物中表达，并合成细菌蛋白。

农杆菌介导植物细胞的遗传转化需要两方面的先决条件：①受损的植物细胞必须能够分泌足够浓度的诱导物；②细胞处于旺盛的分裂状态或者正在进行活跃的 DNA 合成。烟草是双子叶植物，是农杆菌的天然寄主，其作为组织培养的模式植物及转基因的优良受体，已被广泛用于生物分子学研究。

农杆菌介导法的技术流程包括载体构建、农杆菌培养、针管注射侵染和瞬时表达（Sawers et al.，2006）。影响农杆菌瞬时表达系统的因素主要有农杆菌菌株、菌株培养液浓度、生长环境及植株的基因型和叶片的生理状况等。多种植物的组织都可以用于农杆菌转化，如悬浮细胞、愈伤组织、子叶、叶片（Zahur et al.，2009）、茎或正在发芽的种子。影响转化效率的因素包括转化材料的状态、农杆菌菌株的类型（Hu et al.，2019）、菌株培养液浓度、农杆菌与植物材料共培养时间、温度及光照等（Mclntosh et al.，2004），通过一些物理方法可提高瞬时表达的效率（杜鹃等，2010）。

农杆菌介导的瞬时表达已在许多植物组织中取得了成功，如拟南芥（*Arabidopsis thaliana*）的叶片，新铁炮百合（*Lilium×formolongihort*）、金鱼草（*Antirrhinum majus*）的花瓣，半夏（*Pinellia tuber*）的无菌叶片、叶柄和愈伤组织，莴苣（*Lactuca sativa*）、番茄（*Lycopersicon esculentum*）的叶片和果实，葡萄（*Vitis vinifera*）的叶片，以及苹果（*Malus pumila*）、梨（*Pyrus* spp.）、桃（*Prunus persica*）、草莓（*Fragaria×ananassa*）、橘子（*Citrus reticulata*）等

的肉质果实（Ogaki et al.，2008；Prihatna et al.，2019；Sabbadini et al.，2019）。

目前，常用农杆菌介导的瞬时表达载体有pBIl2l、pMOG800等，常用农杆菌有LBA4404、EHAl05、Gv3101、AGL1等。农杆菌介导法操作简便、易于转染、但转染的宿主有限，常被用来转染双子叶植物，单子叶植物则较少。此外，某些外源基因在农杆菌中表达导致假阳性现象，利用真核生物mRNA成熟过程中可被精确地切除内含子，而原核细胞不具有剪切内含子的特性，构建携带内含子的质粒作为载体，如p2301质粒、pCAMBIA1301质粒等，可有效避免假阳性的出现。

农杆菌介导法的主要优点：①农杆菌*Vir*基因协助下的T-DNA转移效率较高，结合真空处理或针管注射可使农杆菌与植物细胞紧密接触，获得不仅限于组织表面的表达细胞；②表达细胞呈块状分布，容易分离并进行RNA和蛋白质水平的体外分析；③可在完整植株上进行，在用于分析生物或非生物胁迫与外源基因表达互作时，能够真实反映植株体内的基因表达模式；④ T-DNA的转移还可以携带较大的外源片段。其主要缺点：①受物种与农杆菌亲和性限制；②目前主要成功应用于叶片组织；③农杆菌潜在影响植物的抗病性。

3. PEG介导原生质体转化法

PEG介导原生质体转化法是最早出现的植物细胞瞬时表达技术，至今仍广泛应用（王华忠等，2007）。尽管聚合度不同，但是分子量为1000～6000的PEG均可用作促融剂。PEG可以使原生质体的膜电位降低而进行凝聚；另外，由于PEG具有脱水作用，能干扰原生质体膜表面的蛋白质和脂质的排列，促进脂质颗粒的流动，故能将载体融合到植物原生质体，瞬时完成转化。

PEG介导原生质体转化法的技术流程包括载体构建、原生质体分离、PEG处理原生质体、转化（Baranski et al.，2007）。影响转化的主要因素有植物种类、原生质体密度、质粒浓度、PEG浓度、处理时间等。该法已成功应用于马铃薯（*Solanum tuberosum*）、白云杉（*Picea glauca*）、烟草（*Nicotiana tabacum*）、胡椒（*Piper nigrum*）、野胡萝卜（*Daucus carota*）等植物（Jeon et al.，2007）。该方法的优点是可直接作用于单个细胞材料，能直接开展外源基因在细胞内的瞬时表达分析；缺点是在处理过程中本身脆弱的原生质体较易受破坏，限制了其应用。另外，利用原生质体表达无法开展细胞壁合成、器官特异性等基因表达的研究，也影响了该方法的应用。

4. 植物病毒载体介导法

植物病毒（大多为RNA病毒）载体介导的外源基因瞬时表达系统近年来发展较快。其原理是将目标基因克隆到植物病毒基因组载体的启动子下游，通过体外转录后直接侵染，或借助基因枪、农杆菌等将其导入植物细胞（Kumagai et al.，1995）。目前应用较成功的病毒载体有马铃薯X病毒（PVX）、烟草花叶病毒（TMV）、大麦条斑花叶病毒（BSMV）和烟草脆裂病毒（TRV）等（Ratcliff et al.，2001；Holzberg et al.，2002）。

植物病毒载体介导法的主要优点（Voinnet，2001）：①病毒载体可进入植株的各种类型细胞，有利于在植株整体水平研究外源基因的功能；②病毒在植物细胞内大量复制，提高了外源基因的总体表达水平；③通过外源基因与病毒外壳蛋白的融合，将外源基因表达在病毒颗粒表面，便于提取及分析。此外，RNA病毒会在植物细胞内形成dsRNA中间体，使其成为研究RNA干扰（RNAi）机制和通过RNAi研究植物基因功能的较佳手段。其主要缺点：①目前成功开发为转化载体的病毒相对来讲仍然较少，导致对于重要的一些植物无合适的植物病毒转化载体使用；②病毒侵染植物后，可能会干扰表型形成，影响分析；③插入病毒载体的外源片段较小；④病毒重组会使表达产物的稳定性受影响（王华忠等，2007）。

5. 浸泡和摩擦接种法

浸泡和摩擦接种法是指将实验材料浸泡在外源基因的转录产物RNA中或将其涂抹喷洒在实验材料表面。该方法对实验人员和实验环境的要求比较高，而且方式烦琐、不易操作。

综上所述，植物瞬时表达系统为快速地表达外源蛋白质提供了一个理想的工作平台，外源蛋白质产量高、易于纯化，缩短了实验周期，降低了实验成本，目前已得到了广泛的应用。但瞬时表达系统也存在一些问题：①由于不产生可稳定遗传的后代，离实现产业化还有一定的距离；②基因的表达时间短，在2～3d后表达会停止，初步研究表明由转录后基因沉默所致，但其具体原因及机制目前还尚未清楚，有待于进一步的研究，因此要及时检测表达产物，否则产物降解会造成假阳性；③产物的验证会受其表达量的影响；④接种方式有限、宿主有限，还需要对不同的植物、不同的方法进行摸索和尝试。

22.4.1.2　植物瞬时表达技术在蛋白质功能分析中的应用

近年来，植物瞬时表达技术的应用越来越多，涉及植物各方面的研究、生产实践的众多方向，如细胞定位、检测蛋白质互作分析、抑制子功能鉴定、转基因的表达、基因沉默及植物品种的改良和选育等方面。

蛋白质相互作用在信号转导和表达调控中扮演着重要的角色（Song and Yamaguchi，2003）。植物瞬时表达系统结合荧光蛋白融合技术或免疫荧光技术可用于蛋白质水平的研究，快速检测蛋白质在细胞中的分布，验证蛋白质互作，揭示配体与受体的识别机制等（Zottini et al.，2008）。早在1987年就有科学家利用质粒的瞬间表达检测了氯霉素乙酰转移酶（CAT）的活性。利用瞬时表达系统还可在短时间内进行快速高效的亚细胞定位。例如，朱丹等（2011）利用烟草瞬时表达系统验证了载体卡盒pCEG可用于植物亚细胞定位；Zhang等（2011）运用该系统发现了水稻叶绿体中参与光合作用的一些酶；李超等（2010）利用花瓣中建立的瞬时表达系统，分析了不同亚细胞定位的CYCLOIDEA（CYC）类TCP蛋白，导致了豆科、玄参科植物TCP基因具有不同的功能。曹友志等（2012）在杨树中利用瞬时表达体系从25个候选效应因子中筛选出4个重要的效应因子。这都充分表明植物瞬时表达系统可用于酶活性的测定、蛋白质互作分析、效应因子的筛选等方面，加快了蛋白质组学的研究步伐。

22.4.1.3　蛋白质亚细胞定位

发展快速、简单的蛋白质亚细胞定位检测工具，在解释植物蛋白质的功能方面是必不可少的。瞬时表达技术结合报告基因，可以有效跟踪融合产物在细胞内的运输、亚细胞定位及代谢。Zottini等（2008）构建了4个以GFP与不同细胞器中的基因融合的载体，用于亚细胞定位研究。这4个载体分别为只含GFP的载体、GFP:HDEL载体、线粒体β亚基编码的FI-ATP合酶序列同GFP融合载体、叶绿体3-磷酸甘油酸脱氢酶A1（GAPAl）同GFP融合的载体。研究表明，只含有GFP的载体在细胞核和细胞质中都有表达，其余3个载体分别在内质网、线粒体和叶绿体中表达。亚细胞定位瞬时表达的宿主载体主要有拟南芥原生质体、烟草叶片、洋葱表皮细胞等。

蛋白质亚细胞定位的具体做法：构建目的基因过表达载体（在目的基因N端或C端连上荧光蛋白，如GFP、YFP等），瞬时转化到原生质体或叶片中，通过检测荧光蛋白信号，确定目标蛋白在细胞中的具体位置。例如，利用蛋白质亚细胞定位分析水稻花青素合成调控蛋白OsBBX14，结果显示，该蛋白质定位于细胞核，暗示其在细胞核中发挥作用（Kim et al.，2009）。

22.4.1.4 蛋白质互作分析

蛋白质不能单独发挥作用，需依靠蛋白质与蛋白质之间的相互作用发挥作用。蛋白质与蛋白质之间相互作用形成蛋白质复合体，在新蛋白质的发现、鉴定与功能验证，调控植物的生命活动等方面发挥了关键作用，成为蛋白质组学研究的重点。

随着科学技术手段不断地成熟，蛋白质互作分析技术也得到了快速发展，目前主要包括酵母双杂交系统（yeast two-hybrid system，Y2H）、双分子荧光互补（bimolecular fluorescence complementation，BiFC）技术、噬菌体展示技术（phage display technology，PDT）、荧光共振能量转移（fluorescence resonance energy transfer，FRET）技术、谷胱甘肽 *S*-转移酶融合蛋白沉降分析（glutathione *S*-transferase pull-down assay，GST pull-down）、免疫共沉淀（co-immunoprecipitation，CoIP）技术和 Far-Western blotting 方法等。

1. 酵母双杂交系统

酵母双杂交系统（Y2H）又称蛋白阱捕获系统，可直接检测细胞内蛋白质间的相互作用，Field 和 Song 于 1989 年依据真核生物转录调控的特点，首次将其应用于酵母转录因子 Gal4 特性的研究。酵母双杂交技术被微量化、阵列化处理后可广泛应用于大规模蛋白质之间互作研究。

酵母双杂交是建立在模式生物酵母细胞起始基因转录需要有转录因子 Gal4 的特性之上。Gal4 转录因子由结构上分离但功能必需的两个结构域组合而成，即转录激活结构域（transcriptional activation domain，AD）和 DNA 结合结构域（DNA binding domain，BD）。AD 和 BD 在结构上相互独立但功能上相互依赖，二者单独存在，无转录激活功能，只有通过某种方式将二者结合在一起，方可重建功能性转录因子活性（图 22-11）。

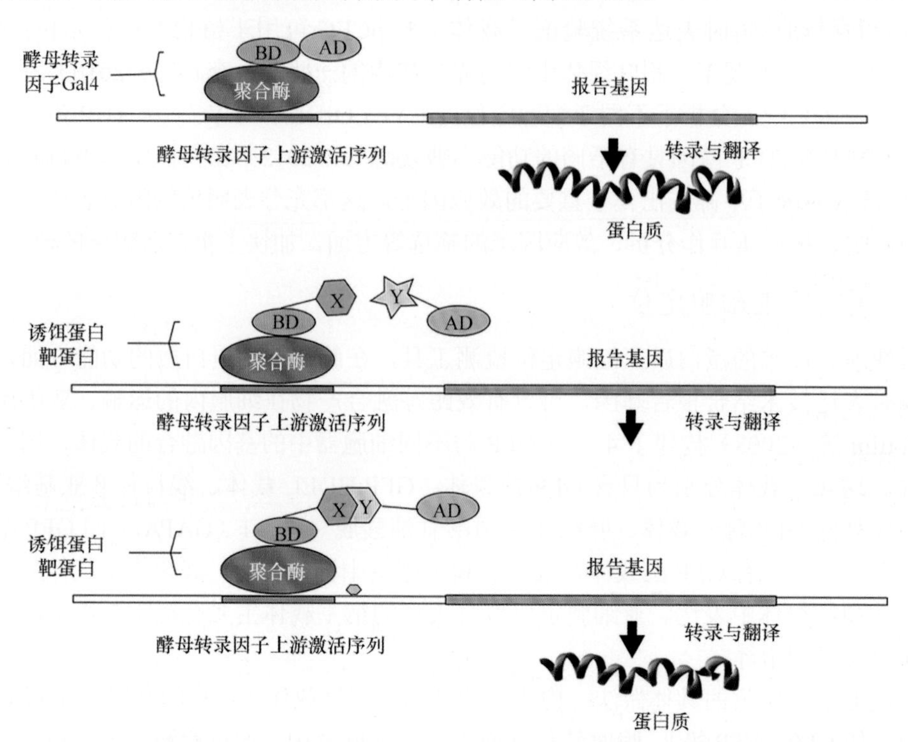

图 22-11 酵母双杂交系统原理

将拟研究的靶蛋白基因连接到 AD 序列，构建 AD-靶蛋白基因质粒载体；将编码诱饵蛋白基因与 BD 序列结合，构建 BD-诱饵蛋白基因质粒载体。把两段融合基因共同转化到含有报告基因（*LacZ*、*ADE*、*His* 等）的酵母体内。当诱饵蛋白和靶蛋白相互作用时，AD 和 BD 互相结合，BD 识别酵母转录因子上游激活序列（upstream activation sequence，UAS），行使转录功能，激活 UAS 下游的报告基因 *LacZ* 表达，分泌 β-半乳糖苷酶，将 X-gal 分解形成蓝色底物，导致阳性菌落呈蓝色，该转化体可在特定（His、Leu 等营养缺陷型）培养基上生长。当诱饵蛋白基因和靶蛋白基因不融合时，下游基因不表达，由此分析判断两个蛋白质是否存在相互作用。在目前通用系统中，真核细胞中是 Gal4 系统，原核细胞中是 LexA 系统，区别在于 BD 来源不同。

（1）酵母双杂交系统的发展

基于原初的基本原理，人们不断地改造酵母双杂交系统，衍生了三杂交系统、逆向双杂交系统、双诱饵系统、酵母单杂交系统等多种系统，分别介绍如下。

1）三杂交系统

三杂交系统利用了双杂交系统中的两个融合蛋白 AD-Prey 和 BD-Bait，同时这两个融合蛋白的相互作用必须借助于第三种分子，而这第三种分子可以是蛋白质、小分子多肽或核酸（Marcus et al.，1994），因而产生了蛋白质三杂交系统、激酶三杂交系统、小配体三杂交系统、RNA 三杂交系统等。

a. 蛋白质三杂交系统。蛋白质三杂交系统仍沿用双杂交系统中的蛋白质 Bait 和 Prey（Chol et al.，1994），但其稳定的相互作用必须借助于第三种蛋白质 Z，Z 诱导蛋白质构象发生变化从而介导 Bait-Prey 的稳定结合。

b. 激酶三杂交系统。激酶三杂交系统被用来研究需翻译后加工的蛋白质。该系统利用酪氨酸蛋白激酶将其中一种蛋白质特定位置上的酪氨酸磷酸化，磷酸化以后的蛋白质才能与另一种蛋白质相互作用（Sengupta et al.，1996）。这种方法不仅仅局限于蛋白质的磷酸化作用，它还可以引入多种翻译后修饰因子，如甲基化酶、糖基化酶来研究需翻译后修饰的蛋白质的相互作用。

c. RNA 三杂交系统。RNA 三杂交系统是用来研究 RNA 与蛋白质相互作用的。其基本原理是将一个与 RNA 结合的已知蛋白质 Bait 与 BD 结合产生融合蛋白 BD-Bait，将待定的 RNA 结合蛋白质 Prey 与 AD 结合产生融合蛋白 AD-Prey，同时构建一条融合 RNA，Bait 与 Prey 不能相互作用，但 Bait 可以与一种 RNA 分子的部分序列结合，当 RNA 与两个融合蛋白结合时，激活报告基因表达，以此来检测该 RNA 分子的其他序列与未知蛋白质 Prey 的相互作用（Vidal et al.，1996）。此外，多肽三杂交系统、小配体三杂交系统都是借助第三者的介导来研究蛋白质相互作用的。

2）逆向双杂交系统

逆向双杂交系统是鉴定阻断蛋白质间相互作用的技术，与传统的正向筛选相比，这种筛选基于解离蛋白质之间的相互作用而产生选择优势。该系统的关键在于毒性报告基因的表达产物对细胞生长有抑制作用。其原理是当“诱饵”与“靶蛋白”之间发生相互作用时，激活毒性报告基因表达，该产物对酵母细胞是有毒性或致死的；但利用顺式突变体或反式作用因子小分子化合物、多肽使蛋白质之间的相互作用减弱或解离后，毒性报告基因不能表达，细胞则能正常生长，从而对蛋白质功能进行研究（White，1996）。逆向双杂交系统常引入的毒性报告基因有 *URA3*、*LYS2* 和 *CYH2*。

3）双诱饵系统

酵母双杂交的二元诱饵系统是在单个酵母细胞中同时引入两个不同 BD 来源的“诱饵”和一个共同 AD 的“猎物”，若“诱饵”“猎物”间能相互作用，则激活“诱饵”特异性报告基因的表达。双诱饵系统能实现在一个酵母细胞中同时进行两次独立、瞬时的筛选，从而判断 1 个“猎物”与 2 个不同的“诱饵”之间是否发生相互作用，同时对其结合能力的差异进行比较，有效地提高筛选效率和灵敏度（Staglar et al.，1998）。该系统可用于研究靶蛋白的突变位点、靶蛋白与同一蛋白质家族中不同成员之间相互作用的特异性比较。

4）酵母单杂交系统

酵母单杂交系统由双杂交系统改造而来，是用来寻找与特殊 DNA 序列结合的蛋白质 Prey 的方法。酵母单杂交系统中诱饵是报告基因上一段特定的上游 DNA 序列，蛋白质与 AD 融合后直接与 DNA 序列结合，进而激活报告基因转录。Li 和 Herskowitz（1993）用此方法研究了酵母 DNA 复制起始复合物蛋白。将 DNA 复制起始序列 ACS 与报告基因 *LacZ* 连接，用来筛选杂交表达文库（即与 AD 融合的蛋白质文库），发现并分离了酵母 DNA 复制起始复合物蛋白之一 ORC6。

5）非转录读出特点的酵母双杂交系统

酵母双杂交研究互作蛋白质必须定位在细胞核内，同时无法用于 SOS 蛋白招募系统蛋白质之间互作分析。以非转录读出为特点的 SOS 蛋白介导的、断裂泛素为基础的双杂交系统的建立提供了新思路。SOS 蛋白介导双杂交系统（Sengupta et al.，1996）将细胞质作为互作蛋白质的研究场所。断裂泛素双杂交系统（Staglar et al.，1998）避免了膜蛋白间的互作与核报告基因的激活在空间上产生的矛盾。

（2）酵母双杂交系统操作的基本步骤

酵母双杂交系统及其衍生系统具有相似的操作程序，筛选互作蛋白质的基本步骤如下：①选择合适酵母作为筛选未知蛋白质的受体菌；②诱饵蛋白表达质粒的构建和鉴定；③诱饵蛋白自身转录活性分析；④靶蛋白 cDNA 文库的构建；⑤酵母双杂交筛选与阳性克隆鉴定。如需利用酵母双杂交系统进行其他研究，则可依据实验目的相应调整。

（3）酵母双杂交系统的应用

酵母双杂交系统及其衍生系统是研究蛋白质结构与功能的有力工具，目前已广泛应用于蛋白质与蛋白质间、蛋白质与核酸间及蛋白质与其他小分子间相互作用的研究。酵母双杂交系统通过大规模筛选文库蛋白，同时与质谱分析相结合，可建立某一物种整个蛋白质相互作用图谱，进而揭示真核细胞中蛋白质相互作用网络。

1）高灵敏度地研究蛋白质间的相互作用

酵母双杂交系统创立之初就是用来研究已知蛋白质之间的相互作用。目前，通过该系统已经确定了许多重要蛋白质之间的相互作用。例如，已知玉米类 *pto* 和类 *ptil* 基因参与逆境胁迫的信号转导，Zhou 等（1995）利用酵母双杂交系统初步确定只有 Zmpto 和 Zmptil 相互作用时才能激活报告基因的表达。柑橘衰退病毒（CTV）能引起柑橘衰退病，CTV 编码的外壳蛋白 CP 和 P20 蛋白均存在自身互作。

2）发现新蛋白质及蛋白质新功能

酵母双杂交系统最重要的用途是从 cDNA 文库中寻找与已知蛋白质相互作用的未知蛋白质，继而研究蛋白质互作效应。目前应用酵母双杂交系统，研究者已经发现许多新蛋白质，揭示了大量未知蛋白质的功能及调控机制。Kim 等（2000）利用酵母双杂交等方法筛选到

OSK3 蛋白激酶介导的信号转导中与 OSK3 蛋白激酶互作的 3 个 β 亚基，并克隆了全长基因；Feng 等（2003）采用酵母双杂交系统，从抗病马铃薯 MS-42.3 中分离获得了具有体外抑菌活性的抗菌蛋白 AP1，以 AP1 蛋白为诱饵，筛选获得了 4 种与 AP1 发生互作的重要蛋白质。

3）研究蛋白质组及建立蛋白质图谱

许多蛋白质在功能上是互相联系的，在生命活动中彼此协调控制。随着基因组计划的发展，研究人员也开展了蛋白质在不同时空状态下互作图谱的构建工作。大量基因的功能由其编码产生的蛋白质体现，利用酵母双杂交系统研究蛋白质互作，已向大规模、自动化、高通量方向发展成熟（Singh et al.，2012），建立起了蛋白质互作网络。蛋白质互作网络能更加系统地了解生命活动，寻找有利蛋白质，解决困扰人类的重大疾病等。Silva 等（2013）在肝脏调控相关转录因子研究中，选择 32 个 ORF 为诱饵筛选出互作蛋白质，绘制出肝脏再生过程中转录因子互作网络。随着该系统的不断发展，其必将在蛋白质相互作用图谱的绘制中发挥重要作用。

酵母双杂交系统在检测蛋白质之间相互作用时的优点（楼鸿飞和张志文，2001）有：①敏感性，酵母双杂交的结果是对报告基因表达产物积累的检测，能敏感地检测出蛋白质间微弱、暂时的作用；②简洁性，检测蛋白质的相互作用在真核细胞内进行，融合蛋白互作后，减少了蛋白质的分离纯化步骤，操作简洁；③真实性，在活细胞内进行检测，不需要模拟作用条件，保证了蛋白质活性，在一定程度上真实地反映了细胞内蛋白质的相互作用；④广泛性，该系统能采用不同类型、不同时期细胞作材料构建 cDNA 文库，能用来分析细胞核及膜结合蛋白等不同类型蛋白质的功能。同时其也存在缺陷：①假阳性，筛选的互作蛋白质在体内若是在不同细胞或不同周期表达，则不可能发生相互作用，另外酵母的内源蛋白为介导的蛋白质相互作用，均会导致假阳性结果产生；②只有定位在细胞核内的靶蛋白与诱饵蛋白能激活报告基因，其相互作用才能被分析，而具有其他亚细胞定位信号肽的蛋白质无法使用本方法；③假阴性，两蛋白质间互作微弱可能导致报告基因少量表达或不表达，使其难以检测，另外诱饵蛋白和靶蛋白融合表达造成细胞毒害，都会导致假阴性结果产生。

2. 双分子荧光互补技术

双分子荧光互补（BiFC）技术是指将具有相互作用的两个蛋白质分别与其相连的荧光蛋白片段拉近，组装成完整的荧光蛋白，从而表征蛋白质相互作用的发生及其空间位置，是一种直观、快速地判断目标蛋白在活细胞中的定位和相互作用的技术（Kerppola，2009）。

BiFC 技术利用 GFP 蛋白质家族两个 *β* 片层之间的环结构上有多个特异位点可插入外源蛋白而不影响 GFP 荧光活性的特性，将荧光蛋白在合适的位点切开，分割成两个不具有荧光活性的分子片段，再分别与目标蛋白连接（图 22-12）。这两个片段借助融合于其上的目标蛋白的相互作用彼此靠近，重新形成具有活性的荧光蛋白（Abedi et al.，2001）。

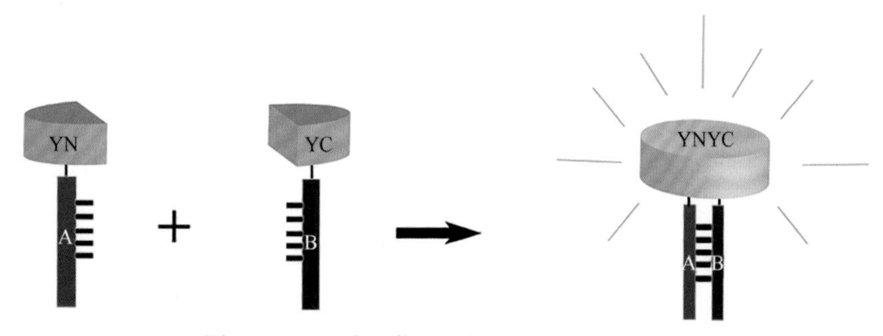

图 22-12　双分子荧光互补（BiFC）技术原理

BiFC技术实验步骤：①将目的基因插入含有N片段或C片段的载体中，构建成融合蛋白表达载体；②转染细胞，在荧光显微镜下观察是否有相互作用。载体构建基本同上述亚细胞定位部分，不同的是将荧光蛋白（以YFP为例）拆分成两半YN与YC，分别与A、B两个靶蛋白的编码序列连接，并且两个载体同时转化到细胞中，待瞬时表达后，在激光共聚焦显微镜下观察有无荧光信号，从而验证两个靶蛋白是否存在互作（Shyu et al.，2008）。如果两个目标蛋白因为有相互作用而接近，就使得荧光蛋白的两个分子片段在空间上相互靠近，重新形成活性的荧光基因而发出荧光。在荧光显微镜下，就能直接观察到两目标蛋白是否存在相互作用，并且在最接近活细胞生理状态的条件下观察到其相互作用发生的时间、位置、强弱，所形成蛋白质复合体的稳定性，以及细胞信号分子对其相互作用的影响等，这些信息对研究蛋白质相互作用有重要意义。其后发展出的多色BiFC（multicolor BiFC）技术，不仅能同时检测到多种蛋白质复合体的形成，还能对不同蛋白质间产生相互作用的强弱进行比较。

利用BiFC技术时需要构建瞬时表达体系来检测蛋白质的相互作用，如Martin等（2009）将目的基因导入pSITE、pSITEII载体，并利用农杆菌介导法导入烟草叶片，在共聚焦显微镜下同时结合BiFC技术检测蛋白质的互作。除此之外，在界定细胞核或内膜的蛋白质定位实验中，可表达红色荧光蛋白标记基因的转基因株系为其提供了有力的支持。用来研究细胞内的蛋白质互作、定位及移动的pSITE-BiFC和pSITEII载体的新组合与转基因株系的结合，形成了一个研究植物蛋白质功能的强有力工具。拟南芥中OST1蛋白激酶通过增强ICE1蛋白的稳定性，可以提高拟南芥的耐冻能力，BiFC技术利用烟草表皮细胞证实OST1与ICE1蛋白在细胞核中存在互作（Ding et al.，2015）。

综上，BiFC技术可用于：①研究蛋白质之间的相互作用，直观地观察多个蛋白质之间存在相互作用，不仅能检测较强的相互作用，也能检测到比较弱的相互作用（Morell et al.，2008）；②确定蛋白质相互作用的准确位置及其稳定性；③研究蛋白质构象；④特异性标记细胞内的RNA。

BiFC技术的特点：①能在显微镜下直接观察到蛋白质相互作用而且不依赖于其他次级效应（Kodama and Hu，2012）；②可在活细胞中观察蛋白质相互作用，排除了由于细胞裂解或固定可能带来的假阳性结果；③蛋白质在近似生理条件的环境下表达，表达水平及特性、翻译后修饰极大地接近内源蛋白；④不需要蛋白质有特别的理论配比，能检测到不同亚群蛋白质之间的相互作用；⑤多色BiFC技术不仅能同时检测到多种蛋白质复合体的形成，还能够对不同蛋白质间产生相互作用的强弱进行比较；⑥BiFC技术除了倒置荧光显微镜，不要求特殊的设备，实验简单、快捷、直观，适用范围广。但该技术存在假阴性和假阳性的问题，需要在实验中仔细验证。

3. 免疫共沉淀技术

免疫共沉淀（CoIP）技术又称免疫共吸附或免疫下拉技术，能从细胞裂解物中特异性地分离并富集目标蛋白，是以抗体和抗原之间的专一性作用为基础的用于研究蛋白质相互作用的经典方法，也是确定两种蛋白质在完整细胞内的生理性相互作用的有效方法。

免疫共沉淀技术的基本原理：在非变性条件下裂解细胞时，许多细胞内蛋白质间的相互作用能被完整保留。在细胞裂解物中加入抗体，例如，用蛋白质X的抗体免疫沉淀蛋白质X，那么与蛋白质X在体内结合的蛋白质Y也能沉淀下来（Figeys，2003）。目前多用精制的蛋白 A 预先结合固化在琼脂糖微球上，使之与含有抗原的溶液及抗体反应后，琼脂糖微球上的蛋白 A 就能吸附抗原达到精制的目的（图 22-13）。这种方法常用于测定两种目标蛋白是否在体内结合，也可用于确定一种目标蛋白的新的作用蛋白。

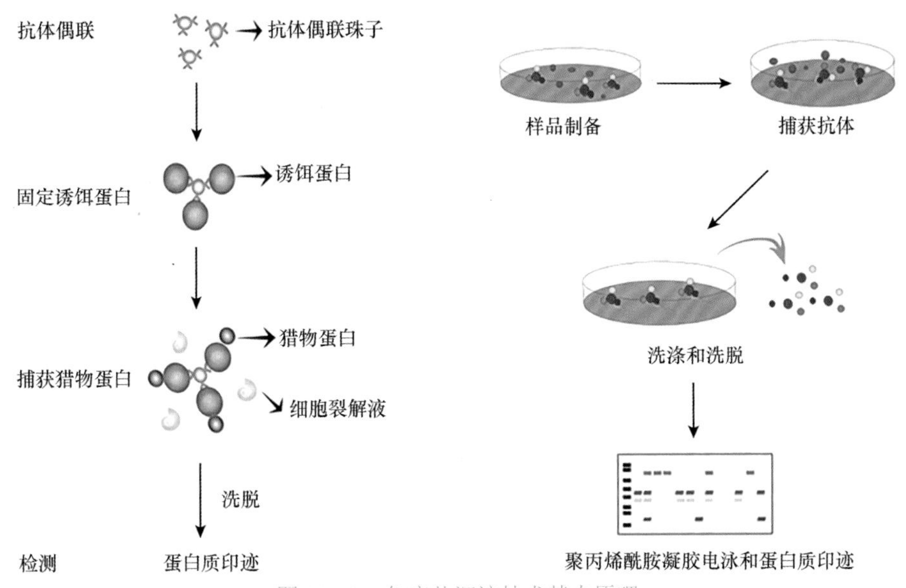

图 22-13 免疫共沉淀技术基本原理

免疫共沉淀技术的主要步骤：样品的处理、抗体 Agarose-beads 孵育、抗体 Agarose-beads 复合物洗涤、鉴定。具体如下：①裂解细胞，提取蛋白质；②将蛋白质样品通过未涂有抗体的珠子进行预先清洗，以吸收任何非特异性结合珠子的蛋白质；③加入目标蛋白的抗体进行孵育以形成抗体-抗原复合物，抗体可在之前或之后附着于固体支持物上；④从溶液中沉淀目标复合物，然后洗涤沉淀的复合物数次，尽可能多地去除上清液；⑤洗脱蛋白质，对目标蛋白复合体进行分析，如 SDS-PAGE、Western blotting 或质谱仪分析。

免疫共沉淀技术是验证蛋白质间相互作用真实性的最常规的手段之一，常用来检测两个蛋白质在体内是否存在相互作用（Cheng et al.，2005）。同时也用于鉴定一个蛋白质的未知互作蛋白，已知性质的蛋白质的免疫共沉淀通常利用该蛋白质的抗体做蛋白质印迹法鉴定。免疫共沉淀的优点：可以得到天然状态下的蛋白质互作产物，有效避开人工因素的影响；相互作用的蛋白质都是经翻译后修饰的，处于天然状态；可以分离得到天然状态的相互作用蛋白复合体。缺点：有可能检测不到低亲和力和瞬间的蛋白质间相互作用（Maria et al.，2005）或不能确定第三种桥梁蛋白质的作用；方法本身具有冒险性，实验前必须预测目标蛋白是什么，从而选择最后检测的抗体，如果目标蛋白预测不正确，实验就得不到结果。

4. 噬菌体展示技术

噬菌体展示技术（phage display technology，PDT）最初由美国密苏里大学的 Smith 创建，是将外源肽或蛋白质与特定噬菌体衣壳蛋白融合并展示在其表面，同时将遗传密码信息整合到噬菌体的基因组中的一种技术。该技术以噬菌体或噬菌粒为载体，使外源肽或蛋白质基因与噬菌体表面特定蛋白质基因在载体表面进行融合表达，进而通过亲和富集法筛选表达有特异肽或蛋白质的噬菌体。迄今，在 PDT 基础上又开发了多种噬菌体展示系统，如单链丝状噬菌体展示系统、T4 噬菌体展示系统、λ 噬菌体展示系统等。

PDT将外源基因插入噬菌体衣壳蛋白（pⅢ或pⅧ等）基因中，组装出具有扩增能力且在噬菌体表面无缺损表达这一外源性蛋白质或多肽（Paschke，2006）。融合基因表达产物保持了相对独立的空间构象和生物学活性。在展示过程中又可将展示的外源蛋白质或多肽的遗传密码信息整合到个体噬菌体的基因组中，使表达蛋白质与基因型（其编码DNA序列）之间建立直接联系、完美结合，再通过亲和→洗脱→扩增→亲和步骤循环淘选，最终快速鉴定出与目标分子结合的多肽配体。噬菌体展示技术是一种高效的筛选系统，能将基因型和表型、分子结合活性与噬菌体的可扩增性结合在一起，将基因型转换为表型。随着肽展示库质量的提高和内容的多样化，利用噬菌体展示技术很容易筛选获得目标蛋白的相应配体，再分析其肽段组成及结构，即可得出蛋白质间的相互作用及相应分子特征。

噬菌体展示技术主要包括三方面内容：一是通过DNA重组的方法插入外源基因，形成的融合蛋白在噬菌体表面表达，同时保持外源蛋白的天然构象，不影响噬菌体的生活周期，且能被相应的抗体或受体所识别；二是筛选目的噬菌体，利用固定于固相支持物的靶分子，采用适当的淘洗方法，洗去非特异结合的噬菌体，筛选出融合噬菌体；三是外源多肽或蛋白质在噬菌体表面表达，而其编码基因作为病毒基因组中的一部分可通过分泌型噬菌体的单链DNA测序推导出来。

噬菌体展示技术可应用于准确地分析蛋白质分子间，如抗原与抗体、受体与配体、酶与底物之间的相互作用机制及相应分子的特征（Keresztessy et al.，2006）。噬菌体展示技术的优点：高通量的淘选可将有用的基因从多达百万以上的噬菌体克隆中分离出来；可用于模拟表位的筛选；易于纯化重组，噬菌体的纯化步骤简单；不要求昂贵的试剂与设备，在一般的实验室条件下就可以完成。缺点：所建的肽库容量只能达到10^9，要想构建大片段的肽库很困难；噬菌体展示文库一旦建成，很难再进行有效的体外突变和重组，限制了肽库的多样性；少数多肽由于疏水性过强，或由于影响外膜蛋白的折叠而不能展示在噬菌体表面。

5. 荧光共振能量转移技术

荧光共振能量转移（FRET）技术是指在两个不同的荧光基团中，如果一个荧光基团（供体）的发射光谱与另一个基团（受体）的吸收光谱有一定的重叠，当这两个荧光基团间的距离足够近时（一般小于10nm），就可观察到荧光能量由供体向受体转移的现象，即荧光供体受激发时，可观察到荧光受体发射的荧光（Benesch et al.，2007）。作为一种应用较广泛的分析技术，其已经成功应用于蛋白质结构分析、核酸检测、免疫分析等。

FRET技术的原理是两个荧光基团之间的能量转移。两个荧光发色基团，一个荧光基团作为能量供体（D），另一个荧光基团作为能量受体（A），以适当的激发光照射D，将会产生振荡偶极子，如果D的基态和A的第一激发态的振动能量差相当，或者D的发射光谱与A的吸收光谱能有效重叠，当D与A靠近时，或者说D与A的偶极子之间的距离足够近时即能产生共振，通过偶极-偶极耦合作用将能量从D向A转移，即发生非放射能量共振转移；A接受能量从而发射出特异性荧光。在能量向邻近受体分子转移的过程中，D特异性荧光的衰减或者A特异性荧光的增强即可被检测到（Huang et al.，2017）。

FRET技术中两个常用的荧光蛋白为青色荧光蛋白（cyan fluorescent protein，CFP）和黄色荧光蛋白（yellow fluorescent protein，YFP）。以其为例简要说明FRET的原理，CFP的发射光谱与YFP的吸收光谱有相当的重叠，当它们足够接近时，用CFP的吸收波长激发，CFP的发色基团将会把能量高效率地共振转移至YFP的发色基团上，所以CFP的发射荧光将减弱或消失，主要发射荧光的将是 YFP。两个发色基团之间的能量转换效率与它们之间的空间距离的 6 次方成反比，对空间位置的改变非常灵敏。

如图 22-14 所示，要研究两种蛋白质 A 和 B 间的相互作用，可以根据 FRET 原理构建一个融合蛋白，这种融合蛋白由三部分组成：CFP、蛋白质 B、YFP。用 CFP 吸收波长 433nm 作为激发波长，当蛋白质 A 与 B 没有发生相互作用时，CFP 与 YFP 相距很远而不能发生荧光共振能量转移，因而检测到的是 CFP 发射的波长为 477nm 的荧光；但当蛋白质 A 与 B 发生相互作用时，由于蛋白质 B 受蛋白质 A 作用而发生构象变化，使 CFP 与 YFP 充分靠近而发生荧光共振能量转移，此时检测到的就是 YFP 发射的波长为 527nm 的荧光，将编码这种融合蛋白的基因通过转基因技术使其在细胞内表达，这样就可以在活细胞生理条件下研究蛋白质间的相互作用。

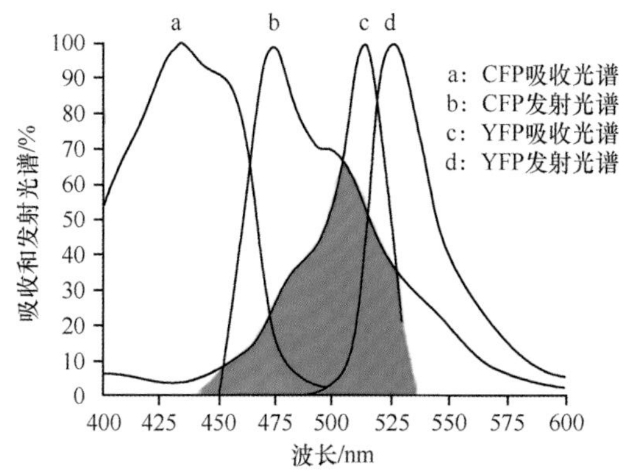

CFP（供体）和YFP（受体）的吸收与发射光谱。CFP发射光谱区域与YFP吸收光谱区域重叠引起有效的FRET信号

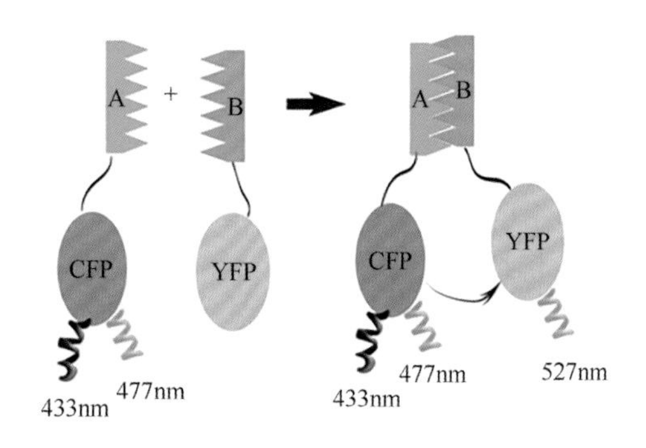

FRET的原理示意图

图 22-14　荧光共振能量转移（FRET）技术原理

荧光共振能量转移技术作为一种高效的光学“分子尺”应用非常广泛，在生物大分子相互作用、免疫分析、核酸检测等方面有广泛的应用，能以活细胞和动物为载体，在其生理条件下实时动态地阐明分子间的相互作用规律，该技术与转基因等技术结合可在细胞分子水平进行高通量药物筛选。在蛋白质相互作用的研究中可用于检测酶活性变化（活细胞内检测蛋白激酶活性），研究细胞凋亡、膜蛋白、膜蛋白的定位修饰、细胞膜受体之间相互作用、细胞内分子之间相互作用（Albizu et al.，2010）。FRET 还可以与其他技术结合，如生物发光共振能量转移（BRET）技术、蛋白质互补技术（PCA）等，既能研究两个蛋白质之间的相互作用，还能用来研究 3 个或更多蛋白质之间的相互作用，甚至还能研究信号网络。

6. GST pull-down 技术

pull-down（拉下实验，又叫作蛋白质体外结合实验，binding assay *in vitro*）技术作为检测蛋白质间相互作用的有效手段，已广泛应用于分子生物学领域。常用的 pull-down 技术主要有两种：一种是用带组氨酸（histidine，His）标签（His-tag）的亲和纯化柱进行的；另一种是用谷胱甘肽 *S*-转移酶（glutathione *S*-transferase，GST）标签（GST-tag）的亲和纯化柱进行的。GST pull-down 技术是 Smith 和 Johnson 在 1988 年纯化出带有 GST 标签的融合蛋白后，利用 GST 与谷胱甘肽间的特异性结合，研究蛋白质体外直接相互作用的重要手段。

GST pull-down 技术是在 GST 融合蛋白的基础上发展起来的（Harper and Speicher，2008）GST 能与谷胱甘肽特异性结合作为蛋白质表达标签，能促进原核表达蛋白的正确折叠及可溶性表达。将诱饵蛋白的编码基因与GST标签整合后表达，表达的融合蛋白经纯化后与有目的蛋白的溶液孵育。经一定时间的孵育后即会形成GST-融合蛋白-目的蛋白复合体，并用谷胱甘肽-琼脂糖凝胶将其沉淀下来。最后通过SDS-PAGE鉴定靶蛋白（图22-15）。

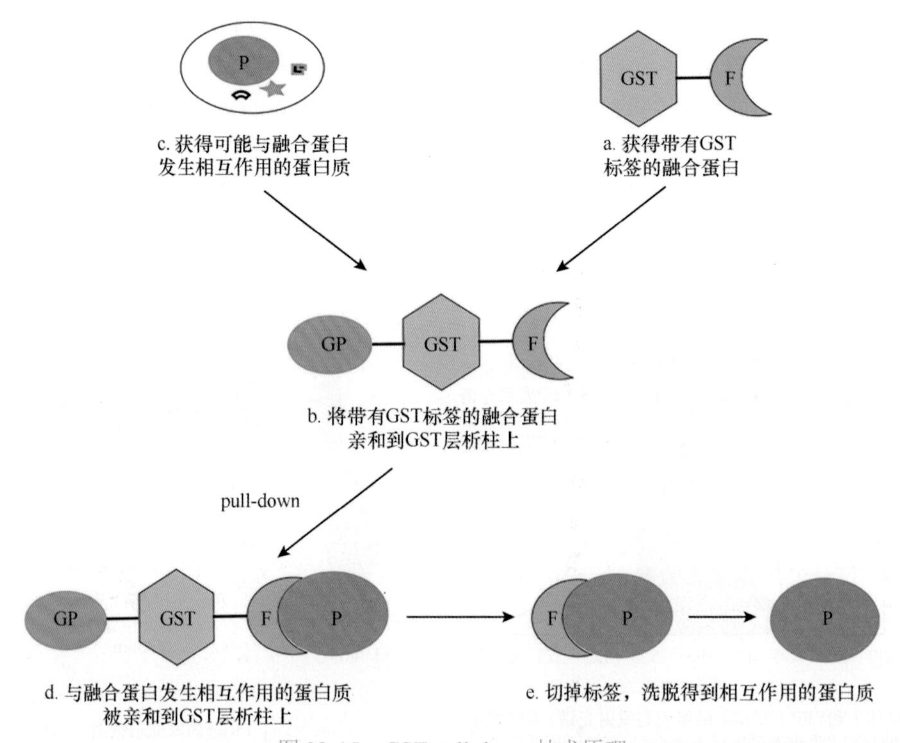

图22-15 GST pull-down技术原理

GST pull-down技术流程主要包括三步：①利用基因重组技术构建带有GST标签的原核表达载体；②通过原核表达系统表达带有GST标签的融合蛋白；③利用GST层析柱进行蛋白质纯化获得高纯度的融合蛋白；④再利用GST层析柱进行蛋白质间的相互作用检测。该方法使用时活性融合蛋白的量及避免内源蛋白干扰是成功的关键。

GST pull-down技术主要有两方面用途：①鉴定能与已知融合蛋白相互作用的未知蛋白质；②验证两已知蛋白质之间是否存在相互作用。该技术在体外研究蛋白质间存在直接作用时应用广泛，具有特异性强、较简便、能降低一定的假阳性率等优点，但不适用于大规模筛查相互作用的蛋白质，此外，内源蛋白的干扰使实验结果出现假阳性。因此要求在实验中充分考虑可能对实验结果造成影响的因素，以减少假阳性的出现。

7. Far-Western blotting方法

Far-Western blotting方法是一种基于Western blotting的分子生物学方法，在Western blotting中用抗体来检测目标蛋白，而在Far-Western blotting中用能够与目标蛋白结合的非抗体蛋白质来检测目标蛋白。因此，Western blotting用来检测特定的蛋白质，而Far-Western blotting则用于检测蛋白质之间的相互作用（表22-11）。

表22-11 Far-Western blotting与Western blotting比较

方法	Far-Western blotting	Western blotting
实验目的	检测蛋白质间相互作用	蛋白质检测

续表

方法	Far-Western blotting	Western blotting
凝胶电泳	还原或非还原条件（通常）	还原（通常）或非还原条件
转膜	根据经验确定最佳的膜和转移系统	根据经验确定最佳的膜和转移系统
封闭	根据经验确定封闭剂	根据经验确定封闭剂
探针	诱饵蛋白	一抗
实验对照	需要	不需要

在传统的 Western blotting 中，凝胶电泳被用来从样品中分离蛋白质，然后这些蛋白质在印迹过程中被转移到膜上，用特异性抗体（一抗）去检测膜上的蛋白质，HRP 标记的二抗与一抗结合，通过显影观察膜上的蛋白质。Far-Western blotting 技术与 Western blotting 相似，Far-Western blotting 用非抗体蛋白质来检测目标蛋白，将靶蛋白固定在 PVDF/NC 膜上，用诱饵蛋白（已知蛋白质）作为探针去检测膜上的靶蛋白，再利用特异性抗体孵育、检测，以此来分析靶蛋白和诱饵蛋白间的相互作用。探针蛋白通常是在大肠杆菌中通过表达一种克隆载体而产生的。探针蛋白可以通过一种常规的方法——放射自显影显现出来，它可以结合像 His 或 FLAG 这样特殊的亲和标签或者蛋白质的特殊抗体。

Far-Western blotting 实验流程主要包括凝胶电泳、转膜、封闭、探针孵育和探针蛋白检测。

凝胶电泳，通过凝胶电泳将样品中不同大小的蛋白质分离开来，电泳可以用 SDS-PAGE 或天然聚丙烯酰胺凝胶电泳；转膜，样品中的蛋白质在凝胶上分离后，将蛋白质从凝胶转移到膜上；封闭，转膜结束后一般采用异源蛋白质封闭整张膜，以阻塞非特异性结合位点，常用的封闭剂有脱脂奶粉、BSA 等，需要根据经验确定合适的封闭剂；探针孵育，将诱饵蛋白与封闭后的膜共孵育，使诱饵蛋白与 NC 膜上相互作用的蛋白质结合，孵育后洗去未结合的诱饵蛋白；探针蛋白检测，探针蛋白通常可以利用大肠杆菌表达系统生产出纯化的蛋白质作为探针，依据不同的策略检测探针蛋白。

Far-Western blotting 是一种检测蛋白质间相互作用的分子生物学方法。它可以验证已知蛋白质间的相互作用，或分析已知蛋白质和未知蛋白质间的相互作用。Far-Western blotting 的优点是实验重复性好，可以一次对多个组织样本进行分析，具有相互作用的蛋白质的分子量可以立即确定。同时该技术也有其局限性，体现在实验过程涉及多个洗涤步骤，弱相互作用很难被检测到；如果靶蛋白在组织中含量低则相互作用很难被检测到；实验可能涉及蛋白质变性及复性，无法检测依赖于天然结构的蛋白质相互作用。

蛋白质组学经历了双向凝胶电泳到 iTRAQ/TMT，从单蛋白质鉴定到全谱定性，从 WB 到 PRM，发展快速，但蛋白质组学分析是一个大规模数据采集的过程，不可避免地出现不准确的数据，出现假阳性，很有必要对蛋白质组学数据结果进行验证。拿到蛋白质组下机结果，分析出了差异蛋白，如何针对得到的蛋白质分析结果进行验证呢？

蛋白质功能分析，是指利用生物信息学和不同表达系统对蛋白质的功能进行预测、鉴定和验证。蛋白质功能分析离不开编码该蛋白质的基因，蛋白质功能体现在复杂生命体的多个层次，因此对蛋白质功能的研究将在极大程度上依赖于对基因功能的研究。利用蛋白质组定量筛选出差异蛋白，通过确定差异蛋白所对应的基因，开展基因功能的实验学鉴定和验证基因功能研究，全面解析该蛋白质的功能。定性定量分析是蛋白质组学验证的常用方法。

22.4.1.5 定性定量分析

1. 实时荧光定量 PCR

实时荧光定量 PCR（real-time fluorescence quantitative PCR，qRT-PCR）作为最常见、最方便的验证方法（Mullis，1990），广泛应用于测序结果的定性定量研究。找到差异蛋白对应的基因序列，进行引物设计，然后对该基因进行 qRT-PCR 验证，以此验证该基因的表达丰度，特异性更高。利用 qRT-PCR 对植物同源基因进行检测，可以帮助理解用来编码蛋白质基因的功能（Gancon et al.，2004）。qRT-PCR 是在 PCR 的基础上，将核酸扩增、杂交、光谱分析和实时检测等技术融合在一起发展起来的。通过对 PCR 扩增反应中每个循环产物荧光信号的实时检测，qRT 实现对起始模板的定性及定量分析（赵焕英和包金凤，2007）。

1）qRT-PCR 原理

qRT-PCR 是在常规 PCR 中加入荧光化学物质，随着 PCR 的不断进行，PCR 产物逐步积累，荧光信号也相应地发生有规律的变化。每经过一次循环就可以收集一个荧光信号。这样就可以绘出一条荧光扩增曲线图（Alicia et al.，2011）。该图呈“S”形，分为 3 个时期：荧光背景信号阶段、荧光信号指数期和平台期。在荧光背景信号阶段，扩增的荧光信号被荧光背景信号所掩盖，无法判断产物量的变化。而在平台期，扩增产物已不再呈指数级的增加。PCR 的终产物量与起始模板量之间无线性关系，所以根据最终的 PCR 产物量不能计算出起始 DNA 拷贝数。只有在荧光信号指数扩增阶段，PCR 产物量的对数值与起始模板量之间存在线性关系，可以选择在这个阶段进行定量分析。qRT-PCR 技术可概括为：在 PCR 反应体系中加入荧光基团，利用荧光信号积累实时监测整个 PCR 进程，最后通过标准曲线对未知模板进行定量分析的方法。

qRT-PCR 可分为特异性和非特异性 2 类，特异性检测方法是在 PCR 中利用标记荧光染料的基因特异寡核苷酸探针来检测产物，又称探针式荧光检测；而非特异性检测方法是在 PCR 反应体系中，加入过量荧光染料，荧光染料特异性地掺入 DNA 双链后，发射出荧光信号，又称非探针式荧光检测。前者由于增加了探针的识别步骤，特异性更高，但后者则简便易行，并且价格较低。

探针式荧光检测技术就是利用荧光共振能量转移原理来设计探针（Forootan et al.，2017），在探针 5′ 端标记一个荧光报告基团（reporter，R），3′ 端标记一个猝灭基团（quencher，Q），二者可以构成能量传递。当 R 基团与 Q 基团距离较近时，Q 基团可以吸收或抑制 R 基团发出的荧光；当 R 基团和 Q 基团相距较远时，Q 基团则不能再吸收或抑制 R 基团所发出的荧光，这时 R 基团的荧光释放出来，荧光信号增强。常用的荧光探针有 TaqMan 探针、分子信标等。

非探针式荧光检测技术是利用染料无法与单链 DNA 结合而可以与双链 DNA 结合并在结合时发出荧光信号，而在游离状态下则不发出荧光信号（Marin et al.，2017）的原理得以实现的。因此可以用荧光信号强度来代表双链 DNA 的数量，进而来计算 PCR 的扩增产物量。目前主要使用的荧光染料是 SYBR Green Ⅰ。不同荧光探针和 SYBR Green Ⅰ荧光染料的优缺点对比及其在实践中的应用概况如表 22-12 所示。

表 22-12　不同荧光探针和 SYBR Green Ⅰ荧光染料的优缺点对比及应用

分类	优点	缺点	应用
TaqMan 探针	与 SYBR Green Ⅰ相比，特异性加强	会存在猝灭不彻底的情况，容易受酶活性影响，成本高	已被用于豆制品的转基因成分和食品中木瓜成分的检测
TaqMan MGB 探针	更容易找到所有排序序列较短片段的保守区及更容易达到荧光探针对 T_m 值的要求	成本较高，设计较难	已被用于花生矮化病毒的检测和兰花褐腐病菌的快速检测
分子信标	操作简单、灵敏度高、特异性强	茎部杂交过强，设计较难	暂未在植物中发现其应用
双杂交探针	猝灭效率高，特异性强	两个探针导致成本较高且影响扩增效率	暂未在植物中发现其应用
复合探针	特异性强，结果准确	两个探针导致成本较高，不易设计，操作复杂	暂未在植物中发现其应用
SYBR Green Ⅰ	通用性好，价格较低，应用广泛	会引起引物二聚体和错误的扩增产物	已被用于甜樱桃病毒粒子定量分析及大豆转基因成分的定量检测

2）qRT-PCR 的定量方法

在 qRT-PCR 中，模板的定量有两种方法：绝对定量和相对定量。绝对定量一般通过已知的标准曲线来确定所研究基因的拷贝数；相对定量指在一定样品中靶序列相对于另一参照序列的量的变化。

绝对定量 qRT-PCR，一般用已知浓度的标准品绘制标准曲线来实现对未知样品的绝对定量（李富威等，2013）。而标准样品的种类有含有与待测样品相同扩增片段的克隆质粒、含有与待测样品相同扩增片段的 cDNA 或 PCR 的产物。将标准品稀释成不同浓度的样品，并作为模板进行 PCR。以标准品拷贝数的对数值为横坐标，以测得的 CT 值为纵坐标，绘制标准曲线。对未知样品进行定量时，根据未知样品的 CT 值，即可在标准曲线中定出未知样品的拷贝数。绝对定量具有稳定、准确等优点（Ritz and Spiess，2008）。

相对定量是指在测定目的基因的同时测定某一内源性管家基因作为内参基因，采用靶基因与内参对照基因的表达比值来标准化结果（Yang et al.，2016）。在定量 PCR 中，为了去除不同样本在 RNA 产量、质量和反转录效率上可能存在的差别而获得目标基因特异性表达的真正差异，通常选择内参基因进行校正和标准化（Li et al.，2005）。定量 PCR 结果的准确性在很大程度上取决于稳定内参基因的选择。目前，GeNorm、NormFinder 和 BestKeeper 程序用于比较内参基因的表达变化和稳定性，并且 GeNorm 程序得到了进一步改进（Zhong et al.，2019）。

qRT-PCR 技术应用广泛，是开展植物基因表达水平变化研究的重要技术，Shimada 等（2003）利用此技术检测了拟南芥中油菜素甾醇的生物合成、分解和信号转导过程，为油菜素甾醇的代谢提供了更完整的信息。Anterola 等（2002）证实了松树中有 7 个至关重要的基因，对木质素前体物质的新陈代谢起到调节作用。此外，qRT-PCR 法能克服 DNA 印迹法（Southern blotting）无法定量的缺点，已被广泛用于 DNA 的定量检测。在棉花的研究中以单拷贝 *GhUBC1* 基因为内参，利用 qRT-PCR 检测了 T_0 代 28 个转基因株系的拷贝数，并鉴定出 T_1 代的棉花转基因群体中的纯合子。虽然 PCR 几乎没什么技术限制，但是 PCR 反映的是 RNA 水平的变化，转录水平的变化与蛋白质水平的变化并不一定是一致的，所以用 PCR 验证的说服力相对较低。

2. 微阵列技术

微阵列（microarray）是指将大量生物讯息密码，以预先设计的方式固定在玻片、硅片、塑料或尼龙膜等固相载体上组成的密集分子阵列。微阵列在一定条件下进行生化反应，反应结果用化学发光法、酶标法、同位素法显示，再用扫描仪等光学仪器进行数据采集，最后通过专门的计算机软件进行数据分析。微阵列技术具有高通量、集成化、高效、快速的特点。

（1）cDNA 微阵列

1）cDNA 微阵列技术原理

cDNA 微阵列技术是一种反向 RNA 印迹法（reverse Northern blotting）。将大量目的 cDNA 片段按事先设计好的顺序定量固定于基质上，得到高密度 cDNA 微阵列。用荧光素或同位素标记来自不同细胞、组织或整个器官的 cDNA 片段作为探针进行分子杂交，在相同的反应条件下，结合到基质表面 cDNA 模板上的探针量由其碱基构成和二者匹配的量所决定，两者间互补性越高、结合强度越大、信号越强。杂交信号被检测系统自动采集并量化分析，通过计算机处理后获得相关信息。

2）cDNA 微阵列的种类

根据微阵列附着的基质不同，可以将其分为两类：一类是用玻片或硅片，称为玻片微阵列或基因芯片，玻片上覆盖着多聚赖氨酸、氨基硅胶等物质以增强其疏水性和对 cDNA 的黏性，使二者结合更加紧密，制备时需要用特殊的仪器将纯化过的 PCR 产物点在玻片上，以提高反应的灵敏度；另一类是 Desprez 等（1998）和胡玉欣等（1999）发展的以膜（硝酸纤维素膜或尼龙膜等）作为固相支持物的微阵列技术，也称为膜微阵列，以膜为基质的微阵列在制备时既可以用仪器，如机械手，低通量的膜也可以手工操作，在一般实验室就可以进行制作，PCR 产物可直接点在膜上。膜微阵列的优点：相对便宜，可重复使用，用于制备探针的 RNA 量少，50ng 以上即可，操作简单，不需要配套的仪器。缺点是对两种样本的基因表达谱进行比较时，探针必须同时和两张膜杂交或者一种探针先与一张膜杂交，洗膜后再与另一探针杂交，实验过程比较烦琐，影响因子较多；常以同位素标记探针进行检测，放射性污染比较严重；对低丰度基因不敏感，其灵敏度仅为玻片微阵列的万分之一。玻片微阵列可耐受高温和高离子强度的洗脱，杂交体积小，显色时背景清晰；常用荧光素标记，无放射性污染；可以用两种不同颜色的荧光素分别标记两种探针，同时检测同一个微阵列，省时省力；mRNA 丰度在十万分之一也能被检测到，敏感性高。缺点：价格比较昂贵，玻片不能重复使用，如重复使用则敏感性降低；制备时需要特殊的仪器等。在具体操作过程中，针对实验室具体条件和不同实验目的，选用不同类型 cDNA 微阵列。

3）cDNA 微阵列的制备

在植物研究中使用的 DNA 微阵列芯片按来源可分为商业芯片和自制芯片。按固定在支持物上的 DNA 类别，可分为 cDNA 芯片和寡聚核苷酸芯片。依据生产方式有探针原位合成和合成（克隆）后点样。其中 cDNA 芯片一般是根据不同的研究目的，制备特定条件下特异表达 mRNA 的 cDNA 后，将其点样在固相支持物上，cDNA 序列可以是已知的也可以是未知的。制备这种芯片要求大量克隆操作（包括复制和扩增）等前期准备工作，制备方法是将克隆的 cDNA 按设计好的顺序，采用机器人或人工点样在固相载体（玻片、尼龙膜等）上并加以固定，在无 cDNA 时，也可根据已知 cDNA 序列合成序列特异性的长寡聚核苷酸（＞50bp）。Affymetrix 公司生产的芯片是一种寡聚核苷酸芯片，这种芯片依据植物不同生长发育时期及生长条件下各种克隆文库的测序结果，针对每一基因的多个EST序列比较获得的保守序列和等位基因特异序列设计多对长度为25nt的探针，不同的是，该技术与集成电路生产类似，采用光蚀刻掩模法，在半导体硅片上原位合成。

基因芯片分析技术主要包括样品标记、杂交反应、信号检测和结果分析等步骤。待检测的mRNA样本在通常情况下不直接同芯片或微阵列杂交，而是用某种方法予以标记，以便能定量检测到杂交信号。通常所用的标记方式是在反转录mRNA时加入含有标记的核苷酸，生成带有标记的cDNA或cRNA。常用的标记物有放射性同位素、化学发光物质等，同位素主要用于早期的尼龙膜杂交，现多用荧光标记物，如用Cy3、Cy5来分别标记处理和对照样品，其他常用的标记物有生物素。杂交反应是标记的样品与芯片上的探针在合适的条件下相互结合的过程，通常是将标记好了的处理和对照样品按等比例混合加在芯片上，使之在一定温度和盐浓度条件下通过碱基互补配对而竞争性地结合在探针上。

Affymetrix芯片分析则是用生物素标记对照和处理样品的cRNA片段，然后分别和两块芯片进行杂交。杂交信号经芯片扫描仪和相关软件转化为可以分析的图像及探针对应位点的杂交信号强弱数据，即可以获得有关样品间基因表达产物和表达量的数据。检测生物素化的碱基标记在微阵列上的杂交信号，则要通过与链霉亲和素与藻红蛋白的特异结合生成有色物质，再使用共聚焦荧光扫描仪采集信号。

cDNA微阵列技术可高敏感度地定性、定量检测基因表达水平，既可同时比较不同标本基因表达水平的差异，也能提供某一基因或一群基因的表达模式与其他基因表达模式相互间关联的信息，同时可以定量方式对大量基因的表达差异进行对比分析。结合蛋白质组学技术手段，可以分离鉴定差异蛋白，并对蛋白质的功能进行分析。

（2）蛋白质芯片

1）蛋白质芯片原理

蛋白质芯片是高通量、快速、高效、微型化和自动化的蛋白质分析技术。其中一种蛋白质芯片类似于DNA芯片，即在固体支持物表面高密度排列的探针蛋白点阵，可特异地捕获样品中的靶蛋白，然后通过检测器对靶蛋白进行定性或定量分析。

蛋白质芯片又称蛋白质阵列或蛋白质微阵列，是一种体外检测蛋白质相互作用的方法。其基本原理是以蛋白质分子作为配基（探针蛋白），将其有序地固定在固相载体（滴定板、滤膜、玻璃片等）的表面形成微阵列；用带有荧光标记的蛋白质（或其他分子）与之作用，经漂洗将未结合的成分洗去，经荧光扫描等监测方式测定芯片上各蛋白点的荧光强度。通过荧光强度分析蛋白质与蛋白质之间相互作用的关系，由此达到测定各种蛋白质功能的目的。

2）蛋白质芯片技术实验流程

a. 蛋白质芯片制备。蛋白质芯片上的蛋白质根据研究目的的不同，可以选用抗体、抗原、受体、酶等具有生物活性的蛋白质，利用原位制备或制备后交联等方法，将不同的探针蛋白质，按设计好的序列固化于固相载体。蛋白质芯片制备的关键是制备时注意维持蛋白质的天然构象（防止蛋白质变性，维持原有特定的生物学活性）。

b. 样品预处理。蛋白质芯片的探针蛋白特异性高、亲和力强，受其他杂质的影响小，因此对生物样品的要求较低，只需对少量样品进行沉降分离和标记后，即可加于芯片上进行分析和检测。甚至可以直接利用生物材料（血样、尿液、细胞及组织等）进行分析。

c. 共孵育与检测。目前主流蛋白质芯片的信号检测方式是荧光检测体系。将蛋白质芯片与荧光素标记的生物靶分子（核酸或蛋白质等）进行杂交，洗脱未结合组分后通过共聚焦荧光扫描仪或CCD荧光成像仪在特定的波长下激发荧光，获得蛋白质间反应结合的信号。

d. 数据分析。对荧光标记的芯片用共聚焦荧光显微镜进行扫描，然后通过计算机分析出每个蛋白点的平均荧光密度。在每个芯片的制作过程中应设计有阴阳性对照反应，或已在多次实验中找到一个判断阴阳性结果的界值，作为判断结果的根据。将每个蛋白点的荧光密度或灰度除去背景干扰后与相对界值进行比较，根据信号的有无、强弱进行定性或定量分析。结果分析通过特定的计算机软件来完成复杂数据处理。

蛋白质芯片既能实现同时对上千种蛋白质的变化进行分析，也使从全基因组水平研究蛋白质的功能成为可能。蛋白质芯片技术除了可以检测蛋白质-蛋白质、蛋白质-小分子、蛋白质-DNA、蛋白质-抗体、蛋白质-脂类的相互作用，还广泛应用于疾病诊断、疗效判定、发现药物或毒物新靶点及其作用机制等方面。蛋白质芯片的优点是微量化，所需样品量极少；高通量，可以实现成千上万个蛋白质的平行分析；蛋白质芯片使用相对简单，结果正确率较高；样品要求低，可直接对不经处理的各种体液和分泌物进行检测。缺点是成本过高，需一系列昂贵的尖端仪器；芯片的标准化问题。

3. 蛋白质印迹法

蛋白质印迹法（Western blotting）是目前进行蛋白质表达、分析研究中应用最多的一种实验技术，它将传统的高分辨率的SDS-PAGE和灵敏度高、特异性强的免疫探测技术相结合，以有效分析目的蛋白的表达。

蛋白质印迹法是蛋白质电泳技术的延伸和发展。聚丙烯酰胺凝胶电泳分离蛋白质具有很好的分辨率和实用性，若要进一步分析各种蛋白质表达信号的强弱则受限，其原因在于电泳后大部分蛋白质分子被嵌在凝胶介质中，探针很难通过凝胶到达目标蛋白，且扩散现象会破坏邻近蛋白条带的特征。为解决以上问题，可将电泳后凝胶中的蛋白质转移到固相转移膜（化学惰性的高分子支持物）上，使蛋白质分子更容易均等地与探针结合，将蛋白质富集浓缩在固相转移膜上减少扩散，提高了分析的灵敏度，实现了在转移膜上进行多种分析（郭尧君，2005）。

蛋白质印迹法的基本原理是通过特异性抗体对经凝胶电泳处理过的细胞或生物组织样品进行着色。分析着色的位置、深度从而获得特定蛋白质在所分析的细胞或组织中表达情况的信息。混合样品经SDS-PAGE分离后，凝胶中的蛋白质用电转移印迹法被转移到化学惰性的高分子转移膜上。随后，将靶蛋白的特异性一抗与转移膜上的目标蛋白进行免疫结合反应，再用标记过的二抗与一抗结合，用对二抗分子中标记物的检测证明目标蛋白的存在。

蛋白质印迹法的具体流程包括蛋白质样品的制备、SDS-PAGE、转膜、封闭、一抗杂交、二抗杂交和底物显色。此项技术是利用蛋白质样品分子量的不同而将蛋白质分离，然后从SDS-PAGE凝胶中将蛋白质转移到具有吸附作用的纤维膜上（Yang and Mahmood，2012），将含有蛋白质的纤维膜放在有荧光标记的抗体中进行孵育，最后得到被分开的蛋白质的条带。蛋白质印迹的敏感性主要取决于转印和抗体的结合能力等（Moore，2009）。在操作过程中任何一个环节出现失误都会使蛋白质印迹的敏感性降低。

蛋白质印迹法可用作目的蛋白的表达特性分析、目的蛋白与其他蛋白质的互作分析、目的蛋白的组织定位分析和目的蛋白的表达量分析。通常蛋白质印迹法与大规模筛选技术（如蛋白质组学）结合使用，以确认不同生长条件下目的蛋白的表达。在过去，蛋白质印迹法仅用于检测复杂混合物中的特定靶蛋白，但近年来要求在样品之间蛋白质表达的倍数变化方面对蛋白质印迹数据进行定量解释，因此针对蛋白质印迹法完整的工作流程，进行了新方法开发，重点是样品制备和数据分析的定量蛋白质印迹法。

虽然蛋白质印迹法用抗体验证是一个常规和公认的思路，但是蛋白质印迹法的通量较低，筛选出来的多个差异蛋白用蛋白质印迹法一个个验证，相当耗费时间、人力；购买定制的抗体的成本也较高，同时对抗体也存在一些质疑，利用蛋白质印迹法用抗体验证需谨慎。

22.4.2　基因表达

蛋白质组筛选出来的差异蛋白，首先进行生物信息学分析，对其功能进行预测，在开展定性和定量分析（qRT-PCR、Western blotting）的基础上，对筛选出来的候选蛋白进行初步验证，然后结合基因功能研究方法进一步研究目标差异蛋白的功能。通过确定差异蛋白所对应的基因，构建载体，以 RNA 为靶标，通过基因过量表达或沉默，降解或抑制其所对应的蛋白质翻译，从而获得该因素对个体的影响机制，有针对性地研究某一个特定蛋白质的功能。

22.4.2.1　过量表达

通过查询目标蛋白的基因序列，DNA 片段被转入特定生物，与其本身的基因组进行重组，再从重组体中进行数代的人工选育，从而获得具有稳定表现和特定遗传性状的个体。具体而言，就是使目的基因的表达能力增强，使细胞、组织或个体产生更多有功能的蛋白质，通常在目的基因上游加上强启动子，目的基因便可在强启动子的作用下过量表达，获得该基因产物大量积累的生物体，从而增加此基因在生理、生化进程中的效应，并通过该效应引发的与正常植株在表型上的一系列差异来理解基因功能（杜玉梅和左正宏，2008），这是目前应用最为广泛、技术最成熟的功能验证的技术手段之一。通过这种方法，已成功验证了植物中大量基因编码的蛋白质功能，如将逆境应答信号途径中的基因转化到植物，可通过转化植物之间的表型差异来鉴定其蛋白质功能，同时提高了植物的抗逆性，获得了改良种质（Mohammed et al.，2019）。

基因过表达主要包括两个步骤：构建过表达载体及实现过表达，即通过转基因手段在转化植株中实现目的基因过表达（Prelich，2012）。首先构建目的基因过表达载体，然后可通过农杆菌介导法将目的基因导入稳定表达系统（植物细胞），农杆菌介导法是较常用的遗传转化方法，绿色开花植物可采用花粉管通道法，单子叶植物可用基因枪法，此外显微注射法亦容易操作、经济实惠。

遗传转化后筛选转基因阳性苗，通常结合抗生素，如潮霉素、G418、草甘膦等再利用 PCR 进行检测确定转基因阳性苗。有些情况下，会在目的基因序列 N 端或 C 端连上报告基因，如荧光蛋白或标签 DNA 序列，荧光蛋白如 GFP、YFP 等，获得相应的转基因苗，一方面可以用于分析目的基因过表达时对表型产生的影响，另一方面可以检测不同条件下蛋白质表达情况，达到亚细胞定位分析、蛋白质互作验证、CHIP-Seq 等研究目的。获得转基因阳性苗后，通过荧光定量 PCR 检测过表达基因在特定时期与特定组织中的表达情况，选适当数量的过表达材料，分析其相应表型的变化，进而从遗传学角度验证目的基因的功能。

目的基因在转化植株中实现过表达时，考虑到基因的转染效率和持续稳定表达情况的影响，过表达载体系统的选择需谨慎。目前，常用的基因过表达载体系统分为非病毒性表达载体、病毒表达载体。

非病毒性表达载体主要是通过脂质体介导、磷酸共沉淀法、显微注射法、电穿孔等方法将携带外源基因的目的质粒导入受体细胞中（Cinnamon et al.，2017），最终实现目的基因在该细胞中的相应表达。选择表达载体时应选择强启动子和增强子、高效的多聚腺苷酸加尾信号（Poly A）、内含子序列及内部核糖体进入位点（Fu et al.，2018）。尽管这类载体具有省时省力、操作简便等优势，但是也存在一些局限性，利用质粒载体转染获得稳定表达外源基因的细胞所需时间长、适用于增殖较快的细胞；不同细胞类型对外源DNA的摄取能力有所不同，尤其是原代细胞，这种转染方法几乎是无效的。

病毒表达载体以病毒穿梭颗粒为载体感染宿主细胞具有转染效率高、目的基因可稳定表达等优势，现已被广泛应用，主要包括物理、化学和生物方法。物理方法主要包括DNA直接注射法和颗粒轰击技术；化学方法包括脂质体载体法和受体介导法；构建病毒载体属于生物学的方法（纪宗玲等，2002）。目前成功构建的病毒载体具有独特的特点，常用的病毒载体有慢病毒载体、反转录病毒载体、腺病毒载体等，应在实际应用中综合考虑细胞类型和实验目的灵活选择适合的病毒载体，达到实验目的。例如，反转录病毒载体能携带外源基因并将其整合进靶细胞的基因组中，因而具有使目的基因稳定地持久性表达的优点，但其也有缺点，例如，只能感染正在分裂的细胞，且繁殖的病毒悬液浓度较低，而且有插入突变的危险。

22.4.2.2 RNA干扰和反义技术

RNA干扰和反义技术是通过抑制基因的表达获得植物突变体，是研究植物基因功能的有效途径。

1. RNA干扰

RNA干扰（RNA interference，RNAi）是双链RNA诱发的同源mRNA高效特异性降解的现象（Hannon，2002）。发夹状RNA或21～23nt的dsRNA与特异性mRNA结合后，将导致靶基因降解，从而造成目的产物表达的下调，是一种转录后基因沉默（PTGS）机制，在植物中RNAi也能在基因的转录水平上发挥作用。其作用分为起始阶段、效应阶段和级联放大阶段。

（1）RNAi的作用机制

生物体内外源或内源dsRNA进入细胞后，在Dicer酶的作用下被裂解为siRNA，双链解开为单链，并和某些蛋白质相结合形成RNA诱导的沉默复合体（RISC）。在ATP的作用下，活化解链siRNA指导活化的RISC分裂靶mRNA。另外，在RNA指导的RNA聚合酶（RdRP）作用下，以siRNA为模板合成mRNA互补链，结果mRNA变成dsRNA，dsRNA在Dicer酶的作用下被切成siRNA，重复进行分裂靶mRNA（Chang，2007）。

（2）RNAi诱导的具体做法

将目标基因特异性序列以正向和反向分别插入标记基因或内含子的5′端和3′端，再在一端连接一个启动子，用转基因技术将反式重复的外源基因导入生物体，诱导表达发夹结构的转录产物RNA（iphRNA），能产生稳定遗传的RNAi现象，其诱导目的基因沉默效率高，适用性广（Matsuyama and Nishi，2011）。适用于植物的RNAi载体有质粒载体系列（pHELLSGATE、pHANNIBAL和pKANNIBAL）及植物功能基因组构建的载体系列（GUS或GFP融合蛋白双元载体、VICS载体系列）（Cao et al.，2011）。在植物体中，信号分子siRNA可通过植物的维管系统运输，经韧皮部进行长距离运输或通过胞间连丝进行细胞与细胞之间的转运。

植物体内dsRNA或iphRNA呈递到植物体的方法有以下3种：①微弹轰击法，将dsRNA或含内含子的发夹结构RNA（iphRNA）表达载体显微注射入植物体内；②农杆菌介导法，将带有能转录成 ihpRNA 的反式重复的外源基因的 T-DNA 质粒，通过农杆菌介导整合到植物基因组上；③病毒诱导基因沉默（VIGS），目标序列整合入病毒基因序列，通过农杆菌介导转化 ihpRNA 表达。

利用 RNAi 技术可进行逆向基因功能分析，针对某个已知序列的基因，设计可诱导其沉默的 dsRNA，通过合适的手段导入细胞或植物，使该基因表达水平下降或完全沉默。观察基因表型的变化，鉴定该基因在植物基因组中的功能。例如，最早在水稻中利用 RNAi 技术使报告基因 *GUS* 沉默，比较了正义链、反义链及 dsRNA 诱导 RNAi 效率的高低。迄今 RNAi 技术已在水稻、拟南芥、油菜、烟草、棉花上大规模开展。

（3）RNAi 技术在植物功能基因组研究中的优缺点

RNAi 现象在植物体内能以孟德尔方式遗传，具有特异性、高效性等优势，使其在植物研究领域得到了广泛应用。但 RNAi 技术在使用时亦有不足：① dsRNA 限制了高通量方法的应用，目前只有少数植物能被成功转化形成稳定表达 ihpRNA；②表达水平低的基因 RNAi 现象不明显，不是所有基因都可被沉默；③干涉多因一效基因或同源性较高的基因家族基因时，沉默表型难以鉴定；④有时难以区别基因被沉默的表型与转基因时所引起的插入突变表型。

2. 反义技术

反义技术是指根据碱基互补原理，通过利用人工或生物合成的特异互补的 DNA 或 RNA 片段，抑制目的基因表达（柴晓杰等，2004），包括反义寡核苷酸技术、核酶技术、反义 RNA 技术。

（1）反义寡核苷酸技术

反义寡核苷酸技术（antisense oligonucleotide，ASON）是用一段人工合成的能与 DNA 或 RNA 互补结合的寡核苷酸链抑制基因表达，寡核苷酸片段长度多为 15 ～ 30nt，在碱基互补原理下，通过调节基因的解旋、复制、转录及 mRNA 的剪接、加工等环节，从而影响基因输出和翻译的效果，调节细胞的生长、分化等（Kole，2012）。根据结合部位的不同将这类寡核苷酸链分为反义 DNA、反义 RNA、自催化性核酶。ASON 一般有两方面的作用：①与细胞核内的 DNA 互补杂交，形成三股螺旋结构抑制 DNA 的转录；②与细胞质中的 mRNA 结合，形成能被核糖核酸酶 H（RNase H）降解的 RNA-DNA 双链结构，中断了核糖体对 mRNA 的翻译，达到抑制基因表达的效果（Crooke and Stanley，2017）。

（2）核酶技术

核酶（ribozyme）能通过碱基配对原则特异性灭活靶 RNA 分子，且具有催化活性，又称为基因剪刀。核酶具有较稳定的空间结构，使其不易受 RNase 攻击，同时一个核酶分子可以结合多个 mRNA 分子，使 mRNA 分子在需要剪切的特定部位断裂，提高催化效率（Fedor，2000）。核酶主要由两部分组成：处于两端的引导序列和中间极端保守序列，当引导序列互补结合靶 RNA 时，中间极端保守序列将在该特定位点切断，但也有人认为核酶的工作原理是反义抑制和切割活性的综合作用（纪宗玲等，2002）。常见的核酶有锤头状、发夹状和斧头状，锤头状核酶是目前应用最多的一种。

（3）反义 RNA 技术

能与靶 RNA 互补配对的小分子 RNA 称为反义 RNA（antisense RNA），可被用于某一 DNA 片段功能的定点分析。原理是通过构建人工表达载体，利用基因重组技术，使在离体或体内表达的反义 RNA 与靶 mRNA 结合形成较稳定的二聚体，导致靶基因的表达受到抑制，可在 DNA 的复制、转录及翻译水平上使靶基因表达受到抑制（Henriques et al.，2017）。反义

RNA 技术最突出的优点是能直接观察到该基因在植物中的功能。

反义 RNA 技术在调控小麦、水稻的淀粉合成方面起到了重要作用。利用反义 RNA 技术，在马铃薯、木薯、水稻等植物中获得了低（或无）直链淀粉含量的转化体（van der Krol et al.，1990）。反义 RNA 技术在花卉颜色的控制、油料作物种子中脂肪酸合成、果实成熟等研究中亦有应用（Bird et al.，1991）。

反义 RNA 技术的优点如下。①由于反义 RNA 技术能专一性调节基因的活动，主要是作用于转录水平，可以避开二倍体生物同源基因互补而产生的困难，对基因的调节不改变基因的结构，在应用上因反义 RNA 不能翻译产生蛋白质而具有很大的安全性。这将在今后植物的基因调控研究和基因工程方面发挥日益重要的作用。②低丰度的反义 RNA 同样可以产生高效的阻抑作用。③技术操作简单易行，适用范围广。虽然迄今为止在真核生物中尚未发现天然存在的反义 RNA，但已有证据表明真核生物基因的活动可能也有反义 RNA 的参与。寻找并阐明这些天然反义 RNA 参与调控的系统对整个生物学的研究将具有深远的影响。

随着对反义技术作用机制的深入了解，应用反义技术不仅可以专一性地调节某一基因的表达，而且可能做到定量地控制基因表达的活性，这必将推动基因调控的研究，对反义技术的应用也将产生深远的影响。总之，反义技术作为一种新的认识结构基因功能和调控基因表达的工具，为进一步认识基因和改造基因提供了新的方法。随着反义技术的不断完善和广泛使用，它将在后基因组时代功能基因的研究中发挥不可估量的作用。虽然尚有一些限制其应用的因素，但随着科技的进步，技术的发展，这些限制必将被打破，必将为改善农作物的优良特性带来一场革命。

22.4.2.3 基因陷阱

基因陷阱是指报告基因随机插入后会产生融合转录物或融合蛋白，通过检测报告基因的功能，从而进一步推知被检测基因及其功能的方法（Springer，2000）。基因陷阱系统包括增强子陷阱、启动子陷阱和基因陷阱。它们之间最大的不同体现在报告基因重组体的组成和插入位置上。基因陷阱是这 3 种方法的统称。下面就对这 3 种方法做简略介绍。

增强子陷阱（enhancer trap）是将某报告基因与一个精巧的启动子相连，组成一个增强子陷阱重组体，该报告基因不会自主起始转录，而需要被插入的细胞基因组中的增强子帮助才可转录。若报告基因最终表达，则可推知插入点附近有增强子或有被检测基因，即实现了以该增强子陷阱重组体发现增强子的目的。启动子陷阱（promoter trap）是将报告基因插入细胞基因组的外显子上，一旦发现它与细胞基因组基因共同转录或表达，则可知该报告基因附近有启动子，从而起到了以之为诱饵，发现启动子的目的，该策略即为启动子陷阱。基因陷阱（gene trap）由报告基因、剪接供体（splicing donor，SD）和剪接受体（splicing acceptor，SA）组成（SD 及 SA 序列被构建在报告基因上游），当重组体插入细胞基因组的内含子中时，由于剪接供体与剪接受体序列的作用，报告基因不会在转录后修饰的过程中被剪切掉，而能够随着基因转录和表达，故如能检测到报告基因的转录物或蛋白质，则证明插入位置附近有被检测基因存在。基于 Ac/Ds 转座元件及 T-DNA 的基因陷阱载体已成功用于拟南芥、水稻、玉米、番茄等（Chong and Stinchcombe，2019）。基因陷阱在功能基因组的研究中将越来越重要，将成为揭示植物基因组奥秘的又一有力武器。

基因陷阱技术的优势在于它只在表达水平上定位基因，细胞基因本身的转录和表达不受影响，所以可检测功能上多余的基因，也可检测在基因表达多个水平上都有作用的基因，或低水平表达的重要基因，而以前的功能基因组学的方法对这些基因都是无法确定的。基因陷阱的最大优点是只需报告基因的表达筛选出转化子，而不需产生可见的突变来筛选突变子。同其他的方法一样，基因陷阱技术也存在着局限性与不足（高泽发等，2005）。启动子陷阱和基因陷阱都有位置限制，前者需报告基因插入外显子，后者则需重组体插入内含子，增强子陷阱虽没有此位置限制，但由于增强子与基因的位置可近可远，故增强子陷阱不易定位基因。同时，利用基因陷阱技术捕获的基因不一定有很强的表达方式，所以可能检测不到有效的突变表型，若报告基因没有按预期加以整合，或报告基因在剪接时整个被切除，都可能使报告基因表型丧失而使后续的基因定位无从着手。此外，对启动子陷阱和基因陷阱而言，插入对细胞有一定的伤害，可能导致基因失活。

22.4.2.4　人工染色体的转导

转基因技术不仅能进行蛋白质功能分析，而且可以作为基因表达调控的有力手段，但一般使用的小质粒重组体存在一些不足，如表达水平低、缺乏组织特异性，如果将大的 DNA 片段克隆到酵母人工染色体（YAC）或细菌染色体上，既能够得到较好的表达水平和组织特异性，还能精准调节同源重组（Lamb and Gearhart，1995）。YAC 具有自主复制序列、克隆位点的特点，它能选择标记细菌和酵母中的基因，即在质粒上将酵母染色体上与基因复制和表达有关的主要组件组装，使质粒行使酵母的转录和复制功能（李林川和韩方普，2011）。采用 YAC 转导基因的方式可平衡导入基因与内源基因的水平，适用于复杂的基因功能分析。

22.4.2.5　基因诱捕技术

基因诱捕技术是将一个带有外源标记基因或报告基因的 DNA 载体转导进入胚胎干细胞中，主要通过物理、化学、生物等方法来完成此过程（Takeuchi，1997）。选择标记的基因通常为抗药性基因，通过鉴定阳性整合克隆可以验证报告基因的正常表达，当载体插入未分化胚胎干细胞表达报告基因时，可以将其表达产物的特性作为鉴定手段，而且载体在体内的时空表达也可以得到特异性的分析。基因诱捕技术的基本原则是通过插入外源 DNA 使内源基因突变，在被诱捕序列启动子的转录控制下，表达插入的报告基因（新霉素和 / 或半乳糖苷酶基因）来鉴定突变（Anjani et al.，2018）。外源基因捕获到的内源基因，通过表达调控元件的同时，也让内源基因失去了该有的功能。该技术已被用于拟南芥、烟草、水稻 T- DNA 标签系的构建（Jeong et al.，2002）。

22.4.2.6　基因的定点诱变

定点诱变（site-directed mutagenesis）是指取代、插入或缺失克隆基因或 DNA 序列中的任何一个特定的碱基，它是基因工程和蛋白质工程的重要手段，有简单易操作、重复性高等优点，已经被广泛应用于基因表达调控及其结构与功能、蛋白质性质等诸多研究领域（Wang et al.，2019b）。其中，PCR 介导的定点诱变法、盒式诱变法和寡核苷酸定点诱变法是最常用的方法。

1. PCR 介导的定点诱变法

PCR 是一种对特定 DNA 序列进行体外快速扩增的技术手段。到目前为止，重组 PCR 法、重叠延伸突变法、含 U 模板法和大引物突变法等都是利用 PCR 进行定点突变的方法（Binay and Karaguler，2007）。其中，重叠延伸突变法和大引物突变法应用更为广泛，但这些方法都具有操作较复杂、步骤较烦琐的缺点，需要多轮 PCR 和多个引物来完成突变，而且得到的非目标突变率较高（Angelaccio and Patti，2002）。

2. 盒式诱变法

盒式诱变（cassette mutagenesis）就是通过一段人工合成的具有突变序列的寡核苷酸片段，去代替野生型基因中的对应序列。其方法步骤是先将目的基因克隆到适合的载体上，然后用定向诱变的方法，在准备诱变的目的密码子两侧各引入 1 个单酶切位点，连接到同一载体上，再将此载体用新引进的 2 个酶切位点切开使其成线形，最后连接人工合成的、只有目的密码子发生了变化的双链 DNA 分子和线形载体，转化筛选目的突变子（Pearson et al.，2019）。

3. 寡核苷酸定点诱变法

利用人工合成的少量密码子发生变化的寡核苷酸介导得到诱变目的基因的方法称为寡核苷酸定点诱变（oligonucleotide-directed mutagenesis）（崔行和王明运，1992）。其步骤是首先将待突变基因克隆到 M13 噬菌体上，然后转化和初步筛选异源双链 DNA 分子转化大肠杆菌感受态细胞后，就会产生野生型、突变型的同源双链 DNA 分子，初步筛选突变基因的方法主要有限制性酶切法、斑点杂交法等。

22.4.2.7 基因敲除技术

利用基因打靶技术，将无功能的外源基因转入细胞与基因组进行同源序列同源重组（陈莹等，2012），置换出具有功能的同源序列，造成功能基因的缺失或失活，这一技术称为基因敲除。这项技术具有较多的优点，如整合位点精确、转移基因频率较高，既能用正常基因敲除突变基因，以进行性状的改良，也可以用突变基因敲除正常基因，以达到研究此基因功能的目的（Jansing et al.，2019）。置换型载体也是进行基因敲除的常用方法，即内源基因一个功能片段被正向选择基因置换，形成基因的缺失突变，即将正向选择基因插入内源基因的功能区域后造成插入突变。

1. 利用同源重组进行基因敲除

基因敲除是在同源重组技术的基础上逐步扩展的，通过 DNA 转化技术，将含有目的基因和靶基因同源片段的重组载体导入靶细胞，利用重组载体与靶细胞染色体上的同源序列，将外源基因整合入内源基因组内，使外源基因得以表达（周维等，2015）。

2. 利用随机插入突变进行基因敲除

基因定点敲除是一种研究基因功能的方法，也是一种最直接简便的方法，其他植物的定点突变技术已经十分成熟，但对于开花植物，缺乏高效实用的定点突变技术。所以大规模的随机插入突变是目前较为有效的方法，该方法为在基因组范围内敲除掉任何一个基因提供了可能。这项技术具有很多优点，如敲除效率高、基因完全失活、容易分离和鉴定目的基因，该目的基因是因插入而失活的基因（陈其军等，2004）。

22.4.3 基因编辑

22.4.3.1 基因编辑技术简介

1. 概念

基因编辑（genome editing）是对生物体基因组进行靶向修饰的一项新技术。该技术利用序列特异性核酸酶在基因组特定位点产生 DNA 双链断裂（double-strand break，DSB），进而诱导细胞启动 DNA 修复机制。包括两个过程：①精准定位，在基因组上准确找到特定 DNA 片段；②利用工具酶执行 DNA 编辑功能。当用工具酶使生物体细胞基因组 DNA 双链断裂后，诱导 DNA 修复机制启动，真核生物中 DSB 的修复机制主要包括两种途径：非同源末端连接（non-homologous end joining，NHEJ）和同源重组（homologous recombination，HR）。通过非同源末端连接方式，断裂的染色体会重新连接，但这种修复过程并不精确，在 DNA 断裂处往往容易产生核苷酸的插入或缺失，从而造成基因突变；而同源重组方式则是以一段与断裂处两端序列同源的 DNA 序列为模板进行合成修复，从而产生精确的基因替换或者插入（Symington and Gautier，2011）。因此，基因编辑技术的使用可以在特定位点产生插入、删除、替换等，最终造成 DNA 序列的改变。

基因编辑通过特异性结构识别目标基因，通过改造基因来改变基因组中的特定基因，从而定点修复致病基因或定点插入一个基因或 DNA 元件；同时该技术可对正常基因进行编辑，实现基因的敲除、插入、结构变异等修饰，从而研究其在体内的功能。以锌指核酸酶（ZFN）和类转录激活因子效应物核酸酶（TALEN）为代表的第二代基因编辑技术，提高了基因编辑效率。2013 年， 以 CRISPR/Cas9（clustered regulatory interspaced short palindromic repeat/CRISPR-associated protein 9）系统为标志的第三代基因编辑技术取得了决定性突破，并因操作简便、成本低、效率高、多靶标等特有优势，突破了常规育种瓶颈，成为基因编辑主流技术。伴随着基因编辑技术的不断改进及其在植物上的广泛应用，未来植物研究领域将发生颠覆性变革。

2. 发展历程

20 世纪 80 年代末期，马里奥 · 卡佩奇研发了基因打靶技术，实现了动物细胞基因组的精准编辑，具有里程碑式意义。随着研究的逐渐深入，该技术不断取得突破，并建立了多种技术体系。其中，ZFN 技术是最早的人工内切核酸酶介导的基因编辑技术（Geurts et al.，2009），在玉米、小鼠、人、果蝇、斑马鱼、牛和猪等多种动植物中成功应用。该技术编辑效率较高，但系统构建难度大、费用高，限制了其推广和应用。而同期的 TALEN 技术作为另一项基因编辑技术，操作相对简单，也可使特定靶 DNA 双链断裂，实现精准基因编辑（Chbristian et al.，2010），平均编辑效率达 40% 以上，在酵母、果蝇、斑马鱼、爪蟾、小鼠、大鼠、水稻、猪、牛、羊等多种生物上都有应用。由第一代基因打靶到第二代 ZFN 和 TALEN 基因编辑技术，编辑效率实现了质的飞跃。2012 年，美国科学家首次证实，CRISPR/Cas9 系统能够靶向精确切割 DNA 片段，并实现了动物细胞基因组精准编辑，标志着基因组定点修饰技术有了新突破。此后，CRISPR/Cas9 基因编辑技术逐渐应用于动植物、微生物等领域，成为高效、简便、通用的主流基因编辑技术。另外，通过突变型 Cas9 与胞嘧啶脱氨酶、尿嘧啶糖苷酶抑制蛋白质及腺苷脱氨酶融合，发展了单碱基基因编辑技术，实现了单个碱基转换（Keunsub et al.，2018）。

3. 基因编辑技术的种类及其原理

基因编辑技术根据序列特异性核酸酶的不同，可以分为 3 个系统，即锌指核酸酶（zinc finger nuclease，ZFN）系统、类转录激活因子效应物核酸酶（transcription activator like effector nuclease，TALEN）系统，以及成簇的规律间隔的短回文重复序列（clustered regularly interspaced short palindromic repeat，CRISPR）及其相关（CRISPR-associated，Cas）系统，也称 CRISPR/Cas9 系统。ZFN 系统由能特异识别 DNA 双链的锌指结构域与具有序列非特异性切割活性的一对 *Fok* Ⅰ核酸酶结构域两部分构成。DNA 结合域通常由 3 ～ 4 个 C_2H_2 锌指蛋白串联而成，每个锌指蛋白能够识别并结合 1 个特异的三碱基 DNA 序列，因此 DNA 结合域能够特异地识别一段 9 ～ 12bp 的碱基序列。

核酸酶 *Fok*Ⅰ具有核酸内切酶活性，以二聚体的形式发挥作用，可以切割双链 DNA（Kim et al.，1996）。因此每一个靶位点都需要一对核酸酶，这对核酸酶识别位点之间通常需要间隔 5 ～ 7bp，以确保 *Fok*Ⅰ二聚体的正确形成并在该位点进行切割，从而导致双链 DNA 断裂（Bibikova et al.，2003）。锌指核酸酶设计很复杂，不同锌指模块位置和次序会影响其基因打靶的特异性，容易造成脱靶。

TALEN 系统也由 DNA 结合域与核酸酶活性域两部分组成，其中核酸酶活性域依然为 *Fok*Ⅰ，而 DNA 结合域则为黄单胞属植物病原菌分泌的一类称为 TALE（transcription activator-like effector）的效应蛋白的 DNA 结合域。TALE 的 DNA 结合域由 13 ～ 28 个串联重复单元组成，每个重复单元含有大约 34 个氨基酸（Boch et al.，2009；Luo et al.，2019）。

TALEN 不同单元的氨基酸序列高度保守，仅第 12 位和第 13 位氨基酸存在差异（Deng et al.，2012）。这两个可变氨基酸的不同组合与 4 种碱基具有对应关系，即 NG 识别 T，HD 识别 C，NI 识别 A，NN 识别 G（Mahfouz et al.，2011）。因此，为获得识别某一特定核酸序列的 TALEN，只需按照 DNA 序列将对应重复单元串联组装即可。与锌指核酸酶一样，每一个靶位点也需要在其上、下游各设计 1 个 TALEN，其间隔序列比锌指核酸酶长一些，需要 12 ～ 21bp。与锌指核酸酶系统相比，该系统的特异性和易用性都得到了一定的改善，但是由于所用载体过大、遗传操作复杂，限制了其在植物上的广泛应用。

CRISPR/Cas 系统最早是作为细菌的适应性免疫系统被发现的，超过 40% 的真细菌和 90% 的古细菌中都存在 CRISPR/Cas 系统，其主要功能是特异性识别入侵的病毒和核酸，并利用 Cas 蛋白对其进行切割，帮助细菌对抗入侵的病毒及外源 DNA（Godde and Bickerton，2006；Cong et al.，2015；Yan and Zhou，2016）。CRISPR/Cas 系统由 CRISPR 序列元件与 Cas 基因家族组成。其中 CRISPR 由一系列高度保守的重复序列（repeat）与同样高度保守的间隔序列（spacer）相间排列组成。Cas 是在 CRISPR 附近存在的一部分高度保守的基因，这些基因编码的蛋白质具有核酸酶功能域，可以对 DNA 进行切割（Gasiunas et al.，2012）。根据 Cas 基因核心元件序列的不同，CRISPR/Cas 系统可分为 3 种类型，其中Ⅰ型和Ⅲ型都需要多个 Cas 蛋白才能完成靶位点的切割，而Ⅱ型只需要一个 Cas 蛋白便可以完成对靶位点的破坏，因此属于Ⅱ型的 CRIPSR/Cas9 系统是目前最为常用的基因编辑系统（Pickar-Oliver and Gersbach，2019）。

CRISPR/Cas9 系统由 Cas9 蛋白与单分子引导 RNA（single-guide RNA，sgRNA）组成（图 22-16），通过 sgRNA 与靶序列 DNA 的碱基配对招募 Cas9 蛋白切割 DNA 双链，产生 DNA 双链断裂。该系统的靶序列通常由 23 个碱基组成，其中前 20 个碱基能够与 sgRNA 进行配对，而 3′ 端则包含了能够被 Cas9 蛋白识别的 3 个核苷酸 NGG，也称为 PAM（protospacer adjacent motif）序列。Cas9 的切割位点则位于 PAM 上游 3nt 处，而靶位点的序列特异性由 sgRNA 和 PAM 序列共同决定（Jinek et al.，2012）。与 TALEN 和 ZFN 技术不同，CRISPR/Cas9 利用一段较短的序列特异性向导 RNA 分子引导核酸内切酶到靶点处完成基因组的编辑，非常简单方便，因此自问世以来便得到了迅猛发展和广泛应用。

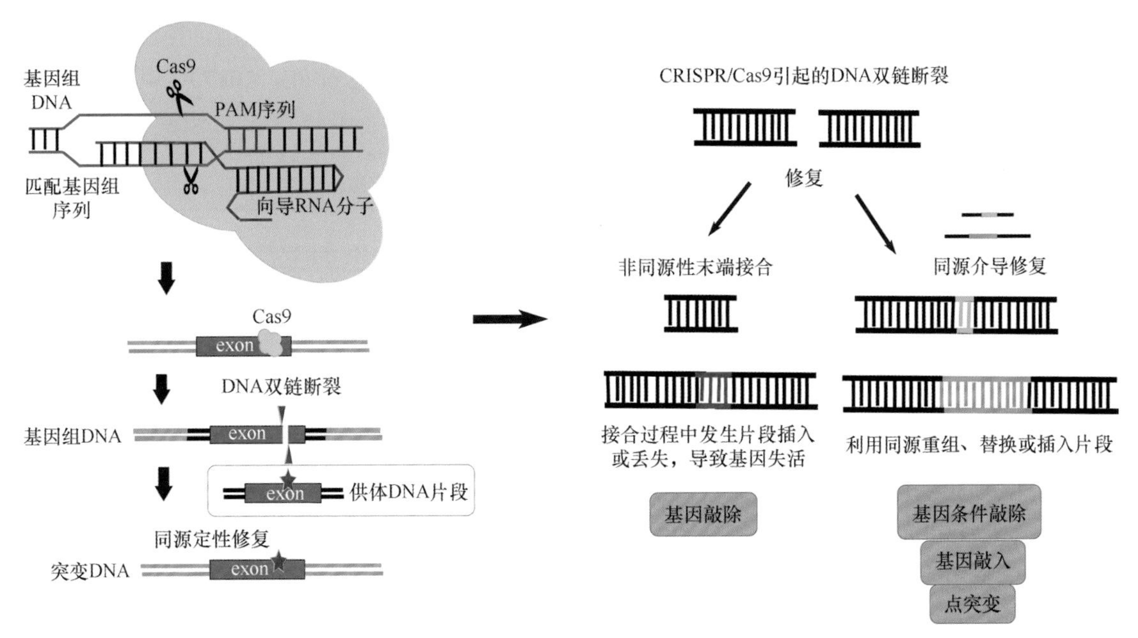

图 22-16　CRISPR/Cas9 基因编辑原理

22.4.3.2　技术特性

CRISPR/Cas9 基因编辑技术的特性主要体现在：①操作简单、成本低。利用 Cas9 蛋白的切割酶活性、sgRNA 引导 Cas9 蛋白定位目标位点的特性，仅构建 Cas9 基因和 sgRNA 表达质粒即可完成基因编辑系统构建。②编辑效率高。靶向切割 DNA 双链的效率达 50% 以上，最高达 90% 以上，介导的同源重组效率也达到 40% 以上，远高于先前的技术体系。③靶点覆盖广，靶向性高。以 PAM 序列（即 NGG）为识别序列，该技术能够实现目标基因组全部基因的编辑（人类基因组每 8bp 就存在一个 PAM 序列）。同时，sgRNA 种子序列（距 PAM 序列 8 ～ 12 碱基）应与靶 DNA 完全配对的切割限制，进一步增强了靶向性。④可同时编辑多个基因。Cas9 蛋白能同时与多个不同 sgRNA 形成剪切复合物，实现对多个基因同时编辑。⑤通用性广。无基因、细胞类型及物种限制，特别适用于对农业领域的动物、植物或微生物（病毒、细菌）基因组改造。

22.4.3.3　ZFN、TALEN 与 CRISPR/Cas9 系统的特异性和局限性

2012 年，Jinek 等在体外证明了 tracrRNA:crRNA 复合物通过退火产生的嵌合 sgRNA 与 Cas9 的靶向切割能力，进一步将 CRISPR/Cas9 系统组成元件减少到两种，即 sgRNA 和 Cas9 基因。这一优化为深入应用 CRISPR/Cas9 系统进行基因编辑打下了坚实的基础。在后续的发展中，分别将装载有 Cas9 与 sgRNA 的两个载体共转导靶细胞，sgRNA 与靶 DNA 序列 PAM 上游 20 个碱基互补配对，待编辑区域附近需要存在相对保守的 PAM 序列（NGG），引导 Cas9 核酸内切酶到靶位点，切割形成 DSB 状态，引发生物体非同源末端连接基因损伤修复机制。在存在同源序列的情况下，DNA 即可能被同源重组（homologous recombination，HR），该机制可用于精确地修复或插入基因。

相比于 ZFN 与 TALEN 技术重复单元设计困难、成本高、实验操作难等问题，CRISPR/Cas9 技术具有应用范围广、设计方便、成本低、操作简单、编辑效率高等优势（表 22-13）。目前，CRISPR/Cas9 作为新时代的作物基因编辑技术，可对作物产量和抗性等相关基因的修

饰与编辑来提高相应的产量和抗性等特性，在这方面其有着不可替代的作用，已经成功应用于水稻、小麦、马铃薯、番茄、棉花、玉米等多种作物中（Yang et al.，2017），其研究最为广泛与深入的作物当数历史悠久的粮食作物水稻。

表 22-13 不同类型基因编辑技术的差异比较

项目	ZFN	TALEN	CRISPR/Cas9
来源	动植物、微生物	病原体黄单胞菌	细菌、古生菌
构成	ZFP + *Fok*Ⅰ	TALEN + *Fok*Ⅰ	Cas9 + sgRNA
技术难度	困难	较容易	较容易
识别模式	蛋白质-DNA	蛋白质-DNA	RNA-DNA
编辑特点	单位点编辑	单位点编辑	多位点编辑
识别特性	较弱	较强	强
编辑范围	小	较小	较广
精确度	无法预测	较低	较高
脱靶效应	较低	较低	较高
毒性	较弱	较弱	较强
性价比	低	低	较高
局限	上下文依赖效应	重复构建载体	脱靶严重

2013 ～ 2017 年，研究者先后针对水稻 *OsPDS*、*OsMPK2*、*OsBADH2*、*Os02g23823*、*LOC_Os10g05490* 等几十个功能基因设计 sgRNA，通过农杆菌转化愈伤组织或原生质体或者电穿孔等方法，对其基因组进行精准编辑。Cas9 与 sgRNA 分别优化启动子和编辑效率，其突变率甚至达到 80%，为水稻种质资源创新、遗传性状改良提供了有力、有效的工具（Ren et al.，2019）。而 CRISPR/Cas9 技术在马铃薯中的应用早在 2014 年就成功完成。同年，针对玉米中两个靶向 *ZmIPK* 基因构建了 sgRNA，转化原生质体，靶基因突变频率分别为 16.4% 和 19.1%。针对棉花中单拷贝 *GFP* 基因设计了 sgRNA，通过对农杆菌转化幼苗切下的下胚轴、子叶柄和子叶外植体进行研究发现，靶基因编辑后突变率高达 43%。

CRISPR/Cas9 系统的发现掀起了基因编辑技术研究的新浪潮。ZFN、TALEN 技术目前尚无法实现对任意一段 DNA 序列进行基因编辑，并且脱靶效应引起的细胞毒性等缺点使 ZFN 与 TALEN 技术的应用受到很大限制。而应用 CRISPR/Cas9 技术对基因组进行编辑时，研究者可通过设计与靶序列同源互补的 sgRNA，达到对靶序列准确定位，进而使 Cas9 对靶序列准确切割的目的。然而，CRISPR/Cas9 系统并非完美无缺，它同样存在诸多亟待解决的问题：①由于 CRISPR/Cas9 系统通过 sgRNA 与 PAM 上游的前 18 ～ 22 个碱基互补配对特异性识别靶序列，起主要作用的是 PAM 上游的 8 ～ 10bp，远离 PAM 10 ～ 12bp 的序列与 sgRNA 不完全配对，对靶向切割影响不大，由此出现碱基错配（Masaki et al.，2019），引起基因序列被非特异性切割，从而产生细胞毒性，需提升精确编辑能力，降低细胞毒性；② CRISPR/Cas9 系统要求靶序列具有特定的间隔序列（PAM），虽然生物的基因组内存在大量的间隔序列，该系统能得到广泛的应用，但是若目标基因没有富含胞嘧啶的间隔序列，则无法使用；③ CRISPR/Cas9 介导的 DNA 双链断裂后修复引发靶位点远端 DNA 大片段丢失、插入等事

件值得深入思考和广泛关注（表22-13）。以上CRISPR/Cas9存在的不足亦鞭策研究者不懈努力，为不断改进、研发基因编辑技术指引方向。

目前，基因编辑技术在作物育种中主要用于提高作物产量、抗病性，产生更健康的抗除草剂的作物。

22.4.3.4 基因编辑技术的优势与不足

基因编辑技术作为基因组编辑的有力工具，能够通过基因突变改良植物性状，也可以通过外源基因的定点插入，实现对植物显性性状如抗病性等的改善。利用该技术对植物性状进行改良，其转基因后代不需要进行大规模的基因型与表型筛选，与常规育种相比，可以极大地节省时间和成本。该技术所展现的良好靶向性，也为解决常规育种中由连锁累赘所造成的不良性状等问题提供了可靠的分子改良工具。由于基因编辑所造成的靶基因位点的改变通常与带有核酸酶的转化载体整合到基因组的位点不连锁，因此通过后代自交分离可获得没有转基因痕迹的遗传材料。基于这些优点，基因编辑技术已经在植物基因功能研究和性状改良等方面发挥着重要的作用。

由于植物种类繁多，在不同植物中建立高效的基因编辑体系还需要大量的实践探索。目前只有能够进行转基因的作物才可以利用基因编辑技术对其基因功能进行研究或对性状进行改良，很多植物不能进行转基因，极大地制约了基因编辑系统在这些作物中的应用。建立和完善不同植物转基因技术体系，努力探索不依赖于转基因的高效基因编辑系统是基因编辑技术在植物中广泛应用的前提。尽管国际上对于经基因编辑产生的植物新品种是否为遗传改良生物（genetically modified organism，GMO）还存在争议，但就其所造成的突变来说，通过自交分离，与自然和化学诱变所获得的材料并没有区别。但是植物非常复杂，一些植物具有自交不亲和特性，还有一些多年生植物生长周期很长，这些植物都难以通过自交对转基因插入进行快速分离。因此如何高效快速获得没有转基因痕迹的后代，将是在植物中利用基因编辑技术进行性状改良的关键。目前通过体外组装的Cas9蛋白与sgRNA复合物转化原生质体可以在多种植物中实现在特定位点DNA序列的插入和缺失，如在葡萄和苹果中实现了对白粉病感病基因*MLO-7*和火疫病感病基因*DIPM-1*、*DIPM-2*、*DIPM-4*的敲除（Mickael et al.，2016）。因此，在不同植物中利用原生质体转化实现对基因的定点突变后再生成突变植株的方法是解决这些问题的一种思路。但是，目前如何筛选成功敲除靶基因的原生质体并使之再生出植株，对多数园艺作物来说仍是一个比较难以解决的问题。虽然基因编辑技术在植物中的应用还有很多问题需要解决，但基因编辑技术本身的易用性及良好的靶向性，一定会成为未来植物基因功能研究的重要工具并发挥重要作用。

22.5 展　　望

利用其他组学的结果来验证蛋白质组学的结果，开展多组学联合分析，可以同时检测转录组水平的变化，系统地研究基因的表达及调控机制；同时监测位于生物信息流最终端的代谢组学，可以将基因和蛋白质水平有效微小变化进行放大，使得机体的生理病理状态更容易被监测，从而对蛋白质组学的结果进行验证，是目前蛋白质组学研究的趋势，细胞整体水平多组学分析常用程序及网址见表22-14。

表 22-14 细胞整体水平多组学分析常用程序及网址

水平	程序或数据库	网址
基因组	BLASTZ	http://bio.cse.psu.edu
	BLAT	http://genome.ucsc.edu/cgi-bin/hgBlat
	UCSC	http://genome.ucsc.edu
	Genome Pixelizer	http://www.atgc.org/GenomePixelizer
蛋白质组	PROSITE	https://prosite.expasy.org/prosite.html
	SMART	http://smart.embl-heidelberg.de
	SCOP	http://scop.berkeley.edu/
	CATH	http://cathdb.info/
转录组	TRANSFAC	http://genexplain.com/transfac/#section0
	RegulonDB	http://regulondb.ccg.unam.mx/
	DIP	https://dip.doe-mbi.ucla.edu/dip/Main.cgi
代谢组	KEGG	http://www.genome.ad.jp/kegg
	EcoCyc	https://www.g6g-softwaredirectory.com/bio/cross-omics/dbs-kbs/20231SRIEcoCyc.php
	MetaCyc	https://www.biostars.org/t/metacyc/
蛋白质修饰组	qPhos	http://qphos.cancerbio.info/

参 考 文 献

毕安定, 王顺德, 王小柯, 等. 1998. 同源模建法建立和检验人类新基因 *ZNF191* 锌指基序的三维构象. 复旦学报（自然科学版), 37(2): 123-128.

曹友志, 谭碧玥, 王明庥, 等. 2012. 利用杨树原生质体瞬时表达系统筛选杨生褐盘二孢菌效应因子蛋白. 南京林业大学学报（自然科学版), (5): 31-36.

柴晓杰, 王丕武, 关淑艳, 等. 2004. 反义技术及其在植物基因工程中的应用. 吉林农业大学学报, 26(5): 515-518.

陈其军, 肖玉梅, 王学臣, 等. 2004. 植物功能基因组研究中的基因敲除技术. 植物生理学报, 40(1): 121-126.

陈莹, 彭晓珏, 官杰, 等. 2012. 植物基因打靶技术及其应用. 热带亚热带植物学报, 20(6): 642-648.

崔行, 王明运. 1992. 寡核苷酸介导的 DNA 定位诱变技术的进展. 生命的化学, 2: 18-21.

杜鹃, 赵峰, 曹越平. 2010. 超声波辅助农杆菌介导转化大豆 *gus* 基因在不同外植体中的瞬时表达. 上海交通大学学报（农业科学版), 28(5): 439-441.

杜玉梅, 左正宏. 2008. 基因功能研究方法的新进展. 生命科学, 20(4): 589-592.

高泽发, 陈绪清, 杨凤萍, 等. 2005. 植物功能基因组研究方法及进展. 生物学杂志, 22(6): 1-4.

郭尧君. 2005. 蛋白质电泳实验技术. 2 版. 北京: 科学出版社: 10-28.

胡玉欣, 韩畅, 牟中林, 等. 1998. 用 cDNA 阵列鉴定基因表达. 科学通报, 45(24): 3-5.

纪宗玲, 刘继中, 陈苏民. 2002. 基因功能的研究方法. 生物工程学报, 18(1): 117-120.

李超, 许治永, 杨军, 等 . 2010. 利用农杆菌介导的瞬时表达系统研究 CYC 类 TCP 蛋白的亚细胞定位. 植物生理学报 , 46(6): 555-558.

李富威, 张舒亚, 叶军, 等. 2013. 食品中木瓜成分实时荧光 PCR 检测方法. 食品研究与开发, 34(11): 51-56.

李林川, 韩方普. 2011. 人工染色体研究进展. 遗传, 33(4): 293-297.

楼鸿飞, 张志文. 2001. 酵母双杂交系统研究进展. 生物学通报, 36(11): 1- 2.

邱礽, 陶刚, 李奇科, 等. 2009. 农杆菌渗入法介导的基因瞬时表达技术及应用. 分子植物育种, 7(5): 1032-1039.

王华忠, 陈雅平, 陈佩度, 等. 2007. 植物瞬间表达系统与功能基因组学研究. 生物工程学报, 23(3): 367-374.

夏其昌, 曾嵘. 2006. 蛋白质化学与蛋白质组学：现代生物技术前沿. 北京: 科学出版社: 10-25.

袁亚男, 刘文忠. 2008. 实时荧光定量 PCR 技术的类型、特点与应用. 中国畜牧兽医, 35(3): 27-30.

赵焕英, 包金凤. 2007. 实时荧光定量 PCR 技术的原理及其应用研究进展. 中国组织化学和细胞化学杂志, 16(4): 492-497.

周维, 付喜爱, 张德显, 等. 2015. 基因敲除技术的研究进展. 中国兽医杂志, 51(3): 67-69.

朱丹, 王希, 朱延明, 等. 2011. 植物亚细胞定位载体卡盒 pCEG 的构建及验证. 东北农业大学学报, 42(4): 83-88.

Abedi M, Caponigro G, Shen J, et al. 2001. Transcriptional transactivation by selected short random peptides attached to lexA-GFP fusion proteins. BMC Mol. Biol., 2(1): 1-9.

Abelson J, Simon M. 1999. Green fluorescent protein. Methods in Enzymology, 302: 4491.

Albizu L, Cottet M, Kralikova M, et al. 2010. Time-resolved Fret between GPCR ligands reveals oligomers in native tissues. Nat. Chem. Biol., 6(8): 587-594.

Alicia R, Luque M I, María J A, et al. 2011. Development of real-time PCR methods to quantify patulin-producing molds in food products. Food Microbiol., 28(6): 1190-1199.

Anfinsen C B, White F H. 1961.The kinetics of formation of native ribonuclease during oxidation of the reduced polypeptide chain. Proc. Natl. Acad. Sci. USA, 47(9): 1309-1314.

Angelaccio S, Patti M C B D. 2002. Site-directed mutagenesis by the megaprimer PCR method: variations on a theme for simultaneous introduction of multiple mutations. Anal. Biochem., 306(2): 346-349.

Anjani K, Sharma V K, Kumar H. 2018. Gene trapping: a powerful tool of functional genomics to identify novel genes. International Journal of Genetics, 10(1): 325-332.

Anterola A M, Jeon J H, Davin L B. 2002. Transcriptional control of monolignol biosynthesis in *Pinus taeda*: factors affecting monolignol ratios and carbon allocation in phenylpropanoid metabolism. J. Biol. Chem., 277(21): 18272-18280.

Baranski R, Klocke E, Ryschka U, et al. 2007. Monitoring the expression of green fluorescent protein in carrot. Acta Physiol. Plant, 29(3): 239-246.

Baxevanis A D. 2003. The molecular biology database collection: 2003 update. Nucleic Acids Res., 30(1): 1-12.

Benesch J, Hungerford G, Suhling K, et al. 2007. Fluorescence probe techniques to monitor protein adsorption induced conformation changes on biodegradable polymers. J. Colloid. Interface Sci., 312(2): 193-200.

Bhushan S, Ståhl A, Nilsson S, et al. 2005. Catalysis, subcellular localization, expression and evolution of the targeting peptides degrading protease, AtPreP2. Plant Cell Physiol., 46(6): 985-996.

Bibikova M, Beumer K, Trautman J K, et al. 2003. Enhancing gene targeting with designed zinc finger nucleases. Science, 300(5620): 764.

Binay B, Karaguler N G. 2007. Attempting to remove the substrate inhibition of L-lactate dehydrogenase from *Bacillus stearothermophilus* by site directed mutagenesis. Appl. Biochem. Biotechnol., 141(2-3): 265-272.

Bird C R, Ray J A, Fletcher J D, et al. 1991. Using antisense RNA to study gene function: inhibition of carotenoid biosynthesis in transgenic tomatoes. Biotechnology, 9(7): 635- 639.

Boch J, Scholze H, Schornack S, et al. 2009. Breaking the code of DNA binding specificity of TAL-type III effectors. Science, 326(5959): 1509-1512.

Bradford J R. 2010. GO-At: in silico prediction of gene function in *Arabidopsis thaliana* by combining heterogeneous data. Plant J., 61(4): 713-721.

Brummell D A, Catala C, Lashbrook C C, et al. 1997. A membrane-anchored E-type endo-1,4-glucanase is localized on Golgi and plasma membranes of higher plants. Proc. Natl. Acad. Sci. USA, 94(9): 4794-4799.

Cai C Q, Doyon Y, Ainley W M, et al. 2009. Targeted transgene integration in plant cells using designed zinc finger nucleases. Plant Mol. Biol., 69(6): 699-709.

Cai C Z, Han L Y, Ji Z L, et al. 2003. SVM-Prot: web-based support vector machine software for functional classification of a protein from its primary sequence. Nucleic Acids Research, 31(13): 3692-3697.

Cao D N, Gardiner K J, Nguyen D. 2008. Prediction of Protein Functions From Protein Interaction Networks: A Nave Bayes Approach/PRICAI.Vietnam: Hanoi: 788-798.

Cao Y, Zhang Z H, Ling N, et al. 2011. *Bacillus subtilis* SQR 9 can control *Fusarium* wilt in cucumber by colonizing plant roots. Biology and Fertility of Soils, 47(5): 495-506.

Chang H. 2007. RNAi-mediated knockdown of target genes: a promising strategy for pancreatic cancer research. Cancer Gene Therapy, 14(8): 677-685.

Chbristian M, Cermak L, Doyle E L, et al. 2010. Targeting DNA double-strand breaks with TAL effector nucleases. Genetics, 186(2): 757-761.

Cheng X X, Deng S L, Jian R, et al. 2005. Interaction of B lymphocyte signal transduction-associated adaptor protein Bam32 with Hie-5. Chinese Journal of Biochemistry and Molecular Biology, 21(6): 796-800.

Chol K Y, Satterberg B, Lyons D M, et al. 1994. Ste5 tethers multiple protein kinases in the MAP kinases cascade required for mating in *S. cerevisiae*. Cell, 78(3): 499-512.

Chong V K, Stinchcombe J R. 2019. Evaluating population genomic candidate genes underlying flowering time in *Arabidopsis thaliana* using T-DNA insertion lines. J. Hered., 110(4): 445-454.

Chou K C, Cai Y D. 2004. Predicting subcellular localization of proteins by hybridizing functional domain composition and pseudo amino acid composition. J. Cell Biochem., 91(6): 1197-2031.

Cinnamon H, Arévalo-Soliz L, Benjamin H, et al. 2017. Advances in Non-Viral DNA vectors for gene therapy. Genes, 8(2): 65.

Cong L, Ran F A, Cox D, et al. 2015. Multiplex genome engineering using CRISPR/Cas systems. Science, 339(11): 197.

Crooke, Stanley T. 2017. Molecular mechanisms of antisense oligonucleotides. Nucleic Acid. Ther., 27(2): 70-77.

Cui Q, Jiang T, Liu B, et al. 2004. Esub8: a novel tool to predict protein subcellular localizations in eukaryotic organisms. BMC Bioinformatics, 5: 661.

Deng D, Yan C, Pan X, et al. 2012. Structural basis for sequence-specific recognition of DNA by TAL effectors. Science, 335(6069): 720-723.

Desprez T, Joëlle A, Caboche M, et al. 1998. Differential gene expression in *Arabidopsis* monitored using cDNA arrays. The Plant Journal, 14(5): 643-652.

Devos D, Valencia A. 2000. Practical limits of function prediction. Proteins Structure Function and Bioinformatics, 41(1): 98-107.

Devos D, Valencia A. 2001. Intrinsic errors in genome annotation. Trends in Genetics, 17(8): 429-431.

Di Fiore S, Hoppmann V, Fischer R, et al. 2004. Transient gene expression of recombinant terpenoid indole alkaloid enzymes in *Catharanthus roseus* leaves. Plant Mol. Biol. Rep., 22(1): 15-22.

Ding Y, Li H, Zhang X, et al. 2015. OST1 kinase modulates freezing tolerance by enhancing ICE1 stability in *Arabidopsis*. Dev. Cell, 32(3): 278-289.

Dobson P D, Cai Y D, Stapley B J, et al. 2004. Prediction of protein function in the absence of significant sequence similarity. Curr. Med. Chem., 11(16): 2135-2142.

Emanuelsson O, Heijne G V. 2001. Prediction of organellar targeting signals. Biochim. Biophys. Acta, 1541(1-2): 114-1191.

Escobar N M, Haupt S, Thow G, et al. 2003. High-throughput viral expression of cDNA-green fluorescent protein fusions reveals novel subcellular addresses and identifies unique proteins that interact with plasmodesmata. Plant Cell, 15(7): 1507-1523.

Fedor M J. 2000. Structure and function of the harpin ribozyme. Journal of Molecular Biology, 297(2): 269-291.

Feng J, Yuan F H, Gao Y, et al. 2003. A novel antimicrobial protein isolated from potato (*Solanum tuberosum*) shares homology with an acid phosphatase. Biochemical Journal, 376(Pt 2): 481-487.

Field S, Song O. 1989. A novel genetic system to detect protein-protein interactions. Nature, 340(6230): 245-246.

Figeys D. 2003. Novel approaches to map protein interaction. Currently Opinion. Biotechnol., 14(1): 119-125.

Fischer R, Vaquero-Martin C, Sack M, et al. 1999. Towards molecular farming in the future: transient protein expression in the plant. Biotechnol. Appl. Biochem., 30(2): 113-116.

Forootan A, Sjöback R, Björkman J, et al. 2017. Methods to determine limit of detection and limit of quantification in quantitative real-time PCR (qPCR). Biomolecular Detection and Quantification, 12: 1-6.

Fu S, Xu X, Ma Y, et al. 2018. RGD peptide based non-viral gene delivery vectors targeting integrin $\alpha_v\beta_3$ for cancer therapy. Journal of Drug Targeting, 27(1): 1-31.

Fujiwara Y, Asogawa M, Dunker A K, et al. 2001. Prediction of subcellular localizations using amino acid composition and order. Genome Inform., 12(12): 103-112.

Gancon C, Mingam A, Charrier B. 2004. Real-time PCR: what relevance to plant studies? J. Exp. Bot., 55(402): 1445-1454.

Gasiunas G, Barrangou R, Horvath P, et al. 2012. Cas9-crRNA ribonucleoprotein complex mediates specific DNA cleavage for adaptive immunity in bacteria. Proc. Natl. Acad. Sci. USA, 109(39): E2579-E2586.

Godde J S, Bickerton A. 2006. The repetitive DNA elements called CRISPRs and their associated genes: evidence of horizontal transfer among prokaryotes. Mol. Evol., 62(6): 718-729.

Goldenkova I V, Musiichuk K A, Piruzian E S. 2003. Bifunctional reporter genes: construction and expression in prokaryotic and eukaryotic cells. Mol. Biol., 37(2): 356-364.

Gray C H, William E B. 2002. Modern Protein Chemistry-Practical Aspects. NewYork: CRC Press: 1-20.

Hadjantonakis A K, Nagy A. 2001. The color of mice: in the light of GFP-variant reporters. Histochem. Cell Biol., 115(1): 549-581.

Hannon G J. 2002. RNA Interference. Nature, 418(6894): 244-251.

Harper S, Speicher D W. 2008. Expression and purification of GST fusion proteins. Current Protocols in Protein Science, 52(1): 6.6.1-6.6.26.

Henriques R, Wang H, Liu J, et al. 2017. The antiphasic regulatory module comprising CDF5 and its antisense RNA FLORE links the circadian clock to photoperiodic flowering. New Phytologist., 216(3): 626-628.

Hishigaki H, Nakai K, Ono T, et al. 2001. Assessment of prediction accuracy of protein function from protein-protein interaction data. Yeast (Chichester, England), 18(6): 523-531.

Holzberg S, Brosio P, Gross C, et al. 2002. Barley stripe mosaic virus-induced gene silencing in a monocot plant. Plant J., 30(3): 315-327.

Hu D, Bent A F, Hou X L, et al. 2019. *Agrobacterium*-mediated vacuum infiltration and floral dip transformation of rapid-cycling *Brassica rapa*. BMC Plant Biology, 19(1): 246.

Hu Y X, Han C, Mou Z L, et al. 1999. Monitoring gene expression by cDNA array. Chinese Science Bulletin, 44(5): 441-444.

Huang C B, Xu L, Zhu J L, et al. 2017. Real-time monitoring the dynamics of coordination-driven self-assembly by fluorescence-resonance energy transfer. J. Am. Chem. Soc., 139(28): 9459-9462.

Jansing J, Sack M, Augustine S M, et al. 2019. CRISPR/Cas9-mediated knockout of six glycosyltransferase genes in *Nicotiana benthamiana* for the production of recombinant proteins lacking β-1,2-xylose and core α-1,3-fucose. Plant Biotechnol. J., 17(2): 350-361.

Jeon J M, Ahn N Y, Son B H, et al. 2007. Efficient transient expression and transformation of PEG-mediated gene uptake into mesophyll protoplasts of pepper (*Capsicum annuum* L.). Plant Cell Tiss. Organ Cult., 88(2): 225-232.

Jeong D H, An S, Kang H G, et al. 2002. T-DNA insertional mutagenesis for activation tagging in rice. Plant Physiol., 130(4): 1636-1644.

Jiang Z. 2008. Protein function predictions based on the phylogenetic profile method. Crit. Rev. Biotechnol., 28(4): 233-238.

Jinek M, Chylinski K, Fonfara I, et al. 2012. A programmable dual-RNA-guided DNA endonuclease in adaptive bacterial immunity. Science, 337(6096): 816-821.

Keresztessy Z, Éva C, Jolán H, et al. 2006. Phage display selection of efficient glutamine-donor substrate peptides for transglutaminase 2. Protein Sci., 15(11): 2466-2480.

Kerppola T K. 2009. Visualization of molecular interactions using bimolecular fluorescence complementation analysis: characteristics of protein fragment complementation. Chemical Society Reviews, 38(10): 2876-2886.

Keunsub L, Yingxiao Z, Kleinstiver B P, et al. 2018. Activities and specificities of CRISPR-Cas9 and Cas12a nucleases for targeted mutagenesis in maize. Plant Biotechnology Journal, 17(2): 362-372.

Kim C Y, Lee S H, Park H C. 2000. Identification of rice blast fungal elicitor-responsive genes by differential display analysis. Mol. Plant-Microbe Interact., 13(4): 470-474.

Kim M J, Baek K, Park C M. 2009. Optimization of conditions for transient *Agrobacterium*-mediated gene expression assays in *Arabidopsis*. Plant Cell Rep., 28(8): 1159-1167.

Kim W K，Krumpelman C, Marcotte E M. 2008. Inferring mouse gene functions from genomic-scale data using a combined functional network/classification strategy. Genome Biol., 9: S5.

Kim Y G, Cha J, Chandrasegaran S. 1996. Hybrid restriction enzymes: zinc finger fusions to *Fok*Ⅰ cleavage domain. Proc. Natl. Acad. Sci. USA, 93(3): 1156-1160.

Klein T M, Wolf E D, Wu R, et al. 1987. High-velocity microprojectiles for delivering nucleic acids into living cells. Nature, 327: 70-73.

Kodama Y, Hu C D. 2012. Bimolecular fluorescence complementation (BiFC): a 5-year update and future perspectives. BioTechniques, 53(5): 285-298.

Kole R, Krainer A, Altman S. 2012. RNA therapeutics: beyond RNA interference and antisense oligonucleotides. Nat. Rev. Drug Discov., 11(2): 125-140.

Kumagai M H, Donson J, Della-Cioppa G, et al. 1995. Cytoplasmic inhibition of carotenoid biosynthesis with virus-derived RNA. Proc. Natl. Acad. Sci. USA, 92(5): 1683-1697.

Lamb B T, Gearhart J D. 1995. YAC transgenics and the study of genetics and human disease. Curr. Opin. Genet. Dev., 5(3): 342-348.

Li J, Herskowitz I. 1993. Isolation of ORC6, a component of the yeast origin recognition complex by a one-hybrid system. Science, 262(5141): 1870-1874.

Li L, Xu J, Xu Z H, et al. 2005. Brassinosteroids stimulate plant tropisms through modulation of polar auxin transport in *Brassica* and *Arabidopsis*. Plant Cell, 17(10): 2738-2753.

Lindsey K, Jones M G K. 1987. Transient gene expression in electroporated protoplasts and intact cells of sugar beet. Plant Mol. Biol., 10(1): 43-52.

Liu W X, Liu H L, Chai Z J, et al. 2010. Evaluation of seed storage-protein gene 5′ untranslated regions in enhancing gene expression in transgenic rice seed. Theor. Appl. Genet., 121(7): 1267-1274.

Luo M, Li H Y, Chakraborty S, et al. 2019. Efficient TALEN-mediated gene editing in wheat. Plant Biotechnol. J., 17(11): 2026-2028.

Maas C, Werr W. 1989. Mechanism and optimized conditions for PEG mediated DNA transduction into plant protoplasts. Plant Cell Reps., 8(3): 148-151.

Mahfouz M M, Li L, Shamimuzzaman M, et al. 2011. *De novo*-engineered transcription activator-like effector (TALE) hybrid nuclease with novel DNA binding specificity creates double-strand breaks. Proc. Natl. Acad. Sci. USA, 108(6): 2623-2628.

Malik Y, Jung S, Showe L C, et al. 2008. Learning from positive examples when the negative class is undetermined-microRNA gene identification, algorithms for molecular biology. Algorithm Mol. Biol., 3: 2.

Mantis J, Tague B W. 2000. Comparing the utility of β-glucuronidase and green fluorescent protein for detection of weak promoter activity in *Arabidopsis thaliana*. Plant Mol. Biol. Reporter, 18(4): 319-330.

Marcotte E M, Pellegrini M, Ng H L, et al. 1999. Detecting protein function and protein-protein interactions from genome sequences. Science, 285(5248): 751-753.

Marcus S, Polverino A, Barr M, et al. 1994. Complexes between STE5 and components of pheromone-responsive mitogen-activated protein kinase module. Proc. Natl. Acad. Sci. USA, 91(16): 7762-7766.

Maria M, Stefania O, Daniela P, et al. 2005. Interaction proteomic. Biosci. Rep., 25(1-2): 45-56.

Martin K, Kopperud K, Chakrabarty R, et al. 2009. Transient expression in *Nicotiana benthamiana* fluorescent marker lines provides enhanced definition of protein localization, movement and interactions in planta. Plant J., 59(1): 150-162.

Marin M J, Figuero E, Herrera D, et al. 2017. Quantitative analysis of periodontal pathogens using real-time polymerase chain reaction (PCR) // Seymour G, Cullinan M, Heng N. Oral Biology. Methods in Molecular Biology. vol 1537. New York: Humana Press.

Masaki E, Masafumi M, Akira E, et al. 2019. Genome editing in plants by engineered CRISPR-Cas9 recognizing NG PAM. Nature Plants, 5(1): 14-17.

Matsuyama S, Nishi K. 2011. Genus identification of toxic plant by real-time PCR. Int. J. Legal. Med., 125(2): 211-217.

Mclntosh K B, Hulm J L, Young L W, et al. 2004. A rapid *Agrobacterium*-mediated *Arabidopsis thaliana* transient assay system. Plant Mol. Biol. Rep., 22(1): 53-61.

Mickael M, Roberto V, Min-Hee J, et al. 2016. DNA-free genetically edited grapevine and apple protoplast using CRISPR/Cas9 ribonucleoproteins. Front. Plant Sci., 7: 1904.

Mohammed S, Samad A A, Rahmat Z. 2019. Agrobacterium-mediated transformation of rice: constraints and possible solutions. Rice Science, 26(3): 133-146.

Moore C. 2009. Introduction to Western Blotting. Oxford: MorphoSys UK Ltd: 38-58.

Morell M, Espargaro A, Aviles F X, et al. 2008. Study and selection of *in vivo* protein interactions by coupling bimolecular fluorescence complementation and flow cytometry. Nat. Protocols., 3(1): 22-33.

Mostafavi S, Morris Q. 2010. Fast integration of heterogeneous data sources for predicting gene function with limited annotation. Bioinformatics, 26(14): 1759-1765.

Mullis K B. 1990. The unusual origin of the polymerase chain reaction. Sci. Am., 262(4): 56-65.

Nabieva E, Jim K, Agarwal A, et al. 2005. Whole proteome prediction of protein function via graph-theoretic analysis of interaction maps. Bioinformatics, 21: 302-310.

Nakashima J, Fukuda H. 2004. Immunocytochemical localization of polygalacturonase during tracheary element differentiation in *Zinniae legans*. Planta, 218(5): 729-739.

Nam J W, Shin K R, Han J J, et al. 2005. Human microRNA prediction through a probabilistic co-learning model of sequence and structure. Nucleic Acids Res., 33 (11): 3570-3581.

Nandakumar R, Chen L, Rogers S M. 2004. Factors affecting the *Agrobacterium*-mediated transient transformation of the wetland monocot, *Typha latifolia*. Plant Cell Tissue Organ Cult., 79(1): 31-38.

Ogaki M, Furuichi Y, Kuroda K, et al. 2008. Importance of co-cultivation medium pH for successful *Agrobacterium*-mediated transformation of *Lilium×formolongi*. Plant Cell Rep., 27(4): 699-705.

Overbeek R, Fonstein M, D'souza M, et al. 1999. The use of gene clusters to infer functional coupling. Proc. Natl. Acad. Sci. USA, 96(6): 2896-2901.

Paschke M. 2006. Phage display systems and their applications. Appl. Microbiol. Biotechnol., 70(1): 2-11.

Pearson M M, Himpsl S D, Mobley H L T. 2019 Insertional mutagenesis protocol for constructing single or sequential mutations // Pearson M. Proteus Mirabilis. Methods in Molecular Biology. vol 2021. New York: Humana.

Pickar-Oliver A, Gersbach C A. 2019. The next generation of CRISPR-Cas technologies and applications. Nat. Rev. Mol. Cell Biol., 20(8): 490-507.

Prelich G. 2012.Gene overexpression: uses, mechanisms, and interpretation. Genetics, 190(3): 841-854.

Prihatna C, Chen R, Barbetti M J, et al. 2019. Optimisation of regeneration parameters improves transformation efficiency of recalcitrant tomato. Plant Cell Tiss. Organ Cult., 137: 473-483.

Priyam A, Woodcroft B J, Rai V, et al. 2019. Sequenceserver: a modern graphical user interface for custom BLAST databases. Molecular Biology and Evolution, 36(12): 2922-2924.

Quaedvlieg N E M, Schlaman H R M, Admiraal P C, et al. 1998. Fusions between green fluorescent protein and beta-glucuronidase as sensitive and vital bifunctional reporters in plants. Plant Mol. Biol., 38(5): 861-873.

Ratcliff F, Martin-Hernandez A M, Baulcombe D C. 2001. Technical advance: tobacco rattle virus as a vector for analysis of gene function by silencing. Plant J., 25(2): 237-245.

Ré M, Valentini G. 2010. Simple ensemble methods are competitive with state -of-the-art data integration methods for gene function prediction. Journal of Machine Learning Research, 8(5719): 204-205.

Ren J, Hu X X, Wang K J, et al. 2019. Development and application of CRISPR/Cas system in rice. Rice Science, 26(2): 69-76.

Ritz C, Spiess A N. 2008. qpcR: an R package for sigmoidal model selection in quantitative real-time polymerase chain reaction analysis. Bioinformatics, 24(13): 1549-1551.

Rossi L, Escudero J, Hohn B, et al. 1993. Efficient and sensitive assay for T-DNA-dependent transient gene expression. Plant Mol. Biol. Rep., 11(3): 220-229.

Rost B, Liu J, Nair R, et al. 2003. Automatic prediction of protein function. Cell Mol. Life Sci., 60(12): 2637-2650.

Sabbadini S, Capriotti L, Molesini B, et al. 2019. Comparison of regeneration capacity and *Agrobacterium*-mediated cell transformation efficiency of different cultivars and rootstocks of *Vitis* spp. via organogenesis. Sci. Rep., 9(1): 582.

Samanta M P, Liang S D. 2003. Predicting protein functions from redundancies in large-scale protein interaction networks. Proc. Natl. Acad. Sci. USA, 100(22): 12579-12583.

Sawers R J, Farmer P R, Moffett P, et al. 2006. In planta transient expression as a system for genetic and biochemical analyses of chlorophyll biosynthesis. Plant Methods, 2: 15.

Sengupta D J, Zhang B, Kramer B, et al. 1996. A three-hybrid system to detect RNA-protein interactions *in vivo*. Proc. Natl. Acad. Sci. USA, 93(16): 8496-8501.

Shan L, Thara V K, Martin G B, et al. 2000. The pseudomonas as Avrp to protein is differentially recognized by tomato and tobacco and is localized to the plant plasma membrane. Plant Cell, 12(12): 2323-2338.

Sharan R, Ideker T. 2006. Modeling cellular machinery through biological network comparison. Nat. Biotechnol., 24(4): 427-433.

Shimada Y, Goda H, Nakamura A, et al. 2003. Organ-specific expression of brassinosteroid-biosynthetic genes and distribution of endogenous brassinosteroids in *Arabidopsis*. Plant Physiology, 131(1): 287-297.

Shyu Y J, Hiatt S M, Duren H M, et al. 2008. Visualization of protein interactions in living *Caenorhabditis elegans* using bimolecular fluorescence complementation analysis. Nat. Protoc., 3(4): 588-596.

Silva E M, Conde J N, Allonso D, et al. 2013. Mapping the interactions of dengue virus NS1 protein with human liver proteins using a yeast two-hybrid system: identification of C1q as an interacting partner. PLoS ONE, 8(3): e57514.

Singh R, Lee M O, Lee J E, et al. 2012. Rice mitogen-activated protein kinase interactome analysis using the yeast two-hybrid system. Plant Physiol., 160(1): 477-487.

Sleator R D, Walsh P. 2010. An overview of in silico protein function prediction. Arch. Microbiology, 192(3): 151-155.

Smith D B, Johnson K S. 1988. Single-step purification of polypeptides expressed in *Escherichia coli* as fusions with glutathione S-transferase. Gene, 67(1): 31-40.

Song G Q, Yamaguchi K. 2003. Efficient agroinfiltration-mediated transient GUS expression system for assaying different promoters in rice. Plant Biotechnol., 20(3): 235-239.

Springer P S. 2000. Gene traps: tools for plant development and genomics. Plant Cell, 12(7): 1007-1020.

Staglar I, Korostensky C, Heesen J S T. 1998. A genetic system based on split-ubiquitin for the analysis of interactions between membrane proteins *in vivo*. Proc. Natl. Acid. Sci. USA, 95(9): 5187-5192.

Symington L S, Gautier J. 2011. Double-strand break end resection and repair pathway choice. Annu. Rev. Genet., 45: 247-271.

Takeuchi T. 1997. A gene trap approach to identify genes that control development. Dev. Growth Differ., 39(2): 127-134.

Teng C Y, Qin S, Liu J G, et al. 2002. Transient expression of lacZ in bombarded unicellular green alga *Haematococcus pluvialis*. J. Appl. Phycol., 14(6): 495-500.

Valentini G. 2011. True path rule hierarchical ensembles for genome-wide gene function prediction. IEEE/ACM Transactions on Computational Biology and Bioinformatics, 8(3): 832-847.

van der Krol A R, Mur L A, de Lange P, et al. 1990. Antisense chalcone synthase genes in petunia: visualization of variable transgene expression. Mol. Gen. Genet., 220(2): 204-212.

Vickers C E, Xue G, Gresshoff P M. 2006. A novel cis-acting element, ESP, contributes to high-level endosperm-specific expression in an oat globulin promoter. Plant Mol. Biol., 62(1-2): 195-214.

Vidal M, Brachmann R K, Fattaey A, et al. 1996. Reverse two-hybrid and one-hybrid systems to detect dissociation of protein-protein and DNA-protein interactions. Proc. Natl. Acad. Sci. USA, 93(19): 10315-10320.

Voinnet O. 2001. RNA silencing as a plant immune system against viruses. Trends Genet., 17(8): 449-459.

Wang J W, Grandio E G, Newkirk G M. 2019a. Nanoparticle-mediated genetic engineering of plants. Molecular Plant, (8): 1037-1040.

Wang Y Q, Li M, Guan Y B, et al. 2019b. Effects of an additional cysteine residue of avenin-like b protein by site-directed mutagenesis on dough properties in wheat (*Triticum aestivum* L.). J. Agric. Food Chem., 67(31): 8559-8572.

White M A. 1996. The yeast two-hybrid system: forward and reverse. Proc. Natl. Acad. Sci. USA, 93(19): 10001-10003.

Yan F, Zhou H B. 2016. Overviews and applications of the CRISPR/Cas9 system in plant functional genomics and creation of new plant germplasm. Sci. Sin. Vitae, 46: 498-513.

Yang J, Kemps-Mols B, Spruyt-Gerritse M, et al. 2016. The source of SYBR green master mix determines outcome of nucleic acid amplification reactions. BMC Res. Notes, 9: 292.

Yang P C, Mahmood T. 2012. Western blot: technique, theory, and trouble shooting. N. Am. J. Med. Sci., 4(9): 429-434.

Yang X F, Liu Y J, Gao Y, et al. 2017. The application of CRISPR/Cas9 system in gene knock-out of *Nicotiana benthamiana*. Molecular Plant Breeding, 15(1): 30-38.

Zahur M, Maqbool A, Irfan M, et al. 2009. Functional analysis of cotton small heat shock protein promoter region in response to abiotic stresses in tobacco using *Agrobacterium*-mediated transient assay. Mol. Biol. Rep., 36(7): 1915-1921.

Zhang Y, Su J B, Duan S, et al. 2011. A highly efficient rice green tissue protoplast system for transient gene expression and studying light/chloroplast-related processes. Plant Methods, 7(1): 30-43.

Zhong S, Zhou S, Yang S, et al. 2019. Identification of internal control genes for circular RNAs. Biotechnol. Lett., 41(10): 1111-1119.

Zhou J M, Loh Y T, Bressan R A, et al. 1995. The tomato gene *Pti1* encodes a serine/threonine kinase that is phosphorylated by Pto and is involved in the hypersensitive response. Cell, 83(6): 925-935.

Zottini M, Badzza E, Costa A, et al. 2008. Agroinfiltration of grapevine leaves for fast transient assays of gene expression and for long-term production of stable transformed cells. Plant Cell Rep., 27(5): 845-853.

Zuraida A R, Rahiniza K, Nurul Hafiza M R, et al. 2010, Factors affecting delivery and transient expression of *gusA* gene in Malaysian indica rice MR 219 callus via biolistic gun system. AFR J. Biotechnol., 9(51): 8810-8818.

第 23 章 植物蛋白质组研究热点及前景展望

23.1 植物蛋白质组研究回顾及展望

蛋白质研究历史悠久，而人们对蛋白质组，特别是植物蛋白质组的研究则刚刚开始。在以蛋白质组作为一门学科开展研究的 20 多年时间里，蛋白质组研究，简单而言，算是经历了春、夏、秋、冬 4 个季节，蛋白质组研究前 20 年可以看作一个轮回。现在，笔者认为，蛋白质组研究的第二个春天正在到来，蛋白质组学学科发展正处于下一个轮回的春天里。

以双向电泳、飞行时间质谱和各种生物基因组数据库的完善为标志，最终在 2000 年左右，产生了第一代蛋白质组研究技术，这是蛋白质组研究的第一个春天。其实，早在 1975 年，意大利生化学家 O'Farrel 就发明了双向电泳技术。其原理是第一向基于蛋白质的等电点不同，用等电聚焦分离，具有相同等电点的蛋白质无论其分子大小，在电场的作用下都会聚焦在某一特定位置即等电点处；第二向则按分子量的不同，通过 SDS-PAGE 分离，把复杂蛋白质混合物中的蛋白质在二维平面上分开。双向电泳技术问世至今已 40 多年了，技术本身已经非常成熟。通过对比不同蛋白点在双向电泳胶图上积累变化差异，从而分析差异蛋白，获得差异蛋白点后，进一步比较分析，随后再进行蛋白质鉴定。最开始使用 Edman 降解法，只能测定出 N 端几十个氨基酸序列来推测蛋白质种类。后来，随着飞行时间质谱的发明和广泛应用，主要通过飞行时间质谱鉴定这些蛋白点，随着基因组海量测序数据的积累和完善，通过质谱数据搜索基因组数据库能够更准确地鉴定目标蛋白。双向电泳、飞行时间质谱和基于基因组测序的数据库搜索技术，构成了第一代蛋白质组研究最主要的三大技术，也造就了 21 世纪初 10 年左右蛋白质组飞速发展的黄金时代。

20 世纪末开展的人类基因组计划吸引了全世界的目光，基因测序技术使人类探索生命奥秘、破译生命天书成为可能。人们以为人类基因组计划完成，获得人类所有基因信息以后，人类生老病死的奥秘就会随之揭开，医学也将迎来巨大发展和进步。然而，随着大量生物体全基因组序列的破译和功能基因组研究的深入，科学家发现，事情远没有想象的那么简单。基因组学虽然在基因活性和疾病相关性方面提供了依据，但基因的表达调控方式错综复杂，同样的基因在不同条件下、不同时期内可能会起到完全不同的作用，并且大部分疾病并不是由基因改变引起的。众所周知，生命科学的中心法则表明，基因只是遗传密码信息，在生命活动中真正发挥功能的主要是蛋白质。现代分子生物学已证明一个基因并不只产生一个相应的蛋白质，可能会产生几个乃至几十个。产生什么样的蛋白质不仅取决于基因，也与机体所处的环境、机体生理状态有关，而且，基因也不能直接决定一个蛋白质的功能。蛋白质，特别是各种酶，才是生物学功能的具体执行者。事实上，通过基因的转录、表达产生一个蛋白前体，再经过加工、修饰才能成为具有生物活性的蛋白质，这样的蛋白质还需通过一系列运输过程，抵达组织细胞内的适当位置才能发挥正常的生理作用。而在这一过程中，发生任何细微的差错都可能导致蛋白质结构、功能发生变化，从而使机体产生疾患。基因不能完全决定蛋白质的后期加工、修饰、转运、定位全过程。

因此，研究一个物种的细胞、组织或生物体的基因组所表达的全套蛋白质及其变化规律的蛋白质组学，被人们寄予厚望。特别是在公布人类基因组数据的同时，*Nature*、*Science* 等顶级期刊发表了述评与展望文章，将蛋白质组学的地位提到前所未有的高度，正式提出后基因组时代主要是开展蛋白质组研究的倡议。在 *Science* 报道人类基因组计划完成的专刊上，华盛顿大学的斯坦利 · 菲尔茨（Stanley Fields）预言蛋白质组学将很快取代基因组学成为生命科学研究的焦点。几乎与此同时，*Nature* 在 2001 年 2 月专刊的显著版面报道了人蛋白质组组织（Human Proteome Organization，HUPO）成立的重大消息，并正式宣告生命科学正式由基因组时代进入蛋白质组时代。2002 年，人类蛋白质组计划（Human Proteome Project，HPP）宣布启动，首批启动了肝脏、血浆蛋白质组计划，之后陆续启动脑、肾脏和尿液、心血管等器官 / 组织蛋白质组计划，以及数据分析标准化、抗体、生物标志物等支撑分计划。在这个蛋白质组学的春天里，为了发表更多科研成果，一系列蛋白质组研究专业期刊、杂志，包括 *Proteomics*、*Molecular and Cellular Proteomics*、*Journal of Proteome Research*、*Journal of Proteomics*、*Proteome Science*、*Expert Review of Proteomics*、*Proteomics Clinical Application*、*BBA*: *Proteins and Proteomics* 和 *Genomics Proteomics and Bioinformatics* 等纷纷创刊，并很快发表了大量蛋白质组研究成果。这一系列重大成功消息的发布及专门期刊的创办，引爆了科学家开展蛋白质组研究的巨大热情，导致蛋白质组学在诞生之初的第一个春天里，就光环熠熠，充满吸引力，世界各国对蛋白质组研究投入大量资金，特别是工业界也热情洋溢，踊跃投资，可谓百花齐放，精彩纷呈。

春天过后，就是火热的夏季，2005 ～ 2010 年是蛋白质组正式研究一片火热的季节，全世界科学家都对基于基因组测序数据，借助双向电泳和质谱鉴定蛋白质这一套方法所代表的第一代蛋白质组研究，给予了前所未有的热情。最初的蛋白质组研究，只要从双向电泳凝胶上鉴定到尽可能多的蛋白质，就算是很好的研究成果。这就是最初结构蛋白质组（structural proteomics）研究的主要思路。后来，人们意识到鉴定更多蛋白质并不能说明多少科学问题，而是要找到这些蛋白质与生物学问题的关系，因此，比较蛋白质组学（comparative proteomics）应运而生，比较不同生物品系不同时间或者不同逆境处理等条件下蛋白质表达谱的差异，鉴定这些差异表达蛋白，进而研究这些蛋白质潜在的生物学功能，就是比较蛋白质组学的主要研究内容（图 23-1）。但是，一些理性的声音也开始出现，越来越多的蛋白质组研究人员发现第一代蛋白质组研究技术中，双向电泳存在分辨率低、重复性差、检测范围有限等致命弱点，而质谱技术的进步，给予了人们摆脱双向电泳分离蛋白质局限的希望，一系列不借助双向电泳的蛋白质组技术正在摸索并不断成熟中。夏季之后，收获的秋天很快也就到来了。蛋白质组研究在其华丽诞生的第一个 10 年感受到了全球各界的热情，出现了一段时间的繁荣景象，政府部门、学术界和工业界均投入了大量人力物力，专业期刊、杂志接二连三涌现，影响因子逐年升高，相关技术方法不断完善，特别是高精度质谱仪和各种生物信息学软件的出现，导致蛋白质组研究硕果累累。

蛋白质组研究是在基因组测序成功之后发展起来的一门学科，借助于基因组的数据，有很好的研究起点和明确的研究目标，但是，也一直处于基因组研究巨大成功的阴影之中。蛋白质本身多变，蛋白质组更是千变万化，具有复杂性和多变性，研究难度非常大。全蛋白质组研究，至今仍是一个科学目标或者科学理想，人们至今还无法知道一个生物体内到底有多

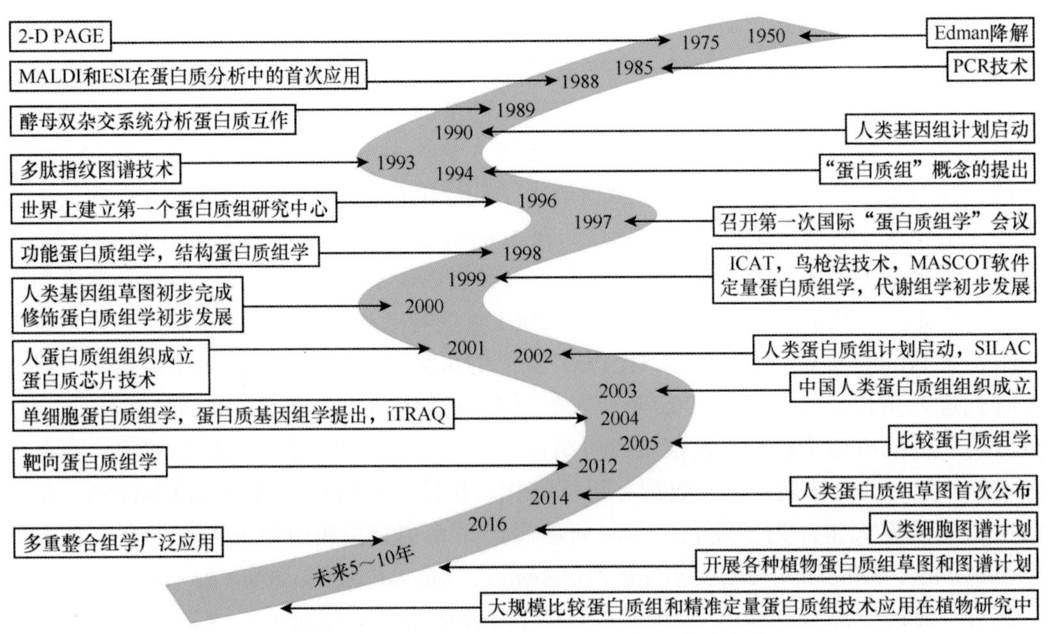

图 23-1　蛋白质组研究发展主要历程及未来方向

少种蛋白质。虽然蛋白质组研究确实取得了不少成果，但与巨大的资金投入和人们过高的热情所带来的高期望值相比，所取得的研究成果相对微小，极大地消费了人们对蛋白质组的殷切期盼和满腔热情。回顾历史，我们不得不承认，当时很多蛋白质组研究所产生的数据信息量非常低，有些甚至经不起时间的考验，导致蛋白质组研究在 2013 年之后经历了长达五六年的寒冬期。在第一代蛋白质组研究的十几年时间里，蛋白质组相关研究处于一边飞速发展，一边完善技术，一边自我否定，一边推陈出新，不断修正以前的技术方法，不断推翻过去研究结论的发展阶段。

如今，随着高精密质谱仪器的完善和成功应用，蛋白质组研究也慢慢熬过寒冬，进入第二个春天了。在第二个春天里，以精准定量蛋白质组和修饰蛋白质组为基础，开展各种生物，特别是人类重大疾病的精准医疗相关蛋白质组研究，将是重要的方向。各种生物组学的整合研究，结合蛋白质结构和功能的深入研究（图 23-1），有可能在蛋白质组研究第二个春天中，开出鲜艳的花，并结出蛋白质具体生物学功能方面沉甸甸的果实。

23.2　人类蛋白质组计划

1. 人类蛋白质组计划研究进展及存在的主要问题

人类蛋白质组的研究内容分为结构蛋白质组和功能蛋白质组两部分，前者侧重于一个细胞或组织或机体中所有蛋白质的时空表达状况的分析，包括蛋白质的分离与表达参考图谱的构建、蛋白质鉴定与数据库构建、蛋白质翻译后修饰和蛋白复合体结构的测定，以及不同生理或病理条件下蛋白质的比较分析等；后者则主要研究蛋白质的细胞定位、蛋白酶的活性、蛋白质与蛋白质相互作用的连锁关系及其由此实现的信号传递与调控作用，目标是揭示基因和蛋白质的功能，阐明相关疾病的分子机制。在人类蛋白质组计划启动之初，就是参考人类基因组计划，将蛋白质按照染色体以及各种组织器官的分布承包给各个研究团队，协同开发技术，分别测序，然后拼装成全蛋白质组谱。这个化整为零、逐个击破的简单思路在人类基因组计划中取得了巨大成功，是迄今为止全世界不同国家的科学家互相协作进行超大项目研究的成功典范。

但早期参与人类蛋白质组计划的研究人员在选择同样的思路后，经过一段时间摸索，发现将蛋白质组按照染色体分组，然后分配给世界各国的参与团队的做法，存在一定的问题。其中关键问题在于，表达蛋白质的数量没有办法最终确定，表达蛋白质的修饰更是无穷无尽，谁也没有办法确定一个染色体或者一个组织器官，到底有哪些蛋白质表达了，表达积累后的蛋白质又有哪些发生了修饰，并且修饰后的蛋白质还可以再进行修饰，从而引起蛋白质结构构象发生变化，才能执行具体生物学功能。这与基因组测序的情况完全不一样，从理论上讲，一个物种的基因组基本上是一样的，一个个体的基因组，在不同组织器官、不同细胞中，遗传物质都完全一样，基因组是完全相同的。这样就给了研究染色体基因组的不同团队一个最终目标，就是将所有染色体上的遗传信息测序完成。而蛋白质组是动态变化的，谁也没有办法确定一个物种、一种组织器官，甚至一个细胞中，到底有多少种蛋白质表达并积累了，更不知道这些积累的蛋白质到底发生了哪些修饰而变成具有其他功能的蛋白质。后来的研究结果也证明，这个复制和迎合基因组学的思路在蛋白质组学领域并未获得同行的一致认可，也没有取得生命科学其他领域科学家的充分认可。

随着仪器设备的进步和研究方法的改进，蛋白质组研究正在深入开展以细胞精细结构和多维度蛋白质组学为代表的亚细胞、细胞、组织、器官的蛋白质组构成原理及其功能调控规律等基础科学问题研究，以基于蛋白质组和信号通路发现网络节点标志物为代表的方法学问题，以及人类重大疾病发生发展中蛋白质组 / 群的精细调变等应用性问题，正在成为蛋白质组研究的重点和难点。

但是，不同团队从同一类组织器官中鉴定的蛋白质千差万别，并且同一团队鉴定的蛋白质数量在不断积累增加，谁也不知道到底增加到何种程度才能说鉴定了这个组织或者器官的蛋白质组全谱，更不要说一个物种的蛋白质表达全谱了。这是蛋白质组研究存在的一个先天性问题，或者说是在无限的蛋白质组研究中摆在绝大多数科研人员面前的一道天然高墙，如何跨越这堵高墙，或者尽可能在这堵高墙之内完成更多的蛋白质生物学功能研究问题，是今后一段时间值得所有蛋白质组研究人员深度思考的科学问题。

2. 人类蛋白质组草图的绘制

对照人类基因组，绘制精确的人类蛋白质组图谱，一直是科研人员的一个美好愿望。简单来说，DNA 是构成染色体的原料，基因是描述生命奥秘的图纸，蛋白质则是造就生命之树的具体材料。在人类基因组草图完成后，科学家尚不能借此完全解释生命现象，因为有些基因信息不会真的表达为蛋白质，而人类的生、老、病、死只能在蛋白质这个更直接的层面上得到解释。因此，如果想要阐释人类生命活动及其病理机制的实质，必须绘制人类蛋白质组图谱。早在 20 世纪 90 年代，人类基因组计划开始成形时，就有不少科学家提出了破译人类蛋白质组的想法。其目标是将人体所有蛋白质归类并描绘它们的特性、在细胞中的位置，以及蛋白质之间的相互作用。中国科学家在这个工程中主要负责人类肝脏蛋白质组计划。但人类蛋白质组的规模和复杂性使此类研究困难重重。经过多年的努力，人类蛋白质组草图的构建计划总算在 2014 年结出了两大硕果。

2014 年 5 月 29 日 *Nature* 以封面文章形式公布了两篇由两个独立小组对人体组织、体液和细胞所做的质谱分析结果，描绘了人类蛋白质组草图，被认为是人类蛋白质组草图绘制工作中的一项里程碑式成果。

在第一篇文章（A draft map of the human proteome）中，来自美国约翰斯·霍普金斯大学的蛋白质组研究员，与来自印度生物信息学研究所等机构的研究人员合作，分析了 30 种不同组织的蛋白质类型，编撰了由 84% 预期编码蛋白质的人体基因翻译得到的蛋白质。这项研究识别出 17 294 个基因编码的蛋白质，并通过表达分析证明了组织和细胞特异性蛋白质的存在，并且研究人员还通过从注解的假基因、非编码 RNA 和未翻译的区域识别翻译的蛋白质，表明了蛋白质基因组分析的重要性。研究人员在线公布了这些人类蛋白质组图谱，建立了专门网站 www.humanproteomemap.org 来共享这些数据库资源（Kim et al.，2014）。相关数据也可以通过美国生物技术信息中心（National Center for Biotechnology Information，NCBI）查询得到。

在同一期 *Nature* 的另外一篇文章（Mass-spectrometry-based draft of the human proteome）中，来自德国慕尼黑工业大学的 Bernhard Kuster 等创新性地建立了一个搜索性公共数据库：Proteomics DB，这一数据库公布了由 18 097 个基因获得的蛋白质，占目前预计人类蛋白质总数（19 629）的92%。这种数据能用于识别数百个翻译的基因间区长非编码 RNA（lincRNA），对药物敏感的标记，以及用于发现 mRNA 和组织中蛋白质水平之间的定量关系等（Wilhelm et al.，2014）。

这两个研究组都利用了质谱方法分析人类组织，Pandey 研究组分析的是全新数据，针对多个不同健康人体组织的数据，其中包括 7 个胎儿组织和 6 个血细胞样品。而 Kuster 研究组则采用了稍微不同的方法，创新性地推出了搜索性公共数据库 Proteomics DB，他们汇集了已有质谱分析数据及同事的一些数据，这些大约占 Proteomics DB 数据的 60%。为了填补数据间的空白区域，Kuster 实验室构建了自己的质谱数据，分析了 60 个人类组织体液、13 个体液的 147 个癌细胞系。这两项成果真正意义上的突破在于，第一次通过质谱鉴定出覆盖超过 80% 的人类预期蛋白质组，还发现了一些之前未曾发现的蛋白质，想要达到这样的蛋白覆盖深度就需要鉴定许多不同的组织类型中的蛋白质。

总而言之，这两项研究具有互补性，可以互相印证。约翰斯·霍普金斯大学 Pandey 研究组的研究发现了之前蛋白质组学的缺陷所在，针对单一来源进行了人体蛋白质研究，有助于与他们的数据进行简单比对。Kuster 实验室关于 Proteome DB 的研究，则将新内容与原有蛋白质组数据联系在了一起，通过比较每个蛋白质与其 mRNA水平的比例，发现翻译比例对每种 mRNA 转录来说是一个恒定特征，进而通过发展和完善原有数据库，进一步从蛋白质研究中汇集了更多资源。这两个团队均发现，有数百种蛋白质是由此前认为不具备相关功能的 DNA 片段及“假基因”形成，“假基因”是指发生突变、丧失原有功能的基因。此外，他们还发现了一些与蛋白质产生无关的“多余”基因。Kuster 研究组发现 400 多个基因间区长非编码 RNA（lincRNA），Pandey 研究组发现 193 个新蛋白质，这两项研究为 DNA 区域可以进行翻译提供了证据，但是这些新发现蛋白质的生物学意义还不清楚。

尽管人类已对基因组有所了解，但在大约 2 万个编码基因中，哪些会指导合成蛋白质、合成哪些蛋白质都是未知的。基因组注释主要基于计算运算法则，这些预测可能并不完全准确，甚至很多预测是错误的，很多预测的基因并没有真正表达成蛋白质，这就是为什么需要直接通过质谱鉴定分析蛋白质。通常，遗传信息的传递是从基因组到转录组，再到蛋白质组。这两项研究表明，蛋白质组也可以用于注释基因组。利用这些蛋白质组数据集，我们能进一步注释基因组，改进预测转录和翻译的运算法则，从而矫正基因组测序信息，使基因组学领域从蛋白质组学数据中获得更多信息资源。

当然，对于这两篇发表在 *Nature* 同一期的关于人类蛋白质组草图论文，后来蛋白质组研究领域的多位同行也发出了不同的声音，认为仅仅在多种样本中鉴定到这些蛋白质的表达，而没有对它们进行精确定量，并不会产生太大的生物学价值。这也是蛋白质组学快速发展过程中经常出现的问题。一项开创性的研究往往不会太完美，任何研究都不可能把所有工作做完，这些研究成果为后续精准定量蛋白质组图谱研究工作留下了巨大的发展空间。

3. 人类蛋白质组表达谱和亚细胞蛋白质图谱的构建

相对于人类蛋白质组草图绘制工作，蛋白质表达谱的构建工作进展更大，取得了更多有价值的研究成果。在公布人类蛋白质组草图的同一期 *Nature* 上，Vivien Marx 还报道了题为 An atlas of expression 的第三个大型蛋白质组项目（Marx，2014），即基于抗体的人类蛋白质图谱（Human Protein Atlas，HPA）计划，详见网址 http://www.proteinatlas.org。数据库致力于提供全部 24 000 种人类蛋白质的组织和细胞分布信息，并免费供公众查询。创立这个数据库的是瑞典的克努特和爱丽丝·瓦伦贝里（Knut & Alice Wallenberg）基金会，该基金会在 2003 年就开始筹划并资助人类蛋白质图谱项目，目标之一是使用特制的抗体，通过免疫组化技术，检查每一种蛋白质在 48 种人类正常组织、20 种肿瘤组织、47 个细胞系和 12 种血液细胞内的表达积累情况。其结果至少使用 576 张免疫组化染色图表示，并经过专业人士进行标注，保证染色结果具有充分的代表性（Marx，2014）。

HPA 结合各种组学手段，包括以抗体为基础的成像技术，基于质谱的蛋白质组学、转录组学和系统生物学技术，致力于测绘所有人体细胞、组织和器官中的蛋白质。根据人类蛋白质全基因组分析的不同侧重点，HPA 分为 3 个独立的部分：测绘人体主要组织和器官的组织图谱（tissue atlas）、测绘单细胞蛋白质亚细胞定位的细胞图谱（cell atlas）、展现癌症患者生存相关蛋白水平影响的病理学图谱（pathology atlas）。所有知识资源全部可开放获取，包括几千篇文献资料（http://www.elixir-europe.org）和其他资源（https://www.proteinatlas.org）。

随后，HPA 项目团队又建立了一个以人器官组织为基础的基于亚细胞的蛋白质图谱数据库，以便在亚细胞水平获得蛋白质空间分布的准确信息，将对于理解蛋白质功能、相互作用及细胞活动机制具有重要意义。2015 年 1 月 24 日，*Science* 公布了人类不同组织的蛋白质图谱的分析结果，包括与癌症相关的详细蛋白质图片、血液中蛋白质种类和数量，以及市场上被批准的所有药物所作用的目标蛋白。在 *Science* 的这篇文章里，基于人类不同组织的蛋白质组图谱，结合基因组学、转录组学、蛋白质组学及基于抗体的分析，详细分析了大约 20 000 个蛋白质编码基因，表明蛋白质编码基因几乎一半在所有分析的组织普遍表达，而只有 15% 左右蛋白质编码基因在一个或几个特定的组织或器官大量表达。睾丸是蛋白质种类最丰富的器官，其次是大脑和肝脏。研究小组的科学家发现市场上使用的药品有 70% 的作用目标是分泌或膜结合蛋白。有趣的是，另外 30% 被发现是作用于其他组织和器官，可能有助于解释药物的一些副作用。这一蛋白质图分析结果为制药行业提供了重要信息，对未来药物开发具有一定的参考价值（Uhlen et al.，2015）。

以此为基础，2017 年 5 月 26 日，*Science* 又在线发表了瑞典皇家理工学院 Peter Thul 等研究团队题为 A subcellular map of the human proteome 的最新研究成果（Thul et al.，2017），正式报道了细胞内蛋白质的排列图谱，结合基因组学、转录组学、蛋白质组学及基于抗体的分析，使用包括原位 RNA 和蛋白质空间模式分析、染色质和基因折叠分析等高精尖高通量分析手段，详细分析了大约 20 000 个蛋白质。分析结果表明，大约 3000 种蛋白质是从细胞中分泌释放的，另有 5500 种蛋白质位于细胞膜。

科学家确定了细胞内部 12 003 种蛋白质的亚细胞定位，并且发现人类细胞内的大部分蛋白质都具有 1 个以上的亚细胞定位。研究者整合转录组、免疫荧光技术和质谱验证，基于 1300 万个注释的图像，数据涵盖了人体中所有主要组织和器官的蛋白质分布，也标注了仅表达在特定组织，如脑、心脏或肝脏的蛋白质，首次绘制出人体蛋白质亚细胞结构分布的全景图，并在单细胞水平将由 13 993 种抗体靶向的总共 12 003 种蛋白质定位到 30 个细胞区室和亚结构中的一个或多个，进而详述了 13 个主要细胞器的蛋白质组。这些研究结果为精确分析蛋白质互作关系、研究人体细胞高度复杂的结构组成提供了重要的资源。

在细胞图谱的基础上，研究人员检查了与大多数蛋白质编码基因相对应的蛋白质组的空间布局，通过创建 30 万张高清显微图像，系统地勾画出人类细胞蛋白质的分布情况，在单细胞分辨率水平细致地观察到了细胞间隔（cellular compartment）和亚细胞结构（substructure）的内部蛋白。首先，研究者通过免疫荧光成像技术来定位细胞器和亚细胞区的蛋白质组信息。通过测定 30 个亚细胞结构的蛋白质定位，在细胞图谱中定义了 13 个亚细胞蛋白质组及分泌蛋白质的蛋白质组，进而通过免疫荧光显微镜在细胞图谱中注释亚细胞结构。为了获得合适的细胞系进行后续研究，研究人员首先利用单细胞 RNA-Seq 技术从 56 株细胞系中筛选出 22 株代表不同胚层和器官的细胞系。在此基础上，利用 22 个人类细胞系、13 993 种抗体进行免疫荧光分析，为 12 003 个蛋白质提供了亚细胞定位的实验数据。结果发现，这些蛋白质主要分布在 30 种细胞结构或亚结构。其中，具有较大蛋白质组的细胞器是细胞核（有 6930 种蛋白质）及其亚结构（如核小体和核小斑点），以及细胞质（有 4279 种蛋白质）。

最后，研究人员以蛋白质图谱中的蛋白质空间信息对蛋白质互作关系进行验证，结果表明，质膜上的蛋白质拥有更多的机会与质膜、高尔基体、囊泡、黏着斑、细胞连接及细胞溶质中蛋白质发生直接互作关系。而在对细胞内不同隔室间信号传递的分析中发现，大型细胞隔室的作用非常突出，特别是与分泌途径相关，或者与不同隔室之间信号传递有关（Thul et al.，2017）。

另外，一项称为选择性反应监测（selected reaction monitoring，SRM）人类蛋白质图谱（SRMAtlas）的技术，也引起了人们的巨大兴趣。2016 年 7 月 28 日，*Cell* 在线报道了美国系统生物学研究所和苏黎世联邦理工大学等院校合作开展人类 SRMAtlas 定量蛋白质组的研究计划（Kusebauch et al.，2016）。人类 SRMAtlas 研究计划是为了使预测的人类蛋白质组中任何蛋白质实现靶向鉴定和精准定量而进行的高特异性的质谱检测。其中包括剪接变异体检测，非同义突变和翻译后修饰。所使用的技术称为选择性反应监测，是用了 166 174 个特征明确、化学合成肽段发展起来的分析技术。

通过合作努力，研究人员建立和验证了一个特殊的有针对性的蛋白质组学分析方法，称为选择性反应监测（SRM）。通过选择性检测特定母离子和子离子来排除非目标组分的干扰，增强了检测灵敏度和定量准确度。基于选择性反应监测技术的已验证质谱数据，为 20 277 个已经注释人类蛋白质的 97% 提供了定量信息。人类 SRMAtlas 还可以为大家提供明确的分析归类，最后在生物样本中确凿地鉴定相应的蛋白质。

人类 SRMAtlas 资源丰富，为检测任何蛋白质的状态提供了可能性。人类 SRMAtlas 提供了基于选择性反应监测技术的已验证质谱数据，为人类蛋白质组学的每个基础蛋白质提供了一个统一的过程。这些分析可以快速地在系统生物学和生物医药研究中实施，以高灵敏度和高选择性来确定与量化任何人类蛋白质，并将其定位到完整的蛋白质图谱来研究它们的生物学功能。个性化医疗将运用分子标记来监测健康状况，并提供信号来鉴定健康状况的变化，并且为患者匹配到合适的药物。

人类 SRMAtlas 的资源能够在 SRMAtlas 数据库（http://www.srmatlas.org）上免费获得，能够让集中的、假说驱动的或者大型的蛋白质组研究受益。研究人员希望该资源能够显著促进以蛋白质为基础的实验科学发展，从而了解疾病的转换和健康的轨迹。人类 SRMAtlas 推动蛋白质组学进入前沿领域，为蛋白质组在癌症登月计划中起重要作用提供了进一步的推动力。任何人类的蛋白质，在原则上，可以在任何样品中进行识别和量化。在任何组织和细胞类型中，可重复地检测人类蛋白质组的任何蛋白质，这对于理解生理过程和疾病的系统属性与其特殊途径有着重要意义。

总而言之，与人类基因组计划一样，该研究整合转录组、蛋白质组及基于抗体的荧光成像技术，为人类蛋白质的亚细胞结构定位提供了到目前为止最为全面的综合性数据。“细胞图谱”计划将为生物学和医学带来深远的影响。但是，最终科学家所收集到的细胞内部信息（包括每个蛋白质的翻译、修饰，编码基因和非编码基因的表达情况，染色质状态等）的灵敏度量级和种类数量，将取决于技术的可行性和从信息中能解读到的逻辑关系。毫无疑问，高通量检测手段将带领我们获取具体到单个细胞的单基因表达水平。作为一个开放的数据资源，HPA 数据库可检索细胞器及其子结构蛋白质组、单一或者多重定位的蛋白质、不同细胞之间差异表达蛋白等的信息。细胞图谱计划是超过 10 年的 HPA 计划的重要研究结果之一，可用于研究世界各地研究人员感兴趣的蛋白质或细胞器。这种亚细胞定位地图能用于改进现有的蛋白质互作网络，也是解析人类细胞高度复杂结构的重要资源，有助于提高人类对生物学的基本见解，更有望推动新的疾病诊断和药物开发。

23.3　人类蛋白质互作组图谱构建及应用

蛋白质互作是细胞生化反应网络的一个主要组成部分，对于调控细胞及其信号有重要意义。蛋白质互作通常可以分为物理互作和遗传互作。物理互作是指蛋白质间通过空间构象或化学键彼此发生的结合或化学反应，是蛋白质互作的主要研究对象。而遗传互作则是指在特殊环境下，蛋白质或编码基因受到其他蛋白质或基因的影响，常常表现为表型变化之间的相互关系。在研究蛋白质互作时，首先要验证两个蛋白质是否存在相互作用，然后确定这些蛋白质之间作用的强弱，最后选择感兴趣的蛋白质进行后续生物学功能分析。而通常蛋白质之间的互作不是单纯的独立事件，单独蛋白质通过彼此之间的相互作用构成蛋白质互作网络，参与生物信号传递、基因表达调节、能量和物质代谢及细胞周期调控等生命过程的各个环节。例如，经过外源多西紫杉醇处理后，人类细胞质中一系列蛋白质发生相互作用，从而形成了复杂的蛋白质互作变化调控网络。系统分析大量蛋白质在生物系统中的相互作用关系，对于了解生物系统中蛋白质的工作原理、了解疾病等特殊生理状态下生物信号和能量物质的代谢机制、了解蛋白质之间的功能联系有重要意义。

研究蛋白质相互作用的常用方法包括酵母双杂交技术、免疫共沉淀技术、噬菌体展示技术、表面等离子共振技术、荧光能量转移技术、抗体与蛋白质芯片阵列技术、基于荧光检测的微量热泳动（microscale thermophoresis，MST）技术、遗传互作检测技术以及蛋白质互作数据库、蛋白质互作网络预测等。

酵母双杂交系统与相关技术是当前广泛用于蛋白质相互作用组学研究的一种重要方法。

其原理是当靶蛋白和诱饵蛋白特异性结合后，诱饵蛋白结合于报告基因的启动子，启动报告基因在酵母细胞内表达，如果检测到报告基因的表达产物，则说明两者之间有相互作用，反之则两者之间没有相互作用。将这种技术微量化、阵列化后，可用于大规模蛋白质互作研究。酵母双杂交系统有着巨大的优势，可以检测低亲和力的蛋白质互作，但也有不利之处，虽然可以鉴别出微弱的短暂的配对蛋白质，如那些延伸细胞信号的蛋白质，但也可以检测随机撞在一起的蛋白质，因此，经常导致很多的假阳性出现。

在实际工作中，人们根据需要发展了单杂交系统、三杂交系统和反向杂交系统等。此外，酵母双杂交系统的应用已扩展到蛋白质的鉴定上，获得杂交蛋白质后，可以通过质谱鉴定该蛋白质，进而推测其具体生物学功能。现在科学家已经找到多种检测和避免各种假阳性结果的方法，精确的系统确保了所有期望的组合均能得到测试。“黏性”蛋白非特异性结合到其他蛋白质上的假象可以被鉴别和排除。通过单个导入蛋白质而非重构的转录因子来促进酵母生长，现在也可被识别。现不再采用所有的基因转染相同的酵母细胞的方法来筛查两种潜在的互作伴侣，而是将转染单个基因的酵母杂交，检测其后代的生长。机器人系统将酵母精细混合，每次分析可运行多个重复，观察到的蛋白质相同互作次数成为质量评估的一部分，从而导致酵母双杂交系统可以生成可靠且可重复的蛋白质互作结果。

免疫共沉淀（co-immunoprecipitation，CoIP）是以抗体和抗原之间专一性作用为基础的用于研究蛋白质相互作用的经典方法，是确定两种蛋白质在完整细胞内生理性相互作用的有效方法。其基本过程是在细胞裂解液中加入抗体，与抗原形成特异免疫复合物，经过洗脱，收集免疫复合物，然后进行 SDS-PAGE、Western blotting 分析。但这种方法有两个缺陷：一是两种蛋白质的结合可能不是直接结合，而是第三者在中间起桥梁作用；二是必须在实验前预测目的蛋白是什么，以选择最后进行检测的抗体，若预测不正确，实验就得不到结果，方法本身具有不确定性。与免疫共沉淀 CoIP 类似，这些方法均被称为 pull-down 技术。蛋白质相互作用的类型有牢固型相互作用和暂时型相互作用两种。pull-down 技术用固相化的、已标记的饵蛋白或标签蛋白，如生物素、PolyHis 或 GST 标签，从细胞裂解液中钓出与之相互作用的蛋白质。通过 pull-down 技术可以确定已知的蛋白质与钓出蛋白质或已纯化的相关蛋白质间的相互作用关系，从体外转录或翻译体系中检测出蛋白质相互作用关系。

噬菌体展示技术是另外一种研究蛋白质互作的常用技术。在编码噬菌体外壳蛋白基因上连接一个单克隆抗体的 DNA 序列，当噬菌体生长时，表面就表达出相应的单抗，再将噬菌体过柱，柱上若含有目的蛋白，就会与相应抗体特异性结合。该技术主要用于研究蛋白质之间的相互作用，不仅有高通量及简便的特点，还具可有直接得到基因、高选择性筛选复杂混合物、在筛选过程中通过适当改变条件可以直接评价相互结合的特异性等优点。例如，利用改进优化的噬菌体展示技术，可以展示人和鼠两种特殊细胞系的 cDNA 文库，并分离出人上皮生长因子信号转导途径中的信号分子。

表面等离子共振技术（surface plasmon resonance，SPR）已成为蛋白质相互作用研究的新手段。它的原理是利用一种纳米级的薄膜吸附“诱饵蛋白”，当待测蛋白与诱饵蛋白结合后，薄膜的共振性质会发生改变，通过检测便可知这两种蛋白质的结合情况。SPR 技术的优点是不需要标志物或染料，反应过程可实时监控，测定快速且安全，还可用于检测蛋白质、核酸及其他生物大分子之间的相互作用。

荧光能量转移技术也被广泛用于研究分子间的距离及其相互作用。与荧光显微镜结合，可定量获取有关生物活体内蛋白质、脂类、DNA 和 RNA 的时空信息。随着绿色荧光蛋白

（GFP）的发展，荧光显微镜有可能实现实时测量活体细胞内分子的动态性质。通过定量测量荧光能量转移效率、供体与受体间距离，仅需使用一组滤光片和测量一个比值，利用供体和受体的发射谱消除光谱间的串扰，就可以确定两个蛋白质之间互作的强弱。该方法简单快速，可实时定量测量荧光能量转移效率和供体与受体间距离，尤其适用于基于 GFP 的供体受体对。

基于荧光检测的微量热泳动技术，是将荧光检测与热泳动现象相结合，用荧光标记蛋白质，配体不标记，在温度梯度中，荧光标记蛋白与配体发生热泳动，分子在温度梯度中的定向运动及由此引起的分子性质变化，如分子大小、电荷和水化层及构象等变化，导致反应体系中荧光分布发生变化，通过检测温度梯度场中分子热泳动引起的荧光分布变化来分析分子间相互作用。微量热泳动技术提供了一个高效、精确、灵敏的检测方法，已经成功应用于生物分子间互作研究，主要包括蛋白质与蛋白质、寡聚核苷酸间、蛋白质与 DNA、蛋白质与小分子、蛋白质与脂质体之间等互作（艾秋实等，2015）。与其他蛋白质互作检测技术相比，微量热泳动技术可在多种生物溶液中进行检测，能实时获取检测数据，具有灵敏度极高、检测时间短、待测样品用量极少和样品处理简单等显著优点，可用于纳摩尔（nmol）水平的检测。微量热泳动技术的出现为研究生物分子间互作提供了一个新的方法，将该方法与 pull-down 技术、液闪实验等相结合，丰富了研究生物分子间互作的检测方法，提高了检测效率。将来，该技术在逐步克服仪器价格昂贵和不能直接确定蛋白质分子具体结合位点等不足后，一定会在细胞信号转导、蛋白质与各种分子互作检测、小分子配体筛选、分子靶向治疗、医药研发等研究领域中发挥越来越大的作用。

抗体与蛋白质微阵列技术，或者称蛋白质芯片技术，是最新发展起来的一项高通量检测蛋白质互作的技术。该技术的出现，给蛋白质组学研究带来了新的思路。蛋白质组学研究中一个主要的内容就是研究不同生理状态下蛋白质水平的量变，微型化、集成化和高通量化的抗体芯片就是一个非常好的研究工具，它也是各种芯片中发展最快的芯片，而且在技术上已经日益成熟。这些抗体芯片有的已经在向临床应用上发展，如肿瘤标志物抗体芯片等，还有很多已经应用到各个领域里。

在人类蛋白质组计划执行过程中，科学家同时开展了人类蛋白质组互作组（Human Proteome Interactome）计划，2012 年 *Nature* 上发表了题为 Proteomics: the interaction map 的评述性文章，号召人们尽快开展人类蛋白质互作网络图谱研究计划（Baker，2012）。该计划试图通过几种方式来检测获得的蛋白质互作数据。除了酵母双杂交系统，哺乳动物细胞中低通量的检测技术也可用于筛查蛋白质相互作用，这些技术包括 LUMIER（luminescence-based mammalian interactome）系统、哺乳动物细胞蛋白质与蛋白质相互作用陷阱（mammalian protein-protein interaction trap，MAPPIT）系统、蛋白质芯片和蛋白质片段互补测定（protein fragment complementation assay，PCA）。尽管它们的数量级低于酵母双杂交，但也可以探测相关背景下的蛋白质互作网络。这些技术已在过去的 20 年间经历了漫长的发展。研究人员找到了识别和减少假阳性结果的方法，繁重的后续研究也表明，两个研究报道之间惊人的低重叠结果，并不是因为研究分析发现了大量根本不存在的相互作用，而是因为错失了许多互作蛋白质。了解这些被忽略了的蛋白质相互作用显得十分重要。从蛋白质互作而非单个基因和蛋白质的角度考量疾病，可能解开目前研究发现的较为混乱的谜题。例如，相同蛋白质突变，若扰乱不同的相互作用可导致不同的疾病。同样的，不同蛋白质的突变，破坏相同的互作也会导致相同的疾病。一张很好的蛋白质互作参考图谱，就像完成的人类基因组草图一样，可以推动科研工作者进一步研究遗传变异和蛋白质功能。

人们通常会将蛋白质互作网络分层放置到其他网络上，如在鉴别出调控某个基因的转录因子后，会进一步搜索数据库和文献寻找转录因子的互作伴侣蛋白。研究人员也会探讨组间蛋白质相互连接的机制，基于网络的结构，如将具有最多互作的蛋白质分类，由此来设置问题。然而，并非所有互作数据的可能性都是相等的，结合质量检测有可能使数据更具权威性。借助于多种不同的检测手段来获取更多的信息，借此来滤除一些蛋白质互作，但这些“直觉性的过滤”有可能存在偏差。例如，蛋白质研究越深入，就会发现越多的互作。当前较好的办法就是考量所有的现有数据，通过评分来反馈一种互作真实存在的可能性。计算机分析可用于评估互作，对那些信任评分较高的蛋白质给予更多的权重，从而构建出更加科学的蛋白质互作网络图谱。

基于这些蛋白质互作网络技术的改进和成功应用，科学家已经构建出迄今为止最大规模的人类基因组编码蛋白质直接互作图谱，并预测出与癌症相关的几十个新基因及其表达蛋白质。人类大约有 20 000 个蛋白质编码基因，尽管 20 年前科研工作者首次完成人类基因组测序，但对于这些基因编码的蛋白质如何在细胞内发挥功能，科学家只详细了解了其中的一小部分。作为人类基因组计划的延伸，蛋白质组学正在致力于揭示蛋白质是如何执行基因所编码的过程。一些先进的工具已帮助我们鉴别出驱动细胞功能的一些蛋白质，以及与它们协同作用的伙伴蛋白质网络。细胞生物学家将焦点放在一些特殊的蛋白质家族上，一直在努力解析在一些共同的信号通路中它们相互作用影响健康和疾病的机制。新人类蛋白质互作图谱描述了人类蛋白质之间的 1.4 万个直接相互作用。这一互作图是由蛋白质和连接在一起的其他细胞元件所形成的一个复杂网络。新图谱比以往的这类所有图谱要大 4 倍以上，包含远超以往所有研究之和的高质量相互作用。加拿大高等研究院（CIFAR）的高级研究员 Frederick Roth 和哈佛医学院的 Marc Vidal 共同领导了这一国际研究小组，他们的研究结果以标题为 A proteome-scale map of the human interactome network 的长文形式发表在 2014 年 11 月 20 日的 *Cell* 上（Rolland et al.，2014）。

依据一些实验数据，科学家鉴别了这些相互作用，然后利用计算机模拟，他们放大观察了与一个或多个其他癌蛋白“连接”的蛋白质。这些研究结果显示，癌蛋白更有可能彼此相互联系，而不是与随机选择的非癌蛋白联系。例如，两个已知癌基因编码的两种蛋白质都与 CTBP2 发生了互作。CTBP2 是由与前列腺癌相关的一个位点编码的蛋白质。前列腺癌可以扩散至邻近的淋巴结，这两个蛋白质都与淋巴肿瘤相关，表明 CTBP2 在淋巴肿瘤的形成中发挥了作用。利用他们的预测方法，研究人员发现其预测的癌基因中有 60 个融入了一条已知的癌症信号通路。这些研究发现，对于理解癌症和其他疾病的形成机制，以及最终如何治疗和预防它们均至关重要。

虽然这项研究揭示出的蛋白质互作网络覆盖的蛋白质范围比过去的一些研究要广阔得多，但是，人体中绝大多数的蛋白质互作依然是一个谜。过去一些研究将焦点放在已知与疾病相关，或是因其他原因而让人感兴趣的“普通”蛋白质上，导致我们对相互作用的理解存在偏差。而该研究结果显示，当系统地寻找互作蛋白时，就会发现这些蛋白质互作几乎无处不在。建立生物体基因型与生物体表型之间相互联系的蛋白质互作图谱，了解蛋白质的具体相互作用有可能推动全世界解译疾病基因组和蛋白质组研究（Huttlin et al.，2017）。

全面理解生物体在组织和亚细胞水平的功能，首先需要深入理解这些组织细胞内的蛋白质互作网络，而要理解不同个体不同组织细胞内的蛋白质互作网络，就有必要与测定基因组参考图谱一样，构建一个比较全面的蛋白质互作网络参考谱图。为此，美国波士顿癌症研究所癌症系统生物学中心的科学家于 2019 年 4 月 10 日，在预印本杂志 *bioRxiv* 上提前公布了首张比较完整的人类蛋白质互作参考图谱（Luck et al.，2019）。该蛋白质互作参考图谱是一个从整体到局部的二维参考图谱（a binary reference map of the human protein interactome），包含大约 53 000 个高质量的蛋白质互作，是目前所有已知文献资料报道的蛋白质互作关系数据量的 4 倍以上。通过解读这个蛋白质互作图谱与基因组、转录组和蛋白质组的关系，可以帮助人们更好地理解在生理或者病理条件下，目标蛋白在亚细胞层面的生物学功能。科学家还利用这个蛋白质互作参考图谱，研究了大脑发育过程中这些蛋白质通过剪接进行功能调节的互作变化规律，进而通过推测组织特异性蛋白质网络来揭示人类孟德尔遗传疾病人群中特异组织中蛋白质互作网络的基本变化规律，进而阐明组织特异表型构成的潜在分子机制。因此，利用该蛋白质互作参考图谱，可以将基因组变异与表型结果有机联系起来。

23.4　人类肝脏蛋白质组参考图谱构建及应用

在人类蛋白质组计划开始之初，科学家就准备分头开展人类组织器官蛋白质组计划。2002 年，HUPO 首批启动的人类蛋白质组计划包括人类血浆蛋白质组计划和人类肝脏蛋白质组计划。随后，HUPO 分别启动了人类脑蛋白质组计划、人类肾脏蛋白质组计划、人类心血管蛋白质组计划、人类染色体蛋白质组计划和模式生物蛋白质组计划等，到 2010 年 12 月，人类蛋白质组计划一共启动了 12 项分计划，都取得了相当大的研究进展。其中，人类肝脏蛋白质组计划（HLPP）由中国科学家牵头领导执行。肝脏是人体最主要的器官之一，是物质代谢（包括药物和毒物代谢）、能量转换及供应的枢纽，是机体内多种重要信息调控分子的集散地，是机体内再生能力最强的器官，在人类生命活动中占有重要地位。肝脏是除淋巴细胞以外最常见的病原体持续感染场所，控制肝病的发生发展和提高肝病患者的生活质量事关国计民生，因此对现代医学提出了巨大的挑战。各国科学家包括我国科学家已经认识到蛋白质组学将为全面认识肝脏及其疾病提供新的历史性机遇，通过深入开展肝脏蛋白质组研究，必将发现一批肝脏疾病的新型诊断标志物、药物作用靶标和创新药物（贺福初，2004）。因此，肝脏蛋白质介导的相关疾病研究已成为全世界的竞争焦点。

人类肝脏蛋白质组计划的战略目标：主导人类第一个组织、器官、细胞的蛋白质组计划，为人类所有组织、器官、细胞的蛋白质组计划提供模式与示范；实现肝脏转录组、肝脏蛋白质组、血浆蛋白质组的对接与整合；确认或发现 80% 以上的人类蛋白质，在蛋白质水平上全面注解与验证人类基因组计划所预测的编码基因；借助肝脏蛋白质组与转录组数据，揭示人类转录、翻译水平的整体、群集调控规律；系统建立肝脏“生理组”和“病理组”；探索并建立一批新的预防、诊断和治疗方法。其科学目标是完成“两谱、二图、三库”任务：建立符合国际标准的肝脏标本库；构建蛋白质表达全谱和蛋白质修饰谱；绘制蛋白质相互作用连锁图和细胞定位图；发展规模化抗体制备技术，并建设肝脏蛋白质抗体库；建立完整的肝脏蛋白质组数据库；寻找药物作用靶点和探索肝脏疾病预防诊治的新思路与新方案（He，2005）。人类肝脏蛋白质组计划将多层次、全方位地组织和部署中国科学家系统研究肝脏蛋白质组，使我国能进一步在以肝炎、肝癌为代表的重大肝脏疾病的控制、诊断、防治与新药研制领域取得实质性进展与突破，并提升我国生物医药产业的原始创新能力与国际竞争力。

经过多年的联合攻关，中国蛋白质组学研究团队密切合作，在以下 3 个方面取得了阶段性的新进展：系统性地注释了肝脏蛋白质表达谱和蛋白质修饰谱（绘制肝脏蛋白质组两谱）；

最大纬度地绘制了肝脏蛋白质的亚细胞定位与相互作用网络图（构建肝脏蛋白质组两图）；建设完成了大规模的肝脏蛋白质组学研究材料样本库、肝脏蛋白质抗体库和肝脏蛋白质开源质谱数据库（建成肝脏蛋白质组三库）（Sun et al.，2010）。2007 年 8 月 22 日，我国科学家成功测定出中国成人肝脏蛋白质，构建了国际上第一张人类器官蛋白质组蓝图。最终，人类肝脏蛋白质组的“两谱、二图、三库”工作于 2010 年完成（李衍常等，2014）。

在人类肝脏蛋白质组的“两谱、二图、三库”工作计划中，两谱是基础和开展后续工作的前提。肝脏组织样本具有一定的异质性，不同人群的肝脏有不同的蛋白质表达谱。为了绘制具有代表性的人类肝脏蛋白质表达谱，中国蛋白质组学研究团队与国际同行合作，系统评价了肝脏组织样本个体差异对蛋白质组学研究结果的影响，建立了国际首份完整的人体组织器官蛋白质组学的样品制备标准化工作流程（Zhang et al.，2006）。在此基础上，中国蛋白质组学研究团队对各种生理和病理状态下肝脏组织样本进行了系统的蛋白质组学研究，并建立了专门的肝脏蛋白质组网站 http://liverbase.hupo.org.cn。在肝脏蛋白质组全谱中，共鉴定到双肽段以上高可信的肝脏蛋白质 6788 个，其中有 3721 个蛋白质在肝脏组织中被首次鉴定。中国蛋白质组学研究团队进而对这些鉴定蛋白质的丰度信息进行了系统研究，发现这些蛋白质横跨的丰度范围包括 6 个数量级，其中 78% 的蛋白质位于中等或偏下信号强度区间，而首次鉴定的 3721 个蛋白质中的 3069 个蛋白质属于低丰度蛋白（Sun et al.，2010）。

肝脏蛋白质修饰谱工作也取得了很大进展，其中肝脏蛋白质的磷酸化和乙酰化修饰组研究工作进展最为明显。蛋白质磷酸化在细胞信号转导过程中起重要作用，参与并调控了众多生命过程。利用固定化金属离子亲和层析（IMAC）富集肝脏蛋白质组磷酸化肽段，中国科学家首次鉴定了肝脏组织中 2998 个磷酸化蛋白上的 9717 个磷酸化位点，并利用大规模的磷酸化蛋白鉴定数据集，发现了人类肝脏中可能包含 10 000 多个节点的磷酸化激酶与特异性底物分子的磷酸化蛋白分子网络，为磷酸化信号途径及其网络的分子调控机制研究打下了一定基础（Song et al.，2012）。

中国肝脏蛋白质组计划团队的科学家在肝脏蛋白质的乙酰化修饰图谱领域也取得了卓有成效的研究成果，拓展了人体生理和病理条件下肝脏代谢及其蛋白质乙酰化修饰调控研究领域，相关研究结果发表在 2010 年 2 月 *Science* 同一期上（Wang et al.，2010；Zhao et al.，2010）。利用特异高效的乙酰化肽段富集抗体，中国科学家对肝脏组织中大量乙酰化修饰肽段进行富集，并通过高灵敏度质谱对这些乙酰化蛋白质进行大规模鉴定，生物信息学分析发现几乎所有参与中间代谢，如糖酵解、糖异生、三羧酸循环、尿素循环、脂肪酸代谢和糖原代谢等途径的蛋白质或者酶均被乙酰化修饰，并且这些代谢酶蛋白分子的乙酰化修饰程度与细胞内能量物质，如葡萄糖、氨基酸和脂肪酸的浓度关系密切，显示各种蛋白酶的乙酰化修饰对细胞内的能量代谢起着重要的调节作用（Zhao et al.，2010）。同时，中国科学家发现，在不同碳源培养条件下，为适应细胞生长和满足能量代谢的需要，沙门氏菌（*Salmonella*）中核心代谢酶的乙酰化修饰水平发生剧烈的波动，部分限速酶的乙酰化修饰还参与调控糖酵解 / 糖异生、柠檬酸循环 / 乙醛酸循环的代谢转化过程（Wang et al.，2010）。这些研究不仅证实了基础和能量代谢酶类分子的乙酰化修饰在原核与真核生物中高度保守，同时发现酶蛋白的乙酰化修饰参与了机体代谢过程的调控，奠定了蛋白质乙酰化作为代谢调控者的基础地位。为表彰领导这两项重要工作的中国科学家管坤良和熊跃教授，肯定他们在蛋白质翻译后修饰蛋白质组学研究中的杰出贡献，中国人类蛋白质组组织（CNHUPO）在 2013 年重庆召开的第八届中国蛋白质组学大会上，为他们颁发了杰出学术贡献奖（李衍常等，2014）。

中国科学家在肝脏蛋白质组计划中的一项标志性成果是 2019 年 2 月 28 日发表在 *Nature* 上的研究（Jiang et al.，2019）。中国人民解放军军事医学科学院生命组学研究所、国家蛋白质科学中心（北京）、蛋白质组学国家重点实验室贺福初院士团队和钱小红教授团队联合复旦大学附属中山医院樊嘉院士团队等开展的早期肝细胞癌（early-stage hepatocellular carcinoma）蛋白质组研究，以 Proteomics identifies therapeutic targets of early-stage hepatocellular carcinoma 为题发表，首次描绘了早期肝细胞癌的蛋白质组表达谱和磷酸化蛋白质组图谱，发现了肝癌精准治疗的新靶点。

中国是肝病大国，也是肝癌大国。据统计，全球每年有 70 万例左右的新发肝癌患者，其中 35 万例以上在中国。虽然手术治疗在早期可能是有效的，但 5 年总生存率只有 50% ～ 70%。针对这群预后较差的早期肝癌患者，目前仍缺少有效的靶向治疗手段。因此，基于中国国情，寻找肝癌精准治疗的新靶点具有十分重要的现实意义。肝癌由于预后差、死亡率高、不易进行早期诊断等特征，常跟胰腺癌一起，并称为“癌中之王”。肝癌是各种组织学上不同类型的原发性肝脏肿瘤的统称，主要包括肝细胞癌、肝内胆管癌、肝母细胞癌、胆管囊腺癌等。其中，肝细胞癌（hepatocellular carcinoma，HCC）占绝大部分，约占原发性肝癌的 90%。

该研究通过对中山医院手术切除的 101 例肝细胞癌及配对癌旁组织进行蛋白质组学与磷酸组学分析，提出早期肝细胞癌的蛋白质组学分层方法，将目前临床上认为的早期肝癌患者分成 3 种蛋白质组亚型（S-Ⅰ、S-Ⅱ、S-Ⅲ），而不同亚型的患者具有不同的预后特征，术后应采取不同的治疗策略。其中 S-Ⅰ亚型的肝细胞癌患者仅需手术，要防止过度治疗；S-Ⅱ亚型的肝细胞癌患者则需要手术加其他的辅助治疗；而 S-Ⅲ亚型的肝细胞癌患者占入组人群的 30%，术后发生复发转移的危险系数最大。研究人员首先对 S-Ⅲ亚型的蛋白质组数据分析发现，胆固醇代谢通路发生了重编程。在血胆固醇浓度无明显升高的情况下，早期肝癌患者细胞内与胆固醇稳态相关的关键蛋白质，除了大家熟知的与肿瘤关系密切的甲羟戊酸途径的关键酶 HMGCR，还有更多的关键蛋白质，包括 LDL 源胆固醇摄取（LDLR）、胞内转运（NPC1）、酯化（SOAT1）及胆汁酸代谢（CYP7A1）的关键蛋白质及调控胆固醇稳态的转录因子（SCAP、SREBF2），均在肝癌细胞中显著上调，表明肝癌细胞发生胆固醇稳态失调。

研究团队还发现在这些胆固醇稳态相关蛋白质中，负责将胆固醇转变成胆固醇酯储存的甾醇 *O*-酰基转移酶 1（sterol *O*-acyltransferase 1，SOAT1）的表达水平与肝癌患者较差的预后密切正相关。随后在中山医院 254 例肝癌组织芯片中进一步验证，SOAT1 的表达水平与肝癌患者的总体生存时间显著相关，多因素分析显示 SOAT1 是早期肝癌患者的独立靶标蛋白。为了进一步挖掘 SOAT1 的临床价值，利用中山医院肝外科构建的人源肿瘤异种移植（PDX）模型进行了 SOAT1 抑制剂阿伐麦布（avasimibe）的药效学研究。以往该抑制剂作为一种治疗动脉粥样硬化药物进行临床试验，还从未发现其抗肝癌作用。研究团队发现，阿伐麦布能够显著抑制 SOAT1 高表达 PDX 模型的肿瘤大小，且未观察到明显毒性作用。

研究团队进一步证明，在系列肝癌细胞系中降低 SOAT1 的基因表达或用其小分子抑制剂处理系列肝癌细胞系，均可显著抑制其胞外胆固醇的摄入，进而减少细胞质膜上的胆固醇水平，使定位于细胞膜的与肿瘤发生发展密切相关的明星分子整合素家族的丰度显著下调，进而抑制肿瘤细胞的增殖和迁移。接着，研究团队证明 SOAT1 的一种小分子抑制剂阿伐麦布，在肝癌患者的 PDX 模型上表现出良好的抗肿瘤效果，用实验表明阿伐麦布有望成为预后较差的肝细胞癌患者的靶向治疗药物。最后，团队还惊喜地发现 SOAT1 的表达水平与甲状腺癌、头颈癌、胃癌、肾癌和前列腺癌患者的较差预后密切正相关，进而指出胆固醇代谢失稳与 SOAT1 的促癌机制很可能不是肝癌独有的，而是多类肿瘤中一种共性的恶变机制。该临床前研究结果显示，阿伐麦布有望成为肝癌靶向治疗的一种新型药物，在肝癌药物治疗中发挥重要作用。上述成果发现了肝癌精准治疗的新靶点，开启了蛋白质组学驱动的精准医学新篇章。

23.5 人类体液及其他组织器官蛋白质组参考图谱构建

在中国科学家领衔开展的人类肝脏蛋白质组计划如火如荼地进行并不断取得重大成果的同时，人类其他组织器官蛋白质组全谱工作计划，包括人类血浆蛋白质组计划、人类脑蛋白质组计划、人类肾脏蛋白质组计划、人类心血管蛋白质组计划、人类染色体蛋白质组计划等也在紧张进行中，均取得了巨大的研究成果。其中，人类尿液蛋白质组研究由于潜在的临床应用价值，引起了全世界科学家的巨大兴趣。

尿液是临床检验中除血液外最常用的体液样本。从尿液中寻找新的生物标志物，是当前临床蛋白质组学研究的热点之一。但尿液蛋白质组的生理波动性和个体间差异很大，且缺乏在健康人群中对这些波动性和差异进行长期监测与系统性评估，致使基于尿液蛋白质预后较差的肝细胞癌患者的生物标志物研究的假阳性率很高，基本无法通过后续的大规模临床验证。近年来，新出现的各种生命组学技术被各国科学家争相用于尿液中健康相关信息的深度挖掘，以期开辟无创健康医学监测的新天地，尿液蛋白质组学研究是其中最活跃的领域之一。糖尿病肾病是一种逐渐发展的肾脏疾病，是糖尿病患者的重要并发症之一。在西方国家，透析是糖尿病肾病最常见的治疗手段。早期发现糖尿病肾病或许能运用药物进行干预治疗，从而延迟或避免使用肾脏替代治疗。为此，Zurbig 等（2012）进行了一项关于运用尿液蛋白质组学诊断糖尿病肾病的前期研究，运用毛细血管耦合质谱仪来分析尿液中小分子量蛋白质，共选用 35 例 1 型和 2 型糖尿病患者的尿液标本进行研究，所有试验对象的尿液标本以前均使用慢性肾功能不全的生物标记分类器作为诊断糖尿病肾病的标准。研究发现，与把尿液白蛋白作为诊断糖尿病肾病的标准相比，使用毛细血管耦合质谱仪能在大量蛋白尿出现前 5 年就可检测出阳性结果。统计分析后得出使用慢性肾功能不全的生物标记分类器作为诊断糖尿病肾病的标准已经过时。白蛋白分泌增加之前，胶原蛋白片段已经开始减少。因此，胶原蛋白片段是发生大量蛋白尿 3 ～ 5 年前的主要标志物。

我国科学家随后建立了世界上首个蛋白质组规模的健康人尿液蛋白质定量参考图谱（Leng et al.，2017），可用于健康状态监测及肿瘤筛查等相关工作。该研究利用完全自主研发的高效尿液蛋白质组检测技术，以美国休斯敦贝勒医学院及中国国家蛋白质科学中心合作研究的形式分别采集了 167 名健康志愿者的 497 次尿液样本，开展蛋白质组研究。值得一提的是，该研究团队通过对某健康志愿者间隔 3 个月的两次跨大陆飞行（每次乘飞机 15h 以上）后连续一周的尿样进行蛋白质组比较分析，均捕捉到了其生理应激反应相关蛋白。对健康人尿液蛋白质组的生理波动性和个体间差异进行系统性评估，分析数据发现健康人尿液蛋白质组，不论是长期个体内生理性波动还是人群中的个体间差异，尽管变化较大，但都会维持在一定的阈值范围内，表明通过采集足够的尿液蛋白质组数据完全可以建立健康个体或人群的尿蛋白液定量参考范围。利用此定量参考范围对跨大陆飞行及肿瘤患者尿液蛋白质组数据进行实例分析，为尿液蛋白质生物标志物研究中的假阳性问题找到了全新的解决方案，提出了基于超几何分布检验的肿瘤尿样识别的全新算法。该研究为以大数据方式利用人尿液蛋白质组进行健康管理及疾病筛查等提供了参考，并在此基础上建立了世界上首个蛋白质组规模的健康人尿液蛋白质定量参考范围，回答了临床尿液蛋白质组研究领域的关键问题，充分展示了健康人尿液蛋白质定量参考范围在健康监测及肿瘤筛查方面的重要应用价值。

人类血浆蛋白质组计划（Human Plasma Proteome Project，HPPP）是人类蛋白质组计划中第一个人类体液蛋白质组计划，HPPP 现任主席为瑞典科学家 Jochen Schwenk 教授，共同主席为美国的 Eric Deutsch Sweden 教授和澳大利亚的 Vera Ignjatovic 教授（详见 HPPP 官网 https://www.hupo.org/plasma-proteome-project）。

人类血浆蛋白的组成十分复杂，以往把在血浆中出现并在血浆中发挥作用的蛋白质统称为血浆蛋白。随着蛋白质组学研究的发展，目前把血浆中的所有蛋白质统称为血浆蛋白。根据其来源和功能可分为组成型蛋白、免疫球蛋白、各种生长因子、蛋白酶类、组织渗漏蛋白、异常分泌蛋白及外来蛋白等。其中，组成型蛋白和免疫球蛋白是血浆蛋白的主要组成成分，丰度非常高，通常被分离鉴定并用于临床诊断的血浆蛋白多属于此类。后几类血浆蛋白多为低丰度蛋白，它们种类繁多，性质各异，作用重要，分离和鉴定相当困难。例如，通常在细胞内发挥作用，但当细胞死亡或损伤后被释放到血浆中的组织渗漏蛋白，肿瘤或其他病变器官释放到血浆中的异常分泌蛋白等，其对于认识疾病演变过程、分离疾病特征标志和药物靶标具有更加重要的意义。

人类血浆蛋白质组计划在启动阶段，就要求所有参加实验室均使用相同的“参考样品”（reference specimen），该参考样品分别由英国、美国和中国按照同一标准提供，制备成不同人群的混合血浆和血清。代表世界上主要人种的参考样品取自部分志愿者，他们分别属于白种美国人、非洲裔美国人、亚裔美国人和亚洲中国人。在此基础上，使用各实验室不同的技术平台，不同的蛋白质组学实验方案，全面鉴定和分析正常人血浆 / 血清蛋白质组。选择血浆作为人类蛋白质组研究的第一个对象，主要基于以下考虑：①血浆蛋白质组是最复杂的人类蛋白质组，其中包含着不同组织的亚蛋白质组；②血浆蛋白取材方便，能够获得足够的研究样本，容易标准化；③血浆蛋白的性质具有很大的动态范围；④血浆 / 血清是临床检查最主要的样本来源，对于疾病诊断和疗效监测具有重要的意义；⑤多数血浆蛋白的表达水平与其相应 mRNA 的水平相关性很差，且普遍存在糖基化、泛素化、磷酸化等翻译后修饰现象，从蛋白质水平上展开研究，更容易揭示这些蛋白质翻译后修饰的具体功能（王英和赵晓航，2004）。

经过近 20 年的努力，人类血浆蛋白质组图谱终于构建完成，以 Genomic atlas of the human plasma proteome 为题公布在 2018 年 6 月 6 日的 *Nature* 上（Sun et al.，2018）。在该研究中，英国剑桥大学的科学家构建了健康人群血浆蛋白质组的遗传结构图谱，总共鉴定到 1478 个血浆蛋白，进而对这些蛋白质进行整合分析，将相关血浆蛋白参与的生物学代谢途径与疾病代谢及药物靶点进行了遗传关联分析，在血浆中发现了很多新的重大疾病相关蛋白标志物（protein biomarker），进而对这些蛋白标志物与疾病的遗传关系进行了深入研究，有望为疾病治疗和蛋白质类新药开发提供更多靶标蛋白。

在人类蛋白质组组织成立的近 20 年时间里，全世界各个国家的科学家分工合作，通过人类脑蛋白质组、人类肾脏蛋白质组、人类心血管蛋白质组和人类染色体蛋白质组等重大研究计划，积累了大量数据，建立并完善了一整套蛋白质组数据采集和分析方法，培养了大批从事蛋白质组研究的科研人员。这些积累起来的技术方法、软件平台和海量数据，为其他物种，特别是各种植物蛋白质组图谱和功能蛋白的深入研究提供了宝贵的参考资料。

23.6 单细胞蛋白质组学研究进展

人类蛋白质组草图及各种人类组织器官蛋白质组图谱的构建，加速了“多组学”研究的进程。近年来，癌症和干细胞等领域的重大突破揭示了群体细胞中某些细胞在功能上表现出异质性，对“组学”研究向单细胞水平延伸提出了明确的需求，基因组测序研究已经发展到单细胞基因组测序和转录组分析水平，并且相关技术已经日趋成熟（Doerr，2019）。在单细胞测序技术的基础上，多种单细胞分析方法产生并快速发展，如微流控芯片、流式细胞术、质谱、拉曼光谱等高灵敏度、高通量和高分辨率的分析手段，为单细胞基因组、单细胞蛋白质组和单细胞代谢组等单细胞组学研究提供了强大的研究手段（Liu et al.，2019）。

细胞是生命最基本的单位，是生命活动的基石。近年来，越来越多的科学家进入单细胞分析领域，包括经典的细胞生物学、发育生物学、基因组学和计算生物学领域。随着研究单细胞的技术不断增加，人们将需要复杂的分析工具来分析和理解结果，单细胞分析显然将为科学家开拓新的前景（Nowogrodzki，2017）。单细胞基因组测序和转录组分析结果显示，细胞具有异质性（图 23-2）。就像世界上没有完全相同的两片树叶一样，世界上也没有两个完全相同的细胞（Doerr，2019）。在雄心勃勃的人类细胞图谱计划（The Human Cell Atlas Project）中，研究人员通过抗体标记技术，已经获得了超过 12 000 种人类细胞蛋白质的亚细胞定位信息（Thul et al.，2017）。

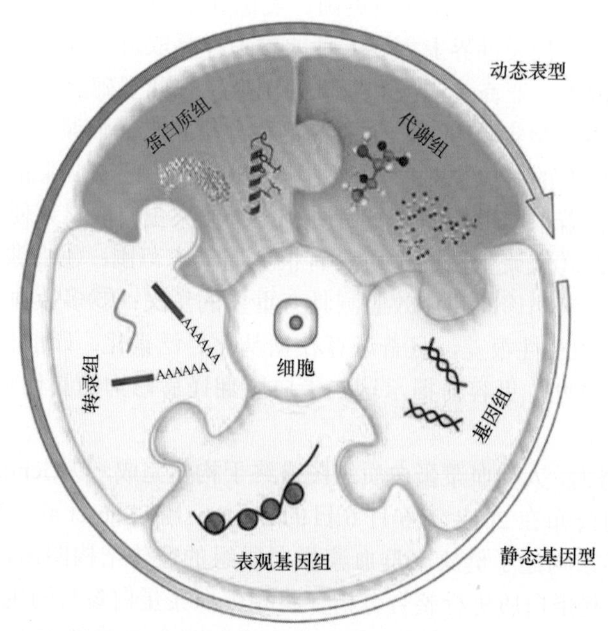

图 23-2 单细胞水平各种生物组学基本研究思路

人类细胞图谱计划于2016年9月启动，由Facebook网站创始人扎克伯格（Mark Zuckerberg）和其妻子普莉希拉·陈（Priscilla Chan）成立的基金会 Chan Zuckerberg Initiative 资助，该基金会计划在未来 10 年投入 30 亿美元资助科学家，共同努力推动基础科学研究，其中最令人惊叹的就是人类细胞图谱计划（详见官网 https://www.proteinatlas.org/）。同年 10 月，在英国伦敦召开了人类细胞图谱计划启动会议（Human Cell Atlas Launch Meeting），组建了由五大洲 10 个国家不同研究机构的 28 名科学家组成的人类细胞图谱计划组委会，具体负责该计划的实施，会议吸引了领域内超过 500 名的科学家参与相关工作，引起了科学界和全社会的广泛关注。人类细胞图谱计划是一项大型国际合作项目，致力于建立一个健康人体所包含的所有细胞的参考图谱，包括细胞类型、数目、位置、相互关联与分子组分等。该计划是由全世界范围内优秀的生物学家、技术专家、病理学家、内科医生、外科医生、计算机科学家、统计学家等共同讨论提出的具有划时代意义的国际合作项目，其基本目标是采用特定的分子表达谱来确定人体所有 40 万亿～ 60 万亿个细胞的类型，并将此类信息与经典的细胞空间位置和形态功能的描述连接。具体目标主要包括：与新启动的人类免疫学基因组计划（Human Immunological Genome Project）合作，并将其拓展到人类的整个"免疫系统"，利用单细胞分析在极端分辨率水平分析免疫系统；与现有的艾伦脑图谱（Allen Brain Atlas）和美国 NIH 的大脑计划（Brain Initiative）相辅相成，完整建立大脑和神经系统所有类型与亚型细胞目录；生成上皮组织器官细胞图谱，识别和表征细胞和细胞之间的相互作用，阐明健康和疾病状态；精细化肿瘤生态系统内在变化，解析肿瘤内不同类型细胞相互作用和其动态变化对患者的影响；建立人类发育细胞图谱（Human Developmental Cell Atlas）子项目，生成人类所有发育阶段的参考细胞图谱。作为一项由科学家推动开展的科学计划，人类细胞图谱计划是一项充满开放合作精神的科学计划，科学家只要接受它的价值观就可以参与，其中包括数据与方法的早期共享。人类细胞图谱计划具有相对宽松的草根结构，毫无疑问，机遇与挑战并存。这样一种战略分布式的工作方法使得科学投入最大化，最有可能达到科学目标。管理这样一个庞大的全球科学家大协作项目充满了挑战，在达成对组织问题和科学问题的一致性方面变得更为困难。该计划非常庞大，目标宏伟，但也面临着很多挑战，其中最大的挑战是研究者的决定论思路与生命复杂系统不确定性之间的冲突（吴家睿，2018）。

各个细胞的转录组中，各种基因的表达情况各不相同，说明单细胞水平的基因表达调控分析将会是今后生命科学研究的一个重要方向（Budnik et al.，2018）。近年来，基于细胞群体的蛋白质组学研究，不可避免地会将大量细胞内的信息平均化，已经越来越难以满足对生命功能更加深入探究的需要。从单细胞层面去了解细胞特征及彼此之间的相互影响，可以为生物系统中细胞间的异质性研究提供更宝贵的信息，为包括转化医疗在内的应用研究提供重要技术支持（图 23-3）。因此，对单细胞组学研究的需求越来越迫切。

单细胞蛋白质组学（single cell proteomics，SCP）是在单个细胞的水平研究蛋白质的积累变化规律（图 23-3）。由于蛋白质组的复杂性，蛋白质目前还没有办法像基因一样实现体外无限扩增，加上质谱检测的灵敏度一直有待提升，单细胞蛋白质组分析比单细胞转录组分析困难得多。目前，对少量乃至单细胞内蛋白质检测仍极具挑战。由于单细胞内蛋白质含量极少，典型体细胞内蛋白质总量仅为 0.1 ～ 0.2ng，每种蛋白质在单细胞中平均有 50 000 个拷贝左右，远远小于常规蛋白质组样品前处理所需要的微克级蛋白质量（Budnik et al.，2018），加上细胞内的蛋白质通常需要在离心管内完成复杂多步的前处理操作，包括细胞裂解和蛋白质释放、蛋白质沉淀纯化、蛋白质还原和烷基化、酶切等，一个全细胞裂解蛋白质组的最后反应体积只有几十甚至上百微升。在蛋白质组常规前处理过程中，由于样品与离心管的接触、多步的样品转移和不完全上样等，在进入质谱之前不可避免地发生了蛋白质的损失。用此流程来处理单细胞，即使之后结合液相色谱仪器的自动进样阀可以完成小于 10μL 体积样品的上样，但对于质谱检测，也无济于事，因为尚未等到分离蛋白质样品，细胞内的蛋白质就可能已经损失过半。

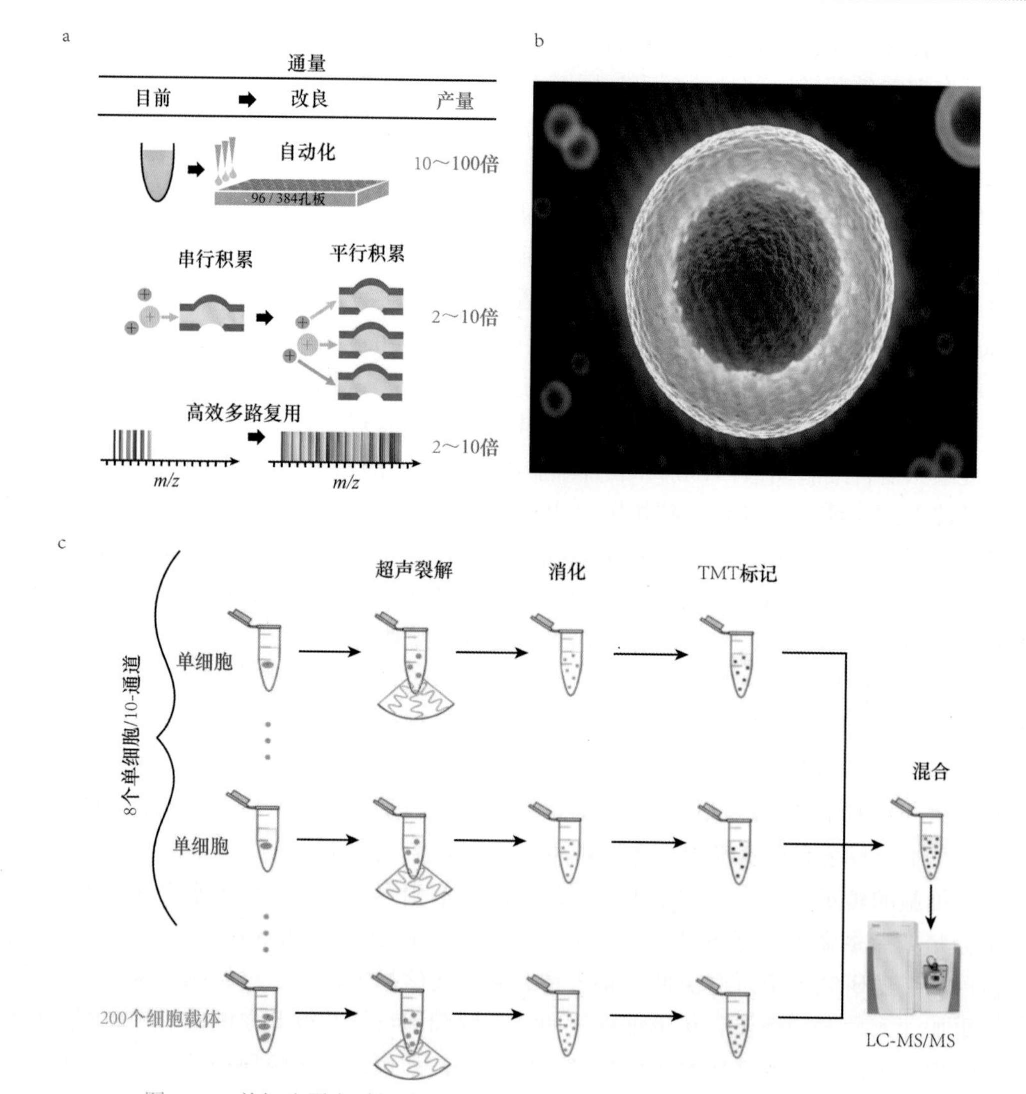

图 23-3 单细胞蛋白质组基本研究思路和技术流程（Budnik et al.，2018）

a. 通过高通量技术获得更多数量的纯化单细胞；b. 获得的单细胞放大图；c. 对获得的不同数量单细胞进行破碎、酶解和标记，然后进行液质联用质谱鉴定，比较不同数量单细胞及不同标记单细胞中蛋白质鉴定情况

单细胞蛋白质组学研究的限制因素主要包括单细胞的收集和高灵敏度质谱仪器在痕量肽段鉴定中的成功应用。国际上经典的单细胞蛋白质组学研究方法主要有流式细胞分离技术和化学荧光细胞标记技术这两大核心技术（Liu et al.，2019）。前者对于揭示疾病的分子信号通路网络具有重要的科学价值，其中倡导的流式细胞分离技术能够在单个细胞水平上研究细胞信号，可以构建出每个细胞的信号转导网络，是一种研究细胞功能的有力工具，但蛋白质标记方法非常烦琐复杂，且原代细胞的消耗量大到上百万。后者能够在荧光标记的基础上，通过毛细管电泳分离，获得单个细胞整个蛋白质组的指纹图谱，能够成功地在蛋白质表达指纹谱水平甄别细胞间的个体差异性，但蛋白质鉴定和分离的峰容量问题无法解决（图 23-3）。

对单细胞中的蛋白质进行精准定量的研究历史较长，但主要局限于利用抗体对蛋白质进行相对定量，利用荧光标记蛋白和 MALDI-TOF-MS 对细胞中蛋白质进行定性与定量研究，并且这些技术均仅仅能够对细胞中少数几种蛋白质进行定量（Specht and Slavov，2018）。进行单细胞蛋白质组研究，首要前提是解决如何通过质谱技术对细胞中成千上万种蛋白质进行定性和精准定量的问题。瑞士科学家等开展的一项基于抗体的单细胞蛋白质组学研究引起了人们的注意。在该研究中，科学家通过单细胞质谱流式细胞仪（single-cell mass cytometry）结合抗体技术，对黑色素瘤的单细胞蛋白质进行了分析检测（Krieg et al.，2018）。在该项研究中，科学家所用到的质谱流式细胞仪能把细胞质加热到 6000℃以上，达到跟太阳表面相当的高温。该质谱仪的工作原理是采用稀有金属共轭抗体标记细胞表面和内部蛋白，用电感耦合等离子体（inductively-coupled plasma，ICP）电离细胞，从每个被标记的细胞衍生出来的离子维持在离散云中，以接受质谱仪的检测。由于生物组织内缺乏稀有金属，因此这项技术提供了很高的灵敏度和精准度，能让科学家获得人体免疫系统的高清图片，然后结合人工智能和机器学习算法，研究人员创建了一个可读取结果的二维映射，相当于为数以百万计的血细胞创建了一款类似于照片墙（Instagram）的软件，以获得单细胞中更多蛋白质的定性和定量信息。这种技术最多可同时检测 100 个细胞蛋白标志物，让大家随时随地获取免疫系统图片，同时能获得背景信息，不但能够检测免疫疗法对蛋白标志物的影响程度，还可以研究组织和肿瘤微环境细胞内蛋白质的相互作用。该研究发现，转移性黑色素瘤患者外周血中的单核细胞（classical monocyte）可能是检测抗 PD-1 免疫检查点疗法能否对患者起效的潜在生物标志物（Krieg et al.，2018）。该项技术还可以应用于其他癌症，包括头颈癌、胃肠道癌、肺癌等的生物标志物筛选和早期筛查。

科学家最近提出了基于化学生物学手段的单细胞化学蛋白质组学方法。在该方法中，单细胞被包裹在细胞生理缓冲液滴中，并分散在微流控芯片微孔中，利用活性小分子探针对单个细胞膜表面受体蛋白家族进行识别、光化学交联和荧光标记，完成标记的细胞送入毛细管中，在溶胞后对蛋白质分子进行电泳分离与激光诱导荧光检测。采用上述方法，能够在某些细胞株单细胞上鉴定出低拷贝膜蛋白家族受体，并成功地在单细胞水平研究小鼠原代颗粒神经元细胞 GABAB 受体子蛋白集的差异表达和动态变化（Xu et al.，2014）。该方法巧妙地借鉴了活性荧光探针技术，将流式细胞术和化学细胞术的优势结合起来，从活性的角度入手，在单个细胞水平上研究蛋白质功能。通过搭建高灵敏度的毛细管电泳-激光诱导荧光系统，结合活性探针的高特异性和荧光报告特性，对细胞表面低丰度的膜受体蛋白（受体）和细胞器内难以标记的蛋白酶（半胱氨酸组织蛋白酶）进行单细胞蛋白质分析，在单细胞水平上研究细胞功能，避免其他蛋白质的干扰，从而为单细胞水平功能蛋白质组研究提供了一条崭新的道路。

最近，科学家将微流控液滴技术与蛋白质组分析技术相结合，发展了一种微型化的油-气-液“三明治”芯片及相应的纳升级液体操控和进样方法，能够在原位静态的纳升级液滴中完成少量细胞蛋白质组学分析所必需的多步样品前处理操作，并且实现了将液滴样品直接高效地注入色谱分析柱内完成后续的液相色谱分离与质谱检测（图 23-4）。

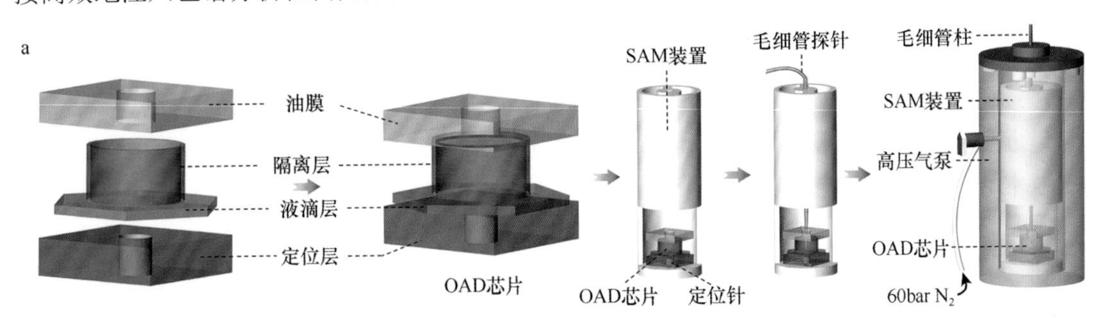

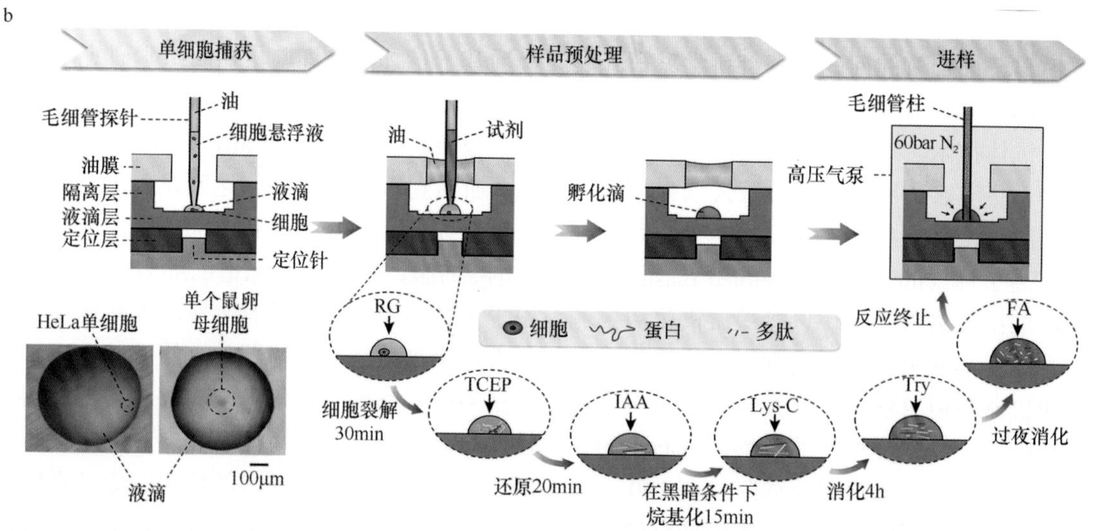

图 23-4 单细胞收集油-气-液（OAD）芯片定位仪（a）和单细胞蛋白质组分析流程（b）（Li et al.，2018）

SAM 装置：自对准单片装置

通过采用优化后的芯片材料、裂解试剂、酶切比例和色谱质谱参数等实验条件，该芯片系统可以分别成功地从 100 个、50 个、10 个、1 个 HeLa 细胞内鉴定到 1360 个、612 个、192 个、51 个蛋白质。研究人员首次实现了以单个鼠卵母细胞为初始样本的蛋白质组学分析，一共鉴定到 355 种蛋白质，其中包括一系列与生殖发育和疾病相关的蛋白质。在该工作中，科学家还对两种常规的基于离心管的前处理方法进行了对照实验，实验结果明确证实了微流控液滴体系具有更低的样品吸附损失、更高的酶切效率和更高的疏水性蛋白鉴定能力等明显优势，更适用于微量蛋白质样品的蛋白质组学分析（Li et al.，2018）。

相对于以往的单细胞蛋白质组技术研究，该项研究取得了 3 个突破。第一，成功发展了适合进行单细胞及类似微量样品的蛋白质组学分析的样品前处理芯片和方法。芯片内 550nL 的液滴与芯片的接触面积仅为常规离心管模式下的 1/15，显著减少了样品与反应器接触所带来的损失。第二，发展了一种可实现纳升级液滴直接进样的方法，利用 3D 打印加工的自动定位装置和高压气泵高效地（＞99%）将液滴样品注入分析色谱柱内，完全避免了样品转移和经过液相仪器内复杂管路带来的损失。第三，为避免在常规微流控液滴系统中由油相直接接触液滴而造成的缺陷，提出了一种采用气相来间隔液滴相和油相的新型液滴芯片结构，在成功防止液滴明显蒸发的同时，还避免了油相和液滴相直接接触带来的脂溶性样品的损失，也使系统能更方便地进行后续的分离柱进样、色谱分离和质谱检测。因此，该项研究在基于质谱的单细胞及微量样品的蛋白质组学分析方面建立了全新的技术，具有系统结构简单、容易搭建、操作方便、可靠性高等特点，有望被广泛应用到细胞间异质性研究及临床相关研究中，包括稀有的循环肿瘤细胞分析、生殖细胞相关研究和疾病诊疗等方面，因此，在未来具有潜在持续开发价值和较好的应用转化前景。

最近几年，纳米孔测序（nanopore sequencing）技术已经基本成熟并向市场推广。纳米孔测序技术的原理是借助电泳驱动单个分子逐一通过纳米孔实现测序。由于纳米孔的直径非常小，仅允许单个核酸聚合物通过，而 A、T、C、G 4 个碱基的带电性质不一样，通过电信号的差异就能检测出通过的碱基类别，从而实现直接读出核酸序列。因此，纳米孔测序目前仅用于测定 DNA 和 RNA 的序列，其提供的测序读长能够跨越高度重复和含有变异结构的区域，提供更连续的基因组组装信息，展示出 DNA 片段的整个长度，并且已经可以做到常规处理数千碱基对的完整片段。这种超长读长无疑能够简化基因组的组装过程，提供更完整、更连续的基因组。因此，研究人员正在使用纳米孔测序技术对各种植物的参考基因组进行从头测序和重新分析，并且正在进行纳米孔单细胞测序相关研究（Doerr，2019）。将纳米孔测序技术改进后能否用于蛋白质氨基酸序列的解读？如果能够部分实现氨基酸序列直接读取技术突破，将来的发展前景将不可估量。因此，将纳米孔测序技术改进后应用在蛋白质或者多肽测序中，将会是一项虽具有巨大挑战，但可能颠覆质谱仪器的潜在重大技术突破。一旦该技术有所突破，将来开展单细胞蛋白质组研究就具有更大的可能性。

相对于人类和动物细胞，植物细胞结构更为复杂，开展植物单细胞的蛋白质组研究难度更大。典型植物细胞的细胞质可分为膜（质膜及液泡膜）、透明质和细胞器（内质网、质体、线粒体、高尔基体和核糖体等）。透明质为细胞质的无定形可溶性部分，其中悬浮着细胞器及各种后含物。质膜是细胞质的边界，紧贴细胞壁，细胞壁有许多小孔，因此相邻细胞的细胞质是互相贯通的。质膜对物质的透过有选择性。液泡膜位于细胞质和细胞液相接触的部位，与质膜形态结构基本相似。内质网是散布在透明质内的一组有许多穿孔的膜，是核糖体的集中分布场，其对细胞壁形成也有一定作用。质体是真核细胞所特有的细胞器，呈药片状、盘状或球形，表面有两层膜，其功能同能量代谢、营养贮存和植物繁殖都有密切关系。质体通常由前质体直接或间接发育而来，前质体一般存在于胚或分生组织中，通常为双层膜，膜内含有比较均一的基质。质体大体可分三大类，即无色体、叶绿体和有色体。与人类细胞或者动物细胞不同，植物细胞中还有细胞壁、叶绿体、中央大液泡等特殊细胞器，并且富含多糖、多酚和各种色素等干扰物质。其中，植物细胞由纤维素和果胶等物质组成的坚硬细胞壁，导致细胞破碎非常困难，加上大多数植物细胞有叶绿体和中央大液泡，干扰物质太多，分离纯化困难，提取其核酸和蛋白质的难度均比动物细胞大。因此，开展植物单细胞基因组测序和单细胞蛋白质组研究均存在更多问题。目前，植物单细胞基因组测序和蛋白质组研究等工作均处于摸索阶段，还未见有影响力的研究成果公布。当然，植物细胞容易获得，数量也更多，将来借助冷冻激光显微切割等新技术，应该可以逐步克服植物大细胞取样难的问题。只要能够获取足够数量的植物单细胞，将来开展植物单细胞蛋白质组研究便指日可待，相关研究结果将很快公布。

23.7　植物蛋白质组表达图谱构建及应用

人类蛋白质组草图及各种人类组织器官蛋白质组图谱的成功构建，为各种生物蛋白质组图谱计划实施提供了借鉴，为开展各种植物蛋白质组草图计划及各种植物器官蛋白质组表达图谱计划提供了很好的研究思路和技术储备。

植物蛋白质组表达图谱计划一直紧跟着人类蛋白质组草图计划开展。早在 2008 年，*Science* 就公布了不太完善的模式植物拟南芥的蛋白质组草图（Baerenfaller et al.，2008）。瑞士科学家 Baerenfaller 等（2008）通过 1354 次液质联用质谱从拟南芥的根、叶片、花和培养细胞 4 种不同组织器官中采集到 86 456 个肽段信息，通过这些肽段，共鉴定到 13 029 个蛋白质，约占拟南芥预测的 2.7 万个蛋白质总数的 48.3%。将这些鉴定的蛋白质与拟南芥专门蛋白质数据库 TAIR7 进行对比，发现了 57 个是蛋白质数据库没有包括的新蛋白质。通过对这些蛋白质组数据深入分析，确定了拟南芥器官特异性生物标志物，并为 4105 种蛋白质编制了一套器官特异性蛋白质型肽信息，以促进有针对性的定量蛋白质组学研究。利用这些已鉴定蛋白质的定量信息，科学家进一步构建了不同拟南芥器官转录水平与蛋白质积累的关系。该拟南芥蛋白质组图谱提供了有关基因组活性和蛋白质组组装的更多信息，可作为植物系统生物学开展深入研究的重要参考资源。

植物蛋白质组表达图谱计划最先在粮食作物玉米（*Zea mays*）中取得重大突破。2016 年 5 月 10 日，*Science* 发表了题为 Integration of omic networks in a developmental atlas of maize 的文章，该研究成果由美国科学院院士、美国加利福尼亚大学圣地亚哥分校教授 Steven Briggs 主导完成（Walley et al.，2016）。通过蛋白质组、磷酸化蛋白质组和转录组 3 种组学联合组学分析策略，重点进行了转录组和蛋白质组对比分析，通过基因共表达网络和调控网络分析来预测单个基因的功能。系统地预测基因功能是生物学领域一个复杂挑战。目前，随着高通量测序技术的成熟、成本的极速下降，大量的转录组数据被用于构建基因组范围的基因调控网络和共表达网络。然而，mRNA 丰度并不能完全代表蛋白质丰度，众多研究显示 mRNA 丰度与蛋白质丰度仅存在较弱的正相关性。这意味着加入蛋白质组学数据，可能会极大地改善仅基于转录组学数据的基因调控网络质量。

因此，为了进行网络重建，科学家建立了一个大规模的与玉米发育过程相关的基因表达谱和蛋白质积累图谱，其中涉及 23 个组织，共鉴定到 62 547 个 mRNA、17 862 个非修饰蛋白质及拥有 31 595 个磷酸化修饰位点的 6227 个磷酸化修饰蛋白。研究发现，基于 mRNA 表达量构建的基因共表达网络与基于蛋白质积累量建立的网络存在较大差异，仅有 15% 的高度互连核心节点在由 RNA 和蛋白质建立的网络中是保守的。也就是说，85% 以上的基因和蛋白质表达积累规律并不一致（图 23-5）。尽管如此，基于不同类型数据构建的网络仍然能够

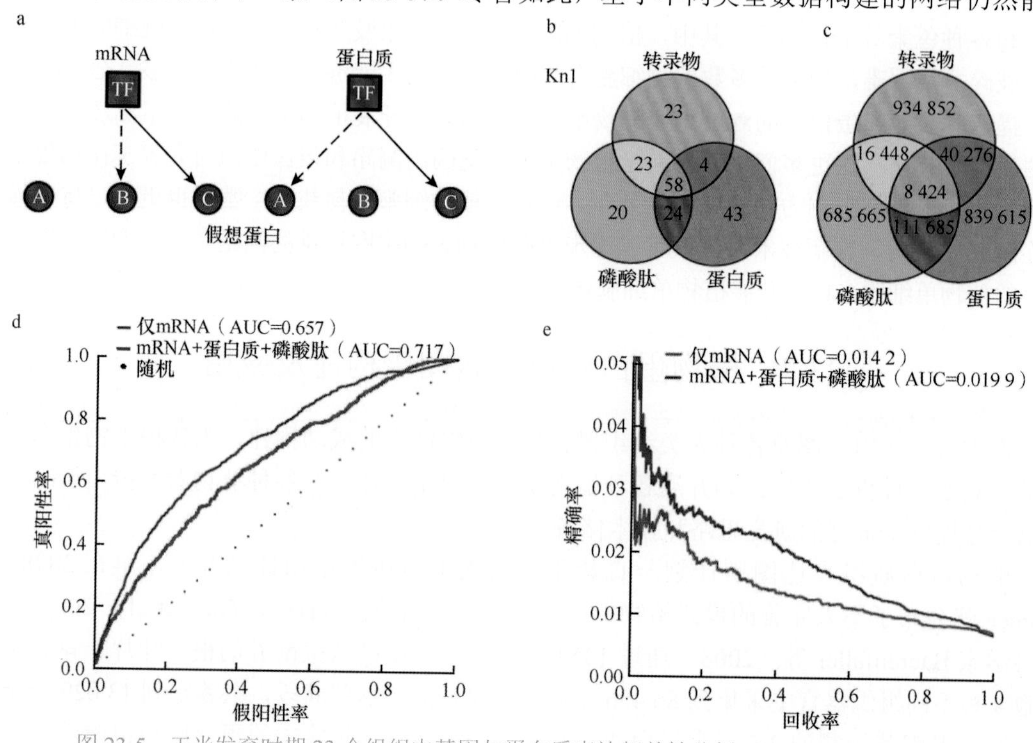

图 23-5 玉米发育时期 23 个组织中基因与蛋白质表达相关性分析（Walley et al.，2016）

a. 转录因子介导的基因调控网络在 mRNA 和蛋白质层面的不同调控方式；b. 500 种真实存在的基因调控网络中 mRNA、蛋白质和磷酸肽 3 个层次的重叠关系；c. 在丰度最高的 100 万水平，mRNA、蛋白质和磷酸肽 3 个层次上转录因子的调控重叠关系；在所有测试靶标基因中，对单纯 mRNA 及利用 mRNA、蛋白质和磷酸肽数据整合分析，再对获得的受试者工作曲线（d）和精确回收曲线（e）进行分析，发现两者回归曲线相似

富集到相似的代谢通路类别，并且能够有效预测已知的基因调控关系。因此，基于蛋白质图谱的多组学（转录组、蛋白质组及磷酸化蛋白质组）整合分析能够极大地提高基因调控网络的预测能力。

首先利用10 979个基因重建了基因共表达网络。然后，通过皮尔森相关系数衡量不同组织的mRNA之间、蛋白质之间的相关性。为了直接比较由mRNA和蛋白质建立的基因共表达网络，并编译一个高置信度的共表达数据集，每一个网络均受相关系数大于0.75的边界限制。分析结果显示，122 029个边界在两个网络中是保守的，占总体的6.1%。尽管这个边界的重叠比例远大于随机期望的0.8%，但是大多数的基因关系具有网络独特性。即使将边界数目扩大到100万，上述指标也未发生显著改变。这一结果与之前的一系列研究结果相吻合，即mRNA和蛋白质具有较弱的正相关关系。共表达网络的一个关键特征是存在少量高度连接的核心节点，通常一个节点代表一个基因。核心节点比非核心节点在网络完整度和有机体存活方面具有更重要的意义，因此判定这些所谓的核心节点是网络分析的重心之一。结果显示，大多数核心节点是mRNA或蛋白质网络所独有的，而共同的核心节点仅占15%左右。

对共表达网络中的模块进行富集分析，结果显示，大多数模块都能显著地富集到一个或多个Mapman类别。mRNA和蛋白质网络模块在类别富集程度方面总体上相似，但是显著富集的类别中基因实际存在网络独特性，其中，35%存在于蛋白质网络，27%存在于mRNA网络，38%为两者所共有。这些发现表明利用不同类型数据预测到的基因相关性和功能也不尽相同。推测mRNA和蛋白质共表达网络不一致的原因，主要是mRNA丰度和蛋白质丰度之间相关性有限；而有限的相关性，可能受mRNA和蛋白质的稳定性、翻译调控及蛋白质转运等因素影响。

相比于共表达网络（coexpression network），基因调控网络（gene regulatory network，GRN）能够更直接地展示转录因子与其靶基因的关系，因此，为了深入探索玉米发育过程中的基因调控模式，分别利用mRNA、蛋白质和磷酸肽数据构建了3个基因调控网络。为了构建这些网络，选择了2200个可定量的mRNA、545个可定量的蛋白质及441个可定量的磷酸肽，而靶基因数据集则来自41 021个定量的mRNA。用已公布的两类经典的玉米转录因子（同源盒转录因子Kn1和bZIP转录因子O2）来进行GRN质量评估，评估方法是绘制受试者工作曲线和精确召回曲线。尽管两种曲线显示出3个GRN在总体质量方面较为相似，但细看前500位得分的结果发现，基于蛋白质数据的两个GRN能够更准确地预测靶基因。此外，研究还发现准确预测到的靶基因亦存在GRN独特性，且比例不低。上述结果表明，利用不同表达数据进行GRN预测，能够极大地互补。

将GRN分析扩大到所有转录因子后，同样发现存在较低的边界保守性，而大多数边界仍为不同GRN所独有，如边界数为100万时，93%的边界存在于单一的GRN；而边界数为20万时，数值则增加到96%。这一发现说明，转录因子在mRNA、蛋白质和磷酸肽层面的积累模式不同，导致了截然不同的GRN预测结果。为了检测多组学数据的整合分析是否能够改善单组学分析结果，另外构建了4个GRN，并利用KN1和O2相关数据来评估网络质量（图23-5）。结果显示，基于多组学的GRN预测优于单组学（Walley et al.，2016）。

综上所述，大多数植物基因在mRNA水平和蛋白质水平呈现较弱的正相关性，mRNA丰度并不能客观反映蛋白质丰度，导致mRNA分析结果的真阳性率相对较低，因此，进行蛋白质组学研究是十分必要的。但是，由于目前蛋白质组学技术发展相对缓慢，存在通量低、成本高的劣势，如能联合其他组学（如转录组学、磷酸化蛋白质组学、代谢组学等）

进行多组学整合分析，则能够获得多样的基因信息，有助于全面系统地解析复杂生物学过程背后的分子调控机制。此外，抗体组是蛋白质组学研究的重要手段之一，不但具有更高的重复性和稳定性，还可进行蛋白质定位、互作等方面的研究，这一优势是基于传统质谱鉴定技术的蛋白质组学所无法实现的。将来开展植物抗体组学联合转录组学分析，会是一个很有前途的发展方向。

植物组织和器官由分生组织特殊结构中的干细胞分化而来，不同特定器官的发育在时间和空间上由不同细胞类型的同一基因组的特定基因选择性表达所调控。全面系统的转录组分析，为研究玉米不同生命周期中器官和组织特异性基因组表达模式提供了丰富的数据。检测基因在各个器官或组织中的表达水平对于了解玉米的发育至关重要。然而，不同的组织或器官，包括主根、根毛、叶和木质部汁液中的 mRNA 表达水平与相应蛋白质的丰度无法一一对应，是由 mRNA 转录和转录后调节，包括 mRNA 的加工和翻转、蛋白质的翻译和翻转所导致的。由于蛋白质是生物过程、细胞成分和性状的直接参与者或调控者，联合转录组和蛋白质组数据分析可以增强我们对组织结构或器官发生的深入理解。最近一项关于 4 种玉米组织的蛋白质组和转录组联合分析，得出了较有价值的结论。采用 SWATH-MS 技术，对 4 种玉米组织，包括未成熟雌穗、未成熟雄穗、授粉后 20d 幼胚和 14 日龄幼苗根，进行定量蛋白质组分析。然后对相同样品进行转录组分析，并对蛋白质组和转录组数据进行了关联分析（图 23-6）。通过鉴定组织特异性高表达的基因和蛋白质，来了解组织结构和器官发生的调节机制。这些数据为研究玉米发育生物学提供了新的线索（Jia et al.，2018）。

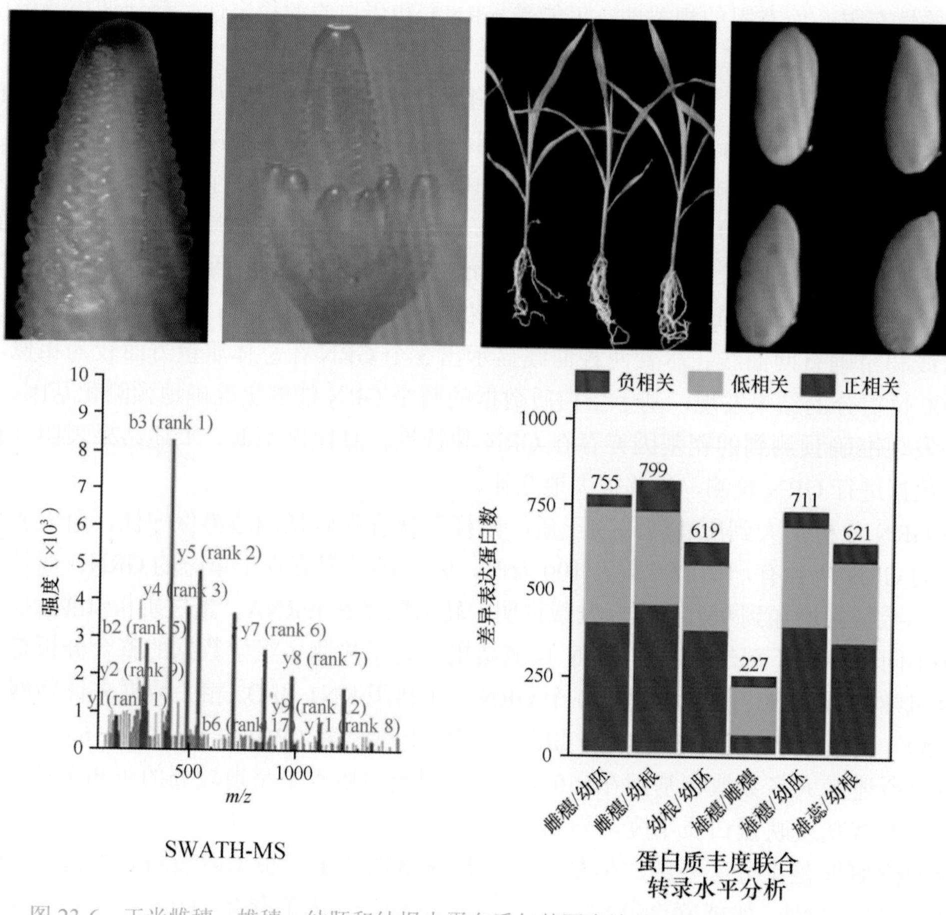

图 23-6 玉米雌穗、雄穗、幼胚和幼根中蛋白质与基因表达关联分析（Jia et al.，2018）

合并4个组织样本的蛋白质组学数据，通过SWATH实验共获得646 658个质谱图谱。用不同的置信度阈值和错误发现率来评估SWATH-MS的检测结果，发现在一定程度上，相对较低的阈值可以鉴定到更多独特的肽和蛋白质。在置信度0.85、FDR 0.05的标准下，检测到的多肽和蛋白质数量，与使用更严格的阈值标准即置信度0.90、FDR 0.02相比稍有增加，但差异蛋白的数量变化不大。因此，最终选择置信度0.85、FDR 0.05来检测本研究中的肽和蛋白质，因为该阈值能检测到更多的蛋白质从而扩增蛋白质组数据，但不会显著增加差异蛋白的数量。共有117 184个unique谱图匹配到10 606个unique肽段，最后共鉴定到4551个蛋白质。蛋白质丰度在重复实验中重复性很好，相关系数在0.84～0.90。在雌穗、雄穗、幼胚和幼根中分别鉴定到3916种、3707种、3702种和2871种蛋白质，在这4种组织中共同鉴定到2269种蛋白质。大多数蛋白质（70%）被不少于2个unique谱图覆盖，蛋白质肽段主要由10～25个氨基酸组成。大约64%的蛋白质显示出＞5%的蛋白质序列覆盖度，84%蛋白质的分子质量＞20kDa。

进一步对蛋白质组和转录组数据进行关联分析，首先将每个组织中的蛋白质丰度与相应的mRNA水平进行比较。然后过滤掉那些低mRNA水平的蛋白质，总共保留了4314种（94.8%）蛋白质，其中雌穗3554个、雄穗3404个、幼胚3417个和幼根2370个。4个组织中共同鉴定到2045个蛋白质，表明大量检测到的蛋白质存在于各个组织中。此外，还鉴定到了组织特异性高度表达的蛋白质，其中幼胚253个、幼根181个、雌穗123个和雄穗43个。另外，尽管蛋白质丰度与组织中对应的mRNA水平呈正相关关系，但Pearson相关系数很低，为0.35（幼根）～0.43（幼胚），表明转录水平并不总是与蛋白质丰度一一对应。去掉组织特异性高度表达的蛋白质，以变化倍数＞2倍和P＜0.01/FDR＜0.05为筛选条件，共有3714个差异蛋白至少在两个组织中共同鉴定到。结果表明，在雌穗和雄穗之间鉴定到227个差异蛋白，在雌穗和幼根之间鉴定到799个差异蛋白。差异蛋白的数量反映了各组织形态和功能的差异。

为了探究蛋白质与转录本丰度相关性较低的原因，Jia等（2018）将这些差异蛋白分成如下3个亚组：①正相关亚组，mRNA水平与蛋白质丰度正相关；②低相关性亚组，mRNA水平与蛋白质丰度相关但不显著；③负相关亚组，mRNA水平与蛋白质丰度负相关。发现大约50%的差异蛋白可以归类到正相关亚组，表明过半的差异蛋白的丰度差异主要由其编码基因的表达差异所决定。然而，大约42%的差异蛋白，从31%到62%不等，归类到低相关性亚组。该现象通常由RNA转录、加工和转换、蛋白质翻译和转换导致。共计4.9%～15%的蛋白质归类到负相关亚组，表明转录组不能完全解释组织或器官中不同功能和形态分子基础上的蛋白质组，由此突出了蛋白质组学研究的重要性（Jia et al.，2018）。

这些研究结果表明，一些特定组织中与功能或结构相关的一些关键蛋白质在转录水平上接受时空调控，在4种研究组织中不同的蛋白质表现出不同的表达模式。此外，组织特异性高度表达的蛋白质和差异蛋白能富集到不同的GO分类中。组织特异性高度表达的蛋白质亚组通过交叉实验验证可作为潜在的生物标志物。这些蛋白质组学数据加深了人们对玉米组织和器官发育的分子机制的理解，并为其生物标志物的发现提供了新的线索。

另外一项蛋白质组、转录组全谱工作最近在低等植物三角褐指藻（*Phaeodactylum tricornutum*）中完成。三角褐指藻是海洋硅藻的模式生物，其基因组序列于2008年公布，但目前基因组的注释仍很不完善。本研究采用蛋白质基因组学（proteogenomics）研究策略和方法，利用蛋白质全谱数据，尤其是高精度的串联质谱数据，结合基因组和转录组数据对基因组进行深度注释，并构建了蛋白质组精细图谱（Yang et al.，2018）。

通过整合基因组、转录组、EST序列等多组学数据，并对数据库进行缩减，得到去冗余的三角褐指藻蛋白质基因组学数据库；通过整合蛋白质和肽段的样品预分离、双酶切与高分辨质谱分析技术，获得高质量的质谱数据；质谱数据的鉴定整合了多种搜索引擎的结果，提高了蛋白质鉴定的深度与覆盖度；采用更为严格的肽段假阳性控制策略，从而提高鉴定结果的可信度；通过开发新的算法，实现了真核生物中新的可变剪切体的发现与点突变基因的鉴定（图23-7）。

最终，该研究精准注释了6628个鉴定到的编码基因。对未注释的鉴定基因深入分析，发现有1895个基因可能并不编码蛋白质。另外，还发现606个新的蛋白质编码基因，并校正了506个已注释的编码基因，其中有56个新发现的蛋白质编码基因在之前的研究中被错误预测为长链非编码RNA（lncRNA）。该研究还鉴定到268个可能具有重要功能的微小短肽（micropeptide）、21个新的可变剪切体，并修正了73个已注释基因的可变剪切位点、58个发生氨基酸突变的基因。最后，通过将开放式与限定式检索相结合的策略，对三角褐指藻中的蛋白质翻译后修饰进行系统鉴定，发现了20多种蛋白质翻译后修饰方式，这些修饰可能参与调控细胞内众多的生物学过程，并在细胞对逆境的适应中起着重要作用（图23-7）。

通过以上工作，研究人员实现了三角褐指藻基因组的深度注释和蛋白质组精细图谱的构建。在此基础上，这项研究还建立了完整的构建真核模式生物蛋白质组精细图谱的实验技术和分析流程，适用于各种已经测序的真核生物，有可能成为解读真核生物基因组及分析其功能的重要工具。

其实，植物蛋白质组图谱的解析工作进展相对滞缓，真正意义上的植物蛋白质组图谱构建工作还未见发表。最新的一项尝试性工作是构建了橡胶草（*Taraxacum kok-saghyz*）成熟根的可视化蛋白质组图谱（Xie et al.，2019）。天然橡胶是关系国计民生与国防安全的重要战略物资。目前，巴西橡胶树是天然橡胶商业化生产唯一的生产来源。对于天然橡胶生物合成是如何精准调控的，一直是巴西橡胶树基础研究的核心问题。但由于橡胶树的遗传转化尚存在技术难点难以攻破，还不能开展转基因实验验证相关蛋白质的功能。橡胶草是菊科蒲公英属的多年生含胶草本植物，易于开展遗传转化工作从而获得转基因新材料，橡胶草是揭示天然橡胶合成机制的理想模式植物和天然橡胶产胶替代植物之一。

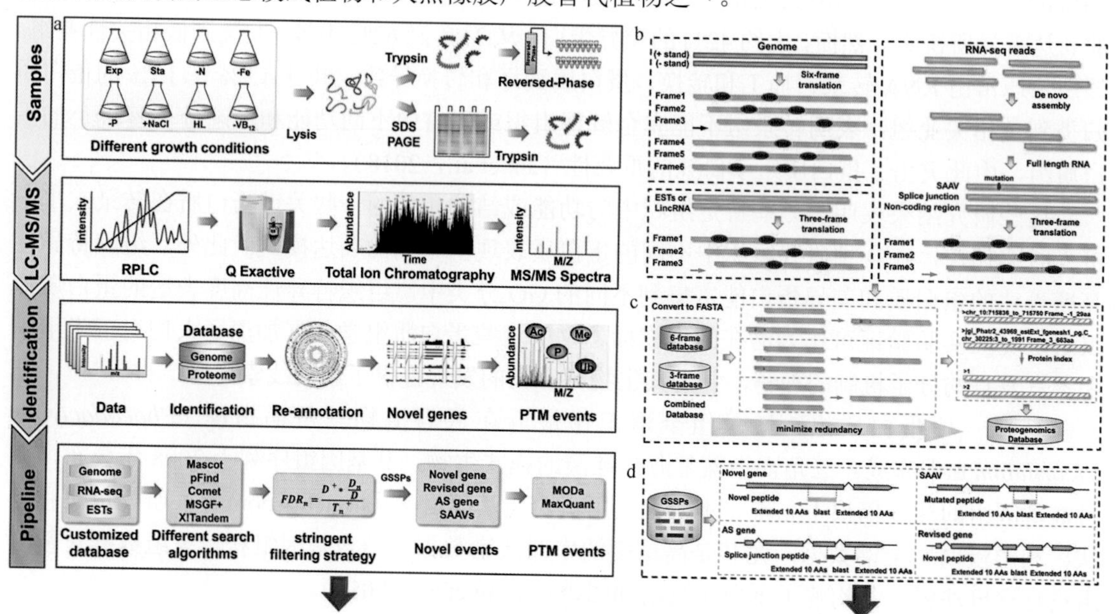

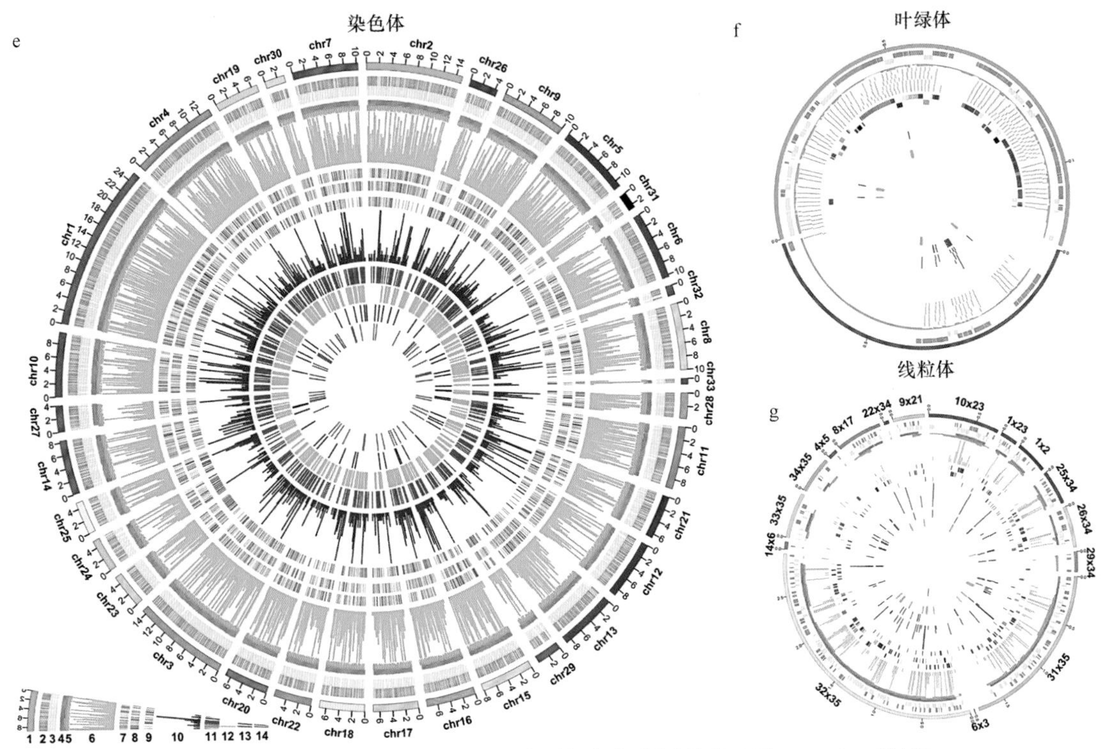

图 23-7　模式硅藻三角褐指藻蛋白质组精细图谱构建（Yang et al.，2018）

a. 三角褐指藻的蛋白质基因组学分析工作流程图概览；b-c. 生成三角褐指藻搜索数据库的步骤；d. 识别新基因算法示意图；e. Circos 图显示已鉴定到的肽段和蛋白质映射到不同染色体上的分布；f. 线粒体 / 叶绿体序列；g. Phatr2_bd 序列。Exp：对数生长期（exponential phase）；Sta：固定相（stationary phase）；-N：缺氮（nitrogen deficiency）；-Fe：缺铁（iron deficiency）；-P：缺磷（phosphate deficiency）；HL：强光（high light）；+NaCl：高盐度（high salt concentration）；-VB_{12}：缺乏维生素 B_{12}（vitamin B_{12} deficiency）；Lysis：分解；Trypsin：胰蛋白酶；Reversed-Phase：反相；RPLC：反相液相色谱（Reversed Phase Liquid Chromatography）；Q Exactive：质谱仪；Total Ion Chromatography：总离子色谱；MS/MS Spectra：MS/MS 质谱；Re-annotation：重注释；Novel genes：新基因；PTM events：翻译后修饰（post translational modification）；Pipeline：传递途径；Customized database：定制化数据库；RNA-seq：转录组测序（RNA sequencing）；ESTs：表达序列标签（expressed sequence tags）；Different search algorithms：不同的搜索算法；stringent filtering strategy：严格的筛选策略；Six-frame translation：六框翻译；LincRNA：长链非编码 RNA；*De novo* assembly：重组装；Splice junction：剪接点；Non-coding region：非编码区；Combined Database：联合数据库；minimize redundaney：最小冗余；Protein index：蛋白指数；Proteogenomics Database：蛋白质基因组数据库；Novel peptide：新肽；Splice junction peptide：剪接肽；Mutated peptide：突变肽；Revised gene：改良基因

为了进一步分析蛋白质积累，从 6 月龄橡胶草根中提取总蛋白质并通过 2-DE 分离蛋白质，获得高分辨率 2-DE 凝胶蛋白质图谱，从 2-DE 凝胶中挖取所有的蛋白点（体积百分比＞0.01），在该参考 2-DE 凝胶中，从 3 个生物学重复中检测到 428±15 个蛋白点，通过 MALDI-TOF-MS 鉴定了 371 种蛋白质。这些蛋白质占 2-DE 凝胶中所有检测点体积的 84.38%，包括 231 个基因产物或称为特有蛋白质，在 2-DE 凝胶中大多数蛋白点是均匀分布，但有更多的蛋白点分布在凝胶的酸性区域中。特别要注意的是，2-DE 凝胶上的许多蛋白点被鉴定为相同蛋白质的不同亚型。在基于 2-DE 凝胶的蛋白质组学研究中，所鉴定到的相同蛋白质称为不同种型蛋白质或同种蛋白质不同亚型。在统计重复数据后，从 2-DE 凝胶最终鉴定了 231 个唯一蛋白点。通过传统的双向电泳和飞行时间质谱结合技术，首次提供了橡胶草成熟根的可视化蛋白质组图谱。利用基因组数据建立本地数据库，将所有已鉴定蛋白质的肽序列在本地库中进行注释，随后通过 Mascot 引擎搜索结果和注释指纹图谱（PMF）序列。为了能够将橡胶草鉴定的蛋白质生成数据库，把 2-DE 胶上的所有蛋白点信息归类，通过质谱

鉴定后进行统计，建立了橡胶草根的蛋白质组基础数据库（Xie et al.，2019）。

在此基础上，研究人员还通过高通量液质联用质谱技术，分析了6月龄成熟橡胶草根部的全蛋白质，总共从3个独立的鸟枪质谱实验中鉴定了7481个蛋白质。设定Conf＞1.3（95%）后，在6个月根部的至少两次实验中鉴定出5156种蛋白质，进行3次重复后获得3545种特有蛋白质。结合2-DE和鸟枪实验的蛋白质鉴定结果，根据蛋白质维恩图统计分析，得到两种方法共鉴定的3593种蛋白质，并且通过两种方法重复鉴定了189种常见蛋白质。橡胶草成熟的根利用两种蛋白质组学方法的结果的重叠率相对不高，可能是由两种方法捕获肽段信号的不同特征所造成的。在2-DE凝胶上检测到的蛋白质可能只是蛋白质形式发生了变化，而不是整体蛋白质积累的结果。

为了深入了解从橡胶草根部鉴定的3592种蛋白质（包括分别由2-DE和鸟枪鉴定的231种和3545种蛋白质）的功能类别，研究人员进一步进行了蛋白质功能分类。通过Mascot在橡胶草基因组上定位所有鉴定的蛋白质，并进一步对橡胶草根进行WEGO分析，对橡胶草成熟根的全蛋白质进行了鉴定，随后对所有蛋白质进行GO功能聚类分析，其中蛋白质经GO聚类后分为3个部分：生物过程（biological process）、细胞成分（cellular component）和分子功能（molecular function）。GO富集显示，许多蛋白质定位于膜上和细胞器中，并且它们主要参与具有催化活性或结合能力的代谢过程。在生物过程层面，检测到13个主要生物学过程。其中，有近1520种蛋白质参与碳代谢过程，其次是1033种参与细胞过程，695种蛋白质参与单一生物过程。共有302种蛋白质被认为对外部刺激有反应。在亚细胞水平，观察到9种成分。其中，几乎一半的富集包括866种蛋白质定位于细胞部分。许多蛋白质定位于细胞器膜和大分子复合物中。在分子功能分类中，确定了7种途径。其中，1688种蛋白质参与催化活性，其次是1325种具有结合能力。有107种具有转运蛋白质活性和101种具有结构分子活性。GO分析显示，细胞内膜系统或细胞器中还有许多蛋白质之间会以蛋白复合体作用。在分子功能分类中，确定了9种途径。其中，大部分参与蛋白酶催化活性，其次是结合一些蛋白质有机环状化合物与杂环化合物的结合蛋白之间发生作用，其中107种蛋白质具有转运活性（图23-8）。

鉴于以上蛋白质分类结果，结合文献报道的最新研究结果，研究人员验证了来自橡胶草根中已鉴定的3592种蛋白质，特别关注天然橡胶生物合成途径涉及的蛋白质和酶，共有58种蛋白质或基因产物被鉴定。橡胶的生物合成主要有两个途径MVA和MEP途径，其中MVA途径是橡胶生物合成的主要途径，在本次研究中，结合两种方法鉴定的蛋白质分析，几乎全部鉴定到两种途径中所包含的所有蛋白质。从58种独特的基因产物中确定了20种蛋白质，这些蛋白质参与橡胶草根中天然橡胶合成的MVA和MEP途径。基因组测序数据表明，天然橡胶生物合成存在细胞溶质MVA和质体MEP途径，并且在橡胶草基因组中已经确定了共102个天然橡胶合成相关基因。

研究人员通过蛋白质组学数据证明了22种独特的蛋白质参与了橡胶草根部的MVA途径，13种蛋白质参与了MEP途径（图23-8）。其中参与橡胶生物合成代谢途径的关键蛋白质都被覆盖。橡胶草根部蛋白质全谱结果也说明，MEP途径对于橡胶草根中天然橡胶的生物合成同样重要。另外，本研究的蛋白质组学数据还显示，SRPP可能比REF对橡胶生物合成更重要。未来的工作应该更加关注天然橡胶生物合成相关蛋白的不同成员在橡胶草成熟根中的详细调控作用。

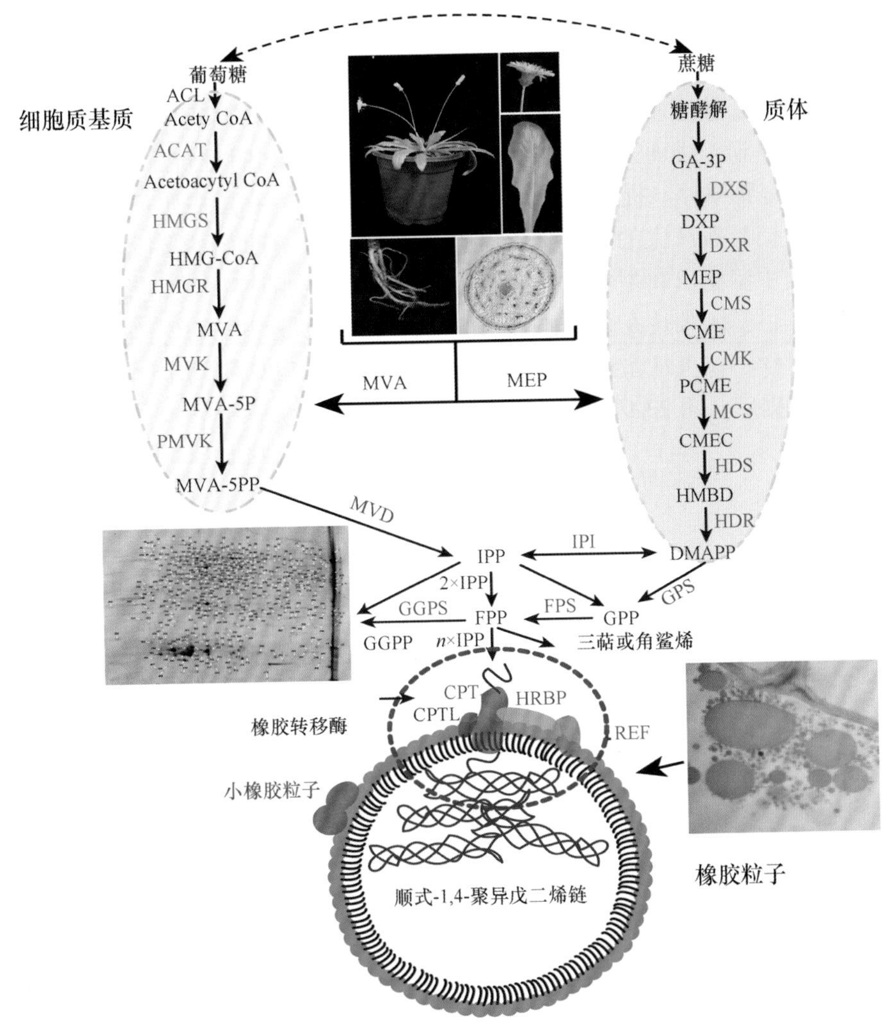

图 23-8　橡胶草成熟根可视化蛋白质图谱及蛋白质调控天然橡胶合成网络（Xie et al.，2019）

图中英文缩写名称可查阅图 15-13

23.8　植物蛋白质基因组学研究进展

23.8.1　蛋白质基因组的基本概念

大规模物种基因组测序的完成，为后续各种组学特别是蛋白质组研究奠定了基础，便于进一步研究其生物功能的基础，但要在庞大的基因组中，尤其是复杂的真核生物基因组中精确地寻找基因的编码序列、位置和结构并确定其功能，仍然是一项宏大且复杂的工程。相对于基因组学和转录组学，蛋白质组学直接研究编码基因翻译出的蛋白质产物，利用其注释基因组比通过转录组学注释基因组获得的结果更直接，而且可以发现由知识不足导致的基因从头预测算法遗漏的基因和基因结构注释的错误。此外，蛋白质存在特有的翻译后修饰现象，能够对基因组进一步注释，这是基因组学和转录组学方法所无法替代的功能。因此，蛋白质组学在提供基因表达产物证据、确认和校正编码基因、解析翻译后修饰现象，以及发现新的编码基因及其规律上拥有先天的优势（张昆等，2013）。近年来，一个利用蛋白质组学数据进行基因组注释的新研究方向应运而生，这就是蛋白质基因组学。

简单而言，蛋白质基因组学（proteogenomics）是蛋白质组学（proteomics）与基因组学（genomics）的交叉融合，是结合基因组和转录组数据对基因组进行注释与修正的一门学科，不仅能在蛋白质水平上验证基因表达及其表达模式，对已注释的基因重新进行验证和补充完善、校正基因读取错误，进而发现新基因，实现对基因组序列的重新注释，还能系统发现蛋白质特有的翻译后修饰事件，提供蛋白质组层面特有的信息。在蛋白质基因组学研究方法中，由基因组和转录组信息所产生的自定义蛋白质序列数据库，有助于从高通量质谱分析所产生的蛋白质组学数据中鉴定出新型多肽，即没有列入参考蛋白质序列数据库的多肽。而蛋白质组学数据既可以提供基因表达在蛋白质水平的证据，也有助于进一步优化基因结构模型。因此，蛋白质基因组学不仅可从蛋白质水平验证基因表达状况和注释基因结构模型，还有助于更新蛋白质序列数据库（图 23-9）。

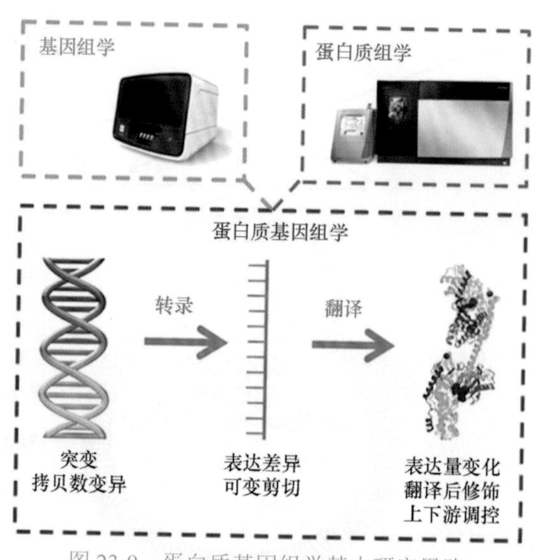

图 23-9　蛋白质基因组学基本研究思路

"proteogenomics"（蛋白质基因组学）一词由 Jaffe 等最早于 2004 年首次提出，用来描述用蛋白质组数据改进基因组注释和提高蛋白质编码潜能的特征，并将蛋白质组研究方法应用于运动型支原体（*Mycoplasma mobile*）基因组的注释过程中。采用串联质谱数据匹配 DNA 翻译得到氨基酸序列的方法，在仅 810 kb 大小的支原体基因组上直接鉴定可读框（ORF），验证并补充、修订了约 10% ORF（Jaffe et al.，2004）。之后，这种质谱数据结合 DNA 和 RNA 数据的分析方法，才被慢慢应用到注释病毒基因组、原核生物基因组及真核生物基因组（张昆等，2013）。

因此，从命名上就可以看出，蛋白质基因组学从属于基因组学，为基因组学的技术延伸和注释补充。蛋白质基因组学在本质上是一种多组学分析体系，是一种用来确定新肽的综合方法。在蛋白质基因组方法中，鉴定新肽的方法，是将 MS/MS 谱搜索比对由基因组或转录组序列产生的含有预测新肽序列和变异序列定制的蛋白质序列数据库。蛋白质基因组学不仅提供基因表达和基因精细模式在蛋白质水平的验证，还能完善蛋白质序列数据库。因此，蛋白质基因组学能够将基因组、转录组、蛋白质组及翻译后修饰组的大数据整合起来，利用多分子层面的大数据重新定义生物学问题，最终在蛋白质水平上发现与基因突变、表达变化、蛋白质修饰及关键分子调控机制相关的生物学调控机制。

23.8.2　蛋白质基因组学研究的主要意义

总体来讲，蛋白质基因组学研究具有重要意义。生命规律的中心法则告诉我们，遗传信息是从基因传递到 mRNA，再到蛋白质，遗传信息传递的每一个节点上都存在着调控，如转录调控、翻译调控、翻译后调控。包括蛋白质基因组研究在内的大量的研究数据表明，基因与转录层面的结果，与蛋白质的表达结果并不完全一致。尤其是蛋白质存在极其复杂的翻译后修饰调控，如磷酸化、乙酰化、泛素化等 400 多种修饰，对于蛋白质的功能极其重要。蛋白质是真正的功能分子，是生命活动的实际执行者，而且大部分的疾病标志物、药物治疗靶点都是蛋白质。所以，蛋白质为疾病诊断、治疗的最准确目标和真正方向。另外，从技术层面上讲，虽然蛋白质具有最重要的诊断和治疗意义，但是蛋白质的大规模组学研究在技术层面还存在很多技术瓶颈，其中关键问题是，目前的蛋白质组分析技术还无法对复杂样本进行从头测序，因此无法对肿瘤等重大疾病和重要生物学性状发生、发展和终止过程中产生的大量突变、剪切、融合蛋白进行足够高覆盖度的解析。而基因组和转录组测序技术目前已经能够实现高广度和高深度地覆盖这些信息。所以，需要利用基因组学和转录组学先把这些重要信息测序出来，然后翻译为氨基酸序列，以此作为蛋白质组的序列数据库，才能实现蛋白质组分析的深度覆盖，更加有效地实现个性化、精准的诊疗应用。

随着基于串联质谱技术的蛋白质组学的快速发展，目前已经积累了越来越多的基因组、转录组和蛋白质组数据，蛋白质基因组学已成为功能基因组学研究不可或缺的重要工具。越来越多的基因组注释研究开始采用蛋白质基因组学方法。蛋白质直接催化和调控生命活动，是对编码基因注释的最终体现，利用蛋白质组学数据对编码基因进行注释最有利。加上鸟枪法蛋白质组学（shotgun proteomics）技术灵敏度、精确度的不断提升，使用 LC-MS/MS 鉴定在不同物种的蛋白质组上的覆盖度越来越高，蛋白质组学数据已经逐渐成为独立于转录组和基因组的组学数据，可以为基因组注释提供另一维丰富的信息。例如，科学家可以将基因组学中的测序或芯片数据与以 iTRAQ 等技术产生的蛋白质组学数据结合起来进行跨组学关联分析，覆盖范围广，能在较短时间内对基因组进行多方面深入解析，从而获得表达谱的全景图，实现二者的互补和整合，对生物体特定状态下的基因和蛋白质表达水平进行全方位分析。同时，蛋白质基因组学研究层次更高，在所有已进行全基因组测序物种的研究中占据重要地位，可以在全局上获得对差异表达谱的广泛理解，挖掘受转录后调控的关键蛋白质 / 基因，寻找验证某些重要的生物学调控机制（图 23-10）。另外，对于一些蛋白质序列数据库尚不完善的物种，通过转录组数据构建蛋白质序列数据库，提高蛋白质组学实验中蛋白质的鉴定数目。

23.8.3　蛋白质基因组学的主要研究内容和技术手段

蛋白质基因组学与传统蛋白质组学有很多相同之处，也有很多不同之处，其中，主要不同在于蛋白质基因组学数据库结合了原始的 DNA 和 RNA 序列更为完整的信息。由于各种来源的 DNA 和 RNA 序列在蛋白质基因组学中具有独特的作用，大部分的蛋白质基因组学研究综合多种数据库来进行相关的研究，如在 2014 年 *Nature* 公布的人类蛋白质组草图研究，蛋白质基因组学部分的研究中就使用了 6 种不同编码框的基因组数据库类型进行蛋白质搜库，从而实现对人类基因组数据重新注释（Wilhelm et al.，2014）。因此，蛋白质基因组学使用 DNA 和 RNA 序列建立数据库，对串联质谱图进行鉴定和评价，最终可以获得用于基因组注释的高可信肽段。这些高可信肽段可分为两类：一类来源于原蛋白质数据库，这一类肽段用

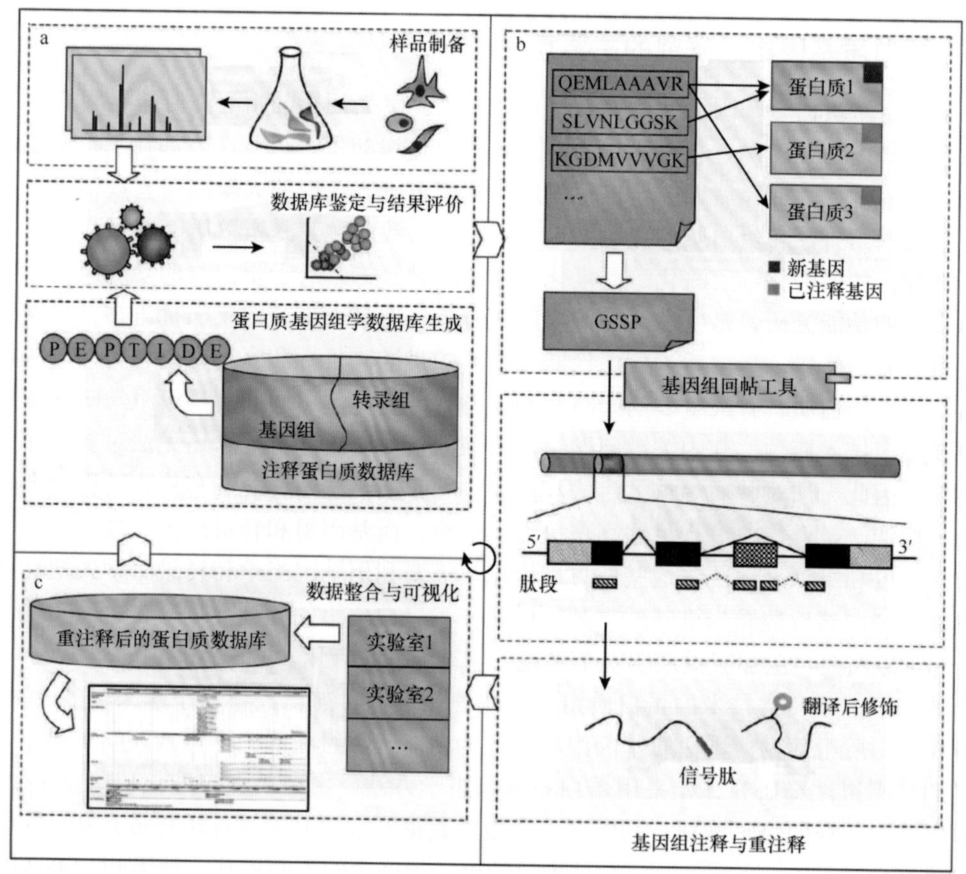

图 23-10 蛋白质基因组学基本技术路线和注释流程图（张昆等，2013）

a. 样品制备与质谱数据采集、数据库构建与鉴定，与传统蛋白质组学的不同点在于搜索用数据库结合了基因组、转录组数据库；b. 基因组注释与重注释，高可信肽段用于验证已注释基因组，校正原注释基因组的错误，解释翻译后修饰现象；c. 数据整合与可视化，多实验室结果经整合和处理后可以不断完善蛋白质序列数据库，最终完成对基因组的完整注释

于验证已注释编码基因的表达和结构；另一类不包含在原蛋白质数据库中，但可与基因组搜索特异肽段（genome search specific peptide）匹配，该类肽段用于发现新基因和校正已注释基因的结构。

蛋白质基因组学的研究内容主要是对基因组数据注释，主要集中于核酸层，也有部分蛋白质层的注释研究，可分为编码基因的注释、编码基因结构的注释和翻译后修饰的蛋白质注释这 3 个过程（Ahrens et al.，2010）。编码基因及其结构的注释属核酸层注释范畴，而翻译后修饰的注释属蛋白质层注释范畴。大部分蛋白质基因组学流程包含以下 4 个主要步骤：第一，通过深度测序获得样本的 DNA 或转录组测序数据；第二，将获得的 DNA 或转录组数据按照六框翻译或三框翻译原则翻译成肽序列，建立蛋白质序列数据库；第三，将实验获得的串联质谱数据在建立的蛋白质序列数据库中搜索；第四，寻找变异基因或者突变蛋白质，计算错误发现率（FDR），对基因组注释进行精确验证和结构校正（Ruggles et al.，2017）。

其中，对编码基因注释的目的是在基因组水平上获得所有表达或者编码基因的列表，验证基因从头预测算法从核酸序列数据中预测得到的编码基因是否有正确表达的蛋白质产物，以及发现基因从头预测算法遗漏的新编码基因，是蛋白质基因组学在编码基因注释方面的主要任务。验证预测基因是蛋白质基因组学的重要内容，基因从头预测获得的假设蛋白质

（hypothetical protein）需要通过高通量的手段进行验证，类似的，基于相近基因组预测的结果也面临同样的问题。另外，通过蛋白质基因组学的方法，也可以验证假基因（pseudogene）的问题，如果通过蛋白质组技术确实鉴定到该基因表达成蛋白质了，则这类传统意义上的假基因其实具有编码蛋白质的能力，应该是真正存在的基因。

获得所有表达或编码基因的列表后，就需要对基因的精确结构进行注释和进一步研究，这也是蛋白质基因组学研究的主要内容之一。对于原核生物，编码基因的起始和终止位点注释是否准确，或者对于真核生物来讲，外显子、内含子边界注释是否准确，有多少可变剪接体表达成蛋白质等，是编码基因结构注释要解决的主要问题（张成普等，2014）。在蛋白质基因组学中，需要通过串联质谱鉴定所得的肽段对基因组注释进行验证和校正，对基因的精确结构注释，具体内容：验证已注释编码基因结构；校正已注释编码基因边界，确定最终的基因间边界；校正外显子边界，确定最终的基因内边界；发现新的外显子和新的可变剪接体，确定可变剪切位点；开展包括重要的基因组突变或多态性研究、确定单核苷酸多态性、发现潜在蛋白质类型生物标志物、分析肿瘤的免疫原性、移码突变注释、RNA 编辑注释和融合基因注释等在内的其他注释工作（张昆等，2013）。

蛋白质基因组学研究的一项最主要工作，就是要对一些蛋白质组学层面特有的现象，如翻译后修饰、信号肽等进行具体注释。事实上，目前鸟枪法蛋白质组学研究多数集中在蛋白质序列，或者说蛋白质一级结构的注释上（张成普等，2014）。蛋白质翻译后修饰注释，主要包括信号肽注释，主要是结合信号肽预测工具 SignalP 对细胞转运蛋白 N 端的一段长约 20 个氨基酸的信号肽序列进行注释；蛋白质翻译后修饰（post translational modification，PTM）注释，一些酶在发生修饰后才能行使功能，如磷酸化修饰，在蛋白质组学中，发现非限制性修饰可以指导蛋白质基因组学注释新的翻译后修饰；其他翻译后修饰现象，如蛋白质 N 端甲硫氨酸切除（N-terminal methionine excision）和蛋白质水解现象等。

23.8.4　蛋白质基因组学存在问题和改进措施

虽然蛋白质基因组学研究发展较快，但是也存在不少问题。在数据库构建方面，直接使用基因组数据构建真核生物蛋白质基因组学数据库比较困难，也无法应对大数据、大数据库的挑战。转录组比基因组复杂度低，所以越来越多的研究工作开始使用转录组数据进行数据库构建，但如何使用较好的存储结构来去除数据冗余性是非常值得研究的问题。另外，大部分研究文献的发表数据在质量控制方面存在标准不统一的问题，很多数据没有进行蛋白质水平的 FDR 控制。同时，多数据整合和质量控制工具非常缺乏，无法实现增量式的基因组注释，这在很大程度上阻碍了蛋白质基因组学的发展。数据量的逐渐增大及数据共享、传输的不便，也限制了蛋白质基因组学的推广。因此，对海量质谱数据实现全面和精准的解读仍是当前蛋白质基因组学研究的瓶颈，目前仍缺乏专业、高效的蛋白质基因组学分析方法与软件，这些技术方法被一般科研人员完全掌握仍然需要较长时间，严重限制了蛋白质基因组学在生命和健康领域的应用。

蛋白质基因组学将来的发展仍然严重依赖蛋白质组学相关技术的进步和突破，主要包括质谱技术和数据处理软件两方面的提升。早期的蛋白质基因组学发展受制于蛋白质组学技术中质谱鉴定的低灵敏度，近些年得益于质谱技术的重大突破及蛋白质分离和富集方法的进步、RNA-Seq 等转录组学研究的飞速发展，新的高灵敏度质谱不断出现，质谱仪采集一级和二级双高精度质谱数据的速度加快，结合一二级谱的智能数据采集系统软件的研发，将会扩展质谱仪的检测范围，使更多的肽段得到碎裂，获得覆盖度更广的蛋白质肽段数据，有利于数据库搜索和评价引擎获取更多的可靠肽谱匹配结果，同时降低随机匹配概率，提高基因组注释的可靠性。同时，数据处理软件也在不断进步中，不断有新型软件推出。定量蛋白质组学方法使得在蛋白质组水平上测量表达量成为可能，进而结合其他组学定量信息可以在系统生物学层面上注释基因的功能（Ruggles et al.，2017）。整合多组学信息的方法，如综合使用近源基因组序列或者转录组数据，提高了注释的可靠性。但多次实验结果整合和错误率控制问题，是实现增量式注释基因组最核心的问题，现存的算法工具非常少，希望在未来一段时间内能有标志性的进展。在不久的将来，蛋白质基因组学注释工具必将纳入基因组注释当中，并结合基因组学、转录组学技术和方法更好地为基因组注释服务。

23.8.5 人类蛋白质基因组学研究的代表性成果

利用蛋白质基因组学技术的一些有影响力的成果，主要在人类各种癌症研究中取得，包括发表在 *Nature* 上的关于人类结直肠癌（human colon and rectal cancer）（Zhang et al.，2014）和乳腺癌（breast cancer）（Mertins et al.，2016）的两篇文章，以及发表在 *Cell* 上的关于人类前列腺癌（prostate cancer）（Drake et al.，2016）和重度卵巢癌（ovarian cancer）（Zhang et al.，2016）的两篇蛋白质基因组研究论文。癌症蛋白质基因组学通过揭示驱动每个患者肿瘤细胞的突变基因为癌症精准治疗提供了希望，癌细胞基因突变会通过影响参与细胞生长增殖及其他生理过程的信号途径发挥促癌作用。找到前列腺癌细胞中活跃的关键途径，就有望在这些途径中找到主要分子开关，从而开发靶向治疗药物。

2014 年美国田纳西州范德堡大学的一个研究小组鉴别出了驱动大肠癌的一些遗传突变的蛋白质“标签”，这项发表在 *Nature* 上的重要研究，第一次综合阐述了人类癌症的蛋白质基因组学特征，将推动结直肠（大肠）癌诊断和治疗取得新的进展（Zhang et al.，2014）。研究人员利用先进的质谱技术，收集了以往癌症基因组图谱的已确定特征的 95 个人类结肠和直肠肿瘤样本的蛋白质组数据。整合这些蛋白质组数据及大量原有的基因组数据后，研究人员发现样本中一些基因甚至是 RNA 异常并不一定会“翻译”成异常的蛋白质。同样，在肿瘤样本中某些染色体片段“扩增”也并没有导致蛋白质水平扩增或上升。反之，另外一些基因或染色体异常则导致了“显著的效应”，表明了蛋白质组学或许可以帮助鉴别及优先排序最有力的遗传变异，它们有可能成为新的诊断测试或药物治疗的靶点。研究人员还基于蛋白质含量确定了结直肠癌的 5 个亚型，它们表现出已知的生物学特点，但也捕捉到了在转录组层面上并不明显的差别。这些蛋白质组亚型为开发出基于蛋白质的诊断标志物，鉴别出需要积极治疗的恶性肿瘤开启了新的思路，可以帮助鉴别出手术后最能够从化疗中受益的患者，并用于确定是否需要进一步开展治疗。

随后，2016 年 5 月 25 日，*Nature* 发表了人类首个大规模的乳腺癌蛋白质基因组学研究结果，将一些 DNA 突变与蛋白质信号联系到一起，并帮助确定了一些驱动癌症的基因，证实了相比于单独采用任意一种分析方法，整合基因组和蛋白质组数据来生成更完整的癌症生物学图像的能力更高（Mertins et al.，2016）。与其他癌症一样，乳腺肿瘤也有许多突变，研究突变需要用无数的实验来识别模型系统中各种突变组合的影响。研究人员利用精确的高分辨率质谱分析了乳腺肿瘤，提供了癌症基因组图谱（TCGA）计划中已确定基因组特征的 77 个乳腺肿瘤蛋白质与磷酸化蛋白质全谱，量化了超过 12 000 个蛋白质和 33 000 个磷酸化位点的蛋白质组信息。该研究小组还研究了一些突变进化了的癌细胞，并分析了细胞蛋白质的整体产量。针对一些乳腺癌亚型和携带常见突变如 *PIK3CA* 和 *TP53* 突变的肿瘤，分析结果揭示出了一些新的蛋白质标志物和信号通路。研究人员还将一些基因中的拷贝数改变与蛋白质水平联系一起，使得他们鉴别出 10 个新的候选调控因子。其中两个候选基因 *SKP1* 和 *CETN3* 可能与癌基因 *EGFR* 有关联。EGFR 是一种特别具有侵袭性的乳腺癌亚型，可以作为“基底细胞样”肿瘤的生物标志物。

在这项工作中，研究人员还利用蛋白质组和磷酸化蛋白质组数据概要说明了基底和管腔亚型。他们从基于磷酸化信号通路聚类肿瘤中，鉴别出了富含基质的集群，并阐明了采用 mRNA 方法未发现的一种 G 蛋白偶联受体亚群。在这项研究中，研究人员分析了一些激酶的磷酸化状态，揭示了乳腺癌样本中一些异常活化的激酶及这些激酶之间的网络调控关系。这是迄今为止最大规模的乳腺癌全基因组和蛋白质组联合测序研究成果，揭示了与这一疾病相关的 5 个新基因及影响肿瘤生长的 13 个新突变标记，并揭示了存在于乳腺癌中的一些遗传变异及其在基因组中的位置，为今后防治乳腺癌提供了新的思路（Mertins et al.，2016）。

与此同时，2016 年 8 月 15 日，*Cell* 上发表了来自美国加利福尼亚大学洛杉矶分校的癌症研究人员的一项有关前列腺癌蛋白质基因组的重要研究成果。该研究开发了一组复杂的分析工具对患有转移性前列腺癌的病例进行了分析，绘制了帮助前列腺癌细胞增殖和抵抗治疗的复杂基因与蛋白质网络的详细图谱。研究人员还开发了一种计算方法来分析患者个体化数据，帮助每位患者选择最有效的治疗药物（Drake et al.，2016）。在该研究中，科学家首先通过活检对确定的转移性前列腺癌患者的组织样本进行了一系列复杂分析，并且对每个患者癌细胞的描述达到了前所未有的详细程度，整合了磷酸化蛋白质组学数据和基因组、基因表达数据，提供了一个关于晚期前列腺癌的激活型信号途径的全景图谱。随后又利用一种新的计算分析方法对获得的数据集进行分析，获得了对应每个患者癌细胞的个体化信号通路图表，将这些大型数据库整合在一起，可以帮助人们了解每个患者发病的可能原因。这项新研究还揭示了抗雄激素治疗背后的一些机制，发现在许多病例中单个突变会导致雄激素受体蛋白发生改变。在其他病例中，即使雄激素受体已经被阻断，仍会有替代激酶信号途径让癌细胞继续保持生长。因此，该研究成果为转移性前列腺癌治疗提示了潜在的靶标。

另外，同年 *Cell* 上还以 Integrated proteogenomic characterization of human high-grade serous ovarian cancer 为题，报道了人类高度严重级别卵巢癌蛋白质基因组研究成果（Zhang et al.，2016）。卵巢癌是最常见的妇科癌症。在过去的 40 年里，认识疾病的进展，将有关卵巢癌的新知识明确应用于临床，经历了曲折的发展过程。相对于正常组织，从卵巢癌患者体内提取的肿瘤组织中，一种名为 Ror2 的受体蛋白的表达水平更高。而先前研究发现，作为 Ror2 的“姐妹受体”，Ror1 受体在癌细胞中的表达水平也较高。同时抑制这两种受体，能明显地抑制卵巢癌细胞的分化、转移和浸润。在该研究中，来自美国西北太平洋国家实验室和约翰霍普金斯大学等机构的研究人员，基于 iTRAQ 联合串联质谱的蛋白质测量与鉴定技术，分析了 169 名卵巢癌患者的肿瘤蛋白质组，鉴定出 9600 种蛋白质，并且选择研究了其中常见的 3586 种蛋白质，分析了关键蛋白质。

随后，根据肿瘤修复 DNA 损伤（称为同源重组）的能力，以及可增加患癌风险和严重程度的 *BRCA1*、*BRCA2* 和 *PTEN* 基因的变化初步选择了 122 例样本，进行后续分析。希望通过分析最短和最长生存时间患者的数据，找出和非常短的生存时间及高于平均值的较长生存时间相关的生物因素。当研究人员比较已知的基因组拷贝数变异区域时，他们发现 2 号、7 号、20 号和 22 号染色体上超过 200 种蛋白质的丰度变化。对这 200 种蛋白质进行更仔细的研究显示，许多都参与了细胞运动和免疫系统的功能。这两个过程都和癌症进一步发展有关。特定蛋白质的乙酰化与同源重组缺陷的相关性可能意味着患者需要分层治疗。该研究通过将卵巢癌蛋白质组方面的发现与已知的肿瘤基因组数据整合在一起，使人们重新认识了最为恶性的浆液性卵巢癌的发病机制，为后期其他相关癌症的研究提供了科学依据，将有助于提高浆液性卵巢癌患者的存活率和生活质量，在卵巢癌研究和治疗方面取得了很大的进步（Zhang et al.，2016）。

2020 年 1 月 23 日，*Cell* 在线发表了题为 Quantitative proteomics of the cancer cell line encyclopedia 的研究成果，报道了 375 种不同来源细胞系的癌细胞系（cancer cell line encyclopedia，CCLE）的蛋白质全谱，对数千种蛋白质进行了精准定量，为癌细胞蛋白表达图谱增添了全新的内容（Nusinow et al.，2020）。该研究由美国 Broad 研究所、Dana-Farber 癌症研究所和 Novartis 生物医学研究所的多个课题组于 2012 年开始启动合作，对覆盖 30 多种组织来源的 947 种人类癌细胞系进行了大规模深度测序，整合了 DNA 突变、基因表达和染色体拷贝等遗传信息。随着多组学测序技术和癌症精准医学向纵深发展，CCLE 数据库也不断在癌细胞系数量和测序信息维度等方向上进行着更新，增加了组蛋白谱、RNA-Seq、DNA 甲基化、microRNA（miRNA）谱、全基因组测序和代谢物谱等分析。该研究结果显示，跨样本基因的蛋白质水平和转录水平相关系数较低，暗示了利用 RNA-Seq 数据推测蛋白质表达水平具有一定的局限性。通过生物学途径与功能基因注释富集分析发现，蛋白质表达的主要变化是围绕生物学途径进行的，并且不同途径的组成成分之间存在一定的相关性。同时，研究者利用本次定量蛋白质组学数据详细解读微卫星不稳定（microsatellite instable，MSI）细胞系与一些特定蛋白复合体表达之间的联系，探究了 MSI 状态下对基因敲除与突变具有敏感性的蛋白复合体的表达情况。这些数据与 CCLE 原有的多维组学数据相结合，极大地促进了癌细胞行为探索与癌症治疗的研究，有可能为癌症基因组学和癌症精准治疗发展提供新思路。

23.8.6 蛋白质基因组学研究展望

蛋白质基因组学结束了蛋白质组学与基因组学独立研究的状态。利用蛋白质组学实现基因产物高通量、高肽段覆盖的鉴定，可以有效地对原有基于序列预测和同源比对的基因组注释结果进行修正。比较蛋白质基因组学的出现，使得大量基因组测序错误得到修正，终结了基因组学独树一帜的局面。尽管现阶段蛋白质基因组学研究在质量控制与信息整合等方面还有一些问题需要解决，但在蛋白质组学数据快速产出并共享的大背景下，相应的信息学问题将很快得到解决（张成普等，2014）。未来蛋白质基因组学研究将可能向 3 个方面迈进：一是多组学整合，即充分整合基因组学、转录组学与蛋白质组学的数据特征，提高基因组注释的准确性；二是规范的自动化分析流程，保证注释修正的可靠性；三是将现有的质谱分离技术及算法不断改进，在更多生物特别是植物中开展。

基因组学、转录组学、蛋白质组学的通量在不断提升，数据信息也更加丰富，蛋白质基因组学作为一种组学级别的注释工具，在广度上、精度上和通量上体现了优越性。迄今为止，基于海量基因组、转录组和蛋白质组数据发展起来的蛋白质基因组学，主要在人类和模式动物中开展，主要应用在乳腺癌、前列腺癌、卵巢癌和结直肠癌等重大疾病研究中。但在蛋白质基因组学研究领域内还存在着一些亟待解决的问题，如哪些新的剪切变异体可以翻译成稳定的有功能的蛋白质？哪些新的剪切变异体片段容易变成新的无意义衰变或者翻译后立刻降解的蛋白质？如何在蛋白质组水平调控基因表达信息？这些都表明蛋白质基因组学还存在很多有待研究的领域，有很多问题等待给出答案。

虽然植物蛋白质基因组学相关研究一直在飞速推进中，也取得了一系列科研进展，但有影响力的研究成果，目前发表的还相对较少。希望在不久的将来，有更多植物蛋白质基因组学研究结果公布于众。

23.9　植物多重组学研究最新进展及前景展望

目前，植物整合组学研究，或者称多重组学联合分析，相对于植物蛋白质基因组学研究，产出更多，取得的相关重大研究成果也更加突出一些。随着各种植物基因组的解析和质谱灵敏度的提升，利用蛋白质组学技术解决各种植物生物学问题的能力越来越强。蛋白质组学与其他学科的交叉融合，如蛋白质组学和基因组学融合所产生的蛋白质基因组学，蛋白质组和转录组、代谢组和表型组等融合所产生的多重组学分析技术，呈现出系统生物学研究模式，将成为未来植物科学研究的新前沿。由于本书前边有专门的一章介绍整合组学研究相关内容，在此只是对最新进展和研究前景进行简单介绍。

整合组学技术在植物方面的一项最新研究进展是在番茄中取得的。2018 年 1 月，*Cell* 刊登了我国科学家利用多组学分析策略在番茄风味品质研究中取得的重要突破，标志着我国科学家在番茄整合组学研究领域处于国际领先地位（Zhu et al.，2018）。该研究采用基因组、转录组、代谢组等多组学大数据，综合分析番茄的育种过程，并解读了三者之间的相互关系（图 23-11）。

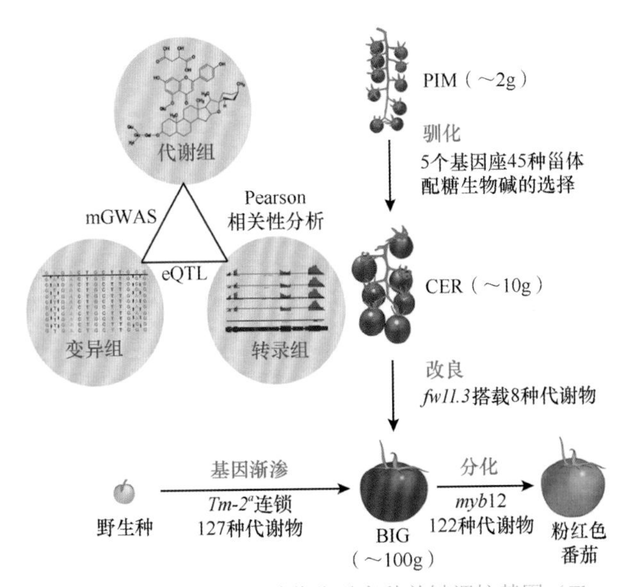

图 23-11　通过多组学联合分析发现番茄分子育种关键调控基因（Zhu et al.，2018）

mGWAS：基于代谢组的全基因组关联分析（metabolome-based genome-wide association studies）；eQTL：表达数量性状基因座（expression quantitative trait loci）；PIM：醋栗番茄（*Solanum pimpinellifolium*）；CER：樱桃番茄（*Solanum lycopersicum* var. *cerasiforme*）；BIG：番茄（*Solanum lycopersicum*）

该团队相关科研人员创新性地采取了多组学、大数据分析的研究模式，对全球番茄种质资源开展了基因组、转录组、代谢组等多组学分析，对 610 份番茄材料进行了重测序分析，同时对其中 399 份番茄材料的果肉进行了转录组测序分析、对其中 442 份材料的果肉进行了代谢组学分析，共产生了约 7Tb 的原始序列数据。大数据分析获得了 2600 万个基因组变异位点、3 万多个基因的表达量和 980 种果实代谢物的群体多组学数据，构建了番茄果实代谢物生物网络，包括 1 万个代谢物-基因-遗传位点互作关系，涉及 371 种代谢物、970 个 SNP 位点和 535 个基因。其中，利用广泛靶向的液相色谱-串联质谱代谢组学分析方法来量化果实代谢物，发现在成熟番茄果实的果皮组织中，有 980 个不同的代谢物，包括 362 个已注释的代谢物。另外，该团队研究人员利用基因编辑技术敲除番茄中的 SlMYB12 转录因子，成功地创造了粉果番茄突变体，通过代谢组分析发现，有上百种物质发生了显著的变化，这些物质中除了赋予果实颜色的类黄酮，还有大量的多胺、多酚和茄碱物质，这些物质也是影响番茄口感的物质成分。结合基因组和转录组分析，发现多胺和茄碱类代谢途径的多个核心基因是差异表达的，进一步验证了转录因子 SlMYB12 的新调控功能（Zhu et al.，2018）。

该多组学整合研究结果进一步揭示了番茄口味在驯化中逐步变化的遗传基础，首次系统地利用大数据从多组学的角度研究驯化、改良、分化和渐渗 4 个重要的育种事件对番茄代谢的影响，不仅发现了控制茄碱代谢的多个遗传位点，而且发现了影响番茄风味的更多新物质和信号位点。该研究为植物代谢物的分子机制研究提供了源头大数据和创新方法，加深了人们对作物品质化学科学的认识，将推动高品质品种培育，为更营养、美味番茄的全基因组设计育种提供了路线图，可以帮助消费者选择风味更佳、营养更好的番茄品种。

在近 20 年，以基因组学为基础，结合各种组学，包括转录组学、蛋白质组学、代谢组学、表型组学等，在植物整合组学研究领域应用越来越广泛。通过使用先进的分析技术，结合统计学方法来提取信息，对海量的测序数据进行整合诠释，实现植物各种调控物质的识别和量化，理解植物对环境刺激或基因干扰的生物学反应，取得了很多进展。然而，从由高通量测序仪产生的大量数据中提取植物生物学背景信息并解释需要应用复杂的统计学和多变量数据分析，包括聚类分析、路径映射、比较重叠、热图等工具，是令人兴奋的，也是十分艰难的学习过程；同时，从大型数据集中区分噪声和真实样品相关信息，也是植物整合组学的另一个挑战。最关键的是，这些通过分析整合组学大数据得出的结论是否可靠？这些找到的关键蛋白质和基因是否具有调节相关生物学性状的功能？因此，相关分子遗传和基因功能验证工作就显得至关重要。

因此，需要在多组学联合分析的基础上，进一步寻找关键调控蛋白，然后研究其功能，在今后较长一段时间内，将会是植物整合组学研究的一个重要方向和热点。我们相信，随着各种组学技术越来越成熟，测试价格越来越低，整合组学研究会越来越深入，整合组学研究策略将会更快进入一般科研人员的实验室，促进植物生物学领域取得更多原创性科研成果。

23.10 植物蛋白质组学近年研究热点和未来主要研究方向

伴随着人类基因组计划和各种生物特别是成千上万的植物基因组计划的完成，生命科学研究在 21 世纪初进入了后基因组时代，即蛋白质组研究时代。基因组学是研究各种生物基因组静态规律，而蛋白质组则是对基因组动态的生物学功能研究。植物基因组研究为后续开展各种植物各个层面的生物组学研究提供了数据基础，生物组学时代使植物生物学研究从对单一基因或蛋白质研究，转向对多个基因或蛋白质同时进行系统性研究的新时代。

在这个新时代里，对植物蛋白质组的解析和对具体蛋白质生物学功能的深入研究，将是最主要的任务。在此，我们可以进行大胆预测，在充满机遇与挑战的 21 世纪，假设 100 年之后再来评定 21 世纪的三大科学工程，我们相信，以蛋白质组图谱计划和蛋白质功能研究为主要内容的蛋白质科学工程将是首选。基因组学研究是生物科学近 20 多年来的研究热点和重点，但我们相信，蛋白质组相关研究，包括蛋白质组图谱构建、蛋白质修饰及其功能鉴定、蛋白质互作分析、蛋白质结构解析，以及蛋白质功能研究等内容，必将成为 21 世纪生命科学研究中新的重点、难点和热点。

植物蛋白质组作为蛋白质组重大工程的重要内容，将会提供一系列能够在植物蛋白质水平上解析植物生物学具体问题的深入研究。植物蛋白质组学已成为发掘控制植物重要农艺性状蛋白质的强有力工具。质谱一直是蛋白质组学研究不可或缺的重要技术，尤其是利用质谱对蛋白质进行快速定性或精准定量，仍然是未来最重要的发展方向。目前大多数植物蛋白质组学研究还依靠高分辨率质谱技术来完成。伴随着质谱离子化技术的进一步发展，敞开式质谱分析技术、高通量质谱检测、高分辨率质谱鉴定技术、质谱成像技术及非变性质谱（native-MS）技术等都是将来蛋白质组研究的强大工具。将来，随着通量更高、灵敏度更高的质谱仪器出现，蛋白质组质谱鉴定的覆盖度将会更深。植物蛋白质组学数据将会与基因组学、转录组学、翻译后修饰组学数据等结合，进行更深入的多组学整合分析。如果将来蛋白质组学能够发展到不需要质谱作为基本技术，甚至建立类似于 PCR 一样可使蛋白质无限扩增的技术，必将促进蛋白质组研究实现本质上的突破，取得更多举世瞩目的研究成果。

展望植物蛋白质组研究在 21 世纪的前景，我们认为，在可以预见的未来 10 年，植物蛋白质组研究根据相关热点和难点，主要从以下 10 个方面开展。

第一，传统的基于双向电泳的蛋白质组研究，仍然有不可替代性，具有存在合理性和较大发展空间。虽然由于通量低、范围窄、操作复杂、重复性差等固有缺点，双向电泳在 21 世纪初第一代蛋白质组研究高潮后的作用慢慢在减弱，特别是在发现关键调控因子方面，与人们过高期望值的差距越来越大。但是，目前来看，双向电泳仍然是仅有的一项能够在胶上实现可视化的蛋白质组研究技术，经过技术改进，还可以在可视化蛋白质组研究领域做出很大贡献。另外，基于双向电泳的蛋白质组技术，在研究由蛋白质翻译后修饰导致的蛋白质异构体方面，仍然具有不可替代的作用。同时，通过亚细胞分离或者蛋白质提取物分级技术，可以将部分蛋白质通过双向电泳进行分离，取得更好的分离和后续鉴定效果，确定小范围蛋白质的精确信息。对于一些非常特殊的植物组织、细胞或者细胞器，大量收集后，提取蛋白质，进行双向电泳分离，获得可视化蛋白质表达图谱，通过质谱鉴定，可以将这些蛋白质尽可能地鉴定出来，从而为进一步研究这些蛋白质的功能提供前提资料。

第二，大规模比较蛋白质组学和精准定量蛋白质组学技术在植物研究中有巨大的发展前景。蛋白质组学技术，从发展开始，一直就属于一项成本很高的实验，特别是开展大规模蛋白质组实验，由于质谱鉴定成本很高，加上传统质谱仪器灵敏度低，鉴定的蛋白质数量有限，因此无法开展大规模植物材料的比较蛋白质组和定量蛋白质组分析。在过去很多植物蛋白质组实验中，为了节省成本，很多科学家都尽量减少蛋白质组实验的生物学重复数量和实验技术重复数量，往往按照发表文章的最低实验重复数来开展植物蛋白质组研究，导致由此获得的很多数据经不起第三方检验，甚至很多得出的结论是不准确甚至错误的。由于蛋白质组本身具有动态变化性，如果实验重复数达不到要求，就很容易由实验操作误差掩盖植物生物体内本身的误差，特别是以前基于双向电泳分离后通过飞行时间质谱打点鉴定蛋白质的策略，很多获得的差异蛋白都是由双向电泳操作中人为操作差异所产生的，很多时候，实验操作所导致的差异远高于植物由本身原因造成的差异。将来，随着质谱鉴定成本的大大降低，蛋白质鉴定准确度和通量的大大提高，各种不依赖于双向电泳的比较蛋白质组学和精准定量蛋白质组技术，将会更大规模推广应用到植物蛋白质组研究中，有望获得更加可靠的差异蛋白信息。

第三，植物细胞器和亚细胞器的蛋白质组深度研究，将会揭示更多亚细胞层面的植物生物学问题。相对于人类和动物各种组织器官，各种植物细胞器或者亚细胞器材料获取相对容易，并且植物特别是模式植物，可以通过大规模播种种植，甚至组织培养，来获得足够数量生长状态一致的实验材料。利用这些材料，可以分离得到大量的植物细胞器和亚细胞器材料，从而在同一类型细胞，甚至亚细胞水平，开展植物蛋白质组研究，可以发现更多平时无法鉴定得到的植物蛋白。另外，开展植物细胞特有细胞器蛋白质组研究，将有可能获得独一无二的生物学新发现。对植物特有细胞器，如叶绿体、细胞壁和中央液泡等，开展蛋白质组研究，有可能发现这些特有细胞器或者亚细胞器中的蛋白质调控新规律。例如，植物细胞中的一个非常特殊的细胞器就是叶绿体，叶绿体最主要的功能就是进行光合作用，而光合作用又是世界上最重要的生物化学反应。常言道，万物生长靠太阳，太阳光能只有通过植物叶绿体的光合作用才能转化成生物能量，最终被人类和动物吸收利用。叶绿体又分为很多亚细胞结构，如叶绿体基质和片层结构，可以分开提取蛋白质，开展蛋白质组研究。通过蛋白质组学技术研究这些特有植物细胞器及亚细胞器的蛋白质表达调控规律，有可能发现蛋白质在这些特有植物细胞器中的某些特殊调控机制。

第四，修饰蛋白质组研究将在植物具体生物学功能调控研究中发挥越来越重要的作用。近年来的研究发现，蛋白质翻译后修饰在植物具体生物学功能调控方面起着至关重要的作用。蛋白质修饰组学研究是蛋白质组学研究中最有特色的一项研究，在其他组学水平，如基因组学和转录组学，均无法开展蛋白质翻译后修饰研究。蛋白质翻译后修饰包括通过蛋白酶的作用裂解蛋白质中的肽骨架和利用不同化学基团进行酶促共价修饰这两大类型，目前已知的蛋白质翻译后修饰有500余种，而蛋白质往往要通过复杂多样的翻译后修饰才能具有生物学功能。在植物中，目前开展较多的是蛋白质磷酸化组学研究，其次为糖基化和泛素化蛋白质组学研究，将来还有更多蛋白质修饰组学，如乙酰化、硫酸化、异戊烯化、棕榈酰化、糖基磷脂酰肌醇化等修饰组学研究会不断在植物中开展。另外，通过蛋白质修饰组学找到关键蛋白质的关键修饰位点和修饰方式后，还得进行相关生物学功能验证。在最近一段时间内，通过比较蛋白质翻译后修饰前后的生物学功能差异来确定氨基酸修饰位点的具体生物学功能，将会为阐明蛋白质调控植物生物学功能的研究提供新思路，有可能取得重大原创性研究成果。

第五，植物蛋白质组草图和图谱计划，在最近10年内将是一个重要的、有可能在植物蛋白质组研究领域取得重要进展的一个研究方向。按照基因组草图，绘制各种生物特别是各种植物的蛋白质组草图，并在此基础上，进一步绘制蛋白质组图谱，一直是科研人员的一个美好愿望。人类蛋白质组草图已经基本绘制完成，人类蛋白质组图谱计划正在进行。各种植物的蛋白质组计划也正在进行中，但目前还没有公布任何一种植物的精细蛋白质组图谱。将来，针对模式植物和各种作物，全世界的科学家通过联合攻关，各个击破，应该会陆续得到各种植物蛋白质组草图，并进一步开展各种植物各个组织器官在各种条件下的蛋白质组图谱研究。通过绘制各种植物蛋白质组草图和图谱，有助于从蛋白质组高度解决各种植物重要的生物学问题，有助于提高人类对蛋白质调控的植物生物学问题的更深层次理解。

第六，植物蛋白质基因组研究，在最近10年内将是一个重要的、有可能在植物蛋白质组研究领域取得重要进展的研究方向。蛋白质基因组研究在植物领域虽然刚刚起步，但近年来发展势头良好，蛋白质基因组学已成为功能基因组学研究不可或缺的重要工具。相信在不久的将来，植物蛋白质基因组学研究一定会有更多重大发现。

第七，植物单细胞或者同一类型细胞的蛋白质组研究，将是一个很有挑战性的重要研究方向。各种深度组学技术，从系统生物学角度研究基因、蛋白质和代谢物，为发现生命现象的化学基础提供了全新手段。近年来，研究发现群体细胞中某些细胞在功能上表现出异质性，推动组学研究从多细胞开始向单细胞组学水平延伸，基因组测序研究已经发展到单细胞基因组测序和转录组分析水平，相关技术已经日趋成熟。单细胞蛋白质组研究已经开始在人类细胞，特别是生殖细胞中开展，但植物细胞相对于人类和动物细胞，结构更为复杂，开展植物单细胞蛋白质组研究难度更大。由于植物蛋白质组的复杂性，加上质谱检测的灵敏度有待提升，植物单细胞水平的蛋白质组研究才刚刚起步，目前对少量种类的植物细胞开展相关工作的技术条件已经成熟，但对植物单细胞内蛋白质组检测，在技术上还是极具挑战性的。将来，随着植物单细胞分离技术的进步和质谱检测灵敏度的提高，植物单细胞蛋白质组相关研究必将在模式植物和重要作物中开展并取得重要研究成果。

第八，植物蛋白质互作图谱及互作蛋白质调控机制研究。传统的酵母双杂交、免疫共沉淀、蛋白质印迹法、噬菌体展示、等离子共振、荧光能量转移等蛋白质互作检测技术，最新发展起来的抗体与蛋白质芯片技术、微量热泳动技术、遗传互作检测技术，以及蛋白质互作组数据库、蛋白质组互作图谱、蛋白质互作网络预测等蛋白质互作技术，将会在植物蛋白质互作及互作蛋白质调控机制研究中更加广泛应用。

第九，多组学整合研究，集合各种植物组学研究优势，互相印证，助力发现植物中的重要调控新途径。蛋白质组学与其他学科的交叉融合，产生了多重组学分析技术，从系统生物学角度研究植物生物学问题，将成为未来植物科学研究的新前沿。

第十，植物蛋白质结构和蛋白质具体生物学功能解析，将是植物蛋白质组研究后续重要的方向和植物生物学研究的最终目标。蛋白质结构解析工作近年来进展迅速，特别是冷冻电镜的广泛应用，加速了蛋白质结构解析的进程。植物蛋白质结构解析工作，主要在光合膜蛋白方面开展，在其他蛋白质方面应用还较少。通过解析植物蛋白质结构，一方面可以阐明植物蛋白质本身的结构信息，解析和推测蛋白质与其他分子的相互作用；另一方面有助于揭示植物蛋白质结构与其功能的关系，推动对某些植物生物学过程本质的认识。通过上述蛋白质组技术，获得重要蛋白质之后，还要利用体内体外技术，特别是分子遗传学技术手段，对这些蛋白质的具体生物学功能进行验证，从而阐明这些蛋白质的具体生物学功能及其精确调控方式，这才是植物蛋白质组学和其他组学研究的最终目标。从植物组学到蛋白质功能研究，是整个植物生物学研究的一个主要方向和目标，只有阐明植物蛋白质的生物学功能，才能真正将通过组学特别是植物蛋白质组学获得的重要研究成果，成功应用在植物综合利用上，为工农业生产服务。

参考文献

艾秋实, 曹向宇, 赵芊, 等. 2015. 微量热泳动技术原理及其在研究生物分子互作方面的应用. 生物技术通报, 31(6): 67-73.

贺福初. 2004. 国家人类肝脏蛋白质组计划. 医学研究通讯, 33: 2.

李衍常, 李宁, 徐忠伟, 等. 2014. 中国蛋白质组学研究进展：以人类肝脏蛋白质组计划和蛋白质组学技术发展为主题. 中国科学: 生命科学, 44(11): 1099-1112.

王英, 赵晓航. 2004. 血浆蛋白质组：人类蛋白质组计划的“探路者”. 生物化学与生物物理进展, 31(8): 673-678.

吴家睿. 2018. 人类细胞图谱计划面临的挑战. 生命科学, 30(11): 1157-1164.

张成普, 徐平, 朱云平. 2014. 原核生物蛋白质基因组学研究进展. 生物工程学报, 30(7): 1026-1035.
张昆, 王乐珩, 迟浩, 等. 2013. 蛋白质基因组学：运用蛋白质组技术注释基因组. 生物化学与生物物理进展, 40(4): 297-308.
Ahrens C H, Brunner E, Qeli E, et al. 2010. Generating and navigating proteome maps using mass spectrometry. Nature Reviews Molecular Cell Biology, 11(11): 789-801.
Baerenfaller K, Grossmann J, Grobei M A, et al. 2008. Genome-scale proteomics reveals *Arabidopsis thaliana* gene models and proteome dynamics. Science, 320(5878): 938-941.
Baker M. 2012. Proteomics: the interaction map. Nature, 484(7393): 271-275.
Budnik B, Levy E, Harmange G, et al. 2018. SCoPE-MS: mass spectrometry of single mammalian cells quantifies proteome heterogeneity during cell differentiation. Genome Biology, 19(1): 161.
Doerr A. 2019. Single-cell proteomics: new technologies bring single-cell proteomics closer to reality. Nature Method, 16(1): 20.
Drake J M, Paull E O, Graham N, et al. 2016. Phosphoproteome intergration reveals patient-specific networks in prostate cancer. Cell, 166(4): 755-765.
He F C. 2005. Human liver proteome project: plan, progress, and perspectives. Mol. Cell Proteomics, 4(12): 1841-1848.
Huttlin E L, Bruckner R J, Paulo J A, et al. 2017. Architecture of the human interactome defines protein communities and disease networks. Nature, 545(7655): 505-509.
Jaffe J D, Berg H C, Church G M. 2004. Proteogenomic mapping as a complementary method to perform genome annotation. Proteomics, 4(1): 59-77.
Jia H, Sun W, Li M, et al. 2018. Integrated analysis of protein abundance, transcript level, and tissue diversity to reveal developmental regulation of maize. Journal of Proteome Research, 17(2): 822-833.
Jiang Y, Sun A, Zhao Y, et al. 2019. Proteomics identifies new therapeutic targets of early-stage hepatocellular carcinoma. Nature, 567(7747): 257-261.
Kim M S, Pinto S M, Getnet D, et al. 2014. A draft map of the human proteome. Nature, 509(7502): 575-581.
Krieg C, Nowicka M, Guglietta S, et al. 2018. High-dimensional single-cell analysis predicts response to anti-PD-1 immunotherapy. Nature Medicine, 24(2): 144-153.
Kusebauch U, Campbell D S, Deutsch E W, et al. 2016. Human SRMAtlas: a resource of targeted assays to quantify the complete human proteome. Cell, 166(3): 766-778.
Leng W C, Ni X T, Sun C Q, et al. 2017. Proof-of-Concept workflow for establishing reference intervals of human urine proteome for monitoring physiological and pathological changes. EBioMedicine, 18: 300-310.
Li Z Y, Huang M, Wang X K, et al. 2018. Nanoliter-scale oil-air-droplet chip-based single cell proteomic analysis. Anal. Chem., 90(8): 5430-5438.
Liu Y F, Chen X Y, Zhang Y Q, et al. 2019. Advancing single-cell proteomics and metabolomics with microfluidic technologies. Analyst, 144(3): 846-858.
Luck K, Kim D K, Lambourne L, et al. 2020. A reference map of the human binary protein interactome. Nature, 580(7803): 402-408.
Marx V. 2014. An atlas of expression. Nature, 509: 645-649.
Mertins P, Mani D R, Ruggles K V, et al. 2016. Proteomics connects somatic mutations to signaling in breast cancer. Nature, 534(7605): 55-62.
Nowogrodzki A. 2017. The cell seeker. Nature, 547(7661): 24-26.
Nusinow D P, Szpyt J, Ghandi M, et al. 2020. Quantitative proteomics of the cancer cell line encyclopedia. Cell, 180(2): 387-402.
O'Farrell P H. 1975. High resolution two dimensional electrophoresis of proteins. Journal of Biological Chemistry, 250(10): 4007-4021.
Rolland T, Tasxan M, Charloteaux B, et al. 2014. A proteome-scale map of the human interactome network. Cell, 159(5): 1212-1226.
Ruggles K V, Krug K, Wang X, et al. 2017. Method, tools and current perspectives in proteogenomics. Molecular and Cellular Proteomics, 16(6): 959-981.

Song C, Ye M, Liu Z, et al. 2012. Systematic analysis of protein phosphorylation networks from phosphoproteomic data. Mol. Cell Proteomics, 11(10): 1070-1083.

Specht H, Slavov N. 2018. Transformative opportunities for single-cell proteomics. Journal of Proteome Research, 17(8): 2565-2571.

Sun A, Jiang Y, Wang X, et al. 2010. Liverbase: a comprehensive view of human liver biology. Journal of Proteome Research, 9(1): 50-58.

Sun B B, Maranville J C, Peters J E, et al. 2018. Genomic atlas of the human plasma proteome. Nature, 558(7708): 73-79.

Thul P J, Akesson L, Wiking M, et al. 2017. A subcellular map of the human proteome. Science, 356(6340): eaal3321.

Uhlen M, Fagerberg L, Hallstrom B M, et al. 2015. Proteomics. Tissue-based map of the human proteome. Science, 347(6220): 1260419.

Walley J W, Sartor R C, Shen Z X, et al. 2016. Integration of omic networks in a developmental atlas of maize. Science, 353(6301): 814-818.

Wang Q, Zhang Y, Yang C, et al. 2010. Acetylation of metabolic enzymes coordinates carbon source utilization and metabolic flux. Science, 327(5968): 1004-1007.

Wilhelm M, Schleg J, Hahne H, et al. 2014. Mass-spectrometry-based draft of the human proteome. Nature, 509(7502): 582-587.

Xie Q L, Ding G H, Zhu L P, et al. 2019. Proteomic landscape of the mature roots in a rubber-producing grass *Taraxacum kok-saghyz*. International Journal of Molecular Sciences, 20(10): 2596.

Xu F, Zhao H, Feng X, et al. 2014. Single cell chemical proteomics with an activity-based probe: identify low copy membrane proteins on primary neurons. Angewandte Chemie International Edition, 53(26): 6730-6733.

Yang M, Lin X, Liu X, et al. 2018. Genome annotation of a model diatom *Phaeodactylum tricornutum* using an integrated proteogenomic pipeline. Molecular Plant, 11(10): 1292-1307.

Zhang B, Wang J, Wang X, et al. 2014. Proteogenomic characterization of human colon and rectal cancer. Nature, 513(7518): 382-387.

Zhang H, Liu T, Zhang Z, et al. 2016. Integrated proteogenomic characterization of human high-grade serous ovarian cancer. Cell, 166(3): 755-765.

Zhang X, Guo Y, Song Y, et al. 2006. Proteomic analysis of individual variation in normal livers of human beings using difference gel electrophoresis. Proteomics, 6(19): 5260-5268.

Zhao S, Xu W, Jiang W, et al. 2010. Regulation of cellular metabolism by protein lysine acetylation. Science, 327(5968): 1000-1004.

Zhu G T, Wang S C, Huang Z J, et al. 2018. Rewiring of the fruit metabolome in tomato breeding. Cell, 172(1-2): 249-261.

Zurbig P, Jerums G, Hovind P, et al. 2012. Urinary proteomics for early diagnosis in diabetic nephropathy. Diabetes, 61(12): 3304-3313.

[illegible]

[illegible]

Walley [illegible] 2018. [illegible]

Wang Q, Zhang Y, Yang C, et al. 2010. Acetylation of metabolic enzymes coordinates carbon source utilization and metabolic flux. Science, 327(5968): 1004-1007.

Wilhelm M, Schlegl J, Hahne H, et al. 2014. Mass-spectrometry-based draft of the human proteome. Nature, 509(7502): 582-587.

Xu Q, [illegible] et al. 2019. Proteomic landscape of the mature roots in a rubber-producing grass Taraxacum kok-saghyz. International Journal of Molecular Sciences, 20(10): 2596.

Xu [illegible] et al. 20[illegible]. Single-cell chemical proteomics with an activity-based probe: identification of low-copy membrane proteins on primary neurons. Angewandte Chemie International Edition, [illegible]

Yang [illegible] et al. 2018. [illegible] annotation of a [illegible] using a proteogenomic pipeline. Molecular Plant, 11([illegible]): [illegible]

Zhang B, Wang J, Wang X, et al. 2014. Proteogenomic characterization of human colon and rectal cancer. Nature, 513(7518): 382-387.

Zhang H, Liu T, Zhang Z, et al. 2016. Integrated proteogenomic characterization of human high-grade serous ovarian cancer. Cell, 166(3): 755-765.

Zhang X, Guo Y, Song Y, et al. 2006. Proteomic analysis of individual variation in normal livers of human beings using difference gel electrophoresis. Proteomics, 6(19): 5260-5268.

Zhao S, Xu W, Jiang W, et al. 2010. Regulation of cellular metabolism by protein lysine acetylation. Science, 327(5968): 1000-1004.

Zhu G, Wang S, Huang Z, et al. 2018. Rewiring of the fruit metabolome in tomato breeding. Cell, 172(1-2): 249-261.

Zürbig P, Jerums G, Hovind P, et al. 2012. Urinary proteomics for early diagnosis in diabetic nephropathy. Diabetes, 61(12): 3304-3313.

后　记

伴随着人类基因组计划及各种植物基因组计划的完成，生命科学研究进入后基因组时代，即蛋白质组时代。蛋白质是具体生命活动的执行者，蛋白质组学以蛋白质组为研究对象，从整体蛋白质水平上，在一个更加深入、更加贴近生命本质的层次上去探索和发现生命活动的规律。植物蛋白质组学是在基因组学研究成果的基础上和高通量的蛋白质分析技术得到突破的背景下产生的新兴学科，是后基因组时代的重要研究内容。基于此，我们组织国内一线 18 位科研工作者，撰写完成这本《植物蛋白质组学》。其实，早在 7 年前，我就与阮松林老师沟通，准备在他 2009 年《植物蛋白质组学》的基础上重新撰写。经过几年的沟通，特别是在 2018 年 12 月召开第七届全国植物蛋白质研究大会的时候，我国植物蛋白质研究领域的专家学者齐聚济南，正式启动新版《植物蛋白质组学》的撰写计划。随后，在广州召开的第十届中国蛋白质组学研究大会上成立了中国植物蛋白质组工作组，该工作组的一项重要工作任务就是组织专家同行撰写新版《植物蛋白质组学》。

于是，2019 年 1 月 5 日在海南省海口市海南师范大学生命科学学院召开了《植物蛋白质组学》第一次编委会，明确了本书的基本框架和具体写作分工，大家约定在 2019 年 7 月 1 日之前完成初稿。随后，2019 年 7 月 21 日，《植物蛋白质组学》第二次编委会在北京黄城根下的科学出版社召开，大家针对写作中存在的问题进行了深入研讨，明确了进一步修改完善的思路，并约定在 2019 年国庆前提交第二稿。在各位撰稿人提交第二稿后，我按照科学出版社的出版要求组织大家认真修改完善稿件，六易其稿，最终在 2019 年 11 月初向出版社提交了初稿。在后续修改完善中，经过三审三校，六次修改，最终于 2021 年 11 月初完成全书修改并定稿。

回顾本书组稿和撰稿中的点点滴滴，我深感本书编撰工程浩大，撰写此类学术著作实属不易，中间也有不少插曲，有人观望，有人中途退场，甚至有人在最关键的时候临阵逃脱，当然，也有人临危受命，勇挑重担。为了植物蛋白质组研究事业健康快速发展，各位撰稿人呕心沥血，克服重重困难，不忘一颗为了行业发展壮大的初心，满怀热情，终于完成了本书撰写工作，确实可尊可敬可喜可贺。

在本书编撰过程中，我也深感时代发展过于迅速，科技进步突飞猛进，“后浪”来势凶猛，作为一线科研人员，不进则退，必须不断加强学习，多向优秀人员看齐，努力追踪科技发展前沿信息，并不断总结归纳，吸收最新技术方法为我所用，才能够跟上时代前进的步伐。

为了进一步推动植物生命科学发展和相关学术著作出版，我们将以《植物蛋白质组学》为起点，启动“后基因组时代植物生物学丛书”未来出版计划，计划在未来编撰植物生物学领域至少 50 本学术著作。

《植物蛋白质组学》的出版，是过去植物蛋白质研究领域相关工作的一个小终点，更是植物蛋白质组研究新工作的大起点。新时代，一路上砥砺前行，风光无限，有您同行共济更精彩，我们期待各位潜在撰稿人积极加入我们的“后基因组时代植物生物学丛书”未来出版计划。一路前行，任重道远，道阻且长，行则将至，美好事业，相信有各位专家学者积极加盟，风景必然更加美好！

王旭初

2021 年 12 月 1 日